Aufbau der Materie, Quantenmechanik

1672	Isaac Newton (1642 – 1727)	erste Zerlegung des Lichtes
1729	Pierre Bouguer (1698 – 1758)	Strahlungsdämpfung in der Photometrie
	Johann Heinrich Lambert (1728 – 1777)	
1802	William Hyde Wollaston (1766 – 1828)	Absorptionsgesetze der Atome
1813	Joseph von Fraunhofer (1787 – 1826)	spektrale Charakterisierung des Sonnenlichts
1852	August Beer (1825 – 1863)	Konzentrationsabhängigkeit der Strahlungsdämpfung
1858	Friedrich August Kekulé von Stradonitz (1829 – 1896)	Grundlagen der Strukturchemie
	Archibald Scott Couper (1831 1892)	
	Aleksandr Mikhailovich Butlerov (1828 – 1886)	
1859	Gustav Robert Kirchhoff (1824 – 1887),	erste spektroskopische Beobachtungen zur chemischen Analyse
	Robert Wilhelm Eberhard Bunsen (1811 – 1899)	
1873	James Clerk Maxwell (1831 – 1879)	elektromagnetische Lichttheorie
1895	Wilhelm Conrad Röntgen (1845 – 1923, NB Physik 1901)	X-Strahlen
1888	Wilhelm Ludwig Franz Hallwachs (1859 – 1922)	Lichtelektrischer Effekt
1900	Max Planck (1858 – 1947, NB Physik 1918)	Quantentheorie, schwarzer Strahler
1900 – 1907	Richard Adolf Zsigmondy (1865 – 1929, NB Chemie 1925)	Heterogenität kolloider Lösungen
1903	Phillip Lenard (1862 – 1946, NB Physik 1905)	Kathodenstrahlen
1905	Albert Einstein (1879 – 1955, NB Physik 1921)	Theoretische Erklärung des lichtelektrischen Effekts
1907	Wolfgang Ostwald (1883 – 1943)	Kolloidchemie
1911	Ernest Rutherford, Lord Rutherford of Nelson (1871 – 1937, NB Chemie 1908)	Atomkern
1912	James Franck (1882 – 1964, NB Physik 1925)	Ionisierungs- und Anregungsenergien von Atomen
	Gustav Hertz (1887 – 1975, NB Physik 1925)	
1912	Max von Laue (1879 – 1960, NB Physik 1914)	Röntgenbeugung
1913	Niels Hendrick David Bohr (1885 – 1962, NB Physik 1922)	Atommodell
1916	Walther Kossel (1888 – 1956)	Bindungsenergie polarer Stoffe über Elektrostatik
1918 – 1919	Max Born (1882 – 1970, NB Physik 1954)	Gitterenergie
	Alfred Landé (1888 – 1976)	
1922	Arthur Holly Compton (1892 – 1962, NB Physik 1927)	Compton-Effekt
1922	Otto Stern (1888 – 1969, NB Physik 1943)	Richtungsquantisierung
	Walther Gerlach (1889 – 1979)	
1924	Prince Louis Victor de Broglie (1892 – 1987, NB Physik 1929)	Welle-Teilchen-Dualismus
1925	Werner Karl Heisenberg (1901 – 1976 NB Physik 1932)	Entwicklung der Quantenmechanik
	Max Born (1882 – 1970, NB Physik 1954)	
	Ernst Pascual Jordan (1902 – 1980)	
1925	Wolfgang Pauli (1900 – 1958, NB Physik 1945)	Ausschließungsprinzip
1927	Clinton Joseph Davisson (1881 – 1958, NB Physik 1937)	Elektronenbeugung
	Lester Halbert Germer (1896 – 1971)	
1927	Erwin Schrödinger (1887 – 1961, NB Physik 1933)	Entwicklung der Wellenmechanik
1927	Werner Karl Heisenberg (1901 – 1976, NB Physik 1932)	Heisenberg'sche Unschärferelation
1927	Walter Heinrich Heitler (1904 – 1981)	Berechnung der unpolaren chemischen Bindung
	Fritz Wolfgang London (1900 – 1954)	
1927	Friedrich Hund (1896 – 1997)	Hundsche Regeln
1928	Arnold Johannes Wilhelm Sommerfeld (1868 – 1951)	Elektronentheorie der Metalle
1928	Robert Sanderson Mulliken (1895 – 1986, NB Chemie 1966),	Molekülorbital-Methode
	Friedrich Hund (1896 – 1997)	
1928 – 1930	Paul Adrien Maurice Dirac (1902 – 1984, NB Physik 1933)	relativistische Quantenmechanik
1929	John Clarke Slater (1900 – 1976)	Determinanten
1929	Sir John Edward Lennard-Jones (1894 – 1954)	LCAO Verfahren
1930	Fritz London (1900 – 1954)	van der Waals Wechselwirkung
	Johannes Diderik van der Waals (1837 – 1923, NB Physik 1910)	
1931	Ernst Ruska (1906 – 1988, NB Physik 1986)	erste zweistufige elektronenoptische Vergrößerung, die zum Elektronenmikroskop führte
	Max Knoll (1897 – 1969)	
1931 – 1932	Erich Hückel (1896 – 1980)	Quantenchemie der Aromaten
nach 1930	Linus Pauling (1901 – 1994, NB Chemie 1954)	Valenzstruktur-Methode zur Berechnung der chemischen Bindung
1933	Gerhard Herzberg (1904 – 1999, NB Chemie 1971)	Molekülspektroskopie
1936	Erwin W. Müller (1911 – 1977)	Feldelektronenmikroskopie
1937	Douglas Rayner Hartree (1897 – 1958),	Mehrelektronentheorie
	Wladimir Alexandrowitsch Fock (1898 - 1974)	
1945/46	Felix Bloch (1905 – 1983, NB Physik 1952)	Kernspinresonanzspektroskopie (NMR)
	Edward Mills Purcell (1912 – 1997, NB Physik 1952	
1951	Clemens C. J Roothaan (geb. 1918)	vielgenutzte Formulierung der Mehrelektronentheorie
	George G. Hall (geb. 1925)	
1962	Richard Robert Ernst (geb. 1933, NB Chemie 1991)	Impuls-NMR
1963	Walter Kohn (geb. 1923, NB Chemie 1998)	Dichtefunktionaltheorie
1973	Walter David Knight (1919 – 2000)	Experimente an kleinen Teilchen (Clustern)
1979 – 1982	Gerd Karl Binnig (geb. 1947, NB Physik 1986)	Rastertunnelmikroskop
	Heinrich Rohrer (geb. 1933, NB Physik 1986)	
1980	Sir John Anthony Pople (1925 – 2004, NB Chemie 1998)	„Gaussian" Programm-Paket

Statistik

1845	John James Waterston (1811 – 1883)	erste kinetischen Gastheorie
1856/57	August Karl Krönig (1822 – 1879)	Einführung der mittleren freien Weglänge
	Rudolf Julius Emmanuel Clausius (1822 – 1888)	Allgemeine elementare kinetische Gastheorie
1860	James Clerk Maxwell (1831 1879)	Geschwindigkeitsverteilung, Energieverteilung, Transportphänomene
1877	Ludwig Boltzmann (1844 – 1906)	Zusammenhang zwischen Entropie und Zustandswahrscheinlichkeit bei Gasen
1901	Max Planck (1858 – 1947, NB Physik 1918)	Verallgemeinerung der Boltzmann'schen Verteilung
1905	Albert Einstein (1879 – 1955, NB Physik 1921)	Wärmekapazitäten, Diffusionskoeffizient
1912	Otto Sackur (1880 – 1914)	erste Berechnungen thermodynamischer Größen auf statistischer Basis
	Hugo Martin Tetrode (1845 – 1931)	
1912	Peter Debye (1884 – 1966, NB Chemie 1936)	molare Wärmekapazitäten von Festkörpern
1924	Satyendra Nath Bose (1894 – 1974)	Bose-Einstein-Quantenstatistik
	Albert Einstein (1879 – 1955)	
1928	Enrico Fermi (1901 – 1954, NB Physik 1938)	Fermi-Dirac-Quantenstatistik
	Paul Adrien Maurice Dirac (1902 – 1984, NB Physik 1933)	

D1684032

*Gerd Wedler und
Hans-Joachim Freund*

**Lehrbuch der
Physikalischen Chemie**

Beachten Sie bitte auch weitere interessante Titel zu diesem Thema

Halliday, D., Resnick, R., Walker, J.
Halliday Physik

2009
ISBN: 978-3-527-40645-6

Atkins, P.W., de Paula, J.
Kurzlehrbuch Physikalische Chemie

2008
ISBN: 978-3-527-31807-0

Zachmann, H.G., Jüngel, A.
Mathematik für Chemiker

2007
ISBN: 978-3-527-30315-1

Halliday, D., Resnick, R., Walker, J.
Halliday Physik
Bachelor-Edition

2007
ISBN: 978-3-527-40746-0

Atkins, P.W., de Paula, J.
Physikalische Chemie

2006
ISBN: 978-3-527-31546-8

Gerd Wedler und Hans-Joachim Freund

Lehrbuch der Physikalischen Chemie

Sechste, vollständig überarbeitete und aktualisierte Auflage

WILEY-VCH Verlag GmbH & Co. KGaA

Autoren

Prof. Dr. Gerd Wedler
Zanderstr. 6
91054 Erlangen

Prof. Dr. Hans-Joachim Freund
Fritz-Haber-Institut der
Max-Planck-Gesellschaft
Faradayweg 4 - 6
14195 Berlin

Coveridee
Formgeber, Eppelheim

1st Reprint 2013

6. vollst. überarb. u. aktualis. Auflage 2012

■ Alle Bücher von Wiley-VCH werden sorgfältig erarbeitet. Dennoch übernehmen Autoren, Herausgeber und Verlag in keinem Fall, einschließlich des vorliegenden Werkes, für die Richtigkeit von Angaben, Hinweisen und Ratschlägen sowie für eventuelle Druckfehler irgendeine Haftung

**Bibliografische Information
der Deutschen Nationalbibliothek**
Die Deutsche Nationalbibliothek verzeichnet diese Publikation in der Deutschen Nationalbibliografie; detaillierte bibliografische Daten sind im Internet über http://dnb.d-nb.de abrufbar.

© 2012 Wiley-VCH Verlag & Co. KGaA, Boschstr. 12, 69469 Weinheim, Germany

Alle Rechte, insbesondere die der Übersetzung in andere Sprachen, vorbehalten. Kein Teil dieses Buches darf ohne schriftliche Genehmigung des Verlages in irgendeiner Form – durch Photokopie, Mikroverfilmung oder irgendein anderes Verfahren – reproduziert oder in eine von Maschinen, insbesondere von Datenverarbeitungsmaschinen, verwendbare Sprache übertragen oder übersetzt werden. Die Wiedergabe von Warenbezeichnungen, Handelsnamen oder sonstigen Kennzeichen in diesem Buch berechtigt nicht zu der Annahme, dass diese von jedermann frei benutzt werden dürfen. Vielmehr kann es sich auch dann um eingetragene Warenzeichen oder sonstige gesetzlich geschützte Kennzeichen handeln, wenn sie nicht eigens als solche markiert sind.

Satz Mitterweger & Partner Kommunikationsgesellschaft mbH, Plankstadt
Druck und Bindung Markono Print Media Pte Ltd, Singapore
Umschlaggestaltung Bluesea Design, McLeese Lake, Canada

Printed in Singapore
Gedruckt auf säurefreiem Papier.

Print ISBN: 978-3-527-32909-0

Vorwort zur sechsten erweiterten und überarbeiteten Auflage

Seit meiner Zeit an der Universität Erlangen-Nürnberg 1983 – 1987 habe ich den „Wedler" bei meinen Vorlesungen zur Physikalischen Chemie benutzt. Chemiestudenten mögen den „Wedler", weil man das, was man in vielen Lehrbüchern nicht ausformuliert findet, im „Wedler" nachschlagen kann. Während meiner Zeit als Professor am Lehrstuhl für Physikalische Chemie II in Erlangen habe ich Professor Gerd Wedler als Wissenschaftler und als Mensch überaus schätzen gelernt. Ehrlichkeit und absolute Verlässlichkeit waren zwei wichtige Charakteristika Gerd Wedlers. Man findet sie im Buch wieder. Als Dr. Harald Wedler, sein Sohn, mich etwa ein halbes Jahr nach dem Tod seines Vaters fragte, ob ich bereit sei, das Buch weiterzuführen, habe ich nach kurzer Bedenkzeit zugestimmt, wohl wissend, dass dies eine schwierige Aufgabe ist. Frau Dr. Gudrun Walter von Wiley VCH hat dafür gesorgt, dass mir Kritiken und Vorschläge für Erweiterungen zur Verfügung gestellt wurden.

Es war klar, dass man das Buch behutsam den Bedürfnissen und dem neuen Kenntnisstand anpassen musste. Die grundsätzliche Struktur einer Zweiteilung in Einführung und Vertiefung allerdings halte ich für erhaltenswert, gerade auch mit Blick auf den unumkehrbaren Bologna Prozess mit Bachelor- und Masterstudiengang.

In dieser ersten Auflage unter meiner Ko-Autorschaft habe ich nur einige wenige Dinge geändert und hinzugefügt. Es wurde ein separater Band mit Lösungen der Übungsaufgaben erarbeitet, die „Einführung" und die „Entwicklung der Physikalischen Chemie als Fach" aus den früheren Auflagen wurden zusammengeführt und an den Anfang gestellt, und das Kapitel „Struktur der Materie" wurde um einen Teil zur „theoretischen Berechnung von Mehrelektronensystemen" und zu neuen experimentellen Entwicklungen in den Materialwissenschaften sowie ein Kapitel zur „Struktur von Festkörperoberflächen und nanoskopischen Systemen" erweitert. Die Symmetriebetrachtungen wurden auf das Übergangsmoment anhand eines einfachen Beispiels ausgedehnt. Dem ersten Abschnitt wurde ein Kapitel „Beugungserscheinungen und reziproken Gitter" hinzugefügt.

Bei der Entscheidungsfindung, diese Aufgabe anzunehmen, haben mich viele Kollegen und Freunde beraten. Dr. Heiko Hamann, Professor Thomas Risse und Manuela Misch haben tatkräftig bei der Erstellung von Manuskript, Bildern und der unendlich aufwendigen Kleinarbeit der Fehlersuche geholfen. Ohne ihre Mitarbeit wäre das Projekt für mich nicht durchführbar gewesen. Ebenso danke ich dem Fonds der chemischen Industrie.

Frau Gmeiner von Wiley VCH danke ich für ihr Engagement beim Erstellen des Druckes.

Ich bin sicher, es gibt viel zu kritisieren, und ich sehe den Kommentaren von Kollegen und Studierenden mit Freude entgegen.

Allen gebührt mein herzlicher Dank.

Dahlem im April 2012 Hajo Freund

Vorwort zur ersten Auflage

Das rapide Anwachsen neuer Erkenntnisse hat zu einer immer stärker werdenden Spezialisierung im Bereich der Physikalischen Chemie geführt. Als Folge davon sind in den letzten Jahrzehnten eine größere Zahl von Monographien oder Lehrbüchern über Teilgebiete der Physikalischen Chemie, über Chemische Thermodynamik, Statistische Thermodynamik, Quantenchemie, Kinetik oder Elektrochemie erschienen, kaum aber – abgesehen von Übersetzungen – deutschsprachige Lehrbücher über das Gesamtgebiet der Physikalischen Chemie. Der Autor hat deshalb den Versuch unternommen, ein Lehrbuch zu schreiben, das trotz einer Beschränkung des Stoffes auf das Grundlegende ein Basiswissen vermitteln soll, das ausreicht, um sich auch in speziellere Probleme einarbeiten zu können.

Das Buch ist aus einer Grundvorlesung entstanden, die der Verfasser an der Universität Erlangen-Nürnberg hält. Der Aufbau unterscheidet sich insofern von dem der meisten einschlägigen Lehrbücher, als dem Leser in einem einführenden Kapitel die Grundbegriffe und Arbeitsweisen der Thermodynamik, der kinetischen Gastheorie, der statistischen Thermodynamik, der Kinetik und der Elektrochemie vorgestellt werden. Dies geschieht einerseits, um ihn mit den Grundbegriffen und Arbeitsweisen der Physikalischen Chemie vertraut zu machen, andererseits, um möglichst früh aufzuzeigen, wie sich diese verschiedenen Gebiete doch gegenseitig durchdringen oder wie sie voneinander abhängen. Auf diese Einführung bauen die Kapitel über Chemische Thermodynamik, Aufbau der Materie, Statistische Theorie der Materie, Transporterscheinungen und Kinetik auf.

Der Verfasser hat sich bei der Abfassung des Textes nicht von Wunschvorstellungen, sondern von Lehr- und Prüfungserfahrungen leiten lassen. Dazu gehört die Erkenntnis, daß die Studenten heutzutage eine oft sehr unterschiedliche Vorbildung haben, daß sie nicht mit einem Übermaß an ihnen noch unbekannten Begriffen überschüttet, sondern schrittweise in die für sie meist neue Denk- und Arbeitsweise der Physikalischen Chemie eingeführt werden sollten, daß die Chemiestudenten keine Mathematiker sind und deshalb oft einer besonderen Anleitung bei der Durchführung mathematischer Behandlungen von physikalisch-chemischen Problemen bedürfen. Bei der Stoffauswahl hat er versucht, die Grundlagen eingehend zu behandeln, spezielle Fragestellungen wegzulassen, in der Überzeugung, daß sich der Student in diese selbst einarbeiten kann, wenn er auf einem soliden Grundwissen aufbaut. Der

Autor hat sich bemüht, Argumentationen der Art „wie leicht einzusehen ist" oder „wie leicht abzuleiten ist" zu vermeiden. Statt dessen werden die Ableitungen oder mathematischen Behandlungen konsequent durchgeführt, bisweilen im Mathematischen Anhang, wenn der Kontext andernfalls zu stark gestört worden wäre. Der eine oder der andere Abschnitt – beispielsweise bei der Einführung in die chemische Thermodynamik oder bei der Einführung in die Quantenmechanik – ist wesentlich ausführlicher behandelt worden, als es üblicherweise bei Lehrbüchern der Physikalischen Chemie der Fall ist. Das ist immer dann geschehen, wenn der Verfasser aufgrund von Prüfungserfahrungen den Eindruck gewonnen hatte, daß das entsprechende Problem den Studenten besondere Schwierigkeiten bereitet.

Die Rechenbeispiele sind im wesentlichen unter den Gesichtspunkten ausgewählt worden, daß sie zum Wiederholen und Einüben des erarbeiteten Stoffes und zu seiner weiteren Erläuterung dienen. Sämtliche Lösungen sind in einem Anhang angegeben.

Der weitaus größte Teil der 342 Abbildungen ist für konkrete Beispiele berechnet und gezeichnet worden.

Im Buch sind konsequent die Symbole, die Terminologie physikalisch-chemischer Größen und die Einheiten verwendet worden, die von der IUPAC empfohlen werden (SI-System).

Der Verfasser dankt Herrn Prof. Dr. F. Dickert und Herrn Dr. H. Weißmann für die Bereitstellung mehrerer Diagramme, seiner Tochter Gunhild und seinem Sohn Hartmut für die Durchführung von Messungen zur Gewinnung von Daten für Abbildungen und Aufgaben sowie für ihre Hilfe bei der Herstellung des Manuskripts und bei den Korrekturen. Dank gilt auch den Mitarbeiterinnen und Mitarbeitern des Verlag Chemie, die dem Verfasser stets mit Rat und Tat zur Seite gestanden haben, wobei besonders die sachkundige Redaktion des Manuskriptes durch Frau Dr. U. Schumacher und die Betreuung durch Herrn Dr. G. Giesler gewürdigt werden sollen.

Erlangen, im Dezember 1981
Gerd Wedler

Inhaltsverzeichnis

1	**Einführung in die physikalisch-chemischen Betrachtungsweisen, Grundbegriffe und Arbeitstechniken** *1*	
1.1	Einführung in die chemische Thermodynamik *2*	
1.1.1	Zustand *2*	
1.1.2	System und Umgebung *2*	
1.1.3	Phase *4*	
1.1.4	Gleichgewicht *4*	
1.1.5	Arbeit *5*	
1.1.6	Temperatur – Nullter Hauptsatz der Thermodynamik *8*	
1.1.7	Wärmeaustausch und Wärmekapazität *11*	
1.1.8	Isotherme und adiabatische Prozesse *12*	
1.1.9	Intensive und extensive Größen *12*	
1.1.10	Die thermische Zustandsgleichung des idealen Gases *14*	
1.1.11	Mischungen idealer Gase, Partialdruck und Molenbruch *22*	
1.1.12	Der Erste Hauptsatz der Thermodynamik und die kalorische Zustandsgleichung *23*	
1.1.13	Die partiellen Ableitungen von U und H nach T, die molaren Wärmekapazitäten *28*	
1.1.14	Die partiellen Ableitungen von U und H nach ξ, die Reaktionsenergie und die Reaktionsenthalpie *34*	
1.1.15	Der Heß'sche Satz *43*	
1.1.16	Die Standard-Bildungsenthalpien *44*	
1.1.17	Die Umsetzung von Wärme und Arbeit bei Volumenänderungen *45*	
1.1.18	Der Carnot'sche Kreisprozess *57*	
1.1.19	Der Zweite Hauptsatz der Thermodynamik und die Entropie *60*	
1.1.20	Die Entropie *69*	
1.1.21	Kernpunkte des Abschnitts 1.1 *76*	
1.1.22	Rechenbeispiele zu Abschnitt 1.1 *77*	
1.1.23	Literatur zu Abschnitt 1.1 *81*	
1.2	Einführung in die kinetische Gastheorie *82*	
1.2.1	Das Modell des idealen Gases *82*	
1.2.2	Kinetische Energie und Temperatur *84*	
1.2.3	Die molare Wärmekapazität der Gase *86*	
1.2.4	Kernpunkte des Abschnitts 1.2 *90*	
1.2.5	Rechenbeispiele zu Abschnitt 1.2 *90*	
1.2.6	Literatur zu Abschnitt 1.2 *91*	
1.3	Einführung in die statistische Thermodynamik *91*	
1.3.1	Wahrscheinlichkeitsrechnung und Verteilungsfunktion *92*	
1.3.2	Die Boltzmann-Statistik *96*	
1.3.3	Innere Energie und Zustandssumme *100*	
1.3.4	Spezielle Aussagen des Boltzmann'schen e-Satzes *100*	
1.3.5	Die Entropie in der statistischen Betrachtungsweise *101*	

1.3.6	Kernpunkte des Abschnitts 1.3	*105*
1.3.7	Rechenbeispiele zu Abschnitt 1.3.	*105*
1.3.8	Literatur zu Abschnitt 1.3	*106*
1.4	Einführung in die Quantentheorie	*107*
1.4.1	Hinweise auf den Aufbau der Atome aus Atomkern und Elektronenhülle	*107*
1.4.2	Bestimmung der Ladung des Elektrons	*109*
1.4.3	Bestimmung der Masse des Elektrons	*110*
1.4.4	Die Wellennatur des Elektrons	*111*
1.4.5	Die Eigenschaften des Lichtes	*114*
1.4.6	Der Dualismus Welle – Partikel	*123*
1.4.7	Nachweis niedriger Energieniveaus in Gasen	*130*
1.4.8	Die Spektrallinien der Atome	*131*
1.4.9	Das Bohr'sche Modell des Wasserstoffatoms	*135*
1.4.10	Die Schrödinger-Gleichung	*138*
1.4.11	Die Behandlung eines freien Teilchens	*146*
1.4.12	Die Behandlung eines Teilchens im eindimensionalen Kasten	*149*
1.4.13	Die Behandlung eines Teilchens im dreidimensionalen Kasten	*153*
1.4.14	Die Behandlung eines Teilchens im Potentialtopf	*157*
1.4.15	Die Behandlung der Durchtunnelung eines Potentialwalls	*166*
1.4.16	Kernpunkte des Abschnitts 1.4	*169*
1.4.17	Rechenbeispiele zu Abschnitt 1.4	*170*
1.4.18	Literatur zu Abschnitt 1.4	*172*
1.5	Einführung in die chemische Kinetik	*172*
1.5.1	Einführung neuer Begriffe	*173*
1.5.2	Reaktionen erster Ordnung	*175*
1.5.3	Reaktionen zweiter Ordnung	*177*
1.5.4	Reaktionen dritter Ordnung	*179*
1.5.5	Reaktionen nullter Ordnung	*180*
1.5.6	Die Bestimmung der Reaktionsordnung	*181*
1.5.7	Unvollständig verlaufende Reaktionen	*185*
1.5.8	Folge- und Parallelreaktionen	*187*
1.5.9	Die Temperaturabhängigkeit der Reaktionsgeschwindigkeit	*189*
1.5.10	Kernpunkte des Abschnitts 1.5	*191*
1.5.11	Rechenbeispiele zu Abschnitt 1.5	*191*
1.5.12	Literatur zu Abschnitt 1.5	*194*
1.6	Einführung in die Elektrochemie	*195*
1.6.1	Grundbegriffe der Elektrochemie	*195*
1.6.2	Die Wanderung von Ionen im elektrischen Feld und die elektrische Leitfähigkeit	*205*
1.6.3	Die molare Leitfähigkeit eines Elektrolyten und eines Ions	*209*
1.6.4	Die Konzentrationsabhängigkeit der Leitfähigkeit und der molaren Leitfähigkeit	*211*
1.6.5	Elektrische Beweglichkeiten, molare Leitfähigkeiten der Ionen und Überführungszahlen	*215*

1.6.6	Die Hydratation der Ionen *220*	
1.6.7	Die Temperatur- und Lösungsmittelabhängigkeit der molaren Ionengrenzleitfähigkeit *223*	
1.6.8	Schwache Elektrolyte *225*	
1.6.9	Starke Elektrolyte, die Debye-Hückel-Onsager-Theorie *227*	
1.6.10	Anwendungen der Leitfähigkeitsmessungen *237*	
1.6.11	Kernpunkte des Abschnitts 1.6 *238*	
1.6.12	Rechenbeispiele zu Abschnitt 1.6 *238*	
1.6.13	Literatur zu Abschnitt 1.6 *240*	
1.7	Beugungserscheinungen und reziprokes Gitter *241*	
1.7.1	Allgemeine Merkmale der Beugungserscheinungen *243*	
1.7.2	Fraunhofer'sche Beugung am Spalt *244*	
1.7.3	Fraunhofer'sche Beugung am Doppelspalt *247*	
1.7.4	Fraunhofer'sche Beugung am ebenen optischen Strichgitter *249*	
1.7.5	Fraunhofer'sche Beugung am Kreuzgitter *252*	
1.7.6	Fraunhofer'sche Beugung am Raumgitter, Röntgenstrahlinterferenzen *254*	
1.7.7	Kernpunkte des Abschnitts 1.7 *259*	
1.7.8	Literatur zu Abschnitt 1.7 *260*	
2	**Chemische Thermodynamik** *261*	
2.1	Das reale Verhalten der Materie *262*	
2.1.1	Die thermische Zustandsgleichung des realen Gases *262*	
2.1.2	Das Zweiphasengebiet *271*	
2.1.3	Der kritische Punkt *274*	
2.1.4	Das Theorem der übereinstimmenden Zustände *277*	
2.1.5	Die thermische Zustandsgleichung kondensierter Stoffe *278*	
2.1.6	Der Joule-Thomson-Effekt *279*	
2.1.7	Kernpunkte des Abschnitts 2.1 *282*	
2.1.8	Rechenbeispiele zu Abschnitt 2.1 *283*	
2.2	Mischphasen *284*	
2.2.1	Thermodynamische Größen von Mischphasen, partielle molare Größen *284*	
2.2.2	Die Gibbs-Duhem'sche Gleichung *290*	
2.2.3	Kalorische Effekte bei der Herstellung realer Mischphasen *293*	
2.2.4	Mischungsentropie *297*	
2.2.5	Kernpunkte des Abschnitts 2.2 *300*	
2.2.6	Rechenbeispiele zu Abschnitt 2.2 *300*	
2.3	Die Grundgleichungen der Thermodynamik *301*	
2.3.1	Einführung der Freien Energie und der Freien Enthalpie *302*	
2.3.2	Die charakteristischen Funktionen *306*	
2.3.3	Die Gibbs'schen Fundamentalgleichungen *310*	
2.3.4	Das chemische Potential *313*	
2.3.5	Temperatur- und Druckabhängigkeit des chemischen Potentials *315*

2.3.6	Abhängigkeit des chemischen Potentials in Mischphasen vom Molenbruch *318*
2.3.7	Mischungseffekte in idealen Mischphasen *320*
2.3.8	Kernpunkte des Abschnitts 2.3 *322*
2.3.9	Rechenbeispiele zu Abschnitt 2.3 *323*
2.4	Der Dritte Hauptsatz der Thermodynamik *324*
2.4.1	Das Theorem von Nernst *325*
2.4.2	Ermittlung absoluter Entropien *326*
2.4.3	Kernpunkte des Abschnitts 2.4 *328*
2.4.4	Rechenbeispiele zu Abschnitt 2.4 *328*
2.5	Phasengleichgewichte *329*
2.5.1	Allgemeine Betrachtungen *330*
2.5.2	Die Gibbs'sche Phasenregel *331*
2.5.3	Phasengleichgewichte in Einkomponentensystemen *333*
2.5.4	Phasengleichgewichte in Zweikomponentensystemen zwischen einer Mischphase und einer reinen Phase *339*
2.5.5	Aktivität und Aktivitätskoeffizient *359*
2.5.6	Phasengleichgewichte in Zweistoffsystemen zwischen Flüssigkeit und Dampf *376*
2.5.7	Schmelzdiagramme binärer Systeme *393*
2.5.8	Ternäre Systeme *399*
2.5.9	Kernpunkte des Abschnitts 2.5 *401*
2.5.10	Rechenbeispiele zu Abschnitt 2.5 *402*
2.6	Das chemische Gleichgewicht *404*
2.6.1	Allgemeine Betrachtungen *405*
2.6.2	Standardreaktion, Restreaktion und Gleichgewichtskonstante *406*
2.6.3	Die Temperaturabhängigkeit der Gleichgewichtskonstanten *417*
2.6.4	Die Druckabhängigkeit der Gleichgewichtskonstanten *421*
2.6.5	Experimentelle Ermittlung der Gleichgewichtskonstanten *422*
2.6.6	Berechnung von Gleichgewichtskonstanten *427*
2.6.7	Anwendungen des Massenwirkungsgesetzes *434*
2.6.8	Kernpunkte des Abschnitts 2.6 *440*
2.6.9	Rechenbeispiele zu Abschnitt 2.6 *440*
2.6.10	Literatur zu den Abschnitten 1.1 und 2.1 bis 2.6 *443*
2.7	Grenzflächengleichgewichte *443*
2.7.1	Allgemeine Betrachtungen *444*
2.7.2	Die Oberflächenspannung *445*
2.7.3	Thermodynamik der Grenzflächen in Mehrstoffsystemen *454*
2.7.4	Zweidimensionale Oberflächenfilme *457*
2.7.5	Adsorption an Festkörperoberflächen *461*
2.7.6	Die Chromatographie *467*
2.7.7	Die elektrischen Doppelschichten *468*
2.7.8	Die Elektrokapillarität *474*
2.7.9	Kolloide *477*
2.7.10	Kernpunkte des Abschnitts 2.7 *480*

2.7.11	Rechenbeispiele zu Abschnitt 2.7	481
2.7.12	Literatur zu Abschnitt 2.7	482
2.8	Elektrochemische Thermodynamik	483
2.8.1	Die Thermodynamik und die reversible Zellspannung	484
2.8.2	Definition der elektrischen Potentiale und des elektrochemischen Potentials	488
2.8.3	Das Zustandekommen der elektrischen Potentialdifferenz einer galvanischen Zelle, Elektrodenpotentiale und deren Messung	494
2.8.4	Die verschiedenen Typen von Halbzellen	497
2.8.5	Konventionen über die Darstellung einer galvanischen Zelle und das Vorzeichen elektrischer Potentialdifferenzen	505
2.8.6	Elektrodenpotentiale	507
2.8.7	Das Flüssigkeits- oder Diffusionspotential	510
2.8.8	Verschiedene Typen von galvanischen Zellen	513
2.8.9	Anwendungen von Potentialmessungen	520
2.8.10	Kernpunkte des Abschnitts 2.8	528
2.8.11	Rechenbeispiele zu Abschnitt 2.8	529
2.8.12	Literatur zu Abschnitt 2.8	530
3	**Aufbau der Materie**	**531**
3.1	Quantenmechanische Behandlung einfacher Systeme	532
3.1.1	Behandlung des starren Rotators	532
3.1.2	Behandlung des harmonischen Oszillators	541
3.1.3	Behandlung des Wasserstoffatoms	549
3.1.4	Drehimpuls, Bahndrehimpuls, Spin, Gesamtdrehimpuls und Quantenzahlen	569
3.1.5	Kernpunkte des Abschnitts 3.1	582
3.1.6	Rechenbeispiele zu Abschnitt 3.1	584
3.1.7	Literatur zu den Abschnitten 1.4 und 3.1	586
3.2	Wechselwirkung zwischen Strahlung und Atomen – Atomaufbau und Periodensystem	586
3.2.1	Die Spektren der im engeren Sinne wasserstoffähnlichen Teilchen	588
3.2.2	Die optischen Spektren der Alkalimetalle	590
3.2.3	Die optischen Spektren der Mehrelektronenatome	594
3.2.4	Die Röntgenspektren	596
3.2.5	Das Auger-Spektrum	602
3.2.6	Die quantenmechanische Behandlung von Mehrelektronenatomen	604
3.2.7	Pauli-Prinzip, Hund'sche Regeln und Aufbauprinzip	606
3.2.8	Kernpunkte des Abschnitts 3.2	608
3.2.9	Rechenbeispiele zu Abschnitt 3.2	609
3.2.10	Literatur zu Abschnitt 3.2	609
3.3	Materie im elektrischen und im magnetischen Feld	610
3.3.1	Das Verhalten der Materie im elektrischen Feld. Dielektrizitätskonstante und elektrische Polarisation	611
3.3.2	Das Verhalten der Materie im magnetischen Feld	623

3.3.3 Kernpunkte des Abschnitts 3.3 632
3.3.4 Rechenbeispiele zu Abschnitt 3.3 633
3.3.5 Literatur zu Abschnitt 3.3 633
3.4 Wechselwirkung zwischen Strahlung und Molekülen 634
3.4.1 Das Lambert-Beer'sche Gesetz 635
3.4.2 Quantenmechanische Behandlung der Absorption 636
3.4.3 Das Rotationsspektrum 646
3.4.4 Das Schwingungsspektrum 649
3.4.5 Das Rotations-Schwingungsspektrum 654
3.4.6 Das Raman-Spektrum 659
3.4.7 Die Elektronen-Bandenspektren 664
3.4.8 Emission aus elektronisch angeregten Zuständen 669
3.4.9 Photoelektronen-Spektroskopie 675
3.4.10 Die magnetische Resonanz 678
3.4.11 Die Mößbauer-Spektroskopie 693
3.4.12 Kernpunkte des Abschnitts 3.4 695
3.4.13 Rechenbeispiele zu Abschnitt 3.4 696
3.4.14 Literatur zu Abschnitt 3.4 698
3.5 Die chemische Bindung 699
3.5.1 Die ionische Bindung 700
3.5.2 Die kovalente Bindung 705
3.5.3 Die metallische Bindung 722
3.5.4 Kernpunkte des Abschnitts 3.5.3 736
3.5.4 Die van der Waals'sche Bindung 736
3.5.5 Mehrelektronensysteme 737
3.5.6 Kernpunkte des Abschnitts 3.5 747
3.5.7 Rechenbeispiele zu Abschnitt 3.5 748
3.5.8 Literatur zu Abschnitt 3.5 749
3.6 Molekülsymmetrie und Struktur 750
3.6.1 Die Symmetrie von Molekülen 750
3.6.2 Dipolmoment und optische Aktivität 756
3.6.3 Symmetrie der Molekülorbitale 758
3.6.4 Symmetrie und Spektroskopie 766
3.6.5 Struktur von Festkörpern 769
3.6.6 Struktur von Festkörperoberflächen und nanoskopischen Systemen 772
3.6.7 Struktur von Flüssigkeiten 782
3.6.8 Struktur von flüssigen Kristallen 783
3.6.9 Kernpunkte des Abschnitts 3.6 784
3.6.10 Aufgaben zu Abschnitt 3.6 785
3.6.11 Literatur zu Abschnitt 3.6 785

4 Die statistische Theorie der Materie 787
4.1 Die klassische Statistik und die Quantenstatistiken 788
4.1.1 Die verschiedenen Statistiken 788

4.1.2	Der Impulsraum, der Phasenraum und die Zustandsdichte	789
4.1.3	Allgemeines zur Aufstellung der Verteilungsfunktionen	795
4.1.4	Die Bose-Einstein-Statistik	795
4.1.5	Die Fermi-Dirac-Statistik	802
4.1.6	Die Boltzmann-Statistik	804
4.1.7	Vergleich der Statistiken	807
4.1.8	Kernpunkte des Abschnitts 4.1	809
4.1.9	Rechenbeispiele zu Abschnitt 4.1	809
4.2	Statistische Thermodynamik	810
4.2.1	Die Zustandssumme und die thermodynamischen Funktionen	811
4.2.2	Molekülzustandssumme und Systemzustandssumme	817
4.2.3	Berechnung der Zustandssumme	819
4.2.4	Berechnung der thermodynamischen Daten eines idealen einatomigen Gases (ohne Elektronenanregung)	827
4.2.5	Thermodynamische Daten des idealen Kristalls	830
4.2.6	Das Elektronengas	840
4.2.7	Das Photonengas	850
4.2.8	Berechnung von Gleichgewichtskonstanten von Gasreaktionen	854
4.2.9	Kernpunkte des Abschnitts 4.2	858
4.2.10	Rechenbeispiele zu Abschnitt 4.2	859
4.3	Die kinetische Gastheorie	861
4.3.1	Maxwell'sches Geschwindigkeits-Verteilungsgesetz	862
4.3.2	Druck eines Gases auf die Gefäßwandungen	868
4.3.3	Zahl der Stöße auf die Wand	870
4.3.4	Der Gleichverteilungssatz der Energie	871
4.3.5	Kernpunkte des Abschnitts 4.3	876
4.3.6	Rechenbeispiele zu Abschnitt 4.3	876
4.3.7	Literatur zu Kapitel 4	877
5	**Transporterscheinungen**	**879**
5.1	Die mittlere freie Weglänge der Gasmoleküle	880
5.2	Die Stoßzahlen der Gasmoleküle	888
5.3	Transporterscheinungen in Gasen	890
5.3.1	Die allgemeine Transportgleichung für Gase	890
5.3.2	Die Diffusion in Gasen	892
5.3.3	Die innere Reibung in Gasen	897
5.3.4	Die Wärmeleitfähigkeit in Gasen	900
5.3.5	Vergleich der Koeffizienten der Transportgrößen bei Gasen	901
5.4	Laminare Strömung in engen Röhren	903
5.5	Zusammenfassungen zu den Abschnitten 5.1 bis 5.4	906
5.5.1	Kernpunkte der Abschnitte 5.1 bis 5.4	906
5.5.2	Rechenbeispiele zu den Abschnitten 5.1 bis 5.4	906
5.5.3	Literatur zu den Abschnitten 5.1 bis 5.4	907
5.6	Die elektrische Leitfähigkeit in Festkörpern	908
5.6.1	Das Ohm'sche Gesetz	908

5.6.2	Die elektrische und thermische Leitfähigkeit in Metallen 909
5.6.3	Die elektrische Leitfähigkeit von elektronischen Halbleitern 914
5.6.4	Die elektrische Leitfähigkeit von festen Ionenleitern 918
5.6.5	Kernpunkte des Abschnitts 5.6 919
5.6.6	Rechenbeispiele zu Abschnitt 5.6 920
5.6.7	Literatur zu Abschnitt 5.6 920
5.7	Die elektrokinetischen Erscheinungen 921
5.7.1	Die Elektroosmose 921
5.7.2	Das Strömungspotential 925
5.7.3	Die Elektrophorese 926
5.7.4	Kernpunkte des Abschnitts 5.7 926
5.7.5	Literatur zu Abschnitt 5.7 927

6 Kinetik 929

6.1	Die experimentellen Methoden und die Auswertung kinetischer Messungen 930
6.1.1	Übersicht 931
6.1.2	Analysentechnik 932
6.1.3	Langsame Reaktionen 936
6.1.4	Schnelle Reaktionen 938
6.1.5	Molekularstrahltechnik 941
6.1.6	Kernpunkte des Abschnitts 6.1 942
6.1.7	Rechenbeispiele zu Abschnitt 6.1 943
6.2	Formale Kinetik komplizierterer Reaktionen 944
6.2.1	Mikroskopische Reversibilität 944
6.2.2	Chemische Relaxation 946
6.2.3	Folgereaktionen 947
6.2.4	Die Quasistationarität 951
6.2.5	Kernpunkte des Abschnitts 6.2 952
6.3	Reaktionsmechanismen 952
6.3.1	Der Lindemann-Mechanismus 953
6.3.2	Reaktionen mit vorgelagertem Gleichgewicht 956
6.3.3	Kettenreaktionen ohne Verzweigung 958
6.3.4	Kettenreaktionen mit Verzweigung 966
6.3.5	Explosionen 966
6.3.6	Kernpunkte des Abschnitts 6.3 970
6.3.7	Rechenbeispiele zu den Abschnitten 6.2 und 6.3 971
6.4	Die Theorie der Kinetik 972
6.4.1	Die einfache Stoßtheorie 973
6.4.2	Die verfeinerte Stoßtheorie 977
6.4.3	Die Theorie des aktivierten Komplexes 988
6.4.4	Kernpunkte des Abschnitts 6.4 996
6.4.5	Rechenbeispiele zu Abschnitt 6.4 996
6.5	Die Kinetik von Reaktionen in Lösung 997
6.5.1	Bimolekulare Reaktionen in Lösung 998

6.5.2	Anwendung der Theorie des aktivierten Komplexes auf Reaktionen in Lösung *1004*	
6.5.3	Kernpunkte des Abschnitt 6.5 *1007*	
6.5.4	Rechenbeispiele zu Abschnitt 6.5 *1008*	
6.6	Die Kinetik heterogener Reaktionen *1008*	
6.6.1	Kinetik der Phasenbildung *1009*	
6.6.2	Auflösungsvorgänge *1012*	
6.6.3	Verzunderungs- und Anlaufvorgänge *1013*	
6.6.4	Kernpunkte des Abschnitts 6.6 *1014*	
6.6.5	Rechenbeispiele zu Abschnitt 6.6 *1014*	
6.7	Die Katalyse *1015*	
6.7.1	Allgemeines zu katalytischen Reaktionen *1016*	
6.7.2	Homogene Katalyse *1018*	
6.7.3	Heterogene Katalyse *1029*	
6.7.4	Kernpunkte des Abschnitt 6.7 *1042*	
6.7.5	Rechenbeispiele zu Abschnitt 6.7 *1042*	
6.7.6	Literatur zu den Abschnitten 6.1 bis 6.7 *1043*	
6.8	Die Kinetik von Elektrodenprozessen *1044*	
6.8.1	Allgemeines zur Kinetik von Elektrodenreaktionen *1045*	
6.8.2	Die Durchtrittsüberspannung *1047*	
6.8.3	Die Diffusionsüberspannung *1054*	
6.8.4	Weitere Arten der Überspannung *1059*	
6.8.5	Die Zersetzungsspannung *1059*	
6.8.6	Kernpunkte des Abschnitts 6.8 *1060*	
6.8.7	Rechenbeispiele zu Abschnitt 6.8 *1060*	
6.8.8	Literatur zu den Abschnitten 1.5 und 6.8 *1061*	
7	**Mathematischer Anhang** *1063*	
A	Stirling'sche Formel *1063*	
B	Determination und Matrizen *1064*	
C	Vektoren *1069*	
D	Operatoren, Darstellung des Laplace-Operators in Polarkoordinaten *1071*	
E	Unbestimmte Ausdrücke. Regel von de l'Hospital *1075*	
F	Reihenentwicklung *1075*	
G	Bestimmung von Maxima und Minima *1077*	
H	Partialbruchzerlegung *1080*	
I	Lösung des Integrals $\int \sin^2 x\, dx$ *1081*	
J	Lösung des Integrals $\int \sin^3 x\, dx$ *1081*	

K	Lösung der Integrale $\int_0^\infty x^n e^{-x^2} dx$	*1082*
L	Lösung des Integrals $\int_0^\infty \varepsilon^{\frac{1}{2}} e^{-\varepsilon/kT} d\varepsilon$	*1085*
M	Lösung des Integrals $\int_0^\infty x^3 (e^x - 1)^{-1} dx$	*1085*
N	Lösungen der Differentialgleichung $\dfrac{d^2\psi(x)}{dx^2} + k^2 \psi(x) = 0$	*1086*
O	Lösung der Differentialgleichung $\dfrac{d^2\varphi(x)}{dx^2} - k^2 \varphi(x) = 0$	*1088*
P	Lösung der Poisson-Boltzmann-Gleichung	*1089*
Q	Lösung der assoziierten Legendre'schen Differentialgleichung	*1090*
R	Lösung der Schrödinger-Gleichung für den harmonischen Oszillator	*1098*
S	Lösung der radialen Wellenfunktion des Wasserstoffatoms	*1105*
T	Orthogonalitätsbeziehung der Wellenfunktionen	*1110*
U	Weiterführende Literatur zum Mathematischen Anhang	*1111*

Sachregister *1113*

Liste der verwendeten Symbole

Die Zahlen verweisen auf die Seite, auf der das Symbol eingeführt oder definiert wird.

A	Fläche	c_v	molare Wärmekapazität bei konstantem Volumen
	Freie Energie		
	Oberfläche	c^*	Gruppengeschwindigkeit
	dekadisches Absorptionsvermögen	D	Direktionskonstante
	präexponentieller Faktor		Zustandsdichte
a	van der Waals'sche Konstante		Kraftkonstante
	Aktivität		Diffusionskoeffizient
	linearer dekadischer Absorptionskoeffizient	$\vec{D}$	elektrische Verschiebungsdichte
		d	Netzebenenabstand
	molare freie Energie	E	Energie
	Hyperfein-Kopplungskonstante		Reversible Zellspannung
B	zweiter Virialkoeffizient		Elektronenaffinität
	Rotationskonstante	$\vec{E}$	elektrische Feldstärke
$\vec{B}$	magnetische Flußdichte	F	Faraday-Konstante
b	Ausschließungsvolumen	$\vec{F}$	Kraft
	van der Waals'sche Konstante	f	Fugazität
	Stoßparameter		Aktivitätskoeffizient
C	Wärmekapazität	f_Λ	Leitfähigkeitskoeffizient
	Kapazität	G	Freie Enthalpie
	Sutherland'sche Konstante	$\vec{G}$	Gewicht
C_p	Wärmekapazität bei konstantem Druck	g	Entartungsgrad
			Erdbeschleunigung
C_v	Wärmekapazität bei konstantem Volumen		molare freie Enthalpie
			g-Faktor
c	Lichtgeschwindigkeit	g_e	Landé-Faktor des Elektrons
	Phasengeschwindigkeit	g_N	Kern-g-Faktor
	Stoffmengenkonzentration	H	Enthalpie
	Molarität		Hamilton-Funktion
c_p	molare Wärmekapazität bei konstantem Druck	$\hat{H}$	Hamilton-Operator
		$\vec{H}$	magnetische Feldstärke

Liste der verwendeten Symbole

h	Höhe	$\vec{m}_s$	magnetisches Spinmoment
	molare Enthalpie	N	Teilchenzahl
	Plank'sches Wirkungsquantum		Besetzungsdichte
$\hbar$	$h/2\pi$	N_A	Loschmidt'sche Konstante
I	Strom		(oft auch als Avogadro'sche
	Ionenstärke		Konstante bezeichnet)
	Trägheitsmoment	n	Stoffmenge
	Ionisierungsenergie		Laufzahl
	Intensität		Hauptquantenzahl
	Kernspinquantenzahl		Quantenzahl
$\vec{I}$	Kernspin		Brechungsindex
J	Fluß	P	Reaktionswahrscheinlichkeit
	Massieu'sche Funktion	$\vec{P}$	elektrische Polarisation
	Rotationsquantenzahl	p	Druck
$\vec{J}$	Flußdichte	p_i	Partialdruck
	Gesamtdrehimpuls	p_σ	Kapillardruck
j	Gesamtdrehimpulsquantenzahl	$\vec{p}$	Impuls
	Stromdichte		elektrisches Dipolmoment
$\vec{j}$	Gesamtdrehimpuls	Q	Ladung
K	Gleichgewichtskonstante		Wärmemenge
K_M	Michaelis-Konstante	q	Ortskoordinate
k	Boltzmann'sche Konstante	R	allgemeine Gaskonstante
	Geschwindigkeitskonstante		Rydberg-Konstante
	Kraftkonstante		elektrischer Widerstand
L	Gesamtdrehimpulsquantenzahl	R_{mol}	molare Refraktion
	Kettenlänge	$\vec{R}^{mn}$	Übergangsmoment
$\vec{L}$	Drehimpuls	r	Radius, Abstand
	Gesamtbahndrehimpuls	S	Entropie
l	Länge	$\vec{S}$	Gesamtspin
	Rotationsquantenzahl	s	Weg
	Bahndrehimpuls-Quantenzahl		kritischer Koeffizient
	mittlere freie Weglänge von Elektronen in Metallen		molare Entropie
			Spinquantenzahl
$\vec{l}$	(Bahn)drehimpuls	$\vec{s}$	Elektronenspin
M	Madelung-Konstante	T	absolute Temperatur
	molare Masse		Term
$\vec{M}$	Magnetisierung		kinetische Energie
m	Masse		Transmissionskoeffizient
	Laufzahl		Transmissionsvermögen
	Molalität	T_1	longitudinale Relaxationszeit
	magnetische Quantenzahl	T_2	transversale Relaxationszeit
m_s	magnetische Spinquantenzahl	t	Zeit
$\vec{m}$	magnetisches Moment	$t_{1/2}$	Halbwertszeit
$\vec{m}_l$	magnetisches Bahnmoment	$t^\pm$	Überführungszahl
$\vec{m}_I$	magnetisches Kernmoment	U	Spannung

	Innere Energie	ε	Energie
u	molare Innere Energie		isothermer Drosseleffekt
	elektrische Beweglichkeit		Dielektrizitätskonstante
$\vec{u}$	Phasengeschwindigkeit der Materiewelle		molarer dekadischer Absorptionskoeffizient
u^*	Gruppengeschwindigkeit der Materiewelle	ε_0	elektrische Feldkonstante
		ε_r	relative Dielektrizitätskonstante
V	Volumen	ε_F	Fermi'sche Grenzenergie
	potentielle Energie	ζ	Zeta-Potential
v	molares Volumen	η	Wirkungsgrad
	Teilchengeschwindigkeit		Viskositätskoeffizient
	Rücklaufverhältnis		Überspannung
W	Arbeit	θ	Celsius-Temperatur
W_{Vol}	Volumenarbeit		Glanzwinkel
x	Ortskoordinate		Belegungsgrad
	Molenbruch	Θ	Randwinkel
	Reaktionsvariable		charakteristische Temperatur
$\dot{x}$	Geschwindigkeit	Θ_D	Debye-Temperatur
x_e	Anharmonizitätskonstante	ϑ	Poldistanz
Y	Plancksche Funktion	κ	elektrische Leitfähigkeit
y	Ortskoordinate		Kompressibilitätskoeffizient
y_e	Anharmonizitätskonstante	Λ	molare Leitfähigkeit
Z	Systemzustandssumme	$\Lambda^{\pm}$	molare Leitfähigkeit eines Ions
	Ordnungszahl	λ	Wellenlänge
z	Ortskoordinate		mittlere freie Weglänge (in Gasen)
	Ladungszahl		Wärmeleitfähigkeitskoeffizient
	Molekülzustandssumme	μ	reduzierte Masse
α	thermischer Ausdehnungskoeffizient		Joule-Thomson-Koeffizient
	Dissoziationsgrad		chemisches Potential
	reales Potential		linearer Schwächungskoeffizient
	Polarisierbarkeit		Permeabilität
	Durchtrittsfaktor	μ_0	magnetische Feldkonstante
β	Spannungskoeffizient	μ/ρ	Massenschwächungskoeffizient
	Radius der Ionenwolke	μ_B	Bohrsches Magneton
Γ	Grenzflächenkonzentration	μ_N	Kernmagneton
	Linienbreite	μ_r	Permeabilitätszahl
	Transportgröße	$\tilde{\mu}$	elektrochemisches Potential
γ	c_p/c_v	$\vec{\mu}$	permanentes Dipolmoment
γ_e	gyromagnetisches Verhältnis des Elektrons	ν	stöchiometrischer Faktor
			Frequenz
γ_N	gyromagnetisches Verhältnis des Kerns	$\vec{\nu}$	Wellenzahl
		ξ	Reaktionslaufzahl
δ	chemische Verschiebung	Π	innerer Druck
	Dicke einer Schicht		osmotischer Druck
		π	Binnendruck

Liste der verwendeten Symbole

ϱ	Dichte	χ_e	elektrische Suszeptibilität
	Wahrscheinlichkeitsdichte	χ_m	magnetische Suszeptibilität
	spezifischer Widerstand	ψ	Wellenfunktion
	Ladungsdichte		äußeres elektr. Potential
	Strahlungsdichte		äußeres elektrisches Potential,
	spektrale Strahlungsdichte		Volta-Potential
σ	Oberflächenspannung	Ω	statistisches Gewicht
	Flächenladungsdichte	ω	Winkelgeschwindigkeit
	Stoßquerschnitt		Raumwinkel
σ_B	Benetzungsspannung	$\rightarrow$	Zeichen für Vektor
σ_H	Haftspannung	Δ	Ableitung nach der Reaktionslauf-
τ	Lebensdauer		zahl
	Relaxationszeit		Laplace'scher Differentialoperator
Φ	Elektronenaustrittspotential	$\ominus$	Symbol für den Standardzustand
	extensive Größe (allgemein)		1.013 bar, 298.15 K
φ	elektrisches Potential	∇	Nabla-Operator
	intensive Größe (allgemein)	$\hat{}$	Zeichen für Operator
	Fugazitätskoeffizient	$\langle\,\rangle$	Erwartungswert
	inneres elektrisches Potential,	$[i]$	Konzentration von Stoff i
	Galvani-Potential	$*$	reiner Stoff
	Azimut	$\circ, 0$	Symbol für den Standardzustand,
χ	Oberflächenpotential		bei dem die Aktivität 1 ist.

Einführung

Die Studierenden, die am Anfang ihres Chemiestudiums stehen, haben meist aufgrund ihrer schulischen Vorbildung gewisse Einblicke in die Anorganische und die Organische Chemie gewonnen. Ihre Vorstellungen vom Inhalt, von der Arbeitsweise oder von der Bedeutung der Physikalischen Chemie, selbst von ihrer Abgrenzung gegenüber Nachbarfächern sind dagegen im Allgemeinen sehr vage. Wir wollen deshalb zunächst den Standort der Physikalischen Chemie innerhalb der Naturwissenschaften feststellen und dann die Aufgaben der Physikalischen Chemie umreißen und dabei gleichzeitig den Aufbau dieses Buches kennenlernen.

Schon aus dem Namen ergibt sich, dass die Physikalische Chemie ein Bindeglied zwischen der Physik und der Chemie darstellt, und so werden die physikalisch-chemischen Probleme gleichermaßen von Chemikern und Physikern bearbeitet, was darin zum Ausdruck kommt, dass bisweilen auch von Chemischer Physik gesprochen wird. War der Chemiker früher im Wesentlichen am Stofflichen interessiert, an der Analyse und der Synthese bekannter und neuer Substanzen, so versuchte der Physikochemiker, das experimentell gewonnene Erfahrungsmaterial mit Hilfe der theoretischen, numerischen und experimentellen Methoden der Physik und der Theoretischen Chemie zu ordnen, qualitative Zusammenhänge aufzufinden und quantitative Beziehungen aufzustellen. Wir werden später noch darauf zurückkommen, welche Probleme es hier zu lösen galt oder auch noch gibt.

Ein Problem, dem sich die Studierenden in ihrem Chemiestudium stellen müssen, ist der Tatsache geschuldet, dass die verschiedenen Teilfächer der Chemie – Anorganische, Organische, Bio- und Technische Chemie – schon früh modellhafte, mikroskopische Konzepte und Beschreibungsweisen nutzen, deren tiefere Durchdringung im physikalisch-chemischen Curriculum klassisch erst zu einem späteren Zeitpunkt erfolgt. Der Lehrplan folgt damit weitgehend der Chronologie der Erkenntnis über die vergangenen drei bis vier Jahrhunderte (siehe Tabelle im Nachsatz).

Der wohl wichtigste Begriff in den materialorientierten Naturwissenschaften ist der der Struktur. Indem man sich mit Strukturen und ihrer Dynamik auseinandersetzt, beschreitet man gleichzeitig das gesamte Gebiet der Physikalischen Chemie.

Strukturen, die die räumliche Beziehung von Atomen in einer chemischen Verbindung widerspiegeln, betrachtet man auf Längenskalen von 10^{-10} m. Andere

Lehrbuch der Physikalischen Chemie, Sechste Auflage. Gerd Wedler und Hans-Joachim Freund.
© 2012 Wiley-VCH Verlag GmbH & Co. KGaA. Published 2012 by Wiley-VCH Verlag GmbH & Co. KGaA.

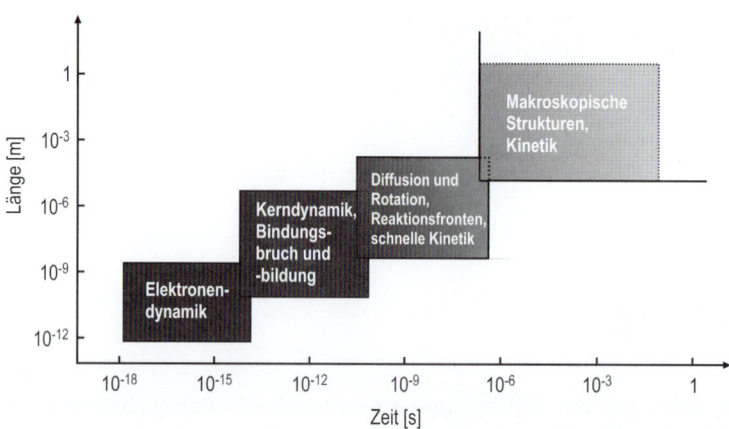

Abbildung 1 Raum-Zeit-Diagramm zu physikalisch-chemisch relevanten Phänomenen.

Strukturen, wie man sie etwa bei der Strukturierung der Materie durch chemische Reaktionen findet, haben charakteristische Längen im Mikrometer- bis Zentimeterbereich. Interessanterweise sind mit den räumlichen Strukturen auch zeitliche Vorgänge korreliert. So geschehen elementare Prozesse, die zu solchen Strukturen führen, auf sehr unterschiedlichen Zeitskalen. Um sich dies vor Augen zu führen, betrachten wir das Raum-Zeit-Diagramm in Abb. 1. Abbildung 1 zeigt ein doppelt logarithmisches Diagramm, bei dem auf der Abszisse die Zeitskala und auf der Ordinate eine Längenskala aufgetragen ist.

Die Längenskala reicht vom Durchmesser des Wasserstoffatoms bis hin zur Meterskala, die Zeitskala von Attosekunden bis hin zu Minuten. Auf dieser Raum-Zeit-Fläche bewegt man sich, wenn man Physikalische Chemie betreibt. Allerdings nicht auf der ganzen Fläche, sondern vielmehr auf den eingezeichneten Teilflächen.

Die Dynamik von Elektronen findet auf einer Zeitskala von 10^{-14}–10^{-18} Sekunden (Femto- bis Attosekunden) und einer Längenskala im atomaren Bereich statt (Der Durchmesser des H-Atoms ist etwa 0.1 nm.). Untersuchungen in diesem Raum-Zeit-Fenster gestatten Einsicht in die Frage, wie etwa ein Ionisierungsvorgang, d.h. die Entfernung eines Elektrons aus einem Atom oder Molekül mit vielen Elektronen, oder ein elektronischer Anregungsvorgang vonstatten gehen oder wie ein elektronischer Ladungstransport etwa in einem Biomolekül geschieht.

Die darauffolgende Teilfläche charakterisiert die Dynamik der Atombewegung (Kerndynamik) innerhalb eines Moleküls mit einer gegebenen Struktur (siehe Abb. 2) oder etwa die Faltung eines Proteins. Schwingungsanregung und Elementarschritte chemischer Reaktionen (Bindungsbruch und –bildung) hängen sehr eng zusammen, da z. B. bei einer Dissoziationsreaktion mindestens eine Bindung gebrochen, d.h. bis zum Bruch gestreckt werden muss.

Die dazu notwendigen Zeiten liegen im Bereich von etwa 10^{-14}–10^{-10} s, die Längenänderungen im Bereich 10^{-10}–10^{-7} m. Beide Teilflächen zusammen charakterisieren Vorgänge, die man mikroskopisch auf der Basis der Quantenmechanik oder Quantenelektrodynamik beschreibt. Um dies zu durchschauen, muss man

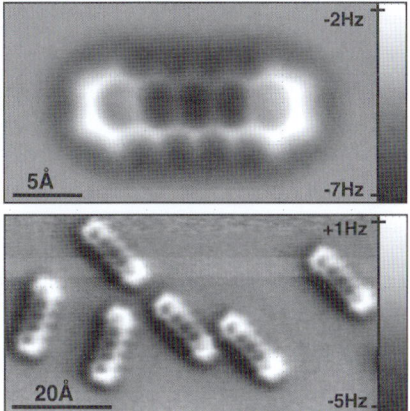

Abbildung 2 Raster-Kraft-Mikroskopische Aufnahme von Pentacenmolekülen auf einer Oberfläche.[1]

sich in die Denkweise und mathematische Beschreibung einarbeiten. Dazu benötigt man Vorkenntnisse, die man sich erarbeiten muss.

Die mit „makroskopische Strukturen, Kinetik" beschriebene Teilfläche umgrenzt raum-zeitliche Phänomene, die makroskopisch erfassbar sind und die auf Längenskalen vom Mikrometer zum Meter sowie in Mikrosekunden bis Sekunden ablaufen. Hierzu gehören Phasenübergänge, das Schmelzen und Verdampfen von Wasser, die Ausbildung von Mizellen oder selbstorganisierenden Monolagen organischer Moleküle auf Oberflächen in Lösung, die Kristallisation von Mineralien, die räumliche Strukturierung bei oszillierenden Reaktionen in Lösung (Abb. 3) oder von Wind und Wasser hervorgerufene Strukturen im Sand.

Das zwischen diesem letztgenannten Teilfeld und den die mikroskopischen Prozesse charakterisierenden Teilfeldern liegende Teilfeld ordnet man mesoskopischen Phänomenen zu. Das sind Prozesse, die in Bruchteilen von Sekunden bis hin zu Nanosekunden stattfinden. Dazu gehören schnelle kinetische Prozesse, Strömungsphänomene, Transport und Diffusionsphänomene, aber auch raumzeitliche Strukturbildung bei oszillierenden Reaktionen an Oberflächen. Charakteristische Längen reichen hier von Nanometern bis zu Mikrometern.

Einen ersten tieferen Einblick in die mikroskopischen Ursachen für die makroskopisch beobachtbaren Phänomene werden wir gewinnen, wenn wir von einem Modell ausgehen, das sich auf den Aufbau der Materie aus Atomen und Molekülen stützt und das die Bewegungen der einzelnen Teilchen, die sich in einer Translation, Rotation und Schwingung äußern, berücksichtigt. Bei den Gasen wird das relativ einfach sein, und die kinetische Gastheorie wird uns beispielsweise den Zusammenhang zwischen der Teilchenbewegung und der Temperatur liefern.

Die bei der Diskussion von Abb. 3 angesprochenen Phänomene können allerdings erst verstanden werden, wenn man von der klassischen Thermodynamik re-

---

[1] L. Gross, F. Mohn, P. Liljeroth, J. Repp, F.J. Giessibl, G. Meyer, *Science* (2009), *324*, 1428.

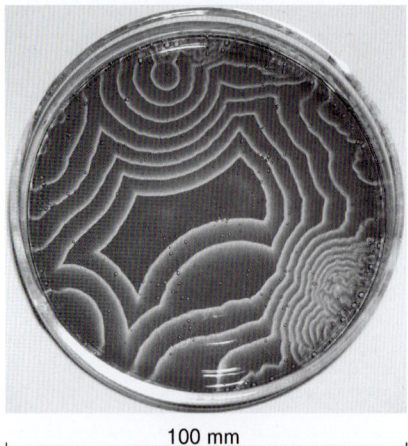

Abbildung 3 Sichtbar gemachte räumliche Strukturierung bei einer oszillierenden chemischen Reaktion (Belousov-Zhabotinskii-Reaktion).

versibler Prozesse, wie sie in diesem Buch behandelt werden, zur Diskussion der Thermodynamik irreversibler Prozesse übergeht. Dies wird späteren Auflagen des Lehrbuchs vorbehalten sein.

Wir werden aber erkennen, dass es nicht möglich ist, die Eigenschaften des makroskopischen Systems allein durch Summation der Eigenschaften eines jeden individuellen, im System enthaltenen Teilchens zu gewinnen. Wir müssen vielmehr statistische Methoden zur Ermittlung der Eigenschaften des makroskopischen Systems anwenden. So kommen wir zur statistischen Thermodynamik, die es uns erlaubt, thermodynamische Größen absolut zu berechnen, sofern wir nur ein geeignetes atomares oder molekulares Modell der Materie zur Verfügung haben und die in und zwischen den Teilchen wirkenden Kräfte und damit die Energiezustände kennen, in denen sie vorliegen können.

Bevor wir solche Berechnungen durchzuführen vermögen, müssen wir uns deshalb mit dem Aufbau der Materie beschäftigen. Wir werden sehen, dass wir im atomaren Bereich nicht mehr mit den Gesetzen der klassischen Physik arbeiten dürfen, sondern die Quantenmechanik zur Ermittlung der erlaubten, stationären Zustände heranziehen müssen. Wir werden deshalb das Teilchen im Kasten, den Rotator, den harmonischen Oszillator und das Wasserstoffatom quantenmechanisch behandeln. Dabei werden wir zum einen die Gesetzmäßigkeiten erkennen, denen die sogenannten Eigenwerte der Energie der Teilchen unterworfen sind, zum anderen die Voraussetzungen schaffen für die Interpretation der Spektren, seien es nun die Infrarot-, Raman-, Ultraviolett-, Röntgen-, Kernresonanz- oder Elektronenspinresonanzspektren. Gerade den ersteren können wir die Daten ent-

---

[2] Photo by Michael C. Rogers and Stephen W. Morris, Experimental Nonlinear Physics, University of Toronto; http://www.flickr.com/photos/nonlin/3572095252/sizes/o/in/photostream/

nehmen, die wir für die Berechnungen mit Hilfe der statistischen Thermodynamik benötigen. Letztere, zusammen mit Beugungsexperimenten, denen ein spezielles Kapitel gewidmet ist, geben uns wertvolle Hinweise auf den strukturellen Aufbau der Materie. Die Kenntnisse der Grundlagen der Quantenmechanik sind auch die Voraussetzung für die Behandlung der chemischen Bindung.

Am Ende dieser Einführung findet man eine Zeittafel mit einer Zusammenstellung der Chronologie wichtiger Erkenntnisse, die auch zum größten Teil im Buch angesprochen werden, und den damit verbundenen Personen, so, wie sie dem Autor für die Entwicklung der Physikalischen Chemie wesentlich erscheinen und die im Wesentlichen den traditionellen Ablauf der Erkenntnisvermittlung in der Physikalischen Chemie widerspiegeln.

Traditionell wird die Physikalische Chemie anhand der Beschreibung von Vorgängen, die der alltäglichen Beobachtung zugänglich sind, eingeführt. Lehrbücher der Physikalischen Chemie beginnen daher mit der Thermodynamik. Die Thermodynamik betrachtet Volumenänderung, geleistete Arbeit, eben makroskopische Vorgänge auf der Basis einer recht abstrakten mathematischen Theorie, die sehr nützlich ist, aber keinen Raum für mikroskopische Erkenntnisse lässt. Dies gelingt erst durch die statistische Thermodynamik, die aber ihrerseits auf quantenmechanische Vorstellungen zurückgreifen muss. Da der Atombegriff und die damit verbundenen modellhaften Vorstellungen den meisten Studierenden aus dem Schulunterricht bekannt sind, empfinden manche die Beschäftigung mit der „strukturlosen" Thermodynamik als Rückschritt. Es ist daher entscheidend, darauf hinzuweisen, wie wichtig das Verständnis der thermodynamischen Begriffe und verwendeten Größen ist, auch und insbesondere im Zusammenhang mit der atomistischen Beschreibung der Materie.

Ein wichtiges Kapitel der Physikalischen Chemie ist die Behandlung von Nichtgleichgewichtszuständen im Gegensatz zu den durch die traditionelle Thermodynamik beschriebenen Gleichgewichtszuständen. Dazu zählen die stationären Nichtgleichgewichtszustände, so wie wir sie bei den Transporterscheinungen antreffen, d. h. bei der Diffusion, der inneren Reibung, der Wärmeleitfähigkeit oder der elektrischen Leitfähigkeit.

Wir haben erfahren, dass die Thermodynamik nur etwas auszusagen gestattet über zeitlich unveränderliche Zustände eines Systems. Über den zeitlichen Ablauf einer Reaktion vermag sie dagegen nichts auszusagen. Solche Überlegungen werden wir im Rahmen der chemischen Kinetik anstellen. Wir werden sehen, dass das Studium der Kinetik Rückschlüsse auf den mikroskopischen Mechanismus einer chemischen Reaktion zulässt, d. h. darüber, wie sich aus den Ausgangssubstanzen über Zwischenprodukte die Reaktionsprodukte bilden.

Wir haben nicht gesondert das Verhalten der elektrisch geladenen Teilchen angesprochen. Das ist deshalb geschehen, weil wir die elektrische Leitfähigkeit als Spezialfall der Transporterscheinungen, die Gleichgewichts-Elektrochemie, die beispielsweise die Eigenschaften galvanischer Zellen beschreibt, als Spezialfall der Thermodynamik und die Elektrodenkinetik und die Polarisationserscheinungen als Spezialfall der Kinetik betrachten und behandeln können.

Dieser – zwangsläufig unvollständige – Überblick über die Aufgaben und Teilgebiete der Physikalischen Chemie dürfte gezeigt haben, dass sich die einzelnen Disziplinen, so unterschiedlich sie in Problemstellung und Methodik auch sein mögen, doch gegenseitig bedingen. Dem soll der Aufbau des Buches Rechnung tragen.

Es ist eine zwar das Studium erschwerende, aber unumgängliche Tatsache, dass der Studierende in der Allgemeinen, der Anorganischen und der Organischen Chemie vielfach mit Problemen und Aussagen aller Teilgebiete der Physikalischen Chemie konfrontiert wird, bevor ihm im Rahmen der physikalisch-chemischen Ausbildung die Grundlagen für ein wirkliches Verstehen der Zusammenhänge vermittelt werden können. Es soll deshalb versucht werden, in einem möglichst frühen Stadium die unterschiedlichen Arbeitsweisen der verschiedenen Sparten der Physikalischen Chemie zu erläutern. Dies geschieht in dem umfangreichen einführenden Kapitel bewusst nicht auf niederem Niveau, wohl aber unter Beschränkung auf das Wissen, das zum Verstehen der grundlegenden Begriffe und der Arbeitsmethodik und zum Erkennen der Grenzen der Aussagemöglichkeiten unerlässlich ist. So wird beispielsweise bei der Einführung in die chemische Thermodynamik das „reale Verhalten" der Materie konsequent ausgeklammert, da seine Behandlung den Durchblick nur erschweren würde.

Auf dem einführenden Kapitel bauen dann die Kapitel „Chemische Thermodynamik", „Aufbau der Materie", „Statistische Theorie der Materie", „Transporterscheinungen" und „Kinetik" auf. In einem „Mathematischen Anhang" sind Lösungen wichtiger Integrale sowie häufiger wiederkehrende oder umfangreichere Rechnungen zusammengestellt. Auf diese Weise war es möglich, alle erforderlichen mathematischen Berechnungen – auch für das Kapitel „Aufbau der Materie" – aufzunehmen, ohne den Kontext zu stören.

Die graphischen Darstellungen sind, soweit es möglich war, für konkrete Beispiele berechnet worden, nicht nur, um dem Leser exaktes Datenmaterial an die Hand zu geben, sondern auch, um ihm ein Gefühl für die Größenordnung der behandelten Phänomene zu vermitteln.

Dem gleichen Zweck dienen die Rechenbeispiele am Ende größerer Abschnitte, die darüber hinaus die Möglichkeit zur Wiederholung des erarbeiteten Stoffes und zur Anwendung der theoretisch abgeleiteten Gesetzmäßigkeiten auf praktische Beispiele bieten soll. Die Lösungen sowie die Lösungswege sind in einem speziell konzipierten Arbeitsbuch dargestellt.

Das Buch soll den Leser in die Physikalische Chemie einführen, ihn mit den theoretischen Grundlagen und der physikalisch-chemischen Arbeitsweise vertraut machen und ihm anhand von Beispielen die eindrucksvolle Entwicklung des Faches aufzeigen.

Literatur

Brush, S. G. (1970) *Kinetische Theorie, Bd. I und II*, Akademie-Verlag, Berlin; Pergamon Press, Oxford, Vieweg und Sohn, Braunschweig

Sir Dampier, W. C. (1952) *Geschichte der Naturwissenschaft*, Humboldt Verlag, Wien, Stuttgart

Eucken, A. (1948) *Grundriß der Physikalischen Chemie*, 6. Aufl., Akademische Verlagsgesellschaft Geest und Portig, Leipzig

Jaenicke, W. (1994) *100 Jahre Bunsen-Gesellschaft*, Steinkopff, Darmstadt

Laidler, K. J. (1995) *The World of Physical Chemistry*, Oxford University Press, Oxford, New York, Toronto

Mendelsohn, K. (1976) *Walter Nernst und seine Zeit*, Physik Verlag, Weinheim

Strube, W. (1976) *Der historische Weg der Chemie, Bd. II*, VEB Deutscher Verlag für Grundstoffindustrie, Leipzig

Witte, H. (1980) *Die Entwicklung der Physikalischen Chemie in Deutschland und die Deutsche Bunsen-Gesellschaft*, Deutsche Bunsen-Gesellschaft für Physikalische Chemie

1
Einführung in die physikalisch-chemischen Betrachtungsweisen, Grundbegriffe und Arbeitstechniken

Das Gesamtgebiet der Physikalischen Chemie wird üblicherweise in die Sparten Chemische Thermodynamik, Statistische Thermodynamik, Transporterscheinungen, Aufbau der Materie (Quantenchemie, Spektroskopie und chemische Bindung), Reaktionskinetik und Elektrochemie gegliedert. Die Reihenfolge, in der diese Teilgebiete im Hochschulunterricht behandelt werden, ist sehr unterschiedlich; teilweise werden sie völlig von einander getrennt angeboten. Wir wollen den entgegengesetzten Weg gehen und die Physikalische Chemie als ein Ganzes betrachten.

In diesem ersten Kapitel werden wir die Betrachtungsweisen kennenlernen, die den einzelnen Teilgebieten zu Grunde liegen, die Grenzen sehen, die gerade die Betrachtungsweisen den Aussagemöglichkeiten setzen und erkennen, in wie starkem Maße jede Sparte der Physikalischen Chemie von den Erkenntnissen lebt, die in den anderen Teilgebieten gewonnen werden.

Wir werden mit einer Einführung in die chemische Thermodynamik beginnen und sehr bald feststellen, dass es uns in Anbetracht der angewandten Vorgehensweise nicht gelingen kann, thermodynamische Größen absolut zu berechnen. Die Suche nach einer Berechnungsmöglichkeit wird uns dann über die kinetische Gastheorie zur statistischen Thermodynamik führen. Die Beschäftigung mit dieser Methode wird uns zeigen, dass sie prinzipiell in der Lage ist, die gewünschten Daten zu liefern, wenn man die Energiezustände kennt, in denen ein Molekül vorliegen kann. Die Suche nach diesen Energiezuständen wird uns zwangsläufig zur Quantentheorie führen. Die Frage nach dem Einfluss der Zeit haben wir bis jetzt nicht gestellt. Wollen wir auch zeitliche Veränderungen behandeln, so kommen wir zur chemischen Kinetik, unserem fünften einführenden Abschnitt. Den Abschluss des ersten Kapitels wird eine Einführung in die Elektrochemie bilden. In diesem Abschnitt werden wir uns erstmals mit geladenen Teilchen beschäftigen.

Obwohl uns das erste Kapitel motivieren soll, die Physikalische Chemie als ein Ganzes zu sehen, sind seine Abschnitte so angelegt, dass sie auch als selbständige Einführung in die folgenden Kapitel Chemische Thermodynamik, Aufbau der Materie, Transporterscheinungen, Kinetik und die Beugungserscheinungen als Grundlage der Strukturbestimmung dienen. Der Elektrochemie ist kein gesondertes Kapitel gewidmet, da es sich als zweckmäßig erweisen wird, die elektrochemischen Aspekte in den Kapiteln Thermodynamik, Transporterscheinungen und Kinetik mit zu behandeln.

Lehrbuch der Physikalischen Chemie, Sechste Auflage. Gerd Wedler und Hans-Joachim Freund.
© 2012 Wiley-VCH Verlag GmbH & Co. KGaA. Published 2012 by Wiley-VCH Verlag GmbH & Co. KGaA.

1.1
Einführung in die chemische Thermodynamik

In diesem ersten Abschnitt wollen wir uns mit den Methoden der thermodynamischen Betrachtungsweise vertraut machen. Wir werden versuchen, den Zustand der Materie oder Änderungen dieses Zustandes zu beschreiben.

Zunächst wird es darauf ankommen, Begriffe, Formulierungen und mathematische Methoden kennenzulernen, die in der Thermodynamik immer wieder verwendet werden. Viele dieser Begriffe, wie *Gleichgewicht* oder *Arbeit*, sind uns aus der Mechanik bekannt, andere, wie *System, Umgebung, Phase, Temperatur, Wärmemenge,* müssen wir neu einführen (Abschn. 1.1.2 bis 1.1.9).

Wir werden erfahren, dass der Zustand einer Phase mit Hilfe einer *Zustandsgleichung* beschrieben werden kann, die sog. *Zustandsgrößen* miteinander verknüpft. Als Beispiel werden wir uns vornehmlich auf das *ideale Gas* beziehen (Abschn. 1.1.10 und 1.1.11).

Die Betrachtung der Energieumsätze, mit denen eine Zustandsänderung verbunden ist, wird uns zum *Ersten Hauptsatz der Thermodynamik*, der *kalorischen Zustandsgleichung*, und zu den Zustandsgrößen *Innere Energie U* und *Enthalpie H* führen (Abschn. 1.1.12). Wir werden die Bedeutung des *totalen Differentials* von U und H für die Berechnung von Energieumsetzungen bei Zustandsänderungen durch Temperatur, Volumen- oder Druckänderungen oder chemische Reaktionen behandeln und die Bedeutung der *partiellen Differentialquotienten* erkennen (Abschn. 1.1.13 bis 1.1.16).

Die Besprechung des *Carnot'schen Kreisprozesses* (Abschn. 1.1.17 bis 1.1.18) wird die Gelegenheit bieten, auf *Reversibilität* und *Irreversibilität* einzugehen und schließlich zur Einführung der *Entropie* und zur Behandlung des *Zweiten Hauptsatzes der Thermodynamik* überleiten (Abschn. 1.1.19 bis 1.1.20).

1.1.1
Zustand

Unter einem bestimmten Zustand der Materie verstehen wir in der chemischen Thermodynamik ihre augenblickliche, durch makroskopische Größen, die sog. Zustandsgrößen (z. B. Temperatur, Volumen, Druck), beschreibbare Beschaffenheit. Der strukturelle Aufbau der Materie ist für die chemische Thermodynamik uninteressant. Es spielt nicht einmal eine Rolle, ob sie kontinuierlich oder diskontinuierlich (aus individuellen Teilchen) aufgebaut ist.

1.1.2
System und Umgebung

Bei der Materie, über deren Verhalten wir etwas aussagen wollen, wird es sich im Allgemeinen nicht um das ganze Universum handeln, sondern um einen winzigen,

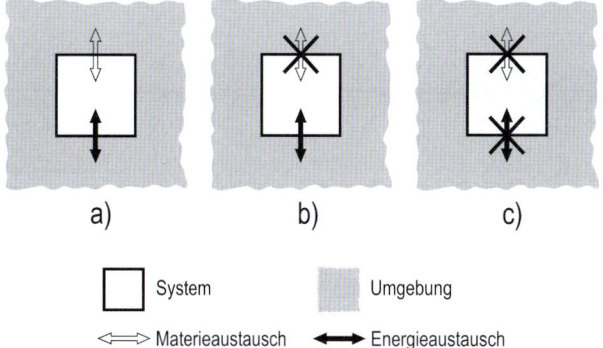

Abbildung 1.1-1 (a) Offenes System, sowohl Energie- als auch Materieaustausch mit der Umgebung, (b) geschlossenes System, Energie-, aber kein Materieaustausch mit der Umgebung, (c) abgeschlossenes System, weder Energie- noch Materieaustausch mit der Umgebung.

begrenzten Teil davon. Es kann beispielsweise der Inhalt eines Becherglases, der Inhalt eines abgeschmolzenen Bombenrohres oder der Inhalt einer verschlossenen Thermosflasche sein. Wir nennen diesen, uns interessierenden Teil des Universums das *System* und alles das, was nicht zu dem System gehört, die *Umgebung*.

Die drei genannten Beispiele scheinen zunächst wahllos aus der Arbeitswelt des Chemikers herausgegriffen zu sein, doch werden wir erkennen, dass es sich um die Vertreter dreier, voneinander streng zu unterscheidender Typen von Systemen handelt.

Beim Inhalt eines Becherglases ist lediglich eine räumliche Abgrenzung gegeben. Es ist möglich, aus dem Becherglas Materie zu entnehmen und durch neue zu ersetzen. Man kann einen Bunsenbrenner darunterstellen und so Wärmeenergie zuführen oder das Becherglas mit seinem Inhalt von außen kühlen. Ein solches System, bei dem mit der Umgebung ein Materie- und Energieaustausch möglich ist, bezeichnen wir als *offenes System*.

Im Fall des abgeschmolzenen Bombenrohres können wir mit der Umgebung keinen Materieaustausch mehr vornehmen, wohl aber einen Energieaustausch, z. B. durch Erwärmen oder Abkühlen. Ein solches System nennen wir ein *geschlossenes System*.

Kann schließlich, wie bei der allseitig verschlossenen Thermosflasche, mit der Umgebung weder Materie noch Energie ausgetauscht werden, so spricht man von einem *abgeschlossenen System*.

In Abb. 1.1-1 werden diese drei Systemtypen einander noch einmal gegenübergestellt.

1.1.3
Phase

Nachdem wir die Systeme bezüglich ihres Verhaltens gegenüber der Umgebung charakterisiert haben, wollen wir uns dem inneren Aufbau der Systeme zuwenden. Ein System kann ein- oder mehrphasig sein. Unter einer *Phase* wollen wir dabei einen Bereich verstehen, innerhalb dessen keine sprunghafte Änderung irgendeiner physikalischen Größe auftritt. An einer Phasengrenze, d. h. beim Übergang von einer Phase in die benachbarte, ändern sich dagegen die physikalischen Größen wie beispielsweise Dichte, Brechungsindex oder elektrische Leitfähigkeit sprunghaft, genauer gesagt, innerhalb einer nur wenige Moleküldurchmesser dicken Schicht. Im allgemeinen ist die Zahl der Teilchen in der Phasengrenzfläche so klein gegenüber der im Phaseninnern, dass der Einfluss der Grenzfläche auf die thermodynamischen Eigenschaften der Phase vernachlässigt werden kann. Ist das nicht der Fall, so müssen die im Abschnitt 2.7 behandelten Phänomene berücksichtigt werden.

Wir wollen einige ein- und mehrphasige Systeme betrachten. Ein System, in dem sich ausschließlich Gase befinden, kann nur einphasig sein, unabhängig davon, ob es sich um einen reinen Stoff oder um eine Mischung verschiedener Stoffe handelt. Ein System, das aus mehreren Flüssigkeiten besteht, kann einphasig sein, wenn sich die Flüssigkeiten mischen, wie z. B. Heptan und Octan, oder mehrphasig, wenn sich die Flüssigkeiten nicht vollständig mischen, wie z. B. Wasser und Diethylether. Wird ein System aus reinem Wasser und einem Salz aufgebaut, so ist das System einphasig, wenn sich das gesamte Salz löst, zweiphasig, wenn neben der Lösung noch ungelöstes Salz vorliegt. Dabei spielt es keine Rolle, wie viele Salzkristalle als Bodenkörper vorliegen, da eine Phase nicht zusammenhängend sein muss, sondern aus räumlich getrennten Bereichen bestehen kann. Setzt sich ein System aus Gas, Flüssigkeit und Festkörper zusammen, so muss es mindestens dreiphasig sein.

1.1.4
Gleichgewicht

Aus der Mechanik kennen wir die Begriffe der Stabilität, der Instabilität und der Metastabilität. In Abb. 1.1-2 sind diese Begriffe am Beispiel einer Kugel erläutert: In der Position (a) befindet sich die Kugel in der energetisch tiefsten Lage. Von selbst kann sie diese Lage nicht verlassen. Wird sie durch die Einwirkung einer Kraft aus dieser Lage entfernt, so kehrt sie nach dem Fortfall der Kraft von selbst in die Position des stabilen Gleichgewichts zurück.

Ebenso bezeichnen wir ein System als im *stabilen* Gleichgewicht befindlich, wenn es nur durch Einwirkung von außen diesen Zustand verlassen kann, aber nach dem Aufheben der Einwirkung von selbst in diesen Zustand zurückkehrt.

Die Position (b) stellt ein labiles Gleichgewicht dar. Die Kugel wird, sobald sie nur ein wenig aus ihrer Lage verrückt wird, in die Position (a), in das stabile Gleichge-

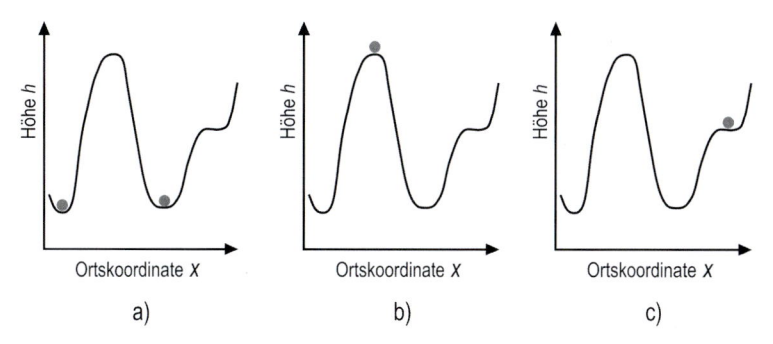

Abbildung 1.1-2 (a) Stabiles Gleichgewicht, (b) labiles (instabiles) Gleichgewicht, (c) metastabiles Gleichgewicht.

wicht, übergehen. Es ist unmöglich, dass sie von selbst wieder in die Ausgangsposition (b) zurückgelangt. Ebenso sprechen wir bei einem thermodynamischen System von einem *labilen* Gleichgewicht oder von Instabilität, wenn es nach Aufhebung einer möglicherweise vorliegenden Hemmung spontan, d. h. von selbst in den Zustand des stabilen Gleichgewichts übergeht.

Von Interesse ist noch die Position (c). Wird die Kugel nur wenig aus ihrer Ruhelage entfernt, so geht sie von selbst in diese zurück. Bei einer stärkeren Auslenkung wird sie jedoch über das kleine Hindernis H rollen und in die stabile Gleichgewichtslage (a) gelangen. Geht ein System nach einer nur geringfügigen Einwirkung von außen in den ursprünglichen, nach einer stärkeren Einwirkung jedoch in einen energetisch günstigeren Gleichgewichtszustand über, so nennt man den ursprünglichen Zustand einen *metastabilen* Gleichgewichtszustand.

Wir werden uns später damit zu beschäftigen haben, die Kriterien für das Vorliegen eines stabilen, metastabilen oder instabilen Gleichgewichts aufzustellen.

1.1.5
Arbeit

Wir werden sehr bald sehen, dass die Betrachtung von Energien, Energieänderungen und Energieübertragungen eine große Rolle in der Thermodynamik spielt. Von der Physik her wissen wir, dass es zwei qualitativ verschiedene Möglichkeiten gibt, Energie von einem makroskopischen Körper auf einen anderen zu übertragen, nämlich durch Leisten von Arbeit oder durch Wärmeaustausch. In diesem Abschnitt wollen wir uns mit dem Begriff der Arbeit beschäftigen, den wir bereits aus der Mechanik kennen. Dem Begriff der Wärme wenden wir uns im Abschnitt 1.1.7 zu.

Die Arbeit W ist gegeben durch das skalare Produkt aus den Vektoren Kraft $\vec{F}$ und Weg $\vec{s}$. Für den Fall, dass die Richtungen von Kraft und Weg zusammenfallen, gilt

$$dW = F \cdot ds \tag{1.1-1}$$

$$W = \int_{s_1}^{s_2} F \cdot ds \tag{1.1-2}$$

Die Arbeit ist also die Fläche unter der Kurve F(s) zwischen den Abszissenwerten s_1 und s_2 (Abb. 1.1-3).

Die Kraft F kann in verschiedener Weise ausgedrückt werden. Beim Heben einer Masse m von der Höhe h_1 auf die Höhe h_2 leisten wir die *Hubarbeit* (Abb. 1.1-3 b) gegen die Gewichtskraft $m \cdot g$. F ist die der Gewichtskraft entgegenwirkende Kraft:

$$W_{\text{Hub}} = \int_{h_1}^{h_2} F \cdot dh = \int_{h_1}^{h_2} mg \cdot dh = mg(h_2 - h_1) \tag{1.1-3}$$

Beim Beschleunigen einer Masse m von der Geschwindigkeit v=0 auf die Geschwindigkeit v_1 leisten wir *Beschleunigungsarbeit* (Abb. 1.1-3c). Die Kraft F berechnen wir nach dem Newton'schen Kraftgesetz:

$$W_{\text{Beschl}} = \int_{s=0}^{s_1} F \cdot ds = \int_{s=0}^{s_1} ma \cdot ds = \int_{t=0}^{t_1} m \cdot \frac{dv}{dt} \cdot v \cdot dt = \int_{v=0}^{v_1} mv \cdot dv = \frac{1}{2} mv_1^2 \tag{1.1-4}$$

Für uns sind von besonderem Interesse Arbeiten, die ein thermodynamisches System leisten kann oder die an einem solchen System geleistet werden können. Das System bestehe aus einem Gas, das sich in einem Zylinder befindet, der mit einem reibungslos beweglichen Stempel versehen ist. Bei der Expansion leistet das Gas eine Arbeit gegen die von außen wirkende Kraft F, die gegeben

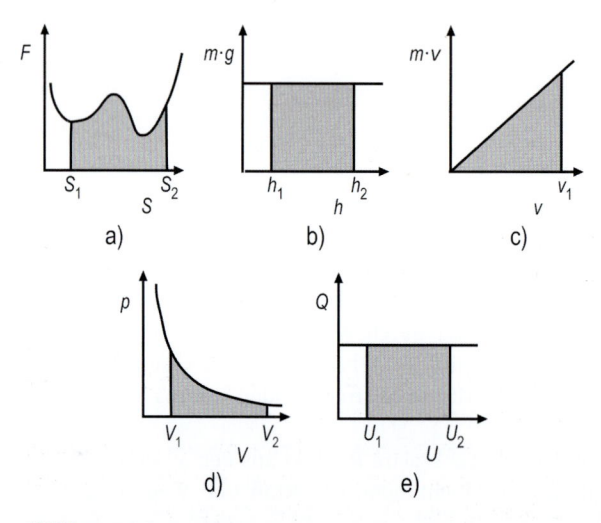

Abbildung 1.1-3 Graphische Darstellung der geleisteten Arbeit (a) allgemein, (b) Hubarbeit, (c) Beschleunigungsarbeit, (d) Volumenarbeit (für den reversiblen, isothermen Fall), (e) elektrische Arbeit.

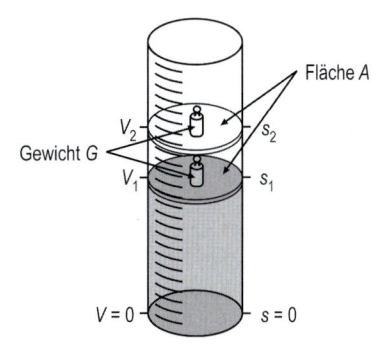

Abbildung 1.1-4 Zur Ableitung der Volumenarbeit.

ist durch das Gewicht G, welches sich zusammensetzt aus dem Gewicht des Stempels, dem Gewicht der aufgelegten Gewichtsstücke und dem Gewicht der über dem Stempel stehenden Luftsäule (Abb. 1.1-4). Wir fragen nun nach der Arbeit, die das System leistet, wenn es sich gegen die Kraft F unter Vergrößerung seines Volumens von V_1 auf V_2 ausdehnt und dabei den Stempel von der Position s_1 in die Position s_2 hebt. Bei der Berechnung dieser *Volumenarbeit* W_{Vol} müssen wir beachten, dass Kraft und Weg einander entgegengesetzt gerichtet sind, also schreiben wir

$$W_{\text{Vol}} = -\int_{s_1}^{s_2} F \cdot ds \tag{1.1-5}$$

Ersetzen wir die Kraft F durch den von außen auf die Fläche A des Stempels wirkenden Druck p gemäß

$$p = \frac{F}{A} \tag{1.1-6}$$

und die Strecke s durch die Volumenänderung $dV = A \cdot ds$, so ist

$$W_{\text{Vol}} = -\int_{V_1}^{V_2} p \cdot A \cdot \frac{dV}{A} = -\int_{V_1}^{V_2} p \cdot dV \tag{1.1-7}$$

Prinzipiell rechnen wir alle Energiebeträge, die in das System hineingesteckt werden, positiv, alle Energiebeträge, die das System abgibt, negativ, so, wie es sich aus Gl. (1.1-5) durch das Minuszeichen automatisch ergibt.

Das System könnte auch an Stelle einer Volumenarbeit *elektrische Arbeit* leisten, beispielsweise, wenn das System eine galvanische Zelle ist. Die Kraft F ist dann durch das Produkt aus der Ladung Q und der Feldstärke E gegeben:

$$F = Q \cdot E \tag{1.1-8}$$

wobei die Feldstärke wiederum aus dem Spannungsabfall dU längs des Weges ds zu berechnen ist. Es gilt also

$$W_{\text{elektr}} = -\int_{s_1}^{s_2} QE\,ds = -\int_{U_1}^{U_2} Q\frac{dU}{ds}\,ds = -Q(U_2 - U_1) \tag{1.1-9}$$

Abb. 1.1-3d veranschaulicht die Volumenarbeit (für den Fall einer isothermen und reversiblen Expansion eines idealen Gases, wie wir sie ausführlich in Abschnitt 1.1.7 behandeln werden), Abb. 1.1-3e die elektrische Arbeit.

1.1.6
Temperatur – Nullter Hauptsatz der Thermodynamik

Die Erfahrung zeigt uns, dass nicht alle Größen, die den Zustand eines thermodynamischen Systems beschreiben, bereits in der klassischen Mechanik verwendet werden.

Nehmen wir zwei identische Systeme, z. B. zwei Bechergläser, die mit der gleichen Menge Wasser gefüllt sind, und stellen eins davon auf eine eingeschaltete Heizplatte, während das andere auf dem Labortisch stehen bleibt, so werden wir nach kurzer Zeit feststellen, dass sich die Zustände der Systeme unterscheiden. Wir brauchen die beiden Bechergläser nur anzufassen: Das auf dem Labortisch verbliebene erscheint uns kalt im Vergleich zu dem auf der Kochplatte stehenden. Hätten wir das eine Glas jedoch nicht auf eine Kochplatte, sondern in einen Kühlschrank gestellt, so wäre das auf dem Labortisch verbliebene Glas von uns als warm im Vergleich zu dem im Kühlschrank befindlichen empfunden worden.

Wir haben damit eine neue Eigenschaft unseres Systems entdeckt, die wir bislang jedoch nur durch eine subjektive Empfindung charakterisiert haben. Dabei haben wir erkannt, dass ein und dasselbe System, das seinen Zustand nicht geändert hat, von uns einmal als kalt, das andere Mal als warm bezeichnet wurde. Wir suchen nun nach einer eindeutigen Definition für diese Eigenschaft. Dazu wollen wir einen Versuch durchführen, der in Abb. 1.1-5 skizziert ist.

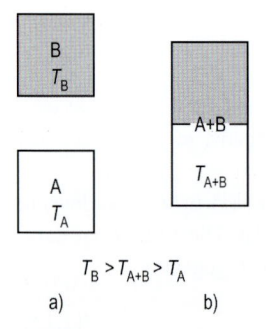

Abbildung 1.1-5 Zur Definition der Temperatur. Die Systeme A und B (a) vor der Vereinigung, (b) nach der Vereinigung.

Wir nehmen zwei Systeme, A und B, von denen sich jedes in einem Gleichgewichtszustand befindet. Wir erkennen das daran, dass sich die Zustände der Systeme mit der Zeit nicht ändern. Das System A könnte beispielsweise ein mit einer bestimmten Wassermenge gefülltes Dewar-Gefäß, das System B ein in einem thermostatisierten Ofen lagerndes Metallstück sein. Wenn wir nun beide Systeme zu einem neuen Gesamtsystem A + B vereinigen, indem wir das Metall in das Wasser fallen lassen, so laufen in beiden Teilsystemen messbare Prozesse, z. B. Volumenänderungen, ab, bis sich ein neuer Gleichgewichtszustand eingestellt hat. Wir sagen, das Gesamtsystem befinde sich nun im *thermischen Gleichgewicht*.

Hätten wir bei der Vereinigung unserer Systeme A und B zum Gesamtsystem A + B keinerlei Veränderungen in den Teilsystemen feststellen können, dann wären die beiden Systeme bereits vor der Vereinigung miteinander im thermischen Gleichgewicht gewesen. Auf den ersten Blick mag uns diese Feststellung trivial vorkommen. Tatsächlich ist sie aber von so großer Bedeutung, dass man sie als Nullten Hauptsatz der Thermodynamik bezeichnet; denn durch sie wird eine der wichtigsten Größen der Thermodynamik, die Temperatur, eingeführt.

> Der *Nullte Hauptsatz der Thermodynamik* lautet: Alle Systeme, die sich mit einem gegebenen System im thermischen Gleichgewicht befinden, stehen auch untereinander im thermischen Gleichgewicht. Diese Systeme haben eine gemeinsame Eigenschaft, sie haben dieselbe *Temperatur*.

Damit wir die Temperatur als eine Größe zur Beschreibung des Zustandes eines Systems verwenden können, benötigen wir zweierlei: ein geeignetes Messverfahren und die Definition von Fixpunkten. Wir wissen aus der Erfahrung, dass sich die Körper im Allgemeinen mit der Erwärmung ausdehnen. Wir definieren die Temperatur θ nun so, dass ein linearer Zusammenhang zwischen ihr und einer Messgröße x, z. B. dem Volumen, aber auch dem Druck, dem elektrischen Widerstand oder vielen anderen Größen, besteht:

$$\theta(x) = ax + b \tag{1.1-10}$$

Um eine – zunächst empirische – Temperaturskala festzulegen, setzen wir willkürlich zwei Fixpunkte fest: den Schmelzpunkt ($\theta = 0\,°C$) und den Siedepunkt ($\theta = 100\,°C$) des Wassers unter einem Druck von 1.013 bar (Celsius-Skala). Wir erhalten also

$$0\,°C = ax_0 + b$$
$$100\,°C = ax_{100} + b$$

Daraus ergeben sich die Konstanten a und b zu

$$a = \frac{100\,°C}{x_{100} - x_0} \quad \text{und} \quad b = \frac{-100\,°C \cdot x_0}{x_{100} - x_0} \tag{1.1-11}$$

Die sog. *Celsius-Temperatur* θ lässt sich dann messen als

$$\theta(x) = 100\,°C \cdot \frac{x - x_0}{x_{100} - x_0} \tag{1.1-12}$$

wenn x die Messgröße bei der Temperatur θ, x_0 und x_{100} diejenigen beim Schmelz- bzw. Siedepunkt des Wassers unter einem Druck von 1.013 bar sind.

Oft verwendet man als Messgröße ein Volumen (z. B. im Quecksilberthermometer). Besonders exakte Ergebnisse erhält man jedoch, wenn man als Messgröße den Druck eines in einem bestimmten Volumen abgeschlossenen Gases benutzt. Damit die Linearität zwischen θ und p gewahrt bleibt, muss man sehr niedrige Drücke anwenden:

$$\frac{\theta}{°C} = \lim_{p_0 \to 0} 100 \cdot \frac{p - p_0}{p_{100} - p_0}, \quad \text{wenn } V = \text{const.} \tag{1.1-13}$$

Dabei stellt man fest, dass unabhängig von der Art des Gases

$$\lim_{p_0 \to 0} 100 \cdot \frac{p_0}{p_{100} - p_0} = 273.15 \pm 0.01 \tag{1.1-14}$$

gilt. Man kann Gl. (1.1-13) also auch in der Form

$$\frac{\theta}{°C} = \lim_{p_0 \to 0} 100 \cdot \frac{p}{p_{100} - p_0} - 273.15 \quad (V = \text{const.}) \tag{1.1-15}$$

schreiben. Die in Celsius-Graden ausgedrückte Temperatur erscheint also als Differenz zweier Terme, von denen der letztere dem Eispunkt des Wassers zukommt. Führen wir gemäß

$$\frac{\theta}{°C} = \frac{T}{K} - 273.15 \tag{1.1-16}$$

eine neue Temperaturskala ein, so gilt für diese

thermodynamische Temperatur

$$T = \lim_{p_0 \to 0} 100 \cdot \frac{p}{p_{100} - p_0} \, K, \quad \text{wenn } V = \text{const.} \tag{1.1-17}$$

Für beide Temperaturskalen, d. h. für θ und T, beträgt nach Gl. (1.1-15) bzw. (1.1-17) der Unterschied zwischen dem Schmelz- und Siedepunkt des Wassers 100 Einheiten. Als solche verwenden wir bei der Celsius-Temperatur die Celsius-Grade (°C), bei der *thermodynamischen* oder *absoluten Temperatur* Kelvin (K).

Die theoretische Begründung für die Einführung der thermodynamischen Temperatur, die wir im Allgemeinen verwenden werden, können wir erst später behandeln.

1.1.7
Wärmeaustausch und Wärmekapazität

Nach der Einführung der Temperatur wollen wir uns nun der Besprechung der zweiten in Abschnitt 1.1.5 angesprochenen Möglichkeit zur Energieübertragung, dem Wärmeaustausch, zuwenden.

Wir haben beobachtet, dass bei der Vereinigung der Systeme A (Dewar-Gefäß mit Wasser) und B (heißes Metallstück) eine Zustandsänderung in diesen Systemen eintrat, die sich beim System A in einem Anstieg der Temperatur äußerte. Dieselbe Zustandsänderung können wir aber auch erreichen, wenn wir – dem historischen Versuch von Joule folgend – dem Wasser durch einen Rührer mechanische Arbeit zuführen. Wir müssen daraus folgern, dass auch im ersteren Fall Energie, allerdings in einer von der mechanischen Energie unterscheidbaren Form, auf das System A übergegangen ist. Wir bezeichnen diese Form der Energie als *Wärme*, den Vorgang als *Wärmeaustausch*.

Wir wollen die Verhältnisse quantitativ erfassen: Ein System A habe die Masse m_A und die Temperatur T_A. Ein zweites System B habe die Masse m_B und die Temperatur T_B, die höher als T_A sein möge. Beim Zusammenfügen der Systeme stellt sich (vgl. Abb. 1.1-5) eine Temperatur T_{A+B} ein, für die gilt

$T_A < T_{A+B} < T_B$.

Wenn bei diesem Vorgang eine gewisse Wärmemenge Q von B nach A übergeht, dann müssen die Systeme offenbar auch vorher schon Energie in Form von Wärme besessen haben. Beachten wir nun noch den uns aus der Physik bekannten *Energieerhaltungssatz* (vgl. auch Abschnitt 1.1.12), nach dem die gesamte, in einem abgeschlossenen System enthaltene Energie unverändert bleibt, unabhängig von den im System ablaufenden Prozessen, so können wir folgendes aussagen: Die Systeme A und B bilden zusammen ein abgeschlossenes System, denn wir haben nur eine Wechselwirkung zwischen den beiden Systemen, nicht aber mit der Umgebung zugelassen. Infolgedessen muss die übergehende Wärmemenge Q gleich der Änderung irgendeiner Energiefunktion der Systeme A und B sein, die eintritt, wenn sich die Systeme von T_A auf T_{A+B} erwärmen bzw. von T_B auf T_{A+B} abkühlen. Wir wollen diese Energiefunktion, die wir später genauer besprechen werden, mit H symbolisieren:

$$Q = H_{A(T_{A+B})} - H_{A(T_A)} = -[H_{B(T_{A+B})} - H_{B(T_B)}] \quad (1.1\text{-}18)$$

> Die zum Erwärmen eines Systems erforderliche Wärmemenge erweist sich als der Temperaturdifferenz und der Stoffmenge n des Systems proportional:
>
> $$Q = C(T_2 - T_1) = c \cdot n(T_2 - T_1) \quad (1.1\text{-}19)$$
>
> Wir nennen den Proportionalitätsfaktor C *Wärmekapazität*, die durch die Stoffmenge n dividierte Wärmekapazität c die *molare Wärmekapazität*.

Aus Gl. (1.1-18) und Gl. (1.1-19) ergibt sich dann für eine Temperaturänderung zwischen den Temperaturen T_1 und T_2

$$c = \frac{1}{n} \cdot \frac{H_{T_2} - H_{T_1}}{T_2 - T_1} \tag{1.1-20}$$

Da, wie wir später erfahren werden, die molare Wärmekapazität temperaturabhängig ist, müssen wir bei ihrer Ermittlung die Temperaturdifferenz $T_2 - T_1$ klein genug wählen. Wir formulieren deshalb richtiger

$$c = \frac{1}{n} \cdot \frac{\mathrm{d}Q}{\mathrm{d}T} = \frac{1}{n} \cdot \frac{\mathrm{d}H}{\mathrm{d}T} \tag{1.1-21}$$

1.1.8
Isotherme und adiabatische Prozesse

Bei der Untersuchung der Einstellung des thermischen Gleichgewichts machen wir die Erfahrung, dass sich dieses Gleichgewicht bisweilen sehr schnell, bisweilen aber auch sehr langsam einstellt. Die Geschwindigkeit ist davon abhängig, wie die Wände beschaffen sind, in die das System eingeschlossen ist. Durch manche Wände (z. B. Metallwände) erfolgt der Temperaturausgleich sehr schnell, durch andere (z. B. Dewar-Gefäß) sehr langsam. Erstere bezeichnen wir als *diathermische*, letztere als *adiabatische* Wände.

Sind wir daran interessiert, Prozesse bei konstanter Temperatur (*isotherm*) ablaufen zu lassen, so bringen wir das System in einen hinreichend großen Thermostaten, nachdem wir es in diathermische Wände eingeschlossen haben, um einen schnellen Temperaturausgleich mit der Umgebung zu gewährleisten. Adiabatische Wände verhindern den Temperaturausgleich mit der Umgebung, in ihnen ablaufende Prozesse heißen *adiabatische Prozesse*.

1.1.9
Intensive und extensive Größen

Bei näherer Betrachtung der Größen, mit denen wir den Zustand eines Systems beschreiben können, stellen wir fest, dass sie sich in zwei Gruppen einteilen lassen. Die eine Gruppe bezeichnet Eigenschaften, die von der Masse des Systems unabhängig sind. Man nennt sie *intensive* Größen; dazu gehören beispielsweise Temperatur oder Druck. Die andere Gruppe enthält die *extensiven* Größen. Sie sind von der Masse des Systems abhängig, wie z. B. das Volumen oder die Stoffmenge. Wir erkennen dies sofort bei der Vereinigung zweier miteinander im thermischen Gleichgewicht befindlicher, identischer Systeme zu einem Gesamtsystem. Das Gesamtsystem zeigt dieselbe Temperatur und denselben Druck wie die beiden einzelnen Systeme, aber das doppelte Volumen und die doppelte Stoffmenge.

1.1 Einführung in die chemische Thermodynamik

Intensive Eigenschaften werden durch kleine Buchstabensymbole, extensive durch große Buchstabensymbole angegeben. Eine Ausnahme bilden die thermodynamische Temperatur T und die Masse m.

Dividiert man eine extensive Größe durch die Masse m, so erhält man eine *spezifische* Größe. So ist das spezifische Volumen

$$v = \frac{V}{m} \tag{1.1-22}$$

Da spezifische Größen von der Masse unabhängig sind, werden sie wie die intensiven durch kleine Buchstaben symbolisiert.

Häufiger als die spezifischen Größen werden in der Chemie die *molaren Größen* verwendet, weil sich letztere auf gleiche Teilchenzahlen beziehen. Das ist beim Vergleich der Eigenschaften unterschiedlicher Stoffe und bei der Behandlung chemischer Reaktionen von großem Vorteil.

> Man erhält die molaren Größen, indem man die extensiven Größen durch die Stoffmenge n dividiert. Zur Charakterisierung verwendet man den Index m:
>
> $$V_m = \frac{V}{n} \tag{1.1-23}$$
>
> Wenn keine Verwechslungen möglich sind, kann man nach den IUPAC-Vorschriften den Index fortlassen oder auch wie bei den spezifischen Größen ein kleines Buchstabensymbol verwenden. Von der letzteren Möglichkeit werden wir allgemein Gebrauch machen.

Wir können demnach für die molare Wärmekapazität Gl. (1.1-21), auch schreiben

$$c = \frac{1}{n} \cdot \frac{dH}{dT} = \frac{d\left(\frac{H}{n}\right)}{dT} = \frac{dh}{dT} \tag{1.1-24}$$

> Wie die Erfahrung lehrt, sind alle intensiven Größen einer aus einem reinen Stoff bestehenden Phase eindeutig bestimmt, wenn zwei der intensiven Größen festgelegt sind.

Besteht das System beispielsweise aus einer reinen Flüssigkeit und sind als intensive Größen Viskosität und Brechungsindex bekannt, so sind damit im Allgemeinen gleichzeitig z. B. Temperatur, Druck und Dichte gegeben. Zu den wenigen Fällen, in denen diese eindeutige Zuordnung nicht gilt, zählt die Dichte des Wassers, die in Abhängigkeit von der Temperatur ein Maximum durchläuft.

Prinzipiell hat keine der intensiven Größen einen Vorrang vor der anderen, dennoch ist es zweckmäßig, den Betrachtungen leicht messbare Größen als unabhängige Variable zugrunde zu legen.

Oft verwendet man den Druck und die Temperatur als unabhängige Variable. Dann ist z. B. das molare Volumen eine eindeutige Funktion von p und T. Da diese Größen den Zustand des Systems beschreiben, nennt man sie *Zustandsgrößen* und die Gleichung, die eine Beziehung zwischen den drei Variablen herstellt, die *Zustandsfunktion*.

Da das Arbeiten mit Zustandsfunktionen eine der häufigsten Aufgaben in der Thermodynamik ist, soll das Verfahren an einem einfachen Beispiel, der thermischen Zustandsgleichung des idealen Gases, erläutert werden.

1.1.10
Die thermische Zustandsgleichung des idealen Gases

Nach dem bisher Gesagten ist das Volumen einer reinen, homogenen Phase – gleichgültig, welchen Aggregatzustandes – eine eindeutige Funktion von Druck, Temperatur und Stoffmenge. V ist also eine Funktion von drei Variablen:

$$V = f(p, T, n) \qquad (1.1\text{-}25)$$

nennt man *thermische Zustandsgleichung*.

Sie lässt sich nicht dreidimensional darstellen. Betrachtet man jedoch das molare Volumen

$$v = f(p, T) \qquad (1.1\text{-}26)$$

so reduziert sich die Zahl der unabhängigen Variablen auf zwei; Gl. (1.1-26) stellt in einem p, v, T-Diagramm eine Fläche, die *Zustandsfläche*, dar. Um die Form dieser Fläche näher zu erfassen, ist es zweckmäßig, zunächst eine der beiden unabhängigen Variablen als Parameter festzuhalten und die Funktionen

$$v = f(p) \quad \text{bei } T = \text{const.} \qquad (1.1\text{-}27)$$

und

$$v = f(T) \quad \text{bei } p = \text{const.} \qquad (1.1\text{-}28)$$

d. h. die *Isothermen* (T=const.) und die *Isobaren* (p=const.) zu betrachten. Genauso gut kann man natürlich auch das molare Volumen konstanthalten (*Isochore*) und den Zusammenhang zwischen p und T studieren

$$p = f(T) \quad \text{bei } v = \text{const.} \qquad (1.1\text{-}29)$$

Dies soll zunächst an einem sehr einfachen Beispiel, dem idealen (keinerlei Wechselwirkungen unterworfenen) Gas, geschehen und dann mathematisch exakt und allgemeingültig erfasst werden.

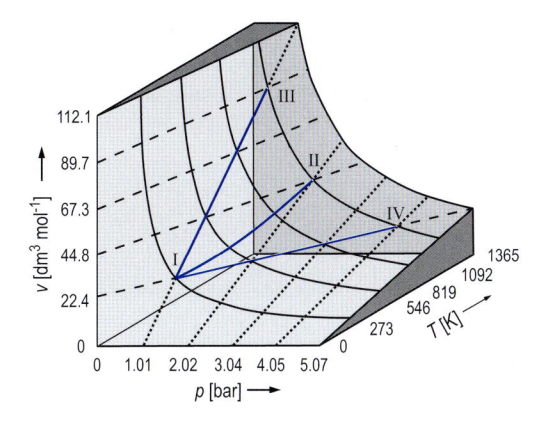

Abbildung 1.1-6 Zustandsfläche des idealen Gases.
······   Isobaren (vgl. Abb. 1.1-7a)
- - - -   Isochoren (vgl. Abb. 1.1-7b)
─────   Isothermen (vgl. Abb. 1.1-8)

Abb. 1.1-6 zeigt die Zustandsfläche des idealen Gases, d. h. den Zusammenhang zwischen den Zustandsgrößen p, v, T. Waagerecht liegt die p, T-Ebene, senkrecht dazu steht die v-Achse. Wählen wir für die unabhängigen Variablen p und T bestimmte Werte, d. h. einen bestimmten Punkt in der p, T-Ebene, und errichten darauf das Lot, so gibt uns der Durchstoßpunkt des Lotes durch die Zustandsfläche den zum gewählten p und T gehörenden Wert von v. Betrachten wir eine Ebene parallel zur p, v-Ebene, so haben alle Punkte auf dieser Ebene gleiches T, die Schnittkurve dieser Ebene mit der Zustandsfläche ist also eine Isotherme [Gl. (1.1-27)]. Die Isothermen sind in Abb. 1.1-6 ausgezogen. Die Schnittkurven der zur v, T-Ebene parallelen Ebenen mit der Zustandsfläche müssen konstantes p aufweisen, sind also Isobaren [Gl. (1.1-28)]. Sie sind in Abb. 1.1-6 punktiert dargestellt. Die Schnittkurven der zur p, T-Ebene parallelen Ebenen mit der Zustandsfläche sind entsprechend die in Abb. 1.1-6 gestrichelt eingezeichneten Isochoren [Gl. (1.1-29)].

Zu jedem Wertepaar p, T gehört nur ein Wert von v, d. h. v ist eindeutig bestimmt, also eine Zustandsfunktion, wie es Gl. (1.1-26) ausdrückt. Ändern wir den Zustand des Systems, indem wir andere Werte der Zustandsgrößen p und T vorgeben, so ändert sich auch der Wert der Zustandsgröße v. Dabei ist es wegen der eindeutigen Zuordnung von p, T und v gleichgültig, wie diese Zustandsänderung geschieht, ob erst p, dann T, oder erst T, dann p, oder ob beide gleichzeitig verändert werden.

Die Änderung einer Zustandsgröße ist *unabhängig vom Weg* (I→III→II, I→IV→II oder I→II in Abb. 1.1-6, auf dem die Zustandsänderung erfolgt.

Deshalb wollen wir zunächst die Isobaren, Isochoren und Isothermen des idealen Gases betrachten und dann durch ihre Verknüpfung das *ideale Gasgesetz* gewinnen.

1802 fand Gay-Lussac, dass bei genügend verdünnten Gasen eine lineare Beziehung zwischen dem Volumen und der Celsius-Temperatur besteht, sofern der Druck konstantgehalten wird.

> **1. Gay-Lussac'sches Gesetz:**
> $$v = v_0(1 + \alpha'\theta) \quad \text{bei } p = \text{const.} \tag{1.1-30}$$

In Abb. 1.1-7 a ist das für drei verschiedene Drücke dargestellt. Differenziert man Gl. (1.1-30) nach der Celsius-Temperatur, so erhält man

$$\left(\frac{\partial v}{\partial \theta}\right)_p = v_0 \cdot \alpha' \tag{1.1-31}$$

Die Größe

$$\alpha' = \frac{1}{v_0}\left(\frac{\partial v}{\partial \theta}\right)_p \tag{1.1-32}$$

gibt den auf das molare Volumen bei $\theta = 0\,°C$ bezogenen Quotienten aus der durch eine Temperaturänderung bewirkten Änderung des molaren Volumens und der Temperaturänderung an. Man bezeichnet diese Größe, die der Steigung der Geraden in Abb. 1.1-7a proportional ist, als den *auf v_0 bezogenen thermischen Ausdehnungskoeffizienten*. Er beträgt für ideale Gase, unabhängig von der Temperatur, $1/(273.15\,°C)$. Setzt man diesen Wert in Gl. (1.1-30) ein, so ergibt sich

$$v = v_0\left(1 + \frac{\theta}{273.15\,°C}\right) \tag{1.1-33}$$

$$v = v_0 \cdot \frac{1}{273.15\,°C}\,(273.15\,°C + \theta) \tag{1.1-34}$$

und mit Gl. (1.1-16)

$$v = \frac{v_0}{273.15\,K}\,T \tag{1.1-35}$$

Während zwischen v und θ eine lineare Beziehung besteht, herrscht Proportionalität zwischen v und T (vgl. auch Abb. 1.1-7a).

Für die *Isochore* findet man experimentell ganz entsprechend

> $$p = p_0(1 + \beta'\theta) \quad \text{bei } v = \text{const.} \tag{1.1-36}$$

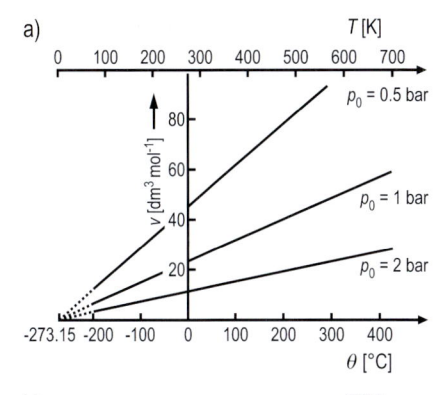

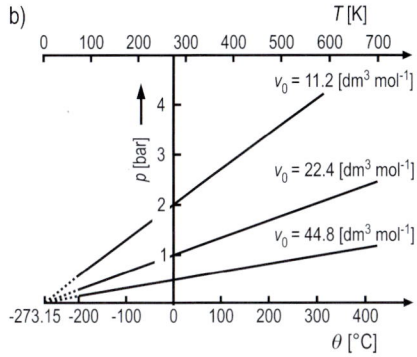

Abbildung 1.1-7 (a) Isobaren des idealen Gases, (b) Isochoren des idealen Gases.

$$\left(\frac{\partial p}{\partial \theta}\right)_v = p_0 \beta' \tag{1.1-37}$$

$$\beta' = \frac{1}{p_0}\left(\frac{\partial p}{\partial \theta}\right)_v \tag{1.1-38}$$

Für β' findet man experimentell bei den idealen Gasen ebenfalls einen Wert von 1/273.15 °C, so dass aus Gl. (1.1-36) und (1.1-16)

$$p = \frac{p_0}{273.15 \text{ K}} T \tag{1.1-39}$$

also eine Proportionalität zwischen p und T folgt, wie schon in Abschnitt 1.1.6 in Gl. (1.1-17) festgestellt wurde. Die Verhältnisse werden in Abb. 1.1-7 b deutlich, in der drei Isochoren wiedergegeben sind.

Den Zusammenhang zwischen dem Volumen und dem Druck bei konstanter Temperatur untersuchten unabhängig voneinander Boyle und Mariotte (1664 bzw. 1676). Sie fanden das nach ihnen benannte

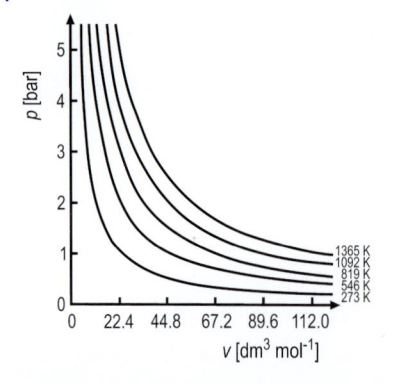

Abbildung 1.1-8 Isothermen des idealen Gases.

> *Boyle-Mariotte'sche Gesetz,*
>
> $$v = \text{const} \cdot \frac{1}{p} \quad \text{bei } T = \text{const.} \tag{1.1-40}$$

Gleichbedeutend damit ist

$$pv = \text{const.} \tag{1.1-41}$$

$$d(pv)_T = 0 \tag{1.1-42}$$

$$p\,dv + v\,dp = 0 \tag{1.1-43}$$

$$\frac{dv}{v} = -\frac{dp}{p} \tag{1.1-44}$$

Man erkennt daraus ein wichtiges Charakteristikum der in Abb. 1.1-8 dargestellten *Isothermen*: Eine bestimmte relative Änderung des Volumens ruft eine gleich große relative Änderung des Druckes (mit entgegengesetztem Vorzeichen) hervor.

Unsere nächste Aufgabe soll darin bestehen, aus den Isothermen, Isobaren und Isochoren die vollständige Zustandsgleichung zu entwickeln. Graphisch ist das bereits in Abb. 1.1-6 geschehen. Anstatt unmittelbar unter gleichzeitiger Änderung von Druck, Temperatur und Volumen von einem Zustand I in einen Zustand II zu gelangen, können wir zunächst isobar von I nach III gehen und dann von III isotherm nach II (vgl. Abb. 1.1-6): Der Ausgangspunkt sei v_0 bei p_0=1.013 bar und T_0=273.15 K. Zunächst führen wir eine isobare Zustandsänderung durch und kommen zum Zustand III, gegeben durch v', p_0, T:

$$v' = \frac{v_0}{T_0} \cdot T \tag{1.1-45}$$

Dann folgt die isotherme Zustandsänderung nach p, v, T:

$$p_0 v' = pv \qquad (1.1\text{-}46)$$

Eliminiert man aus Gl. (1.1-45) und Gl. (1.1-46) v', so ergibt sich

$$pv = \frac{v_0}{T_0} p_0 \cdot T \qquad (1.1\text{-}47)$$

Da sich das molare Volumen v_0 bei p_0=1.013 bar und T_0=273.15 K für alle sich ideal verhaltenden Gase experimentell zu 22.42 dm^3 ergibt, lassen sich diese drei Größen zu einer sog.

allgemeinen Gaskonstanten $R = 8.31441\,\text{JK}^{-1}\text{mol}^{-1}$

zusammenfassen. Aus Gl. (1.1-47) folgt dann das

ideale Gasgesetz (die Zustandsgleichung des idealen Gases)

$$pv = RT \qquad (1.1\text{-}48)$$

bzw.

$$pV = nRT \qquad (1.1\text{-}49)$$

Mit dem idealen Gasgesetz haben wir die gesuchte Beziehung zwischen den Zustandsgrößen p, v und T bzw. p, V, T und n gefunden.

Bei der Herleitung des idealen Gasgesetzes haben wir davon Gebrauch gemacht, dass das Volumen eine Zustandsfunktion ist, seine Änderung deshalb nicht von dem Weg abhängt, auf dem diese erfolgte. Mathematisch bedeutet dies, dass wir die Änderung einer Zustandsgröße als *totales Differential* schreiben können. Wegen der grundlegenden Bedeutung dieser Aussage wollen wir uns näher damit beschäftigen. In Abb. 1.1-9 stellt die graue Fläche einen Teil einer Fläche $z = f(x,y)$ dar, der dadurch entstanden ist, dass diese Fläche zweimal mit Ebenen geschnitten wurde, die parallel zur y,z-Ebene liegen (beim Abstand x entstand die Schnittlinie A D, bei $x + \Delta x$ die Schnittlinie B C) und zweimal mit Ebenen, die parallel zur x,z-Ebene liegen (beim Abstand y entstand die Schnittlinie A B, bei $y + \Delta y$ die Schnittlinie D C).

Wir wollen nun danach fragen, um welchen Betrag dz sich die Funktion $z = f(x,y)$ ändert, wenn sich die beiden unabhängigen Variablen x und y um kleine Beträge dx und dy ändern. Wir betrachten zunächst eine endliche Änderung Δz, die wir beim Übergang vom Punkt A zum Punkt C feststellen. Zweckmäßigerweise halten wir zunächst die y-Koordinate fest und gelangen vom Punkt A zum Punkt B. Der Höhenzuwachs $(\Delta z)_y$ ergibt sich einfach als $\Delta x \cdot \tan \alpha$. Nun gehen wir bei festgehaltener x-Koordinate $(x + \Delta x)$ zum Punkt C und stellen einen weiteren

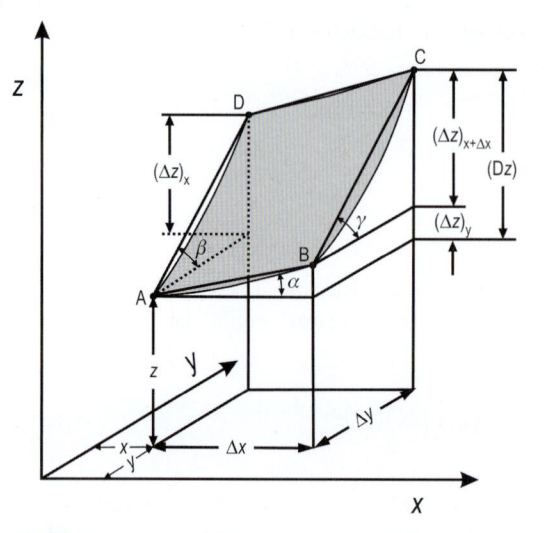

Abbildung 1.1-9 Zur Ableitung des totalen Differentials.

Höhenzuwachs $(\Delta z)_{x+\Delta x}$ fest, der sich als $\Delta y \cdot \tan \gamma$ ergibt. Es gilt also für den gesamten Höhenzuwachs

$$\Delta z = \tan\alpha \cdot \Delta x + \tan\gamma \cdot \Delta y = \left(\frac{\Delta z}{\Delta x}\right)_y \Delta x + \left(\frac{\Delta z}{\Delta y}\right)_{x+\Delta x} \Delta y \tag{1.1-50}$$

Lassen wir jetzt die Punkte A bis D nahe aneinander herankommen, betrachten also nicht mehr endliche, sondern differentielle Änderungen dx und dy, dann werden die Sekanten $\overline{AB}$ und $\overline{BC}$ mit den Tangenten an die Fläche $z = f(x, y)$ im Punkt A in x- bzw. y-Richtung identisch. Insbesondere wird dann auch der Winkel γ gleich dem Winkel β. Gl. (1.1-50) geht dann über in

$$dz = \left(\frac{\partial z}{\partial x}\right)_y dx + \left(\frac{\partial z}{\partial y}\right)_x dy \tag{1.1-51}$$

Die Differentialquotienten $\left(\frac{\partial z}{\partial x}\right)_y$ und $\left(\frac{\partial z}{\partial y}\right)_x$ schreiben wir mit rundem ∂ und nennen sie *partielle Differentialquotienten*. Damit drücken wir aus, dass bei der Differentiation der von zwei Variablen abhängigen Größe jeweils die als Index aufgeführte Variable festgehalten wurde, dass es sich also um die Tangentensteigungen in der durch den Nenner angegebenen Richtung handelt.

Gleichung (1.1-51) nennt man ein *totales Differential*. Aus der Herleitung ergibt sich unmittelbar, dass wir dz nur dann als totales Differential schreiben können, wenn z eine eindeutige Funktion von x und y ist, d. h. wenn die Änderung von z unabhängig vom Weg ist, auf dem wir sie erreichen. Dann sind auch die partiellen Differentialquotienten stetige Funktionen von x und y, und es existiert in dem betrachteten Punkt eine Tangentialebene an die Fläche.

In ganz entsprechender Weise, wie wir es hier für eine Funktion von zwei Veränderlichen durchgeführt haben, kann man auch die totalen Differentiale von Funktionen mehrerer Veränderlicher ausdrücken, z. B. ergibt sich für $u = f(x, y, z)$

$$\mathrm{d}u = \left(\frac{\partial u}{\partial x}\right)_{y,z} \mathrm{d}x + \left(\frac{\partial u}{\partial y}\right)_{x,z} \mathrm{d}y + \left(\frac{\partial u}{\partial z}\right)_{x,y} \mathrm{d}z \tag{1.1-52}$$

Aus Gl. (1.1-51) können wir noch eine wichtige Beziehung zwischen den partiellen Differentialquotienten herleiten, wenn wir $\mathrm{d}z = 0$ setzen. Es ist dann wegen

$$0 = \left(\frac{\partial z}{\partial x}\right)_{y} \mathrm{d}x + \left(\frac{\partial z}{\partial y}\right)_{x} \mathrm{d}y$$

$$\left(\frac{\partial x}{\partial y}\right)_{z} \cdot \left(\frac{\partial z}{\partial x}\right)_{y} = -\left(\frac{\partial z}{\partial y}\right)_{x} \tag{1.1-53}$$

Im Folgenden werden wir viel mit totalen Differentialen und partiellen Differentialquotienten zu tun haben, insbesondere werden wir erkennen, dass die partiellen Differentialquotienten wichtige physikalische Größen darstellen. Wir wollen deshalb die Verhältnisse an Hand der Zustandsgleichung des idealen Gases noch etwas näher studieren.

Die Änderung des molaren Volumens können wir als totales Differential schreiben:

$$\mathrm{d}v = \left(\frac{\partial v}{\partial T}\right)_{p} \mathrm{d}T + \left(\frac{\partial v}{\partial p}\right)_{T} \mathrm{d}p \tag{1.1-54}$$

$\left(\frac{\partial v}{\partial T}\right)_{p}$ gibt an, wie sich das molare Volumen als Folge einer isobaren Temperaturänderung ändert, beschreibt also die *thermische Ausdehnung*. Der partielle Differentialquotient gibt gleichzeitig eine Messvorschrift: Man soll messen, welche Volumenänderung bei einer Temperaturänderung um 1 K auftritt, wenn man dabei den Druck konstanthält.

Entsprechend ist $\left(\frac{\partial v}{\partial p}\right)_{T}$ zu interpretieren. Bezieht man den Wert der Differentialquotienten auf das vorliegende molare Volumen, so erhält man den *thermischen Ausdehnungskoeffizienten* α bzw. den *Kompressibilitätskoeffizienten* β. Für ein ideales Gas ergibt sich unter Berücksichtigung von Gl. (1.1-48)

$$\left(\frac{\partial v}{\partial T}\right)_{p} = \left(\frac{\partial \left(\frac{RT}{p}\right)}{\partial T}\right)_{p} = \frac{R}{p} = \frac{v}{T} \tag{1.1-55}$$

$$\left(\frac{\partial v}{\partial p}\right)_T = \left(\frac{\partial\left(\frac{RT}{p}\right)}{\partial p}\right)_T = -\frac{RT}{p^2} = -\frac{v}{p} \qquad (1.1\text{-}56)$$

Unter Beachtung von Gl. (1.1-53) gilt für die Druckänderung bei isochorer Temperaturänderung

$$\left(\frac{\partial p}{\partial T}\right)_v = -\left(\frac{\partial v}{\partial T}\right)_p \cdot \left(\frac{\partial p}{\partial v}\right)_T \qquad (1.1\text{-}57)$$

wofür sich mit Gl. (1.1-55) und Gl. (1.1-56) der Wert $\frac{p}{T}$ ergibt, was natürlich auch unmittelbar aus Gl. (1.1-54) folgt. Beziehen wir die Differentialquotienten auf das vorliegende Volumen bzw. den vorliegenden Druck, so ergeben sich für das ideale Gas

thermischer Ausdehnungskoeffizient $\quad \alpha = \frac{1}{v}\left(\frac{\partial v}{\partial T}\right)_p = \frac{1}{T} \qquad (1.1\text{-}58)$

Spannungskoeffizient $\quad \beta = \frac{1}{p}\left(\frac{\partial p}{\partial T}\right)_v = \frac{1}{T} \qquad (1.1\text{-}59)$

Kompressibilitätskoeffizient $\quad \kappa = -\frac{1}{v}\left(\frac{\partial v}{\partial p}\right)_T = \frac{1}{p} \qquad (1.1\text{-}60)$

Gleichung (1.1-57) führt auf den allgemein gültigen, d. h. nicht auf ein ideales Gas beschränkten Zusammenhang zwischen den drei Koeffizienten

$$\kappa = \frac{1}{p}\cdot\frac{\alpha}{\beta} \qquad (1.1\text{-}61)$$

Wir erkennen aus dieser Beziehung, dass wir die Ermittlung eines experimentell schwer zugänglichen Koeffizienten durch die Messung von zwei leichter messbaren ersetzen können.

1.1.11
Mischungen idealer Gase, Partialdruck und Molenbruch

Bislang ist die thermische Zustandsgleichung nur für reine Stoffe behandelt worden. Wie sehen die Verhältnisse in idealen Gasmischungen aus?

Wird eine ideale Gasmischung aus n_1 mol der Gasart 1, n_2 mol der Gasart 2 usw. hergestellt, die sämtlich die gleiche Temperatur haben und unter dem gleichen Druck stehen, so setzt sich das Volumen additiv aus den Volumina zusammen, die die einzelnen Gasarten einnehmen:

$$V = V_1 + V_2 + \ldots + V_k = n_1 v_1 + n_2 v_2 + \ldots + n_k v_k$$

$$V = \sum_{1}^{k} n_i v_i \tag{1.1-62}$$

Ersetzt man unter dem Summenzeichen das molare Volumen durch das ideale Gasgesetz, so folgt

$$V = \sum_{1}^{k} n_i \cdot \frac{RT}{p} \tag{1.1-63}$$

wobei p der Druck ist, unter dem die Gasmischung steht. Durch Multiplizieren mit p und Dividieren durch V folgt

$$p = \sum_{1}^{k} n_i \cdot \frac{RT}{V} = \sum_{1}^{k} \frac{RT}{V/n_i} = \sum_{1}^{k} p_i \tag{1.1-64}$$

Dies ist die mathematische Formulierung des *Dalton'schen Gesetzes*. Es besagt, dass die Summe der Partialdrücke p_i gleich dem gemessenen Gesamtdruck ist. Unter dem *Partialdruck* p_i verstehen wir dabei den Druck, den das Gas i annehmen würde, wenn ihm allein das Gesamtvolumen zur Verfügung stünde.

Aus Gl. (1.1-64) folgt weiterhin

$$\frac{p_i}{p} = \frac{n_i RT/V}{\sum_{1}^{k} n_i RT/V} = \frac{n_i}{\sum_{1}^{k} n_i} = x_i \tag{1.1-65}$$

wobei wir gleich den *Molenbruch* x_i der Komponente i eingeführt haben, der definitionsgemäß durch den Quotienten aus der Stoffmenge n_i der Komponente i und der Summe der Stoffmengen aller Komponenten der Phase gegeben ist. In einer idealen Gasmischung ergibt er sich also auch als Verhältnis des Partialdrucks zum Gesamtdruck.

1.1.12
Der Erste Hauptsatz der Thermodynamik und die kalorische Zustandsgleichung

Aus der Mechanik kennen wir den Energiesatz, der für konservative Systeme gilt, also für solche, in denen nur Umwandlungen von kinetischer und potentieller Energie auftreten. Er besagt, dass die Summe von kinetischer und potentieller Energie konstant ist. Ihm an die Seite stellen wollen wir in diesem Abschnitt den Ersten

Hauptsatz der Thermodynamik. Er ist wie der Energiesatz ein Postulat, das auf der Erfahrung beruht und nicht abgeleitet werden kann. Seine Formulierung wäre nicht möglich gewesen ohne die berühmten Versuche von Joule (1843–1849). Er schloss eine bestimmte Wassermenge in adiabatische Wände ein und führte ihr mechanische Arbeit, elektrische Arbeit oder Volumenarbeit zu, und zwar durch Reibung, über einen Heizdraht oder über Kompression oder Expansion eines Gases, wie wir sie im Abschnitt 1.1.17 im Einzelnen besprechen werden. Er stellte dabei fest, dass er für die Erwärmung von 1 kg Wasser von 14 °C auf 15 °C stets eine Arbeit von 4.18 kJ aufwenden musste.

Schon ein Jahr vor den ersten Jouleschen Versuchen (1842) hatte Robert Mayer die Wesensgleichheit von Wärmemenge und mechanischer Arbeit erkannt und den Satz vertreten, dass Energie weder geschaffen werden noch verschwinden, sondern nur von einer Form in die andere umgewandelt werden kann. Wir haben im Abschnitt 1.1.5 deshalb davon gesprochen, dass es zwei Möglichkeiten gibt, Energie von einem makroskopischen Körper auf einen anderen zu befördern, durch Arbeitsleistung oder durch Wärmeübertragung.

Wir wollen uns nun überlegen, was sich ereignet, wenn wir einem geschlossenen System von außen Arbeit und Wärme zuführen. In jedem Fall wird eine Zustandsänderung eintreten. Bei der Zufuhr von Hubarbeit erhöht sich die äußere potentielle Energie des Systems, indem die Ortskoordinaten verändert werden. Bei Zufuhr von Beschleunigungsarbeit nimmt die kinetische Energie zu, indem die Geschwindigkeitskoordinaten verändert werden. In beiden Fällen tritt jedoch nur eine Veränderung der *äußeren Koordinaten* ein, die den inneren Zustand des Systems nicht beeinflussen. Denn dieser ist unabhängig davon, ob wir unser System auf dem Fußboden oder auf dem Labortisch, im haltenden oder im fahrenden Zug betrachten.

Anders liegen die Verhältnisse, wenn wir an unserem System Volumenarbeit oder elektrische Arbeit leisten oder ihm eine Wärmemenge zuführen. Hierdurch ändert sich sein Volumen, sein Druck, seine Zusammensetzung oder seine Temperatur, d. h. seine *innere Energie*. Nur diese ist für die Thermodynamik von Interesse.

Führen wir einem System von außen eine Arbeit W und eine Wärmemenge Q zu, so müssen wir also unterscheiden, ob die Arbeit innere (ohne Index) oder äußere (Index e) Koordinaten des Systems verändert. Bezeichnen wir die Gesamtenergie des Systems vor der Energiezufuhr mit E_v, danach mit E_n, so gilt nach dem Energieprinzip

$$E_n - E_v = W_e + W + Q \tag{1.1-66}$$

$$E_n - E_v = (E_e)_n - (E_e)_v + W + Q \tag{1.1-67}$$

$$(E - E_e)_n - (E - E_e)_v = W + Q \tag{1.1-68}$$

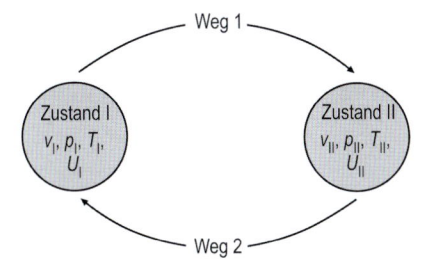

Abbildung 1.1-10 Zur Unmöglichkeit eines Perpetuum mobile erster Art.

$E - E_e$ ist der Anteil der Energie des Systems, der nicht der äußeren (äußeren potentiellen und kinetischen) Energie zukommt. Wir bezeichnen ihn als *Innere Energie U*. Für Gl. (1.1-68) können wir damit schreiben

$$U_n - U_v = W + Q \qquad (1.1\text{-}69)$$

Das ist die Formulierung des *Ersten Hauptsatzes der Thermodynamik*, der in Worten ausgedrückt so lautet:

Die von einem System mit seiner Umgebung ausgetauschte Summe von Arbeit und Wärme ist gleich der Änderung der Inneren Energie des Systems. Die Innere Energie ist, wie z. B. das Volumen, eine Zustandsfunktion.

Wäre dies nicht der Fall, so wäre die Änderung der Inneren Energie bei einer Zustandsänderung nicht unabhängig vom Weg. Dann könnte man bei der Durchführung eines Kreisprozesses (Abb. 1.1-10) dadurch Energie gewinnen, dass man nichts weiter tut, als das System auf einem Wege 1 vom Zustand I in den Zustand II übergehen und auf einem anderen Wege 2 in den Ausgangszustand zurückkehren zu lassen. Ein solches *Perpetuum mobile erster Art* würde gegen den Energieerhaltungssatz verstoßen.

Im Gegensatz zur Inneren Energie ist weder die Arbeit W noch die Wärmemenge Q eine Zustandsfunktion. Auf den Wegen 1 und 2 ist (ohne Berücksichtigung des Vorzeichens) die Summe von W und Q, nicht aber ihr Verhältnis gleich. Wir werden hierfür später Beispiele kennenlernen. Diesen Unterschied von U einerseits und W und Q andererseits drücken wir in der infinitesimalen Schreibweise dadurch aus, dass wir für die Zustandsfunktion U, die als totales Differential dargestellt werden kann, das Differentialzeichen d, für die Arbeit und die Wärmemenge, für die das nicht möglich ist, das Zeichen δ für Variationen benutzen:

$$dU = \delta W + \delta Q \qquad (1.1\text{-}70)$$

Die Innere Energie ist wie das Volumen eine extensive Größe, d. h. zu ihrer Bestimmung müssen nicht nur zwei andere Zustandsgrößen, sondern auch die Masse des Systems – bei zusammengesetzten Systemen die Massen der einzelnen Komponenten – bekannt sein. Welche beiden Zustandsgrößen man wählt, p und T, p und V

oder V und T, ist dabei völlig gleichgültig, weil diese Zustandsgrößen alle miteinander in unmittelbarem Zusammenhang stehen. Wie sich zeigen wird, ist es zweckmäßig, die Innere Energie als Funktion von Volumen, Temperatur und Stoffmenge n_i der k Komponenten des Systems zu betrachten:

$$U = f(T, V, n_1, n_2, \ldots, n_k) \tag{1.1-71}$$

Man nennt diese Funktion die *kalorische Zustandsgleichung*.

Das totale Differential für die Innere Energie lautet

$$dU = \left(\frac{\partial U}{\partial T}\right)_{V,n_j} dT + \left(\frac{\partial U}{\partial V}\right)_{T,n_j} dV + \left(\frac{\partial U}{\partial n_1}\right)_{T,V,n_{j\neq 1}} dn_1 + \ldots + \left(\frac{\partial U}{\partial n_k}\right)_{T,V,n_{j\neq k}} dn_k \tag{1.1-72}$$

Die Änderung der Inneren Energie ist gegeben durch die Summe der mit der Umgebung ausgetauschten Wärme und Arbeit. Letztere besteht oft aus Kompressions- oder Expansionsarbeit, sog. reversibler Volumenarbeit. Sie beträgt nach Gl. (1.1-7)

$$W_{rev} = -\int_{V_1}^{V_2} p\, dV \tag{1.1-7}$$

Wenn wir es nicht ausdrücklich anders vermerken, wollen wir unter Volumenarbeit eine bei einem reversiblen Prozess (vgl. Abschnitt 1.1.17) auftretende Volumenarbeit verstehen, bei der der von außen wirkende Druck p stets gleich dem Druck des Systems ist. (Für den Fall, dass mehrere Phasen vorliegen, muss über die in jeder Phase geleistete Volumenarbeit summiert werden).

Wenn nun außer der Volumenarbeit keine andere Arbeit (z. B. elektrische Arbeit) mit der Umgebung ausgetauscht wird, lässt sich für Gl. (1.1-70) auch schreiben

$$dU = \delta Q_{rev} - p\, dV \tag{1.1-73}$$

Wir wollen nun zwei verschiedene Zustandsänderungen in einem geschlossenen System ($dn_i = 0$) betrachten, eine isochore und eine isobare. Für die isochore Zustandsänderung gilt wegen $dV = 0$

$$(dU)_V = \delta Q_V \tag{1.1-74}$$

d. h. beim Übergang vom Zustand I in den Zustand II

$$(U_{II} - U_I)_V = Q_V \tag{1.1-75}$$

> Die Änderung der Inneren Energie ist also bei *isochoren Prozessen in geschlossenen Systemen* gleich der mit der Umgebung ausgetauschten Wärmemenge.

Bei der isobaren Zustandsänderung gilt wegen $dp = 0$

$$dU = \delta Q_p - p\,dV \tag{1.1-76}$$

und, wenn die Änderung von einem Zustand I in den Zustand II führt,

$$U_{II} - U_I = Q_p - p(V_{II} - V_I) \tag{1.1-77}$$

$$(U_{II} + pV_{II}) - (U_I + pV_I) = Q_p \tag{1.1-78}$$

Die mit der Umgebung ausgetauschte Wärmemenge ist also nicht mehr gleich der Änderung der Inneren Energie, sondern gleich der Änderung einer Größe, die durch die Summe $U + pV$ gegeben ist.

> Wir führen mit
> $$H = U + pV \tag{1.1-79}$$
> die *Enthalpie H* ein.

Der Begriff Enthalpie leitet sich vom griechischen enthálpein (= darin erwärmen) ab.

Für Gl. (1.1-78) können wir dann analog zu Gl. (1.1-75) schreiben

> $$(H_{II} - H_I)_p = Q_p \tag{1.1-80}$$
> Die Änderung der Enthalpie ist bei *isobaren Prozessen in geschlossenen Systemen* gleich der mit der Umgebung ausgetauschten Wärmemenge.

Da die Enthalpie nach Gl. (1.1-79) von den Zustandsgrößen U und V abhängt, ist sie selbst auch eine Zustandsgröße. Im Gegensatz zur Inneren Energie stellt man sie zweckmäßigerweise als Funktion von p, T und der Stoffmenge n_i dar:

$$H = f(T, p, n_1, n_2, \ldots, n_k). \tag{1.1-81}$$

Ihr totales Differential ist dann

$$dH = \left(\frac{\partial H}{\partial T}\right)_{p,n_j} dT + \left(\frac{\partial H}{\partial p}\right)_{T,n_j} dp + \left(\frac{\partial H}{\partial n_1}\right)_{T,p,n_{j\neq 1}} dn_1 + \ldots$$
$$+ \left(\frac{\partial H}{\partial n_k}\right)_{T,p,n_{j\neq k}} dn_k \tag{1.1-82}$$

1.1.13
Die partiellen Ableitungen von U und H nach T, die molaren Wärmekapazitäten

Bereits bei der Besprechung der thermischen Zustandsgleichung hatten wir erkannt, dass den partiellen Differentialquotienten eine besondere physikalische Bedeutung zukommt. Wir wollen jetzt der Frage nachgehen, was die partiellen Ableitungen der Inneren Energie und der Enthalpie nach der Temperatur ausdrücken. Zu diesem Zweck betrachten wir, um zunächst die Abhängigkeit von der Stoffmenge auszuschließen, ein einphasiges System, das aus einem reinen Stoff besteht und dessen Stoffmenge sich nicht ändern soll. Ein reiner homogener Stoff kann mit der Umgebung – wenn wir von Oberflächeneffekten absehen und elektrische und magnetische Arbeit ausschließen – nur Volumenarbeit austauschen. Es ist deshalb

$$\delta W = -p dV \tag{1.1-83}$$

Berücksichtigen wir dies bei der Verknüpfung des Ersten Hauptsatzes, Gl. (1.1-73), mit dem totalen Differential der Inneren Energie, Gl. (1.1-72), oder dem totalen Differential der Enthalpie, Gl. (1.1-82), so erhalten wir

$$dU = \delta Q + \delta W = \delta Q - p dV = \left(\frac{\partial U}{\partial T}\right)_V dT + \left(\frac{\partial U}{\partial V}\right)_T dV \tag{1.1-84}$$

$$dH = d(U + pV) = dU + p dV + V dp = \delta Q + V dp =$$
$$\left(\frac{\partial H}{\partial T}\right)_p dT + \left(\frac{\partial H}{\partial p}\right)_T dp \tag{1.1-85}$$

Wenn wir diese Gleichungen nach δQ auflösen, ergibt sich

$$\delta Q = \left(\frac{\partial U}{\partial T}\right)_V dT + \left[\left(\frac{\partial U}{\partial V}\right)_T + p\right] dV \tag{1.1-86}$$

$$\delta Q = \left(\frac{\partial H}{\partial T}\right)_p dT + \left[\left(\frac{\partial H}{\partial p}\right)_T - V\right] dp \tag{1.1-87}$$

Wir können die Wärmemenge δQ dem System nun zuführen, indem wir dabei das Volumen oder den Druck, unter dem das System steht, konstanthalten. Dann ist

$$\delta Q_V = \left(\frac{\partial U}{\partial T}\right)_V dT \tag{1.1-88}$$

bzw.

$$\delta Q_p = \left(\frac{\partial H}{\partial T}\right)_p dT \tag{1.1-89}$$

Die Wärmemenge, die notwendig ist, um ein System um ein Grad zu erwärmen, haben wir in Abschnitt 1.1.7 als *Wärmekapazität* des Systems bezeichnet. Wir erkennen jetzt, dass sie identisch ist mit dem partiellen Differentialquotienten der Inneren Energie bzw. der Enthalpie nach der Temperatur:

$$C_V = \left(\frac{\partial Q}{\partial T}\right)_V = \left(\frac{\partial U}{\partial T}\right)_V \tag{1.1-90}$$

$$C_p = \left(\frac{\partial Q}{\partial T}\right)_p = \left(\frac{\partial H}{\partial T}\right)_p \tag{1.1-91}$$

Dabei zeigt sich, dass es zwei verschiedene Wärmekapazitäten gibt, die eine gilt für isochores, die andere für isobares Arbeiten.

Dieses Ergebnis überrascht uns nicht, denn wir haben gesehen, dass das System bei isobaren Prozessen gegenüber isochoren zusätzlich Volumenarbeit leisten muss. Die Energie, die wir dem System zuführen müssen, um es um ein Grad zu erwärmen, muss deshalb bei isobaren Prozessen größer sein als bei isochoren.

Wir sind bei unseren Überlegungen von n mol eines reinen homogenen Stoffes ausgegangen. Dividieren wir die Innere Energie (bzw. Enthalpie) dieses Systems durch die Stoffmenge, so erhalten wir für die molare Innere Energie u und die molare Enthalpie h

$$u = \frac{U}{n} \tag{1.1-92}$$

$$h = \frac{H}{n} \tag{1.1-93}$$

für die molare Wärmekapazität c ergibt sich entsprechend

$$c_v = \left(\frac{\partial u}{\partial T}\right)_v = \frac{1}{n} C_V \tag{1.1-94}$$

$$c_p = \left(\frac{\partial h}{\partial T}\right)_p = \frac{1}{n} C_p \tag{1.1-95}$$

Experimentell lässt sich C_p leichter bestimmen als C_V, besonders bei flüssigen oder gar festen Stoffen. Wir wollen deshalb untersuchen, wie sich C_V aus C_p berechnen lässt. Zu diesem Zweck greifen wir auf Gl. (1.1-86) zurück, in die wir C_V für $\left(\frac{\partial U}{\partial T}\right)_V$ einsetzen:

$$\delta Q = C_V dT + \left[\left(\frac{\partial U}{\partial V}\right)_T + p\right] dV \tag{1.1-96}$$

Da dV selbst als totales Differential dargestellt werden kann, vgl. Gl. (1.1-54), können wir auch schreiben

$$\delta Q = C_V dT + \left[\left(\frac{\partial U}{\partial V}\right)_T + p\right]\left[\left(\frac{\partial V}{\partial T}\right)_p dT + \left(\frac{\partial V}{\partial p}\right)_T dp\right] \quad (1.1\text{-}97)$$

Für eine isobare Zustandsänderung (d$p = 0$) vereinfacht sich die Gleichung zu

$$\delta Q_p = C_V dT + \left[\left(\frac{\partial U}{\partial V}\right)_T + p\right]\left(\frac{\partial V}{\partial T}\right)_p dT \quad (1.1\text{-}98)$$

oder

$$\left(\frac{\partial Q}{\partial T}\right)_p = C_p = C_V + \left[\left(\frac{\partial U}{\partial V}\right)_T + p\right]\left(\frac{\partial V}{\partial T}\right)_p \quad (1.1\text{-}99)$$

Für die Differenz der molaren Wärmekapazitäten folgt hieraus, wenn wir wieder zu molaren Größen übergehen,

$$c_p - c_v = \left[\left(\frac{\partial u}{\partial v}\right)_T + p\right]\left(\frac{\partial v}{\partial T}\right)_p \quad (1.1\text{-}100)$$

Eine Berechnung der Differenz der molaren Wärmekapazitäten gelingt also, wenn die Abhängigkeit der molaren Inneren Energie $\left(\frac{\partial u}{\partial v}\right)_T$ vom molaren Volumen und die Temperaturabhängigkeit des molaren Volumens bekannt sind. Die erstere Größe muss die Dimension eines Druckes besitzen:

$$\left(\frac{\partial u}{\partial v}\right)_T = \Pi \quad (1.1\text{-}101)$$

nennt man *Inneren Druck*.

Die letztere Größe ist der uns bereits bekannte thermische Ausdehnungskoeffizient.

Den Inneren Druck können wir an dieser Stelle noch nicht berechnen. Im Abschnitt 1.1.20 werden wir jedoch ermitteln, dass folgende Gleichung gilt:

$$\left(\frac{\partial u}{\partial v}\right)_T = T\left(\frac{\partial p}{\partial T}\right)_v - p \quad (1.1\text{-}102)$$

Setzen wir diese Beziehung in Gl. (1.1-100) ein, so erhalten wir

$$c_p - c_v = T \left(\frac{\partial p}{\partial T}\right)_v \left(\frac{\partial v}{\partial T}\right)_p \tag{1.1-103}$$

und mit Gl. (1.1-57)

$$c_p - c_v = -T \frac{\left(\frac{\partial v}{\partial T}\right)_p^2}{\left(\frac{\partial v}{\partial p}\right)_T} \tag{1.1-104}$$

oder unter Berücksichtigung von Gl. (1.1-58) und Gl. (1.1-60)

$$c_p - c_v = T \frac{v\alpha^2}{\kappa} \tag{1.1-105}$$

Bei Kenntnis des thermischen Ausdehnungskoeffizienten α und des Kompressibilitätskoeffizienten κ lässt sich also aus dem gemessenen c_p-Wert der c_v-Wert berechnen. Gleichung (1.1-104) gilt allgemein, da zu ihrer Ableitung keinerlei spezielle Annahmen oder Vernachlässigungen vorgenommen wurden.

Für den speziellen Fall des idealen Gases lässt sich der Innere Druck aus Gl. (1.1-102) mit Hilfe des idealen Gasgesetzes berechnen. Es ist

$$p = \frac{RT}{v} \tag{1.1-106}$$

$$\left(\frac{\partial p}{\partial T}\right)_v = \frac{R}{v} \tag{1.1-107}$$

$$\left(\frac{\partial u}{\partial v}\right)_T = T \frac{R}{v} - p = p - p = 0 \tag{1.1-108}$$

> Für ein ideales Gas ist der *Innere Druck* Π *gleich null*, was besagt, dass im isothermen Fall die Innere Energie volumenunabhängig ist. Zu diesem Ergebnis war bereits Gay-Lussac auf experimentellem Wege gekommen, als er nachweisen konnte, dass bei der Expansion eines idealen Gases ins Vakuum keine Temperaturänderung eintritt (*2. Gay-Lussac'sches Gesetz*).

Setzen wir für den Fall des idealen Gases den Inneren Druck in Gl. (1.1-100) gleich null, so erhalten wir

$$c_p - c_v = p\left(\frac{\partial v}{\partial T}\right)_p \tag{1.1-109}$$

mit der Idealen Gasgleichung ergibt sich

$$\left(\frac{\partial v}{\partial T}\right)_p = \frac{R}{p} \tag{1.1-110}$$

> Die Differenz der molaren Wärmekapazitäten c_p und c_v eines idealen Gases ist
>
> $$c_p - c_v = R \tag{1.1-111}$$

Wie wir später erfahren werden, spielen die molaren Wärmekapazitäten bei thermodynamischen Berechnungen eine große Rolle. Wir wollen deshalb untersuchen, ob sie volumen-, druck- oder temperaturabhängig sind. In den beiden ersteren Fällen können wir uns dazu eines in der Thermodynamik oft benutzten Verfahrens, der Anwendung des Schwarz'schen Satzes, bedienen.

> Der *Schwarz'sche Satz* besagt:
> Hat eine Funktion $z = f(x, y)$ stetige, partielle Ableitungen zweiter Ordnung, dann gilt
>
> $$\frac{\partial^2 z}{\partial x \partial y} = \frac{\partial^2 z}{\partial y \partial x} \tag{1.1-112}$$
>
> Das Ergebnis ist unabhängig davon, in welcher Reihenfolge differenziert wird.

Die molare Wärmekapazität c_v stellt die erste Ableitung der molaren Inneren Energie nach der Temperatur dar, ihre Abhängigkeit vom molaren Volumen also eine gemischte zweite Ableitung $\partial^2 u / \partial T \partial v$. Es muss also gelten, wenn wir Gl. (1.1-102) berücksichtigen,

$$\left(\frac{\partial c_v}{\partial v}\right)_T = \left[\frac{\partial \left(\frac{\partial u}{\partial T}\right)_v}{\partial v}\right]_T = \frac{\partial^2 u}{\partial T \partial v} = \frac{\partial^2 u}{\partial v \partial T} = \left[\frac{\partial \left(\frac{\partial u}{\partial v}\right)_T}{\partial T}\right]_v =$$

$$= \frac{\partial \left[T\left(\frac{\partial p}{\partial T}\right)_v - p\right]}{\partial T} = T\left(\frac{\partial^2 p}{\partial T^2}\right)_v \tag{1.1-113}$$

Für die Berechnung der Druckabhängigkeit von c_p benötigen wir einen Ausdruck für $\left(\dfrac{\partial h}{\partial p}\right)_T$, den sog. *isothermen Drosseleffekt* ε. In Abschnitt 1.1.20 werden wir sehen, dass er sich ähnlich wie der Innere Druck ableiten lässt. Man erhält

$$\left(\frac{\partial h}{\partial p}\right)_T = \varepsilon = v - T\left(\frac{\partial v}{\partial T}\right)_p \tag{1.1-114}$$

So ergibt sich für die Druckabhängigkeit von c_p

$$\left(\frac{\partial c_p}{\partial p}\right)_T = \left[\frac{\partial\left(\frac{\partial h}{\partial T}\right)_p}{\partial p}\right]_T = \frac{\partial^2 h}{\partial T \partial p} = \frac{\partial^2 h}{\partial p \partial T} = \left[\frac{\partial\left(\frac{\partial h}{\partial p}\right)_T}{\partial T}\right]_p =$$

$$= \frac{\partial\left[v - T\left(\frac{\partial v}{\partial T}\right)_p\right]}{\partial T} = -T\left(\frac{\partial^2 v}{\partial T^2}\right)_p \tag{1.1-115}$$

Gl. (1.1-113) und (1.1-115) sind wieder allgemein gültig. Beschränken wir uns jedoch auf ideale Gase, so können wir schon jetzt detailliertere Aussagen machen. Aus dem idealen Gasgesetz folgt nämlich, dass sowohl der Druck als auch das molare Volumen eine lineare Funktion der Temperatur sind. In beiden Fällen ist also die zweite Ableitung nach der Temperatur null. Das besagt aber nach Gl. (1.1-113) und (1.1-115), dass für ein ideales Gas c_v unabhängig vom molaren Volumen und c_p unabhängig vom Druck ist.

Die Frage nach der Temperaturabhängigkeit der Wärmekapazitäten kann an dieser Stelle noch nicht im Einzelnen behandelt werden. Wir werden im Abschnitt 1.2.3 darauf zurückkommen. Oft ist es jedoch möglich, die experimentell ermittelte Temperaturabhängigkeit der molaren Wärmekapazität durch eine Potenzfunktion

$$c_p = a + bT + cT^2 + \dots \tag{1.1-116}$$

darzustellen.

> Im Vorangehenden ist lediglich von Änderungen der Wärmekapazitäten durch Temperatur-, Druck- oder Volumenänderungen gesprochen worden, doch nicht über ihren Zahlenwert an sich. Eine solche Aussage vermag die Thermodynamik prinzipiell nicht zu treffen. Sie stellt nur die Beziehungen zwischen den verschiedenen Größen auf. Um Absolutwerte berechnen zu können, benötigt man ein konkretes Modell für den Aufbau der Materie. So wird es uns erst mit Hilfe der statistischen Thermodynamik möglich sein, molare Wärmekapazitäten selbst zu berechnen.

Wir wollen noch einmal auf Gl. (1.1-94) und (1.1-95) zurückkommen, mit deren Hilfe wir die molaren Wärmekapazitäten definiert haben. Wir können diese beiden Gleichungen auch schreiben in der Form

$$du = c_v dT \tag{1.1-117}$$

$$dh = c_p dT \tag{1.1-118}$$

oder in integrierter Form

$$\int_{u_{T_1}}^{u_{T_2}} du = \int_{T_1}^{T_2} c_v dT \tag{1.1-119}$$

$$\int_{h_{T_1}}^{h_{T_2}} dh = \int_{T_1}^{T_2} c_p dT \tag{1.1-120}$$

Nur das Integral auf der linken Seite können wir lösen, denn wir wissen im Augenblick lediglich, dass c_v und c_p temperaturabhängig sind, kennen aber den funktionellen Zusammenhang zwischen c_v bzw. c_p und T noch nicht. Wir erhalten deshalb zunächst

$$u_{T_2} = u_{T_1} + \int_{T_1}^{T_2} c_v dT \tag{1.1-121}$$

und

$$h_{T_2} = h_{T_1} + \int_{T_1}^{T_2} c_p dT \tag{1.1-122}$$

Wir können also bei Kenntnis der molaren Wärmekapazitäten und ihrer Temperaturabhängigkeit die molare Innere Energie oder die molare Enthalpie eines Systems bei einer bestimmten Temperatur berechnen, wenn uns die Werte bei einer anderen Temperatur bekannt sind.

Also auch hier ist thermodynamisch wieder lediglich die Änderung einer Größe, nicht aber ihr Absolutwert berechenbar.

1.1.14
Die partiellen Ableitungen von U und H nach ξ, die Reaktionsenergie und die Reaktionsenthalpie

Unsere bisherigen Betrachtungen beschränkten sich auf reine, homogene Stoffe. Deswegen haben wir die Innere Energie und die Enthalpie lediglich als Funktionen des Volumens bzw. des Drucks und der Temperatur betrachtet. Wir wollen nun einen Schritt weitergehen und geschlossene Systeme behandeln, die

a) aus einem reinen Stoff bestehen, der aber in zwei Phasen vorliegt, oder
b) aus einer Phase bestehen, die aus mehreren Komponenten aufgebaut ist, zwischen denen eine chemische Reaktion ablaufen kann.

Wir wollen aber weiterhin voraussetzen, dass sich das System ideal verhält, d. h. dass es sich um ideale Gase oder Gasmischungen, um kondensierte reine Phasen oder um ideale kondensierte Mischphasen handelt, bei deren Herstellung keinerlei Mischungseffekte auftreten (vgl. hierzu Abschnitt 2.2).

Da die Innere Energie des Systems eine Zustandsfunktion ist, können wir sie durch die unabhängigen Variablen ausdrücken, die den gerade vorliegenden Zustand beschreiben, d. h. durch T, V und die Stoffmengen n_i. Nach Gl. (1.1-71) ist also

$$U = f(T, V, n_1, \ldots, n_k) \tag{1.1-71}$$

Da es sich um ein geschlossenes System handeln soll, sind die Änderungen der Stoffmengen nicht willkürlich, sondern durch den sich abspielenden Prozess miteinander verknüpft.

> Gleichgültig, ob der betrachtete Prozess ein Phasenübergang oder eine chemische Reaktion ist, können wir ihn allgemein darstellen durch
>
> $$|\nu_A|A + |\nu_B|B \longrightarrow |\nu_C|C + |\nu_D|D \tag{1.1-123}$$
>
> wobei die ν_i die *stöchiometrischen Faktoren* sind.

(Bei einem Phasenübergang wäre $|\nu_A| = |\nu_C| = 1$, $\nu_B = \nu_D = 0$). Die Änderungen der Stoffmengen n_i der verbrauchten Edukte (A und B) und der gebildeten Produkte (C und D) verhalten sich wie die stöchiometrischen Faktoren, d. h.

$$\frac{n_A(\text{Ende}) - n_A(\text{Anfang})}{n_B(\text{Ende}) - n_B(\text{Anfang})} = \frac{\nu_A}{\nu_B}; \quad \frac{n_C(\text{Ende}) - n_C(\text{Anfang})}{n_A(\text{Ende}) - n_A(\text{Anfang})} = \frac{\nu_C}{\nu_A} \tag{1.1-124}$$

Da die stöchiometrischen Faktoren der Edukte negativ, die der Produkte positiv gerechnet werden, ergeben sich automatisch die richtigen Vorzeichen.

Für einen differentiellen Umsatz gilt

$$\frac{dn_A}{\nu_A} = \frac{dn_B}{\nu_B} = \frac{dn_C}{\nu_C} = \frac{dn_D}{\nu_D} \tag{1.1-125}$$

Will man den Fortgang der Reaktion mit Hilfe der Stoffmengen von A, B, C oder D beschreiben, also mit dn_A, dn_B usw., so kommt man, entsprechend den stöchiometrischen Faktoren, zu zahlenmäßig unterschiedlichen Ergebnissen.

Man hat durch

$$d\xi = \frac{dn_i}{\nu_i} \tag{1.1-126}$$

eine *Reaktionslaufzahl* ξ definiert, die eine eindeutige Beschreibung des Reaktionsfortgangs erlaubt.

(Mit dieser Bezeichnung halten wir uns an die IUPAC-Empfehlungen. Sie ist nicht glücklich gewählt, da es sich bei ξ nicht um eine Zahl, sondern um eine Größe mit der Dimension Stoffmenge handelt.) Bei $d\xi = 1$ mol haben sich gerade ν_A mol A mit ν_B mol B zu ν_C mol C und ν_D mol D umgesetzt. Man spricht dann von einem *Formelumsatz*.

Bezeichnen wir mit n_i die nach dem Prozess vorliegende Stoffmenge der Substanz i, mit n_i^a diejenige, die vor dem Prozess vorhanden war, so gilt

$$\int_{n_i^a}^{n_i} dn_i = n_i - n_i^a = \nu_i \int_0^\xi d\xi \tag{1.1-127}$$

Da die ν_i durch die Art des Prozesses festgelegt sind, also keine Variablen darstellen, können wir in den beiden betrachteten Fällen für Gl. (1.1-71) schreiben

$$U = f(T, V, n_1^a, \ldots, n_k^a, \xi) \tag{1.1-128}$$

Für das totale Differential der Inneren Energie folgt daraus – wenn man noch bedenkt, dass die n_i^a für den betrachteten Prozess Konstanten darstellen –

$$dU = \left(\frac{\partial U}{\partial T}\right)_{V,\xi} dT + \left(\frac{\partial U}{\partial V}\right)_{T,\xi} dV + \left(\frac{\partial U}{\partial \xi}\right)_{T,V} d\xi \tag{1.1-129}$$

Entsprechend gilt natürlich für die Enthalpie

$$H = f(T, p, n_1^a, \ldots, n_k^a, \xi) \tag{1.1-130}$$

$$dH = \left(\frac{\partial H}{\partial T}\right)_{p,\xi} dT + \left(\frac{\partial H}{\partial p}\right)_{T,\xi} dp + \left(\frac{\partial H}{\partial \xi}\right)_{T,p} d\xi \tag{1.1-131}$$

Uns interessiert nun wieder die Bedeutung der partiellen Differentialquotienten $\left(\frac{\partial U}{\partial \xi}\right)_{T,V}$ und $\left(\frac{\partial H}{\partial \xi}\right)_{T,p}$. Zur Klärung dieser Frage kombinieren wir wie in Abschnitt 1.1.13 das totale Differential der Inneren Energie mit dem Ersten Hauptsatz in Form der Gl. (1.1-73)

$$dU = \delta Q - p dV = \left(\frac{\partial U}{\partial T}\right)_{V,\xi} dT + \left(\frac{\partial U}{\partial V}\right)_{T,\xi} dV + \left(\frac{\partial U}{\partial \xi}\right)_{T,V} d\xi \qquad (1.1\text{-}132)$$

und entsprechend

$$dH = dU + p dV + V dp = \delta Q + V dp =$$
$$= \left(\frac{\partial H}{\partial T}\right)_{p,\xi} dT + \left(\frac{\partial H}{\partial p}\right)_{T,\xi} dp + \left(\frac{\partial H}{\partial \xi}\right)_{T,p} d\xi \qquad (1.1\text{-}133)$$

Wir erkennen jetzt, dass für einen isothermen ($dT = 0$) und isochoren ($dV = 0$) Prozess

$$\delta Q_{T,V} = \left(\frac{\partial U}{\partial \xi}\right)_{T,V} d\xi \qquad (1.1\text{-}134)$$

$$\left(\frac{dQ}{d\xi}\right)_{T,V} = \left(\frac{\partial U}{\partial \xi}\right)_{T,V} \qquad (1.1\text{-}135)$$

und für einen isothermen ($dT = 0$) und isobaren ($dp = 0$) Prozess

$$\delta Q_{T,p} = \left(\frac{\partial H}{\partial \xi}\right)_{T,p} d\xi \qquad (1.1\text{-}136)$$

$$\left(\frac{dQ}{d\xi}\right)_{T,p} = \left(\frac{\partial H}{\partial \xi}\right)_{T,p} \qquad (1.1\text{-}137)$$

ist.

> Die Differentialquotienten $\left(\frac{\partial U}{\partial \xi}\right)_{T,V}$ bzw. $\left(\frac{\partial H}{\partial \xi}\right)_{T,p}$ stellen also die Wärmemenge dar, die bei einem Formelumsatz im isothermen und isochoren bzw. isobaren Prozess mit der Umgebung ausgetauscht wird. Für den Fall einer Phasenumwandlung nennen wir diese Wärmemenge *Umwandlungsenergie* bzw. *Umwandlungsenthalpie* und für den Fall einer chemischen Reaktion *Reaktionsenergie* bzw. *Reaktionsenthalpie*. Eine solche Begriffsbildung ist konsequent und der häufig erfolgten Verwendung des Ausdrucks *Reaktionswärme* für $(\partial U/\partial \xi)_{T,V}$ vorzuziehen, da sowohl $(\partial U/\partial \xi)_{T,V}$ als auch $(\partial H/\partial \xi)_{T,p}$ Reaktionswärmen (bei konstantem V bzw. p) sind.

Es ist üblich, für die Differentiation nach der Reaktionslaufzahl ξ den Operator Δ (bzgl. Operator s. Mathem. Anhang D) einzuführen

$$\frac{\partial}{\partial \xi} = \Delta \qquad (1.1\text{-}138)$$

so dass für die Reaktionsenergie ΔU und für die Reaktionsenthalpie ΔH geschrieben wird. Da wir voraussetzen, dass keine Wechselwirkungen zwischen den einzelnen Teilchen vorliegen, setzt sich die Innere Energie des Systems additiv aus den Inneren Energien der einzelnen Komponenten zusammen. Für die Innere Energie vor Ablauf des Prozesses gilt deshalb

$$U^a = n_1^a u_1 + n_2^a u_2 + \ldots + n_k^a u_k = \sum_1^k n_i^a u_i \tag{1.1-139}$$

und für die Innere Energie nach Ablauf des Prozesses

$$U = n_1 u_1 + n_2 u_2 + \ldots + n_k u_k = \sum_1^k n_i u_i \tag{1.1-140}$$

Die Änderung der Inneren Energie durch den Prozess ist also unter Berücksichtigung von Gl. (1.1-126)

$$dU = u_1 dn_1 + u_2 dn_2 + \ldots + u_k dn_k = \sum_1^k u_i dn_i = \sum_1^k v_i u_i d\xi \tag{1.1-141}$$

Damit ergibt sich für die Reaktionsenergie

$$\left(\frac{\partial U}{\partial \xi}\right)_{V,T} = \Delta U = \sum_1^k v_i u_i \tag{1.1-142}$$

und entsprechend für die Reaktionsenthalpie

$$\left(\frac{\partial H}{\partial \xi}\right)_{p,T} = \Delta H = \sum_1^k v_i h_i \tag{1.1-143}$$

Greifen wir zurück auf die Reaktion Gl. (1.1-123), so folgt aus Gl. (1.1-142)

$$\Delta U = v_A u_A + v_B u_B + v_C u_C + v_D u_D =$$
$$= (|v_A| u_A + |v_B| u_B) - (|v_C| u_C + |v_D| u_D) \tag{1.1-144}$$

und aus Gl. (1.1-143)

$$\Delta H = v_A h_A + v_B h_B + v_C h_C + v_D h_D =$$
$$= (|v_A| h_A + |v_B| h_B) - (|v_C| h_C + |v_D| h_D) \tag{1.1-145}$$

Damit bekommen die Reaktionsenergie ΔU und die Reaktionsenthalpie ΔH eine anschauliche Bedeutung: Sie stellen nichts anderes dar als die Differenz aus den Inneren Energien bzw. den Enthalpien der Produkte und Edukte.

Am Beispiel der Ammoniaksynthese sei das verdeutlicht: ΔH ist die Reaktionsenthalpie, die bei der isothermen und isobaren Bildung von 1 mol Ammoniak entsprechend

$$\frac{1}{2}N_2 + \frac{3}{2}H_2 \rightarrow NH_3 \tag{1.1-146}$$

gemessen wird. Es ist

$$\Delta H = h(NH_3) - \left\{\frac{1}{2}h(N_2) + \frac{3}{2}h(H_2)\right\} \tag{1.1-147}$$

> Ganz entsprechend ist für die Phasenumwandlung von der Phase 1 in die Phase 2 die Umwandlungsenthalpie
>
> $$\Delta H = h_2 - h_1 \tag{1.1-148}$$
>
> gleich der Differenz der molaren Enthalpien der beiden Phasen.

Sofern es notwendig ist, charakterisieren wir die Umwandlungsenthalpie durch einen Index, z. B.

Schmelzenthalpie $\quad \Delta_m H$

Verdampfungsenthalpie $\quad \Delta_v H$

Sublimationsenthalpie $\quad \Delta_s H$.

Reaktionsgrößen wie die Reaktionsenergie oder die Reaktionsenthalpie oder *Umwandlungs*-größen wie die Schmelz-, Verdampfungs- oder Sublimationsenthalpie sind, da sie durch Differentiation nach der Reaktionslaufzahl (Dimension mol) erhalten wurden, molare Größen. Da der Operator Δ dies eindeutig kenntlich macht, lässt man den Zusatz „molar" üblicherweise fort.

Die Enthalpie ist eine Zustandsgröße, ihre Änderung also unabhängig vom Weg. Es muss deshalb die gleiche Zustandsänderung auftreten, wenn wir einmal ein Mol eines Stoffes unmittelbar sublimieren, ein andermal dieses Mol zunächst schmelzen und dann verdampfen:

$$\Delta_s H = \Delta_m H + \Delta_v H \tag{1.1-149}$$

Der Zusammenhang zwischen der Reaktionsenergie und der Reaktionsenthalpie lässt sich sehr einfach ableiten, ganz ähnlich wie der Zusammenhang zwischen c_v und c_p.

Nach der Definition der Enthalpie, Gl. (1.1-79), ist

$$dH = dU + pdV + Vdp \tag{1.1-150}$$

Verknüpfen wir diese Gleichung mit Gl. (1.1-129), so erhalten wir

$$dH = \left(\frac{\partial U}{\partial T}\right)_{V,\xi} dT + \left(\frac{\partial U}{\partial V}\right)_{T,\xi} dV + \left(\frac{\partial U}{\partial \xi}\right)_{V,T} d\xi + pdV + Vdp \qquad (1.1\text{-}151)$$

Betrachten wir nun einen isothermen (dT = 0) und isobaren (dp = 0) Prozess, so ist

$$\left(\frac{\partial H}{\partial \xi}\right)_{p,T} = \left(\frac{\partial U}{\partial \xi}\right)_{V,T} + \left[\left(\frac{\partial U}{\partial V}\right)_{T,\xi} + p\right]\left(\frac{\partial V}{\partial \xi}\right)_{p,T} \qquad (1.1\text{-}152)$$

und unter Berücksichtigung von Gl. (1.1-138)

$$\Delta H = \Delta U + \left[\left(\frac{\partial U}{\partial V}\right)_{T,\xi} + p\right]\Delta V \qquad (1.1\text{-}153)$$

Ganz entsprechend Gl. (1.1-142) ist ΔV die bei einem Formelumsatz auftretende Änderung des Volumens

$$\Delta V = \sum_{1}^{k} v_i \nu_i \qquad (1.1\text{-}154)$$

wobei ν_i das molare Volumen der i-ten Komponente ist.

$\left(\frac{\partial U}{\partial V}\right)_{T,\xi}$ hatten wir, vgl. Gl. (1.1-101), als Inneren Druck bezeichnet. Man spricht deshalb davon, dass der Unterschied zwischen ΔH und ΔU durch die Summe der inneren und äußeren Arbeit gegeben ist. Die Bedeutung dieser Aussage können wir jedoch erst verstehen, wenn wir das Verhalten der realen Gase besprochen haben (siehe Abschnitt 2.1.1).

Aus Gl. (1.1-153) können wir zweierlei entnehmen, einmal, dass der Unterschied zwischen ΔH und ΔU nur dann groß sein wird, wenn der betrachtete Prozess mit einer merklichen Volumenänderung verknüpft ist, zum anderen, dass im Fall idealer Gase wegen $\left(\frac{\partial U}{\partial V}\right)_T = 0$ gilt

$$\Delta H = \Delta U + p\Delta V = \Delta U + p\sum_{1}^{k} v_i \nu_i = \Delta U + \sum_{1}^{k} v_i \cdot RT \qquad (1.1\text{-}155)$$

Am Beispiel der Ammoniaksynthese, Gl. (1.1-146), mag das erläutert werden. In diesem Fall ist

$$\sum_{i=1}^{i=3} v_i = 1 - \frac{1}{2} - \frac{3}{2} = -1$$

Der Unterschied zwischen ΔH und ΔU beträgt also, sofern sich die an der Reaktion beteiligten Gase ideal verhalten, $-RT$.

Auch bei den Reaktionsgrößen ΔH und ΔU interessiert sehr ihre Temperatur-, Druck- und Volumenabhängigkeit. Wegen der größeren praktischen Bedeutung von ΔH wollen wir unsere Betrachtungen im Wesentlichen auf diese Größe beschränken.

Da die Reaktionsenthalpie eine Zustandsgröße ist, können wir das totale Differential schreiben als

$$d\Delta H = \left(\frac{\partial \Delta H}{\partial T}\right)_p dT + \left(\frac{\partial \Delta H}{\partial p}\right)_T dp \tag{1.1-156}$$

Bei einer Reaktion im einphasigen, homogenen System haben wir, wie wir später (Abschnitt 2.5.2) sehen werden, eine freie Wahl von T und p, so dass wir die beiden Terme auf der rechten Seite von Gl. (1.1-156) getrennt untersuchen können.

Beginnen wir mit der Temperaturabhängigkeit. Die Anwendung des Schwarz'schen Satzes liefert uns

$$\left(\frac{\partial \Delta H}{\partial T}\right)_p = \left(\frac{\partial \left(\frac{\partial H}{\partial \xi}\right)_{T,p}}{\partial T}\right)_p = \left(\frac{\partial^2 H}{\partial \xi \partial T}\right)_p = \left(\frac{\partial^2 H}{\partial T \partial \xi}\right)_p =$$

$$= \left(\frac{\partial \left(\frac{\partial H}{\partial T}\right)_p}{\partial \xi}\right)_T = \left(\frac{\partial C_p}{\partial \xi}\right)_{p,T} = \Delta C_p \tag{1.1-157}$$

wobei für ΔC_p in völliger Analogie zu Gl. (1.1-142)

$$\Delta C_p = \sum_1^k \nu_i c_{p_i} \tag{1.1-158}$$

gilt.

Integrieren wir Gl. (1.1-157), so erhalten wir

$$\Delta H_{T_2} = \Delta H_{T_1} + \int_{T_1}^{T_2} \Delta C_p dT \tag{1.1-159}$$

Ganz entsprechend gilt

$$\Delta U_{T_2} = \Delta U_{T_1} + \int_{T_1}^{T_2} \Delta C_v dT \tag{1.1-160}$$

Diese Beziehungen nennt man *Kirchhoff'sche Sätze*.

Auch hier sehen wir wieder, dass es nicht möglich ist, thermodynamische Größen wie ΔU oder ΔH absolut zu berechnen. Kennen wir eine solche Größe jedoch bereits für eine bestimmte Temperatur, dann können wir ihren Wert bei einer anderen Temperatur berechnen. Dafür benötigen wir die molaren Wärmekapazitäten der an der Reaktion beteiligten Gase. Wählen wir als Beispiel wieder die Ammoniaksynthese, Gl. (1.1-146), so ist

$$\Delta C_p = \sum v_i c_{p_i} = c_p(NH_3) - \frac{1}{2} c_p(N_2) - \frac{3}{2} c_p(H_2) \tag{1.1-161}$$

Wenden wir uns nun der Druckabhängigkeit der Reaktionsenthalpie, dem Ausdruck $\left(\frac{\partial \Delta H}{\partial p}\right)_T$, zu. Auch hier benutzen wir den Schwarz'schen Satz und berücksichtigen, dass

$$\left(\frac{\partial H}{\partial p}\right)_T = V - T\left(\frac{\partial V}{\partial T}\right)_p \tag{1.1-114}$$

ist, wie wir später noch zu beweisen haben.

$$\left(\frac{\partial \Delta H}{\partial p}\right)_T = \left(\frac{\partial \left(\frac{\partial H}{\partial \xi}\right)_{p,T}}{\partial p}\right)_T = \left(\frac{\partial^2 H}{\partial \xi \partial p}\right)_T = \left(\frac{\partial^2 H}{\partial p \partial \xi}\right)_T = \left(\frac{\partial \left(\frac{\partial H}{\partial p}\right)_T}{\partial \xi}\right)_p$$

$$= \left(\frac{\partial \left(V - T\left(\frac{\partial V}{\partial T}\right)_p\right)}{\partial \xi}\right)_{T,p}$$

$$\left(\frac{\partial \Delta H}{\partial p}\right)_T = \Delta V - T\left(\frac{\partial \Delta V}{\partial T}\right)_p \tag{1.1-162}$$

Ist die Reaktionsenthalpie bei einem Druck p_1 bekannt, so brauchen wir Gl. (1.1-162) nur zwischen den Grenzen p_1 und p_2 zu integrieren, um die Reaktionsenthalpie bei dem Druck p_2 zu berechnen:

$$\Delta H_{p_2} = \Delta H_{p_1} + \int_{p_1}^{p_2} \left(\Delta V - T\left(\frac{\partial \Delta V}{\partial T}\right)_p\right) dp \tag{1.1-163}$$

Zur Lösung des Integrals auf der rechten Seite müssen die thermischen Zustandsgleichungen der beteiligten Gase bekannt sein. Die Integration erfolgt im Allgemeinen graphisch.

Im Gegensatz zur Temperaturabhängigkeit spielt die Druckabhängigkeit der Reaktionsenthalpie keine so wesentliche Rolle. Für Mischungen aus idealen Gasen ist $T\left(\frac{\partial \Delta V}{\partial T}\right)_p$ gleich ΔV, wie leicht mit Hilfe des idealen Gasgesetzes ermittelt werden kann. Damit wird das Integral null; die Reaktionsenthalpie ist exakt druckunabhängig. Bei Reaktionen in kondensierten Phasen ist ΔV und damit auch das Integral im Allgemeinen klein, die Druckabhängigkeit von ΔH also gering.

1.1.15
Der Hess'sche Satz

Die Innere Energie und die Enthalpie sind Zustandsfunktionen. Das gleiche gilt für ΔU und ΔH, die partiellen Differentialquotienten von U und H nach der Reaktionslaufzahl ξ. Sie sind also durch die Angabe des Anfangs- und des Endzustandes des Systems eindeutig bestimmt und werden nicht davon beeinflusst, auf welchem Weg man vom Anfangs- zum Endzustand gelangt. Schon vor der Formulierung des 1. Hauptsatzes hatte Hess 1840 gefunden, dass sich die Reaktionsenthalpie einer über Zwischenstufen verlaufenden Reaktion additiv aus den Reaktionsenthalpien der einzelnen Schritte zusammensetzt.

Ob der Übergang vom Zustand I in den Zustand III unmittelbar erfolgt oder über den Zustand II verläuft, ist für die Änderung der Enthalpie des Systems demnach ohne Belang. Bei der Phasenumwandlung haben wir das bereits besprochen. Große Bedeutung erlangt der *Hess'sche Satz* für die Ermittlung von Reaktionsenthalpien, die nicht unmittelbar gemessen werden können. So ist es beispielsweise nicht möglich, die Verbrennungsenthalpie des Kohlenstoffs zu Kohlenmonoxid zu messen, da sich stets gleichzeitig Kohlendioxid bildet. Wohl aber kann man die Verbrennungsenthalpie des Kohlenstoffs und des Kohlenmonoxids zum Kohlendioxid experimentell bestimmen. Geben wir den Aggregatzustand (fest, flüssig oder gasförmig) in Klammern an, so können wir schreiben

$$
\begin{aligned}
&C(f) + \tfrac{1}{2} O_2(g) \rightarrow CO(g) && \Delta H_1 \text{ nicht messbar} \\
&CO(g) + \tfrac{1}{2} O_2(g) \rightarrow CO_2(g) && \Delta H_2 = -283.1 \text{ kJ mol}^{-1} \\
&C(f) + O_2(g) \rightarrow CO_2(g) && \Delta H_3 = -393.7 \text{ kJ mol}^{-1}
\end{aligned}
$$

Schematisch sind diese Schritte in Abb. 1.1-11 dargestellt.
Nach Gl. (1.1-143) ist

$$
\begin{aligned}
\Delta H_3 &= h(CO_2, g) - h(O_2, g) - h(C, f) \\
\Delta H_2 &= h(CO_2, g) - \tfrac{1}{2} h(O_2, g) - h(CO, g) \\
\hline
\Delta H_1 = \Delta H_3 - \Delta H_2 &= h(CO, g) - h(C, f) - \tfrac{1}{2} h(O_2, g)
\end{aligned}
$$

Die nicht messbare Reaktionsenthalpie ΔH_1 ergibt sich also als Differenz $\Delta H_3 - \Delta H_2$, und mit den oben angeführten Werten beträgt sie -110.6 kJ mol^{-1}.

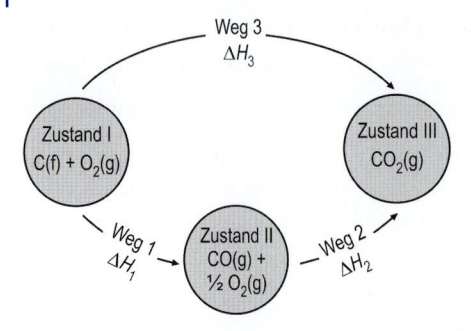

Abbildung 1.1-11 Zur Erläuterung des Hess'schen Satzes.

1.1.16
Die Standard-Bildungsenthalpien

Wir haben gesehen, dass es möglich ist, mit Hilfe des Hess'schen Satzes Reaktionsenthalpien zu berechnen, wenn die betrachtete Reaktion durch eine Folge anderer Reaktionen ersetzt werden kann. Da bei einer chemischen Reaktion alle in den Ausgangsstoffen enthaltenen Elemente auch in den Reaktionsprodukten enthalten sein müssen, ist eine solche Substitution stets möglich, wenn man sich die Ausgangsstoffe zunächst in die Elemente zerlegt denkt (Weg 1) und dann die Reaktionsprodukte aus den Elementen aufbaut (Weg 2). Die Summe dieser Reaktionsenthalpien ist gleich der gesuchten Reaktionsenthalpie (Weg 3). Das sei in Abb. 1.1-12 erläutert an der Reaktion

$$A + B \longrightarrow C + D.$$

Bezeichnen wir die Reaktionsenthalpie, die bei der Bildung von A, B, C oder D aus den Elementen auftritt, als *Bildungsenthalpie* $\Delta_B H(A)$, $\Delta_B H(B)$, $\Delta_B H(C)$ bzw. $\Delta_B H(D)$, so tritt auf dem Weg 1 die Reaktionsenthalpie $\Delta H_1 = -[\Delta_B H(A) + \Delta_B H(B)]$ auf, da es sich ja um die Umkehr des Bildungsprozesses handelt. Für den Weg 2 finden wir $\Delta H_2 = \Delta_B H(C) + \Delta_B H(D)$.

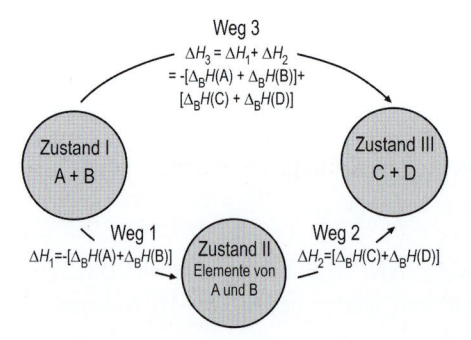

Abbildung 1.1-12 Zur Berechnung von Reaktionsenthalpien über Bildungsenthalpien.

Ganz allgemein können wir demnach schreiben

$$\Delta H = \Sigma \Delta_B H \text{ (Reaktionsprodukte)} - \Sigma \Delta_B H \text{ (Ausgangsstoffe)} = \Sigma v_i \Delta_B H(i)$$
(1.1-164)

Im vorangehenden Abschnitt ist gezeigt worden, dass die Reaktionsenthalpien, also auch die Bildungsenthalpien, temperatur- und druckabhängig sind. Man müsste also eine ungeheure Zahl von Bildungsenthalpien für die unterschiedlichen Drükke und Temperaturen tabellieren, wenn sich nicht eine weit günstigere Möglichkeit anbieten würde:

> Man definiert *Standardzustände*, in denen die an der Bildungsreaktion teilnehmenden Stoffe vorliegen. Für diese Standardzustände wählt man bei Gasen den idealen Zustand, bei Flüssigkeiten und Festkörpern den Zustand der reinen Phase. Als Standarddruck legt man 1.013 bar, als Standardtemperatur 298.15 K fest. Wir wollen uns grundsätzlich auf diese Werte beziehen und diesen Standardzustand durch ein hochgestelltes $\ominus$ charakterisieren.

$\Delta_B H^{\ominus}$ (H$_2$O, fl) würde also die Bildungsenthalpie von 1 mol flüssigem Wasser aus Wasserstoff- und Sauerstoffmolekülen unter Standardbedingungen angeben. Da nur in seltenen Fällen eine Reaktion unter Standardbedingungen abläuft, müssen die Werte entsprechend Gl. (1.1-159) oder (1.1-163) auf Standardbedingungen umgerechnet werden.

> Da auch hier wieder mit Hilfe der Thermodynamik keine Absolutberechnungen durchgeführt werden können, bedarf es einer willkürlichen Festlegung der *Bildungsenthalpien der Elemente im Standardzustand*. Man wählt hierfür den Wert Null. Das bedeutet, dass z. B. die *Standardbildungsenthalpie* von gasförmigem H$_2$, O$_2$, N$_2$, flüssigem Hg, festem Graphit (nicht Diamant!) den Wert Null hat. Es handelt sich hierbei lediglich um einen praktischen Bezugswert. Es ist damit in keiner Weise gesagt, dass die Enthalpie der Elemente in diesem Zustand tatsächlich null ist.

1.1.17
Die Umsetzung von Wärme und Arbeit bei Volumenänderungen

Im Folgenden wollen wir uns einen Überblick über die Möglichkeiten der Umsetzung von Wärme und Arbeit bei Volumenänderungen verschaffen und dabei gleichzeitig die theoretischen Grundlagen für das Verständnis eines sehr wichtigen Kreisprozesses, des Carnot'schen Kreisprozesses, und der Begriffe *reversibel* und *irreversibel* erarbeiten. Die Prozesse, die wir besprechen wollen, sollen mit Hilfe eines idealen Gases durchgeführt werden, das in einem Zylinder mit reibungslos beweglichem, masselosem Stempel eingeschlossen ist. Dieser Zylinder soll einmal (Abb. 1.1-13 a) mit einem Thermostaten, ein andermal (Abb. 1.1-13 b) mit einem adiabatischen Mantel umgeben sein. Zur Speicherung der vom Gas geleisteten Arbeit dient ein *Arbeitsspeicher*, über dessen Konstruktion wir erst weiter unten sprechen können.

Im ersteren Fall stellt das Gesamtsystem Gas + Thermostat + Arbeitsspeicher ein abgeschlossenes System dar, das Gas allein ein geschlossenes System, das mit der Umgebung Energie austauschen kann, und zwar Wärme mit dem Thermostaten und Arbeit mit dem Arbeitsspeicher. Im zweiten Fall bilden Gas (geschlossenes System) und Arbeitsspeicher das abgeschlossene System. Zwischen beiden kann Arbeit, aber keine Wärme ausgetauscht werden.

Den Ausgangspunkt für unsere Überlegungen bildet die Verknüpfung des Ersten Hauptsatzes der Thermodynamik, Gl. (1.1-73), mit dem totalen Differential der Inneren Energie, Gl. (1.1-72).

$$dU = \delta Q - p\,dV = \left(\frac{\partial U}{\partial V}\right)_T dV + \left(\frac{\partial U}{\partial T}\right)_V dT \qquad (1.1\text{-}165)$$

Da die Prozesse mit einem idealen Gas durchgeführt werden sollen, ist $\left(\frac{\partial U}{\partial V}\right)_T = 0$, so dass sich ergibt

$$dU = \delta Q - p\,dV = \left(\frac{\partial U}{\partial T}\right)_V dT \qquad (1.1\text{-}166)$$

Mit der in Abb. 1.1-13 a angegebenen Vorrichtung haben wir nun die Möglichkeit, das Gas isotherm zu expandieren und zu komprimieren. Jede auch noch so geringe Temperaturänderung im Gas wird sofort von dem über diathermische Wände angeschlossenen Thermostaten abgefangen, dessen Wärmekapazität so groß ist, dass die ausgetauschte Wärmemenge zu keiner messbaren Temperaturänderung führt.

Mit der in Abb. 1.1-13 b angegebenen Vorrichtung lassen sich Expansion und Kompression adiabatisch durchführen; denn hier ist das Gas von adiabatischen Wänden umgeben, die – zumindest bei hinreichend kurzen Messzeiten– keinen Temperaturausgleich zulassen.

Beschäftigen wir uns zunächst mit dem isothermen Prozess. Bei ihm ist $dT = 0$. Damit wird aber nach Gl. (1.1-166) auch $dU = 0$. Wir erkennen also, dass bei einer isothermen Expansion oder Kompression eines idealen Gases wegen

$$dU = 0 \qquad (1.1\text{-}167)$$

$$\delta Q - p\,dV = 0 \qquad (1.1\text{-}168)$$

die Innere Energie des Gases nicht geändert wird und die vom Gas geleistete Volumenarbeit gleich der von der Umgebung (Thermostat) auf das Gas übergegangenen Wärmemenge ist. Wir haben also eine quantitative Umwandlung von Wärme in Arbeit oder – wenn wir die Kompression des Gases betrachten – von Arbeit in Wärme.

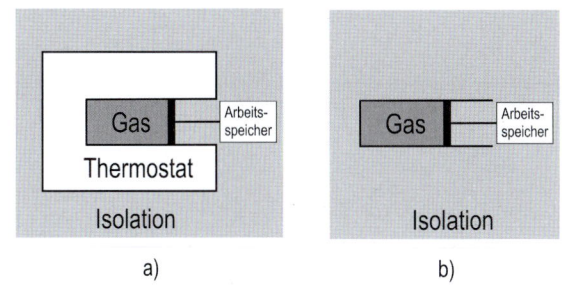

Abbildung 1.1-13 Zur Veranschaulichung isothermer (a) und adiabatischer (b) Kompressionen und Expansionen eines Gases.

Diese Aussage gilt allgemein, ohne Rücksicht darauf, wie wir die Expansion im Einzelnen vorgenommen haben, denn die Innere Energie des Gases ist eine Zustandsgröße und lediglich abhängig vom Anfangs- und Endzustand. Diese Zustände mögen charakterisiert sein durch die Temperatur T, die Volumina V_1 und V_2 und die Drücke p_1 und p_2, wobei die Indizes auf Anfang (1) und Ende (2) des Prozesses verweisen. Nach der Idealen Gasgleichung muss dabei gelten $p_1/p_2 = V_2/V_1$.

Der Übergang vom Anfangs- zum Endzustand kann, wie gesagt, in verschiedener Weise erfolgen. Wir wollen zwei Möglichkeiten betrachten:

1. Unser Gas steht unter einem Druck p_1, der wesentlich größer ist als der Druck p_s, der auf dem Stempel lastet. Das Gas kann den Stempel jedoch nicht heraustreiben, da er arretiert ist. Lösen wir jetzt die Arretierung (Ar$_1$ in Abb. 1.1-14 a), so wird das Gas höchstens so weit expandieren, bis der Gasdruck im Zylinder (p_2) gleich dem unverändert auf dem Stempel lastenden Gegendruck p_s ist. Andererseits könnten wir die Expansion durch eine zweite Arretierung (Ar$_2$ in Abb. 1.1-14 a) auch schon bei einem Wert $p_2 > p_s$ stoppen.

Die bei einer solchen isothermen, irreversiblen Expansion gegen einen konstanten Druck p_s geleistete Volumenarbeit W und aus der Umgebung aufgenommene Wärmemenge Q ist nach Gl. (1.1-168)

$$W = -Q = -p_s \int_{V_1}^{V_2} dV = -p_s(V_2 - V_1) \tag{1.1-169}$$

Sie ist im p,V-Diagramm (Abb. 1.1-14 b) für den Fall $p_s = p_2$ als graue Fläche dargestellt. Ist $p_2 > p_s$, dann liegt p_2 auf einem niedrigeren Ordinatenwert als in Abb. 1.1-14 b, und die Höhe des die Volumenarbeit darstellenden Rechtecks $p_s(V_2 - V_1)$ erreicht nicht die eingezeichnete Isotherme des idealen Gases. Als Arbeitsspeicher diente in beiden Fällen ein Gewichtsstück, das bei der Expansion gehoben wurde. Die geleistete Arbeit ist als potentielle Energie des Gewichtsstückes (vgl. Hubarbeit in Abb. 1.1-3 b) gespeichert. Da $p_1 > p_2 \geq p_s$, ist die gesamte Expansion nach Entfernung der Arretierung Ar$_1$ von selbst, d. h. spontan verlau-

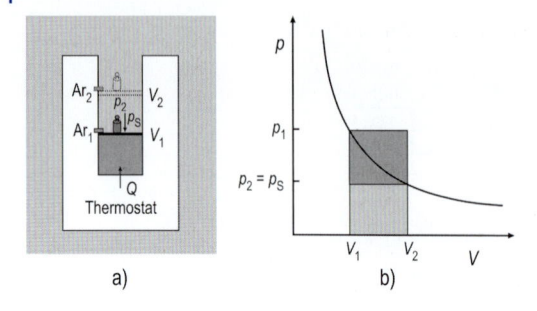

Abbildung 1.1-14 Zur Erläuterung der isothermen Expansion und Kompression eines idealen Gases bei konstantem Außendruck.

fen. Wegen $p_s \leq p_2$ kann das gehobene Gewichtsstück von sich aus das Gas nicht wieder zusammendrücken, es kann die Expansion nicht wieder rückgängig machen. Wir sprechen deshalb davon, dass der Vorgang unter den gewählten Bedingungen eine irreversible, isotherme Expansion war. Der Begriff *irreversibel* wird im Abschnitt 1.1.19 noch näher erläutert.

Wollen wir durch Auflegen eines Gewichtsstückes den Vorgang rückgängig machen, so muss dieses Gewichtsstück einen Druck $p = F/A$ auf den Stempel mit der Fläche A ausüben, der gleich dem Druck p_1 des Gases ist, wenn dieses wieder das Volumen V_1 eingenommen hat. Vom Arbeitsspeicher wird dabei die Arbeit

$$W = \int_{h_2}^{h_1} F dh = \int_{h_2}^{h_1} p_1 A dh = p_1 \int_{V_2}^{V_1} dV = p_1(V_1 - V_2) \qquad (1.1\text{-}170)$$

an das Gas abgegeben, das eine entsprechend große Wärmemenge, vgl. Gl. (1.1-169), auf den Thermostaten überträgt. Diese Arbeit ist in Abb. 1.1-14 b schraffiert dargestellt. Auch die Kompression ist unter den genannten Bedingungen isotherm, spontan und irreversibel, denn wegen $p_s \geq p_1$ kann das Gas von sich aus den Vorgang nicht rückgängig machen.

Werfen wir nun einen Blick auf die Änderung des Druckes unseres Gases während der Expansion und Kompression. Da wir ein ideales Gas angenommen haben und isotherm arbeiten, sind die Bedingungen des Boyle-Mariotte'schen Gesetzes, s. Gl. (1.1-41), erfüllt. Der Zusammenhang zwischen p und V ist also durch die in Abb. 1.1-14 b eingezeichnete Hyperbel gegeben. Bei der irreversiblen Expansion musste der von außen wirkende Druck, gegen den Arbeit geleistet wurde, immer kleiner als der Druck des Gases sein; bei der irreversiblen Kompression galt das Gegenteil.

2. Wie sehen nun die Verhältnisse aus, wenn wir dafür sorgen, dass in jedem Augenblick der Expansion oder Kompression Innen- und Außendruck übereinstimmen? Das können wir zwar nicht erreichen, indem wir zur Erzeugung des Außendruckes ein bestimmtes Gewichtsstück auf den Stempel legen. Wir müssen vielmehr eine andere Konstruktion für unseren Arbeitsspeicher wählen.

Abb. 1.1-15 a zeigt uns eine Möglichkeit: Das Gewichtsstück G wirkt über eine stetig veränderliche Hebelübersetzung, ein Zahnrad und eine Zahnstange, auf den Stempel. Die Übersetzung ist so gewählt, dass der durch das Gewichtsstück G auf den Stempel ausgeübte Druck in jeder beliebigen Stempelstellung den Druck des Gases genau kompensiert. Wieder wird angenommen, dass jegliche Reibungswiderstände ausgeschlossen sind. Wie im Fall von Abb. 1.1-14 wird vom Gas geleistete Arbeit als Hubarbeit, d. h. als potentielle Energie, dem Arbeitsspeicher zugeführt.

Führen wir mit der in Abb. 1.1-15 a dargestellten Anordnung eine isotherme Expansion durch, so gilt Gl. (1.1-168) nach wie vor:

$$\delta Q - p\,dV = 0 \tag{1.1-168}$$

Die Berechnung der Volumenarbeit führt jedoch zu einem anderen Ergebnis als oben. Der Druck, gegen den das Gas die Arbeit leistet, ist nicht mehr konstant, sondern stets gleich dem Druck des Gases selbst.

In

$$W = -\int_{V_1}^{V_2} p_s\,dV \tag{1.1-171}$$

dürfen wir p_s deshalb nicht mehr vor das Integral ziehen. Wir können p_s jetzt aber durch den Gasdruck p und diesen weiter durch das ideale Gasgesetz substituieren, so dass wir erhalten

$$W = -\int_{V_1}^{V_2} nRT\,\frac{1}{V}\,dV = -nRT\int_{V_1}^{V_2} d\ln V \tag{1.1-172}$$

> Unter Berücksichtigung von Gl. (1.1-168) folgt dann für die isotherme, reversible Expansion eines idealen Gases
>
> $$W = -Q = -nRT\ln\frac{V_2}{V_1} \tag{1.1-173}$$

Die Arbeit entspricht also der Fläche unter der Isotherme $p = f(V)$, die in Abb. 1.1-15 b grau markiert ist.

Da in jedem Punkt der Stempelstellung in Abb. 1.1-15 a Gleichgewicht zwischen dem vom Arbeitsspeicher erzeugten Außendruck und dem vom Gas erzeugten Innendruck herrscht, besteht nirgends eine Veranlassung zu einer spontanen Expansion oder Kompression des Gases. Wir können an jeder beliebigen Stelle durch eine infinitesimale Änderung des Gewichtsstückes den Prozess in Richtung auf eine Expansion oder in Richtung auf eine Kompression laufen lassen. Dabei durchlaufen wir stets Gleichgewichtszustände.

Die Arbeit für die Kompression von V_2 bis zum ursprünglichen Ausgangsvolumen V_1 ist

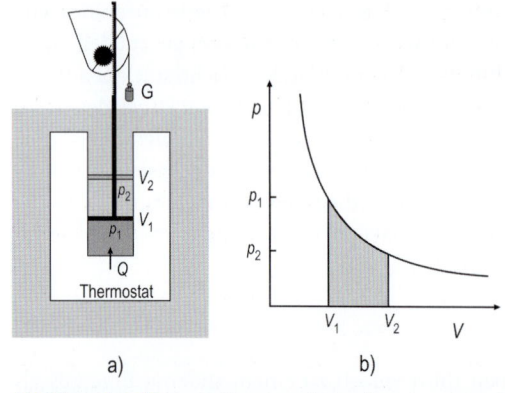

Abbildung 1.1-15 Zur Erläuterung der isothermen, reversiblen Expansion und Kompression eines idealen Gases.

$$W = -\int_{V_2}^{V_1} p\,dV = -\int_{V_2}^{V_1} nRT\,d\ln V = nRT \ln \frac{V_2}{V_1} \qquad (1.1\text{-}174)$$

dem Absolutbetrag nach also genauso groß wie die Expansionsarbeit, in Abb. 1.1-15 b demnach durch die gleiche Fläche darstellbar wie diese. Die im Arbeitsspeicher bei der Expansion deponierte Energie reicht also aus, um den gesamten Vorgang rückgängig zu machen. Wir sprechen deshalb im vorliegenden Fall von einem reversiblen Prozess.

Aus den Gleichungen (1.1-173) und (1.1-174) geht hervor, dass mit reversiblen, isothermen Expansionen oder Kompressionen idealer Gase beliebig große Wärmemengen in mechanische Energie (Hubarbeit, potentielle Energie) – oder umgekehrt – umgewandelt werden können. Maßgebend ist lediglich das Verhältnis V_2/V_1.

Es ist nun an der Zeit, die isotherme, *reversible* Expansion und Kompression mit der isothermen, *irreversiblen* (bei konstantem Außendruck p_s) zu vergleichen. Das geschieht für die Expansion in Abb. 1.1-16. Dabei ist in Abb. 1.1-16 a die irreversible Expansion von V_1 nach V_2 wie in Abb. 1.1-14 b in einem Schritt, in Abb. 1.1-16 b dagegen in sechs gleich großen Schritten (mit sechs verschiedenen p_s-Werten) vor-

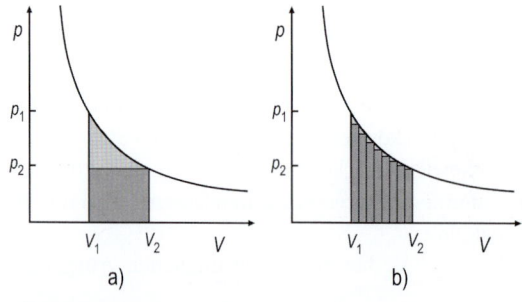

Abbildung 1.1-16 Vergleich der isothermen reversiblen und irreversiblen (p_s = const.) Expansionsarbeit eines idealen Gases.

genommen worden. Für die irreversiblen Prozesse ist die vom System geleistete Arbeit schraffiert, für den reversiblen Prozess ist sie grau dargestellt. Die entsprechenden Verhältnisse bei der Kompression zeigt Abb. 1.1-17.

Wir erkennen, dass ein ideales Gas bei isothermer Expansion von einem Volumen V_1 auf ein Volumen V_2 bei einem reversiblen Prozess eine größere Volumenarbeit zu leisten vermag als bei einem irreversiblen. Durch eine Folge enger irreversibler Schritte (Abb. 1.1-16 b) kann man sich der reversibel geleisteten Arbeit annähern, sie jedoch nie ganz erreichen. Die maximale Arbeit kommt also der reversiblen Expansion zu.

Bei der Kompression (Abb. 1.1-17) liegen die Verhältnisse gerade umgekehrt. Hier gelingt uns die Kompression beim reversiblen Prozess mit einem Minimum an Arbeit. Eine irreversible Kompression, gleichgültig, ob in einem Schritt (Abb. 1.1-17 a) oder in einer engen Folge von Schritten (Abb. 1.1-17 b), erfordert immer einen größeren Arbeitsaufwand.

Bislang sind wir davon ausgegangen, dass auch bei den irreversiblen Prozessen die vom Arbeitsspeicher aufgenommene oder abgegebene Arbeit W gemäß Gl. (1.1-167) und Gl. (1.1-168) gleich der vom Thermostaten an das Gas abgegebenen bzw. vom Gas aufgenommenen Wärmemenge Q war. Das setzte letzten Endes voraus, dass, wie beim reversiblen Prozess, außer der Volumenarbeit keine andere Arbeit geleistet wurde.

Ist diese Voraussetzung nicht mehr erfüllt, so kann selbst eine mit der Anordnung in Abb. 1.1-15 a durchgeführte Expansion oder Kompression ein irreversibler Prozess sein. Das ist schon dann der Fall, wenn z. B. die Kompression nicht unendlich langsam vorgenommen wird. Durch den schnell vorwärts bewegten Kolben wird *Beschleunigungsarbeit* geleistet, und die übertragene kinetische Energie führt durch innere Reibung zur Erzeugung von Wärme, die über die diathermischen Wände auf den Thermostaten übergeht. Das gleiche gilt für das Auftreten von *Reibungswärme* z. B. zwischen dem Kolben und der Zylinderwand. In beiden Fällen geht Energie verloren, die andernfalls zur Kompression des Gases hätte verwendet werden können. Man erreicht also, von einem Anfangszustand (p_2, V_2) ausgehend, mit einer vorgegebenen Energie im Arbeitsspeicher nicht den Endzustand (p_1 und V_1 in Abb. 1.1-15 b), zu dem man bei völlig reversibler Prozessführung gelangt wäre.

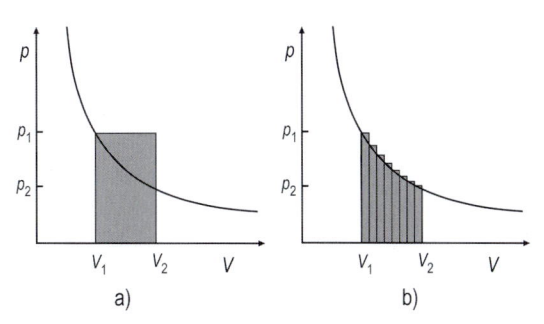

Abbildung 1.1-17 Vergleich der isothermen reversiblen und irreversiblen (p_s = const.) Kompressionsarbeit eines idealen Gases.

Lässt man das Gas nun wieder völlig reversibel expandieren, so kommt man zwar zum Zustand (p_2, V_2), doch der Arbeitsspeicher enthält dann eine Energie, die geringer ist als vor dem Kompressions-Expansions-Zyklus. Wir erkennen daraus, dass ein Kreisprozess, der auch nur einen irreversiblen Schritt enthält, als Ganzes irreversibel wird.

> Der Begriff irreversibel besagt also nicht, dass ein Schritt, z. B. die Expansion eines Gases, nicht rückgängig gemacht werden kann. Er besagt vielmehr, dass beim Zurückführen des Systems in den Ausgangszustand irgendwo, z. B. im Arbeitsspeicher oder in der Umgebung, eine nicht rückgängig zu machende Veränderung zurückbleibt.

Wir haben den Begriff der Reversibilität und Irreversibilität hier sehr ausführlich erläutert, da ihm in der Thermodynamik eine außerordentliche Bedeutung zukommt. Im Abschnitt 1.1.19 werden wir noch einmal darauf zurückkommen.

Wenden wir uns nun den adiabatischen Volumenänderungen eines idealen Gases zu (vgl. Abb. 1.1-13 b). Dabei wollen wir uns auf die reversiblen beschränken, d. h. auf diejenigen, bei denen Gleichgewicht zwischen dem Druck des Gases und dem vom Stempel des Zylinders übertragenen Außendruck besteht. Ausgangspunkt für unsere Überlegungen ist wieder Gl. (1.1-166)

$$dU = \delta Q - p\,dV = \left(\frac{\partial U}{\partial T}\right)_V dT \tag{1.1-166}$$

Beim adiabatischen Prozess findet kein Wärmeaustausch mit der Umgebung statt, d. h.

$$\delta Q = 0 \tag{1.1-175}$$

Damit vereinfacht sich Gl. (1.1-166) zu

$$dU = -p\,dV = \left(\frac{\partial U}{\partial T}\right)_V dT \tag{1.1-176}$$

Wir lesen aus dieser Beziehung zweierlei ab. Erstens wird die Volumenarbeit $-p\,dV$ auf Kosten der Inneren Energie geleistet, und zweitens ist dieser Prozess mit einer Änderung dT der Temperatur des idealen Gases verbunden:

> Bei adiabatischer Kompression erwärmt sich das Gas, bei adiabatischer Expansion kühlt es sich ab. Der mechanischen Arbeit entspricht also auch bei der adiabatischen Volumenänderung eine gewisse Wärmemenge, die jetzt aber nicht mit der Umgebung ausgetauscht wird, sondern die die Innere Energie des Gases erhöht bzw. erniedrigt.

Bei der isothermen, reversiblen Volumenänderung ließ sich die Volumenarbeit, Gl. (1.1-172), wegen T = const. sehr einfach nach Substitution von p durch das ideale Gasgesetz berechnen. Das ist wegen der Temperaturänderung im adiabatischen Prozess nicht möglich. Hier müssen wir die Volumenarbeit aus der Temperaturänderung und der molaren Wärmekapazität c_v ermitteln. Zu diesem Zweck müssen wir zunächst einen Zusammenhang zwischen den Größen p, V und T bei adiabatischen Zustandsänderungen ableiten. Wir greifen dabei zurück auf Gl. (1.1-176)

$$-p\,dV = nc_v\,dT \tag{1.1-177}$$

Die Substitution von p mit Hilfe des idealen Gasgesetzes ($p = nRT/V$) führt zu

$$-\frac{RT}{V}\,dV = c_v\,dT \tag{1.1-178}$$

und nach Trennung der Variablen zu

$$-R\,d\ln V = c_v\,d\ln T \tag{1.1-179}$$

Gehen wir von einem Zustand V_0, p_0, T_0 in einen Zustand V, p, T über, so liefert die bestimmte Integration

$$-R\ln\frac{V}{V_0} = c_v\ln\frac{T}{T_0} \tag{1.1-180}$$

sofern wir c_v als temperaturunabhängig betrachten, und nach Umstellung

$$\ln\left(\frac{V_0}{V}\right)^{R/c_v} = \ln\frac{T}{T_0} \tag{1.1-181}$$

oder

$$\left(\frac{V_0}{V}\right)^{R/c_v} = \frac{T}{T_0} \tag{1.1-182}$$

Beim idealen Gas, auf das sich unsere Überlegungen zur Zeit beschränken, ist nach Gl. (1.1-111)

$$R = c_p - c_v \tag{1.1-111}$$

und damit

$$\left(\frac{V_0}{V}\right)^{\frac{c_p}{c_v}-1} = \frac{T}{T_0} \tag{1.1-183}$$

Führen wir schließlich zur Abkürzung noch

$$\frac{c_p}{c_v} = \gamma \tag{1.1-184}$$

ein, wofür unter Berücksichtigung von Gl. (1.1-111) $\gamma > 1$ gilt, so erhalten wir

$$T \cdot V^{\gamma-1} = T_0 \cdot V_0^{\gamma-1} = \text{const.} \tag{1.1-185}$$

Daraus ergibt sich wieder mit dem idealen Gasgesetz $\left(T = \dfrac{pV}{nR}\right)$ der Zusammenhang zwischen p und V für adiabatische Zustandsänderungen, die

Poisson'sche Gleichung

$$p \cdot V^{\gamma} = p_0 \cdot V_0^{\gamma} = \text{const.} \tag{1.1-186}$$

Substituieren wir jetzt noch V durch nRT/p, so resultiert

$$p^{1-\gamma} \cdot T^{\gamma} = p_0^{1-\gamma} \cdot T_0^{\gamma} = \text{const.} \tag{1.1-187}$$

Damit haben wir alle möglichen Verknüpfungen zwischen unseren Zustandsgrößen p, V und T für adiabatische Prozesse gewonnen.

Ehe wir uns der Berechnung der Volumenarbeit zuwenden, wollen wir einen Vergleich zwischen Isothermen und Adiabaten des idealen Gases anstellen.

Im p,V-Diagramm stellen (vgl. Gl. (1.1-41) und Abb. 1.1-8) die Isothermen Hyperbeln mit der Steigung $-\dfrac{p}{V}$ dar. Die Adiabaten haben wegen $\left(\dfrac{\partial p}{\partial V}\right)_{\delta Q=0} = -\gamma \dfrac{p}{V}$ eine um den Faktor γ größere Steigung. Sie schneiden mithin die Isothermen, entsprechend der Tatsache, dass sich bei dem adiabatischen Prozess die Temperatur ändert.

Wie die Isobaren, Isochoren und Isothermen stellen die Adiabaten Kurven dar, die in der Zustandsfläche des idealen Gases liegen. Im Gegensatz zu den drei

Tabelle 1.1-1 Vergleich zwischen Isothermen und Adiabaten eines idealen Gases.

Isotherme	Adiabate
Boyle-Mariotte'sches Gesetz	Poisson'sche Gleichung
$p \cdot V = \text{const.}$	$p \cdot V^{\gamma} = \text{const.}$
$p = \text{const.} \cdot V^{-1}$	$p = \text{const.} \cdot V^{-\gamma}$
$\left(\dfrac{\partial p}{\partial V}\right)_{dT=0} = \text{const.}(-V^{-2})$	$\left(\dfrac{\partial p}{\partial V}\right)_{\delta Q=0} = \text{const.}(-\gamma \cdot V^{-\gamma-1})$
$\left(\dfrac{\partial p}{\partial V}\right)_{dT=0} = -\dfrac{p \cdot V}{V^2}$	$\left(\dfrac{\partial p}{\partial V}\right)_{\delta Q=0} = -\dfrac{\gamma \cdot p \cdot V^{\gamma}}{V^{\gamma+1}}$
$\left(\dfrac{\partial p}{\partial V}\right)_{dT=0} = -\dfrac{p}{V}$	$\left(\dfrac{\partial p}{\partial V}\right)_{\delta Q=0} = -\gamma \cdot \dfrac{p}{V}$

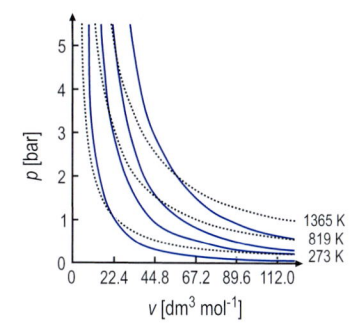

Abbildung 1.1-18 Isothermen (gestrichelt) und Adiabaten (blau) des idealen Gases. Berechnet für ein einatomiges Gas mit $\gamma = 1.67$.

erstgenannten Kurven, die dadurch charakterisiert sind, dass eine der Zustandsgrößen p, V oder T konstant ist, ändern sich bei den Adiabaten gleichzeitig alle drei Zustandsgrößen. In Abb. 1.1-19 sind die Adiabaten aus Abb. 1.1-18 im p, v, T-Diagramm dargestellt.

Zur Berechnung der beim adiabatischen reversiblen Prozess auftretenden Volumenarbeit greifen wir zurück auf Gl. (1.1-176), nachdem es uns möglich ist, mit Hilfe von Gl. (1.1-185) die Temperatur T zu berechnen, die sich nach einer Volumenänderung von V_1 nach V_2 eingestellt hat. Es ist

$$dW = -pdV = nc_v dT \tag{1.1-188}$$

$$W = -\int_{V_1}^{V_2} pdV = n \cdot \int_{T_1}^{T_2} c_v dT \tag{1.1-189}$$

und, sofern wir in dem betrachteten Temperaturbereich c_v als temperaturunabhängig ansehen können, ergibt sich als

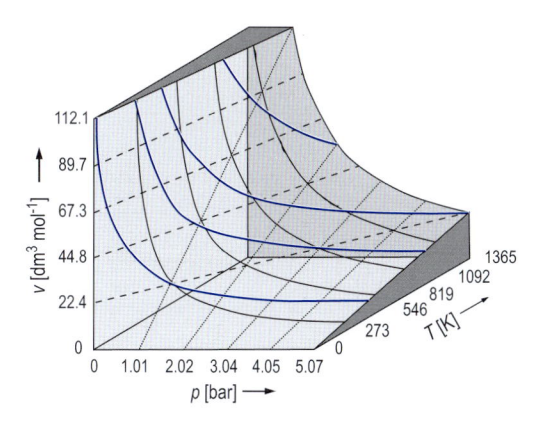

Abbildung 1.1-19 p, v, T-Diagramm des idealen Gases mit Isochoren (gestrichelt), Isobaren (punktiert), Isothermen (ausgezogen) und Adiabaten (blau).

> **Volumenarbeit beim reversiblen, adiabatischen Prozess mit einem idealen Gas**
>
> $$W = -\int_{V_1}^{V_2} p\,\mathrm{d}V = nc_v(T_2 - T_1) \tag{1.1-190}$$

Zum Abschluss wollen wir noch die Volumenarbeit beim reversiblen, isothermen Prozess und beim reversiblen, adiabatischen Prozess vergleichen. Da die Volumenarbeit stets durch $-\int p\,\mathrm{d}V$ gegeben ist, wird sie im p,V-Diagramm als Fläche unter der Kurve $p = \mathrm{f}(V)$ dargestellt. Da es sich um reversible Prozesse handelt, ist $p = \mathrm{f}(V)$ die Isotherme (punktiert in Abb. 1.1-20) bzw. die Adiabate (ausgezogen). Betrachten wir zunächst die Expansion von p_1, V_1 nach V_2 (Abb. 1.1-20 a). Wir erkennen, dass die beim isothermen Prozess gewinnbare Arbeit (graue Fläche) größer ist als die beim adiabatischen Prozess gewinnbare (schraffiert). Im ersteren Fall ändert sich T nicht, im letzteren nimmt T auf T_2 ab. Der Druck nach der Expansion ist im adiabatischen Fall (p_2^a) geringer als im isothermen (p_2^i). Die Erklärung liegt auf der Hand: Bei der adiabatischen Expansion wird die Volumenarbeit dem Gas selbst, d.h. seiner Inneren Energie entnommen. Damit sinkt seine Temperatur und nach dem idealen Gasgesetz auch sein Druck. Bei der adiabatischen Kompression (Abb. 1.1-20 b) liegen die Verhältnisse gerade umgekehrt. Die auftretende Erwärmung führt zu einer Druckerhöhung. Außer der im isothermen Fall aufzubringenden Volumenarbeit (grau in Abb. 1.1-20 b) muss ein zusätzlicher Energiebetrag aufgewandt werden, um die Innere Energie des Gases zu erhöhen. Deshalb ist die Kompressionsarbeit im adiabatischen Prozess größer als im isothermen.

Exakt isotherme und adiabatische Vorgänge stellen experimentell nur schwierig zu verwirklichende Grenzfälle dar. Doch gibt es eine Reihe von Prozessen, die man mit guter Näherung als adiabatische behandeln kann. Das ist z. B. immer dann der Fall, wenn sich die Vorgänge so schnell abspielen, dass es nicht zu einem Wärmeaustausch mit der Umgebung kommen kann. Als Beispiele seien hier nur genannt die Vorgänge bei der Explosion, die Ausbreitung der Schallwellen oder gewisse meteorologische Prozesse (Entstehung des Föhns).

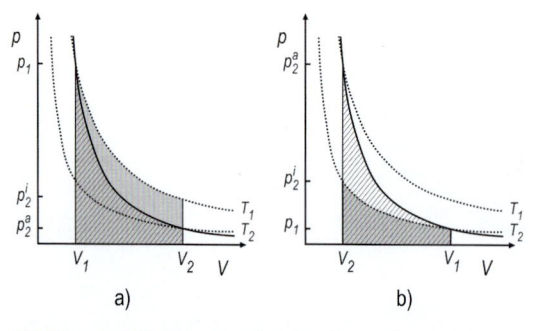

Abbildung 1.1-20 Volumenarbeit bei der isothermen (grau) und der adiabatischen (schraffiert) Expansion (a) und Kompression (b).

1.1.18
Der Carnot'sche Kreisprozess

Vor der Behandlung des Zweiten Hauptsatzes der Thermodynamik wollen wir uns mit einem wichtigen Kreisprozess beschäftigen, der auf Carnot (1824) zurückgeht. Wir benötigen dazu ein ideales Gas, das wir abwechselnd reversiblen, isothermen und adiabatischen Expansionen und Kompressionen unterwerfen, so, wie es in Abb. 1.1-21 skizziert ist. Wir beginnen mit einer reversiblen isothermen Expansion von V_1 nach V_2 bei der Temperatur T_1 und schließen eine reversible adiabatische Expansion von V_2 nach V_3 an, wobei die Temperatur auf T_2 sinkt. Um in zwei weiteren Schritten wieder zum Ausgangszustand zurückzukommen, komprimieren wir das Gas, das jetzt von einem Thermostaten der Temperatur T_2 umgeben ist, im dritten Schritt reversibel isotherm so weit (V_4), bis wir auf die durch den Anfangszustand (p_1, V_1) verlaufende Adiabate kommen. Durch die reversible adiabatische Kompression bis V_1 erhöht sich die Temperatur wieder auf T_1, und der Kreisprozess ist geschlossen. Die bei den einzelnen Schritten ausgetauschten Energiebeträge können wir nach Gl. (1.1-174) und Gl. (1.1-190) berechnen. In Tab. 1.1-2 sind sie für das Gas, die beiden Thermostaten mit den Temperaturen T_1 und T_2 sowie den Arbeitsspeicher aufgeführt.

Da sich bei den isothermen Schritten die Innere Energie des idealen Gases nicht ändern kann [vgl. Gl. (1.1-166)] und da sich die bei den adiabatischen Schritten eintretenden Änderungen kompensieren, ist die Änderung der Inneren Energie

Tabelle 1.1-2 Die beim Carnot'schen Kreisprozess ausgetauschten Energiebeträge.

Schritt	Art des Schrittes	Gas	Thermostat T_1	Thermostat T_2	Arbeitsspeicher
1	isotherme, reversible Expansion bei T_1	$+Q_{T_1}$ $-nRT_1\ln\frac{V_2}{V_1}$	$-Q_{T_1}$	–	$+nRT_1\ln\frac{V_2}{V_1}$
2	adiabatische, reversible Expansion	$-nc_v(T_1-T_2)$	–	–	$+nc_v(T_1-T_2)$
3	isotherme, reversible Kompression bei T_2	$-Q_{T_2}$ $+nRT_2\ln\frac{V_3}{V_4}$	–	$+Q_{T_2}$	$-nRT_2\ln\frac{V_3}{V_4}$
4	adiabatische, reversible Kompression	$+nc_v(T_1-T_2)$	–	–	$-nc_v(T_1-T_2)$
Σ	Kreisprozess	0	$-Q_{T_1}$	$+Q_{T_2}$	$nR(T_1-T_2)\ln\frac{V_2}{V_1}$

1. Schritt
$dT = 0$

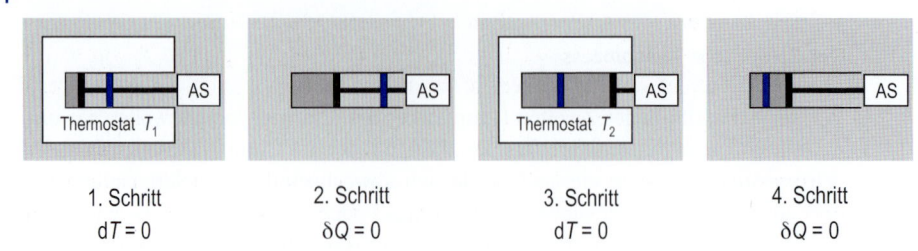

2. Schritt
$\delta Q = 0$

3. Schritt
$dT = 0$

4. Schritt
$\delta Q = 0$

Abbildung 1.1-21 Die Schritte des Carnot'schen Kreisprozesses.

des idealen Gases bei dem gesamten Kreisprozess null, wie es für eine Zustandsgröße ohnehin zu fordern wäre. Nach Gl. (1.1-185) muss $\frac{T_2}{T_1} = \left(\frac{V_1}{V_4}\right)^{\gamma-1} = \left(\frac{V_2}{V_3}\right)^{\gamma-1}$ sein. Damit ist auch $\frac{V_1}{V_2} = \frac{V_4}{V_3}$, so dass sich die insgesamt vom Arbeitsspeicher aufgenommene Energie zu $nR(T_1 - T_2) \ln \frac{V_2}{V_1}$ ergibt.

> Der *Carnot'sche Kreisprozess* resultiert also darin, dass ohne Änderung der Inneren Energie des Gases durch Aufnahme einer Wärmemenge Q_{T_1} von einem Thermostaten der Temperatur T_1 sowie durch Abgabe einer Wärmemenge Q_{T_2} an einen Thermostaten der Temperatur T_2 eine Arbeit $nR(T_1 - T_2) \ln \frac{V_2}{V_1}$ gewonnen wird.

Die bei den einzelnen Schritten geleisteten Volumenarbeiten ergeben sich als Fläche unter den Isothermen bzw. Adiabaten. Die bei dem Prozess insgesamt gewonnene Arbeit ist dann die in Abb. 1.1-22 grau markierte, von den beiden Isothermen und Adiabaten umschlossene Fläche.

In dem soeben besprochenen Kreisprozess haben wir das Prinzip einer Wärmekraftmaschine vor uns. Das Arbeitsgas entnimmt einem Thermostaten hoher Temperatur eine Wärmemenge, leistet eine Arbeit und gibt schließlich eine restliche Wärmemenge an einen Thermostaten tieferer Temperatur ab.

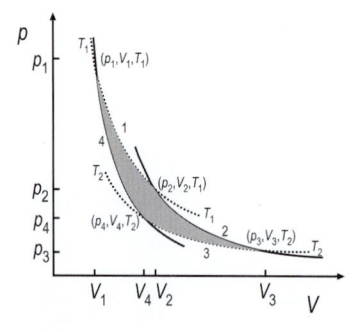

Abbildung 1.1-22 Der Carnot'sche Kreisprozess im p,V-Diagramm.

1.1 Einführung in die chemische Thermodynamik

Wir hätten den Prozess aber auch in entgegengesetzter Richtung ablaufen lassen, also mit einer isothermen, reversiblen Expansion bei der Temperatur T_2 von V_4 auf V_3 starten können. Dabei hätte unser Gas eine Wärmemenge Q_{T_2} aufgenommen und eine Volumenarbeit $-nRT_2 \ln \frac{V_3}{V_4}$ geleistet. Als nächsten Schritt hätten wir dann adiabatisch von V_3 auf V_2 komprimieren können, wobei die Temperatur des Gases auf T_1 gestiegen wäre. Bei der anschließenden isothermen Kompression von V_2 auf V_1 hätten wir eine Volumenarbeit von $-nRT_1 \ln \frac{V_2}{V_1}$ dem Arbeitsspeicher entnehmen müssen, und unser Gas hätte gleichzeitig eine Wärmemenge Q_{T_1} an den Thermostaten T_1 abgegeben. Durch eine adiabatische Expansion wären wir dann zum Ausgangspunkt (p_4, V_4, T_2) unseres Kreisprozesses zurückgekehrt.

> In diesem Kreisprozess hätten wir das Prinzip einer *Wärmepumpe* vor uns: Das Arbeitsgas entnimmt einem Thermostaten tiefer Temperatur eine Wärmemenge, nimmt von außen Arbeit auf und gibt schließlich eine vergrößerte Wärmemenge an einen Thermostaten höherer Temperatur ab.

In der Abb. 1.1-23 sind die Wirkungsweisen einer *Wärmekraftmaschine* und einer *Wärmepumpe* einander gegenübergestellt.

Wir wollen nun noch nach dem *Wirkungsgrad η* der Wärmekraftmaschine fragen. Darunter verstehen wir das Verhältnis der gewonnenen Arbeit zu der bei der höheren Temperatur aufgenommenen Wärmemenge:

$$\eta = \frac{|W|}{|Q_{T_1}|} = \frac{nR(T_1 - T_2) \ln \frac{V_2}{V_1}}{nRT_1 \ln \frac{V_2}{V_1}} = \frac{(T_1 - T_2)}{T_1} \tag{1.1-191}$$

oder

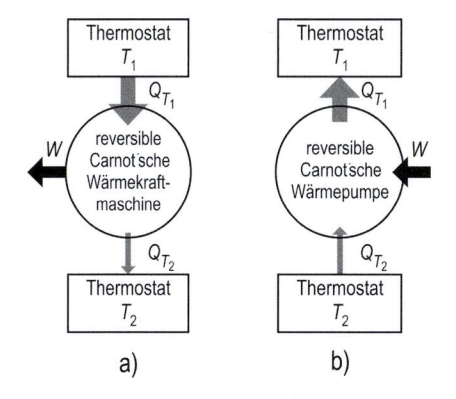

Abbildung 1.1-23 Zur Wirkungsweise der Wärmekraftmaschine (a) und der Wärmepumpe (b).

Wirkungsgrad η der Wärmekraftmaschine

$$\eta = 1 - \frac{T_2}{T_1} \tag{1.1-192}$$

Da $0 < T_2 < T_1$, muss der Wirkungsgrad immer positiv und kleiner als eins sein. Er wächst in dem Maße, in dem das Verhältnis $\frac{T_2}{T_1}$ kleiner wird und – weil T_2 nicht beliebig klein gemacht werden kann – mit steigender Temperatur T_1. Von der bei der höheren Temperatur T_1 zugeführten Wärme wird der Bruchteil $\frac{T_1 - T_2}{T_1}$ in nutzbare Arbeit umgewandelt, während der Bruchteil $\frac{T_2}{T_1}$ bei der tieferen Temperatur T_2 als Wärme wieder abgegeben wird.

Wir haben den Carnot'schen Kreisprozess nicht so ausführlich besprochen, weil wir etwa besonders an Wärmekraftmaschinen interessiert wären, sondern weil er uns den Weg öffnet zur Ableitung einer wichtigen thermodynamischen Größe, der Entropie, die bei Gleichgewichtsbetrachtungen eine sehr wesentliche Rolle spielt.

1.1.19
Der Zweite Hauptsatz der Thermodynamik und die Entropie

Die bislang von uns aufgeworfenen Fragen, sei es nun der Zusammenhang zwischen c_p und c_v, die Temperaturabhängigkeit der Inneren Energie oder Enthalpie, die Berechnung der Reaktionsenthalpie aus den Standard-Bildungsenthalpien oder sei es die Umsetzung von Wärme und Arbeit bei Volumenänderung, konnten wir mit Hilfe der Aussagen des Ersten Hauptsatzes der Thermodynamik behandeln. Wir haben also nur vom Prinzip der Erhaltung der Energie Gebrauch gemacht oder, anders ausgedrückt, von der Erfahrung, dass es kein Perpetuum mobile erster Art gibt, keine Maschine, die Energie aus dem Nichts schafft.

Wir haben aber, ohne näher darauf einzugehen, auch schon einige Erfahrungstatsachen kennengelernt, die zwar dem Ersten Hauptsatz entsprechen, die von ihm aber nicht erschöpfend erklärt werden können:

In Abschnitt 1.1.6 haben wir bei der Einführung des Begriffs der Temperatur zwei Systeme (A und B) unterschiedlicher Temperatur zu einem Gesamtsystem A + B vereinigt, das eine zwischen T_A und T_B liegende Temperatur T_{A+B} annahm.

Unter der Voraussetzung, dass von keinem der Teilsysteme dabei eine Volumenarbeit geleistet wurde, bestand der Energieaustausch lediglich darin, dass System B eine Abnahme seines Wärmeinhaltes um δQ_B (d. h. $\delta Q_B < 0$), System A eine Zunahme seines Wärmeinhaltes um δQ_A (d. h. $\delta Q_A > 0$), mit $|\delta Q_B| = |\delta Q_A|$, erfuhr. Es ist dann entsprechend dem Ersten Hauptsatz

$$\delta Q_A + \delta Q_B = 0 \tag{1.1-193}$$

Diese Gleichung – und damit die Forderung des Ersten Hauptsatzes – wäre aber auch erfüllt mit $\delta Q_B > 0$ und $\delta Q_A < 0$, d. h. bei dem Übergang einer Wärmemenge vom kälteren zum wärmeren Teilsystem. Nur die Erfahrung lehrt uns bis jetzt, dass dies von selbst, d. h. spontan, nicht eintritt.

In Abschnitt 1.1.13 haben wir vom 2. Gay-Lussac'schen Versuch gesprochen und gesehen, dass ein ideales Gas von selbst, d. h. spontan, isotherm ohne Änderung der Inneren Energie ins Vakuum expandiert. Dann würde es dem Ersten Hauptsatz auch nicht widersprechen, wenn sich das Gas spontan isotherm und ohne Änderung der Inneren Energie wieder auf ein kleineres Volumen zusammenzöge. Auch hier lehrt uns die Erfahrung, dass das nie der Fall ist.

Hierher gehört natürlich auch die in Abschnitt 1.1.17 (Abb. 1.1-14) diskutierte irreversible Expansion eines idealen Gases gegen einen konstanten kleineren Außendruck oder die irreversible Kompression des Gases durch einen größeren Außendruck.

Im gleichen Abschnitt haben wir davon gesprochen, dass durch Reibung Arbeit in Wärme umgewandelt wird. Ein Beispiel dafür ist auch der Joulesche Versuch zur Bestimmung des mechanischen Wärmeäquivalents: Ein absinkendes Gewichtsstück treibt über eine aufgewickelte Schnur einen Rührer an, der sich in einem mit Wasser gefüllten Gefäß befindet. Durch die Reibungswärme erwärmt sich das Wasser. Der umgekehrte, den Ersten Hauptsatz durchaus befriedigende Prozess, bei dem durch Abkühlung von Wasser ein Rührer in Rotation versetzt und dadurch ein Gewichtsstück gehoben wird, tritt nach unserer Erfahrung nie ein.

Man fasst die zuerst genannten Beispiele (Temperatur- und Druckausgleich) unter dem Begriff *Ausgleichsvorgänge*, die zuletzt genannten (Reibungsvorgänge, plastische Verformung) unter dem Begriff *dissipative Vorgänge* zusammen. Beide gehören zu den sog. *natürlichen Vorgängen*, die unserer Erfahrungen nach immer in einer bestimmten Richtung verlaufen. Das ist nicht auf die genannten, mehr dem Bereich der Physik entnommenen Beispiele beschränkt. Es gilt genauso für chemische Vorgänge: Wenn wir bei Raumtemperatur ein Gemisch von Wasserstoff und Sauerstoff im Stoffmengenverhältnis 2 : 1 haben, so setzt sich dies nach Zündung spontan praktisch quantitativ zu Wasser um. Eine spontane Zersetzung von Wasser in Wasserstoff und Sauerstoff kann unter den gleichen Bedingungen nicht beobachtet werden. Oder, um ein anderes Beispiel zu nennen, beim Zusammenfügen einer Chlorid-Ionen und einer Silber-Ionen enthaltenden Lösung fällt spontan Silberchlorid aus. Ein entgegengesetzt quantitativ verlaufender Prozess findet nicht statt.

> Wir formulieren deshalb auf Grund unserer Erfahrung: Alle in der Natur verlaufenden spontanen Prozesse laufen stets in einer bestimmten Richtung ab. Dabei geht das System von einem definierten Anfangszustand in einen definierten Endzustand über. Dieser angestrebte Zustand muss der in Abschnitt 1.1.4 erläuterte Gleichgewichtszustand sein. In ihm kommt der spontane Prozess zum Stillstand. Durch infinitesimale Änderungen der Zustandsgrößen kann der Prozess dann sowohl in die eine wie auch in die andere Richtung gelenkt und jederzeit rückgängig gemacht werden, ohne dass eine Veränderung in der Umgebung zurückbleibt (vgl. reversible isotherme oder adiabatische Expansion und Kompression in Abschnitt 1.1.17).

Für uns ist die Vorausberechnung der Richtung eines spontanen Prozesses von großer Wichtigkeit. Deshalb wollen wir die Überlegungen zunächst noch etwas quantitativer durchführen.

Dazu betrachten wir noch einmal die Übertragung einer bestimmten Wärmemenge Q_{T_2} von einem wärmeren Körper (A) auf einen kälteren (B) (Tab. 1.1-3). Diese Übertragung kann einmal (Fall a) reversibel, wie z. B. bei einem vollständig durchgeführten Carnot'schen Kreisprozess (unter gleichzeitiger Speicherung eines gewissen Arbeitsbetrages im Arbeitsspeicher), erfolgen, ein andermal (Fall b) wie bei dem in Abschnitt 1.1.6 beschriebenen Versuch spontan durch Wärmeleitung. Zu diesem Zweck verwenden wir am besten einen kleinen Wärmeüberträger, einen sog. Kalorifer. Er möge sich zunächst auf der Temperatur T_2 befinden. Wir bringen ihn in Kontakt mit dem wärmeren Körper A, wobei er sich auf dessen Temperatur T_1 erwärmt und dabei eine gewisse Wärmemenge aufnimmt. Dann überführen wir ihn in den kälteren Körper B, wobei er sich unter Abgabe der gleichen Wärmemenge Q_{T_2} wieder auf die Temperatur T_2 abkühlt. Infolge ihrer großen Wärmekapazität ändern die Körper A und B ihre Temperatur bei dem Prozess nicht. In beiden Fällen können wir die Wärmemenge Q_{T_2} vom kälteren Körper wieder auf den wärmeren übertragen, d. h. den kälteren Körper wieder in den Ausgangszustand zurückbringen, indem wir eine Carnot-Maschine als Wärmepumpe benutzen, d. h. den Carnot'schen Prozess rückwärts ablaufen lassen. Dazu müssen wir aus dem Arbeitsspeicher eine gewisse Energiemenge entnehmen. Diese ist auf dem Hinweg wohl im Fall a zuvor an den Arbeitsspeicher abgegeben worden, nicht aber im Fall b. Auch stellen wir fest, dass die auf den wärmeren Körper übertragene Wärmemenge Q_{T_1} wohl im Fall a, nicht aber im Fall b mit der übereinstimmt, die ihm auf dem Hinweg entnommen worden war. Wir erkennen also, dass sich der kalte Körper B in beiden Fällen auf den Ausgangszustand hat zurückbringen lassen, dass aber in der Umgebung (Arbeitsspeicher und Körper A) eine Veränderung zurückgeblieben ist, wenn wir uns auf dem Hinweg der spontanen Wärmeleitung bedient hatten. Die Veränderung besteht in einem Plus an Wärmeenergie und einem Minus an mechanischer Energie.

Wir betrachten noch ein weiteres Beispiel, die Expansion eines idealen Gases. Wird sie isotherm (oder adiabatisch) und reversibel durchgeführt, dann wird, wie wir gesehen haben (Abschnitt 1.1.17), eine maximale Arbeit vom Arbeitsspeicher aufgenommen. Sie reicht gerade aus, um in einer isothermen (oder adiabatischen) und reversiblen Kompression das Gas wieder in den Ausgangszustand zurückzubringen. Lassen wir das Gas aber irreversibel, z. B. gegen einen konstanten, kleineren Außendruck p_s, spontan expandieren, so ist die vom Arbeitsspeicher aufgenommene Arbeit kleiner als im reversiblen Fall. Die geringste Arbeit, die gebraucht wird, um das Gas in den Ausgangszustand zurückzubringen, ist wieder die im reversiblen Fall benötigte (vgl. Abb. 1.1-17). Sie ist größer als die bei der spontanen Expansion gewonnene. Bei dem Kreisprozess spontane Expansion – reversible Kompression weist die Umgebung (Arbeitsspeicher und Thermostat) nach Abschluss des Prozesses eine bleibende Veränderung auf (Verlust an Arbeit und Gewinn an Wärme), wie aus Tab. 1.1-3 hervorgeht.

Tabelle 1.1-3 Wärmeübertragung und Austausch von Wärme und Arbeit bei reversiblen und irreversiblen Prozessen.

1. Wärmeübertragung auf reversiblem Weg und durch Wärmeleitung.
a) Hin- und Rückweg reversibel mit Carnot-Prozess.

	warmer Körper A T_1	kalter Körper B T_2	Arbeitsspeicher
Hinweg	$-Q_{T_1}$	$+Q_{T_2}$	$+nR(T_1 - T_2)\ln(V_2/V_1)$
Rückweg	$+Q_{T_1}$	$-Q_{T_2}$	$-nR(T_1 - T_2)\ln(V_2/V_1)$
bleibende Veränderung	0	0	0

b) Hinweg durch Wärmeleitung, Rückweg wie beim Carnot-Prozess.

Hinweg	$-Q_{T_2}$	$+Q_{T_2}$	0
Rückweg	$+Q_{T_1}$	$-Q_{T_2}$	$-nR(T_1 - T_2)\ln(V_2/V_1)$
bleibende Veränderung	$Q_{T_1} - Q_{T_2} > 0$	0	$-nR(T_1 - T_2)\ln(V_2/V_1) < 0$

2. Austausch von Arbeit und Wärme durch isotherme Expansion und Kompression.
a) Hin- und Rückweg reversibel.

	Thermostat	ideales Gas	Arbeitsspeicher
Hinweg	$-Q = -nRT\ln\dfrac{V_2}{V_1}$	$+Q - nRT\ln\dfrac{V_2}{V_1} = 0$	$+nRT\ln(V_2/V_1)$
Rückweg	$+Q = +nRT\ln\dfrac{V_2}{V_1}$	$-Q + nRT\ln\dfrac{V_2}{V_1} = 0$	$-nRT\ln(V_2/V_1)$
bleibende Veränderung	0	0	0

b) Hinweg gegen $p_s = $ const., Rückweg reversibel.

	Thermostat	ideales Gas	Arbeitsspeicher
Hinweg	$-Q_1 = -p_s(V_2 - V_1)$	$+Q_1 - p_s(V_2 - V_1) = 0$	$+p_s(V_2 - V_1)$
Rückweg	$+Q_2 = nRT\ln\dfrac{V_2}{V_1}$	$-Q_2 + nRT\ln\dfrac{V_2}{V_1} = 0$	$-nRT\ln\dfrac{V_2}{V_1}$
bleibende Veränderung	$nRT\ln\dfrac{V_2}{V_1} - p_s(V_2 - V_1) > 0$	0	$-nRT\ln\dfrac{V_2}{V_1} + p_s(V_2 - V_1) < 0$

Das Ergebnis ist bei allen spontanen Prozessen das gleiche: Das System (im Fall der Wärmeleitung der Körper B, bei der Volumenarbeit das Arbeitsgas) lässt sich in den Ausgangszustand zurückbringen, doch bleiben dabei im Gegensatz zu reversiblen Prozessen immer irgendwelche Veränderungen in der Umgebung zurück. Alle spontanen Prozesse sind damit irreversibel. Sie führen stets zu einem Verlust an nutzbarer Arbeit und einem Gewinn von Wärme. Die Veränderungen könnte man nur dann rückgängig machen, wenn es gelänge, Wärme unmittelbar, d. h. ohne sonstige Veränderungen, in Arbeit zu verwandeln. Dies wäre die Umkehr des Jouleschen Versuches, von deren Unmöglichkeit wir bereits gesprochen haben.

> Diese Erkenntnis wird im *Zweiten Hauptsatz der Thermodynamik* ausgedrückt: „Es gibt keine periodisch funktionierende Maschine, die nichts anderes tut, als Wärme in mechanische Arbeit zu verwandeln." Eine solche Maschine, deren Funktionieren nicht gegen den Ersten Hauptsatz verstoßen würde, bezeichnet man als *Perpetuum mobile zweiter Art*. Man spricht deshalb auch von der „Unmöglichkeit eines Perpetuum mobile zweiter Art". Beide Formulierungen des Zweiten Hauptsatzes sind identisch und gleichbedeutend mit der Aussage, die wir am Ende dieses Abschnitts kennenlernen werden.

Die entscheidende Einsicht ist also die, dass man mit einer Wärmekraftmaschine prinzipiell nur dann aus Wärmeenergie mechanische Energie erzeugen kann, wenn man gleichzeitig eine bestimmte Wärmemenge von hoher auf tiefe Temperatur befördert. Den thermischen Nutzeffekt oder Wirkungsgrad des Carnot'schen Kreisprozesses haben wir zu

$$\eta = \frac{|W|}{|Q_1|} = \frac{T_1 - T_2}{T_1} \tag{1.1-191}$$

bestimmt. Es erhebt sich jetzt natürlich die Frage, ob man mit einem anderen Arbeitsstoff oder einer anderen Wärmekraftmaschine eventuell einen höheren Wirkungsgrad, d. h. ein größeres Verhältnis von gewonnener Arbeit zu der bei höherer Temperatur entzogenen Wärme, als mit der in Abschnitt 1.1.18 behandelten Carnot-Maschine erreichen kann.

Wir wollen einmal annehmen, es gäbe eine solche Maschine. Dann könnten wir sie als Wärmekraftmaschine verwenden und mit ihr eine als Wärmepumpe arbeitende Carnot-Maschine (mit einem idealen Gas als Arbeitsgas) kombinieren. Die erste Maschine würde dem wärmeren Reservoir eine Wärmemenge Q_{T_1} entnehmen, dem Arbeitsspeicher eine Arbeit W und dem kälteren Reservoir eine Wärmemenge $Q_{T_2} = Q_{T_1} - W$ zuführen. Die mit dem niedrigeren Wirkungsgrad arbeitende Carnot-Maschine würde dem kälteren Reservoir die Wärmemenge Q_{T_2} entnehmen und mit einem kleineren Arbeitsaufwand auf die höhere Temperatur pumpen. Dabei würde eine gegenüber Q_{T_1} um die Differenz der Arbeitsbeträge verminderte Wärmemenge in das wärmere Reservoire zurückfließen. Insgesamt würde von dieser kombinierten Maschine bei jedem Zyklus eine Wärmemenge in Arbeit verwandelt, ohne dass sonstige Veränderungen einträten. Das widerspricht aber dem Zweiten Hauptsatz.

Es gibt also keine Wärmekraftmaschine, die einen höheren Wirkungsgrad als eine reversibel arbeitende Carnot-Maschine hat. Es gibt aber auch keine reversibel arbeitende Wärmekraftmaschine, die einen niedrigeren Wirkungsgrad hat. Gäbe es sie, so könnten wir sie als Wärmepumpe gegen eine Carnot-Maschine schalten und mit dieser Kombination wie in dem soeben geschilderten Beispiel Wärme vollständig in Arbeit überführen.

Wir können aus dieser Überlegung zwei Schlüsse ziehen: Die nach

$$|W_{\text{rev}}| = Q_{T_1} \frac{T_1 - T_2}{T_1} \tag{1.1-194}$$

für einen reversibel durchgeführten Carnot'schen Kreisprozess berechnete reversible Arbeit ist charakteristisch für jede mit einem reversiblen Kreisprozess arbeitende Wärmekraftmaschine. Da, wie wir besprochen haben, ein irreversibler Anteil im Kreisprozess einen Arbeitsverlust bedeutet, stellt die durch einen reversiblen Kreisprozess gewinnbare Arbeit das Maximum an *nutzbarer Arbeit* dar, das überhaupt gewonnen werden kann.

Wir wollen nun untersuchen, ob es eine Zustandsfunktion gibt, die sowohl über die Richtung eines irreversiblen Prozesses als auch über das Ausmaß der Irreversibilität etwas aussagt. Einige Eigenschaften dieser Zustandsfunktion können wir voraussagen. Wie in der Mechanik führt auch in der Thermodynamik ein spontaner Prozess zu einem Gleichgewichtszustand (vgl. Abschnitt 1.1.4). Die als Kriterium für die Irreversibilität dienende Zustandsfunktion muss sich also durch den irreversiblen Prozess ändern und beim Vorliegen eines Gleichgewichts im abgeschlossenen System einen Extremwert besitzen. Da reversible Vorgänge über lauter Gleichgewichtszustände verlaufen, müssen wir weiter fordern, dass diese Funktion bei reversiblen Zustandsänderungen im abgeschlossenen System konstant bleibt.

Uns bisher bekannte Zustandsfunktionen erfüllen diese Forderungen nicht: Änderungen der Inneren Energie oder der Enthalpie können bei spontan verlaufenden chemischen Vorgängen sowohl negativ als auch positiv sein (exotherme oder endotherme Reaktionen) oder gar null sein (2. Gay-Lussac'scher Versuch). Die Arbeit W ist keine Zustandsfunktion, wie schon ein Blick auf Abb. 1.1-22 lehrt; denn, wenn wir beim Carnot-Prozess vom Ausgangszustand (p_1, V_1, T_1) zum Endzustand (p_3, V_3, T_2) einmal über die Schritte 1 und 2 (zuerst isotherm, dann adiabatisch) gehen, ein andermal über die Schritte 4 und 3 (zuerst adiabatisch, dann isotherm), so unterscheiden sich die beiden gewonnenen Arbeitsbeträge gerade um die grau gekennzeichnete Fläche. Ebensowenig wie die Arbeit sind die übergegangenen Wärmemengen Q eine Zustandsfunktion, wie am gleichen Beispiel (s. auch Tab. 1.1-2) deutlich wird.

Andererseits lässt sich aus dem reversibel durchgeführten Carnot'schen Kreisprozess doch eine für uns interessante Funktion ableiten. Wir betrachten anhand von Tab. 1.1-2 noch einmal die während des Carnot'schen Kreisprozesses mit der Umgebung ausgetauschten Wärmemengen, deren Verhältnis

$$-\frac{Q_{T_1}}{Q_{T_2}} = \frac{nRT_1 \ln(V_2/V_1)}{nRT_2 \ln(V_2/V_1)} = \frac{T_1}{T_2} \tag{1.1-195}$$

allein von den Temperaturen abhängt, bei denen sie ausgetauscht werden. Dividieren wir die Wärmemenge durch die Austauschtemperatur, so folgt

$$\frac{Q_{T_1}}{T_1} = nR \ln \frac{V_2}{V_1} \tag{1.1-196}$$

$$\frac{Q_{T_2}}{T_2} = nR \ln \frac{V_4}{V_3} = -nR \ln \frac{V_2}{V_1} \tag{1.1-197}$$

und für die Summe über den gesamten Kreisprozess, da die adiabatischen Schritte nicht mit einem Wärmeaustausch verbunden sind,

$$\sum_{\text{rev}} \frac{Q}{T} = \frac{Q_{T_1}}{T_1} + \frac{Q_{T_2}}{T_2} = 0 \tag{1.1-198}$$

> Wir nennen die Funktion Q/T *reduzierte Wärme* und können formulieren: Beim reversiblen Carnot'schen Kreisprozess ist die Summe der reduzierten Wärmen null.

Damit erfüllt die reduzierte Wärme, zunächst für den Carnot'schen Kreisprozess, eine der gestellten Forderungen, die Konstanz der Funktion bei einem reversiblen Kreisprozess. Wenn Q/T eine Zustandsfunktion ist, so muss ihre Änderung unabhängig vom Weg sein. Wir berechnen deshalb die Änderung von Q/T, die auftritt, wenn wir beim Carnot'schen Prozess (Abb. 1.1-22) einmal auf dem Wege 1 – 2, ein andermal auf dem Wege 4 – 3 vom Zustand p_1, V_1, T_1 zum Zustand p_3, V_3, T_2 gehen. Da die beiden reversiblen adiabatischen Prozesse 2 bzw. 4 nicht mit einem Wärmeaustausch verknüpft sind, ist

$$\sum_{\substack{1+2 \\ \text{rev}}} Q/T = nR \ln \frac{V_2}{V_1} \tag{1.1-199}$$

$$\sum_{\substack{3+4 \\ \text{rev}}} Q/T = nR \ln \frac{V_3}{V_4} = nR \ln \frac{V_2}{V_1} \tag{1.1-200}$$

Auf den beiden Wegen, die sowohl eine Volumen- als auch eine Temperaturänderung beinhalten, ist die Änderung von Q/T dieselbe, wie wir es von einer Zustandsfunktion erwarten müssen.

Wir wollen nun noch prüfen, was sich für $\sum Q/T$ ergibt, wenn wir den Kreisprozess nicht reversibel, sondern irreversibel durchführen. Wir erinnern uns, dass nach unseren Überlegungen zu Tab. 1.1-3 eine Wärmeübertragung durch Wärmeleitung einen irreversiblen Vorgang darstellt. Deshalb modifizieren wir unseren Kreisprozess gegenüber Abb. 1.1-22 dahingehend, dass wir die reversiblen adiabatischen Prozesse 2 und 4 durch irreversible, isochore Wärmeleitungsprozesse ersetzen. Es gilt dann $V_2 = V_3$ und $V_4 = V_1$, und die Adiabaten werden durch senkrechte Geraden ersetzt. Praktisch wäre der Prozess so durchzuführen, dass wir nach der reversiblen isothermen Expansion bei T_1 das Gas in Kontakt mit dem Thermostaten mit der Temperatur T_2 bringen, so dass es sich bei konstantem V_2 auf T_2 abkühlt. Nach der reversiblen isothermen Kompression bei T_2 müsste es dann durch Kontakt mit dem wärmeren Thermostaten bei konstantem V_4 auf T_1 erwärmt werden. Bei den irreversiblen Schritten würde eine Wärmemenge $nc_v(T_2 - T_1)$ bzw. $nc_v(T_1 - T_2)$ ausgetauscht werden. An Stelle von Gl. (1.1-198) ergäbe sich dann für die bei dem gesamten, jetzt teilweise irreversiblen Kreisprozess ausgetauschten reduzierten Wärmen unter Beachtung von $T_1 > T_2$

$$\sum_{\text{irr}} \frac{Q}{T} = \frac{Q_{T_1}}{T_1} + \frac{nc_v(T_2 - T_1)}{T_2} + \frac{Q_{T_2}}{T_2} + \frac{nc_v(T_1 - T_2)}{T_1}$$

$$\sum_{\text{irr}} \frac{Q}{T} = nc_v(T_1 - T_2) \cdot \left(\frac{1}{T_1} - \frac{1}{T_2}\right) \tag{1.1-201}$$

Dieses Ergebnis ist unabhängig davon, ob wir den Prozess im Uhrzeigersinn oder entgegen dem Uhrzeigersinn ablaufen lassen. Wir erkennen also, dass Q/T auch die dritte Forderung erfüllt, sich bei einem irreversiblen Prozess in einer bestimmten Richtung zu ändern. Je größer das Ausmaß der *Irreversibilität* ist, desto negativer ist die Summe. Damit gibt uns die Funktion Q/T auch eine quantitative Beschreibung der Irreversibilität.

Die bisherigen Überlegungen bezogen sich nur auf den Carnot'schen Kreisprozess. Abb. 1.1-24 zeigt uns jedoch, dass jeder beliebige Kreisprozess als eine Summe vieler Carnot'scher Kreisprozesse aufgefasst werden kann. Wir müssen die isothermen und adiabatischen Schritte nur klein genug machen, dann fällt, wie wir aus Abb. 1.1-24 erkennen, die den beliebigen Kreisprozess darstellende Kurve mit der äußeren Umrandung der eingezeichneten Carnot-Prozesse zusammen. Alle Linien im Innern werden zweimal mit einander entgegengesetzten Vorzeichen durchlaufen. Die zugehörigen Effekte heben sich also auf. Bei dieser allgemeinen Betrachtung gehen wir allerdings zweckmäßigerweise von der Summation zur Integration über und erhalten für Gl. (1.1-198) und Gl. (1.1-201)

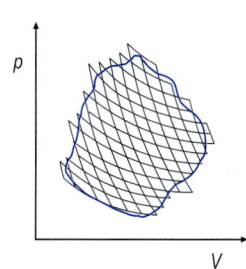

Abbildung 1.1-24 Zur Aufteilung eines beliebigen Kreisprozesses in eine Summe von Carnot-Prozessen.

1 Einführung in die physikalisch-chemischen Betrachtungsweisen

$$\oint \frac{dQ_{rev}}{T} = 0 \tag{1.1-202}$$

bzw.

$$\oint \frac{dQ_{irr}}{T} < 0 \tag{1.1-203}$$

> Wir wollen an dieser Stelle eine neue Funktion einführen, die *Entropie*. Clausius hat sie wie folgt definiert:
>
> $$\frac{dQ_{rev}}{T} = dS \tag{1.1-204}$$

Der Begriff Entropie leitet sich vom griechischen tropé (= Wendung, Umkehr) und entrépein (= umwenden, umkehren, eine Richtung geben) ab. Er drückt also genau die Eigenschaft aus, die wir von der gesuchten Zustandsfunktion verlangt und bei den reduzierten Wärmen gefunden haben. Es ist ganz wesentlich, dass die Entropie über die *reversibel* ausgetauschte Wärmemenge definiert ist. Mit den Eigenschaften der Entropie werden wir uns detailliert im nächsten Abschnitt beschäftigen.

Geht ein System isotherm und irreversibel vom Zustand 1 in den Zustand 2 über und wird es dann isotherm und reversibel in den Zustand 1 zurückgebracht, so gilt mit Gl. (1.1-201) für den gesamten Kreisprozess

$$\oint_{irr} \frac{dQ}{T} = \int_1^2 \frac{dQ_{irr}}{T} + \int_2^1 \frac{dQ_{rev}}{T} < 0 \tag{1.1-205}$$

Dafür lässt sich mit Gl. (1.1-204) schreiben

$$\int_1^2 \frac{dQ_{irr}}{T} + \int_2^1 dS < 0 \tag{1.1-206}$$

oder

$$\int_1^2 \frac{dQ_{irr}}{T} < \int_1^2 dS \tag{1.1-207}$$

$$\int_1^2 \frac{dQ_{irr}}{T} < S_2 - S_1 \tag{1.1-208}$$

In einem abgeschlossenen System muss $dQ = 0$ sein. Deshalb gilt allgemein für eine spontane Zustandsänderung in einem abgeschlossenen System

$$S_2 - S_1 > 0 \tag{1.1-209}$$

für eine reversible Zustandsänderung im abgeschlossenen System folgt unmittelbar aus Gl. (1.1-204)

$$S_2 - S_1 = 0 \tag{1.1-210}$$

Der Fall

$$S_2 - S_1 < 0 \tag{1.1-211}$$

kann in einem abgeschlossenen System nicht auftreten. Mit $S_2 - S_1$ haben wir dabei die beim Übergang vom Zustand 1 in den Zustand 2 auftretende Entropieänderung symbolisiert. Die Gln. (1.1-209) und (1.1-210) erlauben es also, zu erkennen, ob in einem abgeschlossenen System Gleichgewicht herrscht und, wenn dies nicht der Fall ist, in welcher Richtung ein spontaner Prozess abläuft. Diese Erkenntnis formulieren wir als

> *Zweiten Hauptsatz der Thermodynamik*: Hat die Entropie eines *abgeschlossenen* Systems zu einem bestimmten Zeitpunkt einen bestimmten Wert und treten späterhin Zustandsänderungen auf, so bleibt die Entropie dabei konstant, sofern es sich um reversible Zustandsänderungen handelt; sie nimmt aber zu, sobald die Zustandsänderung auch nur *einen* irreversiblen Teilschritt enthält.

Auf den ersten Blick scheinen die verschiedenen Formulierungen, die wir für den Zweiten Hauptsatz der Thermodynamik kennengelernt haben, keinen unmittelbaren Zusammenhang miteinander zu haben. Beachten wir aber die Herleitungen und Erklärungen, die wir gegeben haben, so erkennen wir, dass die Erkenntnisse, die wir aus dem Carnot'schen Kreisprozess gewonnen haben, das Bindeglied zwischen den Formulierungen liefern. In der Physikalischen Chemie interessieren uns die Zustandsänderungen weit mehr als die Unmöglichkeit des Perpetuum mobile zweiter Art. Wir werden deshalb im Folgenden die Formulierung mit Hilfe der Entropie verwenden.

1.1.20
Die Entropie

Um die Eigenschaften und die Bedeutung der Zustandsfunktion Entropie besser zu verstehen, wollen wir die Entropieänderung in einem abgeschlossenen System bei einem reversiblen und einem teilweise irreversiblen Kreisprozess untersuchen. Dabei greifen wir wieder auf die isotherme Expansion und Kompression eines idealen Gases zurück. Wir betrachten die Entropieänderungen im Gas und in der Umgebung (Thermostat und Arbeitsspeicher), die zusammen ein abgeschlossenes System wie in Abb. 1.1-13 a bilden.

Bei isothermen und reversiblen Expansionen bzw. Kompressionen ist nach Gl. (1.1-173)

$$\pm Q_{rev} = \mp W_{Vol} = \pm nRT \ln(V_2/V_1) \qquad (1.1\text{-}212)$$

Die dabei eintretende Entropieänderung ist also

$$S_2 - S_1 = \frac{\pm Q_{rev}}{T} = \pm nR \ln(V_2/V_1) \qquad (1.1\text{-}213)$$

In Tab. 1.1-4 sind zunächst die Entropieänderungen für einen Kreisprozess aufgeführt, der aus einer isothermen reversiblen Expansion und einer isothermen reversiblen Kompression des idealen Gases besteht. Bei beiden Schritten wird zwischen dem Gas und der Umgebung eine Wärmemenge Q_{rev} ausgetauscht. Der nach Gl. (1.1-213) berechenbaren Entropiezunahme des Gases entspricht eine gleich große Entropieabnahme der Umgebung und umgekehrt, so dass im abgeschlossenen System weder bei den einzelnen Schritten noch im gesamten Kreisprozess eine Entropieänderung auftritt.

Ganz anders liegen die Verhältnisse, wenn zunächst eine irreversible Expansion des Gases ins Vakuum vorgenommen wird. Für einen irreversiblen Prozess ist nach Gl. (1.1-204) die Entropieänderung nicht aus Q berechenbar, da die Definition der Entropie sich auf die reversibel ausgetauschte Wärmemenge bezieht. Andererseits ist die Entropie eine Zustandsgröße und als solche vom Weg unabhängig. Das bedeutet, dass die Entropieänderung, die das Gas bei der irreversiblen Expansion von einem bestimmten Ausgangszustand in einen bestimmten Endzustand erleidet, genauso groß sein muss wie diejenige, die es bei einer reversiblen Expansion vom gleichen Ausgangszustand in den gleichen Endzustand erleiden würde. Für das Gas muss also gelten

Tabelle 1.1-4 Entropieänderungen im abgeschlossenen System bei isothermem reversiblem und teilweise irreversiblem Kreisprozess.

a) Hin- und Rückweg reversibel

Schritt/Änderung von	S_{Gas}	$S_{Umgebung}$	$S_{abg.\,System}$
isoth. rev. Expansion	$+nR\ln(V_2/V_1)$	$-nR\ln(V_2/V_1)$	0
isoth. rev. Kompression	$-nR\ln(V_2/V_1)$	$+nR\ln(V_2/V_1)$	0
revers. Kreisprozess	0	0	0

b) Hinweg irreversibel, Rückweg reversibel

Schritt/Änderung von	S_{Gas}	$S_{Umgebung}$	$S_{abg.\,System}$
isoth. irr. Expansion ins Vakuum	$+nR\ln(V_2/V_1)$	0	$+nR\ln(V_2/V_1)$
isoth. rev. Kompression	$-nR\ln(V_2/V_1)$	$+nR\ln(V_2/V_1)$	0
teilw. irr. Kreisprozess	0	$+nR\ln(V_2/V_1)$	$+nR\ln(V_2/V_1)$

$$(S_2 - S_1)_{\text{irr}}^{\text{gas}} = (S_2 - S_1)_{\text{rev}}^{\text{gas}} = nR \ln(V_2/V_1) \tag{1.1-214}$$

Da bei der irreversiblen Expansion des Gases ins Vakuum keine Wärmemenge zwischen Gas und Umgebung ausgetauscht worden ist, ist bei diesem Prozess in der Umgebung überhaupt keine Veränderung eingetreten, die Entropieänderung also gleich null. Die Entropie des abgeschlossenen Systems hat demnach bei diesem irreversiblen Schritt um $nR\ln(V_2/V_1)$ zugenommen. Komprimieren wir das Gas im zweiten Schritt nun wieder isotherm und reversibel bis zum Ausgangszustand p_1, V_1, T, so gilt dafür das gleiche wie im oberen Teil von Tab. 1.1-4. Der gesamte, teilweise irreversible Kreisprozess führt also zu einer Zunahme der Entropie der Umgebung und damit des abgeschlossenen Systems.

Die Entropie muss sich, da sie eine Zustandsfunktion ist, als totales Differential darstellen lassen. Dabei können wir, wenn wir uns zunächst auf reine Phasen in einem geschlossenen System beschränken, entweder ihre Abhängigkeit von T und V oder von T und p betrachten. In beiden Fällen gehen wir von der Definitionsgleichung Gl. (1.1-204) aus:

$$dS = \frac{dQ_{\text{rev}}}{T} = \left(\frac{\partial S}{\partial T}\right)_V dT + \left(\frac{\partial S}{\partial V}\right)_T dV \tag{1.1-215}$$

$$dS = \frac{dQ_{\text{rev}}}{T} = \left(\frac{\partial S}{\partial T}\right)_p dT + \left(\frac{\partial S}{\partial p}\right)_T dp \tag{1.1-216}$$

Die reversibel mit der Umgebung ausgetauschte Wärmemenge können wir nun nach dem 1. Hauptsatz durch die Innere Energie oder die Enthalpie und die Volumenarbeit substituieren

$$dS = \frac{dU + pdV}{T} = \frac{1}{T}\left[\left(\frac{\partial U}{\partial T}\right)_V dT + \left(\frac{\partial U}{\partial V}\right)_T dV + pdV\right] \tag{1.1-217}$$

$$dS = \frac{dH - Vdp}{T} = \frac{1}{T}\left[\left(\frac{\partial H}{\partial T}\right)_p dT + \left(\frac{\partial H}{\partial p}\right)_T dp - Vdp\right] \tag{1.1-218}$$

wofür wir auch schreiben können

$$dS = \frac{C_v}{T}dT + \frac{1}{T}\left[\left(\frac{\partial U}{\partial V}\right)_T + p\right]dV \tag{1.1-219}$$

$$dS = \frac{C_p}{T}dT + \frac{1}{T}\left[\left(\frac{\partial H}{\partial p}\right)_T - V\right]dp \tag{1.1-220}$$

Die beiden letzten Gleichungen können wir noch wesentlich vereinfachen, wenn wir bedenken, dass die vor dT, dV und dp stehenden Faktoren partielle Differentialquotienten sind, die nach einer nochmaligen Ableitung dem Schwarz'schen Satz gehorchen müssen. Im Einzelnen muss gelten

$$\left(\frac{\partial S}{\partial T}\right)_V = \frac{C_v}{T} \tag{1.1-221}$$

$$\left(\frac{\partial S}{\partial T}\right)_p = \frac{C_p}{T} \tag{1.1-222}$$

$$\left(\frac{\partial S}{\partial V}\right)_T = \frac{1}{T}\left[\left(\frac{\partial U}{\partial V}\right)_T + p\right] \tag{1.1-223}$$

$$\left(\frac{\partial S}{\partial p}\right)_T = \frac{1}{T}\left[\left(\frac{\partial H}{\partial p}\right)_T - V\right] \tag{1.1-224}$$

$$\frac{\partial^2 S}{\partial T \partial V} = \frac{\partial^2 S}{\partial V \partial T} \tag{1.1-225}$$

also auch

$$\frac{\partial^2 S}{\partial T \partial p} = \frac{\partial^2 S}{\partial p \partial T} \tag{1.1-226}$$

Somit folgt aus der Kombination von Gl. (1.1-221) mit Gl. (1.1-223) bzw. von Gl. (1.1-222) mit Gl. (1.1-224)

$$\frac{1}{T}\cdot\left(\frac{\partial C_v}{\partial V}\right)_T = \frac{1}{T}\frac{\partial^2 U}{\partial V \partial T} + \frac{1}{T}\left(\frac{\partial p}{\partial T}\right)_V - \frac{1}{T^2}\left[\left(\frac{\partial U}{\partial V}\right)_T + p\right] \tag{1.1-227}$$

$$\frac{1}{T}\cdot\left(\frac{\partial C_p}{\partial p}\right)_T = \frac{1}{T}\frac{\partial^2 H}{\partial p \partial T} - \frac{1}{T}\left(\frac{\partial V}{\partial T}\right)_p - \frac{1}{T^2}\left[\left(\frac{\partial H}{\partial p}\right)_T - V\right] \tag{1.1-228}$$

Das jeweils erste Glied auf der rechten Seite ist wiederum nach dem Schwarz'schen Satz mit der linken Seite der Gleichung identisch, so dass uns Gl. (1.1-227) die Möglichkeit gibt, den bereits in Abschnitt 1.1.13 erwähnten

Inneren Druck Π

$$\Pi \equiv \left(\frac{\partial U}{\partial V}\right)_T = T\cdot\left(\frac{\partial p}{\partial T}\right)_V - p \tag{1.1-229}$$

zu berechnen,

während uns Gl. (1.1-228)

den *isothermen Drosseleffekt* ε,

$$\varepsilon \equiv \left(\frac{\partial h}{\partial p}\right)_T = v - T \cdot \left(\frac{\partial v}{\partial T}\right)_p \tag{1.1-230}$$

(vgl. Abschnitt 1.1.13) liefert, wobei wir in Analogie zu Gl. (1.1-114) molare Größen verwendet haben. Damit haben wir zunächst die bereits früher als Gl.(1.1-102) und Gl. (1.1-114) verwendeten Ausdrücke für den inneren Druck und den isothermen Drosseleffekt abgeleitet.

Substituieren wir diese Ausdrücke in Gl. (1.1-219) und (1.1-220), so erhalten wir

$$dS = \frac{C_v}{T}dT + \left(\frac{\partial p}{\partial T}\right)_V dV \tag{1.1-231}$$

$$dS = \frac{C_p}{T}dT - \left(\frac{\partial V}{\partial T}\right)_p dp \tag{1.1-232}$$

Da nach Gl. (1.1-57)

$$\left(\frac{\partial p}{\partial T}\right)_V = -\frac{\left(\frac{\partial V}{\partial T}\right)_p}{\left(\frac{\partial V}{\partial p}\right)_T} = \frac{\alpha}{\kappa} \tag{1.1-233}$$

und nach Gl. (1.1-58)

$$\left(\frac{\partial V}{\partial T}\right)_p = V \cdot \alpha \tag{1.1-234}$$

ist, folgt aus Gl. (1.1-231) und (1.1-232)

$$dS = \frac{C_v}{T}dT + \frac{\alpha}{\kappa}dV \tag{1.1-235}$$

$$dS = \frac{C_p}{T}dT - V \cdot \alpha \, dp \tag{1.1-236}$$

Aus diesen Gleichungen erkennen wir, dass die Abhängigkeit der Entropie von Temperatur, Volumen und Druck durch sehr einfache Beziehungen gegeben ist. Zu ihrer Berechnung benötigen wir lediglich die Wärmekapazitäten, den thermischen Ausdehnungskoeffizienten und den Kompressibilitätskoeffizienten.

Bis hierher haben wir keinerlei spezielle Annahmen gemacht, die Gleichungen gelten allgemein. Wenden wir uns nun aber wieder dem Spezialfall eines idealen Gases zu. Unter Berücksichtigung von Gl. (1.1-49) bzw. (1.1-55) ergibt sich aus Gl. (1.1-231) und Gl. (1.1-232) unmittelbar für ein ideales Gas

$$dS = nc_v d\ln T + nR d\ln V \tag{1.1-237}$$

$$dS = nc_p d\ln T - nR d\ln p \tag{1.1-238}$$

Unter der Voraussetzung, dass die molaren Wärmekapazitäten innerhalb des betrachteten Temperaturbereiches als temperaturunabhängig angesehen werden können, erhalten wir durch Integration als Entropieänderung $S_2 - S_1$ beim Übergang von einem Zustand 1 in einen Zustand 2 wiederum nur

für ein ideales Gas

$$S_2 - S_1 = nc_v \ln\frac{T_2}{T_1} + nR \ln\frac{V_2}{V_1} \tag{1.1-239}$$

$$S_2 - S_1 = nc_p \ln\frac{T_2}{T_1} - nR \ln\frac{p_2}{p_1} \tag{1.1-240}$$

Im Zustand 1 ist das System durch T_1, p_1, V_1, n charakterisiert, im Zustand 2 durch T_2, p_2, V_2, n, da die Stoffmenge n bei der Zustandsänderung $1 \rightarrow 2$ nicht verändert werden soll. Damit folgt aus dem idealen Gasgesetz, Gl. (1.1-49),

$$\frac{p_2}{p_1} = \frac{v_1 T_2}{v_2 T_1} \tag{1.1-241}$$

so dass bei Substitution dieses Ausdruckes in Gl. (1.1-111) Gl. (1.1-240) mit Gl. (1.1-239) identisch wird. Dies Ergebnis war von vornherein zu erwarten, da die Änderung der Zustandsfunktion Entropie vom Weg unabhängig sein muss.

Für kondensierte Phasen ist wegen der geringen Größe des thermischen Ausdehnungskoeffizienten α im Allgemeinen die Druckabhängigkeit der Entropie gegenüber der Temperaturabhängigkeit zu vernachlässigen, so dass aus Gl. (1.1-236)

$$dS = \frac{C_p}{T} dT \tag{1.1-242}$$

resultiert, eine Gleichung, die bei Kenntnis der Temperaturabhängigkeit der Wärmekapazität C_p die Berechnung der Entropie nach

$$S_T = S_{T=0} + \int_0^T C_p d\ln\left(\frac{T}{K}\right) \tag{1.1-243}$$

ermöglicht. Wir werden später (Abschnitt 2.4) auf diese Gleichung noch zurückkommen.

1.1 Einführung in die chemische Thermodynamik

Erweitern wir wie in Abschnitt 1.1.14 unsere Betrachtung auf geschlossene Systeme, in denen Phasenänderungen oder chemische Reaktionen vonstatten gehen können, so tritt noch die Abhängigkeit der Entropie von den Stoffmengen bzw. der Reaktionslaufzahl hinzu. Entsprechend den Gleichungen (1.1-129) bzw. (1.1-131) gilt dann anstelle von Gl. (1.1-215) und Gl. (1.1-216)

$$dS = \left(\frac{\partial S}{\partial T}\right)_{\xi,V} dT + \left(\frac{\partial S}{\partial V}\right)_{\xi,T} dV + \left(\frac{\partial S}{\partial \xi}\right)_{T,V} d\xi \qquad (1.1\text{-}244)$$

$$dS = \left(\frac{\partial S}{\partial T}\right)_{\xi,p} dT + \left(\frac{\partial S}{\partial p}\right)_{\xi,T} dp + \left(\frac{\partial S}{\partial \xi}\right)_{T,p} d\xi \qquad (1.1\text{-}245)$$

Den partiellen Differentialquotienten der Entropie nach der Reaktionslaufzahl bezeichnen wir analog zu unserem Vorgehen in Abschnitt 1.1.14 als *Umwandlungs- oder Reaktionsentropie*, wobei im Allgemeinen der Ausdruck für isobares Arbeiten interessiert:

$$\left(\frac{\partial S}{\partial \xi}\right)_{T,p} = \Delta S \qquad (1.1\text{-}246)$$

Selbstverständlich gelten wieder die den Gleichungen (1.1-139) bis (1.1-143) entsprechenden Beziehungen, insbesondere

$$\left(\frac{\partial S}{\partial \xi}\right)_{T,p} = \Delta S = \sum_{1}^{k} v_i s_i \qquad (1.1\text{-}247)$$

mit den stöchiometrischen Faktoren v_i und den molaren Entropien s_i.

Phasenumwandlungen können wir leicht reversibel durchführen. Da andererseits bei Phasenumwandlungen Arbeit mit der Umgebung nur in Form von Volumenarbeit ausgetauscht werden kann, können wir entsprechend Gl. (1.1-218) schreiben

$$dS_U = \frac{dQ_{\text{rev}}}{T_U} = \frac{dH_U - Vdp}{T_U} \qquad (1.1\text{-}248)$$

und für den Fall einer isobaren und isothermen Phasenumwandlung

$$dS_U = \frac{dH_U}{T_U} \qquad (1.1\text{-}249)$$

oder nach ξ differenziert

$$\Delta S_U = \frac{\Delta H_U}{T_U} \qquad (1.1\text{-}250)$$

Chemische Reaktionen verlaufen im Allgemeinen irreversibel. Da dS nur mit der reversibel ausgetauschten Wärmemenge berechnet werden kann, können wir im Allgemeinen Fall bei chemischen Reaktionen keine Gl. (1.1-248) analoge Beziehung aufstellen. Um die Reaktionsentropie berechnen zu können, müssen wir eine besondere Reaktionsführung wählen, ein Problem, auf das wir später zurückkommen werden.

Die Einführung der Entropie ergibt sich aus den in Abschnitt 1.1.19 dargelegten Gründen. Alle weiteren Überlegungen und Ableitungen folgten auf Grund einfacher mathematischer Beziehungen. Dadurch ist dieser letzte Abschnitt sehr abstrakt, es fehlt das für den Chemiker so wesentliche, anschauliche Modell. Wir wollen deshalb an dieser Stelle die Einführung in die thermodynamische Arbeits- und Betrachtungsweise abbrechen und uns zunächst einigen anderen Betrachtungsweisen des Physikochemikers zuwenden, die uns von ganz anderer Seite ebenfalls auf den Begriff der Entropie führen werden.

1.1.21
Kernpunkte des Abschnitts 1.1

- ☑ Volumenarbeit Gl. (1.1-7), S. 7
- ☑ Nullter Hauptsatz, S. 9

Isotherme und adiabatische Prozesse S. 12

Thermische Zustandsgleichung S. 14

- ☑ Ideales Gasgesetz Gl. (1.1-49)
- ☑ Partielle Differentialquotienten Gl. (1.1-58 bis 1.1-60)
- ☑ Erster Hauptsatz der Thermodynamik Gl. (1.1-69)
- ☑ Innere Energie, kalorische Zustandsgleichung Gl. (1.1-71)
- ☑ Enthalpie Gl. (1.1-79)
- ☑ Wärmekapazität Gl. (1.1-90/91)
- ☑ Innerer Druck Gl. (1.1-101)
- ☑ Schwarz'scher Satz Gl. (1.1-112)
- ☑ Stöchiometrischer Faktor Gl. (1.1-123)
- ☑ Reaktionslaufzahl Gl. (1.1-126)
- ☑ Reaktionsenergie, -enthalpie Gl. (1.1-142/143)
- ☑ Umwandlungsenergie, -enthalpie Gl. (1.1-148)

Hess'scher Satz S. 43

Standard-Bildungsenthalpie S. 44

- ☑ Reversibilität, Irreversibilität S. 50

Carnot'scher Kreisprozess S. 57

Zweiter Hauptsatz der Thermodynamik S. 60

- ☑ Entropie Gl. (1.1-204), S. 24
- ☑ Reaktions- und Umwandlungsentropien Gl. (1.1-247/250)

1.1.22
Rechenbeispiele zu Abschnitt 1.1

Lösungen siehe Arbeitsbuch

1. Ein Becherglas sei zur Hälfte mit reinem Wasser gefüllt. Man gibt 4 Kochsalzkristalle hinzu, die so groß sind, dass sich keiner von ihnen trotz intensiven Rührens vollständig auflöst. Des weiteren wirft man einen 1 cm³ großen Kupferwürfel und eine ebenso große Kupferkugel in das Wasser. Das Ganze deckt man mit einem Uhrglas ab.
Aus wie vielen Phasen besteht das in dem verschlossenen Becherglas vorliegende System?
Beschreiben Sie die einzelnen Phasen!

2. Ein Dewar-Gefäß ist mit 1.00 dm³ Wasser gefüllt. Führt man durch elektrisches Heizen (Tauchsieder) eine Energie von 1.00 kJ zu, so stellt man eine Temperaturerhöhung um 0.21 K fest. Welche Wärmekapazität hat das Dewar-Gefäß? Welche Temperatur stellt sich ein, wenn man in das zunächst auf T = 298.51 K befindliche Wasser einen auf 470.00 K aufgeheizten Eisenwürfel von 5 cm Kantenlänge fallen lässt? $\rho(Fe) = 7.87$ g cm^{-3}, c_v (Fe) = 25.08 J mol^{-1} K^{-1}.

3. Ein Kolben mit dem Volumen V ist mit einem zweiten, doppelt so großen verbunden. In den Kolben befindet sich Argon. Taucht man das gesamte System in eine Eis-Wasser-Mischung, so misst man einen Druck von 1.0 bar. Welcher Druck stellt sich ein, wenn der größere der Kolben in der Eis-Wasser-Mischung verbleibt, während der kleinere in siedendes Wasser getaucht wird?

4. Ein Kolben mit einem Volumen von 1.00 dm³ soll so mit Benzoldampf gefüllt werden, dass der Dampfdruck bei 400 K 0.10 bar beträgt. Wie viel g flüssiges Benzol müssen dazu eingewogen werden?

5. Eine organische Substanz enthält die Elemente C, H und O im Atomverhältnis 2 : 4 : 1. Welche Bruttoformel besitzt die Verbindung, wenn 0.176 g dieser Substanz bei 0.960 bar und 373 K im Dampfzustand ein Volumen von 64.5 cm³ einnehmen?

6. Stellen die Ausdrücke
   a) $dz = (8xy^3 + 24x^3y^3) dx + (12x^2y^2 + 18x^4y^2) dy$ und
   b) $dz = (6xy^2 + 6x^2y^3) dx + (6x^2y + 6x^3y^3) dy$
   totale Differentiale dar?

7. Man weise nach, dass $dv = \dfrac{R}{p}dT - \dfrac{RT}{p^2}dp$ für den Fall eines idealen Gases ein totales Differential ist.

8. Ein Gasgemisch bestehe aus drei Komponenten. Der Molenbruch der Komponente A betrage 0.30. Die Komponente B habe einen Partialdruck von 0.25 bar. Die Komponente C sei Stickstoff. Wieviel g Stickstoff enthält

das Gasgemisch, wenn der Gesamtdruck 1.00 bar, das Gesamtvolumen 1 m³ und die Temperatur 298 K betragen?

9. Die Temperaturabhängigkeit der molaren Wärmekapaziät c_p des Stickstoffs lässt sich darstellen durch $c_p = (27.27 + 5.22 \cdot 10^{-3}\, T/K - 0.0042 \cdot 10^{-6}\, T^2/K^2)$ J K^{-1} mol^{-1}. Man berechne, um welchen Betrag die molare Innere Energie des Stickstoffs zunimmt, wenn seine Temperatur bei konstantem Volumen von 273 K auf 1273 K erhöht wird. Welche Wärmemenge muss dem Gas dabei zugeführt werden?

10. Die Verbrennungsenthalpie des Benzols beträgt $3.3 \cdot 10^6$ J mol^{-1}. Welche Temperatur nimmt ein Benzol-Luft-Gemisch an, wenn das Benzol völlig verbrennt, doppelt soviel Luft, wie zur Verbrennung notwendig ist, vorlag und die Ausgangstemperatur 373 K betrug? Als mittlere molare Wärmekapazität nehme man an: $c_p(N_2) = 3.5\,R$, $c_p(H_2O) = 4.2\,R$ und $c_p(CO_2) = 5R$, $c_p(O_2) = 3.75R$.

11. Ist der Unterschied zwischen der Reaktionsenthalpie und der Reaktionsenergie bei der Wassergasreaktion ($H_2O + CO \rightarrow H_2 + CO_2$) oder bei der Bildung des Ammoniaks ($\frac{1}{2}N_2 + \frac{3}{2}H_2 \rightarrow NH_3$) größer? Begründung.

12. Bei 273 K beträgt die Reaktionsenthalpie für die Reaktion

    $3H_2 + N_2 \rightarrow 2NH_3$

    -91.66 kJ mol^{-1}. Wie groß ist die Reaktionsenthalpie bei 473 K, wenn in dem betrachteten Temperaturbereich

    $$c_p(N_2) = \left(27.27 + 5.22 \cdot 10^{-3}\frac{T}{K} - 0.0042 \cdot 10^{-6}\frac{T^2}{K^2}\right) \text{J K}^{-1}\,\text{mol}^{-1}$$

    $$c_p(H_2) = \left(29.04 - 0.836 \cdot 10^{-3}\frac{T}{K} + 2.01 \cdot 10^{-6}\frac{T^2}{K^2}\right) \text{J K}^{-1}\,\text{mol}^{-1}$$

    $$c_p(NH_3) = \left(25.87 + 32.55 \cdot 10^{-3}\frac{T}{K} - 3.04 \cdot 10^{-6}\frac{T^2}{K^2}\right) \text{J K}^{-1}\,\text{mol}^{-1} \text{ ist.}$$

13. Man weise nach, dass

    $$\Delta U_{T_2} = \Delta U_{T_1} + \int_{T_1}^{T_2} \Delta C_V \, dT$$

    ist.

14. Die Standard-Bildungsenthalpie des Ethins beträgt 226.5 kJ mol^{-1}. Wie groß ist seine atomare Bildungsenthalpie, d. h. die Bildungsenthalpie des Ethins aus den Atomen, wenn die Sublimationsenthalpie des Kohlenstoffs 717.7 kJ mol^{-1}, die Dissoziationsenthalpie des Wasserstoffs 435.5 kJ mol^{-1} beträgt?

15. In einer kalorimetrischen Bombe beobachtete man bei der Verbrennung von 700 mg Benzoesäure bei 298 K eine Temperaturerhöhung, die 61.6 % derjenigen betrug, die man bei Zufuhr von 30.0 kJ elektrischer Energie

feststellte. Wie groß ist die Standard-Bildungsenergie der Benzoesäure, wenn die Standard-Bildungsenergien von Wasser und Kohlendioxid −286.0 kJ mol^{-1} bzw. −393.5 kJ mol^{-1} sind?

16. Ein Mol eines idealen Gases nehme bei 273 K ein Volumen von 11.2 dm^3 ein. Es wird isotherm und reversibel auf das doppelte Volumen expandiert. Anschließend wird es, wie in Abb. 1.1-17 b angegeben, in sechs Schritten auf das Ausgangsvolumen komprimiert, indem stufenweise der äußere Druck so stark erhöht wird, dass die einzelnen Volumenabnahmen einander gleich sind. Welche Arbeit muss für den gesamten Kreisprozess dem Arbeitsspeicher entnommen werden?

17. Ein Mol eines einatomigen, idealen Gases ($c_v = 12.47$ J K^{-1}mol^{-1}) wird folgendem Kreisprozess unterworfen. Ausgehend von $p_A = 1.0$ bar, $T_A = 273$ K: 1. reversible adiabatische Expansion auf das doppelte Volumen; 2. isochore Erwärmung auf T_A; 3. isotherme, reversible Kompression auf V_A. Welche Arbeit wird bei dem Kreisprozess dem Arbeitsspeicher zugeführt oder entnommen? Bei welchem Teilprozess erfolgt ein Energieaustausch mit der Umgebung, wie groß ist dieser?

18. Mit einem Mol eines idealen, einatomigen Gases ($c_v = 12.47$ J K^{-1}mol^{-1}) wird, ausgehend vom Zustand $V_A = 24.4$ dm^3, $T_A = 298$ K, folgender Kreisprozess durchgeführt: 1. isochore Erwärmung auf die doppelte Temperatur; 2. isobare Abkühlung auf T_A; 3. isotherme reversible Expansion auf V_A. Man stelle den Kreisprozess im V, T-, p, T- und p, V-Diagramm dar und vervollständige die beiden Tabellen.

Zustand	$\dfrac{p}{\text{bar}}$	$\dfrac{V}{\text{dm}^3}$	$\dfrac{T}{\text{K}}$
1			
2			
3			

Schritt	$\dfrac{Q}{\text{J}}$	$\dfrac{W}{\text{J}}$	$\dfrac{U_E - U_A}{\text{J}}$	$\dfrac{H_E - H_A}{\text{J}}$
1 → 2				
2 → 3				
3 → 1				
Kreisprozess				

19. Man vergleiche den theoretischen Wirkungsgrad zweier Dampfmaschinen, von denen die eine beim Siedepunkt des Wassers unter 1.0 bar, die andere beim Siedepunkt des Wassers unter 20.3 bar (485 K) arbeitet. Bei beiden Maschinen betrage die Kühlertemperatur 300 K. Welche Wärmemenge muss in den beiden Fällen dem heißen Reservoir entnommen werden, um eine Arbeit von 1.0 kJ zu leisten?

20. Ein Kühlschrank, dessen Wirkungsgrad 40 % des idealen Wirkungsgrades betragen möge, habe eine Innentemperatur von 273 K. Die Raumtemperatur betrage 293 K. Man berechne, welche Energie erforderlich ist, um 1 kg Wasser von 273 K in Eis zu verwandeln, wenn die Schmelzenthalpie 6.0 kJ mol^{-1} beträgt. Wie muss der Wirkungsgrad für den Kühlschrank abweichend von Gl. (1.1-191) definiert werden? Welche Wärmemenge wird während des Prozesses an das Zimmer abgegeben?

21. Eine Gaskältemaschine, die nach dem Stirling-Prinzip arbeitet, unterscheidet sich von einer nach dem Carnot-Prozess arbeitenden dadurch, dass die adiabatischen Prozesse durch isochore ersetzt werden, bei denen ein Wärmeaustauscher die entsprechende Wärmemenge aufnimmt bzw. abgibt. Man stelle den Stirling-Prozess im p, V- und im T, V-Diagramm dar und vervollständige die Tabelle durch Einsetzen der berechneten Energien.

Prozess	$(U_E - U_A)_{Gas}$	warmer Thermostat	Wärme-austauscher	kalter Thermostat	Arbeits-speicher
isotherme Expansion					
isochore Erwärmung					
isotherme Kompression					
isochore Abkühlung					
Kreisprozess					

22. Man erläutere, weshalb kein Widerspruch besteht zwischen der Aussage „Mit der reversiblen isothermen Expansion lässt sich eine quantitative Umwandlung von Wärme in Arbeit erreichen" und der Unmöglichkeit eines Perpetuum mobile 2. Art.

23. Ein halbes Mol eines idealen Gases dehnt sich bei 300 K isotherm gegen einen konstanten Druck von 1.00 bar von 1.00 dm^3 auf 10.0 dm^3 aus. Anschließend wird das Gas isotherm und reversibel auf einen Druck von 12.4 bar komprimiert. Man berechne die bei diesem Prozess dem Arbeits-

speicher entnommene Arbeit sowie die im Gas, in der Umgebung und im gesamten (abgeschlossenen) System eingetretene Entropieänderung.

24. Man leite aus dem totalen Differential der Entropie eines idealen Gases (Gl. 1.1-237) die Poisson'sche Gleichung (Gl. 1.1-186) her.

25. Wie groß ist die molare Entropieänderung beim Erstarren von unterkühltem Benzol unter 1.00 bar bei 267 K, wenn beim Schmelzpunkt des Benzols (278 K) $\Delta_m H = 9900$ J mol^{-1}, $c_p(\text{fl}) = 127$ J K^{-1}mol^{-1}, $c_p(\text{f}) = 123$ J K^{-1}mol^{-1} ist. Man berechne und diskutiere die Entropieänderung im Benzol, in der Umgebung und im gesamten abgeschlossenen System.

26. In einem abgeschlossenen System werden 5 g Eis von 273 K mit 50 g Wasser von 300 K vereinigt. Wie groß ist dabei die Entropieänderung, wenn die Schmelzenthalpie des Eises 6.00 kJ mol^{-1} und die molare Wärmekapazität des Wassers 75.24 J mol^{-1} K^{-1} betragen?

27. Ein Mol eines idealen, einatomigen Gases wird, ausgehend von $T_A = 273.15$ K, $p_A = 1.013$ bar, adiabatisch und reversibel auf das doppelte Volumen expandiert.
a) Wie groß sind Endvolumen V_E, Enddruck p_E und Endtemperatur T_E nach der Expansion?
b) Wie groß ist die Änderung der Inneren Energie?
c) Wie groß ist die Änderung der Entropie?

1.1.23
Literatur zu Abschnitt 1.1

Weiterführende Literatur zu Abschnitt 1.1 ist im Abschnitt 2.6.10 aufgeführt.

1.2
Einführung in die kinetische Gastheorie

Im vorangehenden Abschnitt haben wir mehrfach davon gesprochen, dass wir mit Hilfe der Thermodynamik lediglich Änderungen von Zustandsgrößen berechnen können, dass es uns aber nicht möglich ist, solche Größen absolut zu berechnen. Um diesem Ziel ein wenig näherzukommen, wollen wir uns im Folgenden mit der Einführung in eine andere physikalischchemische Betrachtungsweise befassen, bei der wir uns zunächst ebenfalls auf den Grenzfall des idealen Gases beschränken können, mit der *kinetischen Gastheorie*.

> Während wir in der chemischen Thermodynamik überhaupt nicht nach dem Aufbau der uns interessierenden Materie gefragt haben, werden wir jetzt ein konkretes Modell dieser Materie entwickeln. Dann werden wir versuchen, auf dessen Basis einige thermodynamische Eigenschaften der Materie zu berechnen, indem wir aus der Mechanik bekannte Gesetzmäßigkeiten anwenden.
>
> Wir werden zunächst unser Modell, nämlich das *ideale Gas*, definieren und versuchen, eine Beziehung zwischen der Bewegung der Teilchen und dem Gasdruck zu gewinnen (Abschn. 1.2.1).
>
> Als Nächstes wird es gelten, eine Korrelation zwischen der kinetischen Energie der Teilchen und der Temperatur zu finden (Abschn. 1.2.2).
>
> Dieser Zusammenhang wird es uns erlauben, molare Wärmekapazitäten zu berechnen. Wir werden dabei den Gleichverteilungssatz der Energie kennenlernen, und der Vergleich mit experimentellen Werten wird uns die Grenzen der Anwendbarkeit unseres einfachen Modells aufzeigen (Abschn. 1.2.3).

1.2.1
Das Modell des idealen Gases

In der Mechanik haben wir es im Allgemeinen mit endlich großen Massen zu tun, die sich in verschiedener Art und Weise bewegen können; sie können eine translatorische Bewegung ausführen, sie können rotieren, oder sie können schwingen. Alle diese Bewegungsformen können wir sehend und messend verfolgen, ihre Gesetzmäßigkeiten studieren und in Form von physikalischen Gesetzen niederschreiben. Auf diese Weise können wir das *Newton'sche Kraftgesetz*, den *Satz von der Erhaltung der Energie* und den *Satz von der Erhaltung des Impulses* aufstellen.

In der uns umgebenden gasförmigen Materie können wir selbst mit den besten Mikroskopen keine einzelnen Teilchen erkennen. Trotzdem nehmen wir nun an, dass auch die gasförmige Materie aus – wenn auch sehr kleinen – einzelnen Teilchen aufgebaut ist, die eine definierte Masse haben. Diese Annahme ist zunächst eine reine Hypothese, die allerdings durch Erfahrungen des täglichen Lebens gestützt wird: Wir spüren die Wirkung des Windes, wir können die Gase wiegen, wir können mit ihnen wie mit Feststoffen chemische Reaktionen durchführen. Auf die kleinen, unsichtbaren Gasteilchen übertragen wir nun die an massiven Körpern studierten Bewegungsgesetze. Das ist zunächst nur ein Versuch, Bekanntes auf ein anschauliches Modell anzuwenden. Erst das Ergebnis, die Richtigkeit der damit durchgeführten Berechnungen, rechtfertigen diesen Versuch. Es darf aber nicht wundernehmen, wenn dieses grobe Bild vom Aufbau eines Gases bald seine Grenzen zeigen wird.

Im Einzelnen gehen wir von folgendem Modell für ein *ideales Gas* aus:

1. Das Gas besteht aus einzelnen Teilchen, den Molekülen oder Atomen.
2. Die Abmessungen der Teilchen sind klein gegenüber ihrer gegenseitigen Entfernung und gegenüber den Gefäßdimensionen.
3. Die Teilchen üben keinerlei Kräfte aufeinander aus.
4. Die Teilchen befinden sich, wie wir es von der Brown'schen Molekularbewegung her kennen, ständig in einer völlig ungeordneten Bewegung.
5. Die Teilchen verhalten sich wie starre Kugeln.
6. Für Stöße der Teilchen untereinander und auf die Wand sollen der Energie- und Impulserhaltungssatz uneingeschränkte Gültigkeit besitzen.

Zur Vereinfachung der sich anschließenden Berechnung machen wir zwei weitere – für das Resultat jedoch nicht notwendige – Annahmen:

7. Alle Teilchen haben die gleiche Geschwindigkeit $\bar{v}$.
8. Je ein Drittel aller Teilchen bewegt sich parallel zu einer der drei Raumrichtungen.

Wir stellen uns nun vor, dass sich unser Gas in einem quaderförmigen Behälter befindet, und untersuchen, welche Wirkung die Stöße der Gasmoleküle auf die zur y, z-Ebene parallele Wand mit der Fläche A haben. Nach unserer Voraussetzung fliegt 1/3 aller Teilchen parallel zur x-Achse, 1/6 aller Teilchen also senkrecht auf A zu. In einer bestimmten Zeitspanne dt werden von diesen Molekülen nur diejenigen auf die Wand auftreffen, die zu Beginn dieser Zeitspanne höchstens um die Strecke $\bar{v}dt$ von A entfernt waren, wenn $\bar{v}$ die Geschwindigkeit der Teilchen ist. Das heißt aber, dass in dieser Zeitspanne 1/6 aller in dem in Abb. 1.2-1 schraffierten Quader enthaltenen Teilchen auf A auftreffen. Ist ^1N die Anzahldichte der Gasteilchen, so ist die Zahl der Stöße während der Zeit dt auf A $\frac{1}{6}{}^1N A\bar{v}dt$. Jedes Teilchen der Masse m hat vor dem Stoß den Impuls $m\bar{v}$, nach dem Stoß einen Impuls gleicher Größe, aber entgegengesetzter Richtung. Deshalb überträgt jedes

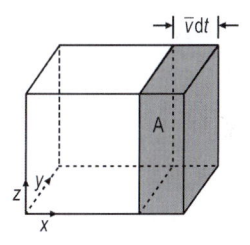

Abbildung 1.2-1 Zur Ableitung des Gasdruckes.

Teilchen beim Stoß einen *Impuls* der Größe $2m\bar{v}$ auf die Wand. Der während dt auf A insgesamt übertragene Impuls dp_x ist dann

$$dp_x = 2 \cdot \frac{1}{6} \cdot {}^1N \cdot A \cdot \bar{v} \cdot m \cdot \bar{v} \cdot dt \tag{1.2-1}$$

Nun ist aber die Ableitung des Impulses nach der Zeit nichts anderes als die Kraft F

$$\frac{dp_x}{dt} = F \tag{1.2-2}$$

und die durch die Fläche dividierte Kraft der Druck p

$$p = \frac{F}{A} \tag{1.2-3}$$

so dass sich wegen der unter Punkt 7 gemachten Annahme ($\bar{v}^2 = \overline{v^2}$) aus der Kombination von Gl. (1.2-1) bis (1.2-3) ergibt

$$p = \frac{1}{3} {}^1 N m \overline{v^2} \tag{1.2-4}$$

1.2.2
Kinetische Energie und Temperatur

Ersetzen wir nun ${}^1N$ durch die *Loschmidt'sche Konstante* N_A (Neuerdings wird vielfach die Bezeichnung *Avogadro'sche Konstante* verwendet.) und das molare Volumen V_{mol}, so erhalten wir aus Gl. (1.2-3)

$$pV_{mol} = \frac{1}{3} N_A \cdot m\overline{v^2} \tag{1.2-5}$$

$\frac{1}{2} m\bar{v}^2$ ist die kinetische Energie ε_{trans} eines Gasteilchens, das nur eine Translationsbewegung ausführt, $N_A \cdot \varepsilon_{trans}$ die molare kinetische Energie der Gasteilchen, so dass wir auch schreiben können

$$pV_{mol} = \frac{2}{3} \cdot N_A \cdot \varepsilon_{trans} \tag{1.2-6}$$

An dieser Stelle bietet sich ein Vergleich mit dem idealen Gasgesetz

$$pV_{mol} = RT \tag{1.1-48}$$

an. Er zeigt uns, dass eine unmittelbare Beziehung zwischen der Temperatur T eines Gases und der molaren Translationsenergie der Gasteilchen besteht. Zunächst folgt

$$N_A \cdot \varepsilon_{trans} = \frac{3}{2} RT \qquad (1.2\text{-}7)$$

Beziehen wir uns nun auf ein Teilchen, indem wir durch N_A dividieren, und führen für den Quotienten R/N_A die *Boltzmann'sche Konstante k* ein, so erhalten wir schließlich

$$\varepsilon_{trans} = \frac{3}{2} \frac{R}{N_A} T = \frac{3}{2} kT \qquad (1.2\text{-}8)$$

Daraus erkennen wir, dass Wärme – ganz allgemein betrachtet – eine Art von Bewegung sein muss.

Der Joule'sche Versuch zur Bestimmung des mechanischen Wärmeäquivalentes erscheint uns jetzt in einem ganz neuen Licht.

Mechanische Energie wird sichtbar, wenn die Bewegungen der unsichtbaren Teilchen so koordiniert werden, dass es zu einer gleichmäßigen Bewegung einer großen Gruppe von Teilchen kommt. Wenn sich ein Festkörper mit konstanter Geschwindigkeit bewegt, dann haben alle Atome dieses Festkörpers eine in Richtung und Größe gleiche Geschwindigkeit. Wir können die kinetische Energie dieses Festkörpers aus seiner Masse (der Summe der Massen aller ihn aufbauenden Atome) und seiner beobachtbaren Geschwindigkeit (die gleich ist der Geschwindigkeit eines jeden seiner Atome) berechnen. Die mechanische Energie wird in Wärme verwandelt, wenn die Koordination der Bewegung der einzelnen Teilchen zerstört wird und die Bewegung nicht länger als solche wahrnehmbar ist, es sei denn durch das Wärmeempfinden. Aus der Sicht des individuellen Teilchens (Atom oder Molekül) hat sich aber – in dieser vereinfachenden Betrachtung – überhaupt nichts geändert, wenn die mechanische Energie in Wärme umgewandelt ist.

Bringen wir zwei ideale Gase unterschiedlicher Molekülmasse miteinander in Kontakt, so stellt sich nach einiger Zeit das thermische Gleichgewicht ein (vgl. Abschnitt 1.1.6), beide Gase nehmen die gleiche Temperatur an. Dann muss nach Gl. (1.2-8) aber auch die mittlere kinetische Energie aller Gasteilchen gleich groß sein, d. h. es muss gelten

$$\frac{1}{2} m_1 \overline{v_1^2} = \frac{1}{2} m_2 \overline{v_2^2} \quad \text{oder} \qquad (1.2\text{-}9)$$

$$\frac{\overline{v_1}}{\overline{v_2}} = \sqrt{\frac{m_2}{m_1}} \qquad (1.2\text{-}10)$$

Das Verhältnis der mittleren Geschwindigkeiten der Moleküle zweier verschiedener miteinander im thermischen Gleichgewicht stehender Gase ist umgekehrt proportional der Wurzel aus dem Verhältnis ihrer Molekülmassen.

Wenn die Moleküle zweier unterschiedlicher Gase im thermischen Gleichgewicht dieselbe kinetische Energie ε_{trans} besitzen, dann stimmen nach Gl. (1.2-6) bei gleichen Drücken die molaren Volumina der beiden Gase überein, das bedeutet, dass in gleichen Volumina die gleiche Stoffmenge bzw. die gleiche Anzahl Teilchen enthalten ist. Es folgt also aus der Kombination der Gleichungen (1.2-9) und (1.2-6) unmittelbar das *Avogadro'sche Gesetz*.

Es muss an dieser Stelle vermerkt werden, dass wir in Abschnitt 4.3 bei einer exakten Behandlung der hier vereinfacht dargestellten Probleme feststellen werden, dass wir das richtige Ergebnis (Gl. 1.2-7) dank der Kompensation von zwei auf grobe Vereinfachungen zurückzuführenden Fehlern erhalten haben, deren Ursache wir jetzt allerdings noch nicht verstehen können.

1.2.3
Die molare Wärmekapazität der Gase

Ein ideales, einatomiges Gas kann keine Schwingungsenergie und keine Rotationsenergie besitzen. Ersteres ist ohne weiteres verständlich, da ein schwingungsfähiges Teilchen mindestens aus zwei Atomen bestehen müsste, zwischen denen Kräfte wirksam sind. Letzteres können wir richtig erst mit Hilfe der Quantenmechanik verstehen, doch ergibt sich auch schon klassisch, dass die Rotationsenergie null wird, vgl. Gl. (1.2-14), sofern die Masse auf der Rotationsachse liegt und damit das Trägheitsmoment null ist. Ein ideales, einatomiges Gas kann deshalb nur Translationsenergie besitzen. $N_A \cdot \varepsilon_{trans}$ in Gl. (1.2-7) ist dann identisch mit der molaren Inneren Energie dieses Gases:

$$u = \frac{3}{2} RT \qquad (1.2\text{-}11)$$

Differenzieren wir diesen Ausdruck nach T (vgl. Gl. 1.1-90), so erhalten wir die molare Wärmekapazität c_v des idealen einatomigen Gases:

$$c_v = \left(\frac{\partial u}{\partial T}\right)_v = \frac{3}{2} R \qquad (1.2\text{-}12)$$

Danach sollte die molare Wärmekapazität des idealen einatomigen Gases unabhängig von der chemischen Natur dieses Gases und unabhängig von der Temperatur sein. Der mit Hilfe der kinetischen Gastheorie berechnete Wert von 1.5 R stimmt exakt mit dem für die Edelgase und auch für einatomigen Quecksilberdampf für niedrige Drücke und hinreichend hohe Temperaturen (ideales Verhalten) experimentell bestimmten Wert überein (vgl. Abb. 1.2-3).

Dieses Ergebnis ermutigt uns, zu prüfen, ob die Übertragung der Erkenntnisse der klassischen Mechanik auf den molekularen Bereich auch dann noch zu richtigen Resultaten führt, wenn wir die Beschränkung auf einatomige Gase fallenlassen und mehratomige Gase betrachten. Mehratomige Gase sollten außer der Translation auch Rotationen und Schwingungen ausführen können, so dass in der Inneren Energie ein Rotations- und ein Schwingungsanteil enthalten sein sollte.

Um die Größe der Rotations- und Schwingungsenergie der Gasmoleküle angeben zu können, müssen wir den klassischen Gleichverteilungssatz der Energie heranziehen, den wir allerdings erst später ableiten können (vgl. Abschnitt 4.3.4).

> Der *Gleichverteilungssatz der Energie* besagt, dass im thermischen Gleichgewicht auf jeden Freiheitsgrad, der quadratisch in die Energie eines Moleküls eingeht, die gleiche Energie entfällt. Unter einem solchen *quadratischen Freiheitsgrad* verstehen wir den x-, y- oder z-Term der Translationsenergie
>
> $$\varepsilon_{\text{trans}} = \frac{1}{2}mv_x^2 + \frac{1}{2}mv_y^2 + \frac{1}{2}mv_z^2 \qquad (1.2\text{-}13)$$
>
> oder den x-, y- oder z-Term der Rotationsenergie
>
> $$\varepsilon_{\text{rot}} = \frac{1}{2}I_x\omega_x^2 + \frac{1}{2}I_y\omega_y^2 + \frac{1}{2}I_z\omega_z^2 \qquad (1.2\text{-}14)$$
>
> mit den Trägheitsmomenten I_x, I_y und I_z um die x-, y- und z-Achse und den Winkelgeschwindigkeiten ω_x, ω_y und ω_z. Im Fall der Schwingungen müssen wir berücksichtigen, dass jeder Schwingung, z. B. in der x-Richtung, entsprechend der Überlagerung von kinetischer und potentieller Energie zwei quadratische Freiheitsgrade zukommen:
>
> $$\varepsilon_{\text{vib}} = \frac{1}{2}\mu_x v_x^2 + \frac{1}{2}Dx^2 \qquad (1.2\text{-}15)$$
>
> Dabei bedeutet μ_x die reduzierte Masse, D die Direktionskonstante und x die Auslenkung aus der Ruhelage.

Kommt nach Gl. (1.2-11) der molaren Translationsenergie ein Betrag von $\frac{3}{2}RT$ zu, so müsste, da die kinetische Energie drei Freiheitsgrade besitzt (vgl. Gl. 1.2-13), auf einen Freiheitsgrad die molare Energie $\frac{1}{2}RT$ oder (vgl. Gl. 1.2-12) eine molare Wärmekapazität von $\frac{1}{2}R$ entfallen. Nach dem Gleichverteilungssatz der Energie müssten diese Beträge auch für die Freiheitsgrade der Rotation und Schwingung zutreffen.

An dieser Stelle müssen wir zunächst noch überlegen, wie wir bei einem mehratomigen Molekül die Anzahl der Freiheitsgrade der einzelnen Bewegungsarten ermitteln. Da in einem n-atomigen Molekül jedes Atom 3 Freiheitsgrade der Bewegung besitzt, ist die Gesamtzahl der Freiheitsgrade $3n$. Betrachten wir nun die Translation eines Moleküls, so können wir sie durch die Translation seines Schwerpunktes beschreiben, wofür wir 3 Freiheitsgrade in Anspruch nehmen müssen. Somit verbleiben für die Rotation und Schwingung $3n - 3$ Freiheitsgrade.

Die Rotationsbewegung können wir durch die Rotation des gesamten Moleküls um seinen Schwerpunkt beschreiben. Im Falle eines zweiatomigen oder eines gestreckten mehratomigen Moleküls wählen wir als eine der Rotationsachsen die Molekülachse. Die beiden anderen Rotationsachsen stehen dann im Schwerpunkt

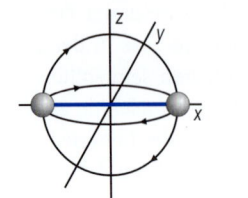

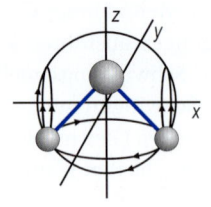

Abbildung 1.2-2 Rotationsachsen gestreckter und gewinkelter mehratomiger Moleküle.

senkrecht zur Molekülachse. Dann ist das Trägheitsmoment für die Rotation um die Molekülachse verschwindend klein, die Rotationsenergie wird nach Gl. (1.2-14) nur durch die Rotation um die senkrecht zur Molekülachse stehenden Achsen bestimmt. (In Abschnitt 3.1.1 werden wir dies genauer erklären können.) Jedes gestreckte Molekül sollte also nur zwei Freiheitsgrade der Rotation aufweisen. Anders liegen die Verhältnisse bei einem gewinkelten Molekül (vgl. Abb. 1.2-2), bei dem wir die Rotation nur als Rotation um drei zueinander senkrecht stehende Achsen erklären können, so dass wir für die Rotation drei Freiheitsgrade benötigen. Für die Schwingungsbewegung bleiben demnach für ein zweiatomiges oder ein gestrecktes mehratomiges Molekül $3n - 5$ Freiheitsgrade, für ein gewinkeltes mehratomiges Molekül $3n - 6$ Freiheitsgrade übrig. Jedem von diesen sind gemäß Gl. (1.2-15) zwei quadratische Freiheitsgrade zuzuordnen. Die nach diesen Überlegungen zu erwartenden Freiheitsgrade und molaren Wärmekapazitäten sind in Tab. 1.2-1 zusammengestellt.

Zum Vergleich mit experimentellen Werten dient Abb. 1.2-3. Bei einatomigen Edelgasen oder auch beim einatomigen Quecksilberdampf finden wir erwartungsgemäß unabhängig von der Temperatur c_v-Werte von $1.5\ R$.

Doch schon bei zweiatomigen Gasen stellen wir fest, dass der von uns erwartete Wert von $c_v = 3.5\ R$ offenbar ein Grenzwert ist, der bei den meisten Gasen erst bei sehr hohen Temperaturen erreicht wird.

Beim Wasserstoff finden wir bei Temperaturen unterhalb von 50 K $c_v = 1.5\ R$, zwischen Raumtemperatur und 600 K $c_v \approx 2.5\ R$ und erst oberhalb von 1000 K

Tabelle 1.2-1 Berechnete molare Wärmekapazitäten von Gasen.

Anzahl der Atome	Freiheitsgrade der Translation	Rotation	Schwingung	Gesamtzahl der quadratischen Freiheitsgrade	c_v
1	3	–	–	3	$1.5\ R$
2	3	2	1	7	$3.5\ R$
3, gestreckt	3	2	4	13	$6.5\ R$
3, gewinkelt	3	3	3	12	$6.0\ R$
n, gewinkelt	3	3	$3n - 6$	$6n - 6$	$(3n-3)R$

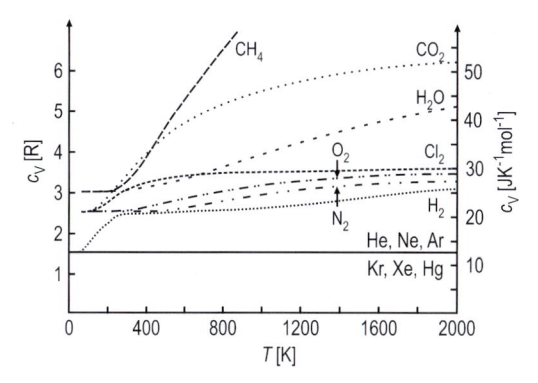

Abbildung 1.2-3 Temperaturabhängigkeit der molaren Wärmekapazitäten verschiedener Gase.

einen weiteren, deutlichen Anstieg. Bei Stickstoff und Sauerstoff liegt der c_v-Wert bis etwa 400 K bei 2.5 R und nähert sich erst bei 2000 K 3.5 R. Beim Chlor findet ein Übergang von 2.5 R auf 3.5 R bereits zwischen 150 und 600 K statt. Auffällig ist, dass die Kurven c_v vs T gerade bei den Werten 1.5 R und 2.5 R, die dem Translations- bzw. dem Translations- und Rotationsanteil der molaren Wärmekapazitäten entsprechen, ausgeprägte Plateaus aufweisen. Wir müssen daraus schließen, dass im Gegensatz zur Aussage des Gleichverteilungssatzes der Energie die Translations-, Rotations- und Schwingungsbewegung bei niedrigen und mittleren Temperaturen nicht gleichberechtigt nebeneinander auftreten. Wir erkennen, dass offenbar hierbei die chemische Natur der Gase eine Rolle spielt. Wasserstoff kann bei sehr tiefen Temperaturen nur Translationsbewegungen ausführen, die Schwingungsbewegung spielt erst oberhalb von 1000 K eine wesentliche Rolle. Chlor hingegen zeigt auch bei tiefen Temperaturen neben der Translationsbewegung eine Rotationsbewegung, und die Schwingung ist schon bei 600 K „voll angeregt".

Wenden wir uns noch kurz der Betrachtung der molaren Wärmekapazitäten mehratomiger Moleküle zu und wählen als Beispiel für ein gestrecktes dreiatomiges Molekül das Kohlendioxid, als Beispiel für ein gewinkeltes dreiatomiges Molekül das Wasser und als Beispiel für ein fünfatomiges Molekül das Methan. Nach dem Gleichverteilungssatz der Energie sollten wir für diese Moleküle für c_v die Werte 6.5 R, 6.0 R und 12.0 R erwarten. Diese Werte werden selbst bei hohen Temperaturen noch nicht angenommen, und wie bei den zweiatomigen Gasen sprechen die c_v-Werte bei niedrigen Temperaturen für ein Fehlen des Schwingungsanteils.

Wir können die in diesem Abschnitt behandelten Erscheinungen, die Abweichungen vom Gleichverteilungssatz der Energie, vom Standpunkt der klassischen Mechanik her nicht verstehen. Wir erkennen hier einerseits eine Grenze unseres einfachen Modells, sehen andererseits aber, dass die Aussagen der klassischen Betrachtungsweise offenbar einen bei hohen Temperaturen zu erreichenden Grenzfall darstellen. Wir schließen daraus, dass wir unser Modell weiter verfeinern müssen. Als erstes wollen wir die im Abschnitt 1.2.1 unter Punkt 7 gemachte, vereinfachende Annahme fallen lassen, dass sämtliche Moleküle die gleiche Geschwindigkeit $\bar{v}$ besitzen. Wir wollen versuchen, einen tieferen Einblick in das tatsächliche Geschehen im atomaren oder molekularen Bereich zu gewinnen.

1.2.4
Kernpunkte des Abschnitts 1.2

> *Modell des idealen Gases*, S. 82
> ☑ Ableitung des Gasdrucks, S. 83
> ☑ Beziehung zwischen Translationsenergie und Temperatur, Gl. (1.2-8)
> ☑ Temperaturabhängigkeit der Inneren Energie eines einatomigen Gases, Gl. (1.2-11)
> ☑ Molare Wärmekapazität eines einatomigen Gases, Gl. (1.2-12)
> ☑ Gleichverteilungssatz der Energie, S. 87
> ☑ Quadratischer Freiheitsgrad, S. 87
> ☑ Temperaturabhängigkeit der molaren Wärmekapazität von Gasen, Abb. 1.2-3

1.2.5
Rechenbeispiele zu Abschnitt 1.2

1. In einem sich im thermischen Gleichgewicht befindlichen System ist gleichzeitig Wasserstoff, Stickstoff und Sauerstoff enthalten. In welchem Verhältnis zueinander stehen die mittleren Geschwindigkeiten der Wasserstoff-, Stickstoff- und Sauerstoffmoleküle?

2. Es werden zwei miteinander nicht im Gleichgewicht befindliche Systeme verglichen, von denen eines Helium, das andere Argon enthält. Ersteres hat eine Temperatur von 300 K. Wie hoch ist die Temperatur des letzteren, wenn die mittleren Geschwindigkeiten der Moleküle in beiden Systemen einander gleich sind?

3. Man berechne ohne Verwendung von Tabellenwerten $\gamma = \dfrac{c_p}{c_v}$ für einatomige, zweiatomige, gestreckte dreiatomige und gewinkelte dreiatomige Moleküle unter der Annahme der Gültigkeit des Gleichverteilungssatzes der Energie.

4. Ein System A enthalte 2 mol Helium, es habe eine Temperatur von 600 K. Ein System B, das 1 mol Chlordampf enthält, befinde sich auf einer Temperatur von 1100 K. Welche Temperatur stellt sich ein, wenn die beiden Systeme über eine diathermische Wand ins thermische Gleichgewicht gebracht werden? Ein Energieaustausch mit der Umgebung soll nicht stattfinden, die Gültigkeit des Gleichverteilungssatzes der Energie ist in diesem speziellen Fall gegeben. Man verwende keine Tabellenwerte.

5. In einem Gefäß befindet sich ein Gas, von dem man nicht weiß, ob es Helium oder Wasserstoff ist. Es ist aber bekannt, dass die Temperatur des Gases bei reversibler, adiabatischer Expansion von 150 cm^3 auf 180 cm^3 von 300 K auf 279 K fällt. Man löse diese Aufgabe, ohne Tabellenwerke zu benutzen, bedenke aber, dass in dem zutreffenden Temperaturbereich die Schwingung des Wasserstoffs noch nicht angeregt ist.

6. Ein System bestehe aus 2 mol Argon. Welche Energie muss man dem System zuführen, wenn man es auf 400 K erwärmen will und die mittlere Geschwindigkeit der Atome bei der Ausgangstemperatur 300 ms^{-1} beträgt? (Man nehme an, dass alle Teilchen dieselbe Geschwindigkeit haben.)

7. Welche Wärmemenge muss man einem Mol Wasser entziehen, um es bei konstantem Volumen um 15 K abzukühlen? In dem betrachteten Temperaturbereich liege das Wasser als Dampf vor, auf den sich der Gleichverteilungssatz der Energie anwenden lässt.

1.2.6
Literatur zu Abschnitt 1.2

Weiterführende Literatur zu Abschnitt 1.2 ist im Abschnitt 4 aufgeführt.

1.3
Einführung in die statistische Thermodynamik

Die kinetische Gastheorie hat uns unserem Ziel, Absolutberechnungen thermodynamischer Größen durchzuführen, zumindest für den Spezialfall des idealen Gases ein wenig nähergebracht. Wir haben erkannt, dass es grundsätzlich möglich sein sollte, von einem geeigneten Modell über den Aufbau der Materie ausgehend unter Verwendung der Grundgesetze der Mechanik und Elektrizitätslehre die makroskopisch wahrnehmbaren Erscheinungen als Folge des Verhaltens der atomistischen Bausteine der Materie quantitativ zu beschreiben. Das Modell, das wir bisher benutzt haben, ist jedoch zu sehr vereinfacht.

Wir wollen jetzt gleich einen wesentlichen Schritt weitergehen. Wir lassen die Annahme fallen, dass alle atomaren oder molekularen Bausteine der Materie des von uns betrachteten Systems die gleiche (mittlere) Energie besitzen. Mit Hilfe der Mechanik – später werden wir sehen, dass hierfür die Quantenmechanik zuständig ist – berechnen wir den energetischen Zustand eines jeden atomaren oder molekularen Bausteins ganz exakt. Das Verhalten eines makroskopischen Systems muss sich dann als Summe der Eigenschaften aller elementaren Bausteine ergeben.

Hier tritt allerdings eine neue Schwierigkeit auf. Infolge der Kleinheit der elementaren Bausteine ist ein makroskopisches System aus einer sehr großen Zahl von Einzelteilchen aufgebaut. So enthält beispielsweise ein Kubikzentimeter Luft unter Normalbedingungen größenordnungsmäßig 10^{20} Moleküle. Es ist also unmöglich, die makroskopischen Eigenschaften eines Systems unmittelbar durch

Summation aus den Eigenschaften aller elementaren Bausteine zu ermitteln. Vielmehr müssen wir uns hier der Hilfsmittel der *Wahrscheinlichkeitsrechnung* und der *Statistik* bedienen.

Wenn wir das mittlere Alter der Hörer in einer Vorlesung ermitteln wollen, können wir jeden einzelnen nach seinen Lebensjahren fragen, alle Lebensjahre addieren und durch die Anzahl der Hörer teilen. Wir können aber auch fragen, wie viele null Jahre, ein Jahr, zwei Jahre alt sind und so fortfahren, bis sich kein Älterer mehr findet. Multiplizieren wir das Alter in Jahren mit der jeweiligen Anzahl von Hörern, die dieses Alter besitzen, addieren all diese Produkte und dividieren durch die Zahl der Hörer, so kommen wir zum gleichen Ergebnis wie beim ersten Verfahren, bei einer sehr großen Anzahl von Hörern zweifellos schneller. Zudem haben wir eine weit detailliertere Information erhalten als beim ersten Verfahren, wir kennen jetzt nämlich auch die Altersstruktur. Tragen wir die Anzahl der Hörer mit einem bestimmten Alter gegen die Lebensjahre auf, so erhalten wir eine *Verteilungsfunktion*. Eine solche Verteilungsfunktion kann breit oder auch schmal sein und in beiden Fällen bei gleicher Hörerzahl zum gleichen Durchschnittsalter führen.

Wir werden uns in diesem Abschnitt zunächst anhand einiger konkreter Beispiele mit Verteilungsfunktionen beschäftigen und zu dem Ergebnis kommen, dass es bei einem aus einer hinreichend großen Zahl von Teilchen aufgebauten, im thermischen Gleichgewicht befindlichen System nur *eine* Verteilungsfunktion gibt, die für das System charakteristisch ist (Abschn. 1.3.1).

Unter Zugrundelegen eines bestimmten Modells wird es uns gelingen, eine Verteilungsfunktion zu berechnen, die uns angibt, welcher Bruchteil aller Teilchen eines Systems eine bestimmte Energie besitzt. Im konkreten Fall handelt es sich um die *Boltzmann-Statistik* und die *Boltzmann'sche Verteilungsfunktion* (Abschn. 1.3.2).

Wir werden den Begriff der *Zustandssumme* kennenlernen und mit deren Hilfe die Innere Energie des Systems berechnen (Abschn. 1.3.3 bis 1.3.4).

Schließlich werden wir ein neues Kriterium für die Richtung eines irreversiblen Prozesses finden und eine Beziehung zur Entropie formulieren. Der Begriff Entropie wird dadurch an Anschaulichkeit gewinnen (Abschn. 1.3.5).

1.3.1
Wahrscheinlichkeitsrechnung und Verteilungsfunktion

Können wir nicht das Verhalten eines jeden einzelnen Teilchens berücksichtigen, so müssen wir nach dem wahrscheinlichen Verhalten der Teilchen fragen und daraus die Eigenschaften des makroskopischen Systems ermitteln. Wir müssen eine sog. *Verteilungsfunktion* aufstellen, die uns angibt, wie sich die Teilchen des Gesamtsystems auf die verschiedenen möglichen energetischen Zustände verteilen. Eine solche Verteilungsfunktion ist beispielsweise die Geschwindigkeitsverteilungsfunktion, mit deren Hilfe wir ermitteln können, welcher Anteil der Moleküle des Systems eine Geschwindigkeit innerhalb des Intervalls zwischen v und $v + \mathrm{d}v$ hat, wobei v eine von uns willkürlich herausgegriffene Geschwindigkeit ist.

Die zu einem bestimmten Zeitpunkt tatsächlich vorliegende Verteilung kann man zwar nicht exakt berechnen, doch kann man ermitteln, wie wahrscheinlich eine prinzipiell mögliche Verteilung ist, die dem makroskopisch wahrnehmbaren Geschehen gerecht wird. Bei einer solchen Berechnung zeigt es sich, dass im Wesentlichen nur eine bestimmte Verteilung als wahrscheinlich übrig bleibt, während die anderen, merklich davon abweichenden Verteilungen ihr gegenüber als wenig wahrscheinlich vernachlässigt werden können. Hat man eine solche Verteilungsfunktion erst einmal ermittelt, so braucht man nur über sie zu integrieren, um eine bestimmte, physikalisch messbare Größe zu berechnen.

Die Tatsache, dass von allen denkbaren Verteilungen nur *eine* besonders wahrscheinlich ist, ergibt sich aus dem Gesetz der großen Zahlen. Dies wollen wir an einem einfachen, anschaulichen Beispiel erkennen.

Wir nehmen einen sehr exakt gearbeiteten Würfel und führen mit ihm eine große Anzahl von Würfen aus. Da keine der sechs Flächen bevorzugt ist, werden wir alle Augenzahlen von 1 bis 6 mit gleicher Wahrscheinlichkeit, d. h. nach sehr vielen Würfen gleich häufig gewürfelt haben.

Anders liegen die Verhältnisse, wenn wir das Spiel mit zwei Würfeln ausführen, die sich lediglich in ihrer Farbe unterscheiden mögen. Wir werden jetzt die Augenzahlen 2 bis 12 erhalten, jedoch mit unterschiedlicher Häufigkeit. Abb. 1.3-1 gibt uns die Erklärung dafür: Es gibt jeweils nur eine Möglichkeit, die 2 oder die 12 zu würfeln, aber sechs Möglichkeiten, die 7 zu würfeln.

Bezeichnen wir den Quotienten aus der Zahl der günstigen Fälle zur Gesamtzahl der Möglichkeiten als Wahrscheinlichkeit, so ergibt sich beim Spiel mit einem Würfel für alle Augenzahlen die Wahrscheinlichkeit 1/6. Beim Spiel mit zwei Würfeln ist die Wahrscheinlichkeit für die Augenzahl 2 1/36. Sie steigt dann mit zunehmender Augenzahl bis zur Augenzahl 7 linear auf 1/6 an und fällt bis zur Augenzahl 12 wieder linear auf 1/36 ab.

Beim gleichzeitigen Spiel mit drei Würfeln ist die Wahrscheinlichkeit, die niedrigste (3) oder höchste Augenzahl (18) zu würfeln, nur 1/216, während die Wahrscheinlichkeit für die mittleren Augenzahlen 10 und 11 den Wert 1/8 hat. Der Anstieg der Wahrscheinlichkeit zum Maximalwert ist stärker als linear.

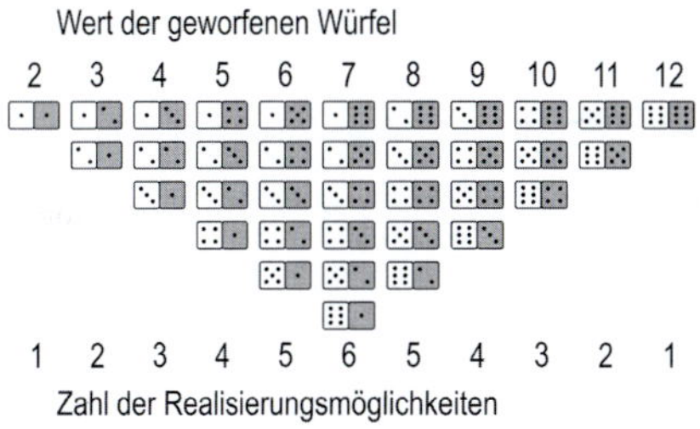

Abbildung 1.3-1 Realisierungsmöglichkeiten für die Augenzahlen 2 bis 12 beim Spiel mit zwei Würfeln.

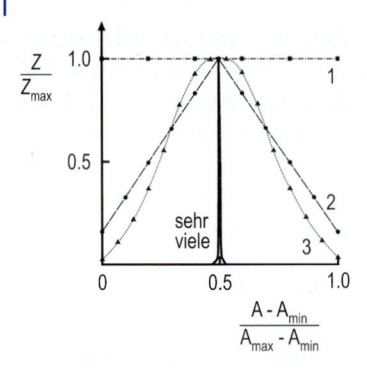

Abbildung 1.3-2 Vergleich der relativen Wahrscheinlichkeiten für das Würfeln bestimmter Augenzahlen beim Spiel mit verschieden vielen Würfeln. Die eingezeichneten Kurven sind lediglich Verbindungslinien zwischen den einzelnen diskreten Punkten (6 im Fall 1, 11 im Fall 2, 16 im Fall 3 usw.) Beim Spiel mit einer endlichen Zahl von Würfeln ergibt sich kein stetiger Graph.

In Abb. 1.3-2 sind die Ergebnisse beim Spiel mit verschieden vielen Würfeln dargestellt. Um einfacher vergleichen zu können, ist der Quotient zwischen der Wahrscheinlichkeit und der maximalen Wahrscheinlichkeit in Abhängigkeit vom Quotienten zwischen Augenzahl und maximaler Augenzahl dargestellt. Man erkennt deutlich, dass mit zunehmender Zahl von Würfeln die Wahrscheinlichkeit, eine bestimmte (mittlere) Augenzahl zu würfeln, im Vergleich zur Wahrscheinlichkeit, andere Augenzahlen zu würfeln, stark zunimmt. Wir können nun verstehen, weshalb beim Spiel mit sehr vielen Würfeln praktisch nur mittlere Augenzahlen gewürfelt werden.

Wir wollen versuchen, die mit dem Würfelspiel gewonnenen Erkenntnisse auf unser physikalisches Problem, die Energieverteilung der Moleküle eines Systems, zu übertragen. Bei dieser Gelegenheit müssen wir zwei neue Begriffe einführen. Unter einem *Mikrozustand* wollen wir eine mögliche Zuordnung von bestimmten Teilchen zu bestimmten Energiezuständen verstehen. Im allgemeinen wird durch mehrere Mikrozustände ein bestimmter *Makrozustand* realisiert werden können, bei dem wir nur voraussetzen, dass eine bestimmte Anzahl von Teilchen in bestimmten Energiezuständen vorliegt, ohne die Teilchen selbst zu benennen.

Der qualitative Vergleich von Würfelspiel und physikalischen Problemen ergibt sich dann wie folgt: Es liegt eine sehr große Anzahl von Teilchen (Würfeln) vor. Es wird die Frage gestellt, durch wie viele Mikrozustände (unterschiedliche Zuordnungen von Augenzahlen 1 bis 6 zu Würfeln) ein bestimmter Makrozustand (Gesamtaugenzahl) realisiert werden kann.

Ein Beispiel mit kleinen Zahlen soll uns dies wieder veranschaulichen. Wir haben drei voneinander unterscheidbare Moleküle A, B und C. Diese Moleküle mögen nur in vier verschiedenen Energiezuständen vorliegen können, die wir mit ε_0, ε_1, ε_2, und ε_3 bezeichnen. Dabei bedeute ε_0 energielos, $\varepsilon_2 = 2 \cdot \varepsilon_1$ und $\varepsilon_3 = 3 \cdot \varepsilon_1$. (Solche äquidistanten Energiezustände werden wir später beim harmonischen Oszillator (Abschnitt 3.1.2) finden.) Die Gesamtenergie des Systems sei $3 \cdot \varepsilon_1$. Dann gibt es drei verschiedene Makrozustände I bis III, die diese Bedingungen erfüllen und die sich dadurch unterscheiden, dass unterschiedliche Zahlen N_i von Molekülen die Energie ε_i besitzen. Denn wenn drei Moleküle die Gesamtenergie $3\varepsilon_1$ besitzen sollen, sind nur folgende drei Verteilungen (Makrozustände) möglich:

I $N_0 = 2, N_1 = 0, N_2 = 0, N_3 = 1; \sum N_i = 3; \sum N_i\varepsilon_i = 3\varepsilon_1$

II $N_0 = 1, N_1 = 1, N_2 = 1, N_3 = 0; \sum N_i = 3; \sum N_i\varepsilon_i = 3\varepsilon_1$

III $N_0 = 0, N_1 = 3, N_2 = 0, N_3 = 0; \sum N_i = 3; \sum N_i\varepsilon_i = 3\varepsilon_1$

Diese drei Makrozustände sind durch die in Tab. 1.3-1 aufgeführten Mikrozustände realisierbar. Dabei müssen wir berücksichtigen, dass die Vertauschung zweier Moleküle, die sich im gleichen Energiezustand befinden, keinen neuen Mikrozustand schafft. Wir erkennen aus Tab. 1.3-1, dass die Makrozustände I, II und III durch 3, 6 bzw. 1 Mikrozustand aufgebaut werden können. Unter der Voraussetzung, dass jeder Mikrozustand die gleiche Chance hat, realisiert zu werden, ist der Makrozustand II also der wahrscheinlichste. Wir sagen, er hat das größte *statistische Gewicht* Ω. Die statistischen Gewichte sind für die drei Makrozustände 3 (I), 6 (II) bzw. 1 (III).

Bei dem angeführten Beispiel lässt sich das statistische Gewicht eines jeden Makrozustandes noch leicht abzählen. Bei einer großen Anzahl von Teilchen und Energiezuständen ist das natürlich nicht mehr möglich. Für diesen Fall müssen wir nach einer Formel zur Berechnung des statistischen Gewichts suchen. Für den Fall, dass alle $N_i = 1$ sind, d. h. dass die Zahl der Energiezustände mit der Zahl N der Teilchen übereinstimmen würde und jeweils nur ein Teilchen einen bestimmten Energiezustand annehmen könnte, wäre die Zahl der Mikrozustände und damit das Gewicht des Makrozustandes gleich der Zahl der Permutationen von N Teilchen, also

$$\Omega = N! \tag{1.3-1}$$

Tabelle 1.3-1 Realisierung von Makrozuständen durch Mikrozustände.

Energiezustand	I			II						III
ε_3	A	B	C							
ε_2				C	B	C	A	B	A	
ε_1				B	C	A	C	A	B	ABC
ε_0	BC	AC	AB	A	A	B	B	C	C	
Zahl der Mikrozustände		3					6			1

Im Allgemeinen wird aber die Zahl r der besetzten Energiezustände kleiner als die Zahl N der Teilchen sein. Da die Teilchen, die sich in ein und demselben Energiezustand befinden, untereinander ausgetauscht werden können, ohne dass ein neuer Mikrozustand entsteht, gelten alle in Gl. (1.3-1) berücksichtigten Mikrozustände, die sich lediglich durch die Anordnung bestimmter Teilchen in ein und demselben Energiezustand unterscheiden, nur noch als ein Mikrozustand. Wir müssen also bei Gl. (1.3-1) Verkleinerungsfaktoren anbringen, die die Vertauschungsmöglichkeiten der Teilchen im gleichen Energiezustand berücksichtigen, also Faktoren $N_0!, N_1!$ usw. im Nenner:

$$\Omega = \frac{N!}{N_0!\, N_1!\, N_2!\ldots} \tag{1.3-2}$$

Wenden wir Gl. (1.3-2) auf unser oben beschriebenes Problem an, so berechnen wir als Gewichte für die Makrozustände I, II und III $\Omega_\mathrm{I} = 3$, $\Omega_\mathrm{II} = 6$ und $\Omega_\mathrm{III} = 1$, also gerade die in Tab. 1.3-1 aufgeführten Werte.

1.3.2
Die Boltzmann-Statistik

Wir wollen nun versuchen, eine Verteilungsfunktion zu berechnen.

> Die *Boltzmann-Statistik* fußt auf folgendem Modell:
> 1. Unser System bestehe aus N Teilchen.
> 2. Die Teilchen seien voneinander unterscheidbar, wir können sie uns beispielsweise nummeriert vorstellen.
> 3. Die Teilchen seien unabhängig voneinander, d. h. sie sollen sich nicht gegenseitig beeinflussen können.
> 4. Jedes dieser Teilchen möge in einem der Energiezustände $\varepsilon_0, \varepsilon_1, \varepsilon_2, \ldots, \varepsilon_i, \ldots, \varepsilon_{r-1}$ vorliegen können. Die Anzahl der Teilchen im Energiezustand ε_0 bezeichnen wir mit N_0, allgemein die im Energiezustand ε_i mit N_i.
> 5. Insgesamt mögen r verschiedene Energiezustände existieren.
>
> Bei der Berechnung der Verteilungsfunktion müssen wir noch zwei Randbedingungen berücksichtigen, nämlich
>
> 1. dass die Gesamtzahl N der Teilchen vorgegeben ist:
>
> $$\sum_{0}^{r-1} N_i = N_0 + N_1 + \ldots + N_{r-1} = N \tag{1.3-3}$$
>
> 2. dass die Gesamtenergie des Systems festliegt:
>
> $$\sum_{0}^{r-1} N_i \varepsilon_i = N_0 \varepsilon_0 + N_1 \varepsilon_1 + \ldots + \varepsilon_{r-1} N_{r-1} = E \tag{1.3-4}$$

Wir suchen nun die wahrscheinlichste Verteilungsfunktion. Das muss nach den Ausführungen in Abschnitt 1.3.1 die mit dem größten statistischen Gewicht sein, d. h. diejenige, für die

$$\Omega = \frac{N!}{N_0! \, N_1! \ldots N_{r-1}!} \tag{1.3-5}$$

ein Maximum aufweist.

Da es mathematisch sehr unpraktisch ist, direkt mit Gl. (1.3-5) zu arbeiten, und da unter den Bedingungen, unter denen Ω ein Maximum annimmt, auch $\ln\Omega$ ein Maximum annehmen muss, werden wir zweckmäßigerweise

$$\ln \Omega = \ln N! - \sum_{0}^{r-1} \ln N_i! \tag{1.3-6}$$

betrachten. Mit Hilfe der *Stirling'schen Formel* (s. mathematischer Anhang A) können wir dafür auch schreiben

$$\ln \Omega = N \cdot \ln N - N - \sum_{0}^{r-1} N_i \ln N_i + \sum_{0}^{r-1} N_i \tag{1.3-7}$$

was unter Berücksichtigung von Gl. (1.3-3) gleichbedeutend ist mit

$$\ln \Omega = N \cdot \ln N - \sum_{0}^{r-1} N_i \ln N_i \tag{1.3-8}$$

Nach Gl. (1.3-8) lässt sich für jede denkbare Verteilung der N Teilchen auf die r Energiezustände, d. h. für jeden denkbaren Makrozustand, das statistische Gewicht ausrechnen. Von Interesse ist für uns jedoch nur der Makrozustand mit dem größten statistischen Gewicht bzw. dem größten Logarithmus des statistischen Gewichts. Um dies zu finden, differenzieren wir Gl. (1.3-8) nach N_i und setzen die erste Ableitung gleich null. Dabei müssen wir aber die Randbedingungen Gl. (1.3-3) und Gl. (1.3-4) beachten. Wir müssen also folgende drei Gleichungen erfüllen:

1. $-\delta \ln \Omega = \delta \sum N_i \ln N_i = \sum \delta N_i + \sum \ln N_i \delta N_i = 0$ \hfill (1.3-9)

(Das Maximum liegt vor, wenn durch kleine Variationen δ der Zuordnungszahlen $N_0, N_1 \ldots N_{r-1}$ der Wert von Ω bzw. $\ln \Omega$ nicht geändert wird.)

2. $\delta N = \sum \delta N_i = 0$ \hfill (1.3-10)

3. $\delta E = \sum \varepsilon_i \delta N_i = 0$ \hfill (1.3-11)

da sich die Gesamtzahl der Teilchen und die Gesamtenergie des Systems nicht ändern dürfen.

Zur Maximalwertbestimmung wenden wir die *Lagrange'sche Multiplikatorenmethode* (s. mathematischer Anhang G) an, d. h. wir multiplizieren Gl. (1.3-10) und (1.3-11) mit den konstanten Faktoren λ und μ, deren Größe zunächst noch nicht festgelegt ist, und addieren dann die Gl. (1.3-9), (1.3-10) und (1.3-11), so dass wir erhalten

$$\sum \delta N_i + \sum \ln N_i \, \delta N_i + \lambda \sum \delta N_i + \mu \sum \varepsilon_i \, \delta N_i = 0 \tag{1.3-12}$$

oder

$$\sum \delta N_i (1 + \ln N_i + \lambda + \mu \varepsilon_i) = 0 \tag{1.3-13}$$

Die Variationen δN_i sind wegen der Randbedingungen Gl. (1.3-10) und (1.3-11) sämtlich bis auf zwei frei wählbar. Wir können uns nun λ und μ so gewählt vorstellen, dass für diese beiden δN_i jeweils der Klammerausdruck in Gl. (1.3-13) verschwindet. Alle übrigen δN_i sind willkürlich wählbar, für sie müssen die Klammerausdrücke null sein, damit die Summe, die Gl. (1.3-13) darstellt, insgesamt null ist. Es muss deshalb gelten

$$1 + \ln N_i + \lambda + \mu \varepsilon_i = 0 \tag{1.3-14}$$

oder nach Umformen

$$N_i = e^{-(1+\lambda)} e^{-\mu \varepsilon_i} \tag{1.3-15}$$

Führen wir nun zur Abkürzung

$$\alpha \equiv e^{-(1+\lambda)} \tag{1.3-16}$$

ein, so ergibt sich

$$N_i = \alpha \cdot e^{-\mu \varepsilon_i} \tag{1.3-17}$$

Nach Gl. (1.3-3) ist

$$\sum N_i = \alpha \cdot \sum e^{-\mu \varepsilon_i} = N \tag{1.3-18}$$

Daraus folgt

$$\alpha = \frac{N}{\sum e^{-\mu \varepsilon_i}} \tag{1.3-19}$$

so dass wir α aus Gl. (1.3-17) eliminieren können:

$$N_i = \frac{N \cdot e^{-\mu \varepsilon_i}}{\sum e^{-\mu \varepsilon_i}} \tag{1.3-20}$$

Wesentlich schwieriger gestaltet sich die Angabe von μ, das offensichtlich den Kehrwert einer Energie darstellen muss; denn die Dimensionen der Faktoren im Exponenten der e-Funktion müssen sich gegenseitig kompensieren. Beachten wir aber Gl. (1.3-4), so erkennen wir, dass die mittlere Energie $\bar{\varepsilon}$ eines Teilchens durch

$$\bar{\varepsilon} = \frac{E}{N} = \frac{\sum \varepsilon_i e^{-\mu \varepsilon_i}}{\sum e^{-\mu \varepsilon_i}} \tag{1.3-21}$$

gegeben ist.

Bestünde unser System aus Oszillatoren, so wäre $\bar{\varepsilon}$ die mittlere Oszillationsenergie eines Teilchens, und es ergäbe sich sowohl theoretisch als auch experimentell für den klassischen Grenzfall (vgl. Abschnitte 1.2.3 und 4.2.3)

$$\bar{\varepsilon} = \frac{RT}{N_A} = kT \tag{1.3-22}$$

Andererseits lässt sich mit Hilfe der Kenntnisse, die wir im Abschnitt 4.1.3 erhalten werden, ausgehend von Gl. (1.3-21) und unter Berücksichtigung der von der Quantenmechanik geforderten Eigenwerte der Energie eines harmonischen Oszillators (Abschnitt 3.2.2) die mittlere Energie eines solchen Oszillators für den klassischen Grenzfall zu

$$\bar{\varepsilon} = \frac{1}{\mu} \tag{1.3-23}$$

berechnen. Gl. (1.3-22) und Gl. (1.3-23) liefern dann

$$\mu = \frac{1}{kT} \tag{1.3-24}$$

so dass aus Gl. (1.3-20)

die gesuchte Verteilungsfunktion, der sog. *Boltzmann'sche e-Satz*

$$N_i = N \frac{e^{-\varepsilon_i/kT}}{\sum e^{-\varepsilon_i/kT}} \tag{1.3-25}$$

folgt.

Demnach ist diejenige Verteilung die wahrscheinlichste, für die die Werte von N_i durch Gl. (1.3-25) gegeben sind. Kennen wir die Energiewerte ε_i, die unsere Teilchen annehmen können, so können wir nach Gl. (1.3-25) den Bruchteil N_i/N der Teilchen unseres Systems angeben, die diesen Energiewert besitzen. Damit hätten wir die gestellte Aufgabe gelöst.

1.3.3
Innere Energie und Zustandssumme

E in Gl. (1.3-21) ist identisch mit der Inneren Energie U eines aus N Teilchen bestehenden Systems. Wir können deshalb diese Gleichung zur Berechnung der Inneren Energie verwenden, wenn wir Gl. (1.3-24) berücksichtigen

$$U = N \cdot \frac{\sum \varepsilon_i e^{-\varepsilon_i/kT}}{\sum e^{-\varepsilon_i/kT}} \tag{1.3-26}$$

Den Nenner dieser Gleichung bezeichnet man als

Zustandssumme

$$z = \sum e^{-\varepsilon_i/kT} \tag{1.3-27}$$

Leicht erkennen wir, dass der Zähler eng mit dieser Zustandssumme zusammenhängt. Er ist nämlich $kT^2 \cdot \dfrac{dz}{dT}$, so dass

$$U = N \cdot kT^2 \cdot \frac{1}{z} \cdot \frac{dz}{dT} \tag{1.3-28}$$

oder

$$U = N \cdot kT^2 \frac{d \ln z}{dT} \tag{1.3-29}$$

Bei Kenntnis der Zustandssumme z lässt sich also ohne weiteres die Innere Energie – und, wie wir später in Kapitel 4 sehen werden, jede andere thermodynamische Funktion – berechnen. Um z anzugeben, müssen wir aber jeden einzelnen Energiewert kennen, den unsere Teilchen annehmen können. Die dazu notwendigen Daten liefert uns die Quantenmechanik.

Wir begnügen uns hier mit der Feststellung, dass wir einen Weg gefunden haben, thermodynamische Größen absolut zu berechnen, und wenden uns zunächst anderen Problemen zu, die wir bereits jetzt lösen können.

1.3.4
Spezielle Aussagen des Boltzmann'schen e-Satzes

Zwei Fragen werden sich uns oft stellen. Die eine lautet: Wie verhält sich die Zahl N_{ε_1} der Teilchen eines Systems, die sich in einem Energiezustand ε_1 befinden, zu der Zahl N_{ε_2} der Teilchen, die einen anderen Energiezustand ε_2 angenommen haben? Wir erhalten das Verhältnis dieser Zahlen, indem wir Gl. (1.3-25) einmal auf ε_1 und ein andermal auf ε_2 anwenden und den Quotienten aus dem Ergebnis bilden.

$$\frac{N_{\varepsilon_1}}{N_{\varepsilon_2}} = e^{(\varepsilon_2 - \varepsilon_1)/kT} \tag{1.3-30}$$

Die zweite wichtige Frage lautet: Wie groß ist die Zahl der Moleküle eines Systems, die Energien gleich oder größer einer bestimmten Energie $n \cdot \varepsilon_1$ angenommen haben? Wir wollen dabei voraussetzen, dass die Energie nicht kontinuierlich, sondern diskontinuierlich in ganzzahligen Vielfachen einer Mindestenergie ε_1 auftritt. Die Berechtigung für diese Voraussetzung werden wir später beweisen (Kapitel 3).

Die Zahl der Moleküle mit Energien gleich oder größer $n\varepsilon_1$ ist nach Gl. (1.3-25), wenn wir für den Nenner wieder die Abkürzung z einführen,

$$N_{\varepsilon \geq n\varepsilon_1} = \frac{Ne^{-n\varepsilon_1/kT}}{z} + \frac{Ne^{-(n+1)\varepsilon_1/kT}}{z} + \ldots$$

$$N_{\varepsilon \geq n\varepsilon_1} = \frac{N \cdot e^{-n\varepsilon_1/kT}}{z}\left(1 + e^{-\varepsilon_1/kT} + e^{-2\varepsilon_1/kT} + \ldots\right)$$

$$N_{\varepsilon \geq n\varepsilon_1} = \frac{N \cdot e^{-n\varepsilon_1/kT}}{z} \cdot z$$

Damit ergibt sich der Bruchteil der Teilchen, die eine Energie $\varepsilon \geq n\varepsilon_1$ besitzen, zu

$$\frac{N_{\varepsilon \geq n\varepsilon_1}}{N} = e^{-n\varepsilon_1/kT} \tag{1.3-31}$$

Dieser Ausdruck lässt sich verallgemeinern, indem $\varepsilon \geq \varepsilon_i$ gilt. Wir werden ihn später als *Boltzmann-Faktor* bezeichnen.

1.3.5
Die Entropie in der statistischen Betrachtungsweise

In Abschnitt 1.1.19 ist die Entropie als eine Zustandsfunktion eingeführt worden, die etwas aussagt über die Richtung eines irreversiblen Prozesses und die gleichzeitig als Kriterium für das Vorliegen eines Gleichgewichts in einem abgeschlossenen System dienen kann.

Eine Aussage über die Richtung eines irreversiblen Prozesses und das Vorliegen eines Gleichgewichtszustandes ergibt sich aber auch aus den Überlegungen in Abschnitt 1.3.1: Eine beliebig getroffene Zuordnung von Molekülen zu möglichen Energiezuständen wird im Allgemeinen einem Makrozustand entsprechen, der sich nicht durch ein Maximum von Mikrozuständen, d.h. nicht durch ein Maximum des statistischen Gewichts auszeichnet. Dieser Makrozustand wird also nicht der wahrscheinlichste sein, das System wird sich nicht im Gleichgewicht befinden. Es wird deshalb spontan in den Zustand übergehen, dem der wahrscheinlichste Makrozustand, also das Gleichgewicht, zuzuschreiben ist. Geht dagegen ein im Gleichgewicht befindliches, abgeschlossenes System von einem Makrozustand in einen anderen über, so ändert sich die statistische Wahrscheinlichkeit nicht.

Der Wahrscheinlichkeit kommt in der statistischen Thermodynamik also dieselbe Rolle zu wie der Entropie in der chemischen Thermodynamik. Es muss deshalb eine Beziehung zwischen der Entropie und der Wahrscheinlichkeit bzw. dem statistischen Gewicht Ω als Maß für die Wahrscheinlichkeit geben:

$$S = f(\Omega) \tag{1.3-32}$$

Zur Ableitung dieses Zusammenhanges stellen wir folgende Überlegung an. Zwei voneinander unabhängige Systeme (1 und 2) gleichartiger Teilchen, zwischen denen keinerlei Wechselwirkungen bestehen (z. B. ideales Gas), werden isotherm zu einem Gesamtsystem (1, 2) vereinigt. Dabei addieren sich die Entropien der Einzelsysteme ($S_{1,2} = S_1 + S_2$), während sich die statistischen Gewichte multiplizieren, da sich jeder der Ω_1 Mikrozustände des Systems 1 mit jedem der Ω_2 Mikrozustände des Systems 2 zu einem Mikrozustand des Gesamtsystems zusammensetzt ($\Omega_{1,2} = \Omega_1 \cdot \Omega_2$). Unter Berücksichtigung von Gl. (1.3-32) ist also

$$S_{1,2} = f(\Omega_{1,2}) = f(\Omega_1 \cdot \Omega_2) = f(\Omega_1) + f(\Omega_2) \tag{1.3-33}$$

Diese Gleichung lässt sich nur erfüllen, wenn f der Logarithmus ist:

$$S = k^* \cdot \ln \Omega \tag{1.3-34}$$

Die Konstante k^* entpuppt sich bei einer genaueren Betrachtung (vgl. Abschnitt 4.2.1) als die Boltzmann'sche Konstante $k = R/N_A$, wie wir sie bereits in Abschnitt 1.2.2 eingeführt haben.

Wenn wir auch noch nicht in der Lage sind, mit Hilfe der statistischen Thermodynamik die Entropie aus der Zustandssumme z zu berechnen, da wir die einzelnen Energiewerte ε_i noch nicht angeben können (vgl. Abschnitt 1.3.3), so ermöglicht es uns Gl. (1.3-34) doch, eine Aussage über die Volumen- und Temperaturabhängigkeit der Entropie zu machen. Wir wollen uns dabei wieder auf den Fall des idealen Gases beschränken, d. h. wir wollen jegliche Wechselwirkungskräfte zwischen den einzelnen Gasmolekülen ausschließen.

Betrachten wir zunächst die Volumenabhängigkeit der Entropie und halten die Temperatur dabei konstant. Wir gehen aus von einem Volumen V, das N Moleküle eines idealen Gases enthalte. Dieses Gesamtvolumen denken wir uns aufgeteilt in sehr viele kleine Volumenelemente V_e, von denen jedes so groß ist, dass es mehrere Moleküle aufnehmen kann. Befindet sich das System im thermischen Gleichgewicht, müssen in jedem Volumenelement V_e dann $\frac{N}{V} \cdot V_e$ Moleküle enthalten sein. Fragen wir nach dem statistischen Gewicht dieser Gleichgewichtsverteilung, so ist es offenbar identisch mit der Zahl der Möglichkeiten, die N Moleküle auf die $\frac{V}{V_e}$ Volumenelemente zu verteilen, wobei eine Vertauschung der in einem bestimmten Volumenelement enthaltenen Moleküle keinen neuen Mikrozustand erzeugt. Nach unseren Überlegungen in Abschnitt 1.3.1 ist das statistische Gewicht für eine solche Verteilung

$$\Omega_T = \frac{N!}{\{(N \cdot V_e/V)!\}^{V/V_e}} \tag{1.3-35}$$

da in jedem der V/V_e Volumenelemente die gleiche Anzahl von Permutationen $(N \cdot V_e/V)!$ möglich ist, dieser Faktor also (V/V_e) mal im Nenner erscheint. Bilden wir den Logarithmus, so erhalten wir unter gleichzeitiger Anwendung der Stirling'schen Formel

$$\ln \Omega_T = N \cdot \ln N - N - \frac{V}{V_e}\left(\frac{N \cdot V_e}{V} \ln \frac{N \cdot V_e}{V} - \frac{N \cdot V_e}{V}\right) \tag{1.3-36}$$

und weiter vereinfacht

$$\ln \Omega_T = N \cdot \ln V - N \cdot \ln V_e \tag{1.3-37}$$

Wir erkennen, dass das statistische Gewicht, d. h. die Zahl der Realisierungsmöglichkeiten, mit dem Volumen V wächst, denn V_e ist eine beliebige Konstante. Unter Berücksichtigung von Gl. (1.3-34) ergibt sich dann für den volumenabhängigen Term der Entropie

$$S_T = k \cdot N \cdot \ln V - k \cdot N \cdot \ln V_e$$
$$S_T = n \cdot R \cdot \ln V - n \cdot R \cdot \ln V_e \tag{1.3-38}$$

und für die Volumenabhängigkeit der Entropie

$$dS_T = n \cdot R \cdot d \ln V \tag{1.3-39}$$

Fragen wir nach dem temperaturabhängigen Term der Entropie ($V = $ const.), so gehen wir zweckmäßigerweise von Gl. (1.3-34) und Gl. (1.3-8) aus, die zusammengefasst

$$S_V = k \cdot N \cdot \ln N - \sum k N_i \ln N_i \tag{1.3-40}$$

ergeben. Da wir ja Gleichgewichtszustände betrachten, können wir N_i durch den Boltzmann'schen e-Satz (Gl. 1.3-25) ausdrücken, durch den wir unmittelbar die Temperaturabhängigkeit erhalten:

$$S_V = k \cdot N \cdot \ln N - k \cdot N \cdot \sum \frac{e^{-\varepsilon_i/kT}}{z_V} \ln\left(N \cdot \frac{e^{-\varepsilon_i/kT}}{z_V}\right) \tag{1.3-41}$$

$$S_V = k \cdot N \cdot \ln N - k \cdot N \cdot \ln N + k \cdot N \cdot \ln z_V + k \cdot N \sum \frac{\varepsilon_i}{kT} \cdot \frac{e^{-\varepsilon_i/kT}}{z_V}$$

$$S_V = k \cdot N \cdot \ln z_V + \frac{N}{T} \frac{\sum \varepsilon_i \cdot e^{-\varepsilon_i/kT}}{z_V} \tag{1.3-42}$$

Der zweite Term auf der rechten Seite der Gleichung ist uns bereits bekannt. Nach Gl. (1.3-26) ist er identisch mit U/T. Wir können deshalb schreiben

$$S_V = k \cdot N \cdot \ln z_V + \frac{U}{T} \tag{1.3-43}$$

Wir haben damit einen wichtigen Zusammenhang zwischen der Entropie und der Inneren Energie gefunden. Differenzieren wir diesen Ausdruck nach der Temperatur, so finden wir

$$\frac{dS_V}{dT} = k \cdot N \cdot \frac{d \ln z_V}{dT} + \frac{1}{T} \cdot \left(\frac{\partial U}{\partial T}\right)_V - \frac{U}{T^2} \tag{1.3-44}$$

Ein Blick auf Gl. (1.3-29) zeigt uns, dass der erste Term auf der rechten Seite gleich U/T^2 ist. Er hebt sich also gegen den letzten Term auf, so dass wir erhalten

$$\frac{dS_V}{dT} = \frac{1}{T} \cdot \left(\frac{\partial U}{\partial T}\right)_V \tag{1.3-45}$$

oder

$$dS_V = C_V \cdot d \ln\left(\frac{T}{K}\right) \tag{1.3-46}$$

bzw.

$$S_V = C_V \ln\left(\frac{T}{K}\right) + \text{const.} \tag{1.3-47}$$

Wir erkennen daraus, dass mit zunehmender Temperatur die Entropie steigt.

Wollen wir gleichzeitig die Volumen- und die Temperaturabhängigkeit der Entropie betrachten, so müssen wir bedenken, dass jeder für konstante Temperatur gültige Mikrozustand mit jedem für konstantes Volumen gültigen kombinieren kann, dass also gilt

$$\Omega = \Omega_T \cdot \Omega_V \tag{1.3-48}$$

$$\ln \Omega = \ln \Omega_T + \ln \Omega_V \tag{1.3-49}$$

und deshalb mit Gl. (1.3-39) und Gl. (1.3-47)

$$S = nR \ln V + nc_V \ln T + \text{const.} \tag{1.3-50}$$

oder in differenzierter Form

$$dS = nR \, d \ln V + nc_V \, d \ln T \tag{1.3-51}$$

Diese Gleichung ist identisch mit Gl. (1.1-237), die wir im Abschnitt 1.1.20 auf Grund rein thermodynamischer Überlegungen abgeleitet hatten. Zu Gl. (1.3-51) sind wir gekommen, indem wir den Zustand suchten, der durch die größte Anzahl von Realisierungsmöglichkeiten ausgezeichnet ist. Damit ist die Entropie zu einem Maß für die Wahrscheinlichkeit geworden. Da mit zunehmender Ordnung die Zahl der Realisierungsmöglichkeiten eines Zustandes abnimmt, mit abnehmender Ordnung aber zunimmt, ist die Entropie gleichzeitig ein Maß für die Unordnung. So kommen wir zu einer anschaulicheren Deutung der Entropie, als es auf rein thermodynamischem Wege möglich war.

> Wir können jetzt den Zweiten Hauptsatz der Thermodynamik (Abschnitt 1.1.19) auch so ausdrücken: In einem abgeschlossenen System führt jeder irreversible Prozess zu einer Zunahme der Unordnung.

1.3.6
Kernpunkte des Abschnitts 1.3

- ☑ Mikrozustand, Makrozustand, S. 94
- ☑ Statistisches Gewicht Ω, S. 95

Boltzmann-Statistik, S. 96

- ☑ Boltzmann'scher e-Satz, Gl. (1.3-25)
- ☑ Innere Energie als Funktion der Zustandssumme, Gl. (1.3-29)
- ☑ Boltzmann-Faktor, Gl. (1.3-31)
- ☑ Entropie in der statistischen Betrachtungsweise, Gl. (1.3-34)

1.3.7
Rechenbeispiele zu Abschnitt 1.3.

1. Auf wie viele verschiedene Möglichkeiten kann man zwei durch ihr Aussehen unterscheidbare Bälle auf drei Behälter verteilen? Man löse die Aufgabe durch Niederschreiben aller Möglichkeiten und durch einen mathematischen Ansatz.

2. Ein System bestehe aus 20 Molekülen, die in 21 verschiedenen Energiezuständen (ε_0 bis ε_{20}) vorliegen können. Die Energie eines Zustandes sei $\varepsilon_i = i \cdot \varepsilon_1$, die Gesamtenergie betrage $20\varepsilon_1$. Wie groß ist das statistische Gewicht des Makrozustandes (a), in dem sich alle Teilchen im Zustand ε_1 befinden? Der Zustand (b) gehe aus (a) daraus hervor, dass ein Teilchen von ε_1 nach ε_0 geht. Welche weiteren Folgen hat das, wie groß ist das statistische Gewicht dieses Zustandes? Wie groß ist das statistische Gewicht des Makrozustandes (c), bei dem 7 Teilchen nach ε_0, je eines nach ε_3 und ε_4, und zwei nach ε_2 gegangen sind?

3. Ein System bestehe aus 2 Teilchen A und B, die in vier verschiedenen Energiezuständen $\varepsilon_0 = 0$, ε_1, $\varepsilon_2 = 2\varepsilon_1$ und $\varepsilon_3 = 3\varepsilon_1$ vorliegen können. Die Gesamtenergie betrage $3\varepsilon_1$. Wie viele Makrozustände gibt es für dieses System, durch welche Mikrozustände werden sie realisiert, welches statistische Gewicht haben sie?

4. Durch $z = e^{-(x^2+y^2)}$ ist eine räumliche Fläche von der Form eines Berges gegeben. $x + y = 1$ stellt eine Gerade dar (Projektion eines Weges am Berghang). Wo hat dieser Weg seinen höchsten Punkt? Man löse die Aufgabe durch Substitution und mit Hilfe der Lagrange'schen Methode der unbestimmten Multiplikatoren (vgl. mathematischer Anhang G).

5. Wir werden in Abschnitt 3.1.2 zeigen, dass die Energiezustände eines harmonischen Oszillators durch $\varepsilon_i = h\nu_0(i + \frac{1}{2})$ wiedergegeben werden können. Man berechne das Verhältnis der Zahl der Oszillatoren im Zustand mit $i = 1$ bzw. $i = 2$ (erster bzw. zweiter angeregter Zustand) im Verhältnis zur Zahl der Oszillatoren im Grundzustand ($i = 0$), wenn man als Schwingungsfrequenz $\nu_0 = 1.00 \cdot 10^{13} s^{-1}$ setzt, für $T = 273$ K und für $T = 773$ K.

6. Wir werden später oft vor die Frage gestellt werden, welcher Bruchteil der Moleküle in einem System eine Energie besitzt, die gleich einer bestimmten Mindestenergie oder größer ist. Wie groß ist dieser Bruchteil unter den in Aufgabe 5 für $i = 1$ und $i = 2$ genannten Bedingungen ($T = 273$ K bzw. $T = 773$ K)? Man beachte, dass $\frac{1}{2}h\nu_0$ die niedrigstmögliche Energie ist und dass die Energieskala auf diese Energie bezogen werden muss. Das Ergebnis versuche man auch zu erhalten durch Berechnungen, wie sie in Aufg. 5 durchgeführt wurden.

7. Welche Energie hat der Zustand 2, dessen Besetzung bei 300 K nur ein Viertel der Besetzung des Zustandes 1 ($\varepsilon_1 = 1.000 \cdot 10^{-21}$ J) ausmacht, wenn das System der Boltzmann-Verteilung gehorcht?

8. Ein System, das der Boltzmann-Statistik gehorcht, bestehe aus Teilchen, die in Energiezuständen vorliegen können, welche ein ganzzahliges Vielfaches einer Energie ε sind. Wie groß ist ε, wenn sich bei der Temperatur $T = 500$ K die Zahlen N der Teilchen, die in aufeinander folgenden Zuständen vorliegen, wie $N_{\varepsilon_n} : N_{\varepsilon_{n+1}} = 1000 : 1$ verhalten?

9. Ein ideales einatomiges Gas wird von 273 auf 373 K erwärmt. Um welchen Faktor muss man gleichzeitig das Volumen verringern, damit keine Änderung der Entropie des Gases eintritt?

1.3.8
Literatur zu Abschnitt 1.3

Weiterführende Literatur zu Abschnitt 1.3 ist im Abschnitt 4 aufgeführt.

1.4
Einführung in die Quantentheorie

Im vorangehenden Abschnitt haben wir gesehen, dass wir mit den Methoden der statistischen Thermodynamik prinzipiell thermodynamische Größen absolut berechnen können. Als zentrale Größe tritt dabei die Zustandssumme auf, zu deren Ermittlung wir sämtliche Energiezustände kennen müssen, in denen das betrachtete Teilchen vorliegen kann. Um diese Energiezustände berechnen zu können, müssen wir uns zuvor Klarheit über den Aufbau der Materie verschaffen. Das wird ausführlich im Kapitel 3 geschehen. Im Rahmen dieses einführenden Kapitels wollen wir uns mit den Erkenntnissen vertraut machen, die die Grundlage für die Behandlung des Aufbaues der Materie bilden.

Das Elektron und die elektromagnetische Strahlung spielen eine zentrale Rolle bei der Untersuchung des Aufbaus der Materie. So werden wir uns zunächst die Frage stellen, wie wir Ladung und Masse des Elektrons bestimmen können (Abschn. 1.4.1 bis 1.4.3).

Im Folgenden werden wir dann Experimente und Resultate besprechen, die uns von den Vorstellungen der klassischen Physik wegführen. Wir werden nämlich sehen, dass unter bestimmten Bedingungen das Elektron eine Wellennatur und das Licht eine korpuskulare Natur äußern. So werden wir auf den *Dualismus Welle-Partikel* stoßen (Abschn. 1.4.4 bis 1.4.6).

Die Wechselwirkung von Elektronen und Licht mit der Materie wird uns zu der Erkenntnis führen, dass die Elektronen in der Atomhülle nicht beliebige, sondern nur diskrete Energien besitzen können. Damit haben wir die Grundlage für das *Bohr'sche Atommodell* kennengelernt (Abschn. 1.4.7 bis 1.4.9).

Mit der Einführung der *Schrödinger-Gleichung* werden wir uns einer für uns völlig neuen Betrachtungsweise zuwenden, der *Quantenmechanik* (Abschn. 1.4.10).

Um den Umgang mit der Schrödinger-Gleichung zu üben und uns mit den Besonderheiten quantenmechanischer Ergebnisse vertraut zu machen, werden wir die Schrödinger-Gleichung zur Lösung verschiedener Probleme anwenden. Wir werden ein *freies Teilchen* und ein Teilchen in einem unendlich tiefen *Potentialtopf* quantenmechanisch behandeln und schließlich die Frage stellen, wie sich eine Verringerung der Tiefe des Potentialtopfes auf das quantenmechanische Ergebnis auswirkt. Mit der Behandlung des *Tunneleffektes* werden wir diesen Abschnitt abschließen (Abschn. 1.4.11 bis 1.4.15).

1.4.1
Hinweise auf den Aufbau der Atome aus Atomkern und Elektronenhülle

Dass die Atome aus einem positiven Atomkern und einer Hülle von negativen Elektronen aufgebaut sind, geht aus einer großen Zahl von experimentellen Beob-

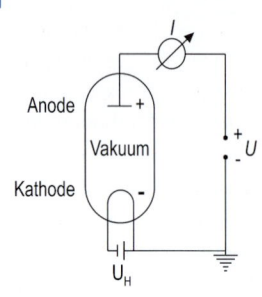

Abbildung 1.4-1 Messung der Glühelektronenemission.

achtungen hervor. Sie sind so allgemein bekannt, dass es an dieser Stelle genügt, die Erscheinungen lediglich aufzuzählen.

Lösen wir ein Salz im Wasser auf, so stellen wir fest, dass die Lösung im Gegensatz zum reinen Wasser eine beträchtliche elektrische Leitfähigkeit besitzt und dass in einem angelegten elektrischen Feld in der Lösung ein Transport von positiven und negativen Ionen erfolgt. Ebenso können wir beobachten, dass die zwischen den Platten eines Kondensators befindliche Luft elektrisch leitend wird, sobald wir unter den Luftspalt einen Bunsenbrenner setzen und ein Salz, wie z. B. Kaliumiodid, in die Flamme bringen. Wir erkennen aus diesen Versuchen, dass unter der Einwirkung des Lösungsmittels Wasser oder der Einwirkung der heißen Flamme aus einem neutralen Stoff geladene Teilchen entstehen. Das ist aber nur möglich, wenn der nach außen hin neutrale Stoff von vornherein aus geladenen Teilchen zusammengesetzt war, deren Ladungen sich gerade kompensierten.

Bereits 1882 hatten Elster und Geitel gefunden, dass ein Metall Elektronen emittiert, wenn man es nur hoch genug erhitzt. In der in Abb. 1.4-1 skizzierten Versuchsanordnung konnten sie den *Glühelektronenstrom* direkt messen. Schon sechs Jahre später, 1888, zeigte Hallwachs, dass man Elektronen auch aus einem Metall freisetzen kann, indem man es mit kurzwelligem Licht bestrahlt. Der Strom der *Photoelektronen* lässt sich in einer Anordnung, wie sie Abb. 1.4-2 wiedergibt, nachweisen.

Mit diesen Versuchen war zunächst bewiesen, dass Elektronen ein Bestandteil der die Metalle bildenden Atome sein müssen.

Beschleunigt man die emittierten Elektronen in einem elektrischen Feld, so stellen diese *Kathodenstrahlen* selbst ein geeignetes Mittel zur Untersuchung der Ma-

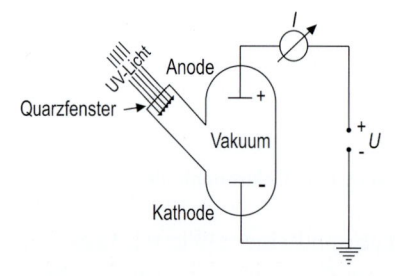

Abbildung 1.4-2 Messung der Photoelektronenemission.

terie dar. Lenard fand 1903, dass schnelle Elektronen durch dünne Materieschichten hindurchtreten, d. h. dass sie eine große Anzahl von Atomen zu durchdringen vermögen, ohne wesentlich aus ihrer ursprünglichen Richtung abgelenkt zu werden. Er vermutete deshalb, dass die Atome nicht massiv sind, sondern dass vielmehr nur ein winziger Teil des von den Atomen eingenommenen Raumes von Materie erfüllt ist. Seine aus den Streuversuchen geschlossene Annahme, dass das Atom mit einem Radius von etwa 10^{-8} cm einen positiv geladenen, den wesentlichen Anteil der Atommasse darstellenden Atomkern mit einem Radius von nur etwa 10^{-12} cm besitzt, wurde später von Rutherford durch Streuversuche mit α-Teilchen bestätigt. Der restliche Raum sollte von Kraftfeldern erfüllt sein, die vom positiven Atomkern und den äußerst kleinen und leichten Elektronen herrühren, die diesen mit hoher Geschwindigkeit umkreisen.

Den Chemiker interessieren die Verhältnisse und die Vorgänge in der Elektronenhülle, die allein für das Zustandekommen einer chemischen Bindung maßgeblich sind. Wir wollen deshalb zunächst die Eigenschaften des Elektrons studieren.

1.4.2
Bestimmung der Ladung des Elektrons

Ladung und Masse des Elektrons werden sich als Größen erweisen, auf die wir bei unzähligen Rechnungen zurückgreifen. Wir wollen deshalb auf die Ermittlung dieser Größen kurz eingehen.

Besonders klar ist die Millikan'sche Öltropfenmethode (1911): In den Spalt zwischen zwei waagerecht liegenden Kondensatorplatten bläst man Zigarettenrauch oder Öltröpfchen ein, die sich teilweise elektrisch aufgeladen haben, und beobachtet nun mit einem Messmikroskop die Bewegung der Tröpfchen. Sie wird bestimmt durch die Wirkung der Erdanziehung, die Wirkung des elektrischen Feldes und die Wirkung der Stokes'schen Reibungskraft.

Die auf die Erdanziehung zurückzuführende Kraft F_F ist gegeben durch

$$F_F = m \cdot g \tag{1.4-1}$$

oder, wenn die Teilchen den Radius r und die Dichte ϱ besitzen,

$$F_F = \frac{4}{3}\pi r^3 \varrho \cdot g \tag{1.4-2}$$

Durch das elektrische Feld E wird auf die Teilchen mit der Ladung Q die Kraft F_E

$$F_E = Q \cdot E \tag{1.4-3}$$

ausgeübt. Erdanziehung und Wirkung des elektrischen Feldes würden zu einer beschleunigten Bewegung der geladenen Teilchen führen. Da sie sich jedoch nicht im Vakuum, sondern in Luft mit der Viskosität η bewegen, führt die *Stokes'sche Reibungskraft* F_S

$$F_S = 6\pi\eta r v \tag{1.4-4}$$

zu einer konstanten Geschwindigkeit v_0. Sie ergibt sich aus dem Gleichsetzen von F_S einerseits und der Summe bzw. Differenz von F_F und F_E andererseits:

$$6\pi r\eta v_0 = Q \cdot E \pm \frac{4}{3}\pi r^3 \varrho \cdot g \tag{1.4-5}$$

wobei das Pluszeichen gilt, wenn Erdanziehung und elektrisches Feld in der gleichen Richtung, das Minuszeichen, wenn Erdanziehung und elektrisches Feld in entgegengesetzter Richtung wirken.

Wenn wir ein bestimmtes Teilchen mit dem Messmikroskop verfolgen, werden wir also je nach Polung des elektrischen Feldes zwei verschiedene Geschwindigkeiten beobachten:

$$v_{01} = \frac{QE + \frac{4}{3}\pi r^3 \varrho g}{6\pi r\eta} \tag{1.4-6}$$

$$v_{02} = \frac{QE - \frac{4}{3}\pi r^3 \varrho g}{6\pi r\eta} \tag{1.4-7}$$

Diese beiden Gleichungen enthalten zwei Unbekannte, Q und r. Wir können aus ihnen also Q berechnen.

$$Q = \frac{9}{2} \cdot \frac{\pi \cdot \eta(v_{01} + v_{02})}{E}\sqrt{\frac{(v_{01} - v_{02}) \cdot \eta}{\varrho \cdot g}} \tag{1.4-8}$$

Beobachten wir eine hinreichend große Zahl von Teilchen, so finden wir eine Reihe von Q-Werten, denn die Teilchen werden eine unterschiedliche Zahl von *Elementarladungen e* tragen. Q muss deshalb stets ein ganzzahliges Vielfaches von e sein, das wir als kleinsten gemeinsamen Teiler von Q ermitteln.

> Als zuverlässigster Wert für die Elementarladung gilt heute
> $e = 1.60210 \cdot 10^{-19}\,\text{C} \pm 0.00007 \cdot 10^{-19}\,\text{C}$

1.4.3
Bestimmung der Masse des Elektrons

Um die Masse des Elektrons zu bestimmen, beschleunigen wir es in einem elektrischen Feld und lassen es dann in ein senkrecht zu seiner Flugbahn stehendes Magnetfeld eintreten. Die Beschleunigungsarbeit (Gl. 1.1-4) muss gleich der durch das elektrische Feld geleisteten Arbeit (Gl. 1.1-9) sein, so dass das Elektron nach Durchlaufen eines Spannungsabfalls U eine aus

$$\frac{1}{2}m_e v^2 = e \cdot U \tag{1.4-9}$$

berechenbare Geschwindigkeit $\vec{v}$ besitzt. Tritt das Elektron mit dieser Geschwindigkeit in ein Magnetfeld mit der magnetischen Flussdichte $\vec{B}$ ein, so wirkt auf das Elektron die Lorentz-Kraft $\vec{F}_L$

$$|\vec{F}_L| = e \cdot |\vec{v} \times \vec{B}| \tag{1.4-10}$$

die als Radialkraft das Elektron in eine Kreisbahn vom Radius r zwingt. Sie steht in jedem Augenblick senkrecht zur Bahn des Elektrons, ist zum Kreismittelpunkt hin gerichtet und ist dem Betrage nach gleich der *Zentrifugalkraft*

$$|\vec{F}_Z| = \frac{m_e \cdot v^2}{r} \tag{1.4-11}$$

Aus Gl. (1.4-10) und Gl. (1.4-11) folgt zunächst

$$B \cdot r = \frac{m_e}{e} \cdot v \tag{1.4-12}$$

und unter Berücksichtigung von Gl. (1.4-9) schließlich

$$\frac{e}{m_e} = \frac{2U}{B^2 r^2} \tag{1.4-13}$$

Durch solche Versuche erhalten wir zunächst das Verhältnis Ladung des Elektrons zur *Masse des Elektrons* und daraus mit dem bekannten Wert für die Ladung des Elektrons seine Masse.

> Als zuverlässigster Wert für die Masse des Elektrons gilt heute
> $$m_e = 9.1091 \cdot 10^{-31}\,\text{kg} \pm 0.0004 \cdot 10^{-31}\,\text{kg}$$

1.4.4
Die Wellennatur des Elektrons

In den vorangehenden Abschnitten haben wir das Elektron als ein Elementarteilchen kennengelernt. Seine korpuskulare Natur ist durch zahlreiche Experimente (Kathodenstrahlen, Ablenkung im elektrischen und magnetischen Feld) gesichert.

Bringen wir aber jetzt in einer *Braun'schen Röhre* eine dünne Schicht eines festen, kristallinen Stoffes in den Elektronenstrahl, wie es in Abb. 1.4-3 skizziert ist, so beobachten wir auf dem Leuchtschirm nicht mehr einen einzigen Auftreffpunkt der Elektronen, sondern Beugungsfiguren, wie sie uns von der Röntgenbeugung her bekannt sind (Abb. 1.4-4). Das Auftreten von Beugungserscheinungen kann nur erklärt werden, wenn man dem Elektron eine Wellennatur zuschreibt:

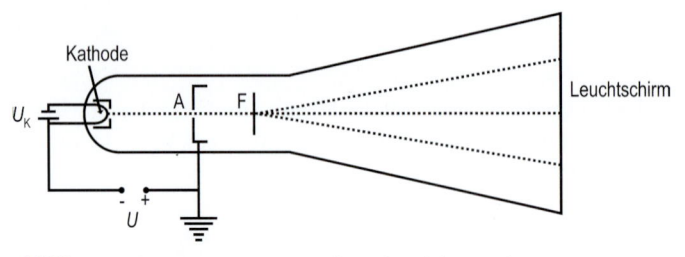

Abbildung 1.4-3 Apparatur zur Ermittlung der Elektronenbeugung.

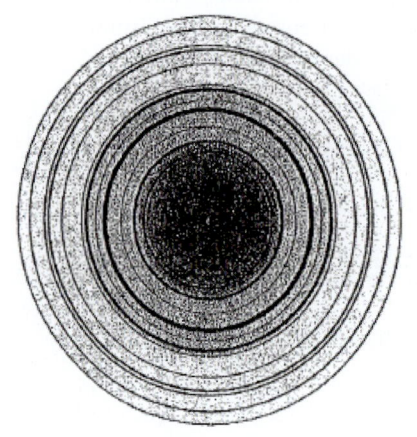

Abbildung 1.4-4 Elektronen-Beugungsbild einer dünnen Nickelschicht.

Trifft ein Wellenzug der Wellenlänge λ unter dem Glanzwinkel θ auf einen kristallinen Körper, dessen Netzebenen den Abstand d haben (Abb. 1.4-5), so wird es stets dann durch Interferenz zu einem Beugungsmaximum kommen, wenn der Gangunterschied zwischen den an den verschiedenen Gitterebenen reflektierten Wellenzügen ein ganzzahliges Vielfaches n der Wellenlänge beträgt. Wir werden darauf im Abschnitt 1.7 bei der Diskussion der Beugungserscheinungen genauer zu sprechen kommen. So ergibt sich

die *Bragg'sche Gleichung*

$$n \cdot \lambda = 2d \sin \theta_n \qquad (1.4\text{-}14)$$

Es ist demnach möglich, durch experimentelle Bestimmung des Glanzwinkels θ bei bekanntem Netzebenenabstand die Wellenlänge der dem Elektron zuzuschreibenden *Materiewelle* zu bestimmen.

Wir müssen uns also von der Vorstellung freimachen, dass wir alle mit den Elektronen zusammenhängenden Erscheinungen mit der korpuskularen Natur des Elektrons erklären können. Je nach dem Experiment, das wir mit Hilfe von Elektronen ausführen, werden wir zur Deutung der Phänomene von einem korpuskularen oder einem Wellenbild des Elektrons ausgehen müssen.

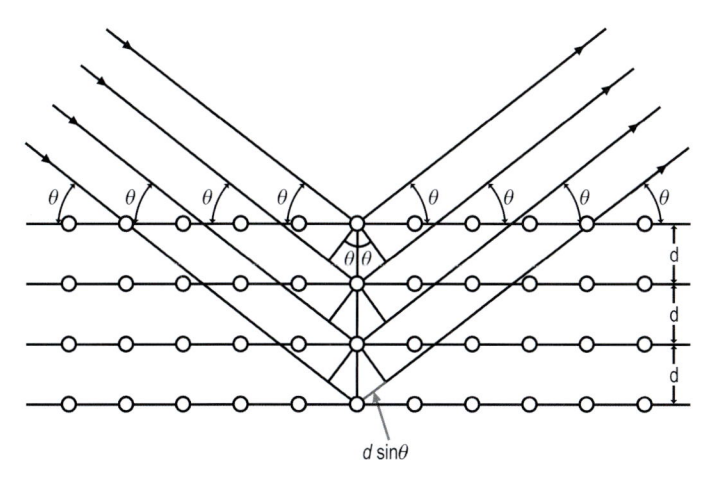

Abbildung 1.4-5 Zum Entstehen der Beugungsbilder.

In der in Abb. 1.4-3 gezeigten Anordnung haben wir die Möglichkeit, die Elektronen vor dem Auftreffen auf die kristalline Schicht mehr oder weniger stark im elektrischen Feld zu beschleunigen. Wir können ihnen also eine unterschiedlich große Geschwindigkeit, d. h. einen unterschiedlich großen Impuls verleihen. Das Experiment zeigt nun, dass die mit Gl. (1.4-14) berechenbare Wellenlänge λ_e des Elektrons umgekehrt proportional dem Impuls p_e des Elektrons ist.

Es gilt

$$\lambda_e = \frac{h}{p_e} = \frac{h}{m_e \cdot v_e} \tag{1.4-15}$$

wenn wir die Proportionalitätskonstante mit h bezeichnen. Diese wichtige, 1927 erstmals von Davisson und Germer experimentell bestätigte, jedoch bereits 1924 von de-Broglie theoretisch geforderte Gleichung nennt man die *de-Broglie-Beziehung*. Sie stellt eine Beziehung zwischen dem Impuls als korpuskularer Größe und der Wellenlänge als einer Wellengröße her. Die Proportionalitätskonstante h ist eine fundamentale Konstante, die sog. Planck'sche Konstante oder das *Planck'sche Wirkungsquantum*. Ihr zur Zeit genauester Wert ist

$$h = 6.6256 \cdot 10^{-34} \, \text{Js} \pm 0.0005 \cdot 10^{-34} \, \text{Js}$$

Den Impuls der Elektronen können wir aus der Beschleunigungsspannung berechnen, die die Elektronen durchlaufen haben. Nach Gl. (1.4-9) ist

$$p_e = m_e \cdot v_e = \sqrt{2 m_e \cdot e \cdot U} \tag{1.4-16}$$

so dass sich mit Gl. (1.4-15) die Wellenlänge der Elektronen zu

$$\lambda_e = \frac{h}{\sqrt{2m_e \cdot e}} \cdot \frac{1}{\sqrt{U}} \qquad (1.4\text{-}17)$$

berechnet. Setzt man die entsprechenden Zahlenwerte ein, so erhalten wir, wenn der Wert der Beschleunigungsspannung U in Volt angegeben wird,

$$\lambda_e = \frac{12.3}{\sqrt{U/V}} \cdot 10^{-10}\,\text{m} \qquad (1.4\text{-}18)$$

1.4.5
Die Eigenschaften des Lichtes

Eine wesentliche Rolle bei der Aufklärung der Struktur der Materie spielt die Wechselwirkung zwischen Licht und Materie. Wir wollen uns deshalb zunächst über die Eigenschaften des Lichtes Klarheit verschaffen.

1669 hatte Newton die *Emanationstheorie des Lichtes* aufgestellt. Nach dieser Theorie sollte das Licht aus winzigen Partikeln bestehen, die von der Lichtquelle herausgeschleudert werden. Indem er diesen Teilchen gewisse Eigenschaften zuschrieb, konnte er die damals bekannten optischen Erscheinungen erklären.

Doch bereits im Jahre 1677 stellte Huygens der Emanationstheorie die *Wellentheorie des Lichtes* entgegen. Aber erst 1802 verhalf Young mit der Deutung der Interferenzerscheinung dieser Theorie zum entscheidenden Durchbruch. Die Entdeckung der Polarisierbarkeit zeigte dann, dass es sich beim Licht um transversale Wellen handeln muss. Auf ihre elektromagnetische Natur wies als erster Faraday hin, Maxwell stellte dann 1871 die 1886 von Hertz experimentell bestätigte *elektromagnetische Lichttheorie* auf.

Um die Jahrhundertwende schien es absolut gesichert zu sein, dass dem Licht lediglich eine Wellennatur zuzuschreiben sei. Doch schon in den ersten Jahren des 20. Jahrhunderts traten bei der Untersuchung der Intensitätsverteilung der Strahlung des schwarzen Körpers Zweifel an der Richtigkeit dieser Aussage auf.

Unter einem *schwarzen Körper* versteht man einen Körper, der die gesamte einfallende elektromagnetische Strahlung, unabhängig von ihrer Wellenlänge, absorbiert. Abb. 1.4-6 zeigt, wie man mit Hilfe eines elektrisch geheizten Ofens einen

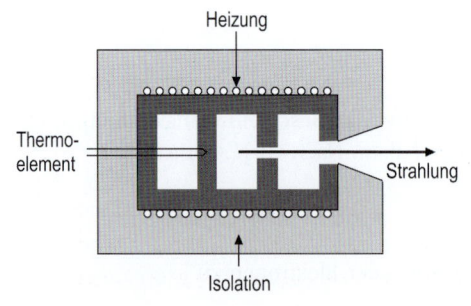

Abbildung 1.4-6 Der schwarze Körper.

Strahler bauen kann, dessen Strahlung der eines schwarzen Körpers entspricht. Die Strahlung ist unabhängig von der chemischen Natur des Strahlers und lediglich eine Funktion der Temperatur.

Nach Rayleigh und Jeans (1900) schwingen an der Oberfläche des schwarzen Körpers, der sich im Temperaturgleichgewicht mit der Umgebung befindet, die Elektronen mit einer bestimmten Frequenz v. Dadurch entsteht eine elektromagnetische Wellenbewegung gleicher Frequenz. Nun besteht nach der Maxwell'schen elektrodynamischen Theorie zwischen der Energie U_v eines linearen Oszillators, der elektromagnetische Wellen der Frequenz v bis $v + dv$ erzeugt, und dem spektralen Emissionsvermögen $E(v)$, sofern dieses auf die Ausstrahlung in den Raumwinkel 1 bezogen wird, die Beziehung

$$E(v)dv = \frac{v^2}{c^2} U_v dv \tag{1.4-19}$$

wobei c die Lichtgeschwindigkeit ist. Das spektrale Emissionsvermögen stellt also eine Energiestromdichte dar. Im Abschn. 4.2.7 werden wir uns detailliert mit der Hohlraumstrahlung beschäftigen. Verhält sich ein schwingendes Elektron nun wie ein linearer Oszillator, so sollte es die Innere Energie kT besitzen (vgl. Abschnitt 1.2.3):

$$U_v = kT \tag{1.4-20}$$

Damit ergibt sich

$$E(v)dv = \frac{v^2}{c^2} kT dv \tag{1.4-21}$$

oder, wenn man nach

$$v = \frac{c}{\lambda} \tag{1.4-22}$$

und

$$|dv| = \frac{c}{\lambda^2} |d\lambda| \tag{1.4-23}$$

auf Wellenlängen umrechnet,

> das *Rayleigh-Jeans'sche Strahlungsgesetz*
> $$E(\lambda)d\lambda = \frac{c}{\lambda^4} kT d\lambda \tag{1.4-24}$$

Mit abnehmender Wellenlänge sollte demnach das spektrale Emissionsvermögen immer mehr zunehmen und nach sehr kleinen Wellenlängen hin gegen Unendlich streben.

Abbildung 1.4-7 Spektrales Emissionsvermögen des schwarzen Körpers.

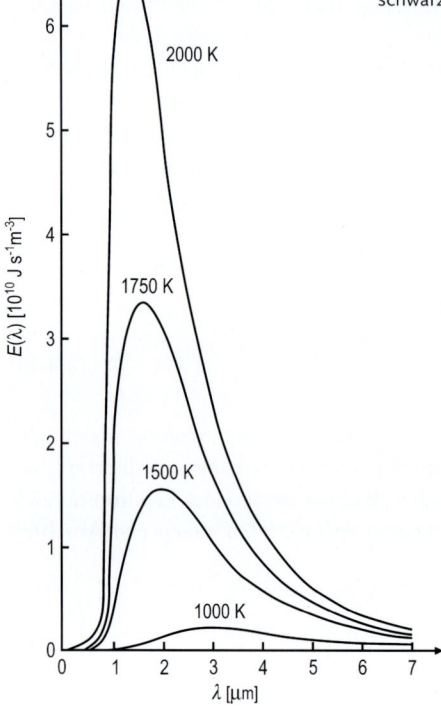

Abb. 1.4-7 zeigt das experimentell ermittelte Emissionsvermögen. Man erkennt, dass, von großen Wellenlängen ausgehend, das spektrale Emissionsvermögen zwar zunimmt, doch dann ein sich mit steigender Temperatur nach kleineren Wellenlängen verschiebendes Maximum durchläuft und anschließend steil abfällt. Das Rayleigh-Jeans'sche Strahlungsgesetz steht also in krassem Widerspruch zum Experiment und stellt lediglich ein Grenzgesetz für große, hinreichend weit vom Maximum entfernt liegende Wellenlängen dar.

Planck erkannte nun, dass eine Übereinstimmung mit dem Experiment nur zu erreichen ist, wenn für die mittlere Energie der Oszillatoren

$$U = \frac{h \cdot \nu}{e^{h\nu/kT} - 1} \tag{1.4-25}$$

eingesetzt wird, ein Ausdruck, den wir erst im Abschnitt 4.2.3 ableiten können. Mit Gl. (1.4-19) erhalten wir dann

$$E(\nu)\mathrm{d}\nu = \frac{h\nu^3}{c^2(e^{h\nu/kT} - 1)}\mathrm{d}\nu \tag{1.4-26}$$

bzw.

die *Planck'sche Strahlungsformel*

$$E(\lambda)d\lambda = \frac{hc^2}{\lambda^5(e^{hc/\lambda kT} - 1)} d\lambda \qquad (1.4\text{-}27)$$

die sowohl die Wellenlängen- als auch die Temperaturabhängigkeit der schwarzen Strahlung richtig wiedergibt. Lässt man die Konstante h gegen null gehen, so geht die Planck'sche Strahlungsformel in die Rayleigh-Jeans'sche über. Das entscheidende Merkmal, durch das sich die Planck'sche Ableitung von der klassischen unterscheidet, ist also die endliche Größe der Konstanten h. Man bezeichnet sie als das Planck'sche Wirkungsquantum. Es ist identisch mit der in Abschnitt 1.4.4 eingeführten Größe h. Die Konstante h bildet den Kern der Quantentheorie, von der folgende Forderung erhoben wird:

> Die Wirkungsgröße eines Naturvorganges (Wirkung hat die Dimension Energie · Zeit) hat, gleichgültig, ob er mechanischer, elektromagnetischer oder chemischer Natur ist, keinen beliebigen Wert, sondern ist ein ganzzahliges Vielfaches des Planck'schen Wirkungsquantums h. Die kleinste überhaupt beobachtbare Wirkung ist das Wirkungsquantum selbst.

Die Bedeutung dieser Aussage wird uns durch die im Folgenden beschriebenen Experimente wesentlich klarer werden.

Abb. 1.4-8 zeigt uns ähnlich wie Abb. 1.4-2 eine Anordnung zur Messung des *Photoelektronen*stromes, jedoch mit der Möglichkeit, eine variable Gegenspannung U anzulegen. Die durch das einfallende Licht aus der Metallelektrode K freigesetzten Elektronen können nur dann zur Gegenelektrode gelangen, wenn ihre kinetische Energie $\varepsilon_{\text{kin}} = \frac{1}{2} m_e v^2$ ausreicht, um das Gegenfeld zu überwinden, d.h. wenn

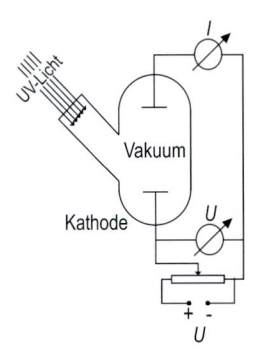

$$\frac{1}{2} m_e v^2 > e \cdot U \qquad (1.4\text{-}28)$$

Abbildung 1.4-8 Anordnung zur Messung der kinetischen Energie der Photoelektronen.

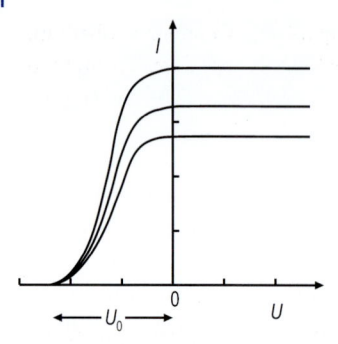

Abbildung 1.4-9 Abhängigkeit des Photoelektronenstroms von der angelegten Spannung U für verschiedene Lichtintensitäten bei gleicher Lichtfrequenz.

ist. Durch Messung der Gegenspannung U_0, bei der der Photoelektronenstrom I gerade auf null zurückgeht, kann man so die maximale Energie der Photoelektronen bestimmen:

$$\varepsilon_{\max} = \frac{1}{2} m_e \cdot v_{\max}^2 = e \cdot U_0 \tag{1.4-29}$$

Diese Grenzspannung und damit die maximale Energie der Photoelektronen erweist sich als unabhängig von der Intensität des einfallenden monochromatischen Lichtes, also von der Amplitude des elektrischen Lichtvektors (Abb. 1.4-9). Diese 1902 von Lenard gemachte Beobachtung war eine grundlegend neue Erkenntnis, denn nach der Wellentheorie des Lichtes müsste die Lichtwelle einen ihrer Intensität proportionalen Impuls besitzen, und dieser sollte auf die Elektronen übertragen werden.

Variiert man nun die Frequenz des einfallenden Lichtes, so stellt man (Abb. 1.4-10) fest, dass die Gegenspannung U_0 eine lineare Funktion der Lichtfrequenz ist. Wechselt man das Kathodenmaterial, so erfolgt eine Parallelverschiebung der Geraden im U_0, ν-Diagramm. In jedem Fall beobachtet man, dass unterhalb

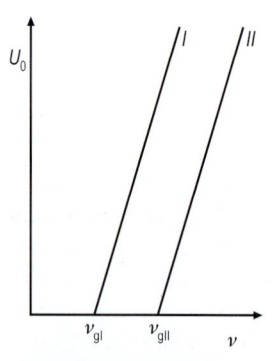

Abbildung 1.4-10 Abhängigkeit des Grenzwertes U_0 der Gegenspannung von der Frequenz des eingestrahlten Lichtes.

einer bestimmten, vom Kathodenmaterial abhängigen Grenzfrequenz v_g überhaupt keine Elektronen emittiert werden. Wir können die Verhältnisse formulieren in der Form

$$U_0 = \text{const.}(v - v_g) \tag{1.4-30}$$

oder als Energien ausgedrückt

$$e \cdot U_0 = \text{const.}(v - v_g) \tag{1.4-31}$$

Da die Steigung der Kurven, also die Proportionalitätskonstante const., unabhängig vom Kathodenmaterial ist, kommt dieser offenbar eine universelle Bedeutung zu. Sie hat, wie aus Gl. (1.4-31) hervorgeht, die Dimension einer Wirkung (Energie · Zeit) und erweist sich als zahlenmäßig identisch mit dem Planck'schen Wirkungsquantum. Für Gl. (1.4-31) können wir also schreiben

$$e \cdot U_0 = h \cdot v - h \cdot v_g \tag{1.4-32}$$

oder

$$h \cdot v = e \cdot U_0 + h \cdot v_g \tag{1.4-33}$$

Diese Beziehung bezeichnet man als *Einstein'sches Frequenzgesetz*.

Einstein gelang es 1905 als erstem, diese Beziehung und damit auch die Lenard'schen Ergebnisse zu deuten, indem er erkannte, dass die Ergebnisse mit der elektromagnetischen Wellentheorie unvereinbar sind.

Einstein nahm an, dass sich das Licht in Form einzelner *Lichtquanten* ausbreitet, die sich mit Lichtgeschwindigkeit bewegen. Diese Lichtquanten, auch *Photonen* genannt, stellen winzige Energiepakete mit einer Energie $E = h \cdot v$ dar, sind also Korpuskeln vergleichbar.

Wie dem Elektron nach den Versuchen von Davisson und Germer neben der korpuskularen auch eine Wellennatur zugeschrieben werden musste, so muss dem Licht auf Grund der photoelektrischen Versuche auch eine korpuskulare Natur zugesprochen werden.

Die linke Seite der Gleichung (1.4-33) entspricht also der Energie des einfallenden Lichtquants, die quantitativ auf ein Elektron übertragen wird. Sie ist identisch mit der kinetischen Energie, die das Elektron durch die Absorption des Lichtquants gewinnt. eU_0 ist die kinetische Energie der Elektronen nach dem Verlassen des Metalls. Die materialabhängige Größe hv_g stellt demnach den Energieverlust dar, den das Elektron beim Verlassen des Metalls erleidet. Es ist eine Abtrennarbeit, *Elektronenaustrittsarbeit* genannt, die man, da es sich um die Abtrennung einer Elementarladung vom Metallverband handelt, auch als $e \cdot \phi$ mit dem *Elek-*

Abbildung 1.4-11 Zum Compton-Effekt; Abhängigkeit der Wellenlänge der Streustrahlung vom Beobachtungswinkel β.

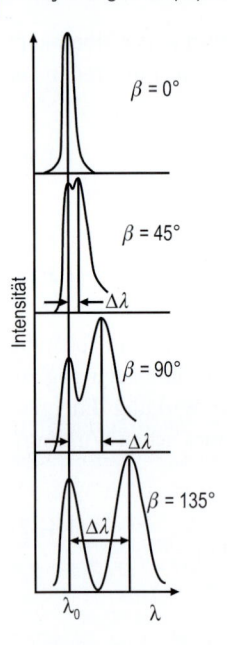

tronenaustrittspotential ϕ darstellen kann. Berücksichtigen wir noch Gl. (1.4-29), d. h. die kinetische Energie ε_{kin} der ausgetretenen Elektronen, so ergibt sich eine weitere Formulierung für

das Einstein'sche Frequenzgesetz:

$$h \cdot \nu = \varepsilon_{kin} + e \cdot \phi \tag{1.4-34}$$

Zu einer Emission von Photoelektronen kann es nur dann kommen, wenn die Energie $h\nu$, die das Lichtquant auf das Elektron überträgt, die Austrittsarbeit übersteigt. Ist $\nu < \nu_g$, so kann das Elektron zwar auch Energie aufnehmen, doch muss es im Metall verbleiben.

Die kinetische Energie eU_0 der Photoelektronen kann nach Gl. (1.4-33) nur durch Variation der Frequenz des eingestrahlten Lichtes verändert werden, nicht durch eine Variation seiner Intensität. Diese wirkt sich nur auf die Stärke des Photoelektronenstroms, d. h. auf die Zahl der pro Zeiteinheit emittierten Elektronen, aus (vgl. Abb. 1.4-9).

Der Photoeffekt ist als ein eindeutiger Beweis dafür anzusehen, dass dem Licht auch eine Korpuskelnatur zuzuschreiben ist. Einen weiteren Beweis in dieser Richtung liefert der 1922 entdeckte *Compton-Effekt*. Lässt man kurzwellige monochromatische Röntgenstrahlen auf Festkörper fallen, die wie z. B. Graphit, sehr locker gebundene, fast freie Elektronen besitzen, so beobachtet man eine seitlich austretende Streustrahlung. Die spektrale Analyse zeigt, dass sie neben der primär eingestrahlten Wellenlänge noch eine nach längeren Wellen verschobene Linie enthält (vgl. Abb. 1.4-11).

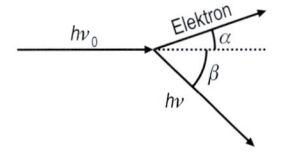

Abbildung 1.4-12 Zur Berechnung des Compton-Effekts.

Auch bei diesem Effekt handelt es sich um eine Wechselwirkung zwischen einem Lichtquant und einem Elektron. Die korpuskulare Natur des Lichtes wird beim Compton-Effekt deshalb besonders deutlich, weil er durch Anwendung des Energie- und Impulssatzes erklärt werden kann. Die Ablenkung des Photons gehorcht dem Gesetz des elastischen Stoßes:

Wie in Abb. 1.4-12 dargestellt, möge ein Lichtquant mit der Energie $h\nu_0$ auf ein zunächst in Ruhe befindliches Elektron treffen. Nach dem Stoß fliege das Elektron unter einem Winkel α, gegen die Einfallsrichtung des Photons gemessen, mit einer Geschwindigkeit v davon, während das Lichtquant seine Richtung um den Winkel β verändert habe und nunmehr die Energie $h\nu$ besitze.

Nach der Masse-Energie-Äquivalenz ist die Energie des Photons

$$E = mc^2 = h \cdot \nu \tag{1.4-35}$$

seine Masse also

$$m = \frac{h \cdot \nu}{c^2} \tag{1.4-36}$$

und sein Impuls

$$p = m \cdot c = \frac{h \cdot \nu}{c} \tag{1.4-37}$$

mit c als Lichtgeschwindigkeit. Wenden wir nun auf den in Abb. 1.4-12 dargestellten Vorgang den Energiesatz an, so folgt

$$h \cdot \nu_0 = h \cdot \nu + \frac{1}{2} m_e \cdot v^2 \tag{1.4-38}$$

Die Anwendung des Impulssatzes liefert in Richtung des einfallenden Lichtquants

$$\frac{h \cdot \nu_0}{c} = \frac{h \cdot \nu}{c} \cdot \cos\beta + m_e \cdot v \cdot \cos\alpha \tag{1.4-39}$$

und senkrecht dazu

$$0 = -\frac{h \cdot \nu}{c} \cdot \sin\beta + m_e \cdot v \cdot \sin\alpha \tag{1.4-40}$$

Wir haben also drei Gleichungen mit den drei Variablen v, α und β vorliegen, von denen uns lediglich β interessiert. Eliminieren wir v und α, so erhalten wir

$$h \cdot v_0 = h \cdot v + \frac{h^2}{2m_e c^2}(v_0^2 - 2v_0 v \cos\beta + v^2) \tag{1.4-41}$$

Wir suchen die Frequenzverschiebung $\Delta v = v_0 - v$ in Abhängigkeit vom Streuwinkel β. Deshalb lösen wir die Gleichung nach Δv auf und ersetzen in der Klammer wegen $\Delta v \ll v_0$ v durch v_0. Es ergibt sich dann

$$\Delta v = \frac{hv^2}{m_e c^2}(1 - \cos\beta) = \frac{2hv^2}{m_e c^2}\sin^2\frac{\beta}{2} \tag{1.4-42}$$

oder umgerechnet auf die Wellenlängenänderung $\Delta\lambda = \lambda - \lambda_0$

$$\Delta\lambda = \frac{2h}{m_e c}\sin^2\frac{\beta}{2} \tag{1.4-43}$$

In Übereinstimmung mit dem Experiment folgt, dass die Wellenlängenverschiebung unabhängig von der Wellenlänge des eingestrahlten Lichtes lediglich eine Funktion des Winkels β ist, unter dem die Streustrahlung gemessen wird.

Sprechen Erscheinungen wie Interferenz und Beugung eindeutig für die Wellennatur des Lichtes, so sind andere, wie der Photoeffekt und der Compton-Effekt, lediglich mit einer korpuskularen Natur des Lichtes vereinbar. Das Licht erscheint uns je nach der Art des angestellten Versuches als ein ausgedehntes Wellenfeld oder als ein punktförmiges Teilchen, als Photon. Die frühere Annahme der gegenseitigen Ausschließung von Wellen- und Teilchenvorstellung ist also auch beim Licht heute nicht mehr haltbar. Beide Vorstellungen werden verknüpft durch die Gleichungen

$$E = h \cdot v \tag{1.4-44}$$

und – unter Berücksichtigung der Masse-Energie-Äquivalenz – (Gl. 1.4-35)

$$p = \frac{h \cdot v}{c} \tag{1.4-37}$$

oder

$$\lambda = \frac{h}{p} \tag{1.4-45}$$

Wir treffen also auch hier wie beim Elektron auf die de-Broglie-Beziehung, das Planck'sche Wirkungsquantum verknüpft die Wellengröße λ mit der korpuskularen Größe p.

1.4.6
Der Dualismus Welle – Partikel

Wir haben in den vorangehenden Abschnitten gesehen, dass sowohl dem Elektron als auch dem Licht teils Welleneigenschaften, teils korpuskulare Eigenschaften zugeschrieben werden müssen. Im Laufe der Jahre hat man zeigen können, dass dieses Verhalten nicht auf die Elektronen und das Licht beschränkt ist, sondern allgemein gültig ist. So ist es gelungen, auch mit Atom- und Molekülstrahlen Beugungsversuche auszuführen. Das besagt, dass auch den im Vergleich zu den Elektronen großen und schweren Teilchen eine Wellennatur zukommt.

Dass man die Wellennatur der Materie erst so spät entdeckt hat, liegt daran, dass nach Gl. (1.4-45) makroskopische Körper, mit denen sich die Makrophysik und ihre Gesetze beschäftigen, so kleine Wellenlängen haben, dass diese weit unter der Nachweisgrenze liegen. Deshalb hat sich durch die neuen Erkenntnisse an den Erkenntnissen der Makrophysik nichts geändert.

Aus Gl. (1.4-45) lässt sich folgern, dass wir normalerweise bei extrem kleinen Wellenlängen nur die korpuskularen Eigenschaften, bei extrem großen Wellenlängen nur die Welleneigenschaften wahrnehmen können. Elektronen und Höhenstrahlen liegen gerade in einem Bereich, in dem sich beide Eigenschaften unter unseren üblichen experimentellen Bedingungen äußern können.

Von den elektromagnetischen Lichtwellen her wissen wir, dass sie durch Wellenlänge λ, Frequenz ν und Phasengeschwindigkeit c bestimmt sind. Sowohl die Wellenlänge als auch die Phasengeschwindigkeit können wir unmittelbar messen, die Frequenz ist eine reine Rechengröße, die sich nach

$$c = \nu \cdot \lambda \tag{1.4-46}$$

ergibt. Unter der *Phasengeschwindigkeit* verstehen wir dabei die Geschwindigkeit, mit der sich die Phase, d.h. der augenblickliche Zustand, beispielsweise ein Maximum der unendlich weit ausgedehnten sinusförmigen Welle, im Raum weiterbewegt. Beim Licht ist die Phasengeschwindigkeit im Vakuum unabhängig von der Wellenlänge. In anderen Medien hingegen ist die Phasengeschwindigkeit eine Funktion der Wellenlänge, wir sprechen dann von *Dispersion*.

Von der Phasengeschwindigkeit c unterscheiden müssen wir die *Gruppengeschwindigkeit* c^*. Sie ist interessant für die Signalübertragung, denn sie ist die Geschwindigkeit, mit der sich ein markanter Punkt, z. B. das Maximum, eines Wellenzuges fortbewegt, den wir aus der Addition zweier oder mehrerer Sinuswellen unterschiedlicher Wellenlänge aufgebaut haben. Liegt keine Dispersion vor, d.h. haben die einzelnen Teilwellen gleiche Phasengeschwindigkeit, so pflanzt sich ein markanter Punkt der *Schwebungskurve* mit der gleichen Geschwindigkeit fort wie ein markanter Punkt jeder der Teilwellen, d.h. Phasen- und Gruppengeschwindigkeit stimmen überein. Unterscheiden sich aber die Phasengeschwindigkeiten der Teilwellen, so ist die Gruppengeschwindigkeit nicht mehr identisch mit der Phasengeschwindigkeit. Quantitativ ergibt sich für die

> **Gruppengeschwindigkeit c^***
>
> $$c^* = c - \lambda \cdot \frac{dc}{d\lambda} \qquad (1.4\text{-}47)$$

Bei den Materiewellen lässt sich weder die Wellenlänge λ noch die Frequenz ν oder die Phasengeschwindigkeit u messen. Alle drei Größen sind reine Rechengrößen. Man hilft sich nun in der Weise, dass man die Frequenz über die Energiegleichung als

$$\nu = \frac{E}{h} \qquad (1.4\text{-}48)$$

definiert und dann in Analogie zu Gl. (1.4-46)

> **eine Phasengeschwindigkeit u der Materiewelle**
>
> $$u = \lambda \cdot \nu \qquad (1.4\text{-}49)$$

bestimmt.

Die Wellenlänge führt man über die de-Broglie-Beziehung ein:

$$p = \frac{h}{\lambda} \qquad (1.4\text{-}45)$$

Substituieren wir den Impuls durch das Produkt aus Masse m und *Teilchengeschwindigkeit* v und die Wellenlänge durch Gl. (1.4-49), so ergibt sich

$$m \cdot v = \frac{h\nu}{u} \qquad (1.4\text{-}50)$$

Der Zähler auf der rechten Seite dieser Gleichung entspricht der Energie des Teilchens und kann durch die Masse-Energie-Äquivalenz

$$h\nu = E = mc^2 \qquad (1.4\text{-}51)$$

ersetzt werden:

$$m \cdot v = \frac{mc^2}{u} \qquad (1.4\text{-}52)$$

so dass wir für den

> **Zusammenhang zwischen der Teilchengeschwindigkeit v und der Phasengeschwindigkeit u**
>
> $$u = \frac{c^2}{v} \qquad (1.4\text{-}53)$$

erhalten. Die Teilchengeschwindigkeit muss stets kleiner als die Lichtgeschwindigkeit c sein, folglich ist die Phasengeschwindigkeit der Materiewelle stets größer als die Lichtgeschwindigkeit. Das ist kein Widerspruch zur Relativitätstheorie, denn diese fordert nur, dass es keine zur Übertragung von Signalen brauchbare Geschwindigkeit gibt, die größer als die Lichtgeschwindigkeit ist. Die Phasenwellen eignen sich aber wegen der völligen Identität aller Wellenberge nicht zur Signalübertragung.

Während Lichtwellen im Vakuum keine Dispersion zeigen (ihre Phasengeschwindigkeit ist unabhängig von der Wellenlänge), weisen Materiewellen stets eine Dispersion auf, denn nach Gl. (1.4-50) ist u umgekehrt proportional zum Impuls und damit nach der de-Broglie-Beziehung proportional zur Wellenlänge.

Wie bei den Lichtwellen muss auch bei den Materiewellen ein Gl. (1.4.-47) entsprechender Zusammenhang zwischen der Phasengeschwindigkeit u und der Gruppengeschwindigkeit u^* bestehen:

$$u^* = u - \lambda \cdot \frac{du}{d\lambda} \qquad (1.4\text{-}54)$$

Mit Hilfe dieses Ausdrucks können wir nachweisen, dass die Gruppengeschwindigkeit u^* identisch ist mit der Teilchengeschwindigkeit v. Wir gehen wieder aus von der Masse-Energie-Äquivalenz, die wir, wenn wir die Masse m des bewegten Körpers von seiner Ruhemasse m_0 unterscheiden, in der Form

$$E = m \cdot c^2 = \frac{m_0 \cdot c^2}{\sqrt{1 - \frac{v^2}{c^2}}} \qquad (1.4\text{-}55)$$

oder als nach dem 2. Glied abgebrochene Reihe (vgl. Mathem. Anhang E) als

$$E = m_0 c^2 + \frac{1}{2} m_0 v^2 \qquad (1.4\text{-}56)$$

angeben können. Die Frequenz der Materiewelle ist dann

$$\nu = \frac{E}{h} \qquad (1.4\text{-}57)$$

$$\nu = \frac{m_0 c^2}{h} + \frac{1}{2} \frac{m_0 v^2}{h} \qquad (1.4\text{-}58)$$

die Phasengeschwindigkeit

$$u = \nu \cdot \lambda = \frac{m_0 c^2 \cdot \lambda}{h} + \frac{m_0 v^2 \cdot \lambda}{2h} \qquad (1.4\text{-}59)$$

und mit

$$m_0 \cdot v = \frac{h}{\lambda} \qquad (1.4\text{-}60)$$

$$u = \frac{m_0 c^2 \lambda}{h} + \frac{h}{2m_0 \lambda} \tag{1.4-61}$$

Weiterhin ist

$$\frac{du}{d\lambda} = \frac{m_0 c^2}{h} - \frac{h}{2m_0 \lambda^2} \tag{1.4-62}$$

Das Einsetzen von Gl. (1.4-61) und Gl. (1.4-62) in Gl. (1.4-54) ergibt

$$u^* = \frac{m_0 c^2 \lambda}{h} + \frac{h}{2m_0 \lambda} - \frac{m_0 c^2 \lambda}{h} + \frac{h}{2m_0 \lambda} \tag{1.4-63}$$

$$u^* = \frac{h}{m_0 \lambda} \tag{1.4-64}$$

und mit Gl. (1.4-60)

$$u^* = v \tag{1.4-65}$$

> Die Gruppengeschwindigkeit u^* ist die Geschwindigkeit, mit der sich ein sog. *Wellenpaket* im Raum fortbewegt. Ein solches Wellenpaket entsteht durch Überlagerung mehrerer Wellen von nur sehr wenig verschiedener Wellenlänge, deren Schwingungen sich an einer bestimmten Stelle im Raum, z. B. dem Aufenthaltsort des Elektrons, maximal verstärken, an allen anderen Stellen jedoch praktisch kompensieren (vgl. Abb. 1.4-13).

Wir haben also zwei Möglichkeiten, die Bewegung des Elektrons zu betrachten, einmal als die aus den klassischen Vorstellungen resultierende Bewegung eines punktförmigen materiellen Teilchens, ein andermal als das Fortschreiten eines

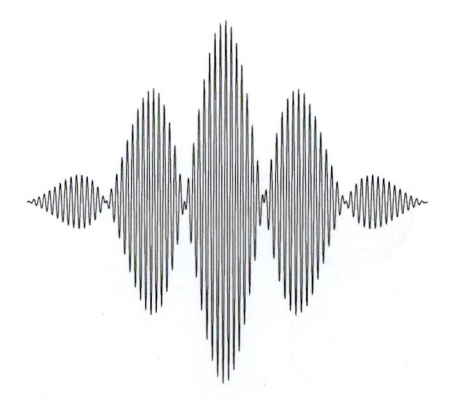

Abbildung 1.4-13 Wellenpaket.

Wellenpakets. Im letzteren Fall ist aber zu beachten, dass dieses Wellenpaket infolge der Dispersion der es bildenden Wellen beim Weiterlaufen im Raum seine Gestalt verändert, und dass darüber hinaus dieses Wellenpaket auseinanderläuft, der Ort des mit dem Wellenpaket identifizierten Elektrons damit immer weniger genau angegeben werden kann. Wir werden auf diesen Punkt später noch zurückkommen.

Zunächst wollen wir diesen Dualismus von Welle und Partikel noch von einer anderen Seite beleuchten. Ein Elektronenstrahl benimmt sich teilweise so, als bestünde er aus Teilchen, teilweise so, als wäre er eine Welle. Als Beispiel für den ersteren Fall können wir wieder an die Ablenkung der Kanalstrahlen im elektrischen oder magnetischen Feld denken, für den letzteren Fall an die Beugung an einem kristallinen Körper.

Ein Maß für die Intensität des Elektronenstrahls wäre einmal die Anzahl der Teilchen, die pro Zeiteinheit durch eine Flächeneinheit hindurchtreten oder die sich zu einem bestimmten Zeitpunkt in der Volumeneinheit befinden, im anderen Fall das Betragsquadrat der Wellenamplitude ψ. ψ ist dabei eine Funktion des Ortes und der Zeit. Bei einem intensiven Elektronenstrom werden wir also $|\psi|^2$ proportional zur Zahl der Elektronen im Volumenelement setzen können.

Wie sind aber die Verhältnisse, wenn wir ein einzelnes Elektron betrachten? Was bedeutet hier $|\psi|^2$, ist das Elektron gleichzeitig Welle und Partikel?

Die Antwort auf diese Frage liefert uns der in Abb. 1.4-14 skizzierte Versuch: Mit Hilfe einer geeigneten Elektronenoptik (Kathode, Anode, Fokussierung) stellen wir uns einen Strahl monoenergetischer Elektronen her, denen nach der de-Broglie-Beziehung eine bestimmte Wellenlänge λ zugeschrieben werden muss. Lassen wir den Strahl bei S_1 auf einen Leuchtschirm fallen, so beobachten wir bei scharfer Fokussierung nur einen einzigen, sehr kleinen Leuchtfleck, der uns den Auftreffpunkt des Elektronenstrahls anzeigt (oberes Leuchtschirmbild).

Bringen wir in den Strahlengang eine dünne Folie eines polykristallinen Körpers (Probe P), so beobachten wir auf dem Schirm S_1 ein vollständiges Beugungsbild, wie wir es im Fall von Röntgenstrahlen als Debye-Scherrer-Ringe kennen (mittleres

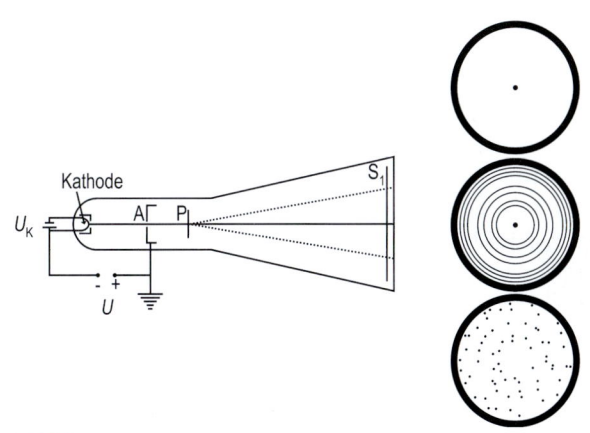

Abbildung 1.4-14 Elektronenbeugung.

Leuchtschirmbild). Wenn wir nun die Intensität des Elektronenstrahls verringern, so verringert sich auch die Helligkeit der Beugungsringe. Was geschieht aber, wenn die Intensität des Elektronenstrahl so stark verringert würde, dass wir nicht mehr von einem Elektronenstrahl, sondern nur noch von einem Strom einzelner Elektronen sprechen könnten? Wäre das Elektron tatsächlich gleichzeitig eine Welle, so müsste nach dem Durchtritt des Elektrons durch die Materiefolie auf dem Schirm S_1 stets das gesamte Beugungsbild zu erkennen sein. In Wirklichkeit beobachten wir auf dem Schirm aber nur einzelne, voneinander unabhängige Lichtblitze, deren Ort nicht vorhergesagt werden kann. Markieren wir über eine längere Zeit all diese Auftreffpunkte, wie es im unteren Leuchtschirmbild angedeutet ist, so ergeben sie in ihrer Gesamtheit wieder das vollständige Beugungsbild. Hieraus sollten wir lernen, dass es Wellen nur für die Statistik vieler Teilchen, aber nicht für ein einzelnes Teilchen gibt.

Wir können zwar keine exakte Angabe über den Ort machen, an dem das Elektron auftreffen wird, doch können wir etwas aussagen über die Wahrscheinlichkeit, mit der an einem bestimmten Ort ein Lichtblitz ein Elektron anzeigen wird. Diese Wahrscheinlichkeit ist dort groß, wo bei starkem Elektronenstrahl ein intensiver Beugungsring zu beobachten ist, und verschwindend klein an den Stellen, die zwischen den Beugungsringen liegen. Da aber die Intensität eines Beugungsringes von der Intensität der Welle an diesem Ort, d. h. vom Quadrat ihrer Amplitude abhängt, können wir $|\psi|^2$ als Funktion des Ortes als ein Maß für die *Wahrscheinlichkeit* ansehen, ein Elektron in einem bestimmten Raumelement anzutreffen.

Wir haben hier eine Erfahrung gemacht, die im krassen Gegensatz zu den Aussagen der klassischen Mechanik steht. Betrachten wir beispielsweise ein Auto, so können wir jederzeit exakt seinen Aufenthaltsort und seine Geschwindigkeit und damit seinen Impuls angeben. Gehen wir aber zum atomaren Bereich über, betrachten also beispielsweise ein Elektron, so ist es uns prinzipiell nicht mehr möglich, Ort und Impuls des Elektrons gleichzeitig exakt zu ermitteln. Wir wollen das an zwei extremen Beispielen erörtern. Das eine liefert uns der Beugungsversuch. Unsere monoenergetischen Elektronen haben einen ganz bestimmten Impuls, die zugehörige Materiewelle nach der de-Broglie-Beziehung eine ganz bestimmte Wellenlänge. Der Ort des Elektrons ist aber unbestimmt. Man sagt, p, λ oder E sind in diesem Fall scharf, die Ortskoordinaten x, y, z unscharf.

Das andere Beispiel liefert uns die Betrachtung eines Wellenpaketes, mit dem wir, wie wir gesehen haben, den Ort eines Teilchens festlegen können. Um die Ortskoordinaten scharf zu machen, benötigen wir ein sehr schmales Wellenpaket. Je schmaler das Wellenpaket sein soll, desto breiter ist der Spektralbereich der Wellenlängen, die zu seinem Aufbau erforderlich sind. Sie variieren zwischen $\lambda_0 - \Delta\lambda$ und $\lambda_0 + \Delta\lambda$. Nach der de-Broglie-Beziehung ergibt sich eine entsprechende Unschärfe des Impulses, also auch eine Unschärfe der Geschwindigkeit und der Energie des Teilchens.

Diese beiden Beispiele verdeutlichen uns

> die nach *Heisenberg* benannte *Unschärferelation*:
> Je genauer der Impuls eines Teilchens definiert ist, desto unbestimmter ist sein Ort (Extremfall: monochromatische Welle), und je genauer der Ort eines Teilchens definiert ist, desto unbestimmter ist sein Impuls (Extremfall: unendlich schmales Wellenpaket).
> Rechnet man den zu Δp gehörenden Wellenlängenbereich aus, den man benötigt, um ein Wellenpaket der Ausdehnung Δx aufzubauen, so findet man
>
> $$\Delta x \cdot \Delta p \geq \frac{h}{2\pi} \qquad (1.4\text{-}66)$$

mit der Planck'schen Konstanten h.

Um den Übergang zur klassischen Mechanik zu erkennen, ersetzen wir in Gl. (1.4-66) Δp durch $m \cdot \Delta v$ und erhalten

$$\Delta x \cdot \Delta v = \frac{h}{2\pi m} \qquad (1.4\text{-}67)$$

Für die makroskopischen Körper ist m um sehr viele Zehnerpotenzen größer als im atomaren Bereich. Die rechte Seite von Gl. (1.4-67) ist praktisch gleich null zu setzen. Damit verschwinden die Unschärfen, und sowohl Ort als auch Geschwindigkeit und damit die Energie werden scharf.

Zum Abschluss dieses Abschnitts wollen wir noch eine Überlegung anstellen, die uns zeigt, dass das Materiewellenfeld nichts gemein hat mit solchen Feldern, wie wir sie bislang kennen, etwa dem elektrischen oder dem magnetischen Feld.

Denken wir zurück an unseren Beugungsversuch mit einzelnen Elektronen. Das beschleunigte Elektron hatte einen scharfen Impuls, wir konnten seine Eigenschaften durch eine bestimmte Wellenfunktion ψ beschreiben, sein Ort war unbestimmt. Wir konnten nicht vorhersagen, wo es auf den Leuchtschirm auftreffen würde. Dies ändert sich aber schlagartig, wenn das Elektron durch die Szintillation auf dem Leuchtschirm seinen Ort zu erkennen gibt. Von diesem Augenblick an, d. h. durch die Messung, ist der Ort scharf geworden. Würden wir unmittelbar hinter den ersten Leuchtschirm S_1 einen zweiten S_2 setzen, so würden wir auch auf diesem das Elektron am gleichen Ort beobachten. Das Elektron muss jetzt durch ein schmales Wellenpaket beschrieben werden, das die Superposition vieler monochromatischer Wellen unterschiedlicher Wellenlänge darstellt. Der vor dem ersten Leuchtschirm noch scharfe Impuls ist durch die Messung unscharf geworden, die Wellenfunktion ψ ist plötzlich in ein Wellenpaket übergegangen. Eine neuerliche Messung des Impulses würde nun zu anderen Werten führen als vor dem Auftreffen des Elektrons auf den Leuchtschirm.

Im Gegensatz zu unseren Erfahrungen aus der klassischen Physik hat in der Atomphysik die Messung einen Einfluss auf das zu messende Objekt.

Elektrische oder magnetische Felder sind der Messung und Beobachtung unmittelbar zugänglich, sie ändern sich nicht plötzlich und werden durch die Messung nicht beeinflusst. Ein Materiewellenfeld hingegen kann man nicht beobachten, das Betragsquadrat seiner Amplitude hat die Bedeutung einer Wahrscheinlichkeit.

1.4.7
Nachweis niedriger Energieniveaus in Gasen

Nachdem wir uns mit den Eigenschaften der Elektronen und der Photonen beschäftigt haben, wollen wir diese nun benutzen, um über ihre Wechselwirkung mit Atomen näheren Aufschluss über die energetischen Verhältnisse in der Atomhülle zu erhalten.

Zunächst wollen wir die Wechselwirkung von Elektronen, die wir in einem elektrischen Feld beschleunigt haben, mit Gasen untersuchen. Wir verwenden dazu die in Abb. 1.4-15 a skizzierte Versuchsanordnung. Die Glühkathode K emittiert Elektronen, die durch eine variable Spannung U_b in Richtung auf das Gitter G beschleunigt werden. Zwischen G und der Anode A liegt eine geringe Gegenspannung U_g, die die durch das Gitter tretenden Elektronen abbremst. Das Galvanometer zeigt den Strom I der von K durch das Gitter nach A gelangenden Elektronen an. Die Röhre ist mit Quecksilberdampf niedrigen Druckes gefüllt, so dass die Elektronen auf ihrem Weg von K nach A mit Quecksilberatomen zusammenstoßen können.

Abb. 1.4-15 b zeigt nun, wie sich der Elektronenstrom I ändert, wenn wir die Beschleunigungsspannung U_b von null ausgehend allmählich vergrößern. Zunächst beobachten wir mit wachsendem U_b eine Zunahme von I, weil um so mehr Elektronen durch das Gitter hindurchtreten, je stärker sie beschleunigt worden sind. Die Verhältnisse sind die gleichen wie in einer völlig evakuierten Röhre, die Zusammenstöße mit den Quecksilberatomen müssen also völlig elastisch sein, d. h. ohne Energieverlust verlaufen. Überschreitet U_b aber einen Wert von 4.9 V, so fällt der Elektronenstrom stark ab. Ein großer Teil der Elektronen hat nicht mehr

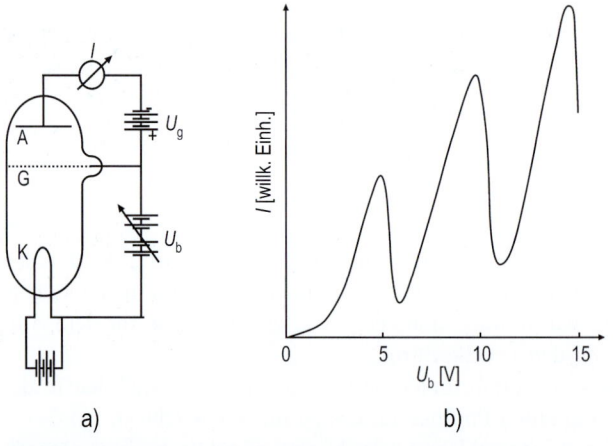

Abbildung 1.4-15 Franck-Hertz'scher Versuch; (a) Versuchsanordnung; (b) Stromstärke I in Abhängigkeit von der Beschleunigungsspannung U_b.

genug Energie, um die Gegenspannung zu überwinden. Die Elektronen müssen durch inelastische Stöße mit den Quecksilberatomen Energie verloren haben. Bei weiterer Steigerung von U_b nimmt I wieder zu, denn die Elektronen werden nach dem inelastischen Stoß im Feld zwischen K und G noch einmal beschleunigt. Sobald U_b jedoch 9.8 V erreicht hat, fällt der Strom wieder ab. Nun sind die Elektronen nach dem inelastischen Stoß bis G wieder so stark beschleunigt, dass sie einen zweiten inelastischen Stoß mit Quecksilberatomen ausführen können. Das Ganze wiederholt sich noch einmal, wenn wir U_b von 9.8 V bis auf etwas über 14.7 V erhöhen.

Sobald die Beschleunigungsspannung 4.9 V überschritten hat, stellen wir fest, dass der Quecksilberdampf Licht emittiert, und zwar eine monochromatische Strahlung der Wellenlänge 253.6 nm. Die Energie von Photonen mit einer Wellenlänge von 253.6 nm entspricht genau der Energie von 4.9 eV, die die Elektronen bei ihrem inelastischen Stoß verlieren. Offensichtlich wird diese Energie beim Stoß auf das Atom übertragen, das dadurch in einen *angeregten Zustand* übergeht, aus dem es dann nach kurzer Zeit ($\approx$ 10 ns) unter Lichtemission in den *Grundzustand* zurückkehrt.

Die entscheidende Erkenntnis, die uns dieser *Franck-Hertz'sche Versuch* liefert, besteht darin, dass die Quecksilberatome nicht beliebige, sondern nur ganz diskrete Energiebeträge aufnehmen und abgeben können. Daraus dürfen wir schließen, dass die Elektronen in der Atomhülle des Atoms, die allein für die Wechselwirkung mit den stoßenden Elektronen infrage kommen, ebenfalls nur in diskreten Energiezuständen vorliegen.

1.4.8
Die Spektrallinien der Atome

Wir haben gesehen, dass sich durch Elektronenstoß Atome zur Lichtemission anregen lassen. Oft gelingt dies auch schon durch Zufuhr thermischer Energie, die Gelbfärbung der Flamme eines Bunsen-Brenners durch Natriumsalze ist ein bekanntes Beispiel dafür.

Ganz allgemein zeigt sich wieder, dass die Atome nur Licht bestimmter Wellenlängen zu emittieren vermögen, wir sprechen deshalb von einem *Linienspektrum*. Neben der Emission von Licht beobachten wir aber auch eine Absorption von Licht, und zwar zeigen Emissions- und Absorptionsspektrum die gleiche Lage der Linien. Der in Abb. 1.4-16 skizzierte Versuch zeigt uns das am Beispiel der Natriumlinie.

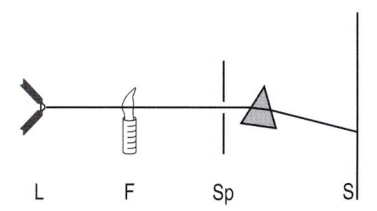

Abbildung 1.4-16 Zur Demonstration von Emissions- und Absorptionsspektrum.

Von der Bogenlampe L oder der Bunsenbrenner-Flamme F fällt Licht über ein System von Spalten Sp auf ein Prisma, wo es spektral zerlegt wird. Auf einem Schirm S wird das Spektrum beobachtet. Wird lediglich die Natriumflamme als Lichtquelle benutzt, so beobachten wir auf dem Schirm die gelbe Natriumlinie bei 589 nm. Verwenden wir allein die Bogenlampe als Lichtquelle, so sehen wir ein kontinuierliches Spektrum. Bringen wir jetzt in den Strahlengang der Bogenlampe zusätzlich Natriumdampf, indem wir ein Natriumsalz in die Bunsenbrenner-Flamme streuen, so zeigt sich die Stelle im kontinuierlichen Spektrum, an der die Natriumlinie liegt, als dunkle Linie im hellen Rahmen. Aus dem Licht der Bogenlampe ist der Teil mit der Wellenlänge 589 nm weitgehend vom Natriumdampf absorbiert worden.

Die Spektren der Atome bestehen aus sehr vielen Linien. Besonders übersichtlich ist das Spektrum des atomaren Wasserstoffs, das in Abb. 1.4-17 a auszugsweise wiedergegeben ist. Wir wollen an ihm die wesentlichen Merkmale der Linienspektren studieren. Das Wasserstoffspektrum besteht aus Linien im ultravioletten, sichtbaren und infraroten Spektralbereich. Mit steigender Frequenz zeichnen sich gewisse Häufungsstellen ab.

Bereits 1885 zeigte Balmer, dass sich die Spektrallinien in Serien ordnen lassen, für die sich, wenn man nicht die Wellenlänge λ, sondern die Frequenz v oder die Wellenzahl $\tilde{v} = \frac{v}{c} = \frac{1}{\lambda}$ als Maß verwendet, einfache Gesetzmäßigkeiten ergeben. Es gilt

die *Balmer-Formel*

$$\tilde{v} = R\left(\frac{1}{m^2} - \frac{1}{n^2}\right) \tag{1.4-68}$$

Dabei sind m und n ganze Zahlen, m ist für eine bestimmte Serie eine Konstante, n ist stets größer als m. Die Konstante R heißt *Rydberg-Konstante* und hat für Wasserstoff den Wert 109677.578 cm^{-1}.

Abbildung 1.4-17 b zeigt die Aufspaltung des Wasserstoffspektrums in die einzelnen Serien, denen man bestimmte Namen gegeben hat:

$m = 1$ Lyman-Serie

$m = 2$ Balmer-Serie

$m = 3$ Paschen-Serie

$m = 4$ Brackett-Serie

$m = 5$ Pfund-Serie.

Für die weitere Diskussion ist es zweckmäßig, die Ausdrücke

$$T_n = -\frac{R}{n^2} \tag{1.4-69}$$

zu betrachten, die man als *Terme* bezeichnet. Nach dem *Ritz'schen Kombinationsprinzip* (1908) ergeben sich nämlich die Wellenzahlen als Differenz zweier Terme. Deshalb hat es sich bewährt, ein sog. *Termschema* aufzustellen. Zu diesem

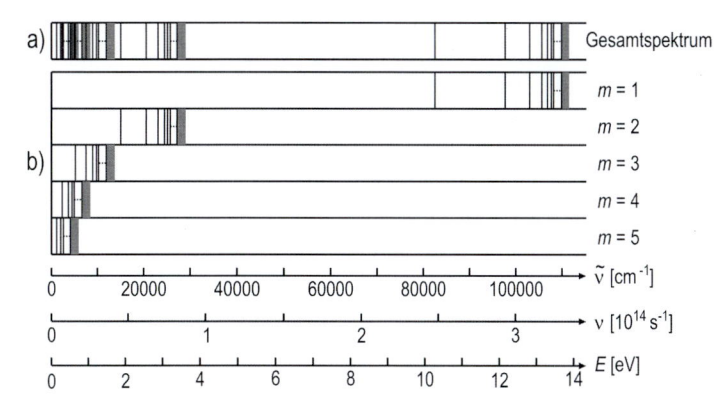

Abbildung 1.4-17 Linienspektrum des atomaren Wasserstoffs; (a) gesamtes Spektrum, (b) getrennt nach Serien.

Zweck kennzeichnet man jeden Term durch eine horizontale Linie und ordnet diese Linien nach wachsender Laufzahl n an, wie es in Abb. 1.4-18 geschehen ist. Da die Termwerte umgekehrt proportional dem Quadrat der Laufzahlen sind, nehmen die Termwerte von oben nach unten zu. Zu $n = \infty$ gehört $T_\infty = 0$, zu $n = 1$

$$T_1 = -R$$

Nach Gl. (1.4-68) und Gl. (1.4-69) lassen sich die Serien des Wasserstoffspektrums darstellen als

$$\tilde{v} = T_n - T_m \tag{1.4-70}$$

speziell also

Lyman-Serie $\tilde{v} = T_n - T_1 \quad n = 2, 3, \ldots$

Balmer-Serie $\tilde{v} = T_n - T_2 \quad n = 3, 4, \ldots$

usw. Jede einzelne Linie des Spektrums erscheint demnach im Termschema als Differenz zweier Terme, dargestellt als senkrechte Strecke zwischen den Termen. Alle Linien einer Serie haben denselben Term als Fußpunkt.

Die wesentliche Deutung dieses Termschemas erfolgte durch Niels Bohr (1913): Bekannt waren die lichtelektrische Gleichung, das Einstein'sche Frequenzgesetz

$$h\nu = eU_0 + h\nu_g \tag{1.4-33}$$

und ihre Deutung (vgl. Abschnitt 1.4.5), die Absorption des Lichtes in quantenhaften Energiebeträgen der Größe $h \cdot \nu$. Multipliziert man nun Gl. (1.4-70) oder Gl. (1.4-68) mit hc

$$hc\tilde{v} = h\nu = hcT_n - hcT_m = \frac{Rch}{m^2} - \frac{Rch}{n^2} \tag{1.4-71}$$

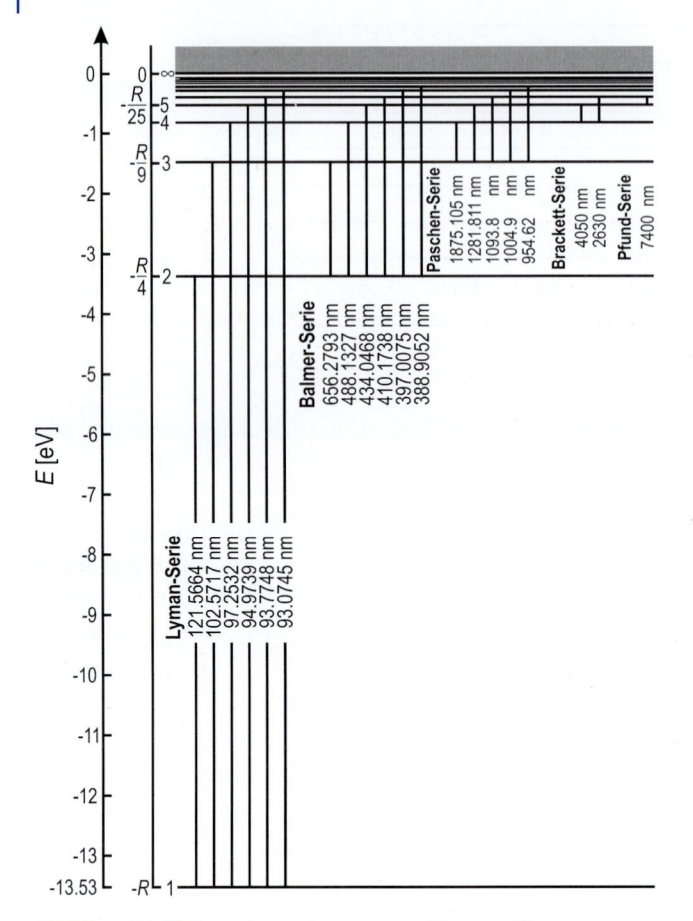

Abbildung 1.4-18 Termschema des atomaren Wasserstoffs.

dann steht links eine Energie. Folglich müssen die beiden Ausdrücke auf der rechten Seite auch Energien entsprechen:

$$h\nu = E_{\text{Ende}} - E_{\text{Anfang}} \tag{1.4-72}$$

Die Energien E_{Ende} und E_{Anfang} werden sog. *Energieniveaus* zugeschrieben. Jedem Energieniveau wird ein Energiezustand des Atoms zugeordnet. Dann ist die Energie $h\nu$ einer jeden Spektrallinie gleich der Differenz zwischen den Energien zweier verschiedener Zustände des Atoms. Durch die Absorption von Licht einer bestimmten Frequenz geht das Atom aus dem Grundzustand oder einem angeregten Zustand in einen höher angeregten Zustand über. Andererseits emittiert das Atom Licht einer bestimmten Frequenz, wenn es aus einem angeregten Zustand in einen weniger angeregten Zustand oder den Grundzustand zurückfällt.

1.4.9
Das Bohr'sche Modell des Wasserstoffatoms

Es lag nun nahe, die gewonnenen Erkenntnisse auszunutzen, um ein Modell des Wasserstoffatoms aufzustellen. Wie wir im Abschnitt 1.4.1 gesehen haben, sollte nach Rutherford das Wasserstoffatom aus einem kleinen positiven Atomkern bestehen, um den in weitem Abstand ein Elektron kreist. Bohr übernahm diese Vorstellung, ließ das Elektron wie ein Planet den Kern umkreisen, nur dass die Anziehungskräfte elektrostatischer Natur, d. h. Coulomb-Kräfte sein sollten. Er wandte die Gesetze der klassischen Mechanik und der Elektrostatik an.

Die Anziehungskraft, die Zentripetalkraft $|\vec{F}_p|$, ist also

$$|\vec{F}_p| = \frac{1}{4\pi\varepsilon_0} \cdot \frac{e^2}{r^2} \tag{1.4-73}$$

die Zentrifugalkraft $|\vec{F}_F|$ ist

$$|\vec{F}_F| = \frac{m_e v^2}{r} = m_e \omega^2 r \tag{1.4-74}$$

mit e als Elementarladung, r Abstand Kern – Elektron, m_e Masse des Elektrons, v Geschwindigkeit des Elektrons und ω Winkelgeschwindigkeit. Die Bedingung für das Zustandekommen einer Kreisbahn ist dann $|\vec{F}_p| = |\vec{F}_F|$, d. h.

$$\frac{1}{4\pi\varepsilon_0} \frac{e^2}{r^2} = \frac{m_e v^2}{r} = m_e r \omega^2 \tag{1.4-75}$$

Wir sehen, dass Bahnradius und Bahngeschwindigkeit sich gegenseitig bestimmen.

Der Energieinhalt des Wasserstoffatoms setzt sich additiv aus potentieller (V) und kinetischer (T) Energie zusammen. Zur Angabe der potentiellen Energie muss zuvor der Nullpunkt der Energie festgelegt werden. Für ihn wählt man zweckmäßigerweise den Zustand, in dem das Elektron unendlich weit vom Kern entfernt ist. Damit hat das Wasserstoffatom negative potentielle Energie, und zwar

$$V = -\frac{1}{4\pi\varepsilon_0} \cdot \frac{e^2}{r} \tag{1.4-76}$$

Die kinetische Energie ist

$$T = \frac{m_e}{2} v^2 = \frac{m_e}{2} r^2 \omega^2 = \frac{1}{2} I \omega^2 \tag{1.4-77}$$

wenn man das Trägheitsmoment I einführt.

Die Gesamtenergie ergibt sich damit zu

$$E = V + T = -\frac{1}{4\pi\varepsilon_0} \cdot \frac{e^2}{r} + \frac{m_e}{2} v^2 = -\frac{1}{4\pi\varepsilon_0} \cdot \frac{e^2}{r} + \frac{I}{2} \omega^2 \tag{1.4-78}$$

Berücksichtigt man die Bahnbedingung Gl. (1.4-75), so folgt

$$E = -\frac{1}{4\pi\varepsilon_0}\cdot\frac{e^2}{r} + \frac{1}{4\pi\varepsilon_0}\cdot\frac{e^2}{2r} = -\frac{1}{8\pi\varepsilon_0}\cdot\frac{e^2}{r} \tag{1.4-79}$$

Nach Gl. (1.4-75) und Gl. (1.4-79) müsste das Elektron je nach seiner Geschwindigkeit beliebige Bahnradien und auch beliebige Energiewerte annehmen können. Dies stünde aber in krassem Gegensatz zu den Erkenntnissen, die aus den in Abschnitten 1.4.7 und 1.4.8 mitgeteilten Experimenten gewonnen worden waren. Außerdem stellt das kreisende Elektron eine periodisch bewegte elektrische Ladung dar, die nach den Gesetzen der Elektrodynamik in ihrer Umgebung ein elektromagnetisches Wechselfeld erzeugen müsste, das sich vom Ort seiner Entstehung mit Lichtgeschwindigkeit ausbreiten und Energie transportieren müsste. Diese Energie müsste dem strahlenden System entnommen werden. Nach Gl. (1.4-79) würde eine Energieabgabe zu einer Verringerung des Radius führen, d. h. das Elektron müsste auf einer Spiralbahn in den Kern stürzen. Wie die Erfahrung aber zeigt, muss es einen Zustand geben, in dem das Elektron strahlungslos umlaufen kann.

> Um diese Schwierigkeiten zu überwinden, postulierte Bohr, dass die in Abschnitt 1.4.5 besprochene, auf Planck zurückgehende Erkenntnis, dass die Wirkung nur in ganzzahligen Vielfachen n von h auftreten kann, auch auf die Bewegung des Elektrons um den Kern angewendet werden müsse und dass ein auf der Kreisbahn umlaufendes Elektron nicht strahlt.

Während der Kreisbewegung ändert sich der Impuls p nicht, die Lagekoordinate q wiederholt sich nach jedem Umlauf. Folglich muss für den stationären Zustand gelten

$$\oint p\,dq = n\cdot h \qquad n = 1, 2, \ldots \tag{1.4-80}$$

Berücksichtigen wir, dass für die Kreisbewegung gilt

$$p = m_e \cdot v = m_e \cdot r \cdot \omega \tag{1.4-81}$$

$$dq = r\cdot d\Phi, \qquad \text{mit dem Winkel } \Phi \tag{1.4-82}$$

so folgt

$$\oint m_e r^2 \omega\, d\Phi = n\cdot h \tag{1.4-83}$$

$$m_e r^2 \omega \int_0^{2\pi} d\Phi = n\cdot h \tag{1.4-84}$$

$$m_e r^2 \omega 2\pi = n\cdot h \tag{1.4-85}$$

Das besagt, dass der Drehimpuls $|\vec{l}|$ eines Elektrons auf seiner Bahn,

$$|\vec{l}| = m_e \cdot r^2 \cdot \omega = n \cdot \frac{h}{2\pi} \tag{1.4-86}$$

nur ein ganzzahliges Vielfaches von $\frac{h}{2\pi}$ sein darf (s. Abschnitt 3.1.4). Vereinigen wir diese Gleichung mit der Bahnbedingung Gl. (1.4-75), so erhalten wir

$$\omega^2 = \frac{1}{4\pi\varepsilon_0} \cdot \frac{e^2}{m_e r^3} = \frac{n^2 h^2}{4\pi^2 m_e^2 r^4} \tag{1.4-87}$$

Damit sind keine beliebigen Werte für r mehr möglich, sondern nur noch solche, für die gilt

$$r_n = \frac{\varepsilon_0 n^2 h^2}{\pi m_e e^2} \qquad n = 1, 2, \ldots \tag{1.4-88}$$

Um einen Eindruck von der Größe dieses Bahnradius zu gewinnen, setzen wir die bekannten Werte für ε_0, m_e, h und e ein und erhalten dann für $n = 1$, d.h. für die kernnächste Kreisbahn, $r_1 = 5.292 \cdot 10^{-9}$ cm.

Kombinieren wir Gl. (1.4-88) mit Gl. (1.4-79), so erhalten wir für die Energie

$$E_n = -\frac{m_e e^4}{8\varepsilon_0^2 n^2 h^2} \qquad n = 1, 2, \ldots \tag{1.4-89}$$

Nun sind auch keine beliebigen Energiewerte mehr zugelassen, vielmehr gibt es nur von der sog. *Hauptquantenzahl* n abhängige diskrete Energiezustände, wie wir es auch aus dem Spektrum des atomaren Wasserstoffs geschlossen hatten. Zum Vergleich mit den Spektren schreiben wir Gl. (1.4-89) um in

$$E_n = -\frac{1}{n^2} E_A \tag{1.4-90}$$

mit

$$E_A = \frac{m_e e^4}{8\varepsilon_0^2 h^2} \tag{1.4-91}$$

Der Sprung eines Elektrons von einer Bahn höherer Quantenzahl (n_2) auf eine solche niedrigerer Quantenzahl (n_1) ist dann verbunden mit einer Energieänderung

$$\Delta E = E_2 - E_1 = E_A \left(\frac{1}{n_1^2} - \frac{1}{n_2^2} \right) \qquad (n_2 > n_1) \tag{1.4-92}$$

Beachten wir ferner, dass $\Delta E = h \cdot v$ ist, so ergibt sich

$$hv = \frac{E_A \cdot hc}{hc} \left(\frac{1}{n_1^2} - \frac{1}{n_2^2} \right) \tag{1.4-93}$$

$$\tilde{v} = \frac{E_A}{hc} \left(\frac{1}{n_1^2} - \frac{1}{n_2^2} \right) \tag{1.4-94}$$

Dieser Ausdruck ist identisch mit der bei der Diskussion der Spektren abgeleiteten Gleichung (1.4-68). Durch Koeffizientenvergleich finden wir

$$R = \frac{E_A}{hc} \tag{1.4-95}$$

E_A ist nach den angestellten Überlegungen die Energie des Elektrons in der dem Kern am nächsten gelegenen Bahn ($n = 1$). Es ist gleichzeitig der niedrigste Energiezustand, der möglich ist, d. h. die Energie des Grundzustands. Da als Bezugszustand für die Energie die völlige Trennung von Kern und Elektron angenommen worden ist, stellt E_A andererseits diejenige Energie dar, die dem Wasserstoffatom zugeführt werden muss, um das im Grundzustand befindliche Elektron ganz vom Kern zu trennen, es ist die *Ionisierungsenergie*. Nach Gl. (1.4-95) ist die Rydberg-Konstante eng mit der Ionisierungsenergie verbunden. Da E_A nach Gl. (1.4-91) aus den sehr genau bekannten Konstanten m_e, e und h berechenbar ist, gibt Gl. (1.4-95) die Möglichkeit, auch R zu berechnen. Der auf diese Weise ermittelte Wert ist in bester Übereinstimmung mit dem aus spektroskopischen Daten nach Gl. (1.4-68) gewonnenen.

So erfolgreich die Bohr'sche Theorie auch bei der Beschreibung des Spektrums des Wasserstoffatoms und der Spektren wasserstoffähnlicher Ionen wie He^+, Li^{2+} u. dgl. (s. Abschn. 3.2.1) war, gelang es doch nicht, *auf der gleichen Grundlage* das Spektrum des Heliums oder gar schwererer Atome exakt zu beschreiben. Die alleinige Anwendung der drei Bohr'schen Postulate: Gültigkeit der klassischen Mechanik und Elektrostatik, Ungültigkeit der Elektrodynamik hinsichtlich ihrer Aussagen über die Strahlung einer beschleunigten Ladung und Hinzunahme der Quantenbedingung führt nur bei sehr einfachen atomaren Gebilden zum Ziel. Nach den Kenntnissen, die wir in Abschnitt 1.4.4 über die Eigenschaften des Elektrons gewonnen haben, wundert uns dies nicht. Sicherlich ist es notwendig, bei einer widerspruchsfreien, umfassenden Theorie die Welleneigenschaften der Elektronen zu berücksichtigen.

1.4.10
Die Schrödinger-Gleichung

Das Bohr'sche Atommodell ist für uns von seinem Ansatz [Gl. (1.4-75)] her einleuchtend und anschaulich, ist es doch die Übertragung des von uns mit unseren Sinnen unmittelbar wahrnehmbaren, makroskopischen Geschehens auf atomare

Dimensionen. Dies gilt schon nicht mehr für die Einführung der Bohr'schen Postulate. Wenn wir uns nun mit der Schrödinger-Gleichung der Wellenmechanik zuwenden, so geht die Anschaulichkeit zunächst völlig verloren.

Bei der Diskussion des Dualismus Welle-Partikel (Abschnitt 1.4.6) haben wir bereits über das Wesen und die Eigenarten der Materiewellen gesprochen. Wir haben gesehen, dass weniger die orts- und zeitabhängige Wellenfunktion ψ als vielmehr ihr Betragsquadrat $|\psi|^2$ von Interesse ist, da dieses ein Maß für die Wahrscheinlichkeit ist, ein Teilchen anzutreffen. Solange wir uns mit den stationären Zuständen im Atom oder in einem Molekül befassen, können wir uns auf die Ortsabhängigkeit von ψ beschränken. Haben wir es jedoch mit Prozessen wie der Strahlung zu tun, so müssen wir auch die Zeitabhängigkeit von ψ diskutieren (vgl. Abschnitt 3.4.2).

Es sei vorausgeschickt, dass es eine Ableitung für die der Wellenmechanik zugrundeliegende Schrödinger-Gleichung in dem Sinne, wie wir im Vorhergehenden neue Beziehungen aus bekannten abgeleitet oder aus Modellen entwickelt haben, nicht gibt. Inspiriert durch die Gedanken de Broglies und angesichts der 1926 bereits vorhandenen experimentellen und theoretischen Erkenntnisse, die wir in den vorangehenden Abschnitten besprochen haben, hat Schrödinger die nach ihm benannte

zeitunabhängige Schrödinger-Gleichung

$$\Delta\psi + \frac{8\pi^2 m}{h^2}(E - V)\psi = 0 \tag{1.4-96}$$

aufgestellt, ohne dass es von vornherein sicher war, dass die gedanklichen Verknüpfungen, auf die wir weiter unten eingehen werden, berechtigt sind.

In dieser Gleichung bedeutet

$$\Delta = \nabla^2 = \frac{\partial^2}{\partial x^2} + \frac{\partial^2}{\partial y^2} + \frac{\partial^2}{\partial z^2} \tag{1.4-97}$$

den *Laplace'schen Differentialoperator*, ∇ den *Nabla-Operator* (bzgl. Operator s. Mathem. Anhang D), der die entsprechende erste Ableitung repräsentiert, ψ ist die Wellenfunktion, m die Masse des Teilchens, E seine Gesamtenergie und V seine potentielle Energie.

In der Thermodynamik haben wir uns längst daran gewöhnt, dass es die Hauptsätze gibt, die wir nicht ableiten oder beweisen können. Ihre Richtigkeit ergibt sich daraus, dass wir keine Ausnahmen von den Aussagen dieser Hauptsätze kennen. In ähnlicher Weise sollten wir mit der Schrödinger-Gleichung verfahren, um den Schwierigkeiten aus dem Wege zu gehen, die uns der Dualismus Welle-Partikel in der sinnlichen Wahrnehmung bereitet. Das Entscheidende ist nicht der Weg zum Formelgebäude, sondern dessen Bewährung zur Beschreibung der beobachteten Phänomene.

Eingedenk dieser Einsicht können wir uns allerdings die Formulierung der Schrödinger-Gleichung verständlich machen, wenn wir ausgehend vom Dualismus Welle-Partikel akzeptieren, dass die Bewegung eines Teilchens auch durch eine Wellenfunktion beschreibbar sein muss (Abschn. 1.4.6). Denken wir an das Wasserstoffatom, so handelt es sich um die Bewegung des Elektrons um das Proton. Da das Wasserstoffatom stabil ist, muss es in einem stationären Zustand vorliegen. Im Wellenbild werden stationäre Zustände durch „stehende" Wellen beschrieben (vgl. Lehrbücher der Physik). Beschränken wir uns auf den räumlichen Anteil und den eindimensionalen Fall, so wird die „stehende" Welle beschrieben durch

$$\psi(x) = e^{2\pi i x/\lambda} = \left(\cos\frac{2\pi x}{\lambda} + i \sin\frac{2\pi x}{\lambda}\right) \tag{1.4-98}$$

Hierbei ist λ die Wellenlänge, x die Ortskoordinate, und i ist definiert durch $i^2 = -1$. Durch Differentiation erhalten wir

$$\frac{d\psi(x)}{dx} = \frac{2\pi i}{\lambda} e^{2\pi i x/\lambda} \tag{1.4-99}$$

$$\frac{d^2\psi(x)}{dx^2} = -\left(\frac{2\pi}{\lambda}\right)^2 e^{2\pi i x/\lambda} \tag{1.4-100}$$

Die betrachteten stehenden Wellen erfüllen also die Gleichung

$$\frac{d^2\psi(x)}{dx^2} + \left(\frac{2\pi}{\lambda}\right)^2 \psi(x) = 0 \tag{1.4-101}$$

Jetzt berücksichtigen wir die de-Broglie-Beziehung

$$\lambda = \frac{h}{p} = \frac{h}{m \cdot v} \tag{1.4-102}$$

mit deren Hilfe wir die kinetische Energie T ausdrücken können als

$$T = \frac{1}{2}mv^2 = \frac{1}{2}m\left(\frac{h}{m\lambda}\right)^2 \tag{1.4-103}$$

Verknüpfen wir nun die Wellengleichung (1.4-101) mit Gl. (1.4-103), so erhalten wir

$$\frac{d^2\psi(x)}{dx^2} + \frac{8\pi^2 m}{h^2} T\psi(x) = 0 \tag{1.4-104}$$

Die kinetische Energie T lässt sich als Differenz aus Gesamtenergie E und potentieller Energie V darstellen, so dass

$$\frac{d^2\psi(x)}{dx^2} + \frac{8\pi^2 m}{h^2}(E-V)\psi(x) = 0 \tag{1.4-105}$$

ist. Gl. (1.4-105) ist nichts anderes als der eindimensionale Fall der Schrödinger-Gleichung Gl. (1.4-96). Es muss aber noch einmal klar zum Ausdruck gebracht werden, dass die durchgeführte Überlegung kein Beweis für die Richtigkeit der Schrödinger-Gleichung ist.

Wenn wir die Schrödinger-Gleichung auf ein Problem anwenden, so heißt dies, dass wir, ausgehend von einer Modellvorstellung, die Masse m des betrachteten Teilchens und die potentielle Energie V, die wir nach den Methoden der klassischen Physik ermitteln, in Gl. (1.4-96) einsetzen und dann durch Lösen der Differentialgleichung eine Aussage über die Wellenfunktion ψ und die Energie E erwarten, die das Verhalten des Teilchens beschreiben. Es handelt sich hier um ein rein mathematisches Problem, und es ist der Zweck dieses und der noch folgenden Abschnitte 1.4.11 bis 1.4.15, uns anhand ganz einfacher Beispiele einen Einblick in die Verfahrensweise zu verschaffen. Wir werden dabei sehen, dass es sich um etwas völlig anderes handelt, als wir es bisher kennengelernt haben. Wir werden erfahren, was mathematisch und physikalisch hinter einigen Begriffen, wie beispielsweise Entartung oder Durchtunnelung, steckt, die heutzutage schon in den einfachsten Einführungstexten in die Chemie verwendet werden. Andererseits werden wir für das freie Teilchen und das Teilchen im Kasten Beziehungen ableiten, die wir in späteren Kapiteln, besonders im Kapitel 4 für die statistische Thermodynamik benötigen.

Zunächst müssen wir jedoch noch einige allgemeine Fragen zur Schrödinger-Gleichung erläutern.

Wir haben gesehen [Gl. (1.4-101) bis (1.4-105)], wie man formal von der Gleichung für eine stehende Welle zur Schrödinger-Gleichung kommt. Es gibt noch einen weiteren Weg von der klassischen Mechanik zur Wellenmechanik, der natürlich ebensowenig eine Ableitung oder ein Beweis für die Schrödinger-Gleichung ist, der uns aber zu einer einfachen, später häufig verwendeten Schreibweise führt.

Für die Gesamtenergie eines Teilchens können wir schreiben

$$E = T + V = \frac{1}{2}m(v_x^2 + v_y^2 + v_z^2) + V(x, y, z) \tag{1.4-106}$$

oder

$$E = T + V = \frac{1}{2m}(p_x^2 + p_y^2 + p_z^2) + V(x, y, z) \tag{1.4-107}$$

Die Energie lässt sich also darstellen als Funktion der Impulskoordinaten p_x, p_y und p_z und der Ortskoordinaten x, y und z:

$$E = H(x, \ldots, p_x, \ldots) \tag{1.4-108}$$

Diese Funktion bezeichnet man als *Hamilton-Funktion*. Führt man nun die Substitution

$$p_x \to \frac{h}{2\pi i} \frac{\partial}{\partial x} \tag{1.4-109}$$

ein, ersetzt man also den Impuls p_x durch den Operator $\frac{h}{2\pi i} \frac{\partial}{\partial x}$, so erhält man mit

$$\hat{H} = H\left(x, \ldots, \frac{h}{2\pi i} \frac{\partial}{\partial x}, \ldots\right) \tag{1.4-110}$$

den Hamilton-Operator. Die Schrödinger-Gleichung lautet mit ihm

$$E \cdot \psi = \hat{H}\psi. \tag{1.4-111}$$

Dabei müssen wir berücksichtigen, dass p_x^2 dann durch $-\left(\frac{h}{2\pi}\right)^2 \frac{\partial^2}{\partial x^2}$ zu ersetzen ist. Beachten wir die Gleichungen (1.4-107), (1.4-108) und (1.4-109), so können wir Gl. (1.4-111) ausführlicher schreiben:

$$E \cdot \psi = \frac{1}{2m}\left(-\left(\frac{h}{2\pi}\right)^2\right)\left(\frac{\partial^2}{\partial x^2} + \frac{\partial^2}{\partial y^2} + \frac{\partial^2}{\partial z^2}\right)\psi + V(x,y,z) \cdot \psi \tag{1.4-112}$$

was wir umstellen können zu

$$\left(\frac{\partial^2}{\partial x^2} + \frac{\partial^2}{\partial y^2} + \frac{\partial^2}{\partial z^2}\right)\psi + \frac{8\pi^2 m}{h^2}(E - V(x,y,z)) \cdot \psi = 0 \tag{1.4-113}$$

Diese Gleichung ist identisch mit Gl. (1.4-96). Das heißt, dass Gl. (1.4-96) und Gl. (1.4-111) äquivalente Formulierungen der Schrödinger-Gleichung sind. Welche Formulierung wir verwenden werden, hängt von dem speziell betrachteten Fall ab. Oft wird zur Vereinfachung

$$\frac{h}{2\pi} \equiv \hbar \tag{1.4-114}$$

eingeführt. Wir wollen diesem Brauch folgen und schreiben im Folgenden für

die Schrödinger-Gleichung

$$\Delta\psi + \frac{2m}{\hbar^2}(E - V)\psi = 0 \tag{1.4-115}$$

Wenden wir sie in der Form

$$E \cdot \psi = \hat{H}\psi \tag{1.4-111}$$

an, dann beachten wir die Substitution

$$p_x = \frac{\hbar}{i} \frac{\partial}{\partial x} \tag{1.4-116}$$

Um in den späteren Abschnitten den Kontext nicht durch mathematische Erörterungen zerreißen zu müssen, wollen wir noch einige häufig wiederkehrende Fragen erörtern, spezielle Probleme sind im Mathematischen Anhang behandelt.

Wir werden feststellen, dass die Wellenfunktionen nur bis auf einen konstanten Faktor bestimmt sind. Nun soll aber, wie wir im vorangegangenen Abschnitt gesehen haben, $|\psi|^2$ ein Maß für die Wahrscheinlichkeit sein, das Teilchen anzutreffen. Dann muss die Gesamtwahrscheinlichkeit, d. h. das Integral über $|\psi|^2$ über den gesamten Raum τ genommen, gleich eins sein. Das besagt, dass, selbst wenn man den Ort des Teilchens nicht genau angeben kann, sich das Teilchen irgendwo im Universum aufhalten muss:

Wir nennen

$$\int |\psi|^2 d\tau = 1 \tag{1.4-117}$$

das *Normierungsintegral*.

Wir müssen also den konstanten Faktor so bestimmen, dass Gl. (1.4-117) erfüllt ist. Ist dies der Fall, so nennen wir die Wellenfunktion *normiert*. Führen wir nun eine Dimensionsbetrachtung durch, so erkennen wir aus Gl. (1.4-117):

$|\psi|^2$ ist eine *Wahrscheinlichkeitsdichte* (Wahrscheinlichkeit pro Volumen).

In vielen Fällen wird die Wellenfunktion nicht reell, sondern komplex sein. Die uns besonders interessierende Wahrscheinlichkeitsdichte $|\psi|^2$ ist dann durch das Produkt aus der Wellenfunktion ψ und der dazu konjugiert komplexen Funktion ψ^* gegeben:

$$\psi \cdot \psi^* = |\psi|^2 \tag{1.4-118}$$

Damit Gl. (1.4-117) erfüllt werden und $|\psi|^2$ eine physikalische Bedeutung haben kann, muss die Wellenfunktion drei Bedingungen erfüllen:

1. ψ muss stetig sein und eine stetige erste Ableitung besitzen. In der ψ-Funktion dürfen also keine Sprünge oder Knicke auftreten.
2. ψ muss eine eindeutige Funktion sein. Zu einem Satz der unabhängigen Variablen darf es also nur einen ψ-Wert geben.

3. ψ muss überall endlich sein und gegen null streben, wenn die Ortskoordinaten unendlich werden.

Wir werden häufiger vor die Aufgabe gestellt werden, etwas über eine Eigenschaft eines Systems oder Teilchen auszusagen, die sich nicht wie die Energie unmittelbar aus der Lösung der Schrödinger-Gleichung ergibt. Beispiele dafür sind die potentielle Energie V oder der Impuls p. Wir wollen zunächst die potentielle Energie betrachten, von der wir wissen, dass sie eine Funktion der Ortskoordinaten ist. Der Einfachheit halber wählen wir den eindimensionalen Fall, die Wellenfunktion ist also nur abhängig von der Koordinate x.

Die Wahrscheinlichkeitsdichte $\varrho(x)$ ist dann mit Gl. (1.4-118)

$$|\psi(x)|^2 = \psi^*(x)\,\psi(x) = \varrho(x) \tag{1.4-119}$$

wobei vorausgesetzt ist, dass die Wellenfunktion normiert ist.

Dann ist die Wahrscheinlichkeit, das Teilchen zwischen x und $x + dx$ anzutreffen, $\varrho(x)dx$. Wollen wir nun den Mittelwert $\langle V \rangle$ der potentiellen Energie ermitteln, dann müssen wir jeden Wert $V(x)$ mit der Wahrscheinlichkeit multiplizieren, das Teilchen an dieser Stelle anzutreffen, und über alle x-Werte integrieren. Wir nennen diesen Mittelwert

Erwartungswert $\langle V \rangle$

$$\langle V \rangle = \int\limits_{-\infty}^{+\infty} V(x)\,\varrho(x)\,dx = \int\limits_{-\infty}^{+\infty} \psi^*(x)\,V(x)\,\psi(x)\,dx \tag{1.4-120}$$

sofern die Wellenfunktion normiert ist. Andernfalls gilt anstelle von Gl. (1.4-120)

$$\langle V \rangle = \frac{\int\limits_{-\infty}^{+\infty} \psi^*(x)\,V(x)\,\psi(x)\,dx}{\int\limits_{-\infty}^{+\infty} \psi^*(x)\,\psi(x)\,dx} \tag{1.4-121}$$

wie es einer üblichen Mittelwertbildung entspricht.

Im Fall der potentiellen Energie liegen die Verhältnisse sehr einfach, weil wir in Gl. (1.4-120) die potentielle Energie nur mit der Wahrscheinlichkeit zu multiplizieren brauchen. Man nennt $V(x)$ deshalb einen *multiplikativen Operator*. Ohne nähere Begründung wollen wir hier festhalten, dass Gl. (1.4-120) bzw. Gl. (1.4-121) auch anwendbar sind, wenn wir den Erwartungswert einer physikalischen Größe A berechnen wollen, deren Operator $\hat{A}$, etwa wie beim Impuls

$$\hat{p}(x) = \frac{h}{2\pi i}\frac{\partial}{\partial x} \tag{1.4-109}$$

nicht multiplikativ ist. Wir müssen nur auf eines achten:

Wir müssen den Operator $\hat{A}$ zunächst auf ψ anwenden, bevor wir mit ψ^* multiplizieren und integrieren:

$$\langle A \rangle = \frac{\int\limits_{-\infty}^{+\infty} \psi^*(x)[\hat{A}\psi(x)]\mathrm{d}x}{\int\limits_{-\infty}^{+\infty} \psi^*(x)\psi(x)\mathrm{d}x} \qquad (1.4\text{-}122)$$

Es gibt eine weitere Schreibweise, die sich später, insbesondere bei der Behandlung der Mehrelektronensysteme, bewähren wird.

Man schreibt für eine Wellenfunktion ψ_1

$$\psi_1 = |\psi_1\rangle \quad \text{„ket"} \qquad (1.4\text{-}123)$$

und für eine konjugiert komplexe Wellenfunktion zur Wellenfunktion ψ_2

$$\psi_2^* = \langle\psi_2| \quad \text{„bra"} \qquad (1.4\text{-}124)$$

Die Kombination „bra" „ket" ist die Abkürzung für ein Integral:

$$\langle\psi_2|\psi_1\rangle = \int \psi_2^* \psi_1 \mathrm{d}\tau \qquad (1.4\text{-}125)$$

Ersichtlich ist im Falle einer normierten Wellenfunktion ψ_1

$$\langle\psi_1|\psi_1\rangle = \int \psi_1^* \psi_1 \mathrm{d}\tau = 1$$

Für die Wahrscheinlichkeitsdichte, bei der man nur eine Multiplikation ausführt, schreibt man

$$|\psi\rangle\langle\psi| = \rho \qquad (1.4\text{-}126)$$

Für den Erwartungswert eines Operators $\hat{A}$ gilt

$$\langle\hat{A}\rangle = \langle\psi|\hat{A}|\psi\rangle \quad \text{bei einer normierter Wellenfunktion } \psi \qquad (1.4\text{-}127)$$

Andernfalls ist

$$\langle\hat{A}\rangle = \frac{\langle\psi|\hat{A}|\psi\rangle}{\langle\psi|\psi\rangle} \qquad (1.4\text{-}128)$$

In dem Ausdruck für den Erwartungswert des Operators wirkt der Operator nur nach rechts auf „ket".

Zum Abschluss der einführenden Betrachtungen über die Quantentheorie wollen wir uns mit einigen einfachen Anwendungen der Schrödinger-Gleichung beschäftigen, die uns die Besonderheiten der quantenmechanischen Ergebnisse vor Augen führen sollen.

Zuvor sollten wir uns jedoch noch an eines erinnern:

Als wir im Abschnitt 1.4.6 den Dualismus Welle-Partikel besprochen haben, haben wir dem Betragsquadrat der Wellenfunktion die Angabe einer Wahrscheinlichkeit zugeschrieben. Von Wahrscheinlichkeit kann man aber nur sprechen, wenn eine große Anzahl von Ereignissen vorliegt. Die Welleneigenschaften ergeben sich also nur bei der momentanen Beobachtung des Verhaltens *vieler* Teilchen oder bei sehr *vielen* Beobachtungen an *einem* Teilchen. Deshalb ist es falsch, *einem* Teilchen eine Welle zuzuschreiben. Dies müssen wir stets bedenken, wenn wir im Folgenden in eigentlich nicht korrekter Weise von der Behandlung *eines* freien Teilchens oder *eines* Teilchens im Kasten oder Potentialtopf sprechen, da die Schrödinger-Gleichung die Masse m und die Energie E *eines* Teilchens enthält.

1.4.11
Die Behandlung eines freien Teilchens

Als erstes Beispiel behandeln wir ein *freies Teilchen*, d. h. ein solches, das sich in einem potentialfreien Raum ($V = 0$) bewegt. Um das Problem noch weiter zu vereinfachen, wollen wir uns auf den eindimensionalen Fall beschränken. Die Schrödinger-Gleichung (Gl. 1.4-115) lautet für dieses Beispiel

$$\frac{d^2\psi}{dx^2} + \frac{2m}{\hbar^2} E \cdot \psi = 0 \tag{1.4-129}$$

Zur Vereinfachung setzen wir

$$k = \frac{1}{\hbar}(2mE)^{1/2} \tag{1.4-130}$$

und erhalten

$$\frac{d^2\psi}{dx^2} + k^2\psi = 0 \tag{1.4-131}$$

Zur Lösung machen wir den Lösungsansatz

$$\psi = e^{bx} \tag{1.4-132}$$

substituieren ihn in Gl. (1.4-131)

$$b^2 e^{bx} + k^2 e^{bx} = 0 \tag{1.4-133}$$

und erhalten zur Bestimmung von b

$$b^2 + k^2 = 0 \tag{1.4-134}$$

$$b = \pm ik \tag{1.4-135}$$

Wir finden also zwei Lösungen

$$\psi_1 = e^{ikx} \tag{1.4-136}$$

$$\psi_2 = e^{-ikx} \tag{1.4-137}$$

Die allgemeine Lösung muss zwei Integrationskonstanten enthalten. Wir erhalten sie (vgl. Mathem. Anhang N) als Summe der mit einer beliebigen Konstanten multiplizierten Teillösung

$$\psi = A \cdot e^{ikx} + B \cdot e^{-ikx} \tag{1.4-138}$$

Um die physikalische Bedeutung dieses Ausdruckes zu verstehen, betrachten wir zunächst den Fall, dass $B = 0$ ist. Wir fragen nach dem Impuls des Teilchens. Nach Gl. (1.4-109) und Gl. (1.4-122) ist

$$\langle p_x \rangle = \frac{\int \psi^* \left[\frac{\hbar}{i} \frac{\partial}{\partial x} \psi\right] dx}{\int \psi^* \psi \, dx} = \frac{\int A e^{-ikx} \cdot \frac{\hbar}{i} ik \cdot A e^{ikx} dx}{\int A e^{-ikx} A e^{ikx} dx} = \hbar k \tag{1.4-139}$$

Wir sehen, dass wir ein Teilchen mit positivem Impuls in der x-Richtung haben, d.h. ein Teilchen, das sich in der positiven x-Richtung bewegt. Für den Fall, dass $A = 0$ ist, erhalten wir

$$\langle p_x \rangle = -\hbar k \tag{1.4-140}$$

Das Teilchen bewegt sich in der negativen x-Richtung. k können wir nun wieder durch Gl. (1.4-130) substituieren und finden

$$|\langle p_x \rangle| = \hbar k = (2mE)^{1/2} \tag{1.4-141}$$

Als nächstes fragen wir nach der Wahrscheinlichkeitsdichte, die uns durch Gl. (1.4-119) gegeben ist. Bei der Berechnung beachten wir, dass nach der Euler'schen Gleichung

$$e^{ikx} = \cos kx + i \sin kx \tag{1.4-142}$$

ist. Somit ist

$$\psi \cdot \psi^* = A^2 (\cos kx + i \sin kx)(\cos kx - i \sin kx) = A^2 \tag{1.4-143}$$

bzw.

$$\psi \cdot \psi^* = B^2 \tag{1.4-144}$$

In beiden betrachteten Fällen ist die Wahrscheinlichkeitsdichte unabhängig von x. Das bedeutet, dass wir für jeden x-Wert die gleiche Wahrscheinlichkeit haben, das

Teilchen anzutreffen; der Ort des Teilchens ist also völlig unbestimmt. Sein Impuls hingegen ist nach Gl. (1.4-140) scharf, ebenso nach der de-Broglie-Beziehung Gl. (1.4-15) die de-Broglie- Wellenlänge

$$\lambda = \frac{h}{p_x} = \frac{2\pi}{k} \tag{1.4-145}$$

Demnach ist $\Delta p_x = 0$ und $\Delta x = \infty$, so dass die Heisenberg'sche Unschärferelation nicht verletzt wird.

Eine einfache Betrachtung (Mathem. Anhang N) ergibt, dass eine Lösung von Gl. (1.4-129) auch durch

$$\psi = A \sin kx + B \cos kx \tag{1.4-146}$$

mit den frei wählbaren Konstanten A und B gegeben ist. Sowohl die Sinus- als auch die Cosinus-Funktion stellen eine Überlagerung von zwei Teilchenstrahlen gleicher Intensität dar, wie im Mathem. Anhang N gezeigt ist. Berechnen wir jetzt die Wahrscheinlichkeitsdichte, so finden wir sowohl für die Funktion $A \cdot \sin kx$ ($B = 0$), als auch für die Funktion $B \cdot \cos kx$ ($A = 0$) oder die ψ-Funktion der Gleichung (1.4-146) eine sinusförmige Abhängigkeit von der Ortskoordinate. Dies ist darauf zurückzuführen, dass sich durch Interferenz der beiden gegeneinander laufenden de-Broglie-Wellen stehende Wellen ausbilden.

Die Lösung der Schrödinger-Gleichung (1.4-129) konnte durchgeführt werden ohne jede Beschränkung in der Wahl von k. Das bedeutet, da nach Gl. (1.4-130)

$$E = \frac{\hbar^2 k^2}{2m} \tag{1.4-147}$$

ist, dass die *kinetische Energie* des Teilchens – potentielle Energie wurde ja ausgeschlossen – jeden positiven Wert annehmen kann.

Diese Erkenntnis lässt uns jetzt verstehen, weshalb sich, worauf im Text noch nicht näher eingegangen wurde, an die Seriengrenze der Atomspektren ein Kontinuum anschließt (vgl. Abb. 1.4-17 und Abb. 1.4-18). Solange das Elektron noch dem Atomverband angehört, liegt es nach den geschilderten experimentellen Ergebnissen und den noch zu behandelnden theoretischen Überlegungen (vgl. Abschnitt 3.2) in diskreten Energiezuständen vor. Sobald es aber den Atomverband verlassen hat, befindet es sich im potentialfreien Raum und kann deshalb jede beliebige Energie annehmen.

1.4.12
Die Behandlung eines Teilchens im eindimensionalen Kasten

Als zweites Beispiel wollen wir den Fall behandeln, dass sich ein Teilchen in einem *potentialfreien Kasten* befindet, sich also nicht mehr frei bewegen kann. Auch hier wollen wir zur Vereinfachung den eindimensionalen Fall annehmen.

Zunächst wenden wir uns der *klassischen Betrachtungsweise* zu. Die Bewegung erfolgt längs der *x*-Koordinate. An den Koordinatenpunkten $x = 0$ und $x = a$ befinden sich feste Wände. Der Massepunkt bewege sich mit der Geschwindigkeit $\vec{v}_0$ und dem Impuls $\vec{p}_0 = m \cdot \vec{v}_0$ nach rechts. Bei $x = a$ wird er elastisch reflektiert, seine Geschwindigkeit ist daraufhin $-\vec{v}_0$ sein Impuls $-\vec{p}_0$. Bei $x = 0$ erfolgt wieder elastische Reflexion. So fliegt das Teilchen in dem Kasten ständig hin und her. Abb. 1.4-19 veranschaulicht die Verhältnisse im *p, x*-Diagramm.

Die Rechteckskurve wird im Uhrzeigersinn durchlaufen. Die senkrechten Teile geben die Geschwindigkeits- und Impulsumkehr bei der Reflexion wieder. Die Bewegung des Teilchens zwischen den Wänden erfolgt kräftefrei, denn der Kasten sollte potentialfrei sein. Die Gesamtenergie ist deshalb gleich der kinetischen Energie.

$$E = \frac{1}{2} m v_0^2 = \frac{1}{2m} p_0^2 \tag{1.4-148}$$

Wenden wir uns nun der *wellenmechanischen Betrachtungsweise* zu. Auch hier nehmen wir an, dass innerhalb des Kastens ($0 \leq x \leq a$) auf den Massepunkt kein Potentialfeld einwirkt ($V = 0$). Die Wände bei $x = 0$ und $x = a$ erzeugen wir dadurch (vgl. Abb. 1.4-20), dass wir an diesen Stellen das Potential diskontinuierlich auf einen Wert von $V_0 = \infty$ ansteigen lassen. Wir unterscheiden demnach folgende Gebiete

I $x \leq 0$ mit $V = \infty$

II $0 \leq x \leq a$ mit $V = 0$

III $a \leq x$ mit $V = \infty$.

In den Gebieten I und III lautet die Schrödinger-Gleichung

$$\frac{d^2 \psi}{dx^2} + \frac{2m}{\hbar^2}(E - \infty)\psi = 0 \tag{1.4-149}$$

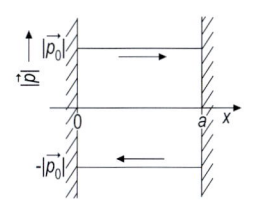

Abbildung 1.4-19 Bewegung eines Teilchens im linearen Kasten, klassische Betrachtungsweise.

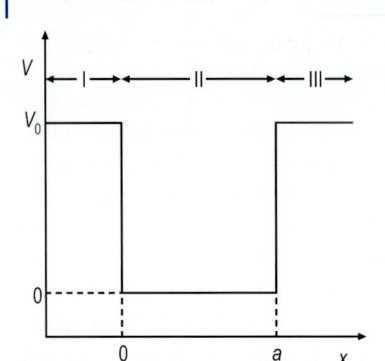

Abbildung 1.4-20 Potentialtopfmodell.

Diese Gleichung kann nur durch

$$\psi = 0 \tag{1.4-150}$$

erfüllt werden. Dann ist auch $|\psi|^2 = 0$, das Teilchen existiert in diesen Gebieten nicht.

Im Gebiet II lautet die Schrödinger-Gleichung wie im Fall des freien Teilchens in Abschnitt 1.4.11

$$\frac{d^2\psi}{dx^2} + \frac{2m}{\hbar^2} E\psi = 0 \tag{1.4-129}$$

Wir führen wieder ein

$$k = \frac{1}{\hbar}(2mE)^{1/2} \tag{1.4-130}$$

und erhalten als allgemeine Lösung

$$\psi = A \sin kx + B \cos kx \tag{1.4-146}$$

Ein wesentlicher Unterschied gegenüber der Behandlung des freien Teilchens ergibt sich aus der Forderung, dass ψ eine kontinuierliche Funktion sein muss. Wegen Gl. (1.4-150) muss nämlich für die Schrödinger-Gleichung des Gebietes II ebenfalls gelten

$$\psi(0) = 0 \tag{1.4-151}$$

$$\psi(a) = 0 \tag{1.4-152}$$

Gl. (1.4-146) und Gl. (1.4-151) lassen sich nur in Einklang bringen, wenn gilt

$$B = 0 \tag{1.4-153}$$

Gl. (1.4-152) fordert, dass

$$\psi(a) = A \cdot \sin(k \cdot a) = 0 \tag{1.4-154}$$

was nur möglich ist, wenn

$$k \cdot a = n \cdot \pi \qquad n = 0, 1, 2, 3, \ldots \tag{1.4-155}$$

$$k = \frac{n\pi}{a} \qquad n = 0, 1, 2, 3, \ldots \tag{1.4-156}$$

Im Gegensatz zur Behandlung des freien Teilchens sind jetzt nicht mehr alle k-Werte zugelassen. Die *Randbedingungen* Gl. (1.4-151) und Gl. (1.4-152) haben dazu geführt, dass nur noch solche k-Werte erlaubt sind, die Gl. (1.4-156) erfüllen. Damit werden die erlaubten Lösungen der Schrödinger-Gleichung (1.4-129)

$$\psi_n = A \cdot \sin\left(\frac{n\pi}{a} x\right) \qquad n = 0, 1, 2, 3, \ldots \tag{1.4-157}$$

und die zugehörigen sog. *Eigenwerte* der Energie nach Gl. (1.4-130)

$$E_n = \frac{k^2 \hbar^2}{2m} = \frac{h^2}{8ma^2} n^2 \qquad n = 0, 1, 2, 3, \ldots \tag{1.4-158}$$

Es bleibt uns noch die Aufgabe, die Wellenfunktion Gl. (1.4-157) auf 1 zu normieren. Es muss nach Gl. (1.4-117)

$$\int_{-\infty}^{+\infty} |\psi|^2 dx = A^2 \int_0^a \sin^2\left(\frac{n\pi}{a} x\right) dx = 1 \tag{1.4-159}$$

sein.

Wir substituieren

$$u = \frac{n\pi}{a} x \tag{1.4-160}$$

und erhalten

$$\int_0^a \sin^2\left(\frac{n\pi}{a} x\right) dx = \frac{a}{n\pi} \int_0^{n\pi} \sin^2 u \, du = \frac{a}{\pi} \int_0^{\pi} \sin^2 u \, du = \frac{a}{\pi} \cdot \frac{\pi}{2} = \frac{a}{2} \tag{1.4-161}$$

(bzgl. des letzten Schritts s. Mathematischer Anhang I).

Daraus folgt mit Gl. (1.4-159)

$$A = \sqrt{\frac{2}{a}} \qquad (1.4\text{-}162)$$

wobei wir allerdings berücksichtigen müssen, dass für $n = 0$ die Wellenfunktion nicht normierbar und damit physikalisch unsinnig ist.

Wir können also zusammenfassen: Für das Teilchen im eindimensionalen Kasten ergeben sich

$$\psi_n = \sqrt{\frac{2}{a}} \sin\frac{\pi n}{a} x \qquad n = 1, 2, 3, \ldots \qquad (1.4\text{-}163)$$

$$E_n = \frac{h^2}{8ma^2} \cdot n^2 \qquad n = 1, 2, 3, \ldots \qquad (1.4\text{-}164)$$

Während nach Gl. (1.4-148) das Teilchen in der klassischen Betrachtungsweise jeden beliebigen Energiewert annehmen konnte, sind nach der quantenmechanischen Berechnung nur diskrete, von der Quantenzahl n abhängige Energiezustände erlaubt. Es sei bereits hier bemerkt, dass die Energiezustände auch von der Länge a des Kastens abhängen.

Abb. 1.4-21 zeigt die erlaubten Energieniveaus, Wellenfunktionen und Wahrscheinlichkeitsdichten in Abhängigkeit von der Quantenzahl n. Aus ihr entnehmen wir einen weiteren Unterschied zum klassischen Ergebnis: Die Aufenthaltswahrscheinlichkeit des Teilchens ist ortsabhängig und hängt von der Quantenzahl ab. Des weiteren erkennen wir, dass die Anzahl der Knoten, d. h. der Nullstellen der

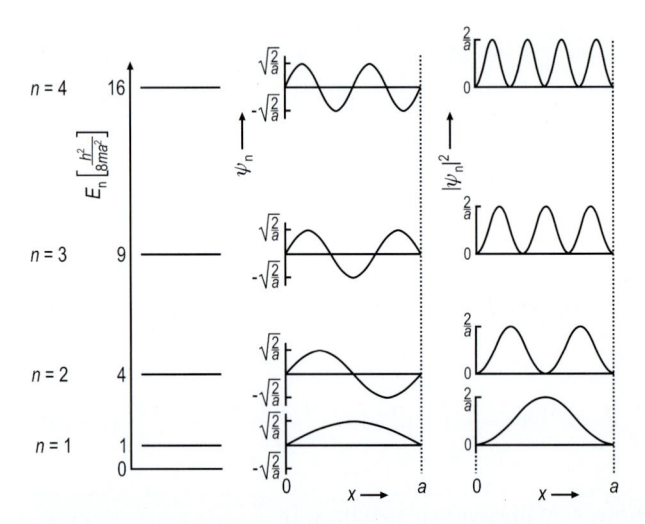

Abbildung 1.4-21 Erlaubte Energieniveaus, Wellenfunktion ψ und die Wahrscheinlichkeitsdichten $|\psi|^2$ für ein Teilchen im linearen Kasten.

Wellenfunktion, gleich $n-1$ ist. (Die Nullstellen am Rand werden nicht berücksichtigt.)

Bei unserer Betrachtung haben wir uns jetzt völlig auf die Wellenfunktion im Kasten, d.h. im Gebiet II der Abb. 1.4-20, konzentriert. In den Gebieten I und III, d.h. bei $x \leq 0$ bzw. $x \geq a$, ist nach Gl. (1.4-150) $\psi = 0$. Die Wellenfunktionen setzen sich also in Abb. 1.4-21 nach rechts und links als waagerechte Geraden mit dem Ordinatenwert null fort. Das bedeutet aber, dass ψ bei $x = 0$ und bei $x = a$ zwar kontinuierlich ist, aber einen Knick aufweist, was ein Verstoß gegen Punkt 1 der Forderungen ist, die wir an das Verhalten von Wellenfunktionen gestellt haben. Die Diskrepanz ist darin begründet, dass wir ein unendlich hohes Potential als Wand für den Kasten angenommen haben. Das ist jedoch ein nicht realisierbarer Grenzwert. Sowie wir das unendlich hohe Potential durch ein extrem hohes ersetzen, tritt, wie wir in Abschn. 1.4-14 sehen werden, dieses Problem nicht mehr auf.

1.4.13
Die Behandlung eines Teilchens im dreidimensionalen Kasten

Wir wollen das in Abschnitt 1.4.12 besprochene Problem jetzt erweitern auf den dreidimensionalen Fall, um hierbei den Separationsansatz zur Lösung der Schrödinger-Gleichung und den Begriff der Entartung kennenzulernen.

Der Kasten habe die Längen a, b und c in der x-, y- bzw. z-Richtung. Die Wände sind wieder durch ein auf den Wert ∞ springendes Potential gegeben. Letzteres hängt jetzt von x, y und z ab, und es gilt

$$V(x,y,z) = \begin{cases} 0 \text{ für } 0 \leq x \leq a; \quad 0 \leq y \leq b; \quad 0 \leq z \leq c \\ \infty \text{ für alle übrigen Werte von } x, y \text{ und } z. \end{cases} \quad (1.4\text{-}165)$$

Innerhalb des Kastens lautet die Schrödinger-Gleichung

$$\frac{\partial^2 \psi}{\partial x^2} + \frac{\partial^2 \psi}{\partial y^2} + \frac{\partial^2 \psi}{\partial z^2} + \frac{2m}{\hbar^2} \cdot E \cdot \psi = 0 \quad (1.4\text{-}166)$$

Die Randbedingungen sind

$$\psi(0, y, z) = \psi(x, 0, z) = \psi(x, y, 0) = 0 \quad (1.4\text{-}167)$$

und

$$\psi(a, y, z) = \psi(x, b, z) = \psi(x, y, c) = 0 \quad (1.4\text{-}168)$$

Wir müssen nun versuchen, die eine, von drei Variablen abhängige Differentialgleichung (1.4-166) in drei, jeweils nur von einer Variablen abhängige Gleichungen zu trennen. Das gelingt uns mit Hilfe eines

Separationsansatzes

$$\psi(x, y, z) = X(x) \cdot Y(y) \cdot Z(z) \quad (1.4\text{-}169)$$

Substituieren wir diesen Ansatz in Gl. (1.4-166), so erhalten wir

$$Y(y)\,Z(z)\frac{d^2X(x)}{dx^2} + X(x)\,Z(z)\frac{d^2Y(y)}{dy^2} +$$

$$+ X(x)\,Y(y)\frac{d^2Z(z)}{dz^2} = \frac{-2m}{\hbar^2}E \cdot X(x)\,Y(y)\,Z(z) \qquad (1.4\text{-}170)$$

oder

$$\frac{1}{X(x)}\frac{d^2X(x)}{dx^2} + \frac{1}{Y(y)}\frac{d^2Y(y)}{dy^2} + \frac{1}{Z(z)}\frac{d^2Z(z)}{dz^2} = -\frac{2m}{\hbar^2}E \qquad (1.4\text{-}171)$$

Der erste Summand auf der linken Seite ist nur von x, der zweite nur von y und der dritte nur von z abhängig. Da die Summe eine Konstante ist, muss jeder einzelne Summand eine Konstante sein. Wir nennen sie $-k_x^2$, $-k_y^2$ und $-k_z^2$ und erhalten nach geringfügiger Umstellung

$$\frac{d^2X(x)}{dx^2} + k_x^2 X(x) = 0 \qquad (1.4\text{-}172)$$

$$\frac{d^2Y(y)}{dy^2} + k_y^2 Y(y) = 0 \qquad (1.4\text{-}173)$$

$$\frac{d^2Z(z)}{dz^2} + k_z^2 Z(z) = 0 \qquad (1.4\text{-}174)$$

$$k_x^2 + k_y^2 + k_z^2 = \frac{2m}{\hbar^2}E \qquad (1.4\text{-}175)$$

Jede der Gleichungen (1.4-172) bis (1.4-174) entspricht Gl. (1.4-131), so dass wir wie in Abschnitt 1.4.11 und Abschnitt 1.4.12 die Lösungen

$$X(x) = A_x \sin k_x x + B_x \cos k_x x \qquad (1.4\text{-}176)$$

$$Y(y) = A_y \sin k_y y + B_y \cos k_y y \qquad (1.4\text{-}177)$$

$$Z(z) = A_z \sin k_z z + B_z \cos k_z z \qquad (1.4\text{-}178)$$

erhalten. Da die Randbedingungen den Gl. (1.4-151) bzw. (1.4-152) analog sind, ergibt sich wie in Gl. (1.4-156)

$$k_x = \frac{n_x \pi}{a} \qquad n_x = 1, 2, 3, \ldots \qquad (1.4\text{-}179)$$

$$k_y = \frac{n_y \pi}{b} \qquad n_y = 1, 2, 3, \ldots \qquad (1.4\text{-}180)$$

$$k_z = \frac{n_z \pi}{c} \qquad n_z = 1, 2, 3, \ldots \tag{1.4-181}$$

Damit ist die allgemeine Lösung der Schrödinger-Gleichung (1.4-166) für ein Teilchen im quaderförmigen Kasten mit den Längen a, b und c

$$\psi_{n_x n_y n_z}(x, y, z) = A \sin\frac{n_x \pi}{a} x \cdot \sin\frac{n_y \pi}{b} y \cdot \sin\frac{n_z \pi}{c} z \tag{1.4-182}$$

Die Lösung lässt wieder nur bestimmte Eigenwerte der Energie zu. Sie folgen aus den Gleichungen (1.4-175) und (1.4-179) bis (1.4-181) zu

$$E_{n_x n_y n_z} = \frac{h^2}{8m}\left(\frac{n_x^2}{a^2} + \frac{n_y^2}{b^2} + \frac{n_z^2}{c^2}\right) \tag{1.4-183}$$

Für den speziellen Fall, dass sich das Teilchen in einem würfelförmigen Kasten befindet, d.h. dass

$$a = b = c, \tag{1.4-184}$$

geht Gl. (1.4-183) über in

$$E_{n_x n_y n_z} = \frac{h^2}{8ma^2}(n_x^2 + n_y^2 + n_z^2) \tag{1.4-185}$$

Wir sehen, dass die Energie jetzt außer von der Kantenlänge des Würfels nur noch von der Summe der Quadrate der Quantenzahlen abhängt. Damit können verschiedene Eigenfunktionen

$$\psi_{n_x n_y n_z}(x, y, z) = A \sin\frac{n_x \pi}{a} x \cdot \sin\frac{n_y \pi}{a} y \cdot \sin\frac{n_z \pi}{a} z \tag{1.4-186}$$

den gleichen Eigenwert der Energie annehmen, beispielsweise die drei verschiedenen Eigenfunktionen mit

$n_x = 1; \; n_y = 1; \; n_z = 2$

$n_x = 1; \; n_y = 2; \; n_z = 1$

$n_x = 2; \; n_y = 1; \; n_z = 1.$

Gibt es zu mehreren linear unabhängigen Eigenfunktionen nur einen Eigenwert der Energie, so spricht man von *Entartung*.

In Abb. 1.4-22 sind für ein Teilchen im dreidimensionalen Kasten für die Fälle $a = b = c$ (Würfel) und a, $b = \frac{a}{2}$, $c = \frac{a}{3}$ (Quader) die erlaubten Energiezustände,

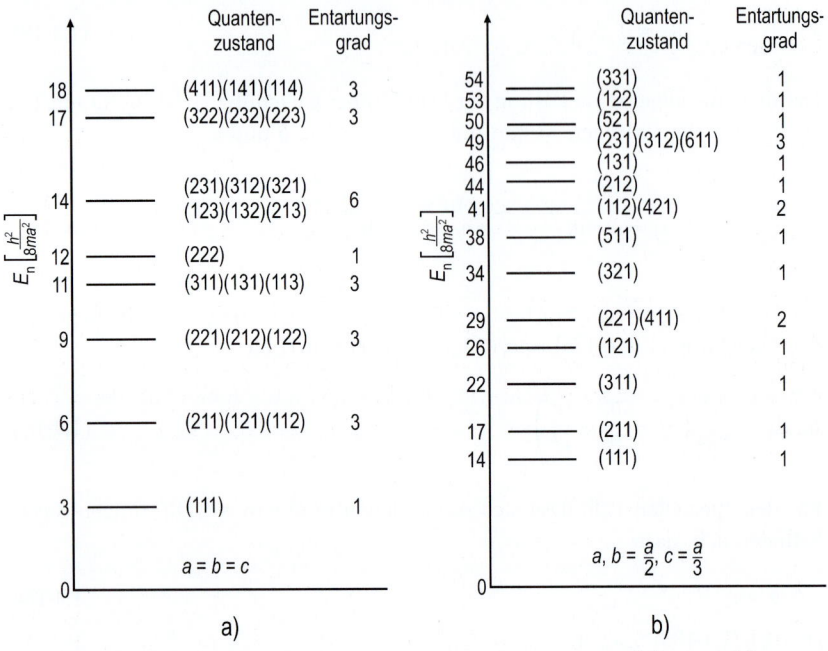

Abbildung 1.4-22

Energiezustände, Quantenzustände und Entartungsgrad für ein Teilchen (a) im Würfel mit der Kantenlänge a und (b) im Quader mit den Kantenlängen a, $\frac{a}{2}$ und $\frac{a}{3}$.

a) Würfel, $a = b = c$, $E_n \left[\frac{h^2}{8ma^2} \right]$

E_n	Quantenzustand	Entartungsgrad
18	(411)(141)(114)	3
17	(322)(232)(223)	3
14	(231)(312)(321)(123)(132)(213)	6
12	(222)	1
11	(311)(131)(113)	3
9	(221)(212)(122)	3
6	(211)(121)(112)	3
3	(111)	1

b) Quader, $a, b = \frac{a}{2}, c = \frac{a}{3}$, $E_n \left[\frac{h^2}{8ma^2} \right]$

E_n	Quantenzustand	Entartungsgrad
54	(331)	1
53	(122)	1
50	(521)	1
49	(231)(312)(611)	3
46	(131)	1
44	(212)	1
41	(112)(421)	2
38	(511)	1
34	(321)	1
29	(221)(411)	2
26	(121)	1
22	(311)	1
17	(211)	1
14	(111)	1

die Quantenzustände und der Entartungsgrad für niedrige Quantenzustände wiedergegeben.

Wir erkennen, dass die Entartung nicht auf das Teilchen im Würfel beschränkt ist.

> In den Abschn. 1.4.12 und 1.4.13 haben wir erkannt, dass ein Teilchen im Kasten bei Zugrundelegen der klassischen Physik beliebige Energien annehmen kann, dass also ein Kontinuum der Energie vorliegt, während sich bei wellenmechanischer Betrachtung diskrete Energiezustände ergeben. Wir sollten uns deshalb noch die Frage stellen, ob es zwischen beiden Ergebnissen eine Verbindung gibt. Das ist in der Tat der Fall: Setzen wir in Gl. (1.4-164) oder (1.4-185) für die Masse m und für die Kantenlängen a, b und c nicht atomare Größen, sondern die in der klassischen Physik üblichen (in der Größenordnung von kg und m) ein, so erkennen wir, dass die für niedrige Quantenzahlen berechneten Energien unendlich klein werden, damit aber auch die Abstände zwischen den diskreten Energiezuständen. Das besagt aber, dass wir den Übergang zum Energiekontinuum vollzogen haben. Dieses sog. *Korrespondenzprinzip* werden wir noch häufiger ansprechen.

Auf die Ergebnisse dieses Abschnitts werden wir insbesondere im Kap. 4 zurückgreifen.

1.4.14
Die Behandlung eines Teilchens im Potentialtopf

In den beiden vorangegangenen Abschnitten haben wir uns mit einem Teilchen beschäftigt, das sich in einem Gebiet befand, das durch unendlich hohe Potentialwände eingeschlossen war. Klassisch würde das bedeuten, dass es durch die Zufuhr keiner auch noch so hohen Energie diesen Kasten verlassen könnte. Wir wollen nun untersuchen, wie sich die Verhältnisse ändern, wenn wir die Höhe der Potentialwände senken. Wir haben diesen Fall, das sog. Potentialtopfmodell, bereits in Abb. 1.4-20 angedeutet, indem wir außerhalb des Kastens die Potentialwände nur bis zu einer endlichen Höhe V_0 haben ansteigen lassen. Wir betrachten der Einfachheit halber den eindimensionalen Fall. Innerhalb des Kastens ($0 \leq x \leq a$) wirke auf den Massepunkt kein Potentialfeld ($V = 0$). Außerhalb des Kastens sei das Potential konstant V_0. Wir unterscheiden folgende Gebiete:

I $\quad x \leq 0 \quad$ mit $V = V_0$
II $\quad 0 \leq x \leq a$ mit $V = 0$
III $\quad a \leq x \quad$ mit $V = V_0$.

Des weiteren müssen wir zwei Fälle getrennt betrachten.

1. $E < V_0$. In klassischer Betrachtungsweise würde das bedeuten, dass die Energie des Teilchens nicht ausreicht, den Topf zu verlassen. Wir haben den Fall des *gebundenen Teilchens*.

2. $E > V_0$. In klassischer Betrachtungsweise würde das bedeuten, dass die Energie des Teilchens ausreicht, den Topf zu verlassen. Wir haben den Fall des *freien Teilchens*, das sich allerdings, sofern wir die Gebiete I und III berücksichtigen, im Gegensatz zu dem in Abschnitt 1.4.11 besprochenen freien Teilchen, in einem nicht potentialfreien Gebiet aufhält.

Die Schrödinger-Gleichung lautet für die Gebiete I und III

$$\frac{d^2\psi}{dx^2} + \frac{2m}{\hbar^2}(E - V_0)\psi = 0 \tag{1.4-187}$$

und für das Gebiet II

$$\frac{d^2\psi}{dx^2} + \frac{2m}{\hbar^2}E\psi = 0 \tag{1.4-188}$$

Wir erkennen, dass die Schrödinger-Gleichung im Gebiet II wieder der im Abschnitt 1.4.11 für das freie Teilchen behandelten entspricht.

Betrachten wir jedoch zunächst die Schrödinger-Gleichung für die Gebiete I und III. Wir führen zur Vereinfachung ein

$$k_1 = \frac{1}{\hbar}[2m(V_0 - E)]^{1/2} \tag{1.4-189}$$

so dass Gl. (1.4-187) lautet

$$\frac{d^2\psi}{dx^2} - k_1^2\psi = 0 \tag{1.4-190}$$

Haben wir es mit einem *gebundenen Teilchen* zu tun, d. h. ist $E < V_0$, so ist nach Gl. (1.4-189) k_1^2 eine positive Größe, k_1 also immer reell. Zur Lösung von Gl. (1.4-190) machen wir wieder den Ansatz

$$\psi = e^{bx} \tag{1.4-191}$$

und erhalten nach Substitution von Gl. (1.4-191) in Gl. (1.4-190)

$$b = \pm k_1 \tag{1.4-192}$$

Damit ist die allgemeine Lösung von Gl. (1.4-190)

$$\psi = A \cdot e^{k_1 x} + B \cdot e^{-k_1 x} \tag{1.4-193}$$

wobei die Integrationskonstanten A und B frei wählbar sind.

Im Gebiet I ist x negativ. Deshalb wird der 2. Summand in Gl. (1.4-193) unendlich, wenn $x \to -\infty$. Da aber ψ überall endlich sein muss, muss B im Gebiet I null sein. Im Gebiet III ergibt sich das gleiche für A. Wir erhalten also

$$\psi_I = A \cdot e^{k_1 x} \tag{1.4-194}$$

$$\psi_{III} = B \cdot e^{-k_1 x} \tag{1.4-195}$$

wofür wir aus später ersichtlichen Gründen mit

$$B = B' e^{k_1 a} \tag{1.4-196}$$

$$\psi_{III} = B' e^{-k_1 (x-a)} \tag{1.4-197}$$

schreiben.

Die Lösung für das Gebiet II haben wir bereits in Abschnitt 1.4.11 gefunden (Gl. 1.4-138). Dieser Lösung äquivalent ist (vgl. Mathematischer Anhang N) der Ausdruck

$$\psi_{II} = C \sin(k_2 x + \delta) \tag{1.4-198}$$

in dem k zur Unterscheidung von k_1 den Index 2 erhalten hat, und der die zunächst noch frei wählbaren Integrationskonstanten C und δ enthält.

Die Konstanten A, B, C und δ sind jedoch nicht unabhängig voneinander, wenn wir die Gebiete I, II und III gemeinsam betrachten, denn wir haben gesehen, dass die Wellenfunktionen und ihre Ableitungen überall stetig sein müssen. Das besagt, dass für $x = 0$

$$\psi_I = \psi_{II} \tag{1.4-199}$$

$$\frac{d\psi_I}{dx} = \frac{d\psi_{II}}{dx} \tag{1.4-200}$$

und für $x = a$

$$\psi_{II} = \psi_{III} \tag{1.4-201}$$

$$\frac{d\psi_{II}}{dx} = \frac{d\psi_{III}}{dx} \tag{1.4-202}$$

sein muss. Setzen wir in die Gl. (1.4-199) bis Gl. (1.4-202) die Ausdrücke für ψ_I, ψ_{II} bzw. ψ_{III} ein, so erhalten wir

$$A \cdot e^{k_1 \cdot 0} = C \sin(k_2 \cdot 0 + \delta) \tag{1.4-203}$$

$$A = C \sin \delta \tag{1.4-204}$$

und

$$k_1 A \cdot e^{k_1 \cdot 0} = k_2 C \cos(k_2 \cdot 0 + \delta) \tag{1.4-205}$$

$$k_1 A = k_2 C \cos \delta \tag{1.4-206}$$

und

$$B' e^{-k_1(a-a)} = C \sin(k_2 a + \delta) \tag{1.4-207}$$

$$B' = C \sin(k_2 a + \delta) \tag{1.4-208}$$

und

$$-k_1 B' e^{-k_1(a-a)} = k_2 C \cos(k_2 a + \delta) \tag{1.4-209}$$

$$-k_1 B' = k_2 C \cos(k_2 a + \delta) \tag{1.4-210}$$

Aus Gl. (1.4-204) und Gl. (1.4-206) folgt unter Berücksichtigung von Gl. (1.4-130) und Gl. (1.4-189)

$$\tan \delta = \frac{k_2}{k_1} = \left(\frac{E}{V_0 - E}\right)^{1/2} \tag{1.4-211}$$

Aus Gl. (1.4-204) erhalten wir mit Hilfe der Beziehungen zwischen den trigonometrischen Funktionen und Gl. (1.4-211)

$$\frac{A}{C} = \sin \delta = \frac{\tan \delta}{(1 + \tan^2 \delta)^{1/2}} = \frac{\left(\frac{E}{V_0 - E}\right)^{1/2}}{\left(1 + \frac{E}{V_0 - E}\right)^{1/2}} = \left(\frac{E}{V_0}\right)^{1/2} \tag{1.4-212}$$

Die Division von Gl. (1.4-208) durch Gl. (1.4-210) liefert uns

$$-\frac{k_2}{k_1} = \tan(k_2 a + \delta) \tag{1.4-213}$$

die Kombination dieses Ausdrucks mit Gl. (1.4-211) schließlich

$$-\tan \delta = \tan(k_2 a + \delta) = \frac{\tan k_2 a + \tan \delta}{1 - \tan k_2 a \cdot \tan \delta} \tag{1.4-214}$$

was wir auflösen können nach

$$\tan k_2 a = \frac{2 \tan \delta}{\tan^2 \delta - 1} \tag{1.4-215}$$

Setzen wir hier nun schließlich noch die Gl. (1.4-130) und Gl. (1.4-211) ein, so erhalten wir

$$\tan\left(\frac{2mEa^2}{\hbar^2}\right)^{1/2} = 2 \frac{[E(V_0 - E)]^{1/2}}{2E - V_0} \tag{1.4-216}$$

Von den in dieser Gleichung enthaltenen Größen sind m, a und V_0 durch das vorliegende Problem festgelegt. Damit stellt Gl. (1.4-216) eine Bestimmungsgleichung für E dar. Messen wir die Energien E und V_0 als Vielfache von $\frac{\hbar^2}{2ma^2}$, so vereinfacht sich Gl. (1.4-216) zu

$$\tan E^{1/2} = 2 \frac{\left[\frac{E}{V_0}\left(1 - \frac{E}{V_0}\right)\right]^{1/2}}{2\frac{E}{V_0} - 1} \tag{1.4-217}$$

Die Lösung erfolgt graphisch, indem wir sowohl die linke Seite als auch die rechte Seite für bestimmte feste Werte von V_0 gegen E auftragen. Die Schnittpunkte der Kurven geben uns die Lösungen. Für $\dfrac{V_0}{\hbar^2/2ma^2}$ gleich 1, 10, 40 und 100 ist das in Abb. 1.4-23 a bis d durchgeführt.

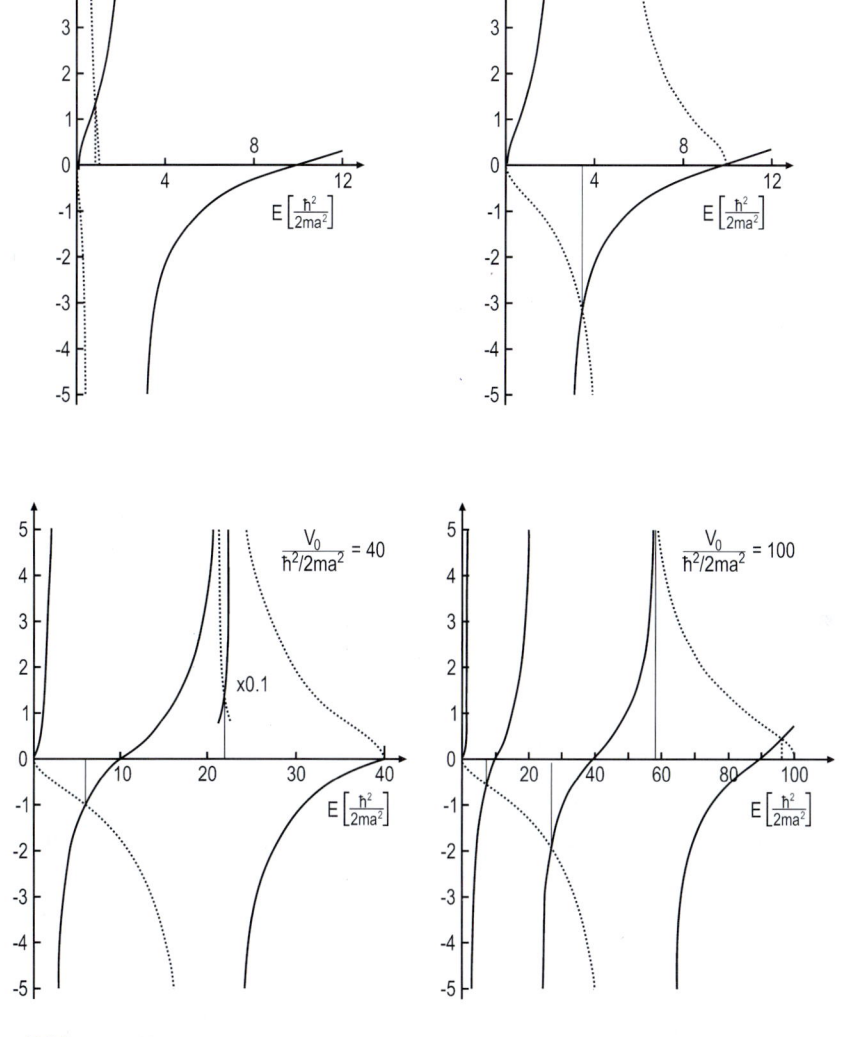

Abbildung 1.4-23 Lösung der Gl. (1.4-217). Die Abszissenwerte der Schnittpunkte sind durch lange, senkrechte Striche auf den jeweiligen Abszissen markiert. Aus ihnen ergeben sich die Eigenwerte der Energie für die vier vorgegebenen Werte von V_0.

Bei der Betrachtung der Lösungen machen wir einige bemerkenswerte Beobachtungen. Zunächst stellen wir wieder fest, dass nicht jeder beliebige Energiewert zugelassen ist, sondern dass es bestimmte Eigenwerte der Energie gibt. Zweitens finden wir, dass die Anzahl der Lösungen mit steigendem Verhältnis $V_0/(\hbar^2/2ma^2)$, d.h. mit zunehmender Tiefe V_0 und zunehmender Breite a des Potentialtopfes, wächst. Drittens beobachten wir, dass sich die Eigenwerte für E mit wachsendem V_0 erhöhen. So wächst der erste Eigenwert von 0.8 über 3.4 und 5.8 auf 7.3 $\hbar^2/2ma^2$, wenn V_0 von 1 über 10 und 40 auf 100 $\hbar^2/2ma^2$ steigt. Wird V_0 sehr groß gegenüber E, so strebt die rechte Seite von Gl. (1.4-217) bzw. Gl. (1.4-216) gegen null. Es gilt dann

$$\tan\left(\frac{2mEa^2}{\hbar^2}\right)^{1/2} = 0 \qquad (1.4\text{-}218)$$

Das ist dann der Fall, wenn

$$\left(\frac{2mEa^2}{\hbar^2}\right)^{1/2} = n \cdot \pi \qquad n = 1, 2, 3, \ldots \qquad (1.4\text{-}219)$$

oder

$$E = \frac{n^2 h^2}{8ma^2} \qquad n = 1, 2, 3, \ldots \qquad (1.4\text{-}220)$$

in Übereinstimmung mit dem Ergebnis für ein Teilchen im linearen Kasten.

Eine genaue Betrachtung zeigt, dass der Einsatzpunkt für das Auftreten eines weiteren erlaubten Energiezustandes gegeben ist durch

$$V_0 = \frac{n^2 h^2}{8ma^2} \qquad n = 0, 1, 2, \ldots \qquad (1.4\text{-}221)$$

Das besagt, dass für $0 < \dfrac{V_0}{\hbar^2/2ma^2} < \pi^2$ nur ein Energiezustand erlaubt ist, für $\pi^2 < \dfrac{V_0}{\hbar^2/2ma^2} < 4\pi^2$ deren zwei und so fort.

> In Abb. 1.4-24 sind die erlaubten Zustände in einem V_0, E-Diagramm als fette Linien eingetragen.

Wir müssen uns nun noch dem zweiten Fall zuwenden, bei dem $E > V_0$ ist, dem Fall des *freien Teilchens*. Unter dieser Bedingung wäre nach Gl. (1.4-189) k_1^2 eine negative Größe, k_1 also imaginär. Wir setzen deshalb

$$k_3 = \frac{1}{\hbar}[2m(E - V_0)]^{1/2} \qquad (1.4\text{-}222)$$

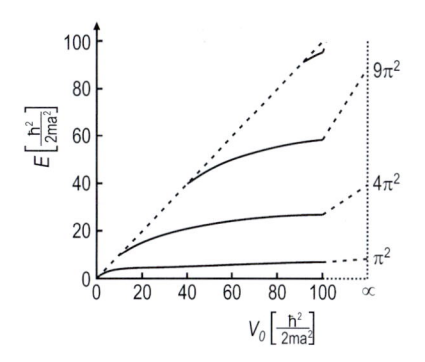

Abbildung 1.4-24 Energiezustände eines Teilchens in einem Potentialtopf der Tiefe V_0.

Dann ist k_3 reell, die Schrödinger-Gleichung (1.4-187) geht über in

$$\frac{d^2\psi}{dx^2} + k_3^2 \psi = 0 \tag{1.4-223}$$

Diese Gleichung entspricht der für das Gebiet II gültigen. Damit ergibt sich auch für die Gebiete I und III eine Lösung, die als Summe eines sin- und eines cos-Gliedes geschrieben werden kann. Wir erhalten so die drei Wellenfunktionen

$$\psi_\text{I} = A \sin k_3 x + B \cos k_3 x \tag{1.4-224}$$

$$\psi_\text{II} = C \sin k_2 x + D \cos k_2 x \tag{1.4-225}$$

$$\psi_\text{III} = F \sin k_3 x + G \cos k_3 x \tag{1.4-226}$$

Im Gegensatz zum Fall des gebundenen Teilchens, bei dem wir zur Erfüllung der Randbedingungen $\psi = 0$ für $x \to \pm\infty$ zwei Konstanten festlegen mussten [vgl. Gl. (1.4-194) und Gl. (1.4-195)], sind hier zunächst alle sechs Konstanten frei wählbar, weil beim freien Teilchen für $x \to \pm \infty$ keine Änderung der Amplitude eintritt. Zur Erfüllung der Kontinuitätsbedingungen Gl. (1.4-199) bis Gl. (1.4-202) haben wir deshalb zwei Konstanten mehr zur Verfügung als beim gebundenen Teilchen, so dass es nicht mehr notwendig ist, die Energie zu quanteln. Das bedeutet, dass das Teilchen für $E > V_0$ jeden beliebigen Energiewert annehmen kann. In Abb. 1.4-24 finden wir deshalb oberhalb der Diagonalen $E = V_0$ ein Energiekontinuum. Auch an dieser Stelle sei wieder auf die Beobachtung des Kontinuums bei den Atomspektren (Abb. 1.4-17) und (1.4-18) hingewiesen, das dann auftritt, wenn das Elektron eine so hohe Energie besitzt, dass es aus dem gebundenen Zustand in den freien Zustand übergeht.

Wir haben uns bis jetzt vornehmlich mit den Energiezuständen beim Potentialtopfmodell beschäftigt. Zum Abschluss müssen wir uns noch mit den Wellenfunktionen selbst befassen. Betrachten wir zunächst wieder den Fall des *gebundenen Teilchens* ($E < V_0$).

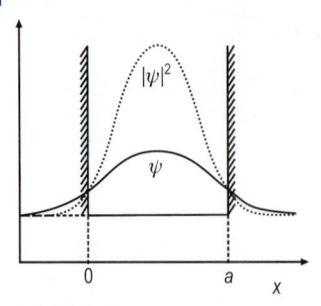

Abbildung 1.4-25 Wellenfunktion ψ und Wahrscheinlichkeitsdichte $|\psi|^2$ für ein Teilchen im Potentialtopf endlicher Tiefe für $E < V_0$.

Befindet sich ein Teilchen im Potentialtopf, d. h. im Gebiet II, so muss nach Gl. (1.4-198) $C \neq 0$ sein. Dann muss nach Gl. (1.4-204) aber auch $A \neq 0$ sein, denn sin δ kann wegen Gl. (1.4-211) nicht gleich null sein. Ist aber $A \neq 0$, so ist ψ_I für endliche Werte von x ungleich null, also auch $|\psi_\mathrm{I}|^2 \neq 0$. Das heißt aber, dass es eine gewisse Wahrscheinlichkeit geben muss, das Teilchen im Gebiet I anzutreffen. Gleiches gilt für das Gebiet III. Die quantenmechanische Berechnung lehrt uns also, dass sich das Teilchen in Gebieten aufhalten kann, in denen die Gesamtenergie E kleiner ist als die potentielle Energie V, in denen die kinetische Energie T also negativ sein muss. Die Abb. 1.4-25 entspricht Abb. 1.4-21 und zeigt schematisch die Wellenfunktion ψ und die Wahrscheinlichkeitsdichte im Potentialtopf endlicher Tiefe für $E < V_0$.

Wir wenden uns nun noch einmal den Wellenfunktionen für das *freie Teilchen* zu ($E > V_0$) und betrachten die Gebiete II und III. Die Lösungen für die Schrödinger-Gleichung schreiben wir nicht in der Form der Gleichungen (1.4-227) und (1.4-228), sondern (vgl. Mathem. Anhang N) in der gleichwertigen Form

$$\psi_\mathrm{II} = C' \cdot \mathrm{e}^{\mathrm{i}k_2 x} + D' \cdot \mathrm{e}^{-\mathrm{i}k_2 x} \tag{1.4-227}$$

$$\psi_\mathrm{III} = F' \cdot \mathrm{e}^{\mathrm{i}k_3 x} + G' \cdot \mathrm{e}^{-\mathrm{i}k_3 x} \tag{1.4-228}$$

Wir wollen annehmen, dass sich im Gebiet III nur Teilchen befinden, die sich von links nach rechts bewegen. Dann muss [vgl. Abschnitt 1.4.11, Gl. (1.4-138) und Gl. (1.4-139)] $G' = 0$ sein. Gl. (1.4-228) geht also über in

$$\psi_\mathrm{III} = F' \cdot \mathrm{e}^{\mathrm{i}k_3 x} \tag{1.4-229}$$

Die Kontinuitätsbedingungen Gl. (1.4-201) und Gl. (1.4-202) lauten dann

$$C' \cdot \mathrm{e}^{\mathrm{i}k_2 a} + D' \cdot \mathrm{e}^{-\mathrm{i}k_2 a} = F' \cdot \mathrm{e}^{\mathrm{i}k_3 a} \tag{1.4-230}$$

$$\mathrm{i}k_2 C' \cdot \mathrm{e}^{\mathrm{i}k_2 a} - \mathrm{i}k_2 D' \cdot \mathrm{e}^{-\mathrm{i}k_2 a} = \mathrm{i}k_3 F' \cdot \mathrm{e}^{\mathrm{i}k_3 a} \tag{1.4-231}$$

Dividieren wir die untere Gleichung durch ik_2 und addieren dann beide Gleichungen, so erhalten wir

$$C' = \frac{1}{2} F' \cdot e^{i(k_3 - k_2)a} \left(1 + \frac{k_3}{k_2}\right) \qquad (1.4\text{-}232)$$

Subtrahieren wir, so ergibt sich

$$D' = \frac{1}{2} F' \cdot e^{i(k_3 + k_2)a} \left(1 - \frac{k_3}{k_2}\right) \qquad (1.4\text{-}233)$$

Berücksichtigen wir, dass

$$k_2 = \frac{1}{\hbar}(2mE)^{1/2} \qquad (1.4\text{-}130)$$

und

$$k_3 = \frac{1}{\hbar}[2m(E - V_0)]^{1/2} \qquad (1.4\text{-}222)$$

so erkennen wir, dass

$$k_2 > k_3 \qquad (1.4\text{-}234)$$

Deshalb kann weder C' noch D' null werden. Dann enthält nach Gl. (1.4-227) ψ_{II} den Term $D' \cdot e^{-ik_2 x}$, der Teilchen repräsentiert, die, vgl. Abschnitt 1.4.11, Gl. (1.4-140), sich von rechts nach links bewegen. Die Intensität des nach rechts laufenden Teilchenstroms wird durch $|C'|^2$ gegeben. Sie ist größer als die des nach links laufenden, die durch $|D'|^2$ bestimmt wird, denn aus Gl. (1.4-232) und Gl. (1.4-233) entnehmen wir, dass $|C'| > |D'|$ ist.

> Das Ergebnis dieser Überlegungen ist folgendes: Die Teilchen bewegen sich frei in einem Gebiet, in dem eine sprunghafte Änderung des Potentials vorliegt. Wenn die (nach rechts laufenden) Teilchen den Potentialwall erreichen, wird ein Teil von ihnen reflektiert und läuft (nach links) zurück, obwohl die Energie zur Überwindung des Potentialwalls ausreichen würde. In der klassischen Betrachtungsweise gibt es diesen Fall nicht; dort würde das Teilchen lediglich seine Geschwindigkeit ändern. In der Optik jedoch findet man eine solche Reflexion, wenn eine Lichtwelle die Grenzfläche zwischen zwei Medien mit unterschiedlichem Brechungsindex passiert.

1.4.15
Die Behandlung der Durchtunnelung eines Potentialwalls

Im vorangehenden Abschnitt haben wir gesehen, dass die Aufenthaltswahrscheinlichkeit eines Teilchens im Potentialtopf endlicher Tiefe auch außerhalb des Potentialtopfs nicht gleich null ist. Es erhebt sich deshalb die Frage, ob ein Teilchen u. U. in der Lage ist, einen hinreichend engen Potentialwall zu durchdringen, obwohl seine Energie niedriger ist als die Höhe des Potentialwalls. Abbildung 1.4-26 veranschaulicht die Verhältnisse.

Wir unterscheiden die folgenden Gebiete

I $x \leq 0$ mit $V = 0$
II $0 \leq x \leq a$ mit $V = V_0$
III $a \leq x$ mit $V = 0$.

Es interessiert uns nur der Fall, dass $E < V_0$ ist. Wir haben es dann in den Gebieten I und III mit der Schrödinger-Gleichung

$$\frac{d^2\psi}{dx^2} + \frac{2m}{\hbar^2} E\psi = 0 \tag{1.4-188}$$

und im Gebiet II mit der Schrödinger-Gleichung

$$\frac{d^2\psi}{dx^2} + \frac{2m}{\hbar^2}(E - V_0)\psi = 0 \tag{1.4-187}$$

zu tun. Wir setzen wieder

$$k_1 = \frac{1}{\hbar}(2mE)^{1/2} \tag{1.4-130}$$

und

$$k_2 = \frac{1}{\hbar}[2m(V_0 - E)]^{1/2} \tag{1.4-189}$$

und erhalten als Lösung die Wellenfunktionen

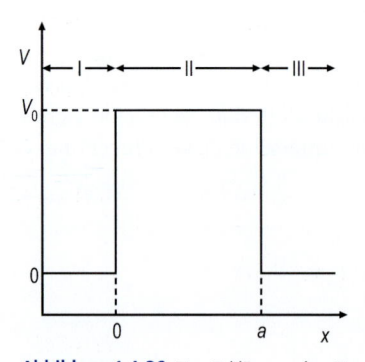

Abbildung 1.4-26 Zur Erklärung des Tunneleffektes.

$$\psi_1 = A \cdot e^{ik_1 x} + B \cdot e^{-ik_1 x} \tag{1.4-235}$$

$$\psi_2 = C \cdot e^{k_2 x} + D \cdot e^{-k_2 x} \tag{1.4-236}$$

$$\psi_3 = F \cdot e^{ik_1 x} + G \cdot e^{-ik_1 x} \tag{1.4-237}$$

Lassen wir einen Teilchenstrom von links kommend auf den Potentialwall auftreffen, dann wird nach den Ergebnissen von Abschnitt 1.4.14 an den Grenzflächen I/II und II/III eine teilweise Reflexion eintreten. Wir werden also in den Gebieten I und II auch Teilchen antreffen, die von rechts nach links laufen. Das bedeutet (vgl. Abschnitt 1.4.11), dass ψ_1 und ψ_2 beide Terme auf der rechten Seite von Gl. (1.4-235) bzw. Gl. (1.4-236) enthalten. Im Gebiet III laufen alle Teilchen nach rechts, der zweite Term von Gl. (1.4-237) fällt fort, d. h. $G = 0$.

Uns interessiert der Bruchteil der Teilchen, die die Potentialschwelle durchtunneln können, der sog. *Transmissionskoeffizient T*. Er ist offensichtlich gegeben durch

$$T = \frac{|F|^2}{|A|^2} \tag{1.4-238}$$

Um die Konstanten zu bestimmen, müssen wir wieder die Kontinuitätsgleichungen Gl. (1.4-199) bis Gl. (1.4-202) hinschreiben

$$A + B = C + D \tag{1.4-239}$$

$$ik_1(A - B) = k_2(C - D) \tag{1.4-240}$$

$$C \cdot e^{k_2 a} + D \cdot e^{-k_2 a} = F \cdot e^{ik_1 a} \tag{1.4-241}$$

$$k_2(C \cdot e^{k_2 a} - D \cdot e^{-k_2 a}) = ik_1 F \cdot e^{ik_1 a} \tag{1.4-242}$$

Aus den beiden letzten Gleichungen ergibt sich durch Addition bzw. Subtraktion

$$C = \frac{1}{2} F \cdot e^{ik_1 a} \left(1 + i\frac{k_1}{k_2}\right) e^{-k_2 a} \tag{1.4-243}$$

$$D = \frac{1}{2} F \cdot e^{ik_1 a} \left(1 - i\frac{k_1}{k_2}\right) e^{k_2 a} \tag{1.4-244}$$

Aus den ersten beiden Gleichungen ergibt sich durch Subtraktion

$$B = \frac{1}{2}\left[C + D - \frac{k_2}{ik_1}(C - D)\right] \tag{1.4-245}$$

Die Zusammenfassung von Gl. (1.4-239) und Gl. (1.4-243) bis (1.4-245) ergibt schließlich

$$A = F \cdot e^{ik_1 a} \left[\frac{e^{k_2 a} + e^{-k_2 a}}{2} - \frac{i}{2} \left(\frac{k_1}{k_2} - \frac{k_2}{k_1} \right) \frac{e^{k_2 a} - e^{-k_2 a}}{2} \right] \tag{1.4-246}$$

oder, wenn wir die Hyperbelfunktionen $\dfrac{e^x + e^{-x}}{2} = \cosh x$ und $\dfrac{e^x - e^{-x}}{2} = \sinh x$ einführen,

$$\frac{A}{F} = e^{ik_1 a} \left[\cosh k_2 a - \frac{i}{2} \left(\frac{k_1}{k_2} - \frac{k_2}{k_1} \right) \sinh k_2 a \right] \tag{1.4-247}$$

Mit Gl. (1.4-238) erhalten wir

$$T = \left| \frac{F}{A} \right|^2 = \left[\cosh^2 k_2 a + \frac{1}{4} \left(\frac{k_1}{k_2} - \frac{k_2}{k_1} \right)^2 \sinh^2 k_2 a \right]^{-1} \tag{1.4-248}$$

Berücksichtigen wir schließlich das für die hyperbolischen Funktionen geltende Additionstheorem

$$\cosh^2 x - \sinh^2 x = 1 \tag{1.4-249}$$

so folgt

$$T = \left[1 + \frac{1}{4} \left(\frac{k_1}{k_2} + \frac{k_2}{k_1} \right)^2 \sinh^2 k_2 a \right]^{-1} \tag{1.4-250}$$

Um den Transmissionskoeffizienten in Abhängigkeit von E und V_0 auszudrücken, substituieren wir k_1 und k_2 durch die Gleichungen (1.4-130) und (1.4-189)

$$T = \left[1 + \frac{1}{4} \frac{V_0^2}{E(V_0 - E)} \sinh^2 \left\{ \frac{2ma^2(V_0 - E)}{\hbar^2} \right\}^{1/2} \right]^{-1} \tag{1.4-251}$$

und erkennen daraus, dass für $E < V_0$ durchaus ein endlicher Wert für den Transmissionskoeffizienten resultiert, wenn a und V_0 nicht ∞ sind. Zur leichteren Abschätzung wollen wir den Fall betrachten, dass $2ma^2(V_0 - E)/\hbar^2 \gg 1$ ist, d. h. dass

$$\sinh^2(2ma^2(V_0 - E)/\hbar^2)^{1/2} \simeq \frac{1}{4} e^{2(2ma^2(V_0 - E)/\hbar^2)^{1/2}} \tag{1.4-252}$$

so dass wir für T erhalten

$$T \simeq \frac{16 E(V_0 - E)}{V_0^2} e^{-2(2ma^2(V_0 - E)/\hbar^2)^{1/2}} \tag{1.4-253}$$

Dieser Ausdruck zeigt uns deutlicher als Gl. (1.4-251), dass der Transmissionskoeffizient im Wesentlichen von der Energiedifferenz $V_0 - E$ und der Breite a

der Potentialschwelle abhängt. T nimmt mit steigendem V_0 und a ab, die *Tunnelwahrscheinlichkeit* wird also um so kleiner, je höher und breiter die Potentialschwelle ist. Um einen Eindruck von der Tunnelwahrscheinlichkeit zu bekommen, wollen wir ein Elektron betrachten, das eine Energie von 1 eV besitzt und gegen eine Potentialschwelle der Höhe $V_0 = 5\,\text{eV}$ und der Breite $a = 2\,\text{nm}$ anläuft. Für diesen Fall berechnet sich T aus Gl. (1.4-253) zu $3.6 \cdot 10^{-18}$.

Wir werden später eine Reihe von Beobachtungen kennenlernen, die auf den Tunneleffekt zurückzuführen sind.

1.4.16
Kernpunkte des Abschnitts 1.4

Bestimmung der Ladung des Elektrons S. 109
Bestimmung der Masse des Elektrons S. 110
Wellennatur des Elektrons S. 111
- ☑ Bragg'sche Gleichung Gl. (1.4-14)
- ☑ de-Broglie-Beziehung Gl. (1.4-15)
- ☑ Planck'sches Wirkungsquantum S. 113
- ☑ Planck'sche Strahlungsformel Gl. (1.4-27)
- ☑ Korpuskulare Eigenschaften des Lichtes S. 121
- ☑ Lichtelektrischer Effekt (Photoeffekt) S. 122
- ☑ Einstein'sches Frequenzgesetz Gl. (1.4-33)
- ☑ Compton-Effekt S. 122

Dualismus Welle-Partikel S. 123
- ☑ Phasen-, Gruppen- und Teilchengeschwindigkeit S. 123
- ☑ Wellenpaket S. 126
- ☑ Heisenberg'sche Unschärfe-Relation Gl. (1.4-66)
- ☑ Franck-Hertz'scher Versuch S. 130
- ☑ Linienspektrum des Wasserstoffatoms S. 132
- ☑ Balmer-Formel Gl. (1.4-68)

Bohr'sches Modell des Wasserstoffatoms S. 135
- ☑ Zeitunabhängige Schrödinger-Gleichung Gl. (1.4-115, 1.4-111)
- ☑ Wahrscheinlichkeitsdichte Gl. (1.4-119)
- ☑ Erwartungswert Gl. (1.4-121; 1.4-122)

Freies Teilchen S. 146
Teilchen im eindimensionalen Kasten S. 149
- ☑ Randbedingung, Wellenfunktion, Eigenwert der Energie Abschn. 1.4.12

Teilchen im dreidimensionalen Kasten S. 153
- ☑ Separationsansatz Gl. (1.4-169)
- ☑ Entartung S. 155

Teilchen im Potentialtopf S. 157
- ☑ Freies und gebundenes Teilchen S. 166
- ☑ Tunneleffekt S. 166
- ☑ bra-ket Formulierung Gl. (1.4-123; 1.4-124)

1.4.17
Rechenbeispiele zu Abschnitt 1.4

1. Die Cr-K_α-Strahlung hat eine Wellenlänge von 0.2291 nm. Lässt man sie auf eine (100)-Fläche eines kubisch-flächenzentrierten Nickel-Einkristalls treffen, so beobachtet man einen Beugungsreflex 1. Ordnung unter einem Glanzwinkel von 40.56°. Wie groß sind der Netzebenenabstand d und die Gitterkonstante a des Nickels?

2. In einer Elektronenbeugungsanlage betrage der Abstand zwischen dem Präparat und der Photoplatte 610 mm. Durchlaufen die Elektronen eine Beschleunigungsspannung von 80 kV, so findet man für den der Beugung an der (200)-Fläche zuzuordnenden Beugungsring (vgl. Abb. 1.4-4) einen Durchmesser von 29.0 mm. Welche Wellenlänge ist den Elektronen zuzuschreiben, und welche Gitterkonstante ergibt sich für das Nickel? Man vernachlässige hierbei die relativistische Massenänderung.

3. Man zeige, dass die Planck'sche Strahlungsformel (Gl. 1.4-27) in das Rayleigh-Jeans'sche Gesetz (Gl. 1.4-24) übergeht, wenn man die Planck'sche Konstante gegen null gehen lässt.

4. Das Elektronenaustrittspotential des Kaliums beträgt 2.25 V. Welche maximale kinetische Energie besitzen die ausgetretenen Photoelektronen, wenn Licht mit einer Wellenlänge von 400 nm eingestrahlt wird? Welche Gegenspannung muss angelegt werden, damit gerade keine Elektronen mehr auf die Anode gelangen?

5. Die langwellige Grenze liegt für die Photoemission des Wolframs bei 273 nm. Auf welchen Wert steigt sie an, wenn durch Adsorption von Kalium das Elektronenaustrittspotential um 0.5 V erniedrigt wird?

6. Welche Wellenlänge wäre einem Menschen von der Masse 75 kg zuzuschreiben, wenn sich dieser mit einer Geschwindigkeit von 5 km h^{-1} bewegt? Man vergleiche diese Wellenlänge mit der von Röntgenstrahlen ($\approx 10^{-10}$ m).

7. Welche Energie ist notwendig, um im Wasserstoffatom ein Elektron vom ersten auf den sechsten Bohr'schen Radius anzuheben? Welche Wellenlänge hat Licht, das emittiert wird, wenn das Elektron dann in den Grundzustand zurückspringt?

8. Zwei aufeinanderfolgende Linien des Atomspektrums des Wasserstoffs haben die Wellenzahlen $\tilde{\nu}_i = 2.057 \cdot 10^6$ m^{-1} und $\tilde{\nu}_{i+1} = 2.304 \cdot 10^6$ m^{-1}. Man berechne, welcher Serie die beiden Linien angehören und welchen Übergängen sie entsprechen.

9. Man berechne, welche Serie des Atomspektrums des Wasserstoffs als langwelligste Linie die mit der Wellenlänge 1875.1 nm hat.

10. Man berechne, ob irgendwelche Linien der Balmer-Serie des Atomspektrums des Wasserstoffs geeignet sind, aus Ce, das ein Elektronenaustrittspotential von 2.88 Volt besitzt, Photoelektronen auszulösen. Wenn ja, welche?

11. Um welchen Faktor ändert sich die Geschwindigkeit eines Elektrons in einer Bohr'schen Kreisbahn im Wasserstoffatom, wenn die Hauptquantenzahl n verdoppelt wird?

12. Nach der Bohr'schen Theorie beträgt die potentielle Energie des Elektrons in einem Wasserstoffatom im Grundzustand $2.177 \cdot 10^{-18}$ J. Wie groß müsste demnach die Ionisierungsenergie von Li^{2+} sein?

13. Man berechne die Eigenfunktionen und die Eigenwerte der Energie eines Teilchens im zweidimensionalen quadratischen, potentialfreien Kasten durch Aufstellen und Lösen der Schrödinger-Gleichung.

14. Für Systeme konjugierter Doppelbindungen lässt sich in erster Näherung das Modell des Elektrons im eindimensionalen Kasten anwenden. Um welchen Faktor würden sich nach diesem Modell die Energiedifferenzen zwischen den Zuständen mit $n = 1$ und $n = 2$ beim 1,3-Butadien (C_4H_6) und beim Carotin (konjugierte Kette mit 22 C-Atomen) unterscheiden? Für den mittleren C – C-Abstand setze man $1.4 \cdot 10^{-10}$ m.

15. Man betrachte die π-Elektronen des Benzols als Teilchen in einem zweidimensionalen quadratischen Kasten, der den Benzolring umschließt und dessen Seitenlänge zwei C – C-Abständen entspricht, berechne die Eigenwerte der Energie, besetze die drei niedrigsten Energiezustände mit jeweils zwei Elektronen und berechne, welche Wellenlänge das Licht haben muss, durch dessen Absorption das Benzol aus dem Grundzustand in den ersten angeregten Elektronenzustand gebracht wird. Man vergleiche das Ergebnis dieser groben Berechnung mit dem experimentellen Ergebnis ($\lambda \approx 250$ nm). Für den mittleren C – C-Abstand setze man $1.4 \cdot 10^{-10}$ m.

16. Der Radius der ersten Bohr'schen Kreisbahn beträgt $r_1 = 5.3 \cdot 10^{-9}$ cm. In ganz grober Näherung berechne man die Energie des Wasserstoffelektrons im Grundzustand, indem man annimmt, dass es sich um ein Elektron in einem würfelförmigen Kasten handelt, der das gleiche Volumen hat wie eine Kugel mit dem Radius r_1. Man vergleiche das Ergebnis mit dem Wert, der aus der Bohr'schen Theorie folgt.

17. Wie groß ist die Wahrscheinlichkeit, in einem linearen, potentialfreien Kasten der Länge a ein Teilchen zwischen den Koordinaten $\frac{1}{3}a$ und $\frac{2}{3}a$ zu finden, wenn sich das Teilchen a) im Grundzustand, b) im ersten angeregten Zustand befindet? Man vergleiche das Ergebnis mit Abb. 1.4-21.

18. Ein Mensch mit einer Masse von 70 kg bewege sich mit einer Geschwindigkeit von 6 km h^{-1} auf eine 5 m hohe und 0.2 m dicke Wand zu. Wie groß ist die Wahrscheinlichkeit, dass er diese Wand quantenmechanisch durchtunnelt?

Man nehme an, dass sich der Schwerpunkt des Menschen in einer Höhe von 1.00 m befindet.

19. Wie groß ist die Wahrscheinlichkeit, dass ein Elektron, das sich mit der thermischen Energie kT bewegt, bei 300 K einen 2 eV hohen und 1.0 nm breiten Potentialwall durchtunnelt?

20. Ein Auto habe eine Masse von 1200 kg und fahre mit einer Geschwindigkeit von 120 km h^{-1}. Ein Elektron werde durch eine Beschleunigungsspannung von 1 kV beschleunigt. In beiden Fällen sei die Geschwindigkeitsangabe mit einer Ungenauigkeit von $\pm 2\,\%$ behaftet. Man berechne und vergleiche die jeweilige Unschärfe des Ortes.

1.4.18
Literatur zu Abschnitt 1.4

Mitter, H. (1979) *Quantentheorie*, 2. überarb. Aufl. (B.I.-Hochschultaschenbücher, 701), B.I. Wissenschaftsverl., Mannheim

Weiterführende Literatur zu Abschnitt 1.4 ist im Abschnitt 3.1.7 aufgeführt.

1.5
Einführung in die chemische Kinetik

Die bisherigen Betrachtungen bezogen sich auf die Beschreibung oder Berechnung des Zustandes eines Stoffes oder eines Systems für den Fall, dass thermisches oder chemisches Gleichgewicht herrschte. Dieser Abschnitt beschäftigt sich nun mit dem zeitlichen Ablauf der Einstellung eines Gleichgewichtszustandes.

> Mit der Zeit t führen wir in diesem Abschnitt eine Variable ein, die wir bislang noch nicht verwendet haben. Das macht es nötig, zunächst einige neue Begriffe zu definieren (Abschn. 1.5.1).
>
> Wir werden dann sehr formal eine Klassifizierung von Reaktionen vornehmen an Hand des Zeitgesetzes, nach dem sie ablaufen, und die entsprechenden Geschwindigkeitsgleichungen und Zeitgesetze diskutieren (Abschn. 1.5.2 bis 1.5.5).
>
> Die Ermittlung der Zeitgesetze aus experimentellen Daten wird unsere nächste Aufgabe sein (Abschn. 1.5.6).
>
> Als Verknüpfung von Kinetik und Thermodynamik wird sich die Behandlung unvollständig ablaufender Reaktionen erweisen (Abschn. 1.5.7).
>
> Wir werden des weiteren erfahren, dass mehrere Reaktionen miteinander verknüpft sein können und dabei parallel zueinander oder einander folgend ablaufen können (Abschn. 1.5.8).
>
> Die Betrachtung der Temperaturabhängigkeit der Reaktionsgeschwindigkeit wird diesen einführenden Abschnitt abschließen (Abschn. 1.5.9).

1.5.1
Einführung neuer Begriffe

Im allgemeinen wird der zeitliche Ablauf einer Reaktion von vielen Größen abhängen, z. B. von den Konzentrationen der Reaktionspartner, der Zeit, der Temperatur, der Gegenwart von Katalysatoren, der Einstrahlung von Licht geeigneter Wellenlänge, dem Aggregatzustand der Reaktionspartner, ihrer Verteilung im Reaktionsgefäß oder etwa vorliegenden Strömungsverhältnissen.

Im Rahmen dieses einführenden Abschnitts wollen wir nur Reaktionen in homogener Phase, vorzugsweise Gasreaktionen besprechen. Wir wollen, bis auf den letzten Unterabschnitt, nur die Abhängigkeit der Konzentrationen von der Zeit betrachten. Alle übrigen in die Reaktionsgeschwindigkeit eingehenden Parameter, wie z. B. die Temperatur, seien konstant gehalten. Des weiteren soll die Reaktion vollständig und nur in der durch den Pfeil angegebenen Richtung ablaufen.

Lautet die allgemeine Umsatzgleichung für die chemische Reaktion

$$|v_A|A + |v_B|B + \ldots \rightarrow |v_C|C + |v_D|D + \ldots \tag{1.5-1}$$

so stehen die Zunahme $d\xi$ der in Gl. (1.1-126) eingeführten *Reaktionslaufzahl* und die Änderungen dn der *Stoffmengen* unmittelbar miteinander in Beziehung

$$d\xi = v_A^{-1} dn_A = v_B^{-1} dn_B = v_C^{-1} dn_C = v_D^{-1} dn_D \tag{1.5-2}$$

$$dn_B = \frac{v_B}{v_A} dn_A = \frac{v_B}{v_C} dn_C = \frac{v_B}{v_D} dn_D \tag{1.5-3}$$

und entsprechend.

Unter der *Reaktionsgeschwindigkeit* verstehen wir die Geschwindigkeit $d\xi/dt$ der Zunahme der Reaktionslaufzahl. Sie ist über

$$\frac{d\xi}{dt} = v_i^{-1} \frac{dn_i}{dt} \tag{1.5-4}$$

mit der Geschwindigkeit der Änderung der Stoffmenge n_i der Komponente i und über

$$V^{-1} \frac{d\xi}{dt} = v_i^{-1} \frac{d(n_i/V)}{dt} = v_i^{-1} \frac{dc_i}{dt} \tag{1.5-5}$$

mit der Geschwindigkeit der Änderung der Konzentration c_i der Komponente i verknüpft, sofern V das zeitunabhängige Volumen angibt.

Die Definition der *Reaktionsgeschwindigkeit* $d\xi/dt$ ist unabhängig von der Wahl der Substanz und der Reaktionsbedingungen, also beispielsweise auch gültig, wenn sich das Volumen zeitlich ändert oder an der Reaktion mehrere Phasen beteiligt sind. Die Größen $dn_i/dt(= v_i d\xi/dt)$ sollte man als *Bildungs-* oder *Zerfallsgeschwindigkeit* der Komponente i und die Größe dc_i/dt, für die wir der einfacheren Les- und Schreibweise wegen meist $d[i]/dt$ schreiben werden, als *Geschwindigkeit der Konzentrationsänderung* der Komponente *i* bezeichnen. Doch herrscht in der Literatur diesbezüglich keine Einheitlichkeit, und meist wird unterschiedslos von Reaktionsgeschwindigkeit gesprochen.

Für allgemein gültige Überlegungen wird es sich als sinnvoll erweisen, eine der Reaktionslaufzahl ξ entsprechende Konzentration, die *Reaktionsvariable*

$$x = \frac{\xi}{V} \tag{1.5-6}$$

einzuführen, deren Änderung nach

$$dx = v_A^{-1} d[A] = v_B^{-1} d[B] = v_C^{-1} d[C] = v_D^{-1} d[D] \tag{1.5-7}$$

mit den Konzentrationsänderungen beim Ablauf der Reaktion Gl. (1.5-1) verknüpft ist. Sie gestattet es, Geschwindigkeiten von Konzentrationsänderungen ohne Festlegung auf eine bestimmte Komponente zu formulieren.

Sicherlich wird die zeitliche Änderung von x, d. h. die Geschwindigkeit dx/dt von den Konzentrationen der Reaktanten abhängen, denn wir können vermuten, dass die Reaktionsgeschwindigkeit proportional zur Häufigkeit der Stöße zwischen den Reaktanten ist, und diese sollte wiederum proportional zu den jeweiligen Konzentrationen sein. Wir können also erwarten, dass in einfachen Fällen eine Beziehung der Art

$$\frac{dx}{dt} = k[A]^a [B]^b \ldots \tag{1.5-8}$$

existiert. Die Exponenten $a, b, \ldots$ nennen wir die *Ordnung* der Reaktion in Bezug auf die Komponenten A, B, ..., die Summe

$$n = a + b + \ldots \tag{1.5-9}$$

die Ordnung der gesamten Reaktion. Die Proportionalitätskonstante k bezeichnet man als *Geschwindigkeitskonstante*.

Von der Ordnung der Reaktion ist zu unterscheiden die *Molekularität* der Reaktion. Sie drückt aus, wie viele Teilchen an dem elementaren Schritt beteiligt sind, der zu der chemischen Reaktion führt. Die Gleichung A → B + C beschreibt eine *monomolekulare Reaktion*, die Gleichung A + B → C + D eine *bimolekulare Reaktion*. Ordnung und Molekularität einer Reaktion stimmen nur bei sehr einfachen Reaktionen überein. Da die Wahrscheinlichkeit eines gleichzeitigen Stoßes vieler Moleküle überaus gering ist, sind tri- und höhermolekulare Reaktionen sehr unwahrscheinlich. Komplizierte Reaktionen setzen sich deshalb aus mehreren Teilreaktionen niedrigerer Molekularität zusammen. Für die Gesamtreaktion ergibt sich dann oft auch eine komplizierte Abhängigkeit der Reaktionsgeschwindigkeit von den Konzentrationen der einzelnen Komponenten. Dabei können durchaus auch gebrochene Reaktionsordnungen auftreten. Aus der Reaktionsordnung lässt sich also noch nichts über den tatsächlichen Verlauf einer Reaktion, insbesondere nichts über den Reaktionsweg aussagen. Oft führen verschiedene Modelle für den Reaktionsweg zu den gleichen Reaktionsordnungen.

Im Folgenden wollen wir zunächst einige einfache homogene Reaktionen untersuchen, bei denen das Gleichgewicht ganz auf der rechten Seite der Gl. (1.5-1) liegt, bei denen also praktisch keine Rückreaktion stattfindet, d. h. kein A und B aus C und D gebildet wird.

1.5.2
Reaktionen erster Ordnung

Als Reaktionen, die ein Zeitgesetz erster Ordnung befolgen, hat man beispielsweise den thermischen Zerfall von Distickstoffpentoxid und von Dimethylether erkannt:

$$N_2O_5 \rightarrow N_2O_4 + \frac{1}{2}O_2$$

$$CH_3OCH_3 \rightarrow CH_4 + H_2 + CO$$

Es handelt sich hierbei also um Reaktionen vom Typ

$$A \rightarrow B + C + ...$$

Bezeichnen wir die Konzentration des Stoffes A zur Zeit t mit $[A]$, so ist die Geschwindigkeit, mit der $[A]$ abnimmt, proportional zu $[A]$. Es ergibt sich also als

Geschwindigkeitsgleichung für Reaktionen erster Ordnung

$$-\frac{d[A]}{dt} = k_1 [A] \qquad (1.5\text{-}10)$$

Die Proportionalitätskonstante k_1 nennt man *Geschwindigkeitskonstante*. Nach der Trennung der Variablen,

$$\frac{d[A]}{[A]} = -k_1 dt \qquad (1.5\text{-}11)$$

liefert die unbestimmte Integration

$$\ln[A] = -k_1 t + c \qquad (1.5\text{-}12)$$

Die Integrationskonstante c ergibt sich aus den Anfangsbedingungen. Lag zu Beginn der Reaktion ($t = 0$) die Anfangskonzentration $[A]_0$ vor, so gilt

$$\ln[A]_0 = c \qquad (1.5\text{-}13)$$

Wir erhalten also

$$\ln \frac{[A]}{[A]_0} = -k_1 t \qquad (1.5\text{-}14)$$

oder für die zur Zeit t noch vorliegende Konzentration von A das

> **Zeitgesetz für Reaktionen erster Ordnung**
> $$[A] = [A]_0 \cdot e^{-k_1 t} \tag{1.5-15}$$

Auch eine Reaktion der durch Gl. (1.5-1) beschriebenen Art kann nach einem Zeitgesetz erster Ordnung, beispielsweise in Bezug auf die Komponente A, verlaufen. Den Reaktionsablauf können wir über eine Messung der zeitlichen Änderung der Konzentration einer beliebigen Komponente i verfolgen. Gemäß Gl. (1.5-7) gilt

$$\frac{dx}{dt} = v_i^{-1} \frac{d[i]}{dt} \tag{1.5-16}$$

wobei wir die jeweilige Konzentration von i mit Hilfe ihrer Anfangskonzentration $[i]_0$ zur Zeit $t = 0$ und der Reaktionsvariablen x ausdrücken können:

$$[i] = [i]_0 + v_i x \tag{1.5-17}$$

Anstelle von Gl. (1.5-10) erhalten wir

$$\frac{dx}{dt} = \frac{1}{v_A} \frac{d[A]}{dt} = k_1([A]_0 + v_A x) \tag{1.5-18}$$

Trennung der Variablen, unbestimmte Integration und Berücksichtigung der Randbedingung $[A]_0$ bei $t = 0$ führen dann zu

$$x = -\frac{1}{v_A}[A]_0(1 - e^{v_A k_1 t}) \tag{1.5-19}$$

Substituieren wir x durch Gl. (1.5-17), so erhalten wir, wenn wir unter i Komponente A verstehen, wieder Gl. (1.5-15). Soll i jedoch für eines der Reaktionsprodukte, beispielsweise für D in Gl. (1.5-1), stehen, so folgt

$$[D] - [D]_0 = -\frac{v_D}{v_A}[A]_0(1 - e^{v_A k_1 t}) \tag{1.5-20}$$

Ein spezieller Fall für eine Reaktion erster Ordnung ist der radioaktive Zerfall, z. B. der des Radiums in Radon unter Abspaltung eines α-Teilchens:

$$\text{Ra} \xrightarrow{-\alpha} \text{Rn}$$

Man verwendet hier im Allgemeinen nicht die Konzentrationen, sondern die Anzahl N der Atome als Variable. Liegen zur Zeit $t = 0$ N_0 Atome vor, zur Zeit t noch N, so gilt entsprechend Gl. (1.5-15)

$$N = N_0 e^{-k_1 t} \tag{1.5-21}$$

Von den hier als Beispiel angeführten Reaktionen, die ein Geschwindigkeitsgesetz erster Ordnung befolgen, stellt der Zerfall des Distickstoffpentoxids keine monomolekulare Reaktion dar. Auch die Rohrzuckerspaltung ist keine monomolekulare Reaktion, obwohl sie durch ein Geschwindigkeitsgesetz erster Ordnung beschrieben werden kann.

Die der Formel nach bimolekulare Reaktion

$$\text{Rohrzucker} + \text{Wasser} \rightarrow (\alpha)\text{-D-Glucose} + (\alpha)\text{-D-Fructose} \tag{1.5-22}$$

wird in Wirklichkeit durch Wasserstoff-Ionen katalysiert. Da ein Katalysator (s. Abschnitt 6.7) zwar ein unmittelbarer Reaktionspartner sein kann, im Laufe der Reaktion aber stets quantitativ zurückgebildet wird, ändert sich die Wasserstoffionen-Konzentration während der Reaktion nicht. Die Konzentration des Wassers, das als Lösungsmittel *und* Reaktionspartner dient, bleibt wegen des großen Wasserüberschusses während der Reaktion praktisch konstant, kann also wie die Konzentration der Säure mit in die Geschwindigkeitskonstante einbezogen werden. Bezeichnen wir die Rohrzuckerkonzentration mit *[R]*, so folgt für das Geschwindigkeitsgesetz für die Reaktion Gl. (1.5-22)

$$\frac{d[R]}{dt} = -k_1[R] \tag{1.5-23}$$

und nach der Integration für das Zeitgesetz

$$[R] = [R]_0 e^{-k_1 t} \tag{1.5-24}$$

Da die bimolekulare Reaktion Gl. (1.5-22) nach 1. Ordnung verläuft, spricht man von einer Reaktion pseudo-1.Ordnung. Bezüglich der katalysierten Rohrzuckerinversion s. auch Abschn. 6.7.2.

1.5.3
Reaktionen zweiter Ordnung

Reaktionen zweiter Ordnung werden relativ oft gefunden. Zu ihnen zählen beispielsweise die Dimerisierung von Butadien in der Gasphase oder der Zerfall von Stickstoffdioxid

$$2\,NO_2 \rightarrow 2\,NO + O_2$$

Es handelt sich dabei also um Reaktionen des Typs

$$2\,A \rightarrow C + D + \ldots \tag{1.5-25}$$

oder allgemeiner

$$A + B \rightarrow C + D \tag{1.5-26}$$

Im Fall der Reaktion Gl. (1.5-25) muss die Zerfallsgeschwindigkeit vom Edukt A proportional sein der Zahl der Zusammenstöße zwischen zwei Molekülen A, also proportional zu $[A]^2$. Wir können deshalb die Geschwindigkeitsgleichung formulieren als

$$-\frac{d[A]}{dt} = 2k_2[A]^2 \qquad (1.5\text{-}27)$$

Trennung der Variablen, unbestimmte Integration und Berücksichtigung der Randbedingung $[A] = [A]_0$ bei $t = 0$ führen zum Zeitgesetz

$$\frac{1}{[A]} - \frac{1}{[A]_0} = 2k_2 t \qquad (1.5\text{-}28)$$

Im Fall der Reaktion Gl. (1.5-26) ergibt sich eine ganz ähnliche Geschwindigkeitsgleichung, sofern die Anfangskonzentrationen $[A]_0$ und $[B]_0$ gleich groß sind, allerdings fällt der Faktor 2 auf der rechten Seite von Gl. (1.5-28) fort, da v_A jetzt den Wert -1 hat.

Dasselbe gilt natürlich für das daraus folgende

Zeitgesetz bei Reaktionen zweiter Ordnung bei gleichen Ausgangskonzentrationen

$$\frac{d[A]}{dt} = -k_2[A][B] = -k_2[A]^2 \qquad (1.5\text{-}29)$$

$$\frac{1}{[A]} - \frac{1}{[A]_0} = k_2 t \qquad (1.5\text{-}30)$$

Für den Fall, dass die Anfangskonzentrationen von A und B ungleich sind, wollen wir die Herleitung des Zeitgesetzes 2. Ordnung für ein beliebiges Edukt oder Produkt mit Hilfe der Reaktionsvariablen x unter Beachtung von Gl. (1.5-17) vornehmen. So lautet die

Geschwindigkeitsgleichung für Reaktionen zweiter Ordnung

$$\frac{dx}{dt} = k_2([A]_0 + v_A x)([B]_0 + v_B x) \qquad (1.5\text{-}31)$$

denn die Reaktionsgeschwindigkeit muss proportional der Zahl der Zusammenstöße von Molekülen A mit Molekülen B sein, also proportional dem Produkt aus den Konzentrationen von A und B zur Zeit t. Die Trennung der Variablen führt zu

$$\frac{dx}{([A]_0 + v_A x)([B]_0 + v_B x)} = k_2 dt \qquad (1.5\text{-}32)$$

und die Integration mit Hilfe der Partialbruchzerlegung (vgl. Mathematischer Anhang G) zu

$$\frac{1}{v_B[A]_0 - v_A[B]_0} \ln \frac{[B]_0 + v_B x}{[A]_0 + v_A x} = k_2 t + c \qquad (1.5\text{-}33)$$

Die Integrationskonstante c ermitteln wir wieder aus den Anfangsbedingungen bei $t = 0$:

$$c = \frac{1}{v_B[A]_0 - v_A[B]_0} \ln \frac{[B]_0}{[A]_0} \qquad (1.5\text{-}34)$$

so dass sich insgesamt als

Zeitgesetz bei Reaktionen zweiter Ordnung

$$\frac{1}{v_B[A]_0 - v_A[B]_0} \ln \frac{[A]_0([B]_0 + v_B x)}{[B]_0([A]_0 + v_A x)} = k_2 t \qquad (1.5\text{-}35)$$

ergibt.

1.5.4
Reaktionen dritter Ordnung

Reaktionen dritter Ordnung sind bereits sehr selten. Die Oxidation des Stickstoffmonoxids zu Stickstoffdioxid

$$2\,NO + O_2 \rightarrow 2\,NO_2$$

kann als ein Beispiel angeführt werden. Es sind also Reaktionen vom Typ

$$A + B + C \rightarrow D + E + \ldots \qquad (1.5\text{-}36)$$

Für ihre Untersuchung wird man nach Möglichkeit die Anfangskonzentrationen von A, B und C im stöchiometrischen Verhältnis wählen. In der allgemeinen Formulierung lautet die

Geschwindigkeitsgleichung für Reaktionen dritter Ordnung

$$\frac{dx}{dt} = k_3 ([A]_0 + v_A x)([B]_0 + v_B x)([C]_0 + v_C x) \qquad (1.5\text{-}37)$$

und mit

$$\frac{[A]_0}{v_A} = \frac{[B]_0}{v_B} = \frac{[C]_0}{v_C} = -a \qquad (1.5\text{-}38)$$

$$\frac{dx}{dt} = k_3 \nu_A \nu_B \nu_C (x-a)^3 \tag{1.5-39}$$

Über die Trennung der Variablen und die unbestimmte Integration erhalten wir

$$-\frac{1}{2(x-a)^2} = k_3 \nu_A \nu_B \nu_C t + c \tag{1.5-40}$$

Beachten wir wieder die Anfangsbedingungen $x = 0$ bei $t = 0$, so ergibt sich

$$c = -\frac{1}{2a^2} \tag{1.5-41}$$

und nach dem Einsetzen von Gl. (1.5-41) in Gl. (1.5-40)

$$\frac{1}{a^2} - \frac{1}{(x-a)^2} = 2k_3 \nu_A \nu_B \nu_C t \tag{1.5-42}$$

Die Beachtung von Gl. (1.5-17) führt schließlich zu

$$\frac{1}{[A]_0^2} - \frac{1}{[A]^2} = 2k_3 \frac{\nu_B \nu_C}{\nu_A} t \tag{1.5-43}$$

Beachten wir, dass die stöchiometrischen Faktoren aller Edukte aus Gl. (1.5-36) den Wert −1 haben, so folgt letztendlich für das

Zeitgesetz für Reaktionen dritter Ordnung

$$\frac{1}{[A]^2} - \frac{1}{[A]_0^2} = 2k_3 t \tag{1.5-44}$$

1.5.5
Reaktionen nullter Ordnung

Ein besonderer Fall liegt vor, wenn sich die Reaktion – z. B. bei heterogen katalytischen Reaktionen – an einer Oberfläche, d. h. in einer Adsorptionsphase, abspielt und die adsorbierte Menge bei hinreichend hohem Druck der Gasphase druckunabhängig ist (vgl. Abschnitt 2.7.5). Die durch die Reaktion verbrauchte Substanzmenge wird dann laufend durch Adsorption aus der Gasphase ergänzt, so dass die Konzentration des Ausgangsstoffes in der Adsorptionsphase konstant bleibt. Für eine Zerfallsreaktion, die in homogener Phase nach der ersten oder zweiten Ordnung verlaufen würde (vgl. Abschnitt 6.3.1), ergäbe sich

$$A + \text{Katalysator} \rightarrow A \cdot \text{Katalysator} \xrightarrow{k_0} B \cdot \text{Katalysator} + C \cdot \text{Katalysator} \rightarrow B + C + \text{Katalysator}.$$

Der Adsorptionsschritt und die Desorptionsschritte mögen viel schneller verlaufen als der Zerfall von A in B und C in der Adsorptionsphase. Dann wird die Geschwindigkeit der Reaktion lediglich durch den mittleren Schritt mit der Geschwindigkeitskonstanten k_0 bestimmt, wobei, wie oben ausgeführt, die Konzentration des Adsorptionskomplexes A · Katalysator zeitlich konstant bleibt.

Die Geschwindigkeit, bezogen auf die Reaktionsvariable x, ist dann gegeben durch die

Geschwindigkeitsgleichung für Reaktionen nullter Ordnung

$$\frac{dx}{dt} = k_0 \tag{1.5-45}$$

wofür wir in Analogie zu Gl. (1.5-39) auch schreiben können

$$\frac{dx}{dt} = k_0 v_A^0 (x - a)^0 \tag{1.5-46}$$

Wir spechen deshalb von einer Reaktion nullter Ordnung. Die Integration von Gl. (1.5-45) liefert als

Zeitgesetz für eine Reaktion nullter Ordnung

$$x = k_0 t \tag{1.5-47}$$

bzw.

$$[A] - [A]_0 = -k_0 t \tag{1.5-48}$$

wenn man Gl. (1.5-17) berücksichtigt und die Konzentration des Eduktes A einführt.

1.5.6
Die Bestimmung der Reaktionsordnung

Reaktionskinetische Untersuchungen führt man durch, um Aufschluss über den Reaktionsmechanismus zu erhalten. Zu diesem Zweck stellt man für denkbare Reaktionswege Geschwindigkeitsgleichungen auf und prüft, ob diese durch das Experiment bestätigt werden. Im einfachsten Fall würde es sich also darum handeln, nachzuprüfen, ob eine Reaktion nach einer bestimmten Ordnung verläuft. Dabei sollten wir jedoch bedenken, dass wir auf diese Weise unzutreffende Reaktionsmechanismen ausschließen, richtige aber nicht als solche beweisen können, da möglicherweise auch andere Reaktionswege auf ein gleiches Zeitgesetz führen würden.

Ein recht einfacher Weg, die Ordnung einer Reaktion zu ermitteln, ist die graphische Darstellung der Messwerte. Für die folgenden Betrachtungen gehen wir bei Reaktionen zweiter und dritter Ordnung davon aus, dass die Anfangskonzentrationen der verschiedenen Reaktionspartner im stöchiometrischen Verhältnis vorliegen und dass alle stöchiometrischen Faktoren den Absolutwert 1 haben. Im Falle einer Reaktion erster Ordnung sollte gemäß Gl. (1.5-15) die logarithmische Auftragung der jeweiligen Konzentration [A] gegen die Zeit t eine Gerade ergeben. Liegt dagegen eine Reaktion zweiter oder dritter Ordnung vor, so hängt nach Gl. (1.5-30) $\frac{1}{[A]}$ bzw. nach Gl. (1.5-44) $\frac{1}{[A]^2}$ linear von der Zeit t ab. Für eine Reaktion nullter Ordnung ergibt sich schließlich entsprechend Gl. (1.5-48) eine Linearität zwischen [A] und t. In den Abbildungen (1.5-1) bis (1.5-4) sind für den Fall, dass $[A]_0 = 1$ mol dm^{-3} ist und k_0 bis k_3 den gleichen Zahlenwert 0.5 (nicht die gleiche Benennung!) besitzen, die entsprechenden Auftragungen wiedergegeben.

Für eine rechnerische Ermittlung der Reaktionsordnung bietet sich die Prüfung an, aus welcher der oben genannten Gleichungen für die Geschwindigkeitskonstante k tatsächlich ein konstanter, von der Zeit bzw. dem Umsatz unabhängiger Wert resultiert. So müsste nach

$$k_0 = \frac{1}{t}([A]_0 - [A]) \tag{1.5-49}$$

$$k_1 = \frac{1}{t} \ln \frac{[A]_0}{[A]} \tag{1.5-50}$$

$$k_2 = \frac{1}{t}\left(\frac{1}{[A]} - \frac{1}{[A]_0}\right) \tag{1.5-51}$$

$$k_3 = \frac{1}{t}\left(\frac{1}{2[A]^2} - \frac{1}{2[A]_0^2}\right) \tag{1.5-52}$$

bei Vorliegen einer Reaktion n-ter Ordnung k_n unabhängig von t und [A] sein. Sinnvoller ist es jedoch, die *Halbwertszeiten* $t_{1/2}$ einzuführen. Das sind die Zeiten, in denen sich die jeweils vorliegende Ausgangsmenge gerade zur Häfte umgesetzt hat, d. h. nach denen $[A] = \frac{[A]_0}{2}$ ist. Aus den Gleichungen (1.5-49) bis (1.5-52) ergeben sich

die *Halbwertszeiten* $(t_{1/2})_n$ einer Reaktion *n*-ter Ordnung:

$$(t_{1/2})_0 = \frac{1}{2k_0}[A]_0 \tag{1.5-53}$$

$$(t_{1/2})_1 = \frac{\ln 2}{k_1} \tag{1.5-54}$$

$$(t_{1/2})_2 = \frac{1}{k_2}\frac{1}{[A]_0} \tag{1.5-55}$$

$$(t_{1/2})_3 = \frac{3}{2k_3}\frac{1}{[A]_0^2} \tag{1.5-56}$$

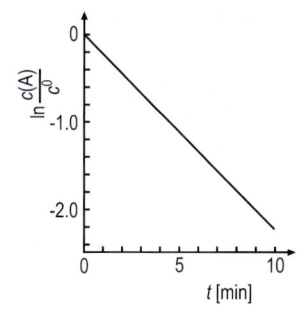

Abbildung 1.5-1 Reaktion erster Ordnung; Auftragung gemäß Gl. (1.5-15).

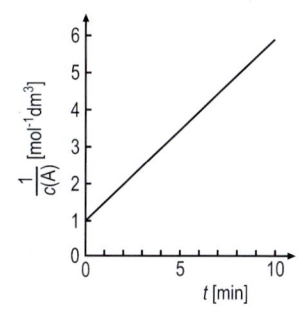

Abbildung 1.5-2 Reaktion zweiter Ordnung; Auftragung gemäß Gl. (1.5-30).

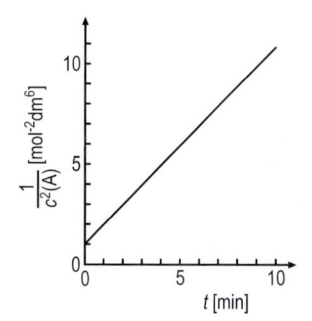

Abbildung 1.5-3 Reaktion dritter Ordnung; Auftragung gemäß Gl. (1.5-44).

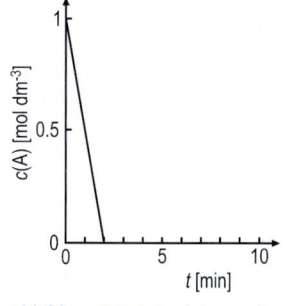

Abbildung 1.5-4 Reaktion nullter Ordnung; Auftragung gemäß Gl. (1.5-48).

Wenn die untersuchte Reaktion nach nullter, erster, zweiter oder dritter Ordnung verläuft, ist die Halbwertszeit proportional der jeweiligen Ausgangskonzentration, von ihr unabhängig, umgekehrt proportional der Ausgangskonzentration oder umgekehrt proportional zu ihrem Quadrat.

In Abb. 1.5-5 a sind – wieder für den festen Zahlenwert $k = 0.5$ und die Ausgangskonzentration $[A]_0 = 1 \text{mol dm}^{-3}$ – die Konzentrationen [A] in Abhängigkeit von der Zeit aufgetragen.

Man erkennt, dass für den speziellen Fall $[A]_0 = 1 \text{ mol dm}^{-3}$ die Startgeschwindigkeit für alle Ordnungen gleich groß ist, dass die Geschwindigkeit beim Fortschreiten der Reaktion nur für die nullte Ordnung konstant bleibt, bei höherer Ordnung jedoch abnimmt, und zwar um so stärker, je höher die Ordnung ist. In Abb. 1.5-5 b sind zur Demonstration der Gleichungen (1.5-53) bis (1.5-56) die aus Abb. 1.5-5 a für die Bereiche $[A]_0 \to [A]_0/2$; $[A]_0/2 \to [A]_0/4$; $[A]_0/4 \to [A]_0/8$ usw. entnommenen Halbwertszeiten wiedergegeben. Selbstverständlich lässt sich die Reaktionsordnung auch an Hand von Halbwertszeiten bestimmen, die aus sich überlappenden Reaktionsbereichen stammen. Das ist besonders wichtig bei nicht vollständig verlaufenden Reaktionen, bei denen zur Ermittlung der Reaktionsordnung nur ein kurzer Anfangsbereich der Reaktion verwendet werden kann, in dem sich die Rückreaktion noch nicht störend bemerkbar macht.

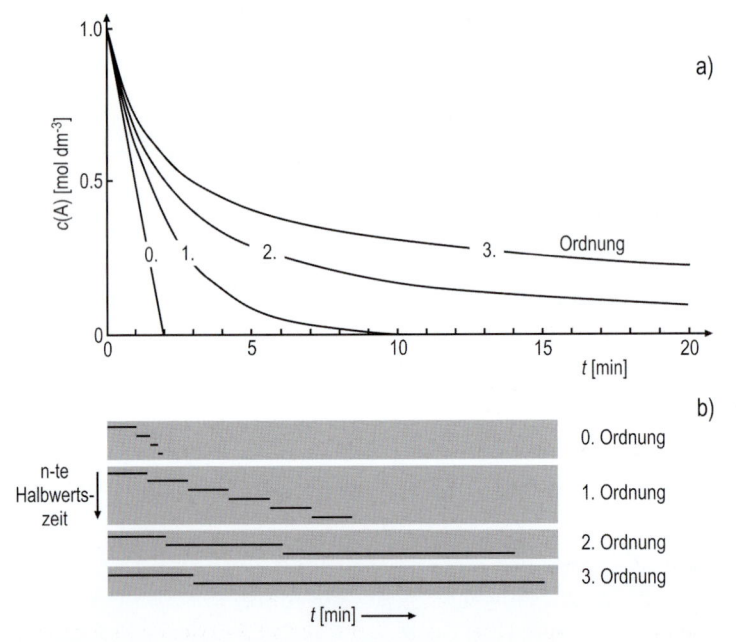

Abbildung 1.5-5 Vergleich der Reaktionen nullter bis dritter Ordnung. (a) Konzentration [A] des Ausgangsstoffes A in Abhängigkeit von der Reaktionszeit t, (b) aus (a) ermittelte Halbwertszeiten.

Bei komplizierteren Reaktionen können die genannten Verfahren zur Bestimmung der Reaktionsordnung versagen, insbesondere wieder dann, wenn Rückreaktionen einsetzen. Gerade in diesem Fall ist es zweckmäßig, die Anfangsgeschwindigkeit zu messen, weil die Konzentrationen der Reaktionspartner dann noch den genau bekannten Anfangskonzentrationen entsprechen. Die *Anfangsreaktionsgeschwindigkeit* $(dx/dt)_0$ möge durch die allgemeine Form

$$\left(\frac{dx}{dt}\right)_0 = k[A]_0^a[B]_0^b[C]_0^c \qquad (1.5\text{-}57)$$

gegeben sein. Durch Logarithmieren erhalten wir

$$\log\left(\frac{dx}{dt}\right)_0 = \log k + a\,\log[A]_0 + b\,\log[B]_0 + c\,\log[C]_0 \qquad (1.5\text{-}58)$$

Halten wir nun in einer Reihe von Messungen $[B]_0$ und $[C]_0$ konstant und variieren $[A]_0$, so ergibt die Auftragung der gemessenen Werte von $\log\left(\frac{dx}{dt}\right)_0$ in Abhängigkeit von $\log[A]_0$ eine Gerade, deren Steigung uns die Ordnung a in Bezug auf die Komponente A liefert. In entsprechender Weise verfahren wir bezüglich der Bestimmung der Ordnungen b und c.

Verläuft die Reaktion zu schnell, um dieses Verfahren anwenden zu können, so bietet sich die sog. *Isoliermethode* an. Die Reaktionsgeschwindigkeit sei gegeben durch

$$\frac{dx}{dt} = k[A]^a[B]^b[C]^c \qquad (1.5\text{-}59)$$

In einem ersten Experiment werden wir die Komponenten B und C in einem so großen Überschuss gegenüber A verwenden, dass sich [B] und [C] im Vergleich zu [A] praktisch nicht ändern. Wir können dann näherungsweise schreiben

$$\frac{dx}{dt} \approx k'[A]^a \qquad (1.5\text{-}60)$$

Die Ordnung in Bezug auf A bestimmen wir dann nach einem der oben genannten Verfahren. In entsprechender Weise ermitteln wir b und c, indem wir die Komponente B bzw. C in starkem Unterschuss einsetzen. Die Rohrzuckerinversion (Gl. 1.5-23) ist ein Spezialfall der Isoliermethode.

1.5.7
Unvollständig verlaufende Reaktionen

Eine chemische Reaktion kann, abgesehen von gewissen heterogenen Reaktionen, nie vollständig verlaufen, denn sobald sich nach

$$A + B \xrightarrow{k_2} C + D \qquad (1.5\text{-}61)$$

aus den Ausgangsstoffen die Produkte C und D gebildet haben, besteht die Möglichkeit, dass sich gemäß

$$C + D \xrightarrow{k_{-2}} A + B \tag{1.5-62}$$

aus den Reaktionsprodukten die Ausgangssubstanzen zurückbilden. Man spricht deshalb im Fall der durch Gl. (1.5-61) beschriebenen Reaktion von der *Hinreaktion* und im Fall der durch Gl. (1.5-62) beschriebenen Reaktion von der *Rückreaktion*. In dem angeführten Beispiel handelt es sich beide Male um eine Reaktion zweiter Ordnung, deren Geschwindigkeitskonstanten (k_2 für die Hin-, k_{-2} für die Rückreaktion) jedoch im Allgemeinen unterschiedlich sein werden.

Lagen zu Beginn der Reaktion ($t = 0$) nur die Stoffe A (mit der Konzentration $[A]_0$) und B (mit der Konzentration $[B]_0$) vor und noch keine Reaktionsprodukte C und D, so gilt für die Hinreaktion nach Gl. (1.5-31)

$$\frac{\overrightarrow{dx}}{dt} = k_2([A]_0 + \nu_A x)([B]_0 + \nu_B x) \tag{1.5-63}$$

und für die Rückreaktion

$$\frac{\overleftarrow{dx}}{dt} = -k_{-2}\nu_C \nu_D x^2 \tag{1.5-64}$$

Für die Gesamtgeschwindigkeit im Reaktionssystem

$$A + B \rightleftharpoons C + D \tag{1.5-65}$$

ergibt sich dann

$$\frac{dx}{dt} = k_2([A]_0 + \nu_A x)([B]_0 + \nu_B x) - k_{-2}\nu_C \nu_D x^2 \tag{1.5-66}$$

Die Konzentrationen ändern sich nicht mehr, wenn die Gesamtgeschwindigkeit null wird. Es stellt sich ein Gleichgewicht ein, bei dem Hin- und Rückreaktionen gleich schnell verlaufen. Wir sprechen deshalb von einem dynamischen Gleichgewicht. Da die Geschwindigkeitskonstanten durch die Reaktionen gegeben sind und $[A]_0$ und $[B]_0$ vorgegeben waren, ist das nach Gl. (1.5-66) nur für eine bestimmte Reaktionsvariable x_{gl} möglich.

$$\left(\frac{dx}{dt}\right)_{x=x_{gl}} = 0 \tag{1.5-67}$$

oder

$$k_2([A]_0 + \nu_A x_{gl})([B]_0 + \nu_B x_{gl}) = k_{-2}\nu_C x_{gl} \nu_D x_{gl} \tag{1.5-68}$$

Daraus ergibt sich unter Berücksichtigung von Gl. (1.5-17) für

das *chemische Gleichgewicht*

$$\frac{[C]_{gl}[D]_{gl}}{[A]_{gl}[B]_{gl}} = \frac{k_2}{k_{-2}} = K \qquad (1.5\text{-}69)$$

Wir müssen aber beachten, dass in Gl. (1.5-69) die durch eckige Klammern ausgedrückten Konzentrationen die im Gleichgewicht vorliegenden Konzentrationen sind. Es zeigt sich also, dass das Produkt der Konzentrationen der Endprodukte dividiert durch das Produkt der Konzentrationen der Ausgangsstoffe konstant ist, sofern sich bei der Reaktion ein Gleichgewicht eingestellt hat. Die Konstante K bezeichnet man als *Gleichgewichtskonstante*. Sie errechnet sich als Quotient der Geschwindigkeitskonstanten der Hin- und Rückreaktion. Gleichung (1.5-69) ist nichts anderes als das Massenwirkungsgesetz, das hier mit Hilfe der Kinetik abgeleitet wurde.

Bodenstein hat auf diesem Wege die Gleichgewichtskonstante der Bildung von Iodwasserstoff aus Wasserstoff und Iod ermittelt,

$$H_2 + I_2 \rightleftharpoons 2\,HI \qquad (1.5\text{-}70)$$

$$\frac{[HI]_{gl}^2}{[H_2]_{gl}[I_2]_{gl}} = K = \frac{k_2}{k_{-2}} \qquad (1.5\text{-}71)$$

indem er zum einen von Wasserstoff und Iod ausging und die Bildungsgeschwindigkeit für Iodwasserstoff bestimmte, zum anderen ausgehend von Iodwasserstoff die Zerfallsgeschwindigkeit maß. Im Abschnitt 6.3.3 werden wir jedoch erfahren, dass der Mechanismus dieser Reaktion in Wirklichkeit viel komplexer ist.

1.5.8
Folge- und Parallelreaktionen

Im vorangehenden haben wir bereits erfahren, dass kompliziertere Reaktionen oft aus einer Folge verschiedener Reaktionsschritte bestehen. Nur in wenigen Fällen ist es dann möglich, eine geschlossene mathematische Behandlung durchzuführen, wie z. B. in Abschnitt 6.2.3. Jeder einzelne Schritt in einer Reaktionsfolge

$$A \xrightarrow{k'} B \xrightarrow{k''} C \xrightarrow{k'''} D \qquad (1.5\text{-}72)$$

ist durch eine für ihn charakteristische Reaktionsordnung und Geschwindigkeitskonstante ausgezeichnet. Für die Gesamtreaktion (Gl. 1.5-72), die Bildung von D aus A, ist, sofern sich k', k'' un*d* k''' hinreichend unterscheiden, im Wesentlichen der langsamste der drei Schritte geschwindigkeitsbestimmend und der Messung zugänglich, während die beiden schnelleren Schritte nicht verfolgt werden können (vgl. Abschnitt 6.2.3 und Gl. (6.2-28)).

Oft, insbesondere bei Reaktionen organischer Moleküle, sind auch verschiedene Reaktionswege möglich. So lässt sich Ethanol entweder zu Ethen dehydratisieren oder zu Ethanal dehydrieren. Hier liegen nicht Folge-, sondern Parallelreaktionen vor:

$$C_2H_5OH \begin{array}{c} \xrightarrow{k'} C_2H_4 + H_2O \\ \xrightarrow{k''} CH_3CHO + H_2 \end{array}$$

oder allgemein geschrieben

$$A \begin{array}{c} \xrightarrow{k_B} B \\ \xrightarrow{k_C} C \end{array} \tag{1.5-73}$$

Welches Produkt bei der Reaktion entstehen wird, hängt vom Verhältnis der Geschwindigkeitskonstanten k_B und k_C ab. Ist $k_B \approx k_C$, wird sowohl B als auch C gebildet werden, ist $k_B \gg k_C$, so führt die Reaktion praktisch nur zum Produkt B, im Fall von $k_B \ll k_C$ zu C. Bei Parallelreaktionen ist also die schnellste der Reaktionen bestimmend für den Reaktionsweg und die Gesamtgeschwindigkeit. Das erkennt man unmittelbar, wenn man die Geschwindigkeitsgleichung betrachtet. Für den einfachsten Fall zweier vollständig verlaufender Parallelreaktionen erster Ordnung ist die Geschwindigkeit, mit der sich der Ausgangsstoff A zersetzt, gegeben durch

$$-\frac{d[A]}{dt} = k_B[A] + k_C[A] = (k_B + k_C)[A] \tag{1.5-74}$$

Die Integration liefert

$$[A] = [A]_0 e^{-(k_B+k_C)t} \tag{1.5-75}$$

also eine Reaktion erster Ordnung bezüglich A.

Für die Bildungsgeschwindigkeit von B folgt

$$\frac{d[B]}{dt} = k_B[A] = k_B[A]_0 e^{-(k_B+k_C)t} \tag{1.5-76}$$

Integrieren wir Gl. (1.5-76) und beachten die Anfangsbedingungen ($[A]_0$, und $[B]_0 = 0$ bei $t = 0$), so erhalten wir

$$[B] = \frac{k_B[A]_0}{k_B + k_C}(1 - e^{-(k_B+k_C)t}) \tag{1.5-77}$$

Entsprechendes gilt für das Produkt C. Welches der beiden Produkte vorzugsweise entsteht, hängt demnach vom Verhältnis der beiden Geschwindigkeitskonstanten k_B und k_C ab.

Bei der Zersetzung des Ethanols erhöhen oxidische Katalysatoren die Geschwindigkeitskonstante der Dehydratation, metallische die der Dehydrierung.

1.5.9
Die Temperaturabhängigkeit der Reaktionsgeschwindigkeit

Eine Betrachtung der Gleichungen (1.5-10), (1.5-31) oder (1.5-37) lässt erkennen, dass der aus dem Experiment bekannte Einfluss der Temperatur auf die Reaktionsgeschwindigkeit nur über die Geschwindigkeitskonstanten k erfolgen kann. Eine Temperaturerhöhung kann sich sehr unterschiedlich auf die Geschwindigkeitskonstante auswirken. Im Rahmen dieses einführenden Kapitels soll nur der häufigste Fall, der bereits 1889 von Arrhenius untersucht wurde, etwas eingehender besprochen werden. Eine ausführliche Diskussion erfolgt im Kapitel 6.

In umfangreichen Studien fand Arrhenius, dass die Geschwindigkeitskonstante k_n einer e-Funktion proportional ist, die im negativen Exponenten den Kehrwert der absoluten Temperatur enthält:

$$k_n = k_0 e^{-A/T} \tag{1.5-78}$$

Schreiben wir diese Gleichung um, indem wir den Exponenten mit der Boltzmann-Konstanten k und der Loschmidt'schen Konstanten N_A erweitern, so erhalten wir

die Arrhenius-Gleichung

$$k_n = k_0 e^{-\frac{A \cdot k}{kT}} = k_0 \cdot e^{-\frac{\varepsilon_a}{kT}} = k_0 \cdot e^{-\frac{N_A \cdot \varepsilon_a}{RT}} \tag{1.5-79}$$

Wir erkennen, dass der Exponent eine Energie ε_a enthalten muss. Der Ausdruck $e^{-\frac{\varepsilon_a}{kT}}$ ist identisch mit Gl. (1.3-31). Er gibt, wie in Abschnitt 1.3.4 gezeigt wurde, den Bruchteil von Molekülen an, die eine Energie größer als oder gleich ε_a besitzen. Das legt die Vermutung nahe, dass nicht jedes Molekül bei einem Zusammenstoß mit einem anderen reagiert, sondern nur dann, wenn es eine Mindestenergie ε_a besitzt. Man bezeichnet ε_a deshalb als *Aktivierungsenergie*. Meistens betrachtet man nicht die Energie eines Moleküls, sondern die entsprechende molare Energie. Man erweitert dann den Exponenten mit N_A und führt für $N_A \cdot \varepsilon_a$ die Größe E_a ein. Anschaulich lassen sich die Verhältnisse darstellen, wenn wir die Energiestufen, die die reagierenden Moleküle beim Reaktionsfortgang durchlaufen, in Abhängigkeit von diesem darstellen (Abb. 1.5-6). E_v ist die molare Energie der reagierenden Moleküle vor der Reaktion, E_n die molare Energie nach der Reaktion. Der Unterschied ist die Reaktionsenthalpie ΔH.

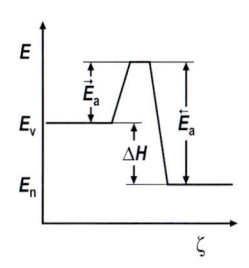

Abbildung 1.5-6 Energiebarriere, die bei der Reaktion überwunden werden muss.

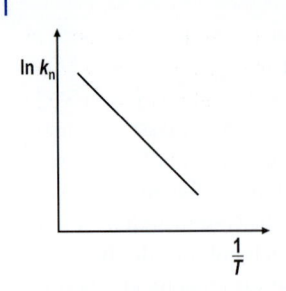

Abbildung 1.5-7 Zur Temperaturabhängigkeit der Geschwindigkeitskonstanten k.

Der Übergang von E_v nach E_n erfolgt jedoch weder für die Hinreaktion (im gewählten Beispiel exotherm, d. h. $\Delta H < 0$) noch für die Rückreaktion (endotherm, d. h. $\Delta H > 0$) direkt. Vielmehr muss eine Energiebarriere überwunden werden, die für die Hinreaktion die Höhe $\vec{E}_a$, für die Rückreaktion die Höhe $\overleftarrow{E}_a$ hat. Diese Aktivierungsenergien E_a sind erforderlich, um die Bindungen innerhalb der Moleküle zu lockern und sie so auf die Reaktion vorzubereiten. Die Differenz der Aktivierungsenergien für die Hin- und Rückreaktion ist identisch mit der Reaktionsenthalpie. Nach außen hin geben sich die Aktivierungsenergien nur durch die Temperaturabhängigkeit der Geschwindigkeitskonstanten, nicht aber durch kalorische Effekte zu erkennen.

Zur Ermittlung der Aktivierungsenergie ist es notwendig, zunächst die Ordnung der Reaktion zu ermitteln und die entsprechende Geschwindigkeitskonstante bei verschiedenen Temperaturen zu messen. Die Auftragung von $\ln k_n$ gegen $1/T$ muss dann nach Gl. (1.5-79) eine Gerade liefern (Abb. 1.5-7):

$$\ln k_n = \ln k_0 - \frac{E_a}{RT} \tag{1.5-80}$$

Aus ihrer Steigung ergibt sich die Aktivierungsenergie.

Die Arrhenius-Gleichung hat einen weiten Geltungsbereich. Sinnvoll ist ihre Anwendung jedoch nur bei einfachen Reaktionsschritten, zumal wenn weitergehende Schlüsse gezogen werden sollen.

Es gibt zahlreiche Fälle, in denen eine völlig andere Temperaturabhängigkeit beobachtet wird, als sie aus der Arrhenius'schen Gleichung folgt (Abb. 1.5-8 a). Abbildung 1.5-8 zeigt einige typische Beispiele.

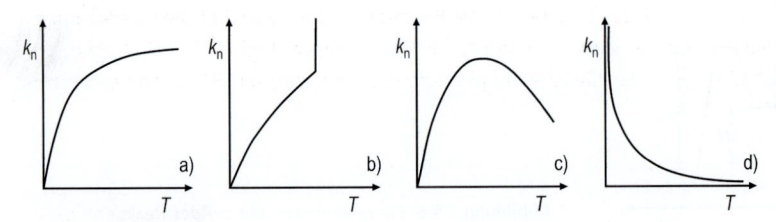

Abbildung 1.5-8 Verschiedene Typen der Temperaturabhängigkeit der Geschwindigkeitskonstanten.

Diese beobachtet man bei Explosionen (Abb. 1.5-8 b), bei Enzymreaktionen und bei heterogenen katalytischen Reaktionen (Abb. 1.5-8 c) sowie bei Anwesenheit vorgelagerter Gleichgewichte (1.5-8 d). Wir werden später im Kapitel 6 auf diese Fälle zurückkommen.

1.5.10
Kernpunkte des Abschnitts 1.5

☑ Reaktionsgeschwindigkeit, S. 173
☑ Ordnung und Molekularität einer Reaktion, S. 174
Reaktionen erster Ordnung, S. 175
☑ Geschwindigkeitsgleichung, Gl. (1.5-10); Zeitgesetz, Gl. (1.5-15)
Reaktionen zweiter Ordnung, S. 177
☑ Geschwindigkeitsgleichung, Gl. (1.5-29); Zeitgesetz, Gl. (1.5-30)
Reaktionen dritter Ordnung, S. 179
☑ Geschwindigkeitsgleichung, Gl. (1.5-37); Zeitgesetz, Gl. (1.5-44)
Reaktionen nullter Ordnung, S. 180
☑ Geschwindigkeitsgleichung, Gl. (1.5-45), Zeitgesetz, Gl. (1.5-47)
Bestimmung der Reaktionsordnung, S. 181
☑ Halbwertszeiten, Gl. (1.5-53 bis 56)
Unvollständig verlaufende Reaktionen, S. 185
Folge- und Parallelreaktionen, S. 187
Temperaturabhängigkeit der Reaktionsgeschwindigkeit, S. 189
☑ Arrhenius-Gleichung, Gl. (1.5-79)

1.5.11
Rechenbeispiele zu Abschnitt 1.5

1. Zur Untersuchung der Rohrzuckerinversion mit Hilfe der Drehung der Polarisationsebene wurden fünf Versuchsreihen durchgeführt. Bei den Reihen I bis IV lagen 7.33 g Rohrzucker, bei Reihe V 7.58 g Rohrzucker in 100 cm^3 Lösung vor. Bei den Reihen I bis IV war die Lösung 0.75 M bezüglich HCl, bei der Reihe V nur 0.5 M. Die Drehung der Polarisationsebene wurde bei verschiedenen Temperaturen in Abhängigkeit von der Zeit *t* gemessen.
Die jeweilige Rohrzuckerkonzentration ist $\alpha_t - \alpha_\infty$ proportional. Man ermittle für jede der Versuchsreihen a) die Reaktionsordnung und b) die Geschwindigkeitskonstante. Man berechne c) die Aktivierungsenergie und diskutiere d) die Abhängigkeit der Geschwindigkeitskonstanten von der H$^+$-Ionen-Konzentration.

I 333 K		II 318 K		III 303 K		IV 293 K		V 303 K	
$\dfrac{t}{\min}$	$\dfrac{\alpha}{\text{Grad}}$	$\dfrac{t}{\min}$	$\dfrac{\alpha}{\text{Grad}}$	$\dfrac{t}{\min}$	$\dfrac{\alpha}{\text{Grad}}$	$\dfrac{t}{\min}$	$\dfrac{\alpha}{\text{Grad}}$	$\dfrac{t}{\min}$	$\dfrac{\alpha}{\text{Grad}}$
2	0.38	3	6.28	3	8.34	3	9.81	3	9.35
3	−0.15	5	4.89	6	7.56	7	9.46	6	9.14
4	−0.55	7	3.71	10	7.30	11	9.28	9	8.73
5	−0.81	9	2.72	15	6.52	16	9.00	13	8.00
6	−0.99	11	1.93	19	6.20	20	8.82	18	7.43
7	−1.11	15	0.64	23	5.80	30	8.40	24	6.80
8	−1.20	21	−0.41	30	4.57	41	7.81	34	5.89
9	−1.26	30	−1.17	40	3.55	50	7.41	46	4.87
10	−1.30	40	−1.65	67	1.40	66	6.76	60	3.81
∞	−1.39	∞	−1.91	∞	−2.51	∞	−2.97	∞	−2.59

2. In welcher Zeit zerfallen 10 % eines Thoriumpräparats, wenn die Halbwertszeit $1.4 \cdot 10^{10}$ Jahre beträgt?

3. Ameisensäuredampf zerfällt an metallischen Katalysatoren, z. B. an Silber, entsprechend der Gleichung

$HCOOH \rightarrow H_2 + CO_2$.

Die jeweilige Reaktionsgeschwindigkeit wird gemessen, indem man aus einem Vorratsgefäß heraus die Ameisensäure verdampft, über den Katalysator streichen lässt, die nicht zersetzte Ameisensäure kondensiert und dem Vorratsgefäß wieder zuführt und die Bildung der gasförmigen Zerfallsprodukte mit Hilfe eines Strömungsmessers verfolgt. Es zeigte sich, dass bei konstantgehaltener Temperatur im Reaktionsraum der Strömungsmesser unabhängig von der Zeit den gleichen Wert anzeigte. Bei einer Temperaturänderung beobachtete man folgende Strömungsgeschwindigkeit Q.

$\dfrac{T}{K}$	591	625	641	657	673	690	704	721	735
$\dfrac{Q}{dm^3\,h^{-1}}$	1.20	2.55	2.85	3.30	3.80	4.70	5.20	5.55	6.15

Nach welcher Reaktionsordnung erfolgt der Ameisensäurezerfall, wie groß ist die Aktivierungsenergie?

4. Die Umlagerung von *cis*- in *trans*-1,2-Dichlorethen verläuft im gasförmigen Zustand bei Gegenwart von Sauerstoff nach einem Zeitgesetz 1. Ordnung. Bei einer bestimmten Temperatur beobachtet man, dass sich, ausgehend von reiner *cis*-Verbindung, nach 6 h 64 % *trans*-Verbindung gebildet haben. Wie groß ist die Halbwertszeit der Reaktion?

5. Die Verseifung des Essigsäureethylesters mit Natronlauge verläuft nach zweiter Ordnung. Bei 283 K beträgt die Geschwindigkeitskonstante $k_2 = 2.38$ dm^3 mol^{-1} min^{-1}. Nach welcher Zeit sind 40 % des Esters verseift, wenn 1 dm^3 0.1 M Esterlösung mit 1 dm^3 0.1 M NaOH bei 283 K umgesetzt werden?

6. Bei einer chemischen Reaktion nahm die Konzentration eines der Ausgangsstoffe innerhalb der ersten 2 Stunden auf die Hälfte der Anfangskonzentration ab. Nach welcher Reaktionszeit liegt nur noch ein Achtel der Anfangskonzentration vor, wenn a) nach dreistündiger, b) nach vierstündiger Reaktionszeit die Hälfte derjenigen Konzentration festgestellt wurde, die nach einstündiger Reaktionsszeit gemessen worden war? Welche Reaktionsordnung liegt bei a) und bei b) vor?

7. Die Zersetzung von Ammoniak an einer geheizten Wolframoberfläche wurde bei konstanter Temperatur, aber unterschiedlichen Anfangsdrücken untersucht. Man fand dabei folgenden Zusammenhang zwischen den Anfangsdrücken p_0 und den Halbwertszeiten $t_{1/2}$:

p_0/mbar	8.67	14.0	20.0	24.7
$t_{1/2}$/s	290	460	670	820

Bestimmen Sie die Reaktionsordnung und die Geschwindigkeitskonstante.

8. Die Gasphasenreaktion

2 NO + 2 H$_2$ → N$_2$ + 2 H$_2$O

ist bei 973 K mit Hilfe der Methode der Anfangsgeschwindigkeit durch Messung des Gesamtdrucks als Funktion der Zeit untersucht worden. In drei Versuchsreihen A, B und C fand man:

		A	B	C
Anfangsdruck	p_0 (NO)/bar	0.5	0.5	0.25
	p_0 (H$_2$)/bar	0.2	0.1	0.2
Anfangsgeschwindigkeit	$\left(\dfrac{-dp}{dt}\right)_0$ / bar min^{-1}	0.0048	0.0024	0.0012

a) Welcher Zusammenhang besteht zwischen den Geschwindigkeiten der Partialdruckänderungen $\dfrac{dp(\text{NO})}{dt}$, $\dfrac{dp(\text{H}_2)}{dt}$, $\dfrac{dp(\text{N}_2)}{dt}$, $\dfrac{dp(\text{H}_2\text{O})}{dt}$ und der Gesamtdruckänderung $\dfrac{dp}{dt}$?

b) Wie lautet die Geschwindigkeitsgleichung für die Anfangsgeschwindigkeit $\left(\frac{-dp}{dt}\right)_0$?

c) Bestimmen Sie aus den experimentellen Daten die Reaktionsordnung bezüglich NO und H_2.

d) Welchen Wert hat die Geschwindigkeitskonstante?

9. Bei einer bimolekularen chemischen Reaktion

   $A + B \rightarrow P_1 + P_2$

   in Lösung hat man folgende Beobachtung gemacht:

   α) Die Bildungsgeschwindigkeit von P_1 hängt nur von der jeweiligen Konzentration von A ab.

   β) Die Konzentration von A sinkt innerhalb einer Stunde von $[A]_0$ auf $\frac{[A]_0}{2}$ und innerhalb von drei Stunden von $\frac{[A]_0}{4}$ auf $\frac{[A]_0}{32}$.

   Bearbeiten Sie folgende Aufgaben:

   a) Geben Sie eine mögliche Erklärung für die unter α) genannte Beobachtung.

   b) Welche Reaktionsordnung liegt bezüglich des Eduktes A vor?

   c) Wie groß war die Anfangskonzentration an A, wenn nach 7 h noch eine Konzentration von $[A] = 7.8 \cdot 10^{-3}$ mol dm^{-3} gemessen wurde?

10. Für die Reaktion

    $H^+ + OH^- \underset{k_{-1}}{\overset{k_2}{\rightleftharpoons}} H_2O$

    hat k_{-1} bei 298 K den Wert $2.7 \cdot 10^{-5}$ s^{-1}. Welchen Wert hat die Geschwindigkeitskonstante k_2, wenn der dekadische Logarithmus des Ionenprodukts $[H^+] \cdot [OH^-]$ des Wassers −14.0 beträgt?

1.5.12
Literatur zu Abschnitt 1.5

Weiterführende Literatur zu Abschnitt 1.5 ist im Abschnitt 6.8.8 aufgeführt.

1.6
Einführung in die Elektrochemie

In den Abschnitten 1.1 bis 1.5 haben wir uns fast ausschließlich mit elektrisch neutralen Teilchen beschäftigt. Zum Abschluss des einführenden Kapitels wollen wir uns nun noch einen Einblick in die Phänomene verschaffen, die mit dem Auftreten geladener Teilchen in engem Zusammenhang stehen. Meist wird dieses Gebiet als *Elektrochemie* gesondert behandelt. Dies wollen wir nur im Rahmen der Einführung tun, die weitergehende Erörterung der elektromotorischen Kräfte, der elektrischen und elektrolytischen Leitfähigkeit und der Elektrodenkinetik jedoch im Rahmen der Kapitel über Thermodynamik, Transporterscheinungen bzw. Kinetik vornehmen. Auf diese Weise lassen sich die elektrochemischen Erscheinungen zwanglos in das Gesamtbild der Physikalischen Chemie einordnen.

> Zunächst werden wir uns rein phänomenologisch mit Vorgängen in einer *elektrochemischen Zelle* beschäftigen, einige neue Begriffe definieren und das Wechselspiel zwischen *Elektrolyse* und *galvanischer Stromerzeugung* behandeln (Abschn. 1.6.1).
>
> Wir werden dann einen Zusammenhang zwischen dem Stromtransport und der *Wanderung der Ionen* im Elektrolyten herleiten und untersuchen, wie sich Konzentration, Temperatur und Art des Lösungsmittels auf den Stromtransport auswirken. Das wird uns zu einer Klassifizierung der Elektrolyte führen (Abschn. 1.6.2 bis 1.6.8).
>
> Um die Konzentrationsabhängigkeit der elektrischen Leitfähigkeit verstehen zu können, werden wir uns detailliert mit der *interionischen Wechselwirkung* befassen (Abschn. 1.6.9).
>
> *Anwendungen* von Leitfähigkeitsmessungen werden das abschließende Thema dieses Abschnitts sein (Abschn. 1.6.10).

1.6.1
Grundbegriffe der Elektrochemie

Obwohl die uns interessierende Materie nach außen hin elektrisch neutral erscheint, kann es – häufig im Zusammenhang mit einer Dissoziation – zu einem Übergang von Elektronen von einem Materieteilchen auf ein anderes unter Bildung positiv geladener Ionen *(Kationen)* und negativ geladener Ionen *(Anionen)* kommen. Selbstverständlich muss die Summe der dabei auftretenden positiven Ladungen gleich der Summe der negativen sein.

In den Salzen liegen Kationen und Anionen von vornherein vor. Chemische Verbindungen, die im festen, flüssigen oder gelösten Zustand aus Ionen aufgebaut sind oder in Ionen dissoziieren, nennt man *Elektrolyte*. Mit ihnen haben wir uns im Folgenden zu beschäftigen. Zur Charakterisierung der Elektrolyte müssen wir einige neue Begriffe einführen. Die *Ladungszahlen* der Ionen wollen wir mit z^+ bzw. z^-

bezeichnen. Sowohl die z^+ als auch die z^- müssen ganze Zahlen sein, denn ein Ion kann nur ein ganzzahliges Vielfaches der Elementarladung e tragen. Ist $|z^+| \neq |z^-|$, so müssen Kationen und Anionen in unterschiedlicher Menge vorliegen. Die Zahl der aus der kleinsten nach außen hin elektrisch neutralen Spezies gebildeten oder bereits in ihr enthaltenen Kationen sei v^+, die der Anionen v^-. Dann muss, damit die elektrische Neutralität gewahrt bleibt, das Produkt aus dem stöchiometrischen Faktor v und der Ladungszahl

$$|z^+v^+| = |z^-v^-| \tag{1.6-1}$$

für beide Ionenarten gleich sein.

Wenn wir uns überlegen, worin sich Ionen von elektrisch neutralen Teilchen in ihrem Verhalten prinzipiell unterscheiden sollten, so werden wir drei wesentliche Punkte finden: Ionen sollten als geladene Teilchen befähigt sein, den elektrischen Strom zu leiten; auf Grund ihrer Ladung sollte es zu Coulomb'scher Anziehung oder Abstoßung zwischen den gegensinnig bzw. gleichsinnig geladenen Ionen, d. h. – allgemein ausgedrückt – zu einer *interionischen Wechselwirkung* kommen; und schließlich sollte es Kationen möglich sein, Elektronen aufzunehmen, Anionen möglich sein, Elektronen abzugeben, sofern ein solcher Ladungsaustausch in geeigneter Weise ermöglicht wird.

Um zu prüfen, ob die erwarteten Phänomene tatsächlich auftreten, führen wir einige Experimente mit Hilfe einer elektrochemischen Zelle durch, wie sie in Abb. 1.6-1 dargestellt ist. In einer Elektrolytlösung tauchen zwei den elektrischen Strom gut leitende Elektroden – vorzugsweise aus Platin – ein. Die eine Elektrode *(Kathode)* ist unmittelbar mit dem Minuspol einer Gleichstromquelle B, die andere Elektrode *(Anode)* über ein empfindliches Strommessgerät mA mit dem Schleifkontakt des Potentiometerwiderstandes R verbunden. Auf diese Weise erzeugen wir in der Elektrolytlösung ein aus der Potentialdifferenz zwischen den Elektroden und den geometrischen Verhältnissen berechenbares elektrisches Feld. Des weiteren sind die gut leitenden Elektroden auf Grund ihres Anschlusses an die Gleichstromquelle in der Lage, Elektronen zu liefern (Kathode) bzw. Elektronen aufzunehmen (Anode).

Wir führen nun zunächst zu unserer Orientierung einige Versuche mit unterschiedlichen Elektrolytlösungen in der elektrochemischen Zelle durch, wobei wir an die Elektroden eine Spannung von einigen Volt legen.

1. In der elektrochemischen Zelle befindet sich lediglich das Lösungsmittel, mehrfach destilliertes, entgastes Wasser. Das Strommessgerät zeigt nur einen minimalen Stromfluss an.

2. Wir ersetzen das reine Wasser durch verdünnte Salzsäure. Nun beobachten wir einen deutlichen Stromfluss, gleichzeitig eine Gasentwicklung an beiden Elektroden, und zwar eine Bildung von Chlor an der Anode und eine Bildung von Wasserstoff an der Kathode.

3. Wir verwenden als Elektrolyt eine $CuCl_2$-Lösung. Wiederum stellen wir einen Stromfluss und gleichzeitig chemische Vorgänge an den Elektroden fest. Wie

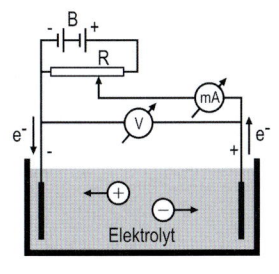

Abbildung 1.6-1 Prinzip einer elektrochemischen Zelle.

im Fall 2 entwickelt sich an der Anode Chlor; an der Kathode scheidet sich metallisches Kupfer ab.

4. Wir setzen als Elektrolyt eine verdünnte Na_2SO_4-Lösung ein. Es fließt ein Strom, an beiden Elektroden kommt es zu einer Gasentwicklung. Das an der Kathode entstandene Gas analysieren wir als Wasserstoff, das an der Anode entstandene als Sauerstoff, und zwar im Volumenverhältnis 2 : 1.

5. In einem letzten Beispiel verwenden wir als Kathode wiederum ein Platinblech, als Anode jedoch ein Silberblech. Als Elektrolyt dient uns Silbernitrat in Wasser. Wie in den Beispielen 2 bis 4 stellen wir einen Stromfluss fest. Wir erkennen jedoch zunächst keine Reaktionen an den Elektroden. Erst die Untersuchung der Elektroden selbst zeigt uns, dass während des Stromflusses die Silberanode an Masse verloren hat, während sich auf der Platinkathode eine entsprechende Menge Silber niedergeschlagen hat.

Wir wollen nun die voranstehend geschilderten und in Tab. 1.6-1 zusammengefassten Beobachtungen analysieren.

In der in Abb. 1.6-1 wiedergegebenen elektrochemischen Zelle haben wir einen geschlossenen Stromkreis vorliegen. Ein Teil dieses Stromkreises (äußerer Stromkreis einschließlich der Elektroden) besteht aus Metallen, ein Teil (innerer Stromkreis zwischen den Elektroden) besteht aus einer wässrigen Elektrolytlösung. Aus

Tabelle 1.6-1 Elektrolyt und Elektrolyseprodukte.

Fall	Elektrolyt	Anode	Kathode	chemische Veränderungen an der Anode	Kathode
1	H_2O	Pt	Pt	–	–
2	HCl	Pt	Pt	Chlorentwicklung	Wasserstoffentwicklung
3	$CuCl_2$	Pt	Pt	Chlorentwicklung	Kupferabscheidung
4	Na_2SO_4	Pt	Pt	Sauerstoffentwicklung	Wasserstoffentwicklung
5	$AgNO_3$	Ag	Pt	Silberauflösung	Silberabscheidung

unserer Erfahrung wissen wir, dass der Stromfluss in Metallen den Leiter nicht verändert. Der Ladungstransport wird von den im Metall frei beweglichen Elektronen übernommen. Wie sind nun die Verhältnisse beim Stromtransport in Elektrolytlösungen? Der erste Versuch hat uns gezeigt, dass reines Wasser – im Bereich unserer Messgenauigkeit – den Strom nicht leitet. Die Stromleitung in den Fällen 2 bis 5 kann deshalb nur auf die Gegenwart von Ionen zurückgeführt werden, die direkt oder indirekt aus dem zugesetzten Elektrolyten stammen müssen. Wie bei der Elektronenleitung in Metallen stellen wir bei der Ionenleitung in der Elektrolytlösung keine dort durch den Stromfluss bewirkten Veränderungen fest. An der Phasengrenze, beim Übergang von der Elektronen- zur Ionenleitung, kommt es jedoch zu chemischen Reaktionen. Zum einen bilden sich an den Elektroden im Allgemeinen (Fall 2 bis 4) Stoffe, die als solche nicht eingesetzt waren (Wasserstoff und Chlor anstelle von Chlorwasserstoff, Kupfer und Chlor anstelle von Kupfer(II)-chlorid), zum anderen muss es als unmittelbare Folge davon zu einer Abnahme der Elektrolytkonzentration kommen. Wir werden später (Abschnitt 1.6.5) sehen, dass zusätzlich noch ein Konzentrationsgefälle auftritt. Der Fall 4 zeigt uns darüber hinaus, dass die an den Elektroden reagierenden Stoffe (Wasser) nicht mit denen identisch sein müssen, die den Ladungstransport in der Lösung bewirken (Natrium-Ionen und Sulfat-Ionen).

Wir haben erkannt, dass in unserem Stromkreis zwei verschiedene Arten von Ladungsträgern vorliegen, Elektronen und Ionen. Der Übergang von der Elektronen- zur Ionenleitung erfolgt an der Kathode, der Übergang von der Ionen- zur Elektronenleitung an der Anode. Dieser Ladungsaustausch an der Phasengrenze Elektronenleiter/Elektrolytlösung steht offenbar in unmittelbarem Zusammenhang mit den an den Elektroden beobachteten Reaktionen. Wir versuchen, die Kathoden- und die Anodenreaktion getrennt zu formulieren und als Summe davon die Zellreaktion anzugeben, wobei wir zusätzlich die Zahl z der umgesetzten Elektronen, die *Ladungszahl der Zellreaktionen*, notieren.

Fall 2:
(verdünnte Salzsäure) Kathodenreaktion: $2\,H^+ + 2\,e^- \rightarrow H_2$
Anodenreaktion: $2\,Cl^- \rightarrow Cl_2 + 2\,e^-$

Zellreaktion: $2\,H^+ + 2\,Cl^- \rightarrow H_2 + Cl_2 \qquad z=2$ (1.6-2)

Fall 3:
($CuCl_2$-Lösung) Kathodenreaktion: $Cu^{2+} + 2\,e^- \rightarrow Cu^0$
Anodenreaktion: $2\,Cl^- \rightarrow Cl_2 + 2\,e^-$

Zellreaktion: $Cu^{2+} + 2\,Cl^- \rightarrow Cu^0 + Cl_2 \qquad z=2$ (1.6-3)

Fall 4:
(Na_2SO_4-Lösung) $4\,H_2O \rightleftharpoons 4\,H^+ + 4\,OH^-$
Kathodenreaktion: $4\,H^+ + 4\,e^- \rightarrow 2\,H_2$
Anodenreaktion: $4\,OH^- \rightarrow 2\,H_2O + O_2 + 4\,e^-$

Zellreaktion: $2\,H_2O \rightarrow 2\,H_2 + O_2 \qquad z=4$ (1.6-4)

Fall 5:
(AgNO$_3$-Lösung)   Kathodenreaktion: $Ag^+ + e^- \rightarrow Ag^0$
Anodenreaktion: $Ag^0 \rightarrow Ag^+ + e^-$

Zellreaktion: $Ag^0_{Anode} \rightarrow Ag^0_{Kathode}$ $z = 1$ (1.6-5)

Diese Beispiele führen uns noch einmal vor Augen, dass das Fließen eines Gleichstroms durch eine Elektrolytlösung mit einer durch den Strom erzwungenen chemischen Umsetzung an den Elektroden verbunden ist. Wir nennen dies *Elektrolyse*.

Bei der Formulierung der Gleichungen (1.6-2) bis (1.6-5) haben wir auf Grund der oben entwickelten Vorstellungen einen quantitativen Zusammenhang zwischen dem chemischen Umsatz und der durch den Elektrolyten transportierten Ladungsmenge verwendet. Dieser quantitative Zusammenhang wurde bereits von Faraday empirisch gefunden. Wegen der großen Bedeutung der *Faraday'schen Gesetze* für die Entwicklung der Elektrochemie wollen wir Faradays Gedankengänge mit Hilfe der vorstehend behandelten elektrochemischen Zellen nachvollziehen.

Entsprechend Abb. 1.6-2 a schalten wir in einen Stromkreis drei elektrolytische Zellen der im Fall 4 besprochenen Art: Der Strom durchfließt zunächst die Zelle I, dann die zueinander parallel geschalteten Zellen II und III. Wir beobachten, dass unabhängig von der angelegten Spannung (sofern diese hoch genug ist, um eine Elektrolyse zu bewirken) und unabhängig von der Größe der Elektroden in den drei Zellen (und damit von der Stromdichte) das Volumen des in der Zelle I entwickelten Knallgases gleich der Summe der in den Zellen II und III entwickelten Knallgasvolumina ist. Zu einem entsprechenden Ergebnis kommen wir, wenn wir anstelle der Knallgaszelle eine Zelle der in Fall 3 oder 5 besprochenen Art verwenden. Wir formulieren diese Erkenntnisse im

Ersten Faraday'schen Gesetz: Die Masse der elektrolytischen Zersetzungsprodukte ist der durchgegangenen Elektrizitätsmenge proportional.

In einem weiteren Versuch lassen wir gemäß Abb. 1.6-2 b den gleichen Strom nacheinander die in den Fällen 2, 3, 4 und 5 besprochenen Zellen durchfließen. Die quantitative Analyse der Elektrolyseprodukte zeigt uns, dass in der Chlorknallgas- und in der Knallgaszelle gleiche Mengen Wasserstoff entwickelt worden sind. Das Massenverhältnis von entwickeltem Wasserstoff zu abgeschiedenem Kupfer zu abgeschiedenem Silber ist 1 : 31.8 : 107.9. Das ist gleich dem Verhältnis

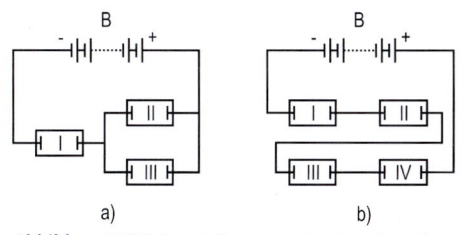

Abbildung 1.6-2 Zur Erläuterung der Faraday'schen Gesetze.

der durch die Ionen-Ladungszahlen z^+ dividierten molaren Massen. So formulieren wir das

Zweite Faraday'sche Gesetz: Die durch gleiche Elektrizitätsmengen aus verschiedenen Stoffen abgeschiedenen Massen verhalten sich wie die durch die Ladungszahlen der Zellreaktion dividierten molaren Massen.

Diese beiden Gesetze ergeben sich bereits unmittelbar aus unseren Überlegungen, die zur Aufstellung der Gleichungen (1.6-2) bis (1.6-5) führten. Fließt durch den äußeren Stromkreis während der Zeit t ein Strom I, so wird dadurch die Ladungsmenge

$$Q_a = I \cdot t \tag{1.6-6}$$

transportiert. Sie muss gleich sein der in der gleichen Zeit an der Kathode oder Anode ausgetauschten Ladung Q_i. Werden in der Zeit t an einer Elektrode m g Ionen entladen, so sind dies $\frac{m}{M}$ mol entsprechend $\frac{m}{M} \cdot z \cdot N_A$ Elektronen. Für die ausgetauschte, im Elektrolyten transportierte Ladung Q_i, ergibt sich so

$$Q_i = \frac{m}{M} \cdot z \cdot N_A \cdot e \tag{1.6-7}$$

$N_A \cdot e$ stimmt numerisch mit der Ladung von 1 mol Elektronen überein. Zu Ehren von Faraday bezeichnet man diese Größe als

Faraday-Konstante F

$$F = N_A \cdot e \tag{1.6-8}$$

Durch Zusammenfassung der Gleichungen (1.6-6) bis (1.6-8) erhalten wir

$$I = \frac{m}{M} \cdot z \cdot F \cdot \frac{1}{t} \tag{1.6-9}$$

Daraus entnehmen wir das *Erste Faraday'sche Gesetz*

$$m \propto I \cdot t \tag{1.6-10}$$

und das *Zweite Faraday'sche Gesetz*

$$\frac{m_1}{m_2} = \frac{M_1/z_1}{M_2/z_2} \quad (I \cdot t = \text{const.}) \tag{1.6-11}$$

Aus den bekannten Werten für die Loschmidt'sche Konstante N_A (vgl. Abschnitt 1.2.2) und die Elementarladung (vgl. Abschnitt 1.4.2) berechnen wir

$$F = 96\,487.0 \text{ C mol}^{-1} \pm 1.6 \text{ C mol}^{-1}.$$

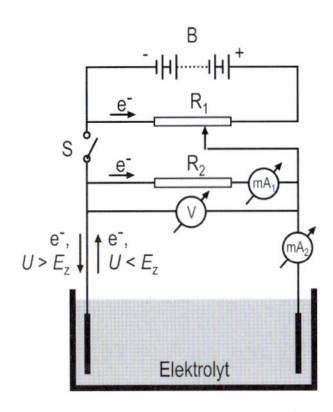

Abbildung 1.6-3 Elektrochemische Zelle zur Messung des Elektrolysestromes und galvanischen Stromes.

Gleichung (1.6-9) entnehmen wir, dass die quantitative Bestimmung des abgeschiedenen Elektrolyseprodukts ein bequemes Mittel zur Messung von Ladungsmengen (ungeachtet zeitlicher Stromschwankungen) ist. Man benutzt dazu vorzugsweise das unter Fall 5 diskutierte sog. *Silbercoulometer* oder auch das unter Fall 4 besprochene *Knallgascoulometer*.

Im Vorangehenden haben wir uns nur für den Stromdurchgang durch eine elektrochemische Zelle interessiert. Wir haben sie stets als elektrolytische Zelle verwendet, d. h. wir sind davon ausgegangen, dass an den Elektroden eine „hinreichend hohe" Spannung lag, und wir haben nicht danach gefragt, was geschieht, wenn wir diese Spannung variieren.

Für unsere weiteren Untersuchungen müssen wir die elektrische Messanordnung gegenüber Abb. 1.6-1 so verändern, wie es in Abb. 1.6-3 dargestellt ist. Wir wiederholen den im Fall 2 beschriebenen Versuch, verwenden also Platinelektroden und als Elektrolyt verdünnte Salzsäure, legen aber im Gegensatz zu unserem früheren Vorgehen an die Elektroden eine variable Spannung. Messen wir den durch die elektrolytische Lösung fließenden Strom I in Abhängigkeit von der Spannung zwischen den Elektroden, der sog. *Klemmenspannung* U_{Kl}, so erhalten wir den in Abb. 1.6-4 wiedergegebenen Zusammenhang: Bei niedriger Klemmenspannung U_{Kl} steigt der Strom nur unbedeutend an, bis ein Schwellenwert, die *Zersetzungsspannung* E_z, erreicht ist. Sie beträgt beispielsweise bei einer 1.2 M Salzsäure im Idealfall 1.37 V. Wir werden später (Abschnitt 6.8) sehen, dass dieser Wert infolge des Auftretens einer auf kinetische Hemmungen zurückführbaren Überspannung erheb-

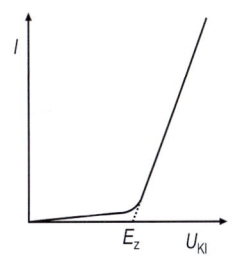

Abbildung 1.6-4 Zur Erläuterung der Zersetzungsspannung.

lich überschritten werden kann. Im Rahmen der Einführung wollen wir diese Effekte nicht berücksichtigen. Oberhalb der Zersetzungsspannung beobachten wir die lebhafte Wasserstoff- und Chlorentwicklung und finden einen linearen Zusammenhang zwischen dem Strom und der Klemmenspannung.

Unterbrechen wir nun plötzlich die Verbindung mit der Batterie durch Öffnen des Schalters S, so stellen wir am Strommessgerät (mA_1) fest, dass für kurze Zeit noch ein Strom über den Widerstand R_2 fließt, der jedoch unter gleichzeitigem Zusammenbrechen der Spannung zwischen den Elektroden schnell abklingt. Die Tatsache, dass trotz der Abtrennung der Batterie der Stromfluss durch R_2 fortdauert, kann nur darauf zurückgeführt werden, dass an den Elektroden spontan Elektronen liefernde bzw. verbrauchende Prozesse ablaufen. Aus der Stromrichtung – (mA_1) zeigt die gleiche, (mA_2) die entgegengesetzte Richtung wie vor dem Öffnen des Schalters an – folgt, dass an der Elektrode, an der sich vorher Wasserstoff entwickelt hat, ein Elektronen liefernder Vorgang, an der Elektrode, an der sich vorher Chlor entwickelt hat, ein Elektronen verbrauchender stattfindet. Das ist nur möglich, wenn sich die durch Gl. (1.6-2) formulierten Vorgänge umkehren, d. h. wenn gilt

$$\begin{aligned} H_2 &\rightarrow 2\,H^+ + 2\,e^- \\ Cl_2 + 2\,e^- &\rightarrow 2\,Cl^- \\ \hline H_2 + Cl_2 &\rightarrow 2\,H^+ + 2\,Cl^- \qquad z = 2 \end{aligned} \qquad (1.6\text{-}12)$$

Bei diesem Prozess werden Wasserstoff und Chlor verbraucht. Diese Gase liegen von der Elektrolyse her nur in geringer Menge vor, so dass die Zellreaktion Gl. (1.6-12) entsprechend der Beobachtung schnell abklingen muss. Anders liegen die Verhältnisse, wenn wir dafür sorgen, dass, wie es in Abb. 1.6-5 angedeutet ist, ständig Wasserstoff und Chlor nachgeliefert werden. Dann kann die Reaktion Gl. (1.6-12) weiterlaufen, unsere elektrochemische Zelle liefert kontinuierlich Strom. Wir sprechen nun von einer *galvanischen Zelle*.

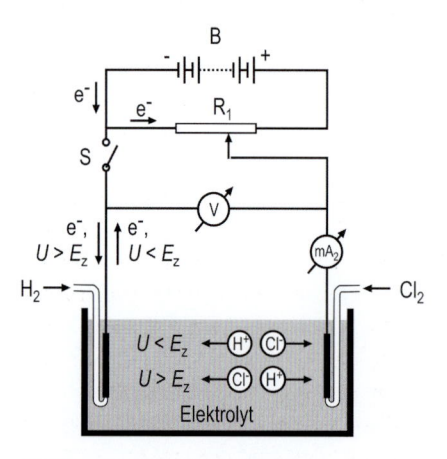

Abbildung 1.6-5 Galvanische Zelle.

Das Wechselspiel von Elektrolyse und galvanischer Stromerzeugung wollen wir uns an Hand der Anordnung in Abb. 1.6-5 für den Fall noch einmal verdeutlichen, dass die Elektroden ständig mit Wasserstoff bzw. Chlor umspült werden.

Wir greifen am Potentiometer R_1 eine relativ hohe Spannung $U \gg E_z$ ab. An der Wasserstoffelektrode werden Wasserstoff-Kationen kathodisch zu Wasserstoff reduziert, an der Chlorelektrode Chlor-Anionen anodisch zu Chlor oxidiert, negative Ladung wird von der Wasserstoffelektrode durch die Elektrolytlösung zur Chlorelektrode transportiert, positive Ladung in entgegengesetzter Richtung. Bei Erniedrigung der Klemmenspannung U_{Kl} sinkt entsprechend Abb. 1.6-4 der mit (mA_2) gemessene Strom I und erreicht den Wert null, wenn die Klemmenspannung gleich der Zersetzungsspannung wird. Die Proportionalitätskonstante in der linearen Beziehung $U = f(I)$ muss nach dem Ohmschen Gesetz der Innenwiderstand R_i der Elektrolysezelle sein, so dass gilt

$$U_{Kl} - E_z = R_i \cdot I \tag{1.6-13}$$

oder

$$U_{Kl} = E_z + R_i \cdot I \tag{1.6-14}$$

Die Klemmspannung steigt bei der Elektrolyse mit wachsendem Strom.

Aus der Tatsache, dass bei $U_{Kl} = E_z$ durch (mA_2) kein Strom fließt, müssen wir zwei Schlüsse ziehen. Zum einen besagt das Fehlen eines Stromflusses, dass innerhalb der homogenen Leiter, d. h. in der Elektrolytlösung sowie in den Elektroden und ihren Zuleitungen, kein Potentialgefälle besteht. Zum anderen folgt aus dem Fehlen eines Stromflusses trotz von außen angelegter Spannung, dass diese im galvanischen Element durch eine gleich große, entgegengesetzt gerichtete Spannung kompensiert wird. Letztere kann ihren Ursprung nur an den beiden Phasengrenzen Elektrolytlösung/Elektrode haben. Wir wollen die Summe der dort auftretenden Potentialsprünge als *Ruhespannung* E_0 bezeichnen, da sie als Klemmenspannung im stromlosen Zustand gemessen werden kann. Wir werden uns mit ihr bei der Besprechung der elektromotorischen Kräfte (Abschnitt 2.8) noch eingehend zu beschäftigen haben. E_0 ist eine charakteristische Größe der galvanischen Zelle, E_z ist eine charakteristische Größe einer Elektrolysezelle. In unserem Fall sind beide gleich groß, weil wir das Vorliegen von Überspannungen (Abschnitt 6.9) ausgeschlossen haben.

Verringern wir die bei R_1 abgegriffene Spannung weiter, d. h. unter E_0, so werden die Potentialsprünge an den Phasengrenzen im galvanischen Element bestimmend für die Richtung des Stromes. An der Wasserstoffelektrode werden unter Elektronenabgabe Wasserstoff-Kationen und an der Chlorelektrode unter Elektronenaufnahme Chlor-Anionen gebildet, negative Ladung wird in der Elektrolytlösung von der Chlorelektrode zur Wasserstoffelektrode und positive Ladung von der Wasserstoffelektrode zur Chlorelektrode transportiert. Durch den äußeren Stromkreis fließen wieder Elektronen. Der Stromfluss kommt unter der Wirkung der Summe E_0 der Potentialsprünge zustande. Der Widerstand des gesamten Stromkreises setzt sich aus dem äußeren Widerstand R_a und dem inneren (Zellen-)Widerstand R_i zusammen. Nach dem Ohm'schen Gesetz muss also gelten:

$$E_0 = (R_i + R_a) \cdot I \tag{1.6-15}$$

Was wir mit dem Voltmeter V als Klemmenspannung U_{Kl} messen, ist der Spannungsabfall am äußeren Widerstand R_a

$$U_{Kl} = R_a \cdot I \tag{1.6-16}$$

oder nach Zusammenfassen mit Gl. (1.6-15)

$$U_{Kl} = E_0 - R_i \cdot I \tag{1.6-17}$$

Die Klemmenspannung eines galvanischen Elementes sinkt mit steigender Strombelastung. Dividieren wir Gl. (1.6-16) durch Gl. (1.6-15), so erkennen wir, dass die Klemmenspannung um so dichter bei der Ruhespannung liegt, je größer R_a verglichen mit R_i ist.

$$\frac{U_{Kl}}{E_0} = \frac{R_a}{R_i + R_a} \tag{1.6-18}$$

Deshalb misst man die Ruhespannung E_0 entweder mit einem sehr hochohmigen Voltmeter oder durch Kompensation (s. oben).

Abbildung 1.6-6 stellt die Aussagen der Gleichungen (1.6-14) und (1.6-17) noch einmal dar und veranschaulicht uns den Übergang von der Elektrolyse zur galvanischen Stromerzeugung: Bei idealer Kompensation ist die Klemmenspannung gleich der Ruhespannung. Übersteigt die an R_1 (Abb. 1.6-5) abgegriffene Spannung E_0, so wird der Elektrolyt elektrolysiert, ist sie kleiner als E_0 so liefert die elektrolytische Zelle einen galvanischen Strom.

Wir haben gesehen, dass sich beim Übergang von der Elektrolyse zur galvanischen Stromerzeugung die Stromrichtung umkehrt. Bei der Elektrolyse haben wir die Elektrode, die Elektronen für den Reduktionsvorgang lieferte (bei der Chlor-

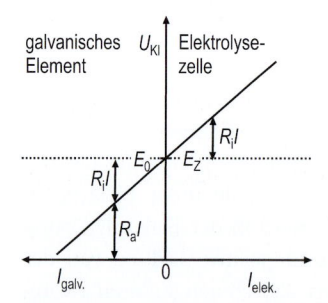

Abbildung 1.6-6 Klemmenspannung U_{Kl} als Funktion der Strombelastung I einer elektrochemischen Zelle als galvanisches Element und als Elektrolysezelle.

knallgaszelle die Wasserstoffelektrode) als Kathode, die Elektronen aufnehmende Elektrode (im betrachteten Fall die Chlorelektrode) als Anode bezeichnet. Diese Zuordnung behält man auch beim galvanischen Element bei. Hier stellt der Übergang von Chlor in Chlor-Anionen den Elektronen verbrauchenden Vorgang dar. Deshalb ist jetzt die Chlorelektrode die Kathode und die Wasserstoffelektrode, an der Wasserstoff in Wasserstoff-Kationen übergeht, die Anode. Wir können uns also einfach merken: An der Kathode tritt negative Ladung in die Elektrolytlösung ein, an der Anode verlässt negative Ladung die Elektrolytlösung.

1.6.2
Die Wanderung von Ionen im elektrischen Feld und die elektrische Leitfähigkeit

Wir wollen uns nun einer detaillierteren Betrachtung des Ladungstransportes in einer elektrolytischen Lösung zuwenden. Wir legen gemäß Abb. 1.6-1 an die Elektroden einer Elektrolysezelle eine Spannung und erzeugen so innerhalb der Lösung einen Spannungsabfall U. Ist l der Abstand der Elektroden, dann besteht zwischen ihnen ein elektrisches Feld $\vec{E}$ der Stärke

$$E = \frac{U}{l} \tag{1.6-19}$$

Auf Grund dieses Feldes wirkt auf die Ionen der Sorte i, deren Ladungszahl (ohne Berücksichtigung des Vorzeichens) z_i ist, eine Kraft

$$\left|\vec{F}_E\right| = z_i \cdot e \cdot \left|\vec{E}\right| \tag{1.6-20}$$

durch welche die Kationen in Richtung auf die Kathode, die Anionen in Richtung auf die Anode beschleunigt werden. Da sich die Ionen nicht im Vakuum, sondern in einer (wässrigen) Lösung bewegen, unterliegen sie auch einer mit zunehmender Geschwindigkeit ansteigenden *Reibungskraft* $\vec{F}_R$, die wir mit Hilfe des

Stokes'schen Gesetzes
$$\left|\vec{F}_R\right| = 6\pi r_i \eta \left|\vec{v}_i\right| \tag{1.6-21}$$

berechnen. Dabei bedeuten r_i den Radius des Ions, η die Viskosität des Lösungsmittels und $\vec{v}_i$ die Geschwindigkeit des Ions. Infolge der Reibungskraft wird sich nach einem kurzen Anlaufvorgang eine konstante Geschwindigkeit des Ions einstellen, nämlich dann, wenn

$$\left|\vec{v}_i\right| = \frac{z_i \cdot e \cdot \left|\vec{E}\right|}{6\pi r_i \cdot \eta} \tag{1.6-22}$$

Eine so ermittelte Geschwindigkeit ist für uns von geringem Wert, da sie nicht nur von charakteristischen Größen des Ions (z_i, r_i) und des Lösungsmittels (η) abhängt, sondern auch noch von der Feldstärke. Wir definieren deshalb als stoffspezifische Größe die durch die Feldstärke dividierte Wanderungsgeschwindigkeit, die man

elektrische Beweglichkeit der Ionen

$$u_i = \frac{|\vec{v}_i|}{|\vec{E}|} = \frac{z_i \cdot e}{6\pi r_i \cdot \eta} \tag{1.6-23}$$

nennt.

Wir erkennen, dass die elektrische Beweglichkeit über η nicht nur abhängig ist vom Lösungsmittel, sondern auch vom Druck und der Temperatur. Später werden wir erfahren, dass auch die Ionenkonzentration einen Einfluss auf u_i hat.

Wenn wir nun nach dem Zusammenhang zwischen der Wanderungsgeschwindigkeit und der messtechnisch leicht zugänglichen elektrolytischen Leitfähigkeit fragen, wollen wir uns auf einen binären, d. h. nur aus zwei Ionensorten bestehenden Elektrolyten beziehen, der bei der Dissoziation pro Formeleinheit ν^+ Kationen der Ladung z^+ und ν^- Anionen der Ladung z^- bildet. Wir betrachten eine Elektrolysezelle mit dem Querschnitt A und der Länge l. Die Elektroden mögen die Stirnseiten der Zelle voll ausfüllen. Die Konzentration des Elektrolyten sei durch die Stoffmengenkonzentration $c = n/V$ des Elektrolyten gegeben. An die Elektroden legen wir eine Spannung U.

Der durch den Elektrolyten fließende Strom berechnet sich aus der Summe der positiven und negativen Ladungen, die in der Zeit t durch eine senkrecht auf der Längsachse der Zelle stehende Fläche hindurchtreten. Dazu sind all diejenigen Kationen bzw. Anionen befähigt, die maximal um die Strecke $|\vec{v}^+| \cdot t$ bzw. $|\vec{v}^-| \cdot t$ von ihr entfernt sind. Das sind $\nu^+ \cdot c \cdot N_A \cdot A \cdot |\vec{v}^+| \cdot t$ Kationen der Ladung $z^+ \cdot e$ und $\nu^- \cdot c \cdot N_A \cdot A \cdot |\vec{v}^-| \cdot t$ Anionen der Ladung $z^- \cdot e$. Damit ergibt sich unter Berücksichtigung von Gl. (1.6-8) für den Gesamtstrom

$$I = \frac{Q}{t} = F \cdot A (\nu^+ c z^+ v^+ + \nu^- c |z^-| v^-) \tag{1.6-24}$$

oder, wenn wir mit der Feldstärke $E = \dfrac{U}{l}$ erweitern und Gl. (1.6-23) beachten,

$$I = \frac{F \cdot A}{l} (\nu^+ c z^+ u^+ + \nu^- c |z^-| u^-) U \tag{1.6-25}$$

Nach Gl. (1.6-25) ist der Strom, wie wir es bei Gültigkeit des Ohmschen Gesetzes erwarten sollten, dem Spannungsabfall U proportional. Diesem Ergebnis scheint die experimentelle Erfahrung zu widersprechen, denn nach Abb. 1.6-4 ergibt sich keine Proportionalität zwischen dem Strom und der angelegten Spannung. Unterhalb der Zersetzungsspannung ist der Zellenwiderstand, der Reziprokwert der Steigung, offenbar sehr groß, oberhalb der Zersetzungsspannung wird er wesentlich kleiner. Als Ursache für diese scheinbare Diskrepanz müssen wir die

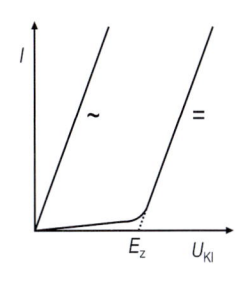

Abbildung 1.6-7 Strom-Spannungs-Kennlinie einer Elektrolysezelle bei Verwendung von Gleichstrom (=) und Wechselstrom (∼).

im vorangehenden Abschnitt erwähnten Potentialsprünge an den Elektroden ansehen, die wie ein zusätzlicher Widerstand wirken. Wir werden später (Abschnitt 2.8.3) erfahren, dass sie auf die Ausbildung einer elektrolytischen Doppelschicht an der Phasengrenze Metall/Elektrolytlösung zurückgeführt werden müssen. Legen wir nun nicht eine Gleichspannung, sondern eine Wechselspannung an die Elektroden der Elektrolysezelle, so wird die Doppelschicht im Rhythmus der Wechselspannung umgeladen, wie wir es von einem Kondensator her kennen. Das heißt aber, dass nun durch den Stromkreis, der aus der Spannungsquelle, den Zuleitungsdrähten, den Elektrodenwiderständen (Doppelschichten) und dem Widerstand der elektrolytischen Lösung besteht, ein Strom fließen kann, ohne dass ein Ladungsdurchtritt an der Phasengrenze Metall/Elektrolytlösung erforderlich ist.

Messen wir die Strom-Spannungs-Kennlinie einer Elektrolysezelle mit Wechselstrom, so finden wir, wie Abb. 1.6-7 zeigt, im Gegensatz zur Gleichstrommessung tatsächlich eine Bestätigung des Ohm'schen Gesetzes.

Der Faktor vor U in Gl. (1.6-25) ist also gleich dem Reziprokwert des Widerstandes, so dass gilt

$$\frac{1}{R} = F(v^+ c z^+ u^+ + v^- c |z^-| u^-) \frac{A}{l} \qquad (1.6\text{-}26)$$

Anstelle des Widerstandes R, der noch vom Querschnitt A und der Länge l des elektrolytischen Leiters abhängt, betrachten wir den spezifischen Widerstand

$$\varrho = R \cdot \frac{A}{l} \qquad (1.6\text{-}27)$$

oder besser noch seinen Kehrwert, die

elektrische Leitfähigkeit κ

$$\kappa = \frac{1}{\varrho} = F \cdot c(v^+ z^+ u^+ + v^- |z^-| u^-) \qquad (1.6\text{-}28)$$

Tabelle 1.6-2 vermittelt uns einen Überblick über die Leitfähigkeiten verschiedener Stoffe. Wir erkennen im Wesentlichen drei Gruppen: Die höchsten Leitfähigkeiten ($\approx 10^5\ \Omega^{-1}\ \text{cm}^{-1}$) finden wir bei den metallischen Elektronenleitern. Leitfähigkeiten im Bereich von $10^{-1}\ \Omega^{-1}\ \text{cm}^{-1}$ zeigen Elektrolytlösungen, wenn die Elektrolyt-

Tabelle 1.6-2 Leitfähigkeit κ verschiedener Stoffe.

Leiter	$\dfrac{T}{K}$	$\dfrac{\kappa}{\Omega^{-1}\text{cm}^{-1}}$	Leitfähigkeit zurückzuführen auf
Al	273	$4.00 \cdot 10^5$	Elektronenleitung
Au	273	$4.85 \cdot 10^5$	Elektronenleitung
Cu	273	$6.45 \cdot 10^5$	Elektronenleitung
Hg	273	$1.06 \cdot 10^4$	Elektronenleitung
Graphit	273	$1.2 \cdot 10^3$	Elektronenleitung, anisotrop
NaCl-Schmelze	1173	3.77	Ionenleitung
KCl-Schmelze	1173	2.40	Ionenleitung
sehr reines H_2O_{fl}	273	$1.58 \cdot 10^{-8}$	Ionenleitung infolge geringfügiger Eigendissoziation
destilliertes H_2O_{fl}	273	10^{-6} bis 10^{-5}	Ionenleitung infolge Dissoziation von Spuren von Salzen u. Kohlensäure
wässrige 1M KCl-Lösung	293	$1.02 \cdot 10^{-1}$	Ionenleitung infolge vollständiger Dissoziation von KCl
wässrige 0.1M KCl-Lösung	293	$1.17 \cdot 10^{-2}$	Ionenleitung infolge vollständiger Dissoziation von KCl
wässrige 1M NaCl-Lösung	291	$0.74 \cdot 10^{-1}$	Ionenleitung infolge vollständiger Dissoziation von NaCl
wäßrige 1M HCl-Lösung	298	$3.32 \cdot 10^{-1}$	Ionenleitung infolge vollständiger Dissoziation von HCl
wässrige 1M KOH-Lösung	291	$1.84 \cdot 10^{-1}$	Ionenleitung infolge vollständiger Dissoziation von KOH
wässrige 1M CH_3COOH-Lösung	291	$1.3 \cdot 10^{-3}$	Ionenleitung infolge teilweiser Dissoziation von CH_3COOH
reine CH_3COOH	273	$5 \cdot 10^{-9}$	Ionenleitung infolge geringfügiger Eigendissoziation
reines Benzol	293	$5 \cdot 10^{-14}$	Ionenleitung infolge Dissoziation von Wasserspuren
Diamant	288	$2 \cdot 10^{-15}$ bis $3 \cdot 10^{-14}$	–
Glimmer (Muskovit)	293	$3.3 \cdot 10^{-16}$	–

konzentration etwa 1 M ist. Etwas höher ist die Leitfähigkeit geschmolzener Elektrolyte. Die überaus geringe Leitfähigkeit von reinem Wasser und reiner Essigsäure ist, wie wir später sehen werden, auf die sehr geringe Eigendissoziation zurückzuführen. Extrem geringe Leitfähigkeit (unter $10^{-14}\,\Omega^{-1}\,\mathrm{cm}^{-1}$) beobachten wir schließlich bei Stoffen, bei denen keine Dissoziation vorliegt und die auch keine Elektronenleitung zeigen.

1.6.3
Die molare Leitfähigkeit eines Elektrolyten und eines Ions

Gleichung (1.6-28) entnehmen wir, dass die Leitfähigkeit noch von der Stoffmengenkonzentration $c = n/V$ des Elektrolyten abhängt. Um eine Stoffkonstante zu erhalten, müssen wir die Leitfähigkeit deshalb auf die Konzentration beziehen. Wir bezeichnen

$$\Lambda = \frac{\kappa}{c} \tag{1.6-29}$$

als *molare Leitfähigkeit des Elektrolyten*.

Aus der Zusammenfassung von Gl. (1.6-28) und Gl. (1.6-29) folgt

$$\Lambda = v^+ F z^+ u^+ + v^- F |z^-| u^- \tag{1.6-30}$$

Die molare Leitfähigkeit des Elektrolyten setzt sich also additiv aus zwei Anteilen zusammen, dem Leitfähigkeitsanteil der Kationen und dem der Anionen. Die beiden Summanden in Gl. (1.6-30) enthalten die für das Kation (z^+ und u^+) bzw. für das Anion (z^- und u^-) charakteristischen Ladungszahlen und elektrischen Beweglichkeiten.

Wir bezeichnen die Größe

$$\Lambda^+ = F z^+ u^+ \tag{1.6-31}$$

als *molare Leitfähigkeit des Kations* und die Größe

$$\Lambda^- = F |z^-| u^- \tag{1.6-32}$$

als *molare Leitfähigkeit des Anions*.

So können wir für Gl. (1.6-30) auch schreiben

$$\Lambda = v^+ \Lambda^+ + v^- \Lambda^- \tag{1.6-33}$$

Das ist das *erste Kohlrausch'sche Gesetz der unabhängigen Ionenwanderung*.

Wir sehen, dass bei der Berechnung der molaren Leitfähigkeit des Elektrolyten aus den molaren Leitfähigkeiten der Ionen die stöchiometrischen Faktoren v^+ und v^- als Gewichtsfaktoren auftreten.

Nach Gl. (1.6-31) und Gl. (1.6-32) sind die molaren Leitfähigkeiten der Ionen dem Produkt der Größen u_i und z_i proportional. Die erstere Größe berücksichtigt, wie aus der Herleitung der Gleichungen (1.6-24) bis (1.6-26) folgt, die Wanderungsgeschwindigkeit des Ions als Ladungsträger im elektrischen Feld, die letztere lediglich die Tatsache, dass z-fach geladene Ionen bezüglich des Stromtransportes die z-fache Wirkung haben wie einwertige Ionen. Um aus Leitfähigkeitsmessungen auf die Bewegung der Ionen im elektrischen Feld schließen und die Eigenschaften verschiedener Ionen miteinander vergleichen zu können, ist es wünschenswert, den genannten Einfluss der Ladungszahl zu eliminieren. Ein Blick auf die Gleichungen (1.6-24) bis (1.6-28) zeigt uns, dass wir dies wegen des Auftretens des Produktes $c|v^+z^+| = c|v^-z^-|$ (vgl. Gl. (1.6-1) erreichen können, wenn wir der Konzentrationsberechnung eine Formeleinheit zugrunde legen, die dem $|v^+z^+|$-ten Teil der kleinsten nach außen hin elektrisch neutralen Spezies entspricht. (Im Grunde genommen ist dies nichts anderes als die Einführung der früher üblichen Äquivalentleitfähigkeit). Verfährt man konsequent in dieser Weise, so treten in Gl. (1.6-30) das Produkt v^+z^+ bzw. $v^-|z^-|$, in Gl. (1.6-31) z^+, in Gl. (1.6-32) $|z^-|$ und in Gl. (1.6-33) v^+ und v^- nicht mehr auf. Ein Vergleich solcher molarer Ionen-Leitfähigkeiten ist dann identisch mit einem Vergleich der elektrischen Beweglichkeiten der Ionen (vgl. Gl. (1.6-23)). Zur Zeit herrscht in der Literatur keine Einheitlichkeit bezüglich dieses Vorgehens. Um Verwechslungen vorzubeugen, muss deshalb bei der Angabe molarer Leitfähigkeiten stets die in der Konzentration c vorliegende Formeleinheit angegeben werden. An einigen Beispielen soll dies erläutert werden.

$$\Lambda(\text{KCl}) = \Lambda(\text{K}^+) + \Lambda(\text{Cl}^-) \tag{1.6-34}$$

$$\Lambda(\text{MgSO}_4) = \Lambda(\text{Mg}^{2+}) + \Lambda(\text{SO}_4^{2-}) \tag{1.6-35}$$

$$\Lambda\left(\frac{1}{2}\text{MgSO}_4\right) = \Lambda\left(\frac{1}{2}\text{Mg}^{2+}\right) + \Lambda\left(\frac{1}{2}\text{SO}_4^{2-}\right) \tag{1.6-36}$$

$$\Lambda(\text{Mg}^{2+}) = 2\Lambda\left(\frac{1}{2}\text{Mg}^{2+}\right) \tag{1.6-37}$$

$$\Lambda(\text{MgCl}_2) = \Lambda(\text{Mg}^{2+}) + 2\Lambda(\text{Cl}^-) \tag{1.6-38}$$

$$\Lambda\left(\frac{1}{2}\text{MgCl}_2\right) = \Lambda\left(\frac{1}{2}\text{Mg}^{2+}\right) + \Lambda(\text{Cl}^-) \tag{1.6-39}$$

Wir werden die Schreibweise der Gl. (1.6-30) bis Gl. (1.6-33) beibehalten, die unabhängig von der Wahl der Formeleinheit bei Verwendung molarer Konzentrationen richtig bleibt, wenn man die Aussagen der Gl. (1.6-37) beachtet.

1.6.4
Die Konzentrationsabhängigkeit der Leitfähigkeit und der molaren Leitfähigkeit

In den beiden letzten Abschnitten haben wir sehr formal einige Beziehungen hergeleitet. Wir müssen nun untersuchen, inwieweit sie mit den experimentellen Befunden übereinstimmen.

Nach Gl. (1.6-28) sollte die Leitfähigkeit proportional mit der Elektrolytkonzentration zunehmen, und nach Gl. (1.6-29) sollte dann die molare Leitfähigkeit unabhängig von der Konzentration sein, sofern, wie wir stillschweigend vorausgesetzt haben, die elektrischen Beweglichkeiten der Ionen konzentrationsunabhängig sind. Zur Prüfung dieses Sachverhaltes ist zunächst in Abb. 1.6-8 die Leitfähigkeit einiger Elektrolytlösungen gegen die Konzentration aufgetragen. Bei Gültigkeit von Gl. (1.6-28) und konzentrationsunabhängigen elektrischen Beweglichkeiten müssten wir durch den Nullpunkt verlaufende Geraden erhalten. Dies ist bei weitem nicht der Fall. Bei hohen Konzentrationen beobachten wir im Allgemeinen sogar ein Maximum im Verlauf der Kurven. Mit abnehmender Konzentration scheinen sich die Kurven allerdings durch den Nullpunkt gehenden Geraden anzunähern. Das würde bedeuten, dass Gl. (1.6-28) ein für niedrige Konzentrationen geltendes Grenzgesetz darstellt.

Das Verhalten bei niedrigen Konzentrationen prüfen wir speziell in Abb. 1.6-9. Hier ist für die Mehrzahl der in Abb. 1.6-8 betrachteten Elektrolyte die molare Leitfähigkeit als Funktion der Konzentration aufgetragen. Nach Gl. (1.6-30) sollten wir für Λ einen konzentrationsunabhängigen Wert erhalten, was jedoch nach Abb. 1.6-9 selbst bei niedrigsten Konzentrationen nicht der Fall ist. Wir können jedoch eine gewisse Systematik erkennen: Die geringste Konzentrationsabhängigkeit finden wir bei den ein-einwertigen Elektrolyten. Bei den mehrwertigen Elektrolyten ist sie wesentlich größer. Völlig aus dem Rahmen fällt das Verhalten der

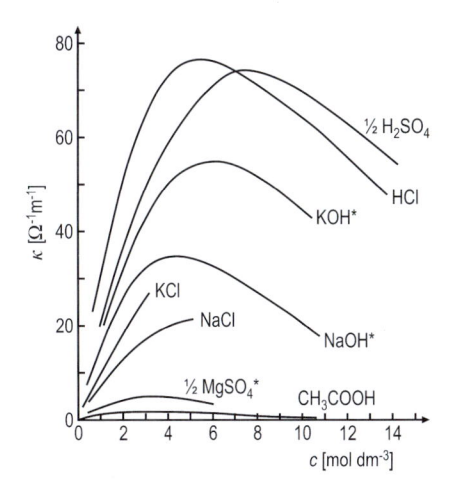

Abbildung 1.6-8 Spezifische Leitfähigkeit einiger Elektrolytlösungen in Abhängigkeit von der Konzentration bei 291 K (* bei 288 K).

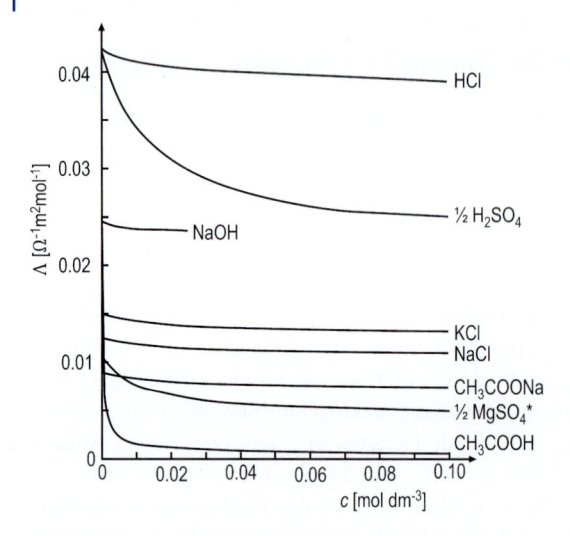

Abbildung 1.6-9 Molare Leitfähigkeit einiger Elektrolytlösungen in Abhängigkeit von der Konzentration bei 298 K (* bei 291 K).

Essigsäure, bei der bei sehr geringen Konzentrationen ein überaus starker Abfall der molaren Leitfähigkeit vorliegt.

Da alle Kurven in Abb. 1.6-9 (mit Ausnahme der Essigsäurelösung) einen ähnlichen Verlauf zeigen, liegt es nahe, nach einem allgemein gültigen analytischen Ausdruck zu suchen. Auf empirischem Wege fand Kohlrausch dafür das nach ihm benannte

Kohlrausch'sche Quadratwurzelgesetz

$$\Lambda_c = \Lambda_0 - k \cdot \sqrt{c} \qquad (1.6\text{-}40)$$

Λ_c bedeutet dabei die molare Leitfähigkeit bei der Konzentration c, Λ_0 diejenige bei verschwindend kleiner Konzentration, k eine Konstante. Wie Abb. 1.6-10 zeigt, ist dieses Gesetz bei sehr kleinen Konzentrationen tatsächlich gut erfüllt, wenn wir wiederum von der Essigsäurelösung absehen. Wir entnehmen Abb. 1.6-10 weiterhin, dass die Geraden für alle 1 : 1-Elektrolyte nahezu parallel zueinander verlaufen, das heißt, dass für diese Elektrolyte ein sehr ähnlicher k-Wert vorliegt. Je höher die Wertigkeit der Ionen ist, desto steiler sind die Geraden, d. h. desto größer ist k. Das legt den Schluss nahe, dass für die Konzentrationsabhängigkeit der molaren Leitfähigkeit der betrachteten Elektrolytlösungen (wieder mit Ausnahme der Essigsäurelösung) Coulomb'sche Wechselwirkungen verantwortlich sind. Damit stoßen wir zum ersten Mal auf interionische Wechselwirkungen und somit auf ein Abweichen vom idealen Verhalten. Interionische und intermolekulare Wechselwirkungen werden uns später (Abschnitt 1.6.9 und 2.5.5) noch sehr intensiv beschäftigen.

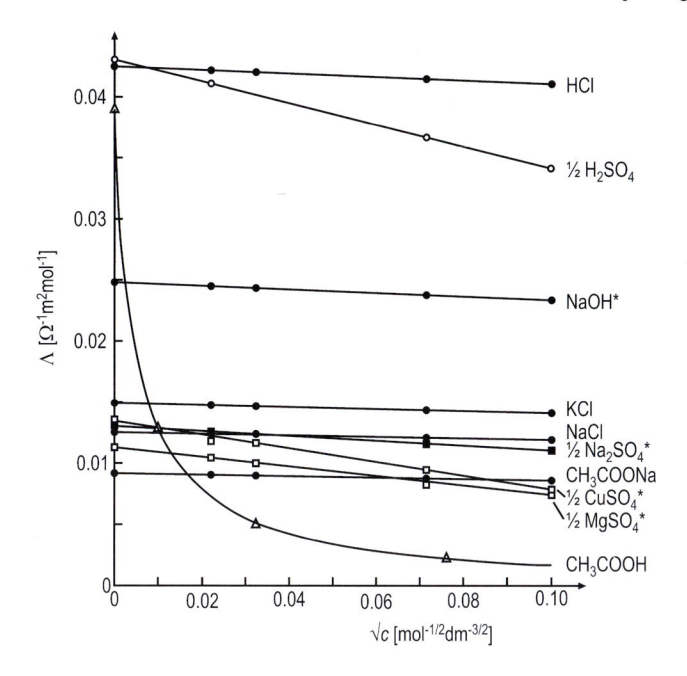

Abbildung 1.6-10 Molare Leitfähigkeit nach dem *Kohlrausch'schen Quadratwurzelgesetz* bei 298 K (* bei 288 K).

Wir haben also erkannt, dass im allgemeinen Fall wegen der nichtlinearen Beziehung zwischen der spezifischen Leitfähigkeit und der Konzentration einerseits und wegen der Konzentrationsabhängigkeit der molaren Leitfähigkeit andererseits die elektrischen Beweglichkeiten u^- und u^+ in Gl. (1.6-30) bis (1.6-32) keine Stoffkonstanten sind, sondern von der Konzentration abhängen. Rührt diese Konzentrationsabhängigkeit, wie oben vermutet wurde, von Coulomb'schen Wechselwirkungen zwischen den Ionen her, so sollte sie bei sehr großem Abstand der Ionen voneinander, d.h. bei sehr starker Verdünnung ($c \rightarrow 0$), keine Rolle mehr spielen. Dann müssten die durch Extrapolation der Geraden in Abb. 1.6-10 auf $c = 0$ erhaltenen molaren Leitfähigkeiten und die in ihnen enthaltenen elektrischen Beweglichkeiten der Ionen Stoffkonstanten sein.

Wir wollen das auf folgende Weise nachprüfen: Bilden wir die Differenz der molaren Leitfähigkeiten zweier Elektrolyte mit gleichem Kation bzw. Anion, dann ergibt sich daraus nach Gl. (1.6-33) die Differenz der molaren Leitfähigkeiten der unterschiedlichen Anionen bzw. Kationen. Diese Differenzen müssten unabhängig vom Kation bzw. Anion sein, wenn die elektrischen Beweglichkeiten tatsächlich Stoffkonstanten sind. Tab. 1.6-3 entnehmen wir, dass wir für die Differenz $\Lambda(K^+) - \Lambda(Na^+)$ bei einer Elektrolytkonzentration von 0.1 mol dm^{-3} noch unterschiedliche, bei einer gegen null gehenden Elektrolytkonzentration dagegen recht gut übereinstimmende Werte erhalten, wenn wir Chloride, Iodide und Perchlorate vergleichen. Entsprechendes finden wir für die Differenz $\Lambda(I^-) - \Lambda(ClO_4^-)$ beim Vergleich der Kalium- und Natriumsalze. Das besagt, dass bei nicht einmal sehr

Tabelle 1.6-3 Prüfung des Gesetzes der unabhängigen Ionenwanderung ($T = 298$ K; Λ in $\Omega^{-1}\text{cm}^2\text{mol}^{-1}$).

	Λ(KCl)	Λ(NaCl)	Λ(KI)	Λ(NaI)	Λ(KClO$_4$)	Λ(NaClO$_4$)
		Λ(K$^+$)−Λ(Na$^+$)		Λ(K$^+$)−Λ(Na$^+$)		Λ(K$^+$)−Λ(Na$^+$)
$c = 0.1$ mol dm^{-3}	128.96	106.74	131.11	108.78	115.20	98.43
		22.22		22.33		16.77
$c \to 0$ mol dm^{-3}	149.86	126.45	150.38	126.94	140.04	117.48
		23.41		23.44		22.56

	Λ(KI)	Λ(KClO$_4$)	Λ(NaI)	Λ(NaClO$_4$)
		Λ(I$^-$)−Λ(ClO$_4^-$)		Λ(I$^-$)−Λ(ClO$_4^-$)
$c = 0.1$ mol dm^{-3}	131.11	115.20	108.78	98.43
		15.91		10.35
$c \to 0$ mol dm^{-3}	150.38	140.04	126.94	117.48
		10.34		9.46

hohen Elektrolytkonzentrationen die den molaren Leitfähigkeiten proportionalen elektrischen Beweglichkeiten der Ionen von der chemischen Natur der übrigen anwesenden Ionen abhängig sind. Nur bei unendlicher Verdünnung sind die elektrischen Beweglichkeiten wirkliche Stoffkonstanten, und nur für diesen Fall gilt das Gesetz von der unabhängigen Wanderung der Ionen:

$$\Lambda_0 = v^+ F z^+ u_0^+ + v^- F |z^-| u_0^- = v^+ \Lambda_0^+ + v^- \Lambda_0^- \tag{1.6-41}$$

Im allgemeinen Fall ($c \neq 0$ mol dm^{-3}) gilt natürlich auch die Beziehung

$$\Lambda_c = v^+ F z^+ u_c^+ + v^- F |z^-| u_c^- = v^+ \Lambda_c^+ + v^- \Lambda_c^- \tag{1.6-42}$$

doch sind die $u_c^{(\pm)}$ und $\Lambda_c^{(\pm)}$ von der eigenen Konzentration und der Konzentration aller anderen Lösungspartner abhängig.

Bei Kenntnis der Grenzleitfähigkeiten Λ_0^+ und Λ_0^- der Ionen können wir die molaren Leitfähigkeiten berechnen. Das gelingt auch schon bei geeigneter Kombination verschiedener molarer Leitfähigkeiten. Wir wollen das an den Beispielen der Tabelle 1.6-3 sehen. Es ist

$$\Lambda(\text{NaCl}) = \Lambda(\text{Na}^+) + \Lambda(\text{Cl}^-) = \Lambda(\text{Na}^+) + \Lambda(\text{ClO}_4^-) + \Lambda(\text{K}^+) + \Lambda(\text{Cl}^-)$$
$$- \Lambda(\text{K}^+) - \Lambda(\text{ClO}_4^-)$$
$$\Lambda(\text{NaCl}) = \Lambda(\text{NaClO}_4) + \Lambda(\text{KCl}) - \Lambda(\text{KClO}_4) \tag{1.6-43}$$

Das ist natürlich nur bei Verwendung der Grenzleitfähigkeiten möglich.

$\Lambda_0(\text{NaCl}) = (117.48 + 149.86 - 140.04)\ \Omega^{-1}\,\text{cm}^2\,\text{mol}^{-1} = 127.30\ \Omega^{-1}\,\text{cm}^2\,\text{mol}^{-1}$. Dieser Wert stimmt recht gut mit dem direkt gemessenen ($126.45\ \Omega^{-1}\,\text{cm}^2\,\text{mol}^{-1}$) überein. Verwendet man die molaren Leitfähigkeiten bei $c = 0.1\,\text{mol}\,\text{dm}^{-3}$, so weicht der berechnete Wert ($112.19\ \Omega^{-1}\,\text{cm}^2\,\text{mol}^{-1}$) beträchtlich von dem gemessenen ($106.74\ \Omega^{-1}\,\text{cm}^2\,\text{mol}^{-1}$) ab. Das hier erläuterte Verfahren hat besondere Bedeutung bei der Ermittlung der Grenzleitfähigkeiten der später (Abschnitt 1.6.8) zu behandelnden schwachen Elektrolyte, zu denen beispielsweise die Essigsäure zählt. Bei ihnen ändert sich die molare Leitfähigkeit gerade im Bereich geringer Konzentrationen (s. Abb. 1.6-9) sehr stark, so dass eine Extrapolation gemessener Werte auf unendliche Verdünnung sehr unsicher ist.

1.6.5
Elektrische Beweglichkeiten, molare Leitfähigkeiten der Ionen und Überführungszahlen

Leitfähigkeitsmessungen liefern uns, wie wir gesehen haben, nur Summen oder Differenzen von molaren Leitfähigkeiten oder elektrischen Beweglichkeiten der Ionen. Für die Diskussion des Leitungsverhaltens der Kationen oder Anionen allein wäre es wünschenswert, Aufschluss über die einzelnen molaren Leitfähigkeiten der Ionen zu erhalten. Zu ihrer experimentellen Bestimmung bieten sich zwei Möglichkeiten an.

Nach Gl. (1.6-23) sind die elektrischen Beweglichkeiten der Ionen als ihre auf die Feldstärke bezogene Wanderungsgeschwindigkeit definiert. Gelingt es, letztere unmittelbar zu messen, dann gewinnt man damit auch die elektrischen Beweglichkeiten. Eine solche Messung ist dann möglich, wenn die Kationen gefärbt, die Anionen farblos sind oder umgekehrt wie im Fall des Kaliumpermanganats. Unterschichtet man in einem Elektrolysegefäß, wie es in Abb. 1.6-11 dargestellt ist, eine Kaliumnitratlösung so vorsichtig mit einer Kaliumpermanganatlösung, dass sich scharfe Schichtgrenzen ausbilden, so beobachtet man nach dem Anlegen einer Gleichspannung an die Elektroden auf der einen Seite des U-Rohres ein Ansteigen, auf der anderen Seite ein Absinken der Schichtgrenze. Durch Messung der Verschiebung in Abhängigkeit von der Zeit lässt sich die Wanderungsgeschwindigkeit und daraus bei Kenntnis der angelegten Spannung und des Elektrodenabstandes die elektrische Beweglichkeit des MnO_4^--Ions ermitteln. Wir wollen uns eine Vorstellung von der Geschwindigkeit machen, mit der sich ein Permanganat-Ion im elektrischen Feld zwischen den Elektroden bewegt: Bei einem Feld von $1\,\text{V}\,\text{cm}^{-1}$ ist die Wanderungsgeschwindigkeit etwa $5 \cdot 10^{-4}\,\text{cm}\,\text{s}^{-1}$.

Im Allgemeinen wird dieses Verfahren jedoch nicht anwendbar sein, weil sowohl die Kationen als auch die Anionen farblos sind. In diesem Fall wird man auf ein von Hittorf angegebenes Verfahren, die Bestimmung der Überführungszahlen, zurückgreifen.

Nach Gl. (1.6-24) setzt sich der gesamte, durch die Elektrolytlösung fließende Strom I aus zwei Anteilen zusammen, dem durch die Kationen transportierten Teil (I^+) und dem durch die Anionen transportierten (I^-).

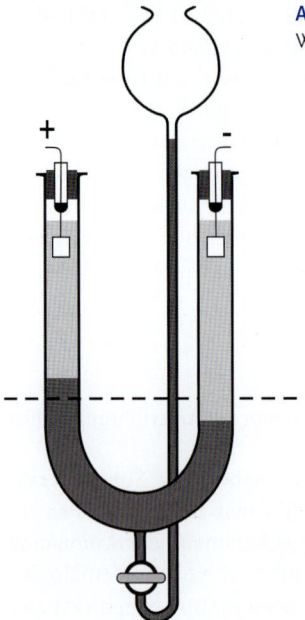

Abbildung 1.6-11 Elektrolysegefäß zur direkten Messung der Wanderungsgeschwindigkeit.

Den Bruchteil $\left|\frac{I^+}{I}\right|$ des durch die Wanderung der Kationen bewirkten Stromes nennen wir *Überführungszahl der Kationen* (t^+), den Bruchteil $\left|\frac{I^-}{I}\right|$ *Überführungszahl der Anionen* (t^-).

Unter Beachtung der Gleichungen (1.6-24), (1.6-25), (1.6-1) und (1.6-30) bis (1.6-32) ergibt sich eine Reihe von Beziehungen:

$$t^+ = \left|\frac{I^+}{I}\right| = \frac{Q^+}{Q^+ + |Q^-|} = \frac{u^+}{u^+ + u^-} = \frac{v^+ \Lambda^+}{v^+ \Lambda^+ + v^- \Lambda^-} = \frac{v^+ \Lambda^+}{\Lambda} \tag{1.6-44}$$

$$t^- = \left|\frac{I^-}{I}\right| = \frac{|Q^-|}{Q^+ + |Q^-|} = \frac{u^-}{u^+ + u^-} = \frac{v^- \Lambda^-}{v^+ \Lambda^+ + v^- \Lambda^-} = \frac{v^- \Lambda^-}{\Lambda} \tag{1.6-45}$$

Q^+ und $|Q^-|$ sind die jeweils transportierten Ladungsmengen. Die Addition dieser beiden Gleichungen führt zu

$$t^+ + t^- = 1 \tag{1.6-46}$$

Es gilt weiter

$$I = \frac{u^+}{u^+ + u^-} \cdot I + \frac{u^-}{u^+ + u^-} \cdot I = \frac{v^+ \Lambda^+}{\Lambda} \cdot I + \frac{v^- \Lambda^-}{\Lambda} \cdot I \tag{1.6-47}$$

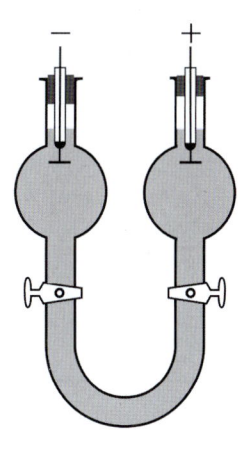

Abbildung 1.6-12 Elektrolysezelle nach Coehn zur Bestimmung der Hittorf'schen Überführungszahl.

Infolge der unterschiedlichen elektrischen Beweglichkeiten von Anionen und Kationen kommt es bei der Elektrolyse zu unterschiedlichen Konzentrationsabnahmen in der Nähe der Kathode und in der Nähe der Anode, was man sich bei der Bestimmung der Überführungszahl zunutze macht. Abb. 1.6-12 stellt eine für diesen Zweck geeignete Elektrolysezelle dar. Wir erkennen drei gegeneinander abtrennbare Volumina, den Kathodenraum K, den Anodenraum A und einen Mittelraum M. Schematisch finden wir diese Einteilung in Abb. 1.6-13 wieder. Das obere Teilbild zeigt uns die Verhältnisse zu Beginn der Elektrolyse: Kathoden-, Mittel- und Anodenraum sind mit der gleichen Elektrolytlösung gefüllt (im Beispiel ein einwertiger Elektrolyt). In allen drei Räumen haben wir die gleiche Konzentration vorliegen.

Wir wollen nun einmal annehmen, dass die elektrische Beweglichkeit des Kations viermal so groß ist wie die des Anions, wie es bei der Salzsäure ungefähr der Fall ist. Dann werden nach Gl. (1.6-47) vier Fünftel des Stromes in der Elektrolytlösung durch die Kationen- und ein Fünftel des Stromes durch die Anionenwanderung bewirkt. Den Strom durch die Elektrolytlösung messen wir, wie wir

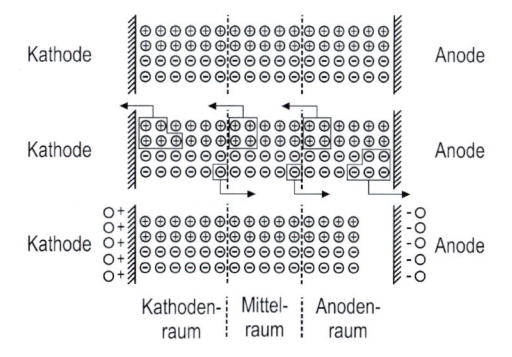

Abbildung 1.6-13 Einfluss der unterschiedlichen elektrischen Beweglichkeiten der Ionen auf die Konzentrationsänderungen bei der Elektrolyse.

im Abschnitt 1.6.2 gesehen haben, durch die Zahl der Ladungen, die in der Zeit t durch eine senkrecht zur Stromrichtung gedachte Fläche, beispielsweise die Trennfläche Kathodenraum/Mittelraum oder Mittelraum/Anodenraum, hindurchtritt. Die gleiche Anzahl von Ladungen muss aber in derselben Zeit sowohl an der Kathode (unter gleichzeitiger Reduktion der Kationen) als auch an der Anode (unter gleichzeitiger Oxidation der Anionen) ausgetauscht werden. Der mittlere Teil von Abb. 1.6-13 veranschaulicht uns dies: Wenn 5 mol Kationen entladen werden, werden gleichzeitig 5 mol Anionen entladen. In derselben Zeit müssen 4 mol Kationen aus dem Mittelraum in den Kathodenraum und 4 mol Kationen aus dem Anodenraum in den Mittelraum wandern, während jeweils 1 mol Anionen die beiden Trennflächen in entgegengesetzter Richtung passiert.

Der untere Teil von Abb. 1.6-13 zeigt das Resultat dieser Elektrolyse: Insgesamt hat die Lösung 5 mol Elektrolyt verloren, davon 1 mol im Kathodenraum, 4 mol im Anodenraum. Das Verhältnis der messbaren Konzentrationsabnahme $\Delta c_{\text{Kathodenraum}}/\Delta c_{\text{Anodenraum}}$ ist gleich dem Verhältnis $u^-_{\text{Anion}}/u^+_{\text{Kation}}$.

Wir formulieren diese Überlegungen noch einmal ganz allgemein. Wenn wir durch die Lösung unseres ein-einwertigen Elektrolyten gerade eine Ladungsmenge $F \cdot 1$ mol hindurchschicken, geschieht folgendes:

Vorgang	Kathodenraum	Mittelraum	Anodenraum
Reaktion an der Elektrode	-1 mol Kationen	$-$	-1 mol Anionen
Einwanderung	$+t^+$ mol Kationen	$+t^+$ mol Kationen $+t^-$ mol Anionen	$+t^-$ mol Anionen
Auswanderung	$-t^-$ mol Anionen	$-t^+$ mol Kationen $-t^-$ mol Anionen	$-t^+$ mol Kationen
Konzentrationsänderung bei Durchgang von $1F$	$-(1-t^+)$ mol Kationen $-t^-$ mol Anionen $=$ $-t^-$ mol Kationen $-t^-$ mol Anionen $=$ $-t^-$ mol Elektrolyt	$-$	$-(1-t^-)$ mol Kationen $-t^+$ mol Anionen $=$ $-t^+$ mol Kationen $-t^+$ mol Anionen $=$ $-t^+$ mol Elektrolyt

Wir entnehmen daraus unmittelbar

$$\frac{\Delta c_{\text{Kathodenraum}}}{\Delta c_{\text{Anodenraum}}} = \frac{t^-}{t^+} \tag{1.6-48}$$

Beachten wir noch Gl. (1.6-46), so finden wir, dass

$$t^+ = \frac{\Delta c_{\text{Anodenraum}}}{\Delta c_{\text{Anodenraum}} + \Delta c_{\text{Kathodenraum}}} \tag{1.6-49}$$

$$t^- = \frac{\Delta c_{\text{Kathodenraum}}}{\Delta c_{\text{Anodenraum}} + \Delta c_{\text{Kathodenraum}}} \tag{1.6-50}$$

Man kann also, wie eingangs gesagt, aus den Konzentrationsabnahmen im Anoden- und Kathodenraum die Überführungszahlen ermitteln, sofern man dafür sorgt, dass nicht durch Diffusion oder Rühreffekte die Konzentrationsverschiebungen wieder ausgeglichen werden.

Aus den Überführungszahlen lassen sich gemäß Gl. (1.6-44) und Gl. (1.6-45) bei Kenntnis der molaren Leitfähigkeit des Elektrolyten die molaren Leitfähigkeiten der Ionen und weiterhin mit Hilfe von Gl. (1.6-31) und Gl. (1.6-32) die elektrischen Beweglichkeiten der Ionen berechnen.

Die im Abschnitt 1.6.4 behandelte Konzentrationsabhängigkeit der molaren Leitfähigkeit kann nach Gl. (1.6-31) bis (1.6-33) nur eine Folge einer Konzentrationsabhängigkeit der elektrischen Beweglichkeiten der Ionen sein. Da nach Gl. (1.6-44) und Gl. (1.6-45) die Überführungszahlen den Quotienten aus der elektrischen Beweglichkeit der betrachteten Ionenart und der Summe der Beweglichkeiten aller anwesenden Ionenarten darstellen, hebt sich die Konzentrationsabhängigkeit weitgehend heraus, soweit man bei niedrigen Konzentrationen von unter 0.01 M misst. Es ist in guter Näherung $t^+ = t_0^+$ und $t^- = t_0^-$, so dass mit der molaren Grenzleitfähigkeit Λ_0 die molaren Ionengrenzleitfähigkeiten Λ_0^+ und Λ_0^- ermittelt werden können, selbst wenn die Überführungszahlen im nicht-idealen Bereich gemessen

Tabelle 1.6-4 Molare Ionengrenzleitfähigkeiten Λ_0^+ und Λ_0^- in wässrigen Lösungen bei 298 K.

Ion	$\dfrac{\Lambda_0^+}{\Omega^{-1}\,cm^2\,mol^{-1}}$	Ion	$\dfrac{\Lambda_0^-}{\Omega^{-1}\,cm^2\,mol^{-1}}$
H^+	349.8	OH^-	198.6
Li^+	38.7	F^-	55.4
Na^+	50.1	Cl^-	76.4
K^+	73.5	Br^-	78.1
Rb^+	77.8	I^-	76.8
Cs^+	77.2		
Ag^+	61.9	NO_3^-	71.5
		ClO_3^-	64.6
NH_4^+	73.6	BrO_3^-	55.7
$N(CH_3)_4^+$	44.9	ClO_4^-	67.4
$N(C_2H_5)_4^+$	32.7	HCO_3^-	44.5
$N(C_3H_7)_4^+$	23.4		
$N(C_4H_9)_4^+$	19.5	$HCOO^-$	54.6
		CH_3COO^-	40.9
$1/2\,Be^{2+}$	45	$C_2H_5COO^-$	35.8
$1/2\,Mg^{2+}$	53.1	$C_3H_7COO^-$	32.6
$1/2\,Ca^{2+}$	59.5		
$1/2\,Sr^{2+}$	59.5	$1/2\,SO_4^{2-}$	80.0
$1/2\,Ba^{2+}$	63.6	$1/2\,CO_3^{2-}$	69.3
$1/2\,Cu^{2+}$	56.6		
		$1/3\,Fe(CN)_6^{3-}$	100.9
$1/3\,La^{3+}$	69.7		
$1/3\,Ce^{3+}$	69.8	$1/4\,Fe(CN)_6^{4-}$	110.5

Tabelle 1.6-5 Hittorf'sche Überführungszahlen in wässrigen Lösungen bei 298 K.

	t^+	t^-
HCl	0.821	0.179
LiCl	0.337	0.663
NaCl	0.401	0.599
KCl	0.496	0.504
CaCl$_2$	0.438	0.562
LaCl$_3$	0.477	0.523
KOH	0.274	0.726
KCl	0.496	0.504
KBr	0.484	0.516
KI	0.489	0.511
K$_2$SO$_4$	0.477	0.523

würden. In Tab. 1.6-4 sind für eine Reihe von Ionen die bei 298 K ermittelten molaren Grenzleitfähigkeiten zusammengestellt.

Wie wir schon mehrfach hervorgehoben haben, ist die molare Ionengrenzleitfähigkeit eine charakteristische Größe für ein bestimmtes Ion. Das ist jedoch nicht der Fall für die Hittorf'sche Überführungszahl. Sie ist abhängig von der Natur des Gegenions, denn sie stellt den Anteil am gesamten Stromtransport dar. Tab. 1.6-5 veranschaulicht uns das am Beispiel einiger Chloride und einiger Kaliumsalze.

1.6.6
Die Hydratation der Ionen

Wir wollen nun versuchen, das in Tab. 1.6-4 zusammengestellte Zahlenmaterial zu unseren eingangs angestellten Überlegungen in Beziehung zu setzen. Im Abschnitt 1.6.2 hatten wir für die elektrische Beweglichkeit der Ionen Gl. (1.6-23) abgeleitet. Fassen wir sie zusammen mit Gl. (1.6-31) bzw. (1.6-32), so finden wir

$$\Lambda_{0i}^{(\pm)} = F z_i u_{0i}^{(\pm)} = \frac{F \cdot z_i^2 \cdot e}{6 \pi r_i \cdot \eta} \qquad (1.6\text{-}51)$$

Die molaren Ionengrenzleitfähigkeiten sollten demnach bei gleicher Temperatur und im gleichen Lösungsmittel ($\eta =$ const.) umgekehrt proportional zum Radius des Ions sein. Wenn wir nun aus Tab. 1.6-4 die Reihe Li$^+$ → Rb$^+$ und die Reihe NH$_4^+$ → N(C$_4$H$_9$)$_4^+$ herausgreifen, so sehen wir, dass die Voraussage wohl bei den großen Tetraalkylammonium-Ionen erfüllt ist, nicht aber bei den Alkali-Ionen. Hier nimmt die molare Grenzleitfähigkeit mit steigendem Ionenradius, wie wir ihn beispielsweise aus den Ionengittern ermitteln können, zu. Bei den Anionen betrachtet man, wenn auch weit weniger deutlich ausgeprägt, etwas Ähnliches. Bei den großen Fettsäure-Anionen nimmt die molare Grenzleitfähigkeit mit der Ionengröße ab, vom Fluorid-Ion zum Bromid-Ion hingegen nimmt sie zu.

Um diese Effekte verstehen zu können, müssen wir beachten, dass Wasser auf Grund der gewinkelten Struktur des Wassermoleküls (vgl. Abschnitt 1.2.3) ein sehr polares Lösungsmittel ist. Die Wassermoleküle haben starke Dipoleigenschaften. Da die Ionen des Elektrolyten wegen ihrer Ladung ein elektrisches Feld besitzen, kommt es zu einer elektrostatischen Wechselwirkung, als deren Folge Wassermoleküle an die Ionen angelagert werden. Wir sprechen von *Hydratation*, allgemeiner von *Solvatation*. Das Ausmaß der Solvatation, d. h. auch die Größe der Solvat- oder Hydrathülle, hängt natürlich von der Stärke des elektrischen Feldes des Ions ab. Die Alkali-Ionen tragen sämtlich eine positive Ladung (mit dem Schwerpunkt im Atomkern), haben aber sehr unterschiedliche, aus den Gitterdimensionen der festen Salze berechenbare Ionenradien. Sie betragen $r(Li^+) = 0.068$ nm, $r(Na^+) = 0.097$ nm, $r(K^+) = 0.133$ nm, $r(Rb^+) = 0.147$ nm und $r(Cs^+) = 0.167$ nm. Wir sehen, dass sich die Radien von Li^+ und K^+ wie 1 : 2 verhalten. Das besagt, dass das elektrische Feld unmittelbar außerhalb des Li^+-Ions viermal so stark ist wie unmittelbar außerhalb eines K^+-Ions. Es darf uns deshalb nicht verwundern, dass sich um das Li^+-Ion eine größere Hydrathülle aufbaut als um das Na^+- oder das K^+-Ion. Verschiedene Untersuchungen lassen erkennen, dass an ein Li^+-Ion fast doppelt soviele (14) Wassermoleküle angelagert werden wie an ein Na^+-Ion und fast dreimal soviele wie an ein K^+-Ion. Das hat zur Folge, dass der Radius des hydratisierten Li^+-Ions wesentlich größer ist als der Radius des hydratisierten K^+-Ions. Da das Ion im angelegten elektrischen Feld mit seiner Hydrathülle wandert, ergibt sich die aus Tab. 1.6-4 ablesbare Reihenfolge der molaren Ionengrenzleitfähigkeiten. Bei den substituierten Ammonium-Ionen spielt wegen ihrer Größe die Hydratation keine ausschlaggebende Rolle, und wir beobachten die „richtige" Reihenfolge der molaren Ionengrenzleitfähigkeiten.

In gewissen Grenzen lässt sich Gl. (1.6-51) zur Ermittlung des Radius eines hydratisierten Ions heranziehen. Doch ist zu beachten, dass das Stokes'sche Reibungsgesetz, das dieser Gleichung zugrunde liegt, im konkreten Fall nur Näherungscharakter haben dürfte.

Im Rahmen der Besprechung der Thermodynamik werden wir uns noch intensiv mit der Hydratation zu beschäftigen haben (Abschnitt 2.2.3). Es sei darauf hingewiesen, dass dort die hier entwickelten Vorstellungen vollauf bestätigt werden.

Besonders auffällig ist in Tab. 1.6-4 die ungewöhnlich hohe Leitfähigkeit der lösungsmitteleigenen Ionen H^+ und OH^-. Wegen ihrer geringen Größe und des darauf zurückzuführenden starken elektrischen Feldes sollten diese Ionen ebenfalls hydratisiert sein, und zwar so stark, dass ihre effektiven Radien denen der hydratisierten Alkali-Ionen durchaus entsprechen müssten. Ihre Leitfähigkeit ist jedoch um einen Faktor von etwa 5 bzw. etwa 3 größer als die der Alkali-Ionen. Das ist nur erklärbar, wenn bei ihnen als den lösungsmitteleigenen Ionen ein besonderer Leitungsmechanismus vorliegt.

Nackte Protonen sind in Wasser nicht beständig. Sie lagern sich sofort an ein Wassermolekül an unter Bildung eines Hydronium-Ions H_3O^+, dessen Struktur nach Kernresonanzuntersuchungen, wie Abb. 1.6-14a zeigt, dem NH_3-Molekül ähnlich ist. Die positive Ladung ist nicht fixiert, alle drei OH-Bindungen sind gleichwertig, denn die positive Überschussladung ist symmetrisch auf die drei Protonen

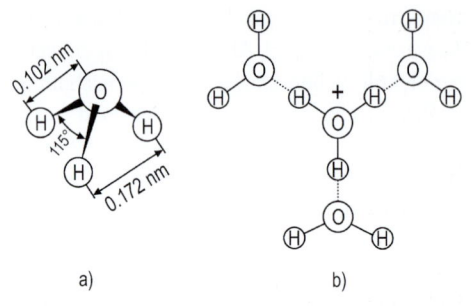

Abbildung 1.6-14 Struktur des Hydronium-Ions (a) und des Ions $H_9O_4^+$ (b).

verteilt. Diese vermögen deshalb drei stabile Wasserstoffbrücken-Bindungen zu benachbarten Wassermolekülen auszubilden. So führt die sekundäre Hydratation des Protons zu dem in Abb. 1.6-14 b wiedergegebenen $H_9O_4^+$-Ion. Ihm kommt nach massenspektrometrischen Untersuchungen eine im Vergleich zu anderen Assoziaten (z. B. $H_5O_2^+$, $H_7O_3^+$, $H_{11}O_5^+$) besondere Stabilität zu. Innerhalb dieses Komplexes ist das Proton sehr beweglich, d. h. es kann auch einem der drei äußeren Wassermoleküle angehören. Gegenüber Abb. 1.6-14 b würde das einen Austausch zwischen einer OH- und einer Wasserstoffbrücken-Bindung bedeuten.

Außer der sekundären Hydratation ist auch noch eine tertiäre zu berücksichtigen, weil die äußeren Wassermoleküle des $H_9O_4^+$-Komplexes mit Wassermolekülen der umgebenden flüssigen Phase weitere, allerdings schwächere Wasserstoffbrücken-Bindungen bilden können. Das bedeutet, dass die Umgebung der äußeren Wassermoleküle in Abb. 1.6-14 b sich nicht grundlegend von der des zentralen H_3O^+-Ions im $H_9O_4^+$-Komplex unterscheidet, so dass sie nach dem oben erwähnten Austausch der Bindungen leicht zum Zentrum eines neuen, um eine Bindungslänge verschobenen $H_9O_4^+$-Komplexes werden können. Man spricht dann von einer *Strukturdiffusion* des gesamten Hydratkomplexes.

Die für das hydratisierte Proton angestellten Überlegungen können wir sinngemäß leicht auf das hydratisierte OH^--Ion übertragen. Es entspricht dem Hydronium-Ion, sein sekundärer Hydratkomplex ist das $H_7O_4^-$-Ion.

Diese Erkenntnisse lassen uns nun auch verstehen, weshalb die Protonen und Hydroxid-Ionen im Wasser eine so hohe Leitfähigkeit besitzen.

Schematisch und stark idealisiert ist der Leitungsmechanismus in Abb. 1.6-15 dargestellt, und zwar für die Wasserstoff-Ionen in der oberen, für die Hydroxid-Ionen in der unteren Zeile.

Das in der oberen Zeile links gezeigte H_3O^+-Ion sei das zentrale Ion eines $H_9O_4^+$-Komplexes. Von seiner Hydratsphäre ist lediglich ein H_2O-Molekül aufgeführt. Durch den oben erwähnten Protonenübergang (Pfeil in Abb. 1.6-15) geht dieses in ein H_3O^+-Ion über. Als nächster Schritt kann das Proton wegen der Gleichwertigkeit der drei OH-Bindungen entweder auf das Ausgangsmolekül zurückspringen oder auf eines der beiden anderen Wassermoleküle in der Hydratsphäre übergehen. Unter der Wirkung des angelegten elektrischen Feldes wird der Schritt in Feldrichtung der wahrscheinlichste sein. Nach fünf solchen Schritten ist das Hydronium-Ion um fünf Wassermoleküle „weitergewandert", ohne dass eine wirkliche Ionen-

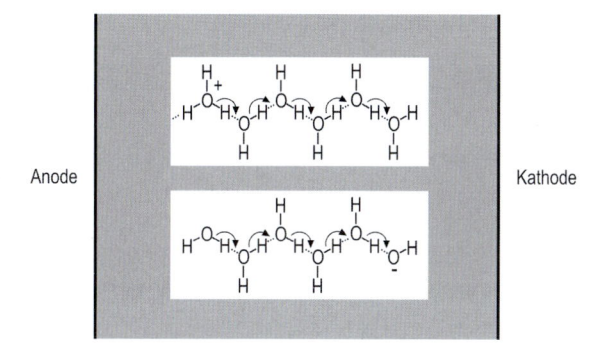

Abbildung 1.6-15 Zur Wanderung der Wasserstoff- und Hydroxid-Ionen in wässriger Lösung.

wanderung, wie wir sie bei den übrigen Ionen besprochen haben, stattgefunden hat. Wir entnehmen Abb. 1.6-15 unmittelbar, dass eine Kette von Wassermolekülen, über die ein Protonentransport stattgefunden hat, wegen des erfolgten Bindungsaustausches zu einem zweiten Protonentransport in der gleichen Richtung nicht befähigt ist. Es muss zuvor eine Reorientierung der Wassermoleküle stattfinden.

Die untere Zeile in Abb. 1.6-15 lesen wir von rechts nach links. Wir erkennen dann die „Wanderung" des Hydroxid-Ions.

Wir müssen uns nun noch die Frage vorlegen, was ein jeder der durch einen Pfeil angezeigten Schritte beinhaltet. Da der O–H-Abstand in der OH-Bindung kürzer ist als in der H ... O-Brückenbindung, zeigt jeder Pfeil eine Verschiebung eines Wasserstoffatoms in Bindungsrichtung und eine Umlagerung der bindenden Elektronen an. Kinetische Messungen und Untersuchungen des Isotopieeffektes, d. h. des Einflusses, den die Substitution eines H-Atoms durch ein D-Atom auf die Kinetik ausübt, lassen erkennen, dass der Positionswechsel des Protons nicht auf klassischem Wege erfolgen kann. Es muss vielmehr angenommen werden, dass das Proton von der einen in die andere Position „tunnelt", so wie wir es im Abschnitt 1.4.15 für das Elektron besprochen haben. Ein solcher Tunneleffekt setzt eine optimale gegenseitige Orientierung der Wasserstoffmoleküle voraus, wie sie in Abb. 1.6-15 angegeben ist.

Im Eis ist diese Orientierung durch die Struktur vorgegeben, im flüssigen Wasser wird sie durch die Temperaturbewegung gestört. Deshalb ist die Driftgeschwindigkeit des Protons im Eis um zwei Zehnerpotenzen größer als im flüssigen Wasser. Der geschwindigkeitsbestimmende Schritt ist im Eis die Durchtunnelung des Potentialwalls, im flüssigen Wasser die Einstellung der Wassermoleküle in eine für den Tunneleffekt geeignete Ausrichtung.

1.6.7
Die Temperatur- und Lösungsmittelabhängigkeit der molaren Ionengrenzleitfähigkeit

Wir greifen noch einmal auf Gl. (1.6-51) zurück und fragen nach der Abhängigkeit der molaren Grenzleitfähigkeit eines bestimmten Ions von der Temperatur und von der Art des Lösungsmittels. Setzen wir voraus, dass sich der Ionenradius nicht mit der Temperatur ändert, d. h. dass eine etwa vorhandene Hydrathülle im interessierenden Temperaturintervall weder auf- noch abgebaut wird, bzw. dass der Ionenradius nicht vom Lösungsmittel abhängt (unsolvatisiert), so kann eine Temperatur- oder Lösungsmittelabhängigkeit nur auf die Viskosität zurückgeführt werden. Gleichbedeutend damit ist, dass das Produkt $\Lambda_{0i}^{\pm} \cdot \eta$ entsprechend der

Walden'schen Regel

$$\Lambda_{0i}^{\pm} \cdot \eta = \frac{F \cdot z_i^2 \cdot e}{6\pi r_i} \qquad (1.6\text{-}51)$$

temperaturunabhängig ist.

Tabelle 1.6-6 Zur Prüfung der Walden'schen Regel.
a) Temperaturabhängigkeit des Produktes $\Lambda_{0i}^{\pm} \cdot \eta$ bei einigen wässrigen Elektrolytlösungen.
$\eta(H_2O, 273K) = 1.792 \cdot 10^{-3} \text{kgm}^{-1}\text{s}^{-1}$, $\eta(H_2O, 298K) = 0.890 \cdot 10^{-3} \text{kgm}^{-1}\text{s}^{-1}$,
$\eta(H_2O, 373K) = 0.282 \cdot 10^{-3} \text{kgm}^{-1}\text{s}^{-1}$

Ion	$\Lambda_{0i}^{\pm} \cdot \eta / 10^{-3}\Omega^{-1}\text{cm mol}^{-1}\text{kgs}^{-1}$		
	273 K	298 K	373 K
Li$^+$	0.342	0.346	0.339
K$^+$	0.721	0.657	0.43
Cs$^+$	0.787	0.687	0.564
NH$_4^+$	0.721	0.659	0.520
N(C$_2$H$_5$)$_4^+$	0.287	0.295	0.293
Cl$^-$	0.741	0.682	0.584
CH$_3$COO$^-$	0.363	0.365	0.367
Pikrat-Ion	0.274	0.268	0.27

b) Lösungsmittelabhängigkeit des Produktes $\Lambda_{0i}^{\pm} \cdot \eta$ für einige Ionen bei 298 K.

		Wasser	Methanol	Ethanol	Aceton	Nitrobenzol
$\eta / 10^{-3}\text{kgm}^{-1}\text{s}^{-1}$		0.89	0.53	1.09	0.306	1.85
K$^+$	$\Lambda_0^+ / \Omega^{-1}\text{cm}^2\text{mol}^{-1}$	73.5	53.7	22.0	82.0	19.2
	$\Lambda_0^+ \cdot \eta / 10^{-3}\Omega^{-1}\text{cm mol}^{-1}\text{kgs}^{-1}$	0.657	0.285	0.240	0.251	0.355
N(C$_5$H$_{11}$)$_4^+$	$\Lambda_0^+ / \Omega^{-1}\text{cm}^2\text{mol}^{-1}$	17.5	–	–	62.8	11.9
	$\Lambda_0^+ \cdot \eta / 10^{-3}\Omega^{-1}\text{cm mol}^{-1}\text{kgs}^{-1}$	0.156	–	–	0.192	0.220
Pikrat-Ion	$\Lambda_0^- / \Omega^{-1}\text{cm}^2\text{mol}^{-1}$	30.8	49	27	84.5	15.0
	$\Lambda_0^- \cdot \eta / 10^{-3}\Omega^{-1}\text{cm mol}^{-1}\text{kgs}^{-1}$	0.268	0.260	0.294	0.259	0.278

Wir erkennen, dass die Gültigkeit der Walden'schen Regel auch die Anwendbarkeit des Stokes'schen Gesetzes (Gl. 1.6-21) voraussetzt.

Wir wenden uns zunächst der Temperaturabhängigkeit des Produktes $\Lambda_{0i}^{\pm} \cdot \eta$ bei einigen wässrigen Elektrolytlösungen zu. In Tab. 1.6-6 a finden wir Werte von $\Lambda_{0i}^{\pm} \cdot \eta$ für verschiedene Ionen bei drei verschiedenen Temperaturen. Bei K^+, Cs^+, NH_4^+ und Cl^- stellen wir eine starke Abhängigkeit der Werte von der Temperatur fest. Hier ändern sich offensichtlich die Hydratationsverhältnisse (und auch die Viskosität des Wasser in unmittelbarer Umgebung der Ionen) mit der Temperatur. Bei den großen, schwach oder nicht hydratisierten Ionen und auch beim Li^+-Ion mit der sehr fest gebundenen Hydrathülle ist die Walden'sche Regel aber recht gut erfüllt.

Einen Überblick über die Lösungsmittelabhängigkeit des Produktes $\Lambda_{0i}^{\pm} \cdot \eta$ gibt uns Tab. 1.6-6 b. Wir sehen, dass auch hier beim K^+-Ion starke Wertschwankungen auftreten, dass aber bei großen Kationen oder Anionen die Walden'sche Regel im großen und ganzen erfüllt wird.

1.6.8
Schwache Elektrolyte

Bei der Besprechung der Konzentrationsabhängigkeit der molaren Leitfähigkeit im Abschnitt 1.6.4 hatten wir festgestellt, dass sich bei der Mehrzahl der besprochenen Elektrolyte die Konzentrationsabhängigkeit von Λ mit Hilfe des Kohlrausch'schen Quadratwurzelgesetzes darstellen ließ. Dies Verfahren versagte (vgl. Abb. 1.6-10) jedoch völlig bei der Essigsäure. Das gleiche beobachtet man bei einer großen Anzahl weiterer anorganischer und organischer Säuren und Basen.

Wir sind bislang stets davon ausgegangen, dass die Elektrolyte in der Lösung vollständig dissoziiert vorliegen. Wir wollen uns nun die Frage stellen, welchen Einfluss eine nur teilweise Dissoziation auf die Konzentrationsabhängigkeit der molaren Leitfähigkeit hat. Bei einer nur unvollständigen Dissoziation liegen in der Lösung nebeneinander undissoziierte Ausgangsstoffe – im Fall von Säuren HA – und die Dissoziationsprodukte H^+ und A^- vor. Wenn es zu einem stationären Zustand kommt – und dieser liegt, wie uns die Messungen zeigen, vor –, dann muss offenbar die Geschwindigkeit der Dissoziation

$$HA + H_2O \xrightarrow{k_d} A^- + H_3O^+ \qquad (1.6\text{-}52)$$

gleich der Geschwindigkeit der Rekombination

$$A^- + H_3O^+ \xrightarrow{k_r} HA + H_2O \qquad (1.6\text{-}53)$$

sein. Wir können dann wie im Abschnitt 1.5.7 für die Gesamtgeschwindigkeit formulieren

$$\text{R. G.} = k_d[HA] \cdot [H_2O] - k_r[A^-][H_3O^+] = 0 \qquad (1.6\text{-}54)$$

oder

$$\frac{[A^-][H_3O^+]}{[HA][H_2O]} = \frac{k_d}{k_r} = K \tag{1.6-55}$$

Beachten wir, dass in dem wässrigen System die Wasserkonzentration als konstant angenommen werden kann, dann erhalten wir für das „Dissoziationsgleichgewicht"

$$HA + H_2O \rightleftharpoons A^- + H_3O^+ \tag{1.6-56}$$

die „klassische Gleichgewichtskonstante" K_c

$$\frac{[A^-] \cdot [H_3O^+]}{[HA]} = K_c \tag{1.6-57}$$

Wir werden im Abschnitt 2.6 sehen, dass wir exakterweise anstelle der Konzentration die *Aktivitäten* verwenden müssten. Dann würden wir die thermodynamische Gleichgewichtskonstante erhalten. Für die hier angestellten Überlegungen genügt uns jedoch Gl. (1.6-57). Bezeichnen wir nun als *Dissoziationsgrad* α den Anteil der ursprünglich eingesetzten Moleküle, der dissoziiert ist, so ist bei einer Ausgangskonzentration c die Konzentration der Anionen $[A^-] = \alpha \cdot c$. Die Konzentration der Kationen muss gleich groß sein, d. h. $[H_3O^+] = \alpha \cdot c$. Die Konzentration an nicht dissoziierter Säure ist $[HA] = c(1-\alpha)$. Setzen wir diese Werte in Gl. (1.6-57) ein, so ergibt sich

$$\frac{\alpha^2 c^2}{c(1-\alpha)} = \frac{\alpha^2 c}{(1-\alpha)} = K_c \tag{1.6-58}$$

Da die undissoziierte Säure HA nicht zur Leitfähigkeit beitragen kann, sondern nur die Ionen $[H_3O^+]$ und $[A^-]$, Λ_0 hingegen auf vollständige Dissoziation bezogen ist (vgl. Berechnung von Λ_0 in Abschnitt 1.6.4), sollte der Quotient aus der bei der Konzentration c gemessenen molaren Leitfähigkeit Λ_c und Λ_0 gleich dem Dissoziationsgrad sein:

$$\frac{\Lambda_c}{\Lambda_0} = \alpha \tag{1.6-59}$$

Setzen wir diesen Ausdruck in Gl. (1.6-58) ein, so erhalten wir

das *Ostwald'sche Verdünnungsgesetz*,

$$\frac{\Lambda_c^2}{(\Lambda_0 - \Lambda_c)\Lambda_0} \cdot c = K_c \tag{1.6-60}$$

Es ist ein Spezialfall des Massenwirkungsgesetzes. Um die Gültigkeit der Beziehung Gl. (1.6-60) nachzuprüfen, berechnen wir aus den Versuchsdaten die linke Seite der Gleichung und kontrollieren, ob sie tatsächlich unabhängig von c_0 einen konstanten Wert ergibt.

Tabelle 1.6-7 Prüfung des Ostwald'schen Verdünnungsgesetzes am Beispiel der Essigsäure bei 298 K.

$\dfrac{c}{10^{-3}\,\text{mol dm}^{-3}}$	$\dfrac{\Lambda_c}{\Omega^{-1}\text{cm}^2\,\text{mol}^{-1}}$	α	$\dfrac{K_c}{10^{-5}\,\text{mol dm}^{-3}}$
0	390.59	1	–
0.1114	127.71	0.327	1.77
1.028	48.13	0.123	1.77
5.912	20.96	0.0537	1.80
12.83	14.37	0.0368	1.80
20.00	11.56	0.0296	1.81
50.00	7.36	0.0188	1.80
100.00	5.20	0.0133	1.79

Für den Fall der Essigsäure bestätigt uns Tab. 1.6-7 die Richtigkeit von Gl. (1.6-60). Die geringfügigen Abweichungen von der Konstanz von K_c, die wir aus Tab. 1.6-7 entnehmen, sind eine Folge davon, dass wir anstelle der Aktivitäten die Konzentrationen verwendet haben.

1.6.9
Starke Elektrolyte, die Debye-Hückel-Onsager-Theorie

Nachdem wir mit dem Ostwald'schen Verdünnungsgesetz eine quantitative Erklärung des Leitungsverhaltens der schwachen Elektrolyte gefunden haben, wollen wir uns noch einmal dem Verhalten der starken Elektrolyte zuwenden.

Würden wir versuchen, auch bei einem starken Elektrolyten die Konzentrationsabhängigkeit von Λ_c gemäß Gl. (1.6-60) auf eine unvollständige Dissoziation zurückzuführen, d. h. auf einen starken Elektrolyten das Ostwald'sche Verdünnungsgesetz anzuwenden, dann kämen wir zu völlig unbrauchbaren Ergebnissen. K_c erwiese sich als stark abhängig von c. Im Fall der Salzsäure würde sich K_c für Konzentrationen zwischen $2 \cdot 10^{-5}$ M und $2 \cdot 10^{-3}$ M um eine Zehnerpotenz ändern. Dass wir das Ostwald'sche Verdünnungsgesetz nicht auf einen starken Elektrolyten anwenden können, erkennen wir auch daran, dass es für sehr niedrige Konzentrationen eine lineare Abhängigkeit von c liefert und nicht die experimentell bestätigte lineare Abhängigkeit von $\sqrt{c}$ (vgl. Abschnitt 1.6.4 und Abb. 1.6-10). Für extrem kleine Konzentrationen muss nämlich nach Gl. (1.6-58) α gegen 1 streben, so dass $\Lambda_c \approx \Lambda_0$. Wir können für Gl. (1.6-60) dann schreiben

$$\frac{\Lambda_0^2}{(\Lambda_0 - \Lambda_c)\Lambda_0} \cdot c = K_c \qquad (1.6\text{-}61)$$

$$\Lambda_0 - \Lambda_c = \frac{\Lambda_0 \cdot c}{K_c} \qquad (1.6\text{-}62)$$

$$\Lambda_c = \Lambda_0 - \frac{\Lambda_0}{K_c} \cdot c \qquad (1.6\text{-}63)$$

Wenn die starken Elektrolyte dem Ostwald'schen Verdünnungsgesetz nicht gehorchen, ist ihr Dissoziationsgrad konzentrationsunabhängig, was wiederum nur möglich ist, wenn sie stets vollständig dissoziiert vorliegen. Eine Konzentrationsabhängigkeit von Λ_c kann dann nur bedeuten, dass zwischen den Ladungsträgern, d. h. zwischen den Ionen, mit zunehmender Konzentration zunehmende Wechselwirkungen auftreten, die die bei der Ableitung von Gl. (1.6-60) angenommene, von anderen Ionen unbeeinflusste elektrische Beweglichkeit der Ionen einschränken. Bei den schwachen Elektrolyten ist wegen des kleinen Dissoziationsgrades die Konzentration der Ionen so gering (nach Tab. 1.6-7 beträgt der Dissoziationsgrad für eine 10^{-1} M Essigsäurelösung bei 298 K nur 0.0133), dass sich auf Grund ihrer großen gegenseitigen Entfernung diese Wechselwirkungskräfte nicht so deutlich bemerkbar machen. Bei ihnen überwiegt bei weitem der Einfluss der Konzentrationsabhängigkeit von α.

Wenn wir uns nun zum Abschluss des einführenden Kapitels der Betrachtung der interionischen Wechselwirkung zuwenden, verlassen wir damit die von uns bisher (mit Ausnahme der Hydratation) vorausgesetzte Annahme eines idealen Verhaltens der Teilchen und leiten damit gleichzeitig über zur Behandlung des realen Verhaltens der Materie (vgl. Abschnitt 2.1).

Für die starken Elektrolyte schreiben wir in formaler Analogie zu Gl. (1.6-59)

$$\frac{\Lambda_c}{\Lambda_0} = f_\Lambda \qquad (1.6\text{-}64)$$

und nennen f_Λ den *Leitfähigkeitskoeffizienten*.

Wir suchen nach einer Modellvorstellung für den Aufbau einer Elektrolytlösung und für die zwischen den Ionen wirkenden Kräfte und versuchen dann, die Auswirkung dieser Kräfte auf die elektrolytische Leitfähigkeit, d. h. den Leitfähigkeitskoeffizienten, zu berechnen. Wir folgen dabei den Vorstellungen von Debye und Hückel.

Modell der Elektrolytlösung

Wir setzen voraus, dass starke Elektrolyte bei allen Konzentrationen vollständig dissoziiert sind. Die Ionen sind solvatisiert. Wir betrachten sie als kugelförmige, nicht polarisierbare Ladungen mit einem kugelsymmetrischen elektrischen Feld. Zwischen ihnen sind anziehende und abstoßende elektrostatische Kräfte wirksam (andere als Coulomb-Kräfte schließen wir aus), auf Grund derer es zur Ausbildung einer *Nahordnung* kommt. Diese Nahordnung rührt daher, dass sich jedes Ion mit Ionen des entgegengesetzten Vorzeichens zu umgeben versucht, so wie es in Abb. 1.6-16 angedeutet ist. Jedes Ion ist also gleichzeitig *Zentralion* und Bestandteil der *Ionenwolke* eines Nachbarions. Wie ungeladene Teilchen unterliegen die Ionen aber auch einer ungeordneten *thermischen Bewegung*, die der Ausbildung der Nahordnung entgegenwirkt. Wir gehen weiterhin davon aus, dass die Coulomb'sche Anziehungsenergie klein ist gegenüber der thermischen Bewegungsenergie. Da die Coulomb-Kräfte mit dem Quadrat des Abstandes abfallen, können wir diese

Abbildung 1.6-16 Nahordnung in Elektrolytlösungen.

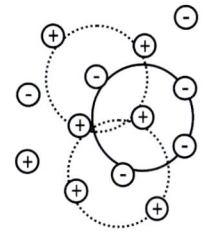

Forderung erfüllen, wenn wir nur hinreichend verdünnte Lösungen betrachten, bei denen die Ionen im Mittel weit voneinander entfernt sind. In diesen verdünnten Lösungen können wir die Dielektrizitätskonstante der Lösung als identisch mit der des Lösungsmittels annehmen.

Wenn wir eine solche Lösung in ein äußeres elektrisches Feld bringen, so werden, wie wir es in Abschnitt 1.6.2 ausgeführt haben, die Ionen entsprechend ihrer Ladung auf eine der beiden Elektroden zuwandern. Zusätzlich zu den in Abschnitt 1.6.2 behandelten Effekten müssen wir aber zwei weitere berücksichtigen, die man als *Relaxationseffekt* und *elektrophoretischen Effekt* bezeichnet. Der *Relaxationseffekt* rührt daher, dass unter dem Einfluss des elektrischen Feldes die entgegengesetzt geladenen Ionen in entgegengesetzter Richtung beschleunigt werden. Dadurch wird die Nahordnung gestört, die Ionenwolke muss immer wieder neu aufgebaut werden, was einige Zeit beansprucht. Ein Ion wandert deshalb dem Schwerpunkt seiner Ionenwolke etwas voraus. Daraus resultiert eine zurückhaltende Kraft, eine Bremswirkung. Bei der Einführung der Stokes'schen Reibung in Abschnitt 1.6.2 waren wir von einer Bewegung der Ionen in einem ruhenden Medium ausgegangen. Wir müssen nun aber beachten, dass die Ionen der Ionenwolke mit ihren Hydrathüllen in entgegengesetzter Richtung wie das Zentralion mit seiner Hydrathülle wandern. Dadurch wird der Reibungseffekt noch verstärkt (*elektrophoretischer Effekt*). Bevor wir uns jedoch mit der Berechnung des Leitfähigkeitskoeffizienten beschäftigen können, müssen wir uns der quantitativen Behandlung der interionischen Wechselwirkung zuwenden, auf die wir auch später bei der Besprechung der Aktivitäten (Abschnitt 2.5.5) zurückgreifen werden.

Quantitative Behandlung der interionischen Wechselwirkung

Für die von uns angenommene kugelsymmetrische Ladungsverteilung um das Zentralion liefert die

Poisson'sche Gleichung

$$\frac{1}{r^2} \cdot \frac{\partial}{\partial r}\left(r^2 \frac{\partial \varphi(r)}{\partial r}\right) = -\frac{\varrho(r)}{\varepsilon_r \varepsilon_0} \tag{1.6-65}$$

den Zusammenhang zwischen dem elektrischen Potential $\varphi(r)$, der Ladungsdichte $\varrho(r)$ und dem Abstand r vom Zentralion, wenn ε_r die Dielektrizitätskonstante des Mediums und ε_0 die elektrische Feldkonstante ist. Wir übernehmen diese Gleichung ohne Ableitung aus den Lehrbüchern der Elektrostatik.

Für die Berechnung der interionischen Wechselwirkung benötigen wir die Kenntnis von $\varphi(r)$. Wir erhalten sie, wenn wir die Poisson'sche Gleichung lösen, wozu wir allerdings zuvor die Ladungsdichte $\varrho(r)$ kennen müssen. Wir wollen sie mit Hilfe einer Analogiebetrachtung herleiten. Wie wir oben ausgeführt haben, liegt in unserer Elektrolytlösung ein Wechselspiel zweier Energien vor, der elektrostatischen Anziehung, für ein Ion der Ladung $z_i \cdot e$ im Potential $\varphi(r)$ gegeben durch $z_i \cdot e \cdot \varphi(r)$, und der thermischen Energie. Ein vergleichbares Wechselspiel, nämlich zwischen der potentiellen Energie $m \cdot g \cdot h$ (vgl. Gl. 1.1-3) und der thermischen Energie, finden wir bei der Dichteverteilung im Schwerefeld der Erde (barometrische Höhenformel). Für das Verhältnis $^1N_i(r)/^1\overline{N}_i$ von Zahl $^1N_i(r)$ der Ionen pro Volumeneinheit im Abstand r vom Zentralatom zur mittleren Zahl $^1\overline{N}_i$ dieser Ionen in der Volumeneinheit der Lösung ergibt sich deshalb

$$\frac{^1N_i(r)}{^1\overline{N}_i} = e^{-\frac{z_i \cdot e \cdot \varphi(r)}{kT}} \tag{1.6-66}$$

Die Ladungsdichte $\varrho(r)$ erhalten wir, wenn wir die Ionendichte $^1N_i(r)$ mit der Ladung $z_i \cdot e$ dieser Ionen multiplizieren und über alle Ionenarten i summieren:

$$\varrho(r) = \sum_i z_i e \, ^1\overline{N}_i e^{-\frac{z_i \cdot e \cdot \varphi(r)}{kT}} \tag{1.6-67}$$

Ist in einer sehr verdünnten Lösung $z_i e \varphi(r) \ll kT$ (s. oben), so können wir die e-Funktion in einer Reihe entwickeln

$$e^{-\frac{z_i \cdot e \cdot \varphi(r)}{kT}} = 1 - \frac{z_i \cdot e \cdot \varphi(r)}{kT} + \frac{1}{2!}\left(\frac{z_i \cdot e \cdot \varphi(r)}{kT}\right)^2 + \ldots \tag{1.6-68}$$

und die Reihe nach dem 2. Glied abbrechen. Es ist dann

$$\varrho(r) = \sum_i z_i e \, ^1\overline{N}_i \left(1 - \frac{z_i \cdot e \cdot \varphi(r)}{kT}\right) \tag{1.6-69}$$

$$\varrho(r) = \sum_i z_i e \, ^1\overline{N}_i - \frac{e^2 \varphi(r)}{kT} \sum_i z_i^2 \cdot ^1\overline{N}_i \tag{1.6-70}$$

Diesen Ausdruck können wir weiter vereinfachen. Wegen der Elektroneutralitätsbedingung muss der erste Term, der lediglich die Summation aller Ladungen beinhaltet, null sein. Beachten wir weiterhin, dass

$$^1\overline{N}_i = N_A \cdot c_i \tag{1.6-71}$$

mit der Stoffmengenkonzentration c_i ist, und führen wir nach Lewis und Randall für

$$\frac{1}{2}\sum z_i^2 c_i = I \qquad (1.6\text{-}72)$$

den Begriff *Ionenstärke*

ein, so ergibt sich aus Gl. (1.6-70) für

die Ladungsdichte

$$\varrho(r) = -\frac{2N_A e^2 I}{kT}\cdot \varphi(r) \qquad (1.6\text{-}73)$$

Die Poisson'sche Gleichung erhält somit die Form

$$\frac{1}{r^2}\frac{\partial}{\partial r}\left(r^2\frac{\partial \varphi(r)}{\partial r}\right) = \frac{2N_A e^2 I}{\varepsilon_r \varepsilon_0 kT}\varphi(r) \qquad (1.6\text{-}74)$$

Zweckmäßigerweise setzen wir noch als Abkürzung

$$\frac{1}{\beta} = \left(\frac{2N_A e^2 I}{\varepsilon_r \varepsilon_0 kT}\right)^{1/2} \qquad (1.6\text{-}75)$$

und schreiben für die Poisson'sche Gleichung, die man nun

Poisson-Boltzmann-Gleichung nennt,

$$\frac{1}{r^2}\frac{\partial}{\partial r}\left(r^2\frac{\partial \varphi(r)}{\partial r}\right) = \left(\frac{1}{\beta}\right)^2 \cdot \varphi(r) \qquad (1.6\text{-}76)$$

Die Lösung dieser Gleichung (vgl. Mathematischer Anhang P) führt zu

$$\varphi(r) = \frac{A}{r}e^{-\frac{r}{\beta}} + \frac{B}{r}\cdot e^{\frac{r}{\beta}} \qquad (1.6\text{-}77)$$

mit den beiden Integrationskonstanten A und B. Für ihre Bestimmung stehen uns zwei Bedingungen zur Verfügung, die Forderung, dass für $r \to \infty$ $\varphi(r)$ gegen null gehen muss, und die Elektroneutralitätsbedingung. Wir erkennen unmittelbar, dass die erste Bedingung nur erfüllt werden kann, wenn $B = 0$ ist. Gl. (1.6-77) reduziert sich also auf

$$\varphi(r) = \frac{A}{r}e^{-\frac{r}{\beta}} \qquad (1.6\text{-}78)$$

Die Elektroneutralitätsbedingung fordert, dass die gesamte Ladung der Ionenwolke gleich der Ladung des Zentralions, jedoch mit entgegengesetztem Vorzeichen ist. Die gesamte Ladung der als kugelsymmetrisch angenommenen Ionenwolke erhalten wir durch Integration der Ladungsdichte über den gesamten Raum der Ionenwolke. Die Ladungsdichte in Abhängigkeit von r erhalten wir durch Einsetzen von Gl. (1.6-78) in Gl. (1.6-73) unter Berücksichtigung von Gl. (1.6-75)

$$\varrho(r) = -\varepsilon_r \varepsilon_0 \cdot \frac{A}{\beta^2 r} \cdot e^{-\frac{r}{\beta}} \tag{1.6-79}$$

so dass die gesamte Ladung der Ionenwolke gegeben ist durch

$$\int_V \varrho \, dV = -\varepsilon_r \varepsilon_0 \cdot A \int_a^\infty \frac{1}{\beta^2} \cdot \frac{1}{r} \cdot e^{-\frac{r}{\beta}} \cdot 4\pi r^2 \, dr \tag{1.6-80}$$

wobei berücksichtigt ist, dass sich die Ionenwolke vom kleinstmöglichen Abstand vom Zentralion (a = Radius des Ions i) bis ins Unendliche erstreckt. Die rechte Seite von Gl. (1.6-80) muss nach dem oben Gesagten gleich dem negativen Wert der Ladung des Zentralions sein, so dass wir mit

$$-z_i \cdot e = -4\pi \varepsilon_r \varepsilon_0 A \int_{\frac{a}{\beta}}^\infty \frac{r}{\beta} \cdot e^{-\frac{r}{\beta}} \cdot d\left(\frac{r}{\beta}\right) \tag{1.6-81}$$

eine Bestimmungsgleichung für A erhalten. Partielle Integration liefert $\left(1 + \frac{a}{\beta}\right) e^{-\frac{a}{\beta}}$, so dass wir für A den Wert

$$A = \frac{z_i e}{4\pi \varepsilon_r \varepsilon_0} \cdot \frac{e^{\frac{a}{\beta}}}{\left(1 + \frac{a}{\beta}\right)} \tag{1.6-82}$$

finden. Setzen wir Gl. (1.6-82) in Gl. (1.6-78) ein, so ergibt sich schließlich für das Potential $\varphi(r)$

$$\varphi(r) = \frac{z_i e}{4\pi \varepsilon_r \varepsilon_0} \cdot \frac{e^{\frac{a}{\beta}}}{1 + \frac{a}{\beta}} \cdot \frac{e^{-\frac{r}{\beta}}}{r} \tag{1.6-83}$$

Diese Gleichung ist die zentrale Gleichung der Debye-Hückel'schen Theorie.

Wir wollen sie deshalb ein wenig näher diskutieren. Das Potential $\varphi(r)$ sollte aus zwei Anteilen aufgebaut sein, einem Anteil $\varphi_z(r)$, der vom Zentralion, und einem Anteil $\varphi_w(r)$, der von der Ionenwolke herrührt. Der erste Anteil ist durch

$$\varphi_z(r) = \frac{z_i e}{4\pi \varepsilon_r \varepsilon_0 r} \tag{1.6-84}$$

gegeben. Für den zweiten folgt aus Gl. (1.6-83) und Gl. (1.6-84)

1.6 Einführung in die Elektrochemie

$$\varphi_{\mathrm{w}}(r) = \varphi(r) - \varphi_{\mathrm{z}}(r) = \frac{z_i e}{4\pi \varepsilon_r \varepsilon_0 r} \cdot \left(\frac{e^{\frac{a}{\beta}}}{1 + \frac{a}{\beta}} \cdot e^{-\frac{r}{\beta}} - 1 \right) \tag{1.6-85}$$

Gleichung (1.6-84) würde auch bei Abwesenheit jeglicher interionischer Wechselwirkung gültig bleiben. Gleichung (1.6-85) wird bestimmt durch die Größe β und beschreibt die eigentliche interionische Wechselwirkung. Nach Gl. (1.6-75) ist β umgekehrt proportional der Wurzel aus der Ionenstärke. Geht die Konzentration und somit nach Gl. (1.6-72) auch die Ionenstärke gegen null, so strebt β gegen ∞ und nach Gl. (1.6-85) $\varphi_{\mathrm{w}}(r)$ gegen null. Wir nähern uns dem idealen Verhalten an.

Die Größe β hat die Dimension einer Länge. Man bezeichnet sie als Radius der Ionenwolke, weil in diesem Abstand vom Mittelpunkt des Zentralatoms die Ladungsdichte $d\varrho/dr = \varrho 4\pi r^2$ innerhalb der Ionenwolke maximal ist. Wir sehen dies sofort, wenn wir in Gl. (1.6-79) den aus Gl. (1.6-82) folgenden Wert für A einsetzen,

$$\varrho(r) = -\frac{z_i \cdot e}{4\pi \beta^2} \cdot \frac{e^{\frac{a}{\beta}}}{\left(1 + \frac{a}{\beta}\right)} \cdot \frac{1}{r} \cdot e^{-\frac{r}{\beta}} \tag{1.6-86}$$

durch Multiplikation mit $4\pi r^2 dr$ die Ladung innerhalb einer Kugelschale mit dem Radius r und der Dicke dr berechnen,

$$\varrho \cdot 4\pi r^2 dr = \mathrm{const.} \cdot r \cdot e^{-\frac{r}{\beta}} dr \tag{1.6-87}$$

und nach Bilden der 1. Ableitung den Extremwert von $\varrho \cdot 4\pi r^2$ bestimmen:

$$\frac{d(\varrho 4\pi r^2)}{dr} = 0 = \mathrm{const.} \left[e^{-\frac{r}{\beta}} - \frac{1}{\beta} \cdot r \cdot e^{-\frac{r}{\beta}} \right] \tag{1.6-88}$$

Diese Gleichung ist erfüllt für

$$r(\varrho 4\pi r^2)_{\mathrm{max}} = \beta \tag{1.6-89}$$

Setzen wir in Gl. (1.6-75) die universellen Konstanten ein, so erhalten wir

für den Radius der Ionenwolke

$$\beta = 6.288 \cdot 10^{-11} \left(\frac{\mathrm{mol}}{\mathrm{K} \cdot \mathrm{m}} \right)^{1/2} \left(\frac{\varepsilon_r T}{I} \right)^{1/2} \tag{1.6-90}$$

und für den speziellen Fall wässriger Lösungen bei 298 K [$\varepsilon_r(\mathrm{H_2O}) = 78.30$]

$$\beta(\mathrm{H_2O},\ 298\,\mathrm{K}) = 1.358 \cdot 10^{-8} \left(\frac{\mathrm{mol}}{\mathrm{m}} \right)^{1/2} \left(\sum z_i^2 c_i \right)^{-1/2} \tag{1.6-91}$$

Tabelle 1.6-8 Radius der Ionenwolke im Wasser bei 298 K für verschiedene Salztypen (z^+, z^- bzw. z^-, z^+) in Abhängigkeit von der Konzentration.

$\dfrac{c}{\text{mol dm}^{-3}}$	$\beta(1,1)$/nm	$\beta(1,2)$/nm	Salztyp $\beta(2,2)$/nm	$\beta(1,3)$nm
10^{-1}	0.96	0.55	0.48	0.39
10^{-2}	3.04	1.76	1.52	1.24
10^{-3}	9.6	5.55	4.81	3.93
10^{-4}	30.4	17.6	15.2	12.4

Tabelle 1.6-8 zeigt uns, dass die nach Gl. (1.6-91) berechneten Radien der Ionenwolke mit abnehmender Konzentration und abnehmender Ionenladung stark zunehmen. Bei 10^{-1} M Lösungen sind die Radien der Ionenwolke in der Größenordnung der Ionenradien, bei 10^{-4} M Lösungen jedoch um fast zwei Zehnerpotenzen größer.

Wir wollen nun zum Schluss noch nach dem Potential der Ionenwolke am Rand des Zentralions fragen. Dieses Problem wird uns später (Abschnitt 2.5.5) noch sehr beschäftigen. Da kein Ion der Ionenwolke dichter als bis auf den Abstand a an den Mittelpunkt des Zentralions herankommen kann, erhalten wir das gesuchte Potential, indem wir in Gl. (1.6-85) r durch a ersetzen:

$$\varphi_w(r=a) = \frac{z_i e}{4\pi\varepsilon_r\varepsilon_0 a}\left(\frac{e^{\frac{a}{\beta}}}{1+\frac{a}{\beta}}\cdot e^{-\frac{a}{\beta}} - 1\right) \tag{1.6-92}$$

$$\varphi_w(r=a) = -\frac{z_i e}{4\pi\varepsilon_r\varepsilon_0}\cdot\frac{1}{\beta+a} \tag{1.6-93}$$

Berechnung des Leitfähigkeitskoeffizienten f_Λ

Debye, Hückel und Onsager verknüpften zur Berechnung des Leitfähigkeitskoeffizienten f_Λ die oben entwickelte Theorie der interionischen Wechselwirkung mit der Kontinuitätsgleichung der Hydrodynamik. In Anbetracht der sehr schwierigen mathematischen Behandlung wollen wir uns hier damit begnügen, die Resultate der Berechnungen anzugeben. Aufgrund der Existenz des Relaxationseffektes und des elektrophoretischen Effektes setzt sich die molare Leitfähigkeit Λ_c aus drei Anteilen zusammen, der molaren Grenzleitfähigkeit Λ_0, dem Relaxationsanteil Λ_rel und dem elektrophoretischen Anteil Λ_el:

$$\Lambda_c = \Lambda_0 - \Lambda_\text{rel} - \Lambda_\text{el} \tag{1.6-94}$$

Aus den Ausführungen bezüglich des Modells der Elektrolytlösung dürfen wir schließen, dass Λ_rel und Λ_el stark von den Ladungszahlen der Ionen und dem Radius β der Ionenwolke abhängen werden. Weiterhin sollte beim Relaxationseffekt die Geschwindigkeit des Zentralions im Feld eine Rolle spielen. Für diese ist Λ_0 ein Maß. Beim elektrophoretischen Effekt ist zu erwarten, dass wegen der gegensinnigen Bewegung des Ions und der Ionen der Ionenwolke wieder das Stockes'sche Reibungsgesetz und damit die Viskosität eine Rolle spielt. Für einen einfachen, vollständig dissoziierten Elektrolyten findet man

$$\Lambda_{\text{rel}} = \frac{e^2}{3k} \frac{|z^+ z^-|q}{1+\sqrt{q}} \cdot \frac{1}{4\pi\varepsilon_r\varepsilon_0 T} \cdot \Lambda_0 \cdot \frac{1}{\beta} \tag{1.6-95}$$

$$\Lambda_{\text{el}} = \frac{F \cdot e}{6\pi} \cdot \frac{|z^+| + |z^-|}{\eta} \cdot \frac{1}{\beta} \tag{1.6-96}$$

mit

$$q = \frac{|z^+ z^-|}{|z^+| + |z^-|} \cdot \frac{\Lambda_0^+ + \Lambda_0^-}{|z^+|\Lambda_0^- + |z^-|\Lambda_0^+} \tag{1.6-97}$$

Fassen wir die Gleichungen (1.6-94) bis (1.6-96) zusammen und berücksichtigen noch Gl. (1.6-90), so erhalten wir

$$\Lambda_c = \Lambda_0 - \left[8.8606 \cdot 10^{+4} \left(\frac{\text{K}^{3/2}\text{m}^{3/2}}{\text{mol}^{1/2}} \right) \frac{1}{(\varepsilon_r T)^{3/2}} \frac{|z^+ z^-|q}{1+\sqrt{q}} \Lambda_0 + \right.$$
$$\left. + 1.304 \cdot 10^{-5} \frac{\text{A}^2\text{s}^2\text{m}^{1/2}\text{K}^{1/2}}{\text{mol}^{3/2}} \frac{1}{\eta(\varepsilon_r T)^{1/2}} (|z^+| + |z^-|) \right] \sqrt{I} \tag{1.6-98}$$

Dabei ist die Viskosität in $\text{kg m}^{-1}\text{s}^{-1}$ einzusetzen. Wenden wir diesen Ausdruck auf wässrige Elektrolytlösungen bei 298 K an, für die $\varepsilon_r = 78.30$ und $\eta = 0.890 \cdot 10^{-3} \text{kg m}^{-1}\text{s}^{-1}$ ist, so ergibt sich

$$\Lambda_c = \Lambda_0 - \left[2.486 \cdot 10^{-2} \left(\frac{\text{m}^3}{\text{mol}} \right)^{1/2} \frac{|z^+ z^-|q}{1+\sqrt{q}} \Lambda_0 + \right.$$
$$\left. + 9.592 \cdot 10^{-5} \frac{\text{m}^{7/2}}{\text{mol}^{3/2}\Omega} (|z^+| + |z^-|) \right] \sqrt{I} \tag{1.6-99}$$

Für 1,1-wertige Elektrolyte ist $|z^+| = |z^-| = 1$ und q aus Gl. (1.6-97) nimmt den Wert $\frac{1}{2}$ an, so dass für diesen speziellen Fall gilt

$$\Lambda_c(\text{1,1-wertig}) =$$
$$\Lambda_0 - [7.281 \cdot 10^{-3} \Lambda_0 + 1.918 \cdot 10^{-4} \text{m}^2\,\Omega^{-1}\,\text{mol}^{-1}] \cdot \left(\frac{\text{m}^3}{\text{mol}} \right)^{1/2} \sqrt{c} \tag{1.6-100}$$

Wir sehen, dass wir bei den verwendeten Zahlenwerten die Stoffmengenkonzentration in mol · m^{-3} einsetzen müssen und die molare Leitfähigkeit in m^2 Ω^{-1} mol^{-1} erhalten. Wollen wir die Konzentration als Molarität, d. h. in mol dm^{-3}, und die molare Leitfähigkeit in cm^2 Ω^{-1} mol^{-1} angegeben, so wie wir es in den Tabellen getan haben, so folgt aus Gl. (1.6-100)

$$\Lambda_c(1.1\text{-wertig}) = \Lambda_0 - [0.2302\,\Lambda_0 + 60.68\,\text{cm}^2\,\Omega^{-1}\,\text{mol}^{-1}] \cdot \left(\frac{\text{dm}^3}{\text{mol}}\right)^{1/2} \sqrt{c}$$

(1.6-101)

und

für den Leitfähigkeitskoeffizienten f_Λ

$$f_\Lambda(1.1\text{-wertig}) = 1 - \frac{1}{\Lambda_0}\,[0.2302\,\Lambda_0 + 60.68\,\text{cm}^2\,\Omega^{-1}\,\text{mol}^{-1}] \cdot \left(\frac{\text{dm}^3}{\text{mol}}\right)^{1/2} \sqrt{c}$$

(1.6-102)

Wir erkennen sofort die Übereinstimmung mit dem Kohlrausch'schen $\sqrt{c}$-Gesetz (vgl. Gl. (1.6-40)).

Bedenken wir, dass wir bei der Ableitung der interionischen Wechselwirkung die Bedingung erfüllen mussten, dass die Coulomb'sche Wechselwirkungsenergie $\ll kT$ sein musste, was nur bei sehr verdünnten Lösungen gilt, so verstehen wir, dass auch die Debye-Hückel-Onsager'sche Theorie nur bei hohen Verdünnungen ($\ll 10^{-2}$ M) eine gute Übereinstimmung mit dem experimentellen Ergebnis liefert.

Selbstverständlich spielt die interionische Wechselwirkung auch bei schwachen Elektrolyten eine Rolle, doch wird, wie wir bereits oben diskutiert haben, die Konzentrationsabhängigkeit des Dissoziationsgrades einen größeren Einfluss auf die molare Leitfähigkeit haben als die interionische Wechselwirkung. Bei einer genauen Untersuchung müssen wir bei schwachen Elektrolyten deshalb anstelle von Gl. (1.6-59) schreiben

$$\frac{\Lambda_c}{\Lambda_0} = f_\Lambda \cdot \alpha$$

(1.6-103)

Für den Leitfähigkeitskoeffizienten eines schwachen 1,1-wertigen Elektrolyten folgt unter Beachtung von Gl. (1.6-102) für 298 K

$$f_\Lambda = \frac{\Lambda_c}{\Lambda_0 \cdot \alpha} = 1 - \frac{0.2302\,\Lambda_0 + 60.68\,\text{cm}^2\,\Omega^{-1}\,\text{mol}^{-1}}{\Lambda_0}\left(\frac{\text{dm}^3}{\text{mol}}\right)^{1/2} \sqrt{\alpha c}$$

(1.6-104)

Dabei muss beachtet werden, dass α eine Funktion von c ist.

1.6.10
Anwendungen der Leitfähigkeitsmessungen

Dank der Tatsache, dass die molare Leitfähigkeit eine einfache Funktion der Konzentration ist, bieten sich Leitfähigkeitsmessungen für Konzentrationsbestimmungen an. Darauf gründen sich verschiedene Anwendungen im Bereich der Thermodynamik (Bestimmung des Ionenproduktes des Wassers, Bestimmung des Löslichkeitsproduktes eines schwerlöslichen Salzes, Bestimmung der Lösungswärme eines schwerlöslichen Salzes, Bestimmung von thermodynamischen Gleichgewichtskonstanten und Aktivitätskoeffizienten schwacher Elektrolyte), worauf wir bei gegebener Gelegenheit in Kapitel 2 noch zurückkommen werden. Auch für kinetische Untersuchungen können Leitfähigkeitsmessungen in Frage kommen, und zwar dann, wenn bei der Reaktion Ionen entstehen oder verschwinden oder wenn langsam wandernde Ionen durch schnell wandernde ersetzt werden oder umgekehrt.

Aus diesem Grund eignen sich Leitfähigkeitsmessungen auch als Indikator bei Titrationen. In Abb. 1.6-17 ist der Leitfähigkeitsverlauf bei der Titration einer Säure dargestellt. Auf der Abszisse ist die Menge zugesetzter Lauge, auf der Ordinate die Leitfähigkeit aufgetragen. Im anfänglichen Teil sinkt die Leitfähigkeit, weil die schnell wandernden Protonen durch langsamer wandernde Alkali-Ionen ersetzt werden. Hinter dem Äquivalenzpunkt steigt die Leitfähigkeit wieder, da ohne weitere chemische Reaktion Alkali- und Hydroxid-Ionen hinzukommen.

Bislang haben wir noch nicht davon gesprochen, dass bei der elektrolytischen Ionenwanderung auch ein Isotopieeffekt auftritt. Er ist zwar klein, doch ist es gelungen, unter Ausnutzung dieses Effektes Isotopenanreicherungen bei festen und geschmolzenen Salzen, bei wässrigen Lösungen und bei Metallen zu erzielen.

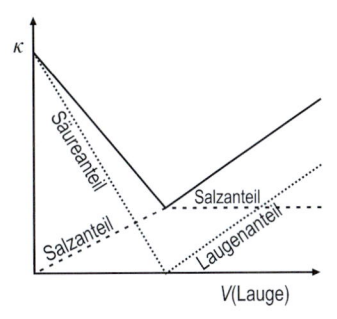

Abbildung 1.6-17 Leitfähigkeitstitration einer Säure.

1.6.11
Kernpunkte des Abschnitts 1.6

- ☑ Erstes und zweites Faraday'sches Gesetz, S. 199
- ☑ Zersetzungsspannung, S. 201
- ☑ Elektrolyse – galvanische Stromerzeugung, S. 201
- ☑ Stokes'sches Gesetz, Gl. (1.6-21)
- ☑ Elektrische Beweglichkeit der Ionen, Gl. (1.6-23)
- ☑ Spezifische Leitfähigkeit, Gl. (1.6-28)
- ☑ Molare Leitfähigkeit, Gl. (1.6-29) Erstes Kohlrausch'sches Gesetz von der unabhängigen Wanderung der Ionen, Gl. (1.6-33)

Konzentrationsabhängigkeit der molaren Leitfähigkeit, S. 211

- ☑ Kohlrausch'sches Quadratwurzelgesetz, Gl. (1.6-40)
- ☑ Messung elektrischer Ionenbeweglichkeiten und Überführungszahl, S. 215

Hydratation der Ionen, S. 220

- ☑ Walden'sche Regel, Gl. (1.6-51)

Schwache Elektrolyte, S. 225

- ☑ Ostwald'sches Verdünnungsgesetz, Gl. (1.6-60)

Starke Elektrolyte - Debye-Hückel-Onsager-Theorie, S. 227

- ☑ Leitfähigkeitskoeffizient, Gl. (1.6-64)
- ☑ Poisson'sche Gleichung, Gl. (1.6-65)
- ☑ Ionenstärke, Gl. (1.6-72)
- ☑ Poisson-Boltzmann-Gleichung, Gl. (1.6-76)
- ☑ Radius der Ionenwolke, Gl. (1.6-90, 91)
- ☑ Leitfähigkeitskoeffizient, Berechnung, Gl. (1.6-102)

Anwendungen der Leitfähigkeitsmessungen, S. 237

1.6.12
Rechenbeispiele zu Abschnitt 1.6

1. In einem Stromkreis sind ein Knallgas- und ein Silbercoulometer hintereinandergeschaltet. Welches Volumen hat das entwickelte Knallgas bei 0.960 bar und 298 K, wenn im Silbercoulometer 856 mg Silber abgeschieden worden sind?

2. In einer elektrolytischen Zelle misst man für eine 0.001 M Kaliumnitratlösung bei 291 K einen Widerstand von 3866.3 Ω. Für reines Wasser fand man 96·10^4 Ω. Wie groß ist die molare Leitfähigkeit einer 0.001 M Rubidiumchloridlösung, wenn man bei der gleichen Temperatur für eine solche Lösung einen Widerstand von 3698.0 Ω erhält? [Λ(0.001 M KNO_3) = 123.65 Ω^{-1} cm^2 mol^{-1}]

3. Bei 298 K beträgt die Leitfähigkeit einer gesättigten AgBr-Lösung $15.37 \cdot 10^{-8}$ Ω^{-1} cm^{-1}. Wie groß ist die Löslichkeit des AgBr bei dieser Temperatur (in g dm^{-3}), wenn das zum Lösen verwendete Wasser eine Leitfähigkeit von $4.05 \cdot 10^{-8}$ Ω^{-1} cm^{-1} besitzt? Die molaren Grenzleitfähigkeiten wässriger Lösungen von AgNO$_3$, HNO$_3$ und HBr betragen bei der gleichen Temperatur $133.3\,\Omega^{-1}$cm^2 mol^{-1}, $420.0\,\Omega^{-1}$ cm^2 mol^{-1} bzw. $429.4\,\Omega^{-1}$cm^2 mol^{-1}.

4. In einer 0.1 M NaCl-Lösung beträgt bei 291 K die Überführungszahl des Cl-Ions 0.617. Bei der gleichen Temperatur und Konzentration ist die molare Leitfähigkeit des NaCl $92.02\,\Omega^{-1}$ cm^2 mol^{-1}. Mit welcher Geschwindigkeit wandern die Chlorid-Ionen und die Natrium-Ionen, wenn an die 90 mm voneinander entfernten Elektroden eine Spannung von 5.2 Volt angelegt wird?

5. Die molare Grenzleitfähigkeit des Tetrabutylammoniumpikrats beträgt in Nitrobenzol bei 298 K $27.9\,\Omega^{-1}$ cm^2 mol^{-1}, die Viskosität dieses Lösungsmittels bei der gleichen Temperatur $1.811 \cdot 10^{-3}$ kg m^{-1} s^{-1}. Wie groß ist die molare Grenzleitfähigkeit des Tetrabutylammonium-Ions bei 298 K in Pyridin, wenn für dessen Viskosität $0.8824 \cdot 10^{-3}$ kg m^{-1} s^{-1} angegeben werden und die molare Grenzleitfähigkeit des Pikrat-Ions in Pyridin bei 298 K $33.7\,\Omega^{-1}$ cm^2 mol^{-1} ist?

6. Für die Konzentrationsabhängigkeit der molaren Leitfähigkeit des Kaliumnitrats findet man bei 291 K folgende Werte:

$\dfrac{c}{\text{mol dm}^{-3}}$	0.0001	0.0002	0.0005	0.001	0.002	0.005
$\dfrac{\Lambda}{\Omega^{-1}\text{cm}^2\text{mol}^{-1}}$	125.50	125.18	124.44	123.65	122.60	120.47
$\dfrac{c}{\text{mol dm}^{-3}}$	0.01	0.02	0.05	0.1	0.2	0.5
$\dfrac{\Lambda}{\Omega^{-1}\text{cm}^2\text{mol}^{-1}}$	118.19	115.21	109.86	104.79	98.74	89.24

Man ermittle die molare Grenzleitfähigkeit Λ_0 und vergleiche die experimentell gefundene Konzentrationsabhängigkeit mit der von der Debye-Hückel-Onsager'schen Theorie vorausgesagten. Bei 291 K betragen ε_r (H$_2$O) = 80.8 und η (H$_2$O) = $106 \cdot 10^{-5}$ kg m^{-1} s^{-1}.

7. Für die Konzentrationsabhängigkeit der molaren Leitfähigkeit der Benzoesäure bei 298 K findet man folgende Werte:

$\dfrac{c}{\text{mol dm}^{-3}}$	$9.02 \cdot 10^{-5}$	$1.91 \cdot 10^{-4}$	$2.63 \cdot 10^{-4}$	$3.81 \cdot 10^{-4}$	$7.51 \cdot 10^{-4}$
$\dfrac{\Lambda}{\Omega^{-1}\,\text{cm}^2\,\text{mol}^{-1}}$	212.94	166.03	147.66	127.85	96.68
$\dfrac{c}{\text{mol dm}^{-3}}$	$1.07 \cdot 10^{-3}$	$1.32 \cdot 10^{-3}$	$2.05 \cdot 10^{-3}$	$7.22 \cdot 10^{-3}$	$1.436 \cdot 10^{-2}$
$\dfrac{\Lambda}{\Omega^{-1}\,\text{cm}^2\,\text{mol}^{-1}}$	82.94	75.68	62.17	34.96	24.86

Man versuche, die Konzentrationsabhängigkeit entsprechend Gl. (1.6-40) und Gl. (1.6-63) darzustellen. Was ist aus dem Resultat zu folgern? Wie groß ist die molare Grenzleitfähigkeit Λ_0? Die molare Grenzleitfähigkeit des Natriumbenzoats beträgt bei der gleichen Temperatur 82.3 $\Omega^{-1}\,\text{cm}^2\,\text{mol}^{-1}$, die von NaCl 126.5 $\Omega^{-1}\,\text{cm}^2\,\text{mol}^{-1}$ und die von HCl 426.0 $\Omega^{-1}\,\text{cm}^2\,\text{mol}^{-1}$. Wie groß ist der Dissoziationsgrad der Benzoesäure bei den oben angegebenen Konzentrationen? Man ermittle die Dissoziationskonstante der Benzoesäure nach Gl. (1.6-58).

1.6.13
Literatur zu Abschnitt 1.6

Kortüm, G. (1972) *Lehrbuch der Elektrochemie*, Verlag Chemie, Weinheim

Bergmann, L. und Schaefer, C. (2003) *Lehrbuch der Experimentalphysik, Bd. 4, Bestandteile der Materie, Atome, Moleküle, Atomkerne, Elementarteilchen*, Hrsg. W. v. Raith, mit Beitr. v. M. Fink, R.-D. Heuer, H. Kleinpoppen, K.-P. Lieb, N. Risch, P. Schmüser, 2. überarb. Aufl., Walter de Gruyter & Co. KG; Berlin

Gileadi, E. (2011) *Physical Electrochemistry: Fundamentals, Techniques and Applications*, Wiley-VCH, Weinheim

Hamann, C. H., Hamnett, A. and Vielstich, W. (2007) *Electrochemistry*, 2nd ed., Wiley-VCH, Weinheim

Hamann, C. H. und Vielstich, W. (2005) *Elektrochemie*, 4. Aufl., Wiley-VCH, Weinheim

Bard, A. J. and Faulkner, L. R. (2001) *Electrochemical Methods: Fundamentals and Applications*, 2nd ed., John Wiley & Sons, New York

Crow, D. R. (1994) *Principles and Applications of Electrochemistry*, 4th ed., CRC Press, Boca Raton

Kortüm, G. (1972) *Lehrbuch der Elektrochemie*, Verlag Chemie, Weinheim

1.7
Beugungserscheinungen und reziprokes Gitter

Wir hatten immer wieder gesehen, welch große Bedeutung der Kenntnis der mikroskopischen Struktur von Verbindungen zukommt. Die Methode, mit der man heute Strukturinformation (zumindest fester Stoffe) erhält, ist die Röntgenstrukturanalyse. Dabei beobachtet man die Beugungserscheinungen von Röntgenlicht nach Durchdringung fester Stoffe. Damit schließt dieser Abschnitt an die Versuche mit der Elektronenbeugung an (Abschnitt 1.4.6), bei der man die Wellennatur der Elektronen nutzt, um Beugungserscheinungen zu untersuchen. Alle diese Beugungserscheinungen unterliegen denselben Prinzipien, und wir werden sie auch noch an anderer Stelle nutzen. Der folgende Abschnitt soll dazu dienen, in die Prinzipien der Beugung an regelmäßigen geometrischen Strukturen einzuführen.

Bei Licht handelt es sich um elektromagnetische Strahlung, die eine elektrische und eine magnetische Feldkomponente besitzt. Beide folgen einer periodischen Schwingung im Raum. Elektrische und magnetische Komponenten stehen senkrecht aufeinander sowie auf der Ausbreitungsrichtung, wie in Abb. 1.7-1 angedeutet.

Wir beschränken uns auf die Betrachtung des elektrischen Feldes (die magnetische Komponente kann analog beschrieben werden, ist aber für die folgenden Betrachtungen im Kontext des Buches von geringer Bedeutung, da wir magnetische Wechselwirkungen kaum betrachten):

$$E = E_0 \cdot \sin\{\omega(t - x/c)\} \tag{1.7-1}$$

Hier sind die Kreisfrequenz $\omega = 2\pi\nu$ (ν: Frequenz) und die Wellenlänge $\lambda = c2\pi/\omega$ mit der Phasenverschiebung Φ

$$\Phi = (2\pi/\lambda)x \tag{1.7-2}$$

verknüpft. Letztere wird wichtig, wenn zwei Lichtwellen interferieren. Für das Beugungsbild spielt die Kenntnis der Phasenverschiebung die entscheidende Rolle.

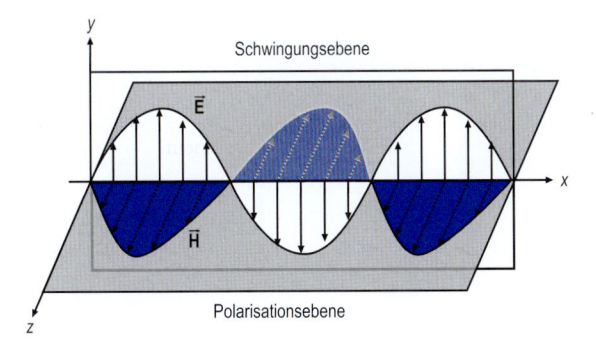

Abbildung 1.7-1 Darstellung der Schwingung von elektrischen und magnetischen Felddichten bei elektromagnetischer Strahlung bei Ausbreitung in x-Richtung.

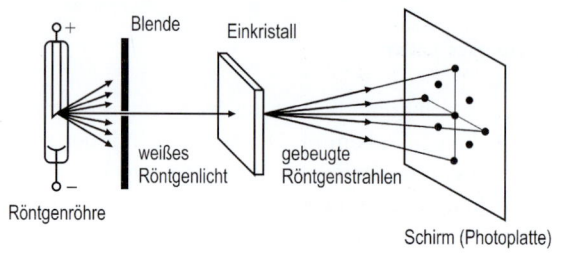

Abbildung 1.7-2 Schematische Darstellung des Aufbaus zur Röntgenbeugung nach Laue.

Abbildung 1.7-2 zeigt schematisch eine Anordnung zur Durchführung der Röntgenbeugung (Laue-Anordnung). In Abb. 1.7-3 sind die Beugungsbilder von Pt und Mo gezeigt. Ein Gitter (Mo) gehört zum kubisch raumzentrierten Typ, das andere zum kubisch flächenzentrierten Typ, wie Abb. 1.7-4 zeigt.

> Wir werden sehen, dass sich die Intensitätsverteilung im Beugungsbild aus der Überlagerung dreier Terme ergibt, die weitgehend unabhängig voneinander sind. Dies sind einmal die Primärintensität der Röntgenstrahlung, zum zweiten ein Term, der sich aus der Form der Elementarzelle ergibt, und zum dritten ein Term, der aus der periodischen Anordnung der Elementarzellen folgt. Man muss dazu wissen, dass die Wahrscheinlichkeit für die Beugung von Licht an einem Atom mit der Zahl der an diesem Atom vorhandenen Elektronen zusammenhängt. Daher haben wir schwere Elemente von Mo und Pt als Proben gewählt.

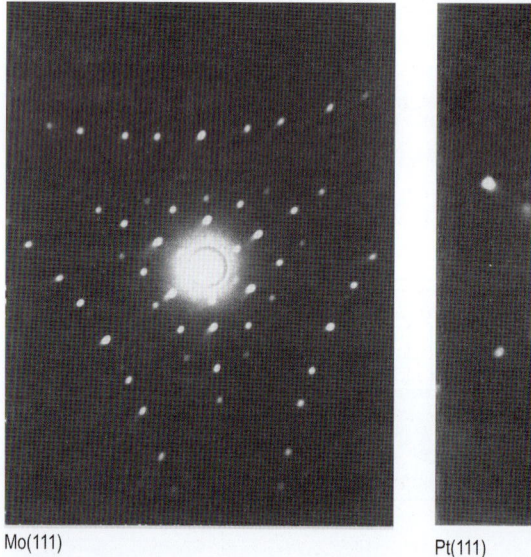

Mo(111)   Pt(111)

Abbildung 1.7-3 Beugungsmuster von Mo und Pt, wobei die Kristalle in (111)-Richtung (Richtung der Raumdiagonalen der Gitter in Abbildung 1.7-4) durchstrahlt werden.

a)   b)

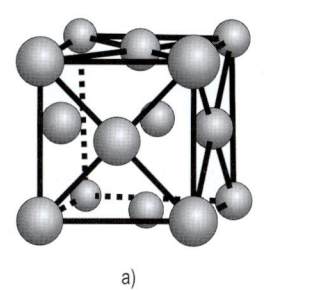

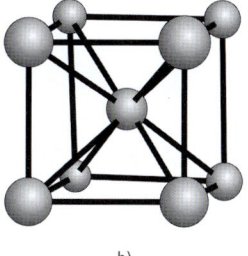

Abbildung 1.7-4 Schematische Darstellung eines kubisch flächenzentrierten Gitters (a), sowie eines raumzentrierten Gitters (b).

Im Folgenden wird nun die Beugung an einfachen Objekten (Spalten) diskutiert, um Einblick in die oben angesprochene Verteilung der Intensität im Raum und den Zusammenhang zur geometrischen Struktur des beugenden Objektes zu gewinnen.

1.7.1
Allgemeine Merkmale der Beugungserscheinungen

Beugungserscheinungen treten allgemein bei Wellen immer dort auf, wo diese durch Hindernisse begrenzt werden. Man findet dann auch im geometrischen Schattenbereich der Hindernisse eine Wellenerregung, d. h. die Begrenzung einer Welle verursacht eine Abweichung von der gradlinigen Wellenausbreitung. Diese Erscheinung wird umso deutlicher, je mehr die Dimension der Hindernisse oder der freien Durchlässe (Spalte, Löcher in Blenden) sich der Größenordnung der Wellenlänge nähert. An Hindernissen greifen also die Wellen um diese herum. Diese Erscheinung bezeichnet man als Beugung und die in die geometrischen Schatträume hineindringenden Wellen als gebeugte Wellen. Die Deutung der Beugung ist mit Hilfe des Huygens-Fresnel'schen Prinzips möglich. Trifft eine ausgedehnte Wellenfront auf ein undurchlässiges Hindernis, das nur einen Teil der Wellenfront durchtreten lässt (z. B. Blende mit Öffnung oder ein Gegenstand, der kleiner ist als die gesamte Wellenfront), so wird jeder Punkt des nicht behinderten Teils der Wellenfront Ausgangspunkt einer Elementarwelle, die sich kugelförmig ausbreitet und somit die Wellenerregung auch in die geometrische Schattenzone hinträgt. Hier interferieren die Elementarwellen und erzeugen je nach den Gangunterschieden verschiedene Wellenerregungen. Das gebeugte Wellenfeld zeigt daher eine bestimmte Interferenzstruktur, die man Beugungsfigur nennt.

Bei der Behandlung optischer Beugungserscheinungen unterscheidet man zwei verschiedene Beugungsarten, die Fraunhofer'sche und die Fresnel'sche Beugung. Bei der Fraunhofer'schen Beugung liegt die Lichtquelle und der Beobachtungsort unendlich weit vom beugenden Objekt entfernt, d. h. die Beugungserscheinung wird mit ebenen Wellen beobachtet. Bei der praktischen Durchführung wird die

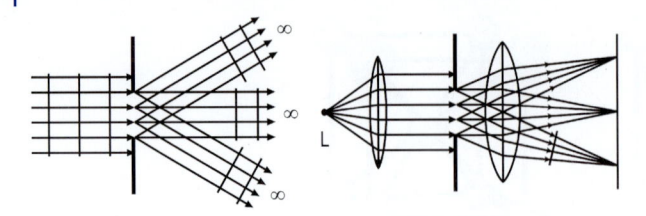

Abbildung 1.7-5 Optischer Strahlengang bei der Beugung am Spalt.

Lichtquelle in den Brennpunkt einer Sammellinse gebracht und die Beugungsfigur in der Brennebene einer zweiten Sammellinse beobachtet (Abb. 1.7-5).

Von Fresnel'scher Beugung spricht man, wenn die Quelle oder der Beobachtungspunkt oder beide in endlicher Entfernung vom beugenden Hindernis liegen. Hier treten dann gekrümmte Wellenflächen, also divergente und konvergente Strahlenbündel auf. Die Fresnel'sche Beugung liegt vor bei Anordnungen ohne Linse mit kleinen Abständen. Die mathematische Behandlung der Fresnel'schen Beugung ist schwieriger als die der Fraunhofer'schen Beugung.

Wir beschränken uns auf die Diskussion der Fraunhofer'schen Beugung.

1.7.2
Fraunhofer'sche Beugung am Spalt

Eine ebene Welle (Parallelstrahlbündel) fällt senkrecht auf einen Spalt, dessen Breite d die Größenordnung der Lichtwellenlänge λ hat. Die Spaltebene ist eine Wellenfläche, alle ihre Punkte wirken als gleichphasig schwingende Erregerzentren von Elementarwellen gleicher Amplitude. Die Elementarwellen sind kohärent, ihre Überlagerung im Unendlichen ergibt die Fraunhofersche Beugungsfigur des Spaltes. Wir charakterisieren die einfallende Lichtwelle, die in x-Richtung auf den Spalt falle, durch den elektrischen Feldvektor $E = E_0 \cdot \sin\{\omega(t - x/c)\}$. Wir teilen die Spaltbreite d in m Teile, wobei m eine große ganze Zahl sei (Abb. 1.7-6).

In einer Ebene senkrecht zur Spaltlänge (Zeichenebene) verläuft dann aus jedem Spaltteil unter dem Winkel α zur Einfallsrichtung ein Elementarwellenstrahl der Amplitude $E(0)$. Die resultierende Amplitude $E(\alpha)$ in Richtung α im unendlich

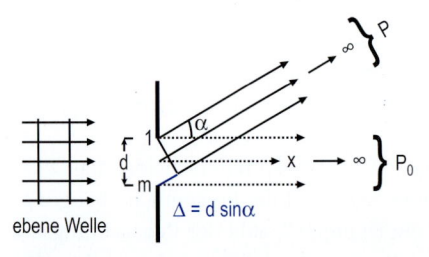

Abbildung 1.7-6 Charakteristische Größen für die Diskussion des Gangunterschieds gebeugter Wellen.

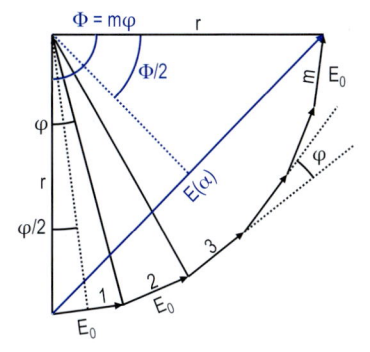

Abbildung 1.7-7 Hilfskonstruktion für die Summation der Amplituden gebeugter Teilstrahlen.

weit entfernten Punkt P ergibt sich durch Addition aller Teilstrahlamplituden unter Berücksichtigung der Phasenunterschiede der Teilwellen. Die Strahlen 1 und m haben einen Gangunterschied $\Delta = d \cdot \sin \alpha$, dem ein Phasenunterschied von $\Phi = (2\pi/\lambda)\Delta$, d.h. $\Phi = k \cdot \Delta$ mit $k = \frac{2\pi}{\lambda}$, $\Delta = d \cdot \sin \alpha$, entspricht. Zwei benachbarte Teilstrahlen haben einen Gangunterschied $\delta = \frac{\Delta}{m} = (d/m) \sin \alpha$, dem ein Phasenunterschied von $\varphi = (2\pi d/\lambda m) \sin \alpha$ entspricht.

Wir führen die phasengerechte Addition der Teilwellenamplituden graphisch als entsprechende Vektoraddition durch. Jede Teilwelle wird dargestellt durch einen Vektor der Länge $E(0)$, die Vektoren zweier benachbarter Teilwellen bilden den Winkel φ miteinander (Abb. 1.7-7).

In Richtung der einfallenden Welle ist $\alpha = 0$ und damit $\Delta = \delta = 0$. Die Amplituden der Teilwellen addieren sich daher in dieser Richtung im Punkt P_0 algebraisch zu $E(0) = mE_0$.

$$E(\alpha) = E(0) \cdot \frac{\sin\left(\frac{\pi d}{\lambda} \cdot \sin \alpha\right)}{m \cdot \sin\left(\frac{\pi d}{\lambda m} \cdot \sin \alpha\right)} \tag{1.7-3}$$

Um nun exakt den Einfluss der gesamten Spaltbreite zu erfassen, muss noch der Grenzübergang $m \to \infty$ durchgeführt werden. Es ist

$$\lim_{m \to \infty} \left(m \cdot \sin\left[\frac{\pi d}{\lambda m} \sin \alpha\right] \right) = \lim_{m \to \infty} \left(m \cdot \frac{\pi d}{\lambda m} \sin \alpha \right) = \frac{\pi d}{\lambda} \sin \alpha \tag{1.7-4}$$

Somit folgt

$$E(\alpha) = E(0) \frac{\sin\left(\frac{\pi d}{\lambda} \cdot \sin \alpha\right)}{\frac{\pi d}{\lambda} \sin \alpha} \tag{1.7-5}$$

Da nun die Lichtintensität proportional dem Quadrat der Lichtwellenamplitude ist, $I \sim E^2$, folgt für die Intensität $I(\alpha)$ in Richtung α

$$I(\alpha) = I_0 \frac{\sin^2\left(\frac{\pi d}{\lambda}\sin\alpha\right)}{\left(\frac{\pi d}{\lambda}\sin\alpha\right)^2} \tag{1.7-6}$$

Danach ist die Intensität Null, d. h. es liegen Interferenzminima vor, unter solchen Winkeln α, für die $(\pi d/\lambda)\sin\alpha = k\pi$ mit $k \neq 0$ ist (Abb. 1.7-8).

Damit ist die Bedingung für Minima:

$$d\sin\alpha = k\lambda,\ k = \pm 1, \pm 2, \pm 3, \ldots \tag{1.7-7}$$

Dem Wert $k = 0$ entspricht der Winkel $\alpha = 0$ bzw. $(\pi d/\lambda)\sin\alpha = 0$.

Bezeichnen wir $(\pi d/\lambda)\sin\alpha \equiv u$, so ist $(\sin u/u)_{u=0} = 1$, d.h. hier herrscht die Intensität I_0. Dieses ist die größte in der Beugungsfigur vorkommende Intensität, sie liegt in der Mitte der Beugungsfigur und wird als Hauptmaximum bezeichnet.

Zwischen den Minima liegen weitere Nebenmaxima, ihre Lage erhält man aus der Bedingung $dI/du = 0$. Sie liegen in guter Näherung unter solchen Winkeln α, für die gilt:

$$d\sin\alpha = (2k+1)\lambda/2,\ \ k = \pm 1,\ \pm 2,\ \pm 3,\ \ldots \tag{1.7-8}$$

Die Intensität der Nebenmaxima ist nur gering, verglichen mit der Intensität I_0 des Hauptmaximums, und sie nimmt mit steigender Ordnungszahl schnell ab. Für sie gilt:

$$I_k = \frac{I_o}{\left(k+\frac{1}{2}\right)^2 \pi^2} \tag{1.7-9}$$

woraus für $k = 1, 2$ und 3 folgt $I_1 = 0.045\ I_0$, $I_2 = 0.016\ I_0$ und $I_3 = 0.008\ I_0$.

Außerdem ist bemerkenswert, dass die Breite des Hauptmaximums doppelt so groß ist wie die der Nebenmaxima. Die erhaltenen Bedingungen für die Beugungsstrukturen gelten in allen Ebenen senkrecht zur Spaltlänge. Bei der Beob-

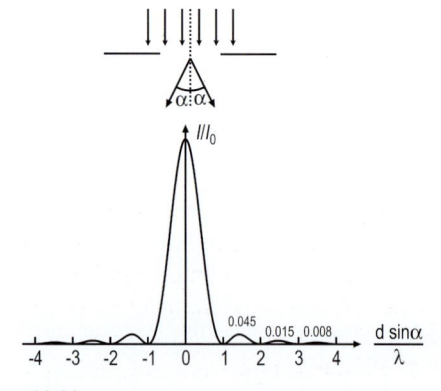

Abbildung 1.7-8 Intensitätsverteilung bei der Beugung am Spalt.

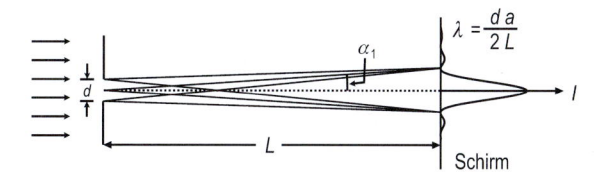

Abbildung 1.7-9 Bestimmung der Wellenlänge aus der Position von Maxima und Minima.

achtung der Beugungsfigur im Endlichen mit Hilfe einer Linse entsteht daher in deren Brennebene ein System aus hellen und dunklen Streifen, die parallel zur Spaltlänge liegen.

Wegen der starken Intensitätsabnahme der Nebenmaxima mit steigender Ordnungszahl k, können nur die Beugungsstrukturen niedriger Ordnung beobachtet werden. Damit aber auch dieses möglich ist, darf die Spaltbreite d nicht wesentlich größer als die Wellenlänge λ sein, weil sonst die Minima und Maxima bei zu kleinen Winkeln α liegen und nicht mehr getrennt wahrgenommen werden können. Bei Verwendung von weißem Licht entstehen auf dem Schirm im Zentrum ein weißer Streifen und sonst farbige Streifen, da an jeder Stelle eine bestimmte Farbe durch Interferenz ausgelöscht wird, so dass die zugehörige Komplementärfarbe auftritt.

Bestimmung der Wellenlänge monochromatischen Lichtes aus der Breite des Hauptmaximums bei Beobachtung ohne Linse in großer Entfernung

Die interferierenden Teilstrahlen können in großer Entfernung als parallel angesehen werden, d.h. es gelten die Bedingungen der Fraunhofer'schen Beugung (Gl. (1.7-7)). Wenn mit a die Entfernung der beiden 1. Minima bezeichnet wird, gilt (s. Abb. 1.7-9)

$$\sin \alpha_1 = \frac{\lambda}{d} = \frac{a}{2L} \tag{1.7-10}$$

und damit

$$\lambda = \frac{d \cdot a}{2L} \tag{1.7-11}$$

1.7.3
Fraunhofer'sche Beugung am Doppelspalt

Es sei d die Breite beider Spalte und D ihr gegenseitiger Abstand, wobei $D > d$ vorausgesetzt werde. Jeder Spalt entwirft einmal ein Beugungsbild, beide Beugungsbilder fallen zusammen und ergeben somit das gleiche Interferenzmuster, das bei einem Einzelspalt entsteht. Als weitere Erscheinung tritt aber noch hinzu, dass jetzt auch noch korrespondierende Strahlen aus beiden Spalten miteinander interferieren. Es kommt daher unter bestimmten Winkeln zu weiteren Auslöschungen, was zu einer Modulation des Einzelspaltbildes führt (Abb. 1.7-10).

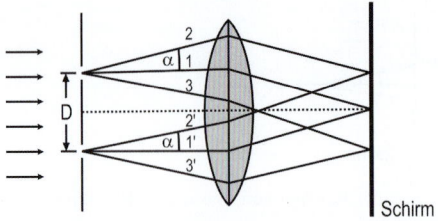

Abbildung 1.7-10 Strahlengang bei der Beugung am Doppelspalt.

Es sei $E(\alpha)$ die Amplitude des gebeugten Lichtes in Richtung α aus einem Einzelspalt. Die Wellen aus Richtung α aus beiden Spalten, die einander korrespondieren, haben einen Gangunterschied $\Delta = D \sin \alpha$, der einem Phasenunterschied von $\varphi = (2\pi/\lambda) D \sin \alpha$ entspricht. Die Gesamtamplitude $E_D(\alpha)$ in Richtung α ergibt sich dann durch die Addition der Einzelspaltamplituden unter Berücksichtigung des Phasenunterschiedes. Diese Addition kann wieder graphisch als Vektoraddition (siehe Abschnitt 1.7.2) erfolgen, als Ergebnis folgt:

$$E_D(\alpha) = 2E(\alpha) \cos(\varphi/2) \tag{1.7-12}$$

Für den Einzelspalt hatten wir erhalten:

$$E_D(\alpha) = E(0) \cdot \frac{\sin\left(\frac{\pi d}{\lambda} \sin \alpha\right)}{\frac{\pi d}{\lambda} \sin \alpha} \tag{1.7-13}$$

Damit folgt jetzt für die Intensität $I_D(\alpha) \sim E_D^2(\alpha)$ des am Doppelspalt gebeugten Lichtes (wobei noch die Beziehung benutzt wird $\sin 2\beta = 2 \sin \beta \cos \beta$):

$$I_D(\alpha) = I_0 \cdot \left[\frac{\sin\left(\frac{\pi d}{\lambda} \sin \alpha\right)}{\frac{\pi d}{\lambda} \sin \alpha}\right]^2 \cdot \left[\frac{\sin\left(\frac{2\pi D}{\lambda} \sin \alpha\right)}{\sin\left(\frac{\pi D}{\lambda} \sin \alpha\right)}\right]^2 \tag{1.7-14}$$

Der erste Klammerterm rührt von der Beugung durch die Einzelspalte her, der zweite Term hat seinen Ursprung in der Interferenz des gebeugten Lichtes aus beiden Spalten. Es gelten folgende Bedingungen für die

Interferenzstrukturen (Abb. 1.7-11)

I. Klasse   Minima: Maxima:
(Einzelspalt): $d \sin \alpha = k\lambda$ $d \sin \alpha = (2k+1)\lambda/2$
     $k = 1, 2, 3, \ldots$ und $\alpha = 0$

Interferenzstrukturen
II. Klasse: Minima: Maxima:
     $D \sin \alpha = (2k'+1)\lambda/2$ $D \sin \alpha = k'\lambda$
     $k' = 0, 1, 2, \ldots$

Die Winkelbreite des Hauptmaximums I. Klasse ist $2\lambda/d$, die eines Maximums II. Klasse λ/D. Daher liegen im Hauptmaximum $z = (2\lambda/d)/(\lambda/D) = 2D/d$ Maxima II. Klasse.

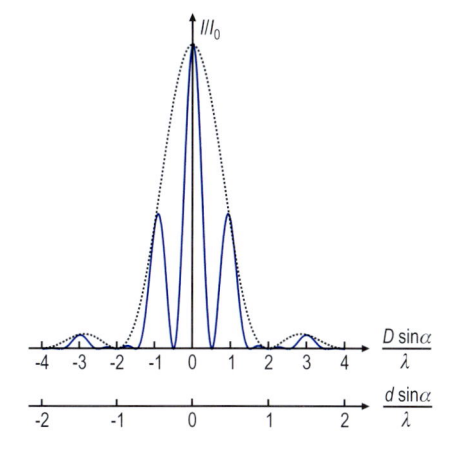

Abbildung 1.7-11 Intensitätsverteilung nach Beugung am Doppelspalt.

1.7.4
Fraunhofer'sche Beugung am ebenen optischen Strichgitter

Ein optisches Strichgitter besteht aus einer sehr großen Zahl paralleler (Abb. 1.7-12), äquidistanter Spaltöffnungen in einem Schirm.

Man benutzt meist Glasgitter, bei denen auf planparallelen Glasplatten in gleichem Abstand parallele Furchen geritzt werden (Rowland-Gitter). Die unverletzten Stellen zwischen den Furchen wirken als lichtdurchlässige Spalte. Die Zahl der Gitterspalte werde mit N bezeichnet. Der Abstand zweier entsprechender Punkte in aufeinanderfolgenden Öffnungen heißt Gitterkonstante d. Die einzelne Spaltbreite nennen wir hier b. Man kann mit modernen Hilfsmitteln mehrere tausend Spalten pro cm erzeugen, und die besten Gitter enthalten eine Gesamtzahl von über $N = 10^5$ Strichen.

Die Betrachtungen des Doppelspalts sind jetzt auf N Spalte zu erweitern. Alle Spalte erzeugen einzeln identische Beugungsbilder, die zusammenfallen und ins-

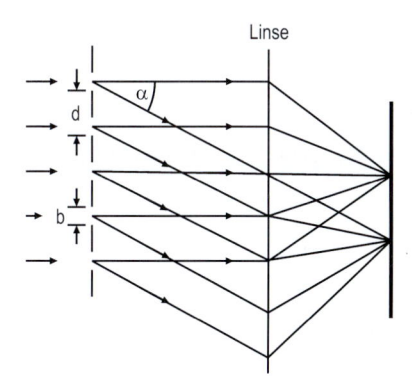

Abbildung 1.7-12 Strahlengang bei der Beugung am Mehrfachspalt.

gesamt das Beugungsbild des Einzelspalts ergeben. Daneben aber interferieren noch unter gleichem Winkel α verlaufende Elementarwellen aus allen Spalten miteinander. Die dabei entstehende Interferenzfigur moduliert das Einzelspaltbeugungsbild. Das Zusammenwirken der Elementarwellen zweier benachbarter Spalte wiederholt sich in allen weiteren Spalten. Die Gesamtamplitude unter dem Winkel α ergibt sich durch Addition der Teilamplituden unter Berücksichtigung des Gangunterschiedes $\Delta = d \sin \alpha$ benachbarter Teilwellen. Als Intensitätsverteilung des gebeugten Lichtes folgt dann:

$$I(\alpha) = I_0 \cdot \left[\frac{\sin\left(\frac{\pi b}{\lambda}\sin\alpha\right)}{\frac{\pi b}{\lambda}\sin\alpha}\right]^2 \cdot \left[\frac{\sin\left(\frac{N\pi d}{\lambda}\sin\alpha\right)}{\sin\left(\frac{\pi d}{\lambda}\sin\alpha\right)}\right]^2 \qquad (1.7\text{-}15)$$

Wir schreiben diesen Ausdruck kurz in der Form $I = I_0 \cdot I_1 \cdot I_2$ (Abb. 1.7-13).

Der Term I_1 bestimmt das Beugungsbild des Einzelspaltes, der Term I_2 die Modulation durch die Interferenz des gebeugten Lichtes aus allen Spalten. Die beiden Terme haben unter folgenden Bedingungen Extremalwerte:

Term I_1: Maxima: $b \sin \alpha = (2k' + 1)\lambda/2$
und $\alpha = 0$ mit $k' = \pm 1, \pm 2, \pm 3, \ldots$

Nullstellen: $b \sin \alpha = k'\lambda$

Term I_2: Maxima: $d \sin \alpha = k\lambda$
und $\alpha = 0$ mit $k = 0, \pm 1, \pm 2, \ldots$

Man nennt diese Maxima Hauptmaxima.

Nullstellen: $d \sin \alpha = (k + m/N)\lambda$ mit $k = 0, \pm 1, \pm 2, \pm 3, \ldots$
und $m = 1, 2, 3, \ldots, (N-1)$

Zwischen zwei Hauptmaxima gibt es also $N - 1$ Nullstellen.

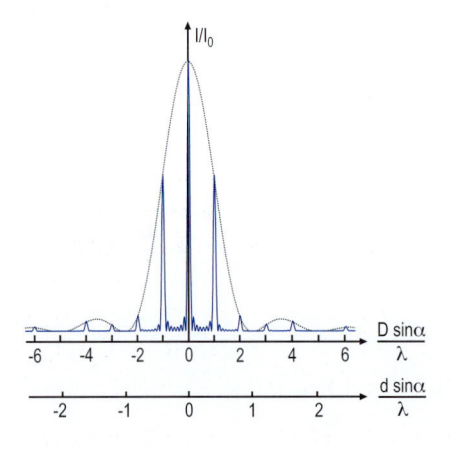

Abbildung 1.7-13 Intensitätsverteilung nach Beugung an acht Spalten.

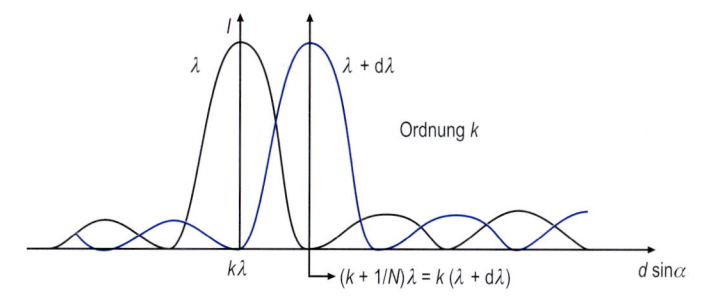

Abbildung 1.7-14 Bestimmung der Auflösung.

Zwischen zwei aufeinanderfolgenden Nullstellen liegt jeweils noch ein Nebenmaximum. Die Intensität der Nebenmaxima beträgt aber nur einen Bruchteil der der Hauptmaxima und wird umso kleiner, je größer N ist.

Die einem Hauptmaximum folgende erste Nullstelle liegt um so näher an diesem, je größer N ist, d.h. die Hauptmaxima sind um so schärfer, je größer die Zahl der Gitterstriche ist.

Die Abbildung 1.7-13 zeigt die gesamte Intensitätsverteilung für den Fall $N = 8$.

Da die Hauptmaxima bei großer Zahl von Gitterstrichen sehr scharf sind, kann mit Hilfe von Beugungsgittern die Wellenlänge des einfallenden Lichtes sehr genau gemessen werden. Man bestimmt dazu die Winkel α, unter denen die Hauptmaxima der verschiedenen Ordnungen k auftreten, und benutzt die Beziehung $d \sin \alpha = k\lambda$ zur Berechnung von λ.

Fällt Licht mit verschiedenen Wellenlängen auf ein Gitter, so erzeugen, da $\sin \alpha$ proportional zu λ ist, die verschiedenen Wellenlängen die Beugungsmaxima bestimmter Ordnung unter verschiedenen Winkeln (Abb. 1.7-14). Eine Ausnahme bildet das Maximum nullter Ordnung, das für alle Wellenlängen unter $\alpha = 0$ liegt. Das System der Maxima einer bestimmten Ordnung für alle Wellenlängen stellt ein Spektrum des einfallenden Lichtes dar. Entsprechend der Ordnung der Maxima unterscheiden wir Spektren erster, zweiter, dritter usw. Ordnung. In den Spektren liegen jeweils die größeren Wellenlängen auch unter den größeren Winkeln. Dies ist genau entgegengesetzt zum Spektrum, das von einem Prisma erzeugt wird.

Die Möglichkeit, verschiedene Wellenlängen mit Hilfe eines Beugungsgitters trennen zu können, wird in den Gitterspektralapparaten ausgenutzt. Als Dispersion des Gitters wird die Größe $D = d\alpha/d\lambda$ definiert. Sie gibt die Größe des Winkelunterschieds $d\alpha$ an, den die Maxima gleicher Ordnung für die Wellenlängen λ und $\lambda + d\lambda$ besitzen. Aus der Beziehung $d \cdot \sin \alpha = k\lambda$ folgt $d \cdot \cos \alpha = k \cdot \dfrac{d\lambda}{d\alpha}$ und damit für die

$$\text{Dispersion des Gitters } D = \frac{d\alpha}{d\lambda} = \frac{k}{d \cdot \cos \alpha} \qquad (1.7\text{-}16)$$

Die Dispersion ist hiernach umso größer, je höher die Ordnung der Beugung und je kleiner die Gitterkonstante ist.

Die Leistungsfähigkeit eines Spektralapparates zur Trennung verschiedener Wellenlängen wird durch sein spektrales Auflösungsvermögen $\lambda/d\lambda$ gekennzeichnet. Dabei sind λ und $\lambda + d\lambda$ zwei Wellenlängen, die gerade noch deutlich unterschieden werden können. Beim Gitter ist das gerade der Fall, wenn das Maximum k-ter Ordnung für die Wellenlänge $\lambda + d\lambda$ in das erste Minimum k-ter Ordnung für die Wellenlänge λ fällt. Es muss daher gelten $d \cdot \sin\alpha = (k + 1/N)\,\lambda = k\,(\lambda + d\lambda)$ (Abb. 1.7-14).

Daraus folgt für das

Auflösungsvermögen des Gitters $\lambda/d\lambda = kN$. (1.7-17)

Aus Intensitätsgründen können beim Gitter immer nur die Spektren niedriger Ordnung beobachtet werden. Um ein ausreichendes Auflösungsvermögen zu erreichen, muss daher die Zahl N der Gitterstriche entsprechend groß gewählt werden. Das gelbe Licht einer Natrium-Dampflampe besteht aus einem Gemisch von Wellen mit zwei engbenachbarten Wellenlängen von $\lambda_1 = 5890$ Å und $\lambda_2 = 5896$ Å. Im Gitterspektrum liefert jede Wellenlänge eine Linie, man nennt diese Linien die D-Linien des Natriums. Wird in erster Ordnung beobachtet, so ist für ihre Trennung ein Auflösungsvermögen von $\lambda/d\lambda = 5890/6 \approx 10^3$ nötig, d.h., es muss ein Gitter mit mindestens 1000 Gitterstrichen benutzt werden. Für die Spektroskopie mit sehr hoher Auflösung (Untersuchung der Fein- und Hyperfeinstruktur der Spektrallinien der Atome) stehen Gitter mit $N = 10^5$ und mehr zur Verfügung. Die größte Zahl von Gitterstrichen erzielt man bei den sog. Reflexionsgittern, bei denen dünne Furchen auf Metallflächen (Gold) geritzt werden. Im Gegensatz zu den Transmissionsgittern wird bei den Reflexionsgittern die Interferenz der von den nicht beschädigten Spalten in rückwärtiger Richtung ausgehenden Elementarwellen ausgenutzt.

1.7.5
Fraunhofer'sche Beugung am Kreuzgitter

Ein zweidimensionales Beugungsgitter oder Kreuzgitter entsteht, wenn zwei Strichgitter gekreuzt übereinandergelegt werden (Abb. 1.7-15).

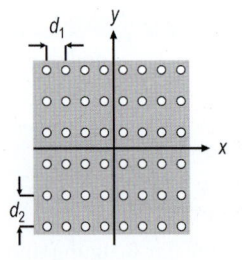

Abbildung 1.7-15 Beispiel für ein zweidimensionales Gitter.

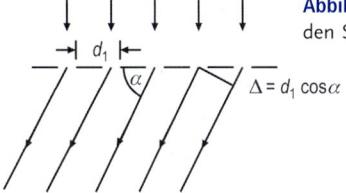

Abbildung 1.7-16 Gangunterschied zwischen interferierenden Strahlen bei senkrechtem Einfall.

$\Delta = d_1 \cos\alpha$

Wir wollen nur den Fall senkrechter Kreuzung betrachten. Lichtdurchlässig sind jetzt nur noch die Kreuzungsstellen, ein Kreuzgitter liegt daher auch vor, wenn ein lichtundurchlässiger Schirm an den Kreuzungsstellen zweier gekreuzter Strichgittersysteme jeweils kleine gleichartige Öffnungen besitzt. Wird ein solches Gitter mit parallelem monochromatischem Licht bestrahlt, so entsteht als Beugungsfigur in Fraunhofer'scher Beobachtung ein System heller Punkte. Diese Beugungsmaxima liegen in den Schnittpunkten eines rechteckigen Netzes.

Die Beugungsfigur entsteht durch Interferenz der Elementarwellen aus den einzelnen Öffnungen. Das Kreuzgitter liege in der xy-Ebene und habe die Gitterkonstanten d_1 in x-Richtung und d_2 in y-Richtung. Die Bestrahlung des Gitters erfolge in z-Richtung. Die Winkel, die ein abgebeugter Strahl mit der x- und y-Achse bildet, werden mit α und β bezeichnet. Zwei äquivalente Strahlen aus zwei in x-Richtung aufeinanderfolgenden Öffnungen, die mit der x-Achse den Winkel α bilden, haben einen Gangunterschied $\Delta_1 = d_1 \cos \alpha$ (Abb. 1.7-16).

Würden also nur solche Elementarwellen miteinander interferieren, die von Öffnungen ausgehen, welche jeweils in x-Richtung aufgereiht sind, so entständen Maxima unter allen Richtungen, für die der Winkel α der Bedingung $d_1 \cos \alpha = k_1 \lambda$ genügt. Entsprechend folgt, dass die Interferenz allein solcher Elementarwellen, die aus Öffnungen stammen, welche jeweils in y-Richtung aufgereiht sind, unter allen Richtungen Maxima liefern würde, für die der Winkel β der Bedingung $d_2 \cos \beta = k_2 \lambda$ genügt. Tatsächlich interferieren aber die Elementarwellen aus beiden Systemen von Öffnungen, daher erscheinen nur unter solchen Richtungen (α, β) Maxima, für die gleichzeitig beide Bedingungen erfüllt sind, also sind die

---

Bedingungen für Helligkeitsmaxima beim Kreuzgitter

$d_1 \cos \alpha = k_1 \lambda$

$d_2 \cos \beta = k_2 \lambda$

mit $k_1, k_2 = 0, \pm1, \pm2, \ldots$

Jeder helle Lichtpunkt im Beugungsbild ist durch ein Paar ganzer Zahlen (k_1, k_2) bestimmt. Wie beim Strichgitter sind die Maxima umso deutlicher ausgeprägt, je größer die Zahl der Öffnungen im Gitter ist. Bei Einstrahlung von weißem Licht tritt an die Stelle einfarbiger Lichtpunkte ein System von farbigen Spektren. Solche Kreuzgitterspektren können leicht beobachtet werden, wenn man eine Lichtquelle durch ein feines Drahtnetz oder ein feinmaschiges Stoffgewebe (Seide, Bespannung des Regenschirms, Gardinen) betrachtet.

Das Beugungsbild des Kreuzgitters entsteht auch, wenn anstelle eines Schirms mit Öffnungen eine entsprechende komplementäre Anordnung aus kleinen undurchsichtigen Teilchen benutzt wird (Babinet'sches Theorem).

1.7.6
Fraunhofer'sche Beugung am Raumgitter, Röntgenstrahlinterferenzen

Wenn sich nunmehr in z-Richtung in Abständen d_3 ein ebenes Punktgitter periodisch wiederholt, entsteht ein dreidimensionales Gitter oder Raumgitter (Abb. 1.7-17).

Natürliche Gitter dieser Art stellen die Einkristalle dar; bei diesen bilden Atome, Moleküle oder Ionen die Gitterpunkte. Die Abstände der Gitterpunkte, also die Gitterkonstanten d_1, d_2 und d_3 sind bei den Kristallgittern von der Größe einiger Ångström. Das einfachste Raumgitter ist das kubische Gitter, bei dem die drei Gitterkonstanten gleich groß sind. In diesem Gitter kristallisiert z. B. Pt, die Gitterkonstante beträgt hier $d = 3.92$ Å. Zur Erzeugung von Beugungserscheinungen mit einem Raumgitter ist es wie bei den Strich- und Kreuzgittern erforderlich, dass die Wellenlängen der eingestrahlten Primärstrahlung die Größenordnung der Gitterkonstante hat. Beugungserscheinungen an Kristallgittern treten daher auf bei Verwendung von Röntgenstrahlung mit Wellenlängen im Bereich von etwa 1–10 Å. Ähnlich wie beim Kreuzgitter bestehen die auf einem Schirm (photographische Platte) aufgefangenen Beugungsfiguren aus einem System punktförmiger Intensitätsmaxima. Die Beugungsfiguren können in Transmission und Reflexion beobachtet werden. Einen Vektor, der von einem willkürlich gewähltem Ursprung zu einem Punkt auf deren Gitter führt, kann man schreiben als $\vec{R} = n_1\vec{d}_1 + n_2\vec{d}_2 + n_3\vec{d}_3$, wobei n_1, n_2 und n_3 ganze Zahlen und $\vec{d}_1$, $\vec{d}_2$ und $\vec{d}_3$ die Einheitsvektoren des Gitters sind.

Wir bezeichnen die Richtungswinkel, die eine bestimmte Raumrichtung mit der x-, y- und z-Achse bilden, mit α, β und γ. Fällt ein Röntgenstrahlbündel der Wellenlänge λ auf das Kristallgitter, so wird jeder Gitterpunkt (Atom, Ion) zur Emission von kohärenter Streustrahlung angeregt, die die gleiche Wellenlänge wie der Primärstrahl hat und sich als Kugelwelle ausbreitet. Die Streuwellen interferieren miteinander. In bestimmten Raumrichtungen tritt Verstärkung auf, d.h. auf einem

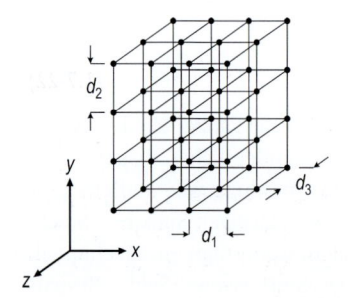

Abbildung 1.7-17 Dreidimensionale Gitter.

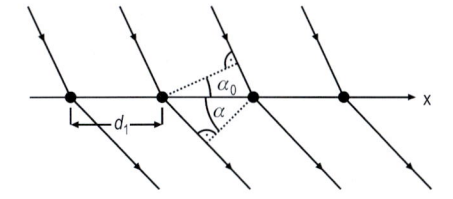

Abbildung 1.7-18 Gangunterschiede zwischen interferierenden Strahlen bei schiefem Einfall.

Schirm erscheinen an den entsprechenden Stellen punktförmige Intensitätsmaxima. Die Richtungswinkel α, β und γ dieser Maxima ergeben sich analog der Betrachtung beim Kreuzgitter. Das Primärbündel falle unter den Winkeln α_0, β_0 und γ_0 auf den Kristall (Abb. 1.7-18).

Die Gangdifferenz von Streustrahlen, die von in x-Richtung benachbarten Gitterpunkten ausgehen, ist:

$$\Delta_1 = d_1 \cos\alpha - d_1 \cos\alpha_0 = d_1(\cos\alpha - \cos\alpha_0) \tag{1.7-18}$$

Entsprechende Beziehungen gelten für die Gangunterschiede von Strahlen, die von in y- und z-Richtung benachbarten Gitterpunkten ausgehen. Damit ergeben sich folgende Bedingungen für Interferenzmaxima beim Raumgitter, die auch Laue'sche Interferenzgleichungen genannt werden (1912 von M. v. Laue angegeben):

Bedingungen für Interferenzmaxima beim Raumgitter

$$d_1(\cos\alpha - \cos\alpha_0) = k_1 \lambda \tag{1.7-19}$$

$$d_2(\cos\beta - \cos\beta_0) = k_2 \lambda \tag{1.7-20}$$

$$d_3(\cos\gamma - \cos\gamma_0) = k_3 \lambda \tag{1.7-21}$$

mit $k_1, k_2, k_3 = 0, \pm 1, \pm 2, \ldots$

Zu den Laue'schen Gleichungen kommen als Nebenbedingungen noch die im rechtwinkligen Koordinatensystem für die Richtungswinkel gültigen folgenden Beziehungen hinzu:

$$\cos^2\alpha_0 + \cos^2\beta_0 + \cos^2\gamma_0 = 1 \tag{1.7-22}$$

$$\cos^2\alpha + \cos^2\beta + \cos^2\gamma = 1 \tag{1.7-23}$$

Wegen dieser Nebenbedingungen sind die Interferenzgleichungen bei vorgegebenen Werten für α_0, β_0, γ_0, sowie d_1, d_2 und d_3 im Allgemeinen nicht mit ganzen Zahlen k_1, k_2 und k_3 zu erfüllen. Zu jedem Zahlentripel k_1, k_2, k_3 gibt es nur eine einzige Wellenlänge, die die Interferenzgleichungen erfüllt.

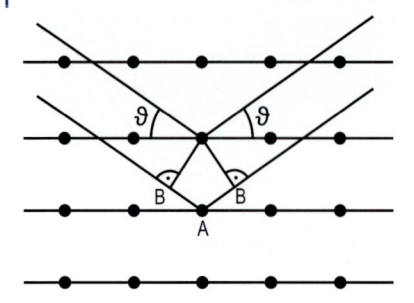

Abbildung 1.7-19 Beugung an Netzebenen bei schiefem Einfall zur Ableitung der Bragg'schen Gleichung.

Sie folgt aus den fünf Bedingungsgleichungen (1.7-19 bis 1.7-23) zu:

$$\lambda = -2 \cdot \frac{\frac{k_1}{d_1}\cos\alpha_0 + \frac{k_2}{d_2}\cos\beta_0 + \frac{k_3}{d_3}\cos\gamma_0}{\left(\frac{k_1}{d_1}\right)^2 + \left(\frac{k_2}{d_2}\right)^2 + \left(\frac{k_3}{d_3}\right)^2} \tag{1.7-24}$$

Im Gegensatz zum Strich- und Kreuzgitter werden also beim Raumgitter nur ganz bestimmte Wellenlängen gebeugt. Strahlt man dagegen ein ganzes Wellenlängenkontinuum („weißes" Röntgenlicht) ein, so sucht sich das Raumgitter aus dieser Gesamtheit gerade die Wellenlängen heraus, die obiger Bedingungsgleichung für λ mit ganzen Ordnungszahlen k_1, k_2, k_3 genügen. Die Beugungsmaxima sind also auch dann monochromatisch. Bei bekannten Gitterkonstanten kann aus der Anordnung der Interferenzpunkte die Wellenlänge des gebeugten Röntgenlichtes bestimmt werden. Bei unbekannten Kristallen kann aus der Anordnung und Intensität der Interferenzpunkte die räumliche Anordnung der Gitterbausteine, also die Kristallstruktur ermittelt werden.

Die geschilderte Röntgenstrahlbeugung an Einkristallen kann nach W. L. Bragg (Vater und Sohn, 1913) auch als Interferenz von Strahlen gedeutet werden, die an parallelen Netzebenen reflektiert werden. Netzebenen sind Ebenen im Kristall, die mit Gitterbausteinen besetzt sind. In einem Kristall sind immer eine große Zahl von Systemen einander paralleler Netzebenen vorhanden, in ihrer Gesamtheit umfassen sie alle Punkte des Gitters. Das einfallende Röntgenstrahlbündel bilde mit den Netzebenen einer Netzebenen-Schar einen Winkel ϑ, man nennt diesen Winkel Glanzwinkel. Von allen Punkten der Netzebenen-Schar gehen kohärente Streuwellen aus. Betrachtet wird jetzt die Interferenz der Streustrahlen, die mit den Netzebenen ebenfalls den Winkel ϑ bilden und so verlaufen, als wären sie die zu den einfallenden Strahlen an den Netzebenen reflektierte Strahlen.

> Es kommt dann zur Verstärkung aller Streustrahlen, wenn der Gangunterschied benachbarter „reflektierter" Strahlen aus zwei aufeinanderfolgenden Netzebenen ein ganzzahliges Vielfaches der Wellenlänge ist. Ist d der Abstand der Netz-

ebenen, so folgt für den Gangunterschied (Abb. 1.7-19) (Dies wurde bereits in Abschnitt 1.4.4, Gl. (1.4-14) behandelt):

$$\Delta = 2\overline{AB} = 2d\sin\vartheta \qquad (1.7-25)$$

Somit ergibt sich ein Maximum der Röntgenstrahlintensität, wenn der Glanzwinkel der folgenden Bragg'schen Bedingung genügt:

$$2d\sin\vartheta = k\lambda \quad k = 0, 1, 2, \ldots$$

Man kann beweisen (wir wollen darauf aber hier verzichten, werden aber den Zusammenhang weiter unten erkennen), dass die von-Laue-Gleichung und die Bragg'schen Gleichungen gleichbedeutend sind. Durch Messung der Glanzwinkel ϑ, die Maxima der an einer Netzebenen-Schar reflektierten Röntgenstrahlung kann die Wellenlänge der Strahlung ermittelt werden, wenn der Netzebenenabstand d bekannt ist, und umgekehrt (Kristallspektrometer für Röntgenstrahlung). Zur Bestimmung des Netzebenenabstands d muss mit monochromatischer Röntgenstrahlung eingestrahlt werden (Gl. 1.7-25).

Dies ist die Grundlage der Röntgenstrukturanalyse. Bei der Bestimmung des Gitters rotiert man die Einkristallprobe relativ zum einfallenden Röntgenstrahl und bestimmt mit einem Detektor für Röntgenstrahlung die gestreute Intensität als Funktion dieses Winkels (Abb. 1.7-20).

Das oben abgeleitete Zahlentripel k_1, k_2, k_3 wird häufig durch das Buchstabentrio h, k, l ersetzt. Man nennt dieses Zahlentripel „Miller'sche Indizes". Es wird als (hkl), also etwa (100), (111) oder (211), angegeben. Negative Indizes werden mit einem Überstrich gekennzeichnet, z. B. ($1\overline{1}0$). Ein solches Zahlentripel (111) wurde in Abb. 1.7-3 zur Angabe der Einstrahlungsrichtung des Röntgenlichtes verwendet.

Zum Schluss dieses Abschnittes wollen wir eine elegantere Darstellung der möglichen Interferenzmaxima vorstellen und den Begriff des „reziproken Gittervektors" einführen. Wir gehen davon aus, dass der Abstand zweier Punkte, an denen das einfallende Licht gestreut wird, durch einen Gittervektor

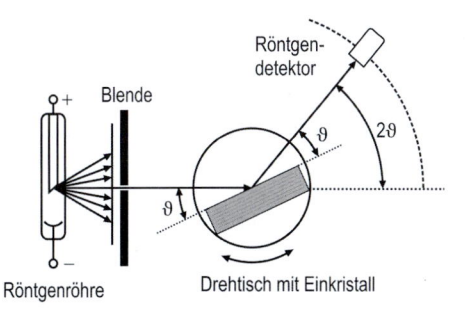

$$\vec{R} = n_1\vec{d}_1 + n_2\vec{d}_2 + n_3\vec{d}_3 \qquad (1.7\text{-}26)$$

Abbildung 1.7-20 Schematische Darstellung eines Drehkristall-Diffraktometers für Röntgenstrahlen nach dem Bragg'schen Reflexionsverfahren.

wie zu Beginn des Abschnittes definiert, gegeben ist. Der Wellenvektor $\vec{k_0}$ der einfallenden Welle sowie derjenige der gestreuten Welle $\vec{k}$ haben natürlich, da es sich ja um elastische Streuung handelt, denselben Betrag, aber die Richtung, die den Gangunterschied bestimmt, hat sich naturgemäß geändert. Die Richtungsänderung ist in den Laue'schen Interferenzgleichungen durch die Differenz der Richtungskosinus, z. B. $\cos \alpha$ des gestreuten und $\cos \alpha_0$ des einfallenden Strahls berücksichtigt. Für die Richtungskosinus eines Vektors $\vec{a} = (a_x, a_y, a_z)$ gilt allgemein

$$\cos \alpha_i = \frac{a_i}{|\vec{a}|} \qquad \text{mit i} = x, y, z \qquad (1.7\text{-}27)$$

wobei $|\vec{a}|$ wie oben den Betrag des Vektors darstellt. Man kann dann statt Gl. (1.7-19) auch schreiben

$$\Delta_1 = R_x \cdot \left(\frac{k_x}{|\vec{k}|} - \frac{k_{0x}}{|\vec{k_0}|} \right) = k_1 \lambda \qquad \text{mit } R_x = n_1 d_1 \qquad (1.7\text{-}28)$$

Entsprechende Beziehungen lassen sich für die y- und die z-Richtung aufschreiben. Diese drei Gleichungen kann man zu einem Ausdruck für den gesamten Gangunterschied Δ zusammenfassen:

$$\Delta = \Delta_1 + \Delta_2 + \Delta_3 = \vec{R} \cdot \left(\frac{\vec{k}}{|\vec{k}|} - \frac{\vec{k_0}}{|\vec{k_0}|} \right) \qquad (1.7\text{-}29)$$

Für konstruktive Interferenz muss gelten

$$\Delta = m\lambda \qquad \text{mit } m = k_1 + k_2 + k_3 = 0, \pm 1, \pm 2, \ldots \qquad (1.7\text{-}30)$$

Nutzt man noch die Beziehung

$$|\vec{k}| = |\vec{k_0}| = \frac{2\pi}{\lambda} \qquad (1.7\text{-}31)$$

erhält man für das Skalarprodukt

$$\vec{R} \cdot (\vec{k} - \vec{k_0}) = 2\pi \cdot m \qquad (1.7\text{-}32)$$

Diese Gleichung ist mathematisch äquivalent zu

$$e^{i \vec{R} \cdot (\vec{k} - \vec{k_0})} = e^{i \cdot 2\pi \cdot m} = 1 \qquad (1.7\text{-}33)$$

Dies bedeutet, dass das Skalarprodukt der Vektoren $\vec{R}$ und $\vec{K} = \vec{k} - \vec{k_0}$ den Wert Null ergeben muss, die Vektoren also senkrecht aufeinander stehen. Man nennt deshalb den Vektor $\vec{K}$ den reziproken Gittervektor. Wenn $\vec{e_1}, \vec{e_2}, \vec{e_3}$ die Einheitsvektoren des reziproken Gitters bezeichnen und $\vec{d_1}, \vec{d_2}, \vec{d_3}$ die Einheitsvektoren des realen Gitters, gilt

$$\vec{K} = k_1\vec{e_1} + k_2\vec{e_2} + k_3\vec{e_3} \tag{1.7-34}$$

und

$$\vec{e_i} \cdot \vec{d_j} = 2\pi\delta_{ij} \quad i,j = 1, 2, 3 \; ; \; \delta_{ij} : \text{Kronecker-Symbol}$$

Auch die Einheitsvektoren des realen und des reziproken Gitters stehen also senkrecht aufeinander.

> Bildet man nun das Skalarprodukt der Vektoren $\vec{R}$ und $\vec{K}$, so ergibt sich
>
> $$\vec{d_1} \cdot \vec{K} = 2\pi \cdot k_1 \tag{1.7-35}$$
>
> $$\vec{d_2} \cdot \vec{K} = 2\pi \cdot k_2 \tag{1.7-36}$$
>
> $$\vec{d_3} \cdot \vec{K} = 2\pi \cdot k_3 \tag{1.7-37}$$
>
> Dies sind aber genau die oben abgeleiteten Laue-Gleichungen. Zwei wichtige Resultate ergeben sich daraus:
>
> 1. Die Miller'schen Indizes sind die Vorfaktoren eines reziproken Gittervektors.
>
> 2. Man erhält genau dann konstruktive Interferenz, wenn die Änderung des Wellenvektors beim Streuprozess einem reziproken Gittervektor entspricht.

Das bedeutet: Die Punkte, die sich bei Durchstrahlung eines Gitters oder in Reflexion an Netzebenen ergeben, sind die Gitterpunkte des zugehörigen reziproken Gitters. Die Punkte des reziproken Gitters haben die gleiche Symmetrie wie das Realgitter. Die Länge der Gittervektoren im Realraum und im reziproken Raum verhält sich reziprok, d.h., je länger ein Einheitsvektor im Realraum ist, umso kürzer ist er im reziproken Raum.

1.7.7
Kernpunkte des Abschnitts 1.7

- ☑ Licht als elektromagnetische Strahlung Gl. 1.7-1
- ☑ Fresnel'sche und Fraunhofer'sche Beugung S. 243
- ☑ Winkelverteilung der am Spalt gebeugten Strahlung Gl. 1.7-6
- ☑ Haupt- und Nebenmaxima S. 246
- ☑ Winkelverteilung der an mehreren Spalten gebeugten Strahlung Gl. 1.7-15
- ☑ Dispersion des Gitters Gl. 1.7-16 und Auflösung
- ☑ Laue-Gleichung Gl. 1.7-19 – 1.7-21
- ☑ Reziprokes Gitter S. 258
- ☑ Röntgendiffraktometer nach dem Laue-Verfahren und nach dem Bragg'schen Reflektionsverfahren S. 258

1.7.8
Literatur zu Abschnitt 1.7

Freund, H.-J. (1989/90) *Unterrichtsmaterialien zur Vorlesung „Physikalische Chemie I"*, Ruhr-Universität Bochum

2
Chemische Thermodynamik

Abschnitt 1.1, die Einführung in die chemische Thermodynamik, sollte uns mit den Grundbegriffen dieses Gebietes vertrautmachen. Wir haben uns dabei auf die Behandlung besonders einfacher, idealer Systeme, vorzugsweise sogar idealer Gase beschränkt.

Wir wollen nun einen Schritt weitergehen und das reale Verhalten der Materie studieren. Obwohl die Thermodynamik nicht nach den Ursachen für die Abweichungen vom idealen Verhalten fragt, wollen wir, zumal wir im Kapitel 1 schon Modelle für den Aufbau der Materie angesprochen haben, versuchen, diese Abweichungen als Folge zwischenmolekularer Kräfte zu verstehen. Für eine solche Diskussion bietet sich die Besprechung der Eigenschaften des realen Gases an (Abschnitt 2.1).

Die Behandlung der Mischphasen (Abschnitt 2.2) werden wir nutzen, um zu sehen, wie wir die für ideales Verhalten aufgestellten Gesetzmäßigkeiten formal auf reales Verhalten anwenden und wie wir die Abweichungen vom idealen Verhalten thermodynamisch erfassen können.

Im Abschnitt 2.3 werden wir weitere thermodynamische Größen einführen, die uns die Durchführung thermodynamischer Berechnungen wesentlich erleichtern.

Der Dritte Hauptsatz der Thermodynamik wird im Abschnitt 2.4 besprochen. Damit haben wir dann die Voraussetzungen für eine Anwendung unserer thermodynamischen Kenntnisse so weit erfüllt, dass wir uns im Abschnitt 2.5 der ausführlichen Behandlung der Phasengleichgewichte von Ein- und Mehrkomponentensystemen zuwenden können.

Das chemische Gleichgewicht wird im Abschnitt 2.6 besprochen.

Unausgesprochen sind wir bislang davon ausgegangen, dass die Eigenschaften der thermodynamischen Systeme oder der Phasen, die sie aufbauen, nicht von den abweichenden Eigenschaften der Phasengrenzflächen beeinflusst werden. Streng genommen haben wir also stets Phasen zugrunde gelegt, die dreidimensional unendlich ausgedehnt sind. Diese Bedingungen wird im Allgemeinen auch bei Phasen erfüllt sein, die ein sehr kleines Volumen haben, wenn wir bedenken, dass die atomaren Dimensionen um viele Größenordnungen kleiner sind als die makroskopischen eines üblichen, dreidimensionalen thermodynamischen Systems. Wenn wir jedoch Effekte behandeln, die sich in oder an der Phasengrenze abspielen, so müssen wir beachten, dass eine Dimension atomare Abmessungen annimmt,

Lehrbuch der Physikalischen Chemie, Sechste Auflage. Gerd Wedler und Hans-Joachim Freund.
© 2012 Wiley-VCH Verlag GmbH & Co. KGaA. Published 2012 by Wiley-VCH Verlag GmbH & Co. KGaA.

dass wir es aus makroskopischer Sicht daher mit einem zweidimensionalen System zu tun haben. Solche Betrachtungen werden wir im Abschnitt 2.7 anstellen.

Neue Aspekte kommen hinzu, wenn wir Gleichgewichte zwischen elektrisch geladenen Teilchen betrachten. Im Abschnitt 2.8 werden wir uns mit der thermodynamischen Elektrochemie vertraut machen und das Verhalten galvanischer Zellen behandeln, wobei wir uns auf die einführenden Erläuterungen im Abschnitt 1.6 stützen können.

2.1
Das reale Verhalten der Materie

Im Abschnitt 1.2.1 haben wir erfahren, dass wir das *ideale Gasgesetz* (Gl. 1.1-49) mit Hilfe der kinetischen Gastheorie ableiten können, wenn wir dem idealen Gas ein Modell zugrunde legen, in dem die Gasmoleküle keinerlei Kräfte aufeinander ausüben. Dass gerade diese Forderung im Allgemeinen nicht erfüllt sein dürfte, werden wir im Abschnitt 2.1.1 erkennen, wenn wir die Vorhersagen des idealen Gasgesetzes über einen größeren Druckbereich hinweg überprüfen. Wir werden deshalb versuchen, durch Hinzunahme zusätzlicher Terme dieses Gesetz so zu modifizieren, dass die *thermische Zustandsgleichung* das Verhalten des Gases auch bei höheren Drücken, d. h. im realen Fall, richtig beschreibt.

Diese Betrachtungen führen uns zwangsläufig zu der Erkenntnis, dass unter bestimmten Bedingungen von Druck und Temperatur eine teilweise Kondensation des Gases eintritt und dass wir ein aus Gas und Flüssigkeit bestehendes *Zweiphasensystem* erhalten (Abschn. 2.1.2).

Wenn wir in einem p, V-Diagramm die Isothermen des realen Gases darstellen, werden wir sehen, dass es einen ausgezeichneten Punkt, den *kritischen Punkt* gibt, der für das Verhalten des Gases von ausschlaggebender Bedeutung ist (Abschn. 2.1.3). Mit seiner Hilfe können wir eine allgemeingültige Zustandsgleichung für Gase aufstellen. Wir kommen so zum *Theorem der übereinstimmenden Zustände* (Abschn. 2.1.4).

Im Abschnitt 2.1.5 wollen wir danach fragen, ob es möglich ist, auch für kondensierte Phasen eine einfache thermische Zustandsgleichung zu formulieren.

Schließlich wird uns die Behandlung des *Joule-Thomson-Effektes* zeigen, unter welchen Bedingungen eine Verflüssigung eines realen Gases möglich wird (Abschn. 2.1.6).

2.1.1
Die thermische Zustandsgleichung des realen Gases

Nach dem Boyle-Mariotte'schen-Gesetz (Gl. 1.1-41) und nach dem idealen Gasgesetz (Gl. 1.1-49) ist für den Grenzfall des idealen Gases das Produkt aus Druck und Volumen bei konstanter Temperatur eine Konstante, daher also auch unabhängig vom Druck:

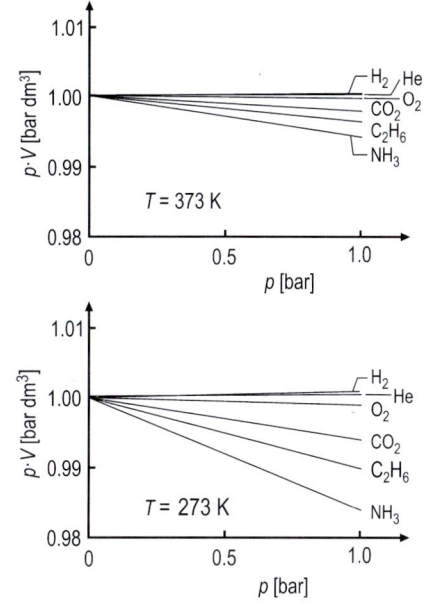

Abbildung 2.1-1 Auftragung von $p \cdot V$ in Abhängigkeit von p für verschiedene Gase bei 273 K und 373 K.

$$\left(\frac{\partial (p \cdot V)}{\partial p}\right)_T = 0 \tag{2.1-1}$$

Demnach sollte die Auftragung von $p \cdot V$ gegen den Druck eine Parallele zur Druckachse ergeben. Der Ordinatenwert wäre nach dem idealen Gasgesetz der Temperatur T und der Stoffmenge n proportional und von der chemischen Natur des Gases unabhängig.

Dieser Sachverhalt wird in Abb. 2.1-1 für verschiedene Gase bei $T = 273$ K und $T = 373$ K geprüft. Dabei wird jeweils eine solche Gasmenge verwendet, dass für extrem kleine Drücke für $p \cdot V$ der Wert 1.000 bar dm³ resultiert.

Die Abbildung lässt erkennen, dass selbst für niedrige Drücke unterhalb von 1 bar eine in ihrem Ausmaß von der Art des Gases und von der Temperatur abhängige Abweichung vom idealen Verhalten zu beobachten ist. Bei den niedrigen Drücken ergibt sich eine lineare Abhängigkeit des Wertes von $p \cdot V$ vom Druck, so dass man formal das ideale Gasgesetz durch ein druckabhängiges Glied erweitern könnte, um die experimentellen Werte analytisch darzustellen:

$$p \cdot V = n \cdot R \cdot T + n \cdot B \cdot p \tag{2.1-2}$$

Die allgemeinere Form des *Virialansatzes*, bei dem das Produkt $p \cdot V$ als Funktion steigender Potenzen von p dargestellt wird, lautet

$$p \cdot V = n \cdot R \cdot T + n \cdot B \cdot p + n \cdot C \cdot p^2 + n \cdot D \cdot p^3 + \ldots \tag{2.1-3}$$

> Man bezeichnet die Konstanten B, C, D in diesem auf Clausius zurückgehenden Ansatz als *Virialkoeffizienten*.

Sie sind, wie sofort aus einem Vergleich der nach dem zweiten Glied abgebrochenen Form (Gl. 2.1-2) mit Abb. 2.1-1 hervorgeht, unabhängig vom Druck, aber abhängig von der Temperatur und der chemischen Natur des betrachteten Gases. Man kann sie nicht berechnen, man muss sie experimentell bestimmen. B nennt man den 2. Virialkoeffizienten; RT ist demzufolge der 1. Virialkoeffizient.

Beschränkt man sich nicht, wie in Abb. 2.1-1 geschehen, auf niedrige Drücke, sondern bestimmt das Produkt $p \cdot V$ über einen sehr großen Druckbereich, so wird der Kurvenverlauf, wie Abb. 2.1-2 am Beispiel des Kohlendioxids zeigt, noch wesentlich komplizierter. Für dieses Gas finden wir folgendes Verhalten: Bei Temperaturen oberhalb von 773 K nimmt das Produkt $p \cdot V$ mit steigendem Druck kontinuierlich zu. Bei Temperaturen unterhalb von 773 K sinkt $p \cdot V$ zunächst bis zu einem Minimalwert und steigt dann wieder an. Wir können auf

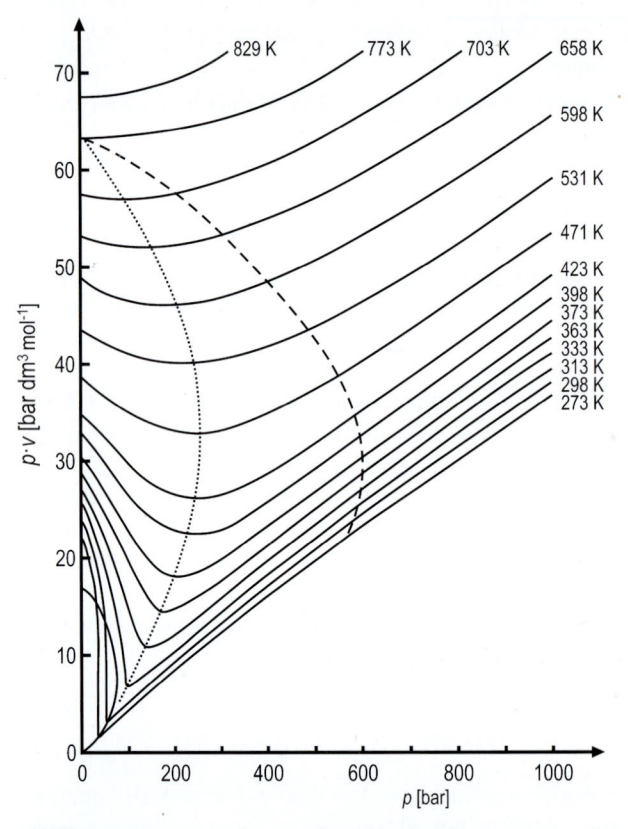

Abbildung 2.1-2 pv, p-Isothermen für Kohlendioxid.
.... Boyle-Kurve
------ Ideal-Kurve

diesen Isothermen zwei charakteristische Punkte markieren, das Minimum und den Abszissenwert, für den $p \cdot V$ den gleichen Wert wie für $p \to 0$ annimmt. Die Verbindungslinie der Minima bezeichnet man als *Boyle-Kurve*, die Verbindungslinie der letztgenannten Punkte als *Idealkurve*, denn entlang dieser Kurve hat $p \cdot V$ denselben Wert wie für den idealen Gaszustand bei $p \to 0$. Die Boyle-Kurve und die Idealkurve treffen sich auf der Ordinate am Beginn jener Isotherme, deren Steigung bei $p = 0$ null ist. Man bezeichnet die zugehörige Temperatur als Boyle-Temperatur. Betrachten wir schließlich die Isothermen für Temperaturen unterhalb 304 K, so stellen wir eine weitere Besonderheit fest. Sie weisen im abfallenden Teil – innerhalb des in Abb. 2.1-2 grau markierten Gebietes – einen vertikalen Kurvenverlauf auf. Das besagt, dass sich bei konstantem Druck und konstanter Temperatur das Volumen ändert. In diesem Bereich verflüssigt sich das Gas. Wir werden diesen Prozess weiter unten näher diskutieren. Am tiefsten Punkt des vertikalen Kurventeils ist das gesamte Gas verflüssigt, eine weitere Druckerhöhung führt zu einer Zunahme des Produktes $p \cdot V$.

Die Tatsache, dass wir in die Diskussion der in Abb. 2.1-2 dargestellten Isothermen bereits den flüssigen Aggregatzustand einbeziehen müssen, zeigt, wie weit wir uns schon vom Zustand des idealen Gases entfernt haben. Da die Existenz einer kondensierten Phase ohne das Vorhandensein von zwischenmolekularen Kräften nicht denkbar ist, müssen wir sicherlich bei der Erklärung des Kurvenverlaufs der pV, p-Isothermen – im Gegensatz zum idealen Gaszustand – die Existenz solcher Kräfte berücksichtigen.

Wir wollen uns zunächst auf den Bereich beschränken, in dem keine Verflüssigung eintritt, und die Steigung der Isothermen betrachten. Für sie gilt

$$\left(\frac{\partial (pV)}{\partial p}\right)_T = V + p \cdot \left(\frac{\partial V}{\partial p}\right)_T \tag{2.1-4}$$

Dafür können wir auch schreiben

$$\left(\frac{\partial (pV)}{\partial p}\right)_T = pV \left(\frac{1}{p} + \frac{1}{V} \cdot \left(\frac{\partial V}{\partial p}\right)_T\right) \tag{2.1-5}$$

Der zweite Term in der Klammer ist nach Gl. (1.1-60) gleichbedeutend mit dem negativen Wert des Kompressibilitätskoeffizienten κ. Es ist also

$$\left(\frac{\partial (pV)}{\partial p}\right)_T = pV \left(\frac{1}{p} - \kappa\right) \tag{2.1-6}$$

Im Minimum der Isothermen in Abb. 2.1-2 ist die Steigung null. Das ist nur möglich, wenn der Klammerausdruck in Gl. (2.1-6) null ist:

$$\kappa_{\min} = \frac{1}{p} \tag{2.1-7}$$

Diesen Wert hat nach Gl. (1.1-60) gerade der Kompressibilitätskoeffizient des idealen Gases. Wir können also für den Kompressibilitätskoeffizienten im Minimum ($\kappa_{\min}$) schreiben

$$\kappa_{\min} = \kappa_{\text{ideal}} \tag{2.1-8}$$

Links vom Minimum ist die Steigung der Isothermen negativ. Daraus folgt

$$\text{links vom Minimum} \quad \left(\frac{\partial(pV)}{\partial p}\right)_T < 0 \Rightarrow \kappa > \kappa_{\min} \tag{2.1-9}$$

und
$$\kappa > \kappa_{\text{ideal}}$$

Rechts vom Minimum ist die Steigung der Isothermen positiv. Daraus folgt

$$\text{rechts vom Minimum} \quad \left(\frac{\partial(pV)}{\partial p}\right)_T > 0 \Rightarrow \kappa < \kappa_{\min} \tag{2.1-10}$$

und
$$\kappa < \kappa_{\text{ideal}}$$

Wollen wir den Verlauf der Isothermen in Abb. 2.1-24 deuten, so müssen wir uns zunächst fragen, wie die Kompressibilität erhöht oder erniedrigt werden kann im Vergleich zu einem Zustand, der sich dadurch auszeichnet, dass keine Kräfte zwischen den Teilchen wirksam sind. Es liegt natürlich, wie bereits aus dem Auftreten der Verflüssigung geschlossen wurde, nahe, nun die Wirkung einer zwischenmolekularen Kraft anzunehmen. Die Gegenläufigkeit der beobachteten Effekte lässt weiterhin vermuten, dass nicht eine, sondern zwei gegensinnig wirkende Kräfte im Spiel sind. Die eine Kraft könnte eine Anziehung, die andere eine Abstoßung bewirken. Nehmen wir nun zusätzlich noch an, dass beide Kräfte eine unterschiedliche Reichweite haben, mit anderen Worten, dass sie mit unterschiedlichen Potenzen des Abstandes der Teilchen voneinander abfallen, so können wir tatsächlich den Kurvenverlauf qualitativ erklären:

Bei extrem kleinen Drücken haben die Teilchen im Mittel einen so großen Abstand voneinander, dass weder die Anziehungs- noch die Abstoßungskräfte wirksam werden können. Wird der Druck bei konstanter Temperatur erhöht, so steigt die Dichte des Gases, der mittlere Abstand der Teilchen nimmt ab. Jetzt können die weiterreichenden Kräfte – es müssen wegen der Zunahme der Kompressibilität die Anziehungskräfte sein – wirken. Mit weiter zunehmendem Druck und zunehmender Dichte machen sich dann auch die Abstoßungskräfte bemerkbar. Sie müssen schließlich dominierend werden, denn die Erfahrung lehrt uns, dass wir die Materie nicht beliebig weit komprimieren können. Wir müssen also einen Zustand erreichen, in dem das Volumen fast unabhängig vom Druck wird und das Produkt $p \cdot V$ linear mit p ansteigt, wie wir es tatsächlich für große Werte von p in Abb. 2.1-2 erkennen. Zuvor müssen wir jedoch einen Zustand passieren, in dem Anziehungs- und Abstoßungskräfte einander kompensieren. Hier sollten wir also die gleiche Kompressibilität erwarten wie im idealen Gaszustand. Dieser Zustand liegt, wie wir gesehen haben, im Minimum der pV, p-Isothermen vor.

Wir wollen nun versuchen, mit Hilfe dieser Vorstellungen zu einer quantitativen Formulierung der Zustandsgleichung des realen Gases zu gelangen. Dabei wollen wir die Form der Idealen Gasgleichung im Prinzip beibehalten und die auf die Wirkung der Kräfte zurückzuführende Abweichung vom idealen Verhalten in Form von Korrekturgliedern einfügen.

> Die Anziehungskräfte führen de facto zu einer Erhöhung des Druckes, unter dem das Gas steht. Der wirksame Druck ist um einen *Binnendruck* π größer als der äußere Druck p. Die Abstoßungskräfte führen de facto zu einer Verminderung des molaren Volumens. Das freie molare Volumen ist um ein *Ausschließungsvolumen b* kleiner als das molare Volumen des Gases.

Anstelle der Idealen Gasgleichung

$$p \cdot v = RT \qquad (1.1\text{-}48)$$

haben wir zu schreiben

$$(p + \pi) \cdot (v - b) = RT \qquad (2.1\text{-}11)$$

Nach unserer Modellvorstellung können wir noch etwas nähere Angaben über den Binnendruck und das Ausschließungsvolumen machen, ohne auf die Art der wirkenden Kräfte eingehen zu müssen. Letzteres kann erst im Abschnitt 3.5.4 geschehen.

Wir sind davon ausgegangen, dass die Anziehungskräfte mit der Annäherung der Teilchen, d.h. mit zunehmendem Druck oder abnehmendem Volumen, zunehmen. Dann muss π volumenabhängig sein. Da für $v \to \infty$, entsprechend $p \to 0$, die Gleichung (2.1-11) in die Ideale Gasgleichung übergehen soll, muss für $v \to \infty$ π gegen null gehen. Wir können also zunächst ansetzen

$$\pi = \frac{c}{v} + \frac{a}{v^2} + \frac{d}{v^3} + \ldots \qquad (2.1\text{-}12)$$

und für unsere Betrachtungen die Reihe nach dem zweiten Glied abbrechen. Wir würden dann anstatt Gl. (2.1-11) schreiben

$$\left(p + \frac{c}{v} + \frac{a}{v^2}\right)(v - b) = RT \qquad (2.1\text{-}13)$$

Damit dieser Ausdruck für sehr kleine Drücke, d.h. für sehr große molare Volumina, bei denen wir b gegenüber v vernachlässigen können, in die Ideale Gasgleichung übergeht, muss die Konstante c den Wert null haben:

$$p \cdot v + c + \frac{a}{v} = RT \qquad (2.1\text{-}14)$$

Abbildung 2.1-3 Zur Ermittlung des Ausschließungsvolumens.

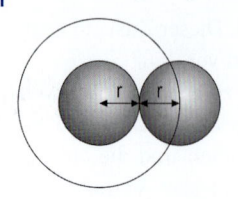

> Wir können also den Binnendruck π durch den Ausdruck
> $$\pi = \frac{a}{v^2} \tag{2.1-15}$$
> ersetzen.

Wir haben weiter oben davon gesprochen, dass wir wegen der Wirkung der Abstoßung die Gase nicht beliebig weit komprimieren können. Anschaulich bedeutet das, dass wir das Gas nur so lange komprimieren können, bis sich die Teilchen berühren. Die Konstante b wird also in unmittelbarem Zusammenhang mit dem Volumen der einzelnen Moleküle stehen. Nehmen wir vereinfachend an, dass sich die Moleküle wie starre Kugeln mit dem Radius r verhalten. Dann können sich, wie aus Abb. 2.1-3 hervorgeht, die Mittelpunkte zweier Kugeln höchstens bis auf den Abstand $2r$ nähern. Die beiden Kugeln, die je ein Volumen von $V_{\text{Molekül}} = \frac{4}{3}\pi r^3$ haben, schließen gegenseitig ihre Mittelpunkte aus einem Volumen von $\frac{4}{3}\pi(2r)^3 = 8 \cdot V_{\text{Molekül}}$ aus. Dieses Volumen bezieht sich auf zwei Moleküle. Für ein Molekül muss es also das Vierfache des Eigenvolumens sein.

> Das Ausschließungsvolumen b ist nach Gl. (2.1-11) eine molare Größe. Es ist also
> $$b = N_A \cdot 4 \cdot \frac{4}{3}\pi r^3 \tag{2.1-16}$$

Nach diesen Überlegungen bezüglich der Korrekturglieder π und b können wir eine Zustandsgleichung des realen Gases formulieren,

> die *van der Waals'sche Gleichung*
> $$\left(p + \frac{a}{v^2}\right)(v - b) = RT \tag{2.1-17}$$

Verwenden wir nicht das molare Volumen v, sondern das Volumen $V = n \cdot v$ der Stoffmenge n, so ergibt sich

$$\left(p + \frac{n^2 a}{V^2}\right)\left(\frac{V}{n} - b\right) = RT \tag{2.1-18}$$

oder

$$\left(p + \frac{n^2 a}{V^2}\right)(V - n \cdot b) = nRT \qquad (2.1\text{-}19)$$

Wir sollten uns darüber im klaren sein, dass wir zu der beschriebenen Herleitung der van der Waals'schen Gleichung Hilfsmittel verwendet haben, die nicht den Methoden der Thermodynamik entstammen. Das hindert uns jedoch nicht, mit der gewonnenen Gleichung thermodynamische Rechnungen durchzuführen.

Bei der weiteren Diskussion der van der Waals'schen Zustandsgleichung gehen wir von der Formulierung (Gl. 2.1-17) aus.

Zunächst wollen wir das Verhalten bei kleinen Drücken untersuchen. Unter diesen Bedingungen ist v groß, so dass wir nach dem Ausklammern von pv in

$$pv\left(1 + \frac{a}{pv^2}\right)\left(1 - \frac{b}{v}\right) = RT \qquad (2.1\text{-}20)$$

$\frac{a}{pv^2}$ und $\frac{b}{v}$ als klein gegenüber 1 betrachten können. (Wir werden später in Tab. 2.1-1 sehen, dass die *van der Waals'schen Konstanten a* und *b* in der Größenordnung von $1\,\text{dm}^6\,\text{bar}\,\text{mol}^{-2}$ bzw. $0.1\,\text{dm}^3\,\text{mol}^{-1}$ liegen). Wir verwenden deshalb die für $x \ll 1$ geltende Beziehung $1 - x \approx \frac{1}{1+x}$ und erhalten so aus Gl. (2.1-20)

$$p \cdot v = \left(1 - \frac{a}{pv^2}\right)\left(1 + \frac{b}{v}\right) \cdot RT \qquad (2.1\text{-}21)$$

In den Korrekturgliedern können wir näherungsweise pv durch RT substituieren und das Glied, das das Produkt $a \cdot b$ enthält, wegen seiner Kleinheit vernachlässigen. So ergibt sich

$$p \cdot v = RT\left(1 + \left(b - \frac{a}{RT}\right)\frac{1}{v}\right) \qquad (2.1\text{-}22)$$

Tabelle 2.1-1 Van der Waals'sche Konstanten einiger Gase, bestimmt aus p_k und T_k.

Stoff	$\dfrac{a}{\text{dm}^6 \cdot \text{bar} \cdot \text{mol}^{-2}}$	$\dfrac{b}{\text{dm}^3 \cdot \text{mol}^{-1}}$
He	0.03457	0.02370
Ne	0.2135	0.02709
Kr	2.352	0.03981
H_2	0.2476	0.02661
N_2	1.408	0.03913
O_2	1.378	0.03183
CO	1.505	0.03985
CO_2	3.640	0.04267
H_2O	5.545	0.03053
NH_3	4.225	0.03707
C_2H_6	5.562	0.0638

$$p \cdot v = RT + \left(b - \frac{a}{RT}\right) \cdot p \tag{2.1-23}$$

Diese Gleichung ist identisch mit Gl. (2.1-2), wenn wir

$$B = b - \frac{a}{RT} \tag{2.1-24}$$

setzen. Wir erkennen also, dass für kleine Drücke die van der Waals'sche Gleichung in die einfachste Form des Virialansatzes übergeht und die lineare Abhängigkeit des Produktes $p \cdot v$ vom Druck wiedergibt. Gleichzeitig sehen wir, dass der zweite Virialkoeffizient B von der Temperatur und der chemischen Natur des Gases abhängt, denn nach Tab. 2.1-1 sind a und b stoffabhängig.

Fragen wir nach den Aussagen der van der Waals'schen Gleichung bis zu höheren Drücken hin, dann dürfen wir natürlich diese Vereinfachungen nicht mehr machen. Multiplizieren wir die linke Seite von Gl. (2.1-17) aus, multiplizieren die ganze Gleichung mit $\frac{v^2}{p}$ und ordnen neu, so erhalten wir

$$v^3 - \left(b + \frac{RT}{p}\right)v^2 + \frac{a}{p} \cdot v - \frac{ab}{p} = 0 \tag{2.1-25}$$

Die van der Waals'sche Gleichung ist also eine Gleichung dritten Grades bezogen auf v. Wir sollten demnach im p,v-Diagramm einen $\sim$-förmigen Verlauf erwarten. Zu einem Wert von p sollten im Allgemeinen drei Werte von v gehören, sofern nicht zwei Wurzeln konjugiert komplex und damit für uns ohne physikalische Bedeutung sind. Den Kurvenverlauf erkennen wir deutlicher, wenn wir die Steigung in Abhängigkeit vom molaren Volumen und der Temperatur betrachten. Gl. (2.1-17) liefert nach p aufgelöst

$$p = \frac{RT}{v - b} - \frac{a}{v^2} \tag{2.1-26}$$

Daraus folgt für die Steigung der Isothermen im p,v-Diagramm

$$\left(\frac{\partial p}{\partial v}\right)_T = -\frac{RT}{(v-b)^2} + \frac{2a}{v^3} \tag{2.1-27}$$

Bei hinreichend großem T wird das erste Glied überwiegen, die Isothermen werden unabhängig vom molaren Volumen eine negative Steigung haben. Bei tiefen Temperaturen hingegen kann bei kleinem v das erste Glied, bei größerem v das zweite Glied überwiegen, während bei sehr großem v wieder das erste Glied das Vorzeichen von $\left(\frac{\partial p}{\partial v}\right)_T$ bestimmen wird. Die Isothermen haben bei kleinem und sehr großem molarem Volumen eine negative, dazwischen eine positive Steigung. Es müssen also ein Minimum und ein Maximum auftreten.

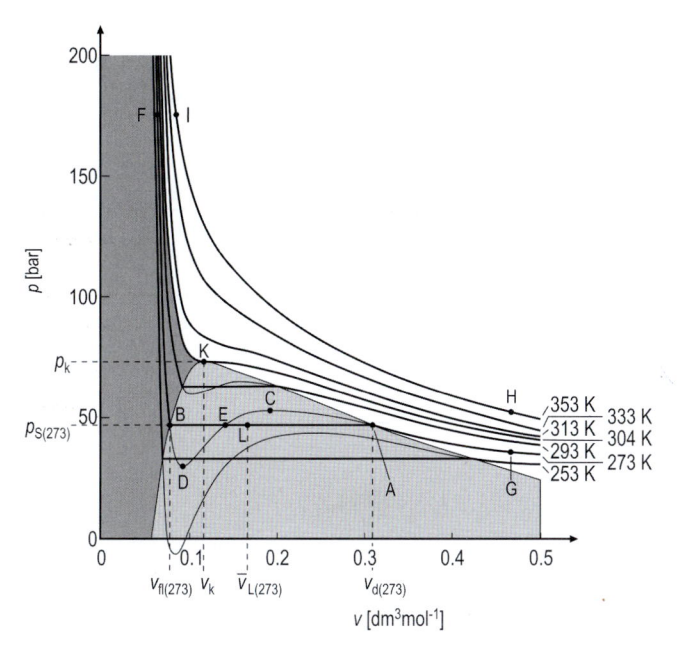

Abbildung 2.1-4 p, v-Diagramm für Kohlendioxid nach der van der Waals'schen Gleichung.

Abbildung 2.1-4, in der für Kohlendioxid mit den aus Tab. 2.1-1 zu entnehmenden Konstanten a und b die van der Waals'schen Isothermen wiedergegeben sind, bestätigt den soeben diskutierten Kurvenverlauf. In dieser Abbildung ist auch die Isotherme eingezeichnet ($T = 304$ K), die den Übergang zwischen den Isothermen mit zwei Extremwerten und denjenigen ohne Extremwert darstellt. Bei ihr fallen Minimum und Maximum in einem Wendepunkt mit horizontaler Tangente zusammen.

2.1.2
Das Zweiphasengebiet

Wir haben uns bisher darauf beschränkt, den Verlauf der van der Waals'schen Isothermen mathematisch zu analysieren, haben jedoch nicht nach der physikalischen Aussage gefragt. Tun wir dies, so fällt uns auf, dass der Kurventeil zwischen Minimum und Maximum eine positive Steigung hat. Das würde bedeuten, dass mit zunehmendem Druck das molare Volumen zunehmen müsste. Dieser Kurventeil, auf der 273-K-Isotherme zwischen den Punkten D und C in Abb. 2.1-4 ist demnach physikalisch nicht realisierbar.

Wir wollen deshalb vor einer weiteren Diskussion der van der Waals'schen Gleichung einen Blick auf die experimentellen Ergebnisse werfen. Haben wir Kohlendioxid bei Temperaturen oberhalb von 304 K vorliegen, so ermitteln wir bei sehr hohen Temperaturen eine p, v-Isotherme, die den in Abschnitt 1.1.10 für ideale

Gase besprochenen sehr ähnelt. Mit abnehmender Temperatur treten dann Abweichungen vom hyperbelförmigen Verlauf auf, wie sie sich in den Isothermen für 353 K, 333 K und 304 K in Abb. 2.1-4 andeuten. Bei Temperaturen unterhalb von 304 K machen wir eine ganz andere Beobachtung. Bei großen molaren Volumina ist der Zusammenhang zwischen p und v zwar nicht wesentlich anders als bei den höheren Temperaturen, bei der isothermen Kompression des Gases steigt der Druck an. Unterschreiten wir jedoch ein bestimmtes molares Volumen – auf der 273-K-Isotherme mit A gekennzeichnet –, so steigt der Druck nicht weiter an. Wir beobachten vielmehr die Bildung einer flüssigen Phase. In dem Maße, in dem wir weiter komprimieren, verschiebt sich das Verhältnis von Flüssigkeitsmenge zu Gasmenge zugunsten der ersteren. Wir bewegen uns auf der Isotherme horizontal vom Punkt A über E nach B. In diesem Punkt ist das gesamte Gas verflüssigt. Eine weitere Kompression ist mit einem starken Ansteigen des Druckes verbunden. Experimentell wird jetzt wieder angenähert der Verlauf der van der Waals'schen Isotherme gefunden.

Wir erkennen also, dass die van der Waals'sche Isotherme in dem Bereich unzutreffend ist, in dem dampfförmige und flüssige Phase nebeneinander vorliegen, d. h. im Zweiphasengebiet. Zur Beantwortung der Frage, welcher *Sättigungsdruck* p_s im Zweiphasengebiet vorliegt, d. h. welchen Ordinatenwert die Horizontale durch A und B hat, bedenken wir, dass wir, um von A nach B zu gelangen, isotherm und reversibel eine Kompression ausführen müssen. Die dazu erforderliche Arbeit ist gegeben durch $-\int_{v_d}^{v_{fl}} p\mathrm{d}v$. Das Experiment hat uns gezeigt, dass dieser Prozess ein isobarer Prozess mit $p = p_s$ ist. Die Kompressionsarbeit ist deshalb durch die Fläche unter der Strecke $\overline{AB}$ gegeben:

$$-\int_{v_d}^{v_{fl}} p\mathrm{d}v = p_s(v_d - v_{fl}) \tag{2.1-28}$$

Der negative Betrag dieser Arbeit ist die *äußere Verdampfungsarbeit*, es ist die Arbeit, die aufgebracht werden muss, um ein Mol der Flüssigkeit bei konstantem Sättigungsdruck zu verdampfen.

Würden wir nicht auf der Geraden von A nach B gelangen, sondern auf der van der Waals'schen Kurve, so müssten wir die gleiche Arbeit leisten (vgl. Abschnitt 1.1.17). Es muss also die Fläche unter der van der Waals'schen Kurve zwischen den Punkten A und B gleich der Fläche unter der Strecke $\overline{AB}$ sein. Das bedingt, dass die Fläche BDE gleich der Fläche ECA ist. Die Horizontale ist also so zu legen, dass diese von der van der Waals'schen Isotherme nach unten und nach oben gleiche Flächen abschneidet.

Wir hatten den Vergleich mit dem Experiment angestellt, um zu ergründen, was zwischen den Punkten C und D geschieht, zwischen denen die van der Waals'sche Kurve eine nicht realisierbare Steigung hat. Nun haben wir aber gefunden, dass auch die Kurvenstücke BD und CA experimentell nicht nachzuvollziehen sind.

Diese Aussage ist jedoch einzuschränken. Sie ist gültig, wenn wir uns auf Gleichgewichtszustände beziehen, d. h. wenn sich unser System in einem stabilen Gleichgewicht befindet. Aus der Erfahrung ist uns jedoch bekannt, dass wir eine Flüssigkeit überhitzen (Siedeverzug) oder einen Dampf übersättigen können. Das bedeutet, dass wir eine Flüssigkeit auf einen niedrigeren oder einen Dampf auf einen höheren Druck bringen können, als dem Gleichgewichtszustand entspricht. Wir bewegen uns damit auf der van der Waals'schen Isotherme von B in Richtung auf D oder von A in Richtung auf C. Diese Zustände sind metastabil. Beim spontan eintretenden Übergang in den stabilen Zustand erfolgt der Zerfall in zwei Phasen. Überhaupt nicht realisiert werden können die Zustände zwischen D und C. Auch das Auftreten negativer Drücke entbehrt der physikalischen Bedeutung.

Aus dem Isothermenverlauf in Abb. 2.1-4 erkennen wir nun sofort, dass sich das Zweiphasengebiet mit zunehmender Temperatur verengen muss. Der oberste Punkt des Zweiphasengebietes muss durch den Punkt gegeben sein, in dem Minimum und Maximum zusammenfallen.

> Wir bezeichnen diesen Punkt (K in Abb. 2.1-4) als *kritischen Punkt*, die zugehörige Temperatur als *kritische Temperatur* T_k, den zugehörigen Druck als *kritischen Druck* p_k und das zugehörige molare Volumen als *kritisches molares Volumen* v_k.

Bei Temperaturen oberhalb der kritischen Temperatur, im sog. *hyperkritischen Gebiet*, liegt kein Zweiphasengebiet mehr vor, es ist deshalb keine Verflüssigung mehr möglich. Der Unterschied zwischen flüssiger und dampfförmiger Phase ist verschwunden, denn am kritischen Punkt sind die molaren Volumina der flüssigen und der dampfförmigen Phase identisch geworden, die äußere Verdampfungsarbeit ist entsprechend Gl. (2.1-28) damit zu null geworden.

In Abb. 2.1-4 haben wir demnach vier Gebiete zu unterscheiden, das dunkelgrau gefärbte Gebiet, in dem die flüssige Phase vorliegt, das durch eine helle Grautönung gekennzeichnete Zweiphasengebiet, in dem spontan ein Zerfall in die flüssige und die dampfförmige Phase erfolgt, das Gebiet der gas- oder dampfförmigen Phase und das hyperkritische Gebiet.

Befinden wir uns im Zweiphasengebiet am Punkte L mit dem mittleren molaren Volumen $\bar{v}_L$, so erfolgt ein Zerfall in flüssige Phase mit dem molaren Volumen v_{fl} und in dampfförmige Phase mit dem molaren Volumen v_d. Für die Molenbrüche x_{fl} und x_d der flüssigen bzw. dampfförmigen Phase gilt.

$$x_{fl} = \frac{v_d - \bar{v}_L}{v_d - v_{fl}} \quad \text{und} \quad x_d = \frac{\bar{v}_L - v_{fl}}{v_d - v_{fl}} \tag{2.1-29}$$

wie wir sofort erkennen, wenn wir das mittlere molare Volumen $\bar{v}_L$ durch die molaren Volumina v_d und v_{fl} ausdrücken

$$\bar{v}_L = x_{fl} v_{fl} + x_d v_d \tag{2.1-30}$$

und beachten, dass die Summe der Molenbrüche gleich eins ist.

2.1.3
Der kritische Punkt

Um das Wesen des kritischen Punktes richtig verstehen zu können, wollen wir zwei Experimente besprechen.

Wir schließen Kohlendioxid in einem solchen Volumen ein, dass das molare Volumen dem kritischen molaren Volumen entspricht. Dann tritt bei Raumtemperatur ein Zerfall in zwei Phasen ein: Im unteren Teil unseres Gefäßes, z. B. einer starkwandigen Glaskapillare, liegt flüssiges Kohlendioxid vor, darüber befindet sich gasförmiges. Wir beobachten einen scharfen Meniskus. Nun erwärmen wir das System langsam. Sobald wir die kritische Temperatur (T_k = 304 K) überschreiten, verschwindet schlagartig der Meniskus, weil sich Dampf und Flüssigkeit nicht mehr unterscheiden. Senken wir nun langsam die Temperatur, so tritt unter Nebelbildung eine Phasentrennung ein, sobald wir die kritische Temperatur wieder unterschreiten.

In einem anderen Experiment führen wir einen Kreisprozess durch, bei dem wir den kritischen Punkt umfahren wollen. Der Ausgangszustand sei durch den Punkt F in Abb. 2.1-4 bestimmt. Unser System enthält nur flüssiges Kohlendioxid. Dann senken wir bei konstanter Temperatur (T = 273 K) den Druck, indem wir das molare Volumen vergrößern. Sobald wir den Punkt B erreichen, tritt neben der flüssigen Phase die Dampfphase auf. Durch weitere Vergrößerung des molaren Volumens nimmt die Menge der Dampfphase zu, die Menge der flüssigen Phase ab, ohne dass sich der Druck ändert. Bei A ist die gesamte flüssige Phase verschwunden. Eine weitere isotherme Expansion bis G führt zu einer Druckabnahme. Nun erwärmen wir den Dampf isochor auf T = 353 K und gelangen unter Druckzunahme zum Punkt H. Eine isotherme Kompression führt uns zum Punkt I, von dem aus wir durch eine isobare Abkühlung unter Verminderung des molaren Volumens zum Punkt F gelangen. Da oberhalb des kritischen Punktes die Eigenschaften der flüssigen Phase und der Dampfphase identisch sind, erfolgt der Übergang von I nach F kontinuierlich ohne Phasentrennung. Das Überschreiten der kritischen Isotherme macht sich also äußerlich nur im Punkt K durch Entstehen oder Verschwinden eines Meniskus bemerkbar.

Die Bestimmung des kritischen Punktes ist von besonderer Wichtigkeit, da sich aus den kritischen Daten die van der Waals'schen Konstanten ermitteln lassen: Am kritischen Punkt hat die Isotherme im p, v-Diagramm einen Wendepunkt mit horizontaler Tangente. Es müssen also sowohl die erste als auch die zweite Ableitung des Drucks nach dem molaren Volumen null sein. Nach Gl. (2.1-27) war

$$\left(\frac{\partial p}{\partial v}\right)_T = -\frac{RT}{(v-b)^2} + \frac{2a}{v^3} \tag{2.1-27}$$

Für die zweite Ableitung folgt dann

$$\left(\frac{\partial^2 p}{\partial v^2}\right)_T = \frac{2RT}{(v-b)^3} - \frac{6a}{v^4} \tag{2.1-31}$$

und für den kritischen Punkt

$$-\frac{RT_k}{(v_k - b)^2} + \frac{2a}{v_k^3} = 0 \tag{2.1-32}$$

$$\frac{2RT_k}{(v_k - b)^3} - \frac{6a}{v_k^4} = 0 \tag{2.1-33}$$

Dividieren wir Gl. (2.1-32) durch Gl. (2.1-33), so erhalten wir

$$\frac{v_k - b}{2} = \frac{v_k}{3} \tag{2.1-34}$$

und damit für die van der Waals'sche Konstante b

$$b = \frac{1}{3} v_k \tag{2.1-35}$$

Setzen wir diesen Wert in Gl. (2.1-32) ein, so ergibt sich

$$\frac{RT_k}{\left(v_k - \frac{1}{3} v_k\right)^2} = \frac{2a}{v_k^3} \tag{2.1-36}$$

und daraus für die van der Waals'sche Konstante a

$$a = \frac{9}{8} RT_k v_k \tag{2.1-37}$$

Wir haben somit aus dem kritischen molaren Volumen und der kritischen Temperatur a und b bestimmt. Den zugehörigen kritischen Druck liefert dann die van der Waals'sche Gleichung

$$\left(p_k + \frac{9}{8} \frac{RT_k v_k}{v_k^2}\right)\left(v_k - \frac{1}{3} v_k\right) = RT_k \tag{2.1-38}$$

$$p_k = \frac{3}{8} \frac{RT_k}{v_k} \tag{2.1-39}$$

In Anbetracht der Tatsache, dass bei K die van der Waals'sche Isotherme eine horizontale Tangente besitzt, ist eine unmittelbare, exakte Bestimmung des kritischen molaren Volumens erschwert. Hier hilft die sog. *Cailletet-Mathias'sche Regel* weiter. Man misst bei verschiedenen Temperaturen T die Dichten ϱ der koexistierenden Phasen und trägt sie entsprechend Abb. 2.1-5 auf. Dabei stellt man fest, dass die Punkte $\frac{1}{2}(\varrho_d + \varrho_{fl})$ auf einer Geraden liegen, die, da im kritischen Punkt ϱ_d und ϱ_{fl} den gleichen Wert annehmen, durch den kritischen Punkt verläuft.

Auf diese Weise lässt sich die kritische Dichte sehr genau ermitteln.

Abbildung 2.1-5 Zur Cailletet-Mathias'schen Regel.

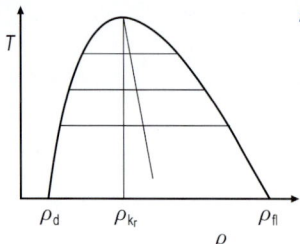

In Tab. 2.1-1 sind die van der Waals'schen Konstanten a und b, bestimmt aus p_k und T_k, zusammengestellt. Wir erkennen, dass die Konstante a, die die Anziehungskräfte widerspiegelt, wesentlich stärker stoffabhängig ist als die Konstante b, die ein Maß für das Volumen der Moleküle darstellt. Während bei ersterer die Unterschiede zwei Zehnerpotenzen betragen, machen sie bei letzterer erwartungsgemäß lediglich einen Faktor von 3 aus.

Der Ausdruck $s = \dfrac{p_k v_k}{RT_k}$ ist durch den kritischen Punkt und die Gaskonstante R eindeutig festgelegt. Man bezeichnet ihn als den *kritischen Koeffizienten*. Nach Gl. (2.1-39) sollte unabhängig von der chemischen Natur des Gases

$$s = \frac{p_k v_k}{RT_k} = 0.375 \tag{2.1-40}$$

sein. Die Ermittlung des kritischen Koeffizienten ermöglicht es somit, die Zuverlässigkeit der van der Waals'schen Gleichung zu prüfen. In Tab. 2.1-2 sind für einige einfache Gase die kritischen Koeffizienten angegeben. Wir erkennen, dass sie zwischen 0.217 und 0.314 liegen, also merklich von dem aus Gl. (2.1-40) geschlossenen Wert abweichen. Demnach müssen auch die aus den kritischen Daten ermittelten van der Waals'schen Konstanten a und b davon abhängen, ob wir sie aus v_k und T_k, v_k und p_k oder p_k und T_k ermitteln. Dies wirkt sich andererseits wieder auf die mit Hilfe der van der Waals'schen Gleichung berechneten Isothermen aus. Wir sehen

Tabelle 2.1-2 Kritische Koeffizienten

Gas	s
Ne	0.300
Kr	0.291
H_2	0.314
N_2	0.290
O_2	0.294
CO	0.295
CO_2	0.273
H_2O	0.217
NH_3	0.242
C_2H_6	0.273

Tabelle 2.1-3 Inversionstemperaturen T_i einiger Gase nach Gl. (2.1-58) und Tab. 2.1-1

Gas	$\dfrac{T_i}{K}$
He	35
H$_2$	224
N$_2$	866
O$_2$	1041
CO	908

dies auch in Abb. 2.1-4. Die Isothermen wurden berechnet mit Hilfe von Konstanten a und b, die aus p_k und T_k erhalten wurden. Diese Werte ($p_k = 73.92$ bar und $T_k = 304.1$ K) finden wir deshalb auch in der Abbildung wieder. Das kritische molare Volumen ist mit $v_k = 0.116\,\text{dm}^3\,\text{mol}^{-1}$ jedoch viel größer als der experimentell ermittelte Wert von $v_k = 0.0943\,\text{dm}^3\,\text{mol}^{-1}$. Die van der Waals'sche Gleichung stellt nur eine grobe Näherung dar. Sie ist lediglich bei geringfügigen Abweichungen vom idealen Verhalten gut anwendbar.

Wollen wir die experimentell ermittelten Wertetripel von p, v und T durch einen mathematischen Ausdruck wiedergeben, der exakter ist als die van der Waals'sche Gleichung, so müssen wir weitere Konstanten hinzunehmen. Für die praktische Anwendung ist eine große Zahl solcher Zustandsgleichungen aufgestellt worden. Eine andere Möglichkeit bietet beispielsweise der Virialansatz (Gl. 2.1-3).

2.1.4
Das Theorem der übereinstimmenden Zustände

Mit Gl. (2.1-39) könnte man, wenn die van der Waals'sche Gleichung exakt gültig wäre, die Gaskonstante R bestimmen:

$$R = \frac{8}{3} \frac{p_k v_k}{T_k} \qquad (2.1\text{-}41)$$

Setzen wir diesen Wert und die nach Gl. (2.1-35) und (2.1-37) ermittelten Werte für a und b in die van der Waals'sche Gleichung (2.1-17) ein, so erhalten wir

$$\left(p + \frac{9}{8} \cdot \frac{8}{3} \frac{p_k v_k^2 T_k}{T_k v^2}\right)\left(v - \frac{1}{3} v_k\right) = \frac{8}{3} p_k v_k \cdot \frac{T}{T_k} \qquad (2.1\text{-}42)$$

oder umgeformt

$$\left(\frac{p}{p_k} + 3\left(\frac{v_k}{v}\right)^2\right)\left(3\frac{v}{v_k} - 1\right) = 8\frac{T}{T_k} \qquad (2.1\text{-}43)$$

In dieser Gleichung treten die Zustandsvariablen p, v und T nur noch in unmittelbarer Verbindung mit den kritischen Daten p_k, v_k und T_k auf. Messen wir die Zustandsvariablen als Vielfache von p_k, v_k und T_k, führen wir also reduzierte Größen

$$\frac{p}{p_k} \equiv \Pi, \quad \frac{v}{v_k} \equiv \Phi \quad \text{und} \quad \frac{T}{T_k} \equiv \Theta \text{ ein, so ergibt sich die}$$

reduzierte van der Waals'sche Gleichung

$$\left(\Pi + 3\frac{1}{\Phi^2}\right)(3\Phi - 1) = 8\Theta \tag{2.1-44}$$

Sie enthält keine individuellen Konstanten mehr und sollte für alle Stoffe gültig sein.

Die Forderung, dass eine für alle Stoffe gültige Zustandsgleichung existieren sollte, bezeichnet man als *Theorem der übereinstimmenden Zustände*. Ihr liegt die Annahme zugrunde, dass charakteristische Zustandspunkte wie z. B. der Schmelzpunkt, der Siedepunkt oder auch der kritische Punkt für alle Stoffe einen einheitlich definierbaren Zustand darstellen, so dass sie als Bezugspunkte verwendet werden können.

So stellt man fest, dass bei vielen Flüssigkeiten der Siedepunkt unter Normaldruck (1.013 bar) bei etwa 0.64, der Schmelzpunkt bei etwa 0.44 der kritischen Temperatur liegt. Nach der *Pictet-Trouton'schen Regel* beträgt die Verdampfungsentropie beim Siedepunkt unter 1.013 bar etwa 88 JK^{-1} mol^{-1}.

Tatsächlich gibt es eine ganze Reihe von Stoffen, die dem Theorem der übereinstimmenden Zustände gehorchen. Zu diesen sog. Normalstoffen gehören beispielsweise Ne, Kr, N_2, O_2, CO. Dem entspricht, dass diese Stoffe, wie aus Tab. 2.1-2 hervorgeht, nahezu den gleichen kritischen Koeffizienten besitzen.

Sobald es sich jedoch um sehr leichte Moleküle, Moleküle mit stärkeren Dipolmomenten, besonders solche, die zur Wasserstoffbrücken-Bindung oder sonstigen Assoziationen neigen, oder um Moleküle handelt, deren Gestalt sehr von der Kugelform abweicht, so sind die Abweichungen vom Theorem der übereinstimmenden Zustände sehr ausgeprägt.

2.1.5
Die thermische Zustandsgleichung kondensierter Stoffe

Wenn in der Nähe des kritischen Punktes die Eigenschaften von Gas und Flüssigkeit einander auch sehr ähnlich sind, so unterscheiden sich in merklichem Abstand von diesem Punkt die kondensierten Phasen, d. h. Flüssigkeiten und Festkörper, doch grundlegend von den Gasen. So ist ihre Kompressibilität sehr klein und vom Druck weitgehend unabhängig. Unter solchen Bedingungen erhält man, ausgehend von der Definitionsgleichung des Kompressibilitätskoeffizienten

$$\kappa = -\frac{1}{V}\left(\frac{\partial V}{\partial p}\right)_T \tag{1.1-60}$$

durch Integration

$$\int_{V^0}^{V}\frac{dV}{V} = \int_{p^0}^{p}-\kappa\,dp \tag{2.1-45}$$

wobei p^0 ein Standarddruck ist. Wählt man diesen sehr klein, gegen null gehend, so folgt aus Gl. (2.1-45)

$$V = V^0 e^{-\kappa p} \tag{2.1-46}$$

Im Allgemeinen ist es aber ungleich schwieriger, für die kondensierte Phase eine Zustandsgleichung aufzustellen als für die Gasphase, zumal bei den Festkörpern die Kompressibilität und ebenso die thermische Ausdehnung oft anisotrop, d. h. richtungsabhängig sind.

2.1.6
Der Joule-Thomson-Effekt

Nach dem 2. Gay-Lussac'schen Versuch (vgl. Abschnitt 1.1.13) ist für ideale Gase $\left(\frac{\partial U}{\partial V}\right)_T$ bzw. $\left(\frac{\partial H}{\partial p}\right)_T$ null. Das gleiche folgt unmittelbar aus den Gleichungen (1.1-229) und (1.1-230). Bei einer adiabatischen Expansion ohne äußere Arbeitsleistung weist ein ideales Gas deshalb keine Erwärmung oder Abkühlung auf.

Bei einem realen Gas hingegen können nach den Gleichungen (1.1-229) und (1.1-230)

$$\Pi \equiv \left(\frac{\partial U}{\partial V}\right)_T = T\left(\frac{\partial p}{\partial T}\right)_V - p \tag{1.1-229}$$

$$\varepsilon \equiv \left(\frac{\partial H}{\partial p}\right)_T = v - T\left(\frac{\partial v}{\partial T}\right)_p \tag{1.1-230}$$

der innere Druck Π und der isotherme Drosseleffekt ε nicht mehr null sein. Innere Energie und Enthalpie des realen Gases müssen volumen- bzw. druckabhängig sein. Daraus folgt, dass ein reales Gas bei einer adiabatischen Expansion ohne äußere Arbeitsleistung, z. B. bei der Expansion ins Vakuum, seine Temperatur ändern muss. Die unmittelbare experimentelle Nachprüfung dieser Aussage ist nicht möglich. Doch lässt sich der Sachverhalt bequem mit einer von Joule und Thomson angegebenen Versuchsanordnung zeigen. In einem gegen die Umgebung thermisch isolierten Rohr tritt ein kontinuierlicher Gasstrom durch ein poröses Diaphragma (Drossel). Es setzt dem Strom einen solchen Widerstand entgegen,

Abbildung 2.1-6 Zum Joule-Thomson-Versuch.

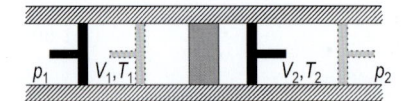

dass vom Gas keine kinetische Energie übertragen werden kann und vor der Drossel ein konstanter Druck p_1, hinter der Drossel ein ebenfalls konstanter, jedoch wesentlich kleinerer Druck p_2 (z. B. Atmosphärendruck) aufrechterhalten wird. Man stellt bei diesem Versuch fest, dass das Gas bei der Entspannung seine Temperatur ändert. Allerdings ist die Temperaturänderung nicht allein eine Folge der Volumenänderung, sondern zum Teil auch eine Folge äußerer Arbeitsleistung. Wir können uns dies an Abb. 2.1-6 verständlich machen: Links von der Drossel wird eine bestimmte Gasmenge, die bei der Temperatur T_1 und dem Druck p_1 das Volumen V_1 einnimmt, durch den konstanten Druck p_1 in die Drossel gedrückt. Dabei wird dem Gas eine Arbeit $p_1 V_1$ zugeführt. Rechts von der Drossel strömt eine gleiche Gasmenge, die jetzt bei der Temperatur T_2 und dem Druck p_2 das Volumen V_2 einnimmt, gegen den konstanten Druck p_2 aus. Dabei leistet das Gas eine Arbeit $p_2 V_2$.

Da der gesamte Prozess adiabatisch vor sich geht, ist die Änderung der Inneren Energie gegeben durch

$$U_2 - U_1 = p_1 V_1 - p_2 V_2 \tag{2.1-47}$$

Dies können wir auch in der Form

$$U_1 + p_1 V_1 = U_2 + p_2 V_2 \tag{2.1-48}$$

schreiben. Daraus erkennen wir, dass

$$H_1 = H_2 \tag{2.1-49}$$

ist, d. h. dass wir es mit einem isenthalpen Vorgang zu tun haben. Die Enthalpie des Gases ändert sich bei der Entspannung demnach nicht:

$$dH = \left(\frac{\partial H}{\partial p}\right)_T dp + \left(\frac{\partial H}{\partial T}\right)_p dT = 0 \tag{2.1-50}$$

Uns interessiert insbesondere die mit der Druckänderung verbundene Temperaturänderung $\left(\frac{\partial T}{\partial p}\right)_H$, für die wir den *Joule-Thomson-Koeffizienten* μ einführen. Er ergibt sich unmittelbar aus Gl. (2.1-50) zu

$$\mu = \left(\frac{\partial T}{\partial p}\right)_H = -\frac{\left(\frac{\partial H}{\partial p}\right)_T}{\left(\frac{\partial H}{\partial T}\right)_p} = -\frac{\varepsilon}{c_p} \tag{2.1-51}$$

er lässt sich also aus dem isothermen Drosseleffekt ε und der molaren Wärmekapazität c_p berechnen. Mit Gl. (1.1-230) ergibt sich schließlich

der *Joule-Thomson-Koeffizient* zu

$$\mu = \frac{T\left(\frac{\partial v}{\partial T}\right)_p - v}{c_p} \tag{2.1-52}$$

Für ideale Gase wird der Zähler null, wie die Berücksichtigung der Idealen Gasgleichung zeigt. Bei der Entspannung eines idealen Gases tritt demzufolge keine Temperaturänderung auf.

Wollen wir eine Aussage über den Temperatureffekt bei der Entspannung eines realen Gases machen, so müssen wir den Zähler mit Hilfe einer für das reale Gas zutreffenden Zustandsgleichung berechnen. Wir wollen dazu den Virialansatz (Gl. 2.1-2) verwenden, müssen dabei aber beachten, dass das Ergebnis nur eine Näherungslösung sein kann, während Gl. (2.1-52) allgemein gültig ist. Nach Gl. (2.1-2) ist

$$v = \frac{RT}{p} + B \tag{2.1-53}$$

$$\left(\frac{\partial v}{\partial T}\right)_p = \frac{R}{p} + \left(\frac{\partial B}{\partial T}\right)_p \tag{2.1-54}$$

der Joule-Thomson-Koeffizient also

$$\mu = \frac{T \cdot \left(\frac{\partial B}{\partial T}\right)_p - B}{c_p} \tag{2.1-55}$$

Nun nehmen wir eine weitere Näherung vor, indem wir für B den aus der van der Waals'schen Gleichung resultierenden Ausdruck (Gl. 2.1-24) einführen

$$B = b - \frac{a}{RT} \tag{2.1-56}$$

und

$$\left(\frac{\partial B}{\partial T}\right)_p = \frac{a}{RT^2} \tag{2.1-57}$$

so dass sich ergibt

$$\mu = \frac{\frac{2a}{RT} - b}{c_p} \tag{2.1-58}$$

Wir erkennen daraus, dass μ positiv oder negativ sein kann, je nach der Größe von T. Bei der *Inversionstemperatur* $T_i = \dfrac{2a}{Rb}$ erfolgt der Vorzeichenwechsel. Unterhalb dieser Temperatur ist μ positiv, bei der Entspannung (Druckabnahme) tritt eine Temperaturerniedrigung ein; oberhalb T_i ist μ negativ, d. h. die Entspannung ist mit einer Temperaturzunahme verbunden. Die Inversionstemperatur können wir aus den Angaben in Tab. 2.1-1 berechnen. Einige Beispiele dafür zeigt Tab. 2.1-3.

Wir dürfen jedoch nicht übersehen, dass wir die Inversionstemperaturen mit Hilfe der nur angenähert gültigen van-der-Waals-Gleichung gewonnen haben. Eine genauere Untersuchung zeigt, dass die Inversionstemperatur auch vom Druck abhängt. Dennoch ersehen wir aus diesen Beispielen, dass manche Gase, z. B. Helium und Wasserstoff, eine Inversionstemperatur haben, die unterhalb der Zimmertemperatur liegt, während die Inversionstemperatur für Stickstoff, Sauerstoff und Kohlenmonoxid oberhalb von Zimmertemperatur liegt. Das bedeutet, dass man durch eine Entspannung bei Raumtemperatur wohl die drei letzteren Gase abkühlen kann, nicht aber Helium und Wasserstoff.

Nach Gl. (2.1-58) berechnet sich für Stickstoff bei Raumtemperatur mit $c_p \approx \frac{7}{2}R$ ein Joule-Thomson-Koeffizient von etwa 0.3 K bar^{-1}. Das bedeutet, dass bei einer Entspannung um 1 bar eine Temperaturerniedrigung um etwa 0.3 K eintritt. Dieser Effekt reicht aus, um Stickstoff zu verflüssigen, wie es technisch mit Hilfe des Linde-Verfahrens geschieht: Man entspannt um 100 bis 200 bar und verwendet die dadurch abgekühlte Luft, um im Gegenstromverfahren neue Luft vorzukühlen. Der Abkühleffekt summiert sich so sehr, dass schließlich bei der Expansion ein Teil des Gases verflüssigt wird.

Bei Sauerstoff, Kohlenmonoxid und den meisten übrigen Gasen liegen die Verhältnisse ähnlich. Manche Gase jedoch, wie z. B. Helium und Wasserstoff, haben nach Tab. 2.1-3 bei Raumtemperatur einen negativen Joule-Thomson-Koeffizienten; d. h., dass sich diese Gase bei einer Entspannung erwärmen. Wollen wir Wasserstoff verflüssigen, so müssen wir ihn zunächst mit flüssiger Luft unter die Inversionstemperatur abkühlen. Zur Verflüssigung von Helium bedarf es schließlich der Vorkühlung mit Hilfe von flüssigem Wasserstoff.

Es wurde bereits gesagt, dass die Temperaturänderung nur zu einem Teil auf die adiabatisch durchgeführte äußere Arbeitsleistung zurückzuführen ist. Ein wesentlicher Anteil ist der *inneren Arbeitsleistung* zuzuschreiben, d. h. der Arbeitsleistung gegen die zwischenmolekularen Kräfte.

2.1.7
Kernpunkte des Abschnitts 2.1

- ☑ Zustandsgleichungen des realen Gases
    a) Virialansatz Gl. (2.1-3)
    b) Van der Waals'sche Gleichung Gl. (2.1-17)
- ☑ Ausschließungsvolumen Gl. (2.1-16)
- ☑ Van der Waals'sche Konstanten und 2. Virialkoeffizient Gl. (2.1-24)
- ☑ Zweiphasengebiet Abschn. 2.1.2

☑ Kritischer Punkt Abschn. 2.1.3
☑ Reduzierte van der Waals'sche Gleichung Gl. (2.1-44)
☑ Theorem der übereinstimmenden Zustände Abschn. 2.1.4
☑ Joule-Thomson-Koeffizient Gl. (2.1-52)
☑ Inversionstemperatur S. 281

2.1.8
Rechenbeispiele zu Abschnitt 2.1

1. Für Stickstoff misst man bei 273 K folgende Abhängigkeit des Produktes pv von p:

$\dfrac{p}{\text{bar}}$	$\dfrac{pv}{\text{bar dm}^3 \text{ mol}^{-1}}$
$\to 0$	22.704
1.013	22.693
3.039	22.673
5.065	22.652

   Welcher Wert ergibt sich daraus für den zweiten Virialkoeffizienten? Man vergleiche ihn mit dem Wert, den man aus den van der Waals'schen Konstanten in Tab. 2.1-1 errechnet, und diskutiere das Ergebnis.

2. Unter Zuhilfenahme der Zahlenwerte in Tab. 2.1-1 berechne man für Kohlendioxid die Boyle-Temperatur und vergleiche das Ergebnis mit Abb. 2.1-2.

3. Welcher Durchmesser ergibt sich aus der van der Waals'schen Konstanten b (Tab. 2.1-1) für Krypton? Man vergleiche diesen Wert mit demjenigen, der aus dem molaren Volumen des festen Kryptons (22.35 cm^3 mol^{-1}) folgt.

4. In einem Autoklaven von 5 dm^3 Volumen soll für einen Hydrierversuch bei 600 K ein Benzolpartialdruck von 50.0 bar eingestellt werden. Wieviel g Benzol müssen eingewogen werden? Man kennt die kritischen Daten von Benzol ($p_k = 48.9$ bar, $T_k = 562$ K). Die auftretende kubische Gleichung löse man graphisch.

5. Setzt man in Gl. (2.1-52) nicht den Virialansatz, sondern die van der Waals'sche Gleichung ein, wobei man v in den Korrekturtermen durch das ideale Gasgesetz substituiert, so erhält man anstelle von Gl. (2.1-58) für den Joule-Thomson-Koeffizienten

$$\mu = \frac{1}{c_p}\left(\frac{2a}{RT} - b - \frac{3abp}{R^2T^2}\right).$$

   Welches sind die beiden entscheidenden Unterschiede zwischen diesem Ausdruck und Gl. (2.1-58)? Man berechne den Joule-Thomson-Koeffizienten von Stickstoff für 323 K und einen Druck von 50.65 bar nach beiden Gleichungen und vergleiche ihn mit dem experimentellen Wert (0.149 K bar^{-1}). Die van der

Waals'schen Konstanten entnehme man Tab. 2.1-1, c_p schätze man nach dem Gleichverteilungssatz ab unter der Annahme, dass die Schwingung nicht angeregt ist.

2.2
Mischphasen

Im Vorangehenden haben wir uns im Wesentlichen mit Systemen beschäftigt, die aus reinen Stoffen bestanden. Nur gelegentlich, so z. B. im Abschnitt 1.1.14, haben wir auch von zusammengesetzten Systemen gesprochen. Wir wollen im Folgenden das Bekannte zusammenfassen, das sich zunächst nur auf das ideale Verhalten bezog, und dann die Betrachtungen auf Mischphasen mit realem Verhalten ausdehnen.

Im Abschnitt 2.2.1 werden wir zunächst für sich ideal verhaltende Mischphasen Volumen, Innere Energie, Enthalpie und molare Wärmekapazität einer Mischphase mit Hilfe der entsprechenden Größen der einzelnen Komponenten und der Zusammensetzung der Mischphase berechnen. Wir werden dann versuchen, in gleicher Weise bei sich real verhaltenden Mischphasen zu verfahren und dabei die *partiellen molaren Größen* und deren experimentelle Ermittlung kennenlernen.

Eine Verknüpfung der partiellen molaren Größen der verschiedenen Komponenten liefert uns die *Gibbs-Duhem'sche Gleichung* in Abschnitt 2.2.2.

Wir werden uns dann im Abschnitt 2.2.3 mit den kalorischen Effekten vertraut machen, die bei der Herstellung realer Mischphasen auftreten.

Eine gesonderte Betrachtung erfordert die Behandlung der Mischungsentropie (Abschn. 2.2.4).

2.2.1
Thermodynamische Größen von Mischphasen, partielle molare Größen

Wenn wir Mischphasen behandeln, so interessiert uns zunächst die Zusammensetzung dieser Phasen. Diese können wir auf dreierlei Weise angeben. Entweder nennen wir lediglich die *Stoffmengen* n_i der einzelnen Komponenten i, d. h. die Mol dieser Komponenten. Wir können aber auch ein Konzentrationsmaß verwenden, wie z. B. die *Molarität* c_i, die uns sagt, wieviel mol der Komponente i im Volumen V der Mischung enthalten sind, d. h. $c_i = n_i/V$, oder die *Molalität* m_i, die angibt, wieviel mol der Komponente i in der Masse m des Lösungsmittels vorliegen, d. h. $m_i = n_i/m$. Es ist üblich, die Molarität auf 1 dm³, die Molalität auf 1 kg des Lösungsmittels zu beziehen. Ungünstig ist, dass – entsprechend den IUPAC-Empfehlungen – in dieser Beziehung der Buchstabe m zwei unterschiedliche Bedeutungen hat (Molalität und Masse). Schließlich können wir aber auch ein relatives Konzentrationsmaß, den *Molenbruch* x_i, verwenden, der den Bruchteil der Stoffmenge n_i von der Stoffmenge des gesamten Systems darstellt, d. h. $x_i = \dfrac{n_i}{\Sigma n_i}$.

Die Molarität hat gegenüber den anderen Konzentrationsangaben den Nachteil, dass sie infolge der thermischen Ausdehnung temperaturabhängig ist.

Da wir in diesem Kapitel Gleichgewichtszustände besprechen, müssen wir voraussetzen, dass Druck und Temperatur in allen Teilen unseres Systems konstant sind.

Betrachten wir ideale Mischphasen, d. h. solche, bei denen keine Wechselwirkungen zwischen den verschiedenen Teilchen vorliegen, so setzen sich Volumen, Innere Energie, Enthalpie oder Wärmekapazität des Gesamtsystems additiv aus den entsprechenden Werten der einzelnen Komponenten zusammen, wie wir bereits früher besprochen haben:

$$V = V_1 + V_2 + \ldots + V_k = n_1 v_1 + n_2 v_2 + \ldots + n_k v_k = \sum_1^k n_i v_i \qquad (1.1\text{-}62)$$

$$U = U_1 + U_2 + \ldots + U_k = n_1 u_1 + n_2 u_2 + \ldots + n_k u_k = \sum_1^k n_i u_i \qquad (1.1\text{-}140)$$

Gleiches gilt für die Enthalpie und die Wärmekapazität

$$H = H_1 + H_2 + \ldots + H_k = n_1 h_1 + n_2 h_2 + \ldots + n_k h_k = \sum_1^k n_i h_i \qquad (2.2\text{-}1)$$

$$C_p = C_{p1} + C_{p2} + \ldots + C_{pk} = n_1 c_{p1} + n_2 c_{p2} + \ldots + n_k c_{pk} = \sum_1^k n_i c_{pi} \qquad (2.2\text{-}2)$$

Die Erfahrung lehrt uns nun aber, dass bei den meisten Mischphasen diese Additivität nicht erfüllt ist. Geben wir beispielsweise 1 dm³ reines Ethanol und 1 dm³ reines Wasser zusammen, so erhalten wir nicht 2 dm³ der Mischung, sondern nur 1.92 dm³. Verantwortlich für diesen Effekt sind die zwischen den Wasser- und Ethanolmolekülen wirkenden Kräfte, die zur Volumenverringerung führen.

Unsere Gleichungen (1.1-62), (1.1-140), (2.2-1) und (2.2-2) haben bei diesen realen Mischphasen sicherlich keine Gültigkeit mehr. Wir müssen zu einer allgemeinen Formulierung kommen. Das wollen wir am Beispiel des Volumens durchführen. Das Volumen ist natürlich auch für eine reale Mischphase eine Zustandsfunktion, und somit gilt bei konstantem p und T

$$\begin{aligned}(dV)_{p,T} &= \left(\frac{\partial V}{\partial n_1}\right)_{p,T,n_{j\neq 1}} dn_1 + \left(\frac{\partial V}{\partial n_2}\right)_{p,T,n_{j\neq 2}} dn_2 + \ldots + \left(\frac{\partial V}{\partial n_k}\right)_{p,T,n_{j\neq k}} dn_k \\ &= \sum_1^k \left(\frac{\partial V}{\partial n_i}\right)_{p,T,n_{j\neq i}} dn_i \end{aligned} \qquad (2.2\text{-}3)$$

wobei wir davon ausgehen müssen, dass die $\left(\frac{\partial V}{\partial n_i}\right)_{p,T,n_{j\neq i}}$ auch für eine bestimmte Komponente i keine konzentrationsunabhängigen Konstanten darstellen, sondern sich ändern, sobald auch nur die Konzentration irgendeiner Komponente variiert wird.

Wir wollen nun das Volumen einer Mischphase bei vorgegebenem p und T in Abhängigkeit von n_i angeben. Zu diesem Zweck betrachten wir innerhalb unseres im Gleichgewicht befindlichen Systems zunächst ein begrenztes Teilsystem, für das das Volumen den Wert V_t und die Stoffmengen die Werte n_{it} haben. Die Zunahme des Volumens bei Erweiterung des Teilsystems auf das gesamte System (bei konstantem p, T, $\left(\dfrac{\partial V}{\partial n_i}\right)_{p,T,n_{j\neq i}}$ und $\dfrac{n_i}{n_1} \equiv \beta_i$) erhalten wir dann durch Integration von Gl. (2.2-3):

$$\int_{V_t}^{V} (dV)_{p,T} = \sum_{1}^{k} \left(\frac{\partial V}{\partial n_i}\right)_{p,T,n_{j\neq i}} \beta_i \int_{n_{1t}}^{n_1} dn_1 \qquad (2.2\text{-}4)$$

$$(V - V_t)_{p,T} = \sum_{1}^{k} \left(\frac{\partial V}{\partial n_i}\right)_{p,T,n_{j\neq i}} \beta_i (n_1 - n_{1t}) = \sum_{1}^{k} \left(\frac{\partial V}{\partial n_i}\right)_{p,T,n_{j\neq i}} (n_i - n_{it}) \qquad (2.2\text{-}5)$$

Machen wir unser Ausgangssystem nun so klein, dass es gegen null tendiert, so ist $V_t = 0$ und auch $n_{it} = 0$, so dass für unser Gesamtsystem gilt

$$V_{p,T} = \left(\frac{\partial V}{\partial n_1}\right)_{p,T,n_{j\neq 1}} n_1 + \left(\frac{\partial V}{\partial n_2}\right)_{p,T,n_{j\neq 2}} n_2 + \ldots + \left(\frac{\partial V}{\partial n_k}\right)_{p,T,n_{j\neq k}} n_k$$

$$= \sum_{1}^{k} \left(\frac{\partial V}{\partial n_i}\right)_{p,T,n_{j\neq i}} n_i \qquad (2.2\text{-}6)$$

Diese Gleichung hat sehr große Ähnlichkeit mit derjenigen, die für eine ideale Mischphase gilt (Gl. 1.1-62).

Die $\left(\dfrac{\partial V}{\partial n_i}\right)_{p,T,n_{j\neq i}}$ haben die gleiche Dimension wie die molaren Volumina. Wir bezeichnen sie deshalb ebenfalls mit v_i und nennen sie *partielle molare Volumina*.

Stets müssen wir daran denken, dass die partiellen molaren Größen keine Konstanten sind, sondern von den Konzentrationen sämtlicher Mischungskomponenten abhängen.

Im Allgemeinen wird die Gefahr einer Verwechslung von molaren Volumina und partiellen molaren Volumina nicht gegeben sein. Sofern es nötig ist, kennzeichnen wir die für reine Stoffe gültigen molaren Volumina mit einem hochgestellten *.

Die Überlegungen, die wir hier für das Volumen angestellt haben, gelten in gleicher Weise für die übrigen der genannten thermodynamischen Größen. Fassen wir noch einmal zusammen:

ideale Mischung	reale Mischung	
$V = \sum n_i v_i^*$	$V = \sum n_i v_i$	
$U = \sum n_i u_i^*$	$U = \sum n_i u_i$	(2.2-7)
$H = \sum n_i h_i^*$	$H = \sum n_i h_i$	
$C_p = \sum n_i c_{pi}^*$	$C_p = \sum n_i c_{pi}$	

Bezeichnen wir die extensive Zustandsgröße der Mischphase mit Φ, die partielle molare Zustandsgröße mit φ_i, so können wir für Gl. (2.2-6) allgemeiner schreiben

$$\Phi = \sum_1^k n_i \varphi_i = \sum_1^k n_i \left(\frac{\partial \Phi}{\partial n_i}\right)_{n_{j \neq i}} \quad (2.2\text{-}8)$$

Betrachten wir aber die Entropie, so stellen wir fest, dass schon in einer idealen Mischung keine Additivität der Entropien der Einzelkomponenten mehr vorliegt, es sei denn, dass jede einzelne Komponente eine eigene Phase bildet. Doch diese Erörterung verschieben wir auf Abschnitt 2.4.

Zunächst wollen wir uns noch etwas näher mit den partiellen molaren Größen, ihren Eigenschaften und ihrer experimentellen Bestimmung beschäftigen. Um das Wesen einer partiellen molaren Größe zu erfassen, behandeln wir ein konkretes Beispiel, das partielle molare Volumen des Natriumchlorids in wässriger Lösung. Es ist in Abb. 2.2-1 in Abhängigkeit von der Molalität m der Lösung bei 293 K dargestellt. Wir erkennen, dass es in extrem verdünnter Lösung einem Wert von 16.28 cm^3 mol^{-1} zustrebt. Mit steigender Konzentration der Lösung wächst auch das partielle molare Volumen. Doch hat es selbst in einer Lösung der Molalität 6 mol NaCl (10^3 g H$_2$O)$^{-1}$, das ist eine gesättigte Lösung, nur einen Wert von 23.6 cm^3 mol^{-1}, während das molare Volumen des festen, kristallinen Natriumchlorids 26.9 cm^3 mol^{-1} beträgt. Dieser Vergleich zeigt uns, dass das partielle molare Volumen nichts zu tun haben kann mit dem wahren Volumen der Na$^+$- und Cl$^-$-Ionen in der Lösung, denn dieses kann nicht kleiner sein als im Festkörper. Es ist vielmehr das Wasser, das dafür verantwortlich ist, dass sich beim Lösen des Salzes die Volumina von Salz und Lösungsmittel nicht addieren. Das in der

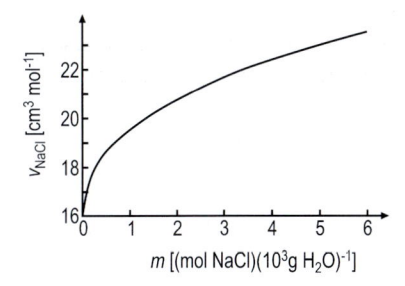

Abbildung 2.2-1 Das partielle molare Volumen des Natriumchlorids in wässriger Lösung.

Hydrathülle der Ionen befindliche Wasser ist nämlich viel dichter gepackt als im reinen Wasser. Bedenken wir, dass in der bei 293 K gesättigte NaCl-Lösung auf jedes gelöste Ion nur vier bis fünf Wassermoleküle entfallen, so verstehen wir, dass der Effekt, auf ein Mol Gelöstes bezogen, bei den niedrigen Konzentrationen noch wesentlich größer sein muss als bei den höheren, denn bei letzteren reicht die Zahl der Wassermoleküle gar nicht zum vollständigen Aufbau der Hydrathülle aus. Dieses Beispiel zeigt uns wieder, dass für die Abweichungen vom idealen Verhalten die intermolekularen Wechselwirkungskräfte verantwortlich sind.

Es gibt eine ganze Reihe von Methoden, partielle molare Größen experimentell zu bestimmen. Wir wollen hier nur zwei behandeln, diejenigen, die sich der scheinbaren molaren Größe oder der mittleren molaren Größe bedienen, und uns dabei auf Zweikomponentensysteme beschränken.

Unter der *scheinbaren molaren Größe* $\tilde{\varphi}_2$ des Gelösten verstehen wir die im Allgemeinen leicht zu bestimmende Differenz zwischen der extensiven Größe Φ der Lösung und der des reinen Lösungsmittels ($n_1 \varphi_1^*$), dividiert durch die Stoffmenge des Gelösten, also

$$\tilde{\varphi}_2 = \frac{\Phi - n_1 \varphi_1^*}{n_2} \tag{2.2-9}$$

Dabei haben wir, wie wir es stets handhaben wollen, das Lösungsmittel durch den Index 1, das Gelöste durch den Index 2 gekennzeichnet. Differenzieren wir Gl. (2.2-9) nach n_2, so erhalten wir

$$\left(\frac{\partial \tilde{\varphi}_2}{\partial n_2}\right)_{n_1} = \frac{1}{n_2}\left(\frac{\partial \Phi}{\partial n_2}\right)_{n_1} - \frac{\Phi - n_1 \varphi_1^*}{n_2^2} = \frac{\varphi_2}{n_2} - \frac{\tilde{\varphi}_2}{n_2} \tag{2.2-10}$$

oder umgestellt

$$\tilde{\varphi}_2 = \varphi_2 - n_2 \left(\frac{\partial \tilde{\varphi}_2}{\partial n_2}\right)_{n_1} \tag{2.2-11}$$

Tragen wir die bei konstantem n_1 gemessene scheinbare molare Größe $\tilde{\varphi}_2$ gegen n_2 auf, wie es in Abb. 2.2-2 a dargestellt ist, so liefert uns die Steigung der Tangente an die Kurve in jedem Kurvenpunkt P' den zu dem zugehörigen n_2' gehörenden partiellen Differentialquotienten $\left(\frac{\partial \tilde{\varphi}_2}{\partial n_2}\right)_{n_1, n_2 = n_2'}$, mit dessen Hilfe wir nach Gl. (2.2-11) die partielle molare Größe φ_2' berechnen können. Abb. 2.2-2 a zeigt, wie diese Ermittlung auch graphisch durchgeführt werden kann: Die Strecke $\overline{AB}$, d. h. der Abschnitt zwischen den Schnittpunkten der Tangente bzw. der Horizontale durch P' mit der Ordinate, ist gerade $n_2 \left(\frac{\partial \tilde{\varphi}_2}{\partial n_2}\right)_{n_1, n_2 = n_2'}$. Wir erhalten also φ_2', wenn wir mit dem Punkt B eine Punktspiegelung am Zentrum A durchführen.

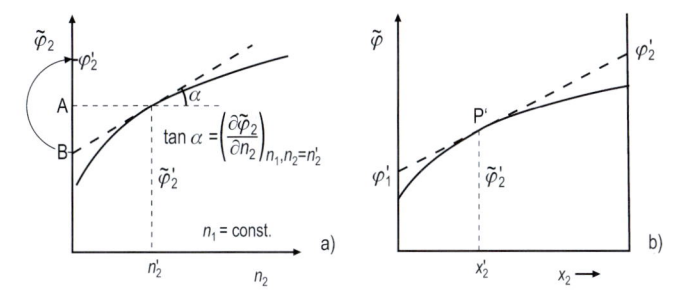

Abbildung 2.2-2 Bestimmung partieller molarer Größen (a) über die scheinbare molare Größe; (b) über die mittlere molare Größe.

Unter der *mittleren molaren Größe* $\bar{\varphi}$ verstehen wir den Quotienten aus der extensiven Größe Φ und der Summe $\sum_1^k n_i$ der Stoffmengen. Mit Gl. (2.2-8) folgt dann

$$\bar{\varphi} = \frac{\Phi}{\sum_1^k n_i} = \sum_1^k x_i \varphi_i \qquad (2.2\text{-}12)$$

und für den speziellen Fall eines binären Systems

$$\bar{\varphi} = \frac{\Phi}{n_1 + n_2} = x_1 \varphi_1 + x_2 \varphi_2 \qquad (2.2\text{-}13)$$

Für die partielle molare Größe φ_1 können wir unter Beachtung dieser Gleichung schreiben

$$\varphi_1 = \left(\frac{\partial \Phi}{\partial n_1}\right)_{n_2} = \bar{\varphi} + (n_1 + n_2)\left(\frac{\partial \bar{\varphi}}{\partial n_1}\right)_{n_2} = \bar{\varphi} + (n_1 + n_2)\frac{d\bar{\varphi}}{dx_2}\left(\frac{\partial x_2}{\partial n_1}\right)_{n_2} \qquad (2.2\text{-}14)$$

wenn wir anstatt der Abhängigkeit von den Stoffmengen die Abhängigkeit vom Molenbruch x_2 einführen. Berücksichtigen wir noch, dass

$$\left(\frac{\partial x_2}{\partial n_1}\right)_{n_2} = \left(\frac{\partial \frac{n_2}{n_1 + n_2}}{\partial n_1}\right)_{n_2} = -\frac{n_2}{(n_1 + n_2)^2} \qquad (2.2\text{-}15)$$

so erhalten wir aus Gl. (2.2-14)

$$\varphi_1 = \bar{\varphi} - x_2 \frac{d\bar{\varphi}}{dx_2} \qquad (2.2\text{-}16)$$

In entsprechender Weise findet man einen Ausdruck für φ_2, so dass sich schließlich ergibt

$$\bar{\varphi} = \varphi_1 + x_2 \frac{d\bar{\varphi}}{dx_2} = \varphi_2 - (1-x_2)\frac{d\bar{\varphi}}{dx_2} \qquad (2.2\text{-}17)$$

Abb. 2.2-2 b erläutert uns das Auswertungsverfahren. Wir tragen $\bar{\varphi}$ in Abhängigkeit vom Molenbruch x_2 auf. Durch den zu einem beliebigen Abszissenwert x_2' gehörenden Kurvenpunkt P′ zeichnen wir die Tangente an die Kurve $\bar{\varphi}$ vs x_2. Sie hat die konstante Steigung $\left(\frac{d\bar{\varphi}}{dx_2}\right)_{x_2=x_2'}$. Für diesen Fall stellt die Gl. (2.2-17) eine Geradengleichung im $\bar{\varphi}$, x_2- bzw. $\bar{\varphi}$, $(1-x_2)$-Diagramm dar. Die Achsenabschnitte sind φ_1' bzw. φ_2', die partiellen molaren Größen der Mischphase mit der Zusammensetzung x_2'.

2.2.2
Die Gibbs-Duhem'sche Gleichung

Wir wollen nun versuchen, eine Beziehung zwischen den partiellen molaren Größen der verschiedenen Komponenten herzuleiten.

Betrachten wir eine extensive Zustandsgröße wie z. B. das Volumen, die Enthalpie oder die Innere Energie – wir wollen sie allgemein mit Φ bezeichnen – so ist diese von Zustandsvariablen wie Temperatur, Druck oder Volumen und von den Stoffmengen n_i abhängig. Halten wir die Zustandsvariablen bis auf die Stoffmengen konstant, so lässt sich, wie wir im vorangehenden Abschnitt gesehen haben, diese Größe im Fall einer Mischphase stets mit Hilfe der partiellen molaren Zustandsgröße φ_i ausdrücken.

$$\Phi = \sum_1^k n_i \varphi_i = \sum_1^k n_i \left(\frac{\partial \Phi}{\partial n_i}\right)_{n_{j\neq i}} \qquad (2.2\text{-}8)$$

Andererseits lässt sich eine Zustandsgröße stets als totales Differential schreiben (vgl. Abschnitte 1.1.10 und 1.1.12):

$$d\Phi = \sum_1^k \varphi_i dn_i = \sum_1^k \left(\frac{\partial \Phi}{\partial n_i}\right)_{n_{j\neq i}} dn_i \qquad (2.2\text{-}18)$$

Nach den Regeln der Differentialrechnung folgt hingegen aus Gl. (2.2-8)

$$d\Phi = \sum_1^k n_i d\varphi_i + \sum_1^k \varphi_i dn_i \qquad (2.2\text{-}19)$$

Die Gleichungen (2.2-18) und (2.2-19) lassen sich nur dann miteinander vereinbaren, wenn gilt

$$\sum_1^k n_i d\varphi_i = 0 \qquad (2.2\text{-}20)$$

> Man bezeichnet diese Beziehung als *Gibbs-Duhem'sche Gleichung*. Sie gilt in dieser Form jedoch nur, wenn Druck und Temperatur konstant sind.

Da die partielle molare Größe φ_i von den Konzentrationen aller Mischungskomponenten abhängt, können wir $d\varphi_i$ als totales Differential schreiben

$$d\varphi_i = \sum_j \left(\frac{\partial \varphi_i}{\partial n_j}\right)_{p,T} dn_j \tag{2.2-21}$$

und erhalten für Gl. (2.2-20)

$$\sum_1^k \sum_j n_i \left(\frac{\partial \varphi_i}{\partial n_j}\right)_{p,T} dn_j = 0 \tag{2.2-22}$$

Da diese Beziehung für jeden beliebig gewählten Wert von dn_j gilt, muss

$$\sum_i n_i \left(\frac{\partial \varphi_i}{\partial n_j}\right)_{p,T} = 0 \tag{2.2-23}$$

sein.

Für ein Zweistoffsystem heißt das

$$n_1 \left(\frac{\partial \varphi_1}{\partial n_1}\right)_{p,T} + n_2 \left(\frac{\partial \varphi_2}{\partial n_1}\right)_{p,T} = 0 \tag{2.2-24}$$

Führen wir anstatt der Stoffmenge n den Molenbruch x als unabhängige Variable ein, so erhalten wir

$$x_1 \left(\frac{\partial \varphi_1}{\partial x_1}\right)_{p,T} = -(1-x_1) \left(\frac{\partial \varphi_2}{\partial x_1}\right)_{p,T} \tag{2.2-25}$$

entsprechend

$$(1-x_2) \left(\frac{\partial \varphi_1}{\partial x_2}\right)_{p,T} = -x_2 \left(\frac{\partial \varphi_2}{\partial x_2}\right)_{p,T} \tag{2.2-26}$$

Diese Gleichungen lassen zunächst erkennen, dass die gegen den Molenbruch x_1 oder x_2 aufgetragenen φ-Kurven für die Komponenten 1 und 2 eine Steigung mit entgegengesetztem Vorzeichen besitzen. Bei $x_1 = x_2 = 0.5$ sind die Absolutbeträge dieser Steigungen gleich. Weiterhin folgt aus den Gleichungen (2.2-25) und (2.2-26), dass wir die gesamte φ_2-Kurve berechnen können, sofern wir einen Punkt auf dieser Kurve, beispielsweise den φ-Wert des reinen Stoffes 2, und die φ_1-Kurve kennen. Das besagt, dass wir in einer binären Mischung nur die partielle molare Größe einer der beiden Komponenten in Abhängigkeit von der Zusammensetzung experimentell bestimmen müssen und dann mit Hilfe der Gibbs-Duhem'schen

Gleichung die entsprechende partielle molare Größe der anderen Komponente in Abhängigkeit von der Zusammensetzung berechnen können. Dafür ist es zweckmäßig, auf Gl. (2.2-20) zurückzugreifen, aus der wir für ein Zweikomponentensystem die Beziehung

$$\int d\varphi_2 = - \int \frac{n_1}{n_2} d\varphi_1 \tag{2.2-27}$$

ableiten. Tragen wir $\frac{n_1}{n_2}$ als Funktion von φ_1 auf, so ergibt die Fläche unter der Kurve zwischen Werten von φ_1 für bestimmte Zusammensetzungen die Differenz der entsprechenden φ_2-Werte.

Zur Illustration der in diesem Abschnitt angestellten Überlegungen wollen wir noch einmal auf die partiellen molaren Volumina zu sprechen kommen. Für sie würde im Fall eines Zweistoffgemisches die Gibbs-Duhem'sche Gleichung (2.2-28)

$$x_1 \left(\frac{\partial v_1}{\partial x_1}\right)_{p,T} = -(1-x_1)\left(\frac{\partial v_2}{\partial x_1}\right)_{p,T} \tag{2.2-28}$$

lauten. Der Verlauf der partiellen molaren Volumina eines Wasser-Ethanol-Gemisches in Abhängigkeit von der Zusammensetzung ist in Abb. 2.2-3 wiedergegeben. Als Abszisse ist der Molenbruch des Ethanols, als Ordinate die Differenz aus dem partiellen molaren Volumen und dem molaren Volumen der reinen Komponente gewählt. Es zeigt sich deutlich, dass gemäß Gl. (2.2-28) die beiden Kurven Steigungen mit entgegensetztem Vorzeichen haben, dass dem Minimum in der Kurve für Ethanol ein Maximum in der Kurve für Wasser entspricht und dass beim Molenbruch $x_1 = x_2 = 0.5$ die Absolutbeträge der beiden Steigungen gleich sind. Mit Ausnahme des Anfangs der Wasserkurve liegen beide Kurven im Negativen. Das bedeutet, dass die partiellen molaren Volumina kleiner sind als die molaren Volumina, in Übereinstimmung mit der beobachteten Volumenkontraktion.

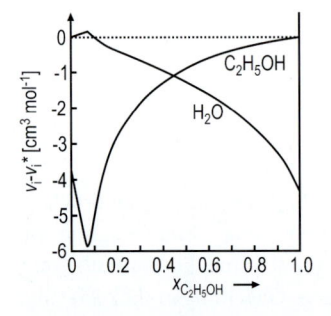

Abbildung 2.2-3 Zur Abhängigkeit der partiellen molaren Volumina von Wasser (1) und Ethanol (2) in einer Wasser-Ethanol-Mischung bei 273 K von der Zusammensetzung. Aufgetragen sind die Differenzen gegenüber dem molaren Volumen der reinen Komponente.

2.2.3
Kalorische Effekte bei der Herstellung realer Mischphasen

Im Abschnitt 2.2.1 war darauf hingewiesen worden, dass sich die realen Mischphasen von den idealen dadurch unterscheiden, dass sich bei ersteren das Volumen, die Innere Energie und die Enthalpie nicht additiv aus den entsprechenden Werten der reinen Komponenten zusammensetzen. Das bedeutet aber, dass bei der Herstellung realer Mischungen kalorische Effekte beobachtbar sein müssen. Wir wollen die Verhältnisse an zwei Beispielen diskutieren, einmal an einer Mischung aus zwei flüssigen Komponenten, ein andermal an einer Mischung aus einer festen und einer flüssigen Komponente, die wir üblicherweise als Lösung bezeichnen.

Im ersteren Fall setzt sich die Enthalpie unseres Systems vor dem Mischungsvorgang additiv aus den Enthalpien der noch getrennten Komponenten 1 und 2 zusammen:

$$H_{vor} = n_1 h_1^* + n_2 h_2^* \qquad (2.2\text{-}29)$$

Nach dem Mischen ist in Gl. (2.2-29) die molare Enthalpie h_i^* durch die partielle molare Enthalpie h_i zu ersetzen:

$$H_{nach} = n_1 h_1 + n_2 h_2 \qquad (2.2\text{-}30)$$

Die beim Mischen auftretende Enthalpieänderung ist also

$$H_{nach} - H_{vor} = n_1(h_1 - h_1^*) + n_2(h_2 - h_2^*) \qquad (2.2\text{-}31)$$

Die Herstellung einer Mischung oder Lösung sollten wir analog zu einer Reaktion oder Phasenumwandlung (vgl. Abschnitt 1.1.14) behandeln, d. h. die Effekte auf die Stoffmenge beziehen. Die Mischungsgrößen sind dann wie die Reaktionsgrößen molare Größen. Wir drücken dies durch den Operator Δ aus, ohne dass wir es in jedem Fall (wie es bei den partiellen molaren Größen üblich ist) durch den Zusatz „molar" verdeutlichen müssen. Dividieren wir Gl. (2.2-31) durch die Summe der Stoffmengen, so erhalten wir

die *mittlere* (da auf $n_1 + n_2$ bezogene) *Mischungsenthalpie*:

$$\overline{\Delta H^E} \equiv \frac{H_{nach} - H_{vor}}{n_1 + n_2} = x_1(h_1 - h_1^*) + x_2(h_2 - h_2^*) \qquad (2.2\text{-}32)$$

Da sie die Differenz, genauer den Überschuss, gegenüber der Mischungsenthalpie der idealen Mischung darstellt, wird sie oft auch als *mittlere Zusatzenthalpie* $\overline{\Delta H}^E$ bezeichnet.

Die Klammerausdrücke auf der rechten Seite der Gl. (2.2-32) enthalten natürlich auch Mischungs- oder Zusatzenthalpien, jedoch bezogen auf die einzelnen Komponenten. Wir erhalten sie am einfachsten, wenn wir Gl. (2.2-31) nach n_1 oder n_2 differenzieren:

$$\Delta H_1^E = \left(\frac{\partial(H_{\text{nach}} - H_{\text{vor}})}{\partial n_1}\right)_{n_2} = h_1 - h_1^* + n_1\left(\frac{\partial h_1}{\partial n_1}\right)_{n_2} + n_2\left(\frac{\partial h_2}{\partial n_1}\right)_{n_2} \qquad (2.2\text{-}33)$$

Die Summe der letzten beiden Glieder auf der rechten Seite der Gl. (2.2-33) ist nach Gl. (2.2-24) null.

$$\Delta H_1^E = \left(\frac{\partial(H_{\text{nach}} - H_{\text{vor}})}{\partial n_1}\right)_{n_2} = h_1 - h_1^* \qquad (2.2\text{-}34)$$

nennt man *partielle molare Zusatzenthalpie* der Komponente 1,

$$\Delta H_2^E = \left(\frac{\partial(H_{\text{nach}} - H_{\text{vor}})}{\partial n_2}\right)_{n_1} = h_2 - h_2^* \qquad (2.2\text{-}35)$$

partielle molare Zusatzenthalpie der Komponente 2.

Fassen wir Gl. (2.2-32), (2.2-34) und (2.2-35) zusammen, so ist

$$\overline{\Delta H^E} = x_1 \Delta H_1^E + x_2 \Delta H_2^E \qquad (2.2\text{-}36)$$

Wir wollen uns noch die Frage vorlegen, wie wir die partiellen molaren Zusatzenthalpien experimentell ermitteln können. Zu diesem Zweck greifen wir zweckmäßigerweise auf Gl. (2.2-36) zurück, die wir auch in der Schreibweise

$$\overline{\Delta H^E} = x_1 \Delta H_1^E + (1 - x_1)\Delta H_2^E \qquad (2.2\text{-}37)$$

oder

$$\overline{\Delta H^E} = x_1(\Delta H_1^E - \Delta H_2^E) + \Delta H_2^E \qquad (2.2\text{-}38)$$

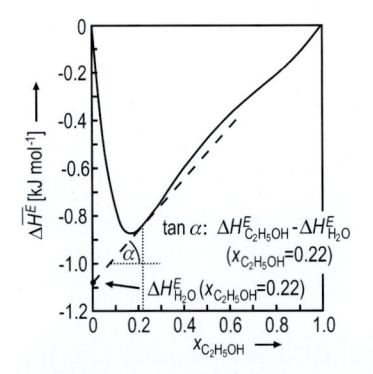

Abbildung 2.2-4 Zur Ermittlung der partiellen molaren Zusatzenthalpien am Beispiel des Systems Ethanol/Wasser.

wiedergeben können. Tragen wir nun entsprechend Abb. 2.2-4 die mittlere Mischungsenthalpie in Abhängigkeit vom Molenbruch x_1 auf, so liefert uns gemäß Gl. (2.2-38) die in jedem beliebigen Punkt an die Kurve gelegte Tangente als Ordinatenabschnitt ΔH_2^E und als Steigung $(\Delta H_1^E - \Delta H_2^E)$. So können wir für jeden Molenbruch die zugehörigen partiellen molaren Zusatzenthalpien finden.

Betrachten wir nun noch einen Lösevorgang. Im Lösungsmittel (Index 1) wird ein fester Stoff (Index 2) gelöst. Dann gilt analog zu Gl. (2.2-29)

$$H_{vor} = n_1 h_1^* + n_2 h_2^* \text{ (fest)} \tag{2.2-39}$$

Da Gl. (2.2-30)

$$H_{nach} = n_1 h_1 + n_2 h_2 \tag{2.2-30}$$

nach wie vor Gültigkeit hat, ergibt sich für die beim Lösen auftretende Enthalpieänderung

$$H_{nach} - H_{vor} = n_1 (h_1 - h_1^*) + n_2 (h_2 - h_2^* \text{ (fest)}) \tag{2.2-40}$$

Dies können wir aber auch umschreiben in

$$H_{nach} - H_{vor} = n_1 (h_1 - h_1^*) + n_2 (h_2 - h_2^*) + n_2 (h_2^* - h_2^* \text{ (fest)}) \tag{2.2-41}$$

wenn sich alle Enthalpien ohne nähere Bezeichnung auf den flüssigen Aggregatzustand beziehen. $(h_2^* - h_2^* \text{ (fest)})$ ist aber nichts anderes als die Schmelzenthalpie $\Delta_m H_2$. So erhalten wir schließlich, wenn wir Gl. (2.2-34) und (2.2-35) berücksichtigen

$$H_{nach} - H_{vor} = n_1 \Delta H_1^E + n_2 \Delta H_2^E + n_2 \Delta_m H_2 \tag{2.2-42}$$

Dividieren wir wieder durch die Summe der Stoffmengen der Lösung, so erhalten wir die *mittlere Mischungsenthalpie*, die man in diesem Fall auch als *integrale Mischungsenthalpie* bezeichnet:

$$\overline{\Delta H} \equiv \frac{H_{nach} - H_{vor}}{n_1 + n_2} = x_1 \Delta H_1^E + x_2 \Delta H_2^E + x_2 \Delta_m H_2 \tag{2.2-43}$$

Interessanter ist es jedoch, auf die Stoffmenge des Gelösten zu beziehen. Wir nennen die Größe dann *integrale Lösungsenthalpie* ΔH_2:

$$\Delta H_2 \equiv \frac{H_{nach} - H_{vor}}{n_2} = \frac{n_1}{n_2} \Delta H_1^E + (\Delta H_2^E + \Delta_m H_2) \tag{2.2-44}$$

ΔH_1^E ergibt sich nach Gl. (2.2-42) als

$$\left(\frac{\partial (H_{nach} - H_{vor})}{\partial n_1} \right)_{n_2} = \Delta H_1^E \tag{2.2-45}$$

Der Zahlenwert von ΔH_1^E stimmt mit der Enthalpieänderung überein, die eintritt, wenn einer Lösung bei konstantem n_2 ein Mol Lösungsmittel zugesetzt wird. Man bezeichnet ΔH_1^E deshalb als *differentielle Verdünnungsenthalpie*.

$\Delta H_2^E + \Delta_m H_2$ ist nach Gl. (2.2-42)

$$\left(\frac{\partial(H_{nach} - H_{vor})}{\partial n_2}\right)_{n_1} = \Delta H_2^E + \Delta_m H_2 \qquad (2.2\text{-}46)$$

Der Zahlenwert der Summe $\Delta H_2^E + \Delta_m H_2$ entspricht der Enthalpieänderung, die eintritt, wenn einer Lösung bei konstantem n_1 ein Mol zu Lösendes zugesetzt wird. Man nennt $\Delta H_2^E + \Delta_m H_2$ deshalb die *differentielle Lösungsenthalpie*.

Gl. (2.2-44) zeigt uns eine Möglichkeit auf, die differentielle Lösungsenthalpie und die differentielle Verdünnungsenthalpie zu bestimmen. Wir brauchen lediglich, wie es in Abb. 2.2-5 geschehen ist, die integrale Lösungsenthalpie in Abhängigkeit von $\frac{n_1}{n_2}$ aufzutragen. Die Tangente an die Kurve in einem beliebigen Punkt liefert uns dann als Ordinatenabschnitt die differentielle Lösungsenthalpie und über ihre Steigung die differentielle Verdünnungsenthalpie.

Da man im Allgemeinen nicht beliebig viel Feststoff in einer Flüssigkeit lösen kann, sondern bei einer bestimmten Konzentration einen Sättigungswert erreicht, bricht die Kurve in Abb. 2.2-5 nach niedrigen Werten von $\frac{n_1}{n_2}$ hin plötzlich ab. $\frac{n_1}{n_2}$ entspricht dann dem Sättigungswert. Die zugehörige integrale Lösungsenthalpie nennt man die *letzte Lösungsenthalpie*. Nach großen Werten von $\frac{n_1}{n_2}$ hin

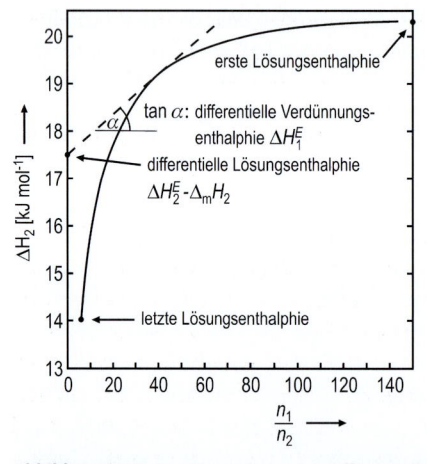

Abbildung 2.2-5 Zur Ermittlung der differentiellen Lösungsenthalpie und der differentiellen Verdünnungsenthalpie aus der integralen Lösungsenthalpie am Beispiel des Systems Wasser-Kaliumiodid bei 298 K.

nähert sich die Kurve einem Grenzwert, der der integralen Lösungsenthalpie einer extrem verdünnten Lösung entspricht. Man bezeichnet diesen Grenzwert als *erste Lösungsenthalpie*.

Bevor wir diesen Abschnitt abschließen, wollen wir uns noch anhand eines molekularen Modells das Auftreten einer positiven oder negativen Lösungsenthalpie veranschaulichen. Vor dem Lösevorgang besteht unser System beispielsweise aus reinem Wasser und einem Salz. In Wasser sind die einzelnen Moleküle über Wasserstoffbrücken-Bindungen miteinander verknüpft, im Salz befinden sich die Kationen und Anionen wohlgeordnet auf ihren Gitterplätzen. In der Lösung haben sich die Ionen mit einer Solvathülle aus Wassermolekülen umgeben. Den Übergang vom Ausgangszustand in den Endzustand können wir uns in folgende Teilschritte aufgeteilt denken:

1. Entassoziation des Wassers unter Zuführen der Entassoziationsenergie, also endotherm.
2. Verdampfung der Ionen des Salzes ins Vakuum unter Zuführen der Gitterenergie, also endotherm.
3. Anlagerung der einzelnen Wassermoleküle an die nackten Ionen unter Gewinn der Solvatationsenergie, also exotherm.

Die unter Punkt 2 und Punkt 3 genannten Energien überwiegen die unter Punkt 1 genannte bei weitem. Ist die Solvatationsenergie merklich größer als die Gitterenergie, so werden wir insgesamt einen exothermen Lösevorgang beobachten. Ist jedoch die Gitterenergie größer als die Solvatationsenergie, so ist der Lösevorgang endotherm.

2.2.4
Mischungsentropie

Im Abschnitt 2.2.1 haben wir gesehen, dass sich bei der Herstellung einer idealen Mischung Volumen, Innere Energie und Enthalpie der Mischung additiv aus den entsprechenden Werten der reinen Komponenten zusammensetzen. Für die Entropie gilt dies nicht mehr, sofern nicht jede Komponente eine eigene Phase bildet. Dies ist unmittelbar einleuchtend, wenn wir bedenken, dass der Mischungsprozess ein spontaner Vorgang ist, bei dem nach Abschnitt 1.1.19 im abgeschlossenen System die Entropie zunehmen muss.

Wir wollen uns die Verhältnisse anhand der Herstellung einer Gasmischung veranschaulichen. Wir gehen aus von n_1 mol eines idealen Gases der Art 1, das unter einem Druck p stehe und ein Volumen V_1 einnehme und n_2 mol eines anderen idealen Gases der Art 2, das unter demselben Druck p stehe und ein Volumen V_2 ausfülle. Beide Volumina seien durch eine Wand getrennt und gegen die Umgebung thermisch isoliert. Nehmen wir diese Wand heraus, so erfolgt spontan Vermischung. Da es sich um eine ideale Mischung handeln soll, ändern sich dabei weder der Druck noch die Temperatur. Infolgedessen steht nach dem Mischungsvorgang jedes der Gase nach wie vor unter einem Gesamtdruck p, es hat die Temperatur T, nimmt jetzt aber das Volumen $V = V_1 + V_2$ ein.

Nach Gl. (1.1-239) bzw. (1.3-50) ist die bei dem Mischungsvorgang eingetretene Entropieänderung des Gases 1

$$S_{1,\text{nach}} - S_{1,\text{vor}} = n_1 \cdot R \cdot \ln \frac{V_1 + V_2}{V_1} \tag{2.2-47}$$

Für das Gas 2 gilt entsprechend

$$S_{2,\text{nach}} - S_{2,\text{vor}} = n_2 \cdot R \cdot \ln \frac{V_1 + V_2}{V_2} \tag{2.2-48}$$

Da p und T für beide Gase vor und nach dem Mischungsvorgang gleich waren, ergibt sich für den Zusammenhang der Volumina

$$V_1 = \frac{n_1}{n_1 + n_2} \cdot V \quad \text{bzw.} \quad V_2 = \frac{n_2}{n_1 + n_2} \cdot V \tag{2.2-49}$$

Damit folgt aus Gl. (2.2-47) und (2.2-48) bei Einführung der Molenbrüche

$$\overline{\Delta S_{\text{id}}} = \frac{(S_{1,\text{nach}} - S_{1,\text{vor}}) + (S_{2,\text{nach}} - S_{2,\text{vor}})}{n_1 + n_2} \tag{2.2-50}$$

$$\overline{\Delta S_{\text{id}}} = x_1 \cdot R \cdot \ln \frac{V}{x_1 V} + x_2 \cdot R \cdot \ln \frac{V}{x_2 V} \tag{2.2-51}$$

$$\overline{\Delta S_{\text{id}}} = -x_1 \cdot R \cdot \ln x_1 - x_2 \cdot R \cdot \ln x_2 \tag{2.2-52}$$

Dafür können wir allgemeiner schreiben, wenn wir eine aus k Komponenten zusammengesetzte Mischung betrachten,

$$\overline{\Delta S_{\text{id}}} = -R \cdot \sum_{1}^{k} x_i \ln x_i \tag{2.2-53}$$

Man nennt diese Größe *mittlere Mischungsentropie*.

Die Molenbrüche x_i sind echte Brüche und deshalb stets kleiner als 1, der Logarithmus ist demnach negativ, so dass $\overline{\Delta S_{\text{id}}}$ immer positiv sein muss, wie wir bereits oben festgestellt hatten.

Wir können die Überlegungen auch noch in etwas anderer Weise anstellen. Vor dem Mischungsvorgang setzte sich die Entropie des gesamten Systems additiv aus den Entropien der Teilsysteme zusammen:

$$S_{\text{vor}} = n_1 s_1^* + n_2 s_2^* + \ldots + n_k s_k^* = \sum_{1}^{k} n_i s_i^* \tag{2.2-54}$$

Nach dem Mischen lässt sich die Entropie des gesamten Systems analog dem Vorgehen in Abschnitt 2.2.1 mit Hilfe der partiellen molaren Entropien angeben:

$$S_{\text{nach}} = n_1 s_1 + n_2 s_2 + \ldots + n_k s_k = \sum_1^k n_i s_i \qquad (2.2\text{-}55)$$

Die Entropieänderung ist dann

$$S_{\text{nach}} - S_{\text{vor}} = n_1(s_1 - s_1^*) + n_2(s_2 - s_2^*) + \ldots + n_k(s_k - s_k^*) = \sum_1^k n_i(s_i - s_i^*) \qquad (2.2\text{-}56)$$

Die mittlere Mischungsentropie ergibt sich hieraus durch Division durch die Summe der Stoffmengen

$$\overline{\Delta S_{\text{id}}} = \frac{S_{\text{nach}} - S_{\text{vor}}}{n_1 + n_2 + \ldots + n_k} = x_1(s_1 - s_1^*) + x_2(s_2 - s_2^*) + \ldots + x_k(s_k - s_k^*) =$$

$$= \sum_1^k x_i(s_i - s_i^*) \qquad (2.2\text{-}57)$$

Der Vergleich mit Gl. (2.2-53) zeigt uns, dass

$$s_i - s_i^* = -R \cdot \ln x_i \qquad (2.2\text{-}58)$$

Daraus ergibt sich, dass die *partiellen molaren Entropien*

$$s_i = \left(\frac{\partial S}{\partial n_i}\right)_{T,p,n_{j \neq i}} \qquad (2.2\text{-}59)$$

im Gegensatz zu den partiellen molaren Volumina oder den partiellen molaren Inneren Energien oder Enthalpien bei idealen, homogenen Mischungen nicht mit den molaren Größen übereinstimmen. Die partiellen molaren Entropien sind in idealen Mischungen nach Gl. (2.2-58) um den Betrag $-R\ln x_i$ von den molaren Größen unterschieden.

Wenden wir uns nun den realen Mischungen zu, so müssen wir beachten, dass außer der für ideale Mischungen diskutierten Entropiezunahme eine weitere Entropieänderung auftritt, die die Folge der in Abschnitt 2.2.3 besprochenen kalorischen Effekte ist. Da beim Mischen sowohl eine Abkühlung als auch eine Erwärmung beobachtet werden kann, kann die hierauf beruhende Entropieänderung sowohl positiv als auch negativ sein.

In Analogie zu den kalorischen Effekten ergibt sich die mittlere Zusatzentropie $\overline{\Delta S^E}$ gemäß

$$\overline{\Delta S^E} = \overline{\Delta S_{\text{real}}} - \overline{\Delta S_{\text{id}}} \qquad (2.2\text{-}60)$$

Sie ist ebenso wie die mittlere Zusatzenthalpie $\overline{\Delta H^E}$ auf die Veränderung der zwischenmolekularen Kräfte beim Mischungsvorgang zurückzuführen.

2.2.5
Kernpunkte des Abschnitts 2.2

- ☑ Partielle molare Größen Gl. (2.2-6 bis 8)
- ☑ Konzentrationsabhängigkeit partieller molarer Größen (Beispiel) S. 287
- ☑ Scheinbare molare Größen Gl. (2.2-9)
- ☑ Mittlere molare Größen Gl. (2.2-12)
- ☑ Experimentelle Bestimmung partieller molarer Größen S. 289
- ☑ Gibbs-Duhem'sche Gleichung Gl. (2.2-20)
- ☑ Beziehung zwischen partiellen molaren Größen Gl. (2.2-24)
- ☑ Mittlere Mischungs- oder Zusatzenthalpie Gl. (2.2-32)
- ☑ Partielle molare Zusatzenthalpie Gl. (2.2-34)
- ☑ Experimentelle Bestimmung von Mischungsenthalpien S. 294
- ☑ Integrale Mischungsenthalpie Gl. (2.2-43)
- ☑ Integrale Lösungsenthalpie Gl. (2.2-44)
- ☑ Differentielle Verdünnungsenthalpie Gl. (2.2-45)
- ☑ Differentielle Lösungsenthalpie Gl. (2.2-46)
- ☑ Experimentelle Bestimmung von Lösungs- und Verdünnungsenthalpien S. 296
- ☑ Mittlere Mischungsentropie Gl. (2.2-53)
- ☑ Partielle molare Entropie Gl. (2.2-59)

2.2.6
Rechenbeispiele zu Abschnitt 2.2

1. Beim Lösen von KF und KF · 2 H_2O in Wasser beobachtet man bei 298 K die in der Tabelle aufgeführten integralen Lösungsenthalpien.

m	$\Delta H_2(KF)$	$\Delta H_2(KF \cdot 2H_2O)$
mol Salz (1000 g $H_2O)^{-1}$	kJ mol^{-1}	kJ mol^{-1}
0	−17.76	6.979
0.056	−17.38	7.360
0.278	−17.14	7.594
1.11	−16.97	7.761
3.33	−16.72	8.017
5.55	−16.23	8.510
7.78	−15.41	9.330
8.89	−14.87	9.866
11.1	−13.61	11.13
13.3	−12.23	12.51
15.6	−10.89	13.83
16.9	−10.10	14.63

Wie groß sind die ersten und die letzten Lösungsenthalpien und die differentiellen Verdünnungs- und Lösungsenthalpien der Lösungen mit der Molalität 7.78 mol Salz (1000 g $H_2O)^{-1}$? Die Löslichkeit der Salze beträgt bei 298 K 16.9 mol (1000 g $H_2O)^{-1}$. Man diskutiere, weshalb sich die beiden Salze in ihren Lösungsenthalpien unterscheiden.

2. Man berechne die Änderung der Entropie, die auftritt, wenn 2 mol Wasserstoff und 3 mol Stickstoff, die zuvor gleiche Temperatur und gleichen Druck hatten, gemischt werden. Welchen Wert hat die mittlere molare Mischungsentropie? Die Bedingungen sind so gewählt, dass ideales Verhalten der Gase angenommen werden kann.

3. Man untersuche, wie die bei der Herstellung einer idealen Gasmischung aus den beiden Komponenten 1 und 2 auftretende mittlere Mischungsentropie von dem durch den Molenbruch x_1 wiedergegebenen Mischungsverhältnis abhängt. Zu diesem Zweck untersuche man, ob $\overline{\Delta S_{id}}$ als Funktion von x_1 einen Extremwert aufweist, ob Wendepunkte vorliegen und wie die Steigung der Funktion bei $x_1 \rightarrow 0$ und $x_1 \rightarrow 1$ ist. Schließlich stelle man eine Wertetabelle auf und zeichne die Funktion.

2.3
Die Grundgleichungen der Thermodynamik

Im einführenden Kapitel 1.1 haben wir uns mit der thermischen Zustandsgleichung und der kalorischen Zustandsgleichung, dem Ersten Hauptsatz der Thermodynamik befasst. Wir haben zwei Energiefunktionen, die Innere Energie U und die Enthalpie H, eingeführt und uns eingehend mit deren Ableitungen nach der Temperatur, dem Volumen bzw. dem Druck und der Stoffmenge beschäftigt.

Auf der Suche nach einer thermodynamischen Funktion, die uns etwas über das Vorliegen eines reversiblen oder eines irreversiblen Prozesses, d. h. auch über die Richtung eines spontanen Prozesses, aussagt, sind wir auf die Entropie S gestoßen und haben den Zweiten Hauptsatz der Thermodynamik formuliert. Dieser lässt sich allerdings nur auf Vorgänge in abgeschlossenen Systemen anwenden. Der Chemiker arbeitet jedoch im Allgemeinen in geschlossenen Systemen.

Es wird deshalb zunächst unsere Aufgabe sein, ausgehend vom Zweiten Hauptsatz der Thermodynamik Funktionen zu finden, die etwas über Reversibilität und Irreversibilität von Prozessen aussagen, bei denen ein Austausch von Energie zwischen dem System und der Umgebung erfolgt.

Im Abschnitt 2.3.1 werden wir in der Freien Energie und in der Freien Enthalpie Funktionen finden, die im isotherm-isochoren bzw. isotherm-isobaren Fall Aussagen über das Vorliegen eines Gleichgewichtes oder die Richtung eines spontanen Prozesses erlauben.

Die Beziehungen zwischen den vier Energiefunktionen Innere Energie, Enthalpie, Freie Energie und Freie Enthalpie sowie die Bedeutung der mit ihnen gebildeten partiellen Differentialquotienten werden wir im Abschnitt 2.3.2 kennenlernen.

Die Betrachtung ihrer Stoffmengenabhängigkeit wird uns im Abschnitt 2.3.3 zu den *Gibbs'schen Fundamentalgleichungen* und zum *chemischen Potential* führen.

In diesem chemischen Potential werden wir diejenige Größe erkennen, mit deren Hilfe wir später Phasengleichgewichte und chemische Gleichgewichte formulieren können (Abschn. 2.3.4).

Temperatur- und Volumen- bzw. Druckabhängigkeit des chemischen Potentials sind von so grundlegender Bedeutung, dass wir ihnen einen gesonderten Abschnitt widmen werden (Abschn. 2.3.5).

Dasselbe gilt bezüglich der Abhängigkeit des chemischen Potentials vom Molenbruch, wenn wir uns mit Mischphasen befassen (Abschn. 2.3.6).

Im Abschn. 2.3.7 werden wir sehen, wie wir mit Hilfe des chemischen Potentials Mischungseffekte in idealen Mischphasen beschreiben können.

2.3.1
Einführung der Freien Energie und der Freien Enthalpie

Im Abschnitt 1.1.19 haben wir die Entropie als eine Zustandsfunktion eingeführt, die uns etwas über das Vorliegen eines Gleichgewichtes oder über die Richtung eines spontanen Prozesses aussagen sollte. Wir haben folgenden Zusammenhang gefunden:

$$\int_{\text{Zustand 1}}^{\text{Zustand 2}} \frac{dQ}{T} \leq S_2 - S_1 \tag{2.3-1}$$

Betrachten wir nun ein abgeschlossenes System, bei dem nach Abschnitt 1.1.2 weder ein Materie- noch ein Energieaustausch mit der Umgebung möglich ist, so gilt nach dem Ersten Hauptsatz für dieses System $\delta Q = 0$, $dV = 0$, $dU = 0$ und damit nach Gl. (2.3-1)

$$(S_2 - S_1)_{U,V} \geq 0 \tag{2.3-2}$$

Bei jeder irreversiblen Zustandsänderung nimmt die Entropie des abgeschlossenen Systems zu, bei jeder reversiblen bleibt sie konstant. Im Gleichgewicht nimmt die Entropie einen Maximalwert an (vgl. Abschnitt 1.1.19).

Betrachten wir hingegen ein System, in dem nicht die Innere Energie, sondern die Entropie konstantgehalten wird, so haben wir ein System vorliegen, in dem sämtliche Prozesse fortfallen, die mit einem Austausch von Wärmemengen in Zusammenhang stehen. Das sind aber gerade die Systeme, mit denen wir es in der Mechanik zu tun haben und von denen wir wissen (vgl. Abschnitt 1.1.4), dass sie ein Minimum der Energie anstreben und im Gleichgewicht dieses Energieminimum erreicht haben. Für sie könnten wir also schreiben

$$(U_2 - U_1)_S \leq 0 \qquad (2.3\text{-}3)$$

Wir sehen, dass wir es in der Thermodynamik im Allgemeinen Fall mit dem Widerstreit zweier Tendenzen zu tun haben, dem Bestreben, die Entropie zu vergrößern, und dem Bestreben, die Energie zu verringern. Die erste Tendenz läuft, wie wir in Abschnitt 1.3.5 erkannt haben, auf eine Zunahme der Unordnung, die zweite auf eine Zunahme der Ordnung hinaus.

Der Chemiker arbeitet meist mit geschlossenen Systemen, das heißt mit einer vorgegebenen Stoffmenge, aber bei Wärmeaustausch mit der Umgebung. Oft geschehen solche Untersuchungen in Thermostaten, das heißt isotherm, in den häufigsten Fällen unter konstantem Druck, das heißt isobar, seltener bei konstantem Volumen, das heißt isochor.

Es muss deshalb zunächst unsere Aufgabe sein, von Gl. (2.3-2) ausgehend eine Beziehung für das Gleichgewicht und die Richtung eines spontanen Prozesses abzuleiten, bei der die Randbedingungen $dU = 0$ und $dV = 0$ ersetzt werden durch $dT = 0$ und $dV = 0$ bzw. $dp = 0$. Zu diesem Zweck denken wir uns ein geschlossenes System, das von einem unendlich großen Thermostaten umgeben ist. System und Thermostat bilden zusammen ein abgeschlossenes System, für das die Beziehung Gl. (2.3-2) gilt. Da sich die Entropieänderungen im abgeschlossenen System additiv aus den Entropieänderungen in dem geschlossenen System und dem Thermostaten zusammensetzen, gilt

$$dS(\text{abgeschlossenes System}) = dS(\text{System}) + dS(\text{Thermostat}) \geq 0 \qquad (2.3\text{-}4)$$

Es möge die Entropieänderung nun auf eine Zustandsänderung zurückzuführen sein, bei der isotherm und isochor oder isobar eine Wärmemenge δQ von dem geschlossenen System auf den Thermostaten übergeht. Gleichgültig, ob der Prozess vom System her gesehen reversibel oder irreversibel ist, führt er im Thermostaten wegen der geringen Größe von δQ im Vergleich zur als unendlich groß angenommenen Wärmekapazität des Thermostaten nicht zu einer Temperaturänderung. Es könnte also die gleiche Wärmemenge auch wieder an das System abgegeben werden, ohne dass eine bleibende Veränderung im Thermostaten zu beobachten wäre. Damit ist aber der Wärmeübergang vom Thermostaten her reversibel, so dass

$$dS(\text{Thermostat}) = \frac{dQ_{\text{rev}}}{T} \qquad (2.3\text{-}5)$$

gesetzt werden kann. Damit folgt aus Gl. (2.3-4)

$$dS(\text{abgeschlossenes System}) = dS(\text{System}) + \frac{dQ_{rev}(\text{Thermostat})}{T} \geq 0 \quad (2.3\text{-}6)$$

Die vom Thermostaten aufgenommene Wärmemenge ist gleich der vom System abgegebenen:

$$dQ(\text{Thermostat}) = -\delta Q(\text{System}) \quad (2.3\text{-}7)$$

so dass wir für Gl. (2.3-6) auch schreiben können

$$dS(\text{System}) - \frac{\delta Q(\text{System})}{T} \geq 0 \quad (2.3\text{-}8)$$

Damit haben wir eine Beziehung erhalten, die nicht mehr für ein abgeschlossenes System gilt, sondern für ein System, das isotherm und isochor oder isotherm und isobar eine Wärmemenge mit der Umgebung austauschen kann. Unter Berücksichtigung des Ersten Hauptsatzes erhalten wir deshalb aus Gl. (2.3-8) für ein geschlossenes System

$$dS - \frac{dU}{T} \geq 0 \quad (V, T \text{ const.}) \quad (2.3\text{-}9)$$

oder

$$dS - \frac{dH}{T} \geq 0 \quad (p, T \text{ const.}) \quad (2.3\text{-}10)$$

> Mit Helmholtz und Gibbs führen wir jetzt zwei neue Funktionen ein, mit Helmholtz die *Freie Energie A*
>
> $$A = U - T \cdot S \quad (2.3\text{-}11)$$
>
> und mit Gibbs die *Freie Enthalpie G*
>
> $$G = H - T \cdot S \quad (2.3\text{-}12)$$
>
> Mit den Gleichungen (2.3-9) und (2.3-10) erhalten wir dann
>
> $$dA_{V,T} \leq 0 \quad (2.3\text{-}13)$$
>
> oder
>
> $$dG_{p,T} \leq 0 \quad (2.3\text{-}14)$$
>
> als neue Bedingungen für das Vorliegen eines Gleichgewichts (Gleichheitszeichen) oder den Ablauf eines spontanen Prozesses (Kleiner-Zeichen) in einem geschlossenen System. Prozesse, bei denen die Freie Energie *A* oder die Freie Enthalpie *G* zunimmt, sind thermodynamisch nicht möglich.

2.3 Die Grundgleichungen der Thermodynamik

Eine besondere Eigenschaft der Freien Energie und der Freien Enthalpie muss hier noch erwähnt werden. Die Änderung der ersteren ist nämlich identisch mit der bei isothermen, reversiblen Zustandsänderungen am System geleisteten *reversiblen Arbeit*, die – weil die Freie Energie eine Zustandsgröße ist – somit ebenfalls eine Zustandsgröße sein muss. Die Änderung der letzteren ist identisch mit der bei einem isothermen und isobaren Prozess am System geleisteten, die Volumenarbeit nicht enthaltenden reversiblen Arbeit. Wir erkennen dies sofort, wenn wir den Ersten Hauptsatz für reversible, isotherme Prozesse umschreiben:

$$dU = \delta Q_{rev} + \delta W_{rev} \tag{2.3-15}$$

$$U_2 - U_1 = T(S_2 - S_1) + W_{rev} \quad (T \text{ const.}) \tag{2.3-16}$$

$$W_{rev} = U_2 - U_1 - T(S_2 - S_1) \quad (T \text{ const.}) \tag{2.3-17}$$

Unter Berücksichtigung von Gl. (2.3-11) lässt sich dafür auch schreiben

$$W_{rev} = A_2 - A_1 \quad (T \text{ const.}) \tag{2.3-18}$$

Die Änderung der Freien Energie ist identisch mit der beim isothermen Prozess am System geleisteten reversiblen Arbeit.

Teilen wir die reversibel geleistete Arbeit W_{rev} auf in die reversible Volumenarbeit $-\int p dV$ und den Anteil $W_{p,rev}$, der keine Volumenarbeit darstellt, so geht Gl. (2.3-15) über in

$$dU = \delta Q_{rev} - p dV + \delta W_{p,rev} \tag{2.3-19}$$

$$dU + p dV = T dS + \delta W_{p,rev} \quad (T, p \text{ const.}) \tag{2.3-20}$$

$$dH - T dS = \delta W_{p,rev} \quad (T, p \text{ const.}) \tag{2.3-21}$$

wofür wir mit Gl. (2.3-12) auch schreiben können

$$dG = \delta W_{p,rev} \quad (T, p \text{ const.}) \tag{2.3-22}$$

oder

$$G_2 - G_1 = W_{p,rev} \quad (T, p \text{ const.}) \tag{2.3-23}$$

Die Änderung der Freien Enthalpie ist identisch mit der beim isothermen und isobaren Prozess am System geleisteten, die Volumenarbeit nicht enthaltenden reversiblen Arbeit.

2.3.2
Die charakteristischen Funktionen

Wir haben jetzt vier thermodynamische Funktionen kennengelernt, die eine Energie darstellen, U, H, A und G. Diese Funktionen wollen wir zunächst etwas näher betrachten und einige wichtige Beziehungen ableiten, wobei wir uns auf geschlossene Systeme beschränken wollen, bei denen reine homogene Stoffe vorliegen und Arbeit nur in Form von Volumenarbeit auftreten möge.

Für die Innere Energie gilt nach dem Ersten Hauptsatz

$$dU = \delta Q + \delta W \tag{2.3-24}$$

Ersetzen wir δQ_{rev} durch den Entropieterm und δW_{rev} durch die reversible Volumenarbeit, so erhalten wir

$$dU = TdS - pdV \tag{2.3-25}$$

Da die Enthalpie $H = U + pV$ ist, $dH = dU + pdV + Vdp$, gilt mit Gl. (2.3-25)

$$dH = TdS + Vdp \tag{2.3-26}$$

Nach Gl. (2.3-11) muss $dA = dU - TdS - SdT$ sein, mit Gl. (2.3-25) also

$$dA = -SdT - pdV \tag{2.3-27}$$

und entsprechend nach Gl. (2.3-12) und Gl. (2.3-26)

$$dG = -SdT + Vdp \tag{2.3-28}$$

Die vier Gleichungen (2.3-25) bis (2.3-28) nennt man die *charakteristischen Funktionen*.

Wir können uns diese Beziehungen und weitere, daraus abgeleitete, leicht an einem von Guggenheim aufgestellten Schema merken:

$$\begin{array}{ccc} S & U & V \\ +\quad H & & A\quad - \\ p & G & T \end{array} \tag{2.3-29}$$

Jede der vier abhängigen Variablen ist von den beiden zugehörigen unabhängigen umgeben, von denen die in der linken Spalte stehenden mit positivem, die in der rechten stehenden mit negativem Vorzeichen auftreten. Die Produkte auf der rechten Seite der charakteristischen Funktionen bestehen jeweils aus einer extensiven (S und V) und einer intensiven (p und T) Zustandsgröße, die im Merkschema einander diagonal gegenüber angeordnet sind.

Den charakteristischen Funktionen kommt eine zentrale Bedeutung zu, denn mit ihrer Hilfe können wir alle thermodynamischen Funktionen durch eine der charakteristischen Funktionen und ihre Ableitungen nach geeigneten Variablen ausdrücken. Die insgesamt 336 zwischen den thermodynamischen Größen U, H, A, G, T, S, p und V bestehenden ersten partiellen Differentialquotienten können wir leicht ineinander umrechnen, experimentell nicht oder nur schwierig zu bestimmende auf so leicht zugängliche Größen wie c_p, α, κ oder dergleichen zurückführen.

Wir wollen zunächst einige der Beziehungen aufstellen und dann wiederum von einigen ausgewählten die Bedeutung diskutieren.

Da die charakteristischen Funktionen totale Differentiale sind, stellen die in diesen Gleichungen auftretenden Größen T, p, S und V gleichzeitig partielle Differentialquotienten dar, nämlich

$$T = \left(\frac{\partial U}{\partial S}\right)_V = \left(\frac{\partial H}{\partial S}\right)_p \tag{2.3-30}$$

$$p = -\left(\frac{\partial U}{\partial V}\right)_S = -\left(\frac{\partial A}{\partial V}\right)_T \tag{2.3-31}$$

$$S = -\left(\frac{\partial A}{\partial T}\right)_V = -\left(\frac{\partial G}{\partial T}\right)_p \tag{2.3-32}$$

$$V = \left(\frac{\partial H}{\partial p}\right)_S = \left(\frac{\partial G}{\partial p}\right)_T \tag{2.3-33}$$

Auch diese Beziehungen folgen, wie ein Blick auf das Guggenheim'sche Merkschema zeigt, in einfacher Weise aus diesem. Die an einer Ecke des Schemas stehende Funktion ergibt sich als partielle Ableitung der ihr im Schema gegenüberstehenden Energiefunktion (z. B. bei T die Funktionen U oder H) nach der ihr diagonal gegenüberstehenden thermodynamischen Größe (im Beispiel S). Die Beziehungen sind in zweierlei Weise wichtig: Einmal ergeben sie Beziehungen zwischen den verschiedenen partiellen Differentialquotienten, zum anderen liefern sie Angaben zu so bedeutenden Fragen wie der Temperatur- oder Druckabhängigkeit der Freien Enthalpie, die wir später immer wieder benötigen werden.

Weitere Beziehungen, die sog. *Maxwell'schen Beziehungen*, gewinnen wir, wenn wir berücksichtigen, dass die aus den Gleichungen (2.3-30) bis (2.3-33) berechenbaren gemischten zweiten partiellen Differentialquotienten einander gleich sein müssen. So ist beispielsweise die gemischte 2. Ableitung von U nach S und V nach Gl. (2.3-30) $\left(\frac{\partial T}{\partial V}\right)_S$, nach Gl. (2.3-31) aber auch $-\left(\frac{\partial p}{\partial S}\right)_V$.

Maxwell'sche Beziehungen:

$$\left(\frac{\partial T}{\partial V}\right)_S = -\left(\frac{\partial p}{\partial S}\right)_V \tag{2.3-34}$$

$$\left(\frac{\partial T}{\partial p}\right)_S = \left(\frac{\partial V}{\partial S}\right)_p \tag{2.3-35}$$

$$\left(\frac{\partial S}{\partial V}\right)_T = \left(\frac{\partial p}{\partial T}\right)_V \tag{2.3-36}$$

$$\left(\frac{\partial S}{\partial p}\right)_T = -\left(\frac{\partial V}{\partial T}\right)_p \tag{2.3-37}$$

Eingangs hatten wir davon gesprochen, dass wir jede thermodynamische Größe durch eine charakteristische Funktion und ihre Ableitungen ausdrücken können. Wir wollen dies an zwei Beispielen durchführen, und zwar wollen wir die Freie Energie und die Innere Energie mit Hilfe der Freien Enthalpie und ihrer Ableitungen angeben.

Wir greifen zunächst zurück auf die Definitionsgleichungen (2.3-11) und (2.3-12). Durch Differenzbildung erhalten wir

$$G - A = H - U = p \cdot V \tag{2.3-38}$$

$$G = A + p \cdot V \tag{2.3-39}$$

Wir erkennen daraus, dass Freie Enthalpie und Freie Energie zueinander in der gleichen Beziehung stehen wie Enthalpie und Innere Energie, das heißt, sie unterscheiden sich durch die Volumenarbeit. In

$$A = G - p \cdot V \tag{2.3-40}$$

ersetzen wir nur noch V durch Gl. (2.3-33) und erhalten bereits

$$A = G - p \cdot \left(\frac{\partial G}{\partial p}\right)_T \tag{2.3-41}$$

Greifen wir auf Gl. (2.3-12) zurück, so erhalten wir

$$H = G + T \cdot S \tag{2.3-42}$$

mit Gl. (2.3-32)

$$H = G - T \cdot \left(\frac{\partial G}{\partial T}\right)_p \tag{2.3-43}$$

und weiter

$$U = H - p \cdot V = G - T \cdot \left(\frac{\partial G}{\partial T}\right)_p - p \cdot \left(\frac{\partial G}{\partial p}\right)_T \qquad (2.3\text{-}44)$$

wenn wir noch Gl. (2.3-33) berücksichtigen.

In Abschnitt 1.1.20 haben wir einige Mühe aufgewandt, um zum Beispiel die Druckabhängigkeit der Entropie zu ermitteln. Mit den charakteristischen Funktionen gelingt uns das ganz schnell; denn aus Gl. (2.3-32) und Gl. (2.3-33) folgt ja, wie wir oben bereits gesehen haben, unmittelbar Gl. (2.3-37) und damit

$$\left(\frac{\partial S}{\partial p}\right)_T = -\left(\frac{\partial V}{\partial T}\right)_p = -V \cdot \alpha \qquad (2.3\text{-}45)$$

wobei auch gleichzeitig die schwer messbare Größe auf eine experimentell leicht zugängliche zurückgeführt ist.

Obwohl wir mit den bisher diskutierten vier charakteristischen Funktionen prinzipiell alle erforderlichen Rechnungen durchführen könnten, erleichtern wir uns später einige Berechnungen, wenn wir noch zwei weitere Funktionen einführen. Es sind dies

die *Massieu'sche Funktion J*

$$J = -\frac{A}{T} = S - \frac{U}{T} \quad \text{und} \qquad (2.3\text{-}46)$$

die *Planck'sche Funktion Y*

$$Y = -\frac{G}{T} = S - \frac{H}{T} \qquad (2.3\text{-}47)$$

Ihre totalen Differentiale lauten deshalb

$$dJ = dS - \frac{1}{T} \cdot dU + \frac{U}{T^2} dT = dS - \frac{1}{T}(TdS - pdV) + \frac{U}{T^2} dT \qquad (2.3\text{-}48)$$

$$dY = dS - \frac{1}{T} \cdot dH + \frac{H}{T^2} dT = dS - \frac{1}{T}(TdS + Vdp) + \frac{H}{T^2} dT \qquad (2.3\text{-}49)$$

unter gleichzeitiger Berücksichtigung von Gl. (2.3-25) und Gl. (2.3-26). Dies ergibt schließlich

$$dJ = \frac{U}{T^2} dT + \frac{p}{T} dV \qquad (2.3\text{-}50)$$

$$dY = \frac{H}{T^2} dT - \frac{V}{T} dp \qquad (2.3\text{-}51)$$

Einige der in diesem Kapitel behandelten Beziehungen sind für unsere späteren Überlegungen und Berechnungen von so grundlegender Bedeutung, dass wir sie hier noch einmal zusammenstellen wollen:

1. Freie Energie

Temperaturabhängigkeit $\quad \left(\dfrac{\partial A}{\partial T}\right)_V = -S \quad$ (2.3-52)

Volumenabhängigkeit $\quad \left(\dfrac{\partial A}{\partial V}\right)_T = -p \quad$ (2.3-53)

2. Freie Enthalpie

Temperaturabhängigkeit $\quad \left(\dfrac{\partial G}{\partial T}\right)_p = -S \quad$ (2.3-54)

Druckabhängigkeit $\quad \left(\dfrac{\partial G}{\partial p}\right)_T = V \quad$ (2.3-55)

3. Massieu'sche Funktion

Temperaturabhängigkeit $\quad \left(\dfrac{\partial J}{\partial T}\right)_V = -\left(\dfrac{\partial \frac{A}{T}}{\partial T}\right)_V = \dfrac{U}{T^2} \quad$ (2.3-56)

4. Planck'sche Funktion

Temperaturabhängigkeit $\quad \left(\dfrac{\partial Y}{\partial T}\right)_p = -\left(\dfrac{\partial \frac{G}{T}}{\partial T}\right)_p = \dfrac{H}{T^2} \quad$ (2.3-57)

5. Entropie

Temperaturabhängigkeit $\quad \left(\dfrac{\partial S}{\partial T}\right)_V = \dfrac{C_v}{T} \quad$ (1.1-221) = (2.3-58)

$\quad \left(\dfrac{\partial S}{\partial T}\right)_p = \dfrac{C_p}{T} \quad$ (1.1-222) = (2.3-59)

2.3.3
Die Gibbs'schen Fundamentalgleichungen

Die im Abschnitt 2.3.2 angestellten Überlegungen bezogen sich auf reine homogene Stoffe in geschlossenen Systemen. Wir wollen nun ähnlich wie in Abschnitt 1.1.14 einen Schritt weitergehen und geschlossene Systeme betrachten, die aus einem reinen Stoff bestehen, der in zwei Phasen vorliegen kann, oder aus einer Phase bestehen, die aus mehreren Komponenten aufgebaut ist, zwischen denen eine chemische Reaktion ablaufen kann.

2.3 Die Grundgleichungen der Thermodynamik

Wir wissen, dass wir in diesem Fall noch die Abhängigkeit unserer Zustandsfunktionen von der Stoffmenge n_i oder – wie in Abschnitt 1.1.14 ausführlich gezeigt wurde – von der Reaktionslaufzahl ξ berücksichtigen müssen. Dies gilt gleichermaßen für alle von uns behandelten Funktionen (U, H, A, G, J und Y). Wir wollen uns hier darauf beschränken, am Beispiel der Freien Energie und der Freien Enthalpie die Beziehungen ausführlich zu formulieren. Es ist

$$dA = \left(\frac{\partial A}{\partial T}\right)_{V,n} dT + \left(\frac{\partial A}{\partial V}\right)_{T,n} dV + \sum_{1}^{k} \left(\frac{\partial A}{\partial n_i}\right)_{T,V,n_{j \neq i}} dn_i \tag{2.3-60}$$

$$dG = \left(\frac{\partial G}{\partial T}\right)_{p,n} dT + \left(\frac{\partial G}{\partial p}\right)_{T,n} dp + \sum_{1}^{k} \left(\frac{\partial G}{\partial n_i}\right)_{T,p,n_{j \neq i}} dn_i \tag{2.3-61}$$

Halten wir alle n_i konstant, das heißt, ist für alle i $dn_i = 0$, so gehen die Gleichungen (2.3-60) und (2.3-61) über in

$$dA = \left(\frac{\partial A}{\partial T}\right)_{V,n} dT + \left(\frac{\partial A}{\partial V}\right)_{T,n} dV \qquad (n_i \text{ const.}) \tag{2.3-62}$$

$$dG = \left(\frac{\partial G}{\partial T}\right)_{p,n} dT + \left(\frac{\partial G}{\partial p}\right)_{T,n} dp \qquad (n_i \text{ const.}) \tag{2.3-63}$$

Durch Vergleich mit den Gleichungen (2.3-27) und (2.3-28) erkennen wir, dass

$$\left(\frac{\partial A}{\partial T}\right)_{V,n} = -S \tag{2.3-64}$$

$$\left(\frac{\partial A}{\partial V}\right)_{T,n} = -p \tag{2.3-65}$$

$$\left(\frac{\partial G}{\partial T}\right)_{p,n} = -S \tag{2.3-66}$$

$$\left(\frac{\partial G}{\partial p}\right)_{T,n} = V \tag{2.3-67}$$

Wir nennen nun mit Gibbs die partiellen Differentialquotienten unter dem Summenzeichen *chemisches Potential* und führen dafür den Buchstaben μ ein:

$$\left(\frac{\partial A}{\partial n_i}\right)_{T,V,n_{j \neq i}} = \left(\frac{\partial G}{\partial n_i}\right)_{T,p,n_{j \neq i}} = \mu_i \tag{2.3-68}$$

Wir können nun für die Gleichungen (2.3-60) und (2.3-61) schreiben

$$dA = -SdT - pdV + \sum \mu_i\, dn_i \qquad (2.3\text{-}69)$$

$$dG = -SdT + Vdp + \sum \mu_i\, dn_i \qquad (2.3\text{-}70)$$

Man nennt diese Gleichungen und die entsprechenden für U, H, J und Y die *Gibbs'schen Fundamentalgleichungen*. Sie gelten auch für offene Systeme, da wir bislang keine Einschränkungen bezüglich der Wahl der dn_i gemacht haben.

Die Begründung für die Gleichheit von $\left(\dfrac{\partial A}{\partial n_i}\right)_{T,V,n_{j\neq i}}$ und $\left(\dfrac{\partial G}{\partial n_i}\right)_{T,p,n_{j\neq i}}$, wie sie aus Gl. (2.3-68) hervorgeht, folgt unmittelbar aus den am Ende des Abschnitts 2.3.1 über die reversible Arbeit angestellten Überlegungen. Wir erkennen dies besonders deutlich, wenn wir wieder ein geschlossenes System der eingangs genannten Art betrachten. In ihm können die dn_i nicht frei gewählt werden. Vielmehr stehen sie miteinander unmittelbar in Beziehung, und wir können sie wieder gemäß Gl. (1.1-126) ersetzen durch

$$dn_i = \nu_i\, d\xi \qquad (1.1\text{-}126)$$

so dass die Gibbs'schen Fundamentalgleichungen übergehen in

$$dA = -SdT - pdV + \sum \nu_i \mu_i\, d\xi \qquad (2.3\text{-}71)$$

$$dG = -SdT + Vdp + \sum \nu_i \mu_i\, d\xi \qquad (2.3\text{-}72)$$

Die in den Ausdrücken

$$\Delta A = \left(\frac{\partial A}{\partial \xi}\right)_{V,T} = \sum \nu_i \mu_i \qquad (V, T \text{ const.}) \qquad (2.3\text{-}73)$$

und

$$\Delta G = \left(\frac{\partial G}{\partial \xi}\right)_{p,T} = \sum \nu_i \mu_i \qquad (p, T \text{ const.}) \qquad (2.3\text{-}74)$$

enthaltenen Größen ΔA und ΔG sind, bis auf das Vorzeichen, die bei einer chemischen Reaktion geleisteten reversiblen Reaktionsarbeiten (unter Ausschluss von Volumenarbeit), wie aus Gl. (2.3-18) und (2.3-23) hervorgeht. Es müssen also auch $\left(\dfrac{\partial A}{\partial n_i}\right)_{T,V,n_{j\neq i}}$ und $\left(\dfrac{\partial G}{\partial n_i}\right)_{T,p,n_{j\neq i}}$ einander gleich sein.

2.3.4
Das chemische Potential

Mit dem chemischen Potential haben wir eine der wichtigsten Größen der chemischen Thermodynamik kennengelernt. Die meisten der in den späteren Abschnitten folgenden Betrachtungen über das thermische und chemische Gleichgewicht werden wir mit Hilfe des chemischen Potentials durchführen. Deshalb wollen wir uns zunächst mit den Eigenschaften des chemischen Potentials selbst intensiv beschäftigen.

Gehen wir zunächst davon aus, dass wir einen reinen homogenen Stoff in einem offenen System vorliegen haben. Dann geht Gl. (2.3-70) über in

$$dG = -SdT + Vdp + \mu dn \tag{2.3-75}$$

Bei konstantem Druck und konstanter Temperatur ist dann

$$\left(\frac{\partial G}{\partial n}\right)_{p,T} = \mu \tag{2.3-76}$$

Danach ist μ zahlenmäßig gleich der Änderung der Freien Enthalpie unseres Systems, wenn wir ihm noch 1 mol der Substanz hinzufügen. Wir können Gl. (2.3-76) aber auch so interpretieren, dass μ die molare Freie Enthalpie des Stoffes ist. μ ist also eine intensive Zustandsgröße.

Stellt unser offenes System eine aus mehreren Komponenten aufgebaute Phase dar, so folgt aus Gl. (2.3-70) für konstantes p und T

$$(dG)_{p,T} = \sum \mu_i dn_i = \mu_1 dn_1 + \mu_2 dn_2 + \dots + \mu_k dn_k \tag{2.3-77}$$

$$\left(\frac{\partial G}{\partial n_i}\right)_{p,T,n_{j \neq i}} = \mu_i \tag{2.3-78}$$

Der Zahlenwert des chemischen Potentials μ_i der Komponente i wäre dann durch die Änderung der Freien Enthalpie des Systems gegeben, wenn man diesem ein Mol der Komponente i zufügt. Da, wie wir weiter unten sehen werden, μ_i konzentrationsabhängig ist, darf sich dabei jedoch die Zusammensetzung der Phase nicht ändern, das heißt, wir müssten entweder ein Mol der Komponente i zu einer sehr großen (theoretisch unendlich großen) Menge der Phase geben, oder die durch ein Mol bewirkte Änderung von G aus der durch eine sehr kleine Menge dn_i bewirkten errechnen.

Gleichung (2.3-77) gibt uns die Änderung $(dG)_{p,T}$ der Freien Enthalpie, wenn wir die Stoffmengen dn_i variieren. Wir wollen nun versuchen, die Freie Enthalpie einer Mischphase von bestimmtem p, T und n_i in Abhängigkeit von n_i anzugeben. Zu diesem Zweck betrachten wir innerhalb unseres Systems zunächst ein begrenztes Teilsystem, für das die Freie Enthalpie den Wert G_t und die Stoffmengen die Werte n_{it} haben. Die Zunahme der Freien Enthalpie bei Erweiterung des Teilsystems auf das gesamte System (bei konstantem T, p, μ_i und $n_i/n_1 \equiv \beta_i$)

erhalten wir durch Integration von Gl. (2.3-77) entsprechend dem Vorgehen bei Gl. (2.2-3):

$$\int_{G_t}^{G}(dG)_{p,T} = \sum \mu_i \beta_i \int_{n_{1t}}^{n_1} dn_1 \qquad (2.3\text{-}79)$$

$$(G - G_t)_{p,T} = \sum \mu_i (n_i - n_{it}) \qquad (2.3\text{-}80)$$

Machen wir unser Ausgangssystem nun so klein, dass es gegen null tendiert, dann ist auch $G_t = 0$ und $n_{it} = 0$, so dass für unser Gesamtsystem gilt

$$(G)_{p,T} = \sum \mu_i n_i \qquad (2.3\text{-}81)$$

Durch die Angabe der Stoffmengen und der chemischen Potentiale ist also bei gegebenem p und T der Zustand der Mischphase eindeutig festgelegt.

Betrachten wir wieder ein aus einem reinen homogenen Stoff bei festem p und T bestehendes System. Nehmen wir an, das chemische Potential sei nicht an allen Stellen der Phase gleich, sondern betrage im Teil A μ_A, im Teil B μ_B. Dann würde durch Überführung von dn_A mol von A nach B eine Änderung der Freien Enthalpie um

$$dG = (\mu_B - \mu_A)dn_A \qquad (2.3\text{-}82)$$

eintreten, denn im Teilsystem A hätten wir eine Abnahme der Freien Enthalpie um $-\mu_A dn_A$, im Teilsystem B eine Zunahme um $\mu_B dn_A$. Wir haben nun noch nichts ausgesagt über die relative Größe von μ_A und μ_B. Wäre $\mu_A > \mu_B$, so wäre $dG < 0$, wäre $\mu_A < \mu_B$, so wäre $dG > 0$, und schließlich im Fall von $\mu_A = \mu_B$ wäre $dG = 0$.

Im Abschnitt 2.3.1 haben wir aber gesehen, dass uns gerade dG etwas über Spontanität und Gleichgewicht bei konstantem p und T aussagen kann. Der letztgenannte Fall ($dG = 0$) würde dem Gleichgewicht entsprechen. Mit anderen Worten, Gleichgewicht herrscht dann, wenn in allen Teilen des Systems das chemische Potential den gleichen Wert hat.

Der Fall $dG > 0$ ist thermodynamisch nicht möglich. Mit anderen Worten, ein Stoff kann nicht spontan von Gebieten niedrigeren chemischen Potentials in Gebiete höheren chemischen Potentials übergehen.

Der Fall $dG < 0$ würde einem spontanen Prozess entsprechen. Mit anderen Worten, ein Stoff geht spontan aus Gebieten höheren chemischen Potentials in Gebiete niedrigeren chemischen Potentials über, und zwar so lange, bis sich die chemischen Potentiale in beiden Gebieten ausgeglichen haben, d. h. bis Gleichgewicht herrscht.

Mit dieser Betrachtung hat die zunächst so unanschauliche Größe μ eine sehr anschauliche Interpretation erhalten. Ebenso, wie der elektrische Strom unter dem Gefälle des elektrischen Potentials und das Wasser entsprechend dem Niveaugefälle des Geländes fließen oder das Gas unter dem Druckgefälle durch die Leitungen strömt, geschieht der Stoffübergang in einem thermodynamischen System nur unter einem Gefälle des chemischen Potentials.

Dies hat nicht nur Gültigkeit beim Stofftransport innerhalb einer reinen homogenen Phase, sondern auch beim Übergang von einer Phase in eine andere. Gleichgewicht zwischen den Phasen herrscht, wenn $(dG)_{p,T}$ null ist, wenn also $\mu_A = \mu_B$. Ein spontaner Prozess, d. h. ein Übergang des Stoffes von einer Phase in die andere, kann nur eintreten, wenn $(dG)_{p,T} < 0$. Ist $\mu_A > \mu_B$, so muss $dn_A < 0$ sein, der Übergang erfolgt von A nach B, ist $\mu_A < \mu_B$, so muss $dn_A > 0$ sein, der Übergang erfolgt von B nach A.

Was für $(dG)_{p,T}$ gilt, muss auch für $\left(\frac{\partial G}{\partial \xi}\right)_{p,T}$ gelten, d. h. für die Freie Reaktionsenthalpie. Aus Gl. (2.3-72) erhalten wir für die

Freie Reaktionsenthalpie

$$(\Delta G)_{p,T} = \left(\frac{\partial G}{\partial \xi}\right)_{p,T} = \sum v_i \mu_i \qquad (2.3\text{-}83)$$

Ist $(\Delta G)_{p,T} = 0$, so liegt Gleichgewicht, hier chemisches Gleichgewicht, vor. Eine chemische Reaktion kann nur vonstatten gehen, wenn

$$(\Delta G)_{p,T} = \sum v_i \mu_i < 0 \qquad (2.3\text{-}84)$$

also wieder nur unter einem Gefälle des chemischen Potentials, denn $\Sigma v_i \mu_i$ ist (vgl. Abschnitt 1.1-14) die Summe aus den mit den stöchiometrischen Faktoren multiplizierten chemischen Potentialen der Reaktionsprodukte und der Ausgangsstoffe. Da die stöchiometrischen Faktoren der Edukte negativ, die der Produkte positiv sind, heißt das aber auch, dass die Freie Reaktionsenthalpie gleich der Differenz der Summen $\Sigma v_i \mu_i$ für Produkte und Edukte ist.

2.3.5
Temperatur- und Druckabhängigkeit des chemischen Potentials

Nachdem wir uns mit der Bedeutung des chemischen Potentials vertraut gemacht haben, müssen wir uns nun mit den Beziehungen des chemischen Potentials zu anderen thermodynamischen Größen beschäftigen.

Nach Gl. (2.3-76) ist das chemische Potential eines reinen Stoffes identisch mit der molaren Freien Enthalpie g dieses Stoffes und damit lediglich eine Funktion der Temperatur und des Druckes. In einer Mischphase ist das chemische Potential μ_i der Komponente i nach Gl. (2.3-78) identisch mit der partiellen molaren Freien Enthalpie dieser Komponente und damit nicht nur von T und p abhängig, sondern auch von den Konzentrationen aller anderen Komponenten. Betrachten wir nun die Temperatur- und Druckabhängigkeit des chemischen Potentials, so sind diese Abhängigkeiten für einen reinen Stoff identisch mit denen der molaren Freien Enthalpie. Haben wir eine Mischphase vorliegen, so gelten die gleichen Beziehungen, wenn wir konsequent die molaren Größen durch die partiellen molaren Größen ersetzen, denn es gilt ja z. B.

$$\left(\frac{\partial \mu_i}{\partial T}\right)_p = \left(\frac{\partial \left(\frac{\partial G}{\partial n_i}\right)_{p,T,n_{j\neq i}}}{\partial T}\right)_p = \frac{\partial^2 G}{\partial n_i \partial T} = \frac{\partial^2 G}{\partial T \partial n_i} =$$

$$= \left(\frac{\partial \left(\frac{\partial G}{\partial T}\right)_p}{\partial n_i}\right)_{n_{j\neq i},p,T} = \left(\frac{\partial (-S)}{\partial n_i}\right)_{T,p,n_{j\neq i}} = -s_i \qquad (2.3\text{-}85)$$

Aufgrund von Gl. (2.3-54) und Gl. (2.3-55) ergibt sich für

die Temperatur- und Druckabhängigkeit des chemischen Potentials

reiner Stoff		Mischphase	
$\left(\frac{\partial \mu}{\partial T}\right)_p = -s$ oder	$\left(\frac{\partial \mu_i^*}{\partial T}\right)_p = -s_i^*$	$\left(\frac{\partial \mu_i}{\partial T}\right)_p = -s_i$	(2.3-86)
$\left(\frac{\partial \mu}{\partial p}\right)_T = v$ oder	$\left(\frac{\partial \mu_i^*}{\partial p}\right)_T = v_i^*$	$\left(\frac{\partial \mu_i}{\partial p}\right)_T = v_i$	(2.3-87)

Gleichung (2.3-86) gestattet es uns, bei konstantem Druck das chemische Potential für eine beliebige Temperatur zu berechnen, wenn uns einerseits das chemische Potential bei einer bestimmten Temperatur und andererseits die Entropie des Stoffes in Abhängigkeit von der Temperatur bekannt sind.

Gleichung (2.3-87) gestattet es uns, bei konstanter Temperatur das chemische Potential für einen beliebigen Druck zu berechnen, wenn uns das chemische Potential bei einem bestimmten Druck (vorzugsweise einem durch ein hochgestelltes ° gekennzeichneten „Standarddruck") und die Druckabhängigkeit des molaren Volumens bekannt sind. Wir wollen dies für ein reines ideales Gas und für ein reines reales Gas durchführen. Da wir uns im Folgenden nur mit reinen Stoffen befassen, können wir den hochgestellten Stern fortlassen.

1. *Fall: ideales Gas.* Aus Gl. (2.3-87) folgt

$$\int_{\mu_{p_1}}^{\mu_{p_2}} d\mu = \int_{p_1}^{p_2} v \, dp \qquad (2.3\text{-}88)$$

Das molare Volumen können wir durch das ideale Gasgesetz substituieren und erhalten dann

$$\int_{\mu_{p_1}}^{\mu_{p_2}} d\mu^{\mathrm{id}} = RT \int_{p_1}^{p_2} \frac{1}{p} dp = RT \int_{p_1}^{p_2} d\ln p \qquad (2.3\text{-}89)$$

$$\mu_{p_2}^{\mathrm{id}} - \mu_{p_1}^{\mathrm{id}} = RT \cdot \ln \frac{p_2}{p_1} \qquad (2.3\text{-}90)$$

Wählen wir für p_1 den Standarddruck p°, so können wir für das chemische Potential des idealen Gases bei einem beliebigen Druck p schreiben

$$\mu^{id} = \mu^\circ + RT \cdot \ln\frac{p}{p^\circ} \qquad (2.3\text{-}91)$$

2. Fall: reales Gas. In diesem Fall müssen wir das molare Volumen in Gl. (2.3-87) durch die zutreffende thermische Zustandsgleichung substituieren. Häufig werden wir dafür den einfachen Virialansatz (Gl. 2.1-2) wählen können. Dann ist

$$v = \frac{RT}{p} + B \qquad (2.3\text{-}92)$$

und wir erhalten anstelle von Gl. (2.3-89)

$$\int_{\mu_{p_1}}^{\mu_{p_2}} d\mu^{real} = \int_{p_1}^{p_2} \left(\frac{RT}{p} + B\right) dp = RT \int_{p_1}^{p_2} d\ln p + B \int_{p_1}^{p_2} dp \qquad (2.3\text{-}93)$$

$$\mu_{p_2}^{real} - \mu_{p_1}^{real} = RT \ln\frac{p_2}{p_1} + B(p_2 - p_1) \qquad (2.3\text{-}94)$$

Wählen wir für p_1 wieder den Standarddruck p°, der so niedrig ist, dass bei ihm das ideale Gasgesetz gilt ($B \cdot p^\circ = 0$), dann ergibt sich für das chemische Potential eines realen Gases bei einem beliebigen Druck p

$$\mu^{real} = \mu^\circ + RT \cdot \ln\frac{p}{p^\circ} + B \cdot p \qquad (2.3\text{-}95)$$

Wir sehen also, dass wir ein anderes Ergebnis erhalten als im Fall des idealen Gases. Für die Durchführung thermodynamischer Berechnungen wäre es aber wesentlich günstiger, wenn man im Fall eines realen Gases formal mit einem Ausdruck rechnen könnte, der Gl. (2.3-91) entspricht. Das ist aber nur möglich, wenn man für das reale Gas einen korrigierten Druck einführt. Wir wollen ihn *Fugazität* nennen und mit f_g bezeichnen. Die Fugazität wird so gewählt, dass die Gleichung

$$\mu^{real} = \mu^\circ + RT \ln\frac{f_g}{p^\circ} \qquad (2.3\text{-}96)$$

erfüllt ist. Der Zusammenhang zwischen dem wirklichen Druck p und der Fugazität f_g soll dabei durch einen druckabhängigen *Fugazitätskoeffizienten* φ hergestellt werden:

$$f_g = \varphi \cdot p \qquad (2.3\text{-}97)$$

Durch Vergleich von Gl. (2.3-96) mit Gl. (2.3-95) ergibt sich

$$RT \cdot \ln \frac{\varphi \cdot p}{p^{\circ}} = RT \cdot \ln \frac{p}{p^{\circ}} + B \cdot p \tag{2.3-98}$$

und daraus

$$\ln \varphi = \frac{B}{R \cdot T} \cdot p \tag{2.3-99}$$

Wie stark sich Druck und Fugazität voneinander unterscheiden, mag Tab. 2.3-1 veranschaulichen, die für Stickstoff bei 273 K gilt.

Tabelle 2.3-1 Fugazitätskoeffizienten und Fugazitäten für Stickstoff unter verschiedenen Drücken bei 273 K.

$\dfrac{p}{\text{bar}}$	φ	$\dfrac{f_g}{\text{bar}}$
50	0.98	49
100	0.97	97
200	0.97	194
400	1.06	424
600	1.22	732
800	1.47	1176
1000	1.81	1810

2.3.6
Abhängigkeit des chemischen Potentials in Mischphasen vom Molenbruch

Nachdem wir uns mit der Temperatur- und Druckabhängigkeit des chemischen Potentials reiner Gase beschäftigt haben, müssen wir jetzt die Frage nach der Größe des chemischen Potentials einer Komponente in einer Mischphase aufwerfen. Dabei wollen wir uns zunächst mit dem besonders einfachen Fall einer idealen Mischung idealer Gase befassen.

Zu unserer Orientierung wollen wir uns ein System vorstellen, das aus k Teilsystemen besteht, die voneinander durch Wände getrennt sind, und von denen jedes ein anderes ideales Gas enthält; jedoch sollen alle Teilsysteme die gleiche Temperatur T und den gleichen Druck p haben. Ziehen wir nun die Trennwände heraus, so durchmischen sich, wie uns die Erfahrung lehrt, die Gase spontan, ohne dass unter den gemachten Voraussetzungen eine Änderung der Temperatur und des Druckes eintritt. Da es sich bei dem Prozess um einen spontanen und damit

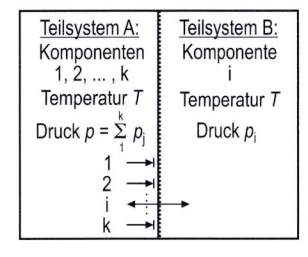

Abbildung 2.3-1 Zur Ableitung der Abhängigkeit des chemischen Potentials vom Molenbruch in einer idealen Gasmischung.

irreversiblen Prozess handelt, muss die Freie Enthalpie des Gesamtsystems abnehmen, d. h. dG < 0. Da sich aber die Freie Enthalpie der Mischphase nach Gl. (2.3-81) additiv aus den Ausdrücken $n_i \mu_i$ zusammensetzt und sich die n_i beim Mischvorgang nicht geändert haben, muss das chemische Potential der Komponenten der Mischphase gegenüber dem in den reinen Phasen, die das gleiche p und T aufweisen, abgenommen haben.

Den Zusammenhang zwischen dem chemischen Potential einer bestimmten Komponente in einer Mischphase und demjenigen in einer reinen Phase wollen wir jetzt quantitativ erfassen. Wir stellen uns zu diesem Zweck ein System vor, das durch eine Wand, die nur für eine der Komponenten der Mischung durchlässig ist, in zwei Teilsysteme getrennt wird. Wäre die betrachtete Komponente z. B. Wasserstoff, so könnte man Palladium für eine solche Wand verwenden. Abb. 2.3-1 veranschaulicht dies. Das eine Teilsystem (A) füllen wir mit der Mischung idealer Gase, das andere (B) mit der reinen Gassorte i. Wenn sich das Gleichgewicht eingestellt hat, muss nach Gl. (2.3-82) das chemische Potential der Komponente i in beiden Teilsystemen gleich groß sein. Da für diese Komponente die Wand kein undurchdringbares Hindernis darstellt, muss weiterhin der Partialdruck der Komponente i in der Mischung gleich dem Druck dieses Gases im Teilsystem B sein, in dem sich das reine Gas befindet. Es gilt also

$$\mu_i(p, T) = \mu_i^*(p_i, T) \qquad (2.3\text{-}100)$$

in Worten: Das chemische Potential der Komponente i in der Mischphase, die die Temperatur T und den Gesamtdruck p aufweist, ist gleich dem chemischen Potential der gleichen Komponente in der reinen Phase, die die gleiche Temperatur hat und unter einem Druck p_i steht, der dem Partialdruck p_i der Komponente in der Mischphase entspricht.

Ersetzt man die rechte Seite von Gl. (2.3-100) durch Gl. (2.3-90), so folgt

$$\mu_i(p, T) = \mu_i^*(p, T) + RT \ln \frac{p_i}{p} \qquad (2.3\text{-}101)$$

und mit Gl. (1.1-65)

$$\mu_i(p, T) = \mu_i^*(p, T) + RT \ln x_i \qquad (2.3\text{-}102)$$

d. h. dass das chemische Potential der Komponente i in der Mischphase gleich dem chemischen Potential dieser Komponente in reiner Phase (unter gleichem p und T) vermehrt um $RT \ln x_i$ ist. Da die x_i echte Brüche sind, ist stets

$$\mu_i(p, T) < \mu_i^*(p, T) \tag{2.3-103}$$

wie schon aus der obigen Überlegung hervorging.

Gleichung (2.3-102) gilt, wie Planck zeigen konnte, auch für ideale kondensierte Mischungen.

Haben wir es hingegen mit realen Mischungen zu tun, gleichgültig, ob sie gasförmig oder kondensiert vorliegen, so können wir in ähnlicher Weise vorgehen wie beim Ersetzen des Druckes durch die Fugazität, d. h. wie in Gl. (2.3-96) und Gl. (2.3-97). Wir führen ein korrigiertes Konzentrationsmaß, die *Aktivität a*, ein, die so gewählt wird, dass die Gleichung

$$\mu_i^{\text{real}}(p, T) = \mu_i^*(p, T) + RT \ln a_i \tag{2.3-104}$$

erfüllt ist. Der Zusammenhang zwischen dem wirklichen Molenbruch x_i und der Aktivität a_i wird durch einen *Aktivitätskoeffizienten* f_i hergestellt,

$$a_i = f_i \cdot x_i \tag{2.3-105}$$

der den Unterschied zwischen idealem und realem Verhalten repräsentiert und eine Funktion von p, T und allen Molenbrüchen ist. Für den Grenzfall einer idealen Mischung wird $f_i = 1$. Aus Gl. (2.3-102) wird unter Berücksichtigung von Gl. (2.3-105)

$$\mu_i(p, T) = \mu_i^*(p, T) + RT \ln a_i = \mu_i^*(p, T) + RT \ln x_i + RT \ln f_i \tag{2.3-106}$$

$\mu_i^*(p, T)$ ist dabei das chemische Potential der reinen Komponente i im gleichen Aggregatzustand und bei gleichem p und T wie in der Mischphase.

2.3.7
Mischungseffekte in idealen Mischphasen

Im Abschnitt 2.2.1 haben wir bereits über die Mischungseffekte gesprochen und gesehen, dass bei der Herstellung einer idealen Mischung keine Änderung des Volumens, der Inneren Energie, der Enthalpie und der Wärmekapazität auftritt. Diese Aussagen können wir jetzt mit Gl. (2.3-102) sehr einfach beweisen, da ja die Molenbrüche temperatur- und druckunabhängig sind. So ist unter Berücksichtigung von Gl. (2.3-87)

$$v_i = \left(\frac{\partial \mu_i}{\partial p}\right)_{T,x} = \left(\frac{\partial \mu_i^*}{\partial p}\right)_{T,x} = v_i^* \tag{2.3-107}$$

$$v_i - v_i^* = 0 \tag{2.3-108}$$

Aus Gl. (2.3-57) und Gl. (2.3-102) folgt

$$h_i = -T^2 \left(\frac{\partial(\mu_i/T)}{\partial T}\right)_{p,x} = -T^2 \left(\frac{\partial(\mu_i^*/T)}{\partial T}\right)_{p,x} = h_i^* \tag{2.3-109}$$

$$h_i - h_i^* = 0 \tag{2.3-110}$$

Daraus folgt unmittelbar

$$c_{p_i} = \left(\frac{\partial h_i}{\partial T}\right)_{p,x} = \left(\frac{\partial h_i^*}{\partial T}\right)_{p,x} = c_{p_i}^* \tag{2.3-111}$$

$$c_{p_i} - c_{p_i}^* = 0. \tag{2.3-112}$$

Betrachten wir aber die Entropie, so ist mit Gl. (2.3-86) und (2.3-102)

$$s_i = -\left(\frac{\partial \mu_i}{\partial T}\right)_{p,x} = -\left(\frac{\partial \mu_i^*}{\partial T}\right)_{p,x} - R \ln x_i = s_i^* - R \ln x_i \tag{2.3-113}$$

$$s_i - s_i^* = -R \ln x_i \tag{2.3-114}$$

in Übereinstimmung mit Gl. (2.2-58). Dieser Ausdruck ist stets positiv, da die x_i echte Brüche sind.

Für den Unterschied des chemischen Potentials in der Mischung und in der reinen Phase hatte sich bereits aus Gl. (2.3-102) ergeben

$$\mu_i - \mu_i^* = RT \ln x_i \tag{2.3-115}$$

Fragen wir nun noch nach den mittleren Mischungseffekten, wie wir sie beispielsweise mit Gl. (2.2-12) eingeführt hatten, so erkennen wir sofort, dass nach Gl. (2.3-108), (2.3-110) und (2.3-112) $\overline{\Delta V} = \overline{\Delta H} = \overline{\delta C_p} = 0$ sein muss, für die mittlere Mischungsentropie finden wir mit Hilfe von Gl. (2.3-114)

$$\overline{\Delta S} = -\sum x_i R \ln x_i \tag{2.3-116}$$

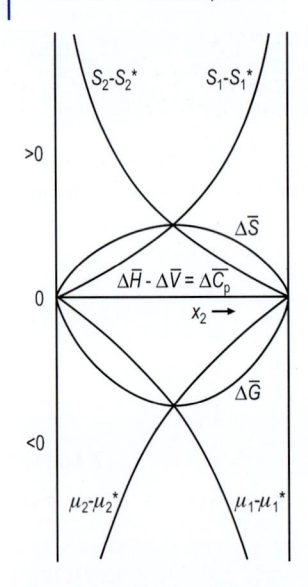

Abbildung 2.3-2 Mischungseffekte in einer idealen binären Mischung.

Dieser Ausdruck ist stets positiv, weil die x_i echte Brüche sind. Für die mittlere Freie Mischungsenthalpie folgt unter Berücksichtigung von

$$\bar{g} = \frac{1}{\sum n_i} G \tag{2.3-117}$$

$$\bar{g} = \sum x_i \mu_i = \sum x_i \mu_i^* + RT \sum x_i \ln x_i = \overline{g^*} + RT \sum x_i \ln x_i \tag{2.3-118}$$

$$\overline{\Delta G} = \bar{g} - \overline{g^*} = RT \sum x_i \ln x_i \tag{2.3-119}$$

Dieser Ausdruck ist stets negativ, weil die x_i echte Brüche sind.

Für den Fall einer binären Mischung sind die Mischungseffekte in Abb. 2.3-2 zusammengefasst.

2.3.8
Kernpunkte des Abschnitts 2.3

- ☑ Freie Energie Gl. (2.3-11)
- ☑ Freie Enthalpie Gl. (2.3-12)
- ☑ Charakteristische Funktionen Gl. (2.3-25 bis 28)
- ☑ Guggenheim'sches Merkschema Gl. (2.3-29)
- ☑ Massieu'sche Funktion Gl. (2.3-46)
- ☑ Planck'sche Funktion Gl. (2.3-47)
- ☑ Zusammenfassung der Temperatur-, Volumen- bzw. Druckabhängigkeiten von A, G, J und Y Gl. (2.3-52 bis 59)

- ☑ Gibbs'sche Fundamentalgleichungen Gl. (2.3-69, 70)
- ☑ Chemisches Potential Gl. (2.3-68)
- ☑ Temperaturabhängigkeit des chemischen Potentials Gl. (2.3-86)
- ☑ Druckabhängigkeit des chemischen Potentials Gl. (2.3-87, 91, 95)
- ☑ Fugazität Gl. (2.3-96)
- ☑ Fugazitätskoeffizient Gl. (2.3-97)
- ☑ Molenbruchabhängigkeit des chemischen Potentials Gl. (2.3-102)
- ☑ Aktivität Gl. (2.3-104)
- ☑ Aktivitätskoeffizient Gl. (2.3-105)

Mischungseffekte in idealen Mischphasen S. 320

2.3.9
Rechenbeispiele zu Abschnitt 2.3

1. Man zeige, dass

$$\left(\frac{\partial S}{\partial V}\right)_U = \frac{p}{T} \quad \text{und} \quad \left(\frac{\partial S}{\partial p}\right)_H = -\frac{V}{T}.$$

2. Man berechne die Änderung der Freien Enthalpie bei 337.8 K, dem Siedepunkt des Methanols unter einem Druck von 1.013 bar, für die Vorgänge

   a) CH_3OH (fl.) → CH_3OH (g.) $p = 0.900$ bar
   b) CH_3OH (fl.) → CH_3OH (g.) $p = 1.013$ bar
   c) CH_3OH (fl.) → CH_3OH (g.) $p = 1.100$ bar

   und diskutiere die Ergebnisse.

3. Man berechne die Änderungen der Freien Energie und der Freien Enthalpie, die auftreten, wenn man 14 g Stickstoff bei 300 K reversibel von 1.0 bar auf 3.0 bar komprimiert.

4. Bei 298 K und $p = 1.01$ bar beträgt die Freie Reaktionsenthalpie für die Umwandlung von rhombischem in monoklinen Schwefel 75.3 J mol^{-1}. Welche der beiden Phasen ist unter diesen Bedingungen stabil? Das molare Volumen des rhombischen Schwefels ist 16.31 cm^3 mol^{-1}, das des monoklinen 15.51 cm^3 mol^{-1}. Unter welchem Mindestdruck wird bei 298 K die andere Phase stabil?

5. Zeigen Sie, dass $\left(\frac{\partial S}{\partial V}\right)_T = \left(\frac{\partial p}{\partial T}\right)_V$ ist. Hinweis: Gehen Sie von der charakteristischen Funktion für die Freie Energie A aus.

6. In einem Wasserbad von 300 K stehen zwei Gefäße gleicher Größe, die unter gleichem Druck mit dem idealen Gas A bzw. mit dem idealen Gas B gefüllt sind. Wie ändert sich die Temperatur des Wasserbades als Folge der Mischung der beiden Gase, wenn die Verbindung zwischen den beiden Gefäßen geöffnet wird? Welchen Wert haben die mittlere molare Mischungsentropie und die mittlere molare Freie Mischungsenthalpie?

7. Wasserstoff hat bei 323 K einen 2. Virialkoeffizienten von $2.65 \cdot 10^{-5}$ m^3 mol^{-1}. Um welchen Betrag ändert sich das chemische Potential des Wasserstoffs, wenn er bei 323 K von 1.0 bar auf 100.0 bar komprimiert wird? Als Zustandsgleichung verwende man den nach dem zweiten Glied abgebrochenen Virialansatz.

8. Eine Substanz i wird aus einer reinen Phase (p, T) in eine ideale Mischphase überführt, die dann die Komponenten i, j und k enthält und die unter demselben Druck steht und die dieselbe Temperatur T hat wie die reine Phase i. Die Molenbrüche betragen $x_j = 0.2$ und $x_k = 0.3$. Um welchen Betrag ändert sich das chemische Potential der Komponente i?

9. Für Helium misst man bei 273 K in Abhängigkeit vom Druck p folgende molare Volumina

$\dfrac{p}{\text{bar}}$	50.65	101.3	202.6	405.2	607.8
$\dfrac{v}{\text{cm}^3\,\text{mol}^{-1}}$	460.2	236.0	123.8	67.4	48.6

Man bestimme die Fugazität und den Fugazitätskoeffizienten bei 273 K und 300 bar.

10. Man berechne die Änderung der Enthalpie, Entropie und Freien Enthalpie, die auftritt, wenn 3 mol Stickstoff und 2 mol Sauerstoff bei konstantem Druck bei 298 K gemischt werden. Man setze ideales Verhalten der Gase voraus.

2.4
Der Dritte Hauptsatz der Thermodynamik

Im Abschnitt 2.3.5 haben wir besprochen, wie wir chemische Potentiale für eine beliebige Temperatur und einen beliebigen Druck berechnen können, sofern wir das chemische Potential nur bei einer Temperatur und einem Druck kennen. Wir haben dazu die Gleichungen (2.3-86) und (2.3-87) zugrundegelegt, die besagen, dass die Temperaturabhängigkeit des chemischen Potentials durch die Entropie und seine Druckabhängigkeit durch das Volumen bestimmt wird. Mit Hilfe der thermischen Zustandsgleichung haben wir dann die Druckabhängigkeit von μ für ein ideales und ein reales Gas berechnen können. Zur Berechnung der Temperaturabhängigkeit von μ benötigen wir die Entropie, ebenfalls in Abhängigkeit von der Temperatur. Mit dieser Frage wollen wir uns im Folgenden Abschnitt beschäftigen.

Die Grundlage für die Behandlung der Temperaturabhängigkeit der Entropie liefert der Dritte Hauptsatz der Thermodynamik. Wir werden ihn im Abschnitt 2.4.1 kennenlernen. Im Abschnitt 2.4.2 werden wir ihn dann zur Ermittlung absoluter Entropien anwenden.

2.4.1
Das Theorem von Nernst

Bei der Untersuchung von Reaktionen zwischen reinen, kristallinen Festkörpern stellt man fest, dass die diesen Reaktionen zuzuordnende Entropieänderung, die Reaktionsentropie ΔS (vgl. Gl. 1.1-247), bei Annäherung an den absoluten Nullpunkt gegen null strebt:

$$\lim_{T \to 0} \Delta S = 0 \tag{2.4-1}$$

Man nennt diese Gleichung *Nernst'sches Wärmetheorem*.

Zu dieser bedeutsamen Erkenntnis gelangte Nernst, als er fand, dass die experimentell gemessenen Differenzen der molaren Wärmekapazitäten von Produkten und Reaktanten bei Annäherung an den absoluten Nullpunkt verschwinden. Dieses Theorem hat wichtige praktische und theoretische Folgen. Zum ersteren gehört die Unmöglichkeit, den absoluten Nullpunkt zu erreichen, beispielsweise durch adiabatische Entmagnetisierung. Wir wollen uns jedoch mit den theoretischen Folgen beschäftigen.

Nach Gl. (1.1-247) ist

$$\Delta S = \sum_{1}^{k} v_i s_i \tag{2.4-2}$$

Unter Berücksichtigung von Gl. (2.4-1) folgt daraus

$$\lim_{T \to 0} \Delta S = \lim_{T \to 0} \sum_{1}^{k} v_i s_i = 0 \tag{2.4-3}$$

und zwar für alle Reaktionen. Eine solche Forderung kann nur erfüllt sein, wenn die molaren Entropien aller Stoffe beim absoluten Nullpunkt null sind oder zumindest den gleichen Wert besitzen.

Planck hat deshalb das Nernst'sche Wärmetheorem erweitert, indem er postulierte: Die Entropie ideal kristallisierter, reiner Festkörper nimmt am absoluten Nullpunkt den Wert null an.

$$\lim_{T \to 0} S \text{ (idealer Festkörper)} = 0 \tag{2.4-4}$$

Wir wollen diesen sog. *Dritten Hauptsatz der Thermodynamik* mit Lewis und Randall etwas vorsichtiger formulieren:

Wenn man die Entropie eines jeden Elementes in irgendeinem kristallinen Zustand beim absoluten Nullpunkt der Temperatur gleich null setzt, hat jeder Stoff eine bestimmte positive Entropie. Am absoluten Nullpunkt der Temperatur kann die Entropie den Wert null annehmen, sie tut das im Fall ideal kristallisierter Festkörper.

Da für den Fall konstanten Druckes nach Gl. (1.1-243)

$$S_T = S_{T=0} + \int_0^T C_p \, \mathrm{d}\ln T \tag{2.4-5}$$

gilt, ermöglicht uns der Dritte Hauptsatz, allein auf Grund kalorischer Messungen die Entropie eines jeden Stoffes zu ermitteln, denn wir können $S_{T=0}$ gleich null setzen. Die auf diese Art bestimmten Entropien werden meist als absolute Entropien bezeichnet.

Die im Abschnitt 1.3.5 angestellten statistischen Überlegungen zeigen uns unmittelbar die Richtigkeit der Planck'schen Formulierung, aber auch die Grenzen der Gültigkeit des Dritten Hauptsatzes. Wir hatten abgeleitet, dass die Entropie dem Logarithmus des statistischen Gewichtes proportional ist:

$$S = k \cdot \ln \Omega \tag{1.3-34}$$

Bei einem ideal kristallisierten Festkörper befindet sich jedes Atom auf seinem festgelegten Gitterplatz. Es gibt nur eine Möglichkeit der Anordnung, Ω ist 1, die Entropie damit gleich null.

Bei nicht ideal kristallisierten Festkörpern – sei es nun, dass sie wie beim Glaszustand kein eindeutig bestimmtes Gitter besitzen, oder dass, wie bei Molekülgittern, wechselnde Molekülorientierungen (beispielsweise CO oder OC, NNO oder ONN) möglich sind – ist Ω nicht gleich 1, die Entropie am absoluten Nullpunkt nicht null. Dasselbe gilt natürlich für homogene, kristalline Mischphasen, die ja eine Mischungsentropie enthalten.

Aber schon bei ideal kristallisierten Elementen, die verschiedene Isotope besitzen, gilt der Dritte Hauptsatz, streng genommen, nicht mehr. Es gibt ja unterschiedliche Anordnungsmöglichkeiten für die verschiedenen Isotope, so dass Ω nicht mehr gleich 1 ist. Da aber durch chemische Reaktionen im Allgemeinen die Isotopenverteilung nicht verändert wird, stört uns dieser in alle Berechnungen additiv eingehende Fehler nicht.

2.4.2
Ermittlung absoluter Entropien

Zur Ermittlung der absoluten molaren Entropien greifen wir zurück auf Gl. (2.4-5), die wir nun in der Form

$$s_T = \int_0^T \frac{c_p}{T} \mathrm{d}T = \int_0^T c_p \, \mathrm{d}\ln T \quad (p \text{ const.}) \tag{2.4-6}$$

schreiben können. Wir benötigen dazu die molaren Wärmekapazitäten in Abhängigkeit von der Temperatur. Die Integration führen wir zweckmäßigerweise gra-

2.4 Der Dritte Hauptsatz der Thermodynamik

phisch aus, wozu wir entweder c_p/T als Funktion von T oder c_p als Funktion $\ln T$ auftragen. Wir müssen jedoch beachten, dass beide Kurven bei den *Umwandlungstemperaturen* T_u Unstetigkeitsstellen aufweisen, so dass wir die Integration stets nur für eine bestimmte Phase durchführen können und an den Umwandlungspunkten die *Umwandlungsentropien* berücksichtigen müssen. Sie ergeben sich nach Gl. (1.1-250) zu

$$\Delta S_u = \frac{\Delta H_u}{T_u} \qquad (2.4\text{-}7)$$

Wir wollen das Verfahren an einem konkreten Beispiel erörtern und die Standardentropie des Stickstoffs, d. h. die molare Entropie des Stickstoffs bei 298.15 K und 1.013 bar, ermitteln. Dabei müssen wir bedenken, dass sich der feste Stickstoff bei 35.61 K mit einer Umwandlungsenthalpie von 232.7 J mol^{-1} von einer α-Phase in eine β-Phase umwandelt. Bei 63.14 K schmilzt der Stickstoff, die Schmelzenthalpie beträgt 720 J mol^{-1}. Der Siedepunkt liegt bei 77.32 K, die Verdampfungsenthalpie ist 5577 J mol^{-1}. Da unterhalb von 11 K keine experimentellen Werte für die molare Wärmekapazität mehr vorliegen, extrapolieren wir diesen Bereich mit Hilfe des Debye'schen T^3-Gesetzes (vgl. Abschnitt 4.2.5). Abb. 2.4-1 zeigt uns c_p in Abhängigkeit von $\ln \frac{T}{K}$. Die daraus ermittelten molaren Entropien sind in Abb. 2.4-2 wiedergegeben.

Im Einzelnen ergibt sich folgendes:

$$s^\ominus(N_2) = \int_0^{T_u} c_p(\alpha\, N_2)\, d\ln T + \frac{\Delta_u H}{T_u} + \int_{T_u}^{T_m} c_p(\beta\, N_2)\, d\ln T + \frac{\Delta_m H}{T_m} + \qquad (2.4\text{-}8)$$

$$+ \int_{T_m}^{T_s} c_p(N_2,\text{fl.})\, d\ln T + \frac{\Delta_v H}{T_s} + \int_{T_s}^{298.15} c_p(N_2,\text{g.})\, d\ln T$$

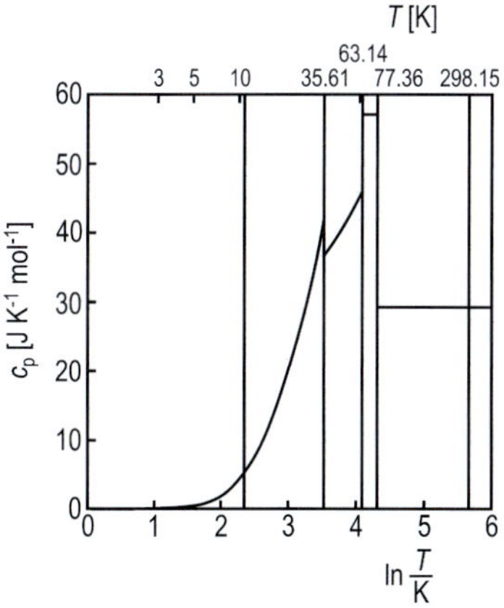

Abbildung 2.4-1 Molare Wärmekapazität des Stickstoffs in Abhängigkeit von $\ln \frac{T}{K}$ zur Bestimmung der Entropie.

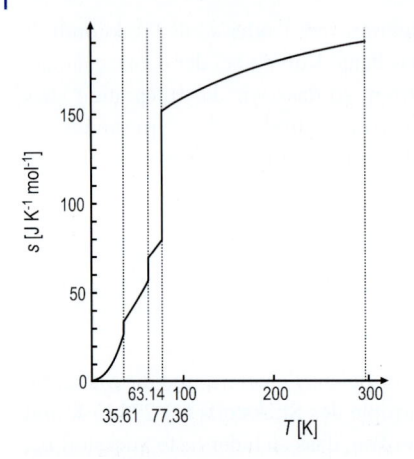

Abbildung 2.4-2 Temperaturabhängigkeit der molaren Entropie des Stickstoffs.

2.4.3
Kernpunkte des Abschnitts 2.4

- ☑ Nernst'sches Wärmetheorem Gl. (2.4-1)
- ☑ Dritter Hauptsatz der Thermodynamik Gl. (2.4-4)
- ☑ Temperaturabhängigkeit der Entropie Gl. (2.4-5, 6)
- ☑ Umwandlungsentropie Gl. (2.4-7)

2.4.4
Rechenbeispiele zu Abschnitt 2.4

1. Im festen Zustand kann Kohlenmonoxid in zwei verschiedenen Orientierungen, COCO oder COOC, vorliegen. Wie groß ist die Nullpunktsentropie?

2. Die molare Wärmekapazität des Silbers wurde in Abhängigkeit von der Temperatur gemessen:

T/K	20	40	60	80	100	200	298.15
$c_p/JK^{-1}mol^{-1}$	1.72	8.39	14.31	17.89	20.17	24.27	25.50

   Man ermittle die molare Entropie des Silbers bei 298.15 K durch graphische Integration von Gl. (2.4-6) und vergleiche das Ergebnis mit dem Literaturwert ($S_{298,15K} = 42.71 JK^{-1}mol^{-1}$).

3. Für die Siedetemperaturen und Verdampfungsenthalpien von Wasser, Schwefelwasserstoff, Stickstoff und Ammoniak findet man

	T_V/K	$\Delta_V H / kJ\,mol^{-1}$
H_2O	373.15	40.66
H_2S	212.85	18.67
N_2	77.34	5.577
NH_3	239.74	23.35

Man berechne die Verdampfungsentropien und vergleiche das Ergebnis mit der Aussage der Pictet-Trouton'schen Regel (Abschnitt 2.1.4).

4. Beim molekularen Wasserstoff darf man davon ausgehen, dass zwischen 400 und 800 K wohl die Rotation, nicht aber die Schwingung angeregt ist. Wie groß muss demnach der Unterschied zwischen den unter konstantem Druck bei diesen beiden Temperaturen gemessenen molaren Entropien sein?

2.5
Phasengleichgewichte

Mit den letzten Abschnitten haben wir das Wissen erworben, das die Grundlage für die Behandlung von Gleichgewichten bildet. Im Abschnitt 2.5 wollen wir uns den Phasengleichgewichten zuwenden, d. h. wir wollen chemische Reaktionen zunächst ausschließen.

> Der Behandlung der Phasengleichgewichte werden wir im Abschnitt 2.5.1 noch einige allgemeine Betrachtungen zum Thema Gleichgewichte voranstellen.
> Mit der Gibbs'schen Phasenregel lernen wir den Zusammenhang zwischen der Zahl der Phasen, der Zahl der Komponenten und der Zahl der frei wählbaren Variablen kennen (Abschnitt 2.5.2).
> Im Abschnitt 2.5.3 werden wir uns dann mit den Phasengleichgewichten in Einkomponentensystemen befassen und die Clausius-Clapeyron'sche Gleichung diskutieren.
> Die Phasengleichgewichte in Zweikomponentensystemen werden wir aufgliedern. Zunächst werden wir im Abschnitt 2.5.4 Phasengleichgewichte zwischen einer Mischphase und einer reinen Phase behandeln. Dabei werden die kolligativen Eigenschaften Dampfdruckerniedrigung, Siedepunktserhöhung, Gefrierpunktserniedrigung und osmotischer Druck eine besondere Rolle spielen.
> Wir werden dabei immer wieder auf die Aktivität und den Aktivitätskoeffizienten stoßen. Deshalb wollen wir der Ermittlung dieser Größen einen besonderen Abschnitt 2.5.5 widmen.
> Für die Technik sind Phasengleichgewichte zwischen Flüssigkeit und Dampf in Zweistoffsystemen von großer Bedeutung. Wir werden deshalb im Abschnitt 2.5.6 die verschiedenen Typen der Dampfdruck- und Siedediagramme sowie der Gleichgewichtsdiagramme als Grundlage für die destillative Trennung von Stoffgemischen detailliert behandeln.
> Die Phasengleichgewichte fest/flüssig von binären Systemen weisen eine wesentlich größere Mannigfaltigkeit auf. Hier werden wir uns darauf beschränken, zu lernen, wie solche Diagramme zustande kommen und was man aus ihnen entnehmen kann (Abschnitt 2.5.7).
> Schließlich werden wir im Abschnitt 2.5.8 noch auf die Darstellung der Gleichgewichte in ternären Systemen eingehen.

2.5.1
Allgemeine Betrachtungen

Mit dem Begriff des Gleichgewichts haben wir uns bereits mehrfach beschäftigt. So haben wir im Abschnitt 1.1.19 erkannt, dass in einem abgeschlossenen System thermisches Gleichgewicht nur vorliegen kann, wenn die Entropie einen Maximalwert besitzt, was gleichbedeutend ist mit der Forderung, dass

$$dS = 0 \tag{2.5-1}$$

Im Abschnitt 1.1.20 haben wir abgeleitet, dass die Entropie eine Funktion der Temperatur und des Druckes ist (Gl. 1.1-236). Würde es nun innerhalb des abgeschlossenen Systems Gebiete unterschiedlicher Temperatur oder unterschiedlichen Druckes geben, dann käme es zu irreversiblen Ausgleichsvorgängen, die unweigerlich mit einer Zunahme der Entropie verknüpft wären, was im Widerspruch zu Gl. (2.5-1) stehen würde. Als Bedingung für das Vorliegen eines thermischen Gleichgewichts im abgeschlossenen System können wir also formulieren

$$T' = T'' = T''' = \ldots \tag{2.5-2}$$

und

$$p' = p'' = p''' = \ldots \tag{2.5-3}$$

wobei ', '' und ''' die Zuordnung zu unterschiedlichen Bereichen im System angeben sollen.

Im Abschnitt 2.3.1 haben wir erfahren, dass, soweit wir p und T konstant halten, die Gleichgewichtsbedingung im geschlossenen System

$$dG_{p,T} = 0 \tag{2.5-4}$$

oder, soweit wir V und T konstant halten,

$$dA_{V,T} = 0 \tag{2.5-5}$$

lautet.

Die Besprechung der Eigenschaften des chemischen Potentials hat uns im Abschnitt 2.3.4 schließlich zu der Erkenntnis geführt, dass Gl. (2.5-4) gleichbedeutend ist mit der Aussage

$$\mu' = \mu'' = \mu''' = \ldots \tag{2.5-6}$$

Dabei ist es gleichgültig, ob die unterschiedlichen Bereiche einer Phase angehören, oder ob sie unterschiedliche Phasen darstellen. Wir werden im Folgenden sehen, dass wir mit der in Gl. (2.5-6) enthaltenen Forderung sämtliche Phasengleichgewichte ableiten können, sofern wir nur die in den Abschnitten 2.3.5 und 2.3.6 behandelte Temperatur-, Druck- und Konzentrationsabhängigkeit des chemischen Potentials berücksichtigen.

2.5.2
Die Gibbs'sche Phasenregel

Die thermodynamischen Systeme, die wir behandeln wollen, bestehen entweder aus einer oder aus mehreren (P) *Phasen*. Unter Phase verstehen wir dabei entsprechend Abschnitt 1.1.3 einen Bereich, innerhalb dessen keine sprunghaften Änderungen irgendeiner physikalischen Größe auftreten, an deren Grenze jedoch solche Änderungen zu beobachten sind. Das System ist entweder aus einer oder aus mehreren (K) *Komponenten* aufgebaut. Unter Komponente verstehen wir die minimale Anzahl voneinander unabhängiger chemischer Bestandteile, die wir benötigen, um die Phase herzustellen. Der Zustand des Systems ist durch eine von der Art des Systems abhängige Anzahl von Zustandsvariablen beschrieben. Unter *Freiheiten F* wollen wir die Anzahl von Zustandsvariablen verstehen, die wir unabhängig voneinander variieren können, ohne dass dadurch eine der Phasen verschwindet.

Wir wollen die Betrachtung in zwei Teile gliedern. Im ersten setzen wir voraus, dass in dem System keine chemischen Reaktionen ablaufen.

Der Zustand einer jeden Phase ist eindeutig festgelegt (vgl. Abschnitt 1.1.12), wenn wir p, T und die Molenbrüche x_1 bis x_K der K verschiedenen Komponenten angeben. Da jedoch $\Sigma x_i = 1$ ist, ist nur die Angabe von $K - 1$ Molenbrüchen erforderlich, um die Zusammensetzung der Phase eindeutig festzulegen. Für jede Phase müssen wir deshalb p, T und $K - 1$ Molenbrüche, d. h. $K + 1$ Variable nennen, so dass die

$$\text{Gesamtzahl der Variablen} = P(K + 1) \qquad (2.5\text{-}7)$$

ist. Auf Grund der im Abschnitt 2.5.1 aufgeführten Gleichgewichtsbedingungen (Gl. 2.5-2) bis (2.5-6) bestehen aber zwischen diesen Variablen eine Reihe von Beziehungen:

$T' = T'' = T''' = \ldots$ insgesamt $P - 1$ Gleichungen (2.5-2)

$p' = p'' = p''' = \ldots$ insgesamt $P - 1$ Gleichungen (2.5-3)

$\mu_1' = \mu_1'' = \mu_1''' = \ldots$ insgesamt $P - 1$ Gleichungen

$\mu_2' = \mu_2'' = \mu_2''' = \ldots$ insgesamt $P - 1$ Gleichungen (2.5-8)

$\vdots$

$\mu_K' = \mu_K'' = \mu_K''' = \ldots$ insgesamt $P - 1$ Gleichungen.

Die K Gleichungen (2.5-8) ergeben sich daraus, dass die Gleichgewichtsbedingung (Gl. 2.5-6) für jede Komponente erfüllt sein muss. Daher ist die

Gesamtzahl der Gleichgewichtsbedingungen $= (K + 2)\,(P - 1)$ \hfill (2.5-9)

Die Zahl der Freiheiten ergibt sich aus der Differenz der Gesamtzahl der Variablen und der Gesamtzahl der Gleichgewichtsbedingungen zu

$$F = P(K + 1) - (K + 2)(P - 1)$$

$$F = K - P + 2 \hfill (2.5\text{-}10)$$

Diese wichtige Beziehung bezeichnet man als *Gibbs'sche Phasenregel*.
Wir nennen ein System, für das

$F = 0$ invariant,

$F = 1$ univariant,

$F = 2$ divariant.

Anwendungen der Gibbs'schen Phasenregel werden wir in den folgenden Abschnitten kennenlernen.

Wir wenden uns nun dem zweiten Fall zu, bei dem chemische Reaktionen zwischen den Bestandteilen des Systems angenommen werden, wodurch neue Stoffe entstehen können. Es mögen insgesamt N verschiedene Stoffe vorliegen, von denen einige miteinander im chemischen Gleichgewicht stehen. Entsprechend Gl. (2.5-7) ist dann die

Gesamtzahl der Variablen $= P(N + 1)$ \hfill (2.5-11)

und entsprechend Gl. (2.5-9) die

Gesamtzahl der Phasen-Gleichgewichtsbedingungen $= (N + 2)(P - 1)$ \hfill (2.5-12)

Weiterhin sei die

Zahl der unabhängigen chemischen Gleichgewichtsbedingungen $= R$ \hfill (2.5-13)

Dann ist die Zahl der Freiheiten

$$F = P(N + 1) - (N + 2)(P - 1) - R$$

$$F = (N - R) - P + 2 \hfill (2.5\text{-}14)$$

Ein Vergleich von Gl. (2.5-10) und Gl. (2.5-14) zeigt uns, dass sich die Zahl der Komponenten K beim Vorliegen von chemischen Gleichgewichten als $N - R$, d. h. als Differenz aus der Zahl der vorhandenen Stoffe und der Zahl der unabhängigen Reaktionen, ergibt. Wir wollen uns das an einem Beispiel verdeutlichen. Das System enthalte H_2, Cl_2, Br_2, HCl, HBr und BrCl. Dann gibt es zwischen diesen Substanzen die drei voneinander unabhängigen Reaktionsgleichungen

$$H_2 + Cl_2 \rightleftharpoons 2\,HCl \tag{2.5-15}$$

$$H_2 + Br_2 \rightleftharpoons 2\,HBr \tag{2.5-16}$$

$$Br_2 + Cl_2 \rightleftharpoons 2\,BrCl \tag{2.5-17}$$

Weitere Reaktionsgleichungen lassen sich zwar aufstellen, sie können jedoch auf die obigen zurückgeführt werden. So ist

$$HCl + HBr \rightleftharpoons H_2 + BrCl \tag{2.5-18}$$

nichts anderes als 1/2 [Gl. (2.5-17) – Gl. (2.5-15) – Gl. (2.5-16)], oder

$$Cl_2 + 2\,HBr \rightleftharpoons 2\,HCl + Br_2 \tag{2.5-19}$$

ist nichts anderes als [Gl. (2.5-15) – Gl. (2.5-16)]. Die Gleichungen (2.5-18) und (2.5-19) dürfen deshalb nicht mitgezählt werden, wenn die Gleichungen (2.5-15) bis (2.5-17) bereits aufgeführt sind. Für den besprochenen Fall ist deshalb $N = 6$, $R = 3$, $K = 3$.

2.5.3
Phasengleichgewichte in Einkomponentensystemen

Unsere Betrachtungen über Phasengleichgewichte wollen wir mit dem einfachsten Fall, dem Einkomponentensystem, beginnen. Wenden wir auf ein solches System die Phasenregel an, so erkennen wir, dass die maximale Zahl von Freiheiten dann gegeben ist, wenn nur eine Phase vorliegt. Mit $K = 1$ und $P = 1$ ergibt sich aus Gl. (2.5-10) $F = 2$. Wir haben es also mit einem divarianten System zu tun, d. h. von den drei Variablen p, T, v können wir zwei frei wählen, die dritte folgt dann zwangsläufig aus der Zustandsgleichung, die eine Fläche im Raum darstellt. Wir haben dies eingehend bei der Behandlung des idealen Gases im Abschnitt 1.1.10 besprochen.

Ein Einkomponentensystem kann aber auch aus zwei Phasen bestehen, der festen und der flüssigen, der flüssigen und der dampf- oder gasförmigen oder der festen und der dampfförmigen. Nach der Phasenregel liegt dann nur eine Freiheit vor, d. h. wenn wir p oder v oder T frei wählen, sind damit die jeweils beiden anderen Zustandsgrößen festgelegt.

Als dritten Fall müssen wir noch die Existenz von drei Phasen diskutieren. Die Phasenregel weist ein solches System als ein invariantes aus, d. h. es kann keine Zustandsgröße mehr frei gewählt werden.

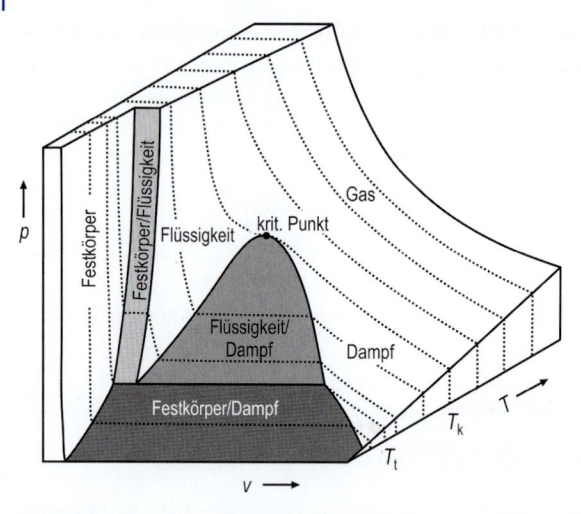

Abbildung 2.5-1 p, v, T-Diagramm eines Einkomponentensystems.

Abbildung 2.5-1 zeigt uns in einer schematischen Darstellung die Zustandsfläche, d. h. das p, v, T-Diagramm eines Einkomponentensystems. Die gepunkteten Linien stellen Isothermen dar, d. h. Schnittkurven zwischen der Zustandsfläche und Ebenen, die parallel zur p, v-Ebene verlaufen. Für Temperaturen merklich oberhalb der kritischen entspricht die Zustandsfläche derjenigen des idealen Gases (vgl. Abb. 1.1-6, in der jedoch die p- und v-Achsen vertauscht sind). Wir sehen, dass sich hier ebenso wie im Bereich der reinen festen und der reinen flüssigen Phase (weiße Gebiete) zwei Variablen frei wählen lassen.

Ganz anders liegen die Verhältnisse in den Zweiphasenbereichen (grau). Wählen wir hier eine Variable, z. B. die Temperatur, dann sind automatisch die beiden anderen, in diesem Fall p und v, festgelegt. Die Gleichgewichtsbedingung Gl. (2.5-3) fordert ja, dass die beiden sich im Gleichgewicht befindlichen Phasen den gleichen Druck haben. Deshalb müssen die Isothermen im Zweiphasengebiet parallel zur v-Achse verlaufen. Einer bestimmten Isotherme entspricht dann im Zweiphasengebiet ein bestimmter Druck. Beim Übergang vom Zweiphasengebiet in die Einphasengebiete weisen die Isothermen Knicke auf, durch die die entsprechenden molaren Volumina der festen, flüssigen oder dampfförmigen Phase festgelegt sind. Projizieren wir die Isothermen auf die p, v-Fläche, dann erhalten wir eine Darstellung, die uns, soweit es den Bereich Gas-Flüssigkeit-Dampf betrifft, bereits von der Diskussion der van der Waals'schen Gleichung (Abschnitt 2.1.1, Abb. 2.1-4) her wohl vertraut ist.

Schließlich entnehmen wir Abb. 2.5-1 noch, dass es nur eine einzige Temperatur (T_t) gibt, bei der Festkörper, Flüssigkeit und Dampf miteinander im Gleichgewicht stehen. Das Mittelstück der entsprechenden Isotherme, die *Tripelgerade*, die das Zweiphasengebiet Flüssigkeit/Dampf vom Zweiphasengebiet Festkörper/Dampf trennt, legt einen bestimmten Druck und bestimmte molare Volumina für Festkörper, Flüssigkeit und Dampf fest (Invarianz des Systems).

Wir wollen nun die Betrachtung der dreidimensionalen Zustandsfläche abschließen und uns der Behandlung der Phasengleichgewichte in zweidimensionaler p, T-Darstellung zuwenden. Wir projizieren also die Zustandsfläche in die p, T-Ebene. Die Tripelgerade ergibt dabei einen Punkt, den *Tripelpunkt*, die Zweiphasengebiete jeweils eine Kurve, denn die linken und rechten Kurvenäste, die die Zweiphasengebiete in Abb. 2.5-1 begrenzen, müssen, da nach unserer obigen Überlegung die Isothermen in diesen Gebieten Parallelen zur v-Achse sind, paarweise aufeinanderfallen. Das Ergebnis einer solchen Projektion ist Abb. 2.5-2 a. Ein Vergleich mit Abb. 2.5-1 zeigt uns, dass diese Gleichgewichtskurven, die die Zustandsgebiete der drei Aggregatzustände trennen, keine Isochoren sind. Die molaren Volumina ändern sich auf den Kurven von Punkt zu Punkt. Überschreiten wir durch Druck- oder Temperaturänderung eine der Gleichgewichtskurven, so verschwindet die Ausgangsphase, und es entsteht eine neue Phase. Haben wir ein zweiphasiges System vorliegen, so müssen wir uns auf einer der Kurven befinden. Wollen wir trotz Druck- oder Temperaturänderung ein Zweiphasensystem aufrechterhalten, so müssen wir gleichzeitig die Temperatur bzw. den Druck in der durch den Kurvenverlauf vorgeschriebenen Weise ändern.

Wenn wir nun versuchen wollen, den Verlauf der Kurven, d. h. die Temperaturabhängigkeit des Druckes zu berechnen, so müssen wir beachten, dass die Kurven das Gleichgewicht zwischen zwei Phasen widerspiegeln, dass also die im Abschnitt 2.5.1 genannten Gleichgewichtsbedingungen erfüllt sein müssen.

Steht die Phase α mit der Phase β im Gleichgewicht, so muss gelten

$$\mu^\alpha = \mu^\beta \tag{2.5-20}$$

Längs der Kurven in Abb. 2.5-2 ändern wir die Temperatur. Da μ temperaturabhängig ist, müssen wir fordern, dass Gl. (2.5-20) nicht nur bei einer bestimmten Temperatur gilt, sondern dass auch bei einer Temperaturänderung die Gleichheit der chemischen Potentiale in beiden Phasen gewahrt wird. Das ist dann der Fall, wenn die Änderung $d\mu^\alpha$ des chemischen Potentials in der Phase α bei einer bestimmten

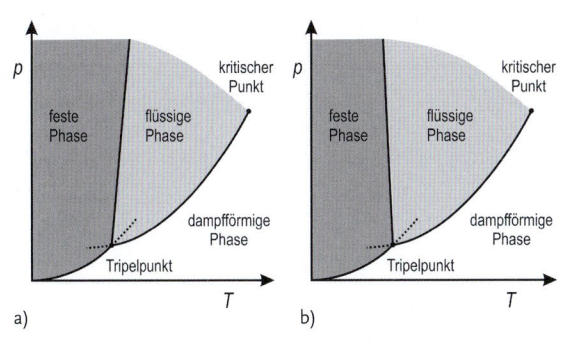

Abbildung 2.5-2 Gleichgewichtskurven im p, T-Diagramm (a) für einen Stoff, der sich beim Schmelzen ausdehnt (wie in Abb. 2.5-1), (b) für einen Stoff, der sich beim Schmelzen kontrahiert (wie H_2O).

Temperaturänderung gleich der Änderung dμ^β des chemischen Potentials in der Phase β ist:

$$d\mu^\alpha = d\mu^\beta \tag{2.5-21}$$

Dies ist die Bedingung für *währendes Gleichgewicht*.

Beachten wir nun, dass μ identisch ist mit der molaren Freien Enthalpie, so können wir entsprechend Gl. (2.3-28) die dμ durch die totalen Differentiale ersetzen, wodurch Gl. (2.5-21) übergeht in

$$\left(\frac{\partial \mu^\alpha}{\partial T}\right)_p dT + \left(\frac{\partial \mu^\alpha}{\partial p}\right)_T dp = \left(\frac{\partial \mu^\beta}{\partial T}\right)_p dT + \left(\frac{\partial \mu^\beta}{\partial p}\right)_T dp$$
$$-s^\alpha dT + v^\alpha dp = -s^\beta dT + v^\beta dp \tag{2.5-22}$$

Wir fassen die Glieder mit dT bzw. dp zusammen und erhalten daraus für den Fall koexistenter Phasen

$$\left(\frac{\partial p}{\partial T}\right)_{\text{Koex.}} = \frac{s^\beta - s^\alpha}{v^\beta - v^\alpha} = \frac{\Delta S}{\Delta V} \tag{2.5-23}$$

Dabei bedeutet $s^\beta - s^\alpha$ die Differenz der molaren Entropien des Stoffes in den beiden Phasen, $v^\beta - v^\alpha$ die Differenz seiner molaren Volumina, d. h. die Schmelz-, Verdampfungs- oder Sublimationsentropie bzw. die bei diesen Vorgängen vor sich gehende Änderung des molaren Volumens.

Da ein Gleichgewicht zwischen den beiden Phasen vorliegt, handelt es sich um einen reversiblen Schmelz-, Verdampfungs- oder Sublimationsvorgang. Wir dürfen deshalb die Umwandlungsentropie gemäß Gl. (1.1-204) durch die dabei umgesetzte Wärmemenge, die bei dem isobaren Prozess identisch ist mit der Änderung der molaren Enthalpie, und die zugehörige Temperatur ausdrücken:

$$\Delta S = \frac{Q_{\text{rev}}}{T} = \frac{\Delta H}{T} \tag{2.5-24}$$

Wir schreiben daher

$$\left(\frac{\partial p}{\partial T}\right)_{\text{Koex.}} = \frac{\Delta H}{T \Delta V} \tag{2.5-25}$$

Diese Beziehung ist die wichtige *Clausius-Clapeyron'sche Gleichung*.

Da uns die Clausius-Clapeyron'sche Gleichung unmittelbar die Steigung der in Abb. 2.5-2 dargestellten Gleichgewichtskurven (Sublimationsdruckkurve, Schmelzdruckkurve und Dampfdruckkurve) liefert, wollen wir zunächst untersuchen, wie sich die unterschiedliche Steigung dieser drei Kurven im Tripelpunkt ergibt. Wir beginnen mit einem Vergleich der Sublimationsdruckkurve und der Dampfdruckkurve. Beim isothermen Überschreiten dieser Kurve kommen wir jeweils aus einer kondensierten Phase in eine dampfförmige Phase. Die molaren Volumina von Festkörper und Flüssigkeit unterscheiden sich nur wenig, sind beide aber um größenordnungsmäßig drei Zehnerpotenzen kleiner als das molare Volumen der Dampfphase. Deshalb ist ΔV beim Sublimationsvorgang und beim Verdampfungsvorgang nahezu gleich dem molaren Volumen der Dampfphase. Der Unterschied in der Steigung der beiden Gleichgewichtskurven kann also nicht auf Unterschiede in ΔV zurückgeführt werden. Andererseits ist nach dem Hess'schen Satz (Gl. 1.1-149) die Sublimationsenthalpie um den Betrag der Schmelzenthalpie größer als die Verdampfungsenthalpie. Daraus folgt, dass im Tripelpunkt die Sublimationsdruckkurve steiler verlaufen muss als die Dampfdruckkurve. Fragen wir nun noch nach der Steigung der Schmelzdruckkurve. Die Schmelzenthalpie ist mit Sicherheit stets kleiner als die Sublimationsenthalpie. Der Zähler von Gl. (2.5-25) kann also nicht für die große Steigung der Schmelzdruckkurve in Abb. 2.5-2 verantwortlich sein. Vergleichen wir jedoch die Änderung des molaren Volumens beim Schmelzvorgang mit der beim Verdampfungs- bzw. Sublimationsvorgang, so sehen wir, dass $\Delta_m V$ um mehr als drei Zehnerpotenzen kleiner ist als $\Delta_v V$ oder $\Delta_s V$. Aus diesem Grund ist $\Delta H/T\Delta V$ für den Schmelzvorgang um Zehnerpotenzen größer als für die Sublimation oder Verdampfung. Nun noch ein Wort zum Vorzeichen. Wir haben immer den Übergang in die bei der höheren Temperatur beständige Phase betrachtet, also stets die endothermen Vorgänge. Deshalb ist ΔH in Gl. (2.5-25) stets positiv. Bei der Sublimation und Verdampfung tritt stets auch eine Zunahme des molaren Volumens auf, so dass ΔV und damit auch $(\partial p/\partial T)_{\text{Koex.}}$ positiv ist. Im Allgemeinen trifft das auch für den Schmelzvorgang zu. Deshalb stellt Abb. 2.5-2 a mit einer positiven Steigung der Schmelzdruckkurve den üblichen Fall dar. Es gibt jedoch einige Stoffe, wie z. B. Wasser und Bismut, die beim Schmelzen kontrahieren. Bei ihnen ist $\Delta_m V$ negativ, so dass man, wie in Abb. 2.5-2 b angedeutet ist, eine Schmelzdruckkurve mit negativer Steigung findet.

Wenn wir mit Hilfe der Clausius-Clapeyron'schen Gleichung den Dampfdruck p als Funktion der Temperatur angeben wollen, so müssen wir diese Gleichung integrieren. Dabei treten zwei Schwierigkeiten auf. Zum einen ist weder ΔH noch ΔV temperaturunabhängig. Dies ergibt sich für ΔH aus dem Kirchhoff'schen Satz (Gl. 1.1-159), nach dem die Temperaturabhängigkeit von ΔH durch die Differenz der selbst temperaturabhängigen molaren Wärmekapazitäten in den beiden Aggregatzuständen gegeben ist. Sowohl für ΔH als auch für ΔV folgt die Temperaturabhängigkeit auch schon allein aus der Tatsache, dass beide Größen am kritischen Punkt den Wert null annehmen. Zum anderen ist der Dampfdruck nur bis auf eine Integrationskonstante berechenbar, d. h. wir können, wie stets in der Thermodynamik, den Dampfdruck bei einer bestimmten Temperatur nur berechnen, wenn wir ihn bei einer anderen Temperatur bereits kennen.

Sind wir jedoch weit genug vom kritischen Punkt entfernt, so ist, wie wir oben gesehen haben, ΔV für den Sublimations- und für den Verdampfungsvorgang praktisch gleich dem molaren Volumen der Gasphase. Ist weiterhin der Dampfdruck hinreichend niedrig, so können wir in erster Näherung ideales Verhalten annehmen und $\Delta V \approx v_d$ durch das ideale Gasgesetz (Gl. 1.1-48) ausdrücken. Beschränken wir uns darüber hinaus auf einen relativ schmalen Temperaturbereich, so können wir innerhalb dieses Bereiches ΔH als temperaturunabhängig ansehen. Wir erhalten dann mit

$$\Delta V = \frac{RT}{p} \tag{2.5-26}$$

aus Gl. (2.5-25)

$$\left(\frac{\partial p}{\partial T}\right)_{\text{Koex.}} = \frac{\Delta H \cdot p}{RT^2} \tag{2.5-27}$$

$$\left(\frac{\partial \ln p}{\partial 1/T}\right)_{\text{Koex.}} = -\frac{\Delta H}{R} \tag{2.5-28}$$

Durch unbestimmte bzw. bestimmte Integration von Gl. (2.5-28) erhalten wir die

August'sche Dampfdruckformel

$$\ln p_s = -\frac{\Delta H}{RT} + I \tag{2.5-29}$$

bzw.

$$\ln \frac{p_{s,T_2}}{p_{s,T_1}} = \frac{\Delta H}{R}\left(\frac{1}{T_1} - \frac{1}{T_2}\right) \tag{2.5-30}$$

Der Index s weist darauf hin, dass es sich um den Gleichgewichtsdruck, d. h. den Sättigungsdampfdruck, handelt. Nach Gl. (2.5-29) ist $\ln p_s$ eine lineare Funktion von $1/T$.

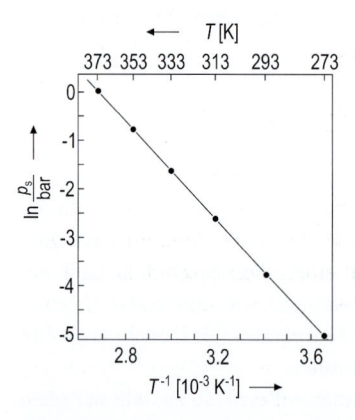

Abbildung 2.5-3 Logarithmische Auftragung des Sättigungsdampfdrucks des Wassers in Abhängigkeit von $1/T$.

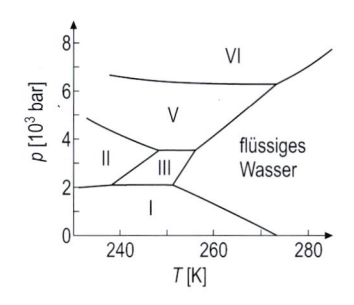

Abbildung 2.5-4 Ausschnitt aus dem p, T-Diagramm des Wassers.

Abbildung 2.5-3 zeigt uns am Beispiel des Wassers, dass diese Gleichungen im Bereich zwischen 273 K und 373 K sehr gut erfüllt sind.

Wir haben unsere Betrachtungen bislang auf Gleichgewichte zwischen verschiedenen Aggregatzuständen beschränkt. Bekanntlich können aber auch im Bereich des festen Zustandes verschiedene Phasen ein und desselben Stoffes vorliegen. Als Beispiele seien die verschiedenen Modifikationen des festen Schwefels, des Kohlenstoffs, die in Abschnitt 2.4.2 erwähnten Modifikationen des festen Stickstoffs oder die Modifikationen des Eises unter höheren Drücken genannt. Abb. 2.5-4 gibt einen Ausschnitt aus dem p, T-Diagramm des Wassers wieder, in dem fünf der verschiedenen festen Phasen zu erkennen sind. Unsere oben angestellten Überlegungen sind natürlich sinngemäß auf Gleichgewichte zwischen verschiedenen festen Phasen zu übertragen.

2.5.4
Phasengleichgewichte in Zweikomponentensystemen zwischen einer Mischphase und einer reinen Phase

Wenn wir Zweikomponentensysteme betrachten, stellen wir eine solche Vielfalt von Kombinationsmöglichkeiten fest, dass wir der Übersichtlichkeit halber eine weitergehende Differenzierung vornehmen müssen. Wir wollen uns deshalb zunächst mit Systemen beschäftigen, bei denen ein Gleichgewicht zwischen einer Mischphase und einer reinen Phase vorliegt. Streng genommen ist ein solcher Fall im Allgemeinen nicht möglich, weil auf Grund der im Abschnitt 2.3.4 angestellten Überlegungen beide Stoffe in beiden Phasen vorliegen sollten. Oft ist aber die Löslichkeit eines der beiden Stoffe in einer Phase so gering, dass er in ihr gar nicht nachgewiesen werden kann und infolgedessen die Eigenschaften dieser Phase auch gar nicht beeinflusst. Der Stoffübergang von einer Phase in die andere als Folge der Änderung der Zustandsvariablen ist in einem solchen Fall allein auf einen Stoff beschränkt, und wir brauchen nur die Gleichgewichtsbedingung für diesen einen Stoff zu betrachten. Das gilt beispielsweise, wenn wir ein Salz in einem Lösungsmittel lösen und das Gleichgewicht zwischen der Lösung und der Dampfphase betrachten. Wir wollen im Folgenden das Lösungsmittel stets mit dem Index 1, das Gelöste mit dem Index 2, die bei tieferer Temperatur beständige Phase mit α und die bei höherer Temperatur beständige Phase mit β bezeichnen.

Die Dampfdruckerniedrigung (Raoult'sches Gesetz)

Wir untersuchen ein Zweiphasensystem, das aus einer Lösung und einer Dampfphase besteht, die lediglich das Lösungsmittel enthält. Wir haben zwei Komponenten und zwei Phasen, nach der Phasenregel (Gl. 2.5-10) damit zwei Freiheiten, wenn wir chemische Reaktionen zwischen dem Gelösten und dem Lösungsmittel ausschließen. Wählen wir beispielsweise den Molenbruch des Gelösten x_2 (x_1 ist wegen $\Sigma x_i = 1$ dann bereits bestimmt) und die Temperatur, so können wir über den Druck nicht mehr frei verfügen, er ist durch die beiden Größen x_2 und T festgelegt. Da der Stoffübergang zwischen den Phasen in dem genannten System auf das Lösungsmittel beschränkt ist, können wir uns bei der Anwendung der Gleichgewichtsbedingung (Gl. 2.5-6) auf die Komponente 1 beschränken:

$$\mu_1^\alpha = \mu_1^\beta \tag{2.5-31}$$

Die Phase α (Lösung) ist eine Mischphase, das chemische Potential des Lösungsmittels ist deshalb gemäß Gl. (2.3-106) gegenüber dem im reinen Lösungsmittel erniedrigt,

$$\mu_1^\alpha(p, T) = \mu_1^{*\alpha}(p, T) + RT \ln a_1 \tag{2.5-32}$$

wobei wir zunächst den allgemeinen Fall einer realen Lösung angenommen und den Molenbruch des Lösungsmittels durch die Aktivität $a_1 = f_1 \cdot x_1$ ersetzt haben. $\mu_1^{*\alpha}$ ist das konzentrationsunabhängige chemische Potential des reinen Lösungsmittels bei gleichem p und T, wie sie in der Mischphase herrschen. Die Dampfphase ist eine reine Phase, so dass μ_1^β in Gl. (2.5-31) mit dem chemischen Potential der reinen Phase identisch ist:

$$\mu_1^\beta = \mu_1^{*\beta} \tag{2.5-33}$$

Setzen wir Gl. (2.5-32) und (2.5-33) in (2.5-31) ein, so ergibt sich

$$\mu_1^{*\alpha} + RT \ln a_1 = \mu_1^{*\beta} \tag{2.5-34}$$

als Bedingung für das Gleichgewicht zwischen der Lösung und der Dampfphase des Lösungsmittels. Da das chemische Potential des Lösungsmittels in der Lösung kleiner als im reinen Lösungsmittel ist, muss nach Gl. (2.5-34) sein chemisches Potential in der Dampfphase über der Lösung auch kleiner als über dem reinen Lösungsmittel sein, was nach Gl. (2.3-90) einem niedrigeren Dampfdruck entspricht. Wir wollen nun quantitativ untersuchen, wie sich der Dampfdruck des Lösungsmittels ändert, wenn wir bei konstanter Temperatur die Konzentration des Gelösten ändern. Wir fragen also wieder nach der Bedingung für das währende Gleichgewicht, die wir bereits in Gl. (2.5-21) formuliert haben und die unter Berücksichtigung von Gl. (2.5-34) lautet

$$d\mu_1^{*\alpha} + d(RT \ln a_1) = d\mu_1^{*\beta} \tag{2.5-35}$$

2.5 Phasengleichgewichte

Da wir die Temperatur konstanthalten wollen, brauchen wir nur die druckabhängigen Terme zu berücksichtigen, wenn wir $d\mu_1^*$ wie in Gl. (2.5-22) durch die totalen Differentiale substituieren:

$$\left(\frac{\partial \mu_1^{*\alpha}}{\partial p}\right)_T dp + RT\, d\ln a_1 = \left(\frac{\partial \mu_1^{*\beta}}{\partial p}\right)_T dp \tag{2.5-36}$$

Ersetzen wir nun noch die partiellen Differentialquotienten gemäß Gl. (2.3-87) durch die molaren Volumina, so erhalten wir für die Konzentrationsabhängigkeit des Dampfdrucks bei konstanter Temperatur

$$(v_1^{*\beta} - v_1^{*\alpha})dp = RT\, d\ln a_1 \qquad (T = \text{const.}) \tag{2.5-37}$$

$$\left(\frac{\partial p}{\partial \ln a_1}\right)_T = \frac{RT}{v_1^{*\beta} - v_1^{*\alpha}} \tag{2.5-38}$$

Der Nenner auf der rechten Seite von Gl. (2.5-38) ist gleich der Differenz der molaren Volumina des reinen Lösungsmittels im Dampfzustand (β) und im flüssigen Zustand α. Da $v_1^{*\beta} \gg v_1^{*\alpha}$ ist, können wir $v_1^{*\alpha}$ gegenüber $v_1^{*\beta}$ vernachlässigen. Ersetzen wir schließlich noch das molare Volumen der Dampfphase nach der Idealen Gasgleichung durch p und T, so erhalten wir statt Gl. (2.5-38)

$$\left(\frac{\partial p}{\partial \ln a_1}\right)_T = p \tag{2.5-39}$$

gleichbedeutend mit

$$d\ln p = d\ln a_1 \tag{2.5-40}$$

Wir interessieren uns nun für die Druckänderung, die der Zusatz des Gelösten zum reinen Lösungsmittel hervorruft. Deshalb integrieren wir die Gl. (2.5-40) und setzen als Grenzen die dem reinen Lösungsmittel ($p_1 = p_1^*, a_1 = 1$) bzw. der Lösung (p_1, a_1) entsprechenden Werten von p und a ein:

$$\int_{p_1^*}^{p_1} d\ln p = \int_1^{a_1} d\ln a \tag{2.5-41}$$

Die Integration ergibt

$$\ln \frac{p_1}{p_1^*} = \ln a_1 \tag{2.5-42}$$

$$\frac{p_1}{p_1^*} = a_1 = f_1 x_1 \tag{2.5-43}$$

Wir entnehmen dieser Gleichung, dass Dampfdruckmessungen ein einfaches Mittel zur Bestimmung von Aktivitäten bzw. Aktivitätskoeffizienten sind (vgl. Abschn. 2.5.5).

Haben wir eine hinreichend verdünnte Lösung vorliegen, so ist der Aktivitätskoeffizient nahezu eins, und wir können die Aktivität a_1 durch den Molenbruch x_1 oder x_2 ersetzen:

$$\frac{p_1}{p_1^*} = x_1 = 1 - x_2 \tag{2.5-44}$$

$$1 - \frac{p_1}{p_1^*} = \frac{p_1^* - p_1}{p_1^*} = x_2 \tag{2.5-45}$$

Die relative Erniedrigung des Dampfdrucks des Lösungsmittels ist gleich dem Molenbruch des gelösten Stoffes. Dieses Gesetz wurde bereits 1890 empirisch von *Raoult* gefunden.

Besonders zu bemerken ist, dass das Ausmaß der Dampfdruckerniedrigung lediglich vom Molenbruch des Gelösten abhängt und nicht von der chemischen Natur des gelösten Stoffes. Wir werden im Folgenden noch weitere Phänomene kennenlernen, die lediglich von der Teilchenzahl des Gelösten abhängen. Man nennt diese Eigenschaften *kolligative Eigenschaften*. Ist das Gelöste ein in der Lösung dissoziiert vorliegendes Salz, so tragen sowohl die Kationen als auch die Anionen zur Teilchenzahl bei. Ein Mol eines einwertigen, vollständig dissoziierten Elektrolyten erniedrigt den Dampfdruck deshalb doppelt so stark wie ein Mol eines nicht dissoziierten Stoffes. Bei der Berechnung des Molenbruchs ist deshalb eine Dissoziation – natürlich auch eine Assoziation – des Gelösten zu berücksichtigen.

In Abb. 2.5-5 ist der Wasserdampfdruck bzw. die Dampfdruckerniedrigung von Glucoselösungen unterschiedlicher Konzentration wiedergegeben. Man erkennt, dass das Raoult'sche Gesetz ein Grenzgesetz für sehr verdünnte Lösungen ist und dass die Messwerte schon bei relativ niedrigen Konzentrationen von der mit Gl. (2.5-45) berechneten *Raoult'schen Geraden* abweichen.

Abweichungen vom idealen Verhalten können natürlich auch in der Gasphase vorliegen. In diesem Fall müssen in Gl. (2.5-45) die Drücke durch die Fugazitäten ersetzt werden.

Messungen der Dampfdruckerniedrigung ermöglichen die Ermittlung des Molenbruchs x_2 des Gelösten. Über diesen erhält man leicht die Stoffmenge n_2, die den Quotienten aus der Einwaage m_2 und der molaren Masse M_2 darstellt. Man kann also bei bekannter Einwaage aus der Dampfdruckerniedrigung die molare Masse des Gelösten ermitteln.

Nach Gl. (2.5-45) ist die relative Dampfdruckerniedrigung für eine Lösung bestimmter Konzentration konstant (gleich x_2), die absolute Dampfdruckerniedri-

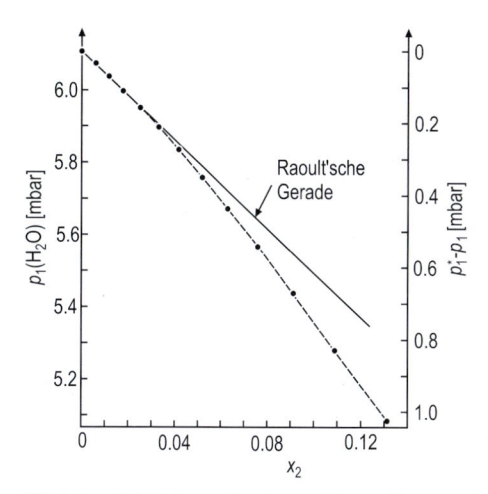

Abbildung 2.5-5 Dampfdruck von Glucoselösungen bei 273 K.

gung $p_1^* - p_1$ demnach proportional dem Dampfdruck. Das bedeutet, dass die Dampfdruckkurve der Lösung stets unter der des Lösungsmittels liegt, dass mit abnehmender Temperatur entsprechend dem niedriger werdenden Dampfdruck der Abstand der beiden Kurven jedoch abnimmt, so wie es in Abb. 2.5-6 schematisch angedeutet ist. Die Erniedrigung des Dampfdrucks hat zwei Konsequenzen:

1. Der Dampfdruck von 1.013 bar wird erst bei einer höheren Temperatur erreicht. Das besagt, dass der Siedepunkt der Lösung bei einer höheren Temperatur liegt als der des reinen Lösungsmittels.

2. Die Dampfdruckkurve der Lösung schneidet die Sublimationsdruckkurve des Lösungsmittels bei einer tieferen Temperatur als dem Tripelpunkt des Lösungsmittels entspricht. Gehen wir davon aus, dass beim Abkühlen der Lösung reines Lösungsmittel ausfriert, so bedeutet dies eine Gefrierpunktserniedrigung der Lösungsmittel. Dies braucht nicht mehr zu gelten, wenn ischkristall, bestehend aus Lösungsmittel und Ge-

Abbildung 2.5-6 Dampfdruckerniedrigung, Siedepunktserhöhung und Gefrierpunktserniedrigung für wässrige Lösungen.

Abbildung 2.5-6 demonstriert die Siedepunktserhöhung $T_s - T_s^*$ und die Gefrierpunktserniedrigung $T_m^* - T_m$, wobei beachtet wurde, dass auch die Messung des Gefrierpunktes unter einem Druck von 1.013 bar erfolgt.

Siedepunktserhöhung und Gefrierpunktserniedrigung

Zu Beginn der Ableitung des Raoult'schen Gesetzes hatten wir festgestellt, dass entsprechend der Phasenregel bei einem zweiphasigen Zweikomponentensystem zwei Freiheiten gegeben sind. Durch Wahl des Molenbruchs und der Temperatur war der Druck bestimmt. Wir hatten deshalb für konstante Temperatur den Druck als Funktion des Molenbruchs berechnet. Genauso ist natürlich durch Wahl von Molenbruch und Druck die Temperatur bestimmt. Wir können demnach die Gleichgewichtsbedingung auch für konstanten Druck betrachten und den Siedepunkt oder den Gefrierpunkt als Funktion des Molenbruchs berechnen. Dies würde darauf hinauslaufen, dass wir wieder die Gleichungen (2.5-31) bis (2.5-35) aufschreiben, beim Einsetzen der totalen Differentiale für $d\mu$ nun aber nur die temperaturabhängigen Terme berücksichtigen, da $dp = 0$ ist.

Schneller kommen wir jedoch zum Ziel, wenn wir die Gleichgewichtsbedingungen über die Planck'sche Funktion $Y = -\frac{G}{T}$ (Gl. 2.3-47) formulieren, für die entsprechend Gl. (2.5-31) bis (2.5-35) für das Gleichgewicht zwischen der bei niedrigerer Temperatur beständigen Lösungsphase α und der bei höherer Temperatur beständigen reinen Dampfphase β gilt:

$$\left(\frac{\mu_1^\alpha}{T}\right) = \left(\frac{\mu_1^\beta}{T}\right) \tag{2.5-46}$$

$$\left(\frac{\mu_1^\alpha}{T}\right) = \left(\frac{\mu_1^{*\alpha}}{T}\right) + R \cdot \ln a_1 \tag{2.5-47}$$

$$\left(\frac{\mu_1^\beta}{T}\right) = \left(\frac{\mu_1^{*\beta}}{T}\right) \tag{2.5-48}$$

$$\left(\frac{\mu_1^{*\alpha}}{T}\right) + R \ln a_1 = \left(\frac{\mu_1^{*\beta}}{T}\right) \tag{2.5-49}$$

$$d\left(\frac{\mu_1^{*\alpha}}{T}\right) + d(R \ln a_1) = d\left(\frac{\mu_1^{*\beta}}{T}\right) \tag{2.5-50}$$

Hierfür können wir nach Gl. (2.3-51) unter Berücksichtigung von $dp = 0$ schreiben:

$$-\frac{h_1^{*\alpha}}{T^2} dT + R \, d \ln a_1 = -\frac{h_1^{*\beta}}{T^2} dT \tag{2.5-51}$$

woraus sich die Konzentrationsabhängigkeit der Temperatur bei vorgegebenem p_s ergibt zu

$$\left(\frac{\partial T}{\partial \ln a_1}\right)_{p_s} = \frac{RT^2}{h_1^{*\alpha} - h_1^{*\beta}} \qquad (2.5\text{-}52)$$

Der Siedevorgang ist der Übergang aus der Phase α in die Phase β. Deshalb entspricht $h_1^{*\beta} - h_1^{*\alpha}$ der Verdampfungsenthalpie $\Delta_v H$. Wir können also schreiben

$$\left(\frac{\partial T}{\partial \ln a_1}\right)_{p_s} = -\frac{RT^2}{\Delta_v H} \qquad (2.5\text{-}53)$$

Um die Siedepunktserhöhung als Funktion der Konzentration zu erhalten, müssen wir Gl. (2.5-53) integrieren. Wir tun dies, wie im Fall der Dampfdruckerniedrigung, zwischen den Zuständen reines Lösungsmittel ($T = T_s^*, a_1 = 1$) und Lösung ($T = T_s, a_1$)

$$-\int_{T_s^*}^{T_s} \frac{\Delta_v H}{RT^2} dT = \int_1^{a_1} d\ln a_1 \qquad (2.5\text{-}54)$$

Damit wir die Integration durchführen können, nehmen wir als Näherung an, dass die Verdampfungsenthalpie und der Aktivitätskoeffizient temperaturunabhängig sind. Wir erhalten dann

$$\frac{\Delta_v H}{R}\left(\frac{1}{T_s} - \frac{1}{T_s^*}\right) = \ln a_1 \qquad (2.5\text{-}55)$$

Aus dieser Gleichung folgt zunächst, dass wegen $a_1 < 1$ $\frac{1}{T_s} - \frac{1}{T_s^*}$ negativ sein muss, was besagt, dass $T_s > T_s^*$ ist. Wir finden also, wie wir schon aus der Abb. 2.5-6 geschlossen haben, eine Siedepunktserhöhung.

Beschränken wir uns wieder auf ideal verdünnte Lösungen, so dürfen wir die Aktivität durch den Molenbruch ersetzen. Für $\ln a_1$ können wir dann schreiben $\ln(1 - x_2)$. Das lässt sich in die Reihe $-x_2 - \frac{1}{2}x_2^2 - \frac{1}{3}x_2^3 - ...$ entwickeln, die wir bei sehr kleinem x_2 nach dem ersten Glied abbrechen können, wodurch wir erhalten

$$\frac{\Delta_v H}{R}\left(\frac{1}{T_s} - \frac{1}{T_s^*}\right) = \frac{\Delta_v H}{R}\left(\frac{T_s^* - T_s}{T_s \cdot T_s^*}\right) \approx \frac{\Delta_v H}{R}\left(\frac{T_s^* - T_s}{T_s^{*2}}\right) = -x_2 \qquad (2.5\text{-}56)$$

Lösen wir nach der *Siedepunktserhöhung* auf, so ergibt sich

$$T_s - T_s^* = \frac{RT_s^{*2}}{\Delta_v H} x_2 \qquad (2.5\text{-}57)$$

Wie im Fall der Dampfdruckerniedrigung finden wir, dass die Siedepunktserhöhung in einem bestimmten Lösungsmittel nur vom Molenbruch, nicht aber von der chemischen Natur des Gelösten abhängt. Die Siedepunktserhöhung gehört also auch zu den kolligativen Eigenschaften.

Fragen wir nach der Gefrierpunktserniedrigung, so müssen wir beachten, dass beim Gefrieren das Gleichgewicht zwischen der bei höherer Temperatur beständigen Lösungsphase β und der bei tieferer Temperatur beständigen reinen festen Phase α besteht. Die Gleichungen (2.5-46) bis (2.5-52) behalten also ihre Gültigkeit, wenn wir α und β vertauschen, d. h. aus Gl. (2.5-52) wird

$$\left(\frac{\partial T}{\partial \ln a_1}\right)_p = \frac{RT^2}{h_1^{*\beta} - h_1^{*\alpha}} \qquad (2.5\text{-}58)$$

$h_1^{*\beta} - h_1^{*\alpha}$ ist die Schmelzenthalpie $\Delta_m H$ des Lösungsmittels, so dass folgt

$$\left(\frac{\partial T}{\partial \ln a_1}\right)_p = \frac{RT^2}{\Delta_m H} \qquad (2.5\text{-}59)$$

Führen wir nun, wie im Fall der Siedepunktserhöhung, die Integration zwischen den Zuständen des reinen Lösungsmittels ($T = T_m^*, a_1 = 1$) und der Lösung ($T = T_m, a_1$) durch, dann erhalten wir schließlich für die

Gefrierpunktserniedrigung

$$T_m - T_m^* = -\frac{RT_m^{*2}}{\Delta_m H} x_2 \qquad (2.5\text{-}60)$$

Da auf der rechten Seite von Gl. (2.5-60) nur positive Größen stehen, muss $T_m - T_m^* < 0$ sein, also $T_m < T_m^*$. Auch hier stellen wir fest, dass der beobachtete Effekt lediglich vom Molenbruch des Gelösten, nicht von dessen chemischer Natur abhängt. Wie bereits bei der Besprechung der Dampfdruckerniedrigung erwähnt wurde, zählen bei einer Dissoziation eines Elektrolyten die Kationen und Anionen als unabhängige Teilchen. Das wird in Abb. 2.5-7 veranschaulicht, in der die Gefrierpunkte verdünnter Dextrose- und Kaliumchloridlösungen den nach Gl. (2.5-60) berechneten Geraden gegenübergestellt sind. Die Gefrierpunkte der Dextroselösungen entsprechen sehr genau den für nicht-dissoziative Lösungen, die der Kaliumchloridlösungen näherungsweise den für vollständige Dissoziation des KCl berechneten Werten.

Entsprechend den beim Übergang von Gl. (2.5-55) nach Gl. (2.5-60) notwendigen einschränkenden Annahmen gilt die Proportionalität zwischen der Siedepunktserhöhung bzw. der Gefrierpunktserniedrigung und dem Molenbruch nur für sehr verdünnte, ideale Lösungen (vgl. Abschn. 2.5.5). Im Allgemeinen ist $\left(\frac{T_m^*}{T_s^*}\right)^2 \cdot \frac{\Delta_v H}{\Delta_m H} > 1$, so dass für Lösungen gleicher Konzentration die absolute Gefrierpunktserniedrigung größer ist als die absolute Siedepunktserhöhung. Das

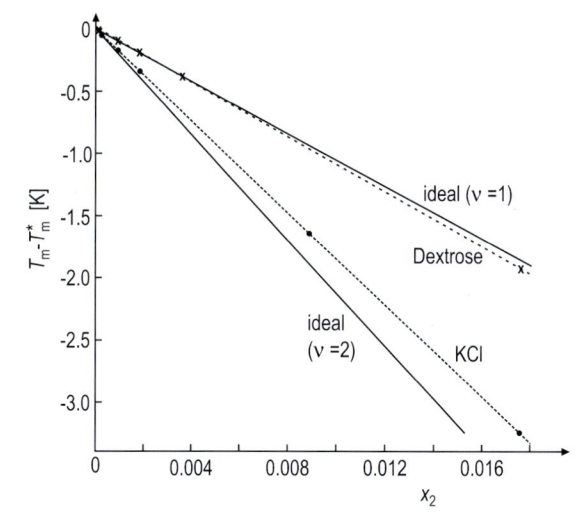

Abbildung 2.5-7 Gefrierpunktserniedrigung wässriger Dextrose- und Kaliumchloridlösungen.

wird deutlich beim Vergleich der sog. ebullioskopischen Konstanten und kryoskopischen Konstanten, unter denen man den Quotienten des auf unendliche Verdünnung extrapolierten Grenzwertes der Siedepunktserhöhung bzw. Gefrierpunktserniedrigung und der Molalität der Lösung versteht. Sind m_2 mol in 1 kg Lösungsmittel gelöst, d. h. ist die Molalität m_2, so ist

$$x_2 = \frac{n_2}{n_1 + n_2} = \frac{n_2}{m_1/M_1 + n_2} = \frac{M_1 n_2}{1\,\text{kg} + M_1 n_2} \qquad (2.5\text{-}61)$$

$$x_2 = \frac{M_1 m_2}{1 + M_1 m_2} \qquad (2.5\text{-}62)$$

mit m_1 (Masse des Lösungsmittels) = 1 kg, M_1 (Molmasse des Lösungsmittels) und m_2 (Molalität des Gelösten).

Für sehr starke Verdünnung ist $M_1 m_2 \ll 1$, so dass

$$x_2 \approx M_1 m_2, \qquad (2.5\text{-}63)$$

und damit gilt

für die Siedepunktserhöhung

$$T_s - T_s^* = \frac{RT_s^{*2} \cdot M_1}{\Delta_v H} \cdot m_2 \qquad (2.5\text{-}64)$$

bzw. für die Gefrierpunktserniedrigung

$$T_m - T_m^* = -\frac{RT_m^{*2} \cdot M_1}{\Delta_m H} \cdot m_2 \qquad (2.5\text{-}65)$$

Der Faktor vor m_2 in Gl. (2.5-64) ist die *ebullioskopische Konstante*, der vor m_2 in Gl. (2.5-65) die *kryoskopische Konstante*.

Tab. 2.5-1 gibt einen Vergleich dieser Konstanten für eine Reihe von anorganischen und organischen Lösungsmitteln.

Tabelle 2.5-1 Ebullioskopische und kryoskopische Konstanten.

Stoff	Ebullioskopische Konstante $\overline{K\,(\text{mol kg}^{-1})^{-1}}$	Kryoskopische Konstante $\overline{K\,(\text{mol kg}^{-1})^{-1}}$
H_2O	0.521	1.858
H_2SO_4	5.33	6.12
NH_3	0.34	1.32
I_2	10.5	20.4
Trichlormethan	3.80	29.8
Tetrachlormethan	5.07	4.90
Benzol	2.54	5.065
1,4-Dioxan	3.27	4.63
n-Hexan	2.78	1.8
Campher	6.09	40

Osmotischer Druck

Im Vorangehenden haben wir Gleichgewichte zwischen einer Lösung und dem reinen Lösungsmittel besprochen, bei denen das reine Lösungsmittel in einem anderen Aggregatzustand (dampfförmig oder fest) vorlag als die Lösung (flüssig). Wir wollen nun noch den Fall betrachten, dass auch das reine Lösungsmittel in flüssiger Phase vorliegt.

Abbildung 2.5-8 zeigt uns schematisch eine sog. *Pfeffer'sche Zelle*. Eine allseitig verschlossene, jedoch mit zwei Steigrohren versehene Zelle ist in der Mitte durch eine *semipermeable Wand* getrennt. Diese ist für das Lösungsmittel, aber nicht für das Gelöste durchlässig. Als eine solche semipermeable Wand kommt eine Schweinsblase oder eine auf eine poröse Platte aufgebrachte Schicht aus Kupfer(II)-hexacyanoferrat(II) in Frage. In die linke Hälfte füllen wir reines Lösungsmittel, in die rechte eine Lösung, beispielsweise eine Rohrzuckerlösung. Der Meniskus habe zunächst in beiden Steigrohren gleiche Höhe. Wir stellen dann fest, dass der Meniskus im linken Rohr allmählich sinkt, im rechten steigt, bis sich ein bestimmter, von der Konzentration der Lösung abhängiger Niveauunterschied eingestellt hat. Im Gleichgewicht steht die Lösung demnach unter einem

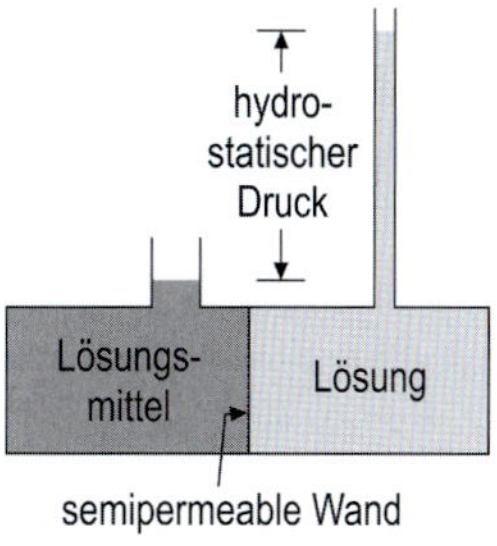

2.5 Phasengleichgewichte

Abbildung 2.5-8 Zur Erläuterung des osmotischen Drucks.

Druck, der um den hydrostatischen Druck höher ist als der Druck, unter dem das Lösungsmittel steht. Wir nennen diese Druckdifferenz osmotischen Druck Π.

Zunächst suchen wir nach einer qualitativen Erklärung für diese Erscheinung. Aus der Gleichgewichtsbedingung im abgeschlossenen System ($dS = 0$, Gl. 2.5-1) hatten wir geschlossen, dass wegen der Temperatur- und Druckabhängigkeit der Entropie in einem sich im Gleichgewicht befindlichen abgeschlossenen System keine Temperatur- oder Druckunterschiede herrschen dürfen (Gl. (2.5-2) und Gl. (2.5-3)), da diese zu irreversiblen, die Entropie erhöhenden Ausgleichsvorgängen führen würden. Die erste der beiden Forderungen muss auch bei dem in Abb. 2.5-8 dargestellten Versuch erfüllt sein, die letzte jedoch nicht, da die starre semipermeable Wand spontanen Druckausgleich verhindert. Zu Beginn des Experiments kann kein Gleichgewicht herrschen, da das chemische Potential des Lösungsmittels in der reinen Phase größer ist als in der Lösung (vgl. Gl. 2.3-102). Deshalb wird Lösungsmittel durch die semipermeable Wand in die Lösung diffundieren. Durch die dadurch bewirkte Verdünnung nimmt das chemische Potential des Lösungsmittels in der Lösung zwar zu, doch muss es stets kleiner bleiben als im reinen Lösungsmittel. Der Diffusionsprozess würde deshalb nicht zum Stillstand kommen, wenn nicht gleichzeitig der Druck in der Lösung durch den Aufbau des osmotischen Druckes Π steigen würde. Das hat nach Gl. (2.3-90) eine zusätzliche Zunahme des chemischen Potentials zur Folge. Das Gleichgewicht wird also dann erreicht sein, wenn das chemische Potential des reinen Lösungsmittels unter dem Druck p gleich dem chemischen Potential des Lösungsmittels in der Lösung mit der Aktivität a_1 unter dem Druck $p + \Pi$ ist.

Diese Erkenntnis nehmen wir als Ausgangspunkt für eine quantitative Betrachtung. Bezeichnen wir die Lösungsphase mit α, die reine Phase mit β, so gilt nach dem Gesagten

$$\mu_1^\beta(p, a_1 = 1) = \mu_1^\alpha(p + \Pi, a_1) \tag{2.5-66}$$

Dafür können wir unter Beachtung von Gl. (2.3-106) schreiben

$$\mu_1^{*\beta}(p) = \mu_1^{*\alpha}(p + \Pi) + RT \ln a_1(p + \Pi) \tag{2.5-67}$$

Wir müssen bedenken, dass nicht nur das chemische Potential, sondern auch die Aktivität druckabhängig ist. Wollen wir die Größen auch in der Lösungsphase auf den Druck p beziehen, müssen wir formulieren

$$\mu_1^{*\beta}(p) = \mu_1^{*\alpha}(p) + \int_p^{p+\Pi} \left(\frac{\partial \mu_1^{*\alpha}}{\partial p}\right)_T dp + RT \ln a_1(p) + RT \int_p^{p+\Pi} \left(\frac{\partial \ln a_1}{\partial p}\right)_T dp \quad (2.5\text{-}68)$$

$\mu_1^{*\beta}(p)$ ist gleich $\mu_1^{*\alpha}(p)$, da beide das chemische Potential von reinem, flüssigem Lösungsmittel beim Druck p bedeuten. Aus Gl. (2.5-68) folgt deshalb

$$RT \ln a_1(p) = - \int_p^{p+\Pi} \left(\frac{\partial \mu_1^{*\alpha}}{\partial p}\right)_T dp - RT \int_p^{p+\Pi} \left(\frac{\partial \ln a_1}{\partial p}\right)_T dp \quad (2.5\text{-}69)$$

Nach Gl. (2.3-106) ist nun

$$RT \ln a_1(p) = \mu_1^\alpha - \mu_1^{*\alpha} \quad (2.5\text{-}70)$$

$$RT \left(\frac{\partial \ln a_1}{\partial p}\right)_T = \left(\frac{\partial \mu_1^\alpha}{\partial p}\right)_T - \left(\frac{\partial \mu_1^{*\alpha}}{\partial p}\right)_T \quad (2.5\text{-}71)$$

Setzen wir diese Beziehung in Gl. (2.5-69) ein, so erhalten wir

$$RT \ln a_1(p) = - \int_p^{p+\Pi} \left(\frac{\partial \mu_1^{*\alpha}}{\partial p}\right)_T dp + \int_p^{p+\Pi} \left(\frac{\partial \mu_1^{*\alpha}}{\partial p}\right)_T dp - \int_p^{p+\Pi} \left(\frac{\partial \mu_1^\alpha}{\partial p}\right)_T dp \quad (2.5\text{-}72)$$

Daraus folgt, wenn wir schließlich noch Gl. (2.3-87) beachten,

$$RT \ln a_1(p) = - \int_p^{p+\Pi} \left(\frac{\partial \mu_1^\alpha}{\partial p}\right)_T dp = - \int_p^{p+\Pi} v_1^\alpha dp \quad (2.5\text{-}73)$$

Dabei bedeutet v_1^α das partielle molare Volumen des Lösungsmittels in der Lösung. Wegen des geringen Wertes des Kompressibilitätskoeffizienten in kondensierten Phasen können wir v_1^α als druckunabhängig ansehen und für Gl. (2.5-73) schreiben

$$RT \ln a_1(p) = -v_1^\alpha \Pi \quad (2.5\text{-}74)$$

Betrachten wir ideal verdünnte Lösungen, so können wir die Aktivität a_1 durch den Molenbruch x_1 und diesen durch $1 - x_2$ ersetzen. Entwickeln wir nun wieder $\ln(1 - x_2)$ in eine Reihe und brechen diese wegen des kleinen Wertes von x_2 nach dem ersten Glied ab, so folgt aus Gl. (2.5-74) (vgl. Herleitung von Gl. (2.5-56))

$$-RT \cdot x_2 = -v_1^\alpha \Pi_{id} \quad (2.5\text{-}75)$$

oder, wenn wir noch beachten, dass in ideal verdünnter Lösung das partielle molare Volumen v_1^α des Lösungsmittels gleich dem molaren Volumen v_1 des reinen Lösungsmittels wird,

$$\Pi_{id} = \frac{RT}{v_1} x_2 \tag{2.5-76}$$

Wir erkennen daraus, dass der *osmotische Druck* Π_{id} einer ideal verdünnten Lösung wie die Dampfdruckerniedrigung, die Siedepunktserhöhung oder Gefrierpunktserniedrigung dem Molenbruch des Gelösten proportional und von dessen chemischer Natur unabhängig ist. Der osmotische Druck gehört demnach ebenfalls zu den kolligativen Eigenschaften.

Gleichung (2.5-76) schreiben wir noch um in

$$\Pi_{id} \cdot v_1 = \frac{n_2}{n_1 + n_2} \cdot RT \approx \frac{n_2}{n_1} RT \tag{2.5-77}$$

und bedenken, dass das Gesamtvolumen V der ideal verdünnten Lösung gleich dem Volumen $n_1 v_1$ des Lösungsmittels ist. Dann ergibt sich die bereits von van't Hoff gefundene Beziehung

$$\Pi_{id} \cdot V = n_2 RT \tag{2.5-78}$$

oder

$$\Pi_{id} = c_2 RT \approx \varrho_1 m_2 RT \tag{2.5-79}$$

wobei c_2 und m_2 die Molarität bzw. die Molalität des Gelösten, ϱ_1 die Dichte des Lösungsmittels ausdrücken.

Abbildung 2.5-9 zeigt am Beispiel von Rohrzuckerlösungen, wie gut Gl. (2.5-79) erfüllt wird.

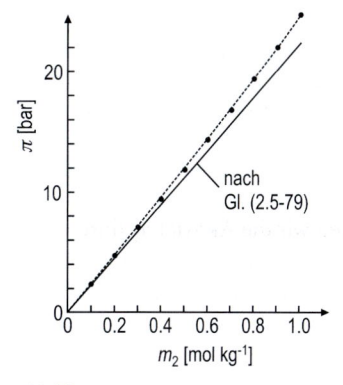

Abbildung 2.5-9 Osmotischer Druck wässriger Rohrzuckerlösungen bei 273 K, Membran: Kupfer(II)-hexacyanoferrat(II).

Aus Gl. (2.5-79) ersehen wir, dass der osmotische Druck für eine einmolare Lösung gleich RT mol dm^{-3} ist. Das sind bei 300 K ca. 25 bar. Konzentrations- und damit Molekülmassenbestimmungen mit Hilfe des osmotischen Drucks sind deshalb äußerst genau durchzuführen. Die messbaren Effekte sind um Größenordnungen größer als bei der Siedepunktserhöhung oder Gefrierpunktserniedrigung. Die Schwierigkeit liegt im Herstellen semipermeabler Wände. Undurchlässigkeit ist für große Moleküle leicht, für kleine Ionen jedoch nur sehr schwer oder überhaupt nicht zu erzielen. So besteht ein wesentliches Anwendungsgebiet der Messung des osmotischen Druckes in der Molekülmassenbestimmung von Makromolekülen. Für niedermolekulare Stoffe verwendet man meist Kupfer(II)-hexacyanoferrat (II)-Membranen, für hochmolekulare solche auf Cellulosebasis.

Das Volumen V in Gl. (2.5-78) ist das Volumen, das n_2 mol des Gelösten zur Verfügung steht. Diese Gleichung stimmt also formal mit der Idealen Gasgleichung (Gl. (1.1-49)) überein. Wir haben solche formalen Übereinstimmungen zwischen dem Verhalten idealer Gase und idealer, verdünnter Lösungen schon früher festgestellt (vgl. Gl. (2.3-102)) und werden sie noch häufiger beobachten.

Wir haben uns in diesem Abschnitt speziell mit den Eigenschaften so stark verdünnter Lösungen beschäftigt, dass wir die Aktivitäten durch die Molenbrüche ersetzen konnten. Das gab uns die Möglichkeit, die kolligativen Eigenschaften als Grenzgesetze herauszuarbeiten. Andererseits bieten die besprochenen Effekte die Möglichkeit, die Aktivitäten zu bestimmen. Wir werden darauf im Abschnitt 2.5.5 zurückkommen.

Wir wollen uns nun einer Gruppe von Systemen zuwenden, bei denen das Gelöste in zwei Phasen, das Lösungsmittel jedoch nur in einer Phase vorliegt, so dass wir die Gleichgewichtsbedingung nur für das Gelöste zu untersuchen brauchen.

Beeinflussung des Dampfdrucks kondensierter Stoffe durch Fremdgase

Im Abschnitt 2.5.3 haben wir das Gleichgewicht zwischen einer kondensierten Phase und einer dampfförmigen Phase in Einkomponentensystemen untersucht. Wir haben gesehen, dass sich nach der Phasenregel für diesen Fall eine Freiheit ergibt, d. h. dass sich bei einer vorgegebenen Temperatur ein bestimmter Dampfdruck einstellen muss. Diese Überlegungen galten natürlich nur, solange wir ein Einkomponentensystem vorliegen hatten. Das ist aber bereits dann nicht mehr der Fall, wenn wir beispielsweise eine Flüssigkeit oder einen Festkörper unter Luft oder einem Inertgas aufbewahren. In diesem Fall ist die Dampfphase eine Mischphase, das chemische Potential des Dampfes also geringer als im Einkomponentensystem unter einem Sättigungsdampfdruck, der seinem Partialdruck in der Mischphase entspricht. Setzen wir voraus, dass sich das Gas nicht in der kondensierten Phase löst, so ändert sich das chemische Potential des kondensierten Stoffes nicht gegenüber dem Zustand im Einkomponentensystem. Es muss also zu einem Stoffübergang aus der kondensierten Phase in die Dampfphase kommen, bis durch den Anstieg des Dampfpartialdrucks wieder Gleichheit der chemischen Potentiale herrscht.

Bevor wir uns der quantitativen Betrachtung zuwenden, wollen wir noch untersuchen, welche Aussagen die Phasenregel liefert. Der Einfachheit halber nehmen

2.5 Phasengleichgewichte

wir an, dass das Fremdgas nur aus einer Komponente besteht. Dann haben wir insgesamt ein zweiphasiges Zweikomponentensystem vorliegen. Dafür ergeben sich nach Gl. (2.5-10) zwei Freiheiten, also eine mehr als im Einkomponentensystem. Bei letzterem hatten wir als Variable Druck und Temperatur, jetzt haben wir als Variable Druck, Temperatur und den Molenbruch in der Dampfphase. Geben wir also die Temperatur vor, so können wir noch den Druck oder den Molenbruch frei wählen.

Wir betrachten das Inertgas als Lösungsmittel, der Phasenübergang ist wegen der Nichtlösbarkeit des Inertgases in der kondensierten Phase auf das Gelöste beschränkt. Die Gleichgewichtsbedingung lautet deshalb

$$\mu_2^\alpha = \mu_2^\beta \tag{2.5-80}$$

Da das Gleichgewicht auch bei Änderungen von Druck und Temperatur erhalten bleiben soll, stützen wir uns auf die Bedingung für das währende Gleichgewicht

$$d\mu_2^\alpha = d\mu_2^\beta \tag{2.5-81}$$

Die kondensierte Phase (α) ist eine reine Phase, die Dampfphase (β) eine Mischphase. Wir können deshalb für Gl. (2.5-80) unter Beachtung von Gl. (2.3-101) schreiben

$$\mu_2^{*\alpha} = \mu_2^{*\beta} + RT \ln \frac{p_2}{p} \tag{2.5-82}$$

(Haben wir reales Verhalten in der Gasphase, so müssen wir den Partialdruck p_2 durch die Fugazität f_2 ersetzen.)

Daraus folgt für die Bedingung des währenden Gleichgewichts

$$\left(\frac{\partial \mu_2^{*\alpha}}{\partial T}\right)_p dT + \left(\frac{\partial \mu_2^{*\alpha}}{\partial p}\right)_T dp = \left(\frac{\partial \mu_2^{*\beta}}{\partial T}\right)_p dT + \left(\frac{\partial \mu_2^{*\beta}}{\partial p}\right)_T dp + d\left(RT \ln \frac{p_2}{p}\right) \tag{2.5-83}$$

oder

$$-s_2^{*\alpha} dT + v_2^{*\alpha} dp = -s_2^{*\beta} dT + v_2^{*\beta} dp + d\left(RT \ln \frac{p_2}{p}\right) \tag{2.5-84}$$

Wir interessieren uns für den Einfluss des Inertgases auf den Dampfdruck der kondensierten Phase, halten deshalb die Temperatur konstant. So finden wir

$$\left(\frac{\partial \ln \frac{p_2}{p}}{\partial p}\right)_T = \frac{v_2^{*\alpha} - v_2^{*\beta}}{RT} \tag{2.5-85}$$

$v_2^{*\alpha}$ ist das molare Volumen des kondensierten Stoffes, $v_2^{*\beta}$ sein molares Volumen in der Gasphase, für das wir, ideales Verhalten angenommen, $\dfrac{RT}{p}$ schreiben können (vgl. Gl. (1.1-63)). Wir erhalten also nach Aufspalten des Differentialquotienten auf der linken Seite

$$\left(\frac{\partial \ln p_2}{\partial p}\right)_T - \frac{1}{p} = \frac{v_2^{*\alpha}}{RT} - \frac{1}{p} \tag{2.5-86}$$

$$\left(\frac{\partial \ln p_2}{\partial p}\right)_T = \frac{v_2^{*\alpha}}{RT} \tag{2.5-87}$$

Diese Gleichung liefert uns die Abhängigkeit des Sättigungsdrucks p_2 der kondensierten Phase bei der Temperatur T vom Gesamtdruck p, der über den Partialdruck des Inertgases variiert werden kann.

Integrieren wir Gl. (2.5-87) zwischen den Zuständen Einkomponentensystem ($p_2 = p_2^*; p = p_2^*$) und Zweikomponentensystem ($p_2; p$) unter Vernachlässigung der Druckabhängigkeit des molaren Volumens der kondensierten Phase, so ermitteln wir

$$\ln \frac{p_2}{p_2^*} = \frac{v_2^{*\alpha}}{RT}(p - p_2^*) \tag{2.5-88}$$

Gl. (2.5-88) bestätigt das Ergebnis unserer eingangs angestellten qualitativen Betrachtungen, dass der Dampfdruck kondensierter Phasen mit steigendem Inertgasdruck zunehmen muss. Dabei ist die chemische Natur des Inertgases ohne Belang. Um uns eine Vorstellung von der Größe des zu erwartenden Effektes machen zu können, wollen wir berechnen, um wieviel der Wasserdampfdruck bei 298 K gegenüber dem Wert im reinen Wasser steigt, wenn der Gesamtdruck 1.013 bar beträgt. Unter diesen Bedingungen ist $p_2^* = 0.032$ bar, $p = 1.013$ bar, $v_2^{*\alpha} = 18.05$ cm^{3}mol^{-1}. Daraus errechnet sich nach Gl. (2.5-88) $\dfrac{p_2}{p_2^*} = 1.0007$. Der Wasserdampfdruck erhöht sich also um weniger als 0.1 %.

Wir müssen jedoch bedenken, dass wir bei unserer Ableitung ideales Verhalten in der Gasphase vorausgesetzt haben. Tatsächlich wird die Beziehung Gl. (2.5-88) vielfach nicht befolgt, der Wasserdampfpartialdruck wird dann wesentlich stärker erhöht, die Effekte werden abhängig von der chemischen Natur des Gases, was auf spezifische Wechselwirkungen zwischen den Dampfmolekülen und den Fremdgasmolekülen hinweist.

Löslichkeit von Gasen

Von besonderer Wichtigkeit ist die Löslichkeit von Gasen in kondensierten Phasen. Wir nehmen an, dass wir eine schwerflüchtige kondensierte Phase als Lösungsmittel vorliegen haben, deren Dampfdruck so niedrig ist, dass er vernachlässigt werden kann. Der Stoffaustausch ist dann auf das Gas beschränkt, das sich in der kondensierten Phase lösen kann.

Wir wollen zunächst einige Betrachtungen über das Lösungsgleichgewicht anstellen und dann nach der Abhängigkeit der Löslichkeit vom Gasdruck fragen. Als Gleichgewichtsbedingung gilt

$$\mu_2^\beta = \mu_2^\alpha \qquad (2.5\text{-}89)$$

Die Phase β ist die reine Gasphase, die Phase α die kondensierte Mischphase. Wollten wir nun μ_2^α entsprechend Gl. (2.3-106) durch die Aktivität a_2^α und das chemische Potential $\mu_2^{*\alpha}$ der reinen Komponente 2 im gleichen Aggregatzustand und bei gleichem p und T wie in der Mischphase ausdrücken, scheiterten wir daran, dass das Gas bei dem gewählten p und T sicherlich nicht in flüssiger Phase existent ist.

Wir wählen deshalb als Bezugspotential das chemische Potential $\mu_2^{\infty\alpha}$ der Komponente 2 für den Zustand unendlicher Verdünnung (vgl. Abschn. 2.5.5). Deshalb schreiben wir anstelle von Gl. (2.5-89)

$$\mu_2^{*\beta} = \mu_2^{\infty\alpha} + RT \ln a_2^\infty \qquad (2.5\text{-}90)$$

Lösen wir nach der Aktivität a_2 auf, so erhalten wir

$$a_2^\infty = \exp\left(\frac{\mu_2^{*\beta} - \mu_2^{\infty\alpha}}{RT}\right) \qquad (2.5\text{-}91)$$

Der Ausdruck auf der rechten Seite enthält zwar Glieder, die, wie die chemischen Potentiale $\mu_2^{\infty\alpha}$ und $\mu_2^{*\beta}$, druck- und temperaturabhängig sind, aber keine konzentrationsabhängigen Größen darstellen. Bei konstantem p und T ist die rechte Seite eine Konstante. Deshalb ist unter diesen Bedingungen auch die Sättigungsaktivität a_2^∞ eine Konstante, insbesondere ist a_2^∞ unabhängig von der Gegenwart chemisch indifferenter Stoffe. Das gilt nicht für die Sättigungskonzentration oder den -molenbruch, der über den Aktivitätskoeffizienten f_i^∞ gemäß

$$a_i^\infty = f_i^\infty x_i \qquad (2.3\text{-}105)$$

mit der Aktivität verknüpft ist.

Durch Zusatz chemisch indifferenter Stoffe wird f_i^∞ verändert. x_i muss sich bei konstantem a_i^∞ dann in entgegengesetzter Richtung ändern. Im Allgemeinen wird der Aktivitätskoeffizient f_2^∞ gelöster Gase durch Zusätze vergrößert. Der Sättigungsmolenbruch muss dann abnehmen. Wir sprechen von einem *Aussalzeffekt*. Bei Erniedrigung von f_2^∞ erhöht sich der Sättigungsmolenbruch; wir beobachten dann einen *Einsalzeffekt*.

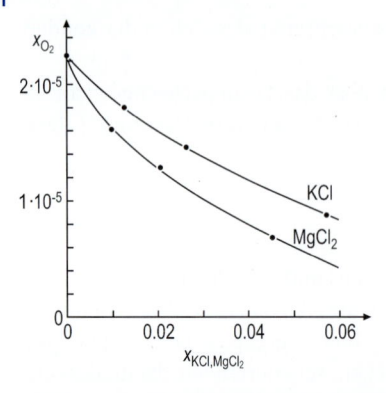

Abbildung 2.5-10 Aussalzen von Sauerstoff aus Wasser durch KCl und MgCl$_2$ ($p_{O_2} = 1$ bar, $T = 298$ K).

Abb. 2.5-10 zeigt, wie der Molenbruch x_{O_2} des bei 298 K unter 1 bar in Wasser gelösten Sauerstoffs durch Zusatz von KCl und MgCl$_2$ verringert wird.

Nach der Phasenregel ergeben sich für das Lösungsgleichgewicht zwischen der Gasphase und dem gelösten Gas bei zwei Komponenten und zwei Phasen zwei Freiheiten. Wir können deshalb sowohl die Temperatur als auch den Druck frei wählen. Bei der Gaslöslichkeit interessiert uns vornehmlich die Druckabhängigkeit.

Um Aussagen über die Druckabhängigkeit des Lösungsgleichgewichts zu erhalten, müssen wir wieder auf die Bedingung für währendes Gleichgewicht zurückgreifen, die wir nach Gl. (2.5-90) als

$$\left(\frac{\partial \mu_2^{*\beta}}{\partial T}\right)_p dT + \left(\frac{\partial \mu_2^{*\beta}}{\partial p}\right)_T dp = \left(\frac{\partial \mu_2^{\infty \alpha}}{\partial T}\right)_p dT + \left(\frac{\partial \mu_2^{\infty \alpha}}{\partial p}\right)_T dp + d(RT \ln a_2^\infty)$$

(2.5-92)

anschreiben können. Das ist identisch mit

$$-s_2^{*\beta} dT + v_2^{*\beta} dp = -s_2^{\infty \alpha} dT + v_2^{\infty \alpha} dp + d(RT \ln a_2^\infty)$$ (2.5-93)

Für konstante Temperatur folgt daraus

$$\left(\frac{\partial \ln a_2^\infty}{\partial p}\right)_T = \frac{v_2^{*\beta} - v_2^{\infty \alpha}}{RT}$$ (2.5-94)

Das molare Volumen $v_2^{\infty \alpha}$ des Gases in der kondensierten Phase können wir gegenüber seinem molaren Volumen $v_2^{*\beta}$ in der Gasphase vernachlässigen, letzteres näherungsweise durch das ideale Gasgesetz substituieren. Dann ergibt sich aus Gl. (2.5-94)

$$\left(\frac{\partial \ln a_2^\infty}{\partial p}\right)_T = \frac{1}{p} \tag{2.5-95}$$

$$d \ln a_2^\infty = d \ln p \tag{2.5-96}$$

Wir integrieren diese Gleichung zwischen den Zuständen $(p_2 = 1.013 \text{ bar}; a_{2,p_2=1.013\,\text{bar}}^\infty)$ und (p_2, a_{2,p_2^∞})

$$\ln a_{2,p_2}^\infty - \ln a_{2,p_2=1.013\,\text{bar}}^\infty = \ln\left(\frac{p_2}{1.013 \text{ bar}}\right) \tag{2.5-97}$$

$\ln a_{2,p_2=1.013\,\text{bar}}^\infty$ ist eine nur von der Temperatur abhängige Konstante. Wir dürfen deshalb Gl. (2.5-97) umformulieren in

$$p_2 = k \cdot a_2^\infty = k \cdot f_2^\infty x_2 \tag{2.5-98}$$

Für hohe Drücke und reales Verhalten der Gasphase ersetzen wir den Druck durch die Fugazität, bei ideal verdünnten Lösungen die Aktivität durch den Molenbruch:

$$p_2 = k \cdot x_2 \tag{2.5-99}$$

Man nennt diese wichtige Beziehung *Henry-Dalton'sches Gesetz*.

Bereits 1803 hatte Henry gefunden, dass sich ein Gas proportional seinem Druck in einer Flüssigkeit löst. Dalton hatte einige Jahre später (1807) festgestellt, dass bei Vorliegen idealer Gasmischungen der Partialdruck eines gelösten Gases über der Lösung seinem Molenbruch in der Lösung proportional ist:

$$p_i = k \cdot x_i \tag{2.5-100}$$

Obwohl das Henry'sche Gesetz wegen der vereinfachenden Annahmen, die zu seiner Herleitung führten, ein Grenzgesetz für niedrige Drücke und geringe Konzentrationen ist, wird es von inerten Gasen, wie den Edelgasen, bis zu Drücken von 50 bar befolgt. Abweichungen von der bei kleinem Druck streng erfüllten Gl. (2.5-99) können zur Ermittlung der Aktivitätskoeffizienten nach Gl. (2.5-98) und Gl. (2.3-105) dienen. Hierauf und auf die Beziehung zwischen dem Henry'schen Gesetz und dem Raoult'schen Gesetz kommen wir im Abschnitt 2.5.5 zurück. Gase, die spezifische Wechselwirkungen mit dem Wasser eingehen, wie z. B. H_2S oder CO_2, zeigen naturgemäß starke Abweichungen vom Henry'schen Gesetz.

Löslichkeit fester Stoffe

Wollen wir das Lösungsgleichgewicht fester Stoffe untersuchen, so setzen wir zunächst wieder Gleichheit der chemischen Potentiale des Gelösten in der festen Phase (α) und in der Lösung (β) an:

$$\mu_2^\alpha = \mu_2^\beta \tag{2.5-101}$$

Die feste Phase ist eine reine Phase, die Lösung eine Mischphase. Da das Gelöste bei dem gewählten p und T nicht im flüssigen Zustand vorliegen kann, beziehen wir das chemische Potential wieder auf den Zustand unendlicher Verdünnung und schreiben für Gl. (2.5-101)

$$\mu_2^{*\alpha} = \mu_2^{\infty\beta} + RT \ln a_2^{\infty} \qquad (2.5\text{-}102)$$

und erhalten daraus

$$a_2^{\infty} = \exp\left(\frac{\mu_2^{*\alpha} - \mu_2^{\infty\beta}}{RT}\right) \qquad (2.5\text{-}103)$$

Bei konstantem p und T ist die rechte Seite eine Konstante und damit auch a_2^{∞}. Die Verhältnisse entsprechen völlig den bei der Löslichkeit von Gasen diskutierten, d. h. chemisch indifferente Zusätze zur Lösung beeinflussen a_2^{∞} nicht, wohl aber den Aktivitätskoeffizienten f_2^{∞} und über diesen den Sättigungsmolenbruch x_2. Wir werden also auch hier einen *Einsalz-* oder einen *Aussalzeffekt* beobachten. Ersteren findet man bei gelösten Salzen, letzteren im Allgemeinen bei gelösten Nichtelektrolyten, wenn Salze zugesetzt werden.

Nach der Phasenregel ergeben sich für das Lösungsgleichgewicht zwischen der festen Phase des Gelösten und der Lösung (2 Komponenten, 2 Phasen) zwei Freiheiten. Wir können also wieder p und T frei wählen. Aus der formalen Gleichheit der Ansätze (Gl. 2.5-90 und Gl. 2.5-102) können wir schließen, dass wir bei konstant gehaltener Temperatur zu einem Gl. (2.5-94) entsprechenden Ausdruck für die Druckabhängigkeit der Sättigungsaktivität kommen werden. Wir wollen uns hier jedoch speziell für die Temperaturabhängigkeit des Sättigungsmolenbruchs interessieren. Wir schreiben deshalb wieder die Bedingung für währendes Gleichgewicht.

$$d\mu_2^{\alpha} = d\mu_2^{\beta} \qquad (2.5\text{-}104)$$

oder zweckmäßiger

$$d\left(\frac{\mu_2^{\alpha}}{T}\right) = d\left(\frac{\mu_2^{\beta}}{T}\right) \qquad (2.5\text{-}105)$$

indem wir wie bei der Siedepunktserhöhung das währende Gleichgewicht über die Planck'sche Funktion formulieren, um die Temperaturabhängigkeit des Gliedes mit der Aktivität a_2 zu vermeiden, denn mit Gl. (2.5-102) ergibt Gl. (2.5-105)

$$d\left(\frac{\mu_2^{*\alpha}}{T}\right) = d\left(\frac{\mu_2^{\infty\beta}}{T}\right) + d(R \ln a_2^{\infty}) \qquad (2.5\text{-}106)$$

Nach Gl. (2.3-51) ist das bei $p = $ const. identisch mit

$$-\frac{h_2^{*\alpha}}{T^2} dT = -\frac{h_2^{\infty\beta}}{T^2} dT + R d \ln a_2^{\infty} \qquad (2.5\text{-}107)$$

So finden wir

$$\left(\frac{\partial \ln a_2^{\infty}}{\partial T}\right)_p = \frac{h_2^{\infty\beta} - h_2^{*\alpha}}{RT^2} \qquad (2.5\text{-}108)$$

Gehen wir nun davon aus, dass sich die Lösung bis zur Sättigung hin ideal verhält, dann treten keine kalorischen Mischungseffekte auf, wie wir in den Abschnitten 2.2.1, 2.2.3 und 2.3.7 besprochen haben, $h_2^{\infty\beta}$ ist identisch mit $h_2^{*\beta}$ und $h_2^{*\beta} - h_2^{*\alpha}$ ist die Schmelzenthalpie $\Delta_m H_2$. Für Gl. (2.5-108) erhalten wir dann

$$\left(\frac{\partial \ln x_2}{\partial T}\right)_p = \frac{\Delta_m H_2}{RT^2} \qquad (2.5\text{-}109)$$

Wir integrieren diese Gleichung zwischen den Zuständen (x_2, T) und $(x_2 = 1; T = T_m)$ unter der Annahme, dass in diesem Temperaturbereich $\Delta_m H_2$ temperaturunabhängig ist:

$$\ln x_2 = \frac{\Delta_m H_2}{R} \left(\frac{1}{T_m} - \frac{1}{T}\right) \qquad (2.5\text{-}110)$$

Wir erkennen, dass in einer idealen Lösung die durch den Sättigungsmolenbruch x_2 charakterisierte Löslichkeit unabhängig ist von der chemischen Natur des Lösungsmittels und lediglich durch die Schmelzenthalpie des Gelösten bestimmt wird. Die Annahme, dass $\Delta_m H_2$ zwischen der interessierenden Temperatur der Lösung und der Schmelztemperatur konstant ist, ist im Fall von anorganischen Salzen im Allgemeinen nicht erfüllt. Sie ist wesentlich besser erfüllt bei niedrig schmelzenden Substanzen. So beträgt der Schmelzpunkt von Naphthalin 353 K, seine Schmelzenthalpie 19 kJ mol^{-1}. Deshalb sollte der Sättigungsmolenbruch bei 293 K $x_2 = 0.265$ betragen. Tatsächlich findet man für die Lösung in Chlorbenzol $x_2 = 0.256$, in Benzol $x_2 = 0.241$ und in Toluol $x_2 = 0.224$.

2.5.5
Aktivität und Aktivitätskoeffizient

In den vorangehenden Abschnitten haben wir die Gleichgewichtsbedingungen allgemein formuliert, d. h. wir haben entsprechend unserem Vorgehen im Abschnitt 2.3.6 den Molenbruch durch die Aktivität

$$a_i = f_i \cdot x_i \qquad (2.3\text{-}105)$$

ersetzt. Der von Druck, Temperatur und sämtlichen Molenbrüchen abhängige Aktivitätskoeffizient f_i sollte den Unterschied zwischen dem idealen und dem realen Verhalten repräsentieren. Wir sind auf das reale Verhalten bisher jedoch nicht eingegangen, sondern haben unsere Schlüsse stets nur für ideales Verhalten gezogen, das wir den *ideal verdünnten Lösungen* zugeschrieben haben. Wir haben lediglich bisweilen vermerkt, dass Dampfdruckmessungen, wie auch die Messungen kolligativer Eigenschaften ganz allgemein, oder Löslichkeitsmessungen geeignet sind, Aktivitäten zu bestimmen, um dann nach Gl. (2.3-105) über den bekannten Molenbruch Aktivitätskoeffizienten zu ermitteln. Bevor wir uns der Besprechung der Gleichgewichte in Zweistoffsystemen über den gesamten Konzentrationsbereich zuwenden, müssen wir detaillierter die Aktivität und den Aktivitätskoeffizienten behandeln, denn wir werden sehen, dass sich die Mehrzahl der Systeme nicht ideal verhält.

Unabhängig vom Aggregatzustand der Mischphase haben wir für den Fall einer idealen Mischphase für das chemische Potential geschrieben

$$\mu_i^{\text{id}}(p, T) = \mu_i^*(p, T) + RT \ln x_i \tag{2.3-102}$$

oder in Worten: Das chemische Potential der Komponente i in der Mischphase, die unter dem Druck p steht und die Temperatur T hat, ist gleich dem chemischen Potential der reinen Komponente i, wenn diese unter dem gleichen Druck p steht und dieselbe Temperatur T hat, vermehrt um den Ausdruck $RT \ln x_i$. Für den Fall der realen Mischphase haben wir geschrieben

$$\mu_i^{\text{real}}(p, T) = \mu_i^*(p, T) + RT \ln a_i \tag{2.3-106}$$

oder mit Gl. (2.3-105)

$$\mu_i^{\text{real}}(p, T) = \mu_i^*(p, T) + RT \ln x_i + RT \ln f_i \tag{2.3-106}$$

Die Abweichungen vom idealen Verhalten sind dann durch die Differenz der Gl. (2.3-106) und (2.3-102) gegeben

$$\mu_i^{\text{real}} - \mu_i^{\text{id}} = RT \ln f_i \tag{2.5-111}$$

Da die μ_i Funktionen von p, T und allen Molenbrüchen sind, muss das gleiche für die Aktivitätskoeffizienten gelten. Gl. (2.5-111) liefert uns gleichzeitig den Schlüssel zur Ermittlung der Druck- und Temperaturabhängigkeit der Aktivitätskoeffizienten, worauf wir jedoch nicht im Einzelnen eingehen wollen.

An dieser Stelle müssen wir uns noch einmal Klarheit über die Begriffe *ideal* und *real* verschaffen. Wir haben sie zunächst für die Charakterisierung der Eigenschaften der Gase verwandt. Unter einem idealen Gas haben wir ein solches verstanden, zwischen dessen Teilchen keine Wechselwirkungskräfte vorhanden sind. Ein reales Gas zeichnet sich gerade durch das Vorhandensein solcher Kräfte aus. Da die Reichweite der Wechselwirkungskräfte begrenzt ist, verhalten sich reale Gase bei hinreichend niedrigen Drücken, bei denen der Teilchenabstand sehr groß ist, wie ideale Gase. Wir können deshalb die Zustandsgleichung des idealen Gases als ein Grenzgesetz für niedrige Drücke betrachten.

Wenn wir es mit kondensierten Phasen zu tun haben, so müssen immer Wechselwirkungskräfte vorhanden sein. Andernfalls wäre der kondensierte Zustand nicht existent. Wenn wir nun von idealen und realen kondensierten Mischphasen sprechen, so benutzen wir die Begriffe ideal und real offensichtlich in anderer Bedeutung als bei der Charakterisierung des gasförmigen Zustandes. Im Abschnitt 2.2.1 haben wir Mischphasen als ideal bezeichnet, wenn bei ihrer Herstellung keinerlei Mischungseffekte auftraten, d. h. wenn sich Volumen, Innere Energie, Enthalpie oder Wärmekapazitäten des Gesamtsystems additiv aus den entsprechenden Werten der einzelnen Komponenten zusammensetzen. Das ist nur dann möglich, wenn die Wechselwirkungsenergien zwischen den Molekülen der verschiedenen Komponenten gleich dem arithmetischen Mittel der Wechselwirkungsenergien zwischen gleichartigen Molekülen sind. Das wird im Allgemeinen nur bei einander sehr ähnlichen Stoffen der Fall sein. Treten Mischungseffekte auf, dann sprechen wir von realen Mischphasen. Solche Mischungseffekte werden die Eigenschaften der Mischphase gegenüber den Eigenschaften des reinen Lösungsmittels praktisch nicht verändern, wenn wir es mit extrem (ideal) verdünnten Mischphasen zu tun haben. In diesem Sinn können wir ideales Verhalten der Mischphasen auch als Grenzzustand des Verhaltens realer Mischphasen betrachten, wovon wir im vorangehenden Abschnitt ständig Gebrauch gemacht haben.

Normierung der Aktivitätskoeffizienten

Wir wollen drei wichtige Fälle näher diskutieren.

1. Die reale Mischphase ist eine Gasphase.

Wir wollen hier zunächst nach dem Zusammenhang zwischen dem Aktivitätskoeffizienten und dem für die Beschreibung des Verhaltens realer Gase in Abschnitt 2.3.5 eingeführten Fugazitätskoeffizienten fragen.

Im Abschnitt 2.3.6 haben wir erfahren, dass das chemische Potential der Komponente i in der Mischphase, die die Temperatur T und den Gesamtdruck p aufweist, gleich dem chemischen Potential der gleichen Komponente in der reinen Phase ist, wenn diese die gleiche Temperatur T hat, jedoch unter einem Druck p_i steht, der dem Partialdruck p_i der Komponente in der Mischphase entspricht:

$$\mu_i(p, T) = \mu_i^*(p_i, T) \tag{2.3-100}$$

Wollen wir $\mu_i^*(p_i, T)$ durch das chemische Potential der reinen Komponente i bei p und T ausdrücken, so wie wir es für die Gl. (2.3-102) bzw. (2.3-106) benötigen, gelingt uns dies mit Hilfe der Druckabhängigkeit des chemischen Potentials:

$$\left(\frac{\partial \mu_i}{\partial p}\right)_T = v_i \tag{2.3-87}$$

$$\mu_i^*(p_i, T) = \mu_i^*(p, T) + \int_p^{p_i} v_i \, dp \qquad (2.5\text{-}112)$$

Haben wir ein ideales Gas vorliegen, so folgt daraus mit Hilfe des idealen Gasgesetzes

$$\mu_i^*(p_i, T) = \mu_i^*(p, T) + RT \ln \frac{p_i}{p} \qquad (2.5\text{-}113)$$

und Gl. (2.3-100) liefert

$$\mu_i^{\text{id}}(p, T) = \mu_i^*(p, T) + RT \ln \frac{p_i}{p} = \mu_i^*(p, T) + RT \ln x_i \qquad (2.5\text{-}114)$$

Verhält sich das Gas jedoch real, so können wir gemäß Abschnitt 2.3.5 mit den für ein ideales Gas abgeleiteten Gleichungen weiterarbeiten, wenn wir anstelle des Druckes p die Fugazität f_g einführen. (Wir haben hier den Index g hinzugefügt, um eine Verwechslung mit dem Aktivitätskoeffizienten zu vermeiden.) Anstatt Gl. (2.5-113) ergibt sich also

$$\mu_i^*(p_i, T) = \mu_i^*(p, T) + RT \ln \frac{f_{g_i}(p_j, T)}{f_{g_i}(p, T)} \qquad (2.5\text{-}115)$$

oder, wenn wir den Fugazitätskoeffizienten

$$\varphi_i = \frac{f_{g_i}}{p_i} \qquad (2.3\text{-}97)$$

verwenden, der wie f_{gi} von den Partialdrücken p_j aller Komponenten abhängt,

$$\mu_i^*(p_i, T) = \mu_i^*(p, T) + RT \ln \frac{p_i \varphi_i(p_j, T)}{p \varphi_i(p, T)} \qquad (2.5\text{-}116)$$

Setzen wir dies in Gl. (2.3-100) ein, so ergibt sich

$$\mu_i^{\text{real}}(p, T) = \mu_i^*(p, T) + RT \ln \frac{p_i}{p} + RT \ln \frac{\varphi_i(p_j, T)}{\varphi_i(p, T)} \qquad (2.5\text{-}117)$$

$$\mu_i^{\text{real}}(p, T) = \mu_i^*(p, T) + RT \ln x_i + RT \ln \frac{\varphi_i(p_j, T)}{\varphi_i(p, T)} \qquad (2.5\text{-}118)$$

Der Vergleich von Gl. (2.5-118) mit Gl. (2.3-106) liefert

$$f_i = \frac{\varphi_i(p_j, T)}{\varphi_i(p, T)} = \frac{\varphi_i}{\varphi_i^*} \qquad (2.5\text{-}119)$$

Der Aktivitätskoeffizient der Komponente i in der realen, gasförmigen Mischphase ergibt sich als Quotient aus dem Fugazitätskoeffizienten φ_i der Komponente in der Mischphase und dem Fugazitätskoeffizienten φ_i^* der reinen Komponente i bei dem Druck, der dem Gesamtdruck der Mischphase entspricht.

Für $x_i \to 1$, geht $p_i \to p$ und $\varphi_i \to \varphi_i^*$. Es gilt also nach Gl. (2.5-119)

$$\lim_{x_i \to 1} f_i = 1 \tag{2.5-120}$$

und nach Gl. (2.5-118)

$$\lim_{x_i \to 1} \mu_i^{\text{real}} = \mu_i^*. \tag{2.5-121}$$

Wir nennen deshalb den Zustand des reinen realen Gases i den *Standardzustand* der Komponente i, die ideale Gasmischung, für die f_i über den ganzen Molenbruch den Wert 1 hat, den *Bezugszustand*. Gemäß Gl. (2.5-120) ist der Aktivitätskoeffizient auf den Zustand des reinen Gases als Standardzustand normiert.

2. Die reale Mischphase ist eine kondensierte Mischung.

Da nach den in Abschnitt 2.3.6 skizzierten Überlegungen die Abhängigkeit des chemischen Potentials der Komponente i von der Zusammensetzung der Mischphase in der kondensierten Phase die gleiche wie in der gasförmigen Phase ist, gilt auch in der kondensierten Mischung

$$\mu_i^{\text{real}}(p, T) = \mu_i^*(p, T) + RT \ln x_i + RT \ln f_i \tag{2.3-106}$$

Geht $x_i \to 1$, so nähert sich das Verhalten der Mischphase immer mehr dem der reinen kondensierten Komponente i, so dass

$$\lim_{x_i \to 1} \mu_i^{\text{real}} = \mu_i^* \tag{2.5-122}$$

und

$$\lim_{x_i \to 1} \ln f_i = 0; \quad \lim_{x_i \to 1} f_i = 1 \tag{2.5-123}$$

Auch in diesem Fall ist also der Standardzustand der Komponente i der Zustand des reinen Stoffes i im gleichen Aggregatzustand, und der Aktivitätskoeffizient ist auf diesen Zustand normiert. Die reine Komponente i hat also die Aktivität 1.

Für die Komponente i gilt als Grenzgesetz anstelle von Gl. (2.3-106)

$$\lim_{x_i \to 1} \mu_i^{\text{real}}(p, T) = \mu_i^*(p, T) + RT \ln x_i \tag{2.5-124}$$

d. h. die für ideale Mischungen gültige Beziehung. Die ideale Mischung ist also der Bezugszustand.

3. Die reale Mischphase ist eine verdünnte Lösung.

Hier müssen wir unterscheiden zwischen dem Verhalten des Lösungsmittels und dem des Gelösten. Für das Lösungsmittel können wir die obigen Betrachtungen unmittelbar übertragen, d. h. es gilt

$$\lim_{x_1 \to 1} \mu_1(p, T) = \mu_1^*(p, T) + RT \ln x_1 \tag{2.5-125}$$

$$\lim_{x_1 \to 1} \ln f_1 = 0; \quad \lim_{x_1 \to 1} f_1 = 1 \tag{2.5-126}$$

Für das Gelöste ist das nicht möglich, wenn es bei dem p und T der Lösung in reiner Form nicht im gleichen Aggregatzustand vorliegt. Hier müssen wir nach einem anderen Bezugszustand suchen. Als solchen wählen wir den Zustand idealer (unendlicher) Verdünnung. Wir schreiben anstelle von Gl. (2.3-106)

$$\mu_2^{\text{real}}(p, T) = \mu_2^\infty(p, T) + RT \ln x_2 + RT \ln f_2^\infty \tag{2.5-127}$$

> Als Grenzgesetz, d. h. für den Bezugszustand, wollen wir erhalten
>
> $$\lim_{x_2 \to 0} \mu_2^{\text{real}}(p, T) = \mu_2^\infty(p, T) + RT \ln x_2 \tag{2.5-128}$$
>
> Das ist offenbar gegeben, wenn
>
> $$\lim_{x_2 \to 0} f_2^\infty = 1 \tag{2.5-129}$$
>
> ist. Dieser sog. *rationale Aktivitätskoeffizient* nimmt beim Zustand idealer Verdünnungen den Wert 1 an. Der Standardzustand ist derjenige, bei dem das Gelöste als reine Komponente ($x_2 = 1$) vorliegt, sich aber im Zustand idealer Verdünnung befindet.

Die hier geschilderten Verhältnisse sind auf den ersten Blick recht unanschaulich. Wir wollen sie deshalb an einem konkreten Beispiel näher erläutern, bei dem wir das Henry'sche und das Raoult'sche Gesetz als Grenzgesetze annehmen können.

Zu diesem Zweck betrachten wir ein binäres System, bestehend aus einer flüssigen und einer dampfförmigen Phase. Die Komponente 1 habe einen relativ hohen Dampfdruck, die Komponente 2 einen sehr niedrigen. Bei großen Werten von x_1 liegen dann die Verhältnisse vor, die wir im Zusammenhang mit der Dampfdruckerniedrigung besprochen haben und die uns dann zum *Raoult'schen Gesetz* geführt haben, denn die Komponente 1 dient als Lösungsmittel, in dem sich die schwer flüchtige Komponente 2 löst. Bei niedrigen Werten von x_1 fassen wir die Komponente 2 als Lösungsmittel auf, in dem sich das Gas 1 löst. Wir treffen also die Verhältnisse an, die uns zum *Henry'schen Gesetz* geführt haben. Wir müssen nur beachten, dass der Index 2 jetzt gegen den Index 1 ausgetauscht werden muss. Wir erhalten also aus den Gl. (2.5-44) und (2.5-99) die beiden Grenzgesetze

$$\lim_{x_1 \to 1} p_1 = p_1^* x_1 \tag{2.5-130}$$

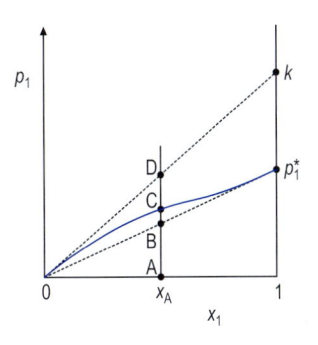

Abbildung 2.5-11 Henry'sche und Raoult'sche Geraden als Grenzgesetze. – Wahl der Standardzustände.

$$\lim_{x_1 \to 0} p_1 = k x_1 \tag{2.5-131}$$

Dies ist in Abb. 2.5-11 demonstriert.

Als Standard- und Bezugszustand für das Lösungsmittel 1 (große Werte von x_1) wählen wir den Zustand des reinen Lösungsmittels ($x_1 = 1$). Nach Gl. (2.5-126) ist für diesen Zustand $f_1 = 1$. Als Bezugszustand für das Gelöste 1 (kleine Werte von x_1) wählen wir den Zustand unendlicher Verdünnung ($x_1 \to 0$). Für diesen Zustand ist $f_1^\infty = 1$. Der Standardzustand ist ein hypothetischer Zustand. Es ist ein Zustand, in dem der reine Stoff 1 ($x_1 = 1$) die Eigenschaften besitzt, die er in einer unendlich verdünnten Lösung im Lösungsmittel 2 besitzen würde.

Wir haben hier denselben Stoff einmal als Lösungsmittel, einmal als Gelöstes betrachtet und haben dafür zwei verschiedene Bezugszustände und Standardzustände gewählt. Die Aktivitätskoeffizienten für denselben Stoff sind also in unterschiedlicher Weise normiert. Den Wert der beiden Aktivitätskoeffizienten können wir unmittelbar aus Abb. 2.5-11 entnehmen. Wir betrachten eine Lösung der Zusammensetzung x_A und beginnen mit dem Lösungsmittel 1. Der Punkt B gibt den Dampfdruck an, der herrschen würde, wenn sich die Lösung ideal verhalten würde, d. h. wenn Gl. (2.5-44) über den ganzen Konzentrationsbereich gültig wäre:

$$\overline{AB} = p_1^{\text{id}} = p_1^* x_1 \tag{2.5-132}$$

Punkt C gibt den tatsächlich herrschenden Partialdruck p_1 an, für den mit Gl. (2.5-43) gilt

$$\overline{AC} = p_1^{\text{real}} = p_1^* a_1 = p_1^* f_1 x_1 \tag{2.5-133}$$

Dividieren wir Gl. (2.5-133) durch Gl. (2.5-132), so erhalten wir

$$f_1 = \frac{p_1^{\text{real}}}{p_1^{\text{id}}} = \frac{\overline{AC}}{\overline{AB}} > 1 \tag{2.5-134}$$

Betrachten wir Stoff 1 als Gelöstes, wenden wir also das Henry'sche Gesetz an, so gibt Punkt D den Dampfdruck an, der herrschen würde, wenn sich die Lösung ideal verdünnt verhalten würde, d. h. wenn Gl. (2.5-99) über den ganzen Konzentrationsbereich gelten würde.

$$\overline{AD} = p_1^{\text{id. verd.}} = k \cdot x_1 \tag{2.5-135}$$

Punkt C gibt wieder den tatsächlich herrschenden Partialdruck an, für den nach Gl. (2.5-98) gilt

$$\overline{AC} = p_1^{\text{real}} = k \cdot a_1^{\infty} = k \cdot f_1^{\infty} \cdot x_1 \tag{2.5-136}$$

Dividieren wir Gl. (2.5-136) durch Gl. (2.5-135), so erhalten wir

$$f_1^{\infty} = \frac{p_1^{\text{real}}}{p_1^{\text{id. verd.}}} = \frac{\overline{AC}}{\overline{AD}} < 1 \tag{2.5-137}$$

> Wir erkennen durch Vergleich von Gl. (2.5-134) und Gl. (2.5-137), wie der Aktivitätskoeffizient von der Normierung, d. h. vom gewählten Standardzustand abhängt.

Wir haben zur Angabe der Zusammensetzung einer Mischphase im Wesentlichen den Molenbruch verwendet. Oft benutzt man jedoch – insbesondere bei verdünnten Lösungen – andere Konzentrationsangaben, nämlich die Molarität c oder die Molalität m.

> Entsprechend Gl. (2.3-105) definiert man auf die Molarität bezogene Aktivitäten a_i^c und Aktivitätskoeffizienten γ_i
>
> $$a_i^c = \gamma_i c_i / c^{\circ}, \qquad c^{\circ} = 1\,\text{mol} \cdot \text{dm}^{-3} \tag{2.5-138}$$
>
> oder auf die Molalität bezogene Aktivitäten a_i^m und Aktivitätskoeffizienten γ_i
>
> $$a_i^m = \gamma_i m_i / m^{\circ}, \qquad m^{\circ} = 1\,\text{mol} \cdot (\text{kg Lösungsmittel})^{-1} \tag{2.5-139}$$
>
> Bezugszustand ist wieder die ideal verdünnte Lösung, Standardzustand für die Normierung dieser sog. *praktischen Aktivitätskoeffizienten* die Lösung mit $c = 1\,\text{mol dm}^{-3}$ bzw. $m = 1\,\text{mol (kg Lösungsmittel)}^{-1}$, wie aus den Definitionsgleichungen
>
> $$\begin{aligned} \mu_2 &= \mu_2^{\infty(c)} + RT \ln(c_2/c^{\circ}) + RT \ln \gamma_2 \\ \lim_{c_2 \to 0} \gamma_2 &= 1 \end{aligned} \tag{2.5-140}$$
>
> und
>
> $$\begin{aligned} \mu_2 &= \mu_2^{\infty(m)} + RT \ln(m_2/m^{\circ}) + RT \ln \gamma_2 \\ \lim_{m_2 \to 0} \gamma_2 &= 1 \end{aligned} \tag{2.5-141}$$
>
> hervorgeht.

Den Zusammenhang zwischen den drei Aktivitätskoeffizienten f_2^{∞}, γ_2 und γ_2 finden wir, wenn wir die Differenz der chemischen Potentiale von zwei Lösungen betrachten, deren Konzentration x_2, c_2, m_2 bzw. x_2', c_2', m_2' ist:

Aus den Gleichungen (2.5-127), (2.5-140) und (2.5-141) folgt

$$\mu_2 - \mu_2' = RT \ln\frac{f_2^\infty x_2}{f_2^{\infty'} x_2'} = RT \ln\frac{\gamma_2 c_2}{\gamma_2' c_2'} = RT \ln\frac{\gamma_2 m_2}{\gamma_2' m_2'} \qquad (2.5\text{-}142)$$

Wir wählen nun die Konzentration x_2', c_2', m_2' so klein, dass $f_2^{\infty'}$, γ_2' und γ_2' gleich 1 werden. Dann folgt aus Gl. (2.5-142)

$$\frac{f_2^\infty x_2}{x_2'} = \frac{\gamma_2 c_2}{c_2'} = \frac{\gamma_2 m_2}{m_2'} \qquad (2.5\text{-}143)$$

Für die Umrechnung der Konzentrationsangaben gilt (mit der Dichte ϱ)

$$x_2 = \frac{M_1 c_2}{c_2(M_1 - M_2) + \varrho} = \frac{m_2 M_1}{m_2 M_1 + 1} \qquad (2.5\text{-}144)$$

oder angenähert für extreme Verdünnungen

$$x_2' \approx \frac{M_1 c_2'}{\varrho_1} \approx M_1 m_2' \qquad (2.5\text{-}145)$$

Kombinieren wir die Gleichungen (2.5-143) bis (2.5-145), so erhalten wir

$$f_2^\infty = \frac{\varrho - c_2(M_2 - M_1)}{\varrho_1} \gamma_2 = (1 + M_1 m_2)\gamma_2 \qquad (2.5\text{-}146)$$

Wir ersehen aus dieser Gleichung, dass bei hinreichend verdünnten Lösungen

$$f_2^\infty \approx \gamma_2 \approx \gamma_2 \qquad (2.5\text{-}147)$$

wird.

Experimentelle Bestimmung von Aktivitätskoeffizienten

Da die Aktivität und damit auch der Aktivitätskoeffizient als Bindeglied zum Molenbruch oder zur Konzentration überall dort auftritt, wo sich thermodynamische Systeme nicht ideal verhalten, gibt es eine Vielzahl von Möglichkeiten, aus dem Unterschied zwischen dem idealen und dem realen Verhalten den Aktivitätskoeffizienten experimentell zu ermitteln. Da wir in den im Abschnitt 2.5.4 behandelten Gleichgewichten bereits einige der wichtigsten Methoden kennengelernt haben, wollen wir sie hier zusammenfassen. Weitere Möglichkeiten werden wir im Abschnitt 2.8.9 kennenlernen.

Die *Dampfdruckerniedrigung* liefert uns eine unmittelbare Möglichkeit zur Bestimmung des Aktivitätskoeffizienten des Lösungsmittels, denn nach Gl. (2.5-43) ist

$$f_1 = \frac{p_1}{p_1^* \cdot x_1} \qquad (2.5\text{-}148)$$

Die Einwaagen ergeben den Molenbruch x_1, p_1 und p_1^* sind die Dampfdrücke der Lösung bzw. des Lösungsmittels. Es ist lediglich vorausgesetzt, dass sich die Dampfphase ideal verhält. Sind die Dampfdrücke so hoch, dass das ideale Gasgesetz nicht mehr gilt, so müssen die Drücke durch die Fugazitäten f_g ersetzt werden, die sich nach Gl. (2.3-97) bis Gl. (2.3-99) zu

$$\ln f_g = \ln(p/p^\circ) + \frac{Bp}{RT} \tag{2.5-149}$$

mit Hilfe des 2. Virialkoeffizienten berechnen lassen. Allerdings ist dabei zu beachten, dass die Drücke noch so niedrig sein müssen, dass Gl. (2.5-39) ihre Gültigkeit behält, $v_1^{*\beta} \gg v_1^{*\alpha}$ bleibt.

Man erhält aus der Dampfdruckerniedrigung zunächst natürlich nur den Aktivitätskoeffizienten des Lösungsmittels in Abhängigkeit von der Konzentration. Den Aktivitätskoeffizienten des Gelösten gewinnt man daraus am besten rechnerisch mit Hilfe der Gibbs-Duhem'schen Gleichungen (vgl. nächster Unterabschnitt).

Den Aktivitätskoeffizienten des Lösungsmittels kann man auch aus der *Siedepunktserhöhung* oder der *Gefrierpunktserniedrigung* erhalten. Da üblicherweise die Gefrierpunktserniedrigung verwendet wird, wollen wir uns darauf beschränken, zumal sich die Überlegungen unmittelbar auf die Siedepunktserhöhung übertragen lassen.

Für die Bestimmung des Aktivitätskoeffizienten können wir allerdings nicht auf die einfache, Gl. (2.5-55) entsprechende Beziehung

$$\ln a_1 = \ln x_1 \cdot f_1 = \frac{\Delta_m H}{R}\left(\frac{1}{T_m^*} - \frac{1}{T_m}\right) \tag{2.5-150}$$

zurückgreifen, weil bei ihrer Ableitung aus Gl. (2.5-54) vereinfachend eine Temperaturunabhängigkeit der Schmelzenthalpie $\Delta_m H$ und des Aktivitätskoeffizienten angenommen worden war. Die Temperaturabhängigkeit der Schmelzenthalpie ist gemäß Gl. (1.1-159)

$$\Delta_m H_{T_m} = \Delta_m H_{T_m^*} + \int_{T_m^*}^{T_m} \Delta C_p dT = \Delta_m H_{T_m^*} + \Delta C_p (T_m - T_m^*) \tag{2.5-151}$$

wenn wir annehmen, dass sich die molaren Wärmekapazitäten c_p des festen und flüssigen Lösungsmittels im Bereich der Gefrierpunktserniedrigung nicht mit der Temperatur ändern. Setzen wir Gl. (2.5-151) in Gl. (2.5-54) ein, so erhalten wir zur Integration

$$\int_1^{a_1} d\ln a_1 = \frac{\Delta_m H_{T_m^*}}{R}\int_{T_m^*}^{T_m}\frac{dT}{T^2} - \frac{\Delta C_p \cdot T_m^*}{R}\int_{T_m^*}^{T_m}\frac{dT}{T^2} + \frac{\Delta C_p}{R}\int_{T_m^*}^{T_m}\frac{dT}{T} \tag{2.5-152}$$

$$\ln a_1 = -\frac{\Delta_m H_{T_m^*} - \Delta C_p \cdot T_m^*}{R}\left(\frac{1}{T_m} - \frac{1}{T_m^*}\right) + \frac{\Delta C_p}{R}\ln\frac{T_m}{T_m^*} \tag{2.5-153}$$

Die so berechnete Aktivität gilt für die vom Molenbruch abhängige Schmelztemperatur T_m der Lösung. Um die Aktivität in Abhängigkeit von der Konzentration bei einer festen Temperatur, der Schmelztemperatur des reinen Lösungsmittels zu bekommen, müssen wir noch die Temperaturabhängigkeit des Aktivitätskoeffizienten berücksichtigen. Wir erhalten sie über die Mischungseffekte in realen Mischphasen in Analogie zu unserem Vorgehen in Abschnitt 2.3.7. Es ist

$$\mu_1 = \mu_1^* + RT \ln a_1 \tag{2.3-106}$$

$$\frac{\mu_1}{T} = \frac{\mu_1^*}{T} + R \ln a_1 \tag{2.5-154}$$

Daraus folgt mit Gl. (2.3-57)

$$h_1 = -T^2 \left(\frac{\partial(\mu_1/T)}{\partial T}\right)_{p,x} = -T^2 \left(\frac{\partial(\mu_1^*/T)}{\partial T}\right)_{p,x} - RT^2 \left(\frac{\partial \ln a_1}{\partial T}\right)_{p,x} \tag{2.5-155}$$

$$h_1 = h_1^* - RT^2 \left(\frac{\partial \ln a_1}{\partial T}\right)_{p,x} \tag{2.5-156}$$

$$\left(\frac{\partial \ln a_1}{\partial T}\right)_{p,x} = -\frac{h_1 - h_1^*}{RT^2} \tag{2.5-157}$$

$(h_1 - h_1^*)$ ist nach Gl. (2.2-45) die differentielle Verdünnungsenthalpie ΔH_1^E, so dass folgt

$$\left(\frac{\partial \ln a_1}{\partial T}\right)_{p,x} = -\frac{\Delta H_1^E}{RT^2} \tag{2.5-158}$$

Da die differentielle Verdünnungsenthalpie gegenüber der Schmelzenthalpie $\Delta_m H$ als Korrekturgröße aufgefasst werden kann, können wir sie in erster Näherung als temperaturunabhängig ansehen, so dass wir durch Integration von Gl. (2.5-158) erhalten

$$\ln a_{1(T_m)} = \ln a_{1(T_m^*)} + \frac{\Delta H_1^E}{R}\left(\frac{1}{T_m} - \frac{1}{T_m^*}\right) \tag{2.5-159}$$

Fassen wir diese Gleichung mit Gl. (2.5-153) zusammen, so erhalten wir schließlich

$$\ln f_{1(T_m)} = -\ln x_1 + \frac{-\Delta H_1^E - \Delta_m H_{T_m^*} + \Delta C_p \cdot T_m^*}{R}\left(\frac{1}{T_m} - \frac{1}{T_m^*}\right) +$$

$$+ \frac{\Delta C_p}{R} \ln \frac{T_m}{T_m^*} \tag{2.5-160}$$

Es gelingt also, den Aktivitätskoeffizienten f_1 des Lösungsmittels aus der Gefrierpunktserniedrigung $T_m - T_m^*$ bei Kenntnis der differentiellen Verdünnungsenthalpie ΔH_1^E, der Schmelzenthalpie $\Delta_m H_{T_m^*}$ am Schmelzpunkt T_m^* des reinen Lösungsmittels und der Differenz ΔC_p der molaren Wärmekapazitäten des flüssigen und des festen Lösungsmittels in Abhängigkeit vom Molenbruch x_1 zu ermitteln.

Weit weniger aufwendig ist die Bestimmung des Aktivitätskoeffizienten, wenn der *osmotische Druck* gemessen werden kann, denn aus Gl. (2.5-74) folgt unmittelbar

$$\ln f_1 = -\ln x_1 - \frac{\overline{v_1^a} \cdot \Pi}{RT} \tag{2.5-161}$$

Häufig wird bei osmotischen Messungen die Abweichung vom idealen Verhalten durch den osmotischen Koeffizienten φ beschrieben, der durch das Verhältnis,

$$\varphi \equiv \frac{\Pi^{\text{real}}}{\Pi^{\infty \text{id}}} \tag{2.5-162}$$

d. h. des osmotischen Drucks Π^{real} zum osmotischen Druck $\Pi^{\infty \text{id}}$ einer sich ideal verdünnt verhaltenden Lösung gleichen Molenbruchs, gegeben ist. Für diese würde aus Gl. (2.5-74) folgen

$$\ln x_1 = -\frac{\overline{v_1^a} \cdot \Pi^{\infty \text{id}}}{RT} \tag{2.5-163}$$

Gl. (2.5-161) bis Gl. (2.5-163) liefern bei der Zusammenfassung

$$\varphi = \frac{\ln a_1}{\ln x_1} = 1 + \frac{\ln f_1}{\ln x_1} \tag{2.5-164}$$

Als ein Beispiel für die Ermittlung des Aktivitätskoeffizienten einer gelösten Substanz wollen wir lediglich eine *Anwendung des Henry'schen Gesetzes* besprechen. Nach Gl. (2.5-98) ist

$$\frac{a_2^\infty}{p_2} = \frac{x_2 \cdot f_2^\infty}{p_2} = \frac{1}{k} \tag{2.5-165}$$

Diese Beziehung gilt unabhängig von der Größe des Molenbruchs. Entsprechend der vereinbarten Normierung des Aktivitätskoeffizienten f_2^∞ ist

$$\lim_{x_2 \to 0} f_2^\infty = 1 \tag{2.5-129}$$

so dass

$$\lim_{x_2 \to 0} \frac{x_2}{p_2} = \frac{1}{k} \tag{2.5-166}$$

Aus der Verknüpfung von Gl. (2.5-165) mit Gl. (2.5-166) erhalten wir

$$f_2^\infty = \frac{p_2}{x_2} \cdot \lim_{x_2 \to 0} \frac{x_2}{p_2} \tag{2.5-167}$$

Wir müssen also den Molenbruch x_2 des Gelösten in Abhängigkeit von seinem Dampfdruck p_2 messen, und zwar bis zu so kleinen Molenbrüchen hin, dass das Verhältnis $\frac{x_2}{p_2}$ unabhängig vom Molenbruch wird $\left(\lim_{x_2 \to 0} \frac{x_2}{p_2}\right)$. Multiplizieren wir diesen Grenzwert mit dem zu einem beliebigen x_2 gehörenden Bruch p_2/x_2, so ergibt sich der zu x_2 gehörende, auf den Zustand unendlicher Verdünnung normierte Aktivitätskoeffizient f_2^∞.

Weitere wichtige Methoden zur experimentellen Ermittlung von Aktivitätskoeffizienten werden wir im Abschnitt 2.8.9 kennenlernen.

Gegenseitige Umrechnung der Aktivitätskoeffizienten einer binären Mischung oder Lösung

Wie bereits angedeutet, genügt es prinzipiell, in einem binären System den Aktivitätskoeffizienten einer Komponente experimentell zu bestimmen, da sich derjenige der anderen Komponenten dann mit Hilfe der Gibbs-Duhem'schen Gleichung ermitteln lässt. Wenden wir Gl. (2.2-20) auf das chemische Potential als partielle molare Größe an, so folgt

$$x_1 \cdot d\mu_1 + x_2 \cdot d\mu_2 = 0 \tag{2.5-168}$$

Dafür können wir mit Gl. (2.3-106) schreiben

$$x_1 \cdot d \ln a_1 + x_2 \cdot d \ln a_2 = 0 \tag{2.5-169}$$

oder

$$d \ln a_1 = -\frac{x_2}{x_1} d \ln a_2 \tag{2.5-170}$$

Wegen

$$dx_1 = -dx_2 \tag{2.5-171}$$

ist

$$x_1 \cdot d \ln x_1 = -x_2 \cdot d \ln x_2 \tag{2.5-172}$$

und

$$d \ln x_1 = -\frac{x_2}{x_1} d \ln x_2 \tag{2.5-173}$$

Subtrahieren wir Gl. (2.5-173) von Gl. (2.5-170), so erhalten wir

$$\mathrm{d}\ln f_1 = -\frac{x_2}{x_1}\mathrm{d}\ln f_2 \qquad (2.5\text{-}174)$$

Diese Gleichung können wir nun zwischen dem Zustand des reinen Lösungsmittels ($x_2 = 0$, $f_1 = 1$) und dem der Lösung (x_2, f_1) integrieren, wobei wir erhalten

$$\ln f_1 = -\int_0^{\ln f_2} \frac{x_2}{1-x_2}\mathrm{d}\ln f_2 \qquad (2.5\text{-}175)$$

Die Integration wird graphisch durchgeführt. Zu diesem Zweck trägt man $\frac{x_2}{1-x_2}$ als Ordinate gegen den experimentell bestimmten Wert von $\ln f_2$ auf. Die Fläche unter der Kurve ist dann $-\ln f_1$. Entsprechend gilt natürlich

$$\ln f_2 = -\int_0^{\ln f_1} \frac{x_1}{1-x_1}\mathrm{d}\ln f_1 \qquad (2.5\text{-}176)$$

Berechnung von Aktivitätskoeffizienten nach der Debye-Hückel'schen Theorie

Im Fall von stark verdünnten Elektrolytlösungen gelingt es, den Aktivitätskoeffizienten mit Hilfe der Debye-Hückel'schen Theorie zu berechnen, die wir bereits im Abschn. 1.6.9 kennengelernt haben. Wir gehen davon aus, dass sämtliche Abweichungen vom idealen Verhalten nur auf elektrostatische, interionische Wechselwirkungen zurückzuführen sind, sonstige Wechselwirkungen keine Rolle spielen.

Wir hatten im Abschnitt 1.6.9 abgeleitet, dass das Potential am Ort des Teilchens zwei Anteile hat, einen, der vom Zentralion herrührt

$$\varphi_z(r) = \frac{z_i \cdot e}{4\pi\varepsilon_r\varepsilon_0 \cdot r} \qquad (1.6\text{-}84)$$

und einen, der der Wirkung der Ionenwolke am Ort des Zentralions zuzuschreiben ist:

$$\varphi_w(r=a) = -\frac{z_i \cdot e}{4\pi\varepsilon_0 \cdot \varepsilon_r} \cdot \frac{1}{\beta + a} \qquad (1.6\text{-}93)$$

Dabei war a der Radius des Zentralions mit der Ladung $z_i \cdot e$ in einem Medium mit der Dielektrizitätskonstante ε_r, β der Radius der Ionenwolke, gegeben durch

$$\beta = \left(\frac{\varepsilon_0\varepsilon_r kT}{2N_A e^2 I}\right)^{1/2} \qquad (1.6\text{-}75)$$

mit

$$I = \frac{1}{2}\sum z_i^2 c_i \qquad (1.6\text{-}72)$$

als Ionenstärke, wobei c_i zunächst allgemein die Stoffmengenkonzentration n_i/V bedeutet (ohne Festlegung auf dm³ als Volumeneinheit wie bei der in diesem Abschnitt sonst benutzten Molarität c_i).

Wir folgen nun einer Überlegung von Güntelberg und nehmen an, dass die Lösung bereits die endgültige Konzentration c_i einer jeden Ionensorte i besitzt. Dadurch ist nach Gl. (1.6-75) der Radius der Ionenwolke festgelegt. Wir stellen uns nun vor, dass wir ein zusätzliches Teilchen in die Lösung bringen, und zwar zunächst in ungeladenem Zustand. Erst in einem zweiten Schritt laden wir es sukzessiv auf die Ladung $z_i e$ auf. Der erste Schritt erfordert keine merkliche elektrische Arbeit. Die beim Hinzufügen eines jeden Ladungsinkrements $d(z_i e)$ auftretende Arbeit berechnet sich aus diesem Inkrement, multipliziert mit dem am Ort des Teilchens herrschenden Potential. Dieses besteht aus den Anteilen $\varphi_z(r)$ und $\varphi_w(r=a)$. Es folgt also

$$dW_{elektr} = \varphi_z(r)\, d(z_i e) + \varphi_w(r=a)\, d(z_i e) \tag{2.5-177}$$

Der erste Term auf der rechten Seite von Gl. (2.5-177) würde auch für eine ideal verdünnte Lösung gelten, in der sich keine Ionenwolke ausbilden kann. Er entspricht lediglich der elektrischen Arbeit, die für die Aufladung eines isolierten Teilchens aufgebracht werden muss. Der zweite Term hingegen stellt offensichtlich den Korrekturterm dar, der die Gegenwart der Ionenwolke berücksichtigt. Er ist nach Gl. (1.6-93) negativ, was bedeutet, dass wir in einer nicht ideal verdünnten Lösung eine geringere Aufladearbeit aufbringen müssen, dass das Ion also durch die Gegenwart der Ionenwolke stabilisiert wird. Da dieser Korrekturterm den Unterschied zwischen der ideal verdünnten Lösung und der Lösung mit endlicher Ionenkonzentration darstellt, können wir ihn mit dem Aktivitätskoeffizienten in Verbindung bringen.

Betrachten wir nicht ein gelöstes Ion der Sorte i, sondern beziehen den Korrekturterm auf die Stoffmenge, so ergibt sich aus diesem Term der Unterschied zwischen den chemischen Potentialen der gelösten Ionen der Sorte i in der realen und in der idealen Lösung:

$$\mu_i^{\infty\,real} - \mu_i^{\infty\,id} = N_A \int_0^{z_i e} -\frac{z_i e}{4\pi\varepsilon_0 \varepsilon_r} \cdot \frac{1}{\beta + a} \cdot d(z_i e) \tag{2.5-178}$$

$$\mu_i^{\infty\,real} - \mu_i^{\infty\,id} = -N_A \frac{z_i^2 e^2}{8\pi\varepsilon_r\varepsilon_0} \cdot \frac{1}{\beta + a} \tag{2.5-179}$$

Andererseits ist entsprechend Gl. (2.5-140)

$$\mu_i^{\infty\,real} - \mu_i^{\infty\,id} = RT \ln \gamma_i \tag{2.5-180}$$

Es gilt also

$$RT \ln \gamma_i = -N_A \frac{z_i^2 e^2}{8\pi\varepsilon_r\varepsilon_0} \cdot \frac{1}{\beta + a} \tag{2.5-181}$$

Berücksichtigen wir noch Gl. (1.6-75), so erhalten wir für die Abhängigkeit des sog. *individuellen Aktivitätskoeffizient* γ_i von der Ionenstärke

$$\ln \gamma_i = -\frac{N_A z_i^2 e^2}{RT\, 8\pi\varepsilon_r\varepsilon_0 \left[\left(\dfrac{\varepsilon_0 \varepsilon_r kT}{2 N_A^2 \cdot e^2 \cdot I}\right)^{1/2} + a\right]} \qquad (2.5\text{-}182)$$

Wie wir aus Tab. 1.6-8 entnehmen können, ist für niedrige Konzentrationen, auf die wir uns bei Anwendung der Debye-Hückel'schen Theorie ohnehin beschränken müssen (vgl. Abschn. 1.6.9), $\beta \gg a$, so dass sich Gl. (2.5-182) vereinfacht zu dem wichtigen

Debye-Hückel'schen Grenzgesetz für verdünnte Lösungen.

$$\ln \gamma_i = -z_i^2 \left(\frac{e^2}{4\varepsilon_r\varepsilon_0 kT}\right)^{3/2} \left(\frac{2 N_A}{\pi^2}\right)^{1/2} I^{1/2} = -z_i^2 \cdot A \cdot I^{1/2} \qquad (2.5\text{-}183)$$

Dieser so ermittelte individuelle Aktivitätskoeffizient gilt für das Kation (γ_+) oder für das Anion (γ_-). Auf Grund der Elektroneutralitätsbedingung können wir aber nur Lösungen herstellen, die sowohl Kationen als auch Anionen enthalten. Es gilt stets

$$|v_+ z_+| = |v_- z_-| \qquad (1.6\text{-}1)$$

wenn der Elektrolyt in v_+ Kationen der Ladung $z_+ e$ und v_- Anionen der Ladung $z_- e$ zerfällt.

Es ist deshalb nicht möglich, *individuelle Ionenaktivitäten* a_+ oder a_- oder *individuelle Aktivitätskoeffizienten* experimentell zu bestimmen. Man kann nur *mittlere Aktivitäten* $a_\pm$ und *mittlere Aktivitätskoeffizienten* $\gamma_\pm$ messen.

Um den Zusammenhang zwischen den individuellen und den mittleren Aktivitäten und Aktivitätskoeffizienten abzuleiten, bedenken wir, dass sich das chemische Potential eines vollständig in seine Ionen zerfallenen Elektrolyten additiv aus den chemischen Potentialen seiner Ionen zusammensetzt:

$$\mu_2 = v_+ \mu_+ + v_- \mu_- \qquad (2.5\text{-}184)$$

Daraus folgt unter Berücksichtigung der Konzentrationsabhängigkeit

$$\mu_2^\infty + RT \ln a_2 = v_+ \mu_+^\infty + v_+ RT \ln a_+ + v_- \mu_-^\infty + v_- RT \ln a_- \qquad (2.5\text{-}185)$$

$$\mu_2^\infty + RT \ln a_2 = (v_+ \mu_+^\infty + v_- \mu_-^\infty) + RT \ln(a_+^{v_+} \cdot a_-^{v_-}) \qquad (2.5\text{-}186)$$

und daraus unter Beachtung von Gl. (2.5-138)

$$a_2 = a_+^{v_+} \cdot a_-^{v_-} = c_+^{v_+} \cdot c_-^{v_-} \cdot \gamma_+^{v_+} \cdot \gamma_-^{v_-} \tag{2.5-187}$$

> Zur Vereinfachung definieren wir eine *mittlere Ionenaktivität*
>
> $$a_\pm^v = a_+^{v_+} \cdot a_-^{v_-} \tag{2.5-188}$$
>
> eine *mittlere Ionenkonzentration*
>
> $$c_\pm^v = c_+^{v_+} \cdot c_-^{v_-} = c^v (v_+^{v_+} \cdot v_-^{v_-}) \tag{2.5-189}$$
>
> und einen *mittleren Ionenaktivitätskoeffizienten*
>
> $$\gamma_\pm^v = \gamma_+^{v_+} \cdot \gamma_-^{v_-} \tag{2.5-190}$$
>
> mit
>
> $$v = v_+ + v_- \tag{2.5-191}$$

Aus Gl. (2.5-187) und Gl. (2.5-188) folgt

$$a_2 = a_\pm^v \tag{2.5-192}$$

aus Gl. (2.5-187) bis Gl. (2.5-191)

$$\gamma_\pm = \frac{a_\pm}{c(v_+^{v_+} v_-^{v_-})^{1/v}} = \frac{a_2^{1/v}}{c(v_+^{v_+} v_-^{v_-})^{1/v}} \tag{2.5-193}$$

eine Beziehung zwischen dem mittleren Aktivitätskoeffizienten, der mittleren Aktivität, der messbaren Aktivität a_2 und der Ausgangskonzentration c des Elektrolyten.

Um den mittleren Aktivitätskoeffizienten durch das Debye-Hückel'sche Grenzgesetz (Gl. 2.5-183) ausdrücken zu können, schreiben wir Gl. (2.5-190) in der Form

$$\ln \gamma_\pm = \frac{1}{v_+ + v_-} (v_+ \ln \gamma_+ + v_- \ln \gamma_-) \tag{2.5-194}$$

und setzen Gl. (2.5-183) ein

$$\ln \gamma_\pm = -\frac{1}{v_+ + v_-} (v_+ z_+^2 + v_- z_-^2) A \cdot I^{1/2} \tag{2.5-195}$$

Dieser Ausdruck lässt sich noch wesentlich vereinfachen: Aus der Neutralitätsbedingung

$$v_+ z_+ + v_- z_- = 0 \tag{2.5-196}$$

folgt nach Multiplikation mit z_+ bzw. z_-

$$v_+ z_+^2 + v_- z_+ z_- = 0 \tag{2.5-197}$$

$$v_+ z_+ z_- + v_- z_-^2 = 0 \tag{2.5-198}$$

und nach Addition dieser beiden Gleichungen

$$v_+ z_+^2 + v_- z_-^2 = -(v_+ + v_-) z_+ \cdot z_- \tag{2.5-199}$$

Mit dieser Gleichung gewinnen wir aus Gl. (2.5-195) einen Ausdruck für den

Logarithmus des *mittleren Ionenaktivitätskoeffizienten*,

$$\ln \gamma_\pm = z_+ z_- \cdot A \cdot I^{1/2} \tag{2.5-200}$$

Die Kombination von Gl. (2.5-200) mit Gl. (2.5-193) ermöglicht eine experimentelle Überprüfung der Aussagen der Debye-Hückel'schen-Theorie. Wir erkennen aus Gl. (2.5-183), dass dieses Grenzgesetz individuelle Eigenschaften der Ionen nicht berücksichtigt. Unabhängig vom Vorzeichen der Ionenladung ergibt sich für Ionen bzw. Elektrolyte gleich großer Ladungen der gleiche individuelle bzw. mittlere Aktivitätskoeffizient. Die Konstante A berechnet sich für wässrige Lösungen bei 298 K ($\varepsilon_r = 78.54$) zu $3.7126 \cdot 10^{-2} \frac{\mathrm{m}^{3/2}}{\mathrm{mol}^{1/2}}$. Üblicherweise wird nicht mit den natürlichen, sondern mit den dekadischen Logarithmen und Molaritäten gearbeitet. Dann folgt

$$\log \gamma_\pm = z_+ z_- \cdot 0.5099 \frac{\mathrm{dm}^{3/2}}{\mathrm{mol}^{1/2}} I^{1/2} \tag{2.5-201}$$

2.5.6
Phasengleichgewichte in Zweistoffsystemen zwischen Flüssigkeit und Dampf

Im Abschnitt 2.5.4 haben wir Phasengleichgewichte in Zweikomponentensystemen besprochen, bei denen eine Phase eine reine Phase war. Wir gehen jetzt einen Schritt weiter und betrachten den Fall, dass beide Phasen Mischphasen sind.

Wir wir bereits in den Abschnitten 1.1.14 und 2.5.2 gesehen haben, ist der Zustand einer Mischphase durch zwei intensive Zustandsvariable und die Angabe der Zusammensetzung eindeutig definiert. Für letztere reicht in Zweistoffsystemen die Angabe des Molenbruchs einer der Komponenten. Wir haben deshalb im Abschnitt 2.5.3 die intensiven Zustandsvariablen T, p und x verwendet. Bei Phasengleichgewichten müssen beide Phasen die gleiche Temperatur T und den gleichen Druck p aufweisen, jedoch wird der Molenbruch einer Komponente im Allgemeinen in beiden Phasen verschieden sein. Wir müssen deshalb den Molenbruch x_i^α der Komponente i und der Phase α vom Molenbruch x_i^β der gleichen Komponente in der Phase β unterscheiden. Im räumlichen p, T, x-Diagramm werden wir deshalb zwei Flächen finden, von denen die eine den Zusammenhang zwischen p, T und x_i^α, die andere den zwischen p, T und x_i^β darstellt. Da bei den reinen Komponenten ($x_i = 1$ bzw. $x_i = 0$) x^α und x^β identisch sind, müssen die beiden Flächen bei $x_i = 1$ und $x_i = 0$ zusammenlaufen.

Wegen der besseren Übersichtlichkeit wählt man wieder eine zweidimensionale Darstellung, und deshalb werden wir getrennt p, x-Diagramme (Dampfdruckdiagramme), T, x-Diagramme (Siedediagramme) und x_1, x_2-Diagramme (Gleichgewichtsdiagramme) besprechen. Den p, T-Diagrammen kommt keine so große Bedeutung zu.

Dampfdruckdiagramme

Die p, x-Diagramme sind Isothermen. Sie stellen das Gleichgewicht zweier Mischphasen bei konstanter Temperatur dar. Wir wollen zunächst einen allgemein gültigen Ansatz machen und dann einige spezielle Fälle behandeln.

Die Gleichgewichtsbedingung besagt, dass für jede der beiden Komponenten Gl. (2.5-20) gelten muss:

$$\mu_1^\alpha = \mu_1^\beta \quad \text{und} \quad \mu_2^\alpha = \mu_2^\beta \tag{2.5-202}$$

Da die μ_i konzentrationsabhängig sind, muss bei der Frage nach der Konzentrationsabhängigkeit des Gleichgewichts auch die Bedingung für währendes Gleichgewicht (Gl. 2.5-21) berücksichtigt werden:

$$d\mu_1^\alpha = d\mu_1^\beta \quad \text{und} \quad d\mu_2^\alpha = d\mu_2^\beta \tag{2.5-203}$$

Damit haben wir für jede Komponente eine ähnliche Situation wie in Gl. (2.5-35), die uns zur Dampfdruckerniedrigung in Lösungen (Raoult'sches Gesetz) führte. Jetzt müssen wir jedoch berücksichtigen, dass beide Phasen Mischphasen sind. Als Standardzustände verwenden wir die reinen Komponenten i, so dass wir gemäß Gl. (2.3-106) zunächst

$$\mu_i(p, T) = \mu_i^*(p, T) + RT \ln a_i \tag{2.3-106}$$

erhalten. Führen wir die nach Gl. (2.5-203) geforderte Differentiation aus, so brauchen wir das temperaturabhängige Glied nicht zu berücksichtigen, da wir es mit Isothermen zu tun haben:

Aus Gl. (2.5-202), (2.3-106) und (2.3-87) folgt dann

$$v_i^\alpha dp + RT\, d \ln a_i^\alpha = v_i^\beta dp + RT\, d \ln a_i^\beta \tag{2.5-204}$$

Die Trennung der Variablen und die Integration zwischen den Grenzen für den Zustand der reinen Phase ($a_i = 1, p_i = p_i^*$) und der Mischphase (a_i, p) führt zu

$$\int_1^{\alpha_i} d \ln \frac{a_i^\beta}{a_i^\alpha} = -\frac{1}{RT} \int_{p_i^*}^{p} (v_i^\beta - v_i^\alpha) dp \tag{2.5-205}$$

Wir sehen, dass wir die Gleichung nur lösen können, wenn uns die thermischen Zustandsgleichungen beider Komponenten in beiden Phasen bekannt sind.

Wir wollen deshalb zunächst den Spezialfall betrachten, dass sich die Gasphase ideal verhält und dass der Druck in der Gasphase so niedrig ist, dass wir das molare Volumen v_i^α in der flüssigen Phase gegenüber dem in der Gasphase

$$v_i^\beta = \frac{RT}{p} \qquad (2.5\text{-}206)$$

vernachlässigen können. Aus Gl. (2.5-205) folgt dann für die beiden Komponenten

$$\frac{a_1^\beta}{a_1^\alpha} = \frac{p_1^*}{p} \quad \text{und} \quad \frac{a_2^\beta}{a_2^\alpha} = \frac{p_2^*}{p} \qquad (2.5\text{-}207)$$

Da wir für die Gasphase ideales Verhalten vorausgesetzt haben, dürfen wir a_i^β durch

$$x_i^\beta = \frac{p_i}{p} \qquad (2.5\text{-}208)$$

ersetzen. Es ergibt sich dann aus Gl. (2.5-207)

$$p_1 = p_1^* \cdot a_1^\alpha \quad \text{und} \quad p_2 = p_2^* \cdot a_2^\alpha \qquad (2.5\text{-}209)$$

Außerdem gilt unter diesen Bedingungen das Dalton'sche Gesetz:

$$p = p_1 + p_2 \qquad (2.5\text{-}210)$$

Zur weiteren Diskussion wollen wir zunächst eine zusätzliche Annahme machen: Die flüssige Mischphase verhalte sich ideal (vgl. Abschnitt 2.5.5). Dann dürfen wir in Gl. (2.5-209) die Aktivitäten durch die Molenbrüche ersetzen:

$$p_1 = p_1^* x_1^\alpha \quad \text{und} \quad p_2 = p_2^* \cdot x_2^\alpha \qquad (2.5\text{-}211)$$

Bezüglich der Komponente 1 erhalten wir also das Raoult'sche Gesetz, müssen jedoch beachten, dass in Gl. (2.5-43) p_1 mit dem Gesamtdruck identisch war, da wir seinerzeit vorausgesetzt hatten, dass die Komponente 2 keinen messbaren Dampfdruck haben sollte. Bezüglich der Komponente 2 erhalten wir das Henry'sche Gesetz (vgl. Gl. (2.5-99)), das hier wegen $k_2 = p_2^*$ mit dem Raoult'schen identisch wird.

Wir wenden uns jetzt der Darstellung der p, x-Diagramme für einen solchen Fall zu, dass sich sowohl die dampfförmige als auch die flüssige Phase ideal verhalten, dass wir also über den gesamten Konzentrationsbereich keine Abweichungen vom Raoult'schen Gesetz haben. Nach Gl. (2.5-211) ist dann sowohl der Partialdruck der Komponente 1 als auch der Partialdruck der Komponente 2 eine lineare Funktion des Molenbruchs in der flüssigen Phase (α):

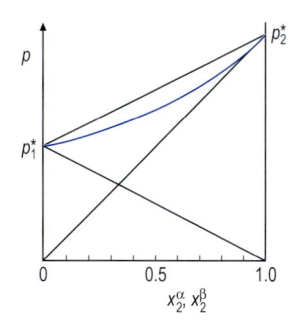

Abbildung 2.5-12 Gesamtdruck und Partialdrücke idealer Zweistoffsysteme in Abhängigkeit von den Molenbrüchen.

$$p_1 = p_1^* x_1^\alpha = p_1^* - p_1^* x_2^\alpha \qquad p_2 = p_2^* x_2^\alpha \qquad (2.5\text{-}212)$$

Nach Gl. (2.5-210) ist der Gesamtdruck gleich der Summe der Partialdrücke

$$p = p_1 + p_2 = p_1^* - p_1^* x_2^\alpha + p_2^* x_2^\alpha = p_1^* + (p_2^* - p_1^*) x_2^\alpha \qquad (2.5\text{-}213)$$

und damit ebenfalls eine lineare Funktion des Molenbruchs in der flüssigen Phase.

In Abb. 2.5-12 sind der Gesamtdruck und die Partialdrücke in Abhängigkeit vom Molenbruch x_2^α in der flüssen Phase (α) als ausgezogene Kurven dargestellt.

Anders liegen die Verhältnisse, wenn wir den Druck in Abhängigkeit vom Molenbruch x_2^β in der Gasphase (β) betrachten. Um den Molenbruch x_2^α durch x_2^β zu ersetzen, greifen wir auf Gl. (2.5-207) zurück, die uns für ideales Verhalten beider Phasen

$$\frac{x_2^\beta}{x_2^\alpha} = \frac{p_2^*}{p} \qquad (2.5\text{-}214)$$

den *Verteilungskoeffizienten* auf die beiden Phasen als Verhältnis vom Dampfdruck der reinen Phase zum Gesamtdruck liefert. Die Kombination von Gl. (2.5-213) mit Gl. (2.5-214) ergibt

$$p = p_1^* + (p_2^* - p_1^*) \frac{p}{p_2^*} x_2^\beta \qquad (2.5\text{-}215)$$

oder umgestellt und zusammengefasst

$$p = \frac{p_1^*}{1 - \left(1 - \dfrac{p_1^*}{p_2^*}\right) x_2^\beta} = \frac{a}{1 - b x_2^\beta} \qquad (2.5\text{-}216)$$

Zwischen dem Gesamtdruck p und dem Molenbruch x_i^β in der dampfförmigen Phase besteht kein linearer Zusammenhang.

> Die Funktion Gl. (2.5-216) ist in Abb. 2.5-12 gestrichelt eingezeichnet. Man bezeichnet diese Kurve als *Kondensationskurve*, während die ausgezogene, die uns den Zusammenhang zwischen Gesamtdruck p und dem Molenbruch x_i^α in der flüssigen Phase angibt, *Siedekurve* heißt. Oberhalb der Siedekurve ist der Existenzbereich der Flüssigkeit, unterhalb der Kondensationskurve der des Dampfes. Zwischen beiden Kurven liegt das Zweiphasengebiet.

Um ein solches p, x-Diagramm besser verstehen zu lernen, wollen wir es näher diskutieren. In Abb. 2.5-13 sind die Siede- und die Kondensationskurven für das ideale System Sauerstoff/Stickstoff noch einmal ohne die Partialdruckkurven herausgezeichnet.

Stehen zwei Phasen miteinander im Gleichgewicht, so müssen sie gleiche Temperatur und gleichen Druck haben. Bei den Kurven in Abb. 2.5-13 handelt es sich ohnehin um Isothermen. Wollen wir dem Diagramm entnehmen, welche Zusammensetzung x_2^β die dampfförmige Phase hat, die mit der flüssigen Phase einer bestimmten Zusammensetzung x_2^α im Gleichgewicht steht, so müssen wir vom entsprechenden Punkt der Siedekurve (B in Abb. 2.5-13) waagerecht, d. h. bei konstantem Druck, bis zum Schnitt mit der Kondensationskurve gehen. Dieser Schnittpunkt (C) liefert uns die Zusammensetzung des Dampfes. Eine zur Abszisse parallele Gerade, die ein Paar koexistenter Phasen miteinander verbindet ($\overline{BC}$ in Abb. 2.5-13), bezeichnet man als *Konnode*.

Wir wollen nun folgendes Experiment im Diagramm der Abb. 2.5-13 verfolgen: Wir nehmen ein binäres Flüssigkeitsgemisch, das die durch den Punkt A angegebenen Werte von p und x_2^α hat. Nun beginnen wir, langsam und isotherm den Druck zu erniedrigen. Sobald wir an den Punkt B gelangen, bildet sich neben der bis dahin allein existierenden Flüssigkeit eine Dampfphase. Sie hat die Zusammensetzung, die durch den Abszissenwert des Punktes C gegeben ist. In unserem Fall ist x_2^β größer als x_2^α. In jedem Fall reichert sich die leichter flüchtige Komponente im Dampf an. Dadurch verarmt die flüssige Phase an dieser Komponente. Da Flüssigkeit unterhalb der Siedekurve nicht existent ist, bewegen wir uns bei weiterer Druck-

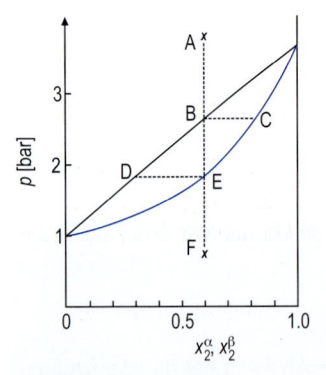

Abbildung 2.5-13 Zur Erläuterung der p, x-Diagramme (O$_2$/N$_2$ bei 90 K). Der Index 2 steht für Stickstoff.

erniedrigung auf der Siedekurve in Richtung auf den Punkt D zu. Gleichzeitig verschiebt sich natürlich die Zusammensetzung des Dampfes entlang der Kondensationskurve in Richtung auf den Punkt E. Haben wir die Punkte D und E erreicht, so hat der Dampf die gleiche Zusammensetzung wie die ursprüngliche flüssige Phase, d. h. alles ist verdampft, der letzte Tropfen Flüssigkeit hatte die Zusammensetzung D. Bei weiterer Druckerniedrigung in Richtung auf den Punkt F liegt nur noch die Dampfphase vor. Der beschriebene Vorgang ist isotherm, aber nicht isochor.

Wir haben bemerkt, dass sich die leichter flüchtige Komponente, d. h. die mit dem höheren Dampfdruck, in der Dampfphase anreichert. Das folgt auch unmittelbar aus den Verteilungskoeffizienten x_i^β / x_i^α der beiden Komponenten auf die beiden Phasen. Für ihr Verhältnis ergibt sich nämlich aus der Kombination der beiden Gleichungen (2.5-207), wenn wir für unseren Fall die Aktivitäten durch die Molenbrüche ersetzen,

$$\frac{x_2^\beta / x_2^\alpha}{x_1^\beta / x_1^\alpha} = \frac{p_2^*}{p_1^*} \qquad (2.5\text{-}217)$$

Dieses Verhältnis bezeichnet man als *relative Flüchtigkeit oder Trennfaktor*.

Es gibt eine ganze Reihe von binären flüssigen Mischphasen, die sich ideal verhalten und infolgedessen ein Abb. 2.5-13 entsprechendes p, x-Diagramm haben. Viel häufiger sind jedoch die Fälle, in denen sich die flüssige Phase nicht ideal verhält.

Wir wollen jetzt den Fall betrachten, dass sich die Dampfphase weiterhin ideal verhält, nicht jedoch die flüssige Phase. Wir dürfen dann nicht mehr Gl. (2.5-211) anwenden, sondern müssen auf Gl. (2.5-209) zurückgreifen. Der Vergleich mit Gl. (2.5-43) zeigt uns, dass wir hier die gleichen Verhältnisse vorliegen haben wie bei der Herleitung der Dampfdruckerniedrigung (Abschnitt 2.5.4). Als Grenzgesetz für hohe Konzentrationen des „Lösungsmittels" ($x_1 \to 1$ für die Komponente 1; $x_2 \to 1$ für die Komponente 2) nähern wir uns dem Raoult'schen Gesetz. Wie wir in Abschnitt 2.5.5, Abb. 2.5-11, eingehend diskutiert haben, nähern sich die Dampfdruckkurven für $x_1 \to 0$ (Komponente 1) und $x_2 \to 0$ (Komponente 2) dann der Henry'schen Geraden.

Wir schreiben Gl. (2.5-209) um in

$$p_1 = p_1^* \cdot x_1^\alpha \cdot f_1 \quad \text{und} \quad p_2 = p_2^* \cdot x_2^\alpha \cdot f_2 \qquad (2.5\text{-}218)$$

Gl. (2.5-174) besagt, dass die Kurven $\ln f_1$ und $\ln f_2$ aufgetragen in Abhängigkeit vom Molenbruch x_1 (oder natürlich auch x_2) eine Steigung entgegengesetzten Vorzeichens haben müssen. Betrachten wir fernerhin, dass $\ln f_1$ bei $x_1 = 1$ und $\ln f_2$ bei $x_1 = 0$ den Wert null annehmen müssen, so können wir drei Fälle unterscheiden:

1. $f_1 < 1$, $f_2 < 1$ \qquad (negative Abweichungen vom Raoult'schen Gesetz)
2. $f_1 > 1$, $f_2 > 1$ \qquad (positive Abweichungen vom Raoult'schen Gesetz)
3. $f_1 < 1$, $f_2 > 1$ oder $f_1 > 1$, $f_2 < 1$.

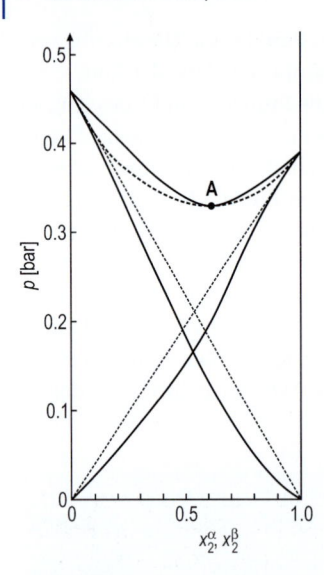

Abbildung 2.5-14 p,x-Diagramm des Systems Propanon/Trichlormethan (Index 2) bei $T = 308{,}3$ K.

In dem letzteren Fall muss die Kurve $\ln f_1$ als Funktion von x_1 ein Minimum (Maximum) und $\ln f_2$ ein Maximum (Minimum) aufweisen. Ein solches Verhalten findet man beispielsweise in den Systemen Wasser-Butylglycol oder Zink-Antimon.

Den ersten Fall haben wir beim System Propanon/Trichlormethan vorliegen. In Abb. 2.5-14 sind die Dampfdrücke der reinen Komponenten angegeben. Bei Gültigkeit des Raoult'schen Gesetzes ließen sich die Partialdrücke in Abhängigkeit vom Molenbruch in der flüssigen Phase durch die fein gestrichelten Geraden darstellen. Wir sehen, dass die tatsächlich vorliegenden Dampfdrücke kleiner sind, sich aber bei Annäherung an die reinen Komponenten den Raoult'schen Geraden asymptotisch nähern. Den Gesamtdruck in der Dampfphase erhalten wir durch Addition der Partialdrücke.

> Als Folge der negativen Abweichungen vom Raoult'schen Gesetz ergibt sich ein *Dampfdruckminimum*. Selbstverständlich muss die Kondensationskurve (gestrichelt) wieder unter der Siedekurve liegen. Beim Dampfdruckminimum berühren sich beide Kurven, d. h. hier ist $x_i^\alpha = x_i^\beta$. Dampf und Flüssigkeit haben die gleiche Zusammensetzung. Eine Mischung dieser Zusammensetzung verhält sich also wie ein reiner Stoff, man nennt sie *azeotrope Mischung*, das Dampfdruckminimum *azeotropen Punkt* (A).

Eine repulsive Wechselwirkung, d. h. den Fall $f_i > 1$, beobachten wir beim System Ethanol/Tetrachlormethan (Abb. 2.5-15).

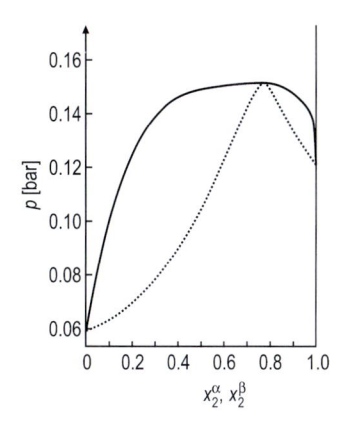

Abbildung 2.5-15 p, x-Diagramm des Systems Ethanol/Tetrachlormethan (Index 2) bei $T = 293$ K.

In Anbetracht der positiven Abweichungen vom Raoult'schen Gesetz zeigt sich hier ein *Dampfdruckmaximum*. Wie im Fall des Dampfdruckminimums berühren sich im Extremwert die Siede- und die Kondensationskurve. Das ist zwingend notwendig: Würden sich die Kurven nicht treffen, gäbe es keine eindeutige Zuordnung zwischen Dampfdruck und Molenbrüchen, würden sich die Kurven schneiden, so wäre das aus Gl. (2.5-217) gefolgerte Prinzip verletzt, dass sich die flüchtigere Komponente in der Dampfphase anreichern muss. Auch das Dampfdruckmaximum bezeichnet man als azeotropen Punkt, das zugehörige Gemisch als azeotropes Gemisch.

Die Konsequenzen, die das Auftreten des azeotropen Punktes hat, werden wir im Zusammenhang mit den T, x-Diagrammen besprechen.

Positive und negative Abweichungen vom Raoult'schen Gesetz brauchen nicht unbedingt zu einem azeotropen Punkt zu führen. Liegen die Dampfdrücke der reinen Komponenten weit auseinander, so wird man nur geringfügige Abweichungen der Siede- und Kondensationskurve von der in Abb. 2.5-13 gezeigten idealen Form finden. Je dichter jedoch die Siedepunkte der reinen Komponenten beieinander liegen, desto wahrscheinlicher wird das Auftreten eines azeotropen Punktes.

Siedediagramme

Die T, x-Diagramme sind Isobaren. Sie stellen das Gleichgewicht zweier Mischphasen bei konstantem Druck dar.

Wie im Fall der Dampfdruckdiagramme wollen wir zunächst einige allgemeingültige Betrachtungen anstellen. Die Gleichgewichtsbedingungen sind wieder durch die Gleichungen (2.5-202) und (2.5-203) gegeben, ebenso müssen wir Gl. (2.3-106) berücksichtigen. Da uns hier jedoch die Temperaturabhängigkeit interessiert, ist es einfacher, an Stelle der chemischen Potentiale die Planck'sche Funktion zu verwenden, so wie wir es bei der Behandlung der Siedepunktserhöhung getan haben (Gl. 2.5-50). Wir gehen also aus von der Bedingung für währendes Gleichgewicht in der Form

$$d\left(\frac{\mu_1^\alpha}{T}\right) = d\left(\frac{\mu_1^\beta}{T}\right) \quad \text{und} \quad d\left(\frac{\mu_2^\alpha}{T}\right) = d\left(\frac{\mu_2^\beta}{T}\right) \tag{2.5-219}$$

und wenden diese Beziehungen auf Gl. (2.3-106) an. So ergibt sich allgemein

$$d\left(\frac{\mu_i^{*\alpha}}{T}\right) + R\, d \ln a_i^\alpha = d\left(\frac{\mu_i^{*\beta}}{T}\right) + R\, d \ln a_i^\beta \tag{2.5-220}$$

Da wir Isobaren betrachten, brauchen wir vom totalen Differential der Planck'schen Funktionen (Gl. 2.3-51) nur den temperaturabhängigen Term zu berücksichtigen, und erhalten

$$-\frac{h_i^{*\alpha}}{T^2} dT + R\, d \ln a_i^\alpha = -\frac{h_i^{*\beta}}{T^2} dT + R\, d \ln a_i^\beta \tag{2.5-221}$$

Die Trennung der Variablen und die Integration zwischen den Grenzen für den Zustand der reinen Phase ($a_i = 1, T = T_i^*$) und der Mischphase (a_i, T) führt zu

$$\int_1^{a_i} d \ln \frac{a_i^\beta}{a_i^\alpha} = \frac{1}{R} \int_{T_i^*}^{T} \frac{h_i^{*\beta} - h_i^{*\alpha}}{T^2} dT = \frac{1}{R} \int_{T_i^*}^{T} \frac{\Delta_v H_i}{T^2} dT \tag{2.5-222}$$

wenn man gleichzeitig beachtet, dass $h_i^{*\beta} - h_i^{*\alpha}$ die Verdampfungsenthalpie $\Delta_v H_i$ der Komponente i ist. Für den Fall, dass die Temperaturabhängigkeit von $\Delta_v H_i$ vernachlässigbar klein ist, können wir integrieren und erhalten für die beiden Komponenten

$$\ln \frac{a_i^\beta}{a_i^\alpha} = \frac{\Delta_v H_i}{R} \left(\frac{T - T_i^*}{T \cdot T_i^*}\right) \tag{2.5-223}$$

Verhalten sich sowohl die Dampfphase als auch die flüssige Phase ideal, so können wir für die beiden Komponenten auch schreiben

$$\ln \frac{x_1^\beta}{x_1^\alpha} = \frac{\Delta_v H_1}{R} \left(\frac{T - T_1^*}{T \cdot T_1^*}\right) \quad \text{und} \quad \ln \frac{x_2^\beta}{x_2^\alpha} = \frac{\Delta_v H_2}{R} \left(\frac{T - T_2^*}{T \cdot T_2^*}\right) \tag{2.5-224}$$

Formal entsprechen diese Gleichungen Gl. (2.5-55) für die Siedepunktserhöhung, bei deren Ableitung wir jedoch die Gasphase als reine Phase angenommen haben und deshalb nur eine Erhöhung des Siedepunktes gefunden haben. Nach Gl. (2.5-224) ist je nach dem Wert des Verhältnisses x_i^β / x_i^α sowohl eine Erhöhung als auch eine Erniedrigung des Siedepunktes möglich.

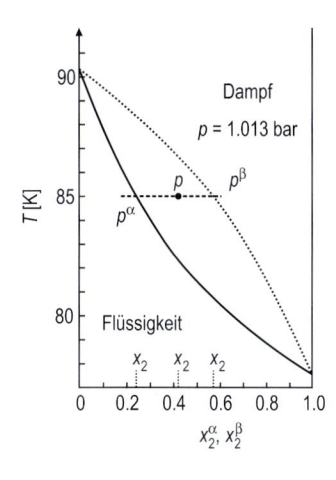

Abbildung 2.5-16 T,x-Diagramm für das System Sauerstoff/Stickstoff (Index 2) bei $p = 1.013$ bar.

Ist wie bei dem in Abb. 2.5-16 dargestellten System Sauerstoff/Stickstoff die Komponente 2 die leichter flüchtige, so ist sie nach den Überlegungen, die wir bei der Besprechung des p,x-Diagramms (Abb. 2.5-13) angestellt haben, in der Dampfphase angereichert, d. h. $x_2^\beta/x_2^\alpha > 1$. Dann ist die linke Seite von Gl. (2.5-224) positiv, d. h. $T > T_2^*$, also Siedepunktserhöhung. Für die Komponente 1 ist unter diesen Bedingungen $x_1^\beta/x_1^\alpha < 1$, die linke Seite der Gl. (2.5-224) negativ, d. h. $T < T_1^*$, also Siedepunktserniedrigung.

Die Gleichungen (2.5-224) können unmittelbar zur Berechnung des Siedediagramms einer idealen Mischung, wie sie das System Sauerstoff/Stickstoff in guter Näherung darstellt, herangezogen werden. Zu diesem Zweck ersetzt man x_1 durch $1 - x_2$ und berechnet dann für jede zwischen T_1^* und T_2^* liegende Temperatur aus den beiden Gleichungen x_2^α und x_2^β.

> Die obere der beiden Kurven, die gepunktet gezeichnete, ist die *Kondensationskurve*. Sie schließt das Existenzgebiet des Dampfes nach niedrigen Temperaturen hin ab. Die untere Kurve, die ausgezogene *Siedekurve*, ist die obere Begrenzung des Existenzbereiches der flüssigen Phase. Zwischen beiden Kurven liegt das *Zweiphasengebiet*. Die *Konnoden*, die die koexistenten Phasen miteinander verbinden, sind im T,x-Diagramm Isothermen.

Betrachten wir zunächst die Bedeutung eines Punktes P im Zweiphasengebiet. Er gibt uns den mittleren Molenbruch des Systems und dessen Temperatur an. Da dieser Punkt im Zweiphasengebiet liegt, muss Zerfall in zwei koexistente Phasen erfolgen, die die gleiche Temperatur wie P haben. Durch die Konnode durch P werden die Zusammensetzungen x_i^β und x_i^α von Dampf und Flüssigkeit angegeben. Auch das relative Mengenverhältnis von Dampf und Flüssigkeit können wir dem Diagramm entnehmen. Das Gesamtsystem bestehe aus n mol. Der durch P festgelegte Molenbruch sei x_2, so dass das System nx_2 mol der Komponente 2 enthält. Nach der Massenbilanz ist dann

$$nx_2 = n^\alpha x_2^\alpha + n^\beta x_2^\beta = n^\alpha x_2^\alpha + (n - n^\alpha)x_2^\beta \qquad (2.5\text{-}225)$$

$$n^\alpha = n\frac{x_2 - x_2^\beta}{x_2^\alpha - x_2^\beta} \quad \text{und} \quad n^\beta = n\frac{x_2^\alpha - x_2}{x_2^\alpha - x_2^\beta} \qquad (2.5\text{-}226)$$

Daraus folgt das sog. *Hebelgesetz*

$$\frac{n^\alpha}{n^\beta} = \frac{x_2 - x_2^\beta}{x_2^\alpha - x_2} \qquad (2.5\text{-}227)$$

Wir wollen an Hand von Abb. 2.5-17 einen Siedevorgang verfolgen. Wir beginnen am Punkt A im einphasigen Bereich der Flüssigkeit und halten während des ganzen Vorganges den Druck konstant auf dem Wert, der dem T, x-Diagramm zugrunde liegt. Sobald wir bei Temperaturerhöhung den Punkt B erreichen, tritt eine Dampfphase auf. Sie hat die Zusammensetzung des Punktes C, ist also an dem leichter flüchtigen (niedrigere Siedetemperatur) Stickstoff angereichert. Dadurch verarmt die flüssige Phase an Stickstoff, und bei langsamer Temperaturerhöhung bewegen wir uns auf der Siedekurve in Richtung auf den Punkt D. Gleichzeitig sinkt auch der Molenbruch des Stickstoffs in der Dampfphase, wie es aus der Kondensationskurve folgt. Haben wir die Punkte D und E erreicht, so hat die Dampfphase die gleiche Zusammensetzung wie die ursprüngliche flüssige Phase, es ist alles verdampft, der letzte Flüssigkeitstropfen hatte die Zusammensetzung D. Bei weiterer Temperatursteigerung bewegen wir uns im einphasigen Gebiet des Dampfes in Richtung auf den Punkt F.

Ein solcher Siedevorgang, bei dem wir den gesamten Dampf mit der Flüssigkeit im Gleichgewicht lassen, kann natürlich nicht zur Stofftrennung benutzt werden, da der Dampf nach dem Abschluss des Vorganges die gleiche Zusammensetzung wie die Ausgangsflüssigkeit hat.

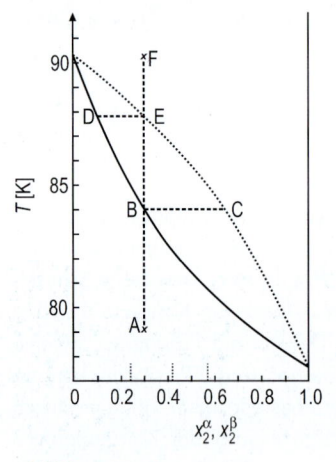

Abbildung 2.5-17 Zur Erläuterung eines T, x-Diagramms.

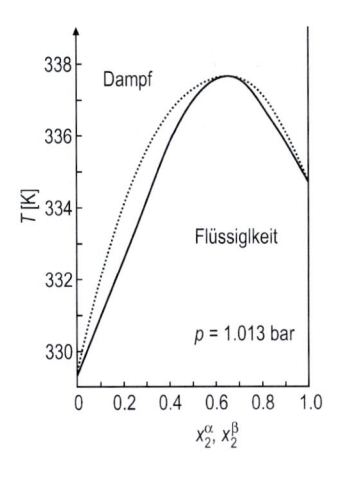

Abbildung 2.5-18 T,x-Diagramm des Systems Propanon/Trichlormethan (Index 2) bei $p = 1.013$ bar.

Einen gewissen Trenneffekt erzielen wir dagegen bereits durch die sog. *einfache Destillation*, bei der wir kontinuierlich den Gleichgewichtsdampf durch Kondensation entfernen. Dadurch verhindern wir die Gleichgewichtseinstellung, und wir kommen über den Punkt D hinaus auf der Siedekurve bis zur Siedetemperatur der höher siedenden Komponente. Das wird deutlich, wenn wir so verfahren, dass wir den kondensierten Dampf sukzessiv in einzelnen Portionen auffangen (*fraktionierte Destillation*). Die erste Fraktion hat dann etwa die durch C gegebene Zusammensetzung, ist also stark an Komponente 2 angereichert. Sie ist aus dem System abgezogen. Es muss also eine erneute Gleichgewichtseinstellung erfolgen, die die nächste, immer noch an Komponente 2 angereicherte Fraktion ergibt und so fort. Da die mittlere Zusammensetzung aller Fraktionen aber der Zusammensetzung des Ausgangsgemisches entsprechen muss, müssen die späteren Fraktionen gegenüber dem Ausgangsgemisch an der schwerer flüchtigen Komponente angereichert sein.

Wenn wir es mit nicht idealen Systemen zu tun haben, können wir die Siedediagramme nicht mehr so einfach berechnen. Wir wollen uns deshalb darauf beschränken, eine qualitative Diskussion für die Fälle durchzuführen, die bei den p,x-Diagrammen zum Auftreten von Extremwerten geführt haben. In den Abbildungen 2.5-18 und 2.5-19 sind die den Abbildungen 2.5-14 und 2.5-15 entsprechenden Siedediagramme wiedergegeben.

> Wir erkennen, dass dem Dampfdruckminimum ein *Siedepunktsmaximum* und dem Dampfdruckmaximum ein *Siedepunktsminimum* entspricht. Die Extremwerte bezeichnet man wieder als azeotrope Punkte. Ihr Auftreten hat starke Auswirkungen auf die Möglichkeiten einer destillativen Trennung. Da sich das azeotrope Gemisch wie ein reiner Stoff verhält, kann man unter Beachtung dessen, was wir zu Abb. 2.5-17 gesagt haben, immer nur eine Trennung in einen reinen Stoff und das azeotrope Gemisch, nie aber in einem Schritt die Trennung in die beiden reinen Stoffe erzielen.

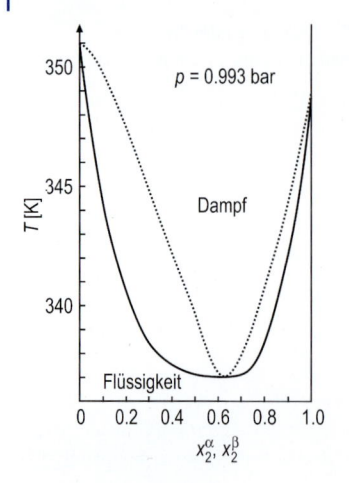

Abbildung 2.5-19 T, x-Diagramm des Systems Ethanol/Tetrachlormethan (Index 2) bei $p = 0.993$ bar.

Gleichgewichtsdiagramme

Wie wir gesehen haben, ist für die destillative Trennung der Unterschied zwischen x_i^α und x_i^β sehr wichtig. Der Zusammenhang zwischen diesen beiden Größen wird in den sog. Gleichgewichtsdiagrammen dargestellt. Wir wollen für ein ideales Gemisch die Beziehung zwischen x_i^α und x_i^β herleiten. Zu diesem Zweck gehen wir aus von den Gleichungen (2.5-207), (2.5-208) und (2.5-211), nach denen gilt

$$\frac{x_2^\beta}{x_2^\alpha} = \frac{p_2^*}{p} = \frac{p_2^*(1-x_2^\beta)}{p_1} = \frac{p_2^*(1-x_2^\beta)}{p_1^*(1-x_2^\alpha)} \tag{2.5-228}$$

Das Verhältnis der Dampfdrücke der reinen Komponenten

$$\frac{p_2^*}{p_1^*} \equiv \alpha_0 \tag{2.5-229}$$

bezeichnet man als *relative Flüchtigkeit oder Trennfaktor*.

Setzen wir diesen Ausdruck in Gl. (2.5-228) ein, so erhalten wir als Zusammenhang zwischen den beiden Molenbrüchen

$$x_2^\beta + (\alpha_0 - 1)x_2^\alpha x_2^\beta - \alpha_0 x_2^\alpha = 0 \tag{2.5-230}$$

woraus sich

$$x_2^\beta = \frac{\alpha_0 x_2^\alpha}{1 + (\alpha_0 - 1)x_2^\alpha} \tag{2.5-231}$$

ergibt. Dies ist die Gleichung einer Hyperbel. Wir erkennen dies, wenn wir von der allgemeinen Asymptotengleichung der Hyperbel,

$$(x_2^\beta + a)(x_2^\alpha + b) = c \tag{2.5-232}$$

ausgehen, diese auflösen,

$$bx_2^\beta + x_2^\alpha x_2^\beta + ax_2^\alpha + ab - c = 0$$

mit einer Konstanten d multiplizieren, um die allgemeinste Form zu erhalten,

$$bdx_2^\beta + dx_2^\alpha x_2^\beta + adx_2^\alpha + (ab - c)d = 0 \tag{2.5-233}$$

und den Koeffizientenvergleich mit Gl. (2.5-230) durchführen. Wir finden so $a = -\dfrac{\alpha_0}{\alpha_0 - 1}$, $b = \dfrac{1}{\alpha_0 - 1}$, $c = -\dfrac{\alpha_0}{(\alpha_0 - 1)^2}$ und $d = \alpha_0 - 1$. In Gl. (2.5-232) eingesetzt, ergibt dies

$$\left(-x_2^\beta + \frac{\alpha_0}{\alpha_0 - 1}\right)\left(x_2^\alpha + \frac{1}{\alpha_0 - 1}\right) = \frac{\alpha_0}{(\alpha_0 - 1)^2} \tag{2.5-234}$$

Wir sehen also, dass es sich um eine gleichseitige Hyperbel in einem y_2^α, y_2^β-Koordinatensystem handelt, dessen Ursprung im x_2^α, x_2^β-System die Koordinaten

$$\left(-\frac{1}{\alpha_0 - 1}, \frac{\alpha_0}{\alpha_0 - 1}\right) \text{ hat.}$$

In Abb. 2.5-20 sind diese beiden Koordinatensysteme und die nach Gl. (2.5-234) berechnete Gleichgewichtskurve (blau) für das sich weitgehend ideal verhaltende System Sauerstoff/Stickstoff wiedergegeben. Die relative Flüchtigkeit wurde aus den Dampfdrücken der reinen Komponenten bei 90 K zu 3.42 berechnet. Die eingezeichneten Punkte stellen experimentell ermittelte Messpunkte dar. Es zeigt sich tatsächlich eine nur unbedeutende Abweichung vom idealen Verhalten.

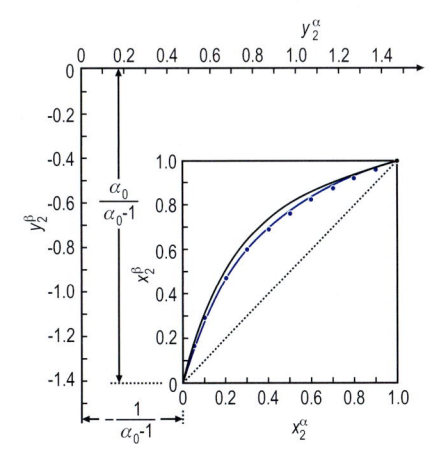

Abbildung 2.5-20 x^α, x^β-Diagramm des Systems Sauerstoff/Stickstoff (Index 2) bei $T = 90$ K (blau) und $p = 1.013$ bar (schwarz ausgezogen).

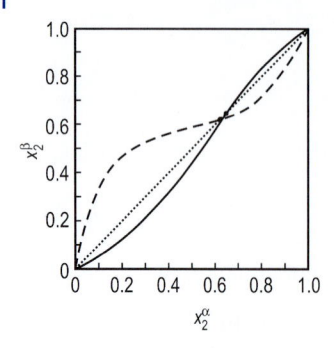

Abbildung 2.5-21 x^α, x^β-Diagramm für die Systeme Propanon/Trichlormethan (Index 2) bei 1.013 bar (ausgezogen) und Ethanol/Tetrachlormethan (Index 2) bei 0.993 bar (gestrichelt).

In der Praxis ist es allgemein üblich, nicht die isothermen Gleichgewichtskurven, die wir für ideale Gemische relativ leicht berechnen konnten, zu verwenden, sondern die isobaren, aus den Siedediagrammen herleitbaren. In Abb. 2.5-20 ist schwarz ausgezogen die aus Abb. 2.5-16 für das System Stickstoff/Sauerstoff gewonnene isobare Gleichgewichtskurve mit eingezeichnet. Wir sehen, dass sich die isobaren und die isothermen Kurven sehr ähneln.

Liegt eine sich real verhaltende Mischphase mit einem azeotropen Gemisch vor, so muss die Gleichgewichtskurve bei seiner Zusammensetzung die punktiert eingezeichnete Diagonale ($x^\alpha = x^\beta$) schneiden. Abbildung 2.5-21, die aus den Werten der Abbildungen 2.5-18 und 2.5-19 für die Systeme Propanon (x_1) / Trichlormethan (x_2) (Dampfdruckminimum) und Ethanol (x_1) / Tetrachlormethan (x_2) (Dampfdruckmaximum) erhalten worden ist, bestätigt dies. Dass die genannten Schnittpunkte für die beiden Systeme in Abb. 2.5-21 fast zusammenfallen, ist ein Zufall.

Anhand der Gleichgewichtsdiagramme lässt sich der Vorgang der *Rektifikation* leicht erläutern. Bei diesem in Abb. 2.5-22 schematisch dargestellten Destillationsverfahren kondensiert man den von der siedenden Flüssigkeit aufsteigenden Dampf und lässt einen Teil des Kondensats in einer Kolonne dem nachströmenden Dampf als *Rücklauf* entgegenfließen. Dampf und Rücklauf befinden sich nicht im Gleichgewicht, so dass zwischen beiden ein Stoff- und Wärmeaustausch stattfindet. Wie man aus Abb. 2.5-22 entnimmt, versucht man diesen Austausch dadurch zu intensivieren, dass man in die Kolonne Austauschböden (Glockenböden, Füllkörper oder dgl.) einbaut, die für eine bessere Durchmischung und eine Vergrößerung der Flüssigkeitsoberfläche sorgen.

Wir greifen in der Kolonne einen Querschnitt heraus, der in Höhe eines der eingezeichneten Böden liegen möge. Durch ihn mögen in der Zeiteinheit n^β mol Dampf aufsteigen und n^α mol Flüssigkeit (Rücklauf) hinunterströmen. Da Dampf und Rücklauf nicht miteinander im Gleichgewicht sind, wird eine bestimmte Menge Flüssigkeit verdampfen und eine gewisse Menge Dampf kondensieren. Das Mengenverhältnis hängt von den vorliegenden Bedingungen ab. Der Einfachheit halber wollen wir annehmen, dass keine Wärmeverluste nach außen hin auftreten. Dann wird die gesamte Kondensationswärme, die von der teilweisen Verflüssigung des Dampfes stammt, zum Verdampfen eines Teiles des Rücklaufs zur Verfügung stehen. Nehmen wir in erster Näherung weiterhin an, dass in

Abbildung 2.5-22 Rektifizierkolonne.

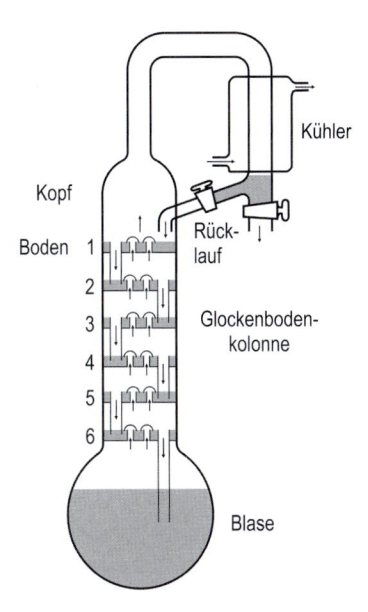

den gegebenen, relativ engen Konzentrationsgrenzen die Verdampfungsenthalpie konzentrationsunabhängig ist, dann müssen die aus dem Rücklauf verdampfende Stoffmenge und die aus dem Dampf kondensierende Stoffmenge gleich groß sein. Die gesamten Stoffmengen n^β des Dampfes oder n^α der Flüssigkeit ändern sich also nicht, was wir so formulieren können:

$$dn^\alpha = dn^\beta = 0 \tag{2.5-235}$$

Als nächstes müssen wir die Mengenbilanz für die einzelnen Komponenten betrachten. Für sie ergibt sich

$$(n^\alpha + dn^\alpha)(x_i^\alpha + dx_i^\alpha) - n^\alpha x_i^\alpha = (n^\beta + dn^\beta)(x_i^\beta + dx_i^\beta) - n^\beta x_i^\beta \tag{2.5-236}$$

Die Größen zweiter Ordnung können wir vernachlässigen, so dass wir erhalten

$$n^\alpha dx_i^\alpha - n^\beta dx_i^\beta = x_i^\beta dn^\beta - x_i^\alpha dn^\alpha \tag{2.5-237}$$

Jeder der beiden Terme auf der rechten Seite ist nach Gl. (2.5-235) null, so dass schließlich als Differentialgleichung für den Stoffaustausch für jeden Querschnitt der Kolonne folgt

$$n^\alpha dx_i^\alpha = n^\beta dx_i^\beta \tag{2.5-238}$$

Wir integrieren die Gleichung zwischen den Grenzen Kopf der Kolonne – Index K, hier kondensiert der gesamte Dampf, so dass $x_i^{\alpha(K)} = x_i^{\beta(K)}$ ist – und einem beliebigen Querschnitt – x_i^α und x_i^β –

$$\int_{x_i^\alpha}^{x_i^{\beta(K)}} n^\alpha \mathrm{d}x_i^\alpha = \int_{x_i^\beta}^{x_i^{\beta(K)}} n^\beta \mathrm{d}x_i^\beta \qquad (2.5\text{-}239)$$

$$n^\alpha (x_i^{\beta(K)} - x_i^\alpha) = n^\beta (x_i^{\beta(K)} - x_i^\beta) \qquad (2.5\text{-}240)$$

Es ist üblich, das *Rücklaufverhältnis* v einzuführen. Darunter versteht man das Verhältnis der Stoffmenge des Rücklaufs zur Stoffmenge des der Kolonne entnommenen Destillats

$$v = \frac{n^\alpha}{n^\beta - n^\alpha} \qquad (2.5\text{-}241)$$

Substituieren wir dies in Gl. (2.5-240) und lösen nach x_i^β auf, so erhalten wir

$$x_i^\beta = \frac{v}{v+1} x_i^\alpha + \frac{1}{v+1} x_i^{\alpha(K)} \qquad (2.5\text{-}242)$$

Wenn die Kolonne stationär arbeitet, ist der Molenbruch des am Kolonnenkopf übergehenden Destillats eine Konstante. Gl. (2.5-242) ist dann die Gleichung einer Geraden im x^α, x^β-Diagramm. Man bezeichnet sie als *Austauschgerade*.

Wir wollen nun prüfen, was Gl. (2.5-242) bezüglich des Rektifiziervorgangs aussagt. In Abb. 2.5-23 haben wir die Austauschgerade in ein x^α, x^β-Diagramm für ein ideales, binäres Gemisch eingezeichnet. Wir haben die Molenbrüche der leichter flüchtigen Komponenten verwendet ($x_i^\beta > x_i^\alpha$) und lassen der Übersichtlichkeit wegen im Folgenden den die Komponente bezeichnenden Index fort. Steht beim Molenbruch ein Index, so bezieht er sich auf die Nummer des Bodens. Die Gerade ist durch den Ordinatenabschnitt $\frac{1}{v+1} x^{\alpha(K)}$ und ihre Steigung $\frac{v}{v+1}$ bestimmt. Letztere hängt nur vom Rücklaufverhältnis ab, und zwar nimmt sie mit v zu und wird bei $v = \infty$ (totaler Rücklauf) gleich 1; ersterer hängt zusätzlich vom gewünschten Molenbruch des übergehenden Destillats ab. Da, wie wir gesehen haben, am Kolonnenkopf $x^{\alpha(K)} = x^{\beta(K)}$ ist, muss die Austauschgerade die Winkelhalbierende $x^\alpha = x^\beta$ bei der Konzentration des übergehenden Destillats schneiden (Punkt K). Wir gehen davon aus, dass der Wärme- und Stoffaustausch auf den einzelnen Böden vollständig ist (sog. *theoretischer Boden*), d.h. der von einem Boden aufsteigende Dampf ist mit der von ihm ablaufenden Flüssigkeit im Gleichgewicht. Wir bezeichnen den obersten Boden mit 1, die nach unten folgenden mit steigenden Ziffern.

Der vom obersten Boden 1 aufsteigende Dampf wird im Kühler vollständig kondensiert und hat deshalb die gleiche Zusammensetzung wie der auf den Boden zurückfließende Rücklauf: $x_1^\beta = x^{\beta(K)} = x^{\alpha(K)}$ (Punkt K). Der Rücklauf vom Boden 1 steht im Gleichgewicht mit dem übergehenden Dampf. Wir können deshalb den Molenbruch des Rücklaufs der Gleichgewichtskurve (Punkt A) entnehmen: x_1^α. Dieser Rücklauf tritt auf Boden 2 in Wärme- und Stoffaustausch mit dem auf-

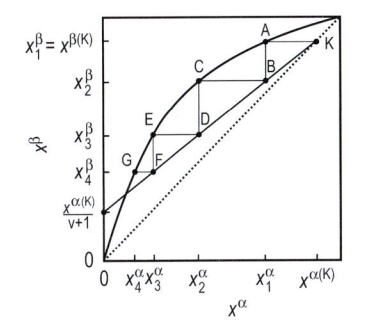

Abbildung 2.5-23 Zur Erläuterung des Rektifiziervorgangs (McCabe-Thiele-Diagramm).

steigenden Dampf. Deshalb berechnet sich der Molenbruch des aufsteigenden Dampfes nach Gl. (2.5-242) zu x_2^β (Punkt B auf der Austauschgeraden). Dieser Dampf steht im Gleichgewicht mit dem vom Boden 2 abfließenden Rücklauf, dessen Molenbruch sich folglich aus der Gleichgewichtskurve zu x_2^α ergibt (Punkt C). Auf diese Weise konstruiert man die Treppenkurve in Abb. 2.5-23 und zwar so weit, bis der Molenbruch x_n^α dem Molenbruch des Blaseninhaltes entspricht. Die Zahl n der Treppenstufen ist gleich der Zahl der theoretischen Böden, die man zur Trennung des Gemisches benötigt. Man erkennt aus der Abbildung, dass die Zahl der für eine bestimmte Trennung (Molenbrüche in der Blase und im Destillat) erforderlichen theoretischen Böden zum einen von der Krümmung der Gleichgewichtskurve – und damit von der relativen Flüchtigkeit – und zum anderen von der Steilheit der Austauschgeraden – und damit nach Gl. (2.5-242) vom Rücklaufverhältnis – abhängt. Je größer α_0 und v sind, desto weniger theoretische Böden sind erforderlich.

Wir haben uns bei der Besprechung des Phasengleichgewichts flüssig/dampfförmig auf das Grundlegende beschränkt. Wir haben nicht das im Gegensatz zur Gasphase in der Flüssigkeit mögliche Auftreten von Mischungslücken diskutiert, weil zu dessen Verständnis ein wesentlich tieferes Eindringen in die Thermodynamik nötig wäre, als es in dem gesteckten Rahmen möglich ist.

2.5.7
Schmelzdiagramme binärer Systeme

Das Phasengleichgewicht fest/flüssig weist eine noch größere Mannigfaltigkeit auf als das Phasengleichgewicht flüssig/gasförmig. Da die quantitative Behandlung, wenn überhaupt möglich, noch schwieriger ist als bei den Systemen flüssig/gasförmig, wollen wir nur die wichtigsten Typen qualitativ behandeln. Wir wählen dazu T, x-Diagramme. Die Druckabhängigkeit der Schmelzpunkte ist im Allgemeinen gering, so dass es gleichgültig ist, ob das Schmelzdiagramm unter dem eigenen Dampfdruck des Systems oder unter einem konstanten Inertgasdruck aufgenommen wird.

Schmelzdiagramme bei lückenloser Mischkristallbildung

Als einfachsten Fall wollen wir den betrachten, dass sich das binäre System nahezu ideal verhält, dass weder in der festen, noch in der flüssigen Phase eine Mischungslücke auftritt. Dieser Fall schließt sich der Behandlung des Siedediagramms einer idealen binären Mischung völlig an und trifft z. B. für das System Germanium/Silicium zu. Abbildung 2.5-24 gibt das entsprechende Schmelzdiagramm wieder. Ordinate ist die Schmelztemperatur, Abszisse der Molenbruch des Siliciums.

> Die obere Kurve gibt die Zusammensetzung der Schmelze an (x^β, *Liquiduskurve*), die untere die der festen Phase (x^α, *Soliduskurve*). Oberhalb der Liquiduskurve haben wir das Existenzgebiet der Schmelze, unterhalb der Soliduskurve das der festen Phase. Zwischen beiden Kurven erfolgt Zerfall in Schmelze und Mischkristall mit den Zusammensetzungen, die durch die Schnittpunkte der isothermen *Konnoden* mit der Liquidus- und Soliduskurve gegeben werden.

Wenn wir die Phasenregel (vgl. Abschnitt 2.5.2) $F = K - P + 2$ auf dieses System anwenden, dann müssen wir unterscheiden, ob wir es unter seinem eigenen Dampfdruck betrachten, dann haben wir beispielsweise im Existenzbereich der Schmelze ein Zweiphasensystem, das divariant (T, x) ist, oder ob wir es unter einem so hohen Druck sehen, dass keine Dampfphase vorhanden ist. Dann würde dieser Bereich ein trivariantes (p, T, x) Einphasensystem charakterisieren. Entsprechend symbolisieren Liquidus- und Soliduskurven ein univariantes (x) Dreiphasensystem (Dampf, Schmelze, Mischkristall) oder ein divariantes (p, x) Zweiphasensystem (Schmelze und Mischkristall).

Als Beispiel wollen wir einen Erstarrungsvorgang, ausgehend vom Punkt P (x_{Si} = 0.2; $T = 1500$ K) in Richtung auf den Punkt E hin betrachten. Erreichen wir die zum Punkt A gehörige Temperatur, so beginnt der Mischkristall sich auszuscheiden. Seine anfängliche Zusammensetzung entspricht dem Punkt B. Wir kühlen nun sehr langsam weiter ab, dann verarmt die Schmelze an dem höher schmelzenden Silicium, d. h. wir bewegen uns abwärts längs der Liquiduskurve in Richtung auf C, längs der Soliduskurve in Richtung auf D. Der Vorgang soll so langsam erfolgen, dass immer Gleichgewicht herrscht, d. h. dass weder in der Schmelze noch im Mischkristall Konzentrationsunterschiede auftreten und beide

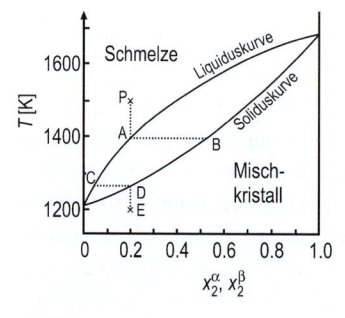

Abbildung 2.5-24 Schmelzdiagramm des Systems Germanium/Silicium (Index 2).

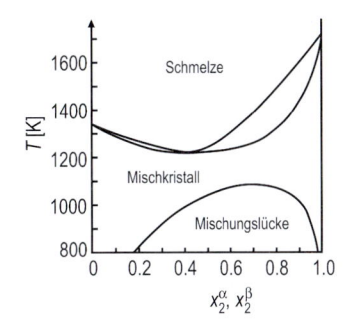

Abbildung 2.5-25 Schmelzdiagramm des Systems Gold/Nickel (Index 2).

Phasen gleiche Temperatur haben. Sobald wir die Punkte C und D erreicht haben, ist die gesamte Schmelze erstarrt, der Mischkristall hat die gleiche Zusammensetzung wie die ursprüngliche Schmelze und C gibt die Zusammensetzung des letzten Flüssigkeitstropfens an.

Anders liegen die Verhältnisse, wenn wir die Abkühlung so schnell vornehmen, dass in der festen Phase kein Konzentrationsausgleich durch Diffusion eintreten kann. Es entsteht im Mischkristall ein Abfall des Molenbruchs x_2 von innen nach außen (Schichtkristall), sein mittlerer Molenbruch $\overline{x_2}$ ist größer als der an der Oberfläche, die allein mit der Schmelze im Gleichgewicht steht. Infolgedessen müssen wir den Punkt D überschreiten, bis die mittlere Konzentration des Kristalls der der ursprünglichen Schmelze entspricht, bis also die gesamte Schmelze erstarrt ist. In einem solchen Fall kann man durchaus bis zum Schmelzpunkt der niedriger schmelzenden reinen Komponente (Germanium) kommen.

Will man die Stoffe durch Kristallisieren trennen, so muss man eine häufig wiederholte *fraktionierte Kristallisation* (vgl. fraktionierte Destillation) durchführen.

So, wie bei den Siedediagrammen häufig Abweichungen vom idealen Verhalten unter Bildung von Siedepunktsminima oder -maxima zu finden sind, so treten auch bei den Schmelzdiagrammen oft starke Verzerrungen der in Abb. 2.5-24 gezeigten Kurven auf. Meist handelt es sich dann um Schmelzpunktsminima. Man findet sie oft, wenn bei noch wesentlich tieferen Temperaturen im Festkörper eine Mischungslücke auftritt. Abbildung 2.5-25 gibt als ein solches Beispiel das Schmelzdiagramm des Systems Gold/Nickel wieder. Alles, was bezüglich der Siedediagramme mit Extremwerten und des Schmelzdiagramms einer idealen Mischung gesagt wurde, lässt sich sinngemäß übertragen. Insbesondere gilt, dass im Schmelzpunktsminimum das Gemisch wie ein reiner Stoff kristallisiert.

Schmelzdiagramme mit partieller Mischungslücke

Häufig liegt der kritische Entmischungspunkt so hoch, dass sich die Mischungslücke in das Gebiet des Zerfalls in Schmelze und Mischkristall hineinschiebt. Abbildung 2.5-26 zeigt als Beispiel dafür das System Silber/Kupfer. Im Gebiet I liegt Schmelze vor, in den Gebieten II und III ein silberreicher bzw. ein kupferreicher Mischkristall. Im Gebiet IV zerfällt das System in Schmelze und einen silberreichen Mischkristall, im Gebiet V in Schmelze und einen kupferreichen Mischkristall und schließlich im Gebiet VI in einen silber- und in einen kupfer-

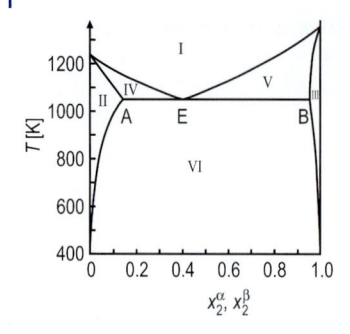

Abbildung 2.5-26 Schmelzdiagramm des Systems Silber/Kupfer (Index 2).

reichen Mischkristall. Die Liquiduskurve ist erhalten geblieben, die Soliduskurve ist in zwei Äste aufgespalten, die sich von A bzw. B bis zu den Schmelzpunkten der reinen Komponenten erstrecken.

Kühlen wir eine Schmelze mit einem Molenbruch ab, der kleiner als der zu A gehörige oder größer als der zu B gehörige ist, so gilt zunächst völlig das, was zu Abb. 2.5-24 gesagt wurde. Lediglich bei Temperaturen unterhalb von A und B tritt in der festen Phase noch einmal ein Zerfall in einen silber- und einen kupferreichen Mischkristall ein. Liegt die Zusammensetzung der Schmelze zwischen den zu A und B gehörenden Molenbrüchen, so erreichen wir beim Abkühlen in jedem Fall den Punkt E (*Eutektikum*). Dann scheidet sich neben dem einen Mischkristall auch der andere Mischkristall ab. Und gehen wir von einer Schmelze des eutektischen Gemisches aus, dann kristallisiert die Schmelze bei konstanter Temperatur (wie ein reiner Stoff), aber unter gleichzeitiger Abscheidung der durch A und B gekennzeichneten Mischkristalle. Nach der Phasenregel ist der eutektische Punkt ein invarianter Punkt, d. h. T, p und alle x_i liegen fest, wenn das System unter seinem eigenen Dampfdruck steht. Er ist ein univarianter Punkt, d. h. p kann frei gewählt werden, sofern p so groß ist, dass keine Dampfphase vorliegt.

Der durch die Mischungslücke VI geforderte Zerfall geht in der festen Phase nur sehr langsam vonstatten. Er hat jedoch große metallurgische Bedeutung.

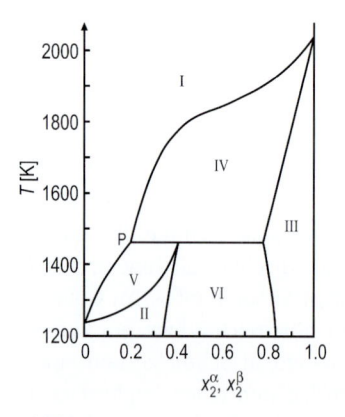

Abbildung 2.5-27 Schmelzdiagramm des Systems Silber/Platin (Index 2).

Schiebt sich die Mischungslücke in der festen Phase in ein Schmelzdiagramm der in Abb. 2.5-24 dargestellten Art, dann entsteht ein Diagramm, wie es für das System Silber/Platin in Abb. 2.5-27 wiedergegeben ist. Die rechte Seite entspricht völlig dem System Silber/Kupfer. Auf der linken Seite tritt als neuer invarianter Punkt ein sog. *peritektischer Punkt* P auf. Bei ihm stehen (außer dem Dampf) Schmelze, silberreiche und platinreiche Mischkristalle miteinander im Gleichgewicht. Wie ein eutektisches Gemisch erstarrt auch ein peritektisches bei konstanter Temperatur unter Ausscheidung zweier Arten von Mischkristallen. Wie die Steigung der Liquiduskurve am eutektischen Punkt, so hat auch die Steigung der Liquiduskurve am peritektischen Punkt eine Unstetigkeit. Lassen wir die Dampfphase außer Betracht, so sind die Gebiete I, II und III einphasig, während in den Gebieten IV und V ein Zerfall in Schmelze und einen platinreichen bzw. silberreichen Mischkristall erfolgt. In Gebiet VI zerfällt das System in silber- und platinreiche Mischkristalle.

Schmelzdiagramm ohne Mischkristallbildung

Verbreitert sich in einem Schmelzdiagramm der in Abb. 2.5-26 gezeigten Art die Mischungslücke über den gesamten Konzentrationsbereich, so erhält man ein Diagramm, wie es für das System Kaliumchlorid/Lithiumchlorid (Abb. 2.5-28) charakteristisch ist.

Die Soliduskurven fallen jetzt mit den Ordinaten zusammen. Kühlt man eine Schmelze, die nicht gerade die Zusammensetzung des eutektischen Gemisches hat, ab, so scheidet sich beim Erreichen der Liquiduskurve die reine Komponente (A oder B) ab, wodurch der Schmelzpunkt sinkt. In jedem Fall erreicht man schließlich den eutektischen Punkt E, an dem dann die beiden reinen Komponenten nebeneinander ausfallen. Ein eutektisches Gemisch erstarrt bei der eutektischen Temperatur unter Abscheidung eines Gemenges der beiden reinen Komponenten.

Dieses Diagramm stellt nichts anderes dar als die Schmelzpunktserniedrigung des Kaliumchlorids durch Lithiumchlorid bzw. des Lithiumchlorids durch Kaliumchlorid (vgl. Abschnitt 2.5.4). Der eutektische Punkt ist der Schnittpunkt der beiden Schmelzpunktserniedrigungskurven.

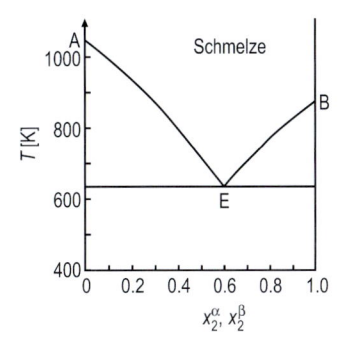

Abbildung 2.5-28 Schmelzdiagramm des Systems Kaliumchlorid/Lithiumchlorid (Index 2).

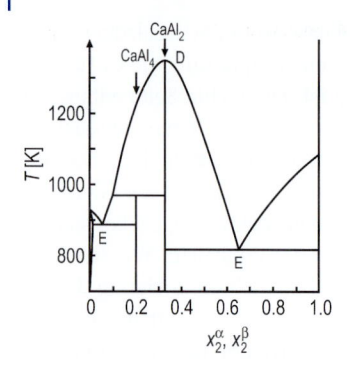

Abbildung 2.5-29 Schmelzdiagramm des Systems Aluminium/Calcium (Index 2).

Schmelzdiagramm mit Dystektikum

Es kommt auch vor, dass zwei Komponenten, die nicht miteinander mischbar sind, doch eine Mischphase einer bestimmten stöchiometrischen Zusammensetzung (wie eine chemische Verbindung) bilden können. Da diese „Verbindung" aber mit den sie aufbauenden Komponenten nicht mischbar ist, ergibt sich insgesamt ein Schmelzdiagramm, das sich im Wesentlichen aus zwei Diagrammen der in Abb. 2.5-28 gezeigten Art zusammensetzt. Ein Beispiel dafür ist das System Aluminium/Calcium. Die rechte Seite der Abb. 2.5-29 entspricht völlig einem Schmelzdiagramm ohne Mischkristallbildung. Auf der linken Seite tritt in der Liquiduskurve eine Unstetigkeit auf, die auf die Bildung einer weiteren Verbindung ($CaAl_4$) zurückzuführen ist, die sich jedoch nicht durch das Auftreten eines weiteren Maximums bemerkbar macht. Bei sehr kleinen Calciumkonzentrationen findet man schließlich noch einen schmalen Bereich einer Mischkristallbildung.

Die Verbindung $CaAl_2$ zerfällt in der Schmelze in ihre Komponenten. Das *Dystektikum* D zeichnet sich dadurch aus, dass die Steigung der Liquiduskurve dort stetig ist, d. h. dass $dT/dx = 0$ ist. So etwas ist nicht der Fall, wenn die Verbindung in der Schmelze als solche erhalten bleibt.

Thermische Analyse

Zum Abschluss soll noch die sog. thermische Analyse, ein Verfahren zur experimentellen Aufstellung von Schmelzdiagrammen, erläutert werden, weil dadurch der Schmelzvorgang noch einmal verdeutlicht wird.

Auf der linken Seite von Abb. 2.5-30 sind die Schmelzdiagramme ohne und mit vollständiger Mischkristallbildung angegeben. Auf der rechten Seite findet man die Temperatur-Zeit-Kurven, die man bei der Abkühlung von Mischungen verschiedener Zusammensetzung beobachtet. Träte kein Erstarren ein, so würden diese Kurven entsprechend der Newton'schen Abkühlung exponentiell verlaufen.

Wir betrachten zunächst die Kurven A und B. Sie gelten für die reinen Komponenten. Wir sehen, dass bei den Schmelzpunkten der reinen Komponenten ein *Haltepunkt* auftritt, weil hier die Abkühlung durch das Freiwerden der Kondensationswärme gestoppt wird. Dasselbe gilt für die eutektische Mischung (x_E in der oberen Abbildung).

Abbildung 2.5-30 Thermische Analyse.

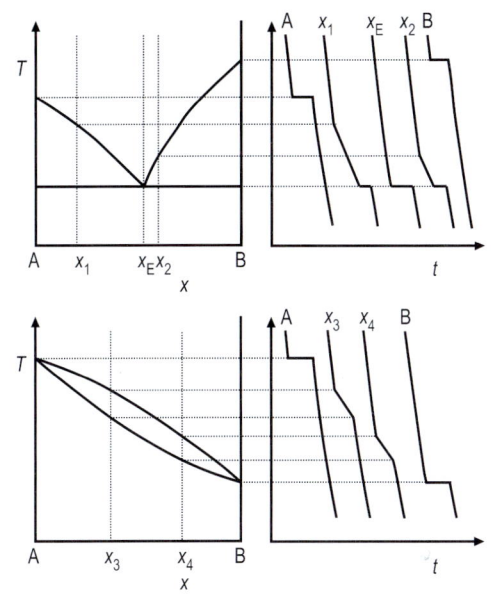

In den Fällen x_1 und x_2 in dem oberen Teil tritt eine deutliche Verlangsamung der Abkühlungsgeschwindigkeit bei Erreichen der Liquiduskurve, d. h. bei Beginn der Kristallisation ein. Das Freiwerden der Kondensationswärme wirkt der Abkühlung entgegen, doch durch die Verarmung der Schmelze an der höherschmelzenden Komponente (nur diese kristallisiert ja aus) sinkt langsam der Schmelzpunkt, bis die eutektische Temperatur erreicht wird. Hier kristallisiert der Rest bei konstanter Temperatur unter Abscheidung der beiden reinen Komponenten aus.

Im Fall der vollständigen Mischkristallbildung (x_3 und x_4 in dem unteren Teil von Abb. 2.5-30) verlangsamt sich ebenfalls die Abkühlungsgeschwindigkeit, sobald die Liquiduskurve erreicht ist. Sie wird aber sofort wieder größer, wenn die gesamte Schmelze erstarrt ist.

Aus Abb. 2.5-30 ist ohne weiteres zu ersehen, wie man aus den Knickpunkten der Temperatur-Zeit-Kurven die Liquidus- bzw. Soliduskurven konstruieren kann.

2.5.8
Ternäre Systeme

Nach der Gibbs'schen Phasenregel kann ein aus drei Komponenten aufgebautes System maximal vier Freiheiten haben, nämlich dann, wenn nur eine Phase vorliegt. Diese Freiheiten wären beispielsweise Druck, Temperatur und die Molenbrüche von zwei Komponenten. Wir wollen uns nur mit der Darstellung der Zusammensetzung eines Dreikomponentensystems bei konstanter Temperatur und konstantem Druck befassen und die Darstellung eines Löslichkeitsdiagramms eines ternären Systems besprechen.

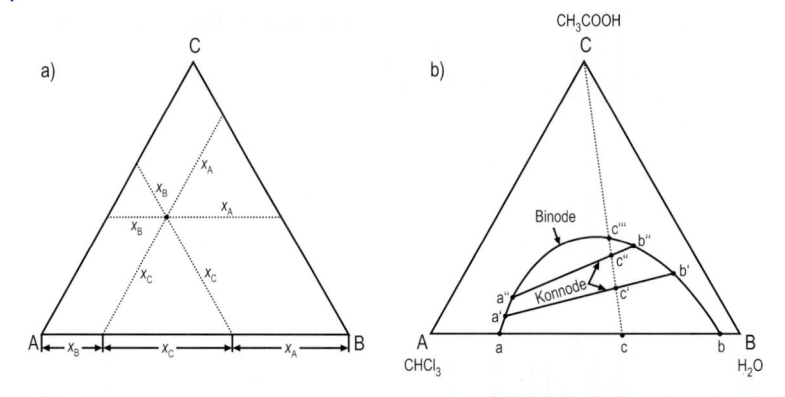

Abbildung 2.5-31 (a) Darstellung eines ternären Systems durch Dreieckskoordinaten; (b) Löslichkeitsdiagramm des Systems H_2O – $CHCl_3$ – CH_3COOH.

Die Zusammensetzung einer ternären Mischphase gibt man nach Gibbs zweckmäßigerweise durch einen Punkt in einem gleichseitigen Dreieck wieder. Die Seitenlänge des Dreiecks wird als Einheit festgesetzt. Die Molenbrüche x_A, x_B und x_C sind dann durch die Abstände des Punktes P auf zu den Dreiecksseiten parallelen Geraden von den jeweils A, B und C gegenüberliegenden Seiten gegeben (s. Abb. 2.5-31 a). Aus der Auftragung an der Dreiecksseite AB ist ersichtlich, dass die Bedingung $\Sigma x_i = 1$ dann immer erfüllt ist. Die Dreiecksseiten repräsentieren die binären Systeme A + B, B + C bzw. C + A, während an den Eckpunkten die reinen Komponenten vorliegen. Auf einer Parallelen zu einer Dreiecksseite ist der Molenbruch der dieser Seite gegenüberliegenden Komponente konstant. Auf einer Geraden durch einen Eckpunkt liegen all die Systeme, bei denen die Molenbrüche der nicht durch den Eckpunkt charakterisierten Komponenten ein konstantes Verhältnis haben.

Will man die Abhängigkeit einer Eigenschaft eines ternären Systems von der Zusammensetzung angeben, so wählt man das Dreieck als Grundfläche und trägt als Höhe den Wert der betrachteten Eigenschaft auf.

Als Beispiel für ein Löslichkeitsdiagramm ist in Abb. 2.5-31 b das System Wasser-Trichlormethan-Essigsäure wiedergegeben. Die Paare Trichlormethan-Essigsäure und Wasser-Essigsäure sind vollständig miteinander mischbar, nicht jedoch das Paar Trichlormethan-Wasser. Die Punkte a und b geben die Zusammensetzung der beiden *konjugierten Lösungen*, d. h. der beiden koexistenten gesättigten Lösungen der einen Flüssigkeit in der anderen, in Abwesenheit von Essigsäure an, der Punkt c die mittlere Zusammensetzung. Wenn Essigsäure hinzugefügt wird, ändert sich die mittlere Zusammensetzung, ausgedrückt durch den Molenbruch, längs der Linie cC. Sie betrage beispielsweise c' oder c", die Zusammensetzung der beiden koexistenten Phasen a' und b' bzw. a" und b". Da die Essigsäure vorzugsweise in die wasserreiche Schicht geht, liegt die *Konnode*, welche die Punkte a' und b' bzw. a" und b" verbindet, nicht parallel zu AB. Die Mengenverhältnisse von wasserreicher zu trichlormethanreicher Phase sind durch die Verhältnisse

$\overline{a'c'}/\overline{b'c'}$ bzw. $\overline{a''c''}/\overline{b''c''}$ gegeben. Bei c''' ist nur noch eine Spur der trichlormethanreichen Phase vorhanden, und eine geringfügige weitere Zugabe von Essigsäure führt dazu, dass das System homogen wird. Die Umhüllende des Zweiphasengebietes nennt man *Binode*.

Ein *Löslichkeitsgleichgewicht*, wie es in Abb. 2.5-31 b dargestellt ist, kann man auch als Verteilungsgleichgewicht eines Stoffes C in den beiden nur wenig mischbaren Lösungsmitteln A und B beschreiben. Das chemische Potential des Stoffes C muss dann in beiden Phasen (A + B und B + C), unterschieden als Phasen α und β, bei gegebenen p und T gleich sein. Es gilt also

$$\mu_c^{\alpha\infty} + RT \ln a_c^{\alpha} = \mu_c^{\beta\infty} + RT \ln a_c^{\beta} \qquad (2.5\text{-}243)$$

Daraus folgt

$$\frac{a_c^{\beta}}{a_c^{\alpha}} = \exp\left[-\frac{\mu_c^{\beta\infty} - \mu_c^{\alpha\infty}}{RT}\right] = \text{const.} \qquad (2.5\text{-}244)$$

Handelt es sich um ideal verdünnte Lösungen, bei denen die Aktivität durch den Molenbruch ersetzt werden kann, so ist Gl. (2.5-244) gleichbedeutend mit dem

Nernst'schen Verteilungssatz

$$\frac{x_c^{\beta}}{x_c^{\alpha}} = \text{const.} \qquad (2.5\text{-}245)$$

Demnach ist das Verhältnis der Molenbrüche der Komponente C in den Phasen α und β unabhängig von der Größe dieser Molenbrüche. Nach Gl. (2.5-244) hängt es aber von der Temperatur ab.

2.5.9
Kernpunkte des Abschnitts 2.5

- ☑ Gibbs'sche Phasenregel Gl. (2.5-10, 14)
- ☑ Währendes Gleichgewicht Gl. (2.5-21)
- ☑ Clausius-Clapeyron'sche Gleichung Gl. (2.5-25)
- ☑ August'sche Dampfdruckformel Gl. (2.5-29, 30)
- ☑ Kolligative Eigenschaften S. 342
- ☑ Dampfdruckerniedrigung, Raoult'sches Gesetz Gl. (2.5-45)
- ☑ Siedepunktserhöhung Gl. (2.5-57)
- ☑ Gefrierpunktserniedrigung Gl. (2.5-60)
- ☑ Osmotischer Druck Gl. (2.5-76, 79)
- ☑ Ein- und Aussalzeffekt S. 355

2 Chemische Thermodynamik

- ☑ Löslichkeit von Gasen, Henry-Dalton'sches Gesetz Gl. (2.5-99)
- ☑ Löslichkeit fester Stoffe Gl. (2.5-110)
- ☑ Ideale und reale Lösungen S. 361
- ☑ Normierung der Aktivitätskoeffizienten S. 361
- ☑ Rationaler Aktivitätskoeffizient Gl. (2.5-128, 129)
- ☑ Praktischer Aktivitätskoeffizient Gl. (2.5-139)
- ☑ Experimentelle Bestimmung von Aktivitätskoeffizienten S. 367
- ☑ Debye-Hückel'sche Theorie S. 372
- ☑ Mittlerer Aktivitätskoeffizient Gl. (2.5-188 bis 191)
- ☑ Dampfdruckdiagramme S. 377
- ☑ Raoult'sches Gesetz Gl. (2.5-211)
- ☑ Azeotroper Punkt, azeotropes Gemisch S. 382
- ☑ Siedediagramm S. 383
- ☑ Gleichgewichtsdiagramm S. 388
- ☑ Rektifikation S. 390

Schmelzdiagramme S. 393

- ☑ Thermische Analyse S. 398

Ternäre Systeme S. 399

- ☑ Nernst'scher Verteilungssatz Gl. (2.5-245)

2.5.10
Rechenbeispiele zu Abschnitt 2.5

1. Kann es in einem Einkomponentensystem einen Quadrupelpunkt geben?

2. Bei 628.15 K beträgt der Dampfdruck des Quecksilbers 0.9818 bar, bei 633.15 K 1.0740 bar. Wie groß ist die Verdampfungsenthalpie des Quecksilbers bei seinem Siedepunkt (629.88 K), wenn die Dichte des flüssigen Quecksilbers bei dieser Temperatur 12.74 g cm^{-3} beträgt und der Dampf als ideales Gas betrachtet wird? Die molare Masse des Quecksilbers ist 200.61 g mol^{-1}.

3. In einen evakuierten Kolben mit einem Volumen von 1.00 dm^3 werden 0.276 g flüssiges Wasser eingeschleust. Der Kolben wird dann auf 353 K erwärmt. Liegt im Kolben dann ein Zweiphasensystem flüssig/dampfförmig oder ein Einphasensystem (Dampf) vor? Für die Verdampfungsenthalpie des Wassers im Bereich zwischen 353 K und 373 K setze man 41.1 kJ mol^{-1} ein.

4. Man zeige mit Hilfe des Raoult'schen Gesetzes der Dampfdruckerniedrigung, dass die Dampfdruckkurven des reinen Lösungsmittels und der Lösung in Abb. 2.5-6 nicht durch eine Vertikalverschiebung zur Deckung gebracht werden können.

5. Eine organische Substanz (Index 2) enthält die Elemente C, H, O und N im Verhältnis 1 : 4 : 1 : 2. Es werden folgende wäßrige Lösungen hergestellt und die Gefrierpunktserniedrigungen gemessen:

$\dfrac{m_1}{g}$	40	50	40	100
$\dfrac{m_2}{g}$	0.3817	0.7634	1.1415	3.8173
$\dfrac{T_m - T_m^*}{K}$	0.265	0.408	0.730	0.965

Welche Bruttoformel hat die Substanz? (Man extrapoliere auf unendliche Verdünnung.) Die Schmelzenthalpie des Wassers beträgt 6.007 kJ mol^{-1}.

6. Bei einer Temperatur von 300 K werden für drei verschieden konzentrierte Lösungen von Polystyrol in Methylisopropylketon die osmotischen Drücke gemessen. Man findet, wenn m_2 g des Polystyrols in 1 dm^3 Lösung enthalten sind, folgende osmotische Drücke:

m_2/g	Π/Pa
5.0	73
9.9	156
19.8	329

Welche molare Masse ergibt sich, wenn man auf eine ideal verdünnte Lösung extrapoliert?

7. Man findet experimentell, dass sich bei 288.5 K 1.2 g Anthracen in 100 cm^3 Trichlormethan lösen. Welche Löslichkeit würde man bei idealem Verhalten des Systems erwarten? Es sind M (Anthracen) = 178 g mol^{-1}, M (Trichlormethan) = 119 g mol^{-1}, T_m (Anthracen) = 490 K, $\Delta_m H$ (Anthracen) = 28.8 kJ mol^{-1}, ϱ (Trichlormethan) = 1.5 g cm^{-3}.

8. Unter Zuhilfenahme der Abb. 2.5-14 ermittle man die Aktivitätskoeffizienten f_2 und f_2^∞ des Trichlormethans (Index 2) in einer Propanon/Trichlormethan-Mischung bei einem Molenbruch $x_2 = 0.3$.

9. Zwei flüssige Komponenten, von denen die eine bei einer bestimmten Temperatur einen Dampfdruck p_1^*, die andere einen Dampfdruck $p_2^* = \tfrac{1}{3} p_1^*$ besitzt, bilden ein sich ideal verhaltendes binäres System. Man zeichne die Partialdruck- und Gesamtdruckkurven als Funktion des Molenbruches x_2^α in der flüssigen Phase und ermittle die Gesamtdruckkurve als Funktion des Molenbruches x_2^β in der Dampfphase, die sich ebenfalls ideal verhalten möge.

10. Die folgende Abbildung soll die Partialdruckkurven einer sich nicht ideal verhaltenden binären Mischung als Funktion des Molenbruchs in der flüssigen Phase wiedergeben. Diese Abbildung enthält einen Fehler. Um welchen handelt es sich?

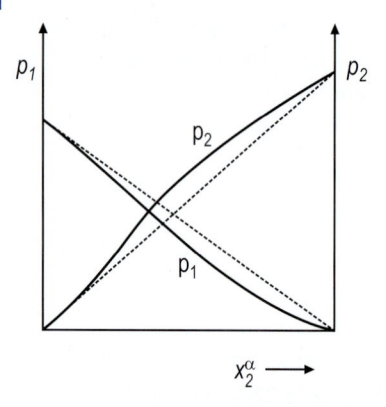

11. Man berechne das Siedediagramm des Systems O_2/N_2. Gegeben sind die Siedepunkte der reinen Komponenten ($T^*_{O_2} = 90.15$ K, $T^*_{N_2} = 77.34$ K) und die Verdampfungsenthalpien ($\Delta_V H_{O_2} = 6.819$ kJ mol^{-1}, $\Delta_V H_{N_2} = 5.577$ kJ mol^{-1}). Das System verhält sich nahezu ideal.

12. Bei welcher Temperatur siedet Wasser unter einem Druck von $p = 0.800 \cdot 10^5$ Pa, wenn seine mittlere Verdampfungsenthalpie 40.8 kJ mol^{-1} beträgt? Betrachten Sie den Wasserdampf als ideales Gas.

13. Löst man 2.565 g Harnstoff ($M = 60.1 \cdot 10^{-3}$ kg mol^{-1}) in 52.45 g Wasser ($M = 18.016 \cdot 10^{-3}$ kg mol^{-1}), so erniedrigt sich dessen Dampfdruck auf 20.330 mbar. Wie groß ist der Dampfdruck des reinen Wassers bei der gewählten Temperatur?

14. Diskutieren Sie anhand von Gl. (2.5-244), weshalb es auch bei Verteilungsgleichgewichten einen Einsalz- und einen Aussalzeffekt geben muss.

2.6
Das chemische Gleichgewicht

Bei der Behandlung der Phasengleichgewichte in Abschnitt 2.5 haben wir vorausgesetzt, dass zwischen den verschiedenen Komponenten der von uns betrachteten Systeme keine chemischen Reaktionen ablaufen. Die Vorgänge, die wir besprochen haben, bezogen sich auf Übergänge von Stoffen aus einer Phase in eine andere. Wir haben aber bereits von Anfang an, d. h. schon bei der Einführung der Reaktionslaufzahl ξ und der sog. Reaktionsgrößen, der partiellen Ableitung thermodynamischer Größen nach der Reaktionslaufzahl, darauf aufmerksam gemacht, dass kein prinzipieller Unterschied zwischen einem Phasenübergang und einer chemischen Reaktion besteht. So wird uns auch die Behandlung des chemischen Gleichgewichts im Vergleich zur Behandlung der Phasengleichgewichte vor keine neuen Probleme stellen.

Nach der Einführung einiger neuer Begriffe (Abschn. 2.6.1) werden wir im Abschnitt 2.6.2 ausgehend von der *reversiblen Reaktionsarbeit* ΔG das *Massenwirkungsgesetz* formulieren und auf homogene Gasgleichgewichte, homogene Lösungsgleichgewichte sowie auf heterogene Gleichgewichte anwenden.

Der Abschnitt 2.6.3 ist der *Temperaturabhängigkeit* der Gleichgewichtskonstanten gewidmet.

Die *Druckabhängigkeit* der Gleichgewichtskonstanten werden wir im Abschnitt 2.6.4 behandeln.

Im Abschnitt 2.6.5 werden wir Methoden zur *experimentellen* Ermittlung der Gleichgewichtskonstanten kennenlernen, im Abschnitt 2.6.6 Methoden zu ihrer *Berechnung*.

Zum Schluss (Abschn. 2.6.7) werden wir uns noch mit einigen *Anwendungen* des Massenwirkungsgesetzes beschäftigen.

2.6.1
Allgemeine Betrachtungen

Wir haben im Abschnitt 2.5 gelernt, dass für den Fall, dass ein Stoff gleichzeitig in zwei Phasen vorliegt, so lange ein Stofftransport von einer Phase in die andere stattfindet, bis die für geschlossene Systeme im isobaren und isothermen Fall gültige Gleichgewichtsbedingung

$$dG_{p,T} = 0 \qquad (2.3\text{-}14)$$

erfüllt ist, was gleichbedeutend war mit der Forderung, dass im thermischen Gleichgewicht das chemische Potential des Stoffes i in den koexistenten Phasen gleich ist. Betrachten wir nun chemische Reaktionen zwischen den verschiedenen Komponenten eines Systems, dann wird uns Gl. (2.3-14) zum Massenwirkungsgesetz führen.

Systeme, in denen chemische Gleichgewichte vorliegen, können sehr unterschiedlich aufgebaut sein. Alle Reaktionspartner können, wie beim Ammoniakgleichgewicht, als Gase vorliegen. Wir sprechen dann von einem *homogenen Gasgleichgewicht*. Die Reaktionspartner können, wie bei vielen Elektrolytreaktionen oder Reaktionen zwischen organischen Stoffen, in Lösung existieren. Solche Gleichgewichte nennen wir *Lösungsgleichgewichte*. Die Reaktionspartner können aber auch in unterschiedlichen Phasen vorliegen, seien es nun mehrere feste Phasen wie bei Festkörperreaktionen oder eine oder mehrere feste Phasen und eine Gasphase wie bei Zersetzungsgleichgewichten (z. B. von Calciumcarbonat oder Hydraten). Wir sprechen dann von *heterogenen Gleichgewichten*.

Der Typ des Gleichgewichts wird sich auf die spezielle Behandlung auswirken. Doch wollen wir zunächst versuchen, eine allgemeingültige Formulierung für das chemische Gleichgewicht zu finden.

2.6.2
Standardreaktion, Restreaktion und Gleichgewichtskonstante

Im Abschnitt 2.3.1 haben wir erkannt, dass für geschlossene Systeme im isothermen Fall die Bedingung

$$dA_{V,T} \leq 0 \tag{2.3-13}$$

bzw.

$$dG_{p,T} \leq 0 \tag{2.3-14}$$

gilt, je nachdem, ob der Vorgang isochor oder isobar abläuft. Im Fall des Gleichgewichts gilt das Gleichheitszeichen, im Fall eines spontanen Prozesses, also auch einer chemischen Reaktion, das Kleiner-Zeichen. Im gleichen Abschnitt haben wir erfahren, dass $dA_{V,T}$ und $dG_{p,T}$ auch die bei dem Vorgang reversibel geleistete Arbeit, im letzteren Fall unter Ausschluss von Volumenarbeit, darstellen.

In geschlossenen Systemen sind die Stoffmengenänderungen nicht frei wählbar, vielmehr sind sie durch die Stöchiometrie der Umsätze miteinander gekoppelt, weswegen wir die Reaktionslaufzahl ξ eingeführt haben, die mit den Stoffmengen über die stöchiometrischen Faktoren v_i verknüpft ist:

$$dn_i = v_i d\xi \tag{1.1-126}$$

Betrachten wir die Reaktion

$$|v_A|A + |v_B|B \rightarrow |v_C|C + |v_D|D \tag{2.6-1}$$

so sind die stöchiometrischen Faktoren der Ausgangsstoffe A und B mit negativem, die der Produkte C und D mit positivem Vorzeichen einzusetzen.

Im Abschnitt 2.3.3 haben wir die Gibbs'schen Fundamentalgleichungen mit Hilfe der Reaktionslaufzahl als

$$dA = -SdT - pdV + \sum v_i \mu_i d\xi \tag{2.3-71}$$

$$dG = -SdT + Vdp + \sum v_i \mu_i d\xi \tag{2.3-72}$$

formuliert und

$$\Delta A = \left(\frac{\partial A}{\partial \xi}\right)_{V,T} = \sum v_i \mu_i \quad (V, T \text{ const.}) \tag{2.3-73}$$

$$\Delta G = \left(\frac{\partial G}{\partial \xi}\right)_{p,T} = \sum v_i \mu_i \quad (p, T \text{ const.}) \tag{2.3-74}$$

Freie Reaktionsenergie bzw. Freie Reaktionsenthalpie oder *reversible Reaktionsarbeit* genannt. Meist werden wir es in der Chemie mit isobaren Prozessen zu tun haben. Deshalb stellen wir unsere Betrachtungen mit Hilfe der Freien Enthalpie an.

Aus Gl. (2.3-14) folgt für einen Formelumsatz (bezogen auf ξ)

$$\Delta G = \sum v_i \mu_i \leq 0 \tag{2.6-2}$$

Chemische Reaktionen spielen sich im Allgemeinen in realen Mischphasen ab. Wir müssen deshalb für das chemische Potential gemäß Gl. (2.3-106)

$$\mu_i(p, T) = \mu_i^0(p, T) + RT \ln a_i \tag{2.6-3}$$

setzen, so dass wir aus Gl. (2.6-2) erhalten

$$\Delta G = \sum v_i \mu_i^0 + RT \sum v_i \ln a_i \tag{2.6-4}$$

Diese wichtige Beziehung müssen wir näher diskutieren. Wenn die linke Seite von Gl. (2.6-4), wie wir gesehen haben, eine reversible Reaktionsarbeit repräsentiert, dann muss das gleiche von den beiden Termen auf der rechten Seite gelten.

Bei der Herleitung von Gl. (2.3-106) im Abschnitt 2.3.6 haben wir gesehen, dass μ_i^* das chemische Potential der Komponente i ist, die das gleiche p und T wie die Mischphase aufweist. Bei der Diskussion der Aktivität sind wir im Abschnitt 2.5.5 detaillierter auf dieses Problem eingegangen und haben dort den Zustand, auf den sich μ_i^* bezieht, dem allgemeinen Brauch folgend als *Standardzustand* bezeichnet. Dabei sollte die Komponente im gleichen Aggregatzustand wie in der Mischphase vorliegen. Im Fall von Lösungen war das nicht immer möglich, so dass wir als Standardzustand denjenigen hypothetischen Zustand wählen mussten, in dem die Komponente i als reiner Stoff ($x_i = 1$), aber im Zustand idealer Verdünnung vorliegt. Wir haben dies durch den Index ∞ gekennzeichnet und den zugehörigen Aktivitätskoeffizienten f_i^∞ (vgl. Gl. (2.5-127)) als *rationalen Aktivitätskoeffizienten* bezeichnet. Wir haben weiterhin gesehen, dass es bisweilen zweckmäßig ist, als Konzentrationsmaß anstelle des Molenbruchs die molare Konzentration c oder die molale Konzentration m zu verwenden. Standardzustand für die Normierung der dann zu verwendenden *praktischen Aktivitätskoeffizienten* y bzw. γ war die Lösung mit $c_i^0 = 1$ mol dm^{-3} bzw. $m_i^0 = 1$ mol (kg Lösungsmittel)$^{-1}$, jedoch mit den Eigenschaften einer ideal verdünnten Lösung. Wir können also unterschiedliche Standardzustände wählen (kenntlich gemacht durch * oder ∞). In der allgemeinen Formulierung der Gleichungen (2.6-3) und (2.6-4) haben wir deshalb den Index ^{0} gewählt, der allgemein irgendeinen Standardzustand andeuten soll. Er ist zunächst nicht auf ein bestimmtes p und T festgelegt, sondern kann dem Problem angepasst werden.

Unglücklicherweise wird der Begriff Standardzustand noch in einer anderen Bedeutung verwendet. Im Zusammenhang mit den Bildungsenthalpien haben wir im Abschnitt 1.1.16 durch ein $\ominus$ gekennzeichnete Standardzustände kennengelernt, die sich auf die feste Standardtemperatur von 298.15 K und den festen Standarddruck von 1.013 bar beziehen. Diese Standardzustände dürfen nicht verwechselt werden mit denen, die uns jetzt bezüglich Gl. (2.6-4) interessieren.

Schreiben wir den ersten Term der rechten Seite von Gl. (2.6-4) für die Reaktion Gl. (2.6-1) explizit auf, so lautet er

$$\sum v_i \mu_i^0 = v_A \mu_A^0 + v_B \mu_B^0 + v_C \mu_C^0 + v_D \mu_D^0 \qquad (2.6\text{-}5)$$

Das ist die Reaktionsarbeit, die auftritt, wenn $|v_A|$ mol A mit $|v_B|$ mol B aus den jeweiligen Standardzuständen heraus reagieren unter Bildung von $|v_C|$ mol C und $|v_D|$ mol D, wobei C und D wiederum in den jeweiligen Standardzuständen vorliegen. Man bezeichnet diesen Term deshalb als *Standard-Reaktionsarbeit*.

Die einzelnen Komponenten werden, von Ausnahmefällen abgesehen, jedoch nicht in den – teilweise sogar hypothetischen – Standardzuständen vorliegen, sondern in realen Zuständen in einer Mischphase. In der Reaktionsarbeit ΔG muss deshalb auch ein Term enthalten sein, der die Überführung der einzelnen Komponenten aus diesen realen Zuständen in die Standardzustände bzw. aus den Standardzuständen in die realen Zustände berücksichtigt.

Verfolgen wir die Herkunft des zweiten Terms auf der rechten Seite von Gl. (2.6-4) rückwärts. Er stammt aus der für jede einzelne Komponente gültigen Gl. (2.3-106), für die wir in Abschnitt 2.3.6 (und entsprechend in Abschnitt 2.5.5 in den Gleichungen (2.5-127), (2.5-140), (2.5-141) ausführlicher geschrieben haben

$$\mu_i(p, T) = \mu_i^0(p, T) + RT \ln a_i = \mu_i^0(p, T) + RT \ln x_i + RT \ln f_i \qquad (2.3\text{-}106)$$

$RT \ln a_i$ gliedert sich auf in die Terme $RT \ln x_i$ und $RT \ln f_i$. Der letztere, der den Aktivitätskoeffizienten enthält, berücksichtigt den Unterschied zwischen dem realen und idealen Verhalten der Mischphase, der erstere entsprechend der Herleitung in Abschnitt 2.3.6 die Arbeit, die erforderlich ist, um die Substanz i aus dem Standardzustand ^{0} in den Zustand in der idealen Mischphase zu bringen. Damit repräsentiert der zweite Term auf der rechten Seite von Gl. (2.6-4) tatsächlich den Rest der gesamten Reaktionsarbeit, der nicht durch die Standardreaktionsarbeit abgedeckt ist. Wir bezeichnen ihn deshalb als *Rest-Reaktionsarbeit*.

Die Kombination von Gl. (2.6-2) und (2.6-4) zeigt uns, dass gemäß

$$\Delta G = \sum v_i \mu_i^0 + RT \sum v_i \ln a_i \leq 0 \qquad (2.6\text{-}6)$$

die Summe von Standard- und Restreaktionsarbeit entweder kleiner oder gleich null ist. Ersteres gilt für einen spontanen Prozess, letzteres für das Gleichgewicht.

Wir wollen zunächst danach fragen, was geschieht, wenn die Summe auf Grund der gerade vorliegenden Aktivitäten positiv ist. Im Abschnitt 2.3.1 haben wir gesehen, dass solche Prozesse thermodynamisch nicht möglich sind. Das bedeutet, dass die von uns in Gl. (2.6-1) formulierte Reaktion nicht ablaufen kann, dass andererseits aber auch kein Gleichgewicht vorliegt. Wenn wir nun Edukte und Produkte vertauschen, indem wir die Richtung des Pfeils umdrehen, d. h. aus C und D die Produkte A und B bilden, dann vertauschen sich auch die Vorzeichen der stöchiometrischen Faktoren und damit die Vorzeichen der Standard- und Restreaktionsarbeit. Aus einer positiven Summe wird eine negative. Ein positives ΔG besagt also, dass unter den gegebenen Bedingungen der Prozess nicht spontan in der formulierten Richtung, sondern spontan in der umgekehrten Richtung abläuft.

Wenn wir eine Mischphase aus den Stoffen A, B, C und D in beliebiger Zusammensetzung, d. h. mit beliebigen a_i, herstellen, wird im Allgemeinen kein Gleichgewicht vorliegen, also das Kleiner-Zeichen in Gl. (2.6-6) gültig sein. Die Stoffe werden dann miteinander reagieren, wobei sich die einzelnen Aktivitäten ändern und wodurch sich schließlich ein Gleichgewicht einstellen wird. Das ist, da die μ_i^0 für eine bestimmte Temperatur und einen bestimmten Druck Konstanten darstellen, nur bei bestimmten, im Gleichgewicht vorliegenden Aktivitäten möglich. Wir wollen sie dadurch von beliebig gewählten Aktivitäten unterscheiden, dass wir sie in eckige Klammern setzen:

$$\Delta G = \sum v_i \mu_i^0 + RT \sum v_i \ln[a_i] = 0 \tag{2.6-7}$$

Für die Standardreaktionsarbeit führen wir noch die Bezeichnung ΔG^0 ein,

$$\Delta G^0 = \sum v_i \mu_i^0 \tag{2.6-8}$$

die nach unseren Überlegungen eine Funktion von T und p, aber unabhängig von den Aktivitäten ist.

Ersetzen wir die Summe über die Logarithmen noch durch den Logarithmus des Produktes, so nimmt Gl. (2.6-7) die Form

$$\Delta G = \Delta G^0 + RT \ln \Pi_i [a_i]^{v_i} = 0 \tag{2.6-9}$$

an.

Der Ausdruck $\ln \Pi_i [a_i]^{v_i}$ stellt dann ebenfalls eine nur von p und T abhängige Konstante dar:

$$\ln \Pi_i [a_i]^{v_i} = -\frac{\Delta G^0}{RT} = \ln K \tag{2.6-10}$$

und

$$K = \Pi_i [a_i]^{v_i} \tag{2.6-11}$$

Dies ist die allgemeine Formulierung des *Massenwirkungsgesetzes*, das wir für einen speziellen Fall bereits im Abschnitt 1.5.7 über die Betrachtung der Kinetik unvollständig verlaufender Reaktionen abgeleitet haben. Für das Gleichgewicht

$$|v_A|A + |v_B|B \rightleftharpoons |v_C|C + |v_D|D \tag{2.6-12}$$

lautet Gl. (2.6-11) explizit geschrieben

$$K = \frac{[a_C]^{|v_C|}\,[a_D]^{|v_D|}}{[a_A]^{|v_A|}\,[a_B]^{|v_B|}} \tag{2.6-13}$$

Wir bezeichnen die dimensionslose Konstante K als *Gleichgewichtskonstante*. Aus Gl. (2.6-10) folgt, dass K ein unmittelbares Maß für die Standardreaktionsarbeit ist.

Der Wert von K hängt gemäß Gl. (2.6-10) von der Wahl der Standardzustände ab. Da K aufgrund von Gl. (2.6-10) und Gl. (2.6-8) einen endlichen Wert haben muss, können chemische Reaktionen nie quantitativ verlaufen, d. h. die Edukte können nicht restlos verschwinden. Eine Ausnahme bilden lediglich Reaktionen, an denen ausschließlich reine feste Phasen beteiligt sind. Wir werden später darauf zurückkommen.

Um leicht entstehenden Fehlern vorzubeugen, wollen wir einige wichtige Feststellungen treffen:

Wenn wir das Gleichgewicht Gl. (2.6-12) formulieren, verliert sich der Unterschied zwischen Ausgangsstoffen und Produkten. Wir können das Gleichgewicht sowohl von A und B ausgehend, als auch von C und D ausgehend sich einstellen lassen. Eine Vertauschung der rechten und linken Seite von Gl. (2.6-12) ist also bezüglich der Aussage über das Gleichgewicht ohne Belang. Eine Vertauschung von Zähler und Nenner in Gl. (2.6-13) würde aber den Reziprokwert von K liefern. Entsprechend der Herleitung des Ausdrucks $\Pi_i [a_i]^{v_i}$ wollen wir festlegen, dass die Stoffe von der rechten Seite der Gleichgewichtsgleichung stets im Zähler des Massenwirkungsgesetzes erscheinen sollen. Deshalb ist die Angabe einer Gleichgewichtskonstanten ohne Angabe der Gleichgewichtsgleichung sinnlos. Wir wollen das am Beispiel des Bildungs- bzw. Zerfallsgleichgewichts des Ammoniaks demonstrieren:

$$\frac{1}{2} N_2 + \frac{3}{2} H_2 \rightleftharpoons NH_3 \tag{2.6-14}$$

$$K(\text{Bildung}) = \frac{[a(NH_3)]}{[a(N_2)]^{1/2}\,[a(H_2)]^{3/2}} \tag{2.6-15}$$

$$NH_3 \rightleftharpoons \frac{1}{2} N_2 + \frac{3}{2} H_2 \tag{2.6-16}$$

$$K(\text{Zerfall}) = \frac{[a(N_2)]^{1/2} [a(H_2)]^{3/2}}{[a(NH_3)]} \qquad (2.6\text{-}17)$$

$$K(\text{Bildung}) = \frac{1}{K(\text{Zerfall})} \qquad (2.6\text{-}18)$$

In beiden Fällen handelt es sich um das Gleichgewicht zwischen Stickstoff, Wasserstoff und Ammoniak.

Die Angabe der Gleichgewichtsgleichung ist aus einem weiteren Grund erforderlich: ΔG^0 stellt die Differentiation der Freien Standardenthalpie nach der Reaktionslaufzahl dar, bezieht sich also auf einen Formelumsatz. Diesen haben wir in Gl. (2.6-14) willkürlich auf Ammoniak bezogen. Wir hätten ihn aber beispielsweise auch auf den Stickstoff beziehen können:

$$N_2 + 3\,H_2 \rightleftharpoons 2\,NH_3 \qquad (2.6\text{-}19)$$

$$K(\text{Bildung},\ N_2) = \frac{[a(NH_3)]^2}{[a(N_2)]\,[a(H_2)]^3} \qquad (2.6\text{-}20)$$

$$K(\text{Bildung},\ N_2) = K(\text{Bildung},\ NH_3)^2 \qquad (2.6\text{-}21)$$

Diese Beispiele mögen zur Genüge zeigen, dass zur Angabe einer Gleichgewichtskonstanten die genaue Angabe des vorliegenden Gleichgewichts gehört.

Wir wollen noch einmal auf Gl. (2.6-4) zurückkommen. Kombinieren wir sie mit den Gleichungen (2.6-8) bis (2.6-13), so können wir für den Fall der Reaktion Gl. (2.6-1) dafür schreiben

$$\Delta G = -RT \ln \frac{[a_C]^{|\nu_C|} [a_D]^{|\nu_D|}}{[a_A]^{|\nu_A|} [a_B]^{|\nu_B|}} + RT \ln \frac{a_C^{|\nu_C|} \cdot a_D^{|\nu_D|}}{a_A^{|\nu_A|} \cdot a_B^{|\nu_B|}} \qquad (2.6\text{-}22)$$

Diesen Ausdruck bezeichnet man als *van't Hoff'sche Reaktionsisotherme*.

Haben die Brüche in den beiden Termen auf der rechten Seite der Gleichung gleichen Wert, so liegt Gleichgewicht vor. Wollen wir den Ablauf einer Reaktion erzwingen, so müssen wir dafür sorgen, dass durch geeignete Variation der Aktivitäten a_i in der Mischphase die Summe beider Terme negativ wird. Wir können also bei festgelegtem p und T das chemische Geschehen lediglich über die Restreaktionsarbeit beeinflussen.

Die bislang angestellten Überlegungen gelten allgemein. Im Folgenden wollen wir uns der Besprechung spezieller Gleichgewichtstypen zuwenden. Zu diesem Zweck ist es notwendig, anstelle der Aktivitäten andere Konzentrationsmaße einzuführen. Dabei ist entscheidend, wie der Standardzustand, auf den sich μ_i^0 bezieht, festgelegt ist. In Tab. 2.6-1 sind die entsprechenden, im Abschnitt 2.5.5 näher diskutierten Beziehungen zusammengestellt.

Tabelle 2.6-1 Ersatz der Aktivität a_i durch andere Konzentrationsmaße in $\mu_i = \mu_i^0 + RT \ln a_i$.

Mischphase	Bezugszustand	Standardzustand	nach Gl.	$a_i =$	
reale Gasmischung	ideale Gasmischung	reine Komponente i bei p^0	(2.3-96)	$\dfrac{p_i \cdot \varphi_i(p_i, T)}{p^0}$	(2.6-23)
reale kondensierte Mischphase	ideale Mischung	reine Komponente i im gleichen Aggregatzustand bei gleichem p und T	(2.3-106)	$x_i f_i$	(2.6-24)
verdünnte Lösung	ideal (unendlich) verdünnte Lösung	Gelöstes im Zustand idealer Verdünnung bei $x_i^0 = 1$ $c_i^0 = 1$ mol dm^{-3} $m_i^0 = 1$ mol (kg Lösungsmittel)$^{-1}$	(2.5-127) (2.5-140) (2.5-141)	$x_i f_i^\infty$ $c_i \gamma_i$ $m_i \gamma_i$	(2.6-25) (2.6-26) (2.6-27)

Homogene Gasgleichgewichte

Wir beginnen mit der Besprechung homogener Gasgleichgewichte. Unter Beachtung von Gl. (2.6-23) ergibt sich aus Gl. (2.6-11)

$$K = \Pi_i [p_i]^{\nu_i} \cdot \Pi_i [\varphi_i]^{\nu_i} \cdot (p^0)^{-\Sigma \nu_i} \tag{2.6-28}$$

Wir können demnach das Massenwirkungsgesetz bei Kenntnis der Fugazitätskoeffizienten $\varphi_i(p_i, T)$ und des Standarddrucks p^0 auch mit Hilfe der Partialdrücke p_i formulieren. Fassen wir die Terme, die Drücke darstellen, in einer Konstanten $K_{(p/p^0)}$ zusammen

$$K_{(p/p^0)} = \frac{\Pi_i [p_i]^{\nu_i}}{(p^0)^{\Sigma \nu_i}} \tag{2.6-29}$$

so sehen wir, dass diese Konstante über die Fugazitätskoeffizienten mit der Gleichgewichtskonstanten K gemäß

$$K = \Pi_i [\varphi_i]^{\nu_i} \cdot K_{(p/p^0)} \tag{2.6-30}$$

verknüpft ist. $K_{(p/p^0)}$ ist wie K dimensionslos. Verhält sich die Gasmischung ideal, so sind die Fugazitätskoeffizienten gleich 1 und $K_{(p/p^0)}$ wird identisch mit K.

Üblicherweise verwendet man jedoch bei den Gleichgewichtsbetrachtungen nicht die dimensionslose Konstante $K_{(p/p^0)}$ sondern die Konstante $K_{(p)}$

$$K_{(p)} = \Pi_i [p_i]^{\nu_i} \tag{2.6-31}$$

Die Gleichgewichtskonstanten $K_{(p)}$ und K sind folglich verknüpft durch

$$K = (p^0)^{-\Sigma \nu_i} \cdot \Pi_i [\varphi_i]^{\nu_i} \cdot K_{(p)} \tag{2.6-32}$$

Der Deutlichkeit halber wollen wir wieder für das Ammoniakgleichgewicht, Gl. (2.6-14), die verschiedenen Ausdrücke explizit angeben:

$$K = (p^0)^{+1} \frac{[p(NH_3)]}{[p(N_2)]^{1/2} [p(H_2)]^{3/2}} \cdot \frac{[\varphi(NH_3)]}{[\varphi(N_2)]^{1/2} [\varphi(H_2)]^{3/2}} \qquad (2.6\text{-}33)$$

$$K_{(p)} = \frac{[p(NH_3)]}{[p(N_2)]^{1/2} [p(H_2)]^{3/2}} \qquad (2.6\text{-}34)$$

Wir erkennen unmittelbar, dass in dem betrachteten Fall K dimensionslos, $K_{(p)}$ jedoch dimensionsgleich einem reziproken Druck ist.

Oft ist es zweckmäßig, die Zusammensetzung der Gasphase nicht mit Hilfe der Partialdrücke, sondern mit Hilfe der Molenbrüche anzugeben. Da

$$x_i = \frac{p_i}{p} \qquad (1.1\text{-}65)$$

ist, erreichen wir die Umrechnung am einfachsten, indem wir die Gleichungen (2.6-28) bis (2.6-32) auf beiden Seiten durch $\Pi_i p^{v_i}$ dividieren:

$$\Pi_i [x_i]^{v_i} \cdot \Pi_i [\varphi_i]^{v_i} \cdot (p^0)^{-\Sigma v_i} = \frac{K}{\Pi_i p^{v_i}} \qquad (2.6\text{-}35)$$

Für $\Pi_i [x_i]^{v_i}$ führen wir eine neue Bezeichnung, $K_{(x)}$, ein:

$$K_{(x)} = \Pi_i [x_i]^{v_i} \qquad (2.6\text{-}36)$$

Der Zusammenhang mit K, $K_{(p/p^0)}$ und $K_{(p)}$ ergibt sich dann zu

$$K = \Pi_i [\varphi_i]^{v_i} \cdot \left(\frac{p}{p^0}\right)^{\Sigma v_i} \cdot K_{(x)} \qquad (2.6\text{-}37)$$

$$K_{(p/p^0)} = \left(\frac{p}{p^0}\right)^{\Sigma v_i} \cdot K_{(x)} \qquad (2.6\text{-}38)$$

$$K_{(p)} = p^{\Sigma v_i} \cdot K_{(x)} \qquad (2.6\text{-}39)$$

Man sieht, dass $K_{(x)}$ wie K dimensionslos ist.

Will man schließlich die Zusammensetzung der Gasphase durch die Konzentrationen c_i ausdrücken, so kann man eine Gleichgewichtskonstante $K_{(c)}$ formulieren,

$$K_{(c)} = \Pi_i [c_i]^{v_i} \qquad (2.6\text{-}40)$$

die man erhält, wenn man mit Hilfe des idealen Gasgesetzes p_i gemäß

$$p_i = \frac{n_i}{V} RT = c_i RT \qquad (2.6\text{-}41)$$

durch $c_i RT$ substituiert. Es folgt dann aus den Gleichungen (2.6-28) bis (2.6-32)

$$K = \Pi_i[\varphi_i]^{\nu_i} \cdot \left(\frac{RT}{p^0}\right)^{\Sigma \nu_i} K_{(c)} \tag{2.6-42}$$

$$K_{(p/p^0)} = \left(\frac{RT}{p^0}\right)^{\Sigma \nu_i} K_{(c)} \tag{2.6-43}$$

$$K_{(p)} = (RT)^{\Sigma \nu_i} K_{(c)} \tag{2.6-44}$$

und schließlich aus der Kombination von Gl. (2.6-39) mit Gl. (2.6-44)

$$K_{(x)} = \left(\frac{RT}{p}\right)^{\Sigma \nu_i} K_{(c)} \tag{2.6-45}$$

Homogene Lösungsgleichgewichte

Nachdem wir uns sehr ausführlich mit den Möglichkeiten beschäftigt haben, das Massenwirkungsgesetz für homogene Gasgleichgewichte in realen und idealen Mischungen zu formulieren, können wir die Besprechung der Gleichgewichte in verdünnten Lösungen wesentlich kürzer fassen. Tabelle 2.6-1 zeigt uns, dass wir

$$K_{(x)} = \Pi_i[x_i]^{\nu_i} \tag{2.6-46}$$

$$K_{(c)} = \Pi_i[c_i]^{\nu_i} \tag{2.6-47}$$

$$K_{(m)} = \Pi_i[m_i]^{\nu_i} \tag{2.6-48}$$

definieren können, die mit der Gleichgewichtskonstanten K über

$$K = K_{(x)} \cdot \Pi_i[f_i^\infty]^{\nu_i} \tag{2.6-49}$$

$$K = (c_i^0)^{-\Sigma \nu_i} K_{(c)} \cdot \Pi_i[\gamma_i]^{\nu_i} \tag{2.6-50}$$

$$K = (m_i^0)^{-\Sigma \nu_i} K_{(m)} \cdot \Pi_i[\gamma_i]^{\nu_i} \tag{2.6-51}$$

zusammenhängen. Da alle c_i^0 den Wert 1 mol dm^{-3} und alle m_i^0 den Wert 1 mol (kg Lösungsmittel)$^{-1}$ haben, haben die Faktoren $(c_i^0)^{-\Sigma \nu_i}$ und $(m_i^0)^{-\Sigma \nu_i}$ den Zahlenwert 1 und dienen lediglich dazu, die rechten Seiten der Gleichungen dimensionslos zu machen. In sehr verdünnten Lösungen sind die Aktivitätskoeffizienten f_i^∞, γ_i und γ_i gleich 1.

Wir können also für ein und dasselbe Lösungsgleichgewicht ein $K_{(x)}$, $K_{(c)}$ oder $K_{(m)}$ angeben. Da sich diese drei Gleichgewichtskonstanten, und nach Gl. (2.6-49) bis Gl. (2.6-51) auch die thermodynamischen Gleichgewichtskonstanten K, auf unterschiedliche Standardzustände beziehen, müssen sie natürlich unterschiedliche Werte haben.

Heterogene Gleichgewichte

Zum Schluss wollen wir uns noch den heterogenen Gleichgewichten zuwenden. Wir legen wieder den allgemeingültigen Ausdruck für das Massenwirkungsgesetz

$$\Pi_i [a_i]^{\nu_i} = K \tag{2.6-11}$$

zugrunde und bedenken, dass für jede Komponente der geeignete Standardzustand gewählt wird. Gerade bei einem heterogenen Gleichgewicht wird man also für die verschiedenen a_i unterschiedliche Standardzustände haben.

> Sind am Gleichgewicht *reine feste* oder *flüssige* Stoffe beteiligt, so sind für diese realer Zustand und Standardzustand identisch, ihre Aktivität hat den Wert 1. Sie erscheinen also gar nicht im Massenwirkungsgesetz.

An einigen Beispielen sei dies erläutert:
Beim *Zersetzungsgleichgewicht* des Calciumcarbonats

$$CaCO_3 \rightleftharpoons CaO + CO_2 \tag{2.6-52}$$

liegen zwei reine feste Phasen ($CaCO_3$ und CaO) sowie eine Gasphase im Gleichgewicht vor. Im allgemein formulierten Massenwirkungsgesetz

$$K = \frac{[a(CaO)]\,[a(CO_2)]}{[a(CaCO_3)]} \tag{2.6-53}$$

sind die Aktivitäten $a(CaO)$ und $a(CaCO_3)$ nach dem Gesagten gleich 1. Die Aktivität des Kohlendioxids normieren wir auf den Zustand des reinen gasförmigen Kohlendioxids beim Standarddruck p^0. Sofern wir die Gasphase als ideales Gas ansehen können, ist $\varphi(CO_2) = 1$ und wir erhalten

$$K = (p^0)^{-1} \cdot [p(CO_2)] \tag{2.6-54}$$

$$K_{(p)} = [p(CO_2)] \tag{2.6-55}$$

> Die Gleichgewichtskonstante $K_{(p)}$ wird identisch mit dem Kohlendioxiddruck. Dieser ist unabhängig vom Verhältnis der Mengen $CaCO_3$ und CaO.

Vom gleichen Typ sind die Gleichgewichte, die die Zersetzung kristalliner Hydrate oder Ammoniakate betreffen.
Beim *Boudouard-Gleichgewicht*

$$C(Graphit) + CO_2 \rightleftharpoons 2\,CO \tag{2.6-56}$$

steht eine feste Phase mit einer gasförmigen Mischphase im Gleichgewicht. Das Massenwirkungsgesetz lautet

$$K = \frac{[a(\mathrm{CO})]^2}{[a(\mathrm{C})]\,[a(\mathrm{CO}_2)]} \tag{2.6-57}$$

und

$$K = (p^0)^{-1}\frac{[p(\mathrm{CO})]^2}{[p(\mathrm{CO}_2)]} \tag{2.6-58}$$

sofern der Kohlenstoff wie in Gl. (2.6-56) als reiner Graphit vorliegt und wir wieder ideales Verhalten in der Gasphase annehmen können. Es ist also auch

$$K_{(p)} = \frac{[p(\mathrm{CO})]^2}{[p(\mathrm{CO}_2)]} \tag{2.6-59}$$

Die Menge des im Gleichgewicht vorliegenden Graphits ist also ohne Einfluss auf das Verhältnis $[p(\mathrm{CO})]^2/[p(\mathrm{CO}_2)]$. Anders liegen die Verhältnisse jedoch, wenn der Kohlenstoff nicht als reine Phase, sondern als feste oder flüssige Mischphase, z. B. als Eisen-Kohlenstoff-Legierung, vorliegt:

$$\mathrm{C(in\ Eisen)} + \mathrm{CO}_2 \rightleftharpoons 2\,\mathrm{CO} \tag{2.6-60}$$

In diesem Fall ist das chemische Potential des Kohlenstoffs von seinem Molenbruch im Eisen und seinem Aktivitätskoeffizienten abhängig, und wir müssen $a(\mathrm{C})$ durch Gl. (2.6-24) ausdrücken:

$$K = (p^0)^{-1}\frac{[p(\mathrm{CO})]^2}{[p(\mathrm{CO}_2)]\,[x(\mathrm{C})]\,[f(\mathrm{C})]} \tag{2.6-61}$$

Damit hängt das Verhältnis $[p(\mathrm{CO})]^2/[p(\mathrm{CO}_2)]$ vom Molenbruch $x(\mathrm{C})$ in der Eisen-Kohlenstoff-Legierung ab. Da K in den Gleichungen (2.6-58) und (2.6-61) identisch sein muss, ergibt sich aus der Kombination beider Gleichungen

$$[x(\mathrm{C})]\,[f(\mathrm{C})] = \frac{([p(\mathrm{CO})]^2/[p(\mathrm{CO}_2)])_{\mathrm{Legierung}}}{([p(\mathrm{CO})]^2/[p(\mathrm{CO}_2)])_{\mathrm{Graphit}}} \tag{2.6-62}$$

und damit nach analytischer Bestimmung von $[x(\mathrm{C})]$ die Möglichkeit der Ermittlung des Aktivitätskoeffizienten $[f(\mathrm{C})]$ in Abhängigkeit von $[x(\mathrm{C})]$.

Wir wollen das Boudouard-Gleichgewicht (Gl. 2.6-56) noch zu einer Betrachtung über die Reaktionsarbeit heranziehen. Nach Gl. (2.6-4) ist unter Berücksichtigung von Gl. (2.6-22) und Gl. (2.6-23)

$$\Delta G = -RT \ln \frac{1}{p^0}\frac{[p(\mathrm{CO})]^2}{[p(\mathrm{CO}_2)]} + RT \ln \frac{1}{p^0}\frac{p^2(\mathrm{CO})}{p(\mathrm{CO}_2)} \tag{2.6-63}$$

Wenn das Verhältnis der tatsächlich vorliegenden Drücke $\dfrac{p^2(\mathrm{CO})}{p(\mathrm{CO}_2)}$ gleich $\dfrac{[p(\mathrm{CO})]^2}{[p(\mathrm{CO}_2)]}$ ist, ist $\Delta G = 0$, es liegt Gleichgewicht vor. Ist $\dfrac{p^2(\mathrm{CO})}{p(\mathrm{CO}_2)} < \dfrac{[p(\mathrm{CO})]^2}{[p(\mathrm{CO}_2)]}$, ist $\Delta G < 0$, die

Reaktion verläuft von links nach rechts, d.h. Graphit wird durch CO_2 zu CO oxidiert. Ist schließlich $\frac{p^2(CO)}{p(CO_2)} > \frac{[p(CO)]^2}{[p(CO_2)]}$, so ist $\Delta G > 0$ und die Reaktion läuft von rechts nach links, d.h. CO zerfällt in Graphit und CO_2.

Neben den heterogenen Gleichgewichten, an denen eine Gasphase beteiligt ist, gibt es aber auch Gleichgewichte, an denen nur reine kondensierte Phasen beteiligt sind. Ein solches Gleichgewicht ist beispielsweise

$$Fe + Hg_2Cl_2 \rightleftharpoons FeCl_2 + 2\,Hg \tag{2.6-64}$$

Die vorliegenden Stoffe bilden keine Mischphasen, alle Aktivitäten sind gleich 1, denn die Stoffe liegen in ihren Standardzuständen vor. Die Reaktionsarbeit besteht demzufolge nur aus der Standardreaktionsarbeit. Wollte man aber nun gemäß Gl. (2.6-11) die Gleichgewichtskonstante berechnen, so würde das nicht nur für die Reaktion der Gl. (2.6-64), sondern für alle Reaktionen zwischen reinen festen oder flüssigen Stoffen den Wert 1 und mit Gl. (2.6-10) für die Standardreaktionsarbeit den Wert null ergeben. Bei dieser Betrachtung haben wir einen wesentlichen Punkt übersehen: Nach der Gibbs'schen Phasenregel (Abschn. 2.5.2, Gl. (2.5-14)) haben wir $N = 4$ verschiedene Stoffe vorliegen, zwischen denen $R = 1$ unabhängige Gleichgewichtsbedingungen bestehen. Wenn wir nun 4 feste Phasen und die Dampfphase, insgesamt also 5 Phasen annehmen, so ist die Zahl der Freiheiten

$$F = (N - R) - P + 2 = (4 - 1) - 5 + 2 = 0 \tag{2.6-65}$$

Das bedeutet, dass es nur eine einzige Temperatur gibt, bei der die vier festen Phasen koexistent sind. Wählen wir willkürlich eine Temperatur, nehmen also $F = 1$, so ist die Gleichung nur erfüllt, wenn neben der Dampfphase lediglich 3 feste Phasen vorliegen. Demnach muss die Reaktion quantitativ verlaufen, bis eine Komponente restlos verschwunden ist. Dies gilt allgemein für heterogene Reaktionen zwischen reinen festen oder reinen flüssigen Phasen. Ein solches Verhalten ist für uns nicht neu: Wird bei einem Gleichgewicht Flüssigkeit/Dampf bei konstantem Druck die Gleichgewichtstemperatur nur minimal überschritten oder unterschritten, dann verschwindet die Dampf- oder Flüssigkeitsphase quantitativ.

2.6.3
Die Temperaturabhängigkeit der Gleichgewichtskonstanten

Wenn wir etwas über die Temperaturabhängigkeit der Gleichgewichtskonstanten aussagen wollen, dann suchen wir zweckmäßigerweise nach einer Verknüpfung der Gleichgewichtskonstanten mit einer thermodynamischen Größe, deren Temperaturabhängigkeit wir bereits kennen. Nach Gl. (2.6-10) gilt

$$\ln K = -\frac{1}{R}\frac{\Delta G^0}{T} \tag{2.6-10}$$

$\Delta G^0/T$ können wir ersetzen durch $-\sum v_i(\mu_i^0/T)$. Interessieren wir uns für die Temperaturabhängigkeit dieses Ausdrucks, dann brauchen wir nur das totale Differential der Planck'schen Funktion (Gl. 2.3-51) aufzuschreiben, um zu erkennen, dass deren Temperaturabhängigkeit durch h/T^2 (Gl. 2.3-57) gegeben ist. Es gilt also

$$\left(\frac{\partial \ln K}{\partial T}\right)_p = \frac{1}{R}\sum v_i \left(\frac{\partial (\mu_i^0/T)}{\partial T}\right)_p = \frac{1}{R}\sum v_i \frac{h_i^0}{T^2} \tag{2.6-66}$$

Damit ist

$$\left(\frac{\partial \ln K}{\partial T}\right)_p = \frac{\Delta H^0}{RT^2} \tag{2.6-67}$$

Man bezeichnet diesen Ausdruck als *van't Hoff'sche Reaktionsisobare*.

Hätten wir nicht eine isotherme und isobare, sondern eine isotherme und isochore Reaktion zugrundegelegt, dann hätten wir ausgehen müssen von der Beziehung

$$\ln K = -\frac{1}{R}\frac{\Delta A^0}{T} \tag{2.6-68}$$

und hätten dann mit Hilfe der Massieu'schen Funktion

die *van't Hoff'sche Reaktionsisochore*

$$\left(\frac{\partial \ln K}{\partial T}\right)_V = \frac{\Delta U^0}{RT^2} \tag{2.6-69}$$

erhalten.

Betrachten wir eine exotherme Reaktion ($\Delta H^0 < 0$ oder $\Delta U^0 < 0$), dann nimmt mit zunehmender Temperatur ($dT > 0$) $\ln K$ ab, d. h. die Konzentrationen der Produkte werden relativ zu den Konzentrationen der Edukte kleiner. Bei einer exothermen Reaktion verschiebt also eine Temperaturerhöhung das Gleichgewicht zugunsten der Ausgangsstoffe. Der entgegengesetzte Effekt resultiert bei einer endothermen Reaktion.

Wir haben es hier mit einem speziellen Fall des von *Le Chatelier* (1888) und *Braun* (1887) aufgestellten *Prinzips des kleinsten Zwanges* zu tun. Dieses Prinzip besagt: Übt man auf ein im Gleichgewicht befindliches System durch Änderung einer der äußeren Zustandsvariablen T und p einen Zwang aus, so ändern sich die übrigen Zustandsparameter in dem Sinne, dass dieser Zwang vermindert wird. Eine Temperaturerhöhung vermindert also die Ausbeute einer exothermen (Wärme erzeugenden) Reaktion und vergrößert die Ausbeute eines endothermen (Wärme verbrauchenden) Vorganges.

Mit Hilfe von Gl. (2.6-67) bzw. Gl. (2.6.-69) sind wir in der Lage, die Gleichgewichtskonstante bei einer beliebigen Temperatur zu berechnen, wenn wir K bei irgendeiner Temperatur und ΔH^0 in Abhängigkeit von der Temperatur kennen. Wir haben im vorangehenden Abschnitt 2.6.2 gesehen, dass der Wert von K abhängig ist von der Wahl der Standardzustände (vgl. Tab. 2.6-1). Gleiches gilt natürlich für ΔH^0. Die K und ΔH^0 zugrunde liegenden Standardzustände müssen einander entsprechen.

Am einfachsten lässt sich Gl. (2.6-67) integrieren, wenn die Standardreaktionsenthalpie ΔH^0 in dem betrachteten Temperaturbereich als temperaturunabhängig angesehen werden kann. Die unbestimmte Integration liefert uns dann

$$(\ln K)_p = -\frac{\Delta H^0}{RT} + \text{const.} \tag{2.6-70}$$

die bestimmte Integration

$$\ln \frac{K_{p,T_2}}{K_{p,T_1}} = \frac{\Delta H^0}{R}\left(\frac{1}{T_1} - \frac{1}{T_2}\right) \tag{2.6-71}$$

Gl. (2.6-70) entnehmen wir, dass in einem solchen Fall die Auftragung von $(\ln K)_p$ gegen $\frac{1}{T}$ eine Gerade liefert, deren Steigung proportional ΔH^0 ist. Gl. (2.6-71) ermöglicht uns die unmittelbare Umrechnung der Gleichgewichtskonstanten von einer Temperatur auf eine andere.

Bei der Besprechung des Zersetzungsgleichgewichts des Calciumcarbonats haben wir gesehen, dass die Gleichgewichtskonstante $K_{(p)}$ gemäß Gl. (2.6-55) mit dem Gleichgewichts-Kohlendioxiddruck identisch wird. Für diesen Fall geht Gl. (2.6-67) über in

$$\left(\frac{\partial \ln[p(CO_2)]}{\partial T}\right)_p = \frac{\Delta H^0}{RT^2} \tag{2.6-72}$$

Dieser Ausdruck ist identisch mit der vereinfachten Clausius-Clapeyron'schen Gleichung (Gl. 2.5-28). Wir finden also keinen Unterschied zwischen dem Gleichgewicht zwischen Flüssigkeit oder Festkörper und Dampf (ΔH ist die Verdampfungs- oder Sublimationsenthalpie) und dem Gleichgewicht zwischen einem Festkörper und seinem gasförmigen Zerfallsprodukt.

In Abb. 2.6-1 ist für das Wassergasgleichgewicht

$$H_2 + CO_2 \rightleftharpoons H_2O + CO \tag{2.6-73}$$

$\ln K_{(p)}$ gegen $\frac{1}{T}$ aufgetragen. Man erkennt, dass zwischen $8.3 \cdot 10^{-4} K^{-1} < \frac{1}{T} < 20 \cdot 10^{-4} K^{-1}$, entsprechend 1200 K > T > 500 K tatsächlich eine Gerade resultiert, aus deren Steigung man ein ΔH^0 von + 38.1 kJ mol^{-1} berechnet. Über die Messung der Temperaturabhängigkeit der Gleichgewichtskonstanten können wir also Standardreaktionsenthalpien bestimmen. In diesem Temperaturbereich

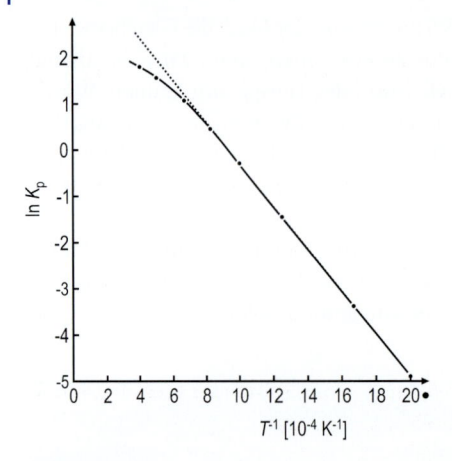

Abbildung 2.6-1 Temperaturabhängigkeit der Gleichgewichtskonstanten $K_{(p)}$ für das Wassergas-Gleichgewicht, (Gl. 2.6-73).

kann ΔH^0 als hinreichend temperaturunabhängig angesehen werden. Das ist jedoch nicht mehr der Fall, wenn man zu höheren Temperaturen, etwa bis 2500 K $\left(\frac{1}{T} = 4 \cdot 10^{-4} \text{K}^{-1}\right)$ geht. Die Abweichung von der Linearität zeigt deutlich, dass Gl. (2.6-70) nicht mehr befolgt wird.

Wir müssen deshalb die Temperaturabhängigkeit von ΔH^0 berücksichtigen. Dies gelingt uns mit Hilfe des Kirchhoff'schen Satzes, Gl. (1.1-159):

$$\Delta H_T^0 = \Delta H_{T=0}^0 + \int_0^T \Delta C_p^0 dT \tag{2.6-74}$$

Gleichung (2.6-67) nimmt dann die Form

$$\left(\frac{\partial \ln K}{\partial T}\right)_p = \frac{\Delta H_{T=0}^0}{RT^2} + \frac{1}{R} \cdot \frac{1}{T^2} \int_0^T \Delta C_p^0 dT \tag{2.6-75}$$

an. Für die Integration benötigen wir deshalb die molaren Wärmekapazitäten in Abhängigkeit von der Temperatur. Für Gase lassen sich, wie wir in Abschnitt 1.1.13 gesehen haben, die molaren Wärmekapazitäten als Potenzfunktion

$$c_p = a + bT + cT^2 + \ldots \tag{1.1-116}$$

darstellen. Gleiches muss natürlich auch für $\Delta C_p = \Sigma v_i c_{p_i}$ gelten:

$$\Delta C_p = A + BT + CT^2 + \ldots \tag{2.6-76}$$

so dass wir anstatt Gl. (2.6-75) erhalten

$$\left(\frac{\partial \ln K}{\partial T}\right)_p = \frac{\Delta H^0_{T=0}}{RT^2} + \frac{1}{RT^2}\int_0^T (A + BT + CT^2 + \ldots)\,dT \qquad (2.6\text{-}77)$$

$$\left(\frac{\partial \ln K}{\partial T}\right)_p = \frac{\Delta H^0_{T=0}}{RT^2} + \frac{1}{RT^2}\left(AT + \frac{1}{2}BT^2 + \frac{1}{3}CT^3 + \ldots\right) \qquad (2.6\text{-}78)$$

und nach unbestimmter Integration

$$\ln K_p = -\frac{\Delta H^0_{T=0}}{RT} + \frac{A}{R}\ln T + \frac{B}{2R}T + \frac{C}{6R}T^2 + \ldots + I \qquad (2.6\text{-}79)$$

wobei I eine Integrationskonstante darstellt, die lediglich durch die Messung von K_p bei einer bestimmten Temperatur ermittelt werden kann.

2.6.4
Die Druckabhängigkeit der Gleichgewichtskonstanten

Auch zur Ermittlung der Druckabhängigkeit der Gleichgewichtskonstanten bei konstanter Temperatur greifen wir auf Gl. (2.6-10),

$$\ln K = -\frac{1}{RT}\Delta G^0 \qquad (2.6\text{-}10)$$

zurück und erhalten

$$\left(\frac{\partial \ln K}{\partial p}\right)_T = -\frac{1}{RT}\left(\frac{\partial \Delta G^0}{\partial p}\right)_T \qquad (2.6\text{-}80)$$

wofür sich, wenn der Standardzustand nicht – wie bei Gasreaktionen – auf einen Standarddruck bezogen ist, unter Berücksichtigung von Gl. (2.3-55) weiterhin ergibt

$$\left(\frac{\partial \ln K}{\partial p}\right)_T = -\frac{1}{RT}\Delta V^0 \qquad (2.6\text{-}81)$$

Dabei bedeutet ΔV^0 die Volumenänderung pro Formelumsatz, wenn die Ausgangsstoffe aus den Standardzuständen heraus in die Produkte in Standardzuständen überführt werden. ΔV^0 dürfte bei Reaktionen zwischen kondensierten Stoffen in der Größenordnung von $10^{-6}\,m^3\ mol^{-1}$ liegen. Bei Raumtemperatur beträgt RT ($T = 300\,K$) etwa $2.5 \cdot 10^3\,Jmol^{-1}$. Damit ist $\frac{1}{RT}\Delta V^0$ in der Größenordnung von $10^{-9}\,m^3\,J^{-1} = 10^{-9}\,Pa^{-1}$ entsprechend $10^{-4}\,bar^{-1}$. Das bedeutet, dass sich bei einer Druckänderung um 1 bar $\ln K$ um $10^{-2}\,\%$ ändert. Wir können deshalb bei Reaktionen zwischen kondensierten Stoffen im Allgemeinen die Druckabhängigkeit der Gleichgewichtskonstanten vernachlässigen.

Für Reaktionen in idealer Gasphase haben wir die Gleichgewichtskonstanten K, $K_{(p/p^0)}$, $K_{(p)}$, $K_{(x)}$ und $K_{(c)}$ diskutiert. Da der Standardzustand bei Gasreaktionen nach Tab. 2.6-1 und Gl. (2.6-23) auf den Standarddruck p^0 bezogen wird, ist $\Sigma \nu_i \mu_i^0 = \Delta G^0$ in diesem Fall nur eine Funktion der Temperatur. $(\partial \Delta G^0/\partial p)_T$ in Gl. (2.6-80) ist also null, $\ln K$ und K sind damit druckunabhängig. Dasselbe muss nach Gl. (2.6-30), Gl. (2.6-32) und Gl. (2.6-42) bei idealen Gasen ($\varphi_i = 1$) auch für $K_{(p/p^0)}$, $K_{(p)}$ und $K_{(c)}$ gelten, nicht jedoch für $K_{(x)}$.

Nach Gl. (2.6-39) ist

$$K_{(x)} = p^{-\Sigma \nu_i} K_{(p)} \tag{2.6-39}$$

$$\ln K_{(x)} = -\Sigma \nu_i \ln p + \ln K_{(p)} \tag{2.6-82}$$

$$\left(\frac{\partial \ln K_{(x)}}{\partial p}\right)_T = -\Sigma \nu_i \cdot \frac{1}{p} + \left(\frac{\partial \ln K_{(p)}}{\partial p}\right)_T \tag{2.6-83}$$

$$\left(\frac{\partial \ln K_{(x)}}{\partial p}\right)_T = -\frac{\Sigma \nu_i}{p} \tag{2.6-84}$$

Da wir uns auf ideale Gase beschränkt haben, ist

$$\left(\frac{\partial \ln K_{(x)}}{\partial p}\right)_T = -\frac{\Delta V^0}{RT} \tag{2.6-85}$$

Bei Gasreaktionen liegt ΔV^0 in der Größenordnung von $10^{-2}\,\mathrm{m^3\,mol^{-1}}$. Der Druckeffekt auf $K_{(x)}$ ist also um 4 Zehnerpotenzen größer als bei Reaktionen zwischen kondensierten Stoffen und darf deshalb nicht vernachlässigt werden.

Die Druckabhängigkeit der Gleichgewichtskonstanten ist wieder ein Beispiel für das *Prinzip des kleinsten Zwanges*. Nach Gl. (2.6-81) ist für eine Reaktion, die unter Volumenzunahme ($\Delta V^0 > 0$) abläuft, $\left(\dfrac{\partial \ln K}{\partial p}\right)_T < 0$, d. h. dass mit steigendem Druck K kleiner wird, das Gleichgewicht zur Seite der Ausgangsstoffe verschoben wird. Entsprechend wird eine Reaktion, die unter Volumenabnahme verläuft, durch eine Druckerhöhung begünstigt. Bei Gasreaktionen gilt, wie wir gerade diskutiert haben, diese Aussage nur für $K_{(x)}$.

2.6.5
Experimentelle Ermittlung der Gleichgewichtskonstanten

Die experimentelle Ermittlung der Gleichgewichtskonstanten erfolgt im Allgemeinen über eine analytische Bestimmung der Konzentrationen oder Partialdrücke der im Gleichgewicht vorliegenden Reaktionspartner. Hierbei ist jedoch zu beachten, dass durch das Analysieren kein Eingriff in das Gleichgewichtssystem erfolgt. Wollte man beispielsweise bei einem in Lösung vorliegenden Gleichgewicht die Gleichgewichtskonzentration eines der Reaktionspartner durch eine Fällungsreaktion bestimmen, dann würde sich entsprechend dem Massenwirkungsgesetz das Gleichgewicht während der Fällung immer wieder neu einstellen, man würde also durch die Analyse das Gleichgewicht auf eine der beiden Seiten hin verschieben. Es gibt zwei Möglichkeiten, diese Schwierigkeit zu umgehen: Entweder wendet man analytische Bestimmungsmethoden an, die sich physikalischer Eigenschaften der Reaktionspartner bedienen, oder man nützt die Erfahrung aus, dass die Reaktionsgeschwindigkeit mit abnehmender Temperatur im Allgemeinen sinkt. Im Abschnitt 1.5 haben wir gesehen, dass dies eine Folge der Existenz einer Aktivierungsenergie ist. Man kühlt deshalb das Reaktionsgemisch rasch auf so tiefe Temperaturen ab, dass sich bei einer chemischen Analyse das System nicht wieder ins Gleichgewicht setzen kann.

Geht man von einer bekannten Menge der Ausgangsstoffe aus, so reicht oft die Bestimmung der Menge eines der Stoffe im Gleichgewicht, um die Gleichgewichtskonstante zu ermitteln.

Als *physikalische Analysemethoden* bieten sich in erster Linie die *spektroskopischen Methoden* an, die auf dem Zusammenhang zwischen der Konzentration und der Schwächung der das System durchlaufenden elektromagnetischen Strahlung bestimmter Wellenlänge aufbauen. Aber auch die *optische Drehung* der Ebene des polarisierten Lichtes durch optisch aktive Substanzen lässt sich zur Konzentrationsbestimmung heranziehen. Im Fall von Elektrolytgleichgewichten ist oft die Messung der *elektrischen Leitfähigkeit*, wie sie im Abschnitt 1.6 behandelt wurde, ein geeignetes analytisches Hilfsmittel. Bei Reaktionen, an denen Gase beteiligt sind, bieten sich *Wärmeleitfähigkeits-* oder *Druckmessungen* an. Handelt es sich um Zersetzungsgleichgewichte, wie beispielsweise die Zersetzung von Calciumcarbonat (Gl. 2.6-52), so liefert der Druck selbst schon die Gleichgewichtskonstante.

Auch bei homogenen Gasreaktionen, die unter Volumenänderung ablaufen, kann man allein durch die Messung des Gesamtdrucks die Gleichgewichtskonstante ermitteln, sofern man das Volumen konstanthält. Als Beispiel soll uns das Ammoniakgleichgewicht dienen:

$$\frac{1}{2} N_2 + \frac{3}{2} H_2 \rightleftharpoons NH_3 \qquad (2.6\text{-}14)$$

$$K_{(p)} = \frac{[p(NH_3)]}{[p(N_2)]^{1/2} [p(H_2)]^{3/2}} \qquad (2.6\text{-}34)$$

Wir stellen zunächst eine Mischung aus Stickstoff und Wasserstoff mit den Partialdrücken $p_0(N_2)$ und $p_0(H_2)$ her. Dann lassen wir das Gleichgewicht sich einstellen. Entsprechend Gl. (2.6-14) müssen im Gleichgewicht dann vorliegen:

$$[p(NH_3)] \qquad (2.6\text{-}86)$$

$$[p(\mathrm{N}_2)] = p_0(\mathrm{N}_2) - \frac{1}{2}[p(\mathrm{NH}_3)] \qquad (2.6\text{-}87)$$

$$[p(\mathrm{H}_2)] = p_0(\mathrm{H}_2) - \frac{3}{2}[p(\mathrm{NH}_3)] \qquad (2.6\text{-}88)$$

Der Gesamtdruck ist

$$[p] = [p(\mathrm{N}_2)] + [p(\mathrm{H}_2)] + [p(\mathrm{NH}_3)] \qquad (2.6\text{-}89)$$

Daraus ergibt sich unter Berücksichtigung von Gl. (2.6-86) bis Gl. (2.6-88)

$$[p(\mathrm{NH}_3)] = p_0(\mathrm{N}_2) + p_0(\mathrm{H}_2) - [p] \qquad (2.6\text{-}90)$$

Hieraus berechnen wir mit Gl. (2.6-87) und Gl. (2.6-88)

$$[p(\mathrm{N}_2)] = \frac{1}{2}p_0(\mathrm{N}_2) - \frac{1}{2}p_0(\mathrm{H}_2) + \frac{1}{2}[p] \qquad (2.6\text{-}91)$$

$$[p(\mathrm{H}_2)] = -\frac{3}{2}p_0(\mathrm{N}_2) - \frac{1}{2}p_0(\mathrm{H}_2) + \frac{3}{2}[p] \qquad (2.6\text{-}92)$$

Setzen wir Gl. (2.6-90) bis (2.6-92) in Gl. (2.6-34) ein, so erhalten wir für die Gleichgewichtskonstante

$$K_{(p)} = \frac{(p_0(\mathrm{N}_2) + p_0(\mathrm{H}_2) - [p])}{\frac{1}{4}(p_0(\mathrm{N}_2) - p_0(\mathrm{H}_2) + [p])^{1/2} (-3p_0(\mathrm{N}_2) - p_0(\mathrm{H}_2) + 3[p])^{3/2}} \qquad (2.6\text{-}93)$$

Wir haben damit die Gleichgewichtskonstante allein auf Grund von Druckmessungen bestimmt.

Das *Einfrieren* eines bei höherer Temperatur eingestellten Gleichgewichts gelingt auf verschiedene Weise. Handelt es sich um Gasreaktionen, so kann man beispielsweise ein *Strömungsverfahren* anwenden. Man lässt das Gasgemisch in einem Ofen die Gleichgewichtseinstellung vollziehen und lässt es dann sehr schnell durch eine enge Kapillare ausströmen, wobei es einen großen Temperaturgradienten durchläuft und rasch auf Raumtemperatur abgekühlt wird, wo es analysiert werden kann.

Man kann auch die auf Langmuir zurückgehende *Methode des erhitzten Katalysators* anwenden. Bei diesem Verfahren befindet sich das Gas in einem durch einen Thermostaten auf konstanter Temperatur gehaltenen Glasgefäß, das mit einem Manometer verbunden ist. In dem Glasgefäß hängt ein elektrisch heizbarer, als Katalysator dienender Draht, beispielsweise ein Platindraht. Durch den Thermostaten wird das Gas auf einer Temperatur gehalten, bei der wegen der zu hohen Aktivierungsenergie die Reaktion nicht abläuft. Nur auf dem heißen Platindraht stellt sich das seiner Temperatur entsprechende Gleichgewicht ein. Beim Wegdiffundieren vom Draht durchlaufen die Gasmoleküle ein sehr steiles Temperaturgefälle, so dass das Gleichgewicht eingefroren wird.

2.6 Das chemische Gleichgewicht

Mit dieser Methode lässt sich beispielsweise das *Wassergas-Gleichgewicht*

$$H_2 + CO_2 \rightleftharpoons H_2O + CO \qquad (2.6\text{-}73)$$

gut untersuchen. Da sich bei der Reaktion die Teilchenzahl nicht ändert, ist es nicht möglich, wie beim Ammoniakgleichgewicht durch Messen des Gesamtdrucks die Gleichgewichtskonstante

$$K_{(p)} = \frac{[p(H_2O)]\,[p(CO)]}{[p(H_2)]\,[p(CO_2)]} \qquad (2.6\text{-}94)$$

zu bestimmen. Es muss deshalb mindestens der Partialdruck einer der Komponenten im Gleichgewicht ermittelt werden, wenn die Zusammensetzung des Ausgangsgemisches bekannt ist. Dafür eignet sich in diesem Fall besonders das Wasser. Man gibt ein Gemisch von Wasserstoff und Kohlendioxid mit den Anfangspartialdrücken $p_0(H_2)$ und $p_0(CO_2)$ vor und hält während der Einstellung des Gleichgewichts am Platindraht mit dem Thermostaten die Temperatur des Gasgemisches auf einer Temperatur T_2, die so hoch ist, dass das entstehende Wasser vollständig als Dampf vorliegt. Der Gesamtdruck p_{T_2} ist

$$p_{T_2} = [p(H_2O)] + [p(CO)] + [p(H_2)] + [p(CO_2)] \qquad (2.6\text{-}95)$$

Dann kühlt man das Gemisch mit dem Thermostaten auf eine Temperatur T_1 ab, bei der der Sättigungsdampfdruck des Wassers überschritten ist, die Hauptmenge des Wassers also kondensiert. In der Gasphase verbleibt das Wasser nur noch entsprechend seinem Sättigungsdampfdruck $p(H_2O)_{T_1}$, der Gesamtdruck ist

$$p_{T_1} = ([p(CO)] + [p(H_2)] + [p(CO_2)])\frac{T_1}{T_2} + p(H_2O)_{T_1} \qquad (2.6\text{-}96)$$

wenn man konstantes Volumen und ideales Verhalten der Gase annimmt. Damit ergibt sich der Dampfdruck des Wassers im Gleichgewicht zu

$$[p(H_2O)] = p_{T_2} - \frac{T_2}{T_1}p_{T_1} + p(H_2O)_{T_1}\frac{T_2}{T_1} \qquad (2.6\text{-}97)$$

Da der Druck des Kohlenmonoxids nach Gl. (2.6-73) dem des Wassers gleich sein und der Druck des Wasserstoffs und Kohlendioxids gegenüber dem jeweiligen Anfangsdruck um den Druck des Wassers abgenommen haben muss, ergibt sich die Gleichgewichtskonstante zu

$$K_{(p)} = \frac{[p(H_2O)]^2}{(p_0(H_2) - [p(H_2O)]) \cdot (p_0(CO_2) - [p(H_2O)])} \qquad (2.6\text{-}98)$$

Gelingt es, eine chemische Reaktion als elektrochemische Reaktion in einer galvanischen Zelle durchzuführen, so ist die unter Standardbedingungen gemessene reversible Zellspannung E^0, wie wir in Abschnitt 2.8 sehen werden, ein unmittelbares Maß für die Standardreaktionsarbeit und damit für die Gleichgewichtskonstante. Wir werden auf diese Möglichkeit, Gleichgewichtskonstanten zu bestimmen, noch eingehen.

Bisweilen ist es schwierig, die Gleichgewichtskonstante einer Reaktion experimentell zu bestimmen, da das Gleichgewicht sehr auf der einen oder anderen Seite der Reaktion liegt, so dass für die Ausgangsstoffe oder Produkte extrem kleine Gleichgewichtskonzentrationen resultieren. Dann ist es mitunter möglich, die Gleichgewichtskonstante über die Gleichgewichtskonstanten anderer Reaktionen zu berechnen, die über gemeinsame Reaktionspartner miteinander gekoppelt sind. Im gerade besprochenen Wassergas-Gleichgewicht liegen nebeneinander Wasser und Kohlendioxid vor. Beide Gase vermögen bei hohen Temperaturen, Sauerstoff abzuspalten:

$$H_2O \rightleftharpoons H_2 + \frac{1}{2}O_2 \tag{2.6-99}$$

$$CO_2 \rightleftharpoons CO + \frac{1}{2}O_2 \tag{2.6-100}$$

Sofern wir ideales Verhalten der Gase annehmen können, gelten die Massenwirkungsgesetze

$$K_{(p)}(H_2O) = \frac{[p(H_2)]\,[p(O_2)]^{1/2}}{[p(H_2O)]} \tag{2.6-101}$$

$$K_{(p)}(CO_2) = \frac{[p(CO)]\,[p(O_2)]^{1/2}}{[p(CO_2)]} \tag{2.6-102}$$

Liegen nun wie beim Wassergas-Gleichgewicht Wasser und Kohlendioxid nebeneinander vor, dann muss der den Gleichungen (2.6-101) und (2.6-102) entsprechende Sauerstoffpartialdruck gleich sein. Es muss gelten

$$[p(O_2)]^{1/2} = \frac{K_{(p)}(H_2O)\,[p(H_2O)]}{[p(H_2)]} = \frac{K_{(p)}(CO_2)\,[p(CO_2)]}{[p(CO)]} \tag{2.6-103}$$

Daraus ergibt sich

$$\frac{[p(H_2O)]\,[p(CO)]}{[p(H_2)]\,[p(CO_2)]} = \frac{K_{(p)}(CO_2)}{K_{(p)}(H_2O)} \tag{2.6-104}$$

Die linke Seite von Gl. (2.6-104) ist identisch mit der rechten Seite von Gl. (2.6-94). Wir finden also

$$K_{(p)}(\text{Wassergas}) = \frac{K_{(p)}(CO_2)}{K_{(p)}(H_2O)} \tag{2.6-105}$$

Können wir zwei dieser Gleichgewichtskonstanten experimentell ermitteln, dann können wir die dritte daraus berechnen.

2.6.6
Berechnung von Gleichgewichtskonstanten

In vielen Fällen wird es nicht möglich sein, Gleichgewichtskonstanten experimentell zu bestimmen – sei es, dass die Gleichgewichte für eine analytische Bestimmung zu ungünstig liegen, sei es, dass die interessierenden Druck- oder Temperaturbereiche für das Experiment ungeeignet sind, oder sei es, dass man sich einen großen Überblick über ein mögliches Reaktionsgeschehen verschaffen will, ohne sich den Aufwand langwieriger Experimente leisten zu können. Dann muss man versuchen, auf Grund der thermodynamischen Beziehungen die Gleichgewichtskonstanten aus bekannten thermodynamischen Daten zu berechnen. Hierfür bieten sich verschiedene Möglichkeiten an, die wir zunächst aufführen und dann später im Einzelnen diskutieren wollen.

Nach Gl. (2.6-10) ist

$$\ln K = -\frac{\Delta G^0}{RT} \tag{2.6-10}$$

Bei Kenntnis der Standardreaktionsenthalpie ΔG^0 lässt sich also die Gleichgewichtskonstante berechnen.

Wir können auch die *van't Hoff'sche Reaktionsisobare* (Gl. 2.6-67) integrieren und erhalten

$$\ln K = \frac{1}{R}\int_0^T \frac{\Delta H^0}{T^2}\,dT + I \tag{2.6-106}$$

Hier benötigen wir eine genaue Kenntnis der Reaktionsenthalpie und ihrer Temperaturabhängigkeit sowie der Konstanten I.

Eine weitere Möglichkeit besteht darin, auf Gl. (2.6-10) zurückzugreifen und die benötigte Freie Standardreaktionsenthalpie mit Hilfe der *Gibbs-Helmholtz'schen Gleichung* zu berechnen. Wir haben im Abschnitt 2.3.1 die Freie Enthalpie eingeführt als

$$G = H - T \cdot S \tag{2.3-12}$$

Wenn wir diesen Ausdruck bei konstanter Temperatur – also für isotherme Prozesse – nach der Reaktionslaufzahl differenzieren, so erhalten wir

$$\Delta G = \Delta H - T\Delta S \tag{2.6-107}$$

die Gibbs-Helmholtz'sche Gleichung, die die Reaktionsgrößen ΔG, ΔH und ΔS miteinander verknüpft. Wenden wir sie auf die Standardzustände an, so können wir mit ihr, d. h. mit Standardreaktionsenthalpien ΔH^0 und Standardreaktionsentropien ΔS^0, Gleichgewichtskonstanten berechnen.

Welchen Weg wir zur Berechnung von K einschlagen, hängt von den Daten ab, die uns zur Verfügung stehen. Geeignete Tabellenwerke sind z. B. J. D'Ans und E. Lax, Taschenbuch für Chemiker und Physiker, 4. Aufl., Bd. I, Springer-Verlag, Berlin,

Heidelberg, New York 1992; Landolt Börnstein, 6. Aufl., Bd. II, 4. Teil, Springer-Verlag, Berlin, Göttingen, Heidelberg 1961; H. Zeise, Thermodynamik auf den Grundlagen der Quantentheorie, Quantenstatistik und Spektroskopie, Bd. III/1, Hirzel, Leipzig 1954; H. D. Baehr et al., Thermodynamische Funktionen idealer Gase für Temperaturen bis 6000 K, Springer-Verlag, Berlin, Heidelberg, New-York 1968.

Die den Tabellenwerken zugrunde liegenden Daten sind teils durch kalorische Messungen, neuerdings jedoch meist aus spektroskopischen Untersuchungen gewonnen worden, wie wir es im Kap. 4 noch besprechen werden.

Berechnung von K über Freie Standard-Bildungsenthalpien

Für die Berechnung der Gleichgewichtskonstanten nach Gl. (2.6-10) benötigen wir die ΔG^0-Werte für die Reaktion. Nun wäre es unmöglich, für alle denkbaren Reaktionen solche Werte zu messen und zu tabellieren. Vor einer ganz ähnlichen Situation standen wir, als wir in Abschnitt 1.1.16 die Ermittlung von Reaktionsenthalpien besprachen. Wir haben seinerzeit festgestellt, dass es sinnvoll ist, die tatsächliche Reaktion aufzuspalten in eine Zerlegung der Ausgangsstoffe in die Elemente und den anschließenden Aufbau der Produkte aus eben diesen Elementen. Für die Reaktionsenthalpie ergab sich dann

$$\Delta H = \Sigma \nu_i \Delta_B H_i \tag{1.1-164}$$

wobei die $\Delta_B H_i$ die Bildungsenthalpien waren. Genauso wie die Enthalpie ist die Freie Enthalpie eine Zustandsgröße, ihre Änderung und auch die Änderung ihrer Ableitung nach der Reaktionslaufzahl sind unabhängig vom Weg. Man hat deshalb Freie Bildungsenthalpien ΔG_B aus den Elementen als solche oder als $\dfrac{\Delta G_B}{T}$ tabelliert.

Diese Werte sind Freie Standard-Bildungsenthalpien für einen Standardzustand bei $p^0 = 1.013$ bar. Dies wird durch den hochgestellten Index ^{0} kenntlich gemacht: $\dfrac{\Delta G_B^0}{T}$. Handelt es sich außerdem um die Standard-Temperatur von 298.15 K, dann heißt der Index $^\ominus$ (vgl. Abschnitt 1.1.16). Wir erhalten die Gleichgewichtskonstante also gemäß

$$\ln K = -\frac{\Delta G^0}{RT} = -\frac{1}{R}\sum \nu_i \frac{\Delta G_{B,i}^0}{T} \tag{2.6-108}$$

Wir wollen das an einem Beispiel, dem Wassergas-Gleichgewicht $H_2 + CO_2 \rightleftharpoons H_2O + CO$, erläutern. Die Temperatur sei 1000 K. Man findet für diese Temperatur die in Tab. 2.6-2 wiedergegebenen Daten. (Für H_2 muss der Wert definitionsgemäß null sein.) Daraus folgt

$$\ln K = -\frac{1}{R} \cdot 2.7 \text{ JK}^{-1}\text{ mol}^{-1}$$

$$\ln K = -0.324$$

$$K = 0.723$$

Tabelle 2.6-2 Kalorische Daten der Gase H_2, CO_2, H_2O und CO zur Bestimmung des Wassergas-Gleichgewichtes (Gl. 2.6-73).

φ_i	H_2	CO_2	H_2O	CO	$\sum v_i \varphi_i$
$\dfrac{\Delta G_B^0 / 1000\text{K}}{\text{JK}^{-1}\,\text{mol}^{-1}}$	0	−395.8	−192.5	−200.6	2.7
$\dfrac{h_0^0}{\text{kJ}\,\text{mol}^{-1}}$	0	−393.14	−238.91	−113.8	40.43
$\dfrac{(g_T^0 - h_0^0)/1000\text{K}}{\text{JK}^{-1}\,\text{mol}^{-1}}$	−148.49	−226.37	−208.22	−204.06	−37.42
$\dfrac{\Delta H_B^\ominus}{\text{kJ}\,\text{mol}^{-1}}$	0	−393.5	−241.7	−110.5	41.3
$\dfrac{S^\ominus}{\text{JK}^{-1}\,\text{mol}^{-1}}$	130.6	213.7	188.6	197.4	41.7
$\dfrac{\Delta S_B^\ominus}{\text{JK}^{-1}\,\text{mol}^{-1}}$	0	2.87	−44.37	89.14	41.90
$\dfrac{a}{\text{JK}^{-1}\,\text{mol}^{-1}}$	29.07	26.00	30.36	26.86	2.15
$\dfrac{b}{10^{-3}\text{JK}^{-2}\,\text{mol}^{-1}}$	−0.837	43.5	9.61	6.97	−26.08
$\dfrac{c}{10^{-6}\text{JK}^{-3}\,\text{mol}^{-1}}$	2.011	−14.83	1.184	−0.820	13.18

Teilweise findet man auch $\log K_B$-Werte tabelliert. Sie unterscheiden sich von den $\dfrac{\Delta G_B^0}{T}$-Werten lediglich um den Faktor $-\dfrac{1}{2.3026R}$, so dass sich entsprechend Gl. (2.6-108) ergibt

$$\log K = \sum v_i \log K_{B,i} \tag{2.6-109}$$

Berechnung von K über eine exakte Integration der van't Hoff'schen Gleichung

Dieses Problem haben wir bereits im Abschnitt 2.6.3 angesprochen. Nach Berücksichtigung der Temperaturabhängigkeit mit Hilfe des Kirchhoff'schen Satzes haben wir Gl. (2.6-75)

$$\left(\frac{\partial \ln K}{\partial T}\right)_p = \frac{\Delta H_{T=0}^0}{RT^2} + \frac{1}{R}\frac{1}{T^2} \cdot \int_0^T \Delta C_p^0 dT \tag{2.6-75}$$

erhalten. Wir könnten hier noch einen Schritt weitergehen und die molaren Wärmekapazitäten c_{pi} in einen temperaturunabhängigen Term $c_{pi}(t, r)$ und einen temperaturabhängigen Term c_{pi} (v) aufspalten. Bereits im Abschnitt 1.2.3 haben wir diskutiert, dass der Anteil der molaren Wärmekapazität, der auf die Translation (t) und Rotation (r) zurückzuführen ist, temperaturunabhängig, derjenige, der mit der Schwingung (v) zusammenhängt, temperaturabhängig ist. Im Abschnitt 4.2 werden wir diese Probleme mit Hilfe der statistischen Thermodynamik noch genauer untersuchen. Wir können demnach das Integral in Gl. (2.6-75) in zwei Anteile aufspalten und schreiben

$$\left(\frac{\partial \ln K}{\partial T}\right)_p = \frac{\Delta H^0_{T=0}}{RT^2} + \frac{\Delta C^0_p(t,r)}{RT} + \frac{1}{RT^2}\int_0^T \Delta C^0_p(v)\,dT \qquad (2.6\text{-}110)$$

Die Integration liefert dann

$$\ln K = -\frac{\Delta H^0_{T=0}}{RT} + \frac{\Delta C^0_p(t,r)}{R}\ln T + \frac{1}{R}\int \frac{dT}{T^2}\int_0^T \Delta C^0_p(v)\,dT + I \qquad (2.6\text{-}111)$$

Zur Berechnung von $\ln K$ müssen also $\Delta H^0_{T=0}$, $\Delta C^0_p(t,r)$ bekannt sein, weiterhin $\Delta C^0_p(v)$ als Funktion der Temperatur und die Integrationskonstante I. Letztere erhalten wir nur, wenn wir bei irgendeiner Temperatur K direkt messen und dann I nach Gl. (2.6-111) berechnen. Die Integration der van't Hoff'schen Gleichung gibt uns also nicht die Möglichkeit, K allein auf Grund kalorischer Daten zu bestimmen.

Wie wir bereits im Abschnitt 2.6.3 besprochen haben, können wir im Fall von Gasen ΔC_p als Potenzfunktion darstellen, wobei wir zu den Gleichungen (2.6-76) bis (2.6-79) gelangen.

$$\Delta C_p = A + BT + CT^2 + \dots \qquad (2.6\text{-}76)$$

$$\ln K = -\frac{\Delta H^0_{T=0}}{RT} + \frac{A}{R}\ln T + \frac{B}{2R}T + \frac{C}{6R}T^2 + \dots + I \qquad (2.6\text{-}79)$$

Wir wollen auch mit diesem Verfahren die Gleichgewichtskonstante des Wassergas-Gleichgewichts bei 1000 K berechnen, dabei setzen wir die Gleichgewichtskonstante bei 500 K als bekannt voraus ($K_{500} = 7.937 \cdot 10^{-3}$). Bei dieser Rechnung brauchen wir wegen $\sum \nu_i = 0$ nach Gl. (2.6-32) – ideales Verhalten der Gase vorausgesetzt – nicht zwischen K und $K_{(p)}$ zu unterscheiden. Mit den Werten aus Tab. 2.6-2 erhalten wir zunächst

$$\ln K = -\frac{40.43 \cdot 10^3\,\text{J mol}^{-1}}{RT} + \frac{2.15\,\text{J K}^{-1}\,\text{mol}^{-1}}{R}\ln T - \\ -\frac{13.04 \cdot 10^{-3}\,\text{J K}^{-2}\,\text{mol}^{-1}}{R}T + \frac{2.200 \cdot 10^{-6}\,\text{J K}^{-3}\,\text{mol}^{-1}}{R}T^2 + I \qquad (2.6\text{-}112)$$

Zur Ermittlung von I setzen wir für K $7.937 \cdot 10^{-3}$ und für T 500 K ein und erhalten so $I = 4.00$. Damit ergibt sich für $\ln K$ als Funktion der Temperatur

$$\ln K = 4.00 - 4863 \,\text{K} \cdot \frac{1}{T} + 0.2586 \ln T - 1.568 \cdot 10^{-3} \,\text{K}^{-1}\, T +$$
$$+ 0.2646 \cdot 10^{-6} \,\text{K}^{-2}\, T^2 \tag{2.6-113}$$

Mit diesem Ausdruck können wir nun, wie im vorhergehenden Beispiel, K für 1000 K berechnen:

$\ln K = -0.380 \qquad K = 0.683$

Berechnung von K über die Gibbs-Helmholtz'sche Gleichung

Wir legen die Gibbs-Helmholtz'sche Gleichung (2.6-107) für Standardbedingungen zugrunde

$$\Delta G^0 = \Delta H^0 - T \Delta S^0 \tag{2.6-114}$$

Am absoluten Nullpunkt wird, wie wir im Abschnitt 2.4 gesehen haben, ΔS und damit für einen ideal kristallisierten Festkörper auch s gleich null. Das gilt jedoch nicht für die Enthalpie h und die Reaktionsenthalpie ΔH. Dies ist sofort einsichtig, wenn man an die Bildungsenthalpien aus den Elementen denkt. Die Verbindungen müssen sich in ihrem Energieinhalt von den Elementen unterscheiden, andernfalls gäbe es am absoluten Nullpunkt keine stabilen Verbindungen. Wegen $\Delta S_0^0 = 0$ ist am absoluten Nullpunkt

$$\Delta G_0^0 = \Delta H_0^0 \tag{2.6-115}$$

Es hat sich nun als zweckmäßig erwiesen, die Freie Reaktionsenthalpie in zwei Anteile aufzuteilen.

$$\Delta G_T^0 = \Delta H_0^0 + \Delta(G_T^0 - H_0^0) \tag{2.6-116}$$

Den ersten Anteil, ΔH_0^0 könnte man als den chemischen Anteil, den zweiten als den thermischen bezeichnen. Verknüpfen wir Gl. (2.6-116) mit der Gleichgewichtskonstanten (Gl. 2.6-10), so können wir schreiben

$$R \ln K = -\frac{\Delta H_0^0}{T} - \frac{\Delta(G_T^0 - H_0^0)}{T} = -\frac{\Sigma \nu_i h_{0,i}^0}{T} - \Sigma \nu_i \frac{(g_T^0 - h_0^0)_i}{T} \tag{2.6-117}$$

In neueren Tabellenwerken (vgl. Ende der Einführung zu Abschnitt 2.6.6) sind sowohl die h_{0i} als auch die sog. Freie-Enthalpie-Funktionen $\frac{g_T^0 - h_0^0}{T}$ tabelliert. Die für das Wassergas-Gleichgewicht bei 1000 K benötigten Daten entnehmen wir Tab. 2.6-2. Setzen wir diese Werte in Gl. (2.6-117) ein, so erhalten wir

$\ln K = -0.362 \qquad K = 0.696$

Zum Abschluss wollen wir uns noch einem Verfahren zuwenden, das uns die Berechnung der Gleichgewichtskonstanten ermöglicht, wenn uns die bisher genannten tabellierten Funktionen nicht zur Verfügung stehen. Wir benötigen dann allerdings, wie wir gleich sehen werden, die Standard-Bildungsenthalpien sowie die Standard-Entropien bei 298.15 K, sowie die molaren Wärmekapazitäten in Abhängigkeit von der Temperatur.

Die Temperaturabhängigkeit der Freien Standardreaktionsarbeit ist bei Beachtung von Gl. (2.3-54) gegeben durch

$$\left(\frac{\partial \Delta G^0}{\partial T}\right)_{p^0} = -\Delta S_p^0 \qquad (2.6\text{-}118)$$

Die Reaktionsentropie selbst hängt nach Gl. (1.1-236), wenn wir bei dem Standarddruck p^0 arbeiten, gemäß

$$\left(\frac{\partial \Delta S^0}{\partial T}\right)_{p^0} = \frac{\Delta C_p^0}{T} \qquad (2.6\text{-}119)$$

von der Temperatur ab. Führen wir eine bestimmte Integration zwischen den Grenzen 298.15 K und T durch, so erhalten wir

$$\Delta S_T^0 = \Delta S_{298}^0 + \int_{298\,\text{K}}^{T} \Delta C_p^0 \, d\ln T \qquad (2.6\text{-}120)$$

Setzen wir Gl. (2.6-120) in Gl. (2.6-118) ein und integrieren, so finden wir

$$\Delta G_T^0 = \Delta G_{298}^0 + 298\,\text{K} \cdot \Delta S_{298}^0 - T\Delta S_{298}^0 - \int\!\!\int_{298\,\text{K}}^{T} \Delta C_p^0 \, d\ln T \cdot dT \qquad (2.6\text{-}121)$$

Nach der Gibbs-Helmholtz'schen Gleichung können wir die beiden ersten Terme auf der rechten Seite zu ΔH_{298}^0 zusammenfassen, so dass resultiert

$$\Delta G_T^0 = \Delta H_{298}^0 - T \cdot \Delta S_{298}^0 - \int\!\!\int_{298\,\text{K}}^{T} \Delta C_p^0 \, d\ln T \, dT \qquad (2.6\text{-}122)$$

Zur Lösung des Doppelintegrals wenden wir die partielle Integration an $(uv - \int v \, du = \int u \, dv)$ und setzen $v = T, u = \int_{298\,\text{K}}^{T} \Delta C_p^0 \, d\ln T$. Dann ergibt sich

$$\int\!\!\int_{298\,\text{K}}^{T} \Delta C_p^0 \, d\ln T \, dT = T \cdot \int_{298\,\text{K}}^{T} \Delta C_p^0 \, d\ln T - \int_{298\,\text{K}}^{T} \Delta C_p^0 \, dT \qquad (2.6\text{-}123)$$

Wir erhalten also endgültig aus der Kombination der Gleichungen (2.6-10), (2.6-122) und (2.6-123)

2.6 Das chemische Gleichgewicht

$$\ln K = -\frac{\Delta H^0_{298}}{RT} + \frac{\Delta S^0_{298}}{R} + \frac{1}{R}\int_{298\,K}^{T}\frac{\Delta C^0_p}{T}dT - \frac{1}{RT}\int_{298\,K}^{T}\Delta C^0_p dT \qquad (2.6\text{-}124)$$

Sind uns die ΔC^0_p als Funktion der Temperatur bekannt, so können wir die Integrale exakt lösen oder eine graphische Integration durchführen. Kennen wir diese Funktionen nicht, so können wir *Näherungslösungen* anwenden, die auf *Ulich* zurückgehen:

1. Näherung: $\Delta C^0_p = 0$. In diesem Fall verschwinden die beiden Integrale. Ein solcher Fall ist möglich, wenn die molaren Wärmekapazitäten der Ausgangsstoffe und der Produkte für alle Temperaturen oberhalb von 298 K gerade gleich sind. Die Reaktionsenthalpie wäre dann temperaturunabhängig.

2. Näherung: $\Delta C^0_p = \alpha$. In diesem Fall lassen sich die Integrale exakt lösen. Der Fall wäre dann gegeben, wenn sich die Temperaturabhängigkeit der molaren Wärmekapazitäten der Edukte und Produkte gerade kompensieren würde. Die Temperaturabhängigkeit der Reaktionsenthalpie wäre dann konstant.

3. Näherung: $\Delta C^0_p = f(T)$. Man zerlegt den gesamten Temperaturbereich in mehrere Abschnitte und setzt für jeden Abschnitt einen mittleren (konstanten) Wert für ΔC^0_p ein, erhält also eine Summe exakt lösbarer Integrale.

Da uns für die Wassergasreaktion die molaren Wärmekapazitäten nach Gl. (1.1-116) bekannt sind, können wir das exakte Verfahren anwenden.

Die Standard-Bildungsenthalpien $\Delta H^\ominus_B$ und die konventionellen Standard-Entropien $s^\ominus$ bzw. Standard-Bildungsentropien $\Delta S^\ominus_B$ bei 298.15 K entnehmen wir Tab. 2.6-2 und berechnen damit ΔH^0_{298} zu 41.3 kJ mol^{-1} und ΔS^0_{298} zu 41.9 JK^{-1} mol^{-1}. Für ΔC^0_p erhalten wir

$$\Delta C^0_p = 2.15\,\text{JK}^{-1}\text{mol}^{-1} - 26.08\cdot 10^{-3}\,\text{JK}^{-2}\text{mol}^{-1}\,T +$$
$$+ 13.18\cdot 10^{-6}\,\text{JK}^{-3}\text{mol}^{-1}\,T^2$$

und für

$$\frac{\Delta C^0_p}{T} = \frac{2.15\,\text{JK}^{-1}\text{mol}^{-1}}{T} - 26.08\cdot 10^{-3}\,\text{JK}^{-2}\text{mol}^{-1} +$$
$$+ 13.18\cdot 10^{-6}\,\text{JK}^{-3}\text{mol}^{-1}\,T.$$

Die Integrale ergeben dann

$$\int_{298\,K}^{T}\frac{\Delta C^0_p}{T}dT = -9.70\,\text{J K}^{-1}\text{mol}^{-1}$$

und

$$\int_{298\,K}^{T}\Delta C^0_p dT = -6.10\cdot 10^3\,\text{J mol}^{-1}$$

so dass mit Gl. (2.6-124) resultiert

$$\ln K = \frac{1}{R}\left(-\frac{41.3 \cdot 10^3}{1000} + 41.90 - 9.70 + \frac{6.10 \cdot 10^3}{1000}\right) \text{J K}^{-1}\text{mol}^{-1} = -0.361$$

$K = 0.697$

Zum Schluss seien die nach den verschiedenen Methoden für das Wassergas-Gleichgewicht $H_2 + CO_2 \rightleftharpoons H_2O + CO$ bei 1000 K berechneten K-Werte noch einmal verglichen.

über Freie Standard-Bildungsenthalpie	$K = 0.723$
über die van't Hoff'sche Gleichung	$K = 0.683$
über die Gibbs-Helmholtz'sche Gleichung mit Hilfe der Freie-Enthalpie-Funktion	$K = 0.696$
über die Gibbs-Helmholtz'sche Gleichung mit Hilfe der molaren Wärmekapazitäten	$K = 0.697$
Der Mittelwert beträgt	$K = 0.700$

Die maximale Abweichung beläuft sich auf etwa 3 %.

Berechnung von K mit Hilfe der Zustandssummen

Im Abschnitt 4.2.8 werden wir bei der Behandlung der statistischen Thermodynamik noch eine weitere Möglichkeit zur Berechnung der Gleichgewichtskonstanten kennenlernen. Sie bedient sich der bereits im Abschnitt 1.3.3 erwähnten Zustandssumme.

2.6.7
Anwendungen des Massenwirkungsgesetzes

Unsere Betrachtungen zum chemischen Gleichgewicht wollen wir mit einigen Anwendungen des Massenwirkungsgesetzes abschließen. Wir werden die Berechnung einer Ausbeute, eines Dissoziationsgrades und einer Abbauisothermen besprechen. Dabei wollen wir voraussetzen, dass wir Bedingungen haben, unter denen Aktivitäts- oder Fugazitätskoeffizienten den Wert 1 besitzen.

Berechnung der Ausbeute

Wir haben gesehen, dass chemische Reaktionen – mit Ausnahme von Reaktionen zwischen Festkörpern – nicht quantitativ ablaufen, sondern zu einem Gleichgewicht zwischen den Edukten und Produkten führen. Es ist deshalb von Interesse, die Ausbeute zu berechnen, die unter den gegebenen Bedingungen von Druck und Temperatur maximal zu erreichen ist.

Wir greifen zunächst wieder das von uns bereits mehrfach als Beispiel herangezogene Wassergas-Gleichgewicht auf

$$H_2 + CO_2 \rightleftharpoons H_2O + CO \qquad (2.6\text{-}73)$$

Wir gehen aus von $n_0(H_2)$ mol H_2 und $n_0(CO_2)$ mol CO_2. Als Ausbeute y wollen wir die im Gleichgewicht vorliegende Stoffmenge an CO bezeichnen, die der Stoffmenge an H_2O gleich sein muss. Im Gleichgewicht liegen dann vor

$$[n(H_2)] = n_0(H_2) - y \tag{2.6-125}$$

$$[n(CO_2)] = n_0(CO_2) - y \tag{2.6-126}$$

$$[n(H_2O)] = y \tag{2.6-127}$$

$$[n(CO)] = y \tag{2.6-128}$$

Die gesamte Stoffmenge $[\Sigma n]$ ist stets

$$n_0 = n_0(H_2) + n_0(CO_2) \tag{2.6-129}$$

da es sich um eine Reaktion ohne Änderung der Stoffmenge handelt. $K_{(p)}$, $K_{(x)}$ und $K_{(c)}$ sind deshalb einander gleich und bei idealem Verhalten der Gase auch gleich K:

$$K_{(p)} = K_{(x)} = \frac{y^2}{(n_0(H_2) - y)(n_0(CO_2) - y)} \tag{2.6-130}$$

Lösen wir nach y auf und beachten Gl. (2.6-129), so finden wir

$$y = \frac{1}{2(1 - K_{(p)})} \{-n_0 K_{(p)} \pm [n_0^2 K_{(p)}^2 +$$
$$+ 4(1 - K_{(p)}) n_0(H_2) \cdot (n_0 - n_0(H_2)) K_{(p)}]^{1/2}\} \tag{2.6-131}$$

Wir sehen, dass die Ausbeute nicht nur eine Funktion von T (über $K_{(p)}$), sondern auch eine Funktion der Anfangszusammensetzung des Gasgemisches ist.

Wollen wir die bei der gewählten Temperatur maximal mögliche Ausbeute berechnen, müssen wir Gl. (2.6-131) nach $n_0(H_2)$ differenzieren und $dy/dn_0(H_2) = 0$ setzen:

$$\left(\frac{\partial y}{\partial n_0(H_2)}\right)_T = \frac{K_{(p)}(n_0 - 2n_0(H_2))}{[n_0^2 K_{(p)}^2 + 4(1 - K_{(p)}) n_0(H_2)(n_0 - n_0(H_2)) K_{(p)}]^{1/2}} \tag{2.6-132}$$

Dieser Ausdruck wird gleich null, wenn

$$n_0(H_2) = \frac{1}{2} n_0 \tag{2.6-133}$$

wenn also

$$n_0(H_2) = n_0(CO_2) \tag{2.6-134}$$

d. h. wenn ein stöchiometrisches Gemisch vorliegt. Dieses Ergebnis gilt allgemein:

> Die Ausbeute nimmt immer dann den maximalen Wert an, wenn die Ausgangssubstanzen im stöchiometrischen Verhältnis vorliegen.

Wenn wir eine Reaktion betrachten, bei der sich die Stoffmenge ändert, dann wird die Ausbeute auch abhängig vom Druck. Wir wollen die Ammoniakbildung,

$$\frac{1}{2} N_2 + \frac{3}{2} H_2 \rightarrow NH_3 \tag{2.6-14}$$

behandeln und von einem stöchiometrischen N_2/H_2-Gemisch ausgehen: $n_0(H_2) = 3n_0(N_2)$. Im Gleichgewicht liegen dann die Stoffmengen

$$[n(N_2)] = n_0(N_2) - \frac{1}{2}y \tag{2.6-135}$$

$$[n(H_2)] = 3n_0(N_2) - \frac{3}{2}y \tag{2.6-136}$$

$$[n(NH_3)] = y \tag{2.6-137}$$

vor. Die gesamte Stoffmenge ist

$$[\Sigma n] = 4n_0(N_2) - y \tag{2.6-138}$$

Wir können nun die Gleichgewichtskonstante $K_{(x)}$ aufschreiben

$$K_{(x)} = \frac{y(4n_0(N_2) - y)}{\left(n_0(N_2) - \frac{1}{2}y\right)^{1/2} \left(3n_0(N_2) - \frac{3}{2}y\right)^{3/2}} = \frac{y(4n_0(N_2) - y)}{3^{3/2} \left(n_0(N_2) - \frac{1}{2}y\right)^2} \tag{2.6-139}$$

Beziehen wir die Ausbeute y auf die eingesetzte Stoffmenge an Stickstoff $\left(z = \frac{y}{n_0(N_2)}\right)$, so vereinfacht sich der Ausdruck zu

$$K_{(x)} = \frac{4z(4-z)}{3^{3/2}(2-z)^2} \tag{2.6-140}$$

Mit Gl. (2.6-39) führen wir die druckunabhängige Gleichgewichtskonstante $K_{(p)}$ ein und beachten, dass $\Sigma v_i = -1$ ist:

$$K_{(p)} = \frac{1}{p} K_{(x)} = \frac{4z(4-z)}{p \cdot 3^{3/2}(2-z)^2} \tag{2.6-141}$$

Wir erkennen, dass die relative Ausbeute z mit steigendem Druck zunimmt. Ist $z \ll 1$, so gilt angenähert

$$K_{(p)} \approx \frac{4z}{p \cdot 3^{3/2}} \tag{2.6-142}$$

$$z \approx 1.3 \cdot p \cdot K_{(p)} \tag{2.6-143}$$

Im Bereich niedriger Ausbeuten ist die Ammoniakausbeute also proportional dem Druck. Als exotherme Reaktion würde man die Ammoniaksynthese zweckmäßigerweise bei möglichst tiefen Temperaturen durchführen. Wegen der Aktivierungsenergie der Reaktion (vgl. Abschnitt 1.5.9) ist die Reaktionsgeschwindigkeit bei tieferen Temperaturen jedoch zu niedrig, so dass man kleinere $K_{(p)}$-Werte bei den höheren Temperaturen in Kauf nehmen muss. Zum Teil lässt sich dieser Verlust an Ausbeute durch die Anwendung höherer Drücke kompensieren.

Dissoziationsreaktionen in homogener Gasphase verlaufen ebenfalls unter Änderung der Stoffmenge. Wir wollen uns noch die Frage vorlegen, wie der Dissoziationsgrad bei solchen Gleichgewichten vom Druck abhängt. Ein sehr genau studiertes Dissoziationsgleichgewicht ist das des Distickstofftetroxids,

$$N_2O_4 \rightleftharpoons 2\,NO_2 \tag{2.6-144}$$

Unter dem Dissoziationsgrad α verstehen wir den Bruchteil der ursprünglich eingesetzten Stoffmenge $n_0\,(N_2O_4)$, der im Gleichgewicht zerfallen ist. Im Gleichgewicht liegen dann vor

$$[n(N_2O_4)] = n_0(N_2O_4)(1-\alpha) \tag{2.6-145}$$

$$[n(NO_2)] = 2n_0(N_2O_4) \cdot \alpha \tag{2.6-146}$$

$$[\Sigma n] = n_0(N_2O_4)(1+\alpha) \tag{2.6-147}$$

Damit sind die Molenbrüche

$$[x(N_2O_4)] = \frac{1-\alpha}{1+\alpha} \tag{2.6-148}$$

$$[x(NO_2)] = \frac{2\alpha}{1+\alpha} \tag{2.6-149}$$

und wir erhalten mit $\Sigma \nu_i = 1$

$$K_{(p)} = p \cdot K_{(x)} = p\frac{4\alpha^2}{(1+\alpha)(1-\alpha)} = \frac{4\alpha^2}{1-\alpha^2}p \tag{2.6-150}$$

$$\alpha = \left(\frac{K_{(p)}}{4p + K_{(p)}}\right)^{1/2} \tag{2.6-151}$$

Wir sehen, dass der Dissoziationsgrad druckabhängig ist, so wie wir im Abschnitt 1.6.8 gefunden hatten, dass der Dissoziationsgrad schwacher Elektrolyte konzentrationsabhängig ist. Mit zunehmendem Druck nimmt α ab, im Bereich sehr kleiner Dissoziationsgrade umgekehrt proportional zur Wurzel des Druckes. Das hat zur Folge, dass ein teilweise dissoziiertes Gas sich leichter komprimieren lässt, als ein nicht dissoziierendes.

Als Beispiel eines homogenen Lösungsgleichgewichts haben wir im Abschnitt 1.6.8 das Ostwald'sche Verdünnungsgleichgewicht behandelt.

Abschließend wollen wir noch die Zersetzungsgleichgewichte von Hydraten und Ammoniakaten besprechen und als Beispiel die Hydrate des Calciumchlorids ($CaCl_2 \cdot nH_2O$ mit $n = 1, 2, 4$ und 6) heranziehen. Das zugrunde liegende Gleichgewicht können wir allgemein formulieren als

$$CaCl_2 \cdot n\,H_2O \rightleftharpoons CaCl_2 \cdot m\,H_2O + (n-m)H_2O \tag{2.6-152}$$

und das Massenwirkungsgesetz für dieses heterogene Gleichgewicht als

$$\frac{[a(CaCl_2 \cdot m\,H_2O)]\,[a(H_2O)]^{n-m}}{[a(CaCl_2 \cdot n\,H_2O)]} = K \tag{2.6-153}$$

und, da $CaCl_2 \cdot mH_2O$ und $CaCl_2 \cdot nH_2O$ reine feste Phasen bilden,

$$K = (p^0)^{-(n-m)}[p(H_2O)]^{n-m} \tag{2.6-154}$$

Zweckmäßigerweise beziehen wir den Formelumsatz auf 1 mol H_2O und erhalten dann

$$K_{(p)} = [p(H_2O)] \tag{2.6-155}$$

Das besagt, dass im Gleichgewicht der Wasserdampfdruck über den Hydraten unabhängig vom Mengenverhältnis ist und lediglich über $K_{(p)}$ durch die Temperatur geändert werden kann. Wir haben beim $CaCl_2$ folgende Gleichgewichte zu berücksichtigen:

$$CaCl_2 \cdot 6\,H_2O \rightleftharpoons CaCl_2 \cdot 4\,H_2O + 2\,H_2O \tag{2.6-156}$$

$$CaCl_2 \cdot 4\,H_2O \rightleftharpoons CaCl_2 \cdot 2\,H_2O + 2\,H_2O \tag{2.6-157}$$

$$CaCl_2 \cdot 2\,H_2O \rightleftharpoons CaCl_2 \cdot H_2O + H_2O \tag{2.6-158}$$

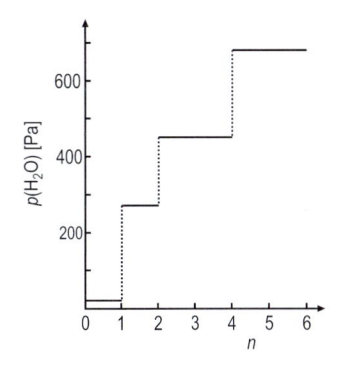

Abbildung 2.6-2 Abbauisotherme der Hydrate $CaCl_2 \cdot nH_2O$ bei 298 K.

$$CaCl_2 \cdot H_2O \rightleftharpoons CaCl_2 + H_2O \qquad (2.6\text{-}159)$$

Wir bringen $CaCl_2 \cdot 6\,H_2O$ in einen Exsikkator, der mit einem geeigneten Manometer versehen ist, und pumpen kurz die Gasphase ab. Dann wird sich entsprechend Gl. (2.6-156) zwischen dem Hexahydrat und dem Tetrahydrat ein Gleichgewicht mit einem Wasserdampfdruck von 680 Pa einstellen. Entfernen wir nun durch sukzessives Abpumpen einen Teil des Wassers, so wird sich immer wieder der gleiche Druck einstellen. Das Mengenverhältnis von Hexa- zu Tetrahydrat verschiebt sich jedoch sukzessive zugunsten des Tetrahydrats. Sobald kein Hexahydrat mehr vorhanden ist, um Wasser nachzuliefern, wird das Tetrahydrat abgebaut. Dabei entsteht Dihydrat, und der sich gemäß Gl. (2.6-157) dann einstellende Wasserdampfdruck beträgt 450 Pa. Er wird so lange aufrechterhalten, wie noch Tetrahydrat neben dem Dihydrat existiert. Ist ersteres verbraucht, so sinkt schlagartig der Gleichgewichtsdruck auf 270 Pa. Er ist charakteristisch für das Gleichgewicht zwischen dem Dihydrat und dem Monohydrat. Einen weiteren Abfall des Druckes auf etwa 20 Pa beobachtet man, wenn sich das Gleichgewicht zwischen dem wasserfreien Calciumchlorid und dem Monohydrat einstellt.

In Abb. 2.6-2 ist die soeben beschriebene Abbauisotherme für die Hydrate des Calciumchlorids wiedergegeben.

Den entgegengesetzten Vorgang beobachtet man, wenn man $CaCl_2$ als Trockenmittel im Exsikkator einsetzt. Je nach der Menge des vom $CaCl_2$ aufgenommenen Wassers stellen sich dann unterschiedliche Wasserdampfdrücke ein.

Ändert man die Temperatur, dann ändert sich auch der Wasserdampfdruck gemäß Gl. (2.6-67), die, wie wir gesehen haben, in diesem Fall identisch mit der vereinfachten Clausius-Clapeyron'schen Gleichung (Gl. 2.5-28) wird. Die Temperaturabhängigkeit des Wasserdampfdruckes wird bestimmt durch die Zersetzungsenthalpie, die natürlich für die verschiedenen Hydrate unterschiedlich groß ist.

2.6.8
Kernpunkte des Abschnitts 2.6

- ☑ Reversible Reaktionsarbeit Gl. (2.3-73, 74)
- ☑ Standard-Reaktionsarbeit Gl. (2.6-5, 8)
- ☑ Rest-Reaktionsarbeit S. 408
- ☑ Massenwirkungsgesetz Gl. (2.6-11, 13)
- ☑ Gleichgewichtskonstante Gl. (2.6-13)
- ☑ Vant't Hoff'sche Reaktionsisotherme Gl. (2.6-22)
- ☑ Homogene Gasgleichgewichte S. 412
- ☑ Homogene Lösungsgleichgewichte S. 414
- ☑ Heterogene Gleichgewichte S. 415

Temperaturabhängigkeit der Gleichgewichtskonstanten S. 417

- ☑ van't Hoff'sche Reaktionsisobare Gl. (2.6-67)
- ☑ van't Hoff'sche Reaktionsisochore Gl. (2.6-69)
- ☑ Prinzip des kleinsten Zwanges S. 418
- ☑ Druckabhängigkeit der Gleichgewichtskonstanten Gl. (2.6-81)
- ☑ $K_{(p/p^0)}$, $K_{(p)}$, $K_{(x)}$, $K_{(c)}$ S. 422

Experimentelle Ermittlung der Gleichgewichtskonstanten S. 422
Berechnung der Gleichgewichtskonstanten S. 427

- ☑ über Freie Standard-Bildungsenthalpien Gl. (2.6-108)
- ☑ über exakte Integration der van't Hoff'schen Reaktionsisobaren Gl. (2.6-111)
- ☑ über Gibbs-Helmholtz'sche Gleichung Gl. (2.6-117)

Anwendung des Massenwirkungsgesetzes S. 434

- ☑ Berechnung der Ausbeute (Wassergasreaktion) S. 435
- ☑ Berechnung der Ausbeute (Ammoniakbildung) S. 436
- ☑ Berechnung der Dissoziationskonstanten Gl. (2.6-151)
- ☑ Heterogene Zersetzungsgleichgewichte S. 437

2.6.9
Rechenbeispiele zu Abschnitt 2.6

1. Welche der Reaktionen
   a) $2\,CO \rightarrow C + CO_2$
   b) $NH_3 \rightarrow \frac{3}{2} H_2 + \frac{1}{2} N_2$
   c) $C_2H_4 + H_2 \rightarrow C_2H_6$
   d) $H_2 + CO_2 \rightarrow H_2O + CO$

   würde, wenn keine kinetischen Hemmungen vorliegen, unter Standardbedingungen bei 298.15 K spontan in der angegebenen Richtung ablaufen? Welchen Wert hat die Gleichgewichtskonstante? Die Freien Standard-Bildungsenthalpien betragen

Stoff	CO	CO_2	NH_3	C_2H_4	C_2H_6	H_2O
$\Delta G^\ominus$/kJ mol^{-1}	−137	−394.2	−19.55	68.12	−32.89	−236

2. Nach unseren Berechnungen beträgt die Gleichgewichtskonstante für das Wassergas-Gleichgewicht $H_2 + CO_2 \rightleftharpoons H_2O + CO$ bei 1000 K $K_{(p)} = 0.700$. Es werden 1 mol H_2; 0.5 mol CO_2; 0.7 mol H_2O und 0.6 mol CO miteinander gemischt. Ist dies die Gleichgewichtszusammensetzung? Wenn nicht, in welcher Richtung läuft die Reaktion ab, und wie groß ist die Freie Reaktionsenthalpie?

3. Die Gleichgewichtskonstante $K_{(p)}$ für das Gleichgewicht $\frac{3}{2} H_2 + \frac{1}{2} N_2 \rightleftharpoons NH_3$ beträgt bei 600 K $4.72 \cdot 10^{-2}$ bar^{-1}. Der Gesamtdruck betrage 5 bar, so dass näherungsweise noch mit idealem Verhalten der Gase gerechnet werden kann. Welche Werte haben die Gleichgewichtskonstanten $K_{(x)}$ und $K_{(c)}$?

4. Über $BaCO_3$ misst man in Abhängigkeit von der Temperatur folgende CO_2-Drücke:

T/K	1271	1329	1395	1435	1477
$p(CO_2)$/mbar	2.35	7.22	19.4	35.0	69.2

Wie groß ist die Standardreaktionsenthalpie des $BaCO_3$-Zerfalls, wie groß ist $K_{(p)}$ bei 1300 K und bei welcher Temperatur beträgt der CO_2-Druck 25 mbar?

5. Ausgehend vom Ergebnis der Aufg. 1 berechne man die Gleichgewichtskonstante für das Gleichgewicht $NH_3 \rightleftharpoons \frac{3}{2} H_2 + \frac{1}{2} N_2$ bei 600 K. Die Standard-Bildungsenthalpie des NH_3 ist $\Delta H_B^\ominus = -46.11$ kJ mol^{-1}. Die Temperaturabhängigkeit der molaren Wärmekapazitäten entnehme man Aufg. 1.1.22.

6. Ausgehend von dem Ergebnis der Aufg. 1 berechne man die Gleichgewichtskonstante des Gleichgewichts $C_2H_4 + H_2 \rightleftharpoons C_2H_6$ bei 600 K. Die Standard-Bildungsenthalpien sind $\Delta H_B^\ominus(C_2H_4) = 52.28$ kJ mol^{-1}, $\Delta H_B^\ominus(C_2H_6) = -84.67$ kJ mol^{-1}. Für die molaren Wärmekapazitäten findet man

Stoff	c_p/J K^{-1} mol^{-1}			
	298.15 K	400 K	500 K	600 K
H_2	28.83	29.18	29.26	29.32
C_2H_4	43.63	53.97	63.43	71.55
C_2H_6	52.70	65.61	78.10	89.30

Man approximiere ΔC_p zunächst als lineare Funktion der Temperatur.

7. Wasserdampf wird auf 2000 K erhitzt. Wie groß ist der Partialdruck des durch die Dissoziation entstehenden Wasserstoffs, wenn der Wasserdampfdruck 1 bar beträgt? Bekannt sind bei der gleichen Temperatur die Gleichgewichtskonstanten der Gleichgewichte
$H_2 + CO_2 \rightleftharpoons H_2O + CO$ ($K_{(p)} = 4.90$) und $CO_2 \rightleftharpoons CO + \frac{1}{2} O_2$ ($K_{(p)} = 1.42 \cdot 10^{-3}$ bar$^{1/2}$).

8. Bei 350 K beträgt die Gleichgewichtskonstante für die Reaktion $N_2O_4 \rightleftharpoons 2\,NO_2$ $K_{(p)} = 4.53$ bar. Man gehe aus von 1 mol reinem N_2O_4, lasse das Gleichgewicht sich einstellen unter einem Gesamtdruck von a) 1.00 bar, b) 2.00 bar. Welche Dissoziationsgrade α berechnet man, welche Volumina werden eingenommen, wie groß sind die scheinbaren molaren Massen, die man für beide Fälle aus V, T und p bei Annahme eines idealen Verhaltens der Gase ermitteln würde?

9. Um sich ein Bild von der Temperatur- und Druckabhängigkeit der Ammoniakausbeute zu machen, berechne man den Molenbruch des Ammoniaks in stöchiometrischen N_2/H_2-Gemischen bei 600, 800 und 1000 K unter einem Druck von 1, 10, 30 und 100 bar unter der stark vereinfachenden Annahme, dass sich diese Gase unter den genannten Bedingungen noch ideal verhalten. Für das Gleichgewicht $\frac{1}{2}N_2 + \frac{3}{2}H_2 \rightleftharpoons NH_3$ sind die Gleichgewichtskonstanten $K_{(p)}$ (600 K) = $4.72 \cdot 10^{-2}$ bar^{-1}, $K_{(p)}$ (800 K) = $2.98 \cdot 10^{-3}$ bar^{-1}, $K_{(p)}$ (1000 K) = $5.67 \cdot 10^{-4}$ bar^{-1}.

10. Verläuft die Boudouard-Reaktion ($2\,CO \rightarrow C + CO_2$) bei Abwesenheit von kinetischen Hemmungen bei 298.15 K unter Standardbedingungen in der angegebenen Richtung? Welchen Wert hat bei dieser Temperatur die Gleichgewichtskonstante? Die Freien Standard-Bildungsenthalpien für CO und CO_2 betragen ΔG_B^0 (CO) = -137 kJ mol^{-1}; ΔG_B^0 (CO_2) = -394.2 kJ mol^{-1}.

11. Für die Reaktion $HBr \rightleftharpoons 1/2\,H_2 + 1/2\,Br_2$ findet man die Gleichgewichtskonstanten $K_{(p)} = 1.07 \cdot 10^{-3}$ bzw. $2.95 \cdot 10^{-3}$ bei 1000 bzw. 1200 K. Wie groß ist die Standard-Reaktionsenthalpie bei 1100 K? Bei welcher Temperatur hat $K_{(p)}$ den Wert $2.30 \cdot 10^{-3}$?

12. In einem Thermostaten befindet sich ein mit einem Stempel verschlossener Zylinder. Er enthält 1.00 mol BaO, 2.50 mol $BaCO_3$ und 2.00 mol CO_2. Die Temperatur beträgt 1271 K. Man misst einen CO_2-Gleichgewichtsdruck von 2.35 mbar. Erhöht man die Temperatur auf 1395 K, so steigt der Gleichgewichtsdruck auf 19.4 mbar. Man formuliere das Massenwirkungsgesetz für den $BaCO_3$-Zerfall mit Hilfe der Gleichgewichtskonstanten $K_{(p)}$. Man zeichne in einem p,V-Diagramm, wie sich der CO_2-Druck bei 1271 K ändert, wenn man, vom Volumen V_1 ausgehend, bei dem sich in der Gasphase 2 mol CO_2 befinden, das Volumen kontinuierlich verkleinert. Was geschieht, wenn man bei 1271 K die Stoffmenge des BaO verdoppelt? Wie groß ist die als temperaturunabhängig betrachtete Standard-Reaktionsenthalpie ΔH^0 des $BaCO_3$-Zerfalls?

2.6.10
Literatur zu den Abschnitten 1.1 und 2.1 bis 2.6

Haase, R. (1956) *Thermodynamik der Mischphasen*, Springer-Verlag, Berlin, Göttingen, Heidelberg

Kortüm, G. und Lachmann, H. (1981) *Einführung in die Chemische Thermodynamik*. 7. Aufl., Verlag Chemie, Weinheim und Vandenhoeck & Ruprecht, Göttingen

Lewis, G. N. und Randall, M. (1961), bearbeitet von K. Pitzer und L. Brewer: *Thermodynamics*, McGraw-Hill Book Company, New York, Toronto, London

Atkins, P.W. (2010) *The Laws of Thermodynamics*, Oxford University Press, Oxford

Hahne, E. (2010) *Technische Thermodynamik*, 5. Aufl., Oldenbourg Wissenschaftsverlag, München

Stephan, P., Schaber, K., Stefan, K., Mayinger, F. (2009) *Thermodynamik Band 1: Einstoffsysteme*, 18. Aufl., *Band 2: Mehrstoffsysteme und chemische Reaktionen* (2010), 15. Aufl., Springer Verlag, Berlin, Heidelberg

Atkins, P.W. und de Paula, J. (2006) *Physikalische Chemie*, 4. Aufl., Wiley-VCH, Weinheim

Weingärtner, H. (2003) *Chemische Thermodynamik*, Vieweg+Teubner Verlag, Wiesbaden

Kondepudi, D. and Prigogine, I. (1998) *Modern Thermodynamics*, John Wiley & Sons, New York

Kondepudi, D. (2008) *Introduction to Modern Thermodynamics*, John Wiley & Sons, New York

Reich, R. (1992) *Thermodynamik*, 2. Aufl., Wiley-VCH, Weinheim

Schmidt, E. (1977) *Technische Thermodynamik*, Bd. 1 und 2, Springer Verlag, Berlin, Heidelberg, New York

Prigogine, I. und Defay, R. (1962), *Chemische Thermodynamik*, VEB Deutscher Verlag für Grundstoffindustrie, Leipzig

2.7
Grenzflächengleichgewichte

Im Abschnitt 2.5 haben wir Phasengleichgewichte behandelt. Wir haben dabei erfahren, dass als Folge einer Störung des Gleichgewichts, z. B. durch Temperatur- oder Druckänderung, ein Stofftransport durch die Phasengrenze von einer Phase in die andere erfolgt. Die Phasengrenze selbst haben wir bislang überhaupt noch nicht betrachtet, auch nicht, als wir im Abschnitt 2.6 über heterogene Reaktionen gesprochen haben, bei denen die Reaktion nur an der Phasengrenze vor sich gehen kann.

Wie wir gleich erfahren werden, macht sich die Phasengrenze in den thermodynamischen Daten einer Phase im Allgemeinen nicht bemerkbar, weil der Bruchteil der Teilchen, die sich in der Phasengrenze befinden, verschwindend klein ist im Vergleich zu dem Bruchteil der Teilchen im Volumen der Phase. Diese Situation ändert sich, sobald wir die Ausdehnung der dreidimensionalen Phase in einer Dimension sehr klein werden lassen, wie z. B. bei einem Ölteppich auf dem Meer oder bei Bauelementen im Mikrochip.

Seit den späten 50er Jahren hat sich ein ganz neuer Wissenschaftszweig entwickelt, der sich speziell mit den Eigenschaften von Grenzflächen und Oberflächen beschäftigt. Er wird weltweit als Surface Science bezeichnet. In ihm verschwinden die Grenzen zwischen Chemie und Physik fast völlig. Thermodynamische, strukturelle und kinetische Probleme müssen gleichermaßen behandelt werden. Wir werden mit der Surface Science deshalb in derselben Weise verfahren wie mit der Elektrochemie, d. h. wir werden sie nicht als Block behandeln, sondern aufgeteilt auf die verschiedenen Kapitel. Im Folgenden sollen uns zunächst die Grenzflächengleichgewichte beschäftigen.

> Wir beginnen wieder mit einer allgemeinen Betrachtung, die uns noch einmal die Besonderheiten der Phasengrenzflächen verdeutlicht (Abschn. 2.7.1).
>
> Zunächst werden wir dann im Abschnitt 2.7.2 die Phasengrenzfläche in unsere thermodynamischen Überlegungen einbeziehen und die *Oberflächenspannung* kennenlernen. Bereits mit ihr werden wir eine Reihe von Erfahrungen erklären können, die wir im Laboralltag machen.
>
> Im Abschnitt 2.7.3 werden wir Mischphasen in unsere Diskussion einbeziehen.
>
> Den Übergang zu Phasen, die in einer Dimension nur über einen oder über einige Moleküldurchmesser ausgedehnt sind, werden wir in den folgenden Abschnitten vollziehen, im Abschnitt 2.7.4 für Oberflächenfilme, im Abschnitt 2.7.5 für das Gleichgewicht zwischen einer Gasphase und einer Adsorptionsschicht.
>
> Als Anwendung werden wir im Abschnitt 2.7.6 die *Chromatographie* behandeln.
>
> Im Abschnitt 2.7.7 werden wir Aufladungserscheinungen, d. h. das Vorliegen von *elektrischen Doppelschichten*, in unsere Betrachtungen einbeziehen.
>
> Das führt uns zu einer Besprechung der *Elektrokapillarität* im Abschnitt 2.7.8 und der *Kolloide* im Abschnitt 2.7.9 und leitet über zur Elektrochemie im Abschnitt 2.8.

2.7.1
Allgemeine Betrachtungen

Im Abschnitt 1.1.3 haben wir als Phase einen Bereich bezeichnet, innerhalb dessen keine sprunghafte Änderung irgendeiner physikalischen Größe auftritt. An der Phasengrenze sollten sich dagegen im Allgemeinen die physikalischen Größen sprunghaft ändern. Abbildung 2.7-1 zeigt das Modell einer Phasengrenze Festkörper/Dampf oder Flüssigkeit/Dampf. Wir erkennen daran, dass sich die energetische Situation der in der Grenzfläche der kondensierten Phase befindlichen Moleküle von der der Moleküle im Inneren der Phase unterscheiden muss. Die Grenzflächenmoleküle haben nämlich eine geringere Zahl erstnächster Nachbarn, mit denen sie in Wechselwirkung stehen, als die Moleküle im Inneren.

Bei unseren bisherigen Betrachtungen haben wir diese Besonderheit der Grenzfläche außer Betracht gelassen. Das ist im Allgemeinen auch gerechtfertigt. Denken wir uns einen würfelförmigen Kristall von einfach kubischem Gitter und von 1 cm Kantenlänge und nehmen wir an, dass der Durchmesser eines Moleküls 0.3 nm =

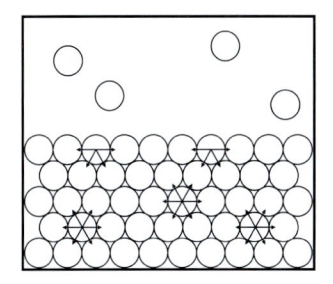

Abbildung 2.7-1 Modell einer Phasengrenze Festkörper oder Flüssigkeit/Dampf.

$3 \cdot 10^{-8}$ cm beträgt, so liegen auf jeder der 6 Flächen $1.1 \cdot 10^{15}$ Moleküle. Von den insgesamt $3.7 \cdot 10^{22}$ Molekülen des Würfels sind also nur $6.6 \cdot 10^{15}$ Moleküle, entsprechend $1.8 \cdot 10^{-5}$ % Oberflächenmoleküle. Der Einfluss, der von diesem geringen Bruchteil auf die thermodynamischen Größen ausgeübt werden kann, liegt weit unterhalb der Nachweisgrenze.

Wenn wir den Kristall nun aber mechanisch zerkleinern zu Kristalliten von 10^{-5} cm Kantenlänge, so erhalten wir 10^{15} Kristallite mit einer gesamten Oberfläche von $6 \cdot 10^5$ cm². In dieser Oberfläche liegen nun $6.7 \cdot 10^{20}$ Moleküle entsprechend 1.8 % aller Moleküle der festen Phase. Ein so großer Anteil wird sicherlich einen Einfluss auf die thermodynamischen Daten des Gesamtsystems haben. Wir werden also immer dann, wenn wir einen Stoff mit großer Oberflächenentwicklung, d. h. relativ großem Verhältnis von Oberfläche zu Volumen, vorliegen haben, die Abhängigkeit der thermodynamischen Größen von der Oberfläche berücksichtigen müssen. Das gilt natürlich erst recht dann, wenn wir Vorgänge betrachten, die in der Grenzfläche selbst ablaufen. Im Folgenden wollen wir speziell von Oberfläche sprechen, wenn wir die Grenzfläche zwischen einer kondensierten Phase und dem Vakuum oder dem Dampf der kondensierten Phase meinen, und von Grenzfläche allgemein, wenn zwei unterschiedliche Phasen aneinandergrenzen.

2.7.2
Die Oberflächenspannung

Nach diesen einleitenden Überlegungen ist es offensichtlich notwendig, bei den im Abschnitt 2.3.2 eingeführten charakteristischen Funktionen auch die Abhängigkeit von der Oberfläche A zu berücksichtigen. Wir müssen deshalb anstelle von Gl. (2.3-28) schreiben

$$dG = \left(\frac{\partial G}{\partial T}\right)_{p,A} \cdot dT + \left(\frac{\partial G}{\partial p}\right)_{T,A} \cdot dp + \left(\frac{\partial G}{\partial A}\right)_{T,p} \cdot dA \qquad (2.7\text{-}1)$$

Wir wissen, dass den partiellen Differentialquotienten eine konkrete physikalische Bedeutung zukommt. Das muss auch der Fall sein für $\left(\frac{\partial G}{\partial A}\right)_{T,p}$, die Änderung der Freien Enthalpie durch Änderung der Größe der Oberfläche bei konstantem p und T. Dieser Ausdruck hat die Dimension Arbeit/Fläche entsprechend Kraft/Länge, und er beschreibt die Eigenschaft einer zweidimensionalen Schicht. Beim dreidimensionalen Körper würde ihm eine Größe der Dimension Kraft/Fläche, also eine Spannung entsprechen. Deshalb nennt man $(\partial G/\partial A)_{T,p}$ Oberflächenspannung σ.

> Die Oberflächenspannung entspricht zahlenmäßig der Energie, die wir aufbringen müssen, um in einem isothermen und isobaren Prozess eine Oberfläche der Einheitsgröße neu zu erzeugen.

Wir können also für die

> *Oberflächenspannung*
> $$\left(\frac{\partial G}{\partial A}\right)_{T,p} = \sigma \tag{2.7-2}$$

schreiben und damit

$$dG = -S \cdot dT + V \cdot dp + \sigma \cdot dA \tag{2.7-3}$$

Bei Gasen ist die Oberflächenspannung wegen der geringeren Wechselwirkung zwischen den Molekülen klein.

Zur Veranschaulichung der Oberflächenspannung ist in Abb. 2.7-2 ein Flüssigkeitsfilm dargestellt, der mittels eines U-förmigen Drahtrahmens und eines beweglichen Drahtbügels erzeugt wurde. Durch ein Gewichtsstück, das die Kraft F_G ausübt, wird das System im Gleichgewicht gehalten. Verringert man F_G, so zieht sich die Flüssigkeitslamelle zusammen, vergrößert man F_G, so dehnt sich der Flüssigkeitsfilm aus, bis er zerreißt. Andererseits kann man mit ein und demselben geeigneten Gewichtsstück unabhängig von der Lage des beweglichen Bügels das Gleichgewicht einstellen. Das besagt, dass die Kraft F_σ, die den Film zu kontrahie-

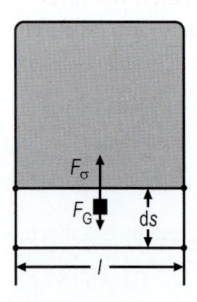

Abbildung 2.7-2 Zur Erläuterung der Oberflächenspannung.

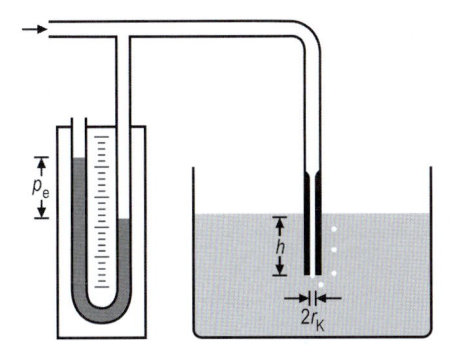

Abbildung 2.7-3 Zur Ermittlung der Oberflächenspannung nach der *Blasenmethode*.

ren sucht und die durch die von dem Gewichtsstück ausgeübte Kraft kompensiert wird, unabhängig von der Größe der Oberfläche ist. Die auf die Länge des Bügels bezogene Kraft F_σ/l ist die mit Gl. (2.7-1) eingeführte Oberflächenspannung σ. Wir sehen dies sofort, wenn wir bei konstantem p und T im Gleichgewichtszustand, d. h. reversibel, den Drahtbügel durch das Gewichtsstück gegen die Kraft F_σ um die Strecke ds nach unten ziehen und dadurch die Oberfläche um $2 \cdot l \cdot ds$ (Vorder- und Rückseite) vergrößern:

$$dW_{rev} = F_\sigma \cdot ds = \sigma \cdot l \cdot 2 \cdot ds = \sigma \cdot dA \qquad p, T = \text{const.} \tag{2.7-4}$$

$$\sigma = \left(\frac{\partial W_{rev}}{\partial A}\right)_{p,T} = \left(\frac{\partial G}{\partial A}\right)_{p,T} \tag{2.7-5}$$

Infolge dieser Grenzflächen- oder Oberflächenspannung versuchen Flüssigkeiten, eine minimale Oberfläche bei vorgegebenem Volumen, d. h. Kugelgestalt, anzunehmen. Presst man ein Gas in eine Flüssigkeit, so werden auch die Gasblasen Kugelgestalt annehmen, weil dadurch die Phasengrenzfläche ebenfalls einen minimalen Wert annimmt.

Wir wollen zwei Methoden zur Ermittlung der Oberflächenspannung besprechen.

Will man, wie es in Abb. 2.7-3 dargestellt ist, ein Gas aus einer in eine Flüssigkeit eintauchenden Kapillare austreten lassen, so benötigt man dazu einen Überdruck. Er dient zum einen zum Überwinden des hydrostatischen Druckes, zum anderen zur Kompensation des Kapillardruckes. Der hydrostatische Druck p_h ergibt sich aus der Eintauchtiefe h der Kapillaren, der Dichte ϱ der Flüssigkeit und der Erdbeschleunigung g zu

$$p_h = h \cdot \varrho \cdot g \tag{2.7-6}$$

> Der *Kapillardruck* p_σ ist die Differenz zwischen dem Druck im Inneren der Blase und dem Außendruck.

Er steht in einer einfachen Beziehung zur Oberflächenspannung: Die Gasblase stehe unter dem Kapillardruck p_σ. Durch Vermehren der Gasmenge werde ihr Radius um dr vergrößert, das Volumen wächst dann um $dV = 4\pi r^2 dr$. Es wird also eine Volumenarbeit von $p_\sigma 4\pi r^2 dr$ geleistet. Sie dient zur Erhöhung der Oberflächenenergie, die nach Gl. (2.7-4) durch $dW = \sigma \cdot dA = \sigma \cdot 8\pi r dr$ gegeben ist, so dass gilt

$$p_\sigma 4\pi r^2 dr = \sigma 8\pi r dr \qquad (2.7\text{-}7)$$

Der *Kapillardruck* p_σ ist gegeben durch

$$p_\sigma = \frac{2\sigma}{r} \qquad (2.7\text{-}8)$$

Da der Kapillardruck von der Grenzflächenspannung herrührt, herrscht genau der gleiche Druck natürlich auch innerhalb eines Flüssigkeitstropfens, z. B. eines Quecksilbertropfens, der sich in einer Gasphase befindet. Man erkennt, dass bei ebenen Oberflächen ($r = \infty$) der Kapillardruck verschwindet. Der Radius der Gasblasen entspricht dem Radius r_K der Kapillaren. Der am Manometer ablesbare Überdruck $p_ü$ muss gleich der Summe von p_h und p_σ sein:

$$p_ü = p_h + p_\sigma = h\varrho g + \frac{2\sigma}{r_K} \qquad (2.7\text{-}9)$$

$$\sigma = \frac{r_K}{2}(p_ü - h\varrho g) \qquad (2.7\text{-}10)$$

Wir wissen aus Erfahrung, dass in engen Glaskapillaren Flüssigkeiten entweder aufsteigen, wie z. B. Wasser, oder eine Kapillardepression erleiden, wie z. B. Quecksilber. Beides ist eine Folge der vorhandenen oder fehlenden Benetzbarkeit, mit der wir uns später noch beschäftigen werden. Wenn eine Benetzung der Festkörperoberfläche durch die Flüssigkeit vorliegt, so wird durch die Ausbreitung des Flüssigkeitsfilms auf dem Festkörper die Flüssigkeitsoberfläche wesentlich vergrößert. Dem wirkt die Oberflächenspannung entgegen. Eine Verkleinerung der Oberfläche kann nur dadurch eintreten, dass die Flüssigkeit in der Kapillare aufsteigt. Das wird so lange geschehen, bis das Gewicht der heraufgezogenen Flüssigkeitssäule gerade die auf die Oberflächenspannung zurückzuführende Kraft kompensiert.

Wie aus Abb. 2.7-4 hervorgeht, bildet die benetzende Flüssigkeit mit der Festkörperoberfläche einen *Randwinkel* Θ. Damit ergibt sich der Krümmungsradius r der Oberfläche zu $r = r_K / \cos\Theta$, wenn r_K der Kapillarenradius ist. Mit Gl. (2.7-8) errechnen wir den Kapillardruck p_σ, dem eine nach oben gerichtete Kraft F_σ entspricht. Nach unten wirkt das Gewicht der Flüssigkeitssäule, das sich unter Berücksichtigung des Auftriebs zu $F_G = \pi r_K^2 \cdot gh(\varrho_{fl} - \varrho_d)$ ergibt. Da der Druck die auf die Fläche bezogene Kraft ist, herrscht Gleichgewicht, wenn

$$p_\sigma = gh(\varrho_{fl} - \varrho_d) \qquad (2.7\text{-}11)$$

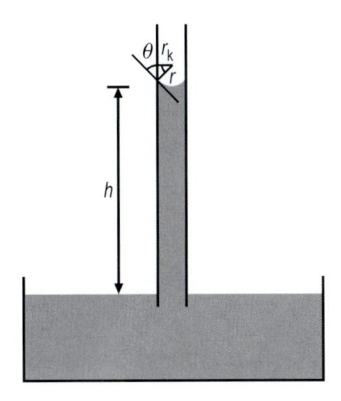

Abbildung 2.7-4 Zur Ermittlung der Oberflächenspannung nach der *Steighöhenmethode*.

und mit Gl. (2.7-8)

$$\frac{2\sigma \cdot \cos \Theta}{r_K} = gh(\varrho_{fl} - \varrho_d) \qquad (2.7\text{-}12)$$

Im Allgemeinen werden wir die Dichte des Dampfes gegenüber der der Flüssigkeit vernachlässigen können, so dass wir erhalten

$$\sigma = \frac{r_K \cdot \varrho_{fl} \cdot gh}{2 \cos \Theta} \qquad (2.7\text{-}13)$$

Tabelle 2.7-1 gibt einen Überblick über Oberflächenspannungen verschiedener Elemente und Verbindungen.

Die Oberflächenspannung σ ist nach Gl. (2.7-5) die reversible Arbeit, die benötigt wird, um die Flächeneinheit an neuer Oberfläche zu erzeugen. Nun haben wir zu Beginn dieses Abschnitts gesehen, dass das Auftreten der Oberflächenarbeit darauf zurückzuführen ist, dass Moleküle aus dem Inneren der Phase in ihre Oberfläche gebracht werden. Will man die Oberflächenspannungen verschiedener Stoffe miteinander vergleichen, so darf man sie nicht auf die Schaffung einer bestimmten Fläche beziehen, sondern muss den Transport einer bestimmten Anzahl von

Tabelle 2.7-1 Oberflächenspannungen σ einiger Elemente und Verbindungen.

Stoff	$\dfrac{T}{K}$	$\dfrac{\sigma}{mN/m}$	Stoff	$\dfrac{T}{K}$	$\dfrac{\sigma}{mN/m}$
Au (fl)	1393	1128	Wasser	293	72.75
Cu (fl)	1356	1355	*n*-Hexan	293	18.4
Hg (fl)	293	476	Benzol	293	28.9
AgCl (fl)	774	119	Ethanol	293	22.55
NaCl (fl)	1076	114	Diethylether	293	17.0
KCl (fl)	1073	96	1,4-Dioxan	293	33.55

Molekülen in die Grenzfläche als Maß verwenden. Im molaren Volumen v sind stets N_A Teilchen enthalten. Vereinfachend schreiben wir den Teilchen ein würfelförmiges Volumen zu. Pro Teilchen ergibt es sich zu $\frac{v}{N_A}$. Die Kantenlänge dieses Elementarwürfels ist $\left(\frac{v}{N_A}\right)^{1/3}$ und sein Flächenbedarf $\left(\frac{v}{N_A}\right)^{2/3}$. Somit sind in der Flächeneinheit stets $\left(\frac{N_A}{v}\right)^{2/3}$ Teilchen enthalten, auf einer Fläche von $v^{2/3}$ also $N_A^{2/3}$ Teilchen. Wir werden also ein sinnvolles Vergleichsmaß erhalten, wenn wir anstatt σ die Größe $\sigma \cdot v^{2/3}$ betrachten.

Man bezeichnet
$$\sigma_{mol} \equiv \sigma \cdot v^{2/3} \qquad (2.7\text{-}14)$$
als *molare Grenzflächenspannung*.

Ein unmittelbarer Vergleich gelingt jedoch auch mit den molaren Grenzflächenenergien nicht, da sie temperaturabhängig sind. Das ist sofort einleuchtend, wenn man bedenkt, dass die Grenzflächenspannung beim kritischen Punkt null werden muss. Zwischen der molaren Grenzflächenspannung und der Temperatur besteht eine empirische Beziehung, die auf Eötvös zurückgeht und nach ihm als

Eötvös'sche Regel
$$\sigma_{mol} = a[(T_k - 6\,\text{K}) - T] \qquad (2.7\text{-}15)$$

bezeichnet wird. σ_{mol} soll demnach linear von der Temperatur abhängen, wie es Abb. 2.7-5 schematisch andeutet. Experimentell ist dies vielfach bestätigt worden. Dicht unterhalb des kritischen Punktes krümmt sich die Kurve und läuft auf den Wert null bei T_k. Tatsächlich zeigt sich laut Tab. 2.7-2, dass die sog. Eötvös'sche Konstante a für nicht-assoziierte Flüssigkeiten gleich ist und den Wert

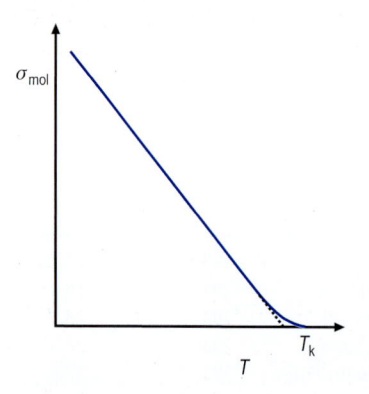

Abbildung 2.7-5 Temperaturabhängigkeit der molaren Grenzflächenspannung.

Tabelle 2.7-2 Eötvös'sche Konstanten a.

Stoff	$\dfrac{a}{10^{-4}\ \mathrm{mJ}/(\mathrm{Kmol}^{2/3})}$
Sauerstoff	1.92
Dicyan	2.18
Cyclopentan	2.3
Cyclohexan	2.38
Cyclohexen	2.2
Benzol	2.1

$2.1 \cdot 10^{-4} \dfrac{\mathrm{mJ}}{\mathrm{Kmol}^{2/3}}$ hat. Die Eötvös'sche Regel ist also einmal mehr ein Beispiel für das *Theorem der übereinstimmenden Zustände*, was man besonders deutlich erkennt, wenn man Gl. (2.7-15) unter Vernachlässigung der Korrektur von 6 K umschreibt in

$$\frac{\sigma_{\mathrm{mol}}}{T_{\mathrm{k}}} = a\left[1 - \frac{T}{T_{\mathrm{k}}}\right] \qquad (2.7\text{-}16)$$

Zwei Effekte, die in engem Zusammenhang mit der Grenzflächenspannung stehen, müssen wir noch diskutieren, die *Benetzung* und den *Dampfdruck kleiner Tropfen*.

Benetzung

Steht eine Flüssigkeit im Kontakt mit einem Festkörper, so wie es in Abb. 2.7-6 dargestellt ist, so sind drei Grenzflächenspannungen zu berücksichtigen, σ_{lg} für die Grenzfläche Flüssigkeit/Gas, σ_{sg} für die Grenzfläche Festkörper/Gas und σ_{sl} für die Grenzfläche Festkörper/Flüssigkeit. Im Gleichgewicht muss gelten

$$\sigma_{\mathrm{sg}} = \sigma_{\mathrm{sl}} + \sigma_{\mathrm{lg}} \cos \Theta \qquad (2.7\text{-}17)$$

wenn mit Θ der *Rand-* oder *Benetzungswinkel* bezeichnet wird.

Die Differenz $\sigma_{\mathrm{sg}} - \sigma_{\mathrm{sl}}$ bezeichnet man auch als *Benetzungsspannung* σ_{B}, ihren negativen Wert als *Haftspannung* σ_{H}

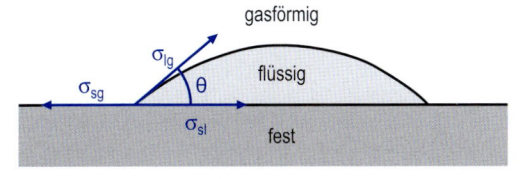

$$\sigma_{\mathrm{B}} = -\sigma_{\mathrm{H}} = \sigma_{\mathrm{sg}} - \sigma_{\mathrm{sl}} = \sigma_{\mathrm{lg}} \cos \Theta \qquad (2.7\text{-}18)$$

Abbildung 2.7-6 Randwinkel Θ und Benetzung.

Ist $\Theta < 90°$, so breitet sich die Flüssigkeit auf dem Festkörper aus, sie benetzt ihn. Vollständige Benetzung liegt vor, wenn $\Theta = 0$ ist. Ist $\Theta > 90°$, so wird die Benetzungsspannung negativ, es findet keine Benetzung statt.

Unter der *Adhäsionsarbeit* W_{ad} versteht man die reversible Arbeit, die zur Trennung der Grenzfläche Festkörper/Flüssigkeit notwendig ist, dividiert durch diese Fläche, wobei natürlich gleichzeitig gleich große Grenzflächen Festkörper/Gas und Flüssigkeit/Gas gebildet werden:

Adhäsionsarbeit
$$W_{ad} = \sigma_{sg} + \sigma_{lg} - \sigma_{sl} = \sigma_{lg}(1 + \cos \Theta) \qquad (2.7\text{-}19)$$

Die Adhäsionsarbeit spielt eine entscheidende Rolle bei den Waschvorgängen und beim Kleben. Sie hängt ab von der Grenzflächenspannung und vom Randwinkel.

Dampfdruck kleiner Teilchen

Wir wollen uns noch der Ermittlung des *Dampfdrucks kleiner, kugelförmiger Teilchen* zuwenden. Wir betrachten ein geschlossenes System, das aus kleinen flüssigen Tröpfchen (flüssiger Phase α) und Dampf (Phase β) besteht. Wenn p und T konstant sind, lautet die Gleichgewichtsbedingung

$$dG_{p,T} = \mu^\beta dn^\beta + \mu^\alpha dn^\alpha + \sigma \cdot dA = 0 \qquad (2.7\text{-}20)$$

Wegen $dn^\beta = -dn^\alpha$ können wir dafür auch schreiben

$$\mu^\beta = \mu^\alpha + \sigma \cdot \left(\frac{\partial A}{\partial n^\alpha}\right)_{T,p} \qquad (2.7\text{-}21)$$

Die flüssige Phase bestehe aus z gleich großen kugelförmigen Tröpfchen. Dann ist die Oberfläche der flüssigen Phase

$$A = z \cdot 4\pi r^2 \qquad (2.7\text{-}22)$$

und ihr Volumen

$$n^\alpha \cdot v^\alpha = z \cdot \frac{4}{3}\pi r^3 \qquad (2.7\text{-}23)$$

Die Kombination beider Gleichungen ergibt

$$A = \frac{3 n^\alpha v^\alpha}{r} \qquad (2.7\text{-}24)$$

Da nach Gl. (2.7-23) r selbst eine Funktion von n^α ist, müssen wir bei der Berechnung von $\left(\frac{\partial A}{\partial n^\alpha}\right)_{T,p}$ aus Gl. (2.7-24) sowohl die Produkt- als auch die Kettenregel beachten:

$$\left(\frac{\partial A}{\partial n^\alpha}\right)_{T,p} = \frac{3v^\alpha}{r} - \frac{3n^\alpha v^\alpha}{r^2}\left(\frac{\partial r}{\partial n^\alpha}\right)_z \tag{2.7-25}$$

Da weiterhin nach Gl. (2.7-23)

$$\left(\frac{\partial n^\alpha}{\partial r}\right)_z = \frac{z}{v^\alpha}4\pi r^2 = 3\frac{n^\alpha}{r} \tag{2.7-26}$$

erhalten wir aus Gl. (2.7-25)

$$\left(\frac{\partial A}{\partial n^\alpha}\right)_{T,p} = \frac{3v^\alpha}{r} - \frac{3n^\alpha v^\alpha}{r^2}\cdot\frac{r}{3n^\alpha} = \frac{2v^\alpha}{r} \tag{2.7-27}$$

Diesen Ausdruck setzen wir in Gl. (2.7-21) ein und finden so

$$\mu^\beta = \mu^\alpha + \frac{2\sigma v^\alpha}{r} \tag{2.7-28}$$

μ^α ist gemäß Gl. (2.7-20) das chemische Potential der Flüssigkeit beim normalen, nicht durch die Teilchengröße beeinflussten Druck $p^*_{r=\infty}$. μ^β bezieht sich aber auf den Dampfdruck p^*_r, den die kleinen Tropfen haben. Wir können deshalb mit Gl. (2.3-90) auch schreiben

$$\mu^\beta = \mu^\alpha + RT \ln \frac{p^*_r}{p^*_{r=\infty}} \tag{2.7-29}$$

und erhalten durch Vergleich der Gleichungen (2.7-28) und (2.7-29)

für den Dampfdruck p^*_r kleiner Tropfen mit dem Radius r

$$RT \ln \frac{p^*_r}{p^*_{r=\infty}} = \frac{2\sigma v^\alpha}{r} \tag{2.7-30}$$

Tabelle 2.7-3 vermittelt uns einen Eindruck davon, wie stark die Erhöhung des Dampfdrucks bei feiner Verteilung der flüssigen Phase verschiedener Stoffe ist.

Tabelle 2.7-3 Dampfdruck flüssiger Tröpfchen mit einem Radius r von 10^{-6} cm bei 293 K.

Stoff	$\dfrac{\sigma}{10^{-3}\ \text{N m}^{-1}}$	$\dfrac{v^\alpha}{10^{-6}\ \text{m}^3\ \text{mol}^{-1}}$	$\dfrac{p^*_r}{p^*_{r=\infty}}$
Hg	476	14.8	1.78
H_2O	72.75	18.0	1.11
Benzol	28.9	88.9	1.23
Diethylether	17.0	103.9	1.16

Besteht ein System aus Tröpfchen unterschiedlicher Größe, so wachsen die größeren auf Kosten der kleineren, die einen höheren Dampfdruck haben. Solche Probleme spielen sowohl in der Technik als auch in der Meteorologie eine große Rolle.

2.7.3
Thermodynamik der Grenzflächen in Mehrstoffsystemen

Vielfach beobachtet man in Mehrstoffsystemen, dass sich die eine oder andere Komponente in der Phasengrenzfläche anreichert oder aus ihr verschwindet. Um dieses Problem etwas näher untersuchen zu können, wollen wir uns mit der Thermodynamik der Grenzfläche beschäftigen.

Es mögen zwei Phasen (α und β) aneinandergrenzen. Nach unserer Definition einer Phase (vgl. Abschnitt 1.1.3) sollen sich die physikalischen Eigenschaften innerhalb einer Phase nicht sprunghaft ändern. Nun werden aber zweifellos die Grenzflächenschichten, wie wir bereits im Abschnitt 2.7.1 gesehen haben, andere Eigenschaften als das Innere der Phasen haben. Wir folgen deshalb dem Vorgehen von Gibbs und wählen für die beiden Phasen Begrenzungsebenen AA bzw. BB, die wir gemäß Abb. 2.7-7 so legen, dass die Volumeneigenschaften der Phasen α und β bis AA bzw. BB erhalten bleiben. Der Abstand dieser Ebenen beträgt dann je nach dem betrachteten Stoff wenige bis etliche Moleküldurchmesser (10^{-7} bis 10^{-6} cm). Innerhalb dieser Grenzschicht ändern sich die Eigenschaften des Systems kontinuierlich von denen der Phase α zu denen der Phase β. Eine beliebige, im Gebiet zwischen AA und BB, parallel zu diesen liegende Ebene SS nennen wir Grenzflächenphase. Wir geben ihr den Index σ.

Tun wir jetzt so, als ob die Zusammensetzung der homogenen Phasen α und β bis exakt zur Grenzfläche SS konstant sei, so folgt aus der Massenbilanz, dass die in der Grenzflächenphase σ befindliche Stoffmenge n_i^σ gegeben ist durch

$$n_i^\sigma = n_i - (n_i^\alpha + n_i^\beta) \tag{2.7-31}$$

wobei n_i die Stoffmenge der Komponente i im gesamten System ist. Nach Gl. (2.7-31) kann n_i^σ also positiv oder negativ sein. Dies bedarf einer Erklärung.

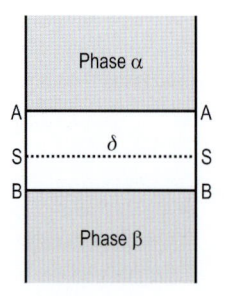

Abbildung 2.7-7 Zur Definition der Grenzfläche SS.

n_i ist die gesamte Stoffmenge der Komponente i. n_i^α und n_i^β berechnen sich aus den analytisch bestimmbaren Volumenkonzentrationen c_i^α und c_i^β durch Multiplikation mit V^α bzw. V^β. Die Konzentration c_i^α liegt nur bis AA, c_i^β nur bis BB in der im Volumen bestimmbaren Größe vor. Welche Konzentration zwischen AA und BB herrscht, ist zunächst unbekannt. Nun rechnet man willkürlich V^α und V^β bis SS und nimmt auch zwischen AA und SS die Konzentration c_i^α und zwischen BB und SS die Konzentration c_i^β an. Hat sich die Komponente i in der Grenzschicht angereichert, so erhält man mit $n_i^\alpha + n_i^\beta$ eine zu kleine Stoffmenge, n_i^σ ist positiv, ist die Grenzschicht an i verarmt, so ist das berechnete $n_i^\alpha + n_i^\beta$ zu groß, n_i^σ ist negativ.

Während wir die Konzentrationen in den Phasen α und β durch n_i^α/V_i^α bzw. n_i^β/V_i^β angeben, d. h. in mol dm^{-3}, wählen wir für die Konzentrationsangabe in der zweidimensionalen Grenzflächenphase der Fläche A

$$\Gamma_i \equiv \frac{n_i^\sigma}{A} \tag{2.7-32}$$

Die *Grenzflächenkonzentration* Γ_i ist also eine Flächenkonzentration. Sie kann, je nach dem Vorzeichen von n_i^σ, positiv oder negativ sein, gibt also an, ob die Grenzflächenphase bezüglich der Komponente i gegenüber einer der Phasen α oder β angereichert oder verarmt ist.

Wir wollen uns jetzt speziell für die Freie Enthalpie in der Grenzflächenphase interessieren. Nach den Fundamentalgleichungen (vgl. Abschnitt 2.3.3) gilt für die Grenzflächenphase

$$dG^\sigma = -S^\sigma dT + V^\sigma dp + \sigma dA + \Sigma\mu_i dn_i^\sigma \tag{2.7-33}$$

Für konstantes T und p reduziert sich diese Gleichung zu

$$dG^\sigma = \sigma dA + \Sigma\mu_i dn_i^\sigma \tag{2.7-34}$$

Wenn wir diese Gleichung bei konstantem σ und μ_i integrieren, indem wir die Grenzfläche von einer beliebig kleinen Fläche ausgehend bis auf A anwachsen lassen (vgl. Herleitung von Gl. (2.3-81)), so ergibt sich

$$G^\sigma = \sigma A + \Sigma\mu_i n_i^\sigma \tag{2.7-35}$$

Die Differentiation von Gl. (2.7-35) führt zu

$$dG^\sigma = \sigma dA + Ad\sigma + \Sigma\mu_i dn_i^\sigma + \Sigma n_i^\sigma d\mu_i \tag{2.7-36}$$

Vergleichen wir nun Gl. (2.7-34) mit Gl. (2.7-36), so erkennen wir, dass

$$Ad\sigma + \Sigma n_i^\sigma d\mu_i = 0 \tag{2.7-37}$$

Dieser Ausdruck entspricht der *Gibbs-Duhem'schen Gleichung* (vgl. Abschnitt 2.2.2). Dividieren wir durch die Fläche A, und führen wir für den Quotienten n_i^σ/A den Begriff *Grenzflächenkonzentration* Γ_i ein, so gewinnen wir die

> *Gibbs'sche Gleichung für die Grenzflächenspannung*
>
> $$d\sigma = -\Sigma \Gamma_i d\mu_i \qquad (2.7\text{-}38)$$
>
> Für ein binäres System gilt demnach
>
> $$d\sigma = -\Gamma_1 d\mu_1 - \Gamma_2 d\mu_2 \qquad (2.7\text{-}39)$$

Wir erhalten damit eine Beziehung zwischen der Grenzflächenspannung und den Grenzflächenkonzentrationen. Da jedoch μ_1 und μ_2 nicht unabhängig voneinander gewählt werden können, kann man aus Gl. (2.7-39) Γ_1 und Γ_2 nicht getrennt bestimmen. Wir legen deshalb die Grenzfläche SS in Abb. 2.7-7 so, dass die Grenzflächenkonzentration Γ_1 des Lösungsmittels gleich null ist. Dann gilt, wenn wir noch eine ideal verdünnte Lösung annehmen ($\mu_2 = \mu_2^\infty + RT\ln x_2$),

$$d\sigma = -\Gamma_2 RT\, d\ln x_2 \qquad p, T = \text{const.} \qquad (2.7\text{-}40)$$

> $$\Gamma_2 = -\frac{1}{RT}\left(\frac{\partial \sigma}{\partial \ln x_2}\right)_{p,T} = -\frac{x_2}{RT}\left(\frac{\partial \sigma}{\partial x_2}\right)_{p,T} \qquad (2.7\text{-}41)$$
>
> Man nennt diese Gleichung *Gibbs'sche Adsorptionsisotherme*.

Sie ermöglicht es, die Anreicherung oder Verarmung der Grenzfläche an gelöstem Stoff aus der Konzentrationsabhängigkeit der Grenzflächenspannung zu ermitteln. Zu diesem Zweck trägt man σ als Funktion von $\ln x_2$ auf. Die Neigung der Tangenten an jedem Kurvenpunkt liefert die Grenzflächenkonzentration. Findet man eine positive Steigung, d. h. nimmt mit steigendem Molenbruch des Gelösten die Oberflächenspannung zu, so ist Γ_2 negativ, die Grenzflächenphase verarmt an Gelöstem. Bei einer negativen Steigung nimmt die Grenzflächenspannung mit steigender Konzentration des Gelösten ab, und Γ_2 ist positiv, das Gelöste reichert sich in der Grenzflächenphase an.

> Stoffe, die die Grenzflächenspannung herabsetzen, nennt man *kapillaraktiv*, Stoffe, die sie heraufsetzen, *kapillarinaktiv*.

In wässriger Lösung erweisen sich die meisten organischen Stoffe als kapillaraktiv, die anorganischen Salze als kapillarinaktiv. Abbildung 2.7-8 zeigt dies am Beispiel von 2-Methyl-1-propanol- und Aluminiumsulfatlösungen. Ein solches Verhalten ist ohne weiteres verständlich, wenn man bedenkt, dass der Paraffinkettenrest hydrophob ist und die Löslichkeit des Alkohols lediglich auf die hydrophile OH-Gruppe zurückzuführen ist, die Ionen des anorganischen Salzes hingegen

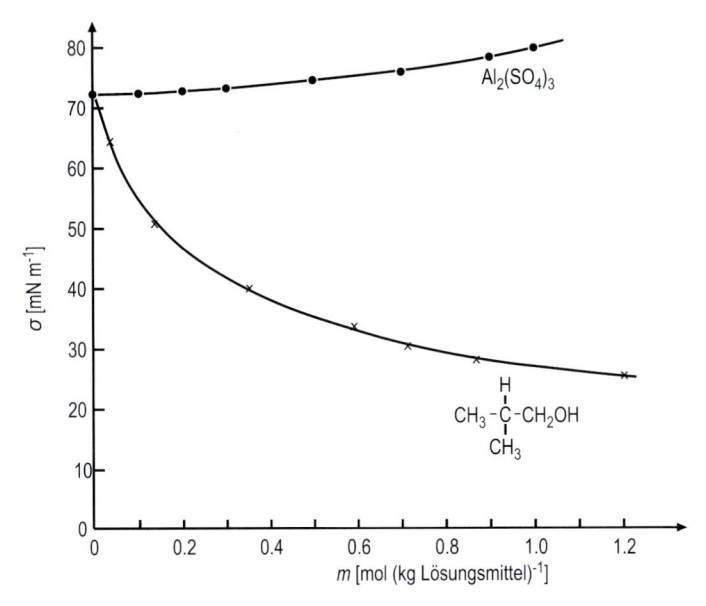

Abbildung 2.7-8 Grenzflächenspannung wässriger Lösungen von 2-Methyl-1-propanol und $Al_2(SO_4)_3$ bei 298 K.

stark hydratisiert werden. Tatsächlich zeigt sich, dass die Erniedrigung der Oberflächenspannung durch organische Stoffe mit steigender Kettenlänge zunimmt. Nach einer von *Traube* gefundenen Regel nimmt die kapillaraktive Wirkung der Stoffe einer homologen Reihe kontinuierlich mit der Kettenlänge zu. Das hat zur Folge, dass höhere Fettsäuren ab einer Kettenlänge von etwa 10 C-Atomen im Phaseninneren so gut wie nicht mehr löslich sind und praktisch nur noch in der Grenzflächenphase vorliegen.

2.7.4
Zweidimensionale Oberflächenfilme

Löst man eine in Wasser praktisch unlösliche, kapillaraktive Substanz, wie höhere Fettsäuren, Alkohole oder Ester, in einem leicht verdampfenden Lösungsmittel und bringt eine geringe Menge dieser Lösung auf eine Wasseroberfläche, so breitet sich die Substanz auf der Wasseroberfläche in einer nur ein Molekül dicken Schicht aus. Man kann diese Schicht als zweidimensionalen Oberflächenfilm betrachten. Durch Hindernisse auf der Wasseroberfläche kann man diese *Spreitung* genannte Ausdehnung der oberflächenaktiven Substanz genauso unterbinden wie die Ausdehnung eines Gases durch die Gefäßwandungen. Ebenso, wie das Gas einen Druck auf die Gefäßwandungen ausübt, übt der Oberflächenfilm einen Oberflächendruck auf die Hindernisse in der Wasseroberfläche aus. Der Druck p des dreidimensionalen Gases ist gegeben durch Kraft F/ Fläche A der Wand, der *Oberflächendruck* p^σ des zweidimensionalen Films durch Kraft F/ Länge l des Hindernisses.

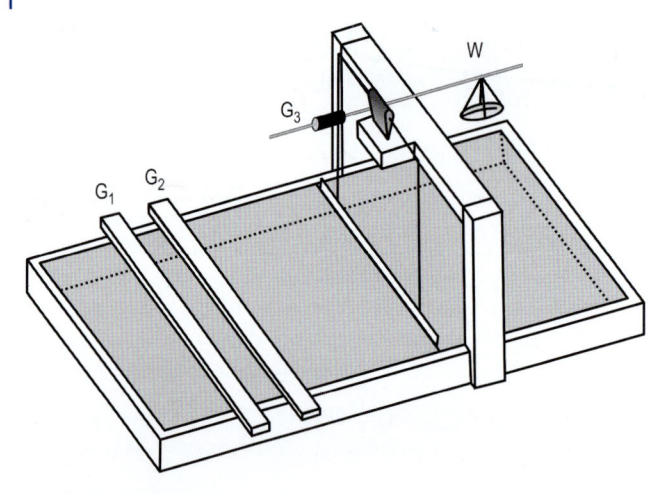

Abbildung 2.7-9 Prinzip der Langmuir'schen Waage.

Zur Untersuchung der Eigenschaften solcher zweidimensionalen Filme eignet sich die in den Arbeiten von Agnes Pockels und Langmuir entwickelte *Langmuir'sche Waage*. In Abb. 2.7-9 ist das Prinzip dieser Waage erläutert: Ein Trog ist bis zum Rand mit Wasser gefüllt. Mit einem Glasstreifen G_1 wird zunächst die Flüssigkeitsoberfläche von Verunreinigungen befreit. Zwischen dem Glasstreifen G_2 und dem gerade die Oberfläche berührenden Glimmerstreifen G_3, der starr mit der Waage W und durch dünne Nylonfäden flexibel mit dem Trog verbunden ist, wird dann die Substanz aufgebracht, die den zweidimensionalen Film bilden soll. Sie versucht, sich auszubreiten und übt dadurch einen Oberflächendruck auf den Glimmerstreifen aus, der mit der Waage kompensiert wird.

Der Glimmerstreifen G_3 habe die Länge l. Wird er durch den *Oberflächendruck* p^σ um eine Strecke dx nach rechts verschoben, dann ist die durch den Oberflächendruck geleistete Oberflächenarbeit gegeben durch

$$dW = -p^\sigma \cdot l \cdot dx = -p^\sigma \cdot dA \tag{2.7-42}$$

Bezeichnen wir mit σ^* die Oberflächenspannung des reinen Wassers, mit σ die des mit dem Film belegten Wassers, so können wir die beim Verschieben des Glimmerstreifens geleistete *Oberflächenarbeit* auch als

$$dW = (\sigma - \sigma^*) \cdot l \cdot dx = (\sigma - \sigma^*) \cdot dA \tag{2.7-43}$$

ausdrücken.

> Der Vergleich der beiden Gleichungen zeigt uns, dass der Oberflächendruck
> $$p^\sigma = \sigma^* - \sigma \tag{2.7-44}$$

gleich der Differenz der Oberflächenspannungen der reinen und der belegten Wasseroberfläche ist.

Die Teilchen im Oberflächenfilm haben nicht drei, sondern nur zwei Translationsfreiheitsgrade. Versuchen wir, die Überlegungen, die wir im Abschnitt 1.2 auf ein dreidimensionales, ideales Gas angewandt haben, auf ein zweidimensionales, sich auf der Oberfläche frei bewegendes Gas zu übertragen, so liefert uns die kinetische Gastheorie anstelle von Gl. (1.2-4) für den Oberflächendruck

$$p^\sigma = \frac{1}{2}\, {}^1N\, \overline{mv^2} \tag{2.7-45}$$

wobei ^1N die Zahl der Moleküle pro Flächeneinheit ist. Ersetzen wir sie durch den Reziprokwert der Fläche $A_{\text{Molekül}}$, die im Mittel einem Molekül zur Verfügung steht, so folgt

$$p^\sigma \cdot A_{\text{Molekül}} = \frac{1}{2}\overline{mv^2} = \varepsilon_{\text{kin}} \tag{2.7-46}$$

Da wir nur zwei Translationsfreiheitsgrade zur Verfügung haben, gilt anstatt Gl. (1.2-8)

$$\varepsilon_{\text{trans}} = kT \tag{2.7-47}$$

so dass wir nach Verknüpfung von Gl. (2.7-46) und Gl. (2.7-47) schließlich erhalten

$$p^\sigma \cdot A_{\text{Molekül}} = kT \tag{2.7-48}$$

das zweidimensionale Analogon zum idealen Gasgesetz.

Tatsächlich hat man durch sehr empfindliche Messungen mit einer modifizierten Langmuir'schen Waage Gl. (2.7-48) als Grenzgesetz für sehr niedrige Oberflächenkonzentrationen bestätigen können. Bei höheren Oberflächendrücken findet man z. B. mit Carbonsäuren mit 12 bis 14 C-Atomen in der Kohlenwasserstoffkette dann $p^\sigma A$, A-Diagramme bzw. p^σ, A-Diagramme, die den von uns behandelten pv, p-Diagrammen (Abb. 2.1-2), bzw. p, v-Diagrammen (Abb. 2.1-4) des realen Gases völlig entsprechen. Sie weisen ein Gebiet auf, in dem bei Verringerung von $A_{\text{Molekül}}$ der Oberflächendruck konstant bleibt. Wir haben also auch im Zweidimensionalen einen dampfförmigen Zustand, in dem sich die Moleküle weit voneinander getrennt, einzeln bewegen, und einen kohärenten, flüssigen Zustand samt Zweiphasengebiet.

Von Interesse für die Struktur der Filme sind besonders die kondensierten Filme. Sie zeigen beispielsweise für geradkettige Carbonsäuren mit 14 bis 22 C-Atomen bei Unterschreiten von $A_{\text{Molekül}} \approx 0.2$ nm² einen Steilanstieg von p^σ, dem der Kollaps des monomolekularen Filmes folgt. Das besagt, dass diese Carbonsäuren unabhängig von ihrer Kettenlänge den gleichen Platzbedarf haben, woraus folgt, dass sie senkrecht zur Oberfläche stehen müssen. Die hydrophilen Carboxylgruppen sind dem Wasser zugewandt. Wir haben es hier folglich mit strukturell sehr gut geordneten monomolekularen Schichten zu tun.

Bereits Mitte der 30er Jahre gelang es *Langmuir* und *Blodgett*, diese Filme auf eine Festkörperoberfläche zu übertragen. Erst 30 Jahre später hat insbesondere *H. Kuhn* mit seinen Mitarbeitern diese frühen Arbeiten wieder aufgegriffen und die Technik der Herstellung entscheidend verbessert. Das Prinzip ist in Abb. 2.7-10 skizziert: Zunächst werden die monomolekularen Filme, wie für die Langmuir'sche Waage (Abb. 2.7-9) beschrieben, auf der Oberfläche der Substratflüssigkeit erzeugt. Durch Verschieben der Glasstreifen G lässt sich der notwendige Oberflächendruck einstellen. Taucht man nun einen gereinigten Objektträger in den Trog ein, so zieht sich an der hydrophilen Trägeroberfläche der Wassermeniskus nach oben, ein dünner Wasserfilm bedeckt den Träger und trennt ihn dabei von den Carbonsäuremolekülen in der monomolekularen Schicht. Da aber beim Herausziehen des Trägers der Wasserfilm wieder abläuft, können sich nun die Carbonsäuremoleküle mit ihrem hydrophilen Kopf direkt an die Trägeroberfläche anlagern. Dadurch wird diese hydrophob, so dass sich beim erneuten Eintauchen des Trägers der Wassermeniskus nach unten senkt und die Carbonsäuremoleküle mit den hydrophoben Enden der Moleküle in der ersten aufgezogenen Schicht in Wechselwirkung treten und eine zweite Schicht auf dem Träger bilden. Zieht man ihn erneut heraus, so wiederholt sich der beim ersten Zyklus beobachtete Effekt, und eine dritte Schicht wird angelagert. Dieser Vorgang lässt sich, wie es Abb. 2.7-10 zeigt, vielfach wiederholen. So gelingt es, wohlgeordnete Multischichten, *Langmuir-Blodgett-Schichten* genannt, zu erzeugen. Durch Variation der Kettenlänge und der Kopfgruppen lassen sich auf diese Weise Multischichten mit bestimmten physikalischen und chemischen Eigenschaften maßgeschneidert herstellen.

Das Anwendungsgebiet der Langmuir-Blodgett-Schichten ist weit gefächert. Es reicht von Modellsystemen zur Untersuchung von Prozessen in biologischen Membranen über Studien zur Energieübertragung oder zur Umwandlung von Sonnenenergie in elektrische Energie bis zur Anwendung in der Mikroelektronik.

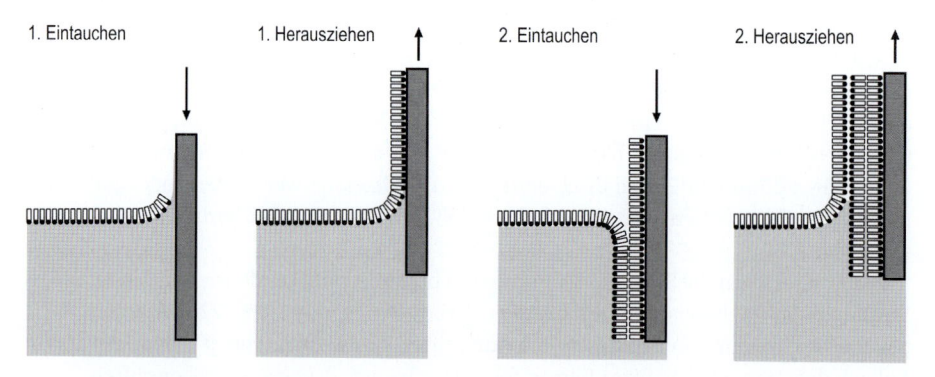

Abbildung 2.7-10 Herstellung von Langmuir-Blodgett-Schichten

2.7.5
Adsorption an Festkörperoberflächen

Entsprechend der größeren Vielfalt der Strukturen einer Festkörperoberfläche sind die Adsorptionserscheinungen an Festkörpern noch vielgestaltiger als die an Flüssigkeiten.

Je nach der Art der Bindung an das Adsorbens spricht man von *Physisorption*, wenn nur van der Waals'sche Kräfte (vgl. Abschnitt 3.5.4) wirksam sind, und von *Chemisorption*, wenn die Bindung mehr chemischen Bindungskräften gleicht. Physisorbiert werden beispielsweise Edelgase bei tiefen Temperaturen. Eine typische Chemisorption liegt bei der für katalytische Reaktionen wichtigen adsorptiven Bindung von Wasserstoff an Oberflächen von Übergangsmetallen, wie beispielsweise Palladium oder Eisen, vor. Bei der Physisorption bleiben die adsorbierten Moleküle als solche erhalten, sie werden allenfalls polarisiert. Bei der Chemisorption kann es zu einem Zerfall der Moleküle kommen. So ist Wasserstoff an Übergangsmetallen nicht in molekularer, sondern in atomarer Form adsorbiert. Physisorption und Chemisorption unterscheiden sich auch in der Stärke der Bindung, die sich in der Größe der *Adsorptionsenthalpie* äußert. Diese ist bei der Physisorption mehr den Kondensationsenthalpien, bei der Chemisorption mehr den Reaktionsenthalpien chemischer Reaktionen vergleichbar. (Die Bestimmung der bei der Adsorption freiwerdenden Energie erfolgt oft in einer Weise, die weder exakt isobar oder isochor ist. Deshalb wird oft der Begriff *Adsorptionswärme* bevorzugt. Die energetischen Unterschiede sind jedoch im Allgemeinen vernachlässigbar klein.) Von der chemischen Bindung unterscheidet sich die Chemisorption jedoch dadurch, dass die chemisorbierten Teilchen auf der Oberfläche des Adsorbens durchaus beweglich sein können. Die adsorbierten Teilchen können auf der Oberfläche statistisch verteilt oder in streng geometrischer, der Struktur der Adsorbensoberfläche entsprechender Ordnung vorliegen.

> Ausmaß und Art der Adsorption hängen von mehreren Faktoren ab:
> 1. von der chemischen Natur des zu adsorbierenden Stoffes, des sog. *Adsorptivs*. So können aus einem Gemisch einige Komponenten adsorbiert, andere nicht adsorbiert werden (*selektive Adsorption*).
> 2. von der chemischen Natur des *Adsorbens*, d. h. des adsorbierenden Stoffes.
> 3. von der Oberflächenentwicklung des Adsorbens.
> 4. von der Struktur der Oberfläche. Verschiedene kristallographische Ebenen ein und desselben Adsorbens können unterschiedliche Adsorptionseigenschaften haben (*Flächenspezifität* der Adsorption).
> 5. vom Druck des Adsorptivs in der Gasphase.
> 6. von der Temperatur.
> 7. von der Gegenwart anderer Adsorptive. Da manche *Adsorbate* (So nennt man den von Adsorbens und Adsorptiv gebildeten Adsorptionskomplex.) fest, andere schwach gebunden sind, können erstere die letzteren vom Adsorbens verdrängen (*Verdrängungsadsorption*).

Für eine gegebene Temperatur besteht eine wohldefinierte Beziehung zwischen der Zahl der pro Oberflächeneinheit adsorbierten Teilchen und dem Druck des Adsorptivs in der Gasphase oder seiner Konzentration in der Lösung. Die analytische Form einer solchen *Adsorptionsisotherme* wird durch die speziellen Eigenschaften des Adsorptionssystems bestimmt.

Beschränkt sich die Adsorption, wie bei der Chemisorption, auf die Ausbildung einer *monomolekularen Adsorptionsschicht* und ist weiterhin die Adsorptionsenthalpie unabhängig von der Belegung, dann gilt oft die *Langmuir'sche Adsorptionsisotherme*. Obwohl wir uns hier mit der Thermodynamik beschäftigen, wollen wir diese Adsorptionsisotherme über eine Betrachtung der Kinetik der Adsorption und der Desorption ableiten, so wie wir in Abschnitt 1.5.7 zum Massenwirkungsgesetz anfänglich auch über die Kinetik gegenläufiger Prozesse gekommen sind.

Das Adsorptionsgleichgewicht wird sich dann eingestellt haben, wenn die Geschwindigkeit der Adsorption neuer Moleküle (r_A) gleich der Geschwindigkeit der Desorption bereits adsorbierter Moleküle (r_D) ist.

Die Adsorptionsgeschwindigkeit sollte nach Abschnitt 1.5.3 proportional sein dem Produkt der Konzentrationen der Reaktionspartner. Das sind die Moleküle des Adsorptivs und die freien Plätze an der Oberfläche des Adsorbens. Ein Maß für die Adsorptivkonzentration ist der Druck p. Die Konzentration der freien Plätze muss dem freien Oberflächenanteil proportional sein. Dieser ist, wenn θ den *Belegungsgrad* angibt, $1 - \theta$. Wir können also für die Adsorptionsgeschwindigkeit schreiben

$$r_A = a \cdot p \cdot (1 - \theta) \tag{2.7-49}$$

Die Desorptionsgeschwindigkeit muss dem Belegungsgrad θ proportional sein

$$r_D = a' \cdot \theta \tag{2.7-50}$$

Die Kombination beider Gleichungen führt uns zu

$$a' \cdot \theta = a \cdot p \cdot (1 - \theta) \tag{2.7-51}$$

Lösen wir nach θ auf und bedenken, dass der Belegungsgrad

$$\theta = \frac{N}{N_m} \tag{2.7-52}$$

gleich dem Quotienten aus der Zahl N der adsorbierten Moleküle und der Zahl N_m der Moleküle in einer dicht gepackten monomolekularen Schicht ist, so erhalten wir mit $a'/a = b$ für die

Langmuir'sche Adsorptionsisotherme

$$N = \frac{N_m p}{b + p} \tag{2.7-53}$$

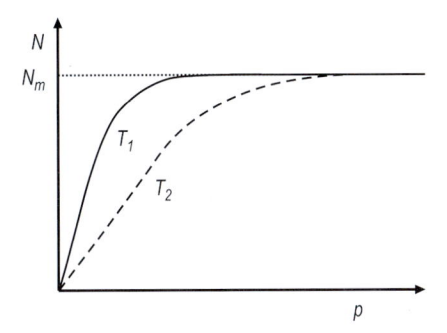

Abbildung 2.7-11 Langmuir'sche Adsorptionsisotherme für zwei Temperaturen ($T_2 > T_1$).

Wir sehen, dass für kleine Werte von p ($p \ll b$) die Langmuir'sche Adsorptionsisotherme proportional zu p ansteigt und für große Werte von p ($p \gg b$) sich asymptotisch der monomolekularen Belegung N_m nähert. Die Konstante b nimmt, wie eine genaue Ableitung mit Hilfe der statistischen Thermodynamik ergibt, mit steigender Temperatur und fallender Adsorptionsenthalpie zu. In jedem Fall aber muss bei hinreichend hohem Druck N_m erreicht werden, wie es aus Abb. 2.7-11 deutlich wird.

Ist die Adsorptionsenthalpie nicht unabhängig von der Belegung, sondern nimmt sie logarithmisch mit der Belegung ab, so erhält man, wie Zeldovitch gezeigt hat, eine Adsorptionsisotherme mit zwei systemspezifischen Konstanten α und m. Diese Adsorptionsisotherme war schon früher von Freundlich gefunden worden und ist deshalb in der Literatur als

Freundlich'sche Adsorptionsisotherme

$$N = ap^{1/m} \tag{2.7-54}$$

bekannt.

Besonders bei der Physisorption beobachtet man, dass häufig eine Adsorption in mehreren Schichten übereinander, eine sog. *mehrmolekulare Adsorption* eintritt. In der Adsorptionsisotherme macht sich das dadurch bemerkbar, dass sie in der Auftragung adsorbierte Menge (z. B. n/m_A in mol Adsorbat/g Adsorbens) gegen p zunächst einem Grenzwert zuzustreben scheint, dann jedoch weiter ansteigt. Sie weist also einen Wendepunkt auf. Aus Abb. 2.7-12, in der die Adsorptionsisotherme für das System Silicagel/Stickstoff bei 77 K wiedergegeben ist, wird der Unterschied zur Langmuir'schen Adsorptionsisotherme (Abb. 2.7-11) sehr deutlich. Die gestrichelte Linie gibt die monomolekulare Belegung n_m an.

Als ersten gelang es Brunauer, Emmett und Teller, eine für die praktische Anwendung geeignete Adsorptionsisotherme für die Mehrschichtenadsorption abzuleiten. Der große Nutzen der nach ihnen benannten *BET-Isotherme* liegt darin, dass man mit ihrer Hilfe die Oberfläche poröser Adsorbentien bestimmen kann.

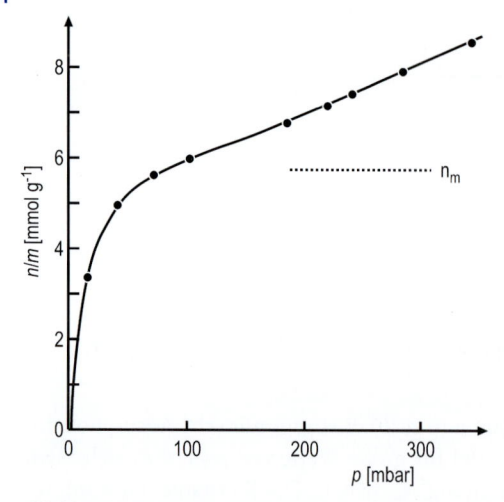

Abbildung 2.7-12 Adsorptionsisotherme für das System Silicagel/Stickstoff bei 77 K.

In gewisser Weise stellt der Gedankengang, der zur Ableitung der BET-Isotherme führt, eine Verallgemeinerung der ideal lokalisierten Monoschichtadsorption (Langmuir-Typ) dar. Man geht wieder von einer homogenen Adsorbensoberfläche aus und nimmt an, dass auf ihr ohne gegenseitige Wechselwirkung die Moleküle mit einer konstanten Adsorptionsenthalpie $\Delta_{ad}H$ adsorbiert werden. Jedes in der ersten Schicht adsorbierte Molekül dient wieder als ein mögliches Adsorptionszentrum für ein Molekül in der zweiten Schicht und so fort. Über jedem Adsorptionsplatz an der Oberfläche baut sich also eine Säule adsorbierter Moleküle auf. Die Säulen stehen untereinander nicht in Wechselwirkung. Die Adsorptionsenthalpie der in zweiter oder höherer Schicht adsorbierten Moleküle wird gleich der Kondensationsenthalpie $\Delta_{kond}H$ angenommen.

Die Herleitung der Isothermengleichung kann wie bei der Langmuir'schen Adsorptionsisotherme über eine kinetische oder eine statistische Betrachtungsweise erfolgen. Wir können hier nicht im Einzelnen auf die recht langwierige Ableitung eingehen und wollen deshalb nur das Ergebnis zur Kenntnis nehmen.

BET-Isotherme

$$\frac{p}{n(p^* - p)} = \frac{1}{n_m b'} + \frac{b' - 1}{n_m b'} \frac{p}{p^*} \qquad (2.7\text{-}55)$$

Dabei stehen b' für

$$b' = e^{-(\Delta_{ad}H + \Delta_v H)/RT} \qquad (2.7\text{-}56)$$

und p bzw. p^* für den Gleichgewichtsdruck bei einer Belegung n bzw. für den Sättigungsdampfdruck des reinen Adsorptivs bei der Temperatur T. Aus Gl. (2.7-55) geht hervor, dass die Auftragung von $p/n(p^* - p)$ gegen p/p^* eine Ge-

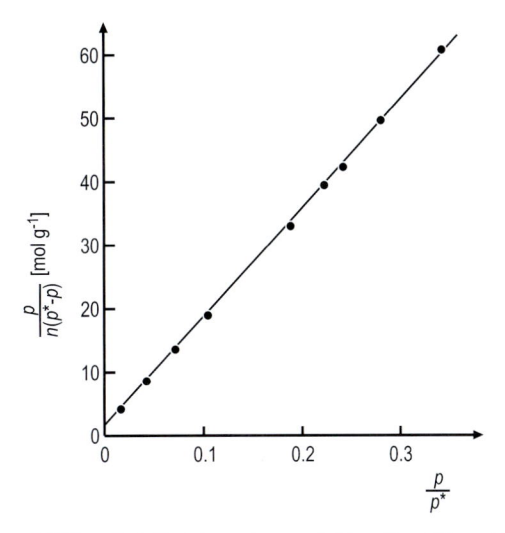

Abbildung 2.7-13 Adsorption von Stickstoff an Silicagel bei 77 K (vgl. Abb. 2.7-12), dargestellt mit der BET-Gleichung.

rade ergeben soll, aus deren Steigung $(b' - 1)/n_m b'$ und Ordinatenabschnitt $1/n_m b'$ die monomolekulare Belegung n_m und über b' bei Kenntnis der Kondensationsenthalpie $\Delta_{kond} H \approx -\Delta_v H$ die Adsorptionsenthalpie $\Delta_{ad} H$ berechenbar sind. Abbildung 2.7-13 zeigt, dass die in Abb. 2.7-12 dargestellte Stickstoffadsorption an Silicagel mit Gl. (2.7-55) gut beschrieben werden kann.

Kennt man den Platzbedarf eines adsorbierten Moleküls – etwa unter Annahme einer hexagonal dichtesten Packung der adsorbierten Teilchen und Berücksichtigung ihres van der Waals'schen Radius (vgl. Abschnitt 2.1.1) oder ihres Platzbedarfs im kristallisierten festen oder im flüssigen Zustand – so lässt sich über n_m die Gesamtoberfläche des Adsorbens ausrechnen. Dies hat große Bedeutung bei der Charakterisierung technischer Katalysatoren für die heterogene Katalyse (vgl. Abschnitt 6.7.3). Aus Abb. 2.7-13 berechnet sich beispielsweise mit einem Platzbedarf von $16.2 \cdot 10^{-20}$ m^2 (Molekül N$_2$)$^{-1}$ eine spezifische Oberfläche von 560 m^2 g^{-1} für das verwendete Silicagel.

Bei der Behandlung der Langmuir'schen Adsorptionsisotherme (Abb. 2.7-11) und der BET-Isotherme (Gl. 2.7-55 und 2.7-56) haben wir erkannt, dass das Adsorptionsgleichgewicht temperaturabhängig ist. So wie der Dampfdruck einer Flüssigkeit ist auch der Dampfdruck eines Adsorbats A eine Funktion der Temperatur. Wollen wir diese Abhängigkeit quantitativ erfassen, müssen wir sicherlich in ähnlicher Weise vorgehen, wie bei der Ableitung der Clausius-Clapeyron'schen Gleichung im Abschnitt 2.5.3, d. h. von der Bedingung für das währende Gleichgewicht (Gl. 2.5-21) aus. Die Phase α ist jetzt die Adsorptionsphase, die Phase β die Gasphase:

$$d\mu_A^\alpha = d\mu_A^\beta \qquad (2.5\text{-}21)$$

Für die reine Gasphase β gilt wie im Abschnitt 2.5.3 für das totale Differential des chemischen Potentials

$$d\mu_A^\beta = \left(\frac{\partial \mu_A^\beta}{\partial T}\right)_p \cdot dT + \left(\frac{\partial \mu_A^\beta}{\partial p}\right)_T \cdot dp \tag{2.7-57}$$

Bei der Adsorptionsphase müssen wir aber berücksichtigen, dass sie eigentlich eine Mischphase ist (Adsorbat A + Sorbens S), dass wir für das totale Differential der Freien Enthalpie also schreiben müssen

$$dG = \left(\frac{\partial G}{\partial T}\right)_{p,n_A,n_S} \cdot dT + \left(\frac{\partial G}{\partial p}\right)_{T,n_A,n_S} \cdot dp + \left(\frac{\partial G}{\partial n_A}\right)_{T,p,n_S} \cdot dn_A +$$
$$+ \left(\frac{\partial G}{\partial n_S}\right)_{T,p,n_A} \cdot dn_S \tag{2.7-58}$$

Wir gehen davon aus, dass das Sorbens aus Teilchen gleicher Größe besteht, dass n_s folglich der Oberfläche von S proportional ist. Damit ist die Oberfläche keine zusätzliche, unabhängige Variable. Insbesondere ist dann

$$\Gamma = \frac{n_A}{n_S} = a \cdot \theta \tag{2.7-59}$$

ein Maß für die Bedeckung der Oberfläche des Adsorbens mit Adsorbat, also proportional zu θ, das wir mit Gl. (2.7-52) eingeführt haben. Wir setzen voraus, dass die Stoffmenge des Sorbens nicht verändert wird, und drücken im dritten Term auf der rechten Seite von Gl. (2.7-58) n_A durch das dazu proportionale Γ aus. In Abschnitt 2.3.5 haben wir festgestellt, dass die für G geltenden Beziehungen auch für μ_i gelten, wenn wir konsequent die partiellen molaren Größen einsetzen. Unter den genannten Voraussetzungen können wir also für Gl. (2.7-58) auch schreiben

$$d\mu_A^\alpha = \left(\frac{\partial \mu_A^\alpha}{\partial T}\right)_{p,\Gamma,n_S} \cdot dT + \left(\frac{\partial \mu_A^\alpha}{\partial p}\right)_{T,\Gamma,n_S} \cdot dp + \left(\frac{\partial \mu_A^\alpha}{\partial \Gamma}\right)_{T,p,n_S} \cdot d\Gamma \tag{2.7-60}$$

Die Kombination von Gl. (2.7-57) mit Gl. (2.7-60) liefert uns

$$-s_A^{*\beta} dT + v_A^{*\beta} dp = -s_A^\alpha dT + v_A^\alpha dp + \left(\frac{\partial \mu_A^\alpha}{\partial \Gamma}\right)_{p,T} d\Gamma \tag{2.7-61}$$

und bei konstanter Belegung Γ, im sog. *isosteren* Fall

$$\left(\frac{\partial p}{\partial T}\right)_\Gamma = \frac{s_A^{*\beta} - s_A^\alpha}{v_A^{*\beta} - v_A^\alpha} \approx \frac{h_A^{*\beta} - h_A^\alpha}{T \cdot v_A^{*\beta}} \tag{2.7-62}$$

Wenn wir v_A^α, das partielle molare Volumen des Adsorbats, gegenüber dem molaren Volumen des gasförmigen Adsorptivs vernachlässigen. Sehen wir die Gasphase als ideal an, so können wir wie bei der Clausius-Clapeyron'schen Gleichung $v_A^{*\beta}$ durch das ideale Gasgesetz substituieren und erhalten so

$$\left(\frac{\partial \ln p}{\partial T}\right)_\Gamma = \frac{h_A^{*\beta} - h_A^\alpha}{RT^2} = \frac{-\Delta_{\text{ads}} H}{RT^2} \tag{2.7-63}$$

Den negativen Wert der Differenz zwischen der molaren Enthalpie des Adsorptivs und der partiellen molaren Enthalpie des Adsorbats nennt man *isostere Adsorptionsenthalpie* ΔH_{st}. Aus Gl. (2.7-63) erkennen wir, dass wir die isosteren Adsorptionsenthalpien unmittelbar aus den bei verschiedenen Temperaturen gemessenen, als $N = f(\ln p)$ aufgetragenen Adsorptionsisothermen berechnen können, wenn wir anstelle des Differentialquotienten $\left(\frac{\partial \ln p}{\partial T}\right)_\Gamma$ den Differenzenquotienten verwenden.

Auf die Bedeutung der Adsorption und Chemisorption im Zusammenhang mit der heterogenen Katalyse werden wir im Abschnitt 6.7.3 noch einmal zurückkommen.

2.7.6
Die Chromatographie

Die Adsorption spielt auch eine wichtige Rolle bei einigen der für analytische und präparative Zwecke wichtigen chromatographischen Verfahren.

Bei diesen Verfahren handelt es sich um Methoden, die die Trennung selbst chemisch und physikalisch sehr ähnlicher Stoffe erlauben. Sie zeichnen sich dadurch aus, dass man mit extrem kleinen Stoffmengen arbeiten kann.

Die Chromatographie wurde 1906 von dem russischen Biologen Tswett entdeckt, als er eine Lösung grüner Pflanzenfarbstoffe durch eine Säule laufen ließ, die mit Kalk gefüllt war. Er beobachtete, dass die Farbstoffe in ihre einzelnen Komponenten zerlegt wurden, indem sie die Säule verschieden schnell passierten und so voneinander getrennte Zonen bildeten. Verantwortlich für diese Trennung ist in diesem Fall die unterschiedliche Stärke der zwischen den einzelnen Farbstoffen als Adsorptiv (in der mobilen Phase) und dem Kalk als Adsorbens (in der stationären Phase) auftretenden Adsorptionsbindung.

Von dieser *Adsorptionschromatographie* muss man die *Verteilungschromatographie* unterscheiden. Sie beruht auf der verschiedenen Löslichkeit der zu trennenden Stoff in zwei miteinander nicht vollständig mischbaren Lösungsmitteln. Das eine von ihnen sitzt unbeweglich (stationär) in den Poren eines festen Trägerstoffes, das andere enthält das zu trennende Gemisch und fließt als *mobile Phase* über die *stationäre*. Nach dem Nernst'schen Verteilungssatz (Gl. 2.5-245) verteilt sich die zu trennende Substanz in einem bestimmten Konzentrationsverhältnis auf die mobile Phase, das sog. *Laufmittel*, und die stationäre Phase.

In der Praxis unterscheidet man spezielle Formen der Chromatographie nicht auf Grund des der Trennung zugrundeliegenden physikalisch-chemischen Vorgangs, sondern anhand der angewandten Technik. Man spricht deshalb von *Säulenchromatographie, Gaschromatographie, Papierchromatographie* oder *Dünnschichtchro-*

Tabelle 2.7-4 Chromatographische Verfahren.

Bezeichnung	Stationäre Phase	Mobile Phase	Bewegungs-ursache	Adsorptions (AC)- oder Verteilungs (VC)-Chromatographie
Säulenchromatographie	festes Adsorbens	Flüssigkeit	Schwerefeld	AC
	Flüssigkeit auf Träger	Flüssigkeit	Schwerefeld	VC
Gaschromatographie	festes Adsorbens	Gas	Druckgradient	AC
	Flüssigkeit mit oder ohne Träger	Gas	Druckgradient	VC
Papier-Elektrophorese	Papier	Flüssigkeit	elektrisches Feld	AC
Papierchromatographie	Flüssigkeit auf Papier	Flüssigkeit	absteigend: Schwerefeld aufsteigend: Kapillarkraft	VC
Dünnschichtchromatographie	dünne Schicht aus Kieselgel, Aluminiumoxid oder Cellulose ohne oder mit Flüssigkeit	Flüssigkeit	absteigend: Schwerefeld aufsteigend: Kapillarkraft	AC + VC

matographie. Tabelle 2.7-4 gibt einen Überblick über die einzelnen Techniken und die Zuordnung zur Adsorptions- oder Verteilungschromatographie. Aus der Tabelle wird schon ersichtlich, dass häufig ein und dasselbe Verfahren entweder als Adsorptions- oder Verteilungschromatographie durchgeführt werden kann. Bisweilen ist der erzielte Trenneffekt sowohl auf Adsorption am Träger als auch auf die Verteilung auf die zwei nicht vollständig mischbaren Flüssigkeiten zurückzuführen.

2.7.7
Die elektrischen Doppelschichten

In den Abschnitten 2.7.3 bis 2.7.5 haben wir erfahren, dass es an der Grenzfläche von zwei Phasen häufig zu Konzentrationsverschiebungen gegenüber den Verhältnissen im Inneren der Phase kommt, die wir als Adsorption bezeichnet haben.

Unabhängig davon, ob es sich um eine Phasengrenze fest/flüssig, fest/gasförmig, flüssig/flüssig oder flüssig/gasförmig handelt, ist die Ausbildung einer Adsorptionsschicht im Allgemeinen mit dem Auftreten einer elektrischen Potentialdifferenz, eines sog. *Oberflächenpotentials* χ verknüpft. Hierfür kommen verschiedene Ursachen in Betracht. Neutrale Moleküle können eine Doppelschicht bilden, indem sie sich – im Fall von polaren Molekülen – in der Adsorptionsschicht gleichsinnig ausrichten oder indem sie polarisiert werden. Es kann auch zu einer spezifischen Adsorption von nur einer Ionensorte kommen. Die Gegenionen verbleiben dann weiter im Inneren der flüssigen Phase.

Schließlich können auch *Überschussladungen* entgegengesetzten Vorzeichens in den beiden Phasen vorliegen, die sich wegen der elektrostatischen Anziehung dicht an der Grenzfläche aufhalten werden. Den auf sie zurückgehenden Anteil an der gesamten Potentialdifferenz, die Differenz der *äußeren elektrischen Potentiale* ψ bezeichnet man als *Volta-Spannung*.

$\Delta\chi$ und $\Delta\psi$ ergeben zusammen die *Galvani-Spannung*, das ist die Differenz der *inneren elektrischen Potentiale* φ:

$$\Delta\varphi = \Delta\chi + \Delta\psi \tag{2.7-64}$$

Die Differenz von elektrischen Potentialen drücken wir durch das Zeichen Δ aus. In diesem Zusammenhang symbolisiert der Operator Δ also eine Differenzbildung und nicht wie bei der Verknüpfung mit thermodynamischen Größen eine Differentiation nach der Reaktionslaufzahl ξ.

Wir kommen im Abschnitt 2.8.2 näher auf diese unterschiedlichen Potentiale zu sprechen.

Da der Potentialverlauf in der Doppelschicht für eine Reihe von Überlegungen, die wir später anzustellen haben, von Bedeutung ist, wollen wir ihn für verschiedene denkbare Strukturen der Doppelschicht näher untersuchen. Wir betrachten dabei die Grenzfläche zwischen einem Festkörper und einer Elektrolytlösung.

Das einfachste Modell einer elektrischen Doppelschicht ist bereits 1879 von *Helmholtz* behandelt worden. Wie in Abb. 2.7-14 dargestellt ist, ist die Oberfläche des Festkörpers dicht mit Ionen (im gewählten Beispiel mit Kationen) bedeckt. Die Gegenionen aus der Lösung versuchen, möglichst eng an sie heranzukommen und bilden dabei eine als *starr* anzusehende Schicht.

Die gesamte Doppelschicht kann in erster Näherung als ein Kondensator mit planparallelen Platten angesehen werden. Beachten wir, dass seine Kapazität C als Quotient aus Ladung Q und Spannung U

$$C = \frac{Q}{U} \tag{2.7-65}$$

gegeben ist und dass sie sich für einen ebenen Plattenkondensator zu

$$C = \frac{\varepsilon_0 \varepsilon_r A}{d} \tag{2.7-66}$$

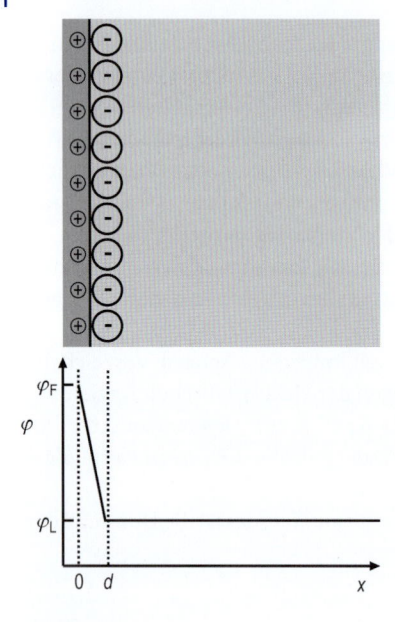

Abbildung 2.7-14 Helmholtz'sche Doppelschicht.

errechnet, wenn ε_0 die elektrische Feldkonstante, ε_r die Dielektrizitätskonstante, A die Fläche und d der Abstand zwischen den Schichten sind, so erhalten wir für die Differenz $\Delta\varphi$ der inneren elektrischen Potentiale, die der Spannung U entspricht,

$$\Delta\varphi = \frac{d \cdot Q}{\varepsilon_0 \varepsilon_r A} \qquad (2.7\text{-}67)$$

Der Potentialverlauf zwischen den beiden Schichten ist, wie auch im unteren Teil der Abb. 2.7-14 gezeigt ist, linear.

Das Helmholtz'sche Modell wird im Allgemeinen nicht der Realität entsprechen, da es auf Grund der thermischen Bewegung sowohl der Lösungsmittelmoleküle als auch der Ionen nicht zur Ausbildung einer starren Ionenschicht kommen wird. Die Ionen werden vielmehr statistisch verteilt sein, ähnlich, wie wir es im Abschnitt 1.6.9 bei der Behandlung der Ionenwolke im Zusammenhang mit der Debye-Hückel-Onsager'schen Theorie angenommen haben. Auf einer solchen Vorstellung bauten Gouy (1910) und Chapman (1913) ihre Theorie einer *diffusen Doppelschicht* auf. Sie nahmen die Ionen allerdings als punktförmig an, so dass sich der Ladungsschwerpunkt beliebig dicht der Oberfläche nähern könnte. Das ist wegen der räumlichen Ausdehnung der Ionen natürlich nicht der Fall.

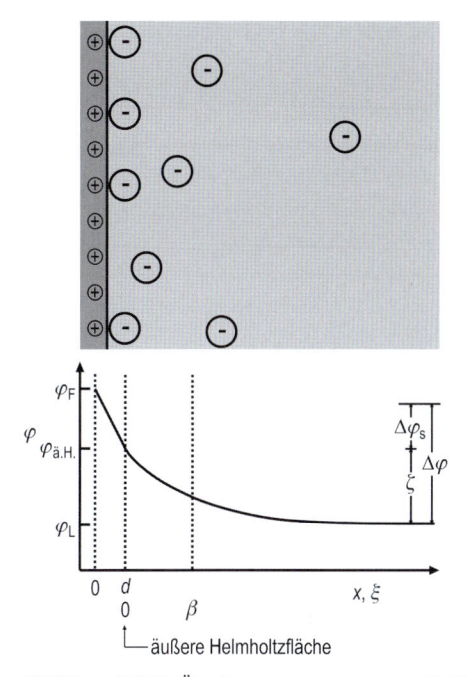

Abbildung 2.7-15 Überlagerung von starrer und diffuser Doppelschicht (*Stern'sches Modell*).

Wir wollen unserer Betrachtung deshalb gleich das *Stern'sche Modell* zugrunde legen, das eine Überlagerung der starren (Helmholtz'schen) und der diffusen (Gouy-Chapman'schen) Doppelschicht berücksichtigt. Erstere ist begrenzt durch die Ladungen in der Oberfläche und die wieder beim Abstand d liegende *äußere Helmholtz-Fläche*. Zwischen diesen beiden Flächen fällt das Potential φ linear mit x ab. Bei der äußeren Helmholtz-Fläche beginnt die diffuse Doppelschicht, die sich wesentlich weiter in die Lösung hinein erstreckt. Der längs ihrer Ausdehnung auftretende Potentialabfall wird oft als Zeta-Potential ζ bezeichnet.

In Abb. 2.7-15 ist das Modell skizziert.

Wir wollen nach dem Verlauf des Potentials in Abhängigkeit vom Abstand von der äußeren Helmholtz-Fläche fragen und führen deshalb die Ortskoordinaten $\zeta = x - d$ ein.

Den Zusammenhang zwischen dem Potential φ und der Raumladungsdichte ϱ gibt die *Poisson'sche Gleichung*

$$\nabla^2 \varphi(\zeta) = -\frac{\varrho(\zeta)}{\varepsilon_r \varepsilon_0} \tag{2.7-68}$$

welche, da sich φ nur längs der ζ-Richtung ändert, die gegenüber Gl. (1.6-65) wesentlich einfachere Form

$$\frac{d^2\varphi}{d\zeta^2} = -\frac{\varrho(\zeta)}{\varepsilon_r\varepsilon_0} \tag{2.7-69}$$

annimmt. Für die Ermittlung der Verteilung der Raumladung schlagen wir denselben Weg ein wie im Abschnitt 1.6.9 und erhalten deshalb zunächst für den zeitlichen Mittelwert der räumlichen Ladungsverteilung

$$\varrho(\zeta) = \sum_i z_i e \overline{{}^1 N_i}\, e^{-\frac{z_i e(\varphi(\zeta)-\varphi_L)}{kT}} \tag{2.7-70}$$

mit z_i als Ladungszahl des Ions der Sorte i, e als Ladung des Elektrons, $\overline{{}^1 N_i}$ als mittlere Zahl der Ionen i pro Volumeneinheit, k als Boltzmann-Konstante und T als Temperatur. Dabei ist dem Umstand Rechnung getragen, dass das Potential φ für $\zeta \to \infty$ nicht gegen null, sondern gegen φ_L läuft. Wir machen die gleichen vereinfachenden Annahmen, führen die Ionenstärke I (Gl. (1.6-72)) und die Größe β (Gl. (1.6-75)) ein wie beim Übergang von Gl. (1.6-65) nach Gl. (1.6-76) und erhalten damit als Kombination von Gl. (2.7-69) mit Gl. (2.7-70)

$$\frac{d^2\varphi(\zeta)}{d\zeta^2} = \left(\frac{1}{\beta}\right)^2 (\varphi(\zeta) - \varphi_L) \tag{2.7-71}$$

Als Lösung dieser Differentialgleichung erhalten wir (vgl. Mathematischer Anhang N) zunächst

$$\varphi(\zeta) - \varphi_L = A_1 e^{+\frac{\zeta}{\beta}} + A_2 e^{-\frac{\zeta}{\beta}} \tag{2.7-72}$$

Da für $\zeta \to \infty$ $(\varphi(\zeta) - \varphi_L) \to 0$ gehen muss, ist $A_1 = 0$. Andererseits ist für $\zeta = 0$ $\varphi = \varphi_{\text{ä.H.}}$, so dass die Konstante A_2 den Wert $(\varphi_{\text{ä.H.}} - \varphi_L)$ hat. Die endgültige Lösung ist deshalb

$$\varphi(\zeta) - \varphi_L = (\varphi_{\text{ä.H.}} - \varphi_L) \cdot e^{-\frac{\zeta}{\beta}} \tag{2.7-73}$$

Das Potential φ nimmt also exponentiell vom Wert $\varphi_{\text{ä.H.}}$ an der äußeren Helmholtz-Fläche auf den Wert φ_L in der Lösung ab. Im Abschnitt 1.6.9 hatten wir β, den Abstand, in dem das Potential auf $1/e$ des Maximalwertes abgefallen ist, als Radius der Ionenwolke bezeichnet.

Entsprechend können wir hier mit β die Dicke der *diffusen Doppelschicht* charakterisieren. Da nach Gl. (1.6-75)

$$\beta = \left(\frac{\varepsilon_r \varepsilon_0 kT}{2N_A e^2 I}\right)^{1/2} \tag{1.6-75}$$

ist, verringert sich die Dicke der diffusen Doppelschicht mit steigender Ionenstärke I

$$I = \frac{1}{2}\sum_i z_i^2 c_i \tag{1.6-72}$$

In Tab. 1.6-8 haben wir β in Abhängigkeit von der molaren Konzentration für verschiedene Elektrolyte angegeben. Wir können dieser Tabelle entnehmen, dass in 0.1 M Lösungen die Dicke der diffusen Doppelschicht im Bereich von Moleküldurchmessern, also in der Größenordnung der starren Doppelschicht liegt, dass sie sich in sehr verdünnten Lösungen aber weit in die Lösung hinein erstreckt.

Wir dürfen jedoch nicht übersehen, dass wir bei der Ableitung von Gl. (2.7-73) einige gravierende, vereinfachende Annahmen gemacht haben. Diese betreffen insbesondere die Voraussetzung, dass die elektrische Energie viel kleiner als die thermische ist und dass die Dielektrizitätskonstante ε_r bis unmittelbar an den Festkörper heran, d. h. auch im Bereich der starren Doppelschicht, denselben Wert wie im Inneren der Lösung haben soll.

Wir haben eingangs davon gesprochen, dass auch eine *spezifische Adsorption von Ionen* eintreten kann. Diese haben wir bislang noch nicht berücksichtigt. Sie kann jedoch sehr stark sein, so stark, dass sie an einer Metallelektrode selbst dann noch erhalten bleibt, wenn diese Elektrode eine Überschussladung gleichen Vorzeichens trägt.

Die spezifisch adsorbierten Ionen bilden wie die Gegenionen in der Helmholtz-Schicht eine starre Doppelschicht, liegen jedoch noch dichter an der Oberfläche als die Gegenionen. Man teilt deshalb beim Vorliegen einer spezifischen Adsorption die starre Schicht auf in die innere Helmholtz-Schicht (spezifisch adsorbierte Ionen) und die äußere Helmholtz-Schicht (Gegenionen).

In Abb. 2.7-16 sind die Verhältnisse graphisch dargestellt. Es ist durchaus möglich, dass das Potential in der starren Doppelschicht so weit fällt, dass es an der äußeren Helmholtz-Schicht unter φ_L liegt, so dass ζ sein Vorzeichen ändert.

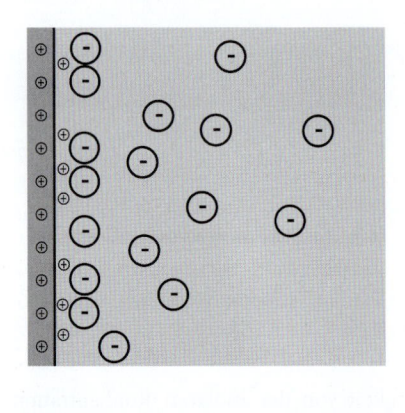

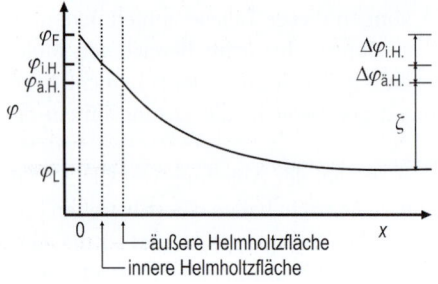

Abbildung 2.7-16 Aufteilung der starren Doppelschicht in die innere und äußere Helmholtz-Schicht bei Vorliegen spezifischer Adsorption.

2.7.8
Die Elektrokapillarität

Wir haben diskutiert, dass sich beim Aufbau einer elektrischen Doppelschicht an den Oberflächen beider aneinandergrenzenden Phasen Ladungsträger des einen bzw. des anderen Vorzeichens konzentrieren. Gleichnamige elektrische Ladungen stoßen sich gegenseitig ab, wodurch Kräfte entstehen, die die Oberfläche zu vergrößern trachten, die der Grenzflächenspannung also entgegenwirken. Tatsächlich beobachtet man, dass sich ein Quecksilbertropfen beim Übergießen mit verdünnter Schwefelsäure abflacht, so wie es in Abb. 2.7-17 dargestellt ist. Dieser Effekt muss davon unabhängig sein, ob sich das Quecksilber positiv oder negativ auflädt. Je größer die Aufladung ist, desto stärker muss die Erniedrigung der Grenzflächenspannung sein. Andererseits sollte man ein Maximum der Grenzflächenspannung erwarten, wenn die Oberfläche ladungsfrei ist. Man nennt diese Abhängigkeit der Grenzflächenspannung vom Ladungszustand der Oberfläche *Elektrokapillarität*.

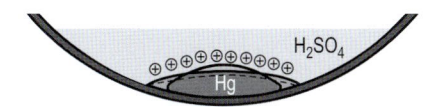

Abbildung 2.7-17 Abflachung eines Quecksilbertropfens infolge der Abnahme der Grenzflächenspannung beim Aufbau einer elektrischen Doppelschicht.

Die Aufladung der Quecksilberoberfläche lässt sich beliebig variieren, wenn entsprechend Abb. 2.7-18, die das Prinzip des *Lippmann'schen Kapillarelektrometers* wiedergibt, von einer äußeren Spannungsquelle eine variable Spannung an das Quecksilber gelegt wird. Die Zelle ist im Grunde nichts anderes als eine elektrochemische Zelle, wie wir sie in Abschnitt 1.6 besprochen haben. Eine Elektrode ist die Quecksilber-Elektrode, die wir als ideal polarisierbare Elektrode (vgl. Abschnitt 6.8) auffassen können, denn unter den gegebenen Bedingungen findet zwischen dem Quecksilber und der Lösung kein Übergang von Ladungsträgern statt. Die andere Elektrode dient nur als Gegenelektrode. Zweckmäßigerweise verwendet man die unpolarisierbare Kalomelektrode (vgl. Abschnitt 2.8.4). Der Kontakt zwischen dem Quecksilber und der Elektrolytlösung findet in einer Kapillare statt. Da Quecksilber im Gegensatz zu unserem Beispiel in Abb. 2.7-4 das Glas nicht benetzt, beobachten wir eine Kapillardepression. Das Quecksilber fließt deshalb erst bei einem hinreichend großen hydrostatischen Überdruck aus der Kapillare aus. Durch geeignete Stellung des Niveaugefäßes lässt sich der Meniskus auf eine bestimmte Marke in der Kapillare einstellen. Durch Variation der angelegten Spannung (V) wird die positive oder negative Aufladung der Quecksilberoberfläche vergrößert oder kompensiert. Dadurch ändert sich die Grenz-

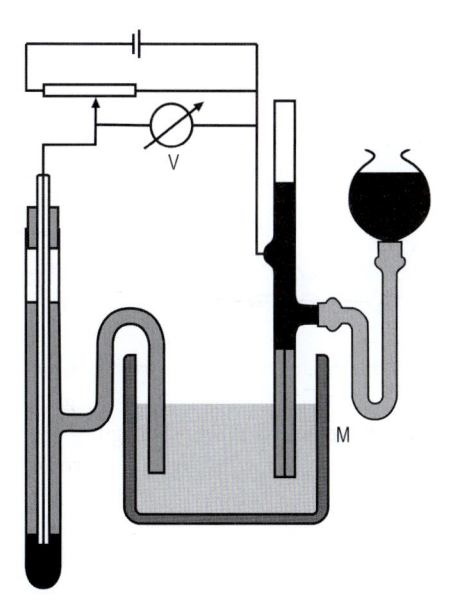

Abbildung 2.7-18 Prinzip des Lippmann'schen Kapillarelektrometers.

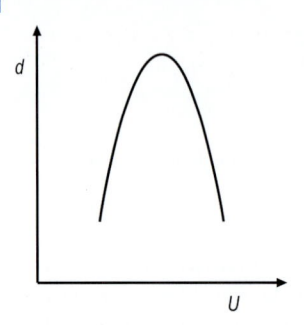

Abbildung 2.7-19 Elektrokapillarkurve in schematischer Darstellung.

flächenspannung. Der Quecksilbermeniskus steigt ($\Delta\sigma > 0$) oder sinkt ($\Delta\sigma < 0$) und wird anschließend durch Verschieben des Niveaugefäßes wieder auf die Marke M eingestellt. Es herrscht dann aber ein anderer hydrostatischer Druck, aus dem sich die Grenzflächenspannung (ähnlich wie bei Gl. 2.7-13) berechnen lässt.

Die Auftragung von σ gegen die angelegte Spannung bezeichnet man als *Elektrokapillarkurve*. Abbildung 2.7-19 zeigt, wie nach unseren oben angestellten Überlegungen eine solche Kurve aussehen sollte. Tatsächlich lässt sich ableiten, dass sie eine parabelförmige Gestalt hat:

> Zu diesem Zweck geht man von der *Lippmann'schen Gleichung* aus, nach der
>
> $$\left(\frac{\partial\sigma}{\partial U}\right)_{T,p,\mu} = -\frac{Q}{A} \qquad (2.7\text{-}74)$$
>
> ist, d. h. die Steigung der Elektrokapillarkurve durch die Flächenladungsdichte Q/A gegeben ist.

Wir müssen diese Gleichung als gegeben hinnehmen, da uns noch eine Voraussetzung für ihre Ableitung fehlt, nämlich die Anwendung der Gibbs'schen Adsorptionsisotherme [Gl. (2.7-38)]

$$d\sigma = -\sum \Gamma_i d\mu_i \qquad (2.7\text{-}75)$$

auf geladene Teilchen. Die Indizes T, p und μ in Gl. (2.7-74) besagen, dass wir bezüglich der Adsorption der Teilchen an der Oberfläche vom Gleichgewicht ausgehen.

Führen wir mit Gl. (2.7-65) nun noch die auf die Fläche bezogene Kapazität ^1C der Doppelschicht

$$^1C = \frac{1}{A}\left(\frac{\partial Q}{\partial U}\right)_{T,p,\mu} \qquad (2.7\text{-}76)$$

ein, so erkennen wir einerseits, dass diese gemäß

$$^1C = -\left(\frac{\partial^2\sigma}{\partial U^2}\right)_{T,p,\mu} \qquad (2.7\text{-}77)$$

die zweite Ableitung der Kapillarkurve nach der Spannung U ist. Andererseits ergibt die Integration von Gl. (2.7-76) mit den Randbedingungen $Q = 0$ und $U = U_{max}$

$$Q = A \cdot {}^1C(U - U_{max}) \tag{2.7-78}$$

Daraus folgt mit Gl. (2.7-74)

$$\int_{\sigma}^{\sigma_{max}} d\sigma = -{}^1C \cdot \int_{U-U_{max}}^{0} (U - U_{max}) \cdot d(U - U_{max}) \tag{2.7-79}$$

und

$$(\sigma_{max} - \sigma) = \frac{1}{2} \cdot {}^1C(U - U_{max})^2 \tag{2.7-80}$$

also der schon in Abb. 2.7-19 angedeutete parabolische Zusammenhang zwischen σ und U.

Das Experiment bestätigt dieses Ergebnis.

Durch die Aufnahme von Elektrokapillarkurven lässt sich also der ladungsfreie Zustand einer Elektrodenoberfläche ermitteln.

2.7.9
Kolloide

Da elektrische Doppelschichten eine wesentliche Rolle für die Stabilität von Kolloiden spielen, wollen wir an dieser Stelle kurz auf einige Aspekte der Kolloidchemie eingehen. Eine eingehende Behandlung der Kolloidchemie würde den Rahmen dieses Buches sprengen.

Einteilung der Kolloide

Unter Kolloiden – der Begriff wurde 1861 von *Graham* geprägt – verstehen wir Zwei- oder Mehrstoffsysteme, die das Grenzgebiet zwischen grobkörnigen Gemengen und niedermolekularen Mischungen bilden. Typisch für den kolloiden Zustand eines Stoffes ist, dass die Elementarteilchen Durchmesser zwischen 10^{-9} und 10^{-7} m aufweisen. Wir sprechen von der *dispersen Phase* und vom *Dispersionsmittel*, das die disperse Phase aufnimmt. Disperse Phasen und Dispersionsmittel können in jedem der drei Aggregatzustände vorliegen. Lediglich bei der Kombination gasförmig/gasförmig kann keine kolloide Dispersion gebildet werden, da sich Gase stets molekular miteinander vermischen. Tabelle 2.7-5 zeigt, welche Vielzahl von Typen kolloider Zerteilungen existiert.

Tabelle 2.7-5 Verschiedene Arten kolloider Zerteilungen.

Dispersions-mittel	Disperse Phase	Bezeichnung der kolloiden Zerteilung	Beispiele
gasförmig	flüssig	Nebel ⎫ Aerosole	Nebel und Wolken in der Atmosphäre
	fest	Rauch ⎬ Staub ⎭	Ruß (z. B. beim Verbrennen von Benzol) Metalloxid-Rauch (z. B. MgO)
flüssig	gasförmig	Schaum	Seifenschaum
	flüssig	kolloide Emulsion ⎫ Lyosole	Milch und andere Öl-, Fett- oder Kunststoffemulsionen
	fest	Feststoffdispersion ⎬ oder Sol ⎭	Eisen(III)-hydroxid, Arsen(III)-sulfid, Silberhalogenide, Metalle wie Ag oder Au
fest	gasförmig	fester Schaum	Meerschaum
	flüssig	feste Emulsion	Wasser in Fetten
	fest	festes Sol oder disperser Festkörper	Kolloid disperse Eutektika, Rubinglas (Gold in Glas)

Bildung von Kolloiden

Aerosole und *Lyosole* (vgl. Tab. 2.7-5) bilden sich oft spontan beim Ausscheiden aus übersättigten Dämpfen oder übersättigten Lösungen, unmittelbar beim Lösen (Eiweiß) oder beim Auswaschen frisch gefällter Niederschläge (Metallsulfide), auch beim Verbrennen von kohlenstoffreichen Verbindungen (Ruß) oder Metallen (MgO). Man kann sie auch erzeugen durch Verdünnen von echten Lösungen mit einer Flüssigkeit, in der die disperse Phase nicht löslich ist (Ölemulsion), oder durch vorsichtige Reduktion von Salzlösungen (Ag, Au). *Hochpolymere* in kolloider Zerteilung entstehen durch Polymerisation oder Kondensation von gelösten niedermolekularen Verbindungen. Neben der Zerkleinerung in Schlag- oder Kolloidmühlen kommen auch Zerstäubungsverfahren wie die elektrische Zerstäubung in einer Bogenentladung und schnelles Abkühlen der Dämpfe im Dispersionsmittel in Frage.

Lyosole und ihre Stabilität

Im Zusammenhang mit den elektrischen Doppelschichten interessiert uns insbesondere die Stabilität der Lyosole. Wir müssen hier allerdings noch eine weitere Unterscheidung treffen. Es gibt nämlich zwei Arten von Lyosolen, die *lyophilen* (im Fall von Wasser als Dispersionsmittel hydrophil genannt) und die *lyophoben* (bei Wasser hydrophoben) Sole.

Die *lyophilen Sole* zeichnen sich dadurch aus, dass sie bei der Bildung des kolloiden Zustandes mehr oder weniger große Mengen an Lösungsmittel aufnehmen und dabei u. U. stark quellen (z. B. Gelatine in Wasser). Ihre Stabilität ist im Wesentlichen auf ihre große Solvathülle zurückzuführen. Es liegt infolge der Aufnahme

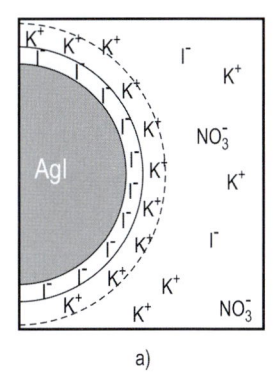

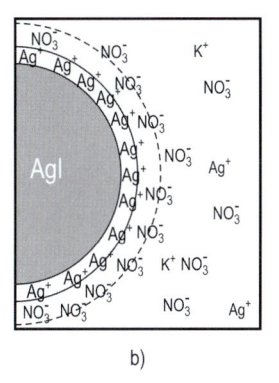

Abbildung 2.7-20 Aufladung von kolloidem AgI. (a) Überschuss von KI, (b) Überschuss von AgNO$_3$.

von Lösungsmitteln ein fast fließender Übergang von der dispersen Phase zum Dispersionsmittel vor. Will man ein lyophiles Sol zum Ausflocken bringen, so muss man seine Solvathülle zerstören. Das kann durch Verdunsten des Lösungsmittels geschehen, oder aber auch durch Zugabe einer größeren Menge eines indifferenten Elektrolyten (Aussalzen, vgl. Abschnitt 2.5.4, Gl. (2.5-103)) oder durch Zugabe von Flüssigkeiten, die sich mit dem Dispersionsmittel mischen. Ausflocken oder Eindunsten und Lösen sind bei lyophilen Solen reversible Vorgänge. Sie lassen sich beliebig oft wiederholen. Typische Vertreter der lyophilen Sole sind Eiweißstoffe, Stärke, Harze und dergleichen, aber auch verschiedene Hydroxide wie z. B. Eisen(III)-hydroxid.

Bei den *lyophoben Solen* enthält die disperse Phase kein Lösungsmittel. Ihre Stabilität ist auf die Gegenwart einer elektrischen Doppelschicht zurückzuführen, die sich an der Phasengrenze disperse Phase/Dispersionsmittel ausbildet. Beseitigt man diese Doppelschicht z. B. durch Zusatz einer geringen Menge eines Elektrolyten, so tritt Koagulation ein. Nur selten lässt sich der Stoff dann wieder in den kolloiden Zustand bringen, d. h. die Ausflockung der lyophoben Sole ist im Allgemeinen irreversibel. Typische Vertreter für die lyophoben Sole sind die meisten anorganischen Sole wie Metalle, Schwermetallsulfide und -halogenide, nicht jedoch Hydroxide.

Dass die lyophoben Sole tatsächlich eine elektrische Ladung tragen, zeigt sich daran, dass sie im elektrischen Feld wandern. Bei der Besprechung der elektrokinetischen Erscheinungen werden wir im Abschnitt 5.7.3 darauf zurückkommen. Die Ladung kann zweierlei Ursachen haben. Entweder lagern sich, wie es in Abb. 2.7-20 für den Fall eines AgI-Sols dargestellt ist, an den Neutralteil des Teilchens (der durchaus selbst auch aus Ionen beiderlei Vorzeichens aufgebaut sein kann, aber in summa keine Ladung trägt) Ionen aus dem Dispersionsmittel an, die identisch mit einer Ionensorte des Neutralteils sind, und bilden so den ionogenen Teil. Das kann zu einer negativen oder positiven Aufladung führen. Lottermoser hat (1905) aus sehr verdünnten Lösungen aus AgNO$_3$ und KI kolloides AgI erzeugt. Ließ er die AgNO$_3$-Lösung in die KI-Lösung eintropfen, so war das Kolloid durch überschüssiges I⁻ negativ aufgeladen, ließ er die KI-Lösung in die $AgNO_3$-Lösung eintropfen, so war das Kolloid durch überschüssiges Ag^+ positiv aufgeladen. Diese Ionen sind konstitutionell an die Oberfläche gebunden. Es ist andererseits aber auch möglich, dass andere Ionen – lediglich durch Adsorptionskräfte – an die Oberfläche gebunden werden.

Die Stabilität der lyophoben Sole ist darauf zurückzuführen, dass sich die gleichsinnig geladenen Teilchen der dispersen Phase gegenseitig abstoßen, so dass eine Koagulation verhindert wird. Verringert man nun die Ladung, was durch Zusatz eines Elektrolyten geschehen kann, so erfolgt Ausflockung. Dies ist darauf zurückzuführen, dass Ionen des zugesetzten Elektrolyten im Phasengrenzgebiet adsorbiert werden. Hardy hat gezeigt, dass negativ geladene Kolloide durch Kationenadsorption, positiv geladene durch Anionenadsorption gefällt werden. Da es auf die Kompensation der Ladung ankommt, ist die Wirkung eines Ions um so größer, je größer seine Ladung ist. Die Ausflockung setzt am Neutralpunkt, dem sog. *isoelektrischen Punkt*, ein.

Da die Koagulation eine gewisse Zeit beansprucht, ist es möglich, die kolloiden Teilchen durch Adsorption geeigneter Teilchen umzuladen, ehe die Fällung eintritt. Die disperse Phase ändert dann ihre Wanderungsrichtung im elektrischen Feld.

2.7.10
Kernpunkte des Abschnitts 2.7

- ☑ Oberflächenspannung Gl. (2.7-2), S. 446
- ☑ Kapillardruck Gl. (2.7-8), S. 447
- ☑ Molare Grenzflächenspannung Gl. (2.7-14)
- ☑ Eötvös'sche Regel Gl. (2.7-15)
- ☑ Benetzung S. 451
- ☑ Dampfdruck kleiner Teilchen Gl. (2.7-30)
- ☑ Grenzflächenkonzentration Gl. (2.7-32)
- ☑ Gibbs'sche Gleichung für Grenzflächenspannung Gl. (2.7-38)
- ☑ Gibbs'sche Adsorptionsisotherme Gl. (2.7-41)
- ☑ Kapillaraktivität S. 456
- ☑ Langmuir'sche Waage S. 458
- ☑ Oberflächendruck Gl. (2.7-44)
- ☑ Thermische Zustandsgleichung für zweidimensionales Gas Gl. (2.7-48)
- ☑ Langmuir-Blodgett-Schichten S. 460
- ☑ Adsorption, Physisorption, Chemisorption S. 428
- ☑ Langmuir'sche Adsorptionsisotherme Gl. (2.7-53)
- ☑ Freundlich'sche Adsorptionsisotherme Gl. (2.7-54)
- ☑ Brunauer-Emmet-Teller-(BET)-Isotherme Gl. (2.7-55)
- ☑ Isostere Adsorptionsenthalpie Gl. (2.7-63)

Chromatographie S. 467

Elektrische Doppelschichten S. 468

- Oberflächenpotential, äußeres und inneres Potential S. 469
- Voltaspannung, Galvanispannung Gl. (2.7-64)
- Helmholtz'sche Doppelschicht Gl. (2.7-67), S. 470
- Diffuse Doppelschicht Gl. (2.7-75), S. 471
- Starre Doppelschicht S. 473
- Elektrokapillarität Gl. (2.7-80)

Kolloide S. 477

- Einteilung S. 477
- Bildung S. 478
- Stabilität S. 478
- isoelektrischer Punkt S. 480

2.7.11
Rechenbeispiele zu Abschnitt 2.7

1. Man berechne unter Verwendung der Angaben in Tab. 2.7-3 den Dampfdruck von Quecksilbertropfen mit einem Radius von 10^{-6}, 10^{-5}, 10^{-4} und 10^{-3} cm bei 293 K. Der Dampfdruck über einer ebenen Oberfläche beträgt bei dieser Temperatur 1.626 mbar.

2. Wie groß ist der Kapillardruck (in mbar) im Innern einer Gasblase mit einem Radius von 10^{-3}, 10^{-2}, 10^{-1} und 1 mm in Wasser bei 293 K? Man verwende die Angaben aus Tab. 2.7-1.

3. Die Tabelle gibt einen Ausschnitt aus Adsorptionsisothermen wieder, die bei 77 K und 90 K am System CO/Cu gemessen wurden:

Belegung	p/Pa	
10^{14} Moleküle/cm^2	77 K	90 K
6.5	$1.3 \cdot 10^{-2}$	1.6
6.6	$2.4 \cdot 10^{-2}$	2.1
6.7	$4.0 \cdot 10^{-2}$	2.9
6.8	$6.7 \cdot 10^{-2}$	4.0
6.9	$10.0 \cdot 10^{-2}$	5.3

Wie groß ist die isostere Adsorptionsenthalpie als Funktion der Belegung?

4. Zur Bestimmung der Oberfläche von pulverisiertem KCl hat man bei 78 K die Stickstoff-adsorption gemessen. Die Stoffmenge n wurde dabei über das Volumen V des adsorbierten Gases (umgerechnet auf 273 K und 1.013 bar) angegeben. Die Auftragung gemäß Gl. (2.7-55) als $p/V(p^* - p)$ vs p/p^* ergab einen Achsenabschnitt von $1/V_m b = 0.006$ cm^{-3} und eine Steigung von $(b-1)/V_m b = 1.620$ cm^{-3}. Wie groß ist die Festkörperoberfläche? Für den Platzbedarf eines Moleküls verwende man den zu Abb. 2.7-13 angegebenen Wert.

5. Berechnen Sie, wieviel kg Stearinsäure (H_3C-$(CH_2)_{16}$-$COOH$) man benötigt, um eine Wasserfläche von der Größe des Bodensees (538 km^2) mit einer dichtest gepackten monomolekularen Schicht von Stearinsäure zu bedecken. Nehmen Sie für die Gestalt eines Stearinsäuremoleküls näherungsweise einen Quader mit quadratischer Grundfläche und einer Höhe, die das Sechsfache der Seitenlänge der Grundfläche beträgt, an. Setzen Sie für die Dichte der Monoschicht die der flüssigen Stearinsäure in der Nähe des Schmelzpunktes (ϱ = 840 kg m^{-3}) ein.

2.7.12
Literatur zu Abschnitt 2.7

Berg, J. C. (2009) *An Introduction to Interfaces and Colloids*, World Scientific Publishing, New York

Butt, H.-J., Graf, K., Kappl, M. (2006) *Physics and Chemistry of Interfaces*, 2nd ed., Wiley-VCH, Weinheim

Pashley, R. and Karaman, M. (2004) *Applied Colloid and Surface Chemistry*, John Wiley & Sons, Chichester

Dörfler, H.-D. (2002) *Grenzflächen und kolloiddisperse Systeme*, Springer Verlag, Berlin, Heidelberg

Brezesinski, G. und Mögel, H.-J. (1998) *Grenzflächen und Kolloide*, Spektrum Akademischer Verlag, Heidelberg

Hunter, R. J. (1993) *Introduction to Modern Colloid Science*, Oxford University Press, Oxford

Christmann, K. (1991) *Introduction to Surface Physical Chemistry*, Steinkopff Verlag, Darmstadt, Springer Verlag, New York

Kortüm, G. und Lachmann, H. (1981) *Einführung in die Chemische Thermodynamik*, 7. Aufl., Verlag Chemie, Weinheim und Vandenhoeck & Ruprecht, Göttingen

Wedler, G. (1976) *Chemisorption*, Butterworths, London, Boston

Möbius, D. (1975) Manipulieren in molekularen Dimensionen, *Chemie in unserer Zeit*, **9**, 173-182

Wedler, G. (1970) *Adsorption*, Verlag Chemie, Weinheim

2.8
Elektrochemische Thermodynamik

Zum Abschluss der Besprechung der Thermodynamik wollen wir uns dem Teilgebiet zuwenden, in dem die elektrischen Ladungen und mit ihnen die Ladungsträger, Ionen und Elektronen, die entscheidende Rolle spielen. Wir haben bereits bei der Behandlung der Grundbegriffe der Elektrochemie (Abschnitt 1.6.1) vom Wechselspiel zwischen Elektrolyse und galvanischer Stromerzeugung gesprochen und die Elektrolysezelle und die galvanische Zelle vorgestellt.

Immer dann, wenn es möglich ist, eine chemische Reaktion in zwei räumlich getrennte Teilreaktionen aufzutrennen, von denen die eine eine Oxidation, die andere eine Reduktion ist, können wir sie in Form einer elektrochemischen Reaktion in einer galvanischen Zelle durchführen. Wir wollen diese Verhältnisse zunächst vom thermodynamischen Standpunkt her untersuchen, uns dann mit dem Zustandekommen und der Messung von Elektrodenpotentialen beschäftigen, die verschiedenen Typen und Kombinationen von Halbzellen besprechen und abschließend Anwendungen potentiometrischer Messungen behandeln.

Im Abschnitt 2.8.1 soll es unsere Aufgabe sein, die relevante elektrische Größe, das ist die reversible Zellspannung, mit den thermodynamischen Beziehungen, insbesondere mit der van't Hoff'schen Reaktionsisotherme, in Verbindung zu bringen.

Wir werden uns dann noch einmal mit den *elektrischen Potentialen* beschäftigen und im *elektrochemischen Potential* die Größe finden, die immer dann an die Stelle des chemischen Potentials tritt, wenn an einem Vorgang Ladungsträger beteiligt sind (Abschn. 2.8.2).

Das Zustandekommen der elektrischen Potentialdifferenz einer *galvanischen Zelle* werden wir in Abschnitt 2.8.3 untersuchen, und im Abschnitt 2.8.4 werden wir uns dann den verschiedenen Typen von *Halbzellen* zuwenden.

Wir werden im Abschnitt 2.8.5 erkennen, wie wichtig es ist, Konventionen über die Darstellung einer galvanischen Zelle zu beachten.

Auf den gewonnenen Erkenntnissen aufbauend, können wir schließlich *Standard-Elektrodenpotentiale* definieren und zur *Spannungsreihe der Elemente* kommen (Abschn. 2.8.6).

Im Abschnitt 2.8.7 werden wir uns mit den *Diffusionspotentialen* befassen, die uns bei exakten Bestimmungen der reversiblen Zellspannung Schwierigkeiten bereiten.

Durch Kombination unterschiedlicher Halbzellen werden wir in die Lage versetzt, *verschiedene Typen von galvanischen Zellen* aufzubauen (Abschn. 2.8.8).

Zum Schluss unserer Besprechung der reversiblen Zellspannung wollen wir uns dann im Abschnitt 2.8.9 noch mit einigen *Anwendungen* beschäftigen.

2.8.1
Die Thermodynamik und die reversible Zellspannung

Wir wollen an zwei früher getroffene Feststellungen anknüpfen. Einerseits haben wir im Abschnitt 2.3.3 (Gl. 2.3-74) und im Abschnitt 2.6 die Freie Reaktionsenthalpie ΔG als reversible Reaktionsarbeit bezeichnet und als die Größe erkannt, die uns im isotherm-isobaren Fall etwas über das Vorliegen eines Gleichgewichts bzw. über die Richtung eines spontanen Prozesses aussagt. Andererseits haben wir im Abschnitt 1.6.1 festgestellt (Abb. 1.6-5), dass die von uns seinerzeit Ruhespannung genannte Klemmenspannung E_0 eines galvanischen Elementes im stromlosen Zustand eine charakteristische Größe ist. Sobald wir in der Kompensation die Spannung E_0 unterschritten, lief die betrachtete chemische Reaktion ($H_2 + Cl_2 \rightarrow 2\,H^+ + 2\,Cl^-$) ab, sobald wir sie überschritten, setzte die Umkehr dieser Reaktion, die Elektrolyse ($2\,H^+ + 2\,Cl^- \rightarrow H_2 + Cl_2$), ein. Exakt bei vollständiger Kompensation, d. h. im stromlosen Zustand, haben wir die Bedingung für einen reversiblen Ablauf der Reaktion. E_0 muss also ebenso wie ΔG ein Maß für die Affinität bzw. die reversible Reaktionsarbeit sein. Die bei unterbrochenem Stromfluss zwischen den Elektroden herrschende Potentialdifferenz nennt man *reversible Zellspannung* (früher elektromotorische Kraft EMK) der Zelle. Wir bezeichnen sie mit E. Den Index Null, den wir für die Ruhespannung eingeführt haben, lassen wir fort, da die Indizes in diesem Abschnitt eine andere Bedeutung haben.

Wenn wir nach einem quantitativen Zusammenhang zwischen ΔG und E suchen, dann müssen wir die Reaktionsarbeit durch die elektrische Energie ausdrücken, die die Zelle unter den gegebenen Bedingungen bei einem Formelumsatz zu liefern vermag. Die elektrische Energie ist das Produkt aus der Potentialdifferenz E und der Ladung Q. Diese ergibt sich für einen Formelumsatz als Produkt aus der Faraday'schen Konstanten F und der Ladungszahl z der Zellreaktion, d. h. der Zahl der bei einem Formelumsatz umgesetzten Elektronen (vgl. (Gl. 1.6-2) bis Gl. (1.6-5)). Es gilt also

$$\Delta G = -zFE \tag{2.8-1}$$

Das Minuszeichen auf der rechten Seite folgt aus der Konvention, dass die reversible Zellspannung bei einer von selbst ablaufenden Reaktion als positiv angenommen wird, während ΔG für diesen Fall ja negativ ist.

Gleichung (2.8-1) ermöglicht es uns, aus den bekannten Konzentrations-, Temperatur- und Druckabhängigkeiten der Freien Reaktionsenthalpie die entsprechenden Abhängigkeiten der reversiblen Zellspannung zu ermitteln.

Wir knüpfen an unsere Überlegungen im Abschnitt 2.6.2 an und legen die allgemeine Reaktion

$$|v_A|A + |v_B|B \rightarrow |v_C|C + |v_D|D \tag{2.6-1}$$

zugrunde, von der wir annehmen wollen, dass wir sie wie bei unserem speziellen Beispiel in Abb. 1.6-5,

$$H_2 + Cl_2 \rightarrow 2\,H^+_{aq} + 2\,Cl^-_{aq} \qquad (2.8\text{-}2)$$

in einer galvanischen Zelle ablaufen lassen können. Der Index aq weist darauf hin, dass die Ionen in wässriger Lösung hydratisiert vorliegen. Für die Freie Reaktionsenthalpie gilt dann nach Gl. (2.6-4) und Gl. (2.6-8)

$$\Delta G = \Delta G^0 + RT \ln \Pi_i a_i^{\nu_i} \qquad (2.8\text{-}3)$$

also die van't Hoff'sche Reaktionsisotherme mit der Freien Standard-Reaktionsenthalpie ΔG^0 und den gerade vorliegenden Aktivitäten a_i. Verknüpfen wir diese Gleichung mit Gl. (2.8-1), so ergibt sich unmittelbar die

Nernst'sche Gleichung

$$E = E^0 - \frac{RT}{zF} \ln \Pi_i a_i^{\nu_i} \qquad (2.8\text{-}4)$$

wenn wir für die Freie Standard-Reaktionsenthalpie gemäß

$$-\frac{\Delta G^0}{zF} \equiv E^0 \qquad (2.8\text{-}5)$$

die *Standard-Zellspannung* E^0 einführen. Sie entspricht der reversiblen Zellspannung, wenn die Aktivitäten a_i aller Komponenten i den Wert 1 haben.

Wie ΔG^0 ist E^0 abhängig von der Temperatur. Allerdings wählt man in der Elektrochemie im Allgemeinen als Standardbedingungen eine Temperatur von 298.15 K und – wie bei ΔG^0 – einen Druck von 1.013 bar.

Für unser Beispiel von Gl. (2.8-2) erhalten wir

$$E = E^0 - \frac{RT}{2F} \ln \frac{a(H^+_{aq})^2 \cdot a(Cl^-_{aq})^2}{a(H_2) \cdot a(Cl_2)} \qquad (2.8\text{-}6)$$

Für den Ersatz der Aktivitäten durch Druck, Molenbruch oder Konzentration gilt dasselbe, was wir ausführlich in Abschnitt 2.5.5 und Abschnitt 2.6.2 besprochen haben. Wir können also dafür wieder die Angaben in Tab. 2.6-1 benutzen. So können wir für Gl. (2.8-6) auch schreiben

$$\begin{aligned}E = E^0 &- \frac{RT}{F} \ln[c(H^+_{aq}) \cdot c(Cl^-_{aq}) \cdot \gamma(H^+_{aq}) \cdot \gamma(Cl^-_{aq})] + \\ &+ \frac{RT}{2F} \ln[p(H_2) \cdot p(Cl_2) \cdot (p^0)^{-2}]\end{aligned} \qquad (2.8\text{-}7)$$

Gleichung (2.8-7) gibt uns die Konzentrationsabhängigkeit der reversiblen Zellspannung an und zeigt uns gleichzeitig, dass Messungen der reversiblen Zellspannung sicherlich ein geeignetes Mittel zur Bestimmung von Aktivitätskoeffizienten sind. Wir kommen später im Abschnitt 2.8.9 darauf zurück.

Gleichung (2.8-5) verknüpft die Standard-Zellspannung mit der Standard-Reaktionsarbeit. Letztere können wir, wie wir im Abschnitt 2.6.6 gesehen haben, aus thermodynamischen Daten bestimmen, also beispielsweise über die Gibbs-Helmholtz'sche Gleichung (Gl. 2.6-107)

$$\Delta G^0 = \Delta H^0 - T\Delta S^0 \tag{2.6-114}$$

Mit Gl. (2.8-5) ergibt sich dann

$$E^0 = -\frac{1}{zF}(\Delta H^0 - T\Delta S^0) \tag{2.8-8}$$

Wir müssen bei der Berechnung der Standard-Zellspannung nach Gl. (2.8-8) darauf achten, dass die ΔH^0- und ΔS^0-Werte eingesetzt werden, die den jeweiligen Zuständen der Edukte und Produkte entsprechen. Bei unserem Beispiel Gl. (2.8-2) sind dies gasförmiger Wasserstoff und gasförmiges Chlor, solvatisierte Chlor- und Wasserstoff-Ionen. Tabelle 2.8-1 entnehmen wir die erforderlichen Werte. Die Standard-Reaktionsenthalpie berechnen wir wie in Abschnitt 1.1.16 aus den Standard-Bildungsenthalpien $\Delta_B H^\ominus$. Wir erhalten für $\Delta_B H^0_{298}$ −334.8 kJ mol^{-1} und für S^0_{298} −243.4 JK^{-1} mol^{-1}. Damit ergibt sich mit $z = 2$ nach Gl. (2.8-8) für E^0_{298} 1.36 V. Dieser Wert ist, wie wir später sehen werden, in völliger Übereinstimmung mit dem experimentellen Ergebnis.

Die Temperaturabhängigkeit der Freien Reaktionsenthalpie ist entsprechend Gl. (2.3-54) gegeben durch

$$\left(\frac{\partial \Delta G}{\partial T}\right)_p = -\Delta S \tag{2.8-9}$$

Die Kombination dieser Gleichung mit Gl. (2.8-1) liefert uns für die

Temperaturabhängigkeit der reversiblen Zellspannung

$$\left(\frac{\partial E}{\partial T}\right)_p = \frac{1}{zF} \cdot \Delta S \tag{2.8-10}$$

Tabelle 2.8-1 Standard-Bildungsenthalpien $\Delta_B H^\ominus$ und Standard-Entropien $S^\ominus$ für die an der Reaktion Gl. (2.8-2) beteiligten Stoffe.

Stoff	$\dfrac{\Delta_B H^\ominus}{\text{kJ mol}^{-1}}$	$\dfrac{S^\ominus}{\text{JK}^{-1}\text{ mol}^{-1}}$
$H_2(g)$	0	130.6
$Cl_2(g)$	0	223.0
H^+_{aq}	0	0
Cl^-_{aq}	−167.4	55.1

Wir erkennen daraus, dass die reversible Zellspannung mit zunehmender Temperatur zu- oder abnehmen kann, je nachdem, ob die Reaktionsentropie ΔS positiv oder negativ ist.

Um einen Eindruck von der Größenordnung des Temperatureinflusses auf die reversible Zellspannung zu gewinnen, wollen wir wieder für unser Beispiel aus Gl. (2.8-2), und zwar für die Standard-Zellspannung, die Temperaturabhängigkeit berechnen. Aus Tab. 2.8-1 erhielten wir für $\Delta S^0_{298} - 243.4 \, \text{JK}^{-1}\text{mol}^{-1}$. Damit errechnet sich $\left(\frac{\partial E^0}{\partial T}\right)_p$ zu $-1.26 \, \text{mVK}^{-1}$, das sind 0.09 % des Wertes von E^0_{298} pro Kelvin.

Die Druckabhängigkeit der Freien Reaktionsenthalpie ist entsprechend Gl. (2.3-55) gegeben durch

$$\left(\frac{\partial \Delta G}{\partial p}\right)_T = \Delta V \tag{2.8-11}$$

Kombinieren wir diese Gleichung wieder mit Gl. (2.8-1), so erhalten wir für die

Druckabhängigkeit der reversiblen Zellspannung

$$\left(\frac{\partial E}{\partial p}\right)_T = -\frac{1}{zF} \cdot \Delta V \tag{2.8-12}$$

Auch hier erkennen wir, dass die reversible Zellspannung einer Zelle mit steigendem Druck zu- oder abnehmen kann, je nachdem, ob das Reaktionsvolumen ΔV negativ oder positiv ist. Wie wir bereits im Abschnitt 2.6.4 bei der Besprechung der Druckabhängigkeit der Gleichgewichtskonstanten erfahren haben, ist bei Reaktionen in kondensierten Phasen ΔV so klein, dass wir dort die Druckabhängigkeit im Allgemeinen vernachlässigen können, nicht jedoch, wenn Gase an der Reaktion beteiligt sind. In solchen Fällen beziehen wir deshalb ΔV lediglich auf die gasförmigen Komponenten. Wir erhalten dann

$$\Delta V = \sum v_i v_i = RT \sum v_i p_i^{-1} \tag{2.8-13}$$

Mit Gl. (2.8-12) ergibt dies

$$\left(\frac{\partial E}{\partial p}\right)_T = -\frac{RT}{zF} \sum v_i p_i^{-1} \tag{2.8-14}$$

Integrieren wir diese Gleichung und setzen als Integrationsgrenzen beispielsweise den Standarddruck bzw. die Drücke p_i ein, so folgt

$$E_p - E^0 = -\frac{RT}{zF} \ln \Pi_i \left(\frac{p_i}{p^0}\right)^{v_i} \tag{2.8-15}$$

Wir erkennen daraus, dass jeweils die Verdoppelung des Druckes beider gasförmiger Komponenten eine Änderung der reversiblen Zellspannung um $-\frac{RT}{zF}\ln 2^{\nu_i}$ bringt. Für den speziellen Fall mit $z = 2$, $\nu_i = -1$ und T = 298.15 K sind das 17.8 mV.

Wir wollen noch einmal unser spezielles Beispiel aus Gl. (2.8-2) aufgreifen. Hierfür nimmt Gl. (2.8-15) die Form

$$E_p - E^0 = +\frac{RT}{2F}\ln[p(H_2) \cdot p(Cl_2) \cdot (p^0)^{-2}] \tag{2.8-16}$$

an. Der Vergleich mit Gl. (2.8-7) zeigt uns, dass Gl. (2.8-16) gerade den Term auf der rechten Seite von Gl. (2.8-7) wiedergibt, der die Druckabhängigkeit beschreibt. Gl. (2.8-7) geht in Gl. (2.8-16) über, wenn die solvatisierten Protonen und Chlor-Ionen die Aktivität 1 haben.

Wir haben in diesem Abschnitt gesehen, dass wir mit Hilfe thermodynamischer Größen die reversible Zellspannung sowie ihre Temperatur- und Druckabhängigkeit berechnen können. Andererseits ist es aber auch möglich, Messungen der reversiblen Zellspannung zur Ermittlung thermodynamischer Größen zu verwenden.

Die Reaktionsgrößen ΔG, ΔS und ΔH ergeben sich als

$$\Delta G = -z \cdot F \cdot E \tag{2.8-1}$$

$$\Delta S = z \cdot F \cdot \left(\frac{\partial E}{\partial T}\right)_p \tag{2.8-10}$$

und bei Beachtung der Gibbs-Helmholtz'schen Gleichung Gl. (2.6-114)

$$\Delta H = z \cdot F \cdot \left[T\left(\frac{\partial E}{\partial T}\right)_p - E\right] \tag{2.8-17}$$

Es muss allerdings darauf hingewiesen werden, dass die einfachen Beziehungen, die wir aufgestellt haben, nur gültig sind, wenn außer an den Elektroden keine weiteren Potentialsprünge auftreten. Wir wollen uns deshalb jetzt dem Zustandekommen der Elektrodenpotentiale zuwenden.

2.8.2
Definition der elektrischen Potentiale und des elektrochemischen Potentials

Bevor wir uns mit dem Zustandekommen und der Messung von elektrischen Potentialdifferenzen in galvanischen Zellen beschäftigen, müssen wir noch einige Begriffe einführen und definieren. Wir folgen dabei weitgehend den von *E. Lange* angestellten Überlegungen und orientieren uns dazu an Abb. 2.8-1. Sie stellt eine elektrisch leitende, kugelförmige Phase dar, beispielsweise eine Metallkugel.

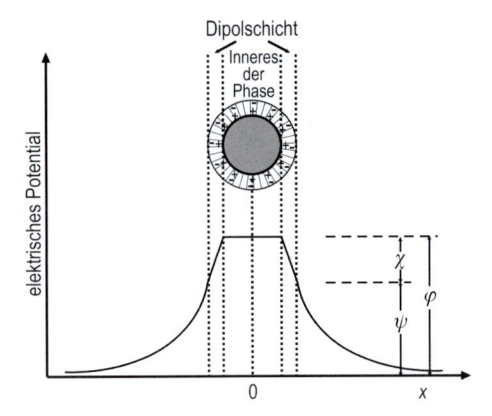

Abbildung 2.8-1 Schematische Darstellung der elektrischen Potentiale χ, ψ und φ.

> Als Bezugspunkt für die elektrischen Potentiale wählen wir das wechselwirkungsfreie Vakuum, d. h. die unendlich weite Entfernung von anderen Körpern. Das auf diesen Nullpunkt bezogene elektrische Potential im Inneren der Phase nennen wir *inneres elektrisches Potential* oder *Galvani-Potential* φ. Wie im Abschnitt 2.7.7 bereits angedeutet wurde, teilt man dieses Potential zweckmäßigerweise auf in das *äußere elektrische Potential* ψ und das *Oberflächenpotential* χ:
>
> $$\varphi = \psi + \chi \tag{2.8-18}$$
>
> Beide sind auf unterschiedliche Ursachen zurückzuführen.

Das äußere elektrische Potential, auch *Volta-Potential* genannt, kommt dadurch zustande, dass Träger überschüssiger Ladungen, Elektronen oder Ionen, in der Phase vorhanden sind und in der Umgebung der Phase ein elektrisches Feld erzeugen. Das äußere elektrische Potential ist durch die Arbeit $e\psi$ definiert, die erforderlich ist, um eine Einheitsladung aus dem Unendlichen bis dicht an die Oberfläche heranzubringen, d. h. bis an einen Punkt, der so dicht an der Oberfläche liegt, dass ψ bereits den Maximalwert hat, der aber doch so weit von ihr entfernt ist, dass chemische Kräfte oder Bildkräfte und eine mögliche Dipolschicht noch nicht von merklichem Einfluss sind. Eine Entfernung von etwa 10^{-6} cm von der Oberfläche erfüllt diese Bedingungen. Das äußere elektrische Potential repräsentiert eine Potentialdifferenz zwischen zwei Punkten im gleichen Medium. Es ist deshalb prinzipiell messbar.

Wie wir im Abschnitt 2.7.5 gesehen haben, neigen Festkörperoberflächen – und ebenso Flüssigkeitsoberflächen – dazu, andere Stoffe in einer oft nur eine Monolage dicken Schicht zu adsorbieren. Die Adsorbate bilden im Allgemeinen eine Schicht senkrecht zur Oberfläche stehender Dipole. Doch auch an extrem reinen, im Ultrahochvakuum gereinigten Festkörperoberflächen liegt selbst bei Abwesenheit jeglicher Adsorbate eine Dipolschicht auf der Oberfläche vor. Sie ist darauf zurückzuführen, dass die phaseneigenen Bausteine, die Atome, Ionen oder Moleküle, an der

Phasengrenze unsymmetrisch wirkenden Kräften unterliegen. Dadurch kommt es zur Ausbildung in bestimmter Richtung orientierter Dipole, insgesamt also zum Aufbau einer Dipolschicht. Bei Metallen greift das Elektronengas ein wenig über die durch die positiven Atomrümpfe festgelegte Oberfläche hinaus, wodurch ebenfalls eine Dipolschicht entsteht. Die Existenz der u. U. aus verschiedenen Anteilen zusammengesetzten Dipolschicht an der Oberfläche ist die Ursache für das Auftreten des Oberflächenpotentials χ. Aus dem Gesagten geht bereits hervor, dass χ sicherlich keine stoffspezifische Größe ist, da es vom Ausmaß einer möglichen Adsorption abhängt. Doch selbst an völlig adsorbatfreien Oberflächen ist χ noch von der geometrischen Anordnung der Gitterbausteine abhängig und deshalb für die verschieden indizierten Flächen eines Kristalls unterschiedlich.

Im Gegensatz zum äußeren elektrischen Potential sind das Oberflächenpotential χ und das innere elektrische Potential φ nicht messbar, weil χ bzw. φ Potentialdifferenzen zwischen zwei Punkten in unterschiedlichen Medien repräsentieren. Zwar sind χ und φ durch die elektrischen Arbeiten $e\,\chi$ bzw. $e\,\varphi$ definiert, die erforderlich sind, um eine Einheitsladung von einem Punkt 10^{-6} cm außerhalb der Phase bzw. von einem von der Phase unendlich weit entfernten Punkt her ins Innere der Phase zu transportieren. Doch gibt es keine reale Ladung, die nicht an Materie gebunden ist, an ein Elektron oder an ein Ion. Bei dem genannten Transport von Ladung wird also zwangsläufig auch Materie durch eine Phasengrenze transportiert, wobei sich ihre chemische Umgebung ändert und außer der elektrischen Arbeit demnach auch eine chemische Arbeit verrichtet wird. Experimentell lassen sich diese beiden Arbeitsbeträge nicht trennen, so dass nur die Summe beider gemessen werden kann.

Wir wollen nun dem chemischen Potential μ_i, d. h. der partiellen molaren Freien Enthalpie, dem in der Thermodynamik der Neutralteilchen eine Schlüsselrolle zukam, zwei weitere molare Größen an die Seite stellen, die in der Thermodynamik geladener Teilchen eine ähnliche Rolle spielen. Im Abschnitt 2.3.4 haben wir gesehen, dass das chemische Potential μ_i der Komponente i zahlenmäßig mit der Änderung der Freien Enthalpie übereinstimmt, die ein System erfährt, wenn man diesem 1 mol der (elektrisch neutralen) Komponente i (vom wechselwirkungsfreien Vakuum her) hinzufügt. Als wechselwirkungsfreies Vakuum können wir im Fall eines Neutralteilchens sowohl die unendliche Entfernung von der Phase als auch einen Punkt 10^{-6} cm vor ihrer Oberfläche betrachten, da wir ausdrücklich bemerkt haben, dass bei einem solchen Abstand keine chemischen Wechselwirkungen mehr nachweisbar sein sollten.

Bringen wir andererseits die in 1 mol der Ionen i steckende Ladung $z_i F$ von einem Punkt 10^{-6} cm vor der Oberfläche oder vom wechselwirkungsfreien Vakuum ins Innere der Phase, so ist dies entsprechend unseren obigen Überlegungen mit der elektrischen Arbeit $z_i F \chi$ bzw. $z_i F \varphi$ verbunden.

Überführen wir nun schließlich 1 mol Ionen (oder Elektronen), die die Ladung $z_i e$ tragen, in der beschriebenen Weise ins Innere der Phase, so müssen wir die elektrische und die chemische Arbeit berücksichtigen. Wir definieren deshalb zwei neue Größen, die wir auf die Stoffmenge beziehen, das *reale Potential* α_i

$$\alpha_i = \mu_i + z_i F \chi \tag{2.8-19}$$

und das *elektrochemische Potential* $\tilde{\mu}_i$

$$\tilde{\mu}_i = \mu_i + z_i F \varphi \tag{2.8-20}$$

Die Kombination der Gleichungen (2.8-18) bis (2.8-20) führt uns noch zu einer anderen Definition des realen Potentials α, die den Vorteil hat, sich auf die messbaren Größen $\tilde{\mu}_i$ und ψ zu stützen.

$$\alpha_i = \tilde{\mu}_i - z_i F \psi \tag{2.8-21}$$

Wir erkennen gerade aus dieser Formulierung, dass das reale Potential die Energie darstellt, die mit dem Überwinden der Doppelschicht beim Eintreten in die Phase verknüpft ist. Der negative Wert des realen Potentials ist die auf die Stoffmenge der Teilchen i bezogene Austrittsarbeit. Sie lässt sich für Elektronen beispielsweise mit Hilfe des photoelektrischen Effekts [vgl. Gl. (1.4-32)] leicht messen. An dieser Stelle soll auf eine Komplikation hingewiesen werden, die sich aus der Verknüpfung von Thermodynamik und Atomistik ergibt. Im Grunde genommen benutzt man nie molare Arbeiten. Aus Gründen der Zweckmäßigkeit haben wir aber soeben die Austrittsarbeit als molare Größe eingeführt. Den Ausdruck „Austrittsarbeit" haben wir andererseits bereits im Abschnitt 1.4.5 verwendet und darunter die Größe $e \cdot \phi$ (Gl. 1.4-34), also eine auf ein Teilchen bezogene Arbeit, verstanden.

Aus der Herleitung von Gl. (2.8-20) ergibt sich, dass das elektrochemische Potential $\tilde{\mu}_i$ an die Stelle des chemischen Potentials μ_i tritt, sobald wir es nicht mit Neutralteilchen, sondern mit geladenen Teilchen zu tun haben. Bei der Formulierung von Gleichgewichten müssen wir in der Elektrochemie deshalb das elektrochemische Potential zugrunde legen.

Wir müssen darauf achten, dass es sich beim inneren elektrischen Potential φ, beim äußeren elektrischen Potential ψ und beim Oberflächenpotential χ um elektrische Potentiale (gemessen in Volt) handelt, wohingegen das chemische Potential μ, das reale Potential α und das elektrochemische Potential $\tilde{\mu}$ molare Energien (gemessen in J mol^{-1}) darstellen.

Für unsere folgenden Überlegungen müssen wir noch auf zwei weitere Größen, die *Galvani-Spannung* $\Delta \varphi$ und die *Volta-Spannung* (auch *Kontaktspannung* genannt) $\Delta \psi$ eingehen [vgl. Gl. (2.7-64)]. Wir betrachten dazu das Energieschema der Elektronen eines Metalls, wie es in Abb. 2.8-2 dargestellt ist. Dabei berücksichtigen wir nicht die Elektronen auf den inneren Schalen, sondern nur die im Leitungsband (vgl. Abschnitt 5.6.2) enthaltenen. Bezugspunkt der Energie ist

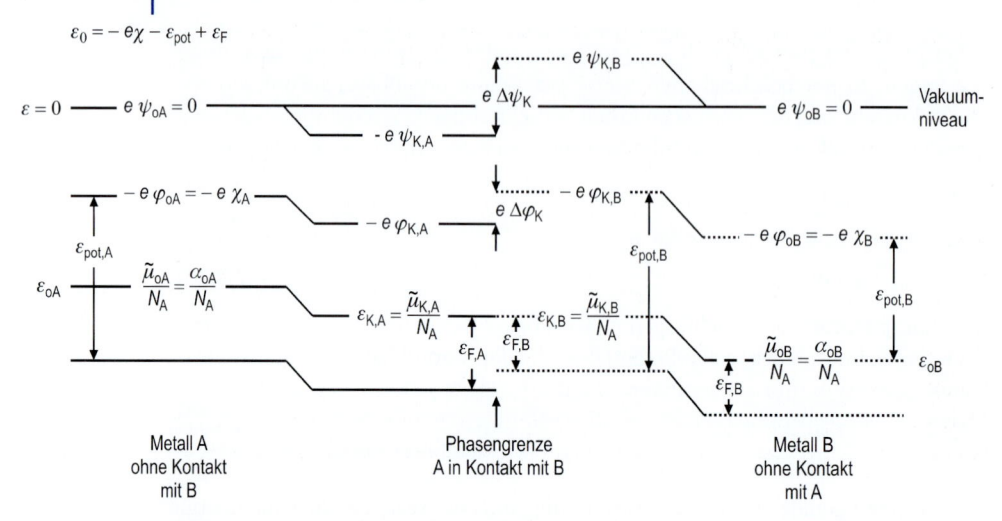

Abbildung 2.8-2 Zum Zustandekommen der Galvani-Spannung $\Delta\varphi$ und der Volta-Spannung $\Delta\psi$ beim Kontakt zweier Metalle.

wieder die Energie des ruhenden Elektrons im wechselwirkungsfreien Vakuum ($\varepsilon = 0$). Die Energie ε_0 des Elektrons im Metall setzt sich aus drei Anteilen zusammen, dem elektrischen Anteil $-e\varphi_0$, der, wenn wir davon ausgehen, dass das Metall keine Überschussladungen trägt, allein durch das Oberflächenpotential, d. h. durch $-e\chi$, gegeben ist, der Bindungsenergie an die positiven Atomrümpfe $-\varepsilon_{\text{pot}}$ und der Fermi-Energie ε_F (vgl. Abschnitt 4.2.6), die angibt, wie weit das Leitungsbad mit Elektronen aufgefüllt ist.

$$\varepsilon_0 = -e\chi - \varepsilon_{\text{pot}} + \varepsilon_F \tag{2.8-22}$$

Dies ist andererseits gerade die Energie, die wir den Elektronen zufügen müssen, wenn wir sie aus dem Metall heraus ins Vakuum befördern wollen. ε_0 ist in diesem speziellen Fall also identisch sowohl mit dem auf ein Elektron bezogenen realen Potential α_0/N_A als auch mit dem auf ein Elektron bezogenen elektrochemischen Potential $\tilde{\mu}_0/N_A$. $(-\varepsilon_{\text{pot}} + \varepsilon_F)$ ist dann der chemische Anteil, d. h. das auf ein Elektron bezogene chemische Potential μ/N_A. Alle in Gl. (2.8-22) aufgeführten Energiebeträge sind von Metall zu Metall verschieden, was auch in dem linken (Metall A) und rechten (Metall B) Energieschema in Abb. 2.8-2 berücksichtigt worden ist.

Was geschieht nun, wenn die beiden Metalle A und B miteinander in Berührung gebracht werden, so dass die Elektronen vom einen zum anderen fließen können? Solange $\varepsilon_A \neq \varepsilon_B$ ist, werden die Elektronen von dem Metall, in dem sie eine höhere Energie besitzen, in dasjenige fließen, in dem sie eine niedrigere Energie haben, in unserem Beispiel vom Metall A zum Metall B. Dadurch wird aber Metall A gegenüber dem ursprünglichen Zustand positive, Metall B negative Überschussladungen erhalten, was sich darin äußert, dass zwei entgegengesetzt gerichtete äußere Potentiale ψ_A und ψ_B entstehen. ε_{pot}, ε_F und χ werden dadurch nicht merklich beeinflusst, so dass alle Energieniveaus von A um $e \cdot \psi_{K,A}$ abgesenkt, alle von B um $e \cdot \psi_{K,B}$ angehoben werden. Dadurch verschieben sich auch die Galvani-Potentiale φ_A und φ_B.

> Der einseitige Fluss von Elektronen wird zum Ende kommen, wenn durch die Verschiebung der Energieniveaus $\varepsilon_{K,A} = \varepsilon_{K,B}$ geworden ist, d. h. bis die elektrochemischen Potentiale der Elektronen in A und B gleich sind:
>
> $$\tilde{\mu}_{K,e}(A) = \tilde{\mu}_{K,e}(B). \tag{2.8-23}$$

Gleichbedeutend damit ist die Aussage, dass sich die Fermi-Kanten (vgl. Abschnitt 4.2.6), bezogen auf das Vakuumniveau, auf den gleichen Wert einstellen. An der Phasengrenze sind dann eine Galvani-Spannung $\Delta\varphi_K$ und eine *Volta-* oder *Kontaktspannung* $\Delta\psi_K$ entstanden. Die Verknüpfung von Gl. (2.8-23) mit Gl. (2.8-21) liefert uns bei Berücksichtigung von $z_i = -1$

$$\alpha_{K,A} - F\psi_{K,A} = \alpha_{K,B} - F\psi_{K,B} \tag{2.8-24}$$

$$F(\psi_{K,A} - \psi_{K,B}) = \alpha_{K,A} - \alpha_{K,B} = \alpha_{0A} - \alpha_{0B} \tag{2.8-25}$$

da α_A und α_B durch den Kontakt der beiden Metalle nicht geändert werden (μ und χ bleiben konstant). Das Produkt aus der an der Phasengrenze entstandenen Volta-Spannung $\Delta\psi_K = \psi_{K,A} - \psi_{K,B}$ und der Faraday-Konstanten ist gleich der Differenz der realen Potentiale der beiden Metalle bzw. der negativen Differenz ihrer auf die Stoffmenge bezogenen Austrittsarbeiten.

$$F \cdot \Delta\psi_K = \Delta\alpha_0 \tag{2.8-26}$$

Abbildung 2.8-2 entnehmen wir, dass

$$e\varphi_K = e\chi + e\psi_K \tag{2.8-27}$$

also auch

$$F(\varphi_{K,A} - \varphi_{K,B}) = F(\chi_A - \chi_B) + F(\psi_{K,A} - \psi_{K,B}) \tag{2.8-28}$$

und unter Berücksichtigung von Gl. (2.8-26)

$$F\Delta\varphi_K = F\Delta\chi + \Delta\alpha_0 \tag{2.8-29}$$

Die beim Kontakt der Metalle entstehende Galvani-Spannung $\Delta\varphi_K$ lässt sich also aus den Differenzen der Oberflächenpotentiale und der auf die Stoffmenge bezogenen Austrittsarbeiten der Metalle berechnen.

2.8.3
Das Zustandekommen der elektrischen Potentialdifferenz einer galvanischen Zelle, Elektrodenpotentiale und deren Messung

Im Abschnitt 2.8.1 haben wir die chemische Reaktion, die sich in einer galvanischen Zelle abspielt, als Bruttoreaktion thermodynamisch behandelt. Wir haben zwar die reversible Zellspannung einer solchen Zelle berechnet, dies jedoch nur auf Grund unserer Erfahrung, dass an den Elektroden der Zelle eine Potentialdifferenz auftritt, dass also in einer stromliefernden Zelle eine elektrische Arbeit geleistet werden muss.

Wir wollen nun ins Detail gehen und uns die Frage vorlegen, wie denn eine Potentialdifferenz in einer galvanischen Zelle zustande kommt und wie wir sie messen können. Zu diesem Zweck greifen wir noch einmal zurück auf unsere im Abschnitt 1.6.1 gewonnenen Erkenntnisse: Jede elektrolytische oder galvanische Zelle besitzt zwei Elektroden, die uns als Sonde zur Untersuchung des elektrochemischen Geschehens dienen. Nur über sie können wir eine Spannung anlegen oder eine Potentialdifferenz messen (vgl. Abb. 1.6-5). An diesen Elektroden spielt sich auch das chemische Geschehen ab. Dies können sehr unterschiedliche Reaktionen sein [vgl.Gl. (1.6-2) bis Gl. (1.6-5)], an denen das Elektrodenmaterial allein Gl. (1.6-5), zum Teil Gl. (1.6-3) oder scheinbar überhaupt nicht [Gl. (1.6-2) und Gl. (1.6-4)] beteiligt ist. Allen Reaktionen ist aber gemeinsam, dass sie sich in eine Kathoden- und eine Anodenreaktion aufteilen lassen. Haben wir die genannten Gleichungen bei der Elektrolyse von links nach rechts gelesen, so müssen wir sie im Fall der galvanischen Zelle von rechts nach links lesen und beachten, dass Anode und Kathode gegenüber der Elektrolyse vertauscht sind.

Gerade am Beispiel von Gl. (1.6-5) erkennen wir, dass der chemische Vorgang in einer galvanischen Zelle entweder im Übergang des Elektrodenmaterials in die Lösung oder im Übergang von Lösungsionen in die Elektrode begründet ist. Wir wollen diese beiden Prozesse getrennt betrachten und schließen an unsere Überlegungen in den Abschnitten 2.3.4, 2.5.4, 2.6.2 und 2.8.2 an. Wenn geladene Materie aus der einen Phase in die andere übergeht, dann besagt dies, dass das elektrochemische Potential des betreffenden Stoffes i in der einen Phase größer ist als in der anderen. Der Stoffübergang wird so lange stattfinden, bis das elektrochemische Potential der Komponente i in beiden Phasen gleich ist:

$$\tilde{\mu}_i^\alpha = \tilde{\mu}_i^\beta \tag{2.8-30}$$

oder mit Gl. (2.8-20)

$$\mu_i^\alpha + z_i F \varphi^\alpha = \mu_i^\beta + z_i F \varphi^\beta \tag{2.8-31}$$

Selbstverständlich sind die μ_i konzentrationsabhängig, so dass wir, wenn wir uns auf einen Standardzustand ^{0} beziehen, für Gl. (2.8-31) auch schreiben können:

$$\mu_i^{0\alpha} + RT \ln a_i^\alpha + z_i F \varphi^\alpha = \mu_i^{0\beta} + RT \ln a_i^\beta + z_i F \varphi^\beta \tag{2.8-32}$$

Aus Gl. (2.8-32) lässt sich die Potentialdifferenz $\Delta\varphi = \varphi^\alpha - \varphi^\beta$ ausrechnen, die sich zwischen der Elektrode und der Lösung im Gleichgewicht aufgebaut hat. Wir bezeichnen sie [vgl. Abschnitt 2.7.6 und Gl. (2.7-64)] als

Galvani-Spannung:

$$\Delta\varphi = \varphi^\alpha - \varphi^\beta = \frac{\mu_i^{0\beta} - \mu_i^{0\alpha}}{z_i F} + \frac{RT}{z_i F} \ln \frac{a_i^\beta}{a_i^\alpha} \qquad (2.8\text{-}33)$$

Die Galvani-Spannung ist also das elektrische Potential im Inneren der Elektrode (Phase α), bezogen auf das elektrische Potential im Inneren der Lösung (Phase β). Sie setzt sich aus zwei Termen zusammen, von denen der erste $\left(\dfrac{\mu_i^{0\beta} - \mu_i^{0\alpha}}{z_i F}\right)$ konzentrationsunabhängig ist und für die Standardbedingungen somit eine Konstante darstellt. Der zweite Term berücksichtigt die Konzentrationsabhängigkeit.

Aus der zu fordernden Gleichheit der elektrochemischen Potentiale (Gl. 2.8-30) ergibt sich also automatisch, dass im Gleichgewicht zwischen der Elektrode und der Lösung eine Galvani-Spannung existieren muss.

Wir können uns aber den Prozess auch anschaulich so vorstellen:

Tauchen wir die elektrisch neutrale Elektrode in die elektrisch neutrale, Ionen des Elektrodenmaterials enthaltende Lösung, so wird im Allgemeinen kein elektrochemisches Gleichgewicht für die Ionen in beiden Phasen bestehen. Es muss deshalb zu einem Übertritt der Ionen von der einen Phase in die andere kommen (Abb. 2.8-3 a oder b). Dadurch wird die Elektroneutralität in beiden Phasen gegensinnig geändert. Die gegensinnig geladenen Teilchen üben elektrostatische Anziehungskräfte aufeinander aus, es baut sich eine Doppelschicht auf, mit einer Struktur, wie wir sie bereits im Abschnitt 2.7.7 besprochen haben.

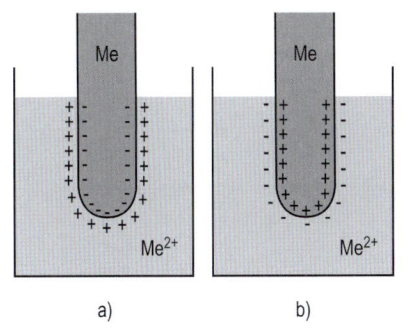

Abbildung 2.8-3 Aufbau einer Galvani-Spannung zwischen einer Elektrode und einem Elektrolyten. (a) Übertritt von positiven Ionen aus der Elektrode in die Lösung unter Zurücklassen von z^+ Elektronen aus jedem ursprünglichen Metallatom und (b) Übergang von Metallionen in entgegengesetzter Richtung

Wir wollen nun zunächst die Frage erörtern, wie wir die durch Gl. (2.8-33) gegebene Galvani-Spannung experimentell ermitteln können. Berücksichtigen wir die im Abschnitt 2.8.1 angestellten Überlegungen [vgl. auch Gl. (1.6-18)], so müssen wir darauf achten, dass eine Messung stromlos erfolgen muss. Man könnte also daran denken, eine Kompensationsmethode (vgl. Abb. 1.6-5) anzuwenden oder ein hochohmiges elektronisches Messgerät einzusetzen. Dieses Messsystem müssten wir mit der Elektrode und der Lösung in Kontakt bringen. Ersteres würde keine Schwierigkeiten bereiten, wohl aber letzteres. Wir müssten nämlich einen metallischen Leiter, der die Verbindung mit dem Messsystem herstellt, in die Lösungsphase β eintauchen. Dadurch würde aber eine neue Phasengrenze Metall/Elektrolyt geschaffen werden, an der sich ebenfalls ein durch Gl. (2.8-33) beschreibbares elektrochemisches Gleichgewicht einstellen würde. Wir würden dann mit unserem Messsystem nicht die gesuchte Galvani-Spannung erfassen, sondern die Differenz zweier Galvani-Spannungen:

$$E = \Delta\varphi(\text{II}) - \Delta\varphi(\text{I}) \tag{2.8-34}$$

> Wir müssen deshalb den Schluss ziehen, dass es prinzipiell unmöglich ist, die Galvani-Spannung zwischen einer Elektrode und der sie umgebenden Elektrolytlösung zu messen. Der Messung zugänglich ist lediglich die reversible Zellspannung E, die Ruhespannung, einer aus zwei Elektroden und den geeigneten Elektrolyten, d. h. aus zwei Halbzellen, aufgebauten galvanischen Zellen.

Ist die Galvani-Spannung einer der Halbzellen bekannt oder durch Definition festgelegt, so lässt sich, wie aus Abb. 2.8-4 hervorgeht, die Galvani-Spannung der an-

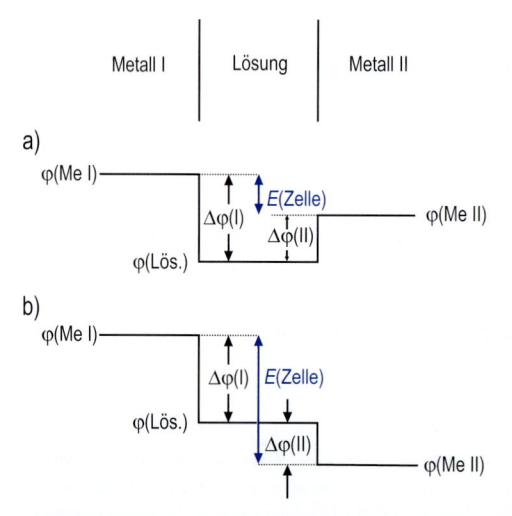

Abbildung 2.8-4 Ermittlung der Galvani-Spannung einer Halbzelle (II) aus der reversiblen Zellspannung des galvanischen Elementes bei bekannter Galvani-Spannung der anderen Halbzelle (I), sofern keine Diffusionspotentiale auftreten. (a) $\Delta\varphi(I) > 0$; $\Delta\varphi(II) > 0$, b) $\Delta\varphi(I) > 0$; $\Delta\varphi(II) < 0$.

deren Halbzellen aus der reversiblen Zellspannung E berechnen. Dabei ist vereinfachend davon ausgegangen, dass beide Elektroden in denselben Elektrolyten eintauchen.

Um die Galvani-Spannungen verschiedener Halbzellen miteinander vergleichen zu können, ist man übereingekommen, als Bezugselektrode die Standard-Wasserstoffelektrode zu verwenden, die wir im Abschnitt 2.8.4 im Einzelnen noch besprechen werden. Ihre Galvani-Spannung hat man willkürlich gleich null gesetzt. Die reversible Zellspannung einer Zelle, deren linke Seite aus einer Standard-Wasserstoffelektrode (H^+ | H_2, Pt) und deren rechte Seite aus der zu untersuchenden Elektrode besteht (z. B. Me^{2+} | Me),

Pt, H_2 | H^+ | Me^{2+} | Me

nennt man *Elektrodenpotential E_h dieser Elektrode oder Halbzelle*. Verstehen wir in Gl. (2.8-34) unter der Halbzelle II die zu untersuchende Elektrode, unter der Halbzelle I die Normalwasserstoffelektrode, so formulieren wir das Elektrodenpotential E_h der Elektrode mit Gl. (2.8-33)

$$E_h = E_h^0 + \frac{RT}{z_i F} \ln \frac{a_i^\beta}{a_i^\alpha} \qquad (2.8\text{-}35)$$

Die Konventionen bezüglich des Vorzeichens der elektrischen Potentialdifferenzen, reversiblen Zellspannungen und Elektrodenpotentiale werden wir im Abschnitt 2.8.5 behandeln.

2.8.4
Die verschiedenen Typen von Halbzellen

Gleichung (2.8-33)

$$\Delta\varphi = \frac{\mu_i^{0\beta} - \mu_i^{0\alpha}}{z_i F} + \frac{RT}{z_i F} \ln \frac{a_i^\beta}{a_i^\alpha} \qquad (2.8\text{-}33)$$

liefert uns die Galvani-Spannung einer Halbzelle. Wir haben sie ganz allgemein, ohne Anlehnung an eine konkrete Elektrode abgeleitet. Wir wollen uns nun überlegen, wie Halbzellen aufgebaut sein können, welche Reaktionen in ihnen ablaufen können, und versuchen, zu einer gewissen Klassifizierung zu kommen.

Metallionenelektroden
Wir haben bereits mehrfach davon gesprochen, dass bei einem elektrochemischen Zweiphasensystem die Gleichgewichtseinstellung durch den Übertritt von Ionen des Elektrodenmaterials in die Lösung (oder umgekehrt) erfolgen kann. Als Beispiel hatten wir das System

$AgNO_3$ (Lösung)$^\beta$ | Ag^α $\qquad (2.8\text{-}36)$

genannt. Da die übergangsfähigen Ladungsträger hier die Metallionen sind, können wir allgemeiner eine Metallelektrode formulieren

$$(Me^{z+})^\beta \mid Me^\alpha \tag{2.8-37}$$

Die potentialbestimmende Bruttoreaktion ist dabei

$$(Me^{z+})^\beta \rightleftharpoons (Me^{z+})^\alpha \tag{2.8-38}$$

Nach Gl. (2.8-33) ist die Gleichgewichts-Galvanispannung einer solchen Elektrode

$$\Delta\varphi = \frac{\mu^{0\beta}(Me^{z+}) - \mu^{0\alpha}(Me^{z+})}{z(Me^{z+})F} + \frac{RT}{z(Me^{z+})F} \ln \frac{a^\beta(Me^{z+})}{a^\alpha(Me^{z+})} \tag{2.8-39}$$

Der erste Term auf der rechten Seite ist wieder konzentrationsunabhängig. Wir wollen ihn mit $\Delta\varphi^0$ bezeichnen. Der zweite Term auf der rechten Seite enthält die Konzentrationsabhängigkeit. Sofern die Elektrode aus einem reinen Metall besteht, ist $a^\alpha(Me^{z+}) = 1$. Die Lösung ist eine Mischphase, so dass $a^\beta(Me^{z+})$ im Allgemeinen $\neq 1$ ist. Wir können deshalb für Gl. (2.8-39) schreiben

$$\Delta\varphi = \Delta\varphi^0 + \frac{RT}{z(Me^{z+})F} \ln a^\beta(Me^{z+}) \tag{2.8-40}$$

Wir erkennen, dass für den Fall, dass die Aktivität der Metallionen in der Lösung 1 ist, $\Delta\varphi = \Delta\varphi^0$ wird. Einen solchen Zustand wollen wir als Standardzustand bezeichnen, $\Delta\varphi^0$ nennen wir deshalb *Standard-Galvanispannung*. Wir erkennen weiterhin, dass die Galvani-Spannung einer reinen Metallelektrode bei vorgegebener Temperatur allein eine Funktion der Aktivität der Metallionen in der Lösung ist.

Besteht die Elektrode nicht aus einem reinen Metall, sondern aus einer homogenen Legierung, beispielsweise einem Amalgam, dann ist natürlich $a^\alpha(Me^{z+}) \neq 1$, und wir erhalten anstelle von Gl. (2.8-40)

$$\Delta\varphi = \Delta\varphi^0 + \frac{RT}{z(Me^{z+})F} \ln \frac{a^\beta(Me^{z+})}{a^\alpha(Me^{z+})} \tag{2.8-41}$$

Gaselektroden

Bei einer Gaselektrode, beispielsweise einer Chlor- oder Wasserstoffelektrode (Teilgleichungen von Gl. (1.6-2),

$$Cl^- (Lösung)^\beta \mid Cl_2, Pt^\alpha \tag{2.8-42}$$

$$H^+ (Lösung)^\beta \mid H_2, Pt^\alpha \tag{2.8-43}$$

scheint das Elektrodenmaterial gar nicht an der elektrochemischen Reaktion beteiligt zu sein.

Wir schreiben deshalb erst einmal die potentialbestimmenden Bruttoreaktionen auf,

$$\frac{1}{2} Cl_2 + e^- \rightleftharpoons Cl^-_{aq} \tag{2.8-44}$$

$$H^+_{aq} + e^- \rightleftharpoons \frac{1}{2} H_2 \tag{2.8-45}$$

und erkennen daraus, dass die übergangsfähigen Ladungsträger offenbar die Elektronen sind. Diese sind aber doch Bestandteile des Elektrodenmaterials, das wir uns aus den positiven Metallionen und dem Elektronengas aufgebaut denken müssen. Wir formulieren deshalb analog zu Gl. (2.8-33)

$$\Delta\varphi = \frac{\mu^{0\beta}(e^-) - \mu^{0\alpha}(e^-)}{(-1)F} + \frac{RT}{(-1)F} \ln \frac{a^\beta(e^-)}{a^\alpha(e^-)} \tag{2.8-46}$$

wobei wir berücksichtigt haben, dass $z(e^-) = -1$. Wie für die Metallionen ist die Aktivität der Elektronen im reinen Metall $a^\alpha(e^-) = 1$.

> Wir erhalten somit
>
> $$\Delta\varphi = \frac{\mu^{0\alpha}(e^-) - \mu^{0\beta}(e^-)}{F} - \frac{RT}{F} \ln a^\beta(e^-) \tag{2.8-47}$$
>
> Wenn die Konzentration der freien Elektronen in der Lösung auch extrem klein ist, so ist ihre Aktivität doch eindeutig bestimmt durch das Gleichgewicht, an dem sie beteiligt sind.

Wir wollen dies am Fall der *Chlorelektrode* betrachten, für die sich nach Gl. (2.8-44) ergibt

$$K(Cl_2 \mid Cl^-) = \frac{a(Cl^-_{aq})}{a^{1/2}(Cl_2) \cdot a^\beta(e^-)} \tag{2.8-48}$$

Die in dieser Gleichung auftretenden Aktivitäten sind Gleichgewichtsaktivitäten. Wir verzichten hier auf die eckigen Klammern, die wir im Abschnitt 2.6.2 zur Kennzeichnung der Gleichgewichtsaktivitäten eingeführt hatten, da dies in den endgültigen Formeln (z. B. Gl. (2.8-52) oder 2.8-54) zu Missverständnissen führen würde. Dort sind, wie in Gl. (2.8-40) die Aktivitäten völlig frei wählbar, sie unterliegen keinerlei Beschränkungen. Das vorgelagerte Gleichgewicht äußert sich im Wert von $\Delta\varphi^0$.

Es empfiehlt sich, die Aktivität des gasförmigen Chlors in Gl. (2.8-48), so wie wir es in Abschnitt 2.6.2 (Tab. 2.6-1) getan haben, durch den Druck zu ersetzen. Dann erhalten wir statt Gl. (2.8-48)

$$K'(\text{Cl}_2 \mid \text{Cl}^-) = \frac{a(\text{Cl}^-_{\text{aq}}) \cdot (p^0)^{1/2}}{p^{1/2}(\text{Cl}_2) \cdot a^\beta(\text{e}^-)} \tag{2.8-49}$$

und weiterhin

$$a^\beta(\text{e}^-) = \frac{a(\text{Cl}^-_{\text{aq}}) \cdot (p^0)^{1/2}}{K'(\text{Cl}_2 \mid \text{Cl}^-) \cdot p^{1/2}(\text{Cl}_2)} \tag{2.8-50}$$

Die Kombination von Gl. (2.8-47) mit Gl. (2.8-50) führt zu

$$\Delta\varphi(\text{Cl}^- \mid \text{Cl}_2, \text{Pt}) = \frac{\mu^{0\alpha}(\text{e}^-) - \mu^{0\beta}(\text{e}^-)}{F} + \frac{RT}{F} \ln K'(\text{Cl}_2 \mid \text{Cl}^-) -$$
$$- \frac{RT}{F} \ln \frac{a(\text{Cl}^-_{\text{aq}}) \cdot (p^0)^{1/2}}{p^{1/2}(\text{Cl}_2)} \tag{2.8-51}$$

Die beiden ersten Terme auf der rechten Seite dieser Gleichung sind für eine bestimmte Temperatur und den Standarddruck Konstanten. Wir fassen sie zur Standard-Galvanispannung $\Delta\varphi^0$ zusammen und finden somit

$$\Delta\varphi(\text{Cl}^- \mid \text{Cl}_2, \text{Pt}) = \Delta\varphi^0(\text{Cl}^- \mid \text{Cl}_2, \text{Pt}) - \frac{RT}{F} \ln a(\text{Cl}^-_{\text{aq}}) + \frac{RT}{F} \ln \left(\frac{p(\text{Cl}_2)}{p^0}\right)^{1/2} \tag{2.8-52}$$

Die Galvani-Spannung der *Chlorelektrode* ist also sowohl von der Aktivität der Chlorid-Ionen als auch von dem Druck des gasförmigen Chlors abhängig.

Im Fall der *Wasserstoffelektrode* ergibt sich aus dem in Gl. (2.8-45) formulierten Gleichgewicht für die Aktivität der Elektronen in der Lösung

$$a^\beta(\text{e}^-) = \frac{p^{1/2}(\text{H}_2)}{K'(\text{H}_2/\text{H}^+) \cdot (p^0)^{1/2} a(\text{H}^+_{\text{aq}})} \tag{2.8-53}$$

Die Kombination der Gleichungen (2.8-47) und (2.8-53) liefert uns für

die Galvani-Spannung der *Wasserstoffelektrode*

$$\Delta\varphi(\text{H}^+ \mid \text{H}_2, \text{Pt}) = \Delta\varphi^0(\text{H}^+ \mid \text{H}_2, \text{Pt}) + \frac{RT}{F} \ln a(\text{H}^+_{\text{aq}}) - \frac{RT}{F} \ln \left(\frac{p(\text{H}_2)}{p^0}\right)^{1/2}$$
$$\tag{2.8-54}$$

Da die Wasserstoffelektrode wie die Metallionenelektrode ein Kationenbildner ist, steigt ihre Galvani-Spannung mit zunehmender Aktivität der positiven Ionen in der Lösung. Die Chlorelektrode ist ein Anionenbildner, ihre Galvani-Spannung sinkt mit zunehmender Aktivität der negativen Chlorid-Ionen.

Abbildung 2.8-5 Standard-Wasserstoffelektrode.

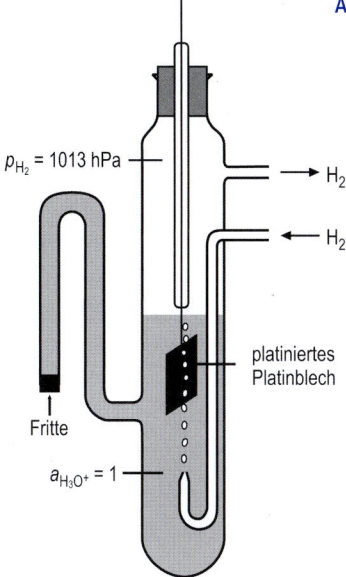

Besondere Bedeutung kommt der als Bezugselektrode verwendeten *Standard-Wasserstoffelektrode* zu, die in Abb. 2.8-5 dargestellt ist. Sie besteht aus einem platinierten Platinblech, das in eine Lösung der H_{aq}^+-Ionenaktivität 1 (1.19 mol HCl auf 1 kg H_2O) eintaucht und gleichzeitig von gasförmigem Wasserstoff vom Standarddruck $p_{H_2} = p^0 = 1.013$ bar umströmt wird. Unter diesen Bedingungen sind die beiden letzteren Terme von Gl. (2.8-54) gleich null.

Elektroden zweiter Art

Bei den Gaselektroden sind die potentialbestimmenden Ladungsträger, die Elektronen, Reaktionspartner in einem heterogenen Gleichgewicht Gas-Lösung. Es gibt jedoch auch Fälle, in denen potentialbestimmende Metall-Kationen Reaktionspartner in einem heterogenen Gleichgewicht sind, nämlich dann, wenn die Kationen des Elektrodenmaterials mit Anionen des Elektrolyten eine schwerlösliche Verbindung bilden können. Diese ergibt dann neben der Elektrode eine zweite feste Phase. Solche Elektroden nennt man Elektroden zweiter Art.

Als Beispiel behandeln wir zunächst die *Silber-Silberchlorid-Elektrode*. Sie besteht aus einem mit Silberchlorid überzogenen Silberdraht, der in eine Chlorid-Ionen enthaltende Lösung eintaucht. Der potentialbestimmende Schritt ist wie bei der Silberionen-Elektrode der Übergang von Ag^+-Ionen aus der Elektrode in die Lösung. Es gilt also zunächst nach Gl. (2.8-40)

$$\Delta\varphi(Cl^- \mid AgCl \mid Ag) = \Delta\varphi^0(Ag^+ \mid Ag) + \frac{RT}{F} \ln a(Ag^+) \qquad (2.8\text{-}55)$$

Infolge der Gegenwart von Cl^--Ionen in der Lösung ist die Ag^+-Ionenkonzentration in der Lösung extrem klein. Die Ag^+-Ionenaktivität ist jedoch eindeutig bestimmt durch das Gleichgewicht

$$Ag^+ + Cl^- \rightleftharpoons AgCl \tag{2.8-56}$$

Es ist

$$K = a^{-1}(Ag^+) \cdot a^{-1}(Cl^-) \tag{2.8-57}$$

oder, wenn wir anstelle der Gleichgewichtskonstanten K das *Löslichkeitsprodukt* K_L verwenden

$$K_L = K^{-1} = a(Ag^+) \cdot a(Cl^-) \tag{2.8-58}$$

Die Silberionenaktivität ist also

$$a(Ag^+) = K_L \cdot (a(Cl^-))^{-1} \tag{2.8-59}$$

Setzen wir dies in Gl. (2.8-55) ein, so erhalten wir zunächst

$$\Delta\varphi(Cl^- \mid AgCl \mid Ag) = \Delta\varphi^0(Ag^+ \mid Ag) + \frac{RT}{F}\ln K_L - \frac{RT}{F}\ln a(Cl^-) \tag{2.8-60}$$

Die beiden ersten Terme auf der rechten Seite von Gl. (2.8-60) sind bei einer bestimmten Temperatur wieder Konstanten, so dass wir sie zur Standard-Galvanispannung $\Delta\varphi^0(Cl^-|AgCl|Ag)$ der Silber-Silberchlorid-Elektrode zusammenfassen können. Wir erhalten

$$\Delta\varphi(Cl^- \mid AgCl \mid Ag) = \Delta\varphi^0(Cl^- \mid AgCl \mid Ag) - \frac{RT}{F}\ln a(Cl^-) \tag{2.8-61}$$

Die *Silber-Silberchlorid-Elektrode* zeigt damit die gleiche Abhängigkeit von der Chlorid-Ionenkonzentration wie die ($Cl^- \mid Cl_2$, Pt)-Elektrode (Gl. 2.8-52), weist aber eine andere Standard-Galvanispannung auf.

Außer der Silber-Silberchlorid-Elektrode spielt noch eine weitere Elektrode zweiter Art eine besondere Rolle als Bezugselektrode, die *Kalomelelektrode* (Abb. 2.8-6). Sie besteht aus Quecksilber als eigentlicher Elektrode, das mit festem Hg_2Cl_2 und einer (gesättigten oder 1 M) KCl-Lösung überschichtet ist. Bei dieser Elektrode wird die Hg_2^{2+}-Ionenaktivität in der Lösung durch das Gleichgewicht

$$Hg_2^{2+} + 2\,Cl^- \rightleftharpoons Hg_2Cl_2 \tag{2.8-62}$$

bestimmt. Damit ergibt sich die gleiche Abhängigkeit der Galvani-Spannung von der Chlorid-Ionenaktivität wie bei der Silber-Silberchlorid-Elektrode.

Abbildung 2.8-6 Die Kalomelelektrode.

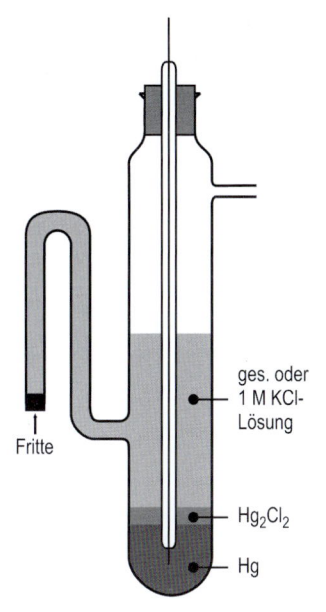

Redoxelektroden

Bei den Redoxelektroden sind die zwischen der Elektrode und der Lösung ausgetauschten Ladungsträger wie bei den Gaselektroden Elektronen. Ihre Aktivität wird festgelegt durch ein in der Lösung vorliegendes Redox-Gleichgewicht, das wir zunächst allgemein als

$$S_{ox} + ze^- \rightleftharpoons S_{red} \tag{2.8-63}$$

formulieren wollen. Ein im oxidierten Zustand vorliegender Stoff S geht unter Aufnahme von z Elektronen in den reduzierten Zustand über. Es ist dann

$$K = \frac{a(S_{red})}{a(S_{ox})(a^\beta(e^-))^z} \tag{2.8-64}$$

$$a^\beta(e^-) = \left(\frac{a(S_{red})}{K \cdot a(S_{ox})}\right)^{1/z} \tag{2.8-65}$$

Setzen wir Gl. (2.8-65) in Gl. (2.8-47) ein, so erhalten wir

$$\Delta\varphi(\text{Redox}) = \Delta\varphi^0(\text{Redox}) + \frac{RT}{|z|F} \ln \frac{a(S_{ox})}{a(S_{red})} \tag{2.8-66}$$

wenn wir die konzentrationsunabhängigen Terme wieder zur Standard-Galvani-Spannung zusammenfassen.

Wir wollen zwei Beispiele für Redoxelektroden nennen, bei denen als inerte Metallelektrode jeweils Platin dient. Ein einfaches Redoxpaar ist zwei- und dreiwertiges Eisen. Für diesen Fall nimmt Gl. (2.8-63) die Gestalt

$$Fe^{3+} + e^- \rightleftharpoons Fe^{2+} \tag{2.8-67}$$

an, und es folgt für die

Galvani-Spannung der Fe^{3+}-Fe^{2+}-Elektrode

$$\Delta\varphi(Fe^{3+}, Fe^{2+} \mid Pt) = \Delta\varphi^0(Fe^{3+}, Fe^{2+} \mid Pt) + \frac{RT}{F} \ln \frac{a(Fe^{3+})}{a(Fe^{2+})} \tag{2.8-68}$$

Eine etwas kompliziertere Redoxreaktion liegt bei der *Chinhydronelektrode* vor. Im sauren Medium wird Chinon zu Hydrochinon reduziert:

$$O=C_6H_4=O + 2\,H^+_{aq} + 2\,e^- \rightleftharpoons HO-C_6H_4-OH \tag{2.8-69}$$

Es ist

$$K = \frac{a(\text{Hydrochinon})}{a(\text{Chinon}) \cdot a^2(H^+_{aq}) \cdot (a^\beta(e^-))^2} \tag{2.8-70}$$

Lösen wir nach $a^\beta(e^-)$ auf und setzen in Gl. (2.8-47) ein, so erhalten wir für die

Galvani-Spannung der *Chinhydronelektrode*

$$\Delta\varphi(\text{Chinhydron} \mid Pt) = \Delta\varphi^0(\text{Chinhydron} \mid Pt) + \frac{RT}{2F} \ln \frac{a(\text{Chinon}) \cdot a^2(H^+_{aq})}{a(\text{Hydrochinon})} \tag{2.8-71}$$

Chinon und Hydrochinon bilden im wässrigen Medium schwerlösliches Chinhydron, eine Molekülverbindung, die Chinon und Hydrochinon im Verhältnis 1:1 enthält. Geht man von dieser bei der Herstellung der Chinhydronelektrode aus, so liegen Chinon und Hydrochinon in gleichen Konzentrationen vor, ihre Aktivitätskoeffizienten dürften, da es sich um Neutralmoleküle handelt, nahe bei 1 liegen. Unter diesen Bedingungen ist die Galvani-Spannung der Chinhydronelektrode nur von der Wasserstoffionenaktivität abhängig.

2.8.5
Konventionen über die Darstellung einer galvanischen Zelle und das Vorzeichnen elektrischer Potentialdifferenzen

Im Abschnitt 2.8.3 haben wir erkannt, dass es nicht möglich ist, die Galvani-Spannung von Halbzellen direkt zu messen, dass es vielmehr erforderlich ist, stets zwei Halbzellen zu einer galvanischen Zelle zu kombinieren. Über die Schreibweise solcher Zellen gibt es Konventionen, die „Stockholmer Konventionen" aus dem Jahre 1953, die wir zu beachten haben.

> 1. Phasengrenzen werden durch senkrechte Striche angegeben.

Wir haben bereits bei den Metallionen- und Gaselektroden davon Gebrauch gemacht:

$$Me^{z+} \mid Me \tag{2.8-37}$$

bzw.

$$H^+ \mid H_2, Pt \tag{2.8-43}$$

Kombinieren wir nun zwei Halbzellen zu einer galvanischen Zelle, so kann, wie im Fall des *Daniell*-Elementes

$$Zn \mid Zn^{2+} \mid Cu^{2+} \mid Cu \tag{2.8-72}$$

zwischen beiden Halbzellen eine weitere Phasengrenze auftreten. Das ist jedoch nicht immer der Fall, wie die Kombination einer Wasserstoff- und einer Chlorelektrode zeigt, die einen gemeinsamen Elektrolyten hat, der allerdings einmal mit H_2, das andere Mal mit Cl_2 gesättigt ist:

$$Pt, H_2 \mid HCl \mid Cl_2, Pt \tag{2.8-73}$$

> 2. Die elektrische Potentialdifferenz ΔV ist in Vorzeichen und Größe gleich der Differenz des elektrischen Potentials einer metallischen Zuleitung auf der rechten Seite und des elektrischen Potentials einer *gleichartigen* Zuleitung auf der linken Seite.

Wesentlich ist, dass die Zuleitungen auf beiden Seiten aus dem gleichen Material bestehen. Andernfalls würde das Messergebnis um die Galvani-Spannung (vgl. Abschnitt 2.8.2) zwischen den verschiedenen Zuleitungsmaterialien verfälscht werden. Im Fall der Kombination, die in Gl. (2.8-73) dargestellt ist, ist die Forderung automatisch erfüllt, beide Elektroden bestehen aus dem gleichen Material (Pt). Im Fall des Daniell-Elements würden wir anstelle von Gl. (2.8-72) richtiger schreiben

$$\text{Zn} \mid \text{Zn}^{2+} \mid \text{Cu}^{2+} \mid \text{Cu} \mid \text{Zn} \qquad (2.8\text{-}74)$$
$$\phantom{\text{Zn}\mid}\text{I}\text{II}\text{III}\text{IV}\text{I}'$$

oder

$$\text{Cu} \mid \text{Zn} \mid \text{Zn}^{2+} \mid \text{Cu}^{2+} \mid \text{Cu} \qquad (2.8\text{-}75)$$
$$\phantom{\text{Cu}\mid}\text{IV}'\text{I}\text{II}\text{III}\text{IV}$$

oder auch

$$\text{Me} \mid \text{Zn} \mid \text{Zn}^{2+} \mid \text{Cu}^{2+} \mid \text{Cu} \mid \text{Me} \qquad (2.8\text{-}76)$$
$$\phantom{\text{Me}\mid}\text{V}\text{I}\text{II}\text{III}\text{IV}\text{V}'$$

wobei Me für ein beliebiges Metall steht.

Die elektrische Potentialdifferenz ΔV muss sich additiv aus den Galvani-Spannungen an den einzelnen Phasengrenzen zusammensetzen, wobei die Differenzen von recht nach links zu bilden sind. So erhalten wir für die in den Gleichungen (2.8-74 bis 2.8-76) dargestellten Zellen

$$\Delta V = (\varphi^{I'} - \varphi^{IV}) + (\varphi^{IV} - \varphi^{III}) + (\varphi^{III} - \varphi^{II}) + (\varphi^{II} - \varphi^{I})$$
$$\Delta V = \varphi^{I'} - \varphi^{I} \qquad (2.8\text{-}77)$$

$$\Delta V = (\varphi^{IV} - \varphi^{III}) + (\varphi^{III} - \varphi^{II}) + (\varphi^{II} - \varphi^{I}) + (\varphi^{I} - \varphi^{IV'})$$
$$\Delta V = \varphi^{IV} - \varphi^{IV'} \qquad (2.8\text{-}78)$$

$$\Delta V = (\varphi^{V'} - \varphi^{IV}) + (\varphi^{IV} - \varphi^{III}) + (\varphi^{III} - \varphi^{II}) + (\varphi^{II} - \varphi^{I}) + (\varphi^{I} - \varphi^{V})$$
$$\Delta V = \varphi^{V'} - \varphi^{V} \qquad (2.8\text{-}79)$$

Dabei bedeuten $\varphi^{IV} - \varphi^{III}$ die Galvani-Spannung der $\text{Cu}^{2+} \mid \text{Cu}$-Elektrode und $\varphi^{II} - \varphi^{I}$ die der $\text{Zn} \mid \text{Zn}^{2+}$-Elektrode. $\varphi^{III} - \varphi^{II}$ ist der Potentialsprung, der an der Grenzfläche Flüssigkeit/Flüssigkeit auftritt und *Flüssigkeitspotential* oder *Diffusionspotential* genannt wird. Die Potentialdifferenzen $\varphi^{I'} - \varphi^{IV}$ und $\varphi^{I} - \varphi^{IV'}$ stellen beide die Galvani-Spannung zwischen Cu und Zn dar. Es muss also gelten

$$\varphi^{I} - \varphi^{IV'} = \varphi^{I'} - \varphi^{IV} \qquad (2.8\text{-}80)$$

Substituieren wir $\varphi^{I} - \varphi^{IV'}$ in Gl. (2.8-78) durch $\varphi^{I'} - \varphi^{IV}$, so geht Gl. (2.8-78) in Gl. (2.8-77) über.

Im Fall von Gl. (2.8-79) treten zwei Galvani-Spannungen zwischen Metallen auf, $(\varphi^{V'} - \varphi^{IV})$ und $(\varphi^{I} - \varphi^{V})$. Mit Gl. (2.8-29) können wir dafür ausführlicher schreiben

$$\chi(\text{Me}) - \chi(\text{Cu}) + \frac{1}{F}a(\text{Me}) - \frac{1}{F}a(\text{Cu}) \text{ und } \chi(\text{Zn}) - \chi(\text{Me}) + \frac{1}{F}a(\text{Zn}) - \frac{1}{F}a(\text{Me}).$$

Die Summe beider ist $\chi(\text{Zn}) - \chi(\text{Cu}) + \frac{1}{F}a(\text{Zn}) - \frac{1}{F}a(\text{Cu})$, also gleich der Galvani-Spannung $\text{Cu} \mid \text{Zn}$. Damit ist Gl. (2.8-79) ebenfalls mit Gl. (2.8-77) identisch.

3. Die Darstellung der galvanischen Zellen nach Gl. (2.8-72) bzw. Gl. (2.8-73) besagt, dass chemische Reaktionen

$$\frac{1}{2}\text{Zn} + \frac{1}{2}\text{Cu}^{2+} \rightarrow \frac{1}{2}\text{Zn}^{2+} + \frac{1}{2}\text{Cu} \qquad (2.8\text{-}81)$$

bzw.

$$\frac{1}{2}\text{H}_2 + \frac{1}{2}\text{Cl}_2 \rightarrow \text{H}^+ + \text{Cl}^- \qquad (2.8\text{-}82)$$

ablaufen, wenn positive Ladung durch die Zelle von links nach rechts transportiert wird. Fällt diese Richtung mit der Stromrichtung bei Kurzschluss der Zelle zusammen, so wird die elektrische Potentialdifferenz positiv gezählt.

Damit es zu einem Stromfluss kommt, müssen wir den Stromkreis schließen, indem wir die beiden Elektroden über einen Widerstand und ein Strommessgerät verbinden. Es fließen dann Elektronen von der Zn- bzw. Wasserstoffelektrode, wo sie bei der chemischen Reaktion entstehen [sofern das Verhältnis $a(\text{Cu}^{2+})/a(\text{Zn}^{2+})$ oder das Druckverhältnis $p(\text{H}_2)/p(\text{Cl}_2)$ nicht extrem klein ist], über die äußere Verbindung zur Cu- bzw. Chlorelektrode, wo sie für die chemische Reaktion benötigt werden. Gleichzeitig wird in der Zelle Strom von den Ionen transportiert (vgl. Abschnitt 1.6.2). Dabei fließen die positiven Ionen von links nach rechts. Entsprechend haben wir bereits im Abschnitt 1.6.1 die Wasserstoffelektrode als Anode, die Chlorelektrode als Kathode bezeichnet. Nach unserer Festlegung steht also links die Elektronen produzierende Anode, rechts die Elektronen verbrauchende Kathode.

4. Der im stromlosen Zustand gemessene Grenzwert der elektrischen Potentialdifferenz wird reversible Zellspannung genannt und mit E bezeichnet.

2.8.6
Elektrodenpotentiale

Die im vorangehenden Abschnitt getroffenen Festlegungen ermöglichen es uns nun auch, eine Messvorschrift anzugeben, mit deren Hilfe Relativwerte für die nicht unmittelbar bestimmbaren Galvani-Spannungen von Halbzellen gewonnen werden können. Wir stellen dazu galvanische Zellen her, die, wie wir am Ende des Abschnitts 2.8.3 bereits erwähnt haben, aus der fraglichen Halbzelle und einer Standard-Wasserstoffelektrode bestehen.

Unter dem *Elektrodenpotential* einer Elektrode (oder Halbzelle) verstehen wir dann die reversible Zellspannung einer Zelle, deren linke Seite aus einer Standard-Wasserstoffelektrode und deren rechte Seite aus der zu untersuchenden Elektrode besteht.

Wir wollen uns dies an zwei Beispielen veranschaulichen, der Bestimmung der Elektrodenpotentiale der Zink-(Zn^{2+} | Zn)- und der Kupfer-(Cu^{2+} | Cu)-Elektrode. Mit dieser Schreibweise wird noch einmal dokumentiert, dass es sich um die Elektrode auf der rechten Seite in unserem Schema handelt,

$$Pt, H_2 \mid H^+ \mid Zn^{2+} \mid Zn \tag{2.8-83}$$

$$Pt, H_2 \mid H^+ \mid Cu^{2+} \mid Cu \tag{2.8-84}$$

also um die Elektrode, die Elektronen für die chemische Reaktion liefern soll. Es sollten an diesen Elektroden also die Vorgänge

$$Zn^{2+} + 2\,e^- \rightarrow Zn \tag{2.8-85}$$

$$Cu^{2+} + 2\,e^- \rightarrow Cu \tag{2.8-86}$$

ablaufen. Im Standardzustand [$a(Zn^{2+}) = 1, a(Cu^{2+}) = 1$] haben die Zellen eine reversible Zellspannung von -0.763 V (Zn^{2+} | Zn) bzw. $+0.34$ V (Cu^{2+} | Cu). Die Vorzeichen zeigen uns an, dass im Fall der Cu-Elektrode die Reaktion gerade in der angegebenen Richtung abläuft, dass bei der Zn-Elektrode aber der Vorgang tatsächlich in umgekehrter Richtung vonstatten geht.

Das Elektrodenpotential der (Cu^{2+} | Cu)-Elektrode setzt sich additiv aus den verschiedenen Galvani-Spannungen zusammen

$$\begin{array}{c} Cu \mid Pt, H_2 \mid H^+ \mid Cu^{2+} \mid Cu \\ \text{IV}' \quad \text{I} \quad\;\; \text{II} \quad\;\; \text{III} \quad\;\; \text{IV} \end{array} \tag{2.8-87}$$

$$E = (\varphi^{IV} - \varphi^{III}) + (\varphi^{III} - \varphi^{II}) + (\varphi^{II} - \varphi^{I}) + (\varphi^{I} - \varphi^{IV'}) \tag{2.8-88}$$

$(\varphi^{IV} - \varphi^{III})$ ist die Galvani-Spannung $\Delta\varphi(Cu^{2+}|Cu)$ der $Cu^{2+}|Cu$-Elektrode. Das Diffusionspotential $(\varphi^{III} - \varphi^{II})$ können wir mit experimentellen Mitteln sehr klein machen (vgl. Abschnitt 2.8.7), so dass wir es hier vernachlässigen können. $(\varphi^{II} - \varphi^{I})$ ist die *Standard-Galvanispannung* $\Delta\varphi^0$ (Pt, H_2 |H^+) der Wasserstoffelektrode und $(\varphi^{I} - \varphi^{IV'})$ die Galvani-Spannung Cu | Pt. Wir können demnach für Gl. (2.8-88) schreiben

$$E_h(Cu^{2+} \mid Cu) = \Delta\varphi^0(Cu^{2+} \mid Cu) + \frac{RT}{2F} \ln a(Cu^{2+}) - \Delta\varphi^0(H^+ \mid H_2, Pt) + $$
$$+ \Delta\varphi(Cu \mid Pt) \tag{2.8-89}$$

$$E_h(Cu^{2+} \mid Cu) = E_h^0(Cu^{2+} \mid Cu) + \frac{RT}{2F} \ln a(Cu^{2+}) \tag{2.8-90}$$

$E_h^0(Cu^{2+}|Cu)$ bezeichnen wir als das *Standard-Elektrodenpotential* der Cu^{2+}|Cu-Elektrode. Wir erkennen, dass es außer der Standard-Galvanispannung der Cu^{2+}|Cu-Elektrode noch die Standard-Galvanispannung der Wasserstoffelektrode und die Galvani-Spannung Cu|Pt enthält. Um einen Bezugspunkt für die Elektrodenpotentiale zu gewinnen, hat man (vgl. Abschnitt 2.8.3) das Standardpotential der Standard-Wasserstoffelektrode willkürlich gleich null gesetzt.

Die Standard-Elektrodenpotentiale der Halbzellen hat man tabelliert. Vielfach bezeichnet man diese Aufstellung als *Spannungsreihe*. Tabelle 2.8-2 gibt einige der wichtigsten Daten wieder.

Tabelle 2.8-2 Standard-Elektrodenpotentiale nach R. C. Weast (Hrsg.) Handbook of Chemistry and Physics, 60th Ed., 3. Nachdruck 1981, The Chemical Rubber Co, Boca Raton, Florida.

Halbzelle	Elektrodenreaktion	$\dfrac{E_h^0}{V}$
	Metallionenelektroden	
$Li^+\|Li$	$Li^+ + e^- \leftrightarrow Li$	-3.045
$Rb^+\|Rb$	$Rb^+ + e^- \leftrightarrow Rb$	-2.925
$K^+\|K$	$K^+ + e^- \leftrightarrow K$	-2.924
$Cs^+\|Cs$	$Cs^+ + e^- \leftrightarrow Cs$	-2.923
$Ca^{2+}\|Ca$	$Ca^{2+} + 2e^- \leftrightarrow Ca$	-2.76
$Na^+\|Na$	$Na^+ + e^- \leftrightarrow Na$	-2.7109
$Mg^{2+}\|Mg$	$Mg^{2+} + 2e^- \leftrightarrow Mg$	-2.375
$Al^{3+}\|Al$	$Al^{3+} + 3e^- \leftrightarrow Al$	-1.66
$Zn^{2+}\|Zn$	$Zn^{2+} + 2e^- \leftrightarrow Zn$	-0.7628
$Fe^{2+}\|Fe$	$Fe^{2+} + 2e^- \leftrightarrow Fe$	-0.409
$Cd^{2+}\|Cd$	$Cd^{2+} + 2e^- \leftrightarrow Cd$	-0.4026
$Ni^{2+}\|Ni$	$Ni^{2+} + 2e^- \leftrightarrow Ni$	-0.23
$Pb^{2+}\|Pb$	$Pb^{2+} + 2e^- \leftrightarrow Pb$	-0.1263
$Cu^{2+}\|Cu$	$Cu^{2+} + 2e^- \leftrightarrow Cu$	$+0.3402$
$Ag^+\|Ag$	$Ag^+ + e^- \leftrightarrow Ag$	$+0.7996$
$Au^+\|Au$	$Au^+ + e^- \leftrightarrow Au$	$+1.68$
	Gaselektroden	
$H^+\|H_2, Pt$	$2H^+ + 2e^- \leftrightarrow H_2$	0.00
$OH^-\|O_2, Pt$	$O_2 + 2H_2O + 4e^- \leftrightarrow 4OH^-$	$+0.401$
$I^-\|I_2, Pt$	$I_2 + 2e^- \leftrightarrow 2I^-$	$+0.535$
$Cl^-\|Cl_2, Pt$	$Cl_2 + 2e^- \leftrightarrow 2Cl^-$	$+1.3583$
$F^-\|F_2, Pt$	$F_2 + 2e^- \leftrightarrow 2F^-$	$+2.87$
	Elektroden 2. Art	
$SO_4^{2-}\|PbSO_4\|Pb$	$PbSO_4 + 2e^- \leftrightarrow Pb + SO_4^{2-}$	-0.356
$I^-\|AgI\|Ag$	$AgI + e^- \leftrightarrow Ag + I^-$	-0.1519
$Cl^-\|AgCl\|Ag$	$AgCl + e^- \leftrightarrow Ag + Cl^-$	$+0.2223$
$Cl^-\|Hg_2Cl_2\|Hg$	$Hg_2Cl_2 + 2e^- \leftrightarrow 2Hg + 2Cl^-$	$+0.2682$
	Redoxelektroden	
$Cr^{3+}, Cr^{2+}\|Pt$	$Cr^{3+} + e^- \leftrightarrow Cr^{2+}$	-0.41
$Fe^{3+}, Fe^{2+}\|Pt$	$Fe^{3+} + e^- \leftrightarrow Fe^{2+}$	$+0.770$
Chinhydron|Pt	$O=C_6H_4=O + 2H^+ + 2e^- \rightleftarrows HO-C_6H_4-OH$	$+0.6992$
$Ce^{4+}, Ce^{3+}\|Pt$	$Ce^{4+} + e^- \leftrightarrow Ce^{3+}$	$+1.4430$

Der Wert einer solchen Auflistung liegt darin, dass die Standard-Zellspannung einer beliebigen Zelle durch Kombination der Standardpotentiale der beiden Elektroden erhalten werden kann. Wir wollen das am Beispiel des Daniell-Elements (Gl. 2.8-74) demonstrieren, wobei wiederum das Diffusionspotential vernachlässigt werden soll. Für die Standard-Zellspannung des Daniell-Elements schreiben wir entsprechend Gl. (2.8-77)

$$E^0(\text{Daniell-Element}) = \Delta\varphi(\text{Cu} \mid \text{Zn}) + \Delta\varphi^0(\text{Cu}^{2+} \mid \text{Cu}) - \Delta\varphi^0(\text{Zn}^{2+} \mid \text{Zn}) \tag{2.8-91}$$

In Gl. (2.8-77) treten zur Berechnung der reversiblen Zellspannung des Daniell-Elements nur Summen von Galvani-Spannungen auf, Gl. (2.8-91) hingegen enthält eine Differenz. Der Grund dafür ist folgender: In Gl. (2.8-77) wird die Galvani-Spannung der Halbzelle ($\text{Zn}|\text{Zn}^{2+}$), in Gl. (2.8-91) dagegen die Galvani-Spannung der Halbzelle ($\text{Zn}^{2+}|\text{Zn}$) gebraucht. Beide haben entgegengesetztes Vorzeichen.

Für die Standardpotentiale der Halbzellen gilt

$$E_h^0(\text{Cu}^{2+} \mid \text{Cu}) = \Delta\varphi^0(\text{Cu}^{2+} \mid \text{Cu}) - \Delta\varphi^0(\text{H}^+ \mid \text{H}_2, \text{Pt}) + \Delta\varphi(\text{Cu} \mid \text{Pt}) \tag{2.8-92}$$

$$E_h^0(\text{Zn}^{2+} \mid \text{Zn}) = \Delta\varphi^0(\text{Zn}^{2+} \mid \text{Zn}) - \Delta\varphi^0(\text{H}^+ \mid \text{H}_2, \text{Pt}) + \Delta\varphi(\text{Zn} \mid \text{Pt}) \tag{2.8-93}$$

Die Subtraktion der Gleichung (2.8-93) von Gl. (2.8-92) liefert gerade Gl. (2.8-91), da die Differenz aus den Galvani-Spannungen Cu|Pt und Zn|Pt gerade die Galvani-Spannung Cu|Zn ergibt. Aus Tab. 2.8-2 lesen wir die Standard-Elektrodenpotentiale $E_h^0(\text{Cu}^{2+}|\text{Cu}) = 0.3402$ V und $E_h^0(\text{Zn}^{2+}|\text{Zn}) = -0.7628$ V ab. Demnach beträgt die Standard-Zellspannung des Daniell-Elements 1.103 V, was in bester Übereinstimmung mit dem experimentellen Wert steht.

Für die Chlorknallgaskette haben wir im Abschnitt 2.8.1 aus thermodynamischen Daten eine reversible Standard-Zellspannung von 1.36 V berechnet. Aus Tab. 2.8-2 entnehmen wir für $E_h^0(\text{Cl}^- \mid \text{Cl}_2)$, das ja gerade die reversible Standard-Zellspannung einer Chlorelektrode gegen eine Standard-Wasserstoffelektrode darstellt, + 1.36 V.

2.8.7
Das Flüssigkeits- oder Diffusionspotential

Bei der Behandlung des Daniell-Elements (Gl. 2.8-72) haben wir davon gesprochen, dass an der Phasengrenze von zwei unterschiedlichen Elektrolytlösungen (z. B. CuSO_4- und ZnSO_4-Lösung) ein zusätzlicher Potentialsprung vorliegt. Dieses sog. *Flüssigkeits-* oder *Diffusionspotential* ist von unseren bisherigen Überlegungen noch nicht erfasst worden.

Wir wollen zunächst nach dem Entstehen des Diffusionspotentials fragen und betrachten dazu eine Phasengrenze zwischen zwei Elektrolytlösungen, die oft mit Hilfe einer Membran oder einer Fritte stabilisiert wird. Gleichgültig, ob die Lösungen sich nur in ihrer Konzentration oder grundlegend in der chemischen

Natur des Elektrolyten unterscheiden, haben die gelösten Ionen der Sorte i auf beiden Seiten der Phasengrenze ein unterschiedliches chemisches Potential μ_i:

$$\mu_i = \mu_i^\infty + RT \ln a_i \tag{2.8-94}$$

μ_i ist in der konzentrierteren Lösung größer als in der verdünnteren, so dass unter dem Einfluss des Gradienten des chemischen Potentials eine Diffusion der gelösten Ionen in Richtung auf die verdünntere Lösung einsetzt. Das hat gar nichts damit zu tun, dass es sich um eine Phasengrenze in einer galvanischen Zelle handelt. Die Anionen und Kationen des Elektrolyten diffundieren völlig unabhängig voneinander. Genauso, wie die Ionengröße einen Einfluss auf die elektrische Beweglichkeit u_i der Ionen (vgl. Gl. 1.6-23) hat, bestimmt sie auch die individuellen Diffusionskoeffizienten. So werden die kleineren Ionen schneller diffundieren als die größeren. Nehmen wir einmal an, das (solvatisierte) Kation sei größer als das Anion, so wie es beispielsweise für Cu^{2+} und SO_4^{2-} zutrifft. Dann eilen die Anionen voraus, wodurch es zu einer Ladungstrennung kommt. Vor der Phasengrenze entsteht ein Überschuss an negativer, dahinter ein Überschuss an positiver Ladung, also ein Potentialsprung über die Phasengrenze.

> Durch das zugehörige elektrische Feld werden die vorauseilenden Anionen gebremst, die zurückbleibenden Kationen beschleunigt, bis im stationären Zustand beide Ionensorten gleich schnell wandern. Die im stationären Zustand vorliegende Potentialdifferenz $\Delta\varphi_{Diff.}$ ist das Diffusionspotential.

Diffusionspotentiale sind zwar im Allgemeinen wesentlich kleiner als die Galvani-Spannungen der Elektroden, doch können sie bei exakten Messungen stören. Nur für einfache Fälle kann man sie berechnen (vgl. Abschnitt 2.8.8), weshalb man nach Möglichkeit versucht, sie durch experimentelle Maßnahmen auszuschalten. Dazu muss man jedoch wissen, welche elektrochemischen Größen für das Diffusionspotential bestimmend sind.

Im Abschnitt 2.8.1 haben wir die reversible Zellspannung einer Zelle nach

$$\Delta G = -zFE \tag{2.8-1}$$

berechnet. ΔG muss dabei natürlich alle Prozesse berücksichtigen, die mit elektrischer Arbeit verknüpft sind. Das waren bei unseren bisherigen Betrachtungen lediglich die an den Elektroden ablaufenden Vorgänge. Wenn nun ein Formelumsatz stattfindet, müssen nach Gl. (2.8-1) z mol Elektronen durch den äußeren Stromkreis von der linken Elektrode unseres Zellschemas zu der rechten fließen. Gleichzeitig wird eine äquivalente Strommenge von den Anionen und Kationen innerhalb des Elektrolyten transportiert. Liegt nun ein Diffusionspotential vor, so müssen die Ionen dieses Potential überwinden, wobei elektrische Arbeit auftritt. Wir wollen diesen Arbeitsanteil $\Delta G_{Diff.}$ nennen. Wenn die Ladung $z \cdot F$ über das Diffusionspotential $\Delta\varphi_{Diff.}$ transportiert wird, so ist die Arbeit

$$\Delta G_{Diff.} = -zF\Delta\varphi_{Diff} \tag{2.8-95}$$

Gelingt es nun, $\Delta G_{\text{Diff.}}$ zu berechnen, so gewinnen wir über Gl. (2.8-95) auch $\Delta\varphi_{\text{Diff.}}$. $\Delta G_{\text{Diff.}}$ erhalten wir als Summe der Änderungen des chemischen Potentials μ_i der verschiedenen am Stromtransport durch den Elektrolyten beteiligten Ionen i. Wir betrachten eine infinitesimal dicke, in der Diffusionsschicht liegende Flüssigkeitsschicht, über die sich das chemische Potential um $d\mu_i$ ändern möge. Der Anteil der verschiedenen Ionen mit der Ladung z_i am Stromtransport ist durch die Überführungszahlen t_i gegeben. Es muss also gelten

$$d\Delta G_{\text{Diff.}} = \sum_i z \frac{t_i}{z_i} d\mu_i \tag{2.8-96}$$

Über die gesamte Diffusionsschicht ändert sich das chemische Potential von $\mu_i(\text{I})$ nach $\mu_i(\text{II})$, so dass sich ergibt

$$\Delta G_{\text{Diff.}} = \sum_i \int_{\mu_i(\text{I})}^{\mu_i(\text{II})} z \frac{t_i}{z_i} d\mu_i \tag{2.8-97}$$

Die Kombination von Gl. (2.8-95) und Gl. (2.8-97) führt zu

$$\Delta\varphi_{\text{Diff.}} = -\frac{1}{F} \sum_i \int_{\mu_i(\text{I})}^{\mu_i(\text{II})} \frac{t_i}{z_i} d\mu_i \tag{2.8-98}$$

Setzen wir schließlich noch die Aktivitätsabhängigkeit des chemischen Potentials als

$$\mu_i = \mu_i^\infty + RT \ln a_i \tag{2.8-94}$$

ein, so folgt letztlich für den

> **Zusammenhang zwischen dem Diffusionspotential und den Aktivitäten der Ionen**
>
> $$\Delta\varphi_{\text{Diff.}} = -\frac{RT}{F} \sum_i \int_{a_i(\text{I})}^{a_i(\text{II})} \frac{t_i}{z_i} d\ln a_i \tag{2.8-99}$$

Für Anionen und Kationen haben die z_i unterschiedliches Vorzeichen, so dass, wenn wir die Summe über alle i bilden, die Differenz der Überführungszahlen von Anionen und Kationen die Größe des Diffusionspotentials bestimmen wird.

Ein Blick auf Tab. 1.6-5 zeigt uns, dass im Allgemeinen die Überführungszahlen von Anion und Kation deutlich verschieden sind, dass es aber einige Salze gibt, wie z. B. KCl, deren Ionen nahezu gleiche Überführungszahlen (≈ 0.5) besitzen. Solche Elektrolyte sollten nach Gl. (2.8-99) nur sehr kleine Diffusionspotentiale

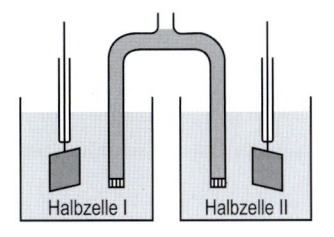

Abbildung 2.8-7 Galvanische Zelle mit Salzbrücke.

an ihrer Phasengrenze zu anderen Lösungen zeigen. Deshalb verbindet man Halbzellen mit unterschiedlichen Elektrolyten nicht unmittelbar miteinander, sondern schaltet, wie Abb. 2.8-7 zeigt, eine sog. *Salzbrücke* dazwischen.

Dies ist ein Verbindungsstück, das mit einer konzentrierten Lösung eines Elektrolyten gefüllt ist, der aus Ionen möglichst gleicher Überführungszahl besteht. Der Stromtransport in der Diffusionszone wird dann vorwiegend von diesen Ionen übernommen, und man erhält statt eines – u. U. recht großen – Diffusionspotentials an einer Phasengrenze zwei kleine Diffusionspotentiale an zwei Phasengrenzen, die sich sogar noch weitgehend kompensieren können.

Bisweilen ist es auch möglich, das Diffusionspotential dadurch zu verringern, dass man beiden aneinandergrenzenden Lösungen einen Elektrolyten j, dessen Anionen und Kationen gleiche Beweglichkeit haben, im Überschuss zusetzt. Dann wird der Stromtransport im Wesentlichen von diesen Ionen übernommen, so dass sie fast allein den Wert der Summe unter dem Integral in Gl. (2.8-99) bestimmen. Wegen $t_{+j} \approx t_{-j}$ resultiert ein nur kleines Diffusionspotential.

> Da das Auftreten des Diffusionspotentials mit der Überführung verknüpft ist, nennt man Zellen mit Diffusionspotential *Zellen mit Überführung*.

2.8.8
Verschiedene Typen von galvanischen Zellen

Chemische Zellen

Die von uns bislang besprochenen galvanischen Zellen wurden dadurch aufgebaut, dass zwei chemisch unterschiedliche Halbzellen gegeneinander geschaltet wurden. Die Zellenreaktion war stets eine chemische Reaktion, weshalb wir Zellen dieser Art *chemische Zellen* nennen wollen. Wir haben bei der Besprechung des Daniell-Elements (Gl. 2.8-72) und der Chlor-Wasserstoff-Zelle (Gl. 2.8-73) gesehen, dass die chemischen Zellen Zellen mit oder ohne Überführung sein können. Sorgen wir dafür, dass ein mögliches Diffusionspotential hinreichend klein bleibt, so können wir die reversible Zellspannung einer solchen chemischen Zelle durch die Nernst'sche Gleichung

$$E = E^0 - \frac{RT}{zF} \ln \Pi_i a_i^{v_i} \qquad (2.8\text{-}4)$$

wiedergeben. Die Standard-Zellspannung E^0 lässt sich durch Kombination der Standard-Elektrodenpotentiale der beiden Halbzellen ermitteln, indem wir das Standard-Elektrodenpotential der in unserem Schema links stehenden Halbzelle von dem der rechts stehenden abziehen.

Andererseits folgt Gl. (2.8-4) auch aus der Kombination der Galvani-Spannungen $\Delta\varphi$ zweier Halbzellen

$$\Delta\varphi = \Delta\varphi^0 + \frac{RT}{z_i F} \ln \frac{a_i^\beta}{a_i^\alpha} \tag{2.8-33}$$

> An dieser Stelle soll noch einmal darauf hingewiesen werden, dass z in Gl. (2.8-4) die Ladungszahl der Zellreaktion ist, also angibt, wie viele Ladungen bei einem Formelumsatz umgesetzt werden. Es ist immer positiv. Demgegenüber ist z_i in Gl. (2.8-33) die Ladungszahl des übergangsfähigen Ladungsträgers und als solche positiv oder negativ.

Als Beispiel wollen wir die Reaktion

$$\text{AgCl} + \frac{1}{2}\text{H}_2 \rightleftharpoons \text{H}^+_{\text{aq}} + \text{Cl}^-_{\text{aq}} + \text{Ag} \tag{2.8-100}$$

betrachten, für die wir die Zelle ohne Überführung

$$\text{Pt}, \text{H}_2 \mid \text{HCl} \mid \text{AgCl} \mid \text{Ag} \mid \text{Pt} \tag{2.8-101}$$

verwenden. Für Gl. (2.8-4) entnehmen wir aus Gl. (2.8-100)

$$\Pi_i a_i^{\nu_i} = a(\text{H}^+_{\text{aq}}) \cdot a(\text{Cl}^-) \cdot (a(\text{H}_2))^{-1/2} \tag{2.8-102}$$

Setzen wir dies in Gl. (2.8-4) ein, so ergibt sich mit $z = 1$ und nach Ersetzen der Aktivität des Wasserstoffs durch den Druck (vgl. Tab. 2.6-1)

$$E = E^0 - \frac{RT}{F} \ln \left[a(\text{H}^+_{\text{aq}}) \cdot a(\text{Cl}^-) \cdot \left(\frac{p^0}{p(\text{H}_2)} \right)^{1/2} \right] \tag{2.8-103}$$

Die beiden Halbzellen sind

$$\text{H}^+ \mid \text{H}_2, \text{Pt} \tag{2.8-104}$$

mit der Reaktion

$$\text{H}^+_{\text{aq}} + \text{e}^- \rightleftharpoons \frac{1}{2}\text{H}_2 \tag{2.8-105}$$

und der Galvani-Spannung

$$\Delta\varphi(\text{H}^+ \mid \text{H}_2, \text{Pt}) = \Delta\varphi^0(\text{H}^+ \mid \text{H}_2, \text{Pt}) + \frac{RT}{F} \ln a(\text{H}^+_{\text{aq}}) - \frac{RT}{F} \ln \left[\frac{p(\text{H}_2)}{p^0} \right]^{1/2} \tag{2.8-54}$$

und

Cl⁻ | AgCl | Ag | Pt (2.8-106)

mit der Reaktion

$$AgCl + e^- \rightleftharpoons Ag + Cl^- \quad (2.8\text{-}107)$$

und der Galvani-Spannung

$$\Delta\varphi(\text{Cl}^- \mid \text{AgCl} \mid \text{Ag} \mid \text{Pt}) = \Delta\varphi(\text{Ag} \mid \text{Pt}) + \Delta\varphi^0(\text{Cl}^- \mid \text{AgCl} \mid \text{Ag}) - \frac{RT}{F} \ln a(\text{Cl}^-)$$
(2.8-61)

Die reversible Zellspannung der Gesamtzelle ist die Differenz der Gleichungen (2.8-61) und (2.8-54)

$$E = \Delta\varphi(\text{Ag} \mid \text{Pt}) + \Delta\varphi^0(\text{Cl}^- \mid \text{AgCl} \mid \text{Ag}) - \frac{RT}{F} \ln a(\text{Cl}^-) - \left\{ \Delta\varphi^0(\text{H}^+ \mid \text{H}_2, \text{Pt}) + \right.$$
$$\left. + \frac{RT}{F} \ln a(\text{H}^+_{\text{aq}}) - \frac{RT}{F} \ln \left[\frac{p(\text{H}_2)}{p^0}\right]^{1/2} \right\}$$
(2.8-108)

$$E = E^0 - \frac{RT}{F} \ln \left\{ a(\text{H}^+_{\text{aq}}) \cdot a(\text{Cl}^-) \cdot \left[\frac{p^0}{p(\text{H}_2)}\right]^{1/2} \right\}$$
(2.8-109)

in völliger Übereinstimmung mit Gl. (2.8-103).

Konzentrationszellen

Gerade die Kombination der Galvani-Spannungen zweier Halbzellen zeigt uns, dass wir eine galvanische Zelle auch ohne eine chemische Reaktion betreiben können. Schalten wir zwei Halbzellen I und II der gleichen chemischen Natur zusammen, so folgt aus Gl. (2.8-33)

$$E = \Delta\varphi^0 + \Delta\varphi(\text{MeI} \mid \text{MeII}) - [\Delta\varphi^0 + \Delta\varphi(\text{MeI} \mid \text{MeII})] + \frac{RT}{z_i F} \ln \frac{(a_i^\beta)_{\text{II}} (a_i^\alpha)_{\text{I}}}{(a_i^\alpha)_{\text{II}} (a_i^\beta)_{\text{I}}}$$
(2.8-110)

Die Standard-Galvanispannungen und die Galvani-Spannungen zwischen den Metallen heben sich heraus. Die reversible Zellspannung ist ungleich null, sofern der Bruch hinter dem Logarithmus ungleich 1 ist. Damit dies der Fall ist, brauchen nicht alle (a_i^α) und (a_i^β) unterschiedlich zu sein. Wir unterscheiden zwei wichtige Fälle: Entweder sind die (a_i^α) gleich, d. h. die Elektroden identisch (im einfachsten Fall die reinen Metalle), und die (a_i^β), d. h. die Elektrolytaktivitäten unterscheiden sich, oder die (a_i^β) sind gleich, d. h. wir haben nur einen Elektrolyten, und die (a_i^α) sind verschieden, d. h. wir haben Konzentrationsunterschiede bei den Elektroden. Im ersteren Fall sprechen wir von *Elektrolyt-Konzentrationszellen*, im letzteren von *Elektroden-Konzentrationszellen*.

Für die Elektrolyt-Konzentrationszellen resultiert aus Gl. (2.8-110)

$$E = \frac{RT}{z_i F} \ln \frac{(a_i^\beta)_{II}}{(a_i^\beta)_{I}} \tag{2.8-111}$$

Die treibende Kraft ist hier nicht eine chemische Reaktion, sondern das reversible, isotherme Überleiten von Ionen der Aktivität $(a_i)_I$ in die Aktivität $(a_i)_{II}$.

Als Beispiel für eine Elektrolyt-Konzentrationszelle wollen wir eine Zelle betrachten, die zwei unterschiedlich konzentrierte HCl-Lösungen ($a_I > a_{II}$) und zwei (Cl$^-$|AgCl| Ag)-Elektroden enthält. Die durch Gl. (2.8-111) gegebene reversible Zellspannung werden wir nur bei einer Elektrolyt-Konzentrationszelle ohne Überführung messen. Eine solche können wir realisieren, indem wir entweder eine geeignete Salzbrücke zur Verbindung der beiden Halbzellen verwenden, oder wenn wir den Elektrolytlösungen der beiden Halbzellen einen indifferenten Elektrolyten in einem solchen Ausmaß zusetzen, dass der Stromtransport in der Zelle nahezu durch ihn allein erfolgt.

Wählen wir aber den Aufbau, wie er in Abb. 2.8-8 a dargestellt ist, dann haben wir es mit einer Zelle mit Überführung zu tun, und wir müssen das Diffusionspotential berücksichtigen. Abb. 2.8-8 b zeigt eine sog. *Helmholtz'sche Doppelzelle*, eine spezielle Konzentrationszelle ohne Überführung, auf die wir später zurückkommen werden.

Die Berechnung der reversiblen Zellspannung der in Abb. 2.8-8 a gezeigten Zelle

$$\text{Ag} \mid \text{AgCl} \mid \text{Cl}^-(a_I) \mid \text{Cl}^-(a_{II}) \mid \text{AgCl} \mid \text{Ag} \tag{2.8-112}$$

wollen wir auf zwei verschiedene Weisen durchführen, einerseits, indem wir sie gemäß

$$E_{\text{mit Überführung}} = E_{\text{ohne Überführung}} + \Delta\varphi_{\text{Diff.}} \tag{2.8-113}$$

als Summe aus der reversiblen Zellspannung der entsprechenden Zelle ohne Überführung und deren Diffusionspotential ermitteln, andererseits, indem wir eine Stoffbilanz aufstellen.

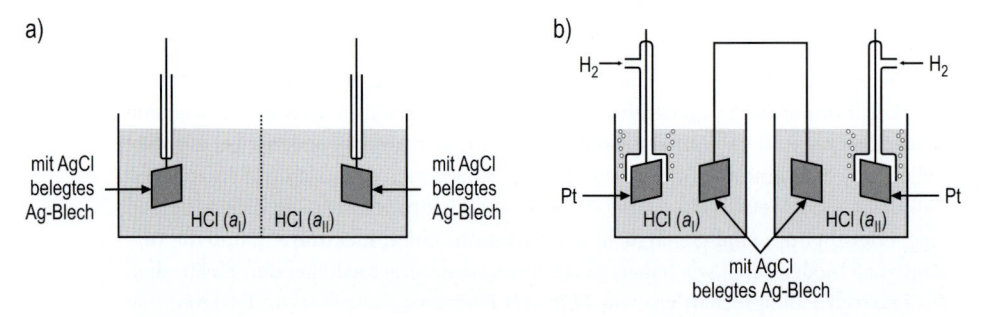

Abbildung 2.8-8 (a) Konzentrationszelle mit Überführung, (b) Doppelzelle ohne Überführung.

Im ersteren Fall müssen wir Gl. (2.8-99) integrieren, wobei wir die Überführungszahlen als konstant annehmen dürfen, wenn die Konzentrationsunterschiede nicht zu hoch sind. Die Überführungszahlen hängen nämlich kaum von der Konzentration ab.

$$\Delta\varphi_{\text{Diff.}} = -\frac{RT}{F}t_+ \int_{a_+(\text{I})}^{a_+(\text{II})} d\ln a_+ + \frac{RT}{F}t_- \int_{a_-(\text{I})}^{a_-(\text{II})} d\ln a_- \qquad (2.8\text{-}114)$$

$$\Delta\varphi_{\text{Diff.}} = -\frac{RT}{F}t_+ \ln\frac{a_+(\text{II})}{a_+(\text{I})} + \frac{RT}{F}(1-t_+)\ln\frac{a_-(\text{II})}{a_-(\text{I})} \qquad (2.8\text{-}115)$$

$$\Delta\varphi_{\text{Diff.}} = -\frac{RT}{F}t_+ \ln\frac{a_+(\text{II})a_-(\text{II})}{a_+(\text{I})a_-(\text{I})} + \frac{RT}{F}\ln\frac{a_-(\text{II})}{a_-(\text{I})} \qquad (2.8\text{-}116)$$

In diesem Ausdruck erscheinen, wie in Gl. (2.8-111), die Einzelionenaktivitäten. Diese sind im Gegensatz zu den mittleren Ionenaktivitäten $\alpha_\pm$ thermodynamisch nicht definiert und auch nicht messbar. Da sie, wie wir sogleich sehen werden, bei der weiteren Rechnung ohnehin wieder herausfallen, können wir sie als reine Rechengrößen zunächst beibehalten, oder aber wir machen die sicherlich gerechtfertigte Annahme, dass die Ionenaktivitätskoeffizienten der Anionen und Kationen gleich sind, dass also auch $a_+ = a_- = a$. Damit erhielten wir anstatt von Gl. (2.8-116)

$$\Delta\varphi_{\text{Diff.}} = -2\frac{RT}{F}t_+ \ln\frac{a(\text{II})}{a(\text{I})} + \frac{RT}{F}\ln\frac{a(\text{II})}{a(\text{I})}$$

$$\Delta\varphi_{\text{Diff.}} = (1-2t_+)\frac{RT}{F}\ln\frac{a(\text{II})}{a(\text{I})} \qquad (2.8\text{-}117)$$

Addieren wir zu Gl. (2.8-116) die reversible Zellspannung der Konzentrationszelle ohne Überführung – Gl. (2.8-111) –, so erhalten wir für die Konzentrationszelle mit Überführung

$$E_{\text{mit Überführ.}} = -\frac{RT}{F}t_+ \ln\frac{a_+(\text{II})a_-(\text{II})}{a_+(\text{I})a_-(\text{I})} +$$
$$+ \frac{RT}{F}\ln\frac{a_-(\text{II})}{a_-(\text{I})} - \frac{RT}{F}\ln\frac{a_-(\text{II})}{a_-(\text{I})} \qquad (2.8\text{-}118)$$

Für das Produkt der Einzelionenaktivitäten führen wir mit Gl. (2.5-188) die mittlere Ionenaktivität $\alpha_\pm$ ein, wobei wir noch Gl. (2.5-191) zu berücksichtigen haben. So erhalten wir schließlich für die

Konzentrationszelle mit Überführung

$$E_{\text{mit Überführ.}} = 2t_+ \frac{RT}{F}\ln\frac{a_\pm(\text{I})}{a_\pm(\text{II})} \qquad (2.8\text{-}119)$$

In ähnlicher Weise, wie wir es bei der Einführung der Überführungszahl in Abschnitt 1.6.5 getan haben, können wir auch für die Zelle der Gl. (2.8-112) eine Stoffbilanz aufstellen. Die linke Elektrode ist Anode mit der Elektrodenreaktion

$$Ag + Cl^- \rightarrow AgCl + e^- \tag{2.8-120}$$

die rechte ist Kathode mit der Elektrodenreaktion

$$AgCl + e^- \rightarrow Ag + Cl^- \tag{2.8-121}$$

Bei der Stromlieferung wandern positive H_{aq}^+-Ionen von der linken Elektrode zur rechten, d. h. aus der konzentrierteren Lösung in die verdünntere, Cl^--Ionen in umgekehrter Richtung, also von der verdünnteren in die konzentriertere. Dadurch wird ein Teil des Elektrodenvorgangs kompensiert. Es ergibt sich also, wenn wir der Zelle die Ladung $F \cdot 1mol$ entnehmen:

	Lösung in linker Halbzelle	Lösung in rechter Halbzelle
durch Elektrodenvorgang	-1 mol Cl^-	$+1$ mol Cl^-
durch Ionenwanderung	$-t_+$ mol H_{aq}^+	$+t_+$ mol H_{aq}^+
	$+t_-$ mol Cl^-	$-t_-$ mol Cl^-
	$-(1-t_-)$ mol Cl^-	$+(1-t_-)$ mol Cl^-
	$-t_+$ mol H_{aq}^+	$+t_+$ mol H_{aq}^+
entsprechend	$-t_+$ mol HCl	$+t_+$ mol HCl .

Die *reversible Verdünnungsarbeit* beträgt also

$$\Delta G = \Sigma v_i \mu_i = t_+[\mu^\infty(HCl) + RT \ln a(HCl)_{II}] - t_+[\mu^\infty(HCl) + RT \ln a(HCl)_I] \tag{2.8-122}$$

$$\Delta G = t_+ RT \ln \frac{a(HCl)_{II}}{a(HCl)_I} \tag{2.8-123}$$

Führen wir noch mit Gl. (2.5-187) und (2.5-188) die mittlere Ionenaktivität

$$(a_\pm)^2 = a(HCl) \tag{2.8-124}$$

ein, so finden wir schließlich, wenn wir noch Gl. (2.8-1) berücksichtigen,

$$E_{\text{mit Überführ.}} = 2t_+ \frac{RT}{F} \ln \frac{a_\pm(I)}{a_\pm(II)} \tag{2.8-125}$$

in völliger Übereinstimmung mit Gl. (2.8-119).

In Abb. 2.8-8 b haben wir noch eine spezielle Elektrolyt-Konzentrationszelle, die Helmholtz'sche Doppelzelle, kennengelernt. Bei ihr sind die beiden unterschiedlich konzentrierten Elektrolytlösungen nicht direkt oder über eine Salzbrücke, sondern über zwei identische Elektroden, im vorliegenden Fall über zwei Silber-Silberchlorid-Elektroden verbunden. Die Zelle ist also darzustellen als

$$\text{Pt, H}_2 \mid \text{HCl}(a_{II}) \mid \text{AgCl} \mid \text{Ag} - \text{Ag} \mid \text{AgCl} \mid \text{HCl}(a_I) \mid \text{H}_2\text{, Pt} \tag{2.8-126}$$

Auch bei dieser Zelle liegt die treibende Kraft im Konzentrationsunterschied beider Elektrolyte. Der Konzentrationsausgleich kann aber nicht wie im Fall der Konzentrationszelle mit Überführung durch eine unmittelbare Überführung des Elektrolyten von der einen Lösung in die andere geschehen, sondern nur, indem gemäß Gl. (2.8-100) in der rechten Zelle H$^+$- und Cl$^-$-Ionen durch die Bildung von H$_2$ und AgCl verschwinden und in der linken aus H$_2$ und AgCl entstehen.

Die reversible Zellspannung der in Gl. (2.8-126) angegebenen Zelle berechnet sich zu

$$E_{\text{Doppelzelle}} = \Delta\varphi[\text{H}^+_{(a_I)} \mid \text{H}_2\text{, Pt}] - \Delta\varphi[\text{Cl}^-_{(a_I)} \mid \text{AgCl} \mid \text{Ag}] + \\ + \Delta\varphi[\text{Cl}^-_{(a_{II})} \mid \text{AgCl} \mid \text{Ag}] - \Delta\varphi[\text{H}^+_{(a_{II})} \mid \text{H}_2\text{, Pt}] \tag{2.8-127}$$

Beachten wir, dass die Standard-Galvanispannungen der gleichartigen Elektroden einander gleich sind und dass beide Wasserstoffelektroden unter dem gleichen Wasserstoffdruck arbeiten, so ergibt sich aus Gl. (2.8-127)

$$E_{\text{Doppelzelle}} = \frac{RT}{F} \ln \frac{a(\text{H}^+_{\text{aq}})_I \, a(\text{Cl}^-)_I}{a(\text{Cl}^-)_{II} \, a(\text{H}^+_{\text{aq}})_{II}} \tag{2.8-128}$$

Führen wir schließlich wieder die mittleren Ionenaktivitäten ein, so erhalten wir für die

Helmholtz'sche Doppelzelle

$$E_{\text{Doppelzelle}} = \frac{2RT}{F} \ln \frac{a_\pm(I)}{a_\pm(II)} \tag{2.8-129}$$

Zum Vergleich seien noch einmal die reversible Zellspannung der Konzentrationszelle ohne Überführung

$$E_{\text{ohne Überführ.}} = \frac{RT}{F} \ln \frac{a_\pm(I)}{a_\pm(II)} \tag{2.8-111}$$

und mit Überführung

$$E_{\text{mit Überführ.}} = 2t_+ \frac{RT}{F} \ln \frac{a_\pm(I)}{a_\pm(II)} \tag{2.8-119}$$

angegeben.

Abschließend wollen wir uns noch mit den *Elektroden-Konzentrationsketten* beschäftigen. Wir können sie auf zweierlei Weise erhalten, wobei keine Diffusionspotentiale auftreten, weil beide Elektroden in derselben Elektrolytlösung arbeiten. Beispiele für solche Ketten sind

$$\text{Pt}, \text{H}_2(p_1) \mid \text{HCl} \mid \text{H}_2(p_2), \text{Pt} \qquad (p_1 > p_2) \tag{2.8-130}$$

oder

$$\text{Zn}(a_1)\text{Hg} \mid \text{ZnSO}_4 \mid \text{Zn}(a_2)\text{Hg} \tag{2.8-131}$$

Im ersteren Fall besteht die Zellreaktion in der Expansion von 1 mol Wasserstoff vom Druck p_1 auf den Druck p_2. Die reversible Zellspannung dieser Kette erhalten wir unmittelbar aus Gl. (2.8-54) zu

$$E = \Delta\varphi(\text{II}) - \Delta\varphi(\text{I}) = \frac{RT}{2F} \ln \frac{p_1(\text{H}_2)}{p_2(\text{H}_2)} \tag{2.8-132}$$

da sich die ersten und zweiten Terme auf der rechten Seite von Gl. (2.8-54) fortheben.

Im Fall der in Gl. (2.8-131) wiedergegebenen Zelle besteht die Zellreaktion in dem Konzentrationsausgleich zwischen den beiden Zinkamalgamelektroden. Die reversible Zellspannung erhalten wir wie bei der Elektrolyt-Konzentrationskette aus Gl. (2.8-110). Wir müssen nur darauf achten, dass jetzt die Aktivitäten in der Lösung (β) gleich sind, so dass sich

$$E = \frac{RT}{2F} \ln \frac{a_i^\alpha(\text{II})}{a_i^\alpha(\text{I})} \tag{2.8-133}$$

ergibt.

2.8.9
Anwendungen von Potentialmessungen

Bereits in früheren Abschnitten haben wir davon gesprochen, dass Messungen von reversiblen Zellspannungen geeignet sind, thermodynamische Größen zu bestimmen. Darüber hinaus kommt ihnen große analytische Bedeutung zu. Vorbedingung für eine sinnvolle Anwendbarkeit ist zum einen eine exakte Messung der reversiblen Zellspannung, zum anderen eine zuverlässige Ermittlung der Standard-Zellspannung bzw. der Standard-Elektrodenpotentiale.

Die Messung der reversiblen Zellspannung muss stromlos geschehen, wie wir ausführlich in Abschnitt 1.6.1 besprochen haben. Das kann mit Hilfe einer Kompensation erfolgen (vgl. Abb. 1.6-5) oder einfacher mit einem hochohmigen elektronischen Messgerät.

Ermittlung von Standard-Elektrodenpotentialen

Die Ermittlung eines Standard-Elektrodenpotentials wollen wir am Beispiel der (Cl$^-$|AgCl|Ag)-Elektrode besprechen. Wir betrachten dazu die Zelle

$$\text{Pt, H}_2 \mid \text{HCl} \mid \text{AgCl} \mid \text{Ag,} \mid \text{Pt} \tag{2.8-101}$$

die kein Diffusionspotential aufweist. Die Wasserstoffelektrode betreiben wir mit einem Druck von 1.013 bar. Dann ist die reversible Zellspannung gegeben durch

$$E = E^0(\text{Cl}^- \mid \text{AgCl} \mid \text{Ag}) - E^0(\text{H}^+ \mid \text{H}_2, \text{Pt}) - \frac{RT}{F}\ln a(\text{Cl}^-) - \frac{RT}{F}\ln a(\text{H}^+_{\text{aq}}) \tag{2.8-134}$$

Da wir das Standardpotential auf die Standard-Wasserstoffelektrode beziehen, ist $E^0(\text{H}^+|\text{H}_2, \text{Pt})$ gleich null. Es gilt also

$$E = E^0(\text{Cl}^- \mid \text{AgCl} \mid \text{Ag}) - \frac{RT}{F}\ln[a(\text{Cl}^-)a(\text{H}^+_{\text{aq}})] \tag{2.8-135}$$

Wir führen nun noch mit Gl. (2.5-188) die mittlere Ionenaktivität

$$a(\text{Cl}^-)a(\text{H}^+_{\text{aq}}) = a^2_\pm(\text{HCl}) \tag{2.8-136}$$

ein und ersetzen diese nach Gl. (2.5-193) durch die molare Konzentration c und den mittleren Ionenaktivitätskoeffizienten $\gamma_\pm$.

$$a_\pm(\text{HCl}) = \gamma_\pm \cdot c(\text{HCl}) \tag{2.8-137}$$

Dann folgt aus Gl. (2.8-135)

$$E = E^0(\text{Cl}^- \mid \text{AgCl} \mid \text{Ag}) - \frac{2RT}{F}\ln c(\text{HCl}) - \frac{2RT}{F}\ln \gamma_\pm \tag{2.8-138}$$

E wird gemessen, c ist als molare Konzentration des Elektrolyten bekannt. Zur Bestimmung von E^0 benötigen wir jedoch noch den mittleren Ionenaktivitätskoeffizienten $\gamma_\pm$. Verwenden wir sehr verdünnte Lösungen, so können wir $\gamma_\pm$ nach dem Debye-Hückel'schen Grenzgesetz berechnen. Wir haben im Abschnitt 2.5.5 gefunden, dass

$$\ln \gamma_\pm = z_+ z_- A\, I^{1/2} \tag{2.5-200}$$

was für den ein-einwertigen Elektrolyten HCl

$$\ln \gamma_\pm = -A\sqrt{\frac{1}{2}(c_+ + c_-)} = -A\sqrt{c} \tag{2.8-139}$$

ergibt. Berücksichtigen wir dies in Gl. (2.8-138) und stellen noch etwas um, so resultiert

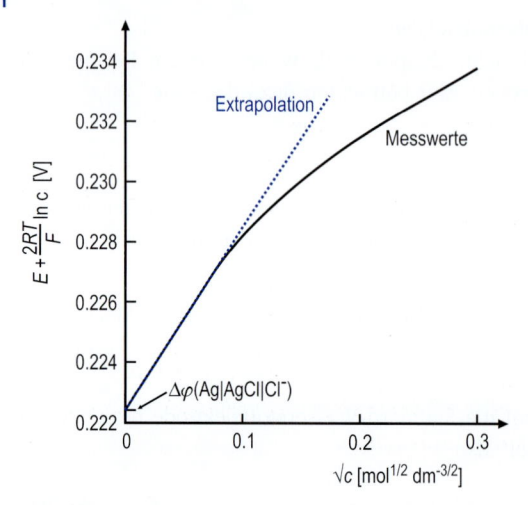

Abbildung 2.8-9 Ermittlung von E^0 durch Extrapolation am Beispiel der Kette Pt, H_2|HCl|AgCl|Ag.

$$E + \frac{2RT}{F} \ln c(\text{HCl}) = E^0(\text{Cl}^- \mid \text{AgCl} \mid \text{Ag}) + \frac{2RT}{F} A \sqrt{c(\text{HCl})} \qquad (2.8\text{-}140)$$

Wir erkennen daraus, dass die Auftragung von $E + \frac{2RT}{F} \cdot \ln c(\text{HCl})$ gegen $\sqrt{c}(\text{HCl})$ im Gültigkeitsbereich des Debye-Hückel'schen Grenzgesetzes eine Gerade mit dem Achsenabschnitt E^0 ergeben sollte. Bei höheren Konzentrationen weichen die Messpunkte von der Geraden ab, wie aus Abb. 2.8-9 zu erkennen ist. Nach dem beschriebenen Extrapolationsverfahren lassen sich die E^0-Werte vieler Halbzellen ermitteln.

Bestimmung von Freien Standard-Reaktionsenthalpien, Standard-Reaktionsentropien, Standard-Reaktionsenthalpien und Gleichgewichtskonstanten

Im Abschnitt 2.8.1 ist der Zusammenhang der Reaktionsgrößen ΔG, ΔS und ΔH mit der reversiblen Zellspannung im Einzelnen diskutiert worden. Es ist

$$\Delta G^0 = -zFE^0 \qquad (2.8\text{-}1)$$

$$\Delta S^0 = zF \left(\frac{\partial E^0}{\partial T} \right)_p \qquad (2.8\text{-}10)$$

Daraus folgt unmittelbar mit Hilfe der Gibbs-Helmholtz'schen Gleichung Gl. (2.6-114)

$$\Delta H^0 = -zF \left[E^0 - T \left(\frac{\partial E^0}{\partial T} \right)_p \right] \qquad (2.8\text{-}17)$$

Gleichgewichtskonstanten K ergeben sich aus ΔG^0 gemäß Gl. (2.6-10)

$$\ln K = -\frac{\Delta G^0}{RT} = \frac{zF}{RT} E^0 \qquad (2.8\text{-}141)$$

Wir sehen, dass wir die genannten thermodynamischen Größen über die Standard-Zellspannung bestimmen können. Die Schwierigkeit besteht in der Ausschaltung eines möglichen Diffusionspotentials und in der Ermittlung von E^0 nach dem voranstehend geschilderten Extrapolationsverfahren.

Bestimmung des Löslichkeitsproduktes eines schwerlöslichen Salzes

Im Abschnitt 2.8.4 haben wir bei der Behandlung der Elektroden zweiter Art gesehen, dass das Löslichkeitsprodukt K_L eines schwerlöslichen Salzes, das ein Ion mit dem Elektrodenmaterial gemeinsam hat, in die Standard-Galvanispannung der Elektrode mit eingeht. Aus dem Vergleich von Gl. (2.8-60) mit Gl. (2.8-61) ergibt sich, dass am Beispiel der AgCl|Ag – Elektrode

$$\ln K_L = \frac{F}{RT}[E^0(\text{Cl}^- \mid \text{AgCl} \mid \text{Ag}) - E^0(\text{Ag}^+ \mid \text{Ag})] \qquad (2.8\text{-}142)$$

ist. Das Löslichkeitsprodukt lässt sich also aus den Standard-Potentialen der Elektrode 2. Art und der entsprechenden Metallionen-Elektrode berechnen.

Bestimmung von mittleren Aktivitätskoeffizienten

Da nach der Nernst'schen Gleichung die reversible Zellspannung einer Zelle von den Aktivitäten der Ionen abhängt, wird sie nicht nur durch die Konzentrationen, sondern auch durch die Aktivitätskoeffizienten bestimmt. Wir haben dies in den Gl. (2.8-135) bis (2.8-138) für das Beispiel der Zelle Pt, H_2|HCl|AgCl|Ag|Pt im Einzelnen formuliert. Haben wir einmal für eine Zelle nach dem Extrapolationsverfahren E^0 ermittelt, dann können wir aus der gemessenen reversiblen Zellspannung und der bekannten Konzentration c nach Gl. (2.8-138) den mittleren Ionenaktivitätskoeffizienten $\gamma_\pm$ berechnen. Dabei spielt es jetzt natürlich keine Rolle, ob die Konzentration noch im Gültigkeitsbereich des Debye-Hückel'schen Grenzgesetzes liegt oder nicht.

Elektrometrische pH_a-Bestimmung

Unter dem pH_a-Wert verstehen wir bekanntlich den negativen dekadischen Logarithmus der H_{aq}^+-Ionenaktivität

$$pH_a = -\log a(H_{aq}^+) \qquad (2.8\text{-}143)$$

Zur Bestimmung des pH_a-Wertes bietet sich deshalb eine galvanische Zelle an, die mindestens *eine* auf die H_{aq}^+-Ionenaktivität ansprechende Halbzelle enthält. So kann man vielfach eine Wasserstoffionen-Konzentrationskette verwenden, bei der eine *Wasserstoffelektrode* in die Lösung mit der unbekannten Wasserstoffionenaktivität eintaucht und die Bezugselektrode die Standard-Wasserstoffelektrode ist. Wird auch die erstere Elektrode unter einem Druck von 1.013 bar betrieben, so ergibt sich

$$E = \frac{RT}{F} \ln a(\text{H}_{\text{aq}}^+) + \Delta\varphi_{\text{Diff.}} \qquad (2.8\text{-}144)$$

$$\text{pH}_a = -\frac{(E - \Delta\varphi_{\text{Diff.}})F}{RT \cdot \ln 10} \qquad (2.8\text{-}145)$$

Selbstverständlich lässt sich als Bezugselektrode, die über eine Salzbrücke mit der Messelektrode verbunden ist, auch eine andere Elektrode verwenden. Hat diese Bezugselektrode ein Standard-Elektrodenpotential E_{hB}^0 und wird sie unter Standardbedingungen betrieben, so folgt statt Gl. (2.8-145)

$$\text{pH}_a = -\frac{(E + E_{\text{hB}}^0 - \Delta\varphi_{\text{Diff.}})F}{RT \cdot \ln 10} \qquad (2.8\text{-}146)$$

Bisweilen lässt sich jedoch die Wasserstoffelektrode nicht als Indikatorelektrode verwenden, z. B. dann, wenn die Lösung Elektrodengifte enthält, die die Einstellung des Wasserstoffpotentials stören, oder Substanzen, die in Gegenwart des Platins vom Wasserstoff reduziert werden. In einem solchen Fall lässt sich oft als H_{aq}^+-ionensensitive Indikatorelektrode die im Abschnitt 2.8.4 behandelte *Chinhydron-Elektrode* einsetzen.

Eine besondere Bedeutung kommt bei pH-Messungen der *Glaselektrode* als Indikatorelektrode zu. Abbildung 2.8-10 zeigt ihren Aufbau. Der wesentliche Teil der Glaselektrode ist eine sehr dünnwandige Glaskugel aus niedrigschmelzendem, natriumreichem Glas, die den unteren Teil eines Glasrohres bildet. Rohr und Kugel sind mit einer Pufferlösung gefüllt, in die wiederum eine Ableitelektrode, beispielsweise eine Kalomelelektrode oder eine Silber-Silberchlorid-Elektrode taucht. Die Glaselektrode wird in die Lösung mit dem unbekannten pH-Wert eingetaucht. Als Gegenelektrode verwendet man zweckmäßigerweise eine der Innenelektrode gleiche Ableitelektrode. Der Aufbau der Messeinrichtung entspricht also dem Schema

$$\text{Hg} \mid \text{Hg}_2\text{Cl}_2 \mid \text{KCl}_{\text{ges.}} \mid \text{Innenlösung} \mid \text{Außenlösung} \mid \text{KCl}_{\text{ges.}} \mid \text{Hg}_2\text{Cl}_2 \mid \text{Hg}$$
$$\text{Glas}$$

$$(2.8\text{-}147)$$

Die Glaselektrode kann in einem pH-Bereich von 1 bis 9, mit geringerer Genauigkeit sogar bis 14, verwendet werden, auch in Gegenwart stark oxidierender Substanzen. Die Gegenwart von Katalysatorgiften oder Schwermetall-Ionen hat keinen Einfluss auf das von ihr angezeigte Potential. Entscheidend für die Arbeitsfähigkeit dieser Elektrode ist jedoch, dass sie stets in einem wässrigen Medium aufbewahrt wird. Ihre Wirkungsweise beruht nämlich darauf, dass die Glasoberfläche im Wasser quillt und dass dabei im SiO_2-Netzwerk gebundene Kationen (Na^+) gegen Wasserstoff-Kationen ausgetauscht werden. Kommt diese Quellschicht nun in Kontakt mit einer wasserstoffionenhaltigen Lösung, so wird es zu einem Austausch von Wasserstoff-Kationen zwischen Quellschicht und Lösung kommen, weil die Aktivitäten und chemischen Potentiale der Wasserstoff-Ionen in den beiden Phasen im

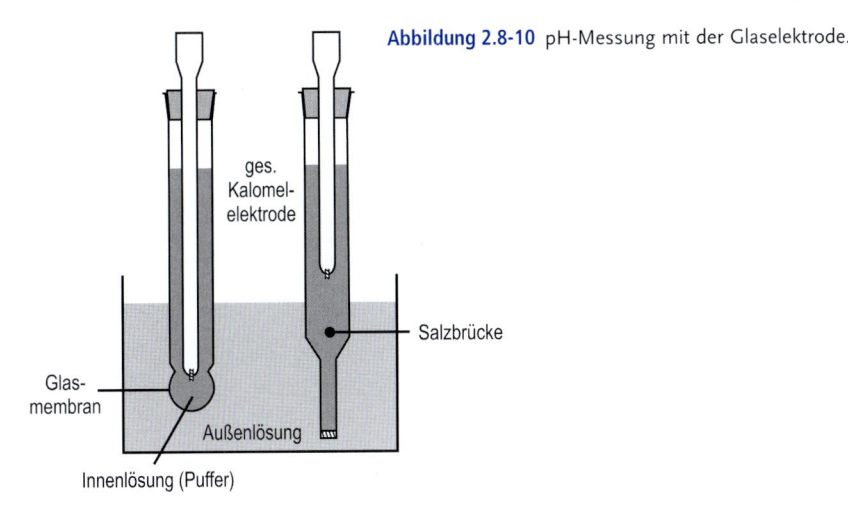

Abbildung 2.8-10 pH-Messung mit der Glaselektrode.

Allgemeinen nicht gleich sein werden. Wenn sich Gleichheit der elektrochemischen Potentiale eingestellt hat, sollte sich nach Gl. (2.8-33) eine Potentialdifferenz von

$$\Delta\varphi_{\text{Oberfl.}} = \Delta\varphi^0 + \frac{RT}{F} \ln \frac{a(\text{H}_{\text{aq}}^+, \text{Lösung})}{a(\text{H}_{\text{aq}}^+, \text{Quellschicht})} \tag{2.8-148}$$

aufgebaut haben. Da dies für beide Seiten der Glasmembran gilt, deren Kationenleitfähigkeit bei der geringen Dicke ausreicht, die beiden Quellschichten leitend zu verbinden, sollte man als Potentialdifferenz zwischen der Innen- und Außenlösung erwarten

$$\Delta\varphi_{\text{Glasel.}} = \frac{RT}{F} \ln \frac{a(\text{H}_{\text{aq}}^+ \text{ außen})}{a(\text{H}_{\text{aq}}^+ \text{ innen})} \tag{2.8-149}$$

Sind die beiden Ableitelektroden wie in Gl. (2.8-147) identisch, so sollte, abgesehen von Diffusionspotentialen, Gl. (2.8-149) die reversible Zellspannung der Messkette wiedergeben. Tatsächlich findet man empirisch die Beziehung

$$E = \Delta\varphi_{\text{As}} + \Delta\varphi_{\text{Diff.}} + \frac{RT}{F} \ln \frac{a(\text{H}_{\text{aq}}^+ \text{ außen})}{a(\text{H}_{\text{aq}}^+ \text{ innen})} \tag{2.8-150}$$

$$E = \Delta\varphi_{\text{As}} + \Delta\varphi_{\text{Diff.}} + \frac{RT}{F} \ln 10 \cdot (\text{pH}_{\text{innen}} - \text{pH}_{\text{außen}}) \tag{2.8-151}$$

Es tritt zusätzlich ein *Asymmetriepotential* $\Delta\varphi_{\text{As}}$ auf, das seine Ursache in unterschiedlichen Eigenschaften der inneren und äußeren Quellschicht hat.

Durch Verwendung spezieller Gläser oder Ionenaustauschermembranen ist es gelungen, im Aufbau der Glaselektrode entsprechende ionensensitive Elektroden für eine größere Anzahl einfacher Kationen und Anionen zu entwickeln.

Potentiometrische Titration

Als weitere analytische Anwendung der Potentialmessungen sei noch die potentiometrische Titration erwähnt. Gleichgültig, ob wir es mit *Neutralisations-, Komplexbildungs-, Fällungs-* oder *Redoxtitrationen* zu tun haben, ändert sich beim Ablauf der Titration die Aktivität des mit dem zugesetzten Reagenz reagierenden Ions. Es kommt also darauf an, eine galvanische Zelle zu verwenden, in der das betreffende Ion potentialbestimmend ist.

Handelt es sich um eine Neutralisationsreaktion, so verwendet man zweckmäßigerweise eine Zelle der Art

$$\text{Pt}, \text{H}_2(p = 1.013\,\text{bar}) \mid \text{HA}(c) \mid \text{KCl}_{\text{ges.}} \mid \text{KCl}(c = 0.1\,\text{M}) \mid \text{Hg}_2\text{Cl}_2 \mid \text{Hg} \mid \text{Pt} \tag{2.8-152}$$

Die reversible Zellspannung dieser Kette ist dann gegeben durch

$$E = \Delta\varphi(\text{Hg} \mid \text{Pt}) + \Delta\varphi(0.1\,\text{M Kalomel}) - \Delta\varphi^0(\text{H}^+ \mid \text{H}_2, \text{Pt}) - \frac{RT}{F}\ln a(\text{H}^+_{\text{aq}}) \tag{2.8-153}$$

Da sich bei der Titration an der Galvani-Spannung der Kalomelelektrode nichts ändert, fassen wir die drei ersten Terme auf der rechten Seite von Gl. (2.8-153) unter Einbeziehung eines Diffusionspotentials zu einer Konstante E' zusammen. Weiterhin wollen wir der Einfachheit halber für die folgende Diskussion den Aktivitätskoeffizienten zu 1 annehmen, was wir in der Nähe des Neutralpunktes, der uns besonders interessiert, sicherlich auch dürfen. Wir erhalten also

$$E = E' - \frac{RT}{F}\ln c(\text{H}^+_{\text{aq}}) \tag{2.8-154}$$

Einer bestimmten Änderung der reversiblen Zellspannung $E_2 - E_1$ entspricht nach

$$E_2 - E_1 = -\frac{RT}{F}\ln\frac{c_2}{c_1} \tag{2.8-155}$$

eine bestimmte relative Konzentrationsänderung c_2/c_1. So führt die Konzentrationsabnahme um eine Zehnerpotenz ($c_2/c_1 = 0.1$) zu einer Zunahme der reversiblen Zellspannung bei 298 K um 59 mV.

Gehen wir beispielsweise von 100 cm³ einer 10^{-2} M Säure aus (pH = 2) und titrieren diese mit 0.1 M Natronlauge, so benötigen wir für die Erniedrigung der Säurekonzentration auf 10^{-3} M 9 cm³, auf 10^{-4} M weitere 0.9 cm³, auf 10^{-5} M zusätzliche 0.09 cm³ usw. Die für eine bestimmte Potentialänderung benötigte Menge Natronlauge nimmt also bei Annäherung an den Äquivalenzpunkt ständig ab. Am Äquivalenzpunkt betragen H_{aq}^+- und OH^--Ionenkonzentrationen 10^{-7} mol dm⁻³, da das Ionenprodukt des Wassers $K_W = c(\text{H}_{\text{aq}}^+) \cdot c(\text{OH}^-)$ bei 298 K $1.008 \cdot 10^{-14}$ mol² dm⁻⁶ beträgt. Überschreiten wir den Äquivalenzpunkt, so benötigen wir wieder steigende Mengen Natronlauge, um $c(\text{H}_{\text{aq}}^+)$ um jeweils eine Zehnerpotenz zu erniedrigen. Den 10^{-8}, 10^{-9}, ... 10^{-12} M (H_{aq}^+)-Ionenlösungen

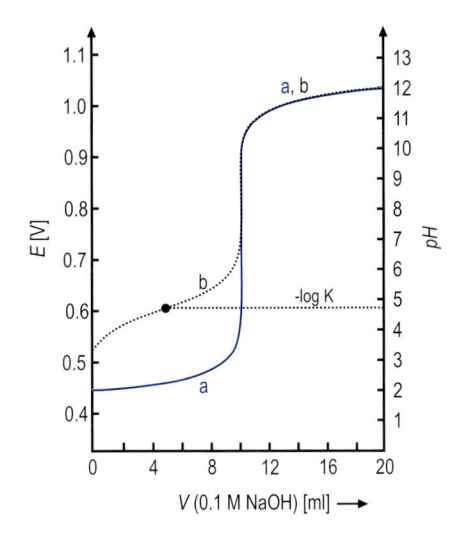

Abbildung 2.8-11 Titration einer starken Säure (HCl, Kurve (a)) und einer schwachen Säure (Essigsäure, Kurve (b)) mit einer starken Base. Vorlage 100 ml 0.01 M Säure, Titriermittel 0.1 M NaOH.

entsprechen nämlich 10^{-6}, 10^{-5}, ... 10^{-2} M NaOH-Lösungen, die wir durch weitere Zugabe von NaOH über den Äquivalenzpunkt hinaus erhalten müssen. Die beschriebene Titrationskurve ist in Abb. 2.8-11 wiedergegeben.

Deutlich anders sieht die Titrationskurve aus, wenn wir eine schwache Säure mit einer starken Base titrieren, z. B. Essigsäure mit Natronlauge. Wieder gehen wir von 100 cm³ einer 10^{-2} M Essigsäurelösung (pH = 3.38) aus. Der Kurvenverlauf ist als Kurve b in Abb. 2.8-11 aufgenommen. Beachten wir, dass das Dissoziationsgleichgewicht der schwachen Säure durch

$$K = \frac{a(\mathrm{H}_{aq}^+)a(\mathrm{Ac}^-)}{a(\mathrm{HAc})} \tag{2.8-156}$$

gegeben ist, dann erhalten wir durch Logarithmieren

$$-\log K = -\log a(\mathrm{H}_{aq}^+) - \log \frac{a(\mathrm{Ac}^-)}{a(\mathrm{HAc})} \approx \mathrm{pH} - \log \frac{c(\mathrm{Ac}^-)}{c(\mathrm{HAc})} \tag{2.8-157}$$

Ist $c(\mathrm{Ac}^-) = c(\mathrm{HAc})$, d. h. ist die Salzkonzentration gleich der noch vorhandenen Säure, also gerade die Hälfte der bis zum Äquivalenzpunkt erforderlichen Menge an Base zugegeben, so ist $-\log K = \mathrm{pH}$. Wir können also aus der Titrationskurve unmittelbar $\log K$ ablesen. Im Fall der Essigsäure (Abb. 2.8-11 Kurve b) finden wir auf diese Weise $K = 1.75 \cdot 10^{-5}$.

2.8.10
Kernpunkte des Abschnitts 2.8

- ☑ Freie Reaktionsenthalpie und reversible Zellspannung Gl. (2.8-1)
- ☑ Nernst'sche Gleichung Gl. (2.8-4)
- ☑ Standard-Zellspannung Gl. (2.8-5)
- ☑ Temperaturabhängigkeit der reversiblen Zellspannung Gl. (2.8-10)
- ☑ Druckabhängigkeit der reversiblen Zellspannung Gl. (2.8-12)
- ☑ Inneres elektrisches Potential (Galvani-Potential) S. 489
- ☑ Äußeres elektrisches Potential (Volta-Potential) S. 489
- ☑ Oberflächenpotential S. 489
- ☑ Reales Potential Gl. (2.8-19)
- ☑ Elektrochemisches Potential Gl. (2.8-20)
- ☑ Elektrochemisches Gleichgewicht Gl. (2.8-32)
- ☑ Galvani-Spannung einer Halbzelle Gl. (2.8-33)
- ☑ Elektrodenpotential einer Halbzelle Gl. (2.8-33)
- ☑ Metallionenelektroden Gl. (2.8-40)
- ☑ Standard-Galvanispannung Gl. (2.8-40)
- ☑ Gaselektroden Gl. (2.8-47)
- ☑ Chlorelektrode Gl. (2.8-52)
- ☑ Wasserstoffelektrode Gl. (2.8-54)
- ☑ Standard-Wasserstoffelektrode S. 501
- ☑ Elektroden zweiter Art S. 501
- ☑ Silber-Silberchlorid-Elektrode Gl. (2.8-61)
- ☑ Kalomelelektrode Gl. (2.8-62)
- ☑ Redoxelektroden S. 503
- ☑ Fe^{3+}-Fe^{2+}-Elektrode Gl. (2.8-68)
- ☑ Chinhydronelektrode Gl. (2.8-71)
- ☑ Stockholmer Konventionen S. 504
- ☑ Standard-Elektrodenpotentiale Tab. 2.8-2

Flüssigkeits- oder Diffusionspotential S. 510, Gl. (2.8-99)

- ☑ Salzbrücke S. 513
- ☑ Chemische Zellen S. 513
- ☑ Konzentrationszellen ohne Überführung Gl. (2.8-111)
- ☑ Konzentrationszellen mit Überführung Gl. (2.8-119)
- ☑ Ermittlung von Standard-Elektrodenpotentialen S. 521
- ☑ Bestimmung thermodynamischer Daten aus Messungen der reversiblen Zellspannung S. 522
- ☑ Bestimmung von mittleren Aktivitätskoeffizienten S. 523
- ☑ Elektrochemische pH_a-Wert-Messung S. 523
- ☑ Glaselektrode S. 525
- ☑ Potentiometrische Titration S. 526

2.8.11
Rechenbeispiele zu Abschnitt 2.8

1. Welchen Wert hat die Freie Standard-Reaktionsenthalpie der Reaktion $Ag + \frac{1}{2} Hg_2Cl_2 \rightleftharpoons AgCl + Hg$? Man verwende die Daten aus Tab. 2.8-2.

2. Mit der Zelle $Ag|AgI|Ag_2S$, S, Graphit sind von C. Wagner die thermodynamischen Daten der Reaktion $2 Ag (fest) + S (flüssig) \rightleftharpoons Ag_2S (fest)$ ermittelt worden. Es wurde E^0 als Funktion der Temperatur gemessen:

T/K	E^0/V
473	0.228
523	0.236
573	0.244

   Man berechne die Freie Standard-Reaktionsenthalpie, die Standard-Reaktionsentropie, die Standard-Reaktionsenthalpie und die Gleichgewichtskonstante der Reaktion bei 523 K.

3. Wie groß müsste das Verhältnis der Aktivitäten $a(Zn^{2+})/a(Cu^{2+})$ der Zink- und Kupferionen mindestens sein, damit in einem Daniell-Element bei 298 K die Reaktion $Zn^{2+} + Cu \rightarrow Zn + Cu^{2+}$ spontan abläuft?

4. Welchen Wert hat die Gleichgewichtskonstante des Gleichgewichts $Fe^{2+} + Ce^{4+} \rightleftharpoons Fe^{3+} + Ce^{3+}$ bei 298 K? Man verwende die Daten aus Tab. 2.8-2.

5. Ein reiner Eisendraht wird in eine $CuSO_4$-Lösung eingebracht. Man schüttelt, bis sich das Gleichgewicht eingestellt hat. Welches Verhältnis $[a(Fe^{2+})]/[a(Cu^{2+})]$ liegt dann bei 298 K vor? Die erforderlichen Daten entnehme man Tab. 2.8-2.

6. Aus den Daten der Tab. 2.8-2 ermittle man unter Beachtung der den E_h^0-Werten zugrundeliegenden Reaktionen den E_h^0-Wert für die Halbzelle $Fe^{3+}|Fe$.

7. In eine wässrige Lösung von Fe^{3+}-Ionen wird metallisches Eisen eingebracht. Man berechne mit Hilfe des Ergebnisses der Aufg. 6 und der Tab. 2.8-2 das Verhältnis $[a(Fe^{2+})]^3/[a(Fe^{3+})]^2$, das sich im Gleichgewicht bei 298 K einstellt.

8. Mit der Zelle $Pt, H_2|HCl|AgCl|Ag$ misst man in Abhängigkeit von der molaren Konzentration $c(HCl)$ bei 298 K und $p(H_2) = 1.013$ bar folgende Werte der reversiblen Zellspannung

$\dfrac{c}{mol\ dm^{-3}}$	0.0001	0.0002	0.0005	0.001	0.002	0.005
$\dfrac{E}{V}$	0.69622	0.66084	0.61422	0.57912	0.54423	0.49843
$\dfrac{c}{mol\ dm^{-3}}$	0.01	0.02	0.05	0.10	0.20	
$\dfrac{E}{V}$	0.46418	0.43023	0.38588	0.35240	0.31874	

Mit welcher Funktion lässt sich die Beziehung zwischen E und c im Bereich sehr niedriger Konzentrationen linearisieren, bis zu welcher Konzentration gilt diese lineare Beziehung, was folgt daraus für $E_h^0(Cl^-|AgCl|Ag)$? Man vergleiche den experimentell gefundenen Wert der Konstanten A (vgl. Gl. (2.8-140)) mit dem nach der Debye-Hückel'schen Theorie berechneten Wert. Man berechne den mittleren Ionen-Aktivitätskoeffizienten $\gamma_\pm$ als Funktion der Konzentration sowohl nach der Debye-Hückel'schen Theorie als auch aus dem experimentellen Ergebnis.

9. Man ermittle aus den Daten der Tab. 2.8-2 die Größe des Löslichkeitsproduktes K_L des AgCl bei 298 K.

2.8.12
Literatur zu Abschnitt 2.8

Gileadi, E. (2011) *Physical Electrochemistry: Fundamentals, Techniques and Applications*, Wiley-VCH, Weinheim

Hamann, C. H., Hamnett, A. and Vielstich, W. (2007) *Electrochemistry*, 2nd ed., Wiley-VCH, Weinheim

Hamann, C. H. und Vielstich, W. (2005) *Elektrochemie*, 4. Aufl., Wiley-VCH, Weinheim

Bard, A. J. and Faulkner, L. R. (2001) *Electrochemical Methods: Fundamentals and Applications*, 2nd ed., John Wiley & Sons, New York

Crow, D. R. (1994) *Principles and Applications of Electrochemistry*, 4th ed., CRC Press, Boca Raton

Kortüm, G. (1972) *Lehrbuch der Elektrochemie*, Verlag Chemie, Weinheim

3
Aufbau der Materie

Wenn wir uns mit dem Aufbau der Materie beschäftigen, so verfolgen wir damit mehrere Ziele.

1. Wir möchten etwas erfahren über den strukturellen Aufbau der Materie, d. h. über die Anordnung der Atome in Molekülen oder der Atome oder Moleküle in kondensierten Phasen.
2. Wir möchten wissen, worauf diese speziellen Anordnungen zurückzuführen sind.
3. Wir möchten Auskunft erhalten über das Wesen der Bindung zwischen den Bausteinen der Materie, d. h. über die Art und die Stärke der Bindung.
4. Wir möchten die unter den Punkten 1 bis 3 gestellten Fragen nicht nur für spezielle Fälle, sondern möglichst allgemein beantworten können. Das heißt, dass wir nach Beziehungen suchen, die es uns dann auch erlauben, die bereits im Abschnitt 1.3 im Zusammenhang mit der statistischen Thermodynamik angeschnittene Frage nach den Energiezuständen, in denen ein Teilchen oder ein System existieren kann, allgemein zu beantworten.

Wir werden sehen, dass uns die verschiedenartigen Wechselwirkungen zwischen elektromagnetischer Strahlung und Materie die Informationen im Einzelfall liefern. Andererseits haben wir bereits im einführenden Abschnitt 1.4 erkannt, dass wir das Verhalten der Teilchen im atomaren Bereich nicht mit den Gesetzen der klassischen Physik, sondern nur mit der Wellenmechanik erfassen können. So werden Quantenmechanik und Spektroskopie sowie die Verknüpfung beider die Hauptthemen dieses Kapitels sein.

Im Abschnitt 3.1 werden wir als Grundlage für die folgenden Abschnitte die Anwendung der Schrödinger-Gleichung auf einfache Systeme wie den Rotator, den harmonischen Oszillator und das Wasserstoffatom behandeln. Wir werden uns dann zunächst der Wechselwirkung zwischen Strahlung und Atomen zuwenden (Abschnitt 3.2) und aus den dort erkannten Gesetzmäßigkeiten Aussagen über den Zusammenhang zwischen dem Atomaufbau und dem Periodensystem gewinnen.

Das Verhalten der Materie im elektrischen und im magnetischen Feld (Abschnitt 3.3) sowie die Wechselwirkung zwischen Strahlung und – zunächst nur zweiatomigen – Molekülen (Abschnitt 3.4) gewähren uns einen Einblick in den

Lehrbuch der Physikalischen Chemie, Sechste Auflage. Gerd Wedler und Hans-Joachim Freund.
© 2012 Wiley-VCH Verlag GmbH & Co. KGaA. Published 2012 by Wiley-VCH Verlag GmbH & Co. KGaA.

Aufbau und das Verhalten der Moleküle und geben die Grundlage für die im Abschnitt 3.5 zu besprechende chemische Bindung.

Im Abschnitt 3.6 werden wir zunächst einige Betrachtungen über Symmetrien anstellen, uns mehratomigen Molekülen und ihrer quantenmechanischen Beschreibung zuwenden und nach der Struktur der kondensierten Materie, d. h. der Flüssigkeiten, der Festkörper, ihrer Beschreibung durch Energiebänder und der Flüssigkristalle fragen.

3.1
Quantenmechanische Behandlung einfacher Systeme

> Im einführenden Abschnitt 1.4 haben wir grundlegende Kenntnisse bezüglich des Arbeitens mit der Schrödinger-Gleichung gewonnen. Auf ihnen wollen wir nun aufbauen und einfache Systeme quantenmechanisch behandeln, die die Basis für die Interpretation optischer Spektren und für das Verstehen des Aufbaus der Atome bilden.
>
> Abschnitt 3.1.1 ist der Behandlung des starren Rotators gewidmet. Damit schaffen wir die Voraussetzungen einerseits für die Auswertung von Rotationsspektren, andererseits für die Lösung der Schrödinger-Gleichung für das Wasserstoffatom.
>
> Während aus den Rotationsspektren Atomabstände in den Molekülen ermittelt werden können, liefern Schwingungsspektren Aussagen über die Bindungsenergie. Deshalb werden wir im Abschnitt 3.1.2 den harmonischen Oszillator besprechen.
>
> Das, was wir in den beiden ersten Abschnitten gelernt haben, wird uns sehr helfen, die Schrödinger-Gleichung für das Wasserstoffatom in Abschnitt 3.1.3 zu lösen. Wir werden uns intensiv mit der Interpretation der Wellenfunktionen des Wasserstoffatoms beschäftigen.
>
> Erst die Behandlung des Drehimpulses in Abschnitt 3.1.4 wird es uns allerdings ermöglichen, die Eigenschaften des Wasserstoffatoms völlig zu verstehen.

3.1.1
Behandlung des starren Rotators

Im einführenden Abschnitt über die Quantentheorie (Abschnitt 1.4) haben wir die Schrödinger-Gleichung lediglich auf Teilchen angewandt, die keinem oder nur einem ortsunabhängigen Potential ausgesetzt waren. Außerdem haben wir uns auf die lineare Bewegung beschränkt.

Wir wollen jetzt einen Schritt weitergehen und zunächst die Kreisbewegung betrachten. Sie ist für uns von besonderer Wichtigkeit, um die Effekte zu verstehen, die mit der Rotation der Moleküle und mit dem Drehimpuls in Zusammenhang stehen.

Wir erinnern uns, dass wir beim Übergang von der linearen Bewegung zur Kreisbewegung die Masse m durch das

3.1 Quantenmechanische Behandlung einfacher Systeme

Trägheitsmoment I

$$I = mr^2 \tag{3.1-1}$$

und die Geschwindigkeit v durch die

Winkelgeschwindigkeit ω

$$\omega = 2\pi v_r \tag{3.1-2}$$

ersetzen müssen. Dabei ist r der Abstand der Masse von der Rotationsachse und v_r die Rotationsfrequenz.

In der klassischen Mechanik ergibt sich dann die *Rotationsenergie* E_{rot} zu

$$E_{\text{rot}} = \frac{1}{2} I\omega^2 = 2\pi^2 m r^2 v_r^2 \tag{3.1-3}$$

wobei jede beliebige *Rotationsfrequenz* v_r und jeder beliebige *Abstand r* und damit auch beliebige Werte der Rotationsenergie zugelassen sind.

Betrachten wir die Rotation von zwei starr miteinander verbundenen Massen m_1 und m_2 (Modell eines zweiatomigen Moleküls) um ihren Schwerpunkt, so ersetzen wir zweckmäßigerweise die Rotation der beiden einzelnen Massen durch die Rotation einer *reduzierten Masse μ*, die die Rotationsachse im Abstand

$$r = r_1 + r_2 \tag{3.1-4}$$

umkreist.

Abbildung 3.1-1 verdeutlicht uns dies. Die Lage des Schwerpunkts ist uns durch die Beziehung

$$m_1 r_1 = m_2 r_2 \tag{3.1-5}$$

gegeben. Mit Gl. (3.1-4) folgt daraus

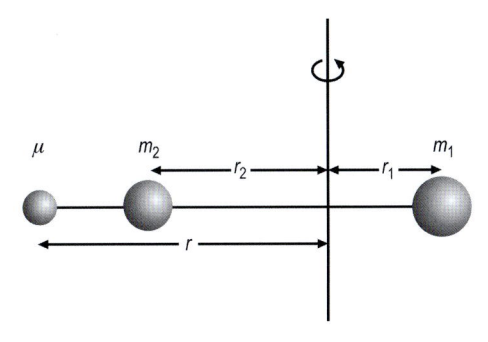

Abbildung 3.1-1 Zur Einführung der reduzierten Masse μ.

$$r_1 = \frac{m_2}{m_1 + m_2} \cdot r \tag{3.1-6}$$

$$r_2 = \frac{m_1}{m_1 + m_2} \cdot r \tag{3.1-7}$$

Das Trägheitsmoment des aus den beiden Massen bestehenden Systems ist

$$I = m_1 r_1^2 + m_2 r_2^2 \tag{3.1-8}$$

und mit Gl. (3.1-6) und Gl. (3.1-7)

$$I = \frac{m_1 \cdot m_2}{(m_1 + m_2)} \cdot r^2 \tag{3.1-9}$$

Wollen wir die Rotation des Systems durch die Rotation der reduzierten Masse μ im Abstand r ersetzen, so muss mit Gl. (3.1-1) gelten

$$I = \mu \cdot r^2 \tag{3.1-10}$$

Durch Koeffizientenvergleich erhalten wir für die

> **reduzierte Masse**
> $$\mu = \frac{m_1 \cdot m_2}{m_1 + m_2} \tag{3.1-11}$$

Für die Rotationsenergie gilt klassisch dann Gl. (3.1-3) entsprechend.

Starrer Rotator mit raumfester Achse

Wenden wir uns nun der quantenmechanischen Betrachtungsweise zu. Wir wollen auch hier zunächst einen sehr einfachen Fall behandeln, nämlich den, dass die Richtung der Rotationsachse festliegt und dass der Abstand r sich mit der Rotation nicht ändert. Man bezeichnet einen solchen Rotator als starren Rotator mit raumfester Achse.

Wir haben nur eine Variable vorliegen, wie bei der linearen Bewegung längs der x-Achse. Den Übergang zur Kreisbewegung vollziehen wir formal, indem wir anstelle der x-Koordinate $r \cdot \varphi$ einführen, wobei r der konstante Abstand von der Rotationsachse und φ der veränderliche Winkel ist, den die Verbindungsgerade zwischen Ursprung und Punkt mit der positiven x-Achse einschließt (vgl. Abb. 3.1-3). Die später zu behandelnde Gl. (3.1-26) rechtfertigt dies Verfahren. Da das rotierende Teilchen keinem Potential unterliegt, lautet die Schrödinger-Gleichung Gl. (1.4-115)

$$\frac{d^2 \psi}{d(r\varphi)^2} + \frac{2\mu}{\hbar^2} E \cdot \psi = 0 \tag{3.1-12}$$

oder

$$\frac{d^2\psi}{r^2 d\varphi^2} + \frac{2\mu}{\hbar^2} E \cdot \psi = 0 \tag{3.1-13}$$

Es erweist sich als günstig, mit

$$B = \frac{h}{8\pi^2 c \mu r^2} = \frac{h}{8\pi^2 c I} \tag{3.1-14}$$

eine sog. *Rotationskonstante B*

einzuführen, wobei c die Lichtgeschwindigkeit ist. Substituieren wir Gl. (3.1-14) in Gl. (3.1-13), so erhalten wir unter Berücksichtigung von Gl. (1.4-114), d.h. von $\hbar = h/2\pi$,

$$\frac{d^2\psi}{d\varphi^2} + \frac{E}{hcB} \cdot \psi = 0 \tag{3.1-15}$$

Die Konstanten fassen wir zusammen als

$$m^2 = \frac{E}{hcB} \tag{3.1-16}$$

so dass wir schließlich zu der Form der

Schrödinger-Gleichung für den starren Rotator mit raumfester Achse

$$\frac{d^2\psi}{d\varphi^2} + m^2 \cdot \psi = 0 \tag{3.1-17}$$

kommen. Sie entspricht völlig der Gleichung (1.4-125), so dass wir sofort die allgemeine Lösung [vgl. Gl. (1.4-132)]

$$\psi = A' \cdot e^{im\varphi} + B' \cdot e^{-im\varphi} \tag{3.1-18}$$

oder die äquivalente Lösung

$$\psi = C' \cdot \sin(m\varphi + \delta) \tag{3.1-19}$$

[vgl. Gl. (1.4-192) bzw. Mathem. Anhang N] angeben können. Physikalisch sinnvoll sind nur solche Lösungen, die eindeutig sind, d.h. bei denen $\psi(\varphi)$ nach einer vollen Rotation wieder seinen Anfangswert annimmt. Es muss also gelten

$$\psi(\varphi) = \psi(\varphi + 2\pi) \tag{3.1-20}$$

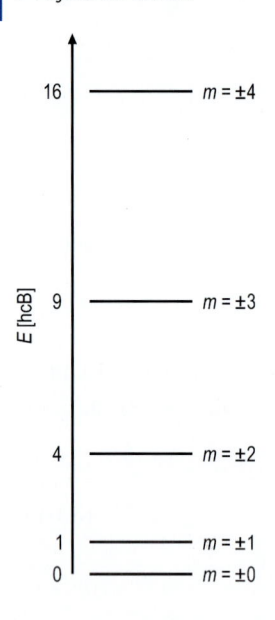

Abbildung 3.1-2 Erlaubte Energieniveaus für einen starren Rotator mit raumfester Achse.

Diese Bedingung ist jedoch für Gl. (3.1-19) nur dann erfüllt, wenn das mit Gl. (3.1-16) eingeführte

$$m = \pm\sqrt{\frac{E}{hcB}} \qquad m = 0, \pm 1, \pm 2, \ldots \qquad (3.1\text{-}21)$$

ganzzahlig ist. Es folgt daher allein aus der Forderung nach Eindeutigkeit für die Lösungen von Gl. (3.1-15)

$$E_m = hcBm^2 \qquad m = 0, \pm 1, \pm 2, \ldots \qquad (3.1\text{-}22)$$

Wie im Fall der Bewegung eines Teilchens im linearen Kasten – auch bei der Kreisbewegung kann das Teilchen seine Kreisbahn nicht verlassen – finden wir, dass nicht jeder Energiebetrag erlaubt ist, sondern dass nur die *Eigenwerte der Energie* zugelassen sind, die Gl. (3.1-22) erfüllen.

Für das Teilchen im linearen Kasten haben wir in Abb. 1.4-21 die erlaubten Energiezustände dargestellt. Wie Abb. 3.1-2 zeigt, ergibt sich für den starren Rotator mit raumfester Achse ein ganz ähnliches Bild, allerdings ist hier der Zustand erlaubt, in dem die Quantenzahl den Wert null annimmt.

Wir haben den Fall des starren Rotators mit raumfester Achse besprochen, weil wir im Folgenden die Lösung der entsprechenden Differentialgleichung benötigen. Wir können mit diesem Modell jedoch nicht die Rotation der Moleküle wiedergeben, denn bei ihnen ist die Rotationsachse nicht raumfest. Wir müssen vielmehr unser Modell erweitern und auf den starren Rotator mit raumfreier Achse übergehen.

Starrer Rotator mit raumfreier Achse

Beim starren Rotator mit raumfreier Achse fällt die Beschränkung auf eine Variable fort. Wir benötigen eine zweite Winkelkoordinate ϑ, die die Stellung der Rotationsachse im Koordinatensystem angibt.

Es ist deshalb sinnvoll, von den kartesischen Koordinaten auf *sphärische Polarkoordinaten* überzugehen. Aus Abb. 3.1-3 erkennen wir die erforderlichen Koordinatentransformationen für die Einführung von *Radius r, Azimut φ* und *Poldistanz ϑ*:

$$x = r \cdot \cos\varphi \sin\vartheta \qquad (3.1\text{-}23)$$
$$y = r \cdot \sin\varphi \sin\vartheta \qquad (3.1\text{-}24)$$
$$z = r \cdot \cos\vartheta \qquad (3.1\text{-}25)$$

Der Laplace'sche Differentialoperator

$$\Delta = \frac{\partial^2}{\partial x^2} + \frac{\partial^2}{\partial y^2} + \frac{\partial^2}{\partial z^2} \qquad (1.4\text{-}97)$$

nimmt in sphärischen Polarkoordinaten die Form

$$\Delta = \frac{1}{r^2}\frac{\partial}{\partial r}\left(r^2\frac{\partial}{\partial r}\right) + \frac{1}{r^2 \sin\vartheta}\cdot\frac{\partial}{\partial \vartheta}\left(\sin\vartheta\frac{\partial}{\partial \vartheta}\right) + \frac{1}{r^2 \sin^2\vartheta}\cdot\frac{\partial^2}{\partial \varphi^2} \qquad (3.1\text{-}26)$$

an (s. Mathem. Anhang D).

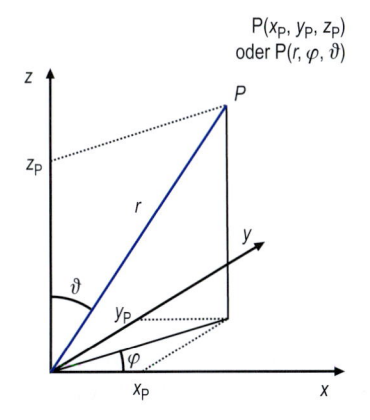

Abbildung 3.1-3 Zusammenhang zwischen kartesischen Koordinaten und Polarkoordinaten.

Da im vorliegenden Fall mit einer starren Achse gerechnet wird, d. h. r konstant ist, fällt der erste Term auf der rechten Seite von Gl. (3.1-26) fort. Deshalb lautet die

Schrödinger-Gleichung für den starren Rotator mit raumfreier Achse
$$\frac{1}{r^2}\left[\frac{1}{\sin\vartheta}\frac{\partial}{\partial\vartheta}\left(\sin\vartheta\frac{\partial\psi}{\partial\vartheta}\right) + \frac{1}{\sin^2\vartheta}\frac{\partial^2\psi}{\partial\varphi^2}\right] + \frac{2\mu}{\hbar^2}E\psi = 0 \qquad (3.1\text{-}27)$$

Die Multiplikation mit $\sin^2\vartheta$ führt zu

$$\frac{\sin\vartheta}{r^2}\frac{\partial}{\partial\vartheta}\left(\sin\vartheta\frac{\partial\psi}{\partial\vartheta}\right) + \frac{1}{r^2}\frac{\partial^2\psi}{\partial\varphi^2} + \frac{2\mu}{\hbar^2}\sin^2\vartheta\cdot E\psi = 0 \qquad (3.1\text{-}28)$$

Wie im Fall des Teilchens im dreidimensionalen Kasten versuchen wir jetzt, in zwei nur von φ oder ϑ abhängige Teile zu separieren. Das gelingt uns mit dem

Separationsansatz
$$\psi(\varphi,\vartheta) = \Phi(\varphi)\cdot\theta(\vartheta) \qquad (3.1\text{-}29)$$

Mit ihm erhalten wir

$$\frac{\sin\vartheta}{r^2}\frac{\partial}{\partial\vartheta}\left(\sin\vartheta\cdot\Phi(\varphi)\frac{d\theta(\vartheta)}{d\vartheta}\right) + \frac{1}{r^2}\theta(\vartheta)\frac{d^2\Phi(\varphi)}{d\varphi^2} +$$
$$+ \frac{2\mu}{\hbar^2}\sin^2\vartheta\cdot E\cdot\Phi(\varphi)\theta(\vartheta) = 0 \qquad (3.1\text{-}30)$$

Dividieren wir jetzt durch $\Phi(\varphi)\cdot\theta(\vartheta)$ und multiplizieren mit r^2, so ergibt sich tatsächlich mit

$$\frac{\sin\vartheta}{\theta(\vartheta)}\frac{d}{d\vartheta}\left(\sin\vartheta\frac{d\theta(\vartheta)}{d\vartheta}\right) + A\sin^2\vartheta = -\frac{1}{\Phi(\varphi)}\frac{d^2\Phi(\varphi)}{d\varphi^2} \qquad (3.1\text{-}31)$$

ein Ausdruck, dessen linke Seite nur von ϑ und dessen rechte Seite nur von φ abhängt. Zur Abkürzung haben wir dabei

$$A = \frac{2\mu r^2 E}{\hbar^2} = \frac{2IEc}{\hbar^2 c} = \frac{E}{hcB} \qquad (3.1\text{-}32)$$

gesetzt. B ist die mit Gl. (3.1-14) eingeführte Rotationskonstante.

Beide Seiten von Gl. (3.1-31) sind unabhängig voneinander. Dann kann die Gleichung nur erfüllt sein, wenn beide Seiten gleich einer Konstanten, C, sind.

Für die rechte Seite ergibt das

$$\frac{d^2 \Phi(\varphi)}{d\varphi^2} + C \cdot \Phi(\varphi) = 0 \tag{3.1-33}$$

Diese Gleichung entspricht völlig Gl. (3.1-17), wenn wir $C = m^2$ setzen.
Die Lösung ist

$$\Phi(\varphi) = A' \cdot e^{im\varphi} + B' \cdot e^{-im\varphi} \tag{3.1-34}$$

> Auch hier muss nach einer vollen Rotation der Ausgangszustand wieder erreicht sein, was nur möglich ist, wenn
>
> $$m = \sqrt{C} \quad \text{und} \quad m = 0, \pm 1, \pm 2, \ldots \tag{3.1-35}$$
>
> ganzzahlig ist, m ist also eine Quantenzahl.

Die gleichen Werte von C muss nach unserer obigen Überlegung die linke Seite von Gl. (3.1-31) annehmen. Es muss deshalb gelten

$$\frac{\sin \vartheta}{\theta(\vartheta)} \frac{d}{d\vartheta} \left(\sin \vartheta \frac{d\theta(\vartheta)}{d\vartheta} \right) + A \sin^2 \vartheta = m^2 \tag{3.1-36}$$

Dividieren wir durch $\sin^2 \vartheta$ und multiplizieren wir mit $\theta(\vartheta)$, so erhalten wir nach Umstellung

$$\frac{1}{\sin \vartheta} \cdot \frac{d}{d\vartheta} \left(\sin \vartheta \frac{d\theta(\vartheta)}{d\vartheta} \right) + \left(A - \frac{m^2}{\sin^2 \vartheta} \right) \cdot \theta(\vartheta) = 0 \tag{3.1-37}$$

Zur Lösung dieser Differentialgleichung führen wir eine Variablensubstitution durch, bei der $\theta(\vartheta)$ durch eine Funktion $P(\cos \vartheta)$

$$\theta(\vartheta) = P(\cos \vartheta) \tag{3.1-38}$$

ersetzt wird. Wie im Mathematischen Anhang Q ausführlich gezeigt wird, führt uns die Lösung auf die sog. *assoziierten Legendre-Funktionen* $P_l^m (\cos \vartheta)$ vom Grad l und der Ordnung m. Dabei sind m und l ganze Zahlen, die in einer bestimmten Beziehung zueinander stehen.

> Es ergibt sich nämlich, dass die Konstante A nicht beliebige Werte annehmen kann, sondern nur solche, die den Bedingungen
>
> $$A = l(l+1) \tag{3.1-39}$$
>
> mit
>
> $$l = 0, 1, 2, 3, \ldots \tag{3.1-40}$$

> $l \geq |m|$ (3.1-41)
>
> genügen.

Betrachten wir die Gl. (3.1-31), (3.1-33), (3.1-35) und (3.1-36), so erkennen wir, dass die Quantenzahlen l und m letztendlich über die Separationskonstante C miteinander verknüpft sind. Die Verknüpfung der Gleichungen (3.1-29) und (3.1-34) mit den assoziierten Legendre-Funktionen führt uns nun zur Lösung der Schrödinger-Gleichung (Gl. (3.1-27)).

> Die Eigenfunktionen für den starren Rotator mit raumfreier Achse lauten
>
> $$\psi_{l,m}(\vartheta, \varphi) \equiv Y_{l,m}(\vartheta, \varphi) = P_l^m(\cos \vartheta) \cdot e^{im\varphi}$$ (3.1-42)
>
> mit
>
> $$l = 0, 1, 2, 3, \ldots$$ (3.1-40)
>
> und
>
> $$m = -l, -l+1, \ldots, 0, 1, \ldots, l-1, l$$ (3.1-43)
>
> Man nennt sie *Kugelflächenfunktionen*.

Bei der Lösung der Schrödinger-Gleichung für das Wasserstoffatom werden wir wieder auf diese Funktionen stoßen und dort ihre Eigenschaften näher diskutieren. An dieser Stelle sind für uns die Aussagen bezüglich der Energie des Rotators von Interesse.

Die Zusammenfassung von Gl. (3.1-32), Gl. (3.1-39) und (3.1-40) zeigt uns, dass die Rotationsenergie wie im Fall des Rotators mit raumfester Achse gequantelt ist. Wir erhalten als

> Eigenwerte der Energie des starren Rotators mit raumfreier Achse
>
> $$E = hcB \cdot A = hcB \cdot l(l+1)$$ (3.1-44)
>
> oder mit Gl. (3.1-14)
>
> $$E = \frac{\hbar^2}{2I} l(l+1)$$ (3.1-45)

Abbildung 3.1-4 zeigt uns die erlaubten Energieniveaus des starren Rotators mit raumfreier Achse. Bei der Besprechung der Rotations- und Rotationsschwingungsspektren werden wir auf die Ergebnisse dieses Abschnitts zurückgreifen.

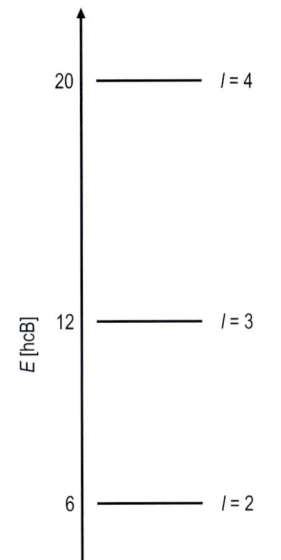

Abbildung 3.1-4 Erlaubte Energieniveaus für einen starren Rotator mit raumfreier Achse.

3.1.2
Behandlung des harmonischen Oszillators

Als erstes Beispiel für die Lösung einer Schrödinger-Gleichung mit ortsabhängigem Potential wollen wir den linearen harmonischen Oszillator behandeln. Damit lernen wir gleichzeitig das Modell für die Schwingung eines zweiatomigen Moleküls kennen. Zur Orientierung vergegenwärtigen wir uns allerdings zunächst, wie die klassische Behandlung des Problems durchgeführt wird.

Klassische Behandlung

Wir betrachten eine Masse m, die an einer Schraubenfeder aufgehängt ist und um eine gewisse Strecke x aus ihrer Ruhelage gezogen wird. Nach dem Loslassen führt die Masse dann eine harmonische Schwingung um ihre Ruhelage aus. Voraussetzung ist, dass die wirkende Kraft F der Auslenkung x proportional ist, d. h. dass

> das *Hooke'sche Gesetz*
> $$F = -D \cdot x \tag{3.1-46}$$
> gilt.
> Die Proportionalitätskonstante D heißt *Direktionskonstante* oder auch *Kraftkonstante*.

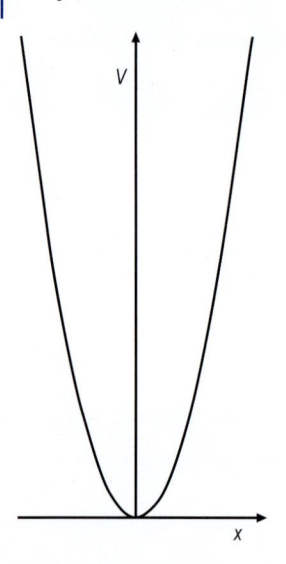

Abbildung 3.1-5 Zusammenhang zwischen Auslenkung x und potentieller Energie V beim harmonischen Oszillator.

Bedenken wir, dass

$$F = -\frac{dV}{dx} \qquad (3.1\text{-}47)$$

ist, wenn V die *potentielle Energie* darstellt, so ergibt sich

$$\frac{dV}{dx} = Dx \qquad (3.1\text{-}48)$$

Nach Integration zwischen den Grenzen 0 und x finden wir für den Zusammenhang zwischen der Auslenkung und der

potentiellen Energie

$$V = \frac{1}{2} Dx^2 \qquad (3.1\text{-}49)$$

Abbildung 3.1-5 zeigt uns den parabelförmigen Zusammenhang zwischen diesen beiden Größen. Der Körper schwingt mit einer bestimmten Frequenz v_0. Um sie zu ermitteln, gehen wir vom

Newton'schen Kraftgesetz

$$F = m \cdot \frac{d^2x}{dt^2} \qquad (3.1\text{-}50)$$

aus, setzen Gl. (3.1-46) ein,

$$-Dx = m\frac{d^2x}{dt^2} \qquad (3.1\text{-}51)$$

und erkennen nach Umstellen

$$\frac{d^2x}{dt^2} + \frac{D}{m}x = 0 \qquad (3.1\text{-}52)$$

dass diese Differentialgleichung Gl. (1.4-125) entspricht, wobei $k^2 = \frac{D}{m}$ ist. Die Lösungen sind deshalb

$$x = e^{\pm ikt} = e^{\pm i\sqrt{D/m}\cdot t} \qquad (3.1\text{-}53)$$

oder, wie im Mathematischen Anhang N gezeigt ist,

$$x = A\cdot\sin\left(\sqrt{\frac{D}{m}}\cdot t\right) + B\cdot\cos\left(\sqrt{\frac{D}{m}}\cdot t\right) \qquad (3.1\text{-}54)$$

Bei $t = 0$ soll $x = 0$ sein; dann muss $B = 0$ sein. A entspricht der Amplitude, d. h. der größten Auslenkung. Nach der Zeit $t_s = 2\pi\sqrt{\frac{m}{D}}$ ist die Ausgangslage wieder erreicht. Deshalb ist

die Schwingungsfrequenz v_0

$$\frac{1}{t_s} = v_0 = \frac{1}{2\pi}\sqrt{\frac{D}{m}} \qquad (3.1\text{-}55)$$

Die Gesamtenergie setzt sich bei der Schwingung aus kinetischer und potentieller Energie zusammen:

$$E = T + V \qquad (3.1\text{-}56)$$

Unter Berücksichtigung von Gl. (3.1-49) und Gl. (3.1-55) folgt für die

Gesamtenergie des harmonischen Oszillators

$$E = \frac{1}{2}m\cdot\dot{x}^2 + 2\pi^2 m v_0^2 x^2 \qquad (3.1\text{-}57)$$

Bei Zufuhr von Energie wird der maximale Ausschlag $x_{\max} = A$ kontinuierlich erhöht. Der Oszillator kann jede beliebige Energie annehmen.

(Es ist dabei allerdings zu berücksichtigen, dass bei zu großer Auslenkung das Hooke'sche Kraftgesetz nicht mehr gültig ist.)

Bisher haben wir nur eine Masse betrachtet, die sich in der x-Richtung bewegen kann. Bei der Schwingung eines zweiatomigen Moleküls haben wir es jedoch mit zwei Massen zu tun, die sich gegeneinander oder voneinander bewegen. Wie im

Fall der Rotation ersetzen wir die Schwingungen der beiden Massen durch die Schwingung einer reduzierten Masse um den Schwerpunkt. Wir verwenden wieder die Bezeichnungen wie in Abb. 3.1-1. Es muss, wenn wir den Abstand der beiden Massen im Ruhezustand r_0 nennen, nach Gl. (3.1-46) und (3.1-50) gelten

$$-D(r - r_0) = m_1 \frac{d^2 r_1}{dt^2} = m_2 \frac{d^2 r_2}{dt^2} \tag{3.1-58}$$

Mit Gl. (3.1-6) und (3.1-7) erhalten wir daraus

$$-D(r - r_0) = m_1 \cdot \frac{m_2}{m_1 + m_2} \frac{d^2 r}{dt^2} = m_2 \cdot \frac{m_1}{m_1 + m_2} \frac{d^2 r}{dt^2} \tag{3.1-59}$$

Die Faktoren vor der zweiten Ableitung sind identisch mit der reduzierten Masse μ, wie ein Vergleich mit Gl. (3.1-11) zeigt. So ist

$$-D(r - r_0) = \mu \frac{d^2 r}{dt^2} = \mu \frac{d^2 (r - r_0)}{dt^2} \tag{3.1-60}$$

$r - r_0$ ist die Auslenkung aus der Ruhelage und entspricht x in Gl. (3.1-51) und Gl. (3.1-52). μ steht für m. Damit gilt klassisch für die Schwingung eines zweiatomigen Moleküls wie in Gl. (3.1-55)

$$\nu_0 = \frac{1}{2\pi} \sqrt{\frac{D}{\mu}} \tag{3.1-61}$$

Die für die Schwingung einer an einer Feder aufgehängten Masse erhaltenen Ergebnisse gelten demnach für die Schwingung eines zweiatomigen Moleküls, wenn wir lediglich die Masse durch die reduzierte Masse ersetzen.

Quantenmechanische Behandlung

Wir wenden uns nun der quantenmechanischen Behandlung der harmonischen Schwingung zu. Für die potentielle Energie müssen wir in die Schrödinger-Gleichung Gl. (3.1-49) einsetzen. So erhalten wir für die

Schrödinger-Gleichung des harmonischen Oszillators

$$\frac{d^2 \psi}{dx^2} + \frac{2\mu}{\hbar^2} \left(E - \frac{1}{2} D x^2 \right) \psi = 0 \tag{3.1-62}$$

Da sich das Teilchen nicht beliebig weit aus seiner Ruhelage entfernen kann, müssen wir die Randbedingung $\psi = 0$ für $x \to \pm \infty$ beachten.

Wir fragen deshalb zunächst nach dem asymptotischen Verhalten von ψ für $x \to \pm \infty$. Liegen große Werte von x vor, so wird das Glied $\frac{1}{2} D x^2$ sicherlich E bei weitem übertreffen, so dass Gl. (3.1-62) beim

> asymptotischen Grenzfall in
>
> $$\frac{d^2\psi_\infty}{dx^2} - \frac{\mu}{\hbar^2} D x^2 \psi_\infty = 0 \qquad (3.1\text{-}63)$$

übergeht.

Um die Randbedingung zu erfüllen, versuchen wir, einen Ansatz der Form

$$\psi_\infty = e^{-\frac{1}{2}\beta x^2} \qquad (3.1\text{-}64)$$

zu machen. Durch Differentiation finden wir

$$\frac{d\psi_\infty}{dx} = -\beta x \cdot e^{-\frac{1}{2}\beta x^2} \qquad (3.1\text{-}65)$$

$$\frac{d^2\psi_\infty}{dx^2} = \beta^2 x^2 e^{-\frac{1}{2}\beta x^2} - \beta e^{-\frac{1}{2}\beta x^2} \approx \beta^2 x^2 e^{-\frac{1}{2}\beta x^2} \qquad (3.1\text{-}66)$$

da bei großem x der erste Term stark überwiegt. Das Einsetzen von Gl. (3.1-64) und Gl. (3.1-66) in Gl. (3.1-63) liefert

$$\beta^2 x^2 e^{-\frac{1}{2}\beta x^2} - \frac{\mu}{\hbar^2} D x^2 e^{-\frac{1}{2}\beta x^2} = 0 \qquad (3.1\text{-}67)$$

woraus wir β nach

$$\beta^2 = \frac{\mu}{\hbar^2} D \qquad (3.1\text{-}68)$$

zu

$$\beta = \pm \frac{1}{\hbar} \sqrt{\mu D} \qquad (3.1\text{-}69)$$

bestimmen. Hiervon kommt nur der Ausdruck mit dem positiven Vorzeichen in Betracht, weil sonst die Randbedingung nicht erfüllt wäre. Damit ist eine Lösung von Gl. (3.1-63), d. h. die

> **Wellenfunktion des harmonischen Oszillators im asymptotischen Grenzfall,**
>
> $$\psi_\infty = A \cdot e^{-\frac{1}{2\hbar}\sqrt{\mu D}\, x^2} \qquad (3.1\text{-}70)$$

Dieser Ausdruck muss auch das Verhalten von ψ aus Gl. (3.1-62) für $x \to \infty$ richtig beschreiben.

Ehe wir uns der allgemeinen Lösung von Gl. (3.1-62) zuwenden, wollen wir prüfen, ob der Ansatz Gl. (3.1-64) vielleicht auch der Gl. (3.1-62) ohne Beschränkung auf große Werte von x genügt. Wir setzen deshalb Gl. (3.1-64) und Gl. (3.1-66) in Gl. (3.1-62) ein und finden

$$\beta^2 x^2 e^{-\frac{\beta}{2}x^2} - \beta e^{-\frac{\beta}{2}x^2} + \frac{2\mu}{\hbar^2}\left(E - \frac{1}{2}Dx^2\right)e^{-\frac{\beta}{2}x^2} = 0 \tag{3.1-71}$$

oder nach Dividieren durch die e-Funktion und Umstellen

$$x^2\left(\beta^2 - \frac{\mu}{\hbar^2}D\right) - \beta + \frac{2\mu}{\hbar^2}E = 0 \tag{3.1-72}$$

Diese Gleichung ist nur dann erfüllt, wenn

$$\beta^2 - \frac{\mu}{\hbar^2}D = 0 \tag{3.1-73}$$

und

$$-\beta + \frac{2\mu}{\hbar^2}E = 0 \tag{3.1-74}$$

Gleichung (3.1-73) führt uns wieder zu Gl. (3.1-69), und aus Gl. (3.1-74) folgt mit Gl. (3.1-69)

$$E = \frac{\beta\hbar^2}{2\mu} = \frac{1}{2}h \cdot \frac{1}{2\pi}\sqrt{\frac{D}{\mu}} = \frac{1}{2}h\nu_0 \tag{3.1-75}$$

wenn wir gleichzeitig Gleichung (3.1-61) berücksichtigen. Demnach wäre für den harmonischen Oszillator nicht jede beliebige Energie erlaubt, sondern nur der durch Gl. (3.1-75) gegebene Eigenwert der Energie.

> Um die allgemeine Lösung von Gl. (3.1-62) und weitere Eigenwerte der Energie zu erhalten, machen wir einen Ansatz in Form eines Produktes aus einer Potenzreihe $H(x)$ und dem das richtige asymptotische Verhalten liefernden Faktor [Gl. (3.1-64)]
>
> $$\psi = H(x)e^{-\frac{\beta}{2}x^2} \tag{3.1-76}$$

Bei der Lösung der Differentialgleichung (3.1-62) mit diesem Ansatz (s. Mathem. Anhang R) führt die Berücksichtigung der Randbedingung zum Auftreten einer Quantenzahl v.

> Die Eigenfunktionen des harmonischen Oszillators enthalten *hermitesche Polynome* $H_v(x)$ vom Grade r
>
> $$\psi_v = N_v \cdot H_v(x) \cdot e^{-\frac{1}{2}\beta x^2} \tag{3.1-77}$$
>
> und lauten für
>
> $$v = 0 \qquad \psi_0 = N_0 \cdot e^{-\frac{1}{2}\beta x^2} \tag{3.1-78}$$
>
> $$v = 1 \qquad \psi_1 = N_1 \cdot 2\beta^{1/2}x \cdot e^{-\frac{1}{2}\beta x^2} \tag{3.1-79}$$

$$v = 2 \quad \psi_2 = N_2 \cdot (4\beta x^2 - 2)e^{-\frac{1}{2}\beta x^2} \tag{3.1-80}$$

$$v = 3 \quad \psi_3 = N_3 \cdot (8\beta^{3/2} x^3 - 12\beta^{1/2} x)e^{-\frac{1}{2}\beta x^2} \tag{3.1-81}$$

$$v = 4 \quad \psi_4 = N_4 \cdot (16\beta^2 x^4 - 48\beta x^2 + 12)e^{-\frac{1}{2}\beta x^2} \tag{3.1-82}$$

mit

$$\beta = \frac{1}{\hbar}(\mu D)^{1/2} \tag{3.1-69}$$

und N_v als Normierungsfaktor.

Die Einhaltung der Randbedingung führt zu

$$2v + 1 = \frac{\alpha}{\beta} \quad v = 0, 1, 2, \ldots \tag{3.1-83}$$

wobei

$$\alpha = \frac{2\mu E}{\hbar^2} \tag{3.1-84}$$

Die Zusammenfassung der drei letzten Gleichungen führt zu

$$2v + 1 = \frac{2\mu E_v \hbar}{\hbar^2 (\mu D)^{1/2}} \tag{3.1-85}$$

und unter Berücksichtigung von Gl. (3.1-61)

$$2v + 1 = \frac{2E_v}{h} \cdot 2\pi \left(\frac{\mu}{D}\right)^{1/2} = \frac{2E_v}{h} \cdot \frac{1}{v_0} \tag{3.1-86}$$

oder, nach E_v aufgelöst, zur

> **Abhängigkeit der Eigenwerte der Energie des harmonischen Oszillators von der Schwingungsquantenzahl v:**
>
> $$E_v = h \cdot v_0 \left(v + \frac{1}{2}\right) \tag{3.1-87}$$

Wir erkennen nun, dass Gl. (3.1-70) und Gl. (3.1-75) den speziellen Fall der Eigenfunktion bzw. des Eigenwertes der Energie für $v = 0$ darstellen. Unser Versuch, die asymptotische Näherung als Lösungsansatz für Gl. (3.1-62) ohne Beschränkung auf $x \to \infty$ zu verwenden, führte deshalb zum Ziel, weil für $v = 0$ die Potenzreihe $H(x)$ den Wert 1 annimmt (s. Mathem. Anhang).

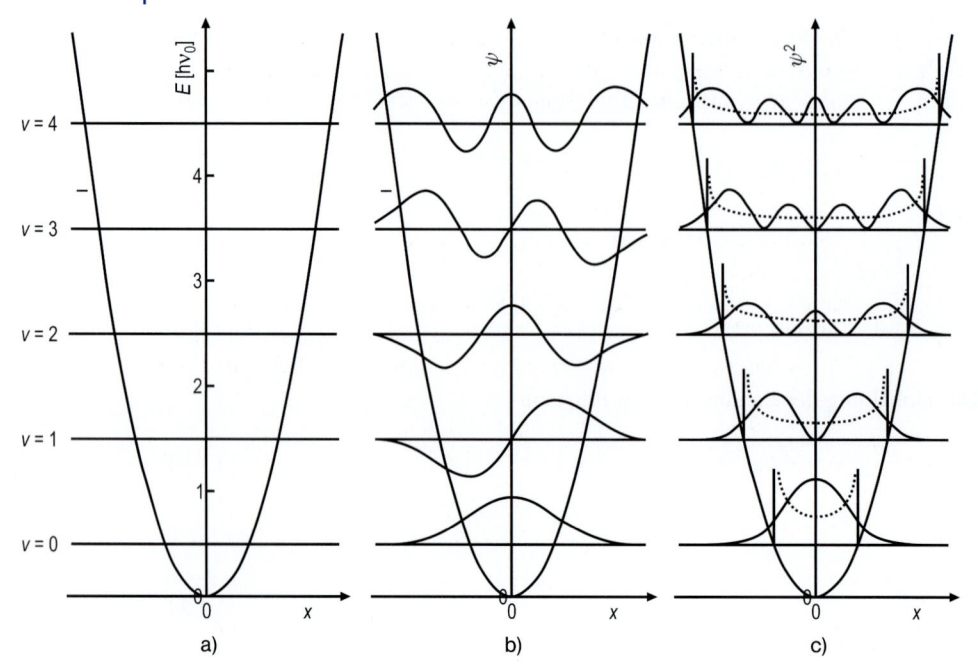

Abbildung 3.1-6 Der harmonische Oszillator (a) Eigenwerte der Energie (b) Wellenfunktionen (c) Wahrscheinlichkeitsdichten.

In Abb. (3.1-6 a) sind die aus Gl. (3.1-87) berechneten Energieniveaus eingetragen. Die gestrichelte Linie gibt zum Vergleich die potentielle Energie als Funktion der Auslenkung (Abb. 3.1-5) wieder.

> Besonders zu bemerken ist, dass im energetisch niedrigsten Zustand immer noch Schwingungsenergie vom Betrage 1/2 hv_0 vorhanden ist. Diese sog. *Nullpunktsenergie* ist experimentell nachweisbar, z. B. durch Messung der Lichtstreuung in Kristallen.

Die zugehörigen Wellenfunktionen [Gl. (3.1-78) bis Gl. (3.1-82)] sind in Abb. 3.1-6 b dargestellt. Zu diesem Zweck mussten zunächst die *Normierungsfaktoren* N_v ermittelt werden. Sie ergeben sich gemäß Gl. (1.4-117) aus

$$\int_{-\infty}^{+\infty} \left(N_v H_v e^{-\frac{1}{2}\beta x^2} \right)^2 dx = 1 \tag{3.1-88}$$

Allgemein findet man dafür

$$N_v = \frac{\beta^{1/4}}{\pi^{1/4} (2^v \cdot v!)^{1/2}} \tag{3.1-89}$$

Wir erkennen aus Abb. 3.1-6 b, dass die Wellenfunktionen v Nullstellen haben.

Von besonderem Interesse ist ein Vergleich der Aufenthaltswahrscheinlichkeiten bei klassischer und bei quantenmechanischer Berechnung. Zu diesem Zweck sind in Abb. 3.1-6 c die Wahrscheinlichkeitsdichten [vgl. Gl. (1.4-119)]

$$\rho_q(x) = \left(N_\nu H_\nu e^{-\frac{1}{2}\beta x^2}\right)^2 \qquad (3.1\text{-}90)$$

für die fünf niedrigsten Energiezustände aufgetragen. Wir erkennen, dass $\rho_q(x)$ örtlich stark unterschiedlich ist.

In der klassischen Betrachtungsweise ist die Aufenthaltswahrscheinlichkeit umgekehrt proportional der Geschwindigkeit des Teilchens in dem betrachteten Punkt. Aus Gl. (3.1-57) erhalten wir für die Geschwindigkeit $\dot{x}$ unter Berücksichtigung von Gl. (3.1-55)

$$\dot{x} = \left(\frac{2E - Dx^2}{m}\right)^{1/2} \qquad (3.1\text{-}91)$$

oder

$$\rho_k(x) \propto \left(\frac{m}{2E - Dx^2}\right)^{1/2} \qquad (3.1\text{-}92)$$

Die Geschwindigkeit am Umkehrpunkt bei der maximalen Auslenkung ist null. Deshalb ist ρ_k, die Aufenthaltswahrscheinlichkeit im klassischen Fall, an dieser Stelle am größten. Beim Nulldurchgang ist die Geschwindigkeit am größten, ρ_k also am kleinsten. Dies gilt unabhängig von der Größe von E. Ganz anders sind die quantenmechanischen Ergebnisse. ρ_q hängt stark von der Quantenzahl ν ab. Für $\nu = 0$ finden wir in krassem Gegensatz zum klassischen Verhalten die maximale Aufenthaltswahrscheinlichkeit beim Nulldurchgang. Mit steigender Quantenzahl beobachten wir eine Annäherung an das klassische Verhalten. Stets stellen wir aber fest, dass auch in den Bereichen $x < -\sqrt{\frac{2E}{D}}$ und $x > \sqrt{\frac{2E}{D}}$ ρ_q endliche Werte hat. Das Teilchen kann sich also auch außerhalb des durch die Parabel [vgl. Gl. (3.1-49)] in Abb. 3.1-6 a eingeschlossenen Gebietes aufhalten. Diese asymptotische Annäherung von ψ und ψ^2 an den Wert null ist in den Abb. 3.1-6 b und 3.1-6 c auf Grund des Maßstabes nur schwer zu erkennen.

Bei der Besprechung der Schwingungsspektren werden wir auf die Ergebnisse dieses Abschnitts zurückgreifen.

3.1.3
Behandlung des Wasserstoffatoms

Die beiden vorangehenden Abschnitte haben uns mit einigen Lösungen und Lösungsmethoden für die Schrödinger-Gleichung vertraut gemacht, die wir für die Behandlung der Schrödinger-Gleichung für das Wasserstoffatom benötigen.

Die potentielle Energie des Systems Proton-Elektron im Wasserstoffatom ist das Coulomb'sche Anziehungspotential

$$V = -\frac{e^2}{4\pi\varepsilon_0 r} \tag{3.1-93}$$

Die Schrödinger-Gleichung für das Wasserstoffatom lautet deshalb

$$\Delta\psi + \frac{2m_e}{\hbar^2}\left(E + \frac{e^2}{4\pi\varepsilon_0 r}\right)\psi = 0 \tag{3.1-94}$$

Da wir es hier mit einem kugelsymmetrischen Potential zu tun haben, schreiben wir Gl. (3.1-94) zweckmäßigerweise in sphärische Polarkoordinaten um, wie wir sie bereits beim Rotator (Abschnitt 3.1.1) eingeführt [Gl. (3.1-23) bis Gl. (3.1-25)] und angewandt haben. Wie im Mathematischen Anhang D gezeigt wird, nimmt der Laplace'sche Differentialoperator in sphärischen Polarkoordinaten die Form

$$\Delta = \frac{1}{r^2}\frac{\partial}{\partial r}\left(r^2\frac{\partial}{\partial r}\right) + \frac{1}{r^2\sin\vartheta}\cdot\frac{\partial}{\partial\vartheta}\left(\sin\vartheta\frac{\partial}{\partial\vartheta}\right) + \frac{1}{r^2\sin^2\vartheta}\frac{\partial^2}{\partial\varphi^2} \tag{3.1-26}$$

an. Aus Gl. (3.1-94) ergibt sich damit die

Schrödinger-Gleichung für das Wasserstoffatom in sphärischen Polarkoordinaten:

$$\frac{1}{r^2}\frac{\partial}{\partial r}\left(r^2\frac{\partial\psi}{\partial r}\right) + \frac{1}{r^2\sin\vartheta}\frac{\partial}{\partial\vartheta}\left(\sin\vartheta\frac{\partial\psi}{\partial\vartheta}\right) +$$

$$+ \frac{1}{r^2\sin^2\vartheta}\frac{\partial^2\psi}{\partial\varphi^2} + \frac{2m_e}{\hbar^2}\left(E + \frac{e^2}{4\pi\varepsilon_0 r}\right)\psi = 0 \tag{3.1-95}$$

Separation der Variablen

Ähnlich wie beim Teilchen im dreidimensionalen Kasten (Abschnitt 1.4.13) hängt die Wellenfunktion ψ von drei Koordinaten, r, ϑ und φ, ab.

Wir versuchen deshalb, die Schrödinger-Gleichung zu separieren durch den Ansatz

$$\psi(r,\vartheta,\varphi) = R(r)\cdot Y(\vartheta,\varphi) = R(r)\cdot\Theta(\vartheta)\cdot\Phi(\varphi) \tag{3.1-96}$$

indem wir ψ zunächst als Produkt von zwei Funktionen darstellen, von denen die eine (R) nur vom Abstand r, die andere (Y) nur von der Poldistanz ϑ und dem Azimut φ abhängt. In einem zweiten Schritt werden wir dann versuchen, auch noch Y zu separieren und als Produkt einer Funktion $\Theta(\vartheta)$ und einer Funktion $\Phi(\varphi)$ zu schreiben.

Dividieren wir Gl. (3.1-95) durch $\psi = R \cdot Y$ und multiplizieren mit r^2, so erhalten wir

$$\frac{Y}{R \cdot Y} \frac{d}{dr}\left(r^2 \cdot \frac{dR}{dr}\right) + \frac{R}{RY}\left\{\frac{1}{\sin\vartheta} \cdot \frac{\partial}{\partial\vartheta}\left(\sin\vartheta \frac{\partial Y}{\partial\vartheta}\right) + \frac{1}{\sin^2\vartheta} \frac{\partial^2 Y}{\partial\varphi^2}\right\} +$$
$$+ \frac{2m_e r^2}{\hbar^2}\left(E + \frac{e^2}{4\pi\varepsilon_0 r}\right) = 0 \qquad (3.1\text{-}97)$$

Dies können wir umschreiben in

$$\frac{1}{R}\frac{d}{dr}\left(r^2 \frac{dR}{dr}\right) + \frac{2m_e r^2}{\hbar^2}\left(E + \frac{e^2}{4\pi\varepsilon_0 r}\right) = -\frac{1}{Y}\left\{\frac{1}{\sin\vartheta}\frac{\partial}{\partial\vartheta}\left(\sin\vartheta \frac{\partial Y}{\partial\vartheta}\right) + \right.$$
$$\left. + \frac{1}{\sin^2\vartheta}\frac{\partial^2 Y}{\partial\varphi^2}\right\} \qquad (3.1\text{-}98)$$

Wir erkennen, dass die linke Seite nur vom Abstand r, nicht aber von den Winkeln, die rechte Seite nur von den Winkeln, nicht aber vom Abstand r abhängt. Die Gleichung kann nur dann erfüllt sein, wenn beide Seiten gleich einer Konstanten sind. Wir wollen sie A nennen.

Die Schrödinger-Gleichung lässt sich demnach separieren in die beiden Gleichungen

$$\frac{d}{dr}\left(r^2 \frac{dR}{dr}\right) + \frac{2m_e r^2}{\hbar^2}\left(E + \frac{e^2}{4\pi\varepsilon_0 r}\right) R - AR = 0 \qquad (3.1\text{-}99)$$

und

$$\frac{1}{\sin\vartheta}\frac{\partial}{\partial\vartheta}\left(\sin\vartheta \frac{\partial Y}{\partial\vartheta}\right) + \frac{1}{\sin^2\vartheta}\frac{\partial^2 Y}{\partial\varphi^2} + A \cdot Y = 0 \qquad (3.1\text{-}100)$$

Die Kugelflächenfunktion

Gleichung (3.1-100) entspricht völlig der im Abschnitt 3.1.1 behandelten Schrödinger-Gleichung für den starren Rotator mit raumfreier Achse [Gl. (3.1-27)], wenn wir Y durch ψ und A durch $\frac{2\mu r^2}{\hbar^2} E$ ersetzen. In Abschnitt 3.1.1 haben wir bereits gesehen, dass wir Y tatsächlich in der oben angegebenen Weise weiter separieren können. Wir übernehmen die dort erhaltenen Ergebnisse und stellen fest:

Wir können die vom Azimut φ und von der Poldistanz ϑ abhängige Funktion Y zerlegen in die im Zusammenhang mit dem starren Rotator behandelten Gleichungen

$$\frac{1}{\sin\vartheta}\frac{d}{d\vartheta}\left(\sin\vartheta \frac{d\theta}{d\vartheta}\right) + \left(A - \frac{m^2}{\sin^2\vartheta}\right) \cdot \theta = 0 \qquad (3.1\text{-}37) = (3.1\text{-}101)$$

$$\frac{d^2\Phi}{d\varphi^2} + m^2\Phi = 0 \qquad (3.1\text{-}33) = (3.1\text{-}102)$$

Es treten demnach zwei *Separationskonstanten*, A und m^2 auf. Sie stehen nach den Ausführungen im Abschnitt 3.1.1 in unmittelbarem Zusammenhang mit zwei *Quantenzahlen* m und l:

$$m = 0, \pm 1, \pm 2, \ldots \qquad (3.1\text{-}35) = (3.1\text{-}103)$$

bzw. nach Gl. (3.1-39)

$$A = l(l+1) \qquad (3.1\text{-}39) = (3.1\text{-}104)$$

mit

$$l = 0, 1, 2, \ldots \qquad (3.1\text{-}40) = (3.1\text{-}105)$$

wobei zusätzlich die Beziehung

$$l \geq |m| \qquad (3.1\text{-}41) = (3.1\text{-}106)$$

berücksichtigt werden muss.
Y ist demnach die *Kugelflächenfunktion*

$$Y_{l,m}(\vartheta, \varphi) = P_l^m(\cos\vartheta) e^{im\varphi} \qquad (3.1\text{-}42) = (3.1\text{-}107)$$

Die radiale Schrödinger-Gleichung

Zu lösen ist jetzt noch die r-abhängige Differentialgleichung [Gl. (3.1-99)], die sog. *radiale Schrödinger-Gleichung*. Die Differentiation liefert uns

$$\frac{d^2 R}{dr^2} + \frac{2}{r}\frac{dR}{dr} + \left[\frac{2m_e}{\hbar^2}\left(E + \frac{e^2}{4\pi\varepsilon_0 r}\right) - \frac{A}{r^2}\right] R = 0 \qquad (3.1\text{-}108)$$

Berücksichtigen wir noch Gl. (3.1-104), nach der die Separationskonstante A durch die Quantenzahl l bestimmt wird, so erhalten wir für die

radiale Schrödinger-Gleichung

$$\frac{d^2 R}{dr^2} + \frac{2}{r}\frac{dR}{dr} + \left[\frac{2m_e}{\hbar^2}\left(E + \frac{e^2}{4\pi\varepsilon_0 r}\right) - \frac{l(l+1)}{r^2}\right] R = 0 \qquad (3.1\text{-}109)$$

Zur Lösung dieser Gleichung gehen wir in ähnlicher Weise vor wie in Abschnitt 3.1.2 bei der Behandlung des harmonischen Oszillators. Wir ermitteln zunächst die asymptotische Lösung und wählen als Ansatz für die allgemeine Lösung der radialen Schrödinger-Gleichung das Produkt aus einem Polynom und der asymptotischen Lösung.

Wir führen zunächst zur Vereinfachung folgende Abkürzungen ein.

$$\frac{m_e E}{\hbar^2} = \eta \qquad (3.1\text{-}110)$$

$$\frac{m_e e^2}{4\pi\varepsilon_0 \hbar^2} = \alpha \qquad (3.1\text{-}111)$$

und erhalten damit aus Gl. (3.1-109)

$$\frac{d^2 R}{dr^2} + \frac{2}{r}\frac{dR}{dr} + 2\eta R + \frac{2\alpha}{r} \cdot R - \frac{l(l+1)}{r^2} R = 0 \qquad (3.1\text{-}112)$$

Für sehr große Werte von r (asymptotisches Verhalten) fallen der zweite, vierte und fünfte Term fort, so dass Gl. (3.1-112) übergeht in den

asymptotischen Grenzfall der radialen Schrödinger-Gleichung

$$\frac{d^2 R_\infty}{dr^2} + 2\eta R_\infty = 0 \qquad (3.1\text{-}113)$$

Diese Gleichung entspricht völlig Gl. (1.4-123), die wir bei der Behandlung des freien Teilchens gelöst haben. Wir können die allgemeine Lösung der asymptotischen Näherung entsprechend Gl. (1.4-132) angeben:

$$R_\infty = A' \cdot e^{-i\sqrt{2\eta}\, r} + B' \cdot e^{i\sqrt{2\eta}\, r} \qquad (3.1\text{-}114)$$

Für positives η, also positive Energien, ist dies eine periodische, nicht normierbare Funktion (vgl. Abschnitt 1.4.11). Demnach können zu positiven Gesamtenergien keine stationären Zustände des Wasserstoffatoms gehören. Da wir als Nullpunkt der Energieskala den Zustand gewählt haben, in dem das Elektron unendlich weit vom Proton entfernt ist und beide Teilchen sich in Ruhe befinden (vgl. Abschnitt 1.4.9), zeichnen sich die stabilen Zustände des Wasserstoffatoms tatsächlich durch negative Werte der Gesamtenergie E aus. Damit ist η in Gl. (3.1-110) für stabile Zustände negativ, Gl. (3.1-114) schreiben wir zweckmäßigerweise als

$$R_\infty = A' \cdot e^{\sqrt{-2\eta}\, r} + B' \cdot e^{-\sqrt{-2\eta}\, r} \qquad (3.1\text{-}115)$$

wobei die Radikanden positiv sind. Der erste Term auf der rechten Seite von Gl. (3.1-115) geht für $r \to \infty$ gegen unendlich, während der zweite für $r \to \infty$ gegen null geht, wie wir es für das asymptotische Verhalten fordern müssen. Die Konstante A' muss also gleich null gesetzt werden. Damit ist die

radiale Wellenfunktion im asymptotischen Grenzfall

$$R_\infty = B' \cdot e^{-\sqrt{-2\eta}\, r} \qquad (3.1\text{-}116)$$

Für die *allgemeine Lösung* der radialen Schrödinger-Gleichung, Gl. (3.1-112), machen wir nun den Ansatz

$$R = R_\infty \cdot P(r) = e^{-\beta r} \cdot P(r) \qquad (3.1\text{-}117)$$

Dabei haben wir zur Vereinfachung

$$\sqrt{-2\eta} = \beta \tag{3.1-118}$$

gesetzt und die Integrationskonstante B' zunächst vernachlässigt. $P(r)$ ist eine Potenzreihe von r

$$P(r) = \sum_{q=0}^{\infty} b_q r^q \tag{3.1-119}$$

Setzen wir den Ansatz Gl. (3.1-117) in Gl. (3.1-112) ein, so erhalten wir

$$\frac{d^2 P}{dr^2} + 2\left(\frac{1}{r} - \beta\right)\frac{dP}{dr} + \left[\frac{2\alpha - 2\beta}{r} - \frac{l(l+1)}{r^2}\right]P = 0 \tag{3.1-120}$$

Bei der Lösung der Differentialgleichung (3.1-120) führt, wie im Mathematischen Anhang S gezeigt wird, die Berücksichtigung der Bedingung $R \to 0$ für $r \to \infty$ zum Auftreten einer *weiteren Quantenzahl, die mit n bezeichnet wird*.

Sie ist durch die Beziehung

$$\beta = \frac{\alpha}{n} \tag{3.1-121}$$

mit den in Gl. (3.1-111) und Gl. (3.1-118) eingeführten Größen α und β verknüpft. Berücksichtigen wir diese Gleichungen und zusätzlich Gl. (3.1-110), so erhalten wir

$$\sqrt{\frac{-2m_e E}{\hbar^2}} = \frac{m_e e^2}{4\pi\varepsilon_0 \hbar^2 n} \tag{3.1-122}$$

Wir erkennen daraus, dass sich Gl. (3.1-120) nicht für beliebige Werte von E lösen lässt, sondern nur für bestimmte, von der Quantenzahl n abhängige *Eigenwerte E_n der Energie*:

$$E_n = -\frac{m_e \cdot e^4}{16\pi^2 \varepsilon_0^2 2\hbar^2 n^2} = -\frac{m_e \cdot e^4}{8\varepsilon_0^2 h^2 n^2} \quad \text{mit} \quad n = 1, 2, 3, \ldots \tag{3.1-123}$$

Wie ein Vergleich mit Gl. (1.4-89) zeigt, stimmt diese Beziehung völlig überein mit der nach der Bohr'schen Theorie erhaltenen. Die Energie ist nur von der Quantenzahl n, der sog. *Hauptquantenzahl*, abhängig, nicht von den Quantenzahlen l und m [Gl. (3.1-103) bis Gl. (3.1-106)].

Die Eigenfunktionen des Wasserstoffatoms

Unter Berücksichtigung der Gl. (3.1-96), (3.1-107), (3.1-117) und (3.1-118) ergeben sich schließlich die Lösungen von Gl. (3.1-95),

die Eigenfunktionen des Wasserstoffatoms

$$\psi(r, \vartheta, \varphi) = N \cdot e^{-\sqrt{-2\eta}\, r} \cdot P_{n,l}(r) \cdot P_l^m(\cos\vartheta) e^{im\varphi} \tag{3.1-124}$$

Dabei ist N der *Normierungsfaktor*,

$$R_{n,l}(r) = e^{-\sqrt{-2\eta}\,r} \cdot P_{n,l}(r) \tag{3.1-125}$$

die sog. *radiale Eigenfunktion*,

$$Y_{l,m}(\vartheta, \varphi) = P_l^m(\cos\vartheta)e^{im\varphi} \tag{3.1-107}$$

die sog. *Kugelflächenfunktion*.

Wir sehen, dass die Kugelflächenfunktion von den Quantenzahlen l und m, die radiale Eigenfunktion von den Quantenzahlen n und l abhängt.

Bevor wir uns näher den Eigenfunktionen des Wasserstoffatoms zuwenden, wollen wir noch die Beziehung zwischen den Quantenzahlen erörtern. Bei der Lösung von Gl. (3.1-120) ergibt sich nämlich, wie aus dem Mathematischen Anhang S hervorgeht, außer Gl. (3.1-121) eine weitere Bedingung, die eingehalten werden muss, damit $R(r)$ für $r \to \infty$ gegen null strebt:

Es muss gelten

$$n \geq l + 1 \tag{3.1-126}$$

Nehmen wir noch die Beziehungen

$$l \geq |m| \tag{3.1-106}$$

und

$$m = 0, \pm 1, \pm 2, \ldots \tag{3.1-103}$$

hinzu, so können wir die möglichen Kombinationen der Quantenzahlen folgendermaßen angeben:

$n =$	1	2			3							
$l =$	0	0	1		0	1			2			
$m =$	0	0	-1	0	$+1$	0	-1	0	$+1$	-2	-1	0	$+1$	$+2$

Da zu jedem l-Wert $2l + 1$ verschiedene m-Werte gehören und l für ein bestimmtes n von 0 bis $n - 1$ läuft, berechnet sich die Zahl der zu einem bestimmten n gehörenden, linear unabhängigen Eigenfunktionen zu

$$\sum_{l=0}^{l=n-1}(2l+1) = \frac{n}{2}(1 + 2n - 1) = n^2 \tag{3.1-127}$$

Die Energie hängt nur von n ab. Deshalb sind die Zustände des Wasserstoffatoms mit der Quantenzahl n n^2-fach entartet.

Wir wollen uns nun im Einzelnen mit den Eigenschaften der Eigenfunktionen des Wasserstoffatoms beschäftigen. Dabei erweist es sich als zweckmäßig, zunächst die beiden Anteile, radiale Eigenfunktion [Gl. (3.1-125)] und Kugelflächenfunktion [Gl. (3.1-107)], getrennt zu betrachten. Wir werden diese Funktionen auch getrennt normieren und erst dann zu den normierten Eigenfunktionen des Wasserstoffatoms zusammensetzen. Wir beginnen mit der radialen Eigenfunktion.

$$R_{n,l}(r) = N \cdot e^{-\sqrt{-2\eta} \cdot r} \cdot P_{n,l}(r) \tag{3.1-125}$$

Betrachten wir zunächst den Ausdruck $e^{-\sqrt{-2\eta} \cdot r}$ unter Berücksichtigung von Gl. (3.1-110) und Gl. (3.1-123), so erkennen wir, dass gilt

$$e^{-\sqrt{-2\eta} \cdot r} = e^{-\sqrt{-2m_e E/\hbar^2} \cdot r} = e^{-(m_e e^2 \pi / \varepsilon_0 h^2 n)r} \tag{3.1-128}$$

Der Bruch im Exponenten muss die Dimension einer reziproken Länge haben. Ein Vergleich mit Gl. (1.4-88) zeigt uns, dass

$$\beta = \sqrt{-2\eta} = \frac{\pi m_e e^2}{\varepsilon_0 h^2 n} = \frac{1}{r_0 \cdot n} \tag{3.1-129}$$

mit r_0 als dem Radius der engsten Kreisbahn des Elektrons nach der Bohr'schen Theorie ist.

> Wir führen deshalb
>
> $$\rho = \frac{r}{r_0} \tag{3.1-130}$$
>
> als neue Größe ein, d.h. wir messen den Radius in Vielfachen des ersten Bohr'schen Radius.

Gl. (3.1-125) geht damit über in

$$R_{n,l} = N \cdot e^{-\frac{\rho}{n}} \cdot P_{n,l}(\rho) \tag{3.1-131}$$

Im Mathematischen Anhang S ist im Einzelnen vorgeführt, wie sich die in Tab. 3.1-1 zusammengestellten *normierten radialen Eigenfunktionen* des Wasserstoffatoms errechnen.

Bezüglich der Kugelflächenfunktionen greifen wir auf Abschnitt 3.1.1 zurück. Wir haben dort auf die nähere Diskussion der durch Gl. (3.1-42) angegebenen Funktionen verzichtet. Wir holen dies jetzt nach. Im Mathematischen Anhang Q ist die Berechnung der *Legendre-Funktion* $P_l^m(\cos \vartheta)$ im Einzelnen durchgeführt.

Um die normierten Kugelflächenfunktionen

$$Y_l^m(\vartheta, \varphi) = N \cdot P_l^m(\cos \vartheta) \cdot e^{im\varphi} \tag{3.1-107}$$

3.1 Quantenmechanische Behandlung einfacher Systeme

Tabelle 3.1-1 Die normierten radialen Eigenfunktionen des Wasserstoffatoms.

n	l	
1	0	$R_{1,0} = 2e^{-\rho}$
2	0	$R_{2,0} = \dfrac{1}{2\sqrt{2}}(2-\rho)e^{-\rho/2}$
2	1	$R_{2,1} = \dfrac{1}{\sqrt{24}}\rho \cdot e^{-\rho/2}$
3	0	$R_{3,0} = \dfrac{2}{81\sqrt{3}}(27 - 18\rho + 2\rho^2)e^{-\rho/3}$
3	1	$R_{3,1} = \dfrac{4}{81\sqrt{6}}(6\rho - \rho^2)e^{-\rho/3}$
3	2	$R_{3,2} = \dfrac{4}{81\sqrt{30}}\rho^2 \cdot e^{-\rho/3}$

Tabelle 3.1-2 Die normierten Kugelflächenfunktionen des Wasserstoffatoms.

l	m	
0	0	$Y_0^0 = \dfrac{1}{\sqrt{4\pi}}$
1	-1	$Y_1^{-1} = \sqrt{\dfrac{3}{8\pi}}\sin\vartheta \cdot e^{-i\varphi}$
1	0	$Y_1^0 = \sqrt{\dfrac{3}{4\pi}}\cos\vartheta$
1	$+1$	$Y_1^1 = \sqrt{\dfrac{3}{8\pi}}\sin\vartheta \cdot e^{i\varphi}$
2	-2	$Y_2^{-2} = \dfrac{1}{4}\sqrt{\dfrac{15}{2\pi}}\sin^2\vartheta \cdot e^{-2i\varphi}$
2	-1	$Y_2^{-1} = \sqrt{\dfrac{15}{8\pi}}\sin\vartheta \cdot \cos\vartheta \cdot e^{-i\varphi}$
2	0	$Y_2^0 = \dfrac{1}{4}\sqrt{\dfrac{5}{\pi}}(3\cos^2\vartheta - 1)$
2	$+1$	$Y_2^1 = \sqrt{\dfrac{15}{8\pi}}\sin\vartheta\cos\vartheta \cdot e^{i\varphi}$
2	$+2$	$Y_2^2 = \dfrac{1}{4}\sqrt{\dfrac{15}{2\pi}}\sin^2\vartheta \cdot e^{2i\varphi}$

Tabelle 3.1-3 Die normierten Eigenfunktionen des Wasserstoffatoms

Elektronen-symbol	n	l	m	ψ
$1s\sigma$	1	0	0	$\dfrac{1}{\sqrt{\pi}}\,e^{-\rho}$
$2s\sigma$	2	0	0	$\dfrac{1}{4\sqrt{2\pi}}(2-\rho)e^{-\rho/2}$
$2p\bar{\pi}$	2	1	-1	$\dfrac{1}{8\sqrt{\pi}}\,\rho\cdot e^{-\rho/2}\sin\vartheta\cdot e^{-i\varphi}$
$2p\sigma$	2	1	0	$\dfrac{1}{8}\sqrt{\dfrac{2}{\pi}}\,\rho\cdot e^{-\rho/2}\cos\vartheta$
$2p\pi$	2	1	$+1$	$\dfrac{1}{8\sqrt{\pi}}\,\rho\cdot e^{-\rho/2}\sin\vartheta\cdot e^{i\varphi}$
$3s\sigma$	3	0	0	$\dfrac{1}{81\sqrt{3\pi}}(27-18\rho+2\rho^2)e^{-\rho/3}$
$3p\bar{\pi}$	3	1	-1	$\dfrac{1}{81\sqrt{\pi}}(6-\rho)\rho e^{-\rho/3}\sin\vartheta\cdot e^{-i\varphi}$
$3p\sigma$	3	1	0	$\dfrac{1}{81}\sqrt{\dfrac{2}{\pi}}(6-\rho)\rho e^{-\rho/3}\cos\vartheta$
$3p\pi$	3	1	$+1$	$\dfrac{1}{81\sqrt{\pi}}(6-\rho)\rho e^{-\rho/3}\sin\vartheta\cdot e^{i\varphi}$
$3d\bar{\bar{\delta}}$	3	2	-2	$\dfrac{1}{162\sqrt{\pi}}\,\rho^2 e^{-\rho/3}\sin^2\vartheta\cdot e^{-2i\varphi}$
$3d\bar{\pi}$	3	2	-1	$\dfrac{1}{81\sqrt{\pi}}\,\rho^2 e^{-\rho/3}\sin\vartheta\cos\vartheta\cdot e^{-i\varphi}$
$3d\sigma$	3	2	0	$\dfrac{1}{81\sqrt{6\pi}}\,\rho^2 e^{-\rho/3}(3\cos^2\vartheta-1)$
$3d\pi$	3	2	$+1$	$\dfrac{1}{81\sqrt{\pi}}\,\rho^2 e^{-\rho/3}\sin\vartheta\cos\vartheta\cdot e^{i\varphi}$
$3d\delta$	3	2	$+2$	$\dfrac{1}{162\sqrt{\pi}}\,\rho^2 e^{-\rho/3}\sin^2\vartheta\cdot e^{2i\varphi}$

zu erhalten, müssen wir die Legendre-Funktion mit $e^{im\varphi}$ multiplizieren und den Normierungsfaktor N ermitteln (s. Mathem. Anhang Q). Auf diese Weise erhalten wir die in Tab. 3.1-2 zusammengestellten *normierten Kugelflächenfunktionen*.

Um nun schließlich zu den *normierten Eigenfunktionen des Wasserstoffatoms* zu gelangen, kombinieren wir entsprechend Gl. (3.1-124) die radialen Eigenfunktionen mit den Kugelflächenfunktionen. Auf diese Weise erhalten wir schließlich die in Tab. 3.1-3 zusammengefassten Eigenfunktionen.

Bei der Beschreibung des Elektronenzustandes haben wir uns dabei folgender Nomenklatur bedient.

> Die Hauptquantenzahl n geben wir durch die entsprechende Ziffer an, die Nebenquantenzahl l durch einen Buchstaben, wobei die nachstehende Zuordnung üblich ist:
>
> l = 0 1 2 3
> s p d f
>
> Die Nebenquantenzahl m wird schließlich durch die entsprechenden griechischen Buchstaben symbolisiert:
>
> m = 0 1 2 3
> σ π δ φ

Wir sehen, dass ein Teil der Eigenfunktionen des Wasserstoffatoms reell, ein anderer Teil komplex ist. Der erstere Fall liegt vor, wenn $m = 0$ ist, der letztere, wenn $m \neq 0$ ist.

> Da die zu gleichem n gehörenden n^2 Eigenfunktionen, wie wir oben gesehen haben, entartet sind, können wir aus ihnen durch Linearkombination weitere, aber reelle Eigenfunktionen konstruieren (vgl. Mathem. Anhang N), was in der Praxis von Bedeutung ist.

So liefert uns die Linearkombination

$$\frac{1}{\sqrt{2}}(2\mathrm{p}\pi + 2\mathrm{p}\bar{\pi}) = \frac{1}{8\sqrt{2\pi}}\rho \cdot e^{-\rho/2} \sin\vartheta (\cos\varphi + i \sin\varphi) +$$

$$+ \frac{1}{8\sqrt{2\pi}}\rho \cdot e^{-\rho/2} \sin\vartheta (\cos\varphi - i \sin\varphi) = \quad (3.1\text{-}132)$$

$$= \frac{2}{8\sqrt{2\pi}}\rho \cdot e^{-\rho/2} \sin\vartheta \cos\varphi \quad (3.1\text{-}133)$$

eine reelle Funktion. Beachten wir noch die Transformationsgleichungen (3.1-23) bis (3.1-25), nach denen $\rho \cdot \sin\vartheta \cos\varphi$ die in Vielfachen von r_0 gemessene x-Koordinate ist, so können wir für diese Linearkombination auch schreiben

$$\frac{1}{\sqrt{2}}(2\mathrm{p}\pi + 2\mathrm{p}\bar{\pi}) = \frac{1}{4\sqrt{2\pi}}\rho \cdot e^{-\rho/2} \sin\vartheta \cos\varphi = \frac{1}{4\sqrt{2\pi}} \cdot e^{-\rho/2} \cdot x \cdot \frac{1}{r_0} \equiv 2\mathrm{p}_x$$
$$(3.1\text{-}134)$$

In entsprechender Weise erhalten wir

$$\frac{-1}{\sqrt{2}}(2\mathrm{p}\pi - 2\mathrm{p}\bar{\pi}) = \frac{1}{4\sqrt{2\pi}}\rho \cdot e^{-\rho/2} \sin\vartheta \sin\varphi = \frac{1}{4\sqrt{2\pi}} \cdot e^{-\rho/2} \cdot y \cdot \frac{1}{r_0} \equiv 2\mathrm{p}_y$$
$$(3.1\text{-}135)$$

Auch die Eigenfunktion für 2pσ können wir umschreiben:

$$2p\sigma = \frac{1}{8}\sqrt{\frac{2}{\pi}}\rho \cdot e^{-\rho/2} \cos\vartheta = \frac{1}{4\sqrt{2\pi}} \cdot e^{-\rho/2} \cdot z \cdot \frac{1}{r_0} \equiv 2p_z \qquad (3.1\text{-}136)$$

Wir erhalten damit drei äquivalente p-Funktionen, die den drei Raumrichtungen zugeordnet sind. Das ist für geometrische Überlegungen sehr zweckmäßig. Ähnliches gelingt mit den d-Funktionen.

$$\frac{1}{\sqrt{2}}(3d\delta + 3d\bar{\delta}) = \frac{1}{81\sqrt{2\pi}}\rho^2 \cdot e^{-\rho/3} \sin^2\vartheta \cos 2\varphi \qquad (3.1\text{-}137)$$

$$\frac{-i}{\sqrt{2}}(3d\delta - 3d\bar{\delta}) = \frac{1}{81\sqrt{2\pi}}\rho^2 \cdot e^{-\rho/3} \sin^2\vartheta \sin 2\varphi \qquad (3.1\text{-}138)$$

$$\frac{1}{\sqrt{2}}(3d\pi + 3d\bar{\pi}) = \frac{2}{81\sqrt{2\pi}}\rho^2 \cdot e^{-\rho/3} \sin\vartheta \cos\vartheta \cos\varphi \qquad (3.1\text{-}139)$$

$$\frac{-i}{\sqrt{2}}(3d\pi - 3d\bar{\pi}) = \frac{2}{81\sqrt{2\pi}}\rho^2 \cdot e^{-\rho/3} \sin\vartheta \cos\vartheta \sin\varphi \qquad (3.1\text{-}140)$$

Hinzu kommt dann noch die ohnehin reelle Funktion

$$3d\sigma = \frac{1}{81\sqrt{6\pi}}\rho^2 \cdot e^{-\rho/3}(3\cos^2\vartheta - 1) \qquad (3.1\text{-}141)$$

Berücksichtigen wir nun noch die folgenden Zusammenhänge zwischen den trigonometrischen Funktionen und die Transformationsgleichungen (3.1-23) bis (3.1-25), so finden wir

$$\rho^2 \sin^2\vartheta \cos 2\varphi = \rho^2 \sin^2\vartheta(\cos^2\varphi - \sin^2\varphi) = (x^2 - y^2)\frac{1}{r_0^2} \qquad (3.1\text{-}142)$$

$$\rho^2 \sin^2\vartheta \sin 2\varphi = \rho^2 \sin^2\vartheta \cdot 2\cos\varphi \sin\varphi = 2xy \cdot \frac{1}{r_0^2} \qquad (3.1\text{-}143)$$

$$\rho^2 \sin\vartheta \cos\vartheta \cos\varphi = xz \cdot \frac{1}{r_0^2} \qquad (3.1\text{-}144)$$

$$\rho^2 \sin\vartheta \cos\vartheta \sin\varphi = yz \cdot \frac{1}{r_0^2} \qquad (3.1\text{-}145)$$

$$\rho^2(3\cos^2\vartheta - 1) = (3z^2 - \rho^2 r_0^2) \cdot \frac{1}{r_0^2} \qquad (3.1\text{-}146)$$

Substituieren wir Gl. (3.1-142) bis (3.1-146) in Gl. (3.1-137) bis (3.1-141), so erhalten wir schließlich

$$\frac{1}{\sqrt{2}}(3\mathrm{d}\delta + 3\mathrm{d}\bar{\delta}) = \frac{1}{81\sqrt{2\pi}} e^{-\rho/3}(x^2 - y^2)\frac{1}{r_0^2} \equiv 3\mathrm{d}_{x^2-y^2} \tag{3.1-147}$$

$$\frac{-i}{\sqrt{2}}(3\mathrm{d}\delta - 3\mathrm{d}\bar{\delta}) = \frac{2}{81\sqrt{2\pi}} e^{-\rho/3} \cdot xy \frac{1}{r_0^2} \equiv 3\mathrm{d}_{xy} \tag{3.1-148}$$

$$\frac{1}{\sqrt{2}}(3\mathrm{d}\pi + 3\mathrm{d}\bar{\pi}) = \frac{2}{81\sqrt{2\pi}} e^{-\rho/3} \cdot xz \frac{1}{r_0^2} \equiv 3\mathrm{d}_{xz} \tag{3.1-149}$$

Tabelle 3.1-4 Reelle Eigenfunktionen des Wasserstoffatoms

Elektronen-symbol	n	l	m	N	$R(\rho)$	$Y(\vartheta, \varphi)$
1s	1	0	0	$\frac{1}{\sqrt{\pi}}$	$e^{-\rho}$	1
2s	2	0	0	$\frac{1}{4\sqrt{2\pi}}$	$(2-\rho)e^{-\rho/2}$	1
2p$_z$	2	1	0	$\frac{1}{4\sqrt{2\pi}}$	$\rho \cdot e^{-\rho/2}$	$\cos\vartheta$
2p$_x$	2	1	± 1	$\frac{1}{4\sqrt{2\pi}}$	$\rho \cdot e^{-\rho/2}$	$\sin\vartheta\cos\varphi$
2p$_y$	2	1	± 1	$\frac{1}{4\sqrt{2\pi}}$	$\rho \cdot e^{-\rho/2}$	$\sin\vartheta\sin\varphi$
3s	3	0	0	$\frac{1}{81\sqrt{3\pi}}$	$(27 - 18\rho + 2\rho^2)e^{-\rho/3}$	1
3p$_z$	3	1	0	$\frac{\sqrt{2}}{81\sqrt{\pi}}$	$(6-\rho)\rho e^{-\rho/3}$	$\cos\vartheta$
3p$_x$	3	1	± 1	$\frac{\sqrt{2}}{81\sqrt{\pi}}$	$(6-\rho)\rho e^{-\rho/3}$	$\sin\vartheta\cos\varphi$
3p$_y$	3	1	± 1	$\frac{\sqrt{2}}{81\sqrt{\pi}}$	$(6-\rho)\rho e^{-\rho/3}$	$\sin\vartheta\sin\varphi$
3d$_{z^2}$	3	2	0	$\frac{1}{81\sqrt{6\pi}}$	$\rho^2 e^{-\rho/3}$	$(3\cos^2\vartheta - 1)$
3d$_{xz}$	3	2	± 1	$\frac{\sqrt{2}}{81\sqrt{\pi}}$	$\rho^2 e^{-\rho/3}$	$\sin\vartheta\cos\vartheta\cos\varphi$
3d$_{yz}$	3	2	± 1	$\frac{\sqrt{2}}{81\sqrt{\pi}}$	$\rho^2 e^{-\rho/3}$	$\sin\vartheta\cos\vartheta\sin\varphi$
3d$_{x^2-y^2}$	3	2	± 2	$\frac{1}{81\sqrt{2\pi}}$	$\rho^2 e^{-\rho/3}$	$\sin^2\vartheta\cos 2\varphi$
3d$_{xy}$	3	2	± 2	$\frac{1}{81\sqrt{2\pi}}$	$\rho^2 e^{-\rho/3}$	$\sin^2\vartheta\sin 2\varphi$

$$\frac{-i}{\sqrt{2}}(3d\pi - 3d\bar{\pi}) = \frac{2}{81\sqrt{2\pi}} e^{-\rho/3} \cdot yz \frac{1}{r_0^2} \equiv 3d_{yz} \tag{3.1-150}$$

$$3d\sigma = \frac{1}{81\sqrt{6\pi}} e^{-\rho/3} (3z^2 - \rho^2 r_0^2) \frac{1}{r_0^2} \equiv 3d_{z^2} \tag{3.1-151}$$

Wir sehen, dass durch die Linearkombinationen wieder eine Zuordnung zu den Richtungen des kartesischen Koordinatensystems gelungen ist.

Wegen der geometrischen Bedeutung dieser Eigenfunktionen stellen wir sie in Tab. 3.1-4 noch einmal zusammen.

Graphische Darstellung der Eigenfunktionen

Die Eigenfunktionen des Wasserstoffatoms sind im Allgemeinen von drei Variablen abhängig. Zu ihrer Darstellung benötigten wir daher einen vierdimensionalen Raum. Es ist deshalb zweckmäßig, die radiale Abhängigkeit und die Richtungsabhängigkeit getrennt zu betrachten. Eine Abhängigkeit vom Abstand finden wir bei allen Zuständen, die Richtungsabhängigkeit fehlt jedoch bei den s-Zuständen. Diese Eigenfunktionen sind demnach kugelsymmetrisch.

Wir beginnen mit der Darstellung der *radialen Eigenfunktionen*. In Abb. 3.1-7 sind (aus Gründen der Deutlichkeit mit unterschiedlichem Ordinatenmaßstab) die für die Hauptquantenzahlen $n = 1$ bis $n = 3$ ermittelten radialen Eigenfunktionen $R(\rho)$ wiedergegeben. Wir beachten, dass sie nicht von der Quantenzahl m abhängen.

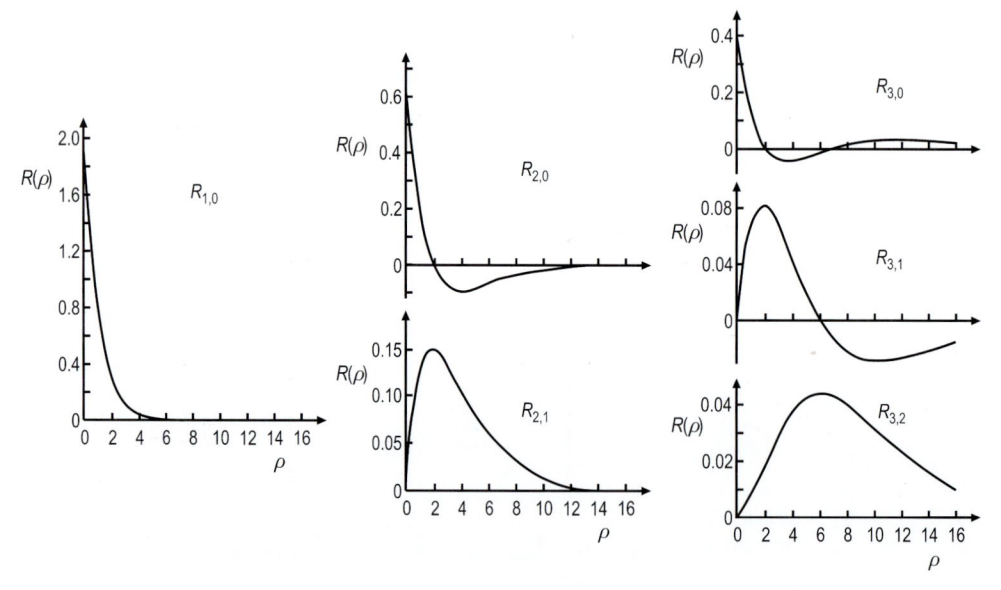

Abbildung 3.1-7 Radiale Eigenfunktionen des Wasserstoffatoms.

3.1 Quantenmechanische Behandlung einfacher Systeme

Der Abbildung entnehmen wir weiterhin, dass eine mit steigendem n zunehmende, mit steigendem l aber abnehmende Anzahl von Nulldurchgängen vorliegt. Ihre Zahl berechnet sich in den Beispielen von Abb. 3.1-7 zu $n - l - 1$. Wir werden später sehen, dass diese Beziehung allgemeine Gültigkeit hat. Da die radiale Eigenfunktion unabhängig von den Winkeln ϑ und φ ist, stellen diese Nullstellen *Knoten-Kugelflächen* dar.

Während wir bei der Beschreibung der radialen Eigenfunktionen mit einer zweidimensionalen Darstellung auskamen, benötigen wir für die Darstellung der *Kugelflächenfunktionen* $Y(\vartheta, \varphi)$ drei Dimensionen.

Y_0^0, die Kugelflächenfunktionen für die s-Orbitale, ist nach Tab. 3.1-2 unabhängig von ϑ und φ

$$\sqrt{\frac{1}{4\pi}}$$

Für die s-Zustände des Wasserstoffatoms ist die Kugelflächenfunktion deshalb durch eine Kugel mit einem Radius von $\sqrt{\dfrac{1}{4\pi}}$ um den Ursprung gegeben.

Die Konstruktion des winkelabhängigen Anteils der $2p_x$-Funktion veranschaulichen wir in Abb. 3.1-8.

Zu diesem Zweck untersuchen wir getrennt drei Schnitte, die wir in die x, y-, die x, z- und die y, z-Ebene legen. $Y(\vartheta, \varphi)$ ist nach Tab. 3.1-4 unter Berücksichtigung von Tab. 3.1-1 $\sqrt{\dfrac{3}{4\pi}} \sin\vartheta \cos\varphi$. Betrachten wir nun zunächst die x, y-Ebene, so ist hier nach Abb. 3.1-3 $\vartheta = \dfrac{\pi}{2}$, so dass $\sin\vartheta$ den Wert 1 hat. Y ist deshalb in dieser Ebene durch $\sqrt{\dfrac{3}{4\pi}} \cos\varphi$ gegeben. Wir tragen Y als Funktion von φ auf, das wir gemäß

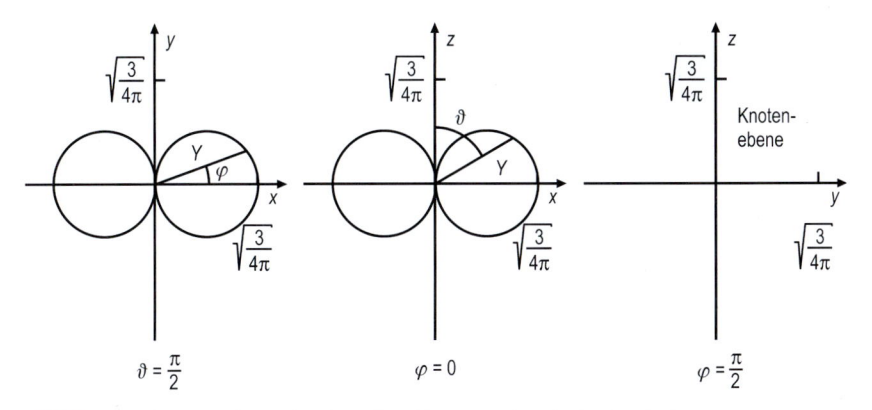

Abbildung 3.1-8 Konstruktion des ϑ- und φ-abhängigen Anteils der $2p_x$-Funktion.

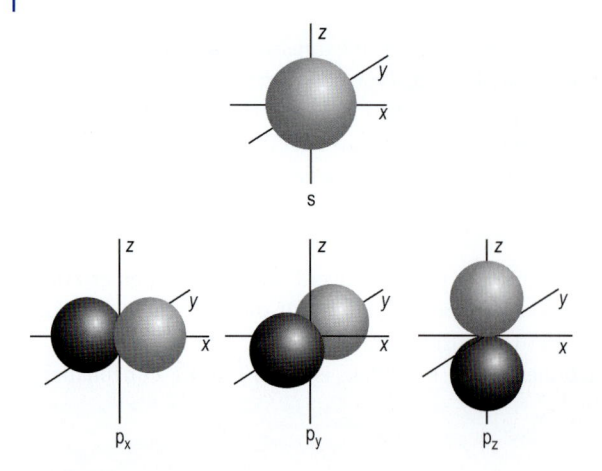

Abbildungen 3.1-9 Perspektivische Darstellung des winkelabhängigen Teils der s- und p-Orbitale des Wasserstoffatoms.

Abbildung 3.1-3 von der positiven x-Achse aus rechnen, und erhalten so zwei Kreise. Der Wert von Y ist jeweils durch die Strecke vom Ursprung bis zur Peripherie des Kreises gegeben. Im rechten Teil ist Y positiv, im linken negativ. In der x, z-Ebene ist $\varphi = 0$, Y wird $\sqrt{\dfrac{3}{4\pi}} \sin \vartheta$, wobei ϑ entsprechend Abb. 3.1-3 von der positiven z-Achse aus zu rechnen ist. In der y, z-Ebene ist schließlich wegen $\varphi = \dfrac{\pi}{2} \cos \varphi$ und damit auch Y überall null. Die y, z-Ebene stellt deshalb eine *Knotenfläche* dar. In entsprechender Weise können wir mit den winkelabhängigen Anteilen

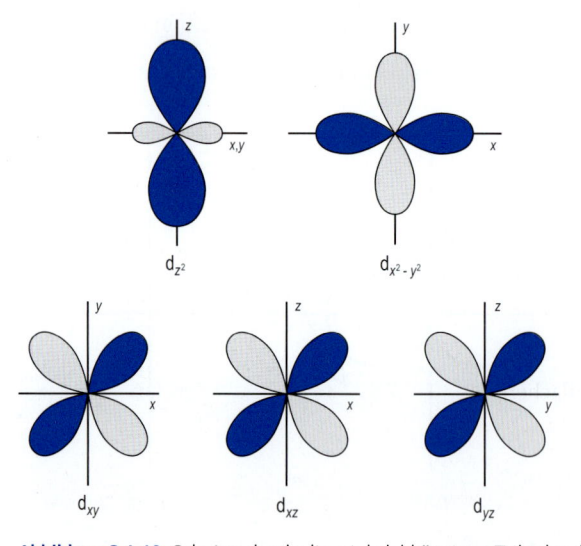

Abbildung 3.1-10 Schnitte durch die winkelabhängigen Teile der d-Orbitale.

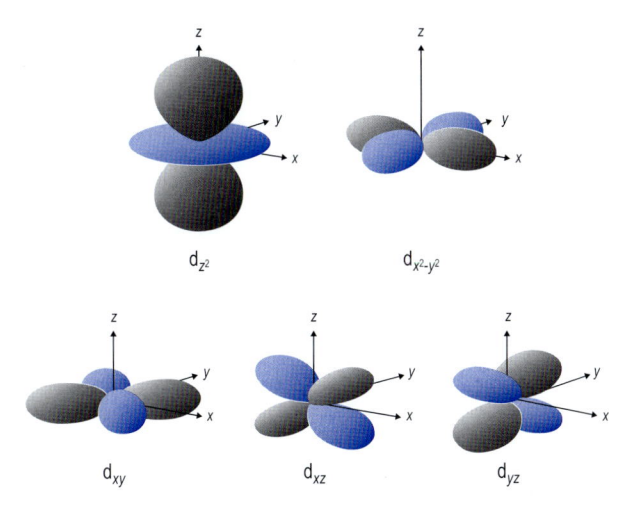

Abbildung 3.1-11 Perspektivische Darstellung des winkelabhängigen Teils der d-Orbitale des Wasserstoffatoms.

der Eigenfunktionen $2p_y$ und $2p_z$ verfahren. Abbildung 3.1-9 zeigt uns das Ergebnis in perspektivischer Darstellung. Wir finden auf die x-, y- oder z-Achse aufgespießte Kugeln vom Radius $\frac{1}{4}\sqrt{\frac{3}{\pi}}$.

> Der Wert von Y ist jeweils durch die Länge des Vektors vom Ursprung des Koordinatensystems unter den Winkeln φ und ϑ bis zur Kugeloberfläche gegeben.

Die Winkelabhängigkeit der d-Orbitale ermitteln wir wie in Abb. 3.1-8. Das Ergebnis für einige wichtige Schnittebenen zeigt uns Abb. 3.1-10, während Abb. 3.1-11 die perspektivische Darstellung gibt. Wir erkennen, dass das d_{z^2}-Orbital rotationssymmetrisch bezüglich der z-Achse ist, während die vier übrigen Orbitale aus jeweils vier tropfenförmigen Gebilden bestehen, die symmetrisch zum Ursprung des Koordinatensystems angeordnet sind und paarweise positive und negative Y-Werte darstellen.

> Wie bei der radialen Eigenfunktion stellen wir auch bei den winkelabhängigen Eigenfunktionen das Auftreten von Knotenflächen fest. Beim p_x-Elektron haben wir bereits die y, z-Ebene als *Knotenebene* erkannt. Die Abbildungen 3.1-10 und 3.1-11 lassen erkennen, dass es neben *Knotenkugelflächen* und Knotenebenen auch *Knotenkegelflächen* gibt. Insgesamt findet man
>
> | | |
> |---|---|
> | Zahl aller Knotenflächen | $n - 1$ |
> | Zahl aller Knotenkugelflächen | $n - l - 1$ |
> | Zahl aller Knotenkegelflächen (mit der z-Achse als Kegelachse) | $l - \|m\|$ |
> | Zahl aller Knotenebenen senkrecht zur x, y-Ebene | $\|m\|$ |
>
> Dabei ist zu berücksichtigen, dass eine Knotenkegelfläche mit einem Öffnungswinkel von 180° mit der x, y-Ebene identisch ist.

Graphische Darstellung des Quadrats der Eigenfunktionen

Wir haben schon mehrfach erwähnt, dass die Eigenfunktion ψ nur rechnerische Bedeutung hat, ψ^2 hingegen ein Maß für die Aufenthaltswahrscheinlichkeit des Teilchens darstellt. Auch bezüglich ψ^2 müssen wir die radiale Eigenfunktion und den winkelabhängigen Anteil getrennt betrachten.

> Die Funktion $R^2(\rho)$ ergibt sich unmittelbar aus Abb. 3.1-7. Das Quadrieren führt dazu, dass wir nur positive Werte finden. Die in Abb. 3.1-12 dargestellten Funktionen veranschaulichen uns die Verteilung der relativen Elektronendichte auf einem vom Kern ausgehenden Strahl.

Der Deutlichkeit halber sind in Gebieten zu kleiner Ordinatenwerte Kurven in stark vergrößertem Maßstab gestrichelt eingezeichnet.

> Die Winkelabhängigkeit der relativen Elektronendichte liefert uns die Funktion Y^2. Untersuchen wir, wie sich der Übergang von Y nach Y^2 auf die geometrische Struktur des winkelabhängigen Anteils der Eigenfunktionen auswirkt, so stellen wir anhand der Konstruktionen in Abb. 3.1-13 und der perspektivischen Darstellung in Abb. 3.1-14 fest, dass die Kugelgestalt der p-Orbitale verloren geht. Die Y^2-Funktionen stellen auf die Koordinatenachsen gespießte Tropfen dar. Bei den d-Orbitalen erhalten wir ähnliche Gebilde wie in Abb. 3.1-11.

Durch das Quadrieren fällt natürlich überall der Unterschied zwischen positiven und negativen Bereichen fort.

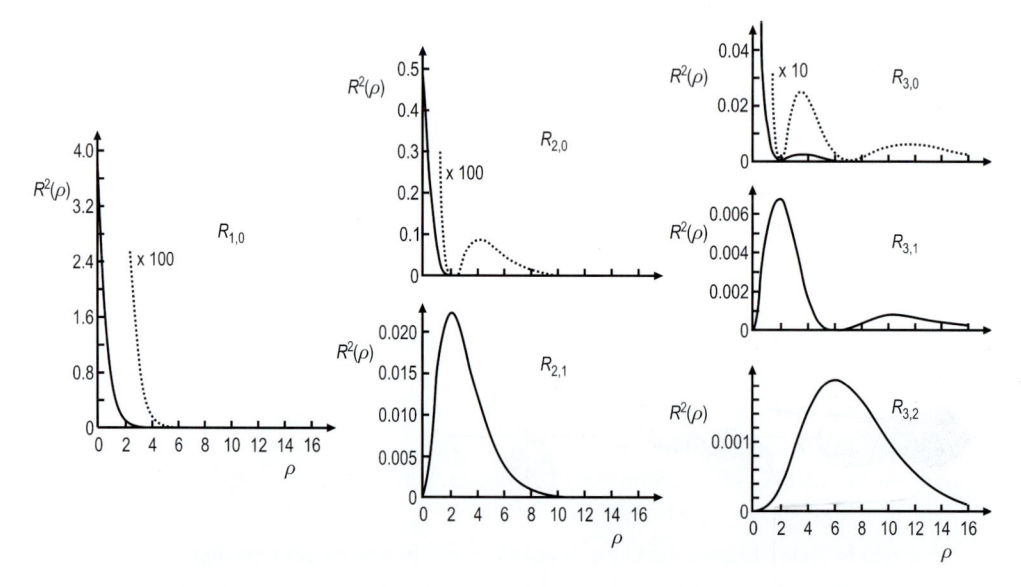

Abbildung 3.1-12 Quadrat der radialen Wellenfunktion des Wasserstoffatoms.

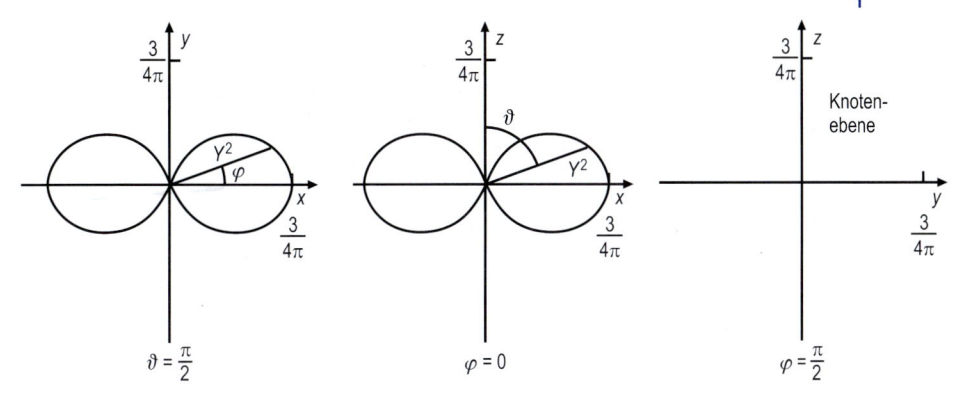

Abbildung 3.1-13 Konstruktion des winkelabhängigen Anteils Y^2 für den 2p$_x$-Zustand des Wasserstoffatoms.

Auf eine wichtige Eigenschaft der Y^2-Funktionen müssen wir noch hinweisen. Ist die einzelne Y^2-Funktion für die p- oder d-Zustände auch stark richtungsabhängig, so zeigt die Summe der ψ^2-Funktionen der p-Zustände bzw. der d-Zustände doch wieder Kugelsymmetrie:

$$\psi^2(2\mathrm{p}_x) = N^2 \cdot R^2(\rho) \sin^2 \vartheta \cos^2 \varphi \tag{3.1-134}$$

$$\psi^2(2\mathrm{p}_y) = N^2 \cdot R^2(\rho) \sin^2 \vartheta \sin^2 \varphi \tag{3.1-135}$$

$$\psi^2(2\mathrm{p}_z) = N^2 \cdot R^2(\rho) \cos^2 \vartheta \tag{3.1-136}$$

$$\psi^2(2\mathrm{p}_x) + \psi^2(2\mathrm{p}_y) + \psi^2(2\mathrm{p}_z) = N^2 \cdot R^2(\rho)[\sin^2 \vartheta (\cos^2 \varphi + \sin^2 \varphi) + \cos^2 \vartheta] \tag{3.1-152}$$

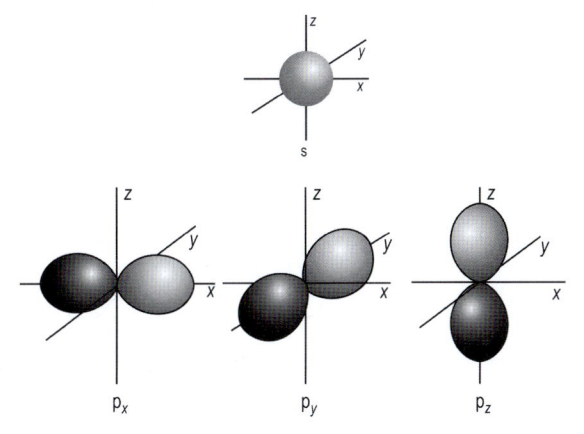

Abbildung 3.1-14 $Y^2(\vartheta, \varphi)$ für die s- und p-Zustände des Wasserstoffatoms.

Der Ausdruck in eckigen Klammern ist gleich 1. Deshalb ist

> die Summe der ψ^2-Funktionen der p-Orbitale,
> $$\psi^2(2p_x) + \psi^2(2p_y) + \psi^2(2p_z) = N^2 \cdot R^2(\rho) \tag{3.1-153}$$
> unabhängig von ϑ und φ. In entsprechender Weise können wir nachweisen, dass die Summe der ψ^2-Funktionen der fünf d-Orbitale aus Tab. 3.1-4 einen von den Winkeln unabhängigen Wert liefert, d. h. ebenfalls kugelsymmetrisch ist.

Wir müssen uns an dieser Stelle noch einmal vergegenwärtigen, dass $R^2(\rho)$ die radiale, auf einem vom Kern ausgehenden Strahl liegende Aufenthaltswahrscheinlichkeitsdichte angibt, $Y^2(\vartheta, \varphi)$ den winkelabhängigen Anteil. Um die Aufenthaltswahrscheinlichkeitsdichte in einem durch ρ, ϑ und φ festgelegten Raumpunkt zu berechnen, müssen wir $R^2(\rho)$ mit $Y^2(\vartheta, \varphi)$ multiplizieren. Eine einfache Darstellung von $\psi^2(\rho, \vartheta, \varphi) = R^2(\rho) \cdot Y^2(\vartheta, \varphi)$ ist im Allgemeinen nicht möglich. Oft begnügt man sich damit, $R^2(\rho)$ und $Y^2(\vartheta, \varphi)$ getrennt zu betrachten.

Radiale Wahrscheinlichkeitsverteilung

> Wesentlich einfacher liegen die Verhältnisse bei den kugelsymmetrischen s-Zuständen. Hier können wir leicht die Frage beantworten, wie groß die Wahrscheinlichkeit ist, das Elektron in einem bestimmten Abstand vom Kern, z. B. zwischen ρ und $\rho + d\rho$, anzutreffen. Diese sog. *radiale Wahrscheinlichkeitsverteilung* berechnet sich aus der Wahrscheinlichkeitsdichte $R^2(\rho)$ und dem Volumen der Kugelschale zwischen ρ und $\rho + d\rho$. Letzteres ist $4\pi\rho^2 d\rho$. Die radiale Wahrscheinlichkeitsverteilungsfunktion $4\pi\rho^2 R^2(\rho)$ ist unter Zugrundelegung von Abb. 3.1-12 in Abb. 3.1-15 wiedergegeben.

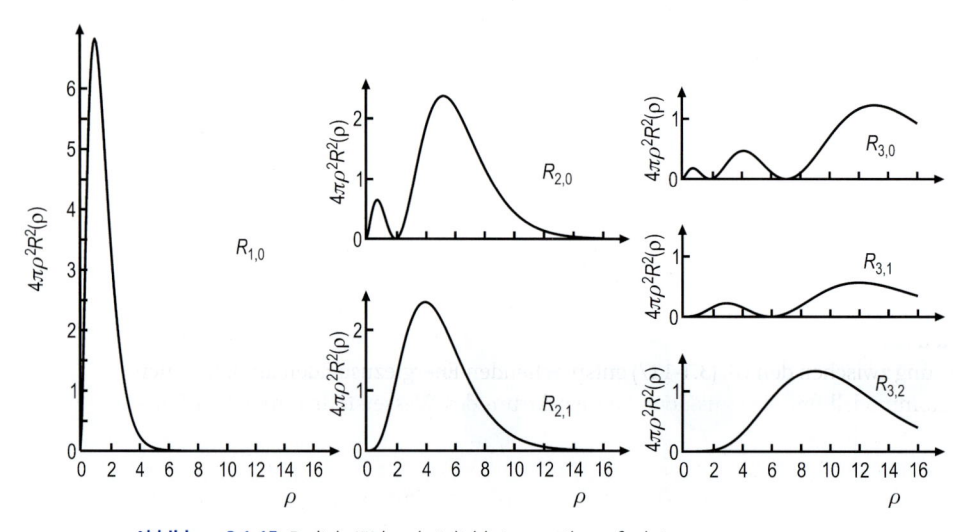

Abbildung 3.1-15 Radiale Wahrscheinlichkeitsverteilungsfunktion.

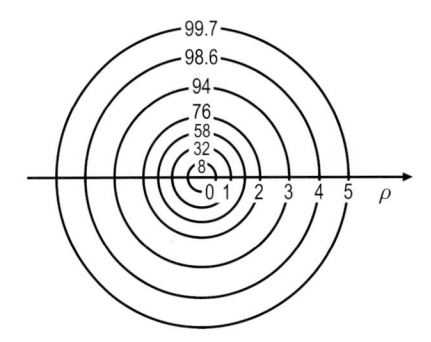

Abbildung 3.1-16 Aufenthaltswahrscheinlichkeiten für ein 1s-Elektron im Wasserstoffatom.

Wir erkennen, dass für das 1s-Elektron die größte radiale Aufenthaltswahrscheinlichkeit bei $\rho = 1$, d. h. $r = r_0$, also beim 1. Bohr'schen Radius liegt. Bei den 2s- und 3s-Elektronen finden wir zwei bzw. drei Maxima, von denen das höchste das äußerste ist.

Auf keinen Fall darf man in den Figuren der Abb. 3.1-14 und entsprechenden aus Abb. 3.1-11 zu entwickelnden die Gestalt und Größe des Atoms sehen wollen, denn die Eigenfunktionen enthalten ein exponentielles Glied, das die ψ^2-Funktion nur asymptotisch gegen null gehen lässt. Wir wollen dies am einfachsten Fall, dem 1s-Zustand demonstrieren, bei dem sowohl $R^2(\rho)$ als auch $Y^2(\vartheta, \varphi)$ kugelsymmetrisch sind. Wir können deshalb konzentrische Kugeln angeben, innerhalb deren sich das Elektron mit einer bestimmten Wahrscheinlichkeit aufhält. Wählen wir eine Kugel mit einem Radius, der dem 1. Bohr'schen Radius entspricht, dann ist, wie Abb. 3.1-16 zeigt, die Wahrscheinlichkeit, das Elektron innerhalb dieser Kugel anzutreffen, nur 32 %. Wollen wir eine Kugel angeben, innerhalb derer die Aufenthaltswahrscheinlichkeit des Elektrons 94 oder 99,7 % beträgt, so müssen wir einen Radius von $3r_0$ bzw. $5r_0$ wählen.

3.1.4
Drehimpuls, Bahndrehimpuls, Spin, Gesamtdrehimpuls und Quantenzahlen

Wir haben gesehen, dass die Energie des Elektrons im Wasserstoffatom nach Gl. (3.1-123) allein von der Quantenzahl n abhängt und dass nach unseren bisherigen Kenntnissen die Quantenzahlen l und m keinen Einfluss auf die Energie haben. Die Zustände mit der Quantenzahl n sind n^2-fach entartet [Gl. (3.1-127)]. Die bereits in den Abschnitten 1.4.8 und 1.4.9 geführte Diskussion hat die völlige Übereinstimmung zwischen den Gl. (3.1-127) entsprechenden Energiezuständen im Bohr'schen Atommodell und den aus dem Atomspektrum des Wasserstoffs ermittelten Energiezuständen ergeben.

Untersuchen wir jedoch das Atomspektrum des Wasserstoffs, wenn sich dieser in einem Magnetfeld befindet, so stellen wir eine Aufspaltung der Spektrallinien fest, die Entartung wird aufgehoben. Das Aufspalten von Spektrallinien im Magnetfeld wurde erstmals 1896 von Zeeman beobachtet. Man spricht deshalb vom *Zeeman-Effekt*. Er verhilft uns zu einem besseren Verständnis der Quantenzahlen l und m, liefert uns zusätzlich zu dem im vorausgehenden Abschnitt gewonnenen mathematischen und geometrischen Aspekt einen physikalischen.

Der Drehimpuls

Wir müssen uns zu diesem Zweck mit dem Drehimpuls befassen.

> Der Drehimpuls l ist ein Vektor
>
> $$\vec{l} = \vec{r} \times \vec{p} = \vec{r} \times m\vec{v} \tag{3.1-154}$$
>
> Er steht senkrecht auf der durch den Ortsvektor $\vec{r}$ und den Impulsvektor $\vec{p}$ gegebenen Ebene und ist so gerichtet, dass in seiner Richtung gesehen das Teilchen mit der Masse m im Uhrzeigersinn umläuft.

Abbildung 3.1-17 verdeutlicht uns dies.

Sind $\vec{i}, \vec{j}$ und $\vec{k}$ die Einheitsvektoren in der x-, y- bzw. z-Richtung, so können wir für die Vektoren schreiben

$$\vec{l} = l_x \vec{i} + l_y \vec{j} + l_z \vec{k} \tag{3.1-155}$$

$$\vec{r} = r_x \vec{i} + r_y \vec{j} + r_z \vec{k} \tag{3.1-156}$$

$$\vec{p} = p_x \vec{i} + p_y \vec{j} + p_z \vec{k} \tag{3.1-157}$$

Nach den Regeln für das Rechnen mit Vektoren (s. Mathem. Anhang C) ergeben sich für

> die Komponenten des Vektorproduktes Gl. (3.1-154)
>
> $$\begin{aligned} l_x &= r_y p_z - r_z p_y \\ l_y &= r_z p_x - r_x p_z \\ l_z &= r_x p_y - r_y p_x \end{aligned} \tag{3.1-158}$$

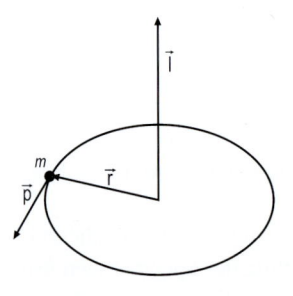

Abbildung 3.1-17 Zur Definition des Drehimpulses.

Soweit die klassische Betrachtungsweise. Gehen wir nun zur quantenmechanischen Behandlung über, so müssen wir gemäß Abschnitt 1.4.10 [Gl. (1.4-116)] den Impuls durch

$$p_x = \frac{\hbar}{i} \frac{\partial}{\partial x} \qquad (1.4\text{-}116)$$

(und entsprechend für die anderen Komponenten) ersetzen. Wir erhalten dann anstelle von Gl. (3.1-158)

$$\begin{aligned}
l_x &= \frac{\hbar}{i}\left(r_y \frac{\partial}{\partial z} - r_z \frac{\partial}{\partial y}\right) \\
l_y &= \frac{\hbar}{i}\left(r_z \frac{\partial}{\partial x} - r_x \frac{\partial}{\partial z}\right) \\
l_z &= \frac{\hbar}{i}\left(r_x \frac{\partial}{\partial y} - r_y \frac{\partial}{\partial x}\right)
\end{aligned} \qquad (3.1\text{-}159)$$

Dies wollen wir in sphärische Polarkoordinaten umschreiben. Die partiellen Ableitungen entnehmen wir dabei dem Mathematischen Anhang D [(Gl. (D-20) bis (D-22)] und erhalten so unter Berücksichtigung von Gl. (3.1-23) bis (3.1-25)

$$\begin{aligned}
l_x &= -\frac{\hbar}{i}\left(\cot\vartheta \cos\varphi \frac{\partial}{\partial \varphi} + \sin\varphi \frac{\partial}{\partial \vartheta}\right) \\
l_y &= -\frac{\hbar}{i}\left(\cot\vartheta \sin\varphi \frac{\partial}{\partial \varphi} - \cos\varphi \frac{\partial}{\partial \vartheta}\right) \\
l_z &= +\frac{\hbar}{i}\left(\frac{\partial}{\partial \varphi}\right)
\end{aligned} \qquad (3.1\text{-}160)$$

Betrachten wir nun den Operator $|\vec{l}|^2$, d. h. das Quadrat des Betrages des Vektors $\vec{l}$,

$$|\vec{l}|^2 = l_x^2 + l_y^2 + l_z^2, \qquad (3.1\text{-}161)$$

so ergibt sich für ihn aus den Gleichungen (3.1-160) und (3.1-161), wenn wir beachten, dass in den Klammerausdrücken nicht-multiplikative Operatoren stehen, dass wir also nicht gemäß $(a + b)^2 = a^2 + 2ab + b^2$ quadrieren dürfen, sondern die sich ergebenden Operationen (Differentiationen) ausführen müssen,

$$|\vec{l}|^2 = -\hbar^2 \left[\frac{\partial^2}{\partial \vartheta^2} + (\cot^2\vartheta + 1)\frac{\partial^2}{\partial \varphi^2} + \cot\vartheta \frac{\partial}{\partial \vartheta}\right] \qquad (3.1\text{-}162)$$

Dafür können wir auch schreiben

$$|\vec{l}|^2 = -\hbar^2 \left[\frac{\partial^2}{\partial \vartheta^2} + \frac{1}{\sin^2\vartheta}\frac{\partial^2}{\partial \varphi^2} + \frac{\cos\vartheta}{\sin\vartheta}\frac{\partial}{\partial \vartheta}\right] \qquad (3.1\text{-}163)$$

und schließlich

$$|\vec{l}|^2 = -\hbar^2 \left[\frac{1}{\sin\vartheta} \frac{\partial}{\partial\vartheta} \left(\sin\vartheta \frac{\partial}{\partial\vartheta} \right) + \frac{1}{\sin^2\vartheta} \frac{\partial^2}{\partial\varphi^2} \right] \tag{3.1-164}$$

Ein Vergleich mit Gl. (3.1-26) zeigt uns, dass der Klammerausdruck identisch ist mit dem winkelabhängigen Teil des Laplace'schen Differentialoperators in Polarkoordinaten. Wenden wir diesen Operator auf die Wellenfunktion ψ an, so erhalten wir nach einfacher Umstellung

$$\left[\frac{1}{\sin\vartheta} \frac{\partial}{\partial\vartheta} \left(\sin\vartheta \frac{\partial\psi}{\partial\vartheta} \right) + \frac{1}{\sin^2\vartheta} \frac{\partial^2\psi}{\partial\varphi^2} \right] + \frac{1}{\hbar^2} |\vec{l}|^2 \psi = 0 \tag{3.1-165}$$

Dieser Ausdruck entspricht völlig Gl. (3.1-27), wenn wir $\frac{1}{\hbar^2}|\vec{l}|^2$ durch $\frac{2\mu r^2}{\hbar^2} E \equiv A$ [vgl. Gl. (3.1-32)] ersetzen. Wir haben also das gleiche Problem vorliegen wie beim starren Rotator mit raumfreier Achse. Ebensowenig wie E beliebige Werte annehmen konnte, kann $|\vec{l}|^2$ beliebige Werte annehmen. Der Vergleich mit Gl. (3.1-39) bis (3.1-41) zeigt uns, dass die Lösung von Gl. (3.1-165) nur möglich ist, wenn für

das Quadrat des Betrages des Drehimpulsvektors $\vec{l}$ bei raumfreier Achse

$$|\vec{l}|^2 = \hbar^2 A = \hbar^2 \cdot l \cdot (l+1) \tag{3.1-166}$$

mit

$$l = 0, 1, 2, 3, \ldots \tag{3.1-40}$$

$$l \geq |m_l| \tag{3.1-41}$$

gilt.

Diese Überlegungen galten für den Drehimpuls bei raumfreier Achse. Hätten wir die Drehachse festgelegt, wir wählen dafür willkürlich die z-Richtung, dann wäre der Drehimpuls, den wir für diesen Fall $\vec{l}_z$ nennen, allein durch die mit Gl. (3.1-160) gegebene z-Komponente bestimmt, und es würde analog zu Gl. (3.1-164) gelten

$$|\vec{l}_z|^2 = -\hbar^2 \frac{\partial^2}{\partial\varphi^2} \tag{3.1-167}$$

und entsprechend Gl. (3.1-165)

$$\frac{\partial^2 \psi}{\partial\varphi^2} + \frac{1}{\hbar^2} |\vec{l}_z|^2 \psi = 0 \tag{3.1-168}$$

Diese Gleichung entspricht nun völlig Gl. (3.1-15) für den starren Rotator mit raumfester Achse, wenn wir $\frac{1}{\hbar^2}|\vec{l}_z|^2$ durch $\frac{E}{hcB} \equiv m_l^2$ [vgl. Gl. (3.1-16)] ersetzen. Gleichung (3.1-168) kann nur gelöst werden, wenn für das Quadrat des Betrages des Drehimpulsvektors $\vec{l}_z$ bei raumfester Achse in z-Richtung

$$|\vec{l}_z|^2 = \hbar^2 m_l^2 \tag{3.1-169}$$

mit

$$m_l = 0, \pm 1, \pm 2, \ldots \tag{3.1-170}$$

gilt.

Zusammenfassend können wir also feststellen,

dass der Drehimpuls bei raumfreier Achse nur Werte von

$$|\vec{l}| = \hbar\sqrt{l(l+1)} \tag{3.1-171}$$

bei raumfester Achse in z-Richtung nur Werte von

$$|\vec{l}_z| = \hbar|m_l| \tag{3.1-172}$$

annehmen kann.

Die Quantenzahl m_l in Gl. (3.1-172) kann nach Gl. (3.1-170) positiv oder negativ sein. Die zwei Zustände mit dem entgegengesetzten Vorzeichen haben gemäß

$$E_z = \frac{1}{2I_z}|\vec{l}_z|^2 = \frac{1}{2I_z}\hbar^2 \cdot m_l^2 = hcBm_l^2 \tag{3.1-173}$$

die gleiche Energie. Die Drehimpulsvektoren haben aber entgegengesetzte Richtung, was bedeutet, dass die rotierenden Teilchen entgegengesetzten Umlaufsinn haben.

Der Bahndrehimpuls

Betrachten wir das Wasserstoffatom als aus einem Atomkern und einem darum kreisenden Elektron bestehend, so beschreibt uns die Kugelflächenfunktion $Y_{l,m}(\vartheta, \varphi) = P_l^m(\cos\vartheta) \cdot e^{im\varphi}$ [Gl. (3.1-107)] gerade diese Rotation des Elektrons.

Die Quantenzahl l sagt uns deshalb etwas über den Drehimpuls des auf seiner Bahn den Kern umkreisenden Elektrons aus. Wir nennen sie deshalb die *Bahndrehimpuls-Quantenzahl*. Wir stellen fest, dass ein s-Elektron ($l = 0$) keinen Bahndrehimpuls besitzt, wohl aber jedes Elektron mit $l \neq 0$. Die Quantenzahl m hingegen gewinnt Bedeutung, wenn eine Rotation um eine raumfeste Achse eine Rolle spielt. So etwas können wir durch den Einfluss eines Magnetfeldes erzwingen, wie wir gleich besprechen werden. Wir nennen m – in diesem Abschnitt, um Verwechslungen vorzubeugen, mit m_l bezeichnet – deshalb auch *magnetische Quantenzahl*.

Ein den Kern umkreisendes Elektron stellt einen elektrischen Strom dar. Jeder elektrische Strom erzeugt ein Magnetfeld, und aus der klassischen Physik wissen wir, dass die Feldstärke $\vec{H}$ des Magnetfeldes einer Ladung q, die sich in einem unbeschränkten, homogenen und isotropen Medium mit der Geschwindigkeit $\vec{v}$ bewegt, durch

$$\vec{H} = \frac{1}{4\pi} \frac{q}{r^3} [\vec{v} \times \vec{r}] \tag{3.1-174}$$

gegeben ist. Dabei ist $\vec{r}$ der Radiusvektor von der bewegten Ladung q zum betrachteten Raumpunkt. Betrachten wir das Magnetfeld, das ein Elektron mit der Ladung e bei seiner Kreisbewegung um den Atomkern am Ort des Kerns erzeugt (Abb. 3.1-18), so müssen wir beachten, dass die Ladung e negativ ist. Aus Gl. (3.1-174) folgt

$$\vec{H} = -\frac{1}{4\pi} \frac{e}{r^3} [\vec{v} \times \vec{r}] \tag{3.1-175}$$

Dabei ist e der absolute Betrag der Elektronenladung.

Ein Vektorprodukt aus $\vec{v}$ und $\vec{r}$ tritt auch beim Drehimpuls auf, allerdings als $\vec{r} \times \vec{v}$. Wie ein Vergleich von Abb. (3.1-17) und (3.1-18) zeigt, hat $\vec{r}$ für die Berechnung von $\vec{H}$ und von $\vec{l}$ die entgegengesetzte Richtung. Berücksichtigen wir diese beiden Tatsachen, so können wir die Gleichungen (3.1-175) und (3.1-154) kombinieren zu

$$\vec{H} = -\frac{1}{4\pi} \frac{e}{m_e r^3} \vec{l} \tag{3.1-176}$$

Magnetfeld und Bahndrehimpuls des Elektrons sind antiparallel.

Nun ist es üblich, noch eine andere Größe zu betrachten,

das *magnetische Moment* $\vec{m}_l$, das durch einen geschlossenen ebenen Strom I erzeugt wird und durch

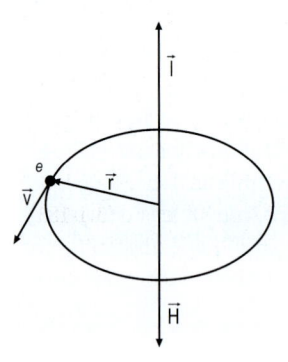

Abbildung 3.1-18 Das von einem kreisenden Elektron erzeugte Magnetfeld.

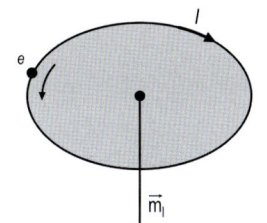

3.1 Quantenmechanische Behandlung einfacher Systeme

Abbildung 3.1-19 Zur Definition des magnetischen Momentes.

$$\vec{m}_l = I \cdot \vec{S} \qquad (3.1\text{-}177)$$

gegeben ist, wobei $\vec{S}$ ein Vektor ist, dessen Betrag durch die Fläche bestimmt ist, die von dem Stromweg eingeschlossen wird. Der Vektor $\vec{S}$ steht senkrecht auf der Fläche und liegt so, dass in seiner Richtung gesehen der Strom im Uhrzeigersinn fließt. Dabei ist die Richtung des Stromes durch den Fluss positiver Teilchen gegeben (Abb. 3.1-19).

Die Feldstärke $\vec{H}$ lässt sich auch mit Hilfe des magnetischen Momentes ausdrücken. Es gilt nämlich

$$\vec{H} = \frac{1}{4\pi} \frac{2}{r^3} \vec{m}_l \qquad (3.1\text{-}178)$$

Verknüpfen wir Gl. (3.1-176) mit Gl. (3.1-178), so erhalten wir

$$\vec{m}_l = -\frac{e}{2m_e}\vec{l} \qquad (3.1\text{-}179)$$

Auch das magnetische Moment ist antiparallel zum Drehimpuls.

Da der Drehimpuls nach Gl. (3.1-171) gequantelt ist, folgt für

das magnetische Bahnmoment $\vec{m}_l$ bei Rotation mit raumfreier Achse

$$|\vec{m}_l| = \frac{e}{2m_e}\hbar\sqrt{l(l+1)} \qquad (3.1\text{-}180)$$

und mit Gl. (3.1-172) für das magnetische Bahnmoment $\vec{m}_{lz}$ bei Rotation um die z-Achse

$$|\vec{m}_{lz}| = \frac{e}{2m_e}\hbar|m_l| \qquad (3.1\text{-}181)$$

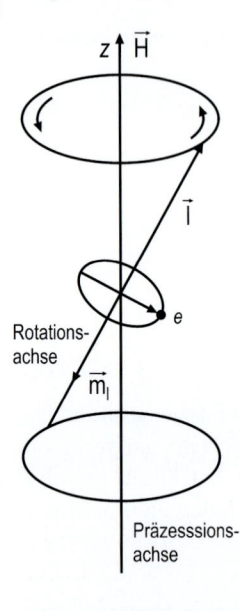

Abbildung 3.1-20 Zur Präzession des Drehimpulsvektors um die Feldrichtung.

Das Verhältnis von magnetischem Moment zu Drehimpuls bezeichnet man als *gyromagnetisches Verhältnis* γ. Wir sehen, dass γ für ein den Kern umkreisendes Elektron den Wert

$$\gamma = -\frac{e}{2m_e} \tag{3.1-182}$$

hat.

Weiterhin zeigt Gl. (3.1-180), dass das magnetische Moment zweckmäßigerweise in Vielfachen von $\frac{e}{2m_e}\hbar$ gemessen wird. Man hat dafür die Bezeichnung

Bohr'sches Magneton μ_B

$$\mu_B = \frac{e\hbar}{2m_e} = 9.274078 \cdot 10^{-24}\,\text{A}\,\text{m}^2 \tag{3.1-183}$$

eingeführt.

Bringt man das Wasserstoffatom nun in ein magnetisches Feld der Stärke H, dann übt das Feld ein Drehmoment auf das magnetische Moment aus, sofern dies schräg zum Feld liegt. Dadurch kommt es zu einer Präzession der Vektoren $\vec{l}$ und $\vec{m}_l$ um diese ausgezeichnete Richtung, die wir mit der z-Richtung identifizieren.

Abbildung 3.1-20 veranschaulicht die Verhältnisse.

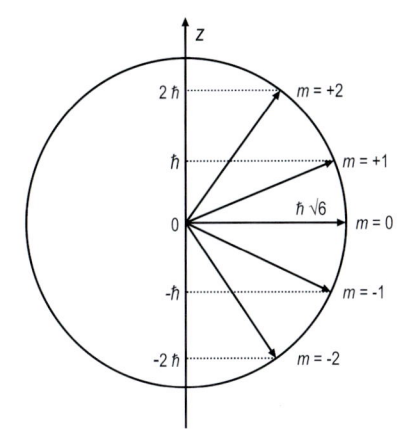

Abbildung 3.1-21 Die möglichen Einstellungen von $\vec{l}$ für ein d-Elektron bezüglich der Feldrichtung.

Haben wir es mit einem Elektron mit der Bahndrehimpuls-Quantenzahl $l \neq 0$ zu tun, beispielsweise mit einem d-Elektron mit $l = 2$, so ist unabhängig von der Gegenwart oder Abwesenheit eines Magnetfeldes der Betrag des Bahndrehimpulsvektors $\vec{l}$ durch Gl. (3.1-171) eindeutig zu

$$|\vec{l}| = \hbar\sqrt{l(l+1)} \tag{3.1-171}$$

in unserem Fall zu $\hbar\sqrt{6}$, festgelegt. Existiert, wie bei Gegenwart eines Magnetfeldes, eine raumfeste Vorzugsrichtung z (Rotationsachse für die z-Komponente), so kann die z-Komponente von $|\vec{l}|$ nur die durch Gl. (3.1-172) gegebenen Werte

$$|\vec{l}_z| = \hbar|m_l| \tag{3.1-172}$$

annehmen. Dabei muss die Bedingung Gl. (3.1-41)

$$|m_l| \leq l \tag{3.1-41}$$

berücksichtigt werden. In unserem Fall kann m_l die Werte 2, 1, 0, -1 und -2 annehmen, die z-Komponente von l bei Gegenwart eines Magnetfeldes also die Werte $2\,\hbar$, $\hbar$, 0, $-\hbar$ und $-2\,\hbar$. Dadurch ergeben sich fünf Positionen von $\vec{l}$ bezüglich der z-Achse, wie Abb. 3.1-21 zeigt. Ist $m_l = 0$, so besitzt $\vec{l}$ keine z-Komponente. Eine Parallel- oder Antiparallelstellung von $\vec{l}$ und der Richtung des Feldes ist nicht möglich.

Unsere Überlegungen haben gezeigt, dass $\vec{l}$ eine bestimmte Stellung zur z-Achse einnehmen muss. Bezüglich der x- und y-Achse gibt es aber entsprechend der Unschärferelation keine bestimmte Einstellung, eine jede ist gleich wahrscheinlich. Das bedeutet, dass $\vec{l}$ irgendwo auf bestimmten Kegelmänteln liegt, wie es Abb. 3.1-22 verdeutlicht.

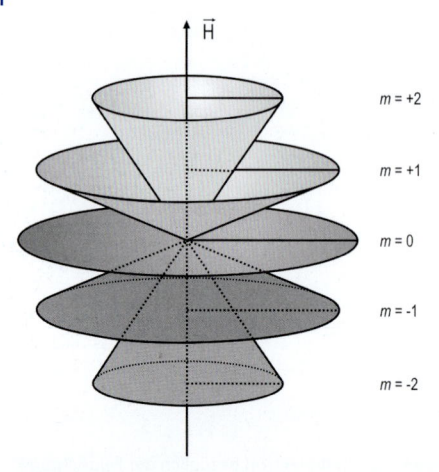

Abbildung 3.1-22 Zur Veranschaulichung der Richtungsquantelung.

Diese im Magnetfeld auftretende *Richtungsquantelung* hat noch eine weitere Konsequenz, sie führt zum Auftreten einer potentiellen magnetischen Energie, die sich zu

$$E_{\mathrm{mag}} = m_l \mu_B \mu_0 H = m_l \frac{e\hbar}{2m_e} \mu_0 H \tag{3.1-184}$$

berechnet. Diese Energie überlagert sich der Energie, die das Elektron ohne Anwesenheit des Feldes besitzt.

Abbildung 3.1-23 gibt die Aufspaltung des Energieniveaus, die gleichzeitig eine Aufhebung der Entartung bedeutet, für den Fall eines d-Elektrons wieder.

Man sollte erwarten, dass sich eine solche Aufspaltung in der Feinstruktur des Atomspektrums des Wasserstoffs widerspiegelt, da die Frequenzen der Spektrallinien unmittelbar durch die Energien der Niveaus gegeben sind, zwischen denen der Übergang erfolgt [vgl. Gl. (1.4-72) und Abb. 1.4-18]. Tatsächlich beobachtet man im Magnetfeld eine Aufspaltung der Linien des Wasserstoffatoms, aber keine, die auf eine 1- ($l = 0$), 3- ($l = 1$) oder 5-fache ($l = 2$) Aufspaltung der Niveaus zurückgeführt

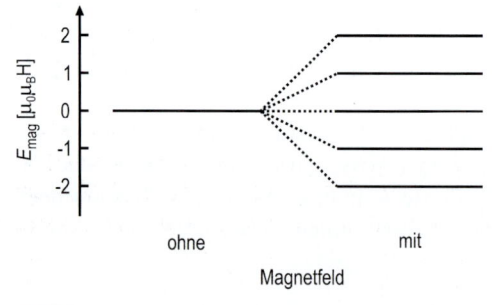

Abbildung 3.1-23 Aufspaltung des Energieniveaus gemäß Gl. (3.1-184) für ein d-Elektron.

werden kann. Das Experiment zeigt vielmehr, dass eine geradzahlige Aufspaltung vorliegen muss. Auch beobachtet man, dass atomarer Wasserstoff auf Grund seines magnetischen Verhaltens im Grundzustand ($n = 1$, $l = m = 0$) ein magnetisches Moment von 1 μ_B aufweisen muss, während er nach Gl. (3.1-180) kein magnetisches Bahnmoment besitzen sollte. Das sagt zwar nicht, dass unsere Überlegungen falsch sind, beweist aber, dass sie zumindest nicht ausreichend sind.

Der Elektronenspin
Die Lösung dieses Problems fanden 1925 Uhlenbeck und Goudsmit bei der sorgfältigen Analyse der Spektren der Alkaliatome.

Sie zogen nämlich den Schluss, dass die Elektronen nicht nur den Kern umkreisen, sondern dass sie auch eine Rotation um ihre eigene Achse ausführen. Man nennt diese Rotation *Spin*, spricht deshalb vom *Elektronenspin*. Wir müssen deshalb außer dem Bahndrehimpuls $\vec{l}$ einen durch $\vec{s}$ symbolisierten Elektronenspin, außer dem *magnetischen Bahnmoment* $\vec{m}_l$ ein *magnetisches Spinmoment* $\vec{m}_s$ berücksichtigen.

Da unsere Überlegungen zum Drehimpuls allgemeine Gültigkeit haben, bleiben auch die Gleichungen (3.1-171) und (3.1-172) zutreffend. Wir müssen sie jetzt formulieren für den

Elektronenspin

$$|\vec{s}| = \hbar\sqrt{s(s+1)} \qquad (3.1\text{-}185)$$

$$|\vec{s}_z| = \hbar|m_s| \qquad (3.1\text{-}186)$$

Ein gravierender Unterschied besteht allerdings zwischen dem Bahndrehimpuls und dem Spin. Es gilt keine Gl. (3.1-40) äquivalente Beziehung. Die *Spinquantenzahl s* hat nur einen einzigen Wert

$$s = 1/2 \qquad (3.1\text{-}187)$$

Analog zu Gl. (3.1-41) ergibt sich dann für die *magnetische Spinquantenzahl*

$$m_s = \pm s = \pm\frac{1}{2} \qquad (3.1\text{-}188)$$

Aus den letzten vier Gleichungen ziehen wir folgende wichtige Schlüsse:

1. Der Betrag des Spins ist für alle Elektronen gleich, und zwar $|\vec{s}| = \sqrt{\frac{3}{4}}\hbar$
2. Es gibt nur zwei Einstellungen bezüglich einer (z. B. durch ein äußeres Magnetfeld gegebenen) Vorzugsrichtung z, nämlich diejenige, für die $|\vec{s}_z| = |\pm\frac{1}{2}|\hbar$ ist. (Vgl. Abb. 3.1-24).

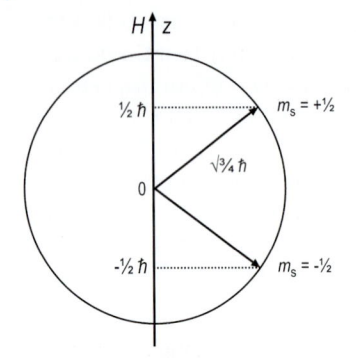

Abbildung 3.1-24 Einstellungsmöglichkeiten für den Elektronenspin.

Eine Besonderheit folgt noch aus experimentellen Beobachtungen. Verknüpfen wir das magnetische Spinmoment $\vec{m}_s$ mit dem Spin $\vec{s}$, so gilt nicht eine Gl. (3.1-179) äquivalente Beziehung sondern

$$\vec{m}_s = -\frac{e}{m_e}\vec{s} = -g_e \frac{e}{2m_e}\vec{s} \qquad (3.1\text{-}189)$$

Es tritt, und das ist ein weiterer wichtiger Schluss,
3. gegenüber dem Verhalten des Bahnmomentes ein Faktor 2 (genauer 2.002319277 ± 0.000000006), der g_e-Faktor (Landé-Faktor) des Elektrons, auf.

Allgemein gesehen stellt der Landé-Faktor den Zusammenhang her zwischen dem quantenmechanischen Erwartungswert $<\vec{J}>$ des Gesamtdrehimpulses $\vec{J}$ eines gemäß Russell-Saunders-Kopplung gekoppelten atomaren Mehrelektronensystems und dem Erwartungswert $<m>$ des magnetischen Momentes dieses Systems (vgl. auch Ende dieses Abschnitts und Abschnitt 3.2.3).

Wir haben erkannt, dass der Zustand des Elektrons durch die Angabe der Quantenzahlen n, l und m allein nicht definiert und deshalb durch die Wellenfunktion $\psi(r, \vartheta, \varphi) = R(r) \cdot Y(\vartheta, \varphi)$ nicht vollständig beschrieben ist. Wir müssen als vierte Quantenzahl die Spinquantenzahl s und die zugehörigen Eigenfunktionen angeben. Für das Elektron mit $m_s = +\frac{1}{2}$ nennt man die Eigenfunktion α, für $m_s = -\frac{1}{2}$ nennt man sie β. Genauso, wie wir ψ schon als Produkt aus R und Y darstellen konnten, geben wir nun die gesamte Wellenfunktion für das Elektron als Produkt aus der Orbitalfunktion ψ und den Spinfunktionen α oder β an, die selbst ja keine Funktion der Ortskoordinaten sind:

$$\psi(r, \vartheta, \varphi) \cdot \alpha \quad \text{oder} \quad \psi(r, \vartheta, \varphi) \cdot \beta$$

Befindet sich das Elektron in einem s-Zustand, so ist wegen $l = 0$ der Bahndrehimpuls gleich null, und der Spin ist der einzige Drehimpuls des Elektrons.

Der Gesamtdrehimpuls

Besitzt das Elektron aber einen Bahndrehimpuls ($l > 0$), so werden Bahndrehimpuls und Spin über die durch sie erzeugten Magnetfelder koppeln, d. h. es wird zu einer vektoriellen Addition zu einem

Gesamtdrehimpuls $\vec{j}$,
$$\vec{j} = \vec{l} + \vec{s} \tag{3.1-190}$$

kommen.

Für diesen Gesamtdrehimpuls müssen natürlich wieder die Bedingungen gelten, die wir für den Drehimpuls allgemein abgeleitet haben [Gl. (3.1-171) u. (3.1-172)], d. h.

$$|\vec{j}| = \hbar\sqrt{j \cdot (j+1)} \tag{3.1-191}$$

$$|\vec{j}_z| = \hbar |m_j| \tag{3.1-192}$$

Dabei kann m_j die Werte
$$m_j = j, j-1, \ldots, -j+1, -j \tag{3.1-193}$$
annehmen.

Aus Gl. (3.1-190) folgt in Verbindung mit Gl. (3.1-191) für die

Gesamtdrehimpulsquantenzahlen j
$$j = l+s, l+s-1, \ldots, |l-s| \tag{3.1-194}$$

Wir wollen uns dies am Beispiel eines p-Elektrons veranschaulichen. Hier ist $l = 1$ und $s = \frac{1}{2}$. Dann kann j nach Gl. (3.1-194) die Werte

$$j = 1 + \frac{1}{2} \quad \text{und} \quad 1 - \frac{1}{2}, \quad \text{d. h.} \quad \frac{3}{2}; \frac{1}{2}$$

annehmen. Für m_j ergibt sich dann

$$j = \frac{3}{2} \quad m_j = \frac{3}{2}, \frac{1}{2}, -\frac{1}{2}, -\frac{3}{2}$$

$$j = \frac{1}{2} \quad m_j = \frac{1}{2}, -\frac{1}{2}$$

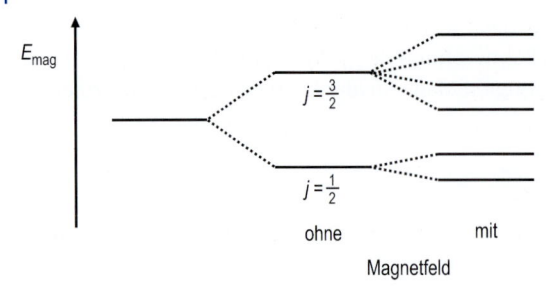

Abbildung 3.1-25 Zeeman-Aufspaltung bei Vorliegen der Spin-Bahn-Kopplung.

Durch die Spin-Bahn-Kopplung unterscheiden sich die Zustände mit $j = \frac{3}{2}$ und $j = \frac{1}{2}$ bereits ohne Gegenwart eines Magnetfeldes energetisch. Wird dann noch ein Magnetfeld angelegt, so spaltet der Zustand mit $j = \frac{1}{2}$ in zwei, der mit $j = \frac{3}{2}$ in vier getrennte Niveaus auf, wie es in Abb. 3.1-25 veranschaulicht ist.

3.1.5
Kernpunkte des Abschnitts 3.1

Starrer Rotator S. 532 ff
- ☑ Reduzierte Masse Gl. (3.1-11)
- ☑ Schrödinger-Gleichung des starren Rotators mit raumfester Achse Gl. (3.1-17)
- ☑ Eigenfunktionen des starren Rotators mit raumfester Achse Gl. (3.1-18, 19)
- ☑ Quantenzahlen des starren Rotators mit raumfester Achse Gl. (3.1-21)
- ☑ Eigenwerte der Energie des starren Rotators mit raumfester Achse Gl. (3.1-22)
- ☑ Sphärische Polarkoordinaten Gl. (3.1-23 bis 25)
- ☑ Laplace'scher Differentialoperator in sphärischen Polarkoordinaten Gl. (3.1-26)
- ☑ Schrödinger-Gleichung des starren Rotators mit raumfreier Achse Gl. (3.1-27)
- ☑ Separationsansatz Gl. (3.1-29)
- ☑ Quantenzahlen des starren Rotators mit raumfreier Achse Gl. (3.1-40, 41)
- ☑ Eigenfunktionen des starren Rotators mit raumfreier Achse Gl. (3.1-42)
- ☑ Eigenwerte der Energie des starren Rotators mit raumfreier Achse Gl. (3.1-45)

Harmonischer Oszillator S. 541 ff
- ☑ Klassische Behandlungsweise S. 541 ff
- ☑ Potentielle Energie Gl. (3.1-49)
- ☑ Schwingungsfrequenz Gl. (3.1-55)
- ☑ Gesamtenergie Gl. (3.1-57)

☑ Quantenmechanische Behandlungsweise S. 544 ff
☑ Schrödinger-Gleichung des harmonischen Oszillators Gl. (3.1-62)
☑ Eigenfunktionen des harmonischen Oszillators Gl. (3.1-77 bis 82)
☑ Quantenzahlen des harmonischen Oszillators Gl. (3.1-83)
☑ Eigenwerte der Energie des harmonischen Oszillators Gl. (3.1-87)
☑ Nullpunktsenergie, S. 548
☑ Vergleich der klassischen und quantenmechanischen Aussagen Abb. 3.1-6, S. 549 ff

Wasserstoffatom S. 549 ff

☑ Potentielle Energie Gl. (3.1-93)
☑ Schrödinger-Gleichung des Wasserstoffatoms Gl. (3.1-94, 95)
☑ Separationsansatz Gl. (3.1-96)
☑ Kugelflächenfunktionen Gl. (3.1-107), Tab. 3.1-2
☑ Radiale Schrödinger-Gleichung Gl. (3.1-109)
☑ Radiale Eigenfunktionen Gl. (3.1-125), Tab. 3.1-1
☑ Eigenfunktionen des Wasserstoffatoms Gl. (3.1-124), Tab. 3.1-3
☑ Beziehungen zwischen den Quantenzahlen Gl. (3.1-103, 106, 126)
☑ Eigenwerte der Energie des Wasserstoffatoms Gl. (3.1-123)
☑ Entartung der Zustände des Wasserstoffatoms Gl. (3.1-127)
☑ Reelle Eigenfunktionen des Wasserstoffatoms Tab. 3.1-4
☑ Graphische Darstellung der Eigenfunktionen des Wasserstoffatoms S. 562 ff
☑ Knotenflächen S. 565
☑ Graphische Darstellung der Quadrate der Eigenfunktionen des Wasserstoffatoms S. 566 ff
☑ Radiale Wahrscheinlichkeitsverteilung S. 568 ff

Drehimpuls S. 569 ff

☑ Drehimpuls (klassisch) Gl. (3.1-154)
☑ Drehimpuls (quantenmechanisch) bei raumfreier Achse Gl. (3.1-165, 171)
☑ Quantenzahlen für Drehimpuls bei raumfreier Achse Gl. (3.1-40, 41) S. 538
☑ Drehimpuls bei raumfester Achse Gl. (3.1-168, 172)
☑ Quantenzahlen für Drehimpuls bei raumfester Achse Gl. (3.1-170)
☑ Bahndrehimpuls S. 573 ff
☑ Bahndrehimpuls-Quantenzahl S. 573
☑ Magnetische Quantenzahl S. 574
☑ Magnetisches Moment Gl. (3.1-177, 180, 181)
☑ Magnetisches Moment und Bahndrehimpuls Gl. (3.1-179)
☑ Gyromagnetisches Verhältnis Gl. (3.1-182)
☑ Bohr'sches Magneton Gl. (3.1-183)
☑ Präzession des Bahndrehimpulsvektors im Magnetfeld Abb. 3.1-20
☑ Richtungsquantelung Abb. 3.1-21, 22

- ☑ Potentielle magnetische Energie Gl. (3.1-184)
- ☑ Aufspaltung der Energieniveaus im Magnetfeld Abb. 3.1-23
- ☑ Elektronenspin Gl. (3.1-185, 186), S. 579 ff
- ☑ Spinquantenzahl Gl. (3.1-187)
- ☑ Magnetische Spinquantenzahl Gl. (3.1-188)
- ☑ Vollständige Eigenfunktionen des Wasserstoffatoms S. 580
- ☑ Gesamtdrehimpuls Gl. (3.1-190)
- ☑ Gesamtdrehimpulsquantenzahl Gl. (3.1-194)
- ☑ Zeeman-Aufspaltung Abb. 3.1-25

3.1.6
Rechenbeispiele zu Abschnitt 3.1

1. Man berechne und vergleiche die reduzierten Massen der Moleküle $^1H^{19}F$, $^1H^{35}Cl$, $^1H^{79}Br$ und $^1H^{127}I$.

2. Wie groß ist die Nullpunktsenergie für

   a) ein $H^{35}Cl$-Molekül,
   b) für ein Mol von $H^{35}Cl$, wenn die Kraftkonstante D 480.6 Nm^{-1} beträgt?

   Man vergleiche den Wert mit den Energien, die bei chemischen Reaktionen auftreten.

3. Um das $^1H^{79}Br$-Molekül vom dritten in den vierten angeregten Schwingungszustand zu bringen, ist eine Energie von $5.1 \cdot 10^{-20}$ J erforderlich. Welche Energie besitzt das Molekül im vierten angeregten Schwingungszustand? Wie groß ist seine Nullpunktsenergie? Wie groß ist die Kraftkonstante D?

4. Weshalb nennt man den Wasserstoffatomzustand mit der Eigenfunktion
   $N \cdot \rho^2 \cdot e^{-\rho/3} \cdot \sin\vartheta \cdot \cos\vartheta \cdot \cos\varphi$ einen $3d_{xz}$-Zustand?

5. Man konstruiere die Schnittkurven der Kugelflächenfunktionen $Y(\vartheta, \varphi)$ verschiedener Zustände des Wasserstoffelektrons mit der x,y-, x,z- und y,z-Ebene.

   a) $3d_{xz}$ $Y(\vartheta, \varphi) = \sin\vartheta \cos\vartheta \cos\varphi$
   b) $3d_{x^2-y^2}$ $Y(\vartheta, \varphi) = \sin^2\vartheta \cos 2\varphi$
   c) $3d_{z^2}$ $Y(\vartheta, \varphi) = 3\cos^2\vartheta - 1$.

   Man diskutiere das Ergebnis bezüglich des Zusammenhangs zwischen den Quantenzahlen und den Knotenflächen.

6. Für den $2p_z$-Zustand des Wasserstoffelektrons ergab sich die Kugelflächenfunktion $Y(\vartheta, \varphi) = \cos\vartheta$ als zwei auf die z-Achse aufgereihte Kugeln. Man konstruiere die Schnittlinien der für die Wahrscheinlichkeitsdichte maßgebenden Funktion $Y^2(\vartheta, \varphi)$ mit der x,y-, x,z- und y,z- Ebene.

7. Die Eigenfunktion für den 1s-Zustand des Wasserstoffatoms hat sich zu $\psi(r) = N \cdot e^{-r/r_0}$ ergeben. Wie lautet die radiale Wahrscheinlichkeitsverteilung? Berechnen Sie mit ihrer Hilfe den wahrscheinlichsten Abstand des Elektrons vom Kern.

8. Die Eigenfunktion für den 2s-Zustand des Wasserstoffatoms ist $\psi = (2-\rho)e^{-\rho/2}$. Wie lautet die radiale Wahrscheinlichkeitsverteilung? Ermitteln Sie mit ihrer Hilfe, bei welchen Radien ρ Maxima der Aufenthaltswahrscheinlichkeit auftreten. (*Eine* Lösung der kubischen Gleichung findet man leicht durch Probieren.)

9. Das charakteristische Verhalten einer Eigenfunktion des Wasserstoffatoms wird durch die drei Diagramme

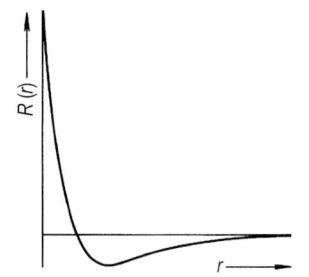

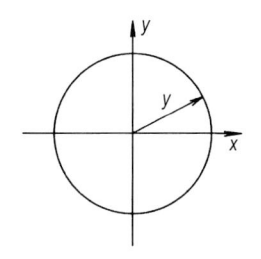

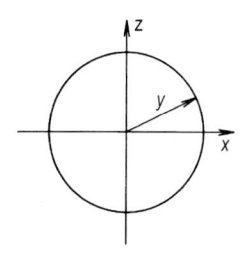

wiedergegeben. Geben Sie die Quantenzahlen *n*, *l* und *m* an, ohne die Abb. 3.1-7 zu Rate zu ziehen.

10. Eine der reellen Eigenfunktionen des Wasserstoffatoms lautet
$$\frac{1}{4\sqrt{2\pi}} \cdot \rho e^{-\rho/2} \cos \vartheta.$$

Welches ist der Radialteil, welches ist die Kugelflächenfunktion? Woraus kann man den Wert für *n* entnehmen, wie groß ist *n*? Woraus folgt der Wert für *l*, wie groß ist *l*? Woraus folgt der Wert für *m*, wie groß ist *m*? Welche Knotenflächen gibt es allgemein, welche und wie viele liegen davon vor?

11. Man zeige, dass die Eigenfunktion $\frac{1}{\sqrt{\pi}} \cdot e^{-\rho}$ für den 1s-Zustand tatsächlich eine normierte Eigenfunktion des Wasserstoffatoms ist.

12. Man berechne, wie groß die Wahrscheinlichkeit ist, das Wasserstoffelektron im 1s-Zustand innerhalb einer Kugel mit dem Bohr'schen Radius anzutreffen. Die normierte Wellenfunktion für den 1s-Zustand lautet $\psi = \frac{1}{\sqrt{\pi}} \cdot e^{-\varrho}$.

$(1a_1 - 1b_2) = c_{11}$

$\psi = \frac{1}{\sqrt{\pi}} \cdot e^{-\varrho}$. (Hinweis: Man wende partielle Integration an.)

3.1.7
Literatur zu den Abschnitten 1.4 und 3.1

Kutzelnigg, W. (1975) *Einführung in die Theoretische Chemie. Band 1: Quantenmechanische Grundlagen*, Verlag Chemie, Weinheim

Kutzelnigg, W. (1994) *Einführung in die Theoretische Chemie. Band 2. Die chemische Bindung*, 2. Aufl., VCH Verlagsgesellschaft, Weinheim

Atkins, P.W. and Friedman, R.S. (2010) *Molecular Quantum Mechanics*, 5th ed., Oxford University Press, Oxford

Haken, H., und Wolf, H.C. (2004) *Atom- und Quantenphysik*, 8. Aufl., Springer Verlag, Berlin, Heidelberg

Bethge, K., Gruber, G. und Stöhlker, T. (2004) *Physik der Atome und Moleküle*, 2. Aufl., Wiley-VCH, Weinheim

Kutzelnigg, W. (2001) *Einführung in die Theoretische Chemie*, 1. Aufl., Wiley-VCH, Weinheim

Schmidtke, H.-H. (1994) *Quantenchemie*, 2. Aufl., VCH-Verlagsgesellschaft, Weinheim

Hanna, M.W. (1976) *Quantenmechanik in der Chemie*, Steinkopff Verlag, Darmstadt

3.2
Wechselwirkung zwischen Strahlung und Atomen – Atomaufbau und Periodensystem

Im Abschnitt 1.4.8 haben wir das Atomspektrum des Wasserstoffs dazu benutzt, um uns einen Einblick in die energetischen Verhältnisse in der Elektronenhülle dieses einfachsten Atoms zu verschaffen. Wir haben andererseits dieses Spektrum auch dazu verwendet, uns vom Wert und der Richtigkeit der Aussagen des Bohr'schen Atommodells (Abschnitt 1.4.9) und der quantenmechanischen Behandlung des Wasserstoffatoms mit Hilfe der Schrödinger-Gleichung (Abschnitt 3.1.3) zu überzeugen.

Wenn wir nun Aufschluss über die Elektronenhülle von größeren Teilchen, insbesondere von Mehrelektronenatomen, gewinnen wollen, so bedienen wir uns zweckmäßigerweise wieder der Atomspektren. Es wird von der Energie der Strahlung abhängen, ob sich die Informationen, die wir erhalten, auf die locker gebundenen Elektronen beziehen, die auch das chemische Geschehen bestimmen *(optische Spektren)*, oder auf die sehr fest gebundenen Elektronen, die keinen Einfluss auf die chemische Bindung haben und von dieser auch nur wenig beeinflusst werden *(Röntgenspektren)*.

Zwar wollen wir erst aus den Spektren Wesentliches über die Verhältnisse in der Elektronenhülle lernen, doch wollen wir nicht so tun, als hätten wir noch gar keine Kenntnisse vom Aufbau der Elektronenhülle. Schließlich haben Meyer und Mendeleev 1869 das *Periodensystem* der Elemente aufgestellt, lange bevor die uns heute zur Verfügung stehenden spektroskopischen Daten und theoretischen Vorstellungen bekannt waren. Allein aus der Periodizität der chemischen und physikalischen Eigenschaften wie der *Wertigkeit der Ionen*, der *formalen Wertigkeit der Atome* in Ver-

3.2 Wechselwirkung zwischen Strahlung und Atomen – Atomaufbau und Periodensystem

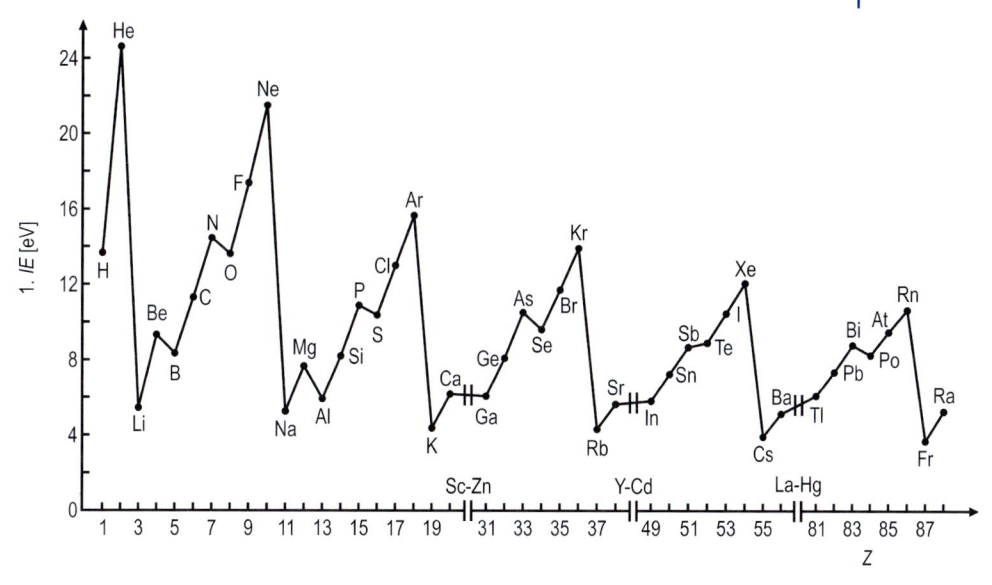

Abbildung 3.2-1 Erste Ionisierungsenergie der Atome in Abhängigkeit von der Ordnungszahl Z.

bindungen, des *reaktiven Verhaltens*, des *Atomvolumens* oder der *Ionisierungsenergie* konnte geschlossen werden, dass sich die Elektronen in *Schalen* anordnen. Gerade die *ersten Ionisierungsenergien*, d. h. die Energien, die man aufwenden muss, um das erste Elektron völlig vom restlichen Atom zu trennen, zeigen (Abb. 3.2-1) sehr deutlich, dass sich jeweils beim Übergang vom Edelgas zu dem ihm folgenden Alkalimetall die Bindungsfestigkeit des äußeren Elektrons drastisch erniedrigt. Nimmt man noch die Beobachtungen hinzu, dass bei der zweiten Ionisierungsenergie das Maximum bei den Alkalimetallen und das Minimum bei den Erdalkalimetallen liegt und dass die Alkalimetalle in ihren Verbindungen einwertig, die Erdalkalimetalle zweiwertig auftreten, so liegt der Schluss nahe, bei den Alkalimetallen den Beginn des Aufbaus einer neuen Elektronenschale zu suchen.

Unser Programm für diesen Abschnitt sieht nun so aus:

Wir haben uns im Abschnitt 3.1.3 sehr ausführlich mit dem Wasserstoffatom befasst, weil wir bei diesem Einelektronenatom die Schrödinger-Gleichung exakt lösen und die Eigenschaften der Eigenfunktionen anschaulich diskutieren konnten. Wenn wir uns nun komplizierter aufgebauten Teilchen zuwenden, so wollen wir mit solchen beginnen, die – wie das Wasserstoffatom – nur ein Elektron besitzen. Wir nennen sie deshalb *im engeren Sinn wasserstoffähnliche Teilchen* (Abschn. 3.2.1).

Wir werden dann im Abschnitt 3.2.2 einen Schritt weitergehen und uns mit den Atomspektren von solchen Teilchen beschäftigen, deren chemisches Verhalten uns andeutet, dass *einem* ihrer Elektronen eine besondere Rolle zukommt. Wir werden sie *im weiteren Sinn wasserstoffähnlich* nennen. Das sind die Alkaliatome, die in ihren chemischen Verbindungen im Allgemeinen einwertig auftreten. Wir werden bei der Diskussion ihrer Atomspektren auf die im Abschnitt 3.1.4 gewonnenen Erkenntnisse zurückgreifen.

Dasselbe gilt, wenn wir im Abschnitt 3.2.3 kurz auf die optischen Spektren der *Mehrelektronenatome* zu sprechen kommen. Unter optischen Spektren verstehen wir diejenigen, die wir im infraroten, sichtbaren und ultravioletten Spektralbereich beobachten. Wir haben es dabei mit Energiedifferenzen zwischen 10^{-2} und etwa 40 eV zu tun.

Gehen wir zu Energiedifferenzen zwischen 1 und 100 keV über, so kommen wir in den Bereich der Röntgenstrahlung. Diese Spektren werden uns Auskunft geben über die energetischen Verhältnisse bei den *kernnahen Elektronen* (Abschn. 3.2.4).

Im Abschnitt 3.2.5 werden wir die *Augerelektronenspektren* kennenlernen. Der Auger-Prozess steht in Konkurrenz zur Röntgenstrahlenemission.

Während wir uns in den bisher genannten Abschnitten vornehmlich mit der Interpretation der Spektren, d. h. experimenteller Daten, befassen, werden wir im Abschnitt 3.2.6 auf die *quantenmechanische Behandlung von Mehrelektronenatomen* zu sprechen kommen, wobei eine allgemeinere Diskussion erst im Abschnitt 3.5.5 erfolgt.

Die Kombination von experimentellen Daten und theoretischen Zusammenhängen ermöglicht es uns schließlich, detaillierte Aussagen über den Aufbau der Mehrelektronenatome zu machen und das *Periodensystem der Elemente* zu verstehen (Abschn. 3.2.7).

3.2.1
Die Spektren der im engeren Sinne wasserstoffähnlichen Teilchen

Wenn wir uns nun komplizierter gebauten Teilchen zuwenden, so sollten wir mit den im engeren Sinne wasserstoffähnlichen Teilchen beginnen. Das sind solche, die wie der Wasserstoff nur ein einziges Elektron in der Hülle besitzen, aber einen schwereren, mehrfach geladenen Atomkern haben. Solche Teilchen sind die Ionen

$He^+, Li^{2+}, Be^{3+}, B^{4+}, C^{5+}$.

Ihre Spektren kann man unter extremen experimentellen Bedingungen beobachten. So findet man das He^+-Spektrum beispielsweise im Spektrum der Fixsterne oder bei Entladungen in einem H_2-He-Gemisch.

Die Spektren der genannten Ionen sind im Aufbau dem Atomspektrum des Wasserstoffs sehr ähnlich. Sie sind lediglich bei höheren Frequenzen zu finden, und die Rydberg-Konstante (vgl. Abschnitt 1.4.8) weicht etwas von der des Wasserstoffspektrums ab. Diese Unterschiede sind leicht zu verstehen.

Bei der Behandlung dieser Teilchen nach dem Bohr'schen Modell ändert sich gegenüber dem Ansatz für das Wasserstoffatom die Gleichung (1.4-73), die jetzt lautet

$$|\vec{F}_p| = \frac{1}{4\pi\varepsilon_0} \frac{Ze^2}{r^2} \qquad (3.2\text{-}1)$$

da die Ladung des Elektrons nach wie vor e, die des Kerns aber Ze ist, wenn Z die Ordnungszahl bedeutet. Das führt bei der Berechnung der Energie anstelle von Gl. (1.4-89) zu

$$E_n(Z) = -\frac{m_e e^4 Z^2}{8\varepsilon_0^2 n^2 h^2} \tag{3.2-2}$$

und in der

Serienformel der im engeren Sinn wasserstoffähnlichen Teilchen zu

$$\tilde{v} = Z^2 R\left(\frac{1}{n_1^2} - \frac{1}{n_2^2}\right) \tag{3.2-3}$$

anstelle von Gl. (1.4-94).

Wollen wir die Behandlung mit Hilfe der Schrödinger-Gleichung durchführen, so müssen wir in Gl. (3.1-94) anstelle von $\frac{e^2}{4\pi\varepsilon_0 r}$ für die potentielle Energie $\frac{Ze^2}{4\pi\varepsilon_0 r}$ einsetzen. Dieses Z tritt in Gl. (3.1-111) als Faktor von α, damit aber auch auf der rechten Seite von Gl. (3.1-122) auf. Da dieser Ausdruck zur Berechnung von E quadriert wird, erscheint Z^2 als Faktor in Gl. (3.1-123), in Übereinstimmung mit dem Bohr'schen Ergebnis.

Gleichung (3.2-3) bestätigt, dass die Spektren der im engeren Sinne wasserstoffähnlichen Ionen dem des Wasserstoffatoms in allen Einzelheiten entsprechen sollten. Sie sind wegen des Faktors Z^2 lediglich zu höheren Wellenzahlen hin verschoben.

Bei der Ableitung von Gl. (1.4-89) in Abschnitt 1.4.9 sind wir der Einfachheit halber von einem unendlich schweren Kern ausgegangen, der wegen seiner im Vergleich zum Elektron unendlich großen Masse m_k ortsfest bleibt. In Wirklichkeit findet aber eine Mitbewegung des Kerns statt. Kern und Elektron führen eine Bewegung um den gemeinsamen Schwerpunkt aus. Nach dem Schwerpunktssatz der Mechanik müssen wir die Masse des Elektrons durch die reduzierte Masse μ ersetzen [vgl. Gl. (3.1-11)], für die gilt:

$$\mu = \frac{m_e \cdot m_k}{m_e + m_k} \tag{3.2-4}$$

Für die Rydberg-Konstante bei unendlich schwerem Kern erhalten wir mit Gl. (1.4-95) und Gl. (1.4-91)

$$R_\infty = \frac{m_e \cdot e^4}{8\varepsilon_0^2 c h^3} \tag{3.2-5}$$

Berücksichtigen wir die wirkliche Masse des Kerns, setzen also anstelle der Elektronenmasse die reduzierte Masse ein, so folgt statt Gl. (3.2-5)

$$R_{m_k} = \frac{m_e e^4}{8\varepsilon_0^2 c h^3 (1 + m_e/m_k)} \tag{3.2-6}$$

Es gilt also für die

> *Rydberg-Konstante* bei Berücksichtigung der Kernmasse
>
> $$R_{m_k} = \frac{R_\infty}{1 + m_e/m_k} \qquad (3.2\text{-}7)$$

Die Rydberg-Konstante ist also in geringem, spektroskopisch aber durchaus feststellbarem Maße abhängig von der Masse des Kerns.

Die Spektren der im engeren Sinne wasserstoffähnlichen Teilchen bringen im Grunde nur eine Bestätigung dessen, was wir bereits im Zusammenhang mit dem Wasserstoff erfahren haben.

3.2.2
Die optischen Spektren der Alkalimetalle

Die Spektren aller Teilchen mit mehr als einem Elektron sind komplizierter gebaut. Dennoch zeigt sich auch bei diesen eine klare Systematik. Eine deutliche Ähnlichkeit mit dem Atomspektrum des Wasserstoffs beobachtet man noch bei den optischen Spektren der Alkaliatome, aus deren chemischem Verhalten (Einwertigkeit, leichte Abgabe eines Elektrons) wir schließen können, dass einem ihrer Elektronen eine Sonderstellung zukommt. Wir sprechen deshalb von Wasserstoffähnlichkeit im weiteren Sinne. Dies gilt auch für die Spektren derjenigen Ionen, die bezüglich ihrer Elektronenzahl den Alkaliatomen entsprechen, d. h. für die Spektren der Reihen

$Li, Be^+, B^{2+}, C^{3+}, N^{4+}, \ldots$
$Na, Mg^+, Al^{2+}, Si^{3+}, P^{4+}, \ldots$

in Analogie zu der im vorangehenden Abschnitt erwähnten Reihe

$H, He^+, Li^{2+}, Be^{3+}, B^{4+}, \ldots$

> Diese Beobachtung drückt der von *Sommerfeld und Kossel* aufgestellte *spektroskopische Verschiebungssatz* aus: Das Spektrum eines beliebigen Atoms ist stets dem des einfach positiv geladenen Ions des im Periodensystem ihm folgenden Elements und dem des zweifach positiv geladenen Ions des zwei Stellen weiter rechts stehenden Elements ähnlich.

Diese Erkenntnis ist sehr wichtig für das später (Abschnitt 3.2.7) zu besprechende Aufbauprinzip: Ein Atom kann man sich aus dem im Periodensystem vor ihm stehenden durch Vergrößerung der Kernladung um eine Einheit und Hinzufügen eines weiteren Elektrons aufgebaut denken.

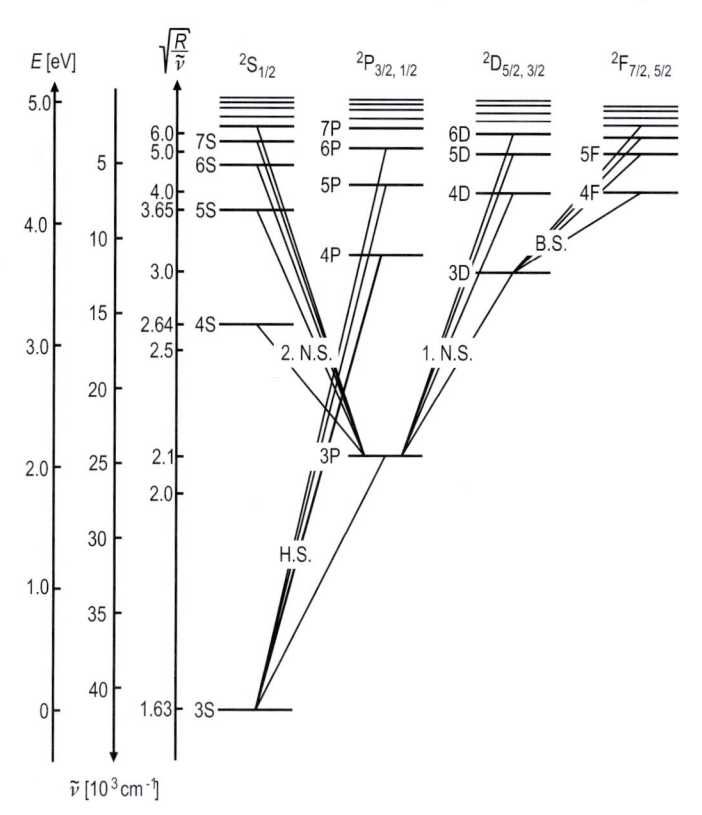

Abbildung 3.2-2 Termschema des Natriums.

Als Beispiel für ein optisches Spektrum eines Alkalimetalls ist in Abb. 3.2-2 das Termschema des Natriums wiedergegeben. Die Vielzahl der Linien lässt sich darstellen als Überlagerung verschiedener Serien. Die Wellenzahlen der Linien ergeben sich wieder als Differenzen von Termen. Im Unterschied gegenüber dem Termschema des Wasserstoffs (Abb. 1.4-18) findet man jedoch mehrere Termfolgen, die mit großen Buchstaben S, P, D, F bezeichnet sind. Diese Buchstaben haben historische Bedeutung. Sie weisen auf die **S**charfe Nebenserie, **P**rinzipalserie, **D**iffuse Nebenserie und **F**undamentalserie hin. Wir erkennen, dass die einzelnen Serien durch Übergänge zwischen verschiedenen Termfolgen zustande kommen. Wir können die Serien entsprechend Abb. 3.2-2 unter Verwendung der wahren Hauptquantenzahl n charakterisieren durch

Hauptserie	$\tilde{\nu} = 3S \rightarrow nP$	$n = 3,4,5,\ldots$
II. Nebenserie	$\tilde{\nu} = 3P \rightarrow nS$	$n = 4,5,6,\ldots$
I. Nebenserie	$\tilde{\nu} = 3P \rightarrow nD$	$n = 3,4,5,\ldots$
Bergmann-Serie	$\tilde{\nu} = 3D \rightarrow nF$	$n = 4,5,6,\ldots$

Die Spektroskopiker führen im Allgemeinen in Anlehnung an die beim Wasserstoffatom verwendeten Terme (s. Abschnitt 1.4.8) eine durch $n^* = n' + \sigma = \sqrt{\dfrac{R}{\tilde{v}}}$ (mit σ = s, p, d oder f) definierte effektive Hauptquantenzahl n^* ein.

Die Serienformeln ergeben sich experimentell zu

$$\text{Hauptserie} \quad \tilde{v} = R\left(\frac{1}{(1+s)^2} - \frac{1}{(n'+p)^2}\right) \quad n' = 2, 3, \ldots \tag{3.2-8}$$

$$\text{II. Nebenserie} \quad \tilde{v} = R\left(\frac{1}{(2+p)^2} - \frac{1}{(n'+s)^2}\right) \quad n' = 2, 3, \ldots \tag{3.2-9}$$

$$\text{I. Nebenserie} \quad \tilde{v} = R\left(\frac{1}{(2+p)^2} - \frac{1}{(n'+d)^2}\right) \quad n' = 3, 4, \ldots \tag{3.2-10}$$

$$\text{Bergmann-Serie} \quad \tilde{v} = R\left(\frac{1}{(3+d)^2} - \frac{1}{(n'+f)^2}\right) \quad n' = 4, 5, \ldots \tag{3.2-11}$$

R ist dabei wieder die Rydberg-Konstante, s, p, d, f sind für die verschiedenen Alkalimetalle charakteristische Konstanten zwischen 0 und 1, wobei s > p > d > f und $s_{Rb} > s_K > s_{Na} > s_{Li}$ ist. Die Gleichungen (3.2-8) bis (3.2-11) gehen in die Serienformeln für das Wasserstoff-Atomspektrum [Gl. (1.4-68)] über, wenn s = p = d = f = 0 ist.

Bevor wir eine Deutung der Alkalispektren geben, müssen wir noch zur Kenntnis nehmen, dass diese Spektren eine noch größere Vielfalt zeigen, wenn sie mit einem hochauflösenden Spektrographen aufgenommen werden. Es zeigt sich nämlich, dass die in Abb. 3.2-2 angegebenen Spektrallinien aufspalten. So ergibt sich für die niedrigsten Übergänge in der Hauptserie und in der ersten Nebenserie das in Abb. 3.2-3 gezeigte Termschema. Alle S-Terme sind einfach, alle P-, D- und F-Terme sind doppelt. In Abb. 3.2-2 ist das aus der Zahl der rechts unten an S, P, D oder F stehenden Indizes ersichtlich.

Die große Ähnlichkeit der Spektren der Alkalimetalle mit dem des Wasserstoffatoms ist darauf zurückzuführen, dass wir es in beiden Fällen mit Einelektronenspektren zu tun haben. Lediglich das leicht abtrennbare *Leuchtelektron* der Alkalimetalle ist für das Spektrum verantwortlich. Die Elektronen auf den inneren, abgeschlossenen Schalen sind daran nicht beteiligt. Sie schirmen aber die Z-fach positive Ladung des Kerns bis auf eine effektive Kernladung in der Größe von einer Elementarladung ab. Kern und innere Elektronen fassen wir als eine Einheit auf und bezeichnen sie als *Atomrumpf*. Die effektive, auf das Leuchtelektron wirkende Ladung des Atomrumpfes lässt sich allerdings nicht exakt durch eine Punktladung am Ort des Kerns ersetzen.

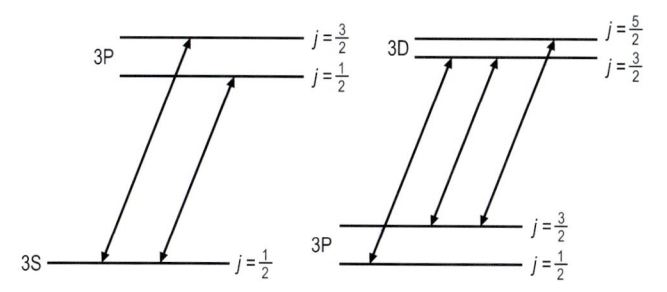

Abbildung 3.2-3 Zur Dublettaufspaltung der Alkalispektren.

Es tritt ein von der Stellung des Leuchtelektrons zum Rumpf abhängiges Störpotential auf. Dadurch geht die streng kugelsymmetrische Potentialverteilung, die wir beim Wasserstoffatom annehmen durften [vgl. Gl. (3.1-93)] verloren, was zur Folge hat, dass die n^2-fache Entartung [Gl. (3.1-127)] aufgehoben wird. Die Energie wird dadurch abhängig von der Bahndrehimpulsquantenzahl l.

Die verschiedenen Termfolgen in Abb. 3.2-2 sind also unterschiedlichen Bahndrehimpulsquantenzahlen zuzuschreiben. Wir verwenden in der Spektroskopie anstelle der kleinen Buchstaben s, p, d, f die großen Buchstaben. Ein S-Term bedeutet also, dass $l = 0$ ist, ein P-Term, dass $l = 1$ ist usw.

Bereits in Abschnitt 3.1.4 haben wir im Zusammenhang mit dem Wasserstoffatom gezeigt, dass es zu einer Kopplung zwischen dem Bahndrehimpuls und dem Spin kommt. Wir haben deshalb den Gesamtdrehimpuls $\vec{j}$ eingeführt. Das gleiche tritt natürlich auch bei den Alkaliatomen auf.

Der S-Zustand besitzt keinen Bahndrehimpuls. Somit ist auch keine Kopplung mit dem Spin möglich. S-Terme sind deshalb einfach. Anders ist es bei den P-, D- und F- Termen. Hier ist $l = 1, 2$ bzw. 3, so dass nach Gl. (3.1-194) für den P-Term $j = 3/2$ und $1/2$, für den D-Term $j = 5/2$ und $3/2$ und für den F-Term $j = 7/2$ und $5/2$ folgt (vgl. auch Abb. 3.2-3).

Aus den Abbildungen 3.2-2 und 3.2-3 erkennen wir, dass Übergänge nur zwischen benachbarten Termfolgen möglich sind. Das bedeutet, dass es eine

Auswahlregel

$$\Delta l = \pm 1 \qquad (3.2\text{-}12)$$

gibt. Bei einem Übergang muss sich die Drehimpulsquantenzahl um ± 1 ändern. Dies ist einleuchtend, wenn wir berücksichtigen, dass das emittierte Photon einen Spin hat, d. h. das Licht ist zirkular polarisiert. Das Gesetz von der Erhaltung des Drehimpulses fordert dann, dass das Elektron nach der Emission oder Absorption eines Photons seinen Drehimpuls um einen gleichen Betrag ändern muss.

Im Abschnitt 3.4.2 werden wir auch eine quantenmechanische Begründung dafür kennenlernen. Es ergibt sich auch eine

> Auswahlregel für die Gesamtdrehimpulsquantenzahl:
> $$\Delta j = 0, \pm 1 \tag{3.2-13}$$

Demnach sind zwischen S- und P-Termen (vgl. Abb. 3.2-3) zwei Übergänge, zwischen den übrigen Termen prinzipiell drei Übergänge erlaubt. Allerdings tritt die Linie, bei der sich l und s gegensinnig ändern ($\Delta j = 0$), nur sehr schwach auf, so dass man im Wesentlichen dort auch ein Dublett beobachtet.

Mit diesem Wissen verstehen wir nun auch die in Abb. 3.2-2 bereits verwendeten Symbole für die

> Bezeichnung der Quantenzustände: Mit einem großen Buchstaben bezeichnen wir, wie bereits ausgeführt, die Bahndrehimpulsquantenzahl, mit einem rechts tief gestellten Index die Gesamtdrehimpulsquantenzahl und mit einem links hochgestellten Index die *Spinmultiplizität* $2s + 1$.

Bei den hier besprochenen Einelektronenspektren ist diese stets gleich 2, d. h. es handelt sich um *Dublett-Terme*.

Bringen wir das Atom in ein Magnetfeld, so erfolgt eine weitere Aufspaltung der Spektrallinien, wie wir es für das Wasserstoffatom in Abb. 3.1-25 gezeigt haben. Wie wir auch dort schon ausgeführt haben, stimmen Absorptions- und Emissionsspektren überein.

3.2.3
Die optischen Spektren der Mehrelektronenatome

Unter den Mehrelektronenatomen wollen wir solche verstehen, die in ihrer äußeren Schale nicht nur ein, sondern mehrere Leuchtelektronen haben. Ihre Spektren sind wesentlich komplizierter. Man findet nicht nur ein Termsystem, sondern auch ein Nebeneinander von nicht kombinierenden Termsystemen.

Wir können hier nur auf einige prinzipielle Aspekte eingehen. Bei diesen Atomen spiegelt der Termcharakter nicht mehr das Verhalten eines einzelnen Elektrons wider, sondern die Anordnung und das Verhalten aller Elektronen in einem bestimmten Zustand.

Im Abschnitt 3.1.4 haben wir gesehen, wie bei Einelektronensystemen eine Kopplung zwischen dem Bahndrehimpuls und dem Spin eintritt. Wenn wir nun mehrere Elektronen haben, so müssen wir berücksichtigen, dass jedes dieser Elektronen einen Bahndrehimpuls und einen Spin besitzt, und dass all diese miteinander koppeln können. Es zeigt sich, dass bei den leichteren Atomen die Bahndrehimpulse zunächst einen Gesamtbahndrehimpuls $\vec{L}$, die einzelnen Spins einen Gesamtspin $\vec{S}$ und schließlich beide zusammen einen Gesamtdrehimpuls $\vec{J}$ bilden. Diese

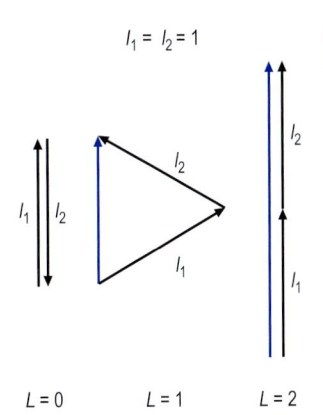

3.2 Wechselwirkung zwischen Strahlung und Atomen – Atomaufbau und Periodensystem

Abbildung 3.2-4 Werte der Gesamtdrehimpulsquantenzahl L bei der Kopplung zweier p-Elektronen.

L-S-Kopplung, oder *Russel-Saunders-Kopplung*, wollen wir etwas genauer betrachten. Außer acht lassen können wir die Elektronen auf den inneren, abgeschlossenen Schalen, haben wir doch in Abschnitt 3.1.3 gezeigt, dass die Summe der Quadrate ihrer Wellenfunktionen wie beim s-Elektron kugelsymmetrisch ist. Ihr resultierender Bahndrehimpuls ist null.

Bei der vektoriellen Addition der einzelnen Bahndrehimpulse $\vec{l}_i$ zum Gesamtbahndrehimpuls $\vec{L}$ müssen wir wieder unsere Ausführungen zum Drehimpuls in Abschnitt 3.1.4 beachten. Auch der Gesamtbahndrehimpuls ist gequantelt und kann entsprechend Gl. (3.1-171) nur Werte von

$$|\vec{L}| = \hbar\sqrt{L(L+1)} \tag{3.2-14}$$

annehmen, wobei die Gesamtbahndrehimpulsquantenzahl L ganzzahlig ist und wegen der Kombination aus den Bahndrehimpulsen der einzelnen Elektronen nur die Werte

$$L = \sum l_i, \sum l_i - 1, \ldots, l_1 - \sum_{k \neq 1} l_k \quad \text{und} \quad L \geq 0 \tag{3.2-15}$$

hat. Für die Kopplung zweier p-Elektronen ist dies in Abb. 3.2-4 dargestellt. Durch die Kopplung der Bahndrehimpulse zweier p-Elektronen können also S-, P- oder D-Terme entstehen. Aufgrund des Satzes von der Erhaltung des Drehimpulses muss, wenn keine äußeren Kräfte einwirken, der resultierende Gesamtbahndrehimpuls nach Größe und Richtung im Raum konstant bleiben. Das bedingt, dass die Bahndrehimpulse der Komponenten um $\vec{L}$ präzedieren, wie es in Abb. 3.2-5 angedeutet ist.

Was hier vom Bahndrehimpuls gesagt wurde, gilt ebenso für den Spin. Alle Spins $\vec{s}_i$ setzen sich zu einem Gesamtspin $\vec{S}$ zusammen, für den Gl. (3.2-14) und Gl. (3.2-15) sinngemäß gelten. Bei gerader Elektronenzahl ist S ganzzahlig, bei ungerader halbzahlig. Der kleinste Wert der Gesamtspinquantenzahl ist 0 bzw. $+\frac{1}{2}$. Gesamtbahndrehimpuls $\vec{L}$ und Gesamtspin $\vec{S}$ setzen sich dann zum Gesamtdrehimpuls $\vec{J}$ zusammen, um den $\vec{L}$ und $\vec{S}$ präzedieren.

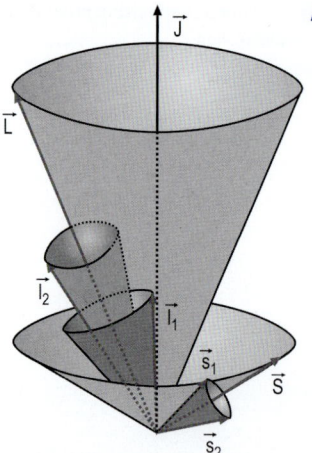

Abbildung 3.2-5 Vektormodell des Atoms.

Seltener als die Russel-Saunders-Kopplung ist die *j-j-Kopplung*, bei der zunächst wie bei den Einelektronenatomen die $\vec{l}_i$ und $\vec{s}_i$ zu einem Drehimpuls $\vec{j}_i$ koppeln, die wiederum alle zusammen $\vec{J}$ bilden.

Der Auswahlregel Gl. (3.2-13) entspricht die Auswahlregel

$$\Delta J = 0; \pm 1 \qquad (3.2\text{-}16)$$

Durch die Kopplung von $\vec{L}$ und $\vec{S}$ entstehen wieder die verschiedenen Multiplizitäten. Dabei ergibt sich der

Multiplizitäten-Wechselsatz: Beim Fortschreiten im Periodensystem wechseln stets gerade und ungerade Multiplizitäten ab, und zwar derart, dass zu geraden Elektronenzahlen im Atom (oder Molekül) ungerade Multiplizitäten gehören und umgekehrt.

3.2.4
Die Röntgenspektren

Kann man die in den Abschnitten 1.4.8, 3.2.1 und 3.2.2 behandelten optischen Spektren durch Zufuhr thermischer Energie (Bunsenbrenner) oder durch eine Entladung (Bogenentladung) anregen, so muss man zur Erzeugung von Röntgenspektren wesentlich höhere Energien aufwenden (Beschuss mit Elektronen hoher Energie oder Anregung durch Röntgenlicht).

Beschießt man die Antikathode (man spricht hier nicht, wie sonst üblich, von der Anode) einer Röntgenröhre mit sehr energiereichen Elektronen, d. h. mit solchen, die eine Beschleunigungsspannung von 10 bis 100 kV durchlaufen haben, so beobachtet man die Emission einer sehr kurzwelligen Strahlung, wie sie in Abb. 3.2-6 für eine Molybdän-Antikathode wiedergegeben ist. Diese Strahlung setzt sich aus zwei Anteilen zusammen, dem *weißen Röntgenlicht*, auch *Bremsstrahlung* genannt, und den *charakteristischen Linien*.

Das *weiße Röntgenlicht* kommt dadurch zustande, dass die hochbeschleunigten Elektronen beim Durchdringen der Materie im elektrischen Feld der Atomkerne abgebremst werden. Der dabei auftretende Verlust an kinetischer Energie entspricht der Energie $E = h\nu$ der als Folge der Abbremsung emittierten Strahlung. Daraus resultiert, dass das von Elektronen einer bestimmten Energie erzeugte weiße Röntgenlicht eine kurzwellige Grenze haben muss. Diese ist dadurch gekennzeichnet, dass das Elektron seine gesamte kinetische Energie durch den Abbremsvorgang verliert.

Es gibt aber noch eine andere Möglichkeit für das eingeschossene Elektron, mit den Atomen in Wechselwirkung zu treten.

Das Elektron kann ein fest gebundenes Elektron aus einer inneren Schale des Atoms herausschlagen. Aus einer weiter außen gelegenen Schale kann dann ein schwächer gebundenes Elektron in diese Lücke springen. Wie bei den optischen Spektren muss dabei eine Strahlung, nämlich eine *charakteristische Linie*, emittiert werden, deren Frequenz durch die Energiedifferenz zwischen den Zuständen bestimmt ist, zwischen denen der Sprung erfolgte.

Ein Vergleich von Abb. 3.2-6 mit Abb. 3.2-2 zeigt, dass die Wellenzahlen der Röntgenspektren mit $\tilde{\nu} \approx 10^8 \text{ cm}^{-1}$ viel größer sind als die der optischen Spektren mit $\tilde{\nu} \approx 10^4 \text{ cm}^{-1}$.

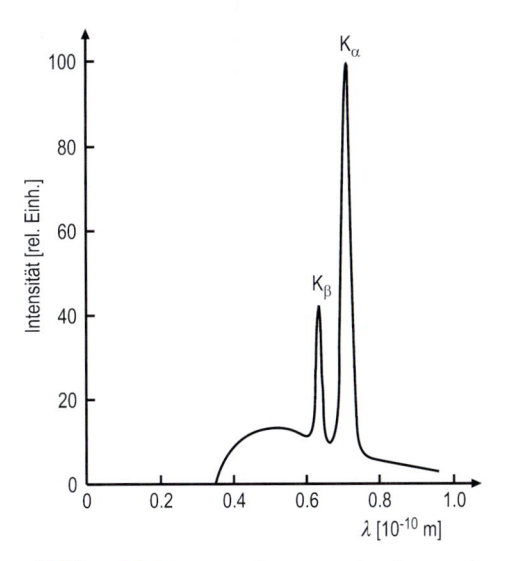

Abbildung 3.2-6 Bremsspektrum mit charakteristischen Linien von einer Mo-Antikathode.

Tabelle 3.2-1 Energiedifferenzen zwischen den Röntgentermen beim Blei

Differenz	$\frac{h\nu}{\text{keV}}$	Differenz	$\frac{h\nu}{\text{keV}}$	Differenz	$\frac{h\nu}{\text{keV}}$
$K - L_I$	72.3	$L_I - L_{II}$	0.67	$M_I - M_{II}$	0.30
$L_{III} - M_I$	9.2	$L_{II} - L_{III}$	2.17	$M_{II} - M_{III}$	0.49
$M_V - N_I$	1.7			$M_{III} - M_{IV}$	0.48
				$M_{IV} - M_V$	0.10

> Ein *Röntgenemissionsspektrum* lässt sich auch durch Einstrahlung von Röntgenlicht erzeugen. Man spricht dann von *Fluoreszenzstrahlung*.

Analysiert man die emittierte Röntgenstrahlung, so stellt man fest, dass die Linien wieder bestimmten Serien zugeordnet werden können und dass eine ausgeprägte Feinstruktur vorliegt. Abbildung 3.2-7 gibt einen Ausschnitt aus dem Termschema wieder. Sie erweckt durch den gewählten Maßstab einen falschen Eindruck von den wirklichen energetischen Verhältnissen. Tabelle 3.2-1 gibt deshalb als Beispiel für Blei die wahren Energiedifferenzen wieder. Wir sehen, dass die Energiedifferenz

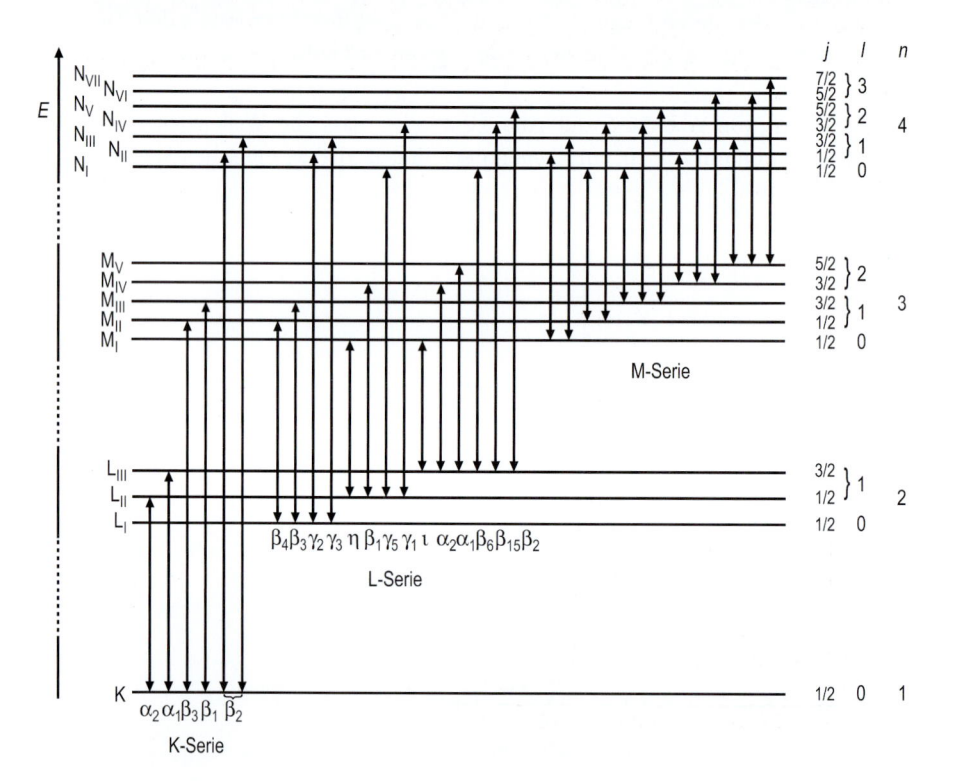

Abbildung 3.2-7 Ausschnitt aus dem Termschema des Röntgenspektrums.

zwischen den K- und L-Termen etwa 8mal so groß ist wie die zwischen den L- und M-Termen und über 40mal so groß wie die zwischen den M- und N-Termen.

All die in Abb. 3.2-7 auftretenden Energiedifferenzen sind um Größenordnungen größer als die maximalen Energien, die beim optischen Spektrum vorliegen. Diese sind kleiner als die erste Ionisierungsenergie, die beim Blei 0.007 keV beträgt (Abb. 3.2-1).

Weiterhin ersehen wir aus Abb. 3.2-7, dass die Röntgenlinien, wie die K_α- und die K_β-Linie aus Abb. 3.2-6, zwischen der K- und der M-, bzw. N-Schale eine Feinstruktur aufweisen. Die Multiplizität der Terme entspricht völlig der in Abschnitt 3.2.2 behandelten, wie sich auch aus dem Vergleich der angeschriebenen Quantenzahlen l und j ergibt. Auch die Auswahlregeln Gl. (3.2-12) und Gl.(3.2-13) behalten ihre Gültigkeit.

Vergleichen wir die Röntgenemissionsspektren verschiedener Elemente miteinander, so stellen wir fest, dass bei den Elementen mit den niedrigsten Ordnungszahlen nur die K-Linien beobachtet werden. L-Linien findet man erst oberhalb des Neons und M-Linien oberhalb des Kryptons. Hierin äußert sich wieder der Schalenaufbau der Elektronenhülle.

Im Bereich der optischen Spektren sind *Emissions- und Absorptionsspektrum* identisch, nicht so im Bereich der Röntgenspektren, wie ein Vergleich zwischen Abb. 3.2-7 und Abb. 3.2-8 zeigt. In letzterer ist der *Massenschwächungskoeffizient* μ/ϱ von Blei als Funktion der Wellenlänge aufgetragen.

Zum Verständnis des Massenschwächungskoeffizienten sei folgendes bemerkt: Die Intensitätsabnahme $-\mathrm{d}I$ der Röntgenstrahlung ist proportional der durchstrahlten Schichtdicke $\mathrm{d}x$ und der Intensität I,

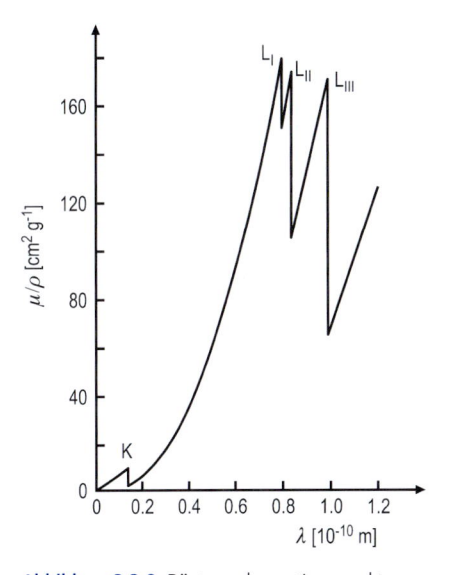

$$-\mathrm{d}I = \mu I \mathrm{d}x \qquad (3.2\text{-}17)$$

Abbildung 3.2-8 Röntgenabsorptionsspektrum von Blei.

Bezeichnen wir mit I_o die Intensität beim Eintritt in das absorbierende Medium ($x = 0$) und mit I die Intensität nach Durchlaufen der Strecke x, so liefert die Integration von Gl. (3.2-17)

$$I = I_0 e^{-\mu x} \tag{3.2-18}$$

Die Größe μ nennt man den *linearen Schwächungskoeffizienten*. Er ist noch abhängig vom physikalischen und chemischen Zustand des Absorbers. Teilen wir ihn durch die Dichte ϱ, so erhalten wir mit μ/ϱ den *Massenschwächungskoeffizienten*, der eine Atomeigenschaft ist.

Im Fall der optischen Spektren würde eine Auftragung der Absorption als Funktion der Wellenlänge einzelne scharfe Linien ergeben, die mit den Linien des Emissionsspektrums identisch wären. Abbildung 3.2-8 hingegen lässt zunächst keine Ähnlichkeit mit dem Emissionsspektrum aus Abb. 3.2-7 erkennen. Anstelle der verschiedenen K-Emissionslinien erkennen wir nur eine K-Kante. Anstelle der Vielzahl von L-Linien treten die drei L-Absorptionskanten auf. Man spricht von Kanten, weil, von großen Wellenlängen, d. h. niedrigen Energien kommend, der Massenschwächungskoeffizient, also das Röntgenabsorptionsvermögen, bei bestimmten Wellenlängen schlagartig beträchtlich ansteigt. Mit weiter fallender Wellenlänge, d. h. mit steigender Energie des eingestrahlten Röntgenlichtes, nimmt der Massenschwächungskoeffizient dann wieder stetig ab. Vergleichen wir für ein bestimmtes Element die Lage der Absorptionskante mit Linien im Emissionsspektrum, so stellen wir fest, dass die Energiedifferenz zwischen den Kanten genau der Energiedifferenz zwischen den niedrigsten Termen des Emissionsspektrums entspricht und dass die Wellenlänge der Kante identisch ist mit der kürzesten Wellenlänge des Emissionsspektrums. Tabelle 3.2-2 zeigt ersteres für Blei als Beispiel.

Der Unterschied zwischen den optischen Absorptionsspektren und den Röntgenabsorptionsspektren wird uns sofort verständlich, wenn wir daran denken, dass wir bei den optischen Spektren ein Elektron aus der äußersten Schale, bei den Röntgenspektren aber ein Elektron aus einer inneren Schale anregen. Beide gelangen durch die Anregung in höhere Energiezustände. Beim optischen Spektrum sind diese Zustände normalerweise nicht von Elektronen besetzt, beim Röntgenspek-

Tabelle 3.2-2 Vergleich zwischen Absorptionskanten und Emissionsspektrum beim Blei.

Serie	Kante $\dfrac{\lambda}{10^{-10}\mathrm{m}}$	$\dfrac{E}{\mathrm{keV}}$	Kante $\dfrac{\Delta E}{\mathrm{keV}}$	Termschema nach Tab. 3−4 $\dfrac{\Delta E}{\mathrm{keV}}$
K	0.14	89		72.3
L_I	0.78	16	73	0.7
L_{II}	0.81	15	1	2.2
L_{III}	0.95	13	2	

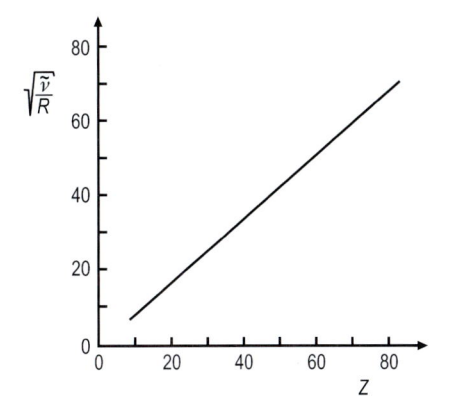

Abbildung 3.2-9 Zur Veranschaulichung des Moseley'schen Gesetzes.

trum sind aber die zunächst folgenden Zustände bereits mit Elektronen in den weiter außen liegenden Schalen aufgefüllt. Ein aus der inneren Schale kommendes Elektron findet offensichtlich erst außerhalb der besetzten Schalen ein Energieniveau, in das es angeregt werden kann. In Anbetracht der kleinen Energiespanne im Bereich der nicht besetzten optischen Niveaus (beim Blei 0.007 keV) im Vergleich zur Energiespanne im Bereich der Röntgenniveaus (Tab. 3.2-1) kommt deshalb die Anregung aus einer inneren Schale einer Anregung ins Energiekontinuum, d. h. einer vollständigen Ablösung des Elektrons vom Atom gleich. Anders liegen die Verhältnisse bei den Emissionsspektren. Hier wird durch den Elektronenbeschuss oder durch die Primärstrahlung ja gerade ein in den inneren Schalen liegender Zustand freigemacht, in den ein energiereicheres Elektron springen kann. Deshalb besteht kein Unterschied zwischen dem Aufbau der Emissionsspektren im optischen Bereich und im Röntgenbereich.

Bislang haben wir nur Spektren ein und desselben Atoms besprochen. Wie sieht es nun aus, wenn wir eine bestimmte Linie, beispielsweise die bei allen Elementen auftretende K_{α_2}-Linie betrachten und nach der Abhängigkeit ihrer Wellenlänge von der Ordnungszahl Z fragen. Abbildung 3.2-9 gibt einen Zusammenhang zwischen diesen beiden Größen wieder, der bereits 1913 empirisch von *Moseley* gefunden worden ist. Trägt man die Wurzel aus dem Quotienten aus der Wellenzahl $\tilde{\nu}$ und der Rydberg-Konstanten R gegen die Ordnungszahl Z auf, so erhält man eine Gerade. Sie ist darstellbar durch

$$\sqrt{\frac{\tilde{\nu}}{R}} = \sqrt{\frac{3}{4}} Z + b \qquad (3.2\text{-}19)$$

Diese Funktion können wir umformen und für die

Moseley'sche Beziehung

$$\tilde{\nu} = R(Z-a)^2 \left(\frac{1}{1^2} - \frac{1}{2^2} \right) \qquad (3.2\text{-}20)$$

schreiben, wobei $a = -\sqrt{\frac{4}{3}}\, b$ einen Wert von etwa 1 hat. Gleichung (3.2-20) ähnelt sehr Gl. (3.2-3), die wir zur Beschreibung der optischen Spektren der im engeren Sinn wasserstoffähnlichen Atome gewonnen hatten.

Ein Blick auf Abb. 3.2-7 zeigt, dass die K_α-Strahlung dem Übergang eines Elektrons von der L-Schale (Hauptquantenzahl $n = 2$) in die K-Schale ($n = 1$) entspricht. Dieses Elektron steht unter dem Einfluss fast der gesamten Kernladung $Z \cdot e$, denn die übrigen Elektronen des Atoms befinden sich in der gleichen oder in weiter außen gelegenen Schalen, können die Kernladung also nicht (wie bei den optischen Spektren der Alkalimetalle besprochen) abschirmen. Lediglich das verbleibende Elektron in der K-Schale verringert die effektive Kernladung um etwa $1 \cdot e$, was in der Konstanten $a \approx 1$ zum Ausdruck kommt.

3.2.5
Das Auger-Spektrum

Wird ein Elektron aus einer inneren Schale durch ein Primärelektron (oder auch durch ein Ion oder durch ein Photon) aus der Elektronenhülle herausgeschossen, so wird das entstandene Loch innerhalb kürzester Zeit dadurch wieder gefüllt, dass ein Elektron aus einer weiter außen gelegenen Schale in den energetisch tiefer liegenden Zustand springt. Die dabei freiwerdende Energie kann, wie wir gesehen haben, als charakteristische Röntgenstrahlung abgegeben werden. Es gibt dafür aber noch eine andere Möglichkeit, bei der keine Strahlung auftritt. Die Energie kann nämlich strahlungslos auf ein Elektron in einem energetisch höher liegenden Zustand übertragen werden, das dann dank seiner hohen Energie das Atom verlässt. Man nennt diesen Prozess nach seinem Entdecker (1923) *Auger-Prozess*, das emittierte Elektron ein *Auger-Elektron*. Das Auger-Elektron besitzt die aufgenommene Energie in Form von kinetischer Energie. Diese Energie ist jedoch nicht identisch mit der Energie, die man aus dem Röntgen-Emissionsspektrum ermittelt. Beim Röntgen-Prozess entsteht nämlich ein einfach ionisiertes Atom, beim Auger-Prozess hingegen ein zweifach ionisiertes; denn bei letzterem fehlt nicht nur das herausgeschossene Elektron, sondern auch das Auger-Elektron.

> Röntgen-Prozess und Auger-Prozess sind konkurrierende Prozesse. Bei leichten Atomen überwiegt der Auger-Prozess, bei schweren der Röntgen-Prozess.

In Abb. 3.2-10 ist der Auger-Prozess am Beispiel des Sauerstoffs dargestellt, in Abb. 3.2-10a der Mechanismus, in Abb. 3.2-10b das zugehörige Spektrum. In jedem der drei gezeigten Fälle wird durch ein Primärelektron ein Elektron aus der K-Schale herausgeschlagen. Diese Lücke kann durch ein Elektron aus der L_I- oder der $L_{II, III}$-Schale aufgefüllt werden. Die dabei freiwerdende Energie geht auf ein Elektron aus der L_I- oder der $L_{II,III}$-Schale über, das dann den Atomverband verlassen kann.

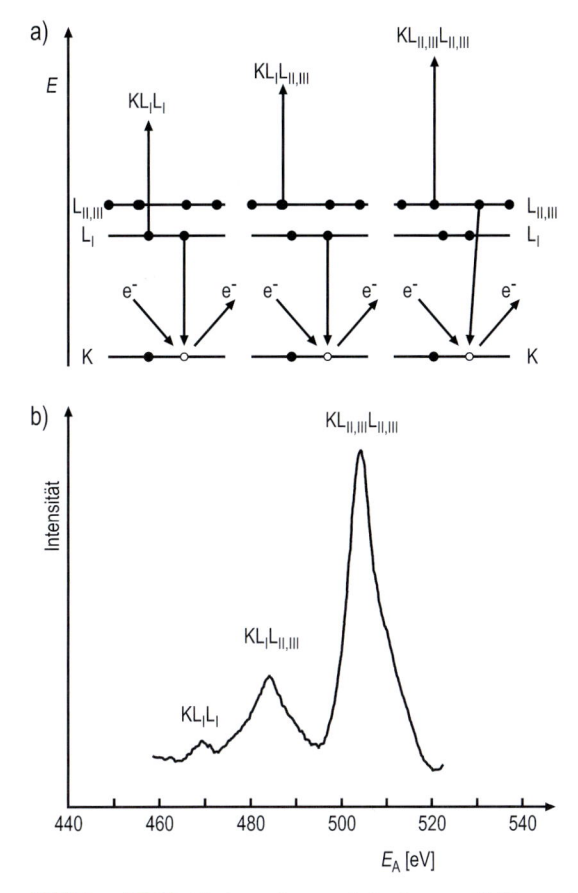

3.2 Wechselwirkung zwischen Strahlung und Atomen – Atomaufbau und Periodensystem

Abbildung 3.2-10 (a) Auger-Prozess beim Sauerstoff (b) zugehöriges Spektrum.

> Drei Buchstaben werden benützt, um den Auger-Prozess zu beschreiben. Der erste gibt das durch das Primärelektron erzeugte Loch an. Der zweite bezeichnet den Ursprung des Elektrons, das das Loch auffüllt. Der dritte schließlich sagt, woher das Auger-Elektron stammt.

Die in Abb. 3.2-10a dargestellten Prozesse sind also ein $KL_I L_I$-, ein $KL_I L_{II,\,III}$- und ein $KL_{II,\,III} L_{II,\,III}$-Prozess.

> Da es sich beim Auger-Prozess nicht um eine Dipolstrahlung handelt, gelten für ihn nicht die bei den Röntgen-Emissionsspektren beobachteten Auswahlregeln (Gl. 3.2-12) und Gl. (3.2-13).

Die Energie E_A des Auger-Elektrons können wir berechnen, wenn wir den Energie-Erhaltungssatz beachten. Es muss für die

Energiebilanz beim Auger-Prozess

$$E_A = (E_{\text{Loch}} - E_S) - E'_B \qquad (3.2\text{-}21)$$

gelten, wenn E_{Loch} die Energie des Niveaus ist, in dem das Loch erzeugt wurde, E_S die Energie des Elektrons, das in das Loch springt, und E'_B die Bindungsenergie des Auger-Elektrons vor der Energieaufnahme, korrigiert für ein zweifach positiv geladenes Atom.

Wir sehen, dass die Energie des Primärelektrons nicht erscheint. Das Primärelektron muss lediglich die Bedingung erfüllen, dass seine Energie größer als die Bindungsenergie des Elektrons ist, das es herausschlagen soll. Da alle Energien auf der rechten Seite von Gl. (3.2-21) für ein bestimmtes Atom und einen bestimmten Auger-Prozess charakteristisch sind, gehört zu einem solchen Prozess eine bestimmte kinetische Energie des Auger-Elektrons, die beispielsweise mit Hilfe eines Gegenfeldes gemessen werden kann.

Ähnlich, wie man bei der optischen Spektroskopie mit Hilfe eines Monochromators ein Spektrum aufnehmen kann, gelingt es, durch kontinuierliche Variation des Gegenfeldes eine Elektronenenergie-Spektroskopie zu betreiben. Ein Auger-Elektronenspektrum gibt dann die Intensität der Auger-Elektronen als Funktion ihrer Energie an, so wie es in Abb. 3.2-10 b dargestellt ist. Ein Auger-Elektronenspektrum spiegelt also unmittelbar die energetischen Verhältnisse in der Elektronenhülle wider, was uns in diesem Abschnitt besonders interessiert. Da diese aber charakteristisch für ein bestimmtes Atom sind, ist die Auger-Elektronenspektroskopie darüber hinaus eine wertvolle Methode zur Identifizierung der Atome.

3.2.6
Die quantenmechanische Behandlung von Mehrelektronenatomen

Für Mehrelektronenatome lässt sich die Schrödinger-Gleichung nicht mehr wie im Fall des Wasserstoffatoms (vgl. Abschnitt 3.1.3) exakt lösen. In diesen Atomen wird jedes einzelne Elektron vom entgegengesetzt geladenen Kern angezogen und von allen anderen Elektronen abgestoßen. Deshalb enthält der Ausdruck für die potentielle Energie nicht nur den Abstand des Elektrons vom Kern wie in Gl. (3.1-93), sondern zusätzliche Terme, die von den Abständen zu allen übrigen Elektronen abhängen. Diese komplizierten Ausdrücke machen es unmöglich, analytische Lösungen zu finden.

Man umgeht die auftretenden Schwierigkeiten, wenn man, wie es von *Hartree* vorgeschlagen wurde, die gleichzeitige Wechselwirkung eines betrachteten Elektrons mit all den anderen Elektronen durch die Wechselwirkung des Elektrons mit einem effektiven Feld ersetzt. Dieses effektive Feld lässt sich berechnen unter Berücksichtigung aller möglichen Positionen aller übrigen Elektronen. Entweder

3.2 Wechselwirkung zwischen Strahlung und Atomen – Atomaufbau und Periodensystem

> erweist sich dieses Ersatzfeld als kugelsymmetrisch, oder es wird als kugelsymmetrisch angenommen. Jedenfalls enthält der Ausdruck für die potentielle Energie nicht mehr die Koordinaten der übrigen Elektronen. Die Schrödinger-Gleichung wird damit numerisch lösbar. Infolge der Kugelsymmetrie des Potentials ergeben sich Lösungen, die, wie beim Wasserstoffatom, eine Klassifizierung entsprechend den s-, p-, d-Zuständen zulassen.

Mit dem genannten Vorgehen ist das Problem jedoch nur zum Teil gelöst, denn die Berechnung des gemittelten Feldes setzt die Kenntnis der Wellenfunktionen aller anderen Elektronen voraus; erst aus $e \cdot \psi_i^* \psi_i \, d\tau$ erhalten wir die Ladung, die das Elektron i dem Raumelement $d\tau$ beisteuert. Die Lösung muss deshalb schrittweise vorgenommen werden.

Das Atom enthalte n Elektronen. Für jedes dieser Elektronen wird eine Wellenfunktion angenommen. Auf Grund der mit einfacheren Atomen gewonnenen Erfahrungen wird man einigermaßen wahrscheinliche Wellenfunktionen finden, so dass der Willkür Grenzen gesetzt sind. Nun wählt man eines der n Elektronen aus und berechnet aus den für die übrigen $n-1$ Elektronen gewählten Wellenfunktionen das gemittelte Feld, dem das betrachtete Elektron ausgesetzt ist. Die gesamte potentielle Energie des Elektrons besteht dann aus zwei Termen, von denen der eine die Wechselwirkung mit dem Kern, der andere die Wechselwirkung mit dem gemittelten Feld der n-1 Elektronen berücksichtigt. Die Schrödinger-Gleichung, in die diese potentielle Energie eingesetzt wird, ist numerisch lösbar. Die sich dabei ergebende Wellenfunktion ist sicherlich für das System besser geeignet als die zuerst angenommene.

Nun wählt man sich ein zweites Elektron aus. Das Feld, dem dieses Elektron ausgesetzt ist, wird aus n-2 ursprünglich gewählten und der im ersten Schritt verbesserten Wellenfunktion berechnet. Fährt man in dieser Weise fort, so ermittelt man das Ersatzfeld für das n-te Elektron bereits mit Hilfe von n-1 verbesserten Wellenfunktionen.

Diesem ersten Zyklus schließen sich weitere an, bis sich keine wesentlichen Veränderungen in der potentiellen Energie der einzelnen Elektronen mehr ergeben. Aus den so erhaltenen Wellenfunktionen lässt sich dann nach einer Methode, die wir im Abschnitt 3.5.3 behandeln werden, die Energie des Atoms berechnen.

> Das vorstehend beschriebene Verfahren bezeichnet man als Methode des selbstkonsistenten Feldes. Durch Fock wurde die Methode später noch verbessert (*Hartree-Fock-Methode*). Dies wird im Abschnitt 3.5.5 im Detail diskutiert.

Die Fehler, die erhalten bleiben, rühren im Wesentlichen daher, dass das gemittelte Feld der Elektronen als kugelsymmetrisch angenommen wurde. Genauere Rechnungen ergeben jedoch, dass der Fehler, besonders bei schweren Atomen, sehr gering ist.

3.2.7
Pauli-Prinzip, Hund'sche Regeln und Aufbauprinzip

Zum Abschluss des Abschnitts 3.2 wollen wir sehen, wie sich aus den gewonnenen Erkenntnissen zum einen der Aufbau der Elektronenhülle eines Atoms, zum anderen die Systematik des Periodensystems ergibt.

Wir haben erfahren, dass es möglich ist, die Atomorbitale zu berechnen, einschließlich der ihnen zuzuordnenden Energien. Abb. 3.2-11 ist eine Übersichtsskizze, die uns die möglichen, bezüglich ihrer Eigenschaften beim Wasserstoffatom (Abschnitt 3.1.3) diskutierten Atomorbitale und ihre energetische Lage relativ zueinander (nicht maßstabsgetreu) aufführt. Es stellt sich nun die Frage, wie diese Orbitale mit Elektronen zu besetzen sind. Wir nutzen dabei die Erkenntnisse, die wir in den Abschnitten 3.2.1 bis 3.2.5 bei der Diskussion der Atomspektren gewonnen haben.

Beim Wasserstoff ist es klar, dass das Elektron in den energetisch am tiefsten liegenden Zustand, d. h. in das 1s-Orbital geht. Energetisch wäre es am günstigsten, wenn auch bei den übrigen Atomen die Elektronen in diesen Zustand gelangen würden.

Beim Heliumatom ist das tatsächlich auch der Fall. Nun haben wir aber erfahren, dass der 1s-Zustand zweifach entartet ist, da er zwei Spinrichtungen zulässt. Es wäre also möglich, dass beim Heliumatom die beiden Elektronen parallelen oder antiparallelen Spin besitzen. Diese Frage lässt sich anhand des Spektrums entscheiden. Dieses ist nur mit einer Antiparallelstellung der Spins vereinbar. Eine solche Besetzung ist in Abb. 3.2-12 eingetragen.

Abbildung 3.2-11 Energetische Lage der Atomorbitale.

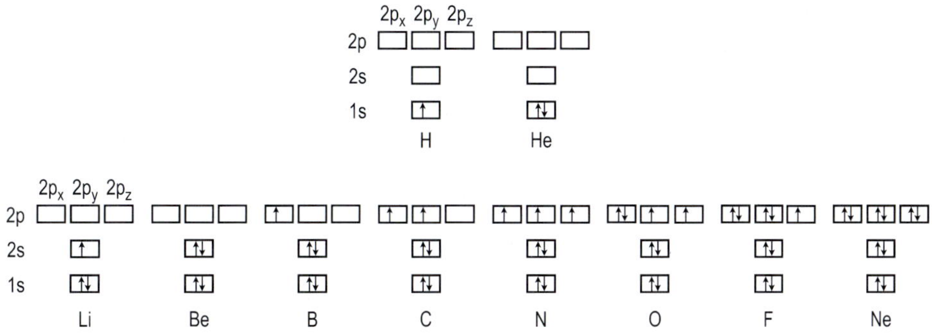

3.2 Wechselwirkung zwischen Strahlung und Atomen – Atomaufbau und Periodensystem

Abbildung 3.2-12 Besetzung der Atomorbitale bei den ersten zehn Elementen des Periodensystems.

Das Spektrum des Lithiums weist, wie wir für die Alkalimetalle allgemein festgestellt haben, darauf hin, dass es sich um ein Ein-Elektronenspektrum handelt. Das dritte Elektron geht also offenbar nicht mehr in den 1 s-Zustand, sondern in den energetisch folgenden 2 s-Zustand. Diese deutlich lockerere Bindung macht sich auch in dem niedrigen Wert der ersten Ionisierungsenergie (Abb. 3.2-1) bemerkbar.

Die Beobachtung, dass ein Atomorbital maximal zwei Elektronen, und diese nur mit antiparallelem Spin aufnehmen kann, gilt allgemein.

> Bereits 1925 hatte Pauli aus dem Studium der Linienspektren auf das nach ihm benannte *Pauli-Prinzip* geschlossen:
> In einem System, gleichgültig, ob Atom oder Molekül, können nicht zwei Elektronen den gleichen Satz von vier Quantenzahlen haben.

Kennen wir nun einmal dieses Prinzip, so können wir die in Abb. 3.2-12 aufgezeigte Orbitalbesetzung beim Beryllium und beim Bor voraussagen. Eine neue Schwierigkeit tritt hingegen beim Kohlenstoff auf. Geht das sechste Elektron in dasselbe 2 p-Orbital, das schon das fünfte Elektron aufgenommen hat, oder geht es in ein noch völlig freies Orbital? Wie stellt sich sein Spin ein?

> Hier helfen uns zwei Regeln weiter, die von *Hund* aufgestellt worden sind:
> 1. Elektronen besetzen zunächst alle Orbitale einer Unterschale (mit gegebenen n, l) einzeln, bevor zwei Elektronen ein Orbital gemeinsam besetzen.
> 2. Zwei Elektronen, die je eines von zwei energetisch gleichwertigen Atomorbitalen besetzen, richten ihre Spins im Zustand niedrigster Energie parallel zueinander aus.

Damit ist eindeutig bestimmt, wie die Besetzung der Atomorbitale von Kohlenstoff bis Neon (Abb. 3.2-12) zu erfolgen hat.

Tabelle 3.2-3 Aufbau des Periodensystems der Elemente auf Grund des Zusammenhanges zwischen den Quantenzahlen.

n	Schale	Elektronensymbol nach Quantenzahl l	Zahl der verschiedenen Quantenzahlen m_l	Zahl der Spineinstellungen	maximale Zahl der Elektronen bei gegebenem l	n
1	K	1s	1	2	2	2
2	L	2s	1	2	2	8
		2p	3	2	6	
3	M	3s	1	2	2	
		3p	3	2	6	18
		3d	5	2	10	
4	N	4s	1	2	2	
		4p	3	2	6	32
		4d	5	2	10	
		4f	7	2	14	

Wollen wir den Elektronenzustand eines Atoms angeben, so verwenden wir die Hauptquantenzahl, die Buchstaben s, p, d usw. für die Bahndrehimpulsquantenzahl und geben die Doppelbesetzung eines Atomorbitals durch eine hochgestellte 2 an. Die Angabe voll besetzter Schalen unterbleibt meist. So schreiben wir beispielsweise für Kohlenstoff C $(1\,s)^2\,(2\,s)^2\,(2\,p_x)\,(2\,p_y)$ oder $C(2\,s)^2\,(2\,p_x)\,(2\,p_y)$.

Das hier skizzierte Aufbauprinzip erklärt uns aus quantenmechanischer und spektroskopischer Sicht das ursprünglich aus dem chemischen Verhalten abgeleitete Periodensystem der Elemente, Tab. 3.2-3 gibt eine größere Übersicht.

3.2.8
Kernpunkte des Abschnitts 3.2

- ☑ Erste Ionisierungsenergien Abb. 3.2-1
- ☑ Serienformeln der Atomspektren im engeren Sinn wasserstoffähnlicher Teilchen Gl. (3.2-3)
- ☑ Rydberg-Konstante bei Berücksichtigung der Kernmasse Gl. (3.2-7)
- ☑ Spektroskopischer Verschiebungssatz S. 590
- ☑ Serien des Atomspektrums des Natriums Gl. (3.2-8 bis 11), S. 591
- ☑ Aufspaltung der Spektrallinien des Natriums S. 592
- ☑ Auswahlregeln für Δl Gl. (3.2-12)
- ☑ Auswahlregeln für Δj Gl. (3.2-13)
- ☑ Spinmultiplizität S. 594
- ☑ Russel-Saunders-Kopplung S. 595
- ☑ j-j-Kopplung S. 596

- ☑ Vektormodell des Mehrelektronenatoms Abb. 3.2-5
- ☑ Weißes Röntgenlicht (Bremsstrahlung) S. 597
- ☑ Charakteristische Röntgenlinien S. 597
- ☑ Röntgen-Fluoreszenzspektrum S. 598
- ☑ Röntgen-Absorptionsspektrum S. 598
- ☑ Massenschwächungskoeffizient Gl. (3.2-18)
- ☑ Moseley'sche Beziehung Gl. (3.2-19, 20)

Auger-Prozess S. 602

- ☑ Auger-Prozess, Energiebilanz Gl. (3.2-21)
- ☑ Hartree-Fock-Methode S. 604, 605

Pauli-Prinzip S. 606

- ☑ Hundsche Regeln S. 607
- ☑ Aufbau des Periodensystems der Elemente S. 608

3.2.9
Rechenbeispiele zu Abschnitt 3.2

1. In welchem Verhältnis stehen die Rydberg-Konstanten zueinander, die für die Serienformeln des Spektrums des H, He^+ und Li^{2+} eingesetzt werden müssen?

2. In welchem Verhältnis stehen die Wellenlängen entsprechender Linien der Serien im Spektrum des H und des Li^{2+} zueinander?

3. Mit welchem Symbol ist der Grundzustand des Li zu charakterisieren, mit welchem der niedrigste angeregte Zustand? Was ist über die Spektrallinie zu sagen, die diesem Übergang entspricht?

4. Welche Wellenlänge sollte die K_{α_1}-Strahlung des Cr aufweisen, wenn sich die für Einelektronenatome gültige Rydbergformel sinngemäß übertragen lässt? ($R = 10\,967\,700$ m^{-1}). Man vergleiche die berechnete Wellenlänge mit der experimentell bestimmten ($2.2889 \cdot 10^{-10}$ m) und den Wellenlängen im optischen Spektralbereich.

3.2.10
Literatur zu Abschnitt 3.2

Kutzelnigg, W. (1975) *Einführung in die Theoretische Chemie*, Band 1. Verlag Chemie, Weinheim

Atkins, P. W. and Friedman, R. S. (2010) *Molecular Quantum Mechanics*, 5th ed., Oxford University Press, Oxford

Haken, H., und Wolf, H. C. (2004) *Atom- und Quantenphysik*, 8. Aufl., Springer Verlag, Berlin, Heidelberg

Bethge, K., Gruber, G. und Stöhlker, T. (2004) *Physik der Atome und Moleküle*, 2. Aufl., Wiley-VCH, Weinheim

Kutzelnigg, W. (2001) *Einführung in die Theoretische Chemie*, 1. Aufl., Wiley-VCH, Weinheim

Christmann, K. (1991) *Introduction to Surface Physical Chemistry*, Steinkopff Verlag, Darmstadt, Springer Verlag, New York

3.3
Materie im elektrischen und im magnetischen Feld

Die Atome bestehen, wie wir nun hinreichend erläutert haben, aus dem Z-fach positiv geladenen Atomkern und der diesen Kern umgebenden Z-fach negativ geladenen Elektronenhülle. Da beide Ladungen gleich groß sind, erscheinen uns die Atome als elektrisch neutral. Sie zeigen darüber hinaus kein von außen feststellbares Dipolmoment. Wir können daraus schließen, dass die Schwerpunkte von positiver und negativer Ladung zusammenfallen. Diese Situation sollte sich ändern, wenn wir die Atome in ein elektrisches Feld bringen, das eine Kraft auf die Ladung ausübt. Da diese Kraft auf die positiven und die negativen Ladungen in entgegengesetzter Richtung wirkt, sollte es im elektrischen Feld zu einer Ladungstrennung und damit zum Entstehen eines elektrischen Dipolmomentes kommen. Diese Überlegungen gelten in gleicher Weise für die aus den Atomen aufgebauten Moleküle, wenn bei ihnen auch u. U. von vornherein ein Dipolmoment vorliegen kann, das dann zusätzlich mit dem elektrischen Feld in Wechselwirkung treten wird.

Bei der Behandlung des Drehimpulses (Abschnitt 3.1.4) haben wir erfahren, dass das Elektron in der Elektronenhülle sowohl einen Bahndrehimpuls als auch einen Spin besitzt und dass beide zum Auftreten eines magnetischen Momentes Anlass geben. Wir haben auch schon davon gesprochen, dass die magnetischen Momente der verschiedenen Elektronen untereinander und mit einem äußeren Magnetfeld in Wechselwirkung treten. Gerade diese Wechselwirkungen haben uns wertvolle Erkenntnisse über den Aufbau der Elektronenhülle geliefert. Wir werden sehen, dass dies in gleichem Maße für die aus den Atomen aufgebauten Moleküle gilt.

Im Abschnitt 3.3.1 wollen wir überlegen, welche Veränderungen ein elektrisches Feld in Atomen und Molekülen hervorrufen kann. Zu diesem Zweck werden wir die Materie zwischen die Platten eines Kondensators bringen und zunächst danach fragen, welche von außen messbaren Effekte dabei auftreten. In einem weiteren Schritt werden wir diese dann mit der *Polarisation*, d. h. mit molekularen Effekten, zu erklären versuchen. Dabei werden wir ausführlich auf die Verschiebungs- und Orientierungspolarisation eingehen.

Obwohl das elektrische und das magnetische Feld prinzipielle Unterschiede aufweisen, werden wir im Abschnitt 3.3.2 bezüglich der Wechselwirkung mit der Materie eine Reihe formaler Ähnlichkeiten erkennen. Neben dem Diamagnetismus und dem Paramagnetismus werden wir auch den Ferromagnetismus, den Ferrimagnetismus und den Antiferromagnetismus ansprechen.

3.3.1
Das Verhalten der Materie im elektrischen Feld.
Dielektrizitätskonstante und elektrische Polarisation

Ein elektrisches Feld erzeugen wir zweckmäßigerweise, indem wir an die Platten eines Plattenkondensators (s. Abb. 3.3-1 a) eine Spannung U legen.

Wir wollen nun zunächst annehmen, dass sich zwischen den Platten Vakuum befindet. Ist ihre Fläche A hinreichend groß gegenüber ihrem Abstand d, so herrscht zwischen ihnen ein homogenes elektrisches Feld $\vec{E}$, für dessen Stärke gilt

$$|\vec{E}| = E = \frac{U}{d} \qquad (3.3\text{-}1)$$

Ursprung des elektrischen Feldes sind die Ladungen. Folglich muss eine Beziehung zwischen der Feldstärke E und der *Flächenladungsdichte* σ_V bestehen:

$$\sigma_V \equiv \frac{Q}{A} = \varepsilon_0 E \qquad (3.3\text{-}2)$$

wobei Q die Ladung ist.

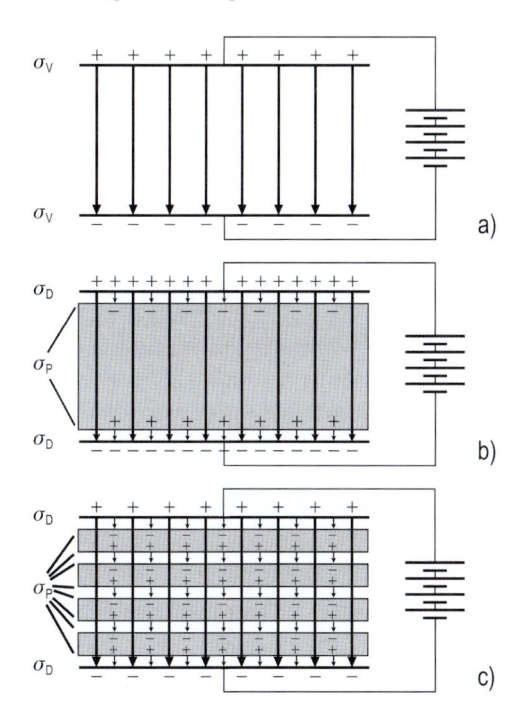

Abbildung 3.3-1 Plattenkondensator
  (a) im Vakuum
  (b) ganz mit Dielektrikum gefüllt
  (c) mit dünnen Scheiben des Dielektrikums gefüllt.

Den Proportionalitätsfaktor ε_0 bezeichnet man als *elektrische Feldkonstante*. Sie hat den Wert

$$\varepsilon_0 = 8.85418782 \cdot 10^{-12} \mathrm{CV}^{-1}\mathrm{m}^{-1}$$

Die Ladung Q des Kondensators erweist sich als der angelegten Spannung proportional. Die Proportionalitätskonstante nennt man *Kapazität C* des Kondensators, für die also gilt

$$C = \frac{Q}{U} \tag{3.3-3}$$

Bringen wir jetzt, wie es in Abb. 3.3-1 b dargestellt ist, zwischen die Platten des Kondensators einen den Strom nicht leitenden Stoff, ein sog. *Dielektrikum*, so beobachten wir, dass während des Einbringens von dem galvanischen Element unter Konstanthaltung der Spannung U ein Strom zum Kondensator fließt, der zu einer Erhöhung der Flächenladungsdichte um einen Faktor ε_r führt. Wir nennen ihn die *relative Dielektrizitätskonstante, Dielektrizitätszahl* oder – was allerdings zu Verwechslungen führen kann – einfach *Dielektrizitätskonstante*. ε_r ist eine Stoffkonstante. Sie hat im Vakuum definitionsgemäß den Wert 1.

Tab. 3.3-1 zeigt, dass die relativen Dielektrizitätskonstanten sehr unterschiedliche Werte haben können.

Da bei dem beschriebenen Versuch die Spannung zwischen den Kondensatorplatten konstantgehalten wurde, liegt auch nach dem Einbringen des Dielektrikums nach Gl. (3.3-1) im Kondensator dieselbe Feldstärke E wie im Vakuum vor. Es hat sich aber die Flächenladungsdichte von σ_V auf σ_D gemäß

$$\sigma_D = \varepsilon_r \cdot \sigma_V \tag{3.3-4}$$

erhöht. Die zusätzlich aufgetretene Flächenladungsdichte wollen wir mit σ_P bezeichnen. Für sie gilt mit Gl. (3.3-4) und (3.3-2)

$$\sigma_P = (\sigma_D - \sigma_V) = \sigma_V(\varepsilon_r - 1) = \varepsilon_0 \cdot (\varepsilon_r - 1) \cdot E \tag{3.3-5}$$

Tabelle 3.3-1 Relative Dielektrizitätskonstanten ε_r einiger Stoffe bei 298 K und $p = 1.013$ bar im statischen Feld.

Stoff	ε_r	Stoff	ε_r	Stoff	ε_r
He	1.00007	H_2O	78.54	LiF	9.27
H_2	1.00027	CH_3OH	32.66	AgBr	13.1
N_2	1.00058	Benzol	2.24	NH_4Cl	6.96
NO	1.0059	Hexan	1.88	TlCl	31.9

Die Erhöhung der Flächenladungsdichte und die nach Gl. (3.3-3) damit verbundene Erhöhung der Kapazität des Kondensators tritt auch ein, wenn wir den Zwischenraum zwischen den Kondensatorplatten nicht vollständig mit Dielektrikum auffüllen, sondern zwischen Dielektrikum und Kondensatorplatten einen kleinen Spalt freilassen, sofern dieser nur klein ist im Vergleich zum Plattenabstand d. Da die Kondensatorplatte nun an Vakuum angrenzt, muss entsprechend Gl. (3.3-2) in diesem Spalt eine Feldstärke E' herrschen, die unter Berücksichtigung von Gl. (3.3-4) gemäß

$$E' = \frac{\sigma_D}{\varepsilon_0} = \frac{\varepsilon_r \cdot \sigma_V}{\varepsilon_0} = \varepsilon_r E \qquad (3.3\text{-}6)$$

um den Faktor ε_r größer als die Feldstärke E ist, die nach unseren Überlegungen sowohl im dielektrikumfreien Kondensator als auch im Dielektrikum vorliegt. An der Phasengrenze Vakuum/Dielektrikum ändert sich also die Feldstärke sprunghaft von $\varepsilon_r E$ auf E. Da die Feldlinien ihren Ursprung in Ladungen haben, ist so etwas nur möglich, wenn in der Oberfläche des Dielektrikums eine *Oberflächenladung* vorhanden ist. Die Dichte dieser Oberflächenladung ist – wieder nach Gl. (3.3-2) –, wenn wir die Differenz der Feldstärken einsetzen,

$$\varepsilon_0 (E' - E) = \varepsilon_0 \cdot (\varepsilon_r - 1) \cdot E = \sigma_P \qquad (3.3\text{-}7)$$

d. h. sie entspricht genau der Erhöhung der Flächenladungsdichte des Kondensators. Die Feldlinien, die von der Überschussladungsdichte ausgehen, verlaufen also nur zwischen der Kondensatorplatte und der Oberfläche des Dielektrikums, während die Feldlinien, die σ_V zuzuordnen sind, das ganze Dielektrikum durchsetzen.

Wir stellen uns nun vor, dass wir das Dielektrikum in Form dünner Scheiben in den Kondensator bringen, wie es in Abb. 3.3-1 c angedeutet ist. Dann liegt auf jeder der Oberflächen des Dielektrikums die Flächenladungsdichte σ_P vor, im Dielektrikum herrscht stets die Feldstärke E und in den materiefreien Zwischenräumen die Feldstärke E'. Da wir es in dem nichtleitenden Dielektrikum mit nicht frei beweglichen Ladungen zu tun haben, können die Ladungen nicht aus dem Innern an die Oberfläche des Dielektrikums geflossen sein, sondern müssen die Folge einer Ladungstrennung im Bereich atomarer oder molekularer Dimensionen, d. h. die Folge der Bildung molekularer Dipole sein. Wir müssen deshalb eine gleiche Flächenladungsdichte in jeder beliebigen zu den Kondensatorplatten parallelen Schicht annehmen.

Betrachten wir nun ein Volumenelement dV mit der Stirnfläche dA und der Dicke $d\delta$, so ist diesem Volumenelement ein *elektrisches Dipolmoment* dp zuzuordnen, das sich aus der Ladung dQ und dem Abstand $d\delta$ der positiven und negativen Ladungen voneinander ergibt:

$$dp = dQ \cdot d\delta = \sigma_P \cdot dA \cdot d\delta = \sigma_P \cdot dV \qquad (3.3\text{-}8)$$

Wir nennen den Quotienten aus Dipolmoment und Volumen *elektrische Polarisation P*

$$P = \frac{dp}{dV} = \sigma_P \tag{3.3-9}$$

Eigentlich handelt es sich bei der elektrischen Polarisation ebenso wie beim Dipolmoment und beim elektrischen Feld um Vektoren.

Fassen wir Gl. (3.3-7) und Gl. (3.3-9) zusammen, so resultiert deshalb

$$\varepsilon_0 \vec{E} + \vec{P} = \varepsilon_r \varepsilon_0 \vec{E} = \vec{D} \tag{3.3-10}$$

wobei wir einen neuen Vektor $\vec{D}$, die *elektrische Verschiebungsdichte*, eingeführt haben. Die relative Dielektrizitätskonstante ε_r und die elektrische Feldkonstante ε_0 fasst man zur *Dielektrizitätskonstanten* ε zusammen, so dass sich die wichtige Beziehung

$$\vec{D} = \varepsilon \vec{E} \tag{3.3-11}$$

ergibt, für die wir beim Verhalten der Materie im magnetischen Feld ein Analogon finden werden.

Gl. (3.3-7) können wir mit Gl. (3.3-9) auch schreiben als

$$\vec{P} = (\varepsilon_r - 1) \cdot \varepsilon_0 \cdot \vec{E} \tag{3.3-12}$$

wobei man oft noch

$$\varepsilon_r - 1 \equiv \chi_e \tag{3.3-13}$$

die *elektrische Suszeptibilität* χ_e, einführt. Es muss noch bemerkt werden, dass wir uns hier auf das Verhalten isotroper Stoffe beschränken. Nur für diese gilt der einfache Zusammenhang von Gl. (3.3-12).

Wie oben schon angedeutet wurde, liegen im Dielektrikum keine frei beweglichen Ladungen vor. Deshalb muss sich die elektrische Polarisation als Dipolmoment durch Volumen additiv aus den Dipolmomenten der einzelnen Moleküle zusammensetzen.

Ist ^1N die Anzahldichte der Moleküle, so muss gelten

$$\vec{P} = {}^1N \vec{\bar{p}} \tag{3.3-14}$$

Dabei ist $\vec{\bar{p}}$ die mittlere, zur Feldrichtung parallele Komponente des Dipolmomentes eines einzelnen Moleküls. Damit haben wir eine Beziehung zwischen einer makroskopisch bestimmbaren Größe und einer Moleküleigenschaft hergestellt.

Die verschiedenen Arten der Polarisation

Wir wollen uns nun überlegen, wie es zum Auftreten von $\bar{\bar{p}}$ kommen kann. Unter der Wirkung des elektrischen Feldes wird es zu einer Verschiebung sowohl der positiven als auch der negativen Ladungen, damit zu einer räumlichen Trennung der Schwerpunkte beider Ladungen kommen. Es wird also ein Dipolmoment in dem Teilchen induziert. Wir werden das *induzierte Dipolmoment* eines Atoms oder Moleküls mit $\vec{p}_i$ bezeichnen. Entsprechend ihrer Entstehungsweise nennt man diese Art der Polarisation

> *Verschiebungspolarisation.* Es empfiehlt sich, zwei Fälle zu unterscheiden:
> 1. Das induzierte Dipolmoment entsteht durch eine Verschiebung von Elektronen relativ zu den viel schwereren positiven Kernen. In diesem Fall sprechen wir von *Elektronenpolarisation* (vgl. Abb. 3.3-2 a).
> 2. Das induzierte Dipolmoment entsteht durch eine Verschiebung schwerer positiver Ionen relativ zu schweren negativen Ionen. In einem solchen Fall sprechen wir von *Ionenpolarisation* (vgl. Abb. 3.3-2 b).

In einem Atom und in einem einatomigen Ion ist die Ladungsverteilung symmetrisch in Bezug auf das Zentrum, d. h. auf den Kern. Solche Teilchen haben in Abwesenheit eines elektrischen Feldes kein Dipolmoment. Das gilt auch für homonukleare zweiatomige und symmetrisch gebaute mehratomige Moleküle wie H_2, N_2, O_2 bzw. $O = C = O$. Bei solchen unpolaren Molekülen liegt im elektrischen Feld lediglich das induzierte Dipolmoment vor.

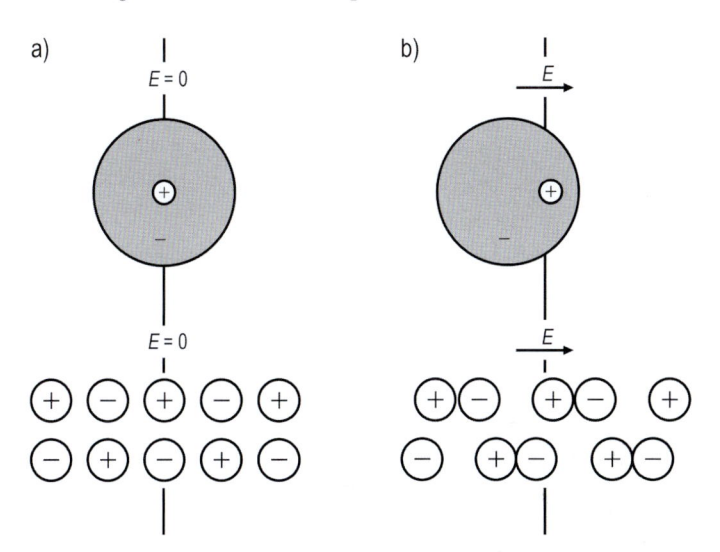

Abbildung 3.3-2 Zum Zustandekommen der Verschiebungspolarisation
          (a) feldfrei
          (b) mit Feld
          jeweils: oben: Elektronen-Verschiebungspolarisation
                      unten: Ionen-Verschiebungspolarisation

Anders liegen die Verhältnisse bei polaren Molekülen, wie beispielsweise HCl, CO oder H_2O. Diese Moleküle besitzen ein *permanentes Dipolmoment*, das wir mit $\vec{\mu}$ bezeichnen. In Abwesenheit eines elektrischen Feldes zeigen diese molekularen Dipolmomente eine völlig zufällige Orientierung im Raum, so dass für ein aus vielen Molekülen bestehendes System die Vektorsumme der Dipolmomente null ist. In Gegenwart eines elektrischen Feldes sind Orientierungen, bei denen das Dipolmoment parallel zum Feld liegt, energetisch begünstigt. Sie sind statistisch deshalb wahrscheinlicher, so dass sich ein in Feldrichtung liegendes resultierendes Dipolmoment ergibt. Diese Art der Polarisation nennt man *Orientierungspolarisation*.

Wir wollen jetzt nach Möglichkeiten zur Bestimmung des induzierten Dipolmomentes suchen.

Induziertes Dipolmoment und Polarisierbarkeit

Das induzierte Dipolmoment erweist sich als der Feldstärke proportional:

$$p_i = \alpha E_{loc} \tag{3.3-15}$$

Die Proportionalitätskonstante α heißt *Polarisierbarkeit*. Sie ist offenbar ein Maß dafür, wie leicht sich die Ladungen innerhalb eines Moleküls unter der Einwirkung des elektrischen Feldes verschieben lassen.

Damit stellt sie eine wichtige Atom- und Moleküleigenschaft dar. Die Feldstärke E in Gl. (3.3-15) trägt den Index loc. Damit soll angedeutet werden, dass es sich um die Feldstärke handelt, die im Dielektrikum tatsächlich auf das Teilchen einwirkt.

Haben wir es mit Gasen unter niedrigem Druck zu tun, so ist die Wirkung der induzierten Dipole der übrigen Moleküle auf das betrachtete Molekül sicherlich sehr gering, so dass E_{loc} mit der makroskopisch für den mit dem Dielektrikum gefüllten Kondensator berechneten Feldstärke E recht gut übereinstimmt. Mit Gl. (3.3-14) ist dann die Polarisation

$$P = {}^1N\bar{p}_i = {}^1N\alpha E_{loc} \tag{3.3-16}$$

Die Anzahldichte der Teilchen können wir gemäß

$$^1N = \frac{N_A \varrho}{M} \tag{3.3-17}$$

durch die Loschmidtsche Konstante N_A, die Dichte ϱ und die molare Masse M ausdrücken, so dass Gl. (3.3-16) umgeschrieben werden kann in

$$P = \frac{N_A \varrho}{M} \alpha \cdot E_{loc} \tag{3.3-18}$$

Daraus folgt unter Beachtung von Gl. (3.3-12)

wenn das Dielektrikum ein Gas ist,

$$\varepsilon_r = 1 + \frac{N_A \cdot \varrho}{M \cdot \varepsilon_0} \cdot \alpha \tag{3.3-19}$$

Damit ist die Bestimmung der Polarisierbarkeit α auf eine Bestimmung der relativen Dielektrizitätskonstanten ε_r zurückgeführt worden.

Liegt das Dielektrikum aber in höherer Dichte, beispielsweise als kondensierte Phase, vor, so kann E_{loc} sicherlich nicht mehr mit dem makroskopisch ermittelten Feld identifiziert werden. Lorentz hat gezeigt, wie man das effektive (lokale) Feld bestimmen kann, das auf ein Molekül im dichten Dielektrikum wirkt. Er berechnete das Feld in einem winzigen Hohlraum im Dielektrikum und nahm dann an, dass in diesem Hohlraum das betrachtete Molekül untergebracht ist. Wir entnehmen den Lehrbüchern der Physik, dass das lokale Feld E_{loc} im Inneren eines kugelförmigen Hohlraums durch

$$E_{loc} = E + \frac{1}{3} \frac{P}{\varepsilon_0} \tag{3.3-20}$$

gegeben ist. Damit folgt aus Gl. (3.3-16)

$$\bar{p}_i = \frac{P}{\frac{1}{N}} = \frac{PM}{N_A \varrho} = \alpha \left(E + \frac{1}{3} \frac{P}{\varepsilon_0} \right) \tag{3.3-21}$$

Verwenden wir Gl. (3.3-12), um aus Gl. (3.3-21) E zu eliminieren, so finden wir

$$\frac{PM}{N_A \varrho} = \alpha \left(\frac{P}{\varepsilon_0(\varepsilon_r - 1)} + \frac{1}{3} \frac{P}{\varepsilon_0} \right) = \frac{P(\varepsilon_r + 2)}{3\varepsilon_0(\varepsilon_r - 1)} \alpha \tag{3.3-22}$$

d. h., wenn das Dielektrikum eine kondensierte Phase ist,

$$\frac{\varepsilon_r - 1}{\varepsilon_r + 2} \frac{M}{\varrho} = \frac{1}{3} \frac{N_A}{\varepsilon_0} \alpha \equiv P_{mol} \tag{3.3-23}$$

Gl. (3.3-23) wird *Clausius-Mosottische Gleichung* genannt. Auch sie ermöglicht es uns, die Polarisierbarkeit aus der relativen Dielektrizitätskonstanten zu ermitteln.

Wir sehen, dass Gl. (3.3-23) für den Fall, dass ε_r nur unwesentlich von 1 verschieden ist – was bei Gasen tatsächlich zutrifft (vgl. Tab. 3.3-1) –, in Gl. (3.3-19) übergeht.

Gl. (3.3-23) entnehmen wir, dass, da α eine Moleküleigenschaft ist, $\frac{\varepsilon_r - 1}{\varepsilon_r + 2} \frac{M}{\varrho}$ eine molare Größe ist. Man nennt sie *molare Polarisation*. Der Quotient α/ε_0 hat die Dimension eines Volumens.

3 Aufbau der Materie

Tabelle 3.3-2 Dipolmoment μ und Verhältnis der mittleren Polarisierbarkeit $\overline{\alpha}$ zu ε_0 für verschiedene Substanzen.

Stoff	$\dfrac{\mu}{10^{-30}\mathrm{Cm}}$	$\dfrac{\overline{\alpha}/\varepsilon_0}{10^{-30}\mathrm{m}^3}$	Stoff	$\dfrac{\mu}{10^{-30}\mathrm{Cm}}$	$\dfrac{\overline{\alpha}/\varepsilon_0}{10^{-30}\mathrm{m}^3}$
He	0.0	2.71	HCl	3.44	33.3
H	0.0	8.29	CO	0.4	24.5
H_2	0.0	9.93	CO_2	0.0	33.3
O_2	0.0	20.11	NH_3	4.97	28.4
Li	0.0	339	CH_4	0.0	35.2
Li^+	0.0	0.39	C_6H_6	0.0	129.7
Cs	0.0	766	C_6H_5Cl	5.9	141.4
Cs^+	0.0	30.4	$C_6H_5NO_2$	13.4	162.7

Theoretische Berechnungen zeigen, dass dieses Volumen sehr eng mit dem Atom- oder Ionenvolumen verknüpft ist (vgl. auch Tab. 3.3-2).

Die Orientierungspolarisation

Haben wir polare Moleküle vorliegen, so wird sich der Verschiebungspolarisation die Orientierungspolarisation überlagern. Um diese zu berechnen, gehen wir von folgender Überlegung aus: Die Kraft, die ein elektrisches Feld auf eine Ladung ausübt, ist durch das Produkt aus Ladung und Feldstärke gegeben. Entsprechend ist die potentielle Energie V eines Dipols $\vec{\mu}$ im Feld $\vec{E}$ durch das innere Produkt dieser beiden Vektoren gegeben. Beträgt der Winkel zwischen den beiden Vektoren ϑ, so gilt also

$$V = -\mu \cdot E \cdot \cos\vartheta \tag{3.3-24}$$

Demnach wäre es energetisch am günstigsten, wenn $\vartheta = 0$ wäre, d. h. wenn Dipolmoment und elektrisches Feld parallel zueinander wären. Einer solchen Parallelstellung wird aber die Wärmebewegung entgegenwirken, die die in Abwesenheit des Feldes herrschende zufällige Verteilung aufrechtzuerhalten sucht. Infolgedessen wird es zu einer von der Temperatur abhängigen Verteilung der Winkeleinstellung kommen. Gelingt es uns, diese Verteilung zu berechnen, dann sind wir in der Lage, das mittlere Dipolmoment $\overline{\mu}$ eines Moleküls und damit die Polarisation zu ermitteln. Wir werden hier eine Berechnung auf klassischer Grundlage vornehmen und außer acht lassen, dass nach den Forderungen der Quantenmechanik nicht alle Orientierungen der Dipole zum Feld möglich sind, sondern nur eine diskrete Folge von Einstellwinkeln erlaubt ist. Exakte Rechnungen haben aber gezeigt, dass der Fehler, den wir bei unserem Vorgehen machen, klein ist.

Moleküle, deren Dipolmomente einen unterschiedlichen Winkel ϑ zum Feld einnehmen, besitzen nach Gl. (3.3-24) eine unterschiedliche potentielle Energie. Nun haben wir im Abschnitt 1.3.2 bei der einführenden Besprechung der Boltzmann-Statistik erfahren, dass die Zahl N_i der Teilchen mit einer Energie ε_i proportional zu $e^{-\varepsilon_i/kT}$ ist (Gl. 1.3-25). Mit Gl. (3.3-24) können wir also schreiben

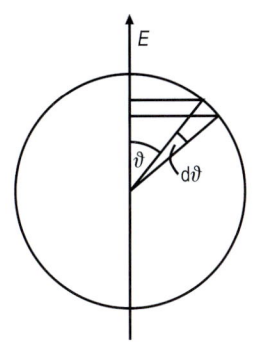

Abbildung 3.3-3 Zur Ermittlung des Bruchteils der zwischen ϑ und $\vartheta + \mathrm{d}\vartheta$ möglichen Winkeleinstellungen.

$$N_\vartheta = a \cdot e^{\mu E \cos\vartheta / kT} \tag{3.3-25}$$

wobei a eine die Gesamtzahl der Moleküle und die Zustandssumme beinhaltende Konstante darstellt. Fragen wir nach der Zahl der Moleküle, deren Dipol mit dem elektrischen Feld einen Winkel zwischen ϑ und $\vartheta + \mathrm{d}\vartheta$ bildet, so ist diese Zahl zum einen N_ϑ proportional, zum anderen aber auch der geometrisch möglichen Zahl der Einstellungsmöglichkeiten zwischen ϑ und $\vartheta + \mathrm{d}\vartheta$, die auch ohne Feld gegeben ist. Setzen wir in Gedanken das Molekül in das Zentrum einer Einheitskugel, so lassen sich die Richtungen des Dipolmomentes als Durchstoßpunkte auf der Kugeloberfläche markieren. Der Bruchteil der möglichen Einstellungen zwischen ϑ und $\vartheta + \mathrm{d}\vartheta$ bezogen auf alle möglichen Einstellungen ergibt sich als Kugeloberfläche zwischen ϑ und $\vartheta + \mathrm{d}\vartheta$ zur gesamten Kugeloberfläche, also zu $2\pi \sin\vartheta \, \mathrm{d}\vartheta / 4\pi$ (vgl. Abb. 3.3-3).

Demnach ist der Bruchteil $\mathrm{d}N$ der Moleküle, deren Dipolmoment bei Anwesenheit des Feldes mit diesem einen Winkel zwischen ϑ und $\vartheta + \mathrm{d}\vartheta$ bildet, gegeben durch

$$\mathrm{d}N = c' \, e^{\mu E \cdot \cos\vartheta / kT} \sin\vartheta \, \mathrm{d}\vartheta = c' \, e^{y \cos\vartheta} \sin\vartheta \, \mathrm{d}\vartheta \tag{3.3-26}$$

mit Abkürzung

$$\frac{\mu E}{kT} \equiv y \tag{3.3-27}$$

und der Proportionalitätskonstanten c'. Diese können wir berechnen, wenn wir bedenken, dass die Summation (bzw. Integration) über alle Winkel die Gesamtzahl N der Teilchen ergeben muss:

$$N = c' \int_0^\pi e^{y \cdot \cos\vartheta} \sin\vartheta \, \mathrm{d}\vartheta \tag{3.3-28}$$

Wir substituieren

$$y \cos\vartheta = x \tag{3.3-29}$$

und erhalten damit

$$N = -\frac{c'}{y}\int_{y}^{-y} e^x\,dx = \frac{c'}{y}(e^y - e^{-y}) = 2\frac{c'}{y}\sinh y \qquad (3.3\text{-}30)$$

Lösen wir diese Gleichung nach c' auf und setzen dies in Gl. (3.3-26) ein, so erhalten wir schließlich

$$dN = \frac{N\cdot y}{2\sinh y}e^{y\cos\vartheta}\sin\vartheta\,d\vartheta \qquad (3.3\text{-}31)$$

Bildet $\vec{\mu}$ mit $\vec{E}$ den Winkel ϑ, so ist die uns interessierende Komponente von $\vec{\mu}$ parallel zu $\vec{E}$ $\mu\cdot\cos\vartheta$. Die Polarisation P ergibt sich dann durch Integration des Produktes aus Gl. (3.3-31) und $\mu\cos\vartheta$, wobei für N noch die Anzahldichte der Teilchen zu setzen ist.

$$P_{\text{Orient.}} = \frac{{}^1 N\mu y}{2\sinh y}\int_0^{\pi} e^{y\cos\vartheta}\sin\vartheta\cos\vartheta\,d\vartheta \qquad (3.3\text{-}32)$$

Wir führen wieder die Substitution nach Gl. (3.3-29) aus und erhalten

$$P_{\text{Orient.}} = -\frac{{}^1 N\cdot\mu}{2y\sinh y}\cdot\int_y^{-y} e^x x\,dx \qquad (3.3\text{-}33)$$

woraus mit partieller Integration (vgl. Mathem. Anhang M)

$$P_{\text{Orient.}} = \frac{{}^1 N\mu}{2y\sinh y}\left[xe^x - e^x\right]_{-y}^{y}$$

$$P_{\text{Orient.}} = \frac{{}^1 N\mu}{y\sinh y}\left\{y\frac{e^y + e^{-y}}{2} - \frac{e^y - e^{-y}}{2}\right\}$$

$$P_{\text{Orient.}} = {}^1 N\mu\left\{\coth y - \frac{1}{y}\right\} = {}^1 N\mu\mathcal{L}(y) \qquad (3.3\text{-}34)$$

folgt. Den Ausdruck in geschweiften Klammern nennt man *Langevin-Funktion*. Den $\coth y$ können wir nach dem Mathem. Anhang F in eine Reihe

$$\coth y = \frac{1}{y} + \frac{y}{3} - \frac{y^3}{45} + \frac{2y^5}{945} - \ldots \qquad (3.3\text{-}35)$$

entwickeln. Wir erhalten dann für Gl. (3.3-34)

$$P_{\text{Orient.}} = {}^1 N\mu\left\{\frac{y}{3} - \frac{y^3}{45} + \frac{2y^5}{945} - \ldots\right\} \qquad (3.3\text{-}36)$$

Wir müssen nun die Größe von y abschätzen. Für das Dipolmoment setzen wir $e \cdot l$ mit der Elementarladung e und dem Abstand l der gegensinnigen Ladungen. Dieser Abstand dürfte in der Größenordnung atomarer Dimensionen liegen, d. h. 10^{-10} m betragen. Für 273 K ergibt sich damit für y, wenn wir ein Feld E von 10^5 Vm^{-1} zugrunde legen, ein Wert von $4 \cdot 10^{-4}$. Das besagt, dass auch bei sehr niedrigen Temperaturen und hohen Feldern y immer noch sehr klein ist, wir die Reihe in Gl. (3.3-35) also nach dem ersten Glied abbrechen dürfen. Damit erhalten wir für die Orientierungspolarisation, wenn wir Gl. (3.3-27) berücksichtigen:

$$P_{\text{Orient.}} = {}^1N \frac{\mu^2 \cdot E_{\text{loc}}}{3kT} \qquad (3.3\text{-}37)$$

Vergleichen wir Gl. (3.3-37) mit Gl. (3.3-18), so erkennen wir, dass bei der Orientierungspolarisation der Term $\frac{\mu^2}{3kT}$ die Stelle einnimmt, die bei der Verschiebungspolarisation α innehat.

Bedenken wir, dass bei einem polaren Molekül sowohl die Verschiebungs- als auch die Orientierungspolarisation auftreten, so müssen wir die Gleichungen (3.3-19) und (3.3-23) für polare Moleküle um den Anteil der Orientierungspolarisation erweitern.

Es gilt also für verdünnte Gase

$$\varepsilon_{\text{r}} = 1 + \frac{N_A \varrho}{M \varepsilon_0} \left(\alpha + \frac{\mu^2}{3kT} \right) \qquad (3.3\text{-}38)$$

und für kondensierte Phasen

$$\frac{\varepsilon_{\text{r}} - 1}{\varepsilon_{\text{r}} + 2} \frac{M}{\varrho} = \frac{1}{3} \frac{N_A}{\varepsilon_0} \left(\alpha + \frac{\mu^2}{3kT} \right) \qquad (3.3\text{-}39)$$

Gl. (3.3-39) wurde erstmals 1912 von Debye abgeleitet.

Trennung der verschiedenen Polarisationsarten
Wie wir gesehen haben, setzt sich die Polarisation nach

$$P = P_V + P_O = P_E + P_I + P_O \qquad (3.3\text{-}40)$$

aus der Verschiebungspolarisation P_V und der Orientierungspolarisation P_O, erstere weiterhin aus der Elektronen (P_E)- und der Ionen (P_I)-Verschiebungspolarisation zusammen. Entsprechendes gilt natürlich für die molare Polarisation.

Für eine getrennte Ermittlung von P_V und P_O und damit eine Bestimmung des Dipolmomentes μ und der Polarisierbarkeiten α bietet sich Gl. (3.3-39) an. Misst man die molare Polarisation P_{mol} als Funktion der Temperatur und trägt P_{mol}

als Funktion von $1/T$ auf, so sollte man eine Gerade erhalten, aus deren Ordinatenabschnitt α und aus deren Steigung μ zu entnehmen ist.

Dies Verfahren sollte sich auch auf die Bestimmung des Dipolmomentes gelöster Teilchen anwenden lassen, wenn das Lösungsmittel unpolar ist. Das Experiment zeigt allerdings, dass die erwartete Linearität nur dann gefunden wird, wenn das Dipolmoment der gelösten Teilchen hinreichend groß ist. Die gemessene molare Polarisation setzt sich dann additiv aus den Anteilen der beiden Komponenten zusammen, wobei natürlich wieder die Molenbrüche als Gewichtsfaktoren auftreten:

$$P_{\mathrm{mol}_{1,2}} = \frac{\varepsilon_\mathrm{r} - 1}{\varepsilon_\mathrm{r} + 2} \frac{x_1 M_1 + x_2 M_2}{\varrho} = x_1 P_{\mathrm{mol}_1} + x_2 P_{\mathrm{mol}_2} \tag{3.3-41}$$

Wollen wir nun noch die Verschiebungspolarisation in den Elektronen- und Ionenanteil auftrennen, so können wir uns die Tatsache zunutze machen, dass die leichten Elektronen im elektrischen Feld viel schneller als die schweren Ionen verschoben werden können. Messen wir die relative Dielektrizitätskonstante nicht mit einer statischen Methode oder mit einer Wechselspannung niedriger Frequenz, sondern in einem hochfrequenten Feld, so werden wir bei steigender Frequenz schließlich an einen Punkt gelangen, von dem ab die schweren Ionen im Gegensatz zu den Elektronen der Feldänderung nicht mehr folgen können. Die Polarisation ist dann nur auf die Elektronenpolarisation zurückzuführen. Allerdings brauchen wir dazu so hohe Frequenzen, wie sie beim Licht im sichtbaren Spektralbereich vorliegen.

Wir werden dann auch nicht mehr die relative Dielektrizitätskonstante ε_r selbst messen, sondern von der

Maxwell'schen Beziehung zwischen der *relativen Dielektrizitätskonstanten* und dem *Brechungsindex n*

$$\varepsilon_\mathrm{r} = n^2 \tag{3.3-42}$$

Gebrauch machen. Bei so hohen Frequenzen kann selbstverständlich eine Orientierung polarer Teilchen im Feld nicht mehr eintreten, so dass wir auf Gl. (3.3-23) zurückgreifen, die wir mit Gl. (3.3-42) schreiben als

$$R_{\mathrm{mol}} = \frac{n^2 - 1}{n^2 + 2} \frac{M}{\varrho} = \frac{1}{3} \frac{N_\mathrm{A}}{\varepsilon_0} \cdot \alpha_\mathrm{E} \tag{3.3-43}$$

Diese Beziehung bezeichnet man als *Lorentz-Lorenz'sche Beziehung*, R_{mol} als *molare Refraktion*, α_E als *Elektronenpolarisierbarkeit*.

Tabelle 3.3-3 Bindungspolarisierbarkeiten und mittlere Elektronenpolarisierbarkeit.

Bindung	$\dfrac{\bar{\alpha}/\varepsilon_0}{10^{-30}\mathrm{m}^3}$	Verbindung	$\dfrac{\bar{\alpha}/\varepsilon_0}{10^{-30}\mathrm{m}^3}$	
			experimentell	berechnet
$C-H$ (aliphat.)	8.2			
$C-C$ (aliphat.)	8.0	Ethan	56.2	57.2
$C-C$ (aromat.)	13.4	Propan	79.0	81.6
$C=C$	20.9	Ethen	53.5	53.7
$C\equiv C$	25.5	Cyclohexan	136.6	146.4
$C-Cl$	32.8	Chlorbenzol	153.9	176.6
$C=O$ (Carbonyl)	14.6	Aceton	79.5	79.8
		Toluol	154.0	137.9

In Tab. 3.3-2 sind für eine Reihe von Substanzen Polarisierbarkeiten und Dipolmomente zusammengestellt.

Die aus den molaren Refraktionen R_{mol} berechneten Elektronenpolarisierbarkeiten zeichnen sich dadurch aus, dass sie sich bei Molekülen aus Inkrementen zusammensetzen, die den einzelnen Bindungen zuzuschreiben sind. Man kann sich davon überzeugen, wenn man die in der linken Hälfte von Tab. 3.3-3 aufgeführten Inkremente für eine bestimmte Verbindung addiert und mit den in der rechten Hälfte der Tabelle zusammengestellten mittleren Elektronenpolarisierbarkeiten vergleicht.

3.3.2
Das Verhalten der Materie im magnetischen Feld

Definitionen

Genauso, wie Materie im elektrischen Feld polarisiert wird, was sich in der messbaren *Polarisation* $\vec{P}$ äußert, wird sie auch im magnetischen Feld polarisiert, was man mit der *Magnetisierung* $\vec{M}$ misst. Dementsprechend werden wir zahlreiche Parallelen zwischen dem Verhalten der Materie im elektrischen und im magnetischen Feld finden. In Tab. 3.3-4 sind die entsprechenden Größen einander gegenübergestellt.

Wir wollen zunächst die Größen, mit denen wir es zu tun haben, definieren. Ein Magnetfeld kann durch einen Permanentmagneten oder durch eine stromdurchflossene Spule erzeugt werden. Wir beschreiben es mit Hilfe der *magnetischen Flussdichte* $\vec{B}$, die Kräfte auf andere Magnete oder stromdurchflossene Spulen ausübt.

3 Aufbau der Materie

Tabelle 3.3-4 Vergleich von Beziehungen in der Elektrostatik und Magnetostatik.

Elektrostatik		Magnetostatik	
Größe	Beziehung	Größe	Beziehung
elektrische Feldstärke	$\vec{E}$	magnetische Feldstärke	$\vec{H}$
elektrische Verschiebungsdichte	$\vec{D} = \varepsilon\vec{E} = \varepsilon_r\varepsilon_0\vec{E}$	magnetische Flussdichte	$\vec{B} = \mu\vec{H} = \mu_r\mu_0\vec{H}$
elektrische Feldkonstante	ε_0	magnetische Feldkonstante	μ_0
Dielektrizitätszahl	ε_r	Permeabilitätszahl	μ_r
Dielektrizitätskonstante	ε	Permeabilität	μ
elektrische Polarisation	$\vec{P} = \vec{D} - \varepsilon_0\vec{E}$	Magnetisierung	$\vec{M} = \dfrac{\vec{B}}{\mu_0} - \vec{H}$
elektrische Suszeptibilität	$\chi_e = \varepsilon_r - 1 = \dfrac{\varepsilon}{\varepsilon_0} - 1$	magnetische Suszeptibilität	$\chi_m = \mu_r - 1 = \dfrac{\mu}{\mu_0} - 1$
elektrischer Dipol	$\vec{p} = \dfrac{\vec{P}}{1N}$	magnetisches Moment	$\vec{m} = \dfrac{\vec{M}}{1N}$

> Bringt man Materie in ein magnetisches Feld, so erfährt sie eine *magnetische Polarisation*. Den Quotienten aus dem *magnetischen (Dipol-)Moment* und dem Volumen nennt man *Magnetisierung* $\vec{M}$.

Um die für das Magnetfeld im Vakuum geltenden Beziehungen auch bei Gegenwart eines polarisierbaren Mediums gültig zu erhalten, führt man mit

$$\vec{B} - \mu_0\vec{M} = \mu_0\vec{H} \tag{3.3-44}$$

einen neuen Vektor, die *magnetische Feldstärke* $\vec{H}$, ein.

> Als Proportionalitätsfaktor tritt dabei die *magnetische Feldkonstante* μ_0 auf. Sie hat den Wert $\mu_0 = 4\pi \cdot 10^{-7}$ m kg s^{-2} A^{-2} bzw. $4\pi \cdot 10^{-7}$ V A^{-1} s m^{-1}

Dies entspricht der Einführung von D neben E beim elektrischen Feld und dem Auftreten der elektrischen Feldkonstanten ε_0.

Bei vielen Stoffen findet man eine Proportionalität zwischen der Magnetisierung $\vec{M}$ und der magnetischen Feldstärke $\vec{H}$:

$$\vec{M} = \chi_m \vec{H} \tag{3.3-45}$$

χ_m nennt man *magnetische Suszeptibilität*. Sie ist offensichtlich die Größe, die anzeigt, wie die Materie auf die Einwirkung eines äußeren magnetischen Feldes reagiert.

Fassen wir Gl. (3.3-44) und Gl. (3.3-45) zusammen, so können wir schreiben:

$$\vec{B} = \mu_0(\vec{H} + \vec{M}) = \mu_0(\vec{H} + \chi_m \vec{H}) \tag{3.3-46}$$

$$\vec{B} = \mu_0 \vec{H}(1 + \chi_m) = \mu \vec{H} \tag{3.3-47}$$

Damit haben wir eine weitere Größe eingeführt,

die *Permeabilität* μ:

$$\mu = \mu_0(1 + \chi_m) = \mu_0 \mu_r \tag{3.3-48}$$

μ_r ist die der relativen Dielektrizitätskonstanten ε_r entsprechende *Permeabilitätszahl*.

Die Stoffe lassen sich nun, wie die experimentelle Erfahrung zeigt, nach ihrer magnetischen Suszeptibilität klassifizieren.

Die magnetische Suszeptibilität kann, wie in Gl. (3.3-45) ursprünglich angenommen, unabhängig von der Feldstärke $\vec{H}$ sein. Dabei sind noch zwei Fälle zu unterscheiden:
1. $\vec{M}$ ist $\vec{H}$ entgegengerichtet. Das bedeutet, dass die magnetische Suszeptibilität χ_m negativ ist. In diesem Fall sprechen wir von *Diamagnetismus*.
2. $\vec{M}$ hat die gleiche Richtung wie $\vec{H}$. Dann ist χ_m positiv, und wir sprechen von *Paramagnetismus*.

   Eine andere Gruppe von Stoffen zeichnet sich durch sehr große positive Werte der magnetischen Suszeptibilität aus. Auch ist χ_m in diesem Fall nicht unabhängig von $\vec{H}$. Es kann sogar ohne Gegenwart eines Magnetfeldes eine Magnetisierung vorliegen. Hier haben wir es mit *Ferromagnetismus* zu tun.

Im Abschnitt 3.1.4 haben wir bereits davon gesprochen, dass die Bahnbewegung und der Spin der Elektronen Anlass zum Auftreten eines magnetischen Momentes $\vec{m}$ geben und dass dieses über das *gyromagnetische Verhältnis* γ mit dem Bahndrehimpuls $\vec{l}$ bzw. dem Spin $\vec{s}$ verknüpft ist, wobei $\vec{m}$ und $\vec{l}$ bzw. $\vec{s}$ stets entgegengesetzte Richtung haben. Außerdem konnten $\vec{l}$ und $\vec{s}$ zum Gesamtdrehimpuls $\vec{j}$ koppeln.

Beim Verhalten der Materie im elektrischen Feld haben wir gesehen, dass wir ein unterschiedliches Verhalten finden, je nachdem, ob die Moleküle unpolar sind, oder ob sie ein permanentes Dipolmoment μ besitzen. Ganz entsprechend erwarten wir Unterschiede im Verhalten im Magnetfeld, wenn wir Stoffe ohne und mit einem magnetischen Moment vergleichen.

Trotz zahlreicher Analogien zwischen den Eigenschaften der Materie im elektrischen und magnetischen Feld (vgl. Tab. 3.3-4) müssen wir beachten, dass der elektrische Dipol und das magnetische Moment grundlegend verschieden sind. Der elektrische Dipol ist auf die örtliche Trennung zweier (individueller) Ladungen zurückzuführen. Das magnetische Moment hingegen ist die Folge der Kreisbewegung einer Ladung.

Wir wollen nun versuchen, den Diamagnetismus, Paramagnetismus und Ferromagnetismus auf der Grundlage des atomaren Geschehens zu verstehen.

Diamagnetismus

Für eine exakte Behandlung des Diamagnetismus fehlen uns etliche Voraussetzungen. Wir müssen uns deshalb mit einer qualitativen Erörterung begnügen.

> Nach unseren Überlegungen aus Abschnitt 3.1.4 ist das magnetische Moment die Folge der Kreisbewegung der Elektronen um den Kern oder um ihre eigene Achse (Gl. 3.1-177). Setzt man die Stoffe nun plötzlich einem äußeren Magnetfeld aus, so muss in jeder dieser Kreisbahnen ein Induktionsstrom auftreten. Nach der Lenz'schen Regel muss er so gerichtet sein, dass er seiner Entstehungsursache entgegenwirkt, dass er also ein Magnetfeld erzeugt, das dem verursachenden Feld entgegen gerichtet ist. Damit ist auch das induzierte magnetische Moment dem äußeren Feld entgegen gerichtet. Da die Bewegung der Elektronen um den Kern reibungslos erfolgt, bleibt der beim Einschalten des Feldes induzierte Strom und damit auch das magnetische Moment erhalten, bis das äußere Feld wieder abgeschaltet wird.

Die exakte Durchrechnung ergibt, dass das induzierte magnetische Moment pro Atom

$$\vec{m}_i = -(e^2/6m_e)\vec{B}\sum \langle r^2 \rangle \tag{3.3-49}$$

ist. $\Sigma \langle r^2 \rangle$ steht für die Summe der mittleren Quadrate der Radien der Kreisbahnen. Bedenken wir, dass die Magnetisierung der Quotient aus dem magnetischen Moment und dem Volumen ist, so gilt

$$\vec{M}_i = {}^1N\vec{m}_i \tag{3.3-50}$$

und mit Gl. (3.3-45) folgt für die

diamagnetische Suszeptibilität

$$\chi_m^{dia} = {}^1N|\vec{m}_i|/|\vec{H}| = -{}^1N\mu_0(e^2/6m_e)\sum\langle r^2\rangle \qquad (3.3\text{-}51)$$

Im Fall des Diamagnetismus ist die magnetische Suszeptibilität also stets negativ. Aus den angestellten Überlegungen folgt, dass der Diamagnetismus nicht temperaturabhängig ist und dass er nicht an das Vorhandensein oder Fehlen eines magnetischen Moments des Atoms oder Moleküls gebunden ist. Diamagnetismus tritt also stets auf.

Paramagnetismus

Im Gegensatz zum Diamagnetismus ist der Paramagnetismus an das Vorhandensein eines magnetischen Moments gebunden. Er kann also nicht vorliegen, wenn der Gesamtbahndrehimpuls $\vec{L}$ und der Gesamtspin $\vec{S}$ null sind.

Atome, deren Gesamtbahndrehimpuls $\vec{L}$ oder Gesamtspin $\vec{S}$ von null verschieden sind, sollten ein permanentes magnetisches Moment besitzen und paramagnetisch sein.

Bei Molekülen im stabilen Zustand ist die Vektorsumme der individuellen magnetischen Momente im Allgemeinen null. Dies ist eine Folge der Bindung zwischen den Atomen. Liegt dennoch ein vom Gesamtspin herrührendes magnetisches Moment vor, so gibt dieses einen Hinweis auf die Zahl der ungepaarten Elektronenspins.

Der Berechnung des Paramagnetismus können wir nun denselben Gedankengang zugrunde legen, den wir im Zusammenhang mit der Berechnung der Orientierungspolarisation erläutert haben (vgl. Abschnitt 3.3.1). Für die Energie im magnetischen Feld setzen wir

$$V = -|\vec{m}|\,|\vec{B}|\cos\vartheta \qquad (3.3\text{-}52)$$

entsprechend Gl. (3.3-24). Gl (3.3-25) bis Gl. (3.3-36) bleiben sinngemäß erhalten, so dass sich entsprechend Gl. (3.3-37) für die Magnetisierung ergibt

$$M = {}^1N\frac{|\vec{m}^2|\,|\vec{B}|}{3kT} \qquad (3.3\text{-}53)$$

Mit Gl. (3.3-45) folgt für die

paramagnetische Suszeptibilität

$$\chi_m^{para} = {}^1N\mu_0\frac{|\vec{m}^2|}{3kT} \qquad (3.3\text{-}54)$$

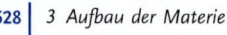

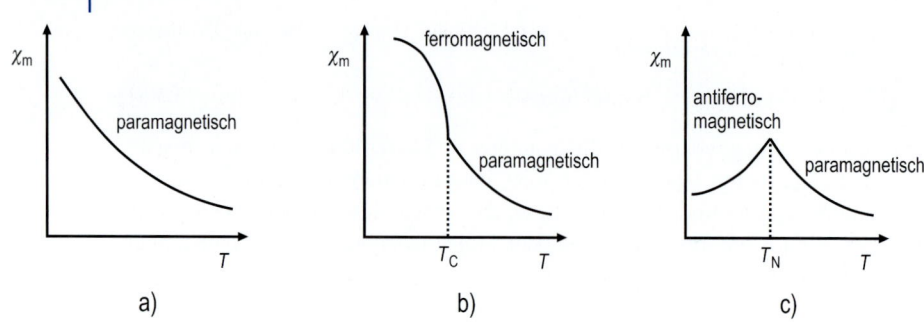

Abbildung 3.3-4 Temperaturabhängigkeit der magnetischen Suszeptibilität bei paramagnetischen (a), ferromagnetischen (b) und antiferromagnetischen Stoffen (c).

Nach unseren Betrachtungen in Abschnitt 3.1.4 ist das magnetische Moment gequantelt. Berücksichtigen wir die Gleichungen (3.1-189), (3.1-185) und (3.1-183), so folgt aus Gl. (3.3-54)

$$\chi_m^{para} = \frac{1}{3kT} N\mu_0 \mu_B^2 g_e^2 S(S+1) = \frac{C}{T} \tag{3.3-55}$$

wobei schließlich alle Konstanten in C zusammengefasst sind. Dies ist das *Curie'sche Gesetz*, nach dem die paramagnetische Suszeptibilität der absoluten Temperatur umgekehrt proportional ist.

Dies gilt strenggenommen allerdings nur für Gase, bei denen die Moleküle so weit voneinander entfernt sind, dass gegenseitige Wechselwirkungen vernachlässigbar klein sind.

Ferromagnetismus, Antiferromagnetismus und Ferrimagnetismus

Bereits auf S. 590 haben wir darauf hingewiesen, dass es eine Gruppe von Stoffen gibt, die sich durch sehr große positive Werte der magnetischen Suszeptibilität auszeichnen und bei denen χ_m von $\vec{H}$ abhängt. Man nennt diese Art von Magnetismus *Ferromagnetismus*, weil Eisen ein typischer Vertreter dafür ist. Um den Ferromagnetismus verstehen zu können, müssen wir ein wenig ausholen.

Wir haben die Temperaturabhängigkeit des Paramagnetismus (Abb. 3.3-5) in Anlehnung an die Überlegungen zur Temperaturabhängigkeit der Orientierungspolarisation behandelt. Das bedeutet, dass wir sie auf das Wechselspiel zwischen der Wechselwirkungsenergie von (magnetischem bzw. elektrischem) Feld und (magnetischem bzw. elektrischem) Dipol mit der thermischen Energie zurückführen. Beim Übergang von Gl. (3.3-36) zu Gl. (3.3-37) haben wir zur Berechnung der Orientierungspolarisation das Verhältnis dieser Energien zu größenordnungsmäßig 10^{-4} abgeschätzt. Das besagt, dass selbst bei tiefen Temperaturen nur ein sehr kleiner Bruchteil der Dipole in Feldrichtung ausgerichtet wird. Wäre das nicht der Fall, so müssten wir schließlich mit sinkender Temperatur einmal zur Sättigung kommen, nämlich dann, wenn die Ausrichtung quantitativ erreicht ist. Das tritt jedoch nicht ein (Abb. 3.3-4). Diese Überlegungen gelten für den Paramagnetismus entsprechend.

Nun gibt es allerdings Stoffe, die feste Phasen bilden, bei denen innerhalb gewisser, kleiner Bereiche, *Weiss'sche Bezirke* genannt, durch Spin-Spin-Wechselwirkung eine Parallelausrichtung aller Elementarmagnete auch in Abwesenheit eines Magnetfeldes vorliegt. Man spricht deshalb hier von spontaner Magnetisierung. Für einen Weiss'schen Bezirk, der übrigens nicht identisch ist mit den kleinen Kristalliten eines polykristallinen Materials, führt das zu einer starken Magnetisierung, denn die magnetischen Momente aller Teilchen eines Weiss'schen Bezirkes addieren sich. Nach außen hin macht sich das allerdings nicht bemerkbar, denn die resultierenden magnetischen Momente der vielen Weiss'schen Bezirke kompensieren einander auf Grund ihrer völlig ungeordneten Orientierung. Legt man nun aber ein äußeres magnetisches Feld an, dann wachsen die Weiss'schen Bezirke, deren magnetisches Moment die energetisch günstige Parallelstellung zum magnetischen Feld aufweist, auf Kosten der anders orientierten. Mit zunehmender Feldstärke setzt sich dieser Effekt fort, bis schließlich alle Weiss'schen Bezirke die optimale Orientierung aufweisen und damit die *Sättigungsmagnetisierung* erreicht ist. Die spontane Magnetisierung der Weiss'schen Bezirke wird durch Temperaturerhöhung gestört und bricht bei einer bestimmten Temperatur, der *Curie-Temperatur* T_C, zusammen. Das Überschreiten der Curie-Temperatur macht sich durch einen Abfall der magnetischen Suszeptibilität um Größenordnungen bemerkbar (Abb. 3.3-4). Bei höheren Temperaturen liegt wieder Paramagnetismus vor. Seine Temperaturabhängigkeit lässt sich durch das

Curie-Weiss'sche Gesetz

$$\chi_m = \frac{C}{T - T_C} \qquad (3.3\text{-}56)$$

mit der stoffspezifischen Konstanten C beschreiben.

Typische Vertreter für die Ferromagnetika sind die 3 d-Metalle Eisen, Kobalt und Nickel. Dazu gehören aber auch einige Selten-Erd-Metalle und anorganische Verbindungen. Entscheidend ist, dass ungepaarte Elektronen in d- oder f-Orbitalen vorliegen, die mit ungepaarten Elektronen in ähnlichen Orbitalen benachbarter Atome koppeln können.

Es gibt aber auch den Fall, dass bei tiefen Temperaturen Elektronenspins im Kristallgitter paarweise antiparallel ausgerichtet sind (Abb. 3.3-5). Solche Verbin-

a) Ferromagnetismus   b) Antiferromagnetismus   c) Ferrimagnetismus

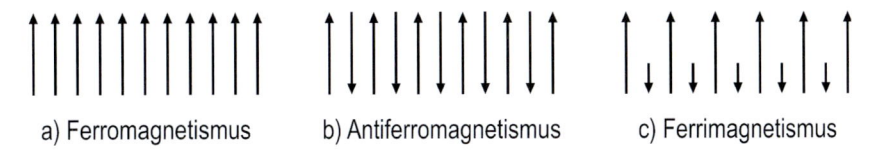

Abbildung 3.3-5 Einstellung und Größe der Elektronenspins bei Ferromagnetismus (a), Antiferromagnetismus (b) und Ferrimagnetismus (c).

dungen zeigen bei tiefen Temperaturen keine oder eine extrem kleine Magnetisierung. Bei Temperaturerhöhung, d. h. bei steigender thermischer Energie, brechen diese Kopplungen auf und gehen oberhalb einer bestimmten Temperatur, der *Néel-Temperatur* T_N, ganz verloren. Danach liegt Paramagnetismus vor. Es handelt sich also um das Gegenstück zum Ferromagnetismus. Man spricht deshalb von *Antiferromagnetismus*. Antiferromagnetisches Verhalten findet man beispielsweise bei den Oxiden MnO und FeO.

Abschließend müssen wir noch auf den *Ferrimagnetismus* zu sprechen kommen. Er unterscheidet sich vom Antiferromagnetismus dadurch, dass die miteinander koppelnden, antiparallel ausgerichteten Spins unterschiedliche Größe haben (Abb. 3.3-5). Dadurch kommt es nicht wie beim Antiferromagnetismus zu einer völligen Kompensation der magnetischen Momente. Andererseits ist bei den Ferrimagnetika durch die teilweise Kompensation der magnetischen Momente die Magnetisierung deutlich geringer als bei den Ferromagnetika. Wie bei ihnen steigt die Suszeptibilität mit zunehmender Stärke des angelegten Feldes, und es kommt zu einer Sättigungsmagnetisierung, die allerdings nicht die beim Ferromagnetismus auftretenden Werte erreicht. Die oxidischen ferrimagnetischen Werkstoffe bezeichnet man als *Ferrite*. Ein besonders bekannter Vertreter dieser Stoffklasse ist der Magnetit Fe_3O_4. Die Ferrite haben große technische Bedeutung.

Messung und numerische Werte der magnetischen Suszeptibilität

Suszeptibilitäten dia- und paramagnetischer Stoffe misst man meist über die Kraft, die ein inhomogenes Magnetfeld auf solche Proben ausübt. Je nachdem, ob die Suszeptibilität positiv oder negativ ist, wird der Probenkörper zu Stellen größerer oder kleinerer Feldstärke hingezogen. Diese Kraft misst man mit einer Waage als Gewichtsänderung beim Einschalten des magnetischen Feldes.

Nach der Methode von Gouy bringt man die Probe so in ein Magnetfeld, dass sich ihr eines Ende im Bereich des homogenen Feldes H zwischen den parallelen Polschuhen eines Elektromagneten, ihr anderes Ende bereits im fast feldfreien Raum (H_0) befindet. Wie in Abb. 3.3-6 angedeutet, bringt man den Stoff zweckmäßigerweise in ein in der Mitte unterteiltes Glasrohr, weil auf diese Weise die Einwirkung des Feldes auf das Gefäßmaterial kompensiert wird. Misst man in einer Atmosphäre mit der Suszeptibilität χ_{mA}, so ergibt sich die Suszeptibilität χ_m der Probe nach

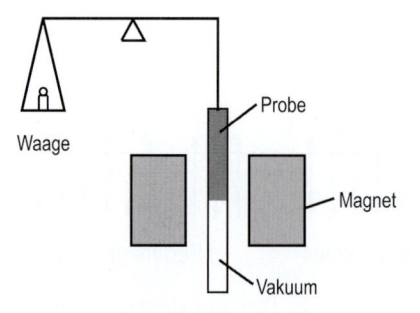

Abbildung 3.3-6 Messung der magnetischen Suszeptibilität nach der Methode von Gouy.

$$F = \frac{1}{2}(\chi_m - \chi_{mA})A\mu_0(H^2 - H_0^2) \tag{3.3-57}$$

Dabei sind F die mit der Waage bestimmte Kraft und A der Querschnitt der Probe.

Da $|\vec{M}|$ und $|\vec{H}|$ dieselbe Dimension haben, ist χ_m nach Gl. (3.3-45) – aber auch nach Gl. (3.3-47) – dimensionslos. Meist dividiert man χ_m durch die Dichte ϱ und bezeichnet die so erhaltene Größe als *spezifische Suszeptibilität*. Für Zwecke der Physikalischen Chemie ist es sinnvoller, auf die molare Konzentration zu beziehen. Deshalb multipliziert man die spezifische Suszeptibilität mit der molaren Masse und erhält so die *molare Suszeptibilität* χ_{mol}. Tab. 3.3-5 gibt die molaren magnetischen Suszeptibilitäten einiger dia- und paramagnetischer Substanzen an.

Gl. (3.3-51) erlaubt uns eine grobe Abschätzung der diamagnetischen Suszeptibilität. Zweckmäßigerweise vergleichen wir die molaren Größen. Wir ersetzen daher ^1N durch $c \cdot N_A$ und dividieren die Gleichung durch c. Für r nehmen wir 10^{-10} m an. Dann ergibt sich die molare diamagnetische Suszeptibilität zu größenordnungsmäßig 10^{-11} m^3 mol$^{-1} \cdot Z$, wenn Z die Ordnungszahl des Atoms, also die Zahl der Elektronen pro Atom ist. Anhand der ersten Spalte von Tab. 3.3-5 a überzeugen wir uns von der Richtigkeit dieser Abschätzung.

Wie bereits erwähnt wurde, nimmt im Fall der Verbindungsbildung der resultierende Bahndrehimpuls im Allgemeinen den Wert null an. Damit liegt auch kein resultierendes permanentes magnetisches Moment vor. Von den Gasen sind nur O_2 und NO paramagnetisch, woraus wir in Abschnitt 3.5 noch wertvolle

Tabelle 3.3-5 Molare magnetische Suszeptibilität einiger diamagnetischer und paramagnetischer Stoffe.

a) Diamagnetische Stoffe

Stoff	$\dfrac{\chi_{mol}}{10^{-12}\mathrm{m}^3\mathrm{mol}^{-1}}$	Stoff	$\dfrac{\chi_{mol}}{10^{-12}\mathrm{m}^3\mathrm{mol}^{-1}}$	Stoff	$\dfrac{\chi_{mol}}{10^{-12}\mathrm{m}^3\mathrm{mol}^{-1}}$
He	− 23.6	H_2O	− 163	Benzol	− 695
Ne	− 90.9	D_2O	− 158	Aceton	− 424
Ar	− 243	CO_2	− 264	Methanol	− 282
Kr	− 352	CaO	− 191	Ethanol	− 424
Xe	− 533	AgBr	− 750	Tetrachlormethan	− 991

b) Paramagnetische Stoffe bei 298 K

Stoff	$\dfrac{\chi_{mol}}{10^{-9}\mathrm{m}^3\mathrm{mol}^{-1}}$	Stoff	$\dfrac{\chi_{mol}}{10^{-9}\mathrm{m}^3\mathrm{mol}^{-1}}$	Stoff	$\dfrac{\chi_{mol}}{10^{-9}\mathrm{m}^3\mathrm{mol}^{-1}}$
O_2	42.9	CuF_2	13.2	FeS	12.3
$CeCl_3$	31.3	$CuSO_4 \cdot 3H_2O$	18.6	KO_2	40.6
CeF_3	27.5	$[Cu(NH_3)_6]Cl_2$	18.6	$GdCl_3$	351

Schlüsse ziehen werden. In Festkörpern findet man Paramagnetismus in verschiedenen Salzen der Übergangsmetalle. In diesen Fällen ist der Paramagnetismus auf ein magnetisches Moment der metallischen Ionen selbst zurückzuführen. Die übrigen Komponenten tragen nur zum Diamagnetismus bei.

Wir haben bereits davon gesprochen, dass jeder Stoff Diamagnetismus zeigen muss. Nun ersehen wir aber aus Tab. 3.3-5, dass die paramagnetische Suszeptibilität um zwei bis vier Zehnerpotenzen größer ist als die diamagnetische. Deshalb verdeckt ein eventuell vorhandener Paramagnetismus den Diamagnetismus völlig.

Der Wert von Suszeptibilitätsmessungen liegt darin, dass das Vorhandensein und die Anzahl von ungepaarten Elektronenspins [vgl. Gl. (3.3-55)] erkannt werden können.

3.3.3
Kernpunkte des Abschnitts 3.3

- ☑ Elektrische Feldkonstante ε_0 S. 612.
- ☑ Elektrisches Dipolmoment Gl. (3.3-8)
- ☑ Elektrische Polarisation Gl. (3.3-9)
- ☑ Elektrische Suszeptibilität Gl. (3.3-13)
- ☑ Verschiebungspolarisation S. 615
- ☑ Elektronen-Verschiebungspolarisation S. 615
- ☑ Ionen-Verschiebungspolarisation S. 615
- ☑ Permanentes Dipolmoment S. 616
- ☑ Orientierungspolarisation S. 616, 618
- ☑ Induziertes Dipolmoment und Polarisierbarkeit Gl. (3.3-15)
- ☑ Messung der Polarisierbarkeit bei Gasen Gl. (3.3-19)
- ☑ Messung der Polarisierbarkeit bei kondensierten Stoffen (Clausius-Mosotti'sche Gleichung) Gl. (3.3-23)
- ☑ Molare Polarisation S. 617
- ☑ Temperaturabhängigkeit der Orientierungspolarisation Gl. (3.3-37)
- ☑ Trennung von Verschiebungs- und Orientierungspolarisation, Debye'sche Gleichung Gl. (3.3-38, 39)
- ☑ Lorentz-Lorenz'sche Beziehung, molare Refraktion Gl. (3.3-43)
- ☑ Magnetische Polarisation S. 624
- ☑ Magnetisierung Gl. (3.3-44)
- ☑ Magnetische Feldkonstante S. 624
- ☑ Magnetische Suszeptibilität Gl. (3.3-45)
- ☑ Diamagnetismus S. 625, 626
- ☑ Diamagnetische Suszeptibilität Gl. (3.3-51)
- ☑ Paramagnetismus S. 625, 627
- ☑ Paramagnetische Suszeptibilität, Curie'sches Gesetz Gl. (3.3-54, 55)

- ☑ Ferromagnetismus S. 628
- ☑ Curie-Weiss'sches Gesetz Gl. (3.3-56)
- ☑ Antiferro- und Ferrimagnetismus S. 628
- ☑ Gouy'sche Waage Gl. (3.3-57), Abb. 3.3-6

3.3.4
Rechenbeispiele zu Abschnitt 3.3

1. Mit Diethylether wurde folgende Temperaturabhängigkeit der relativen Dielektrizitätskonstante gemessen:

T/K	288	293	298	303	308	313
ε_r	4.54	4.44	4.32	4.24	4.16	4.04

   Man bestimme das Dipolmoment des Diethylethers. Die Dichte des Ethers ist 0.72 g cm^{-3}.

2. Wie groß sollte bei 298 K die molare magnetische Suszeptibilität des Sauerstoffs sein, der zwei ungepaarte Elektronen pro Molekül besitzt?

3. Ein diamagnetischer Kupferstab mit einem Querschnitt von 1 cm^2 befindet sich bei 298 K in Luft an einer Gouy'schen Waage. Beim Einschalten des Magnetfeldes misst man eine Kraft von $3.95 \cdot 10^{-4}$ N, wenn das Magnetfeld am einen Ende des Stabes eine Stärke von $\vec{H} = 8.00 \cdot 10^5$ A m^{-1}, am anderen Ende eine Stärke von $\vec{H} = 8.00 \cdot 10^3$ A m^{-1} hat. Wie groß ist die molare magnetische Suszeptibilität des Kupfers, wenn die molare, magnetische Suszeptibilität von Stickstoff und Sauerstoff $-151 \cdot 10^{-12}$ m^3 mol^{-1} bzw. $42.9 \cdot 10^{-9}$ m^3 mol^{-1} beträgt? Man gehe davon aus, dass die Luft zu 79 Vol % aus N$_2$ und zu 21 Vol % aus O$_2$ besteht. Die Dichte des Kupfers ist 8.96 g cm^{-3}.

3.3.5
Literatur zu Abschnitt 3.3

Bleaney, B. I. and Bleaney, B. (2012) *Electricity and Magnetism Vol. 1 and 2*, 3rd ed., Oxford University Press, Oxford

Kopitzki, K. und Herzog, P. (2007) *Einführung in die Festkörperphysik*, 6. Aufl., Vieweg + Teubner Verlag, Wiesbaden

Kittel, C. und Hunklinger, S. (2005) *Einführung in die Festkörperphysik*, 14. Aufl., Oldenbourg Wissenschaftsverlag, München

West, A. R. (1999) *Basic Solid State Chemistry*, 2nd ed., John Wiley & Sons, New York

Weißmantel, Ch. und Hamann, C. (1995) *Grundlagen der Festkörperphysik*, 4. Aufl., Barth, Leipzig

Hellwege, K. H. (1988) *Einführung in die Festkörperphysik*, 3. Aufl., Springer-Verlag, Berlin

3.4
Wechselwirkung zwischen Strahlung und Molekülen

Aus der Wechselwirkung zwischen elektromagnetischer Strahlung und Atomen haben wir im Abschnitt 3.2 wertvolle Hinweise auf den Atomaufbau gewonnen, die es uns ermöglichten, sowohl die energetischen Verhältnisse in der Elektronenhülle eines einzelnen Atoms zu verstehen, als auch die Systematik, die dem Aufbau der Hülle zugrunde liegt und die uns schließlich zum Periodensystem der Elemente führte.

Wenn wir uns nun den Molekülen zuwenden, so kommen weitere Parameter hinzu, die wir messen und theoretisch interpretieren müssen. Dies sind der Abstand der Atome in dem Molekül, deren gegenseitige Orientierung und die zwischen ihnen wirkenden Kräfte. Wir werden sehen, dass uns wieder die Wechselwirkung zwischen elektromagnetischer Strahlung und Materie die notwendigen Informationen liefert.

Wir werden im Abschnitt 3.4.1 mit dem *Lambert-Beerschen Gesetz* die Abhängigkeit der Lichtabsorption sowohl von apparativen als auch von stoffspezifischen Größen kennenlernen.

Abschnitt 3.4.2 wird uns in die quantenmechanische Behandlung der Absorption einführen. Wir werden von der *zeitabhängigen Schrödinger-Gleichung* ausgehen müssen, um eine Antwort zu finden auf Fragen, die sich bei der Interpretation experimenteller Beobachtungen ergeben. Dazu gehören *Auswahlregeln*, *Linienbreiten* oder *Intensitäten von Absorption und Emission*. Auf die Bedeutung der Symmetrie der an einer Anregung beteiligten Zustände wird an verschiedenen Stellen hingewiesen. Die Analyse über gruppentheoretische Überlegungen wird in Abschnitt 3.6.4 diskutiert. Ohne die in diesem Abschnitt zu vermittelnden Kenntnisse könnten wir später auch die Funktionsweise eines Lasers nicht verstehen.

Das *Rotationsspektrum* wird uns im Abschnitt 3.4.3 beschäftigen. Die Ergebnisse dieses Abschnitts werden im Abschnitt 3.4.5 benötigen, wenn wir *Atomabstände* spektroskopisch bestimmen wollen.

Im Abschnitt 3.4.4 werden wir uns dann dem *Schwingungsspektrum* zuwenden und die Unterschiede zwischen dem *harmonischen* und dem *anharmonischen Oszillator* besprechen.

Die Kombination beider Spektren, das *Rotations-Schwingungsspektrum*, wird uns die Möglichkeit eröffnen, sowohl die *Atomabstände* als auch die *Bindungskräfte* zwischen den Atomen zu ermitteln. Wir werden uns dabei auf den einfachen Fall eines zweiatomigen Moleküls konzentrieren (Abschn. 3.4.5).

Auf die im Abschnitt 3.3.1 gewonnenen Erkenntnisse bezüglich des Verhaltens der Materie im elektrischen Feld müssen wir zurückgreifen, wenn wir im Abschnitt 3.4.6 die *Raman-Spektren* behandeln.

Während wir in den bereits genannten Fällen stets davon ausgegangen sind, dass sich die Moleküle im elektronischen Grundzustand befinden, wird in

Abschnitt 3.4.7 von *elektronischer Anregung* die Rede sein. Es wird sich erweisen, dass die elektronische Anregung immer von Schwingungs- und Rotationsanregung überlagert ist.

Von der Emission aus elektronisch angeregten Zuständen wird in Abschnitt 3.4.8 die Rede sein. Dort werden wir uns mit der *Fluoreszenz* und der *Phosphoreszenz*, aber auch mit dem *Laser* beschäftigen.

Strahlung im Ultraviolett- und Röntgenbereich vermag aus Atomen und Molekülen auch Elektronen freizusetzen. Solche emittierten Elektronen kann man bezüglich ihrer Energie spektroskopieren. Man spricht dann von *Ultraviolett-* bzw. *Röntgen-Photoelektronen-Spektroskopie* (Abschn. 3.4.9).

Im Abschnitt 3.4.10 kehren wir noch einmal zurück zur Spektroskopie im extrem niedrigen Energiebereich: Die Wechselwirkung des Elektronen- bzw. des Kernspins mit dem Magnetfeld, d. h. die *Elektronenspinresonanz* und die *Kernspinresonanz*, stehen auf unserem Programm.

Den Abschluss des Abschnitt 3.4 bildet die *Mößbauer-Spektroskopie*. Wir werden erfahren, wie auch die energetischen Zustände des Atomkerns durch Veränderungen in der Elektronenhülle beeinflusst und damit spektroskopisch genutzt werden können (Abschn. 3.4.11).

3.4.1
Das Lambert-Beer'sche Gesetz

Zunächst wollen wir nach dem Ausmaß der Schwächung fragen, die ein Lichtstrahl erfährt, wenn er Materie durchsetzt. Wir orientieren uns an Abb. 3.4-1. Im Allgemeinen wird es erforderlich sein, das absorbierende Medium in eine Küvette einzuschließen, die ebenfalls vom Licht durchstrahlt wird, wodurch Absorptions-, Reflexions- oder Streuverluste auftreten können. Wir gehen davon aus, dass durch apparative Maßnahmen eine Korrektur für diese Verluste erfolgt, so dass wir nur die Lichtschwächung in dem uns interessierenden Medium zu berücksichtigen brauchen.

I_0 sei die Intensität des in das Medium einfallenden, I die Intensität des aus ihm austretenden Lichtes. Die Intensitätsabnahme dI wird sowohl I als auch der durchstrahlten Schichtdicke dx proportional sein:

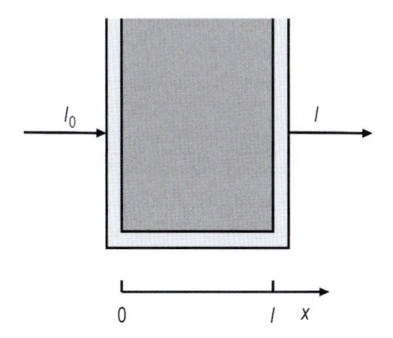

Abbildung 3.4-1 Zur Ableitung des Lambert-Beer'schen Gesetzes.

$$-\mathrm{d}I = k \cdot I \cdot \mathrm{d}x \tag{3.4-1}$$

Die Integration dieser Gleichung zwischen I_0 und I bzw. zwischen 0 und l liefert

$$\ln \frac{I_0}{I} = k \cdot l \tag{3.4-2}$$

Meist schreibt man Gl. (3.4-2) in dekadische Logarithmen um und erhält so das

---

Bouger-Lambert'sche Gesetz

$$\log_{10} \frac{I_0}{I} = a \cdot l \tag{3.4-3}$$

Das Verhältnis I/I_0 bezeichnet man auch als *Transmissionsvermögen T*, $\log_{10}(1/T)$ als *(dekadisches) Absorptionsvermögen A*; a ist der *lineare dekadische Absorptionskoeffizient*. Gl. (3.4-3) wurde erstmals 1729 von Bouger formuliert und 1768 von Lambert neu aufgestellt.
Beer erkannte 1852, dass für eine Lösung, deren Lösungsmittel völlig durchlässig ist ($a_{\mathrm{Lm.}} = 0$),

$$a = \varepsilon \cdot c \tag{3.4-4}$$

ist. Dabei ist c die molare Konzentration, ε nennt man den *molaren dekadischen Absorptionskoeffizienten*. Fassen wir Gl. (3.4-3) und (3.4-4) zusammen, so erhalten wir das *Lambert-Beer'sche Gesetz*

$$A = \log_{10} \frac{I_0}{I} = \varepsilon \cdot c \cdot l \tag{3.4-5}$$

Der molare dekadische Absorptionskoeffizient ist eine Stoffeigenschaft. Er hängt von der Frequenz des eingestrahlten Lichtes ab.

Befinden sich in einer Lösung mehrere absorbierende Stoffe in unterschiedlichen Konzentrationen, so ist $\varepsilon \cdot c$ in Gl. (3.4-5) durch $\sum_i \varepsilon_i c_i$ zu ersetzen.

Wir wollen nun versuchen, theoretische Aussagen über die Größe ε zu gewinnen.

3.4.2
Quantenmechanische Behandlung der Absorption

Für eine eingehende quantenmechanische Behandlung der Absorption fehlen uns die Voraussetzungen. Wir werden deshalb so vorgehen, dass wir zum einen rein qualitativ überlegen werden, wovon die Absorptionsstärke einer Spektrallinie abhängen wird, zum anderen, von der zeitabhängigen Schrödinger-Gleichung ausgehend, die wesentlichen Schritte der quantenmechanischen Rechnung besprechen werden.

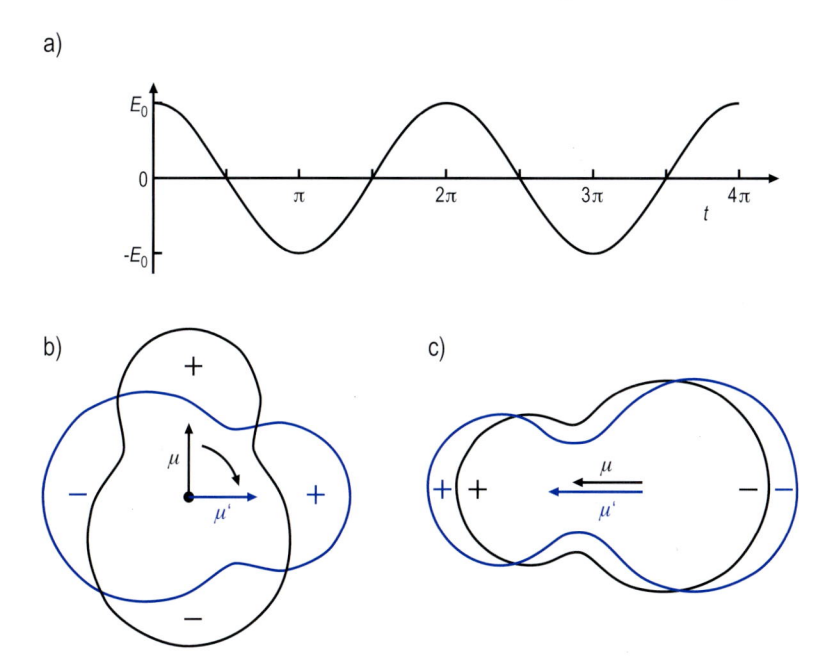

Abbildung 3.4-2 Zur Emission und Absorption von Licht (a) $E = E_0 \cdot \sin\{\omega(t - x/c)\}$; (b) rotierender Dipol; (c) schwingender Dipol.

Die Beschreibung einer Lichtwelle haben wir in Abschnitt 1.7 eingeführt, und wir beschränken uns hier wieder auf die elektrische Feldkomponente.

$$E = E_0 \cdot \sin\{\omega(t - x/c)\} \tag{3.4-6}$$

Nun wissen wir aus der Physik oder aus der Radiotechnik, dass wir zum Abstrahlen einer solchen elektromagnetischen Welle einen schwingenden Dipol benötigen und dass wir die Welle nur empfangen können, wenn wir eine Dipolantenne haben, die auf die gleiche Frequenz abgeglichen werden kann, und wenn diese auch die richtige Orientierung in Bezug auf die linear polarisierte Welle hat. Wir dürfen davon ausgehen, dass dies bei der Emission und Absorption von Licht durch Moleküle nicht anders ist.

In Abb. 3.4-2b ist deshalb ein rotierendes, in Abb. 3.4-2c ein schwingendes polares zweiatomiges Molekül dargestellt. Die Rotationsachse steht in Abb. 3.4-2b senkrecht zur Zeichenebene. Für einen Beobachter, der in der Zeichenebene von links nach rechts blickt, der also nur die senkrechte Komponente des Dipolmoments $\vec{\mu}$ sieht, ändert sich dies bei der Rotation des Moleküls wie die Feldkomponente $|\vec{E}|$ in Abb. 3.4-2a nach einer cos-Funktion. In der schwarz gezeichneten Stellung hat die senkrechte Komponente den maximalen positiven Wert, nach einer Rotation um $\pi/2$ (blau) den Wert null.

Ein rotierendes polares Molekül kann eine elektromagnetische Welle emittieren und kann andererseits von dieser zur Rotation angeregt werden. Ist ein solches Molekül hingegen unpolar, wie die homonuklearen zweiatomigen Moleküle oder das völlig symmetrisch gebaute CO_2, so kann es durch elektromagnetische Strahlung nicht zu einer reinen Rotationsbewegung angeregt werden.

Aus Abb. 3.4-2 c wird deutlich, dass sich bei der Schwingung eines polaren zweiatomigen Moleküls infolge der Änderung des Abstandes der beiden Kerne und damit auch des Abstandes zwischen dem positiven und dem negativen Ladungsschwerpunkt eine Änderung des Dipolmoments ergibt. In Abschnitt 3.1.2 [Gl. (3.1-54)] haben wir gesehen, dass die zeitliche Abstandsänderung ebenfalls einer cos-Funktion folgt.

Wir schließen daraus, dass es auch bei der Schwingung zu einer Emission oder Absorption elektromagnetischer Strahlung kommen kann, sofern bei der Schwingung eine Änderung eines elektrischen Dipolmoments auftritt.

Dabei müssen wir beachten, dass ein Atom gegen ein anderes schwingt. So erwarten wir, dass beispielsweise Methan, das nach außen hin kein Dipolmoment zeigt, weil die Vektorsumme der vier Dipolmomente der C-H-Bindungen null ergibt, doch Licht geeigneter Wellenlänge unter Schwingungsanregung absorbiert, während es nicht zur Rotation angeregt werden kann.

Die Absorption von Licht stellt eine Anregung der Teilchen aus einem Energiezustand E_m in einen höher gelegenen Zustand E_n dar. Damit eine bestimmte Anregung überhaupt eintreten, eine entsprechende Absorptionslinie beobachtet werden kann, muss es Teilchen geben, die sich in dem Zustand E_m befinden. Nun haben wir bereits bei der Einführung in die statistische Thermodynamik (Abschnitt 1.3.2) die Boltzmann'sche Verteilungsfunktion [Gl. (1.3-25)] kennengelernt, die besagt, dass die Zahl N_i der Teilchen, die eine bestimmte Energie E_i besitzen, gegeben ist durch

$$N_i \propto N \cdot e^{-E_i/kT} \tag{3.4-7}$$

Die *Population* (Besetzungszahl) eines bestimmen Zustandes m ist also abhängig von der Energie E_m und der Temperatur T. Je größer E_m und je niedriger T sind, desto kleiner ist die Population des Zustandes, desto geringer wird auch die Absorptionsstärke sein. Entsprechende Überlegungen gelten natürlich auch für den Zustand E_n, in den das System durch die Lichtabsorption gelangt. Nur sollte dieser möglichst wenig besetzt sein, wenn eine starke Absorption auftreten soll. Entscheidend für die Absorptionsstärke sollte also die Differenz der Populationen zwischen Ausgangs- und Endzustand bei einem Übergang sein.

Nach dieser qualitativen Orientierung wollen wir uns der quantenmechanischen Behandlung des Problems zuwenden, zuvor aber die Fragen konkretisieren, die wir dabei beantworten wollen.

Drei Beobachtungen sind es, die wir bei der Betrachtung und Diskussion der Spektren machen (vgl. z. B. Abb. 1.4-18, Abb. 3.2-2, Abb. 3.4-7 oder Abb. 3.4-10:

1. Die Wellenzahlen der Spektrallinien entsprechen bestimmten Abständen im Termschema.
2. Man beobachtet nicht all die Wellenzahlen im Spektrum, die sich aus den Abständen im Termschema ergeben würden.
3. Die Spektrallinien sind nicht scharf, sondern weisen eine gewisse Breite auf.

Wir wollen nun versuchen, auf quantenmechanischem Weg eine Antwort auf diese Fragen zu finden. Wir müssen uns also der Schrödinger-Gleichung bedienen. Bislang hatten wir es nur mit stationären Zuständen zu tun. Die Absorption oder Emission von Strahlung und die damit einhergehende Anregung oder Abregung eines Teilchens ist eine zeitliche Veränderung, so dass wir die Zeitabhängigkeit in unsere Betrachtungen einbeziehen müssen.

Die *zeitabhängige Schrödinger-Gleichung* lautet

$$\hat{H}\psi(q,t) = i\hbar \frac{\partial \psi(q,t)}{\partial t} \tag{3.4-8}$$

mit dem Hamiltonoperator $\hat{H}$ und der Wellenfunktion ψ, die sowohl von den Ortskoordinaten q als auch von der Zeit t abhängig ist.

Beim Teilchen im dreidimensionalen Kasten (Abschnitt 1.4.13) oder beim Wasserstoffatom (Abschnitt 3.1.3) haben wir gelernt, dass wir in einem solchen Fall einen Separationsansatz machen müssen. Wir schreiben deshalb

$$\psi(q,t) = f(q) \cdot \varphi(t) \tag{3.4-9}$$

setzen Gl. (3.4-9) in Gl. (3.4-8) ein, dividieren gleich durch $f(q)\varphi(t)$ und bedenken, dass nach Gl. (1.4-110) $\hat{H}$ die Differentiation nach der Ortskoordinate beinhaltet. So kommen wir zu

$$\frac{1}{f(q)}\hat{H}f(q) = i\hbar \frac{1}{\varphi(t)} \frac{\partial \varphi(t)}{\partial t} \tag{3.4-10}$$

Die linke Seite dieser Gleichung hängt nur von q, die rechte nur von t ab. Da q und t voneinander unabhängig sind, kann Gl. (3.4-10) nur erfüllt sein, wenn jede Seite gleich einer Konstanten ist. Wir nennen sie E. Dann gilt

$$\hat{H}f(q) = E \cdot f(q) \tag{3.4-11}$$

und

$$i\hbar \frac{1}{\varphi(t)} \cdot \frac{\partial \varphi(t)}{\partial t} = E \qquad (3.4\text{-}12)$$

Gl. (3.4-11) ist identisch mit Gl. (1.4-111). E ist also eine Energie. Integrieren wir Gl. (3.4-12), so erhalten wir

$$\varphi(t) = e^{-iEt/\hbar} \qquad (3.4\text{-}13)$$

mit $\varphi\,(t=0)=1$

Setzen wir Gl. (3.4-13) in Gl. (3.4-9) ein, so finden wir

$$\psi(q,t) = f(q) \cdot e^{-iEt/\hbar} \qquad (3.4\text{-}14)$$

Die Zeitabhängigkeit beschränkt sich also auf den exponentiellen Faktor, der im Exponenten den stationären Eigenwert der Energie enthält.

Gl. (3.4-14) gilt für einen Zustand m

$$\psi_m(q,t) = f_m(q) e^{-iE_m t/\hbar} \qquad (3.4\text{-}15)$$

ebenso aber auch für einen Zustand n

$$\psi_n(q,t) = f_n(q) e^{-iE_n t/\hbar} \qquad (3.4\text{-}16)$$

Nach dem Mathematischen Anhang N ist dann aber auch die Linearkombination

$$\psi = c_m \psi_m(q,t) + c_n \psi_n(q,t) \qquad (3.4\text{-}17)$$

mit den Konstanten c_m und c_n eine Lösung der Gl. (3.4-8).

Wenn wir nun den Übergang des Systems aus einem Zustand m in einen Zustand n als Folge der Wechselwirkung mit einem zeitlich veränderlichen elektromagnetischen Feld quantenmechanisch behandeln wollen, dann müssen wir die lineare zeitliche Störungstheorie anwenden. Wir ersetzen deshalb den Hamiltonoperator $\hat{H}$ in Gl. (3.4-8) durch $\hat{H} + \hat{H}'$, wobei der Störoperator $\hat{H}'$ die Wechselwirkung zwischen dem System und dem Strahlungsfeld beschreibt. Wir nehmen an, dass $\hat{H}' \ll \hat{H}$. Da jetzt ein Übergang zwischen den Zuständen m und n eintreten kann, sind die Koeffizienten in Gl. (3.4-17) auch zeitabhängig. Gl. (3.4-8) nimmt also die Form

$$(\hat{H} + \hat{H}')[c_m(t)\psi_m(q,t) + c_n(t)\psi_n(q,t)] = i\hbar \frac{\partial [c_m(t)\psi_m(q,t) + c_n(t)\psi_n(q,t)]}{\partial t} \qquad (3.4\text{-}18)$$

an. Führen wir auf beiden Seiten die angegebenen Rechenoperationen aus, so entsprechen die Terme mit $\hat{H}$ auf der linken Seite und die mit konstantgehaltenen c_i

auf der rechten Seite von Gl. (3.4-18) der Gl. (3.4-8), heben sich also gegenseitig auf. Übrig bleibt

$$\hat{H}'[c_m(t)\psi_m(q,t) + c_n(t)\psi_n(q,t)] = i\hbar \left[\psi_m(q,t) \frac{\partial c_m(t)}{\partial t} + \psi_n(q,t) \frac{\partial c_n(t)}{\partial t} \right] \quad (3.4\text{-}19)$$

Wir multiplizieren diese Gleichung von links mit ψ_n^*, d. h. der zur ungestörten Wellenfunktion ψ_n konjugiert komplexen Funktion, und integrieren über den gesamten Raum. So erhalten wir, wenn wir davon ausgehen, dass ψ_m und ψ_n normiert und orthogonal (s. Mathem. Anhang T) sind,

$$c_m(t) \int \psi_n^*(q,t)\hat{H}'\psi_m(q,t)\mathrm{d}q + c_n(t) \int \psi_n^*(q,t)\hat{H}'\psi_n(q,t)\mathrm{d}q = i\hbar \frac{\partial c_n(t)}{\partial t} \quad (3.4\text{-}20)$$

Setzen wir nun voraus, dass sich das System zum Zeitpunkt $t = 0$ im energetisch tieferliegenden Zustand m befindet, also $c_n(t=0) = 0$ und $c_m(t=0) = 1$ ist, dann ist die Anfangsgeschwindigkeit des Übergangs gegeben durch

$$\frac{\mathrm{d}c_n(t)}{\mathrm{d}t} = \frac{1}{i\hbar} \int \psi_n^*(q,t)\hat{H}'\psi_m(q,t)\mathrm{d}q \quad (3.4\text{-}21)$$

Von Gl. (3.4-21) ausgehend, können wir nun den Koeffizienten c_n berechnen.

Zu diesem Zweck betrachten wir ein elektrisches Dipolmoment $\vec{\mu}$, das mit einem elektrischen Wechselfeld

$$\vec{E} = \vec{E}_0 \cos 2\pi\nu t = \frac{1}{2}\vec{E}_0 (e^{2\pi\nu i t} + e^{-2\pi\nu i t}) \quad (3.4\text{-}22)$$

(bzgl. der Anwendung der Euler'schen Gleichung s. Mathem. Anhang N) in Wechselwirkung tritt. Dafür ist der Störoperator

$$\hat{H}' = \vec{E} \cdot \hat{\vec{\mu}} \quad (3.4\text{-}23)$$

Wir können die Gl. (3.4-21), (3.4-22) und (3.4-23) kombinieren und erhalten

$$\frac{\mathrm{d}c_n(t)}{\mathrm{d}t} = \frac{\vec{E}_0}{2i\hbar}(e^{2\pi\nu i t} + e^{-2\pi\nu i t}) \int \psi_n^*(q,t)\hat{\vec{\mu}}\psi_m(q,t)\mathrm{d}q \quad (3.4\text{-}24)$$

Beachten wir nun wieder, dass wir nach Gl. (3.4-15) und Gl. (3.4-16) $\psi_n^*(q,t)$, und $\psi_m(q,t)$ als Produkt eines ortsabhängigen und eines zeitabhängigen Teiles schreiben können, so folgt aus Gl. (3.4-24) mit der Ortskoordinate x

$$\frac{\mathrm{d}c_n(t)}{\mathrm{d}t} = \frac{\vec{E}_0}{2i\hbar}(e^{i(E_n - E_m + h\nu)t/\hbar} + e^{i(E_n - E_m - h\nu)t/\hbar})\vec{R}_{nm} \quad (3.4\text{-}25)$$

mit

$$\vec{R}_{nm} = \int \psi_n^*(x)\vec{\hat{\mu}}\psi_m(x)\mathrm{d}x \tag{3.4-26}$$

Man nennt dieses Integral Übergangsmoment.

Zur Ermittlung von $c_n(t)$ integrieren wir Gl. (3.4-25) von $t = 0$ bis $t = t$ und beachten, dass $c_n(t = 0) = 0$ ist:

$$c_n(t) = \frac{1}{2}\vec{E}_0 \left(\frac{1 - \mathrm{e}^{\mathrm{i}(E_n - E_m + h\nu)t/\hbar}}{E_n - E_m + h\nu} + \frac{1 - \mathrm{e}^{\mathrm{i}(E_n - E_m - h\nu)t/\hbar}}{E_n - E_m - h\nu} \right)\vec{R}_{nm} \tag{3.4-27}$$

Wir betrachten den Übergang vom Zustand m in den Zustand n. Dann ist $E_n > E_m$, $E_n - E_m > 0$.

Denken wir nun wieder daran, dass wir die e-Funktionen in den Zählern durch die Euler'sche Gleichung umformen können, dann erkennen wir, das $c_n(t)$ nur dann große Werte annehmen kann, wenn

$$E_n - E_m \approx h\nu \tag{3.4-28}$$

ist, d. h. wenn die Energie der eingestrahlten Lichtquanten der Differenz der Energien der Zustände, zwischen denen der Übergang erfolgen soll, entspricht. Wir sprechen dann von einem Resonanzübergang. Der erste Term in der Klammer von Gl. (3.4-27) ist unter diesen Bedingungen gegenüber dem zweiten vernachlässigbar klein. Ist die Bedingung Gl. (3.4-28) nicht erfüllt, so kann es zu keiner Lichtabsorption kommen. Damit haben wir eine Begründung für die erste der eingangs erwähnten Beobachtungen gewonnen.

Die Wahrscheinlichkeit dafür, das System im Zustand n zu finden, wenn das Strahlungsfeld bis zur Zeit t eingewirkt hat, ist durch den Ausdruck $c_n^*(t)\,c_n(t) = |c_n^2|$ gegeben. Für ihn erhalten wir, wenn wir den ersten Term in der Klammer von Gl. (3.4-27) vernachlässigen,

$$c_n^*(t)c_n(t) = \frac{1}{4}\vec{E}_0^2 \left(\frac{1 - \mathrm{e}^{\mathrm{i}(E_n - E_m - h\nu)t/\hbar}}{E_n - E_m - h\nu} \right)\left(\frac{1 - \mathrm{e}^{-\mathrm{i}(E_n - E_m - h\nu)t/\hbar}}{E_n - E_m - h\nu} \right)\vec{R}_{nm}^2 \tag{3.4-29}$$

$$c_n^*(t)c_n(t) = \frac{1}{4}\vec{E}_0^2\,\vec{R}_{nm}^2\,\frac{4\sin^2[\pi(E_n - E_m - h\nu)t/h]}{(E_n - E_m - h\nu)^2} \tag{3.4-30}$$

Bei der letzten Umrechnung muss man das Additionstheorem $(1 - \cos 2x) = 2\sin^2 x$ berücksichtigen. Wenn das Strahlungsfeld verschiedene Frequenzen enthält, muss über alle Frequenzen integriert werden. Auf Grund unserer Überlegung zu Gl. (3.4-28) können wir die Integration von $-\infty$ bis $+\infty$ durchführen. Wir schreiben zweckmäßigerweise die Gl. (3.4-30) vorher noch um, so dass folgt

$$c_n^*(t)c_n(t) = \frac{1}{4\hbar^2} \vec{E}_0^2 \vec{R}_{nm}^2 \int_{-\infty}^{+\infty} \frac{\sin^2\left(\frac{E_n - E_m - h\nu}{2\hbar}t\right)}{\left(\frac{E_n - E_m - h\nu}{2\hbar}t\right)^2} \cdot t^2 d\nu \qquad (3.4\text{-}31)$$

$$c_n^*(t)c_n(t) = \frac{1}{4\hbar^2} \frac{2\hbar}{h} t \vec{E}_0^2 \vec{R}_{nm}^2 \int_{-\infty}^{+\infty} \frac{\sin^2 x}{x^2} dx \qquad (3.4\text{-}32)$$

Das Integral hat den Wert π, so dass sich endgültig ergibt

$$c_n^*(t)c_n(t) = \frac{1}{4\hbar^2} \vec{E}_0^2 \vec{R}_{nm}^2 t \qquad (3.4\text{-}33)$$

Dies bedeutsame Ergebnis sagt uns, dass die Wahrscheinlichkeit, das System im Zustand n zu finden, proportional ist zum Quadrat der Amplitude des elektromagnetischen Feldes, zum Quadrat des Übergangsmomentes und zur Einstrahlzeit t.

Wir haben bereits besprochen, dass eine Voraussetzung für die Absorption von Licht die Erfüllung der Resonanzbedingung Gl. (3.4-28) ist. Dies ist aber nicht ausreichend. Gleichzeitig muss das Übergangsmoment $\vec{R}_{nm}$ von null verschieden sein. Gl. (3.4-26) sagt uns, dass dies abhängig ist von den Wellenfunktionen der ungestörten Zustände n und m und dem Störoperator $\hat{H}'$. Kennen wir alle drei, so können wir das Übergangsmoment berechnen. Nur wenn ψ_n^* und ψ_m bestimmte Symmetriebedingungen erfüllen, ist $\vec{R}_{nm}$ von null verschieden. Ist $\vec{R}_{nm}$ gleich null, so ist der Übergang trotz Erfüllung der Resonanzbedingung verboten. Wir kommen damit zu den bereits früher erwähnten Auswahlregeln.

Unsere bisherigen Überlegungen haben sich auf den unter Einwirkung des elektromagnetischen Feldes ablaufenden Übergang des Systems vom energetisch tiefer liegenden Zustand m in den höher gelegenen Zustand n, d. h., auf die Lichtabsorption bezogen. Befindet sich das System nun schon im angeregten Zustand n, so kann es genauso gut unter der Einwirkung des elektromagnetischen Feldes in den niedriger gelegenen Zustand m gelangen. Dieser Übergang ist von Lichtemission begleitet. Die theoretischen Überlegungen dazu entsprechen völlig den obigen, wir brauchen nur die Indizes n und m zu vertauschen.

Das Übergangsmoment für die Emission ist also

$$\vec{R}_{mn} = \int \psi_m^*(x) \hat{\vec{\mu}} \psi_n(x) dx \qquad (3.4\text{-}34)$$

und es gilt

$$\vec{R}_{mn} = \vec{R}_{nm} \qquad (3.4\text{-}35)$$

Da die besprochene Absorption und Emission durch das elektromagnetische Feld induziert werden, nennt man sie *induzierte Absorption* und *induzierte Emission*.

> Ein angeregtes System kann aber auch spontan, d. h. ohne Feldeinwirkung, in den energieärmeren Zustand übergehen, ebenfalls unter Emission eines Photons. Diesen Prozess nennt man *spontane Emission*.

Wir wollen nun noch einen quantitativen Zusammenhang zwischen diesen verschiedenen Arten der Absorption und Emission herleiten.

> Einstein folgend kann man zeitbezogene Übergangswahrscheinlichkeiten definieren. Sie sind das Produkt aus einem *Einsteinschen Koeffizienten* der Absorption bzw. der Emission und der spektralen Strahlungsdichte. Den Koeffizienten für die induzierte Absorption nennt man B_{nm}, den für die induzierte Emission B_{mn} und den für die spontane Emission A_{mn}. Da die B_{nm} und B_{mn} nichts anderes als die auf die Zeit und die Strahlungsdichte bezogenen $c_n^*(t)c_n(t)$ sind, sind sie den Quadraten der Übergangsmomente $\vec{R}_{nm}$ bzw. $\vec{R}_{mn}$ proportional.

Die Zahl der in der Zeit t stattfindenden induzierten Absorptions- und Emissionsprozesse ergibt sich nach unseren Überlegungen zu $N_m B_{nm} \varrho(\nu) t$ bzw. zu $N_n B_{mn} \varrho(\nu) t$, wobei N_m und N_n die Zahl der Teilchen im Zustand m bzw. n sind und $\varrho(\nu)$ die spektrale Strahlungsdichte bei der Frequenz ν bedeutet (vgl. Abschnitt 4.2.7).

> Da die spontane Emission auf keiner Wechselwirkung mit dem elektromagnetischen Feld beruht, ist die Zahl dieser Emissionsprozesse lediglich durch $N_n A_{mn} t$ gegeben.

Im stationären Zustand muss die Zahl der Absorptionsprozesse gleich der Zahl der Emissionsprozesse in der gleichen Zeit sein:

$$N_m B_{nm} \varrho(\nu) t = (N_n B_{mn} \varrho(\nu) + N_n A_{mn}) t \tag{3.4-36}$$

Mit $B_{nm} = B_{mn}$ folgt daraus

$$\varrho(\nu) = \frac{A_{mn}}{B_{mn}\left(\dfrac{N_m}{N_n} - 1\right)} \tag{3.4-37}$$

Diese Gleichung enthält das Verhältnis der Besetzungszahlen (Populationen) der Zustände m und n. Der erstere Zustand hat die Energie E_m, der letztere die Energie E_n. Nach unseren Überlegungen im Abschnitt 1.3.4 ist dieses Verhältnis durch Gl. (1.3-30) gegeben. Wir können also für Gl. (3.4-37) auch schreiben

$$\varrho(\nu) = \frac{A_{mn}}{B_{mn}} \cdot \frac{1}{\mathrm{e}^{(E_n - E_m)/kT} - 1} \tag{3.4-38}$$

Wenn wir das Verhältnis von spontaner zu induzierter Emission quantitativ angeben wollen, benötigen wir noch einen Ausdruck für $\varrho\,(v)$. Den können wir erst im Abschnitt 4.2.7 ableiten (Gl. 4.2-166). Setzen wir diese Gleichung in Gl. (3.4-38) ein, so folgt

$$\frac{8\pi h v^3}{c^3} \cdot \frac{1}{e^{hv/kT} - 1} = \frac{A_{mn}}{B_{mn}} \frac{1}{e^{(E_n - E_m)/kT} - 1} \qquad (3.4\text{-}39)$$

Gl. (3.4-28) zeigt, dass die die Exponentialfunktionen enthaltenden Brüche auf beiden Seiten gleich sind. Es gilt also für das

---

Verhältnis von spontaner zu induzierter Emission

$$\frac{A_{mn}}{B_{mn}} = \frac{8\pi h v^3}{c^3} \qquad (3.4\text{-}40)$$

Wir stellen noch die Frage nach der Intensität einer Absorptionslinie. Sie sollte zunächst proportional der Population des energetisch niedriger liegenden Zustandes sein. Im stationären Zustand finden Absorption und Emission gleich häufig statt. Man könnte nun zunächst denken, dass deswegen keine Lichtschwächung beim Durchtritt des Lichtes durch das Medium erfolgt. Man muss aber beachten, dass nur die induzierte, nicht aber die spontane Emission kohärent mit der einfallenden Strahlung ist, d. h. in der gleichen Richtung wie diese verläuft. Es tritt also auch in diesem Fall eine Lichtschwächung auf. Nach

$$N_m B_{nm} \varrho(v) - N_n B_{mn} \varrho(v) = B_{mn} \varrho(v)(N_m - N_n) \qquad (3.4\text{-}41)$$

ist also netto eine von der Differenz der Besetzungszahlen abhängige Absorption zu beobachten.

Zum Schluss müssen wir noch die Frage beantworten, weshalb eine Spektrallinie eine gewisse Breite hat.

Ist durch die Absorption die Population des energetisch höher liegenden Zustands n über den durch Gl. (1.3-30) gegeben thermischen Gleichgewichtszustand hinaus auf N_n^0 erhöht worden und wird nun die Lichtstrahlung plötzlich abgebrochen, so wird sich durch die spontane Emission der Gleichgewichtszustand mehr oder weniger schnell wieder einstellen. Wir können diesen Prozess als eine Reaktion erster Ordnung auffassen und mit Gl. (1.5-21) wie beim radioaktiven Zerfall formulieren.

$$N_n = N_n^0 e^{-A_{mn} t} \qquad (3.4\text{-}42)$$

Nach einer Zeit $\tau = 1/A_{mn}$ ist die Zahl der Teilchen im angeregten Zustand auf $1/e$ ihres ursprünglichen Wertes (N_n^0) abgesunken. Diese Zeit bezeichnet man als Lebensdauer des angeregten Zustandes.

Für erlaubte elektromagnetische Dipolübergänge liegt τ in der Größenordnung von 10^{-8}s. Es gibt jedoch auch sog. nicht erlaubte Übergänge, das sind elektromagnetische Dipolübergänge, die ein τ in der Größenordnung von 10^{-3}s aufweisen. Man spricht dann von einem metastabilen Zustand.

> Auf Grund des endlichen Wertes von τ besitzt die ihm entsprechende Energie E_n eine gewisse Unschärfe. Dies ergibt sich aus der Heisenberg'schen Unschärferelation (vgl. Gl. (1.4-66)), nach der
>
> $$\Delta E_n \cdot \tau \geq \frac{h}{2\pi} \tag{3.4-43}$$
>
> ist. Wir erkennen also einen Zusammenhang zwischen der Lebensdauer eines angeregten Zustandes und der Unschärfe seiner Energie, damit natürlich auch mit der Breite der Spektrallinie, die dem Übergang in einen energetisch niedrigeren Zustand entspricht.

3.4.3
Das Rotationsspektrum

Im vorangehenden Abschnitt haben wir bereits erkannt, dass wir ein Rotationsspektrum, d. h. die Anregung von Rotationen durch Absorption von Licht, nur bei Molekülen erhalten können, die ein permanentes Dipolmoment besitzen.

Wir greifen nun zurück auf unsere Überlegungen zum starren Rotator mit raumfreier Achse im Abschnitt 3.1.1. Dort hatten wir die Eigenwerte der Energie mit Hilfe der Quantenzahl l formuliert. In der Spektroskopie ist es üblich, hierfür den Buchstaben J zu verwenden. Wir schreiben deshalb an Stelle von Gl. (3.1-44) für die

> **Eigenwerte der Energie des starren Rotators mit raumfreier Achse**
>
> $$E(J) = hcBJ(J+1) \tag{3.4-44}$$
>
> wobei die *Rotationskonstante B*
>
> $$B = \frac{h}{8\pi^2 cI} \tag{3.1-14}$$
>
> das Trägheitsmoment I beinhaltet.

In der Spektroskopie ist es weiterhin üblich, nicht die Energien E, sondern die diesen proportionalen, in Einheiten von cm^{-1} gemessenen *Terme* zu betrachten.

> Die *Rotationsterme* bezeichnet man mit dem Buchstaben $F(J)$. Es gilt also
>
> $$F(J) = \frac{E(J)}{hc} \tag{3.4-45}$$

und anstelle von Gl. (3.4-44)

$$F(J) = BJ(J+1) \tag{3.4-46}$$

Die Absorption oder Emission von Licht ist mit dem Übergang des Rotators von einem Energiezustand in einen anderen verbunden.

Die entsprechend Abschnitt 3.4.2 berechenbaren Auswahlregeln besagen, dass im Fall der Rotation nur Übergänge auftreten, für die gilt

$$\Delta J = \pm 1 \tag{3.4-47}$$

Das heißt, dass nur Übergänge zwischen benachbarten Termen des in Abb. 3.1-4 dargestellten Termschemas möglich sind.

Betrachten wir die Absorption und nennen die Quantenzahl des Ausgangsniveaus J'', die des Endniveaus J', so ist die Wellenzahl der Absorptionslinie, die mit der Differenz der betreffenden Terme identisch ist,

$$\tilde{\nu} = F(J') - F(J'') = F' - F'' = B[J'(J'+1) - J''(J''+1)] \tag{3.4-48}$$

Mit Gl. (3.4-47) können wir schreiben

$$J' = J'' + 1 \tag{3.4-49}$$

und für Gl. (3.4-48)

$$\tilde{\nu} = B[(J''+1)(J''+2) - J''(J''+1)] \tag{3.4-50}$$

gleichbedeutend mit

$$\tilde{\nu} = 2B(J+1) \tag{3.4-51}$$

für die Wellenzahlen der Rotationsübergänge.

Das reine Rotationsspektrum besteht demnach aus Absorptionslinien, deren Wellenzahlen, wie es in Abb. 3.4-3 angedeutet ist, einen Abstand von $2B$ voneinander haben. Genaue Messungen zeigen, dass mit zunehmendem $\tilde{\nu}$ der Abstand der Linien etwas kleiner wird. Das liegt daran, dass bei starker Rotation durch die

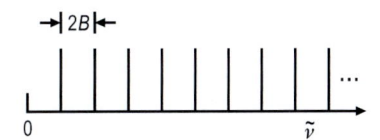

Abbildung 3.4-3 Wellenzahlen des reinen Rotationsspektrums.

Fliehkräfte der Atomabstand und damit auch das Trägheitsmoment ein wenig zunehmen, was nach Gl. (3.1-14) zu einer Abnahme der Rotationskonstanten B führen muss.

> Aus den Rotationsspektren lässt sich leicht B ermitteln. Gl. (3.1-14) liefert dann das Trägheitsmoment, aus dem mit Gl. (3.1-10) über die aus den bekannten Massen der Atome mit Gl. (3.1-11) berechenbare reduzierte Masse der Abstand r der Atome folgt.

Röntgenbeugung und Rotationsspektroskopie ergänzen sich insofern, als mit Hilfe der ersteren die Kernabstände in kristallinen Stoffen, mit Hilfe der letzteren die Kernabstände in Gasen ermittelt werden können.

In Abb. 3.4-3 haben wir uns lediglich für den relativen Abstand der Spektrallinien, nicht für ihre absolute Lage und ihre relative Intensität interessiert. Wir wollen zunächst die Größe der Rotationsenergie abschätzen, um angeben zu können, in welchem Spektralbereich wir reine Rotationsspektren zu erwarten haben. Um eine obere Grenze zu setzen, also eine möglichst hohe Energie zu haben, brauchen wir ein kleines Trägheitsmoment. Dies liegt vor bei zweiatomigen Molekülen, die Wasserstoff enthalten. Wir wählen deshalb $H^{35}Cl$, das einen Kernabstand von 0.129 nm aufweist. Das Trägheitsmoment ist dann $2.69 \cdot 10^{-47}$ kg m², die Rotationskonstante $B = 10.4$ cm^{-1} und $E = 2.07 \cdot 10^{-22} J(J+1)$ Joule. Daraus folgt eine Wellenzahl von $\tilde{\nu} = 20.8 (J+1)$ cm^{-1} oder eine Wellenlänge von $4.76 \cdot 10^{-4}/(J+1)$ m. Reine Rotationsspektren werden wir deshalb im fernen infraroten Spektralbereich und im Mikrowellenbereich beobachten.

Die Intensität der Linien sollte nach Abschnitt 3.4.2 durch die Population der Ausgangsniveaus beeinflusst werden, sofern die Übergangsmomente für alle J gleich sind, was tatsächlich der Fall ist. Eine zweckmäßigere Formulierung des Boltzmann'schen Verteilungsgesetzes, wie wir sie in Abschnitt 4.1.6 kennenlernen werden [Gl. (4.1-86)], ergibt anstelle von Gl. (1.3-25)

$$N_i = N \cdot \frac{g_i \cdot e^{-E_i/kT}}{\sum_i g_i \cdot e^{-E_i/kT}} \tag{3.4-52}$$

mit dem Entartungsgrad g_i. Nun haben wir bei der Lösung der Schrödinger-Gleichung für den starren Rotator gesehen, dass die Energie zwar nur von J abhängt, dass aber für jedes J (oder l) $2J+1$ verschiedene Quantenzahlen m erlaubt sind, die nicht die Energie beeinflussen. Jeder Zustand mit einem bestimmten J ist deshalb $(2J+1)$fach entartet. Berücksichtigen wir dies in Gl. (3.4-52) und setzen wir für die Energie Gl. (3.4-44) ein, so erhalten wir für das Verhältnis der Population des Zustandes mit J zur Population des Grundzustands ($J = 0$)

$$\frac{N_J}{N_{J=0}} = (2J+1) \cdot e^{-hcBJ(J+1)/kT} \tag{3.4-53}$$

Da kT bei Zimmertemperatur $4.11 \cdot 10^{-21}$ J beträgt, ist die Rotationsenergie des $H^{35}Cl$ für die erste Anregung sogar etwas kleiner als die thermische Energie. Der Exponent der e-Funktion liegt deshalb bei kleinem J in der Größenordnung von eins, so dass der Faktor vor der e-Funktion Gewicht hat. Aufgrund seines Ansteigens mit J kann er die Abnahme der e-Funktion mit wachsendem J, sofern dieses hinreichend klein ist, überkompensieren, so dass die Linienintensität mit steigendem J ein Maximum durchläuft. So ist die Population des Zustandes mit $J = 1$ nach Gl. (3.4-53) um den Faktor 2.7 größer als die des Grundzustandes.

3.4.4
Das Schwingungsspektrum

Mit dem harmonischen Oszillator haben wir uns im Abschnitt 3.1.2 beschäftigt und für die Eigenwerte der Energie gefunden

$$E(v) = h v_0 \left(v + \frac{1}{2} \right) \qquad (3.1\text{-}87)$$

Daraus ergibt sich für die *Schwingungsterme*, die man üblicherweise mit $G(v)$ bezeichnet,

$$G(v) = \frac{E(v)}{hc} = \tilde{v}_0 \left(v + \frac{1}{2} \right) \qquad (3.4\text{-}54)$$

Die entsprechend Abschnitt 3.4.2 berechenbaren Auswahlregeln besagen, dass nur Übergänge auftreten, für die gilt

$$\Delta v = \pm 1 \qquad (3.4\text{-}55)$$

Das heißt, dass nur Übergänge zwischen benachbarten Niveaus des in Abb. 3.1-6 a dargestellten Energieschemas möglich sind.

Diese haben alle den gleichen Abstand, so dass wir nur eine einzige Absorptionslinie im Fall eines zweiatomigen Moleküls erwarten sollten. Nach Gl. (3.4-54) würde sich für einen solchen Übergang ergeben

$$\tilde{v} = G(v') - G(v'') = G' - G'' = \tilde{v}_0 \left[\left(v' + \frac{1}{2} \right) - \left(v'' + \frac{1}{2} \right) \right] \qquad (3.4\text{-}56)$$

und nach Gl. (3.4-55) mit

$$v' = v'' + 1 \qquad (3.4\text{-}57)$$

$$\tilde{v} = \tilde{v}_0 \left[v'' + 1 + \frac{1}{2} - v'' - \frac{1}{2} \right] = \tilde{v}_0 \qquad (3.4\text{-}58)$$

Die Wellenzahl $\tilde{v}$ des absorbierten Lichtes ist gleich der Wellenzahl $\tilde{v}_0$, mit der das Molekül schwingt.

Nach Gl. (3.1-61) hängt diese Schwingungsfrequenz mit der *Kraftkonstanten*, die wir hier der allgemeinen Gepflogenheit entsprechend mit k bezeichnen wollen, und der reduzierten Masse μ zusammen:

$$v_0 = c \cdot \tilde{v}_0 = \frac{1}{2\pi} \sqrt{\frac{k}{\mu}} \qquad (3.4\text{-}59)$$

Da die reduzierte Masse μ im Allgemeinen bekannt ist, ermöglicht die Aufnahme eines Schwingungsspektrums die Bestimmung der Kraftkonstanten k, d. h. der zwischen den schwingenden Atomen herrschenden Kraft.

Wie bei der Rotation wollen wir auch bei der Schwingung nach der Population benachbarter Zustände und nach dem Frequenzbereich fragen, in dem eine Lichtabsorption unter Schwingungsanregung zu erwarten ist.

Als Beispiel für eine solche Betrachtung wählen wir wieder H^{35}Cl. Seine Kraftkonstante beträgt $k = 480.6$ Nm^{-1}, seine reduzierte Masse $1.61 \cdot 10^{-27}$ kg, so dass nach Gl. (3.4-59) eine Frequenz $v_0 = 8.70 \cdot 10^{13}$s^{-1}, eine Wellenzahl $\tilde{v}_0 = 2890$ cm^{-1} und eine Wellenlänge von $\lambda = 3.46$ μm folgen. Wir haben Schwingungsspektren deshalb im Infraroten zu suchen.

Die Schwingungsenergie des H^{35}Cl beträgt mit $E = hv_0$ $5.8 \cdot 10^{-20}$ J, ist also um zwei Zehnerpotenzen größer als die Rotationsenergie. Das wirkt sich stark auf die relative Population aus, für die wir mit Gl. (3.4-52) und Gl. (3.1-87)

$$\frac{N_v}{N_{v=0}} = e^{-hv_0 \cdot v/kT} \qquad (3.4\text{-}60)$$

erhalten. Das Verhältnis der Population des ersten angeregten Zustandes ($v = 1$) zum Grundzustand des HCl ist bei 298 K damit $9.6 \cdot 10^{-7}$. Es befinden sich also praktisch alle Moleküle im Grundzustand.

Würde sich ein Molekül tatsächlich wie ein harmonischer Oszillator verhalten, so hätte dies weitreichende Folgen. Man könnte dann nämlich sehr hohe Energien in einem Molekül speichern, ohne dass es zerfallen würde. Ein Blick auf Abb. 3.1-5 oder 3.1-6 zeigt uns dies. Gl. (3.4-60) lässt erkennen, dass mit steigender Temperatur die Population der energetisch höher liegenden Zustände ständig zunehmen würde, mit steigender Temperatur immer mehr hoch angeregte Moleküle vorliegen würden. Eine solche Aussage steht in krassem Gegensatz zu unserer Erfahrung, nach der alle Moleküle dissoziieren, die Atome, aus denen sie aufgebaut sind, also beliebig große Abstände einnehmen können, wenn die Temperatur nur hoch genug ist.

In Abb. 3.1-5 ist die Potentialkurve $V(x) = \frac{1}{2} k x^2$ als Funktion der Auslenkung x aus der Ruhelage aufgetragen. Wenn wir hier von der Schwingung eines zweiatomigen Moleküls sprechen, so ist eine andere Auftragung zweckmäßiger. Wir legen den Ursprung des Koordinatensystems in den Schwerpunkt des einen Atoms und tragen die potentielle Energie V als Funktion des Abstandes der beiden Atome auf.

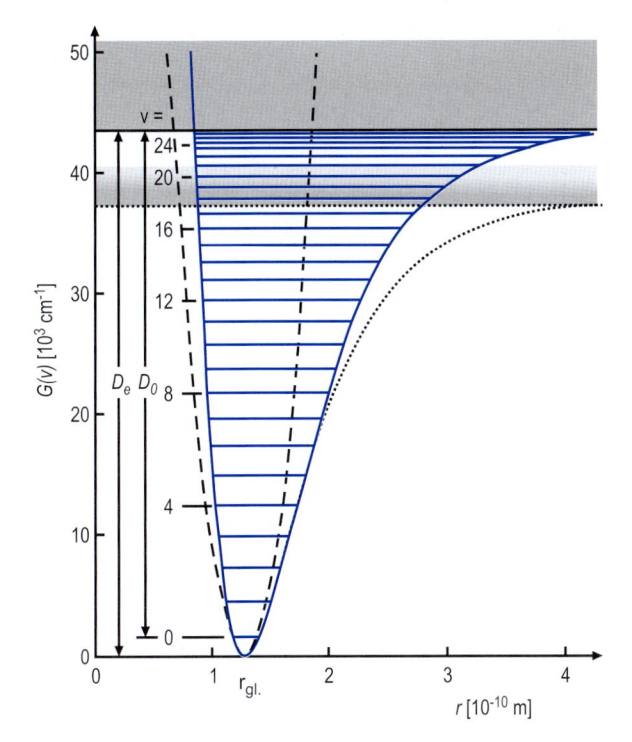

Abbildung 3.4-4 Berechnete Potentialkurve des anharmonischen Oszillators (gestrichelt: harmonischer Oszillator, fein gestrichelt: mit verbesserten Werten berechnete Potentialkurve des anharmonischen Oszillators) am Beispiel des HCl.

Der Ursprung des Koordinatensystems aus Abb. 3.1-5 liegt dann beim Gleichgewichtsabstand r_{gl} (vgl. Abb. 3.4-4). Die gestrichelte Kurve gilt für den harmonischen Oszillator, angeglichen an die Verhältnisse beim HCl-Molekül.
Wir können nun schon qualitativ leicht vorhersagen, inwiefern die der Realität angepasste Potentialkurve von der Kurve für den harmonischen Oszillator abweichen muss. Selbst bei sehr großer Schwingungsenergie und damit sehr großer Schwingungsamplitude können sich die beiden Atome nicht einander beliebig weit nähern. Die Coulomb'sche Abstoßung zwischen den beiden Atomkernen würde dies verhindern. Die gestrichelte Kurve hingegen nimmt bei hinreichend großem V sogar negative Werte von r an. Der linke Ast der Potentialkurve muss also steiler verlaufen als beim harmonischen Oszillator. Andererseits kann es nur dann zu einer Dissoziation des zweiatomigen Moleküls kommen, wenn der rechte Ast der Potentialkurve in eine Horizontale übergeht. Die Energiedifferenz zwischen dem Minimum der Kurve und dem horizontalen Ast muss gleich der Dissoziationsenergie sein. In Abb. 3.4-4 sind zwei Werte für die *Dissoziationsenergie* angegeben, D_0 und D_e. Bei D_0 ist berücksichtigt, dass nach Gl. (3.1-87) der Oszillator stets eine Nullpunktenergie behält. Gerade um diese Energie unterscheiden sich D_0 und D_e. Oberhalb der Dissoziationsgrenze ist die Energie nicht mehr gequantelt.

Dort haben wir, wie wir es im Zusammenhang mit dem Wasserstoffatom besprochen haben, ein Energiekontinuum.

Für die Potentialkurve des anharmonischen Oszillators gibt es keine theoretisch ableitbare analytische Form. Meistens verwendet man den von

> **Morse angegebenen empirischen Ansatz**
>
> $$V(r) = D_e [1 - e^{-\beta(r - r_{gl})}]^2 \qquad (3.4\text{-}61)$$

Wenn $V(r)$ und D_e in cm^{-1} ausgedrückt werden, dann ist die Konstante β gegeben durch

$$\beta = \tilde{\nu}_0 (2\pi^2 c \mu / D_e h)^{1/2} \qquad (3.4\text{-}62)$$

Sie enthält also die Wellenzahl, die dem harmonischen Oszillator entspräche, die Lichtgeschwindigkeit c, die reduzierte Masse μ, die Dissoziationsenergie D_e, sowie die Planck'sche Konstante h.

> Die exakten Eigenwerte der Schrödinger-Gleichung mit der Morsefunktion Gl. (3.4-61) lauten
>
> $$E(v) = h\nu_0 \left(v + \frac{1}{2}\right) - h\nu_0 x_e \left(v + \frac{1}{2}\right)^2 \qquad (3.4\text{-}63)$$
>
> oder in Termdarstellung
>
> $$G(v) = \tilde{\nu}_0 \left(v + \frac{1}{2}\right) - \tilde{\nu}_0 x_e \left(v + \frac{1}{2}\right)^2 \qquad (3.4\text{-}64)$$
>
> mit der *Anharmonizitätskonstanten* x_e.

Die Anharmonizität hat verschiedene Konsequenzen. Zum einen führt die veränderte Wellenfunktion zu anderen Auswahlregeln.

> Für den *anharmonischen Oszillator* lauten die Auswahlregeln
>
> $$\Delta v = \pm 1, \pm 2, \pm 3, \ldots \qquad (3.4\text{-}65)$$

Man nennt den Übergang mit $\Delta v = \pm 1$ den *Grundton,* die Übergänge mit $\Delta v = \pm 2, \pm 3, \ldots$ die *Obertöne.* Allerdings treten die Obertöne mit steigendem Δv mit immer niedrigerer Intensität auf. Sie ermöglichen es uns aber, die energetische Lage der höheren Niveaus zu bestimmen, was wegen der geringen Population der angeregten Zustände durch die Übergänge $v \rightarrow v + 1$ kaum zu erreichen ist.

Zum anderen führt das quadratische Glied in Gl. (3.4-64) dazu, dass die Terme nicht mehr äquidistant sind. Mit zunehmender Quantenzahl v nimmt ihr Abstand immer mehr ab (vgl. Abb. 3.4-4). Wir sehen dies sehr deutlich, wenn wir von Gl. (3.4-64) ausgehen und die Differenz aufeinanderfolgender Terme bilden:

$$\Delta G = G(v') - G(v'') = \tilde{v}_0[1 - 2x_e(v+1)] \tag{3.4-66}$$

Dies ist ein linearer Zusammenhang zwischen dem Abstand der Terme und der Quantenzahl v. Daraus folgt, dass die Abnahme des Abstandes zwischen aufeinanderfolgenden Niveaus konstant sein muss:

$$\Delta\Delta G = -2\tilde{v}_0 x_e \tag{3.4-67}$$

Das impliziert, dass bis zur Dissoziation nur eine endliche Zahl von Schwingungsniveaus vorhanden sein kann. Wir wollen wieder das $H^{35}Cl$-Molekül benutzen, um die experimentelle Bestätigung für diese Aussagen zu erhalten und die Größe der Effekte abschätzen zu können. Tab. 3.4-1 gibt in der ersten Spalte die Quantenzahlen, in der zweiten die von Herzberg angegebenen Wellenzahlen des Schwingungsspektrums des HCl wieder. Spalte 3 enthält die Differenzen zwischen den Termen (ΔG), Spalte 4 die Differenz aus den Differenzen ($\Delta\Delta G$). Wir erkennen einen leichten Gang der letzteren Werte. Als Mittelwert vermerken wir $\Delta\Delta G$ -103.12 cm^{-1}. Aus Gl. (3.4-66) und (3.4-67) ergibt sich mit den Werten aus Tab. 3.4-1 x_e zu 0.0172, $\tilde{v}_0$ zu 2989 cm^{-1}.

Ein Blick auf Abb. 3.4-4 zeigt uns, dass wir die Dissoziationsenergie D_0 als Summe über die endlich vielen Abstände zwischen den Termen darstellen können. Wie Birge und Sponer 1926 vorgeschlagen haben, kann aus einer Messung bei kleinen v-Werten nach Gl. (3.4-66) x_e bestimmt und dieselbe Gleichung dann für die Extrapolation zu großen v-Werten hin benutzt werden. Die Dissoziationsenergie ist dann erreicht, wenn die Differenz $G(v') - G(v'') = 0$ ist. So finden wir zunächst das maximale v, (v_m), aus Gl. (3.4-66) zu

$$0 = 1 - 2x_e(v_m + 1) \tag{3.4-68}$$

Tabelle 3.4-1 Wellenzahlen des Schwingungsspektrums des $H^{35}Cl$-Moleküls nach Herzberg.

v'	$\tilde{v}/$cm^{-1} für $0 \to v'$	$\dfrac{\Delta G = G(v') - G(v'-1)}{\text{cm}^{-1}}$	$\dfrac{\Delta\Delta G}{\text{cm}^{-1}}$
0	0		
		2885.90	
1	2885.90		-103.75
		2782.15	
2	5668.05		-103.22
		2678.93	
3	8346.98		-102.80
		2576.13	
4	10923.11		-102.69
		2473.44	
5	13396.55		

$$v_{\mathrm{m}} = \frac{1}{2x_e} - 1 \approx \frac{1}{2x_e} \qquad (3.4\text{-}69)$$

Für die Dissoziationsenergie D_0 ergibt sich dann mit Gl. (3.4-66)

$$D_0 = \sum_0^{v_{\mathrm{m}}-1} \tilde{v}_0 [1 - 2x_e(v+1)] = \frac{\tilde{v}_0}{4x_e} - \frac{1}{2}\tilde{v}_0 \qquad (3.4\text{-}70)$$

und für die Dissoziationsenergie D_e

$$D_e = \frac{\tilde{v}_0}{4x_e} - \frac{1}{4}\tilde{v}_0 x_e \approx \frac{\tilde{v}_0}{4x_e} \qquad (3.4\text{-}71)$$

Die Gleichungen (3.4-69) bis (3.4-71) erlauben es uns, die Zahl v_{m} der Terme bis zur Dissoziation und die Dissoziationsenergie für unser Beispiel H^{35}Cl zu berechnen. Mit den bereits ermittelten Werten von $\tilde{v}_0$ und x_e erhalten wir $v_{\mathrm{m}} = 28$, $D_e = 43{,}4 \cdot 10^3$ cm^{-1} und $D_0 = 41{,}9 \cdot 10^3$ cm^{-1}.

Wir dürfen nicht übersehen, dass das von uns verwendete Verfahren nur eine erste Näherung darstellt, denn wir haben der Berechnung nur die Wellenzahlen der fünf energieärmsten Übergänge zugrunde gelegt und den leichten Gang der Werte $\Delta\Delta G$ in Spalte 4 von Tab. 3.4-1 vernachlässigt. So darf es uns nicht wundern, dass die berechnete, ausgezogene Potentialkurve in Abb. 3.4-4 die Verhältnisse noch nicht richtig wiedergibt. Aus der Dissoziationsenergie des H$_2$, des Cl$_2$ und der Bildungsenthalpie des HCl erhält man für D_e einen Wert von nur 37212 cm^{-1}. Mit diesem Wert ergibt sich aus Gl. (3.4-61) die fein gestrichelt eingezeichnete Potentialkurve.

3.4.5
Das Rotations-Schwingungsspektrum

Wir haben gesehen, dass die zur Anregung der Schwingung erforderliche Energie um etwa zwei Zehnerpotenzen größer ist als die zur Anregung der Rotation erforderliche. Infolgedessen ist zu erwarten, dass die Schwingungsanregung von einer Rotationsanregung überlagert ist. Tatsächlich beobachtet man, dass die Schwingungsspektren nicht wie die Atomspektren aus Linien bestehen, sondern aus Banden, deren Struktur sich bei Verwendung von Spektrometern mit hinreichender Auflösung gut auswerten (vgl. Abb. 3.4-7) und einer Rotationsanregung zuschreiben lässt.

Wie die quantenmechanische Berechnung zeigt, muss man bei solchen Rotations-Schwingungsspektren neben der Auswahlregel $\Delta v = \pm 1$ auch die Auswahlregel für die Rotation ($\Delta J = \pm 1$) beachten. Der Rotations-Schwingungsterm T setzt sich additiv aus dem Schwingungsterm $G(v)$ und dem Rotationsterm $F(J)$ zusammen, so dass mit Gl. (3.4-54) und Gl. (3.4-46) für den

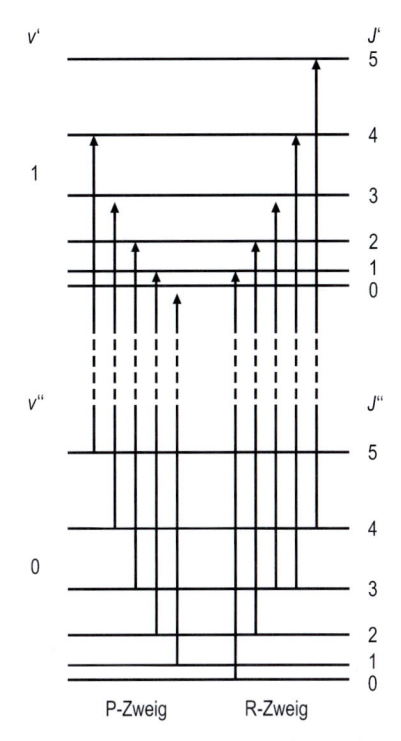

Abbildung 3.4-5 Termschema für gleichzeitige Rotations- und Schwingungsanregung.

Rotations-Schwingungsterm T

$$T = G(v) + F(J) = \tilde{v}_0\left(v + \frac{1}{2}\right) + BJ(J+1) \tag{3.4-72}$$

gilt. Abb. 3.4-5 zeigt diese Terme für $v = 0$ und $v = 1$. Der Abstand zwischen den beiden Termgruppen ist sehr viel größer als der innerhalb der Termgruppen, was durch die Strichelung der Pfeile angedeutet ist, die bei der Absorption erlaubte Übergänge charakterisieren. Bezeichnen wir die Quantenzahlen des oberen Niveaus mit v', J', die des unteren mit v'', J'', so gilt für die Wellenzahl des Überganges

$$\tilde{v} = T' - T'' = G(v') - G(v'') + F(J') - F(J'') \tag{3.4-73}$$

$$\tilde{v} = \tilde{v}_0(v' - v'') + B[J'(J'+1) - J''(J''+1)] \tag{3.4-74}$$

und unter Berücksichtigung der Auswahlregeln

$$\Delta v = +1, \ \Delta J = +1$$
$$\tilde{v} = \tilde{v}_0 + 2B(J'' + 1) \tag{3.4-75}$$

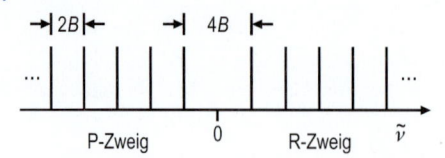

Abbildung 3.4-6 Wellenzahlen eines Rotations-Schwingungsspektrums.

bzw.

$$\Delta v = +1, \; \Delta J = -1$$
$$\tilde{v} = \tilde{v}_0 - 2BJ'' \tag{3.4-76}$$

Wir erkennen daraus, dass es zwei Gruppen von Linien gibt, von denen die eine, wir bezeichnen sie als *R-Zweig*, Wellenzahlen besitzt, die größer sind als die des reinen Schwingungsübergangs ($\tilde{v}_0$), während die andere, der *P-Zweig*, Wellenzahlen aufweist, die kleiner als $\tilde{v}_0$ sind. Wie beim reinen Rotationsspektrum sollte der Abstand zwischen den Linien innerhalb eines Zweiges 2 B betragen. Da $\Delta J = 0$ nicht erlaubt ist, ist der reine Schwingungsübergang mit $\tilde{v}_0$ nicht zu beobachten (*Null-Lücke*), und die ihm am nächsten liegenden Linien haben einen Abstand von 4 B voneinander. Abb. 3.4-6 verdeutlicht diese Aussagen.

Werfen wir nun einen Blick auf Abb. 3.4-7, die uns das Rotations-Schwingungsspektrum des HCl wiedergibt. Wir erkennen die Null-Lücke, links von ihr den P-, rechts von ihr den R-Zweig. Die einzelnen Rotationslinien sind etwas unsymmetrisch, was darauf zurückzuführen ist, dass es sich um ein natürliches Gemisch von $H^{35}Cl$ und $H^{37}Cl$ handelt. Bei einer noch höheren Auflösung spalten deshalb

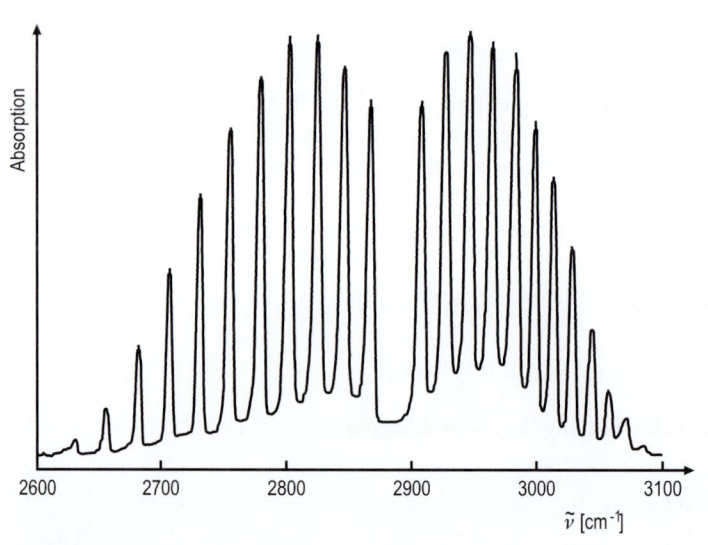

Abbildung 3.4-7 Rotations-Schwingungsspektrum von HCl.

die Linien in Doppellinien auf, von denen die intensivere dem H^{35}Cl, die weniger intensive, nach etwas kleineren Wellenzahlen verschobene, dem H^{37}Cl zukommt. Letzteres hat nämlich eine etwas größere reduzierte Masse und bei gleicher Kraftkonstante daher nach Gl. (3.4-59) eine etwas kleinere Schwingungsfrequenz.

Weit auffälliger ist jedoch die Beobachtung, dass die Abstände der Linien im P-Zweig und im R-Zweig nicht identisch sind: Im P-Zweig nehmen sie mit höherer Rotationsanregung, d. h. mit zunehmendem Abstand von der Null-Lücke, zu, im R-Zweig ab. Dafür kann eine auf Zentrifugalkräfte zurückzuführende Änderung des Kernabstandes, wie wir sie beim reinen Rotationsspektrum diskutiert haben, nicht verantwortlich gemacht werden. Diese müsste sich nämlich im P- und im R-Zweig gleichsinnig (mit der Entfernung von der Null-Lücke) auswirken. Wir müssen vielmehr davon ausgehen, dass eine sog. *Rotations-Schwingungskopplung* auftritt, die dazu führt, dass die Rotationskonstante abhängig wird von der Schwingungsquantenzahl v. Die Erklärung dafür finden wir in Abb. 3.4-4. Beim harmonischen Oszillator verläuft die Potentialfunktion symmetrisch zum Gleichgewichtsabstand (gestrichelte Kurve). Unabhängig von der Schwingungsanregung bleibt der mittlere Abstand der beiden Atome gleich. Nicht so beim anharmonischen Oszillator. Bei ihm nimmt, wie wir der ausgezogenen Potentialfunktion entnehmen, der mittlere Abstand der beiden Atome mit steigender Schwingungsquantenzahl zu. Das gleiche muss für das Trägheitsmoment, das Umgekehrte für die Rotationskonstante B gelten. Es ist also

$$B = f(v) \qquad (3.4\text{-}77)$$

Wenn wir nun die Wellenzahlen $\tilde{v}$ für den P- und R-Zweig berechnen, müssen wir anstelle von Gl. (3.4-74) schreiben

$$\tilde{v} = \tilde{v}_0(v' - v'') + B'J'(J' + 1) - B''J''(J'' + 1) \qquad (3.4\text{-}78)$$

Daraus folgt mit $\Delta J = 1$, d. h. $J' = J'' + 1$ für den R-Zweig

$$\tilde{v} = \tilde{v}_0(v' - v'') + B'(J'' + 1)(J'' + 2) - B''J''(J'' + 1) \qquad (3.4\text{-}79)$$

$$\tilde{v} = \tilde{v}_0 + 2B' + (3B' - B'')J'' + (B' - B'')J''^2 \qquad (3.4\text{-}80)$$

und mit $\Delta J = -1$, d. h. $J' = J'' - 1$ für den P-Zweig

$$\tilde{v} = \tilde{v}_0(v' - v'') + B'(J'' - 1)J'' - B''J''(J'' + 1) \qquad (3.4\text{-}81)$$

$$\tilde{v} = \tilde{v}_0(B' + B'')J'' + (B' - B'')J''^2 \qquad (3.4\text{-}82)$$

Da wir das höhere Niveau mit $'$, das niedrigere mit $''$ gekennzeichnet haben, ist $B' < B''$. Ist der Unterschied nicht außergewöhnlich groß, so ist das in J'' lineare Glied in Gl. (3.4-80) positiv, in Gl. (3.4-82) negativ. Das hat zur Folge, dass sich $\tilde{v} - \tilde{v}_0$, d. h. die Lage der Wellenzahl $\tilde{v}$ in Bezug auf die Null-Lücke, für den P-Zweig stets in gleicher Richtung ändert, unter kontinuierlicher Zunahme des Abstandes der

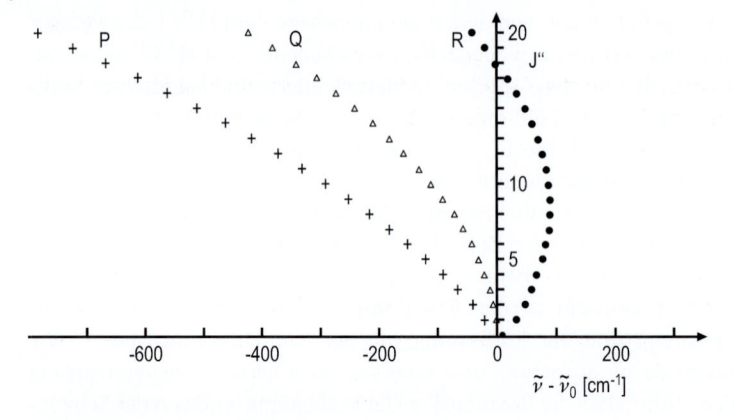

Abbildung 3.4-8 Fortrat-Diagramm für $B' = 0.9\, B''$.

Linien. Beim R-Zweig wirken das lineare und das quadratische Glied in entgegengesetzter Richtung, weshalb zunächst mit steigendem J'' die Linienabstände kleiner werden. Abb. 3.4-8 zeigt ein sog. *Fortrat-Diagramm,* in dem die Beziehung zwischen $\tilde{\nu} - \tilde{\nu}_0$ und J'' entsprechend Gl. (3.4-80) bzw. Gl. (3.4-82) für den hypothetischen Fall $B' = 0.9\, B''$ dargestellt ist. Wir erkennen die diskutierten Zusammenhänge in der Abb. 3.4-8 deutlicher, wenn wir die Abbildung im Uhrzeigersinn um 90° drehen, also $\tilde{\nu} - \tilde{\nu}_0$ in Abhängigkeit von J'' betrachten. Für das in Abb. 3.4-7 behandelte HCl-Molekül ist der Unterschied zwischen B' und B'' noch viel kleiner (etwa 3 %), so dass das Minimum der Funktion $(\tilde{\nu} - \tilde{\nu}_0) = f(J'')$ bei wesentlich höheren Werten von J'' liegt als in Abb. 3.4-8.

Für den R-Zweig ist das kleinste J'' null, für den P-Zweig ist es eins, so dass sich der Abstand zwischen den Linien neben der Null-Lücke zu $2\,B' + 2\,B''$ ergibt. Die Differenz zwischen der 1. Linie des R-Zweiges und der 2. des P-Zweiges ergibt $6\,B''$. So lassen sich aus den Rotations-Schwingungsspektren die Rotationskonstanten B' und B'' und damit die entsprechenden Trägheitsmomente und Kernabstände berechnen. Aus der Null-Lücke ergeben sich die Schwingungsfrequenz und die Kraftkonstante. Die Rotations-Schwingungsspektren liefern also auch die Informationen, die man aus reinen Rotationsspektren erhalten würde, allerdings in einem experimentell leichter zugänglichen Spektralbereich.

> In Ausnahmefällen, beispielsweise wenn der Gesamt-Bahndrehimpuls der Elektronen des Moleküls nicht gleich null ist, d. h. wenn sich das Molekül nicht im Σ-Zustand befindet (s. Abschnitt 3.4.7), kann bei $\Delta \nu = \pm 1$ auch $\Delta J = 0$ als Auswahlregel auftreten.

Bei linearen Molekülen im Dampfzustand (z. B. beim Ethin) beobachtet man diese Auswahlregel, wenn es sich um eine entartete Schwingung senkrecht zur Molekülachse handelt. Für einen harmonischen Oszillator ergibt sich dann aus Gl. (3.4-74) mit $J' = J''$

$$\tilde{\nu} = \tilde{\nu}_0, \tag{3.4-83}$$

also eine einzige Linie an der Stelle der Null-Lücke. Für einen anharmonischen Oszillator folgt aus Gl. (3.4-78) mit $\Delta J = 0$

$$\tilde{\nu} = \tilde{\nu}_0(v' - v'') + B'J''(J''+1) - B''J''(J''+1) \tag{3.4-84}$$

$$\tilde{\nu} = \tilde{\nu}_0 + (B' - B'')J'' + (B' - B'')J''^2 \tag{3.4-85}$$

Wir erhalten also einen weiteren Zweig im Rotations-Schwingungsspektrum, den Q-Zweig. Auch er ist in Abb. 3.4-8 mit aufgenommen.

3.4.6
Das Raman-Spektrum

Homonukleare zweiatomige Moleküle, symmetrisch gebaute lineare, mehratomige Moleküle sowie völlig symmetrisch gebaute, mehratomige Moleküle weisen kein nach außen hin erkennbares Dipolmoment auf und können nach unseren Überlegungen im Abschnitt 3.4.2 kein Rotationsspektrum im Mikrowellenbereich geben. Homonukleare zweiatomige Moleküle geben im Infraroten kein Schwingungsspektrum, zahlreiche Schwingungen sind aus Symmetriegründen infrarot-inaktiv. Für all diese Fälle können wir nicht mit den in den Abschnitten 3.4.3 bis 3.4.5 beschriebenen Methoden die Moleküldaten gewinnen. Hier hilft uns die Ausnutzung eines 1923 von Smekal vorhergesagten und 1928 von Raman experimentell gefundenen Effektes, des *Raman-Effektes*, weiter.

> Lässt man Licht auf Atome oder Moleküle fallen, so wird es von ihnen in geringem Umfang nach allen Seiten gestreut. Die Intensität dieser *Rayleigh-Streuung* hängt von der mittleren Polarisierbarkeit der Moleküle ab. Dabei stellt man auch eine ausgesprochene Frequenzabhängigkeit fest. Kurzwelliges Licht wird viel stärker gestreut als langwelliges, und zwar geht die Streuintensität mit der vierten Potenz der Frequenz.

Das erkennen wir beispielsweise an der Streuung des Sonnenlichtes in der Erdatmosphäre. Die Sonnenscheibe erscheint uns bei Sonnenaufgang und bei Sonnenuntergang gelbrot bis rot, weil die Strahlen bei dieser Stellung einen weit längeren

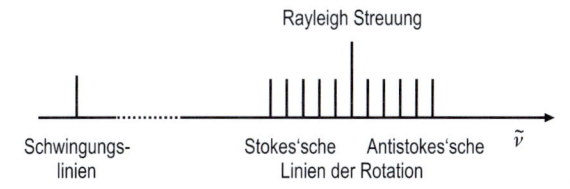

Abbildung 3.4-9 Raman-Spektrum.

Weg durch die Atmosphäre zurücklegen als zur Mittagszeit. Das kurzwellige Licht wird durch Streuung herausgefiltert. Es ist andererseits dafür verantwortlich, dass uns der klare Himmel tiefblau erscheint.

> Lässt man monochromatisches Licht durch ein Gas, eine Flüssigkeit oder einen transparenten Festkörper treten, so kann man bei seitlicher Beobachtung das gestreute Licht mit einem Spektrometer analysieren. Dabei stellt man fest, dass das Streulicht außer der eingestrahlten Frequenz mit geringer Intensität weitere Spektrallinien enthält, die sowohl eine kleinere als auch eine größere Frequenz als das eingestrahlte Licht aufweisen können, wie es in Abb. 3.4-9 schematisch dargestellt ist. Diese zusätzlichen Linien zeigen Wellenzahlunterschiede gegenüber der Wellenzahl $\tilde{\nu}_0$ des eingestrahlten Lichtes, die unabhängig von $\tilde{\nu}_0$, aber charakteristisch für das durchstrahlte Medium sind. Aus den Wellenzahldifferenzen berechnen sich Energien, die zum einen Rotationsenergien, zum anderen Schwingungsenergien der streuenden Substanz entsprechen. Solche Rotationslinien treten sowohl mit kleinerer Frequenz als ν_0 *(Stokes'sche Linien)* als auch mit größerer Frequenz *(Antistokes'sche Linien)* auf. Schwingungslinien beobachtet man im Allgemeinen nur als Stokes'sche Linien.

Soweit zum experimentellen Befund. Wir wollen nun nach einer Deutung der Effekte suchen. Im Abschnitt 3.4.2 haben wir deutlich gemacht, dass die Wechselwirkung von Licht mit Materie die Existenz eines sich mit der Rotation oder Schwingung ändernden Dipols voraussetzt. In den Abschnitten 3.4.3 bis 3.4.5 haben wir solche Wechselwirkungen mit permanenten Dipolen behandelt. Nun haben wir aber im Abschnitt 3.3.1 erfahren, dass durch die Einwirkung eines elektrischen Feldes in Atomen und Molekülen auch ein Dipolmoment induziert werden kann. Nach Gl. (3.3-15) berechnet sich dieses Dipolmoment p_i zu

$$p_i = \alpha \cdot E_{\text{loc}} \tag{3.3-15}$$

wobei α die Polarisierbarkeit, E_{loc} die auf das Teilchen wirkende Feldstärke ist. Wird dieses Feld durch eine elektromagnetische Welle, durch Licht der Frequenz ν_0, hervorgerufen, so ändern sich E_{loc} und p_i mit der gleichen Frequenz. Das sich periodisch ändernde Dipolmoment p_i führt zur Emission von Licht der gleichen Frequenz: Es tritt Rayleigh-Streuung auf. Genau diesen und keinen weiteren Effekt beobachten wir, wenn wir das Licht auf einen Stoff einwirken lassen, dessen Polarisierbarkeit isotrop, d. h. unabhängig von der Richtung ist. Dieser Fall liegt bestimmt bei Atomen vor.

Nun gibt es aber auch die Möglichkeit, dass sich die Polarisierbarkeit in einem gegebenen Feld bei der Bewegung des Moleküls ändert. Damit ändert sich auch das induzierte Dipolmoment, was zu einer mit dieser Bewegung zusammenhängenden Wechselwirkung mit der elektromagnetischen Welle führt. Eine solche Situation ergibt sich zum einen bei der Rotation eines Moleküls, dessen Polarisierbarkeit anisotrop ist. Denken wir beispielsweise an ein zweiatomiges, homonukleares Molekül. Dieses lässt sich nach dem, was wir über die Polarisierbarkeit erfahren haben, in Richtung der Molekülachse sicherlich leichter polarisieren als senkrecht dazu. Seine Polarisierbarkeit ist also anisotrop. Rotiert ein solches Molekül in einem elektrischen Feld, so werden Polarisierbarkeit und induziertes Dipolmoment abhängig sein von der jeweiligen Orientierung des Moleküls zum Feld. Liegt die Molekülachse in Richtung der Feldlinien, so wird α groß sein, liegt sie senkrecht zur Richtung der Feldlinien, so wird α klein sein. Da diese beiden Situationen bei jeder vollständigen Umdrehung des Moleküls zweimal auftreten, ist die Frequenz der Änderung von α doppelt so groß wie die Rotationsfrequenz.

Zum anderen ändert sich sowohl bei homonuklearen als auch bei heteronuklearen, zweiatomigen Molekülen bei einer Schwingung der Kernabstand, damit auch die Form der Elektronenhülle, was im Allgemeinen zu einer Änderung der Polarisierbarkeit führen dürfte.

> Wir konstatieren: Ändert sich bei der Rotation oder der Schwingung eines Moleküls seine Polarisierbarkeit relativ zur Richtung des eingestrahlten Feldes, so wird eine Wechselwirkung mit dem eingestrahlten Feld stattfinden.

Betrachten wir den Raman-Effekt quantenmechanisch, so stellen wir fest, dass es bei der Kollision zwischen einem Lichtquant $h\nu_0$ mit einem Molekül entweder zu einer elastischen Streuung kommt, bei der das Photon seine Energie und damit seine Frequenz ν_0 behält (Rayleigh-Streuung), oder zu einer inelastischen Streuung, bei der Energie ausgetauscht wird. Dabei kann das Photon Energie an das Molekül abgeben ($\nu < \nu_0$, Stokes'sche Linien) oder vom Molekül aufnehmen ($\nu > \nu_0$, Antistokes'sche Linien). Durch einen solchen Energieaustausch muss das Molekül von einem stationären Zustand in einen anderen gelangen. Infolgedessen sind die Differenzen $|\nu_0 - \nu|$ in den Wellenzahlen über

$$|\tilde{\nu}_0 - \tilde{\nu}| = \left|\frac{\nu_0 - \nu}{c}\right| = \left|\frac{E' - E''}{hc}\right| = T' - T'' \tag{3.4-86}$$

mit den Rotations-, Schwingungs- oder Rotations-Schwingungstermen verknüpft.

> Für die Auswahlregeln ergibt sich
> $$\Delta v = \pm 1 \tag{3.4-87}$$
> für die Schwingung und
> $$\Delta J = 0, \pm 2 \tag{3.4-88}$$
> für die Rotation.

Für die Intensität der Linien ist natürlich wieder die Population der Zustände maßgebend. Wie wir im Abschnitt 3.4.3 gesehen haben, sind bei Raumtemperatur auch die angeregten Zustände der Rotation hinreichend besetzt, so dass eine Abgabe von Energie vom rotierenden Molekül an das Photon und damit das Auftreten von Antistokes'schen Linien wahrscheinlich wird. Bei der Schwingung ist die Population der angeregten Zustände so gering (vgl. Abschnitt 3.4.4), dass die Antistokes'schen Linien nur mit verschwindend kleiner Intensität auftreten.

Die klassische Theorie des Raman-Effekts lässt uns sehr schön erkennen, dass wir bei der Schwingung dieselben Auswahlregeln wie bei Infrarotspektren haben müssen, bei der Rotation hingegen andere:

> Nach Gl. (3.3-15) ist das induzierte Dipolmoment für ein sich mit der Frequenz v_0 des Lichtes änderndes elektrisches Feld E mit der Maximalamplitude E_0
>
> $$p_i = \alpha E_0 \sin 2\pi v_0 t \qquad (3.4\text{-}89)$$
>
> In erster Näherung nehmen wir an, dass die Polarisierbarkeit linear von der durch die Elongation bei der Schwingung oder die Rotation im elektrischen Feld hervorgerufenen Störung abhängt, dass also gilt
>
> $$\alpha = \alpha_{0v} + \alpha_{1v} \sin 2\pi v_v t \qquad (3.4\text{-}90)$$
>
> mit der mittleren Polarisierbarkeit α_{0v}, der Maximalamplitude α_{1v} der Störung und der Schwingungsfrequenz v_v bzw.
>
> $$\alpha = \alpha_{0r} + \alpha_{1r} \sin 2\pi 2 v_r t \qquad (3.4\text{-}91)$$
>
> wobei die Indizes jetzt auf die Rotation hindeuten und weiterhin berücksichtigt ist, dass sich die Polarisierbarkeit mit doppelt so hoher Frequenz ändert, wie der Rotation entspricht.

Wir betrachten zunächst die Schwingung und fassen Gl. (3.4-89) und Gl. (3.4-90) zusammen:

$$p_i = \alpha_{0v} E_0 \sin 2\pi v_0 t + \alpha_{1v} E_0 \sin 2\pi v_0 t \cdot \sin 2\pi v_v t \qquad (3.4\text{-}92)$$

Mit

$$\sin \alpha \cdot \sin \beta = \frac{1}{2}[\cos(\alpha - \beta) - \cos(\alpha + \beta)] \qquad (3.4\text{-}93)$$

folgt daraus für das

> induzierte Dipolmoment im Fall der Schwingung
>
> $$p_i = \alpha_{0v} E_0 \sin 2\pi v_0 t + \frac{1}{2}\alpha_{1v} E_0 [\cos 2\pi(v_0 - v_v)t - \cos 2\pi(v_0 + v_v)t] \qquad (3.4\text{-}94)$$
>
> Die drei Terme auf der rechten Seite zeigen an, dass sich das induzierte Dipolmoment mit den drei Frequenzen v_0, $v_0 - v_v$ und $v_0 + v_v$ ändert. Dementsprechend sollte das gestreute Licht auch diese drei Frequenzen aufweisen, was mit unseren experimentellen Erkenntnissen übereinstimmt.
> Im Fall der Rotation liefert die Kombination der Gleichungen (3.4-89) und (3.4-91) entsprechend

a)

b)

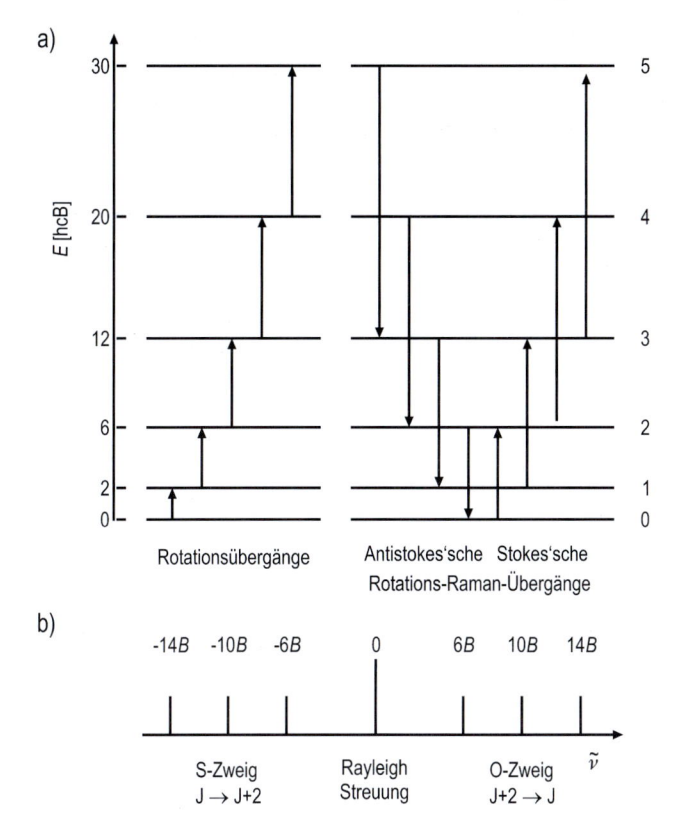

Abbildung 3.4-10 Vergleich zwischen Rotations- und Rotations-Raman-Übergängen (a), S- und O-Zweig im Rotations-Raman-Spektrum (b).

$$p_i = \alpha_{0r} E_0 \sin 2\pi v_0 t + \frac{1}{2}\alpha_{1r} E_0 [\cos 2\pi(v_0 - 2v_r)t - \cos 2\pi(v_0 + 2v_r)t] \quad (3.4\text{-}95)$$

Wir erwarten also im Spektrum die Frequenzen v_0, $v_0 - 2v_r$ und $v_0 + 2v_r$.

Zur Auswertung der Raman-Spektren ziehen wir nach dem Gesagten als Maß für die Energie nicht die Wellenzahl der beobachteten Linie selbst heran, sondern die Differenz zur Wellenzahl des eingestrahlten Lichts $\tilde{v}_0$. Deshalb gilt für das Schwingungs-Raman-Spektrum anstelle von Gl. (3.4-56)

$$|\Delta \tilde{v}_v| = G(v') - G(v'') = G' - G'' \quad (3.4\text{-}96)$$

Für die Rotation berechnen wir mit $\Delta J = \pm 2$ entsprechend Gl. (3.4-50)

$$|\Delta \tilde{v}_r| = B[(J''+2)(J''+3) - J''(J''+1)] \quad (3.4\text{-}97)$$

gleichbedeutend mit

$$|\Delta \tilde{\nu}_r| = 4B\left(J'' + \frac{3}{2}\right) \tag{3.4-98}$$

Den Unterschied zwischen den Rotationsübergängen und den Rotations-Raman-Übergängen macht Abb. 3.4-10 a noch einmal deutlich. Aus Gl. (3.4-98) berechnen wir, was in Abb. 3.4-10 b veranschaulicht ist, dass zwischen der ersten Stokes'schen Linie (S-Zweig) und der ersten Antistokes'schen Linie (O-Zweig) eine Wellenzahldifferenz von 12 B und zwischen den Linien eines jeden Zweiges eine Wellenzahldifferenz von 4 B besteht.

Raman-Spektrum und Infrarot- bzw. Mikrowellen-Spektrum erlauben die Bestimmung der Kraftkonstanten, Kernabstände und Trägheitsmomente. Da ersteres eine Änderung der Polarisierbarkeit des Moleküls bei der Rotation bzw. Schwingung voraussetzt, letzteres eine Änderung des Dipolmoments, ergänzen sie sich vielfach.

3.4.7
Die Elektronen-Bandenspektren

Moleküle können Energie nicht nur zur Rotations- und Schwingungsanregung, sondern auch zur Elektronenanregung aufnehmen, d. h. zum Übergang eines Elektrons von einem Orbital in ein anderes, energetisch höher gelegenes. Es ist einleuchtend, und wir werden dies im Abschnitt 3.5 noch eingehend besprechen, dass die energetische Trennung der Molekülorbitale vergleichbar der energetischen Trennung der Atomorbitale ist. Ein Blick auf Abb. 1.4-18 oder Abb. 3.2-2 zeigt uns, dass es sich dabei um Energien im Bereich zwischen 1 eV und 10 eV handelt. Dies entspricht Wellenzahlen zwischen 8000 cm^{-1} und 80 000 cm^{-1} bzw. Wellenlängen zwischen 1250 nm und 125 nm. Bedenken wir, dass sich das sichtbare Licht vom Roten bei 700 nm oder 14 300 cm^{-1} bis zum Blauen bei 470 nm oder 21 300 cm^{-1} erstreckt, so stellen wir fest, dass die Elektronenanregung im Wesentlichen im Spektralbereich des sichtbaren Lichts und im Ultravioletten erfolgen wird.

Im Infraroten überlagert sich der Schwingungsanregung die Rotationsanregung. Genauso werden sich im Sichtbaren der Elektronenanregung die Schwingungsanregung und die Rotationsanregung überlagern. Ein Term T besteht also aus einem Elektronenterm T_e, einem Schwingungsterm $G(v)$ und einem Rotationsterm $F(J)$

$$T = T_e + G(v) + F(J) \tag{3.4-99}$$

so dass sich für die

Wellenzahl einer Absorptionslinie bei Elektronenanregung

$$\tilde{\nu} = T' - T'' = (T'_e - T''_e) + (G' - G'') + (F' - F'') \tag{3.4-100}$$

$$\tilde{\nu} = \tilde{\nu}_e + \tilde{\nu}_v + \tilde{\nu}_r \tag{3.4-101}$$

ergibt. Daraus folgt eine noch größere Vielfalt als bei den Rotations-Schwingungsspektren. In kondensierter Phase wirkt sich zusätzlich die Wechselwirkung zwischen den einzelnen Teilchen aus, so dass die Absorption als mehr oder weniger breite, nicht aufgelöste Bande erscheint. Günstiger liegen die Verhältnisse bei Gasen. Dort gelingt es, die Elektronenbanden in einzelne Linien aufzulösen.

Von den drei Summanden auf der rechten Seite von Gl. (3.4-101) ist der erste der größte. Er wird bestimmt durch die Lage der Elektronenterme T_e der Molekülzustände. Diese werden analog zu den Termen der Atomzustände klassifiziert. Betrachten wir wieder ein zweiatomiges oder gestrecktes Molekül, so hat die Komponente des Gesamt-Bahndrehimpulses der Elektronen in der Valenzrichtung einen Wert $\Lambda\hbar$, wobei $\Lambda = 0, \pm 1, \pm 2$ usw. annehmen kann. Wie bei den Atomen verwendet man zur Charakterisierung die Buchstaben s, p, d, f usw., entnimmt sie allerdings dem großen griechischen Alphabet:

$\Lambda = 0, 1, 2, 3, ...$
$\quad\Sigma, \Pi, \Delta, \Phi, ...$

Auch die Spinkomponente hat in Valenzrichtung einen bestimmten Wert. Für ein Einzelelektron beträgt er $\pm \frac{1}{2}\hbar$, für mehrere Elektronen summiert er sich auf ein halb- oder ganzzahliges Vielfaches von $\hbar$, d. h. auf $S\hbar$. Wie wir dies bei den Elektronenzuständen der Atome besprochen haben, führt das zu deren Aufspaltung in Multipletts mit der Multiplizität $2S + 1$. Die Multiplettzahl wird oben links am Termsymbol vermerkt, z. B. für einen Triplettzustand $^3\Pi$.

Die Symmetrie oder Antisymmetrie zu einem Symmetriezentrum in der Mitte zwischen zwei gleichen Atomen kennzeichnet man durch die *Paritätssymbole* g (gerade) und u (ungerade) (vgl. Abschnitt 3.6.3) als rechts tiefgestellten Index, z. B. Σ_g, Π_u. Schließlich deutet man durch einen rechts hochgestellten Index $+$ oder $-$ noch an, ob die Wellenfunktion der Elektronen symmetrisch $(+)$ oder antisymmetrisch $(-)$ zu einer durch die benachbarten Atome gelegten Spiegelebene ist, also beispielsweise Σ^+ oder Σ^-.

Als Auswahlregeln findet man, dass mit Strahlung verbundene Übergänge nur zwischen g- und u-Termen möglich sind, auch können Σ^+-Terme nur mit Σ^+-Termen kombinieren. Schließlich gilt für die Änderung der Quantenzahl Λ $\Delta\Lambda = 0$, ± 1. In erster Näherung kombinieren Singulett-Terme nur mit Singulett-Termen, Triplett-Terme nur mit Triplett-Termen usw.

Betrachten wir einen definierten Elektronenzustand, so hängt seine Energie noch vom Kernabstand in dem Molekül ab. Handelt es sich um einen stabilen Molekülzustand, so wird ihm eine Potentialkurve mit einem Minimum zuzuordnen sein, wie wir sie in Abb. 3.4-4 besprochen haben. Ein instabiler Zustand hingegen zeichnet sich durch eine Potentialkurve aus, die mit zunehmendem Kernabstand monoton abfällt (vgl. Abb. 3.4-11 b).

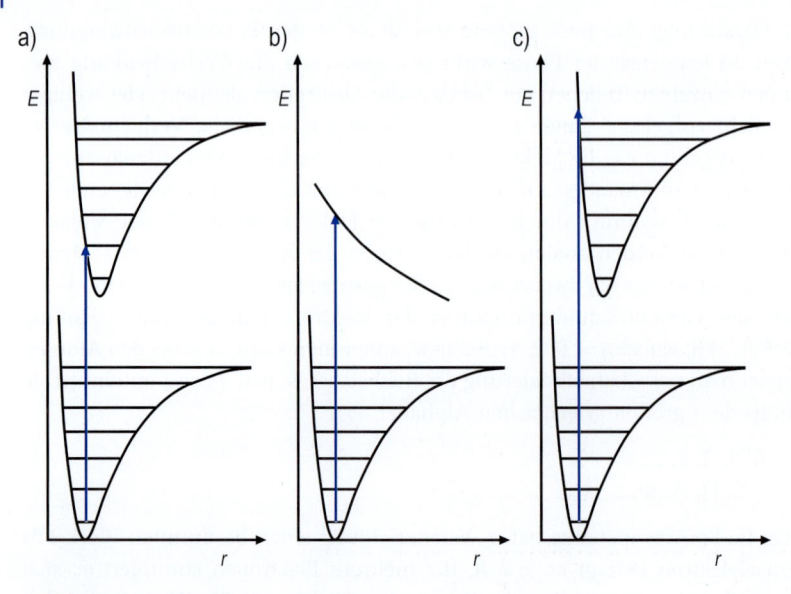

Abbildung 3.4-11 Verschiedene Möglichkeiten der Elektronenanregung: (a) stabil, (b) instabil, (c) stabil, doch Zerfall infolge zu hoher Schwingungsanregung.

> Bei der Elektronenanregung müssen wir drei Möglichkeiten diskutieren, wie sie in Abb. 3.4-11 skizziert sind:
> 1. Die Anregung führt in einen höheren, stabilen Zustand, in dem sich das Molekül im gleichen oder in einem anderen Schwingungszustand befindet (Abb. 3.4-11a).
> 2. Die Anregung führt in einen höheren, instabilen Zustand, in dem das Molekül zerfällt (Abb. 3.4-11b).
> 3. Die Anregung führt in einen höheren, stabilen Zustand, doch zerfällt das Molekül infolge zu starker Schwingungsanregung (Abb. 3.4-11 c).

Wir wollen uns mit dem Fall 1 näher befassen, in dem es nicht zur Dissoziation kommt. Die Aussage von Gl. (3.4-100) können wir ähnlich wie beim Rotations-Schwingungsspektrum (Abb. 3.4-5) in einem Termschema darstellen, das jetzt jedoch zusätzlich die Elektronenterme berücksichtigt (Abb. 3.4-12). Betrachten wir die Übergänge zwischen zwei bestimmten Elektronenzuständen, die sich jedoch in der Schwingungs- und Rotationsenergie unterscheiden. Bei ihnen ist $T'_e - T''_e$ in Gl. (3.4-100) festgelegt. Für $(G' - G'') + (F' - F'')$ gelten Gl. (3.4-73), Gl. (3.4-64) und Gl. (3.4-78). Wir müssen allerdings bedenken, dass es sich um Schwingungen in unterschiedlichen Potentialkurven handelt, was zur Folge hat, dass die Auswahlregel $\Delta v = \pm 1$ nicht mehr gültig ist. Statt dessen wird die Intensität des Schwingungsübergangs durch das sog. *Franck-Condon-Prinzip* gesteuert.

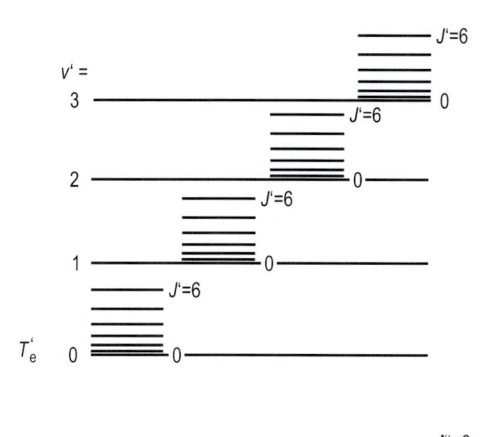

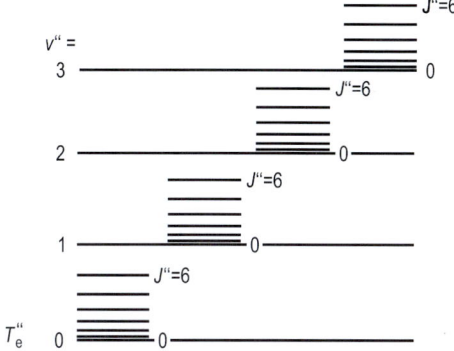

Abbildung 3.4-12 Termschema für gleichzeitige Elektronen-, Schwingungs- und Rotationsanregung.

Dem Franck-Condon-Prinzip liegt folgende Überlegung zugrunde: Die Änderung des Elektronenzustandes erfolgt viel schneller als die Änderung des Kernabstandes, also bei nahezu konstantem Kernabstand. Nun haben wir bei der Besprechung des harmonischen Oszillators im Abschnitt 3.1.2, Abb. 3.1-6 c gesehen, dass die Wahrscheinlichkeitsdichte ψ^2 für das Antreffen des Teilchens in Abhängigkeit von der Auslenkung für die einzelnen Schwingungszustände sehr unterschiedlich ist. Für den Grundzustand liegt die größte Wahrscheinlichkeitsdichte beim Gleichgewichtsabstand r_{g1} vor. Deshalb wird bei einer Anregung aus dem Grundzustand das Molekül mit größter Wahrscheinlichkeit aus diesem Abstand heraus angeregt werden. In welchen Schwingungszustand das Molekül bei der elektronischen Anregung gelangt, hängt von der relativen Lage der Potentialkurven in den verschiedenen elektronischen Zuständen ab.

Abb. 3.4-13 zeigt uns drei Möglichkeiten. Der Gleichgewichtskernabstand im angeregten Zustand ist entweder größer (Abb. 3.4-13 a), gleich (Abb. 3.4-13 b), oder, was selten eintritt, kleiner (Abb. 3.4-13 c) als der Gleichgewichtskernabstand im Grund-

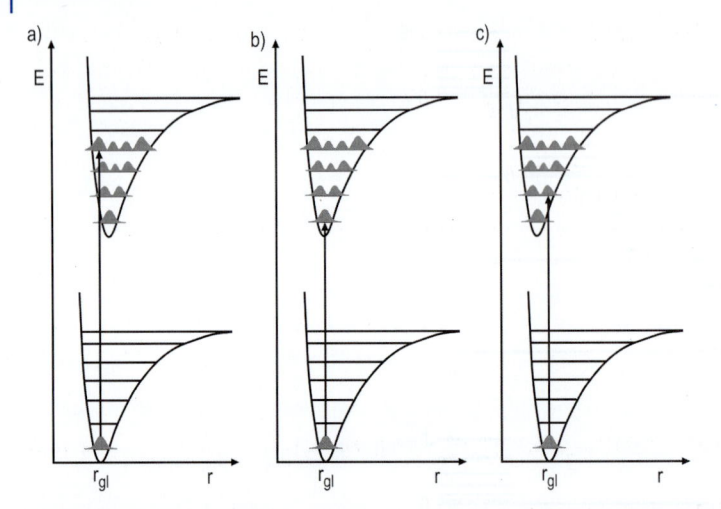

Abbildung 3.4-13 Zur Erläuterung des Franck-Condon-Prinzips bei Bindungslockerung (a), gleichem Gleichgewichtskernabstand (b) oder Bindungsfestigung im elektronisch angeregten Zustand gegenüber dem Grundzustand.

zustand. Für einige Schwingungsniveaus ist zusätzlich entsprechend Abb. 3.1-6 c die ψ^2-Funktion eingezeichnet. Bei senkrechter Anregung, darunter versteht man die elektronische Anregung ohne Änderung des Kernabstandes, wird das Molekül mit größter Wahrscheinlichkeit in den Schwingungszustand gelangen, der bei dem betreffenden Kernabstand den größten Wert für ψ^2 besitzt. (Die quantenmechanische Berechnung zeigt, dass es auf die Überlappung der Wellenfunktionen von Ausgangs- und Endzustand ankommt.) In den gezeigten Beispielen ist dies in Abb. 3.4-13a derjenige mit $v' = 3$, in Abb. 3.4-13 b der Grundzustand $v' = 0$ und in Abb. 3.4-13 c der Schwingungszustand mit $v' = 1$. Andere Übergänge sind prinzipiell auch möglich, zeigen jedoch eine deutlich niedrigere Intensität. Da in zweiatomigen Molekülen bei Raumtemperatur nach unseren Überlegungen in Abschnitt 3.4.4 nur der Grundzustand eine nennenswerte Population zeigt, geht die Absorption nur von diesem Zustand aus, und die Schwingungsstruktur der Elektronenbande spiegelt die Schwingungsenergien im elektronisch angeregten Zustand wider.

Beschränken wir uns zunächst auf die beiden ersten Terme von Gl. (3.4-100), so finden wir für die Wellenzahl $\tilde{v}_{e,v}$

$$\tilde{v}_{e,v} = \tilde{v}_e + \tilde{v}_0'\left(v' + \frac{1}{2}\right) - \tilde{v}_0' x_e'\left(v' + \frac{1}{2}\right)^2 - \tilde{v}_0''\left(v'' + \frac{1}{2}\right) + \tilde{v}_0'' x_e''\left(v'' + \frac{1}{2}\right)^2 \tag{3.4-102}$$

$\tilde{v}_e$ entspricht der Differenz der Minima der Potentialkurven im Grundzustand und im elektronisch angeregten Zustand. Wir müssen darauf achten, dass im Gegensatz zu den im Abschnitt 3.4.4 behandelten Schwingungsspektren bei Schwingungsanregung im gleichen elektronischen Zustand, hier v_0' und v_0'' bzw. x_e' und x_e'', d. h. die extrapolierte Wellenzahl der Grundschwingung und die Anharmonizitätskonstante für den oberen, mit ′ gekennzeichneten und den unteren, mit ″ gekennzeichneten Zustand nicht identisch sind, da sich die Potentialkurven unterscheiden.

Kommen wir nun schließlich noch zur Rotationsfeinstruktur der Elektronen-Bandenspektren. Hier gilt im Prinzip das gleiche, was wir bezüglich der Rotations-Schwingungsspektren besprochen haben. Wir können also analog zu Gl. (3.4-78) für die Differenz $F' - F''$ in Gl. (3.4-100) schreiben

$$\tilde{v}_r = F' - F'' = B'J'(J' + 1) - B''J''(J'' + 1) \tag{3.4-103}$$

Zu den Auswahlregeln $\Delta J = \pm 1$ kommt noch die mit $\Delta J = 0$, die den bereits erwähnten Q-Zweig zur Folge hat. Es gilt also entsprechend Gl. (3.4-80), (3.4-85) und (3.4-82)

$$\tilde{v}_r = 2B' + (3B' - B'')J'' + (B' - B'')J''^2 \qquad \text{(R-Zweig)} \tag{3.4-104}$$

$$\tilde{v}_r = (B' - B'')J'' + (B' - B'')J''^2 \qquad \text{(Q-Zweig)} \tag{3.4-105}$$

$$\tilde{v}_r = -(B' + B'')J'' + (B' - B'')J''^2 \qquad \text{(P-Zweig)} \tag{3.4-106}$$

Waren bei den Rotations-Schwingungsspektren die Unterschiede von B' und B'' klein und $B' < B''$, so sind in Anbetracht der unterschiedlichen Potentialkurven für die Zustände ′ und ″ die Unterschiede zwischen B' und B'' bei den Elektronenbandenspektren groß. Dies hat zur Folge, dass der Umkehrpunkt des R-Zweiges im Fortrat-Diagramm (Abb. 3.4-8) schon bei relativ niedrigen Werten von J'' auftritt, so dass sich durch die Häufung der Linien ein *Bandenkopf* oder eine *Bandenkante* ausbildet. Außerdem kann nun, wie uns Abb. 3.4-13c zeigt, der Gleichgewichtskernabstand im angeregten Zustand auch kleiner als im Grundzustand sein, was in diesem Fall zu $B' > B''$ führt. Dies wiederum hat zur Folge, dass im Fortrat-Diagramm der P-Zweig eine Umkehr zeigt, also auf der niederfrequenten Seite eine Bandenkante auftritt.

Die Diskussion der Elektronen-Bandenspektren hat uns gezeigt, dass diese Spektren wie die Rotations-Schwingungsspektren und Raman-Spektren geeignet sind, Moleküldaten wie Kernabstände und Kraftkonstanten zu liefern, und zwar unabhängig davon, ob es sich um homonukleare oder heteronukleare Moleküle handelt. Darüber hinaus liefern die Elektronen-Bandenspektren Aussagen über die Energiedifferenzen zwischen den verschiedenen elektronisch angeregten Zuständen, worauf wir im Abschn. 3.5 noch zurückkommen werden.

3.4.8
Emission aus elektronisch angeregten Zuständen

Bei den Atomspektren haben wir festgestellt, dass Absorptions- und Emissionsspektren identische Linienspektren sind. Bei den Röntgenspektren hatten wir gravierende Unterschiede zwischen beiden Spektrenarten erkannt. Wie sieht es nun

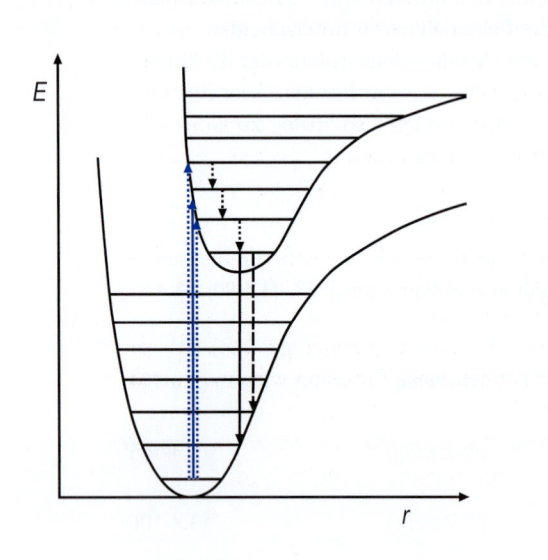

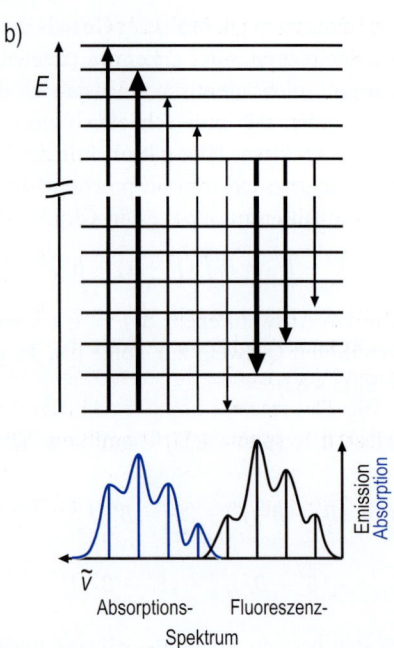

Abbildung 3.4-14 Zur Erläuterung der Fluoreszenz. (a) Potentialkurven und (b) Energieschema mit Absorptions- und Fluoreszenz-Spektrum.

mit den Emissionsspektren aus elektronisch angeregten Zuständen der Moleküle aus? Wir müssen bei den Molekülspektren beachten, dass wir es bei den verschiedenen Anregungszuständen mit unterschiedlichen Potentialkurven zu tun haben, die sich u. U. schneiden, wodurch weitere Mechanismen möglich werden. So beobachtet man verschiedene Erscheinungen, die wir getrennt behandeln wollen.

Fluoreszenz

Unter Fluoreszenz versteht man die spontane Emission von Licht, die nur so lange auftritt, wie die fluoreszierenden Moleküle durch Lichtabsorption angeregt werden. Ähnlich wie bei den Raman-Spektren beobachtet man die Fluoreszenz-Strahlung senkrecht zur Richtung der anregenden Strahlung. Es zeigt sich allgemein, dass das Fluoreszenz-Spektrum gegenüber dem Absorptionsspektrum nach niedrigen Wellenzahlen hin verschoben ist.

Abb. 3.4-14a gibt die Potentialkurven des Grundzustandes und des angeregten Zustandes wieder. Eingezeichnet sind einige Schwingungsniveaus. Die Anregung erfolgt unter Beachtung des Franck-Condon-Prinzips; das Absorptionsspektrum ist in Abb. 3.4-14 skizziert. Durch Wechselwirkung mit den umgebenden Molekülen kann das angeregte Molekül Schwingungsenergie verlieren. Diese Wechselwirkungen erlauben aber nicht den Abbau der elektronischen Anregungsenergie. Deshalb wird das angeregte Molekül sehr schnell strahlungslos in den elektronisch angeregten Schwingungsgrundzustand übergehen. In den elektronischen Grundzustand kann es gelangen, wenn Strahlung emittiert wird. Für eine Emission gilt nun wieder das Franck-Condon-Prinzip, da der Kernabstand während des Elektronenüberganges konstant bleibt. Das Molekül gelangt also von einem einheitlichen, elektronisch angeregten Zustand in Schwingungszustände des Grundzustandes. Die Struktur des Fluoreszenz-Spektrums wird demnach durch die Lage der Schwingungsniveaus des elektronischen Grundzustandes bestimmt. Die bei der Fluoreszenz abgestrahlte Energie ist wegen der strahlungslosen Energieverluste im elektronisch angeregten Zustand kleiner als die bei der Absorption aufgenommene. Das Fluoreszenz-Spektrum ist deshalb gegenüber dem Absorptionsspektrum nach kleineren Wellenzahlen hin verschoben (Abb. 3.4-14 b).

Die Fluoreszenz kommt dadurch zustande, dass das angeregte Molekül von selbst, d. h. spontan, Licht emittiert. Wir können diese Emission wie eine unimolekulare Zerfallsreaktion behandeln. Den Reziprokwert der Geschwindigkeitskonstanten nennt man Lebensdauer τ des angeregten Zustandes. Sie ist proportional zu ν^{-3} und liegt für sichtbares Licht im Bereich von Nanosekunden.

Phosphoreszenz

Bei verschiedenen Stoffen, besonders bei solchen, die ein schweres Atom enthalten, beobachtet man nach Anregung eine zeitlich stark verzögerte, spontane Emission von Licht, sog. Phosphoreszenz. Die Verzögerung kann Stunden betragen, das emittierte Licht ist wie bei der Fluoreszenz gegenüber dem anregenden nach kleineren Wellenzahlen verschoben.

Die Erklärung für diese Erscheinung liefert uns Abb. 3.4-15. Sie enthält neben der Potentialkurve für den elektronischen Grundzustand zwei sich schneidende Potentialkurven für elektronisch angeregte Zustände. Diese beiden unterscheiden sich darin, dass der energetisch höher liegende ein Singulett-, der energetisch tiefer liegende ein Triplettzustand ist. Im Grundzustand haben die beiden bindenden Elektronen (vgl. Abschnitt 3.5.2) antiparallelen Spin, das Gesamtspinmoment ist null, es liegt ein Singulettzustand vor. Bei der Anregung muss das angeregte Elektron nach den in Abschnitt 3.4.7 erwähnten Auswahlregeln seinen Spin behalten, so dass die beiden Elektronen im Grundzustand und im angeregten Zustand antiparallelen Spin behalten. Der angeregte Zustand ist deshalb ein Singulettzustand. Energetisch etwas niedriger liegt der Zustand, in dem das angeregte Elektron den gleichen Spin wie das Elektron im Grundzustand hat. Das Gesamt-Spinmoment ist dann $S = 1$, so dass drei Orientierungen bezüglich einer Vorzugsrichtung möglich sind. Wir sprechen deshalb von einem Triplettzustand.

Ist das Molekül durch Absorption in den Singulettzustand angeregt worden, so wird es, wie wir es bei der Fluoreszenz besprochen haben, durch Wechselwirkung mit der Umgebung strahlungslos Schwingungsenergie verlieren. Dabei wird ein Singulettzustand erreicht werden, der sich dadurch auszeichnet, dass sich die Potentialkurven von Singulett- und Triplettzustand schneiden. Obwohl an und für sich

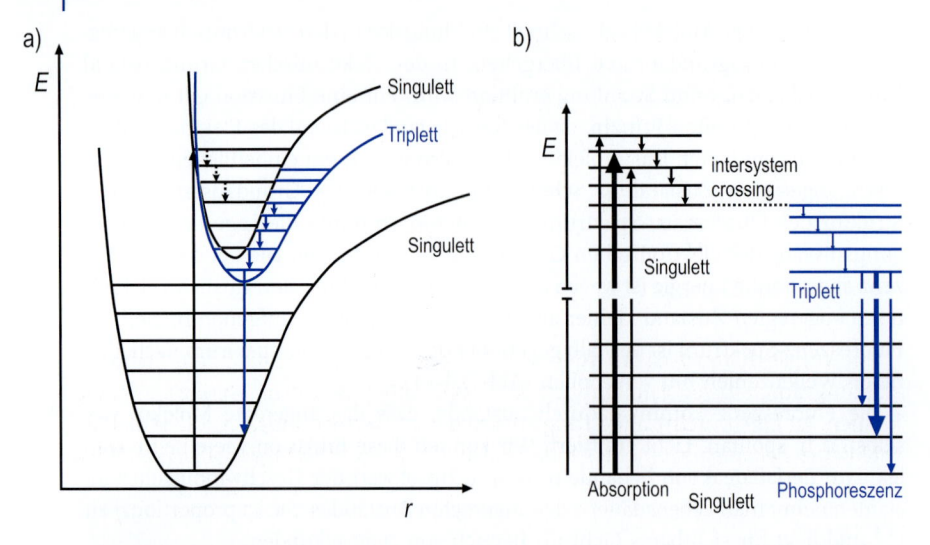

Abbildung 3.4-15 Zur Erläuterung der Phosphoreszenz. (a) Potentialkurven, (b) Energieschema mit Absorptions- und Phosphoreszenzspektrum.

eine Spinumkehr nicht erlaubt ist, kann diese Auswahlregel bei starker Spin-Bahn-Wechselwirkung, wie man sie bei Gegenwart eines schweren Atoms beobachtet, durchbrochen werden. Dann kann das Molekül von einem Singulettzustand in den energiegleichen Triplettzustand übergehen. Man bezeichnet diesen Prozess als *Intersystem crossing*. Die Leiter der Schwingungszustände hinab gelangt das Molekül schließlich strahlungslos in das tiefste Schwingungsniveau des elektronisch angeregten Triplettzustandes. Von diesem kann es nur unter Lichtemission in den Grundzustand kommen. Der Übergang ist jedoch mit einer Spinumkehr verbunden und deshalb verboten. Nur dank der Spin-Bahn-Wechselwirkung kann dies Verbot durchbrochen werden, der Prozess ist aber unwahrscheinlich und daher zeitlich stark verzögert. Wie die Fluoreszenz stellt die Phosphoreszenz eine spontane Emission dar.

Laser

Neben der spontanen Emission von Licht, bei der das Photon statistisch in verschiedene Richtungen emittiert wird, gibt es auch eine stimulierte (s. Abschn. 3.4.2). Sie tritt dann auf, wenn Licht geeigneter Frequenz auf ein angeregtes Molekül fällt. Dieses sendet dann Licht aus, das mit gleicher Phase genau in Richtung des einfallenden Lichtes läuft und dieses verstärkt.

In Abb. 3.4-16 ist das schematisch dargestellt. Es handelt sich um eine Lichtverstärkung durch stimulierte Emission von Strahlung, was auf Englisch *l*ight *a*mplification by *s*timulated *e*mission of *r*adiation heißt. Daraus resultiert die Bezeichnung *Laser*.

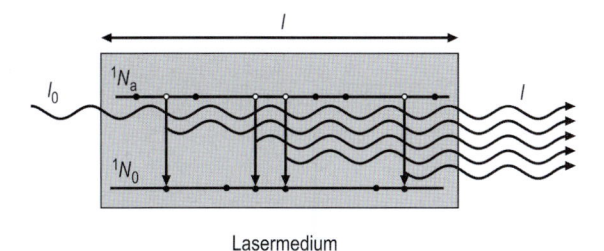

Abbildung 3.4-16 Zum Laser-Effekt.

Ein Vergleich von Abb. 3.4-16 mit Abb. 3.4-1 zeigt uns, dass wir die Lichtverstärkung durch Laser ganz ähnlich wie das Lambert-Beer'sche Gesetz herleiten können. Ist l die durchstrahlte Länge des aktiven Lasermediums, ^1N_a die Molekülzahldichte der angeregten Moleküle und $\sigma(\lambda)$ der wellenlängenabhängige Wirkungsquerschnitt der stimulierten Emission, so gilt entsprechend Gl. (3.4-1)

$$dI = \sigma(\lambda)\,^1N_a\,I\,dx \tag{3.4-107}$$

oder zwischen $x = 0$ und $x = l$ integriert und umgeschrieben,

für Lichtverstärkung

$$I = I_0 e^{\sigma(\lambda)\,^1N_a\,l} \tag{3.4-108}$$

Wir sehen, dass die austretende Intensität I um so größer ist, je größer I_0, $\sigma(\lambda)$, ^1N_a und l sind. Der durch Gl. (3.4-108) gegebenen Verstärkung steht die Lichtschwächung durch Absorption entgegen. Wir können in Analogie zum Lambert-Beer'schen Gesetz

die Lichtschwächung durch

$$I = I_0 e^{-\sigma(\lambda)\,^1N_0\,l} \tag{3.4-109}$$

ausdrücken. Dabei ist $^1N_0$ die Molekülzahldichte der Moleküle im Grundzustand. Der Wirkungsquerschnitt ist für Absorption und stimulierte Emission der gleiche.

Da Absorption und stimulierte Emission gleichzeitig stattfinden, hat dies eine wichtige Konsequenz. Es kann zu einer Lichtverstärkung nur kommen, wenn $^1N_a > {}^1N_0$ ist, d.h., wenn sich die Mehrzahl der Moleküle in einem angeregten Zustand befindet. Man spricht dann von *Inversion*.

So etwas kann in einem *Zwei-Niveau-System*, in dem nur der Grundzustand und ein angeregter Zustand in Betracht zu ziehen sind, nicht geschehen. Hier kann es selbst

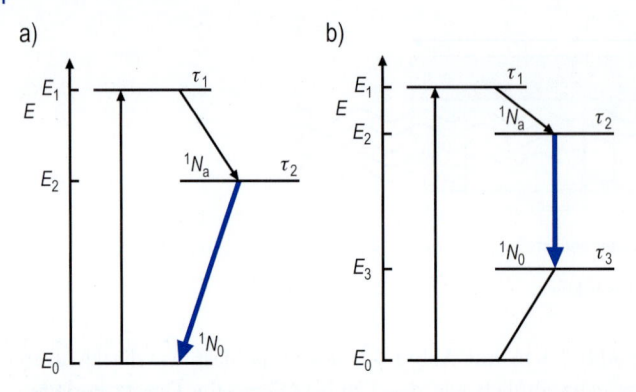

Abbildung 3.4-17 Stimulierte Emission in einem Drei- (a) und einem Vier-Niveau-System (b).

bei sehr intensiver Anregung höchstens zu einer Gleichverteilung der Moleküle auf die beiden Zustände kommen.

Anders liegen die Verhältnisse bei einem *Drei-* oder *Vier-Niveau-System*, wie sie in Abb. 3.4-17 skizziert sind. Hier kann man durch sog. *optisches Pumpen* eine vom thermischen Gleichgewicht abweichende Besetzung erreichen, bei der $^1N_a > {}^1N_0$ ist. Durch Einstrahlen von Licht geeigneter Frequenz werden die Moleküle vom Grundzustand 0 in den angeregten Zustand 1 gebracht. Durch Fluoreszenz oder einen strahlungslosen Übergang gelangen sie in den Zustand 2. Ist die Lebensdauer des Zustandes 2 viel größer als die des Zustandes 1 ($\tau_2 \gg \tau_1$), so kann sich im Zustand 2 eine hohe Population aufbauen. Durch stimulierte Emission kann das System dann entweder in den Grundzustand (Fall a) oder in den angeregten Zustand 3 (Fall b) übergehen. Letzterer muss eine viel kleinere Lebensdauer als Zustand 2 haben ($\tau_2 \gg \tau_3$), so dass die Moleküle sehr schnell vom Zustand 3 (durch Fluoreszenz oder strahlungslos) schließlich ebenfalls in den Grundzustand gelangen. Wesentlich ist, dass die Population des Zustandes, der durch die stimulierte Emission erreicht wird, äußerst gering ist. Dies ist im Vier-Niveau-System eher gegeben als im Drei-Niveau-System.

Die enorme, für Laser charakteristische Verstärkung erreicht man nicht durch eine einmalige stimulierte Emission der beschriebenen Art, sondern durch Rückkopplung, die zu einem *Laseroszillator* führt. Abb. 3.4-18 zeigt schematisch den

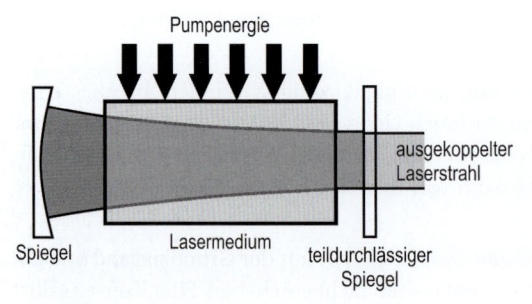

Abbildung 3.4-18 Aufbau eines Laseroszillators.

Aufbau. Das Lasermedium befindet sich zwischen zwei Spiegeln, von denen der eine eine vollständige Reflexion des Lichts gewährleistet, während der andere einen kleineren Reflexionskoeffizienten hat, also teildurchlässig ist (Perot-Fabry-Resonator). Durch eine geeignete Maßnahme (z. B. durch eine Blitzlampe) wird das Lasermedium angeregt. Ein Photon möge spontan zufällig in Richtung der Resonatorachse emittiert werden. Es regt dann in der in Abb. 3.4-16 gezeigten Art ein Nachbarmolekül zur stimulierten Emission an. Beim Durchlaufen des Mediums tritt eine Verstärkung ein. Das aus dem Lasermedium austretende Licht wird am Spiegel reflektiert und durchläuft das Medium in umgekehrter Richtung, trifft auf den zweiten Spiegel, wird erneut reflektiert und so fort. Allerdings werden nur solche Photonen, die sich exakt parallel zur Resonatorachse bewegen, mehrere Reflexionen an den Spiegeln überstehen und zur Verstärkung der Lichtintensität beitragen. Das hat zur Folge, dass der austretende Laserstrahl scharf gebündelt ist und eine nur geringe Divergenz aufweist. Wenn die Resonatorlänge L ein ganzzahliges Vielfaches der halben Wellenlänge des Laserlichtes ist, werden hin- und rücklaufendes Licht stets in Phase sein, so dass sich eine Schwingung aufschaukelt. Durch den teildurchlässigen Spiegel lässt sich kontinuierlich ein Laserstrahl auskoppeln. Man muss nur darauf achten, dass die Verstärkung die Reflexionsverluste kompensiert.

Der große Vorteil der Laserstrahlung liegt nicht nur in der erreichbaren hohen Intensität, sondern besonders in der Kohärenz und der guten Monochromasie des Lichtes. Alle Teilchen, die durch die einfallende Lichtwelle zur induzierten Emission gezwungen werden, emittieren phasengleich, unabhängig von ihrer räumlichen Verteilung.

Die Lasertechnik hat seit ihrer Entdeckung in den sechziger Jahren des vorigen Jahrhunderts eine stürmische Entwicklung erfahren. Sie ist für die Naturwissenschaften, für die Technik und für die Medizin gleichermaßen unverzichtbar geworden. Entsprechend den unterschiedlichen Anwendungen ist eine Vielzahl von Lasertypen entwickelt worden. Das Lasermedium kann ein Festkörper, eine Flüssigkeit oder ein Gas sein. Die für die Anregung des Lasermediums erforderliche Energie kann nicht nur durch Einstrahlung von Licht (optisch gepumpte Laser) sondern auch durch Elektronenstrahlen, Teilchenstrahlen, unmittelbare Zufuhr elektrischer Energie (Gasentladung) oder mit Hilfe einer chemischen Reaktion erfolgen.

3.4.9
Photoelektronen-Spektroskopie

Die Elektronen-Bandenspektren lieferten uns eine Information über die relative energetische Lage der Orbitale, eine Information, die für die Diskussion der chemischen Bindung, wie wir sie im Abschnitt 3.5 durchführen werden, sehr wichtig ist. Es gibt aber noch eine weitere Möglichkeit, solche Energien zu messen. Wir knüpfen dabei an die Ausführungen im Abschnitt 1.4.5 über den photoelektrischen Effekt an. Das Einsteinsche Frequenzgesetz [Gl. (1.4-34)] besagt, dass die Energie $h\nu$ des eingestrahlten Lichtes gleich der Summe aus der Elektronenaustrittsarbeit $e\Phi$ und der kinetischen Energie der emittierten Elektronen ist.

Der Prozess der Photoionisation ist nicht auf Metalle beschränkt. Wir können ihn ebensogut bei der Wechselwirkung von Photonen mit freien Molekülen beobachten. An die Stelle der Elektronenaustrittsarbeit tritt dann die Ionisierungsenergie I_i:

$$hv = I_i + \frac{1}{2} m v_e^2 \qquad (3.4\text{-}110)$$

Strahlen wir monochromatisches Licht der Frequenz v ein, so können wir Elektronen aus unterschiedlichen Orbitalen i herausschlagen. Sie unterscheiden sich in ihrer kinetischen Energie $\frac{1}{2} m v_e^2$

Gl. (3.4-110) sagt uns bereits, was wir für die Aufnahme eines Photoelektronenspektrums benötigen: eine Quelle für monochromatische Strahlung und einen Energieanalysator für die Elektronen. Wie bei allen Methoden, die sich der Messung von Elektronenenergien bedienen, müssen die Messungen unter Hochvakuum ausgeführt werden, was eine spezielle Probenpräparation voraussetzt.

Die Wahl der Lichtquelle wird dadurch bestimmt, ob energetisch hochliegende Valenzorbitale untersucht werden sollen, deren Ionisierungsenergie einige Elektronenvolt beträgt *(Ultraviolett-Photoelektronen-Spektroskopie, UPS)*, oder energetisch tiefliegende Rumpforbitale, für deren Ionisation Energien in der Größenordnung von keV aufgebracht werden müssen *(Röntgen-Photoelektronen-Spektroskopie, XPS)*.

Für erstere wählt man oft eine He-Gasentladungslampe, die eine monochromatische Strahlung bei 21.22 eV (HeI) bzw. 40.81 eV (HeII) emittiert. Für die Untersuchung von Rumpfniveaus bedient man sich meist der Röntgenstrahlung Al-K_α (1486.6 eV), Mg-K_α (1253.6 eV) oder Cr-K_α (5420 eV).

Die Energieanalyse der Elektronen geschieht im Prinzip ebenso, wie wir es im Abschnitt 1.4.5 beim photoelektrischen Effekt besprochen haben. Man bremst die Elektronen zunächst durch ein variables Gegenfeld ab und lässt sie dann in einen Analysator eintreten, in dem sie so durch ein elektrisches Feld abgelenkt werden, dass nur Elektronen einer bestimmten Eintrittsenergie auf den Detektor treffen. Durch die Variation des Gegenfeldes gelangen nacheinander Elektronen unterschiedlicher kinetischer Energie auf den Detektor.

Abb. 3.4-19 zeigt das UP-Spektrum von Kohlenmonoxid. Wir erkennen drei getrennte Bereiche der kinetischen Energie der Elektronen, die der Ionisation dreier verschiedener Orbitale zukommen. Zur Berechnung von Ionisierungsenergien verwendet man oft das sog. Koopmans'sche Theorem. (Gl. 3.5-110), auf das wir bei der Diskussion der Mehrelektronen-Schrödinger-Gleichung für Moleküle in Abschnitt 3.5.5 zu sprechen kommen werden. Die Feinstruktur ist wieder auf unterschiedliche Schwingungsanregung zurückzuführen.

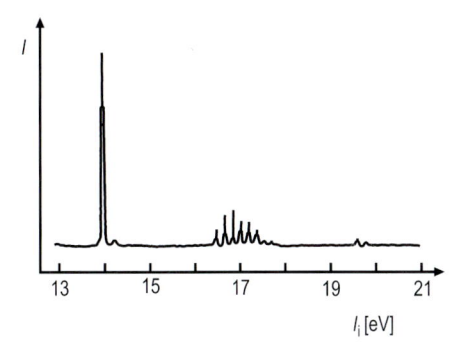

Abbildung 3.4-19 He(I)-UP-Spektrum von Kohlenmonoxid.

In erster Näherung können wir davon ausgehen, dass die Rumpfniveaus durch die Bindung eines Atoms an ein anderes nicht beeinflusst werden. Dann sollte ein XP-Spektrum charakteristisch für ein bestimmtes Atom sein. Unabhängig davon, ob dieses Atom als isoliertes Atom in der Gasphase, gebunden im Festkörper des betreffenden Elements oder gebunden an ein anderes Atom vorliegt, sollte sich dasselbe Spektrum ergeben. Das ist näherungsweise tatsächlich der Fall, weshalb solche Spektren zur chemischen Analyse herangezogen werden. Man nennt diese Methode deshalb auch *electron spectroscopy for chemical analysis*, kurz ESCA.

Bei einer genaueren Analyse findet man jedoch eine zwar kleine, doch gut messbare Beeinflussung der Bindungsenergie der Rumpfelektronen durch die chemische Umgebung. Das bedeutet, dass eine *chemische Verschiebung* auftritt. Dadurch wird die Aussagekraft der Röntgen-Photoelektronen-Spektroskopie noch wesentlich erhöht.

Wir haben im Abschnitt 3.2.5 und in diesem Abschnitt drei spektroskopische Methoden kennengelernt, die Auger-Elektronen-Spektroskopie (AES) und die beiden Photoelektronen-Spektroskopien UPS und XPS, die sich grundlegend von den anderen besprochenen Spektroskopien unterscheiden. Bei ihnen wird nämlich nicht das absorbierte oder emittierte Licht spektroskopiert, sondern es werden Elektronen bezüglich ihrer Energie analysiert. Das hat zwei wichtige Konsequenzen: Zum einen muss man bei den Elektronen-Spektroskopien wegen der Wechselwirkung der freigesetzten Elektronen mit der Materie unter sehr niedrigem Druck arbeiten; zum anderen haben die Elektronen wegen dieser Wechselwirkung nur eine sehr geringe Eindringtiefe in bzw. Austrittstiefe aus kondensierte(r) Materie. Das bedeutet aber, dass die Elektronen-Spektroskopien im Fall von kondensierter Materie nur eine Information über die Zustände in einer wenige Atomlagen dicken Oberflächenschicht liefern. Man sagt, sie seien *oberflächensensitiv*. Deshalb sind sie für die Physikalische Chemie der Grenzflächen, d. h. bei Untersuchungen über Adsorption und heterogene Katalyse (s. Abschn. 6.7.3) von außerordentlicher Bedeutung.

Abb. 3.4-20 zeigt drei Spektren, bei denen Elektronen aus dem O1s-Niveau spektroskopiert wurden. Im Fall a) wurde bei etwa 100 K Kohlendioxid, im Fall b) Kohlenmonoxid und im Fall c) Sauerstoff auf einer Fe(110)-Einkristallfläche adsorbiert.

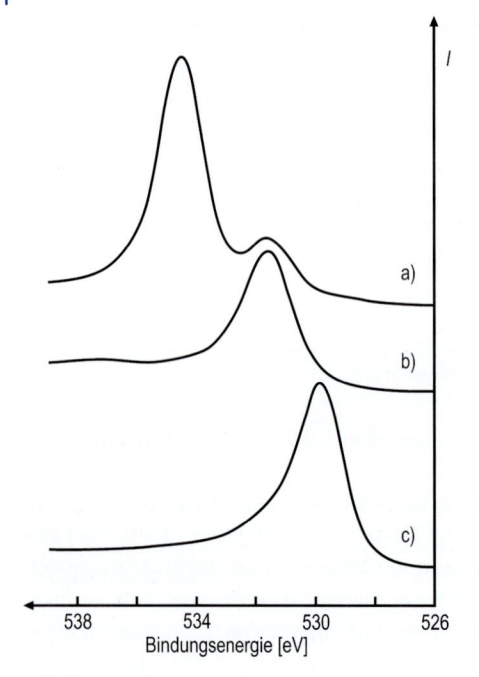

Abbildung 3.4-20 XP-Spektrum des Sauerstoffs (O1s) von Kohlendioxid (a), Kohlenmonoxid (b) und atomarem Sauerstoff (c) auf einer Fe(110)-Fläche.

Man erkennt, dass die Bindungsenergien der O1s-Elektronen um 1.7 eV bzw. 4.6 eV variieren, wenn der Sauerstoff nicht direkt als Atom an das Eisen gebunden ist (c), sondern an den Kohlenstoff im chemisorbierten Kohlenmonoxid (b) oder im kondensierten, linearen Kohlendioxid (a). Man erkennt aus der Abbildung auch, dass im Fall des Kohlendioxids beim Kontakt mit dem Eisen bereits ein geringfügiger Zerfall in Kohlenmonoxid und Sauerstoff eintritt.

Da die bei XPS zur Anregung verwendeten Photonen natürlich auch einen Auger-Elektronen-Prozess auslösen können, enthalten XP-Spektren immer auch Signale, die von Auger-Prozessen herrühren. Diese lassen sich aber sofort durch Wechsel der Anregungsenergie hν erkennen, da die kinetische Energie der Auger-Elektronen nicht von der Anregungsenergie abhängt (vgl. Gl. (3.2-21)).

3.4.10
Die magnetische Resonanz

Wie wir im Abschnitt 3.1.4 gesehen haben, ist dem um seine Achse rotierenden Elektron ein magnetisches Spinmoment $\vec{m}_s$ zuzuordnen, das zu einer Orientierung im Magnetfeld Anlass gibt (Abb. 3.1-24).

Eine entsprechende Erscheinung hat man bei zahlreichen Atomkernen beobachtet. Auch sie rotieren um ihre eigene Achse, haben also einen Eigendrehimpuls, den

Kernspin. Dieser führt zum Auftreten eines magnetischen Kernspinmoments und zu einer Orientierung im Magnetfeld.

> Auf die Wechselwirkung des Elektronen- bzw. Kernspins mit dem magnetischen Feld gründen sich zwei wichtige spektroskopische Methoden, die *Elektronenspinresonanz* (ESR, allgemeiner als *electron paramagnetic resonance* EPR bezeichnet) und die *Kernspinresonanz (nuclear magnetic resonance*, NMR). Da beide Methoden viel Gemeinsames haben, wollen wir dieses Gemeinsame der speziellen Betrachtung der ESR und NMR voranstellen.
>
> Das Elektron besitzt den Spin $\vec{s}$. Der Kern ist aus den Nukleonen aufgebaut, deren Spins sich zum gesamten Kernspin $\vec{I}$ vektoriell zusammensetzen.

Als Drehimpuls ist der Spin gequantelt. Für den Elektronenspin haben wir dies in Gl. (3.1-185) formuliert.

> Für den Kernspin gilt entsprechend
>
> $$|\vec{I}| = \hbar\sqrt{I(I+1)} \qquad (3.4\text{-}111)$$
>
> wobei wir die Kernspinquantenzahl mit I bezeichnen.

Die Elektronenspinquantenzahl hat nur einen Wert, nämlich $s = 1/2$. Die Kernspinquantenzahl lässt sich nicht allgemein voraussagen. Doch gibt es einige Regeln:

> 1. Ist sowohl die Protonen- als auch die Neutronenzahl gerade, so ist die Kernspinquantenzahl null. Deshalb haben beispielsweise ^{12}C und ^{16}O keinen Kernspin.
> 2. Ist die Protonenzahl gerade und die Neutronenzahl ungerade, oder umgekehrt, so liegt eine halbzahlige Spinquantenzahl vor. ^{1}H, n, ^{13}C, ^{15}N, ^{19}F und ^{31}P haben die Kernspinquantenzahl 1/2.
> 3. Ist schließlich sowohl die Protonen- als auch die Neutronenzahl ungerade, so findet man eine ganzzahlige Spinquantenzahl. Als Beispiel mit $I = 1$ seien ^{2}H und ^{14}N genannt.
>
> Bislang hat man Kernspinquantenzahlen zwischen 0 und 6 beobachtet.

Für den Zusammenhang zwischen dem magnetischen Moment $\vec{m}$ und dem Bahndrehimpuls $\vec{l}$ haben wir Gl. (3.1-179) gefunden, für die wir mit dem gyromagnetischen Verhältnis

$$\gamma = -\frac{e}{2m_e} \qquad (3.1\text{-}182)$$

schreiben können

$$\vec{m}_l = \gamma \cdot \vec{l} \qquad (3.4\text{-}112)$$

oder, nach Einführen des Bohr'schen Magnetons,

$$\mu_B = \frac{e\hbar}{2m_e} \tag{3.1-183}$$

$$|\vec{m}_l| = |-\mu_B \sqrt{l(l+1)}| \tag{3.4-113}$$

Als Besonderheit des Elektronenspins haben wir gesehen, dass das magnetische Spinmoment um den g-Faktor des Elektrons größer ist, als Gl. (3.4-113) entsprechen würde. Es galt

$$\vec{m}_s = g_e \gamma \vec{s} = \gamma_e \vec{s} \tag{3.4-114}$$

und für das

> **magnetische Spinmoment des Elektrons**
>
> $$|\vec{m}_s| = |-g_e \mu_B \sqrt{s(s+1)}| \tag{3.4-115}$$

Das gyromagnetische Verhältnis des Elektrons ist also

$$\gamma_e = -\frac{g_e \cdot e}{2m_e} \tag{3.4-116}$$

Wie sind nun die entsprechenden Verhältnisse bei den Kernen? An die Stelle des gyromagnetischen Verhältnisses γ_e des Elektrons und des Bohr'schen Magnetons, in die die Elektronenmasse eingeht, treten das gyromagnetische Verhältnis γ_N des Kerns und das Kernmagneton μ_N, die sich auf die Masse des Kerns bzw. des Protons beziehen, die also gegeben sind durch

$$\gamma_N = +\frac{g_N e}{2m_N} \tag{3.4-117}$$

$$\mu_N = \frac{e\hbar}{2m_p} = 5.050824 \cdot 10^{-27} \, \text{JT}^{-1} \tag{3.4-118}$$

Für den g-Faktor des Elektrons müssen wir den Kern-g-Faktor g_N setzen. Wir erhalten also für das magnetische Kernmoment $\vec{m}_I$

$$\vec{m}_I = g_N \gamma \vec{I} = \gamma_N \cdot \vec{I} \tag{3.4-119}$$

> Da γ_N im Gegensatz zu γ_e positiv ist (positive Kernladung), ist das magnetische Kernmoment parallel zum Drehimpuls des Kerns. Mit Gl. (3.4-111) erhalten wir
>
> $$|\vec{m}_I| = g_N \mu_N \sqrt{I(I+1)} \tag{3.4-120}$$

Bringen wir das Elektron oder den Kern mit einem Eigendrehimpuls in ein Magnetfeld (z-Richtung), so kann sich der Elektronenspin bzw. der Kernspin nur so einstellen, dass seine z-Komponente einen der Werte

$$|\vec{s}_z| = \hbar |m_s| \tag{3.4-121}$$

beim Elektron und

$$|\vec{I}_z| = \hbar |m_I| \tag{3.4-122}$$

beim Kern einnimmt, wobei

$$m_s = \pm s = \pm \frac{1}{2} \tag{3.4-123}$$

und

$$m_I = -I, -I+1, \ldots, I-1, I \tag{3.4-124}$$

annehmen kann. Dies ist in den Abbildungen 3.1-21 und 3.1-24 für den Bahndrehimpuls und für den Elektronenspin skizziert.

Die magnetischen Momente in Richtung des Magnetfeldes sind dann entsprechend Gl. (3.4-115) bzw. Gl. (3.4-120)

$$|\vec{m}_{sz}| = |-g_e \mu_B m_s| \tag{3.4-125}$$

für das Elektron und

$$|\vec{m}_{Iz}| = |g_N \mu_N m_I| \tag{3.4-126}$$

für den Kern.
Bringen wir einen magnetischen Dipol mit dem magnetischen Moment $\vec{m}_z$ (in Richtung des Feldes) in ein Magnetfeld, so beträgt die potentielle magnetische Energie

$$E = -\vec{m}_z \cdot \vec{B} \tag{3.4-127}$$

Somit erhalten wir für das Elektron bzw. den Kern mit Eigendrehimpuls mit Gl. (3.4-125) und (3.4-126)

$$E = g_e \mu_B m_s B \tag{3.4-128}$$

bzw.

$$E = -g_N \mu_N m_I B \tag{3.4-129}$$

Das unterschiedliche Vorzeichen resultiert wie beim magnetischen Moment aus der unterschiedlichen Ladung von Elektron und Kern.

Wir wollen uns bei der NMR auf die Diskussion des Protons beschränken, für das die Kernspinquantenzahl 1/2 ist und dessen g-Faktor 2.79270 ist. Wir haben also wie beim Elektron $\left(m_s = \pm \dfrac{1}{2}\right)$ für m_I die Werte $+1/2$ und $-1/2$. Damit ergeben sich aus Gl. (3.4-128)

$$E_{+1/2} = \frac{1}{2} g_e \mu_B B = 9.285 \cdot 10^{-24} \, \text{JT}^{-1} \cdot B$$
$$E_{-1/2} = -\frac{1}{2} g_e \mu_B B = -9.285 \cdot 10^{-24} \, \text{JT}^{-1} \cdot B \tag{3.4-130}$$

und aus Gl. (3.4-129)

$$E_{+1/2} = -\frac{1}{2} g_p \mu_N B = -14.106 \cdot 10^{-27} \, \text{JT}^{-1} \cdot B$$
$$E_{-1/2} = \frac{1}{2} g_p \mu_N B = 14.106 \cdot 10^{-27} \, \text{JT}^{-1} \cdot B \tag{3.4-131}$$

Wir sehen zum einen, dass beim Elektronenspin der Zustand mit $m_s = -1/2$ der energetisch günstigere ist, während beim Kernspin der Zustand mit $m_I = +1/2$ energetisch begünstigt ist, zum anderen, dass der Effekt beim Elektronenspin um etwa drei Zehnerpotenzen größer ist. Abb. (3.4-21) zeigt uns die durch das Magnetfeld bewirkten Aufspaltungen. Sie sind nach Gl. (3.4-130) und (3.4-131)

$$\Delta E = g_e \mu_B B = 18.57 \cdot 10^{-24} \, \text{JT}^{-1} \cdot B \tag{3.4-132}$$

beim Elektron und

$$\Delta E = g_p \mu_N B = 28.21 \cdot 10^{-27} \, \text{JT}^{-1} \cdot B \tag{3.4-133}$$

beim Proton.

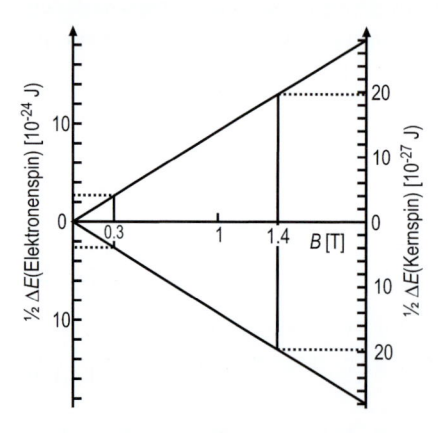

Abbildung 3.4-21 Durch das Magnetfeld mit der Flussdichte B bewirkte Aufspaltung der Zustände mit $m = \pm \dfrac{1}{2}$ beim Elektron und beim Proton.

Bei der ESR ist es üblich, mit magnetischen Flussdichten von 0.3 T zu arbeiten, während man bei der NMR bevorzugt höhere Felder, beispielsweise 1.41 T als untere Grenze, verwendet.

So, wie wir es bei den Rotations- und Schwingungsspektren getan haben, wollen wir das Verhältnis der Population des energetisch höher liegenden Zustandes (h) zu der des energetisch tiefer liegenden (t) ausrechnen:

$$\frac{N_h}{N_t} = e^{-\Delta E/kT} \tag{3.4-134}$$

Für eine Temperatur von 300 K errechnen wir für die ESR bei $B = 0.3$ T $N_h/N_t = 0.99866$ und für die NMR bei $B = 1.41$ T $N_h/N_t = 0.9999904$. In Anbetracht der sehr kleinen Energiedifferenzen sind auch die Unterschiede in der Population klein.

> Das thermische Gleichgewicht, das sich in Gl. (3.4-134) ausdrückt, können wir stören, wenn wir, genau wie bei den in den Abschnitten 3.4.3 bis 3.4.7 besprochenen Spektren, Energie in Form elektromagnetischer Wellen einstrahlen, deren Energie mit dem Abstand der Niveaus übereinstimmt. Es muss gelten
> $h\nu_{res} = \Delta E$
> $$2\pi \nu_{res} = \gamma_{e,N} B \tag{3.4-135}$$
> wobei für ΔE Gl. (3.4-132) bzw. (3.4-133) einzusetzen ist.

Es wird sowohl in der ESR als auch in der NMR eine wichtige Aufgabe sein, diese Resonanzbedingung aufzusuchen. Das kann entweder bei fester Magnetfeldstärke durch Variation von ν oder bei einer festen Frequenz ν durch Variation von B geschehen.

Die bei den Resonanzexperimenten beobachtete makroskopische Magnetisierung entspricht gerade dem geringen Überschuss der Spin- bzw. Kernspinmomentkomponente, die in Antiparallel- bzw. Parallelstellung zum starken äußeren Magnetfeld B steht. Im thermischen Gleichgewicht ergibt sich für die makroskopische Magnetisierung

$$M_0 = \chi_0 H_z \tag{3.4-136}$$

wobei

$$\chi_0 = {}^1N\mu_0 \frac{|\vec{m}_z|^2}{3kT} \tag{3.4-137}$$

ist, wie wir dies für den Paramagnetismus im Abschnitt 3.3.2 [Gl. (3.3-54)] abgeleitet haben. Im Fall der Kernmagnetisierung nennt man χ_0 die statische Kernsuszeptibilität.

> Die in die Gleichungen (3.4-132) bzw. (3.4-133) einzusetzende magnetische Flussdichte ist die am Ort des Elektrons oder Kerns wirkende ($B_{loc} = \mu_0 H_{loc}$).

> Infolge des Einflusses der chemischen Umgebung ist sie ein wenig von der des angelegten Feldes verschieden. Da die Elektronendichte je nach der chemischen Bindung unterschiedlich ist, findet man eine von ihr abhängige Resonanzverschiebung *(chemische Verschiebung)*, die für Fragen der Strukturaufklärung sehr wichtig ist.

Ein Energieaustausch zwischen den beiden verschiedenen Spinzuständen ist nur durch induzierte Übergänge, d. h. über eine Kopplung durch magnetische (oder elektrische) Felder möglich, die die Resonanzbedingung Gl. (3.4-135) erfüllen. Eine spontane Emission, wie sie in Gl. (3.4-36) berücksichtigt ist, spielt bei der NMR keine Rolle, da das Verhältnis A_{mn}/B_{mn} nach Gl. (3.4-40) ν^3 proportional und deshalb im Gegensatz zu den Verhältnissen bei der optischen Spektroskopie extrem klein ist. Ohne Gegenwert eines Magnetfeldes sind gleich viele Elektronen oder Kerne in den Zuständen α und β. Wir müssen uns deshalb die Frage stellen, wie sich nach dem Einschalten des zeitlich konstanten Magnetfeldes B das neue, durch Gl. (3.4-134) beschriebene Gleichgewicht einstellen kann. Spins oder Kernspins der einem betrachteten Spin oder Kernspin benachbarten Teilchen, der Atome oder Moleküle des sog. Gitters, können aufgrund der regellosen Wärmebewegung, der sie unterworfen sind, am Ort des betreffenden Spins oder Kernspins zufällig magnetische Wechselfelder der erforderlichen Frequenz erzeugen. Die so zustandekommende Einstellung des Gleichgewichts kann man als Reaktion 1. Ordnung beschreiben. Den Reziprokwert der Geschwindigkeitskonstanten nennt man *Spin-Gitter-Relaxationszeit* T_1, auch *longitudinale Relaxationszeit*.

Der gleiche Prozess ist auch dafür verantwortlich, dass wir überhaupt ständig die Absorption der Frequenz ν_{res} [Gl. (3.4-135)] beobachten können, denn durch die Absorption der Strahlung wird der durch Gl. (3.4-134) im statischen Magnetfeld vorliegende Unterschied in den Besetzungszahlen abgebaut, indem N_h größer und N_t kleiner wird, bis schließlich $N_h = N_t$ ist und *Sättigung* vorliegt. In diesem Zustand würden durch das elektromagnetische Wechselfeld ebenso viele Übergänge $\alpha \rightarrow \beta$ wie $\beta \rightarrow \alpha$ induziert, so dass keine Absorption mehr zu beobachten wäre. Dank der Spin-Gitter-Relaxation kehren aber die Elektronen oder Kerne aus dem energetisch höheren in den energetisch tieferen Zustand zurück. Ist T_1 klein genug, so verläuft dieser Vorgang so schnell, dass trotz Einschalten des Wechselfeldes die Verteilung nach Gl. (3.4-134) erhalten bleibt. Die absorbierte Energie wird durch die Spin-Gitter-Relaxation von der Umgebung aufgenommen und als Wärme verteilt.

T_1 beeinflusst die Lebensdauer des angeregten Zustandes und damit die Linienbreite. Für diesen Effekt ist allerdings zusätzlich noch eine zweite Relaxation, die mit Hilfe der Relaxationszeit T_2 beschriebene sog. *transversale* oder *Spin-Spin-Relaxation*, verantwortlich. Sie führt zu einer *Phasenrelaxation*. Die kohärente monochromatische Anregung nach Gl. (3.4-135) sorgt dafür, dass zwischen den Bewegungen der angeregten Spins in einer Probe zunächst eine feste Phasenbeziehung besteht. Die Inhomogenität des Magnetfeldes, der Energieaustausch zwischen zwei Kernen und die Spin-Gitter-Relaxation sind dafür verantwortlich, dass die Phasenbeziehung zerstört und eine willkürliche Phasenverteilung im Gleichgewicht eingestellt wird.

Kernresonanz-Spektroskopie

Abb. 3.4-22 zeigt uns den prinzipiellen Aufbau eines Kernresonanz-Spektrometers. Ein Elektromagnet liefert das erforderliche Magnetfeld großer Homogenität mit einer magnetischen Flussdichte bis zu 11.75 T (Protonenresonanz bei 500 MHz). Die Variation des Magnetfeldes zum Aufsuchen der Resonanzbedingung erreicht man durch zusätzliche Magnetspulen, die sog. Sweep-Spulen. Das zum Anregen der Kerne eingestrahlte Wechselfeld muss entsprechend Gl. (3.4-135) gewählt werden. Es liegt im Bereich der Radiofrequenzen. Die Hochfrequenz wird über Senderspulen senkrecht zum Magnetfeld eingestrahlt. Die Absorption der Energie ist mit einem Umklappen der Kernspins verbunden, was, wie wir diskutiert haben, zu einer Änderung der Magnetisierung führt. Dies induziert eine Spannung in der Empfängerspule, die die Probe mit ihrer Achse senkrecht zum Magnetfeld und zum Hochfrequenzfeld umgibt.

Von den Anwendungsgebieten der Kernresonanz-Spektroskopie wollen wir hier die Strukturaufklärung ansprechen.

In Gl. (3.4-133) ist die am Ort des Kerns herrschende magnetische Flussdichte einzusetzen. Nun haben wir im Abschnitt 3.3.2 besprochen, dass stets Diamagnetismus auftritt, wenn Moleküle in ein Magnetfeld gebracht werden, und dass damit ein Magnetfeld entsteht, das dem erregenden Feld entgegen gerichtet ist. Verantwortlich für das Entstehen des Diamagnetismus sind die Elektronen in der Elektronenhülle, die den Kern umgibt. Am Ort des Kerns wird deshalb ein leicht verringertes Feld wirksam sein. Da die Elektronendichte je nach der chemischen Bindung unterschiedlich ist, findet man eine von ihr abhängige Resonanzverschiebung (chemische Verschiebung).

Wir wollen dies an einem Beispiel, dem Ethanol, erläutern. Abb. 3.4-23 zeigt uns das Protonenresonanz-Spektrum von Ethanol. In dieser Verbindung (CH_3CH_2OH) haben wir Wasserstoff in drei verschiedenen Gruppen gebunden, als CH_3, als CH_2 und als OH. Tatsächlich finden wir drei Gruppen von NMR-Signalen bei verschiedenen Feldstärken. Die über dem Spektrum eingezeichnete Stufenkurve ist die vom

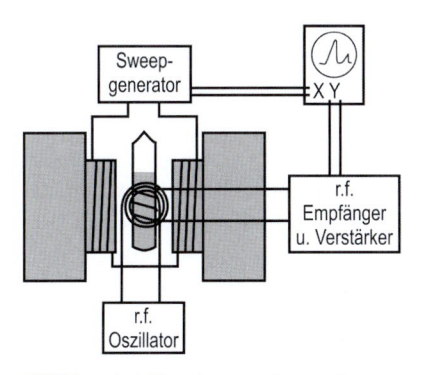

Abbildung 3.4-22 Schematischer Aufbau eines Kernresonanz-Spektrometers.

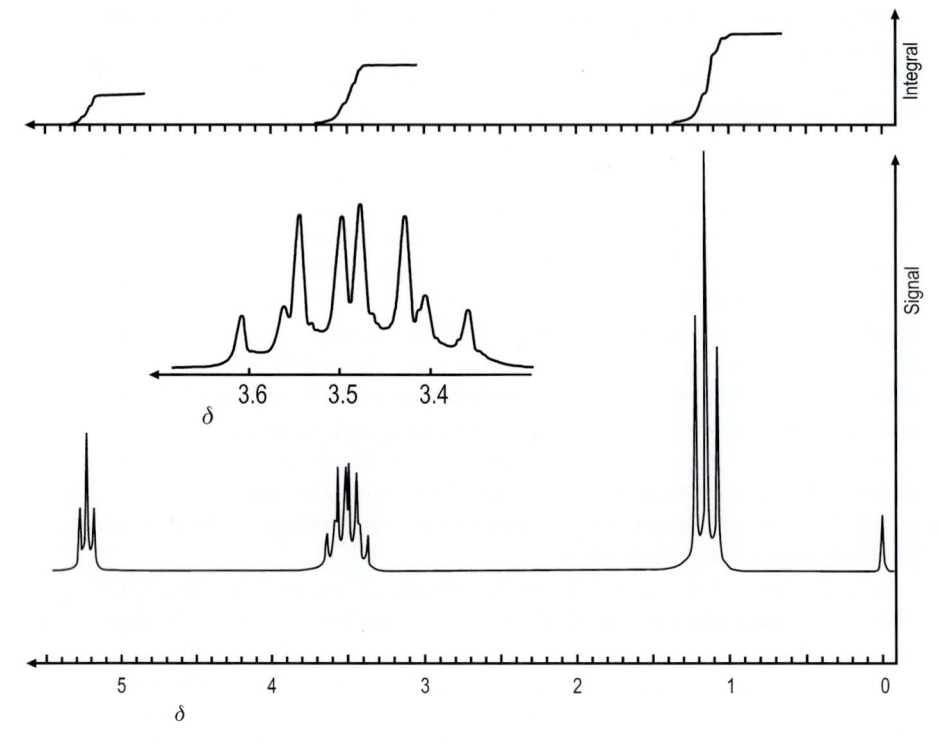

Abbildung 3.4-23 Protonenresonanz-Spektrum von Ethanol.

Spektrometer gleichzeitig registrierte Integralkurve. Die Stufenhöhe ist ein Maß für die Fläche unter den Peaks. Wir sehen, dass sich die Peakflächen von links nach rechts wie 1:2:3 verhalten und schließen daraus, dass der linke Peak dem OH, der mittlere dem CH_2 und der rechte dem CH_3 zuzuordnen ist.

Da die chemischen Verschiebungen gegenüber dem angelegten Magnetfeld sehr klein sind, gibt man nicht die magnetische Flussdichte selbst an, sondern bezieht die Lage des Peaks auf die eines als innerer Standard verwendeten Referenzsignals. Man definiert eine Größe

$$\delta = \frac{B(\text{Probe}) - B(\text{Standard})}{B(\text{Standard})} \cdot 10^6 = \frac{\nu(\text{Probe}) - \nu(\text{Standard})}{\nu(\text{Standard})} \cdot 10^6 \qquad (3.4\text{-}138)$$

und gibt entsprechend dem Faktor 10^6 in ppm an. In der Protonenresonanz-Spektroskopie verwendet man als Standard meist das völlig inerte Tetramethylsilan, das nur ein scharfes Signal gibt. Wir sehen es am rechten Rand der Abbildung.

Wie sehr sich die chemische Umgebung auf das Spektrum auswirkt und wie sicher aus dem NMR-Spektrum auf die Struktur einer Verbindung geschlossen werden kann, demonstrieren uns die Abbildungen 3.4-24 und 3.4-25, die die Spektren von n-Propanol ($CH_3CH_2CH_2OH$) und i-Propanol ($CH_3CHOHCH_3$) wiedergeben. In beiden Substanzen haben wir die Protonen in jeweils drei verschiedenen

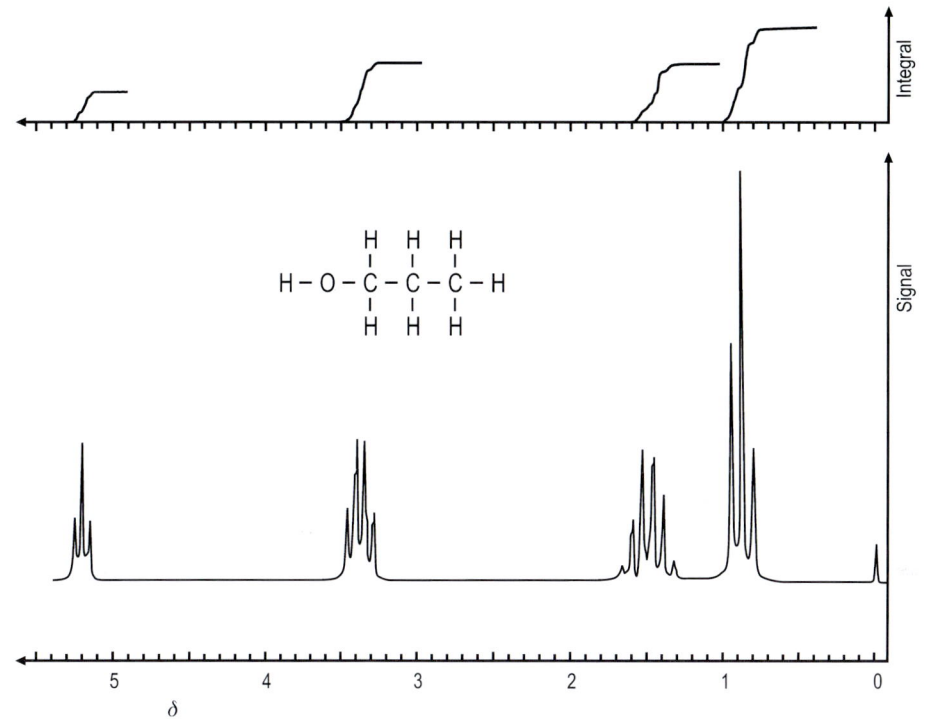

Abbildung 3.4-24 Protonenresonanz-Spektrum von n-Propanol.

Gruppen gebunden, im *n*-Propanol 1 in OH, 4 in CH_2, die sich allerdings in ihrer Stellung im Molekül unterscheiden, und 3 in CH_3, im *i*-Propanol 1 in OH, 1 in CH und 6 in CH_3, wobei die beiden CH_3-Gruppen eine äquivalente Stellung im Molekül haben. Dementsprechend finden wir im *n*-Propanol vier Gruppen von Signalen im Intensitätsverhältnis 1 : 2 : 2 : 3, im *i*-Propanol hingegen nur drei im Intensitätsverhältnis 1 : 1 : 6.

Aus den Abbildungen 3.4-23 bis 3.4-25 erkennen wir weiterhin, dass die den einzelnen Gruppen zuzuordnenden Peaks eine Feinstruktur aufweisen. Während die Resonanzbedingung nach Gl. (3.4-133) und (3.4-135) von der magnetischen Flussdichte B abhängig ist, ist dies bezüglich der Aufspaltung nicht zu beobachten. Es muss sich also um einen Effekt handeln, der nicht auf eine Wechselwirkung mit dem äußeren Feld, sondern auf eine Wechselwirkung benachbarter Kernspins zurückzuführen ist. Diese Kernspin-Kernspin-Wechselwirkung wird durch die Elektronen des Moleküls vermittelt. So beeinflussen, um beim Beispiel in Abb. 3.4-24 zu bleiben, die Protonen der CH_2-Gruppen das äußere magnetische Feld am Ort der OH- bzw. der CH_3-Gruppe, das Proton des OH und die Protonen der CH_3-Gruppe das äußere Feld am Ort der CH_2-Gruppen, was sich wiederum in einer Änderung der zur Resonanz erforderlichen Feldstärke äußert. Den durchaus vorhandenen Einfluss der zweitnächsten Nachbarn haben wir hier vernachlässigt. Abb. 3.4-26 zeigt uns die möglichen relativen Einstellungen der Kernspins im

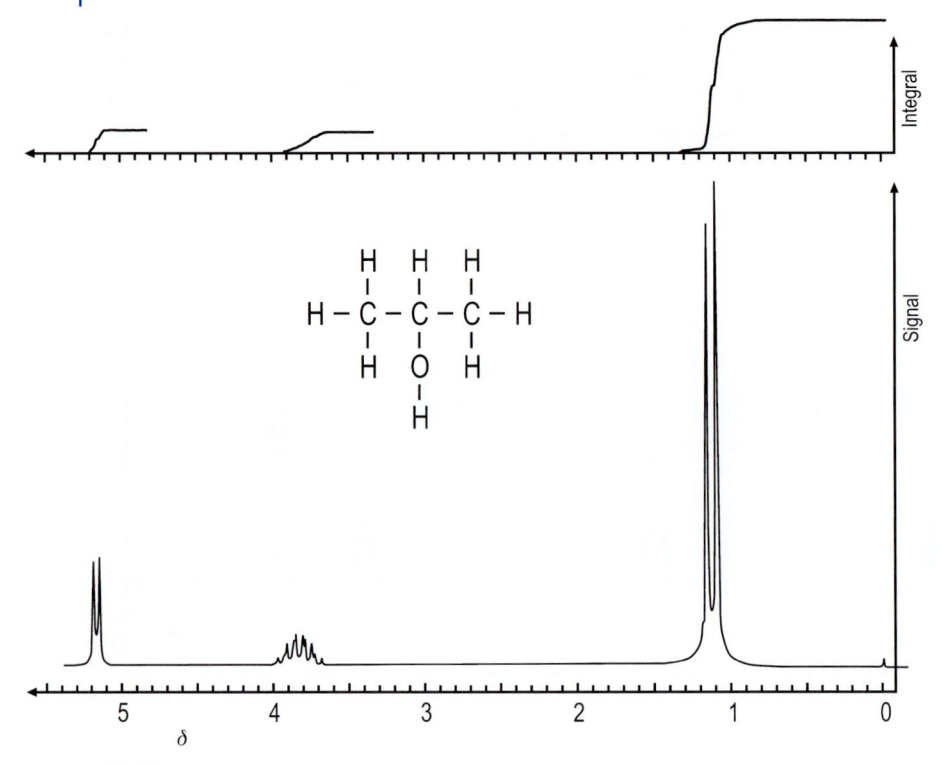

Abbildung 3.4-25 Protonenresonanz-Spektrum von *i*-Propanol.

Ethanol und die sich daraus ergebende Aufspaltung. Zwar kann in einem Molekül für ein herausgegriffenes Proton immer nur eine der aufgezeigten Situationen gegeben sein, doch summiert das aufgenommene Spektrum in Anbetracht der sehr großen Zahl der vorliegenden Moleküle über alle Möglichkeiten mit der entsprechenden Wichtung. Wir sehen, dass die Aussagen der Abbildung 3.4-26 durch Abb. 3.4-23 vollauf bestätigt werden.

Gibt man etwas Säure zu dem Ethanol, so verschwinden sofort sowohl die Triplettaufspaltung des OH-Signals als auch die auf die Gegenwart des OH zurückzuführende zusätzliche Aufspaltung der CH_2-Quartettlinien (Abb. 3.4-27). Die Ursache ist darin zu sehen, dass die Säure als Katalysator für einen schnellen Austausch des OH-Protons zwischen verschiedenen Molekülen sorgt, wodurch die Lebensdauer der OH-Gruppe zu kurz wird, als dass es noch zu einer Auflösung kommen könnte. Hier spielt wieder die Unschärferelation eine Rolle.

Eine Änderung eines Spektrums in Abhängigkeit von der Temperatur wird dann beobachtet, wenn durch eine Temperaturerhöhung beispielsweise eine Rotation um eine Bindung ermöglicht wird und dadurch zwei chemisch gleiche, durch ihre räumliche Stellung im Molekül aber nicht äquivalente Gruppen ihre Unterscheidbarkeit verlieren. Als Beispiel ist in Abb. 3.4-28 das Kernresonanz-Spektrum von Dimethylformamid wiedergegeben. Die Aufspaltung variiert mit dem Feld *B*.

Ein Proton aus	wird beeinflusst durch Protonen aus	mit Gesamtspin.	Das führt zu	mit Intensitätsverhältnis
a) CH₃ ↑	CH₂ AB ↑↑	1		
	↑↓ ↓↑	0	Triplett	1:2:1
	↓↓	−1		
b) CH₂ ↑	CH₃ ABC ↑↑↑	3/2		
	↑↑↓ ↑↓↑ ↓↑↑	1/2		
			Quartett	1:3:3:1
	↑↓↓ ↓↑↓ ↓↓↑	−1/2		
	↓↓↓	−3/2		
	und weitere Aufspaltung durch Proton aus OH ↑ ↓	1/2 −1/2	Oktett	1:1:3:3:3:3:1:1
c) OH ↑	CH₂ AB ↑↑	1		
	↑↓ ↓↑	0	Triplett	1:2:1
	↓↓	−1		

Abbildung 3.4-26 Relative Orientierungen der Kernspins im Ethanol und Kernspin-Kernspin-Wechselwirkung.

Es handelt sich also um eine chemische Verschiebung und nicht um eine Spin-Spin-Wechselwirkung. Bei 296 K müssen die beiden CH₃-Gruppen deshalb eine unterschiedliche chemische Umgebung haben. Das kann beim Dimethylformamid

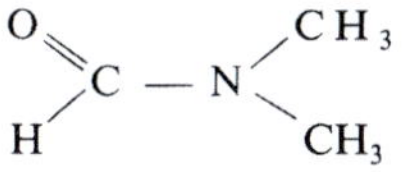

$$\begin{array}{c} O \\ \| \\ H-C-N \end{array} \begin{array}{c} CH_3 \\ \\ CH_3 \end{array}$$

nur auf eine Fixierung in der *cis*- bzw. *trans*-Position zurückgeführt werden. Mit zunehmender Temperatur geht diese Unterscheidung verloren. Das bedeutet, dass mit zunehmender Temperatur die Rotation um die C−N-Bindung so leicht und schnell erfolgt, dass für eine bestimmte Gruppe *cis*- und *trans*-Position zu schnell wechseln, als dass eine spezifische Zuordnung möglich wäre.

Die von kinetischen Prozessen abhängigen Relaxationszeiten beeinflussen die Linienbreite der NMR-Signale. Es ist deshalb möglich, durch eine Linienprofilanalyse kinetische Daten zu erhalten, was besonders für das Studium schneller Reaktionen von Interesse ist.

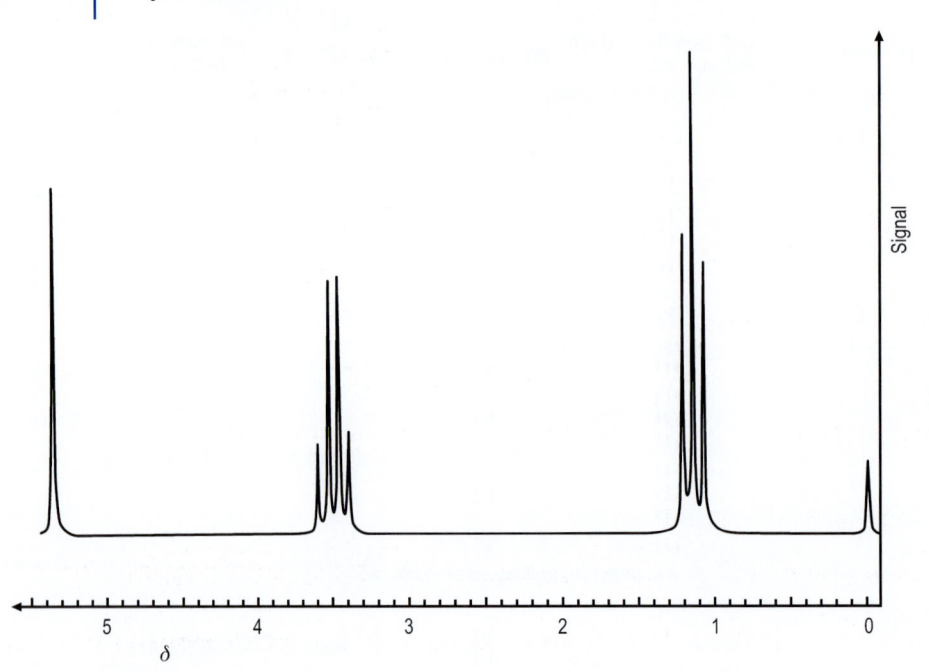

Abbildung 3.4-27 Protonenresonanz-Spektrum des Ethanols bei Gegenwart einer Spur von HCl.

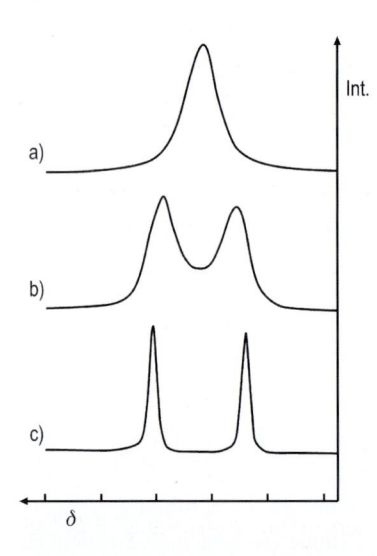

Abbildung 3.4-28 Protonenresonanz-Spektrum der Methylgruppen des Dimethylformamids bei 296 K (a), 387 K (b) und 413,5 K (c).

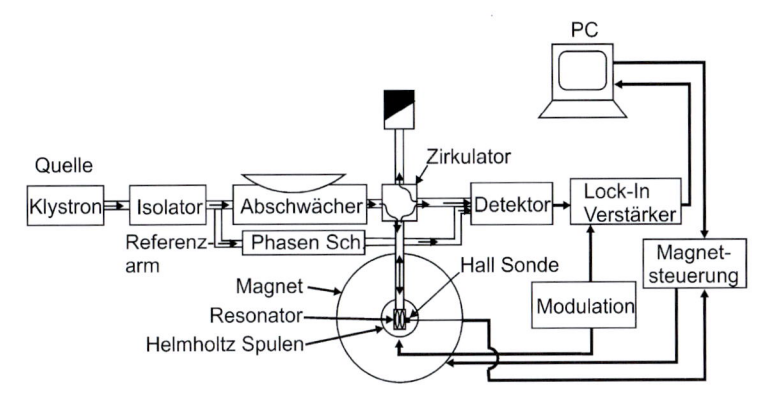

Abbildung 3.4-29 Schematischer Aufbau eines Elektronenspinresonanz-Spektrometers.

Elektronenspinresonanz-Spektroskopie

Abb. 3.4-29 zeigt den prinzipiellen Aufbau eines Elektronenspinresonanz-Spektrometers. Ein Elektromagnet liefert das erforderliche Magnetfeld mit einer magnetischen Flussdichte, die 1 T im Allgemeinen nicht überschreitet. Die Resonanzbedingung wird unmittelbar durch eine Variation des Magnetfeldes erreicht, das über ein Hall-Element gesteuert wird. Vielfach arbeitet man mit einer magnetischen Flussdichte von 0.34 T. Dann benötigt man nach Gl. (3.4-132) zum Anregen der Spins ein Wechselfeld mit einer Frequenz von 9.5 GHz, entsprechend einer Wellenlänge von 3 cm. Das liegt im Mikrowellenbereich. Solche Mikrowellen lassen sich mit einem Klystron erzeugen und über Hohlrohre in einen Hohlraumresonator leiten, in dem sich die Probe befindet. Die Absorption wird in einem Detektor gemessen, verstärkt und im Allgemeinen nicht als solche, sondern als erste Ableitung des Absorptionssignals registriert.

Die Zahl der Stoffe, die ESR-Signale geben können, ist beschränkt, da nach dem Pauli-Prinzip im Fall gepaarter Elektronen die betrachteten Übergänge verboten sind.

> Für ESR-Untersuchungen kommen nur Stoffe mit ungepaarten Elektronen, also paramagnetische Stoffe, in Frage.

Dazu gehören Atome, freie Radikale, zahlreiche Komplexverbindungen der Übergangsmetalle, Ionen und Moleküle mit zwei oder mehr ungepaarten Elektronen, wie O_2 und NO.

Nach Gl. (3.4-132) ist bei der ESR die energetische Aufspaltung ΔE (vgl. Abb. 3.4-21) und damit die Resonanzfrequenz v_{res} gegeben durch

$$h v_{res} = g_e \mu_B B \qquad (3.4\text{-}139)$$

Dabei sind wir davon ausgegangen, dass sich das Elektron wie ein freies Elektron verhält, g_e (vgl. Gl. (3.1-189), S. 546) den Wert 2.002319 besitzt. Hier haben wir es jedoch mit einem zwar ungepaarten, aber in einer chemischen Spezies gebundenen Elektron zu tun. Wir berücksichtigen dies, indem wir an Stelle des Landé-Faktors g_e in Gl. (3.4.139) den g-Faktor für das ungepaarte Elektron in der Verbindung einführen:

$$h\nu_{res} = g\mu_B B \qquad (3.4\text{-}140)$$

Der Wert von g, der sog. g-Faktor, ist für eine gegebene Spezies charakteristisch.

Für viele Radikale liegt er zwischen 1.9 und 2.1; bei Übergangsmetallionen kann er zwischen 0 und 4 variieren. Er ist damit eine geeignete Größe für die Identifikation einer chemischen Spezies, dient also zur qualitativen Analyse. Da die Fläche unter der Absorptionskurve der Zahl der ungepaarten Elektronen proportional ist, gelingt mit der ESR auch eine quantitative Ermittlung der Konzentration, und zwar mit großer Empfindlichkeit, denn 10^{10} ungepaarte Elektronen pro cm^3 lassen sich mit konventionellen Geräten noch einwandfrei nachweisen.

Nach dem bisher Diskutierten sollte man im ESR-Spektrum eines Radikals eine einzelne Linie erwarten, die dem Übergang von $m_s = -1/2$ nach $m_s = +1/2$ entspricht.

Im allgemeinen beobachtet man aber mehrere oder sogar viele, symmetrisch zum Zentrum des Spektrums liegende Linien, eine sog. *Hyperfeinstruktur*. Sie ist auf die Wechselwirkung zwischen den spinmagnetischen Momenten des Elektrons und der Atomkerne zurückzuführen.

Wir wollen diesen Effekt am einfachsten Fall besprechen, der dann vorliegt, wenn das Radikal nur ein Proton besitzt. Dieses hat (s. S. 642) eine Kernspinquantenzahl $I = 1/2$, so dass m_I die Werte $+1/2$ und $-1/2$ annimmt. Folglich gibt es für das Proton nur zwei Einstellungen des Spins relativ zum angelegten äußeren Magnetfeld, parallel und antiparallel. Der Kernspin erzeugt ein zusätzliches Magnetfeld, welches das von außen angelegte verstärkt oder schwächt. Das am Ort des Elektronenspins wirkende Magnetfeld ist also nicht mehr B, sondern

$$B_{loc} = B + am_I \qquad (3.4\text{-}141)$$

Wir müssen demnach Gl. (3.4-140) modifizieren für die

Hyperfeinaufspaltung
$$h\nu_{res} = g\mu_B(B + am_I) \qquad (3.4\text{-}142)$$
mit der *Hyperfeinkopplungskonstanten a*.

Beachten wir Gl. (3.4-124), so entnehmen wir der Gl. (3.4-142) unmittelbar, dass das ESR-Spektrum symmetrisch zu seinem Zentrum aufgebaut sein muss und dass dort ($m_I = 0$) Gl. (3.4-142) in Gl. (3.4-140) übergeht. Den g-Faktor können wir also aus der Lage des Zentrums des Spektrums ablesen.

Wie bei der Kernresonanz-Spektroskopie liefert die Analyse der Linienprofile in der Elektronenspinresonanz-Spektroskopie Einblicke in das Relaxationsverhalten und damit in die Kinetik von chemischen Prozessen, an denen das Radikal beteiligt ist.

3.4.11
Die Mößbauer-Spektroskopie

Bislang haben wir davon Gebrauch gemacht, dass ein Molekül in verschiedenen Rotations- oder Schwingungszuständen, ein Atom oder Molekül in verschiedenen Elektronenzuständen, ein Elektron oder ein Kern in verschiedenen Spinzuständen vorliegen kann. Zur Abrundung unserer Übersicht fehlt jetzt noch eine Spektroskopie, die sich der verschiedenen Energiezustände bedient, in denen ein Atomkern vorliegen kann. Betrachten wir beispielsweise den ^{57}Fe-Kern. Dieser besitzt einen niedrigsten angeregten Zustand 14.4 keV oberhalb des Grundzustandes. Ein Übergang zwischen diesen beiden Zuständen ist mit einer Absorption oder Emission von elektromagnetischer Strahlung der Frequenz $3.48 \cdot 10^{18} \mathrm{s}^{-1}$ bzw. der Wellenlänge 86 pm verbunden. Eine solche Wellenlänge liegt im Bereich der γ-Strahlung.

Nach unseren bisherigen Kenntnissen sollte es möglich sein, die Strahlung, die ein angeregter ^{57}Fe-Kern beim Übergang in den Grundzustand emittiert, durch einen im Grundzustand befindlichen anderen ^{57}Fe-Kern absorbieren zu lassen, wobei dieser angeregt wird. Eine solche Resonanzabsorption ist uns von den optischen Spektren und von den Röntgenspektren her wohlbekannt. Dass man normalerweise solche Resonanzeffekte mit γ-Strahlen nicht beobachtet, hat folgenden Grund: Nach der Heisenberg'schen Unschärferelation hat eine Spektrallinie eine bestimmte Linienbreite Γ, die umgekehrt proportional zur Lebensdauer τ des angeregten Zustandes ist (vgl. Gl. (3.4-43))

$$\Gamma = \frac{h}{2\pi\tau} \tag{3.4-143}$$

Die Lebensdauer des angeregten ^{57}Fe-Kern ist 97.7 ns, so dass sich eine Linienbreite von nur $1.63 \cdot 10^6 \mathrm{s}^{-1}$ ergibt. Die Energiebreite entspricht also dem 10^{12}ten Teil der Energie des emittierten Quants. Deshalb reicht eine sehr kleine Differenz zwischen den Frequenzen des emittierten und des zu absorbierenden Lichts aus, um den Resonanzeffekt zu unterbinden.

Solch kleine Differenzen können tatsächlich leicht auftreten. Wenn ein γ-Quant emittiert wird, so hat das Photon in Anbetracht seiner hohen Energie die Möglichkeit, einen merklichen Rückstoß auf den emittierenden Kern auszuüben. Dieser Rückstoß hat zur Folge, dass nicht die gesamte Energiedifferenz zwischen dem angeregten Zustand und dem Grundzustand in der kinetischen Energie und damit in der Frequenz des Photons wieder erscheint, sondern ein kleinerer Betrag.

Diesen Differenzbetrag können wir leicht ausrechnen. Das γ-Quant hat eine Energie $h\nu$, nach der de-Broglie-Beziehung [Gl. (1.4-15)] einen Impuls

$$p_Q = \frac{h}{\lambda} = \frac{h\nu}{c} \tag{3.4-144}$$

Der emittierende Atomkern erhält einen Impuls

$$p_A = -p_Q \tag{3.4-145}$$

der dem Impuls des Quants entgegengesetzt gleich ist. Die kinetische Energie (Rückstoßenergie), die das Atom dabei aufnimmt, ist

$$E_R = \frac{p_A^2}{2 \cdot m_A} \tag{3.4-146}$$

und mit Gl. (3.4-144) und (3.4-145)

$$E_R = \frac{(h\nu)^2}{2 m_A c^2} \tag{3.4-147}$$

Dabei ist $h\nu$ die Energiedifferenz zwischen den beiden Zuständen, m_A die Masse des Kerns und c die Lichtgeschwindigkeit.

Setzen wir die Werte für ^{57}Fe ein, so errechnet sich eine Rückstoßenergie von $1.95 \cdot 10^{-3}$ eV. Ein gleicher Energiebetrag geht noch einmal beim Stoß des Quants auf den absorbierenden Kern als kinetische Energie verloren, insgesamt also $3.9 \cdot 10^{-3}$ eV. Das entspricht einer Frequenzverschiebung von $9.45 \cdot 10^{11}$ s^{-1}, also fünf Zehnerpotenzen mehr, als der Linienbreite entspricht. Befinden sich das emittierende und das absorbierende Eisenatom in der Gasphase, so tritt diese Frequenzverschiebung tatsächlich auf. Anders liegen die Verhältnisse, wenn wir das Eisenatom fest in einen Kristall einbauen. In diesem Fall existiert eine merkliche, durch den *Debye-Waller-Faktor* des Kristalls gegebene Wahrscheinlichkeit dafür, dass die γ-Quanten ohne Energieänderung emittiert und absorbiert werden. Die rückstoßfreie Emission und Resonanzabsorption von γ-Strahlung bezeichnet man nach ihrem Entdecker als *Mößbauer-Effekt*.

Der Rückstoßeffekt ist jedoch nicht der einzige, der die Energie des emittierten Photons beeinflusst. Die Energiezustände des Kerns selbst werden nämlich durch den Elektronenzustand des Atoms beeinflusst. Das wird uns klar, wenn wir Tab. 3.1-4 und Abb. 3.1-12 betrachten, nach denen sich das s-Orbital bis in den Kern hinein auswirkt. Das Ausmaß der Besetzung des 4 s-Orbitals des ^{57}Fe äußert sich deshalb in der Frequenz des emittierten oder absorbierten γ-Quants. Zwar sind diese sog. *Isomerieverschiebungen* mit 10^7 s^{-1} klein gegenüber der Frequenz des Quants, doch liegen sie weit außerhalb der Linienbreite.

Das Problem, die Frequenz des von einer bestimmten Quelle emittierten Photons so geringfügig zu beeinflussen, dass es von einem Eisenatom absorbiert werden kann, welches sich in einer anderen chemischen Umgebung befindet, lässt sich durch Ausnutzen des *Doppler-Effektes* lösen. Bewegt man nämlich den Emitter,

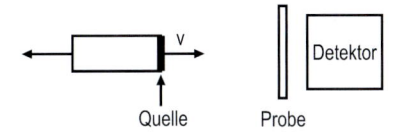

Abbildung 3.4-30 Schematischer Aufbau eines Mößbauer-Spektrometers.

der Photonen der Frequenz v_0 emittiert, mit einer Geschwindigkeit v relativ zum Absorber, so sieht dieser eine Frequenz v, die gegeben ist durch

$$v = v_0 + \frac{v_0 v}{c} \tag{3.4-148}$$

Die erforderlichen Geschwindigkeiten v liegen in der Größenordnung von 1 mm s^{-1}, sind also experimentell leicht zu verifizieren. Zur Aufnahme eines Mößbauer-Spektrums muss man also die Absorption der γ-Quanten durch die Probe als Funktion der Geschwindigkeit des Emitters messen. Ein einfacher Aufbau ist in Abb. 3.4-30 gezeigt.

Als Strahlenquelle wählt man eine dünne, elektrolytisch auf einen diamagnetischen Träger aufgebrachte Schicht von ^{57}Co. Dieses Isotop ist instabil und geht mit einer Halbwertszeit von 207 Tagen unter Elektroneneinfang in einen ^{57}Fe-Kern über, der sich zunächst in einem angeregten Zustand 137 keV über dem Grundzustand befindet. Unter Emission eines γ-Quants wird schließlich der für die Mößbauer-Spektroskopie benötigte Zustand 14.4 keV über dem Grundzustand gebildet.

Die Mößbauer-Spektroskopie ist geeignet, wertvolle Hinweise auf die Bindungsverhältnisse in Festkörpern zu geben. Man erhält durch sie Aufschluss über Oxidationszustand, Punktsymmetrie und magnetische Ordnung. So ist sie von besonderem Interesse für die Untersuchung von Komplexverbindungen. Neben ^{57}Fe sind geeignete Emitter beispielsweise ^{83}Kr, ^{119}Sn, ^{129}I, ^{129}Xe, ^{133}Cs, ^{151}Eu oder ^{197}Au.

3.4.12
Kernpunkte des Abschnitts 3.4

- ☑ Lambert-Beer'sches Gesetz Gl. (3.4-5)
- ☑ Zeitabhängige Schrödinger-Gleichung Gl. (3.4-8)
- ☑ Übergangsmoment Gl. (3.4-26)
- ☑ Induzierte Absorption und Emission Gl. (3.4-34, 35)
- ☑ Spontane Emission S. 644
- ☑ Einsteinsche Koeffizienten der Absorption und Emission S. 644
- ☑ Verhältnis der spontanen zur induzierten Emission Gl. (3.4-40)
- ☑ Lebensdauer und Linienbreite Gl. (3.4-42, 43)
- ☑ Rotationsterme und Auswahlregel Gl. (3.4-45 bis 47)
- ☑ Ermittlung der Rotationskonstanten S. 646

☑ Schwingungsterme und Auswahlregel Gl. (3.4-54, 55)
☑ Ermittlung der Kraftkonstanten Gl. (3.4-59)
☑ Anharmonischer Oszillator S. 652
☑ Energiewerte und Terme des anharmonischen Oszillators Gl. (3.4-63, 64)
☑ Auswahlregeln beim anharmonischen Oszillator Gl. (3.4-65)
☑ Ermittlung der Dissoziationsenergie S. 654
☑ Rotations-Schwingungs-Terme Gl. (3.4-72)
☑ Null-Lücke im Rotations-Schwingungsspektrum S. 656
☑ Rotations-Schwingungs-Kopplung S. 657
☑ Fortrat-Diagramm S. 658

Raman-Spektrum S. 659
☑ Rayleigh-Streuung S. 659
☑ Stokes'sche und Antistokes'sche Linien S. 660
☑ Raman-Spektrum, Auswahlregeln Gl. (3.4-87, 88)

Elektronen-Bandenspektren S. 664
☑ Franck-Condon-Prinzip S. 667
☑ Fluoreszenz S. 670
☑ Phosphoreszenz S. 671
☑ Laser S. 672
☑ Inversion S. 673
☑ Photoelektronen-Spektren UPS und XPS, Energiebilanz Gl. (3.4-110)
☑ Chemische Verschiebung S. 677

Magnetische Resonanz S. 678
☑ Kernspin und Kernspin-Quantenzahlen S. 679
☑ Magnetisches Kernmoment Gl. (3.4-120)
☑ Aufspaltung der Energieniveaus im Magnetfeld Gl. (3.4-132, 133)
☑ Resonanzbedingung Gl. (3.4-135)
☑ Kernresonanz-Spektroskopie S. 685
☑ Elektronenspinresonanz-Spektroskopie S. 691
☑ g-Faktor Gl. (3.4-140)
☑ Hyperfeinaufspaltung, Hyperfein-Kopplungskonstante Gl. (3.4-142)
☑ Mößbauer-Spektroskopie S. 693

3.4.13
Rechenbeispiele zu Abschnitt 3.4

1. Welcher der Rotationszustände des $H^{35}Cl$-Moleküls hat die größte Population bei 298 K? Verwenden Sie dafür die Daten aus Abschnitt 3.4.3.

2. Geben Sie an, ob die aufgeführten gasförmigen Stoffe ein IR-Schwingungsspektrum, ein Mikrowellen-Rotationsspektrum, ein Schwingungs-Ramanspektrum, ein Rotations-Ramanspektrum geben oder nicht: CO, N_2, Ar, CH_4.

3. Wie groß ist der Kernabstand im $^{12}C^{32}S$, wenn dieses Molekül beim Übergang $J'' = 0 \to J' = 1$ Licht der Frequenz $\nu = 4.886 \cdot 10^{10} s^{-1}$ absorbiert?

4. Die Kraftkonstanten von HCl und DCl sind praktisch gleich groß. Beim Übergang vom Grundzustand in den ersten angeregten Schwingungszustand absorbiert HCl bei 2890 cm^{-1}. Bei welcher Frequenz liegt der entsprechende Übergang für DCl?

5. Die Kraftkonstante für das HF-Molekül beträgt 970 Nm^{-1}. Welche Wellenzahl kommt dem Übergang zwischen dem Schwingungsgrundzustand und dem ersten angeregten Schwingungszustand zu, wenn man einen harmonischen Oszillator annimmt?

6. Beim $H^{35}Cl$ beobachtet man eine Rotations-Schwingungsbande mit den Wellenzahlen 2963.24 cm^{-1}, 2944.89 cm^{-1}, 2925.78 cm^{-1}, 2906.25 cm^{-1}, 2865.09 cm^{-1}, 2843.56 cm^{-1}, 2821.49 cm^{-1}, 2798.78 cm^{-1}. Welche Linien gehören zum R-Zweig, welche zum P-Zweig, welchen Rotationsübergängen entsprechen sie, welche Wellenlänge würde der reinen Schwingungsanregung entsprechen, wie groß ist die Rotationskonstante, wie groß ist der Kernabstand?

7. Im $H^{35}Cl$-Molekül beträgt der Abstand zwischen H- und Cl-Atom 129.0 pm. Bei welcher Temperatur befinden sich im thermischen Gleichgewicht ebenso viele Moleküle im sechsten wie im zweiten angeregten Zustand?

8. Man lege dem Rotationsspektrum zweiatomiger Moleküle das Modell eines starren Rotators mit raumfreier Achse zugrunde. Welchem Übergang (angegeben in Quantenzahlen) entspricht die Linie mit der drittgeringsten Energie? Bei welcher Wellenzahl liegt sie, wenn die Rotationskonstante B 12 cm^{-1} beträgt?

9. Bei reinen Rotationsspektren beobachtet man, dass der Abstand zwischen den Rotationslinien in der Wellenskala nicht konstant ist: Worauf ist dies zurückzuführen und wie ändert sich der Abstand? Bei Rotations-Schwingungsspektren kann man eine Änderung des Abstandes aufeinanderfolgender Rotationslinien beobachten, die nicht auf die gleiche Weise interpretiert werden kann. Was ist hier die Ursache?

10. Im Rotations-Schwingungsspektrum des $H^{35}Cl$ beobachtet man die erste Linie des R-Zweiges bei 2906.25 cm^{-1}, die erste Linie des P-Zweiges bei 2865.09 cm^{-1}. Bei welchen Wellenlängen treten a) die zwei ersten Antistokes'schen Linien der Rotation des $H^{35}Cl$ und b) die Stokes'sche Linie der Schwingung des $D^{35}Cl$ auf, wenn mit Licht der Wellenlänge 435.8 nm eingestrahlt wird?

11. Im Rotations-Schwingungsspektrum des $H^{127}I$ findet man Linien bei 2283.3 cm^{-1}, 2296.4 cm^{-1}, 2322.6 cm^{-1} und 2335.7 cm^{-1}. Welchen Wert hat die Kraftkonstante des Moleküls, welchen Wert hat die Bindungslänge

und bei welcher Wellenzahl liegt der Übergang $J'' = 3$ nach $J' = 4$ im Mikrowellenspektrum?

12. Die Terme für die Schwingungsniveaus des Chlormoleküls sind durch

$$G(v) = \left[564.9 \left(v + \frac{1}{2} \right) - 4.0 \left(v + \frac{1}{2} \right)^2 \right] \text{cm}^{-1}$$

gegeben. Man berechne a) die Nullpunktsenergie, b) die Zahl der Schwingungszustände bis zur Dissoziation, c) die Dissoziationsenergie.

13. Der Gleichgewichtsabstand im $H^{35}Cl$-Molekül beträgt $1.29 \cdot 10^{-10}$ m. Welchen Wert hat die Kraftkonstante dieses Moleküls, wenn die erste Linie des P-Zweiges des Rotations-Schwingungsspektrums bei $3.49 \cdot 10^{-6}$ m beobachtet wird?

3.4.14
Literatur zu Abschnitt 3.4

Artherton, N. M. (1993) *Principles of Electron Spin Resonance*, Ellis Horwood, PTR Prentice Hall, New York, London

Berger, S. and Braun, S. (2004) *200 and More NMR Experiments*, 1. Aufl., Wiley-VCH, Weinheim

Berger, S. and Sicker, D. (2009) *Classics in Spectroscopy*, 1. Aufl., Wiley-VCH, Weinheim

Briggs, D. und Seah, M. P. (1990) *Practical Surface Analysis by Auger and X-Ray Photoelectron Spectroscopy*, 2. Aufl., Wiley, New York

Briggs, D. and Grant, J. T. (2003) *Surface Analysis by Auger and X-Ray Photoelectron Spectroscopy*, IM Publications, Chichester

von Bünau, G. und Wolff, T. (1987) *Photochemie*, VCH Verlagsgesellschaft, Weinheim

Chang, R. (1971) *Basic Principles of Spectroscopy*, McGraw-Hill Book Company, New York

Crooks, J. E. (1978) *The Spectrum in Chemistry*, Academic Press, London

Eichler, H.-J. und Eichler, J. (2010) *Laser: Bauformen, Strahlführung, Anwendungen*, 7. Aufl., Springer Verlag, Berlin, Heidelberg

Friebolin, H. (2006) *Ein- und zweidimensionale NMR-Spektroskopie*, 4. Aufl., Wiley-VCH, Weinheim

Friebolin, H. (2010) *Basic One- and Two-Dimensional NMR Spectroscopy*, 5th ed., Wiley-VCH, Weinheim

Gauglitz, G. and Vo-Dinh, T. (2003) *Handbook of Spectroscopy*, Wiley-VCH, Weinheim; Neuauflage in Vorbereitung

Gerson, F. and Huber, W. (2003) *Electron Spin Resonance Spectroscopy of Organic Radicals*, Wiley-VCH, Weinheim

Greenwood, N. N. (1971) Anwendung der Mößbauer-Spektroskopie auf die Probleme der Festkörperchemie, Angew. Chemie 83, 746

Günther, H. (1995) *NMR Spectroscopy*, 2nd ed., Wiley-VCH, Weinheim; Neuauflage in Vorbereitung

Artherton, N. M. (1993) *Principles of Electron Spin Resonance*, Ellis Horwood, PTR Prentice Hall, New York, London

Haken, H., und Wolf, H. C. (2004) *Atom- und Quantenphysik*, 8. Aufl., Springer Verlag, Berlin, Heidelberg

van der Heide, P. (2011) *X-ray Photoelectron Spectroscopy*, 1st ed., John Wiley & Sons, New York

Herzberg, G. (1950) *Molecular Spectra and Molecular Structure, I. Spectra of Diatomic Molecules*, D. Van Nostrand Company, Princeton

Herzberg, G. (1989) *Molecular Spectra and Molecular Structure: Spectra of Diatomic Molecules*, 2nd ed., Krieger Pub. Co., Malabar

Hollas, J. M. (1982) *High Resolution Spectroscopy*, Butterworth, London

Hollas, J. M. (2003) *Modern Spectroscopy*, 4th ed., John Wiley & Sons, Chichester

Hollas, J. M. (2003) *High Resolution Spectroscopy*, 2nd ed., John Wiley & Sons, Chichester

Hüfner, S. (2010) *Photoelectron Spectroscopy: Principles and Applications*, 3rd ed., Springer Verlag, Berlin, Heidelberg

Keeler, J. (2005) *Understanding NMR Spectroscopy*, Wiley-VCH, Weinheim

Mößbauer, R. L. (1971) *Gammastrahlen-Resonanzspektroskopie und chemische Bindung*, Angew. Chem. 83, 524

Perkampus, H.-H. (1993) *Spektroskopie*, VCH Verlagsgesellschaft, Weinheim

Rabalais, J. W. (1977) *Principles of Ultraviolet Photoelectron Spectroscopy*, John Wiley & Sons, New York

Rieger, P. H. (2007) *Electron Spin Resonance: Analysis and Interpretation*, 1st ed., RSC Publishing, Cambridge

Steinfeld, J. I. (2005) *Molecules and Radiation: An Introduction to Modern Molecular Spectroscopy*, 2nd ed., Dover Publications, New York

Watts, J. F. and Wolstenholme, J. (2003) *An Introduction to Surface Analysis by XPS and AES*, 2nd ed., John Wiley & Sons, New York

Wöhrle, D., Tausch, M. W. und Stohrer, W.-D. (1998) *Photochemie*, 1. Aufl., Wiley-VCH, Weinheim

3.5
Die chemische Bindung

Wir wollen uns nun der Behandlung der chemischen Bindung zuwenden. Aus unserer Erfahrung über das Verhalten der Stoffe wissen wir, dass die Art der Bindung der Atome aneinander sehr unterschiedlicher Natur sein kann. Vier charakteristische Beispiele wollen wir besprechen.

Verknüpfen wir Atome miteinander, deren Ionisierungsenergie sehr unterschiedlich ist, wie z. B. bei den Alkalihalogeniden (vgl. Abb. 3.2-1), so besteht die Tendenz zum Übergang eines Elektrons von einem Atom auf ein anderes, d. h. zur Bildung von Ionen. In solchen Substanzen sollten wir eine auf der elektrostatischen Anziehung beruhende *Ionenbindung* erwarten . Damit werden wir uns im Abschnitt 3.5.1 beschäftigen.

Eine solche Bindung kann sicherlich nicht eintreten, wenn wir zwei gleiche Atome aneinander binden, wie beim gasförmigen Wasserstoff oder beim festen Diamant. Wir sprechen hier von einer *kovalenten Bindung*. Mit ihrer Besprechung werden wir uns vornehmlich befassen, zumal sie auch in dem weiten Feld der organischen Verbindungen dominierend ist (Abschn. 3.5.2).

Eine Verknüpfung gleicher Atome liegt auch bei den festen Metallen vor. Diese unterscheiden sich jedoch grundlegend von den kovalenten Verbindungen dadurch, dass sie im Gegensatz zu ihnen in der Lage sind, den elektrischen Strom zu leiten. Wir werden der *metallischen Bindung* den Abschnitt 3.5.3 widmen.

Von den Edelgasen wissen wir, dass sie weitgehend inert sind. In der Gasphase können wir keine Moleküle wie He_2, Ne_2 oder dergleichen feststellen. Wie kommt es dann zum Zusammenhalt in der flüssigen oder festen Phase der Edelgase? Im Abschnitt 3.5.4 werden wir hier eine weitere Art der Bindung, die *van der Waals'sche Bindung*, kennenlernen.

Wir haben hier Grenzfälle der chemischen Bindung angesprochen. In vielen Fällen werden diese nicht realisiert sein, wir werden vielmehr Übergänge von einem Bindungstyp zum anderen finden.

3.5.1
Die ionische Bindung

Die ionische Bindung werden wir zwar allgemein behandeln, aber am speziellen Beispiel des NaCl veranschaulichen. Deshalb ist in Abb. 3.5-1 der Gitteraufbau des NaCl wiedergegeben. Na^+- und Cl^--Ionen besetzen abwechselnd die Gitterpunkte eines einfach kubischen Gitters. Jedes Ion ist von sechs nächsten Nachbarn entgegengesetzten Vorzeichens und zwölf zweitnächsten Nachbarn gleichen Vorzeichens umgeben.

Wir wollen zunächst auf thermodynamischem Wege die *Gitterenergie*, so bezeichnet man die Bindungsenergie in einem Ionenkristall, ermitteln, um einen Vergleich mit der anschließend durchgeführten theoretischen Berechnung zu ermöglichen. Zu diesem Zweck setzen wir die Bildung des Natriumchlorids aus Natrium und Chlor aus einzelnen Teilschritten zusammen, bedienen uns des sog. *Born-Haber'schen Kreisprozesses*, der in Abb. 3.5-2 dargestellt ist. Wir entnehmen diesem Schema, dass gelten muss

$$\Delta H_B(NaCl) = \Delta_S H(Na) + I(Na) + \frac{1}{2}\Delta H_{diss}(Cl_2) - E(Cl) + \Delta U_g(NaCl) \qquad (3.5\text{-}1)$$

Dabei bedeuten

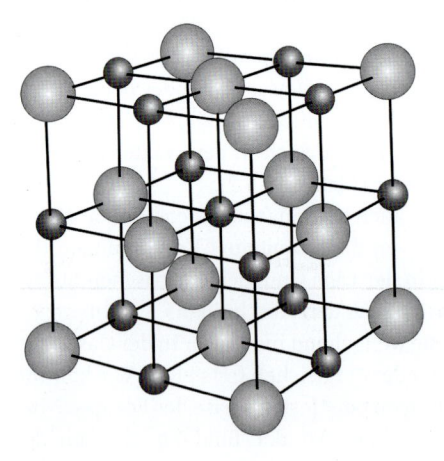

$\Delta_B H(NaCl)$ die Bildungsenthalpie des NaCl
$\qquad$ Na(fest) + $\frac{1}{2}$ Cl$_2$(gas) → NaCl (fest)
$\Delta U_g(NaCl)$ die Gitterenergie des NaCl
$\qquad$ Na$^+$(gas) + Cl$^-$(gas) → NaCl(fest)

Abbildung 3.5-1 Kristallstruktur von NaCl.

3.5 Die chemische Bindung

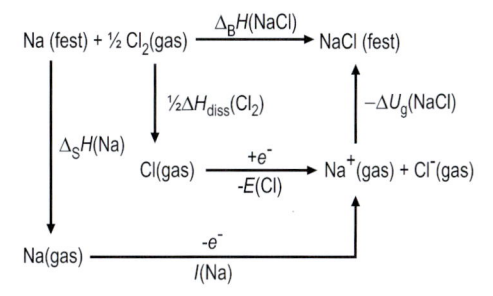

Abbildung 3.5-2 Born-Haber'scher Kreisprozess für die Bildung des NaCl-Kristalls.

$\Delta_S H(Na)$ die Sublimationsenthalpie des Na
Na(fest) → Na(gas)

$I(Na)$ die Ionisierungsenergie des Na
Na(gas) → Na$^+$(gas) + e$^-$

$\Delta_{diss} H(Cl_2)$ die Dissoziationsenergie des Cl$_2$
Cl$_2$(gas) → 2Cl(gas)

$E(Cl)$ die Elektronenaffinität des Cl
Cl$^-$ → Cl + e$^-$

Die Größen $\Delta_B H$ und $\Delta_S H$ sind durch kalorimetrische, I, E und $\Delta_{diss} H$ durch spektroskopische Messungen zugänglich. Gl. (3.5-1) gibt uns die Möglichkeit, die Gitterenergie des NaCl aus experimentellen Daten zu ermitteln. Tab. 3.5-1 enthält die zur Ermittlung der Gitterenergien einiger Salze notwendigen Daten. Für NaCl berechnet sich daraus $\Delta U_g(NaCl)$ zu -776 kJ mol^{-1}.

Wir wenden uns nun der theoretischen Berechnung zu und betrachten ein aus den zwei Ionen mit den Ladungen $z^+ e$ und $z^- e$ aufgebautes Molekül. Zwischen diesen beiden Teilchen besteht eine auf die Coulomb'schen Kräfte zurückzuführende potentielle Energie

$$V_C = -\frac{|z^+||z^-|e^2}{4\pi\varepsilon_0 r} \tag{3.5-2}$$

Tabelle 3.5-1 Daten (in kJmol^{-1}) zur Berechnung von Gitterenergien mit Hilfe des Born-Haber'schen Kreis-Prozesses.

Kristall	$\Delta_B H$	$\Delta_S H$	I	$\Delta_{diss} H$	E	ΔU_g
NaCl	-411	109	496	242	361	-776
NaBr	-360	109	496	193	339	-722
NaI	-288	109	496	151	306	-662
KCl	-436	88	419	242	361	-703
KBr	-392	88	419	193	339	-656
KI	-328	88	419	151	306	-604

Diese hat ihren negativsten Wert bei $r = 0$, d. h. wenn die beiden Ionen zusammenfallen würden. V_C beschreibt die Energie in dem aus den beiden Ionen bestehenden System sicherlich richtig, wenn die Ionen weit voneinander entfernt sind und nur die weitreichenden Coulomb-Kräfte wirken. Verringert sich der Abstand aber so weit, dass die Elektronenhüllen zu überlappen beginnen, so machen sich kurzreichweitige Abstoßungskräfte bemerkbar, wie wir dies schon im Abschnitt 2.1.1 im Zusammenhang mit der van der Waals'schen Gleichung (Ausschließungsvolumen) besprochen haben. Die darauf zurückzuführende potentielle Energie V_R beschreiben wir zweckmäßigerweise mit einer Funktion

$$V_R = a \cdot e^{-r/\varrho} \tag{3.5-3}$$

wobei a und ϱ Konstanten darstellen. V_C und V_R wirken in entgegengesetzter Richtung, so dass

> die gesamte potentielle Energie V für die Wechselwirkung zwischen zwei Ionen
> $$V = V_C + V_R = -\frac{|z^+||z^-|e^2}{4\pi\varepsilon_0 r} + a \cdot e^{-r/\varrho} \tag{3.5-4}$$

bei einem bestimmten Abstand r_{gl}, dem Gleichgewichtsabstand, ein Minimum aufweist, wie es Abb. 3.5-3 zeigt.

Wie ändern sich nun die Verhältnisse, wenn wir nicht ein Molekül, sondern einen ganzen Ionenkristall betrachten? Um die Werte miteinander vergleichen zu können, betrachten wir stets molare Energiewerte. Auch hier werden wir es mit einer Überlagerung eines Anziehungs- und eines Abstoßungspotentials zu tun haben. Wir haben aber nicht mehr allein die Beziehung zwischen zwei Ionen, sondern die Wechselwirkung eines Ions mit allen übrigen zu berücksichtigen.

Wir greifen ein bestimmtes Kation heraus. Dies übt eine Anziehung auf die es in erster Sphäre umgebenden (im Fall des NaCl 6) Anionen aus, aber eine Coulomb'sche Abstoßung auf die in zweiter Sphäre liegenden (12) Kationen, eine Anziehung auf die dann folgenden Anionen usw. Allgemein können wir in Analogie zu Gl. (3.5-2) schreiben, wobei wir die Vorzeichen von z^+ und z^- beachten,

$$V_C^+ = \frac{z^+ e^2}{4\pi\varepsilon_0} \sum_i \frac{z_i}{r_i^+} \tag{3.5-5}$$

Die Summation erstreckt sich über alle Ionen bis auf das betrachtete Kation, z_i ist z^+ oder z^-, je nachdem, ob das Ion i ein Kation oder Anion ist, und r_i^+ ist sein Abstand vom zentralen Kation. Führen wir die gleiche Überlegung für ein zentrales Anion aus, so gilt entsprechend

$$V_C^- = \frac{z^- e^2}{4\pi\varepsilon_0} \sum_i \frac{z_i}{r_i^-} \tag{3.5-6}$$

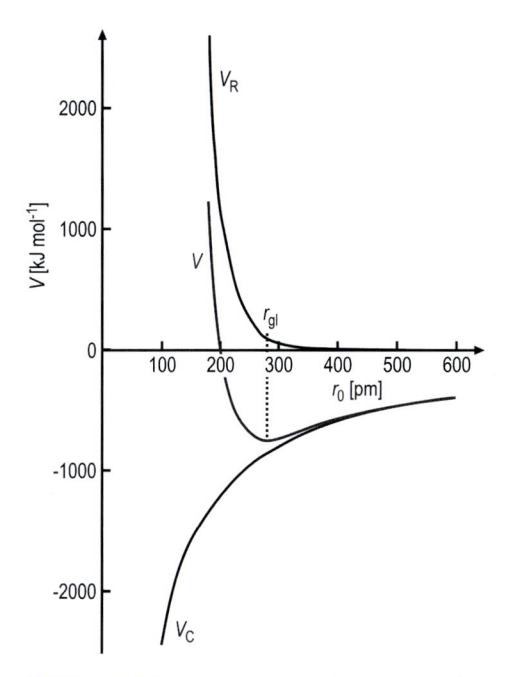

Abbildung 3.5-3 Potentielle Energie bei der ionischen Bindung (NaCl).

Wenn wir V_C^+ und V_C^- zum gesamten Anziehungspotential zusammenfassen, so können wir r_i^+ und r_i^- durch $a_i^+ r_0$ bzw. $a_i^- r_0$ ersetzen, da sich r nicht kontinuierlich ändert. Vielmehr sind in Anbetracht des starren Gitters alle r_i^+ und r_i^- als Vielfache des kleinsten Abstandes r_0 zwischen Kationen und Anionen ausdrückbar. Weiterhin haben wir zu beachten, dass wir Anionen-Kationen-Wechselwirkungen bei der Addition nicht doppelt zählen dürfen, also einen Faktor 1/2 benötigen. Multiplizieren wir das so erhaltene Anziehungspotential mit der Loschmidtschen Konstanten, so ergibt sich als

molare Anziehungsenergie im Ionengitter

$$V_C = \frac{1}{2}(V_C^+ + V_C^-)N_A = \frac{z^+ z^- e^2 N_A}{4\pi\varepsilon_0 r_0} \cdot \frac{1}{2}\sum\left(\frac{z_i/z^-}{a_i^+} + \frac{z_i/z^+}{a_i^-}\right) \tag{3.5-7}$$

Den Faktor

$$\frac{1}{2}\sum\left(\frac{z_i/z^-}{a_i^+} + \frac{z_i/z^+}{a_i^-}\right) \tag{3.5-8}$$

bezeichnet man als *Madelung-Konstante*. M enthält nicht mehr das für einen bestimmten Stoff charakteristische r_0, sondern nur Größen, die für einen bestimmten Gittertyp charakteristisch sind (Tab. 3.5-2).

Tabelle 3.5-2 Madelung-Konstanten für einige Gittertypen (bezogen auf den kürzesten Ionenabstand).

Gittertyp	M
Natriumchlorid	1.747565
Caesiumchlorid	1.76268
Zinkblende	1.63806
Wurtzit	1.641
Fluorit	5.03878
Cuprit	4.11552
Rutil	4.816

Wollen wir nun die Gitterenergie berechnen, so müssen wir zunächst außer dem Coulomb-Potential noch das Abstoßungspotential berücksichtigen.

$$V = \frac{z^+ z^- e^2 N_A}{4\pi\varepsilon_0} \cdot \frac{M}{r_0} + A \cdot e^{-r_0/\varrho} \tag{3.5-9}$$

Die Gitterenergie ΔU_g ist identisch mit der potentiellen Energie im Gleichgewichtsabstand, d. h. im Minimum der Kurve $V = f(r_0)$. Wir differenzieren deshalb Gl. (3.5-9) nach r_0

$$\frac{dV}{dr_0} = -\frac{z^+ z^- e^2 N_A}{4\pi\varepsilon_0} \frac{M}{r_0^2} - \frac{A}{\varrho} e^{-r_0/\varrho} \tag{3.5-10}$$

und haben durch Gleichsetzen mit null eine Bestimmungsgleichung für A:

$$A = -\frac{z^+ z^- e^2 N_A M \varrho e^{r_0/\varrho}}{4\pi\varepsilon_0 r_0^2} \tag{3.5-11}$$

Einsetzen dieses Ausdrucks in Gl. (3.5-9) liefert

die molare Gitterenergie eines Ionenkristalls

$$\Delta U_g = \frac{z^+ z^- e^2 N_A M}{4\pi\varepsilon_0 r_0} \left(1 - \frac{\varrho}{r_0}\right) \tag{3.5-12}$$

Die Werte z^+ und z^- sind durch den betrachteten Stoff gegeben, r_0 folgt aus den Gitterparametern. Lediglich die Reichweite ϱ des Abstoßungspotentials ist noch nicht bekannt. Es ist einleuchtend, dass sich diese Größe besonders bei der Kompressibilität bemerkbar macht, denn je größer ϱ ist, desto steiler verläuft das Abstoßungspotential und desto geringer sollte die Kompressibilität sein. Tatsächlich bestimmt man ϱ mit Hilfe des Kompressibilitätskoeffizienten $\left(\frac{\partial V}{\partial p}\right)_T$.

Für das von uns gewählte Beispiel NaCl ist $z^+ = 1$, $z^- = -1$, $M = 1.74756$, $r_0 = 282$ pm und $\varrho = 32.1$ pm. Setzen wir diese Werte in Gl. (3.5-12) ein, so erhalten wir für die Gitterenergie 763 kJ mol^{-1}. Dieser Wert steht in guter Übereinstimmung mit dem thermodynamisch ermittelten (vgl. Tab. 3.5-1) und beweist, dass der Ansatz, die Bindung im NaCl-Kristall als eine ionische Bindung aufzufassen, zu Recht erfolgte.

3.5.2
Die kovalente Bindung

Das Entstehen der ionischen Bindung konnten wir leicht verstehen, denn die gegenseitige Anziehung gegensinnig geladener Teilchen ist uns längst vertraut. Warum kommt es aber zu einer Bindung zwischen zwei gleichartigen Atomen, woraus resultiert die Stöchiometrie eines mehratomigen Moleküls, wie lässt es sich erklären, dass ein solches Molekül eine ganz bestimmte geometrische Struktur hat? Im Augenblick können wir diese Fragen nur dahingehend beantworten, dass durch die Bildung eines Moleküls mit den genannten Eigenschaften ein energetisch besonders günstiger (stabiler) Zustand erreicht wird. Wir werden sehen, dass uns gerade das Prinzip der Minimierung der Energie die Lösung der anstehenden Probleme ermöglicht.

Schon bei den Mehrelektronenatomen haben wir gesehen, dass eine exakte Lösung der Schrödinger-Gleichung nicht mehr möglich ist. Dies gilt natürlich erst recht bei den Molekülen, die nicht nur mehrere Elektronen, sondern auch mehrere Kerne enthalten. Wir sind also darauf angewiesen, Näherungsverfahren anzuwenden. Zwei Wege erscheinen uns auf Grund unserer Erfahrung dafür plausibel.

Die eine Möglichkeit zeichnet das chemische Geschehen nach: Zwei oder mehr zunächst unendlich weit voneinander entfernte Atome, bestehend aus Kern und Elektronenhülle, werden zusammengeführt. Die Elektronenhüllen treten in Wechselwirkung, die bindenden Elektronen werden zu Paaren vereinigt, wie es der Elektronenpaartheorie von Lewis entspricht. Diesen Weg beschritten Ende der zwanziger, Anfang der dreißiger Jahre Heitler und London, Slater und Pauling, um nur einige Namen zu nennen. Die Methode ist als *Valenzbindungs-* oder *Valenzstruktur-Methode*, meist als *VB-Methode* abgekürzt, bekannt.

Die andere Möglichkeit lehnt sich an das Verfahren an, dessen wir uns bei der Behandlung der Mehrelektronenatome bedient haben: Man geht von einem Kerngerüst, bei zweiatomigen Molekülen von den beiden Atomkernen, mit zunächst variablem Abstand aus und ermittelt die polyzentrischen Molekülorbitale. Anschließend werden diese, vom energetisch am tiefsten liegenden angefangen, unter Beachtung des Pauli-Prinzips und der Hundschen Regeln mit Elektronen besetzt, genauso, wie wir dies im Abschnitt 3.2.7 beim Aufbauprinzip getan haben. Diese Methode wurde im Wesentlichen von Hund und Mulliken begründet. Man nennt sie *Molekülorbital-Methode*, abgekürzt *MO-Methode*.

Die VB-Methode ist die ältere. Wir werden uns besonders mit der MO-Methode beschäftigen, weil sie mathematisch einfacher zu behandeln ist. Auch kommt ihr von der Anwendung her größere Bedeutung zu. Wir werden jedoch an geeigneter Stelle einen qualitativen Vergleich beider Methoden vornehmen.

Born-Oppenheimer-Näherung

Selbst wenn wir das einfachst denkbare Molekül, das aus zwei Protonen und einem Elektron bestehende Wasserstoff-Molekülion H_2^+, betrachten, haben wir es mit einem Dreikörperproblem zu tun. Der Hamilton-Operator (vgl. Abschn. 1.4.10) enthält deshalb sowohl die kinetische Energie der Elektronen als auch die kinetische Energie der Kerne. Das erschwert die Behandlung außerordentlich.

Nun haben wir bereits bei der Einführung des Franck-Condon-Prinzips im Abschnitt 3.4.7 von der Erkenntnis Gebrauch gemacht, dass sich die leichten Elektronen ungleich schneller bewegen als die schweren Kerne, dass also selbst während einer Zeit, die lang ist, gemessen an der Bewegung der Elektronen, die Kerne in Ruhe sind.

> Von dieser Tatsache macht die *Born-Oppenheimer-Näherung* Gebrauch: Die Kerne werden als ruhend angenommen. Sie machen sich nur durch ihr elektrostatisches Potential für die Elektronen bemerkbar. Man berechnet deshalb die elektronische Energie bei Sätzen fester Kernabstände und trägt sie dann als Funktion der Kernabstände auf. Erhält man dabei eine Kurve mit einem Minimum, so sollte dies den Gleichgewichtsabstand und die Bindungsenergie charakterisieren. Ergibt die Kurve kein Minimum, so liegt offenbar kein stabiler Zustand vor.

Linearkombination von Atomorbitalen

Wir wollen unseren Überlegungen ein zweiatomiges Molekül mit den Atomen (1) und (2) zugrunde legen. Unsere erste Aufgabe besteht darin, einen Ansatz für ein Molekülorbital ψ zu finden. Wir gehen dabei von folgendem Gedanken aus. Das Elektron bewegt sich auf Bahnen, die sich um beide Atomkerne erstrecken. Befindet sich das Elektron in der Nähe des Kerns 1, so werden die Kräfte, die auf dieses Elektron wirken, im Wesentlichen vom Kern 1 und von den übrigen, in seiner Nähe befindlichen Elektronen herrühren. Der Kern 2 und die zum Atom 2 gehörenden Elektronen werden wegen des viel größeren Abstandes das betrachtete Elektron nur sehr wenig beeinflussen. Deshalb wird dieses, wenn es sich in der Nähe des Kerns 1 aufhält, ähnliche Bedingungen vorfinden, wie sie im isolierten Atom 1 existieren. Entsprechendes gilt, wenn das Elektron in der Nähe des Kerns 2 ist. Infolgedessen wird das Molekülorbital in der Nähe von Kern 1 die Eigenschaften des Atomorbitals ψ_1 und in der Nähe des Kerns 2 die Eigenschaften des Atomorbitals ψ_2 haben.

Es liegt deshalb nahe, für das Molekülorbital ψ eine *lineare Kombination* aus ψ_1 und ψ_2 anzunehmen. Ein allgemeiner Ansatz verlangt, dass diese Atomorbitale in die Funktion mit bestimmten Gewichtsfaktoren eingehen, entweder als

$$\psi = c_1\psi_1 + c_2\psi_2 \tag{3.5-13}$$

oder als

$$\psi = \psi_1 + \lambda\psi_2 \tag{3.5-14}$$

wobei λ die Polarität des Molekülorbitals misst. Den Ansatz Gl. (3.5-13) bzw. (3.5-14) nennt man *LCAO-Ansatz* (engl. *linear combination of atomic orbitals*).

Alles, was wir im Abschnitt 3.1.3 über die Eigenschaften der ψ-Funktion des Wasserstoffatoms oder im Abschnitt 3.2.6 über die Eigenschaften der ψ-Funktion der Mehrelektronenatome ausgesagt haben, gilt sinngemäß für die Molekülorbitale. Insbesondere kann ψ normiert werden, so dass $\int \psi^*\psi \, d\tau = 1$ ist. $|\psi^2|$ selbst stellt wieder eine Wahrscheinlichkeitsdichte dar.

Selbst wenn man ψ_1 und ψ_2, die man nun *Basisfunktionen* nennt, kennt, hat man damit jedoch noch nicht ψ eindeutig ermittelt. Dazu gehört vielmehr zusätzlich die Kenntnis von c_1 und c_2 oder von λ. Wir müssen uns deshalb jetzt die Frage stellen, wie wir c_1 und c_2 bestimmen können. Zu diesem Zweck greifen wir auf das in der klassischen Physik beweisbare *Variationsprinzip* zurück, das wir hier lediglich zur Kenntnis nehmen.

Das Variationsprinzip lautet: Liegt eine Wellenfunktion vor, die die Randbedingungen des Problems erfüllt, so ist der Erwartungswert der Energie, den man aus dieser Funktion berechnet, immer höher als die tatsächliche Energie des Grundzustandes.

Wir müssen also c_1 und c_2 so bestimmen, dass die aus ψ berechenbare Energie einen Minimalwert annimmt. Dann haben wir aus der Fülle der möglichen Linearkombinationen aus ψ_1 und ψ_2 diejenige gefunden, die dem Problem am besten gerecht wird. Das besagt aber nicht, dass es nicht eine noch bessere Anpassung gibt, wenn man andere (und/oder mehr) Basisfunktionen zugrunde legt.

Die Variationsmethode

Die Minimierung der Energie erreichen wir mit der sog. *Variationsmethode*. Wir schreiben die Schrödinger-Gleichung in der Form von Gl. (1.4-111)

$$\hat{H}\psi = E \cdot \psi \tag{1.4-111}$$

multiplizieren mit ψ^* und integrieren über alle Koordinaten

$$\int \psi^* \cdot \hat{H}\psi \, d\tau = \int E \cdot \psi^*\psi \, d\tau \tag{3.5-15}$$

Die Energie ist eine Konstante, so dass wir sie vor das Integral ziehen können. So ergibt sich

$$E = \frac{\int \psi^* \hat{H} \psi \, d\tau}{\int \psi^* \psi \, d\tau} \qquad (3.5\text{-}16)$$

Ist ψ eine exakte Lösung der Schrödinger-Gleichung, ψ^* die dazu konjugiert komplexe Lösung, so gibt uns Gl. (3.5-16) die Möglichkeit, die exakte Energie des durch ψ beschriebenen Zustandes zu berechnen. Ist ψ hingegen keine exakte Lösung der Schrödinger-Gleichung, sondern eine Näherung, z. B. eine durch Gl. (3.5-13) beschriebene Linearkombination, so können wir mit Gl. (3.5-16) ebenfalls eine Energie berechnen. Diese Energie ist aber nach dem Variationsprinzip größer als die exakte Energie.

ψ möge die durch Gl. (3.5-13) wiedergegebene reelle Linearkombination zur Beschreibung eines Molekülorbitals eines zweiatomigen Moleküls sein. Setzen wir dies in Gl. (3.5-16) ein, so erhalten wir

$$E = \frac{\int (c_1 \psi_1 + c_2 \psi_2) \cdot \hat{H}(c_1 \psi_1 + c_2 \psi_2) \, d\tau}{\int (c_1 \psi_1 + c_2 \psi_2)^2 \, d\tau} \qquad (3.5\text{-}17)$$

und sehen, dass E eine Funktion der c_1 und c_2 ist, da wir ψ_1 und ψ_2 als bestimmte Atomorbitale vorgegeben haben. Nach den Regeln der Differentialrechnung finden wir nun den Minimalwert der Energie, wenn wir die partiellen ersten Ableitungen von E nach c_1 und c_2 bilden und diese gleich null setzen. Zu diesem Zweck lösen wir die Integrale in Gl. (3.5-17) auf:

$$E = \frac{c_1^2 \int \psi_1 \hat{H} \psi_1 \, d\tau + c_1 c_2 \int \psi_1 \hat{H} \psi_2 \, d\tau + c_1 c_2 \int \psi_2 \hat{H} \psi_1 \, d\tau + c_2^2 \int \psi_2 \hat{H} \psi_2 \, d\tau}{c_1^2 \int \psi_1^2 \, d\tau + 2 c_1 c_2 \int \psi_1 \psi_2 \, d\tau + c_2^2 \int \psi_2^2 \, d\tau} \qquad (3.5\text{-}18)$$

Diese Gleichung können wir etwas vereinfachen und übersichtlicher schreiben, wenn wir folgende Abkürzungen einführen

$$\int \psi_a \hat{H} \psi_b \, d\tau = H_{ab} \qquad (3.5\text{-}19)$$

$$\int \psi_a \psi_b \, d\tau = S_{ab} \qquad (3.5\text{-}20)$$

und beachten, dass – den Beweis wollen wir hier übergehen –

$$H_{ab} = H_{ba} \qquad (3.5\text{-}21)$$

ist. Der Vergleich mit Gl. (1.4-117) zeigt uns, dass für normierte Wellenfunktionen, die wir hier zu Grunde legen wollen, $S_{aa} = S_{bb} = 1$ ist. Setzen wir dies ein, so bleibt nur noch ein S mit dem Index ab (S_{12}) in Gl. (3.5-18) übrig. Wir können den Index deshalb fortlassen und erhalten mit den Gleichungen (3.5-19) bis (3.5-21) aus Gl. (3.5-18)

$$E = \frac{c_1^2 H_{11} + 2c_1 c_2 H_{12} + c_2^2 H_{22}}{c_1^2 + 2c_1 c_2 S + c_2^2} \qquad (3.5\text{-}22)$$

Wir führen nun die partielle Differentiation nach c_1 durch und setzen die erste Ableitung gleich null:

$$\left(\frac{\partial E}{\partial c_1}\right)_{c_2} =$$
$$= \frac{(c_1^2 + 2c_1 c_2 S + c_2^2)(2c_1 H_{11} + 2c_2 H_{12}) - (c_1^2 H_{11} + 2c_1 c_2 H_{12} + c_2^2 H_{22})(2c_1 + 2c_2 S)}{(c_1^2 + 2c_1 c_2 S + c_2^2)^2}$$
$$= 0 \qquad (3.5\text{-}23)$$

$$c_1 H_{11} + c_2 H_{12} - \frac{c_1^2 H_{11} + 2c_1 c_2 H_{12} + c_2^2 H_{22}}{c_1^2 + 2c_1 c_2 S + c_2^2} \cdot (c_1 + c_2 S) = 0 \qquad (3.5\text{-}24)$$

Den Bruch auf der linken Seite substituieren wir durch Gl. (3.5-22)

$$c_1 H_{11} + c_2 H_{12} - E(c_1 + c_2 S) = 0 \qquad (3.5\text{-}25)$$

was wir umstellen können zu

$$c_1(H_{11} - E) + c_2(H_{12} - ES) = 0 \qquad (3.5\text{-}26)$$

Führen wir die partielle Differentiation nach c_2 durch, so erhalten wir

$$c_1(H_{12} - ES) + c_2(H_{22} - E) = 0 \qquad (3.5\text{-}27)$$

Die Gleichungen (3.5-26) und (3.5-27) bezeichnet man als *Säkulargleichungen*.

Wir haben zwei Gleichungen, zwei lineare, homogene Simultangleichungen, aber drei Unbekannte, c_1, c_2 und E. Schließen wir die triviale Lösung $c_1 = c_2 = 0$ aus, so können wir beide Gleichungen durch c_1 dividieren und erhalten mit $c_2/c_1 = \lambda$ [vgl. Gl. (3.5-14)]

$$(H_{11} - E) + \lambda(H_{12} - ES) = 0 \qquad (3.5\text{-}28)$$

$$(H_{12} - ES) + \lambda(H_{22} - E) = 0 \qquad (3.5\text{-}29)$$

Eliminieren wir λ, so bleibt

$$(H_{11} - E)(H_{22} - E) - (H_{12} - ES)(H_{12} - ES) = 0 \qquad (3.5\text{-}30)$$

was wir auch als Determinante, die sog.

Säkulardeterminante

$$\begin{vmatrix} H_{11} - E & H_{12} - ES \\ H_{21} - ES & H_{22} - E \end{vmatrix} = 0 \qquad (3.5\text{-}31)$$

schreiben können. Vergleichen wir diesen Ausdruck mit den Säkulargleichungen, so sehen wir, dass, sofern das Gleichungssystem [Gl. (3.5-26/27)] eine nichttriviale Lösung hat, die Determinante der Koeffizienten von c_1 und c_2 null sein muss.

Gl. (3.5-28) bzw. (3.5-29) ist eine Bestimmungsgleichung für E, die niedrigste Energie, die durch Linearkombination von ψ_1 und ψ_2 erhalten werden kann. Wir sehen, dass diese Gleichungen quadratisch in E sind, wir also zwei Lösungen erhalten, eine für den Grundzustand, eine für einen angeregten Zustand. Nach der Ermittlung von E lässt sich mit Hilfe von Gl. (3.5-26) oder (3.5-27) λ berechnen. Wir werden das am Beispiel des Wasserstoff-Molekülions durchführen, zunächst jedoch noch einige allgemeine Schlüsse ziehen.

Das geschilderte Variationsverfahren wird als *Ritz'sche Variationsmethode* bezeichnet. Es lässt sich leicht auf mehr als zwei Basisfunktionen bei der Linearkombination anwenden.

Wir haben davon gesprochen, dass die berechnete Energie der wahren Energie des Systems u. U. besser angepasst werden kann, wenn man mehr als zwei Basisfunktionen verwendet. Setzen wir anstelle von Gl. (3.5-13) die Linearkombination an als

$$\psi = c_1 \psi_1 + c_2 \psi_2 + c_3 \psi_3, \qquad (3.5\text{-}32)$$

betrachten ψ also als Funktion der drei Variablen c_1, c_2 und c_3, so erhalten wir durch partielle Differentiation die drei Säkulargleichungen

$$\begin{aligned} c_1(H_{11} - ES_{11}) + c_2(H_{12} - ES_{12}) + c_3(H_{13} - ES_{13}) &= 0 \\ c_1(H_{21} - ES_{21}) + c_2(H_{22} - ES_{22}) + c_3(H_{23} - ES_{23}) &= 0 \\ c_1(H_{31} - ES_{31}) + c_2(H_{32} - ES_{32}) + c_3(H_{33} - ES_{33}) &= 0 \end{aligned} \qquad (3.5\text{-}33)$$

Wir haben hier, um den Aufbau leichter erkennen zu können, $S_{11} = S_{22} = S_{33}$ nicht durch den Zahlenwert 1 ersetzt. Die zur Bestimmung der Energie führende Säkulardeterminante ist dann

$$\begin{vmatrix} H_{11} - ES_{11} & H_{12} - ES_{12} & H_{13} - ES_{13} \\ H_{21} - ES_{21} & H_{22} - ES_{22} & H_{23} - ES_{23} \\ H_{31} - ES_{31} & H_{32} - ES_{32} & H_{33} - ES_{33} \end{vmatrix} = 0 \qquad (3.5\text{-}34)$$

Das ist eine Funktion dritten Grades in E, die drei Lösungen, also drei Energiewerte liefert.

In der Säkulardeterminante Gl. (3.5-31) treten vier Integrale auf, deren Eigenschaften wir etwas näher untersuchen wollen. Das sind zunächst die sog. *Coulomb-Integrale*

$$H_{11} = \int \psi_1 \hat{H} \psi_1 \, d\tau \tag{3.5-35}$$

und

$$H_{22} = \int \psi_2 \hat{H} \psi_2 \, d\tau \tag{3.5-36}$$

Ein Blick auf Gl. (3.5-16) zeigt uns, dass bei normierten Wellenfunktionen, und von solchen gehen wir aus, das Integral $\int \psi_1 \hat{H} \psi_1 \, d\tau$ im Fall des Atoms 1, d. h. wenn sich $\hat{H}$ auf das Atom 1 bezieht, gerade den Erwartungswert E_1^a der Energie des durch ψ_1 beschriebenen Orbitals liefert. Das ist in Gl. (3.5-35) nicht exakt der Fall, weil in $\hat{H}$ auch ein vom Kern 2 ausgehendes Anziehungspotential eingeht, dessen Wirkung wegen des großen Abstandes allerdings nicht sehr groß ist, wenn sich das Elektron dicht beim Kern 1 aufhält. Entsprechendes gilt für das Coulomb-Integral H_{22}.

Das Integral

$$H_{12} = \int \psi_1 \hat{H} \psi_2 \, d\tau \tag{3.5-37}$$

nennt man *Austauschintegral*, das Integral

$$S \equiv S_{12} = \int \psi_1 \psi_2 \, d\tau \tag{3.5-38}$$

Überlappungsintegral.

In beiden Fällen stellt der Integrand ein Produkt aus ψ_1 und $\hat{H}\psi_2$ bzw. ψ_2 dar. Es ist einleuchtend, dass solche Integrale nur dann deutlich von null abweichende Werte haben können, wenn in den Raumelementen dτ sowohl ψ_1 als auch ψ_2 deutlich von null verschieden sind. Bildlich gesprochen heißt dies, dass die Atomorbitale hinreichend überlappen müssen. Abb. 3.5-4 deutet dies für s-Orbitale an. Wir können uns vorstellen, dass die Kreise den Bereich kennzeichnen, innerhalb dessen die Wahrscheinlichkeit, das Elektron anzutreffen, beispielsweise 95 % beträgt (vgl. Abb. 3.1-16). Dann werden im Fall (a) die Integrale H_{12} und S null sein oder sehr kleine Werte, im Fall (b) kleine und im Fall (c) relativ große Werte haben. Die Überlappung der Atomorbitale ist wesentlich für das Zustandekommen der chemischen Bindung, wie wir gleich noch diskutieren werden.

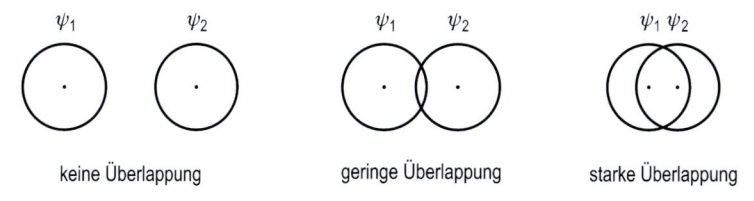

Abbildung 3.5-4 Fehlende (a), schwache (b) und starke Überlappung (c) von zwei s-Orbitalen.

Wir wollen uns nun fragen, ob wir aus dem bisher Besprochenen schon einige allgemeingültige Schlüsse ziehen können. Die Säkulardeterminante Gl. (3.5-30/31) ist quadratisch in E. Wir erhalten bei der Lösung also zwei Energiewerte. Wie verhalten sich diese bezüglich der Erwartungswerte E_1^a und E_2^a der Energie der Atomorbitale ψ_1 und ψ_2? Nach den obigen Ausführungen zu den Coulomb-Integralen H_{11} und H_{22} dürfen wir diese näherungsweise durch E_1^a und E_2^a ersetzen. Gl. (3.5-30) lautet dann

$$(E_1^a - E)(E_2^a - E) - (H_{12} - ES)^2 = 0 \tag{3.5-39}$$

Diese Gleichung können wir graphisch lösen, wenn wir die linke Seite als Funktion $f(E)$ auffassen und die entsprechende Parabel in Abhängigkeit von E auftragen, wie es in Abb. 3.5-5 geschehen ist. Für große positive und negative Werte von E ist $f(E)$ nach Gl. (3.5-39) positiv, für $E = E_1^a$ und $E = E_2^a$ aber negativ. Deshalb müssen die Lösungen E_1 und E_2 der Gl. (3.5-39) außerhalb E_1^a und E_2^a liegen. Die LCAO-Methode liefert uns also zwei Energien, von denen die eine niedriger, die andere höher ist als die Energien der Atomorbitale ψ_1 und ψ_2.

In Gl. (3.5-13) sind wir nur davon ausgegangen, dass wir eine Linearkombination von zwei Atomorbitalen bilden. Wir haben aber noch keine Aussagen darüber gemacht, ob wir hier beliebige der in den Abschnitten 3.1.3, 3.2.6 und 3.2.7 erwähnten Atomorbitale verwenden dürfen. Das ist tatsächlich nicht der Fall.

> Die für die LCAO verwendeten Wellenfunktionen müssen drei Forderungen erfüllen:
> 1. Die Energien der Atomorbitale ψ_1 und ψ_2 müssen von vergleichbarer Größe sein.
> 2. ψ_1 und ψ_2 müssen hinreichend überlappen.
> 3. ψ_1 und ψ_2 müssen die gleiche Symmetrie bezüglich der Molekülachse haben.

Diese Forderungen lassen sich aus Gl. (3.5-28/29) ableiten, wenn man wieder näherungsweise H_{11} durch E_1^a und H_{22} durch E_2^a ersetzt. Die erste Forderung schließt aus, dass Valenzorbitale mit Orbitalen der inneren Schalen kombiniert werden können in Anbetracht der zu großen energetischen Unterschiede (vgl.

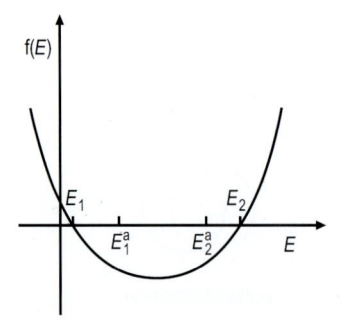

Abbildung 3.5-5 Zur relativen Lage der Energien der Molekülorbitale und der Atomorbitale.

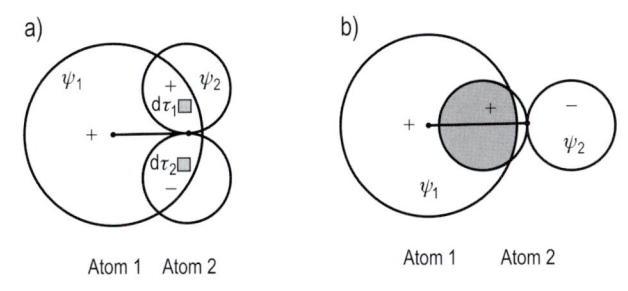

Abbildung 3.5-6 Einfluss der Symmetrie der Atomorbitale auf das Überlappungsintegral (a) s + p_z, (b) s + p_x.

die Diskussion in Abschnitt 3.2.4). Die zweite Forderung ergibt sich aus Gl. (3.5-28 bzw. 3.5-29). Wenn nämlich wegen fehlender Überlappung S und H_{12} null sind, muss $E_1 = E_1^a$ und $E_2 = E_2^a$ sein, d. h. die Linearkombination führt zu keinem Energiegewinn gegenüber den Atomorbitalen, es kommt also zu keiner Bindung. Die dritte Forderung schließlich bezieht sich darauf, dass bei verschiedener Symmetrie trotz Überlappung der Atomorbitale das Überlappungsintegral null werden kann. Um dies zu illustrieren, sind in Abb. 3.5-6 a ein s-Orbital und ein p_z-Orbital kombiniert. Jedem Raumelement mit einem positiven Wert des Produkts $\psi_1\psi_2$ ist ein äquivalentes mit einem negativen Wert dieses Produktes zuzuordnen, so dass sie sich bei der Integration kompensieren. Dies ist nicht der Fall in Abb. 3.5-6 b, in der ein s-Orbital mit einem p_x-Orbital kombiniert ist.

Bevor wir die Variationsmethode auf konkrete Systeme anwenden, wollen wir noch kurz die VB-Methode skizzieren und sie mit der MO-Methode vergleichen.

Die Valenzstruktur-Methode

Wir gehen aus von zwei kompletten, nicht miteinander in Wechselwirkung stehenden Atomen 1 und 2 mit den Eigenfunktionen ψ_1 und ψ_2 und den Eigenwerten der Energie E_1^a und E_2^a. Für das eine Atom gilt

$$\hat{H}_1\psi_1 = E_1^a \cdot \psi_1 \tag{3.5-40}$$

für das andere

$$\hat{H}_2\psi_2 = E_2^a \cdot \psi_2 \tag{3.5-41}$$

Wollen wir das gesamte, noch nicht in Wechselwirkung stehende System beschreiben, so gilt

$$\hat{H}\psi = (\hat{H}_1 + \hat{H}_2)\psi = E \cdot \psi \tag{3.5-42}$$

Als Eigenfunktion ergibt sich

$$\psi = \psi_1 \cdot \psi_2 \tag{3.5-43}$$

mit dem Eigenwert

$$E = E_1^a + E_2^a \tag{3.5-44}$$

Betrachten wir nun ein zweiatomiges Zweielektronenmolekül, wie das Wasserstoffmolekül mit den Atomen 1 und 2 und den Elektronen 1 und 2. Dann haben wir zwei Möglichkeiten, die Elektronenkonfiguration auszudrücken, wenn wir das Atom als Index, das Elektron in Klammern kennzeichnen: $\psi_1(1)\psi_2(2)$ besagt, dass sich das Elektron 1 am Kern 1 und das Elektron 2 am Kern 2 aufhält. Wenn es zur Verbindungsbildung gekommen ist, tauschen die Elektronen auch aus, und $\psi_1(2)\psi_2(1)$ ist ebenso wahrscheinlich wie $\psi_1(1)\psi_2(2)$. Deshalb schreiben wir die vollständige Wellenfunktion für das System als

$$\psi_{VB} = \psi_1(1)\psi_2(2) + \psi_1(2)\psi_2(1) \tag{3.5-45}$$

Wie ist das Problem in der MO-Theorie zu behandeln? Wir haben für den Grundzustand eine Linearkombination

$$\psi_{MO} = \psi_1 + \psi_2 \tag{3.5-46}$$

Da wir von zwei chemisch gleichen Atomen ausgegangen sind, sind die Gewichtsfaktoren $c_1 = c_2$. Wir haben sie hier der Einfachheit halber gleich 1 gesetzt. Wenn wir zwei Elektronen haben, werden sie nach dem Pauli-Prinzip beide im Grundzustand sein. Die Wellenfunktion für das Gesamtsystem ist gleich dem Produkt der beiden Wellenfunktionen ψ_e für die beiden Elektronen:

$$\psi_{MO} = \psi_e(1) \cdot \psi_e(2) = [\psi_1(1) + \psi_2(1)][\psi_1(2) + \psi_2(2)] \tag{3.5-47}$$

Wenn wir die rechte Seite ausmultiplizieren, erhalten wir

$$\psi_{MO} = \psi_1(1)\psi_2(2) + \psi_1(2)\psi_2(1) + \psi_1(1)\psi_1(2) + \psi_2(1)\psi_2(2) \tag{3.5-48}$$

Vergleichen wir nun Gl. (3.5-45) mit Gl. (3.5-48), so sehen wir, dass das Ergebnis nicht identisch ist. ψ_{VB} enthält nur die beiden ersten Terme von ψ_{MO}. Es fehlen die Terme $\psi_1(1)\psi_1(2)$ und $\psi_2(1)\psi_2(2)$. Diese beiden Terme besagen, dass sich Elektron 1 und 2 am Kern 1 bzw. am Kern 2 aufhalten, während der jeweils andere Kern kein Elektron trägt. Eine solche Struktur wäre eine ionogene mit negativem Kern 1 und positivem Kern 2 bzw. umgekehrt. ψ_{VB} muss also in einem weiteren Schritt verbessert werden, indem man zu der durch Gl. (3.5-45) beschriebenen rein kovalenten Konfiguration noch einen ionogenen Anteil addiert:

$$\begin{aligned}\psi_{VB} &= \psi_1(1)\psi_2(2) + \psi_1(2)\psi_2(1) + \psi_1(1)\psi_1(2) + \psi_2(1)\psi_2(2) = \\ &= \psi_{VB}(\text{kov}) + \psi_{VB}(\text{ion})\end{aligned} \tag{3.5-49}$$

Das Wasserstoff-Molekülion

Das Wasserstoff-Molekülion H_2^+ stellt das einfachste Molekül dar. Wir wollen es deshalb als Beispiel für zweiatomige homonukleare Moleküle etwas eingehender untersuchen. Wenn es sich auch um kein langlebiges Molekül handelt, so kommt es doch unter Elektronenbeschuss von Wasserstoff, beispielsweise im Massenspektrometer, in relativ großer Konzentration vor, so dass seine Eigenschaften experimentell gut studiert werden können.

Die Schrödinger-Gleichung für das Wasserstoff-Molekülion kann noch exakt gelöst werden. Doch wollen wir hier die Variationsmethode anwenden.

Zur Berechnung der Energie mit Hilfe der Säulardeterminante Gl. (3.5-31) benötigen wir die Coulomb-Integrale

$$H_{11} = H_{22} = \int \psi_1 \hat{H} \psi_1 d\tau \tag{3.5-50}$$

die in Anbetracht der gleichen Kerne identisch sind, das Austauschintegral

$$H_{12} = \int \psi_1 \hat{H} \psi_2 d\tau \tag{3.5-51}$$

und das Überlappungsintegral

$$S = \int \psi_1 \psi_2 d\tau \tag{3.5-52}$$

Für die Ermittlung von H_{11} und H_{12} ist wiederum die Kenntnis des Hamilton-Operators $\hat{H}$ erforderlich, der nach Gl. (1.4-112) die potentielle Energie enthält. Abb. 3.5-7 zeigt die Verhältnisse beim H_2^+-Ion. Wir haben die Kerne 1 und 2 mit dem Abstand r_{12} und das Elektron e^-, das vom Kern 1 den Abstand r_1 und vom Kern 2 den Abstand r_2 besitzt. Die potentielle Energie ist dann

$$V = -\frac{e^2}{4\pi\varepsilon_0 r_1} - \frac{e^2}{4\pi\varepsilon_0 r_2} + \frac{e^2}{4\pi\varepsilon_0 r_{12}} \tag{3.5-53}$$

Wir wenden die Born-Oppenheimer-Näherung an, d.h. wir halten bei einer Rechnung r_{12} konstant und bestimmen die Energie mit Hilfe der Variationsmethode. Diese Energie ist aber eine Funktion von r_{12}, d.h. wir müssen die Rechnung für viele Werte von r_{12} durchführen.

Die Säulardeterminante (Gl. 3.5-31) ergibt für das Wasserstoff-Molekülion

$$(H_{11} - E)^2 - (H_{12} - ES)^2 = 0 \tag{3.5-54}$$

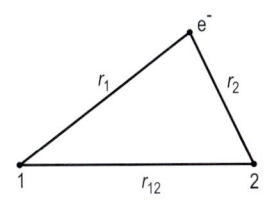

Abbildung 3.5-7 Zur Berechnung der potentiellen Energie im H_2^+-Ion.

Abbildung 3.5-8 E_g und E_u des Wasserstoff-Molekülions in Abhängigkeit vom Kernabstand r_{12}.

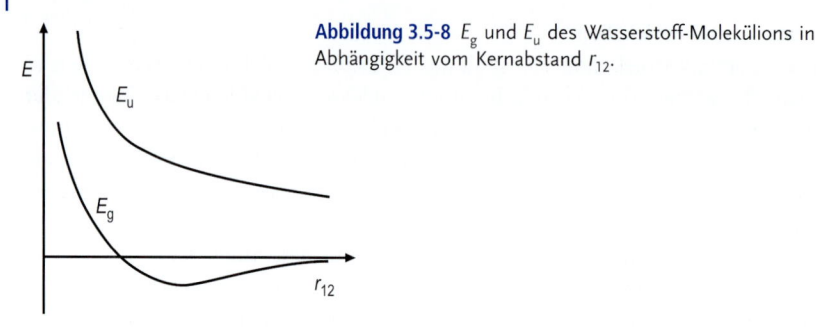

Daraus folgt

$$H_{11} - E = \pm(H_{12} - ES) \tag{3.5-55}$$

und aufgelöst nach der

Energie der Molekülorbitale des H_2^+-Ions

$$E_g = \frac{H_{11} + H_{12}}{1 + S} = H_{11} + \frac{H_{12} - H_{11}S}{1 + S} \tag{3.5-56}$$

$$E_u = \frac{H_{11} - H_{12}}{1 - S} = H_{11} - \frac{H_{12} - H_{11}S}{1 - S} \tag{3.5-57}$$

Nach der Berechnung der Energien müssen wir uns der Berechnung von λ nach Gl. (3.5-28) zuwenden. Setzen wir in diese Gleichung E_g aus Gl. (3.5-56) ein, so ergibt sich $\lambda = +1$, während wir mit E_u aus Gl. (3.5-57) $\lambda = -1$ erhalten. Damit gewinnen wir aus Gl. (3.5-14) zwei Linearkombinationen, d. h. zwei

Molekülorbitale des H_2^+-Ions

$$\psi_g = \psi_1 + \psi_2 \tag{3.5-58}$$

und

$$\psi_u = \psi_1 - \psi_2 \tag{3.5-59}$$

Da H_{11}, H_{12} und S Funktionen des Kernabstandes r_{12} sind, müssen auch E_g und E_u Funktionen von r_{12} sein. Unsere nächste Aufgabe besteht also darin, diese Funktionen zu berechnen. Gehen wir davon aus, dass wir für die Atomorbitale die 1s-Orbitale der Atome 1 und 2 einsetzen, wie wir sie Tab. 3.1-4 entnehmen, so erhalten wir den in Abb. 3.5-8 wiedergegebenen Kurvenverlauf. Dabei machen wir eine wichtige Beobachtung:

Die Kurve für E_g weist ein Minimum auf, während die für E_u kontinuierlich mit steigendem r_{12} abnimmt. Daraus können wir schließen, dass es für ψ_g einen be-

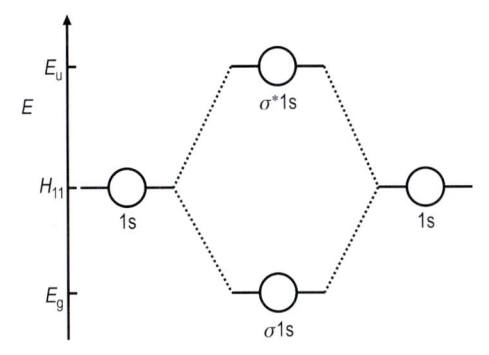

Abbildung 3.5-9 Aufspaltung der Molekülorbitale.

stimmten Gleichgewichtsabstand gibt, der einem stabilen Teilchen H_2^+ zukommt, während das für ψ_u nicht der Fall ist. Die Energie ist für ψ_u am niedrigsten, wenn die beiden Kerne unendlich weit voneinander entfernt sind. Wir bezeichnen ψ_g deshalb als ein *bindendes*, ψ_u als ein *antibindendes Molekülorbital*.

Die aus den Gleichungen (3.5-56) und (3.5-57) hervorgehende Aufspaltung der Energie bzgl. H_{11} stellt man üblicherweise in einem Diagramm der Art der Abb. 3.5-9 dar. Wir erkennen die Erniedrigung der Energie für den bindenden Zustand und die – relativ größere – Erhöhung der Energie für den antibindenden Zustand.

Abb. 3.5-10 zeigt uns schließlich, dass die Wahrscheinlichkeitsdichte ψ_g^2 für den bindenden Zustand zwischen den Kernen größer, ψ_u^2 für den antibindenden Zustand kleiner ist als der Superposition $\psi_1^2 + \psi_2^2$ der quadrierten Atomorbitale ent-

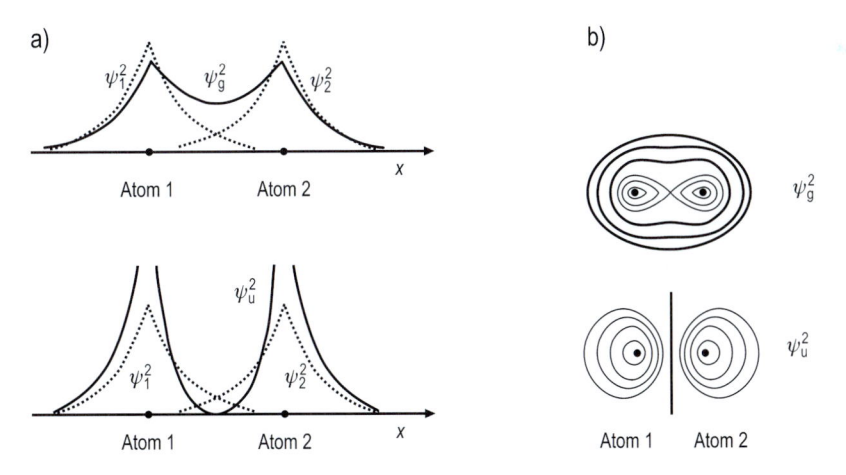

Abbildung 3.5-10 Wahrscheinlichkeitsdichte ψ^2 für den bindenden Zustand (ψ_g) und den antibindenden Zustand (ψ_u) des Wasserstoff-Molekülions längs der Kernverbindungslinie. (a) $\psi^2 = f(x)$, (b) ψ^2 in Linien konstanter Wahrscheinlichkeitsdichte. x = Ortskoordinate.

sprechen würde. Die Ursache für die Bindung ist jedoch nicht die Erhöhung der Elektronendichte zwischen den Kernen 1 und 2, sondern die damit einhergehende Erniedrigung der kinetischen Energie der Elektronen.

Zweiatomige homonukleare Moleküle

Wir wollen nun die bei der Besprechung des Wasserstoff-Molekülions gewonnenen Einsichten verwenden, um qualitativ zu diskutieren, wie es zu Bindungen zwischen Atomen der ersten Periode des Periodensystems kommen kann unter Bildung zweiatomiger, homonuklearer Moleküle.

Wir beginnen mit dem Wasserstoffmolekül H_2. Der Unterschied gegenüber dem H_2^+ besteht nur darin, dass wir zwei Elektronen in den durch Linearkombination berechneten Molekülorbitalen unterbringen müssen. Diese beiden Elektronen werden unter Beachtung des Pauli-Prinzips und der Hundschen Regeln (vgl. Abschnitt 3.2.7) das bindende Molekülorbital mit antiparallelem Spin besetzen. Es tragen jetzt zwei Elektronen zur Bindung bei, der Energiegewinn wird aber etwas verringert durch die gegenseitige Abstoßung der beiden Elektronen. Die Kurve $E_g(r_{12})$ weist wie in Abb. 3.5-8 ein Minimum auf, doch ist der Gleichgewichtsabstand etwas kleiner als beim H_2^+.

Bevor wir zur Besprechung der übrigen zweiatomigen Moleküle übergehen, wollen wir uns qualitativ überlegen, welche Konsequenzen die Linearkombination anderer Atomorbitale hat. Da es sich um homonukleare Moleküle handelt, haben die beiden Atomorbitale gleiches Gewicht, die Linearkombination muss wie beim H_2^+-Molekül immer die Form

$$\psi = \psi_1 \pm \psi_2 \qquad (3.5\text{-}60)$$

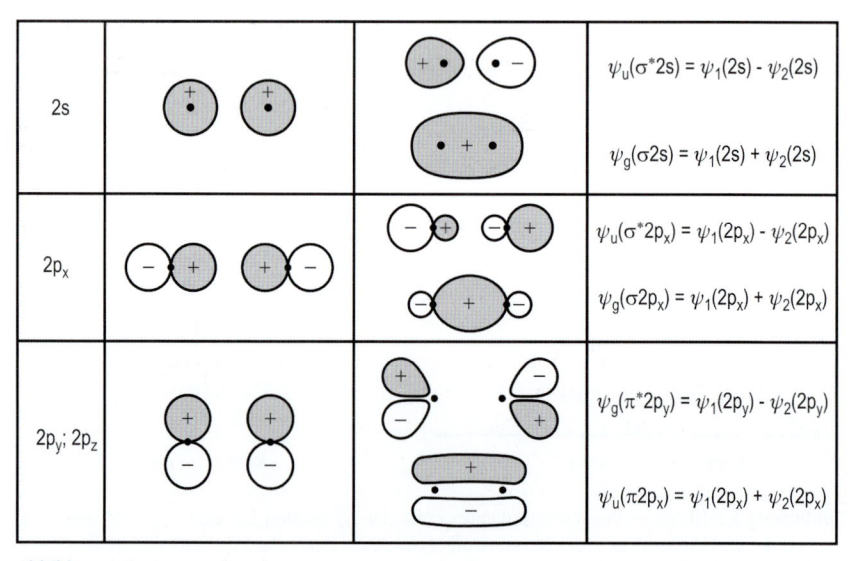

Abbildung 3.5-11 Linearkombination von Atomorbitalen 2s, $2p_x$ und $2p_y$ bzw. $2p_z$.

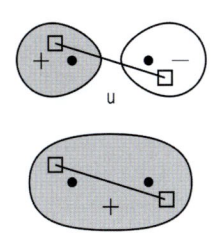

Abbildung 3.5-12 Gerade (g) und ungerade (u) Wellenfunktionen.

haben. Ein bindendes Orbital wird immer vorliegen, wenn das +-Zeichen gilt, ein antibindendes, wenn das −-Zeichen zutrifft. Abb. 3.5-11 gibt in der ersten Spalte an, welche Atomorbitale wir kombinieren, die zweite Spalte zeigt diese Orbitale, so wie wir sie in Abschnitt 3.1.3 eingehend besprochen haben, die dritte Spalte gibt das Ergebnis der Linearkombination wieder, die vierte sagt schließlich etwas aus über die Symmetrie des Molekülorbitals. Die 2 s-Orbitale sind wie die 1 s-Orbitale kugelsymmetrisch. Die Linearkombination führt deshalb zu einem Gebilde, das rotationssymmetrisch bezüglich der Molekülachse ist. Deshalb ist der Drehimpuls um diese Achse null, wie beim s-Elektron. Man nennt das Orbital deshalb ein σ-Orbital, um die Herkunft zu charakterisieren, ein $\sigma 2$ s-Orbital. Nun gibt es zwei $\sigma 2$ s-Orbitale, ein bindendes und ein antibindendes. Zur Unterscheidung versieht man letzteres mit einem Stern. Die beiden durch Linearkombination entstandenen Wellenfunktionen unterscheiden sich noch in ihrer Symmetrie bezüglich einer Inversion am Mittelpunkt zwischen den beiden Kernen. Dies ist in Abb. 3.5-12 deutlich gemacht. Betrachten wir beim $\sigma 2$ s-Orbital ein Raumelement links vom Mittelpunkt und vergleichen den zugehörigen Wert der Wellenfunktion mit dem Wert der Wellenfunktion in dem symmetrisch dazu liegenden Raumelement im rechten Teil, so stimmen die Wellenfunktionen im Absolutbetrag und im Vorzeichen überein. Solch eine Wellenfunktion nennen wir *gerade*. Im Fall des $\sigma^* 2$ s-Orbitals ist zwar der Absolutbetrag von ψ_u in beiden Raumelementen der gleiche, nicht jedoch das Vorzeichen. Wir sprechen deshalb von einer *ungeraden Wellenfunktion*.

Führen wir eine Linearkombination von zwei p_x-Orbitalen durch, so haben die entstehenden Molekülorbitale die gleiche Symmetrie bezüglich der Molekülachse und der Spiegelung am Mittelpunkt wie die $\sigma 2$ s-Orbitale. Wir haben es also auch hier mit einem σ-Orbital zu tun, einem $\sigma 2 p_x$ bzw. $\sigma^* 2 p_x$, wobei das bindende Orbital wieder der geraden, das antibindende der ungeraden Wellenfunktion entspricht.

In der unteren Zeile von Abb. 3.5-11 sind schließlich zwei $2 p_y$- bzw. $2 p_z$-Orbitale kombiniert. Wir erhalten eine Molekülorbital, das im Fall des bindenden Orbitals aus zwei wurstähnlichen Teilen, im Fall des antibindenden aus vier birnenförmigen besteht. Die Symmetrie bezüglich der Molekülachse ist vergleichbar der eines p-Orbitals, wir finden einen Drehimpuls bezogen auf diese Achse von eins, weshalb wir diese Orbitale π-Orbitale nennen. Wir sehen, dass jetzt das bindende Orbital eine ungerade Wellenfunktion ist, das antibindende eine gerade.

> Wenn wir nun das Aufbauprinzip zur Beschreibung der verschiedenen Moleküle anwenden wollen, müssen wir zunächst noch die energetische Reihenfolge der Orbitale kennen. Es zeigt sich, dass die beiden in Abb. 3.5-13 wiedergegebenen Möglichkeiten zu diskutieren sind. Welche von ihnen in einem gegebenen Fall vorliegt, können wir mit Hilfe der spektroskopischen und magnetischen Eigenschaften der Moleküle entscheiden. Jeder der durch einen Kreis markierten Zustände kann maximal mit zwei Elektronen besetzt werden, die dann jedoch entgegengesetzten Spin haben müssen.

H_2 Wir haben bereits besprochen, dass die beiden Elektronen das $\sigma 1s$-Orbital besetzen. Die Elektronenkonfiguration ist deshalb $(\sigma 1s)^2$.

He_2^+ Bei diesem Molekülion haben wir drei Elektronen, zwei im bindenden $\sigma 1s$-Orbital, das dritte im antibindenden $\sigma^* 1s$-Orbital. Insgesamt überwiegt der bindende Anteil. Die Elektronenkonfiguration ist $(\sigma 1s)^2(\sigma^* 1s)$.

He_2 Die Elektronenkonfiguration ist $(\sigma 1s)^2(\sigma^* 1s)^2$. Da, wie wir an Abb. 3.5-9 diskutiert haben, der antibindende Zustand stärker lockernd wirkt als der bindende bindend, kommt es zu keinem stabilen Molekül.

Li_2 mit der Elektronenkonfiguration $(\sigma 1s)^2(\sigma^* 1s)^2(\sigma 2s)^2$ oder unter Fortlassen der gefüllten inneren Orbitale einfach $(\sigma 2s)^2$, besitzt eine aus zwei Elektronen bestehende σ-Bindung und ist tatsächlich im Dampfzustand stabil.

Be_2 hätte die Elektronenkonfiguration $(\sigma 2s)^2(\sigma^* 2s)^2$ und ist wie das He_2 nicht stabil.

B_2 Die Elektronenkonfiguration des stabilen B_2-Moleküls hängt davon ab, ob das $\sigma 2p_x$-oder die $\pi 2p_{y,z}$-Orbitale energetisch tiefer liegen (vgl. Abb. 3.5-13 a, b). Es wären also unter Beachtung der Hundschen Regeln die Konfigurationen $(\sigma 2s)^2(\sigma^* 2s)^2(\sigma 2p_x)^2$ oder $(\sigma 2s)^2(\sigma^* 2s)^2(\pi 2p_y)(\pi 2p_z)$ möglich. Der beim B_2 festgestellte Paramagnetismus zeigt die Gegenwart von zwei ungepaarten Elektronen an, was nur mit der letzteren Konfiguration verträglich ist.

C_2 hat die Elektronenkonfiguration $(\sigma 2s)^2(\sigma^* 2s)^2(\pi 2p_y)^2(\pi 2p_z)^2$, was mit dem beobachteten Diamagnetismus übereinstimmt.

N_2 ist ebenfalls diamagnetisch, die Elektronenkonfiguration ist $(\sigma 2s)^2(\sigma^* 2s)^2(\pi 2p_{y,z})^4(\sigma 2p_x)^2$. Hier können wir nicht aus dem magnetischen Verhalten auf die energetische Reihenfolge von $(\pi 2p_{y,z})$ und $(\sigma 2p_x)$ schließen. Dazu müssen wir das Elektronenspektrum des N_2 hinzuziehen. Stickstoff hat zwei π-Bindungen und eine σ-Bindung.

O_2 ist paramagnetisch. Das ist nur mit der Elektronenkonfiguration $(\sigma 2s)^2(\sigma^* 2s)^2(\sigma 2p_x)^2(\pi 2p_{y,z})^4(\pi^* 2p_y)(\pi^* 2p_z)$ vereinbar. Es liegen also bei Berücksichtigung der bindenden und antibindenden Orbitale eine σ- und eine π-Bindung sowie zwei ungepaarte Elektronen vor.

F_2 hat keine ungepaarten Elektronen, die Elektronenkonfiguration ist $(\sigma 2s)^2(\sigma^* 2s)^2(\sigma 2p_x)^2(\pi 2p_{y,z})^4(\pi^* 2p_{y,z})^4$, was effektiv einer σ-Bindung entspricht.

Ne_2 ist wie He_2 nicht stabil, da alle Orbitale in Abb. 3.5-13 voll besetzt sind.

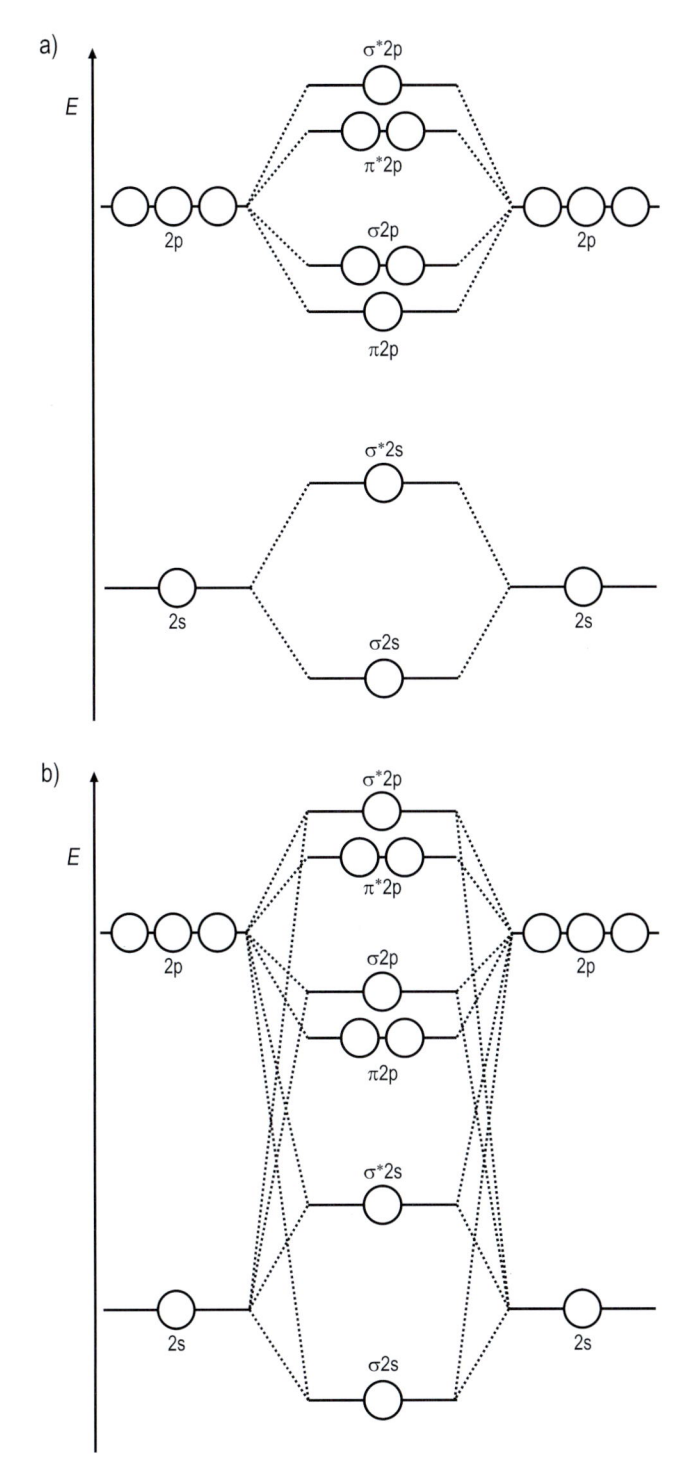

Abbildung 3.5-13 Energetische Reihenfolge der Molekülorbitale.

Zweiatomige heteronukleare Moleküle

Bei den zweiatomigen, heteronuklearen Molekülen können wir im Prinzip genauso vorgehen, wie bei den homonuklearen. Es ergeben sich jedoch zwei wesentliche Unterschiede. Erstens sind die Gewichtsfaktoren c_1 und c_2 in Gl. (3.5-13) nicht mehr gleich, weshalb λ in Gl. (3.5-14) auch nicht mehr den Wert ± 1 hat. Zweitens sind H_{11} und H_{22} in der Abb. 3.5-13 entsprechenden Darstellung nicht mehr energetisch gleich. Für den Fall der Kombination zweier s-Orbitale stellt Abb. 3.5-14 dies schematisch dar. Im gezeigten Fall zieht das Atom 2 die Elektronen stärker zu sich heran. Die Folge davon ist, dass das Molekül nicht mehr dipolfrei ist. Atom 2 trägt formal eine negative, Atom 1 eine positive Teilladung. Wird diese Tendenz immer stärker, so resultiert schließlich als Grenzfall die im Abschnitt 3.5.1 behandelte ionogene Bindung.

3.5.3
Die metallische Bindung

Eine detaillierte Behandlung der metallischen Bindung würde über den Rahmen dieses Buches hinausgehen. Wir wollen uns deshalb darauf beschränken, das Wesentliche der metallischen Bindung zu erkennen. Zu diesem Zweck vergleichen wir in Tab. 3.5-3 zunächst die Bindungsenergien einiger typischer Metalle mit den Bindungs-(Gitter-)Energien von Ionenkristallen, den Bindungsenergien von zweiatomigen Molekülen und den Bindungsenergien in Edelgaskristallen. Wir stellen fest, dass die Energie, die wir pro Mol benötigen, um die Bindung in Metallen, in Ionenkristallen und in zweiatomigen, gasförmigen Molekülen aufzusprengen, von vergleichbarer Größe ist. Nur bei den Edelgaskristallen ist diese Energie um etwa zwei Zehnerpotenzen kleiner. Charakteristisch für Metalle ist, dass sie den elektrischen Strom zu leiten vermögen.

Haben wir es bei den im Abschnitt 3.5.2 besprochenen zweiatomigen Molekülen mit einer streng *lokalisierten Bindung* zu tun, so ist bei den Metallen die Bindung völlig *delokalisiert*, die Elektronen sind trotz vergleichbarer Bindungsstärke frei beweglich.

Tabelle 3.5-3 Bindungsenergien in elementaren Festkörpern, Ionenkristallen und zweiatomigen Molekülen.

Stoff	$\dfrac{\Delta_S H}{\text{kJ mol}^{-1}}$	Stoff	$\dfrac{\Delta U_g}{\text{kJ mol}^{-1}}$	Stoff	$\dfrac{\Delta_{diss} H}{\text{kJ mol}^{-1}}$	Stoff	$\dfrac{\Delta_S H}{\text{kJ mol}^{-1}}$
Li	159	LiCl	828	H_2	432	Ne	1.9
Fe	413	NaCl	764	N_2	941	Ar	7.7
Cu	338	CsCl	648	O_2	490	Kr	11.2
W	836	AgBr	843	F_2	122	Xe	16.0
Ta	780	CuBr	903	Cl_2	238		

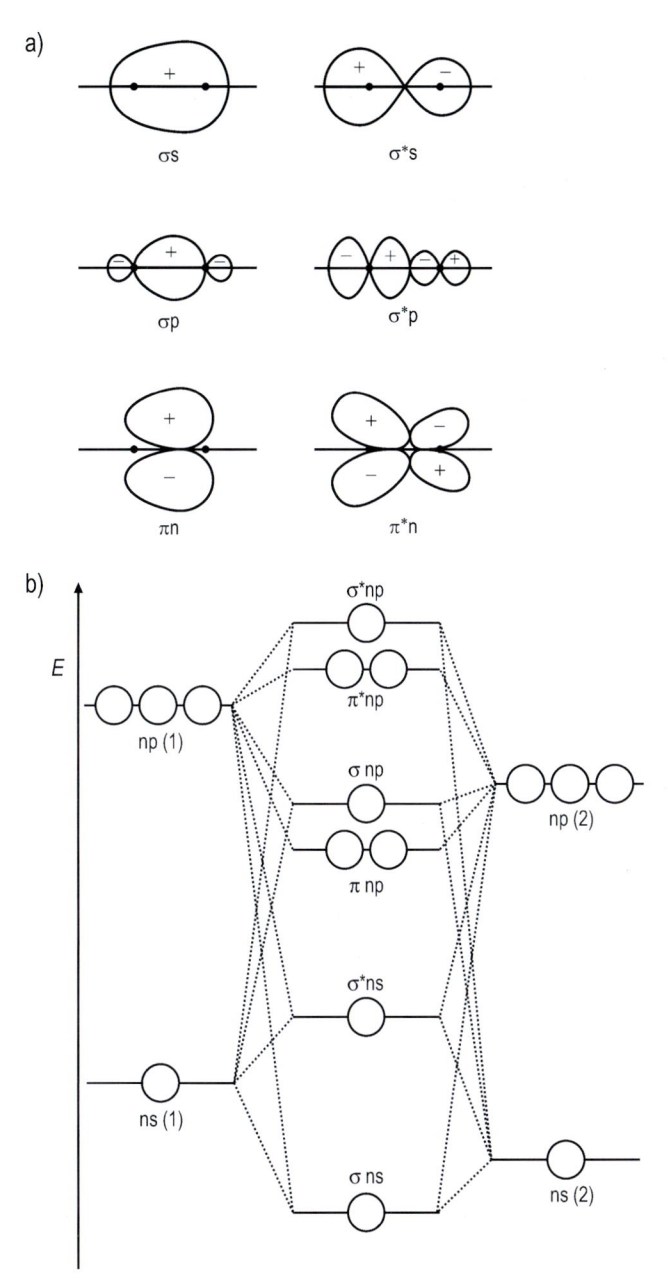

Abbildung 3.5-14 Linearkombination bei zweiatomigen, heteronuklearen Molekülen.
(a) ψ-Funktion, (b) Energiediagramm.

Den Metallkristall fassen wir auf als ein Riesenmolekül. Er muss dann ebenso viele Molekülorbitale haben wie Atome, bei einem Mol sind das $6 \cdot 10^{23}$. Jedes dieser Molekülorbitale hat eine andere Energie, doch liegen diese Energien in Anbetracht der riesigen Zahl von Orbitalen so dicht, dass wir von einem quasi-kontinuierlichen Energieband sprechen können.

Die Beschreibung der elektronischen Struktur fester Stoffe ist immer noch eine Domäne der Festkörperphysik, und Chemiker schrecken oft davor zurück. Dies ohne Grund, da man aus den im vorigen Abschnitt entwickelten Ideen zur Beschreibung von Molekülen mittels Linearkombination von Atomorbitalen den Übergang zur Beschreibung der elektronischen Struktur ausgedehnter Systeme (Bandbildung) relativ einfach nachvollziehen kann.

Wir wählen Lithium als Beispiel für ein Metall. Jedes Atom hat ein 2s-Valenzelektron, das für die Bildung der metallischen Bindung wichtig ist. Viele Aspekte der Bildung von Bändern kann man durch Betrachtung eines linearen Systems erarbeiten. Dabei nutzt man den Trick, dass man sich eine lineare Kette zum Kreis geschlossen denkt. In Abb. 3.5-15 betrachten wir nun zunächst ein Li_2-Molekül mit den bekannten bindenden und antibindenden Kombinationen, die energetisch entsprechend gestaffelt sind. Für drei Li-Atome, zum kleinsten möglichen Ring geschlossen, ergeben sich drei Orbitale aus der Lösung von Gl. (3.5-33), von denen die beiden antibindenden Orbitale energetisch entartet sind. Für vier Atome ergibt sich wieder eine symmetrische energetische Anordnung, für fünf wieder eine asymmetrische, wie beim dreigliedrigen Ring. Der Sechsring hat wiederum eine sym-

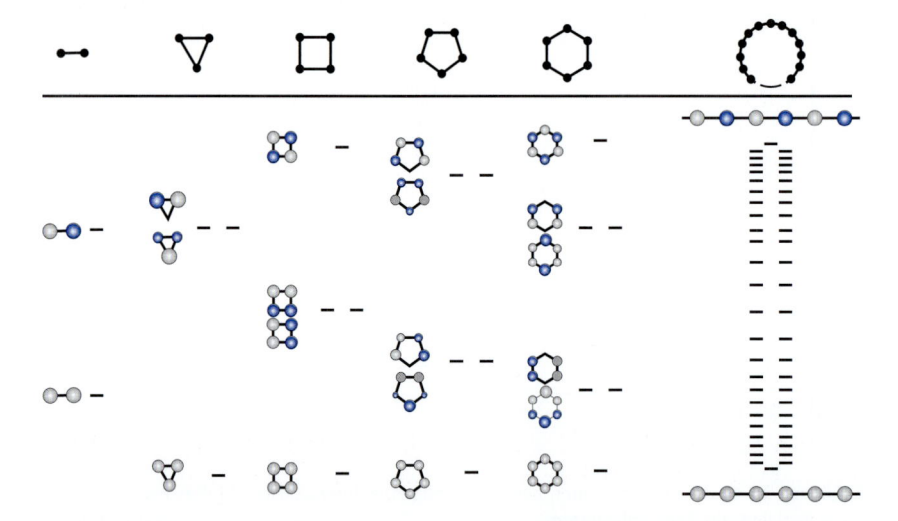

Abbildung 3.5-15 Schematische Darstellung der relativen Anordnung der Orbitale bei sukzessiver Erweiterung einer zum Kreis geschlossenen Li-Kette. An den Positionen der Li-Atome seien jeweils eine 2s-Funktion lokalisiert. Die Phasen der 2s-Atomfunktion sind durch blaue und graue Kreise angedeutet.

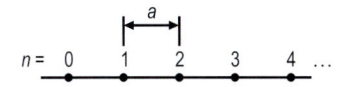

Abbildung 3.5-16 Anordnung der Li-Atome auf der zum Kreis geschlossenen Kette im Abstand a

metrische Anordnung der Orbitale usw. Damit ergibt sich eine Darstellung eines geradzahligen Li-Polymers zum Ring geschlossen, wie in Abb. 3.5-38 ganz rechts gezeigt.

Es entsteht eine nicht gleichmäßige Verteilung von Orbitalenergien über einen begrenzten Energiebereich. Wir werden gleich sehen, dass es eine einheitliche Beschreibung dieser Orbitale gibt. Vorher halten wir aber fest, dass die beobachtete Begrenzung des Energiebereichs natürlich eine Konsequenz der Überlappungsintegrale (Gl. 3.5-38) ist. Wir erinnern uns, dass der Überlapp sehr schnell (exponentiell bei s-Funktionen) mit dem Abstand abnimmt (Abbildung 3.5-4), so dass nur die nächsten und vielleicht noch übernächsten Nachbaratome einen Überlapp haben, der berücksichtigt werden muss. Daher wird der Energiebereich, über den die Orbitale ausgedehnt sind, begrenzt. Wäre der Überlapp nicht begrenzt, wäre ein endliches Energieintervall, in dem die Orbitale auftreten, nicht zu erwarten. Man spricht von einer Bandbreite. Betrachtet man die große Zahl und die Verteilung der Orbitale auf dieser Bandbreite, so sieht man, dass diese ungleichmäßig ist. Dies hat dazu geführt, den Begriff der *Zustandsdichte* einzuführen, die angibt, wie viele Orbitale sich in einem gewählten Energiebereich befinden. Wir werden darauf zurückkommen.

Wie oben angedeutet, gibt es eine allgemein gültige Beschreibung von Orbitalen von ausgedehnten Systemen, bei denen man sich deren Translationssymmetrie zunutze macht. Translationssymmetrie bedeutet hier, dass man in einem – in diesem Fall – linearen Gitter unendlicher Ausdehnung, wie in Abb. 3.5-16, jeden Punkt des Gitters durch nacheinander folgende *n*-fache Anwendung der Translation um den Verschiebungsvektor $\vec{a}$ vom Gitterpunkt $n = 0$ aus erreichen kann.

Die an die Translationssymmetrie (Translation ist genauso eine Symmetrieoperation wie Spiegelung oder Rotation. Die Symmetrie wird im Folgenden Abschnitt behandelt.) angepassten Linearkombinationen von Atomorbitalen können als sog. Bloch-Funktionen beschrieben werden:

$$\psi_k = \sum_n e^{jkn\vec{a}} \chi_n \qquad (3.5\text{-}61)$$

wobei $\vec{k}$ der sog. Wellenvektor ist, der gemäß der translationsinvarianten Konstruktion der Wellenfunktion ψ periodisch in $\vec{a}$ sein muss. Wir kennen den Wellenvektor auch von der de-Broglie-Beziehung und der Diskussion der Beugungserscheinungen (Abschnitt 1.7), sowie des darin erläuterten reziproken Gitters

$$\vec{p} = \hbar \vec{k} \quad \text{mit} \quad |k| = \frac{2\pi}{\lambda} \qquad (3.5\text{-}62)$$

und sehen damit sofort, dass er mit dem Impuls des Elektrons, beschrieben durch ψ_k, verknüpft ist. Schauen wir uns die Wellenfunktion ψ für bestimmte Werte an:

1. $\left|\vec{k}\right| = 0 \rightarrow \psi_k = \sum_n e^0 \chi_n = \chi_0 + \chi_1 + \chi_2 + \chi_3 + \ldots$ \hfill (3.5-63)

Für unser gewähltes Beispiel bedeutet das in Form eines einfachen Bildes auf der linearen Kette ausgedrückt, dass alle Li-2s-Atomorbitale (jeweils dargestellt durch einen Kreis zentriert an den Gitterpunkten) dasselbe Vorzeichen haben, man also bindende Linearkombinationen erhält,

Abbildung 3.5-17 Schematische Darstellung der vollständig bindenden Wellenfunktion mit allen 2s-Atomorbitalen in Phase

2. $\left|\vec{k}\right| = \dfrac{\pi}{a}$ $\psi_{\frac{\pi}{a}} = \sum_n e^{\pi i n}\chi_n = \sum_n (-1)^n \chi_n = \chi_0 - \chi_1 + \chi_2 - \chi_3 + - \ldots$ \hfill (3.5-64)

oder:

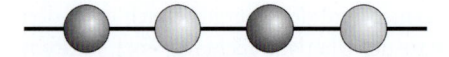

Abbildung 3.5-18 Schematische Darstellung der antibindenden Wellenfunktion mit den 2s-Atomorbitalen außer Phase

so dass man die größtmöglich antibindende Linearkombination erhält. Das bedeutet natürlich, dass diese beiden Wellenfunktionen die energetisch tiefsten und höchsten Zustände im Li-2s-Band bilden. Die zwischen diesen beiden Zuständen liegenden Zustände erhält man, wenn $\vec{k}$ variiert wird. Führt man dies konsequent durch, wird man feststellen, dass das Resultat sich wiederholt. Wenn man k zwischen 0 und $\dfrac{\pi}{a}$ variiert, erhält man alle unabhängigen Wellenfunktionen und Energiewerte. Man nennt diesen Bereich die erste Brillouin-Zone. Darüberhinaus ist die Lösung auch symmetrisch hinsichtlich Vorzeichenwechsel bei $\vec{k}$.

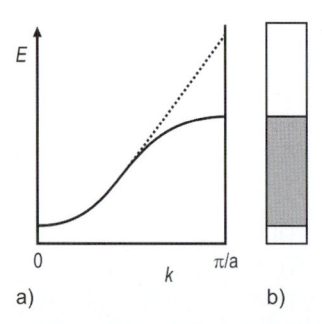

Abbildung 3.5-19 (a) Energie-k-Diagramm einer linearen (oder zum Kreis geschlossenen) Kette mit dem Zentrum („Stern") für $k = 0$ und dem Rand der Brillouin-Zone ($k = \pi/a$). Die gepunktete Linie zeigt den parabolischen Verlauf eines freien Teilchens an, die ausgezogene Linie zeigt den Verlauf bei Vorliegen eines periodischen Potentials mit Periode π/a, hervorgerufen durch die periodische Anordnung der Li-Atome. (b) Bänder-Diagramm, wie in der Chemie üblich. Der besetzte Bereich ist dunkel gefärbt wiedergegeben.

$$-\frac{\pi}{a} \leq \vec{k} \leq \frac{\pi}{a} \text{ oder } |\vec{k}| \leq \frac{\pi}{a} \tag{3.5-65}$$

Es ist offensichtlich, dass es so viele Wellenfunktionen mit dazugehörigen Energiewerten gibt, wie es Einheitszellen (im Falle der Li-Ketten, Li-Atome) in der Struktur gibt. In einem makroskopischen Kristall wäre diese Zahl von der Größenordnung der Avogadro-Zahl. Das heißt, diese liegen praktisch kontinuierlich in k und E über die Brillouin-Zone verteilt. Genauso wie die Wellenfunktionen symmetrisch hinsichtlich Vorzeichenwechsel sind, so sind auch die Energiewerte symmetrisch. Man trägt also $E(k)$ auf (siehe Abb. 3.5-19).

> Das von Chemikern häufig verwendete Bandschema (Abb. 3.5-19 b) wird zu einer sog. Bandstruktur E vs. k, wobei die Werte von k innerhalb der Brillouin-Zone völlig gleichverteilt sind. Wir hatten schon bemerkt, dass der Wellenvektor $\vec{k}$ mit dem Impuls verknüpft ist. Da die Energie mit dem Impuls über
>
> $$E = \frac{1}{2}m\vec{v}^2 = \frac{1}{2m}\vec{p}^2 \tag{3.5-66}$$
>
> verknüpft ist, erwartet man einen Verlauf der Energie gemäß einer Parabel (gestrichelte Kurve). Dass die Kurve nicht als Funktion von $\vec{k}$ immer weiter ansteigt, liegt an der Periodizität der Atomanordnung, die, wie wir oben gesehen haben, zu einer höchstmöglichen antibindenden Wechselwirkung und zu einer periodischen Wiederkehr der Energiewerte führt. Man kann sich überlegen, wodurch die Breite, über die sich die möglichen Energiewerte erstrecken können, bestimmt ist.

Da es sich um Linearkombinationen handelt, muss der Überlapp der atomaren Wellenfunktionen für die Aufspaltung verantwortlich sein. Das heißt, die Bandbreite ist umso größer, je größer das Überlappungsintegral der beteiligten atomaren Wellenfunktion ist. Dieses variiert, wie wir oben schon festgestellt haben, exponentiell mit dem Abstand, wenn man Li-2s-Funktionen zugrunde legt. Davon kann man sich überzeugen, wenn man das Integral zwischen zwei s-Funktionen als Funktion des Abstands der Funktion löst. Wir erinnern uns an den Abschnitt über das H_2-Molekülion, bei dem wir die Wechselwirkung zweier s-Funktionen im Detail diskutiert haben [Gl. (3.5-56,57) und Abb. 3.5-8]. Die Aufspaltung zwischen bindender und antibindender Linearkombination relativ zur Lage der beiden entarteten Atomorbitale war nicht symmetrisch. Vielmehr war eine relativ geringe Erniedrigung der Energie des bindenden Zustands gegenüber der relativ größeren Erhöhung des antibindenden Zustands festzustellen. Dies bedeutet auch für die Bildung von Bändern aus Atomorbitalen, dass man keine symmetrische Verbreiterung des Bandes erwarten darf. Bei Erhöhung des Überlapps werden die antibindenden Zustände also relativ zu den bindenden deutlich stärker in ihrer Energie erhöht werden.

Übrigens, der „Verlauf" der Bänder als Funktion der Energie wird auch durch den Überlapp bestimmt. Nehmen wir für einen Moment an, dass wir die Lithiumatome durch Boratome ersetzen würden, die jeweils ein p-Elektron haben, und vernachlässigen (was eigentlich für Boratome nicht möglich ist) die s-p-Hybridisierung, dann würde eine lineare Kette schematisch durch eine Reihe von p-Orbitalen zu beschreiben sein. Nun kommt es auf die Anordnung der p-Orbitale parallel oder senkrecht zur linearen Kette an (Abb. 3.5-20):

a)

b)

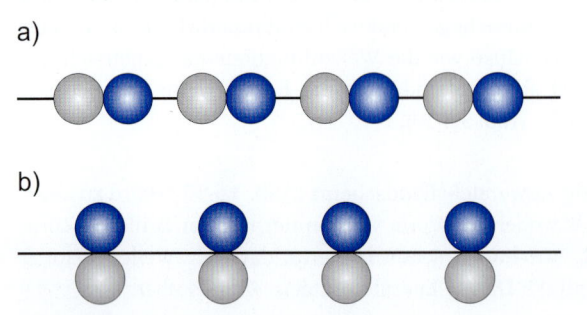

Abbildung 3.5-20 Periodische Anordnung von p-Orbitalen entlang einer Kette. In (a) liegt die Knotenebene senkrecht zur Kettenrichtung, und (b) parallel dazu.

Skizzieren wir die Wellenfunktionen für beide Fälle für $k=0$ und $k=\frac{\pi}{a}$ in Abb. 3.5-20 und überlegen uns die energetische Lage. Für den Fall (a) in Abb. 3.5-20 haben wir es für $k=0$ mit einer antibindenden Linearkombination und für $k=\frac{\pi}{a}$ mit einer bindenden Funktion zu tun, so dass man einen anderen Verlauf als in Abb. 3.5-19 erwartet. Für den Fall (b) in Abb. 3.5-20 dagegen führt die Wellenfunktion für $k=0$ zu einer bindenden Wellenfunktion, während die Wellenfunktion für $k=\frac{\pi}{a}$ antibindenden Charakter hat, der zu erwartende Verlauf der $E(k)$-Kurve also umgekehrt und analog zur Situation in Abb. 3.5-19 ist. Man kann also den Bändern in einfachen Fällen ihren „Charakter" ansehen.

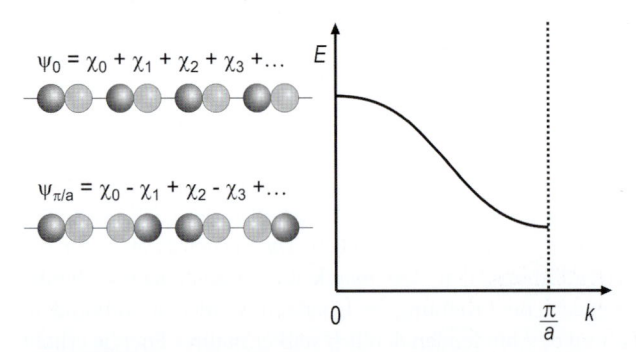

$\psi_0 = \chi_0 + \chi_1 + \chi_2 + \chi_3 + \ldots$

$\psi_{\pi/a} = \chi_0 - \chi_1 + \chi_2 - \chi_3 + \ldots$

Abbildung 3.5-21 Energie-k-Diagramm für eine Kette von p-Orbitalen mit Knotenebene senkrecht zur Kettenrichtung. In diesem Fall ist die antibindende Wellenfunktion, also die mit höherer Energie, bei $k=0$ (in Phase) zu finden, die bindenden (außer Phase) Wellenfunktionen an der Brillouin-Zonengrenze. Damit ist der Verlauf des Bandes, das aus s-Funktionen geformt wird, im Vergleich zu diesem Fall umgekehrt.

Zurück zum Li! Wir haben bisher nicht überlegt, wie viele Elektronen sich in diesen Bändern befinden. Es ist wie beim Molekül! Jede Linearkombination kann gemäß Hund'scher Regel zwei Elektronen unterschiedlichen Spins aufnehmen. Wenn also n Li-Atome zum Band beitragen, erhält man n Linearkombinationen. Wenn jedes Li-Atom ein Elektron beisteuert, sind bei zwei Elektronen pro Linearkombination genau $n/2$ besetzt. Das bedeutet, das Band ist halbvoll und der Energieunterschied zwischen höchsten besetzten und niedrigsten unbesetzten Linearkombinationen verschwindet. Man kann also Elektronen mit beliebig kleiner Energie anregen. Es handelt sich um ein Metall. Die Energie, die die Besetzungsgrenze des Bandes markiert, nennt man Fermienergie oder Ferminiveau. Die bindenden Wellenfunktionen sind besetzt, die antibindenden unbesetzt: es kommt zur metallischen Bindung!

Nun ist es schwierig, die Linearkombinationen abzuzählen, da es so viele sind. Wir hatten ja schon festgestellt, sie sollten von der Größenordnung der Avogadro'schen Zahl sein. Man identifiziert daher keine einzelnen Linearkombinationen, sondern betrachtet alle Linearkombinationen in einem gegebenen Energieintervall. Man spricht dann von der Zustandsdichte. Sie ist definiert als

$$\varrho(E)dE \qquad (3.5\text{-}67)$$

die Zahl der Zustände in einem Energieintervall zwischen E und $E + dE$. Für unseren Fall der linearen Li-Kette liegen wegen der Gleichverteilung der k-Punkte in einem gegebenen Energieintervall am bindenden Ende des Bandes (und am antibindenden Ende des Bandes) mehr Zustände pro Energieintervall als in der Mitte des Bandes. Damit nimmt ϱ die Form an wie in Abb. 3.5-22 dargestellt.

Der schraffierte Teil des Bandes wäre besetzt. Wenn man diese einfachen Überlegungen zur Analyse komplexer Bandstrukturen verwendet, kann man sich viele Aspekte der realen Bandstruktur klarmachen.

Unsere Modellbetrachtungen konzentrierten sich bisher auf ein eindimensionales Modell. Vieles von dem, was bei der Berücksichtigung von drei Dimensionen wichtig ist, findet man schon bei der übersichtlicheren Betrachtung von zwei Dimensionen. Darüberhinaus kommen ja zweidimensionale geordnete Strukturen

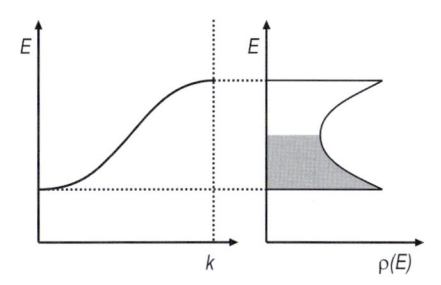

Abbildung 3.5-22 Energie-k-Diagramm für s-Funktionen innerhalb der Brillouin-Zone. Rechts ist die zugehörige Zustandsdichte $\varrho(E)$ gezeigt unter der Annahme, dass jedes Atom ein Elektron beiträgt und damit wegen der Hund'schen Regeln jedes Niveau doppelt besetzt, das Band also halb gefüllt ist.

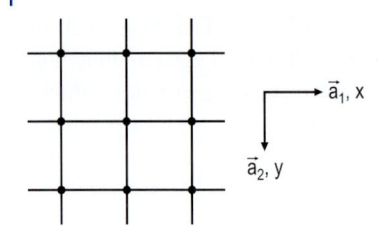

Abbildung 3.5-23 Zweidimensionales Gitter, bei dem jeder Schnittpunkt mit einer s-Funktion besetzt wird.

durchaus auch in der Natur vor, wenn man etwa an geordnete Anordnungen von Molekülen auf Oberflächen denkt.

Ein besonders einfaches System stellt die quadratische Anordnung dar, weil x- und y-Achse entkoppelt sind, und hier wählen wir als Beispiel wiederum Li mit seinem einfach besetzten 2s-Atomorbital. Abbildung 3.5-23 zeigt das rechteckige Gitter mit den Komponenten des Wellenvektors und den Einheitsvektoren $\vec{a}_1$ und $\vec{a}_2$ in x- und y-Richtung.

Jede der beiden Richtungen ist äquivalent zu der linearen Anordnung, die wir vorher betrachtet hatten. Die unabhängigen Bereiche von $\vec{k}_x$ und $\vec{k}_y$

$$0 \leq \left|\vec{k}_x\right|, \left|\vec{k}_y\right| \leq \frac{\pi}{a_1}, \frac{\pi}{a_2} \tag{3.5-68}$$

definieren die zweidimensionale quadratische Brillouin-Zone. Einige typische Wellenfunktionen für verschiedene $\vec{k}_x/\vec{k}_y$-Paare sind in Abb. 3.5-24 dargestellt.

Besondere Punkte in der Brillouin-Zone werden mit Buchstaben Γ, X, M bezeichnet (siehe auch Abb. 3.5-25, links), und die dazugehörigen Wellenfunktionen sind gezeigt. Wegen der quadratischen Symmetrie gibt es zwei X-Punkte, deren zuge-

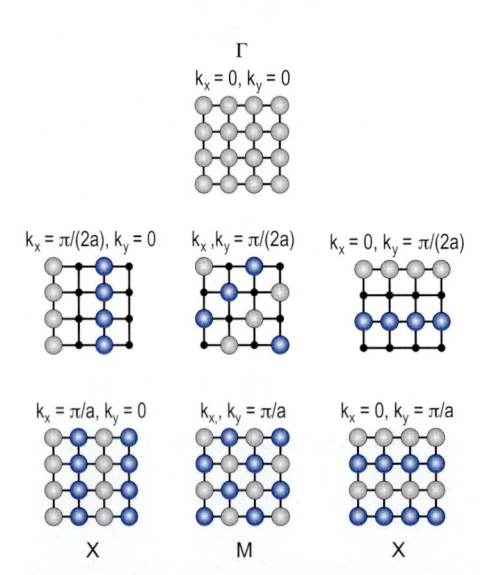

Abbildung 3.5-24 Zweidimensionale Wellenfunktionen an verschiedenen k-Punkten, wobei der Vektor $\vec{k}_x$ zwei Komponenten ($\vec{k}_x$ und $\vec{k}_y$) hat. Den Punkten werden Symbole Γ, X und M zugeordnet.

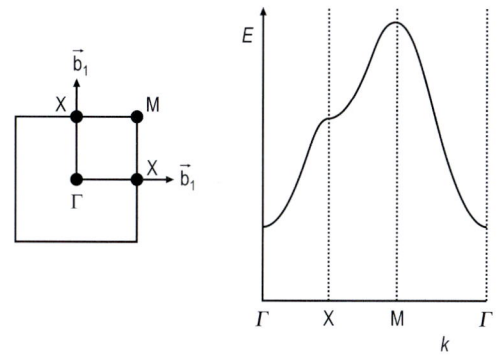

Abbildung 3.5-25 Links: Brillouin-Zone eines zweidimensionalen Gitters.
Rechts: Energie-k-Diagramm für eine zweidimensionale Anordnung von s-Funktionen.

hörige Wellenfunktionen identisch, aber um 90° verdreht sind. Zusätzlich sind Wellenfunktionen entlang der $\Gamma \to X$ und $\Gamma \to M$ Richtungen gezeigt. $\Gamma\left(\vec{k}_x = 0, \vec{k}_y = 0\right)$ nennt man das Zentrum (oder Stern) der Brillouin-Zone aus offensichtlichen Gründen. Da es schwierig ist, die sich entwickelnde Bandstruktur in der gesamten Brillouin-Zone zu zeigen, gibt man typischerweise die Bandstruktur entlang spezifischer Linien an. Dies sind für ein quadratisches Gitter die Linien $\Gamma \to X$, $\Gamma \to M$ und $X \to M$. Eine Bandstruktur entlang eines geschlossenen Pfads in der Brillouin-Zone ist in Abb. 3.5-25 gezeigt.

Der Verlauf ist auf der Basis der in Abb. 3.5-24 dargestellten Wellenfunktionen gut zu verstehen. Am Punkt Γ liegt die am stärksten bindende Funktion. Diese hat die geringste Energie. Jede Entfernung von Γ in Richtung X oder M führt zu einer Energieerhöhung. Auf halbem Weg von Γ nach X ist die Wellenfunktion schwächer antibindend und stärker bindend als auf halbem Weg von Γ nach M. Am Punkt X ist die Wellenfunktion stärkst-möglich antibindend entlang $\vec{k}_x$ und stark bindend entlang $\vec{k}_y$. Am Punkt M ist die Wellenfunktion stärkst-möglich antibindend. Dies bedeutet, dass der Energiewert am Punkt M am größten und am X-Punkt zwischen der Energie von Γ und M liegen muss. Verbindet man diese Punkte mit dem aus der linearen Kette bekannten sinus-artigen Verlauf, ergibt sich zwanglos die in Abb. 3.5-25 gezeigte Bandstruktur. Die Situation für Wellenfunktionen, die sich aus p-Atomorbitalen (man denke wiederum an Bor!) entwickeln, ist etwas komplizierter, aber auch noch sehr anschaulich. p-Atomorbitale sind bekanntlich dreifach entartet und entlang der drei kartesischen Koordinaten ausgerichtet. Wir müssen daher die p_z-Orbitale separat von den p_x- und p_y-Orbitalen betrachten. Stellt man die Wellenfunktionen, die sich aus den p_z-Orbitalen ergeben, so dar, dass man sie von oben betrachtet, ergeben sich Verhältnisse, die denen bei den diskutierten s-Atomorbitalen gleichen. Damit ergibt sich ein völlig analoger Verlauf wie bei den s-Orbitalen, wobei sich die Bandbreite jetzt durch die Wechselwirkung nächst benachbarter p_z-Orbitale ergibt. Da diese häufig kleiner ist als Wechselwirkung von s-Orbitalen, erwartet man eine etwas kleinere Bandbreite. Eine andere Bandstruktur ergibt sich für die p_x- und p_y-Atomorbitale. Abbildung 3.5-26 zeigt Wellenfunktionen für Γ, X, M, wobei man berücksichtigen muss, dass es zwei X-Punkte gibt.

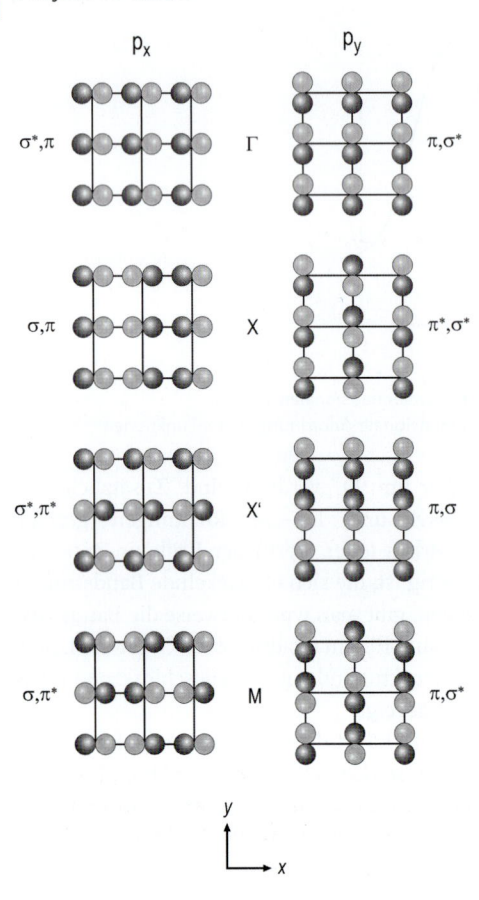

Abbildung 3.5-26 Zweidimensionale Wellenfunktionen, gebildet aus p-Atomfunktionen, deren Knotenebene senkrecht zur Ebene der Anordnung der Atomfunktionen steht.

Die p_x-Orbitale entlang $\Gamma \rightarrow X_{(1)}$ (siehe Abb. 3.5-26) sind äquivalent zu den p_y-Orbitalen entlang $\Gamma \rightarrow X_{(2)}$. Am Γ-Punkt sind die aus p_x- und p_y-Orbitalen gebildeten Wellenfunktionen entartet und liegen energetisch höher als die Energie der aus den p_z-Orbitalen gebildeten, weil für p_z-Orbitale die Wellenfunktion vollständig bindend ist.

Die aus den p_x, p_y-Atomorbitalen abgeleiteten Funktionen sind in einer Richtung bindend und in der anderen Richtung antibindend. Die Wechselwirkung nächst benachbarter Orbitale ist für die aufeinander zugerichteten p-Orbitale am größten. Entlang $\Gamma \rightarrow X$ spalten die am Γ Punkt entarteten p_x/p_y-Orbitale auf. Die eine Komponente wird stärkst-möglich bindend, während die andere Komponente stärkst-möglich antibindend wird. Entlang der $\Gamma \rightarrow M$ Richtung bleibt die Entartung der Orbitale erhalten. Damit ist der Verlauf von $X \rightarrow M$ vorgegeben. Der Bandverlauf der p_z-Orbitale verläuft zwischen den ihre Aufspaltung ändernden p_x/p_y-Orbitalen. Aufgrund der Orthogonalität kann es keine Hybridisierung entlang der betrachteten Linien geben. Der Verlauf der Bandstruktur ist schematisch in Abb. 3.5-27 gegeben.

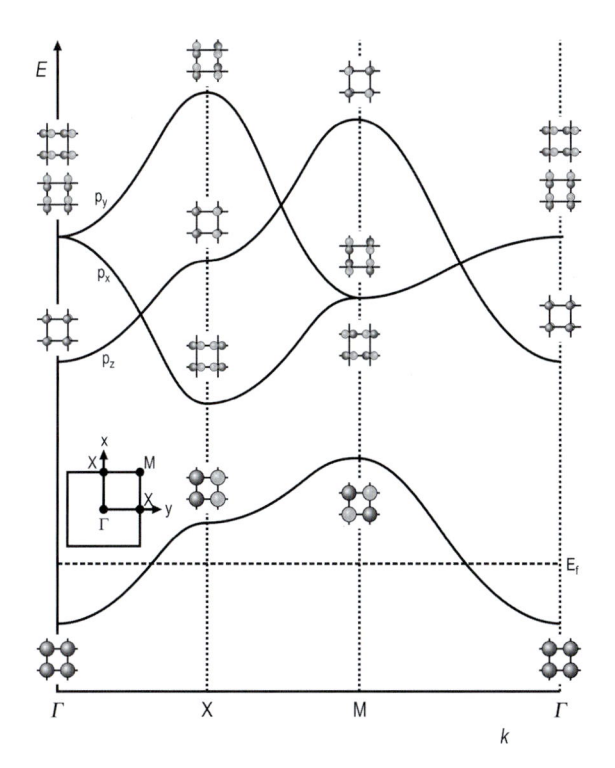

Abbildung 3.5-27 Energie-k-Diagramm über eine geschlossene Schleife Γ-X-M-Γ innerhalb der zweidimensionalen Brillouin-Zone. Das um die Fermienergie herum verlaufende Band rührt von s-Funktionen her. Die höher liegenden Bänder beziehen sich auf die Wellenfunktionen aus Abbildung 3.5-26, siehe Text.

Von der zweidimensionalen Bandstruktur ist es nicht weit zur dreidimensionalen Bandstruktur. Offenbar gibt es hier mehr nächste Nachbar-Wechselwirkungen. Dies führt zu größeren Bandbreiten. Eine dreidimensionale Bandstruktur von Li ist in Abb. 3.5-28 gegeben.

Lithium ist bei Normalbedingungen raumzentriert kubisch und geht erst unter hohem Druck in eine kubisch flächenzentrierte Phase über (siehe Abb. 1.7-4), für die hier die Bandstruktur gezeigt ist.

Zu beachten ist, dass alle $p_x/p_y/p_z$-Orbitale auch entartet sein können, weil es Nachbarn in allen Raumrichtungen gibt. Man erkennt den Verlauf des besetzten s-Bandes um die Fermienergie herum. Es gibt weitere und andere Bezeichnungen von Punkten in der Brillouin-Zone (Abb. 3.5-28 rechts). Der übrige Verlauf wird bestimmt durch Wechselwirkung bzw. Hybridisierung (der Begriff wird hier in ähnlicher Weise verwendet, wie er in Abschnitt 3.6.3 für Molekülorbitale diskutiert wird) zwischen s- und p-Bändern.

Abbildung 3.5-29 zeigt die dreidimensionale Bandstruktur von Cu, das als kubisch flächenzentriertes Gitter bei Normalbedingungen kristallisiert. Die Brillouin-Zone ist daher identisch in ihrer Symmetrie mit der in Abb 3.5-28. Links ist die Zustands-

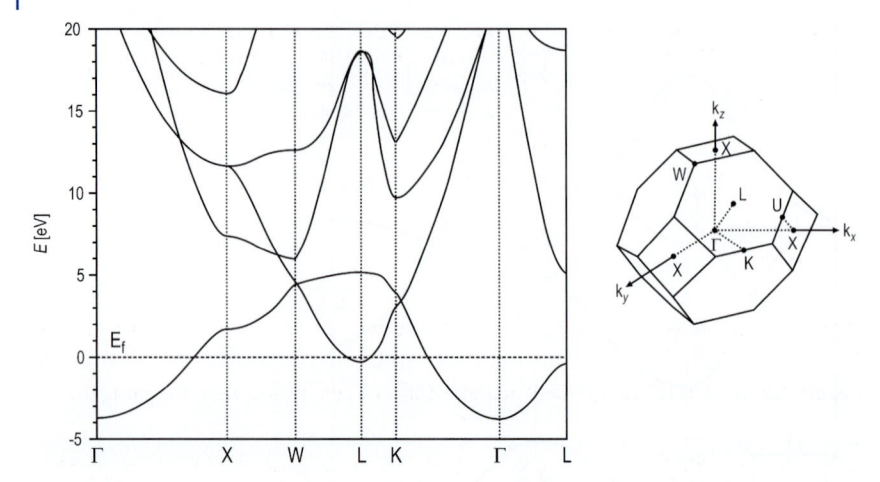

Abbildung 3.5-28 Berechnetes Energie-k-Diagramm von raumzentrierten Li-Metallen. Die eingezeichnete Brillouin-Zone zeigt die Bezeichnung verschiedener Punkte (Rodriguez-Prieto, 2008).

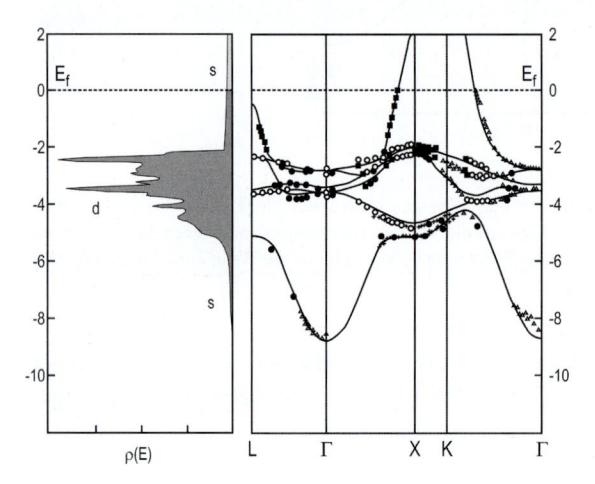

Abbildung 3.5-29 Berechnetes Energie-k-Diagramm von Cu (flächen-zentriert kubisch) mit eingezeichneten Messpunkten, die durch winkelaufgelöste Photoemission bestimmt wurden. Links ist die berechnete Zustandsdichte von Cu gezeigt (http://www1.tu-darmstadt.de/fb/ch/cluster/Folien/Bandstruktur%20Cu.gif)

dichte als Funktion der Energie gezeigt. Man erkennt das s-Band, das von tiefster Energie bis zur Fermienergie (E_F) verläuft. Dieses wird von den Cu-d-Bändern durchtrennt. Aufgrund der hohen Lokalisierung der d-Orbitale sind deren beobachtete Bandbreiten eher klein. Dies führt zu der hohen Zustandsdichte 2 eV unterhalb der Fermienergie. Die relativ geringe Zustandsdichte des s-Bandes erscheint über den gesamten Energiebereich der abgebildeten Zustandsdichte.

Die eingezeichneten Symbole stellen Messpunkte dar, die mittels einer Variante der Photoelektronenspektroskopie (siehe Abschnitt 3.4.9) erhalten wurden. In

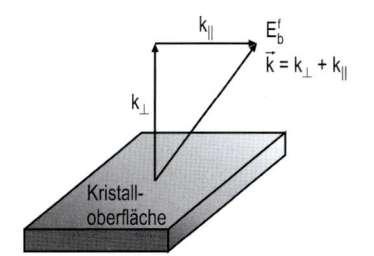

Abbildung 3.5-30 Definition der Winkel in einem winkelaufgelösten Photoemissionsexperiment sowie Aufteilung des $\vec{k}$-Vektors in Komponenten parallel und senkrecht zur Oberfläche

einem Photoelektronenspektrum wird die kinetische Energie (E_{kin}) der durch Photoionisation mit einer monochromatischen Lichtquelle ausgelösten Elektronen gegen die für deren Energie beobachtete Zählrate der Elektronen aufgetragen.

Die Energie der an der Elektronenemission beteiligten Zustände bestimmt man aus der Beziehung (siehe auch Gl. (1.4-34), Einstein'sches Frequenzgesetz):

$$h\nu = E_{kin}^e - E_b^e \tag{3.5-69}$$

wobei E_b^e die Bindungsenergie der Elektronen relativ zum Vakuumniveau (d.h. das Energieniveau, bei dem ein Elektron ohne kinetische Energie ins Unendliche entfernt worden ist) bzw.

$$h\nu = E_{kin}^e - (E_b^F + \Phi) \tag{3.5-70}$$

wobei Φ die Austrittsarbeit und E_b^F die Bindungsenergie der Elektronen bezogen auf die Fermienergie des Systems sind. Es gibt einen direkten Zusammenhang mit Gl. (1.4-34), wenn man ε_{kin} mit E_{kin}^e und $E_b^F + \Phi$) mit $e\Phi$ identifiziert. Letzteres zeigt an, dass sich $e\Phi$ auf die Emission von Elektronen an der Fermienergie bezieht.

Wir erinnern uns, dass die kinetische Energie geschrieben werden kann als:

$$E_{kin}^e = \frac{\vec{p}^2}{2m} \tag{3.5-71}$$

wobei $\vec{p} = \hbar\vec{k}$ gilt und somit:

$$E_{kin}^e = \frac{\hbar^2}{2m}\vec{k}^2 \tag{3.5-72}$$

wobei $\vec{k}$ dem Wellenvektor in der Abb. 3.5-30 entspricht.

Der Wellenvektor hat einen Betrag und eine Richtung. Durch Messung der Richtungsabhängigkeit der Photoelektronenspektren (Abb. 3.5-30) an kristallinen, orientierten Proben kann man nun E_b^F mit dem dazugehörigen Wellenvektor bestimmen und somit die Datenpunkte in Abb. 3.5-29 eintragen. Auf diese Weise erlangt man tiefe Einblicke in die elektronische Struktur fester Körper.

Bei genauerem Hinsehen ist die Bestimmung des genauen $\vec{k}$-Wertes deutlich komplizierter, aber darauf soll an dieser Stelle nicht eingegangen werden. Vielmehr hilft hier ein Verweis auf die Literatur am Ende des Abschnittes.

3.5.4
Kernpunkte des Abschnitts 3.5.3

- ☑ Zustandsdichte S. 725
- ☑ Bloch-Funktion Gl. 3.5-61
- ☑ Brillouin-Zone Gl. 3.5-65
- ☑ Bänder und Bandstruktur S. 727
- ☑ Lineares, zweidimensionales Gitter S. 730
- ☑ winkelaufgelöste Photoemission S. 734

3.5.4
Die van der Waals'sche Bindung

In der Ionenbindung und in der metallischen Bindung haben wir zwei typische Vertreter für Bindungen im Festkörper kennengelernt. Der Diamant ist ein Schulbeispiel für eine kovalente Bindung im Festkörper. Wie kommt es aber nun zum Zusammenhalt der Edelgasatome im festen oder flüssigen Ne, Ar, Kr oder Xe, in Flüssigkeiten oder Kristallen der zweiatomigen Moleküle, die wir im Abschnitt 3.5.2 besprochen haben? Hier haben wir aufgrund der Elektronenkonfiguration weder die Möglichkeit zur Ausbildung einer kovalenten noch einer ionogenen Bindung, und die letzte Spalte in Tab. 3.5-3 zeigt uns, dass die Bindungsenergien in der Tat außerordentlich klein sind.

Wir betrachten zwei Edelgasatome, die einen Abstand r voneinander haben. Da bei den Edelgasen die Elektronenschalen voll aufgefüllt sind, sind die Elektronen, wie wir es im Abschnitt 3.1.3 [Gl. (3.1-153)] angedeutet haben, kugelsymmetrisch um den Kern verteilt. Das elektrostatische Potential der Elektronen und das der Kernladung heben sich gegenseitig auf. Diese Feststellung ist jedoch nur im zeitlichen Mittel richtig.

Tatsächlich bewegen sich die Elektronen um den Kern, so dass es durchaus möglich ist, dass in einem bestimmten Zeitpunkt in einem Atom ein momentanes Dipolmoment p vorhanden ist. Ein solches Dipolmoment erzeugt ein mit der dritten Potenz des Abstandes abfallendes elektrisches Feld E, das im Mittelpunkt des zweiten Atoms also den Wert

$$E = \frac{2p_1}{4\pi\varepsilon_0 r^3} \tag{3.5-73}$$

hat. Ist die Polarisierbarkeit des zweiten Atoms α, so wird durch dieses Feld nach Gl. (3.3-15) im zweiten Atom ein Dipolmoment p_2

$$p_2 = \alpha E = \frac{2\alpha p_1}{4\pi\varepsilon_0 r^3} \tag{3.5-74}$$

induziert. Da die potentielle Energie des Dipols im Feld E nach Gl. (3.3-24) durch das Produkt aus Dipolmoment und Feldstärke gegeben ist, gilt für die potentielle Energie

$$V(r)_{\text{Anz.}} = -p_2 \cdot E = -\frac{p_1^2 \alpha}{4\pi^2 \varepsilon_0^2 r^6} \qquad (3.5\text{-}75)$$

Dabei handelt es sich um eine anziehende Wechselwirkung. Man bezeichnet $V(r)$ als *van-der-Waals-Potential*.

Bringen wir die beiden Atome nun immer dichter aneinander heran, so kommt es schließlich zu einer Überlappung ihrer Elektronenhüllen. Da in beiden Atomen die Orbitale voll aufgefüllt sind, resultiert daraus eine Abstoßung. Dafür hat man empirisch ein mit der 12. Potenz des Abstandes abfallendes Potential

$$V(r)_{\text{Abst.}} = \frac{b}{r^{12}} \qquad (3.5\text{-}76)$$

gefunden. Demnach ist

das gesamte zwischen den beiden Teilchen wirkende Potential

$$V(r) = \frac{b}{r^{12}} - \frac{a}{r^6} \qquad (3.5\text{-}77)$$

Man bezeichnet es als *Lennard-Jones-Potential*.

In Abb. 3.5-31 sind $V(r)_{\text{Anz.}}$, $V(r)_{\text{Abst.}}$ und $V(r)$ schematisch wiedergegeben. Charakteristisch für das Lennard-Jones-Potential sind der steile Anstieg von V bei $r < r_{\text{gl}}$ und der sehr flache Anstieg für $r > r_{\text{gl}}$. Die Potentialmulde ist viel flacher als bei der kovalenten oder ionogenen Bindung (vgl. Abb. 3.5-3).

Um die Bindungsenergie des Kristalls auszurechnen, muss wie im Fall der Ionenkristalle über die Wechselwirkung zwischen allen Atompaaren summiert werden.

3.5.5
Mehrelektronensysteme

Wir hatten bei der Behandlung der Atome (Abschnitt 3.2.6) festgestellt, dass eine Lösung des Mehrelektronenproblems bereits bei diesen nur näherungsweise möglich ist. Dazu wird zum Beispiel das sog. Hartree-Fock-Verfahren (HF) verwandt. Während man bei Atomen noch mittels numerischer Integration der Schrödingergleichung zum Ziel kommt, verwendet man für Moleküle nur noch das analytische Hartree-Fock-Verfahren von Rothaan und Hall. Es ist an dieser Stelle sinnvoll, sich dem Hartree-Fock-Verfahren etwas grundsätzlicher zu nähern, damit die Studierenden ein Gefühl für die Qualität numerischer Rechenverfahren, die heute im Wechselspiel zwischen Experiment und Theorie Verwendung finden, bekommen.

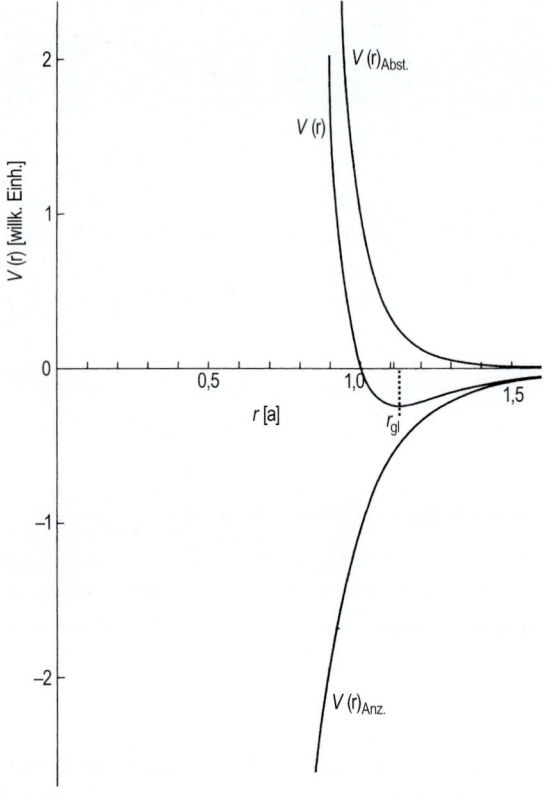

Abbildung 3.5-31 Lennard-Jones-Potential $V(r)$ als Summe von van-der-Waals-Potential $V(r)_{Anz.}$ und Abstoßungspotential $V(r)_{Abst.}$.

Die Mehrelektronenwellenfunktion

Wir wissen, dass sich die verschiedenen Elektronen in einem Atom oder Molekül jeweils in mindestens einer Quantenzahl von den anderen Elektronen unterscheiden müssen. Insbesondere muss das Pauli-Prinzip (Abschnitt 3.2.7) erfüllt sein. Man sucht daher für die Wellenfunktion eines Mehrelektronensystems eine mathematische Form, die diese Bedingungen erfüllt. Wenn man nun die Wellenfunktionen, die orthonormal, d. h. orthogonal (siehe Mathematischer Anhang S) und nominiert sein müssen, für die einzelnen Elektronen ansetzt, muss man jedem Elektron eine sowohl vom Ort als auch eine vom Spin des Elektrons abhängige Wellenfunktion zusprechen, wobei letztere nur zwei Komponenten hat, die den beiden Spinorientierungen entsprechen.

> Wir bezeichnen die Wellenfunktion Φ eines Elektrons, die aus einem Ortsanteil ϕ und einem Spinanteil σ besteht, als Spinorbital. Nach Heisenberg und Slater erfüllt eine Gesamtwellenfunktion ψ in Form einer Determinante, die aus diesen Wellenfunktionen Φ gebildet wird, alle Bedingungen, die man an die Gesamtwellenfunktion stellen muss.

Eine solche Determinante hat folgende Form:

$$\psi = \sqrt{\frac{1}{N!}} \cdot \begin{vmatrix} \Phi_1(1) & \Phi_2(1) & \cdots & \Phi_n(1) \\ \Phi_1(2) & & & \vdots \\ \vdots & & & \vdots \\ \Phi_1(N) & \cdots & \cdots & \Phi_n(N) \end{vmatrix} \qquad (3.5\text{-}78)$$

Hierbei ist N die Zahl der Elektronen. In jeder Spalte steht das gleiche Spinorbital jeweils für ein anderes Elektron, während in jeder Zeile die unterschiedlichen Spinorbitale mit dem gleichen Elektron besetzt werden.

Wir verwenden die Eigenschaften von Determinanten (siehe Mathematischer Anhang B), um zu überprüfen, ob diese Wellenfunktion den gestellten Anforderungen entspricht:

Vertauscht man zum Beispiel zwei Elektronen, indem man etwa die Koordinaten des ersten Elektrons mit denen des zweiten Elektrons vertauscht, entspricht dies in der Determinante dem Austausch der ersten und zweiten Zeile der Determinante, wodurch sich nur das Vorzeichen der Determinante umkehrt, ihr Wert aber erhalten bleibt.

Damit ist der Ununterscheidbarkeit der Elektronen genüge getan, dass sich die Elektronendichte (als $\psi \cdot \psi^*$) dadurch nicht ändert. Darüberhinaus ist auch das Pauli-Prinzip erfüllt:

Setzt man nämlich die Koordinaten zweier Elektronen gleich – es reicht dabei die Gleichheit des Spinanteils – und verletzt damit das Pauli-Prinzip, verschwindet die Determinante, da eine Determinante mit zwei gleichen Spalten den Wert Null hat. Eine Funktion, die aber an jedem Ort verschwindet, beschreibt keinen Zustand des Systems. Damit ist die Heisenberg-Slater-Determinante geeignet, Mehrelektronenwellenfunktionen zu beschreiben, und wir müssen nun sehen, wie wir mit dieser Gesamtwellenfunktion die Schrödinger-Gleichung lösen können. Wir können das Spinorbital Φ_i für das Elektron μ als Produkt aus Raum- und Spinfunktion schreiben, d.h.

$$\Phi_i = \phi_i(\mu)\alpha(\mu) \quad \text{oder} \quad \Phi_i = \phi_i(\mu)\beta(\mu) \qquad (3.5\text{-}79)$$

Die Spinfunktion σ kann nur die zwei Zustände α und β annehmen, die zueinander orthogonal sind, also:

$$\langle \alpha | \beta \rangle = \delta_{\alpha\beta} \qquad \delta_{\alpha\beta} : \text{Kronecker-Symbol} \qquad (3.5\text{-}80)$$

Wir haben hier auf die in Gl. (1.4-123) und (1.4-124) eingeführte Dirac'sche Kurzschreibweise zurückgegriffen, und wollen dies auch im Folgenden tun. Des Weiteren wollen wir zur Erhöhung der Übersichtlichkeit der Gleichungen atomare Einheiten (die Größen e, m_e, $4\pi\varepsilon_0$ und $\hbar$ werden jeweils gleich Eins gesetzt) verwenden sowie der Konvention folgen, mit lateinischen Buchstaben (i, j ...) die verschiedenen Orbitale und mit griechischen Buchstaben (μ, v ...) die Elektronenkoordinaten zu bezeichnen.

Wir gehen nun vom Hamilton-Operator eines N-Elektronensystems aus und nehmen darüber hinaus an, dass es sich um ein System mit geschlossener Schale handelt, d.h. alle Orbitale sind doppelt mit Elektronen mit entgegengesetztem Spin besetzt. Es gilt dann für ungerades i

$$\Phi_i = \phi_i(\mu)\alpha(\mu) \quad \text{und} \quad \Phi_{i+1} = \phi_i(\mu)\beta(\mu) \tag{3.5-81}$$

und der Hamiltonoperator lautet dann

$$\hat{H} = \sum_\mu^N \hat{h}_\mu + \sum_{\mu<\nu}^N \frac{1}{r_{\mu\nu}} \tag{3.5-82}$$

mit

$$\hat{h}_\mu = -\frac{1}{2}\nabla_\mu^2 - \sum_k Z_{k\mu} \frac{1}{r_{k\mu}} \tag{3.5-82a}$$

Er setzt sich aus einem Einelektronenanteil $\hat{h}_\mu$, der die kinetische Energie des Elektrons μ und die Coulomb-Anziehung dieses Elektrons mit allen Atomkernen k der Ladung Z_k berücksichtigt, sowie einem Zweielektronenanteil, der gegenseitigen Coulomb-Wechselwirkung der Elektronen, zusammen. $r_{\mu\nu}$ ist hier der Abstand zwischen zwei Elektronen μ und ν. In ähnlicher Weise bezeichnet $r_{k\mu}$ den Abstand des Elektrons μ zu einem Atomkern k.

Der Erwartungswert der Energie ist gemäß der Schrödinger-Gleichung:

$$E = \langle \psi | \hat{H} | \psi \rangle \tag{3.5-83}$$

und ergibt sich nun durch Einsetzen der Heisenberg-Slater-Determinante und Integration über alle Elektronenkoordinaten.

Wir wollen hier auf die längliche (jedoch nicht sehr schwierige) Rechnung verzichten und gleich das Ergebnisse diskutieren.

Beginnen wir mit dem Einelektronenanteil $\langle \psi | \hat{h}_\mu | \psi \rangle$.

Dieser besteht aus einer Summe von Integralen über die Produkte der Wellenfunktionen Φ_i, die aus der Entwicklung der Determinante resultieren (siehe dazu auch den Mathematischen Anhang B). Da $\hat{h}_\mu$ nur auf ein Elektron wirkt, können alle übrigen Elektronen davon getrennt integriert werden. Die meisten Integrale haben entweder den Wert 0 oder 1, da sowohl die Spinkomponenten als auch alle Ortsorbitale orthonormal sind. Es bleibt von der Vielzahl der Integrale nur die folgende Summe übrig:

$$\sum_{\mu=1}^N \langle \phi_i(\mu) | \hat{h}_\mu | \phi_i(\mu) \rangle = \sum_{\mu=1}^N h_\mu = 2 \sum_{\mu=1}^{N/2} h_\mu \tag{3.5-84}$$

Nun wenden wir uns den Zweielektronentermen zu.

Da der Operator auf zwei Elektronen wirkt, enthalten die Integrale auch die beiden zugehörigen Orbitale. Auch hier bleiben wegen der Orthonormalität der Spinorbitale nur eine geringe Anzahl von Integralen übrig. Aus der Entwicklung der Determinante folgt hier, dass es um Ausdrücke folgender Form geht:

$$\sum_{\mu<\nu} \left\langle \Phi_i(\mu)\Phi_j(\nu) \left| \frac{1}{r_{\mu\nu}} \right| \Phi_i(\mu)\Phi_j(\nu) \right\rangle \tag{3.5-85}$$

In diesem Ausdruck sind Elektronen den gleichen Orbitalen zugeordnet. Es bleiben aber auch Ausdrücke der Form

$$-\sum_{\mu<\nu}\left\langle \Phi_i(\mu)\Phi_j(\nu)\left|\frac{1}{r_{\mu\nu}}\right|\Phi_j(\mu)\Phi_i(\nu)\right\rangle \qquad (3.5\text{-}86)$$

die zwei ausgetauschte Elektronen berücksichtigt.

Betrachten wir zunächst den ersten Term (Gl. (3.5-85)):

Aufgrund der mit Gl. (3.5-81) geforderten doppelten Besetzung der Ortsorbitale ist für jedes Orbital Φ_j mit geradem Index j der Raumanteil mit dem des vorhergehenden Φ_i identisch. Dies ist der Fall für ungerades i und $j = i + 1$. Diese Kombination tritt $N/2$-mal auf und wir kürzen diese Integrale mit J_{ii} ab:

$$\sum_{i=1}^{N/2} J_{ii} = \sum_{i=1}^{N/2}\left\langle \phi_i(\mu)\phi_i(\nu)\left|\frac{1}{r_{\mu\nu}}\right|\phi_i(\mu)\phi_i(\nu)\right\rangle \qquad (3.5\text{-}87)$$

Man bezeichnet diesen Typ von Integralen als Coulomb-Integrale. Sie beschreiben die elektrostatische Wechselwirkung von zwei Ladungsverteilungen, etwa von $|\phi_i(\mu)|^2$ mit $|\phi_i(\nu)|^2$ und sie haben damit ein klassisches Analogon.

Für alle anderen Werte von i und j mit $i<j$ gibt es vier Varianten von J_{ij}-Integralen, die Werte ungleich Null besitzen. Die beiden möglichen Wellenfunktionen

$$\Phi_i = \begin{cases} \phi_i(\mu)\alpha(\mu) \\ \phi_i(\mu)\beta(\mu) \end{cases} \qquad (3.5\text{-}88)$$

können beide mit

$$\Phi_j = \begin{cases} \phi_j(\nu)\alpha(\nu) \\ \phi_j(\nu)\beta(\nu) \end{cases} \qquad (3.5\text{-}89)$$

kombiniert werden. Damit ergibt sich neben dem Ausdruck in Gl. (3.5-87) ein zweiter Term

$$4\sum_{i<j}^{N/2} J_{ij}$$

Es fehlt nun noch die Berechnung der Summe in Gl. (3.5-86).

In diesem Ausdruck sind die Koordinaten der Elektronen auf der rechten Seite gegenüber der linken Seite vertauscht. Die zu Gl. (3.5-87) analogen Integrale existieren hier nicht, da durch das Vertauschen von Elektronenkoordinaten Integrale der orthogonalen Spinfunktionen auftreten, die verschwinden.

Wie oben erhält man für andere Werte von i und j mit $i<j$ Integrale der Form

$$\left\langle \phi_i(\mu)\phi_j(\nu)\left|\frac{1}{r_{\mu\nu}}\right|\phi_j(\mu)\phi_i(\nu)\right\rangle = K_{ij} \qquad (3.5\text{-}90)$$

Diese Integrale werden als Austauschintegrale bezeichnet und treten nur wegen des Pauli-Prinzips auf. Das heißt, sie haben kein klassisches Analogon. Von den wiederum vier möglichen Kombinationen, die zu derartigen Integralen beitragen, führen nur solche, die nur einen Typ von Spinanteil beinhalten, zu nicht-verschwindenden Integralen. Es gibt also nur halb so viele K_{ij} wie J_{ij}.

Damit ergibt sich der Erwartungswert der Energie gemäß Gl. (3.5-83) zu

$$E = 2\sum_{i=1}^{N/2} h_i + \sum_{i<j}^{N/2} \left(4J_{ij} - 2K_{ij}\right) + \sum_{i=1}^{N/2} J_{ij} \tag{3.5-91}$$

Aus den oben gegebenen Definitionen von J_{ij} und K_{ij} ist sofort ersichtlich, dass

$$J_{ij} = J_{ji},\ K_{ij} = K_{ji} \quad \text{und} \quad J_{ii} = K_{ii} \tag{3.5-92}$$

Daher folgt schließlich:

$$E = 2\sum_{i=1}^{N/2} h_i + \sum_{i=1}^{N/2} J_{ii} + 2\sum_{i<j}^{N/2}\left(2J_{ij} - K_{ij}\right) = 2\sum_{i=1}^{N/2} h_i + \sum_{i,j=1}^{N/2}\left(2J_{ij} - K_{ij}\right) \tag{3.5-93}$$

Wir haben dabei ausgenutzt, dass – wenn man alle J_{ij} und K_{ij} in Form einer Matrix, deren Elemente aus den entsprechenden Integralen gebildet werden, schreibt – die letzte Summe die Summe aller Terme im Dreieck unterhalb der Hauptdiagonalen dieser Matrix ist und dass die Summe aller J_{ii} gerade der Summe der Diagonalterme entspricht. Daher können wir in Gl. (3.5-93) ohne Beschränkung über i und j summieren.

Man kann sich merken (ohne dass wir das hier beweisen wollen), dass J_{ij} und K_{ij} immer positiv sind und K_{ij} vom Betrag immer kleiner als J_{ij} ist. Um nun die am besten angenäherte Energie eines Mehrelektronensystems und die dazugehörigen Wellenfunktionen zu bestimmen, müssen wir wie vorher die Variationsmethode (vergleiche Abschnitt 3.5.2) anwenden und eine Extremwertaufgabe lösen. In anderen Worten, wir suchen nach denjenigen Orbitalen, die zur Minimalenergie führen unter der Nebenbedingung, dass die Orbitale orthonormal sind. Dies führt zu einem Problem, das wir, wie schon zuvor, mit Hilfe der Lagrange'schen Multiplikatoren lösen können. Zu diesem Zweck führt man ein Funktional (also eine Funktion auf Funktionen) der Form:

$$\tilde{E} = 2\sum_{i}^{\frac{N}{2}} h_i + \sum_{i,j}^{\frac{N}{2}}\left(2J_{ij} - K_{ij}\right) - \sum_{i,j}^{\frac{N}{2}} \lambda_{ij}\left(\langle\phi_i|\phi_j\rangle - \delta_{ij}\right) \tag{3.5-94}$$

ein. Dabei sind $\{\lambda_{ij}\}$ die Lagrange'schen Multiplikatoren, und der Summenausdruck rechts berücksichtigt die Einhaltung der Orthonormalität als Nebenbedingung. Wir verlangen, dass eine Variation des Funktionals $\delta\tilde{E}$ bei kleiner Variation der Orbitale $\delta\phi_i$ zu Null wird.

$$\delta\tilde{E} = 0 \tag{3.5-95}$$

Nun führt man eine Definition zur Berechnung der Coulomb- und Austauschintegrale ein:

$$\hat{J}_i(\mu)\left|\phi_j(\nu)\right\rangle = \left\langle\phi_i(\mu)\left|\frac{1}{r_{\mu\nu}}\right|\phi_i(\mu)\right\rangle\left|\phi_j(\nu)\right\rangle \tag{3.5-96}$$

$$\hat{K}_i(\mu)\left|\phi_j(\nu)\right\rangle = \left\langle \phi_i(\mu) \left|\frac{1}{r_{\mu\nu}}\right| \phi_j(\mu) \right\rangle \left|\phi_i(\nu)\right\rangle \tag{3.5-97}$$

und nennt $\hat{J}_i(\mu)$ und $\hat{K}_i(\mu)$ den Coulomb- bzw. den Austauschoperator. Man beachte, dass der Operator $\hat{J}$ auf beiden Seiten auf die gleiche Wellenfunktion wirkt, während der Operator $\hat{K}$ die beiden Funktionen hinter dem Operator $(r_{\mu\nu})^{-1}$ vertauscht.

Mit dieser Definition kann man die Coulomb- und Austauschintegrale schreiben als

$$J_{ij} = \left\langle \phi_j(\nu) \left| \hat{J}_i(\mu) \right| \phi_j(\nu) \right\rangle \tag{3.5-98}$$

$$K_{ij} = \left\langle \phi_j(\nu) \left| \hat{K}_i(\mu) \right| \phi_j(\nu) \right\rangle \tag{3.5-99}$$

mit dem Vorteil, dass man eine Doppelindizierung vermeidet. Dann kann man die Variation von $\tilde{E}$ wie folgt schreiben

$$\begin{aligned}
\delta\tilde{E} = \; & 2\sum_i \left(\left\langle \delta\phi_i \left| \hat{h}_\mu \right| \phi_i \right\rangle + \left\langle \phi_i \left| \hat{h}_\mu \right| \delta\phi_i \right\rangle \right) + \\
& + \sum_{i,j} \left(\left\langle \delta\phi_i \left| 2\hat{J}_j - \hat{K}_j \right| \phi_i \right\rangle + \left\langle \phi_i \left| 2\hat{J}_j - \hat{K}_j \right| \delta\phi_i \right\rangle \right) + \\
& + \sum_{i,j} \left(\left\langle \delta\phi_j \left| 2\hat{J}_i - \hat{K}_i \right| \phi_j \right\rangle + \left\langle \phi_j \left| 2\hat{J}_i - \hat{K}_i \right| \delta\phi_j \right\rangle \right) - \\
& - \sum_{i,j} \left(\lambda_{ij} \left\langle \delta\phi_i \,\middle|\, \phi_j \right\rangle + \lambda_{ij} \left\langle \phi_i \,\middle|\, \delta\phi_j \right\rangle \right)
\end{aligned} \tag{3.5-100}$$

Wir fassen nun jeweils die Terme zusammen, die im Integral rechts bzw. links die Variation $\delta\phi_i$ enthalten, und beachten dabei, dass die erste und zweite Doppelsumme identisch sind, da sie beide alle möglichen Kombinationen von i und j beinhalten.

$$\begin{aligned}
\delta\hat{E} = \; & 2\sum_i \left(\left\langle \delta\phi_i \left| \hat{h}_\mu + \sum_j \left(2\hat{J}_j - \hat{K}_j\right) \right| \phi_i \right\rangle \right) + \\
& + 2\sum_i \left(\left\langle \phi_i \left| \hat{h}_\mu + \sum_j \left(2\hat{J}_j - \hat{K}_j\right) \right| \delta\phi_i \right\rangle \right) - \\
& - \sum_{i,j} \left(\lambda_{ij} \left\langle \delta\phi_i \,\middle|\, \phi_j \right\rangle + \lambda_{ij} \left\langle \phi_i \,\middle|\, \delta\phi_j \right\rangle \right)
\end{aligned} \tag{3.5-101}$$

Da $\hat{h}_\mu$, $\hat{J}_j$ und $\hat{K}_j$ hermitesche Operatoren sind, erkennt man, dass die erste und zweite Summe adjungiert sind. Das gleiche gilt für die Integrale $\langle \phi_i | \delta\phi_i \rangle$ und $\langle \delta\phi_i | \phi_i \rangle$. Dies bedeutet

$$\sum_{i,j} \lambda_{ij} \left\langle \phi_i | \delta\phi_j \right\rangle = \sum_{i,j} \lambda_{ji} \left\langle \delta\phi_i | \phi_j \right\rangle^* \tag{3.5-102}$$

Damit kann man die Gleichung für die Variation des Energiefunktionals schreiben:

$$\delta \tilde{E} = 2 \sum_i \left(\left\langle \delta\phi_i \hat{h}_\mu + \sum_j \left(2\hat{J}_j + \hat{K}_j\right) \middle| \phi_i \right\rangle - \sum_j \lambda_{ij} \left\langle \delta\phi_i \middle| \phi_j \right\rangle \right) +$$

$$+ 2 \sum_i \left(\left\langle \delta\phi_i \middle| \hat{h}_\mu + \sum_j \left(2\hat{J}_j + \hat{K}_j\right) \middle| \phi_i \right\rangle^* - \sum_j \lambda_{ji} \left\langle \delta\phi_i \middle| \phi_i \right\rangle^* \right) \quad (3.5\text{-}103)$$

Wenn $\delta\tilde{E}$ bei einer willkürlichen Variation von $\delta\phi_i$ verschwinden soll, müssen folgende Bedingungen erfüllt sein:

$$\left[\hat{h}_\mu + \sum_j \left(2\hat{J}_j + \hat{K}_j\right)\right] \phi_i = \sum_j \phi_j^* \lambda_{ji} \quad (3.5\text{-}104)$$

$$\left[\hat{h}_\mu + \sum_j \left(2\hat{J}_j + \hat{K}_j\right)\right] \phi_i^* = \sum_j \phi_j^* \lambda_{ji} \quad (3.5\text{-}105)$$

Bildet man die komplex konjugierte der zweiten Gleichung und zieht diese Gleichung von der ersten ab, so ergibt sich:

$$\sum_j \phi_j \left(\lambda_{ij} - \lambda_{ji}^*\right) = 0 \quad (3.5\text{-}106)$$

Wegen der linearen Unabhängigkeit der Orbitale ϕ_j muss gelten:

$$\lambda_{ij} = \lambda_{ji}^* \quad (3.5\text{-}107)$$

und dies bedeutet, dass die λ_{ij} eine hermitesche Matrix bilden.

> Die Gleichungen (3.5-105) und (3.5-106) bezeichnet man als Hartree-Fock-Gleichungen, die man schreiben kann als
>
> $$\hat{F}\Phi = \Phi\Lambda \quad (3.5\text{-}108)$$
>
> wobei $\hat{F} = \hat{h}_\mu + \sum_j \left(2\hat{J}_j - \hat{K}_j\right)$ eine Matrix, die die Funktion eines Operators hat, ist und man Φ als Vektor in den Orbitalen ϕ_i schreiben kann. Λ ist die Matrix der Lagrange'schen Multiplikatoren.

Die Vektorkomponenten von Φ sind nicht eindeutig. Sie können immer so gewählt werden, dass die Matrix der Lagrange'schen Multiplikatoren diagonal wird. Damit nehmen die Hartree-Fock-Gleichungen die Form einer Eigenwertgleichung mit ε_i als den Eigenwerten oder Orbitalenergien an. Die Orbitale, die zu der diagonalisierten Λ-Matrix gehören, nennt man Hartree-Fock-Orbitale. Diese haben insofern eine gewisse physikalische Bedeutung, als sie innerhalb der gewählten Beschreibung des Mehrelektronensystems mit einer Heisenberg-Slater-Determinante näherungsweise die Ionisierungsenergien des Systems beschreiben.

$$IP_i = -\varepsilon_i \qquad (3.5\text{-}109),$$

wobei ε_i den Diagonalelementen der diagonalisierten Λ-Matrix entsprechen. Man bezeichnet diesen Zusammenhang als Koopmans'sches Theorem.

Auf den Beweis wollen wir hier verzichten.

Da die Operatoren $\hat{J}_j$ und $\hat{K}_j$ selbst von den gewählten Orbitalen abhängen, muss man die Hartree-Fock-Gleichungen iterativ lösen. Da es sich bei den Gleichungen um nicht-lineare Integrodifferentialgleichungen handelt, kann man verschiedene Strategien zur Lösung benennen. Die üblichste Lösungsstrategie wurde von Clemens Roothaan angegeben, wobei man die Hartree-Fock-Orbitale in einer Basis von Funktionen f_P entwickelt, die selbst vollständig sein muss, so dass gilt:

$$|\phi_i\rangle = \sum_P C_p f_P \qquad (3.5\text{-}110)$$

Dann kann man diese Beziehung in die Hartree-Fock-Gleichung einsetzen und die Koeffizienten der Funktionen f_P zur Variation bei der iterativen Lösung verwenden. Es müssen häufig sehr viele solcher Funktionen beteiligt werden, die man dann so wählt, dass sie leicht zu integrieren sind, z. B. Gauß-Funktionen. Nur so erhält man dann ein genügend verlässliches Konvergenzverhalten bei der iterativen Lösung. Es gibt heute kommerzielle Programmpakete, mit denen man solche Berechnungen numerisch durchführen kann.

Wie wir gesehen haben, beschränkt sich das Hartree-Fock-Verfahren auf die Beschreibung des Mehrelektronensystems mit einer Heisenberg-Slater-Determinante. Dies kommt einer Berücksichtigung der Elektron-Elektron-Wechselwirkung im Sinne einer gemittelten Berücksichtigung des Feldes der $n-1$ Elektronen des Systems auf das n-te Elektron gleich. Die eigentliche Elektronenkorrelation, bei der die Wechselwirkung von der individuellen Konstellation aller Elektronen abhängig ist, kann mit dieser Methode nicht erfasst werden. Man kann diese Effekte, die für eine Reproduktion experimentell gemessener Bindungswärmen und anderer Observablen notwendig sind, dadurch berücksichtigen, indem man mehrere Heisenberg-Slater-Determinanten in Linearkombinationen verwendet. Da man jede dieser Determinanten auch so erzeugen kann, dass man die Besetzung der Orbitale ändert und damit verschiedene Elektronenkonfigurationen erzeugt, nennt man derartige Verfahren Konfigurationswechselwirkungsverfahren oder CI-Verfahren. Auch störungstheoretische Verfahren werden verwandt. Das bekannteste ist das Møller-Plesset-Verfahren. Andere Verfahren sind sog. Coupled-Cluster-Verfahren. Hier mögen die Hinweise auf die Namensgebung genügen.

Ein weiteres Verfahren, das sich insbesondere für die Beschreibung von metallischen Festkörpern bewährt hat, ist die Dichtefunktionaltheorie (DFT). Da dieses Verfahren eine immer häufigere Anwendung findet, sollen hierzu einige Bemerkungen gemacht werden. Man beschränkt sich dabei auf die Diskussion der Elektronendichte ohne Berücksichtigung der expliziten Koordinaten der einzelnen Elektronen in den Wellenfunktionen. Die Elektronendichte ist hierbei eine kontinuierliche Funktion der Ortskoordinaten $n(\vec{r})$, in der keine individuellen Elektronen mehr vorkommen. Die Elektronendichte ϱ bestimmt die Grundzustandsenergie des Systems $E(\varrho)$, einem Funktional.

Wir hatten bei der Behandlung des Wasserstoffmoleküls (Abschnitt 3.5.2) gesehen, dass sich der Hamilton-Operator ($\hat{H}$) in drei Komponenten zerlegen lässt, nämlich in den kinetischen Energieoperator($\hat{T}$), den Operator der potentiellen Energie, der durch die positiv geladenen Kerne hervorgerufen wird, ($\hat{V}$) und einen dritten Teil, der die Elektron-Elektron-Wechselwirkung ($\hat{U}$) beschreibt

$$\hat{H}\Psi = \left(\hat{T} + \hat{V} + \hat{U}\right)\Psi \tag{3.5-111}$$

Wir hatten gerade zuvor gesehen, wie man versucht, das Mehrelektronensystem mittels des Hartree-Fock-Ansatzes über Slater-Heisenberg-Determinanten zur Beschreibung der Wellenfunktion zu lösen. Hier sieht das sog. Dichtefunktionalverfahren eine interessante Alternative vor: Im letzteren Verfahren wird die Elektronendichte $n(\vec{r})$ zur Schlüsselvariablen:

$$n(\vec{r}) = N\langle \Psi(\vec{r}, \vec{r_2}...\vec{r_N}) | \Psi(\vec{r}, \vec{r_2}...\vec{r_N}) \rangle \tag{3.5-112}$$

Diese Relation kann man umkehren, d.h., man kann für eine gegebene Elektronendichte eines Grundzustandes $n_0(\vec{r})$ die dazugehörige Wellenfunktion $\Psi_0(\vec{r_1}, \vec{r_2}...\vec{r_N})$ berechnen. Ψ_0 ist also ein eindeutiges Funktional (Funktion einer Funktion) von $n_0(\vec{r})$

$$\Psi_0 = \Psi[n_0(\vec{r})] = \Psi[n_0] \tag{3.5-113}$$

Damit ist nach Hohenberg und Kohn auch die Energie ein Funktional von n_0

$$E_0 = E[n_0] = \langle \Psi[n_0] | \hat{T} + \hat{V} + \hat{U} | \Psi[n_0] \rangle \tag{3.5-114}$$

$$E_0 = E[n_0] + V[n_0] + U[n_0] \tag{3.5-115}$$

wobei explizit gilt:

$$V[n_0] = V(\vec{r})n_0(\vec{r})d^3r \tag{3.5-116}$$

oder allgemeiner

$$V[n_0] = V(\vec{r})n(\vec{r})d^3r \tag{3.5-117}$$

Dann gilt für das Energiefunktional:

$$E[n] = T[n] + U[n] + V(\vec{r})n(\vec{r})d^3r \tag{3.5-118}$$

welches man z. B. mit Hilfe der Methode der Lagrange'schen Multiplikatoren minimieren muss, nachdem man ein spezifisches System und damit das Funktional der potentiellen Energie der Kerne gewählt hat. Voraussetzung ist, man hat exakte Ausdrücke für $T[n]$ und $U[n]$. Zunächst betrachtet man ein Funktional, das nicht explizit von der Elektron-Elektron-Wechselwirkung abhängt:

$$E_s[n] = \left\langle \Psi_s[n] \middle| \hat{T}_s + \hat{V}_s \middle| \Psi_s[n] \right\rangle \tag{3.5-119}$$

wobei $\hat{T}_s$ die „nicht-wechselwirkende" kinetische Energie darstellt und $\hat{V}_s$ das äußere Potential, in dem sich die Elektronen bewegen. Offensichtlich wird $n_s(\vec{r}) \equiv n(\vec{r})$, wenn $\hat{V}_s$ so gewählt wird, dass

$$\hat{V}_s = \hat{V} + \hat{U} + (\hat{T} - \hat{T}_s) \tag{3.5-120}$$

Dann kann man nach Kohn und Sham die optimale Funktion (Orbitale) eines solchen Systems nicht-wechselwirkender Elektronen in ähnlicher Weise, wie die Hartree-Fock-Gleichungen durch Anwendung der Methode der Lagrange'schen Multiplikatoren finden, die die sog. Kohn-Sham-Gleichungen

$$\left[-\frac{\hbar}{2m}\Delta + V_s(\vec{r}) \right] \Phi_i(\vec{r}) = \Phi_i(\vec{r}) \tag{3.5-121}$$

lösen, wobei die Orbitale Φ_i die Elektronendichte ergeben

$$n(\vec{r}) \equiv n_s(\vec{r}) = \sum_i^N \left| \Phi_i(\vec{r}) \right|^2 \tag{3.5-122}$$

Diese Orbitale entsprechen nicht den Hartree-Fock-Orbitalen und deren Energien haben auch nicht deren Bedeutung als Ionisationspotentiale. Die Wahl von $\hat{V}_s$ ist nun entscheidend.

Für $V_s(\vec{r})$ gilt:

$$\hat{V}_s(\vec{r}) = V(\vec{r}) + \int \frac{e^2 n_s(\vec{r})}{|\vec{r}-\vec{r}'|} d^3r' + V_{xc}[n_s(\vec{r})] \tag{3.5-123}$$

wobei der zweite Term die Coloumb-Wechselwirkung der Elektronen beschreibt und der dritte die Austausch- und explizite Korrelationswechselwirkung beinhaltet.

Da die Terme alle von $n_s(\vec{r})$ abhängen und damit von $\Phi_i(\vec{r})$, muss man die Gleichung iterativ lösen. Nun kennt man aber leider $E_{xc}[n_r]$ nicht und muss verschiedene Ansätze für dieses Funktional machen. Dies führt dazu, dass es mittlerweile viele solcher Funktionale gibt und man in gewisser Weise semiempirisch testen muss, welches für welche Fragestellung am besten funktioniert.

3.5.6
Kernpunkte des Abschnitts 3.5

Ionische Bindung S. 700
- ☑ Born-Haberscher Kreisprozess Abb. 3.5-2
- ☑ Madelung-Konstante Gl. (3.5-8)
- ☑ Gitterenergie des Ionenkristalls Gl. (3.5-12)

Kovalente Bindung S. 705
- ☑ Molekülorbital-Methode S. 706
- ☑ Born-Oppenheimer-Näherung S. 706

- ☑ Linearkombination atomarer Orbitale (LCAO) Gl. (3.5-13, 14), S. 706
- ☑ Variationsprinzip S. 707
- ☑ Ritz'sche Variationsmethode S. 710
- ☑ Säkulargleichung Gl. (3.5-26, 27)
- ☑ Säkulardeterminante Gl. (3.5-31)
- ☑ Coulomb-Integral Gl. (3.5-35, 36, 86)
- ☑ Austauschintegral Gl. (3.5-37, 90)
- ☑ Überlappungsintegral Gl. (3.5-38)
- ☑ Auswahl für LCAO geeigneter Wellenfunktionen S. 712
- ☑ Valenzstruktur-Methode S. 713
- ☑ Wasserstoff-Molekül-Ion S. 715
- ☑ MO-Energieniveau-Diagramm Abb. 3.5-9
- ☑ Bindende und antibindende Molekülorbitale S. 717
- ☑ Zweiatomige, homonukleare Moleküle S. 718, Abb. 3.5-13
- ☑ Zweiatomige, heteronukleare Moleküle S. 722, Abb. 3.5-15

Metallische Bindung S. 722
- ☑ Energieband Abb. 3.5-15

Van der Waals'sche Bindung S. 736
- ☑ Van-der-Waals-Potential Gl. (3.5-75)
- ☑ Lennard-Jones-Potential Gl. (3.5-77)
- ☑ Heisenberg-Slater-Determinante Gl. (3.5-79)
- ☑ Energieerwartungswert für Mehrelektronensysteme Gl. (3.5-94)
- ☑ Coloumb-Operator Gl. (3.5-97)
- ☑ Austauschoperator Gl. (3.5-98)
- ☑ Hartree-Fock-Gleichungen Gl. (3.5-109)
- ☑ Koopmans'sches Theorem Gl. (3.5-110)
- ☑ Dichtefunktional Gl. (3.5-115)
- ☑ Kohn-Sham-Gleichung Gl. (3.5-122)

3.5.7
Rechenbeispiele zu Abschnitt 3.5

1. KCl kristallisiert im gleichen Kristalltyp wie NaCl. Die Kantenlänge der Einheitszelle (Abb. 3.5-1) beträgt 0.628 nm. Wie groß ist die Gitterenergie, wenn die Reichweite ϱ des Abstoßungspotentials 0.096 r_0 ist? Man vergleiche das Ergebnis mit dem experimentell ermittelten Wert (Tab. 3.5-1).

2. Welche Atomorbitale können auf Grund ihrer Symmetrieeigenschaften zur Linearkombination verwendet werden, wenn die Molekülachse die *x*-Richtung ist? a) s und s, b) p_z und p_z, c) s und p_y, d) p_x und p_y, e) p_y und d_{yz}, f) p_x und $d_{x^2-y^2}$, g) d_{xz} und p_z.

3. Unter Bindungszahl versteht man die Zahl der gebildeten Bindungen. Das ist die Hälfte der Differenz aus der Zahl der Elektronen in bindenden und anti-

bindenden Zuständen. Wie groß ist die Bindungszahl von a) Be_2, b) B_2, c) N_2^+, d) N_2, e) O_2^+, f) O_2, g) O_2^-, h) O_2^{2-}?

4. Die Bindungszahl hat Einfluss auf die Bindungsenergie und den Abstand der Teilchen in einem bestimmten zweiatomigen Molekül. Man ordne a) N_2^+ und N_2, b) O_2^+, O_2, O_2^- und O_2^{2-} entsprechend der Größe der Kernabstände.

5. Man entscheide, ob die obersten besetzten Orbitale von a) H_2, b) B_2, c) N_2 und d) F_2 gerade oder ungerade Wellenfunktionen sind.

6. Unter Berücksichtigung der Abb. 3.5-14 b diskutiere man, ob a) CN oder CN^-, b) NO^+ oder NO einen größeren Kernabstand hat. Man gebe die Elektronenkonfiguration an.

7. Man gehe von der Wellenfunktion $\psi_{1s} = \left(\frac{1}{r_0}\right)^{3/2} \frac{1}{\sqrt{\pi}} e^{-r/r_0}$ des Wasserstoffatoms im Grundzustand aus und berechne die potentielle Energie. Man berücksichtige dabei die radiale Wahrscheinlichkeitsfunktion und integriere über die Kugelschalen.

8. Man berechne die Gesamtenergie des Wasserstoffatoms im Grundzustand. Gegeben sind die normierte Eigenfunktion $\psi_{1s} = \left(\frac{1}{r_0}\right)^{3/2} \frac{1}{\sqrt{\pi}} e^{-r/r_0}$ mit dem Bohr'schen Radius r_0 und der Radialteil des Laplace'schen Differentialoperators in Polarkoordinaten:

$$\Delta \psi_r = \frac{1}{r^2} \frac{d}{dr}\left(r^2 \frac{d\psi}{dr}\right).$$

Hinweis: Man berechne a) $\Delta \psi$, b) $\hat{H}\psi$ und beachte dabei, dass $\hat{H}\psi = \frac{1}{2m}(-\hbar^2)\Delta\psi + V\psi$ ist und für das Wasserstoffatom $e^2 = \frac{\hbar^2}{mr_0}$ ist. Die Energie erhält man, da eine normierte Eigenfunktion eingesetzt wird, unmittelbar aus $E = \int \psi \hat{H} \psi \, d\tau$, wobei man c) die Integration zweckmäßigerweise über Kugelschalen vornimmt, $d\tau$ also durch $4\pi r^2 dr$ ersetzt.

9. Zeigen Sie, dass durch Einsetzen einer Heisenberg-Slater-Determinante in die Gleichung $E = \langle \Psi | H | \Psi \rangle$ sowie Berücksichtigung des expliziten Hamilton-Operators und den in den Gleichungen eingeführten Bezeichnungen für das Coulomb- und das Austausch-Integral gilt:

$$E = 2\sum_{i=1}^{N} h_i + \sum_{ij}^{N}(4J_{ij} - 2K_{ij}) + \sum_{i=1}^{N} J_{ii}$$

10. Zeigen Sie, dass die Ionisierungsenergie IP, d.h. die Differenz IP = E(2N) − E(2N − 1) der Orbitalenergie $(-\varepsilon_k)$ entspricht, wobei das Elektron beim Übergang vom geschlossenschaligen neutralen System mit 2N Elektronen aus dem k-ten Orbital entfernt wurde.

3.5.8
Literatur zu Abschnitt 3.5

Kutzelnigg, W. (1994) *Einführung in die Theoretische Chemie, Bd. 2., Die chemische Bindung*, 2. Aufl., VCH Verlagsgesellschaft, Weinheim.

Pilar, F. L. (1989) *Elementary Quantum Chemistry*, 2nd Edition, McGraw-Hill Pub., New York

Hoffmann, R. (1989) *Solids and Surfaces: A Chemist's View on Bonding in Extended Structures*, Wiley-VCH Verlag, Weinheim

Hüfner, S. (2003) *Photoelectron Spectroscopy: Principles and Applications*, Springer Verlag, Berlin

Ibach, H. and Lüth, H. (1988) *Festkörperphysik. Einführung in die Grundlagen*, 2. Aufl., Springer Verlag, Heidelberg

Rodriguez-Prieto, A., Silkin, V. M., Bergara, A., Echenique, P. M. (2008) *Energy loss spectra of lithium under pressure*, New J. Phys. **10**, (5) 053035

Reinhold, J. (2006) *Quantentheorie der Moleküle*, 3. Aufl., Vieweg+Teubner Verlag, Wiesbaden

Kittel, C. und Hunklinger, S. (2005) *Einführung in die Festkörperphysik*, 14. Aufl., Oldenbourg Wissenschaftsverlag, München

Haken, H., und Wolf, H. C. (2004) *Atom- und Quantenphysik*, 8. Aufl., Springer Verlag, Berlin, Heidelberg

Kutzelnigg, W. (2001) *Einführung in die Theoretische Chemie*, 1. Aufl., Wiley-VCH, Weinheim

Schmidtke, H.-H. (1994) *Quantenchemie*, 2. Aufl., VCH-Verlagsgesellschaft, Weinheim

3.6
Molekülsymmetrie und Struktur

Wenn wir im Abschnitt 3.4 die Wechselwirkung zwischen Strahlung und Molekülen an konkreten Beispielen besprochen oder im Abschnitt 3.5.2 Beispiele für die chemische Bindung gebracht haben, so handelte es sich dabei im Allgemeinen um zweiatomige Moleküle. Das geschah, weil bei diesen Molekülen die Verhältnisse besonders leicht zu überschauen sind und das Wesentliche der Vorgehensweise besonders klar wird.

Wir wollen jetzt einen Schritt weiter gehen und mehratomige Moleküle in unsere Betrachtungen einbeziehen. Dabei bietet sich die Gelegenheit, auch auf Fragen zur Symmetrie und die Struktur von Festkörpern und Flüssigkeiten einzugehen.

> Im Abschnitt 3.6.1 werden wir uns auf anschaulichem Wege mit der *Gruppentheorie* befassen und nach den *Symmetrieeigenschaften* in gleicher Weise aufgebauter Moleküle fragen.
>
> Als Anwendung der Punktgruppenaufstellung werden wir im Abschnitt 3.6.2 nach den Kriterien für das Vorliegen von *permanenten Dipolmomenten* und *optischer Aktivität* fragen.
>
> Die *Symmetrie der Molekülorbitale* wird im Mittelpunkt der im Abschnitt 3.6.3 und 3.6.4 angestellten Überlegungen stehen.
>
> In den Abschnitten 3.6.5 bis 3.6.8 werden wir schließlich kurz auf die *Struktur von Festkörpern, Flüssigkeiten* und *flüssigen Kristallen* eingehen.

3.6.1
Die Symmetrie von Molekülen

Die physikalisch-chemischen Eigenschaften von Molekülen werden stark davon beeinflusst, wie die verschiedenen Atome im Molekül angeordnet sind, wie symmetrisch der Aufbau des Moleküls ist. Wir haben solche Beispiele schon kennengelernt: Homonukleare, zweiatomige Moleküle wie H_2, N_2, O_2 und Cl_2 haben kein Dipolmoment und geben kein Infrarotspektrum, ganz im Gegensatz zu heteronuklearen, zweiatomigen Molekülen wie z. B. CO oder HCl. Das dreiatomige Wassermolekül und das dreiatomige Kohlendioxidmolekül, beide von der Zusammensetzung ABA, unterscheiden sich in ihren maximal erreichbaren molaren Wärmekapazitäten ($c_v(H_2O) = 6 \cdot R$; $c_v(CO_2) = 6.5 \cdot R$), was wir im Abschnitt 1.2 darauf zurückgeführt haben, dass ersteres gewinkelt, letzteres linear gebaut ist. Die hier beispielhaft angesprochenen Gegensätze korrelieren mit Unterschieden in der Symmetrie des Molekülbaus.

Es würde den Rahmen dieses Buches sprengen, wenn wir uns zur Klassifizierung der Moleküle bezüglich ihrer Symmetrieeigenschaften im Detail mit der *Gruppentheorie* befassen würden. Das, was wir für die Bindungstheorie und die Spektroskopie benötigen, wollen wir uns auf einem anschaulichen Weg beschaffen.

Wir werden die Moleküle klassifizieren, indem wir sie *Punktgruppen* zuordnen. Alle Moleküle, die einer bestimmten Punktgruppe zugehören, haben die gleichen Symmetrieeigenschaften. Nach dem einleitend Gesagten können wir schon schließen, dass die beiden zweiatomigen Moleküle Wasserstoff und Chlorwasserstoff unterschiedlichen Punktgruppen angehören. Das gleiche gilt für die beiden dreiatomigen Moleküle Wasser und Kohlendioxid.

> Im Folgenden werden wir uns mit *Symmetrieoperationen* befassen. Wir werden untersuchen, wie wir das Molekül ausgehend von einer Ausgangslage im Raum orientieren können, ohne dass sich die neue Situation von der alten erkennbar unterscheidet. Das bedeutet also nicht, dass jedes individuelle Atom seinen Platz wieder einnimmt. Es heißt nur, dass ein chemisch gleiches Atom dort wieder vorliegt.
>
> *Symmetrieoperationen* können sein *Rotationen*, *Spiegelungen* an einer *Ebene* oder an einem *Punkt*, auch eine *Kombination von Drehung und Spiegelung*.
>
> Damit wir diese Maßnahmen ausführen können, benötigen wir *Symmetrieelemente*. Das sind *Symmetrieachsen* (C), *Symmetrieebenen* (σ) und ein *Symmetriezentrum* (i). Aus gruppentheoretischen Gründen hat man noch ein weiteres Symmetrieelement hinzugefügt, die *Identität* (E). Führt man diese Symmetrieoperation durch, so ändert sich überhaupt nichts, d. h. jedes *individuelle* Atom bleibt an seinem Platz.

Zunächst wollen wir uns von diesen Symmetrieelementen und -operationen eine Vorstellung machen. Wir bedienen uns dabei des *Schönflies-Systems*.

Symmetrieachsen

Wir beginnen mit den *Symmetrieachsen* (auch *Drehachsen* genannt). In der Abb. 3.6-1 ist das Wassermolekül gezeigt. Durch seine drei Atome ist eine Ebene festgelegt. Wir zeichnen nun in dieser Ebene die Winkelhalbierende des Winkels H-O-H und gewinnen damit eine Symmetrieachse. Wenn wir das Molekül um diese Achse um 180° drehen, so kommen wir zu einer neuen, der Ausgangslage äquivalenten Konfiguration im Raum. Es haben nur die beiden Wasserstoffatome (1) und (2) ihren Platz getauscht.

In Abb. 3.6-2 ist das Ammoniakmolekül dargestellt. Die drei Wasserstoffatome bilden eine Ebene, mittig darüber steht das Stickstoffatom. Zeichnen wir nun durch das Stickstoffatom die Senkrechte zur Ebene der H-Atome, so erhalten wir wieder eine Symmetrieachse. Drehen wir das Molekül um 120° um diese Achse, so erhalten wir eine zur Ausgangssituation äquivalente Konfiguration. Wir können diese Maßnahme noch einmal wiederholen, d. h. insgesamt um 240° drehen, bevor wir bei einer dritten Drehung zur Startsituation zurückkehren.

Als drittes Beispiel ist in Abb. 3.6-3 schließlich der ebene Sechsring des Benzols skizziert. Durch seinen Mittelpunkt verläuft die senkrecht auf der Ringebene stehende Symmetrieachse C_6, um die wir das Molekül fünfmal jeweils um 60° drehen

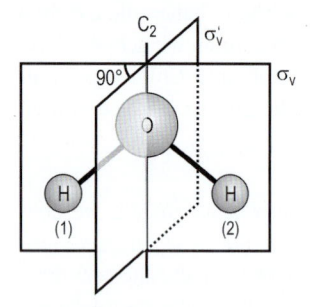

Abbildung 3.6-1 Symmetrieelemente des Wassermoleküls.

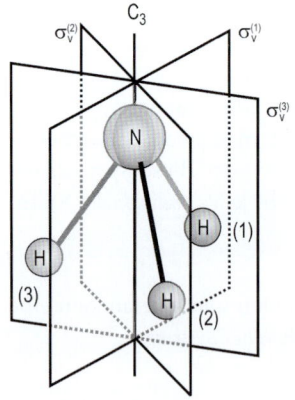

Abbildung 3.6-2 Symmetrieelemente des Ammoniakmoleküls.

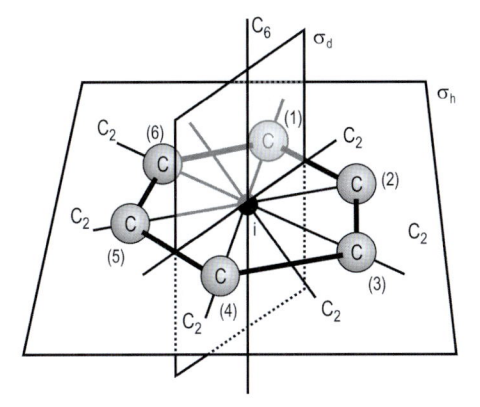

Abbildung 3.6-3 Symmetrieelemente des Benzolmoleküls. (Der Übersichtlichkeit halber ist von den sechs σ_v- bzw. σ_d-Ebenen nur die σ_d-Ebene eingezeichnet, die den Winkel $C_{(1)}$-i-$C_{(2)}$ halbiert.)

können, um jedes Mal eine zur Ausgangskonfiguration äquivalente Konfiguration zu erhalten. Die sechste 60°-Drehung führt zurück zum Anfang.

Beim Wassermolekül mussten wir um die Hälfte, beim Ammoniak um ein Drittel und beim Benzol um ein Sechstel einer vollen (360°) Rotation drehen, um zu äquivalenten Konfigurationen zu gelangen. Das wird in der Nomenklatur berücksichtigt. Das Symbol für die Rotation und für die Symmetrieachse ist C. Wir sprechen allgemein von einer n-zähligen Rotation bzw. Symmetrieachse und schreiben dafür C_n, beim Wasser C_2, beim Ammoniak C_3 und beim Benzol C_6. Führen wir eine Drehung mehrfach aus, so drücken wir dies durch eine hochgestellte Zahl aus, beispielsweise C_6^2, C_6^3, C_6^4, C_6^5.

Werfen wir noch einen Blick auf das Wasserstoffmolekül H_2 (Abb. 3.6-4), so erkennen wir die waagerecht eingezeichnete, durch den Molekülschwerpunkt verlaufende zweizählige C_2-Achse. Tatsächlich gibt es unendlich viele solcher C_2-Achsen, die sich von der abgebildeten dadurch unterscheiden, dass sie mit der Zeichenebene einen beliebigen Winkel zwischen 0° und 90° bilden. Aber auch die senkrecht

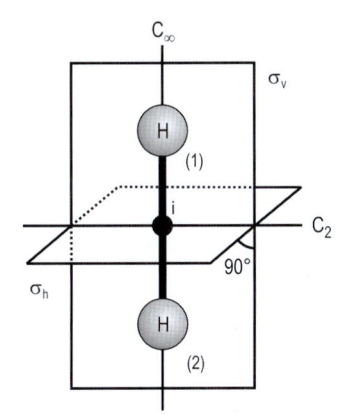

Abbildung 3.6-4 Symmetrieelemente des Wasserstoffmoleküls.

stehende Molekülachse ist eine Symmetrieachse, denn jede der unendlich vielen Drehungen um beliebige Winkel führt zu Konfigurationen, die der eingezeichneten äquivalent sind. Die Molekülachse wird deshalb mit C_∞ bezeichnet.

Wie der Wasserstoff, aber im Gegensatz zum Wasser und Ammoniak, weist auch das Benzol verschiedene Typen von Symmetrieachsen auf. Wir können nämlich auch dadurch zu äquivalenten Konfigurationen kommen, dass wir das Molekül um eine der drei durch gegenüberliegende C-Atome oder der drei durch die Seitenmitten des Benzolrings verlaufenden zweizähligen Symmetrieachsen drehen. Weist ein Molekül mehrere Symmetrieachsen auf, so bezeichnet man die Symmetrieachse mit dem höchsten n als *Hauptdrehachse*.

Symmetrieebenen

Kommen wir nun zu den *Symmetrieebenen*. Wir bezeichnen die Symmetrieoperation „Spiegelung" und das Symmetrieelement „Symmetrieebene" mit dem Buchstaben σ. Beim Wasserstoffmolekül (Abb. 3.6-4) finden wir zwei unterschiedliche Typen von Symmetrieebenen. Die eine Art ist parallel zur Hauptdrehachse C_∞, diese liegt in ihr. Wir nennen eine solche Ebene *vertikal*, σ_v. Die zweite Art von Ebenen steht senkrecht auf der Hauptachse, man nennt sie *horizontal* und bezeichnet sie mit σ_h. Beim Wasserstoffmolekül haben wir eine σ_h – und unendlich viele σ_v-Ebenen, die – wie die C_2-Drehachsen – beliebige Winkel mit der Zeichenebene einschließen können. Da die beiden Wasserstoffatome sowohl auf der C_∞-Drehachse als auch in der σ_v-Ebene liegen, werden sie sowohl bei der Rotation um diese Achse als auch bei der Spiegelung an der σ_v-Ebene in sich selbst abgebildet. Bei der Spiegelung an der σ_h-Ebene tauschen die beiden Wasserstoffatome ihre Plätze.

Beim Wassermolekül haben wir zwei Spiegelebenen σ_v und σ_v', eine in der Zeichenebene und eine senkrecht dazu. Beide enthalten die C_2-Drehachse. Wenden wir die Symmetrieoperation σ_v an, so werden die beiden Wasserstoffatome auf sich selbst abgebildet, während σ_v' zum Platztausch der beiden Wasserstoffatome führt.

Beim Ammoniakmolekül gibt es drei σ_v-Spiegelebenen, in denen C_3 und jeweils ein Wasserstoffatom sowie der Mittelpunkt zwischen den beiden übrigen Wasserstoffatomen liegen. Wenden wir die Symmetrieoperation σ_v an, so wird jeweils ein Wasserstoffatom auf sich selbst abgebildet, während die beiden anderen ihre Plätze tauschen.

Im Fall des Benzols stellt die Molekülebene eine σ_h-Ebene dar. Die Anwendung der Operation σ_h bildet alle CH-Gruppen auf sich selbst ab. Wir haben aber noch zwei Typen von σ_v-Spiegelebenen. In beiden liegt die sechszählige Drehachse. In der einen σ_v-Ebene finden wir zusätzlich zwei einander gegenüberliegende Kohlenstoffatome. Die andere Spiegelebene enthält neben der sechszähligen Achse noch die Winkelhalbierende des Winkels C-i-C; man nennt sie *Diederebene* (σ_d). Die erstgenannte Symmetrieoperation σ_v bildet die C-Atome in sich selbst ab, σ_d führt zu einem Platztausch zwischen den C-Atomen, die auf entgegengesetzten Seiten der Ebene σ_d liegen, im Fall der in Abb. 3.6-3 gezeichneten Diederebene $C_{(1)} \leftrightarrow C_{(2)}$, $C_{(6)} \leftrightarrow C_{(3)}$, $C_{(5)} \leftrightarrow C_{(4)}$.

Inversion, Identität und Drehspiegelung

Als dritte Symmetrieoperation wurde die *Inversion* i, die Punktspiegelung an einem Inversionszentrum, genannt. Weder das Wasser- noch das Ammoniakmolekül besitzen ein Inversionszentrum, wohl aber Benzol und Wasserstoff. Es befindet sich im Zentrum des Benzolrings bzw. in der Mitte zwischen den beiden H-Atomen. Die Inversion führt stets zum Platztausch der einander gegenüberliegenden Atome.

Das Symmetrieelement E, die *Identität,* ist stets vorhanden. Diese Symmetrieoperation würde sich auswirken wie eine *n*-fache Drehung um $360°/n$ im Fall einer C_n-Achse oder eine doppelte Spiegelung an einer Spiegelebene oder an einem Inversionszentrum, wobei man stets zur Ausgangssituation zurückkäme.

Es gibt aber noch den Fall, dass eine Rotation und eine Spiegelung für sich noch keine Symmetrieoperation darstellen, wohl aber die Kombination beider. In einem solchen Fall spricht man von *Drehspiegelung* (S). Das sei in Abb. 3.6-5 am tetraedrisch aufgebauten Methan demonstriert. Die Rotation um die vierzählige Drehachse C_4, die sowohl auf der Verbindungslinie H_1-H_2 als auch auf der Verbindungslinie H_3-H_4 senkrecht steht, führt noch nicht zu einer dem Ausgangszustand äquivalenten Konfiguration, wohl aber die anschließende Spiegelung σ_h. Das Symbol für diese Drehspiegelung ist S_4.

Moleküle, die aus lauter unterschiedlichen Atomen aufgebaut sind, besitzen außer der Identität keines der genannten Symmetrieelemente. Ein Beispiel für ein solches Molekül ist das CHBrClF.

Jedes Molekül kann nach den anwendbaren Symmetrieoperationen klassifiziert, d. h. einer bestimmten Punktgruppe zugeordnet werden. Die Tab. 3.6-1 gibt einen Überblick über wichtige und häufig vorkommende Punktgruppen, ihre Bezeichnung, die zugehörigen Symmetrieelemente und Beispiele. Die Bezeichnung der Punktgruppe beginnt mit einem Buchstaben (C, D, T oder O). Ihm folgen zwei Indizes, eine Zahl und ein Buchstabe (d, h oder v).

Das C kennen wir schon als Symbol für Rotation. Als Symbol für die Symmetriegruppe besagt es, dass das Molekül außer der Identität E eine Rotationsachse besitzt, und zwar eine *n*-zählige. Der Buchstabe v oder h tritt hinzu, wenn außerdem *n* vertikale (v) bzw. horizontale (h) Spiegelebenen vorliegen.

Der Buchstabe D wird verwendet, wenn das Molekül außer der Identität und einer *n*-zähligen Symmetrieachse noch *n* zweizählige Drehachsen senkrecht zu C_n besitzt, so, wie wir es beim Benzol diskutiert haben. Das h, das beim Schönflies-Symbol des Benzols (D_{6h}) und des Wasserstoffs ($D_{\infty h}$) auftritt, weist darauf hin, dass auch eine horizontale Spiegelebene σ_h existiert.

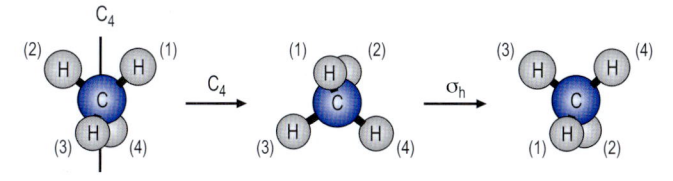

Abbildung 3.6-5 Drehspiegelung S_4 beim Methan.

Tabelle 3.6-1 Beispiele für Punktgruppen nach dem Schönflies-System. (Die im Text behandelten Moleküle sind fett gedruckt.)

Bezeichnung	Symmetrieelemente	Beispiele
C_1	E	**CHBrClF**
C_2	E, C_2	HOOH
C_{2v}	E, C_2, $2\sigma_v$	**H_2O**
C_{3v}	E, C_3, $3\sigma_v$	**NH_3**
$C_{\infty v}$	E, C_∞, $\infty\sigma_v$	HCN, CO
C_{2h}	E, C_2, σ_h, i	Cl(H)C=CH(H)Cl trans
D_{2d}	E, $3C_2$, S_4, $2\sigma_d$	$H_2C=C=CH_2$
D_{2h}	E, $3C_2$, $2\sigma_v$, σ_h, i	$H_2C=CH_2$
D_{3h}	E, C_3, $3C_2$, $3\sigma_v$, S_3, S_3, σ_h	BCl_3 (planar)
D_{6h}	E, C_6, $6C_2$, $3\sigma_v$, $3\sigma_d$, σ_h, C_2, C_3, S_6, i	**Benzol**
$D_{\infty h}$	E, C_∞, ∞C_2, $\infty\sigma_v$, σ_h, i	**H_2**, OCO, Ethin
T_d	E, $3C_2$, $4C_3$, 6σ, $3S_4$	**CH_4**
O_h	E, $3C_4$, $4C_3$, $3S_4$, $3C_2$, $6C_2$, $6\sigma_d$, $3\sigma_h$, $4S_6$, i	SF_6, $[Co(NH_3)_6]^{3+}$

T im Fall von Methan und O im Fall von SF_6 deuten auf tetraedrische bzw. oktaedrische Gruppen hin.

3.6.2
Dipolmoment und optische Aktivität

Die Anwendungen der Punktgruppen sind vielfältig, beispielsweise in der Kristallographie. Wir wollen hier nur zwei Beispiele erwähnen, die in unmittelbarem Zusammenhang mit den von uns angeschnittenen Problemen stehen: das *permanente Dipolmoment* und die *optische Aktivität* oder *Chiralität* sind Moleküleigenschaften, die durch die räumliche Anordnung der Atome im Molekül bedingt sind. Wir stellen uns deshalb die Frage, ob man allein aus der Zugehörigkeit eines Moleküls zu einer bestimmten Punktgruppe entscheiden kann, ob ein permanentes Dipolmoment oder Chiralität vorliegen kann.

Permanentes Dipolmoment
Wir beginnen mit dem Dipolmoment. Beim Wasser, beim Ammoniak und beim Benzol liegen OH-, NH- bzw. CH-Bindungen vor, die einen polaren Charakter haben. Alle drei Moleküle besitzen eine Hauptdrehachse (C_2, C_3 bzw. C_6). Das besagt,

dass das Molekül bei Drehungen um 180°, 120° bzw. 60° wieder äquivalente Konfigurationen einnimmt. Deshalb müssen sich die zur Hauptdrehachse senkrecht stehenden Komponenten der Bindungsdipole im Molekül kompensieren. Andernfalls würde sich der zur Achse senkrechte Dipolmomentvektor mitdrehen, was aber zu einer nicht-äquivalenten Konfiguration führen würde. Ein permanenter Dipol kann also nur in Richtung der Hauptdrehachse vorliegen.

Wir müssen jetzt überlegen, wie wir auch ein Dipolmoment in Richtung der Hauptdrehachse ausschließen können. Das wäre der Fall, wenn wir mit einer Symmetrieoperation die Enden der Hauptdrehachse vertauschen könnten. Ein Blick auf unsere Abb. 3.6-3, 3.6-4 und 3.6-5 zeigt uns, dass dies bei Vorliegen eines Inversionszentrums, aber auch einer horizontalen Spiegelebene σ_h, einer zur Hauptdrehachse senkrechten Drehachse C_2 oder einer Drehspiegelung S gelingt. Mindestens eines dieser Symmetrieelemente ist bei allen Punktgruppen D, T und O sowie bei C_{2h} vorhanden. Bei diesen Punktgruppen können wir ein permanentes Dipolmoment generell ausschließen, nicht jedoch bei C und C_{nv}. Wir haben in Tab. 3.6-1 nur eine Auswahl von Punktgruppen aufgenommen. Trotzdem gilt die folgende Aussage allgemein:

> Ein permanentes Dipolmoment können nur Moleküle der Punktgruppen C, C_{nv} (und C_s) aufweisen.

Chiralität

Wir kommen jetzt zur Chiralität. Man bezeichnet eine chemische Verbindung als chiral, wenn sie in zwei unterscheidbaren, sich wie Bild und Spiegelbild verhaltenden Molekülen existiert, die durch Translation und Drehung nicht zur Deckung gebracht werden können. Man nennt diese unterscheidbaren, spiegelbildlichen Isomere *Enantiomere*. Die Chiralität lässt sich unterteilen in zentrale, axiale und planare Chiralität. Abb. 3.6-6 demonstriert die zentrale Chiralität. Zentral chirale Enantiomere besitzen ein Asymmetrie- oder *Chiralitätszentrum*. Der Stern am Kohlenstoffatom weist darauf hin, dass es sich um ein *asymmetrisches Kohlenstoffatom* handelt. Ein Beispiel für ein zentral chirales Enantiomerenpaar ist die Aminosäure Alanin, $H_2NC^*H(CH_3)COOH$.

Abb. 3.6-7 stellt ein axial chirales Enantiomerenpaar vor. Die vier unterschiedlichen Atome oder Gruppen sind an den Ecken eines gestreckten Tetraeders angeordnet. Planar chirale Enantiomere besitzen eine Chiralitätsebene.

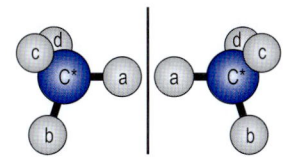

Abbildung 3.6-6 Ein Beispiel für zentrale Chiralität. (a, b, c und d stehen für unterschiedliche Gruppen).

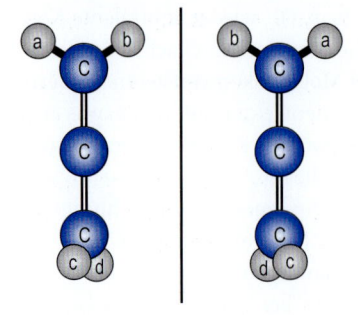

Abbildung 3.6-7 Ein Beispiel für axiale Chiralität (a, b, c und d stehen für unterschiedliche Gruppen).

Die auffälligste Eigenschaft chiraler Moleküle ist ihre optische Aktivität. Enantiomere unterscheiden sich in ihrem Brechungsindex für rechts und links zirkular polarisiertes Licht. Sie drehen deshalb die Polarisationsebene von linear polarisiertem Licht in entgegengesetzter Richtung.

Die theoretische Behandlung der Chiralität ist sehr kompliziert. Wir beschränken uns deshalb darauf, das Ergebnis einer solchen Betrachtung zur Kenntnis zu nehmen:

> Ein Molekül kann nur dann chiral sein, wenn es keine Drehspiegelachse besitzt.

Wir dürfen es uns bei einer solchen Suche jedoch nicht zu leicht machen und lediglich in Tab. 3.6-1 nachschauen, ob unter den für die verschiedenen Punktgruppen aufgeführten Symmetrieelementen die Drehspiegelachse S auftritt oder nicht. Die Drehspiegelung ist, wie wir in Abb. 3.6-5 sehen, die Kombination einer Rotation und einer Spiegelung. Liegen also eine Drehachse C_n und eine horizontale Spiegelebene σ_h vor wie bei der Punktgruppe C_{nh}, so ist die Kombination beider Symmetrieoperationen eine Drehspiegelung S_n, im Fall von $n = 2$ auch identisch mit einer Inversion.

3.6.3
Symmetrie der Molekülorbitale

Mit gruppentheoretischen Überlegungen haben wir die Struktur der Moleküle klassifiziert. Ihre räumliche Struktur kann nur eine Folge der Bindungsverhältnisse im Molekül und damit der räumlichen Orientierung der Molekülorbitale sein. Es muss eine Beziehung zwischen der Symmetrie der Moleküle, so wie wir sie mit Hilfe der Punktgruppen abgehandelt haben, und der Symmetrie der Orbitale geben.

Wir haben die Symmetrie der Molekülorbitale bereits bei der Behandlung zweiatomiger Moleküle im Abschnitt 3.5.2 angesprochen. Wir haben Bezeichnungen wie σ und π eingeführt, die das Verhalten der Molekülorbitale bei der Symmetrieoperation Rotation beschreiben (Abb. 3.5-11). Wir haben des weiteren in Abb. 3.5-6 den Einfluss der Symmetrie der Atomorbitale auf das Überlappungsintegral behandelt und schließlich anhand von Abb. 3.5-12 für die *Parität* den Begriff der *geraden* und *ungeraden* Wellenfunktionen eingeführt.

Jetzt wollen wir, aufbauend auf die im Abschnitt 3.6.1 gewonnenen Erkenntnisse, Kriterien für die Auswahl der Atomorbitale entwickeln, die wir für eine Linearkombination verwenden können. Wir werden die Symmetrie der durch die Linearkombination erhaltenen Molekülorbitale behandeln und uns dabei den mehratomigen Molekülen zuwenden. Das soll alles geschehen, ohne den mathematischen Aufwand einer strengen gruppentheoretischen Behandlung zu benötigen.

Charaktertafeln

Bei den mehratomigen Molekülen sind die Bezeichnungen σ und π nicht mehr allgemein anwendbar. Hier werden die Orbitale mit a, b, c, ... bezeichnet, versehen mit weiteren Indizes. Für jede Punktgruppe hat man auf der Basis gruppentheoretischer Berechnungen eine *Charaktertafel* erstellt. Sie gibt an, wie die möglichen Molekülorbitale auf die für die Punktgruppe charakteristischen Symmetrieoperationen reagieren, symmetrisch wie ein σ-Orbital oder antisymmetrisch wie ein π-Orbital. Für symmetrisch schreibt man 1, für antisymmetrisch -1. Die Charaktertafel ist die Grundlage für die Auswahl der für die Linearkombination verwendbaren Atomorbitale. Wir wollen unseren Überlegungen das gewinkelte Wassermolekül zugrunde legen und diskutieren zunächst die zugehörige Charaktertafel.

Nach Abschnitt 3.6-1 gehört das Wasser in die Punktgruppe C_{2v}. Die zugehörige Charaktertafel ist in Tab. 3.6-2 wiedergegeben, die Abb. 3.6-8 zeigt die Lage des H_2O-Moleküls im kartesischen Koordinatensystem, wobei die Hauptdrehachse, wie allgemein üblich, mit der z-Achse zusammenfällt. Die beiden vertikalen Symmetrieebenen sind also die *xz*- und die *yz*-Ebene.

Die erste Zeile der Charaktertafel gibt die Punktgruppe und die für diese Punktgruppe charakteristischen Symmetrieelemente an. Sind in einer Punktgruppe, was bei C_{2v} allerdings nicht der Fall ist, gleichartige Symmetrieoperationen mehrfach vertreten (vgl. Tab. 3.6-1), so sagt eine Zahl vor dem Symbol der Symmetrie-

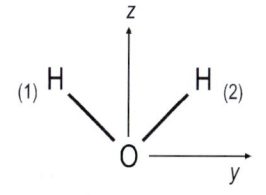

Abbildung 3.6-8 Räumliche Orientierung des Wassermoleküls.

Tabelle 3.6-2 Charaktertafel für die Punktgruppe C_{2v}

C_{2v}	E	C_2	$\sigma_v(xz)$	$\sigma_v(yz)$
A_1	1	1	1	1
A_2	1	1	-1	-1
B_1	1	-1	1	-1
B_2	1	-1	-1	1

operation, wie oft sie auftritt. In der ersten Spalte der Charaktertafel wird die *Symmetrierasse* der Orbitale angegeben. Die im Feld der Tafel erscheinenden Zahlen, die sog. *Charaktere* χ geben, wie bereits oben erwähnt, an, ob das Orbital, das zum Unterschied zur Rasse mit Kleinbuchstaben geschrieben wird, bei der Symmetrieoperation sein Vorzeichen ändert oder nicht.

H_2O als Beispiel für ein gewinkeltes dreiatomiges Molekül

Die Molekülorbitale des Wassers erhalten wir als Linearkombination aus den Atomorbitalen des Sauerstoffs und des Wasserstoffs. Die beiden 1s-Orbitale des Sauerstoffs brauchen wir aus den in Abschnitt 3.5.2 genannten Gründen nicht zu berücksichtigen, da sie der aufgefüllten innersten Schale angehören. Vom Sauerstoff müssen wir also die Atomorbitale 2s, $2p_x$, $2p_y$ und $2p_z$ einbringen. Da sie alle aus der zweiten Schale sind, lassen wir im Folgenden die 2 fort. Vom Wasserstoff benötigen wir die 1s-Orbitale der Wasserstoffatome $H_{(1)}$ und $H_{(2)}$. Wir wollen sie h_1 bzw. h_2 nennen. Wir gehen zunächst von einem H-O-H-Winkel von 90° aus.

Es erhebt sich nun die Frage, welche Atomorbitale wir zu den Linearkombinationen verwenden können. Wir greifen wieder auf Abb. 3.5-6 zurück, der wir entnommen haben, dass wir nur Atomorbitale gleicher Symmetrie zu Molekülorbitalen kombinieren können, die damit dieselbe Symmetrie aufweisen. Die Charaktertafel sagt uns nun, dass die Orbitale der Rasse A_1 symmetrisch in Bezug auf alle vier Symmetrieoperationen sind, die der Rasse A_2 symmetrisch in Bezug auf E und C_2, aber antisymmetrisch bezüglich σ_v *(xz)* und σ_v *(yz)*. Die beiden Orbitale der Rasse B sind symmetrisch bezogen auf E, antisymmetrisch bezogen auf C_2, die der Rasse B_1 symmetrisch in Bezug auf σ_v *(xz)*, aber antisymmetrisch bezüglich σ_v *(yz)*. Bei B_2 gilt bei der Spiegelung gerade das Umgekehrte.

Wir betrachten jetzt die Atomorbitale, zuerst die des Sauerstoffs, und untersuchen, zu welcher Rasse sie gehören. Das s-Orbital ist zu allen Operationen symmetrisch, also a_1. Da das p_z-Orbital in der Hauptdrehachse liegt, ist es zu allen Operationen symmetrisch, zur Identität, zur Drehung C_2 sowie zur Spiegelung an den beiden vertikalen Spiegelebenen. Es gehört also zur Rasse A_1. Das p_x-Orbital ändert sein Vorzeichen bei der Drehung C_2 und bei der Spiegelung σ_v *(yz)*, nicht bei der Spiegelung σ_v *(xz)*. Es ist also b_1, während p_y sich bei den Spiegelungen umgekehrt verhält. Es ist b_2. Wir können also sagen, dass die Atomorbitale des Sauerstoffs in der angenommenen räumlichen Lage der Charaktertafel C_{2v} entsprechen. Wir bezeichnen sie deshalb als *symmetrieadaptiert*.

Wenn wir dagegen die Atomorbitale h_1 und h_2 betrachten, so stellen wir fest, dass sie nicht symmetrieadaptiert sind, denn C_2 und σ_v *(xz)* vertauschen h_1 und h_2. Wir können aber aus h_1 und h_2 geeignete symmetrieadaptierte Gruppenorbitale h_s und h_a bilden:

$$h_s = \frac{1}{\sqrt{2}}[h_1 + h_2] \tag{3.6-1}$$

$$h_a = \frac{1}{\sqrt{2}}[h_1 - h_2] \tag{3.6-2}$$

Abbildung 3.6-9 Symmetrieadaptierte Gruppenorbitale h_s und h_a.

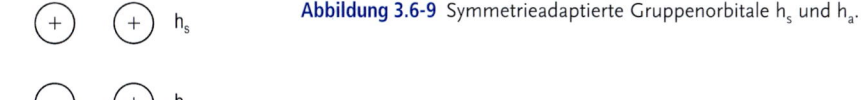

Sie sind in Abb. 3.6-9 wiedergeben. Da beide Gruppenorbitale in der yz-Ebene liegen, ist h_s symmetrisch bei allen Symmetrieoperationen, also a_1, h_a symmetrisch bei E und $\sigma_v\,(yz)$, antisymmetrisch bei C_2 und $\sigma_v\,(xz)$, also b_2. In Tab. 3.6-3 fassen wir die Ergebnisse noch einmal zusammen:

Wir suchen jetzt nach den sechs Molekülorbitalen, die wir aus den sechs Atomorbitalen bilden können, wobei wir darauf achten, dass wir für Linearkombinationen nur Atomorbitale der gleichen Symmetrie verwenden dürfen. Aus Tab. 3.6-3 erkennen wir, dass dies drei Molekülorbitale der Symmetrie a_1, ein Molekülorbital b_1 und zwei b_2 sind, nämlich

$$1a_1 = c_{11}s + c_{12}p_z + c_{13}h_s \tag{3.6-3}$$

$$2a_1 = c_{21}s + c_{22}p_z + c_{23}h_s \tag{3.6-4}$$

$$3a_1 = c_{31}s + c_{32}p_z + c_{33}h_s \tag{3.6-5}$$

$$1b_1 = p_x \tag{3.6-6}$$

$$1b_2 = c_{44}p_y + c_{45}h_a \tag{3.6-7}$$

$$2b_2 = c_{54}p_y + c_{55}h_a \tag{3.6-8}$$

Diese Molekülorbitale müssen wir etwas genauer diskutieren. Über die Größe der Koeffizienten c_{ij} können wir hier nichts aussagen. Eine solche Information liefert uns erst die Rechnung. Anders sieht es mit den Vorzeichen der Koeffizienten aus. Wenn das Molekülorbital aus zwei Komponenten aufgebaut ist wie bei b_2, so müssen einmal beide gleiches, das andere Mal entgegengesetztes Vorzeichen haben. Abb. 3.6-10 zeigt die Auswirkung. Im ersteren Fall handelt es sich um ein *binden-*

Tabelle 3.6-3 Symmetriecharakter der Atomorbitale des O und H im H_2O-Molekül

Orbital			Symmetriecharakter
O-Atom	s		a_1
	p_x		b_1
	p_y		b_2
	p_z		a_1
H-Atome	h_s		a_1
	h_a		b_2

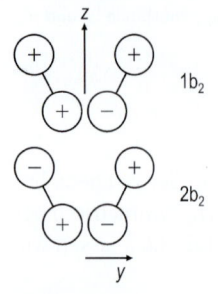

Abbildung 3.6-10 Bindendes ($1b_2$) und antibindendes ($2b_2$) Molekülorbital.

des, im letzteren Fall um ein *antibindendes* Orbital. Treten drei Molekülorbitale mit jeweils drei Koeffizienten auf wie bei a_1, so ist dabei ein Paar bindend/antibindend, und das verbleibende Orbital ist *nichtbindend*. Beim Wasser sind bindend $1a_1$ und $1b_2$, nichtbindend und am Sauerstoffatom lokalisiert $2a_1$ und b_1 und schließlich antibindend $3a_1$ und $2b_2$, wie letztendlich die Rechnung zeigt.

So, wie wir es bei den zweiatomigen Molekülen im Abschnitt 3.5 getan haben, stellen wir auch hier ein Energieniveauschema der Molekülorbitale auf, das uns ihre Reihenfolge anzeigt (Abb. 3.6-11).

Wir haben beim Wasser insgesamt acht Elektronen auf die Molekülorbitale zu verteilen. Das bedeutet nach Abb. 3.6-11, dass zwei bindende ($1a_1$ und $1b_2$) und zwei nichtbindende ($2a_1$ und $1b_1$) besetzt, die antibindenden dagegen frei sind. Dies ist nur eine qualitative Aussage, der Abb. 3.6-11 liegen keine exakten Energiewerte zugrunde.

Hypothetisches, lineares Wassermolekül

Bei den oben angestellten Betrachtungen haben wir willkürlich einen Bindungswinkel von 90° zugrunde gelegt, gestützt auf unsere Kenntnis, dass das Wassermolekül gewinkelt ist. Wir müssen uns aber die Frage vorlegen, wie sich eine Änderung des Bindungswinkels auf das Energieniveauschema der Molekülorbitale auswirkt. Deshalb betrachten wir zunächst noch den hypothetischen Fall, dass das Wassermole-

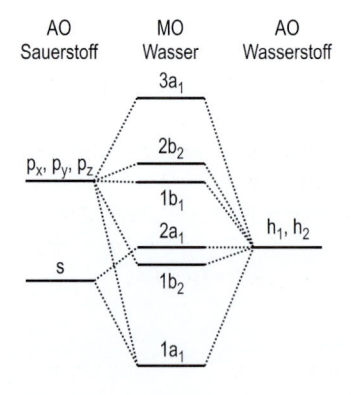

Abbildung 3.6-11 Energieniveauschema des gewinkelten H_2O-Moleküls.

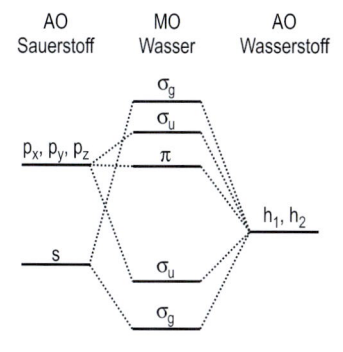

Abbildung 3.6-12 Energieniveauschema des hypothetischen linearen H$_2$O-Moleküls.

kül ein lineares Molekül wäre. Um den Vergleich mit Abb. 3.6-8 und den Aussagen über das gewinkelte Molekül durchführen zu können, legen wir die Hauptdrehachse ausnahmsweise in die y-Richtung. Wir verwenden wieder die vier Atomorbitale 2s, 2p$_x$, 2p$_y$ und 2p$_z$ des Sauerstoffs und die Gruppenorbitale h$_1$ und h$_2$ (vgl. Gl. 3.6-1 und 3.6-2) für die beiden Wasserstoffatome. Unter Beachtung der Symmetrie dieser Orbitale können wir folgende Linearkombinationen bilden:

$$\psi_1 = c_{11}s + c_{12}h_s \qquad (\sigma_g) \tag{3.6-9}$$

$$\psi_2 = c_{21}s + c_{22}h_s \qquad (\sigma_g^*) \tag{3.6-10}$$

$$\psi_3 = c_{31}p_x \qquad (\pi_u) \tag{3.6-11}$$

$$\psi_4 = c_{41}p_z \qquad (\pi_u) \tag{3.6-12}$$

$$\psi_5 = c_{51}p_y + c_{52}h_a \qquad (\sigma_u) \tag{3.6-13}$$

$$\psi_6 = c_{61}p_y + c_{62}h_a \qquad (\sigma_u^*) \tag{3.6-14}$$

Bei den linearen dreiatomigen Molekülen verwenden wir zur Orbitalbezeichnung wie bei den zweiatomigen die Klassifizierung σ und π und die Paritäten g und u. Diese Zuordnung der Wellenfunktionen zur Symmetrie ist in den Gl. 3.6-9 bis 3.6-14 geschehen. Verfahren wir wie im Fall des gewinkelten Moleküls, so müssen σ$_g$ und σ$_u$ bindende σ$^*_g$ und σ$^*_u$ antibindende und die π$_u$ nicht-bindende Orbitale sein. Die beiden letzteren unterscheiden sich in ihrer räumlichen Ausrichtung, nicht jedoch in ihrer Energie, sie müssen entartet sein. Das Energieniveauschema des hypothetischen linearen Wassers ist in Abb. 3.6-12 wiedergegeben.

Walsh-Diagramme

Wenn wir die Abb. 3.6-11 und 3.6-12 miteinander vergleichen, so erkennen wir, dass die Größe des Bindungswinkels offensichtlich einen großen Einfluss auf

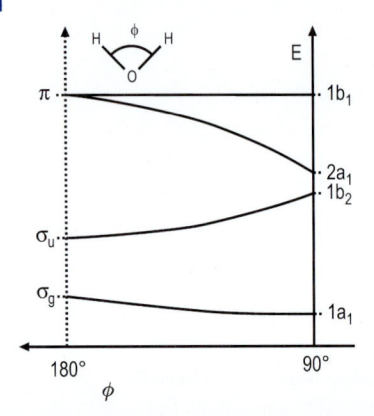

Abbildung 3.6-13 Walsh-Diagramm für H$_2$O.

die Art der Orbitale und ihre Energien hat. In einem nach *Walsh* benannten Diagramm stellen wir in Abb. 3.6-13 die Orbitalenergien des „linearen Wassers" (linke Ordinate) denen des „gewinkelten Wassers (90°)" (rechte Ordinate) gegenüber und fragen, was geschieht, wenn wir kontinuierlich von einem Bindungswinkel von 180° zu einem von 90° übergehen. Wir beschränken uns dabei auf die besetzten Orbitale und führen die Diskussion rein qualitativ. Das gilt auch für die im Walsh-Diagramm eingezeichneten Kurven.

Nach der von uns zugrunde gelegten Orientierung des Wassermoleküls (Molekülachse in y-Richtung) hat das p$_x$-Orbital eine Knotenebene in der yz-Ebene, d. h. in der Ebene des gewinkelten Moleküls. Für dieses Orbital wird die Abwinkelung deshalb ohne Bedeutung sein. Es ist auch im gewinkelten Molekül ein nichtbindendes Orbital. Anders liegen die Verhältnisse beim p$_z$-Orbital, das eine Knotenebene senkrecht zur Molekülebene besitzt. Es geht, wie Gl. 3.6-3 zeigt, in das stark bindende 1a$_1$-Orbital über. Die Entartung der beiden π-Orbitale wird beim Abknicken also aufgehoben. Andererseits wird aus dem im linearen Molekül wegen guter Überlappung bindenden σ_u-Orbital bei fortschreitender Winkelverkleinerung allmählich das schwächer bindende 1b$_2$-Orbital. Der erstgenannte Effekt sollte jedoch deutlich überwiegen. Zusätzlich sollte die Energie des tiefsten Molekülorbitals beim Übergang vom linearen in das gewinkelte Molekül sinken. Der exakte Wert des Bindungswinkels liegt beim Wasser bei 104°, also deutlich auf der Seite der niedrigen Bindungswinkel.

Lokalisierte und delokalisierte Molekülorbitale

Betrachten wir die Gl. 3.6-3 bis 3.6-8 und beachten dabei auch die Gl. 3.6-1 und 3.6-2, so stellen wir fest, dass die Molekülorbitale des Wassers im Allgemeinen aus Atomorbitalen *aller* im Molekül vorhandenen Atome aufgebaut sind. Da die Wahrscheinlichkeitsdichte für den Aufenthalt eines Elektrons vom Quadrat der Wellenfunktion abhängt, bedeutet dies, dass das Elektron über das gesamte Molekül delokalisiert ist. Das Wasser benutzen wir hier nur als ein Beispiel. Die Diskussion, die wir hier durchführen, gilt generell. Die Delokalisierung des Elektrons scheint unserer chemischen Erfahrung völlig zu widersprechen. Reden wir doch von *Elektronenpaarbindung,* oder von *Bindungsinkrementen,* wenn wir die Bildungsenthalpie einer Substanz aus mittleren Bindungsenthalpien abschätzen oder die Elektronenpolarisierbarkeit aus den Polarisierbarkeiten einzelner Bindungen berechnen (vgl. Tab. 3.3-3). Solche Beobachtungen legen eigentlich den Schluss nahe, dass wir es mit einer lokalisierten Bindung zu tun haben.

Genau so, wie wir Linearkombinationen aus Atomorbitalen bilden können, ist es auch möglich, Linearkombinationen aus Molekülorbitalen aufzustellen. Wir wollen das einmal versuchen mit den beiden bindenden Molekülorbitalen des Wassers, d. h. mit den Orbitalen $1a_1$ (Gl. (3.6-3)) und $1b_2$ (Gl. (3.6-7)), indem wir die Wellenfunktionen $(1a_1 + 1b_2)$ und $(1a_1 - 1b_2)$ bilden:

$$(1a_1 + 1b_2) = c_{11}s + c_{12}p_z + c_{13}(h_1 + h_2) + c_{11}s + c_{12}p_z + c_{13}(h_1 - h_2) =$$
$$= (2c_{11}s + 2c_{12}p_z) + 2c_{13}h_1 \qquad (3.6\text{-}15)$$

$$(1a_1 - 1b_2) = c_{11}s + c_{12}p_z + c_{13}(h_1 + h_2) + c_{11}s + c_{12}p_z - c_{13}(h_1 - h_2) =$$
$$= (2c_{11}s + 2c_{12}p_z) + 2c_{13}h_2 \qquad (3.6\text{-}16)$$

Wir sehen, dass sich die Wellenfunktion in beiden Fällen aus zwei Anteilen zusammensetzt, von denen der erstere nur Atomorbitale des Sauerstoffatoms enthält, während der letztere das 1s-Orbital des Wasserstoffatoms 1 (Gl. (3.6-15)) bzw. des Wasserstoffatoms 2 (Gl. (3.6-16)) ist. Es treten also nur die Atomorbitale der benachbarten Atome auf, wir haben es mit einem lokalisierten Molekülorbital zu tun. Beim Sauerstoffatom handelt es sich allerdings um eine Kombination von zwei Atomorbitalen dem s- und dem p_z-Orbital. Wir sprechen hier von einem *Hybridorbital.*

> Es ist also möglich, das Wassermolekül entweder mit Hilfe von delokalisierten Orbitalen oder mit Hilfe von lokalisierten Orbitalen zu beschreiben. Die beiden delokalisierten Orbitale haben, wie wir in Abb. 3.6-11 erkennen, unterschiedliche Energien, die beiden lokalisierten Orbitale stellen den gleichen Zustand an den beiden Enden des symmetrischen Moleküls dar. Sie müssen die gleiche Energie haben, d. h. sie sind entartet. Ihre Energie liegt zwischen den Energien der beiden delokalisierten Orbitale. Die Summe der Energien der lokalisierten bzw. delokalisierten Molekülorbitale muss aber gleich sein.

Ob wir mit lokalisierten oder delokalisierten Molekülorbitalen arbeiten, hängt von dem Problem ab, mit dem wir uns beschäftigen. Mit Hilfe von delokalisierten Molekülorbitalen können wir spektrale Anregungs- und Ionisationsvorgänge wie Elektronen- oder Photoelektronenspektren (UPS und XPS), magnetische Eigenschaften der Moleküle oder die Walsh-Diagramme diskutieren. Die lokalisierten Molekülorbitale benötigen wir, wenn es sich um Bindungsenergien, Bindungslängen oder Kraftkonstanten handelt.

Hybridisierung

Bei den lokalisierten Molekülorbitalen des Wassers (Gl. (3.6-15) und Gl. (3.6-16)) haben wir beobachtet, dass bei der Bindung zwischen zwei benachbarten Atomen ein Atom, das Sauerstoffatom, nicht mit einem Atomorbital, sondern mit einem Hybridorbital, der Kombination zweier Atomorbitale desselben Atoms, vertreten ist. Eine solche Hybridisierung ist ein weit verbreitetes Phänomen.

Im Gegensatz zu den zugrunde liegenden Atomorbitalen sind die gebildeten Hybridorbitale entartet. Sie werden erst durch die Verbindungsbildung stabilisiert und können nur gebildet werden, wenn der Energieunterschied zwischen den Atomorbitalen, z. B. s- und p-Orbitalen, nicht zu groß ist. Dieser Energieunterschied nimmt in der ersten Periode vom Lithium zum Neon zu, so dass die Hybridisierung besonders bei den ersten Elementen der Periode von Bedeutung ist.

Beispielsweise entstehen beim Kohlenstoff durch die Kombination von einem s- und einem p-Orbital zwei stark gerichtete sp-Hybridorbitale, die einen Winkel von 180° miteinander bilden. Ein s- und zwei p-Orbitale bilden drei in einer Ebene liegende sp^2-Orbitale, die untereinander Winkel von 120° bilden. Die Kombination von einem s- mit drei p-Orbitalen führt schließlich zu vier entarteten sp^3-Hybridorbitalen, die vom zentralen C-Atom in die Ecken eines regulären Tetraeders weisen.

3.6.4
Symmetrie und Spektroskopie

Die Basis der folgenden Betrachtungen ist Gl. (3.4-26), die das Übergangsmoment definiert. Wir haben gesehen, dass die Übergangswahrscheinlichkeit zwischen Zuständen eines Systems durch das Übergangsmoment bestimmt wird. Zur qualitativen Diskussion des Übergangsmoments eignet sich in besonderer Weise eine Symmetriebetrachtung. Man kann sich dies in sehr einfacher Weise klarmachen:

> Das Übergangsmoment R wird in der Quantenmechanik durch ein Integral über das Produkt von drei Anteilen bestimmt, nämlich der Ausgangswellenfunktion Ψ_i, der Endzustandswellenfunktion Ψ_f sowie dem Dipolmoment μ.
>
> $$R \propto \left\langle \Psi_f | \mu | \Psi_i \right\rangle \tag{3.6-17}$$

Wenn man ein Atom, Molekül oder einen Festkörper gewählt hat, liegt zunächst die Symmetrie des Objekts fest. Ein Atom hat Kugelsymmetrie, ein Wassermolekül z. B. C_{2v}-Symmetrie und ein Festkörper ist vielleicht kubisch flächenzentriert. Man kann nun den an dem Übergang beteiligten Wellenfunktionen gemäß der Symmetrie des Objekts anhand von Charaktertafeln die entsprechenden irreduziblen Darstellungen zuordnen. Zu diesem Zweck muss man sich für das Molekül auf ein kartesisches Koordinatensystem festlegen, weil die Nomenklatur der irreduziblen Darstellungen von dessen Anordnung im Molekül abhängig ist. Dafür gibt es feste Regeln. Innerhalb eines solchen Koordinatensystems kann man auch dem Dipoloperator μ, bzw. seinen Komponenten irreduzible Darstellungen zuordnen.

> Dazu muss man sich daran erinnern, dass der Dipoloperator nichts anderes ist als der mit der Ladung (e) zu multiplizierende Ortsoperator.
>
> $$\mu = e\vec{r} = \sum_{i=x,y,z} c_i \vec{i} \qquad (3.6\text{-}18)$$
>
> wobei $\vec{i} = \vec{x}, \vec{y}, \vec{z}$ ist.

Anhand des gewählten Koordinatensystems kann man nun direkt prüfen, entsprechend welcher irreduziblen Darstellung die x-, y- und z-Komponenten des Dipoloperators transformieren. Nun muss man zwei Aspekte berücksichtigen: zum einen kann man die Symmetrie des Produktes der beiden in das Matrixelement involvierten Wellenfunktionen, sowie des Dipoloperators bestimmen, zum anderen muss man die Richtung des elektronischen Feldvektors des anregenden Lichtes kennen um gemäß Gleichung 3.4-33 zu prüfen, ob elektrischer Feldvektor und Dipolmoment eine gemeinsame Komponente aufweisen, da sie gemäß eines Skalarproduktes verknüpft sind, und dieses verschwindet, wenn die Vektoren senkrecht aufeinander stehen.

Die Symmetrie des Produktes der Funktionen im Übergangsmoment muss vollkommen symmetrisch (man sagt „total symmetrisch") sein, damit das Integral nicht verschwindet und die Übergangswahrscheinlichkeit damit auch. Der Weg zur Berechnung des sog. direkten Produktes zwischen irreduziblen Darstellungen wird im Folgenden erläutert. Man kann sich das grundsätzliche Verhalten an einem sehr einfachen Beispiel klarmachen:

Wir wählen als Beispiel das Energieniveauschema des gewinkelten H_2O-Moleküls aus Abb. 3.6-11. Hier sind die Molekülorbitale und ihre Symmetrierassen dargestellt. Es werden nur die Valenzniveaus gezeigt, d.h. die Sauerstoff 1s-Orbitale liegen außerhalb der gezeigten Energieskala. Zu den eingezeichneten Molekülniveaus tragen O2s-,2p-Atomniveaus des Sauerstoffs und die H1s-Atomniveaus der beiden Wasserstoffatome bei. Da das Sauerstoffatom sechs Elektronen und die Wasserstoffatome jeweils ein Elektron beitragen, füllen wir in die gezeigten sechs Niveaus gemäß Pauli-Prinzip vier Niveaus mit jeweils zwei Elektronen. Das oberste besetzte Niveau hat die Rasse $2b_2$. Nun betrachten wir den Übergang zwischen dem Grundzustand des Wassermoleküls und einem elektronisch angeregten Zustand, bei dem ein Elektron aus dem höchsten besetzten in das tiefste unbesetzte angeregt wird. Um die Symmetrie der beiden elektronischen Zustände zu bestimmen, greift man auf eine sog. Multiplikationstabelle zurück, in der in Form einer Matrix angegeben ist, welche Rasse sich ergibt, wenn man zwei Rassen miteinander multipliziert.

Tabelle 3.6-4 Multiplikationstabelle für die verschiedenen Rassen in C_{2v}-Symmetrie

C_{2v}	A_1	A_2	B_1	B_2
A_1	A_1	A_2	B_1	B_2
A_2	A_2	A_1	B_2	B_1
B_1	B_1	B_2	A_1	A_2
B_2	B_2	B_1	A_2	A_1

Man kann diese Tabelle direkt ableiten, wenn man zwei Rassen in Tab. 3.6-2 auswählt, z. B. A_2 und B_1 und nun die zwei entsprechenden Zeilen miteinander multipliziert.

Tabelle 3.6-5 Auszüge aus der Charaktertafel der Punktgruppe C_{2v} für die Rassen A_2 und B_2 sowie für das Produkt $A_2 \times B_1$

C_{2v}	E	C_2	$\sigma_v(xz)$	$\sigma_v(yz)$
A_2	1	1	−1	−1
B_1	1	−1	1	−1
$A_2 \times B_1$	1	−1	−1	1

Ein Vergleich mit der Tab. 3.6-2 zeigt, dass sich als Produkt B_2 ergibt. Entsprechend kann man alle Einträge verifizieren. Anhand der Tabelle ist es möglich, die Symmetrie jeder Elektronenkonfiguration zu bestimmen, indem man jedem Elektron ein Niveau zuordnet und dann das Produkt aller bestimmt. Man sieht sofort, dass doppelt besetzte Niveaus immer die total symmetrische Rasse A_1 ergeben. Da die Multiplikation mit A_1 aber immer die zu multiplizierende Rasse reproduziert, muss man, um die Gesamtsymmetrie zu bestimmen, nur die einfach besetzten Niveaus berücksichtigen. Dies bedeutet natürlich auch, dass die Symmetrie des Grundzustands des Wassers mit geschlossener Schale die Symmetrie A_1 haben muss. Der durch den Transfer eines Elektrons aus dem $1b_1$-Niveau in das $2b_2$-Niveau sich ergebende Zustand hat damit die Symmetrie von $B_1 \times B_2$. Aus der Tab. 3.6-4 ergibt sich A_2. Damit kennen wir die Symmetrien der beteiligten Wellenfunktion. Für die Betrachtung des Übergangsmoments fehlt noch die Symmetrie des Dipolmomentoperators. Zu diesem Zweck schaut man sich die Transformation der x-, y- und z-Komponenten unter den Symmetrieoperationen der Gruppe C_{2v} an. Das Koordinatensystem ist in Abb. 3.6-8 angegeben. Da die z-Komponente sowohl in Richtung der C_2-Achse und in den Spiegelebenen $\sigma_v(xz)$ und $\sigma_v(yz)$ liegt, transformiert diese Richtung wie A_1.

Entsprechend kann man sich klar machen, dass x wie B_1 und y wie B_2 transformieren. Nun kann man das Problem lösen:

$$\langle \Psi_f | \begin{matrix} x \\ y \\ z \end{matrix} | \Psi_i \rangle \rightarrow \langle A_2 | \begin{matrix} B_1 \\ B_2 \\ A_1 \end{matrix} | A_1 \rangle \qquad (3.6\text{-}19)$$

Damit das Integral nicht verschwindet, muss die Symmetrie des Produktes der drei Komponenten total symmetrisch sein, also sie muss die Symmetrie A_1 haben. Keine der Kombinationen ergibt die Symmetrie A_1.

Somit kann man diese elektronische Anordnung nicht mit dem Dipoloperator anregen. Man spricht von einem dipol-verbotenen Übergang. In einem nächsten Versuch platzieren wir das Elektron, das wir aus dem $1b_1$-Niveau herausnehmen, in das nächst höhere Niveau der Symmetrie $3a_1$. Dann ist die Symmetrie des angeregten Zustands $B_1 \times A_1$ und damit B_1, so dass nun die folgenden Kombinationen betrachtet werden müssen:

$$\langle B_1 | \begin{matrix} B_1 \\ B_2 \\ A_1 \end{matrix} | A_1 \rangle \qquad (3.6\text{-}20)$$

Die einzige Kombination, die zur Symmetrie A_1 des Integranden führt, ist $\langle B_1 | B_1 | A_1 \rangle$, d.h., wenn der Dipoloperator in x-Richtung weist. Es handelt sich also um einen dipol-erlaubten Übergang. Wir können nun auch unmittelbar erkennen, dass das elektrische Feld des anregenden Lichtes eine Komponente in Richtung der x-Komponente des Dipoloperators haben muss, um den Übergang auszulösen, weil nur dann das Skalarprodukt zwischen dem elektrischen Feldvektor und dem Dipolvektor von Null verschieden ist.

Anhand dieses Beispiels wird klar, dass Symmetriebetrachtungen wichtige qualitative Auskünfte zur Spektroskopie von Molekülen beisteuern können. Dies gilt nicht nur für elektronische Anregungen, sondern auch für Schwingungsanregungen sowohl bei der Infrarotspektroskopie als auch bei der Ramanspektroskopie.

Kernpunkte des Abschnitts 3.6.4

- ☑ Übergangsmoment Gl. 3.6-17
- ☑ Dipoloperator Gl. 3.6-18

3.6.5
Struktur von Festkörpern

Im Abschnitt 3.6.3 haben wir gesehen, wie die Struktur der Moleküle von der Symmetrie der Atomorbitale der an der Bindung beteiligten Atome abhängt. Wir gehen jetzt einen Schritt weiter und fragen, wie die Struktur der kondensierten Phasen von der Art der Wechselwirkungskräfte zwischen den Teilchen, d. h. den Molekülen oder Atomen, die diese Phase bilden, abhängt. Wir beginnen dabei mit den Festkörpern und stellen fest, dass wir zu einem erheblichen Teil auf frühere Überlegungen zurückgreifen können. Insbesondere werden Festkörperstrukturen über die in Abschnitt 1.7 erläuterten Beugungsverfahren bestimmt.

Zunächst klassifizieren wir die Festkörper entsprechend der vorliegenden Bindungen. Es kann sich handeln um

1) van-der-Waals-Bindungen (z. B. Edelgaskristalle),
2) elektrostatische Bindungen (Ionenkristalle),
3) kovalente Bindungen (kovalente Kristalle),
4) metallische Bindungen (Metalle),
5) Wasserstoffbrücken-Bindungen.

Diese Aufzählung betrifft ideale Grenzfälle, an denen wir zwar das Wesentliche erkennen können, die aber in Wirklichkeit selten realisiert sind. Oft haben wir es mit einer Überlagerung verschiedener Bindungstypen zu tun. Da uns in diesem Kapitel die Bindung interessiert, wollen wir uns auf ihren Einfluss konzentrieren und nicht auf kristallographische Details eingehen.

Edelgaskristalle

Bei diesen Kristallen sind van-der-Waals-Kräfte wirksam, die wir bereits im Abschnitt 3.5.4 behandelt haben. Die Bindung zwischen den einzelnen Bausteinen ist sehr schwach, der Schmelzpunkt liegt folglich bei sehr niedrigen Temperaturen. Da bei den Edelgasen die äußerste Elektronenschale voll aufgefüllt ist, ist die Ionisierungsenergie sehr hoch (vgl. Abb. 3.2-1), die Elektronenverteilung im Atom kugelsymmetrisch (Gl. (3.1-153)). Es liegt folglich keine gerichtete Bindung zwischen den Bausteinen des Festkörpers vor, die schwachen Bindungskräfte sollten bei einer möglichst dichten Packung der Teilchen optimal genutzt sein. Tatsächlich kristallisieren die Edelgase in dichtester Kugelpackung, und zwar im kubisch flächenzentrierten Gitter.

Van-der-Waals-Bindung im Festkörper findet man auch bei zahlreichen anderen Stoffen, z. B. bei Iod, Kohlendioxid und organischen Verbindungen wie beispielsweise Naphthalin.

Ionische Festkörper

Auch mit der ionischen Bindung haben wir uns bereits beschäftigt, und zwar im Abschnitt 3.5.1. Bei einfachen Ionenkristallen entspricht die Elektronenkonfiguration sowohl der Kationen als auch der Anionen der der Edelgasatome, d. h. es liegen abgeschlossene Elektronenschalen vor, und die Ladungsverteilung ist kugelsymmetrisch. Im Gegensatz zu den van-der-Waals-Kristallen wirken zwischen den geladenen Ionen aber starke Coulomb'sche Wechselwirkungskräfte.

Bei der Berechnung der Gitterenergie haben wir erfahren (Abb. 3.5-3), dass wir sowohl Anziehungs- als auch Abstoßungskräfte berücksichtigen müssen. Die Anordnung der Ionen erfolgt deshalb so, dass das Coulomb'sche Anziehungspotential das Abstoßungspotential möglichst stark überwiegt. Da die Anionen und Kationen im Gitter im Allgemeinen deutlich unterschiedliche Radien haben, wird diese Bedingung je nach dem Verhältnis der Radien durch verschiedene Kristallstrukturen erfüllt. Die Koordinationszahl, d. h. die Zahl der ein bestimmtes Ion in erster Sphäre umgebenden Gegenionen, hängt stark vom Radienverhältnis ab. Ein bei Ionenkristallen häufig auftretendes Gitter ist das NaCl-Gitter mit den Koordinationszahlen (6,6), das wir in Abb. 3.5-1 bereits vorgestellt haben.

Kovalente Festkörper

Den rein kovalenten Kristall können wir als ein Riesenmolekül auffassen, auf das wir die Überlegungen anwenden, die wir im Fall der kovalenten Bindung besprochen haben. Schulbeispiel für einen solchen Kristall ist der Diamant. Die Kohlenstoffatome bilden sp^3-Hybridorbitale, die ein dreidimensionales, tetraedrisches Gitter mit sp^3-sp^3-Verknüpfung aufbauen. Jedes Kohlenstoffatom ist tetraedrisch von vier anderen Kohlenstoffatomen umgeben. Im Gegensatz zu den oben diskutierten Festkörpern liegen streng gerichtete Bindungen vor. Es sind die starken chemischen Bindungen, die für den hohen Schmelzpunkt des Diamanten verantwortlich sind.

Eine andere Modifikation des Kohlenstoffs ist der Graphit. Hier haben wir es mit einer sp^2-Hybridisierung zu tun. Da diese Hybridorbitale in einer Ebene liegen, wird eine Schichtstruktur ausgebildet. In den Schichten liegen streng gerichtete, starke Bindungen vor. Wie beim Benzol sind die Kohlenstoffatome zweidimensional sechseckig verknüpft. Da bei der sp^2-Hybridisierung an jedem Kohlenstoffatom ein senkrecht zur Schichtebene stehendes p-Atomorbital nicht in die Hybridisierung einbezogen wird, bilden diese p-Orbitale ein zweidimensionales System aus delokalisierten π-Molekülorbitalen. Die lockere Bindung zwischen den Schichten ist auf van-der-Waals-Wechselwirkung zurückzuführen. Das delokalisierte π-Elektronensystem ist verantwortlich für die gute elektrische Leitfähigkeit des Graphits. Diese Leitfähigkeit ist streng anisotrop, sie erfolgt nur parallel zu den Schichten. Senkrecht dazu ist der Graphit wie der Diamant ein Nichtleiter.

Metallische Festkörper

Mit der metallischen Bindung haben wir uns bereits im Abschnitt 3.5.3 befasst. Wir haben die von der kovalenten Bindung her bekannten Vorstellungen benutzt und den Metallkristall als ein Riesenmolekül behandelt. Das führte unter Beachtung des Pauli-Prinzips dazu, dass beim Aufbau dieses Riesenmoleküls aus den Atomorbitalen mit ihren diskreten Energien Energiebänder mit erheblicher Breite wurden.

Die Elektronen in diesen Energiebändern können durch Zufuhr sehr geringer Energiebeträge in Zustände höherer Energie (im gleichen Band) gelangen. Darauf ist die hohe Beweglichkeit der Metallelektronen, d. h. die gute elektrische Leitfähigkeit der Metalle, zurückzuführen.

Im Allgemeinen steuert jedes Metallatom diesem „See" aus Leitungselektronen ein oder zwei Elektronen bei. Man könnte nun zunächst meinen, dass die Bindung in den Metallen dadurch zustande käme, dass die positiven Atomrümpfe in einen See aus negativer Ladung eingebettet sind, also nur Coulomb'sche Wechselwirkung vorliegt. Bei den Alkalimetallen ließe sich die Bindungsenergie auf eine solche Wechselwirkung zurückführen. Ihr niedriger Schmelzpunkt zeigt aber schon an, dass eine solche Bindung nicht sehr stark sein kann. Tatsächlich kommt es bei den bei wesentlich höherer Temperatur schmelzenden Übergangsmetallen zusätzlich zu starken Wechselwirkungen zwischen energetisch tiefer liegenden Energieniveaus.

Die hohe Beweglichkeit der Leitungselektronen ist ein Hinweis darauf, dass die Bindung im Metall nicht stark gerichtet sein kann. Das äußert sich in der Struktur der metallischen Festkörper. Die meisten weisen eine Kugelpackung auf, dichtest gepackt als kubisch flächenzentriert oder hexagonal dichtest gepackt, aber auch kubisch raumzentriert.

Wir werden uns mit den Metallen noch intensiver zu beschäftigen haben, und zwar im Zusammenhang mit der Fermi-Statistik im Abschnitt 4.2.6 und der elektrischen Leitfähigkeit im Abschnitt 1.6.2.

Festkörper mit Wasserstoffbrückenbindung

Die Wasserstoffbrückenbindung ist eine spezielle Form der intermolekularen Wechselwirkung. Bei ihr verknüpft ein Wasserstoffatom zwei relativ stark elektronegative Nichtmetallatome zweier Moleküle. Das Wasserstoffbrückenatom ist Bestandteil eines dieser Moleküle. Als Nichtmetallatome kommen im Wesentlichen O, N und F in Frage. Die Bindungsstärke ist größer als die bei der van der Waals'schen Bindung beobachtete, aber deutlich kleiner als die für kovalente Bindungen charakteristische. Es handelt sich um eine kurzreichweitige Wechselwirkung, die durch die Bildung eines delokalisierten Molekülorbitals beschrieben werden kann.

Bekanntestes Beispiel einer Wasserstoffbrückenbindung ist die im H_2O vorliegende. Je ein Wasserstoffatom eines Wassermoleküls tritt in Wechselwirkung mit einem freien Elektronenpaar eines anderen Wassermoleküls. Die Wasserstoffbrückenbindung ist verantwortlich für das anomale Verhalten des Wassers, das wir bereits verschiedentlich angesprochen haben, so bei den Phasengleichgewichten (Abschn. 2.5.3), bei der Assoziation des Wassers und der Struktur des Hydroniumions (Abb. 1.6-14) oder der elektrischen Beweglichkeit der Wasserstoff- und Hydroxidionen im flüssigen Wasser (Abb. 1.6-15). Noch ausgeprägter äußert sich die Wasserstoffbrückenbindung im festen Wasser, im Eis, bei dessen Niederdruckphase jedes O-Atom tetraedrisch von vier anderen O-Atomen umgeben ist. Zwischen zwei Sauerstoffatomen befindet sich jeweils ein H-Atom. Diese tetraedrische Struktur lässt erkennen, dass beide Wasserstoffatome und beide freien Elektronenpaare jedes Wassermoleküls an der Bindung im Eis beteiligt sind.

3.6.6
Struktur von Festkörperoberflächen und nanoskopischen Systemen

Festkörperoberflächen sind die Haut der Kristalle und nehmen daher, wie beim biologischen System die biologische Haut, die Wechselwirkung mit der Umgebung wahr. Es hat sich daher eine eigene Sparte der Physikalischen Chemie der Untersuchung von Festkörperoberflächen und auch Flüssigkeitsoberflächen gewidmet. Die Festkörperoberfläche eines Einkristalls enthält etwa 10^{15} Atome/cm². Diese Zahl ist zu vergleichen mit der Avogadro-Zahl von Atomen in einem typischen

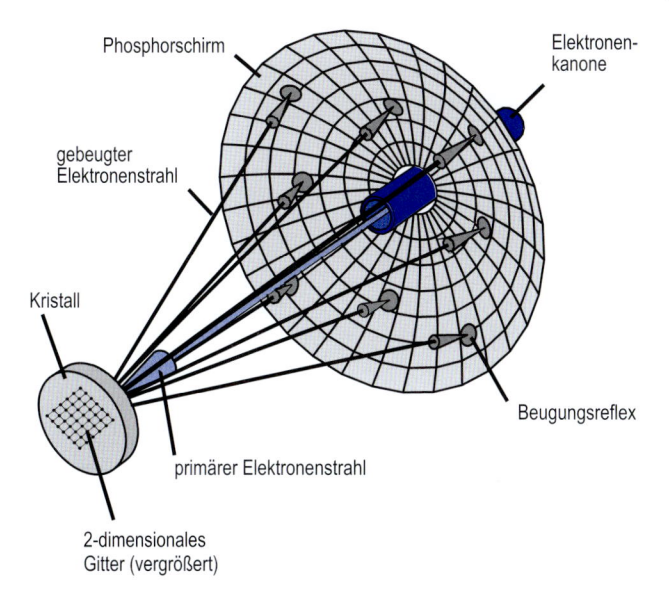

Abbildung 3.6-14 Schematische Darstellung des Beugungsprozesses von einer Oberfläche.

Volumen. Dies bedeutet, dass man ein Nanomol in Anwesenheit eines Mols der gleichen Substanz untersuchen muss, wenn man sich auf die Oberfläche konzentrieren möchte. Dazu benötigt man spezielle Untersuchungsverfahren.

> Eines der frühesten, auf geordnete Oberflächen angewandten Verfahren ist das der Beugung langsamer Elektronen. Man nennt es LEED-Verfahren vom Englischen *Low Energy Electron Diffraction* (siehe Abb. 3.6-14).

Dabei werden Elektronen mit einer kinetischen Energie von ca. 100 eV an Festköperoberflächen elastisch reflektiert und ihre räumliche Verteilung auf einem Phosphorschirm aufgezeichnet (siehe Abb. 3.6-14). Die Reflexionen gehorchen in ihrer räumlichen Anordnung den Bragg'schen Bedingungen, die wir in Abschnitt 1.7 diskutiert hatten. Dabei muss man noch beachten, dass Elektronen in Materie eine sehr begrenzte mittlere freie Weglänge besitzen. Bei der genutzten kinetischen Energie der Elektronen von ca. 100 eV beträgt diese nur etwa 10 Å. Das bedeutet, dass bei einer Reflexion die Elektronen lediglich 5 Å in den Festkörper eindringen können, um elastisch reflektiert zu werden, da der Weg aus dem Festkörper heraus auch 5 Å betragen muss. Jeder längere Weg würde zur unelastischen Streuung führen. In der räumlichen Verteilung werden nur elastisch gestreute Elektronen aufgezeichnet. Die unelastisch gestreuten Elektronen werden durch ein entsprechend vorgespanntes Gitter zurückgehalten (Abb. 3.6-15).

Damit tragen die elastisch gestreuten Elektronen auch nur die Information aus einem Bereich von maximal 5 Å, d.h. etwa zwei Atomlagen des Festkörpers und damit nahezu ausschließlich über die Festkörperoberfläche. Wie bei der Röntgen-

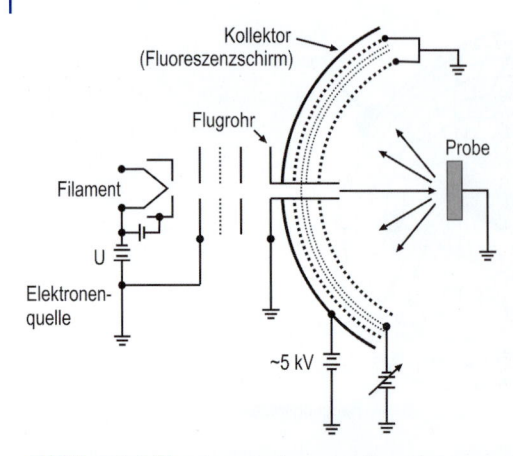

Abbildung 3.6-15 Schematische Darstellung des LEED-Experiments. Niederenergetische Elektronen werden von einer Co-Kathode erzeugt und auf die Probe fokussiert. Die rückgestreuten Elektronen werden nach dem Durchtritt durch ein System von Gittern auf einem Fluoreszenzschirm abgebildet.

beugung entsprechen die Interferenzmaxima Punkten des reziproken Gitters der Oberflächen (siehe ausführliche Diskussion in Abschnitt 1.7).

Anders als bei der Röntgenbeugung, bei der man bei einer vorgegebenen Wellenlänge des Röntgenlichts den Winkel zwischen einfallendem Röntgenstrahl und gebeugtem Strahl variiert und die Intensität des gestreuten Lichts als Funktion des Streuwinkels aufzeichnet, registriert man bei der Elektronenbeugung die Intensität (I) eines gestreuten Teilstrahls als Funktion der kinetischen Energie (E_{kin}) des primären Elektronenstrahls. Durch geeignete Modellannahmen über die Struktur kann man ein Elektronenbeugungsdiagramm bzw. I vs. E_{kin} berechnen und mit der gemessenen Information vergleichen. Bei guter Übereinstimmung gilt die Struktur als gelöst. Die Berechnung von Elektronenbeugungsdiagrammen ist ungleich komplexer als die von Röntgenbeugungsmustern. Dies liegt an der sehr viel intensiveren Wechselwirkung der Elektronen mit der Materie im Vergleich zu den Röntgenphotonen. Man muss bei der Elektronenbeugung die mehrfache Streuung der Elektronen an der Materie auf dem Weg zum Detektor berücksichtigen, wohingegen Röntgenphotonen in guter Näherung nur ein einziges Mal gestreut werden und die Wahrscheinlichkeit der Mehrfachstreuung sehr klein ist und nicht berücksichtigt werden muss. Ein Beispiel zeigt in Abb. 3.6-16b die Struktur einer Pt-Oberfläche mit (111)-Orientierung, wie man sie aus dem Beugungsdiagramm (Abb. 3.6-16a) über eine LEED-Strukturanalyse bestimmt hat.

> Bei allen Verfahren, die man zur Strukturuntersuchung einsetzt, berechnet man die Struktur im reziproken Gitter und stellt das Ergebnis im Realraum dar.

Das angegebene LEED-Diagramm repräsentiert das reziproke Gitter der (111)-Oberfläche. Es ist trigonal wegen der Stapelfolge in (111)-Richtung und um 30° gegen die

a) Pt(111) b) Pt(111)

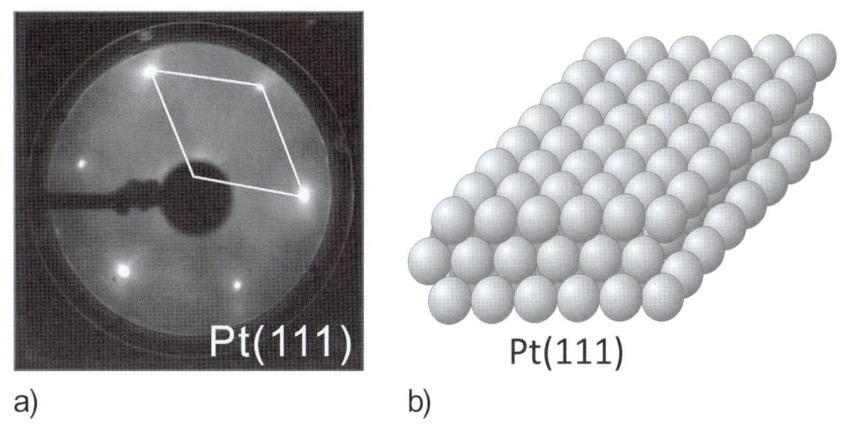

Abbildung 3.6-16 (a) LEED-Bild einer Pt(111)-Oberfläche, (b) Perspektivische Darstellung der Struktur im Realraum

realen Gittervektoren verdreht. Adsorbiert man molekularen Sauerstoff auf der Oberfläche, dissoziiert dieser, und es bildet sich eine Überstruktur (Abb. 3.6-17) aus, deren Gittervektoren doppelt so lang sind wie die Einheitsvektoren des Grundgitters.

Entsprechend sind die reziproken Gittervektoren kürzer, wie man aus dem Beugungsmuster erkennt.

Insbesondere, wenn man es mit Fehlstellen oder Defekten im Gitter zu tun hat, kommen Beugungsverfahren schnell an ihre Grenzen (sie äußern sich im Diagramm als erhöhter Untergrund bzw. als aufgespaltene Reflexe, wenn die Defekte einen gewissen Grad an Ordnung aufweisen). Dann sind mikroskopische Verfahren häufig besser geeignet, definitive Aussagen zu treffen. Die Elektronenmikroskopie erlaubt nur im begrenzten Umfang, direkte Information von der Oberfläche

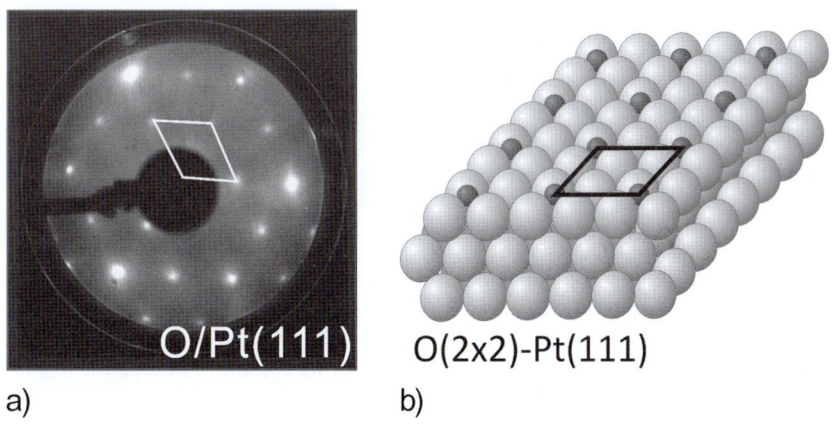

a) O/Pt(111) b) O(2x2)-Pt(111)

Abbildung 3.6-17 (a) LEED-Bild einer mit Sauerstoff belegten Pt(111)-Oberfläche, (b) Perspektivische Darstellung der Struktur im Realraum

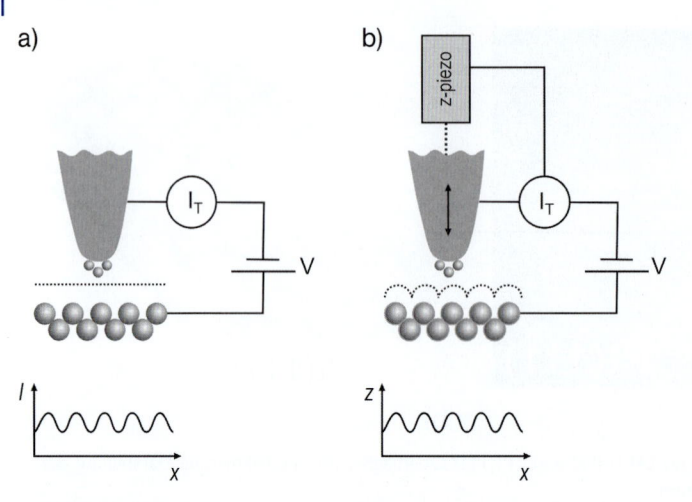

Abbildung 3.6-18 Schematische Darstellung eines Rastertunnelexperiments, wobei (a) die Spitze bei konstanter Distanz, (b) bei konstantem Strom über die Oberfläche geführt wird (I_t: Tunnelstrom, z: Distanz zur Spitze von der Oberfläche)

zu erhalten (siehe unten). Die Rastersondenmikroskopien haben hier entscheidende Verbesserungen erbracht. Diese, durch erste Versuche von Russell Young am National Institute of Science and Technology (NIST) in den USA und dann durch Gerd Binnig und Heinrich Rohrer in Zürich zum Durchbruch gebrachten Experimente zur Messung von Tunnelströmen bei Annäherung einer Metallspitze auf atomare Abstände an eine Metalloberfläche, erlaubten zum ersten Mal, eine planare Oberfläche in atomarer Auflösung abzubilden. Schon 40 Jahre früher hatte Erwin Müller in Berlin mittels der sog. Feldionisationsmikroskopie den Nachweis atomarer Auflösung an einer Feldemitterspitze erbracht. Eine schematische Darstellung des Rastertunnelmikroskops findet man in Abb. 3.6-18.

> Eine sehr feine Metallspitze wird zunächst mechanisch auf einen möglichst geringen Abstand zu einer Metalloberfläche gebracht. Schließlich wird die Annäherung auf atomare Dimensionen mit piezoelektrischen Kristallen vorgenommen. Zwischen der feinen Spitze und der Oberfläche wird eine Spannung angelegt (im Bereich von ~10 mV bis zu einigen V) und man misst den fließenden Tunnelstrom.

Rastert man nun die feine Spitze über die Oberfläche und hält nicht die Distanz, sondern den Tunnelstrom dabei konstant, erhält man ein Bild einer Oberfläche, wie in Abb. 3.6-19 für eine Pt(111)-Oberfläche dargestellt. Man erkennt im kleinen Bild die atomare Struktur der Oberfläche. Stufen sind im großen Bild erkennbar. Die Abbildung spiegelt die Topologie des Tunnelstroms zwischen Spitze und Oberfläche wider.

Abbildung 3.6-19 STM-Bild (konstanter Strom) einer Pt(111)-Oberfläche. Terrassen, die durch atomare Stufen voneinander getrennt sind, sind in unterschiedlichen Farben dargestellt. Das kleine Bild zeigt die Oberfläche in atomarer Auflösung. Man erkennt die hexagonale Anordnung der Pt-Atome in der Oberfläche.

Wir haben im Abschnitt 1.4.15 den Tunneleffekt ausführlich behandelt und gesehen, dass der Tunnelstrom exponentiell von der Dicke der Barriere, d. h. im vorliegenden Fall der Lücke zwischen Spitze und Probe, abhängt. Daher besteht die bei weitem höchste Wahrscheinlichkeit für das Tunneln zwischen dem äußersten Metallatom an der Spitze und dem nächstbenachbarten Atom in der Probenoberfläche. Man kann sich intuitiv vorstellen, dass der gemessene Strom durch den Überlapp der Wellenfunktionen der Atome an Spitze und Probe sowie der Zustandsdichte im entsprechendem Energiebereich bestimmt wird. Schauen wir uns die Tunnelbarriere etwas näher an:

Beschreibt man sowohl Spitze als auch Probe durch einen bis zur Fermienergie besetzten Potentialtopf und beschreibt die Bandstruktur schematisch, wie in Abschnitt 3.5.3 diskutiert, dann wären die beiden Fermienergien (E_F) bei identischer Energie im Gleichgewicht. Legt man jedoch eine Spannung (U_{bias}) zwischen Spitze und Probe an, so verschiebt man die Fermienergien von Spitze und Probe gegeneinander, wie in Abb. 3.6-20 gezeigt. Nun können Elektronen aus den besetzten Zuständen der Spitze in die unbesetzten Zustände der Probe tunneln, so dass ein Strom fließt. Kehrt man das Vorzeichen der Spannung um, kann man aus den besetzten Zuständen der Probe in die unbesetzten Zustände der Spitze tunneln. Da der Tunnelstrom vom Überlapp der Wellenfunktionen abhängt, muss er auch von der Zustandsdichte abhängen. Man erhält also in gewisser Weise ein Abbild der besetzten und unbesetzten Zustandsdichte der Probe, insbesondere dann, wenn man die Spannung kontinuierlich verändert, sodass man als Funktion der Spannung (und deren Vorzeichen) die Zustandsdichte der Probe abfragt. Die Information ist dann ähnlich (aber nicht äquivalent, da keine optischen Auswahlregeln gelten) der, die man bei spektroskopischen Experimenten erhält, aber natürlich auf lokaler Basis. Daher spricht man von Rastertunnelspektroskopie (Scanning

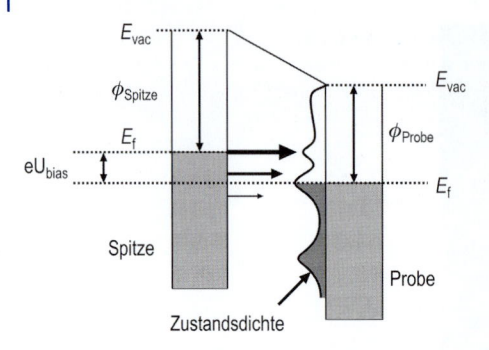

Abbildung 3.6-20 Darstellung der Tunnelbarriere in einem Energieband-Diagramm von Spitze und Probe und schematischer Darstellung der Zustandsdichte in der Probe (Φ_{Spitze}, Φ_{Probe}: Austrittsarbeiten von Spitze und Probe, U_{bias}: Spannung zwischen Spitze und Probe, E_{vac}: Vakuumenergie, E_f: Fermienergie)

Tunneling Spectroscopy, STS). Bringt man ein Molekül zwischen Spitze und Probe, kann man die elektronischen Zustände und in günstigen Fällen auch die Schwingungszustände einzelner Moleküle in ihrer energetischen Lage beobachten und sogar ihre räumliche Verteilung abbilden. Man findet am Ende des Abschnitts Literatur zu diesem Thema.

Die Rastertunnelmikroskopie öffnet den Weg zum Studium von Systemen mit komplexen Morphologien. Das, was man heute als Nanowissenschaft bezeichnet und die einen immer größeren Raum in der Physikalischen Chemie und den Materialwissenschaften einnimmt, wäre ohne Rastertunnelmikroskopie und verwandte Techniken, wie die Rasterkraftmikroskopie nicht möglich. Letztere Technik werden wir hier nicht behandeln (eine Einführung findet man unter den Literaturzitaten am Ende des Abschnitts), aber auch sie wird genutzt, um Einblicke in die atomare Struktur von Oberflächen und Molekülen zu gewinnen. Ein Beispiel zeigt Abbildung 2 der Einführung.

Abbildung 3.6-21 zeigt eine Serie von Rastertunnelbildern von nanoskopischen Pd-Teilchen, die auf einem dünnen Aluminiumoxidfilm aufgewachsen wurden.

Das erste Bild der Serie zeigt den Aluminiumoxidfilm in atomarer Auflösung. Aufgrund der Tunnelbedingungen bildet man hier die Aluminiumatome des Oxids ab. Der Film wächst in Domänen (Körner) auf, deren Grenzen man im Bildkontrast erkennen kann. Nach dem Abscheiden von Pd-Metalldampf findet man kleine, etwa 2-5 nm große Metallpartikel, die vorwiegend auf den Korngrenzen sitzen. Stetige Erhöhung der Auflösung in den nachfolgenden Bildern zeigt, dass es sich um winzige Einkristalle handelt, die von wohlgeordneten Facetten begrenzt werden. Das letzte Bild der Serie zeigt eine (111)-Facette eines Pd-Teilchens in atomarer Auflösung. Bilder dieser Art rechtfertigen die Verwendung von Metalleinkristallen zum Studium von Reaktionen an Oberflächen. Solche kleinen Metallteilchen findet man auch auf in der technischen Chemie eingesetzten Katalysatoren. Im Vergleich zu den Rastertunnelbildern zeigt Abb. 3.6-22 ein Bild, das mit Transmissionselektronenmikroskopie gewonnen wurde.

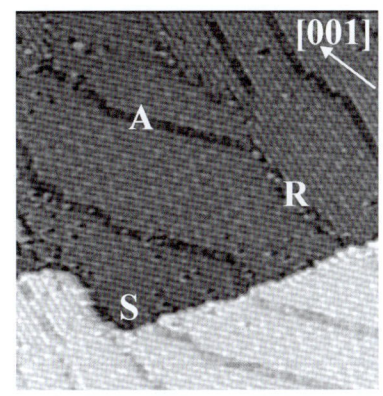

Abbildung 3.6-21 Rastertunnelmikroskopische Bilder von einem dünnen Aluminiumoxidfilm und Pd-Nanoteilchen auf diesem Aluminiumoxidfilm. Die Probe ist in unterschiedlichen Vergrößerungen gezeigt. Das zweite Bild unten rechts zeigt die Facette eines Pd-Nanoteilchens in atomarer Auflösung.

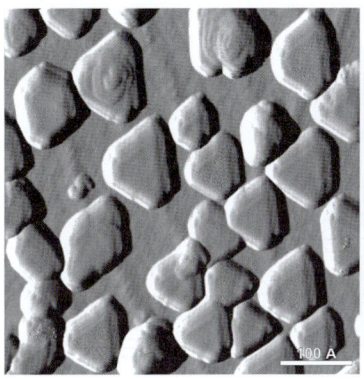

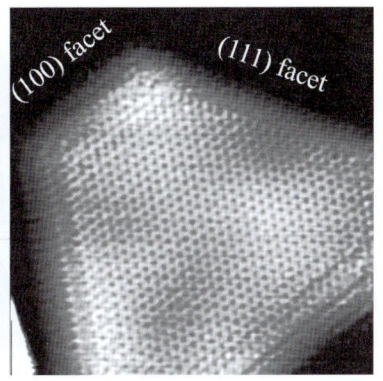

Auch hier sieht man atomare Strukturen, die aber nicht nur von der Oberfläche der Teilchen stammen, sondern einem ganzen Stapel von hintereinander im Gitter des Teilchens angeordneten Atomen zugeordnet werden müssen. Durch Kombination der beiden Methoden kann man wertvolle Informationen über Größe, Form

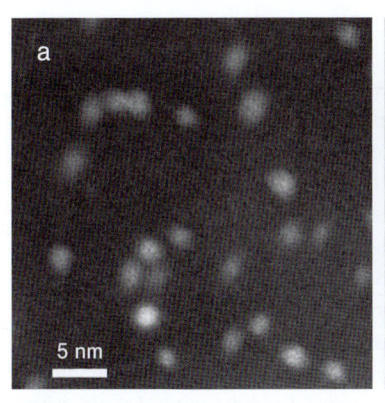

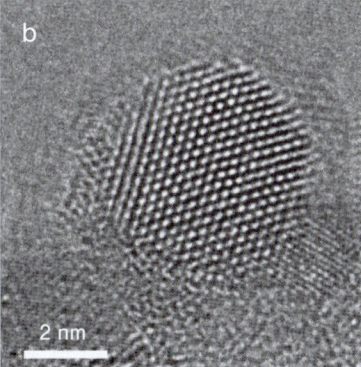

Abbildung 3.6-22 TEM-Bilder von Pd-Nanoteilchen auf einem Kohlenstoffträger
(a) Dunkelfeld (siehe Abb. 3.6-25) Aufnahme mehrerer Pd-Teilchen bei geringer Vergrößerung.
(b) Hellfeld (siehe Abb. 3.6-25) Aufnahme eines einzelnen Teilchens in hoher Auflösung

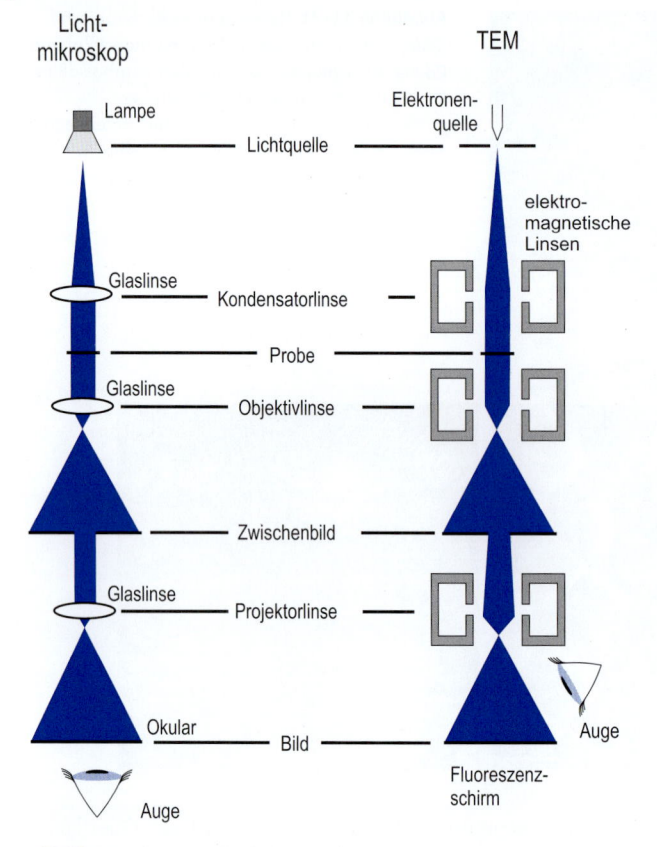

Abbildung 3.6-23 Vergleich des Strahlengangs in einem Lichtmikroskop im Vergleich zum Strahlengang in einem Transmissionselektronenmikroskop.

und Defektstruktur solcher Systeme gewinnen, die uns chemische Reaktionen an diesen Strukturen besser verstehen lassen.

Damit die Studierenden diese Aussagen besser beurteilen können, sollen hier einige einführende Bemerkungen zur Elektronenmikroskopie gemacht werden.

Diese Methode liefert Aussagen über die Realstruktur einer Probe, wie etwa ein Lichtmikroskop, nur mit sehr viel höherer Auflösung, kann aber auch Information über den reziproken Raum, den wir bei der Diskussion der Beugung kennengelernt haben, liefern. In Abb. 3.6-23 wird der Strahlengang eines Lichtmikroskops mit dem eines Transmissionselektronenmikroskops (TEM) verglichen.

Beim TEM ist die Lampe durch eine Elektronenquelle ersetzt. Die Elektronen werden beschleunigt, typischerweise auf mehrere 100 kV und in einer Kondensorlinse, die aus elektromagnetischen Bauelementen aufgebaut ist, in einen möglichst parallelen Elektronenstrahl geformt. Mit diesem wird dann die Probe be-, oder besser, durchstrahlt. Diese Durchstrahlung macht es notwendig, besonders dünne (von der Größenordnung μm) Proben herzustellen. Das hinter der Probe aufgebaute

3.6 Molekülsymmetrie und Struktur

Objektiv bildet die durch die Beugung abgelenkten Elektronen wieder in einem Punkt ab. Die Qualität der elektromagnetischen Objektlinse ist dabei von entscheidender Bedeutung für das Auflösungsvermögen des Mikroskops und die Qualität des Zwischenbildes. Das Zwischenbild wird dann unter nochmaliger Vergrößerung durch die Projektorlinse in der Endbildebene auf dem Leuchtschirm abgebildet. Das Auflösungsvermögen ist so hoch, dass atomare Strukturen abgebildet werden können.

Die Wechselwirkung zwischen dem Elektronenstrahl und der Probe kann elastisch oder unelastisch sein. Unelastische Prozesse können zur Zerstörung oder Beeinflussung der Probe führen. Dies muss immer bei der Bewertung von TEM-Aufnahmen berücksichtigt werden. Es können verschiedene Abbildungsmodi gewählt werden (Abb. 3.6-24).

Eine Intensitätsverteilung in der Endbildebene, indem entweder nur der Primärstrahl und die in einem kleinen Winkel gestreuten Elektronen aufgenommen wird, nennt man Hellfeldabbildung, wird nur ein Teil der gestreuten Elektronen (z. B. aus einem Streureflex) in der Bildebene fokussiert, so spricht man von Dunkelfeldkon-

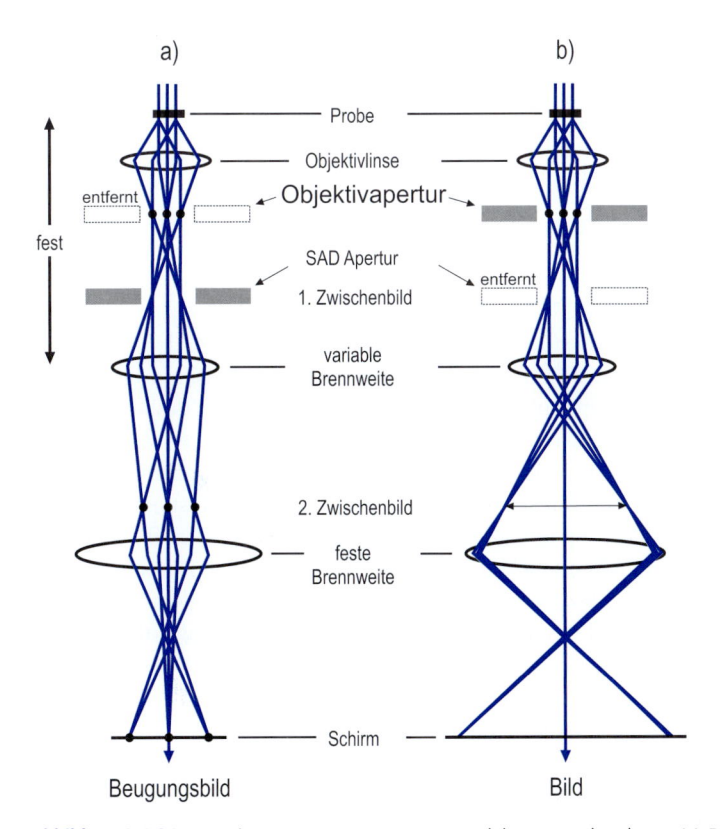

Abbildung 3.6-24 Betriebsarten eines Transmissionselektronenmikroskops: (a) Beugungsbetrieb, die Zwischenlinse wird auf die hintere Brennebene der Objektlinse fokussiert, (b) abbildender Betrieb, die Zwischenlinse wird auf die Bildebene der Objektlinse fokussiert.

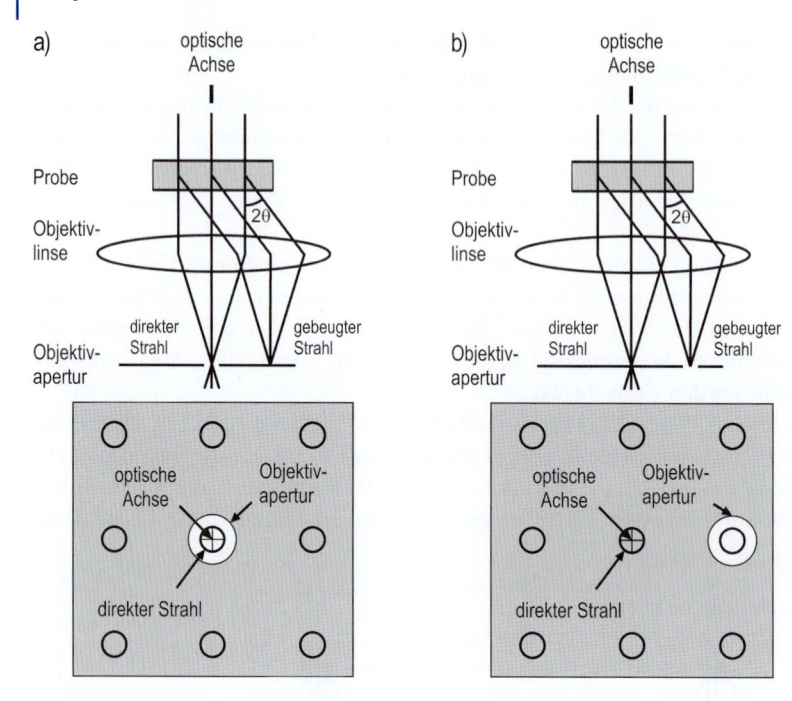

Abbildung 3.6-25 (a) Hellfeldabbildung, (b) Dunkelfeldabbildung durch Auswahl mit der Objektivapparatur

trast (Abb. 3.6-25). Die Streuung der Elektronen erfolgt völlig analog zu der Situation, die wir für die Röntgenbeugung diskutiert hatten.

Wenn man sich auf bestimmte Reflexe konzentriert, nutzt man den reziproken Raum. Das Ausblenden des Primärstrahls gelingt durch den Einsatz von Blenden.

Der Elektronenstrahl wird auf einen sehr kleinen Fleck auf der Probe fokussiert und kann auch darüber gerastert werden. Man kann dadurch auch größere Probenbereiche auf ihre Morphologie und auf ihre kristalline Struktur (durch die Beugung) hin untersuchen. Das Bild in Abb. 3.6-22 von den Metallteilchen ist eine Hellfeldabbildung. Da die Abbildung durch Durchstrahlung des Objekts stattfindet, tragen alle im Elektronenstrahl befindlichen Atome zur Bildgebung bei. Damit wird auch klar, dass man in Abb. 3.6-22 auch nicht nur die Oberfläche abbildet.

Die Kombination von TEM und STM stellt eine besonders aussagekräftige Kombination von Techniken dar, deren routinemäßige Anwendung noch bevorsteht.

Kernpunkte des Abschnitts 3.6.6

- ☑ LEED Verfahren S. 773
- ☑ Rastertunnelmikroskopie S. 777
- ☑ Transmissionselektronenmikroskopie S. 780

3.6.7
Struktur von Flüssigkeiten

Im Abschnitt 3.6.4 haben wir gesehen, dass sich im Festkörper – wenn er sich, thermodynamisch betrachtet, im Gleichgewicht befindet – immer eine bestimmte Kristallstruktur ausbildet. Um was für eine kristallographische Struktur es sich dabei handelt, hängt von der Art der Bindungen zwischen den Gitterbausteinen ab. Bei der Berechnung der Gitterenergie des NaCl im Abschnitt 3.5.1 (Abb. 3.5-1) haben wir weiterhin erkannt, dass sich die Abstände der Gitterbausteine von einem als Bezugspunkt gewählten Gitterbaustein nicht kontinuierlich, sondern diskontinuierlich in bestimmten Vielfachen des kleinsten Gitterabstandes ändern. Diese Feststellung hat uns zur Einführung der Madelungkonstanten gebracht, die charakteristisch für einen bestimmten Gittertyp ist.

Wenn wir die Zahl der Gitterbausteine, die wir in einem Abstand r vom Bezugspunkt finden, in Abhängigkeit von r auftragen, so erhalten wir nur für ganz bestimmte r von null verschiedene Werte. Solch eine Darstellung kann man aus Röntgenbeugungsdiagrammen ableiten.

Wenn wir nun etwas über den strukturellen Aufbau von Flüssigkeiten erfahren wollen, so können wir in ähnlicher Weise vorgehen, wie wir es im Abschn. 3.1.3 getan haben, als wir nach der Aufenthaltswahrscheinlichkeit eines 1 s-Elektrons im Wasserstoffatom gefragt haben. Wir wählen wieder ein Molekül als Bezugspunkt. Um zu erfahren, wie viele Moleküle es im Abstand r gibt, legen wir konzentrische Kugelschalen der Dicke dr um das Zentrum. Die Kugelschale im Abstand r hat dann das Volumen $4\pi r^2 dr$. Ist die Wahrscheinlichkeitsdichte, im Abstand r ein Teilchen zu finden, $g(r)$, so ist $\rho g(r)$ mit ρ als Dichte die Massendichte. Durch Röntgenstreuung lässt sich die Funktion $4\pi r^2 \rho g(r)$ bestimmen, aus der $g(r)$ unmittelbar folgt.

Tragen wir $g(r)$ in Abhängigkeit von r auf, so erhalten wir eine oszillierende Funktion mit einem stark ausgeprägten und wenigen weiteren, in der Höhe schnell abnehmenden Maxima. Die Lage des ersten Maximums entspricht exakt dem Abstand der erstnächsten Nachbarn im Kristall, die viel schwächeren Maxima stimmen in der Lage mit dem Abstand der zweit- und drittnächsten (und folgenden) Nachbarn überein.

Die Deutung dieses Ergebnisses ist einfach und eindeutig zugleich. Beim Schmelzen des Kristalls geht die langreichweitige Ordnung verloren. Es stellt sich bei größerem r eine abstandsunabhängige Wahrscheinlichkeit ein, Teilchen vorzufinden. Auf diesen Wert normiert man die Funktion $g(r)$. In unmittelbarer Nähe des Bezugspunktes, im Bereich erstnächster Nachbarn, bleibt aber die vom Kristall her bekannte Situation, d. h. Wechselwirkung und Orientierung erhalten. Greifen wir wieder auf unser Beispiel Wasser zurück, so heißt das, dass jedes Wassermolekül tetraedrisch von vier Wassermolekülen umgeben ist. Diese durch Wasserstoffbrückenbindungen hervorgerufene Struktur bleibt auch bei höheren Temperaturen erhalten, weshalb der Siedepunkt des Wassers mit 373 K wesentlich höher liegt, als es bei einem solchen Molekül bei einer reinen van-der-Waals-Wechselwirkung zu erwarten wäre.

3.6.8
Struktur von flüssigen Kristallen

Wenn wir im Abschnitt 3.6.7 auch gerade erfahren haben, dass beim Schmelzen eines Kristalls die langreichweitige Ordnung verlorengeht und nur noch eine Nahordnung fortbesteht, so müssen wir diese Aussage doch für eine inzwischen große Gruppe von Molekülen wieder einschränken. Moleküle mit stark anisotroper Gestalt, z. B. sehr langgestreckte Moleküle, können beim Schmelzen in einen Zustand gelangen, der zwischen dem festen und dem flüssigen Zustand liegt. Sie weisen statt der dreidimensionalen Ordnung der Kristalle nur eine zwei- oder eindimensionale Ordnung auf. Das führt dazu, dass sie eine starke Anisotropie physikalischer Eigenschaften wie der optischen, elektrischen oder magnetischen besitzen.

In Abb. 3.6-26 wollen wir mögliche Strukturen flüssiger Kristalle in einer zweidimensionalen Darstellung der Struktur der isotropen Flüssigkeit (Abb. 3.6-26 a) gegenüberstellen. Abb. 3.6-26 b zeigt den Fall, dass beim Schmelzen noch *eine* langreichweitige Orientierungsordnung bestehenbleibt. Man spricht hier von *nematischen flüssigen Kristallen*. Die langen Achsen der Moleküle sind weitgehend parallel zueinander ausgerichtet. Diese Moleküle können sich lediglich in Richtung der langen Achse leicht bewegen und haben deshalb nur in dieser Richtung eine niedrige Viskosität, im Gegensatz zur isotropen Flüssigkeit. Der Grad der Ordnung in Längsrichtung nimmt mit zunehmender Temperatur allmählich ab und sinkt schlagartig auf null, wenn bei der Phasenumwandlungstemperatur der Übergang zur isotropen Flüssigkeit erfolgt.

Eine Besonderheit stellen die *cholesterinischen flüssigen Kristalle* dar. Sie haben wie die nematischen flüssigen Kristalle *eine* Orientierungsordnung, doch dreht sich diese von Schicht zu Schicht um einen bestimmten Winkel, d. h. eine Schicht ist orientiert wie in Abb. 3.6-26 b dargestellt, dann folgt die nächste nach Drehung der Orientierungsrichtung in der Papierebene.

Stäbchenförmige Moleküle können aber auch eine flüssig kristalline Phase bilden, in der die Moleküle nicht nur parallel zueinander ausgerichtet sind, sondern auch die Schwerpunkte in äquidistanten Ebenen liegen. Dies ist in Abb. 3.6-26 c angedeutet. Diese Ebenen stehen senkrecht zur Papierebene. Es entsteht also

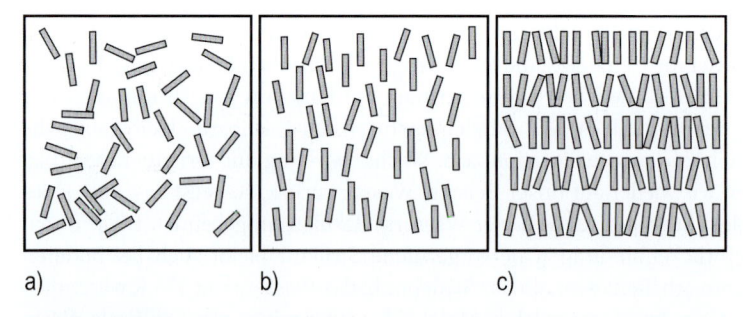

Abbildung 3.6-26 Isotrope Flüssigkeit (a), nematische Phase (b) und smektische Phase (c) eines flüssigen Kristalls.

eine monomolekulare Schichtstruktur, die die Moleküle nicht verlassen können. Man spricht hier von einer *smektischen Phase*. Die Stäbchen können senkrecht oder geneigt zur Schwerpunktsebene stehen, auch ist in der Ebene noch eine Strukturbildung, z. B. eine hexagonale Anordnung, möglich.

Technisch sind die Flüssigkristalle in letzter Zeit interessant geworden. So dienen beispielsweise nematische flüssige Kristalle zur Flüssigkristallanzeige in Messgeräten und Bildschirmen.

3.6.9
Kernpunkte des Abschnitts 3.6

- ☑ Symmetrieoperationen und Symmetrieelemente S. 751
- ☑ Symmetrieachsen S. 751
- ☑ Symmetrieebenen S. 753
- ☑ Inversion, Identität und Drehspiegelung S. 754
- ☑ Punktgruppen Tab. 3.6-1, S. 755

Dipolmoment und Chiralität S. 756

- ☑ Charaktere, Charaktertafeln S. 758
- ☑ Symmetrierassen S. 759
- ☑ Symmetrie der Molekülorbitale S. 759
- ☑ Symmetrieadaptierte Molekülorbitale S. 760
- ☑ Energieniveauschemata mehratomiger Moleküle S. 762
- ☑ Walsh-Diagramme S. 763
- ☑ Lokalisierte und delokalisierte Molekülorbitale S. 764
- ☑ Hybridisierung S. 765

Struktur von Festkörpern S. 769
Struktur von Flüssigkeiten S. 782

- ☑ Nematische, smektische und cholesterinische flüssige Kristalle S. 783

3.6.10
Aufgaben zu Abschnitt 3.6

1. Welche Symmetrieelemente und welches Schönfliessymbol haben folgende Moleküle?

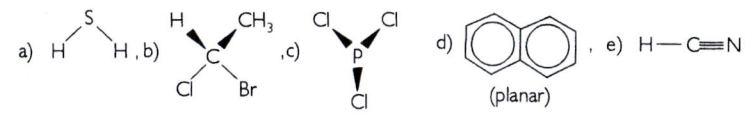

   a) H–S–H, b) H,CH₃,C,Cl,Br ; c) Cl,Cl,P,Cl (mit H) ; d) Naphthalin (planar), e) H—C≡N

2. HOOH gehört zur Punktgruppe C_2. Welche Struktur muss es haben?
3. Zeichnen Sie das direkte und das reziproke Gitter einer (110)-Oberfläche und im Vergleich dazu eine (2×1)-Struktur.
4. Berechnen Sie das Überlappintegral zweier s-Orbitale in Abhängigkeit vom Abstand ihrer Zentren voneinander.

5. Skizzieren Sie die Bandstruktur einer hexagonalen Schicht von σ- und π-Orbitalen wie man sie etwa für eine $\sqrt{3} \times \sqrt{3}R30°$-Struktur von CO auf Co(0001) erwarten würde (siehe Publikation: F. Greuter *et al.*, Phys. Rev. B, Vol. 27(12), 1983, 7117–7135)

3.6.11
Literatur zu Abschnitt 3.6

Kutzelnigg, W. (1994) *Einführung in die Theoretische Chemie, Bd. 2, Die chemische Bindung*, 2. Aufl., VCH Verlagsgesellschaft, Weinheim

Jaffe, H. H., Orchin, H. H. (1967) *Symmetrie in der Chemie. Anwendung der Gruppentheorie auf chemische Probleme*, Dr. Alfred Hüthig Verlag, Heidelberg

Courths, R., Hüfner, S. (1984) *Photoemission experiments on copper*, Phys. Rep. 112, 53-171.

Christmann, K. (1991) *Introduction to Surface Physical Chemistry*, Steinkopff-Verlag, Darmstadt

Pendry, J. B. (1974) *Low Energy Electron Diffraction: The Theory and its Application to Determination of Surface Structure*, Acad. Pr., London

Wiesendanger, R. (Ed.) (1998) *Scanning Probe Microscopy. Analytical Methods*, Springer Series NanoScience and Technology, Springer, Berlin, Heidelberg, New York

Williams, D. B., Carter, C. B. (1996) *Transmission Electron Microscopy. A Textbook for Materials Science*, Plenum Press, New York

Fultz, B., Howe, J. (2008) *Transmission Electron Microscopy and Diffractometry of Materials: with Numerous Exercises*, 3rd Ed., Springer, Berlin

Haussühl, S. (2007), *Physical Properties of Crystals*, Wiley-VCH, Weinheim

Kittel, C., Hunklinger, S. (2005) *Einführung in die Festkörperphysik*, 14. Aufl., Oldenbourg Wissenschaftsverlag, München

Kutzelnigg, W. (2001) *Einführung in die Theoretische Chemie*, 1. Aufl., Wiley-VCH, Weinheim

Stegemeyer, H. (Ed.) (1994) *Liquid Crystals*, Steinkopff Verlag, Darmstadt, und Springer, New York

Kober, F. (1991) *Symmetrie der Moleküle*, Verlag Diesterweg, Otto Salle & Sauerländer, Frankfurt am Main

Cotton, F. A. (1990) *Chemical Applications of Group Theory*, John Wiley & Sons, New York

Barret, J. (1987) *Die Struktur der Atome und Moleküle*, Wiley-VCH, Weinheim

Wald, D. (1985) *Gruppentheorie für Chemiker*, VCH Verlagsgesellschaft, Weinheim

Kohler, F. (1972) *The Liquid State*, Verlag Chemie, Weinheim

Ertl, G., Küppers, J. (1985) *Low Energy Electrons and Surface Chemistry*, 2. Auflage, VCH Weinheim

Ertl, G. (2009) *Reactions at Solid Surfaces*, John-Wiley & Sons, Hoboken

Zewail, A., Thomas, J.M. (2010) *4-D Electron Microscopy: Imaging in Space and Time*, World Scientific

Hüfner, S. (2003) *Photoelectron Spectroscopy: Principles and Applications*, 3. Auflage Springer, Berlin

4
Die statistische Theorie der Materie

Bereits in dem einführenden Abschnitt 1.3 (Einführung in die statistische Thermodynamik) haben wir uns mit den Grundlagen der statistischen Betrachtungsweise vertraut gemacht und Begriffe wie *Mikrozustand, Makrozustand* oder *Verteilungsfunktion* kennengelernt. Wir haben erfahren, dass die Makrozustände eines Systems durch dessen messbare, makroskopische Größen (z. B. Teilchenzahl, Volumen, Gesamtenergie) bestimmt sind. Ein Makrozustand kann dabei durch eine große Zahl verschiedener Mikrozustände (Quantenzustände) realisiert werden. Die Verteilungsfunktion sagt etwas darüber aus, wie die einzelnen Quantenzustände im Gleichgewicht besetzt sind.

Für ein konkretes Modell haben wir die Boltzmann-Statistik abgeleitet und sind dabei auf den Begriff der *Zustandssumme* ($\sum e^{-\varepsilon_i/kT}$) gestoßen. Am Beispiel der Inneren Energie haben wir erkannt, dass uns die Zustandssumme den Zugang zur Berechnung der thermodynamischen Funktionen ermöglicht. Wir haben uns darauf beschränkt, einige spezielle Aussagen des Boltzmann'schen e-Satzes zu erläutern und die Entropie vom statistischen Gesichtspunkt her einzuführen.

Wir wollen nun die Betrachtung vertiefen.

Im Abschnitt 4.1 werden wir erfahren, dass unterschiedliche Eigenschaften des Modells, das wir der zu behandelnden Materie zugrunde legen, zu unterschiedlichen Statistiken führen. So werden wir als *klassische Statistik* die *Boltzmann-Statistik* und als *Quantenstatistiken* die *Bose-Einstein-Statistik* und die *Fermi-Dirac-Statistik* kennenlernen.

Der umfangreichste Teil dieses Kapitels, der Abschnitt 4.2, ist der *Statistischen Thermodynamik* gewidmet. Diese wird nicht nur auf die dem Chemiker vertraute Materie angewandt werden, sondern auch auf das *Elektronengas* und das *Photonengas*. Wir werden so unterschiedliche Dinge behandeln wie die Temperaturabhängigkeit der molaren Wärmekapazität von Festkörpern, die Eigenschaften von Leitungselektronen in Metallen oder die Strahlungsgesetze.

Im Abschnitt 4.3 wollen wir uns noch einmal der *kinetischen Gastheorie* zuwenden, die wir, von sehr einfachen Vorstellungen ausgehend, bereits im Abschnitt 1.2 angesprochen hatten. Wir werden Kenntnisse gewinnen, die wir im Kapitel 6 bei der Behandlung der Kinetik benötigen.

Lehrbuch der Physikalischen Chemie, Sechste Auflage. Gerd Wedler und Hans-Joachim Freund.
© 2012 Wiley-VCH Verlag GmbH & Co. KGaA. Published 2012 by Wiley-VCH Verlag GmbH & Co. KGaA.

4.1
Die klassische Statistik und die Quantenstatistiken

Im Abschnitt 4.1.1 wollen wir uns klarmachen, dass wir je nach den Eigenschaften, die wir der Materie zuschreiben, zu unterschiedlichen Statistiken kommen müssen.

Bevor wir die verschiedenen Statistiken besprechen, müssen wir im Abschnitt 4.1.2 den Begriff der *Zustandsdichte* kennenlernen und deren Berechnung durchführen.

Allgemein Gültiges bezüglich der Aufstellung von Verteilungsfunktionen werden wir im Abschnitt 4.1.3 zusammenstellen.

Die Abschnitte 4.1.4 bis 4.1.6 dienen dann der Herleitung der Verteilungsfunktionen der *Bose-Einstein-Statistik*, der *Fermi-Dirac-Statistik* und der *Boltzmann-Statistik*.

Im Abschnitt 4.1.7 wollen wir dann die für die Statistiken erhaltenen Verteilungsfunktionen miteinander vergleichen.

4.1.1
Die verschiedenen Statistiken

Bei der Herleitung der Boltzmann-Statistik sind wir davon ausgegangen, dass die Teilchen, die das System aufbauen, voneinander unterscheidbar sind und dass beliebig viele Teilchen im gleichen Einteilchen-Zustand vorliegen können. Worauf die Unterscheidbarkeit – richtiger wäre es, von Individualisierbarkeit zu sprechen – beruht, ist dabei ohne Bedeutung.

Nun haben wir aber gerade bei der Einführung in die Quantentheorie gesehen, dass es nicht möglich ist, gleichzeitig Ort und Impuls eines Teilchens exakt anzugeben. Damit wird es unmöglich, ein bestimmtes Teilchen jederzeit wiederzufinden. Wir müssen deshalb die Möglichkeit der Unterscheidbarkeit in Frage stellen. Wie sich das Aufgeben der Unterscheidbarkeit in der Statistik auswirkt, wollen wir zunächst wieder anhand eines einfachen Beispiels untersuchen. Wir greifen dazu auf das bereits im Abschnitt 1.3.1 erläuterte Würfelspiel zurück. Wir haben seinerzeit (Abb. 1.3-1) für die beiden verwendeten Würfel unterschiedliche Farben angenommen. So fanden wir beispielsweise, dass es sechs verschiedene Möglichkeiten gibt, die Gesamtaugenzahl 7 zu würfeln, oder fünf verschiedene Möglichkeiten, die Gesamtaugenzahl 8 zu erhalten. Würfeln wir nun aber mit zwei identischen, nicht unterscheidbaren Würfeln, so reduzieren sich, wie Abb. 4.1-1 zeigt, die unterscheidbaren Realisierungsmöglichkeiten auf jeweils drei.

Bei der Besprechung der Quantenchemie haben wir erfahren, dass Teilchen, bei denen die Summe der Zahl von Elektronen, Protonen und Neutronen gerade ist (H_2, D^+, D_2, N_2, ^4He, Photonen), einen ganzzahligen Spin besitzen, während Teilchen, bei denen die Summe der Zahl der Elektronen, Protonen und Neutronen ungerade ist (Elektron, H^+, ^3He, NH_4^+, NO), einen halbzahligen Spin haben. Ein aus vielen Teilchen bestehendes System wird im ersteren Fall durch eine symmet-

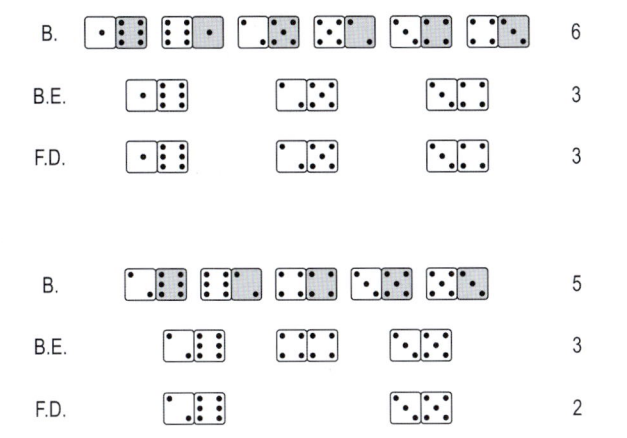

Abbildung 4.1-1 Realisierungsmöglichkeiten für die Gesamtaugenzahl 7 und 8 mit unterscheidbaren Würfeln (B.) und nicht unterscheidbaren Würfeln (B. E.) sowie bei Verbot gleicher Augenzahlen (F. D.)

rische, im letzteren Fall durch eine antisymmetrische Gesamt-Eigenfunktion beschrieben. Das hat eine wichtige Konsequenz, denn im ersteren Fall können beliebig viele Teilchen im gleichen Einteilchen-Zustand vorliegen, während im letzteren Fall jeder Zustand nur von einem einzigen Teilchen besetzt sein darf. Wir haben dies als Pauli-Verbot kennengelernt.

Auf unser Würfelspiel übertragen, würde das Pauli-Verbot bedeuten, dass die beiden Würfel nicht die gleichen Augenzahlen haben dürfen. Diese weitere Einschränkung würde sich zwar nicht auf die Zahl der Realisierungsmöglichkeiten der Gesamtaugenzahl 7 auswirken, wohl aber auf die Zahl der Realisierungsmöglichkeiten der Gesamtaugenzahl 8. Sie wäre nur noch auf zwei verschiedene Weisen zu erhalten.

Nehmen wir die Unterscheidbarkeit (Individualisierbarkeit) der Teilchen an, so haben wir es mit der klassischen Statistik, der Boltzmann-Statistik, zu tun. Gehen wir von nicht individualisierbaren Teilchen aus, so kommen wir zu den Quantenstatistiken, der Bose-Einstein-Statistik und der Fermi-Dirac-Statistik. Sie unterscheiden sich darin, dass die letztere im Gegensatz zur ersteren das Pauli-Verbot berücksichtigt.

Bevor wir uns der Ableitung dieser Statistiken und der Frage nach ihrer Anwendbarkeit zuwenden, wollen wir uns noch mit dem Begriff des Impulsraumes und des Phasenraumes vertraut machen.

4.1.2
Der Impulsraum, der Phasenraum und die Zustandsdichte

Wollen wir klassisch den Zustand eines punktförmigen Teilchens kennzeichnen, auf das keine Kräfte wirken, so müssen wir den Ort angeben, an dem es sich befindet, und die Geschwindigkeit, mit der es sich bewegt. Anstelle der Geschwindigkeit können wir auch seinen Impuls verwenden. Wir benötigen deshalb zur Charakterisierung des Zustandes dieses Teilchens zwei dreidimensionale Räume, zur Festlegung des Ortes den wirklichen Raum, zur Festlegung des Impulses den *Impulsraum*. Beide können wir zu dem 6-dimensionalen *Phasenraum* vereinigen. Ein Punkt in diesem Raum beschreibt uns dann sowohl den Ort als auch den Impuls des Teilchens.

Betrachten wir nun das kräftefreie Teilchen, das sich in einem Würfel mit der Kantenlänge a befinden möge, quantenmechanisch. Die Überlegungen in Abschnitt 1.4.13 haben uns gezeigt, dass das Teilchen nicht mehr jede beliebige Energie ε annehmen kann, sondern nur solche Energien, die der Beziehung

$$\varepsilon = \frac{h^2}{8ma^2}(n_x^2 + n_y^2 + n_z^2) \tag{1.4-179}$$

gehorchen. Berücksichtigen wir den Zusammenhang zwischen Energie und Impuls

$$\varepsilon = \frac{1}{2m}(p_x^2 + p_y^2 + p_z^2) \tag{4.1-1}$$

so folgt:

> Das Teilchen kann nur einen Impuls besitzen, dessen Komponenten
>
> $$|p_x| = \frac{h}{2a}n_x \tag{4.1-2}$$
>
> $$|p_y| = \frac{h}{2a}n_y \tag{4.1-3}$$
>
> $$|p_z| = \frac{h}{2a}n_z \tag{4.1-4}$$
>
> betragen, wobei n_x, n_y und n_z die ganzzahligen Quantenzahlen sind.

Wählen wir nun in einem kartesischen Koordinatensystem $h/2a$ als Einheit der Achsen p_x, p_y und p_z (Abb. 4.1-2), so werden die stationären Zustände eines Teilchens im würfelförmigen Kasten durch die Gitterpunkte mit ganzzahligen Koordinatenwerten repräsentiert. Wir erkennen, dass in dem positiven Oktanten jedem Zustand eine würfelförmige Zelle mit dem Volumen $h^3/8a^3$ zugeordnet werden kann. Bedenken wir weiter, dass Gl. (4.1-1) und damit auch Gl. (1.4-179) sowohl mit positiven als auch mit negativen Impulswerten erfüllt ist, so verstehen wir, dass wir alle 8 Oktanten des Impulsraumes berücksichtigen müssen. Deshalb entspricht einem stationären Zustand des betrachteten Teilchens im gesamten Impulsraum eine Zelle der Größe h^3/a^3. Nehmen wir nun noch den wirklichen Raum hinzu, gehen also zum sechsdimensionalen Phasenraum über, so ergibt sich, dass einem stationären Zustand im Phasenraum eine Zelle der Größe h^3 entspricht, denn dem Teilchen steht das gesamte Volumen a^3 zur Verfügung.

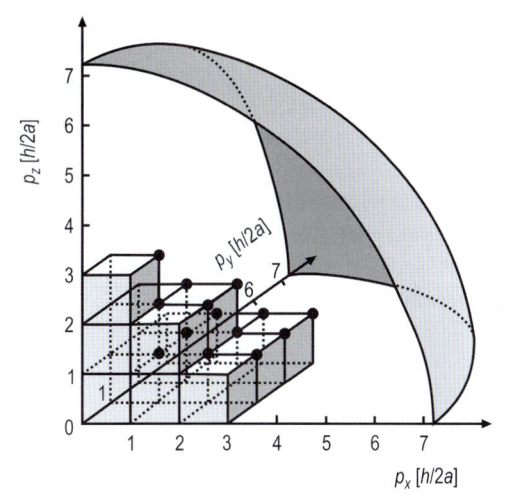

Abbildung 4.1-2 Stationäre Zustände eines Teilchens im würfelförmigen Kasten mit der Kantenlänge a im Impulsraum.

Wir kehren noch einmal zurück zu Gleichung (1.4-179) und stellen sie um zu

$$\frac{n_x^2}{\left(\dfrac{a}{h}\sqrt{8m\varepsilon}\right)^2} + \frac{n_y^2}{\left(\dfrac{a}{h}\sqrt{8m\varepsilon}\right)^2} + \frac{n_z^2}{\left(\dfrac{a}{h}\sqrt{8m\varepsilon}\right)^2} = 1 \qquad (4.1\text{-}5)$$

Dieser Gleichung müssen die ganzen Zahlen n_x, n_y, n_z genügen, wenn ε ein Eigenwert der Translationsenergie ist. Es gibt so viele verschiedene, zur Energie ε gehörende Quantenzustände, wie ganzzahlige Lösungen n_x, n_y, n_z möglich sind. All diejenigen ganzzahligen Zahlentripel n_x, n_y, n_z, die beim Einsetzen in die linke Seite von Gl. (4.1-5) auf der rechten Seite einen Wert < 1 ergeben, gehören zu Quantenzuständen mit Energiewerten $< \varepsilon$. Im Allgemeinen liegen, wie wir gleich an einem Beispiel sehen werden, die Eigenwerte der Energien so dicht beieinander, dass sie praktisch ein Kontinuum darstellen. Das ermöglicht es uns, recht einfach die Zahl der Quantenzustände mit Translationsenergien $< \varepsilon$ auszurechnen. Zu diesem Zweck substituieren wir Gl. (4.1-2) bis (4.1-4) in Gl. (4.1-5) und erhalten

$$\frac{p_x^2}{\left(\dfrac{1}{2}\sqrt{8m\varepsilon}\right)^2} + \frac{p_y^2}{\left(\dfrac{1}{2}\sqrt{8m\varepsilon}\right)^2} + \frac{p_z^2}{\left(\dfrac{1}{2}\sqrt{8m\varepsilon}\right)^2} = 1 \qquad (4.1\text{-}6)$$

was natürlich auch nur eine Umstellung von Gl. (4.1) bedeutet.

Dies ist die Gleichung einer Kugeloberfläche im Impulsraum (vgl. Abb. 4.1-2). Der Kugelradius beträgt $\frac{1}{2}\sqrt{8m\varepsilon}$, das Kugelvolumen $\frac{4}{3}\pi\frac{1}{8}(8m\varepsilon)^{3/2}$. Da, wie wir oben gesehen haben, einem Quantenzustand im Impulsraum eine Zelle der Größe

h^3/a^3 entspricht, ist die Anzahl der Zellen und damit die Anzahl $Z(\varepsilon)$ von Energiezuständen mit Energien $< \varepsilon$ gegeben durch

$$Z(\varepsilon) = \frac{4}{3}\pi \cdot \frac{1}{8}(8m\varepsilon)^{3/2} \cdot \frac{a^3}{h^3} = \frac{8\sqrt{2}}{3}\pi \cdot \frac{V}{h^3} \cdot m^{3/2}\varepsilon^{3/2} \tag{4.1-7}$$

wenn man gleichzeitig berücksichtigt, dass a^3 das Volumen V ist, das dem Teilchen zur Verfügung steht. Im weiteren Verlauf unserer Überlegungen wird uns besonders die Zahl $dZ(\varepsilon)$ der zwischen ε und $\varepsilon + d\varepsilon$ liegenden erlaubten Zustände interessieren. Wir erhalten sie durch Differenzieren von Gl. (4.1-7) gemäß

$$dZ(\varepsilon) = D(\varepsilon)d\varepsilon = \frac{dZ(\varepsilon)}{d\varepsilon} \cdot d\varepsilon \tag{4.1-8}$$

mit der

> **Zustandsdichte $D(\varepsilon)$**
>
> $$D(\varepsilon) = 4\sqrt{2}\pi \frac{V}{h^3} m^{3/2}\varepsilon^{1/2} \tag{4.1-9}$$

Bei der obigen Betrachtung sind wir davon ausgegangen, dass sich das Teilchen in einem würfelförmigen Kasten befand. Nähmen wir den allgemeineren Fall eines Quaders an, so ergäben sich im Impulsraum quaderförmige Zellen, und für Gl. (4.1-6) würden wir die Oberfläche eines Ellipsoids erhalten. Die Gleichungen (4.1-7) bis (4.1-9) würden sich jedoch in keiner Weise ändern.

Um eine Vorstellung von der Größenordnung der Zahl der Quantenzustände der Translation eines Teilchens im Volumen V bei einer Temperatur T zu gewinnen, wollen wir ein konkretes Beispiel betrachten. Ein Heliumatom ($m = 6.7 \cdot 10^{-27}$kg) befinde sich bei 300 K in einem Volumen von 1000 cm^3. Wir beachten, dass nach Gl. (1.2-8) für die Translationsenergie gilt

$$\varepsilon = \frac{3}{2}kT \tag{4.1-10}$$

das sind $6.2 \cdot 10^{-21}$J.

Beim Einsetzen der Zahlenwerte in Gl. (4.1-10) und (4.1-7) finden wir $Z(\varepsilon) = 1.03 \cdot 10^{28}$, woraus wir ersehen, dass die Zustände für die Translationsenergie so dicht beieinanderliegen, dass wir näherungsweise von einem Kontinuum sprechen können. Würde sich nicht nur ein Heliumatom in dem Behälter befinden, läge das Helium vielmehr unter Atmosphärendruck vor, was $3 \cdot 10^{22}$ Teilchen in 1000 cm^3 entspräche, so stünde jedem Teilchen ein Volumen von $3.3 \cdot 10^{-20}$ cm^3 zur Verfügung. Damit würde sich $Z(\varepsilon)$ zu $3.3 \cdot 10^5$ berechnen. Selbst unter diesen Bedingungen ist also die Zahl der erlaubten Quantenzustände und damit die Zahl der Zellen im Phasenraum noch sehr viel größer als die Zahl der Teilchen.

Die Zustandsdichte $D(\varepsilon)$ (Gl. (4.1-9)) hat eine besondere Bedeutung für unsere späteren Berechnungen. Sie sagt, wie viele Energiezustände es zwischen ε und $\varepsilon + d\varepsilon$ gibt, nicht jedoch, ob diese alle besetzt sind. Wenn wir $D(\varepsilon)$ mit einer *Verteilungsfunktion* $f(\varepsilon)$ multiplizieren, die angibt, wie groß die Wahrscheinlichkeit ist, dass die Energieniveaus im Energiebereich zwischen ε und $\varepsilon+d\varepsilon$ besetzt sind, dann wissen wir, wie viele besetzte Energieniveaus es in diesem Bereich gibt. Multiplizieren wir das Produkt $f(\varepsilon)D(\varepsilon)$ mit der Zahl g von Teilchen, die auf *ein* Energieniveau gesetzt werden können, so gibt die *Besetzungsdichte*

$$N(\varepsilon) = g \cdot f(\varepsilon) \cdot D(\varepsilon) \tag{4.1-11}$$

die Zahl von Teilchen mit einer Energie zwischen ε und $\varepsilon+d\varepsilon$ an. Die weitere Multiplikation mit ε liefert schließlich den Beitrag der Teilchen im betrachteten Energiebereich zur Gesamtenergie E. Diese erhalten wir schließlich durch die Integration.

$$E = \int_0^\infty N(\varepsilon) \cdot \varepsilon \cdot d\varepsilon = \int_0^\infty g \cdot f(\varepsilon) \cdot D(\varepsilon) \cdot \varepsilon \cdot d\varepsilon. \tag{4.1-12}$$

Die in $N(\varepsilon)$ enthaltene Verteilungsfunktion $f(\varepsilon)$ kennen wir noch nicht. Sie hängt von der Art der Teilchen ab. Sie zu finden, wird unsere Aufgabe in den Abschnitten 4.1.4 bis 4.1.6 sein. Zuvor wollen wir noch einmal auf die Zustandsdichte zurückkommen.

Wir haben mit den Gl. (1.4-179) und (4.1-2) bis (4.1-4) letztendlich die Translationsbewegung eines Teilchens im dreidimensionalen Kasten beschrieben. Denken wir nun an den Dualismus von Welle und Korpuskel, an die de-Broglie-Beziehung (Gl. (1.4-15))

$$\lambda = h/p \tag{4.1-13}$$

die uns den Zusammenhang zwischen Wellennatur und korpuskularer Natur liefert.

Wir substituieren in Gl. (4.1-2) den Impuls in x-Richtung durch die Wellenlänge λ, die dann auch von n_x abhängig ist,

$$|p_x| = \frac{h}{\lambda_{n_x}} = \frac{h}{2a} n_x \tag{4.1-14}$$

und erhalten daraus

$$n_x \lambda_{n_x}/2 = a \tag{4.1-15}$$

Entsprechendes gilt für die y- und z-Richtung.

Gleichung (4.1-15) gibt exakt die Bedingung für stehende Wellen wieder. Diese beschreiben einen stationären Zustand in dem dreidimensionalen Körper. Ein System von stehenden Wellen entsteht auch, wenn gekoppelte Schwingungen eines

Oszillatorensystems den Körper durchziehen und an den Grenzen reflektiert werden. Uns interessiert nun die Zahl der stehenden Wellen, die den dreidimensionalen Körper mit dem Volumen V, einfachheitshalber einen Würfel mit der Kantenlänge a, durchziehen.

Gleichung (4.1-15) beschreibt die in x-Richtung verlaufenden stehenden Wellen. Rayleigh und Jeans haben die Überlegungen auf den dreidimensionalen Körper ausgedehnt und gefunden, dass für die Gesamtheit der stehenden Wellen

$$n_x^2 + n_y^2 + n_z^2 = \frac{4v^2 a^2}{c^2} \qquad (4.1\text{-}16)$$

gilt, wobei c die Phasengeschwindigkeit ist. Das bedeutet, dass es zu jeder Frequenz v eine Anzahl von Tripeln ganzer Zahlen gibt, die der Gl. (4.1-16) genügen.

Wenn wir nun wissen wollen, wie viele Wellen es im Frequenzbereich zwischen v und $v + dv$ gibt, so verfahren wir wie in Abb. 4.1-2. Wir stellen uns vor, dass n_x, n_y und n_z in einem kartesischen Koordinatensystem aufgetragen seien, und schreiben Gl. (4.1-16) um in

$$\frac{n_x^2}{(2av/c)^2} + \frac{n_y^2}{(2av/c)^2} + \frac{n_z^2}{(2av/c)^2} = 1 \qquad (4.1\text{-}17)$$

Das ist die Gleichung einer Kugeloberfläche mit dem Radius $2av/c$. Das Kugelvolumen ist

$$V = \frac{4}{3}\pi \frac{8a^3 v^3}{c^3} \qquad (4.1\text{-}18)$$

Da jeder Frequenz v eine Einheitszelle mit dem Volumen 1 zukommt, ist die Zahl $Z(v)$ der Frequenzen, die kleiner oder gleich der betrachteten Frequenz v sind, gleich dem Volumen des positiven Kugeloktanten

$$Z(v) = \frac{4}{3}\pi \frac{a^3 v^3}{c^3} \qquad (4.1\text{-}19)$$

Daraus ergibt sich die Zahl $dZ(v)$ der Frequenzen zwischen v und $v + dv$ zu

$$dZ(v) = D(v)dv = \frac{dZ(v)}{dv} dv \qquad (4.1\text{-}20)$$

Durch Differenzieren von Gl. (4.1-19) nach v erhalten wir also die

Zustandsdichte der Frequenzen

$$D(v) = \frac{4\pi v^2}{c^3} V \qquad (4.1\text{-}21)$$

wenn wir wieder a^3 durch V ersetzen. Wie im Fall der Gl. (4.1-9) ist das Ergebnis unabhängig von der Gestalt des Körpers, es ist also nicht auf einen Würfel beschränkt.

Gleichung (4.1-21) gilt für elastische Wellen, z. B. die gekoppelten Schwingungen eines Oszillatorensystems, ebenso wie für elektromagnetische Wellen. Wir werden deshalb von Gl. (4.1-21) Gebrauch machen, wenn wir im Abschnitt 4.2.5 die thermodynamischen Daten eines Festkörpers behandeln und uns im Abschnitt 4.2.7 mit dem Photonengas befassen. Wir werden die Berechnungen genauso durchführen, wie bei der Herleitung der Gl. (4.1-12), d. h. außer der Zustandsdichte $D(\nu)$ benötigen wir eine Verteilungsfunktion $f(\nu)$ und die Größe g, die angibt, wie viele Teilchen der Frequenz ν zugeordnet werden können.

4.1.3
Allgemeines zur Aufstellung der Verteilungsfunktionen

Wir haben gerade erkannt, dass die einzelnen Energieniveaus sehr dicht beieinanderliegen. Es ist deshalb sinnvoll, bei der Herleitung der Verteilungsfunktionen nicht die Besetzung der einzelnen Niveaus zu betrachten, sondern die Gesamtheit der Energiewerte zu einzelnen Gruppen zusammenzufassen, die jeweils Energien zwischen ε_i und $\varepsilon_i + d\varepsilon_i$ enthalten. Die Anzahl der (fast entarteten) Energieniveaus einer solchen Gruppe wollen wir mit A_i bezeichnen. Wir schreiben ihnen, da wir $d\varepsilon_i$ klein genug wählen, einheitlich die Energie ε_i zu.

Ein bestimmter Makrozustand ist dann dadurch gekennzeichnet, dass den Gruppen von A_i Niveaus zwischen ε_i und $\varepsilon_i + d\varepsilon_i$ N_i Teilchen zugeordnet sind. Um zur Verteilungsfunktion zu kommen, müssen wir gemäß den Überlegungen in Abschnitt 1.3.1 klären, durch wie viele Mikrozustände ein vorgegebener Makrozustand aufzubauen ist. Derjenige Makrozustand, der durch die größte Zahl von Mikrozuständen zu realisieren ist, ist der wahrscheinlichste und ist charakteristisch für das System. Zu diesem Zweck müssen wir zunächst feststellen, auf wie viele Möglichkeiten die N_i Teilchen auf die A_i verschiedenen Energiezustände einer Gruppe von Energieniveaus verteilt werden können. Dann müssen wir noch berücksichtigen, dass jede Verteilung in einer Gruppe mit jeder Verteilung in einer anderen Gruppe kombiniert werden kann.

4.1.4
Die Bose-Einstein-Statistik

Bei der Bose-Einstein-Statistik gehen wir davon aus, dass die Teilchen nicht individualisierbar sind und dass beliebig viele Teilchen einen Zustand besetzen können. Zunächst fragen wir danach, auf wie viele Weisen die N_i Teilchen auf die A_i Energieniveaus einer Gruppe zwischen den Energien ε_i und $\varepsilon_i + d\varepsilon_i$ verteilt werden können. Dazu stellen wir uns die einzelnen Energieniveaus als durchnummerierte Zellen $1 \ldots A_i$ vor. Jede Zelle kann von beliebig vielen Teilchen besetzt werden. Da die Teilchen nicht unterschieden werden können, kennzeichnen wir sie durch

4 Die statistische Theorie der Materie

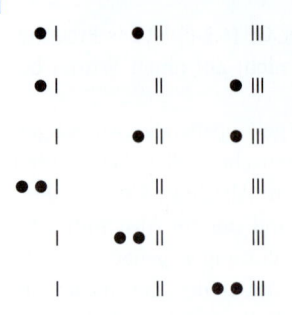

```
• I        • II         III
• I          II        • III
  I        • II        • III
••I          II          III
  I        ••II          III
  I          II        ••III
```

Abbildung 4.1-3 Zur Ableitung der Bose-Einstein-Statistik. Zwei nicht unterscheidbare Teilchen (Punkte) werden auf drei Zellen (I, II, III) einer Gruppe von Energieniveaus verteilt.

Punkte. Um uns den Abzählvorgang zu veranschaulichen, schreiben wir uns die Zellen der Reihe nach hin und links neben die Zellennummer die in die Zelle gelegten Teilchen. Wir wollen das wieder an einem Beispiel mit kleinen Zahlen erläutern. Zwei Teilchen ($N_i = 2$) seien auf drei Zellen ($A_i = 3$) zu verteilen. Abbildung 4.1-3 gibt uns die Möglichkeiten an.

Im allgemeinen Fall stehen in jeder Zeile $N_i + A_i$ Glieder. Die Variationen erstrecken sich, wie wir auch aus Abb. 4.1-3 entnehmen können, auf die vorderen $(N_i + A_i - 1)$ Glieder. Die Zahl der Variationen ist gleich der Zahl der Möglichkeiten, aus $(N_i + A_i - 1)$ Elementen N_i Elemente herauszugreifen und als Punkte zu zeichnen, während die anderen Elemente der Reihe nach mit römischen Ziffern bezeichnet werden. Es handelt sich um ein Problem, wie wir es sinngemäß schon in Abschnitt 1.3.1 (Gl. 1.3-2) behandelt haben. Die N_i Teilchen sind nicht unterscheidbar, von den $(A_i - 1)!$ Möglichkeiten der Vertauschung der römischen Ziffern wird nur eine, die numerische Reihenfolge wahrgenommen. Damit gibt es

$$\frac{(N_i + A_i - 1)!}{N_i!(A_i - 1)!}$$

verschiedene Mikrozustände im Energieintervall zwischen ε_i und $\varepsilon_i + d\varepsilon_i$.

Gleiches gilt natürlich für alle Energieintervalle. Da jede Verteilung in einer Gruppe mit jeder Verteilung in einer anderen Gruppe kombiniert werden kann, ergibt sich für das statistische Gewicht Ω des Makrozustandes

$$\Omega = \prod_i \frac{(N_i + A_i - 1)!}{N_i!(A_i - 1)!} \qquad (4.1\text{-}22)$$

Man kann zeigen, dass der Einfluss der Größe (A_i) der Gruppen auf Ω vernachlässigbar ist. Wählen wir A_i hinreichend groß, so können wir die 1 gegenüber A_i außer Betracht lassen, Gl. (4.1-22) geht dann über in

$$\Omega = \prod_i \frac{(N_i + A_i)!}{N_i! A_i!} \qquad (4.1\text{-}23)$$

Die weiteren Überlegungen entsprechen völlig denen in Abschnitt 1.3.2:

Die Gesamtzahl der Teilchen N ergibt sich als Summe der den einzelnen Gruppen zugeordneten (N_i)

$$N = \sum_i N_i \qquad (4.1\text{-}24)$$

Die N_i Teilchen in der Energiegruppe zwischen ε_i und $\varepsilon_i + d\varepsilon_i$ haben zusammen eine Energie von $N_i \cdot \varepsilon_i$. Die Gesamtenergie des Systems ist

$$E = \sum_i N_i \varepsilon_i \qquad (4.1\text{-}25)$$

Derjenige Makrozustand ist der stabilste, für den unter Wahrung von Gl. (4.1-24) und Gl. (4.1-25) Ω bzw. $\ln \Omega$ ein Maximum annimmt. Aus Gl. (4.1-23) folgt

$$\ln \Omega = \sum_i \ln(N_i + A_i)! - \sum_i \ln(N_i!) - \sum_i \ln(A_i!) \qquad (4.1\text{-}26)$$

und mit Hilfe der Stirling'schen Formel (s. Mathematischer Anhang A)

$$\ln \Omega = \sum_i (N_i + A_i) \ln(N_i + A_i) - \sum_i (N_i + A_i) - \sum_i N_i \ln N_i + \sum_i N_i -$$
$$- \sum_i A_i \ln A_i + \sum_i A_i \qquad (4.1\text{-}27)$$

$$\ln \Omega = \sum_i (N_i + A_i) \ln(N_i + A_i) - \sum_i N_i \ln N_i - \sum_i A_i \ln A_i \qquad (4.1\text{-}28)$$

Ein Extremwert für $\ln \Omega$ liegt vor, wenn

$$\delta \ln \Omega = \sum_i \frac{N_i + A_i}{N_i + A_i} \delta N_i + \sum_i \ln(N_i + A_i)\delta N_i - \sum_i \frac{N_i}{N_i}\delta N_i -$$
$$- \sum_i \ln N_i \delta N_i = 0 \qquad (4.1\text{-}29)$$

bzw.

$$\sum_i \ln\left(\frac{A_i}{N_i} + 1\right) \cdot \delta N_i = 0 \qquad (4.1\text{-}30)$$

wobei nach Gl. (4.1-24) und Gl. (4.1-25) als Nebenbedingungen zu berücksichtigen sind

$$\delta N = \sum_i \delta N_i = 0 \qquad (4.1\text{-}31)$$

$$\delta E = \sum_i \varepsilon_i \delta N_i = 0 \qquad (4.1\text{-}32)$$

Mit Hilfe der *Lagrange'schen Multiplikatorenmethode* erhalten wir aus Gl. (4.1-30) bis Gl. (4.1-32)

$$\sum_i \delta N_i \cdot \left[\ln\left(\frac{A_i}{N_i} + 1\right) + \alpha + \beta\varepsilon_i\right] = 0 \tag{4.1-33}$$

(vgl. Abschn. 1.3.2). Daraus folgt unmittelbar

$$\ln\left(\frac{A_i}{N_i} + 1\right) + \alpha + \beta\varepsilon_i = 0 \tag{4.1-34}$$

$$\frac{A_i}{N_i} + 1 = e^{-\alpha - \beta\varepsilon_i} \tag{4.1-35}$$

$$\frac{N_i}{A_i} = \frac{1}{e^{-\alpha - \beta\varepsilon_i} - 1} \tag{4.1-36}$$

Mit Gleichung (4.1-36) haben wir eine Verteilungsfunktion für die *Bose-Einstein-Statistik* erhalten, denn diese Gleichung gibt uns an, wie groß der Besetzungsgrad der Energieniveaus mit der Energie ε_i ist. Bevor wir allerdings quantitative Aussagen machen können, müssen wir noch die Lagrange'schen Multiplikatoren α und β berechnen.

Wir beginnen mit β, das zur Berücksichtigung der Nebenbedingung Gl. (4.1-25) eingeführt wurde. Wir werden es bestimmen, indem wir gerade diese Nebenbedingung beachten und als konkretes Beispiel ein ideales Gas nehmen.

Im Abschnitt 1.3.5 haben wir erfahren, dass die Entropie nach

$$S = k \cdot \ln \Omega \tag{1.3-34}$$

mit dem statistischen Gewicht verknüpft ist. Ersetzen wir $\ln \Omega$ gemäß Gl. (4.1-28), so erhalten wir nach Umstellung

$$S = k \sum_i \left[N_i \ln \frac{N_i + A_i}{N_i} + A_i \ln \frac{N_i + A_i}{A_i}\right] \tag{4.1-37}$$

Dabei sind die N_i die im thermischen Gleichgewicht vorliegenden Besetzungen, also die, welche wir aus der Verteilungsfunktion entnehmen können. Aus Gl. (4.1-34) folgt unmittelbar

$$\ln \frac{N_i + A_i}{N_i} = \ln(e^{-\alpha} \cdot e^{-\beta\varepsilon_i}) = \ln B - \beta\varepsilon_i, \tag{4.1-38}$$

wenn wir zur Abkürzung

$$e^{-\alpha} \equiv B \tag{4.1-39}$$

einführen. Lösen wir Gl. (4.1-34) nach $\dfrac{N_i + A_i}{A_i}$ auf und logarithmieren, so erhalten wir

$$\ln \frac{N_i + A_i}{A_i} = -\ln(1 - \frac{1}{B}e^{\beta \varepsilon_i}) \tag{4.1-40}$$

Wenn B so groß ist, dass $\dfrac{1}{B}e^{\beta \varepsilon_i} \ll 1$ – die Bestätigung dafür erhalten wir in Abschnitt 4.1-7 – können wir gemäß $\ln(1 - x) = -x$ schreiben

$$\ln \frac{N_i + A_i}{A_i} = \frac{1}{B}e^{\beta \varepsilon_i} \tag{4.1-41}$$

Setzen wir die Gleichungen (4.1-38) und (4.1-41) in Gl. (4.1-37) ein, so ergibt sich

$$S = k\left[\sum_i N_i(\ln B - \beta \varepsilon_i) + \sum_i \frac{A_i}{Be^{-\beta \varepsilon_i}}\right] \tag{4.1-42}$$

oder

$$S = k\left[\ln B \sum_i N_i - \beta \sum_i N_i \varepsilon_i + N\right] \tag{4.1-43}$$

Die vollzogene Umwandlung des letzten Terms folgt aus Gl. (4.1-36) für den betrachteten speziellen Fall $Be^{-\beta \varepsilon_i} \gg 1$. Die Summe im mittleren Term von Gl. (4.1-43) ist identisch mit Gl. (4.1-25), stellt also die Gesamtenergie dar, für die andererseits auch $E = N\bar{\varepsilon}$ mit der mittleren Energie $\bar{\varepsilon}$ eines Teilchens geschrieben werden kann. Deshalb lässt sich Gl. (4.1-42) weiter umformen in

$$S = kN[\ln B - \beta \bar{\varepsilon} + 1] \tag{4.1-44}$$

Wie bereits im Abschnitt 1.3.2 (Gl. 1.3-21) im Fall der Boltzmann-Statistik durchgeführt, können wir auch im Fall der Bose-Einstein-Statistik $\bar{\varepsilon}$ durch die Verteilungsfunktion Gl. (4.1-36) ausdrücken. Es ist

$$E = N\bar{\varepsilon} = \sum_i N_i \varepsilon_i = \sum_i \frac{A_i \varepsilon_i}{Be^{-\beta \varepsilon_i} - 1} \tag{4.1-45}$$

und

$$N = \sum_i N_i = \sum_i \frac{A_i}{Be^{-\beta \varepsilon_i} - 1} \tag{4.1-46}$$

woraus sich bei dem von uns betrachteten Grenzfall $Be^{-\beta \varepsilon_i} \gg 1$ ergibt

$$\bar{\varepsilon} = \frac{\sum_i A_i \varepsilon_i e^{\beta \varepsilon_i}}{\sum_i A_i e^{\beta \varepsilon_i}} \tag{4.1-47}$$

Berücksichtigt man, dass der Zähler die Ableitung des Nenners nach β ist und dass $\frac{1}{x}\,dx = d\ln x$ ist, so folgt

$$\bar{\varepsilon} = \frac{\frac{\partial}{\partial \beta}\sum_i A_i e^{\beta \varepsilon_i}}{\sum_i A_i e^{\beta \varepsilon_i}} = \frac{\partial}{\partial \beta}\left(\ln \sum_i A_i e^{\beta \varepsilon_i}\right) \tag{4.1-48}$$

Die Summe in Gl. (4.1-48) können wir durch B und N ausdrücken. Aus Gl. (4.1-46) folgt für den Grenzfall $B \gg 1$ nach dem Logarithmieren

$$\ln \sum_i A_i e^{\beta \varepsilon_i} = \ln B + \ln N \tag{4.1-49}$$

Setzen wir Gl. (4.1-49) in Gl. (4.1-48) ein, so erhalten wir

$$\bar{\varepsilon} = \frac{\partial}{\partial \beta}(\ln B + \ln N) = \frac{\partial}{\partial \beta}\ln B \tag{4.1-50}$$

da N keine Funktion von β ist. Für die durch Gl. (4.1-44) ausgedrückte Entropie erhalten wir dann

$$S = kN\left[\ln B - \beta \frac{\partial \ln B}{\partial \beta} + 1\right] \tag{4.1-51}$$

und für die Innere Energie U des aus N Teilchen bestehenden Systems

$$U = N \cdot \bar{\varepsilon} = N\frac{\partial \ln B}{\partial \beta} \tag{4.1-52}$$

Aus diesen beiden Gleichungen können wir nun die Größe β ermitteln. Nach Gl. (2.3-30) ist

$$\left(\frac{\partial U}{\partial S}\right)_V = T \tag{2.3-30}$$

Da die Zustandsfunktionen U und S, wie die Gleichungen (4.1-51) und (4.1-52) zeigen, Funktionen von β sind, können wir für Gl. (2.3-30) auch schreiben

$$\left(\frac{\partial U}{\partial \beta}\right)_V : \left(\frac{\partial S}{\partial \beta}\right)_V = T \tag{4.1-53}$$

Für den Dividenden erhalten wir aus Gl. (4.1-52)

$$\left(\frac{\partial U}{\partial \beta}\right)_V = N\frac{\partial^2 \ln B}{\partial \beta^2} \tag{4.1-54}$$

und für den Divisor nach Gl. (4.1-51)

$$\left(\frac{\partial S}{\partial \beta}\right)_V = -kN\beta \frac{\partial^2 \ln B}{\partial \beta^2} \tag{4.1-55}$$

Setzen wir diese Ausdrücke in Gl. (4.1-53) ein, so ergibt sich nach Umstellung

$$\beta = -\frac{1}{kT} \tag{4.1-56}$$

Der Lagrange'sche Parameter α wurde zur Berücksichtigung der Randbedingung

$$\sum_i N_i = N \tag{4.1-24}$$

eingeführt und kann auch über diese Bedingung berechnet werden. Wir betrachten anstelle von α wieder

$$B \equiv e^{-\alpha} \tag{4.1-39}$$

Für die Summe in Gl. (4.1-24) gilt gemäß Gl. (4.1-46)

$$N = \sum_i \frac{A_i}{B \cdot e^{\varepsilon_i/kT} - 1} \tag{4.1-57}$$

wenn wir zugleich Gl. (4.1-56) berücksichtigen. Da die Energiezustände der Translation sehr dicht beieinander liegen, können wir die Summation durch eine Integration ersetzen. Dazu müssen wir allerdings die A_i als Funktion von ε ausdrücken. Da die A_i die Zahl der Energieniveaus zwischen ε_i und $\varepsilon_i + d\varepsilon_i$ sind, sind sie identisch mit $dZ(\varepsilon)$ aus Gl. (4.1-8). Aus Gl. (4.1-57) und Gl. (4.1-9) ergibt sich bei gleichzeitigem Übergehen zur Integration

$$N = 4\sqrt{2}\pi \frac{V}{h^3} m^{3/2} \int_0^\infty \frac{\varepsilon^{1/2} d\varepsilon}{Be^{\varepsilon/kT} - 1} \tag{4.1-58}$$

Wir betrachten nun wieder den Fall, dass $Be^{\varepsilon/kT} \gg 1$ ist. Dann können wir die 1 im Nenner des Integrals vernachlässigen und erhalten

$$N = 4\sqrt{2}\pi \frac{V}{h^3} m^{3/2} \cdot \frac{1}{B} \cdot \int_0^\infty \varepsilon^{1/2} e^{-\varepsilon/kT} d\varepsilon \tag{4.1-59}$$

oder

$$N = 4\sqrt{2}\pi \frac{V}{h^3} m^{3/2} \cdot \frac{1}{B} \cdot (kT)^{3/2} \, 2 \int_0^\infty u^2 e^{-u^2} du \tag{4.1-60}$$

Das Integral hat (s. Mathematischer Anhang J) den Wert $\frac{1}{4}\sqrt{\pi}$. Somit ergibt sich

$$e^{-\alpha} \equiv B = \frac{(2\pi mkT)^{3/2}}{h^3} \cdot \frac{V}{N} \tag{4.1-61}$$

Damit sind die Lagrange'schen Parameter für den Fall der Bose-Einstein-Statistik bestimmt. Eine Diskussion, besonders der Größe B, werden wir im Abschnitt 4.1.7 vornehmen.

4.1.5
Die Fermi-Dirac-Statistik

War in der Bose-Einstein-Statistik im Gegensatz zur Boltzmann-Statistik das Prinzip der Individualisierbarkeit der Teilchen aufgegeben worden, so wird in der Fermi-Dirac-Statistik zusätzlich noch die Beachtung des Pauli-Verbots gefordert: Ein Quantenzustand darf nur von einem Teilchen besetzt werden. Für unser Beispiel in Abb. 4.1-3 besagt dies, dass die in den drei letzten Zeilen gezeigten Zustände fortfallen. Des weiteren muss gelten $N_i \ll A_i$.

Um die Anzahl der Mikrozustände im Intervall von ε_i bis $\varepsilon_i + d\varepsilon_i$ angeben zu können, müssen wir überlegen, auf wie viele Arten wir aus A_i Zellen N_i Zellen herausgreifen und mit einem Teilchen belegen können, während $(A_i - N_i)$ Zellen unbesetzt bleiben. A_i Zellen lassen sich auf $A_i!$ verschiedene Arten anordnen. Da aber die Vertauschung zweier besetzter Zellen ebensowenig eine Veränderung bringt wie die Vertauschung zweier unbesetzter Zellen, ist die gesuchte Zahl der Mikrozustände

$$\frac{A_i!}{N_i!(A_i - N_i)!}$$

Gleiches gilt für alle Energieintervalle. Da jede Verteilung in einer Gruppe mit jeder Verteilung in einer anderen Gruppe kombiniert werden kann, ergibt sich für das statistische Gewicht des Makrozustandes

$$\Omega = \prod_i \frac{A_i!}{N_i!(A_i - N_i)!} \tag{4.1-62}$$

Die weiteren Überlegungen entsprechen wieder völlig denen in den Abschnitten 1.3.2 und 4.1.4:

Es müssen die Bedingungen

$$N = \sum_i N_i \tag{4.1-24}$$

und

$$E = \sum_i N_i \cdot \varepsilon_i \qquad (4.1\text{-}25)$$

erfüllt sein. Aus Gl. (4.1-62) folgt

$$\ln \Omega = \sum_i \ln(A_i!) - \sum_i \ln(N_i!) - \sum_i \ln(A_i - N_i)! \qquad (4.1\text{-}63)$$

Mit Hilfe der Stirling'schen Formel folgt daraus

$$\ln \Omega = \sum_i A_i \ln A_i - \sum_i A_i - \sum_i N_i \ln N_i + \sum_i N_i - \sum_i (A_i - N_i) \ln(A_i - N_i) +$$
$$+ \sum_i (A_i - N_i) \qquad (4.1\text{-}64)$$

$$\ln \Omega = \sum_i A_i \ln A_i - \sum_i N_i \ln N_i - \sum_i (A_i - N_i) \ln(A_i - N_i) \qquad (4.1\text{-}65)$$

Ein Extremwert liegt vor, wenn

$$\delta \ln \Omega = -\sum_i \frac{N_i}{N_i} \cdot \delta N_i - \sum_i \ln N_i \cdot \delta N_i + \sum_i \frac{A_i - N_i}{A_i - N_i} \cdot \delta N_i +$$
$$+ \sum_i \ln(A_i - N_i) \delta N_i = 0 \qquad (4.1\text{-}66)$$

bzw.

$$\sum_i \ln\left(\frac{A_i}{N_i} - 1\right) \cdot \delta N_i = 0 \qquad (4.1\text{-}67)$$

wobei nach Gl. (4.1-24) und Gl. (4.1-25) als Nebenbedingungen zu berücksichtigen sind

$$\delta N = \sum_i \delta N_i = 0 \qquad (4.1\text{-}31)$$

$$\delta E = \sum_i \varepsilon_i \cdot \delta N_i = 0 \qquad (4.1\text{-}32)$$

Mit Hilfe der Lagrange'schen Multiplikatorenmethode erhalten wir aus den letzten drei Gleichungen

$$\sum_i \delta N_i \cdot \left[\ln\left(\frac{A_i}{N_i} - 1\right) + \alpha + \beta \varepsilon_i\right] = 0 \qquad (4.1\text{-}68)$$

Daraus folgt unmittelbar (vgl. Abschnitt 1.3.2)

$$\ln\left(\frac{A_i}{N_i} - 1\right) + \alpha + \beta\varepsilon_i = 0 \tag{4.1-69}$$

$$\frac{A_i}{N_i} - 1 = e^{-\alpha-\beta\varepsilon_i} \tag{4.1-70}$$

$$\frac{N_i}{A_i} = \frac{1}{e^{-\alpha-\beta\varepsilon_i} + 1} \tag{4.1-71}$$

als Verteilungsfunktion für die Fermi-Dirac-Statistik.

Die Größe β errechnet sich wieder zu

$$\beta = -\frac{1}{kT} \tag{4.1-56}$$

und für $B = e^{-\alpha}$ erhält man denselben Wert wie bei der Bose-Einstein-Statistik, wenn wieder der Grenzfall $B \cdot e^{-\beta\varepsilon_i} \gg 1$ betrachtet wird.

4.1.6
Die Boltzmann-Statistik

Wir wollen nun noch einmal die Boltzmann-Statistik mit Hilfe des bei der Bose-Einstein-Statistik und bei der Fermi-Dirac-Statistik angewandten Verfahrens ableiten. Dabei müssen wir beachten, dass jede Zelle von einer unbeschränkten Anzahl von Teilchen besetzt werden kann und dass eine Vertauschung von zwei (jetzt individualisierbaren) Teilchen nur dann einen neuen Mikrozustand schafft, wenn die beiden Teilchen in unterschiedlichen Zellen vorliegen.

Die A_i Zustände mit Energien zwischen ε_i und $\varepsilon_i + d\varepsilon_i$ werden mit N_i Teilchen besetzt. Ein erstes Teilchen kann auf A_i verschiedene Möglichkeiten einer Zelle der Gruppen zugeordnet werden. Auch für die Zuordnung des zweiten und jedes weiteren Teilchens ergeben sich A_i Möglichkeiten. Da jede Zuordnung mit jeder anderen kombiniert werden kann, erhalten wir insgesamt

$$(A_i)^{N_i}$$

verschiedene Möglichkeiten, die N_i Teilchen auf die A_i Zustände zu verteilen. Wir müssen nun weiterhin fragen, wie viele Möglichkeiten es gibt, N Teilchen in Gruppen zu $N_0, N_1, \ldots, N_i, \ldots$ aufzuteilen, wobei den Teilchen einer Gruppe gleiche Eigenschaften zukommen. Diese Frage ist schon mit Gl. (1.3-2)

$$\frac{N!}{N_0! N_1! \ldots N_i! \ldots}$$

beantwortet worden. Insgesamt finden wir deshalb die Zahl der Realisierungsmöglichkeiten zu

$$\Omega = \frac{N!}{N_0! N_1! \dots N_i! \dots} \cdot A_0^{N_0} \cdot A_1^{N_1} \cdot \dots \cdot A_i^{N_i} \cdot \dots \qquad (4.1\text{-}72)$$

oder umgeschrieben

$$\Omega = N! \prod_i \frac{A_i^{N_i}}{N_i!} \qquad (4.1\text{-}73)$$

Als weitere Bedingungen müssen wieder erfüllt sein

$$N = \sum_i N_i \qquad (4.1\text{-}24)$$

$$E = \sum_i N_i \varepsilon_i \qquad (4.1\text{-}25)$$

Wir betrachten den Logarithmus von Gl. (4.1-72)

$$\ln \Omega = \ln N! + \sum_i N_i \ln A_i - \sum_i \ln N_i! \qquad (4.1\text{-}74)$$

wofür wir unter Berücksichtigung der Stirling'schen Formel schreiben können

$$\ln \Omega = N \cdot \ln N - N + \sum_i N_i \ln A_i - \sum_i N_i \ln N_i + \sum_i N_i \qquad (4.1\text{-}75)$$

Ein Extremwert von $\ln \Omega$ und damit auch von Ω liegt vor, wenn

$$\delta \ln \Omega = \sum_i \ln A_i \delta N_i - \sum_i \frac{N_i}{N_i} \delta N_i - \sum_i \ln N_i \delta N_i + \sum_i \delta N_i = 0 \qquad (4.1\text{-}76)$$

$$\sum_i \ln \frac{A_i}{N_i} \cdot \delta N_i = 0 \qquad (4.1\text{-}77)$$

unter gleichzeitiger Berücksichtigung von

$$\delta N = \sum_i \delta N_i = 0 \qquad (4.1\text{-}31)$$

und

$$\delta E = \sum_i \varepsilon_i \delta N_i = 0 \qquad (4.1\text{-}32)$$

Die Lagrange'sche Multiplikatorenmethode liefert daraus

$$\sum_i \delta N_i \left(\ln \frac{A_i}{N_i} + \alpha + \beta \varepsilon_i \right) = 0 \qquad (4.1\text{-}78)$$

Nach den Überlegungen aus Abschnitt 1.3.2 folgt

$$\ln \frac{A_i}{N_i} + \alpha + \beta \varepsilon_i = 0 \qquad (4.1\text{-}79)$$

$$\frac{A_i}{N_i} = e^{-\alpha - \beta \varepsilon_i} \qquad (4.1\text{-}80)$$

bzw.

$$\frac{N_i}{A_i} = \frac{1}{e^{-\alpha - \beta \varepsilon_i}} \qquad (4.1\text{-}81)$$

als Verteilungsfunktion für die Boltzmann-Statistik.

Die Bestimmung des Lagrange'schen Parameters α ist im Fall der Boltzmann-Statistik sehr einfach. Wir gehen wieder aus von Gl. (4.1-24)

$$\sum_i N_i = N \qquad (4.1\text{-}24)$$

die wir mit Gl. (4.1-81) kombinieren zu

$$N = e^\alpha \sum_i A_i e^{\beta \varepsilon_i} \qquad (4.1\text{-}82)$$

Daraus folgt

$$e^\alpha = \frac{N}{\sum_i A_i e^{\beta \varepsilon_i}} \qquad (4.1\text{-}83)$$

Setzen wir dies in Gl. (4.1-81) ein, so erhalten wir

$$N_i = N \frac{A_i e^{\beta \varepsilon_i}}{\sum_i A_i e^{\beta \varepsilon_i}} \qquad (4.1\text{-}84)$$

Auch für die Boltzmann-Statistik gilt

$$\beta = -\frac{1}{kT} \qquad (4.1\text{-}56)$$

wie wir bereits im Abschnitt 1.3.2 ausgeführt haben und was wir hier nicht im Einzelnen beweisen wollen, zumal wir im Abschnitt 4.3.4 noch einmal darauf zurückkommen werden. Damit folgt

$$N_i = N \frac{A_i e^{-\varepsilon_i/kT}}{\sum_i A_i e^{-\varepsilon_i/kT}} \qquad (4.1\text{-}85)$$

Dieser Ausdruck ist bis auf den Faktor A_i identisch mit Gl. (1.3-25). Bei der Ableitung dieser Gleichung waren wir davon ausgegangen, dass einem Energieniveau ε_i genau ein Quantenzustand zuzuschreiben ist. Bei unserem jetzt angewandten Modell haben wir der Energie ε_i A_i (fast) entartete Zustände zugeschrieben. A_i ist also der *Entartungsgrad*. Wir werden ihn im Folgenden mit g_i bezeichnen und schreiben deshalb für die

Verteilungsfunktion der Boltzmann-Statistik

$$N_i = N \frac{g_i e^{-\varepsilon_i/kT}}{\sum_i g_i e^{-\varepsilon_i/kT}} \qquad (4.1\text{-}86)$$

Gleichung (4.1-86) ist also allgemeingültig und geht, wenn keine Entartung vorliegt, in Gl. (1.3-25) über.

Schreiben wir Gl. (4.1-83) um in

$$N = \sum_i \frac{A_i}{e^{-\alpha} e^{\varepsilon_i/kT}} \qquad (4.1\text{-}87)$$

so zeigt uns der Vergleich mit Gl. (4.1-57), dass Gl. (4.1-87) gerade den bei der Bose-Einstein-Statistik betrachteten Grenzfall $B \cdot e^{\varepsilon_i/kT} \gg 1$ darstellt. Für den Fall eines idealen Gases würde also $e^{-\alpha} \equiv B$ in beiden Statistiken denselben Wert ergeben.

4.1.7
Vergleich der Statistiken

Wir haben für die Verteilungsfunktionen der drei Statistiken erhalten

Bose-Einstein $\quad \dfrac{N_i}{A_i} = \dfrac{1}{e^{-\alpha} e^{\varepsilon_i/kT} - 1} = \dfrac{1}{B \cdot e^{\varepsilon_i/kT} - 1}$ $\qquad (4.1\text{-}88)$

Fermi-Dirac $\quad \dfrac{N_i}{A_i} = \dfrac{1}{e^{-\alpha} e^{\varepsilon_i/kT} + 1} = \dfrac{1}{B \cdot e^{\varepsilon_i/kT} + 1}$ $\qquad (4.1\text{-}89)$

Boltzmann $\quad \dfrac{N_i}{A_i} = \dfrac{1}{e^{-\alpha} e^{\varepsilon_i/kT}} = \dfrac{1}{B \cdot e^{\varepsilon_i/kT}}$ $\qquad (4.1\text{-}90)$

Diesen drei Gleichungen entnehmen wir, dass sich die Verteilungsfunktionen nur im Vorhandensein bzw. im Vorzeichen der 1 im Nenner der rechten Seite unterscheiden. Ist der Term $e^{-\alpha}e^{\varepsilon_i/kT} \gg 1$, so gehen die beiden Quantenstatistiken in die Boltzmann-Statistik über.

Für uns ist die Frage von Interesse, unter welchen Bedingungen dieser Grenzfall eintritt, wann wir also mit der Boltzmann-Statistik anstatt mit einer der Quantenstatistiken rechnen können. Diese Frage stellt sich beispielsweise bei der Behandlung des idealen Gases, dessen Teilchen, wie wir besprochen haben, nach den Erkenntnissen der Quantenmechanik nicht individualisierbar sind, das also mit Hilfe einer Quantenstatistik behandelt werden müsste.

Wenn $e^{-\alpha}e^{\varepsilon_i/kT} \gg 1$ ist, sind die rechten Seiten der Gleichungen (4.1-88), (4.1-89) und (4.1-90) sehr klein. Also ist auch N_i/A_i, d. h. die Besetzungswahrscheinlichkeit eines Zustandes, sehr klein, die Zahl der erlaubten Quantenzustände sehr viel größer als die Zahl der Teilchen. Wir haben bereits am Ende des Abschnitts 4.1.2 gefunden, dass dies für ein Gas unter „normalen" Bedingungen der Fall ist, wollen die Frage aber jetzt genauer untersuchen.

Da ε_i immer positiv ist, kann $e^{\varepsilon_i/kT}$ nur Werte zwischen 1 (bei $\varepsilon_i = 0$ oder $T \to \infty$ K) und ∞ (bei $T \to 0$ K) annehmen. Gehen wir von einer frei gewählten Temperatur aus, so kann die gestellte Forderung $B \cdot e^{\varepsilon_i/kT} \gg 1$ nur dann immer gewährleistet sein, wenn B hinreichend groß ist. Für den Fall eines idealen Gases haben wir B bereits berechnet (Gl. 4.1-61):

$$B = \frac{(2\pi k)^{3/2}}{h^3} \cdot m^{3/2} T^{3/2} \cdot \frac{V}{N} \qquad (4.1\text{-}91)$$

Je größer die Masse, je höher die Temperatur und je größer die Verdünnung, d. h. je niedriger der Druck, sind, desto größer ist B. Die kleinste Masse, mit der wir es bei idealen Gasen zu tun haben, kommt dem Wasserstoffmolekül zu. Tab. 4.1-1 gibt B-Werte für Wasserstoffmoleküle bei verschiedenen Temperaturen und Drücken an. Die Werte in der ersten Zeile gelten für den Fall, dass bei allen Temperaturen die gleiche Dichte wie bei 273 K und $p = 1.013$ bar herrscht. Den Werten in der zweiten und dritten Zeile liegt ein konstant gehaltener Druck zugrunde. Wir erkennen, dass selbst beim Wasserstoff, d. h. im ungünstigsten Fall, die Bedingung

Tabelle 4.1-1 B-Werte für das H_2-Molekül und für die Leitungselektronen im Natrium bei verschiedenen Temperaturen und Drücken.

Stoff	T/K			
	20	100	300	1000
H_2, $\left(\frac{V}{N}\right)_{normal}$	$1.81 \cdot 10^3$	$2.02 \cdot 10^4$	$1.05 \cdot 10^5$	$6.38 \cdot 10^5$
H_2, $p = 1$ bar	$1.33 \cdot 10^2$	$7.43 \cdot 10^3$	$1.16 \cdot 10^5$	$2.35 \cdot 10^6$
H_2, $p = 100$ bar	1.33	$7.43 \cdot 10^1$	$1.16 \cdot 10^3$	$2.35 \cdot 10^4$
Elektron im Na	$8.50 \cdot 10^{-6}$	$9.50 \cdot 10^{-5}$	$4.94 \cdot 10^{-4}$	$3.00 \cdot 10^{-3}$

$B \gg 1$ erfüllt ist, wenn wir von extrem tiefen Temperaturen und extrem hohen Drücken absehen. Wir werden deshalb bei der Behandlung des idealen Gases im Allgemeinen mit der Boltzmann-Statistik arbeiten dürfen.

Anders liegen die Verhältnisse beim Elektron (letzte Zeile in Tab. 4.1-1). Es hat eine viel kleinere Masse und – wenn wir beispielsweise das Elektronengas in einem Metall betrachten – eine viel größere Konzentration als ein ideales Gas. So sind die B-Werte für die Leitungselektronen im Natrium bei allen Temperaturen viel kleiner als eins. Deshalb werden wir auf die Leitungselektronen eine Quantenstatistik, die Fermi-Dirac-Statistik, anwenden.

4.1.8
Kernpunkte des Abschnitts 4.1

- ☑ Klassische Statistik und Quantenstatistiken S. 788
- ☑ Impulsraum und Phasenraum S. 789
- ☑ Zustandsdichte der Energieniveaus Gl. (4.1-9)
- ☑ Energieberechnung über Zustandsdichten Gl. (4.1-12)
- ☑ Zustandsdichte der Frequenzen bei Oszillatorsystemen Gl. (4.1-21)
- ☑ Aufstellung von Verteilungsfunktionen S. 795
- ☑ Bose-Einstein-Statistik S. 795
    - Verteilungsfunktion Gl. (4.1-36)
    - Lagrange'scher Multiplikator β Gl. (4.1-56)
    - Lagrange'scher Multiplikator α Gl. (4.1-61)
- ☑ Fermi-Dirac-Statistik S. 802
    - Verteilungsfunktion Gl. (4.1-71)
    - Lagrange'sche Multiplikatoren wie bei Bose-Einstein-Statistik S. 729
- ☑ Boltzmann-Statistik S. 804
    - Verteilungsfunktion Gl. (4.1-81)
    - Lagrange'scher Multiplikator α Gl. (4.1-83)
    - Lagrange'scher Multiplikator β Gl. (4.1-56)
- ☑ Vergleich der Statistiken S. 807

4.1.9
Rechenbeispiele zu Abschnitt 4.1

1. An einem linearen Kohlenwasserstoff aus 11 Kohlenstoffatomen befinden sich an den beiden Enden zwei unterschiedliche Atome oder Gruppen A bzw. B. In der Kohlenstoffkette liegen 4 Einfach- und 6 Doppelbindungen vor. Wie viele unterschiedliche Isomere gibt es hinsichtlich der Anordnung der Doppelbindungen, ohne Berücksichtigung der chemischen Stabilität?

2. Ein linearer Kohlenwasserstoff ohne Substituenten aus a) 8, b) 7 Kohlenstoffatomen hat außer Einfachbindungen 3 Doppelbindungen. Wie viele Isomere

gibt es hinsichtlich der Anordnung der Doppelbindungen, wenn die chemische Stabilität nicht berücksichtigt ist?

3. Gegeben sind ein Benzolring mit den unterschiedlichen Substituenten A und B in o-Stellung zueinander und 8 weitere zur Verfügung stehende Substituenten. Wie viele zumindest sterisch unterschiedliche Verbindungen lassen sich daraus aufbauen, wenn die chemische Stabilität außer acht gelassen werden soll und jeder der 8 zur Verfügung stehenden Substituenten a) nur einmal, b) beliebig oft eingebaut werden kann, wobei A und B in o-Stellung bleiben.

4. Eine Fläche A ist in die Teilflächen A_1 und A_2 unterteilt. Auf A treffen N gleichartige Teilchen. a) Wie groß ist die Wahrscheinlichkeit, dass ein Teilchen auf A_1 bzw. auf A_2 trifft? b) Die Teilchen seien von 1 bis N nummeriert. Wie groß ist dann die Wahrscheinlichkeit W_n, dass die Teilchen mit den Nummer 1 bis M auf A_1 und die mit den Nummern $M+1$ bis N auf A_2 treffen? c) Wie groß ist die Zahl der Möglichkeiten W_v, aus N Teilchen zwei Gruppen zu M bzw. $N-M$ Teilchen zu bilden? d) Wie groß ist dann die Wahrscheinlichkeit W_u, dass aus einer Gesamtmenge von N nicht unterscheidbaren Teilchen M auf A_1 und $N-M$ auf A_2 treffen?

5. Gegeben ist ein System, das der Boltzmann-Statistik gehorcht und das sich durch äquidistante Energiezustände $\Delta \varepsilon$ auszeichnet. Man leite einen allgemeinen Ausdruck für das Verhältnis der Besetzungszahlen zweier aufeinanderfolgender Zustände ab.

6. Man ermittle entsprechend dem Vorgehen in Abschnitt 4.1.2 die Zustandsdichte $D(\varepsilon)$ für a) den zweidimensionalen, b) den eindimensionalen Fall.

4.2
Statistische Thermodynamik

Die im vorangegangenen Abschnitt gewonnenen Erkenntnisse wollen wir jetzt dazu verwenden, mit Hilfe der verschiedenen Statistiken thermodynamische Größen zu ermitteln. Wir werden sehen, dass wir dazu auch die im Kapitel 3 behandelten quantenmechanischen Ergebnisse benötigen.

Im Abschnitt 4.2.1 werden wir unter Verwendung der *Boltzmann-Statistik* die thermodynamischen Funktionen mit Hilfe der Zustandssumme ausdrücken.

Zu diesem Zweck benötigen wir die *Molekülzustandssummen* und die *Systemzustandssummen*, die wir im Abschnitt 4.2.2 einführen werden.

Der Abschnitt 4.2.3 ist der Berechnung der *Zustandssummen* der *Translation*, der *Rotation* und der *Schwingung* gewidmet.

Auf diesen Kenntnissen aufbauend, werden wir im Abschnitt 4.2.4 die *thermodynamischen Funktionen eines idealen, einatomigen Gases* berechnen.

Den *thermodynamischen Daten eines idealen Festkörpers* werden wir uns im Abschnitt 4.2.5 zuwenden und dabei sowohl die Einstein'sche als auch die Debye'sche Theorie der molaren Wärmekapazität eines Festkörpers kennenlernen.

Im Abschnitt 4.2.6 werden wir dann mit Hilfe der *Fermi-Dirac-Statistik* die thermodynamischen Eigenschaften des *Elektronengases* behandeln.

Als Beispiel für eine Anwendung der *Bose-Einstein-Statistik* werden wir uns im Abschnitt 4.2.7 dem *Photonengas* und den *Strahlungsgesetzen* zuwenden.

Den Abschnitt 4.2 schließen wir ab mit einer Berechnung von *Gleichgewichtskonstanten von Gasreaktionen*.

4.2.1
Die Zustandssumme und die thermodynamischen Funktionen

Im einführenden Abschnitt 1.3.2 haben wir für die Boltzmann-Statistik die Verteilungsfunktion

$$\frac{N_i}{N} = \frac{e^{-\varepsilon_i/kT}}{\sum_i e^{-\varepsilon_i/kT}} \tag{1.3-25}$$

abgeleitet, allerdings stillschweigend unter der Voraussetzung, dass jedem Energiezustand das gleiche statistische Gewicht zukommt. Liegt hingegen eine Entartung vor und beträgt der Entartungsgrad des *i*-ten Zustandes g_i, so ist, wie wir im Abschnitt 4.1.6 gesehen haben, anstelle von Gl. (1.3-25) für die

> **Boltzmann'sche Verteilungsfunktion**
>
> $$\frac{N_i}{N} = \frac{g_i e^{-\varepsilon_i/kT}}{\sum_i g_i e^{-\varepsilon_i/kT}} \tag{4.1-86}$$

zu schreiben. Damit erhalten wir für die bereits im Abschnitt 1.3.3 eingeführte

> **Zustandssumme**
>
> $$z = \sum_i g_i e^{-\varepsilon_i/kT} \tag{4.2-1}$$

Die mittlere Energie $\bar{\varepsilon}$ eines Teilchens, die durch E/N gegeben ist, erhalten wir unter Berücksichtigung von Gl. (4.1-25) und Gl. (4.1-86) zu

$$\bar{\varepsilon} = \frac{E}{N} = \sum_i \frac{N_i}{N} \cdot \varepsilon_i = \frac{\sum_i \varepsilon_i g_i e^{-\varepsilon_i/kT}}{\sum_i g_i e^{-\varepsilon_i/kT}} \tag{4.2-2}$$

Differenzieren wir den Nenner nach T,

$$\frac{\partial \sum_i g_i e^{-\varepsilon_i/kT}}{\partial T} = \frac{1}{kT^2} \sum_i \varepsilon_i g_i e^{-\varepsilon_i/kT} \qquad (4.2\text{-}3)$$

so erkennen wir, dass der Zähler auf der rechten Seite von Gl. (4.2-2) das kT^2-fache der Ableitung des Nenners nach der Temperatur ist, so dass mit Gl. (4.2-1) und Gl. (4.2-2) geschrieben werden kann

$$\bar{\varepsilon} = kT^2 \frac{\partial z/\partial T}{z} = kT^2 \cdot \frac{\partial \ln z}{\partial T} \qquad (4.2\text{-}4)$$

Demnach ist die *mittlere Energie eines Teilchens* berechenbar aus der Ableitung der Zustandssumme nach der Temperatur.

Da nach Abschnitt 2.3.2 die thermodynamischen Funktionen mit Hilfe der partiellen Differentialquotienten ineinander umgerechnet werden können, kommt der Zustandssumme eine zentrale Bedeutung bei der Berechnung der thermodynamischen Funktionen zu.

Über die Art der Energie ε_i wurden keine speziellen Annahmen getroffen. Wir dürfen sie deshalb mit der Inneren Energie eines Moleküls gleichsetzen. Der allgemeinen Gepflogenheit, in der Thermodynamik nicht mit einzelnen Molekülen, sondern mit einer großen Zahl N gleichwertiger Moleküle zu rechnen, tragen wir Rechnung, indem wir Gl. (4.2-4) gleich auf n mol beziehen und schreiben

$$U = kT^2 \left(\frac{\partial \ln Z}{\partial T} \right)_V \qquad (4.2\text{-}5)$$

U ist dabei die Innere Energie des Systems und Z im Gegensatz zur bislang verwendeten *Molekülzustandssumme* z die *Systemzustandssumme* Z.

Den Zusammenhang zwischen diesen beiden Größen werden wir in Abschnitt 4.2.2 behandeln.

Die *Wärmekapazität* berechnen wir aus Gl. (4.2-5), indem wir nach der Temperatur differenzieren:

$$C_V = \left(\frac{\partial U}{\partial T} \right)_V = \frac{\partial}{\partial T} \left(kT^2 \frac{\partial \ln Z}{\partial T} \right)_V = \frac{\partial}{\partial T} \left(-k \frac{\partial \ln Z}{\partial 1/T} \right)_V \qquad (4.2\text{-}6)$$

$$C_V = -k \cdot \left(\frac{\partial [\partial \ln Z/\partial (1/T)]}{\partial T} \right)_V = -\frac{k}{T^2} \cdot T^2 \left(\frac{\partial [\partial \ln Z/\partial (1/T)]}{\partial T} \right)_V =$$
$$= \frac{k}{T^2} \left(\frac{\partial [\partial \ln Z/\partial (1/T)]}{\partial (1/T)} \right)_V \qquad (4.2\text{-}7)$$

$$C_V = \frac{k}{T^2}\left(\frac{\partial^2 \ln Z}{\partial (1/T)^2}\right)_V \tag{4.2-8}$$

Zur Berechnung der *Entropie* gehen wir von der Beziehung

$$dS = \frac{C_v}{T}dT \tag{1.1-221}$$

aus. Die Integration führt zu

$$S - S_0 = \int_0^T \frac{C_v}{T}dT \tag{4.2-9}$$

und die Berücksichtigung von Gl. (4.2-6) ergibt

$$S - S_0 = \int_0^T \frac{1}{T}\frac{\partial}{\partial T}\left(kT^2 \frac{\partial \ln Z}{\partial T}\right)_V dT \tag{4.2-10}$$

$$S - S_0 = \int_0^T \frac{1}{T}\left[kT^2\left(\frac{\partial^2 \ln Z}{\partial T^2}\right)_V + 2kT\left(\frac{\partial \ln Z}{\partial T}\right)_V\right]dT \tag{4.2-11}$$

$$S - S_0 = \int_0^T kT\left(\frac{\partial^2 \ln Z}{\partial T^2}\right)_V dT + \int_0^T 2k\left(\frac{\partial \ln Z}{\partial T}\right)_V dT \tag{4.2-12}$$

Mit Hilfe der partiellen Integration erhalten wir daraus

$$S - S_0 = kT\left(\frac{\partial \ln Z}{\partial T}\right)_V - \int_0^T k\left(\frac{\partial \ln Z}{\partial T}\right)_V dT + 2\int_0^T k\left(\frac{\partial \ln Z}{\partial T}\right)_V dT \tag{4.2-13}$$

$$S - S_0 = kT\left(\frac{\partial \ln Z}{\partial T}\right)_V + k \cdot \ln Z \Big|_0^T \tag{4.2-14}$$

und mit Gl. (4.2-5)

$$S - S_0 = \frac{U}{T} + k \cdot \ln Z - (k \cdot \ln Z)_{T=0} \tag{4.2-15}$$

In dieser Gleichung kann das temperaturunabhängige Glied S_0 nur mit $(k \cdot \ln Z)_{T=0}$ identisch sein:

$$S_0 = (k \cdot \ln Z)_{T=0} \tag{4.2-16}$$

Bei der Diskussion der Entropie wird sich zeigen, dass in dem Fall, dass keine Entartung vorliegt, d. h. das $g_0 = 1$ ist, $S_0 = 0$ wird. Es ist dann

$$S = \frac{U}{T} + k \cdot \ln Z \qquad (4.2\text{-}17)$$

oder mit Gl. (4.2-5)

$$S = k \left[\left(\frac{\partial \ln Z}{\partial \ln T} \right)_V + \ln Z \right] \qquad (4.2\text{-}18)$$

Zur Berechnung der Freien Energie greifen wir auf die Definitionsgleichung

$$A = U - T \cdot S \qquad (2.3\text{-}11)$$

zurück. Mit Gl. (4.2-17) erhalten wir

$$A = U - T \left(\frac{U}{T} + k \cdot \ln Z \right) \qquad (4.2\text{-}19)$$

$$A = -k \cdot T \cdot \ln Z \qquad (4.2\text{-}20)$$

Um zur Enthalpie und zur Freien Enthalpie zu gelangen, müssen wir in Gl. (4.2-5) und Gl. (4.2-20) $p \cdot V$ addieren. Das Produkt $p \cdot V$ soll mit Hilfe der Zustandssumme ausgedrückt werden. Wir benutzen dazu die partiellen Differentialquotienten, die wir in Abschnitt 2.3.2 besprochen haben. Es war

$$p = -\left(\frac{\partial A}{\partial V} \right)_T \qquad (2.3\text{-}31)$$

Dafür können wir mit Gl. (4.2-20) schreiben

$$p = kT \cdot \left(\frac{\partial \ln Z}{\partial V} \right)_T \qquad (4.2\text{-}21)$$

so dass sich für das Produkt $p \cdot V$

$$p \cdot V = kT \cdot V \left(\frac{\partial \ln Z}{\partial V} \right)_T = kT \left(\frac{\partial \ln Z}{\partial \ln V} \right)_T \qquad (4.2\text{-}22)$$

ergibt. Damit finden wir für die Enthalpie

Tabelle 4.2-1 Statistische Analoga der thermodynamischen Funktionen.

thermodynamische Funktion	Funktion der statistischen Thermodynamik
T	$-(\beta \cdot k)^{-1}$
U	$kT\left(\dfrac{\partial \ln Z}{\partial \ln T}\right)_V$
S	$k\left[\ln Z + \left(\dfrac{\partial \ln Z}{\partial \ln T}\right)_V\right]$
p	$kT\left(\dfrac{\partial \ln Z}{\partial V}\right)_T$
H	$kT\left[\left(\dfrac{\partial \ln Z}{\partial \ln T}\right)_V + \left(\dfrac{\partial \ln Z}{\partial \ln V}\right)_T\right]$
A	$-kT \ln Z$
G	$-kT\left[\ln Z - \left(\dfrac{\partial \ln Z}{\partial \ln V}\right)_T\right]$

$$H = U + p \cdot V = kT^2\left(\frac{\partial \ln Z}{\partial T}\right)_V + kT\left(\frac{\partial \ln Z}{\partial \ln V}\right)_T \tag{4.2-23}$$

$$H = kT\left[\left(\frac{\partial \ln Z}{\partial \ln T}\right)_V + \left(\frac{\partial \ln Z}{\partial \ln V}\right)_T\right] \tag{4.2-24}$$

und für die Freie Enthalpie

$$G = A + p \cdot V = -kT \ln Z + kT\left(\frac{\partial \ln Z}{\partial \ln V}\right)_T \tag{4.2-25}$$

$$G = -kT\left[\ln Z - \left(\frac{\partial \ln Z}{\partial \ln V}\right)_T\right] \tag{4.2-26}$$

Der Übersichtlichkeit halber fassen wir die Ergebnisse noch einmal in Tab. 4.2-1 zusammen.

Im Abschnitt 1.3.5 haben wir unabhängig von der Zustandssumme die Entropie von der statistischen Betrachtungsweise her besprochen und dabei einen Zusammenhang zwischen der Entropie und dem statistischen Gewicht Ω gefunden:

$$S = k^* \cdot \ln \Omega \tag{1.3-34}$$

Wir hatten ohne Beweis die Konstante k^* als Boltzmann-Konstante k identifiziert. Nunmehr sind wir in der Lage, den Beweis zu führen.

Wir gehen davon aus, dass im thermodynamisch stabilen Zustand Ω und damit $\ln\Omega$ einen Maximalwert annimmt. Es war

$$\ln \Omega = N \cdot \ln N - \sum_{0}^{r-1} N_i \ln N_i \tag{1.3-8}$$

Die für den stabilen Zustand gültige Verteilungsfunktion ist

$$\frac{N_i}{N} = \frac{e^{-\varepsilon_i/kT}}{z} \tag{4.1-82}$$

Die Kombination von Gl. (1.3-34), Gl. (1.3-8) und Gl. (1.3-25) liefert

$$S = k^* \left[N \cdot \ln N - N \sum \frac{e^{-\varepsilon_i/kT}}{z} \ln N \frac{e^{-\varepsilon_i/kT}}{z} \right] \tag{4.2-27}$$

$$S = k^* \left[N \cdot \ln N - N \sum \frac{e^{-\varepsilon_i/kT}}{z} \ln N + N \sum \frac{e^{-\varepsilon_i/kT}}{z} \ln z + N \sum \frac{e^{-\varepsilon_i/kT}}{z} \cdot \frac{\varepsilon_i}{kT} \right] \tag{4.2-28}$$

$$S = k^* \left[N \cdot \ln N - N \cdot \ln N + N \cdot \ln z + \frac{N}{kT} \frac{\sum \varepsilon_i e^{-\varepsilon_i/kT}}{z} \right] \tag{4.2-29}$$

und unter Beachtung von Gl. (4.2-2)

$$S = k^* \left[N \cdot \ln z + \frac{U}{kT} \right] \tag{4.2-30}$$

Diese Gleichung ist mit Gl. (4.2-17)

$$S = \frac{U}{T} + k \cdot \ln Z \tag{4.2-17}$$

nur dann identisch, wenn

$$k^* = k \tag{4.2-31}$$

und

$$Z = z^N \tag{4.2-32}$$

ist. Wir haben damit außer der Bestätigung, dass k^* in Gl. (1.3-34) die Boltzmann-Konstante ist, einen Zusammenhang zwischen der *Molekülzustandssumme* z und der *Systemzustandssumme* Z gefunden, den wir im nächsten Abschnitt noch näher zu untersuchen haben.

4.2.2
Molekülzustandssumme und Systemzustandssumme

Durch die Gleichung

$$z = \sum_i e^{-\varepsilon_i/kT} \qquad (4.2\text{-}1)$$

ist die Molekülzustandssumme, die Zustandssumme für ein Teilchen, gegeben. Haben wir es mit einem System von N Teilchen zu tun, so können wir ganz analog durch

$$Z = \sum_i e^{-E_i/kT} \qquad (4.2\text{-}33)$$

eine Systemzustandssumme definieren, in der E_i der Energieeigenwert des i-ten Quantenzustandes des Makrosystems ist.

Ein solcher lässt sich jedoch quantenmechanisch nicht berechnen. Wir müssen deshalb versuchen, die Systemzustandssumme aus der Molekülzustandssumme zu ermitteln. Die Energie E_i des Systems ist die Summe der Energien ε_i der Teilchen, von denen jedes eine beliebige, für dieses Teilchen erlaubte Energie annehmen kann. Kennzeichnen wir die einander folgenden Energiewerte der einzelnen Teilchen durch einen Index, $\varepsilon_1, \varepsilon_2, \varepsilon_3, \ldots$, und geben wir das zugehörige Teilchen als Zahl in runden Klammern an, $(1), (2), \ldots (N)$, so können wir die ersten Energieeigenwerte des Systems aufschreiben als

$$\begin{aligned} E_1 &= \varepsilon_1(1) + \varepsilon_1(2) + \varepsilon_1(3) + \ldots + \varepsilon_1(N) \\ E_2 &= \varepsilon_2(1) + \varepsilon_1(2) + \varepsilon_1(3) + \ldots + \varepsilon_1(N) \\ E_3 &= \varepsilon_1(1) + \varepsilon_2(2) + \varepsilon_1(3) + \ldots + \varepsilon_1(N) \end{aligned} \qquad (4.2\text{-}34)$$

$$\vdots$$

Setzen wir dies in Gl. (4.2-33) ein, so erhalten wir für die Systemzustandssumme

$$Z = \sum_{\substack{\text{Zustände}\\\text{d. Systems}}} e^{-E_i/kT} = e^{-[\varepsilon_1(1)+\varepsilon_1(2)+\ldots+\varepsilon_1(N)]/kT} + e^{-[\varepsilon_2(1)+\varepsilon_1(2)+\ldots+\varepsilon_1(N)]/kT} +$$
$$+ e^{-[\varepsilon_1(1)+\varepsilon_2(2)+\ldots+\varepsilon_1(N)]/kT} + \ldots \qquad (4.2\text{-}35)$$

Jeder Summand dieser Gleichung kann als Produkt von N Potenzen der Art $e^{-\varepsilon_i(j)/kT}$ geschrieben werden. Dasselbe Ergebnis liefert uns die Schreibweise

$$Z = [e^{-\varepsilon_1(1)/kT} + e^{-\varepsilon_2(1)/kT} + \ldots][e^{-\varepsilon_1(2)/kT} + e^{-\varepsilon_2(2)/kT} + \ldots] \cdot \ldots \cdot [e^{-\varepsilon_1(N)/kT} +$$
$$+ e^{-\varepsilon_2(N)/kT} + \ldots] \qquad (4.2\text{-}36)$$

Jeder Klammerausdruck dieser Gleichung stellt eine Molekülzustandssumme wie Gl. (4.2-1) dar. Es gilt also

$$Z = \prod_{j=1}^{N}\left(\sum_{i} e^{-\varepsilon_{ij}(j)/kT}\right) = \prod_{j=1}^{N} z_j \tag{4.2-37}$$

Sind alle Teilchen des Systems einander gleich, so haben sie die gleichen Energieeigenwerte, und alle z_j sind gleich. Dann ist

$$Z = z^N \tag{4.2-38}$$

Es muss jedoch darauf hingewiesen werden, dass vorausgesetzt wurde, dass die Teilchen in keinerlei Wechselwirkung miteinander stehen. Nur unter dieser Bedingung gilt Gl. (4.2-34).

Würden wir bei unseren folgenden Berechnungen für die Zustandssumme stets die Gl. (4.2-38) verwenden, so würden wir in einigen Fällen zu einem falschen Ergebnis kommen, und zwar bei der Ermittlung der thermodynamischen Daten eines idealen Gases. Einen solchen Fehler würden wir bei der Anwendung von Gl. (4.2-38) auf einen idealen Kristall nicht feststellen. Wir müssen bei der Herleitung der Systemzustandssumme aus der Molekülzustandssumme etwas übersehen haben, das sich wohl beim idealen Gas, nicht aber beim idealen Kristall auswirkt.

Eine exakte Untersuchung dieser Frage würde den Rahmen unserer Beschäftigung mit der statistischen Thermodynamik sprengen. Wir gehen bei unserer Fehlersuche deshalb nur qualitativ, aber anschaulich vor.

Die von uns abgeleitete Systemzustandssumme liefert auch im Fall des idealen Gases korrekte Ergebnisse, wenn wir einen Korrekturfaktor $1/N!$ berücksichtigen. Warum benötigen wir ihn beim idealen Gas, nicht aber beim idealen Kristall? Unsere Ableitung der Zustandssumme basiert auf der Boltzmann-Statistik. Diese setzt unterscheidbare Teilchen voraus, die beim idealen Gas mit Sicherheit nicht vorliegen. Bei einem System aus N unterscheidbaren Teilchen haben wir $N!$ Permutationen, die gerade wegen der Unterscheidbarkeit der Teilchen $N!$ neue Zustände liefern. Um diesen Faktor muss beim idealen Gas die mit Gl. (4.2-38) berechnete Zustandssumme zu groß sein. Beim idealen, ebenfalls aus identischen Teilchen aufgebauten Kristall hingegen sind die Teilchen infolge ihrer Lokalisation an einem bestimmten Gitterplatz individualisierbar geworden, so dass ein Austausch von Teilchen neue Zustände liefert.

Dies ist keine exakte Interpretation des unterschiedlichen Verhaltens der beiden Extremfälle ideales Gas und idealer Kristall, vielmehr sind im Fall des idealen Kristalls die wirklichen Verhältnisse wesentlich komplizierter. Für unsere Anwendungen ist es wesentlich, dass

die Systemzustandssumme für einen idealen Kristall

$$Z_{\text{idealer Kristall}} = z^N \tag{4.2-39}$$

und für ein ideales Gas

$$Z_{\text{ideales Gas}} = \frac{1}{N!} z^N \tag{4.2-40}$$

ist. Wir werden die Richtigkeit der mit diesen Zustandssummen berechneten thermodynamischen Daten belegen, indem wir im Abschnitt 4.2.4 die thermodynamischen Daten des idealen, einatomigen Gases sowohl mit Hilfe von Gl. (4.2-40) als auch mit Hilfe der Bose-Einstein-Statistik ermitteln.

4.2.3
Berechnung der Zustandssumme

Wie wir im Abschnitt 1.2.3 gesehen haben, kann ein Molekül Energie in verschiedener Form aufnehmen: Translations-, Rotations-, Schwingungs- und Elektronenanregungsenergie. Wir können deshalb schreiben

$$\varepsilon = \varepsilon_{\text{trans}} + \varepsilon_{\text{rot}} + \varepsilon_{\text{vib}} + \varepsilon_{\text{el}} \tag{4.2-41}$$

Dabei setzen wir allerdings voraus, dass zwischen den verschiedenen Anregungsarten keine Wechselwirkung auftritt, dass beispielsweise durch die Schwingungsanregung die Rotation nicht beeinflusst wird. Es ist dann

$$z = \sum_i e^{-\varepsilon_i/kT} = \sum e^{-(\varepsilon_{\text{trans}}+\varepsilon_{\text{rot}}+\varepsilon_{\text{vib}}+\varepsilon_{\text{el}})/kT} \tag{4.2-42}$$

Wir müssen dabei bedenken, dass für die einzelnen Anregungsformen jeweils eine sehr große Anzahl von Energieeigenwerten zur Verfügung steht, und dass die ε_i beliebige Kombinationen dieser Eigenwerte darstellen. Wie in Gl. (4.2-34) können wir deshalb schreiben

$$\begin{aligned}
\varepsilon_1 &= \varepsilon_1(\text{trans}) + \varepsilon_1(\text{rot}) + \varepsilon_1(\text{vib}) + \varepsilon_1(\text{el}) \\
\varepsilon_2 &= \varepsilon_2(\text{trans}) + \varepsilon_1(\text{rot}) + \varepsilon_1(\text{vib}) + \varepsilon_1(\text{el}) \\
\varepsilon_3 &= \varepsilon_1(\text{trans}) + \varepsilon_2(\text{rot}) + \varepsilon_1(\text{vib}) + \varepsilon_1(\text{el}) \\
&\vdots
\end{aligned} \tag{4.2-43}$$

Aus diesem Grunde gilt entsprechend den Überlegungen, die von Gl. (4.2-35) zu Gl. (4.2-37) führten, für die weitere Umformung von Gl. (4.2-42)

$$z = \sum e^{-\varepsilon_{\text{trans}}/kT} \cdot \sum e^{-\varepsilon_{\text{rot}}/kT} \cdot \sum e^{-\varepsilon_{\text{vib}}/kT} \cdot \sum e^{-\varepsilon_{\text{el}}/kT} \tag{4.2-44}$$

Wir erhalten für die Molekülzustandssumme somit das Produkt aus den Zustandssummen der Translation, Rotation, Schwingung und Elektronenanregung:

$$z = z_{\text{trans}} \cdot z_{\text{rot}} \cdot z_{\text{vib}} \cdot z_{\text{el}} \tag{4.2-45}$$

Wir wenden uns nun der Berechnung der einzelnen Zustandssummen zu.

Zustandssumme der Translation und molare Translationsenergie

Betrachten wir die Translation im Dreidimensionalen (drei Translationsfreiheitsgrade), so können wir nach den Ergebnissen der quantenmechanischen Betrachtungsweise im Abschnitt 1.4.13 die Energie entsprechend Gl. (1.4-177) in drei Komponenten ε_{n_x}, ε_{n_y} und ε_{n_z} aufspalten, für die, wenn wir der Einfachheit halber von einem würfelförmigen Kasten mit der Seitenlänge a ausgehen, gilt

$$\varepsilon_{n_j} = \frac{h^2 n_j^2}{8ma^2} \tag{4.2-46}$$

Es ist also

$$z_{\text{trans}} = \sum_i e^{-\varepsilon_i/kT} = \sum e^{-(\varepsilon_{n_x}+\varepsilon_{n_y}+\varepsilon_{n_z})/kT} =$$

$$= \sum_{n_x=1}^{\infty} e^{-\varepsilon_{n_x}/kT} \cdot \sum_{n_y=1}^{\infty} e^{-\varepsilon_{n_y}/kT} \cdot \sum_{n_z=1}^{\infty} e^{-\varepsilon_{n_z}/kT} \tag{4.2-47}$$

Wir nehmen keine Richtungsabhängigkeit an, können uns deshalb mit der Betrachtung des eindimensionalen Falles begnügen und schließlich durch Erheben des Ergebnisses zur dritten Potenz zur allgemeinen Lösung kommen. Wir diskutieren deshalb zunächst den Ausdruck

$$\sum_{n=1}^{\infty} e^{-\varepsilon_n/kT} \tag{4.2-48}$$

Nach den Berechnungen im Abschnitt 4.1.2 liegen die Eigenwerte der Translationsenergie so dicht, dass wir die Summation ohne weiteres durch eine Integration ersetzen können. Es ist also unter Berücksichtigung von Gl. (4.2-46)

$$\sum_{n=1}^{\infty} e^{-\varepsilon_n/kT} = \int_{n=0}^{\infty} e^{-\varepsilon_n/kT} dn = \int_{n=0}^{\infty} e^{-\frac{h^2 n^2}{8ma^2 kT}} \cdot dn \tag{4.2-49}$$

Wir substituieren

$$y^2 = \frac{n^2 h^2}{8ma^2 kT}; \quad dn = \frac{a}{h}(8mkT)^{1/2} dy \tag{4.2-50}$$

und erhalten

$$\sum_{n=1}^{\infty} e^{-\varepsilon_n/kT} = \frac{a}{h}(8mkT)^{1/2} \int_0^{\infty} e^{-y^2} dy \tag{4.2-51}$$

Das Integral hat (s. Math. Anhang J) den Wert $\frac{1}{2}\sqrt{\pi}$. Somit ist

$$\sum_{n=1}^{\infty} e^{-\varepsilon_n/kT} = \frac{a}{h}(2\pi mkT)^{1/2} \tag{4.2-52}$$

und unter der Berücksichtigung, dass a^3 das Volumen V ist, ergibt sich

die Zustandssumme der Translation
$$z_{\text{trans}} = \frac{V}{h^3}(2\pi mkT)^{3/2} \tag{4.2-53}$$

Abschließend wollen wir hieraus noch die molare Translationsenergie eines Gases mit drei Translationsfreiheitsgraden berechnen, die nach unseren Überlegungen die thermodynamisch interessante mittlere, auf die Stoffmenge bezogene Translationsenergie darstellt. Nach Gl. (4.2-5) ist

$$U = kT^2 \left(\frac{\partial \ln Z}{\partial T}\right)_V \tag{4.2-5}$$

Des weiteren müssen wir Gl. (4.2-40)

$$Z = \frac{1}{N!} z^N \tag{4.2-40}$$

beachten:

$$U_{\text{trans}} = kT^2 \left(\frac{\partial \ln\left(\frac{1}{N!} z^N\right)}{\partial T}\right)_V$$

$$U_{\text{trans}} = kT^2 \frac{\partial}{\partial T}\left[\ln\left\{\frac{1}{N!}\left[\frac{V}{h^3}(2\pi mkT)^{3/2}\right]^N\right\}\right]_V \tag{4.2-54}$$

$$U_{\text{trans}} = kT^2 \frac{d\ln(T^{3N/2})}{dT} = kT^2 \cdot \frac{3N}{2} \cdot \frac{d\ln T}{dT} \tag{4.2-55}$$

$$U_{\text{trans}} = \frac{3}{2} kN \cdot T \tag{4.2-56}$$

Ersetzen wir N durch $n \cdot N_A$ und dividieren die Gleichung durch n, so erhalten wir

die molare Translationsenergie
$$u_{\text{trans}} = \frac{3}{2} RT \tag{4.2-57}$$

Das Ergebnis stimmt überein mit dem nach der gaskinetischen Betrachtungsweise erhaltenen (vgl. Gl. (1.2-7)).

Zustandssumme der Rotation eines zweiatomigen Moleküls und molare Rotationsenergie

Wir betrachten die Rotation eines zweiatomigen starren Moleküls. Im Abschnitt 1.2.3 haben wir gesehen, dass ein solches Molekül zwei Freiheitsgrade der Rotation hat und dass wir uns die Rotation aus den Rotationen um die beiden aufeinander und auf der Molekülachse senkrecht stehenden Hauptachsen zusammengesetzt denken können. Die quantenmechanische Berechnung (Abschnitt 3.1.1) hat uns für die Rotationsenergie die Eigenwerte

$$\varepsilon_{\text{rot}} = \frac{\hbar^2}{2I} l(l+1) \tag{3.1-45}$$

geliefert. Bei der Ableitung dieser Gleichung ergab sich außer der Quantenzahl l noch eine Quantenzahl m, wobei m die Werte von $-l$ bis $+l$ annehmen konnte. Das besagt, dass jedes Rotationsniveau $(2l+1)$fach entartet ist. Damit ergibt sich für die Zustandssumme der Rotation nach Gl. (4.2-1)

$$z_{\text{rot}} = \sum_{l=0}^{\infty} (2l+1) e^{-\frac{\hbar^2}{2IkT} l(l+1)} \tag{4.2-58}$$

Ähnlich wie die Translationsniveaus liegen die Rotationsniveaus so dicht, dass wir anstelle der Summation die Integration verwenden können, allerdings nur, wenn das Trägheitsmoment I groß genug ist. Das ist nicht mehr der Fall bei H_2, HD und D_2. Bei den übrigen zweiatomigen Gasen dürfen wir für Gl. (4.2-58) schreiben

$$z_{\text{rot}} = \int_{l=0}^{\infty} (2l+1) e^{-\frac{\hbar^2}{2IkT} l(l+1)} dl \tag{4.2-59}$$

Wir substituieren

$$y = \frac{\hbar^2}{2IkT} l(l+1) \tag{4.2-60}$$

$$dy = \frac{\hbar^2}{2IkT} (2l+1) dl \tag{4.2-61}$$

$$z_{\text{rot}} = \frac{2IkT}{\hbar^2} \int_{y=0}^{\infty} e^{-y} dy \tag{4.2-62}$$

Da das Integral den Wert 1 hat, ist

$$z_{\text{rot}} = \frac{8\pi^2 IkT}{h^2} \tag{4.2-63}$$

Wir müssen noch berücksichtigen, dass nach der Quantentheorie infolge der Symmetrieeigenschaften der molekularen Eigenfunktionen wohl bei heteronuklearen, nicht jedoch bei homonuklearen zweiatomigen Molekülen alle l-Werte zugelassen sind. Es tritt deshalb noch ein Symmetriefaktor σ auf, der bei homonuklearen Molekülen den Wert 2, bei heteronuklearen den Wert 1 hat. Es ist also schließlich

die Zustandssumme der Rotation zweiatomiger Moleküle

$$z_{\text{rot}} = \frac{8\pi^2 I k T}{\sigma h^2} \tag{4.2-64}$$

Wir fragen nun wieder nach der molaren Energie zweiatomiger Rotatoren, die wir über

$$U_{\text{rot}} = kT^2 \left(\frac{\partial \ln Z}{\partial T}\right)_V \tag{4.2-5}$$

unter Berücksichtigung von Gl. (4.2-64) und

$$Z = z^N \tag{4.2-38}$$

berechnen, da die Nichtunterscheidbarkeit bereits bei der Translation berücksichtigt wurde und die Moleküle hinsichtlich der übrigen Freiheitsgrade als unterscheidbar angesehen werden können.

$$U_{\text{rot}} = kT^2 \cdot \left[\frac{\partial \ln \left(\frac{8\pi^2 I k T}{\sigma h^2}\right)^N}{\partial T}\right]_V \tag{4.2-65}$$

$$U_{\text{rot}} = kT^2 \frac{d \ln T^N}{dT} \tag{4.2-66}$$

$$U_{\text{rot}} = kNT^2 \cdot \frac{1}{T} \tag{4.2-67}$$

Ersetzen wir N durch $n \cdot N_A$ und dividieren durch n, so erhalten wir

die molare Rotationsenergie

$$u_{\text{rot}} = RT \tag{4.2-68}$$

Das Ergebnis stimmt überein mit dem in Abschnitt 1.2.3 diskutierten. Dort haben wir gesehen, dass der Anteil der molaren Wärmekapazität, der der Rotation zugeschrieben werden muss, bei allen zweiatomigen Gasen – mit Ausnahme von Wasserstoff – R ist. Im Fall von Wasserstoff dürfen wir den Übergang von Gl. (4.2-58) nach Gl. (4.2-59) nicht vollziehen. Wir müssten die Summation ausführen und würden dann zu einem Ausdruck für u_{rot} gelangen, der besonders bezüglich der Temperaturabhängigkeit von Gl. (4.2-68) abweicht, für hohe Temperaturen sich jedoch dem Wert RT nähert.

Zustandssumme der Schwingung eines harmonischen Oszillators und molare Schwingungsenergie

Als nächstes wenden wir uns der Schwingung eines zweiatomigen Moleküls zu. Für den Fall der harmonischen Schwingung fanden wir quantenmechanisch für die Eigenwerte der Energie in Abschnitt 3.1.2

$$\varepsilon_{\text{vib}} = h \cdot v \left(v + \frac{1}{2} \right) \tag{3.1-87}$$

wobei die Schwingungsquantenzahlen v die Werte 0, 1, 2,... annehmen können. Die Schwingungsniveaus sind nicht entartet. Damit ergibt sich für die Zustandssumme der Schwingung

$$z_{\text{vib}} = \sum_v e^{-h \cdot v(v+1/2)/kT} \tag{4.2-69}$$

Im Gegensatz zur Translation und Rotation liegen bei der Schwingung die Niveaus so weit voneinander entfernt, dass wir die Summation nicht durch die Integration ersetzen dürfen.

Wir müssen deshalb versuchen, die Summe auf der rechten Seite von Gl. (4.2-69) direkt zu bestimmen. Zur Vereinfachung setzen wir

$$\frac{hv}{kT} \equiv x \tag{4.2-70}$$

so dass Gl. (4.2-69) übergeht in

$$z_{\text{vib}} = \sum_v e^{-x(v+1/2)} \tag{4.2-71}$$

Multiplizieren wir nun beide Seiten von Gl. (4.2-71) mit e^{-x}, so erhalten wir

$$z_{\text{vib}} \cdot e^{-x} = \sum_v e^{-x(v+3/2)} \tag{4.2-72}$$

Subtrahieren wir Gl. (4.2-72) von Gl. (4.2-71), so ergibt sich

$$z_{\text{vib}}(1 - e^{-x}) = e^{-x/2} \tag{4.2-73}$$

da sich alle übrigen Glieder fortheben. Umstellen und Einsetzen von Gl. (4.2-70) liefern

> die Zustandssumme eines harmonischen Oszillators
> $$z_{\text{vib}} = \frac{e^{-x/2}}{1 - e^{-x}} = \frac{e^{-hv/2kT}}{1 - e^{-hv/kT}} \tag{4.2-74}$$

Diesen Ausdruck wollen wir benutzen, um die mittlere Schwingungsenergie der zweiatomigen Moleküle zu berechnen. Dazu benötigen wir wieder

$$U = kT^2 \left(\frac{\partial \ln Z}{\partial T}\right)_V \tag{4.2-5}$$

und

$$Z = z^N \tag{4.2-38}$$

Die Kombination der Gleichungen (4.2-74), (4.2-5) und (4.2-38) führt zu

$$U_{\text{vib}} = kT^2 \left[\frac{\partial}{\partial T} \ln \left\{\left(\frac{e^{-h\nu/2kT}}{1 - e^{-h\nu/kT}}\right)^N\right\}\right]_V \tag{4.2-75}$$

$$U_{\text{vib}} = kNT^2 \left[\frac{\partial}{\partial T} \left\{-h\nu/2kT - \ln\left(1 - e^{-h\nu/kT}\right)\right\}\right]_V \tag{4.2-76}$$

$$U_{\text{vib}} = kNT^2 \left[\frac{h\nu}{2kT^2} + \frac{\frac{h\nu}{kT^2} \cdot e^{-h\nu/kT}}{1 - e^{-h\nu/kT}}\right] \tag{4.2-77}$$

$$U_{\text{vib}} = \frac{1}{2} N \cdot h\nu + \frac{N \cdot h\nu \cdot e^{-h\nu/kT}}{1 - e^{-h\nu/kT}} \tag{4.2-78}$$

Erweitern wir den zweiten Summanden mit $e^{h\nu/kT}$ und dividieren die Gleichung durch n, so erhalten wir

die molare Schwingungsenergie

$$u_{\text{vib}} = \frac{1}{2} N_A \cdot h\nu + \frac{N_A \cdot h\nu}{e^{h\nu/kT} - 1} \tag{4.2-79}$$

Nach dem klassischen Bild hätten wir auf Grund des Gleichverteilungssatzes der Energie für den Schwingungsanteil der Inneren Energie (vgl. Abschnitt 1.2.3) einen Wert von RT erwarten müssen. Wir finden hier einen völlig anderen funktionellen Zusammenhang, insbesondere erkennen wir im ersten Summanden die Nullpunktsenergie.

Bei der Besprechung der molaren Wärmekapazität der Gase (vgl. Abb. 1.2-3) haben wir gesehen, dass der beobachtete Schwingungsanteil weit hinter dem klassisch zu erwartenden Wert von R (für zweiatomige Moleküle) zurückbleibt. So beträgt der Schwingungsanteil der molaren Wärmekapazität des O_2 bei Zimmertemperatur ($\approx$ 300 K) nur etwa 0.03 R. Wir haben seinerzeit daraus geschlossen, dass dieser Anteil temperaturabhängig ist und dass bei Zimmertemperatur die Schwingung noch nicht „voll angeregt" ist. Durch Differenzieren von Gl. (4.2-79) nach T

$$c_{\text{vib}} = \left(\frac{\partial u_{\text{vib}}}{\partial T}\right)_V = N_A \cdot h\nu \frac{\mathrm{d}}{\mathrm{d}T}(e^{h\nu/kT} - 1)^{-1} \tag{4.2-80}$$

erhalten wir

> den Schwingungsanteil der molaren Wärmekapazität
>
> $$c_{\text{vib}} = N_A \cdot h\nu \frac{\dfrac{h\nu}{kT^2} \cdot e^{h\nu/kT}}{(e^{h\nu/kT} - 1)^2} = R \cdot \left(\frac{h\nu}{kT}\right)^2 \frac{e^{h\nu/kT}}{(e^{h\nu/kT} - 1)^2} \tag{4.2-81}$$

Aus spektroskopischen Daten ermitteln wir für O_2 $\nu = 4.67 \cdot 10^{13}\,\mathrm{s}^{-1}$. Damit berechnet sich c_{vib} für 300 K zu $0.031\,R$. Dieser Wert ist in ausgezeichneter Übereinstimmung mit dem oben erwähnten experimentellen Wert.

Im Abschnitt 1.2.3 vermuteten wir weiterhin, dass der klassische Wert den bei sehr hohen Temperaturen angestrebten Grenzwert darstellt. Um dies zu untersuchen, prüfen wir, gegen welchen Wert Gl. (4.2-81) für sehr große Werte von T strebt. Zur Abkürzung führen wir die sog.

> *charakteristische Temperatur* Θ ein, die definiert ist durch
>
> $$\Theta = \frac{h \cdot \nu}{k} \tag{4.2-82}$$

und schreiben Gl. (4.2-81) um in

$$c_{\text{vib}} = R \cdot \frac{\left(\dfrac{\Theta}{T}\right)^2 e^{\Theta/T}}{(e^{\Theta/T} - 1)^2} = R \cdot \frac{\left(\dfrac{\Theta}{T}\right)^2}{(1 - e^{-\Theta/T})^2 e^{\Theta/T}} \tag{4.2-83}$$

Für $T \to \infty$ ist dieser Ausdruck wegen $0/0$ unbestimmt. Wir wenden deshalb das Verfahren von de l'Hospital (vgl. Mathem. Anhang D) an und differenzieren Zähler und Nenner getrennt nach T zur Bestimmung des Grenzwertes. Dabei können wir die als Faktoren auftretenden Ausdrücke $e^{\Theta/T}$ bzw. $e^{-\Theta/T}$ für $T \to \infty$ gleich 1 setzen.

$$\lim_{T\to\infty} c_{\text{vib}} = \lim_{T\to\infty} \frac{R\left(\dfrac{\Theta}{T}\right)^2}{(1 - e^{-\Theta/T})^2} = \lim_{T\to\infty} \frac{R \cdot 2\left(\dfrac{\Theta}{T}\right) \cdot \left(-\dfrac{\Theta}{T^2}\right)}{2(1 - e^{-\Theta/T})(-e^{-\Theta/T})\left(\dfrac{\Theta}{T^2}\right)} =$$

$$= \lim_{T\to\infty} \frac{R\left(\dfrac{\Theta}{T}\right)}{(1 - e^{-\Theta/T})} = \lim_{T\to\infty} \frac{R\left(-\dfrac{\Theta}{T^2}\right)}{-e^{-\Theta/T} \cdot \left(\dfrac{\Theta}{T^2}\right)} = R \tag{4.2-84}$$

Damit ist gezeigt, dass der aus dem Gleichverteilungssatz der Energie abgeleitete Wert für den Schwingungsanteil der molaren Wärmekapazität tatsächlich den bei sehr hohen Temperaturen erreichbaren Grenzwert darstellt.

Zustandssumme der Elektronenanregung

Zur Berechnung dieser Zustandssumme können wir wieder unmittelbar auf Gl. (4.2-1) zurückgreifen, wobei wir noch den Entartungsgrad berücksichtigen müssen. Da jedoch im Allgemeinen zur Elektronenanregung so hohe Energien erforderlich sind, dass diese Anregung bei normalen Temperaturen vernachlässigbar ist, wollen wir das Problem hier nicht weiter verfolgen.

4.2.4
Berechnung der thermodynamischen Daten eines idealen einatomigen Gases (ohne Elektronenanregung)

Ein einatomiges Gas kann, wenn man die Elektronenanregung außer Betracht lässt, nur Translationsenergie besitzen. Für einen solchen Fall hatten wir die Molekülzustandssumme bereits bestimmt:

$$z = \frac{V}{h^3}(2\pi mkT)^{3/2} \tag{4.2-53}$$

Für ein System aus N Teilchen ist die Systemzustandssumme dann

$$Z = \frac{1}{N!}\left[\frac{V}{h^3}(2\pi mkT)^{3/2}\right]^N \tag{4.2-85}$$

Wir haben bereits im Abschnitt 4.2.3

die molare Innere Energie berechnet zu

$$u = \frac{3}{2}RT \tag{4.2-57}$$

Zum gleichen Ergebnis kommen wir auch, wenn wir die *Bose-Einstein-Statistik* anwenden. Nach

$$u = N_A \frac{\partial \ln B}{\partial \beta} \tag{4.1-52}$$

$$\beta = -\frac{1}{kT} \tag{4.1-56}$$

und

$$B = \frac{(2\pi mkT)^{3/2}}{h^3} \cdot \frac{V}{N} \tag{4.1-61}$$

ist

$$u = N_A \frac{\partial \ln B}{\partial\left(-\frac{1}{kT}\right)} = N_A \frac{\partial \ln \frac{1}{B}}{\partial\left(\frac{1}{kT}\right)}$$

$$u = N_A \frac{\partial\left\{\ln\left(\frac{N_A}{v} \cdot h^3 \cdot \left(\frac{1}{2\pi m}\right)^{3/2}\right) + \frac{3}{2}\ln\frac{1}{kT}\right\}}{\partial\left(\frac{1}{kT}\right)}$$

$$u = N_A \cdot \frac{3}{2}kT = \frac{3}{2}RT \tag{4.2-57}$$

Wir kehren jetzt zurück zur Boltzmann-Statistik, zur Berechnung mit Zustandssummen.

Die Freie Energie A ist

$$A = -kT \ln Z \tag{4.2-20}$$

woraus sich nach Einsetzen von Gl. (4.2-85) ergibt

$$A = -kT \ln\left[\frac{1}{N!}\left\{\frac{V}{h^3}(2\pi mkT)^{3/2}\right\}^N\right] \tag{4.2-86}$$

$$A = -kT\left[-N \cdot \ln N + N + N \cdot \ln V + N \ln\left(\frac{2\pi mkT}{h^2}\right)^{3/2}\right] \tag{4.2-87}$$

$$A = -kTN \ln\left[\left(\frac{2\pi mkT}{h^2}\right)^{3/2} \cdot \frac{e \cdot V}{N}\right] \tag{4.2-88}$$

Ersetzt man N durch $n \cdot N_A$ und dividiert die Gleichung durch n, so erhält man

die molare Freie Energie α

$$\alpha = -RT \cdot \ln\left[\left(\frac{2\pi mkT}{h^2}\right)^{3/2} \cdot \frac{e \cdot v}{N_A}\right] \tag{4.2-89}$$

Die Entropie ist

$$S = \frac{U}{T} + k \cdot \ln Z \tag{4.2-17}$$

woraus unter Berücksichtigung von Gl. (4.2-56), Gl. (4.2-20) und Gl. (4.2-88) folgt

$$S = \frac{3}{2}kN - \frac{1}{T}\left[-kNT \ln\left\{\left(\frac{2\pi mkT}{h^2}\right)^{3/2} \cdot \frac{e \cdot V}{N}\right\}\right] \qquad (4.2\text{-}90)$$

$$S = kN\left[\ln\left\{\left(\frac{2\pi mkT}{h^2}\right)^{3/2} \cdot \frac{e \cdot V}{N}\right\} + \frac{3}{2}\right] \qquad (4.2\text{-}91)$$

Ersetzt man N durch $n \cdot N_A$ und dividiert die Gleichung durch n, so erhält man

die molare Entropie s

$$s = R \ln\left\{\left(\frac{2\pi mkT}{h^2}\right)^{3/2} \cdot \frac{e^{5/2} v}{N_A}\right\} \qquad (4.2\text{-}92)$$

Dies ist die *Sackur-Tetrode-Gleichung*.

Auch dieses Ergebnis wollen wir zum Vergleich aus der Bose-Einstein-Statistik herleiten. Nach

$$S = kN\left[\ln B - \beta \frac{\partial \ln B}{\partial \beta} + 1\right] \qquad (4.1\text{-}51)$$

und den Gleichungen (4.1-61), (4.1-52) und (4.2-57) ist

$$s = R\left[\ln\left\{\left(\frac{2\pi mkT}{h^2}\right)^{3/2} \cdot \frac{v}{N_A}\right\} + \frac{1}{kT} \cdot \frac{3}{2}kT + 1\right]$$

$$s = R \ln\left\{\left(\frac{2\pi mkT}{h^2}\right)^{3/2} \cdot \frac{e^{5/2} v}{N_A}\right\} \qquad (4.2\text{-}93)$$

in völliger Übereinstimmung mit Gl. (4.2-92).

Die thermische Zustandsgleichung des idealen, einatomigen Gases folgt aus

$$p = -\left(\frac{da}{dv}\right)_T \qquad (2.3\text{-}31)$$

nach Einsetzen von Gl. (4.2-89)

$$p = RT\left[\frac{\partial}{\partial v}\left\{\ln\left[\left(\frac{2\pi mkT}{h^2}\right)^{3/2} \cdot \frac{e \cdot v}{N_A}\right]\right\}\right]_T \qquad (4.2\text{-}94)$$

$$p = RT\left(\frac{\partial \ln v}{\partial v}\right)_T \qquad (4.2\text{-}95)$$

$$p = RT \cdot \frac{1}{v} \tag{4.2-96}$$

Das ist

> das ideale Gasgesetz
> $$pv = RT \tag{4.2-97}$$

4.2.5
Thermodynamische Daten des idealen Kristalls

Unserem bisherigen Vorgehen folgend, wollen wir jetzt der Behandlung des idealen Gases die Behandlung des anderen Extrems, des idealen Kristalls, gegenüberstellen. Er zeichnet sich dadurch aus, dass die Teilchen völlig regelmäßig auf Gitterplätzen angeordnet sind, und dass keine Fehlstellen vorliegen. Die Teilchen sind nicht in der Lage, Translations- oder Rotationsbewegungen auszuführen, so dass sie Energie nur in Form von Schwingungsenergie aufnehmen können. Wir wollen nun im Wesentlichen nach der Temperaturabhängigkeit der Inneren Energie und der molaren Wärmekapazität fragen.

Die Einstein'sche Theorie
Mit der genannten Fragestellung hat sich Einstein beschäftigt. Seine Theorie gründet sich auf folgende Voraussetzungen:

> 1. Es liegt ein Kristallgitter mit hoher Symmetrie vor. Das Potentialfeld, das von den umgebenden Teilchen ausgeht und auf ein ausgewähltes wirkt, ist isotrop.
> 2. Es wird die Bewegung eines Teilchens betrachtet, dessen Nachbaratome auf ihren Gitterplätzen eingefroren sind.
> 3. Die Verschiebungen des schwingenden Teilchens aus seiner Ruhelage sind so klein, dass das Hooke'sche Gesetz gilt.

Jedes Atom in diesem Modell hat drei Schwingungsfreiheitsgrade. Deshalb kann der aus N Atomen aufgebaute Kristall als ein System von $3N$ harmonischen Oszillatoren aufgefasst werden, so dass die Systemzustandssumme unter Beachtung der Gleichungen (4.2-38) und (4.2-74) durch

$$Z = \left(\frac{e^{-hv/2kT}}{1 - e^{-hv/kT}} \right)^{3N} \tag{4.2-98}$$

gegeben ist.

Daraus folgt entsprechend der Ableitung von Gl. (4.2-79) für die molare Innere Energie eines idealen Festkörpers nach Einstein

$$u_{\text{vib}} = \frac{3}{2} N_A \cdot h\nu + \frac{3 N_A h\nu}{e^{h\nu/kT} - 1} \quad (4.2\text{-}99)$$

und nach Einführung der charakteristischen Temperatur Θ

$$\Theta = \frac{h\nu}{k} \quad (4.2\text{-}82)$$

$$u_{\text{vib}} = \frac{3}{2} R \cdot \Theta + \frac{3R\Theta}{e^{\Theta/T} - 1} \quad (4.2\text{-}100)$$

Durch Differenzieren nach der Temperatur erhalten wir daraus

die molare Wärmekapazität eines elementaren Festkörpers nach Einstein

$$c_{\text{vib}} = 3R \frac{\left(\frac{\Theta}{T}\right)^2 e^{\Theta/T}}{(e^{\Theta/T} - 1)^2} \quad (4.2\text{-}101)$$

Experimentell ist bekannt (vgl. Abb. 4.2-1), dass für $T \to 0$ K auch die molare Wärmekapazität gegen null strebt. Bei hohen Temperaturen nimmt sie den von *Dulong und Petit* angegebenen Wert von etwa $3R$ an. Um zu prüfen, inwieweit die Einstein'sche Theorie diesen Beobachtungen gerecht wird, betrachten wir zunächst den Grenzwert $T \to 0$. Nach dem Verfahren von de l'Hospital erhalten wir

$$\lim_{T \to 0} c_{\text{vib}} = \lim_{T \to 0} \frac{3R \cdot \left(\frac{\Theta}{T}\right)^2 e^{\Theta/T}}{(e^{\Theta/T} - 1)^2} = \lim_{T \to 0} \frac{3R \cdot \left(\frac{\Theta}{T}\right)^2}{e^{\Theta/T}} =$$

$$= \lim_{T \to 0} \frac{3R \cdot 2 \frac{\Theta}{T} \cdot \left(-\frac{\Theta}{T^2}\right)}{e^{\Theta/T} \left(-\frac{\Theta}{T^2}\right)} = \lim_{T \to 0} \frac{3R \cdot 2 \cdot \left(-\frac{\Theta}{T^2}\right)}{e^{\Theta/T} \left(-\frac{\Theta}{T^2}\right)} = 0 \quad (4.2\text{-}102)$$

Der für $T \to 0$ angestrebte Wert von $c_{\text{vib}} = 0$ stimmt mit den experimentellen Werten überein.

Wir wollen die Frage jedoch noch etwas vertiefen und untersuchen, nach welchem funktionellen Zusammenhang die Annäherung an den Wert null erfolgt. Die Kurven in Abb. 4.2-1 verlaufen für niedrige Temperaturen, bei Diamant sogar bis zu höheren Temperaturen, parabelförmig. Eine doppelt logarithmische Auftragung liefert in sehr vielen Fällen Geraden mit der Steigung 3. Es sollte sich also um Parabeln dritten Grades handeln. Die Proportionalität zwischen c_p und T^3 wird in Abb. 4.2-2 für Diamant bei tiefen Temperaturen demonstriert.

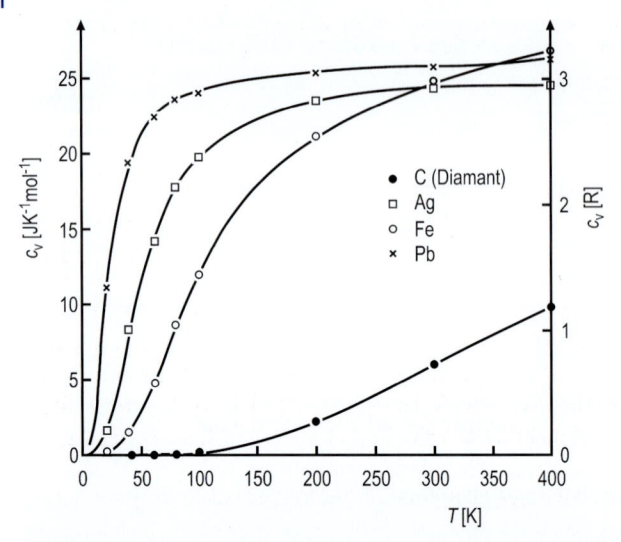

Abbildung 4.2-1 Temperaturabhängigkeit der molaren Wärmekapazität c_v elementarer Festkörper.

In dem nach der Einstein'schen Theorie erhaltenen Ausdruck (Gl. 4.2-101) können wir bei sehr tiefen Temperaturen 1 gegenüber $e^{\Theta/T}$ vernachlässigen [s. Übergang vom 1. zum 2. Term auf der rechten Seite von Gl. (4.2-102)], so dass Gl. (4.2-101) übergeht in

$$c_{\text{vib}} = 3R\left(\frac{\Theta}{T}\right)^2 \cdot e^{-\Theta/T} \tag{4.2-103}$$

Wir müssen erkennen, dass in diesem Bereich der Einstein'sche Ansatz eine falsche Temperaturabhängigkeit ergibt.

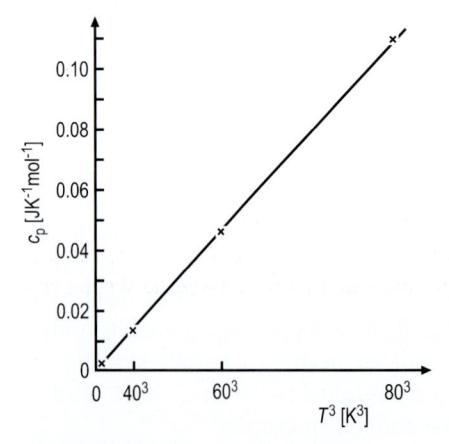

Abbildung 4.2-2 Molare Wärmekapazität c_p von Diamant bei tiefen Temperaturen in der Auftragung c_p vs T^3.

Wenden wir uns schließlich dem Grenzwert für sehr hohe Temperaturen zu, so finden wir analog zu Gl. (4.2-84)

$$\lim_{T \to \infty} c_{\text{vib}} = \lim_{T \to \infty} \frac{3R \left(\frac{\Theta}{T}\right)^2 e^{\Theta/T}}{\left(e^{\Theta/T} - 1\right)^2} = 3R \tag{4.2-104}$$

wieder in völliger Übereinstimmung mit dem experimentellen Ergebnis.

Deutliche Abweichungen des Einstein'schen Ergebnisses vom experimentellen beobachtet man also vornehmlich bei tiefen Temperaturen. Wenn wir nach der Ursache für die Unzulänglichkeit der Einstein'schen Theorie fragen, so müssen wir zunächst prüfen, inwieweit die Voraussetzungen, von denen Einstein ausging, erfüllt sind. Am gravierendsten und sicherlich nicht erfüllt ist die Annahme, dass die Nachbarteilchen des gerade betrachteten Teilchens an ihrem Gitterpunkt eingefroren sind und nicht schwingen. Berücksichtigt man die Bewegung der Nachbarteilchen, so sind die Kräfte, die auf ein ausgewähltes Teilchen wirken, nicht länger lediglich von der Verschiebung eben dieses Teilchens abhängig, sondern auch von der Verschiebung der Nachbarteilchen. Ist dies der Fall, so kann man nicht mehr davon ausgehen, dass alle Teilchen mit nur einer festen Frequenz ν schwingen. An diesem Punkt setzt das Debye'sche Modell des Festkörpers an.

Die Debye'sche Theorie

Debye ging davon aus, dass für die Schwingungen der Teilchen im Festkörper ein Frequenzspektrum vorliegt, wie wir es bereits in Gl. (4.1-21) beschrieben haben:

$$D(\nu) = \frac{4\pi \nu^2}{c^3} V \tag{4.1-21}$$

Wir müssen nun berücksichtigen, dass sich im Festkörper zwei Arten von Wellen ausbreiten, eine longitudinale und zwei transversale, die erstere mit einer Geschwindigkeit w_l, die letztere mit w_t. Erstere ist durch eine, letztere durch zwei Polarisationsrichtungen charakterisiert. Damit erhalten wir mit Gl. (4.1-21) für die Gesamtzahl der Zustände zwischen ν und $\nu + d\nu$

$$g \cdot D(\nu) d\nu = \left(\frac{1}{w_l^3} + \frac{2}{w_t^3}\right) 4\pi V \nu^2 d\nu = \frac{3}{\bar{w}^3} 4\pi V \nu^2 d\nu \tag{4.2-105}$$

wenn wir gleichzeitig eine mittlere Geschwindigkeit $\bar{w}$ einführen, die die Phasengeschwindigkeit c in Gl. (4.1-21) ersetzt. Der Faktor g hat also den Wert 3, entsprechend der Tatsache, dass wir eine longitudinale und zwei transversale Wellen vorliegen haben. $g \cdot D(\nu)$ nimmt mit steigendem ν immer stärker zu und geht für $\nu \to \infty$ in ein kontinuierliches Spektrum über. Wegen des atomistischen Aufbaus des Kristalls ist ein elastisches Kontinuum aber nur gerechtfertigt, solange die Wellenlänge der elastischen Wellen größer als der Abstand der Gitterteilchen ist. Es muss also eine minimale Wellenlänge und dementsprechend eine maximale Frequenz geben. Da das System aus N Gitterteilchen $3N$ Schwingungsfreiheitsgrade besitzt, hat Debye nur die 3 N Zustände mit den niedrigsten Frequenzen berücksichtigt und v_{max} durch Integration von $g \cdot D(v)$ zwischen $v = 0$ und $v = v_{max}$ und Gleichsetzen des Integrals mit 3 N erhalten:

$$\int_0^{v_{max}} g \cdot D(v) dv = 3N \tag{4.2-106}$$

Setzen wir Gl. (4.2-105) in Gl. (4.2-106) ein, so erhalten wir

$$\frac{12\pi V}{\overline{w}^3} \int_0^{v_{max}} v^2 dv = \frac{12\pi V}{3} \frac{v_{max}^3}{\overline{w}^3} = 3N \tag{4.2-107}$$

Wir lösen nach $\overline{w}^3$ auf und substituieren damit $\overline{w}^3$ in Gl. (4.2-105). So erhalten wir für

das Frequenzspektrum

$$g \cdot D(v) = \frac{9Nv^2}{v_{max}^3} \tag{4.2-108}$$

$D(v)$ nennt man spektrale Verteilungsfunktion oder Zustandsdichte. Wir wollen an dieser Stelle vermerken, dass diese in Abb. 4.2-3 wiedergegebene Zustandsdichte nur für den Fall eines dreidimensional isotropen Körpers gilt. Würden wir die Zustandsdichte für den zweidimensionalen Fall bestimmen, so wäre, wie aus der Ableitung von Gl. (4.1-21) unmittelbar zu ersehen ist, $D(v)$ nicht der zweiten Potenz von v, sondern v direkt proportional, während für den eindimensionalen Fall die Abhängigkeit von v überhaupt fortfiele.

Die molare Schwingungsenergie des elementaren Festkörpers erhalten wir nun, indem wir die $g \cdot D(v)$ mit der Schwingungsenergie eines einzelnen Teilchens (nach Gl. (4.2-79)) multiplizieren, über den Bereich $v = 0$ bis $v = v_{max}$ integrieren, N durch $n \cdot N_A$ substituieren und die Gleichung durch n dividieren.

$$u_{vib} = \int_0^{v_{max}} U_{Teilchen} \cdot g \cdot D(v) dv = \int_0^{v_{max}} \frac{9N_A v^2}{v_{max}^3} \left[\frac{1}{2}hv + \frac{hv}{e^{hv/kT} - 1}\right] dv \tag{4.2-109}$$

$$u_{vib} = \frac{9}{8}N_A hv_{max} + \frac{9hN_A}{v_{max}^3} \int_0^{v_{max}} \frac{v^3}{e^{hv/kT} - 1} dv \tag{4.2-110}$$

Zur Vereinfachung führen wir ein

$$x \equiv \frac{hv}{kT} \tag{4.2-111}$$

und erhalten so

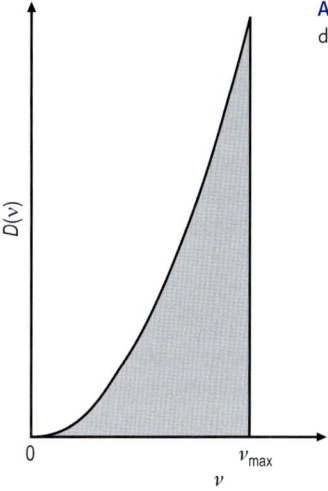

Abbildung 4.2-3 Zustandsdichte für das Debye'sche Modell des Festkörpers.

$$u_{\text{vib}} = \frac{9}{8} N_A h \nu_{\max} + \frac{9 h N_A k^4 T^4}{h^4 \nu_{\max}^3} \int_0^{x_{\max}} \frac{x^3}{e^x - 1} dx \qquad (4.2\text{-}112)$$

Definieren wir nun schließlich noch entsprechend Gl. (4.2-82) die sog.

Debye-Temperatur Θ_D

$$\Theta_D = \frac{h \nu_{\max}}{k} \qquad (4.2\text{-}113)$$

so können wir für Gl. (4.2-112) mit $N_A \cdot k = R$ für

die molare Innere Energie des elementaren Festkörpers

$$u_{\text{vib}} = \frac{9}{8} R \cdot \Theta_D + 9R \cdot T \left(\frac{T}{\Theta_D}\right)^3 \int_0^{\frac{\Theta_D}{T}} \frac{x^3}{e^x - 1} dx \qquad (4.2\text{-}114)$$

schreiben.

Für die Nachprüfung der Güte des Debye'schen Modells empfiehlt es sich, wieder die Temperaturabhängigkeit der molaren Wärmekapazität der elementaren Festkörper zu studieren. Die molare Wärmekapazität erhalten wir am besten durch Differenzieren von Gl. (4.2-110) nach T:

$$c_{\text{vib}} = \frac{9h \cdot N_A}{\nu_{\max}^3} \int_0^{\nu_{\max}} \nu^3 \cdot \frac{\frac{h\nu}{kT^2} \cdot e^{h\nu/kT}}{(e^{h\nu/kT} - 1)^2} d\nu \qquad (4.2\text{-}115)$$

Führen wir auch hier die Substitutionen Gl. (4.2-111) und Gl. (4.2-113) durch, so erhalten wir schließlich für

> **die molare Wärmekapazität des elementaren Festkörpers**
>
> $$c_{\text{vib}} = 9R\left(\frac{T^3}{\Theta_D^3}\right)\int_0^{\Theta_D/T} \frac{x^4 e^x}{(e^x - 1)^2}\,dx \qquad (4.2\text{-}116)$$

Uns interessiert wieder besonders das Verhalten bei sehr tiefen und bei hohen Temperaturen. Wir greifen zu dieser Betrachtung auf Gl. (4.2-114) zurück.

Bei sehr tiefen Temperaturen ist x nach Gl. (4.2 – 111) sehr groß. In diesem Fall tragen wegen e^x im Nenner die hohen Werte von x nichts zum Integral bei, so dass wir als obere Grenze des Integrals anstelle von Θ_D/T auch ∞ schreiben können. Entwickeln wir den Ausdruck $x^3(e^x - 1)^{-1}$ in eine Reihe, so erhalten wir

$$x^3(e^x - 1)^{-1} = x^3 e^{-x}(1 - e^{-x})^{-1} = x^3 e^{-x} + x^3 e^{-2x} + x^3 e^{-3x} + \ldots \qquad (4.2\text{-}117)$$

einen Ausdruck, den wir gliedweise integrieren können. Dabei ergibt sich (s. Mathematischer Anhang L)

$$\int_0^\infty x^3(e^x - 1)^{-1}\,dx = 6.4950 \qquad (4.2\text{-}118)$$

Einsetzen in Gl. (4.2-114) liefert uns

$$u_{\text{vib}} \atop T\to 0 = \frac{9}{8} R \cdot \Theta_D + 9 \cdot 6.4950 \cdot R \cdot \frac{T^4}{\Theta_D^3} \qquad (4.2\text{-}119)$$

Daraus folgt für die molare Wärmekapazität bei sehr tiefen Temperaturen

> **das Debye'sche T^3-Gesetz**
>
> $$c_{\text{vib}} \atop T\to 0 = 233.8 \cdot R \frac{T^3}{\Theta_D^3} \qquad (4.2\text{-}120)$$

Gl. (4.2-120) zeigt, dass die molare Wärmekapazität wie beim Einstein'schen Ansatz für $T \to 0$ ebenfalls gegen null strebt. Im Gegensatz zum Einstein'schen liefert uns das Debye'sche Modell aber auch die richtige, d.h., die mit dem experimentellen Befund im Einklang stehende Temperaturabhängigkeit der molaren Wärmekapazität bei tiefen Temperaturen.

Bei hohen Temperaturen ist x nach Gl. (4.2-111) sehr klein. Entwickeln wir den Nenner von Gl. (4.2-114), $e^x - 1$, in eine Reihe, so ergibt das

$$e^x - 1 = x + \frac{x^2}{2!} + \frac{x^3}{3!} + \ldots \qquad (4.2\text{-}121)$$

so dass wir für Gl. (4.2-114) nach dem Ausführen der Division auch schreiben können

$$u_{\text{vib}} = \frac{9}{8} R \cdot \Theta_D + 9RT \left(\frac{T}{\Theta_D}\right)^3 \int_0^{\frac{\Theta_D}{T}} \left[x^2 \left(1 - \frac{x}{2} + \frac{x^2}{12} \mp \ldots \right)\right] dx \qquad (4.2\text{-}122)$$

$$u_{\text{vib}} = \frac{9}{8} R \cdot \Theta_D + 9RT \left(\frac{T}{\Theta_D}\right)^3 \left[+\frac{1}{3}\left(\frac{\Theta_D}{T}\right)^3 - \frac{1}{8}\left(\frac{\Theta_D}{T}\right)^4 + \right.$$
$$\left. + \frac{1}{60}\left(\frac{\Theta_D}{T}\right)^5 \mp \ldots \right] \qquad (4.2\text{-}123)$$

$$u_{\text{vib}} = \frac{9}{8} R \cdot \Theta_D + 3RT - \frac{9}{8} R\Theta_D + \frac{3}{20} \frac{R\Theta_D^2}{T} \pm \ldots \qquad (4.2\text{-}124)$$

Für die molare Wärmekapazität folgt:

$$c_{\text{vib}} = 3R - \frac{3}{20} \frac{R\Theta_D^2}{T^2} \pm \ldots \qquad (4.2\text{-}125)$$

Wegen der großen Werte von T können wir nach dem ersten Glied abbrechen und erhalten so

den *Dulong-Petit'schen Wert*

$$c_{\text{vib}} \atop T\to\infty = 3R \qquad (4.2\text{-}126)$$

Gleichung (4.2-116) zeigt, dass die Stoffabhängigkeit der Temperaturabhängigkeit sich lediglich in der mit Gl. (4.2-113) eingeführten Debye-Temperatur äußert. Da Θ_D stets verbunden mit T als $\frac{T}{\Theta_D}$ oder $\frac{\Theta_D}{T}$ auftritt, müsste eine Normierung der Temperaturabhängigkeit aller Kurven c_v vs T möglich sein, wenn man anstelle von T eine reduzierte Temperatur $\frac{T}{\Theta_D}$ einführt. Abb. 4.2-4 bestätigt dies. Die völlig unterschiedlichen Kurven von Abb. 4.2-1 fallen bei der Normierung zusammen. Die ausgezogene Kurve ist die nach Gl. (4.2-116) berechnete. Die verwendeten Debye-Temperaturen sind in Tab. 4.2-2 aufgeführt. Besonders auffällig ist das Zusammenfallen der Kurven für Blei und Diamant. Sie unterscheiden sich extrem stark in ihren Θ_D-Werten (vgl. Tab. 4.2-2). Dies verwundert uns nicht, wenn wir bedenken, dass Θ_D nach Gl. (4.2-113) der Frequenz ν_{max} direkt proportional ist. Andererseits ist die Schwingungsfrequenz, wie wir an Gl. (3.1-55) gesehen haben, direkt proportional der Wurzel aus der Kraftkonstanten D und umgekehrt proportional der Wurzel aus der Masse m. Für das duktile und schwere Blei ist D klein, m groß, für den harten und leichten Kohlenstoff in Form des Diamanten gilt gerade das Gegenteil. Wir müssen also für Blei einen sehr niedrigen Wert, für Diamant einen sehr hohen Wert von ν_{max} erwarten.

Tabelle 4.2-2 Debye-Temperaturen Θ_D der in den Abb. 4.2-4 aufgeführten Elemente und Verbindungen.

Stoff	Θ_D/K
Ag	225
C (Diamant)	1800
Fe	465
Pb	94.5
NaCl	281
CaF$_2$	474
FeS$_2$	645

> Bislang haben wir nur elementare Festkörper besprochen. Wir können unsere Betrachtung aber auch auf feste, mehratomige Verbindungen ausdehnen. Für diese besagt die *Regel von Neumann und Kopp*, dass sich die molare Wärmekapazität fester Verbindungen additiv aus den molaren Wärmekapazitäten der sie aufbauenden Elemente zusammensetzt.

Dividiert man die bei höheren Temperaturen gemessene molare Wärmekapazität durch die Zahl n der Atome pro Formeleinheit, so erhält man angenähert den Dulong-Petit'schen Wert. In Abb. 4.2-5 ist die Temperaturabhängigkeit der molaren Wärmekapazitäten einiger zwei- und dreiatomiger Verbindungen der von Blei und Diamant gegenübergestellt. Abbildung 4.2-4 zeigt, dass auch diese Kurven aufeinanderfallen, wenn wir die durch die Zahl n der Atome pro Formeleinheit dividierte molare Wärmekapazität c_v gegen $\dfrac{T}{\Theta_D}$ auftragen.

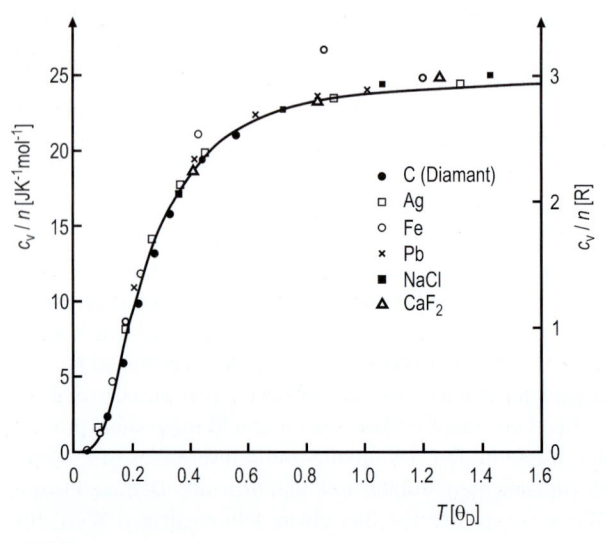

Abbildung 4.2-4 Temperaturabhängigkeit der molaren Wärme-kapazität von Festkörpern nach der Debye'schen Theorie.

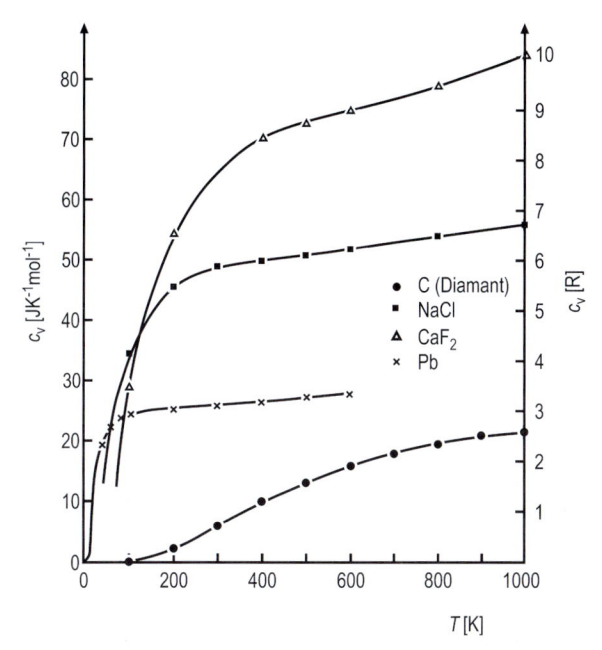

Abbildung 4.2-5 Temperaturabhängigkeit der molaren Wärmekapazität von Festkörpern verschiedener Zusammensetzung.

Diese bemerkenswerten Erfolge der Debye'schen Theorie dürfen jedoch nicht darüber hinwegtäuschen, dass sehr exakte Messungen der molaren Wärmekapazität doch erhebliche Abweichungen von den nach Gl. (4.2-116) berechneten Werten erkennen lassen. So zeigt sich beispielsweise eine Temperaturabhängigkeit der Θ_D-Werte, was zum Teil eine Folge davon ist, dass die angenommene Frequenzverteilung Gl. (4.2-108) nur eine Näherung ist, da wesentliche Gittereigenschaften vernachlässigt werden. Die „wahre" Frequenzverteilung kann merklich von Abb. 4.2-3 abweichen, ja sogar mehrere Maxima aufweisen. Auch ergeben sich Differenzen zwischen den Θ_D-Werten, die nach verschiedenen Methoden (Anpassung an die T^3-Abhängigkeit, Anpassung an die Debye'sche Kurve bei höheren Temperaturen, Berechnung nach Gl. (4.2-107) über die mit Hilfe der elastischen Daten berechenbare Schallgeschwindigkeit w, Berechnung aus der Kompressibilität, dem Schmelzpunkt (Lindemann-Regel) oder dem elektrischen Widerstand) erhalten wurden. Bereits bei der Herleitung der Frequenzverteilung war erwähnt worden, dass bei starker Anisotropie des Gitters (Schichtengitter, Kettengitter) von (Gl.-4.2-108) abweichende Beziehungen resultieren, so dass $D(v)$ entweder proportional v oder unabhängig von v ist, was wiederum zur Folge hat, dass die molare Wärmekapazität im Gegensatz zu Gl. (4.2-120) für kleine Temperaturen quadratisch oder linear mit der Temperatur ansteigt. Die Ausführungen des folgenden Abschnitts werden uns schließlich zeigen, dass bei sehr niedrigen Temperaturen auch die Elektronen in Metallen einen Anteil an der molaren Wärmekapazität haben, so dass aus dieser Sicht zumindest bei Metallen gar keine T^3-Abhängigkeit vorliegen dürfte.

4.2.6
Das Elektronengas

Nachdem wir einige Anwendungen der Boltzmann-Statistik kennengelernt haben, wollen wir uns einer Anwendung der Fermi-Dirac-Statistik zuwenden.

Um das elektrische Leitvermögen eines Metalls verstehen zu können, muss man annehmen, dass das Metall freie oder quasi freie Elektronen enthält. Man geht deshalb von der Vorstellung aus, dass die Gitterpunkte mit Metall-Ionen besetzt sind und dass sich die vom Rumpf abgetrennten Valenzelektronen als Leitungselektronen frei und ungeordnet im Gitter bewegen (vgl. Abschn. 5.6.2). Beim Anlegen eines elektrischen Feldes erhalten die Elektronen dann eine Vorzugsrichtung.

Wenn diese Vorstellung richtig ist, wenn insbesondere die freien Elektronen sich im Metall wie die Teilchen eines idealen Gases völlig ungeordnet bewegen, dann sollte man nach unseren bisherigen Überlegungen für die einwertigen Metalle eine molare Wärmekapazität von 4.5 R erwarten, von denen 3 R auf die Schwingungen der Gitteratome (vgl. Abschnitt 4.2.5) und $\frac{3}{2}R$ auf die Translationsbewegung der Elektronen (vgl. Abschnitt 4.2.3 a) zurückgeführt werden müssten. Wir haben jedoch im vorangehenden Abschnitt gesehen, dass die experimentell bestimmte molare Wärmekapazität im Wesentlichen mit der Schwingung der Gitterbausteine allein erklärt werden kann. Auf den ersten Blick scheinen die Leitungselektronen gar keinen Einfluss auf die molare Wärmekapazität zu haben.

Bei der Besprechung der chemischen Bindung (Abschnitt 3.5) haben wir gesehen, dass bei der Verbindungsbildung die Atomorbitale aufspalten und in einem zweiatomigen Molekül zwei Molekülorbitale bilden. Einen Metallkristall müssen wir als ein Riesenmolekül auffassen, in dem die Atomorbitale der getrennten N Atome in jeweils N Molekülorbitale aufgespalten sind, die sehr dicht beieinanderliegen und ein *Band* bilden (vgl. Abschnitt 3.5-3).

Bereits im Abschnitt 4.1.7 zeigte es sich, dass auf die Elektronen auf Grund ihrer kleinen Masse und des kleinen Volumens, das ihnen im Metall zur Verfügung steht, nicht mehr die Boltzmann-Statistik angewandt werden darf. Wir müssen deshalb eine der Quantenstatistiken verwenden, wegen des halbzahligen Spins der Elektronen die Fermi-Dirac-Statistik.

Zunächst wollen wir uns etwas näher mit den Aussagen der Fermi-Dirac'schen Verteilungsfunktion, Gl. (4.1-71), beschäftigen, die wir in der Form

$$\frac{N}{A} = f(\varepsilon) = \frac{1}{e^{(\varepsilon - \varepsilon_F)/kT} + 1} \tag{4.2-127}$$

schreiben, nachdem wir den Lagrange'schen Multiplikator α durch ε_F/kT ersetzt haben. Dazu betrachten wir einige spezielle Fälle.

1. $T = 0\,\mathrm{K}$

   Wir müssen unterscheiden:

a) $\varepsilon < \varepsilon_F$

Unter dieser Bedingung ist $e^{(\varepsilon - \varepsilon_F)/kT} = 0$, so dass folgt

$$f(\varepsilon) = 1 \qquad (T = 0\,\text{K},\ \varepsilon < \varepsilon_\text{F}) \tag{4.2-128}$$

b) $\varepsilon > \varepsilon_\text{F}$

Unter dieser Bedingung ist $\mathrm{e}^{(\varepsilon-\varepsilon_\text{F})/kT} = \infty$, so dass folgt

$$f(\varepsilon) = 0 \qquad (T = 0\,\text{K},\ \varepsilon > \varepsilon_\text{F}) \tag{4.2-129}$$

> Das bedeutet, dass bei $T = 0$ K alle Niveaus bis zu der Energie ε_F voll besetzt, alle darüberliegenden leer sind. Die Rechteckkurve in Abb. 4.2-6 demonstriert dies. Man nennt deshalb ε_F *Fermi'sche Grenzenergie*.

2. $T > 0$ K

Hier müssen wir eine noch weitergehende Unterscheidung treffen.

a) $|\varepsilon - \varepsilon_\text{F}| \gg kT$

Dies bedeutet, dass der Unterschied der Energien ε und ε_F sehr groß ist gegenüber der thermischen Energie. Wir betrachten also Gebiete in hinreichend großem Abstand von der Fermi'schen Grenzenergie.

α) $\varepsilon < \varepsilon_\text{F}$

Unter dieser Bedingung ist $\mathrm{e}^{(\varepsilon-\varepsilon_\text{F})/kT} \ll 1$. Berücksichtigen wir, dass für kleine x der Bruch $\dfrac{1}{1+x} \approx 1-x$ ist, so folgt aus Gl. (4.2-127)

$$f(\varepsilon) = 1 - \mathrm{e}^{(\varepsilon-\varepsilon_\text{F})/kT} \qquad (T > 0\,\text{K},\ \varepsilon < \varepsilon_\text{F}) \tag{4.2-130}$$

Für niedrige Energien sind wieder alle Niveaus besetzt, für etwas höhere, aber noch genügend weit von ε_F entfernte Niveaus gilt für die Zahl der unbesetzten Niveaus die Boltzmann-Verteilung mit $(\varepsilon - \varepsilon_\text{F})$ als Energie, denn wenn $1 - \mathrm{e}^{(\varepsilon-\varepsilon_\text{F})/kT}$ die Besetzungswahrscheinlichkeit ist, ist $\mathrm{e}^{(\varepsilon-\varepsilon_\text{F})/kT}$ die Wahrscheinlichkeit, dass ein Niveau nicht besetzt ist. Die Differenz $\varepsilon - \varepsilon_\text{F}$ ist negativ, so dass $\mathrm{e}^{(\varepsilon-\varepsilon_\text{F})/kT}$ dem variablen Zähler von Gl. (4.1-86) entspricht.

β) $\varepsilon > \varepsilon_\text{F}$

Unter dieser Bedingung ist $\mathrm{e}^{(\varepsilon-\varepsilon_\text{F})/kT} \gg 1$. Wir können deshalb die 1 im Nenner von Gl. (4.2-127) gegenüber dem Exponentialterm vernachlässigen und erhalten

$$f(\varepsilon) = \mathrm{e}^{-(\varepsilon-\varepsilon_\text{F})/kT} \qquad (T > 0\,\text{K},\ \varepsilon > \varepsilon_\text{F}) \tag{4.2-131}$$

Für Energien, die merklich oberhalb der Fermi'schen Grenzenergie liegen, gilt nach Gl. (4.2-131) wieder die Boltzmann-Verteilung mit $(\varepsilon - \varepsilon_\text{F})$ als Energie.

b) $\varepsilon = \varepsilon_\text{F}$

Unter dieser Bedingung nimmt $e^{(\varepsilon-\varepsilon_F)/kT}$ den Wert 1 an, so dass folgt

$$f(\varepsilon) = \frac{1}{2} \qquad (T > 0\,\text{K},\ \varepsilon = \varepsilon_F) \tag{4.2-132}$$

> Bei Temperaturen oberhalb 0 K ist demnach die Besetzungswahrscheinlichkeit an der Fermi'schen Grenzenergie unabhängig von der Temperatur gleich $\frac{1}{2}$. Aus Abb. 4.2-6 geht hervor, dass mit steigender Temperatur unterhalb der Fermi'schen Grenzenergie die Besetzungswahrscheinlichkeit abnimmt (Feld „leer") und oberhalb von ε_F zunimmt (Feld „besetzt").

Die punktierte Kurve in Abb. 4.2-6 gibt die Verhältnisse für eine Temperatur wieder, bei der die thermische Energie kT ein Zehntel der Fermi'schen Grenzenergie beträgt, dem entspräche bei Metallen, wie wir später sehen werden, eine Temperatur von größenordnungsmäßig 5000 K.

Bisher haben wir nur die *Besetzungswahrscheinlichkeit* eines Energiezustandes ε betrachtet. Wir wollen nun die Frage nach der *Besetzungsdichte* $N(\varepsilon)$ stellen. Wir erhalten sie (vgl. Gl. (4.1-11)), wenn wir die *Zustandsdichte* $D(\varepsilon)$ mit der Besetzungswahrscheinlichkeit $f(\varepsilon)$ und der Zahl g der Teilchen pro Niveau multiplizieren:

$$N(\varepsilon) = g \cdot f(\varepsilon) \cdot D(\varepsilon) \tag{4.2-133}$$

Dabei ist $g = 2$, $f(\varepsilon)$ die Fermi-Dirac'sche Verteilungsfunktion und $D(\varepsilon)$ die von uns in Abschnitt 4.1.2 für ein Teilchen im Kasten abgeleitete Zustandsdichte Gl. (4.1-9). Es ergibt sich also

$$N(\varepsilon) = 2 \cdot \frac{1}{e^{(\varepsilon-\varepsilon_F)/kT} + 1} \cdot \frac{4\pi\sqrt{2} \cdot m^{3/2} \cdot \varepsilon^{1/2} V}{h^3}$$

$$N(\varepsilon) = \frac{4\pi V (2m)^{3/2}}{h^3} \cdot \frac{\varepsilon^{1/2}}{e^{(\varepsilon-\varepsilon_F)/kT} + 1} \tag{4.2-134}$$

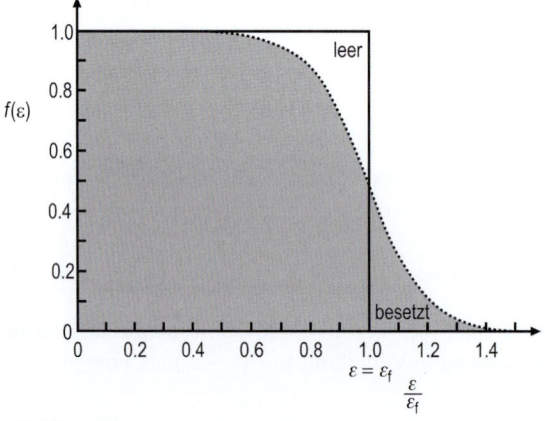

Abbildung 4.2-6 Fermi-Dirac-Verteilung, ausgezogene Kurve $T = 0$ K, punktierte Kurve $T = \dfrac{\varepsilon_F}{10\,k}$.

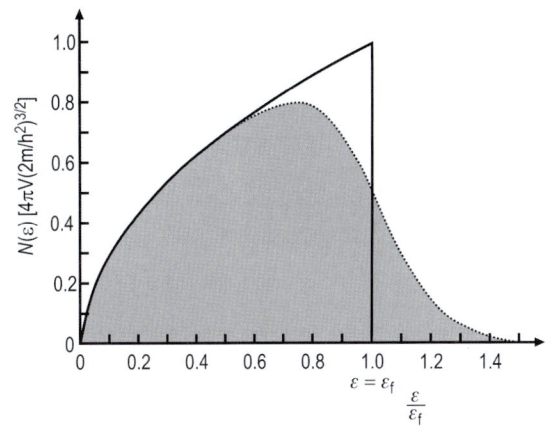

Abbildung 4.2-7 Besetzungsdichte in Vielfachen von $4\pi V(2m/h^2)^{3/2}$, ausgezogene Kurve $T = 0$ K, punktierte Kurve $T = \dfrac{\varepsilon_F}{10\,k}$.

Für die beiden Abb. 4.2-6 zugrundeliegenden Temperaturen 0 K und $\left(\dfrac{1}{10}\dfrac{\varepsilon_F}{k}\right)$ ist die Besetzungsdichte in Abb. 4.2-7 wiedergegeben.

Der Kurvenverlauf unterscheidet sich grundlegend von dem nach der Boltzmann-Statistik zu erwartenden. Würde man diese anwenden, so erhielte man einen Kurvenverlauf, wie wir ihn in Abschnitt 4.3.1 in Zusammenhang mit der Geschwindigkeitsverteilung der Gase diskutieren werden (Abb. 4.3-2).

Die Kenntnis der Besetzungsdichte (Gl. 4.2-134) erlaubt es uns nun, die Fermi'sche Grenzenergie zu ermitteln, d. h. die Energie, bis zu der bei 0 K alle Niveaus voll besetzt sind. Die Gesamtzahl N der Teilchen muss gleich sein dem Integral über die Besetzungsdichte zwischen null und unendlich, weil dies der Summation über alle Teilchen entspricht. Da unter den gewählten Bedingungen keine Teilchen mit Energien $\varepsilon > \varepsilon_F$ vorliegen und für $\varepsilon < \varepsilon_F$ alle Niveaus voll besetzt sind, können wir als obere Grenze des Integrals anstelle von ∞ ε_F verwenden und $f(\varepsilon) = 1$ setzen. So erhalten wir

$$N = \int_0^\infty N(\varepsilon)\,d\varepsilon = \int_0^{\varepsilon_F} N(\varepsilon)\,d\varepsilon \tag{4.2-135}$$

$$N = 4\pi V \left(\frac{2m}{h^2}\right)^{3/2} \int_0^{\varepsilon_F} f(\varepsilon) \cdot \varepsilon^{1/2}\,d\varepsilon \tag{4.2-136}$$

$$N = 4\pi V \left(\frac{2m}{h^2}\right)^{3/2} \int_0^{\varepsilon_F} \varepsilon^{1/2}\,d\varepsilon = 4\pi V \left(\frac{2m}{h^2}\right)^{3/2} \cdot \frac{2}{3}\varepsilon_F^{3/2} \tag{4.2-137}$$

Lösen wir diese Gleichung nach ε_F auf, so erhalten wir für die Fermi'sche Grenzenergie

$$\varepsilon_F = \left(\frac{3N}{\pi V}\right)^{2/3} \cdot \frac{h^2}{8m} \qquad (4.2\text{-}138)$$

Ebenso leicht können wir die Gesamtenergie der Teilchen bei 0 K ermitteln. Sie ergibt sich aus dem Integral über die mit der Energie multiplizierte Besetzungsdichte (vgl. Gl. (4.1-12))

$$U_0 = \int_0^\infty \varepsilon N(\varepsilon) d\varepsilon = 4\pi V \left(\frac{2m}{h^2}\right)^{3/2} \int_0^{\varepsilon_F} \varepsilon^{3/2} d\varepsilon \qquad (4.2\text{-}139)$$

$$U_0 = 4\pi V \left(\frac{2m}{h^2}\right)^{3/2} \cdot \frac{2}{5} \varepsilon_F^{5/2} \qquad (4.2\text{-}140)$$

Substituieren wir in dieser Gleichung $\varepsilon_F^{3/2}$ durch Gl. (4.2-138), so erhalten wir

$$U_0 = 4\pi V \left(\frac{2m}{h^2}\right)^{3/2} \cdot \frac{2}{5} \cdot \frac{3N}{\pi V} \cdot \left(\frac{h^2}{8m}\right)^{3/2} \cdot \varepsilon_F \qquad (4.2\text{-}141)$$

Die Gesamtenergie U_0 der Elektronen bei 0 K ist

$$U_0 = \frac{3}{5} N \varepsilon_F = \frac{3h^2}{40m} \cdot N \cdot \left(\frac{3N}{\pi V}\right)^{2/3} \qquad (4.2\text{-}142)$$

Die mittlere Energie eines Teilchens bei 0 K ergibt sich daraus zu

$$\bar{\varepsilon}_0 = \frac{U_0}{N} = \frac{3}{5} \varepsilon_F = \frac{3h^2}{40m} \left(\frac{3N}{\pi V}\right)^{2/3} \qquad (4.2\text{-}143)$$

Sie beträgt demnach 3/5 der Fermi'schen Grenzenergie. Wir können sie aber auch aus der Masse und dem Volumen V/N berechnen, das einem Teilchen zur Verfügung steht.

Wie eingangs gesagt wurde, interessieren uns in besonderem Maße die thermodynamischen Eigenschaften der Leitungselektronen in Metallen. Wir wollen deshalb die gewonnenen Ergebnisse auf das Metallelektronengas anwenden und zunächst die Fermi'sche Grenzenergie berechnen. Dazu benötigen wir als Stoffkonstante gemäß Gl. (4.2-138) lediglich das molare Volumen. Tab. 4.2-3 enthält u. a. die molaren Volumina einiger einfacher Metalle und die daraus berechneten Fermi'schen Grenzenergien.

Nach Gl. (4.2-143) berechnet sich beispielsweise für die Elektronen im Lithium eine mittlere Energie von $\frac{3}{5} \cdot 0.754 \cdot 10^{-18}$ J pro Elektron, entsprechend einer mittleren molaren Energie von $2.72 \cdot 10^5$ J/mol bei 0 K. Würde die Boltzmann-Statistik gelten, nach der sich (vgl. Gl. (1.2-11)) für ein einatomiges Gas die molare

Tabelle 4.2-3 Fermi-Größen freier Elektronen in Metallen.

Metall	$\dfrac{v}{\text{cm}^3\ \text{mol}^{-1}}$	$\dfrac{\varepsilon_F}{10^{-18}\ \text{J}}$	$\dfrac{\varepsilon_F}{\text{eV}}$	$\dfrac{\gamma_{\text{ber.}}}{10^{-3}\ \text{J}\ \text{mol}^{-1}\ \text{K}^{-2}}$	$\dfrac{\gamma_{\text{exp.}}}{10^{-3}\ \text{J}\ \text{mol}^{-1}\ \text{K}^{-2}}$
Li	12.99	0.754	4.7	0.75	1.63
Na	23.68	0.506	3.2	1.12	1.38
K	45.4	0.328	2.0	1.72	2.08
Rb	55.79	0.286	1.8	1.97	2.41
Cs	70.95	0.243	1.5	2.33	3.20
Cu	7.09	1.13	7.0	0.50	0.70
Ag	10.27	0.882	5.5	0.64	0.65
Au	10.21	0.886	5.5	0.64	0.73
Mg	13.96	1.14	7.1	0.50	1.32

Innere Energie zu $\tfrac{3}{2}RT$ berechnet, so würden die Elektronen im Metall die Energie, die sie tatsächlich schon bei 0 K besitzen, erst bei $T = 2.72 \cdot 10^5$ J/mol $\cdot \tfrac{2}{3} \cdot R^{-1}$, d. h. bei 22 000 K erreichen. Man bezeichnet die um den Faktor 5/2 höhere, durch

$$T_F \equiv \frac{\varepsilon_F}{k} \qquad (4.2\text{-}144)$$

definierte Temperatur als *Fermi-Temperatur*

Wesentlich schwieriger als die Berechnung der mittleren Energie bei 0 K gestaltet sich die Berechnung der mittleren Energie bei einer höheren Temperatur. Unter diesen Bedingungen ist $f(\varepsilon)$ nicht mehr 1 und als obere Integrationsgrenze können wir nicht mehr ε_F setzen. Wir müssten das Integral

$$U = 4\pi V \left(\frac{2m}{h^2}\right)^{3/2} \int_0^\infty \frac{\varepsilon^{3/2}}{e^{(\varepsilon-\varepsilon_F)/kT}+1}\,d\varepsilon \qquad (4.2\text{-}145)$$

lösen. Das ist nicht analytisch, sondern nur numerisch möglich. Wir begnügen uns deshalb mit einer graphischen Darstellung der mittleren Energie des Elektronengases in Abhängigkeit von der Temperatur (Abb. 4.2-8). Zum Vergleich ist der Verlauf der Energie eingezeichnet, der bei Gültigkeit der Boltzmann-Statistik zutreffend wäre. Wir erkennen aus dieser Abbildung unmittelbar, weshalb die Elektronen in den Metallen bei normalen Temperaturen einen so geringen Beitrag zu der molaren Wärmekapazität leisten. Sie besitzen eine sehr hohe Energie, doch nimmt ihre Energie mit steigender Temperatur wesentlich schwächer zu, als es klassisch zu erwarten wäre. Auf Grund des Pauli-Prinzips können nur die Elektronen angeregt werden, die dabei in ein noch unbesetztes Niveau gelangen. Das sind aber,

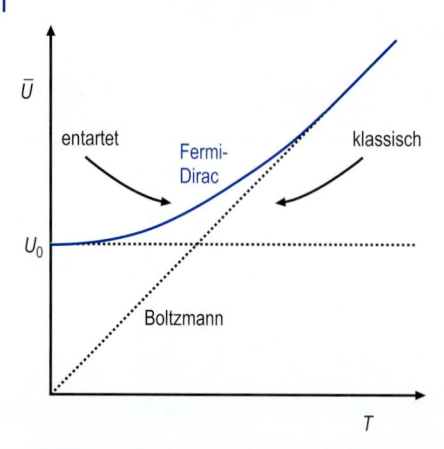

Abbildung 4.2-8 Abhängigkeit der mittleren Energie des Elektronengases von der Temperatur.

wenn wir von 0 K ausgehen, nur die Elektronen, die höchstens um kT unterhalb der Fermi-Energie liegen. Da $kT \ll \varepsilon_F$, kann demnach nur ein winziger Bruchteil der Elektronen überhaupt zur molaren Wärmekapazität beitragen. Erst bei sehr hohen Temperaturen nähern sich die der Fermi-Statistik und die der Boltzmann-Statistik entsprechenden Kurven.

Den Beitrag der Elektronen zu der molaren Wärmekapazität der Metalle erhalten wir durch Differenzieren von Gl. (4.2-145) nach der Temperatur und Division der Gleichung durch n. Auch diese Berechnung kann nicht explizit ausgeführt werden, so dass wir lediglich das Ergebnis vermerken:

> **Molare Wärmekapazität des Elektronengases**
>
> $$c_{el} = \frac{\pi^2}{2} R \cdot \frac{kT}{\varepsilon_F} = \gamma \cdot T \qquad (4.2\text{-}146)$$

wobei wir sämtliche Konstanten in γ zusammenfassen. Während im klassischen Fall die molare Wärmekapazität unabhängig von der Temperatur $3/2\,R$ für die Translation beträgt, ist sie für das Elektronengas linear von der Temperatur abhängig. Wir wollen wieder für den Fall des Lithiums den Wert von γ aus den Werten in Tab. 4.2-3 berechnen. Es ergibt sich $\gamma_{Li} = 0.9 \cdot 10^{-4} R\,K^{-1}$. Wenn wir versuchen, Gl. (4.2-146) experimentell zu bestätigen, so müssten wir Bedingungen wählen, unter denen die geringe molare Wärmekapazität der Elektronen nicht völlig von dem im Abschnitt 4.2.5 behandelten Schwingungsanteil des Gitters überdeckt wird. Dazu bieten sich entweder sehr hohe Temperaturen an, bei denen auch c_{el} groß wird, oder sehr niedrige Temperaturen, bei denen auf Grund des T^3-Gesetzes die molare Wärmekapazität des Gitters sehr klein wird. Wir wollen letzteren Fall betrachten. Die experimentell bestimmbare molare Wärmekapazität setzt sich dann additiv aus den nach Gl. (4.2-120) und Gl. (4.2-146) gegebenen Anteilen zusammen:

$$c_\nu = c_\text{vib} + c_\text{el} = 233.8 \cdot R\frac{T^3}{\Theta_D^3} + \frac{\pi^2}{2} R\frac{kT}{\varepsilon_F} \tag{4.2-147}$$

$$c_\nu = AT^3 + \gamma \cdot T \tag{4.2-148}$$

Dividieren wir Gl. (4.2-148) durch T,

$$\frac{c_\nu}{T} = AT^2 + \gamma \tag{4.2-149}$$

so erkennen wir, dass die Auftragung von $\frac{c_\nu}{T}$ gegen T^2 eine Gerade ergeben müsste, aus deren Achsenabschnitt γ und aus deren Steigung A ermittelt werden könnten. Abbildung 4.2-9a gibt die für Kalium bei tiefen Temperaturen gemessenen c/T-Werte wieder. Die Messwerte liegen sehr gut auf einer Geraden und bestätigen somit die Aussage von Gl. (4.2-149). Wir entnehmen der Abbildung unmittelbar

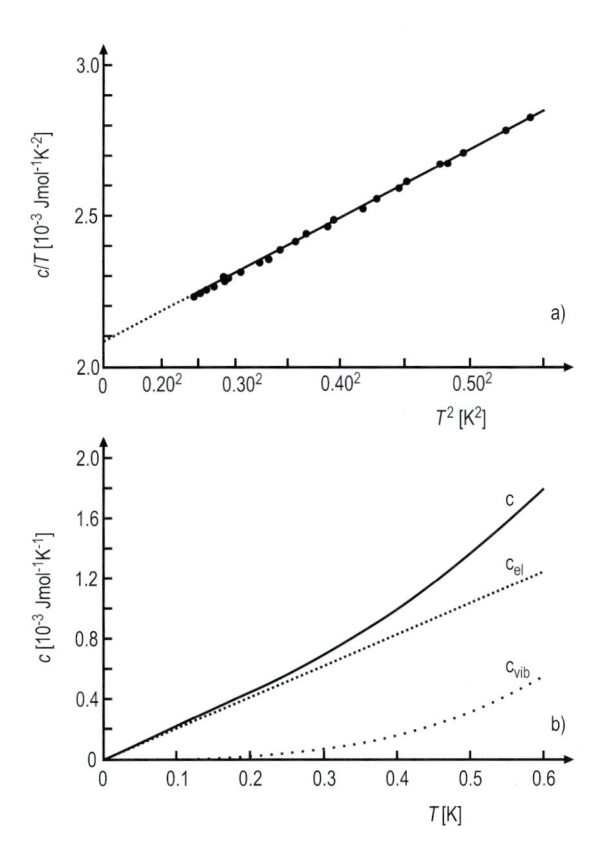

Abbildung 4.2-9 Molare Wärmekapazität des Kaliums bei extrem niedrigen Temperaturen. a) Bestimmung von A und γ, b) Schwingungsanteil, Elektronenbeitrag und gesamte molare Wärmekapazität in Abhängigkeit von der Temperatur.

den Wert für γ ($2.08 \cdot 10^{-3}$ Jmol^{-1} K^{-2}) und berechnen aus der Steigung A zu $2.57 \cdot 10^{-3}$ J K^{-4} mol^{-1}, woraus durch Vergleich von Gl. (4.2-147) und Gl. (4.2-148) $\Theta_D = 91$ K folgt. Der Θ_D-Wert stimmt sehr gut mit Werten überein, die nach anderen Methoden bestimmt wurden. Der γ-Wert ist um 20 % höher als der unter Annahme eines freien Elektronengases berechnete (vgl. Tab. 4.2-3). In dieser Tabelle sind für weitere Metalle berechnete und experimentelle γ-Werte einander gegenübergestellt. Die experimentellen Werte sind stets etwas höher, was darauf beruht, dass doch gewisse Wechselwirkungen zwischen den Elektronen untereinander und zwischen den Elektronen und den Gitterbausteinen vorliegen.

Unter Zugrundelegen der aus Abb. 4.2-9 a gewonnenen Daten sind in Abb. 4.2-9 b der Schwingungsanteil c_{vib}, der Elektronenanteil c_{el} und die gesamte molare Wärmekapazität aufgetragen. Wir erkennen, dass, wie bereits oben vermutet wurde, bei den extrem niedrigen Temperaturen die Elektronen den wesentlichen Anteil an der gesamten molaren Wärmekapazität liefern. Doch bereits bei einer Temperatur von 1 K ist c_{vib} ($2.57 \cdot 10^{-3}$ J mol^{-1} K^{-1}) beim Kalium größer als c_{el} ($2.08 \cdot 10^{-3}$ J mol^{-1} K^{-1}). Bei 10 K gar übertrifft c_{vib} (2.57 J mol^{-1} K^{-1}) c_{el} ($2.08 \cdot 10^{-2}$ J mol^{-1} K^{-1}) um einen Faktor von 123.

Die Kenntnis der Volumenabhängigkeit der Inneren Energie bei 0 K (Gl. 4.2-143) gestattet es uns, entsprechend Gl. (2.3-31) nach

$$p_0 = -\left(\frac{\partial U_0}{\partial V_0}\right)_s \tag{4.2-150}$$

den Druck des Elektronengases bei 0 K auszurechnen. Wir brauchen lediglich Gl. (4.2-143) nach dem Volumen zu differenzieren:

$$p_0 = -N \cdot \frac{3h^2}{40m}\left(\frac{3N}{\pi}\right)^{2/3} \cdot \frac{d(V^{-2/3})}{dV} \tag{4.2-151}$$

$$p_0 = \frac{h^2}{20m}\left(\frac{3}{\pi}\right)^{2/3}\left(\frac{N}{V}\right)^{5/3} \tag{4.2-152}$$

Mit Gl. (4.2-138) ist das

$$p_0 = \frac{2}{5}\frac{N}{V} \cdot \varepsilon_F \tag{4.2-153}$$

$$p_0 \cdot V = \frac{2}{5} \cdot N \cdot \varepsilon_F \tag{4.2-154}$$

Mit Gl. (4.2-143) erhält man für

den Druck des Elektronengases bei 0 K

$$p_0 = \frac{2}{3}\frac{U_0}{V} \tag{4.2-155}$$

$$p_0 \cdot V = \frac{2}{3} U_0 \tag{4.2-156}$$

> Rechnen wir den Druck p_0 für das Elektronengas im Kalium aus, so erhalten wir $17 \cdot 10^3$ bar. Dass die Elektronen trotz dieses hohen Druckes nicht aus dem Metall entweichen, beruht auf der starken elektrostatischen Anziehung zwischen den Elektronen und den positiven Atomrümpfen.

Wir sind nun noch in der Lage, für 0 K außer der Inneren Energie weitere thermodynamische Funktionen des Elektronengases anzugeben. Wir beginnen mit der Entropie.

> Bei 0 K sind alle Niveaus bis zur Fermi'schen Grenzenergie voll besetzt, alle darüber befindlichen völlig leer. Da die Elektronen nicht unterscheidbar sind, gibt es nur eine Möglichkeit, diesen Zustand zu realisieren, Ω in Gl. (1.3-34) ist damit eins, die Entropie gleich null.
>
> $$S_0 = 0 \tag{4.2-157}$$

Die Freie Energie A_0 wird

$$A_0 = U_0 - T \cdot S_0 = U_0 \tag{4.2-158}$$

gleich der Inneren Energie. Die Enthalpie ist unter Berücksichtigung von Gl. (4.2-156)

$$H_0 = U_0 + p_0 \cdot V = U_0 + \frac{2}{3} U_0 = \frac{5}{3} U_0 \tag{4.2-159}$$

und die Freie Enthalpie

$$G_0 = H_0 - T \cdot S_0 = H_0 = \frac{5}{3} U_0 \tag{4.2-160}$$

Die Kombination dieser Gleichung mit Gl. (4.2-143) liefert

$$G_0 = \frac{5}{3} U_0 = N \cdot \varepsilon_F \tag{4.2-161}$$

> Bei Beachtung der Gl. (2.3-76) und der Tatsache, dass es sich um geladene Teilchen handelt (Abschn. 2.8.2), ergibt sich aus Gl. (4.2-161) die überaus wichtige Erkenntnis, dass die *Fermi'sche Grenzenergie* identisch mit dem *elektrochemischen Potential* eines einzelnen Elektrons bei 0 K ist:
>
> $$\varepsilon_F = \tilde{\mu}_0 / N_A \tag{4.2-162}$$

Da im Gleichgewicht die elektrochemischen Potentiale einer Komponente in verschiedenen Phasen ineinander gleich sein müssen, folgt aus Gl. (4.2-162), dass zwei oder mehr Metalle, die miteinander in Kontakt stehen, ein gemeinsames Fermi-Niveau annehmen müssen. Das kann nur durch einen Elektronenfluss in der einen oder anderen Richtung bewirkt werden, der zum Auftreten der *Kontaktspannung* führt (vgl. Abschn. 2.8.2).

4.2.7
Das Photonengas

Als ein Beispiel für die Anwendung der Bose-Einstein-Statistik wollen wir uns mit der Berechnung des Strahlungsgleichgewichtes beschäftigen. Es handelt sich um die Frage, zu deren Lösung Planck im Jahre 1900 zum ersten Male das Konzept der Quantelung der Energie eingeführt hat.

Nach den von uns im Abschnitt 1.4.5 angestellten Überlegungen kommt dem Licht auch eine „korpuskulare Natur" zu. Es sollte deshalb genau wie bei Molekülen, Atomen oder Elektronen möglich sein, mit Hilfe der statistischen Thermodynamik die Energieverteilung des Photonengases, d. h. der Wärmestrahlung zu berechnen. Wegen der extrem geringen „Masse" der Photonen muss dabei selbstverständlich eine Quantenstatistik herangezogen werden, und zwar die Bose-Einstein-Statistik, da das Photon den Spin S = 1 besitzt, der die Polarisationsrichtungen (rechts- bzw. linkszirkular) unterscheidet.

Wenn wir nach dem Strahlungsgleichgewicht fragen, so möchten wir wissen, welche Energie die Strahlung mit den Frequenzen zwischen ν und $\nu+\mathrm{d}\nu$ enthält. Zur Berechnung dieser Energie benötigen wir, wie wir bereits im Abschnitt 4.1.2 festgestellt haben, die Zustandsdichte der Frequenzen $D(\nu)$, die Besetzungswahrscheinlichkeit der einzelnen Zustände, d. h. die Verteilungsfunktion, und schließlich den Faktor g, der hier die Zahl der Polarisationsrichtungen angibt.

Die Frequenzdichte $D(\nu)$ haben wir im Abschnitt 4.1.2 berechnet (Gl. (4.1-21)). Die Phasengeschwindigkeit ist hier natürlich die Lichtgeschwindigkeit c:

$$D(\nu) = \frac{4\pi V \nu^2}{c^3} \tag{4.1-21}$$

Für die Besetzungswahrscheinlichkeit dürfen wir nicht ohne weiteres die Bose-Einstein'sche Verteilungsfunktion

$$f(\varepsilon) = \frac{N}{A} = \frac{1}{e^{-\alpha}e^{\varepsilon/kT} - 1} \tag{4.1-36}$$

einführen, da eine der Randbedingungen, die zu Gl. (4.1-36) führte, für das Photonengas nicht zutrifft. Wir sind im Abschnitt 4.1.4 davon ausgegangen, dass für das betrachtete System die Teilchenzahl

$$N = \sum_i N_i \qquad (4.1\text{-}24)$$

konstant ist. Das ist beim Photonengas nicht der Fall. Es gibt in einem Hohlraum bei hoher Wandtemperatur viel mehr Photonen als bei tiefer. Deshalb fällt die Randbedingung (4.1-24) fort. Das hat aber auch zur Folge, dass bei der Anwendung der Lagrange'schen Multiplikatorenmethode die Größe α in Gl. (4.1-33) nicht auftritt, d. h. dass α den Wert null hat. In Abschnitt 4.2.6 haben wir erkannt, dass α ($\equiv \varepsilon_F/kT$) identisch ist mit dem elektrochemischen Potential eines Elektrons. Dieses muss dann im Fall der Photonen ebenfalls null sein. Für die Photonen ergibt sich deshalb als Besetzungswahrscheinlichkeit anstelle von Gl. (4.1-36)

$$f(\varepsilon) = \frac{1}{e^{\varepsilon/kT} - 1} = \frac{1}{e^{h\nu/kT} - 1} \qquad (4.2\text{-}163)$$

Die Energie ε des Photons haben wir dabei durch $h \cdot \nu$ ersetzt.

Wenn wir nun schließlich die Besetzungsdichte $N(\nu)$ der Photonen aufschreiben, so müssen wir bedenken, dass zwei voneinander unabhängige Polarisationszustände des Lichtes existieren, so dass außer den durch Gl. (4.1-21) und Gl. (4.2-163) gegebenen Ausdrücken noch der Faktor $g = 2$ berücksichtigt werden muss:

$$N(\nu) = \frac{8\pi V}{c^3} \cdot \frac{\nu^2}{e^{h\nu/kT} - 1} \qquad (4.2\text{-}164)$$

Die *spektrale Energiedichte*, die im Strahlungsgleichgewicht diesem Frequenzbereich zukommt, ergibt sich aus Gl. (4.2-164) durch Multiplikation mit der Energie $h \cdot \nu$ eines einzelnen Lichtquants

$$U(\nu) = \frac{8\pi h V}{c^3} \frac{\nu^3}{e^{h\nu/kT} - 1} \qquad (4.2\text{-}165)$$

Wir brauchen jetzt nur noch durch das Volumen zu teilen, um das *Planck'sche Strahlungsgesetz*, (vgl. hierzu auch Abschn. 3.4.2, insbesondere Gl. (3.4-36) ff.) der schwarzen Hohlraumstrahlung zu erhalten. Man nennt $\varrho(\nu)$

die spektrale Strahlungsdichte

$$\varrho(\nu) = \frac{U(\nu)}{V} = \frac{8\pi}{c^3} \cdot \frac{h\nu^3}{e^{h\nu/kT} - 1} \qquad (4.2\text{-}166)$$

Dieser Ausdruck stellt die Volumendichte der Strahlungsenergie der Frequenz ν im schwarzen Körper dar. Er entspricht der bereits im Abschnitt 1.4.5 behandelten Gleichung (1.4-26) für das spektrale Emissionsvermögen $E(\nu)$ des schwarzen Strahlers, d. h. seiner auf den Raumwinkel 1 bezogenen Ausstrahlung. $E(\nu)$ ist eine Energiestromdichte, d. h. die Strahlungsleistung, die aus einem Loch im schwarzen Körper austritt. Man erhält sie aus $\varrho(\nu)$ durch Multiplikation mit $c/8$. Um zu einer all-

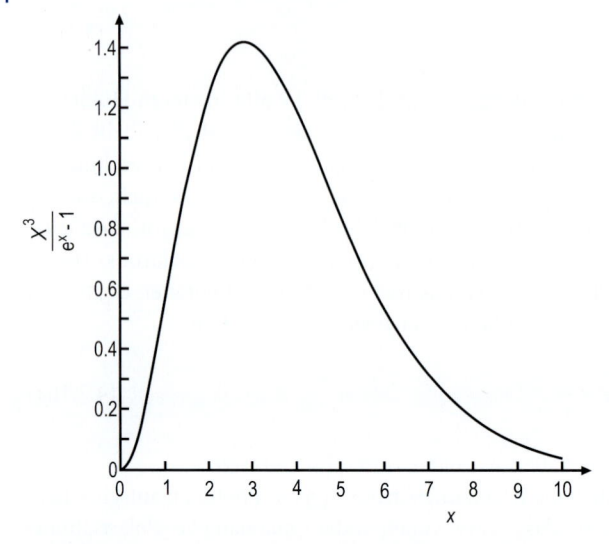

Abbildung 4.2-10 Darstellung der Funktion $\dfrac{x^3}{e^x - 1}$

gemeingültigen graphischen Darstellung der spektralen Strahlungsdichte zu kommen, bringen wir Gl. (4.2-166) in die Form

$$\varrho(\nu) = \frac{8\pi h}{c^3} \cdot \frac{k^3 T^3}{h^3} \cdot \frac{(h\nu/kT)^3}{e^{h\nu/kT} - 1} \tag{4.2-167}$$

Wir betrachten zunächst den letzten Faktor in Gl. (4.2-167), der mit der Substitution

$$x = \frac{h\nu}{kT} \tag{4.2-168}$$

die Form $\dfrac{x^3}{e^x - 1}$ annimmt. Abb. 4.2-10 gibt diesen Ausdruck in Abhängigkeit von x wieder.

Er bestimmt bis auf den temperaturabhängigen Faktor $\dfrac{8\pi h}{c^3} \cdot \dfrac{k^3 T^3}{h^3}$ die Form der durch Gl. (4.2-167) gegebenen Kurve. Das Maximum der Kurve finden wir durch Differenzieren von Gl. (4.2-166). Dabei tritt die transzendente Gleichung

$$e^{x_{max}}(3 - x_{max}) = 3 \tag{4.2-169}$$

auf, für die wir graphisch die Lösung $x_{max} = 2.8214$ erhalten. Mit Gl. (4.2-168) ergibt sich somit ein Zusammenhang zwischen der Frequenz ν_{max}, bei der die Strahlungsdichte pro Frequenzeinheit maximal ist, und der Temperatur des schwarzen Körpers:

$$\frac{h\nu_{max}}{kT} = 2.8214 \tag{4.2-170}$$

$$\nu_{max} = 5.877 \cdot 10^{10} \cdot T \quad K^{-1} s^{-1} \tag{4.2-171}$$

> Wir können demnach aus ν_{max} die Temperatur des Strahlers berechnen. Gl. (4.2-171) entspricht dem *Wien'schen Verschiebungsgesetz*, nach dem das Produkt aus der Temperatur T und der Wellenlänge λ_{max}, bei der die Strahlungsdichte pro Wellenlängeneinheit maximal ist, konstant ist.

Die gesamte Strahlungsenergiedichte im Hohlraum erhalten wir durch Integration von Gl. (4.2-166)

$$\frac{U}{V} = \frac{8\pi h}{c^3} \int_0^\infty \frac{\nu^3}{e^{h\nu/kT} - 1} d\nu \tag{4.2-172}$$

wofür wir mit der Substitution [Gl. (4.2-168)] finden

$$\frac{U}{V} = \frac{8\pi k^4}{c^3 h^3} \cdot T^4 \int_0^\infty \frac{x^3}{e^x - 1} dx \tag{4.2-173}$$

Das Integral haben wir (s. Mathem. Anhang L) bereits früher gelöst. Es hat den Wert $\pi^4/15$. Damit ist

> die gesamte Strahlungsenergiedichte im Hohlraum
> $$\frac{U}{V} = \frac{8}{15} \cdot \pi^5 \left(\frac{k}{ch}\right)^3 \cdot k \cdot T^4 \tag{4.2-174}$$

Das ist nichts anderes als das *Stefan-Boltzmann'sche Gesetz*.

Wir wollen nun noch einige thermodynamische Größen des Photonengases ableiten. Wir haben bereits festgestellt, dass das chemische Potential

$$\mu = 0 \tag{4.2-175}$$

ist. Das gleiche muss für die Freie Enthalpie gelten:

$$G = 0 \tag{4.2-176}$$

Die Innere Energie ist nach Gl. (4.2-174)

$$U = b \cdot V \cdot T^4 \tag{4.2-177}$$

mit

$$b = \frac{8}{15} \pi^5 \left(\frac{k}{ch}\right)^3 \cdot k \tag{4.2-178}$$

Aus Gl. (4.2-177) folgt unmittelbar

$$C_v = 4bVT^3 \qquad (4.2\text{-}179)$$

Daraus finden wir die Entropie zu

$$S = \int_0^T \frac{C_v}{T} dT = \frac{4}{3} bVT^3 \qquad (4.2\text{-}180)$$

und die Freie Energie

$$A = U - T \cdot S = -\frac{1}{3} bVT^4 = -\frac{1}{3} U \qquad (4.2\text{-}181)$$

Zur Ermittlung des Produktes $p \cdot V$ gehen wir aus von

$$G = A + p \cdot V = -\frac{1}{3} U + p \cdot V \qquad (4.2\text{-}182)$$

woraus wir mit Hilfe von Gl. (4.2-176)

$$p \cdot V = \frac{1}{3} U \qquad (4.2\text{-}183)$$

erhalten. Diese Beziehung ermöglicht es uns, den *Strahlungsdruck* zu berechnen. Er ist unter Beachtung von Gl. (4.2-174)

$$p = \frac{1}{3} \frac{U}{V} = \frac{8}{45} \pi^5 \left(\frac{k}{ch}\right)^3 k \cdot T^4 \qquad (4.2\text{-}184)$$

steigt also mit der 4. Potenz der Temperatur an.

4.2.8
Berechnung von Gleichgewichtskonstanten von Gasreaktionen

Abschließend wollen wir noch erörtern, wie sich mit Hilfe der Zustandssumme Gleichgewichtskonstanten ermitteln lassen. Wir beschränken uns dabei auf Reaktionen zwischen idealen Gasen. Als Beispiel wählen wir eine Reaktion

$$|v_A|A + |v_B|B \rightleftharpoons |v_C|C + |v_D|D \qquad (4.2\text{-}185)$$

bei der sich $|v_A|$ Moleküle der Art A mit $|v_B|$ Molekülen der Art B zu v_C Molekülen der Art C und v_D Molekülen der Art D umsetzen. Wir bedenken, dass sich (vgl. Abschn. 2.3.1) im isobaren und isothermen Fall der Gleichgewichtszustand durch die Bedingung

$$\Delta G = 0 \qquad (4.2\text{-}186)$$

auszeichnet. Nach Gl. (2.3-74) können wir dafür auch schreiben

$$\Delta G = \sum v_i \mu_i = v_C \mu_C + v_D \mu_D + v_A \mu_A + v_B \mu_B = 0 \qquad (4.2\text{-}187)$$

oder

$$v_A \mu_A + v_B \mu_B = -v_C \mu_C - v_D \mu_D \qquad (4.2\text{-}188)$$

Wir benötigen für die Berechnung also die chemischen Potentiale, die wir unter Beachtung von

$$\mu_i = \left(\frac{\partial A}{\partial n_i}\right)_{T,V,n_{j\neq i}} \qquad (2.3\text{-}68)$$

zweckmäßigerweise über die besonders einfache Beziehung

$$A_i = -kT \ln Z_i \qquad (4.2\text{-}20)$$

aus der Freien Energie ermitteln. Dazu benötigen wir die Systemzustandssumme Z_i, die sich für ideale Gase gemäß

$$Z_i = \frac{1}{N_i!} z_i^{N_i} \qquad (4.2\text{-}40)$$

aus der Molekülzustandssumme z_i berechnet. Die Kombination der letzten beiden Gleichungen liefert uns

$$A_i = -kT \ln \frac{z_i^{N_i}}{N_i!} = -k N_i T \ln z_i + kT \ln N_i! \qquad (4.2\text{-}189)$$

Mit Hilfe der Stirling'schen Formel (vgl. Mathematischer Anhang A) ergibt sich daraus

$$A_i = -k N_i T \ln z_i + k N_i T \ln N_i - k N_i T \qquad (4.2\text{-}190)$$

$$A_i = -n_i RT \ln \frac{z_i}{n_i N_A} - n_i RT \qquad (4.2\text{-}191)$$

Mit Gl. (2.3-68) finden wir dann

$$\mu_i = n_i RT \cdot \frac{1}{n_i} - RT \ln \frac{z_i}{n_i N_A} - RT \qquad (4.2\text{-}192)$$

und damit schließlich für das chemische Potential der Komponente i

$$\mu_i = -RT \ln \frac{z_i}{n_i N_A} = -RT \ln \frac{z_i}{N_i} \qquad (4.2\text{-}193)$$

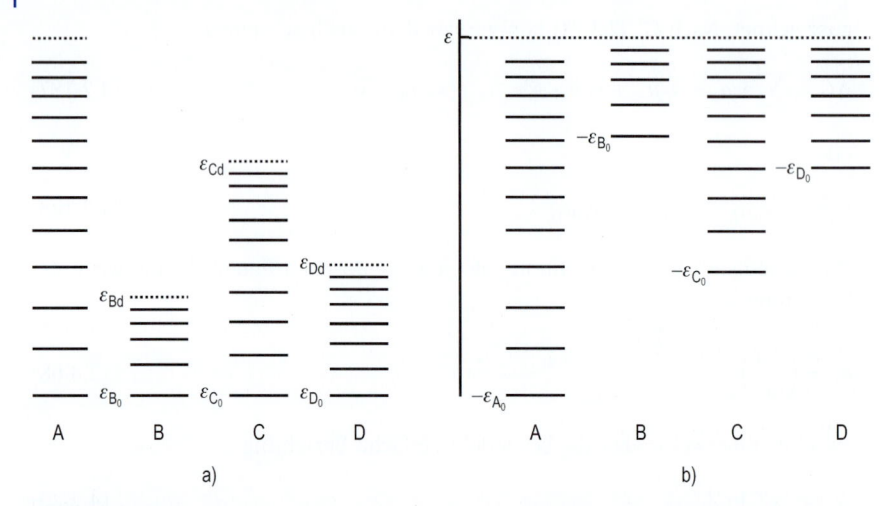

Abbildung 4.2-11 Berücksichtigung eines gemeinsamen Nullpunktes der Energie bei chemischen Reaktionen. a) Niedrigster Quantenzustand als Nullpunkt der Energie, b) Zustand der Dissoziation als Nullpunkt der Energie.

Das chemische Potential hängt also von der Zustandssumme pro Molekül ab. Dabei müssen wir beachten, dass gemäß unserem bisherigen Vorgehen

$$z_i = \sum_j e^{-\varepsilon_{ij}/kT} \tag{4.2-194}$$

ist, wobei die Energien ε_{ij} auf die Energie ε_{i0} des jeweilig niedrigsten Quantenzustandes der Molekülart i bezogen sind (Abb. 4.2-11 a). Wenn wir nun Gl. (4.2-193) in Gl. (4.2-188) einsetzen würden, um die Gleichgewichtsbedingung mit Hilfe der Zustandssumme z_i auszudrücken, würden wir außer acht lassen, dass auf Grund des endlichen Wertes der Reaktionswärme eine Energiedifferenz zwischen Reaktanten und Produkten besteht. Diese müssen wir berücksichtigen, indem wir einen gemeinsamen Nullpunkt der Energie für alle Molekülarten i wählen.

In den Abschnitten 1.1.15 und 1.1.16 haben wir gesehen, dass wir uns auf Grund des *Hess'schen Satzes* die Reaktionsenergie additiv aus den Standard-Bildungsenergien zusammengesetzt denken können, indem wir annehmen, dass die Reaktion über die vollständige Dissoziation der Moleküle in Atome verläuft. So erscheint es sinnvoll, als gemeinsamen Nullpunkt der Energie den Zustand anzusehen, in dem die Moleküle vollständig dissoziiert sind (Abb. 4.2-11 b). Bezeichnen wir die Dissoziationsenergie mit ε_{id}, so tritt an die Stelle der Energie ε_{ij} die Energie $(\varepsilon_{ij} - \varepsilon_{id})$. Wir bezeichnen die auf den dissoziierten Zustand der Moleküle bei 0 K (damit $\varepsilon_{\text{trans}}$ und ε_{rot} null sind) bezogene Zustandssumme mit

$$z_{id} = \sum_j e^{-(\varepsilon_{ij} - \varepsilon_{id})/kT} \tag{4.2-195}$$

Der Vergleich mit Gl. (4.2-194) ergibt

$$z_{id} = e^{\varepsilon_{id}/kT} \sum_j e^{-\varepsilon_{ij}/kT} = z_i \cdot e^{\varepsilon_{id}/kT} \tag{4.2-196}$$

Anstelle von Gl. (4.2-193) müssen wir also

$$\mu_i = -RT \ln \frac{z_i e^{\varepsilon_{id}/kT}}{N_i} \tag{4.2-197}$$

in Gl. (4.2-188) einsetzen, um die Gleichgewichtsbedingung mit Hilfe der Molekülzustandssumme z_i auszudrücken.

Wir erhalten somit

$$-\nu_A \cdot RT \cdot \ln \frac{z_A e^{\varepsilon_{Ad}/kT}}{N_A} - \nu_B \cdot RT \cdot \ln \frac{z_B e^{\varepsilon_{Bd}/kT}}{N_B} = \nu_C \cdot RT \cdot \ln \frac{z_C e^{\varepsilon_{Cd}/kT}}{N_C} +$$
$$+\nu_D \cdot RT \cdot \ln \frac{z_D e^{\varepsilon_{Dd}/kT}}{N_D} \tag{4.2-198}$$

Diesen Ausdruck stellen wir um zu

$$\ln \frac{z_A^{-\nu_A} \cdot e^{-\nu_A \cdot \varepsilon_{Ad}/kT} \cdot z_B^{-\nu_B} \cdot e^{-\nu_B \cdot \varepsilon_{Bd}/kT}}{N_A^{-\nu_A} \cdot N_B^{-\nu_B}} = \ln \frac{z_C^{\nu_C} \cdot e^{\nu_C \cdot \varepsilon_{Cd}/kT} \cdot z_D^{\nu_D} \cdot e^{\nu_D \cdot \varepsilon_{Dd}/kT}}{N_C^{\nu_C} \cdot N_D^{\nu_D}} \tag{4.2-199}$$

was gleichbedeutend ist mit

$$\frac{N_C^{|\nu_C|} \cdot N_D^{|\nu_D|}}{N_A^{|\nu_A|} \cdot N_B^{|\nu_B|}} = \frac{z_C^{|\nu_C|} \cdot z_D^{|\nu_D|}}{z_A^{|\nu_A|} \cdot z_B^{|\nu_B|}} \cdot e^{(\nu_C \varepsilon_{Cd} + \nu_D \varepsilon_{Dd} + \nu_A \varepsilon_{Ad} + \nu_B \varepsilon_{Bd})/kT} \tag{4.2-200}$$

Die linke Seite dieser Gleichung ist nichts anderes als die durch die Teilchenzahlen N_i ausgedrückte Gleichgewichtskonstante K_N. Erweitern wir den Exponenten der e-Funktion mit N_A, so entspricht der Zähler nach unseren obigen Überlegungen dem negativen Wert der Reaktionsenergie ΔU_0 bei 0 K. Wir können anstelle von Gl. (4.2-200)

für die Gleichgewichtskonstante K_N (V, T)

$$K_N(V,T) = \frac{z_C^{|\nu_C|} \cdot z_D^{|\nu_D|}}{z_A^{|\nu_A|} \cdot z_B^{|\nu_B|}} \cdot e^{-\Delta U_0/RT} \tag{4.2-201}$$

schreiben.

Wie ein Vergleich mit den Gl. (4.2-45), (4.2-53), (4.2-63) und (4.2-74) zeigt, ist z_i proportional dem Volumen und einer Temperaturfunktion. Deshalb ist K_N eine Funktion von V und T. Die Verwendung von K_N ist für uns ungewohnt. Dividieren wir die Teilchenzahl N_i durch N_A und das Volumen V, so erhalten wir die molaren Konzentrationen und damit für die linke Seite von Gl. (4.2-200) die Gleichgewichtskonstante K_c, die nur noch von T abhängt. Entsprechend kommen wir bei Division von N_i durch die Gesamtteilchenzahl $N = \Sigma\, N_i$ zum Molenbruch x_i und damit zu K_x. Die Beachtung von $p_i = x_i p$ führt uns dann auch zu K_p. So erhalten wir aus Gl. (4.2-200) außer der Beziehung Gl. (4.2-201) noch

$$K_c(T) = \frac{c_C^{|\nu_C|} \cdot c_D^{|\nu_D|}}{c_A^{|\nu_A|} \cdot c_B^{|\nu_B|}} = \frac{z_C^{|\nu_C|} \cdot z_D^{|\nu_D|}}{z_A^{|\nu_A|} \cdot z_B^{|\nu_B|}} \cdot (N_A \cdot V)^{-\Sigma \nu_i} \cdot e^{-\Delta U_0/RT} \tag{4.2-202}$$

$$K_x(V, T) = \frac{x_C^{|\nu_C|} \cdot x_D^{|\nu_D|}}{x_A^{|\nu_A|} \cdot x_B^{|\nu_B|}} = \frac{z_C^{|\nu_C|} \cdot z_D^{|\nu_D|}}{z_A^{|\nu_A|} \cdot z_B^{|\nu_B|}} \cdot N^{-\Sigma \nu_i} \cdot e^{-\Delta U_0/RT} \tag{4.2-203}$$

$$K_p(T) = \frac{p_C^{|\nu_C|} \cdot p_D^{|\nu_D|}}{p_A^{|\nu_A|} \cdot p_B^{|\nu_B|}} = \frac{z_C^{|\nu_C|} \cdot z_D^{|\nu_D|}}{z_A^{|\nu_A|} \cdot z_B^{|\nu_B|}} \cdot \left(\frac{N \cdot V}{RT}\right)^{-\Sigma \nu_i} \cdot e^{-\Delta U_0/RT} \tag{4.2-204}$$

Selbstverständlich ist der Zusammenhang zwischen den verschiedenen Gleichgewichtskonstanten der gleiche wie der in Abschnitt 2.6.2 besprochene.

4.2.9
Kernpunkte des Abschnitts 4.2

- ☑ Zustandssumme Gl. (4.2-1) und
- ☑ Mittlere Energie eines Teilchens Gl. (4.2-4)
  - Innere Energie Gl. (4.2-5)
  - Wärmekapazität Gl. (4.2-8)
  - Entropie Gl. (4.2-18)
  - Freie Energie Gl. (4.2-20)
  - Druck Gl. (4.2-21)
  - Enthalpie Gl. (4.2-24)
  - Freie Enthalpie Gl. (4.2-26)
  - Tabelle 4.2-1
- ☑ Molekülzustandssumme und Systemzustandssumme S. 817
  - für idealen Kristall Gl. (4.2-39)
  - für ideales Gas Gl. (4.2-40)
- ☑ Berechnung der Zustandssumme Gl. (4.2-45)
  - Zustandssumme der Translation Gl. (4.2-53)
  - Zustandssumme der Rotation zweiatomiger Moleküle Gl. (4.2-64)
  - Zustandssumme des harmonischen Oszillators Gl. (4.2-74)
  - Schwingungsanteil der Inneren Energie Gl. (4.2-79)
  - Schwingungsanteil der molaren Wärmekapazität Gl. (4.2-81)

- ☑ Thermodynamische Daten des einatomigen idealen Gases S. 827
  - Innere Energie Gl. (4.2-57)
  - Freie Energie Gl. (4.2-89)
  - Entropie Gl. (4.2-92)
- ☑ Thermodynamische Daten des idealen Kristalls S. 830
  - Einstein'sche Theorie S. 830
  - Innere Energie Gl. (4.2-99)
  - Molare Wärmekapazität Gl. (4.2-101)
- ☑ Debye'sche Theorie S. 833
  - Frequenzspektrum Gl. (4.2-108)
  - Innere Energie Gl. (4.2-114)
  - Molare Wärmekapazität Gl. (4.2-116)
- ☑ Elektronengas S. 840
  - Fermi-Dirac'sche Verteilungsfunktion Gl. (4.2-127)
  - Zustandsdichte Gl. (4.1-9)
  - Besetzungsdichte Gl. (4.2-134)
  - Bestimmung der Fermi'schen Grenzenergie Gl. (4.2-138)
  - Gesamtenergie bei 0 K Gl. (4.2-142)
  - Molare Wärmekapazität Gl. (4.2-146)
  - Experimentelle Bestimmung der molaren Wärmekapazität S. 846
  - Thermodynamische Daten S. 847
  - Fermi'sche Grenzenergie und elektrochemisches Potential Gl. (4.2-162)
- ☑ Photonengas S. 850
  - Spektrale Strahlungsdichte Gl. (4.2-166)
  - Wien'sches Verschiebungsgesetz Gl. (4.2-171)
  - Stefan-Boltzmann'sches Gesetz Gl. (4.2-174)
  - Thermodynamische Daten S. 853
- ☑ Gleichgewichtskonstanten von Gasreaktionen S. 854
  - Chemisches Potential Gl. (4.2-193 und 197)
  - Gleichgewichtskonstanten Gl. (4.2-201)

4.2.10
Rechenbeispiele zu Abschnitt 4.2

1. Man leite die Beziehung Gl. (4.2-162) zwischen der Fermi'schen Grenzenergie ε_F und dem elektrochemischen Potential $\tilde{\mu}$ ab, indem man $(\partial S/\partial N)_{U,V}$ zum einen aus der Beziehung zwischen der Entropie und dem statistischen Gewicht Ω (a) und dem Ansatz zum Lagrange'schen Verfahren der unbestimmten Multiplikatoren (b), zum anderen aus der Fundamentalgleichung für die Innere Energie (c) herleitet.

2. Man leite die Langmuir'sche Adsorptionsisotherme $N = \dfrac{N_m p}{b+p}$ (Gl. 2.7-53) mit Hilfe der Statistik ab. Die Beziehung gilt für ideal lokalisierte Monoschichtadsorption: Es liegen N_m gleichwertige, aber unterscheidbare Adsorptionsstellen vor, auf die N nicht unterscheidbare Teilchen verteilt werden. Ist $z(T)$ die Molekülzustandssumme des Adsorbats, so ergibt sich für den betrachteten Fall die Systemzustandssumme zu

$$Z = \frac{N_m!}{N!(N_m - N)!} z^N.$$

Man leite hieraus die Langmuir'sche Adsorptionsisotherme ab, indem man bedenke, dass im Gleichgewicht das chemische Potential des Gases im adsorbierten Zustand gleich dem in der Gasphase ist. Man diskutiere, von welchen Größen die Konstante b abhängt.

3. Von welcher Temperatur ab ist für die molare Wärmekapazität des CO angenähert der vom Gleichverteilungssatz der Energie postulierte Grenzwert zu erwarten? Die Wellenzahl der CO-Schwingung beträgt 2144 cm^{-1}. Hinweis: Die thermische Energie muss die Schwingungsenergie $h\nu$ überschreiten. Wie groß ist c_{vib}, wenn thermische und Schwingungsenergie gleich groß sind?

4. Man berechne die Zustandssumme der Translation eines Sauerstoffmoleküls, das sich bei 300 K in einem Volumen von 1 cm^3 befindet.

5. Wie groß ist die Zustandssumme eines Moleküls am absoluten Nullpunkt der Temperatur, wenn keine Entartung vorliegt?

6. Man berechne a) den Translationsanteil und b) den Rotationsanteil der Entropie von Br$_2$ bei 500 K und 1.013 bar. Die molare Masse des Broms ist 159.82 g mol^{-1}, die charakteristische Rotationstemperatur $\Theta_{rot} = \dfrac{h^2}{8\pi^2 I k}$ beträgt 0.118 K.

7. Man berechne a) den Anteil der Schwingungen an der molaren Inneren Energie, molaren Wärmekapazität und molaren Entropie des Broms bei 500 K und 1.013 bar. Man diskutiere b) die Nullpunktsenergie, berechne c) den Schwingungsanteil der molaren Wärmekapazität, wenn c_p (500 K) = 37.1 J K^{-1} mol^{-1} ist und vergleiche d) diesen Wert mit dem mittels der statistischen Thermodynamik berechneten. Unter Hinzunahme der Ergebnisse von Aufg. 6 berechne man e) die Gesamtentropie von Br$_2$ bei 500 K und vergleiche sie mit dem experimentellen Wert (264.3 J K^{-1} mol^{-1}). Die Wellenzahl der Normalschwingung von Br$_2$ beträgt 320.5 cm^{-1}.

8. Bei 20 K ist die molare Wärmekapazität c_v von Kupfer 0.48 J K^{-1} mol^{-1}. Man berechne zunächst mit Hilfe des Debye'schen T^3-Gesetzes die Debye-Temperatur Θ_D und bestimme dann den Wert von c_v bei 200 K. Man gehe von Gl. (4.2-114) aus und beachte, dass sich e^x für kleine x ($x < 2$) in die Reihe

$$e^x = 1 + x + \frac{x^2}{2!} + \frac{x^3}{3!} + \frac{x^4}{4!} + \ldots \text{ entwickeln lässt.}$$

9. Man kann davon ausgehen, dass im metallischen Silber jedes Atoms ein Elektron zum Elektronengas beisteuert. Welchen Wert besitzt die Fermi'sche Grenzenergie (in Elektronenvolt), wie groß ist die mittlere Energie eines Elektrons bei 0 K? Wie hoch ist die Entartungstemperatur, d. h. die Temperatur, bei der ein als ideales Gas aufgefasstes Elektronengas die gleiche Energie besitzt wie das Elektronengas auf Grund der Fermi-Dirac-Statistik bereits bei 0 K? Silber kristallisiert im kubisch-flächenzentrierten Gitter mit einer Gitterkonstanten von $4.08 \cdot 10^{-8}$ cm.

10. Man berechne den Dissoziationsgrad von H_2 (über $K_{(p)}$) bei 2000 K und einem H_2-Druck von 1.0 bar. Man beachte, dass sich unter diesen Bedingungen die Rotation des H_2 klassisch verhält, d. h. Gl. (4.2-64) auch auf H_2 angewandt werden darf. Die Ionisierung der Wasserstoffatome ist noch vernachlässigbar klein. Der Atomabstand im H_2 beträgt $0.7414 \cdot 10^{-10}$ m, die Wellenzahl der Schwingung 4405.3 cm^{-1}, die Dissoziationsenergie D_e 4.722 eV.

4.3
Die kinetische Gastheorie

Im einführenden Abschnitt 1.2 haben wir sehr vereinfachend einige Probleme aus dem Gebiet der kinetischen Gastheorie behandelt. Die in den Abschnitten 1.3 und 4.1 angestellten Überlegungen ermöglichen uns nun eine detaillierte Betrachtung.

Eine der gravierendsten Vereinfachungen in unserem Gasmodell war die Annahme, dass alle Teilchen die gleiche Geschwindigkeit v besäßen. Auf Grund des Boltzmann'schen e-Satzes müssen die ein System aufbauenden Teilchen jedoch einer Energieverteilung gehorchen, die eine Geschwindigkeitsverteilung unmittelbar zur Folge hat.

> Im Abschnitt 4.3.1 werden wir mit Hilfe der Boltzmann-Statistik zunächst die Energieverteilung in einem idealen Gas berechnen und daraus die Geschwindigkeitsverteilung ableiten.
>
> Die Geschwindigkeitsverteilung wird uns zum Impulsübertrag auf die Gefäßwand und damit zum Druck des Gases führen (Abschn. 4.3.2).
>
> In ähnlicher Weise werden wir im Abschnitt 4.3.3 vorgehen, um die Zahl der Stöße der Gasmoleküle auf die Wand pro Zeiteinheit und pro Flächeneinheit zu ermitteln.
>
> Der abschließende Abschnitt 4.3.4 soll uns mit der theoretischen Grundlage für den Gleichverteilungssatz der Energie vertraut machen.

4.3.1
Maxwell'sches Geschwindigkeits-Verteilungsgesetz

Wenn wir nach der Geschwindigkeitsverteilung für die Teilchen in einem Gas fragen, dann möchten wir wissen, welcher Bruchteil der Teilchen eine Geschwindigkeit zwischen v und $v + dv$ hat. Wir wollen die Beantwortung dieser Frage in zwei Stufen vollziehen. Zunächst werden wir die Energieverteilung ermitteln. Diese lässt sich dann leicht in eine Geschwindigkeitsverteilung umrechnen.

Die erstere Fragestellung entspricht der nach der Energieverteilung der Elektronen im Abschnitt 4.2.6. Wir benötigen zum einen die *Zustandsdichte* $D(\varepsilon)$ (Gl. (4.1-9)), die uns nach der Multiplikation mit $d\varepsilon$ die *Zahl der Zustände* zwischen ε und $\varepsilon+d\varepsilon$ liefert, und zum anderen die Wahrscheinlichkeit, dass ein bestimmter Zustand besetzt ist, d. h. den *Boltzmann'schen e-Satz* (Gl. (1.3-25)).

Mit Gl. (4.1-9) erhalten wir die Zustandsdichte

$$D(\varepsilon) = 4\sqrt{2} \cdot \pi \cdot \frac{V}{h^3} \cdot m^{3/2} \cdot \varepsilon^{1/2} = \gamma \cdot \varepsilon^{1/2} \tag{4.3-1}$$

mit der Dimension Energie^{-1}. Multiplizieren wir diese mit der dimensionslosen Zahl N_ε von Teilchen, die die Energie ε besitzen (aus Gl. (1.3-25))

$$N_\varepsilon = N \cdot \frac{e^{-\varepsilon/kT}}{\sum_i e^{-\varepsilon_i/kT}} = \alpha \cdot e^{-\varepsilon/kT} \tag{4.3-2}$$

so erhalten wir die Besetzungsdichte $N(\varepsilon)$

$$N(\varepsilon) = N_\varepsilon \cdot D(\varepsilon) \tag{4.3-3}$$

mit der Dimension Energie^{-1}. Suchen wir schließlich noch den Bruchteil der Teilchen mit einer Energie zwischen ε und $\varepsilon+d\varepsilon$, so müssen wir beide Seiten der Gl. (4.3-3) mit $d\varepsilon$ multiplizieren und durch die Gesamtzahl der Teilchen N dividieren:

$$\frac{N(\varepsilon)}{N} d\varepsilon = \frac{\gamma \cdot \alpha \cdot \varepsilon^{1/2} \cdot e^{-\varepsilon/kT} d\varepsilon}{\gamma \cdot \alpha \cdot \int_0^\infty \varepsilon^{1/2} \cdot e^{-\varepsilon/kT} d\varepsilon} \tag{4.3-4}$$

Die Gesamtzahl der Teilchen erhalten wir durch Integration von $N(\varepsilon)d\varepsilon$ zwischen den Grenzen 0 und ∞, wovon wir auf der rechten Seite der Gl. (4.3-4) Gebrauch gemacht haben. Das Integral im Nenner dieser Gleichung hat (s. Mathematischer Anhang K) den Wert $\frac{1}{2}\sqrt{\pi}(kT)^{3/2}$. Damit ergibt sich für Gl. (4.3-4), d. h. für

die Energieverteilung in einem idealen Gas

$$\frac{N(\varepsilon)}{N} d\varepsilon = f(\varepsilon)d\varepsilon = 2\pi \left(\frac{1}{\pi kT}\right)^{3/2} \varepsilon^{1/2} e^{-\varepsilon/kT} d\varepsilon \tag{4.3-5}$$

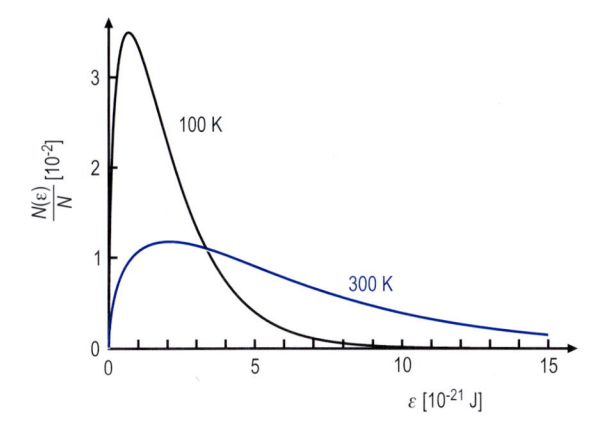

Abbildung 4.3-1 Energieverteilung nach der Boltzmann-Statistik bei verschiedenen Temperaturen am Beispiel des Stickstoffs.

Diese Funktion ist in Abb. 4.3-1 für die Temperaturen 100 K und 300 K für Stickstoff dargestellt. Wir wollen sie näher diskutieren. Durch das Dividieren durch N sind die Gleichungen (4.3-4) und (4.3-5) normiert, d. h. die Integration über alle Energien liefert den Wert 1, und zwar unabhängig von der Temperatur. Der Maßstab ist so gewählt, dass die Ordinatenwerte $10^2 \cdot \frac{N(\varepsilon)}{N} (10^{-22} J)$ in Prozent den Bruchteil der Teilchen angeben, die eine Energie zwischen ε und $\varepsilon + 1 \cdot 10^{-22} J$, d. h. innerhalb eines Energiebereichs von einem Zehntel der Abszisseneinheit haben.

Es lohnt sich der Vergleich der Energieverteilung im idealen Gas mit der im Abschnitt 4.2.6 für das Elektronengas mit Hilfe der Fermi-Dirac-Statistik berechneten [Gl. (4.2-134) und Abb. 4.2-7]. Wie dort ist für niedrige Energien der Faktor $\varepsilon^{1/2}$ für den Kurvenverlauf bestimmend. Mit zunehmender Energie gewinnt dann jedoch die e-Funktion an Gewicht. Der starke Einfluss der verschiedenen Statistiken wird bei der Betrachtung der Temperaturabhängigkeit deutlich, wie ein Vergleich von Abb. 4.2-7 mit Abb. 4.3-1 zeigt.

Die Lage des Maximums der Energieverteilungskurve für die Boltzmann-Statistik geht im Gegensatz zur Fermi-Dirac-Statistik bei Annäherungen an $T = 0$ K gegen $\varepsilon = 0$; denn die Differentiation von $f(\varepsilon)$ aus Gl. (4.3-5) nach ε zeigt, dass $\varepsilon_{max} = \frac{1}{2} kT$. Dabei bedeutet ε_{max} die Energie beim Maximum der Kurve, d. h. die am häufigsten auftretende Energie.

Um zur Geschwindigkeitsverteilung zu kommen, substituieren wir nun die Energie durch die Geschwindigkeit

$$\varepsilon = \frac{1}{2} m v^2 \qquad (4.3\text{-}6)$$

$$d\varepsilon = mv\,dv \qquad (4.3\text{-}7)$$

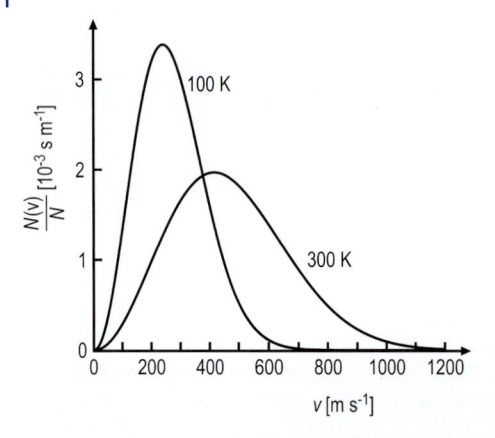

Abbildung 4.3-2 Geschwindigkeitsverteilung für Stickstoff bei verschiedenen Temperaturen.

und erhalten damit aus Gleichung (4.3-5)

die Geschwindigkeitsverteilungskurve $f(v)$

$$\frac{N(v)}{N}dv = f(v)dv = \left(\frac{m}{2\pi kT}\right)^{3/2} \cdot 4\pi v^2 \cdot e^{-mv^2/2kT} \cdot dv \qquad (4.3\text{-}8)$$

Im Gegensatz zur *Energieverteilungskurve* $f(\varepsilon)$ hat die *Geschwindigkeitsverteilungskurve* $f(v)$ bei niedrigen Abszissenwerten wegen des Faktors v^2 einen parabolischen Verlauf. Abbildung 4.3-2 gibt die Geschwindigkeitsverteilung von Stickstoffmolekülen bei zwei verschiedenen Temperaturen wieder.

Charakteristisch für die Geschwindigkeitsverteilung der Gase ist die Tatsache, dass mit zunehmender Temperatur das Maximum der Kurve abnimmt und sich gleichzeitig zu höheren Geschwindigkeiten hin verlagert. Wegen des Faktors v^2 ist die Kurve nicht symmetrisch in Bezug auf die Lage des Maximums, die höheren Geschwindigkeiten sind gegenüber den niedrigeren begünstigt. Das hat zur Folge, dass die *mittlere Geschwindigkeit* $\bar{v}$ nicht identisch ist mit der *am häufigsten auftretenden Geschwindigkeit* v_{max}. Wegen der großen Bedeutung der mittleren Geschwindigkeit $\bar{v}$ und des *Mittelwertes des Geschwindigkeitsquadrates* $\overline{v^2}$ für die späteren Überlegungen wollen wir diese Größen ermitteln und mit v_{max} vergleichen.

Wir erhalten v_{max}, also die Geschwindigkeit am Maximum der Kurve, durch Differenzieren von $f(v)$ [Gl. (4.3-8)] nach v und Nullsetzen der ersten Ableitung:

$$\frac{df(v)}{dv} = 4\pi\left(\frac{m}{2\pi kT}\right)^{3/2}\left[v^2 \cdot e^{-mv^2/2kT}(-mv/kT) + 2ve^{-mv^2/2kT}\right] \qquad (4.3\text{-}9)$$

$$4\pi\left(\frac{m}{2\pi kT}\right)^{3/2} v_{max} e^{-mv_{max}^2/2kT}\left[-mv_{max}^2/kT + 2\right] = 0 \qquad (4.3\text{-}10)$$

Daraus folgt für

> **die am häufigsten auftretende Geschwindigkeit**
>
> $$v_{\max} = \sqrt{\frac{2kT}{m}} = \sqrt{\frac{2RT}{M}} \qquad (4.3\text{-}11)$$

wobei M die molare Masse ist.

Zur Ermittlung der mittleren Geschwindigkeit dividieren wir die Summe aller Geschwindigkeiten durch die Teilchenzahl. Die Summe aller Geschwindigkeiten erhalten wir durch das Integral über das Produkt aus $N(v)$ und v, die mittlere Geschwindigkeit durch das Integral über das Produkt aus der Verteilungsfunktion und der Geschwindigkeit (vgl. Gl. (4.3-8))

$$\bar{v} = \int_0^\infty v \cdot f(v) \cdot dv = 4\pi \left(\frac{m}{2\pi kT}\right)^{3/2} \int_0^\infty v^3 e^{-mv^2/2kT} dv \qquad (4.3\text{-}12)$$

Zum Lösen des Integrals erweitern wir v mit $\sqrt{m/2kT}$

$$\bar{v} = 4\pi \left(\frac{m}{2\pi kT}\right)^{3/2} \left(\frac{2kT}{m}\right)^{4/2} \int_0^\infty (v\sqrt{m/2kT})^3 e^{-(v\sqrt{m/2kT})^2} d(v\sqrt{m/2kT}) \qquad (4.3\text{-}13)$$

Das Integral ist von der Form $\int_0^\infty x^3 e^{-x^2} dx$ und hat (s. Mathematischer Anhang J) den Wert $\frac{1}{2}$. Somit ist

$$\bar{v} = 4\pi \left(\frac{m}{2\pi kT}\right)^{3/2} \left(\frac{2kT}{m}\right)^{4/2} \cdot \frac{1}{2} \qquad (4.3\text{-}14)$$

und

> **die mittlere Geschwindigkeit**
>
> $$\bar{v} = \sqrt{\frac{8kT}{\pi m}} = \sqrt{\frac{8RT}{\pi M}} \qquad (4.3\text{-}15)$$

Zur Ermittlung des Mittelwertes des Geschwindigkeitsquadrats, der für die Berechnung der mittleren kinetischen Energie benötigt wird, integrieren wir das Produkt aus dem Geschwindigkeitsquadrat und der normierten Verteilungsfunktion:

$$\overline{v^2} = \int_0^\infty v^2 f(v) dv = 4\pi \left(\frac{m}{2\pi kT}\right)^{3/2} \int_0^\infty v^4 e^{-mv^2/2kT} dv \qquad (4.3\text{-}16)$$

Auch in diesem Fall erweitern wir wieder mit $\sqrt{m/2kT}$ und erhalten

$$\overline{v^2} = 4\pi \left(\frac{m}{2\pi kT}\right)^{3/2} \left(\frac{2kT}{m}\right)^{5/2} \int_0^\infty (v\sqrt{m/2kT})^4 e^{-(v\sqrt{m/2kT})^2} d(v\sqrt{m/2kT}) \qquad (4.3\text{-}17)$$

Dieses Integral ist von der Form $\int_0^\infty x^4 e^{-x^2} dx$, für das wir im Mathematischen Anhang J den Wert $\frac{3}{8}\sqrt{\pi}$ finden. Damit ist

$$\overline{v^2} = 3\frac{kT}{m} \tag{4.3-18}$$

und

> die *Wurzel aus dem gemittelten Geschwindigkeitsquadrat*
>
> $$\sqrt{\overline{v^2}} = \sqrt{\frac{3kT}{m}} = \sqrt{\frac{3RT}{M}} \tag{4.3-19}$$

Aus einem Vergleich der Gleichungen (4.3-11), (4.3-15) und (4.3-19) ersehen wir, dass

$$v_{\max} : \overline{v} : \sqrt{\overline{v^2}} = \sqrt{2} : \sqrt{\frac{8}{\pi}} : \sqrt{3} \tag{4.3-20}$$

Die mittlere kinetische Energie eines Moleküls beträgt unter Beachtung von Gl. (4.3-18)

$$\overline{\varepsilon}_{\text{kin}} = \frac{1}{2}m\overline{v^2} = \frac{3}{2}kT \tag{4.3-21}$$

in völliger Übereinstimmung mit den früher abgeleiteten Gleichungen (1.2-8) und (4.2-56).

Es hat nicht an Versuchen gefehlt, die Maxwell'sche Geschwindigkeitsverteilung experimentell nachzuprüfen. Man bedient sich dazu eines Geschwindigkeitsanalysators, etwa von der Art, wie ihn Miller und Kusch verwendeten (Abb. 4.3-3). In einem Ofen O, der auf eine bestimmte Temperatur aufgeheizt ist, wird eine Substanz, z. B. ein Alkalimetall, verdampft. Der Dampf kann aus einem Loch austreten. Mit Hilfe eines Blendensystems B wird ein Atom- oder Molekülstrahl ausgeblendet. Dieser durchläuft einen Geschwindigkeitsanalysator A und fällt schließlich auf einen Detektor D, der eine Messung der Intensität des durch den Analysator hindurchgelassenen Strahls ermöglicht. Der Geschwindigkeitsanalysator besteht aus einem massiven Zylinder, in dessen Oberfläche eng nebeneinanderliegende, schraubenförmige Nuten mit konstanter Steigung eingefräst sind. Bei einer bestimmten Rotationsfrequenz können nur Atome oder Mo-

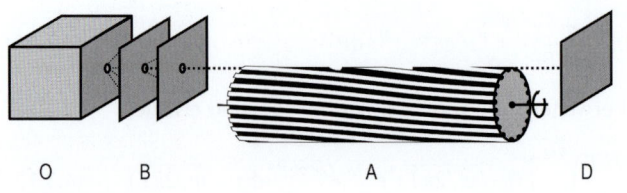

Abbildung 4.3-3 Experimentelle Ermittlung der Geschwindigkeitsverteilung.

leküle, deren Geschwindigkeit in einem eng begrenzten Bereich liegt, die Nut passieren und auf den Detektor treffen. Durch Variation der Rotationsfrequenz lässt sich so die Geschwindigkeitsverteilung messen. Die Anordnung entspricht dem im Abschnitt 4.3.3 beschriebenen Effusionsexperiment.

Die Teilchen, deren Geschwindigkeitsverteilung durch Gl. (4.3-8) beschrieben wird, haben drei Freiheitsgrade der Translation, was wir bereits bei Verwendung des Ausdrucks für $D(\varepsilon)d\varepsilon$ in Gl. (4.3-1) angenommen haben. Die Geschwindigkeitsverteilung $f(v)$ in Gl. (4.3-8) gibt die Wahrscheinlichkeit dafür an, dass v irgendeine Richtung im Raum und einen Betrag zwischen v und $v + dv$ hat. Für ein spezielles Richtungsintervall um eine herausgegriffene, durch die Geschwindigkeitskomponenten v_x, v_y und v_z festgelegte Geschwindigkeit herum ist die Wahrscheinlichkeit um den Faktor q

$$q = \frac{\text{Flächenelement d}a \text{ des Richtungsintervalles auf der Kugel mit } v = \text{const.}}{\text{Oberfläche der Kugel mit } v = \text{const.}}$$

$$q = \frac{da}{4\pi v^2} \qquad (4.3\text{-}22)$$

kleiner. Dies gilt, da alle Raumrichtungen gleichwertig sind. Wir können also schreiben, wenn wir berücksichtigen, dass $dv \cdot da = d^3v$ das der jetzt eingeschränkten Variationsmöglichkeit der Geschwindigkeit entsprechende Volumenelement im v-Raum ist, dass dieses in kartesischen Koordinaten durch $dv_x dv_y dv_z$ gegeben ist und dass $v^2 = v_x^2 + v_y^2 + v_z^2$ ist,

$$f(v_x, v_y, v_z)d^3v = f(v) \cdot \frac{da}{4\pi v^2}dv = \left(\frac{m}{2\pi kT}\right)^{3/2} \cdot e^{-\frac{m(v_x^2+v_y^2+v_z^2)}{2kT}} dv da \qquad (4.3\text{-}23)$$

oder

$$\frac{N(v_x, v_y, v_z)}{N}dv_x dv_y dv_z = \left(\frac{m}{2\pi kT}\right)^{3/2} e^{-\frac{m(v_x^2+v_y^2+v_z^2)}{2kT}} dv_x dv_y dv_z \qquad (4.3\text{-}24)$$

Wegen der vorliegenden Isotropie und der multiplikativen Eigenschaft der Wahrscheinlichkeit gilt dann für

die Geschwindigkeitsverteilung im Eindimensionalen

$$\frac{N(v_x)}{N}dv_x = f(v_x)dv_x = \left(\frac{m}{2\pi kT}\right)^{1/2} e^{-\frac{mv_x^2}{2kT}} dv_x \qquad (4.3\text{-}25)$$

und Entsprechendes für die Komponenten v_y und v_z.

In Gl. (4.3-25) tritt v_x nur im Exponenten der e-Funktion auf, und zwar quadratisch. Deshalb muss die Geschwindigkeitsverteilung im Eindimensionalen symmetrisch zu $v_x = 0$ sein und ein Maximum an dieser Stelle aufweisen. Abbildung 4.3-4 gibt für Stickstoff die eindimensionale Geschwindigkeitsverteilung bei

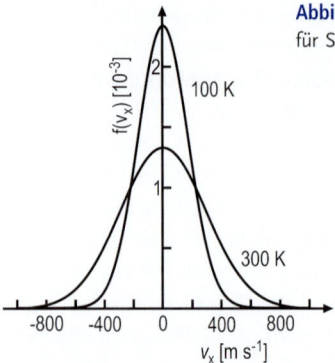

Abbildung 4.3-4 Eindimensionale Geschwindigkeitsverteilung für Stickstoff bei verschiedenen Temperaturen.

100 K und 300 K wieder. Wir wären unmittelbar zu Gl. (4.3-25) gelangt, wenn wir in Gl. (4.3-4) die Zustandsdichte für ein eindimensionales Gas eingesetzt hätten.

Die Ausdrücke (4.3-8) und (4.3-25) sind normiert, d. h. die Integration über alle v ($0 \leq v \leq \infty$) oder alle v_x ($-\infty \leq v_x \leq +\infty$) liefert den Wert 1.

Berechnen wir analog zu unserem Vorgehen in Gl. (4.3-12) aus Gl. (4.3-25) die mittlere Geschwindigkeit der sich in einer Richtung, z. B. der positiven x-Richtung, bewegenden Teilchen, so erhalten wir $\overline{|v_x|} = (kT/2\pi m)^{1/2}$. Der Vergleich mit Gl. (4.3-15) zeigt, dass $\overline{|v_x|} = \frac{1}{4}\bar{v}$.

4.3.2
Druck eines Gases auf die Gefäßwandungen

Im einführenden Abschnitt 1.2.1 haben wir uns bereits mit der Berechnung des Druckes eines Gases auf die Gefäßwandungen beschäftigt. Wir sind seinerzeit von dem stark vereinfachenden Modell ausgegangen, dass alle Teilchen genau die mittlere Geschwindigkeit $\bar{v}$ besäßen und dass sich je ein Drittel aller Teilchen parallel zu einer der drei Raumrichtungen bewege.

Wir wollen diese Berechnung jetzt noch einmal durchführen, allerdings ohne die Vereinfachungen. Da wir es in diesem Abschnitt mit Druck und Impuls zu tun haben, die beide durch den Buchstaben p charakterisiert werden, wollen wir zur Unterscheidung für den Impuls p_x schreiben. Die Wand des Gefäßes stehe senkrecht auf der x-Richtung und liege in der y, z-Ebene. Beim Aufprall und bei der Reflexion wird ein einzelnes Molekül der Wand den doppelten Betrag der x-Komponente seines Impulses übertragen. Da der Quotient aus dem in der Zeit dt übertragenen Impuls dp_x und der Zeit dt nach

$$F = m \cdot a = m \cdot \frac{dv}{dt} = \frac{dp_x}{dt} \qquad (4.3\text{-}26)$$

der wirkenden Kraft gleich ist, erhalten wir den Druck p als

$$p = \frac{F}{A} = \frac{1}{A} \cdot \frac{dp_x}{dt} \qquad (4.3\text{-}27)$$

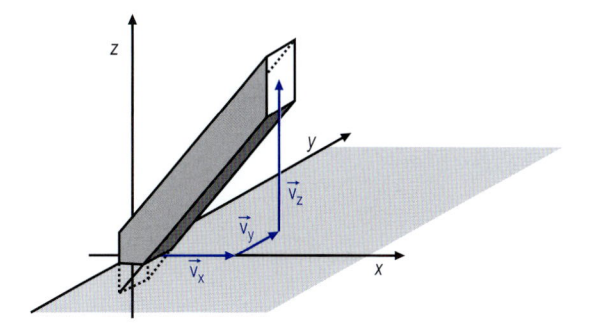

Abbildung 4.3-5 Zur Ableitung des Druckes eines Gases auf die Wand.

Wir fragen deshalb zunächst nach dem Impuls dp_x, der in der Zeit dt auf die Fläche A übertragen wird.

Aus einer durch v_x, v_y und v_z gegebenen Richtung können während der Zeit dt nur Teilchen auf die Fläche A treffen, die sich in einem Parallelepiped mit der Grundfläche A, der Kantenlänge $v \cdot dt = \sqrt{v_x^2 + v_y^2 + v_z^2} \cdot dt$ und der Höhe $v_x \cdot dt$ befinden (vgl. Abb. 4.3-5).

Die Gesamtzahl der Teilchen in diesem Raum ist $^1N \cdot A \cdot v_x dt$, wobei ^1N die Teilchendichte darstellt. Von ihnen hat nach den Ausführungen des vorangehenden Abschnittes nur der Bruchteil $\frac{N(v_x)}{N} dv_x \cdot \frac{N(v_y)}{N} dv_y \cdot \frac{N(v_z)}{N} dv_z$ die vorgegebene Geschwindigkeit nach Betrag und Richtung. Da jedes dieser Teilchen bei Aufprall und Reflexion das Doppelte seines Impulses p_x in der x-Richtung auf die Wand überträgt, ist

$$dp_x(v_x, v_y, v_z) = {^1N} \cdot A \cdot v_x \cdot dt \cdot 2 \cdot p_x \cdot \frac{N(v_x)}{N} dv_x \cdot \frac{N(v_y)}{N} dv_y \cdot \frac{N(v_z)}{N} dv_z \quad (4.3\text{-}28)$$

Berücksichtigen wir Gl. (4.3-25), so ergibt sich

$$dp_x(v_x, v_y, v_z) = {^1N} \cdot A dt \cdot 2m v_x^2 \left(\frac{m}{2\pi kT}\right)^{3/2} e^{-\frac{mv_x^2}{2kT}} e^{-\frac{mv_y^2}{2kT}} e^{-\frac{mv_z^2}{2kT}} dv_x dv_y dv_z \quad (4.3\text{-}29)$$

Den insgesamt senkrecht auf die Wand übertragenen Impuls erhalten wir nun, wenn wir über alle Richtungen, aus denen die Teilchen kommen können, integrieren, d. h. über $-\infty \leq v_x \leq 0$, $-\infty \leq v_y \leq \infty$, $-\infty \leq v_z \leq \infty$. Wir erhalten damit

$$dp_x = {^1N} \cdot A \cdot dt \left(\frac{m}{2\pi kT}\right)^{3/2} \cdot 2m \int_{-\infty}^{0} \int_{-\infty}^{\infty} \int_{-\infty}^{\infty} v_x^2 e^{-\frac{mv_x^2}{2kT}} e^{-\frac{mv_y^2}{2kT}} e^{-\frac{mv_z^2}{2kT}} dv_z dv_y dv_x$$

$$(4.3\text{-}30)$$

Da die v_x, v_y und v_z voneinander unabhängig sind und die Gl. (4.3-25) entsprechenden Ausdrücke für v_y und v_z normiert sind, haben die Integrale über alle Werte von v_y bzw. v_z unter Berücksichtigung des Faktors $(m/2\pi kT)^{1/2}$ den Wert 1,

$$dp_x = {}^1N \cdot A \cdot dt \left(\frac{m}{2\pi kT}\right)^{1/2} 2m \int_{-\infty}^{0} v_x^2 e^{-\frac{mv_x^2}{2kT}} dv_x \tag{4.3-31}$$

Wir erweitern unter dem Integral mit $\left(\frac{m}{2kT}\right)^{3/2}$, so dass wir erhalten

$$dp_x = {}^1N \cdot A \cdot dt \left(\frac{m}{2\pi kT}\right)^{1/2} 2m \left(\frac{2kT}{m}\right)^{3/2} \int_{-\infty}^{0} \left(\sqrt{\frac{m}{2kT}} v_x\right)^2 \cdot$$

$$\cdot e^{-\left(\sqrt{\frac{m}{2kT}} v_x\right)^2} d\left(\sqrt{\frac{m}{2kT}} v_x\right) \tag{4.3-32}$$

Das Integral von der Form $\int_{-\infty}^{0} u^2 e^{-u^2} du$ hat den Wert $\frac{1}{4}\sqrt{\pi}$. Wir finden somit für

> den Druck eines Gases auf die Gefäßwandungen
>
> $$p = \frac{dp_x}{A \cdot dt} = {}^1NkT \tag{4.3-33}$$
>
> Dieser Ausdruck ist identisch mit dem idealen Gasgesetz, da ${}^1N = N_A/V_{mol}$.

4.3.3
Zahl der Stöße auf die Wand

Mit den Überlegungen, die wir im vorangehenden Abschnitt bei der Berechnung des Gasdruckes auf die Wand benutzt haben, können wir auch leicht die Zahl der Stöße berechnen, die pro Zeiteinheit und Flächeneinheit erfolgen. Wir greifen dazu wieder auf Abb. 4.3-5 zurück. Aus der durch v_x, v_y und v_z vorgegebenen Richtung treffen in der Zeit dt auf die Fläche A

$$dN(v_x, v_y, v_z) = {}^1N \cdot A \cdot |v_x| dt \cdot \frac{N(v_x)}{N} dv_x \cdot \frac{N(v_y)}{N} dv_y \cdot \frac{N(v_z)}{N} dv_z \tag{4.3-34}$$

Teilchen. Die insgesamt, d. h. aus allen Richtungen, kommenden Teilchen erfassen wir, wenn wir wieder über alle negativen v_x und alle positiven und negativen v_y und v_z integrieren:

$$dN = {}^1NAdt \left(\frac{m}{2\pi kT}\right)^{3/2} \int_0^\infty \int_{-\infty}^\infty \int_{-\infty}^\infty |v_x| e^{-\frac{mv_x^2}{2kT}} e^{-\frac{mv_y^2}{2kT}} e^{-\frac{mv_z^2}{2kT}} dv_z dv_y dv_x \tag{4.3-35}$$

Auch hier sind die v_x, v_y und v_z voneinander unabhängig, die Integrale über die von v_y und v_z abhängigen Funktionen sind wieder gleich $(2\pi kT/m)^{1/2}$, so dass folgt

$$dN = {}^1NAdt\left(\frac{m}{2\pi kT}\right)^{1/2}\int_0^\infty |v_x|\,e^{-\frac{mv_x^2}{2kT}}dv_x \qquad (4.3\text{-}36)$$

$$dN = {}^1NAdt\left(\frac{m}{2\pi kT}\right)^{1/2}\left(\frac{2kT}{m}\right)^{2/2}\int_0^\infty (\sqrt{m/2kT}\,|v_x|)\cdot$$
$$\cdot e^{-(\sqrt{m/2kT}\,|v_x|)^2}\,d(\sqrt{m/2kT}\,|v_x|) \qquad (4.3\text{-}37)$$

Das Integral der Form $\int_0^\infty u e^{-u^2}du$ hat (s. Mathematischer Anhang J) den Wert 1/2. Es folgt deshalb für die Zahl ${}^1Z_w$ der Stöße pro Zeit- und Flächeneinheit

$${}^1Z_w = \frac{dN}{Adt} = {}^1N \cdot \left(\frac{kT}{2\pi m}\right)^{1/2} \qquad (4.3\text{-}38)$$

Unter Beachtung der Gleichungen (4.3-33) und (4.3-15) lassen sich der Druck *p* oder die mittlere Geschwindigkeit $\bar{v}$ einführen. Dann erhalten wir für

die Zahl der Stöße pro Zeiteinheit auf die Flächeneinheit der Wand

$${}^1Z_w = \frac{p}{\sqrt{2\pi mkT}} = \frac{1}{4}\,{}^1N\bar{v} = \frac{1}{4}\frac{N_A}{V_{mol}}\bar{v} \qquad (4.3\text{-}39)$$

Diese Beziehung ist sowohl für die Berechnung von Oberflächenreaktionen, z. B. bei der heterogenen Katalyse, als auch für die Behandlung der Effusion von Gasen von großer Wichtigkeit. Im letzteren Fall interessiert die Effussionsgeschwindigkeit, d. h. der Teilchenstrom, der durch eine Öffnung einer sog. *Knudsen-Zelle* austritt. Dieser Teilchenstrom ist unmittelbar aus Gl. (4.3-39) berechenbar, denn er ist identisch mit der Zahl der Teilchen, die auf die Fläche *A* der Öffnung in der Zeiteinheit treffen.

Gleichung (4.3-39) weicht um den Faktor 3/2 von dem Ausdruck ab, den wir im Abschnitt 1.2.1 der Berechnung von Gl. (1.2-1) zugrunde gelegt haben. Wir hätten dort korrekterweise $\overline{|v_x|}$ anstatt $\bar{v}$ verwenden müssen.

4.3.4
Der Gleichverteilungssatz der Energie

Wir haben in früheren Abschnitten, z. B. in 1.2.3, häufiger vom Gleichverteilungssatz der Energie Gebrauch gemacht, nach dem jeder Freiheitsgrad, der in die Energie des Systems quadratisch eingeht, im Mittel dazu $\frac{1}{2}kT$ beiträgt. Wir sind jetzt in der Lage, diesen wichtigen Satz eingehender zu diskutieren.

Die Energie ε_i eines Moleküls setzt sich im Allgemeinen additiv aus einer Reihe von Einzeltermen zusammen. Wir wollen sie mit η bezeichnen:

$$\varepsilon_i = \eta + \eta' + \eta'' + \ldots \tag{4.3-40}$$

Diese Einzelterme können beispielsweise die Translations-, Rotations- und Schwingungsenergie darstellen. Sie sind deshalb von unterschiedlichen Koordinaten u, u', u'', ... abhängig, die die Geschwindigkeit v oder den Impuls p, die Winkelgeschwindigkeit ω oder den Drehimpuls I oder den Ort x repräsentieren können. Wir sehen dies sofort, wenn wir für die eindimensionalen Fälle die Translationsenergie

$$\varepsilon_{\text{trans}} = \frac{1}{2}mv^2 = \frac{1}{2m}p^2 \tag{4.3-41}$$

die Rotationsenergie

$$\varepsilon_{\text{rot}} = \frac{1}{2}I\omega^2 = \frac{1}{2I}l^2 \tag{4.3-42}$$

oder die Schwingungsenergie

$$\varepsilon_{\text{vib}} = \frac{1}{2}\mu v^2 + \frac{1}{2}Dx^2 \tag{4.3-43}$$

aufschreiben.

Mit Hilfe der Boltzmann-Statistik haben wir abgeleitet, dass die Zahl N_i der Moleküle, die eine bestimmte Energie ε_i besitzen, gegeben ist durch Gl. (4.1-84), für die wir, wenn keine Entartung vorliegt, schreiben

$$N_i = \frac{N \cdot e^{\beta \varepsilon_i}}{\sum_i e^{\beta \varepsilon_i}} \tag{4.1-84}$$

Mit Gl. (4.3-40) können wir dafür auch schreiben

$$N_i = \frac{N e^{\beta(\eta + \eta' + \eta'' + \ldots)}}{\sum e^{\beta(\eta + \eta' + \eta'' + \ldots)}} \tag{4.3-44}$$

oder auch

$$N_i = \frac{N e^{\beta(\eta' + \eta'' + \ldots)} e^{\beta \eta}}{\sum e^{\beta(\eta' + \eta'' + \ldots)} \sum e^{\beta \eta}} \tag{4.3-45}$$

Die Umformung des Zählers ist sofort einleuchtend, die Umformung des Nenners ist identisch mit der Aufspaltung der Zustandssumme in Faktoren, wie wir sie im Abschnitt 4.2.3 vorgenommen haben.

Wenn wir nun die N_i über alle möglichen Werte von η', η''... summieren, so erhalten wir als Resultat der Summation die Zahl N_j der Moleküle, die die Energie η der Bewegungsart besitzen, die der Koordinate u entspricht:

$$N_j = \sum_{\text{alle } \eta',\eta'',...} N_i = \frac{N\{\sum e^{\beta(\eta'+\eta''+...)}\}e^{\beta\eta}}{\sum e^{\beta(\eta'+\eta''+...)} \sum e^{\beta\eta}} = \frac{Ne^{\beta\eta}}{\sum e^{\beta\eta}} \qquad (4.3\text{-}46)$$

Wir erkennen, dass dabei alle anderen Komponenten (η', η'', ...) der Energie ε_i ohne Einfluss sind. Gleichung (1.3-20) gilt also auch für jede einzelne Komponente der Energie. Summieren wir die N_j über alle möglichen η, erhalten wir die Gesamtzahl der Moleküle N.

Im Folgenden betrachten wir lediglich die Komponenten η der Energie ε. Von der Summe $\Sigma e^{\beta\eta}$ wissen wir zunächst nur, dass sie aus einer Anzahl diskreter Terme besteht, ohne jedoch das Seriengesetz zu kennen. Wir gehen davon aus, dass wir gleiche Inkremente der Variablen u haben. Dann sind die aufeinander folgenden Energiezustände gegeben durch $f(u)$, $f(u + \Delta u)$, $f(u + 2\Delta u)$, ... Damit können wir für Gl. (4.3-46) schreiben

$$N_j = \frac{N \cdot e^{\beta \cdot f(u)}}{\sum e^{\beta \cdot f(u)}} \qquad (4.3\text{-}47)$$

Erweitern wir diesen Bruch mit Δu und machen dies hinreichend klein (du), so dass wir die Summation im Nenner durch die Integration ausdrücken können, so liefert uns

$$dN_j = \frac{N \cdot e^{\beta \cdot f(u)} du}{\int e^{\beta \cdot f(u)} du} \qquad (4.3\text{-}48)$$

die Zahl der Moleküle, die sich in einem Energiebereich befinden, der dem Koordinatenbereich zwischen u und $u + du$ entspricht. Wenn wir auf der rechten Seite eine kontinuierliche Verteilung der Koordinaten annehmen, ergibt sich auf der linken Seite ebenfalls eine kontinuierliche Verteilung, und zwar der Teilchenzahlen. Wir führen deshalb anstelle von N_j die Teilchendichte $\phi(u)$ ein:

$$\phi(u)du = \frac{N \cdot e^{\beta f(u)} du}{\int e^{\beta f(u)} du} \qquad (4.3\text{-}49)$$

Zur Lösung des Integrals im Nenner von Gl. (4.3-49) wenden wir die partielle Integration an:

$$\int e^{\beta f(u)} du = \left[u \cdot e^{\beta f(u)} \right]_{\text{untere Grenze}}^{\text{obere Grenze}} - \beta \int u e^{\beta f(u)} \frac{df(u)}{du} du \qquad (4.3\text{-}50)$$

Für die obere Grenze ist $u = \infty$, für die untere $u = -\infty$ zu setzen. In beiden Fällen ergibt der erste Term auf der rechten Seite null, denn wir wissen (Gl. (4.1-56)), dass $\beta = -1/kT$ eine negative Größe ist, $\eta = f(u)$ wächst nach Gl. (4.3-41) bis (4.3-43) proportional dem Quadrat der Koordinate u, und das Abfallen der Exponentialfunktion überwiegt stets das lineare Ansteigen von u bei großem $|u|$. Es folgt deshalb

$$-\frac{1}{\beta} = \frac{\int u \left(\frac{\mathrm{d}f(u)}{\mathrm{d}u}\right) e^{\beta f(u)} \mathrm{d}u}{\int e^{\beta f(u)} \mathrm{d}u} \tag{4.3-51}$$

Für $e^{\beta f(u)}$ folgt aus Gl. (4.3-49)

$$e^{\beta f(u)} = \frac{\dfrac{\phi(u)}{N} \int e^{\beta f(u)} \mathrm{d}u}{N} \tag{4.3-52}$$

Dies können wir in Gl. (4.3-51) einsetzen und erhalten

$$-\frac{1}{\beta} = \frac{1}{N} \int \phi(u) \cdot u \frac{\mathrm{d}f(u)}{\mathrm{d}u} \mathrm{d}u \tag{4.3-53}$$

Die rechte Seite dieser Gleichung ist identisch mit dem Mittelwert von $u(\mathrm{d}f(u)/\mathrm{d}u)$, denn sie ist das Integral über das Produkt aus interessierender Größe und Dichtefunktion, dividiert durch die Gesamtzahl der Teilchen [vgl. auch Herleitung zu Gl. (4.3-12) oder (4.3-16)]. Deshalb können wir schreiben:

$$-\frac{1}{\beta} = \overline{u \cdot \left(\frac{\mathrm{d}f(u)}{\mathrm{d}u}\right)} \tag{4.3-54}$$

Da wir keine speziellen Annahmen bezüglich der Koordinate u gemacht haben, gilt Gl. (4.3-54) für alle Bewegungskoordinaten.

Ist die Energie proportional dem Quadrat der Koordinate u, so wie wir es in den Gl. (4.3-41) bis (4.3-43) erkennen,

$$\eta = a \cdot u^2 \tag{4.3-55}$$

dann ist

$$\frac{\mathrm{d}\eta}{\mathrm{d}u} = 2au \tag{4.3-56}$$

und

$$u \cdot \frac{\mathrm{d}\eta}{\mathrm{d}u} = 2au^2 = 2\eta \tag{4.3-57}$$

Setzen wir dies in Gl. (4.3-54) ein, so finden wir, dass für alle Freiheitsgrade, die [gemäß Gl. (4.3-55)] quadratisch in die Energie eingehen,

$$\bar{\eta} = -\frac{1}{2\beta} \tag{4.3-58}$$

ist, und zwar unabhängig von der Natur der Koordinate u und damit für alle Bewegungsformen gültig. Gelingt es uns, $\bar{\eta}$ für eine Bewegungsform zu ermitteln, so müssen alle anderen Bewegungsformen die gleiche Energie aufweisen. Außerdem erhalten wir über Gl. (4.3-58) nochmals den Wert für den in Abschnitt 1.3.2 eingeführten und im Abschnitt 4.1.4 näher behandelten Lagrange'schen Multiplikator β.

Nach Gl. (4.3-21) ist

$$\bar{\varepsilon}_{\text{kin}} = \frac{1}{2} m \overline{v^2} = \frac{1}{2} m (\overline{v_x^2} + \overline{v_y^2} + \overline{v_z^2}) = \frac{3}{2} kT \tag{4.3-59}$$

$\bar{\varepsilon}_{\text{kin}}$ enthält also drei quadratische Freiheitsgrade. Da die Mittelwerte $\overline{v_x^2}, \overline{v_y^2}$ und $\overline{v_z^2}$ einander gleich sind, ist für einen quadratischen Term die mittlere Energie durch $\frac{1}{2} kT$ gegeben:

$$\bar{\eta} = \frac{1}{2} kT \tag{4.3-60}$$

Mit Gl. (4.3-58) ist dann

$$\beta = -\frac{1}{kT} \tag{4.3-61}$$

In Abschnitt 1.3.2 haben wir darauf hingewiesen, dass sich dieser Wert aus der Betrachtung eines Oszillators ergeben würde, hier haben wir denselben Wert über die Translationsenergie bestimmt. Aus Abschnitt 4.2.3 b, in dem wir die Rotation eines zweiatomigen, starren Moleküls mit Hilfe der statistischen Thermodynamik behandelt haben, ersehen wir, dass wir auch die Rotationsbewegung Gl. (4.2-68) zur Berechnung von $\bar{\eta}$ oder β hätten heranziehen können. Dieser quantitative Vergleich zeigt noch einmal, dass jeder Freiheitsgrad der Translation und Rotation einen, jeder Freiheitsgrad der Oszillation zwei quadratische Terme enthält.

Zum Schluss sollte jedoch noch einmal darauf hingewiesen werden, dass wir bei der Behandlung des Gleichverteilungssatzes der Energie von einem kontinuierlichen Energiespektrum ausgegangen sind [vgl. Gl. (4.3-49)]. Dies liegt nach den Erkenntnissen, die wir bei der quantenmechanischen Behandlung der Translation, Rotation und Schwingung gewonnen haben, in Wirklichkeit nicht vor. Doch sind die Abstände der diskreten Energieniveaus bei der Translation und Rotation klein gegenüber kT, so dass wir – mit Ausnahme der Rotation des Wasserstoffmoleküls – in erster Näherung ein kontinuierliches Energiespektrum annehmen können. Das ist nicht der Fall bei der Oszillation, aus diesem Grund wird hier der Gleichverteilungssatz der Energie erst bei sehr hohen Temperaturen, d. h. sehr großem kT, gültig. Im Abschnitt 1.2.3 haben wir das bereits bei der Diskussion der molaren Wärmekapazitäten der Gase erkannt.

4.3.5
Kernpunkte des Abschnitts 4.3

- ☑ Zustandsdichte Gl. (4.3-1)
- ☑ Besetzungsdichte Gl. (4.3-3)
- ☑ Energieverteilungsfunktion für das ideale Gas Gl. (4.3-5)
- ☑ Geschwindigkeitsverteilungsfunktion (dreidimensional) Gl. (4.3-8)
- ☑ am häufigsten auftretende Geschwindigkeit Gl. (4.3-11)
- ☑ Mittlere Geschwindigkeit Gl. (4.3-15)
- ☑ Mittleres Geschwindigkeitsquadrat Gl. (4.3-19)
- ☑ Geschwindigkeitsverteilungsfunktion (eindimensional) Gl. (4.3-25)
- ☑ Druck des Gases auf die Gefäßwandung Gl. (4.3-33)
- ☑ Zahl der Stöße pro Zeiteinheit auf Flächeneinheit der Wand Gl. (4.3-39)
- ☑ Gleichverteilungssatz der Energie Gl. (4.3-60)

4.3.6
Rechenbeispiele zu Abschnitt 4.3

1. Von welchen Größen ist das Verhältnis $f(v_{max})/f(\bar{v})$ der Zahl der Teilchen mit einer Geschwindigkeit zwischen v_{max} und $v_{max} + dv$ zur Zahl der Teilchen mit einer Geschwindigkeit zwischen $\bar{v}$ und $\bar{v} + dv$ (bei gleichem dv abhängig?

2. Zwei getrennte Gefäße sind mit Ne bzw. Ar gefüllt. Das Argon weist eine Dichte auf, die halb so groß ist wie die des Neons, seine Temperatur ist jedoch doppelt so hoch. Wie groß ist das Verhältnis $^1Z_w(Ne) : {}^1Z_w(Ar)$ der Zahl der Stöße pro Zeiteinheit auf die Flächeneinheit?

3. Zur Ermittlung des Dampfdrucks einer festen Substanz nach der Knudsenmethode bringt man die Substanz in eine sog. Knudsenzelle, eine bis auf eine kleine Öffnung allseitig geschlossene Zelle, und bestimmt durch Wägen den in einer bestimmten Zeit eingetretenen Gewichtsverlust, wenn bei höherer Temperatur ein Teil der Substanz durch das Loch in der Zelle ausgetreten ist. Wie groß ist der Dampfdruck von Ag bei 1204 K, wenn in 90.0 min aus einer Knudsenzelle mit einem kreisförmigen Lochdurchmesser von 0.400 cm 11.85 mg Ag austreten?

4. Man leite die Geschwindigkeitsverteilung für a) den zweidimensionalen, b) für den eindimensionalen Fall unmittelbar mit Hilfe der entsprechenden Zustandsdichten (vgl. Aufg. 6 in Abschnitt 4.1.9) ab.

4.3.7
Literatur zu Kapitel 4

Goeke, K. (2010) *Statistik und Thermodynamik*, Vieweg+Teubner Verlag, Wiesbaden

Kittel, C. und Hunklinger, S. (2005) *Einführung in die Festkörperphysik*, 14. Aufl., Oldenbourg Wissenschaftsverlag, München

Hill, T. L. (1987) *An Introduction to Statistical Thermodynamics*, Dover Publications, New York

Kortüm, G. und Lachmann, H. (1981) *Einführung in die Chemische Thermodynamik*, 7. Aufl., Verlag Chemie, Weinheim und Vandenhoeck & Ruprecht, Göttingen

Moesta, H. (1979) *Chemische Statistik*, Springer-Verlag, Berlin

5
Transporterscheinungen

In den vorangegangenen Kapiteln, insbesondere in den Kapitel 2 und 3, haben wir uns mit Gleichgewichtszuständen beschäftigt. Wir haben stets vorausgesetzt, dass sich die von uns betrachteten Systeme im thermischen Gleichgewicht befanden, dass innerhalb der Systeme keine Temperatur-, Druck- oder Konzentrationsgradienten vorlagen. Gleichwohl haben wir bei der Behandlung der statistischen Theorie der Materie erkannt, dass das sich uns makroskopisch darbietende Gleichgewicht lediglich ein Zustand ist, der durch die Mittelung über eine sehr große Zahl individueller Prozesse zustande kommt.

Im Folgenden wollen wir uns nun den *Nicht-Gleichgewichtszuständen* eines Systems zuwenden, und zwar zunächst den *stationären Nicht-Gleichgewichtszuständen*. Wir wollen deshalb chemische Veränderungen außer Betracht lassen und lediglich den Transport einer physikalischen Größe wie der *Masse*, des *Impulses*, der *Energie* oder der *elektrischen Ladung* untersuchen. Diese Vorgänge sind uns unter den Begriffen *Diffusion, innere Reibung, thermische* (oder *Wärme-*) *Leitfähigkeit* und *elektrische Leitfähigkeit* bekannt.

Bei der Diffusion, der inneren Reibung und der Wärmeleitfähigkeit werden wir die Erörterungen auf Gase konzentrieren, da bei ihnen eine einigermaßen geschlossene theoretische Behandlung möglich ist. Wir wollen allgemein voraussetzen, dass die betrachtete Gasmenge hinreichend ausgedehnt ist und unter einem nicht zu niedrigen Druck steht, so dass der Transport der betrachteten Größe nicht in einem Zug von einer Gefäßwandung zur anderen erfolgt, sondern über zahlreiche Zusammenstöße der einzelnen Gasmoleküle. Wir werden sehen, dass bei den Transporterscheinungen die *mittlere freie Weglänge* der Gaspartikeln eine zentrale Rolle spielt.

Im zweiten Teil der Betrachtungen zu Transporterscheinungen werden wir uns mit dem Ladungstransport in kondensierter Materie befassen. Schwerpunkte bilden dabei die elektrische Leitfähigkeit in Festkörpern und die elektrokinetischen Erscheinungen, die in ursächlichem Zusammenhang mit den elektrischen Doppelschichten stehen.

Im Abschnitt 5.1 werden wir die mittlere freie Weglänge, d. h. den mittleren zwischen zwei Stößen von den Gasmolekülen zurückgelegten Weg behandeln.

Wir werden dann im Abschnitt 5.2 der Frage nachgehen, wie viele Stöße sich in der Zeiteinheit und in der Volumeneinheit zwischen gleichartigen und zwischen unterschiedlichen Gasmolekülen ereignen und wie viele Stöße *ein* Molekül erleidet. Die Kenntnis dieser Stoßzahlen wird sich bei der Besprechung der Kinetik von Reaktionen in der Gasphase als wichtig erweisen.

Eine für die Beschreibung von *Diffusion, innerer Reibung* und *Wärmeleitfähigkeit* in Gasen allgemein anwendbare *Transportgleichung* werden wir in Abschnitt 5.3 ableiten und entsprechend anwenden.

Zum Schluss der Besprechung der Transporterscheinungen in Gasen werden wir im Abschnitt 5.4 die *laminare Strömung in engen Röhren* behandeln und die *Hagen-Poiseuille'sche Gleichung* ableiten.

Der Abschnitt 5.5 wird Ergebnisse, Aufgaben und Literatur zu den vorausgegangenen Abschnitten zusammenfassen.

Der *elektrischen Leitfähigkeit* in Festkörpern ist der Abschnitt 5.6 gewidmet. Er wird eine Einführung in die *elektrische und thermische Leitfähigkeit von Metallen* bringen, aber auch die *Elektronen-* und *Ionenleitung* in *Halbleitern* behandeln.

Mit den *elektrokinetischen Erscheinungen*, d. h. mit *Elektroosmose, Strömungspotential* und *Elektrophorese* werden im Abschnitt 5.7 die Betrachtungen zu den Transporterscheinungen abgeschlossen.

5.1
Die mittlere freie Weglänge der Gasmoleküle

Liegt ein Gas unter Normalbedingungen vor, dann befinden sich in 22.4 dm³ $6.022 \cdot 10^{23}$ Gasmoleküle, so dass einem Molekül ein Volumen von etwa $37 \cdot 10^{-21}$ cm³ zur Verfügung steht. Wären die Moleküle wie in einem einfachen kubischen Gitter angeordnet, so wäre der kleinste Abstand zwischen zwei Molekülen etwa $33 \cdot 10^{-8}$ cm. Trotz der geringen Dichte eines Gases ist die räumliche Trennung der Partikeln also sehr klein. Andererseits zeigt uns ein Blick auf Abb. 4.3-2, dass unter den gleichen Bedingungen die mittlere Geschwindigkeit der Stickstoffmoleküle etwa 450 m s^{-1} beträgt. Wir müssen deshalb davon ausgehen, dass die Gasmoleküle pro Zeiteinheit eine sehr große Zahl von Zusammenstößen erleiden, ihr Weg eine komplizierte Zickzackbewegung ist.

Zur Berechnung der mittleren freien Weglänge, d. h. des Weges, den ein Gasmolekül im Mittel zwischen zwei Zusammenstößen zurücklegt, gehen wir von der Modellvorstellung aus, dass die Gasmoleküle starre Kugeln sind (vgl. auch Abschnitt 1.2.1 und Abschnitt 2.1.1). Hat das eine Molekül den Radius r_1, das andere den Radius r_2, so können sich, wie Abb. 5.1-1 zeigt, die Mittelpunkte der Moleküle höchstens bis auf den Abstand $r_{1,2} = r_1 + r_2$ nähern. In Abschnitt 2.1.1 haben wir deshalb das Volumen $\frac{1}{2} N_A \cdot \frac{4}{3} \pi r_{1,2}^3$ Ausschließungsvolumen genannt.

Um zu entscheiden, ob es zwischen zwei sich bewegenden Gasmolekülen zum Zusammenstoß kommt, stellen wir uns das eine Molekül als ruhend vor. Ihm

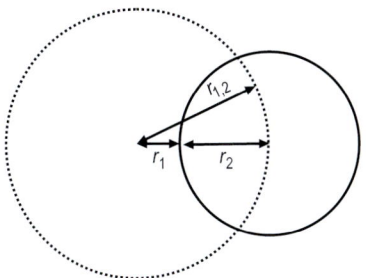

Abbildung 5.1-1 Zur Definition des Stoßquerschnitts.

schreiben wir den Radius $r_{1,2}$ zu. Das andere, stoßende Molekül betrachten wir als punktförmig. Liegt das ruhende Molekül in der Papierebene, so kommt es zu einem Zusammenstoß, wenn das stoßende Molekül auf den Kreis mit dem Radius $r_{1,2}$ in der Papierebene trifft. Wir bezeichnen deshalb die Fläche $\sigma = \pi r_{1,2}^2$ als *Stoßquerschnitt*.

Wir fragen nun zunächst nach der Wahrscheinlichkeit, mit der ein Molekül nach Durchlaufen einer Strecke Δx mit einem anderen Molekül zusammengestoßen ist, wenn die Anzahldichte der Gasmoleküle ^1N ist. Zu diesem Zweck betrachten wir ein quaderförmiges Volumen, gegeben durch die Stirnfläche A und die Dicke Δx. Diese wählen wir so gering, dass es bei der Projektion der in diesem Volumen enthaltenen Moleküle auf die Fläche A zu keiner Überschneidung der Stoßquerschnitte kommt, so wie es in Abb. 5.1-2 dargestellt ist. Die Zahl der Kreise ist gleich der Zahl der Moleküle im Volumen $A \cdot \Delta x$, also $^1N \cdot A \cdot \Delta x$. Die Wahrscheinlichkeit W, dass ein senkrecht zu A in das Gas eintretendes punktförmiges Molekül eines der als ruhend gedachten Gasmoleküle trifft, ist gleich dem Verhältnis der Summe der Kreisflächen zur Stirnfläche A

$$W = \frac{^1N \cdot A \cdot \sigma \cdot \Delta x}{A} = {}^1N\sigma \cdot \Delta x \tag{5.1-1}$$

Treten pro Zeiteinheit $\dot{N}(0)$ Moleküle bei der Ortskoordinate $x = 0$ durch die Fläche A, so werden also bei der Ortskoordinate Δx bereits $\dot{N}(0)\,{}^1N\sigma\Delta x$ dieser Moleküle einen Zusammenstoß erlitten haben.

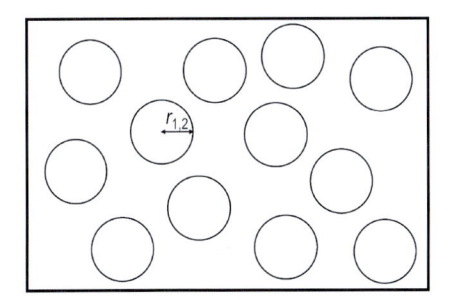

Abbildung 5.1-2 Zur Ableitung der Stoßwahrscheinlichkeit.

Als nächstes ermitteln wir die Zahl $\dot{N}(x)$ der Moleküle, die bei einer beliebigen Ortskoordinate x noch nicht auf ein anderes Molekül gestoßen sind. Ihre Zahl vermindert sich zwischen x und $x + dx$ nach Gl. (5.1-1) um

$$d\dot{N}(x) = -\dot{N}(x) \cdot {}^1N\sigma dx \tag{5.1-2}$$

Wir trennen die Variablen und führen gleichzeitig zur Abkürzung

$$\alpha \equiv {}^1N\sigma \tag{5.1-3}$$

ein. So erhalten wir

$$\frac{d\dot{N}(x)}{\dot{N}(x)} = -\alpha dx \tag{5.1-4}$$

und durch unbestimmte Integration

$$\ln \dot{N}(x) = -\alpha x + c \tag{5.1-5}$$

Die Konstante berechnen wir aus der Anfangsbedingung $\dot{N}(x) = \dot{N}(0)$ für $x = 0$

$$\ln \dot{N}(0) = 0 + c \tag{5.1-6}$$

Die Zusammenfassung der Gl. (5.1-5) und (5.1-6) liefert uns für den Bruchteil des Teilchenstromes, der nach Durchlaufen der Strecke x noch keinen Zusammenstoß erlitten hat,

$$\frac{\dot{N}(x)}{\dot{N}(0)} = e^{-\alpha x} = e^{-{}^1N\sigma x} \tag{5.1-7}$$

Die Kombination von Gl. (5.1-2) und Gl. (5.1-7) gibt uns die Zahl der Teilchen, die zwischen x und $x + dx$ mit einem anderen Teilchen zusammenstoßen, in Abhängigkeit von dem bei $x = 0$ eintretenden Teilchenstrom $\dot{N}(0)$:

$$|d\dot{N}(x)| = \alpha \cdot \dot{N}(x)dx = \alpha \cdot \dot{N}(0)e^{-\alpha x}dx \tag{5.1-8}$$

Diese Teilchen haben gerade die freie Weglänge x. Um die mittlere Weglänge λ zu erhalten, müssen wir die freie Weglänge x mit der Anzahl der Teilchen multiplizieren, die diese freie Weglänge besitzen, diese Produkte über alle Werte von x summieren und durch die Gesamtzahl der Teilchen dividieren:

$$\lambda = \frac{1}{\dot{N}(0)} \int_0^\infty x \cdot \alpha \dot{N}(0) e^{-\alpha x} dx = \frac{1}{\alpha} \int_0^\infty \alpha x e^{-\alpha x} d(\alpha x) \tag{5.1-9}$$

Die partielle Integration liefert uns für das Integral den Wert 1, so dass wir für

die mittlere freie Weglänge
$$\lambda = \frac{1}{\alpha} = \frac{1}{^1N \cdot \sigma} \qquad (5.1\text{-}10)$$

erhalten. Zu diesem Ergebnis wären wir auch gekommen, wenn wir bedacht hätten, dass ein Teilchen zwischen zwei Stößen das Volumen $\sigma \cdot \lambda$ durchläuft, in dem sich genau ein, nämlich das gestoßene Teilchen befindet. Die Teilchendichte ist dann $^1N = \dfrac{1}{\sigma \cdot \lambda}$, was mit Gl. (5.1-10) identisch ist.

Wir sehen nun, dass wir für den Exponenten der e-Funktion in Gl. (5.1-7) auch x/λ schreiben können. Der Teilchenstrom nimmt also nach Durchlaufen der mittleren freien Weglänge durch Stöße mit anderen Molekülen auf $1/e$ seines ursprünglichen Wertes ab. Abbildung 5.1-3 gibt den Strom noch nicht in einen Stoß verwickelter Moleküle in Abhängigkeit von der auf die mittlere freie Weglänge bezogenen Ortskoordinate wieder. Der hier abgeleitete Zusammenhang ist experimentell bestätigt worden. Das gelingt, wie Born gezeigt hat, beispielsweise dadurch, dass man einen Molekülstrahl, den man mit Hilfe einer Knudsen-Zelle (vgl. Abschnitt 4.3.3) erzeugt, durch ein verdünntes Gas hindurchtreten lässt und die Strahlintensität in verschiedenen Abständen misst.

Bei der Ermittlung der mittleren freien Weglänge sind wir von der Vorstellung ausgegangen, dass sich nur das stoßende Molekül bewegt, das gestoßene aber in Ruhe ist. Eine Berücksichtigung der Bewegung des gestoßenen Moleküls würde darauf hinauslaufen, dass man die Relativgeschwindigkeit von stoßendem und gestoßenem Molekül in Betracht zieht. Wäre die Relativgeschwindigkeit um einen bestimmten Faktor größer als die Geschwindigkeit des stoßenden Moleküls, so würde das zu einer entsprechenden Verkürzung der Zeit bis zum Zusammenstoß und damit für das stoßende Molekül zu einer Verkürzung des Weges in dem äu-

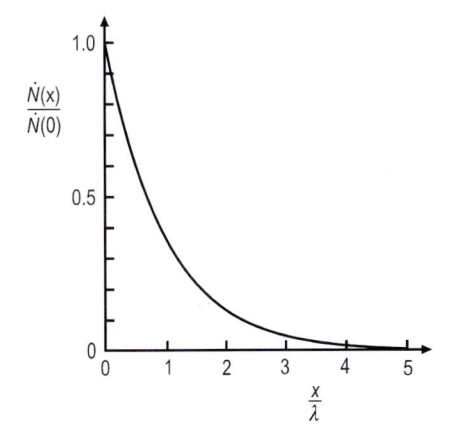

Abbildung 5.1-3 Abnahme des Teilchenstromes durch Stöße mit anderen Molekülen.

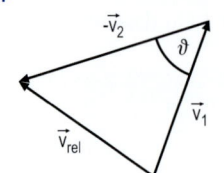

Abbildung 5.1-4 Zur Berücksichtigung der Relativgeschwindigkeit.

ßeren, für die λ-Bestimmung maßgeblichen Koordinatensystem führen. Die Relativgeschwindigkeit erhalten wir gemäß Abb. 5.1-4 durch Subtraktion der Geschwindigkeitsvektoren von stoßendem und gestoßenem Molekül. Den Betrag der Relativgeschwindigkeit errechnen wir als

$$v_{rel}^2 = |\vec{v}_1 - \vec{v}_2|^2 = |\vec{v}_1|^2 + |\vec{v}_2|^2 - 2v_1 v_2 \cos\vartheta \tag{5.1-11}$$

Dies müssen wir über alle möglichen gegenseitigen Orientierungen der Vektoren $\vec{v}_1$ und $\vec{v}_2$ mitteln. Dabei fällt das Glied mit $\cos\vartheta$ heraus, da es mit gleicher Wahrscheinlichkeit positive und negative Werte annimmt. Es ist also

$$\overline{v_{rel}^2} = \overline{v_1^2} + \overline{v_2^2} \tag{5.1-12}$$

Setzen wir nun für die gemittelten quadrierten Geschwindigkeiten Gl. (4.3-18) ein, so erhalten wir zunächst für den allgemeinen Fall, dass sich die Moleküle in ihrer Masse unterscheiden,

$$\overline{v_{rel}^2} = \frac{3RT}{M_1} + \frac{3RT}{M_2} = \frac{3RT}{M_1}\left(1 + \frac{M_1}{M_2}\right) = \overline{v_1^2}\left(1 + \frac{M_1}{M_2}\right) \tag{5.1-13}$$

Bei gleichen Molekülen ($M_1 = M_2$) folgt

$$\sqrt{\overline{v_{rel}^2}} = \sqrt{2}\sqrt{\overline{v_1^2}} \tag{5.1-14}$$

Da sich nach Gl. (4.3-20) die Wurzel aus dem mittleren Geschwindigkeitsquadrat, die mittlere Geschwindigkeit und die am häufigsten auftretende Geschwindigkeit nur um einen konstanten Faktor unterscheiden, gilt auch

$$\bar{v}_{rel} = \sqrt{2}\,\bar{v}_1 \tag{5.1-15}$$

Die gemittelte Relativgeschwindigkeit ist demnach um den Faktor $\sqrt{2}$ größer als die mittlere Geschwindigkeit des stoßenden Teilchens im äußeren Koordinatensystem. Dann muss nach den obigen Überlegungen die mittlere freie Weglänge bei Berücksichtigung der Bewegung des gestoßenen Teilchens um den Faktor $\frac{1}{\sqrt{2}}$ kleiner sein, als nach Gl. (5.1-10) berechnet wurde. Man bezeichnet die auf diese Weise korrigierte mittlere freie Weglänge als

Maxwell'sche mittlere freie Weglänge λ_M

$$\lambda_\text{M} = \frac{1}{\sqrt{2}\,{}^1N\sigma} \tag{5.1-16}$$

Nach dem von uns zugrundegelegten starren Kugelmodell ist $r_{1,2}$ eine von Druck und Temperatur unabhängige Konstante. Die Teilchenzahldichte ${}^1N = p/kT$ ist bei konstantgehaltener Temperatur dem Druck direkt proportional. Infolgedessen ist die mittlere freie Weglänge bei konstanter Temperatur dem Druck umgekehrt proportional:

$$\lambda_\text{M} \propto \frac{1}{p} \tag{5.1-17}$$

Halten wir hingegen die Dichte, und damit ${}^1N$, konstant, so ist die mittlere freie Weglänge unabhängig von der Temperatur.

Verfeinern wir jedoch unser Modell dahingehend, dass wir annehmen, dass außerhalb des starr elastischen Kugelradius $r_{1,2}$ eine zentralsymmetrisch wirkende Anziehungskraft existiert, so werden, wie aus Abb. 5.1-5 hervorgeht, die stoßenden Teilchen aus ihrer geradlinigen Bahn heraus und auf das zu stoßende Teilchen hingelenkt. Die Annahme einer Anziehungskraft entspricht unserem Vorgehen bei der Diskussion der Eigenschaften realer Gase (Abschnitt 2.1.1).

> Während bei Abwesenheit der Anziehungskraft ein Zusammenstoß nur dann zustande kam, wenn die Flugbahn des stoßenden Teilchens höchstens einen Abstand $r_{1,2}$ vom Mittelpunkt des zu stoßenden Teilchens hatte, erfolgt bei Gegenwart der Anziehungskraft ein Zusammenstoß noch bis zu einem größeren Abstand b_kr. Diesen *kritischen Stoßparameter* hat *Sutherland* berechnet.

Wir wollen den Gedankengang kurz skizzieren. Das zu stoßende Molekül nehmen wir als ruhend an und schreiben dem stoßenden Molekül wie bei der Besprechung der Zentralbewegungen in Abschnitt 3.1.1 die reduzierte Masse $\mu = \dfrac{m_1 \cdot m_2}{m_1 + m_2}$ zu, da hier wegen des zentralsymmetrischen Potentials ebenfalls eine Zentralbewegung vorliegt. Bei einer solchen Bewegung gilt der Satz von der Erhaltung des Drehimpulses (Flächensatz):

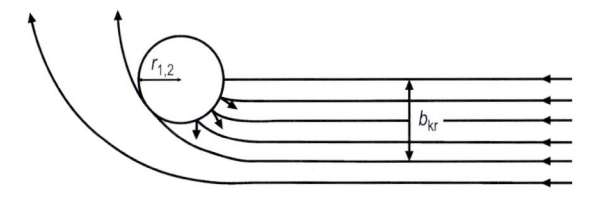

Abbildung 5.1-5 Zur Erläuterung der Sutherland'schen Konstanten.

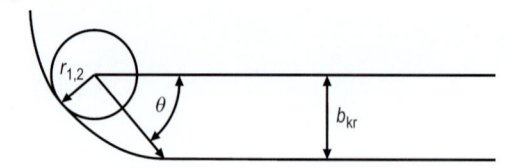

Abbildung 5.1-6 Zur Ableitung der Sutherland'schen Konstanten.

$$\mu \cdot r^2 \cdot \frac{d\theta}{dt} = c \tag{5.1-18}$$

Für sehr große Entfernungen zwischen den beiden Teilchen ist, wie aus Abb. 5.1-6 hervorgeht, θ sehr klein, so dass

$$\frac{d\theta}{dt} \approx \frac{d(\sin\theta)}{dt} = \frac{d(b/r)}{dt} = b \cdot \frac{d\left(\frac{1}{r}\right)}{dt} = -\frac{b}{r^2} \cdot \frac{dr}{dt} \tag{5.1-19}$$

$-\frac{dr}{dt}$ ist für sehr große Entfernungen aber gleich der Geschwindigkeit, mit der sich das stoßende Teilchen auf das ruhend gedachte zubewegt. Das ist die Relativgeschwindigkeit v_{rel}.

Wir können demnach für Gl. (5.1-18) schreiben

$$\mu r^2 \frac{d\theta}{dt} = \mu \cdot b \cdot v_{\text{rel}} \tag{5.1-20}$$

Außer dem Flächensatz muss der Energieerhaltungssatz gelten. Bei kleinen Abständen haben wir die potentielle Energie $\varepsilon_p(r)$ und kinetische Energie $\frac{1}{2}\mu\left[r^2\left(\frac{d\theta}{dt}\right)^2 + \left(\frac{dr}{dt}\right)^2\right]$ (Addition der Tangential- und Radialkomponente), bei großen Abständen wegen des schnellen Abklingens der Anziehungskraft nur die kinetische Energie zu berücksichtigen:

$$\frac{1}{2}\mu\left[r^2\left(\frac{d\theta}{dt}\right)^2 + \left(\frac{dr}{dt}\right)^2\right] + \varepsilon_p(r) = \frac{1}{2}\mu \cdot v_{\text{rel}}^2 \tag{5.1-21}$$

Wir lösen Gl. (5.1-20) nach $\frac{d\theta}{dt}$ auf und substituieren dies in Gl. (5.1-21)

$$\frac{1}{2}\mu\left[\frac{b^2 v_{\text{rel}}^2}{r^2} + \left(\frac{dr}{dt}\right)^2\right] + \varepsilon_p(r) = \frac{1}{2}\mu \cdot v_{\text{rel}}^2 \tag{5.1-22}$$

Ein spezieller Fall liegt vor, wenn sich die beiden Teilchen gerade berühren. Dann ist $b = b_{\text{kr}}$, der geringste Abstand $r = r_{1,2}$. Wegen des Minimums von r ist für diesen Punkt $dr/dt = 0$, so dass Gl. (5.1-22) übergeht in

$$\frac{1}{2}\mu \frac{b_{\text{kr}}^2 v_{\text{rel}}^2}{r_{1,2}^2} + \varepsilon_p(r_{1,2}) = \frac{1}{2}\mu \cdot v_{\text{rel}}^2 \tag{5.1-23}$$

Gleichung (5.1-23) gibt uns somit die Möglichkeit, b_{kr} zu berechnen

$$b_{kr}^2 = r_{1,2}^2 - \frac{2 r_{1,2}^2 \varepsilon_p(r_{1,2})}{\mu \cdot v_{rel}^2} \tag{5.1-24}$$

Nach Gl. (5.1-13) ist, wenn wir Zähler und Nenner durch N_A dividieren, um auf molekulare Größen zu kommen,

$$\overline{v_{rel}^2} = 3kT \cdot \frac{m_1 + m_2}{m_1 \cdot m_2} = \frac{3kT}{\mu} \tag{5.1-25}$$

so dass wir für Gl. (5.1-24) auch schreiben können

$$b_{kr}^2 = r_{1,2}^2 \left(1 - \frac{2\varepsilon_p(r_{1,2})}{3kT}\right) \tag{5.1-26}$$

Führen wir schließlich noch die Abkürzung

$$C = -\frac{2}{3} \frac{\varepsilon_p(r_{1,2})}{k} \tag{5.1-27}$$

als *Sutherland'sche Konstante*

ein, so ist

$$b_{kr}^2 = r_{1,2}^2 \left(1 + \frac{C}{T}\right) \tag{5.1-28}$$

Nach unseren eingangs angestellten Überlegungen ist bei Gegenwart einer Anziehungskraft $r_{1,2}$ in Gl. (5.1-16) durch b_{kr} zu ersetzen. Wir erhalten demnach für

die *mittlere freie Weglänge* unter Berücksichtigung *attraktiver intermolekularer Wechselwirkungen*

$$\lambda_M = \frac{1}{\sqrt{2} \cdot {}^1N \cdot \sigma \cdot (1 + C/T)} \tag{5.1-29}$$

$\varepsilon_p(r_{1,2})$ ist, da es sich um eine Anziehungskraft handelt, negativ, C damit positiv. Das besagt, dass $b_{kr} > r_{1,2}$ ist, die mittlere freie Weglänge wird damit bei Anwesenheit einer anziehenden Kraft zwischen den Molekülen verringert. Dieser Effekt wird jedoch um so kleiner, je höher die Temperatur ist. Beachten wir, dass der Faktor $\frac{3}{2}kT$ in Gl. (5.1-26) nichts anderes als die kinetische Energie des stoßenden Moleküls ist, so wird deutlich, dass es sich hier um das Wechselspiel zwischen der temperaturunabhängigen potentiellen und der temperaturabhängigen kinetischen Energie handelt. Je höher die kinetische Energie ist, desto kleiner sind das Verhältnis $\varepsilon_p(r_{1,2})/\varepsilon_{kin}$ und die Ablenkung, desto größer ist die mittlere freie Weglänge.

Obwohl durch die Sutherland'sche Korrektur die Temperaturabhängigkeit der mittleren freien Weglänge im Wesentlichen richtig wiedergegeben wird, sollten wir bedenken, dass wir ein sehr grobes Modell (Vernachlässigung der Geschwindigkeitsverteilung und der Wirkung der Abstoßungskräfte) gewählt haben, und sollten deshalb den Wert von Gl. (5.1-29) nicht überschätzen.

5.2
Die Stoßzahlen der Gasmoleküle

Im Abschnitt 4.3.3 haben wir die Zahl ^1Z_w der Stöße berechnet, die sich bei gegebener Temperatur und gegebenem Druck in der Zeiteinheit zwischen Gasmolekülen und der Flächeneinheit der Wandfläche ereignen. Für unsere späteren reaktionskinetischen Überlegungen sind zwei weitere Stoßzahlen sehr wichtig, die Zahl ^1Z_AB der Stöße, die sich in der Zeiteinheit in der Volumeneinheit des Gases ereignen, und die Zahl Z_A der Stöße, die ein einzelnes Molekül in der Zeiteinheit erleidet.

Ist ^1N die Teilchenzahldichte, dann befinden sich im Volumen V $^1N \cdot V$ Moleküle. Sie legen in der Zeit dt zusammen den Weg $^1N \cdot V \cdot \bar{v} \cdot dt$ zurück. Diesen Weg können wir aber auch aus der mittleren freien Weglänge λ_M und der Stoßzahl ^1Z_AA berechnen, die angibt, wie viele Zusammenstöße sich pro Zeit- und Volumeneinheit in dem reinen Gas A ereignen. Beachten wir, dass durch jeden Zusammenstoß die freie Weglänge zweier Moleküle abgeschlossen wird, so berechnet sich der von allen Teilchen im Volumen V in der Zeit dt zurückgelegte Weg zu $2 \cdot {}^1Z_\text{AA} \cdot V \cdot dt \cdot \lambda_\text{M}$. Es gilt also

$$2 \cdot {}^1Z_\text{AA} \cdot V \cdot dt \cdot \lambda_\text{M} = {}^1N \cdot V \cdot \bar{v} \cdot dt \tag{5.2-1}$$

$$^1Z_\text{AA} = \frac{^1N\bar{v}}{2\lambda_\text{M}} \tag{5.2-2}$$

Berücksichtigen wir noch die für $\bar{v}$ und λ_m ermittelten Ausdrücke (Gl. (4.3-15) und Gl. (5.1-16)), so erhalten wir für

> die *Zahl der Stöße* zwischen Teilchen der Sorte A *pro Zeit- und Volumeneinheit*
>
> $$^1Z_\text{AA} = 2 \cdot {}^1N^2 \cdot \sigma \sqrt{\frac{RT}{M_\text{A}\pi}} \tag{5.2-3}$$

Liegt eine Gasmischung vor, so muss man die Berechnung der Stoßzahl ^1Z_AB in anderer Weise vornehmen. Wir wollen hier lediglich das Ergebnis notieren, das wir in Abschnitt 6.4.1 (Gl. 6.4-4) erhalten werden. Es ergibt sich für

> die Zahl der Stöße zwischen Teilchen der Sorten A und B pro Zeit- und Volumeneinheit

$$^1Z_{AB} = 2\,^1N_A \cdot {^1N_B} \cdot \sigma_{AB} \sqrt{\frac{2kT}{\pi\mu}} \tag{5.2-4}$$

Wir fragen schließlich noch nach der Zahl der Stöße pro Zeiteinheit, die ein Molekül erleidet. Multiplizieren wir Z_A mit der mittleren freien Weglänge λ_M, so erhalten wir die mittlere Geschwindigkeit $\bar{v}$ des Moleküls:

$$Z_A \cdot \lambda_M = \bar{v} \tag{5.2-5}$$

Bei Berücksichtigung von Gl. (4.3-15) und Gl. (5.1-16) finden wir für

die *Zahl der Stöße*, die *ein Molekül pro Zeiteinheit* erleidet,

$$Z_A = 4\,^1N\sigma \sqrt{\frac{RT}{M_A\pi}} \tag{5.2-6}$$

Für die reaktionskinetischen Überlegungen ist es besonders interessant, $^1Z_{AA}$ und ^1Z_W,

die Zahl der Stöße pro Zeiteinheit auf die Flächeneinheit der Wand,

$$^1Z_W = \frac{1}{4}\,^1N\bar{v} = {^1N} \cdot \sqrt{\frac{RT}{2\pi M_A}} \tag{5.2-7}$$

(vgl. Gl. (4.3-39)) bezüglich ihrer Druckabhängigkeit zu vergleichen. Die Druckabhängigkeit steckt im Faktor $^1N = p/kT$. Wir sehen, dass $^1Z_{AA}$ quadratisch vom Druck abhängt, während ^1Z_W nur linear vom Druck abhängig ist. Das hat zur Folge, dass sich durch Druckänderung das Verhältnis $^1Z_{AA}/^1Z_W$ stark verändert, ja sogar umkehren kann. Wir wollen das an einem Beispiel erläutern und betrachten Stickstoff, der sich in einem 1-cm³-Würfel (Oberfläche = 6 cm²) befindet. Unter Normalbedingungen ist $\bar{v} = 4.5 \cdot 10^4$ cm s^{-1}, $^1N = 2.7 \cdot 10^{19}$ Moleküle cm^{-3}, $\lambda_M = 0.8 \cdot 10^{-5}$ cm. Daraus berechnen sich die in Tab. 5.2-1 aufgeführten Stoßzahlen sowie das Verhältnis $^1Z_{AA}/6\,^1Z_W$ der Stöße im Volumen zu denen auf die Wandungen des Würfels.

Tabelle 5.2-1 Druckabhängigkeit der Stoßzahlen $^1Z_{AA}$ und ^1Z_W.

p	$^1Z_{AA}$	^1Z_W	$^1Z_{AA}/6 \cdot {^1Z_W}$
1 bar	$7.6 \cdot 10^{28}$ s^{-1}cm^{-3}	$3 \cdot 10^{23}$ s^{-1}cm^{-2}	$4.2 \cdot 10^4$ cm^{-1}
$1 \cdot 10^{-4}$ bar	$7.6 \cdot 10^{20}$ s^{-1}cm^{-3}	$3 \cdot 10^{19}$ s^{-1}cm^{-2}	4.2 cm^{-1}
$1 \cdot 10^{-8}$ bar	$7.6 \cdot 10^{12}$ s^{-1}cm^{-3}	$3 \cdot 10^{15}$ s^{-1}cm^{-2}	$4.2 \cdot 10^{-4}$ cm^{-1}

5.3
Transporterscheinungen in Gasen

5.3.1
Die allgemeine Transportgleichung für Gase

Wir kommen nun zur Diskussion der eigentlichen Transportphänomene Diffusion, innere Reibung, thermische Leitfähigkeit und elektrische Leitfähigkeit. Im Allgemeinen werden wir zu diesem Zweck stationäre Nichtgleichgewichtszustände betrachten, d. h. solche Zustände, bei denen im System für die Dauer des Experiments stets dieselbe Nichtgleichgewichtslage aufrechterhalten wird. Wir können das dadurch erzielen, dass wir, wie Abb. 5.3-1 zeigt, unser System zwischen zwei Reservoire schalten, von denen das eine (1) kontinuierlich die zu transportierende Größe, im Beispiel der Diffusion die Materie, in das System hineinfließen lässt, während das andere (2) kontinuierlich eine entsprechende Menge der transportierten Größe aus dem System aufnimmt. Wie wir ausführlich im Abschnitt 2.3.4 erörtert haben, ist ein Nichtgleichgewichtszustand dadurch charakterisiert, dass das chemische Potential innerhalb des Systems nicht konstant ist. Unter dem Einfluss des Gradienten des chemischen Potentials kommt es zu den Ausgleichsvorgängen, zum Transportvorgang. Wir nennen die transportierte physikalische Größe Transportgröße und bezeichnen sie mit Γ, bezogen auf ein Molekül mit $\overline{\Gamma}$.

Unter dem Fluss J_Γ der Transportgröße Γ wollen wir die in der Zeit dt durch die Fläche A transportierte Menge von Γ, dividiert durch $A \cdot dt$, verstehen. Er ist der treibenden Kraft, d. h. dem Gradienten der Transportgröße proportional. Wir beschreiben den Fluss durch den Vektor $\vec{J}_\Gamma$, der somit gegeben ist durch

$$\vec{J}_\Gamma = -a \cdot \operatorname{grad} \Gamma \tag{5.3-1}$$

Ohne auf die spezielle physikalische Bedeutung von Γ näher einzugehen, wollen wir zunächst eine allgemeine, elementare Theorie der Transporterscheinungen entwickeln.

Wir setzen voraus, dass sich die Transportgröße Γ längs der z-Koordinate in dem betrachteten Gas in der Weise ändert, dass ein Gradient $d\Gamma/dz$ existiert, während Γ von x und y unabhängig ist. Γ nehme mit z zu. An einer bestimmten Stelle z_0

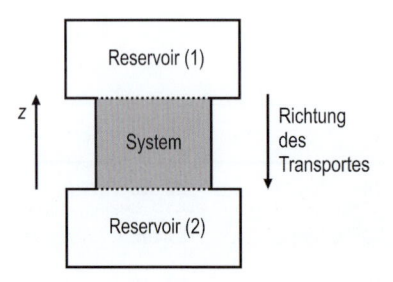

Abbildung 5.3-1 Zur Erläuterung des stationären Nichtgleichgewichtszustandes.

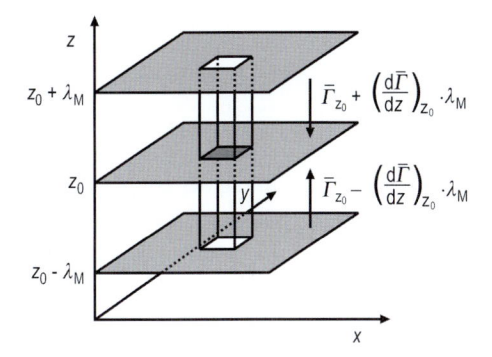

Abbildung 5.3-2 Zur Ableitung der allgemeinen Transportgleichung.

betrage der Gradient $(d\overline{\Gamma}/dz)_{z_0}$. Entsprechend unserem Vorgehen in Abschnitt 1.2.1 interessieren wir uns nur für die in Richtung einer Achse, hier der z-Achse, liegende Geschwindigkeitskomponente der Teilchen unseres Systems. Weiterhin setzen wir voraus, dass Zusammenstöße zwischen den Teilchen nur in bestimmten, senkrecht auf der z-Achse stehenden Ebenen stattfinden, deren Abstand gerade die Maxwell'sche mittlere freie Weglänge λ_M ist. In Abb. 5.3-2 sind die Ebenen bei $z_0 - \lambda_M$, und $z_0 + \lambda_M$ eingezeichnet. Bei den Zusammenstößen finde ein vollständiger Ausgleich der Transportgröße statt.

In die Ebene durch z_0 gelangen von oben Teilchen, die aus der Ebene durch $z_0 + \lambda_M$ kommen und von denen jedes die Transportgröße $\overline{\Gamma}_{z_0} + (d\overline{\Gamma}/dz)_{z_0} \cdot \lambda_M$ mit sich führt, sowie von unten Teilchen, die aus der Ebene $z_0 - \lambda_M$ kommen und von denen jedes die Transportgröße $\overline{\Gamma}_{z_0} - (d\overline{\Gamma}/dz)_{z_0} \cdot \lambda_M$ mit sich führt.

Wir fragen nun nach dem resultierenden Fluss $\vec{J}_\Gamma$ der Transportgröße durch die Ebene bei z_0 (Abb. 5.3-2). Er ergibt sich aus der Zahl der in der Zeit dt auf die Fläche A der Ebene bei z_0 stoßenden Teilchen und der von jedem einzelnen Teilchen mitgeführten Transportgröße. Ist die mittlere Teilchengeschwindigkeit $\overline{v}$ und die Anzahldichte der Teilchen ^1N, so treffen aus jeder der beiden z-Richtungen nach Gl. (4.3-39) $\frac{1}{4} \cdot {}^1N \cdot \overline{v} \cdot A \cdot dt$ Teilchen in der Zeit dt auf die Fläche A. Die der Ebene bei z_0 von diesen Teilchen von oben bzw. von unten zugeführte Transportgröße beträgt

$$d\Gamma_{\text{oben}} = \frac{1}{4} \cdot {}^1N \cdot \overline{v} \cdot A \left[\overline{\Gamma}_{z_0} + (d\overline{\Gamma}/dz)_{z_0} \cdot \lambda_M \right] dt \tag{5.3-2}$$

bzw.

$$d\Gamma_{\text{unten}} = \frac{1}{4} \cdot {}^1N \cdot \overline{v} \cdot A \left[\overline{\Gamma}_{z_0} - (d\overline{\Gamma}/dz)_{z_0} \cdot \lambda_M \right] dt \tag{5.3-3}$$

Der gesamte Fluss in Richtung des Gefälles von Γ durch die Ebene bei z_0 ergibt sich durch Subtrahieren der Gleichungen (5.3-2) und (5.3-3) und Dividieren durch $A \cdot dt$. Es ist also der Fluss der Transportgröße Γ durch die Flächeneinheit

$$\vec{J}_\Gamma = \frac{d\Gamma}{A dt} = -\frac{1}{2}\,^1N \cdot \bar{v} \cdot \lambda_M (d\bar{\Gamma}/dz)_{z_0} \tag{5.3-4}$$

Das Minus-Zeichen berücksichtigt, dass der Fluss in Richtung des Gefälles von Γ erfolgt. Gleichung (5.3-4) entnehmen wir, dass der Fluss proportional ist der Teilchendichte, der mittleren Geschwindigkeit der Teilchen, ihrer mittleren freien Weglänge und dem Gradienten der Transportgröße.

5.3.2
Die Diffusion in Gasen

Ist die Transportgröße die Materie selbst, so sprechen wir von Diffusion. Wir stellen uns ein zylindrisches Gefäß vor, das zunächst in der z-Richtung durch eine Trennwand in zwei Kammern unterteilt ist, die bei gleicher Temperatur und unter gleichem Druck mit zwei unterschiedlichen Gasen (Index 1 bzw. 2) gefüllt sind. Entfernen wir die Wand, so durchmischen sich die beiden Gase spontan. Solange die Durchmischung noch nicht vollständig ist oder solange wir künstlich, wie in Abb. 5.3-1 dargestellt, den stationären Nichtgleichgewichtszustand aufrechterhalten, besteht für beide Gase in der z-Richtung ein Konzentrationsgefälle, das wir zweckmäßigerweise durch die Gradienten der Teilchenzahldichten $^1N_1$ und $^1N_2$, d. h. durch $\left(\dfrac{d^1 N_1}{dz}\right)$ bzw. $\left(\dfrac{d^1 N_2}{dz}\right)$, messen.

Unter dem Einfluss dieses Gradienten kommt es zu einem Teilchenfluss $\vec{J}_{N_i}$, den wir ausdrücken als Zahl dN_i der Teilchen, die in der Zeit dt durch eine zur z-Achse senkrechte Fläche A wandern, dividiert durch $A \cdot dt$,

$$\vec{J}_{N_1} = \frac{dN_1}{A dt} = -D_{12}\frac{d^1 N_1}{dz} \tag{5.3-5}$$

$$\vec{J}_{N_2} = \frac{dN_2}{A dt} = -D_{21}\frac{d^1 N_2}{dz} \tag{5.3-6}$$

Die Gleichungen (5.3-5) und (5.3-6) bezeichnet man als *erstes Fick'sches Gesetz*. Die Proportionalitätskonstanten nennt man *Diffusionskoeffizienten* D_{ij} (für die Diffusion des Stoffes i im Stoff j).

Um den Diffusionskoeffizienten mit der mittleren freien Weglänge in Beziehung zu setzen, können wir auf die allgemeine Transportgleichung Gl. (5.3-4) zurückgreifen. Dabei müssen wir jedoch eine weitere Voraussetzung treffen, nämlich die, dass es sich um die gegenseitige Diffusion von Gasen gleicher mittlerer freier Weglänge und gleicher mittlerer Geschwindigkeit handelt, d. h. um die sog. *Selbstdiffusion*. Sie liegt beispielsweise dann vor, wenn unterschiedliche Isotope ein und desselben Gases ineinander diffundieren, vorausgesetzt, dass die Atom- bzw. Molekülmassen so groß sind, dass sich die Massenunterschiede zwischen den einzelnen Isotopen nicht störend bemerkbar machen. Wenden wir die allgemeine Transportgleichung auf die Masse als Transportgröße an, so liefert sie uns für

den Massefluss der Sorte i

$$\vec{J}_{M_i} = \frac{dM_i}{A dt} = -\frac{1}{2}{}^1 N \cdot \bar{v} \cdot \lambda_M (d\overline{M}_i/dz)_{z_0} \tag{5.3-7}$$

Nach der in Abschnitt 5.3.1 gegebenen Definition ist $\overline{\Gamma}$ die Transportgröße, bezogen auf ein Molekül, $d\overline{M}_i/dz$ somit der Gradient der Masse der Sorte i pro Teilchen. $\overline{M}_i$ ist zunächst nur eine Rechengröße ohne reale physikalische Bedeutung, denn $\overline{M}_i$ hat die Dimension [Masse i · Teilchen^{-1}]. Jedem Teilchen, gleichgültig ob ein Teilchen 1 oder 2, käme ein Massenanteil von 1 und von 2 zu. Klarer wird die Bedeutung, wenn wir $M_i = N_i m_i$ berücksichtigen und schreiben

$$\overline{M}_i = \frac{{}^1 N_i \cdot m_i}{{}^1 N} \tag{5.3-8}$$

Damit gehen wir zu einem Gradienten der Teilchenzahldichte über:

$$\vec{J}_{M_i} = m_i \cdot \frac{dN_i}{A dt} = -\frac{1}{2}{}^1 N \cdot \bar{v} \cdot \lambda_M \cdot \frac{m_i}{{}^1 N} \left(\frac{d^1 N_i}{dz} \right)_{z_0} \tag{5.3-9}$$

Kürzen wir mit der Masse m_i, so kommen wir vom Massefluss zum

Teilchenfluss

$$\vec{J}_{N_i} = \frac{dN_i}{A dt} = -\frac{1}{2} \bar{v} \lambda_M \cdot \left(\frac{d^1 N_i}{dz} \right)_{z_0} \tag{5.3-10}$$

Der Vergleich von Gl. (5.3-5) mit Gl. (5.3-10) liefert uns für

den Diffusionskoeffizienten

$$D_i = \frac{1}{2} \bar{v} \lambda_M \tag{5.3-11}$$

Da wir vorausgesetzt haben, dass beide Gase die gleichen mittleren freien Weglängen und die gleichen mittleren Geschwindigkeiten haben sollten, besagt Gl. (5.3-11), dass $D_{12} = D_{21}$ ist. Dies Ergebnis gilt ganz allgemein, wie uns folgende Überlegung zeigt. In unserem System sollten T und p konstant sein. Dann muss aber auch die Gesamtkonzentration, ausgedrückt durch die Teilchenzahldichte, konstant und ortsunabhängig sein:

$$^1N_1 + {}^1N_2 = {}^1N = \text{const.} \qquad (5.3\text{-}12)$$

Daraus folgt, dass sowohl

$$\frac{d({}^1N_1 + {}^1N_2)}{dz} = \frac{d^1N_1}{dz} + \frac{d^1N_2}{dz} = 0 \qquad (5.3\text{-}13)$$

und bezüglich jeder beliebigen Ebene

$$\vec{J}_{N_1} + \vec{J}_{N_2} = 0. \qquad (5.3\text{-}14)$$

Die Kombination von Gl. (5.3-14) mit Gl. (5.3-6) und Gl. (5.3-13) liefert uns

$$\vec{J}_{N_1} = -\vec{J}_{N_2} = +D_{21}\left(\frac{d^1N_2}{dz}\right) = -D_{21}\left(\frac{d^1N_1}{dz}\right) \qquad (5.3\text{-}15)$$

Der Vergleich von Gl. (5.3-5) mit Gl. (5.3-15) zeigt uns, dass

$$D_{12} = D_{21} \qquad (5.3\text{-}16)$$

Setzen wir in die Gleichung (5.3-11) die für die mittlere Geschwindigkeit [Gleichung (4.3-15)] und für die mittlere freie Weglänge [Gl. (5.1-16)] erhaltenen Beziehungen ein, so ergibt sich für

den Selbstdiffusionskoeffizienten

$$D = \frac{1}{2} \cdot \left(\frac{8kT}{\pi m}\right)^{1/2} \cdot \frac{1}{2^{1/2} \cdot {}^1N\sigma} \qquad (5.3\text{-}17)$$

Berücksichtigen wir weiterhin, dass $^1N = \dfrac{p}{kT}$ ist, so finden wir

$$D = \left(\frac{k}{\pi}\right)^{1/2} k \cdot \frac{1}{\sigma} \cdot \frac{1}{m^{1/2}} \cdot \frac{1}{p} \cdot T^{3/2} \qquad (5.3\text{-}18)$$

Dieser Ausdruck lässt uns unmittelbar die Abhängigkeit des Selbstdiffusionskoeffizienten vom Moleküldurchmesser $r_{1,2}$ bzw. dem Stoßquerschnitt σ, der Molekülmasse m, dem Druck p und der Temperatur T erkennen. Gleichung (5.3-18) liefert uns andererseits die Möglichkeit, aus dem Selbstdiffusionskoeffizienten in Gasen den Moleküldurchmesser zu bestimmen.

Wesentlich komplizierter werden die Verhältnisse, wenn man den allgemeinen Fall betrachtet, dass sich die beiden ineinander diffundierenden Gase in ihrer mittleren freien Weglänge und in ihrer mittleren Geschwindigkeit unterscheiden. Wir wollen hier die etwas langwierige Ableitung überspringen und lediglich das Ergebnis zur Kenntnis nehmen:

$$D_{12} = D_{21} = \frac{1}{2} \frac{{}^1N_1 \cdot \lambda_{M_2} \cdot \overline{v_2} + {}^1N_2 \cdot \lambda_{M_1} \cdot \overline{v_1}}{{}^1N_1 + {}^1N_2} \qquad (5.3\text{-}19)$$

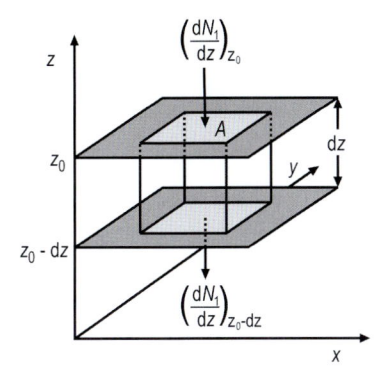

Abbildung 5.3-3 Zur Ableitung des zweiten Fick'schen Gesetzes.

Wir überzeugen uns, dass Gl. (5.3-19) für $\overline{v_1} = \overline{v_2}$ und $\lambda_{M_1} = \lambda_{M_2}$ in Gl. (5.3-11) übergeht.

Wir lassen nun die Bedingung des zeitunabhängigen Konzentrationsgradienten fallen und betrachten den nichtstationären Zustand, d. h. die zeitliche Änderung der Konzentration. Wir fragen danach, wie sich die Zahl $^1N_1$ der Teilchen pro Volumeneinheit in einem kleinen Raumelement dadurch ändert, dass der eintretende und der austretende Teilchenstrom unterschiedlich groß sind. Abbildung 5.3-3 verdeutlicht die Situation. Wir gehen, wie in Abb. 5.3-2, davon aus, dass ein Konzentrationsgradient in Richtung der z-Achse existiert, dass mit zunehmendem z auch die Konzentration wächst. Dann diffundieren die Teilchen in Richtung der negativen z-Achse. Wir betrachten ein Raumelement mit einer Grundfläche A zwischen den zur z-Achse senkrechten Ebenen durch z_0 und $z_0 - dz$. Die Teilchenzahl in diesem Raumelement ist dann $^1N_1 A dz$, die Anreicherungsgeschwindigkeit $\dfrac{d^1N_1}{dt} A dz$ gleich der Differenz zwischen Eintritts- und Austrittsgeschwindigkeit

$$\frac{d^1N_1}{dt} A dz = \left(\frac{dN_1}{dt}\right)_{z_0} - \left(\frac{dN_1}{dt}\right)_{z_0 - dz} \qquad (5.3\text{-}20)$$

Die Differenz von Eintritts- und Austrittsgeschwindigkeit setzt das Vorhandensein eines Gradienten der Diffusionsgeschwindigkeit voraus, so dass wir schreiben können

$$\left(\frac{dN_1}{dt}\right)_{z_0 - dz} = \left(\frac{dN_1}{dt}\right)_{z_0} + \frac{d(dN_1/dt)_{z_0}}{dz} dz \qquad (5.3\text{-}21)$$

Setzen wir dies in Gl. (5.3-20) ein, so erhalten wir

$$\frac{d^1N_1}{dt} A dz = \left(\frac{dN_1}{dt}\right)_{z_0} - \left[\left(\frac{dN_1}{dt}\right)_{z_0} + \frac{d(dN_1/dt)_{z_0}}{dz} \cdot dz\right] \qquad (5.3\text{-}22)$$

$$A\frac{d^1 N_1}{dt} = -\frac{d}{dz}\left[\left(\frac{dN_1}{dt}\right)_{z_0}\right] \tag{5.3-23}$$

Die Berücksichtigung von Gl. (5.3-5) führt dann zu

$$A\frac{d^1 N_1}{dt} = -A\frac{d}{dz}\left[-D_{12}\left(\frac{d^1 N_1}{dz}\right)\right] \tag{5.3-24}$$

und, wenn der Diffusionskoeffizient von z unabhängig ist, zum

zweiten Fick'schen Gesetz

$$\frac{d^1 N_1}{dt} = D_{12}\frac{d^2(^1 N_1)}{dz^2} \tag{5.3-25}$$

Dies ist eine Differentialgleichung zweiter Ordnung, deren Lösung von den speziellen Versuchsbedingungen abhängig ist. Wir wollen deshalb auf eine weitergehende Diskussion verzichten. Andererseits ermöglicht uns Gl. (5.3-25) unmittelbar eine wesentliche Aussage über den anfangs behandelten stationären Nichtgleichgewichtszustand. Bei diesem Zustand sollten keine zeitlichen Konzentrationsänderungen auftreten, d. h. $d^1 N/dt = 0$. Dann muss nach Gl. (5.3-25) auch $\frac{d^2(^1 N_1)}{dz^2} = 0$ sein oder $\frac{d^1 N_1}{dt} = $ const. Das besagt aber, dass sich im stationären Nichtgleichgewichtszustand die Konzentration linear mit der Ortskoordinate ändern muss.

Haben wir die Diffusion bislang auch stets für Gase diskutiert, so sind doch einige Gesetzmäßigkeiten allgemein gültig. Das erste Fick'sche Gesetz [Gl. (5.3-5) und (5.3-6)] gilt ebenso wie das zweite Fick'sche Gesetz (Gl. (5.3-25)) für alle Aggregatzustände.

Sicherlich ist in kondensierter Phase der Mechanismus der Diffusion ein völlig anderer als in der Gasphase. In der kondensierten Phase ist die im Abschnitt 5.3.1 behandelte allgemeine Transportgleichung nicht mehr anwendbar, denn die mittleren freien Weglängen schrumpfen auf molekulare Dimensionen zusammen. Dafür sprechen auch die Werte aus Tab. 5.3-1, in der die Diffusionskoeffizienten in verschiedenen Aggregatzuständen verglichen werden. Wir erkennen, dass sie sich um mehrere Zehnerpotenzen unterscheiden. Besonders auffällig ist, dass die Diffusion in fester Phase eine sehr große Temperaturabhängigkeit aufweist. Sie könnte nie mit der in Gl. (5.3-18) für Gase abgeleiteten $T^{3/2}$-Abhängigkeit erklärt werden. In kondensierter Phase sind für die Diffusion Platzwechselvorgänge maßgebend. Sie erfordern eine Aktivierungsenergie, so dass durch eine der Arrhenius'schen Gleichung [Gl. (1.5-79)] entsprechende Beziehung

Tabelle 5.3-1 Diffusionskoeffizienten verschiedener Stoffe in unterschiedlichen Aggregatzuständen bei 1 bar.

Stoff mit Diffusionsmedium	$\dfrac{T}{K}$	$\dfrac{D}{cm^2 s^{-1}}$
H$_2$ in H$_2$	65	$1.01 \cdot 10^{-1}$
	192	$6.73 \cdot 10^{-1}$
	296	$1.65 \cdot 10^{0}$
Xe in Xe	194	$2.57 \cdot 10^{-2}$
	273	$4.80 \cdot 10^{-2}$
H$_2$ in Luft	301	$7.0 \cdot 10^{-2}$
I$_2$ in Luft	303	$8.5 \cdot 10^{-2}$
NaCl in H$_2$O (1 mol dm^{-3})		
Na$^+$	298	$1.25 \cdot 10^{-5}$
Cl$^-$	298	$1.78 \cdot 10^{-5}$
Ethanol in H$_2$O (50 g dm^{-3})	298	$1.08 \cdot 10^{-5}$
KCl in NaCl		
K$^+$	831	$8.8 \cdot 10^{-5}$
Ag in Cu (6.55 mol%)	900	$1.38 \cdot 10^{-11}$
	1000	$1.57 \cdot 10^{-10}$
Cu in Zn (75 mol%)	1050	$2.29 \cdot 10^{-9}$
	1150	$1.02 \cdot 10^{-8}$

die Temperaturabhängigkeit der Diffusion in kondensierter Phase

$$D = D_0 e^{-E_a/RT} \tag{5.3-26}$$

beschrieben wird.

5.3.3
Die innere Reibung in Gasen

Wir wenden uns nun als weiterer Transportgröße dem Impuls zu und betrachten folgende, in Abb. 5.3-4 veranschaulichte Situation. Ein Gas strömte laminar in Richtung der positiven x-Achse. Diese Strömung möge dadurch hervorgerufen werden, dass sich das Gas zwischen zwei zur x, y-Ebene parallelen großen Platten befindet, von denen die untere, bei $z = 0$ befindliche ortsfest gehalten wird, während die obere mit einer konstanten Geschwindigkeit u in Richtung der positiven x-Achse bewegt wird. Dann bleibt auch die unterste Gasschicht ortsfest, die an die obere Platte angrenzende bewegt sich hingegen mit der Geschwindigkeit u_0. Es existiert also in der z-Richtung ein Geschwindigkeitsgradient im Gas. Um die untere Platte ortsfest zu halten, müssen wir eine Kraft in Richtung der negativen x-Achse, d. h. gegen die Reibungskraft, aufwenden, die diese Platte mitzuziehen versucht.

Das Auftreten der Reibung wird uns an Hand von Abb. 5.3-4 verständlich. Wir stellen uns vor, dass das Gas in Schichten angeordnet ist, deren Abstand der Maxwell'schen mittleren freien Weglänge entspricht und deren Geschwindigkeit sich

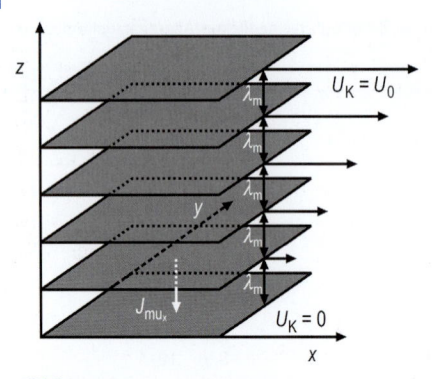

Abbildung 5.3-4 Zur Ableitung des Viskositätskoeffizienten.

mit Hilfe des Geschwindigkeitsgradienten du/dz und ihrer z-Koordinate angeben lässt. Der Strömung des Gases ist die thermische Bewegung der Gasmoleküle überlagert. Wir betrachten wieder die Bewegung der Gasmoleküle mit der mittleren freien Weglänge λ_M in der positiven und in der negativen z-Richtung. Die Moleküle springen also von einer Gasschicht zur nächsten und übertragen auf diese eine Impulskomponente in x-Richtung. Ihr Impuls ist nämlich, je nachdem, ob sie von der höher oder der tiefer gelegenen Schicht kommen, um $m \cdot \left(\dfrac{\mathrm{d}u}{\mathrm{d}z}\right) \cdot \lambda_M$ größer oder kleiner als der jener Moleküle, die sich bereits in dieser Schicht befinden. Auf diese Weise üben sie eine beschleunigende oder eine bremsende Wirkung aus. Mit Hilfe der allgemeinen Transportgleichung (Gl. 5.3-4) können wir den Impulsfluss ausrechnen.

$$\vec{J}_{Mu_x} = -\frac{1}{2} {}^1N \cdot \bar{v} \cdot \lambda_M \left(\frac{\mathrm{d}(mu_x)}{\mathrm{d}z}\right) \tag{5.3-27}$$

Der Impulsfluss d$(M \cdot u_x)/(A \cdot \mathrm{d}t)$ ist gleich der in x-Richtung auf die Fläche A wirkenden Kraft, dividiert durch A, und damit gleich der durch

$$\vec{J}_{Mu_x} = P_R = -\eta \frac{\mathrm{d}u_x}{\mathrm{d}z} \tag{5.3-28}$$

definierten Zähigkeit, η nennt man den *Viskositätskoeffizienten*.

Die Kombination von Gl. (5.3-27) und Gl. (5.3-28) liefert uns

$$\eta = \frac{1}{2} {}^1N\bar{v}\lambda_M \cdot m = \frac{1}{2} \rho \cdot \bar{v} \cdot \lambda_M \tag{5.3-29}$$

wenn man noch die Dichte $\rho = {}^1N \cdot m$ einführt. Auch hier können wir wieder λ_M durch Gl. (5.1-16) substituieren, wodurch wir für

den Viskositätskoeffizienten
$$\eta = \frac{\bar{v} \cdot m}{2\sqrt{2}\sigma_T} \qquad (5.3\text{-}30)$$

erhalten. Bemerkenswert ist an diesem Ergebnis, dass die Zähigkeit eines Gases unabhängig vom Druck ist. Der Grund dafür ist darin zusehen, dass sich die Druckabhängigkeit der Teilchendichte ^1N und der mittleren Weglänge gerade kompensieren. Gleichung (5.3-30) verliert deshalb auch ihre Gültigkeit, wenn bei sehr hohen Drücken die Teilchen so dicht liegen, dass die Einführung einer mittleren freien Weglänge nicht mehr gerechtfertigt ist, oder wenn bei sehr niedrigen Drücken die mittlere freie Weglänge nicht mehr durch Stöße zwischen den Gasmolekülen, sondern durch die Gefäßdimensionen bestimmt wird (vgl. auch Abschnitt 5.3.4).

Die Temperaturabhängigkeit von η erkennen wir, wenn wir $\bar{v}$ und λ_M in Gl. (5.3-29) durch Gl. (4.3-15) und Gl. (5.1-29) substituieren. Wir erhalten so

$$\eta = \left(\frac{mk}{\pi}\right)^{1/2} \frac{T^{1/2}}{\sigma(1 + C/T)} \qquad (5.3\text{-}31)$$

Wir stellen fest, dass die Viskosität eines Gases mit steigender Temperatur zunimmt.

Für Flüssigkeiten gelten wegen der starken intermolekularen Wechselwirkungen natürlich nicht die einfache Form der allgemeinen Transportgleichung (5.3-4) und die Gleichungen (5.1-16) und (5.1-29) für die mittlere freie Weglänge. Das hat zur Folge, dass man auch eine völlig andere Temperaturabhängigkeit des Viskositätskoeffizienten findet. Dem Molekül muss eine bestimmte Aktivierungsenergie E_a/N_A zugeführt werden, damit es sich an den es umgebenden Molekülen vorbeischieben kann. Bereits im Abschnitt 1.3 [Gl. (1.3-31)] haben wir gesehen, dass die Zahl der Moleküle, die eine Mindestenergie E_a/N_A besitzen, proportional zu $e^{-E_a/RT}$ ist. Deshalb wird das Fließvermögen einer Flüssigkeit, die sog. *Fluidität*, ebenfalls diesem Ausdruck proportional sein. Der Viskositätskoeffizient ist der Kehrwert der Fluidität. Folglich gilt für

die Temperaturabhängigkeit des Viskositätskoeffizienten von Flüssigkeiten
$$\eta = A \cdot e^{E_a/RT} \qquad (5.3\text{-}32)$$

Die Viskosität von Flüssigkeiten nimmt demnach mit steigender Temperatur ab.

5.3.4
Die Wärmeleitfähigkeit in Gasen

Das Gas kann auch Energie in Form von Wärme übertragen. Dieser Fall würde dann vorliegen, wenn wir das Reservoir (1) in Abb. 5.3-1 als Thermostaten höherer Temperatur und das Reservoir (2) als Thermostaten niedrigerer Temperatur verwenden. Längs der z-Koordinate würde sich im Gas dann ein Temperaturgradient ausbilden.

> Der Energie- oder Wärmefluss durch die Ebene bei z_0 wäre entsprechend Gl. (5.3-1)
>
> $$\vec{J}_U = -\lambda \left(\frac{dT}{dz}\right)_{z_0} \tag{5.3-33}$$
>
> Die Proportionalitätskonstante nennt man *Wärmeleitfähigkeitskoeffizient*.

Wenden wir auf dieses Problem die allgemeine Transportgleichung [Gl. (5.3-4)] an, so erhalten wir

$$\vec{J}_U = \frac{dU}{A \cdot dt} = -\frac{1}{2} \cdot {}^1N \cdot \bar{v} \cdot \lambda_M \cdot \left(\frac{d\overline{U}}{dz}\right)_{z_0} \tag{5.3-34}$$

wobei $\overline{U}$ die mittlere, durch ein Teilchen transportierte Energie ist. Für $\overline{U}$ können wir u/N_A setzen, und wir erhalten so

$$\vec{J}_U = -\frac{1}{2} \cdot {}^1N \cdot \bar{v} \cdot \lambda_M \cdot \frac{1}{N_A} \cdot \left(\frac{du}{dz}\right)_{z_0} \tag{5.3-35}$$

$$\vec{J}_U = -\frac{1}{2} \cdot {}^1N \cdot \bar{v} \cdot \lambda_M \cdot \frac{1}{N_A} \cdot \left(\frac{\partial u}{\partial T}\right)_v \cdot \left(\frac{dT}{dz}\right)_{z_0} \tag{5.3-36}$$

$$\vec{J}_U = -\frac{1}{2} \cdot \frac{{}^1N}{N_A} \cdot c_v \cdot \bar{v} \cdot \lambda_M \cdot \left(\frac{dT}{dz}\right)_{z_0} \tag{5.3-37}$$

Üblicherweise ersetzt man ${}^1Nc_v/N_A$, die auf das Volumen bezogene Wärmekapazität, durch ${}^1C_v$, so dass resultiert

$$\vec{J}_U = -\frac{1}{2}{}^1C_v \cdot \bar{v} \cdot \lambda_M \cdot \left(\frac{dT}{dz}\right)_{z_0} \tag{5.3-38}$$

Durch Vergleich mit Gl. (5.3-33) finden wir für

den Wärmeleitfähigkeitskoeffizienten

$$\lambda = \frac{1}{2} {}^1C_v \cdot \overline{v} \cdot \lambda_M \qquad (5.3\text{-}39)$$

Hiernach ist der Wärmeleitfähigkeitskoeffizient direkt proportional zur Wärmekapazität pro Volumeneinheit, zur mittleren Teilchengeschwindigkeit und zur mittleren freien Weglänge. Da ${}^1C_v$ direkt, λ_M umgekehrt proportional zu ${}^1N$ bzw. dem Druck ist, hängt λ nicht vom Druck ab. Das gilt jedoch nur, solange der Druck so hoch ist, dass λ_M deutlich kleiner als die Gefäßdimension ist. Bei niedrigerem Druck wird λ_M von den Gefäßdimensionen bestimmt, damit unabhängig vom Druck, so dass der Wärmeleitfähigkeitskoeffizient über ${}^1C_v$ dem Druck direkt proportional wird.

Mit der Wärmeleitfähigkeit von Festkörpern, speziell von Metallen, werden wir uns im Abschnitt 5.6.2 befassen.

5.3.5
Vergleich der Koeffizienten der Transportgrößen bei Gasen

Wir wollen noch einmal die in den Abschnitten 5.3.2 bis 5.3.4 gewonnenen Resultate zusammenfassen. Tab. 5.3-2 gibt uns einen Überblick über die behandelten Transportgesetze.

Die letzte Spalte der Tabelle macht deutlich, dass zwischen den berechneten Koeffizienten sehr einfache Beziehungen bestehen.

$$\frac{\eta}{D} = \rho \qquad (5.3\text{-}40)$$

$$\frac{\lambda}{D} = {}^1C_v \qquad (5.3\text{-}41)$$

$$\frac{\lambda}{\eta} = \frac{{}^1C_v}{\rho} = \frac{c_v}{M} \qquad (5.3\text{-}42)$$

Alle Koeffizienten sind der mittleren freien Weglänge direkt, damit dem Stoßquerschnitt umgekehrt proportional. Deshalb eignen sich die Transporteigenschaften besonders zur Ermittlung der *Moleküldurchmesser*. Es soll zum Schluss aber nochmals darauf hingewiesen werden, dass die Ergebnisse auf Grund eines sehr groben theoretischen Ansatzes gewonnen wurden, was sich in besonderem Maße auf die Richtigkeit der Zahlenfaktoren negativ auswirkt. So findet man beispielsweise, dass das Verhältnis $\lambda/(D \cdot {}^1C_v)$ oder das Verhältnis $\dfrac{\lambda \cdot \rho}{\eta \cdot {}^1C_v}$ unabhängig von der Temperatur und vom Druck ist, nicht aber, wie aus Gl. (5.3-41) bzw. Gl. (5.3-42) zu folgern wäre, den Wert 1 hat. Mit einer entsprechenden Unsicherheit sind natürlich auch die aus den Transporteigenschaften berechneten Moleküldurchmesser behaftet.

Tabelle 5.3-2 Zusammenfassung der Transportgrößen bei Gasen.

Effekt	Transportgröße	Gradient	Koeffizient	Gesetz	näherungsweise Berechnung des Koeffizienten
Diffusion	Masse bzw. Teilchenzahl	$\dfrac{d\overline{M_i}}{dz} = \dfrac{m_i}{{}^1N} \cdot \dfrac{d^1N_i}{dz}$	Diffusionskoeffizient D	$\vec{j}_{N_i} = -D\,\dfrac{d^1N_i}{dz}$	$D = \dfrac{1}{2}\,\overline{v} \cdot \lambda_M$
Zähigkeit	transversaler Impuls	$m \cdot \dfrac{d\overline{u}_x}{dz}$	Viskositätskoeffizient η	$\vec{j}_{mu_x} = -\eta\,\dfrac{du_x}{dz}$	$\eta = \dfrac{1}{2}\,\rho \cdot \overline{v} \cdot \lambda_M$
Wärmeleitung	Energie	$\dfrac{d\overline{U}}{dz} = \dfrac{{}^1C_v}{{}^1N} \cdot \dfrac{dT}{dz} = \dfrac{c_v}{N_A} \cdot \dfrac{dT}{dz}$	thermischer (oder Wärme-) Leitfähigkeitskoeffizient λ	$\vec{j}_U = -\lambda\,\dfrac{dT}{dz}$	$\lambda = \dfrac{1}{2}\,{}^1C_v \cdot \overline{v} \cdot \lambda_M$

5.4
Laminare Strömung in engen Röhren

Bevor wir uns der elektrischen Leitfähigkeit in Festkörpern zuwenden, wollen wir noch ein Phänomen behandeln, das auf der inneren Reibung von Flüssigkeiten oder Gasen beruht und beim Durchströmen enger Röhren auftritt. Es betrifft das parabolische Geschwindigkeitsprofil des strömenden Mediums.

Multiplizieren wir Gl. (5.3-28) mit der Fläche A, so erhalten wir

das Newton'sche Reibungsgesetz

$$F_R = -\eta \frac{du_x}{dz} \tag{5.4-1}$$

nach dem die Reibungskraft F_R, die sich der Relativbewegung aneinandergrenzender Schichten entgegenstellt, der Fläche zwischen den Schichten und dem Geschwindigkeitsgradienten proportional ist. Mit Hilfe dieses Gesetzes können wir leicht die *Hagen-Poiseuille'sche* Gleichung ableiten, die zum einen die laminare Strömung eines fluiden Mediums beschreibt, zum anderen eine einfache Bestimmung von η ermöglicht.

Wir betrachten die *laminare Strömung* in einem Rohr mit einem Radius r_R, der wesentlich größer ist als die mittlere freie Weglänge, und setzen zunächst voraus, dass das strömende Medium *inkompressibel* ist. Von der Modellvorstellung in Abb. 5.3-4 gelangen wir zur Strömung im Rohr, indem wir die Ebenen in Abb. 5.3-4 so zu konzentrischen Zylindern aufrollen, dass die Ebene mit $u_x = 0$ mit dem Rohrmantel, die Ebene mit der maximalen Geschwindigkeit mit der Rohrachse identisch wird. Das Strömen des fluiden Mediums können wir dann dadurch erzwingen, dass wir am linken Rohrende einen höheren Druck p_1, am rechten Ende einen niedrigeren Druck p_2 einstellen (Abb. 5.4-1).

Wir greifen nun eine Schicht mit ringförmigem Querschnitt heraus, der einen inneren Radius r und einen äußeren Radius $r + dr$ hat. Dann wirkt auf diese Schicht eine effektive Kraft dF_x in der positiven x-Richtung von

$$dF_x = (p_1 - p_2) 2\pi r\, dr \tag{5.4-2}$$

Wenn es zu einer stationären Strömung kommen soll, so muss diese Kraft entgegengesetzt gleich der viskosen Kraft sein, die wir nach Gl. (5.4-1) berechnen können. Dabei müssen wir beachten, dass nach Abb. 5.4-1a im Mittelpunkt des Rohrquerschnitts die größte, an der Rohrwandung hingegen die kleinste Geschwindigkeit herrscht. Deshalb ist du/dr negativ, und die innen und außen angrenzenden Schichten üben auf die von uns betrachtete Schicht zwischen r und $r + dr$ eine Kraft in entgegengesetzter Richtung aus, innen beschleunigend in Richtung der positiven x-Achse, außen hemmend in Richtung der negativen x-Achse. Die effektive viskose Kraft dF_x^* ist die Summe der auf die Innen- und Außenfläche wirkenden Kräfte. Die viskose Kraft beträgt für die innere Oberfläche der betrachteten

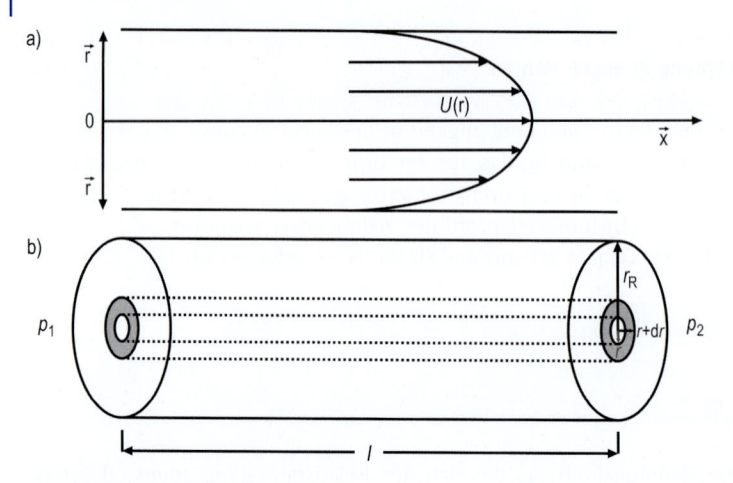

Abbildung 5.4-1 a) Strömungsprofil bei der laminaren Strömung. b) Zur Ableitung der Hagen-Poiseuille'schen Gleichung.

Schicht $-\eta \cdot 2\pi r \cdot l \cdot \dfrac{du}{dr}$, wenn l die Rohrlänge ist, und für die äußere Oberfläche $\eta \cdot 2\pi(r+dr) \cdot l \cdot \left(\dfrac{du}{dr} + \dfrac{d(du/dr)}{dr}\,dr\right)$. Multiplizieren wir den für die Außenseite gültigen Ausdruck aus und vernachlässigen die Größen höherer Ordnung, so erhalten wir $\eta 2\pi r l (du/dr) + \eta 2\pi l \left(\dfrac{du}{dr} + r\dfrac{d^2 u}{dr^2}\right) dr$. Für den Klammerausdruck im zweiten Term können wir schreiben $d\left(r\dfrac{du}{dr}\right)/dr$. Die effektive viskose Kraft dF_x^* ist deshalb

$$dF_x^* = \eta 2\pi l \cdot d\left(r\dfrac{du}{dr}\right) \tag{5.4-3}$$

Die Summe der durch die Gleichungen (5.4-2) und (5.4-3) gegebenen Kräfte muss null sein, folglich gilt

$$\eta 2\pi l \cdot d\left(r\dfrac{du}{dr}\right) = -(p_1 - p_2) 2\pi r\, dr \tag{5.4-4}$$

Die Integration dieser Gleichung liefert zunächst für die Abhängigkeit des Geschwindigkeitsgradienten vom Abstand r von der Rohrachse

$$\dfrac{du}{dr} = -\dfrac{(p_1 - p_2) \cdot r}{2\eta \cdot l} + \dfrac{B_1}{2\pi \eta l r} \tag{5.4-5}$$

Eine erneute Integration ergibt

$$u = -\dfrac{(p_1 - p_2) r^2}{4\eta l} + \dfrac{B_1}{2\pi \eta l} \cdot \ln r + B_2 \tag{5.4-6}$$

Bei $r = 0$ muss die Geschwindigkeit endlich sein. Das ist nur möglich, wenn die Integrationskonstante B_1 null ist. B_2 bestimmen wir aus der Randbedingung, dass an der Rohrwandung ($r = r_R$) die Geschwindigkeit u gleich null ist:

$$0 = -\frac{(p_1 - p_2)r_R^2}{4\eta l} + B_2 \tag{5.4-7}$$

Setzen wir die Werte für B_1 und B_2 in Gl. (5.4-6) ein, so erhalten wir

$$u = \frac{(p_1 - p_2)}{4\eta l}(r_R^2 - r^2) \tag{5.4-8}$$

Mit dieser Kenntnis der Ortsabhängigkeit von u können wir das in der Zeiteinheit durch das Rohr strömende Flüssigkeitsvolumen $\frac{dV}{dt}$ berechnen, da das jede der betrachteten Schichten zwischen r und $r + dr$ in der Zeiteinheit durchströmende Volumen $2\pi r dr \cdot u$ ist:

$$\frac{dV}{dt} = \int_0^{r_R} 2\pi r \frac{p_1 - p_2}{4\eta l}(r_R^2 - r^2) dr \tag{5.4-9}$$

Die Integration ergibt

> **das Hagen-Poiseuille'sche Gesetz**
> $$\frac{dV}{dt} = \frac{\pi}{8\eta l}(p_1 - p_2)r_R^4 \tag{5.4-10}$$

Dieses Gesetz gestattet zunächst die Ermittlung des Viskositätskoeffizienten einer Flüssigkeit aus dem Volumen V, das in der Zeit t ein Rohr vom Radius r_R und der Länge l unter dem Einfluss einer Druckdifferenz p_1-p_2 durchfließt,

$$\eta = \frac{\pi}{8Vl}(p_1 - p_2)r_R^4 \cdot t \tag{5.4-11}$$

Will man dieses Verfahren auf die Bestimmung der Viskosität von Gasen anwenden, so muss man die Expansion infolge der Druckverminderung von p_1 auf p_2 berücksichtigen. Der mittlere Druck ist $\frac{p_1 + p_2}{2}$. Auf diesen ist V in Gl. (5.5-11) zu beziehen. Wird das Volumen bei einem Druck p_0 gemessen, so ergibt sich aus Gl. (5.5-11)

> **für Gase der Viskositätskoeffizient zu**
> $$\eta = \frac{\pi}{8Vl}(p_1 - p_2)r_R^4 \cdot t \cdot \frac{p_1 + p_2}{2p_0} = \frac{\pi}{16Vl}\frac{p_1^2 - p_2^2}{p_0}r_R^4 t \tag{5.4-12}$$

5.5
Zusammenfassungen zu den Abschnitten 5.1 bis 5.4

5.5.1
Kernpunkte der Abschnitte 5.1 bis 5.4

- ☑ Mittlere freie Weglänge, Gl. (5.1-10)
- ☑ Maxwell'sche mittlere freie Weglänge Gl. (5.1-16)
- ☑ Kritischer Stoßparameter S. 885
- ☑ Stoßquerschnitt S. 894
- ☑ Sutherland'sche Konstante Gl. (5.1-27)
- ☑ Mittlere freie Weglänge mit Sutherlandkorrektur Gl. (5.1-29)
- ☑ Stoßzahlen der Gasmoleküle Gl. (5.2-3 bis 7)
- ☑ Allgemeine Transportgleichung für Gase, Gl. (5.3-4)
- ☑ Diffusionskoeffizient Gl. (5.3-5, 11 und 17)
- ☑ Erstes Fick'sches Gesetz Gl. (5.3-5)
- ☑ Zweites Fick'sches Gesetz Gl. (5.3-25)
- ☑ Temperaturabhängigkeit des Diffusionskoeffizienten in kondensierter Phase Gl. (5.3-26)
- ☑ Viskositätskoeffizient Gl. (5.3-28, 30 und 31)
- ☑ Temperaturabhängigkeit des Viskositätskoeffizienten in kondensierter Phase Gl. (5.3-32)
- ☑ Wärmeleitfähigkeitskoeffizient Gl. (5.3-33 und 39)
- ☑ Vergleich der Transportkoeffizienten Tab. 5.3-2
- ☑ Hagen-Poiseuille'sche Gleichung Gl. (5.4-10)

5.5.2
Rechenbeispiele zu den Abschnitten 5.1 bis 5.4

1. Im Ultrahochvakuum ist eine Oberfläche frisch hergestellt worden. Welchen Druck darf das im Wesentlichen aus CO bestehende Restgas bei 273 K höchstens haben, wenn nach einer Stunde die Oberfläche maximal zu 1 % belegt sein darf und pro cm^2 $1 \cdot 10^{15}$ Adsorptionsplätze vorliegen? Die Haftwahrscheinlichkeit sei 1.

2. In einem Rundkolben von 0.5 dm^3 befindet sich unter einem Druck von 100 mbar bei 323 K Brom. Die Sutherland'sche Konstante beträgt $C = 533$ K, der mittlere gaskinetische Moleküldurchmesser $r_{1,2}$ ist $3.80 \cdot 10^{-8}$ cm. Man berechne a) die Zahl der Zusammenstöße, die ein Molekül in 1 s erleidet, b) die Zahl der Stöße in 1 cm^3 und 1 s, c) die Zahl der Stöße auf 1 cm^2 der Wand in 1 s, d) die Zahl der Stöße auf die gesamte Kolbenwand in 1 s, e) das Verhältnis der Ergebnisse a) bis d).

3. Man berechne den Wärmefluss durch Argon ($r_{1,2} = 0.299$ nm, $C = 142$ K) bei Raumtemperatur und einem Temperaturgradienten von 10 K cm^{-1}.

4. Welches bei 1.00 bar gemessene Luftvolumen strömt bei Annahme einer Poiseuille-Strömung bei 298 K in 1 min durch eine 1 m lange Kapillare mit einem Durchmesser von 1 mm, wenn der Druck auf der einen Seite 1.01 bar, auf der anderen 1.00 bar beträgt? Der Viskositätskoeffizient der Luft ist $1.82 \cdot 10^{-5}$ kg m^{-1} s^{-1}.

5. Man berechne die Diffusionskonstante D von Argon bei 298 K und einem Druck von 1.00 bar bzw. 100 bar. Welcher Gasfluss wird durch die Diffusion bedingt, wenn ein Druckgradient von 0.1 bar cm^{-1} aufrecht erhalten wird? (σ_{298} (Ar) $= 0.41$ nm^2).

6. Aus Viskositätsmessungen hat man folgende Moleküldurchmesser ermittelt:

Stoff	He	Kr	N_2	CO	CO_2	C_2H_6
$r_{1,2}$/nm	0.182	0.322	0.322	0.323	0.345	0.388

Man ermittle daraus die van der Waals'schen Konstanten b und vergleiche das Ergebnis mit Tab. 2.1-1.

7. Eine Thermosflasche ist mit flüssigem Stickstoff gefüllt. Der Vakuummantel habe einen Wandabstand von 5 mm. Er sei ebenfalls mit Stickstoff gefüllt, dessen Druck von 10^3 Pa ausgehend schrittweise um jeweils eine Zehnerpotenz bis auf 10^{-3} Pa erniedrigt wird.

Man berechne die Abhängigkeit des Wärmestroms vom Druck. Die Raumtemperatur sei 298 K, die Temperatur des flüssigen Stickstoffs 77 K. Als Gastemperatur nehme man die mittlere Temperatur an. Für den Stoßquerschnitt des Stickstoffs setze man $\sigma = 5 \cdot 10^{-19}$ m^2.

5.5.3
Literatur zu den Abschnitten 5.1 bis 5.4

Peliti, L. (2011) *Statistical Mechanics in a Nutshell*, Princeton University Press, Princeton

Reif, F. (2008) *Fundamentals of Statistical and Thermal Physics*, Waveland Press, Long Grove

Kittel, C. und Krömer, H. (2001) *Physik der Wärme*, 4. Aufl., Oldenbourg Wissenschaftsverlag, München

Mayer, J. E. and Mayer, M. G. (1977) *Statistical Mechanics*, 2nd ed., John Wiley & Sons, New York

Moelwyn-Hughes, E. A. (bearb. von Jaenicke, W. und Göhr, H.) (1970) *Physikalische Chemie*, Georg Thieme Verlag, Stuttgart

Eucken, A. (1950) *Lehrbuch der Chemischen Physik, Bd. II, 1.* Akademische Verlagsgesellschaft Geest & Portig, Leipzig

5.6
Die elektrische Leitfähigkeit in Festkörpern

Wir wenden uns jetzt den Transporterscheinungen in Festkörpern zu, und zwar solchen, bei denen die Transportgröße die elektrische Ladung Q ist. Natürlich können wir hierfür nicht mehr die allgemeine Transportgleichung, die wir für Gase abgeleitet haben, verwenden.

5.6.1
Das Ohm'sche Gesetz

> Der Fluss der Ladung, $\vec{J}_Q$, im SI-System als elektrische Stromdichte j bezeichnet, ist dem Gradienten des *elektrischen Potentials* φ proportional:
>
> $$\vec{J}_Q = \vec{j} = -\kappa \cdot \frac{d\varphi}{dz} \tag{5.6-1}$$
>
> Den Koeffizienten κ nennt man *elektrische Leitfähigkeit*.

Da die *elektrische Feldstärke* definitionsgemäß

$$\vec{E} = -\frac{d\varphi}{dz} \tag{5.6-2}$$

ist, können wir für Gl. (5.6-1) auch schreiben

$$\vec{j} = \kappa \cdot \vec{E} \tag{5.6-3}$$

Die Gleichungen (5.6-1) und (5.6-3) sind identisch mit dem *Ohm'schen Gesetz*, nur ist die Schreibweise für uns etwas ungewohnt. Stellen wir uns einen homogenen elektrischen Leiter mit der Länge l und dem Querschnitt A vor, zwischen dessen Enden eine elektrische Spannung $U = \int E \, dl = E \cdot l$ herrscht. Dann drücken wir die Stromdichte j durch die Stromstärke I gemäß

$$j = \frac{I}{A} \tag{5.6-4}$$

aus, seinen *Widerstand* R gemäß

$$R = \rho \cdot \frac{l}{A} = \frac{1}{\kappa} \cdot \frac{l}{A} \tag{5.6-5}$$

durch den *spezifischen Widerstand* ρ oder die *Leitfähigkeit* κ. Kombinieren wir Gl. (5.6-3) mit den Gleichungen (5.6-4) und (5.6-5), so erhalten wir

$$\frac{I}{A} = \frac{1}{R} \cdot \frac{l}{A} \cdot \frac{U}{l} 4$$

das *Ohm'sche Gesetz*

$$I = \frac{U}{R} \tag{5.6-6}$$

in der uns vertrauten Schreibweise.

Der Transport der elektrischen Ladung durch Vakuum oder Materie kann entweder durch Elektronen oder Ionen erfolgen. Beide müssen in dem betrachteten System eine hinreichend große Beweglichkeit besitzen. Die durch Gl. (5.6-1) definierte, experimentell meist über Gl. (5.6-5) gemessene Leitfähigkeit κ kann sich, wie wir in Tab. 1.6-2 gesehen haben, von Stoff zu Stoff um viele Zehnerpotenzen unterscheiden.

In den Abschnitten 1.6.2 bis 1.6.9 haben wir uns eingehend mit dem Ladungstransport in Elektrolytlösungen beschäftigt. Im Folgenden wollen wir den Ladungstransport in Festkörpern behandeln. Wir beginnen mit den *Elektronenleitern*, den Metallen und elektronischen Halbleitern, und wenden uns dann den *Ionenleitern* zu.

5.6.2
Die elektrische und thermische Leitfähigkeit in Metallen

Wir haben bereits mehrfach davon gesprochen, dass sich die Elektronen in einem Metall wie ein völlig frei bewegliches Gas verhalten, haben andererseits aber auch erkannt, dass sich mit dieser Vorstellung die molare Wärmekapazität der Metalle nicht erklären lässt. Wir haben deshalb auf das Elektronengas im Abschnitt 4.2.6 die Fermi-Dirac-Statistik angewandt. Für eine erste, qualitative Behandlung der elektrischen Leitfähigkeit in Metallen dürfen wir jedoch entsprechend dem Vorgehen von *Drude* und *Lorentz* von einem sich klassisch verhaltenden Elektronengas ausgehen. Wir werden dann untersuchen, welchen Einfluss die Berücksichtigung der Quantenmechanik hat.

Die Elektronen in einem Metall führen, wenn kein elektrisches Feld angelegt ist, auf Grund ihrer thermischen Energie eine völlig regellose Bewegung aus. Diese führt natürlich nicht zu einem makroskopisch feststellbaren Ladungstransport, da sich die Einzelprozesse statistisch kompensieren. Bei ihrer Bewegung stoßen die Elektronen mit den schwingenden Gitterbausteinen zusammen, wobei Energie und Impuls ausgetauscht werden. (Exakter wäre es, hier von einer Wechselwirkung zwischen Elektronen und Phononen zu sprechen.) Die Stöße von Elektronen untereinander brauchen wir nicht zu berücksichtigen, da sie zu keiner Änderung der Gesamtenergie oder des Gesamtimpulses der Elektronen führen.

Die Elektronen haben eine *mittlere thermische Geschwindigkeit* $\bar{v}_t$. Wenn die mittlere freie Weglänge zwischen zwei Stößen mit Gitterbausteinen l ist, können wir die mittlere Zeit τ_s

$$\tau_s = \frac{l}{\bar{v}_t} \tag{5.6-7}$$

definieren, die zwischen zwei Stößen vergeht.

Wenn nun ein elektrisches Feld angelegt wird, so werden die Elektronen während der Zeit τ_s in Richtung des Feldes beschleunigt und erhalten eine *Zusatzgeschwindigkeit* in Feldrichtung, die zu einem nach außen hin wirksamen Ladungstransport führt.

Die Gültigkeit des Ohm'schen Gesetzes zeigt uns, dass wir es mit einem zeitlich konstanten Strom zu tun haben, während wir auf Grund der Beschleunigung im Feld mit einem zeitlich ständig ansteigenden Strom rechnen sollten. Wir müssen deshalb annehmen, dass die Elektronen beim Stoß mit den Gitterbausteinen ihre gesamte, im Feld gewonnene Energie wieder abgeben. Ihre Zusatzgeschwindigkeit in Feldrichtung ist deshalb unmittelbar nach einem Stoß mit einem Gitterbaustein $v_0 = 0$. Während der Zeit τ_s bis zum nächsten Stoß wächst sie dann an auf $v_{\tau_s} = \tau_s \cdot \frac{e \cdot E}{m}$, denn die Verknüpfung der Beziehung $F = e \cdot E$ mit dem Newton'schen Kraftgesetz liefert $e \cdot E/m$ als Beschleunigung des Elektrons im elektrischen Feld E. Die mittlere Geschwindigkeit, die dem Elektron durch das Anlegen des elektrischen Feldes verliehen wird, ist deshalb

$$\bar{v}_E = \frac{1}{2}\tau_s \cdot \frac{e \cdot E}{m} = \frac{eE \cdot l}{2m\bar{v}_t} \tag{5.6-8}$$

Ist die Elektronendichte ^1N, so treten durch eine zu $\vec{E}$ senkrechte Fläche A in der Zeit dt $^1N \cdot \bar{v}_E \cdot A \cdot dt$ Elektronen, die eine Ladung $dQ = {}^1N \cdot \bar{v}_E \cdot A \cdot e \cdot dt$ transportieren. Dies führt zu einer Stromdichte

$$j = \frac{dQ}{A \cdot dt} = \kappa \cdot E = {}^1N \cdot e \cdot \bar{v}_E = \frac{{}^1Ne^2 \cdot l}{2m\bar{v}_t} \cdot E \tag{5.6-9}$$

Der Koeffizientenvergleich liefert für

die Leitfähigkeit κ

$$\kappa = \frac{{}^1Ne^2 \cdot l}{2m\bar{v}_t} \tag{5.6-10}$$

Bevor wir besprechen, inwieweit dieser auf der alten *Drude'schen Theorie* beruhende Ausdruck durch die Berücksichtigung der Quantentheorie abgeändert wird, wollen wir noch die *Wärmeleitfähigkeit* der Metalle behandeln. Wenn wir die Elektronen als freies Gas behandeln, so sollten wir zur Berechnung der Wärmeleitfähigkeit auch Gl. (5.3-39) heranziehen dürfen

$$\lambda = \frac{1}{2} {}^1C_v \cdot \bar{v} \cdot \lambda_M \tag{5.3-39}$$

Im klassischen Bild hätten die Elektronen eine molare Wärmekapazität von $\frac{3}{2}R$. $^1C_v = {}^1Nc_v/N_A$ hätte also den Wert $\frac{3}{2}k^1N$. Erweitern wir Gl. (5.3-39) mit $\bar{v}$ und setzen für λ_M wie bei der elektrischen Leitfähigkeit l ein, so ergibt sich unter Berücksichtigung von Gl. (4.3-15)

$$\lambda = \frac{1}{2} \cdot \frac{3}{2} k \cdot {}^1N \cdot \frac{1}{\bar{v}_t} \cdot \frac{8kT}{\pi m} \cdot l \tag{5.6-11}$$

und damit für

die *Wärmeleitfähigkeit* λ der Metalle

$$\lambda = \frac{6}{\pi} \frac{k^2 T}{m\bar{v}_t} \cdot {}^1N \cdot l \tag{5.6-12}$$

Kombinieren wir diesen Ausdruck für die Wärmeleitfähigkeit mit dem für die elektrische Leitfähigkeit (Gl. 5.6-10), so erhalten wir

das *Wiedemann-Franz'sche Gesetz*

$$\frac{\lambda}{\kappa} = \frac{12}{\pi} \left(\frac{k}{e}\right)^2 \cdot T \tag{5.6-13}$$

Danach ist das Verhältnis aus Wärmeleitfähigkeit und elektrischer Leitfähigkeit bei Metallen der Temperatur T proportional, wie auch experimentell gefunden wird. Lediglich der Zahlenfaktor wird durch das Experiment nicht bestätigt, was uns auf Grund der in Abschnitt 4.2.6 gewonnenen Erkenntnisse nicht verwundert. Dennoch war diese qualitativ richtige Beschreibung ein großer Erfolg der Drude-Lorentz'schen Theorie. Es wurde hiermit auch deutlich, dass sowohl die hohe elektrische als auch die hohe thermische Leitfähigkeit der Metalle auf die frei beweglichen Elektronen zurückgeführt werden muss.

Wendet man zur Berechnung der elektrischen Leitfähigkeit die Quantenmechanik an, so findet man einen Gl. (5.6-10) sehr ähnlichen Ausdruck

$$\kappa = \frac{e^2 l}{m v_F} \cdot {}^1N_{\text{eff}} \tag{5.6-14}$$

Dabei bedeutet v_F die Geschwindigkeit eines Elektrons, das sich auf dem Fermi-Niveau befindet. Auf die Bedeutung der effektiven Elektronendichte ($^1N_{\text{eff}}$) gehen wir weiter unten ein.

Für die molare Wärmekapazität der Elektronen müssen wir unseren in Abschnitt 4.2.6 gewonnenen Erkenntnissen entsprechend

$$c_{\text{el}} = \frac{\pi^2}{2} R \frac{kT}{\varepsilon_F} \tag{4.2-146}$$

in Gl. (5.3-39) einsetzen, so dass wir

$$\lambda = \frac{1}{2} \cdot \frac{\pi^2}{2} R \frac{kT}{\varepsilon_F} \frac{^1 N}{N_A} \cdot \bar{v} \cdot l \qquad (5.6\text{-}15)$$

und zusammengefasst für

die Wärmeleitfähigkeit der Metalle

$$\lambda = \frac{\pi^2}{2} \cdot \frac{k^2 T}{m v_F} {^1 N_{eff}} \, l \qquad (5.6\text{-}16)$$

erhalten. Damit ergibt sich quantenmechanisch für

das Wiedemann-Franz'sche Gesetz

$$\frac{\lambda}{\kappa} = \frac{\pi^2}{2} \left(\frac{k}{e}\right)^2 T \qquad (5.6\text{-}17)$$

Bei der Behandlung des Li-Metalls in Abschnitt 3.5.5 hatten wir gesehen, dass, wenn jedes Atom ein Elektron beisteuert, ein Band gemäß des Pauli-Prinzips mit jeweils zwei Elektronen besetzt ist. Diese Elektronen sollten zunächst nicht zur Leitfähigkeit beitragen. Da aber in diesem Fall der Energieunterschied zwischen dem höchsten besetzten und dem niedrigsten unbesetzten Zustand verschwindet, gibt es bei endlicher Temperatur gemäß der Fermi-Dirac-Verteilung (siehe Abschnitt 4.1.5) eine effektive Anzahl (N_{eff}) von Elektronen, die angeregt sind und damit zur Leitfähigkeit beitragen. Dies ist ein Grund, warum Alkalimetalle ideale Elektronenleiter sind. Aber auch Erdalkalimetalle, die zwei Valenzelektronen pro Atom zu einem Band beisteuern, sodass bei naiver Betrachtung ein Band vollkommen gefüllt und kein N_{eff} und damit keine Leitfähigkeit beobachtbar sein sollte, sind Elektronenleiter. Dies liegt, wie wir in Abschnitt 3.5.5 gesehen haben, daran, dass Bänder sich auch überlagern und wie bei Atomen und Molekülen diskutiert, hybridisieren können.

Als Konsequenz der Bandhybridisierung weicht die Besetzung der Bänder von der der Atomorbitale ab, da die Niveaus der Energie und nicht der Reihenfolge der Bänder nach – gemäß der Fermi-Dirac-Statistik – besetzt werden.

Entsprechend unserem Vorgehen bei den bisher besprochenen Transportgrößen wollen wir auch fragen, wie die elektrische Leitfähigkeit der Metalle beeinflusst werden kann. Gleichung (5.6-14) zeigt uns, dass der Ausdruck $l \cdot \kappa^{-1} = l \cdot \rho$ für ein bestimmtes Metall eine temperaturunabhängige Konstante sein muss, denn $^1 N_{eff}$ hat ebenso wie der Impuls $m v_F$ der Elektronen bei der Fermi-Energie einen bestimmten Wert (vgl. Abschnitt 4.2.6). Infolgedessen kann eine Änderung der Leitfähigkeit κ nur auf eine Änderung der freien Weglänge zurückgeführt werden. Berechnet man nun nach Gl. (5.6 – 14) die mittlere freie Weglänge von Elektronen in Metallen, so stellt man fest, dass sie bei Raumtemperatur im Bereich von

10 bis 50 nm liegt, bei Natrium z. B. bei 33.5 nm. Das bedeutet, dass sie um fast zwei Zehnerpotenzen größer ist als der Abstand der Metallatomrümpfe. Mit abnehmender Temperatur nimmt sie zu, und wir wissen aus dem Auftreten der Supraleitung bei extrem tiefen Temperaturen, dass dort der Widerstand gegen null strebt, die mittlere freie Weglänge also gegen unendlich gehen muss.

Im korpuskularen Bild lässt sich verstehen, dass die mittlere freie Weglänge kleiner werden muss, wenn mit zunehmender Temperatur die Gitterbausteine stärker schwingen (vgl. Abschnitt 4.2.5) und damit ihr effektiver, die Elektronenbewegung behindernder Streuquerschnitt größer wird. Gleiches gilt für den Einbau von Gitterfehlern. Quantenmechanisch ist gezeigt worden, dass sich jede Störung der Periodizität nachteilig auf das Fortschreiten der dem Elektron zuzuordnenden Materiewelle auswirkt.

> *Matthiessen* hat empirisch gefunden, dass sich der spezifische Widerstand eines metallischen Leiters additiv aus zwei Termen zusammensetzt:
>
> $$\rho = \rho_T + \rho_{\text{Rest}} \tag{5.6-18}$$

Der erstere, ρ_T, ist temperaturabhängig, berücksichtigt im Wesentlichen die Gitterschwingungen und geht mit Annäherung an 0 K gegen null. Der zweite Term steht für die im großen und ganzen temperaturunabhängigen Gitterfehler. Er bleibt als *Restwiderstand* ρ_{Rest} auch bei extrem tiefen Temperaturen erhalten. Bei einer Auftragung von ρ als Funktion von T führt er zu einer Parallelverschiebung der Kurven, die für unterschiedlich sauberes oder ausgetempertes Material erhalten werden.

An zwei unterschiedlichen Legierungssystemen wollen wir das Widerstandsverhalten noch einmal erläutern. In Abb. 5.6-1 ist der spezifische Widerstand in einem Legierungssystem AB dargestellt, das, wie das System Cu-Ag, eine Mischungslücke aufweist. Gehen wir von den reinen Komponenten A und B aus, so führt der Zusatz der jeweils anderen Komponente zu einem Anstieg des spezifischen Widerstandes, da durch diesen Zusatz die Gitterperiodizität gestört wird. Im Bereich der Mi-

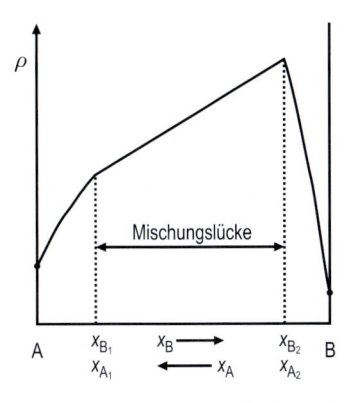

Abbildung 5.6-1 Der spezifische Widerstand in einem Legierungssystem mit Mischungslücke.

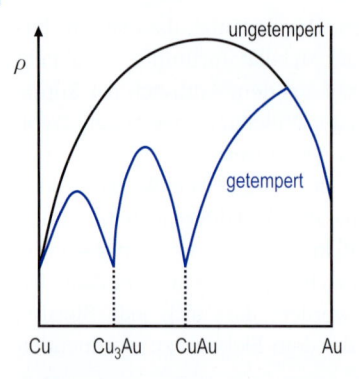

Abbildung 5.6-2 Der spezifische Widerstand im Legierungssystem Cu-Au (keine Mischungslücke, mögliche Überstrukturbildung).

schungslücke liegen nebeneinander, in unterschiedlichem Mengenverhältnis, Kristalle der Zusammensetzungen $A_{x_{A_1}}B_{x_{B_1}}$ und $A_{x_{A_2}}B_{x_{B_2}}$ vor. Das Ganze verhält sich wie eine Folge hintereinander geschalteter Widerstände, wir finden eine lineare Beziehung zwischen ρ und der mittleren Zusammensetzung.

Beim Legierungssystem Cu-Au existiert keine Mischungslücke, die beiden von den reinen Komponenten ausgehenden Äste treffen sich in einem maximalen Widerstandswert, der etwa der Zusammensetzung CuAu entspricht, da hier für beide Zweige die maximale Störung vorliegt (Abb. 5.6-2). Nun hat dieses System aber noch eine besondere Eigenschaft: Beim Tempern und sehr langsamen Abkühlen können sich Überstrukturen mit den Zusammensetzungen Cu_3Au und CuAu ausbilden. Sie zeichnen sich dadurch aus, dass bei ihnen die Cu- und Au-Atome nicht statistisch verteilt sind, sondern bestimmte Positionen in der Elementarzelle einnehmen. Das hat eine größere Ordnung zur Folge, so dass entsprechend dem oben Mitgeteilten die Zusammensetzungen Cu_3Au und CuAu ähnlich wie die reinen Komponenten einen minimalen Widerstand aufweisen. Deshalb treten zwischen Cu, Cu_3Au, CuAu und Au drei getrennte Maxima auf. Diese Beispiele mögen zeigen, dass Messungen des elektrischen Widerstandes auch eine Bedeutung bei der Strukturaufklärung zukommt.

5.6.3
Die elektrische Leitfähigkeit von elektronischen Halbleitern

Wir wollen uns nun einer anderen Gruppe von Stoffen zuwenden, für die stellvertretend das Silicium oder das Germanium betrachtet werden kann. Diese beiden Substanzen zeigen einen tetraedrischen Aufbau, die Valenzelektronen sind in den kovalenten Bindungen festgelegt. Es existieren normalerweise also keine Leitungselektronen. Wollen wir die Verhältnisse wie bei den Metallen in einem Bändermodell diskutieren, so müssen wir sagen, dass das oberste besetzte Band voll mit Elektronen gefüllt ist. Da es sich hier um die Valenzelektronen handelt, nennt man

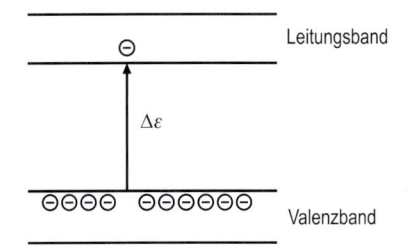

Abbildung 5.6-3 Bandschema eines Eigenhalbleiters.

dieses Band *Valenzband*. Nun zeigt sich gerade beim Silicium und Germanium, dass es möglich ist, durch Zufuhr relativ geringer Energiebeträge (so, wie sie thermisch aufgebracht werden können) ein Elektron aus einer Bindung herauszulösen. Dieses Elektron ist dann frei beweglich, so wie ein Leitungselektron in einem Metall. Abbildung 5.6-3 veranschaulicht uns den Vorgang: Durch Zufuhr von Energie ist ein Elektron in das *Leitungsband* gehoben worden. Gleichzeitig entsteht aber im Valenzband eine *Elektronenlücke*. Diese kann natürlich auch wandern, wenn Elektronen aus Nachbarbindungen in diese Lücke springen. Obwohl de facto im Valenzband somit auch eine Elektronenwanderung vorliegt, ist es einfacher, die Wanderung der Lücke, des sog. *Defektelektrons,* zu betrachten. Legen wir ein elektrisches Feld an, so werden sich in diesem Feld das Elektron im Leitungsband und das Defektelektron im Valenzband in entgegensetzter Richtung bewegen. Beide tragen also zum Stromtransport bei.

Die Leitfähigkeit eines solchen *Eigenhalbleiters* ist, wieder gemäß Gleichung (5.6-14), der Zahl der Ladungsträger proportional. Im Gegensatz zu den Metallen ist $^1N_{\text{eff}}$ aber keine temperaturunabhängige Größe, denn die Ladungsträger entstehen ja erst durch den Übergang eines Elektrons vom Valenzband in das Leitungsband. Nur die Elektronen können die verbotene Zone, den sog. *Bandabstand,* überspringen, die diese Mindestenergie besitzen. Es handelt sich um einen aktivierten Prozess, der natürlich wieder durch den Boltzmannfaktor $e^{-\Delta\varepsilon/kT}$ gesteuert wird. Gegenüber dieser exponentiellen, in $^1N_{\text{eff}}$ eingehenden Temperaturabhängigkeit spielt die Temperaturabhängigkeit der mittleren freien Weglänge nur eine untergeordnete Rolle. So ergibt sich für

> die Temperaturabhängigkeit der elektronischen Halbleitung
>
> $$\kappa = \kappa_0 \cdot e^{-\Delta\varepsilon/2kT} \qquad (5.6\text{-}19)$$

Der Faktor 1/2 im Exponenten ist darauf zurückzuführen, dass das Ferminiveau genau in der Mitte zwischen Leitungs- und Valenzband liegt. Wie in Abb. 5.6-4 schematisch dargestellt ist, ergibt der Logarithmus der Leitfähigkeit in Abhängigkeit von der reziproken Temperatur aufgetragen, eine Gerade, aus deren Steigung der Abstand $\Delta\varepsilon$ zwischen Oberkante des Valenzbandes und Unterkante des Leitungsbandes entnommen werden kann. Ist $\Delta\varepsilon$ sehr groß, so wird es auch bei hohen

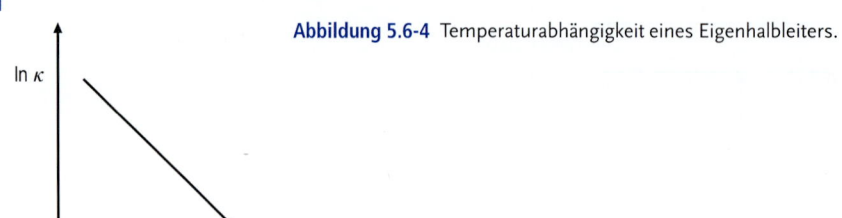

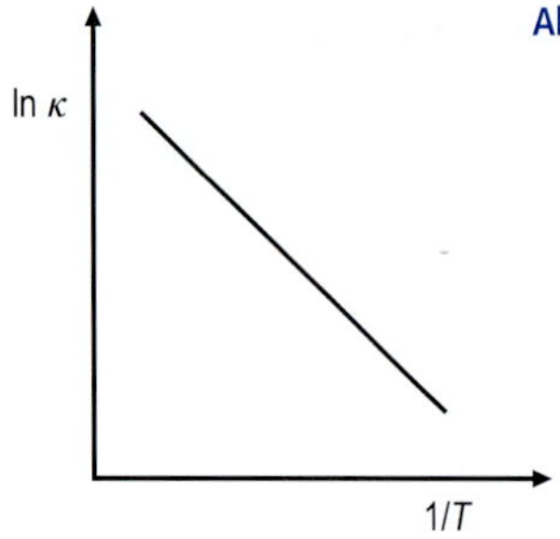

Abbildung 5.6-4 Temperaturabhängigkeit eines Eigenhalbleiters.

Temperaturen zu keiner Leitung kommen: der Stoff ist ein *Isolator*. Wir sehen mithin, dass zwischen einem Halbleiter und einem Isolator nur ein gradueller Unterschied besteht.

Legieren wir zu einem Halbleiter wie Germanium in winziger Menge – man spricht dann von *Dotieren* – ein Element, das ein Elektron mehr besitzt, z. B. Arsen, so kann dieses beim Einbau in das Germaniumgitter nur vier kovalente Bindungen ausbilden. Das übrigbleibenden fünfte Elektron des Arsens kann infolge der relativ hohen Dielektrizitätskonstanten der Germaniummatrix leicht abgegeben werden. Es kann sich dann als Leitungselektron frei bewegen. In Abb. 5.6-5a ist dieser Vorgang im Bändermodell dargestellt: Das Elektron muss in das Leitungsband gelangen. Dazu soll es nach dem soeben Gesagten aber eine wesentlich kleinere Energie benötigen als ein Germaniumelektron. Es muss deshalb aus einem Niveau stammen, das relativ dicht unter der Unterkante des Leitungsniveaus liegt. In Abb. 5.6-5a sind solche *Donatorniveaus* D^0 eingezeichnet. Beim Sprung eines solchen Elektrons bleibt aber kein Defektelektron zurück, sondern ein positiv geladener Donator D^+. Zur Leitfähigkeit trägt nur das Leitungselektron bei. Die Donatorniveaus bilden in Anbetracht der geringen Konzentration und damit des weiten Abstandes zwischen den Donatoren kein durchgehendes Band. Abbildung 5.6-5a, in der die Abszisse eine Ortskoordinate ist, zeigt, dass sie lokalisiert sind.

Einen entsprechenden Effekt erzielt man, wenn man dem Germanium ein Element geringerer Wertigkeit, z. B. das dreiwertige Indium, zudotiert. Dies kann im Gitter nur drei Bindungen ausbilden, es fehlt also eine Bindung. Dieses Loch kann

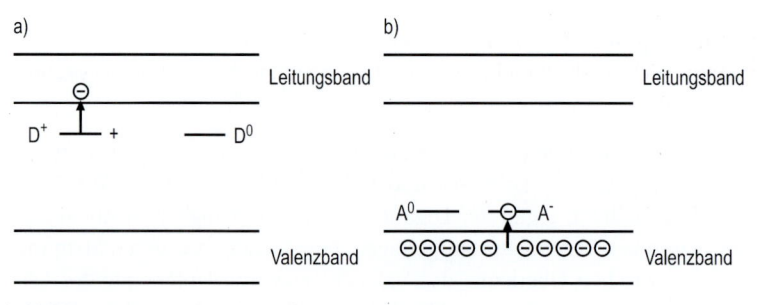

Abbildung 5.6-5 Bänderschema für n- und p-Halbleiter.

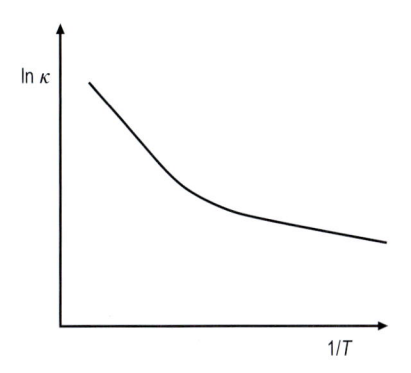

Abbildung 5.6-6 Temperaturabhängigkeit eines Störstellenhalbleiters.

durch Überspringen eines Germaniumelektrons gefüllt werden, wodurch aber ein Defektelektron entsteht. Abbildung 5.6-5 b zeigt den Vorgang im Bändermodell. In Anbetracht des relativ geringen Energiebetrages für den Elektronensprung liegen die *Akzeptorniveaus* A^0 dicht über der Oberkante des Valenzbandes. Beim Sprung eines Germaniumelektrons in ein Akzeptorniveau wird letzteres negativ geladen (A^-), und es entsteht ein Defektelektron im Valenzband. Nur dieses trägt zur Leitfähigkeit bei, da wie die Donatorniveaus auch die Akzeptorniveaus kein durchgehendes Band bilden.

Halbleiter der gerade beschriebenen Art nennt man *Störstellenhalbleiter*. Da bei Vorhandensein von Donatoren die negativ geladenen Elektronen, bei Vorhandensein von Akzeptoren, die positiv geladenen Defektelektronen leiten, spricht man im ersteren Fall von *n-*, im letzteren von *p-Halbleitung*. Selbstverständlich gilt für sie auch ein Gl. (5.6-19) entsprechender Ausdruck, so dass sich wegen der

Überlagerung von Eigen- und Störhalbleitung

$$\kappa = \kappa_e \cdot e^{-\Delta\varepsilon_e/2kT} + \kappa_s \cdot e^{-\Delta\varepsilon_s/2kT} \tag{5.6-20}$$

ergibt. Das hat zur Folge, dass die Störstellenhalbleitung wegen des kleinen $\Delta\varepsilon_s$ bereits bei so tiefen Temperaturen deutlich wird, bei denen wegen des großen $\Delta\varepsilon_e$ die Eigenhalbleitung noch gar keine Rolle spielt. In Anbetracht der geringen Konzentration der Donatoren oder Akzeptoren werden diese bei höheren Temperaturen voll angeregt sein. Dann kann die Störstellenhalbleitung bei weiter steigender Temperatur nicht mehr zunehmen, ihre Ladungsträgerkonzentration ist dann nicht mehr temperaturabhängig. Jetzt macht sich die Eigenhalbleitung bemerkbar. Abbildung 5.6-6 zeigt schematisch, wie bei tiefen Temperaturen die n- oder p-Leitung (kleine Steigung, kleines $\Delta\varepsilon_s$), bei hohen Temperaturen die Eigenleitung (große Steigung, großes $\Delta\varepsilon_e$) dominiert.

5.6.4
Die elektrische Leitfähigkeit von festen Ionenleitern

Neben der Elektronenleitung spielt in fester Phase auch die Ionenleitung eine Rolle. Die Verschiebung der im Vergleich zu den Elektronen sehr großen Ionen setzt allerdings voraus, dass in den Kristallen ein gewisses Maß an Fehlordnung vorliegt. Wir wollen hier nur zwei charakteristische Grenzfälle betrachten.

Zum einen ist es möglich, dass, wie bei den Silberhalogeniden, die Radien von Anion (groß) und Kation (klein) sehr unterschiedlich sind. Dann entstehen aus geometrischen Gründen sog. *Zwischengitterplätze*, Plätze, die aus stöchiometrischen Gründen unbesetzt sind, doch auf Grund ihrer Größe durchaus einem kleinen Kation Platz bieten könnten. In einem solchen Fall ist es, wie in Abb. 5.6-7 für die *Frenkel-Fehlordnung* gezeigt wird, dem kleinen Kation möglich, im elektrischen Feld über solche Zwischengitterplätze zu wandern, ohne dass das Anionengitter stark beeinflusst wird. Schaltet man AgBr-Kristalle zwischen eine Ag-Anode und eine Pt-Kathode, vor die man zur Unterdrückung der elektronischen Leitfähigkeit noch einen α-AgI-Kristall gelegt hat, so kann man bei erhöhten Temperaturen durch Ag^+-Ionen den Strom transportieren lassen und danach feststellen, dass die AgBr-Kristalle ihr Gewicht nicht geändert haben, dass die Ag-Anode leichter geworden ist und sich eine entsprechende Menge Ag auf der Platinkathode niedergeschlagen hat.

Einen anderen Fehlordnungstyp, die sog. *Schottky-Fehlordnung*, findet man beispielsweise bei den Alkalihalogeniden. Sie kommt dadurch zustande, dass eine gleich große Zahl von Anionen- und Kationenplätzen unbesetzt bleibt. Dadurch wird die Stöchiometrie gewahrt. Wird nun ein elektrisches Feld bei höherer Temperatur angelegt, so können Ionen in benachbarte Gitterlücken des gleichen Vorzeichens hinüberspringen und so zu einem Stromtransport beitragen (Abb. 5.6-8).

Sowohl im Fall der Frenkel- als auch der Schottky-Fehlordnung ist der Stromtransport mit einem aktivierten Platzwechsel verbunden, die Leitfähigkeit muss deshalb exponentiell mit der Temperatur steigen.

Zum Schluss sei noch auf den Ladungstransport in einer Stoffgruppe hingewiesen, die sich wie Cu_2O und FeO durch Kationen wechselnder Wertigkeit auszeichnet. So hat das Eisenoxid nicht die stöchiometrische Zusammensetzung FeO, sondern $Fe_{0,9}O_{1,0}$ bis $Fe_{0,95}O_{1,0}$. Ein Teil des zweiwertigen Eisens ist, wie in Abb. 5.6-9 skizziert ist, durch dreiwertiges ersetzt. Aus Gründen der Elektroneutralität muss

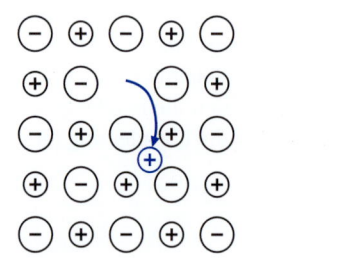

Abbildung 5.6-7 Frenkel-Fehlordnung.

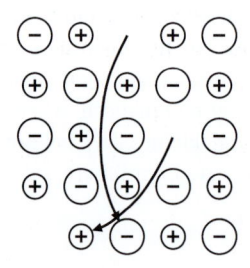

Abbildung 5.6-8 Schottky-Fehlordnung.

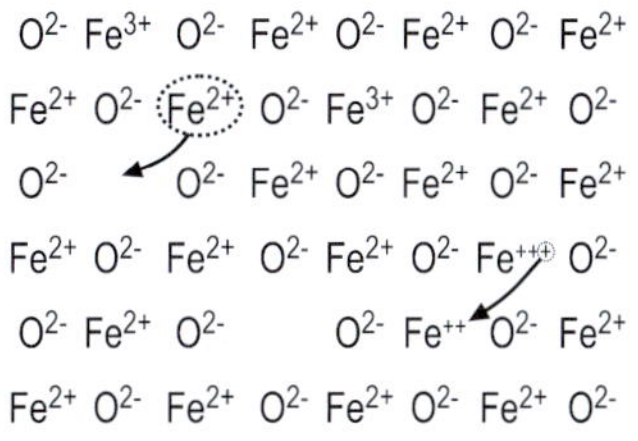

```
O²⁻  Fe³⁺  O²⁻  Fe²⁺  O²⁻  Fe²⁺  O²⁻  Fe²⁺
Fe²⁺ O²⁻  (Fe²⁺) O²⁻  Fe³⁺  O²⁻  Fe²⁺  O²⁻
O²⁻   ←    O²⁻  Fe²⁺  O²⁻  Fe²⁺  O²⁻  Fe²⁺
Fe²⁺ O²⁻  Fe²⁺  O²⁻  Fe²⁺  O²⁻  Fe⁺⁺⁺  O²⁻
O²⁻  Fe²⁺  O²⁻         O²⁻  Fe⁺⁺  O²⁻  Fe²⁺
Fe²⁺ O²⁻  Fe²⁺  O²⁻  Fe²⁺  O²⁻  Fe²⁺  O²⁻
```

Abbildung 5.6-9 Schottky-Wagner-Fehlordnung bei FeO.

bei dieser *Schottky-Wagner-Fehlordnung* für je zwei Fe^{3+}-Ionen ein Fe^{2+}-Gitterplatz freibleiben. Diese Gitterplätze ermöglichen eine Wanderung der Eisen-Ionen. Andererseits ist aber durch Umladung benachbarter Fe^{3+}- und Fe^{2+}-Ionen effektiv auch eine Defektelektronenwanderung möglich. Da durch Erhöhung oder Erniedrigung des Sauerstoffdruckes die Fe^{3+}-Ionenkonzentration und damit auch die Fehlstellenkonzentration geändert werden kann, weist dieser Typ von Stoffen nicht nur eine Überlagerung von Ionen- und Defektelektronenleitung auf, sondern darüber hinaus auch noch eine Partialdruckabhängigkeit der Leitfähigkeit.

5.6.5
Kernpunkte des Abschnitts 5.6

- ☑ Elektrische Stromdichte (Gl. 5.6-1)
- ☑ Ohm'sches Gesetz Gl. (5.6-6)
- ☑ Drude-Lorentz'sche Theorie der elektrischen Leitfähigkeit von Metallen S. 909
    - Mittlere freie Weglänge der Elektronen Gl. (5.6-7)
    - Elektrische Leitfähigkeit Gl. (5.6-10)
    - Wärmeleitfähigkeit der Elektronen Gl. (5.6-12)
    - Wiedemann-Franz'sches Gesetz Gl. (5.6-13)
- ☑ Quantenmechanische Beschreibung der elektrischen Leitfähigkeit von Metallen S. 911
    - Elektrische Leitfähigkeit Gl. (5.6-14)
    - Wärmeleitfähigkeit der Elektronen Gl. (5.6-16)
    - Wiedemann-Franz'sches Gesetz Gl. (5.6-17)
    - Effektive Elektronendichte S. 911
- ☑ Überlappung der Bänder Abb. 5.6-1
- ☑ Matthiessen'sche Regel Gl. (5.6-18)
- ☑ Eigenhalbleitung Gl. (5.6-19), Abb. 5.6-3
- ☑ Störstellenhalbleitung Gl. (5.6-20), Abb. 5.6-5
- ☑ Ionenleitung in Festkörpern S. 918
    - Frenkel-Fehlordnung Abb. 5.6-7
    - Schottky-Fehlordnung Abb. 5.6-8
    - Schottky-Wagner-Fehlordnung Abb. 5.6-9

5.6.6
Rechenbeispiele zu Abschnitt 5.6

1. Man berechne die mittlere freie Weglänge der Leitungselektronen im Natrium bei 273 K und bei 14 K und vergleiche sie mit dem kürzesten Abstand zweier Na-Atome im kubisch-raumzentrierten Gitter, wenn gegeben sind:
Molare Masse von Na 22.99 g mol^{-1}; Dichte von Na 0.97 g cm^{-3} (nur wenig temperaturabhängig); Fermi'sche Grenzenergie 3.2 eV; spez. Leitfähigkeit bei 273 K 23.4 · 10^4 Ω^{-1} cm^{-1}; spez. Leitfähigkeit bei 14 K 21300 · 10^4 Ω^{-1}cm^{-1}.
Zur Beachtung: Man erhält die effektive Elektronenkonzentration, wenn man davon ausgeht, dass jedes Na-Atom ein Elektron zum Elektronengas beisteuert.

2. Für den spezifischen Widerstand einer eigenhalbleitenden Germaniumprobe wurden in Abhängigkeit von der Temperatur folgende Werte gemessen:

T/K	416	500	625	833
ρ/Ω^{-1} cm^{-1}	0.68	0.125	0.024	0.0046

Wie groß ist der Abstand zwischen Valenz- und Leitungsband?

5.6.7
Literatur zu Abschnitt 5.6

Kittel, C. und Hunklinger, S. (2005) *Einführung in die Festkörperphysik*, 14. Aufl., Oldenbourg Wissenschaftsverlag, München

Busch, G. und Schade, H. (1988) *Vorlesungen über Festkörperphysik*, Birkhäuser Verlag, Basel

Hellwege, K.H. (1988) *Einführung in die Festkörperphysik*, 3. Aufl., Springer-Verlag, Berlin

Weißmantel, Ch. und Hamann, C. (1995) *Grundlagen der Festkörperphysik*, 4. Aufl., Barth, Leipzig

5.7
Die elektrokinetischen Erscheinungen

Zum Abschluss der Behandlung der Transportphänomene haben wir uns noch mit einer Gruppe von Grenzflächenerscheinungen zu befassen, die in ursächlichem Zusammenhang mit den in Abschnitt 2.7.7 besprochenen elektrischen Doppelschichten stehen. Unter diesen *elektrokinetischen Erscheinungen* versteht man mechanische *Bewegungen* einer flüssigen Phase gegen eine feste – oder umgekehrt –, die auf Grund eines angelegten elektrischen Feldes zustande kommt (wohl zu unterscheiden von der in Abschnitt 1.6 behandelten elektrolytischen Leitfähigkeit, der Bewegung von Ionen in einer Lösung), oder das Auftreten einer *Potentialdifferenz* als Folge der Bewegung einer Phase relativ zu einer anderen.

Von *Elektroosmose* spricht man, wenn unter dem Einfluss einer Potentialdifferenz, die zwischen den Stirnflächen eines statischen Diaphragmas herrscht, Flüssigkeit durch dieses Diaphragma strömt.

Die Umkehrung dieses Prozesses ist das Auftreten eines *Strömungspotentials,* wenn eine Flüssigkeit durch ein Diaphragma gepresst wird.

Unter *Elektrophorese* versteht man schließlich die Bewegung von Feststoffteilchen durch eine ortsfeste Flüssigkeit in einem elektrischen Feld.

5.7.1
Die Elektroosmose

Wir wollen die Behandlung der Elektroosmose mit der Besprechung von zwei experimentellen Befunden beginnen. Legt man an die Enden einer mit Elektrolytlösung gefüllten Kapillare (Länge l, Radius r_R) eine Spannung U, wie es in Abb. 5.7-1 skizziert ist, so beobachtet man, dass die Elektrolytlösung durch die Kapillare hindurchwandert. Eine einzelne Kapillare kann man auch durch ein Diaphragma ersetzen, das nichts anderes als eine Vielzahl von Kapillaren darstellt. Man verwendet deshalb für elektroosmotische Messungen zweckmäßigerweise ein Gefäß, wie es Abb. 5.7-2 zeigt. Es besteht aus einem U-Rohr, dessen einer Schenkel

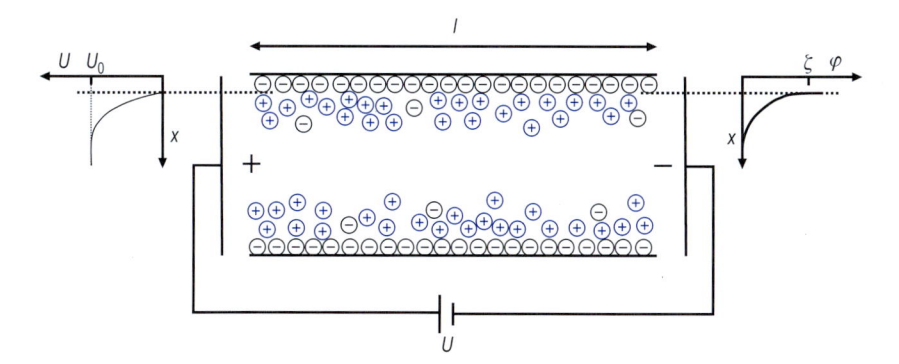

Abbildung 5.7-1 Zur Erläuterung der Elektroosmose.

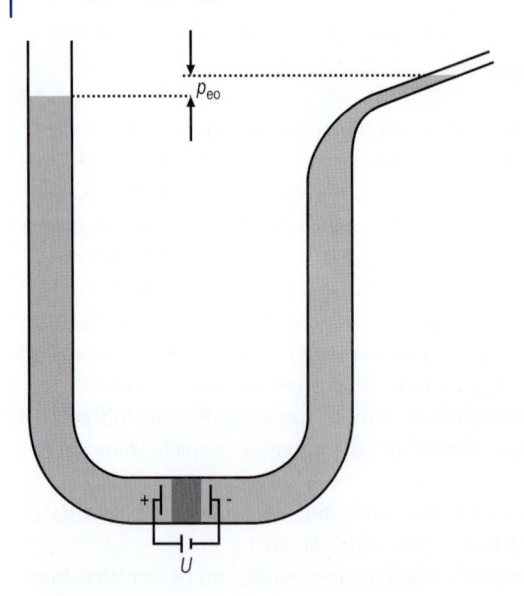

Abbildung 5.7-2 Gerät zur Messung des elektroosmotischen Drucks.

sich zu einem seitlich abgebogenen Rohr verjüngt, das eine genaue Messung von Verschiebungen des Meniskus erlaubt. Im unteren Teil ist ein Diaphragma eingeschmolzen. Legt man an dessen Stirnflächen eine Spannung U, so beobachtet man das Strömen der Elektrolytlösung durch die Verschiebung des Meniskus. Nach einiger Zeit kommt die beobachtbare Bewegung zum Stillstand. Den Druck, der dann aufgrund der unterschiedlichen Höhe der Menisken herrscht, nennt man *elektroosmotischen Druck* p_{eo}.

Zu einer qualitativen Deutung der Elektroosmose kommen wir, wenn wir die Betrachtungen aus Abschnitt 2.7.7 (Abb. 2.7-15) und (2.7-16) über den Aufbau der Doppelschicht berücksichtigen. Wie in Abb. 5.7-1 angedeutet ist, wird an der Festkörperoberfläche bevorzugt eine Ionensorte adsorbiert, die Gegenionen bilden die diffuse Doppelschicht mit dem Zetapotential. Wird an die Elektroden eine Spannung gelegt, so wandern die Ionen mit ihren Hydrathüllen, sofern sie beweglich und nicht adsorbiert sind. Im Fall von Abb. 5.7-1 besteht in der Elektrolytlösung ein Überschuss an beweglichen Kationen, so dass es effektiv zu einem Transport von Lösungsmitteln (über die Hydrathüllen) in Richtung auf die Kathode kommt.

Bei Versuchen der genannten Art hat man experimentell festgestellt, dass sich die Phase mit der höheren Dielektrizitätskonstanten positiv gegenüber der anderen auflädt. Da Wasser eine ausgesprochen hohe Dielektrizitätskonstante hat, ist es im Allgemeinen die positiv aufgeladene Phase, der Festkörper die negativ aufgeladene, so dass das Wasser zur Kathode hin wandert.

Im Laufe der Zeit baut sich mit der Verschiebung der Menisken eine Druckdifferenz zwischen den beiden Seiten des Diaphragmas auf. Dadurch kommt es zu einer der Elektroosmose entgegengesetzten Strömung und schließlich zu einem

Gleichgewicht zwischen den beiden Transportmechanismen, wenn der Gleichgewichtsdruck, der elektroosmotische Druck, entstanden ist.

Wir wollen nun versuchen, eine quantitative Beschreibung zu geben.

Kommt es, wie das Experiment zeigt, zu einer stationären Strömung, so muss offensichtlich ein Gleichgewicht herrschen zwischen der die Strömung verursachenden elektrischen Kraft F_e und der sie behindernden Reibungskraft F_R. Wir haben es also mit einem Problem zu tun, das demjenigen sehr ähnelt, das wir in Abschnitt 5.4 bei der Herleitung der Hagen-Poiseuille'schen Gleichung behandelt haben. Anstelle der durch die Druckdifferenz erzeugten Kraft tritt lediglich die elektrische Kraft auf. Es besteht allerdings insofern ein Unterschied, als bei der laminaren Strömung, die wir mit der Hagen-Poiseuille'schen Gleichung beschrieben haben, die Geschwindigkeit bis zur Mitte der Kapillare zunimmt, während bei dem jetzt zu behandelnden Problem ein von null verschiedener Geschwindigkeitsgradient nur innerhalb der diffusen Doppelschicht auftritt, d. h. nach den Überlegungen in den Abschnitten 2.7.7 und 1.6.9 (Tab. 1.6-8) je nach Konzentration der Elektrolytlösung innerhalb einer Randschicht von wenigen Moleküldurchmessern bis größenordnungsmäßig 10 nm. Wir brauchen deshalb nicht wie in Abschnitt 5.4 (Abb. 5.4-1 b) von einer Zylindergeometrie auszugehen, sondern können eine quasi-ebene Geometrie zugrunde legen.

Die auf ein Volumenelement mit der Fläche A parallel zur Kapillarenwandung und der Dicke dx wirkende Reibungskraft dF_R ist dann, da $du/dx > 0$ und die angrenzende Schicht mit kleinerem x bremsend, die mit größerem x beschleunigend wirkt,

$$dF_R = \eta A \left[-\frac{du}{dx} + \left(\frac{du}{dx} + \frac{d(du/dx)}{dx} dx \right) \right] = \eta A \cdot \frac{d^2 u}{dx^2} dx \qquad (5.7\text{-}1)$$

Die elektrische Kraft ergibt sich aus der Raumladungsdichte ϱ und der elektrischen Feldstärke E zu

$$dF_e = A \cdot dx \cdot \varrho \cdot E \qquad (5.7\text{-}2)$$

Da im stationären Fall die Summe beider Kräfte null sein muss, folgt

$$\eta \cdot \frac{d^2 u}{dx^2} = \varrho \cdot E \qquad (5.7\text{-}3)$$

Die Raumladungsdichte können wir gemäß Gl. (2.7-69), d. h. mit der eindimensionalen Poisson'schen Gleichung

$$\frac{d^2 \varphi}{dx^2} = -\frac{\varrho(x)}{\varepsilon_r \varepsilon_0} \qquad (2.7\text{-}69)$$

mit dem Potential φ verknüpfen, so dass aus Gl. (5.7-3) folgt

$$\eta \frac{d^2 u}{dx^2} = -\varepsilon_r \varepsilon_0 E \cdot \frac{d^2 \varphi}{dx^2} \qquad (5.7\text{-}4)$$

Die erste Integration ergibt

$$\frac{du}{dx} = -\frac{\varepsilon_r \varepsilon_0 E}{\eta} \cdot \frac{d\varphi}{dx} + c \qquad (5.7\text{-}5)$$

Wir integrieren von der Gleitebene ($x = 0$, $u = 0$, $\varphi = \zeta$) bis $x = \infty$, wo $u = u_0$ und $\varphi = 0$, weiterhin $\frac{du}{dx} = 0$ und $\frac{d\varphi}{dx} = 0$ ist. Aus letzterer Bedingungen folgt, dass c in Gl. (5.7-5) null sein muss. Wir können für die weitere Integration also schreiben

$$\int_0^{u_0} du = -\frac{\varepsilon_0 \varepsilon_r E}{\eta} \int_\zeta^0 d\varphi \qquad (5.7\text{-}6)$$

Somit folgt aus der bestimmten Integration

> die *Helmholtz-Smoluchowski*-Gleichung
>
> $$\zeta = \frac{\eta u_0}{\varepsilon_r \varepsilon_0 E} \qquad (5.7\text{-}7)$$
>
> Wir sehen, dass eine Proportionalität zwischen dem Zeta-Potential, das oft auch *elektrokinetisches Potential* genannt wird, und der Strömungsgeschwindigkeit besteht.

Gleichung (5.7-7) gibt uns die Möglichkeit zu einer experimentellen Bestimmung des Zeta-Potentials. Bequemer als eine Messung von u ist die Messung der Volumengeschwindigkeit $dV/dt = \pi r_R^2 u_0$, wenn wir den Kapillarenradius mit r_R bezeichnen. Mit ihr schreibt sich Gl. (5.7-7)

$$\zeta = \frac{\eta \cdot dV/dt}{\varepsilon_r \varepsilon_0 E \pi r_R^2} \qquad (5.7\text{-}8)$$

Noch einfacher lässt sich das elektrokinetische Potential, wie in Abb. 5.7-2 dargestellt, über den elektroosmotischen Druck p_{eo} bestimmen. Im Gleichgewicht muss die durch Gl. (5.7-8) gegebene Volumengeschwindigkeit (von links nach rechts aufgrund der Elektroosmose) gleich sein der durch das Hagen-Poiseuille'sche Gesetz (Gl. 5.4-10) gegebenen (von rechts nach links aufgrund des elektroosmotischen Drucks p_{eo}):

$$\frac{\zeta \varepsilon_r \varepsilon_0 E \pi r_R^2}{\eta} = \frac{p_{eo} \pi r_R^4}{8 \eta l} \qquad (5.7\text{-}9)$$

Damit folgt für

> den Zusammenhang von *Zeta-Potential* und *elektroosmotischem Druck*
>
> $$\zeta = \frac{p_{eo} r_R^2}{8 \varepsilon_r \varepsilon_0 E l} \qquad (5.7\text{-}10)$$

5.7.2
Das Strömungspotential

Wir betrachten nun den entgegengesetzten Vorgang: An der Wandung der Kapillare existiert eine Doppelschicht. Strömt die Flüssigkeit durch die Kapillare, so werden vorwiegend Ionen eines Vorzeichens mitgeführt. Dadurch muss es zu einer Potentialdifferenz zwischen den Enden der Kapillaren kommen, die wir beispielsweise mit Hilfe zweier Kalomelelektroden messen können. Diese Potentialdifferenz wird nicht beliebig groß, da die Elektrolytflüssigkeit eine eigene Leitfähigkeit besitzt, so dass durch normale Ionenwanderung im entstandenen elektrischen Feld ein Gegeneffekt auftritt, der für die Einstellung eines stationären Zustandes sorgt.

Bezeichnen wir mit I_s die durch die Strömung erzeugte Stromstärke, so muss, wenn wir die Bezeichnungen aus Abschnitt 5.7.1 beibehalten und dA ein Flächenelement des Kapillarenquerschnitts ist, gelten

$$I_s = \int_0^{r_R} \varrho \cdot u(r) \cdot dA \tag{5.7-11}$$

Das Strömungsprofil entspricht dem in Abb. 5.4-1a dargestellten. Somit gilt für $u(r)$ Gl. (5.4-8). Für die Raumladungsdichte (Gl. 2.7-68) müssen wir Zylinderkoordinaten einführen. Die Integration führt auf die Beziehung

$$I_s = -\frac{\varepsilon_r \varepsilon_0 \pi r_R^2 \zeta (p_2 - p_1)}{\eta l} \tag{5.7-12}$$

wobei $p_2 - p_1$ die Druckdifferenz zwischen den beiden Kapillarenenden ist.

Ist κ die Leitfähigkeit der strömenden Elektrolytlösung, so ist nach dem Ohm'schen Gesetz bei einem Strömungspotential U_s der auf die Ionenwanderung zurückzuführende Strom

$$I_i = \frac{U_s \cdot \kappa \cdot \pi r_R^2}{l} \tag{5.7-13}$$

Im Gleichgewicht muss die Summe beider Ströme null sein, d. h. es gilt für

das Strömungspotential

$$U_s = \frac{\varepsilon_r \varepsilon_0 (p_2 - p_1) \zeta}{\eta \kappa} \tag{5.7-14}$$

Wir erkennen daraus, dass das Zeta-Potential auch durch eine Messung des Strömungspotentials ermittelt werden kann.

5.7.3
Die Elektrophorese

Bei der Elektroosmose haben wir die Bewegung einer Elektrolytflüssigkeit entlang einer unbeweglichen festen Phase unter dem Einfluss eines elektrischen Feldes betrachtet. Jetzt halten wir die Elektrolytflüssigkeit ortsfest und suspendieren in ihr feste Teilchen, auf deren Oberfläche sich die elektrische Doppelschicht ausbildet. Wir haben einen solchen Fall bereits im Abschnitt 2.7.9 bei der Besprechung der Kolloide kennengelernt (Abb. 2.7-20). Legen wir nun ein elektrisches Feld an, so wandern die Feststoffteilchen, da sie auf ihrer Oberfläche eine Überschussladung tragen. Wir können sie deshalb als Riesenmoleküle mit einer bestimmten Ladung $Q = ze$ auffassen. Nehmen wir zusätzlich noch an, dass sie kugelförmige Gestalt (Radius r) haben, so können wir zur Berechnung ihrer Geschwindigkeit u im elektrischen Feld E unmittelbar Gl. (1.6-22) anwenden, die wir für die Ionenwanderung in Abschnitt 1.6.2 abgeleitet hatten:

$$u = \frac{QE}{6\pi r \eta} \tag{1.6-22}$$

Unterschiedliche Teilchen weisen also eine unterschiedliche Geschwindigkeit auf oder legen in bestimmten Zeiten unterschiedliche Strecken zurück.

Die Elektrophorese hat als *Ionographie, Zonenelektrophorese* oder *Elektrochromatographie* (oft als Mikromethode) in letzter Zeit vielfältige präparative und analytische Anwendung gefunden. Sie dient besonders zur Trennung natürlich vorkommender Mischungen von Kolloiden wie Proteinen, Lipoproteinen, Polysacchariden, Nucleinsäuren, Enzymen, Hormonen oder Vitaminen. Sie bietet die bequemste und flexibelste Methode zur Analyse des Proteingehaltes von Körperflüssigkeiten und Geweben und hat deshalb große Bedeutung bei der Diagnose von Krankheiten.

5.7.4
Kernpunkte des Abschnitts 5.7

- ☑ Elektroosmotischer Druck S. 922
- ☑ Helmholtz-Smoluchowski-Gleichung Gl. 5.7-7)
- ☑ Zeta-Potential (elektrokinetisches Potential) Gl. (5.7-7)
- ☑ Zeta-Potential und elektroosmotischer Druck Gl. (5.7-10)
- ☑ Strömungspotential und Zeta-Potential Gl. (5.7-14)
- ☑ Elektrophorese S. 927

5.7.5
Literatur zu Abschnitt 5.7

Hamann, C. H., Hamnett, A. and Vielstich, W. (2007) *Electrochemistry*, 2nd ed., Wiley-VCH, Weinheim

Hamann, C. H. und Vielstich, W. (2005) *Elektrochemie*, 4. Aufl., Wiley-VCH, Weinheim

Bard, A. J. and Faulkner, L. R. (2001) *Electrochemical Methods: Fundamentals and Applications*, 2nd ed., John Wiley & Sons, New York

Kortüm, G. (1972) *Lehrbuch der Elektrochemie*, Verlag Chemie, Weinheim

6
Kinetik

Bereits im Kapitel 5 haben wir uns mit Nicht-Gleichgewichtszuständen beschäftigt, haben uns dabei allerdings auf stationäre Nicht-Gleichgewichtszustände beschränkt, bei denen sich der Zustand in einem bestimmten Volumenelement des Systems mit der Zeit nicht ändert. In diesem Kapitel wollen wir unser Augenmerk nun gerade auf die zeitlichen Änderungen richten, die in dem betrachteten System als Folge einer chemischen Reaktion – oder auch eines physikalischen Vorganges, wie einer Verdampfung oder Kondensation – eintreten. Wir können dabei anknüpfen an die Betrachtungen, die wir im einführenden Abschnitt 1.5 angestellt haben.

Wir haben dort bereits eine Reihe von Begriffen eingeführt, die wir jetzt als bekannt voraussetzen dürfen:

Die *Reaktionsgeschwindigkeit* $d\xi/dt$ ist nach Gl. (1.5-4) mit den *Bildungs- und Zerfallsgeschwindigkeiten* dn_i/dt der Komponenten i verknüpft. In der Geschwindigkeitsgleichung treten die Konzentrationen der einzelnen Reaktanten in verschiedenen Potenzen auf. Diese sagen uns, welcher *Ordnung* die Reaktion bezüglich der einzelnen Reaktanten ist. Die Summe der Exponenten gibt die Ordnung der Gesamtreaktionen an Gl. (1.5-9). Die Ordnung einer Reaktion hat im Wesentlichen mathematische Bedeutung, sie kann durch die Reaktionsbedingungen beeinflusst werden und sagt nichts über den Mechanismus der Reaktion aus. Demgegenüber gibt die *Molekularität* darüber Auskunft, wie viele Teilchen an dem elementaren Schritt beteiligt sind, der zu einer chemischen Veränderung führt. Nur bei einstufigen Reaktionen können Ordnung und Molekularität übereinstimmen. Die konzentrationsunabhängige Proportionalitätskonstante, die die Bildungs- oder Zerfallsgeschwindigkeit mit den Konzentrationen der Reaktanten verknüpft, haben wir als *Geschwindigkeitskonstante* bezeichnet. Die experimentelle Ermittlung der Reaktionsordnung und der Geschwindigkeitskonstanten für sehr einfache Fälle stand im Mittelpunkt des Abschnitts 1.5. Wir haben weiterhin erfahren, dass die Geschwindigkeitskonstante in einfachen Fällen exponentiell von der Temperatur abhängt. Die diesen Zusammenhang beschreibende *Arrhenius'sche Gleichung* Gl. (1.5-79) gestattet es, aus den Experimenten eine *Aktivierungsenergie* E_a zu bestimmen, eine Energie, die die Reaktanten mindestens besitzen müssen, damit es zur Reaktion kommt.

In diesem Kapitel wollen wir uns nun detaillierter mit der Kinetik beschäftigen. Wir werden zunächst zu besprechen haben, welche experimentellen Methoden zur

Gewinnung kinetischer Daten zur Verfügung stehen und wie wir diese Daten aus den primär erhaltenen Messergebnissen ermitteln können. Sodann werden wir die im Abschnitt 1.5 behandelte Formalkinetik von Reaktionen nullter bis dritter Ordnung durch die Diskussion komplizierterer Reaktionen ergänzen. Unser nächstes Ziel wird es dann sein, Reaktionsmechanismen aufzufinden, die den wirklichen – oder besser, wahrscheinlichen –, von der Bruttoreaktion abweichenden Reaktionsverlauf beschreiben und die experimentell ermittelte Geschwindigkeitsgleichung und die u. U. unerwartete Temperaturabhängigkeit der Reaktion erklären. Häufig wird es verschiedene mögliche Mechanismen geben, die ein experimentell gefundenes Zeitgesetz erklären. Eine wesentlich größere Sicherheit in der Interpretation des Reaktionsablaufes wird man deshalb erreichen, wenn es gelingt, die aus dem Experiment erhaltenen Werte für die Geschwindigkeitskonstante auch in quantitativer Hinsicht aufgrund theoretischer Überlegungen zu berechnen. Wir werden sehen, dass wir dazu Erkenntnisse heranziehen müssen, die aus den verschiedensten Bereichen der Physikalischen Chemie stammen.

Die genannten Überlegungen und Berechnungen werden wir zunächst überwiegend für Reaktionen in der Gasphase anstellen, da deren Behandlung am leichtesten ist. Den Reaktionen in flüssigen Systemen werden wir einen gesonderten Abschnitt widmen. Zusätzliche Probleme treten auf, wenn es sich um heterogene Reaktionen handelt. Hier haben wir noch zu unterscheiden zwischen physikalischen Vorgängen wie der Verdampfung, dem Kristallwachstum oder der Auflösung von Festkörpern und chemischen Reaktionen.

Wegen ihrer überragenden technischen Bedeutung werden wir uns auch einen Einblick in die homogene und die heterogene Katalyse zu verschaffen haben.

Bislang war noch nicht die Rede von der Kinetik im Bereich der Elektrochemie, die sowohl in der Technik als auch in der Analytik eine große Rolle spielt. Polarisationserscheinungen, aber auch Probleme wie die Metalloxidation werden im letzten Abschnitt angesprochen.

6.1
Die experimentellen Methoden und die Auswertung kinetischer Messungen

> Im Abschnitt 6.1.1 werden wir uns zunächst einen *Überblick über die Geschwindigkeiten* verschaffen, mit denen chemische Reaktionen ablaufen.
>
> Wir müssen nach *geeigneten physikalischen Eigenschaften* der reagierenden Stoffe oder des Reaktionssystems suchen, die es uns gestatten, den zeitlichen Ablauf einer Reaktion messend zu verfolgen (Abschn. 6.1.2)
>
> *Langsame* (Abschn. 6.1.3) und *schnelle Reaktionen* (Abschn. 6.1.4) erfordern völlig unterschiedliche Messtechniken. Mit ihnen werden wir uns in den beiden Abschnitten befassen.
>
> Detaillierte Aussagen bezüglich der Energieübertragung und des Mechanismus bei Gasreaktionen liefert die *Molekularstrahltechnik*, die wir im Abschnitt 6.1.5 kennenlernen werden.

6.1.1
Übersicht

Wir wissen aus unserer im Laboratorium gewonnenen Erfahrung, dass es chemische Reaktionen gibt, die sehr langsam verlaufen, während andere fast momentan vor sich zu gehen scheinen. Wollen wir den Ablauf einer Reaktion messend verfolgen, so müssen wir Konzentrationsbestimmungen in Abhängigkeit von der Zeit durchführen. Das dürfte im Allgemeinen bei langsamen Reaktionen leicht, bei schnellen aber u. U. sehr schwierig sein. Die Grenze zwischen langsamen und schnellen Reaktionen liegt bei Halbwertszeiten von etwa 1 s.

Die Tabelle 6.1-1 gibt uns einen Überblick über geeignete Messmethoden. Die Senkrechte in dieser Tabelle ist eine logarithmische Zeitskala, die wir schon unter allgemeineren Gesichtspunkten in der Einführung angesprochen hatten (siehe Abbildung 1). Sie reicht von $1 \cdot 10^{-15}$ s bis $1 \cdot 10^3$ s, überstreicht also 18 Zehnerpotenzen. Die linke Spalte nennt die Zeitbereiche, die mittlere führt in dem zugehörigen Zeitbereich anwendbare Arbeitsmethoden an, die rechte weist auf Beispiele hin. Die Tabelle ist zugleich ein Leitfaden für das, was wir in den Kapiteln 6.1.2 bis 6.4.3 zu besprechen haben. Deshalb enthält sie auch Begriffe, die wir bisher noch nicht erwähnt haben.

Bis zu den 30er Jahren des 20. Jahrhunderts hätte die Tabelle nach unten hin in der Mitte der Millisekundenzeile geendet. 1967 wurden der Deutsche Manfred Eigen und die Engländer R.G.W. Norrish und George Potter für ihre Arbeiten über Relaxationsverfahren bzw. Blitzlichtphotolyse mit dem Nobelpreis ausgezeichnet. Mit diesen Methoden gelang es, in den Millisekundenbereich vorzudringen.

Tabelle 6.1-1 Zeitlicher Ablauf einiger typischer Reaktionen.

Zeitdauer	Methode	Beispiel
Minuten / Sekunden	Gesamtdruckmessung / Elektrische Leitfähigkeit / Drehung der Polarisationsebene	Zerfall von N_2O_5 / Alkalische Esterverseifung / Rohrzuckerinversion
— 1 s		
Millisekunden	Strömungsapparatur / Stopped Flow-Methode	Redoxreaktionen / Komplexbildungsreaktionen / Enzymkinetik
— $1 \cdot 10^{-3}$ s		
Mikrosekunden	Relaxationsmethoden / Blitzlichtphotolyse	Neutralisationsreaktion / Mizellbildung / Rekombination, z.B. $2\,I \rightarrow I_2$
— $1 \cdot 10^{-6}$ s		
Nanosekunden	Laser	Radikalreaktionen
— $1 \cdot 10^{-9}$ s		
Pikosekunden	Laser	Elektronen- und Protonentransfer bei Photosynthese / Prädissoziationsschritte
— $1 \cdot 10^{-12}$ s		
Femtosekunden	Laser	Übergangszustände / Schwingungsbewegungen / Dissoziationsreaktionen
— $1 \cdot 10^{-15}$ s		

Erst im letzten Jahrzehnt des vergangenen Jahrhunderts ermöglichte es die Laserspektroskopie, zeitliche Auflösungen bis in den Femtosekundenbereich zu erzielen. Ahmed H. Zewail erhielt 1999 für seine einschlägigen Arbeiten den Nobelpreis in Chemie.

6.1.2
Analysentechnik

Wenn wir die Kinetik einer chemischen Reaktion untersuchen, interessiert uns primär der Zusammenhang zwischen den Konzentrationen c_i der Reaktanten und Produkte und der Reaktionszeit t. Bereits im Abschnitt 1.5 haben wir gesehen, dass dieser Zusammenhang stark temperaturabhängig ist. Deshalb ist es erforderlich, während einer kinetischen Messung die Temperatur durch Thermostatisierung konstantzuhalten. Andererseits wird man versuchen, die Messungen bei verschiedenen Temperaturen durchzuführen, um aus der Temperaturabhängigkeit der Geschwindigkeitskonstanten die Aktivierungsenergie der Reaktion als zusätzliche Messgröße zu gewinnen. Wir werden erfahren, dass oft geringste Zusätze anderer Stoffe die Aktivierungsenergie und damit den Reaktionsweg beeinflussen. Solche Einflüsse kann auch schon die Wandung des Reaktionsgefäßes ausüben. Vorbedingung für eine zuverlässige kinetische Messung ist deshalb zum einen äußerste Reinheit der verwendeten Substanzen, zum anderen die Prüfung auf den Einfluss von Wandeffekten, die beispielsweise durch eine deutliche Veränderung des Verhältnisses von Wandfläche zu Volumen erfolgen kann.

Im Allgemeinen reicht es, die Konzentration einer Komponente zu ermitteln, da die Konzentrationsänderungen aller Komponenten über die stöchiometrischen Faktoren der Reaktion miteinander verknüpft sind. Oft ist es jedoch einfacher, eine Größe des Gesamtsystems zu messen, die sich additiv aus den individuellen Größen der einzelnen Komponenten zusammensetzt (z. B. Druck oder Volumen).

Voraussetzung für kinetische Messungen ist, dass die für die Analyse benötigte Zeit kurz ist im Vergleich zur Reaktionszeit. Durch die diskontinuierliche Probenahme stört man zwar nicht den zeitlichen Ablauf der Reaktion, doch wird bei anschließender chemischer Konzentrationsbestimmung so viel Zeit zwischen Probenahme und Vollendung der Analyse liegen, dass dieses Verfahren nur bei sehr langsamen Reaktionen anwendbar ist. Bisweilen kann man sich damit helfen, dass man unmittelbar bei der Probenahme die Reaktionsgeschwindigkeit in der Probe durch starkes Abkühlen drastisch senkt, oder dass man die Reaktion zum Stillstand bringt, indem man einen der Reaktionspartner durch eine andere, viel schneller ablaufende Reaktion beseitigt. Bei Reaktionen in der Gasphase ist oft auch die Massenspektrometrie, u. U. mit vorgeschalteter Gaschromatographie, anwendbar.

> Günstiger und bei schnellen Reaktionen allein brauchbar sind physikalische Konzentrationsbestimmungen, die keine diskontinuierliche Probenahme erfordern, sondern kontinuierlich am Reaktionssystem selbst vorgenommen werden können.

Bei relativ langsamen Reaktionen, die unter Volumenänderung verlaufen, bieten sich Messungen des Volumens als Funktion der Zeit an, bei Reaktionen in der Gasphase auch Druckmessungen bei konstantem Volumen. Da die bei der Reaktion freiwerdende oder verbrauchte Wärmemenge ein unmittelbares Maß für den Reaktionsfortschritt ist, können auch kalorimetrische Messungen zum Studium der Kinetik herangezogen werden. Änderungen der Dielektrizitätskonstanten oder des Brechungsindex sind ebenso für die Konzentrationsbestimmung geeignet. Reaktionen unter Beteiligung von Ionen kann man durch Leitfähigkeitsmessungen verfolgen. Bei optisch aktiven Stoffen gibt die Änderung des Winkels der optischen Drehung von polarisiertem Licht Aufschluss über den Fortgang der Reaktion. Weite Anwendung finden die spektroskopischen Methoden, letztlich die Zuhilfenahme des Lambert-Beer'schen Gesetzes.

Die Geschwindigkeitsgleichungen oder die integrierten Zeitgesetze (vgl. Abschnitt 1.5.2 bis 1.5.5) enthalten die Konzentration einer oder mehrerer Komponenten. Wir wollen an einem einfachen Beispiel erläutern, wie wir die Gleichungen zu modifizieren haben, wenn wir eine das Gesamtsystem betreffende Messgröße, beispielsweise den Druck, das Volumen oder die elektrische Leitfähigkeit, als Funktion der Zeit messen. Im Fall einer Reaktion erster Ordnung (vgl. Gl. 1.5-18) müsste $\frac{[A]_0 + \nu_A x}{[A]_0}$, im Fall einer Reaktion zweiter Ordnung mit gleichen Anfangskonzentrationen der Edukte (vgl. Gl. 1.5-28) müsste $\frac{1}{[A]_0 + \nu_A x}$ mit Hilfe der entsprechenden Messgröße ausgedrückt werden.

Wir betrachten die allgemeine Reaktion

$$|\nu_A|A + |\nu_B|B \rightarrow |\nu_C|C + |\nu_D|D \qquad (6.1\text{-}1)$$

Die Messgröße wollen wir mit λ bezeichnen. Sie sei für jede Komponente i deren Konzentration $[i]$ proportional. Die Proportionalitätskonstanten γ_i sind im Allgemeinen Fall stoffspezifisch.

$$\lambda_i = \gamma_i[i] \qquad (6.1\text{-}2)$$

Handelt es sich um Reaktionen in Lösung, so kann auch das Lösungsmittel L einen Beitrag (λ_L) zur Messgröße liefern:

$$\lambda = \lambda_L + \lambda_A + \lambda_B + \lambda_C + \lambda_D = \lambda_L + \sum \lambda_i \qquad (6.1\text{-}3)$$

Wir wollen voraussetzen, dass die Komponente A bei der Reaktion vollständig verbraucht wird. Die Komponenten C und D mögen zu Beginn der Reaktion, d. h. zur Zeit $t = 0$, noch nicht vorliegen. Die Anfangskonzentrationen sind dann $[A]_0$, $[B]_0$ und $[C]_0 = [D]_0 = 0$. Den Reaktionsfortschritt messen wir mit der *Reaktionsvariablen* x, die wir analog zur Reaktionslaufzahl ξ definiert haben durch

$$dx = \nu_i^{-1} d[i] \qquad (1.5\text{-}7)$$

Dann gilt für die Messgröße λ zu einer beliebigen Zeit t, d. h. bei einer Reaktionsvariablen x,

$$\lambda = \lambda_L + \gamma_A([A]_0 + \nu_A x) + \gamma_B([B]_0 + \nu_B x) + \gamma_C \nu_C x + \gamma_D \nu_D x \tag{6.1-4}$$

wobei wir zu beachten haben, dass die stöchiometrischen Faktoren ν_i der Edukte negativ, die der Produkte positiv zu rechnen sind. Zur Zeit $t = 0$ gilt

$$\lambda_0 = \lambda_L + \gamma_A[A]_0 + \gamma_B[B]_0 \tag{6.1-5}$$

und nach vollständigem Ablauf der Reaktion, d. h. zur Zeit $t = \infty$, wenn $x_\infty = -\dfrac{[A]_0}{\nu_A}$ ist,

$$\lambda_\infty = \lambda_L + \gamma_B \left\{ [B]_0 - \frac{\nu_B}{\nu_A}[A]_0 \right\} - \gamma_C \frac{\nu_C}{\nu_A}[A]_0 - \gamma_D \frac{\nu_D}{\nu_A}[A]_0 \tag{6.1-6}$$

Durch Subtraktionen der Gleichungen (6.1-4) und (6.1-5), der Gleichungen (6.1-6) und (6.1-5) bzw. der Gleichungen (6.1-6) und (6.1-4) erhalten wir

$$\lambda - \lambda_0 = \sum \gamma_i \nu_i x \tag{6.1-7}$$

$$\lambda_\infty - \lambda_0 = -\sum \gamma_i \frac{\nu_i}{\nu_A}[A]_0 \tag{6.1-8}$$

$$\lambda_\infty - \lambda = -\sum \gamma_i \nu_i \left\{ \frac{1}{\nu_A}[A]_0 + x \right\} = -\frac{1}{\nu_A} \sum \gamma_i \nu_i \{[A]_0 + \nu_A x\} \tag{6.1-9}$$

und durch Kombination dieser Gleichungen

$$\frac{[A]_0 + \nu_A x}{[A]_0} = \frac{\lambda_\infty - \lambda}{\lambda_\infty - \lambda_0} \tag{6.1-10}$$

bzw.

$$\frac{1}{[A]_0 + \nu_A x} = \frac{-\dfrac{1}{\nu_A}\sum \gamma_i \nu_i}{\lambda_\infty - \lambda} = \frac{1}{[A]_0} \frac{\lambda_\infty - \lambda_0}{\lambda_\infty - \lambda} \tag{6.1-11}$$

> Wir sehen also, dass wir zur Auswertung der integrierten Zeitgesetze die Messgröße nicht nur zur Messzeit t, sondern auch zu Beginn des Versuchs ($t = 0, \lambda_0$) und nach vollständigem Ablauf der Reaktion ($t = \infty, \lambda_\infty$) kennen müssen. Wir benötigen aber keine Kenntnisse bezüglich des Anteils der einzelnen Komponenten i an der Messgröße, insbesondere bezüglich der Werte von γ_i.

Zur Ermittlung von λ_∞ ist es natürlich nicht notwendig, „unendlich" lange Messzeiten zu verwenden. Nach dem Ablauf von 5 Halbwertszeiten ist die Reaktion bereits zu über 99 % vonstatten gegangen, so dass die noch eintretenden Änderungen nur noch minimal sind.

Werfen wir noch einmal einen Blick auf die Reaktionen, die wir als Beispiel für die Reaktionen erster und zweiter Ordnung in den Abschnitten 1.5.2 und 1.5.3 genannt haben. Die Zerfallsreaktionen

$$N_2O_5 \rightarrow N_2O_4 + \frac{1}{2} O_2 \tag{6.1-12}$$

und

$$CH_3OCH_3 \rightarrow CH_4 + H_2 + CO \tag{6.1-13}$$

könnten wir in einem konstanten Volumen durchführen und den Gesamtdruck als Funktion der Zeit messen. v_A ist in diesem Fall -1. Anstelle von Gl. (1.5-18) können wir mit Gl. (6.1-10) schreiben, wenn wir für λ den Druck p einführen,

$$\frac{p_\infty - p}{p_\infty - p_0} = e^{-k_1 t} \tag{6.1-14}$$

$$\ln(p_\infty - p) = \ln(p_\infty - p_0) - k_1 t \tag{6.1-15}$$

Die Auftragung von $\ln(p_\infty - p)$ gegen t sollte also eine Gerade ergeben, aus deren Steigung die Geschwindigkeitskonstante k_1 entnommen werden kann.

Die alkalische Verseifung von Essigsäuremethylester

$$\underset{CH_3-\overset{\overset{O}{\|}}{C}-O-CH_3}{} + Na^+ + OH^- \longrightarrow \underset{CH_3-\overset{\overset{O}{\|}}{C}-O^-}{} + Na^+ + CH_3OH \tag{6.1-16}$$

verläuft irreversibel nach einer Reaktion 2. Ordnung. Aus Gl. (6.1-16) folgt, dass im Lauf der Reaktion das schnell wandernde OH^--Ion durch das langsam wandernde Acetat-Ion ersetzt wird. Deshalb müssen sich die elektrische Leitfähigkeit und der dazu umgekehrt proportionale Widerstand ändern. Der Widerstand sollte also eine geeignete Messgröße sein. Er ist umgekehrt proportional zur Konzentration. Wir müssen also für die Messgröße λ $1/R$ einführen. Der Einfluss der Na^+-Ionen auf $1/R$ spielt keine Rolle, wie wir an λ_L [Gl. (6.1-3)] gesehen haben. Wählen wir gleiche Anfangskonzentrationen für Ester und Base, so können wir das Zeitgesetz Gl. (1.5-28) zugrunde legen, für das wir mit Gl. (6.1-11) erhalten

$$\frac{1}{[A]_0} \cdot \frac{\frac{1}{R_\infty} - \frac{1}{R_0}}{\frac{1}{R_\infty} - \frac{1}{R}} = k_2 t + \frac{1}{[A]_0} \tag{6.1-17}$$

$$\frac{R}{R_\infty - R} \cdot \frac{R_\infty - R_0}{R_0 [A]_0} = k_2 t + \frac{1}{[A]_0} \tag{6.1-18}$$

Die Auftragung von $\dfrac{R}{R_\infty - R} \cdot \dfrac{R_\infty - R_0}{R_0 [A]_0}$ gegen t sollte also eine Gerade ergeben, deren Steigung der Geschwindigkeitskonstanten entspricht.

6.1.3
Langsame Reaktionen

Bei der Behandlung der Analysenverfahren wurde darauf hingewiesen, dass eine zeitliche Verzögerung der Konzentrationsbestimmung durch die Probenahme möglichst vermieden werden muss. Genauso wichtig ist es aber, den Start der Reaktion durch das Zusammengeben der Reaktionspartner exakt festzulegen. Hier können Probleme bezüglich einer hinreichend schnellen Durchmischung auftreten.

Im Fall von sehr langsamen Reaktionen (mit Halbwertszeiten oberhalb von Minuten) reicht es, flüssige oder gelöste, zuvor auf die Reaktionstemperatur gebrachte Reaktanten im thermostatisierten Reaktionsgefäß zusammenzugeben und durch intensives Rühren zu vermischen. Gasförmige Reaktanten wird man in ein zuvor evakuiertes, thermostatisiertes Gefäß einströmen lassen. Die Mischungszeiten in solchen statistischen Systemen liegen im Bereich weniger Sekunden.

Kinetische Messungen lassen sich aber auch in Fließsystemen vornehmen, wenn sich stationäre Bedingungen eingestellt haben. Technische Prozesse werden vielfach in Fließsystemen durchgeführt, da sie einen kontinuierlichen Betrieb ermöglichen. Auch Flammenreaktionen verlaufen in einem stationären Fließsystem.

Wir wollen einen einfachen Fall besprechen. Ein Reaktionsgemisch durchströme ein Rohr mit einer Volumengeschwindigkeit $u = dV/dt$. Die Reaktion verlaufe ohne Volumenänderung, und in der Fließrichtung trete keine Vermischung ein, d. h. Konzentrationsänderungen längs der l-Koordinate seien im stationären Zustand lediglich auf die Reaktion zurückzuführen. Wir betrachten ein Volumenelement dV zwischen den Ortskoordinaten l und $l + dl$ in Abb. 6.1-1. Im stationären Fall darf sich die Stoffmenge n_i jeder Komponente in dV mit der Zeit nicht ändern. Die auf die Reaktion zurückzuführende Konzentrationsänderung muss durch den Konzentrationsunterschied zwischen dem bei l einströmenden und bei $l + dl$ aus dV ausströmenden Reaktionsgemisch gerade kompensiert werden. Beziehen wir uns auf den Ausgangsstoff A, so muss gelten

$$\frac{dn_A}{dt} = \frac{d[A]}{dt}dV - u\,d[A] = 0 \tag{6.1-19}$$

$$\frac{d[A]}{dt}dV = u\,d[A] \tag{6.1-20}$$

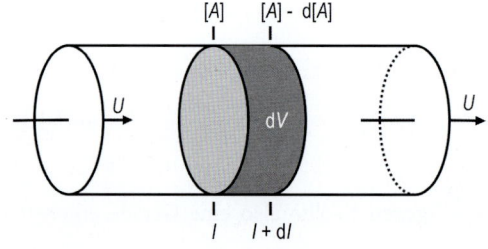

Abbildung 6.1-1 Zur Erläuterung der Reaktion im stationären Fließsystem.

Liegt nun beispielsweise eine Reaktion erster Ordnung vor, für die wir setzen können

$$\frac{d[A]}{dt} = -k_1[A] \tag{6.1-21}$$

so erhalten wir

$$-k_1[A]dV = ud[A] \tag{6.1-22}$$

$$\int_{[A]_0}^{[A]} \frac{d[A]}{[A]} = -\frac{k_1}{u} \int_0^{V_R} dV \tag{6.1-23}$$

wenn $[A]_0$ die Konzentration von A beim Eintritt in das Rohr ($V = 0$) und $[A]$ die Konzentration beim Verlassen des Rohres mit dem Volumen V_R ist. Die Integration von Gl. (6.1-23) liefert

$$\ln\frac{[A]}{[A]_0} = -k_1 \frac{V_R}{u} \tag{6.1-24}$$

$\frac{V_R}{u}$ ist aber nichts anderes als die Verweilzeit τ des Reaktionsgemisches im Rohr, so dass wir auch schreiben können

$$\ln\frac{[A]}{[A]_0} = -k_1\tau \tag{6.1-25}$$

Entsprechend hätten wir bei Vorliegen einer Reaktion zweiter Ordnung mit gleichen Anfangskonzentrationen

$$\frac{1}{[A]} - \frac{1}{[A]_0} = k_2 \cdot \tau \tag{6.1-26}$$

erhalten.

> Die Gleichungen (6.1-25) und (6.1-26) entsprechen den für ein statisches System abgeleiteten Beziehungen (1.5-14) bzw. (1.5-30), wenn wir dort die *Zeit t* durch die *Verweilzeit* τ ersetzen.

Abb. 6.1-2 zeigt zwei verschiedene Strömungsapparaturen zur Messung kinetischer Daten. Entweder lässt man das Reaktionsgemisch eine bestimmte Reaktionsstrecke l_R durchlaufen (Abb. 6.1-2 a) und misst dann an diesem bestimmten Ort nach Einstellen eines stationären Zustandes u. U. durch diskontinuierliche Probenahme die Konzentrationen, oder man wartet die Einstellung eines stationären Zustandes ab und misst die Konzentration nach unterschiedlichen Reaktionsstrecken (Abb. 6.1-2 b).

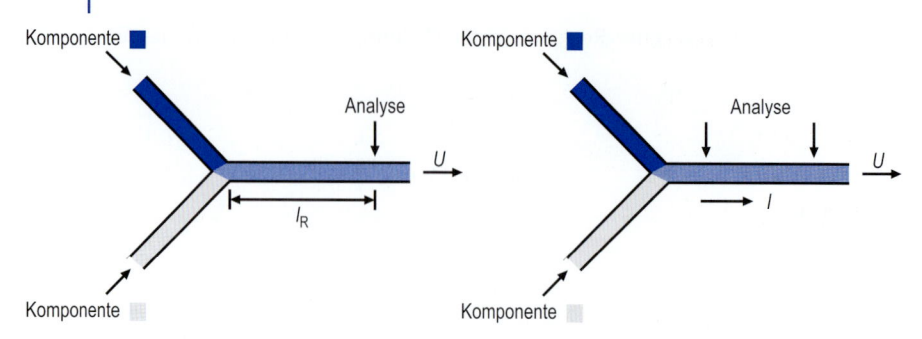

Abbildung 6.1-2 Strömungsapparatur zur Messung kinetischer Daten.

In beiden Fällen können wir die Auswertung nach Gl. (6.1-25), (6.1-26) oder einer für eine andere Reaktionsordnung abgeleiteten Beziehung vornehmen. Im ersteren Fall variieren wir die Verweilzeit, indem wir unterschiedliche Volumengeschwindigkeiten u verwenden, im letzteren Fall variieren wir die Verweilzeit, indem wir die beispielsweise spektroskopisch durchgeführte Bestimmung von [A] an verschiedenen Orten l vornehmen. Wir machen also Gebrauch von der Beziehung

$$\tau = \frac{V_R}{u} = \frac{s \cdot l}{u_c} \tag{6.1-27}$$

wobei V_R ein festes Reaktionsvolumen, u eine variable Volumengeschwindigkeit oder s einen konstanten Rohrquerschnitt, u_c eine konstante Volumengeschwindigkeit und l eine variable Länge bedeuten. Zur Ermittlung der Reaktionsordnung trägt man die linke Seite von Gl. (6.1-25) bzw. (6.1-26) gegen $1/u$ bzw. gegen l auf und prüft, für welche Auftragung eine Gerade resultiert. Die Steigung liefert auch gleich die Geschwindigkeitskonstante.

6.1.4
Schnelle Reaktionen

Schnelle Reaktionen mit Halbwertszeiten im Millisekundenbereich lassen sich noch mit Strömungsapparaturen untersuchen, wenn spezielle Mischkammern verwendet werden. Besondere Bedeutung kommt dabei den Verfahren zu, die mit abgestoppter Strömung arbeiten, meist als *„stopped flow"*-Verfahren bekannt. Sie ermöglichen es, mit relativ geringen Substanzmengen und nahe den Startbedingungen zu messen. Abb. 6.1-3 zeigt schematisch den Aufbau einer solchen Apparatur. Die Reaktionspartner werden in das Reaktionsrohr gepresst. Sobald der rechte Kolben den Anschlag berührt, sind Mischungs- und Strömungsvorgang abgeschlossen. Der Reaktionsablauf kann beispielsweise spektralphotometrisch beobachtet werden.

Will man Reaktionen mit Halbwertszeiten unterhalb von 10^{-3} s studieren, so kann man kein Mischverfahren mehr verwenden, sondern muss den Ungleichge-

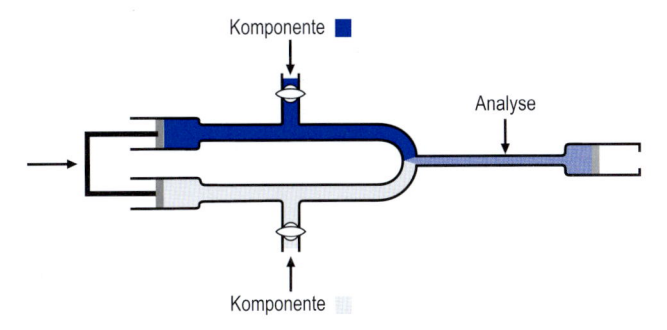

Abbildung 6.1-3 Prinzip einer „stopped-flow"-Apparatur.

wichtszustand, der zur Reaktion führt, im Reaktionsraum selbst herstellen. Dafür bieten sich je nach Problemstellung unterschiedliche Verfahren an.

Für Messungen in der Nähe des Gleichgewichtszustandes eignen sich die insbesondere von M. Eigen in den fünfziger Jahren des vorigen Jahrhunderts entwickelten *Relaxationsverfahren*. Hat eine Reaktion eine Reaktionsenthalpie ΔH endlicher Größe, so ist die Gleichgewichtskonstante temperaturabhängig (vgl. Abschnitt 2.6.3). Ändert man sprungartig die Temperatur eines im Gleichgewicht befindlichen Systems, so muss eine chemische Reaktion einsetzen mit dem Ziel, den der neuen Temperatur entsprechenden Gleichgewichtszustand zu erreichen. Diese Wiedereinstellung des Gleichgewichts nennt man Relaxation. Hat eine Reaktion ein von null verschiedenes Reaktionsvolumen ΔV, so ist die Gleichgewichtskonstante druckabhängig (vgl. Abschnitt 2.6.4). In diesem Fall kann man deshalb durch eine sprunghafte Druckänderung einen Ungleichgewichtszustand erreichen.

Abb. 6.1-4 zeigt schematisch den Aufbau einer *Temperatursprung*apparatur. Hat man ein elektrisch leitendes Reaktionssystem vorliegen, z. B. eine wässrige Elektrolytlösung, so kann man einen Temperaturanstieg in der Größenordnung von 10 K erzielen, wenn man einen Kondensator (K) (0.05 bis 0.5 µF, 10 bis 100 kV) über die Reaktionslösung in der Messzelle (MZ) entlädt. Die Temperaturerhöhung tritt dabei in 10^{-6} s ein. Den *Drucksprung* erreicht man am einfachsten als schlagartige Druckerniedrigung, wenn man das Reaktionssystem sich durch Bersten einer Membran entspannen lässt.

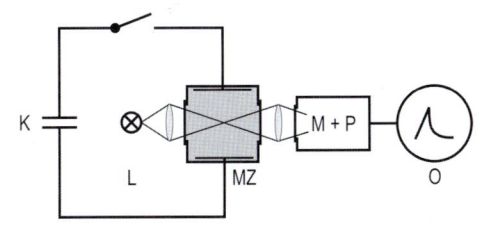

Abbildung 6.1-4 Prinzip einer Temperatursprungapparatur. K = Kondensator, L = Lichtquelle für spektralphotometrische Analyse, MZ = Messzelle, M = Monochromator, P = Photomultiplier, O = Oszillograph.

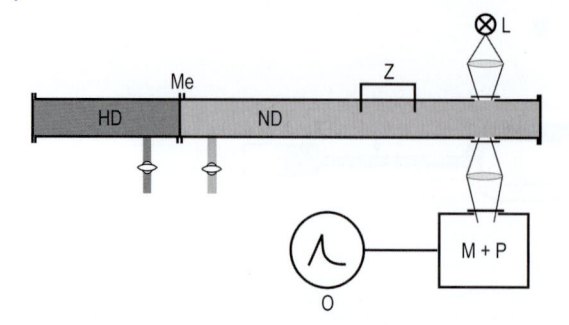

Abbildung 6.1-5 Prinzip des Stoßwellenrohres. Z = Zeitmesser, L = Lichtquelle für spektralphotometrische Analyse, M = Monochromator, P = Photomultiplier, O = Oszillograph.

Die Konzentrationsänderungen nach der Störung misst man photometrisch oder, bei Ionenreaktionen, konduktometrisch. Wie wir in Abschnitt 6.2.2 sehen werden, verlaufen Relaxationsvorgänge in Gleichgewichtsnähe stets nach erster Ordnung.

Den thermischen Zerfall kleiner Moleküle bei hohen Temperaturen kann man mit der *Stoßwellen*methode studieren (Abb. 6.1-5). Das Rohr besteht aus zwei durch eine Membran (Me) getrennten Teilen, dem Hochdruckteil (HD) und dem Niederdruckteil (ND). Ersterer enthält ein Treibgas ($p \approx 10 \text{bar}$), letzterer das Reaktionsgemisch, durch ein Inertgas stark verdünnt ($p \approx 10^{-2} \text{bar}$). Nach dem Bersten der Membran läuft mit Überschallgeschwindigkeit eine Stoßwelle in den Niederdruckteil, komprimiert das Reaktionsgemisch und heizt es in weniger als 10^{-6} s auf mehrere Tausend Kelvin auf. Die in Milli- bis Mikrosekunden ablaufende Reaktion wird spektroskopisch verfolgt.

Atome und Radikale – auch in elektronisch angeregten oder schwingungsangeregten Zuständen – lassen sich durch *Photolyse* erzeugen. Abb. 6.1-6 zeigt schematisch den Aufbau einer Apparatur zur Blitzlichtphotolyse, die von Norrish und Porter eingeführt wurde. Die Blitzröhre (B) und das Reaktionsgefäß (R) befinden sich in den Brennlinien eines elliptischen Reflektors. Eine bestimmte, einstellbare Zeit nach dem Photolyseblitz wird für die spektralphotometrische Analyse ein schwächerer Lichtblitz (A) gezündet, der das Reaktionsrohr in Längsrichtung durchläuft. Mit dieser Blitzlichtphotolyse lassen sich Reaktionen mit Halbwertszeiten bis herab zu 10^{-5} s untersuchen.

Wesentlich kürzere Lichtblitze lassen sich mit *Lasern* erzeugen. Man erreicht hier den Nano-, neuerdings sogar den Pico- bis Femtosekundenbereich. Für die Analyse

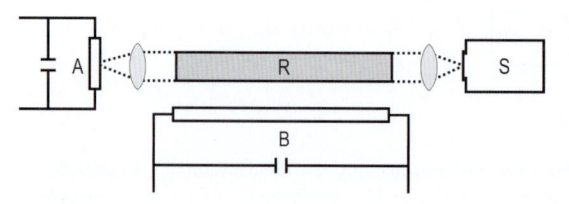

Abbildung 6.1-6 Prinzip einer Apparatur für Blitzlichtphotolyse. S = Spektrograph.

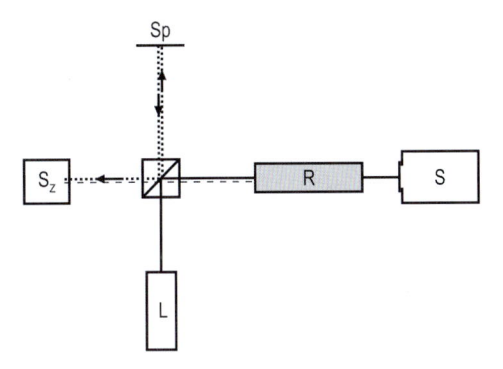

Abbildung 6.1-7 Prinzip einer Photolyse mit Nanosekunden-Laserblitzen. S = Spektrograph.

benötigt man dann einen Blitz gleicher Dauer, der mit einer so kurzen Verzögerung auf den Photolyseblitz folgen muss, wie sie nur noch unter Zuhilfenahme der Lichtgeschwindigkeit selbst geregelt werden kann. Abb. 6.1-7 veranschaulicht den Aufbau einer Apparatur für die Photolyse mit Nanosekunden-Laserblitzen. Der Laserblitz (L) trifft auf einen Strahlteiler (T), der einen Teil des Photolyseblitzes in das Reaktionsgefäß (R) lenkt. Ein anderer Teil durchsetzt den Strahlteiler, wird durch einen Spiegel (Sp) reflektiert, in die Lösung einer fluoreszierenden Substanz (Sz) geleitet, die eine Strahlung längerer Wellenlänge, aber mit vergleichbarer Blitzdauer emittiert. Sie dient als Analysenblitz. Der zeitliche Abstand zwischen dem Photolyseblitz und dem Analysenblitz kann durch die Entfernung zwischen Strahlteiler und Spiegel variiert werden, denn einer Laufstrecke von 3 m entspricht eine Laufzeit von 10 ns.

Als letztes sei die *Puls-Radiolyse* genannt, bei der das Reaktionssystem einem kurzen, ps bis µs dauernden Puls von hochenergetischen Elektronen (1 bis 10 MeV) aus einem Linearbeschleuniger ausgesetzt wird. Durch die ionisierende Strahlung entstehen aktive Teilchen, deren Reaktionen spektralphotometrisch beobachtet werden können.

6.1.5
Molekularstrahltechnik

Die bisher genannten Techniken hatten im Wesentlichen das Ziel, kinetische Daten von Reaktionen zu gewinnen. Besonderes Interesse kommt aber auch der Aufklärung der physikalischen Vorgänge bei der Einleitung der eigentlichen Reaktion, d. h. der Energieübertragung und des Mechanismus der Anregung zu. Wenn auch mit Hilfe der Photolyse ein Teil dieser Fragen beantwortet werden kann, so besteht doch die Notwendigkeit, den Stoßvorgang zwischen Teilchen ohne störende intermolekulare Wechselwirkungen zu studieren. Dafür bietet sich die Molekularstrahltechnik an.

Zu diesem Zweck erzeugt man, wie aus Abb. 6.1-8 ersichtlich ist, zwei Molekularstrahlen A und B, die sich im Hochvakuum kreuzen. Es kommt zu elasti-

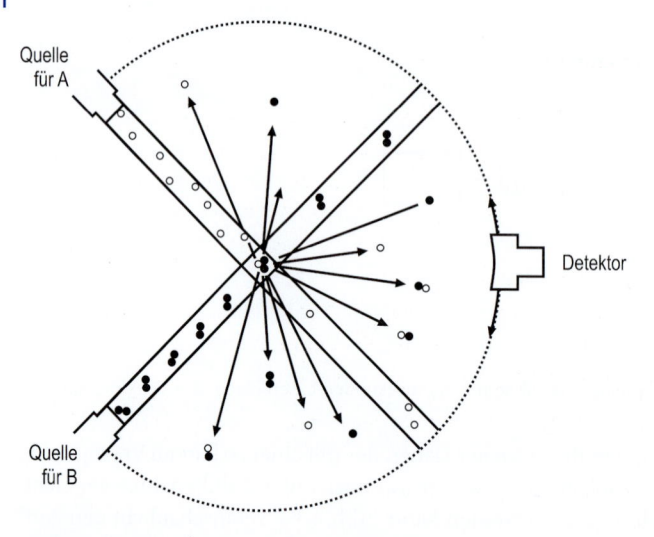

Abbildung 6.1-8 Prinzip einer Molekularstrahlapparatur.

schen, inelastischen und reaktiven Stößen. Aus der Winkelverteilung der gestoßenen Teilchen A und B sowie der Reaktionsprodukte lässt sich auf den Stoßmechanismus rückschließen, wie in Abschnitt 6.4.2 genauer besprochen wird. Als Detektor verwendet man meist ein Massenspektrometer, mit dessen Hilfe man sowohl die vorliegenden Spezies identifizieren als auch ihre Häufigkeit bestimmen kann, beides in Abhängigkeit vom Winkel gegenüber den gekreuzten Molekularstrahlen.

Als besonders aufschlussreich hat sich die Kombination der Molekularstrahltechnik mit der Laserspektroskopie erwiesen. Im Abschnitt 6.4.2 werden wir auch darauf zu sprechen kommen.

6.1.6
Kernpunkte des Abschnitts 6.1

- ☑ Reaktion im stationären Fließsystem S. 936
- ☑ Verweilzeit S. 937
- ☑ Stopped-flow-Methode S. 938
- ☑ Temperatursprung-Methode S. 939
- ☑ Drucksprung-Methode S. 939
- ☑ Stoßwellen-Methode S. 940
- ☑ Blitzlichtphotolyse S. 940
- ☑ Laserphotolyse S. 940
- ☑ Molekularstrahltechnik S. 941

6.1.7
Rechenbeispiele zu Abschnitt 6.1

1. Häufig bereitet es Schwierigkeiten, bei einer Reaktion erster Ordnung den Endwert λ_∞ der Messgröße zu ermitteln, der für eine Auswertung nach Gl. (6.1-10) bzw. Gl. (6.1-14) erforderlich ist. Nach Guggenheim kann man auf λ_∞ verzichten, wenn man aus einer Messreihe Daten von λ und λ' zur Verfügung hat, die bei den Zeiten t und $t' = t + \Delta t$, d. h. in jeweils gleichem zeitlichem Abstand Δt, gemessen wurden.
   Man stelle das Zeitgesetz erster Ordnung für die Zeiten t und t' auf und kombiniere die Gleichungen so, dass eine Beziehung entsteht, die eine graphische Ermittlung von k ohne Kenntnis von λ_∞ zulässt.

2. Die durch Basen katalysierte Spaltung von Diacetonalkohol nach

$$CH_3-\underset{O}{\overset{\parallel}{C}}-CH_2-\underset{OH}{\overset{CH_3}{\underset{|}{C}}}-CH_3 \longrightarrow 2\ CH_3-\underset{O}{\overset{\parallel}{C}}-CH_3$$

   ist mit einer Volumenänderung verknüpft. Man kann den Reaktionsfortgang deshalb mit einem Dilatometer messen, und zwar durch die Messung der Höhe h des Meniskus in einer Kapillare:

$\dfrac{t}{\min}$	0	2	4	6	8	10	12	14	16	18	20	22	24
$\dfrac{h}{\mathrm{mm}}$	0	5.7	11.1	15.2	19.0	22.2	25.2	27.9	30.2	32.0	33.9	35.3	36.7

   Man bestimme mit dem Guggenheim'schen Verfahren (vgl. Aufg. 1) die Geschwindigkeitskonstante dieser nach erster Ordnung verlaufenden Reaktion und den Endwert h_∞. Die Werte gelten für 298.4 K und eine Mischung aus 10 cm³ Diacetonalkohol und 20 cm³ 0.5 M NaOH.

3. Nach Becket und Porter reagiert photochemisch angeregtes Benzophenon aus einem Triplettzustand mit Isopropanol unter Bildung von 1,1′,2,2′-Tetraphenyl-1,2-ethandiol und Aceton:

$$(C_6H_5)_2CO\ (T_1) + (CH_3)_2CHOH \xrightarrow{k_1} (C_6H_5)_2\overset{\bullet}{C}OH + (CH_3)_2\overset{\bullet}{C}OH \qquad (1)$$

$$2\ (C_6H_5)_2\overset{\bullet}{C}OH \xrightarrow{k_2} (C_6H_5)_2\underset{HO}{\underset{|}{C}}-\underset{OH}{\underset{|}{C}}(C_6H_5)_2 \qquad (2)$$

$$2\ (CH_3)_2\overset{\bullet}{C}OH \xrightarrow{k_3} (CH_3)_2CO + (CH_3)_2CHOH \qquad (3)$$

   Da das Benzophenon-Ketylradikal mit seinem Anion im Säure-Base-Gleichgewicht steht, ist bei höherem pH die Reaktion

$$(C_6H_5)_2\overset{\bullet}{C}OH + (C_6H_5)_2\overset{\bullet}{C}O^- \xrightarrow{k_4} (C_6H_5)_2\underset{HO}{\underset{|}{C}}-\underset{O^-}{\underset{|}{C}}(C_6H_5)_2 \qquad (4)$$

bestimmend. Die Konzentration des Anions lässt sich spektralphotometrisch ermitteln. Man weise nach, dass für die Reaktion (4) das Zeitgesetz

$$\frac{d[(C_6H_5)_2\dot{C}O^-]}{dt} = k_{exp}[(C_6H_5)_2\dot{C}O^-]^2$$

gilt.

Der molare dekadische Extinktionskoeffizient des Anions beträgt bei der verwendeten Wellenlänge $3.9 \cdot 10^6$ cm^2 mol^{-1}, die Küvettenlänge betrug 4.0 cm. Mit einem Oszillographen wurde in Abhängigkeit von der Zeit das Absorptionsvermögen A bei pH = 12.7 gemessen:

t/ms	0	20	40	60	80	100	120	140	160
A	0.229	0.194	0.174	0.155	0.137	0.131	0.125	0.114	0.108

(vgl. auch Aufg. 2, Abschnitt 6.3.7).

6.2
Formale Kinetik komplizierterer Reaktionen

In diesem Abschnitt wollen wir die Ausführungen zur Formalkinetik aus dem einführenden Kapitel (Abschn. 1.5.2 bis 1.5.8) um einige für die spätere Anwendung wichtige Begriffe und Verfahrensweisen ergänzen.

> Im Abschnitt 6.2.1 werden wir uns mit dem Begriff „*mikroskopische Reversiblität*" befassen.
>
> Der *chemischen Relaxation* ist der Abschnitt 6.2.2 gewidmet. Wir werden besprechen, mit was für einem Zeitgesetz ein System in den Gleichgewichtszustand *relaxiert*, wenn es durch geeignete Maßnahmen wie einen Temperatur- oder einen Drucksprung nur unwesentlich aus einem bestehenden Gleichgewichtszustand gebracht wurde.
>
> Als Beispiel für Folgereaktionen werden wir die Aufeinanderfolge von zwei Reaktionen erster Ordnung exakt behandeln (Abschn. 6.2.3) und damit für Folgereaktionen allgemein gültige Erkenntnisse gewinnen.
>
> So werden wir sehen, unter welchen Bedingungen wir die im Abschnitt 6.2.4 zu behandelnde *Quasistationarität* in einem Reaktionssystem voraussetzen können.

6.2.1
Mikroskopische Reversibilität

Im Abschnitt 1.5 haben wir uns bereits mit der Formalkinetik einfacher Reaktionen beschäftigt. Wir wollen diese Betrachtungen nun auf kompliziertere Reaktionen ausdehnen. Dazu müssen wir einige neue Begriffe einführen, zu denen auch die mikroskopische Reversibilität zählt.

Das chemische Gleichgewicht ist ein dynamisches Gleichgewicht. Nach der Einstellung des Gleichgewichts beobachten wir makroskopisch keine Veränderungen mehr, weil Hin- und Rückreaktion gleich schnell verlaufen (s. Abschnitt 1.5.7). Wir haben so gefunden, dass die Gleichgewichtskonstante durch den Quotienten aus den Geschwindigkeitskonstanten für die Hin- und Rückreaktion gegeben ist [s. Gl. (1.5-69)]. Nun ist es aber möglich, dass eine Reaktion – beispielsweise zwischen den Stoffen A und B – auf zwei verschiedene Weisen ablaufen kann, beispielsweise unmittelbar oder über die Bindung an einen Katalysator, der A zunächst in einen die Reaktion begünstigenden Zustand A* bringt.

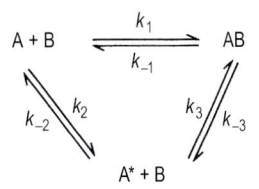

$$A + B \underset{k_{-1}}{\overset{k_1}{\rightleftharpoons}} AB$$

mit den Wegen k_2, k_{-2} und k_3, k_{-3} über $A^* + B$.

Die Gleichgewichtsbedingung besagt, dass

$$\frac{d[A]}{dt} = \frac{d[AB]}{dt} = 0 \tag{6.2-1}$$

Das ist erfüllt, wenn für den oberen Weg mit k_1 und k_{-1}

$$\frac{[AB]}{[A][B]} = K_c = \frac{k_1}{k_{-1}} \tag{6.2-2}$$

und für den unteren Weg mit k_2, k_{-2}, k_3 und k_{-3} über

$$\frac{[A^*]}{[A]} = \frac{k_2}{k_{-2}} \quad \text{und} \quad \frac{[AB]}{[A^*][B]} = \frac{k_3}{k_{-3}}$$

$$\frac{[AB]}{[A][B]} = K_c = \frac{k_2 \cdot k_3}{k_{-2} \cdot k_{-3}} \tag{6.2-3}$$

gilt.

Die Bedingung Gl. (6.2-1) ließe sich im vorliegenden Fall aber auch erfüllen, wenn die Umwandlungen einsinnig mit gleicher Geschwindigkeit r abliefen, wenn gelten würde

$$r(A + B \rightarrow AB) = r(AB \rightarrow A^* + B) = r(A^* + B \rightarrow A + B) \tag{6.2-4}$$

> Das statistisch begründbare Prinzip der *mikroskopischen Reversibilität* besagt, dass diese zweite Möglichkeit nicht besteht. Es verlangt vielmehr, dass im Gleichgewichtszustand ein beliebiger molekularer Prozess und dessen Umkehrung mit derselben Geschwindigkeit ablaufen müssen. Wenn also auf Grund der relativen Geschwindigkeiten beispielsweise 10 % von A B direkt, 90 % über A* gebildet werden, dann muss der Zerfall von A B in A und B ebenfalls zu 10 % direkt und 90 % über den katalytischen Prozess verlaufen.

6.2.2
Chemische Relaxation

Im Abschnitt 6.1.4 haben wir davon gesprochen, dass die Relaxationsverfahren wichtige Methoden zur Untersuchung der Kinetik schneller Reaktionen darstellen. Die Relaxationsprozesse werden durch eine Störung des Gleichgewichts eingeleitet und verlaufen deshalb in Nähe des Gleichgewichts. Wir wollen uns mit der Geschwindigkeitsgleichung bei kleinen Störungen des Gleichgewichts befassen und legen die Reaktion

$$A + B \underset{k_{-1}}{\overset{k_2}{\rightleftharpoons}} C \tag{6.2-5}$$

zugrunde. Die Konzentration im angestrebten neuen Gleichgewicht bezeichnen wir mit $[i]_G$. Da vor der Störung Gleichgewicht herrschte (bei einer anderen Temperatur oder einem anderen Druck), müssen aus stöchiometrischen Gründen unmittelbar nach der Störung die Konzentrationen aller Komponenten um den gleichen Betrag $|y|$ von $[i]_G$ entfernt sein. Es gilt also

$$[A] = [A]_G + y$$
$$[B] = [B]_G + y \tag{6.2-6}$$
$$[C] = [C]_G - y$$

Die Bildungsgeschwindigkeit von C ist demnach

$$\frac{d[C]}{dt} = k_2[A][B] - k_{-1}[C] \tag{6.2-7}$$

$$\frac{d([C]_G - y)}{dt} = k_2([A]_G + y)([B]_G + y) - k_{-1}([C]_G - y) \tag{6.2-8}$$

$$\frac{d[C]_G}{dt} - \frac{dy}{dt} = k_2[A]_G[B]_G - k_{-1}[C]_G + k_2 y([A]_G + [B]_G) + k_{-1}y + k_2 y^2 \tag{6.2-9}$$

$\frac{d[C]_G}{dt}$ ist ebenso wie $k_2[A]_G[B]_G - k_{-1}[C]_G$ gleich null. Beachten wir noch, dass y eine kleine Abweichung vom Gleichgewicht ist, das Glied mit y^2 gegenüber den Gliedern mit y also vernachlässigt werden kann, so ergibt sich für die zeitliche Änderung dy/dt der Störung

$$\frac{dy}{dt} = -y\{k_2([A]_G + [B]_G) + k_{-1}\} \tag{6.2-10}$$

Die Trennung der Variablen, Integration und Berücksichtigung der Randbedingung $t = 0$, $y = y_0$ führen dann zu

$$y = y_0 e^{-\{k_2([A]_G + [B]_G) + k_{-1}\}t} \tag{6.2-11}$$

Ungeachtet der tatsächlichen Reaktionsordnung klingt die Störung nach einer Kinetik erster Ordnung ab. Den negativen Reziprokwert des Faktors von t im Exponenten bezeichnet man als *Relaxationszeit* τ. Man gewinnt sie aus der Steigung der Geraden, die sich bei der Auftragung von $\ln y$ gegen t ergibt. Sie steht nach

$$1/\tau = k_2([A]_G + [B]_G) + k_{-1} \qquad (6.2\text{-}12)$$

in unmittelbarer Beziehung zu den Geschwindigkeitskonstanten k_2 und k_{-1}. Diese lassen sich nach Gl. (6.2-12) aus der Konzentrationsabhängigkeit von τ ermitteln. Da

$$\frac{k_2}{k_{-1}} = K \qquad (6.2\text{-}13)$$

(vgl. Abschnitt 1.5.7), kann Gl. (6.2-12) auch geschrieben werden in der Form

$$1/\tau = k_2\left([A]_G + [B]_G + \frac{1}{K}\right) \qquad (6.2\text{-}14)$$

so dass bei Kenntnis der Gleichgewichtskonstanten K aus einer einzigen Messung von τ die Geschwindigkeitskonstanten bestimmt werden können.

So ergibt sich beispielsweise für die Reaktion

$$H^+ + OH^- \underset{k_{-1}}{\overset{k_2}{\rightleftharpoons}} H_2O \qquad (6.2\text{-}15)$$

für eine Temperatur von 298 K $k_2 = 1.5 \cdot 10^{11} \, \text{dm}^3 \text{mol}^{-1} \text{s}^{-1}$ und $k_{-1} = 2.7 \cdot 10^{-5} \text{s}^{-1}$, entsprechend der Gleichgewichtskonstanten $K = 5.5 \cdot 10^{15} \, \text{dm}^3 \text{mol}^{-1}$.

6.2.3
Folgereaktionen

Im einführenden Abschnitt über die Reaktionskinetik wurde bereits darauf hingewiesen, dass es nur in den einfachsten Fällen möglich ist, die Bildungs- oder Zerfallsgeschwindigkeiten der Ausgangs-, Zwischen- und Endprodukte einer Reaktionsfolge mathematisch geschlossen abzuleiten. Die Bildung eines Stoffes C aus A über ein Zwischenprodukt B als Folge zweier irreversibler Prozesse 1. Ordnung

$$A \overset{k_1}{\rightarrow} B \overset{k_1^*}{\rightarrow} C \qquad (6.2\text{-}16)$$

mag als lösbares Beispiel eingehender diskutiert werden: Die Ausgangskonzentrationen bei $t = 0$ seien $[A]_0$ bzw. $[B]_0 = 0$, $[C]_0 = 0$, die zur Zeit t gehörenden Konzentrationen $[A]$, $[B]$ und $[C]$. Für die Zerfalls- bzw. Bildungsgeschwindigkeiten müssen wir dann ansetzen:

$$\frac{d[A]}{dt} = -k_1[A] \tag{6.2-17}$$

$$\frac{d[B]}{dt} = k_1[A] - k_1^*[B] \tag{6.2-18}$$

$$\frac{d[C]}{dt} = k_1^*[B] \tag{6.2-19}$$

Gl. (6.2-17) ist identisch mit Gl. (1.5-10) und ergibt nach der Integration (vgl. Abschnitt 1.5.2)

$$[A] = [A]_0 e^{-k_1 t} \tag{6.2-20}$$

Die Konzentration [A] des Ausgangsstoffes A nimmt also wie bei jeder Reaktion erster Ordnung exponentiell mit der Zeit ab. Für Gl. (6.2-18) ergibt sich damit

$$\frac{d[B]}{dt} = k_1[A]_0 e^{-k_1 t} - k_1^*[B] \tag{6.2-21}$$

Das ist eine lineare Differentialgleichung erster Ordnung, die sich mit Hilfe der *Lagrange'schen Methode der Variation der Konstanten* lösen lässt:

Wir integrieren zunächst die *homogene Differentialgleichung*

$$\frac{d[B]}{dt} + k_1^*[B] = 0 \tag{6.2-22}$$

und erhalten dabei

$$[B] = c \cdot e^{-k_1^* t} \tag{6.2-23}$$

Dann setzen wir als Lösung für die *inhomogene Differentialgleichung* an

$$[B] = c(t) e^{-k_1^* t} \tag{6.2-24}$$

und erhalten für die von t abhängige Größe $c(t)$

$$c(t) = -\frac{k_1[A]_0}{k_1 - k_1^*} \cdot e^{-(k_1 - k_1^*)t} + c \tag{6.2-25}$$

so dass die allgemeine Lösung nach Berücksichtigung der Anfangsbedingungen lautet

$$[B] = \frac{k_1[A]_0}{k_1^* - k_1} \left(e^{-k_1 t} - e^{-k_1^* t} \right) \tag{6.2-26}$$

Die Konzentration [C] des Endproduktes C erhalten wir aus der Bilanz

$$[A]_0 = [A] + [B] + [C] \tag{6.2-27}$$

$$[C] = [A]_0 \left(1 - \frac{k_1^*}{k_1^* - k_1} e^{-k_1 t} + \frac{k_1}{k_1^* - k_1} e^{-k_1^* t} \right) \tag{6.2-28}$$

Wir erkennen, dass mit Ausnahme der Konzentration des Ausgangsstoffes A die Zeitabhängigkeit der Konzentrationen des Zwischenproduktes B und des Endproduktes C durch einen recht komplizierten Ausdruck gegeben sind. In Abb. (6.2-1) sind dargestellt die Konzentrationen [A] des Ausgangsstoffes, [B] des Zwischenproduktes und [C] des Endproduktes für eine Ausgangskonzentration $[A]_0 = 1\,\text{mol}\,\text{dm}^{-3}$ und verschiedene Verhältnisse der Geschwindigkeitskonstanten k_1 und k_1^*.

Der Vergleich der Abbildungen (6.2-1 a) und (6.2-1 b) zeigt, dass bei einem großen Wert des Verhältnisses k_1/k_1^* das Ausgangsprodukt A schnell abgebaut wird und das Zwischenprodukt B intermediär in hoher Konzentration auftritt, während bei einem kleinen Wert dieses Verhältnisses A nur langsam verbraucht wird und B nur in geringer Konzentration vorliegt.

Der zeitliche Verlauf der Konzentration des Endproduktes C ändert sich nicht, wenn die Werte von k_1 und k_1^* vertauscht werden, wie auch aus Gl. (6.2-28) hervorgeht. Ein Vergleich der Abbildungen (6.2-1 b) und (6.2-1 c) lässt erkennen, wie sich bei festgehaltenen Werten von $[A]_0$ und k_1 eine Veränderung von k_1^* auf den zeitlichen Konzentrationsverlauf von B und C auswirkt: Durch eine Verringerung von k_1^* verschiebt sich das Auftreten der Maximalkonzentration von B nach größerer Reaktionszeit und die Induktionszeit bis zum Auftreten merklicher Mengen an Reaktionsprodukt C wird deutlicher.

Als Beispiel für eine Folge von zwei Reaktionen erster Ordnung kann der thermische Zerfall von Aceton dienen, der nach Winkler und Hinshelwood über die Stufen

$$\underset{\text{CH}_3-\overset{\overset{\text{O}}{\|}}{\text{C}}-\text{CH}_3}{} \longrightarrow \text{CH}_2=\text{CO} + \text{CH}_4 \tag{6.2-29}$$

$$\text{CH}_2=\text{CO} \longrightarrow 1/2\,\text{C}_2\text{H}_4 + \text{CO} \tag{6.2-30}$$

verläuft.

Wird das Verhältnis k_1/k_1^* extrem groß oder klein, d. h. ist $k_1 \gg k_1^*$ oder $k_1 \ll k_1^*$, so geht Gl. (6.2-28) über in

$$[C] = [A]_0 \cdot (1 - e^{-k_1^* t}) \quad \text{wenn } k_1 \gg k_1^* \tag{6.2-31}$$

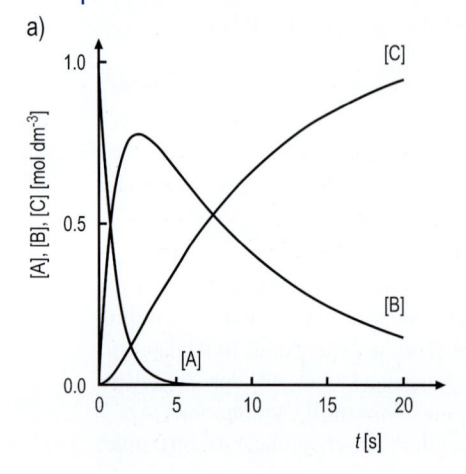

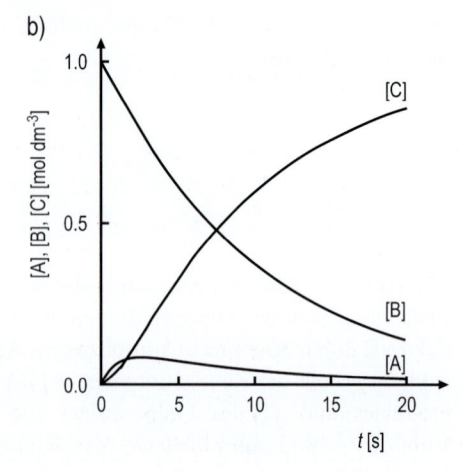

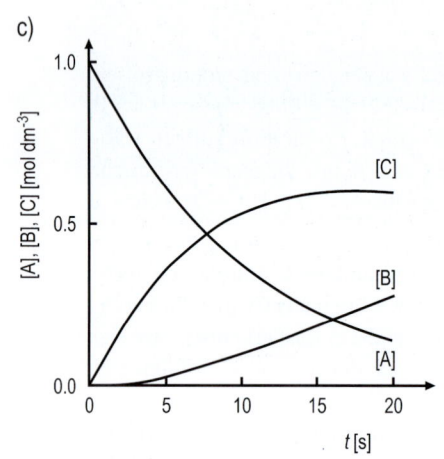

Abbildung 6.2-1 Zeitabhängigkeit der Konzentrationen [A] des Ausgangsstoffes, [B] des Zwischenproduktes und [C] des Endproduktes für zwei Folgereaktionen erster Ordnung.
(a) $[A]_0 = 1 \text{ mol dm}^{-3}$, $k_1 = 1.0 \text{ s}^{-1}$, $k_1^* = 0.1 \text{ s}^{-1}$
(b) $[A]_0 = 1 \text{ mol dm}^{-3}$, $k_1 = 0.1 \text{ s}^{-1}$, $k_1^* = 1.0 \text{ s}^{-1}$
(c) $[A]_0 = 1 \text{ mol dm}^{-3}$, $k_1 = 0.1 \text{ s}^{-1}$, $k_1^* = 0.03 \text{ s}^{-1}$

oder

$$[C] = [A]_0 \cdot (1 - e^{-k_1 t}) \qquad \text{wenn } k_1 \ll k_1^* \qquad (6.2\text{-}32)$$

Der Reaktionsablauf wird dann allein durch die langsamere der beiden Folgereaktionen bestimmt, die Zeitabhängigkeit der Konzentration [C] entspricht einer Reaktion erster Ordnung (vgl. Gl. (1.5-20) und Abschnitt 1.5.2).

6.2.4
Die Quasistationarität

Die Diskussion von Gl. (6.2-28) anhand von Abb. 6.2-1 a bis c hat ergeben, dass bei zwei Folgereaktionen 1. Ordnung [Gl. (6.2-16)] eine Vergrößerung von k_1^* im Verhältnis zu k_1 zwei Effekte hat. Zum einen verringert sich die maximal auftretende Konzentration des Zwischenproduktes, zum anderen verschiebt sich die Lage des Maximums zu kürzeren Zeiten, bezogen auf das Verschwinden des Ausgangsstoffes A.

Wie aus den Abbildungen hervorgeht, ist für $k_1^* \gg k_1$ (Abb. 6.2-1 b), d. h. *für ein sehr reaktives Zwischenprodukt*, [B] stets sehr klein. Auch d[B]/dt hat sehr kleine Werte, wenn man vom Anstieg bis zum Maximum absieht. Dabei ist die Bewertung „klein" nicht absolut, sondern immer im Vergleich zu den Änderungsgeschwindigkeiten der Konzentrationen der übrigen Reaktionsteilnehmer zu sehen. Da das Maximum für sehr großes k_1^* sehr schnell erreicht ist, kann man in guter Näherung für fast die gesamte Reaktionszeit d[B]/dt gegenüber den anderen Umsetzungsgeschwindigkeiten vernachlässigen, d. h.

$$\frac{d[B]}{dt} \approx 0 \qquad (6.2\text{-}33)$$

setzen. Dies ist die auf *Bodenstein* zurückgehende *Quasistationaritätsbedingung*, eine Näherung, die die Behandlung – besonders der komplizierteren – Geschwindigkeitsgleichungen sehr vereinfacht.

Wenden wir die Quasistationaritätsbedingung auf das im Abschnitt 6.2.3 behandelte Problem an, so folgt aus Gl. (6.2-18)

$$\frac{d[B]}{dt} = k_1[A] - k_1^*[B] \approx 0 \qquad (6.2\text{-}34)$$

$$[B] = \frac{k_1}{k_1^*}[A] \qquad (6.2\text{-}35)$$

Setzen wir diesen Ausdruck in Gl. (6.2-19) ein, so erhalten wir

$$\frac{d[C]}{dt} = k_1[A] \qquad (6.2\text{-}36)$$

und unter Berücksichtigung von Gl. (6.2-20)

$$\frac{d[C]}{dt} = k_1[A]_0 e^{-k_1 t} \qquad (6.2\text{-}37)$$

Die Integration ergibt zunächst

$$[C] = -[A]_0 e^{-k_1 t} + c \qquad (6.2\text{-}38)$$

und unter Berücksichtigung der Randbedingung [C] = 0 für $t = 0$

$$[C] = [A]_0 (1 - e^{-k_1 t}) \qquad (6.2\text{-}39)$$

was identisch ist mit Gl. (6.2-32), die wir als Näherung der exakten Lösung für $k_1^* \gg k_1$ erhalten haben.

6.2.5
Kernpunkte des Abschnitts 6.2

- ☑ Mikroskopische Reversibilität S. 945
- ☑ Kinetik chemischer Relaxationsreaktionen, Gl. (6.2-11)
- ☑ Relaxationszeit, Gl. (6.2-12)
- ☑ Relaxationszeit und Geschwindigkeitskonstanten Gl. (6.2-12)
- ☑ Folgereaktionen erster Ordnung Gl. (6.2-16)
  – Einfluss des Verhältnisses der Geschwindigkeitskonstanten Abb. 6.2-1
- ☑ Quasistationarität S. 951

6.3
Reaktionsmechanismen

In den Abschnitten 1.5 und 6.2 haben wir uns darum bemüht, für einfache oder etwas kompliziertere Reaktionen Zeitgesetze aufzustellen. Wir haben bereits davon gesprochen, dass Reaktionsordnung und Molekularität der Reaktion nicht übereinzustimmen brauchen. So haben wir in Abschnitt 1.5.2 gesehen, dass beispielsweise die Rohrzuckerinversion, die eine komplizierte, katalysierte Reaktion ist, doch ein Zeitgesetz erster Ordnung befolgt. Die Reaktionsordnung, die wir nach einem der besprochenen Verfahren ermitteln, sagt also nichts darüber aus, welches der wirkliche Reaktionsweg ist.

Wir gehen jetzt einen Schritt weiter und versuchen, für bestimmte Reaktionen Reaktionsmechanismen aufzustellen, indem wir möglichst viele, unter verschiedenen Bedingungen gemachte Beobachtungen berücksichtigen. Ein vorgeschlagener Reaktionsmechanismus ist mit Sicherheit falsch, wenn er nicht mit dem experimentell gefundenen Zeitgesetz in Einklang steht. Eine Übereinstimmung von Mechanismus und Zeitgesetz beweist aber noch nicht seine Richtigkeit. Dazu sind weitere, unabhängige Untersuchungen erforderlich.

Bei thermischen Zerfallsreaktionen stellt man häufig eine Druckabhängigkeit der Reaktionsordnung fest. Im Abschnitt 6.3.1 werden wir den *Lindemann-Mechanismus* kennenlernen, der solche Beobachtungen erklärt.

Die formalkinetische Auswertung von kinetischen Messungen weist bisweilen auf eine Reaktion dritter Ordnung hin, während die Untersuchung der Temperaturabhängigkeit eine scheinbar negative Aktivierungsenergie ergibt. Solche

Ergebnisse können zustande kommen, wenn einer bimolekularen Reaktion ein sich schnell einstellendes Gleichgewicht vorgelagert ist (Abschn. 6.3.2).

Im Abschnitt 6.3.3 werden wir uns mit einer ganzen Reihe von Kettenreaktionen beschäftigen, und zwar zunächst mit solchen, die ohne Verzweigung ablaufen.

Kettenreaktionen mit Verzweigung werden das Thema von Abschnitt 6.3.4 sein.

Reaktionen dieser Art leiten über zu den Explosionen, deren Ursache wir im Abschnitt 6.3.5 aufklären wollen.

6.3.1
Der Lindemann-Mechanismus

Beim Studium von unimolekularen Zerfallsreaktionen, d. h. von Reaktionen des Typs

$$A \rightarrow B + C \tag{6.3-1}$$

stellt man im Allgemeinen eine *Druckabhängigkeit der Reaktionsordnung* fest. Während man bei hohen Drücken ein Zeitgesetz 1. Ordnung findet, beobachtet man bei niedrigen Drücken eine Reaktion 2. Ordnung. Der Übergang zwischen beiden Ordnungen erfolgt in einem meist mehrere Zehnerpotenzen umfassenden Druckbereich, der bei vielatomigen Molekülen breiter als bei zweiatomigen ist und bei ersteren bei niedrigeren Drücken (10^{-5} bar bis 1 bar) liegt als bei letzteren (oberhalb von 10 bar). Auch Isomerisierungsreaktionen zeigen dieses Verhalten.

Im Gegensatz zu den Atomen, die radioaktiv zerfallen können, sind die Moleküle, mit denen wir es normalerweise zu tun haben, nicht so energiereich, dass sie einen spontanen Zerfall erleiden. Sie müssen vielmehr durch Wechselwirkung mit anderen Teilchen in einen instabilen Zustand gebracht werden. Bei homogenen Gasreaktionen ist das nur durch einen Zusammenstoß mit einem anderen Molekül möglich. Lindemann schlug deshalb folgenden Mechanismus vor:

$$A + A \xrightarrow{k_2} A^* + A \tag{6.3-2}$$

Dabei charakterisiert A* Moleküle, die die zum Zerfall erforderliche Energie besitzen, A solche die diese Energie nicht haben. Erfolgt der Zerfall nicht sehr rasch, so können die aktivierten Moleküle durch einen Zusammenstoß mit energieärmeren wieder desaktiviert werden.

$$A^* + A \xrightarrow{k_{-2}} A + A \tag{6.3-3}$$

Da für die Aktivierung nach Gl. (6.3-2) eine gewisse Mindestenergie erforderlich ist, für die Desaktivierung nach Gl. (6.3-3) jedoch nicht, wird k_{-2} immer größer sein als k_2.

Die spontane Zerfallsreaktion

$$A^* \xrightarrow{k_1} B + C \tag{6.3-4}$$

ist nun tatsächlich eine monomolekulare Reaktion.

Für die Bildungsgeschwindigkeiten der aktivierten Moleküle A* und des Zerfallsproduktes B erhalten wir somit

$$\frac{d[A^*]}{dt} = k_2[A]^2 - k_{-2}[A^*][A] - k_1[A^*] \tag{6.3-5}$$

$$\frac{d[B]}{dt} = k_1[A^*] \tag{6.3-6}$$

Zur Lösung dieses Gleichungssystems wenden wir das Quasistationaritätsprinzip an. Durch das Wechselspiel der Reaktionen Gl. (6.3-2) bis Gl. (6.3-4) wird die Konzentration an aktivierten Molekülen A* stets sehr klein sein, außerdem wird sich nach einer kurzen Anlaufzeit die Konzentration [A*] mit der Zeit nicht mehr merklich ändern, so dass

$$\frac{d[A^*]}{dt} \approx 0 \tag{6.3-7}$$

gesetzt werden kann. Aus Gl. (6.3-5) und (6.3-7) berechnen wir mit guter Näherung

$$[A^*] = \frac{k_2[A]^2}{k_1 + k_{-2}[A]} \tag{6.3-8}$$

und mit Gl. (6.3-6)

$$\frac{d[B]}{dt} = \frac{k_1 k_2 [A]^2}{k_1 + k_{-2}[A]} \tag{6.3-9}$$

Wir erkennen also, dass beim *Lindemann-Mechanismus* keine einfache Reaktionsordnung resultiert. Es lassen sich aber zwei Grenzfälle diskutieren. Wird die Reaktion unter einem so hohen Druck verfolgt, dass $k_{-2}[A] \gg k_1$ ist, so lässt sich k_1 gegenüber $k_{-2}[A]$ vernachlässigen, und es resultiert

$$\frac{d[B]}{dt} = \frac{k_1 k_2}{k_{-2}}[A] \tag{6.3-10}$$

also eine Reaktion erster Ordnung. Liegt bei niedrigen Drücken der umgekehrte Fall vor, d. h. ist $k_{-2}[A] \ll k_1$, so erhält man

$$\frac{d[B]}{dt} = k_2[A]^2 \qquad (6.3\text{-}11)$$

Qualitativ lässt sich der behandelte Zerfallsmechanismus folgendermaßen diskutieren: Es handelt sich um eine Folge zweier Reaktionen, von denen die langsamere bestimmend für die Gesamtgeschwindigkeit und die Reaktionsordnung ist. Im ersten Schritt, dem Zweierstoß, nimmt ein Molekül die erforderliche Aktivierungsenergie auf. Diese Energie ist jedoch auf die verschiedenen Freiheitsgrade des Moleküls verteilt. Das Molekül ist *präaktiviert*. Damit es zum Zerfall kommt, muss die Energie an der kritischen Stelle, an der die Spaltung erfolgt, konzentriert werden. Das Molekül muss vom Zustand der Präaktivierung in den der *kritischen Aktivierung* übergehen. Ist dies geschehen, so wird die Amplitude der Schwingung an der Bruchstelle so groß, dass das Molekül zerfällt.

Bei niedrigem Druck ist die Wahrscheinlichkeit eines Zweierstoßes gering, die nach einer Reaktion zweiter Ordnung ablaufende Präaktivierung ist geschwindigkeitsbestimmend. Bei hohem Druck hingegen erfolgt die Präaktivierung schnell, die nach erster Ordnung vor sich gehende kritische Aktivierung bestimmt das Reaktionsgeschehen.

Wenn dieses Modell richtig ist, sollte eine Präaktivierung nicht nur durch einen Stoß zweier Moleküle A, sondern auch durch einen Stoß zwischen einem Molekül A und einem Inertgasmolekül M ermöglicht werden. Tatsächlich zeigt sich, dass man ein Zeitgesetz erster Ordnung nicht nur bei einem hohen Partialdruck von A beobachtet, sondern es ist ausreichend, dass der Gesamtdruck hoch genug ist.

Wir können also in den Gleichungen (6.3-2) und Gl. (6.3-3) jeweils ein Molekül A durch ein Molekül M ersetzen. Dadurch ergibt sich anstelle von Gl. (6.3-9)

$$\frac{d[B]}{dt} = \frac{k_1 k_2 [M]}{k_1 + k_{-2}[M]}[A] = k[A] \qquad (6.3\text{-}12)$$

und somit eine Möglichkeit für die Bestimmung der einzelnen Geschwindigkeitskonstanten. Gemäß

$$\frac{1}{k} = \frac{k_{-2}}{k_1 k_2} + \frac{1}{k_2}\frac{1}{[M]} \qquad (6.3\text{-}13)$$

brauchen wir nur $\frac{1}{k}$ gegen $\frac{1}{[M]}$ aufzutragen, um aus der Geradensteigung k_2 und aus dem Ordinatenabschnitt dann $\frac{k_{-2}}{k_1}$ zu erhalten.

Bei der experimentellen Überprüfung der geschilderten Zusammenhänge zeigt sich eine sehr gute Übereinstimmung zwischen Theorie und Praxis im Anfangsstadium der Reaktion, nicht jedoch bei fortgeschrittener Reaktion. Dies ist darauf zurückzuführen, dass ein Produktmolekül B eine entsprechende Wirkung wie ein

Inertgasmolekül M ausüben kann. Die Konzentration von B ist im Anfangsstadium der Reaktion jedoch noch zu klein, um die prinzipielle Deutung des Lindemann-Mechanismus zu stören.

6.3.2
Reaktionen mit vorgelagertem Gleichgewicht

Im Abschnitt 1.5.9 haben wir erfahren, dass es Reaktionen gibt, bei denen die Reaktionsgeschwindigkeit mit steigender Temperatur abnimmt. Der in Abb. 1.5-8 d) dargestellte Verlauf führt in der Auftragung von $\ln k$ gegen $1/T$ wieder zu einer Geraden, doch diesmal ist die Steigung positiv. Das würde nach Gl. (1.5-80) formal zu einer negativen Aktivierungsenergie führen. Dieser Fall sei etwas eingehender behandelt.

Liegt beispielsweise eine Reaktion

$$2\,AB + C_2 \xrightarrow{k_3} 2\,ABC \tag{6.3-14}$$

vor, so ließe sich die Reaktionsgeschwindigkeit formal durch

$$\frac{dx}{dt} = k_3 [AB]^2 \, [C_2] \tag{6.3-15}$$

beschreiben. Besteht nun aber die Möglichkeit, dass die Moleküle AB dimerisieren, dann könnte auch folgender Reaktionsweg vorliegen:

$$2\,AB \rightleftharpoons A_2B_2 \qquad \text{schnell einstellbar, da weniger gehemmt} \tag{6.3-16}$$

$$A_2B_2 + C_2 \xrightarrow{k_2} 2\,ABC \qquad \text{stärker gehemmt} \tag{6.3-17}$$

Für die Geschwindigkeit der Reaktion ergäbe sich dann

$$\frac{dx}{dt} = k_2 [A_2B_2] \, [C_2] \tag{6.3-18}$$

Die Konzentration $[A_2B_2]$ lässt sich für das sich *schnell einstellende Gleichgewicht* Gl. (6.3-16) berechnen:

$$\frac{[A_2B_2]}{[AB]^2} = K \tag{6.3-19}$$

Substituiert man dies in Gl. (6.3-18), so findet man

$$\frac{dx}{dt} = k_2 \cdot K [AB]^2 \, [C_2] \tag{6.3-20}$$

Diese Gleichung ist identisch mit Gl. (6.3-15), wenn die Geschwindigkeitskonstante k_3 durch das Produkt aus der Geschwindigkeitskonstanten k_2 und der Gleichgewichtskonstanten K ersetzt wird:

$$k_3 = k_2 \cdot K \tag{6.3-21}$$

Für die Temperaturabhängigkeit erhalten wir in Analogie zu Gl. (1.5-80)

$$\ln k_3 = \ln(k_0)_3 - \frac{1}{RT}(E_a)_3 \tag{6.3-22}$$

und nach Gl. (6.3-21)

$$\ln k_3 = \ln(k_2 \cdot K) = \ln k_2 + \ln K \tag{6.3-23}$$

Für $\ln k_2$ aus Gl. (6.3-23) ergäbe sich entsprechend Gl. (1.5-80)

$$\ln k_2 = \ln(k_0)_2 - \frac{1}{RT}(E_a)_2 \tag{6.3-24}$$

und für die Gleichgewichtskonstante nach Gl. (2.6-70)

$$\ln K = -\frac{\Delta H^0}{RT} + c = -\frac{\Delta H^0}{RT} + \ln B \tag{6.3-25}$$

mit $c = \ln B$.

Verknüpfen wir die Gleichungen nun wieder miteinander, so erhalten wir

$$\ln(k_0)_3 - \frac{1}{RT}(E_a)_3 = \ln(k_{02} \cdot B) - \frac{1}{RT}\{(E_a)_2 + \Delta H^0\} \tag{6.3-26}$$

Die *scheinbare Aktivierungsenergie* $(E_a)_3$ setzt sich also additiv aus der Aktivierungsenergie $(E_a)_2$ und der Standard-Reaktionsenthalpie ΔH^0 zusammen. Ist die Bildung des Dimeren A_2B_2 exotherm und ist $(E_a)_2 < |\Delta H^0|$, so wird der Klammerausdruck in Gl. (6.3-26) negativ und damit auch die scheinbare Aktivierungsenergie $(E_a)_3$.

Solche Fälle treten häufig auf, wenn dem geschwindigkeitsbestimmenden Reaktionsschritt ein sich schnell einstellendes Gleichgewicht vorgelagert ist. Als Beispiel kann die Oxidation des Stickstoffmonoxids

$$2\,NO + O_2 \rightarrow 2\,NO_2 \tag{6.3-27}$$

genannt werden.

6.3.3
Kettenreaktionen ohne Verzweigung

Charakteristisch für den Lindemann-Mechanismus ist, dass für die Reaktionsfolge, die ein individuelles Teilchen A durchläuft, eine Aktivierung durch Stoß erfolgen muss (Gl. (6.3-2)), gleichgültig, ob das Teilchen wieder desaktiviert wird (Gl. (6.3-3)) oder reagiert (Gl. (6.3-4)), und dass die Produkte dieser beiden Reaktionswege inaktiv sind, dass also die einmal erreichte Aktivierung nicht auf die Reaktionsfolge eines anderen Teilchens übertragen werden kann. Eine solche Möglichkeit besteht bei einem anderen Typ von Reaktionen, den *Kettenreaktionen*, die beispielsweise unter Mitwirkung von *Radikalen* ablaufen.

Halogen/Wasserstoff-Reaktionen

Wir wollen den Ablauf einer Kettenreaktion zunächst an einem konkreten Beispiel diskutieren, der 1906 von *Bodenstein* kinetisch untersuchten und erst 1919 und 1920 bezüglich des Mechanismus aufgeklärten Bromwasserstoffbildung aus Brom und Wasserstoff. Anschließend werden wir versuchen, ein allgemeingültiges Bild zu entwickeln.

Bodenstein fand, dass die Kinetik der Bromwasserstoffbildung

$$H_2 + Br_2 \rightarrow 2\,HBr \tag{6.3-28}$$

durch den Ausdruck

$$\frac{d[HBr]}{dt} = \frac{k[H_2][Br_2]^{1/2}}{1 + k'[HBr]/[Br_2]} \tag{6.3-29}$$

beschrieben werden kann. Es galt nun, einen Mechanismus zu finden, der diesem Zeitgesetz gerecht wird. *Christiansen*, *Herzfeld* und *Polanyi* fanden die Lösung dieses Problems, indem sie annahmen, dass zunächst durch Dissoziation eines Brommoleküls gemäß

$$Br_2 \xrightarrow{k_1} 2\,Br \tag{6.3-30}$$

reaktionsfreudige Bromradikale gebildet werden. Diese Bromradikale sind nichts anderes als Bromatome. Wenn wir hier den Begriff *Radikal* benutzen, so deshalb, weil diese Atome ebenso wie die Radikale genannten mehratomigen ungeladenen Molekülbruchstücke anorganischer [z. B. OH in 6.3.4)] oder organischer [z. B. $CH_3\cdot$ oder $C_2H_5\cdot$ (Gl. 6.3.3)] Herkunft ein ungepaartes Elektron besitzen und im Vergleich zu ihren Muttermolekülen sehr energiereich und damit reaktionsfreudig sind. Da es sich aber um ganz normale Atome handelt, kennzeichnen wir sie nicht durch den ein ungebundenes Elektron andeutenden Punkt.

Die Bromradikale erzeugen durch Umsetzung mit Wasserstoff

$$Br + H_2 \xrightarrow{k_2} HBr + H \tag{6.3-31}$$

Bromwasserstoff und Wasserstoffradikale. Letztere führen nach

$$H + Br_2 \xrightarrow{k_3} HBr + Br \qquad (6.3\text{-}32)$$

die Reaktion weiter. Die Schritte (6.3-31) und (6.3-32) werden als Teile einer *Reaktionskette* bezeichnet, da bei ihnen für jedes verbrauchte reaktionsfähige Radikal ein neues gebildet wird, das die Kette fortführt. So reicht schon eine geringe Konzentration der im *Kettenstart* (6.3-30) gebildeten Bromradikale aus, die Umsetzung (6.3-28) zu ermöglichen. Zwar kann ein Wasserstoffradikal auch mit einem HBr-Molekül reagieren unter Umkehr des Schrittes (6.3-31),

$$H + HBr \xrightarrow{k_{-2}} H_2 + Br \qquad (6.3\text{-}33)$$

doch führt das nicht zum Kettenabbruch, da ein Radikal zurückgebildet wird. Ein *Kettenabbruch* tritt dann auf, wenn zwei Bromradikale zu einem Brommolekül rekombinieren:

$$2\,Br \xrightarrow{k_{-1}} Br_2 \qquad (6.3\text{-}34)$$

Aus den Gleichungen (6.3-31) bis (6.3-33) erhalten wir für die Bildungsgeschwindigkeit des Bromwasserstoffs

$$\frac{d[HBr]}{dt} = k_2[Br][H_2] + k_3[H][Br_2] - k_{-2}[H][HBr] \qquad (6.3\text{-}35)$$

Für ihre Berechnung ist die Kenntnis der Konzentrationen der Brom- und Wasserstoffradikale erforderlich, deren zeitliche Änderung gegeben ist durch

$$\frac{d[Br]}{dt} = 2k_1[Br_2] - k_2[Br][H_2] + k_3[H][Br_2] + k_{-2}[H][HBr] - 2k_{-1}[Br]^2 \qquad (6.3\text{-}36)$$

$$\frac{d[H]}{dt} = k_2[Br][H_2] - k_3[H][Br_2] - k_{-2}[H][HBr] \qquad (6.3\text{-}37)$$

Eine Lösung des Gleichungssystems bereitet große Schwierigkeiten. Nehmen wir jedoch an, dass die Konzentrationen der Zwischenprodukte Br und H nur sehr gering sind, und dass sie sich nach einer sehr kurzen Anlaufzeit während der Reaktion nicht mehr ändern (*Quasistationarität*, Abschnitt 6.2.4), so wird die Lösung sehr einfach: $d[Br]/dt$ und $d[H]/dt$ in den Gleichungen (6.3-36) und (6.3-37) sind angenähert gleich null, so dass sich aus der Addition dieser Gleichungen

$$2k_1[Br_2] - 2k_{-1}[Br]^2 = 0 \qquad (6.3\text{-}38)$$

und

$$[Br] = \left(\frac{k_1}{k_{-1}}[Br_2]\right)^{1/2} \qquad (6.3\text{-}39)$$

ergibt. Setzen wir diesen Ausdruck in Gl. (6.3-37) ein, so erhalten wir

$$[H] = \frac{k_2(k_1/k_{-1})^{1/2}[H_2][Br_2]^{1/2}}{k_3[Br_2] + k_{-2}[HBr]} \qquad (6.3\text{-}40)$$

Andererseits können wir durch Subtraktion von Gl. (6.3-37) von Gl. (6.3-35) die Bromradikal-Konzentrationen eliminieren:

$$\frac{d[HBr]}{dt} = 2k_3[H][Br_2] \qquad (6.3\text{-}41)$$

Das Einsetzen von Gl. (6.3-40) in Gl. (6.3-41) führt dann schließlich zu

$$\frac{d[HBr]}{dt} = \frac{2k_2(k_1/k_{-1})^{1/2}[H_2][Br_2]^{1/2}}{1 + k_{-2}[HBr]/k_3[Br_2]} \qquad (6.3\text{-}42)$$

was mit Gl. (6.3-29) übereinstimmt,

wenn

$$k = 2k_2(k_1/k_{-1})^{1/2} \qquad (6.3\text{-}43)$$

und

$$k' = k_{-2}/k_3 \qquad (6.3\text{-}44)$$

gesetzt wird. Berücksichtigen wir schließlich noch, dass nach Gl. (1.5-69) und Gl. (6.3-30) oder Gl. (6.3-34) k_1/k_{-1} mit der Gleichgewichtskonstanten für die Dissoziation des Broms identisch ist, so ergibt sich schließlich

$$k = 2k_2 K^{1/2} \qquad (6.3\text{-}45)$$

Der Kettenstart, Kettenfortpflanzung und Kettenabbruch berücksichtigende Mechanismus ist also tatsächlich geeignet, das experimentell gefundene Zeitgesetz zu deuten. Dennoch erhebt sich die Frage, warum gerade die in den Gleichungen (6.3-30) bis Gl. (6.3-34) aufgeführten Reaktionen und nicht weitere, von der Stöchiometrie her mögliche in Betracht gezogen wurden.

Wir wollen versuchen, alle bei einer Reaktion

$$H_2 + X_2 \rightarrow 2\,HX \qquad (6.3\text{-}46)$$

(X für Halogen) denkbaren Teilschritte für einen Radikalmechanismus aufzustellen und zu entscheiden, welche davon eine Rolle spielen und welche nicht. Dabei werden wir erkennen, weshalb man für die Bildung der verschiedenen Halogenwasserstoffe unterschiedliche Mechanismen anzunehmen hat.

Der Kettenstart erfordert die Bildung von Radikalen. Bei der Bromwasserstoffreaktion wurde dafür nur die Reaktion

$$X_2 + M \xrightarrow{k_1} 2X + M \qquad (6.3\text{-}47)$$

angenommen. M stellt einen Stoßpartner dar, denn die zur Dissoziation notwendige Energie kann nur durch einen Stoß zugeführt werden, es sei denn, dass man durch Lichteinstrahlung, d. h. mittels Lichtquanten $h\nu$, die Dissoziation hervorruft:

$$X_2 \xrightarrow{h\nu} 2X \qquad (6.3\text{-}48)$$

Da die Reaktionskette auch durch Wasserstoffradikale fortgeführt werden kann, sollte auch

$$H_2 + M \xrightarrow{k_1'} 2H + M \qquad (6.3\text{-}49)$$

eine denkbare *Startreaktion* sein.

Als *Kettenfortführung* haben wir bereits

$$X + H_2 \xrightarrow{k_2} HX + H \qquad (6.3\text{-}50)$$

und

$$H + X_2 \xrightarrow{k_3} HX + X \qquad (6.3\text{-}51)$$

kennengelernt, als *Ketteninhibierung*

$$H + HX \xrightarrow{k_{-2}} H_2 + X \qquad (6.3\text{-}52)$$

Nicht beachtet haben wir hingegen die Inhibierung durch

$$X + HX \xrightarrow{k_{-3}} X_2 + H \qquad (6.3\text{-}53)$$

Wir sprechen hier von Inhibierung, weil die Reaktionen (6.3-52) und (6.3-53) zwar nicht zum Kettenabbruch führen, wohl aber eine Konkurrenzreaktion zu Gl. (6.3-50) und (6.3-51) darstellen, und zwar in umso stärkerem Maße, wie sich HX bildet.

Von den denkbaren *Kettenabbruchreaktionen* ist lediglich

$$2X + M \xrightarrow{k_{-1}} X_2 + M \qquad (6.3\text{-}54)$$

berücksichtigt worden, nicht jedoch

$$2\,\text{H} + \text{M} \xrightarrow{k'_{-1}} \text{H}_2 + \text{M} \tag{6.3-55}$$

oder

$$2\,\text{X} + \text{H}_2 \xrightarrow{k_4} 2\,\text{HX} \tag{6.3-56}$$

und

$$2\,\text{H} + \text{X}_2 \xrightarrow{k_5} 2\,\text{HX} \tag{6.3-57}$$

Schließlich wäre noch die Frage zu stellen, weshalb überhaupt ein Radikalmechanismus gefunden wird und nicht die direkte Reaktion

$$\text{H}_2 + \text{X}_2 \xrightarrow{k_6} 2\,\text{HX} \tag{6.3-58}$$

und die entsprechende Rückreaktion

$$2\,\text{HX} \xrightarrow{k_{-6}} \text{H}_2 + \text{X}_2 \tag{6.3-59}$$

auftreten.

Eine Reaktion wird dann keine Rolle spielen, wenn ihre Geschwindigkeitskonstante im Vergleich zu den anderen sehr klein ist. Zwar werden wir die Theorie der Geschwindigkeitskonstanten erst im Abschnitt 6.4 behandeln, doch hat uns die Besprechung der Temperaturabhängigkeit der Geschwindigkeitskonstanten schon gezeigt [vgl. Gl. (1.5-79)], dass letztere durch einen Häufigkeitsfaktor k_0 und – in weit stärkerem Maße, weil im Exponenten der e-Funktion enthalten – durch die Aktivierungsenergie bestimmt wird. In den Abbildungen 6.3-1a und 6.3-1b sind für die Halogene Chlor, Brom und Iod die Aktivierungsenergien für die einzelnen Start- bzw. Kettenfortführungsreaktionen wiedergegeben.

Wir erkennen, dass die Spaltung der Bindung im Wasserstoffmolekül im Vergleich zur Spaltung der Bindung im Halogenmolekül eine so hohe Aktivierungsenergie erfordert, dass die Reaktion Gl. (6.3-49) keine Bedeutung gegenüber der Reaktion Gl. (6.3-47) hat. Bei thermischer Anregung kommt deshalb nur die letzte Reaktion für den Kettenstart in Frage. Die Kettenfortführung muss dann über Gl. (6.3-50) beginnen.

Betrachten wir zunächst die HBr-Bildungsreaktionen. Da sowohl die Reaktion nach Gl. (6.3-51) als auch die nach Gl. (6.3-52) eine sehr kleine Aktivierungsenergie hat, werden die gebildeten Wasserstoffradikale sehr schnell abreagieren, die Wasserstoffradikal-Konzentration wird sehr klein sein, so dass die Kettenabbruchreaktion Gl. (6.3-57) keine Rolle spielt. Auch die Ketteninhibierung Gl. (6.3-53) kann wegen der hohen Aktivierungsenergie außer acht gelassen werden. Die erste Kettenfortpflanzungsreaktion [Gl. (6.3-50)] hat eine viel größere Aktivierungsenergie als die rückläufige Reaktion. Deshalb wird die gesamte Kettenfortpflanzung langsam verlaufen.

6.3 Reaktionsmechanismen

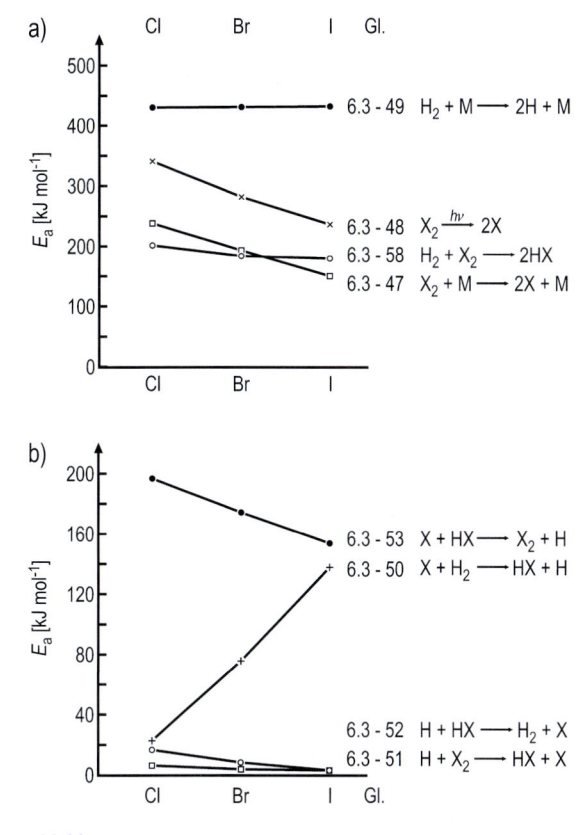

Abbildung 6.3-1 Aktivierungsenergien für (a) Kettenstart (b) Kettenfortpflanzung und -inhibierung bei der Halogenwasserstoffbildung.

Bei der Chlorwasserstoffreaktion hat die erste Kettenfortpflanzungsreaktion [Gl. (6.3-50)] eine viel kleinere Aktivierungsenergie, die Reaktion wird schnell ablaufen, die sich anschließende Reaktion Gl. (6.3-51) ist stark exotherm, es kommt zu einer starken Aufheizung und Explosion (vgl. Abschnitt 6.3.5).

Bei der Iodwasserstoffbildung ist die Startreaktion von der Aktivierungsenergie her gesehen günstiger als bei der HCl- oder HBr-Bildung. Die erste Kettenfortpflanzungsreaktion hat aber eine sehr hohe Aktivierungsenergie, so dass die Kettenreaktion insgesamt ungünstig wird, zumindest bei Temperaturen unterhalb 800 K. Trotzdem erfolgt die Iodwasserstoffbildung bei tieferen Temperaturen nicht nach Gl. (6.3-58), denn nach Arbeiten von Sullivan liegt ein Radikalmechanismus vor. Wenn auch noch nicht letzte Klarheit besteht, so ist doch der Mechanismus

$$I_2 + M \underset{k_{-1}}{\overset{k_2}{\rightleftharpoons}} 2I + M \quad \text{(schnell)} \tag{6.3-60}$$

$$\text{I} + \text{H}_2 \underset{k_{-2}}{\overset{k_2}{\rightleftharpoons}} \text{H}_2\text{I} \qquad \text{(schnell)} \qquad (6.3\text{-}61)$$

$$\text{H}_2\text{I} + \text{I} \overset{k_3}{\to} 2\,\text{HI} \qquad (6.3\text{-}62)$$

wahrscheinlich.

> Geschwindigkeitsbestimmend ist die letzte Reaktion. Dann ist
>
> $$\frac{dx}{dt} = k_3 [\text{H}_2\text{I}][\text{I}] = k_3 \frac{k_2}{k_{-2}}[\text{H}_2][\text{I}]^2 = k_3 \frac{k_2}{k_{-2}} \cdot \frac{k_1}{k_{-1}}[\text{H}_2][\text{I}_2] \qquad (6.3\text{-}63)$$
>
> Damit folgt die Iodwasserstoffbildung einem Zeitgesetz 2. Ordnung, wie es Bodenstein experimentell gefunden hat und wovon er bei der Berechnung der Gleichgewichtskonstanten der Reatkion
>
> $$\text{H}_2 + \text{I}_2 \rightleftharpoons 2\,\text{HI} \qquad (1.5\text{-}70)$$
>
> ausgegangen ist. Es handelt sich aber nicht, wie man jahrzehntelang glaubte bewiesen zu haben, um eine bimolekulare Reaktion.

Es fällt auf, dass mit Ausnahme der Iodwasserstoffbildung die Aktivierungsenergien für die Direktreaktion (Gl. (6.3-58)) niedriger liegen als für die Kettenreaktion. Wenn trotzdem bei der Chlorwasserstoff- und Bromwasserstoffbildung die Kettenreaktion eindeutig dominiert, so liegt das daran, dass bei der Kettenreaktion die hohe Aktivierungsenergie nur einmal für die Bildung vieler Halogenwasserstoffmoleküle aufgebracht werden muss, bei der Direktreaktion aber für jedes einzelne Molekül.

> Die Wirksamkeit einer Kettenreaktion hängt davon ab, wie viele reaktive Schritte auf die Bildung eines Startradikals folgen. Ein Maß dafür stellt die *Kettenlänge L* dar, die im Allgemeinen als Quotient aus der Geschwindigkeit der Gesamtreaktion und der Geschwindigkeit der Startreaktion definiert wird:
>
> $$L = \frac{(dx/dt)_{\text{gesamt}}}{(dx/dt)_{\text{Start}}} \qquad (6.3\text{-}64)$$

Pyrolytische Reaktionen

Große technische Bedeutung hat die *Pyrolyse*, d. h. der thermische Zerfall von gasförmigen organischen Stoffen, wie Kohlenwasserstoffen, Ketonen, Aldehyden, Alkoholen u. dgl.. Die Reaktionen sind ebenfalls Radikalreaktionen. Sie gehorchen oft einem vom *Rice* und *Herzfeld* vorgeschlagenen Mechanismus. Er sei am Beispiel der Pyrolyse von Ethan unter Bildung von Ethylen und Wasserstoff erläutert:

$$\text{C}_2\text{H}_6 \to \text{C}_2\text{H}_4 + \text{H}_2 \qquad (6.3\text{-}65)$$

Den Kettenstart bildet das Aufbrechen der C-C-Bindung

$$C_2H_6 \rightarrow 2\,CH_3 \qquad (6.3\text{-}66)$$

Die Kettenfortpflanzung erfolgt durch Wasserstoffabstraktion von einem Ethanmolekül,

$$CH_3\cdot + C_2H_6 \rightarrow CH_4 + C_2H_5 \qquad (6.3\text{-}67)$$

Stabilisierung des neu entstandenen Ethylradikals durch Abspaltung eines Wasserstoffradikals und Ausbildung einer Doppelbindung,

$$C_2H_5\cdot \rightarrow C_2H_4 + H \qquad (6.3\text{-}68)$$

und Reaktion des Wasserstoffatoms mit Ethan

$$H + C_2H_6 \rightarrow H_2 + C_2H_5 \qquad (6.3\text{-}69)$$

Man erkennt, dass die eigentlichen Kettenträger die Reaktionen Gl. (6.3-68) und Gl. (6.3-69) sind. Als Kettenabbruchreaktionen haben sich

$$2\,C_2H_5\cdot \rightarrow C_4H_{10} \qquad (6.3\text{-}70)$$

und

$$2\,C_2H_5\cdot \rightarrow C_2H_4 + C_2H_6 \qquad (6.3\text{-}71)$$

erwiesen.

Auch Polymerisationsreaktionen sind häufig Kettenreaktionen von Molekülradikalen.

Erzeugung und Nachweis von Radikalen

Wenn den Radikalreaktionen eine so große Bedeutung zukommt, so stellen sich die Fragen: Wie kann man Radikale erzeugen? Wie kann man Radikale nachweisen? Die Erzeugung von Radikalen setzt im Allgemeinen die Zufuhr hinreichend hoher Energie voraus, die beispielsweise thermisch aufgebracht werden kann. Wir haben diesen Fall in den Stoßwellenapparaturen vorliegen. Aber auch in Flammen herrschen so hohe Temperaturen, dass es leicht zur homolytischen Spaltung von Bindungen, d. h. zur Bildung von Radikalen kommt. Auch durch Einstrahlung von Licht können Radikale erzeugt werden. Wir haben im Zusammenhang mit der Blitzlichtphotolyse davon gesprochen. Die notwendige Energie kann auch durch Elektronen- oder Ionenstoß zugeführt werden. Dies ist der Grund dafür, dass beispielsweise bei der Massenspektrometrie Radikale in großer Vielfalt auftreten.

Für den Nachweis von Radikalen bieten sich zahlreiche Methoden an, die Reaktion mit dünnen Metallschichten unter Bildung von Metallalkylen, die Emissionsspektroskopie, die Titration mit Radikalfängern, die Elektronenspinresonanz oder auch die Kalorimetrie, bei der man die Rekombinationswärme misst.

6.3.4
Kettenreaktionen mit Verzweigung

Bei den bisher behandelten Beispielen hatten alle Kettenfortpflanzungsreaktionen die Eigenschaft, für ein verbrauchtes Radikal genau ein neues Radikal zu liefern. Es gibt aber auch zahlreiche Reaktionen, bei denen für ein verbrauchtes Radikal zwei neue produziert werden. Als Beispiel sei die Reaktion zwischen Wasserstoff und Sauerstoff genannt.

Durch eine noch nicht in allen Einzelheiten aufgeklärte Wandreaktion zwischen Wasserstoff und Sauerstoff kommt es als Kettenstart zu Bildung von OH-Radikalen

$$H_2 + O_2 + W \rightarrow 2\,OH + W \tag{6.3-72}$$

Die Kettenfortpflanzung geschieht durch Reaktion mit Wasserstoff

$$OH + H_2 \rightarrow H_2O + H \tag{6.3-73}$$

Der nächste Schritt bringt die Verzweigung

$$H + O_2 \rightarrow OH + O \tag{6.3-74}$$

$$O + H_2 \rightarrow OH + H \tag{6.3-75}$$

mit einer Verdoppelung der Zahl der Radikale pro Schritt.

Abgebrochen wird diese Verzweigung in der Gasphase unter Bildung von HO_2, wobei ein dritter Stoßpartner M Energie ableitet:

$$H + O_2 + M \rightarrow HO_2 + M \tag{6.3-76}$$

Durch Stöße mit der Wand werden die Radikale H, O, OH und HO_2 abgefangen. Wesentlich ist, dass das HO_2 an der Wand zerstört wird, da es andernfalls zu weiteren Reaktionen Anlass gibt, zu denen u. a. die Bildung von H_2O_2 gehört.

Kettenreaktionen mit Verzweigung spielen allgemein bei Verbrennungsreaktionen, z. B. von Kohlenwasserstoffen, eine große Rolle und sind vielfach für das Auftreten von Explosionen verantwortlich.

6.3.5
Explosionen

Ob ein an sich explosionsfähiges Gemisch tatsächlich explodiert, hängt von den äußeren Bedingungen ab. Betrachten wir beispielsweise noch einmal die Wasserstoffoxidation, so erkennen wir, dass die Kettenverzweigung durch Wasserstoffatome eingeleitet wird (Gl. 6.3-74). Werden die Wasserstoffatome bei der Abbruchreaktion schnell abgefangen, so wird es nicht zur Kettenverzweigung und damit nicht zur isothermen Explosion kommen.

Eine Rekombination der Wasserstoffatome kann jedoch nicht ohne weiteres eintreten. Stoßen in der Gasphase zwei Wasserstoffatome zusammen, so enthalten die entstehenden Moleküle eine Energie, die sich zusammensetzt aus der kinetischen Energie der ursprünglichen Atome und der Rekombinationsenergie, die zahlenmäßig der Dissoziationsenergie gleich ist. Sie haben also einen Energiegehalt, der die Dissoziationsenergie übertrifft. Infolgedessen werden sie sofort nach der Bildung wieder dissoziieren, wenn die Energie nicht abgeführt wird. Ein Energieverlust könnte eintreten durch Energieabstrahlung, durch einen Dreierstoß, bei dem ein drittes Teilchen einen gewissen Energiebetrag übernimmt, oder durch eine Wandreaktion, bei der die überschüssige Energie auf einen Festkörper übertragen wird.

Es ist also zu erwarten, dass die Kettenabbruchreaktionen stark druckabhängig sind: Bei hohem Druck nimmt die Wahrscheinlichkeit für das Auftreten von Dreierstößen stark zu, bei sehr niedrigem Druck verschiebt sich das Verhältnis von Stößen im Volumen zu Stößen mit der Wand zugunsten der letzteren (vgl. Abschnitt 5.2). Bei einer gegebenen Temperatur T_1 sollte ein explosionsfähiges Gemisch deshalb nur innerhalb eines gewissen Druckbereiches $p_u < p < p_o$ explodieren können. Die *untere Explosionsgrenze* sollte durch die Dimensionen des Reaktionsgefäßes beeinflussbar sein, da für sie die Wandreaktionen verantwortlich sind, die *obere*, durch die Zunahme der Dreierstöße bestimmte Grenze sollte dagegen stark von der Temperatur abhängen.

Tatsächlich beobachtet man oft in einem weiten Temperaturbereich eine obere und eine untere Explosionsgrenze, wie es im unteren Teil von Abb. 6.3-2 schematisch dargestellt ist. Diese Abbildung lässt erkennen, dass es noch eine weitere, bei höheren Drücken liegende Grenze (p_W) gibt, bei deren Überschreiten nach hohem Druck hin wieder eine Explosion stattfindet. Diese Erscheinung lässt sich nicht mit den Besonderheiten der Kettenreaktionen erklären.

Es ist bisher nicht berücksichtigt worden, dass Reaktionen nur dann mit einer konstanten Geschwindigkeitskonstanten ablaufen, wenn sie isotherm durchge-

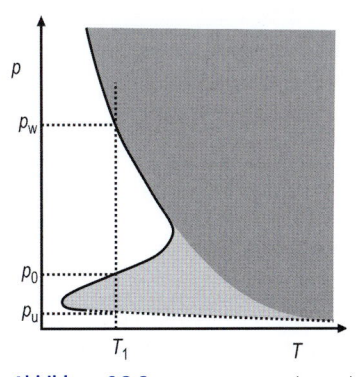

Abbildung 6.3-2 Temperatur- und Druckabhängigkeit der Explosionsgrenzen.

führt werden. Bei exothermen Reaktionen kann es jedoch leicht vorkommen, dass die bei einem raschen Reaktionsablauf freiwerdende Wärme nicht schnell genug durch Leitung oder Strahlung nach außen abgeführt werden kann. Dann tritt ein Wärmestau im System auf, die Temperatur nimmt zu und als Folge davon auch die Geschwindigkeitskonstante. Temperatur und Reaktionsgeschwindigkeit steigern sich gegenseitig, und die Umsetzung kann beliebig schnell werden (vgl. Abb. 1.5-8 b). Es kommt zur Explosion. Man spricht in diesem Fall von einer *Wärmeexplosion*.

Wir folgen der Argumentation von Semenov, um das Auftreten einer Explosionsgrenze auch bei der Wärmeexplosion zu verstehen. Die Wärmebilanz in einem Reaktionsgefäß wird durch die Geschwindigkeit $\dot{Q}_+$ der Wärmeproduktion (durch die Reaktion) und durch die Geschwindigkeit $\dot{Q}_-$ des Wärmeverlustes (durch Strahlung und Wärmeleitung) bestimmt. Ist die Reaktionsgeschwindigkeit dx/dt, das Reaktionsvolumen V und die Reaktionsenthalpie ΔH, so gilt

$$\dot{Q}_+ = \frac{dx}{dt} \cdot V \cdot \Delta H \tag{6.3-77}$$

Nehmen wir einmal an, dass es sich um eine Reaktion n-ter Ordnung in Bezug auf die Ausgangskomponente A handelt und dass die Geschwindigkeitskonstante k durch die Arrhenius'sche Gleichung Gl. (1.5-79) gegeben ist. Dann gilt

$$\dot{Q}_+ = k_0 e^{-E_a/RT} [A]^n V \Delta H \tag{6.3-78}$$

Die Geschwindigkeit der Wärmeproduktion steigt demnach exponentiell mit der Temperatur an.

Es gibt für ein System eine Schar von Kurven $\dot{Q}_+$, deren Parameter die Konzentration von A bzw. der Druck von A ist. In Abb. 6.3-3 sind drei solcher Kurven dargestellt.

Die Geschwindigkeit des Wärmeverlustes kann näherungsweise durch das *Newton'sche Abkühlungsgesetz* beschrieben werden:

$$\dot{Q}_- = \lambda \cdot S(T - T_W) \tag{6.3-79}$$

wobei λ der Wärmeleitkoeffizient, S die Oberfläche des Reaktionsgefäßes, T die mittlere Temperatur im Reaktionsgefäß und T_W die der Umgebungstemperatur entsprechende Wandtemperatur sind. Gl. (6.3-79) ist die Gleichung einer Geraden. Ein Beispiel ist in Abb. 6.3-3 eingezeichnet.

Es können nun verschiedene Situationen eintreten. Liegt die Kurve von $\dot{Q}_+$ stets oberhalb von $\dot{Q}_-$, so übersteigt die Wärmeproduktion die Wärmeableitung, das System heizt sich selbst auf, es kommt stets zur Explosion. Gibt es hingegen zwei Schnittpunkte der Kurven $\dot{Q}_+$ und $\dot{Q}_-$, so ist zwischen T_W und T_{st} die Wärmeproduktion größer als der Wärmeverlust, das System heizt sich auf. Ist T_{st} erreicht,

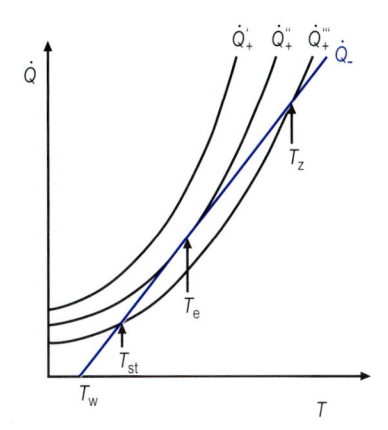

Abbildung 6.3-3 Geschwindigkeit der Wärmeproduktion ($\dot{Q}_+$) und des Wärmeverlustes ($\dot{Q}_-$).

halten sich $\dot{Q}_+$ und $\dot{Q}_-$ die Waage, es stellt sich ein stationärer Zustand ein. Zwischen T_{st} und T_z überwiegt $\dot{Q}_-$, das System kühlt sich auf T_{st} ab. Oberhalb von T_z ist $\dot{Q}_+ > \dot{Q}_-$, es kommt zur Explosion. Dieser Fall liegt dann vor, wenn das Reaktionsgemisch durch eine adiabatische Kompression plötzlich auf Temperaturen oberhalb von T_z gebracht wird. Die mittlere Kurve von $\dot{Q}_+$ wird von der Kurve $\dot{Q}_-$ gerade berührt, T_z und T_{st} fallen zusammen. Unter den gegebenen Bedingungen stellt die Konzentration, die diesem $\dot{Q}_+$ entspricht, eine Explosionsgrenze dar.

Da der Wärmestau, wie wir Abb. 6.3-3 entnehmen, mit steigendem Druck wachsen muss, verschiebt sich die auf die Wärmeexplosion zurückzuführende Explosionsgrenze mit zunehmendem Druck zu niedrigeren Temperaturen. Würde die Explosion nicht auf einer Kettenverzweigung, sondern nur auf dem Wärmestau beruhen, so hätte man die in Abb. 6.3-2 punktiert eingezeichnete Explosionsgrenze zu erwarten. Ist das schraffierte Feld in Abb. 6.3-2 das Zustandsgebiet eines Gasgemisches, in dem Explosion eintreten kann, und hat dieses Gemisch die Temperatur T_1, so wird bei Drücken $< p_u$ infolge der Wandreaktionen keine Explosion eintreten. Für $p_u < p < p_0$ beruht die Explosion auf der Kettenverzweigung. Im Bereich $p_0 < p < p_w$ wird die Explosion verhindert, da durch Dreierstöße die Abbruchreaktionen begünstigt werden, und für $p > p_w$ kommt man schließlich in das Gebiet der Wärmeexplosion.

In der *Davy'schen Sicherheitslampe* und in den *Gesteinsstaubsperren* gegen die Fortpflanzung von Schlagwetterexplosionen im Kohlenbergbau hat man sich die Wirkung der Wandreaktionen zunutze gemacht. Die Festkörper verhindern die Wärmeexplosion durch Wärmeableitung und die Kettenexplosion durch Kettenabbruch. Die kettenabbrechende Wirkung leicht zersetzlicher metallorganischer Verbindungen oder Metallcarbonyle nutzt man in den *Antiklopfmitteln* zur Unterdrückung vorzeitiger Explosionen in Verbrennungsmotoren aus.

Bei explosiven Gasgemischen läuft der Flammenfront, die die Reaktionszone darstellt, eine Druckzone voraus. Diese erreicht leicht Überschallgeschwindigkeit und erhitzt das Gasgemisch durch adiabatische Kompression. Dadurch erhöht sich andererseits die Geschwindigkeit der Reaktionszone. Wenn Reaktionszone und Druckzone zusammentreffen, erfolgt eine *Detonation*. Es kommt zu einer überadiabatischen Kompression, die Knallwellen entstehen lässt, welche sich mit einer Geschwindigkeit von mehreren Kilometern pro Sekunde ausbreiten. Die Ausbreitungsgeschwindigkeiten, die bei Detonationen auftreten, liegen zwischen 2 und 10 km·s^{-1}, die auftretenden Temperaturen zwischen 2000 K und 6000 K. Es ist charakteristisch für Detonationen, dass ihre zerstörende Wirkung nicht am Ort der Entstehung, sondern in größerer Entfernung auftritt.

6.3.6
Kernpunkte des Abschnitts 6.3

- ☑ Lindemann-Mechanismus S. 953
    - Präaktivierung Gl. (6.3-2)
    - Kritische Aktivierung Gl. (6.3-4)
    - Druckabhängigkeit der Reaktionsordnung Gl. (6.3-9)
- ☑ Reaktionen mit vorgelagertem Gleichgewicht S. 956
    - Scheinbar negative Aktivierungsenergie Gl. (6.3-26)
- ☑ Kettenreaktionen ohne Verzweigung S. 958
    - Bromwasserstoffbildung Gl. (6.3-29 und 42)
    - Kettenstart Gl. (6.3-30)
    - Kettenfortpflanzung Gl. (6.3-31 und 32)
    -Ketteninhibierung Gl. (6.3-33)
    - Kettenabbruch Gl. (6.3-34)
    - Vergleich der Chlor-, Brom- und Iodwasserstoffreaktion Abb. (6.3-1)
    - Iodwasserstoffreaktion S. 963
    - Geschwindigkeitsgesetz Gl. (6.3-63)
    - Kettenlänge Gl. (6.3-64)
    - Pyrolytische Reaktionen S. 964
- ☑ Kettenreaktionen mit Verzweigung S. 966
    - Wasserstoff/Sauerstoff-Reaktion S. 966
    - Kettenverzweigung Gl. (6.3-74 und 75)
- ☑ Explosionen S. 966
    - Kettenexplosion S. 967
    - Wärmeexplosion S. 968
    - Explosionsgrenzen S. 968
    - Geschwindigkeit der Wärmeproduktion Gl. (6.3-78)
    - Geschwindigkeit der Wärmeableitung Gl. (6.3-79)

6.3.7
Rechenbeispiele zu den Abschnitten 6.2 und 6.3

1. In einem abgeschlossenen System befinden sich zwei H-Atome, die aufeinander zufliegen. Man lege den Schwerpunkt eines der Atome in den Ursprung eines Koordinatensystems, in dem man a) die Gesamtenergie, b) die potentielle Energie und c) die kinetische Energie als Funktion des Abstandes zwischen den beiden Atomen schematisch aufträgt. Man diskutiere, bis auf welchen Abstand sich die Atome nähern und warum es nicht zur Rekombination kommt. Wie groß ist die Energie, die mindestens abgeführt werden müsste, damit es zur Rekombination kommt?

2. Wie in Aufg. 3, Abschnitt 6.1-7 experimentell festgestellt wurde, verläuft die Reaktion

$$(C_6H_5)_2\dot{C}OH + (C_6H_5)_2\dot{C}O^- \xrightarrow{k_4} (C_6H_5)_2-\underset{\underset{HO}{|}}{C}-\underset{\underset{O^-}{|}}{C}-(C_6H_5)_2$$

im alkalischen Medium nach zweiter Ordnung in Bezug auf das Anion. Unter Beachtung der in Aufg. 3, Abschnitt 6.1.7, gemachten Angaben stelle man einen Mechanismus für die Reaktion auf und diskutiere, wie die Geschwindigkeitskonstante k_{exp} bei konstantgehaltener Temperatur erhöht werden kann. Die Dissoziationskonstante K für die Säure $(C_6H_5)_2\dot{C}OH$ beträgt $1.6 \cdot 10^{-9}$ mol dm^{-3}. Man berechne die wahre Geschwindigkeitskonstante k_4 und ordne das Ergebnis in Tab. 6.1-1 ein.

3. Die Gl. (6.3-65) bis (6.3-71) beschreiben die Pyrolyse von Ethan. Beginnend mit Gl. (6.3-66) ordne man den Prozessen Geschwindigkeitskonstanten k_1 bis k_6 zu. Welcher Ausdruck ergibt sich für

   a) $-d[C_2H_6]/dt$, b) $d[CH_3\cdot]/dt$, c) $d[C_2H_5\cdot]/dt$, d) $d[H]/dt$?

   Die Konzentration der Radikale eliminiere man mit Hilfe der Quasistationarität. Was folgt aus b) bis d) über die Beziehung zwischen $[C_2H_5\cdot]$ und $[C_2H_6]$? Was ergibt sich für $-d[C_2H_6]/dt$ nach Eliminierung der Radikalkonzentrationen? Man diskutiere das Ergebnis.

4. Bei der dissoziativen Chemisorption des Stickstoffs nach der Bruttogleichung
   $$N_2 \text{ (gas)} + 2* \rightarrow 2N \quad (* = \text{Adsorptionsplatz})$$
   $$\underset{*}{|}$$

   bei Raumtemperatur, niedrigen Drücken ($p \approx 10^{-3}$ Pa) und geringen Belegungen macht man drei bemerkenswerte Beobachtungen:
   1. Die Adsorption molekularen Stickstoffs liegt unterhalb der Nachweisgrenze.
   2. Die gemessene Druckabnahme folgt einem Zeitgesetz der Art $dp/dt = -k_1 p$.
   3. Es tritt eine schwach negative, scheinbare Aktivierungsenergie auf.

   Welcher Mechanismus würde die Beobachtungen erklären?

5. Mit Hilfe der Temperatursprung-Relaxationsmethode ist von Geier (Ber. Bunsenges. Physik. Chem. *69* (1965) 617) die Kinetik der Reaktion von Murexid (Ligand L) mit Co^{2+} in wässriger Lösung bei 285 K und $p_H = 4.0$ untersucht worden. Vereinfacht lässt sich die Metallkomplexbildung wiedergeben durch die Gleichung

$$Co^{2+}_{aq} + L_{aq} \underset{k_{-1}}{\overset{k_2}{\rightleftharpoons}} Co^{2+}L_{aq} + aq.$$

Die Auftragung des Reziprokwertes der Relaxationszeit τ gegen die Summe der molaren Konzentrationen von Co^{2+} und L ergab eine Gerade, die durch die Punkte ($5.0 \cdot 10^{-3}$ mol dm^{-3}, $1.3 \cdot 10^3$ s^{-1}) und ($10.0 \cdot 10^{-3}$ mol dm^{-3}, $2.0 \cdot 10^3$ s^{-1}) verläuft. Wie groß sind die Geschwindigkeitskonstanten k_2 und k_{-1}, wie groß ist die Komplexbildungskonstante

$$K = \frac{[Co^{2+}L]}{[Co^{2+}][L]} ?$$

6.4
Die Theorie der Kinetik

In den vorangehenden Abschnitten haben wir uns darum bemüht, Geschwindigkeitsgleichungen aufgrund angenommener Reaktionsmechanismen aufzustellen oder aus experimentell ermittelten Zeitgesetzen Reaktionsmechanismen abzuleiten. Dabei handelt es sich um die quantitative Verknüpfung von Konzentrationen der Reaktionspartner mit der Reaktionszeit. Wir wollen nun versuchen, die Geschwindigkeitskonstanten bei Kenntnis des Reaktionsmechanismus zu berechnen. Dabei werden wir erkennen, dass wir sehr detaillierte Kenntnisse über die Wechselwirkung zwischen den Reaktanten benötigen. Wir können uns im Rahmen dieses Buches deshalb nur mit einigen grundsätzlichen Fragen und Modellvorstellungen beschäftigen und müssen uns auf Reaktionen in der Gasphase beschränken.

Die Geschwindigkeitskonstante ist eine makroskopische Größe. Sie quantifiziert die zeitliche Änderung der Konzentrationen, also einen Prozess, der sich aus einer großen Zahl von Einzelereignissen zusammensetzt. Die reagierenden Gasmoleküle unterliegen, wie wir im Abschnitt 4.3.1 gesehen haben, im Allgemeinen einer Energieverteilung. Wir werden die gestellte Aufgabe deshalb nur lösen können, wenn wir entweder allen Teilchen ein mittleres Verhalten, beispielsweise eine mittlere Geschwindigkeit, zuschreiben, oder die Einzelereignisse untersuchen und diese unter Berücksichtigung der Energieverteilung summieren oder schließlich von vornherein Überlegungen zugrunde legen, wie wir sie in der statistischen Thermodynamik kennengelernt haben.

Unabdingbare Voraussetzung für eine chemische Reaktion zwischen zwei Stoffen A und B ist, dass die Moleküle A mit den Molekülen B in Wechselwirkung treten, dass sie zumindest zusammenstoßen. Besonders deutlich erkennen wir die Folgen solcher Zusammenstöße in Experimenten mit gekreuzten Molekularstrahlen, wie sie in Abb. 6.1-8 dargestellt sind. In Anbetracht der unterschiedlichen Bedingungen bei den individuellen Stößen fliegen die Teilchen nach dem Stoß nicht mehr in Strahlrichtung, sondern in alle Raumrichtungen. Wir sprechen deshalb von *Streuung*, und die Untersuchung der Streuung wird uns Aufschluss über das Geschehen beim Stoß geben.

Wir müssen zwei Fragen stellen: 1. Wann kommt es zum Stoß? 2. Was geschieht beim Stoß? Die erstere scheint trivial zu sein, doch werden wir finden, dass ihre Beantwortung stark von dem Modell abhängt, mit dem wir die Moleküle beschreiben. Auch die Folgen eines Stoßes können sehr unterschiedlich sein, denn die Stöße können elastisch, inelastisch oder auch reaktiv sein.

Wir werden in der oben genannten Reihenfolge vorgehen und im Abschnitt 6.4.1 bei der Behandlung der *einfachen Stoßtheorie* allen Teilchen ein mittleres Verhalten zuschreiben und intermolekulare Wechselwirkungen zwischen den Teilchen unbeachtet lassen. Dabei werden wir nur zu sehr groben Aussagen kommen.

Deshalb werden wir im Abschnitt 6.4.2 Wechselwirkungskräfte zwischen den Teilchen ebenso berücksichtigen wie die individuellen Eigenschaften der stoßenden Teilchen. Wir werden von einer Situation ausgehen, wie sie auch in gekreuzten Molekularstrahlen vorliegt, und so zu einer *verfeinerten Stoßtheorie* gelangen.

Im Abschnitt 6.4.3 werden wir dann bei der Theorie des *aktivierten Komplexes* auf Überlegungen aus der statistischen Thermodynamik zurückgreifen und einen Weg aufzeigen, bei dem wir die Geschwindigkeitskonstante mit Hilfe von Zustandssummen ermitteln können.

6.4.1
Die einfache Stoßtheorie

Das einfachste, sicherlich nur in Ausnahmefällen zutreffende Modell geht von Stößen starrer Kugeln aus, zwischen denen keine Wechselwirkungskräfte herrschen. Die Reaktionsgeschwindigkeit J sollte dann gegeben sein durch die Zahl $^1Z_{AB}$ der Stöße zwischen Molekülen A und B pro Zeiteinheit und Volumeneinheit, multipliziert mit dem Bruchteil F der Stöße, die so erfolgen, dass tatsächlich eine Reaktion eintritt:

$$J = {}^1Z_{AB} \cdot F \tag{6.4-1}$$

Zur Berechnung der Zahl $^1Z_{AB}$ der Stöße nehmen wir an, dass sich die Moleküle B in Ruhe befinden, die Moleküle A hingegen mit einer auf die Moleküle B bezogenen, mittleren Relativgeschwindigkeit $\bar{v}_{AB}$ bewegen.

Abb. 6.4-1 zeigt den Weg eines einzelnen A-Moleküls durch den mit ruhenden B-Molekülen gefüllten Raum. Das A-Molekül wird mit all den B-Molekülen zusammenstoßen, deren Mittelpunkte höchstens um die Strecke $r_{A,B} = r_A + r_B$ von der Bahn seines Mittelpunktes entfernt sind. Da seine Relativgeschwindigkeit gegen-

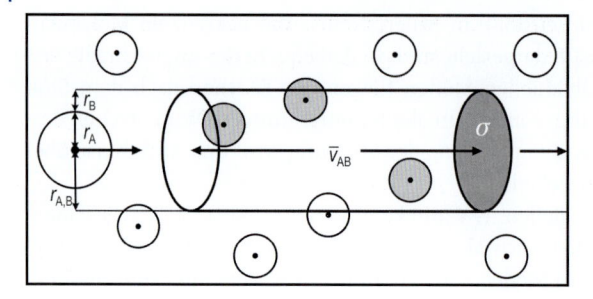

Abbildung 6.4-1 Zur Ermittlung der Stoßzahl Z_{AB}.

über den B-Molekülen $\bar{v}_{AB}$ ist, ist die Zahl der Stöße dieses einen A-Moleküls pro Zeiteinheit gleich der Zahl der B-Moleküle, die sich in dem eingezeichneten Zylinder mit der Grundfläche $\sigma = \pi r_{A,B}^2 = \pi(r_A + r_B)^2$ und der Länge befinden, die dem Produkt aus $\bar{v}_{AB}$ und der Zeiteinheit entspricht. Das sind $^1N_B \sigma \bar{v}_{AB}$ Stöße pro Zeiteinheit und Molekül A. σ ist identisch mit dem *Stoßquerschnitt*, wie wir ihn in Abschnitt 5.1 (Abb. 5.1-1) definiert haben, und ^1N_B ist die Anzahl der B-Moleküle pro Volumeneinheit. Die Gesamtzahl der Stöße zwischen A-Molekülen und B-Molekülen pro Zeit- und Volumeneinheit ist dann ^1N_A-mal so groß. Somit ist

$$^1Z_{AB} = \sigma \bar{v}_{AB} \,^1N_A \,^1N_B \tag{6.4-2}$$

Die Aussage, dass die Zahl der Stöße pro Zeit- und Volumeneinheit zwischen Molekülen A und B gleich dem Produkt aus Stoßquerschnitt und Relativgeschwindigkeit, multipliziert mit dem Produkt aus den Teilchenzahlen pro Volumeneinheit ist, gilt allgemein, unabhängig von dem Modell, das der Betrachtung zugrunde gelegt wird.

Die mittlere Relativgeschwindigkeit ist nach Gl. (5.1-13) unter Beachtung von Gl. (5.1-15)

$$\bar{v}_{AB} = \sqrt{\frac{8kT}{\pi m_A}} \cdot \sqrt{1 + \frac{m_A}{m_B}} = \sqrt{\frac{8kT}{\pi \mu}} \tag{6.4-3}$$

mit der reduzierten Masse μ.

Damit erhalten wir für die

> **Zahl der Stöße zwischen Molekülen A und B pro Zeit- und Volumeneinheit**
>
> $$^1Z_{AB} = \sigma \sqrt{\frac{8kT}{\pi \mu}} \cdot {}^1N_A \cdot {}^1N_B \tag{6.4-4}$$

Wir nehmen nun an, dass eine Reaktion bei einem Stoß nur dann eintritt, wenn die relative kinetische Energie in der Kernverbindungslinie eine bestimmte Mindestenergie überschreitet. Das impliziert, dass das stoßende Molekül eine ε_{min} übersteigende Energie besitzt. Nach unseren Überlegungen im Abschnitt 1.3.4 [Gl. (1.3-31)] ist der Bruchteil der Moleküle, die eine Energie $\varepsilon \geq \varepsilon_{\min}$ haben, gegeben durch

$$F = e^{-\frac{\varepsilon_{\min}}{kT}} \tag{6.4-5}$$

Somit erhalten wir für die Reaktionsgeschwindigkeit gemäß Gl. (6.4-1)

$$J = \sigma \sqrt{\frac{8kT}{\pi \mu}} e^{-\frac{\varepsilon_{\min}}{kT}} {}^1N_A {}^1N_B \tag{6.4-6}$$

oder

$$J = \sigma \sqrt{\frac{8kT}{\pi \mu}} e^{-\frac{\varepsilon_{\min}}{kT}} L^2 [A][B] \tag{6.4-7}$$

wenn wir, um Verwechslungen vorzubeugen, die Loschmidt'sche Konstante ausnahmsweise mit L bezeichnen.

Für eine bimolekulare Reaktion würden wir nach unseren Überlegungen zur Formalkinetik ansetzen

$$\frac{dx}{dt} = k_2 [A][B] \tag{6.4-8}$$

J hat die Dimension (Volumen·Zeit)$^{-1}$, $\dfrac{dx}{dt}$ hat die Dimension Stoffmenge · (Volumen·Zeit)$^{-1}$. Bei einem quantitativen Vergleich beider Gleichungen muss deshalb die Loschmidt'sche Konstante L als Umrechnungsfaktor berücksichtigt werden $\left(J = \dfrac{dx}{dt} \cdot L\right)$, um die

Geschwindigkeitskonstante

$$k_2 = L\sigma \sqrt{\frac{8kT}{\pi \mu}} \cdot e^{-\frac{E_{\min}}{RT}} \tag{6.4-9}$$

zu erhalten.

Den Exponenten der e-Funktion haben wir mit L erweitert, so dass im Zähler nun die molare Minimalenergie $E_{\min}$ steht. Nach der experimentell gefundenen Arrhenius'schen Gleichung [Gl. (1.5-79)] war

$$k_2 = A \cdot e^{-\frac{E_a}{RT}} \tag{6.4-10}$$

Der präexponentielle Faktor ist nach der einfachen Stoßtheorie temperaturabhängig:

$$A' = L\sigma\sqrt{\frac{8k}{\pi\mu}}\sqrt{T} \tag{6.4-11}$$

Die Aktivierungsenergie E_a ist nach Gl. (6.4-10)

$$E_a = RT^2 \left(\frac{d \ln k_2}{dT}\right) \tag{6.4-12}$$

Differenzieren wir Gl. (6.4-9) nach dem Logarithmieren nach T, so erhalten wir

$$\frac{d \ln k_2}{dT} = \frac{1}{2} \cdot \frac{1}{T} + \frac{E_{\min}}{RT^2} \tag{6.4-13}$$

Aus Gl. (6.4-12) und Gl. (6.4-13) ergibt sich nun

$$E_a = E_{\min} + \frac{RT}{2} \tag{6.4-14}$$

Es gibt im Rahmen dieser einfachen Theorie keine Möglichkeit, $E_{\min}$ zu berechnen. Es kann deshalb nur Gl. (6.4-11) überprüft werden, und zwar, indem man experimentell bestimmte A'-Werte mit berechneten vergleicht, wobei σ aus den Transporteigenschaften der reinen Gase (vgl. Abschnitt 5.3.4, Tab. 5.3-2) oder aus den van der Waals'schen Konstanten ermittelt werden kann.

In Tab. 6.4-1 sind für einige Beispiele die erforderlichen Daten zusammengestellt. Es zeigt sich, dass die berechneten präexponentiellen Faktoren deutlich größer sind als die experimentell ermittelten. Die Diskrepanz wird im Allgemeinen um so größer, je komplizierter die Moleküle gebaut sind. Man hat versucht, durch Einführung eines *sterischen Faktors* Abhilfe zu schaffen, in der Annahme, dass für einen reaktiven Stoß nicht nur eine Mindestenergie, sondern auch eine bestimmte gegenseitige Orientierung der beiden Moleküle erforderlich sei. Dies ist jedoch ein nicht aufgrund eines Modells berechenbarer Korrekturfaktor. Zudem dürfte es

Tabelle 6.4-1 Vergleich von berechneten mit experimentell bestimmten präexponentiellen Faktoren A. (Teilweise auf 300 K umgerechnet, Moleküldurchmesser aus gaskinetischen Daten.)

Reaktion	Temperatur	Durchmesser			
	$\frac{T}{K}$	$\frac{d}{10^{-10}m}$	$\frac{A(\text{ber.})}{dm^3/s\,mol}$	$\frac{A(\text{exp.})}{dm^3/s\,mol}$	$\frac{A(\text{exp.})}{A(\text{ber.})}$
$D + H_2 \to HD + H$	300	2.51/2.73	$3.3 \cdot 10^{11}$	$1.7 \cdot 10^{10}$	$5 \cdot 10^{-2}$
$H + O_2 \to OH + O$	300	2.51/3.60	$4.6 \cdot 10^{11}$	$1.6 \cdot 10^{8}$	$3.4 \cdot 10^{-4}$
$2C_2H_5 \to C_2H_6 + C_2H_4$	300	5.1/5.1	$1.6 \cdot 10^{11}$	$1.3 \cdot 10^{10}$	$8 \cdot 10^{-2}$
$H_2 + C_2H_4 \to C_2H_6$	800	2.51/4.14	$6.3 \cdot 10^{11}$	$1.2 \cdot 10^{6}$	$2 \cdot 10^{-6}$
$2NOCl \to 2NO + Cl_2$	470	4.99/4.99	$1.3 \cdot 10^{11}$	$9.4 \cdot 10^{9}$	$7 \cdot 10^{-2}$
$CO + Cl_2 \to COCl + Cl$	300	3.73/5.42	$2.2 \cdot 10^{11}$	$5.5 \cdot 10^{9}$	$2 \cdot 10^{-2}$

unwahrscheinlich sein, Diskrepanzen von mehreren Zehnerpotenzen allein auf sterische Einflüsse zurückführen zu können.

6.4.2
Die verfeinerte Stoßtheorie

In neuester Zeit hat man sich deshalb darum bemüht, eine Theorie der Geschwindigkeitskonstanten auf dem dynamischen Verhalten der einzelnen Moleküle der Reaktionspartner aufzubauen. Um einen Einblick in diese Überlegungen gewinnen zu können, müssen wir uns mit den Vorgängen beim Stoß etwas detaillierter vertraut machen. Am besten orientieren wir uns wieder an den Molekularstrahlexperimenten.

In Abb. 6.4-2 ist der Kreuzungspunkt der beiden Molekularstrahlen aus Abb. 6.1-8 noch einmal vergrößert herausgezeichnet. Wir fragen nach der Abnahme der Intensität der Molekularstrahlen durch Stöße im Kreuzungsbereich und machen dazu folgende Annahmen: Die Strahlenquerschnitte mögen der Flächeneinheit entsprechen. Die Teilchendichte in den Strahlen seien so gering, dass die Moleküle eines Strahls im Kreuzungsbereich keinen oder nur einen Stoß mit Molekülen des anderen Strahls erleiden. Die B-Moleküle betrachten wir als ruhend, ihre Teilchendichte sei ^1N_B. Die A-Moleküle mögen sich mit der Relativgeschwindigkeit $\bar{v}_{AB}$ gegenüber den B-Molekülen bewegen. Wir haben damit die gleiche Situation wie bei der Ableitung der Stoßwahrscheinlichkeit und der mittleren freien Weglänge in Abschnitt 5.1 [Gl. (5.1-1) bis (5.1-7)]. Die Schwächung des Stromes der Teilchen A zwischen den Ortskoordinaten x und $x + dx$ ist

$$-d\dot{N}_A = \sigma \cdot {}^1N_B \cdot \dot{N}_A(x) \cdot dx \tag{6.4-15}$$

Integrieren wir diese Gleichung zwischen $x = 0$ und $x = L$, der Breite des Molekularstrahls, so erhalten wir

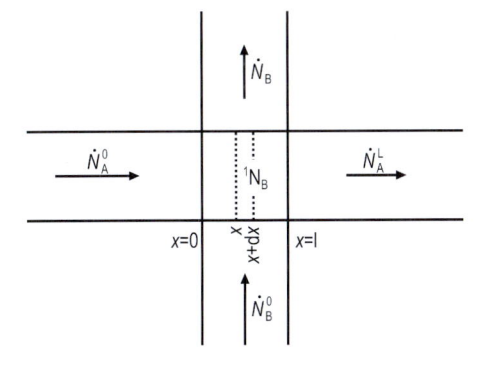

$$\ln \frac{\dot{N}_A^0}{\dot{N}_A^L} = \sigma {}^1N_B \cdot L \tag{6.4-16}$$

Abbildung 6.4-2 Schwächung der Molekularstrahlen durch Stöße.

Die Streuquerschnitte

Die bei Molekularstrahlexperimenten angewandte Analysentechnik erlaubt es uns nicht nur, diese Beziehung, die formal dem Lambert-Beer'schen Gesetz [vgl. Gl. (3.4-5)] entspricht, nachzuprüfen und damit den Gesamt-Streuquerschnitt σ zu bestimmen, sondern auch die in beliebige Richtungen gestreuten Teilchen bezüglich Intensität, chemischer Natur und Energie zu analysieren. Dabei zeigt sich, dass wir zwischen drei Arten der Streuung zu unterscheiden haben.

Die Stöße können *elastisch* sein, also denen entsprechen, die wir von Billardkugeln her kennen und die wir mit Hilfe der Sätze von der Erhaltung der Energie und des Impulses berechnen können. Es ist aber auch möglich, dass beim Stoß eine Umwandlung von Translationsenergie in Rotations- oder Schwingungsenergie erfolgt. Dann sprechen wir von *inelastischer Streuung*. In beiden Fällen bleibt die chemische Natur der Teilchen A und B erhalten. Kommt es beim Stoß zu einer chemischen Umsetzung, so liegt eine *reaktive Streuung* vor. Alle drei Arten der Streuung tragen zur Schwächung des Molekularstrahls und damit zum Gesamt-Streuquerschnitt bei, den wir folglich in Querschnitte für elastische (e), inelastische (i) und reaktive Streuung (R) aufteilen können:

$$\sigma = \sigma_e + \sigma_i + \sigma_R \tag{6.4-17}$$

Wir wollen uns nun mit dem Stoßprozess selbst befassen und dabei zunächst nicht danach fragen, ob es sich um einen elastischen, inelastischen oder reaktiven Stoß handelt, sondern den Gesamt-Stoßquerschnitt σ betrachten.

Als einfachstes Modell legen wir das starrer Kugeln mit den Radien r_A und r_B zugrunde, zwischen denen keine Wechselwirkungskräfte bestehen. Für die potentielle Energie gilt dann

$$\begin{aligned} V(r) &= 0 \quad \text{für } r > r_A + r_B \\ V(r) &= \infty \quad \text{für } r < r_A + r_B \end{aligned} \tag{6.4-18}$$

so wie es in Abb. 6.4-5 a dargestellt ist. Abb. 6.4-3 veranschaulicht die Streugeometrie. Ein Molekül A fliegt auf ein Molekül B zu.

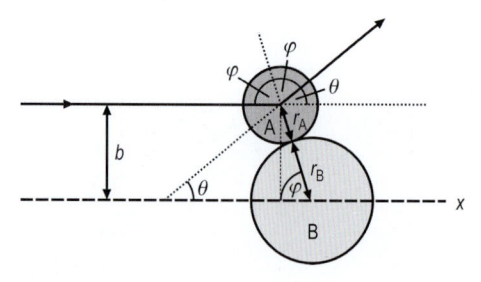

Abbildung 6.4-3 Zur Streugeometrie beim Stoß zweier starrer Kugeln (Annahme: $m_A \ll m_B$).

Der Mittelpunkt des Moleküls A würde den Mittelpunkt des Moleküls B im Abstand b passieren, wenn die Moleküle keine räumliche Ausdehnung hätten. Wir nennen b den *Stoßparameter*. Je nach der Größe von b wird das stoßende Molekül A um einen unterschiedlich großen Streuwinkel θ aus seiner Bahn gelenkt werden.

Abb. 6.4-3 entnehmen wir, dass

$$\sin\frac{\pi - \theta}{2} = \sin\varphi = \frac{b}{r_A + r_B} \tag{6.4-19}$$

Es ist also $\theta = \pi$ für $b = 0$ und $\theta = 0$ für $b = r_A + r_B$. Sofern die Streuung wie im Fall starrer Kugeln nicht von der gegenseitigen Orientierung der Moleküle abhängt, werden alle A-Moleküle, die bezüglich der B-Moleküle denselben Stoßparameter haben, um denselben Streuwinkel θ gestreut. Es herrscht Rotationssymmetrie bezüglich der durch B gehenden Achse XX. Das ist perspektivisch in Abb. 6.4-4 angedeutet, und zwar bereits für den realen Fall, dass zwischen den Molekülen A und B sowohl Anziehungs- als auch Abstoßungskräfte wirksam sind (Abb. 6.4-5c). Die Lage des Mittelpunktes von B ist in Abb. 6.4-3 auf der Achse X-X durch den Buchstaben B angedeutet. Ist der Stoßparameter b, so wirken sich die Anziehungskräfte stärker aus, d. h. Molekül A wird vom Molekül B stärker angezogen (vgl. Abb. 5.1-5) als beim größeren Stoßparameter $b + db$. Deshalb ist der Streuwinkel $\theta(b)$ größer als beim Stoßparameter $b + db$.

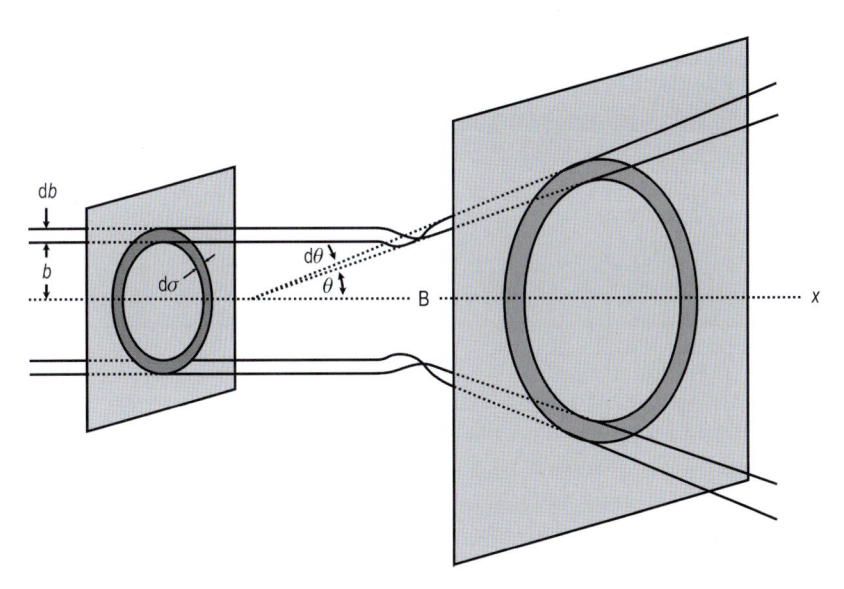

Abbildung 6.4-4 Ablenkung der Teilchenbahnen mit Stoßparametern zwischen b und $b + db$ durch ein Streuzentrum B.

Den Anteil, den Stoßparameter zwischen b und $b + \mathrm{d}b$ am Gesamt-Streuquerschnitt σ haben, wollen wir mit $\mathrm{d}\sigma$ bezeichnen. Dem linken Teil von Abb. 6.4-4 entnehmen wir, dass

$$\mathrm{d}\sigma = 2\pi b \mathrm{d}b \tag{6.4-20}$$

ist. Beim Modell starrer Kugeln ohne Wechselwirkungen kommt es zum Stoß, wenn $0 \leq b \leq r_A + r_B$ ist. Den Gesamt-Streuquerschnitt erhalten wir in diesem Fall somit durch Integration von Gl. (6.4-20) zwischen den Grenzen 0 und $b_{max} = r_A + r_B$:

Gesamt-Streuquerschnitt bei Abwesenheit von Wechselwirkungen

$$\sigma = \int_0^{b_{max}} 2\pi b \mathrm{d}b = \pi(r_A + r_B)^2 \tag{6.4-21}$$

Das Ergebnis stimmt mit dem Ansatz überein, den wir der einfachen Stoßtheorie zugrunde gelegt haben (Abb. 6.4-1).

Wesentlich realistischer ist es jedoch, anstatt des Modells starrer Kugeln ohne Wechselwirkung (Abb. 6.4-5 a) ein solches zu verwenden, das zwar wieder von starren Kugeln ausgeht, das aber ein mit r^{-n} vom Abstand r abhängiges Attraktionspotential annimmt. Es ist dann, wie in Abb. 6.4-5 b skizziert ist,

$$\begin{aligned} V(r) &= -\frac{c}{r^n} \quad \text{für } r > r_A + r_B \\ V(r) &= \infty \quad \text{für } r \leq r_A + r_B \end{aligned} \tag{6.4-22}$$

Ein solches Potential kommt dem Anziehungs- und Abstoßungskräfte berücksichtigenden Lennard-Jones-Potential [Abb. 6.4-5 c und Gl. (3.5-65)] schon sehr nahe.

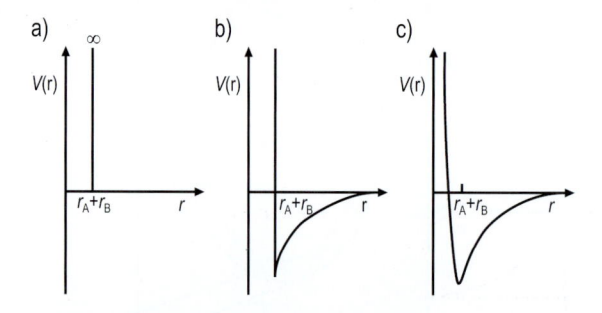

Abbildung 6.4-5 Abstandsabhängigkeit der potentiellen Energie zwischen zwei starren Kugeln, wenn

(a) Wechselwirkungen fehlen
(b) ein Attraktionspotential $V(r) = -\dfrac{c}{r^n}$ oder
(c) ein Lennard-Jones-Potential vorliegt.

Den Einfluss eines Gl. (6.4-22) entsprechenden Potentials auf b_{max}, den Maximalwert des Stoßparameters, bei dem es gerade noch zum Stoß kommt, haben wir bei der Ableitung der Surtherland'schen Konstanten eingehend behandelt (vgl. Abschnitt 5.1). Wie Abb. 5.1-5 zeigt, nimmt b_{max} Werte an, die $r_A + r_B$ übersteigen. Nach Gl. (5.1-26) ist

$$b_{max} = (r_A + r_B)\left[1 - \frac{V(r_A + r_B)}{\varepsilon_{kin}}\right]^{1/2} \tag{6.4-23}$$

Setzen wir diesen Ausdruck in Gl. (6.4-21) ein, so erhalten wir an Stelle von Gl. (6.4-21) für den

Gesamt-Streuquerschnitt bei Anwesenheit von Wechselwirkungen

$$\sigma(\varepsilon) = \int_0^{b_{max}} 2\pi b\, db = \pi(r_A + r_B)^2\left[1 - \frac{V(r_A + r_B)}{\varepsilon_{kim}}\right] \tag{6.4-24}$$

Beim Modell starrer Kugeln ohne Wechselwirkungen ist der Gesamt-Streuquerschnitt nach Gl. (6.4-21) lediglich eine Funktion der Radien der Moleküle A und B. Berücksichtigt man aber attraktive Wechselwirkungen, so wird der Gesamt-Streuquerschnitt nach Gl. (6.4-24) für ein bestimmtes System A–B zusätzlich eine Funktion der kinetischen Energie ε_{kin}, d. h. der Relativgeschwindigkeit der Moleküle. Da $V(r)$ gemäß Gl. (6.4-22) negative Wert hat, steigt σ mit abnehmender kinetischer Energie, nähert sich andererseits bei sehr hoher kinetischer Energie dem Wert, der auch bei Abwesenheit von Wechselwirkungen gefunden wird (Abb. 6.4-6).

Kennen wir die potentielle Energie $V(r)$ und die relative kinetische Energie ε_{kin} des stoßenden Teilchens, so sind wir also nach Gl. (6.4-24) prinzipiell in der Lage, den von ε_{kin} abhängigen Streuquerschnitt $\sigma(\varepsilon)$ zu berechnen. Wollen wir ihn aus einem Experiment ermitteln, so können wir nicht auf Gl. (6.4-24) zurückgreifen, da wir den Stoßparameter b_{max} experimentell nicht messen können. Messbar ist lediglich die Winkelabhängigkeit der Streuung. Wir müssen also nach einem Zu-

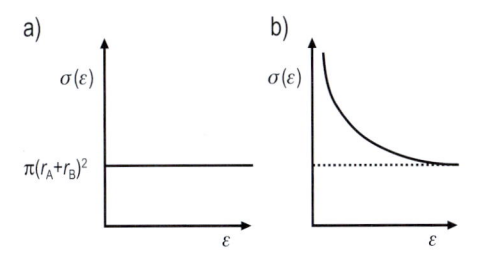

Abbildung 6.4-6 Energieabhängigkeit des Gesamt-Streuquerschnitts bei (a) Fehlen von Wechselwirkungen (b) Vorliegen von Anziehungskräften.

sammenhang zwischen dem Stoßquerschnitt und dieser Winkelabhängigkeit der Streuung suchen.

> Wir bedienen uns dazu der Abb. 6.4-7 und führen als einen neuen Begriff den *differentiellen Streuquerschnitt* $\sigma(\varepsilon, \theta)$ ein. Er ist definiert als
>
> $$\sigma(\varepsilon, \theta) = \frac{d\sigma(\varepsilon)}{d\omega} \quad (6.4\text{-}25)$$
>
> d. h. als der Anteil der Streuung in das Element dω des Raumwinkels.

Der Raumwinkel ist bekanntlich definiert als die über diesem Winkel aufgespannte Kugelfläche dividiert durch das Quadrat des Kugelradius. Der Mittelpunkt der Kugel aus Abb. 6.4-7 sei identisch mit dem Streuzentrum (Molekül B). Dann ist der differentielle Streuquerschnitt nach Gl. (6.4-25) und Gl. (6.4-16) durch die auf die dunkel schattierte Fläche fallende Streuintensität zu ermitteln, wenn die A-Moleküle alle die gleiche Energie ε haben. Die Fläche ist gegeben durch $r^2 d\omega$. Wir können diese Fläche aber auch mit Hilfe des Streuwinkels θ und des Elements dθ berechnen. Sie hat eine Länge von $2\pi r \cdot \sin \theta$ und eine Breite von $r \cdot d\theta$. Folglich gilt

$$r^2 d\omega = 2\pi r \cdot \sin \theta \cdot r \cdot d\theta \quad (6.4\text{-}26)$$

und mit Gl. (6.4-25)

$$\sigma(\varepsilon, \theta) = \frac{d\sigma(\varepsilon)}{2\pi \sin \theta d\theta} \quad (6.4\text{-}27)$$

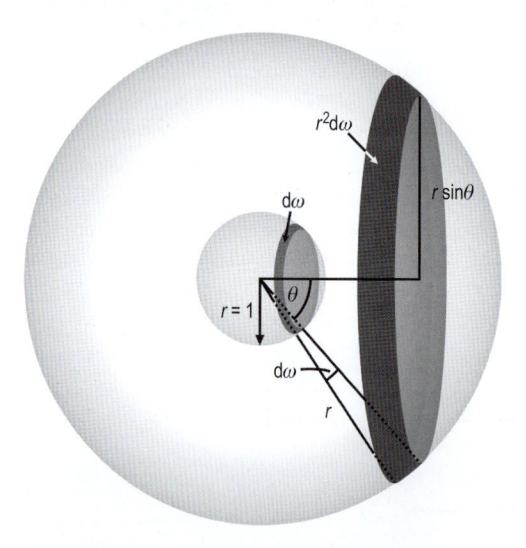

Abbildung 6.4-7 Zur Beziehung zwischen differentiellem Streuquerschnitt $\sigma(\varepsilon, \theta)$, Element d$\omega$ des Raumwinkels und Element dθ des Streuwinkels θ.

Abb. 6.4-3 zeigte, dass θ eine Funktion von b ist, Abb. 6.4-4 macht deutlich, dass $d\theta$ auch eine Funktion von db ist. Kombinieren wir Gl. (6.4-20) mit Gl. (6.4-27) zu

$$d\sigma(\varepsilon) = 2\pi b\, db = \sigma(\varepsilon,\theta) 2\pi \sin\theta\, d\theta \tag{6.4-28}$$

so erhalten wir die gesuchte Beziehung zwischen b und θ und sehen, wie wir zum Vergleich zwischen Berechnung und Experiment kommen. Wir müssen unter Beachtung von Gl. (6.4-16) die differentiellen Streuquerschnitte als Funktion von θ messen und diese von $\theta = 0$ bis $\theta = \pi$ integrieren. So erhalten wir den

Gesamt-Streuquerschnitt

$$\sigma(\varepsilon) = \int_0^\pi \sigma(\varepsilon,\theta) 2\pi \sin\theta\, d\theta \tag{6.4-29}$$

Der Reaktionsquerschnitt

Wir müssen an dieser Stelle den Unterschied zur einfachen Stoßtheorie deutlich machen. Dort hatten wir die Geschwindigkeitskonstante berechnet [vgl. Gl. (6.4-9)] aus der allen Molekülen zugeschriebenen mittleren Relativgeschwindigkeit $\bar{v}_{AB}$, einem energieunabhängigen, konstanten Stoßquerschnitt σ und dem Boltzmann-Faktor $e^{-E_{min}/RT}$ als Bruchteil der reaktionsfähigen Moleküle. Jetzt wollen wir die Geschwindigkeitskonstante aus den individuellen Stößen berechnen, die mit einer von Molekül zu Molekül verschiedenen Relativgeschwindigkeit v_{AB} erfolgen und bei denen wir den Molekülen einen von ihrer Relativgeschwindigkeit abhängigen Reaktionsquerschnitt zuordnen, der die Dimension einer (effektiven) Fläche pro Molekül hat und gleichzeitig die Wahrscheinlichkeit misst, dass ein Stoß zwischen zwei Molekülen zur Reaktion führt.

Er muss demnach von den Kräften abhängen, die bei der Reaktion eine Rolle spielen. Wir wollen die erforderlichen Überlegungen Schritt für Schritt anstellen und stets danach fragen, wie eine Berechnung und eine experimentelle Überprüfung möglich sind.

Wenden wir uns zunächst dem *Reaktionsquerschnitt* σ_R, dem reaktiven Anteil von σ zu. Die bezüglich des Gesamt-Streuquerschnitts angestellten Überlegungen können wir sinngemäß auf den Reaktionsquerschnitt übertragen, müssen allerdings beachten, dass nur ein Bruchteil der Stöße zur Reaktion führt. Es empfiehlt sich deshalb, eine *Reaktionswahrscheinlichkeit P* einzuführen, die sicherlich vom Stoßparameter abhängen wird. Anstelle von Gl. (6.4-24) erhalten wir dann für die

Berechnung des Reaktionsquerschnitts

$$\sigma_R(\varepsilon) = \int_0^{b_{max}} 2\pi b \cdot P(b) \cdot db \tag{6.4-30}$$

und anstatt Gl. (6.4-29) für seine experimentelle Bestimmung

$$\sigma_R(\varepsilon) = \int_0^\pi \sigma_R(\varepsilon, \theta) 2\pi \sin\theta \, d\theta \tag{6.4-31}$$

mit dem *differentiellen Reaktionsquerschnitt* $\sigma_R(\varepsilon, \theta)$.

Es lässt sich demnach, wenn wir wieder die Überlegungen anstellen, die uns zu Gl. (6.4-28) geführt haben, aus der experimentell zugänglichen Winkelabhängigkeit des differentiellen Reaktionsquerschnitts die Abhängigkeit der Reaktionswahrscheinlichkeit vom Streuparameter b ermitteln.

Betrachten wir die Reaktion

$$A + BC \rightarrow AB + C \tag{6.4-32}$$

so ergibt sich die Entscheidung, ob ein Stoß reaktiv oder nicht reaktiv ist, aus der zeitlichen Änderung der Abstände r_{AB}, r_{BC} und r_{AC}. Abb. 6.4-8 zeigt für den Fall einer linearen Anordnung der Teilchen A, B, C, dass bei einem nicht reaktiven Stoß r_{BC} sich im Takt der Schwingung des Moleküls BC ändert, aber stets kleiner als r_{AB} und r_{AC} bleibt, die bis zum Stoß abnehmen, dann wieder ansteigen. Bei einem reaktiven Stoß hingegen ändert sich r_{BC} lediglich bis zum Stoß entsprechend der Schwingungsamplitude des Moleküls BC, steigt aber nach dem Stoß an, weil dann B und C unterschiedlichen Molekülen (AB und C) angehören. Genau entgegengesetzt verhält sich r_{AB}, während r_{AC} im Wesentlichen das gleiche Verhalten wie beim nicht reaktiven Stoß zeigt; denn A und C bilden weder auf der linken noch auf der rechten Seite von Gl. (6.4-32) ein Molekül.

Die in Abb. 6.4-8 wiedergegebene Zeitabhängigkeit der interatomaren Abstände lässt sich durch Lösen der klassischen Bewegungsgleichung unter Berücksichtigung der Potentialfläche erhalten. Diese spiegelt die auf die Bewegung der Elek-

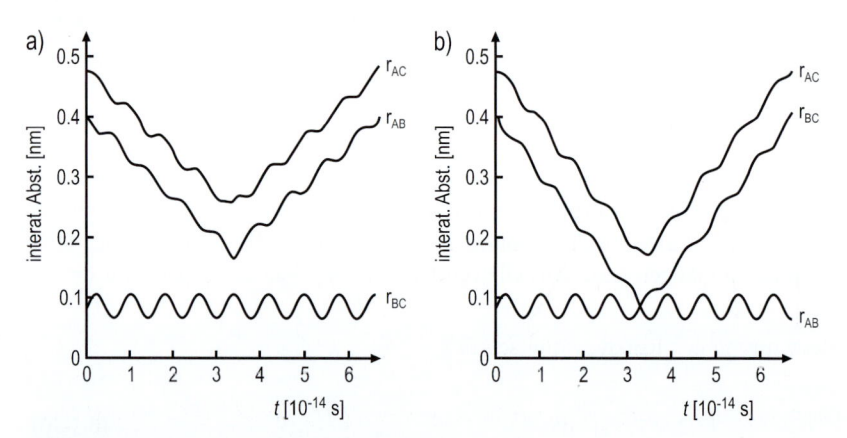

Abbildung 6.4-8 Atomabstände als Funktion der Zeit beim (a) nicht reaktiven Stoß (b) reaktiven Stoß (schematisch, in Anlehnung an die Verhältnisse bei der Reaktion H + H$_2$ → H$_2$ + H).

tronen zurückzuführende Anziehung oder Abstoßung der Teilchen in Abhängigkeit von den drei interatomaren Abständen im System A + B + C wider und kann quantenmechanisch berechnet werden.

Zur Berechnung des Reaktionsquerschnitts bei einer bestimmten Energie legt man eine bestimmte Relativgeschwindigkeit $v_{A,BC}$ zugrunde und spielt nun auf einem Computer unter Berücksichtigung der Energiefläche den Stoßvorgang unter den unterschiedlichsten Ausgangsbedingungen von Position und Orientierung der Teilchen durch: Unter unterschiedlich gewählten Ausgangsbedingungen schießt man ein A-Teilchen auf BC, wobei man den Stoßparameter zwischen 0 und einem willkürlich festgelegten, jedoch nicht großen b_m wählt. An Hand der berechneten zeitlichen Änderung der Abstände r_{AB}, r_{AC} und r_{BC} stellt man fest, ob der Stoß reaktiv oder nicht reaktiv ist. So lässt sich nach einer hinreichend großen Zahl von Stoßsimulationen der Bruchteil P der reaktiven Stöße bei $0 \leq b \leq b_m$ und mit $P\pi b_m^2$ [vgl. Gl. (6.4-21), (6.4-24) und (6.4-30)] in erster Näherung ein Reaktionsquerschnitt berechnen. Nun wiederholt man das Verfahren mit größeren Werten von b_m, bis eine Steigerung von b_m keine Zunahme von $P\pi b_m^2$ mehr bringt. Dieses $P\pi b_{m_{max}}^2$ ist dann offensichtlich der theoretische Reaktionsquerschnitt für die gewählte, durch $v_{A,BC}$ bestimmte Energie ε.

Mit Hilfe von Geschwindigkeitsselektoren lassen sich Molekularstrahlen einer bestimmten Teilchengeschwindigkeit erzeugen. Durch Messen der Winkelabhängigkeit des differentiellen Reaktionsquerschnitts und Anwendung von Gl. (6.4-30) gelingt es dann, σ_R für die betreffende Geschwindigkeit auch experimentell zu bestimmen.

Führt man die Berechnung bzw. die experimentelle Bestimmung für unterschiedliche Relativgeschwindigkeiten durch, so lässt sich die Energieabhängigkeit des Reaktionsquerschnitts ermitteln. Diese ist in Abb. 6.4-9 schematisch dargestellt. Unterhalb einer gewissen Energie ε_0 ist der Reaktionsquerschnitt null, da für eine Reaktion eine gewisse Mindestenergie notwendig ist. Mit zunehmender Energie steigt $\sigma_R(\varepsilon)$ an, durchläuft dann aber ein Maximum, weil bei sehr hohen Energien die Reaktion zu anderen Produkten führt.

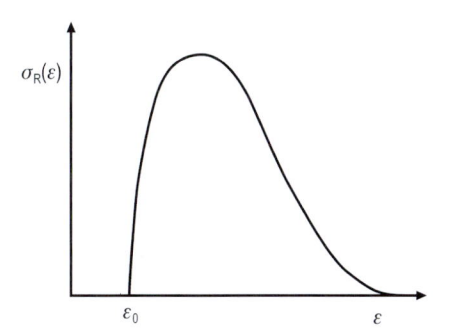

Abbildung 6.4-9 Schematische Darstellung der Energieabhängigkeit von Reaktionsquerschnitten.

Die Geschwindigkeitskonstante

Nachdem wir den Reaktionsquerschnitt kennen, können wir uns der Berechnung der Geschwindigkeitskonstanten zuwenden. Bei der einfachen Stoßtheorie war, wenn wir einmal davon absehen, ob die Geschwindigkeit als zeitliche Änderung von Teilchenzahlen pro Volumeneinheit oder von Konzentrationen angegeben ist,

$$k_2 = \sigma \cdot \bar{v} \cdot F \tag{6.4-33}$$

$\sigma, \bar{v}$ und F stellten für ein bestimmtes System bei bestimmter Temperatur Konstanten dar. Jetzt liegen die Verhältnisse anders: F ist im Reaktionsquerschnitt mit enthalten, $\sigma_R(\varepsilon)$ ist aber energieabhängig.

> Einfach liegen die Verhältnisse, wenn wir, wie es bei Molekularstrahlen möglich ist, allen reagierenden Teilchen dieselbe Relativgeschwindigkeit – und damit dieselbe kinetische Energie – aufzwingen. Dann erhalten wir eine für diese Geschwindigkeit v geltende Geschwindigkeitskonstante $k_2(v)$:
>
> $$k_2(v) = \sigma_R(v) \cdot v \tag{6.4-34}$$

Wir sind aber daran interessiert, die zu einer bestimmten Temperatur T gehörende Geschwindigkeitskonstante $k_2(T)$ in einer realen Gasmischung zu berechnen. In dieser unterliegen die Moleküle einer Geschwindigkeitsverteilung $f(v)$. Die der Geschwindigkeitsverteilung, die nicht notwendig eine Maxwell'sche Verteilung zu sein braucht (z. B. bei photochemischen oder radiochemischen Reaktionen), entsprechende Geschwindigkeitskonstante $k_2(f(v))$ ist dann

$$k_2(f(v)) = \int_0^\infty f(v) \cdot v \cdot \sigma_R(v) \cdot dv \tag{6.4-35}$$

Normalerweise stellt sich aber über die sehr zahlreichen nichtreaktiven Stöße die Maxwell'sche Geschwindigkeitsverteilung [vgl. Gl. (4.3-8)] ein, so dass wir für $f(v)$ setzen können

$$f(v) = \left(\frac{\mu}{2\pi kT}\right)^{3/2} 4\pi v^2 e^{-\frac{\mu v^2}{2kT}} \tag{6.4-36}$$

Da es sich hierbei um die Relativgeschwindigkeit handelt, ist die reduzierte Masse μ eingesetzt worden. Für $k_2(T)$ erhalten wir somit

$$k_2(T) = 4\pi \left(\frac{\mu}{2\pi kT}\right)^{3/2} \int_0^\infty \sigma_R(v) \cdot v^3 e^{-\frac{\mu v^2}{2kT}} dv \tag{6.4-37}$$

Im allgemeinen wird es sinnvoller sein, nicht die Geschwindigkeit, sondern die relative kinetische Energie $\varepsilon = \frac{1}{2}\mu v^2$ als Variable zu verwenden. Dann erhält man nach Substitution

$$k_2(T) = \left(\frac{1}{\pi\mu}\right)^{1/2} \left(\frac{2}{kT}\right)^{3/2} \int_0^\infty \sigma_R(\varepsilon) \cdot \varepsilon \cdot e^{-\varepsilon/kT} d\varepsilon \tag{6.4-38}$$

Zur Diskussion von Gl. (6.4-38) ist es zweckmäßig, die einzelnen Größen ein wenig anders zusammenzufassen:

$$k_2(T) = \int_0^\infty \sqrt{\frac{2}{\mu}}\, \varepsilon^{1/2} \sigma_R(\varepsilon) 2\pi \left(\frac{1}{\pi kT}\right)^{3/2} \varepsilon^{1/2} e^{-\varepsilon/kT} d\varepsilon \tag{6.4-39}$$

Unter Berücksichtigung von Gl. (4.3-5) erhalten wir für

die temperaturabhängige Geschwindigkeitskonstante

$$k_2(T) = \int_0^\infty \sqrt{\frac{2}{\mu}}\, \varepsilon^{1/2} \sigma_R(\varepsilon) f(\varepsilon)\, d\varepsilon \tag{6.4-40}$$

wobei $f(\varepsilon)$ die Maxwell-Boltzmann'sche Energieverteilung ist.

Abbildung 6.4-10 verdeutlicht die Berechnung der Geschwindigkeitskonstanten, wobei der besseren Anschauung wegen auf molare Größen übergegangen worden ist. Die entscheidenden Größen sind der Reaktionsquerschnitt σ_R und die Energieverteilung $f(E)$. An Abb. 6.4-9 haben wir erkannt, dass der Reaktionsquerschnitt unterhalb einer gewissen Mindestenergie E_0 den Wert null hat. Für die Reaktion $H + H_2 \rightarrow H_2 + H$ haben Karplus, Porter und Sharma E_0 zu 23.7 kJ mol^{-1} berechnet.

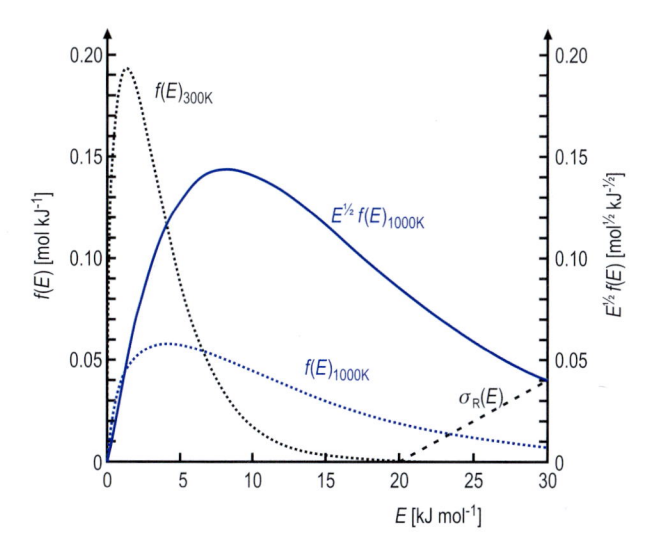

Abbildung 6.4-10 Zur Berechnung der Geschwindigkeitskonstanten aus dem Reaktionsquerschnitt.

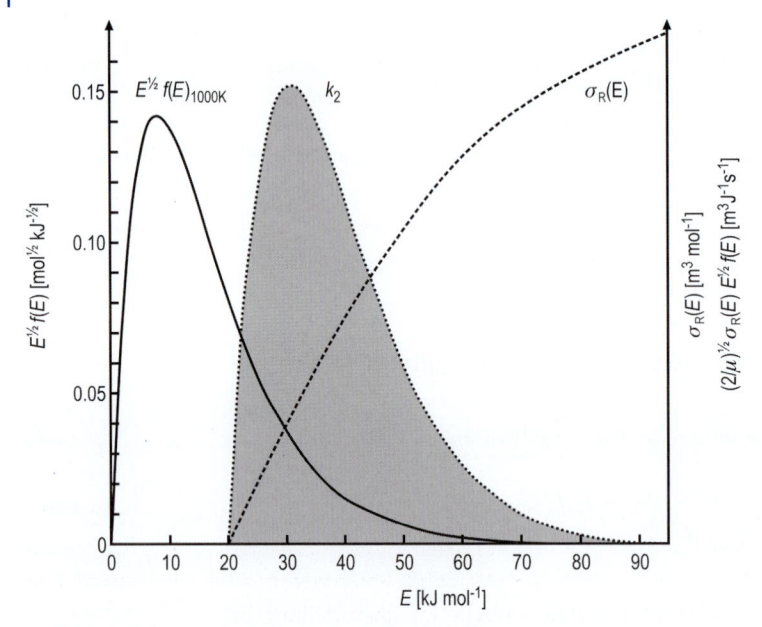

Abbildung 6.4-11 Zur Berechnung der Geschwindigkeitskonstanten.

Bei den meisten Reaktionen findet man höhere Werte. Wenn wir in Abb. 6.4-10 $E_0 = 20\,\text{kJ}\,\text{mol}^{-1}$ angenommen haben, so liegen wir an der unteren Grenze. Die punktierte Kurve gibt die Energieverteilung bei 300 K wieder. Wir sehen, dass nur ein verschwindend kleiner Bruchteil der Moleküle bei 300 K Translationsenergien oberhalb von 20 kJ mol^{-1} hat. Das Produkt $\sigma_R(E) \cdot f(E)$ wird bei 300 K also bei allen Energien sehr klein sein, ebenso das Integral und damit k_2.

Günstiger liegen die Verhältnisse bei 1000 K. Die gestrichelte Kurve zeigt die Energieverteilung und macht deutlich, dass ein merklicher Bruchteil der Moleküle Translationsenergien oberhalb von 20 kJ mol^{-1} besitzt. Multipliziert man $f(E)$ mit der Wurzel aus der Energie, wie es nach Gl. (6.4-40) gefordert wird, so erhält man die ausgezogene Kurve. Sie ist in Abb. 6.4-11 bis zu höheren Energien hin vervollständigt. Der gesamte Integrand ist das Produkt aus dieser Funktion, dem Reaktionsquerschnitt und $\sqrt{2/\mu}$. Die gestrichelte Kurve in Abb. 6.4-11 gibt ihn wieder. Dabei ist für $\sigma_R(E)$ und den Integranden ein willkürlicher Maßstab gewählt worden. Die Fläche unter der gestrichelten Kurve ist dann k_2.

6.4.3
Die Theorie des aktivierten Komplexes

Bereits in den 30er Jahren haben einerseits Evans und Polanyi, andererseits Eyring einen Weg beschrieben, wie sich bei Kenntnis der Potentialfläche die Geschwindigkeitskonstante berechnen lässt. Dabei geht man nicht vom Verhalten einzelner Moleküle aus, sondern nimmt die statistische Thermodynamik zu Hilfe.

Wir betrachten wieder die Reaktion

$$A + BC \rightarrow AB + C \tag{6.4 – 32}$$

und nehmen an, dass die Schwerpunkte aller drei Atome stets auf einer Geraden liegen. Während des Reaktionsablaufs wird es zunächst durch die Annäherung von A an BC zu einer Lockerung der Bindung im Molekül BC kommen. Es wird sich dann ein aktivierter Komplex A... B... C ausbilden, der entweder auf dem gleichen Weg, auf dem er entstanden ist, wieder zerfällt, oder nach der anfänglichen Lockerung der Bindung zwischen den Atomen B und C in das Molekül AB und das Atom C zerbricht. Der Reaktionsweg kann also symbolisiert werden durch

$$\begin{array}{ccccccccc} A + BC & \rightarrow & A + B...C & \rightarrow & A...B...C & \rightarrow & A...B + C & \rightarrow & AB + C \\ a & & b & & c & & d & & e \end{array}$$
$$\tag{6.4-41}$$

Das energetisch ungünstigste Gebilde ist zweifellos der *aktivierte Komplex* (c).

Um die energetischen Verhältnisse in diesem System beschreiben zu können, bedarf es einer dreidimensionalen Darstellung. In Abb. 6.4-12 ist deshalb die potentielle Energie (z-Richtung) in Abhängigkeit von den gegenseitigen Abständen r der Atome, r_{AB} in der x-Richtung und r_{BC} in der y-Richtung, dargestellt. Ist das Atom C weit vom Molekül AB bzw. das Atom A weit vom Molekül BC entfernt, so wird, wie an den sichtbaren Seitenflächen von Abb. 6.4-12 zu erkennen ist, die potentielle Energie für die Moleküle als Funktion des Atomabstandes durch die bereits aus Abschnitt 3.4.4 bekannten Diagramme wiedergegeben.

Die potentielle Energie E_{pot} der Moleküle AB und BC bei unendlich weit entferntem drittem Partner ist für das betrachtete Beispiel in Abb. 6.4-13 noch einmal getrennt gezeichnet. Als Nullpunkt der Energie ist wie in Abb. 6.4-12 der Zustand gewählt, in dem alle Atome unendlich weit voneinander entfernt sind. Das Molekül BC hat einen größeren Gleichgewichtsabstand (r_{BC}^*) als das Molekül AB (r_{AB}^*). Energetisch ist das Molekül AB stabiler als das Molekül BC.

Schneidet man das in Abb. 6.4-12 gezeigte Potentialgebirge durch Ebenen, die parallel zu der durch die r_{AB}- und r_{BC}-Achsen gegebenen Grundfläche liegen, so

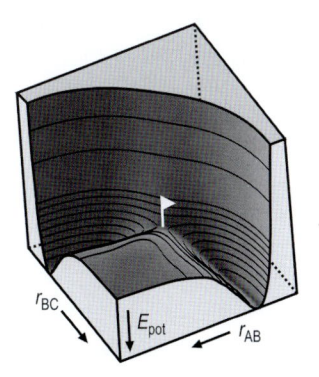

Abbildung 6.4-12 Fläche der potentiellen Energie für das System $A + BC \rightleftharpoons AB + C$.

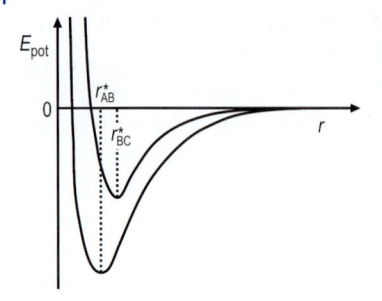

Abbildung 6.4-13 Potentielle Energie E_{pot} der Moleküle AB und BC bei unendlich weit entferntem dritten Partner. Die Gleichgewichtsabstände sind r_{AB}^* bzw. r_{BC}^*.

entstehen Schnittlinien konstanter potentieller Energie. Projiziert man diese in die Grundfläche, so erhält man das in Abb. 6.4-14 wiedergegebene Schichtliniendiagramm. Zusätzlich enthält diese Abbildung seitlich herausgeklappt Schnitte parallel zu den sichtbaren Seitenflächen von Abb. 6.4-12 im Abstand $r \to \infty$ (identisch mit Abb. 6.4-13) und $r = r_1$. Man sieht, wie sich die Potentialkurven ändern, wenn sich das dritte Teilchen (C oder A) dem Molekül (AB oder BC) nähert.

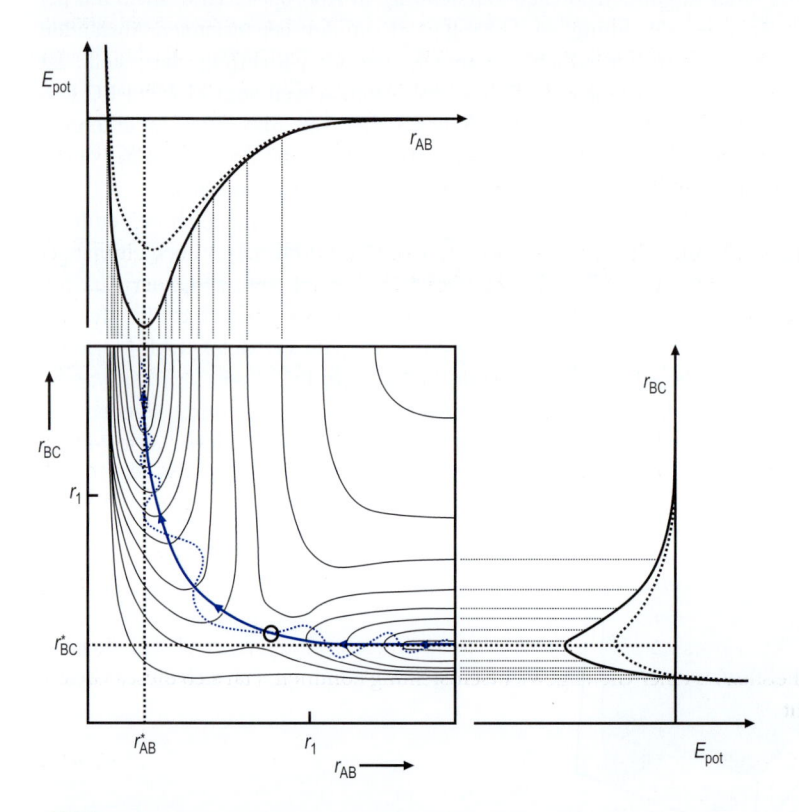

Abbildung 6.4-14 Energiefläche für die Reaktion A + BC $\rightleftharpoons$ AB + C in Schichtliniendarstellung. Die Potentialkurven in den seitlichen Teilbildern entsprechen dem Abstand $r \to \infty$ (ausgezogene Kurven) bzw. $r = r_1$ (punktierte Kurven) zwischen Molekül und Atom.

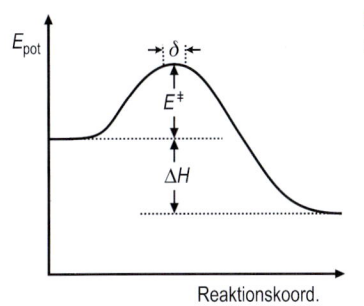

Abbildung 6.4-15 Potentielle Energie als Funktion der Reaktionskoordinate.

Aus Abb. 6.4-14 erkennen wir, dass sich das Molekül BC in einer tiefen Energiemulde befindet, wenn A noch weit entfernt ist. Nähert sich A, so steigt, wie die mit Pfeilen versehene Linie zeigt, die potentielle Energie an bis zu dem durch einen Kreis markierten Sattelpunkt. Hier liegt der aktivierte Komplex vor. Verringert sich der Abstand zwischen A und B weiter, so nimmt unter Energiegewinn der Abstand zwischen B und C zu, bis schließlich das neu gebildete Molekül AB in einer sehr tiefen Energiemulde liegt. Führen die Komplexe zusätzlich noch Schwingungen aus, so gilt der durch die punktierte Linie wiedergegebene Reaktionsweg.

Schneiden wir die Fläche der potentiellen Energie senkrecht zur Zeichenebene längs des Reaktionsweges, so erhalten wir Abb. 6.4-15. Die Ordinate stellt die potentielle Energie, die Abszisse die sog. *Reaktionskoordinate* dar. Die Abbildung entspricht der schematischen Skizze in Abb. 1.5-6.

Bei der Berechnung der Reaktionsgeschwindigkeit behandelt man den *Übergangszustand*, der im Bereich δ vorliegt, wie eine eigene Molekülart und bezeichnet ihn als aktivierten Komplex $M^{\neq}$. Wir können also Gl. (6.4-32) erweitern zu

$$A + BC \rightarrow M^{\neq}_{\rightarrow} \rightarrow AB + C \tag{6.4-42}$$

Formal liegen also Folgereaktionen vor. Alle Reaktanten, die den Übergangszustand erreichen, werden in Produkte überführt, es erfolgt also keine Reflexion von $M^{\neq}_{\rightarrow}$ nach A + BC. Andererseits wird, sobald sich AB und C gebildet haben, die Rückreaktion

$$A + BC \leftarrow M^{\neq}_{\leftarrow} \leftarrow AB + C \tag{6.4-43}$$

möglich. Auch hier gibt es keine Reflexion, diesmal von $M^{\neq}_{\leftarrow}$ nach AB + C. So kann es schließlich zu einer Gleichgewichtseinstellung kommen. Hat sich dieses Gleichgewicht

$$\begin{array}{c} A + BC \rightarrow M^{\neq}_{\rightarrow} \rightarrow AB + C \\ \hookrightarrow M^{\neq}_{\leftarrow} \hookleftarrow \end{array} \tag{6.4-44}$$

eingestellt, so dass die Hinreaktion genauso schnell ist wie die Rückreaktion, dann durchläuft die Hälfte der aktivierten Komplexe, die sich gerade im Übergangszustand befinden, diesen von links nach rechts, die andere Hälfte von rechts nach links.

Die mittlere Geschwindigkeit, mit der sich die Komplexe durch den Übergangszustand bewegen, lässt sich genauso wie die mittlere Geschwindigkeit der Moleküle eines Gases berechnen [vgl. Gl. (4.3-12)]. Doch ist hier die Geschwindigkeitsverteilung für nur eine Richtungskomponente (x) heranzuziehen:

$$\bar{v} = \frac{\int_0^\infty e^{-m^{\neq}\dot{x}^2/2kT}\dot{x}d\dot{x}}{\int_0^\infty e^{-m^{\neq}\dot{x}^2/2kT}d\dot{x}} \tag{6.4-45}$$

$m^{\neq}$ ist dabei die effektive Masse des aktivierten Komplexes. Die Auflösung der Integrale (vgl. Mathem. Anhang J) liefert

$$\bar{v} = \sqrt{\frac{2kT}{\pi m^{\neq}}} \tag{6.4-46}$$

Da der Übergangszustand längs der Strecke δ existent ist, ergibt sich die Zeit t, die im Mittel zum Durchlaufen dieses Zustands benötigt wird, zu

$$t = \frac{\delta}{\bar{v}} = \frac{\delta}{(2kT/\pi m^{\neq})^{1/2}} \tag{6.4-47}$$

Die für die Kinetik interessante Reaktionsgeschwindigkeit r lässt sich durch die pro Volumeneinheit und Zeiteinheit nach rechts übergehende Stoffmenge des Komplexes ausdrücken. Sie ist, da der Übergangszustand im Gleichgewicht ebenso oft von links nach rechts wie von rechts nach links durchlaufen wird, gleich der halben Konzentration $[M^{\neq}]$ dividert durch die Zeit, während der sich das Molekül im Übergangszustand befindet:

$$r = \frac{1}{2} \cdot [M^{\neq}] \cdot \frac{1}{\delta}\left(\frac{2kT}{\pi m^{\neq}}\right)^{1/2} \tag{6.4-48}$$

Dies gilt für beide Reaktionsrichtungen, die gesamte Reaktionsgeschwindigkeit ist also null.

Die bisherigen Überlegungen bezogen sich auf den Gleichgewichtszustand zwischen den Edukten A und BC und den Produkten AB und C. Wenn dieses Gleichgewicht (Gl. 6.4-44) herrscht, muss auch Gleichgewicht zwischen den Edukten und dem aktivierten Komplex herrschen. Wir können es mit Hilfe der statistischen Thermodynamik berechnen.

Gesucht wird nun aber ein Ausdruck für die Reaktionsgeschwindigkeit für den Fall, dass die Reaktion erst beginnt, dass im Wesentlichen nur Ausgangsstoffe (in diesem Beispiel nur die Teilchen A und BC) nicht aber die Endprodukte (AB und C) vorliegen. Zu diesem Zweck stellen wir ein Gedankenexperiment an:

Wir nehmen an, dass, ausgehend vom eingestellten Gleichgewicht, schlagartig alle Produkte aus dem System entfernt werden. Damit kommt die Rückreaktion (Gl. 6.4-43) zum Erliegen. Das hat aber keinen Einfluss auf das durch Gl. (6.4-42) dargestellte Geschehen. Die Geschwindigkeit der nach rechts laufenden Teilreaktion wird nicht beeinflusst, auch nicht die Beziehung zwischen der Konzentration der Edukte und der nach rechts fliegenden aktivierten Komplexe, die wir unter der Annahme eines Gleichgewichts berechnen konnten. Dieses Gedankenexperiment stellt das Kernstück der Theorie dar.

Die gewonnene Aussage wird dadurch gerechtfertigt, dass nach rechts laufende Komplexe durch Stöße zwischen den Molekülen A und BC gebildet werden, und zwar unabhängig davon, ob sich das Gleichgewicht für die gesamte Reaktion (Gl. 6.4-44) schon eingestellt hat oder nicht, d. h. auch unabhängig davon, ob die Rückreaktion

$$AB + C \rightarrow M^{\neq}_{\leftarrow} \tag{6.4-49}$$

schon merklich ist oder nicht.

Ganz allgemein gilt für das postulierte Gleichgewicht zwischen den Ausgangsstoffen A, B,... und dem aktivierten Komplex

$$|v_A|A + |v_B|B + ... \rightleftharpoons M^{\neq}_{\rightarrow} \tag{6.4-50}$$

Die zugehörige Gleichgewichtskonstante ist

$$K = \frac{[M^{\neq}_{\rightarrow}]}{[A]^{|v_A|}[B]^{|v_B|}} \tag{6.4-51}$$

Die Konzentration $[M^{\neq}_{\rightarrow}]$ lässt sich also durch die Gleichgewichtskonstante und die Konzentrationen der Ausgangsstoffe ausdrücken und in Gl. (6.4-48) einsetzen:

$$r = \frac{K}{\delta}(kT/2\pi m^{\neq})^{1/2}[A]^{|v_A|}[B]^{|v_B|} \tag{6.4-52}$$

Die Ordnung der Reaktion Gl. (6.4-50) sei identisch mit der Molekularität:

$$n = |v_A| + |v_B| + ... \tag{6.4-53}$$

so dass die Reaktionsgeschwindigkeit durch

$$r = k_n[A]^{|v_A|}[B]^{|v_B|} \tag{6.4-54}$$

gegeben ist.

Durch einen Koeffizientenvergleich lässt sich aus den Gl. (6.4-52) und (6.4-54) die Geschwindigkeitskonstante k_n ermitteln

$$k_n = \frac{K}{\delta}(kT/2\pi m^{\neq})^{1/2} \qquad (6.4\text{-}55)$$

Sie lässt sich also berechnen, wenn sich die Gleichgewichtskonstante K und die Größe δ berechnen lassen. Das erstere gelingt mit Hilfe der statistischen Thermodynamik, das letztere wird sich als nicht notwendig erweisen.

Wie im Abschnitt 4.2.8 dargelegt wurde, können wir eine Gleichgewichtskonstante aus den Zustandssummen der am Gleichgewicht beteiligten Moleküle berechnen. Dabei ist jedoch zu beachten, dass sich der aktivierte Komplex dadurch auszeichnet, dass ein Schwingungsfreiheitsgrad in einen Translationsfreiheitsgrad übergeht [vgl. beispielsweise Gl. (6.4-41)]. Für die Zustandssumme für einen Translationsfreiheitsgrad hatte sich ergeben [vgl. Gl. (4.2-52)]

$$z = (2\pi mkT)^{1/2} \cdot \frac{x}{h} \qquad (6.4\text{-}56)$$

Dabei bedeutet x die Strecke, längs derer sich das Teilchen bewegen kann. Im Fall des aktivierten Komplexes ist das gerade die Strecke δ. Damit ist unter Beachtung von Gl. (4.2-45)

die *Zustandssumme des aktivierten Komplexes*

$$z^{\neq} = z_M^* (2\pi m^{\neq} kT)^{1/2} \frac{\delta}{h} \qquad (6.4\text{-}57)$$

wenn z_M^* die Zustandssumme charakterisiert, die einem Molekül M zukäme, das einen Schwingungsfreiheitsgrad weniger als normalerweise hat.

Mit den Zustandssummen z_A und z_B der Ausgangsstoffe und der mit $E_0^{\neq}$ identischen Reaktionsenthalpie der Reaktion Gl. (6.4-50) am absoluten Nullpunkt berechnet sich die Gleichgewichtskonstante K zu

$$K = \frac{z_M^*(2\pi m^{\neq} kT)^{1/2} \cdot \dfrac{\delta}{h}}{z_A^{|v_A|} \cdot z_B^{|v_B|} \cdot \ldots} e^{-E_0^{\neq}/RT} \qquad (6.4\text{-}58)$$

und nach Gl. (6.4-55) erhält man für die

Geschwindigkeitskonstante

$$k_n = \frac{kT}{h} \cdot \frac{z_M^*}{z_A^{|v_A|} \cdot z_B^{|v_B|} \ldots} \cdot e^{-E_0^{\neq}/RT} \qquad (6.4\text{-}59)$$

Der Faktor zu $\frac{kT}{h}$ ist bis auf das Fehlen einer Zustandssumme für einen Schwingungsfreiheitsgrad im Zähler identisch mit der Gleichgewichtskonstanten für das Gleichgewicht Gl. (6.4-50).

> Die *Pseudo-Gleichgewichtskonstante* $K^{\neq}$ für das Aktivierungsgleichgewicht ist
>
> $$K^{\neq} = \frac{z_M^*}{z_A^{|\nu_A|} \cdot z_B^{|\nu_B|}} \, e^{-E_0^{\neq}/RT} \qquad (6.4\text{-}60)$$

Sie lässt sich in vielen Fällen mit hinreichender Genauigkeit berechnen oder zumindest abschätzen.

> Damit gelingt nach
>
> $$k_n = \frac{kT}{h} \cdot K^{\neq} \qquad (6.4\text{-}61)$$
>
> die Absolutberechnung der Geschwindigkeitskonstanten. Sie ist das Produkt aus der Gleichgewichtskonstanten $K^{\neq}$ und einem universellen Frequenzfaktor $\frac{kT}{h}$.

k_n bezieht sich auf Grund der Berechnung auf Teilchenzahlen. Für die Umrechnung auf Konzentrationen müssen [vgl. Gl. (4.2-202)] noch die Loschmidt'sche Konstante und das Volumen berücksichtigt werden.

Hat man einmal eine Konstante für das Aktivierungsgleichgewicht eingeführt, dann lassen sich mit Hilfe der Thermodynamik (vgl. Abschnitt 2.6.2) auch eine *Freie Standard-Aktivierungsenthalpie* $\Delta G^{0\neq}$

$$\Delta G^{0\neq} = -RT \ln K^{\neq} \qquad (6.4\text{-}62)$$

sowie *Standard-Aktivierungsenthalpien* $\Delta H^{0\neq}$ und *Standard-Aktivierungsentropien* $\Delta S^{0\neq}$

$$\Delta G^{0\neq} = \Delta H^{0\neq} - T\Delta S^{0\neq} \qquad (6.4\text{-}63)$$

berechnen. Man setzt Gl. (6.4-62) und (6.4-63) schließlich noch in Gl. (6.4-61) ein:

$$k_n = \frac{kT}{h} e^{-\Delta G^{0\neq}/RT} \qquad (6.4\text{-}64)$$

> $$k_n = \frac{kT}{h} e^{\Delta S^{0\neq}/R} \cdot e^{-\Delta H^{0\neq}/RT} \qquad (6.4\text{-}65)$$
>
> Es zeigt sich, dass für die Temperaturabhängigkeit der Geschwindigkeitskonstanten die Standard-Aktivierungsenthalpie, für den präexponentiellen Faktor die Standard-Aktivierungsentropie verantwortlich ist.

Andererseits lassen sich diese beiden Größen, wie der Häufigkeitsfaktor und die Aktivierungsenergie aus der Arrhenius'schen Gleichung, unmittelbar aus der Auftragung von $\ln(k_n/T)$ gegen $1/T$ gewinnen.

Die Schilderung der Theorie des aktivierten Komplexes (oder des Übergangszustandes) hat gezeigt, welche teilweise weitreichenden Annahmen für eine Absolutberechnung der Geschwindigkeitskonstanten notwendig waren. Das sollte man bei einer Diskussion der nach Gl. (6.4-65) erhaltenen Aktivierungsenthalpien und -entropien berücksichtigen.

6.4.4
Kernpunkte des Abschnitts 6.4

- ☑ Einfache Stoßtheorie S. 973
    - Zahl der Stöße zwischen Molekülen A und B Gl. (6.4-4)
    - Geschwindigkeitskonstante Gl. (6.4-9)
    - Temperaturabhängigkeit des präexponentiellen Faktors Gl. (6.4-11)
- ☑ Verfeinerte Stoßtheorie S. 977
    - Streuquerschnitte Gl. (6.4-17)
    - Stoßparameter S. 979
    - Einfluss von Wechselwirkungen auf Streuquerschnitte Gl. (6.4-24)
    - Differentieller Streuquerschnitt Gl. (6.4-25)
    - Gesamt-Streuquerschnitt Gl. (6.4-29)
    - Reaktionsquerschnitt S. 983
    - Berechnung des Reaktionsquerschnitts Gl. (6.4-30)
    - Experimentelle Bestimmung des Reaktionsquerschnitts (Gl. 6.4-31)
    - Geschwindigkeitskonstante Gl. (6.4-34 und 40)
- ☑ Theorie des aktivierten Komplexes S. 988
    - Potentialfläche Abb. 6.4-12 und 14
    - Reaktionskoordinate Abb. 6.4-15
    - Übergangszustand S. 991
    - Reaktionsgeschwindigkeit S. 992
    - Zustandssumme des aktivierten Komplexes Gl. (6.4-57)
    - Geschwindigkeitskonstante Gl. (6.4-59 und 61)
    - Standard-Aktivierungsenthalpie und -entropie Gl. (6.4-65)

6.4.5
Rechenbeispiele zu Abschnitt 6.4

1. Man berechne den präexponentiellen Faktor A für die bimolekulare Reaktion $CH_3 \cdot + H_2 \rightarrow CH_4 + H$ nach der einfachen Stoßtheorie. $T = 298$ K, $d(CH_3 \cdot) = 3.50 \cdot 10^{-10}$ m, $d(H_2) = 2.51 \cdot 10^{-10}$ m.

2. Man schätze den präexponentiellen Faktor für eine unimolekulare Reaktion A $\rightleftharpoons$ A$^{\neq}$ $\rightarrow$ Produkte ab unter der Annahme, dass der Druck so hoch ist, dass eine Boltzmann'sche Energieverteilung vorliegt, und dass sich der aktivierte Komplex in der Struktur kaum vom Edukt A unterscheidet. $T = 300$ K.

3. Man berechne den präexponentiellen Faktor für die bimolekulare Reaktion A + B $\rightleftharpoons$ AB$^{\neq}$ $\rightarrow$ Produkte unter der vereinfachenden Annahme, dass die Moleküle A und B starre Kugeln sind. Man vergleiche Ergebnis mit dem, welches die einfache Stoßtheorie liefert.

6.5
Die Kinetik von Reaktionen in Lösung

Die Diskussion der Reaktionen in der Gasphase, besonders die im Abschnitt 6.4, hat uns gezeigt, dass die Reaktionsgeschwindigkeit im Wesentlichen durch zwei Faktoren bestimmt wird: die Chance, dass die Reaktionspartner zusammentreffen, und die Chance, dass es beim Zusammentreffen zur Reaktion kommt. Dies gilt bei Reaktionen in Lösung in gleicher Weise. Bezüglich des zweiten Faktors werden wir in der Lösung keine prinzipiellen Unterschiede gegenüber den Gegebenheiten in der Gasphase zu erwarten haben, wohl aber bezüglich des ersten Faktors. Er wird nämlich durch die Transporteigenschaften bestimmt, und diese sind, wie wir in den Abschnitten 5.3 und 5.4 erfahren haben, für die Gasphase und die flüssige Phase sehr unterschiedlich.

In der Gasphase ist der Raum nur zu einem sehr geringen Anteil mit Materie erfüllt. Der Vergleich der molaren Volumina zeigt, dass die Raumerfüllung in der Gasphase unter Standardbedingungen nur in der Größenordnung von Promille liegt, woraus sich mittlere freie Weglängen in der Größenordnung von einhundert Moleküldurchmessern ergeben. In Flüssigkeiten hingegen ist der Raum weitgehend (zu über 50 %) mit Materie besetzt, so dass es zu gar keiner freien Translationsbewegung mehr kommt. Jedes Molekül der Reaktanten ist von Lösungsmittelmolekülen wie von einem Käfig umgeben. Aus den Transporteigenschaften in Flüssigkeiten lässt sich errechnen, dass sich ein Molekül des Gelösten etwa 10^{-10} s in ein und demselben Käfig aus Lösungsmittelmolekülen befindet, wenn das Lösungsmittel eine Viskosität in der üblichen Größenordnung hat. Dann entweicht es in einer durch Zufälle bestimmten Richtung in einen anderen Lösungsmittelkäfig. Soll es zu einer Reaktion zwischen zwei gelösten Molekülen kommen, so müssen sich diese offensichtlich im gleichen Käfig befinden. Ein Zusammentreffen ist demnach gegenüber den Verhältnissen in der Gasphase sicherlich erschwert. Andererseits sind beide Moleküle für eine Zeit im gleichen Käfig eingeschlossen, die die übliche Schwingungszeit (10^{-13} s) um zwei bis drei Zehnerpotenzen übertrifft. Es wird während dieser Zeit also zu sehr vielen Zusammenstößen zwischen den Reaktanten kommen, während in der Gasphase mehrfache Zusammenstöße zwischen denselben Molekülen kaum vorkommen.

Bei Ionenreaktionen in Lösung dürften weitere Effekte zu erwarten sein, die in der Gasphase keine Rolle spielen. So sollten nach unseren bisherigen Erfahrungen mit Elektrolytlösungen (vgl. z. B. Abschnitt 1.6.9) sowohl die Dielektrizitätskonstante des Lösungsmittels als auch die Ionenstärke das Reaktionsgeschehen beeinflussen.

War es schon bei Reaktionen in der Gasphase kaum möglich, eine in sich geschlossene Theorie der Reaktionsgeschwindigkeit zu entwickeln, so sind die Verhältnisse bei Reaktionen in Lösung noch wesentlich komplizierter. Im Rahmen dieses Buches kann deshalb nur auf einige wenige Beispiele eingegangen werden.

> Im Abschnitt 6.5.1 werden wir uns mit bimolekularen Reaktionen in Lösungen befassen und erkennen, welch großen *Einfluss der Teilchentransport auf die Reaktionsgeschwindigkeit* haben kann.
>
> Die Theorie des aktivierten Komplexes werden wir im Abschnitt 6.5.2 zu Hilfe nehmen, um den *Einfluss des Lösungsmittels* auf die Geschwindigkeitskonstante diskutieren zu können. Im gleichen Abschnitt werden wir den *Einfluss von Fremdionen* auf die Geschwindigkeitskonstante bei Ionenreaktionen untersuchen.

6.5.1
Bimolekulare Reaktionen in Lösung

Nach den einleitenden Ausführungen zum Abschnitt 6.5 sollten wir eine bimolekulare Reaktion zwischen den Partnern A und B formulieren als

$$A + B \underset{k_{-1}}{\overset{k_1}{\rightleftharpoons}} \{AB\} \overset{k_2}{\rightarrow} C \tag{6.5-1}$$

Dies besagt, dass die Moleküle A und B mit einer Geschwindigkeitskonstanten k_1 ein *Molekülpaar* {AB} bilden. Es zeichnet sich dadurch aus, dass sich die Moleküle auf einen, u. U. durch die Dimension eines Lösungsmittelkäfigs gegebenen, für eine Reaktion erforderlichen Mindestabstand genähert haben. {AB} stellt keinen aktivierten Komplex im Sinne des Abschnitts 6.4.3 dar. Dieses Molekülpaar kann sich entweder mit einer Geschwindigkeitskonstanten k_{-1} wieder trennen, oder es kann mit der Geschwindigkeitskonstanten k_2 zum Produkt C reagieren.

Wir können also folgende Geschwindigkeitsgleichungen aufstellen

$$\frac{d[\{AB\}]}{dt} = k_1[A][B] - k_{-1}[\{AB\}] - k_2[\{AB\}] \tag{6.5-2}$$

$$\frac{d[C]}{dt} = k_2[\{AB\}] \tag{6.5-3}$$

Die zur Auswertung von Gl. (6.5-3) erforderliche Konzentration der Molekülpaare erhalten wir aus Gl. (6.5-2), wenn wir Quasistationarität für {AB} annehmen (d[{AB}]/dt = 0):

$$[\{AB\}] = \frac{k_1[A][B]}{k_{-1} + k_2} \tag{6.5-4}$$

Somit ergibt sich

$$\frac{d[C]}{dt} = \frac{k_1 k_2}{k_{-1} + k_2}[A][B] \tag{6.5-5}$$

Insgesamt beobachten wir also eine Reaktion zweiter Ordnung. Quasistationarität (vgl. Abschnitt 6.2.4) setzt voraus, dass $k_1 \ll k_2$ oder k_{-1} sein muss, wir haben deshalb nur zwei Grenzfälle zu unterscheiden, den mit $k_{-1} \ll k_2$ und den mit $k_{-1} \gg k_2$. Im ersteren Fall folgt

$$\frac{d[C]}{dt} \approx k_1[A][B] \tag{6.5-6}$$

Beim letzteren beachten wir, dass $k_1/k_{-1} = K$ die Gleichgewichtskonstante für das sich schnell einstellende, vorgelagerte Gleichgewicht A + B $\rightleftharpoons$ {AB} ist [vgl. Gl. (1.5-69)], dass also gilt

$$\frac{d[C]}{dt} \approx K \cdot k_2[A][B] \tag{6.5-7}$$

Im ersteren Fall wird die Geschwindigkeit durch k_1, d.h. durch die Diffusion der Reaktanten, im letzteren Fall durch k_2, d.h. durch die Aktivierungsenergie der Reaktion {AB}→C bestimmt. Wir sprechen deshalb das eine Mal von *diffusionskontrollierter*, das andere Mal von *reaktionskontrollierter* Geschwindigkeit.

Diffusionskontrollierte Geschwindigkeit

Diffusionskontrollierte Reaktionsgeschwindigkeiten wird man dann finden, wenn die Aktivierungsenergie für die eigentliche Reaktion sehr klein ist, d. h. bei Ionen- oder Radikalreaktionen.

Um die Geschwindigkeitskonstante einer diffusionskontrollierten Reaktion abschätzen zu können, legen wir unseren Betrachtungen folgendes Modell zugrunde: Ortsfeste Moleküle A befinden sich in einer bewegliche B-Moleküle enthaltenden Lösung. In sehr großem Abstand (r_∞) von A betrage die Konzentration an B-Molekülen [B], sei also identisch mit der analytisch bestimmbaren Konzentration in der Lösung. Nähert sich ein B-Molekül einem A-Molekül auf den Abstand $r_A + r_B$, d. h. auf die Summe der Molekülradien, so reagiert es wegen $k_2 \gg k_1$ sofort. Beim Abstand $r = r_A + r_B$ ist also die Konzentration an B-Molekülen gleich null.

Die Reaktionsgeschwindigkeit wird gegeben durch den Fluss der B-Moleküle in Richtung auf die A-Moleküle. Wir erhalten den Fluss J_1 durch die Oberfläche einer Kugel mit dem Radius r um ein A-Molekül nach dem 1. Fick'schen Gesetz [Gl. (5.3-5)] als

$$J_1 = 4\pi r^2 \cdot D_B \cdot \frac{d^1 N_B}{dr} \tag{6.5-8}$$

Nach unseren Überlegungen in Abschnitt 5.3.2, S. 816, muss der Fluss J_1 durch die Kugeloberfläche eine Konstante sein. Wir können deshalb nach Trennung der Variablen ^1N_B und r diese Gleichungen integrieren zwischen den Grenzen $r = \infty$, $(^1N_B)_\infty$ und r, $(^1N_B)_r$:

$$J_1 \int_r^\infty \frac{dr}{r^2} = 4\pi D_B \int_{(^1N_B)_r}^{(^1N_B)_\infty} d^1N_B \tag{6.5-9}$$

$$J_1 \cdot \frac{1}{r} = 4\pi D_B [(^1N_B)_\infty - (^1N_B)_r] \tag{6.5-10}$$

Es ist also

$$(^1N_B)_r = (^1N_B)_\infty - \frac{J_1}{4\pi D_B r} \tag{6.5-11}$$

J_1 können wir bestimmen, indem wir beachten, dass aufgrund unseres Modells die Konzentration von B und damit auch die Teilchendichte von B beim Abstand $r_A + r_B$ gleich null sein soll. So folgt aus Gl. (6.5-11)

$$J_1 = (^1N_B)_\infty \cdot 4\pi D_B (r_A + r_B) \tag{6.5-12}$$

Setzen wir diesen Ausdruck in Gl. (6.5-11) ein, so erhalten wir eine Beziehung für den Verlauf der Teilchendichte von B um ein A-Molekül

$$(^1N_B)_r = (^1N_B)_\infty \left(1 - \frac{r_A + r_B}{r}\right) \tag{6.5-13}$$

Dieser Verlauf ist in Abb. 6.5-1 als Kurve a wiedergegeben. Zum Vergleich (Kurve b) ist der Verlauf von ^1N_B eingezeichnet, der sich ergibt, wenn nicht die Diffusion, sondern die Aktivierungsenergie der Reaktion {AB}→C die Geschwindigkeit der Reaktion bestimmt.

Wollen wir die Reaktionsgeschwindigkeit J ermitteln, so müssen wir nicht nur den Fluss J_1 in Richtung auf ein A-Molekül, sondern auf alle A-Moleküle berücksichtigen, was durch Multiplikation von J_1 [Gl. (6.5-12)] mit ^1N_A geschieht. Weiterhin ist zu beachten, dass in Wirklichkeit nicht nur B-Moleküle zu den A-Molekülen, sondern auch die A-Moleküle zu den B-Molekülen diffundieren. Wir benötigen deshalb den relativen Diffusionskoeffizienten $D_{AB} = D_A + D_B$. Danach lässt sich die Reaktionsgeschwindigkeit J wiedergeben durch

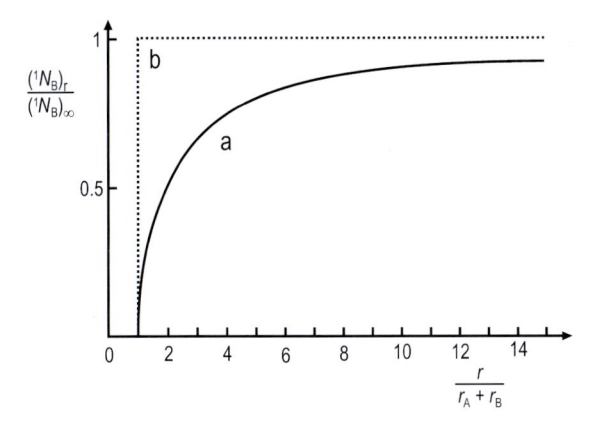

Abbildung 6.5-1 Teilchendichte der B-Moleküle um ein A-Molekül bei diffusionskontrollierter Geschwindigkeit (a) und bei reaktionskontrollierter Geschwindigkeit (b).

$$J = 4\pi D_{AB}(r_A + r_B)\,^1N_A\,^1N_B \tag{6.5-14}$$

wobei wir den Index ∞ fortgelassen haben. Für einen unmittelbaren Vergleich mit Gl. (6.5-6) ist dieser Ausdruck noch nicht geeignet, denn $d[C]/dt$ hat die Dimension Stoffmenge · (Volumen · Zeit)$^{-1}$, J hingegen hat die Dimension (Volumen·Zeit)$^{-1}$. Wir müssen deshalb nach dem Ersetzen der Teilchendichten durch die Konzentrationen nach J/L (L ist die Loschmidt'sche Konstante) auflösen:

$$\frac{J}{L} = 4\pi D_{AB}(r_A + r_B) \cdot L \cdot [A][B] \tag{6.5-15}$$

Der Koeffizientenvergleich zwischen den Gleichungen (6.5-6) und (6.5-15) liefert für

> die *Geschwindigkeitskonstante k_1 der diffusionskontrollierten Reaktion*
> $$k_1 = 4\pi D_{AB}(r_A + r_B) \cdot L \tag{6.5-16}$$

Für eine Abschätzung der Größe der Geschwindigkeitskonstanten greifen wir auf Tab. 5.3-1 zurück. Wir entnehmen ihr, dass die Diffusionskoeffizienten in Wasser gelöster Moleküle und Ionen bei Raumtemperatur in der Größenordnung von $10^{-7}\,\text{dm}^2\,\text{s}^{-1}$ liegen. Für die Ionen- oder Molekülradien setzen wir $10^{-8}\,\text{dm}$ ein. Damit ergibt sich für $k_1 \approx 10^{10}\,\text{dm}^3\,\text{mol}^{-1}\,\text{s}^{-1}$. Tatsächlich findet man experimentell für diffusionskontrollierte Reaktionen Geschwindigkeitskonstanten von $k_1 > 10^9\,\text{dm}^3\,\text{mol}^{-1}\,\text{s}^{-1}$. In der Literatur findet man für die Reaktion zwischen H^+ und OH^- einen Wert von $1.5\cdot10^{11}\,\text{dm}^3\,\text{mol}^{-1}\,\text{s}^{-1}$. Dieser Wert stellt eine obere Grenze dar und ist auf den speziellen Sprungmechanismus zurückzuführen, den man den Protonen auf Grund der Wasserstoffbrückenbindungen zuschreibt. Wir haben dieses Problem bereits im Abschnitt 1.6.6 im Zusammenhang mit der elektrolytischen Leitfähigkeit diskutiert.

Im Abschnitt 5.3.5 haben wir gesehen, dass bei Gasen eine einfache Beziehung zwischen den verschiedenen Transportgrößen besteht, z. B. zwischen dem Diffusionskoeffizienten und der Viskosität. Auch in Flüssigkeiten gibt es solche Beziehungen. So besagt die *Stokes-Einstein-Beziehung* (s. Lehrbücher der Physik)

$$D_i = \frac{kT}{6\pi r_{Si} \eta} \tag{6.5-17}$$

dass der Diffusionskoeffizient umgekehrt proportional der Viskosität η des Lösungsmittels ist. Für r_{Si} ist der hydrodynamische Radius des diffundierenden Teilchens einzusetzen, der von der Wechselwirkung zwischen Lösungsmittel und diffundierendem Teilchen abhängt und nicht mit r_A bzw. r_B aus Gl. (6.5-16) identisch ist. Da man aber weder über die Radien r_A und r_B im Molekülpaar noch über den hydrodynamischen Radius sehr genaue Informationen besitzt, setzt man näherungsweise

$$r_A \approx r_B \approx r_{Si} \tag{6.5-18}$$

Dann kann man die Gleichungen (6.5-16) und (6.5-17) verknüpfen und erhält unter Beachtung von $D_{AB} = D_A + D_B$

$$k_1 \approx 8RT/3\eta \tag{6.5-19}$$

Nach Gl. (6.5-16) nimmt k_1 mit steigendem Radius des Molekülpaares zu, andererseits nimmt der Diffusionskoeffizient nach Gl. (6.5-17) ab. Das führt dazu, dass sich beide Effekte annähernd kompensieren, so dass k_1 letztlich weitgehend unabhängig von den Radien der reagierenden Moleküle wird.

Gl. (6.5-19) gibt uns sofort einen Hinweis auf die Temperaturabhängigkeit der Geschwindigkeitskonstanten diffusionskontrollierter Reaktionen. Nach Abschnitt 5.3.3, Gl. (5.3-32), gilt für die Temperaturabhängigkeit der Viskosität

$$\eta = A \cdot e^{E_a/RT} \tag{6.5-20}$$

Setzen wir diesen Ausdruck in Gl. (6.5-19) ein, so erhalten wir für

> die *Geschwindigkeitskonstante der diffusionskontrollierten Reaktion*
>
> $$k_1 \approx \frac{8RT}{3A} e^{-E_a/RT} \tag{6.5-21}$$

Formal ergibt sich also eine der Arrhenius'schen Gleichung [Gl. (1.5-79)] bzw. der für die einfache Stoßtheorie abgeleiteten Beziehung Gl. (6.4-9) ähnliche exponentielle Temperaturabhängigkeit der Geschwindigkeitskonstanten von einer Aktivierungsenergie. Die Ursache für das Auftreten der Aktivierungsenergie ist aber eine völlig andere. Für Reaktionen in Wasser beträgt E_a etwa 15 kJ mol^{-1}, ist also deutlich kleiner als bei den meisten bimolekularen Reaktionen in der Gasphase (vgl. beispielsweise Abb. 6.3-1).

Es ist darauf hingewiesen worden, dass diffusionskontrollierte Reaktionen bei Ionenreaktionen häufig sind. Die Ableitung, die uns zu Gl. (6.5-14) und weiter zu Gl. (6.5-16) führte, haben wir jedoch für Neutralteilchen durchgeführt. Im Falle von Ionen hätten wir bei der Anwendung des 1. Fickschen Gesetzes noch einen Term berücksichtigen müssen, der auf die elektrostatische Wechselwirkung zwischen den Ionen zurückgeht. Er müsste wegen

$$V_{el} = -\frac{z_A z_B e^2}{4\pi \varepsilon_r \varepsilon_0 r} \qquad (6.5\text{-}22)$$

die Ladungszahlen z_A und z_B der Ionen sowie die Dielektrizitätskonstante des Lösungsmittels enthalten. Bei Ladungen verschiedenen Vorzeichens sollte er gleichsinnig wie der Diffusionsterm, bei Ladungen gleichen Vorzeichens gegensinnig wirken. Dies können wir nachträglich dadurch berücksichtigen, dass wir sowohl in Gl. (6.5-14) als auch in Gl. (6.5-16) noch einen Faktor P einfügen

$$k_1 = 4\pi D_{AB} P (r_A + r_B) L \qquad (6.5\text{-}23)$$

der bei gleichsinnig geladenen Ionen kleiner, bei gegensinnig geladenen größer als eins ist.

Reaktionskontrollierte Geschwindigkeit.

Wir wollen nun noch kurz auf den durch Gl. (6.5-7) beschriebenen Grenzfall, die reaktionskontrollierte Geschwindigkeit, eingehen. Die Geschwindigkeitskonstante k setzt sich gemäß

$$k = K \cdot k_2 \qquad (6.5\text{-}24)$$

multiplikativ aus zwei Faktoren zusammen. Der erstere ist identisch mit der Gleichgewichtskonstanten des Gleichgewichts zwischen den nicht miteinander in Wechselwirkung stehenden Molekülen der Reaktanten A und B und den Molekülpaaren $\{AB\}$. k_2 repräsentiert die Geschwindigkeitskonstante für die Bildung der Produkte aus den Molekülpaaren. Fragen wir nun nach der Temperaturabhängigkeit der Geschwindigkeitskonstanten k, so müssen wir die gleichen Überlegungen wie im Abschnitt 6.3.2 anstellen. Wir erhalten formal eine Abhängigkeit, wie sie die Arrhenius'sche Gleichung [Gl. (1.5-80)] beschreibt. Die so ermittelte Aktivierungsenergie setzt sich aber aus zwei Termen zusammen, der Standard-Reaktionsenthalpie ΔH^0 für die Bildung der Molekülpaare $\{AB\}$ und der für die Kinetik der Reaktion ausschlaggebenden Aktivierungsenergie $(E_a)_2$ des Übergangs der Molekülpaare in die Produkte. Es gilt also für

die *Geschwindigkeitskonstante bei reaktionskontrollierter Geschwindigkeit*

$$\ln k = \ln(k_{02} \cdot B) - \frac{1}{RT}\{(E_a)_2 + \Delta H^0\} \qquad (6.5\text{-}25)$$

6.5.2
Anwendung der Theorie des aktivierten Komplexes auf Reaktionen in Lösung

Prinzipiell sollten die Überlegungen, die wir im Zusammenhang mit der Theorie des aktivierten Komplexes angestellt haben (Abschnitt 6.4.3), auch auf Reaktionen in Lösungen anwendbar sein. Eine Berechnung der Geschwindigkeitskonstanten nach Gl. (6.4-59) scheitert aber daran, dass wir wohl die Zustandssummen freier Moleküle, so wie sie in Gasen vorliegen, berechnen können, nicht aber die Zustandssummen der den vielfältigen Wechselwirkungen in der Lösung unterworfenen Moleküle, die keine freie Translations- und Rotationsbewegung mehr ausführen können.

Erfolgversprechender ist eine Diskussion der aus der Theorie des aktivierten Komplexes abgeleiteten quasi-thermodynamischen Gleichungen [Gl. (6.4-61) bis (6.4-65)]

$$k_\mathrm{n} = \frac{kT}{h} K^{\neq} = \frac{kT}{h} e^{-\Delta G^{0\neq}/RT} \tag{6.5-26}$$

und

$$k_\mathrm{n} = \frac{kT}{h} e^{\Delta S^{0\neq}/R} \cdot e^{-\Delta H^{0\neq}/RT} \tag{6.5-27}$$

für die Fälle, in denen die Reaktion nicht diffusionskontrolliert ist. Sie gestatten uns, den Einfluss des Lösungsmittels und eines Fremdelektrolyten auf die Reaktionsgeschwindigkeit zu verstehen.

Einfluss des Lösungsmittels

Wir beginnen mit der Diskussion des Lösungsmitteleinflusses und bedienen uns dazu der Gleichung (6.5-26) und der Abbildung 6.5-2. Wir vergleichen die Freie Standard-Aktivierungsenthalpie $\Delta G^{0\neq}$, die unmittelbar k_n bestimmt, bei einer Reaktion in Lösung (Index l) mit der in der Gasphase (Index g). Die Gegenwart des Lösungsmittels führt zu einer Solvatation der Reaktanten A und B. Die Solvatation ist ein spontaner Prozess; die Freie Standard-Solvatationsenthalpie $\Sigma \Delta G^0_{\mathrm{solv}}$ ist deshalb negativ, so dass die molare Freie Standard-Enthalpie der Reaktanten in der Lösung geringer ist als in der Gasphase. Auch der aktivierte Komplex wird in der Lösung solvatisiert. Seine Freie Standard-Solvatationsenthalpie ist $\Delta G^{0\neq}_{\mathrm{solv}}$. $\Sigma \Delta G^0_{\mathrm{solv}}$ und $\Delta G^{0\neq}_{\mathrm{solv}}$ werden im Allgemeinen unterschiedliche Größen haben.

In Abb. 6.5-2 a ist $\left|\Delta G^{0\neq}_{\mathrm{solv}}\right| > \left|\Sigma \Delta G^0_{\mathrm{solv}}\right|$, in Abb. 6.5-2 b ist $\left|\Delta G^{0\neq}_{\mathrm{solv}}\right| < \left|\Sigma \Delta G^0_{\mathrm{solv}}\right|$. Wir erkennen, dass dadurch $\Delta G^{0\neq}_\mathrm{l} < \Delta G^{0\neq}_\mathrm{g}$ bzw. $\Delta G^{0\neq}_\mathrm{l} > \Delta G^{0\neq}_\mathrm{g}$ wird. Im ersteren Fall wird also die Freie Standard-Aktivierungsenthalpie gegenüber der Gasphasenreaktion erniedrigt, die Geschwindigkeitskonstante erhöht, im letzteren Fall steigt die Freie Standard-Aktivierungsenthalpie, und die Geschwindigkeitskonstante sinkt.

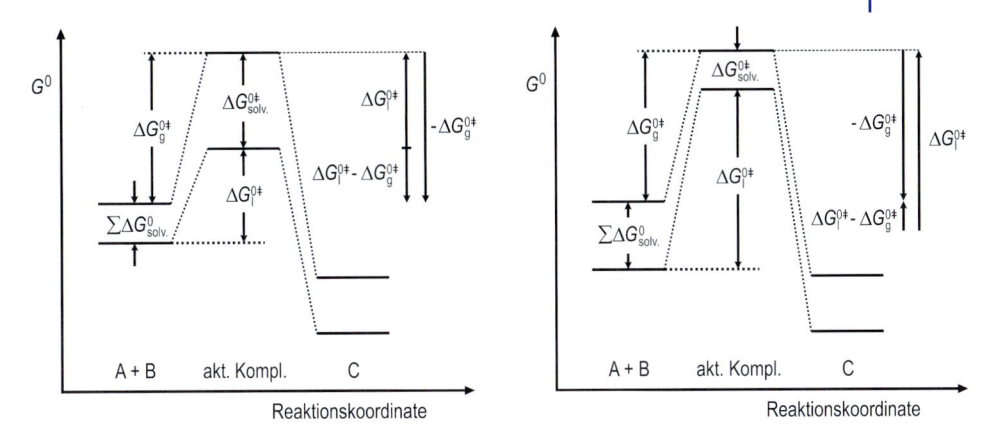

Abbildung 6.5-2 Einfluss des Lösungsmittels auf die Freie Aktivierungsenthalpie $\Delta G^{0\neq}$.

Die Betrachtung der Standard-Aktivierungsentropie (Gl. 6.5-27) vermag Auskunft zu geben über die relative Ordnung des aktivierten Komplexes. Das Aktivierungsvolumen $\Delta V^{\neq}$, das sich aus der Druckabhängigkeit der Freien Aktivierungsenthalpie ergibt (vgl. Abschnitt 2.6.4), sagt etwas über die Größe des aktivierten Komplexes im Verhältnis zur Größe der Reaktanten und damit über Bindungsbildung oder -lockerung aus.

Einfluss von Fremdelektrolyten

Wenden wir uns nun noch dem Einfluss von Fremdelektrolyten auf die Geschwindigkeitskonstante zu. Für die Reaktion

$$A + B \rightarrow (A \cdot B)^{\neq} \rightarrow C \tag{6.5-28}$$

hatten wir im Abschnitt 6.4.3 mit Gl. (6.4-61) und Gl. (6.4-51) gefunden

$$k_{no} = \frac{kT}{h} K^{\neq} = \frac{kT}{h} \frac{[(A \cdot B)^{\neq}]}{[A] \cdot [B]} \tag{6.5-29}$$

Der Index Null soll darauf hindeuten, dass diese Beziehung für den Fall abgeleitet worden ist, dass zwischen den gelösten Teilchen keine Wechselwirkungskräfte wirksam sind. Deshalb konnte $K^{\neq}$ auch, was für den Vergleich zwischen Gl. (6.4-52) und Gl. (6.4-54) notwendig ist, mit Hilfe der Konzentrationen ausgedrückt werden. Im vorliegenden Fall realer Elektrolytlösungen muss $K^{\neq}$ aber über die Aktivitäten formuliert werden:

$$K^{\neq} = \frac{[a(A \cdot B)^{\neq}]}{[a(A)] \cdot [a(B)]} = \frac{[(A \cdot B)^{\neq}]}{[A][B]} \frac{\gamma^{\neq}}{\gamma_A \gamma_B} \tag{6.5-30}$$

Substituiert man in Gl. (6.5-29) den Quotienten aus den Konzentrationen durch den bei Vorliegen interionischer Wechselwirkung aus Gl. (6.5-30) folgenden, so erhält man für die nun mit k_n bezeichnete Geschwindigkeitskonstante

$$k_n = \frac{kT}{h} K^{\neq} \cdot \frac{\gamma_A \gamma_B}{\gamma^{\neq}} = k_{no} \cdot \frac{\gamma_A \gamma_B}{\gamma^{\neq}} \qquad (6.5\text{-}31)$$

Man geht also davon aus, dass die interionischen Wechselwirkungen keinen Einfluss auf den Wert von $K^{\neq}$ haben.

Im Gültigkeitsbereich der Debye-Hückel'schen Theorie (vgl. Abschnitt 1.6.9 und 2.5.5) können wir den individuellen Ionenaktivitätskoeffizienten γ_i nach Gl. (2.5-183)

$$\ln \gamma_i = -z_i^2 \cdot A \cdot I^{1/2} \qquad (2.5\text{-}183)$$

durch die Ladungszahlen z_i der Ionen und die Ionenstärke

$$I = \frac{1}{2} \sum z_i^2 c_i \qquad (1.6\text{-}72)$$

ausdrücken. Die Konstante A enthält nach Gl. (2.5-183) unter anderem die Dielektrizitätskonstante des Lösungsmittels. Nach dem Logarithmieren von Gl. (6.5-31) und dem Einsetzen von Gl. (2.5-183) folgt

$$\ln k_n = \ln k_{no} - A\{z_A^2 + z_B^2 - (z_A + z_B)^2\} I^{1/2} \qquad (6.5\text{-}32)$$

wenn wir berücksichtigen, dass sich die Ladung des aktivierten Komplexes additiv aus den Ladungen der Reaktanten zusammensetzen muss. So erhalten wir schließlich für die

Abhängigkeit der Geschwindigkeitskonstanten von den Ladungszahlen und der Ionenstärke

$$\ln k_n = \ln k_{no} + 2A z_A z_B I^{1/2} \qquad (6.5\text{-}33)$$

Diese erstmals von Brönstedt und Bjerrum angegebene Beziehung lässt uns den *primären Salzeffekt* verstehen, der für einige Beispiele in Abb. 6.5-3 dargestellt ist. Es besteht eine lineare Beziehung zwischen dem Logarithmus der Geschwindigkeitskonstanten und der Wurzel der Ionenstärke. Haben beide Reaktanten-Ionen das gleiche Vorzeichen, so steigt die Geschwindigkeitskonstante mit der Ionenstärke an, sind die Vorzeichen entgegengesetzt, so fällt sie ab. Ist mindestens einer der Reaktanten ein Neutralteilchen, dann hat die Ionenstärke keinen Einfluss auf die Reaktionsgeschwindigkeit. Die in Abb. 6.5-3 eingezeichneten Geraden wurden nach Gl. (6.5-33) berechnet. Man erkennt, dass die Übereinstimmung mit den Messwerten im Allgemeinen recht gut ist.

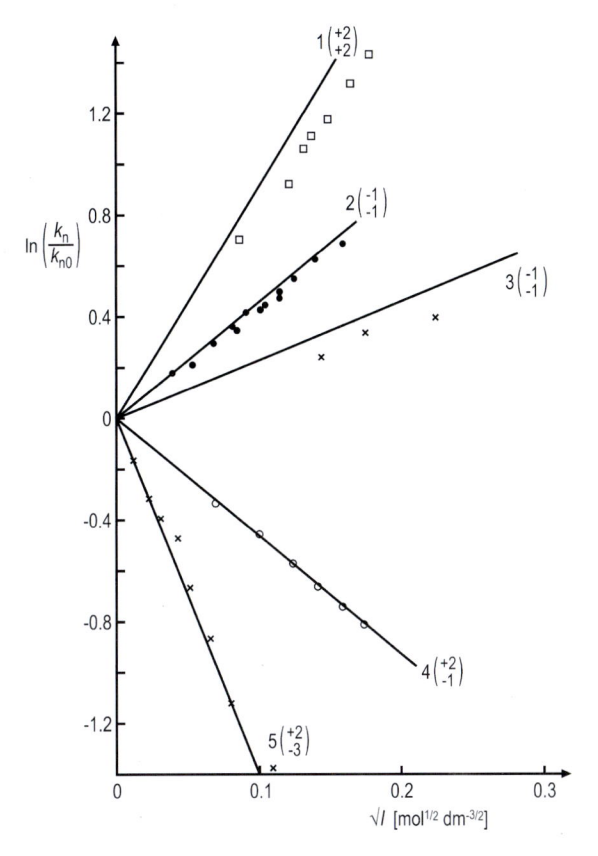

Abbildung 6.5-3 Zum primären Salzeffekt.
Kurve 1: $2\,[CoBr(NH_3)_5]^{2+} + Hg^{2+} + 2\,H_2O \rightarrow 2[Co(NH_3)_5H_2O]^{3+} + HgBr_2$
Kurve 2: $S_2O_8^{2-} + 2I^- \rightarrow I_2 + SO_4^{2-}$
Kurve 3: $(O_2NNCOOC_2H_5)^- + OH^- \rightarrow N_2O + CO_3^{2-} + C_2H_5OH$
Kurve 4: $[CoBr(NH_3)_5]^{2+} + OH^- \rightarrow [Co(OH)(NH_3)_5]^{2+} + Br^-$
Kurve 5: $Fe^{2+} + Co(C_2O_4)_3^{3-} \rightarrow Fe^{3+} + Co^{2+} + 3\,C_2O_4^{2-}$

6.5.3
Kernpunkte des Abschnitt 6.5

- ☑ Bimolekulare Reaktionen in Lösung S. 998
    - Reaktionsgeschwindigkeit bei Diffusionskontrolle Gl. (6.5-6)
    - Reaktionsgeschwindigkeit bei Reaktionskontrolle Gl. (6.5-7)
    - Diffusionskontrollierte Geschwindigkeit S. 999
    - Temperaturabhängigkeit der Geschwindigkeitskonstanten Gl. (6.5-21)
- ☑ Reaktionskontrollierte Geschwindigkeit S. 1003
    - Temperaturabhängigkeit der Geschwindigkeitskonstanten Gl. (6.5-25)
- ☑ Anwendung der Theorie des aktivierten Komplexes S. 1004
    - Einfluss des Lösungsmittels auf die Geschwindigkeitskonstante S. 1004
    - Einfluss von Fremdionen auf die Geschwindigkeitskonstante Gl. (6.5-33)

6.5.4
Rechenbeispiele zu Abschnitt 6.5

1. Aus der Quasistationaritätsbedingung [Gl. (6.5-2)] haben wir die Konzentration der Molekülpaare {AB} berechnet [Gl. (6.5-4)]. Diese Gleichung können wir umschreiben in

$$\frac{[\{AB\}]}{[A][B]} = \frac{k_1}{k_{-1} + k_2}$$

Die rechte Seite ist eine Konstante, folglich auch die linke. Wegen $d[\{AB\}]/dt = 0$ muss der Zähler [{AB}] zeitunabhängig sein. Dann müsste auch der Nenner [A] [B] unabhängig von der Zeit sein, was nicht den Tatsachen entspricht. Wo liegt der Trugschluss?

2. Die Untersuchung einer bimolekularen Reaktion zwischen Ionen in Lösung zeigte folgende Abhängigkeit der Geschwindigkeitskonstanten k_2 von der Ionenstärke I

I/mol dm^{-3}	0.0025	0.0100	0.0225	0.0400	0.0625
k_2/dm^3 mol^{-1} s^{-1}	0.431	0.546	0.690	0.870	1.102

Eines der Ionen ist einfach negativ geladen. Welche Ladung trägt das andere?

6.6
Die Kinetik heterogener Reaktionen

Bislang haben wir uns nur mit der Kinetik von homogenen Reaktionen befasst, d. h. von Reaktionen, bei denen die Reaktionspartner in ein und derselben Phase vorlagen, in der Gasphase oder in Lösung. Wir wenden uns nun der Kinetik heterogener Reaktionen zu, d. h. der Kinetik von Reaktionen, bei denen die Reaktionspartner in verschiedenen Phasen vorliegen. Der entscheidende Unterschied zu den homogenen Reaktionen ist darin zu sehen, dass nicht mehr der gesamte vom reagierenden System eingenommene Raum Ort des reaktiven Geschehens ist, sondern dass die Reaktion sich nur noch in der Grenzfläche zwischen den unterschiedlichen Phasen abspielen kann. Da die Reaktanten zunächst in die Grenzfläche transportiert werden müssen, sollten Transportprobleme bei der Kinetik heterogener Reaktionen eine weitaus größere Rolle spielen als bei der Kinetik homogener Reaktionen, wo wir sie lediglich im Abschnitt 6.5 bei Reaktionen in Lösungen angesprochen hatten.

Bei nahezu all den zu behandelnden Beispielen werden wir die Reaktion zumindest in drei Schritte aufteilen müssen, in
1. die Diffusion der Reaktanten aus dem Phaseninnern an die Phasengrenze
2. die chemische Reaktion in der Phasengrenze
3. die Abdiffusion der Reaktionsprodukte aus der Phasengrenze.

Wir wollen versuchen, uns einen Überblick über heterogene Reaktionen zu verschaffen, und dabei Reaktionen an Festkörperoberflächen (zwischen adsorbierten

Teilchen) und unter Beteiligung von geladenen Teilchen ausklammern, weil wir diesen wegen ihrer großen Bedeutung gesonderte Abschnitte über Katalyse (Abschnitt 6.7) bzw. Kinetik elektrochemischer Prozesse (Abschnitt 6.8) widmen werden. Wir wollen aber sowohl physikalische als auch chemische Veränderungen einschließen.

So müssen wir zu den heterogenen Reaktionen die Phasenänderungen rechnen, wie wir sie von der Sublimation, Verdampfung, Kondensation oder Änderung der Modifikation fester Phasen her kennen. Dazu gehören auch Vorgänge wie das Lösen eines festen Stoffes in einem Lösungsmittel oder das Auskristallisieren oder Ausfällen eines gelösten Stoffes. Heterogene chemische Reaktionen können stattfinden zwischen einer Gasphase und einer flüssigen Phase (beispielsweise Oxidation gelöster Stoffe durch durchperlenden Sauerstoff), zwischen einer Gasphase und einer festen Phase (Oxidation von Metallen), zwischen zwei flüssigen Phasen (Reaktion zwischen Natriumamalgam und Wasser), zwischen einer flüssigen und einer festen Phase (Lösen eines Salzes unter Solvatation) oder zwischen zwei festen Phasen (Bildung von Silicaten aus Oxiden und Siliciumdioxid).

Wir sehen, dass wir es mit einer Vielzahl unterschiedlicher Systeme zu tun haben. Eine geschlossene theoretische Behandlung ist nicht möglich. So werden wir in den folgenden Abschnitten einige heterogene Prozesse herausgreifen und als charakteristische Beispiele behandeln.

Im Abschnitt 6.6.1 werden wir uns mit der Kinetik der Phasenbildung beschäftigen. Als Beispiel werden wir das *Auskristallisieren eines Festkörpers* aus einer Lösung betrachten.

Der umgekehrte Prozess, das *Auflösen eines Kristalls*, wird das Thema von Abschnitt 6.6.2 sein.

Als Beispiel für eine heterogene Reaktion zwischen zwei Reaktanten werden wir *Verzunderungs- oder Anlaufvorgänge* kennenlernen, wie sie bei der Bildung einer Oxidschicht auf einem Metall auftreten (Abschn. 6.6.3).

6.6.1
Kinetik der Phasenbildung

Im Abschnitt 2.5 haben wir uns ausführlich mit dem Gleichgewicht zwischen unterschiedlichen Phasen eines reinen Stoffes befasst. Wir haben gesehen, dass zwei Phasen nur unter bestimmten, durch Druck und Temperatur gegebenen Bedingungen (vgl. Clausius-Clapeyron'sche Gleichung, Abschnitt 2.5.3) miteinander im Gleichgewicht stehen können, dass unter diesen Bedingungen die beiden Phasen im beliebigen Mengenverhältnis koexistent sind, dass aber bei Nichteinhalten dieser Gleichgewichtsbedingungen eine der beiden Phasen vollständig verschwinden muss. Bei der Besprechung des p,v-Diagramms (Abb. 2.1-4, Abschn. 2.1.2) haben wir allerdings erwähnt, dass es unter Umständen möglich ist, einen metastabilen Zustand zu erreichen, der dann spontan in den stabilen übergeht. Solche Vorgänge sind vom Siedeverzug oder von der Unterkühlung von Schmelzen oder Lösungen her hinreichend bekannt. Sie haben ihre Ursache in der Kinetik der Phasenbildung.

Soll eine neue Phase β gebildet werden, so muss sich in der alten Phase α, deren Zustand durch p, T, v^α gekennzeichnet ist, eine hinreichend große Zahl von Teilchen zusammenlagern, deren Zustand durch p, T, v^β beschrieben wird.

> Bei einem spontanen Phasenübergang ist die Freie Umwandlungsenthalpie, so wie wir sie aus den makroskopischen Daten ermitteln, zweifellos negativ. Die Bildung einer neuen Phase in der ursprünglichen setzt aber die Bildung einer Phasengrenze voraus. Wir müssen deshalb, solange wir noch im Bereich winziger Dimensionen der neuen Phase sind, die Freie Bildungsenthalpie ΔG der Phase β aus der Phase α aufteilen in den negativen Volumenanteil ΔG_V und einen Oberflächenanteil ΔG_σ, der nach unseren Überlegungen aus Abschnitt 2.7.2 positiv ist.

Lagern sich zunächst nur wenige Teilchen zur neuen Phase zusammen, so hat dieser *Keim* ein relativ großes Verhältnis von Oberfläche zu Volumen, der Oberflächenanteil ΔG_σ wird den Volumenanteil ΔG_V übertreffen, so dass ΔG positiv ist. Obwohl unter den gewählten Bedingungen von p und T die Phase β die stabile sein sollte ($\Delta G_V < 0$), muss dies für die Keime der Phase β noch nicht zutreffen. Sind die Keime größer, so ändert sich das Verhältnis $\Delta G_V / \Delta G_\sigma$ sehr schnell zugunsten von ΔG_V, da das Volumen mit der dritten, die Oberfläche aber nur mit der zweiten Potenz von r wächst. Liegen größere Keime neben kleineren vor, so sind erstere stabiler als letztere, die größeren wachsen auf Kosten der kleineren. Wir haben die gleichen Verhältnisse vorliegen, wie wir sie im Abschnitt 2.7.2 bei der Besprechung des Dampfdrucks kleiner Tröpfchen behandelt haben.

Soll es also zu der Bildung einer neuen Phase kommen, so ist entscheidend, dass sich Keime hinreichender Größe bilden können. Die Wahrscheinlichkeit ist besonders dort gegeben, wo eine hohe Teilchenkonzentration vorliegt, also beispielsweise in überhitzten Flüssigkeiten bei der Dampfbildung (Siedeverzug) oder in unterkühlten Lösungen oder Schmelzen beim Auskristallisieren. Unter diesen Bedingungen setzt, sobald sich einmal Keime gebildet haben, die Phasenneubildung mit großer Vehemenz ein. Oft bedarf es einer sehr starken Übersättigung, um eine Keimbildung zu erreichen. Deshalb ist es bisweilen leichter, die Kristallisation oder die Dampfphasenbildung durch Einbringen von Fremdkeimen (Kratzen an den Gefäßwandungen, Siedesteinchen) in Gang zu setzen.

> Von der *Keimbildungsgeschwindigkeit* zu unterscheiden haben wir die *Keimwachstumsgeschwindigkeit*. Sie wird dann entscheidend, wenn schon genügend Keime vorliegen und diese nun wachsen.

Die Keimwachstumsgeschwindigkeit wird vielfach bestimmt durch die Geschwindigkeit der Wärmezu- oder abfuhr. Daneben spielt natürlich auch der Stofftransport eine große Rolle. Da die quantitativen Zusammenhänge sehr von den gegebenen

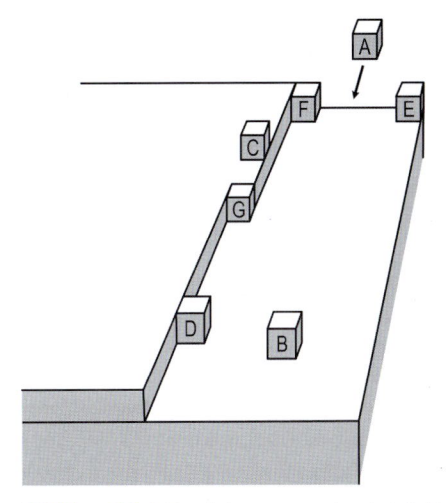

Abbildung 6.6-1 Zur Anlagerungswahrscheinlichkeit eines Adatoms beim Aufbau einer Kristallfläche.

Bedingungen abhängen, wollen wir diese Frage hier nicht weiter unter allgemeinen Gesichtspunkten verfolgen, sondern uns einem speziellen Problem zuwenden, dem *Kristallwachstum*.

Einen erheblichen Teil unserer Kenntnis über das Kristallwachstum verdanken wir den Arbeiten von J. *Stranski*. Abbildung 6.6-1 zeigt uns einen Ausschnitt einer Kristalloberfläche. Wir erkennen, dass sich ein aus der Gas- oder Lösungsphase kommendes Atom (A) an unterschiedlichen Stellen einer im Aufbau befindlichen Kristallfläche anlagern kann. Diese verschiedenen Positionen für das *Adatom* unterscheiden sich energetisch, sie sind in Abb. 6.6-1 durch verschiedene Buchstaben gekennzeichnet. Die Wahrscheinlichkeit der Anlagerung an diese Positionen nimmt in der Reihenfolge des Alphabets zu. Im Grunde genommen haben wir hier im Zweidimensionalen die gleichen Probleme, die wir zu Beginn dieses Abschnitts im Zusammenhang mit der Keimbildung besprochen haben. Isolierte Lagen (B) sind ungünstig (kleine Keime). Winkellagen mit vielen Nachbaratomen (G) sind bevorzugt. Ecklagen (E, F) sind günstiger als Kantenlagen (C, D). Deshalb beginnt der Aufbau einer neuen Zeile oder Schicht am Rande (F bzw. E) und nicht in der Mitte (D bzw. C oder B). Nur sehr selten trifft ein Atom aus der Gas- oder Lösungsphase unmittelbar auf den Platz, auf dem es schließlich in den Kristall eingebaut wird. Der weitaus größte Teil der Adatome wird zunächst an einem energetisch ungünstigen Platz adsorbiert und gelangt dann durch *Oberflächendiffusion* in die endgültige Position. Damit wird auch verständlich, dass durch Adsorption von Fremdstoffen das Kristallwachstum einschneidend verändert werden kann.

6.6.2
Auflösungsvorgänge

Als ein weiteres Beispiel wollen wir die Auflösung eines Festkörpers in einem Lösungsmittel besprechen. Wir gehen von folgendem Modell aus, das in Abb. 6.6-2 skizziert ist: Der Festkörper liegt als großer Kristall mit planer Oberfläche vor. Das Lösungsmittel wird kräftig gerührt, so dass sich innerhalb der sich bildenden Lösung kein Konzentrationsunterschied aufbauen kann. Trotz des kräftigen Rührens wird aber unmittelbar an der Festkörperoberfläche die Flüssigkeit fest haften. Wir nehmen vereinfachend an, dass sich eine ruhende Schicht der Dicke δ (etwa 10^{-5} m) ausbildet und dass der geschwindigkeitsbestimmende Schritt bei der Auflösung – so wie es tatsächlich meistens der Fall ist – die Abdiffusion des Gelösten ist. Dann stellt sich unmittelbar an der Festkörperoberfläche die Sättigungskonzentration c_s ein. Im Inneren der Lösung herrsche die Konzentration c und der Konzentrationsgradient in der ruhenden Schicht sei konstant.

Wenn der Auflösungsvorgang diffusionskontrolliert ist, ist die pro Zeiteinheit von der Oberfläche A des Festkörpers in die Lösung diffundierende Teilchenzahl $\frac{dN}{dt}$ nach Gl. (5.3-5) gegeben als

$$\frac{dN}{dt} = -DA\frac{d^1 N}{dx} \tag{6.6-1}$$

Uns interessieren nicht Teilchenzahlen, sondern Konzentrationen. Deshalb dividieren wir Gl. (6.6-1) durch die Avogadro'sche Konstante N_A und das Volumen V der Lösung und erhalten

$$\frac{dc}{dt} = -\frac{DA}{V}\frac{dc}{dx} \tag{6.6-2}$$

Den Konzentrationsgradienten dc/dx können wir nach Abb. 6.6-2 durch $-\frac{c_s - c}{\delta}$ ausdrücken, so dass sich ergibt

$$\frac{dc}{dt} = +\frac{DA}{V\delta}(c_s - c) \tag{6.6-3}$$

Um die Konzentration c als Funktion der Zeit zu erhalten, integrieren wir Gl. (6.6-3) zwischen den Grenzen $t = 0$, $c = 0$ und $t = t$, $c = c$

$$\int_0^c \frac{dc}{c_s - c} = \int_0^t \frac{DA}{V\delta} dt \tag{6.6-4}$$

$$\ln\frac{c_s}{c_s - c} = \frac{DA}{V\delta}t \tag{6.6-5}$$

$$c_s - c = c_s e^{-\frac{DA}{V\delta}t} \tag{6.6-6}$$

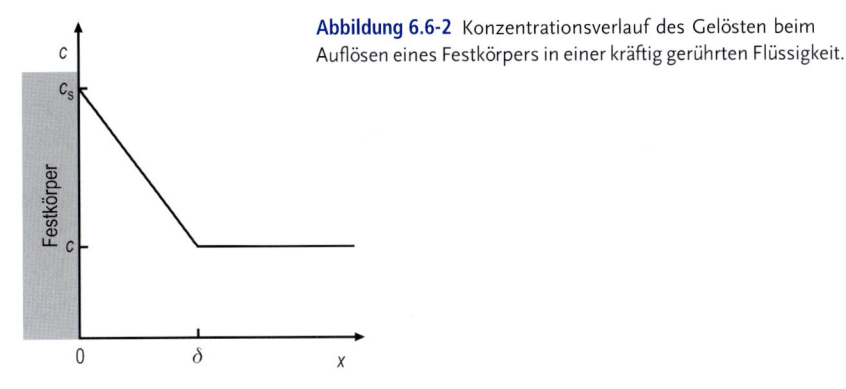

Abbildung 6.6-2 Konzentrationsverlauf des Gelösten beim Auflösen eines Festkörpers in einer kräftig gerührten Flüssigkeit.

Daraus folgt für

die Konzentration in der Lösung in Abhängigkeit von der Zeit

$$c = c_s \left(1 - e^{-\frac{DA}{V\delta}t}\right) \tag{6.6-7}$$

sofern die Masse des Festkörpers so groß ist, dass die Sättigungskonzentration in der Lösung erreicht werden kann.

Dieser Ausdruck ist formal identisch mit Gl. (1.5-20), wenn man $\frac{DA}{V\delta}$ als Geschwindigkeitskonstante betrachtet. Der Auflösungsvorgang erfolgt also entsprechend einer Reaktion 1. Ordnung.

Für eine Nachprüfung, ob der Vorgang tatsächlich diffusionskontrolliert ist, eignet sich Gl. (6.6-242) wenig, da zwar D im Allgemeinen gut, δ aber nur sehr ungenau bekannt ist. Es ist deshalb zweckmäßiger, die Temperaturabhängigkeit der Auflösungsgeschwindigkeit zu betrachten, die der Temperaturabhängigkeit des Diffusionskoeffizienten entsprechen muss.

6.6.3
Verzunderungs- und Anlaufvorgänge

Einen ganz anderen Mechanismus haben wir anzunehmen, wenn Gase mit Festkörpern reagieren unter Bildung fester Reaktionsprodukte, so wie das beispielsweise bei der Reaktion von Metallen mit Sauerstoff, Schwefel oder Halogen der Fall ist. Durch die Reaktion bildet sich auf dem Metall eine zusammenhängende *Deckschicht* (Zunder- oder Anlaufschicht) aus dem Oxid, Sulfid oder Halogenid, durch die die Reaktanten Metall und Sauerstoff voneinander getrennt werden. Die Reaktion kann nur fortlaufen, wenn einer der Reaktionspartner durch die Schicht hindurchdiffundiert. In der Regel ist dies das Metall. Zweckmäßigerweise messen wir die Reaktionsgeschwindigkeit durch die Geschwindigkeit $\frac{dx}{dt}$ der Zunahme der Dicke x der Oxidschicht. Wieder ist die Diffusion geschwindigkeitsbestimmend, und der Ansatz für die Reaktionsgeschwindigkeit muss Gl. (6.6-1) entsprechen. Ein Maß für dN/dt ist $\dfrac{dx}{dt}$. Der Konzentrationsgradient ist, wie wir Abb. 6.6-2 entnehmen, umgekehrt proportional der Dicke x der Deckschicht. Fassen wir alle Konstanten, einschließlich des Diffusionskoeffizienten in einer Konstanten k zusammen, so erhalten wir

$$\frac{dx}{dt} = \frac{k}{x} \qquad (6.6\text{-}8)$$

Integrieren wir nun zwischen den Grenzen $t = 0, x = 0$ und $t = t, x = x$, so finden wir das zuerst

von *Tammann* abgeleitete sog. *Parabelgesetz*

$$x^2 = 2kT \qquad (6.6\text{-}9)$$

$$x = \sqrt{2kt} = k'\sqrt{t} \qquad (6.6\text{-}10)$$

Eine solche Abhängigkeit wird vielfach auch bei Reaktionen zwischen einem flüssigen und einem festen Reaktionspartner oder zwischen zwei festen Stoffen beobachtet.

6.6.4
Kernpunkte des Abschnitts 6.6

- ☑ Kinetik der Phasenbildung S. 1009
  - Keimbildungsgeschwindigkeit S. 1010
  - Keimwachstumsgeschwindigkeit S. 1010
- ☑ Auflösungsgeschwindigkeit Gl. (6.6-7)
- ☑ Tammann'sches Parabelgesetz Gl. (6.6-9)

6.6.5
Rechenbeispiele zu Abschnitt 6.6

1. Um die Verdampfungsgeschwindigkeit einer Flüssigkeit zu berechnen, vollziehe man folgenden Gedankengang nach: a) Wie groß ist die Brutto-Verdampfungsgeschwindigkeit, wenn sich beim Sättigungsdampfdruck p_s Dampf und Flüssigkeit im thermischen Gleichgewicht befinden? b) Wie groß ist unter denselben Bedingungen der Teilchenstrom (je Flächeneinheit) j_{ks} aus der Gasphase in die flüssige Phase (vollständige Kondensation angenommen)? c) Wie groß ist dementsprechend der Teilchenstrom j_v aus der Flüssigkeit in die Dampfphase? d) Wie groß ist die Netto-Verdampfungsgeschwindigkeit bei einem Druck $p < p_s$? e) Unter welchen Bedingungen liegt die maximale Verdampfungsgeschwindigkeit vor? f) Wie lässt sich der

Sättigungsdampfdruck p_s bei einer beliebigen Temperatur durch die Daten beim normalen Siedepunkt $(p_{T_v}, S_{T_v}$ ausdrücken? g) Was folgt für die maximale Verdampfungsgeschwindigkeit bei $T < T_v$?

2. Die diffusionskontrollierte Auflösungsgeschwindigkeit von $CaSO_4$ wurde über eine Messung der elektrischen Leitfähigkeit bei 298 K ermittelt. Zu diesem Zweck befand sich ein $CaSO_4$-Kristall mit einer Oberfläche von 10 cm² in einer 190 cm³ fassenden Leitfähigkeitsmesszelle mit konstant laufendem Rührer. Man berechne den Diffusionskoeffizienten nach Nernst aus den molaren Ionenleitfähigkeiten $\Lambda^\pm$ (Tab. 1.6-4) gemäß

$$D = \frac{2\Lambda^+\Lambda^-}{F^2(\Lambda^+ + \Lambda^-)} RT$$

und ermittle aus den Messergebnissen die Dicke δ der ruhenden Schicht.

t/min	0	3	5	10	15	20	25	30
$\kappa/10^{-3}\Omega^{-1}\text{cm}^{-1}$	0.007	0.066	0.144	0.198	0.251	0.314	0.347	0.403

t/min	40	50	60	80	100	120	140	∞
$\kappa/10^{-3}\Omega^{-1}\text{cm}^{-1}$	0.530	0.633	0.775	0.950	1.073	1.185	1.270	1.660

6.7
Die Katalyse

Mit der Katalyse kommen wir zu Reaktionen, die sowohl in homogener Phase als auch im heterogenen System ablaufen können. Für die technische Anwendung haben katalytische Reaktionen eine überragende Bedeutung, werden heutzutage doch über 90 Prozent der technisch erzeugten Produkte über katalytische Verfahren hergestellt.

Im Abschnitt 6.7.1 wollen wir einige *allgemeine*, sowohl für die homogene als auch für die heterogene Katalyse gültige *Überlegungen* anstellen.

Wir werden uns dann im Abschnitt 6.7.2 zunächst mit der *homogenen Katalyse* befassen, mit spezieller Berücksichtigung der *Säure-Base-Katalyse*, der *Autokatalyse* und der *enzymatischen Katalyse*.

Letztere leitet bereits zur *heterogenen Katalyse* über (Abschn. 6.7.3). Wir werden zwischen zwei Grenzfällen, dem *Langmuir-Hinshelwood-Mechanismus* und dem *Eley-Rideal-Mechanismus* unterscheiden. An einem einfachen Beispiel werden wir versuchen, eine die Einzelschritte berücksichtigende *Geschwindigkeitsgleichung* aufzustellen. Um das wirkliche Geschehen bei der heterogenen Katalyse verstehen zu können, werden wir uns mit dem *Zustand des Adsorbats* auf der Katalysatoroberfläche beschäftigen und schließlich auf dieser Grundlage für zwei Prozesse den *Reaktionsmechanismus* im Detail behandeln.

Abschließend werden wir im Abschnitt 6.7.4 *oszillierende katalytische Reaktionen* kennenlernen.

6.7.1
Allgemeines zu katalytischen Reaktionen

Bereits 1835 fand *Berzelius*, dass es Stoffe gibt, die scheinbar durch ihre bloße Gegenwart den zeitlichen Ablauf einer chemischen Reaktion stark verändern können. Er nannte solche Stoffe Katalysatoren. *Ostwald* definierte 1907 einen Katalysator genauer, indem er sinngemäß sagte: Katalysatoren sind Stoffe, deren Zusatz bereits in sehr geringen Mengen die Geschwindigkeit einer Reaktion beeinflusst. Charakteristisch ist, dass diese Stoffe chemisch unverändert vor und nach der Reaktion in gleicher Menge vorliegen. Das bedeutet, dass sie sich entweder am eigentlichen chemischen Vorgang gar nicht beteiligen, oder aber, dass sie bei der Reaktion *Zwischenprodukte* bilden, die dann unter Rückbildung des Katalysators wieder zerfallen.

Heutzutage wissen wir, dass in aller Regel die zweite der Ostwald'schen Annahmen zutreffend ist. Wenn wir also eine katalysierte Reaktion zwischen den Reaktanten A und B unter Bildung eines oder mehrerer Produkte P formulieren wollen, so müssen wir schreiben

$$A + B + K \underset{k_{-1}}{\overset{k_1}{\rightleftharpoons}} \left\{ \begin{array}{c} A \cdot K + B \\ A \cdot K \cdot B \end{array} \right\} \underset{k_{-2}}{\overset{k_2}{\rightleftharpoons}} P + K \tag{6.7-1}$$

Dabei ist angenommen, dass entweder einer der Reaktanten (A) oder beide Reaktanten (A und B) mit dem Katalysator K in Wechselwirkung treten. In jedem Fall erfolgt die Bildung des Produktes oder der Produkte P unter Rückbildung des Katalysators K.

Um die Verhältnisse zu veranschaulichen, betrachten wir die Freie Enthalpie G des reagierenden Systems, ähnlich wie wir es bei der Anwendung der Theorie des aktivierten Komplexes auf Reaktionen in Lösung (Abschnitt 6.5.2, Abb. 6.5-2) getan haben. Für die nicht katalysierte Reaktion wäre die Freie Aktivierungsenthalpie für die Bildung des Übergangskomplexes $\{A \cdot B\}^{\neq}$ $\Delta G^{0\neq}$ (Abb. 6.7-1). Die durch den

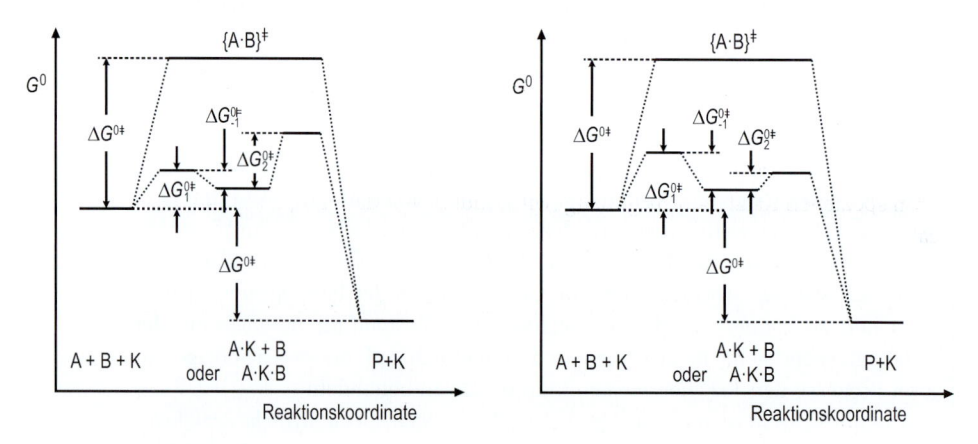

Abbildung 6.7-1 Einfluss des Katalysators K auf die Freie Aktivierungsenthalpie $\Delta G^{0\neq}$.

Katalysator hervorgerufene Erhöhung der Reaktionsgeschwindigkeit bei Konstanthaltung aller übrigen Reaktionsparameter zeigt, dass die Freie Aktivierungsenthalpie durch das Auftreten des Zwischenproduktes A·K bzw. A·K·B erniedrigt sein muss. Nun wird im Allgemeinen sowohl die Bildung des Zwischenproduktes als auch der Zerfall des Zwischenproduktes unter Rückbildung des freien Katalysators einen aktivierten Prozess darstellen. Das ist in Abb. 6.7-1 für zwei mögliche Fälle dargestellt, nämlich dass a) sowohl die Freie Aktivierungsenthalpie $\Delta G_1^{0\neq}$ für die Bildung des Zwischenproduktes als auch $\Delta G_{-1}^{0\neq}$ für die Rückbildung der Ausgangsstoffe kleiner ist als $\Delta G_2^{0\neq}$, die Freie Aktivierungsenthalpie für den Zerfall des Zwischenproduktes in die Produkte und den Katalysator K, und b) dass $\Delta G_1^{0\neq} > \Delta G_{-1}^{0\neq} \gg \Delta G_2^{0\neq}$. Im Fall a) wird der Zerfall, im Fall b) die Bildung des Zwischenproduktes geschwindigkeitsbestimmend sein. Wir kommen später darauf zurück.

Eine wichtige Erkenntnis können wir bereits aus Gl. (6.7-1) und Abb. 6.7-1 ziehen:

> Der Katalysator fällt aus der summarischen Reaktionsgleichung heraus, ΔG^0 ist für die nicht katalysierte und die katalysierte Reaktion identisch. Das heißt, dass durch die Verwendung eines Katalysators das thermodynamische Gleichgewicht zwischen den Ausgangsstoffen A und B und dem Produkt oder den Produkten P nicht beeinflusst werden kann. Eine thermodynamisch nicht mögliche Reaktion kann auch durch die Anwendung eines Katalysators nicht erzwungen werden. Ein Katalysator hat nur Einfluss auf die Reaktionsgeschwindigkeit.

Nun haben wir bereits früher (vgl. Abschnitt 1.5.8) davon gesprochen, dass Katalysatoren selektiv wirken können, dass beispielsweise Ethanol zu Acetaldehyd dehydriert oder zu Ethen dehydratisiert werden kann, je nach Wahl des Katalysators. Eine solche *Selektivität* oder Reaktionslenkung steht nicht im Widerspruch zu der Tatsache, dass ein Katalysator die Lage eines Gleichgewichts nicht beeinflussen kann. Betrachten wir beispielsweise die in Tab. 6.7-1 aufgeführte Palette unterschiedlicher Produkte, die durch die selektive Wirkung von Katalysatoren bei der Fischer-Tropsch-Synthese, d. h. bei der Hydrierung des Kohlenmonoxids, erhalten werden können, so stellen wir fest, dass all diese Reaktionen thermodynamisch möglich sind.

> Die *Selektivität* beruht darauf, dass der eine oder der andere Reaktionsweg durch einen speziellen Katalysator begünstigt wird, indem von den möglichen Parallelreaktionen die eine oder die andere stark beschleunigt wird.

Die höchste Selektivität findet man bei enzymatischen Reaktionen, mit denen wir uns noch besonders beschäftigen werden.

Der Zusatz eines Stoffes kann nicht nur den Reaktionsablauf beschleunigen, sondern ihn auch hemmen. Man unterscheidet deshalb zwischen *positiver* und *negativer Katalyse*. Stoffe, die eine negative Katalyse bewirken, nennt man *Inhibitoren*.

Tabelle 6.7-1 Durch selektive Wirkung von Katalysatoren gewinnbare Produkte bei der Hydrierung des Kohlenmonoxids (Fischer-Tropsch-Reaktionen).

Produkt (überwiegend)	Katalysator	Promotor
Methan	Co	ThO_2, MgO
	ZnO	Fe_2O_3
gasf. u. flüssige gesätt. Kohlenwasserstoffe	Ni	ThO_2, MgO
feste gesättigte Kohlenwasserstoffe	Ru	–
ungesättigte Kohlenwasserstoffe	Fe	Cu, MgO, Al_2O_3, CaO, ZrO_2, TiO_2, K_2O, K_2CO_3
verzweigte Kohlenwasserstoffe	ThO_2	Al_2O_3, K_2CO_3
Methanol	ZnO, Cu, Cr_2O_3, MnO_2	–
höhere Alkohole (kettenverzweigt)	ZnO, Cu, Cr_2O_3, MnO_2	Alkalioxide u. -carbonate

Üblicherweise teilt man die Katalyse in zwei Gruppen ein, in die homogene und in die heterogene Katalyse. Bei ersterer liegen die Reaktanten, Katalysatoren und Produkte in derselben (gasförmigen oder flüssigen) Phase vor. Bei der heterogenen Katalyse sind Reaktanten und Produkte gasförmig oder flüssig, die Katalysatoren in der Regel Feststoffe.

6.7.2
Homogene Katalyse

Redoxreaktionen in der Gasphase und in Lösung

Homogene katalytische Reaktionen spielen in allen Zweigen der Chemie, auch in der Technik eine große Rolle. Man denke nur an die Sauerstoff übertragende Wirkung des Stickstoffoxids im Bleikammerverfahren bei der Schwefelsäureherstellung.

Ein wichtiger Schritt bei diesem Verfahren ist die Oxidation des Schwefeldioxids. Die unmittelbare Oxidation mit Sauerstoff nach

$$2\,SO_2 + O_2 \rightarrow 2\,SO_3 \tag{6.7-2}$$

ist als Dreierstoß-Reaktion äußerst ungünstig. Wesentlich schneller verläuft die durch NO katalysierte Reaktion

$$2\,\text{NO} + \text{O}_2 \rightarrow 2\,\text{NO}_2 \tag{6.7-3}$$

$$\text{NO}_2 + \text{SO}_2 \rightarrow \text{NO} + \text{SO}_3 \tag{6.7-4}$$

Von der Reaktion Gl. (6.7-3) wissen wir (vgl. Abschnitt 6.3.2), dass sie nicht über den aus Gl. (6.7-3) zu schließenden Dreierstoß, sondern über ein vorgelagertes Dimerisationsgleichgewicht und einen bimolekularen Prozess abläuft.

Redoxreaktionen in Lösung lassen sich oft durch Metall-Ionen katalysieren, die in mehreren Oxidationsstufen auftreten können. So verläuft beispielsweise die Oxidation von Tl^+ durch Ce^{4+},

$$2\,Ce^{4+} + Tl^+ \rightarrow 2\,Ce^{3+} + Tl^{3+} \tag{6.7-5}$$

sehr langsam. Der Zusatz von Mn^{2+}-Ionen wirkt katalytisch:

$$Ce^{4+} + Mn^{2+} \rightarrow Ce^{3+} + Mn^{3+} \tag{6.7-6}$$

$$Ce^{4+} + Mn^{3+} \rightarrow Ce^{3+} + Mn^{4+} \tag{6.7-7}$$

$$Mn^{4+} + Tl^+ \rightarrow Mn^{2+} + Tl^{3+} \tag{6.7-8}$$

Säure-Base-Katalyse

Die Säure-Base-Katalyse nimmt unter den homogenen katalytischen Reaktionen, besonders im Bereich der Organischen Chemie, eine wichtige Stelle ein. Wir beschränken uns auf die Diskussion einiger charakteristischer Merkmale. Gleichgültig, welcher Reaktionstyp im Einzelfall vorliegt, stets ist ein Reaktionsschritt durch einen Protonenübergang auf das Substrat S oder vom Substrat S bestimmt. Dabei hat sich gezeigt, dass der Säure- und Basebegriff weit gefasst werden muss. Im *Brönsted'schen* Sinn wollen wir deshalb unter einer Säure HA oder BH^+ einen Protonendonor und unter einer Base A^- oder B einen Protonenacceptor verstehen. HA und A^-, BH^+ und B sowie SH^+ und S sind konjugierte Säure-Base-Paare. In den Reaktionen kann ein weiterer, weder saurer noch basischer Reaktionspartner R auftreten. Das Produkt oder die Produkte wollen wir mit P bezeichnen.

Wir behandeln die Säure-, dann die Base-Katalyse und legen jeweils die Bedingungen zugrunde, die wir in Abb. 6.7-1 a und b diskutiert haben.

Wir stellen zunächst ein allgemeines Schema für eine *Säure-Katalyse* auf. Das Substrat reagiert mit der Säure, wobei ein Proton auf das Substrat übergeht:

$$S + HA \underset{k_{-1}}{\overset{k_1}{\rightleftharpoons}} SH^+ + A^- \tag{6.7-9}$$

Dies entspricht der Bildung der Zwischenverbindung in Abb. 6.7-1. In einem weiteren Schritt setzt sich SH^+ dann – u. U. unter Reaktion mit einem Partner R – zum Produkt oder zu den Produkten P um.

$$SH^+ (+R) \xrightarrow{k_2} P + H^+ \tag{6.7-10}$$

Wir gehen davon aus, dass die Rückreaktion mit k_{-2} keine Rolle spielt. Das Proton wird von der Base A^- wieder aufgenommen

$$H^+ + A^- \rightleftharpoons HA \tag{6.7-11}$$

so dass die Summe der Reaktionen Gl. (6.7-9) bis Gl. (6.7-11)

$$S (+R) \rightarrow P \tag{6.7-12}$$

ergibt, die Konzentration der Säure HA also beim Ablauf der Reaktion konstant bleibt, wie es für einen katalytischen Prozess zu fordern ist. Arbeiten wir in wässriger Phase, so ist noch ein weiteres Gleichgewicht zu beachten,

$$SH^+ + H_2O \rightleftharpoons S + H_3O^+ \tag{6.7-13}$$

das sich sicherlich sehr schnell einstellt, und dessen Gleichgewichtskonstante

$$K_{SH^+} = \frac{[S][H_3O^+]}{[SH^+][H_2O]} \tag{6.7-14}$$

wir mit K_{SH^+} bezeichnen.

Wir wollen nun die beiden Fälle unterscheiden, die wir den Abbildungen 6.7-1 a und b zugrunde gelegt haben. Wir beginnen mit Abb. 6.7-1a. Dort ist $\Delta G_1^{0\neq} \ll \Delta G_2^{\beta\neq}$ und auch $\Delta G_{-1}^{\beta\neq} \ll \Delta G_2^{0\neq}$. Das bedeutet, dass $k_2 \ll k_1$ und auch $k_2 \ll k_{-1}$ ist. Es wird sich deshalb das Gleichgewicht Gl. (6.7-9) einstellen, bevor die Weiterreaktion nach Gl. (6.7-10) erfolgt. Für die Bildung der Produkte ist deshalb der Schritt mit k_2 geschwindigkeitsbestimmend:

$$r = k_2 [SH^+][R] \tag{6.7-15}$$

Substituieren wir $[SH^+]$ durch Gl. (6.7-14), so folgt daraus

$$r = \frac{k_2}{K_{SH^+}[H_2O]} [S][H_3O^+][R] \tag{6.7-16}$$

Führen wir für die Konstanten – dazu zählt auch die Konzentration des Wassers – k_{H^+} ein,

$$k_{H^+} = \frac{k_2}{K_{SH^+}[H_2O]} \tag{6.7-17}$$

so finden wir schließlich

$$r = k_{H^+}[H_3O^+][S][R] \tag{6.7-18}$$

Die Reaktion ist erster Ordnung sowohl in Bezug auf die Wasserstoff-Ionenkonzentration als auch auf die Konzentration des Substrats S und des Reaktionspartners R, soweit dieser überhaupt vorliegt. Entscheidend ist die Wasserstoff-Ionenkonzentration, gleichgültig, woher die Wasserstoff-Ionen kommen, aus der Eigendissoziation des Wassers oder aus der Dissoziation einer oder mehrerer zugesetzter Säuren. Wir sprechen daher von einer *spezifischen Säurekatalyse*.

Die von uns im Abschn. 1.5.2 als Beispiel für eine Reaktion 1. Ordnung genannte Rohrzuckerinversion

$$\text{Saccharose} + \text{Wasser} \rightarrow (\alpha)\text{-D-Glucose} + (\alpha)\text{-D-Fructose} \tag{1.5-22}$$

ist ein Beispiel für die spezifische Säurekatalyse. Das Substrat S ist die Saccharose, der Reaktionspartner R ist das Wasser, das als Lösungsmittel in so großem Überschuss vorliegt, dass wir seine Konzentration als konstant ansehen und in die Geschwindigkeitskonstante einbeziehen können. Somit erhalten wir aus Gl. (6.7-18) mit $k_{H^+}[H_3O^+] = k'$ für die

Geschwindigkeit der Rohrzuckerinversion

$$r = k'[H_3O^+][S] \tag{6.7-19}$$

Da $[H_3O^+]$ als Katalysator während der Reaktion konstant bleibt, ergibt sich eine Reaktion 1. Ordnung, gleichzeitig aber eine lineare Abhängigkeit der Reaktionsgeschwindigkeit r von der Säurekonzentration.

Es zeigt sich ganz allgemein, dass die Bildung und die Hydrolyse von Acetalen nach dem Mechanismus einer spezifischen Säurekatalyse ablaufen.

Ganz anders liegen die Verhältnisse, wenn wir von den Bedingungen ausgehen, die Abb. 6.7-1b zugrundeliegen. Hier ist die Rückreaktion vom Zwischenprodukt mit k_{-1} zum Ausgangsstoff viel langsamer als die Abreaktion zu den Produkten P mit k_2, d. h. $k_2 \gg k_{-1}$. Auch ist $k_2 \gg k_1$. Geschwindigkeitsbestimmend ist deshalb der erste Schritt [Gl. (6.7-9)] mit k_1:

$$r = k_1[HA][S] \tag{6.7-20}$$

Liegen nun verschiedene Säuren i vor, so wird jede mit einer ihr eigenen Geschwindigkeitskonstanten k_i zu diesem Schritt beitragen, so dass wir in diesem Fall

$$k_1[HA] = \sum_i k_{HA_i} \cdot [HA_i] \tag{6.7-21}$$

setzen müssen und somit statt Gl. (6.7-20) erhalten

$$r = \sum_i (k_{(HA)_i}[HA_i]) \cdot [S] \tag{6.7-22}$$

> Bei dem hier besprochenen Fall kommt es also nicht auf die Wasserstoff-Ionen-konzentration schlechthin, sondern auf die Konzentration der einzelnen undissoziierten Säuren an. Man spricht deshalb von *allgemeiner Säure-Katalyse*.

Eine allgemeine Säure-Katalyse findet man beispielsweise bei der Hydrolyse des Orthoessigsäureethylesters.

Liegt kein weiterer Reaktionspartner R vor, so entsprechen sich Gl. (6.7-18) und Gl. (6.7-22) formal. Da spezifische und allgemeine Katalyse oft gemeinsam wirksam sind, lässt sich dann die Reaktionsgeschwindigkeit durch

$$r = k_{kat}[S] \tag{6.7-23}$$

ausdrücken mit

$$k_{kat} = k_0 + k_{H^+} \cdot [H_3O^+] + \sum_i k_{(HA)_i} \cdot [HA_i] \tag{6.7-24}$$

wobei das erste Glied die Wirkung des Wassers berücksichtigt. Experimentell lassen sich die einzelnen Anteile trennen, indem man die Kinetik ohne Säurezusatz (k_0) und in Pufferlösungen gleicher Wasserstoff-Ionen- aber unterschiedlicher Säurekonzentration misst.

Die *Base-Katalyse* können wir ganz analog zur Säure-Katalyse behandeln. Ein schwach saures Substrat reagiert mit einer Base B

$$SH + B \underset{k_{-1}}{\overset{k_1}{\rightleftharpoons}} S^- + BH^+ \tag{6.7-25}$$

S^- reagiert – u. U. mit einem weiteren, weder sauren noch basischen Partner – zum Produkt $(P)^-$

$$S^- (+R) \overset{k_2}{\rightarrow} (P)^- \tag{6.7-26}$$

Auch hier setzen wir voraus, dass die Rückreaktion mit k_{-2} keine Rolle spielt. Die gebildete Säure BH^+ bildet durch Reaktion mit $(P)^-$ die Base zurück

$$BH^+ + (P)^- \rightarrow PH + B \tag{6.7-27}$$

Die Summe der Reaktionen Gl. (6.7-25) bis Gl. (6.7-27) ergibt

$$SH (+R) \rightarrow PH \tag{6.7-28}$$

In der Gesamtgleichung erscheint die Base nicht mehr, ihre Konzentration bleibt konstant. Arbeiten wir in wässriger Phase, so ist auch hier ein weiteres Gleichgewicht zu berücksichtigen,

$$S^- + H_2O \rightleftharpoons SH + OH^- \tag{6.7-29}$$

dessen Gleichgewichtskonstante

$$K_{S^-} = \frac{[SH][OH^-]}{[S^-][H_2O]} \tag{6.7-30}$$

wir mit K_{S^-} bezeichnen.

Wir wenden uns zunächst dem durch Abb. 6.7-1a charakterisierten Fall zu, d. h. wir nehmen an, dass der geschwindigkeitsbestimmenden Abreaktion des Zwischenproduktes nach Gl. (6.7-26) das sich schnell einstellende Gleichgewicht Gl. (6.7-25) vorgelagert ist. Es ist dann

$$r = k_2[S^-][R] \tag{6.7-31}$$

und mit Gl. (6.7-30)

$$r = \frac{k_2}{K_{S^-}[H_2O]}[SH][OH^-][R] \tag{6.7-32}$$

Fassen wir die Konstanten einschließlich der praktisch unveränderlichen Wasserkonzentration zu k_{OH^-} zusammen,

$$k_{OH^-} = \frac{k_2}{K_{S^-}[H_2O]} \tag{6.7-33}$$

so folgt

$$r = k_{OH^-}[OH^-][SH][R] \tag{6.7-34}$$

Die Reaktion ist erster Ordnung sowohl in Bezug auf die Hydroxid-Ionenkonzentration als auch auf die Konzentration des Substrats HS und des Reaktionspartners R, soweit dieser überhaupt vorliegt. Entscheidend ist die Hydroxid-Ionenkonzentration, gleichgültig, woher diese Ionen kommen, aus der Eigendissoziation des Wassers oder aus der Dissoziation einer oder mehrerer zugesetzter Basen. Wir sprechen deshalb von einer *spezifischen Base-Katalyse*.

Beispiele für die spezifische Base-Katalyse sind die Kondensation von Aceton zu Diacetonalkohol, die Claisen-, Michael- und Perkin-Kondensation. Werden solche Reaktionen in alkoholischen (ROH) Lösungen ausgeführt, so gilt anstelle von Gl. (6.7-29)

$$S^- + ROH \rightleftharpoons SH + RO^- \tag{6.7-35}$$

und die Gleichungen (6.7-32) und (6.7-34) enthalten statt der OH^--Ionenkonzentration die Alkoholat-Ionenkonzentration.

Gehen wir von den Bedingungen in Abb. 6.7-1b aus, so ist die Protonenübertragung nach Gl. (6.7-25) geschwindigkeitsbestimmend. Es ist

$$r = k_1[B][SH] \tag{6.7-36}$$

Liegen verschiedene Basen i vor, so wird jede mit einer ihr eigenen Geschwindigkeitskonstanten k_i zu diesem Schritt beitragen, so dass wir in diesem Fall

$$k_1[B] = \sum_i k_{B_i}[B_i] \tag{6.7-37}$$

setzen müssen und somit anstelle von Gl. (6.7-36) erhalten:

$$r = \sum_i (k_{B_i} \cdot [B_i]) \cdot [SH] \tag{6.7-38}$$

Bei diesem Fall kommt es also nicht auf die Hydroxid-Ionenkonzentration schlechthin, sondern auf die Konzentration der einzelnen undissoziierten Basen an. Wir sprechen deshalb von einer *allgemeinen Base-Katalyse*.

Ein Beispiel für die allgemeine Base-Katalyse ist die Aldolkondensation von Acetaldehyd, die Zersetzung von Nitramid. Sie wird oft auch bei der Halogenierung, Isomerisation und dem Wasserstoff-Deuterium-Austausch organischer Substanzen mit leicht abspaltbaren Protonen gefunden.

Wie bei der Säure-Katalyse kann bei der Base-Katalyse sowohl spezifische als auch allgemeine vorliegen. Es gibt sogar Fälle, bei denen sowohl eine Säure- als auch eine Base-Katalyse gefunden wird, so dass die Geschwindigkeitskonstante k_{kat} der katalytischen Reaktion für den allgemeinsten Fall als

$$k_{kat} = k_0 + k_{H^+} \cdot [H_3O^+] + \sum_i k_{(HA)_i} \cdot [HA_i] + k_{OH^-}[OH^-] + \sum_i k_{B_i}[B_i] \tag{6.7-39}$$

zu formulieren wäre.

Die Konzentrationen liegen bei der Säure-Base-Katalyse meist nicht im Bereich ideal verdünnter Lösungen. Deshalb müsste man exakterweise mit Aktivitäten rechnen, d. h. es würden nach der Debye-Hückel'schen Theorie nicht die Konzentrationen, sondern die Ionenstärken in den Gleichungen auftreten. Damit wäre aber auch der primäre Salzeffekt (vgl. Abschnitt 6.5.2) zu berücksichtigen.

Autokatalyse

Es gibt Reaktionen, bei denen sich der Katalysator während der Reaktion erst bildet. Ein Beispiel dafür ist die säurekatalysierte Halogenierung des Acetons.

$$CH_3COCH_3 + X_2 \rightarrow CH_3COCH_2X + X^- + H^+ \tag{6.7-40}$$

Wir sprechen in einem solchen Fall von *Autokatalyse*.

Um das Charakteristische der Autokatalyse zu erkennen, wollen wir einen einfachen Fall betrachten, eine Reaktion, die beschrieben wird durch

$$A \rightarrow K + P \tag{6.7-41}$$

Die Geschwindigkeit der durch K katalysierten Bildung des Produktes ist dann

$$\frac{d[P]}{dt} = k[K][A] \tag{6.7-42}$$

Um diese Differentialgleichung lösen zu können, gehen wir davon aus, dass bei $t = 0$ $[A] = [A]_0$, $[K] = [K]_0$, $[P] = 0$ und bei $t = t$ $[A] = [A]_0 - [P]$, $[K] = [K]_0 + [P]$, $[P] = [P]$. Wir erhalten dann für Gl. (6.7-42)

$$\frac{d[P]}{dt} = k([K]_0 + [P])([A]_0 - [P]) \tag{6.7-43}$$

Nach der Methode der Partialbruchzerlegung liefert die Integration (vgl. Mathem. Anhang G)

$$\frac{1}{[A]_0 + [K]_0} \ln \frac{[A]_0([K]_0 + [P])}{[K]_0([A]_0 - [P])} = kt \tag{6.7-44}$$

und aufgelöst nach [P] die

Produktkonzentration als Funktion der Zeit

$$[P] = \frac{[A]_0[K]_0 \left(1 - e^{-([A]_0+[K]_0)kt}\right)}{[K]_0 + [A]_0 e^{-([A]_0+[K]_0)kt}} \tag{6.7-45}$$

Den Kurvenverlauf von $[P] = f(t)$ können wir am einfachsten aus Gl. (6.7-42) ablesen. Zu Beginn der Reaktion ist die Katalysatorkonzentration extrem klein, damit auch die Reaktionsgeschwindigkeit $\frac{d[P]}{dt}$. Sobald sich etwas Produkt gebildet hat, ist zunächst die relative Zunahme von [K] größer als die relative Abnahme von [A]. d[P]/dt wird also steigen, bis die Abnahme von [A] die Zunahme von [K] überkompensiert. Es ist also ein S-förmiger Kurvenverlauf zu erwarten, wie er in Abb. 6.7-2 a anhand von Gl. (6.7-45) berechnet wurde.

Das Auftreten der maximalen Reaktionsgeschwindigkeit als Funktion von [P] berechnen wir, indem wir Gl. (6.7-43) nach [P] differenzieren und die Ableitung nach [P] gleich null setzen. Wir erhalten damit

$$[P]_{r_{max}} = \frac{[A]_0 - [K]_0}{2} \quad \text{bzw.} \quad [K]_{r_{max}} = \frac{[A]_0 + [K]_0}{2} \tag{6.7-46}$$

Ist die Anfangskonzentration des Katalysators klein im Verhältnis zu $[A]_0$, so liegt also die maximale Reaktionsgeschwindigkeit (Abb. 6.7-2) vor, wenn sich gerade die Hälfte des Ausgangsstoffes umgesetzt hat. Diese Bedingung ist im Beispiel der Abb. 6.7-2 gegeben.

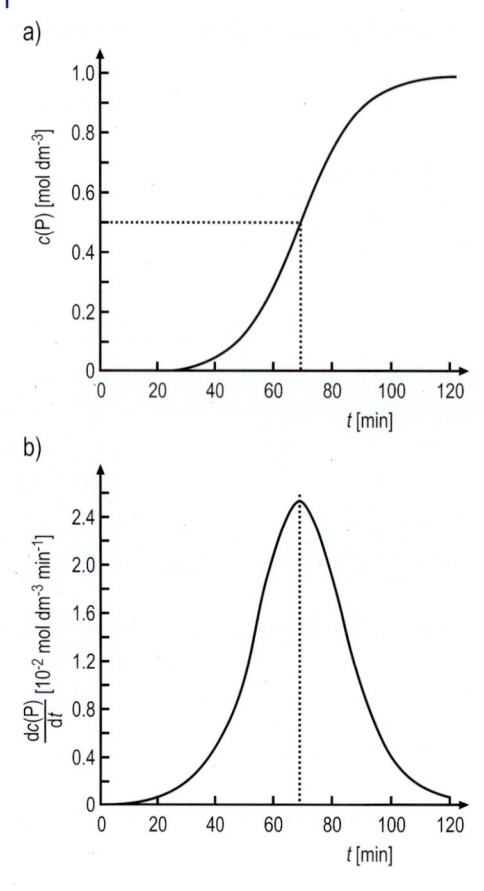

Abbildung 6.7-2 Zeitabhängigkeit (a) der Konzentration des Produktes (b) der Reaktionsgeschwindigkeit bei einer autokatalytischen Reaktion nach Gl. (6.7-45) mit $[A]_0 = 1$ mol dm^{-3}, $[K]_0 = 1 \cdot 10^{-3}$ mol dm^{-3} und $k = 0.1$ dm^3 mol^{-1} min^{-1}.

Enzymatische Katalyse

Wenn wir die enzymatische Katalyse als letzte der homogenen Katalysen besprechen, so geschieht dies, weil sie in gewissem Maße den Übergang zu der im nächsten Abschnitt zu behandelnden heterogenen Katalyse darstellt.

Alle bekannten Enzyme sind Proteine und haben Moleküldurchmesser zwischen 10 nm und 100 nm. Sie zählen also zu den Makromolekülen, weshalb man die enzymatische Katalyse bisweilen auch als mikro-heterogene Katalyse bezeichnet. Tatsächlich weist sie auch ein für die heterogene Katalyse charakteristisches, bei der homogenen Katalyse nicht bekanntes Phänomen auf, die *Sättigung* an Substrat.

Wir können hier nicht im Einzelnen auf die zum Teil extrem selektive Wirkung der Enzyme oder auf ihre Klassifizierung eingehen. Dazu sei auf die Lehrbücher der Biochemie verwiesen. Uns interessiert der Mechanismus. Wir greifen einen charakteristischen Fall heraus, bei dem sich folgende experimentelle Beobachtungen ergeben:

1. Bei konstanter Anfangskonzentration des Substrats S ist die Reaktionsgeschwindigkeit der Konzentration des Enzyms E proportional.

2. Wird die Enzymkonzentration konstantgehalten, so ist die Reaktionsgeschwindigkeit bei kleiner Substratkonzentration dieser proportional, bei hoher Substratkonzentration konstant (Sättigung).

Zur Deutung greifen wir wieder auf Abb. 6.7-1 zurück: Ein Substrat S bildet mit dem als Katalysator wirkenden Enzyme E eine Zwischenverbindung oder, um die Terminologie der heterogenen Katalyse zu benutzen, S wird auf der Oberfläche des Enzyms adsorbiert. Anschließend erfolgt die Reaktion unter Bildung des Produktes P

$$S + E \underset{k_{-1}}{\overset{k_1}{\rightleftharpoons}} E \cdot S \underset{k_{-2}}{\overset{k_2}{\rightleftharpoons}} P + E \tag{6.7-47}$$

Wir bezeichnen mit $[E]_0$ die Ausgangskonzentration an Enzym. Dann ist, wenn $[S]$ und $[ES]$ die Konzentrationen an Substrat bzw. Zwischenverbindung zur Zeit t sind, die Konzentration an freiem Enzym zur Zeit t $[E]_0-[ES]$. Wir wollen nun zunächst annehmen, dass k_1, k_{-1} und k_2 von vergleichbarer Größenordnung sind, k_{-2} aber viel kleiner ist als diese, so dass die Rückreaktion des Produktes nicht berücksichtigt zu werden braucht. Unter diesen Bedingungen kann sich ein quasi-stationärer Zustand einstellen, in dem pro Zeiteinheit ebenso viele Komplexes ES gebildet werden wie zerfallen.

Die zeitliche Änderung der Konzentration von ES ist nach Gl. (6.7-47) gegeben durch

$$\frac{d[ES]}{dt} = k_1([E]_0 - [ES]) \cdot [S] - k_{-1}[ES] - k_2[ES] \tag{6.7-48}$$

Im quasi-stationären Zustand ist $\frac{d[ES]}{dt} = 0$, es gilt also

$$k_1([E]_0 - [ES]_{st})[S] = k_{-1}[ES]_{st} + k_2[ES]_{st} \tag{6.7-49}$$

$$\frac{[S]([E]_0 - [ES]_{st})}{[ES]_{st}} = \frac{k_{-1} + k_2}{k_1} = K_M \tag{6.7-50}$$

Die zusammenfassende Konstante K_M heißt *Michaelis-Konstante*. Mit ihr lässt sich die Konzentration an Zwischenverbindungen im quasi-stationären Zustand als Funktion der Substratkonzentration ausdrücken:

$$[ES]_{st} = \frac{[E]_0 \cdot [S]}{K_M + [S]} \qquad (6.7\text{-}51)$$

Ein Vergleich mit Gl. (2.7-53) zeigt uns, dass diese Beziehung formal identisch ist mit der Langmuir'schen Adsorptionsisotherme. $[ES]_{st}$ entspricht der Gleichgewichtsbedeckung N, $[E]_0$ der monomolekularen Bedeckung N_m und $[S]$ dem Substrat-Gleichgewichtsdruck p. Die Auftragung von $[ES]_{st}$ in Abhängigkeit von $[S]$ liefert also eine Kurve, die identisch mit der in Abb. 2.7-11 ist. Ist $[S] \ll K_M$, so ist $[ES]_{st}$ proportional zu $[S]$, ist $[S] \gg K_M$, so ist $[ES]_{st} \approx [E]_0$, es liegt Sättigung vor.

Die Bildungsgeschwindigkeit des Produktes ist nach Gl. (6.7-47) unter Berücksichtigung von Gl. (6.7-51)

$$r = \frac{d[P]}{dt} = k_2[ES]_{st} = k_2 \frac{[E]_0 \cdot [S]}{K_M + [S]} \qquad (6.7\text{-}52)$$

Diese Beziehung wird *Michaelis-Menten-Gleichung* genannt.

Für die Geschwindigkeit der enzymatischen Reaktion gilt demnach dasselbe, was bezüglich $[ES]_{st}$ gesagt wurde, Proportionalität zwischen r und $[S]$ für $[S] \ll K_M$ und von der Substratkonzentration unabhängige Geschwindigkeit r für $[S] \gg K_M$. In Abb. 6.7-3 ist die Michaelis-Menten-Gleichung wiedergegeben; und zwar ist die Geschwindigkeit in Vielfachen von $k_2[E]_0$, die Substratkonzentration in Vielfachen von K_M gemessen. Wir erkennen, dass die Proportionalität tatsächlich nur für sehr kleine, die Sättigung nur für sehr große Verhältnisse $\frac{[S]}{K_M}$ gilt.

Beachten wir, dass die maximale Geschwindigkeit $r_{max} = k_2[E]_0$ ist, so können wir Gl. (6.7-52) auch umschreiben in

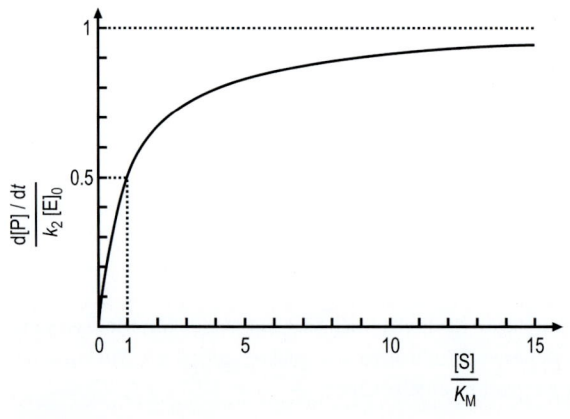

Abbildung 6.7-3 Abhängigkeit der Geschwindigkeit einer enzymatischen Reaktion von der Substratkonzentration.

$$r = \frac{r_{max} \cdot [S]}{K_M + [S]} \qquad (6.7\text{-}53)$$

oder

$$\frac{1}{r} = \frac{1}{r_{max}} + \frac{K_M}{r_{max}} \frac{1}{[S]} \qquad (6.7\text{-}54)$$

Trägt man den Reziprokwert der Reaktionsgeschwindigkeit gegen den Reziprokwert der Substratkonzentration auf, so ergibt sich bei Gültigkeit der Michaelis-Menten-Gleichung eine Gerade, aus deren Ordinatenabschnitt r_{max} und aus deren Steigung die Michaelis-Konstante ermittelt werden können. Wir müssen jedoch beachten, dass wir mit der Michaelis-Menten-Gleichung zwar einen häufigen Typ der enzymatischen Katalyse beschreiben, jedoch unter idealisierten Bedingungen.

6.7.3
Heterogene Katalyse

Bei der heterogenen Katalyse liegen Reaktanten und Produkte in einer anderen Phase vor als der Katalysator. Ort des reaktiven Geschehens ist die Oberfläche des Katalysators. Wir müssen deshalb bei der heterogenen Katalyse zusätzlich zu den in Abschnitt 6.7.1 erwähnten allgemeinen Bemerkungen noch die im Abschnitt 6.6 zur Kinetik heterogener Reaktionen aufgeführten berücksichtigen. Das betrifft insbesondere den Stofftransport. So müssen wir eine heterogene katalytische Reaktion in fünf Schritte aufteilen, in

1. die Diffusion der Reaktanten zum Katalysator
2. die Adsorption der Reaktanten an der Katalysatoroberfläche
3. die Reaktion zwischen den Reaktanten
4. die Desorption der Produkte von der Katalysatoroberfläche
5. die Diffusion der Produkte vom Katalysator fort.

Die Schritte 1, 3 und 5 finden wir, zumindest bei Reaktionen in der Lösung, auch bei der homogenen Katalyse. Was das Studium der heterogenen Katalyse gegenüber der homogenen so sehr erschwert, sind die Schritte 2 und 4. Bei der homogenen Katalyse gehen die in der fluiden Phase messbaren Konzentrationen meist unmittelbar in die Geschwindigkeitsgleichungen ein. Bei der heterogenen Katalyse sind die Konzentrationen der Reaktionspartner in der Adsorptionsschicht meist nicht unmittelbar bestimmbar. Die Konzentrationen der Reaktanten und Produkte hängen über das Adsorptions- bzw. Desorptionsgleichgewicht mit den messbaren Konzentrationen in der fluiden Phase zusammen. Im Abschnitt 2.7.5 haben wir allein sieben verschiedene Faktoren aufgeführt, die Ausmaß und Art der Adsorption bestimmen. Wir haben insbesondere gesehen, dass das Adsorptionsgleichgewicht nicht nur vom Druck des Adsorptivs und der Temperatur abhängt.

So kann es nicht verwundern, dass der Mechanismus der meisten heterogen katalysierten Reaktionen noch nicht im Detail aufgeklärt ist. Versuche, die heterogene Katalyse allein mit Hilfe kinetischer Messungen zu studieren, mussten aus

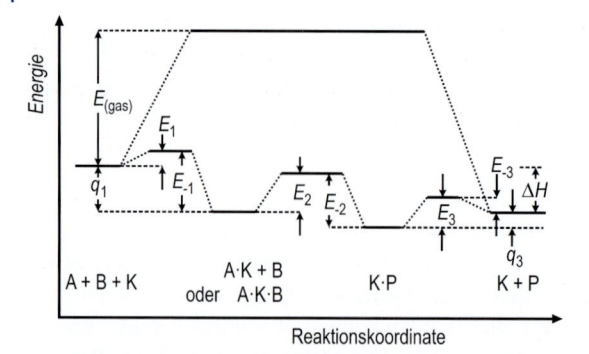

Abbildung 6.7-4 Energie in Abhängigkeit von der Reaktionskoordinate. E bedeutet Aktivierungsenergie, q Adsorptionswärme und ΔH Reaktionsenthalpie.

den genannten Gründen fehlschlagen. Voraussetzung für eine Deutung der heterogenen Katalyse ist die Untersuchung der Adsorption. Dies geschieht heutzutage in großem Umfang unter Anwendung thermodynamischer, kinetischer, festkörperphysikalischer und spektroskopischer Methoden.

Wenn wir im Folgenden einige allgemeine Merkmale der heterogenen Katalyse diskutieren, so kann es sich nur um idealisierte Grenzfälle handeln. Im Allgemeinen liegen die Verhältnisse wesentlich komplizierter.

Wir legen uns zunächst die Frage vor, ob wir das Schema in Abb. 6.7-1, das sich für die Diskussion der homogenen Katalyse so sehr bewährt hat, auch für die Deutung der heterogenen Katalyse heranziehen dürfen. Das ist sicherlich der Fall, soweit es die Erniedrigung der Freien Aktivierungsenthalpie $\Delta G^{0\neq}$, d. h. der Aktivierungsenergie durch die Bildung einer Zwischenverbindung – hier der adsorbierten Teilchen –, betrifft. Im Detail treten jedoch durch die überlagerten Adsorptionsgleichgewichte der Ausgangsstoffe und Produkte wesentliche Änderungen auf. Für unsere spätere Diskussion ist es günstiger, im Fall der heterogenen Katalyse nicht die Freie Enthalpie, sondern die Energie als Funktion der Reaktionskoordinate aufzutragen. Dies ist in Abb. 6.7-4 geschehen.

Abb. 6.7-1 lag das Reaktionsschema

$$A + B + K \underset{k_{-1}}{\overset{k_1}{\rightleftharpoons}} \left\{ \begin{array}{l} A \cdot K + B \\ A \cdot K \cdot B \end{array} \right\} \underset{k_{-2}}{\overset{k_2}{\rightleftharpoons}} P + K \tag{6.7-1}$$

zugrunde. Nach dem eingangs dieses Abschnittes Gesagten müssen wir für die heterogene Katalyse (Abb. 6.7-4) schreiben

$$A_{(gas)} + B_{(gas)} + K \underset{k_{-1}}{\overset{k_1}{\rightleftharpoons}} \left\{ \begin{array}{l} A \cdot K + B_{(gas)} \\ A \cdot K \cdot B \end{array} \right\} \underset{k_{-2}}{\overset{k_2}{\rightleftharpoons}} K \cdot P \underset{k_{-3}}{\overset{k_3}{\rightleftharpoons}} K + P_{(gas)} \tag{6.7-55}$$

wobei (gas) auf Gasphase (oder Lösungsphase) hindeutet. Wir sehen, dass wir nicht zwei, sondern (mindestens) drei aktivierte Schritte zu berücksichtigen haben.

Allgemeine Mechanismen der heterogenen Katalyse

In Gl. (6.7-55) ist bereits angedeutet, dass heterogene katalytische Reaktionen zwischen zwei Reaktanten A und B nach zwei unterschiedlichen Mechanismen verlaufen können. Wir wollen diese beiden Fälle an einem einfachen Beispiel, der Reaktion

$$A + B \rightleftharpoons P \tag{6.7-56}$$

diskutieren. Den Katalysator symbolisieren wir durch $*$, wobei ein Sternchen für einen Adsorptionsplatz an der Katalysatoroberfläche stehen soll.

Ein möglicher Reaktionsweg wäre

$$A_{(gas)} + B_{(gas)} + 2* \underset{k_{-1}}{\overset{k_1}{\rightleftharpoons}} \begin{array}{c} A \\ | \\ * \end{array} + \begin{array}{c} B \\ | \\ * \end{array} \underset{k_{-2}}{\overset{k_2}{\rightleftharpoons}} \begin{array}{c} P \\ || \\ ** \end{array} \underset{k_{-3}}{\overset{k_3}{\rightleftharpoons}} P_{(gas)} + 2* \tag{6.7-57}$$

Ein A- und ein B-Molekül werden adsorbiert. Entweder desorbieren sie wieder, oder sie setzen sich zu adsorbiertem Produkt P um, das entweder wieder adsorbiertes A und B bilden kann, oder desorbiert. Charakteristisch für diesen *Langmuir-Hinshelwood*-Mechanismus ist, dass beide Moleküle vor der Reaktion adsorbiert sein müssen.

Ein anderer Reaktionsweg wäre

$$A_{(gas)} + B_{(gas)} + * \underset{k_{-1}}{\overset{k_1}{\rightleftharpoons}} \begin{array}{c} A \\ | \\ * \end{array} + B_{(gas)} \underset{k_{-2}}{\overset{k_2}{\rightleftharpoons}} \begin{array}{c} B \\ \vdots \\ A \\ | \\ * \end{array} \underset{k_{-3}}{\overset{k_3}{\rightleftharpoons}} \begin{array}{c} P \\ | \\ * \end{array} \underset{k_{-4}}{\overset{k_4}{\rightleftharpoons}} P_{(gas)} + * \tag{6.7-58}$$

In diesem Fall wird nur das A-Molekül adsorbiert. Ein B-Molekül nähert sich diesem, bildet mit ihm einen Adsorptionskomplex, der sich in das Produkt P umwandelt, welches dann schließlich desorbieren kann. Charakteristisch für diesen *Eley-Rideal-Mechanismus* ist, dass nur ein Molekül vor der Wechselwirkung mit dem anderen adsorbiert zu sein braucht.

Oft werden heterogene katalytische Reaktionen nach diesen beiden Mechanismen klassifiziert. Bei einfachen Zerfallsreaktionen

$$A_{(gas)} + * \underset{k_{-1}}{\overset{k_1}{\rightleftharpoons}} \begin{array}{c} A \\ | \\ * \end{array} \underset{k_{-2}}{\overset{k_2}{\rightleftharpoons}} \begin{array}{c} P \\ | \\ * \end{array} \underset{k_{-3}}{\overset{k_3}{\rightleftharpoons}} P_{(gas)} + * \tag{6.7-59}$$

wird diese Unterscheidung natürlich gegenstandslos.

Kinetik heterogener katalytischer Reaktionen

Da es sich, wie eingangs festgestellt wurde, als wenig erfolgversprechend erwiesen hat, allein aus der Kinetik einer heterogenen katalytischen Reaktion auf deren Mechanismus zu schließen, wollen wir uns auf das Wesentliche beschränken, das wir bereits bei der Geschwindigkeit einer Zerfallsreaktion nach Gl. (6.7-59) erkennen können. Wir werden bei den Überlegungen Parallelen zu der bezüglich der Enzymreaktionen im Abschnitt 6.7.2 geführten Diskussion finden.

Wir gehen davon aus, dass das Andiffundieren des Reaktanten und das Abdiffundieren der Reaktionsprodukte sehr schnell erfolgt, so dass die Kinetik allein von den in Gl. (6.7-59) aufgeführten Schritten bestimmt wird. Die Geschwindigkeiten der einzelnen Prozesse bezeichnen wir mit r_i, wobei i mit dem Index der Geschwindigkeitskonstanten in Gl. (6.7-59) übereinstimmt. Wir setzen voraus, dass sich bei der Reaktion nach einer kurzen Anlaufphase auf dem Katalysator ein stationärer Zustand einstellt. Wäre dies nicht der Fall, so hätten wir es entweder mit einer Autokatalyse oder mit einer schnell fortschreitenden Vergiftung des Katalysators zu tun. Weiterhin gehen wir davon aus, dass die Rückreaktion gegenüber der Hinreaktion ohne Bedeutung ist ($r_{-2} \ll r_2$) und dass wir die in die Gasphase tretenden Produkte so schnell abführen können, dass die durch r_{-3} kontrollierte Readsorption der Produkte vernachlässigt werden kann. Die Reaktionsgeschwindigkeit r ist dann mit r_3 identisch:

$$r = r_3 \tag{6.7-60}$$

Im stationären Zustand muss die Belegung der Oberfläche mit adsorbiertem A und P trotz laufender Reaktion zeitlich konstant bleiben, d. h. es muss unter Berücksichtigung der Annahmen gelten

$$r_1 = r_{-1} + r_2 \tag{6.7-61}$$

$$r_2 = r_3 \tag{6.7-62}$$

Wie wir es bei der Besprechung der Langmuir'schen Adsorptionsisotherme (Abschnitt 2.7.5) gesehen haben, berechnen wir die einzelnen Reaktionsgeschwindigkeiten zweckmäßigerweise mit Hilfe der *Bedeckungsgrade* θ_i, d. h. mit dem Bruchteil der aktiven Oberfläche (ausgedrückt als Zahl der Adsorptionsplätze pro Flächeneinheit), der mit der Komponente i belegt ist. Der noch freie Oberflächenanteil ist dann durch $1 - \theta_i$ gegeben. Dann ist, wenn jedes Adsorbat einen Platz benötigt,

$$r_1 = k_1 \cdot p_A \cdot (1 - \theta_A - \theta_P) \tag{6.7-63}$$

$$r_{-1} = k_{-1} \cdot \theta_A \tag{6.7-64}$$

$$r_2 = k_2 \cdot \theta_A \tag{6.7-65}$$

$$r_3 = k_3 \cdot \theta_P \tag{6.7-66}$$

Die Geschwindigkeitskonstanten werden wieder im Wesentlichen von der Größe der entsprechenden Aktivierungsenergie bestimmt, k_1 durch die Aktivierungsenergie der Adsorption von A, k_{-1} durch die der Desorption von A, k_2 durch die Aktivierungsenergie der eigentlichen chemischen Umsetzung und k_3 durch die der Desorption der Produkte.

Wir suchen nun einen Ausdruck für die Reaktionsgeschwindigkeit r, der die im Allgemeinen der Messung nicht zugänglichen θ_i nicht enthält. Aus Gl. (6.7-60) und (6.7-66) folgt

$$r = k_3 \theta_P \tag{6.7-67}$$

Aus Gl. (6.7-62), (6.7-65) und (6.7-66) folgt

$$\theta_A = \frac{k_3}{k_2} \theta_P \tag{6.7-68}$$

Gl. (6.7-61), (6.7-63) bis (6.7-65) ergeben

$$k_1 p_A (1 - \theta_A - \theta_P) - k_{-1} \theta_A - k_2 \theta_A = 0 \tag{6.7-69}$$

und mit Gl. (6.7-68) nach Umstellen

$$\theta_P = \frac{k_2 p_A}{(k_2 + k_3) p_A + (k_{-1} + k_2) \dfrac{k_3}{k_1}} \tag{6.7-70}$$

so dass wir nach Einsetzen von Gl. (6.7-70) in Gl. (6.7-67) für die

---

Reaktionsgeschwindigkeit der Zerfallsreaktion Gl. (6.7-59)

$$r = \frac{k_2 k_3 p_A}{(k_2 + k_3) p_A + (k_{-1} + k_2) \dfrac{k_3}{k_1}} \tag{6.7-71}$$

---

erhalten.

Diese Beziehung zeigt wie die Michaelis-Menten-Gleichung formal die gleiche Abhängigkeit vom Partialdruck des Ausgangsstoffes wie die Langmuir'sche Adsorptionsisotherme [Gl. (2.7-53)]. Die Druckabhängigkeit der Reaktionsgeschwindigkeit entspricht also ganz und gar Abb. 6.7-3.

Wir wollen wieder einige Grenzfälle betrachten. Ist

$$p_A \ll \frac{k_{-1} + k_2}{k_2 + k_3} \cdot \frac{k_3}{k_1} \tag{6.7-72}$$

so ist

$$r \approx \frac{k_1 k_2}{k_{-1} + k_2} p_A \qquad (6.7\text{-}73)$$

es herrscht Proportionalität zwischen r und p_A, und r hängt nicht mehr von der Desorption der Produkte ab. Wegen des geringen Partialdrucks von A ist die Belegung des Katalysators mit A so gering, dass allein Adsorption und Reaktion geschwindigkeitsbestimmend werden. Wir finden eine Reaktion erster Ordnung.

Ist

$$p_A \gg \frac{k_{-1} + k_2}{k_2 + k_3} \cdot \frac{k_3}{k_1} \qquad (6.7\text{-}74)$$

so wird

$$r \approx \frac{k_2 k_3}{k_2 + k_3} \qquad (6.7\text{-}75)$$

Reaktion und Desorption bestimmen die Geschwindigkeit. Wegen des hohen Partialdrucks herrscht *Sättigung* an Adsorbat, eine Änderung des Partialdrucks ändert θ_A nicht mehr. Wir finden eine Reaktion nullter Ordnung. Wir stellen also fest, dass die Reaktionsordnung druckabhängig ist.

Das von uns gewählte Beispiel stellt den denkbar einfachsten Fall einer heterogen katalysierten Reaktion dar. Doch selbst hier haben wir einige die Behandlung vereinfachende Annahmen gemacht. Das ist bei der Aufstellung einer Geschwindigkeitsgleichung für eine katalytische Reaktion zwischen zwei oder gar mehr Reaktanten in weit größerem Maße notwendig. Man erhält für die Geschwindigkeitsgleichung dann auch wesentlich kompliziertere Ausdrücke.

Oft gelingt es, mit solchen Gleichungen den zeitlichen Ablauf der Reaktion und seine Abhängigkeit von den Partialdrücken mit nur relativ geringen Abweichungen vom experimentellen Ergebnis wiederzugeben. Man hüte sich aber zu glauben, dass dies ein Beweis für die Richtigkeit des zugrunde gelegten Mechanismus sei, hat man doch die oft sehr zahlreichen Geschwindigkeitskonstanten durch Anpassung an das Experiment gewonnen. Wesentlich andere mechanistische Ansätze können zu einem ähnlich guten Ergebnis führen. Der große Wert solcher Geschwindigkeitsgleichungen liegt in der technischen Anwendbarkeit, z. B. für die Auslegung von Reaktoren.

Es hat sich in den letzten Jahrzehnten die Erkenntnis durchgesetzt, dass man in Anbetracht der vielen, sich bei der heterogenen Katalyse überlagernden Prozesse (vgl. S. 947) den Mechanismus der Reaktion nicht – wie bei der homogenen Gasreaktion – allein mit kinetischen Messungen aufklären kann. Vielmehr ist es notwendig, sich mit dem Mechanismus der Einzelschritte vertraut zu machen. Dabei ist es am wichtigsten zu untersuchen, wie sich die Eigenschaften der Reaktanten bei der Adsorption verändern. Wir werden deshalb im Folgenden zunächst nach dem Zustand des Adsorbats fragen.

Der Zustand des Adsorbats

Aus Abb. 6.7-4 entnehmen wir, dass die Wirkung des Katalysators darauf beruht, dass die Moleküle im adsorbierten Zustand für die gewünschte Reaktion eine wesentlich kleinere Aktivierungsenergie benötigen als im gasförmigen oder gelösten Zustand. Wir müssen uns also die Frage stellen, worauf diese Erniedrigung der Aktivierungsenergie zurückzuführen ist.

Wir haben im Abschnitt 2.7.5 von der Unterscheidung von *Physisorption* und *Chemisorption* gesprochen und die Chemisorption als die Art der Adsorption bezeichnet, bei der es zu einer Bindung zwischen Adsorbat und Adsorbens kommt, die einer chemischen Bindung schon sehr ähnlich ist. Die Ausbildung einer solchen Bindung sollte aber eine Schwächung der Bindungen im Adsorbat bewirken.

Tatsächlich kann man beispielsweise mit Hilfe der Infrarot-Spektroskopie oder der Photoelektronen-Spektroskopie die Ausbildung kovalenter Bindungen zwischen Adsorbens und Adsorbat direkt nachweisen oder die Schwächung von Bindungen im Adsorbat erkennen. Und gerade die Adsorbenzien zeigen katalytische Aktivität, an denen eine Chemisorption der Reaktionspartner beobachtet wird.

Wir können sogar einen Schritt weitergehen und anhand von Abb. 6.7-4 einige – allerdings sehr allgemeine – Kriterien aufstellen, die ein Katalysator erfüllen muss: Die Adsorptionswärme q_i der Ausgangsstoffe sollte groß genug sein, damit die adsorbierten Moleküle genügend aktiviert werden. Die Aktivierungsenergie E_1 für die Adsorption, E_2 für die Reaktion und E_3 für die Desorption der Produkte sollte möglichst klein sein. Das impliziert, dass die Adsorptionswärme q_3 der Produkte ebenfalls klein sein muss. Andernfalls bleiben die Produkte adsorbiert und hemmen so den Fortgang der Reaktion.

Um einen Eindruck vom Zustand der chemisorbierten Ausgangsstoffe zu gewinnen, seien einige durch neuere Untersuchungen gesicherte Ergebnisse genannt, die wir für unsere spätere Diskussion benötigen. Wir beschränken uns dabei auf Studien, die an metallischen Katalysatoren durchgeführt worden sind, denn bei diesen sind die Verhältnisse am besten überschaubar, besonders, wenn man wohldefinierte Einkristalloberflächen als Modellkatalysatoren verwendet.

Wasserstoff wird an den Metallen der Eisen-, Platin- und Palladiumgruppe in atomarer Form chemisorbiert, die Bindung zwischen den Wasserstoffatomen wird also gespalten. Die Aktivierungsenergie für diesen Prozess ist außerordentlich klein.

Kohlenmonoxid wird von den gleichen Metallen zunächst mit kleiner Aktivierungsenergie in molekularer Form chemisorbiert. Die Adsorptionswärme ist vergleichbar der Reaktionsenthalpie bei der Bildung der entsprechenden Carbonyle. Tatsächlich findet man wie bei den Carbonylen linear und brückenförmig an den Katalysator gebundenes Kohlenmonoxid. Die Bindung C-O ist gegenüber der im gasförmigen Kohlenmonoxid deutlich geschwächt. Bei etwas höherer Temperatur ($T \geq 350$ K) setzt beispielsweise am Eisen mit deutlich höherer Aktivierungsenergie der Zerfall des Kohlenmonoxids in die Atome ein. Hier zeigt sich nicht nur ein merklicher Unterschied zwischen der katalytischen Wirkung der verschiedenen

Metalle auf den Zerfall, sondern bei ein und demselben Metall auch ein Einfluss der kristallographischen Struktur der adsorbierenden Fläche.

Das Verhalten des *Kohlendioxids* hängt in noch stärkerem Maße von der kristallographischen Orientierung der Metalloberfläche ab. Man spricht in einem solchen Fall von *Flächenspezifität* der Adsorption. Während Kohlendioxid an der rauhen Fe(111)-Fläche bei 77 K unter Ausbildung einer gewinkelten, negativ geladenen Spezies chemisorbiert, bei steigender Temperatur zunächst in CO und O, oberhalb von Raumtemperatur sogar total, d. h. in 2 O und C, zerfällt, adsorbiert es an der glatten Fe(110)-Fläche weder bei tiefer noch bei höherer Temperatur.

Sowohl beim Kohlenmonoxid- als auch beim Kohlendioxidzerfall am Eisen und am Kobalt beobachtet man die Bildung einer *carbidischen, an das Metall gebundenen Kohlenstoffspezies.*

Auch die *Stickstoffadsorption* erweist sich als sehr flächenspezifisch, z. B. am Eisen. Wie beim Kohlendioxid ist hier die rauhe Fe(111)-Fläche die aktivste. Für unsere spätere Diskussion interessiert uns die sog. *Haftwahrscheinlichkeit* s für die Chemisorption von atomarem Stickstoff. Die Haftwahrscheinlichkeit sagt uns, welcher Bruchteil von Stößen molekularen Stickstoffs aus der Gasphase auf die Katalysatoroberfläche (vgl. Abschn. 4.3.3) zur Chemisorption von zwei Stickstoffatomen führt. Die Haftwahrscheinlichkeit

$$s = \nu \cdot e^{-E_a/RT} \tag{6.7-76}$$

besteht aus einem präexponentiellen Faktor ν und einer e-Funktion, die im Exponenten die Aktivierungsenergie E_a enthält, denn die Adsorption ist im Allgemeinen ein aktivierter Prozess. Für die Chemisorption von Wasserstoff und Sauerstoff an Eisen liegt die Haftwahrscheinlichkeit in der Größenordnung von eins, für die Stickstoffchemisorption bei Raumtemperatur jedoch bei 10^{-6}. Aus der Temperaturabhängigkeit erhält man eine scheinbar negative Aktivierungsenergie von -3 kJ mol^{-1}. Aufgrund unserer Ausführungen im Abschn. 6.3.2 schließen wir daraus, dass der Chemisorption von N-Atomen ein sich schnell einstellendes Adsorptionsgleichgewicht vorgelagert ist.

Tatsächlich beobachtet man, dass es sogar zwei sich in der Lage des Stickstoffs relativ zur Oberfläche unterscheidende molekulare Adsorptionszustände gibt, einen γ-Zustand, in dem das Stickstoffmolekül senkrecht auf der Oberfläche steht, und einen α-Zustand, in dem es parallel zur Oberfläche ausgerichtet ist. Der Übergang von der Gasphase in die atomare Chemisorption folgt also dem Schema

$$N_{2(gas)} \underset{k_{-1}}{\overset{k_1}{\rightleftharpoons}} \gamma\text{-}N_{2(ads)} \underset{k_{-2}}{\overset{k_2}{\rightleftharpoons}} \alpha\text{-}N_{2(ads)} \underset{k_{-3}}{\overset{k_3}{\rightleftharpoons}} 2\,N_{(chem)} \tag{6.7-77}$$

Da die Physisorptionswärme sehr klein ist, übertrifft bei Raumtemperatur die Tendenz zur Desorption die Tendenz zur atomaren Chemisorption.

Gesättigte Kohlenwasserstoffe, insbesondere Methan, Ethan und Propan werden von Übergangsmetallen kaum chemisorbiert, bei ihrer Bildung auf der Katalysatoroberfläche desorbieren sie bei Raumtemperatur sofort.

Ungesättigte Kohlenwasserstoffe hingegen werden stark chemisorbiert, die niedrigen Glieder wie Ethin und Ethen auch unter teilweisem Zerfall.

Diese Erkenntnisse wollen wir jetzt nutzen, um den Mechanismus von drei technisch bedeutenden heterogen katalysierten Reaktionen zu besprechen.

Spezielle Reaktionsmechanismen
Ammoniaksynthese

Wir wollen uns zuerst der Ammoniaksynthese an K-promotierten Eisenkatalysatoren zuwenden:

$$3\,H_2 + N_2 \rightarrow 2\,NH_3 \qquad (6.7\text{-}78)$$

Obwohl die Ammoniaksynthese seit 1913 nach dem *Haber-Bosch-Verfahren* in großtechnischem Maßstab (viele Millionen t pro Jahr) durchgeführt wird, war bis vor nicht allzu langer Zeit nicht geklärt, ob sie über eine sukzessive Hydrierung des N_2-Moleküls, d.h. über die Stufen von adsorbiertem N_2H_2 und N_2H_4, verläuft oder über den Zerfall von N_2 in 2 N und anschließende Hydrierung des Stickstoffatoms. Im letzteren Fall müsste zuerst die Dreifachbindung im N_2-Molekül gebrochen werden, was aus energetischen Gründen als unwahrscheinlich angesehen wurde. Erst ca. 60 Jahre nach der Einführung des großtechnischen Verfahrens ist, gestützt auf die oben erwähnten Untersuchungen zur Stickstoffadsorption bewiesen worden, dass dieser Mechanismus tatsächlich zutrifft. Gerhard Ertl in Berlin erhielt 2007 den Nobelpreis für Chemie für die Aufklärung von Elementarprozessen an Festkörperoberflächen unter anderem für diesen Beweis:

$$H_{2,gas} + * \rightleftharpoons 2\,H_{ad} \qquad (6.7\text{-}79)$$

$$N_{2,gas} + * \rightleftharpoons N_{2,ad} \qquad (6.7\text{-}80)$$

$$N_{2,ad} \rightleftharpoons 2\,N_{ad} \qquad (6.7\text{-}81)$$

$$N_{ad} + H_{ad} \rightleftharpoons NH_{ad} \qquad (6.7\text{-}82)$$

$$NH_{ad} + H_{ad} \rightleftharpoons NH_{2,ad} \qquad (6.7\text{-}83)$$

$$NH_{2,ad} + H_{ad} \rightleftharpoons NH_{3,ad} \qquad (6.7\text{-}84)$$

$$NH_{3,ad} \rightleftharpoons NH_{3,gas} + * \qquad (6.7\text{-}85)$$

Dabei bedeutet * eine Gruppe von Atomen der Katalysatoroberfläche, die einen geeigneten Adsorptionsplatz bilden. Nachdem experimentell eindeutig nachgewiesen worden war, dass die Dissoziation des adsorbierten Stickstoffs [Gl. (6.7-81)] der geschwindigkeitsbestimmende Schritt ist, wurde, ausgehend von der Geschwindigkeit dieses Schrittes und den Gleichgewichtskonstanten der übrigen Schritte, eine den Gesamtprozess berücksichtigende Geschwindigkeitsgleichung berechnet. Dabei wurden die Adsorptions-Desorptions-Gleichgewichte mit den Methoden der statistischen Thermodynamik ermittelt.

Besonders bemerkenswert ist, dass an diesem Beispiel gezeigt werden konnte, dass Untersuchungsergebnisse, die an Einkristalloberflächen im Ultrahochvakuum erhalten wurden, geeignet sind, die Verhältnisse bei der realen, technischen Katalyse mit erfreulicher Genauigkeit zu beschreiben. Das gilt auch für die promotierende Wirkung des Kaliums, die sich in einer Erniedrigung der Aktivierungsenergie bei der Dissoziation des molekular adsorbierten Stickstoffs äußert.

Fischer-Tropsch-Synthese

In Tab. 6.7-1 sind die Produkte aufgeführt, die bei der katalytischen Hydrierung von Kohlenmonoxid gebildet werden können. Es dürfte einleuchten sein, dass diese große Produktpalette nicht nach einem einheitlichen Mechanismus entstehen kann. Je nach dem Katalysatorsystem wird die Reaktion zwischen H_2 und CO über unterschiedliche Reaktionskanäle vonstatten gehen.

Es gibt aber eine Hydrierungsreaktion, die mit sehr hoher Selektivität abläuft. Das ist die Methanisierung von Kohlenmonoxid an Kobaltkatalysatoren. Hier war zu entscheiden, ob bei der Reaktion sukzessiv Wasserstoff an CO angelagert wird und schließlich Wasserabspaltung erfolgt, oder ob das Kohlenmonoxid zerfällt und eine Hydrierung des entstandenen Kohlenstoffs einsetzt. Die oben erwähnten Messungen über die Kohlenmonoxidadsorption an den Metallen der Eisengruppe haben gezeigt, dass der letztere Weg beschritten wird, d. h. dass carbidischer Kohlenstoff ein Zwischenprodukt ist:

$$H_{2,gas} + * \rightleftharpoons 2\,H_{ads} \tag{6.7-86}$$

$$CO_{gas} + * \rightleftharpoons CO_{ads} \tag{6.7-87}$$

$$CO_{ads} \rightleftharpoons C_{carb} + O_{ads} \tag{6.7-88}$$

$$C_{carb} + H_{ads} \rightleftharpoons CH_{ads} + * \tag{6.7-89}$$

$$CH_{ads} + H_{ads} \rightleftharpoons CH_{2,ads} + * \tag{6.7-90}$$

$$CH_{2,ads} + H_{ads} \rightleftharpoons CH_{3,ads} + * \tag{6.7-91}$$

$$CH_{3,ads} + H_{ads} \rightleftharpoons CH_{4,ads} + * \tag{6.7-92}$$

$$CH_{4,ads} \rightleftharpoons CH_{4,gas} + * \tag{6.7-93}$$

Kohlenmonoxid-Oxidation

Zum Schluss wollen wir noch eine Reaktion besprechen, die heutzutage große Bedeutung in der Umweltchemie hat, die Oxidation von Kohlenmonoxid zu Kohlendioxid. Bei dieser Reaktion können wir als Katalysatoren nicht die Metalle der Eisengruppe verwenden, da diese mit Sauerstoff so stark in Wechselwirkung treten, dass es zu einer Oxidation des Katalysators und nicht des Reaktanten Kohlenmonoxid käme. Wir müssen deshalb Palladium oder Platin als Katalysator einsetzen. Der Reaktionspfad ist aufgrund der Untersuchungen an den Einzelsystemen Pt(Pd)/CO bzw. Pt(Pd)/O_2 leicht zu verstehen:

$$CO_{gas} + * \rightarrow CO_{ads} \tag{6.7-94}$$

$$O_{2,gas} + * \rightarrow 2\,O_{ads} \tag{6.7-95}$$

$$CO_{ads} + O_{ads} \rightarrow CO_{2,ads} + * \tag{6.7-96}$$

$$CO_{2,ads} \rightarrow CO_{2,gas} + * \tag{6.7-97}$$

Die Bindung des molekularen Kohlendioxids an das Platin oder Palladium ist so schwach, dass es nach der Bildung sofort desorbiert. Diese Reaktion haben wir nicht nur wegen ihrer technischen Bedeutung mit aufgeführt. Weit interessanter ist die Beobachtung, dass unter bestimmten Bedingungen von Druck und Temperatur die üblicherweise unter stationären Bedingungen ablaufende Reaktion beginnt zu oszillieren: Die Bildungsgeschwindigkeit des Kohlendioxids nimmt in Abhängigkeit von der Reaktionszeit zu, durchschreitet ein Maximum, fällt wieder ab, durchläuft ein Minimum und steigt wieder an. Solch eine Oszillation kann sich über eine lange Zeit aufrecht erhalten.

Oszillierende Kohlenmonoxid-Oxidation

Um die Ursachen für die Oszillation der Kohlenmonoxid-Oxidation auf der Pt(100)-Fläche verstehen zu können, müssen wir vorab einige Eigenschaften dieser Kristallfläche und der Systeme Pt(100)/CO und Pt(100)/O zur Kenntnis nehmen.

Wir haben im Abschnitt 2.7 erfahren, dass sich die Teilchen, die in der Oberfläche einer kondensierten Phase liegen, in einem energetisch ungünstigen Zustand befinden, da sie eine geringere Zahl erstnächster Nachbarn haben als die Teilchen im Volumen der Phase. Das gilt auch für die Oberfläche von Metallen, die an das Vakuum grenzen. Die rechte Seite von Abb. 6.7-5 zeigt uns die Anordnung der Atome in der (100)-Ebene des kubisch-flächenzentrierten Platins (gekennzeichnet mit 1x1). Wir sehen, dass jedes Atom in dieser Ebene vier erstnächste Nachbarn hat. Das System befände sich in einem energetisch günstigeren Zustand, wenn die Atome in der obersten (100)-Ebene eine von der Anordnung im Volumen abweichende, quasihexagonale Struktur annähmen, in der sie in der Ebene sechs erstnächste Nachbarn hätten. Der energetische Unterschied ΔE_1 beträgt 40 kJ mol^{-1}, die Aktivierungsenergie E_a für eine solche Umordnung – man bezeichnet sie als *Rekonstruktion* – 100 kJ mol^{-1} (Abb. 6.7-6). Rekonstruierte Oberflächen beobachtet man bei Metallen häufig.

Wenn man nun die Adsorptionswärme des Kohlenmonoxids auf der hexagonalen Fläche (E_1) mit der auf der (1x1)-Fläche (E_2) vergleicht, so findet man, dass sie auf der letzteren größer als auf der ersteren ist. Das bedeutet, dass die CO-Adsorption auf der (1x1)-Fläche des Platins günstiger als auf der hexagonalen ist. Das hat wiederum zur Folge, dass unter der Wirkung der CO-Chemisorption die Rekon-

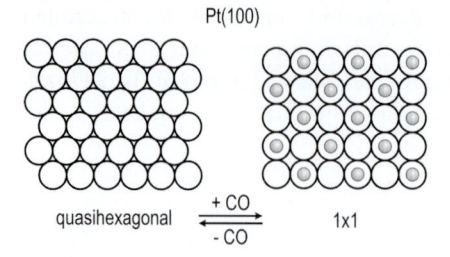

Abbildung 6.7-5 Rekonstruktion der Pt(100)-Fläche

Pt(100)

quasihexagonal $\underset{-CO}{\overset{+CO}{\rightleftarrows}}$ 1x1

struktion aufgehoben wird, wenn die CO-Belegung etwa auf 50 % einer monomolekularen angestiegen ist ($\theta_1 = \theta_2$). Diese Situation ist in Abb. 6.7-5 dargestellt. Die grau markierten Kreise stellen die adsorbierten CO-Moleküle dar (c(2x2)-Struktur). Die Rekonstruktion bleibt bis zur Ausbildung einer monomolekularen Adsorptionsschicht von CO aufgehoben. Sorgt man nun durch Temperaturerhöhung dafür, dass das Kohlenmonoxid wieder desorbiert, so rekonstruiert die oberste Pt-Lage wieder, sobald die CO-Belegung hinreichend weit abgenommen hat.

Die dissoziative Chemisorption des Sauerstoffs erweist sich insofern als flächenspezifisch, als die Haftwahrscheinlichkeit an der (1x1)-Fläche des Platins um zwei Zehnerpotenzen größer ist als an der quasihexagnolen Fläche.

Unter Berücksichtigung dieser Tatsachen ergibt sich zwanglos eine Erklärung für die Oszillation der Geschwindigkeit der CO-Oxidation, die chemisorbierte CO-Moleküle und O-Atome auf benachbarten Plätzen voraussetzt:

Die unbelegte, rekonstruierte Pt(100)-Fläche wird einem CO/O$_2$-Strom ausgesetzt. Die Haftwahrscheinlichkeit des Kohlenmonoxids ist größenordnungsmäßig 100mal so groß wie die des Sauerstoffs. Im wesentlichen chemisorbiert nur CO, die CO$_2$-Bildung ist gering. Überschreitet die CO-Belegung den Wert $\theta(CO) = 0.5$, so wird die Rekonstruktion aufgehoben, die (1x1)-Fläche entsteht, und damit kann die Chemisorptionsgeschwindigkeit des O$_2$ mit der des CO konkurrieren, die CO$_2$-Bildungsgeschwindigkeit nimmt stark zu. Jedes O$_2$-Molekül kann zwei CO-Moleküle oxidieren, die dann als CO$_2$ sofort nach Entstehung desorbieren. Dadurch nimmt die CO-Belegung stark ab, unter $\theta(CO) = 0.5$. Das führt wiederum zur Rekonstruktion der (100)-Fläche zur quasihexagonalen Struktur, es tritt eine starke Verarmung an che-

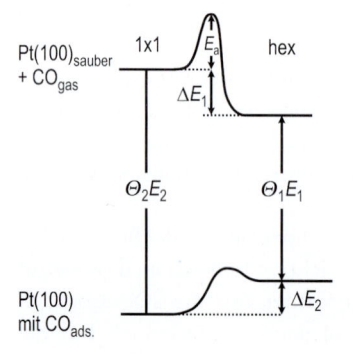

Abbildung 6.7-6 Einfluss der CO-Adsorption auf die Rekonstruktion der Pt(100)-Fläche

misorbierten O-Atomen auf und die CO_2-Bildungsgeschwindigkeit sinkt, während die CO-Belegung erneut ansteigt und der Zyklus von neuem beginnt. Diese oszillierenden Reaktionen sind von besonderem Interesse im Hinblick auf nicht-linear dynamische Prozesse, die häufig zur raum-zeitlichen Strukturbildung führen. Diese können mit modernen oberflächenanalytischen Verfahren abgebildet werden.

Oszillierende Reaktionen sind sowohl in der heterogenen Katalyse als auch bei Reaktionen in homogener Lösung bekannt. Sie können sehr unterschiedliche Ursachen haben. Wir hatten schon in der Einführung auf die raum-zeitlichen Strukturen bei der Belousov-Zhabotinsky Reaktion, einer oszillierndenReaktion in Lösung, hingewiesen (siehe Abbildung 3).

Während der Reaktion treten drei verschiedene Prozesse mit jeweils mehreren Reaktionen auf. Kaliumbromat, Malonsäure und Kaliumbromid werden mit konzentrierter Schwefelsäure sowie einem Redoxindikator, z.B. einem Cersalz, umgesetzt. Im Wesentlichen wird zunächst Bromid verbraucht und zu Brommalonsäure umgesetzt. Während dieser Reaktion entsteht Bromige Säure, die wieder weiter umgesetzt wird. Ist viel Bromid verbraucht, ermöglicht dies, dass die Reaktionen mit dem Redoxindikator abgebildet wird (Musterbildung). Bromige Säure wirkt dabei in einer ersten Reaktion als Autokatalysator (siehe Abschnitt 6.7 Autokatalyse), wobei sich die Konzentrationen an bromiger Säure pro Reaktion verdoppelt. Bei größeren Konzentrationen an bromiger Säure reagiert diese zu Hypobromiger Säure. Damit eine Oszillation möglich ist, muss es noch eine weitere Reaktion geben, bei der das verbrauchte Bromid wieder zurückgebildet wird. Dies ist ein Prozess, bei dem Malonsäure, Brommalonsäure, Hypobromit und der Redoxindikator unter Bromidbildung miteinander reagieren. Dies ist nur ein Beispiel für eine oszillierende Reaktion in Lösung.

Veränderungen in der Katalysatoroberfläche

Zum Schluss wollen wir noch einmal die Frage aufgreifen, was bei der Katalyse mit dem Katalysator geschieht, ob seine bloße Anwesenheit ausreicht, um die Reaktion zu beschleunigen oder zu lenken.

Wir haben gerade am letzten Beispiel erfahren, dass strukturelle Veränderungen in der Katalysatoroberfläche vor sich gehen können. Hier haben wir von einer durch Chemisorption eines Reaktanten induzierten Aufhebung einer Rekonstruktion erfahren. Ebenso findet man an anderen Beispielen durch Adsorption induzierte Rekonstruktion.

Im Fall der Methanisierung des Kohlenmonoxids haben wir vernommen, dass carbidischer Kohlenstoff, d. h. an das Metall gebundener Kohlenstoff auftritt. Bei solchen Reaktionen kann man oft die Bildung von Metallcarbiden an der Katalysatoroberfläche als reaktive Zwischenstufen auch mit Hilfe der Elektronenbeugung direkt nachweisen.

> Bereits aus den wenigen im Detail besprochenen Beispielen ergibt sich, dass der Katalysator sowohl bei der homogenen als auch bei der heterogenen Katalyse durch die Ausbildung von chemischen Bindungen mit den Reaktanten ins Reaktionsgeschehen eingreift.

6.7.4
Kernpunkte des Abschnitt 6.7

- ☑ Katalyse und Gleichgewicht S. 1017
- ☑ Selektivität S. 1017
- ☑ Homogene Katalyse S. 1018
    - Bleikammerverfahren Gl. (6.7-3 und 4)
    - Säurekatalyse S. 1019
    - – Spezifische Säurekatalyse Gl. (6.7-18)
    - – Rohrzuckerinversion Gl. (6.7-19)
    - – Allgemeine Säurekatalyse Gl. (6.7-22)
    - Base-Katalyse S. 1022
    - – Spezifische Base-Katalyse Gl. (6.7-34)
    - – Allgemeine Base-Katalyse Gl. (6.7-38)
    - Autokatalyse Gl. (6.7-45 und 46)
    - Enzymatische Katalyse S. 1026
    - – Michaelis-Menten-Gleichung Gl. (6.7-52)
- ☑ Heterogene Katalyse S. 1029
    - Langmuir-Hinshelwood-Mechanismus Gl. (6.7-57)
    - Eley-Rideal-Mechanismus Gl. (6.7-58)
    - Kinetik einer Zerfallsreaktion Gl. (6.7-71)
    - Zustand des Adsorbats S. 1035
    - Flächenspezifität S. 1036
    - Ammoniaksynthese S. 1037
    - Fischer-Tropsch-Synthese S. 1038
    - Kohlenmonoxid-Oxidation S. 1039
    - Oszillierende Kohlenmonoxid-Oxidation S. 1039

6.7.5
Rechenbeispiele zu Abschnitt 6.7

1. Bei der durch Myosin katalysierten Hydrolyse von ATP fand man in Abhängigkeit von der Substrat-Anfangskonzentration folgende Anfangs-Reaktionsgeschwindigkeiten:

$[S]_0$/mmol dm^{-3}	0.005	0.010	0.020	0.030	0.050	0.100	0.200	0.300
r/μmol dm^{-3} s^{-1}	0.051	0.083	0.118	0.138	0.158	0.178	0.190	0.194

Man gehe von einem Mechanismus $E + S \underset{k_{-1}}{\overset{k_1}{\rightleftharpoons}} ES \overset{k_2}{\to} P + E$ aus und bestimme die maximale Reaktionsgeschwindigkeit und die Michaelis-Konstante.

2. Die Abbildung gibt die Partialdrücke wieder, die man als Funktion der Ethylenbelegung θ misst, wenn bei 273 K eine Nickeloberfläche sukzessiv mit immer größeren Ethylenmengen ($\theta = N/N_{monomolekular}$) belegt wird. Unter den herr-

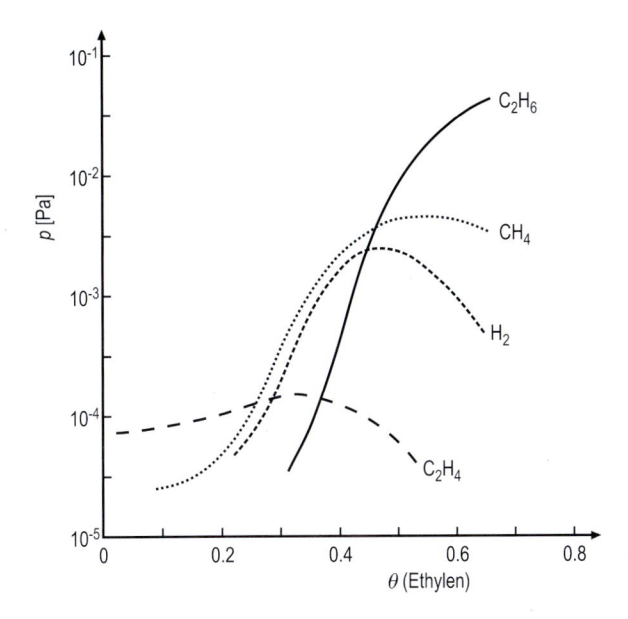

schenden Bedingungen werden Methan und Ethan nur schwach, Wasserstoff hingegen stark adsorbiert. Man gebe ein Reaktionsschema an und beachte dabei, dass sich die eingezeichneten Gleichgewichtsdrücke von H_2 und CH_4 erst nach längerer Zeit, der von Ethan jedoch sofort nach einer Ethylenzugabe einstellen.

6.7.6
Literatur zu den Abschnitten 6.1 bis 6.7

Soustelle, M. (2011) *An Introduction to Chemical Kinetics*, John Wiley & Sons, New York

De Schryver, F. C., De Feyter, S., and Schweitzer, G. (Eds.) (2001) *Femtochemistry*, Wiley-VCH, Weinheim

Logan, S. R. (1997) *Grundlagen der Chemischen Kinetik*, Wiley-VCH, Weinheim

Pilling, M. J. and Seakins, P. W. (1996) *Reaction Kinetics*, 2nd ed., Oxford University Press, Oxford

Gray, P. and Scott, S. K. (1994) *Chemical Oscillations and Instabilities: Non-linear Chemical Kinetics*, Oxford University Press, Oxford

Thomas, J. M. (1994) Wendepunkte der Katalyse. *Angew. Chemie*, **106**, 963-989

Ertl. G. (1991) Elementary Steps in Ammonia Synthesis, in *Catalytic Ammonia Synthesis* (ed. J. R. Jennings), Plenum Publishing Corporation, New York

Christmann, K. (1991) *Introduction to Surface Physical Chemistry*, Steinkopff Verlag, Darmstadt, Springer Verlag, New York

Lee, Y. T. (1987) Molekularstrahluntersuchungen chemischer Elementarprozesse. *Angew. Chemie*, **99**, 967-980

Polanyi, J. C. (1987) Einige Konzepte der Reaktionsdynamik. *Angew. Chemie,* **99**, 981-1001

Laidler, K. J. (1987) *Chemical Kinetics,* Harper & Row Publishers, New York

Henrici-Olive, G. and Olive, S. (1984) *The Chemistry of the Catalyzed Hydrogenation of Carbon Monoxide,* Springer Verlag, Berlin, Heidelberg, New York, Tokio

Smith, I. W. N. (1980) *Kinetics and Dynamics of Elementary Gas Reactions,* Butterworths, London

Wilkinson, F. (1980) *Chemical Kinetics and Reaction Mechanisms,* van Nostrand Reinhold Company, New York

6.8
Die Kinetik von Elektrodenprozessen

Abschließend wollen wir uns noch mit der Kinetik der Prozesse befassen, die unter Mitwirkung geladener Teilchen an den Elektroden einer elektrochemischen Zelle ablaufen. Wir haben uns bereits an zwei Stellen dieses Buches ausführlich mit Fragen der Elektrochemie befasst. Im Kapitel 1 haben wir uns mit einer allgemeinen Einführung und dann mit dem Ladungstransport in einer Elektrolytlösung beschäftigt. Dabei interessierte uns das, was an den Elektroden vor sich geht, nur am Rande (Abschnitt 1.6.1). Abschnitt 2.8 war der elektrochemischen Thermodynamik gewidmet. In seinem Mittelpunkt stand das durch die Nernst'sche Gleichung bestimmte elektrochemische Gleichgewicht. Bei beiden Gelegenheiten ist uns klar geworden, dass kein mit einem elektrischen Strom durch die Phasengrenze verbundener Prozess an der einen Elektrode (Kathode oder Anode) ablaufen kann, ohne dass gleichzeitig an der anderen Elektrode (Anode oder Kathode) ein entsprechender Prozess vonstatten geht. Wir haben aber auch gesehen, dass wir eine große Freiheit in der Kombination der Elektroden (Halbzellen) haben, dass wir sie unabhängig voneinander betrachten und bezüglich ihrer Eigenschaften studieren können, wenn auch jede experimentelle Untersuchung wieder ein Zusammenschalten von zwei Elektroden erfordert.

Bei der Diskussion der Kinetik von Elektrodenprozessen werden wir das Geschehen an einer einzelnen Elektrode studieren. In der Messung äußert sich dann wieder die Summe der an den einzelnen Elektroden gefundenen Effekte.

> Im Abschnitt 6.8.1 werden wir einige bereits im Abschnitt 2.8 abgeleitete Beziehungen zusammenstellen und neue Begriffe einführen.
>
> Als erste Art von Überspannung werden wir im Abschnitt 6.8.2 die *Durchtrittsüberspannung* kennenlernen.
>
> Mit der *Diffusionsüberspannung* (Abschn. 6.8.3) werden wir die Grundlagen für die *Polarographie* behandeln.
>
> Weitere Überspannungen werden wir im abschließenden Abschnitt 6.8.4 lediglich erwähnen.

6.8.1
Allgemeines zur Kinetik von Elektrodenreaktionen

Wir wollen uns an besonders einfachen Beispielen orientieren. Solche sind nach unseren Überlegungen im Abschnitt 2.8.4 die Metallionen-Elektroden, d. h. Elektroden wie

$$Ag^\alpha | Ag^+ \text{ (Lösung)}^\beta \tag{2.8-36}$$

die sich dadurch auszeichnen, dass an ihnen nur eine potentialbestimmende Bruttoreaktion

$$(Ag^+)^\alpha \rightleftharpoons (Ag^+, \text{Lösung})^\beta \tag{2.8-38}$$

abläuft. Die übergangsfähigen Ladungsträger sind Metallionen. Sie treten durch die Phasengrenze Metall α/Lösung β.

> Deshalb bezeichnet man die Reaktion
> $$(Me)^\alpha \rightleftharpoons (Me^{z+})^\beta + z(e^-)^\alpha \tag{6.8-1}$$
> als *Durchtrittsreaktion*.

Wir haben gesehen, dass es auf Grund dieser Reaktion zum Entstehen eines thermodynamisch durch die Gleichgewichts-Galvanispannung

$$\Delta\varphi_{\text{rev}} = \Delta\varphi^0 + \frac{RT}{zF} \ln a^\beta(Me^{z+}) \tag{2.8-40}$$

beschreibbaren Gleichgewichts kommt. Ein solches Gleichgewicht ist ein dynamisches, d. h. in der Zeiteinheit geschieht der Vorgang (6.8-1) gleich häufig von links nach rechts (anodisch) wie von rechts nach links (kathodisch). Da es sich um einen Transport von Ladungsträgern handelt, entspricht dem ein anodischer Strom I_a und ein kathodischer Strom I_k, bzw. eine anodische Stromdichte j_a und eine kathodische Stromdichte j_k.

> Den kathodischen Strom setzt man definitionsgemäß immer negativ, den anodischen positiv. Im elektrochemischen Gleichgewicht haben beide Stromdichten den gleichen Absolutwert
> $$j_a = |j_k| = j_0 \tag{6.8-2}$$
> Der Gesamtstrom ist also null. Man bezeichnet j_0 als *Austauschstromdichte*.

Gilt Gl. (6.8-2) nicht mehr, so resultiert eine Stromdichte j durch die Elektrode, die sich additiv aus der anodischen und kathodischen zusammensetzt:

$$j = j_k + j_a = j_a - |j_k| \tag{6.8-3}$$

Solch ein Fall liegt vor, wenn man entweder einen Strom durch die Elektrode schickt (Elektrolyse) oder der galvanischen Zelle einen Strom entnimmt. Experimentell beobachtet man, dass sich dabei das Potential der Elektrode ändert.

> Die Abweichung von der reversiblen Galvani-Spannung $\Delta\varphi_{\text{rev}}$ nennt man *Überspannung* η oder – allerdings nicht ihrer exakten Definition entsprechend – *elektrische Polarisation*:
>
> $$\eta(j) = \Delta\varphi(j) - \Delta\varphi_{\text{rev}} \tag{6.8-4}$$
>
> Wie bereits in Gl. (6.8-4) angedeutet ist, ist die Überspannung eine Funktion der Stromdichte j.

Die Beschäftigung mit solchen Polarisationserscheinungen, insbesondere die Ermittlung der Überspannung mit Hilfe der Kinetik wird die wesentliche Aufgabe dieses Abschnitts sein.

Elektrodenreaktionen sind heterogene Reaktionen. Wir werden also die Gesichtspunkte zu berücksichtigen haben, die wir im Abschnitt 6.6 über heterogene Reaktionen und im Abschnitt 6.7.3 über heterogene Katalyse angesprochen haben. Das betrifft insbesondere die Teilschritte der Reaktion und den großen Einfluss des Stofftransportes. Welche Schritte im Einzelfall eine Rolle spielen, hängt von der Art der Elektrode, Metall-, Gas-, Redoxelektrode oder Elektrode 2. Art (vgl. Abschnitt 2.84), und von der Elektrodenreaktion ab. Wenn wir ein möglichst vollständiges Schema aufstellen wollen, so wären dies

1. die Diffusion des oder der Reaktanten zur Elektrode
2. eine möglicherweise stattfindende Reaktion der herandiffundierenden Reaktanten unmittelbar vor der Elektrode
3. die Adsorption an der Elektrode
4. der Elektronenaustausch zwischen adsorbierter Spezies und Elektrode oder Tunneln eines Elektrons aus der Elektrode zur Spezies
5. die Desorption von der Elektrode
6. eine möglicherweise stattfindende Reaktion der desorbierten Stoffe unmittelbar vor der Elektrode
7. die Diffusion der Produkte von der Elektrode weg oder in die Elektrode hinein.

Wir werden in den folgenden Abschnitten auf diese einzelnen Schritte zurückkommen.

Einen gravierenden Unterschied zu den in den früheren Abschnitten behandelten heterogenen Reaktionen müssen wir noch ansprechen: Im Abschnitt 2.8.3 haben wir im Detail erläutert, dass zwischen einer Elektrode und der sie umgebenden Lösung eine durch die Galvani-Spannung $\Delta\varphi$ gegebene Potentialdifferenz herrscht. Wenn wir die Schritte 1 und 7 betrachten, so geschehen diese also u. U. nicht im feldfreien Raum, sondern unter dem Einfluss eines Gradienten des elektrischen Potentials.

6.8.2
Die Durchtrittsüberspannung

Wir betrachten als Beispiel eine Metallionenelektrode und die Durchtrittsreaktion

$$(\text{Me})^{\alpha} \underset{k_{\text{k}}}{\overset{k_{\text{a}}}{\rightleftharpoons}} (\text{Me}^{z+})^{\beta} + z(\text{e}^{-})^{\alpha} \tag{6.8-1}$$

Die Geschwindigkeitskonstante für den anodischen Prozess ist k_{a}, die für den kathodischen ist k_{k}. Im Metall sind die Kationen auf Gitterplätzen eingebaut, in der Lösung liegen sie in Form hydratisierter Ionen vor. Der Übergang von der einen Phase in die andere, d. h. der Austritt aus dem Metallverband bzw. das Abstreifen der Hydrathülle, sind sicherlich Prozesse, die eine Aktivierungsenergie erfordern. Wir werden deshalb versuchen, die Geschwindigkeitskonstanten mit der Theorie des aktivierten Komplexes zu beschreiben. Dabei stehen wir zunächst vor dem gleichen Problem, das wir in Abschnitt 2.8.2 besprochen haben und das uns zur Einführung des elektrochemischen Potentials $\tilde{\mu}$ [Gl. (2.8-20)] führte:

> Wir lassen geladene Teilchen von einer Phase in die andere übertreten unter Überwindung einer Potentialdifferenz. Wir müssen deshalb anstelle der Freien Standard-Aktivierungsenthalpie $\Delta G^{0\neq}$ die Summe aus der Freien Standard-Aktivierungsenthalpie $\Delta G^{0\neq}$ und der auf einen Formelumsatz bezogenen elektrischen Arbeit $(z \cdot F \cdot \Delta \varphi^{\neq})$ verwenden.

Zu diesem Zweck betrachten wir zunächst Abb. 6.8-1. Sie enthält drei Kurven.

Kurve 1 gibt die Freie Standard-Enthalpie G^0 des Systems ohne Anwesenheit einer elektrischen Doppelschicht als Funktion der Ortskoordinate wieder, links, wenn sich das Ion noch im Metall befindet, rechts, wenn es als solvatisiertes Ion in Lösung gegangen ist, wobei die Elektronen im Metall zurückgeblieben sind. Zwischen diesen beiden Zuständen liegt der aktivierte Komplex mit einem Maximum von G.

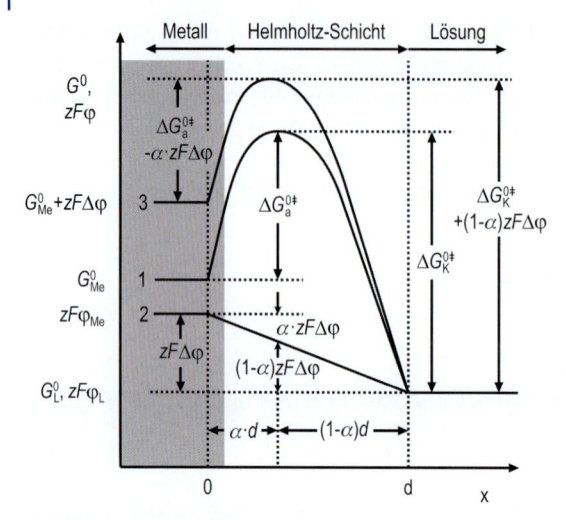

Abbildung 6.8-1 Zur Aktivierung des anodischen und kathodischen Teilprozesses bei der Durchtrittsreaktion.

Würde keine Potentialdifferenz zwischen Elektrode und Lösung existieren, so hätten wir also Geschwindigkeitskonstanten

$$k_a^0 = k_a' e^{-\Delta G_a^{0\neq}/RT} \tag{6.8-5}$$

bzw.

$$k_k^0 = k_k' e^{-\Delta G_k^{0\neq}/RT} \tag{6.8-6}$$

zu erwarten mit den präexponentiellen Faktor k_a' bzw. k_k'.

Kurve 2 zeigt den Verlauf des Terms $z \cdot F \cdot \varphi$ zwischen Elektrode und Lösung. Wir haben dabei für die elektrische Doppelschicht das einfachste Modell zugrundegelegt, die starre *Helmholtz-Schicht* (vgl. Abschnitt 2.7.7, Abb. 2.7-14).

Kurve 3 gibt schließlich die Summe $G^0 + z \cdot F \cdot \varphi$ wieder.

Wir sehen, dass der Wert für $\Delta G^{0\neq} + zF\varphi^{\neq}$ sehr davon abhängt, an welchem Ort der Helmholtz-Schicht der aktivierte Komplex vorliegt. Treffen wir ihn dicht an der äußeren Helmholtz-Fläche an, so ist der Einfluss des elektrischen Potentials auf den anodischen Prozess groß, auf den kathodischen klein, liegt er dicht vor der Elektrode, so gilt das Umgekehrte.

> Wir führen deshalb einen *Durchtrittsfaktor* α ein, der besagt, welcher Anteil der Galvani-Spannung $\Delta\varphi$ sich auf die Aktivierungsenergie des anodischen Prozesses auswirkt. In unserer schematischen Darstellung gibt α dann an, welchen Bruchteil der Helmholtz-Schicht wir von der inneren Helmholtz-Fläche her durchlaufen müssen, um auf den aktivierten Komplex zu stoßen.

Im vorliegenden Fall wird der kathodische Prozess durch $\Delta\varphi$ erschwert, der anodische begünstigt. Dies ergibt sich natürlich auch formelmäßig. Wir müssen nur das richtige Vorzeichen von $\Delta\varphi$ berücksichtigen. Im Abschnitt 2.8.3 hatten wir die Galvani-Spannung als inneres elektrisches Potential in der Elektrode minus inneres elektrisches Potential in der Lösung definiert:

$$\Delta\varphi = \varphi_{Me} - \varphi_L \tag{2.8-33}$$

Im vorliegenden Fall ist $\Delta\varphi$ also positiv.

Unter Berücksichtigung des elektrischen Anteils an der Aktivierungsenergie ergibt sich somit anstelle von Gl. (6.8-5) und Gl. (6.8-6)

$$k_a = k'_a e^{-(\Delta G_a^{0\neq} - \alpha z F \Delta\varphi)/RT} = k_a^0 e^{\alpha z F \Delta\varphi/RT} \tag{6.8-7}$$

$$k_k = k'_k e^{-(\Delta G_k^{0\neq} + (1-\alpha) z F \Delta\varphi)/RT} = k_k^0 e^{-(1-\alpha) z F \Delta\varphi/RT} \tag{6.8-8}$$

Wir betrachten den Prozess, der über die Helmholtz'sche Doppelschicht abläuft. Deshalb müssen die Stromdichten j gegeben sein als

$$j = k z F \Gamma \tag{6.8-9}$$

wenn Γ die *Flächenkonzentration* (Stoffmenge pro Flächeneinheit) des an der inneren Helmholtz-Fläche befindlichen reduzierten (red) bzw. des an der äußeren Helmholtz-Fläche vorliegenden oxidierten (ox) Reaktionspartners, $zF\Gamma$ also die Ladung pro Flächeneinheit ist. Demnach gilt

$$j_a = -zF k_a^0 \Gamma_{red} e^{\alpha z F \Delta\varphi/RT} \tag{6.8-10}$$

$$j_k = zF k_k^0 \Gamma_{ox} e^{-(1-\alpha) z F \Delta\varphi/RT} \tag{6.8-11}$$

Eine unmittelbare Überprüfung dieser Gleichungen ist nicht möglich, da $\Delta\varphi$ nicht messbar ist. Wir benötigen deshalb einen Bezugspunkt. Als solcher kann der elektrochemische Gleichgewichtszustand dienen. Für ihn gilt nach Gl. (6.8-2)

$$j_0 = j_a = |j_k| \tag{6.8-2}$$

also mit Gl. (6.8-10) und Gl. (6.8-11)

$$j_0 = zF k_a^0 \Gamma_{red} e^{\alpha z F \Delta\varphi_{rev}/RT} = zF k_k^0 \Gamma_{ox} e^{-(1-\alpha) z F \Delta\varphi_{rev}/RT} \tag{6.8-12}$$

Führen wir nun nach Gl. (6.8-4) noch die Überspannung, in diesem Fall die *Durchtrittsüberspannung* η_D,

$$\eta_D = \Delta\varphi - \Delta\varphi_{rev} \tag{6.8-13}$$

ein, so liefert die Kombination von Gl. (6.8-10) bzw. (6.8-11) mit Gl. (6.8-12)

$$j_a = j_0 e^{\alpha z F \eta_D / RT} \tag{6.8-14}$$

und

$$j_k = -j_0 e^{-(1-\alpha) z F \eta_D / RT} \tag{6.8-15}$$

Für die Gesamtstromdichte erhalten wir damit als Funktion der Durchtrittsüberspannung die *Butler-Volmer-Gleichung*

$$j = j_a - |j_k| = j_0 [e^{\alpha z F \eta_D / RT} - e^{-(1-\alpha) z F \cdot \eta_D / RT}] \tag{6.8-16}$$

Abb. 6.8-2 zeigt graphisch das Ergebnis unserer Überlegungen, die auf die Austauschstromdichte j_0 bezogene Stromdichte als Funktion der Durchtrittsüberspannung η_D. Übereinkunftsgemäß trägt man eine anodische Überspannung nach rechts, eine kathodische nach links, anodische Ströme nach oben, kathodische nach unten auf. Wiedergegeben sind die anodische und kathodische Teilstromdichte bei $\alpha = 0.5$ (gestrichelt) sowie die zugehörige Gesamtstromdichte. Wir erkennen, dass unter diesen Bedingungen die Kurven bzw. Kurvenäste zueinander symmetrisch sind. Das ist nicht mehr der Fall für $\alpha \neq 0.5$, wie die Gesamtstromdichte-Kurven für $\alpha = 0.25$ und $\alpha = 0.75$ zeigen.

Wir wollen die Butler-Volmer-Gleichung für zwei Grenzfälle diskutieren.

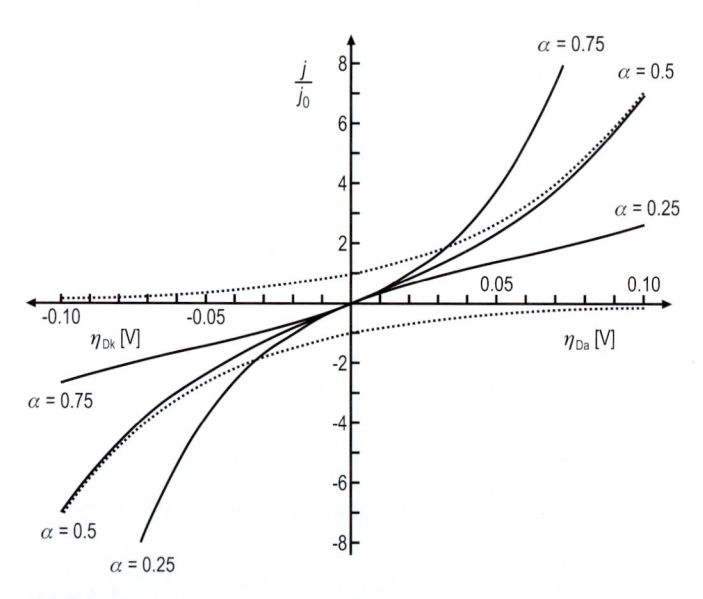

Abbildung 6.8-2 Stationäre Stromdichte-Spannungs-Kurven bei einer Durchtrittspolarisation nach Gl. (6.8-16) bei $T = 298$ K, α = Durchtrittsfaktor.

Wenn die Überspannung sehr klein ist, lässt sich die e-Funktion in eine Reihe entwickeln ($e^x \approx 1 + x + \frac{x^2}{2!} + \ldots + \frac{x^k}{k!} \ldots$). Wir brechen die Reihe nach dem linearen Glied ab und erhalten

$$j = j_0 \left[1 + \frac{\alpha z F \eta_D}{RT} - 1 + \frac{(1-\alpha) z F \eta_D}{RT} \right] = j_0 \frac{zF}{RT} \cdot \eta_D \qquad (6.8\text{-}17)$$

Setzen wir die Zahlenwerte für F, R und T ein, so finden wir, dass wir die Näherung bis etwa $z\eta \leqslant 10$ mV vornehmen dürfen, denn dann ist $\frac{zF\eta}{RT} \leqslant 0.4$ und der Fehler, den wir durch die Vernachlässigung der höheren Glieder machen, $\leqslant 6\%$. Wir finden wie beim Ohm'schen Gesetz eine Proportionalität zwischen Stromdichte und Spannung, können also schreiben

$$j = \frac{\eta_D}{R_p} \qquad (6.8\text{-}18)$$

und

$$R_p = \frac{RT}{zFj_0} \qquad (6.8\text{-}19)$$

als *Polarisationswiderstand* (mit den Einheiten Ω m^2)

bezeichnen. Haben wir eine große Austauschstromdichte vorliegen, dann ist R_p sehr klein, und trotz einer großen Stromdichte j bleibt η_D klein. Das bedeutet, dass sich das System sehr schnell auf eine Änderung der Gesamtstromdichte j einstellen kann, ohne dass es zu einer nennenswerten Polarisation der Elektrode kommt, dass also keine merkliche Hemmung vorliegt. Wir haben den Fall der reversiblen Reaktion. Eine solche Elektrode nennen wir eine unpolarisierbare Elektrode. Ein Blick auf Tab. 6.8-1 zeigt uns, dass für die Entladung des Wasserstoffs die Austauschstromdichten an einer Pt- und an einer Hg-Elektrode sich um sieben Größenordnungen unterscheiden. Die Pt, H$_2$|H$^+$-Elektrode ist eine unpolarisierbare Elektrode, nicht aber die Hg, H$_2$|H$^+$-Elektrode.

Tabelle 6.8-1 Austauschstromdichten j_0 und Durchtrittsfaktoren für einige Reaktionen an verschiedenen Elektroden bei 298 K.

Reaktion	Elektrodenmaterial	$\dfrac{j_0}{\text{A cm}^{-2}}$	α
$2H^+ + 2e^- \to H_2$	Pt (blank)	$2 \cdot 10^{-5}$	–
	Ni	$4 \cdot 10^{-6}$	0.53
	Hg	$2 \cdot 10^{-12}$	0.49
$2Cl^- \to Cl_2 + 2e^-$	Pt	$5 \cdot 10^{-3}$	0.6
$Fe^{2+} + 2e^- \to Fe$	Fe	10^{-8}	0.5
$Cu^{2+} + 2e^- \to Cu$	Cu	10^{-10}	0.76

Wenn die Überspannung sehr groß ist, ergibt sich aus Gl. (6.8-1) für $\eta_D \gg |RT/zF|$, d.h. für große positive Durchtrittsüberspannung,

$$j \approx j_0 e^{\alpha z F \eta_D / RT} \tag{6.8-20}$$

und für $-\eta_d \gg |RT/zF|$, d.h. für große negative Durchtrittsspannung,

$$j \approx -j_0 e^{(1-\alpha)zF|\eta_D|/RT} \tag{6.8-21}$$

> Die logarithmische Auftragung von $|j|$ als Funktion von η ergibt gemäß
>
> $$\ln|j| = \ln j_0 + \frac{\alpha z F}{RT} \cdot \eta_D \tag{6.8-22}$$
>
> für große positive Überspannung, bzw.
>
> $$\ln|j| = \ln j_0 - \frac{(1-\alpha)zF}{RT} \eta_D \tag{6.8-23}$$
>
> für große negative Überspannung Geraden, aus deren Ordinatenabschnitt die Austauschstromdichte und aus deren Steigung der Durchtrittsfaktor ermittelt werden können.

Man benennt diese Geraden nach *Tafel*, der sie bereits 1905 empirisch gefunden hat. Abb. 6.8-3 zeigt eine solche *Tafel-Gerade* für das Beispiel der Abscheidung von Cd^{2+} an einer Cd-Elektrode. Die Austauschstromdichte ergibt sich zu $1.6 \cdot 10^{-3}$ A cm^{-2}, der anodische Durchtrittsfaktor zu 0.55.

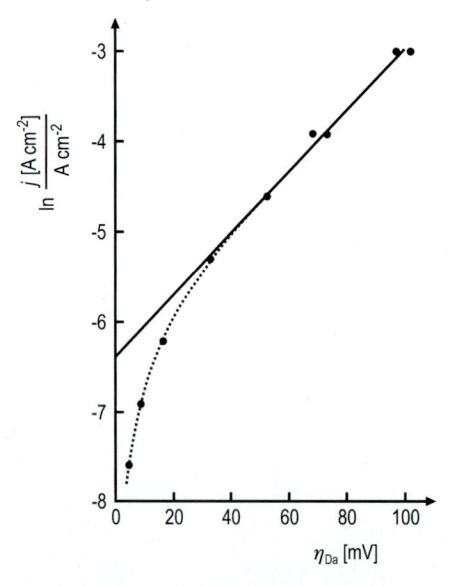

Abbildung 6.8-3 Stromdichte-Spannungs-Kurve für die Abscheidung von Cd^{2+} an einer Cd-Elektrode (gestrichelt) mit Tafel-Gerade.

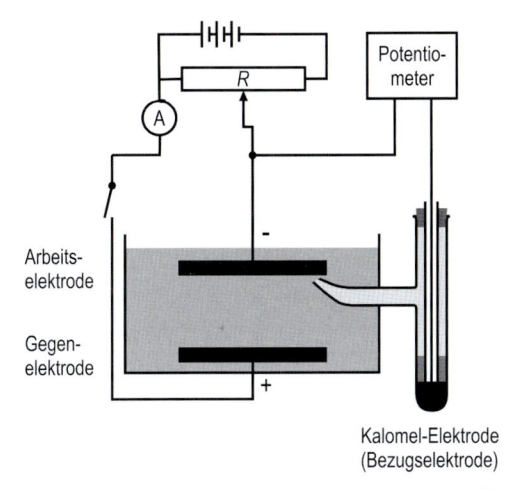

Abbildung 6.8-4 Zur experimentellen Ermittlung der Überspannung.

In Tab. 6.8-1 sind Austauschstromdichten und Durchtrittsfaktoren für einige Reaktionen an verschiedenen Elektroden zusammengestellt.

Wenn wir die Überspannung als Messgröße einführen, so benötigen wir eine Methode für ihre experimentelle Bestimmung, denn wir können die Galvani-Spannung $\Delta\varphi$ nicht direkt messen (vgl. Abschnitt 2.8.3). Abb. 6.8-4 zeigt eine gängige Anordnung.

Man erweitert die elektrochemische Zelle um eine dritte Elektrode, eine *Bezugselektrode*. Der mit Elektrolyt gefüllte Heber dieser Elektrode ist zu einer Kapillare ausgezogen. Diese sog. *Haber-Luggin-Kapillare* bringt man möglichst nahe an die *Versuchs-* oder *Arbeitselektrode* heran. Mit Hilfe eines Potentiometers misst man stromlos die reversible Zellspannung zwischen Arbeits- und Bezugselektrode für den Fall, dass zwischen Arbeits- und Gegenelektrode kein Strom fließt ($\Delta\varphi_{rev} - \Delta\varphi_{Bezug}$) und in Abhängigkeit von der Stromdichte, die sich aus dem Strom I und der Fläche A der Arbeitselektrode ergibt ($\Delta\varphi - \Delta\varphi_{Bezug}$). Die Differenzbildung liefert dann die Überspannung η gemäß Gl. (6.8-4).

Wir kommen noch einmal auf Gl. (6.8-12) zurück. Lösen wir diese Gleichung nach $\Delta\varphi_{rev}$ auf, so erhalten wir, wenn wir die Flächenkonzentrationen Γ den Konzentrationen c proportional setzen,

$$\Delta\varphi_{rev} = -\frac{RT}{zF} \ln \frac{k_a^0}{k_k^0} + \frac{RT}{zF} \ln \frac{c_{Ox}}{c_{red}} \tag{6.8-24}$$

Das ist nichts anderes als die *Nernst'sche Gleichung*, die wir auf thermodynamischem Wege im Abschnitt 2.8.1 abgeleitet haben. Das Verhältnis der Geschwindigkeitskonstanten bestimmt die Gleichgewichtskonstante K [Gl. (1.5-69)], $-RT \ln K$ ist identisch mit ΔG^0 [Gl. (2.6-10)] und $-\dfrac{\Delta G^0}{zF}$ ist $\Delta\varphi_{rev}^0$ [Gl. (2.8-40)].

6.8.3
Die Diffusionsüberspannung

Bei der Behandlung der Durchtrittsüberspannung sind wir davon ausgegangen, dass die Konzentrationen c_{0x} und c_{red} an den Grenzen der starren Helmholtz-Schicht unabhängig von der Stromdichte j sind. Bei großen Stromdichten braucht dies aber durchaus nicht der Fall zu sein. Wir haben ja bereits mehrfach bei den heterogenen Reaktionen festgestellt, dass trotz starken Rührens vor der Festkörperoberfläche eine nicht bewegte Schicht der Dicke δ ruht, durch die die Reaktanten nur durch Diffusion hindurchgelangen können. Diese Schicht, die *Nernst'sche Diffusionsschicht* ist mit größenordnungsmäßig 10^{-4} m um Größenordnungen dicker als die Helmholtz-Schicht. Bei hohen Stromdichten kann es deshalb zu einer drastischen Erniedrigung der Konzentration an der äußeren Helmholtz-Fläche kommen, so dass im Extremfall die Kinetik der elektrochemischen Reaktion allein durch die Diffusion bestimmt wird. Abb. 6.8-5 veranschaulicht die Verhältnisse.

Wenn zwischen Arbeits- und Gegenelektrode kein Strom fließt, also elektrochemisches Gleichgewicht herrscht, wird die Galvani-Spannung nach Gl. (2.8-40) durch

$$\Delta\varphi_{rev} = \Delta\varphi^0 + \frac{RT}{zF} \ln a(Me^{z+}) \tag{6.8-25}$$

gegeben. Dabei ist a die Aktivität in der Lösung. Fließt zwischen beiden Elektroden ein Strom und ist j die Stromdichte an der Arbeitselektrode, so möge sich im stationären Fall an der äußeren Helmholtz-Schicht die Aktivität $a_j(Me^{z+})$ einstellen. Dann ist die Galvani-Spannung der Arbeitselektrode, da auch jetzt keine Durchtrittsüberspannung vorliegt,

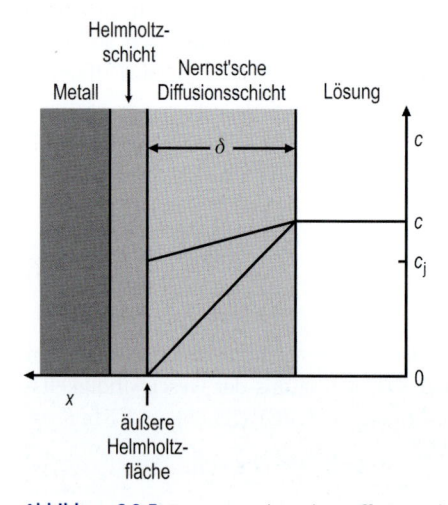

Abbildung 6.8-5 Zum Entstehen der Diffusionsüberspannung.

$$\Delta\varphi = \Delta\varphi^0 + \frac{RT}{zF} \ln a_j(\text{Me}^{z+}) \tag{6.8-26}$$

und die Überspannung nach Gl. (6.8-4)

$$\eta_{\text{diff}} = \frac{RT}{zF} \ln \frac{a_j(\text{Me}^{z+})}{a(\text{Me}^{z+})} = \frac{RT}{zF} \ln \frac{\gamma_j c_j(\text{Me}^{z+})}{\gamma c(\text{Me}^{z+})} \tag{6.8-27}$$

Da uns die Behandlung der Aktivitäten in diesem Zusammenhang sehr große Schwierigkeiten bereitet, schalten wir den Einfluss der Aktivitätskoeffizienten γ aus, indem wir so viel Fremdelektrolyt zusetzen, dass die Aktivitätskoeffizienten γ_j und γ identisch werden, sich Gl. (6.8-27) also vereinfacht zu

$$\eta_{\text{diff}} = \frac{RT}{zF} \ln \frac{c_j(\text{Me}^{z+})}{c(\text{Me}^{z+})} \tag{6.8-28}$$

Die Konzentration c_j können wir mit Hilfe des 1. Fick'schen Gesetzes [Gl. (5.3-5)] aus c berechnen. Es muss sein

$$\frac{dN(\text{Me}^{z+})}{Adt} = -D\frac{d^1 N(\text{Me}^{z+})}{dx} = -DN_A \frac{dc(\text{Me}^{z+})}{dx} \tag{6.8-29}$$

mit der Loschmidt'schen Konstanten N_A. Durch Multiplikation dieser Gleichung mit ze erhalten wir die Stromdichte

$$j = -ze\frac{dN(\text{Me}^{z+})}{Adt} \tag{6.8-30}$$

Den Konzentrationsgradienten können wir nach Abb. 6.8-5 durch

$$\frac{dc(\text{Me}^{z+})}{dx} = \frac{c_j - c}{\delta} \tag{6.8-31}$$

ausdrücken. Wir erhalten mit $e \cdot N_A = F$ aus Gl. (6.8-29) bis Gl. (6.8-31)

$$j = \frac{zFD}{\delta}(c_j - c) \tag{6.8-32}$$

oder

$$c_j = c + \frac{j\delta}{zFD} \tag{6.8-33}$$

und mit Gl. (6.8-28) für

die Diffusionsüberspannung

$$\eta_{\text{diff}} = \frac{RT}{zF} \ln\left(1 + \frac{j\delta}{czFD}\right) \tag{6.8-34}$$

Nach Gl. (6.8-32) wird die Diffusionsstromdichte mit abnehmenden c immer größer, bis bei $c_j = 0$ jedes durch die Nernst'sche Diffusionsschicht gelangte Ion sofort entladen wird. Weiter kann die Diffusionsstromdichte nicht mehr ansteigen. Es gibt also eine

maximale Grenzstromdichte

$$j_{\text{grenz}} = -\frac{zFDc}{\delta} \qquad (6.8\text{-}35)$$

Setzen wir Gl. (6.8-35) in Gl. (6.8-34) ein, so erhalten wir schließlich für

die *Diffusionsüberspannung*

$$\eta_{\text{diff}} = \frac{RT}{zF} \ln\left(1 - \frac{j}{j_{\text{grenz}}}\right) \qquad (6.8\text{-}36)$$

In Abb. 6.8-6 ist die auf die Grenzstromdichte bezogene Stromdichte als Funktion der Diffusionsüberspannung wiedergegeben.

Die Diffusionsüberspannung ist die Grundlage für eine wichtige Analysenmethode, die *Polarographie*. Wir können hier nicht im Einzelnen auf die Theorie der Polarographie eingehen und beschränken uns auf eine qualitative Beschreibung.

Legt man an die Elektroden einer die Analysenlösung enthaltenden Elektrolysezelle eine langsam steigende Spannung, so wird der Strom erst merklich steigen, wenn an der Kathode das Abscheidungspotential des am leichtesten zu reduzierenden Ions erreicht ist, weil der Stromfluss eine Elektrodenreaktion voraussetzt. Nach Abb. 6.8-6 steigt die Stromdichte, sofern der Vorgang diffusionskontrolliert ist, aber nur bis zu einer Grenzstromdichte an, und bleibt dann trotz weiterer Erhöhung der Spannung konstant. Ihr Wert hängt nach Gl. (6.8-35) vom Diffusionskoeffizienten des Ions, seiner Konzentration und der Dicke der Nernst'schen Diffusionsschicht ab. Er kann deshalb zur quantitativen Bestimmung der Konzentration herangezogen werden.

Diese Methode setzt voraus, dass der Strom wirklich diffusionskontrolliert ist. Nach unseren vorausgegangenen Überlegungen ist das am besten gewährleistet, wenn die Elektrodenoberfläche sehr klein ist, wenn die Diffusionsschicht nicht durch Rühren der Lösung gestört wird und die Ionen nicht unter dem Einfluss des elektrischen Feldes wandern. Des weiteren muss verhindert werden, dass die Eigenschaften der Elektrodenoberfläche durch abgeschiedene Stoffe verändert werden.

Diesen Voraussetzungen wird der von *Heyrowsky* entwickelte *Polarograph* gerecht. Abb. 6.8-7 zeigt eine schematische Darstellung. Als Arbeitselektrode dient eine Quecksilbertropfelektrode, von der kleine Quecksilbertropfen herabfallen. So wird für eine ständige Erneuerung der Elektrodenoberfläche gesorgt. Als Gegenelektrode dient entweder der sich am Boden des Gefäßes bildende *Quecksilber-*

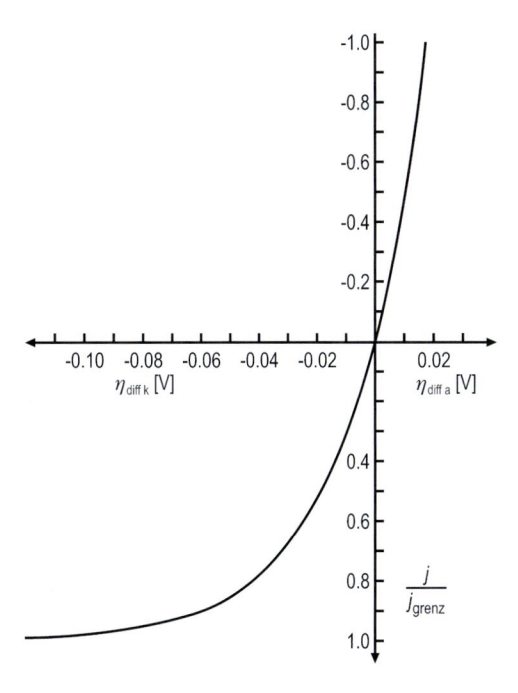

Abbildung 6.8-6 Auf die Grenzstromdichte bezogene Diffusionsstromdichte in Abhängigkeit von der Diffusionsüberspannung.

see, an dem sich wegen seiner sehr großen Oberfläche keine merkliche Diffusionspolarisation ausbildet, oder – wie in Abb. 6.8-7 – eine als Bezugselektrode dienende gesättigte Kalomelelektrode GKE. Der Stromtransport wird in weitaus überwiegen-

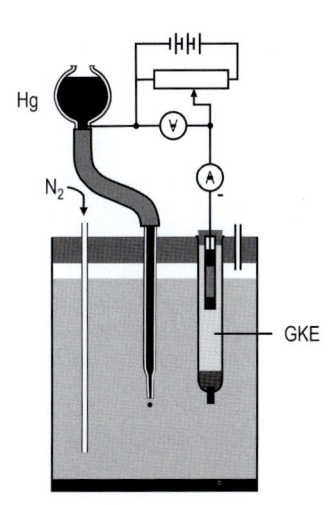

Abbildung 6.8-7 Schematische Darstellung eines Polarographen.

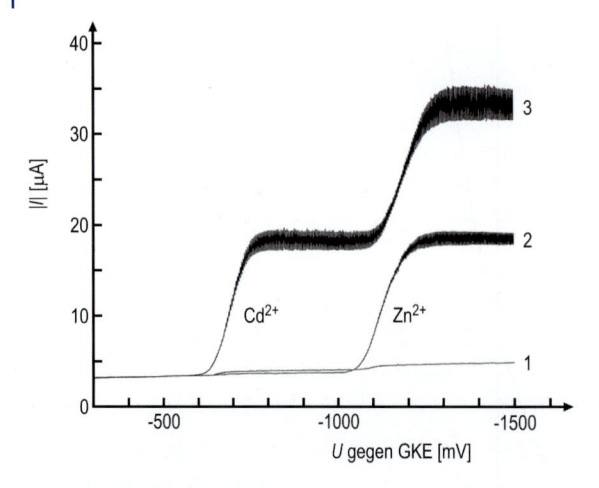

Abbildung 6.8-8 Polarogramm einer wässrigen Lösung, nur mit Leitsalz (10^{-1} M KNO_3, Kurve 1), mit Zn^{2+}-Ionen (10^{-3} M $ZnSO_4$, Kurve 2) und zusätzlich mit Cd^{2+}-Ionen (10^{-3} M $ZnSO_4$ + 10^{-3} M $Cd(CH_3COO)_2$, Kurve 3).

dem Maße von einem in großem Überschuss zugesetzten Leitsalz übernommen (z. B. KNO_3).

In Abb. 6.8-8 ist ein Polarogramm wiedergegeben. Enthält die Lösung nur das Leitsalz (Kurve 1), so kommt es in dem untersuchten Spannungsbereich zu keinem nennenswerten Stromfluss, weil das Abscheidungspotential des K^+ (aus dem Leitsalz) nicht erreicht wird und für die Entladung der Wasserstoff-Ionen an der Quecksilberelektrode eine sehr große Überspannung notwendig ist. Enthält die Lösung Zn^{2+}-Ionen (Kurve 2), so steigt der Strom beim Erreichen des Abscheidungspotentials des Zn^{2+} zunächst steil an und nähert sich dann dem durch Gl. (6.8-35) gegebenen Grenzstrom. Infolge des ständigen Wachsens und Abfallens der Quecksilbertropfen ist der Strom-Spannungs-Kurve eine Oszillation überlagert. Gibt man in die Lösung zusätzlich Cd^{2+}-Ionen (Kurve 3), so steigt die Strom-Spannungs-Kurve bereits bei einer niedrigeren Spannung auf einen durch die Konzentration der Cd^{2+}-Ionen gegebenen Grenzstrom an. Der nach Überschreiten des Abscheidungspotentials der Zn^2-Ionen gemessene Grenzstrom setzt sich additiv aus den Diffusions-Grenzströmen der Cd^{2+}- und Zn^{2+}-Ionen zusammen, denn während der Aufnahme des Polarogramms ist die durch Abscheidung bewirkte Konzentrationsänderung verschwindend gering.

Den Anstieg von einem Niveau der Strom-Spannung-Kurve zum nächsten nennt man eine *polarographische Stufe*. Die Höhe der Stufe ist, wie gesagt, der Konzentration proportional. Der Abszissenwert, an dem die halbe Höhe der Stufe erreicht ist, wird als *Halbstufenpotential* bezeichnet. Es ist charakteristisch für eine bestimmte Ionensorte, hängt allerdings von der Art der Bezugselektrode und dem verwendeten Leitsalz sowie dessen Konzentration ab.

6.8.4
Weitere Arten der Überspannung

Auf zwei weitere Arten der Überspannung soll noch kurz eingegangen werden, auf die Reaktionsüberspannung und die Kristallisationsüberspannung.

Im Abschnitt 6.8.1 haben wir bereits darauf hingewiesen, dass die Schritte, in die wir die Elektrodenreaktion aufteilen müssen, auch chemische Reaktionen beinhalten können. So etwas findet man bei Redox-Reaktionen, aber auch, wenn Ionen zunächst in komplexer Form vorliegen und über eine chemische Reaktion in eine elektrochemisch umsetzbare Form gebracht werden müssen. Im Grunde genommen zählt selbst das Abstreifen der Solvathülle dazu. Sind nun Durchtrittsreaktion und Diffusion sehr schnell, so kann der Fall eintreten, dass eine zwischengelagerte Reaktion geschwindigkeitsbestimmend wird. Wir sprechen dann von *Reaktionsüberspannung*. Sie zeichnet sich ebenfalls durch das Auftreten eines Grenzstromes aus.

Häufig stellt man fest, dass die Abscheidung von Metall-Ionen an festen Metallelektroden viel stärker gehemmt ist, als die Abscheidung an flüssigen Elektroden. Diese Beobachtung lässt sich erklären, wenn wir an unsere Überlegungen bezüglich des Kristallwachstums im Abschnitt 6.6.1 denken. Lediglich in einer Halbkristallage (Fall G in Abb. 6.1) erfolgt ein endgültiger Einbau. Würde ein Metall-Ion in einer der anderen Lagen der Abb. 6.6-1 als Adatom entladen werden, so müsste es durch eine mit einer Aktivierungsenergie verbundenen Oberflächendiffusion in die endgültige Lage kommen. Dieser Prozess ist gehemmt und gibt Anlass zu einer sog. *Kristallisationsüberspannung*.

6.8.5
Die Zersetzungsspannung

Im Abschnitt 1.6.1 haben wir den Begriff Zersetzungsspannung eingeführt. Wir verstanden darunter die Potentialdifferenz, die wir an die Elektrode einer elektrochemischen Zelle legen müssen, damit es zu einer elektrochemischen Reaktion kommt. Wir haben seinerzeit nur festgestellt, dass der thermodynamisch berechenbare Wert, das Gleichgewichtspotential, aufgrund kinetischer Hemmungen erheblich überschritten werden muss, um die Reaktion durchführen zu können. So liegt die Zersetzungsspannung einer 1.2 M HCl-Lösung (Aktivität 1) nicht bei dem Gleichgewichtswert von 1.37 V und die für die Hydrolyse des Wassers nicht bei 1.23 V, sondern jeweils um 0.5 V darüber.

Nach den in den vorangehenden Abschnitten angestellten Überlegungen können wir feststellen, dass eine experimentell ermittelte Zersetzungsspannung keine unmittelbare theoretische Bedeutung hat. Sie setzt sich zusammen aus der reversiblen Zellspannung der Reaktion, den Überspannungen an der Kathode und an der Anode, sowie aus dem aus Strom und Widerstand des Elektrolyten gegebenen Spannungsabfall.

6.8.6
Kernpunkte des Abschnitts 6.8

- ☑ Durchtrittsreaktion Gl. (6.8-1)
- ☑ Austauschstromdichte Gl. (6.8-2)
- ☑ Überspannung Gl. (6.8-4)
- ☑ Durchtrittsüberspannung S. 1047
- ☑ Durchtrittsfaktor S. 1048
- ☑ Butler-Volmer-Gleichung Gl. (6.8-16)
- ☑ Polarisationswiderstand Gl. (6.8-19)
- ☑ Tafel-Gerade Gl. (6.8-22 und 23)
- ☑ Diffusionsüberspannung S. 970
- ☑ Diffusionsüberspannung Gl. (6.8-34 und 36)
- ☑ Grenzstromdichte Gl. (6.8-35)
- ☑ Polarographie S. 1056
- ☑ Reaktionsüberspannung S. 1059
- ☑ Kristallisationsüberspannung S. 1059
- ☑ Zersetzungsspannung S. 1059

6.8.7
Rechenbeispiele zu Abschnitt 6.8

1. Welche Gesamtstromdichte j erzeugt bei einer Austauschstromdichte j_0 von a) 10^{-6} A cm^{-2} und b) 10^{-3} A cm^{-2} eine Durchtrittsüberspannung von α) 0.01 V, β) 0.1 V und γ) 0.3 V, wenn der Durchtrittsfaktor $\alpha = 0.5$ bei $z = 1$ und $T = 298$ K ist?

2. Bei der Wasserstoffabscheidung an Chrom stellte man bei pH = 4.00 folgenden Zusammenhang zwischen der Stromdichte j und der Überspannung η fest:

j/Acm^{-2}	$1 \cdot 10^{-7}$	$2 \cdot 10^{-7}$	$4 \cdot 10^{-7}$	$1 \cdot 10^{-6}$	$2 \cdot 10^{-6}$	$4 \cdot 10^{-6}$	$1 \cdot 10^{-5}$	$2 \cdot 10^{-5}$
η/V	0.086	0.088	0.090	0.100	0.12	0.14	0.18	0.21

j/Acm^{-2}	$4 \cdot 10^{-5}$	$1 \cdot 10^{-4}$	$2 \cdot 10^{-4}$
η/V	0.24	0.29	0.315

   Man bestimme die Austauschstromdichte und den Durchtrittsfaktor.

3. Man berechne, welcher Strom auf Grund der Diffusionsüberspannung maximal auf eine 5 cm^2 große Silberelektrode fließen kann, wenn die Ag$^+$-Ionenkonzentration 0.02 mol dm^{-3} beträgt. Für die Dicke der Diffusionsschicht setze man $\delta = 0.5$ mm. Den erforderlichen Diffusionskoeffizienten berechne man aus der Nernst-Einstein-Beziehung, nach der $\Lambda^\pm = (z^2 F^2/RT)D^\pm$ ist, und den Werten aus Tab. 1.6-4. $T = 298$ K.

6.8.8
Literatur zu den Abschnitten 1.5 und 6.8

Gileadi, E. (2011) *Physical Electrochemistry: Fundamentals, Techniques and Applications*, Wiley-VCH, Weinheim

Hamann, C. H., Hamnett, A. and Vielstich, W. (2007) *Electrochemistry*, 2nd ed., Wiley-VCH, Weinheim

Hamann, C. H. und Vielstich, W. (2005) *Elektrochemie*, 4. Aufl., Wiley-VCH, Weinheim

Bockris, J. O. M. and Reddy, A. K. N. (2001) *Modern Electrochemistry 2A und B*, 2nd ed., Springer Verlag, Berlin, Heidelberg

Bard, A. J. and Faulkner, L. R. (2001) *Electrochemical Methods: Fundamentals and Applications*, 2nd ed., John Wiley & Sons, New York

Bockris, J. O. M. and Reddy, A. K. N. (1998) *Modern Electrochemistry 1*, 2nd ed., Springer Verlag, Berlin, Heidelberg

Crow, D. R. (1994) *Principles and Applications of Electrochemistry*, CRC Press, Boca Raton

Christensen, P. A. and Hamnet, A. (1994) *Techniques and Mechanisms in Electrochemistry*, Blackie Academic & Professional, New York

Kortüm, G. (1972) *Lehrbuch der Elektrochemie*, Verlag Chemie, Weinheim

Bauer, H. H. (1972) *Electrodics*, Georg Thieme Verlag, Stuttgart

7
Mathematischer Anhang

Dieser mathematische Anhang dient zwei Zwecken. Zum einen soll er die Funktion einer speziell auf die mathematischen Probleme dieses Buches ausgerichteten, erläuternden Formelsammlung erfüllen. Zum anderen sollen in ihm ausführlichere Rechnungen ausgeführt werden, die den Kontext gestört hätten, wären sie in den entsprechenden Abschnitten durchgeführt worden. Er erhebt keinerlei Anspruch auf eine erschöpfende mathematische Behandlung einer angesprochenen Frage. Hierzu wird auf die am Schluss dieses Kapitels aufgeführte Literatur verwiesen.

A
Stirling'sche Formel

Die *Stirling'sche Formel* gibt einen Näherungswert für $n!$. Es gilt

$$n! = n^n e^{-n} \sqrt{2\pi n}\, e^{\frac{\vartheta_n}{4n}} \tag{A-1}$$

mit $n = 1, 2, \ldots$; $0 \leq \vartheta_n \leq 1$.

Uns interessiert $\ln n!$. Dafür ergibt sich aus Gl. (A-1)

$$\ln n! = \left(n + \frac{1}{2}\right) \ln n - n + \frac{1}{2} \ln 2\pi + \frac{\vartheta_n}{4n} \tag{A-2}$$

eine Näherung, die für sehr große n, mit denen wir es in der statistischen Thermodynamik zu tun haben, geschrieben werden kann als

$$\ln n! = n \cdot \ln n - n \tag{A-3}$$

Lehrbuch der Physikalischen Chemie, Sechste Auflage. Gerd Wedler und Hans-Joachim Freund.
© 2012 Wiley-VCH Verlag GmbH & Co. KGaA. Published 2012 by Wiley-VCH Verlag GmbH & Co. KGaA.

B
Determinanten und Matrizen

Ein System von reellen oder komplexen Zahlen wird Anordnung oder Schema genannt, wenn es sich in eine nach Zeilen und Spalten geordnete Tabelle zusammenfassen lässt. Die einzelnen im Schema stehenden Zahlen werden Elemente genannt. Jedes enthält ein Indexpaar, wobei der erste Index die Zeile, der zweite die Spalte angibt, in der das Element zu finden ist. Falls Zeilenzahl und Spaltenzahl übereinstimmen, spricht man von einem quadratischen Schema.

Die gebräuchlichste Form des Schemas ist die Determinante, die immer quadratisch ist. Man kennzeichnet Determinanten durch:

$$\det A = |A| = \begin{vmatrix} a_{11} & \cdots & a_{1n} \\ \vdots & & \vdots \\ a_{n1} & \cdots & a_{nn} \end{vmatrix} \tag{B-1}$$

Der Wert der Determinante ist eine Zahl.

Die Berechnung dieses Werts kann auf verschiedene Arten erfolgen. Wir wollen hier nur eine Variante vorstellen, nämlich die Entwicklung nach den Elementen der ersten Zeile (gemäß dem Laplace'schen Entwicklungssatz):

$$\det A = |A| = a_{11}|A_{11}| - a_{12}|A_{12}| + a_{13}|A_{13}| - \ldots a_{1n}|A_{1n}| \tag{B-2}$$

wobei man die Unterdeterminante $|A_{11}|$ durch Streichung der ersten Zeile und ersten Spalte der Determinante A erhält, also

$$|A_{11}| = \begin{vmatrix} a_{22} & \cdots & a_{2n} \\ \vdots & & \vdots \\ a_{n2} & \cdots & a_{nn} \end{vmatrix} \tag{B-3}$$

$|A_{12}|$ erhält man dann durch Streichung der ersten Zeile und zweiten Spalte und durch Zusammenrücken des übrigbleibenden Schemas. Die Unterdeterminanten $|A_{11}|$, $|A_{12}|$ usw. entwickelt man selbst wieder nach der ersten Zeile usw.

Ein Beispiel erläutert die Vorgehensweise:

$$\begin{vmatrix} a_1 & b_1 & c_1 \\ a_2 & b_2 & c_2 \\ a_3 & b_3 & c_3 \end{vmatrix} = a_1 \begin{vmatrix} b_2 & c_2 \\ b_3 & c_3 \end{vmatrix} - b_1 \begin{vmatrix} a_2 & c_2 \\ a_3 & c_3 \end{vmatrix} + c_1 \begin{vmatrix} a_2 & b_2 \\ a_3 & b_3 \end{vmatrix} \tag{B-4}$$

Der Wert einer Determinante 2. Ordnung ist entsprechend dem Entwicklungssatz von Laplace gegeben als Differenz der Produkte der Elemente der Haupt- und der Nebendiagonalen.

$$\begin{vmatrix} b_2 & c_2 \\ b_3 & c_3 \end{vmatrix} = b_2 c_3 - c_2 b_3$$

$$\begin{vmatrix} a_2 & c_2 \\ a_3 & c_3 \end{vmatrix} = a_2 c_3 - c_2 a_3 \tag{B-5}$$

$$\begin{vmatrix} a_2 & b_2 \\ a_3 & b_3 \end{vmatrix} = a_2 b_3 - b_2 a_3$$

Somit ist:

$$\begin{vmatrix} a_1 & b_1 & c_1 \\ a_2 & b_2 & c_2 \\ a_3 & b_3 & c_3 \end{vmatrix} = a_1(b_2 c_3 - c_2 b_3) - b_1(a_2 c_3 - c_2 a_3) + c_1(a_2 b_3 - b_2 a_3) \tag{B-6}$$

Determinanten haben einige interessante Eigenschaften:

1. Der Wert einer Determinante ist Null, wenn
   a. alle Elemente der Determinante Null sind oder
   b. alle Elemente einer Zeile oder Spalte der Determinante Null sind oder
   c. sämtliche Elemente einer Zeile (oder Spalte) mit den entsprechenden Elementen einer anderen Zeile (oder Spalte) identisch sind.
2. Der Wert einer Determinante bleibt unverändert, wenn man die Rollen von Zeilen und Spalten vertauscht.
3. Der Wert einer Determinante bleibt unverändert, wenn man zu den Elementen einer Zeile (oder Spalte) die mit einem konstanten Faktor multiplizierten Elemente einer anderen Zeile (oder Spalte) addiert.
4. Der Wert einer Determinante ändert nur sein Vorzeichen, wenn man zwei Zeilen (oder Spalten) miteinander vertauscht.
5. Eine Determinante wird mit einem Faktor multipliziert, indem man alle Elemente einer Zeile (oder einer Spalte) mit diesem Faktor multipliziert.

Die Notwendigkeit, sich mit Matrizen und Determinanten zu beschäftigen, entwickelte sich aus dem Wunsch, Systeme linearer Gleichungen zu lösen. Das allgemeine System von m Gleichungen mit n Unbekannten ist

$$\begin{aligned} a_{11}x_1 + a_{12}x_2 + \ldots + a_{1n}x_n &= h_1 \\ a_{21}x_1 + a_{22}x_2 + \ldots + a_{2n}x_n &= h_2 \\ &\vdots \\ a_{m1}x_1 + a_{m2}x_2 + \ldots + a_{mn}x_n &= h_m \end{aligned} \tag{B-7}$$

Im 19. Jahrhundert machten Cayley und andere Algebraiker Gebrauch von einer abkürzenden Darstellungsweise der Art:

$$\begin{bmatrix} a_{11} & \cdots & a_{1n} \\ \vdots & & \vdots \\ a_{m1} & \cdots & a_{mn} \end{bmatrix} \begin{bmatrix} x_1 \\ \vdots \\ \vdots \\ \vdots \\ x_n \end{bmatrix} = \begin{bmatrix} h_1 \\ \vdots \\ \vdots \\ h_m \end{bmatrix} \qquad (B\text{-}8)$$

für ein System linearer Gleichungen, durch die das rechteckige Schema der Koeffizienten a_{ij} von den Veränderlichen x_j, denen sie zugeordnet sind, getrennt ist. Später wurde ein solches Schema geordneter Koeffizienten als ein auf die Veränderlichen x_j angewandter Operator angesehen. Ein solches Schema von Koeffizienten wird Matrix der Ordnung $m \times n$ genannt, wobei, anders als bei Determinanten, m $\neq$ n sein darf. Besteht das Schema nur aus einer Zeile (Ordnung $1 \times n$) oder Spalte (Ordnung $n \times 1$) nennt man dies Zeilenvektor oder Spaltenvektor.

Spaltenvektoren werden als

$$\boldsymbol{x} = \{x_1 x_2 \ldots x_n\} \qquad (B\text{-}9)$$

und Zeilenvektoren als

$$\boldsymbol{u} = [u_1 u_2 \ldots u_n] \qquad (B\text{-}10)$$

bezeichnet.

Das lineare Gleichungssystem in Gl. (B-6) lässt sich dann abkürzend schreiben als

$$\boldsymbol{Ax} = \boldsymbol{h} \qquad (B\text{-}11)$$

wobei die Matrix **A** (oder auch [a_{ij}]) das rechteckige Schema der Koeffizienten (oder Elemente) a_{ij} repräsentiert. Diese Schreibweise erfordert Rechenregeln für die Matrizen (Matrizenalgebra). Diese müssen natürlich die Rechenregeln für die gewöhnlichen Zahlen, die ja als Matrizen der Ordnung 1×1 aufgefasst werden können, beinhalten. Sie sind aber allgemeiner und es ist Vorsicht bei der mechanischen Übertragung der Algebra der gewöhnlichen Zahlen auf die Matrizenalgebra geboten. Im Folgenden sollen einige der wesentlichen Rechenregeln kurz zusammengefasst werden.

Es seien **A** und **B** zwei Matrizen mit den Koeffizientenschemata [a_{ij}] und [b_{kl}].

1. Addition (bzw. Subtraktion) von Matrizen

    Zwei Matrizen derselben Ordnung werden addiert, indem man ihre entsprechenden Elemente addiert und jeweils die Summe als entsprechendes Element der Summenmatrix $\boldsymbol{C} = \boldsymbol{A} + \boldsymbol{B}$ nimmt:

$$\boldsymbol{A} + \boldsymbol{B} = \boldsymbol{B} + \boldsymbol{A} = \boldsymbol{C} \quad \text{mit} \quad [a_{pq}] + [b_{pq}] = [a_{pq} + b_{pq}] = [c_{pq}] \qquad (B\text{-}12)$$

Die Addition ist kommutativ (Gl. (B-12)) und auch assoziativ (Gl. (B-13)).

$$(A + B) + C = A + (B + C) \tag{B-13}$$

2. Multiplikation mit einem Skalar (einer Zahl) α

Eine Matrix A wird mit einem Skalar α multipliziert, indem jedes Element a_{pq} der Matrix mit α multipliziert wird.

$$\alpha \cdot A = \alpha \cdot [a_{pq}] = [\alpha \cdot a_{pq}] = A \cdot \alpha \tag{B-14}$$

3. Zwei Matrizen A und B können in der Reihenfolge

$$AB = C$$

nur dann multipliziert werden, wenn die Anzahl der Spalten von A mit der Anzahl der Zeilen von B übereinstimmt. Man erhält das Element der i-ten Zeile und der j-ten Spalte der Produktmatrix AB, indem man die Elemente der i-ten Zeile von A mit den entsprechenden Elementen der j-ten Spalte von B multipliziert und die so erhaltenen Produkte addiert. Ist A von der Ordnung m × n und B von der Ordnung n × p, so ist $AB = C$ von der Ordnung m × p und es gilt für die Koeffizienten der Produktmatrix C

$$c_{pq} = a_{p1}b_{1q} + a_{p2}b_{2q} + \ldots + a_{pn}b_{nq} = \sum_{s=1}^{n} a_{ps}b_{sq} \tag{B-15}$$

Hier trifft man auf einen wesentlichen Unterschied zwischen der Matrizenalgebra und der gewöhnlichen Zahlenalgebra. Die Matrizenmultiplikation ist nur in Ausnahmefällen kommutativ, im Allgemeinen gilt

$$AB \neq BA \tag{B-16}$$

Man muss also stets bei der Multiplikation die Reihenfolge der Matrizen beachten.

Es lässt sich dagegen leicht zeigen, dass die Matrizenmultiplikation sowohl assoziativ (Gl. (B-17)) wie auch distributiv (Gl. (B-18)) ist.

$$(AB)C = A(BC) \tag{B-17}$$

$$A(B + C) = AB + AC \tag{B-18}$$

Zum Abschluss dieses kurzen Abrisses sollen noch einige spezielle Matrizen vorgestellt werden:

1. Nullmatrix **0**

    Sie enthält als Koeffizienten nur Nullen: $a_{ij} = 0$ für alle i und j
    Es gilt

$$\begin{aligned} A + 0 &= 0 + A = A \\ A0 &= 0 \\ 0A &= 0 \end{aligned} \tag{B-19}$$

2. Einheitsmatrix E

Die Einheitsmatrix ist eine quadratische Matrix der Ordnung n × n mit lauter Einsen in der Hauptdiagonalen und lauter Nullen sonst:
Es gilt

$$AE = EA = A \tag{B-20}$$
$$EE = E$$

3. Transponierte Matrix A' (manchmal auch A^T oder $\tilde{A}$)

Diese Matrix erhält man aus der Matrix A durch Vertauschung der Zeilen und Spalten (oder durch Spiegelung der Elemente an der Hauptdiagonalen). Sei

$$A = [a_{ij}]$$

Dann ist

$$A' = [a_{ji}]$$

Man beachte
a. Aus einem Zeilenvektor wird durch Transponieren ein Spaltenvektor.
b. Zweimaliges Transponieren ergibt die Ausgangsmatrix
c. Es gilt für zwei quadratische Matrizen A und B

$$(AB)' = B'A' \tag{B-21}$$

4. Adjungierte Matrix A^+ (auch „assoziierte Matrix")

In der Matrix $A = [a_{ij}]$ werden sämtliche Elemente a_{ij} durch ihren konjugiert komplexen Wert a_{ij}^* ersetzt und dann die Matrix transponiert. Es ist also

$$A^+ = [a_{ij}^*]' = [a_{ji}^*] = (A^*)' \tag{B-22}$$

Wenn die adjungierte Matrix A^+ zur Matrix A selbst identisch ist, also

$$A^+ = (A^*)' = A \tag{B-23}$$

gilt, nennt man die Matrix hermitesch.

5. Diagonalmatrix

Eine quadratische Matrix, die nur auf der Hauptdiagonalen von Null verschiedene Elemente (a_{11}, a_{22}, a_{33}, ... a_{nn}) besitzt. Ein Beispiel ist die Einheitsmatrix.

6. Singuläre Matrix

Eine quadratische Matrix, deren Determinante den Wert Null hat, wird singulär genannt.

Bei den Rechenregeln für Matrizen war die Division zurückgestellt worden. Es wird hier auf die einschlägige Literatur verwiesen. Es sei nur erwähnt, dass es möglich ist, eine zur Matrix A inverse Matrix A^{-1} zu berechnen, falls die Determinante von A ungleich Null ist, dergestalt, dass

$$AA^{-1} = A^{-1}A = E \tag{B-24}$$

gilt und damit das lineare Gleichungssystem in Gl. (B-7) bzw. Gl. (B-11) gelöst werden kann: Aus

$$Ax = h \quad \text{mit det } A \neq 0$$

folgt

$$A^{-1}Ax = A^{-1}h$$
$$x = A^{-1}h \tag{B-25}$$

C
Vektoren

Sprechen wir beispielsweise von der Temperatur oder der Energie, so reicht es, dafür eine Maßzahl anzugeben. Eine solche physikalische Größe bezeichnet man als *Skalar*. Zur Beschreibung der Kraft, der Geschwindigkeit, des elektrischen Feldes gehört außer der Angabe der Maßzahl die Angabe der Richtung. Eine solche physikalische Größe nennt man einen *Vektor*. Wir können ihn in einem Koordinatensystem (wir beschränken uns hier auf kartesische Koordinaten) als Pfeil darstellen, dessen Länge die Maßzahl, seinen Betrag, angibt.

Die Projektionen des Vektors $\vec{a}$ auf die drei Koordinatenachsen x, y und z nennen wir seine *Koordinaten* a_x, a_y und a_z. Mit Hilfe des Pythagoräischen Lehrsatzes folgt, dass der *Betrag* $|\vec{a}|$ des Vektors $\vec{a}$ gegeben ist durch

$$|\vec{a}| = \sqrt{a_x^2 + a_y^2 + a_z^2} \tag{C-1}$$

Multipliziert man einen Vektor mit einem Skalar λ, so erhält man einen neuen Vektor, dessen Betrag und dessen Koordinaten um den Faktor λ größer sind als die des Ausgangsvektors.

Einen Vektor vom Betrag 1 nennt man *Einheitsvektor*. Wir bezeichnen die Einheitsvektoren in Richtung der positiven x-, y-, und z-Achse mit $\vec{i}, \vec{j}$ bzw. $\vec{k}$. Den Vektor $\vec{a}$ können wir dann darstellen als

$$\vec{a} = a_x \vec{i} + a_y \vec{j} + a_z \vec{k} \tag{C-2}$$

Die Addition zweier Vektoren $\vec{a}$ und $\vec{b}$ führt zu einem neuen Vektor $\vec{c}$, dessen Koordinaten durch die Summen der Koordinaten der Vektoren $\vec{a}$ und $\vec{b}$ gegeben sind

$$c_x = a_x + b_x$$
$$c_y = a_y + b_y \qquad \text{(C-3)}$$
$$c_z = a_z + b_z$$

Man definiert zwei verschiedene Arten der Multiplikation von Vektoren.

a) Das *skalare Produkt* zweier Vektoren $\vec{a}$ und $\vec{b}$ ist die skalare Größe, die man durch Multiplikation der Beträge der beiden Vektoren und des Kosinus des von ihnen eingeschlossenen Winkels ϑ erhält.

$$\vec{a} \cdot \vec{b} = |\vec{a}| \cdot |\vec{b}| \cdot \cos \vartheta \qquad \text{(C-4)}$$

Das Produkt aus dem Betrag des einen Vektors und $\cos\vartheta$ ist die Projektion des Vektors auf den anderen. Deshalb ist das skalare Produkt zweier Vektoren gleich dem Produkt aus dem Betrag des einen Vektors und der Komponente des anderen in seiner Richtung.

Bedenkt man, dass dann das skalare Produkt der aufeinander senkrecht stehenden Einheitsvektoren null ergeben muss, so folgt aus

$$\vec{a} \cdot \vec{b} = (a_x \vec{i} + a_y \vec{j} + a_z \vec{k})(b_x \vec{i} + b_y \vec{j} + b_z \vec{k}) \qquad \text{(C-5)}$$

$$\vec{a} \cdot \vec{b} = a_x b_x + a_y b_y + a_z b_z \qquad \text{(C-6)}$$

b) Das *vektorielle Produkt* zweier Vektoren $\vec{a}$ und $\vec{b}$ ist der Vektor $\vec{c}$, der senkrecht auf der durch $\vec{a}$ und $\vec{b}$ bestimmten Ebene steht. Sein Betrag ergibt sich als Produkt aus den Beträgen von $\vec{a}$ und $\vec{b}$ und dem Sinus des von ihnen eingeschlossenen Winkel ϑ. Die Richtung von $\vec{c}$ ist so festgelegt, dass, wenn man in dessen Richtung blickt, der Vektor $\vec{a}$ gegen den Uhrzeigersinn gedreht werden muss, um ihn in die Richtung von $\vec{b}$ zu bringen.

$$\vec{a} \times \vec{b} = \vec{c}; \quad |\vec{a} \times \vec{b}| = |\vec{a}| \cdot |\vec{b}| \sin \vartheta \qquad \text{(C-7)}$$

Die Durchrechnung ergibt, dass

$$\vec{a} \times \vec{b} = (a_y b_z - a_z b_y)\vec{i} + (a_z b_x - a_x b_z)\vec{j} + (a_x b_y - a_y b_x)\vec{k} \qquad \text{(C-8)}$$

Das können wir (s. Mathem. Anhang B) einfacher in einer Determinante 3. Ordnung darstellen.

$$\vec{a} \times \vec{b} = \begin{vmatrix} \vec{i} & \vec{j} & \vec{k} \\ a_x & a_y & a_z \\ b_x & b_y & b_z \end{vmatrix} \qquad \text{(C-9)}$$

D
Operatoren, Darstellung des Laplace-Operators in Polarkoordinaten

Unter einem Operator versteht man eine Rechenvorschrift, durch die einer vorgegebenen Funktion f eine Funktion g zugeordnet wird. Bezeichnen wir einen Operator allgemein mit $\hat{O}$, so können wir schreiben

$$g(x) = \hat{O}f(x)$$

Dies mag an drei Beispielen erläutert werden.

a) ein Operator $\hat{D}$ sei gegeben durch

$$\hat{D} = \frac{d}{dx}$$

Dann heißt dies, dass die vorgegebene Funktion $f(x)$ nach x differenziert werden soll:

$$g(x) = \hat{D}f(x) = \frac{d}{dx}(f(x)) = f'(x)$$

beispielsweise

$$\hat{D}x^3 = 3x^2$$

b) ein Operator $\hat{O}$ sei gegeben durch

$$\hat{O} = \frac{d^2}{dx^2} + 3\frac{d}{dx}$$

Dann ist

$$g(x) = \hat{O}f(x) = \frac{d^2 f(x)}{dx^2} + 3\frac{df(x)}{dx}$$

beispielsweise

$$\hat{O}(4x^5 - 2x^3) = 80x^3 - 12x + 60x^4 - 18x^2$$

c) Ein Operator $\hat{O}$ sei gegeben durch

$$\hat{O} = (\ )^2$$

Dann ist

$$g(x) = \hat{O}f(x) = (f(x))^2$$

beispielsweise

$$\hat{O}(x^2 + 3x) = x^4 + 6x^3 + 9x^2$$

Man nennt einen Operator linear, wenn gilt

$$\hat{O}(f + g) = \hat{O}f + \hat{O}g$$

Von den als Beispiel genannten Operatoren sind die beiden ersten linear, der letzte ist nicht linear.

In der Thermodynamik bedeutet der Operator

$$\Delta = \frac{\partial}{\partial \xi}$$

d. h., dass die vorgegebene Funktion partiell nach der Reaktionslaufzahl ξ differenziert werden soll.

Im Zusammenhang mit elektrischen Potentialen und bei den Auswahlregeln wird der Operatur Δ als Symbol für die Differenzbildung verwendet.

In der Wellenmechanik steht das Δ-Zeichen für den Laplace'schen Differentialoperator

$$\Delta = \frac{\partial^2}{\partial x^2} + \frac{\partial^2}{\partial y^2} + \frac{\partial^2}{\partial z^2}$$

sofern kartesische Koordinaten verwendet werden. Wir wollen jetzt zeigen, wie er in sphärische Polarkoordinaten transformiert werden kann.

Ausgangspunkt für unsere Überlegungen sind Abb. 3.1-3 und die Gleichungen

$$x = r \cdot \cos\varphi \sin\vartheta \qquad (3.1\text{-}23) = (\text{D-1})$$

$$y = r \cdot \sin\varphi \sin\vartheta \qquad (3.1\text{-}24) = (\text{D-2})$$

$$z = r \cos\vartheta \qquad (3.1\text{-}25) = (\text{D-3})$$

Als weitere Beziehungen entnehmen wir daraus

$$r = (x^2 + y^2 + z^2)^{1/2} \qquad (\text{D-4})$$

$$\frac{y}{x} = \tan\vartheta \qquad (\text{D-5})$$

$$(x^2 + y^2)^{1/2} = z \cdot \tan\vartheta \qquad (\text{D-6})$$

woraus andererseits folgt

$$\varphi = \arctan(y/x) \qquad (\text{D-7})$$

$$\vartheta = \arctan[(x^2 + y^2)^{1/2}/z] \tag{D-8}$$

Wir haben eine Funktion f, die wir einerseits als $f(x, y, z)$, anderseits als $f(r, \vartheta, \varphi)$ angeben können. Das totale Differential ist

$$df = \frac{\partial f}{\partial r} \cdot dr + \frac{\partial f}{\partial \vartheta} \cdot d\vartheta + \frac{\partial f}{\partial \varphi} \cdot d\varphi \tag{D-9}$$

Die erste partielle Ableitung von f nach x, y oder z, allgemein nach u lautet dann

$$\frac{\partial f}{\partial u} = \frac{\partial f}{\partial r} \cdot \frac{\partial r}{\partial u} + \frac{\partial f}{\partial \vartheta} \cdot \frac{\partial \vartheta}{\partial u} + \frac{\partial f}{\partial \varphi} \cdot \frac{\partial \varphi}{\partial u} \tag{D-10}$$

Um die partiellen Ableitungen nach u angeben zu können, benötigen wir noch die partiellen Ableitungen $\dfrac{\partial r}{\partial u}$, $\dfrac{\partial \vartheta}{\partial u}$ und $\dfrac{\partial \varphi}{\partial u}$, die wir aus den Gleichungen (D-4) bis (D-6) bzw. (D-7) und (D-8) erhalten:

$$\frac{\partial r}{\partial x} = \frac{1}{2}(x^2 + y^2 + z^2)^{-1/2} \cdot 2x = \frac{x}{r} = \cos\varphi \sin\vartheta \tag{D-11}$$

$$\frac{\partial r}{\partial y} = \frac{1}{2}(x^2 + y^2 + z^2)^{-1/2} \cdot 2y = \frac{y}{r} = \sin\varphi \sin\vartheta \tag{D-12}$$

$$\frac{\partial r}{\partial z} = \frac{1}{2}(x^2 + y^2 + z^2)^{-1/2} \cdot 2z = \frac{z}{r} = \cos\vartheta \tag{D-13}$$

$$\frac{\partial \varphi}{\partial x} = -\frac{1}{1 + \left(\frac{y}{x}\right)^2} \cdot \frac{y}{x^2} = -\frac{y}{x^2 + y^2} = -\frac{r \sin\varphi \sin\vartheta}{r^2 \cdot \sin^2\vartheta} = -\frac{\sin\varphi}{r \cdot \sin\vartheta} \tag{D-14}$$

$$\frac{\partial \varphi}{\partial y} = \frac{1}{1 + \left(\frac{y}{x}\right)^2} \cdot \frac{1}{x} = \frac{x}{x^2 + y^2} = \frac{r \cos\varphi \sin\vartheta}{r^2 \cdot \sin^2\vartheta} = \frac{\cos\varphi}{r \cdot \sin\vartheta} \tag{D-15}$$

$$\frac{\partial \varphi}{\partial z} = 0 \quad (\varphi \text{ ist keine Funktion von } z) \tag{D-16}$$

$$\frac{\partial \vartheta}{\partial x} = \frac{1}{1 + \dfrac{x^2 + y^2}{z^2}} \cdot \frac{1}{z} \cdot \frac{1}{2} \cdot \frac{1}{(x^2 + y^2)^{1/2}} \cdot 2x = \frac{z}{r^2} \cdot \frac{x}{(x^2 + y^2)^{1/2}} =$$

$$= \frac{r \cos\vartheta \cdot r \cos\varphi \sin\vartheta}{r^2 \cdot r \sin\vartheta} = \frac{\cos\vartheta \cos\varphi}{r} \tag{D-17}$$

$$\frac{\partial \vartheta}{\partial y} = \frac{1}{1+\dfrac{x^2+y^2}{z^2}} \cdot \frac{1}{z} \cdot \frac{1}{2} \frac{1}{(x^2+y^2)^{1/2}} \cdot 2y = \frac{z}{r^2} \cdot \frac{y}{(x^2+y^2)^{1/2}} =$$

$$= \frac{r\cos\vartheta \cdot r\sin\vartheta \sin\varphi}{r^2 \cdot r\sin\vartheta} = \frac{\cos\vartheta \sin\varphi}{r} \tag{D-18}$$

$$\frac{\partial \vartheta}{\partial z} = -\frac{1}{1+\dfrac{x^2+y^2}{z^2}} \cdot \frac{(x^2+y^2)^{1/2}}{z^2} = -\frac{(x^2+y^2)^{1/2}}{r^2} = -\frac{\sin\vartheta}{r} \tag{D-19}$$

Setzen wir die Ausdrücke Gl. (D-11) bis Gl. (D-19) in Gl. (D-10) ein, so finden wir für die partiellen ersten Ableitungen

$$\frac{\partial f}{\partial x} = \sin\vartheta \cos\varphi \cdot \frac{\partial f}{\partial r} + \frac{\cos\vartheta \cos\varphi}{r} \cdot \frac{\partial f}{\partial \vartheta} - \frac{\sin\varphi}{r\sin\vartheta} \frac{\partial f}{\partial \varphi} \tag{D-20}$$

$$\frac{\partial f}{\partial y} = \sin\vartheta \sin\varphi \cdot \frac{\partial f}{\partial r} + \frac{\cos\vartheta \sin\varphi}{r} \cdot \frac{\partial f}{\partial \vartheta} + \frac{\cos\varphi}{r\sin\vartheta} \frac{\partial f}{\partial \varphi} \tag{D-21}$$

$$\frac{\partial f}{\partial z} = \cos\vartheta \frac{\partial f}{\partial r} - \frac{\sin\vartheta}{r} \frac{\partial f}{\partial \vartheta} \tag{D-22}$$

Um den Laplace-Operator zu erhalten, müssen wir diese Ausdrücke noch einmal partiell nach x, y bzw. z differenzieren. Dazu beachten wir, dass jede der partiellen ersten Ableitungen eine Funktion von r, ϑ und φ ist. Wir wenden deshalb Gl. (D-9) und (D-10) nicht auf f, sondern auf die partiellen ersten Ableitungen an. In einer elementaren, aber relativ langwierigen Rechnung erhalten wir dann für Δf

$$\Delta f = \frac{\partial^2 f}{\partial x^2} + \frac{\partial^2 f}{\partial y^2} + \frac{\partial^2 f}{\partial z^2} = \frac{\partial^2 f}{\partial r^2} + \frac{2}{r}\frac{\partial f}{\partial r} + \frac{1}{r^2}\frac{\partial^2 f}{\partial \vartheta^2} +$$

$$+ \frac{\cot\vartheta}{r^2}\frac{\partial f}{\partial \vartheta} + \frac{1}{r^2 \sin^2 \vartheta}\frac{\partial^2 f}{\partial \varphi^2} \tag{D-23}$$

Die r-abhängigen Glieder formen wir um gemäß

$$\frac{\partial^2 f}{\partial r^2} + \frac{2}{r}\frac{\partial f}{\partial r} = \frac{1}{r^2}\frac{\partial}{\partial r}\left(r^2 \frac{\partial f}{\partial r}\right) \tag{D-24}$$

und die ϑ-abhängigen gemäß

$$\frac{1}{r^2}\frac{\partial^2 f}{\partial \vartheta^2} + \frac{\cot\vartheta}{r^2}\frac{\partial f}{\partial \vartheta} = \frac{1}{r^2 \sin\vartheta}\left(\sin\vartheta \frac{\partial^2 f}{\partial \vartheta^2} + \cos\vartheta \frac{\partial f}{\partial \vartheta}\right) =$$

$$= \frac{1}{r^2 \sin\vartheta}\frac{\partial}{\partial \vartheta}\left(\sin\vartheta \frac{\partial f}{\partial \vartheta}\right) \tag{D-25}$$

Fassen wir Gl. (D-23) bis (D-25) zusammen, so erhalten wir schließlich für den Laplace-Operator in Polarkoordinaten:

$$\Delta = \frac{1}{r^2}\frac{\partial}{\partial r}\left(r^2\frac{\partial}{\partial r}\right) + \frac{1}{r^2 \sin\vartheta}\frac{\partial}{\partial \vartheta}\left(\sin\vartheta\frac{\partial}{\partial \vartheta}\right) + \frac{1}{r^2 \sin^2\vartheta}\frac{\partial^2}{\partial \varphi^2} \qquad (D\text{-}26)$$

E
Unbestimmte Ausdrücke. Regel von de l'Hospital

Es tritt häufiger der Fall auf, dass der Wert einer Funktion

$$\varphi(x) = \frac{f(x)}{g(x)} \qquad (E\text{-}1)$$

an einer Stelle $x = a$ angegeben werden soll, an der sowohl der Zähler $f(x)$ als auch der Nenner $g(x)$ Null oder unendlich werden. $\varphi(a)$ ist dann nach Gl. (E-1) unbestimmt. Wir können aber nach der aus dem Mittelwertsatz der Differentialrechnung ableitbaren *Regel von de l'Hospital* den Grenzwert berechnen, dem der Quotient $f(x)/g(x)$ zustrebt, wenn $x \to a$ geht:

$$\varphi(a) = \lim_{x \to a}\frac{f(x)}{g(x)} = \lim_{x \to a}\frac{f'(x)}{g'(x)} = \ldots = \lim_{x \to a}\frac{f^{(n)}(x)}{g^{(n)}(x)} \qquad (E\text{-}2)$$

Mit Gl. (E-2) ist deutlich gemacht, dass Zähler und Nenner für sich so lange zu differenzieren sind, bis einer von beiden oder beide nicht mehr null oder unendlich ergeben.

F
Reihenentwicklung

Bisweilen ergibt sich für eine exakte Beschreibung einer Gesetzmäßigkeit ein komplizierter analytischer Ausdruck, der sowohl für die rechnerische Behandlung als auch für die Auswertung experimenteller Daten wenig geeignet ist. Man versucht dann, die exakte Funktion durch eine Potenzreihe zu approximieren, die oft nach wenigen Gliedern abgebrochen werden kann.

Ist $f(x)$ eine in $[a,b]$ beliebig oft stetig differenzierbare Funktion, so kann man für $f(x)$ die *Taylor'sche Reihe*

$$f(x_0 + h) = f(x_0) + hf'(x_0) + \frac{h^2}{2!}f''(x_0) + \frac{h^3}{3!}f'''(x_0) + \ldots \qquad (F\text{-}1)$$

ansetzen, sofern in

$$f(x_0 + h) = \sum_{k=0}^{n}\frac{h^k}{k!}f^{(k)}(x_0) + R_n \qquad (F\text{-}2)$$

das Restglied R_n mit wachsendem n verschwindet. Gleichwertig mit Gl. (F-1) ist die Schreibweise

$$f(x) = f(x_0) + (x - x_0)f'(x_0) + \frac{(x-x_0)^2}{2!}f''(x_0) + \frac{(x-x_0)^3}{3!}f'''(x_0) + \ldots \qquad \text{(F-3)}$$

wie man erkennt, wenn man h durch $x - x_0$ substituiert.

Umfasst $[a, b]$ den Nullpunkt, so kann man $f(x)$ auch durch die *MacLaurin'sche Reihe*

$$f(x) = f(0) + xf'(0) + \frac{x^2}{2!}f''(0) + \frac{x^3}{3!}f'''(0) + \ldots \qquad \text{(F-4)}$$

darstellen.

Als einen etwas komplizierteren Fall behandeln wir die Reihenentwicklung der *Langevin-Funktion*

$$\mathcal{L}(x) = \coth x - \frac{1}{x} = \frac{e^x + e^{-x}}{e^x - e^{-x}} - \frac{1}{x} \qquad \text{(F-5)}$$

Diese Funktion kann nicht an der Stelle $x = 0$ in eine Reihe entwickelt werden, weil sie bei $x = 0$ eine Unstetigkeitsstelle mit $+\infty$ und $-\infty$ hat. Man muss deshalb Zähler und Nenner getrennt entwickeln und dann durcheinander dividieren. Die MacLaurin'sche Reihe für e^x und e^{-x} ist

$$e^x = 1 + x + \frac{x^2}{2!} + \frac{x^3}{3!} + \ldots \qquad \text{(F-6)}$$

$$e^{-x} = 1 - x + \frac{x^2}{2!} - \frac{x^3}{3!} + - \ldots \qquad \text{(F-7)}$$

so dass sich für $\coth x$ ergibt

$$\coth x = \frac{e^x + e^{-x}}{e^x - e^{-x}} = \frac{2\left(1 + \frac{x^2}{2!} + \frac{x^4}{4!} + \ldots\right)}{2\left(x + \frac{x^3}{3!} + \frac{x^5}{5!} + \ldots\right)} \qquad \text{(F-8)}$$

Dividieren wir den Zähler durch den Nenner, so erhalten wir

$$\coth x = \frac{1}{x} + \frac{x}{3} - \frac{x^3}{45} + \frac{2x^5}{945} - + \ldots \qquad \text{(F-9)}$$

und für die Langevin-Funktion

$$\mathcal{L}(x) = \coth x - \frac{1}{x} = \frac{x}{3} - \frac{x^3}{45} + \frac{2x^5}{945} - + \ldots \qquad \text{(F-10)}$$

G
Bestimmung von Maxima und Minima

Ein Maximum oder ein Minimum einer Funktion $y = f(x)$ zeichnet sich dadurch aus, dass an der Stelle des Extremwerts die erste Ableitung null wird:

$$\frac{dy}{dx} = 0 \tag{G-1}$$

Bei Funktionen von zwei Veränderlichen [$z = f(x, y)$] darf sich am Extremwert bei einer Variation dx und dy z nicht ändern, d. h. das totale Differential

$$dz = f_x dx + f_y dy \tag{G-2}$$

muss für beliebige Variationen dx und dy null sein, d. h.

$$f_x dx + f_y dy = 0 \tag{G-3}$$

Das ist nur erfüllt, wenn

$$f_x = \left(\frac{\partial z}{\partial x}\right)_y = 0 \tag{G-4}$$

und

$$f_y = \left(\frac{\partial z}{\partial y}\right)_x = 0$$

ist.

Häufig tritt das Problem auf, den Extremwert einer Funktion von zwei Veränderlichen zu bestimmen, wenn zusätzlich eine Nebenbedingung erfüllt sein muss. Diese Nebenbedingung sei

$$y = \psi(x) \tag{G-5}$$

was man auch schreiben kann als

$$\varphi(x, y) = 0 \tag{G-6}$$

Gleichung (G-3) muss dann nicht für beliebige Variationen dx und dy erfüllt sein, sondern nur für solche, für die Gl. (G-6) gilt. Diese Bedingung können wir auch

$$z = \varphi(x, y) \quad \text{mit } z \equiv 0 \tag{G-7}$$

und weiter

$$dz = \varphi_x dx + \varphi_y dy \quad dz \equiv 0 \tag{G-8}$$

schreiben. Es müssen also die beiden Gleichungen

$$f_x dx + f_y dy = 0 \tag{G-3}$$

und

$$\varphi_x dx + \varphi_y dy = 0 \tag{G-8a}$$

erfüllt sein. Zur Lösung bieten sich zwei Möglichkeiten an. Entweder lösen wir Gl. (G-8a) nach dy auf und substituieren dies in Gl. (G-3):

$$f_x dx - f_y \cdot \frac{\varphi_x}{\varphi_y} dx = \left(f_x - f_y \cdot \frac{\varphi_x}{\varphi_y}\right) dx = 0 \tag{G-9}$$

Die x, y-Werte des Extremums sind dann durch die beiden Gleichungen

$$f_x - f_y \cdot \frac{\varphi_x}{\varphi_y} = 0 \tag{G-10}$$

und

$$\varphi = 0 \tag{G-6}$$

gegeben.

Wir können aber auch die *Multiplikationsmethode* anwenden und Gl. (G-3) mit $-\varphi_y$, Gl. (G-8a) mit f_y multiplizieren:

$$-f_x \varphi_y dx - f_y \varphi_y dy = 0 \tag{G-11}$$

$$f_y \varphi_x dx + f_y \varphi_y dy = 0 \tag{G-12}$$

und beide Gleichungen addieren

$$(-f_x \varphi_y + f_y \varphi_x) dx = 0 \tag{G-13}$$

Dies entspricht Gl. (G-10), so dass zusammen mit Gl. (G-6) die x, y-Werte des Extremums ermittelt werden können.

Allgemein kann man dieses Verfahren so formulieren: Man multipliziert Gl. (G-8a) mit einer Konstanten und addiert diese Gleichung zu Gl. (F-3):

$$f_x dx + f_y dy = 0 \tag{G-3}$$

$$\lambda \varphi_x dx + \lambda \varphi_y dy = 0 \tag{G-14}$$

$$(f_x + \lambda \varphi_x) dx + (f_y + \lambda \varphi_y) dy = 0 \tag{G-15}$$

Diese Bedingung ist nur erfüllt, wenn

$$f_x + \lambda \varphi_x = 0 \tag{G-16}$$

und

$$f_y + \lambda \varphi_y = 0 \tag{G-17}$$

Aus Gl. (G-17) bestimmen wir λ zu

$$\lambda = -\frac{f_y}{\varphi_y} \tag{G-18}$$

so dass damit aus Gl. (G-16)

$$f_x - f_y \frac{\varphi_x}{\varphi_y} = 0 \tag{G-10}$$

wird, was mit Gl. (G-10) übereinstimmt und mit Gl. (G-6) die Lage des Extremums liefert.

Formal geht man bei diesem Verfahren der *Lagrange'schen Multiplikatoren* so vor: Man bildet eine Hilfsfunktion F

$$F = f + \lambda \cdot \varphi \tag{G-19}$$

und die ersten partiellen Ableitungen nach x, y und λ und setzt diese gleich null:

$$F_x = f_x + \lambda \varphi_x = 0 \tag{G-20}$$

$$F_y = f_y + \lambda \varphi_y = 0 \tag{G-21}$$

$$F_\lambda = \varphi = 0 \tag{G-22}$$

Damit hat man drei Gleichungen zur Ermittlung der x, y-Werte des Extremums und der Konstanten λ. Der Vorteil dieses Verfahrens liegt darin, dass es auf mehr als zwei Veränderliche und mehr als eine Nebenbedingung angewandt werden kann. Die betrachtete Funktion z sei eine Funktion von n Veränderlichen

$$z = f(x_1, x_2, \ldots, x_n) \tag{G-23}$$

Es mögen r Nebenbedingungen

$$\begin{aligned}\varphi_1(x_1, x_2, \ldots, x_n) &= 0 \\ \varphi_2(x_1, x_2, \ldots, x_n) &= 0 \\ &\vdots \\ \varphi_r(x_1, x_2, \ldots, x_n) &= 0\end{aligned} \tag{G-24}$$

vorliegen. Soll nun der Extremwert von z bei gleichzeitiger Erfüllung der Nebenbedingungen berechnet werden, so bildet man die Hilfsfunktion

$$F = f + \sum_{i=1}^{r} \lambda_i \varphi_i \tag{G-25}$$

und berechnet die $x_1, x_2, \ldots, x_n$ der Lage des Extremwerts und die Konstanten $\lambda_1, \lambda_2, \ldots, \lambda_r$ aus den $n + r$ Gleichungen

$$F_{x_k} = f_{x_k} + \sum_{i=1}^{r} \lambda_i \varphi_{ix_k} = 0 \qquad k = 1, 2, \ldots, n \tag{G-26}$$

$$F_{\lambda_j} = \varphi_j = 0 \qquad j = 1, 2, \ldots, r \tag{G-27}$$

H
Partialbruchzerlegung

Zur Integration des Ausdrucks $\dfrac{1}{(a + v_\mathrm{A} x)(b + v_\mathrm{B} x)}$ wird dieser in die Summe zweier Brüche zerlegt:

$$\frac{1}{(a + v_\mathrm{A} x)(b + v_\mathrm{B} x)} = \frac{A}{(a + v_\mathrm{A} x)} + \frac{B}{(b + v_\mathrm{B} x)} \tag{H-1}$$

Bringt man die rechte Seite auf den Hauptnenner, so folgt

$$\frac{A}{(a + v_\mathrm{A} x)} + \frac{B}{(b + v_\mathrm{B} x)} = \frac{A(b + v_\mathrm{A} x) + B(a + v_\mathrm{A} x)}{(a + v_\mathrm{A} x)(b + v_\mathrm{B} x)} \tag{H-2}$$

und durch Vergleich mit Gl. (H-1)

$$A(b + v_\mathrm{B} x) + B(a + v_\mathrm{A} x) = 1 \tag{H-3}$$

Für die Wurzel $x = -\dfrac{a}{v_\mathrm{A}}$ des Polynoms $(a + v_\mathrm{A} x)(b + v_\mathrm{B} x)$ wird

$$A = \frac{1}{b - \dfrac{v_\mathrm{B}}{v_\mathrm{A}} a} \tag{H-4}$$

und für $x = -\dfrac{b}{v_\mathrm{B}}$ wird

$$B = \frac{1}{a - \dfrac{v_\mathrm{A}}{v_\mathrm{B}} b} \tag{H-5}$$

Somit lässt sich schreiben

$$\int \frac{dx}{(a+v_A x)(b+v_B x)} = \frac{1}{b - \frac{v_B}{v_A}a} \int \frac{dx}{a+v_A x} + \frac{1}{a - \frac{v_A}{v_B}b} \int \frac{dx}{b+v_B x} \qquad \text{(H-6)}$$

Die Integrale lassen sich nach der Substitution

$$a + v_A x = u \rightarrow dx = \frac{1}{v_A}du \text{ bzw. } b + v_B x = v \rightarrow dx = \frac{1}{v_B}dv \text{ als } \int \frac{dz}{z} \text{ lösen:}$$

$$\int \frac{dx}{(a+v_A x)(b+v_B x)} = \frac{1}{v_A b - v_B a} \ln(a + v_A x) + \frac{1}{v_B a - v_A b} \ln(b + v_B x) \qquad \text{(H-7)}$$

I
Lösung des Integrals $\int \sin^2 x\, dx$

Aufgrund des Additionstheorems

$$\sin\alpha \cdot \sin\beta = \frac{1}{2}[\cos(\alpha - \beta) - \cos(\alpha + \beta)] \qquad \text{(I-1)}$$

ist

$$\sin^2\alpha = \frac{1}{2}[1 - \cos 2\alpha] \qquad \text{(I-2)}$$

Es gilt also

$$\int \sin^2 x\, dx = \frac{1}{2}\int (1 - \cos 2x)\, dx = \frac{1}{2}x - \frac{1}{4}\sin 2x \qquad \text{(I-3)}$$

$$\int_0^\pi \sin^2 x\, dx = \frac{\pi}{2} \qquad \text{(I-4)}$$

J
Lösung des Integrals $\int \sin^3 x\, dx$

$$\int \sin^3 x\, dx = \int \sin^2 x\, \sin x\, dx \qquad \text{(J-1)}$$

$$\int \sin^3 x\, dx = \int (1 - \cos^2 x)\sin x\, dx \qquad \text{(J-2)}$$

Man substituiert nun

$$\cos x = u \rightarrow \frac{du}{dx} = -\sin x \tag{J-3}$$

und erhält

$$\int \sin^3 x\, dx = -\int (1-u^2)\, du$$

$$\int \sin^3 x\, dx = -u + \frac{1}{3} u^3 \tag{J-4}$$

$$\int \sin^3 x\, dx = -\cos x + \frac{1}{3} \cos^3 x \tag{J-5}$$

K
Lösung der Integrale $\int_0^\infty x^n e^{-x^2}\, dx$

a) Wir beginnen mit dem Integral $\int e^{-x^2}\, dx$.
Der Wert des Integrals $\int_{-\infty}^{+\infty} e^{-x^2}\, dx$ sei A.

$$A = \int_{-\infty}^{+\infty} e^{-x^2}\, dx \tag{K-1}$$

Genauso gilt

$$A = \int_{-\infty}^{+\infty} e^{-y^2}\, dy \tag{K-2}$$

Multipliziert man Gl. (K-1) mit Gl. (K-2), so folgt

$$A^2 = \int_{-\infty}^{+\infty} e^{-x^2}\, dx \cdot \int_{-\infty}^{+\infty} e^{-y^2}\, dy = \iint_{x,y-\text{Ebene}} e^{-(x^2+y^2)}\, dx\, dy \tag{K-3}$$

Man substituiert nun durch Einführung von ebenen Polarkoordinaten

$$\begin{aligned} x &= r \cdot \cos \varphi \\ y &= r \cdot \sin \varphi \end{aligned} \tag{K-4}$$

Für das Flächenelement $dx dy$ ist dann $r \cdot dr d\varphi$ zu setzen, und es ist

$$x^2 + y^2 = r^2 \tag{K-5}$$

Aus Gl. (K-3) wird damit

$$A^2 = \iint\limits_{x,y-\text{Ebene}} e^{-r^2} r \, dr \, d\varphi = \int_0^\infty \int_0^{2\pi} r \cdot e^{-r^2} \, dr \, d\varphi = 2\pi \int_0^\infty r \cdot e^{-r^2} \, dr \qquad \text{(K-6)}$$

Der Wert dieses Integrals ergibt sich aus Gl. (K-12) zu 1/2, so dass

$$A^2 = \pi \qquad \text{(K-7)}$$

Mit Gl. (K-1) folgt

$$\int_{-\infty}^{+\infty} e^{-x^2} \, dx = \sqrt{\pi} \qquad \text{(K-8)}$$

und da der Integrand für positive und negative x die gleichen Werte hat, nach

$$\int_{-\infty}^{+\infty} e^{-x^2} \, dx = \int_{-\infty}^{0} e^{-x^2} \, dx + \int_{0}^{\infty} e^{-x^2} \, dx \qquad \text{(K-9)}$$

$$\int_0^\infty e^{-x^2} \, dx = \frac{1}{2}\sqrt{\pi} \qquad \text{(K-10)}$$

b) Das Integral $\int_0^\infty x \cdot e^{-x^2} \, dx$ lösen wir durch Substitution. Wir setzen

$$x^2 = u \rightarrow 2x \, dx = du \qquad \text{(K-11)}$$

und erhalten so

$$\int_0^\infty x \cdot e^{-x^2} \, dx = \frac{1}{2} \int_0^\infty e^{-u} \, du = \frac{1}{2} [-e^{-u}]_0^\infty = \frac{1}{2}[0+1]$$

$$\int_0^\infty x \cdot e^{-x^2} \, dx = \frac{1}{2} \qquad \text{(K-12)}$$

c) Zur Lösung des Integrals $\int_0^\infty x^2 e^{-x^2} \, dx$ gehen wir von dem Ausdruck $x \cdot e^{-x^2}$ aus und differenzieren ihn nach x:

$$\frac{d(x \cdot e^{-x^2})}{dx} = -2x^2 e^{-x^2} + e^{-x^2} \qquad \text{(K-13)}$$

Wir integrieren nun

$$\int_0^\infty d(x \cdot e^{-x^2}) = -2\int_0^\infty x^2 e^{-x^2} dx + \int_0^\infty e^{-x^2} dx \qquad \text{(K-14)}$$

$$\int_0^\infty x^2 e^{-x^2} dx = \frac{1}{2}\int_0^\infty e^{-x^2} dx - \frac{1}{2}[x \cdot e^{-x^2}]_0^\infty \qquad \text{(K-15)}$$

und erhalten unter Berücksichtigung von Gl. (K-10)

$$\int_0^\infty x^2 e^{-x^2} dx = \frac{1}{2} \cdot \frac{1}{2}\sqrt{\pi} - \frac{1}{2} \cdot 0 \qquad \text{(K-16)}$$

$$\int_0^\infty x^2 e^{-x^2} dx = \frac{1}{4}\sqrt{\pi} \qquad \text{(K-17)}$$

d) Zur Lösung des Integrals $\int_0^\infty x^3 e^{-x^2} dx$ gehen wir in entsprechender Weise vor. Aus

$$\frac{d(x^2 e^{-x^2})}{dx} = -2x^3 e^{-x^2} + 2x e^{-x^2} \qquad \text{(K-18)}$$

folgt unter Beachtung von Gl. (K-12)

$$\int_0^\infty x^3 e^{-x^2} dx = \frac{1}{2} \qquad \text{(K-19)}$$

e) Das Integral $\int_0^\infty x^4 e^{-x^2} dx$ ergibt sich aus

$$\frac{d(x^3 e^{-x^2})}{dx} = -2x^4 e^{-x^2} + 3x^2 e^{-x^2} \qquad \text{(K-20)}$$

unter Zuhilfenahme von Gl. (K-17) zu

$$\int_0^\infty x^4 e^{-x^2} dx = \frac{3}{8}\sqrt{\pi} \qquad \text{(K-21)}$$

L
Lösung des Integrals $\int_0^\infty \varepsilon^{\frac{1}{2}} e^{-\varepsilon/kT} d\varepsilon$

Wir substituieren

$$\frac{1}{\sqrt{kT}} \varepsilon^{\frac{1}{2}} = u \tag{L-1}$$

und überführen das Integral damit in

$$(kT)^{\frac{3}{2}} \cdot 2 \int_0^\infty u^2 e^{-u^2} du \tag{L-2}$$

Dieses Integral ist in Gl. (L-17) gelöst.

M
Lösung des Integrals $\int_0^\infty x^3 (e^x - 1)^{-1} dx$

Wir erweitern mit e^{-x} und erhalten $x^3 e^{-x}(1 - e^{-x})^{-1}$. Führen wir die Division aus, so ergibt sich

$$\int_0^\infty x^3 (e^x - 1)^{-1} dx = \int_0^\infty (x^3 e^{-x} + x^3 e^{-2x} + x^3 e^{-3x} + \dots) dx \tag{M-1}$$

Wir müssen also Integrale der Form $\int_0^\infty x^3 e^{-nx} dx$ lösen. Das geschieht mit Hilfe der partiellen Integration:

$$\int_0^\infty x^3 e^{-nx} = -\frac{1}{n}[x^3 e^{-nx}]_0^\infty + \frac{1}{n}\int_0^\infty 3x^2 e^{-nx} dx =$$

$$= -\frac{1}{n}[x^3 e^{-nx}]_0^\infty - \frac{3}{n^2}[x^2 e^{-nx}]_0^\infty + \frac{3}{n^2}\int_0^\infty 2x e^{-nx} dx =$$

$$= -\frac{1}{n}[x^3 e^{-nx}]_0^\infty - \frac{3}{n^2}[x^2 e^{-nx}]_0^\infty - \frac{6}{n^3}[x e^{-nx}]_0^\infty + \frac{6}{n^3}\int_0^\infty e^{-nx} dx =$$

$$= -\frac{1}{n}[x^3 e^{-nx}]_0^\infty - \frac{3}{n^2}[x^2 e^{-nx}]_0^\infty - \frac{6}{n^3}[x e^{-nx}]_0^\infty - \left[\frac{6}{n^4} e^{-nx}\right]_0^\infty \tag{M-2}$$

Bei den drei ersten Klammerausdrücken wird sowohl die obere als auch die untere Grenze null, bei dem letzten nur die obere. Daher ist

$$\int_0^\infty x^3 e^{-nx} = \frac{6}{n^4} \tag{M-3}$$

Eingesetzt in Gl. (M-1) ergibt das

$$\int_0^\infty x^3(e^x - 1)^{-1}dx = 6\left(1 + \frac{1}{2^4} + \frac{1}{3^4} + \frac{1}{4^4} + \ldots\right) \tag{M-4}$$

Da

$$\sum_1^\infty \frac{1}{n^4} = \frac{\pi^4}{90} = 1.0825 \tag{M-5}$$

folgt

$$\int_0^\infty x^3(e^x - 1)^{-1}dx = 6.4950 \tag{M-6}$$

N
Lösungen der Differentialgleichung $\frac{d^2\psi(x)}{dx^2} + k^2\psi(x) = 0$

Die Differentialgleichung

$$\frac{d^2\psi(x)}{dx^2} + k^2\psi(x) = 0 \tag{N-1}$$

hat (vgl. Abschnitt 1.4.11) die Teillösungen

$$\psi_1 = e^{ikx} \tag{N-2}$$

$$\psi_2 = e^{-ikx} \tag{N-3}$$

Unter Berücksichtigung der *Euler'schen Gleichung*

$$e^{ix} = \cos x + i \sin x \tag{N-4}$$

$$e^{-ix} = \cos x - i \sin x \tag{N-5}$$

können wir für die *Teillösungen* schreiben

$$\psi_1 = \cos kx + i \sin kx \tag{N-6}$$

$$\psi_2 = \cos kx - i \sin kx \tag{N-7}$$

Der Real- und der Imaginärteil der komplexen Lösungen sind selbst Lösungen der Differentialgleichung (N-1).

Beweis:
Da ψ_1 und ψ_2 Lösungen sind, gilt

$$\psi_1'' + k^2\psi_1 = 0 \qquad\qquad A\psi_1'' + Ak^2\psi_1 = 0 \tag{N-8}$$

oder auch

$$\psi_2'' + k^2\psi_2 = 0 \qquad\qquad \underline{B\psi_2'' + Bk^2\psi_2 = 0} \tag{N-9}$$

$$\frac{\mathrm{d}^2}{\mathrm{d}x^2}(A\psi_1 + B\psi_2) + k^2(A\psi_1 + B\psi_2) = 0 \tag{N-10}$$

Also muss auch

$$\psi(x) = A\psi_1 + B\psi_2 \tag{N-11}$$

eine Lösung von Gl. (N-1) sein. Wählen wir $A = B = \dfrac{1}{2}$, so können wir schreiben

$$\psi(x) = \frac{1}{2}(\psi_1 + \psi_2) = \frac{1}{2}(\cos kx + \mathrm{i}\sin kx + \cos kx - \mathrm{i}\sin kx) = \cos kx \tag{N-12}$$

Wählen wir $A = \dfrac{1}{2\mathrm{i}}$ und $B = -\dfrac{1}{2\mathrm{i}}$, so können wir schreiben

$$\psi(x) = \frac{1}{2\mathrm{i}}(\psi_1 - \psi_2) = \frac{1}{2\mathrm{i}}(\cos kx + \sin kx - \cos kx + \mathrm{i}\sin kx) = \sin kx \tag{N-13}$$

Gl. (N-12) und (N-13) zeigen also, dass sowohl der Real- als auch der Imaginärteil von Gl. (N-6) oder Gl. (N-7) eine Lösung von Gl. (N-1) ist.

Eine *allgemeine Lösung* mit zwei Integrationskonstanten ist nach Gl. (N-11) deshalb auch

$$\psi(x) = A\cos kx + B\sin kx \tag{N-14}$$

Führen wir für die Konstanten A und B zwei neue, C und δ ein, indem wir formulieren

$$\frac{A}{\sqrt{A^2 + B^2}} = \sin\delta \tag{N-15}$$

$$\frac{B}{\sqrt{A^2 + B^2}} = \cos\delta \tag{N-16}$$

$$\sqrt{A^2 + B^2} = C$$

so können wir für Gl. (N-14) auch schreiben

$$\psi(x) = C\cdot\sin\delta\cos kx + C\cos\delta\sin kx \tag{N-17}$$

$$\psi(x) = C(\sin\delta \cos kx + \cos\delta \sin kx) \tag{N-18}$$

Nach den Additionstheoremen ist das identisch mit

$$\psi(x) = C \sin(kx + \delta) \tag{N-19}$$

Wir erhalten demnach für die Differentialgleichung

$$\frac{d^2\psi(x)}{dx^2} + k^2\psi(x) = 0 \tag{N-1}$$

die drei äquivalenten allgemeinen Lösungen

$$\psi(x) = A\,e^{ikx} + B\,e^{-ikx} \tag{N-20}$$

$$\psi(x) = A \cos kx + B \sin kx \tag{N-14}$$

$$\psi(x) = C \sin(kx + \delta) \tag{N-19}$$

mit den Integrationskonstanten A, B, C und δ.

O
Lösung der Differentialgleichung $\frac{d^2\varphi(x)}{dx^2} - k^2\varphi(x) = 0$

Für die Lösung der Differentialgleichung

$$\frac{d^2\varphi(x)}{dx^2} - k^2\varphi(x) = 0 \tag{O-1}$$

wird der Ansatz

$$\varphi(x) = e^{mx} \tag{O-2}$$

gemacht. Dadurch erhält man aus Gl. (O-1)

$$m^2 e^{mx} - k^2 e^{mx} = 0 \tag{O-3}$$

$$m^2 = k^2 \tag{O-4}$$

$$m = \pm k \tag{O-5}$$

Die vollständige Lösung ist (vgl. Mathem. Anhang M)

$$\varphi(x) = A \cdot e^{kx} + B \cdot e^{-kx} \tag{O-6}$$

P
Lösung der Poisson-Boltzmann-Gleichung

Zur Lösung der *Poisson-Boltzmann-Gleichung*

$$\frac{1}{r^2} \cdot \frac{d}{dr}\left(r^2 \frac{d\varphi(r)}{dr}\right) = \left(\frac{1}{\beta}\right)^2 \varphi(r) \tag{P-1}$$

führen wir zunächst die Substitution

$$u = r \cdot \varphi \tag{P-2}$$

durch, die uns

$$\frac{d\varphi}{dr} = \frac{r \cdot \dfrac{du}{dr} - u}{r^2} \tag{P-3}$$

liefert. Setzen wir dies in Gl. (P-1) ein, so erhalten wir

$$\frac{1}{r^2} \cdot \frac{d}{dr}\left(r \cdot \frac{du}{dr} - u\right) = \left(\frac{1}{\beta}\right)^2 \cdot \frac{u}{r} \tag{P-4}$$

und daraus

$$\frac{d^2 u}{dr^2} - \left(\frac{1}{\beta}\right)^2 \cdot u = 0 \tag{P-5}$$

wofür sich nach Mathem. Anhang O die Lösung

$$u = A \cdot e^{r/\beta} + B \cdot e^{-r/\beta} \tag{P-6}$$

ergibt. Setzen wir nun wieder Gl. (P-2) ein, so erhalten wir schließlich

$$\varphi(r) = \frac{A}{r} \cdot e^{r/\beta} + \frac{B}{r} e^{-r/\beta} \tag{P-7}$$

Q
Lösung der assoziierten Legendre'schen Differentialgleichung

In Abschnitt 3.1.1 ergab sich die Aufgabe, die Differentialgleichung

$$\frac{1}{\sin\vartheta} \cdot \frac{d}{d\vartheta}\left(\sin\vartheta \frac{d\theta(\vartheta)}{d\vartheta}\right) + \left(A - \frac{m^2}{\sin^2\vartheta}\right) \cdot \theta(\vartheta) = 0 \qquad (3.1\text{-}37), (\text{Q-1})$$

zu lösen. Wir führen die Substitution

$$\theta(\vartheta) = P(\cos\vartheta) = P(x) \qquad (\text{Q-2})$$

durch, wobei zu beachten ist, dass wegen $|\cos\vartheta| \leq 1$ nur der Wertbereich $|x| \leq 1$ von Interesse ist. Wegen

$$x = \cos\vartheta \qquad (\text{Q-3})$$

ist

$$\frac{d}{d\vartheta} = \frac{dx}{d\vartheta}\frac{d}{dx} = -\sin\vartheta \frac{d}{dx} \qquad (\text{Q-4})$$

Setzen wir dies in Gl. (Q-1) ein, so erhalten wir

$$\frac{d}{dx}\left[(1-x^2)\frac{dP(x)}{dx}\right] + \left(A - \frac{m^2}{(1-x^2)}\right)P(x) = 0 \qquad (\text{Q-5})$$

oder etwas weiter umgerechnet

$$(1-x^2)\frac{d^2P(x)}{dx^2} - 2x\frac{dP(x)}{dx} + \left(A - \frac{m^2}{(1-x^2)}\right)P(x) = 0 \qquad (\text{Q-6})$$

die sog. *assoziierte Legendre'sche Differentialgleichung*. Multiplizieren wir mit $(1-x^2)$, so ergibt sich

$$(1-x^2)^2\frac{d^2P(x)}{dx^2} - 2x(1-x^2)\frac{dP(x)}{dx} + [A(1-x^2) - m^2]P(x) = 0 \qquad (\text{Q-7})$$

und wir erkennen, dass für $x = \pm 1$

$$m^2 P(\pm 1) = 0 \qquad (\text{Q-8})$$

folgt. Ist $m \neq 0$, so muss $P(\pm 1)$ null sein, damit Gl. (Q-8) erfüllt ist. Diese Forderung wird der Ansatz

$$P(x) = (1-x^2)^{a \cdot m} K(x) \qquad (\text{Q-9})$$

gerecht, wobei a eine noch zu bestimmende Konstante und $K(x)$ eine neue Funktion ist, die bei $x = \pm 1$ nicht zu verschwinden braucht. Die Substitution von Gl. (Q-9) in Gl. (Q-6) führt, wenn wir wieder nach den Ableitungen von $K(x)$ anordnen, zu

$$(1-x^2)^2 \frac{d^2 K(x)}{dx^2} - 2x(1-x^2)(2am+1)\frac{dK(x)}{dx} +$$
$$+ [(4a^2m^2 + 2am)x^2 - (m^2 + 2am) + A(1-x^2)]K(x) = 0 \qquad (Q\text{-}10)$$

Der Koeffizient von $K(x)$ vereinfacht sich, wenn wir die frei wählbare Konstante a gleich 1/2 setzen, zu $[A - m(m+1)](1-x^2)$, so dass Gl. (Q-10) in

$$(1-x^2)\frac{d^2 K(x)}{dx^2} - 2x(m+1)\frac{dK(x)}{dx} + [A - m(m+1)]K(x) = 0 \qquad (Q\text{-}11)$$

übergeht. Zur Lösung dieser Differentialgleichung setzen wir eine Potenzreihe an, für die wir zunächst ganz allgemein schreiben

$$K(x) = x^k(a_0 + a_1 x + a_2 x^2 + \ldots) \qquad (Q\text{-}12)$$

Differenzieren wir nach x, so ergibt sich

$$\frac{dK(x)}{dx} = k a_0 x^{k-1} + (k+1)a_1 x^k + (k+2)a_2 x^{k+1} + \ldots +$$
$$+ (k+n)a_n x^{k+n-1} + \ldots \qquad (Q\text{-}13)$$

$$\frac{d^2 K(x)}{dx^2} = (k-1)k a_0 x^{k-2} + k(k+1)a_1 x^{k-1} + (k+1)(k+2)a_2 x^k + \ldots +$$
$$+ (k+n-1)(k+n)a_n x^{k+n-2} + \ldots \qquad (Q\text{-}14)$$

Setzen wir Gl. (Q-12) bis Gl. (Q-14) in Gl. (Q-11) ein und fassen die Glieder mit gleicher Potenz von x zusammen, so erhalten wir

$(k-1)k a_0 x^{k-2} +$
$+ k(k+1)a_1 x^{k-1} +$
$+ [-(k-1)k a_0 + (k+1)(k+2)a_2 - 2k(m+1)a_0 + [A - m(m+1)]a_0] x^k +$
$+ \ldots +$
$+ [-(k+n-1)(k+n)a_n + (k+n+1)(k+n+2)a_{n+2} -$
$\quad - 2(k+n)(m+1)a_n + [A - m(m+1)]a_n] x^{k+n} +$
$+ \ldots \qquad\qquad = 0 \qquad (Q\text{-}15)$

Damit dieser Ausdruck für alle Werte von x zutreffend ist, müssen die Faktoren aller Potenzen von x verschwinden. Aus den beiden ersten Gliedern von Gl. (Q-15) erkennen wir, dass wegen

$$(k-1)ka_0 = 0$$
$$k(k+1)a_1 = 0 \qquad \text{(Q-16)}$$

k gleich null sein muss. Das besagt, dass nach Gl. (Q-12) die Potenzreihe keine negativen Potenzen von x enthalten kann. Aus dem dritten Glied von Gl. (Q-15) entnehmen wir, dass

$$2a_2 + [A - m(m+1)]a_0 = 0 \qquad \text{(Q-17)}$$

ist, und aus dem allgemeine Glied folgt, dass

$$(n+1)(n+2)a_{n+2} - [(n-1)n + 2(m+1)n - A + m(m+1)]a_n = 0 \qquad \text{(Q-18)}$$

ist. Multiplizieren wir den Klammerausdruck aus und fassen neu zusammen, so ergibt sich

$$n^2 - n + 2nm + 2n - A + m^2 + m = n(n+m) + (m+1)n + m(m+1) - A =$$
$$= n(n+m) + (n+m)(m+1) - A =$$
$$= (n+m)(n+m+1) - A \qquad \text{(Q-19)}$$

Berücksichtigen wir dies in Gl. (Q-18), so erhalten wir eine *Rekursionsformel* für die Koeffizienten

$$a_{n+2} = \frac{(n+m)(n+m+1) - A}{(n+1)(n+2)} a_n \qquad \text{(Q-20)}$$

Gleichung (Q-20) gibt uns die Möglichkeit, die Koeffizienten aller geraden Potenzen von x, bezogen auf a_0, die Koeffizienten aller ungeraden Potenzen von x, bezogen auf a_1 anzugeben. Wir können uns $K(x)$ aus Gl. (Q-12) also aufbauen als Summe von zwei Reihen, einer mit geraden und einer mit ungeraden Potenzen von x:

$$K(x) = a_0 \sum_{n=0}^{\infty} \frac{a_{2n}}{a_0} x^{2n} + a_1 \sum_{n=0}^{\infty} \frac{a_{2n+1}}{a_1} x^{2n+1} \qquad \text{(Q-21)}$$

In Gl. (Q-21) sind zwei frei wählbare Konstanten, a_0 und a_1, enthalten, wie es bei der Lösung einer Differentialgleichung 2. Ordnung erforderlich ist.

Die Rekursionsformel Gl. (Q-20) lässt erkennen, dass für große n $a_{n+2} \simeq a_n$ ist. Deshalb konvergieren die Reihen in Gl. (P-21) für $-1 < x < 1$, divergieren aber für $x = \pm 1$ (für die Betrachtung in Abschnitt 3.1.1 ist nur der Bereich $-1 \leq x \leq 1$ von Interesse). Eine divergierende Potenzreihe ist als Wellenfunktion nicht geeignet. Folglich kann die Lösung nur ein Polynom sein, d.h. die Reihe muss bei einem bestimmten Glied abgebrochen werden. Damit dies geschieht, kann A in

Gl. (Q-20) nicht beliebige Werte annehmen, sondern muss so gewählt werden, dass für ein bestimmtes n, es sei mit s bezeichnet, der Zähler auf der rechten Seite von Gl. (Q-20) null wird. Es ist dann

$$A = (s+m)(s+m+1) \tag{Q-22}$$

Auf diese Weise kann die Reihe mit den geraden Potenzen oder die mit den ungeraden Potenzen abgebrochen werden. Die andere Reihe bleibt noch unendlich. Um $K(x)$ endlich werden zu lassen, wird das Anfangsglied der nicht abgebrochenen Reihe gleich Null gesetzt. $K(x)$ stellt dann keine Reihe mehr dar, sondern ein Polynom vom Grade s. Es bleibt auch bei $x = \pm 1$ endlich.

Da nicht nur s, sondern auch $|m|$ (vgl. Abschnitt 3.1.1) eine ganze positive Zahl ist, können wir Gl. (Q-22) auch die Form

$$A = l(l+1) \tag{Q-23}$$

geben, wobei

$$l = 0, 1, 2, 3, \ldots \quad \text{und} \quad l \geq |m| \tag{Q-24}$$

ist.

Die Lösungen $P(x)$ enthalten, wie wir gesehen haben, eine frei wählbare Konstante (a_0 oder a_1). Bestimmen wir diese so, dass willkürlich

$$K(1) = \frac{(l+m)!}{2^m m!(l-m)!} \tag{Q-25}$$

so nennt man $P(x)$ eine *assoziierte Legendre-Funktion* vom Grad l und der Ordnung m. Man bezeichnet sie mit $P_l^m(x)$.

Wir wollen nun die Lösungen in Abhängigkeit von l und m betrachten.

1. $l = 0$. Dann muss nach Gl. (Q-24) $m = 0$ und nach Gl. (Q-23) $A = 0$ sein. Die Rekursionsformel Gl. (Q-20) ist für diesen Fall

$$a_{n+2} = \frac{n(n+1)}{(n+1)(n+2)} a_n \tag{Q-26}$$

Die Reihe mit ungeraden Exponenten (beginnend mit $n = 1$) bricht nicht ab. Deshalb muss $a_1 = 0$ gesetzt werden. Damit fällt die ganze Reihe fort. Für die Reihe mit geraden Exponenten (beginnend mit $n = 0$) gilt

$$a_2 = 0 \cdot a_0 \tag{Q-27}$$

$K(x)$ enthält nur das Glied a_0, dieses muss nach Gl. (Q-25) den Wert 1 haben. Somit ist

$$P_0^0(\cos \vartheta) = 1 \tag{Q-28}$$

2. $l = 1$. In diesem Fall ist $A = 2$. Wir müssen die beiden Fälle $m = 0$ und $m = 1$ unterscheiden.

a) $m = 0$. Die Rekursionsformel liefert

$$a_{n+2} = \frac{n(n+1) - 2}{(n+1)(n+2)} a_n \tag{Q-29}$$

Die Reihe mit den geraden Exponenten bricht jetzt nicht ab. Deshalb setzen wir $a_0 = 0$. Damit fällt diese ganze Reihe fort. Für die Reihe mit den ungeraden Exponenten gilt

$$a_3 = 0 \cdot a_1 \tag{Q-30}$$

Infolgedessen ist unter Berücksichtigung von Gl. (Q-25)

$$K(x) = 1 \cdot x \tag{Q-31}$$

und mit Gl. (Q-9) und Gl. (Q-3)

$$P_1^0(\cos \vartheta) = \cos \vartheta \tag{Q-32}$$

b) $m = 1$. Die Rekursionsformel liefert

$$a_{n+2} = \frac{(n+1)(n+2) - 2}{(n+1)(n+2)} a_n \tag{Q-33}$$

Die Reihe mit den ungeraden Exponenten bricht nicht ab. Wir müssen $a_1 = 0$ setzen. Für die Reihe mit den geraden Exponenten gilt

$$a_2 = 0 \cdot a_0 \tag{Q-34}$$

Infolgedessen ist unter Berücksichtigung von Gl. (Q-25)

$$K(1) = \frac{2!}{2 \cdot 1! \, 0!} = 1$$

$K(x)$ enthält nur das Glied a_0. Deshalb ist $a_0 = 1$. Mit Gl. (Q-9) und Gl. (Q-3) ist dann

$$P_1^1(\cos \vartheta) = (1 - \cos^2 \vartheta)^{1/2} = \sin \vartheta \tag{Q-35}$$

3. $l = 2$. In diesem Fall ist $A = 6$. Wir müssen drei Fälle $m = 0$, $m = 1$ und $m = 2$ unterscheiden. Die Berechnung führen wir tabellarisch durch:

	$m = 0$	$m = 1$	$m = 2$
Gl. (Q-20) ergibt für $\dfrac{a_{n+2}}{a_n}$	$\dfrac{n(n+1) - 6}{(n+1)(n+2)}$	$\dfrac{(n+1)(n+2) - 6}{(n+1)(n+2)}$	$\dfrac{(n+2)(n+3) - 6}{(n+1)(n+2)}$
Reihe mit geraden Exponenten	bricht nach $n = 2$ ab	bricht nicht ab	bricht nach $n = 0$ ab
Reihe mit ungeraden Exponenten	bricht nicht ab	bricht nach $n = 1$ ab	bricht nicht ab
Es wird gesetzt	$a_1 = 0$	$a_0 = 0$	$a_1 = 0$
Nach Gl. (Q-20) ist	$a_2 = \dfrac{-6}{2} a_0 = -3 a_0$	–	–
Nach Gl. (Q-25) ist $K(1)$	$\dfrac{2!}{1 \cdot 1 \cdot 2!} = 1$	$\dfrac{3!}{2 \cdot 1 \cdot 1} = 3$	$\dfrac{4!}{2^2 \cdot 2! \cdot 1} = 3$
Nach Gl. (Q-21) ist $K(x)$	$a_0(1 - 3x^2)$	$a_1 x$	a_0
Daraus folgt	$a_0 = -\frac{1}{2}$	$a_1 = 3$	$a_0 = 3$
Nach Gl. (Q-9) ist $P(x)$	$\frac{1}{2}(1 - x^2)^0 (3x^2 - 1)$	$(1 - x^2)^{1/2} \cdot 3x$	$(1 - x^2) \cdot 3$
Nach Gl. (Q-3) ist $P(\cos \vartheta)$	$\frac{1}{2}(3\cos^2 \vartheta - 1)$	$3 \sin \vartheta \cos \vartheta$	$3 \sin^2 \vartheta$

4. $l = 3$. In diesem Fall ist $A = 12$. Wir müssen die vier Fälle $m = 0$, $m = 1$, $m = 2$ und $m = 3$ unterscheiden. Die Berechnung führen wir wieder tabellarisch durch.

	$m=0$	$m=1$	$m=2$	$m=3$
Gl. (Q-20) ergibt für $\dfrac{a_{n+2}}{a_n}$	$\dfrac{n(n+1)-12}{(n+1)(n+2)}$	$\dfrac{(n+1)(n+2)-12}{(n+1)(n+2)}$	$\dfrac{(n+2)(n+3)-12}{(n+1)(n+2)}$	$\dfrac{(n+3)(n+4)-12}{(n+1)(n+2)}$
Reihe mit geraden Exponenten	bricht nicht ab	bricht nicht ab	bricht nicht ab	bricht nach $n=0$ ab
Reihe mit ungeraden Exponenten	bricht nach $n=3$ ab	bricht nicht ab	bricht nach $n=1$ ab	bricht nicht ab
Es wird gesetzt	$a_0 = 0$	$a_1 = 0$	$a_0 = 0$	$a_1 = 0$
Nach Gl. (Q-20) ist	$a_3 = \dfrac{-10}{6}a_1 = -\dfrac{5}{3}a_1$	$a_2 = \dfrac{-10}{2}a_0 = -5a_0$	–	–
Nach Gl. (Q-25) ist $K(1)$	$\dfrac{3!}{1\cdot 1\cdot 3!}=1$	$\dfrac{4!}{2\cdot 1\cdot 2!}=6$	$\dfrac{5!}{2^2\cdot 2!\cdot 1}=15$	$\dfrac{6!}{2^3\cdot 3!\cdot 1}=15$
Nach Gl. (Q-21) ist $K(x)$	$a_1\left(x-\dfrac{5}{3}x^3\right)$	$a_0(1-5x^2)$	$a_1 x$	a_0
Daraus folgt	$a_1 = -\dfrac{3}{2}$	$a_0 = -\dfrac{3}{2}$	$a_1 = 15$	$a_0 = 15$
Nach Gl. (Q-9) ist $P(x)$	$\dfrac{1}{2}(1-x^2)^0(5x^3-3x)$	$\dfrac{3}{2}(1-x^2)^{1/2}(5x^2-1)$	$15(1-x^2)x$	$15(1-x^2)^{3/2}$
Nach Gl. (Q-3) ist $P(\cos\vartheta)$	$\dfrac{1}{2}(5\cos^3\vartheta-3\cos\vartheta)$	$\dfrac{3}{2}\sin\vartheta(5\cos^2\vartheta-1)$	$15\sin^2\vartheta\cos\vartheta$	$15\sin^3\vartheta$

Normierung der Kugelflächenfunktion

Vorstehend ist die Berechnung der Legendre-Funktionen $P_l^m(\cos\vartheta)$ durchgeführt. Durch Multiplikation mit $e^{im\varphi}$ kommen wir zu den Kugelflächenfunktionen

$$Y_l^m(\vartheta,\varphi) = N \cdot P_l^m(\cos\vartheta) \cdot e^{im\varphi} \tag{Q-36}$$

Sie lassen sich dadurch normieren, dass wir N so wählen, dass

$$\int Y_l^{m*}(\vartheta,\varphi) Y_l^m(\vartheta,\varphi) \sin\vartheta \, d\vartheta \, d\varphi = 1 \tag{Q-37}$$

ist.

Für $l = 0$, $m = 0$ ergibt sich nach Gl. (Q-28)

$$Y_0^0(\vartheta,\varphi) = N \cdot 1 \cdot e^{i \cdot 0 \cdot \varphi} = N \tag{Q-38}$$

Gl. (Q-37) wird dann

$$N^2 \int_0^{2\pi} \left(\int_0^\pi \sin\vartheta \, d\vartheta \right) d\varphi = 1 \tag{Q-39}$$

$$N^2 \int_0^{2\pi} 2 \, d\varphi = N^2 \cdot 4\pi = 1 \tag{Q-40}$$

$$N = \frac{1}{\sqrt{4\pi}} \tag{Q-41}$$

Als ein weiteres Beispiel wollen wir den Fall $l = 1$, $m = +1$ betrachten [vgl. Gl. (Q-35)]:

$$Y_l^m(\vartheta,\varphi) = N \cdot \sin\vartheta \cdot e^{im\varphi} \tag{Q-42}$$

$$N^2 \int_0^{2\pi} \left(\int_0^\pi \sin^3\vartheta \, d\vartheta \right) d\varphi = 1 \tag{Q-43}$$

Beachten wir die Lösung des Integrals nach Mathem. Anhang L,

$$N^2 \int_0^{2\pi} \left(-\cos x + \frac{1}{3}\cos^3 x \right)_0^\pi d\varphi = N^2 \int_0^{2\pi} \frac{4}{3} d\varphi = N^2 \cdot \frac{8}{3}\pi \tag{Q-44}$$

so ergibt sich

$$N = \sqrt{\frac{3}{8\pi}} \tag{Q-45}$$

R
Lösung der Schrödinger-Gleichung für den harmonischen Oszillator

Im Abschnitt 3.1.2 ergab sich die Aufgabe, die Differentialgleichung

$$\frac{d^2\psi}{dx^2} + \frac{2\mu}{\hbar^2}\left(E - \frac{1}{2}Dx^2\right)\psi = 0 \qquad (3.1\text{-}62) = (\text{R-1})$$

zu lösen. Für $x \to \infty$ wurde die asymptotische Lösung

$$\psi = A \cdot e^{-\frac{\beta}{2}x^2} \qquad (3.1\text{-}64) = (\text{R-2})$$

gefunden mit

$$\beta = \frac{\sqrt{\mu D}}{\hbar} \qquad (\text{R-3})$$

Es empfiehlt sich, weiterhin folgende Substitutionen durchzuführen

$$\alpha = \frac{2\mu E}{\hbar^2} \qquad (\text{R-4})$$

$$\xi = \sqrt{\beta} \cdot x \qquad (\text{R-5})$$

Gl. (R-1) geht dann über in

$$\frac{d^2\psi}{d\xi^2} + \left(\frac{\alpha}{\beta} - \xi^2\right)\psi = 0 \qquad (\text{R-6})$$

Für die allgemeine Lösung wird ein Ansatz in Form eines Produktes aufgestellt. Der eine Faktor ist, ähnlich wie bei der Lösung der Legendre'schen Differentialgleichung eine Potenzreihe, der andere Faktor ist der Ausdruck Gl. (R-2), der für das richtige asymptotische Verhalten sorgt:

$$\psi = H(\xi) \cdot e^{-\xi^2/2} \qquad (\text{R-7})$$

$$H(\xi) = \sum_{n=0}^{\infty} a_n \xi^n \qquad (\text{R-8})$$

Die Differentiation von Gl. (R-7) liefert

$$\frac{d\psi}{d\xi} = \frac{dH}{d\xi} \cdot e^{-\xi^2/2} - \xi \cdot H \cdot e^{-\xi^2/2} \qquad (\text{R-9})$$

$$\frac{d^2\psi}{d\xi^2} = \frac{d^2H}{d\xi^2} \cdot e^{-\xi^2/2} - \xi \cdot \frac{dH}{d\xi} e^{-\xi^2/2} -$$
$$- \xi \left[-\xi \cdot H \cdot e^{-\xi^2/2} + \frac{dH}{d\xi} e^{-\xi^2/2} \right] - H e^{-\xi^2/2} \tag{R-10}$$

Setzen wir dies in Gl. (R-6) ein, so erhalten wir

$$\frac{d^2H}{d\xi^2} - 2\xi \frac{dH}{d\xi} + \xi^2 \cdot H - H + \left(\frac{\alpha}{\beta} - \xi^2\right) H = 0 \tag{R-11}$$

$$\frac{d^2H}{d\xi^2} - 2\xi \frac{dH}{d\xi} + \left(\frac{\alpha}{\beta} - 1\right) H = 0 \tag{R-12}$$

Fügen wir hier nun die ersten und zweiten Ableitungen von H ein, so ergibt sich

$$\sum n(n-1) a_n \xi^{n-2} - \sum 2n a_n \xi^n + \left(\frac{\alpha}{\beta} - 1\right) \sum a_n \xi^n = 0 \tag{R-13}$$

Für die erste Summe können wir auch schreiben $\sum (n+2)(n+1) a_{n+2} \xi^n$, so dass Gl. (R-13) übergeht in

$$\sum \left[(n+2)(n+1) a_{n+2} - \left(2n + 1 - \frac{\alpha}{\beta}\right) a_n \right] \xi^n = 0 \tag{R-14}$$

Damit Gl. (R-14) für alle Werte von ξ gilt, muss der Faktor bei jeder Potenz von ξ verschwinden, d. h. der Ausdruck in eckigen Klammern muss null sein. Es gilt demnach

$$\frac{a_{n+2}}{a_n} = \frac{2n + 1 - \frac{\alpha}{\beta}}{(n+2)(n+1)} \tag{R-15}$$

Wir haben damit eine Rekursionsformel zur Berechnung der Koeffizienten gewonnen. Aus a_n erhalten wir a_{n+2}, aus a_0 die Koeffizienten aller geraden Potenzen von ξ, aus a_1 die Koeffizienten aller ungeraden Potenzen von ξ. Wie im Fall der Lösung der Legendre'schen Differentialgleichung müssen wir die Potenzreihe in eine Reihe mit geraden und eine Reihe mit ungeraden Potenzen aufspalten. Die Koeffizienten a_0 und a_1 sind zunächst frei wählbar.

$$H = H_g + H_u = a_0 \sum_{m=0}^{\infty} \frac{a_{2m}}{a_0} \xi^{2m} + a_1 \sum_{m=0}^{\infty} \frac{a_{2m+1}}{a_1} \xi^{2m+1} \tag{R-16}$$

Wir müssen nun untersuchen, ob der Ansatz (R-7) die gestellte Randbedingung ($\psi \to 0$ bei $\xi \to \infty$) erfüllt. Das wäre dann der Fall, wenn $e^{-\xi^2/2}$ das Ansteigen von $H(\xi)$ überkompensiert. Betrachten wir zunächst $H(\xi)$. Die Reihe mit den geradzahligen Exponenten hat die Form

$$H_g = a_0 + a_2 \xi^2 + a_4 \xi^4 + \ldots + a_{2n} \xi^{2n} + \ldots \tag{R-17}$$

Nach Gl. (R-15) gilt bei hohen n-Werten für das Verhältnis aufeinanderfolgender Exponenten

$$\frac{a_{n+2}}{a_n} \approx \frac{2}{n} \tag{R-18}$$

Einen ähnlichen Aufbau wie H_g zeigt die Taylor-Entwicklung von e^{ξ^2}

$$e^{\xi^2} = 1 + \xi^2 + \frac{\xi^4}{2!} + \frac{\xi^6}{3!} + \ldots + \frac{\xi^n}{\left(\frac{1}{2}n\right)!} + \ldots \tag{R-19}$$

Wir sehen, dass sich auch hier die Koeffizienten aufeinanderfolgender Exponenten wie $\frac{2}{n}$ verhalten. Wir können also, da uns hier nur das Verhalten bei großen Werten von n interessiert, setzen

$$H(\xi) \propto e^{\xi^2} \quad \text{für } \xi \gg 1 \tag{R-20}$$

Setzen wir dies in Gl. (R-7) ein, so erhalten wir

$$\psi \propto e^{\xi^2} \cdot e^{-\xi^2/2} = e^{\xi^2/2} \quad \text{für } \xi \gg 1 \tag{R-21}$$

ψ würde also, wenn wir für $H(\xi)$ eine Potenzreihe ansetzen, mit steigendem ξ unbegrenzt wachsen, die Randbedingung wäre nicht erfüllt. Wir können uns nur dadurch helfen, dass wir die Reihe mit den geraden oder die Reihe mit den ungeraden Potenzen nach einer bestimmten Anzahl von Gliedern abbrechen und die andere Reihe durch Nullsetzen des Anfangsgliedes eliminieren. Wir gehen also von der Potenzreihe zum Polynom über.

Der Abbruch der Reihe geschehe bei einem bestimmten Wert von n. Wir wollen ihn mit v bezeichnen. Damit der Abbruch bei diesem Wert von n erfolgt, muss nach Gl. (R-15) gelten

$$2v + 1 = \frac{\alpha}{\beta} \tag{R-22}$$

Das bedeutet, dass nicht jeder Wert von $\frac{\alpha}{\beta}$ zugelassen ist. Da der Quotient $\frac{\alpha}{\beta}$ nach Gl. (R-3) und (R-4) die Energie enthält, ist auch nicht jeder Energiewert erlaubt. Die Quantelung der Energie ist eine Folge der einzuhaltenden Randbedingungen.

Durch die Wahl von v bestimmen wir die maximale Potenz von ξ. Man nennt die Polynome $H_v(\xi)$ *hermitesche Polynome* vom Grade v. Wir wollen sie für die niedrigen Werte von v ermitteln.

1. $v = 0$

Aus Gl. (R-22) folgt dann

$$\frac{\alpha}{\beta} = 1 \tag{R-23}$$

Gl. (R-15) wird unter dieser Bedingung null für $n = 0$. Die Reihe mit den geraden Exponenten lässt sich also abbrechen, und zwar hinter dem ersten Glied. Die Reihe mit den ungeraden Exponenten kann nicht abgebrochen werden. Deshalb muss ihr Anfangsglied a_1 gleich null gesetzt werden. Wir erhalten also

$$H_0(\xi) = a_0 \tag{R-24}$$

2. $v = 1$

Aus Gl. (R-22) folgt für diesen Fall

$$\frac{\alpha}{\beta} = 3 \tag{R-25}$$

Gleichung (R-15) wird unter dieser Bedingung null für $n = 1$. Die Reihe mit den ungeraden Exponenten lässt sich also abbrechen, und zwar hinter ihrem ersten Glied. Die Reihe mit den geraden Exponenten kann nicht abgebrochen werden. Deshalb muss ihr Anfangsglied a_0 gleich null gesetzt werden. Wir erhalten also

$$H_1(\xi) = a_1 \xi \tag{R-26}$$

3. Für $v = 2$ bis $v = 4$ führen wir die Berechnung tabellarisch durch

	$v = 2$	$v = 3$	$v = 4$
Aus Gl. (R-22) folgt für $\frac{\alpha}{\beta}$ gleich	5	7	9
Gl. (R-15) wird Null für n gleich	2	3	4
Die Reihe mit geraden Exponenten	bricht nach $n = 2$ ab	bricht nicht ab	bricht nach $n = 4$ ab
Die Reihe mit ungeraden Exponenten	bricht nicht ab	bricht nach $n = 3$ ab	bricht nicht ab
Deshalb wird gesetzt	$a_1 = 0$	$a_0 = 0$	$a_1 = 0$
Gl. (R-15) liefert	$a_2 = \frac{-4a_0}{2} = -2a_0$	$a_3 = \frac{-4a_1}{6} = -\frac{2}{3}a_1$	$a_2 = \frac{-8a_0}{2} = -4a_0$
			$a_4 = \frac{-4a_2}{12} = -\frac{1}{3}a_2$
$H_v(\xi)$ ist	$H_2(\xi) = a_0 - 2a_0\xi^2$	$H_3(\xi) = a_1\xi - \frac{2}{3}a_1\xi^3$	$H_4(\xi) = a_0 - 4a_0\xi^2 + \frac{4}{3}a_0\xi^4$

$$\text{(R-27)}$$

Die Anfangsglieder werden auf Grund folgender Konvention bestimmt. Setzt man die Quantenbedingung Gl. (R-22) in Gl. (R-12) ein, so ergibt sich

$$\frac{d^2 H_\nu}{d\xi^2} - 2\xi \frac{dH_\nu}{d\xi} + 2\nu H_\nu = 0 \tag{R-28}$$

Diese sog. *Hermite'sche Gleichung* hat als eine Lösung

$$H_\nu = Ce^{\xi^2} \cdot \frac{d^\nu(e^{-\xi^2})}{d\xi^\nu} \tag{R-29}$$

Dabei ist C eine frei wählbare Konstante. Man gibt ihr den Wert $(-1)^\nu$. Für $\nu = 0$ folgt

$$H_0 = (-1)^0 = 1 \tag{R-30}$$

Deshalb ist a_0 in Gl. (R-24) 1.
Für $\nu = 1$ folgt

$$H_1 = (-1)^1 \cdot e^{\xi^2} \cdot (-2\xi)e^{-\xi^2} = 2\xi \tag{R-31}$$

Deshalb hat a_1 in Gl. (R-26) den Wert 2.
Für $\nu = 2$ folgt

$$H_2 = (-1)^2 e^{\xi^2}[(-2\xi)(-2\xi e^{-\xi^2}) - 2e^{-\xi^2}] \tag{R-32}$$

$$H_2 = 4\xi^2 - 2 \tag{R-33}$$

Deshalb hat a_0 in Gl. (R-27) für $H_2(\xi)$ den Wert -2.
In entsprechender Weise ergibt sich für

a_1 in Gl. (R-27) für $H_3(\xi)$ -12
a_0 in Gl. (R-27) für $H_4(\xi)$ 12.

Die Lösungen von Gl. (R-1) ergeben sich damit unter Berücksichtigung von Gl. (R-5), Gl. (R-7) und den vorstehenden Ausdrücken für $H_\nu(\xi)$ zu

$$\psi_0(x) = e^{-\frac{\beta}{2}x^2} \tag{R-34}$$

$$\psi_1(x) = 2\beta^{1/2}x \cdot e^{-\frac{\beta}{2}x^2} \tag{R-35}$$

$$\psi_2(x) = (4\beta x^2 - 2)e^{-\frac{\beta}{2}x^2} \tag{R-36}$$

$$\psi_3(x) = (8\beta^{3/2}x^3 - 12\beta^{1/2}x)e^{-\frac{\beta}{2}x^2} \tag{R-37}$$

$$\psi_4(x) = (16\beta^2 x^4 - 48\beta x^2 + 12)e^{-\frac{\beta}{2}x^2} \tag{R-38}$$

Zur Normierung müssen wir noch einen Normierungsfaktor N_ν berücksichtigen, der sich gemäß

$$\int_{-\infty}^{+\infty} (N_\nu H_\nu e^{-\frac{\beta}{2}x^2})^2 dx = 1 \tag{R-39}$$

berechnet.

Für $\nu = 0$ ist das

$$N_0^2 \int_{-\infty}^{+\infty} e^{-\beta x^2} dx = 1 \tag{R-40}$$

Die Lösung des Integrals entnehmen wir dem Mathem. Anhang L.

$$N_0^2 \cdot 2 \cdot \frac{1}{2}\left(\frac{\pi}{\beta}\right)^{1/2} = 1 \tag{R-41}$$

$$N_0 = \frac{\beta^{1/4}}{\pi^{1/4}} \tag{R-42}$$

Für $\nu = 1$

$$N_1^2 4\beta \int_{-\infty}^{+\infty} e^{-\beta x^2} x^2 dx \tag{R-43}$$

Die Lösung des Integrals entnehmen wir wieder dem Mathem. Anhang L.

$$N_1^2 \cdot 4\beta \cdot 2 \cdot \frac{1}{4}\left(\frac{\pi}{\beta^3}\right)^{1/2} = 1 \tag{R-44}$$

$$N_1 = \frac{\beta^{1/4}}{\pi^{1/4} 2^{1/2}} \tag{R-45}$$

Für $\nu = 2$

$$4N_2^2 \left[4\int_{-\infty}^{+\infty} \beta^2 x^4 e^{-\beta x^2} dx - 4\int_{-\infty}^{+\infty} \beta x^2 e^{-\beta x^2} dx + \int_{-\infty}^{+\infty} e^{-\beta x^2} dx \right] \tag{R-46}$$

$$4N_2^2\left[4\beta^2\cdot 2\cdot\frac{3}{8}\left(\frac{\pi}{\beta^5}\right)^{1/2} -4\beta\cdot 2\cdot\frac{1}{4}\left(\frac{\pi}{\beta^3}\right)^{1/2} +2\cdot\frac{1}{2}\left(\frac{\pi}{\beta}\right)^{1/2}\right]=1 \tag{R-47}$$

$$4N_2^2\left[2\left(\frac{\pi}{\beta}\right)^{1/2}\right]=1 \tag{R-48}$$

$$N_2=\frac{\beta^{1/4}}{\pi^{1/4}(2^2\cdot 2)^{1/2}} \tag{R-49}$$

Um einen allgemein gültigen Ausdruck für N_ν zu erhalten, kombinieren wir Gl. (R-5), (R-29), (R-30) und (R-39) zu

$$\begin{aligned}N_\nu^{-2}&=(-1)^\nu\int_{-\infty}^{+\infty}e^{-\beta x^2}e^{\beta x^2}\beta^{-\nu/2}\frac{d^\nu(e^{-\beta x^2})}{dx^\nu}\cdot H_\nu\cdot dx\\ &=(-1)^\nu\beta^{-\nu/2}\int_{-\infty}^{+\infty}\frac{d^\nu(e^{-\beta x^2})}{dx^\nu}\cdot H_\nu\cdot dx\end{aligned} \tag{R-50}$$

Nach ν-facher partieller Integration ergibt sich für das Integral $\int_{-\infty}^{+\infty}e^{-\beta x^2}\frac{d^\nu H_\nu}{dx^\nu}dx$. Nach Gl. (R-29) erhält man für $\frac{d^\nu H_\nu}{dx^\nu}$ den Wert $2^\nu\nu!\beta^{\nu/2}$, so dass das Integral unter Berücksichtigung von Gl. (L-8) den Wert $2^\nu\nu!\beta^{\nu/2}(\pi/\beta)^{1/2}$ hat. Setzen wir dies in Gl. (R-50) ein, so finden wir

$$N_\nu=\frac{\beta^{1/4}}{\pi^{1/4}(2^\nu\nu!)^{1/2}} \tag{R-51}$$

S
Lösung der radialen Wellenfunktion des Wasserstoffatoms

Im Abschnitt 3.1.3 ergab sich die Aufgabe, die Differentialgleichung

$$\frac{d^2P}{dr^2}+2\left(\frac{1}{r}-\beta\right)\frac{dP}{dr}+\left[\frac{2\alpha-2\beta}{r}-\frac{l(l+1)}{r^2}\right]P=0 \tag{3.1-120}=(S-1)$$

zu lösen, wobei

$$P(r)=\sum_{q=0}^\infty b_q r^q \tag{3.1-119}=(S-2)$$

eine Potenzreihe von r ist. Eine zusätzliche Bedingung war, dass der Ausdruck

$$R = e^{-\beta r} \cdot P(r) \qquad (3.1\text{-}117) = (\text{S-3})$$

für $r \to \infty$ gegen null gehen muss.

Setzen wir Gl. (S-2) in Gl. (S-1) ein und ordnen nach Potenzen von r, so erhalten wir

$$\sum_{q=0}^{\infty} [b_{q+2} \cdot (q+2)(q+1) + b_{q+2}(q+2) \cdot 2 - b_{q+1}(q+1)2\beta +$$
$$+ b_{q+1} \cdot 2(\alpha - \beta) - b_{q+2} \cdot l(l+1)]r^q = 0 \qquad (\text{S-4})$$

Damit diese Gleichung erfüllt ist, müssen die Koeffizienten aller Exponenten von r verschwinden, d. h. der Ausdruck in eckigen Klammern muss null sein. Wir lösen ihn nach b_{q+2}/b_{q+1} auf und erhalten damit

$$\frac{b_{q+2}}{b_{q+1}} = \frac{2(\beta q + 2\beta - \alpha)}{(q+2)(q+3) - l(l+1)} \qquad (\text{S-5})$$

Erniedrigen wir die Laufzahl q um 1, so ergibt sich mit

$$b_{q+1} = 2b_q \frac{\beta(q+1) - \alpha}{(q+2)(q+1) - l(l+1)} \qquad (\text{S-6})$$

eine Rekursionsformel für die Berechnung der Koeffizienten b. Für sehr großes q geht dieser Ausdruck über in

$$b_{q+1} \approx b_q \frac{2\beta}{q+1} \qquad (\text{S-7})$$

Ebenfalls für hinreichend großes q würde sich nach (S-7) der Koeffizient b_q aus dem ersten Koeffizienten b_0 zu

$$b_q \approx b_0 \frac{(2\beta)^q}{q!} \qquad (\text{S-8})$$

berechnen. Entwickeln wir andererseits die Exponentialfunktion $b_0 \cdot e^{2\beta r}$ in eine Taylor-Reihe, so finden wir

$$b_0 \cdot e^{2\beta r} = b_0 \sum_{q=0}^{\infty} \frac{(2\beta)^q}{q!} r^q \qquad (\text{S-9})$$

Die Potenzreihe $P(r)$ [Gl. (S-2)] verhält sich also für große q wie die Exponentialfunktion $b_0 \cdot e^{2\beta r}$. Damit würde für große q Gl. (S-3) übergehen in

$$R = e^{-\beta r} \cdot P(r) \approx e^{-\beta r} \cdot b_0 \cdot e^{2\beta r} = b_0 \cdot e^{\beta r} \qquad (\text{S-10})$$

Die Randbedingung $R \to 0$ für $r \to \infty$ wäre verletzt. Deshalb müssen wir dafür sorgen, dass $P(r)$ nach einer endlichen Zahl von Gliedern, beispielsweise nach $q = p$, abbricht. Wir müssen also wieder von der unendlichen Potenzreihe auf ein Polynom vom p-ten Grade übergehen. Dies ist nur dann möglich, wenn $b_{p+1} = 0$ ist oder nach Gl. (S-6)

$$\beta(p+1) = \alpha \tag{S-11}$$

$$\beta = \frac{\alpha}{p+1} = \frac{\alpha}{n} \tag{S-12}$$

wenn wir für die ganze Zahl $p + 1$ die ganze Zahl n einführen. Da p von null an jede ganze positive Zahl annehmen konnte, sind für n die Zahlenwerte 1, 2, 3,... zulässig. Diese Überlegung gilt jedoch nur, solange der Nenner von Gl. (S-6), der ebenfalls q enthält, nicht null wird. Wir gehen aus von einem Polynom p-ten Grades. Ihm entspricht nach Gl. (S-12) die Quantenzahl $n = p + 1$. Es muss das Glied mit der $(p+1)$-ten Potenz fortfallen, d. h. $b_{p+1} = 0$. Damit dies geschieht, muss Gl. (S-11) erfüllt sein, andererseits aber auch der Nenner in Gl. (S-6) von null verschieden sein, d. h.

$$(p+2)(p+1) > l(l+1) \tag{S-13}$$

$$n(n+1) > l(l+1) \tag{S-14}$$

$$n > l \tag{S-15}$$

$$n \geq l + 1 \tag{S-16}$$

Dies ist eine wichtige Beziehung zwischen den Quantenzahlen n und l.

Wir berechnen nun die radialen Eigenfunktionen auf der Grundlage der Gleichungen (S-2, 3, 6 und 15), nachdem wir mit Hilfe von

$$\beta = \frac{1}{r_0 \cdot n} \tag{S-17}$$

[s. Gl. (3.1-129)] und

$$\rho = \frac{r}{r_0} \tag{S-18}$$

[s. Gl. (3.1-130)] einen auf den 1. Bohr'schen Radius bezogenen Radius ρ eingeführt haben. Des weiteren stellen wir durch Vergleich von Gl. (3.1-111) mit Gl. (1.4-88) fest, dass

$$\alpha = \frac{1}{r_0} \tag{S-19}$$

so dass wir für die Rekursionsformel Gl. (S-6) auch schreiben können

$$b_{q+1} = 2b_q \frac{(q+1)\dfrac{1}{r_0 \cdot n} - \dfrac{1}{r_0}}{(q+2)(q+1) - l(l+1)} \tag{S-20}$$

oder rückläufig geschrieben

$$b_q = \frac{1}{2}b_{q+1} \frac{(q+2)(q+1) - l(l+1)}{(q+1)\dfrac{1}{r_0 \cdot n} - \dfrac{1}{r_0}} \tag{S-21}$$

1. $n = 1$. l kann nur den Wert null annehmen. $P(\rho)$ muss wegen $n = p + 1$ nach $q = 0$ abbrechen. Dabei ist $P(\rho) = b_0$. Nach Gl. (S-3, 17 u. 18) ergibt sich

$$R_{1,0}(\rho) = b_0 \cdot e^{-\rho} \tag{S-22}$$

2. $n = 2$. l kann die Werte 0 und 1 annehmen.
   a) $l = 0$. $P(\rho)$ muss nach $q = 1$ abbrechen.

$$b_1 = 2b_0 \frac{\dfrac{1}{r_0 \cdot 2} - \dfrac{1}{r_0}}{2 \cdot 1 - 0} \tag{S-23}$$

$$b_1 = -\frac{1}{r_0} \cdot \frac{1}{2} b_0 \tag{S-24}$$

$$P_{2,0}(\rho) = b_0 \left(1 - \frac{1}{2r_0} \cdot r\right) = b_0 \left(1 - \frac{1}{2}\rho\right) \tag{S-25}$$

$$R_{2,0}(\rho) = b_0 \left(1 - \frac{1}{2}\rho\right) e^{-\rho/2} \tag{S-26}$$

b) $l = 1$. $P(\rho)$ muss nach $q = 1$ abbrechen. Bei Anwendung von Gl. (S-20) würde $P(\rho)$ identisch verschwinden. $P(\rho)$ soll aber ein Plynom vom Grade $n - 1 = 1$ sein. Wir setzen deshalb $b_1 \neq 0$ und verwenden Gl. (S-21)

$$b_0 = \frac{1}{2}b_1 \frac{2 \cdot 1 - 1 \cdot 2}{\dfrac{1}{2r_0} - \dfrac{1}{r_0}} = 0 \tag{S-27}$$

$$P_{2,1}(\rho) = b_1 \cdot \rho \tag{S-28}$$

$$R_{2,1}(\rho) = b_1 \cdot \rho \cdot e^{-\rho/2} \tag{S-29}$$

3. $n = 3$. Wir führen die Rechnung tabellarisch durch und beachten, dass $P(\rho)$ nach $q = 2$ verschwinden muss.

$l = 0$

$b_1 = 2b_0 \dfrac{\frac{1}{3r_0} - \frac{1}{r_0}}{2 \cdot 1 - 0} = -\dfrac{2}{3r_0} b_0$

$b_2 = 2b_1 \dfrac{\frac{2 \cdot 1}{3r_0} - \frac{1}{r_0}}{2 \cdot 3 - 0} = -\dfrac{1}{9r_0} b_1 = \dfrac{2}{27 r_0^2} b_0$

$P_{3,0}(\rho) = b_0 \left(1 - \dfrac{2}{3}\rho + \dfrac{2}{27}\rho^2 \right)$

$R_{3,0}(\rho) = b_0 \left(1 - \dfrac{2}{3}\rho + \dfrac{2}{27}\rho^2 \right) e^{-\rho/3}$ \quad (S − 30)

$l = 1$

$b_1 = \dfrac{1}{2} b_2 \dfrac{3 \cdot 2 - 1 \cdot 2}{2 \cdot \frac{1}{3r_0} - \frac{1}{r_0}} = -\dfrac{2}{\frac{1}{3r_0}} b_2$

$b_0 = \dfrac{1}{2} b_1 \dfrac{2 \cdot 1 - 1 \cdot 2}{\frac{1}{3r_0} - \frac{1}{r_0}} = 0$

$P_{3,1}(\rho) = -b_2 (6\rho - \rho^2)$

$R_{3,1}(\rho) = -b_2 (6\rho - \rho^2) e^{-\rho/3}$ \quad (S − 31)

$l = 2$

$b_1 = \dfrac{1}{2} b_2 \dfrac{3 \cdot 2 - 2 \cdot 3}{2\frac{1}{3r_0} - \frac{1}{r_0}} = 0$

$P_{3,2}(\rho) = b_2 \cdot \rho^2$

$R_{3,2}(\rho) = b_2 \rho^2 e^{-\rho/3}$ \quad (S − 32)

T
Orthogonalitätsbeziehung der Wellenfunktionen

Zwei Funktionen $u(x)$ und $v(x)$ nennt man zueinander orthogonal, wenn gilt

$$\int_a^b u(x)\,v(x)\,\mathrm{d}x = 0 \tag{T-1}$$

Die Orthogonalitätsbeziehung hat große Bedeutung für die Wellenmechanik, da die Eigenfunktionen ψ_m und ψ_n, die wir als Lösung der Schrödinger-Gleichung erhalten, orthogonal zueinander sind, wenn sie zu unterschiedlichen Eigenwerten E_m und E_n gehören. Um dies zu demonstrieren, gehen wir von den beiden Schrödinger-Gleichungen

$$\Delta\psi_m + \frac{2m}{\hbar^2}(E_m - V)\psi_m = 0 \tag{T-2}$$

und

$$\Delta\psi_n + \frac{2m}{\hbar^2}(E_n - V)\psi_n = 0 \tag{T-3}$$

aus. Wir beschränken uns auf den eindimensionalen Fall, multiplizieren Gl. (T-2) mit ψ_n, Gl. (T-3) mit ψ_m, subtrahieren das letztere Resultat vom ersteren und bilden das Integral über den ganzen Raum. Dann erhalten wir

$$\int_{-\infty}^{+\infty} [\psi_n \Delta\psi_n - \psi_m \Delta\psi_n]\mathrm{d}x + \frac{2m}{\hbar^2}[E_m - E_n]\int_{-\infty}^{+\infty} \psi_m\psi_n \mathrm{d}x = 0 \tag{T-4}$$

Wir benötigen nun zunächst eine Zwischenrechnung. Wir differenzieren

$$\frac{\mathrm{d}}{\mathrm{d}x}\left[\psi_n \frac{\mathrm{d}\psi_m}{\mathrm{d}x} - \psi_m \frac{\mathrm{d}\psi_n}{\mathrm{d}x}\right] = \psi_n \frac{\mathrm{d}^2\psi_m}{\mathrm{d}x^2} - \psi_m \frac{\mathrm{d}^2\psi_n}{\mathrm{d}x^2} + \frac{\mathrm{d}\psi_n}{\mathrm{d}x}\cdot\frac{\mathrm{d}\psi_m}{\mathrm{d}x} +$$
$$+ \frac{\mathrm{d}\psi_m}{\mathrm{d}x}\cdot\frac{\mathrm{d}\psi_n}{\mathrm{d}x} \tag{T-5}$$

Setzen wir für die erste Ableitung den Nabla-Operator ∇, so können wir mit Gl. (T-5) statt Gl. (T-4) schreiben

$$\int_{-\infty}^{+\infty} \frac{\mathrm{d}}{\mathrm{d}x}(\psi_n \nabla\psi_m - \psi_m \nabla\psi_n)\mathrm{d}x + \frac{2m}{\hbar^2}(E_m - E_n)\int_{-\infty}^{+\infty} \psi_m\psi_n \mathrm{d}x = 0 \tag{T-6}$$

was gleich ist dem Ausdruck

$$[\psi_n \nabla \psi_m - \psi_m \nabla \psi_n]_{-\infty}^{+\infty} + \frac{2m}{\hbar^2}(E_m - E_n) \int_{-\infty}^{+\infty} \psi_m \psi_n \mathrm{d}x = 0 \qquad \text{(T-7)}$$

Nun haben wir im Abschnitt 1.4.10 gefordert, dass die Wellenfunktion einige Bedingungen erfüllen muss, wenn sie einem stabilen physikalischen System gerecht werden soll. U. a. muss sie gegen null streben, wenn die Ortskoordinaten unendlich werden. Damit ist der erste Term von Gl. (T-7) gleich null, und es gilt

$$\frac{2m}{\hbar^2}(E_m - E_n) \int_{-\infty}^{+\infty} \psi_m \psi_n \mathrm{d}x = 0 \qquad \text{(T-8)}$$

Da wir vorausgesetzt haben, dass $\psi_m \neq \psi_n$ und $E_m \neq E_n$, folgt

$$\int_{-\infty}^{+\infty} \psi_n \psi_m \mathrm{d}x = 0 \qquad \text{(T-9)}$$

U
Weiterführende Literatur zum Mathematischen Anhang

Bronstein, I. N., Semendjadew, K. A., Musiol, G. und Mühlig, H. (2008) *Taschenbuch der Mathematik*, 7. Aufl., Verlag Harri Deutsch, Thun, Frankfurt am Main

Zachmann, H. G. und Jüngel, A. (2007) *Mathematik für Chemiker*, 6. Aufl., Wiley-VCH, Weinheim

Brunner, G. und Brück, R. (2007) *Mathematik für Chemiker*, 2. Aufl., Spektrum Akademischer Verlag, Heidelberg

Margenau, H. und Murphy, G. M. (1998) *Die Mathematik für Physik und Chemie*, Bd. I und II, Verlag Harri Deutsch, Thun, Frankfurt am Main

Jug, K. (1993) *Mathematik in der Chemie*, Springer Verlag, Berlin, Heidelberg

Rösch, N. (1993) *Mathematik für Chemiker*, Springer Verlag, Berlin, Heidelberg

Sachregister

a

Abbauisotherme 434, 439
Abgeschlossenes System 46
Abkühlungsgesetz, Newton'sches 968
Abscheidungspotential 1056, 1058
Absolute Entropie 326
Absorptionskante 600
Absorptionskoeffizient
– linearer dekadischer 636
– molarer dekadischer 636
Absorptionsspektrum 131, 599, 670, 671
Absorptionsvermögen, dekadisches 636
Abstoßungskräfte 266, 267, 702, 770, 888, 979, 980
Acetale, Hydrolyse 1021
Adhäsionsarbeit 452
Adiabate 54–58, 67
– ideales Gas 52, 54–57, 279
Adiabatische Expansion 52, 56, 57, 59, 61, 79, 91, 279
– reversibel 56, 57, 61, 79
Adiabatische Kompression 52, 56, 969
– reversibel 56, 57, 61, 62
Adiabatische Wand 24, 46
Adsorbat 461, 463, 465–467, 489, 860, 1015, 1032, 1034, 1035
Adsorbens 461–463, 465–468, 1035
Adsorption
– Flächenspezifität 461, 1036
– mehrmolekulare 463
– monomolekulare 462, 463, 465, 1040
Adsorptionschromatographie 467
Adsorptionsenthalpie 461, 463–465, 467, 481
Adsorptionsisotherme 456, 462–465, 467, 476, 481, 860, 1028, 1032, 1033
– BET- (Brunauer, Emmett und Teller) 463
– Freundlich 463
– Gibbs 456, 476
– Langmuir 462–465, 860, 1028, 1032, 1033
Adsorptionswärme 461, 1035, 1039
Adsorptiv 461, 462, 464, 466, 467, 1029
Aerosol 478
AES, siehe Auger-Elektronen-Spektroskopie
Äußere Helmholtz-Fläche 471, 1048, 1049, 1054
Äußere Helmholtz-Schicht 473, 474
Äußere Verdampfungsarbeit 272, 273
Äußeres elektrisches Potential 490, 491
Aktivierter Komplex 989,
Aktivierung, kritische 955
Aktivierungsenergie 190–192
– scheinbar negative 952, 1036
Aktivierungsenthalpie 995, 996, 1004, 1005, 1016, 1017, 1030, 1047
Aktivierungsentropie 995, 1005
Aktivität 359–376, 756
– Ermittlung 357, 360, 370, 371, 416
– mittlere 374
– optische 756
Aktivitätskoeffizient 237, 320, 329, 342, 345, 355, 357–376, 407, 408, 414, 416, 485, 504, 523, 526, 1055
– Berechnung nach Debye-Hückel 372, 375
– Bestimmung mit Hilfe
– – der Dampfdruckerniedrigung 367, 368
– – der Gefrierpunktserniedrigung 368
– – der Siedepunktserhöhung 368

Lehrbuch der Physikalischen Chemie, Sechste Auflage. Gerd Wedler und Hans-Joachim Freund.
© 2012 Wiley-VCH Verlag GmbH & Co. KGaA. Published 2012 by Wiley-VCH Verlag GmbH & Co. KGaA.

– – des Henry'schen Gesetzes 370
– – des osmotischen Drucks 370
– experimentelle Bestimmung 367
– gegenseitige Umrechnung 371
– mittlerer 374–376, 523
– – Bestimmung 523
– Normierung 361, 366, 370, 407
– praktischer 366, 407
– rationaler 364, 407
Akzeptor 917
Akzeptorniveau 917
Aldolkondensation 1024
Alkalimetalle, Spektren 590, 592, 602
Allgemeine Basekatalyse 1024
Allgemeine Gaskonstante 19
Allgemeine Säurekatalyse 1022
Allgemeine Transportgleichung 890, 892, 893, 896, 900, 908
– für Gase 890
Am häufigsten auftretende Geschwindigkeit 865, 884
Ammoniak-Gleichgewicht 405, 413, 423, 425
Ammoniaksynthese 39, 40, 42, 437
Analyse, thermische 398, 399
Anharmonischer Oszillator
– Auswahlregeln 652
– Dissoziationsenergie 651–654
– Eigenwerte der Energie 652
– Terme 652, 653
Anharmonizitätskonstante 652, 669
Anion 195
Anlagerungswahrscheinlichkeit 1011
Anlaufvorgänge 1009, 1013
Anode 205
Antibindendes Molekülorbital 717, 719, 761
Antiferromagnetismus 610, 628–630
Antikathode 596, 597
Antiklopfmittel 969
Antistokes'sche Linie 660–662, 664, 697
Arbeit
– Beschleunigungs- 6, 24, 51, 110
– elektrische 6–8, 24, 26, 494, 511
– Hub- 6, 24, 47, 49, 50
– maximale 51, 62
– nutzbare 64, 65
– reversible 65, 312, 449, 452
Arbeitselektrode 1053–1055, 1057

Arbeitsspeicher 46–52, 57–59, 62–64, 69, 79
Arrhenius'sche Gleichung 189, 190, 896, 929, 968, 975, 996, 1002, 1003
Assoziierte Legendre'sche Differentialgleichung 1089
Assoziierte Legendre-Funktion 1092
Asymmetriepotential 525
Atomorbital 606–608, 664, 706–708, 711–713, 716, 718, 719, 724–727, 730, 731, 748, 758–762, 764, 765, 769–771, 840, 912
Atomrumpf 592
Atomspektrum des Wasserstoffs 570, 586, 588, 590
Aufbau des Periodensystems der Elemente 608
Aufbauprinzip 590, 606, 608, 706, 720
Aufenthaltswahrscheinlichkeit 152, 166, 549, 566, 569, 782
Auflösungsgeschwindigkeit 1013
Auflösungsvermögen eines Gitters 252
Auflösungsvorgänge 1012
Aufspaltung der Energieniveaus im Magnetfeld 578
Aufstellung von Verteilungsfunktionen 788
Auger-Elektron 602–604, 677, 678
Auger-Elektronen-Spektroskopie (AES) 604, 677
Auger-Prozess 588, 602–604, 678
– Energiebilanz 604
Auger-Spektrum 602
August'sche Dampfdruckformel 338
Ausbeute 435
Ausbeute-Berechnung 434
Ausdehnungskoeffizient, thermischer 22
Ausgleichsvorgänge 61, 330, 349, 890
Aussalzeffekt 355, 358, 404
Ausschließungsvolumen 267, 268, 702, 880
Austauschboden 390
Austauschgerade 393
Austauschintegral 715, 742
Austauschoperator 742
Austauschstromdichte 1050–1053, 1060
Austrittsarbeit 120, 491, 493, 735, 777
Auswahlregeln 593, 594, 596, 599, 603, 634, 643, 647, 649, 652, 654, 655, 658,

Sachregister

661, 662, 665, 666, 669, 671, 672, 777, 1071
– beim anharmonischen Oszillator 652
– für Δ_j 594
– für Δ_l 593
– Raman-Spektrum 662
Autokatalyse 1015, 1024, 1032, 1041
Avogadro'sche Konstante 84, 1012
Avogadro'sches Gesetz 86
Azeotrope Mischung 382,
Azeotroper Punkt 382, 390
Azimut 537, 550, 551

b

Bänder 724, 727–729, 733, 734, 912
Bändermodell 914, 916, 917
Bahnbedingung, Bohr 136
Bahndrehimpuls 569–581, 593–595, 610, 625, 631, 658, 665, 679, 681
Bahndrehimpulsquantenzahl 577, 593, 594, 608
Bahngeschwindigkeit 135
Bahnradius 135, 137
Balmer-Formel 132
Balmer-Serie 132, 133, 171
Bandabstand 915
Bandenkante 669
Bandenkopf 669
Bandenspektrum 664, 669, 675
Bandstruktur 727, 729, 731–734, 777
Basekatalyse
– allgemeine 1024
– spezifische 1024
Basisfunktion 707, 710
Bedeckungsgrad 1032
Belegungsgrad 462
Belousov-Zhabotinsky Reaktion, räumliche Strukturierung 1041
Benetzung 448, 451, 452
Benetzungsspannung 452
Benetzungswinkel 451
Bergmann-Serie 591, 592
Beschleunigungsarbeit 6, 24, 51, 110
Besetzungsdichte 793, 842–844, 851, 862
Besetzungswahrscheinlichkeit 808, 841, 842, 850, 851
Bestimmung der Reaktionsordnung 181, 185
Bestimmung von mittleren Aktivitätskoeffizienten 523

BET-Isotherme 463–465
Beugung
– am Spalt 243
– – Fraunhofer'sche 244
– – Fresnel'sche 243, 244
Beugung langsamer Elektronen 773
Beziehung
– zwischen partiellen molaren Größen 290, 315, 466
– zwischen Quantenzahlen 555, 1106
– zwischen Translationsenergie und Temperatur 84
Bezugselektrode 497, 501, 502, 523, 524, 1053, 1058, 1059
Bezugszustand 364–366
Bildungsenthalpie 45, 60, 78, 407, 428, 431–434, 440–442, 486, 654, 701, 764, 1010
Bildungsgeschwindigkeit 187, 188, 194, 946, 947, 954, 959, 1028, 1039, 1041
Bimolekulare Lösungsreaktionen 998, 1003
Bimolekulare Reaktion 174, 177, 964, 975, 996–998
Bimolekulare Reaktionen in Lösung 998
– Diffusionskontrollierte Geschwindigkeit 999
– Reaktionsgeschwindigkeit bei Diffusionskontrolle 999
– Reaktionsgeschwindigkeit bei Reaktionskontrolle 999, 1001, 1003
– Temperaturabhängigkeit der Geschwindigkeitskonstanten 1002
Bindendes Molekülorbital 717–719, 761, 764
Bindung
– delokalisierte 722
– ionische 700, 703, 705, 770
– kovalente 699, 705, 736, 737, 769–771, 914, 916, 1035
– lokalisierte 722, 764
– metallische 496, 700, 722, 724, 729, 736, 769, 771
– Van der Waals'sche 277, 461, 700, 736, 769–771, 783
Binnendruck 267, 268
Binode 401
Blasenmethode 447
Blitzlichtphotolyse 931, 940, 965
Bloch-Funktion 725

Boden, theoretischer   392
Bohr'sche Postulate   138, 139
Bohr'sches Magneton   576, 680
Bohr'sches Modell des Wasserstoffatoms   135 f
Boltzmann'sche Verteilungsfunktion   92, 811
Boltzmann'scher e-Satz   99, 100, 787, 861, 862
Boltzmann-Faktor   915, 983
Boltzmann-Konstante   85, 102, 189, 472, 816
Boltzmann-Statistik   92, 96, 106, 618, 787–789, 799, 802, 804, 806–811, 818, 828, 840, 843–846, 861, 863, 872
– Verteilungsfunktion   92, 96, 788, 799, 806, 807, 811
Born-Haber'scher Kreisprozess   700, 701
Born-Oppenheimer-Näherung   706, 715
Bose-Einstein'sche Verteilungsfunktion   850
Bose-Einstein-Statistik   787–789, 795–802, 804, 807, 811, 819, 827, 829, 850
– Verteilungsfunktion   788, 798, 799
Boudouard-Gleichgewicht   415, 416
Bouger-Lambert'sches Gesetz   636
Boyle-Kurve   264,
Boyle-Mariotte'sches Gesetz   18, 48, 54, 262
Boyle-Temperatur   283
Bracket-Serie   132
Bragg'sche Gleichung   112, 256, 257
Bragg'sches Reflexionsverfahren   257
Brechungsindex   4, 13, 165, 622, 757, 933
Breite einer Spektrallinie   639, 645, 646, 693
Bremsspektrum   597
Bremsstrahlung   597
Brillouin-Zone   726, 727, 729–731, 733, 734
Brönsted'scher Säure-Base-Begriff   1019
Bromwasserstoffbildung   958, 964
Butler-Volmer-Gleichung   1050

c

Cailletet-Mathias'sche Regel   275, 276
Carnot'scher Kreisprozess   2, 45, 57, 58, 60, 62, 64–67, 69
Celsius-Skala   9

Celsius-Temperatur   10, 16
Charaktere   759
Charakteristische Funktion   306–309, 445
Charakteristische Linie   597
Charakteristische Temperatur   826
Charaktertafel   758–760, 766, 767
Chemische Bindung   1, 532, 699–747
Chemische Kinetik   172–193, 930–943
– Analysentechnik   932–935
– experimentelle Methoden   930–943
Chemische Relaxation   946
Chemische Verschiebung   677, 684, 685, 689
Chemische Zelle   513
Chemisches Gleichgewicht   172, 315
Chemisches Potential   302, 313–321
– Druckabhängigkeit   302, 314–319, 324, 350, 361
– Molenbruchabhängigkeit   302, 318, 324, 416
– Temperaturabhängigkeit   324, 335, 355, 383
Chemisorption   461, 462, 467, 971, 1035, 1036, 1039–1041
Chinhydronelektrode   504, 524
Chiralität   756, 757
Chlorelektrode   203, 205, 499–501, 505, 507, 510
Chlorwasserstoffbildung   963, 964
Cholesterinische flüssige Kristalle   784
Chromatographie   444, 467, 468
Claisen-Kondensation   1023
Clausius-Clapeyron'sche Gleichung   329, 336, 337, 419, 439, 465, 467, 1009
Clausius-Mosotti'sche Gleichung   617
Compton-Effekt   120–122
Coulomb-Integral   711, 715, 741
Coulomb-Kräfte   135, 228, 702
Coulomb-Operator   742
Coulometer   201, 238
Curie'sches Gesetz   628
Curie-Temperatur   629
Curie-Weiss'sches Gesetz   629

d

Dalton'sches Gesetz   23, 357, 378
Dampfdruck kleiner Teilchen   452
Dampfdruck, Beeinflussung durch Fremdgase   352

Dampfdruckdiagramm   377, 383
Dampfdruckerniedrigung   329, 340, 342, 343, 345, 346, 351, 367, 368, 377, 381, 402
– Raoult'sches Gesetz   340, 377, 402
Dampfdruckkurve   336, 337, 343, 381, 402
Dampfdruckmaximum   383, 387
Dampfdruckminimum   382, 383, 387, 390
Daniell-Element   505, 510, 513, 529
Davy'sche Sicherheitslampe   969
De L'Hospital'sche Regel   1074
De-Broglie-Beziehung   113, 122, 124, 125, 127, 128, 140, 148, 694, 725, 793
Debye'sche Theorie   811, 833, 838, 839
– Frequenzspektrum   833
– Innere Energie   835
– Molare Wärmekapazität   836, 838, 839
Debye'sches T^3-Gesetz   327, 836, 860
Debye-Hückel'sche Theorie   232, 372, 374, 1006, 1024
Debye-Hückel'sches Grenzgesetz   374, 375, 521–523
Debye-Hückel-Onsager-Theorie   227
Debye-Temperatur   835, 837, 838, 860
Debye-Waller-Faktor   694
Deckschicht   1013, 1014
Defektelektron   915–917
Dekadisches Absorptionsvermögen   636
Delokalisierte Bindung   722
Delokalisiertes Molekülorbital   764
Determinante   709, 710, 738–741, 744, 745, 1064–1066, 1069
Detonation   970
DFT, siehe Dichtefunktionaltheorie (engl.: density functional theory)
Diamagnetische Suszeptibilität   627, 631
Diamagnetismus   610, 626, 627, 632, 685, 720
Diathermische Wand   90
Dichte, kritische   275
Dichtefunktionaltheorie (engl.: density functional theory) (DFT)   745
Diederebene   754
Dielektrikum   611–614, 616, 617
Dielektrizitätskonstante
– relative   614, 617, 622, 625
Dielektrizitätszahl   612
Differential
– totales   19–21, 25, 27, 30, 71, 77, 290, 291

Differentialgleichung
$$-\frac{d^2\psi(x)}{dx^2} + k^2\psi(x) = 0 \quad 1085$$
$$-\frac{d^2\phi(x)}{dx^2} + k^2\phi(x) = 0 \quad 1087$$
– assoziierte Legendre'sche   1089
– homogene   948
– Poisson-Boltzmann-Gleichung   231, 1088
Differentielle Lösungsenthalpie   296
Differentielle Verdünnungsenthalpie   369
Differentieller Reaktionsquerschnitt   984, 985
Differentieller Streuquerschnitt   982, 983
Diffuse Doppelschicht   471, 922
– Gouy-Chapman'sche   470, 471
– Helmholtz'sche   471
– starre   471, 473
– Stern'sche   471
Diffusion   892–896
Diffusionskoeffizient   892, 893, 896, 897, 1000–1002, 1013–1015, 1056, 1061
– Temperaturabhängigkeit   1013
Diffusionskontrollierte Geschwindigkeit   999, 1001, 1002, 1015
– Geschwindigkeitskonstante   999, 1001, 1002
– Temperaturabhängigkeit   1002
Diffusionspotential   483, 496, 508, 510–513, 516, 517, 520, 521, 523, 525, 526
Diffusionsüberspannung   1045, 1054, 1056
Dipolmoment und Chiralität   756
Dipoloperator   766, 768
Direktionskonstante   87,
Disperse Phase   477–480
Dispersion   123, 125, 127, 251, 477, 478
Dispersion des Gitters   251
Dispersionsmittel   477–479
Dissipative Vorgänge   61
Dissoziation   195, 206, 208, 209, 225–227, 342, 346, 441, 651, 653, 654, 666, 698, 856, 958, 960, 961, 1021, 1023, 1037, 1038
Dissoziationsenergie   651–654, 698, 701, 856, 861, 967
Dissoziationsgrad   226, 228, 236, 240, 434, 437, 438, 442, 861
– Berechnung   434

Donator 916, 917
Donatorniveau 916, 917
Doppler-Effekt 694
Dotierung 916
Drehachse 572, 751, 753, 754, 756, 758
Drehimpuls 137, 532, 569, 572–576, 579–581, 593, 595, 596, 610, 679, 680, 719, 872, 885
– bei raumfester Achse 573
– bei raumfreier Achse 572, 573
– klassisch 570
Drehkristall-Diffraktometer 257
Drehspiegelung 754–756, 758
Drei-Niveau-System 674
Dreieckskoordinaten 400
Dreierstoß 967, 1018, 1019
Dreikomponentensystem 399
Dritter Hauptsatz der Thermodynamik 261, 324–327
Drosseleffekt 33, 73, 279, 281
Druck
– innerer 40
– osmotischer 349
Druckabhängigkeit
– der Gleichgewichtskonstanten 405, 421, 422, 487
– der reversiblen Zellspannung 487
– des chemischen Potentials 302, 315, 316, 318, 361
Drucksprungmethode 939, 944
Drude-Lorentz'sche Theorie der elektrischen Leitfähigkeit 909–911
– Wiedemann-Franz'sches Gesetz 911, 912
Dualismus Welle-Partikel 107, 123, 127, 139, 140, 145
Dublett-Terme 594
Dublettaufspaltung 593
Dünnschichtchromatographie 468
Dulong-Petit'scher Wert 837, 838
Dunkelfeldabbildung 781
Durchtrittsfaktor 1048, 1050–1053, 1060
Durchtrittsreaktion 1045, 1047, 1048, 1059
Durchtrittsüberspannung 1045, 1047, 1049, 1050, 1052, 1054, 1055
Durchtunnelung eines Potentialwalls 165, 166, 223
Dystektikum 398

e
Ebullioskopische Konstante 348
Edelgaskristalle 722, 769
Effektive Elektronendichte 911
Eigenfunktionen
– des harmonischen Oszillators 546
– des starren Rotators mit raumfester Achse 536
– des starren Rotators mit raumfreier Achse 540
– des Wasserstoffatoms 554–559, 561, 562, 585
Eigenhalbleiter 915, 916
Eigenhalbleitung 917
– Temperaturabhängigkeit 917
Eigenwerte der Energie
– des harmonischen Oszillators 547
– des starren Rotators mit raumfreier Achse 540, 646
Ein- und Aussalzeffekt 355, 358, 404
Einfache Destillation 387
Einfache Stoßtheorie 973, 997, 1002
– Geschwindigkeitskonstante 1002
– Temperaturabhängigkeit des präexponentiellen Faktors 975
– Zahl der Stöße zwischen Molekülen A und B 974
Einfrieren eines Gleichgewichtes 424
Einheitsvektor 254, 258, 259, 570, 730, 774, 1068, 1069
Einkomponentensystem, p,V,T-Diagramm 334
Einsalzeffekt 355
Einstein'sche Koeffizienten der Absorption und Emission 644
Einstein'sche Theorie der Energie elementarer Festkörper 830–833
Einstein'sche Übergangswahrscheinlichkeit 644
Einstein'sches Frequenzgesetz 120, 133
Elastische Streuung 661, 978
Electron spectroscopy for chemical analysis (ESCA) 677
Elektrische Arbeit 6–8, 24, 26, 494, 511
Elektrische Beweglichkeit 206, 215, 217, 220, 228, 511
– der Ionen 206, 220, 228
– direkte Messung 215

Elektrische Doppelschicht 444, 468, 469, 474, 475, 477–479, 879, 921, 926, 1047, 1048
Elektrische Feldkonstante 229, 470, 614, 624
Elektrische Feldstärke 908
Elektrische Leitfähigkeit 4, 108, 205, 207, 771, 879, 890, 908–919, 931, 933, 935
– Konzentrationsabhängigkeit 195, 209–215, 219, 225, 226, 236, 237
– von Elektrolytlösungen 205, 207, 211, 212, 228, 234, 909, 925
– von Halbleitern 880, 914, 915, 917
– von Ionenkristallen 918
– von Metallen 207, 771, 880, 901, 909–913
– – quantenmechanisch 911
Elektrische Polarisation 611, 1046
Elektrische Potentiale 488
Elektrische Stromdichte 908
Elektrische Suszeptibilität 614
Elektrische Verschiebungsdichte 614
Elektrisches Dipolmoment 613, 641
– induziertes 615, 616, 660–662, 736
– permanentes 616, 626, 646, 750, 756
Elektrisches Feld 109, 110, 221, 511, 768
Elektrochemie 1, 195–239, 262, 444, 483, 485, 491, 930, 1044
Elektrochemische pH-Wert-Messung 524, 525
Elektrochemische Thermodynamik 483–529
Elektrochemische Zelle 201, 202, 475, 1053
Elektrochemisches Gleichgewicht 495, 496, 1054
Elektrochemisches Potential 483, 491, 494, 495, 525, 849–851, 859, 1047
Elektrochromatographie 926
Elektrode
– unpolarisierbare 1051
Elektrode zweiter Art 501, 502, 523
Elektroden-Konzentrationszelle 516
Elektrodenpotential 483, 488, 494, 497, 507–510, 514, 520, 521, 524
– einer Halbzelle 497, 507, 509, 514
Elektrodenprozesse
– Kinetik 1044, 1045, 1047, 1049, 1051, 1053, 1055, 1057, 1059, 1061

Elektrokapillarität 444, 474
Elektrokapillarkurve 477
Elektrokinetische Erscheinungen 479, 879, 880, 921, 923, 925, 927
Elektrokinetisches Potential 924
Elektrolyse 195, 199, 202–204, 217, 218, 483, 484, 494, 1046
– galvanische Stromerzeugung 195, 203, 204, 483
Elektrolysezelle 203–207, 217, 483, 1056
Elektrolyt-Konzentrationszelle 516, 519
Elektrolyte
– schwache 225, 237, 438
– starke 227, 228
Elektromagnetische Lichttheorie 114
Elektromotorische Kräfte 195, 203, 484
Elektron
– Ladung 107, 109, 111, 120
– Masse 107, 109–111
– Wellennatur 107, 111, 119, 123, 241
Elektronen-Bandenspektren 664, 669, 675
Elektronen-Verschiebungspolarisation 615
Elektronenaffinität 701
Elektronenaustrittsarbeit 119, 675, 676
Elektronenaustrittspotential 120, 170, 171
Elektronenbeugung 112, 127, 241, 774, 1041
Elektronendichte, effektive 911
Elektronengas 490, 499, 787, 809, 811, 840, 845, 846, 848, 849, 861, 863, 909, 920
– Bestimmung der Fermi'schen Grenzenergie 841–844
– Druck 848, 849
– Fermi-Dirac'sche Verteilungsfunktion 811, 840, 861, 863, 909
– Gesamtenergie bei 0 K 849
– Innere Energie 849
– molare Wärmekapazität 846
Elektronenleiter 198, 207, 909, 912
Elektronenlücke 915
Elektronenmasse 589, 680
Elektronenpolarisation 615, 622
Elektronenpolarisierbarkeit 622
Elektronenspin 579, 580, 627, 629, 632, 679–682, 692
Elektronenspinresonanz (ESR) 635, 679, 683, 691–693, 965
Elektronenspinresonanz-Spektroskopie 691, 693

Elektronische Halbleiter 909, 914
Elektronische Halbleitung, Temperaturabhängigkeit 916, 917
Elektroosmose 880, 921, 922, 924, 926
Elektroosmotischer Druck 922–924
Elektrophorese 880, 921, 926
Elektrophoretischer Effekt 234, 235
Elementarladung 110, 120, 135, 196, 200, 592, 621
Eley-Rideal-Mechanismus 1015, 1031
Emanationstheorie des Lichtes 114
Emissionsspektrum 600, 602
Emissionsvermögen, spektrales 115, 116, 851
Energie-k-Diagramm 726, 728, 729, 731, 733, 734
Energieband 532, 724, 771, 777
Energiebilanz 604
Energiedichte 851
Energieerhaltungssatz 11, 25, 886
Energiefläche 985
Energieniveau 130, 134
Energieverteilung nach der Boltzmannstatistik 863, 997
Energieverteilung nach der Fermi-Dirac-Statistik 863
Energieverteilungsfunktion für das ideale Gas 863
Energiewerte und Terme des anharmonischen Oszillators 652, 653
Entartung 141, 153, 155, 156, 570, 578, 593, 732, 764, 807, 811, 814, 860, 872
Entartungsgrad 156, 648, 807, 811, 827
Entassoziation 297
Enthalpie
– freie 302
– Temperaturabhängigkeit 34, 43, 60, 368, 419, 427, 433, 439, 486, 995
Entropie 2, 60, 68, 69, 71, 73–76, 81, 92, 101–106, 287, 297–299, 301–303, 309, 316, 321, 324–330
– absolute 326
– aus der Zustandssumme 102
– Druckabhängigkeit 74, 309, 324, 349
– partielle molare 287
– statistische Ableitung 101
– statistische Betrachtungsweise 101
– statistisches Gewicht 101, 102, 326, 798, 815, 859

– Temperaturabhängigkeit 60, 74, 102, 104, 310, 324, 432, 995
– Volumenabhängigkeit 102, 103
Enzymatische Katalyse 1026
Eötvös'sche Regel 451
Erhitzter Katalysator, Methode des 424
Ermittlung absoluter Entropien 326
Ermittlung von Standard-Elektrodenpotentialen 521
Erste Ionisierungsenergie 587, 599, 607, 769
Erste Lösungsenthalpie 297
Erster Hauptsatz der Thermodynamik 2, 23, 25, 46, 60
Erstes Faraday'sches Gesetz 199, 200
Erstes Fick'sches Gesetz 896, 1003, 1055
Erstes Kohlrausch'sches Gesetz von der unabhängigen Wanderung der Ionen 209
Erwartungswert 144, 145, 580, 707, 711, 712, 739, 741
ESCA, siehe electron spectroscopy for chemical analysis
ESR, siehe Elektronenspinresonanz
Euler'sche Gleichung 147, 641, 1085
Eutektikum 396
Expansion
– adiabatisch reversibel 56, 57, 61, 79, 91
– isotherme irreversibel 47, 48, 50, 51
– isotherme reversibel 8, 48–51, 57, 59, 61, 67, 70, 79, 80
Experimentelle Ermittlung
– der Gleichgewichtskonstanten 422
– von Aktivitätskoeffizienten 367
Explosionen 191, 953, 966
– Explosionsgrenze 967–969
– Kettenexplosion 969
– Wärmeexplosion 968, 969
Explosionsgrenze 967, 968
Extensive Größe 12, 13, 25
Extremwertbestimmung 1076, 1079

f

Fällungstitration 526
Faktor
– präexponentieller 975, 976, 995, 1036, 1048
– – sterischer 976
– sterischer 976

Faraday'sches Gesetz
- erstes   199, 200
- zweites   200
Faraday-Konstante   493
Fe^{3+}-Fe^{2+}-Elektrode   504
Feldkonstante, magnetische   614, 624
Feldstärke, magnetische   575, 624, 625
Femtosekunde   931
Fermi'sche Grenzenergie   841–844, 849, 859, 861, 920
- elektrochemisches Potential   849
Fermi-Dirac'sche Verteilungsfunktion   840, 842
Fermi-Dirac-Statistik   787–789, 802, 804, 809, 811, 840, 861, 863, 909, 912
- Verteilungsfunktion   788, 804
Fermi-Temperatur   845
Ferrimagnetismus   610, 628–630
Ferrit   630
Ferromagnetismus   610, 626, 628–630
Feste Stoffe, Löslichkeit   357
Festes Sol   478
Feststoffdispersion   478
Feststofflaser   675
Fick'sches Gesetz
- erstes   896, 1003, 1055
- zweites   895, 896
Fischer-Tropsch-Reaktion   1018
Flächenladungsdichte   476, 611–613
Flächensatz   885, 886
Fließsystem   936
- stationäres   936
Flüchtigkeit, relative   389, 393
Flüssigkeitslaser   675
Flüssigkeitspotential   510
Fluidität   899
- Temperaturabhängigkeit   899
Fluoreszenz   635, 670–672, 674
Fluoreszenzspektrum   670, 671
Folgereaktionen   187, 944, 947, 950, 951, 991
Formelumsatz   36, 37, 40, 407, 411, 421, 438, 484, 511, 514, 1047
Fortrat-Diagramm   658, 669
Fraktionierte Destillation   387, 395
Fraktionierte Kristallisation   395
Franck-Condon-Prinzip   666–671, 706
Franck-Hertz'scher Versuch   130, 131
Fraunhofer'sche Beugung am Spalt   244

Freie Aktivierungsenthalpie   1005, 1016, 1017
Freie Bildungsenthalpie   428, 1010
Freie Energie   302, 304, 305, 308, 310, 323, 828, 849, 854
- Stoffmengenabhängigkeit   302
- Temperaturabhängigkeit   310
- Volumenabhängigkeit   310
- Zustandssumme   828, 855
Freie Enthalpie   302, 304, 308, 310, 313, 319, 427, 428, 455, 815, 849, 853, 1016, 1030
- Druckabhängigkeit   310
- molare   313
- Temperaturabhängigkeit   310
- Zustandssumme   814, 815
Freie Enthalpie-Funktion   431, 434
Freie Reaktionsenergie   406
Freie Reaktionsenthalpie   315, 323, 406, 431, 441, 484, 485
- reversible Zellspannung   484
Freie Standard-Bildungsenthalpie   428, 434
Freie Standard-Reaktionsenthalpie   427, 485, 529
Freies Teilchen   107, 146
- Impuls   790
- Kinetische Energie   164
Freies und gebundenes Teilchen   157, 163
Freiheitsgrad
- der Bewegung   87
- der Rotation   87, 88, 822, 823
- der Schwingung   87, 88, 830, 833, 994
- quadratischer   87, 88, 871, 874, 875
Frenkel-Fehlordnung   918
Frequenzgesetz, Einstein'sches   119, 120, 675
Fresnel'sche Beugung am Spalt   243, 244
Freundlich'sche Adsorptionsisotherme   463
Fugazität   318, 320, 342, 353, 357, 362, 368
Fugazitätskoeffizient   317, 361–363, 412, 434
Fundamentalgleichungen, Gibbs'sche   302, 310, 312, 406

g

g-Faktor
- des Elektrons   580, 680, 692
- des Kerns   680, 682

Galvani'sche Zelle 7, 202, 203, 262, 425, 483, 485, 488, 494, 496, 505, 507, 511, 513, 515, 523, 526, 1046
– Darstellung 483, 505, 507
– mit Überführung 513
Galvani-Potential 493
Galvani-Spannung 469, 491–493, 495–498, 500–511, 514, 515, 519, 523, 526, 1045–1049, 1053–1055
– einer Halbzelle 496, 497
Gangdifferenz 255
Gas
– ideales 14
– reales 262 ff
Gaschromatographie 468, 932
Gase, Löslichkeit 354, 358
Gaselektrode 498, 501, 503, 505, 509
Gasgesetz, ideales 338, 362
Gasgleichgewichte, homogene 405, 412, 414
Gaskonstante 19, 276, 277
– allgemeine 19
Gastheorie, kinetische 82 ff, 861 ff
Gay-Lussac'sches Gesetz
– erstes 16
– zweites 31
Gefrierpunktserniedrigung 329, 343, 344, 346, 347, 351, 352, 368, 403
Gekoppeltes Gleichgewicht 426
Gerade Wellenfunktion 719, 748, 749
Gesamt-Streuquerschnitt 978, 980, 981, 983
Gesamtbahndrehimpuls 594, 595, 627
Gesamtdrehimpuls 569, 580, 581, 593, 594, 625
Gesamtdrehimpuls-Quantenzahl 581, 594, 595
Gesamtenergie 24, 95–97, 105, 135, 139, 141, 149, 164, 543, 553, 749, 787, 793, 797, 799, 844, 909, 971
Gesamtspin 594, 595, 627
geschlossenes System 46, 75, 405, 406, 452
Geschwindigkeitsgleichung 172, 175, 178, 179, 181, 188, 194, 930, 933, 946, 951, 972, 998, 1015, 1029, 1034, 1037
Geschwindigkeitskonstante 947, 949, 975, 986 f, 994 f, 995
– Berechnung aus dem Reaktionsquerschnitt 986, 987

– Temperaturabhängigkeit 189, 932, 962, 995, 1002, 1003
Geschwindigkeitsquadrat, Mittelwert 864, 865
Geschwindigkeitsverteilung 843, 861–864, 867, 868, 876, 888, 986, 992
– eindimensionale 867, 868, 876
– experimentelle Ermittlung 866
Gesteinsstaubsperren 969
Gewicht 7
Gibbs'sche Adsorptionsisotherme 456, 476
Gibbs'sche Fundamentalgleichungen 302, 310, 312, 406
Gibbs'sche Gleichung, Grenzflächenspannung 456
Gibbs'sche Phasenregel 329, 331, 399, 417
Gibbs-Duhem'sche Gleichung 284, 290, 292, 368, 371, 456
Gibbs-Helmholtz'sche Gleichung 427, 431, 432, 434, 486, 488, 522
Gitterenergie 297, 701, 704, 705, 748, 770, 782
– des Ionenkristalls 700, 704
Gitterkonstante 249
Glanzwinkel 112, 170, 256, 257
Glaselektrode 524–526
Gleichgewicht
– chemisches 172, 315, 495, 496, 1054
– gekoppeltes 426
Gleichgewichts-Galvani-Spannung 498, 1045
Gleichgewichtsdiagramm 329, 388, 390
Gleichgewichtskonstante
– Berechnung
– – mit Hilfe der Zustandssumme 854
– – über die Gibbs-Helmholtz'sche Gleichung 431
– – über exakte Integration der van't Hoff'schen Gleichung 429
– – über exakte Integration der van't Hoff'schen Reaktionsisobaren 431
– – über Freie Standard-Bildungsenthalpien 428
– Druckabhängigkeit 405, 421, 422, 487
– experimentelle Ermittlung 422
– Temperaturabhängigkeit 405, 417, 419
– Vergleich 994

Gleichgewichtskonstanten von Gasreaktionen 811, 854
- Berechnung 854
- Gleichgewichtskonstanten 811
Gleichverteilungssatz der Energie 82, 87, 89, 91, 827, 860, 861, 871, 875
Glühelektronenemission 108
Gouy'sche Waage 634
Gouy-Chapman'sche Doppelschicht 471
Graphische Darstellung
- der Eigenfunktionen des Wasserstoffatoms 562
- der Quadrate der Eigenfunktionen des Wasserstoffatoms 566
Grenzfläche 4, 165, 167, 444, 445, 447, 450–452, 455, 456, 468, 469, 506, 677, 1008
- in Mehrstoffsystemen 454
Grenzflächengleichgewichte 443–481
Grenzflächenkonzentration 455, 456
Grenzflächenphase 455–457
Grenzflächenspannung 448, 451, 452, 456, 474, 476
- molare 450
Grenzfrequenz 119
Grenzleitfähigkeit 214, 215, 220, 223, 234
Grenzstromdichte 1056, 1057
Größe
- extensive 12, 13, 25, 287, 288, 290, 307
- intensive 12, 13, 307, 313
- molare 12
Grundton 652
Gruppengeschwindigkeit 123–126
Gruppenorbital 760, 762
- symmetrieadaptiertes 760
Guggenheim'sches Merkschema 307
Gyromagnetisches Verhältnis
- des Elektrons 680
- des Kerns 680

h

Haber-Luggin-Kapillare 1053
Haftspannung 451
Hagen-Poiseuille'sche Gleichung 880, 903, 904, 923
Hagen-Poiseuille'sches Gesetz 924
Halbstufenpotential 1059
Halbwertszeit 182, 184, 193, 695, 931, 934, 936, 938, 940

Halbzelle 483, 496, 497, 505, 507, 509, 510, 513–516, 518, 522, 523, 529, 1044
Haltepunkt 398
Hamilton-Funktion 142
Hamilton-Operator 142, 639, 640, 706, 739, 745
Harmonischer Oszillator 650, 651
- allgemeine Lösung 545, 546
- asymptotischer Grenzfall 544, 545
- Eigenfunktionen 546
- Eigenwerte der Energie 99, 546–548, 649
- klassische Behandlung 99, 541
- – Gesamtenergie 543
- quantenmechanische Behandlung 544
- – Schrödinger-Gleichung 544
Hartree-Fock-Gleichungen 745, 746
Hartree-Fock-Methode 605
Hartree-Fock-Orbitale 744, 747
Hauptmaxima 250
Hauptmaximum 246
Hauptquantenzahl 171, 554, 559, 562, 591, 592, 602, 608
Hauptsatz der Thermodynamik
- Dritter 261, 324–327
- Erster 2, 23, 25, 46, 60, 301
- Nullter 8
- Zweiter 60, 69, 105
Hauptserie 591, 592
Hebelgesetz 386
Heisenberg'sche Unschärferelation 129, 148, 646, 693
Heisenberg-Slater-Determinante 739, 744, 745
Hellfeldabbildung 781, 782
Helmholtz'sche Doppelschicht 470, 1049
Helmholtz'sche Doppelzelle 516, 519
Helmholtz-Fläche 471, 1048, 1049, 1054
- äußere 471, 1048, 1049, 1054
- innere 1048, 1049
Helmholtz-Schicht 473, 474, 1048, 1054
- innere 473
Helmholtz-Smoluchowski-Gleichung 924
Henry'sches Gesetz 357, 364, 365, 370, 378
Henry-Dalton'sches Gesetz 357
Hermite'sche Gleichung 1102
Hermite'sche Polynome 546, 1100
Heß'scher Satz 43, 44, 337, 856

Heterogene Gleichgewichte   405, 415
Heterogene Katalyse   465, 677, 930, 1015, 1018, 1026, 1029, 1030, 1046
– allgemeine Mechanismen   1015
– Eley-Rideal-Mechanismus   1015
– Kinetik   1029, 1046
– Langmuir-Hinshelwood-Mechanismus   1015
Heterogenes Gleichgewicht   405, 415, 417, 438, 501
Heteroges System   1015
Hittorf'sche Überführungszahl   215, 217, 220
Homogene Differentialgleichung   948
Homogene Gasgleichgewichte   405, 412, 414
Homogene Katalyse   1018
Homogene Lösungsgleichgewichte   405, 414
Homogenes System   41, 1015
Hooke'sches Gesetz   541, 830
Hubarbeit   6, 24, 47, 49, 50
Hund'sche Regeln   606, 706, 718, 720, 729
Hybridisierung   728, 732, 733, 765, 770
Hydratation   220–222, 228
– sekundäre   222
Hydratation der Ionen   220
Hydronium-Ion   221, 222, 772
Hydroxid-Ion   222, 223, 237, 772
Hyperfeinaufspaltung   692
Hyperfeinkopplungskonstante   692
Hyperkritisches Gebiet   273

i
Ideal verdünnte Lösung   345, 350, 366, 373, 401, 456
Ideale Mischphase   285, 286, 324
Idealer Kristall
– thermodynamische Daten   830
– – aus der Zustandssumme   818
Ideales Gas
– Adiabate   52, 54–57, 279
– Modell   83
Ideales Gasgesetz, Zustandsfläche   15
Idealkurve   265
Identität   125, 751, 754–756, 760
Impuls   82–84
Impulsraum   789–792
– und Phasenraum   789

Individuelle Ionenaktivität   374
Individueller Aktivitätskoeffizient   374
Individueller Ionenaktivitätskoeffizient   1006
Induzierte Emission   643, 644
Induziertes Dipolmoment   616, 661
– und Polarisierbarkeit   616
Inelastische Streuung   661, 978
Inhibitor   1017
Inhomogene Differentialgleichung   948
Innere Energie   100
– aus der Zustandssumme   100
– Elektronengas   848, 849
– ideales, einatomiges Gas   86, 827
– kalorische Zustandsgleichung   26
– nach kinetischer Gastheorie   82
– Temperaturabhängigkeit   34
Innere Helmholtz-Fläche   1048, 1049
Innere Helmholtz-Schicht   473
Innere Reibung   51, 879, 890, 897
Innerer Druck   73
Innerer Standard   686
Inneres elektrisches Potential   490, 491, 1049
Instabiles Gleichgewicht   5
Integral $\int \sin^2 x \, dx$ 1080
Integral $\int \sin^3 x \, dx$ 1080
Integral $\int \varepsilon^{1/2} e^{-\varepsilon/kT} d\varepsilon$ 1084
Integral $\int x^3 (e^x - 1)^{-1} dx$ 1084
Integral $\int x^n e^{-x^2} dx$ 1081
Integrale Lösungsenthalpie   296, 297
Integrale Mischungsenthalpie   295
Intensive Größe   12, 13
Interionische Wechselwirkung   212, 233, 236, 372
Intersystem crossing   672
Inversion   673, 719, 754, 758
Inversion, Identität und Drehspiegelung   754
Inversionstemperatur   277, 282
Iodwasserstoffbildung   963, 964
Ionen-Verschiebungspolarisation   615
Ionenaktivitätskoeffizient, individueller   1006
Ionenkonzentration, mittlere   375
Ionenleitung in Festkörpern   918
– Frenkel-Fehlordnung   918
– Schottky-Fehlordnung   918
– Schottky-Wagner-Fehlordnung   918, 919

Ionenpolarisation 615
Ionenprodukt des Wassers 527
Ionenstärke 233, 373, 374, 472, 998, 1006, 1024
– nach Lewis und Randall 230, 231
Ionenwanderung im elektrischen Feld 925, 926
Ionenwolke 228, 229, 231, 232, 234, 235, 372, 373, 470, 472
– Radius 232, 233, 234, 372, 373, 472
Ionische Bindung 700, 703, 705, 770
Ionische Festkörper 770
Ionisierungsenergie 138, 171, 587, 599, 607, 676, 699, 701, 744, 769
– des Wasserstoffatoms 138
Ionographie 926
Irreversibilität 2, 52, 65, 67, 301
Irreversible Zustandsänderung 302
Isenthalper Drosseleffekt 280
Isobare 14–18, 54, 55, 383, 384
– ideales Gas 16, 17, 55
Isochore 14–18, 54, 55, 335
– ideales Gas 16, 17, 54, 55
Isoelektrischer Punkt 480
Isolator 916
Isoliermethode 185
Isomerieverschiebung 694
Isostere Adsorptionsenthalpie 467, 481
Isostere Adsorptionswärme 466, 467
Isotherme 12, 14–16, 18, 47, 49, 54–58, 262, 264–267, 270–277, 334, 335, 377, 380, 385, 463–465
– ideales Gas 16, 18, 31, 55
Isotherme Expansion
– irreversible 47, 48, 50, 51
– reversible 8, 48–51, 57, 59, 61, 67, 70, 79, 80
Isotherme Kompression
– irreversible 67
– reversible 67, 80
Isotherme und adiabatische Prozesse 12
Isothermer Drosseleffekt 33, 73, 279

j
j-j-Kopplung 596
Joule'scher Versuch 24, 61, 64, 85, 279
Joule-Thomson-Effekt 262, 279
Joule-Thomson-Koeffizient 280–283

k
Kalomelelektrode 502, 503, 524, 526, 925, 1058
Kalorische Zustandsgleichung 23, 26
Kapazität 469, 476, 612, 613
Kapillaraktive Stoffe 456, 457
Kapillardruck 447, 448, 481
Kapillarelektrometer, Lippmann'sches 475
Kapillarinaktive Stoffe 456
Katalysator 173, 177, 180, 181, 188, 192, 424, 465, 688, 778, 945, 1015–1043
Katalysatoroberfläche 1015, 1029, 1031, 1036, 1037, 1041
Katalyse 465, 467, 677, 871, 930, 1009, 1015–1043, 1046
– enzymatische 1015, 1026, 1029
– heterogene 465, 677, 930, 1015, 1018, 1026, 1029, 1030, 1046
– homogene 1018
– mikroheterogene 1026
– negative 1017
– positive 1017
– und Gleichgewicht 1023
Kathode 127, 196–200, 217, 218, 494, 507, 518, 773, 918, 922, 1044, 1056, 1060
Kathodenstrahl 108, 111
Kation 195
Keim 1010, 1011
Keimbildungsgeschwindigkeit 1010
Keimwachstumsgeschwindigkeit 1010
Kern-g-Faktor 680
Kernmagneton 680
Kernmoment, magnetisches 680
Kernresonanz-Spektroskopie 685, 693
Kernspin 635, 679, 681, 682, 684, 685, 687, 689, 692
Kernspin-Kernspin-Wechselwirkung 687, 689
Kernspinmoment, magnetisches 679
Kernspinquantenzahl 679, 682, 692
Kernspinresonanz (engl.: nuclear magnetic resonance) (NMR) 679, 682–686, 689
Kettenabbruch 959–961, 969
Kettenabbruchreaktion 961, 962, 965, 967
Kettenfortführung 961, 962
Ketteninhibierung 961, 962
Kettenlänge 457, 460, 964

Kettenreaktionen
- mit Verzweigung   953, 966
- ohne Verzweigung   958
Kettenstart   959–963, 965, 966
Kinetik
- chemische   1, 172–193, 410, 693, 930–943, 946, 1009, 1016, 1044, 1054
- - Analysentechnik   932
- - der Phasenbildung   1009
- - experimentelle Methoden   930–943
- - heterogener Reaktionen   1008
- - Theorie   972
- - von Elektrodenprozessen   1044
- - von Reaktionen in Lösungen   997–1006
Kinetik chemischer Relaxationsreaktionen   946
Kinetik der Phasenbildung   1009, 1010
- Keimbildungsgeschwindigkeit   1010
- Keimwachstumsgeschwindigkeit   1010
Kinetische Energie   23, 84
Kinetische Gastheorie   82 ff, 861 ff
Kirchhoff'scher Satz   337, 420, 429
Klassische Statistik und Quantenstatistiken   788–809
Kleine Tropfen, Dampfdruck   451, 452
Klemmenspannung   201–204, 484
Knallgascoulometer   201
Knotenflächen   565
Knudsen-Zelle   871, 876, 883
Körper, schwarzer   114, 115, 851, 852
Kohlenmonoxidoxidation   1038, 1039
Kohlrausch'sches Gesetz, erstes   209
Kohlrausch'sches Quadratwurzelgesetz   211–213, 225
Kohn-Sham-Gleichung   746
Kolligative Eigenschaften   342
Kolloide   444, 477–480, 926
- Bildung   478, 479
- Einteilung   477
- isoelektrischer Punkt   480
- Stabilität   477
Komplexbildungstitration   526
Kompressibilität, isotherme   266
Kompressibilitätskoeffizient   21, 31, 73, 265, 266, 278, 350, 705
Kompression   24, 26, 46–52, 56, 57, 59, 61–63, 67, 69, 70, 79, 80, 272, 274, 969, 970

Kondensationskurve   381–383, 385, 386
Konjugierte Lösungen   400, 708
Konjugierte Säure-Base-Paare   1019
Konnode   385, 394, 400
Kontaktspannung   491, 850
Konzentrationsabhängigkeit der molaren Leitfähigkeit   212, 213, 219, 225
Konzentrationsangaben, Umrechnung   367
Konzentrationszelle   515–519
- Elektrolyt-   516, 519
- mit Überführung   517–519
- ohne Überführung   516, 517, 519
Koopmans'sches Theorem   744
Korpuskulare Eigenschaften des Lichtes   107, 119–123
Korrespondenzprinzip   156
Kovalente Bindung   699, 705, 736, 737, 769–771, 914, 916, 1035
Kovalente Festkörper   770
Kraftkonstante   584, 650, 657, 658, 664, 669, 697, 698, 765, 837
Kristallisation, fraktionierte   395
Kristallisationsüberspannung   1059
Kristallwachstum   930, 1011, 1059
Kritische Aktivierung   955
Kritische Dichte   275
Kritische Temperatur   273, 274
Kritischer Druck   273, 275
Kritischer Koeffizient   278
Kritischer Punkt   262, 273–276, 278, 337, 450
Kritischer Stoßparameter   885
Kritisches Volumen   273–277, 337
Kryoskopische Konstante   348
Kugelflächenfunktionen   540, 551, 552, 555, 556, 558, 563, 573, 1096
- Normierung   1096

l

L-S-Kopplung   595
Labiles Gleichgewicht   4
Ladung und Masse des Elektrons   107, 109
Ladungsdichte   229–233
Ladungsfreier Zustand   477
Ladungszahl   195, 196, 198, 200, 205, 209, 210, 234, 472, 484, 514, 1003, 1006
- der Zellreaktion   198, 200, 484, 514
Lagrange'sche Methode der Variation der Konstanten   948

Lagrange'sche Multiplikatorenmethode 98, 798, 803, 806, 851
Lambert-Beer'sches Gesetz 635, 673, 933, 978
Laminare Strömung 880, 903, 905
Landé-Faktor des Elektrons 580
Langevin-Funktion 620, 1075
Langmuir'sche Adsorptionsisotherme 462–465, 860, 1028, 1032, 1033
Langmuir'sche Waage 458–460
Langmuir-Blodgett-Schichten 460
Langmuir-Hinshelwood-Mechanismus 1015, 1031
Laplace'scher Differentialoperator 139, 537, 550, 572, 1071
– in sphärischen Polarkoordinaten 537, 550
Laplace'scher Entwicklungssatz 1064
Laser 634, 635, 672–675, 931, 940
Laseroszillator 674
Laserphotolyse 940, 941
Laue-Gleichungen 257, 258
Laufmittel 467
LCAO, siehe Linearkombination atomarer Orbitale (engl.: linear combination of atomic orbitals)
Le Chatelier-Braun'sches Prinzip 418
Lebensdauer 645, 646, 671, 674, 684, 688, 693
Lebensdauer und Linienbreite 684, 693
LEED, siehe Low Energy Electron Diffraction
LEED-Verfahren 773
Legendre-Funktion 539, 540, 556, 558, 1092, 1096
Legierung, elektrischer Widerstand 913, 914
Leitfähigkeit 4
– elektrische
– – von Elektrolytlösungen 205, 207, 211, 212, 228, 234, 909, 925
– – von Ionenkristallen 918
– – von Metallen 207, 771, 880, 901, 909–913
– molare 209–221, 223, 225, 226, 234, 236, 237, 909, 911
– – des Anions 209
– – des Elektrolyten 209
– – des Kations 209
– thermische 890

– – von Gasen 879, 880, 900, 901, 910
– – von Metallen 880, 909, 911
Leitfähigkeitskoeffizient 229, 234, 236
– Berechnung 229, 234
Leitfähigkeitstitration 237
Leitsalz 1058, 1059
Leitungsband 491, 915, 916, 920
Lennard-Jones-Potential 980
Letzte Lösungsenthalpie 296
Leuchtelektron 592–594
Licht
– elektromagnetische Theorie 114, 123, 136, 241, 634, 660
– Emanationstheorie 114
– Wellentheorie 114, 118
Licht als elektromagnetische Strahlung 107, 114, 115, 119, 123, 241, 423, 634, 637, 643
Lichtabsorption 634, 638, 642, 643, 650, 670
Lichtelektrischer Effekt (Photoeffekt) 120, 122
Lichtemission 131, 643, 672
Lichtquant 119–121, 642, 661, 851, 961
Lichtverstärkung 672, 673
Lindemann-Mechanismus 952–954, 956, 958
– Druckabhängigkeit der Reaktionsordnung 952, 953
– Kritische Aktivierung 954
– Präaktivierung 954
Lineare Störungstheorie 640
Linearer dekadischer Absorptionskoeffizient 636
Linearer Schwächungskoeffizient 600
Linearkombination atomarer Orbitale (engl.: linear combination of atomic orbitals) (LCAO) 707, 712
Linienbreite 634, 684, 689, 693, 694
Linienspektrum 131, 133
– des atomaren Wasserstoffs 133
Lippmann'sche Gleichung 476
Lippmann'sches Kapillarelektrometer 475
Liquiduskurve 394, 396–399
Löslichkeit
– fester Stoffe 357
Löslichkeit fester Stoffe 357
Löslichkeit von Gasen
– Henry-Dalton'sches Gesetz 357

Löslichkeit, von Gasen   354, 358
Löslichkeitsgleichgewicht   401
Löslichkeitsprodukt   237, 502, 523
Lösung   293
Lösung, ideal verdünnte   345, 350, 351, 357, 360, 366, 373, 401, 407, 456, 1024
Lösungen, konjugierte   400, 708
Lösungsenthalpie   295–297
– integrale   296, 297
Lösungsgleichgewichte   355–358, 438
– homogene   405, 414
Lösungsmitteleinfluß auf Kinetik   1004
Lösungsmittelkäfig   997, 998
Lösungsreaktionen
– bimolekulare   174, 177, 194, 964, 975, 996–998, 1008, 1019
Lokalisierte Bindung   722, 764
Lokalisierte und delokalisierte Molekülorbitale   764
Lokalisiertes Molekülorbital   765
Longitudinale Relaxationszeit   684
Lorentz-Kraft   111
Lorentz-Lorenz'sche Beziehung
– molare Refraktion   622
Loschmidt'sche Konstante   189, 200, 616, 703, 975, 995, 1001, 1055
Low Energy Electron Diffraction (LEED)   773–775
Lyman-Serie   132, 133
Lyophiles Sol   478, 479
Lyophobes Sol   478–480
Lyosol   478
– Stabilität   478

m

Madelung-Konstante   782
Magnetische Feldkonstante   624
Magnetische Feldstärke   624
Magnetische Flussdichte   683, 685, 686
Magnetische Polarisation   624
Magnetische Quantenzahl   574
Magnetische Resonanz   678
Magnetische Spinquantenzahl   579
Magnetische Suszeptibilität   627
– experimentelle Ermittlung   625
Magnetisches Bahnmoment   575, 579
Magnetisches Kernmoment   680
Magnetisches Kernspinmoment   679
Magnetisches Moment   575, 576, 579, 580, 610, 624–632, 679, 681
Magnetisches Spinmoment   579, 678
– des Elektrons   579, 678–680
Magnetisierung   623, 625–627, 629, 630, 683, 685
Makrozustand   94, 95, 97, 101, 105, 106, 787, 795–797, 802
Masse-Energie-Äquivalenz   121, 122, 125
Massenschwächungskoeffizient   599, 600
Massenwirkungsgesetz   187, 226, 405, 409, 410, 412, 414, 415, 423, 426, 434, 438, 442, 462
– Anwendungen   405, 434
Massieu'sche Funktion   309, 418
– Temperaturabhängigkeit   310
Materiewelle   112, 124, 125, 128, 139, 913
Matthiessen'sche Regel   913
Maximale Arbeit   51, 62
Maxwell'sche Beziehungen   307, 308
Maxwell'sche mittlere freie Weglänge   891
Maxwell'sches Geschwindigkeits-Verteilungsgesetz   862
McCabe-Thiele-Diagramm   393
Mehrelektronenatome   586, 588, 594, 604, 705, 707
– quantenmechanische Behandlung   588, 604
– Spektren   586, 588, 594
Mehrmolekulare Adsorption   463
Merkschema, Guggenheim'sches   307
Metallionenelektrode   497, 501, 509, 523, 1045, 1047
Metallische Bindung   722, 769
Metallische Festkörper   771
Metallische Leitfähigkeit   207, 771, 880, 901, 909–913
– Temperaturabhängigkeit   913
Metastabiles Gleichgewicht   5
Methode des erhitzten Katalysators   424
Methode des selbstkonsistenten Feldes   605
Michael-Kondensation   1023
Michaelis-Konstante   1029, 1042
Michaelis-Menten-Gleichung   1033
Mikroheterogene Katalyse   1026
Mikrosekunde   931, 940
Mikroskopische Reversibilität   944
Mikrozustand   94–96, 102, 104, 106, 787, 804
Miller'sche Indizes   257, 258

Millikan'sche Öltropfenmethode 109
Mischphase
- ideale 35, 261, 285–287, 293, 302, 320, 324, 360, 361, 408, 412
- - Mischungseffekte 35, 302, 320
- reale 261, 284, 285, 287, 293, 360, 361, 363, 364, 369, 407, 408, 412
Mischung, azeotrope 382
Mischungseffekte in idealen Mischphasen 302, 320
Mischungsenthalpie, integrale 295
Mischungsentropie 284, 297–299, 301, 323, 326
- mittlere molare 301, 323
- partielle molare 284, 299
Mitbewegung des Kerns 589
Mittlere Aktivität 374
Mittlere Energie eines Teilchens 812, 844
- Druck 812
- Enthalpie 814, 815
- Entropie 813
- Freie Energie 814
- Freie Enthalpie 815
- Innere Energie 812
- Wärmekapazität 812
Mittlere freie Weglänge 773, 879–881, 883–885, 887, 891, 894, 899, 903, 909, 912, 913, 997
- in Gasen 879–881, 883, 885, 887, 899, 997
- mit Sutherlandkorrektur 888
- von Elektronen in Metallen 773
Mittlere Geschwindigkeit 833, 864, 865, 868, 871, 880, 884, 889, 894, 910, 972, 992
Mittlere Ionenaktivität 375, 517, 518, 521
Mittlere Ionenkonzentration 375
Mittlere Mischungsenthalpie 295
Mittlere Mischungsentropie 298, 299, 301
Mittlere molare Größe 288,
Mittlere molare Mischungsenthalpie 293
Mittlere molare Mischungsentropie 301, 323
Mittlere Zusatzenthalpie 294
Mittlerer Aktivitätskoeffizient 374–376, 523
Mittlerer Ionenaktivitätskoeffizient 375, 376, 521, 523
Mittleres Geschwindigkeitsquadrat 884
MO-Methode 706, 713
Mobile Phase 467

Modell des idealen Gases 82
Mößbauer-Effekt 694
Mößbauer-Spektroskopie 635, 693, 695
Molalität 287, 347, 351, 366
Molare Grenzflächenspannung
- Temperaturabhängigkeit 450
Molare Größe 12, 39, 73, 268, 284, 288, 291–293, 371, 490, 491, 617, 987
- mittlere 288, 289
Molare Ionengrenzleitfähigkeit 220
- Lösungsmittelabhängigkeit 223
- Temperaturabhängigkeit 223
Molare Leitfähigkeit 209–220, 234, 236, 237
- der Ionen 211, 215
- des Anions 209
- des Elektrolyten 209
- des Kations 209
- Konzentrationsabhängigkeit 236
Molare Oberflächenspannung 449
Molare Polarisation 617, 621, 622
Molare Refraktion 622
Molare Standardbildungsenthalpie 432
Molare Standardreaktionsenthalpie 432
Molare Suszeptibilität 631
Molare Wärmekapazität 12, 13, 28–34, 82, 86–89, 284, 327, 831, 835–840, 846, 848, 909, 911
- Schwingungsanteil 846, 848
- - aus der Zustandssumme 827
- Temperaturabhängigkeit 30, 33, 34, 89, 337, 433, 787, 830, 835, 836, 838
Molare Wärmekapazität eines einatomigen Gases 86
Molarer dekadischer Absorptionskoeffizient 636
Molarität 236, 285, 351, 366, 373, 376
Moleküldurchmesser 4, 444, 454, 473, 894, 901, 923, 997, 1026
Moleküle
- Bindung in zweiatomigen
- - heteronuklearen 723
- - homonuklearen 718
Molekülmassenbestimmung 352
Molekülorbital 664, 706–708, 716–719, 724, 733, 750, 758–762, 764, 765, 767, 770, 771, 840
Molekülorbital-Methode 706
- Symmetrie 713
Molekülpaar 998, 999, 1002, 1003

Molekülzustandssumme 810, 812, 816–819, 827, 855, 857
– und Systemzustandssumme 817
Molekülzustandssumme und Systemzustandssumme
– für idealen Kristall 818
– für ideales Gas 818
Molekularität einer Reaktion 174
Molekularstrahl-Technik 930, 941, 942
Molekularstrahlexperiment 977, 978
Molekularstrahltechnik 930, 941, 942
Molenbruch 22 f, 318 f
Moment
– magnetisches 575, 576, 579, 580, 610, 624–632, 678, 679, 681
Monomolekulare Adsorption 462, 1040
Monomolekulare Reaktion 174, 177, 954
Morse-Potential 652
Moseley'sche Beziehung 601
Moseley'sches Gesetz 601
Multiplikationstabelle irreduzibler Darstellungen 767
Multiplikativer Operator 144
Multiplizitäten-Wechselsatz 596

n

n-Halbleiter 916
Nabla-Operator 139, 1109
Nahordnung 228, 229, 783
Natürliche Vorgänge 61
Nebel 478
Nebenmaxima 247, 250
Nebenserie 591, 592
Negative Katalyse 1017
Nematische flüssige Kristalle 784
Nematische Phase 784
Nernst'sche Diffusionsschicht 1054, 1056
Nernst'sche Gleichung 485, 513, 523, 1044, 1053
Nernst'scher Verteilungssatz 401, 467
Nernst'sches Wärmetheorem 325
Neumann-Kopp'sche Regel 838
Neutralisationstitration 526
Newton'sches Abkühlungsgesetz 968
Newton'sches Kraftgesetz 6, 82, 542
Newton'sches Reibungsgesetz 903
Nicht-multiplikativer Operator 571
Nichtgleichgewichtszustände, stationäre 890

NMR, siehe Kernspinresonanz (engl.: nuclear magnetic resonance)
Normierte Wellenfunktion 143
Normierung der Aktivitätskoeffizienten 361
Normierungsintegral 143
Null-Lücke 656–659
Null-Lücke im Rotations-Schwingungsspektrum 656, 659
Nullpunktsenergie 584, 698, 825, 860
Nullter Hauptsatz der Thermodynamik 8
Nutzbare Arbeit 64, 65

o

Oberflächenarbeit 449, 458
Oberflächendiffusion 1011, 1059
Oberflächendruck 457–460
Oberflächenfilme, zweidimensionale 457
Oberflächenladung 613
Oberflächenpotential 469, 489–491, 493
– äußeres Potential 489–491
– inneres Potential 489–491
Oberflächenspannung 444–454, 456–459
– experimentelle Ermittlung 447, 449
Oberton 452
Ohm'sches Gesetz 204, 207, 909, 910, 925, 1051
Onsager 227, 234, 470
Optisches Pumpen 674
Ordnung einer Reaktion 181, 929
Orientierungspolarisation 610, 616, 618, 621, 627, 628
Orthogonalität 741
Osmotischer Druck 329, 348, 349, 351
Ostwald'sches Verdünnungsgesetz 226–228
Oszillierende Kohlenmonoxid-Oxidation 1039

p

p-Halbleiter 916
P-Zweig 656–658, 669, 697, 698
Papierchromatographie 468
Parabelgesetz von Tammann 1014
Parallelreaktionen 187, 188, 1017
Paramagnetische Suszeptibilität 627, 628, 632
– Curie'sches Gesetz 628

Paramagnetismus 610, 626–630, 632, 683, 720
Paritätssymbol 665
Partialbruchzerlegung 179, 1025, 1079
Partialdruck 22, 23, 77, 319, 352–354, 357, 361, 365, 366, 378, 379, 403, 425, 441, 955, 1033, 1034, 1042
Partielle Differentialquotienten 20, 307
Partielle molare Entropie 298, 299
Partielle molare Größe 284, 288, 289, 291, 292, 371
- Berechnung 288, 292
- experimentelle Bestimmung 284, 287, 288, 291
Partielle molare Mischungsentropie 284, 298
Partielle molare Zusatzenthalpie 294, 295
Partielles molares Volumen 287, 292, 350, 351, 466
Paschen-Serie 132
Pauli-Prinzip 606, 691, 706, 714, 718, 738, 739, 741, 767, 771, 845, 912
Pauli-Verbot 789, 802
Peritektischer Punkt 397
Perkin-Kondensation 1023
Permanentes Dipolmoment 616, 626, 646, 756
Permeabilität 625
Permeabilitätszahl 625
Permutation 95, 103, 818
Perot-Fabry-Resonator 675
Perpetuum mobile
- erster Art 60
- zweiter Art 69
Pfeffer'sche Zelle 348
Pfund-Serie 132
pH_a-Wert
- elektrometrische Bestimmung 523
pH-Wert 523, 524
Phase 2, ,
Phasenbildung, Kinetik der 1009, 1010
Phasengeschwindigkeit 123–125, 794, 833, 850
Phasengleichgewichte 261, 302, 329–401, 403, 404, 443, 772
- in Zweistoffsystemen 329, 376
Phasenraum 789, 790, 792
Phasenregel, Gibbs'sche 329, 331, 399, 417
Phasenrelaxation 684

Phasenverschiebung 241
Phosphoreszenz 635, 671, 672
Phosphoreszenzspektrum 672
Photoeffekt 120, 122
Photoelektronen-Spektroskopie 635, 675–677, 734, 1035
Photoelektronenemission 108
Photolyse 940, 941
Photon 119–122
Photonengas 787, 795, 811, 850, 851, 853
- Chemisches Potential 853
- Entropie 854
- Freie Energie 854
- Freie Enthalpie 853
- Innere Energie 853
- Spektrale Strahlungsdichte 851
- Stefan-Boltzmann'sches Gesetz 853
- Thermodynamische Daten 853
- Wien'sches Verschiebungsgesetz 853
Physisorption 461, 463, 1035
Pictet-Trouton'sche Regel 278, 329
π-Orbital 719, 758, 764
Planck'sche Funktion 309, 310, 344, 358, 383, 384, 418
- Temperaturabhängigkeit 310, 358, 383, 384, 418
Planck'sche Strahlungsformel 117, 170
Planck'sches Strahlungsgesetz 851
Planck'sches Wirkungsquantum 113, 119, 122
Poisson'sche Gleichung 54, 81, 229–231, 471, 923
Poisson-Boltzmann-Gleichung 231, 1088
Polarisation 610, 611, 614–618, 620–624, 1046, 1051
Polarisationswiderstand
Polarisierbarkeit 114, 617, 618, 621, 623, 659–662, 664, 736, 764
Polarographie 1045, 1056
Polarographische Stufe 1058
Poldistanz 537, 550, 551
Polymerisationsreaktionen 965
Population 638, 644, 645, 648–650, 652, 661, 668, 674, 683, 696
Positive Katalyse 1017
Potential
- äußeres elektrisches 589
- chemisches 311
- elektrokinetisches 924
- inneres elektrisches 489

Potentialfläche 984, 988
Potentialmessungen, Anwendungen 520
Potentialtopfmodell 150, 157, 163
Potentielle magnetische Energie 681
Potentiometrische Titration 526
Präaktivierung 955
Präexponentieller Faktor 975, 976, 995, 1036, 1048
Praktischer Aktivitätskoeffizient 366, 407
Primärer Salzeffekt 1004, 1006
Prinzip des kleinsten Zwanges 422
Prinzip von Le Chatelier 418
Prinzip von Le Chatelier und Braun 418
Promotor 1018
Protonendonor 1019
Pufferlösungen 1022
Puls-Radiolyse 941
Punktgruppe 751, 755, 756, 758, 759, 767, 785
Pyrolyse 964, 971

q

Q-Zweig 659, 669
Quadratischer Freiheitsgrad 87, 88, 871, 874, 875
Quadratwurzelgesetz 212, 213, 225
Quantenmechanische Beschreibung der elektrischen Leitfähigkeit von Metallen
– Elektrische Leitfähigkeit 911
– Wärmeleitfähigkeit der Elektronen 912
– Wiedemann-Franz'sches Gesetz 912
Quantenstatistik 428, 787–789, 791, 793, 795, 797, 799, 801, 803, 805, 807–809, 840, 850
Quantenzahl 569–580
– magnetische 574
Quasistationarität 944, 951, 959, 999
Quasistationaritätsbedingung 951
Quecksilber-Tropfelektrode 1057
Quecksilbersee 1058

r

R-Zweig 656–658, 669, 697
Radiale Eigenfunktionen 562
Radiale Schrödinger-Gleichung 552
Radiale Wahrscheinlichkeitsverteilung 568, 585
Radikale
– Erzeugung 965
– Nachweis 965

Radius der Ionenwolke 234, 372, 373, 472
Raman-Effekt 659, 661, 662
Raman-Spektrum 659, 663, 664, 696
– Auswahlregeln 662
Randbedingung 96–98, 151, 153, 154, 163, 178, 303, 477, 544–547, 707, 801, 850, 851, 905, 946, 952, 1099, 1106
Randwinkel 448, 452
Raoult'sches Gesetz 340, 342, 344, 357, 364, 377, 378, 381–383, 402
Rastertunnelmikroskopie 777, 778
Rastertunnelmikroskopie (engl.: scanning tunneling microscopy) (STM) 776, 782
Rastertunnelspektroskopie (engl.: scanning tunneling spectroscopy) (STS) 777
Rationaler Aktivitätskoeffizient 364, 407
Rauch 478
Raumgitter 254–256
Raumladungsdichte 471, 923, 925
Rayleigh-Jeans'sches Strahlungsgesetz 115–117
Rayleigh-Streuung 659–661
Reaktion im stationären Fließsystem 936
Reaktionen
– dritter Ordnung 179, 180, 183, 952
– erster Ordnung 175, 176, 182, 183, 188, 645, 933, 937, 943, 944, 948–950, 955, 1034
– mit vorgelagertem Gleichgewicht 956
– – scheinbar negative Aktivierungsenergie 1036
– nullter Ordnung 180, 181
– zweiter Ordnung 177–179, 183, 186, 933, 937, 955, 999
Reaktionsarbeit, reversible 312, 405–407, 484
Reaktionsenergie 34, 37, 39, 78, 406, 856, 857
– Temperaturabhängigkeit 34
Reaktionsenthalpie 34, 37, 39, 41–45, 60, 78, 189, 315, 323, 406, 427, 428, 431, 433, 441, 442, 461, 484–487, 522, 529, 939, 957, 968, 994, 1003, 1030, 1035
– Berechnung aus Bildungsenthalpien 44, 60, 428, 486
– Druckabhängigkeit 42, 43, 484, 487
– Temperaturabhängigkeit 43, 60, 419, 427, 433, 486

Reaktionsentropie   76, 325, 432, 487, 522, 529
Reaktionsgeschwindigkeit   172, 174, 178, 185, 189, 192
– Temperaturabhängigkeit   172, 189
Reaktionsgrößen   39, 41, 293, 404, 427, 488, 522
Reaktionsisobare, van't Hoff'sche   418, 427
Reaktionsisochore, van't Hoff'sche   418
Reaktionsisotherme, van't Hoff'sche   483, 485
Reaktionskette   959, 961
Reaktionskontrollierte Geschwindigkeit   1003
– Geschwindigkeitskonstante   1003
– Temperaturabhängigkeit der Geschwindigkeitskonstanten   1003
Reaktionskoordinate   991, 1030
Reaktionslaufzahl   36, 37, 39, 43, 75, 173, 174, 311, 404, 406, 411, 427, 428, 469, 933, 1070
Reaktionsmechanismen   181, 930, 952, 953, 955, 957, 959, 961, 963, 965, 967, 969, 971, 972, 1037
Reaktionsmolekularität   174, 929, 952, 993
Reaktionsordnung   174, 181, 182, 184, 185, 187, 191–194, 929, 938, 947, 952–955, 1034
– Bestimmung   181, 185
– – aus der Anfangsgeschwindigkeit   185
– – mit der Isoliermethode   185
– Druckabhängigkeit   952, 953
Reaktionsquerschnitt   983–987
– differentieller   984, 985
– Energieabhängigkeit   985
Reaktionsüberspannung   1059
Reaktionsvariable   174, 176, 178, 181, 186, 933, 934
Reaktionswärme   37, 856
Reaktionswahrscheinlichkeit   983
Reaktive Streuung   978
Reale Mischphase   285, 361, 363, 364
– kalorische Effekte   284, 293
Reales Gas   262 ff
– thermische Zustandsgleichung   262
Reales Potential   492, 493

Redoxelektrode   503, 504, 509, 1046
Redoxtitration   526
Reduzierte Masse   87, 534, 544, 589, 648, 650, 652, 657, 885, 986
Reduzierte Temperatur   837
Reduzierte van der Waals'sche Gleichung   278
Reduzierte Wärme   66
Reelle Eigenfunktionen des Wasserstoffatoms   561
Refraktion
– molare   623
Regel von De L'Hospital   1074
Reibung, innere   51, 879, 880, 890, 897, 903
Reibungsgesetz, Newton'sches   903
Reibungskraft   109, 205, 897, 903, 923
Reihenentwicklung   1074, 1075
Rekonstruktion   1039–1041
Rektifikation   390
Relative Flüchtigkeit   381, 389
Relativgeschwindigkeit   883, 884, 886, 973, 974, 981, 983, 985, 986
Relaxation, chemische   693, 944, 946
Relaxationseffekt   234
– elektrische Leitfähigkeit   234
Relaxationsverfahren   931, 939, 946
Relaxationszeit   684, 689, 972
– longitudinale   684
– transversale   684
Relaxationszeit und Geschwindigkeitskonstanten   684
Resonanzbedingung   643, 683–685, 687, 691
Resonanzübergang   642
Rest-Reaktionsarbeit   409, 411
Restreaktion   406
Restwiderstand   913
Reversibilität   2, 52, 301, 944, 945
– mikroskopische   944, 945
Reversible Arbeit   65, 312, 449, 452
Reversible Reaktionsarbeit   406, 407, 484
Reversible Verdünnungsarbeit   518
Reversible Zellspannung   425, 483–488, 494, 496, 497, 508, 511, 513, 515–517, 519–521, 523, 525, 526, 1053
– Druckabhängigkeit   488
– Temperaturabhängigkeit   487
Reversible Zustandsänderung   69

Reziprokes Gitter 258, 259, 725, 773, 774
Rice-Herzfeld-Mechanismus 964
Richtungsquantelung 578
Ritz'sche Variationsmethode 710
Ritz'sches Kombinationsprinzip 132
Röntgen-Photoelektronen-Spektroskopie (engl.: X-ray photoelectron spectroscopy) (XPS) 676–678, 765
Röntgenabsorptionsspektrum 599, 600
Röntgendiffraktometer nach dem Bragg'schen Reflexionsverfahren 625
Röntgenemissionsspektrum 598
Röntgenfluoreszenzstrahlung 598
Röntgenlicht, weißes 256, 597
Röntgenspektren 586, 596, 597, 599, 600, 669, 693
Rohrzuckerinversion 177, 185, 191, 931, 952, 1021
Rotations-Raman-Spektrum 663, 696
Rotations-Schwingungs-Terme 661
Rotations-Schwingungskopplung 657
Rotations-Schwingungsspektrum 634, 654, 656, 659, 666, 697, 698
– Auswahlregeln 649
– Fortrat-Diagramm 658
– Null-Lücke 656, 659
– P-Zweig 697, 698
– R-Zweig 697
– Termschema 666
Rotationsenergie 86–88, 533, 534, 540, 648–650, 660, 666, 822, 823, 872
– aus der Zustandssumme 822, 823, 872
Rotationsfrequenz 533, 661, 866, 867
Rotationskonstante 535, 538, 646, 648, 657, 658, 697
Rotationsspektrum 634, 646, 647, 656, 657, 659, 696, 697
– Auswahlregel 634, 647
– Linienintensität 634, 659
Rotationsterm 646, 654, 664
Rotator, starrer
– mit raumfester Achse 534–537
– mit raumfreier Achse 537–541
Rücklauf 390–393
Rücklaufverhältnis 392, 393
Rückstoßenergie 694
Ruhespannung 203, 204, 484, 496
Russel-Saunders-Kopplung 595, 596

Rydberg-Konstante 138, 588–590, 592, 601, 609
– bei Berücksichtigung der Kernmasse 590

s

Sackur-Tetrode-Gleichung 829
Säkulardeterminante 710, 712, 715
Säkulargleichungen 710
Sättigung 359, 628, 684, 1026–1028, 1034
Sättigungsdampfdruck 338, 352, 425, 464
Sättigungsmagnetisierung 629, 630
Sättigungsmolenbruch, Temperaturabhängigkeit 358
Säulenchromatographie 467
Säure-Base-Begriff, Brönsted'scher 1019
Säure-Base-Katalyse 1015, 1019, 1024
Säurekatalyse, spezifische 1024
Salzbrücke 513, 516, 519, 524
Satz von Heß 43, 44, 337, 856
Schaum, fester 478
Scheinbare molare Größe 288,
Schichtkristall 395
Schmelzdiagramm 393–398
– bei lückenloser Mischkristallbildung 394
– mit Dystektikum 398
– mit partieller Mischungslücke 395
– ohne Mischkristallbildung 397, 398
Schmelzdiagramme 393–395, 398
Schmelzdruckkurve 336, 337
Schmelzenthalpie 39, 80, 81, 327, 337, 346, 359, 368–370, 403
Schmelzpunktsminimum 395
Schnelle Reaktionen 930, 938
Schönflies-System 751
Schottky-Fehlordnung 918
Schottky-Wagner-Fehlordnung 918, 919
Schrödinger-Gleichung 138–146
– des starren Rotators
– – mit raumfester Achse 535
– – mit raumfreier Achse 538
– des Wasserstoffatoms 531, 532, 540, 549, 550
– für das freie Teilchen 157
– für das Teilchen im dreidimensionalen Kasten 153, 155
– für das Teilchen im eindimensionalen Kasten 149

– für das Teilchen im Potentialtopf 157
– für den harmonischen Oszillator 544, 1097
– radiale 552, 554
– zeitabhängige 634, 636, 639
– zeitunabhängige 139
Schwache Elektrolyte 225, 237, 438
Schwächungskoeffizient, linearer 600
Schwarz'scher Satz 32, 41, 42, 72
Schwarzer Körper 114, 115, 851, 852
Schwebungskurve 123
Schwefeldioxid, Oxidation 1018
Schwingungsenergie aus der Zustandssumme 824, 860
Schwingungsfrequenz 106, 543, 650, 657, 658, 662, 837
Schwingungsspektrum 634, 649, 650, 653, 654, 656, 659, 666, 696–698
– Auswahlregel 649
Schwingungsterm 649, 654, 655, 661, 664
Selbstdiffusion 892
Selbstkonsistentes Feld 605
– Methode des 605
Selektive Adsorption 461
Selektivität 1017, 1038
Semipermeable Wand 348, 349
Separation 550
Separationsansatz 153, 538, 639
Serien von Spektrallinien 132, 592
Siededigramm 329, 377, 383, 385, 387, 390, 394, 395, 404
Siedekurve 381, 382, 385–387
Siedepunktserhöhung 329, 344–347, 351, 352, 358, 368, 383–385
Siedepunktsmaximum 387
Siedepunktsminimum 387
σ-Orbital 719, 758, 764
Silber-Silberchlorid-Elektrode 501–503, 519, 524
Silbercoulometer 201, 238
Skalar 5, 258, 1067, 1069
Skalares Produkt 1068, 1069
Smektische flüssige Kristalle 784
Smektische Phase 784
Sol 478–480
– festes 478
– hydrophiles 478
– lyophiles 479
– lyophobes 478
– Stabilität 478, 480

Soliduskurve 394, 396, 397, 399
Solvatation 221, 1004, 1009
Solvatationsenergie 297
Spannungskoeffizient 22
Spannungsreihe 483,
Spektrale Energiedichte 851
Spektrale Strahlungsdichte 644, 851
Spektrales Emissionsvermögen 115, 116, 851
Spektrallinie 131, 132, 134, 252, 570, 578, 592, 594, 609, 636, 639, 645, 646, 648, 660, 693
– Breite 639, 645, 646, 693
– Intensität 648, 660
Spektroskopischer Verschiebungssatz 590
Spezifische Basekatalyse 1024
Spezifische Größe 13
Spezifische Leitfähigkeit 211, 213, 908
Spezifische Säurekatalyse 1021
Spezifische Suszeptibilität 631
Spezifischer Widerstand 207, 908, 913, 914
Sphärische Polarkoordinaten 537, 550, 571, 1071
Spiegelung 719, 725, 751, 754, 758, 760
Spin 569–582
Spin-Funktion 580
Spin-Gitter-Relaxationszeit 684
Spin-Spin-Relaxation 684
Spinmoment, magnetisches 579, 678
Spinmultiplizität 594
Spinquantenzahl 579, 580, 679
Spontane Emission 644, 645, 670–672, 684
– aus elektronisch angeregten Zuständen 644, 645, 670–672
Spontaner Prozess 65, 69, 315, 1004
Spreitung 457
Stabiles Gleichgewicht 4, 5
Standard, innerer 686
Standard-Bildungsenthalpie 44, 45, 60, 78, 428, 432–434, 440–442, 486
Standard-Elektrodenpotential 483, 508–510, 514, 520, 521, 524
– Ermittlung 521
Standard-Galvani-Spannung 500, 502, 508, 515, 519, 523
Standard-Reaktion 406

Standard-Reaktionsarbeit 409, 410, 417, 426, 432, 486
Standard-Reaktionsenthalpie 419, 427, 441, 442, 485, 486, 522, 529, 957, 1003
Standard-Reaktionsentropie 427, 522, 529
Standard-Wasserstoffelektrode 497, 501, 507, 509, 510, 521, 523
Standard-Zellspannung 485–487, 510, 514, 520, 523
Standardzustand 45, 363–366, 408, 411, 412, 415, 421, 422, 428, 494, 508
Starke Elektrolyte 227, 228
– Debye-Hückel-Onsager-Theorie 227
Starre Doppelschicht 473
Starre Helmholtz-Schicht 1048, 1054
Starrer Rotator 534, 537
– mit raumfester Achse 534–537
– mit raumfreier Achse 537–541
Stationäre Nichtgleichgewichtszustände 890
Stationäre Phase 467
Statistik
– Boltzmann 92, 96, 106, 618, 787–789, 799, 802, 804, 806–811, 818, 828, 840, 843–846, 861, 863, 872
– Bose-Einstein 787–789, 796, 798, 799, 804, 807, 811, 819, 827, 829, 850
– Fermi-Dirac 787–789, 802, 804, 809, 811, 840, 861, 863, 909, 912
– Vergleich 807 f
– – klassische 787 f
– – Quantenstatistik 787 f
Statistische Thermodynamik 1, 91, 93, 95, 97, 99, 101, 103, 105, 141, 638, 787, 810–859, 988
Statistisches Gewicht Ω 95, 102, 796, 815, 859
Staub 478
Stefan-Boltzmann'sches Gesetz 853
Stehende Welle 141, 148, 793
Steighöhenmethode 449
Sterischer Faktor 976
Stern'sche Doppelschicht 471
Stimulierte Emission 672–674
Stirling'sche Formel 97, 103, 797, 803, 805, 855, 1063
STM, siehe Rastertunnelmikroskopie (engl.: scanning tunneling microscopy)
Stockholmer Konvention 505

Stockholmer Konventionen 505
Stöchiometrischer Faktor 35, 75, 180, 182, 196, 210, 315, 406, 409, 934
Störoperator 640, 641, 643
Störstellenhalbleiter 917
Störungstheorie, lineare 640
Stoffmenge 11–14, 23, 26–29, 35, 36, 173, 284, 286, 288–291, 293, 295, 299, 301, 975, 1001
Stokes'sche Linie 660, 661, 664, 697
Stokes'sche Reibungskraft 109
Stokes'sches Gesetz 205, 225
Stokes-Einstein-Beziehung 1002
Stopped-flow-Verfahren 931, 938, 939
Stoßparameter 885, 980, 981, 983, 985
– kritischer 885
Stoßquerschnitt 894, 901, 907, 974, 978, 982, 983
Stoßtheorie
– einfache 973, 975, 980, 983, 986, 996, 997, 1002
– verfeinerte 973, 977
Stoßwellenapparatur 965
Stoßwellenmethode 940
Stoßzahlen 880, 888, 889
– auf die Wand 861, 870, 871, 889
– der Gasmoleküle 888
– eines Moleküls 888
– im Volumen 889
Stoßzahlen der Gasmoleküle 889
Strahlungsdichte 644, 851, 852
– spektrale 644, 851, 852
Strahlungsdruck 854
Strahlungsgesetz
– Planck'sches 851
– Rayleigh-Jeans'sches 115 117
Strahlungsgleichgewicht 850, 851
Streuquerschnitt 913, 978, 980, 981, 983
– differentieller 982, 983
Strichgitter 249, 252, 253
Strömung 880, 897, 898, 903, 905, 922, 923, 925, 938
– laminare 880, 903, 905, 923
Strömungsapparatur 931, 937, 938
Strömungspotential 880, 921, 925
Stromdichte 199, 908, 910, 1045, 1046, 1049–1056, 1060
Stromdichte-Spannungs-Kurve 1050, 1052

Struktur von Festkörpern 750, 769
Struktur von Festkörperoberflächen 772
Struktur von flüssigen Kristallen 783
Struktur von Flüssigkeiten 782
Strukturdiffusion 222
STS, siehe Rastertunnelspektroskopie (engl.: scanning tunneling spectroscopy)
Stufe
– polarographische 1058
Sublimationsdruckkurve 336, 337, 343
Sublimationsenthalpie 39, 78, 337, 419, 701
Surface Science 444
Suszeptibilität
– elektrische 614, 627
– magnetische 625, 627–632
– molare 631
– spezifische
Sutherland'sche Konstante 885–887, 906
Symmetrie 259, 532, 634, 665, 712, 713, 719, 725, 730, 733, 750, 758–760, 762, 763, 766–769, 830
– der Molekülorbitale 750, 758
Symmetrieachsen 751
– Hauptdrehachse 753
Symmetrieadaptierte Molekülorbitale 760
Symmetrieebene 751, 759
– Elemente 751, 759
– horizontale 753
– Operationen 751, 753, 759
– Rasse 759
– vertikale 759
– von Molekülen 753, 759
– Zentrum 751
Symmetrierassen 767
System 2, 3
– abgeschlossenes 3, 11, 46, 65, 68–71, 81, 101, 105, 297, 301–304, 312, 330, 349, 971
– divariantes 332
– geschlossenes 3, 46, 75, 303, 405, 406, 452
– heteroges 1015
– homogenes 41, 1015
– invariantes 332
– offenes 3, 313
– univariantes 332

Systemzustandssumme 810, 812, 816–818, 827, 830, 855
– des idealen Gases 818
– des idealen Kristalls 818

t
T^3-Gesetz 327, 836, 846, 860
Tafel-Gerade 1052
Tammann'sches Parabelgesetz 1014
Taylor'sche Reihe 1074
Teilchen
– im dreidimensionalen Kasten 153, 155, 538, 550, 639, 793
– im eindimensionalen Kasten 149, 152
– im Potentialtopf 157, 164, 166
Teilchengeschwindigkeit 124, 125, 891, 901, 985
TEM, siehe Transmissionselektronenmikroskopie
Temperatur 8
– absolute 10, 189, 325, 628, 860
– Celsius 10, 16
– kritische 273–275, 278, 334, 337
– reduzierte 66, 837
– thermodynamische 10, 13, 315, 417, 428, 488
Temperaturabhängigkeit
– der Entropie 102, 104, 324
– der Gleichgewichtskonstanten 405, 417, 419
– der Reaktionsgeschwindigkeit 172, 189
– der reversiblen Zellspannung 486
– des chemischen Potentials 324
Temperatursprungmethode 939
Terme
Termschema 132–134, 591, 592, 598, 600, 639, 647, 655, 666, 667
– des Wasserstoffs 591
Ternäre Systeme 399
Theorem der übereinstimmenden Zustände 262, 277, 278, 451
Theoretischer Boden 392
Theorie des aktivierten Komplexes 973, 988, 996, 998, 1004 f, 1016, 1047
– Geschwindigkeitskonstante 973, 988, 996, 998, 1047
– Potentialfläche 988
– Reaktionsgeschwindigkeit 991
– Reaktionskoordinate 991

Sachregister

– Standard-Aktivierungsenthalpie 996, 1005
– Standard-Aktivierungsentropie 1005
– Übergangszustand 996
Thermische Analyse 398, 399
Thermische Leitfähigkeit 880, 890, 909
– von Metallen 880, 909, 911
Thermische Zustandsgleichung 14, 22, 262, 278, 317, 829
– des idealen Gases 14, 262
– des realen Gases 262
– kondensierter Stoffe 278
Thermischer Ausdehnungskoeffizient 22
Thermisches Gleichgewicht 330
Thermodynamik, statistische 91
Thermodynamische Daten
– des einatomigen idealen Gases aus der Zustandssumme 827 f
– des idealen Kristalls 830 f
Thermodynamische Temperatur 10, 13
Trägheitsmoment 86–88, 135, 533, 534, 646, 648, 657, 658, 664, 822
Transmissionselektronenmikroskopie (TEM) 779–782
Transmissionskoeffizient 167, 168
Transmissionsvermögen 636
Transporterscheinungen 1, 195, 879, 880, 882, 884, 886, 888, 890–902, 904, 906, 908, 910, 912, 914, 916, 918, 920, 922, 924, 926
Transportgleichung
– allgemeine 890–893, 896, 898–900, 908
Transportgröße 891–893, 897, 901, 908, 912, 1002
Transversale Relaxationszeit 684
Traube'sche Regel 457
Trennfaktor 381, 388
Tripelgerade 334, 335
Tripelpunkt 335–337, 343
Tunneleffekt 107, 166, 169, 223, 776
Tunnelstrom 775–777
Tunnelwahrscheinlichkeit 169

u

Überführung 216, 314, 408, 513, 514, 516–519
Überführungszahl 215–217, 219, 220, 512, 513, 517, 518
– Bestimmung 215, 217

Übergangsmoment 642–644, 648, 766–768
– und Symmetrie 766–768
Übergangswahrscheinlichkeit 644, 766, 767
– Einstein'sche 644
Übergangszustand 991, 992, 996
Überlappungsintegral 713, 715, 725, 727, 758
Überschussladung 221, 469, 473, 492, 926
Überspannung 201, 203, 1045, 1046, 1049–1053, 1055, 1058–1060
– experimentelle Ermittlung 1053
Ulich'sche Näherung 433
Ultraviolett-Photoelektronen-Spektroskopie (UPS) 676, 677, 765
Umgebung 2, 3
Umwandlungsenergie 37
Umwandlungsenthalpie 37, 39, 327, 1010
Umwandlungsentropie 327, 336
Unbestimmte Ausdrücke 1074
Ungepaarte Elektronen 629, 633, 692, 720
Ungerade Wellenfunktion 719, 748, 749
Unpolarisierbare Elektrode 1051
Unschärferelation 129, 148, 577, 646, 688, 693
Unvollständig verlaufende Reaktionen 185
UPS, siehe Ultraviolett-Photoelektronen-Spektroskopie

v

Valenzband 915, 917
Valenzbindungsmethode 705
Valenzstruktur Methode 705, 713
Van der Waals'sche Bindung 277, 461, 700, 736, 769–771, 783
Van der Waals'sche Gleichung 268–271, 275–278, 281, 283, 334, 702
Van der Waals'sche Konstanten 269, 274, 276, 283, 907, 976
– Bestimmung aus den kritischen Daten 274
– und 2' Virialkoeffizient 270
Van der Waals'sche Kräfte 461, 769
Van der Waals'sche Zustandsgleichung 269
– reduzierte 278
Van der Waals-Potential 737

Van't Hoff'sche Gleichung 430, 434
- Integration 429, 430
Van't Hoff'sche Reaktionsisobare 427
Van't Hoff'sche Reaktionsisochore 418
Van't Hoff'sche Reaktionsisotherme 483, 485
Variationsmethode 707, 710, 713, 715, 742
Variationsprinzip 707, 708
VB-Methode 705, 706, 713
Vektorielles Produkt 1069
Vektormodell des Atoms 596
Vektormodell des Mehrelektronenatoms 594 f
Verbrennungsreaktionen 966
Verdampfungsarbeit, äußere 272, 273
Verdampfungsenthalpie 39, 327, 328, 337, 345, 384, 391, 402, 404
Verdrängungsadsorption 461
Verdünnungsarbeit, reversible 518
Verdünnungsenthalpie, differentielle 369
Verfeinerte Stoßtheorie 977
- Berechnung des Reaktionsquerschnitts 983
- Differentieller Streuquerschnitt 982, 984
- Gesamt-Streuquerschnitt 983
- Geschwindigkeitskonstante 977
- Reaktionsquerschnitt 983 f
- Stoßparameter 979–981
- Streuquerschnitte 978 f
Vergleich der Statistiken 807
Verschiebungsdichte, elektrische 614, 624
Verschiebungspolarisation 615, 618, 621, 622
Verschiebungssatz, spektroskopischer 590
Verteilungschromatographie 467, 468
Verteilungsfunktion
- Aufstellung 788
- Boltzmann-Statistik 92, 96, 788, 799, 806, 807, 811
- Bose-Einstein-Statistik 788, 798, 799, 850
- Fermi-Dirac-Statistik 788, 804, 840, 842
Verteilungskoeffizient 379, 381
Verweilzeit 937, 938

Verzunderungsvorgänge 1009, 1013
Vier-Niveau-System 674
Virialansatz 263, 270, 277, 281, 283, 317, 324
Virialkoeffizient 270, 283, 324, 368
- erster 264
- zweiter 264, 270, 283, 324, 368
Viskositätskoeffizient 898, 899, 905
- Druckabhängigkeit 899
- Temperaturabhängigkeit 899
Volta-Potential, Definition 489
Volta-Spannung 491
Volumen, kritisches 273
Volumenarbeit 6–8, 24, 26, 28, 29, 46, 47, 49, 51–56, 58–60, 64, 71, 75, 305, 306, 308, 312, 406, 448
Volumengeschwindigkeit 924, 936, 938
Vorgelagertes Gleichgewicht 191, 499, 956, 999

W

Währendes Gleichgewicht 336, 356, 358, 377, 383
Wärme 5, 24–26, 45, 46, 51, 60–68, 85, 303, 392, 418, 684, 879, 900, 968
- reduzierte 67, 68
Wärmeaustausch 5, 52, 56, 66, 303, 390
Wärmeexplosion 968, 969
Wärmekapazität
- aus der Zustandssumme 434
- des Elektronengases 846
- des Systems 29
- Druckabhängigkeit 74
- elementarer Festkörper
-- Temperaturabhängigkeit 835
- molare 12, 13, 28–34, 42, 53, 74, 82, 86–89, 281, 284, 325–327, 337, 368, 370, 420, 429, 430, 432–434, 750, 787, 811, 823, 825–827, 830, 831, 835–840, 845, 846, 848, 875, 909, 911
- nach kinetischer Gastheorie 86 f
- Schwingungsanteil 825–827, 846, 848
- Temperaturabhängigkeit 30, 33, 34, 74, 337, 433, 787, 830, 835, 836, 838
- Volumenabhängigkeit 30, 32, 33
- von Festkörpern
-- Temperaturabhängigkeit 787
Wärmekraftmaschine 58–60, 64, 65
Wärmeleitfähigkeit
- von Gasen 879, 880, 900, 901, 910

- von Metallen 901
- – quantenmechanisch 910–912
Wärmeleitfähigkeitskoeffizient 900, 901
- Druckabhängigkeit 901
Wärmepumpe 59, 62, 64, 65
Wärmetheorem, Nernst'sches 325
Wahrscheinlichkeitsdichte 143–145, 147, 148, 152, 164, 548, 549, 569, 584, 667, 707, 717, 764, 783
Wahrscheinlichkeitsrechnung 92
Wahrscheinlichkeitsverteilung, radiale 568, 569, 585
Walden'sche Regel 224, 225
Walsh-Diagramme 763, 765
Wand
- adiabatische 24, 46
- diathermische 90
Wanderungsgeschwindigkeit von Ionen 206, 210, 215
Wandreaktion 966, 967, 969
Wandstöße
- Zahl 861, 870, 871, 889
Wassergas-Gleichgewicht 419, 420, 425, 426, 428, 430, 431, 434, 441
Wasserstoff
- Atomspektrum 170, 171, 570, 578, 586, 588, 590, 592
Wasserstoff-Elektrode 203, 205, 497, 498, 500, 501, 507–510, 519, 521, 523, 524
Wasserstoff-Molekülion 706, 710, 715, 718
Wasserstoffähnliches Teilchen
- im engeren Sinn 587–590, 602
- im weiteren Sinn 587, 590
Wasserstoffatom
- Bohr'sches Modell 135 f, 588
- – Eigenfunktionen 554
- – Eigenwerte der Energie 554
- – Hauptquantenzahl 137, 554
- – Ionisierungsenergie 138
- – Knotenebene 565
- – Knotenflächen 565
- – Knotenkegelflächen 565
- – Knotenkugelflächen 565
- – Kugelflächenfunktion 552
- – normierte Eigenfunktionen 556, 558
- – normierte Kugelflächenfunktionen 557, 558
- – normierte radiale Eigenfunktionen 556–558

- – quantenmechanische Behandlung 549
- – Quantenzahlen 569
- – radiale Schrödingergleichung 552 f, 553
- – radiale Wahrscheinlichkeitsverteilung 568, 569, 585
- – Termschema 133
Wasserstoffbrückenbindung 771, 772, 783, 1001
Wasserstoffelektrode 203, 205, 497, 498, 500, 501, 507–510, 519, 521, 523, 524
Wechselwirkung, interionische 195, 196, 212, 228–230, 233, 234, 236, 372, 1006
Weglänge
- Maxwellsche mittlere freie 891, 897
- mittlere freie 773, 879–881, 883–885, 887, 891, 894, 899, 903, 909, 912, 913, 997
Weiss'sche Bezirke 629
Weißes Röntgenlicht 256, 597
Wellenfunktion
- Eigenwert der Energie 548, 1109
- gerade 719, 748, 749, 758
- normiert 143
- Randbedingung 707
- ungerade 719, 748, 749, 758
Wellennatur des Elektrons 111
Wellenpaket 126–129
Wellenzahl 132, 170, 589, 591, 597, 601, 639, 647–650, 652–657, 660, 661, 663, 664, 668–671, 697, 698, 860, 861
Wiedemann-Franz'sches Gesetz 911, 912
Wien'sches Verschiebungsgesetz 853
Winkelgeschwindigkeit 87, 135, 533, 872
Wirkung 117, 119, 136
Wirkungsgrad 59, 60, 64, 65, 80

X

XPS 676–678, 765
XPS, siehe Röntgen-Photoelektronen-Spektroskopie (engl.: X-ray photoelectron spectroscopy)

Z

Zähigkeit 898, 899
Zeeman-Aufspaltung 582
Zeeman-Effekt 570
Zeitabhängige Schrödinger-Gleichung 639

Zeitgesetz 172, 175–181, 193, 930, 933–935, 943, 944, 952, 953, 955, 958, 960, 964, 971, 972
Zeitunabhängige Schrödinger-Gleichung 139
Zelle, elektrochemische 195–197, 199, 201, 202, 204, 425, 475, 483, 488, 494, 497, 505, 507, 513, 517, 1044, 1053, 1059
Zellspannung
– Reversible 507
Zentralion 228, 229, 231, 232, 234, 372
Zentrifugalkraft 111, 135
Zentripetalkraft 135
Zerfallsgeschwindigkeit 178, 187, 929, 947
Zersetzungsgleichgewicht 405, 415, 419, 423, 438
– von Hydraten und Ammoniakaten 438
Zersetzungsspannung 201–203, 206, 1059
Zeta-Potential 922, 924, 925
Zonenelektrophorese 926
Zusatzenthalpie 293, 295, 299
– mittlere 294
– partielle molare 294, 295
Zustand 2
– ladungsfreier 477
Zustandsänderung 2, 11, 15, 18, 19, 24–27, 30, 39, 53, 54, 65, 68, 69, 74, 302, 303, 305
– adiabatische 53, 54
– ideales Gas 54
– irreversible 69, 302
– isotherme 19, 305
– reversible 65, 69, 302, 305
– thermische 14
Zustandsdichte 725, 729, 733, 734, 777, 788, 789, 792–795, 834, 835, 842, 850, 862, 868, 876
– der Energieniveaus 793, 795
– der Frequenzen eines Oszillatorsystems 794, 795, 834, 850
Zustandsfläche 14, 15, 54, 334, 335
– ideales Gas 15, 54, 334
Zustandsfunktion 14, 15, 19, 25, 35, 43, 65, 66, 68, 69, 71, 74, 101, 285, 302, 311, 800

Zustandsgleichung 2, 14, 18, 19, 21–23, 26, 28, 42, 262, 267–269, 277–279, 281, 301, 317, 324, 333, 361, 378, 829
– des realen Gases 262, 267, 268, 281, 324
– – Van der Waals'sche Gleichung 268
– – Virialansatz 277, 281, 317, 324
– ideales einatomiges Gas 829
– kalorische 2, 23, 26, 301
– thermische 14, 22, 28, 42, 262, 278, 279, 301, 317, 324, 378, 829
– zweidimensionaler Oberflächenfilme 457 f
Zustandsgröße 2, 14, 15, 19, 25–27, 39, 41, 47, 54, 55, 61, 70, 82, 287, 290, 305, 307, 313, 333, 428
Zustandssumme 92, 102, 107, 434, 619, 787, 810–812, 814, 815, 817–824, 827, 828, 854, 856, 860, 872, 973, 994, 995, 1004
– aktivierter Komplex 973, 994, 1004
– Berechnung 100, 434, 787, 810, 812, 818, 819, 827, 828, 854, 1004
– Rotation 810, 819, 822, 823, 860, 1004
– Schwingung 810, 819, 824, 860, 994
– Translation 810, 819–823, 860, 994, 1004
Zwei-Niveau-System 673
Zweiatomige heteronukleare Moleküle 661, 722, 723, 750, 823
Zweiatomige homonukleare Moleküle 615, 638, 660, 661, 715, 718
Zweidimensionale Phasen 455
Zweiphasengebiet 271–273, 334, 335, 380, 385, 401, 459
Zweistoffsysteme, Phasengleichgewichte 329, 376, 379
Zweiter Hauptsatz der Thermodynamik 60, 69, 105, 301
Zweiter Virialkoeffizient 270, 283, 324, 368
Zweites Faraday'sches Gesetz 200
Zweites Fick'sches Gesetz 895, 896
Zwischengitterplatz 918

Einige wichtige Konstanten

Größe	Symbole und Gleichungen	Wert
Gaskonstante	R	8.31451 J K^{-1} mol^{-1}
Nullpunkt der Celsius-Skala	T_0	273.15 K
Normaldruck	p^0	$1.01325 \cdot 10^5$ Pa
Molares Standardvolumen des idealen Gases	$v^0 = RT^0/p^0$	$2.241383 \cdot 10^{-2}$ m^3 mol^{-1}
Boltzmann-Konstante	$k = R/N_A$	$1.380662 \cdot 10^{-23}$ J K^{-1}
Magnetische Feldkonstante	μ_0	$4\pi \cdot 10^{-7}$ m kg s^{-2} A^{-2}
Lichtgeschwindigkeit im Vakuum	c	$2.99792458 \cdot 10^8$ m s^{-1}
Elektrische Feldkonstante	$\varepsilon_0 = (\mu_0 c^2)^{-1}$	$8.85418782 \cdot 10^{-12}$ A^2 s^4 m^{-3} kg^{-1}
Elementarladung	e	$1.602177 \cdot 10^{-19}$ C
Planck'sche Konstante	h	$6.62608 \cdot 10^{-34}$ J s
	$\hbar = h/2\pi$	$1.0545887 \cdot 10^{-34}$ J s
Loschmidt'sche Konstante	N_A, L	$6.02214 \cdot 10^{23}$ mol^{-1}
Ruhemasse des Elektrons	m_e	$9.10939 \cdot 10^{-31}$ kg
Ruhemasse des Protons	m_p	$1.67262 \cdot 10^{-27}$ kg
Ruhemasse des Neutrons	m_n	$1.67493 \cdot 10^{-27}$ kg
Faraday-Konstante	$F = N_A \cdot e$	$9.648456 \cdot 10^4$ C mol^{-1}
Rydberg-Konstante	R_∞	$1.097373177 \cdot 10^7$ m^{-1}
Bohr'scher Radius	a_0	$5.2917706 \cdot 10^{-11}$ m
Bohr'sches Magneton	$\mu_B = e\hbar/2 m_e$	$9.27402 \cdot 10^{-24}$ J T^{-1}
Kernmagneton	$\mu_N = e\hbar/2 m_p$	$5.05079 \cdot 10^{-27}$ J T^{-1}
Magnetisches Moment des Elektrons	μ_e	$9.284832 \cdot 10^{-24}$ J T^{-1}
Landé-g-Faktor des freien Elektrons	$g_e = 2\mu_e/\mu_B$	2.0023193134
Gyromagnetisches Verhältnis des Protons	γ_p	$2.6751987 \cdot 10^8$ s^{-1} T^{-1}

Einige nützliche mathematische Formeln

$$\sin\alpha \sin\beta = \frac{1}{2}\cos(\alpha-\beta) - \frac{1}{2}\cos(\alpha+\beta)$$

$$\cos\alpha \cos\beta = \frac{1}{2}\cos(\alpha-\beta) + \frac{1}{2}\cos(\alpha+\beta)$$

$$\sin\alpha \cos\beta = \frac{1}{2}\sin(\alpha+\beta) + \frac{1}{2}\sin(\alpha-\beta)$$

$$\sin(\alpha \pm \beta) = \sin\alpha \cos\beta \pm \cos\alpha \sin\beta$$

$$\cos(\alpha \pm \beta) = \cos\alpha \cos\beta \mp \sin\alpha \sin\beta$$

$$e^{\pm i\alpha} = \cos\alpha \pm i\sin\alpha$$

$$\cos\alpha = \frac{e^{i\alpha} + e^{-i\alpha}}{2}$$

$$\sin\alpha = \frac{e^{i\alpha} - e^{-i\alpha}}{2i}$$

$$f(x) = f(a) + f'(a)(x-a) + \frac{1}{2!}f''(a)(x-a)^2 + \frac{1}{3!}f'''(a)(x-a)^3 + \ldots$$

$$e^x = 1 + x + \frac{x^2}{2!} + \frac{x^3}{3!} + \frac{x^4}{4!} + \ldots \qquad \approx 1 + x \qquad \text{für } x \ll 1$$

$$\cos x = 1 - \frac{x^2}{2!} + \frac{x^4}{4!} - \frac{x^6}{6!} + - \ldots \qquad \approx 1 - \frac{x^2}{2} \qquad \text{für } x \ll 1$$

$$\sin x = x - \frac{x^3}{3!} + \frac{x^5}{5!} - \frac{x^7}{7!} + - \ldots \qquad \approx x \qquad \text{für } x \ll 1$$

$$\ln(1+x) = x - \frac{x^2}{2} + \frac{x^3}{3} - \frac{x^4}{4} + - \ldots \qquad \approx x \qquad \text{für } x \ll 1$$

$$\frac{1}{1-x} = 1 + x + x^2 + x^3 + \ldots$$

$$(1 \pm x)^n = 1 \pm nx + \binom{n}{2}x^2 \pm \binom{n}{3}x^3 + \ldots \qquad \text{für } x^2 < 1$$

$$\int_0^\infty x^n e^{-ax} dx = \frac{n!}{a^{n+1}} \qquad (n \text{ positive ganze Zahl})$$

$$\int_0^\infty e^{-ax^2} dx = \left(\frac{\pi}{4a}\right)^{1/2}$$

Unterschiedliche Angaben für die Energieeinheiten

1 J = 1 Nm = 1 Ws = 1 V As
1 J = 1 kg m^2 s^{-2} = 1 Pa m^3
1 eV = 1.602 * 10^{-19} J

Umrechnungsfaktoren für Energieeinheiten

Joule	kJ * mol^{-1}	eV	au	cm^{-1}	Hz
1 Joule = 1	6.022 * 10^{20}	6.242 * 10^{18}	2.2939 * 10^{17}	5.035 * 10^{22}	1.509 * 10^{33}
1 kJ mol^{-1} = 1.661 * 10^{-21}	1	1.036 * 10^{-2}	3.089 * 10^{-4}	83.60	2.506 * 10^{12}
1 eV = 1.602 * 10^{-19}	96.48	1	3.675 * 10^{-2}	8065	2.418 * 10^{14}
1 au = 4.359 * 10^{-18}	2625	27.21	1	2.195 * 10^{5}	6.580 * 10^{15}
1 cm^{-1} = 1.986 * 10^{-23}	1.196 * 10^{-2}	1.240 * 10^{-4}	4.556 * 10^{-6}	1	2.998 * 10^{10}
1 Hz = 6.626 * 10^{-34}	3.990 * 10^{-13}	4.136 * 10^{-15}	1.520 * 10^{-16}	3.336 * 10^{-11}	1

Das griechische Alphabet

Alpha	A	α
Beta	B	β
Gamma	Γ	γ
Delta	Δ	δ
Epsilon	E	ε
Zeta	Z	ζ
Eta	H	η
Theta	Θ	θ, ϑ
Iota	I	ι
Kappa	K	κ
Lambda	Λ	λ
My	M	μ
Ny	N	ν
Xi	Ξ	ξ
Omikron	O	o
Pi	Π	π
Rho	P	ρ
Sigma	Σ	σ
Tau	T	τ
Ypsilon	Y	y
Phi	Φ	ϕ, φ
Chi	X	χ
Psi	Ψ	ψ
Omega	Ω	ω

Abkürzungen von Zehnerpotenzen (SI-Vorsätze)

Prefix	Symbol	Bedeutung
Deka	Da	10^1
Hekto	H	10^2
Kilo	K	10^3
Mega	M	10^6
Giga	G	10^9
Tera	T	10^{12}
Peta	P	10^{15}
Exa	E	10^{18}
Zetta	Z	10^{21}
Yotta	Y	10^{24}
Dezi	d	10^{-1}
Zenti	c	10^{-2}
Milli	m	10^{-3}
Mikro	μ	10^{-6}
Nano	n	10^{-9}
Piko	p	10^{-12}
Femto	f	10^{-15}
Atto	a	10^{-18}
Zepto	z	10^{-21}
Yokto	y	10^{-24}